"十三五"国家重点出版物
出版规划项目

化学工程手册

袁渭康 王静康 费维扬 欧阳平凯 主编

第三版

CHEMICAL
ENGINEERING
HANDBOOK

第 2 卷

化学工业出版社

·北京·

作为化学工程领域标志性的工具书，本次修订秉承"继承与创新相结合"的编写宗旨，分5卷共30篇全面阐述了当前化学工程学科领域的基础理论、单元操作、反应器与反应工程以及相关交叉学科及其所体现的发展与研究新成果、新技术。在前版的基础上，各篇在内容上均有较大幅度的更新，特别是加强了信息技术、多尺度理论、微化工技术、离子液体、新材料、催化工程、新能源等方面的介绍。本手册立足学科基础，着眼学术前沿，紧密关联工程应用，全面反映了化工领域在新世纪以来的理论创新与技术应用成果。

本手册可供化学工程、石油化工等领域的工程技术人员使用，也可供相关高等院校的师生参考。

图书在版编目（CIP）数据

化学工程手册. 第2卷/袁渭康等主编. —3版.
—北京：化学工业出版社，2019.6（2023.11重印）
ISBN 978-7-122-34805-0

Ⅰ.①化… Ⅱ.①袁… Ⅲ.①化学工程-手册
Ⅳ.①TQ02-62

中国版本图书馆CIP数据核字（2019）第136454号

责任编辑：张 艳 傅聪智 刘 军 陈 丽　　文字编辑：向 东 孙凤英 李 玥
责任校对：边 涛 王 静　　装帧设计：尹琳琳
责任印制：朱希振

出版发行：化学工业出版社（北京市东城区青年湖南街13号　邮政编码100011）
印　　装：北京建宏印刷有限公司
787mm×1092mm　1/16　印张80¼　字数2055千字　2023年11月北京第3版第2次印刷

购书咨询：010-64518888　　　　　　　　　　　　　售后服务：010-64518899
网　　址：http://www.cip.com.cn
凡购买本书，如有缺损质量问题，本社销售中心负责调换。

定　价：388.00元　　　　　　　　　　　　　　　　　　　　　　　　版权所有　违者必究

《化学工程手册》(第三版)
编写指导委员会

顾　　问	余国琮	中国科学院院士，天津大学教授
	陈学俊	中国科学院院士，西安交通大学教授
	陈家镛	中国科学院院士，中国科学院过程工程研究所研究员
	胡　英	中国科学院院士，华东理工大学教授
	袁　权	中国科学院院士，中国科学院大连化学物理研究所研究员
	陈俊武	中国科学院院士，中国石油化工集团公司教授级高级工程师
	陈丙珍	中国工程院院士，清华大学教授
	金　涌	中国工程院院士，清华大学教授
	陈敏恒	华东理工大学教授
	朱自强	浙江大学教授
	李成岳	北京化工大学教授
名誉主任	王江平	工业和信息化部副部长
主　　任	李静海	中国科学院院士，中国科学院过程工程研究所研究员
副 主 任	袁渭康	中国工程院院士，华东理工大学教授
	王静康	中国工程院院士，天津大学教授
	费维扬	中国科学院院士，清华大学教授
	欧阳平凯	中国工程院院士，南京工业大学教授
	戴猷元	清华大学教授
秘 书 长	戴猷元	清华大学教授
委　　员	(按姓氏笔画排序)	
	于才渊	大连理工大学教授
	马沛生	天津大学教授
	王静康	中国工程院院士，天津大学教授
	邓麦村	中国科学院大连化学物理研究所研究员
	田　禾	中国科学院院士，华东理工大学教授
	史晓平	河北工业大学副教授
	冯　霄	西安交通大学教授
	邢子文	西安交通大学教授
	朱企新	天津大学教授
	朱庆山	中国科学院过程工程研究所研究员
	任其龙	浙江大学教授
	刘会洲	中国科学院过程工程研究所研究员

刘洪来	华东理工大学教授
孙国刚	中国石油大学（北京）教授
孙宝国	中国工程院院士，北京工商大学教授
杜文莉	华东理工大学教授
李　忠	华南理工大学教授
李伯耿	浙江大学教授
李洪钟	中国科学院院士，中国科学院过程工程研究所研究员
李静海	中国科学院院士，中国科学院过程工程研究所研究员
何鸣元	中国科学院院士，华东师范大学教授
邹志毅	飞翼股份有限公司高级工程师
张锁江	中国科学院院士，中国科学院过程工程研究所研究员
陈建峰	中国工程院院士，北京化工大学教授
欧阳平凯	中国工程院院士，南京工业大学教授
岳国君	中国工程院院士，国家开发投资集团有限公司教授级高级工程师
周兴贵	华东理工大学教授
周伟斌	化学工业出版社社长，编审
周芳德	西安交通大学教授
周国庆	化学工业出版社副总编辑，编审
赵劲松	清华大学教授
段　雪	中国科学院院士，北京化工大学教授
侯　予	西安交通大学教授
费维扬	中国科学院院士，清华大学教授
骆广生	清华大学教授
袁希钢	天津大学教授
袁晴棠	中国工程院院士，中国石油化工集团公司教授级高级工程师
袁渭康	中国工程院院士，华东理工大学教授
都　健	大连理工大学教授
都丽红	上海化工研究院教授级高级工程师
钱　锋	中国工程院院士，华东理工大学教授
钱旭红	中国工程院院士，华东师范大学教授
徐炎华	南京工业大学教授
徐南平	中国工程院院士，南京工业大学教授
高正明	北京化工大学教授
郭烈锦	中国科学院院士，西安交通大学教授
席　光	西安交通大学教授
曹义鸣	中国科学院大连化学物理研究所研究员
曹湘洪	中国工程院院士，中国石油化工集团公司教授级高级工程师
龚俊波	天津大学教授
蒋军成	常州大学教授

鲁习文　华东理工大学教授
谢在库　中国科学院院士，中国石油化工集团公司教授级高级工程师
管国锋　南京工业大学教授
谭天伟　中国工程院院士，北京化工大学教授
潘爱华　工业和信息化部高级工程师
戴干策　华东理工大学教授
戴猷元　清华大学教授

本版编写人员名单
(按姓氏笔画排序)

主稿人

于才渊	马沛生	王静康	邓麦村	史晓平	冯霄
邢子文	朱企新	朱庆山	任其龙	刘会洲	刘洪来
江佳佳	孙国刚	杜文莉	李忠	李伯耿	李洪钟
余国琮	邹志毅	周兴贵	周芳德	侯予	骆广生
袁希钢	都健	都丽红	钱锋	徐炎华	高正明
席光	曹义鸣	蒋军成	鲁习文	谢闯	管国锋
谭天伟	戴干策				

编写人员

马友光	马光辉	马沛生	王志	王维	王睿
王文俊	王玉军	王正宝	王宇新	王军武	王如君
王运东	王志荣	王志恒	王利民	王宝和	王彦富
王炳武	王振雷	王彧斐	王海军	王辅臣	王勤辉
王靖岱	王静康	王慧锋	元英进	邓利	邓春
邓麦村	邓淑芳	卢春喜	史晓平	白博峰	包雨云
冯霄	冯连芳	邢子文	邢华斌	邢志祥	尧超群
吕永琴	朱焱	朱卡克	朱永平	朱企新	朱贻安
朱慧铭	任其龙	华蕾娜	庄英萍	刘珞	刘磊
刘会洲	刘良宏	刘春江	刘洪来	刘晓星	刘琳琳
刘新华	江志松	江佳佳	许莉	许建良	许春建
许鹏凯	孙东亮	孙自强	孙国刚	孙京诰	孙津生
阳永荣	苏志国	苏宏业	苏纯洁	李云	李军
李忠	李伟锋	李志鹏	李伯耿	李建明	李建奎
李春忠	李秋萍	李炳志	李继定	李鑫钢	杨立荣
杨良嵘	杨勤民	肖文海	肖文德	肖泽仪	肖静华
吴文平	吴绵斌	邹志毅	邹海魁	宋恭华	初广文
张栩	张楠	张鹏	张永军	张早校	张香平
张新发	张新胜	陈健	陈飞国	陈光文	陈国华
陈标华	罗英武	罗祎青	侍洪波	岳国君	金万勤

周　俊	周光正	周兴贵	周芳德	周迟骏	宗　原
赵　亮	赵贤广	赵建丛	赵雪娥	胡彦杰	钟伟民
侯　予	施从南	姜海波	骆广生	秦　炜	秦　衍
秦培勇	袁希钢	袁佩青	都　健	都丽红	贾红华
夏宁茂	夏良志	夏启斌	夏建业	顾幸生	钱夕元
徐　虹	徐　骥	徐炎华	徐建鸿	徐铜文	奚红霞
高士秋	高正明	高秀峰	郭烈锦	郭锦标	唐忠利
姬　超	姬忠礼	黄　昆	黄雄斌	黄德先	曹义鸣
曹子栋	龚俊波	崔现宝	康　勇	彭延庆	葛　蔚
蒋军成	韩振为	喻健良	程振民	鲁习文	鲁波娜
曾爱武	谢　闯	谢福海	鲍　亮	解惠青	骞伟中
蔡子琦	管国锋	廖　杰	谭天伟	颜学峰	潘　勇
潘旭海	戴干策	戴义平	魏　飞	魏　峰	魏尤际

审稿人

马兴华	王世昌	王尚锦	王树楹	王喜忠	朱企新
朱家骅	任其龙	许　莉	苏海佳	李　希	李佑楚
杨志才	张跃军	陈光明	欧阳平凯	罗保林	赵劲松
胡　英	胡修慈	俞金寿	施力田	姚平经	姚虎卿
姚建中	袁孝竞	都丽红	夏国栋	夏淑倩	姬忠礼
黄　洁	鲍晓军	潘勤敏	戴猷元		

参加编辑工作人员名单
(按姓氏笔画排序)

王金生	仇志刚	冉海滢	向　东	孙凤英	刘　军
李　玥	张　艳	陈　丽	周国庆	周伟斌	赵　怡
昝景岩	袁海燕	郭乃铎	傅聪智	戴燕红	

第一版编写人员名单
（按姓氏笔画排序）

编写人员

于鸿寿	于静芬	马兴华	马克承	马继舜	王　楚
王世昌	王永安	王抚华	王明星	王迪生	王彩凤
王喜忠	尤大钺	邓冠云	叶振华	朱才铨	朱长乐
朱企新	朱守一	任德树	刘茉娥	刘隽人	刘淑娟
刘静芳	孙志发	孙启才	麦本熙	劳家仁	李　洲
李　儒	李以圭	李佑楚	李昌文	李金钊	李洪钟
杨守诚	杨志才	时　钧	时铭显	吴乙申	吴志泉
吴锦元	吴鹤峰	邱宣振	余国琮	应燮堂	汪云瑛
沃德邦	沈　复	沈忠耀	沈祖钧	宋　彬	宋　清
张有衡	张茂文	张建初	张迺卿	陈书鑫	陈甘棠
陈彦萼	陈朝瑜	邵惠鹤	林纪方	岳得隆	金鼎五
周肇义	赵士杭	赵纪堂	胡秀华	胡金榜	胡荣泽
侯虞钧	俞电儿	俞金寿	施力才	施从南	费维扬
姚虎卿	夏宁茂	夏诚意	钱家麟	徐功仁	徐自新
徐明善	徐家鼎	郭宜祐	黄长雄	黄延章	黄祖祺
黄鸿鼎	萧成基	盛展武	崔秉懿	章寿华	章思规
梁玉衡	蒋慰孙	傅焖街	蔡振业	谭盈科	樊丽秋
潘积远	戴家幸				

审校人

区灿棋	卢焕章	朱自强	苏元复	时　钧	时铭显
余国琮	汪家鼎	沈　复	张剑秋	张洪沅	陈树功
陈家镛	陈敏恒	林纪方	金鼎五	周春晖	郑　炽
施亚钧	洪国宝	郭宜祐	郭慕孙	萧成基	蔡振业
魏立藩					

第二版编写人员名单
（按姓氏笔画排序）

主稿人

王绍堂	王喜忠	王静康	叶振华	朱有庭	任德树
许晋源	麦本熙	时　钧	时铭显	余国琮	沈忠耀
张祉祐	陆德民	陈学俊	陈家镛	金鼎五	胡　英
胡修慈	施力田	姚虎卿	袁　一	袁　权	袁渭康
郭慕孙	麻德贤	谢国瑞	戴干策	魏立藩	

编写人员

马兴华	王　凯	王宇新	王英琛	王凯军	王学松
王树楹	王喜忠	王静康	方图南	邓　忠	叶振华
申立贤	戎顺熙	吕德伟	朱开宏	朱有庭	朱慧铭
刘会洲	刘淑娟	许晋源	孙启才	麦本熙	李佑楚
李金钊	李洪钟	李静海	李鑫钢	杨守志	杨志才
杨忠高	肖人卓	时　钧	时铭显	吴锦元	吴德钧
沈忠耀	宋海华	张成芳	张祉祐	陆德民	陈丙辰
陈听宽	林猛流	欧阳平凯	欧阳藩	罗北辰	罗保林
金鼎五	金彰礼	周　瑾	周芳德	郑领英	胡　英
胡金榜	胡修慈	柯家骏	俞金寿	俞俊棠	俞裕国
施力田	施从南	姚平经	姚虎卿	贺世群	袁　一
袁　权	袁渭康	耿孝正	徐国光	郭　铨	郭烈锦
黄　洁	麻德贤	董伟志	韩振为	谢国瑞	虞星矩
鲍晓军	蔡志武	阚丹峰	樊丽秋	戴干策	

审稿人

万学达	马沛生	王　楚	冯朴荪	朱自强	劳家仁
李　桢	李绍芬	杨友麒	时　钧	余国琮	汪家鼎
沈　复	张有衡	陈家镛	俞芷青	姚公弼	秦裕珩
萧成基	蒋维钧	潘新章	戴干策	戴猷元	

前　言

　　化学工业是一类重要的基础工业，在资源、能源、环保、国防、新材料、生物制药等领域都有着广泛的应用，对我国可持续发展具有重要意义。改革开放以来，我国化学工业得到长足的发展，作为国民经济的支柱性产业，总量已达世界第一，但产品结构有待改善，质量和效益有待提高，环保和安全有待加强。面对产业转型升级和节能减排的严峻挑战，人们在努力思考和探索化学工业绿色低碳发展的途径，加强化学工程研究和应用成为一个重要的选项。作为一门重要的工程科学，化学工程内容非常丰富，从学科基础（如化工热力学、反应动力学、传递过程原理和化工数学等）到工程内涵（如反应工程、分离工程、系统工程、安全工程、环境工程等）再到学科前沿（如产品工程、过程强化、多尺度和介尺度理论、微化工、离子液体、超临界流体等）对化学工业和国民经济相关领域起着重要的作用。由于化学工程的重要性和浩瀚艰深的内容，手册就成为教学、科研、设计和生产运行的必备工具书。

　　《化学工程手册》（第一版）在冯伯华、苏元复和张洪沅等先生的指导下，从1978年开始组稿到1980年开始分册出版，共26篇1000余万字。《化学工程手册》（第二版）在时钧、汪家鼎、余国琮、陈敏恒等先生主持下，对各个篇章都有不同程度的增补，并增列了生物化工和污染治理等篇章，全书共计29篇，于1996年出版。前两版手册都充分展现了当时我国化学工程学科的基础理论水平和技术应用进展情况。出版后，在石油化工及其相关的过程工程行业得到了普遍的使用，为广大工程技术人员、设计工作者和科技工作者提供了很大的帮助，对我国化学工程学科的发展和进步起到了积极的推动作用。《化学工程手册》（第二版）出版至今已历经20余年，随着科学技术和化工产业的飞速发展，作为一本基础性的工具书，内容亟待更新。基础理论的进展和工业应用的实践也都为手册的修订提出了新的要求和增添了新的内容。

　　《化学工程手册》（第三版）的编写秉承继承与创新相结合的理念，立足学科基础，着眼学术前沿，紧密关联工程应用，致力于促进我国化学工程学科的发展，推动石油化工及其相关的过程工业的提质增效，以及新技术、新产品、新业态的发展。《化学工程手册》（第三版）共分30篇，总篇幅在第二版基础上进行了适度扩充。"化工数学"由第二版中的附录转为第二篇；新增了过程安全篇，树立本质更安全的化工过程设计理念，突出体现以事故预防为主的化工过程风险管控的思想。同时，根据行业发展情况，调整了个别篇章，例如，将工业炉篇并入传热及传热设备篇。另外，各篇均有较大幅度的内容更新，相关篇章加强了信息技术、多尺度理论、微化工技术、离子液体、新材料、催化工程、新能源等新技术的介绍，以全面反映化工领域在新世纪的发展成果。

《化学工程手册》（第三版）的编写得到了工业和信息化部、中国石油和化学工业联合会及化学工业出版社等相关单位的大力支持，在此表示衷心的感谢！同时，对参与本手册组织、编写、审稿等工作的高校、研究院、设计院和企事业单位的所有专家和学者表达我们最诚挚的谢意！尽管我们已尽全力，但限于时间和水平，手册中难免有疏漏及不当之处，恳请读者批评指正！

袁渭康　王静康
费维扬　欧阳平凯
2019 年 5 月

第一版序言

化学工程是以物理、化学、数学的原理为基础，研究化学工业和其他化学类型工业生产中物质的转化，改变物质的组成、性质和状态的一门工程学科。它出现于19世纪下半叶，至本世纪二十年代，从理论上分析和归纳了化学类型（化工、冶金、轻工、医药、核能……）工业生产的物理和化学变化过程，把复杂的工业生产过程归纳成为数不多的若干个单元操作，从而奠定了其科学基础。在以后的发展历程中，进而相继出现了化工热力学、化学反应工程、传递过程、化工系统工程、化工过程动态学和过程控制等新的分支，使化学工程这门工程学科具备更完整的系统性、统一性，成为化学类型工业生产发展的理论基础，是本世纪化学工业持续进展的重要因素。

工业的发展，只有建立在技术进步的基础上，才能有速度、有质量和水平。四十年代初，流态化技术应用于石油催化裂化过程，促使石油工业的面貌发生了划时代的变化。用气体扩散法提取铀235，从核燃料中提取钚，用精密蒸馏方法从普通水中提取重水；用发酵罐深层培养法大规模生产青霉素；建立在现代化工技术基础上的石油化学工业的兴起等等，——这些使人类生活面貌发生了重大变化。六十年代以来，化工系统工程的形成，系统优化数学模型的建立和电子计算机的应用，为化工装置实现大型化和高度自动化，最合理地利用原料和能源创造了条件，使化学工业的科研、设计、设备制造、生产发展踏上了一个技术上的新台阶。化学工程在发展过程中，既不断丰富本学科的内容，又开发了相关的交叉学科。近年来，生物化学工程分支的发展，为重要的高科技部门生物工程的兴起创造了必要的条件。可见，化学工程学科对于化学类型工业和应用化工技术的部门的技术进步与发展，有着至为重要的作用。

由于化学工程学科对于化工类型生产、科研、设计和教育的普遍重要性，在案头备有一部这一领域得心应手的工具书，是广大化工技术人员众望所趋。1901年，世界上第一部《化学工程手册》在英国问世，引起了人们普遍关注。1934年，美国出版了《化学工程师手册》，此后屡次修订，至1984年已出版第六版，这是一部化学工程学科最有代表性的手册。我国从事化学工程的科技、教育专家们，在五十年代，就曾共商组织编纂我国化学工程手册大计，但由于种种原因，迁延至七十年代末中国化工学会重新恢复活动后方始着手。值得庆幸的是，荟集我国化学工程界专家共同编纂的这部重要巨著终于问世了。手册共分 26 篇，先分篇陆续印行，为方便读者使用，现合订成六卷出版。这部手册总结了我国化学工程学科在科研、设计和生产领域的成果，向读者提供理论知识、实用方法和数据，也介绍了国外先进技术和发展趋势。希望这部手册对广大化学工程界科技人员的工作和学习有所裨益，能成为读者的良师益友。我相信，该书在配合当前化学工业尽快克服工艺和工程放大设计方面的薄弱环节，尽快消化引进的先进技术，缩短科研成果转化为生产力的时间等方面将会起积极作用，促进化工的发展。

我作为这部手册编纂工作的主要支持者和组织者，谨向《手册》编委会的编委、承担编写和审校任务的专家、化学工程设计技术中心站、出版社工作人员以及对《手册》编审、出版工作做出贡献的所有同志，致以衷心的感谢，并欢迎广大读者对《手册》的内容和编排提出意见和建议，供将来再版时参考。

冯伯华
1989 年 5 月

第二版前言

《化学工程手册》(第一版)于1978年开始组稿,1980年出版第一册(气液传质设备),以后分册出版,不按篇次,至1989年最后一册出版发行,共26篇,合计1000余万字,卷帙浩繁,堪称巨著。出版之后,因系国内第一次有此手册,深受各方读者欢迎。特别是在装订成六个分册后,传播较广。

手册是一种参考用书,内容须不断更新,方能满足读者需要。最近十几年来,化学工程学科在过程理论和设备设计两方面,都有不少重要进展。计算机的广泛应用,新颖材料的不断出现,能量的有效利用,以及环境治理的严峻形势,对化工工艺设计提出更为严格的和创新的要求。化工实践的成功与否,取决于理论和实际两个方面。也就在这两方面,在第一版出版之后,有了许多充实和发展。手册的第二版是在这种形势下进行修订的。

第二版对于各个篇章都有不同程度的增补,不少篇章还是完全重写的。除此而外,还有几个主要的变动:①增列了生物化工和污染治理两篇,这是适应化学工程学科的发展需要的。②将冷冻内容单独列篇。③将化工应用数学改为化工应用数学方法,编入附录,便于查阅。④增加化工用材料的内容,用列表的方式,排在附录内。

这次再版的总字数,经过反复斟酌,压缩到不超过600万字,仅为第一版的二分之一左右,分订两册,便于查阅。

本手册的每一篇都是由高等院校和研究单位的有关专家编写而成,重点在于化工过程的基本理论及其应用。有关化工设备及机器的设计计算,化工出版社正在酝酿另外编写一部专用手册。

本手册的编委会成员、撰稿人及审稿人,对于本书的写成,在全过程中都给予了极大的关怀、具体的指导和积极的参与,在此谨致谢忱。化工出版社领导的关心,有关编辑同志的辛勤劳动,对于本书的出版起了重要的作用。

化学工业部科技司、清华大学化工系、天津大学化学工程研究所、华东理工大学(原华东化工学院),在这本手册编写过程中从各个方面包括经费上给予大力的支持,使本书得以较快的速度出版,特向他们表示深深的谢意。

本手册的第一版得到了冯伯华、苏元复、张洪沅三位同志的关心和指导,冯伯华同志和张洪沅同志还参加了第二版的组织工作，可惜他们未能看到第二版的出版，在此我们谨表示深深的悼念。

时　钧　汪家鼎
余国琮　陈敏恒

目录

第 7 篇　传热及传热设备

1　概论 ··· 7-2
　1.1　热量传递的基本方式 ··· 7-2
　1.2　换热器的类型和选取 ··· 7-2
　　1.2.1　换热器按传递过程分类 ··· 7-2
　　1.2.2　换热器按传热表面紧凑度分类 ·· 7-3
　　1.2.3　换热器按结构分类 ·· 7-3
　　1.2.4　换热器按流动方式分类 ··· 7-4
　　1.2.5　传热设备的选取 ··· 7-5
　1.3　传热设备在化学工业中的应用 ··· 7-6
　参考文献 ··· 7-7

2　导热 ··· 7-8
　2.1　导热基本定律及热导率 ·· 7-8
　　2.1.1　傅里叶定律 ·· 7-8
　　2.1.2　三维导热方程 ··· 7-8
　　2.1.3　热导率 ··· 7-9
　2.2　定态导热 ·· 7-12
　　2.2.1　一维导热 ·· 7-13
　　2.2.2　二维导热 ·· 7-16
　2.3　非定态导热 ··· 7-16
　　2.3.1　一维非定态导热 ·· 7-16
　　2.3.2　二维及三维非定态导热的求解 ··· 7-18
　　2.3.3　导热问题数值计算原理 ··· 7-19
　　2.3.4　非定态导热的数值解法 ··· 7-19
　　2.3.5　有相变的导热 ·· 7-21
　参考文献 ··· 7-21

3　对流传热 ··· 7-22
　3.1　概述 ·· 7-22

3.2 对流传热膜系数 ... 7-22
3.2.1 能量方程 ... 7-22
3.2.2 传热膜系数 ... 7-23
3.2.3 总传热系数 ... 7-24
3.2.4 传热膜系数求解法 ... 7-24
3.2.5 相似原理和量纲分析 ... 7-24
3.3 自然对流传热 ... 7-25
3.3.1 各种几何形状物体的 Nusselt 方程式 ... 7-25
3.3.2 简化的量纲分析式 ... 7-26
3.3.3 伴随有辐射热损失的自然对流 ... 7-26
3.3.4 密闭空间内的自然对流 ... 7-27
3.4 强制对流传热 ... 7-28
3.4.1 动量传递与热量传递的类比理论 ... 7-28
3.4.2 层流传热 ... 7-29
3.4.3 过渡区域的传热 ... 7-32
3.4.4 湍流传热 ... 7-32
3.5 非牛顿流体的传热 ... 7-39
3.5.1 非牛顿流体的黏性 ... 7-39
3.5.2 非牛顿流体的热导率 ... 7-40
3.5.3 管内强制对流传热膜系数 ... 7-40
3.6 液态金属的传热 ... 7-42
3.6.1 管内流动 ... 7-43
3.6.2 横掠管束 ... 7-43
参考文献 ... 7-44

4 有相变时的传热 ... 7-45
4.1 引言 ... 7-45
4.2 冷凝换热 ... 7-45
4.2.1 冷凝现象与机理 ... 7-45
4.2.2 冷凝膜系数的计算公式 ... 7-45
4.2.3 直接接触凝结 ... 7-50
4.3 沸腾换热 ... 7-54
4.3.1 沸腾现象与机理 ... 7-54
4.3.2 池内沸腾 ... 7-54
4.3.3 流动沸腾 ... 7-59
参考文献 ... 7-68

5 辐射换热 ... 7-70
5.1 热辐射和辐射特性 ... 7-70
5.1.1 基本概念 ... 7-70

  5.1.2 基本定律和辐射特性 ··· 7-71
 5.2 辐射换热 ·· 7-81
  5.2.1 角系数 ·· 7-81
  5.2.2 黑体表面间的辐射换热 ·· 7-81
  5.2.3 灰体表面间的辐射换热 ·· 7-81
  5.2.4 遮热板 ·· 7-83
  5.2.5 气体与管壁间的辐射换热 ··· 7-84
 5.3 太阳能热辐射与太阳能利用 ··· 7-84
  5.3.1 太阳能热辐射与太阳能利用基础知识 ·· 7-84
  5.3.2 太阳能热发电技术 ··· 7-86
  5.3.3 太阳能热化学利用 ··· 7-93
 参考文献 ··· 7-96

6 传热过程计算 ··· 7-97

 6.1 传热过程分析 ··· 7-97
 6.2 平均温度差 ·· 7-97
 6.3 总传热系数 ·· 7-100
 6.4 污垢 ·· 7-105
 6.5 有效因子及传热单元数 ·· 7-107
 6.6 从实验数据推求传热膜系数 ·· 7-113
 参考文献 ·· 7-115

7 传热强化和节能技术 ·· 7-116

 7.1 传热强化 ··· 7-116
  7.1.1 概述 ·· 7-116
  7.1.2 槽管 ·· 7-116
  7.1.3 翅片 ·· 7-118
  7.1.4 多孔介质 ·· 7-121
  7.1.5 旋流流动 ·· 7-122
  7.1.6 螺旋管 ··· 7-122
  7.1.7 管内添加物 ··· 7-123
  7.1.8 流体添加物 ··· 7-124
  7.1.9 冷凝传热强化 ·· 7-125
 7.2 节能技术 ··· 7-126
  7.2.1 概述 ·· 7-126
  7.2.2 燃料燃烧的合理化 ·· 7-126
  7.2.3 加热、冷却等传热过程的合理化 ··· 7-127
  7.2.4 蒸汽的有效使用 ··· 7-127
  7.2.5 压缩空气的有效运行 ··· 7-127
  7.2.6 废热回收 ·· 7-128

参考文献 ·· 7-129

8 换热器 ·· 7-131

8.1 管壳式换热器 ·· 7-131
8.1.1 管壳式换热器的结构型式 ·· 7-131
8.1.2 管程结构 ··· 7-133
8.1.3 壳程结构 ··· 7-137
8.1.4 管壳式换热器的设计计算 ·· 7-140
8.1.5 缠绕管换热器 ·· 7-156

8.2 板式换热器 ··· 7-165
8.2.1 板式换热器简介 ··· 7-165
8.2.2 螺旋板式换热器 ··· 7-169
8.2.3 板翅式换热器 ·· 7-173
8.2.4 伞板式换热器 ·· 7-178
8.2.5 板壳式换热器 ·· 7-179
8.2.6 T-P板式换热器 ·· 7-180

8.3 其他换热器 ··· 7-184
8.3.1 套管式换热器 ·· 7-184
8.3.2 蛇管式换热器 ·· 7-187
8.3.3 刺刀管式换热器 ··· 7-189
8.3.4 降膜式换热器 ·· 7-189
8.3.5 特种材料换热器 ··· 7-190

8.4 空冷器 ··· 7-196
8.4.1 空冷器基本特点 ··· 7-196
8.4.2 空冷器的型式与构造 ··· 7-196
8.4.3 自然通风空冷器 ··· 7-199
8.4.4 机械通风空冷器 ··· 7-199
8.4.5 增湿空冷器 ··· 7-200
8.4.6 表面蒸发式空冷器 ·· 7-201
8.4.7 空冷器设计计算 ··· 7-202

8.5 换热器的优化设计 ··· 7-208
8.5.1 换热器型式的选择 ·· 7-208
8.5.2 换热表面设计的优化 ··· 7-209
8.5.3 系统优化 ··· 7-210
8.5.4 计算机辅助优化设计 ··· 7-214

　　参考文献 ·· 7-216

9 再沸器、冷凝器与废热锅炉 ·· 7-218

9.1 再沸器 ··· 7-218
9.1.1 再沸器的分类和特性 ··· 7-218

9.1.2 立式热虹吸再沸器 ······ 7-219
9.1.3 卧式热虹吸再沸器 ······ 7-222
9.1.4 强制循环再沸器 ······ 7-223
9.1.5 釜式再沸器 ······ 7-223
9.2 冷凝器 ······ 7-224
9.2.1 冷凝器的选型 ······ 7-224
9.2.2 冷凝器结构 ······ 7-224
9.2.3 冷凝器传热 ······ 7-227
9.2.4 混合物的冷凝 ······ 7-228
9.3 废热锅炉 ······ 7-229
9.3.1 废热锅炉的作用、特点与分类 ······ 7-229
9.3.2 废热锅炉结构 ······ 7-232
9.3.3 废热锅炉设计特点 ······ 7-239
9.4 热管换热器 ······ 7-242
9.4.1 热管工作原理与特点 ······ 7-242
9.4.2 热管工作性能 ······ 7-244
9.4.3 热管换热器 ······ 7-247
参考文献 ······ 7-250

10 直接接触式换热器 ······ 7-251

10.1 工作特点和传热原理 ······ 7-251
10.2 直接接触式冷凝器 ······ 7-252
10.3 冷却塔 ······ 7-257
10.4 蒸发冷却器 ······ 7-259
10.5 泡沫接触式换热器 ······ 7-260
参考文献 ······ 7-261

11 工业炉 ······ 7-262

11.1 概述 ······ 7-262
11.1.1 化学工业中的工业炉 ······ 7-262
11.1.2 工业炉的技术要求 ······ 7-262
11.2 工业炉的燃烧过程 ······ 7-263
11.2.1 燃烧设备 ······ 7-263
11.2.2 燃烧技术 ······ 7-265
11.3 工业炉的传热问题 ······ 7-267
11.3.1 内混式工业炉的工作过程 ······ 7-268
11.3.2 工业炉的辐射传热 ······ 7-268
11.3.3 对流传热 ······ 7-271
11.4 气化炉 ······ 7-271
11.4.1 煤气化的基本化学反应 ······ 7-271

- 11.4.2 煤的气化工艺与技术 ... 7-272
- 11.4.3 气化炉 ... 7-273
- 11.5 转化炉 ... 7-279
 - 11.5.1 一段转化炉 ... 7-279
 - 11.5.2 其他型式一段转化炉 ... 7-282
 - 11.5.3 二段转化炉 ... 7-284
- 11.6 裂解炉 ... 7-286
 - 11.6.1 乙烯装置 ... 7-286
 - 11.6.2 裂解炉结构 ... 7-287
- 11.7 加热炉 ... 7-293
 - 11.7.1 管式加热炉 ... 7-293
 - 11.7.2 热载体加热炉 ... 7-298
- 11.8 焚烧炉 ... 7-301
 - 11.8.1 焚烧炉中焚烧过程的控制 ... 7-302
 - 11.8.2 焚烧炉类型 ... 7-303
 - 11.8.3 焚烧炉的污染抑制 ... 7-304
- 参考文献 ... 7-306

12 数值传热 ... 7-308

- 12.1 概述 ... 7-308
- 12.2 数学背景 ... 7-309
- 12.3 数值模拟 ... 7-311
- 12.4 传热模型与应用 ... 7-318
- 参考文献 ... 7-319

13 绝热与保温材料 ... 7-320

- 13.1 绝热材料 ... 7-320
 - 13.1.1 绝热材料的种类 ... 7-320
 - 13.1.2 绝热材料使用温度 ... 7-321
 - 13.1.3 绝热材料的形态 ... 7-321
- 13.2 常用绝热材料 ... 7-322
 - 13.2.1 硅藻土 ... 7-322
 - 13.2.2 蛭石 ... 7-322
 - 13.2.3 膨胀珍珠岩 ... 7-322
 - 13.2.4 人造矿物纤维 ... 7-322
 - 13.2.5 矿渣棉 ... 7-322
 - 13.2.6 玻璃棉 ... 7-322

13.2.7	石棉	7-323
13.2.8	硅酸钙	7-323
13.2.9	泡沫玻璃	7-323
13.2.10	有机绝热材料	7-323

13.3 低温隔热 ·········· 7-323
13.4 保温层厚度 ·········· 7-324
参考文献 ·········· 7-325

符号说明 ·········· 7-326

第8篇 制冷

1 机械制冷及其应用 ·········· 8-2
参考文献 ·········· 8-3

2 制冷剂和载冷剂 ·········· 8-4
2.1 制冷剂的种类和编号表示方法 ·········· 8-4
2.1.1 卤代烃以及碳氢化合物 ·········· 8-4
2.1.2 醚基制冷剂 ·········· 8-5
2.1.3 混合制冷剂 ·········· 8-5
2.1.4 有机化合物 ·········· 8-6
2.1.5 无机化合物 ·········· 8-6

2.2 制冷剂的热力学性质及环境影响指数 ·········· 8-7
2.2.1 制冷剂的热力学性质 ·········· 8-7
2.2.2 制冷剂的环境影响指数 ·········· 8-8

2.3 制冷剂的实用性质 ·········· 8-9
2.3.1 制冷剂的相对安全性 ·········· 8-9
2.3.2 制冷剂的热稳定性 ·········· 8-10
2.3.3 制冷剂对材料的作用 ·········· 8-10
2.3.4 制冷剂同水的溶解性 ·········· 8-11
2.3.5 制冷剂同润滑油的溶解性 ·········· 8-11
2.3.6 制冷剂的泄漏判断 ·········· 8-12

2.4 常用制冷剂的特性 ·········· 8-13
2.4.1 无机化合物 ·········· 8-13
2.4.2 卤代烃 ·········· 8-13
2.4.3 碳氢化合物 ·········· 8-15

2.4.4 混合制冷剂	8-15
2.5 制冷剂的选用	8-16
2.5.1 选用制冷剂应考虑的问题	8-16
2.5.2 制冷剂的代用问题	8-16
2.6 载冷剂	8-18
2.6.1 载冷剂的种类及选用	8-18
2.6.2 水	8-19
2.6.3 盐水	8-19
2.6.4 有机物载冷剂	8-19
2.6.5 二氧化碳	8-20
参考文献	8-21

3 蒸气压缩制冷循环   8-22

3.1 单级压缩制冷循环	8-22
3.1.1 单级压缩制冷机的基本组成和工作过程	8-22
3.1.2 理论循环及其性能指标	8-22
3.1.3 液体过冷、吸气过热对循环的影响和回热循环	8-24
3.1.4 实际循环	8-28
3.2 冷凝温度、蒸发温度变化对制冷机性能和工况的影响	8-29
3.2.1 冷凝温度变化的影响	8-30
3.2.2 蒸发温度变化的影响	8-30
3.2.3 单级压缩制冷机的工况	8-31
3.2.4 单级压缩制冷机的工作温度范围	8-32
3.3 两级压缩制冷循环	8-32
3.3.1 两级压缩制冷循环的型式	8-33
3.3.2 两级压缩制冷循环中间压力的确定	8-37
3.3.3 两级压缩制冷机的变工况特性	8-38
3.4 复叠式制冷循环	8-39
3.4.1 复叠式制冷循环的型式	8-40
3.4.2 有关复叠式制冷循环的几个问题	8-42
3.5 混合制冷剂制冷循环	8-43
3.5.1 常规的单级压缩循环	8-43
3.5.2 自复叠制冷循环系统	8-43
参考文献	8-46

4 制冷压缩机   8-47

4.1 制冷压缩机的种类和工作特点	8-47
4.2 活塞式制冷压缩机	8-48
4.2.1 活塞式制冷压缩机的结构和特点	8-48
4.2.2 活塞式制冷压缩机的性能	8-49

  4.3 螺杆式制冷压缩机 ··· 8-51
    4.3.1 螺杆式制冷压缩机的构造及基本参数 ·· 8-51
    4.3.2 螺杆式制冷压缩机工作过程的特点及性能 ···································· 8-54
    4.3.3 螺杆式制冷压缩机的变频技术 ·· 8-55
  4.4 离心式制冷压缩机 ··· 8-55
    4.4.1 离心式制冷压缩机的构造及特点 ··· 8-55
    4.4.2 离心式制冷压缩机的性能 ··· 8-57
  参考文献 ··· 8-58

5 蒸气压缩式制冷机的设备和工艺流程 ·· 8-59
  5.1 蒸气压缩式制冷机的传热设备 ·· 8-59
    5.1.1 冷凝器和过冷器 ·· 8-59
    5.1.2 蒸发器和冷凝蒸发器 ·· 8-60
    5.1.3 中间冷却器和回热器 ·· 8-63
  5.2 蒸气压缩式制冷机的节流机构 ·· 8-63
    5.2.1 节流机构的功用及种类 ··· 8-63
    5.2.2 浮球调节阀 ·· 8-63
    5.2.3 热力膨胀阀 ·· 8-64
    5.2.4 电子膨胀阀 ·· 8-66
  5.3 蒸气压缩式制冷机的辅助设备 ·· 8-68
    5.3.1 制冷剂的储存和分离设备 ··· 8-68
    5.3.2 制冷剂的净化设备 ··· 8-68
    5.3.3 润滑油的分离及收集设备 ··· 8-69
  5.4 制冷工艺流程简介 ··· 8-70
    5.4.1 冷水机组的工艺流程 ·· 8-70
    5.4.2 冷库用氨制冷工艺流程 ··· 8-71
    5.4.3 石油化工用制冷工艺流程 ··· 8-71
  参考文献 ··· 8-73

6 低温制冷与气体液化 ·· 8-74
  6.1 低温工质的性质 ·· 8-74
    6.1.1 低温工质的种类及热力学性质 ·· 8-74
    6.1.2 空气及其组成气体 ··· 8-75
    6.1.3 天然气及其组成气体 ·· 8-76
    6.1.4 氢 ··· 8-76
    6.1.5 氦 ··· 8-78
  6.2 低温制冷方法 ··· 8-79
    6.2.1 气体的绝热节流 ·· 8-79
    6.2.2 气体的等熵膨胀 ·· 8-80
  6.3 气体液化的热力学分析 ··· 8-81

6.3.1 气体液化的理论最小功	8-81
6.3.2 气体液化循环的性能指标	8-83
6.4 绝热节流气体液化循环	8-83
6.4.1 一次节流液化循环	8-83
6.4.2 有预冷的一次节流液化循环	8-86
6.4.3 二次节流液化循环	8-88
6.5 带膨胀机的气体液化循环	8-90
6.5.1 克劳特循环	8-90
6.5.2 海兰德循环和卡皮查循环	8-92
6.5.3 带膨胀机的双压循环	8-93
6.6 其他型式的气体液化循环	8-95
6.6.1 复叠式制冷气体液化循环	8-95
6.6.2 混合制冷剂制冷天然气液化循环	8-96
6.6.3 氦制冷气体液化循环	8-97
6.7 气体液化及分离装置流程简介	8-98
6.7.1 大型氢液化装置	8-98
6.7.2 大型氦液化装置	8-100
6.7.3 合成氨生产用大型空气液化分离装置	8-102
参考文献	8-102

7 吸收制冷

7.1 吸收制冷原理	8-104
7.2 吸收式制冷机的工质	8-106
7.2.1 工质的种类	8-106
7.2.2 溴化锂水溶液	8-106
7.2.3 氨水溶液	8-107
7.3 溴化锂吸收式制冷机	8-107
7.3.1 单效溴化锂吸收式制冷机	8-108
7.3.2 双效溴化锂吸收式制冷机	8-110
7.3.3 两级吸收溴化锂吸收式制冷机	8-111
7.4 氨水吸收式制冷机	8-112
参考文献	8-112

8 热泵及能量回收

8.1 热泵	8-113
8.1.1 热泵的含义及特点	8-113
8.1.2 热泵按工作原理分类	8-113
8.1.3 热泵的应用	8-115
8.2 能量回收	8-116
8.2.1 ORC的基本组成和工作过程	8-117

  8.2.2 ORC 的特点 ··· 8-118
  8.2.3 ORC 系统的优化和改进 ··· 8-119
  8.2.4 工质的选择 ·· 8-120
  8.2.5 ORC 系统组成部件 ··· 8-121
  8.2.6 ORC 的应用场合 ·· 8-125
 参考文献 ·· 8-127

符号说明 ·· 8-128

第 9 篇 蒸发

1 蒸发及应用概述 ·· 9-2
参考文献 ·· 9-2

2 蒸发的类型与计算 ·· 9-3
 2.1 单效蒸发 ·· 9-3
  2.1.1 单效蒸发的操作压力 ··· 9-3
  2.1.2 连续蒸发与分批蒸发 ··· 9-4
  2.1.3 连续单效蒸发计算 ··· 9-5
 2.2 多效蒸发 ·· 9-9
  2.2.1 多效蒸发流程 ··· 9-9
  2.2.2 多效蒸发的计算 ··· 9-11
  2.2.3 多效蒸发系统的计算机程序介绍 ································· 9-16
 2.3 热泵蒸发 ·· 9-17
  2.3.1 蒸汽喷射式热泵蒸发 ··· 9-18
  2.3.2 机械压缩式热泵蒸发 ··· 9-21
  2.3.3 多效蒸发与热泵组合式蒸发 ··· 9-25
 2.4 减压闪蒸 ·· 9-27
 2.5 蒸发系统的热能利用 ·· 9-30
 2.6 蒸发系统的优化 ·· 9-31
 参考文献 ·· 9-32

3 蒸发器的类型与选择 ·· 9-33
 3.1 夹套釜式蒸发器 ·· 9-33
 3.2 竖管循环型蒸发器 ·· 9-34
  3.2.1 自然循环蒸发器 ··· 9-34
  3.2.2 强制循环蒸发器 ··· 9-36
 3.3 竖管膜式蒸发器 ·· 9-37

3.3.1 升膜蒸发器 ... 9-37
3.3.2 降膜蒸发器 ... 9-37
3.4 板式蒸发器 ... 9-41
3.4.1 板式升膜蒸发器 ... 9-41
3.4.2 板式降膜蒸发器 ... 9-42
3.5 刮膜蒸发器 ... 9-42
3.6 直接加热蒸发器 ... 9-43
3.7 蒸发器的选型 ... 9-44
3.7.1 选型考虑的因素 ... 9-44
3.7.2 有关选型的说明 ... 9-44
3.7.3 蒸发设备选型表 ... 9-45
参考文献 ... 9-45

4 蒸发器的设计 ... 9-47
4.1 加热室 ... 9-47
4.1.1 加热室的总传热系数 ... 9-47
4.1.2 料液侧的传热膜系数 ... 9-49
4.1.3 不凝气的排除 ... 9-51
4.1.4 蒸汽进口与冷凝液出口 ... 9-53
4.2 蒸发器的加料 ... 9-54
4.3 分离室 ... 9-55
4.3.1 气液分离 ... 9-55
4.3.2 存液容积 ... 9-58
4.3.3 含盐悬浮液的排出 ... 9-58
参考文献 ... 9-58

5 蒸发系统及其操作特点 ... 9-60
5.1 蒸发系统的组成 ... 9-60
5.2 冷凝器 ... 9-61
5.3 压缩机与真空泵的选择 ... 9-61
5.3.1 蒸汽压缩机的选择 ... 9-61
5.3.2 真空泵的选择 ... 9-63
5.4 蒸发系统操作中的问题 ... 9-66
参考文献 ... 9-67

符号说明 ... 9-68

第10篇 结晶

1 概述 ... 10-2
参考文献 ... 10-3

2 晶体工程 · · · · · · 10-4

2.1 晶体工程的内涵 · · · · · · 10-4
2.2 晶体工程与传统工业结晶技术的共性与区别 · · · · · · 10-5
2.3 高端晶体产品的质量指标 · · · · · · 10-5
2.4 同质多晶行为与构效关系分析 · · · · · · 10-7
参考文献 · · · · · · 10-8

3 结晶系统性质 · · · · · · 10-10

3.1 晶体 · · · · · · 10-10
3.1.1 晶体特性 · · · · · · 10-10
3.1.2 晶体的空间结构 · · · · · · 10-10
3.1.3 晶体的晶习 · · · · · · 10-11
3.1.4 晶体的晶型 · · · · · · 10-13
3.1.5 晶体的粒度分布 · · · · · · 10-14
3.1.6 溶解度和过饱和度 · · · · · · 10-14
3.1.7 溶液的过饱和、超溶解度曲线以及介稳区 · · · · · · 10-16
3.2 结晶机理 · · · · · · 10-18
3.2.1 成核 · · · · · · 10-18
3.2.2 晶体生长 · · · · · · 10-23
3.2.3 奥斯特瓦尔德熟化 · · · · · · 10-27
3.2.4 结晶成核与成长的内在联系 · · · · · · 10-27
3.2.5 添加剂和杂质对结晶的影响 · · · · · · 10-27
参考文献 · · · · · · 10-29

4 溶液结晶 · · · · · · 10-31

4.1 相图特征 · · · · · · 10-32
4.1.1 相律 · · · · · · 10-32
4.1.2 单组分系统 · · · · · · 10-32
4.1.3 相变 · · · · · · 10-33
4.1.4 双组分系统 · · · · · · 10-34
4.1.5 三组分系统 · · · · · · 10-36
4.2 冷却结晶及其装置 · · · · · · 10-36
4.2.1 间接换热冷却结晶 · · · · · · 10-36
4.2.2 直接冷却结晶 · · · · · · 10-37
4.3 蒸发结晶装置 · · · · · · 10-37
4.4 真空绝热冷却结晶器 · · · · · · 10-38
4.5 连续结晶器 · · · · · · 10-39
4.5.1 强迫外循环型结晶器 · · · · · · 10-39
4.5.2 流化床型结晶器 · · · · · · 10-39

  4.5.3 导流筒加搅拌桨型真空结晶器 ……………………………………………… 10-40
  4.5.4 多级结晶过程 …………………………………………………………………… 10-42
 4.6 溶液结晶过程的模型及系统分析 ………………………………………………………… 10-44
  4.6.1 总体模型与稳态行为分析 …………………………………………………… 10-44
  4.6.2 非稳态行为分析 ……………………………………………………………… 10-50
 4.7 结晶过程计算与结晶器设计 ……………………………………………………………… 10-52
  4.7.1 收率 ……………………………………………………………………………… 10-52
  4.7.2 结晶器的设计 ………………………………………………………………… 10-54
 4.8 结晶器操作与控制 ………………………………………………………………………… 10-71
  4.8.1 结晶器操作 …………………………………………………………………… 10-71
  4.8.2 连续结晶过程的在线控制 …………………………………………………… 10-73
  4.8.3 间歇结晶过程控制与最佳操作曲线 ………………………………………… 10-73
  4.8.4 结晶的包藏与结块现象的防止手段 ………………………………………… 10-74
 参考文献 ………………………………………………………………………………………… 10-75

5 熔融结晶 ……………………………………………………………………………… 10-77

 5.1 熔融结晶的操作模式与宏观动力学分析 ……………………………………………… 10-77
  5.1.1 基本操作模式 ………………………………………………………………… 10-77
  5.1.2 熔融结晶宏观动力学分析 …………………………………………………… 10-78
 5.2 相图特征 …………………………………………………………………………………… 10-79
  5.2.1 二组分系统 …………………………………………………………………… 10-79
  5.2.2 分配系数 ……………………………………………………………………… 10-81
 5.3 逐步冻凝过程及设备 ……………………………………………………………………… 10-82
  5.3.1 逐步冻凝组分分离 …………………………………………………………… 10-83
  5.3.2 结晶设备 ……………………………………………………………………… 10-84
 5.4 塔式结晶装置 ……………………………………………………………………………… 10-87
  5.4.1 中央加料塔式结晶器 ………………………………………………………… 10-88
  5.4.2 末端加料塔式结晶器 ………………………………………………………… 10-92
  5.4.3 组合塔式结晶器 ……………………………………………………………… 10-94
  5.4.4 塔式结晶分离与其他分离方法比较 ………………………………………… 10-96
 5.5 区域熔炼 …………………………………………………………………………………… 10-96
  5.5.1 区域熔炼的过程分析 ………………………………………………………… 10-97
  5.5.2 主要变量 ……………………………………………………………………… 10-98
  5.5.3 应用 …………………………………………………………………………… 10-98
 参考文献 ………………………………………………………………………………………… 10-98

6 升华（升华结晶） ………………………………………………………………… 10-100

 6.1 升华分离相图与限度 …………………………………………………………………… 10-101
  6.1.1 相图特征 ……………………………………………………………………… 10-101
  6.1.2 分离纯度的约束条件 ………………………………………………………… 10-102

6.2 升华过程及速率分析 ·········· 10-102
6.3 设备及设计方程 ·········· 10-103
6.3.1 设备 ·········· 10-103
6.3.2 设计方程 ·········· 10-104
参考文献 ·········· 10-105

7 沉淀

7.1 沉淀的形成 ·········· 10-106
7.2 沉淀所遵循的基本法则 ·········· 10-106
7.2.1 溶度积原理 ·········· 10-106
7.2.2 奥斯特（Ostwald）递变法则 ·········· 10-107
7.2.3 威门（Weimarn）沉淀法则 ·········· 10-107
7.2.4 分配系数 ·········· 10-108
7.3 沉淀技术与设备 ·········· 10-109
7.3.1 反应沉淀 ·········· 10-109
7.3.2 盐析 ·········· 10-109
7.3.3 沉淀设备 ·········· 10-110
参考文献 ·········· 10-111

8 耦合结晶技术

8.1 反应-结晶耦合 ·········· 10-113
8.2 蒸馏-结晶耦合 ·········· 10-113
参考文献 ·········· 10-114

9 其他结晶方法与机理

9.1 生物大分子物系结晶 ·········· 10-115
9.1.1 可溶蛋白结晶的影响因素 ·········· 10-116
9.1.2 可溶蛋白的结晶方法 ·········· 10-117
9.2 功能纳米晶体的结晶 ·········· 10-119
9.3 加压结晶、喷射结晶、冰析结晶等 ·········· 10-123
参考文献 ·········· 10-124

第11篇 传质

1 概论

1.1 传质现象 ·········· 11-2
1.2 化工生产过程中的传质 ·········· 11-2
参考文献 ·········· 11-3

2 分子传质（扩散） 11-4

2.1 通量、浓度和速度 11-4
2.2 Fick 定律 11-5
2.3 分子传质微分方程 11-5
2.4 稳态分子扩散 11-6
2.4.1 一维扩散 11-6
2.4.2 伴有化学反应的一维扩散 11-8
2.5 非稳态分子扩散 11-11
2.5.1 半无限大静止介质中的一维扩散 11-11
2.5.2 大平板中的一维扩散 11-11
2.5.3 球体中的扩散 11-12
2.5.4 圆柱体中的扩散 11-13
2.6 多孔体中的扩散 11-13
2.6.1 Fick 扩散 11-13
2.6.2 Knudsen 扩散 11-14
2.6.3 过渡型扩散 11-14
2.6.4 表面扩散 11-15
2.7 扩散系数 11-15
2.7.1 气体的扩散系数 11-15
2.7.2 液体的扩散系数 11-16
参考文献 11-19

3 对流传质 11-21

3.1 对流传质的传质方程 11-21
3.2 对流传质系数与扩散系数对比 11-21
3.3 传质系数与推动力单位的关系 11-22
3.4 流体界面传质模型 11-24
3.4.1 膜理论 11-24
3.4.2 渗透理论 11-25
3.4.3 表面更新理论 11-25
3.5 对流传质中的无量纲分析 11-26
3.6 质量、能量和动量传递的类比 11-27
3.6.1 质量、热量和动量传递的相似性 11-27
3.6.2 混合长理论 11-28
3.6.3 Reynolds 类比 11-29
3.6.4 Prandtl 类比 11-30
3.6.5 von Karman 类比 11-30
3.6.6 Chilton-Colburn 类比 11-31
3.7 对流传质系数的关联式 11-32

3.7.1 平板	11-33
3.7.2 球体、液滴和气泡	11-33
3.7.3 圆柱体	11-34
3.7.4 圆管内	11-34
3.7.5 小颗粒悬浮液	11-35
参考文献	11-36

4 相间传质 ... 11-38

4.1 双膜理论	11-38
4.2 总传质系数	11-39
4.3 工业装置中的传质	11-39
4.3.1 容积传质系数	11-39
4.3.2 等摩尔相向扩散的传质装置	11-40
4.3.3 通过静止膜扩散的传质装置	11-40
4.3.4 传质单元数的计算	11-41
4.3.5 总传质单元高度与单相传质单元高度的关系	11-42
参考文献	11-43

第12篇 气体吸收

1 概述 ... 12-2

1.1 概念与定义	12-2
1.1.1 吸收与解吸	12-2
1.1.2 物理吸收与化学吸收	12-2
1.1.3 非等温吸收	12-3
1.1.4 多组分吸收	12-3
1.1.5 吸收操作流程	12-3
1.2 气体在液体中的溶解度——气液平衡关系	12-3
1.2.1 亨利常数	12-4
1.2.2 气液平衡数据	12-4
1.3 相际传质	12-5
1.3.1 传质速率与传质系数	12-5
1.3.2 有关传质系数的说明	12-9
参考文献	12-10

2 吸收塔设计 ... 12-11

| 2.1 设计要领 | 12-11 |
| 2.1.1 溶剂选择 | 12-11 |

- 2.1.2 设备选择 ··· 12-11
- 2.1.3 溶剂用量 ··· 12-11
- 2.1.4 塔径 ··· 12-14
- 2.1.5 塔高 ··· 12-14
- 2.2 填充吸收塔设计 ··· 12-14
  - 2.2.1 基本公式与计算方法 ·· 12-14
  - 2.2.2 传质单元 ··· 12-16
  - 2.2.3 浓度低时的简化计算 ·· 12-18
  - 2.2.4 浓度高时的近似计算 ·· 12-20
  - 2.2.5 传质单元数的图解 ·· 12-25
  - 2.2.6 填充塔的放大问题 ·· 12-25
  - 2.2.7 喷洒器 ·· 12-25
- 2.3 板式吸收塔设计 ··· 12-26
  - 2.3.1 理论板数的图解 ··· 12-26
  - 2.3.2 理论板数的计算 ··· 12-26
- 参考文献 ·· 12-28

3 非等温吸收 ·· 12-29

- 3.1 热效应的考虑 ·· 12-29
  - 3.1.1 塔温度变化所造成的影响和处理原则 ·· 12-29
  - 3.1.2 操作条件与设备的影响 ··· 12-30
- 3.2 近似算法 ·· 12-30
  - 3.2.1 按等温吸收计算 ··· 12-30
  - 3.2.2 按简单绝热吸收计算 ·· 12-31
- 3.3 严格算法 ·· 12-36
  - 3.3.1 正规计算 ··· 12-36
  - 3.3.2 简捷计算 ··· 12-37
- 参考文献 ·· 12-46

4 多组分吸收 ·· 12-47

- 4.1 操作分析 ·· 12-47
- 4.2 设计变量 ·· 12-48
- 4.3 简捷计算 ·· 12-49
  - 4.3.1 贫气吸收 ··· 12-49
  - 4.3.2 富气吸收 ··· 12-51
- 4.4 严格计算 ·· 12-61
- 参考文献 ·· 12-62

5 化学吸收 ··· 12-64

- 5.1 化学反应的影响 ··· 12-64

5.1.1 吸收速率的增大 ··· 12-64
5.1.2 增强因子 ··· 12-64
5.2 化学吸收速率 ·· 12-66
5.2.1 二级不可逆反应 ·· 12-66
5.2.2 其他反应 ·· 12-71
5.2.3 平衡溶解度与扩散系数 ··· 12-74
5.2.4 根据反应快慢的设备选用原则 ··· 12-74
5.3 化学吸收设备设计 ··· 12-75
5.3.1 从原始理论出发 ·· 12-75
5.3.2 利用经验关系与数据 ·· 12-84
5.3.3 通过实验室或中间厂试验放大 ··· 12-87
5.4 有化学反应的解吸 ·· 12-89
参考文献 ·· 12-89

6 气体吸收塔性能 ·· 12-91

6.1 填充塔 ·· 12-91
6.1.1 传质系数通用关联式 ·· 12-91
6.1.2 传质系数专用经验式 ·· 12-101
6.2 板式塔 ·· 12-105
6.2.1 泡罩吸收塔板效率 ·· 12-105
6.2.2 筛板吸收塔板效率 ·· 12-106
6.3 喷洒塔 ·· 12-108
6.4 鼓泡塔 ·· 12-109
6.5 湿壁塔 ·· 12-110
参考文献 ·· 12-111

7 吸收过程的工业应用 ·· 12-113

7.1 气体吸收在流程工业中的应用 ·· 12-113
7.1.1 产品的生产 ·· 12-113
7.1.2 气体的净化与尾气处理 ··· 12-115
7.1.3 产品的精制与回收 ·· 12-115
7.2 二氧化碳的捕集与脱除 ··· 12-116
7.2.1 概述 ·· 12-116
7.2.2 物理吸收法 ·· 12-116
7.2.3 化学吸收法 ·· 12-116
7.2.4 物理化学吸收法 ··· 12-117
7.2.5 过程的比较与评价 ·· 12-117
7.3 酸性气体的吸收 ··· 12-117
7.3.1 概述 ·· 12-117
7.3.2 物理吸收过程 ··· 12-118

  7.3.3 化学吸收过程 ··· 12-118
  7.3.4 其他吸收过程 ··· 12-118
  7.3.5 工艺过程的比较与评价 ·· 12-118
 7.4 烟气脱硫脱硝 ··· 12-118
  7.4.1 烟气脱硫 ·· 12-118
  7.4.2 烟气脱硝 ·· 12-119
 参考文献 ·· 12-120

符号说明 ·· 12-121

第 13 篇 蒸馏

1 汽-液平衡关系 ·· 13-2

 1.1 引言 ·· 13-2
 1.2 汽-液平衡基本关系式 ··· 13-2
  1.2.1 相对挥发度 ·· 13-2
  1.2.2 逸度系数和活度系数 ··· 13-2
  1.2.3 活度系数法和状态方程法基本关系式 ·· 13-3
 1.3 汽-液平衡数据及相图 ·· 13-3
  1.3.1 汽-液平衡数据 ··· 13-3
  1.3.2 相律及相图 ··· 13-6
 1.4 活度系数法和状态方程法 ··· 13-7
  1.4.1 活度系数法 ··· 13-7
  1.4.2 状态方程法 ··· 13-8
  1.4.3 两种方法的比较 ·· 13-9
 1.5 K 值法和 K 图 ··· 13-9
  1.5.1 K 值法的基本公式 ··· 13-9
  1.5.2 K 值图 ··· 13-11
  1.5.3 K 值的模型计算 ·· 13-12
 参考文献 ·· 13-13

2 蒸馏基本原理及分类概述 ··· 13-14

 2.1 简单蒸馏 ··· 13-15
  2.1.1 闪蒸 ·· 13-15
  2.1.2 渐次汽化 ·· 13-15
 2.2 连续多级蒸馏 ··· 13-16
 2.3 间歇多级蒸馏 ··· 13-17
 2.4 复杂多级蒸馏 ··· 13-18

- 2.5 特殊蒸馏 ······ 13-18
  - 2.5.1 萃取蒸馏 ······ 13-18
  - 2.5.2 共沸蒸馏（恒沸蒸馏）······ 13-19
  - 2.5.3 反应蒸馏 ······ 13-20
  - 2.5.4 分子蒸馏与短程蒸馏 ······ 13-21
- 一般参考文献 ······ 13-21
- 参考文献 ······ 13-21

3 自由度分析 ······ 13-22

- 3.1 自由度 ······ 13-22
  - 3.1.1 过程变量 ······ 13-22
  - 3.1.2 约束关系式 ······ 13-23
  - 3.1.3 设计变量 ······ 13-23
  - 3.1.4 非独立变量 ······ 13-23
- 3.2 操作要素的自由度分析 ······ 13-23
  - 3.2.1 单股均相流 ······ 13-24
  - 3.2.2 分流器 ······ 13-24
  - 3.2.3 简单平衡级 ······ 13-24
  - 3.2.4 小结 ······ 13-25
- 3.3 操作单元的自由度分析 ······ 13-26
  - 3.3.1 简单级联 ······ 13-26
  - 3.3.2 简单精馏塔 ······ 13-27
  - 3.3.3 小结 ······ 13-29
- 一般参考文献 ······ 13-31
- 参考文献 ······ 13-31

4 简单蒸馏计算 ······ 13-32

- 4.1 泡点、露点计算 ······ 13-32
  - 4.1.1 泡点温度计算 ······ 13-32
  - 4.1.2 露点温度计算 ······ 13-33
- 4.2 闪蒸计算 ······ 13-33
  - 4.2.1 平衡冷凝、平衡汽化过程计算 ······ 13-34
  - 4.2.2 绝热闪蒸过程计算 ······ 13-35
- 4.3 单级间歇蒸馏计算 ······ 13-36
- 4.4 水蒸气蒸馏 ······ 13-37
- 一般参考文献 ······ 13-38
- 参考文献 ······ 13-38

5 二组元精馏计算 ······ 13-39

- 5.1 基本概念 ······ 13-39

5.1.1	精馏平衡级概念	13-40
5.1.2	传质单元概念及其图解法	13-41
5.2	二组元精馏 McCabe-Thiele 图解方法	13-44
5.2.1	简单精馏过程	13-44
5.2.2	平衡级数、回流比与进料位置	13-48
5.2.3	其他构型的精馏塔	13-52
5.2.4	二组元精馏的级效率	13-52
参考文献		13-55

6 三组元蒸馏计算 ··· 13-56

6.1	三组元相平衡的表示	13-56
6.1.1	精馏曲线	13-57
6.1.2	几种不同形式的精馏曲线	13-58
6.2	全回流的三元精馏计算	13-60
6.3	最小回流比下的三元精馏	13-63
6.3.1	最小回流比与最小再沸比	13-63
6.3.2	分离低沸点组分的最小回流比	13-65
6.3.3	分离高沸点组分的最小再沸比	13-67
6.4	操作回流比下的三元精馏计算	13-67
6.4.1	提馏段计算	13-67
6.4.2	进料级计算	13-68
6.4.3	精馏段计算	13-69
6.4.4	与三元精馏计算有关的几个问题	13-69
参考文献		13-70

7 多组元精馏计算 ··· 13-71

7.1	多组元精馏过程简捷计算	13-71
7.1.1	Fenske-Underwood-Gilliland 简捷法	13-71
7.1.2	用于吸收和汽提计算的 Kremser 群法	13-79
7.2	多组元精馏严格计算方法	13-83
7.2.1	平衡级数学模型	13-84
7.2.2	方程的分割（分解）	13-87
7.2.3	Inside-Out 法	13-109
7.2.4	其他方法	13-112
7.3	非平衡级和非平衡混合池模型	13-113
7.3.1	Krishnamurthy-Taylor（K-T）非平衡级模型	13-115
7.3.2	非平衡级模型的应用	13-119
7.3.3	非平衡混合池模型	13-121
7.3.4	塔板上液体流动-混合参数与精馏点效率预测	13-121
7.4	填料塔的计算	13-123

7.4.1 传质单元	13-124
7.4.2 当量理论塔板	13-127
7.4.3 填料塔的计算例题	13-127
参考文献	13-129

8 萃取精馏 13-132

8.1 萃取精馏过程	13-132
8.2 萃取剂的作用	13-133
8.3 萃取剂的筛选	13-134
8.3.1 萃取剂的筛选依据	13-134
8.3.2 萃取剂筛选方法	13-134
8.3.3 影响萃取剂筛选的因素	13-135
8.4 萃取精馏过程的设计与优化	13-135
参考文献	13-137

9 共沸精馏 13-138

9.1 共沸现象与共沸精馏	13-138
9.1.1 共沸物的分类	13-138
9.1.2 共沸现象的普遍性	13-139
9.1.3 预测共沸数据	13-139
9.1.4 压力对共沸组成的影响	13-142
9.2 共沸精馏过程	13-143
9.2.1 均相共沸精馏	13-143
9.2.2 非均相共沸精馏	13-145
9.3 共沸剂的选择	13-146
9.4 共沸精馏过程的设计及计算示例	13-147
9.4.1 共沸精馏过程的设计	13-147
9.4.2 共沸精馏过程计算示例	13-148
一般参考文献	13-149
参考文献	13-149

10 石油与复杂物系分馏 13-151

10.1 石油馏分的表示方法	13-151
10.1.1 石油及石油馏分	13-151
10.1.2 石油及其馏分的蒸馏曲线	13-151
10.1.3 假组分和假多元系	13-153
10.2 石油馏分性质的计算	13-154
10.2.1 相对密度	13-154
10.2.2 特性因数	13-154
10.2.3 平均沸点	13-155

10.2.4 平均分子量、临界性质、热性质	13-155
10.3 石油馏分的汽-液平衡计算	13-155
10.4 石油分馏	13-156
10.4.1 原油常压蒸馏	13-156
10.4.2 原油减压蒸馏	13-157
10.5 石油分馏过程的计算	13-157
10.5.1 近似的估算	13-157
10.5.2 计算机模拟	13-158
10.6 煤焦油分馏	13-158
10.6.1 煤焦油的组成和性质	13-158
10.6.2 煤焦油的分馏方法	13-158
10.6.3 煤焦油分馏过程计算	13-159
参考文献	13-159

11 反应蒸馏

11.1 反应蒸馏概述	13-161
11.1.1 反应蒸馏的原理及特点	13-161
11.1.2 反应蒸馏的热力学性质	13-161
11.1.3 反应蒸馏的分类	13-161
11.2 反应蒸馏过程设计方法	13-162
11.2.1 反应蒸馏过程可行性分析及概念设计方法	13-162
11.2.2 反应蒸馏过程模拟	13-162
11.2.3 反应蒸馏内构件设计	13-163
11.3 反应蒸馏的工程应用	13-166
11.3.1 酯化与酯交换类反应	13-166
11.3.2 醚化类反应	13-166
11.3.3 缩醛类反应	13-167
11.3.4 水解类反应	13-167
11.3.5 水合类反应	13-167
参考文献	13-167

12 溶盐蒸馏

12.1 溶盐蒸馏的基本原理	13-169
12.1.1 无机盐	13-169
12.1.2 离子液体	13-170
12.2 溶盐蒸馏的计算方法	13-171
12.2.1 Furter方程	13-171
12.2.2 拟二元模型和状态方程法	13-171
12.2.3 活度系数法	13-172
12.3 溶盐蒸馏改进与发展	13-172

12.3.1 加盐萃取精馏	13-172
12.3.2 离子液体萃取精馏	13-172
参考文献	13-173

13 精密蒸馏 ························ 13-174

- 13.1 高纯物分离过程的图解法 ························ 13-174
- 13.2 难分离物系及其相对挥发度 ························ 13-174
- 13.3 精密蒸馏过程计算 ························ 13-176
- 13.4 用于精密蒸馏的高效填料 ························ 13-181
- 13.5 利用循环精馏过程解决高理论板需求问题 ························ 13-183
- 参考文献 ························ 13-185

14 不稳态蒸馏过程 ························ 13-186

- 14.1 不稳态蒸馏过程的分类 ························ 13-186
- 14.2 分批蒸馏过程 ························ 13-186
  - 14.2.1 分批蒸馏过程的分类 ························ 13-186
  - 14.2.2 分批蒸馏的计算 ························ 13-190
- 14.3 特殊分批精馏 ························ 13-202
  - 14.3.1 动态侧线出料分批精馏 ························ 13-202
  - 14.3.2 热敏物料分批精馏 ························ 13-203
  - 14.3.3 高凝固点物料分批精馏 ························ 13-206
- 14.4 蒸馏开工过程 ························ 13-207
  - 14.4.1 代数方程法 ························ 13-208
  - 14.4.2 解析计算法 ························ 13-209
  - 14.4.3 数值模拟计算法 ························ 13-210
- 14.5 蒸馏过程控制 ························ 13-210
  - 14.5.1 蒸馏塔调节的必要性 ························ 13-211
  - 14.5.2 蒸馏塔的调节特性 ························ 13-211
  - 14.5.3 蒸馏塔的控制方法 ························ 13-213
- 参考文献 ························ 13-216

15 分子蒸馏 ························ 13-218

- 15.1 分子蒸馏的原理 ························ 13-218
- 15.2 分子蒸馏装置及设计原则 ························ 13-221
- 15.3 分子蒸馏的发展与应用 ························ 13-229
- 一般参考文献 ························ 13-230
- 参考文献 ························ 13-230

16 精馏过程的节能 ························ 13-231

- 16.1 精馏过程的热力学分析 ························ 13-231

| 16.1.1 | 精馏过程所需功 | 13-231 |
| 16.1.2 | 精馏过程不可逆性的分析 | 13-232 |

16.2 精馏过程的最优设计与操作 ... 13-233
16.2.1	精馏过程最佳操作条件的选择	13-233
16.2.2	在精馏操作中采用先进的自动控制系统	13-234
16.2.3	精馏设备的保养维护	13-234

16.3 精馏过程热能的回收和利用 ... 13-235
16.3.1	精馏过程的显热回收	13-235
16.3.2	精馏过程的潜热回收	13-237
16.3.3	加强保温以减少精馏过程的热损失	13-238
16.3.4	精馏塔间的能量集成	13-239

16.4 提高精馏系统的热力学效率 ... 13-239
16.4.1	热泵精馏	13-240
16.4.2	多效精馏	13-241
16.4.3	增设中间再沸器和中间冷凝器	13-244
16.4.4	SRV精馏	13-246
16.4.5	热耦精馏	13-248

16.5 多组元精馏塔序列合成及其能量集成 ... 13-253
一般参考文献 ... 13-253
参考文献 ... 13-253

第14篇 气液传质设备

1 概述 ... 14-2

1.1 气液传质过程和设备 ... 14-2
1.2 板式塔和填料塔的选择原则 ... 14-2
参考文献 ... 14-4

2 板式塔 ... 14-5

2.1 板式塔的结构及塔板分类 ... 14-5
2.2 塔板上气液两相操作状态 ... 14-7
  2.2.1 操作状态分类 ... 14-7
  2.2.2 相转变点 ... 14-8
2.3 鼓泡层、清液层高度和堰上液流液头及液面梯度 ... 14-11
  2.3.1 鼓泡层高度和清液层高度 ... 14-11
  2.3.2 堰上液流液头 ... 14-13
  2.3.3 液面梯度 ... 14-16
2.4 塔板压降 ... 14-17

- 2.5 操作极限与负荷性能图 ··· 14-19
  - 2.5.1 最大允许气相负荷 ··· 14-19
  - 2.5.2 最小允许气相负荷 ··· 14-25
  - 2.5.3 最大允许液相负荷 ··· 14-27
  - 2.5.4 最小允许液相负荷 ··· 14-29
  - 2.5.5 负荷性能图和操作弹性 ··· 14-29
- 2.6 板式塔内的流体流动 ··· 14-30
  - 2.6.1 流体流动的不均匀性 ··· 14-30
  - 2.6.2 对塔板效率的影响 ··· 14-32
- 2.7 塔板效率 ··· 14-33
  - 2.7.1 几种塔板效率的定义 ··· 14-33
  - 2.7.2 板效率计算 ··· 14-35
- 2.8 三维非平衡混合池模型 ··· 14-45
- 一般参考文献 ·· 14-48
- 参考文献 ·· 14-48

3 各种塔板的结构 ·· 14-50

- 3.1 塔板的结构参数 ··· 14-50
- 3.2 传质构件——塔盘板 ··· 14-52
  - 3.2.1 泡罩塔板 ··· 14-52
  - 3.2.2 筛板 ··· 14-58
  - 3.2.3 浮阀塔板 ··· 14-63
  - 3.2.4 网孔塔板 ··· 14-70
  - 3.2.5 垂直筛板 ··· 14-73
  - 3.2.6 气液并流填料塔板 ··· 14-75
  - 3.2.7 斜喷型塔板 ··· 14-76
- 3.3 降液管 ··· 14-86
  - 3.3.1 降液管的基本形式 ··· 14-86
  - 3.3.2 降液管的流体力学性能 ··· 14-86
  - 3.3.3 多降液管塔板 ··· 14-87
- 3.4 受液盘 ··· 14-89
  - 3.4.1 平受液盘 ··· 14-90
  - 3.4.2 凹受液盘 ··· 14-90
  - 3.4.3 液封盘 ··· 14-90
- 3.5 溢流堰 ··· 14-91
- 3.6 无降液管塔板 ··· 14-91
  - 3.6.1 穿流式栅板或筛板 ··· 14-92
  - 3.6.2 波楞穿流板 ··· 14-93
- 参考文献 ·· 14-95

4 填料及其性能 ... 14-97

4.1 引言 ... 14-97
4.2 散装填料 ... 14-98
4.2.1 拉西环 ... 14-100
4.2.2 鲍尔环 ... 14-100
4.2.3 阶梯环 ... 14-101
4.2.4 弧鞍、矩鞍填料 ... 14-101
4.2.5 金属 Intalox ... 14-101
4.2.6 超级 Intalox 与 Nex 环等 ... 14-102
4.2.7 高通量塑料填料 ... 14-102
4.2.8 实验室散装填料 ... 14-103
4.3 规整填料 ... 14-103
4.3.1 丝网波纹填料 ... 14-104
4.3.2 板波纹填料 ... 14-105
4.3.3 高通量波纹填料 ... 14-105
4.3.4 格栅填料 ... 14-106
4.4 填料的选用 ... 14-106
4.5 填料的流体力学性能 ... 14-107
4.5.1 持液量与载点 ... 14-108
4.5.2 泛点与压降 ... 14-111
4.6 填料的传质性能 ... 14-118
4.6.1 传质系数计算 ... 14-118
4.6.2 实验数据应用 ... 14-121
4.6.3 HETP 简捷估算 ... 14-124
4.6.4 放大效应与端效应 ... 14-125
一般参考文献 ... 14-126
参考文献 ... 14-126

5 填料塔流体分布及塔内件 ... 14-128

5.1 填料液体分布 ... 14-128
5.1.1 填料的自分布性能 ... 14-128
5.1.2 小尺度不良分布 ... 14-129
5.1.3 大尺度不良分布 ... 14-130
5.2 填料气体分布 ... 14-131
5.3 液体分布器 ... 14-132
5.3.1 孔流型液体分布器 ... 14-133
5.3.2 溢流型液体分布器 ... 14-136
5.3.3 压力型管式液体分布器 ... 14-137
5.4 其他塔内件 ... 14-138

5.4.1 填料支承	14-138
5.4.2 填料压紧和限位装置	14-140
5.4.3 液体收集器	14-140
5.4.4 气体分布器	14-142
一般参考文献	14-142
参考文献	14-142

6 塔设备的优化设计 ... 14-144

6.1 塔板与填料间的比较与选择	14-144
6.2 塔设备的经济性	14-145
6.2.1 图表法	14-145
6.2.2 关联式法	14-147
6.2.3 设备费的校正	14-148
6.3 蒸馏塔的优化设计	14-149
6.3.1 塔板与塔径	14-149
6.3.2 回流比与塔板数	14-150
6.4 吸收塔的优化设计	14-151
6.4.1 塔体与填料	14-151
6.4.2 操作压力	14-151
6.4.3 液气比	14-151
6.4.4 塔径（或气速）	14-152
6.4.5 吸收塔塔高（或出口气体浓度）	14-153
6.4.6 提馏塔液体出口最宜浓度	14-153
6.4.7 吸收塔入塔溶剂的温度	14-153
6.4.8 多组分系统的最宜条件	14-154
一般参考文献	14-154
参考文献	14-154

本卷索引

第7篇
传热及传热设备

主 稿 人：周芳德　西安交通大学教授
编写人员：周芳德　西安交通大学教授
　　　　　郭烈锦　中国科学院院士，西安交通大学教授
　　　　　王海军　西安交通大学教授
　　　　　白博峰　西安交通大学教授
　　　　　曹子栋　西安交通大学教授
　　　　　刘　磊　西安交通大学教授
审 稿 人：夏国栋　北京工业大学教授

第一版编写人员名单
编写人员：林纪方　郭宜祜　盛展武　蔡振业　钱家麟　黄祖祺
　　　　　马克承　谭盈科　黄鸿鼎　沈　复　杨守诚
审 校 人：林纪方　郭宜祜　蔡振业

第二版编写人员名单
主 稿 人：陈学俊　许晋源
编写人员：周芳德　郭烈锦　陈听宽　许晋源

1

概论

1.1 热量传递的基本方式

热量传递（传热）在生产技术领域的许多部门应用十分广泛。在化工、能源、冶金、石油、电子、交通、动力机械等部门中广泛采用的换热器和专用换热设备都以传递热量为主要功能。它们的设计、制造、运行和提高经济效益都要大量地运用传热知识，传热对于化工生产过程等起着十分关键的作用。

热量传递有三种基本的方式：导热、对流和辐射。

导热：热量由于物体分子的相互传递从物体的一部分传递到物体的另一部分，或者从一物体传递到与其接触的另一物体。在导热过程中，物体内分子不产生可见的位移。

对流：在液体、气体内，流体各部分之间发生相对位移，冷热流体相互掺混所引起的热量传递方式称为对流。对流只能发生在液体和气体内，而且必然伴随有导热现象。由于流体冷、热各部分密度的不同而引起的对流称为自然对流。流体的流动由于泵、风机或者其他机械作用而产生的对流称为强制对流。当强制对流速度很低时，由密度差、温度差引起的对流会产生重要的影响。

辐射：物体通过电磁波运动来传递能量的方式称为辐射。因为热的原因而发生辐射能的现象称为热辐射。辐射传热过程无需介质，在真空条件下进行。

在实际生产中所遇到的传热过程很少是单一的传热方式，往往是几种基本方式同时出现，这就使实际的换热过程很复杂。例如一个冷凝器管子外壁的蒸汽是冷凝传热，管子外壁与内壁间是导热，管子内壁与管内流体之间是对流传热。

1.2 换热器的类型和选取

凡是能使热量从热流体传递到冷流体，以满足规定的生产要求的各种设备统称为换热器。流体之间的传热通过隔离流体的壁面进行，流体之间并不混合，如管壳式换热器。换热器被广泛用于化工、石油、动力等工业部门。换热器可以根据传递过程、表面紧凑度、结构特征、流动方式等进行分类。

1.2.1 换热器按传递过程分类

换热器根据传递过程的不同可分为直接接触式和非直接接触式两类。

(1) 直接接触式换热器 又称混合式换热器，冷流体和热流体在换热器内直接接触传递热量，要求冷热流体是互不相溶的。通常，一种流体是气体，另外一种流体是饱和蒸气压很低的液体。在热量交换后，两种流体很容易分离。如冷水塔、液膜式冷凝器、喷射式冷凝器等。

(2) 非直接接触式换热器 温度不同的两种流体通过隔离流体的壁面进行热量传递，两流体之间因有壁面分开，故互不接触。这是化工生产中应用最广泛的类型。它又可以分为间壁式换热器（直接传递式）、蓄热式换热器和流化床三种。

1.2.2 换热器按传热表面紧凑度分类

紧凑式换热器是具有高"面积密度"的换热器。面积密度 β 为传热面积和换热体积之比。根据这个定义，一个换热器，如果"面积密度"很低，则说明这个换热器体积大、重量重。

目前，规定一个换热器的面积密度 β 超过 $700 m^2 \cdot m^{-3}$，则这个换热器可称作紧凑式换热器，而不论其实际体积大小和轻重[1]。

通常，管壳式换热器的 β 值均小于 $500 m^2 \cdot m^{-3}$，气体透平机械中蓄热器的 β 值可达到 $6600 m^2 \cdot m^{-3}$。

紧凑式换热器通常具有传热系数 K 相当高、体积小的特点。

使传热表面紧凑化的技术有板间加装翅片、圆管加装翅片等。

1.2.3 换热器按结构分类

换热器最普遍的分类是按其结构特征进行的，可以分为管式、板式、扩展表面式、蓄热式换热器等，如表 7-1-1 所示。ε-NTU 和对数平均温差等热效率分析方法，均可用于管式、板式和蓄热式换热器。还有其他一些因素必须同时考虑到，如管式换热器中泄漏和流体旁通，板式换热器中的端头影响，扩展表面式换热器中翅片的温度影响。对蓄热器来说，ε-NTU 法必须修正使用。每一种换热器的设计方法均有所不同。

表 7-1-1 换热器按结构分类

管式	管壳式	固定管板式	刚性结构	用于管壳温差较小的情况(一般≤50℃),管间不能清洗
			带膨胀节	有一定的温度补偿能力,壳程只能承受较低压力
		浮头式		管内外均能承受高压,可用于高温高压场合
		U形管式		管内外均能承受高压,管内清洗及检修困难
		填料函式	外填料函	管间容易泄漏,不宜处理易挥发、易爆易燃及压力较高的介质
			内填料函	密封性能差,只能用于压差较小的场合
		釜式		壳体上都有个蒸发空间,用于再沸、蒸发
	套管式	双套管式		结构比较复杂,主要用于高温高压场合,或固定床反应器中
		(单)套管式		能逆流操作,用于传热面较小的冷却器、冷凝器或预热器
	螺旋盘管式	浸没式		用于管内流体的冷却、冷凝,或者管外流体的加热
		喷淋式		只用于管内流体的冷却或冷凝
板式		板式(常规)		拆洗方便,传热面能调整,主要用于黏性较大的液体间换热
		螺旋板式		可进行严格的逆流操作,有自洁作用,可回收低温热能
		伞板式		伞形传热板结构紧凑,拆洗方便,通道较小,易堵,要求流体干净
		板壳式		板束类似于管束,可抽出清洗检修,压力不能太高

续表

扩展表面式	板翅式		结构十分紧凑,传热效率高,流体阻力大
	管翅式		适用于气体和液体之间传热,传热效率高,用于化工、动力、空调、制冷工业
蓄热式	回转式	盘式	传热效率高,用于高温烟气冷却等
		鼓式	用于空气预热器等
	固定格室式	紧凑式	适用于低温到高温的各种条件
		非紧凑式	可用于高温及腐蚀性气体场合

(1) 管式换热器 管式换热器可用于高温、高压力、高液体压力差场合,它又分为管壳式、套管式和螺旋盘管式换热器。

① 管壳式换热器。这一类换热器的特点是易于制造、选用材料的范围广、换热表面清洗比较方便、适应性强、处理能力大、能在高温高压下使用。管壳式换热器是在化工生产中所有换热器中使用广、效率较高的一种传统的标准设备。

由于管束和壳体结构型式上的不同,管壳式换热器还可以进一步分为固定管板式、U形管式、浮头式、填料函式、釜式等。这些管壳式换热器都有其各自的特点,以适应不同的使用要求。

② 套管式换热器。主要有双套管式换热器,由两根同心圆管组成,冷热流体分别在内管和内管与外管之间环形通道内逆流流动。这种换热器清洗容易,适合于高温、高压工作条件。由于制造价格高,主要用在总传热面积小于 $20m^2$ 的场合。

③ 螺旋盘管式换热器。由一个或多个盘绕成螺旋状的管子安装在壳体内组成。螺旋盘管的传热系数高于直管。在单位体积内,螺旋盘管具有较大的传热面积,热膨胀自由,但不易清洗。

(2) 板式换热器 板式换热器由光滑平板或波纹板等制成,换热器的传热单元有直平板或卷制成螺旋状板等种类。和管式换热器相比,板式换热器不能承受较高的压力,流体之间的温度差不能太大,板式换热器又可分为板式(常规)、螺旋板式、伞板式和板壳式换热器。

(3) 扩展表面式换热器 管板式换热器通常的设计热效率只有60%,甚至更低,面积密度小于 $300m^2 \cdot m^{-3}$。扩展表面式换热器可以达到很高的热效率(甚至达到98%)。扩展表面式换热器中应用最广泛的是板翅式和管翅式换热器。

(4) 蓄热式换热器 又称蓄热器,是一个充满蓄热体(如格子砖)的蓄热室,热容量很大。不同温度的两种流体先后交替地通过蓄热室,高温流体将热量传给蓄热体,然后蓄热体又将这部分热量传给随后进入的低温流体,这种传热是间接进行的。在蓄热体中的热量是交替地储存和放出的,适用于气体-气体之间的换热,其热效率可超过85%,常用于高温气体的冷却、空气预热和废热回收等。其主要缺点是当冷热流体周期性流进蓄热室时,不可避免地带走一小部分滞留在室内的另一流体。蓄热器可分为回转式蓄热器和固定格室式蓄热器。

1.2.4 换热器按流动方式分类

换热器按流动方式可分为单程和多程换热器,对特殊的流动方式的选择取决于:换热器的热效率要求、流体流动的管程和壳程、壳体形状、允许热应力的大小、温度和其他设计准则。

流体只一次流过换热器的全长度称为单程;若流体多次流过换热器的全程,则称为多程。一种流体从进口封头流进管子里,再经过出口封头流出,这条路径称为管程;另一种流体从外壳上的连接管进出换热器,这条路径称为壳程。

(1) 单程换热器 单程换热器可分为逆流式、并流式和错流式换热器。逆流式换热器如图 7-1-1(a) 所示。在这种换热器中,两种流体以相反方向流动。从热力学角度考虑,这种流动方式优于其他任何一种。在并流式换热器中,两种流体流动方向一致,如图 7-1-1(b) 所示。从热力学角度考虑,这种流动方式最不理想。在进口处存在的大温差,会引起高热应力。但这种流动方式可以产生均匀的壁面温度;换热器的热效率低,但在大流量范围内可保证效率不变,可以提早产生核态沸腾。错流式换热器中,两种流体流动方向相互垂直,如图 7-1-1(c)、图 7-1-1(d) 所示。错流式换热器的效率介于逆流与并流之间。最大结构温度差存在于冷、热流体进口处"角落"。由于这种流动方式极大地简化了流体进口端头设计,在紧凑式换热器中被广泛应用。

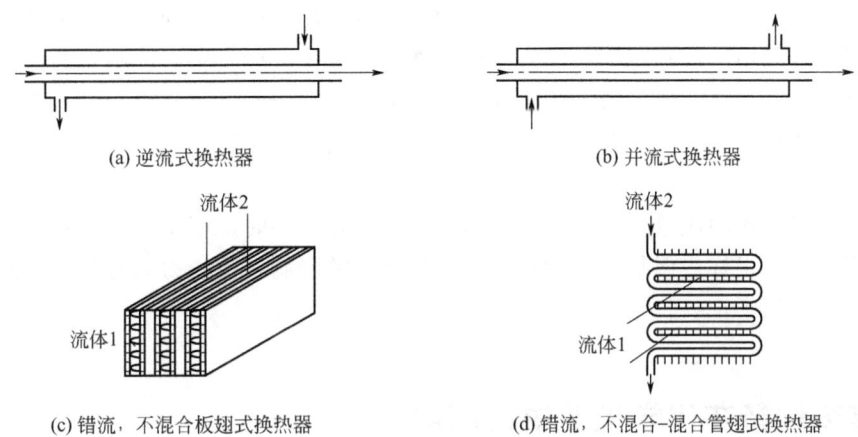

图 7-1-1 单程换热器

在错流流动中,流体是否"混合"取决于设计。当流体通过单个流道或者管子时,在相邻的流道内没有流体混合,则称为流体不混合。在其他参数不变的情况下,混合程度越高,换热效率越低。

(2) 多程换热器 将逆流、并流和错流这三种单程流动方式组合在一起就成为多程。多程换热器的优点主要是可以增加总的热效率。它可以分为错流-逆流;错流-并流;并流-逆流-壳侧流体混合,以及平行板多程,见图 7-1-2。

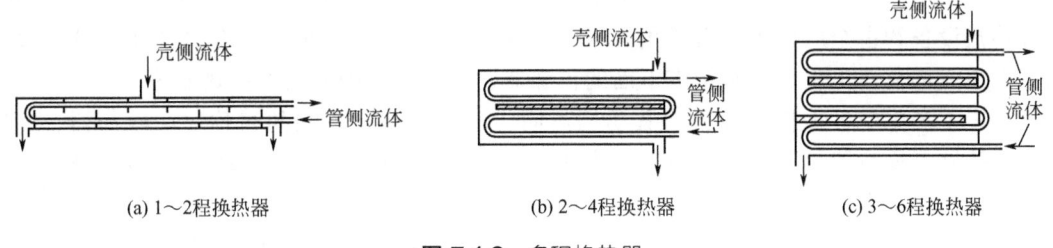

图 7-1-2 多程换热器

1.2.5 传热设备的选取

传热设备的类型很多,每种型式都有特定的应用范围。在某种场合下性能很好的换热器，如果换到另一种场合，则可能传热效果和性能会有很大的改变。因此，针对具体情况正确地选择换热器的类型是很重要和很复杂的工作[2]。

传热设备选型时需要考虑的因素是多方面的，主要是：

a. 热负荷及流量大小；
b. 流体的性质；
c. 温度、压力及允许压降范围；
d. 对清洗、维修的要求；
e. 设备结构材料、尺寸、重量；
f. 价格、使用安全性和寿命。

流体的性质对换热器类型的选择往往会产生重大影响，如流体的物理性质（如比热容、热导率、黏度）、化学性质（如腐蚀性、热敏性）、结垢情况，以及是否有磨蚀性颗粒等因素，都对传热设备的选型有影响。例如硝酸的加热器，流体的强腐蚀性决定了设备的结构材料，限制了可能采用的结构范围。如对于热敏性大的液体，能否精确控制它的加热过程中的温度和停留时间，往往就成为选型的主要前提。流体的清净程度和易否结垢，有时在选型上也起决定性的作用，如对于需要经常清洗换热面的物料，就不能选用高效的板翅式或其他不可拆卸的结构。

同样，换热介质的流量、工作温度、压力等参数在选型时也很重要，例如板式换热器虽然高效紧凑、性能很好，但是由于受结构和垫片性能的限制，当压力或者温度稍高，或者流量很大时就不适用了。

1.3　传热设备在化学工业中的应用

在化工生产工艺中，要实现各种化学反应和各种化工过程，都有一定的温度要求，因此需要进行如下各种传热过程[3]：

a. 反应物料的加热或冷却；
b. 产品的冷凝或冷却；
c. 反应热量的取出或供应；
d. 液体的蒸馏、汽化或稀溶液的蒸发，固体物体的干燥；
e. 工业余热（废热）的回收和热能的综合利用。

在化工生产中，传热设备总是非常重要和广泛使用的。例如在日产千吨的合成氨厂中，各种传热设备约占全厂设备总台数的40%。在化工生产中，传热设备有时还作为其他设备的一个组成部分而出现，如蒸馏塔下面的再沸器、氨合成塔中的内部换热器等。

化工生产中的各种传热设备因其功用不同，也相应地有不同的名称，如冷却器、冷凝器、加热器、换热器、再沸器、蒸汽发生器、过热器及废热（余热）锅炉等，这些传热设备将在本篇中详细介绍。

现代的化学工业和石油工业往往要求在相当苛刻的操作条件下进行换热过程。如高压聚乙烯要求操作压力高达250MPa；新"德士古"制氢法要求操作温度在750~1500℃范围。又如以热裂解法制取烯烃的生产装置中，裂化气的温度高达800~900℃。工艺上要求对裂化气进行冷却，然后进行深冷分离。另外，化工产品工艺介质种类繁多，有许多是强腐蚀性的，因此对传热设备的设计结构和材质要求也是非常高的。随着化学工厂的生产规模日益增大，换热设备也相应向大型化方向发展，单台换热器的传热面积已有高达 $6000\sim8000\text{m}^2$。

化学工业是和能源工业密切相关的。然而据报道，国内由原料能源转变为最终有效利用能的转化率目前只有 27%，节能的潜力很大。近年来化工技术的开发研究正日益侧重于传热强化技术，以节省能源、扩大对能源的适应范围、加强环境保护等。一些新型高效能源换热设备正在化工生产中应用，如高效能的热管换热器已应用于放热反应器、催化反应器、高温热解或离子化学反应中进行等温导热或等温冷却等；能够比较高效地利用低品位热源的热泵系统也在化工生产中开始应用。

参考文献

[1] Bell K J, Kakac S, et al. Heat Exchangers, Thermal-Hydraulic Fundamental and Design. New York: Hemisphere Publishing Co, 1981.
[2] Perry R H. Chemical Engineer's Handbook. 6th ed. New York: McGraw-Hill, 1987.
[3] 时钧，等. 化学工程手册. 第 2 版. 北京. 化学工业出版社，1996.

2 导热

2.1 导热基本定律及热导率

2.1.1 傅里叶定律

傅里叶定律是导热的基本定律。该定律指出，热流量（单位时间内传递的热量）与温度梯度和传热面积成正比。其数学表达式为：

$$\frac{dQ}{d\tau} = -\lambda A \frac{dt}{dx} \tag{7-2-1}$$

式中　Q——传递的热量，W；
　　　τ——时间，s；
　　　t——温度，℃；
　　　x——在 x 方向等温面之间的垂直距离，m；
　　　A——垂直于热流方向的传热面积，m²；
　　　λ——热导率，W·m⁻¹·℃⁻¹。

2.1.2 三维导热方程

傅里叶定律是导出固体或静止流体不稳定状态三维导热方程的基础，三维导热方程为：

$$C\rho \frac{\partial t}{\partial \tau} = \frac{\partial}{\partial x}\left(\lambda \frac{\partial t}{\partial x}\right) + \frac{\partial}{\partial y}\left(\lambda \frac{\partial t}{\partial y}\right) + \frac{\partial}{\partial z}\left(\lambda \frac{\partial t}{\partial z}\right) + q' \tag{7-2-2}$$

式中　x,y,z——直角坐标系中的距离，m；
　　　C——物体的比热容，kJ·kg⁻¹·℃⁻¹；
　　　ρ——物体的密度，kg·m⁻³；
　　　q'——单位体积固体内的热量产生率（如由于化学反应、核反应或电流产生的热量），W·m⁻³。

式(7-2-2)加上适当的边界条件和初始条件，就可以得到物体内温度随时间和位置变化的分布函数。式(7-2-2)也可以变换成球坐标或者圆柱坐标系统，以适合求解诸如圆筒和球体一类导热问题。

求解导热问题实质上归结为对导热微分方程式的求解。使上述导热微分方程获得特解，即唯一解的条件称为定解条件，导热问题的定解条件有两个方面：给出初始时刻温度分布的条件，这种条件称为初始条件；给出物体边界上的温度分布或换热情况的条件，称为边界条件。导热微分方程式连同初始条件和边界条件才能够完整地描写一个具体的导热问题。常见导热问题的边界条件有三类[1]。

（1）规定了边界上的温度值 这称为第一类边界条件。第一类边界条件最简单的例子就是规定边界温度保持常数，即 $t_w=$ 常数。对不稳定导热，这类边界条件要求给出以下关系式：

$$\tau>0 \text{ 时}, \quad t_w = f_1(\tau) \tag{7-2-2a}$$

（2）规定了边界上的热流密度值 这称为第二类边界条件。此类边界条件最简单的典型例子就是规定边界上的热流密度值，即 $q_w=$ 常数，对不稳定导热，这类边界条件要求给出以下关系式：

$$\tau>0 \text{ 时}, -\lambda\left(\frac{\partial t}{\partial n}\right)_w = f_2(\tau) \tag{7-2-2b}$$

式中 $\dfrac{\partial t}{\partial n}$——物体温度沿 n 方向的变化率。

（3）规定了边界上物体与周围流体间的传热系数 α 及周围流体的温度 t_f 这称为第三类边界条件。第三类边界条件可表示为：

$$-\lambda\left(\frac{\partial t}{\partial n}\right)_w = \alpha(t_w - t_f) \tag{7-2-2c}$$

2.1.3 热导率

热导率是表征材料导热性能的一个参数，其单位为 $\text{W}\cdot\text{m}^{-1}\cdot\text{℃}^{-1}$。热导率的数值同材料的种类有关，同一材料的热导率会随着温度变化而不同，许多材料的热导率是温度的函数，图 7-2-1 示出了许多物质热导率对温度的依变关系。金属内的杂质会引起金属热导率明

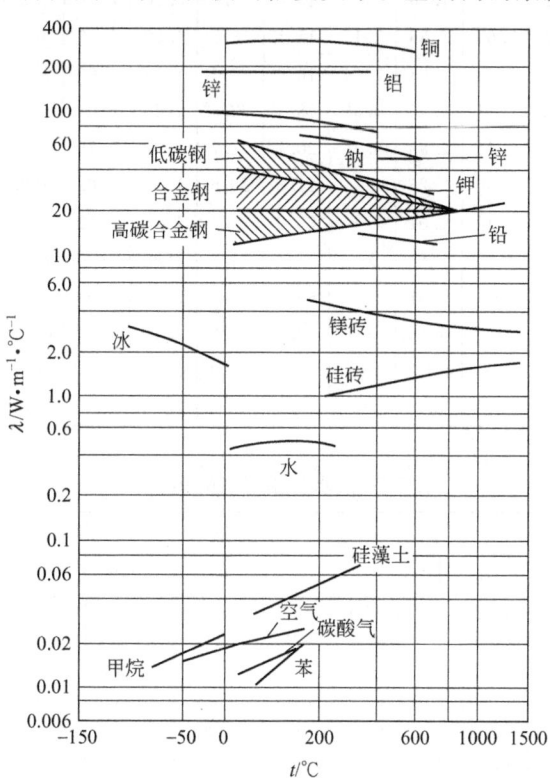

图 7-2-1 热导率对温度的依变关系

显变化，变化范围可达 50%～70%。应当了解，导热并不是唯一的传热方式，尤其对于液体和气体，辐射和对流传热更为主要。一般来说，金属材料的热导率最大，液体次之，气体最小。非金属固体的热导率变化范围较大，数值大的同液体相接近，数值低的（如某些保温材料）则与空气的热导率具有同一数量级。同一物质在相同温度下，会由于表观密度、湿度等差别而具有不同的热导率。例如表观密度为 $400\text{kg}\cdot\text{m}^{-3}$ 的石棉毛在 0℃ 时，热导率为 $0.09\text{W}\cdot\text{m}^{-1}\cdot\text{℃}^{-1}$，而表观密度为 $700\text{kg}\cdot\text{m}^{-3}$ 时，热导率为 $0.19\text{W}\cdot\text{m}^{-1}\cdot\text{℃}^{-1}$。表 7-2-1～表 7-2-4 提供了一部分物质的热导率[2]。Griffiths 发现固体颗粒内部有空气循环，在一定条件下，垂直放置时焦炭试样的热导率比水平放置时大 9%[2]。在确定多孔、非均匀固体物质热导率时，它的温度系数要比均匀的固体物质大得多。这是由于传热不仅以导热方式，还有微小气室内的对流和单个固体颗粒表面间的辐射。如果内部辐射成为一个主要因素，热导率对温度依变关系图中是一条上凹曲线，这是因为辐射传热随热力学温度的四次方增加。液体的热导率随压力变化不大，即使压力达到 1000atm（1atm=101325Pa），热导率仅增加百分之几。

表 7-2-1　气体的热导率 λ　　　　　　　　单位：$\times 10^2\text{W}\cdot\text{m}^{-1}\cdot\text{℃}^{-1}$

温度/K	物质													
	空气	NH_3	Ar	CCl_4	CO_2	C_2H_5	He	H_2	Kr	CH_4	Ne	N_2	O_2	H_2O	Xe
100	0.93	—	0.66	—	—	—	7.2	6.7	—	1.08	2.19	0.96	0.93		
150	1.38	—	0.96	—	—	—	9.5	10.1	0.50	1.84	3.04	1.39	1.38		
200	1.80	1.53	1.25	—	0.94	—	11.5	13.1	0.68	2.17	3.62	1.83	1.83	—	0.38
250	2.21	1.96	1.52	—	1.30	—	13.4	15.7	0.80	2.75	4.29	2.22	2.26	—	0.48
300	2.62	2.47	1.77	0.69	1.66	2.15	15.1	18.3	1.00	3.42	4.89	2.59	2.66	61	0.58
350	3.00	3.04	2.00	0.85	2.04	2.84	16.6	20.4	1.13	4.00	5.46	2.93	2.98	67	0.66
400	3.38	3.70	2.22	1.01	2.43	3.56	18.4	22.5	1.26	4.93	6.01	3.27	3.30	2.66	0.74
450	3.73	4.40	2.44	1.16	2.83	4.36	20.1	24.7	1.38	5.79	6.53	3.59	3.63	3.10	0.82
500	4.07	5.25	2.66	1.30	3.25		21.8	26.6	1.51	6.68	7.03	3.89	4.12	3.58	0.90
600	4.69	6.70	3.07	1.44	4.07		25.0	30.5	1.75	8.52	7.97	4.46	4.73	4.63	1.05
700	5.24	—	3.41	1.58	4.81		27.8	34.2	1.98	10.46	8.86	4.98	5.28	5.81	1.20
800	5.73	—	3.74	—	5.51		30.4	37.8	2.21	—	9.71	5.48	5.89	7.08	1.35
900	6.20	—	4.06	—	6.18		33.0	41.2	2.42	—	10.53	5.97	6.49	8.41	1.49
1000	6.67	—	4.4	—	6.82		35.4	44.8	2.62	—	11.34	6.47	7.10	9.78	1.64
1200	7.63	—	4.9	—	8.0		40.5	52.8	2.98	—	12.16	7.6	8.2	—	1.95

表 7-2-2　水和水蒸气的热导率 λ　　　　　　　　单位：$\text{W}\cdot\text{m}^{-1}\cdot\text{℃}^{-1}$

压力/MPa	温度/℃										
	0	50	100	150	200	250	300	400	500	600	700
0.1	0.569	0.642	0.0248	0.0287	0.0332	0.0381	0.0434	0.0548	0.0673	0.0807	0.0942
5	0.572	0.647	0.683	0.690	0.668	0.618	0.0524	0.0601	0.0720	0.0849	0.0986
10	0.577	0.650	0.686	0.691	0.671	0.623	0.545	0.0685	0.0706	0.0887	0.103
15	0.581	0.655	0.691	0.697	0.676	0.632	0.557	0.0821	0.0842	0.0949	0.108
20	0.585	0.657	0.693	0.699	0.680	0.637	0.570	0.107	0.0924	0.101	0.112
25	0.588	0.662	0.697	0.702	0.684	0.646	0.582	0.157	0.103	0.107	0.117
30	0.591	0.665	0.700	0.705	0.687	0.651	0.591	0.264	0.116	0.114	0.124
35	0.596	0.668	0.702	0.708	0.692	0.656	0.600	0.350	0.137	0.122	0.129

续表

压力/MPa	温度/℃										
	0	50	100	150	200	250	300	400	500	600	700
40	0.598	0.671	0.706	0.712	0.697	0.662	0.608	0.390	0.153	0.130	0.135
45	0.601	0.675	0.709	0.715	0.700	0.666	0.615	0.416	0.180	0.138	0.142
50	0.605	0.677	0.712	0.719	0.702	0.670	0.621	0.435	0.206	0.149	0.147

表 7-2-3　液体的热导率 λ　　　　单位：$W \cdot m^{-1} \cdot ℃^{-1}$

液体	t/℃	λ	液体	t/℃	λ	液体	t/℃	λ
乙酸,100%	20	0.171	对异丙基苯甲烷	30	0.135	煤油	75	0.140
50%	20	0.346	（对缆花烃）	60	0.137	汞	28	8.36
丙酮	30	0.177	正癸烷	30	0.147	甲醇,100%	20	0.215
	75	0.164		60	0.144	80%	20	0.267
烯丙醇	25~30	0.180	二氯二氟甲烷	−7	0.099	60%	20	0.329
氨	−15~30	0.502		16	0.092	40%	20	0.405
氨,26%水溶液	20	0.452		33	0.083	20%	20	0.492
	60	0.502		60	0.074	100%	50	0.197
乙酸戊酯	10	0.144		82	0.066	氯甲烷	−15	0.192
正戊醇	30	0.163	二氯乙烷	50	0.142		30	0.154
	100	0.154	二氯甲烷	−15	0.192	硝基苯	30	0.164
异戊醇	30	0.152		30	0.166		100	0.152
	75	0.151	乙酸乙酯	20	0.175	硝基甲烷	30	0.216
苯胺	0~20	0.173	乙醇,100%	20	0.182		60	0.208
苯	30	0.159	80%	20	0.237	正辛烷	30	0.144
	60	0.151	60%	20	0.305		60	0.140
溴苯	30	0.128	40%	20	0.388	蓖麻油	20	0.180
	100	0.121	20%	20	0.486		100	0.173
乙酸丁酯(正)	25~30	0.147	100%	50	0.151	橄榄油	20	0.168
正丁醇	30	0.168	乙苯	30	0.149		100	0.164
	75	0.164		60	0.142	三聚乙醛	30	0.145
异丁醇	10	0.156	溴乙烷	20	0.121		100	0.135
氯化钙盐水,30%	30	0.554	乙醚	30	0.138	正戊烷	30	0.135
15%	30	0.589		75	0.135		75	0.128
二硫化碳	30	0.161	碘乙烷	40	0.111	二氧化硫	−15	0.222
	75	0.152		75	0.109		30	0.192
四氯化碳	0	0.185	乙二醇	0	0.265	甲苯	30	0.149
	68	0.163	汽油	30	0.149		75	0.145
甘油,100%	20	0.284	全氯乙烯	50	0.159	β-三氯乙烷	50	0.133
80%	20	0.237	石油醚	30	0.130	三氯乙烯	50	0.138
60%	20	0.381		75	0.126	松节油	15	0.128
40%	20	0.448	正丙醇	30	0.171	凡士林	15	0.183
20%	20	0.481		75	0.164	水	0	0.594
100%	100	0.284		75	0.126		38	0.628
正庚烷	30	0.140	异丙醇	30	0.158		93	0.680
	60	0.137		60	0.156		146	0.684
正己烷	30	0.138	钠	100	84.8		216	0.651
	60	0.135		210	79.6		327	0.476
	75	0.158	氯化钠盐水,25%	30	0.571	邻二甲苯	20	0.156
正庚醇	30	0.161	12.5%	30	0.589	对二甲苯	20	0.156
	75	0.156	硫酸,90%	30	0.364			
			煤油	20	0.149			

表 7-2-4　金属材料的热导率 λ　　　单位：W·m^{-1}·℃$^{-1}$

材料名称	温度/℃										
	−100	0	20	100	200	300	400	600	800	1000	1200
纯铝	243	236	236	240	238	234	228	215			
铝合金（92Al-8Mg）	86	102	107	123	148						
纯铜	421	401	398	393	389	384	379	366	352		
铝青铜（90Cu-10Al）		48	56	57	66						
青铜（39Cu-11Sn）		24	24.8	23.4	33.2						
青铜（70Cu-30Zn）	90	106	109	131	143	145	148				
黄金	331	318	315	313	310	305	300	287			
纯铁	96.7	83.5	81.1	72.1	63.5	56.5	50.3	39.4	29.6	29.4	31.6
灰铸铁（C 约 3%）		23.5	39.2	32.4	35.8	37.2	36.6	20.8	19.2		
碳钢（C 约 1.0%）		43.0	43.2	42.8	42.2	41.5	40.6	36.7	32.2		
铬钢（Cr 约 13%）		26.5	26.8	27.0	27.0	27.0	27.6	28.4	29.0	29.0	
铬镍钢（18-20Cr/8-12Ni）	12.2	14.7	15.2	16.6	18.0	19.4	20.8	23.5	26.3		
镍钢（Ni 约 1%）	40.8	45.2	45.5	46.8	46.1	44.1	41.2	35.7			
镍钢（Ni 约 25%）			13.0								
镍钢（Ni 约 50%）	17.3	19.4	19.6	20.5	21.0	21.1	21.3	22.5			
锰钢（Mn 约 0.4）			51.2	51.0	50.0	47.0	43.5	35.5	27		
钨钢（W5%～6%）		18.4	18.7	19.7	21.0	22.3	23.6	24.9	26.3		
铅	37.2	35.5	35.3	34.3	32.8	31.5					
镁	160	157	156	154	152	150					
钼	146	139	138	135	131	127	123	116	109	103	93.7
镍	144	94	91.4	82.8	74.2	67.3	64.6	60.0	73.3	77.6	81.9
铂	73.3	71.5	71.4	71.6	72.0	72.8	73.6	76.6	80.0	84.2	88.9
银	431	428	427	422	415	407	399	384			
锡	75	68.2	67	63.2	60.9						
钛	23.3	22.4	22	20.7	19.9	19.5	19.4	19.9			
铀	24.3	27	27.4	29.1	31.1	33.4	35.7	40.6	45.6		
锌	123	122	121	117	112						
锆	26.5	23.2	22.9	21.8	21.2	20.9	21.4	22.3	24.5	26.4	28.0
钨	204	182	179	166	153	142	134	125	119	114	110

2.2　定态导热

对定态导热，式（7-2-1）中 $dQ/d\tau$ 或者 Q（热流量）为常数。同时，在式（7-2-2）中 $\partial t/\partial \tau$ 为零，即传递的热量以及温度不随时间而变。因此对热导率为常量的情况，式（7-2-2）可写成下列形式：

$$\nabla^2 t = -\left(\frac{q'}{\lambda}\right) \tag{7-2-3}$$

式中，∇^2 为拉普拉斯算子，且有 $\nabla^2 t = \dfrac{\partial^2 t}{\partial x^2} + \dfrac{\partial^2 t}{\partial y^2} + \dfrac{\partial^2 t}{\partial z^2}$。

2.2.1 一维导热

很多导热问题可以按一维或者准一维导热问题来处理，这类问题中只考虑一个变量。其相应的直角坐标、圆柱坐标和球体坐标系下的导热方程为：

$$\frac{\partial^2 t}{\partial x^2} = -\left(\frac{q'}{\lambda}\right) \tag{7-2-4a}$$

$$\frac{1}{r} \times \frac{\mathrm{d}}{\mathrm{d}r}\left(r \frac{\mathrm{d}t}{\mathrm{d}r}\right) = -\frac{q'}{\lambda} \tag{7-2-4b}$$

$$\frac{1}{r^2} \times \frac{\mathrm{d}}{\mathrm{d}r}\left(r^2 \frac{\mathrm{d}t}{\mathrm{d}r}\right) = \frac{q'}{\lambda} \tag{7-2-4c}$$

这是二阶微分方程，经积分得到相应的解为[3]：

$$t = -[q'x^2/(2\lambda)] + c_1 x + c_2 \tag{7-2-5a}$$

$$t = -[q'r^2/(4\lambda)] + c_1 \ln r + c_2 \tag{7-2-5b}$$

$$t = -[q'r^2/(6\lambda)] - (c_1/r) + c_2 \tag{7-2-5c}$$

上面式中的常数 c_1、c_2 由边界条件来确定，即是系统内某一个位置处的温度或温度梯度。

对被置于不同温度环境中的固体且当其有一定表面系数时，边界条件可表示为：

$$\alpha(t_w - t_f) = -\lambda(\mathrm{d}t/\mathrm{d}x)W \tag{7-2-6}$$

式中　α——固体表面至周围流体的传热系数，$W \cdot m^{-2} \cdot ℃^{-1}$；

t_w——固体表面温度，℃；

t_f——周围流体温度，℃；

对无热源的情况，一维定态导热可用如下积分方程表示：

$$q \int_{x_1}^{x_2} \frac{\mathrm{d}x}{A} = \int_{t_1}^{t_2} \lambda \, \mathrm{d}t \tag{7-2-7}$$

式中，面积 A 必须是 x 的已知函数，若 λ 为常数，式(7-2-7) 可表示为：

$$q = \lambda A_m (t_1 - t_2)/(x_1 - x_2) \tag{7-2-8}$$

$$A_m = \int_{x_1}^{x_2} \frac{\mathrm{d}x}{A} \Big/ (x_1 - x_2) \tag{7-2-9}$$

对各种 x 函数的面积 A 的平均值列举如下：

面积 A 正比于	平均面积 A_m
常数	$A_1 = A_2$
x	$\dfrac{A_2 - A_1}{\ln(A_2/A_1)}$
x^2	$\sqrt{A_2/A_1}$

通常，热导率 λ 并不是常数，而是温度的函数。在大多数情况下，在很宽的温度范围内，热导率和温度呈线性关系。当 λ 是温度 t 的线性函数时，积分式(7-2-7) 得到：

$$q\int_{x_1}^{x_2} \frac{\mathrm{d}x}{A} = \lambda_m (t_1 - t_2) \tag{7-2-10}$$

式中，λ_m 是温度 t_1 和 t_2 之间的算术平均热导率。这个平均值在绝大多数情况下具有足够的精度。

(1) 通过平壁和圆筒壁的导热 图 7-2-2 表示了通过多层平壁稳态导热的温度梯度。通过多层平壁的每一层的热量是相同的。

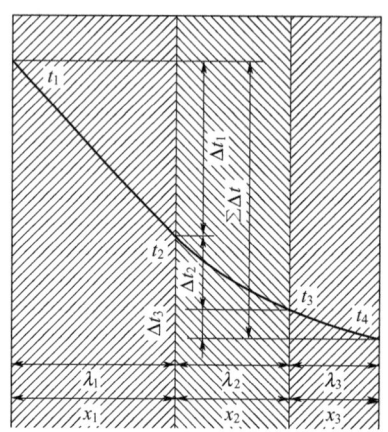

图 7-2-2 多层平壁稳态导热的温度梯度

$$q = \frac{\lambda_1 A_1 \Delta t_1}{x_1} = \frac{\lambda_2 A_2 \Delta t_2}{x_2} = \frac{\lambda_3 A_3 \Delta t_3}{x_3} \tag{7-2-11}$$

根据定义，单层平壁的热阻为：

$$R = \frac{x}{\lambda A} \tag{7-2-12}$$

由此得到 $\Delta t_1 = qR_1$，$\Delta t_2 = qR_2$，$\Delta t_3 = qR_3$。 (7-2-13)

将各层温度差相加，得到：

$$q(R_1 + R_2 + R_3) = \Delta t_1 + \Delta t_2 + \Delta t_3 = \sum \Delta t \tag{7-2-14}$$

或者

$$q = \frac{\sum \Delta t}{R_t} = (t_1 - t_4)/R_t \tag{7-2-15}$$

式中，R_t 是总热阻，为各层平壁热阻之和。

$$R_t = R_1 + R_2 + \cdots + R_n \tag{7-2-16}$$

当一个壁面由多层平壁构成，平壁之间相接处可能不平整而存在空隙，这种附加的热阻是不能忽略的。图 7-2-3 为多层圆筒壁。单层圆筒壁的热传导方程为：

$$q = \lambda A \frac{\mathrm{d}t}{\mathrm{d}r} = -\lambda \times 2\pi r L \frac{\mathrm{d}t}{\mathrm{d}r} \tag{7-2-17}$$

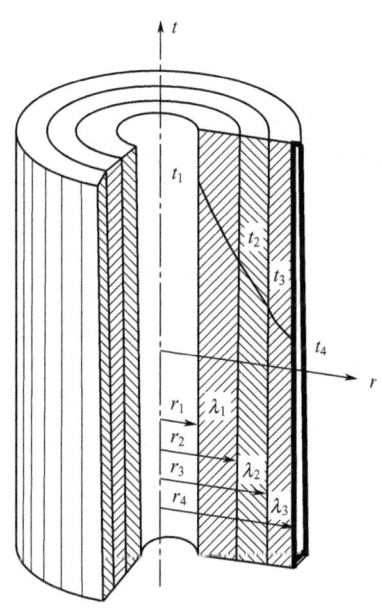

图 7-2-3 多层圆筒壁

式中，L 为圆筒高度，m。

式(7-2-17)的边界条件为：$r=r_1$ 时 $t=t_1$，$r=r_2$ 时 $t=t_2$，并积分得到：

$$q=\frac{2\pi\lambda L(t_1-t_2)}{\ln\left(\dfrac{r_2}{r_1}\right)} \tag{7-2-18}$$

与分析多层平壁一样，运用串联热阻叠加的原则，多层圆筒壁的总热阻为：

$$R_\mathrm{t}=\frac{\sum\Delta t}{q}=\frac{\ln\left(\dfrac{d_2}{d_1}\right)}{2\pi\lambda_1 L}+\frac{\ln\left(\dfrac{d_3}{d_2}\right)}{2\pi\lambda_2 L}+\frac{\ln\left(\dfrac{d_4}{d_3}\right)}{2\pi\lambda_3 L} \tag{7-2-19}$$

其导热总热量为：

$$q=\frac{2\pi L(t_1-t_4)}{\dfrac{\ln\left(\dfrac{d_2}{d_1}\right)}{\lambda_1}+\dfrac{\ln\left(\dfrac{d_3}{d_2}\right)}{\lambda_2}+\dfrac{\ln\left(\dfrac{d_4}{d_3}\right)}{\lambda_3}} \tag{7-2-20}$$

(2) 通过翅片的导热　为了强化传热或满足其他要求，传热面往往采用翅片（见图 7-2-4）这种扩展传热表面的形式。通过翅片导热的一个特点，就是在与翅片长度相垂直的方向上，同时还有表面对流作用。假定热导率 λ 和翅片表面的对流换热系数 α 在翅片的整个长度上都是常量，A 为翅片的横截面积，U 为截面周边长度，则翅片的热传导方程为：

$$\frac{\mathrm{d}^2 t}{\mathrm{d}x^2}=\frac{\alpha U}{\lambda A}(t-t_\mathrm{f}) \tag{7-2-21}$$

式中，t_f 为未受翅片散热影响的流体温度。

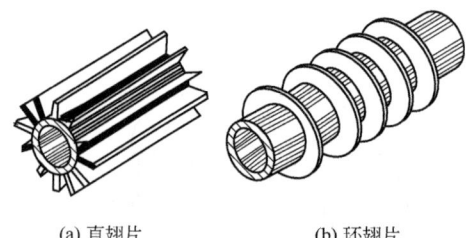

(a) 直翅片　　　　　(b) 环翅片

图 7-2-4　翅片

由翅片散入外界的全部热量都必须通过 $x=0$ 的翅根截面，若 $x=0$ 时，$t=t_0$，在翅片 $x=h$ 处，由傅里叶定律得到热流量 q 为：

$$q = -\lambda A \left(\frac{\mathrm{d}t}{\mathrm{d}x}\right)_{x=0} = \frac{\alpha U}{m}(t_0 - t_\mathrm{f})\mathrm{th}(mh) \tag{7-2-22}$$

式中，$m = \sqrt{\dfrac{\alpha U}{\lambda A}}$。

2.2.2　二维导热

如果物料的温度是二维空间的函数，当热导率 λ 为常数时，二维导热方程为：

$$\frac{\partial^2 t}{\partial x^2} + \frac{\partial^2 t}{\partial y^2} = \frac{q'}{\lambda} \tag{7-2-23}$$

当 q' 为零时，式(7-2-23) 就简化为人们所熟悉的拉普拉斯方程。式(7-2-23) 以及拉普拉斯方程只有少数的边界条件和几何形状才能得到分析解。Carslaw 等人[3]对应用于导热问题的大量微分方程给出了分析解。通常，使用最多的是图解法和有限差分数值解。其他数值解法和松弛法也有应用，可参阅文献 [4,5]，这些方法也可以推广到三维导热问题中。

2.3　非定态导热

2.3.1　一维非定态导热

常物性物体的一维非定态导热为：

$$\frac{\partial t}{\partial \tau} = \alpha\left(\frac{\partial^2 t}{\partial x^2}\right) + \frac{q'}{C_p} \qquad \text{直角坐标} \tag{7-2-24a}$$

$$\frac{\partial t}{\partial \tau} = \frac{\alpha}{r} \times \frac{\partial}{\partial r}\left(r\,\frac{\partial t}{\partial r}\right) + \frac{q'}{C_p} \qquad \text{圆柱坐标} \tag{7-2-24b}$$

$$\frac{\partial t}{\partial \tau} = \frac{\alpha}{r^2} \times \frac{\partial}{\partial r}\left(r^2\,\frac{\partial t}{\partial r}\right) + \frac{q'}{C_p} \qquad \text{球坐标} \tag{7-2-24c}$$

式中，$\alpha = \dfrac{\lambda}{\rho C_p}$ 称为热扩散系数，又称导温系数，$\mathrm{m}^2 \cdot \mathrm{s}^{-1}$。热扩散系数之值越大，物质内部温度的传递速度也越大。C_p 为气体比热容，$\mathrm{kJ \cdot kg^{-1} \cdot ℃^{-1}}$。

对具有简单几何形状的物体，如平板、圆柱和圆球等，可以直接求解上述方程，其解的形式为无穷级数。Gurney-Lurie 以四个无量纲数将解以图的形式表示出来[2]，当内热源 $q'=0$ 时，有：

时间比
$$X = \frac{\lambda \tau}{\rho C_p r_m^2} = \frac{\alpha \tau}{r_m^2} \tag{7-2-25a}$$

温度比
$$Y = \frac{t_\infty - t}{t_\infty - t_b} \tag{7-2-25b}$$

热阻比
$$m = \frac{\lambda}{r_m \alpha} \tag{7-2-25c}$$

距离比
$$n = \frac{r}{r_m} \tag{7-2-25d}$$

式中　t_∞ ——环境温度，℃；

　　　t_b ——物体初始温度，℃；

　　　t ——物体内某一点在物体开始被加热或冷却时间 τ 时的温度，℃；

　　　α ——物体表面和周围环境之间的传热系数，$W \cdot m^{-2} \cdot ℃^{-1}$；

　　　r ——物体中心点或中心平面到一点的距离，m；

　　　r_m ——球、圆柱体的半径，或是两面均匀加热的平板厚度的一半，m。

Gurney-Lurie 以对数-线性坐标系和不同的 m，n 值做出 X 对 Y 线算图（图 7-2-5～图 7-2-8）。图中曲线示出了长圆柱体、球体、无限大平板及无限物体的非定态导热的解。这些线算图中都约定 C_p、λ、α、r、r_m、t_∞、x 和 ρ 为常数。图 7-2-8 可用来求解一个有一定厚度的物体非定态导热的近似解。图中曲线为 dY/dX 作为 X 函数的曲线。McAdams[6] 给出了类似的但范围大得多的曲线。对一个 $m=0$、无限厚的物体，有：

$$Y = \frac{2}{\sqrt{\pi}} \int_0^z \exp(-z^2) dz \tag{7-2-26}$$

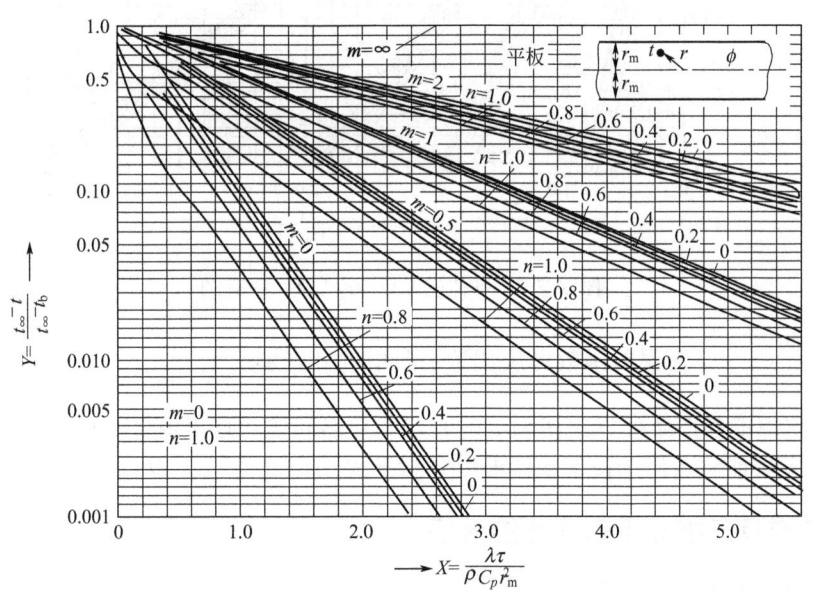

图 7-2-5　平板 Gurney-Lurie 线算图

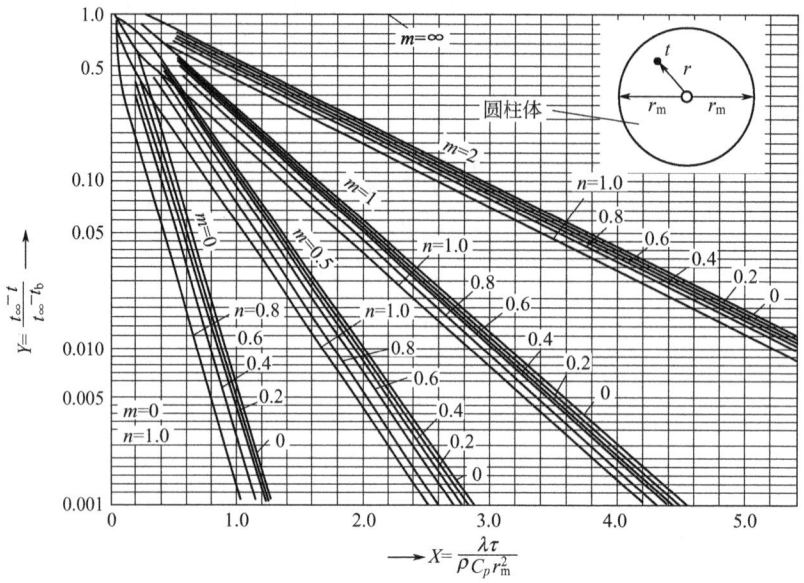

图 7-2-6 圆柱体的 Gurney-Lurie 线算图

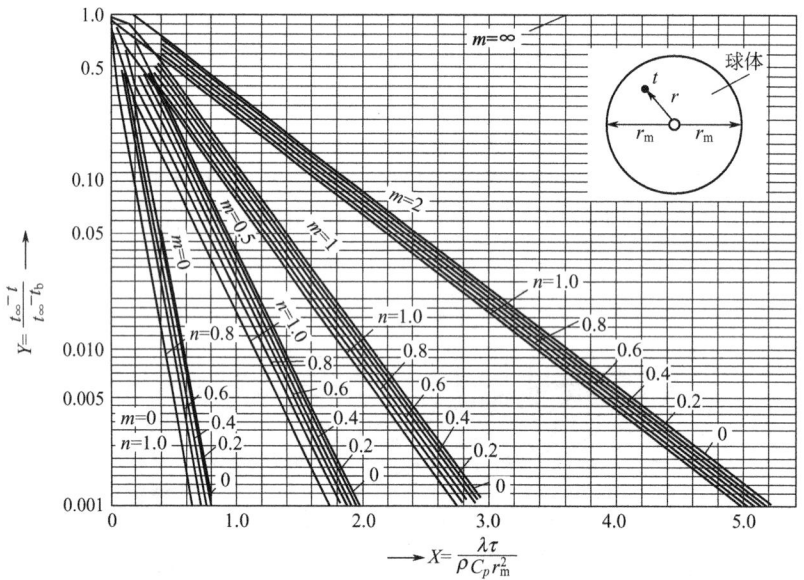

图 7-2-7 球体的 Gurney-Lurie 线算图

式中，$z=\dfrac{1}{\sqrt{2}}x$，而误差函数可从数学手册中查到其解。

有各种数值的和图解的方法用来求解非定态导热问题，这里值得一提的是 Schmidt 图表法[7]。这些方法能够适用于任何初始温度分布形式。

2.3.2 二维及三维非定态导热的求解

三维非定态偏微分方程为：

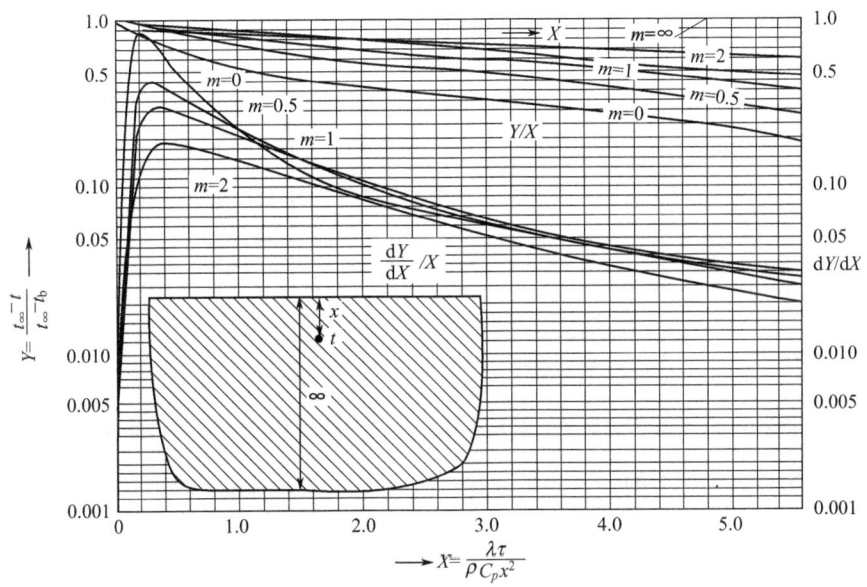

图 7-2-8 无限厚物体的 Gurney-Lurie 线算图

$$\frac{\partial t}{\partial \tau}=\alpha\left(\frac{\partial^{2} t}{\partial x^{2}}+\frac{\partial^{2} t}{\partial y^{2}}+\frac{\partial^{2} t}{\partial z^{2}}\right)+\frac{q'}{\rho C_{p}} \tag{7-2-27}$$

若式中无 z 项，则方程为二维非定态导热。McAdams 给出了各种偏微分方程的形式以及求解方法。应用计算机可以求解许多非常复杂的导热问题。

2.3.3 导热问题数值计算原理

对导热微分方程的给定的边界条件下积分求解得到的结果称为理论解。近一百年来在文献中积累了大量的不同条件下导热问题的理论解。然而对于许多场合，几何条件或边界条件的复杂性排除了理论解的可能性。另外，有一些问题虽然可以求得理论解，但是由于理论解中包含一些复杂函数而不易得到数学结果。对于所有以上情况，进行数值计算是很有效的求解方法。数值解法是一种离散、近似的计算方法。它所能获得的是被研究区域中未知量的连续函数，而只是某些代表性的点（称为节点）上的近似值。为了用计算机解出节点上未知量的近似值，首先需要从给定的微分方程或基本物理定律出发，建立起关于这些节点上未知量近似值之间的代数方程（称为离散方程），然后对之求解[4]。大多数数值计算方法的基本思想可以归纳为：把原来在时间、空间坐标中连续的物理量的场（如温度场）用有限个离散点上的值的集合来代替，按一定方式建立起关于这些值的代数方程并求解之，以获得物理量场的近似值。同一物理问题的不同数值解法间的主要区别在于子区域的划分与节点的确定、离散方程的建立及其求解这几个步骤上。对于热传导所采用的一些数值，求解方法主要有有限差分法、有限元法、边界元法及有限分析法。

2.3.4 非定态导热的数值解法

考虑一个无内热源、热导率为常数的一维非定态导热问题，与稳定导热不同的是温度随时间而变，因而必须同时把所研究的空间、时间范围各自等分成许多细小的片段，如图 7-2-9 所示。其中，距离间隔 Δx 和时间间隔 $\Delta \tau$ 在数值计算方法中称为步长。

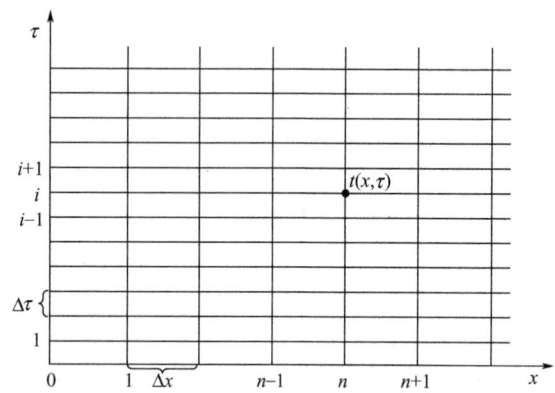

图 7-2-9 一维非定态导热问题用有限差分法求解时空间-时间坐标间隔的划分

位于该时空网络交点上的任一点的温度 $t(x,\tau)$ 可表示成：

$$t(x,\tau)=t(n\Delta x,i\Delta\tau)=t_n^{(i)} \tag{7-2-28}$$

温度对时间的偏导数可以用关于对时间的向前差分来表示，即：

$$\frac{\partial t}{\partial \tau}\approx\frac{t_n^{(i+1)}-t_n^{(i)}}{\Delta\tau} \tag{7-2-29}$$

该点上温度对 x 的二阶偏导数按中心差分的格式可表示为：

$$\frac{\partial^2 t}{\partial x^2}\approx\frac{t_{n+1}^{(i)}-2t_n^{(i)}+t_{n-1}^{(i)}}{(\Delta x)^2} \tag{7-2-30}$$

这样，一维非定态导热方程的有限差分计算式为：

$$t_n^{(i)}=t_{n-1}^{(i)}+\frac{a\Delta\tau}{(\Delta x)^2}[t_{n+1}^{(i)}-2t_n^{(i)}+t_{n-1}^{(i)}] \tag{7-2-31}$$

以一块受到突然冷却的无限大平板为例，由于两侧边界条件的对称性，因此只需对半块平板求解。假定导热的边界条件为第三类，将厚度为 δ 的半块平板等分成 N 份，如图 7-2-10 所示。在板的右侧 $x=N\Delta x$ 处，边界条件为：$-\lambda\frac{\partial t}{\partial \tau}=a(t-t_\infty)$ 的相应差分式为：

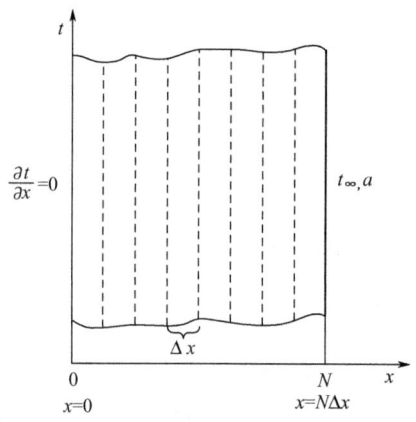

图 7-2-10 无限大平板冷却的边界条件差分式的图示

$$-\lambda \frac{t_N^{(i)}-t_{N-1}^{(i)}}{\Delta x}=a[t_N^{(i)}-t_\infty]$$

解出 $t_N^{(i)}$ 得：

$$t_N^{(i)}=\frac{t_{N-1}^{(i)}+\frac{a\Delta x}{\lambda}t_\infty}{1+\frac{a\Delta x}{\lambda}} \tag{7-2-32}$$

其他类型边界条件的数值计算的基本公式以此类推。

初始温度分布计算式为：

$$t_n^{(0)}=f(n\Delta x), n=0,1,2,\cdots,N \tag{7-2-33}$$

式(7-2-31)～式(7-2-33)就是按差分的原理得出的一维非定态导热问题的数值计算的基本公式。一个平板导热问题的具体计算步骤为：

① 了解已知条件：平板的厚度，物性参数（λ, a），环境条件（t_∞, a）及初始温度分布。

② 根据问题的需要将平板分成若干等份。显然，分得越细计算结果越接近真实值，但是计算工作量越大。

③ 选定适当的时间间隔 $\Delta\tau$。$\Delta\tau$ 选得较大，可减少计算工作量，但会使计算精度下降。

④ 根据给定的初始温度分布式(7-2-33)决定各节点上的初始值。

⑤ 根据式(7-2-31)计算 $\tau=\Delta\tau$ 时刻内各点的温度。

⑥ 按式(7-2-32)计算 $\tau=\Delta\tau$ 时平板边界温度 $t_N^{(i)}$。

⑦ $\tau=\Delta\tau$ 时刻各节点上的温度作为初始值，再次使用式(7-2-31)、式(7-2-32)计算 $\tau=2\Delta\tau$ 时刻各节点上的温度，如此反复计算，一直计算到所需的时刻为止。

二维及三维非定态导热的数值计算方法和一维的类似，具体计算步骤可参阅文献[8]。

2.3.5 有相变的导热

当物体冷凝或熔化时的导热问题是特殊的非定态导热形式，这时液固界面会随时间变化，并在界面处产生或吸收潜热。这种类型的导热问题可参阅文献[9]。

参考文献

[1] 杨世铭. 传热学. 第 2 版. 北京：高等教育出版社，1987.
[2] Perry R H. Chemical Engineer's Handbook. 6th ed. New York: McGraw-Hill, 1981.
[3] Carslaw H S, Jaeger. Conduction of Heat in Solids. Oxford: Clarendon Press, 1959.
[4] 陶文铨. 数值传热学. 西安：西安交通大学出版社，1988.
[5] 克罗夫特 D R, 利利 D D. 传热的有限差分方程计算. 张同禄，等译. 北京：冶金工业出版社，1982.
[6] McAdams W H. Heat Transmission. 3rd ed. New York: McGraw-Hill, 1954.
[7] Foppl Festschrift. Berlin: Springer-Verlag, 1924.
[8] 化学工学協会. 化学工学便览. 第三版. 東京：丸善株式会社，1978.
[9] Bankoff S G. Advances in Chemical Engineering, 1964, 5: 75-150.

3

对流传热

3.1 概述

在许多涉及液体和气体的传热过程中，对流传热是一种主要的传热方式。工业上所遇到的大多数传热情况是一种流体的热量通过固体壁面传递给另一种流体，假定温度为 t_1 的热流体流过金属壁面的一侧，温度为 t_2 的冷流体流过附有厚度为 x 的结垢层的金属壁面的另一侧。这种情况的传热过程如图 7-3-1 所示[1]。

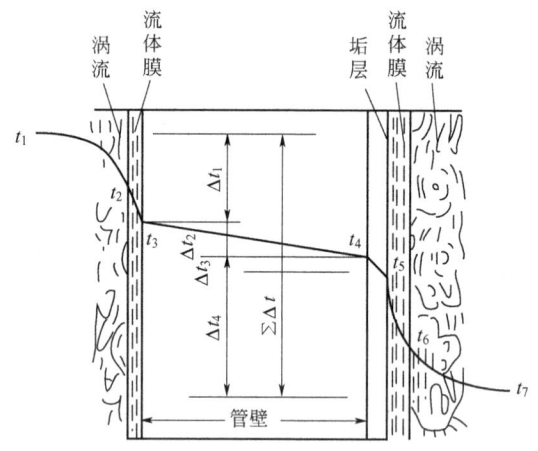

图 7-3-1 稳定流动流体对流传热和热传导的温度梯度

人们早已知道流体沿固体面作湍流流动时，在紧贴固体壁面处存在相对静止的流体，称其为膜。流体越趋近于壁面，湍流程度越小，至紧靠壁面发展为层流。膜基本上是由层流流体所组成（层流层），以分子传导方式传递热量。层流层对热流体的热阻随其厚度而变。对某些流体总热阻可达 95%，而对某些流体总热阻只有 1%（如液态金属）。湍流中心和层流分层与湍流中心的缓冲层都对传热产生热阻，这个热阻是湍流程度和流体热力学性质的函数，每一层内的温差大小取决于各层热阻的大小。

3.2 对流传热膜系数

3.2.1 能量方程

发生对流传热时流体的能量平衡方程式为（假定流体的物理性质为常数）：

$$C_p\rho\left(\frac{\partial t}{\partial \tau}+u\frac{\partial t}{\partial x}+v\frac{\partial t}{\partial y}+w\frac{\partial t}{\partial z}\right)=\lambda\left(\frac{\partial^2 t}{\partial x^2}+\frac{\partial^2 t}{\partial y^2}+\frac{\partial^2 t}{\partial z^2}\right)+q'+\phi \tag{7-3-1}$$

式中 ϕ ——由流体黏度引起的能量损失，在高速流动气体和高黏度液体中，ϕ 项才显得重要；

u，v，w ——在 x、y、z 方向上的速度分量。

式(7-3-1) 左边除时间项外称为"对流项"，表示流体由于具有一定速度而携带的能量。因此，该方程的解取决于流体动量方程的解。只有一些简单的流动情况和几何形状，主要是层流流动，式(7-3-1) 才可被解出。对湍流流动，由于难以将流速表示为空间位置与时间的函数，以及得到可靠的流体热导率，式(7-3-1) 是无法求解的，除非对方程进行简化假设或是求取近似值。

3.2.2 传热膜系数

由于湍流流动结构复杂，很难测量各流层的厚度和温度，因此在流体和固体壁面之间的局部传热率定义为：

$$dq=\alpha_i dA_i(t_1-t_3)=\alpha_o dA_o(t_5-t_7) \tag{7-3-2}$$

式中 α_i，α_o ——内壁面和外壁面的局部传热膜系数，$W \cdot m^{-2} \cdot ℃^{-1}$；

A_i，A_o ——传热内表面和外表面面积，m^2。

温度 t 如图 7-3-1 所示。

传热膜系数的定义是任意取定的，这要看 t_1 或 t_7 是表示总流温度、中心温度还是其他参数温度而定。式(7-3-2) 是牛顿冷却定律的表达式，它把式(7-3-1) 的解的全部复杂性都包括进去了。

在与液固界面邻近处固体和流体内部的温度梯度都可用传热膜系数关联：

$$dq=\alpha_i dA_i(t_1-t_3)=\left(-\lambda dA_i\frac{dt}{dx}\right)_{流体}=\left(-\lambda dA_i\frac{dt}{dx}\right)_{固体} \tag{7-3-3}$$

式(7-3-3) 只适用于紧靠固体壁面处为层流的液体传热情况。

积分式(7-3-2) 得：

$$A_i=\int_{进入}^{流出}\frac{dq}{\alpha_i \Delta t_i}; \quad A_o=\int_{进入}^{流出}\frac{dq}{\alpha_o \Delta t_o} \tag{7-3-4}$$

假定热量 q 是温度差 Δt 的函数，α 是常数，式(7-3-4) 的解为：

$$q=\alpha A \Delta t_{lm} \tag{7-3-5}$$

$$\Delta t_{lm}=\frac{\Delta t_i-\Delta t_o}{\ln(\Delta t_i/\Delta t_o)} \tag{7-3-6}$$

式中 Δt_{lm} ——壁面和流体之间的对数平均温度差。

通常，实验数据是采用任意选定的温度差来给出传热膜系数的，最常用的为下述两种：

$$q=\alpha_{lm} A \Delta t_{lm} \tag{7-3-7a}$$

$$q=\alpha_{am} A \Delta t'_{am} \tag{7-3-7b}$$

式中，下标（lm，am）分别表示对数平均和算术平均。

在式(7-3-7a)中，α_{lm} 是根据对数平均温度差 Δt_{lm} 所得到的平均传热膜系数，Δt_{lm} 按式(7-3-6)计算。在式(7-3-7b)中，α_{am} 是根据算术平均温度差 Δt_{am} 所得到的平均传热膜系数。

Δt_{am} 定义如下：

$$\Delta t_{am} = \frac{\Delta t_i - \Delta t_o}{2} \tag{7-3-8}$$

3.2.3 总传热系数

在检测工业上应用的传热装置时，测量管壁温度（图 7-3-1 中的 t_3 和 t_4）是很不方便的，因此用 dA_i、dA_o，或者它们的平均值为基准的总传热系数 K 来表示设备的总体性能，其定义为：

$$dq = K dA (t_1 - t_7) \tag{7-3-9}$$

这里，K 称为总传热系数，$W \cdot m^{-2} \cdot ℃^{-1}$。

通过管壁和污垢的热传导率为：

$$dq = \frac{\lambda dA_a (t_3 - t_4)}{\delta} = \alpha_d dA_d (t_4 - t_5) \tag{7-3-10}$$

式中 δ——管壁厚度；

A_a——管壁平均传热面积。

下标 d 表示污垢。

从式(7-3-2)、式(7-3-9)、式(7-3-10) 中消去 t_3、t_4 和 t_5，得到从一种流体通过壁面和污垢向另一种流体稳定传递热量的完整表达式（如图 7-3-1 所示）：

$$dq = \frac{t_1 - t_7}{\dfrac{1}{\alpha_i dA_i} + \dfrac{\delta}{\lambda dA_a} + \dfrac{1}{\alpha_d dA_d} + \dfrac{1}{\alpha_o dA_o}} = K dA (t_1 - t_7) \tag{7-3-11}$$

3.2.4 传热膜系数求解法

求取传热膜系数 α 的表达式有三个基本途径[2]：一是数学分析法以及包括类比法在内的理论解法。二是应用相似原理或量纲分析法，将众多的影响因素归并成几个量纲准则，通过实验确定传热膜系数的具体实验关联式，它是在理论指导下的实验研究方法，是对一些复杂情况下求取传热膜系数用得最多、最主要的方法。三是数值计算法，应用近似的离散的计算方法来求得数学分析法中难以得到的结果，或者是求得难以在实验中得到的结果。数学分析法虽然还没有达到能求解各种各样对流换热问题的普通程度，但理论解能深刻地揭示各个物理量对传热膜系数的依变关系，而且是评价其他解所得结果的标准和依据，对于探求解决不断涌现出来的新问题有指导意义。

3.2.5 相似原理和量纲分析

通过实验求取对流传热膜系数的实用关联式，仍然是传热研究中的一个重要而可靠的方法[2]。然而，对于存在着许多影响因素的复杂物理现象，要找出众多变量间的函数关系，实验的数量十分庞大，以致实际上无法实现。通过相似原理的理论分析，根据物理量之间客观的内在联系而大幅度地减少变量，是通过实验寻找现象规律性的必要前提。在相似原理指导下，实验的代表性大为提高，避免了盲目性，为正确进行模型实验奠定了基础。

相似准则间的关系：物理现象中的物理量不是单个起作用，而是由其组成的准则起作用的。所以，描述现象的微分方程组的解原则上只能是由这些准则组成的函数关系。

对于湍流强制对流换热，准则方程为：

$$Nu = f(Re, Pr) \tag{7-3-12}$$

对于层流及层流-湍流过渡区的强制对流换热，浮升力不能忽略，准则方程为：

$$Nu = f(Re, Pr, Gr) \tag{7-3-13}$$

对于自然对流换热，准则方程为：

$$Nu = f(Gr, Pr) \tag{7-3-14}$$

量纲分析是获得准则关系式的又一种方法，它可以对还列不出微分方程而只知道影响现象的有关物理量的问题求得结果。

量纲分析的基本依据——π 定理为：一个表示 n 个物理量的关系的量纲一致的方程式，一定可以转换成包含 $n-r$ 个独立的无量纲物理量群间的关系式。r 指 n 个物理量中所涉及的基本量纲的数目。量纲分析首次列出与现象有关的全部物理量的原则方程，即确认哪些是与现象有关的物理量，选定各准则的内涵表达式，最后根据 π 定理，解出待定幂次的值，得出准则。应用量纲分析可以得到与相似原理完全相同的结果。

3.3 自然对流传热

不依靠泵和风机等外力推动，由流体自身温度场的不均匀性引起的流动称为自然对流。由密度差产生流体流动所需的体积力。自然对流的理论分析需要联立求解运动方程和能量方程，详尽的理论分析可参阅文献 [3]，对于垂直平板各种简单的情况，理论分析可得到满意的结果。

自然对流的常用方程如同上一节中由相似原理导出的式(7-3-14)。

$$Nu = a(Gr, Pr)^m \tag{7-3-15}$$

这里，$Nu = \dfrac{\alpha L}{\lambda}$，$Pr = \dfrac{C_p \mu}{\lambda}$，$Gr = \dfrac{L^3 \rho^2 g \beta \Delta t}{\mu^2}$。

式中　L——传热面的定性尺寸，m；

　　　β——流体的体积膨胀系数，℃$^{-1}$；

　　　Δt——传热面和流体之间的温差，℃；

　　　μ——流体的黏度，kg·s^{-1}·m^{-2}。

3.3.1 各种几何形状物体的 Nusselt 方程式

各种几何形状物体的自然对流传热膜系数可由式(7-3-15)求得。式(7-3-15)中 a 和 m

可由实验确定，如表 7-3-1 所示。有关流体性质的参数，按定性温度 $t=(t_a+t_f)/2$ 查得。此处 t_a 为物体表面温度，t_f 为物体周围的流体温度。对垂直平板和圆体，当 $1<Pr<40$，Kato 等人推荐下述关系式[4]：

$$Nu=0.138Gr^{0.36}(Pr^{0.175}-0.55), Gr>10^9 \tag{7-3-16}$$

$$Nu=0.683Gr^{0.25}Pr^{0.25}\left(\frac{Pr}{0.861+Pr}\right)^{0.25}, Gr<10^9 \tag{7-3-17}$$

3.3.2 简化的量纲分析式

式(7-3-16)是一个无量纲方程，可以使用任何一致的单位制。重新整理式(7-3-16)，并把流体性质影响合并为单一因子，则可导出空气、水和有机流体的简化量纲分析式：

$$a=b(\Delta t)^m L^{8m-1} \tag{7-3-18}$$

式中，b 和 m 为待定常数，见表 7-3-1。

表 7-3-1 式(7-3-15) 和式(7-3-18) 中 a, b 和 m 值

形状	$Y=GrPr$	a	m	b(空气,21℃)	b(水,21℃)	b(有机液体)
垂直面	$<10^4$	1.36	1/5			
$L=$垂直面尺寸$<0.914m$	$10^4<Y<10^8$	0.59	1/4	1.37	127	59
	$>10^8$	0.13	1/3			
水平圆柱	$<10^{-5}$	0.49	0			
$L=$圆柱直径$<0.203m$	$10^{-5}<Y<10^{-3}$	0.71	1/25			
	$10^{-3}<Y<1$	1.09	1/10			
	$1<Y<10^4$	1.09	1/5			
	$10^4<Y<10^8$	0.53	1/4	1.32		
	$>10^8$	0.13	1/3	1.24		
水平平面	$10^5<Y<2\times10^7$(面朝上)	0.54	1/4	1.86		
	$2\times10^7<Y<3\times10^{10}$(面朝上)	0.14	1/3			
	$3\times10^5<Y<3\times10^{10}$(面朝下)	0.27	1/4	0.88		

3.3.3 伴随有辐射热损失的自然对流

由于空气对辐射的透热性，物体表面对周围环境的辐射传热是不可忽略的。

通常用辐射放热系数来表示辐射传热，并把辐射传热膜系数和自然对流传热膜系数叠加在一起，得到对流和辐射复合传热膜系数 $(\alpha_c+\alpha_r)$，图 7-3-2 给出了物体黑度为 1 的辐射传热膜系数值。图中辐射传热膜系数的定义为：

$$\alpha_r=\frac{0.173}{T_1+T_2}\times\left[\left(\frac{T_1}{100}\right)^4+\left(\frac{T_2}{100}\right)^4\right] \tag{7-3-19}$$

式中，T_1、T_2 为壁面和物体表面温度，K。

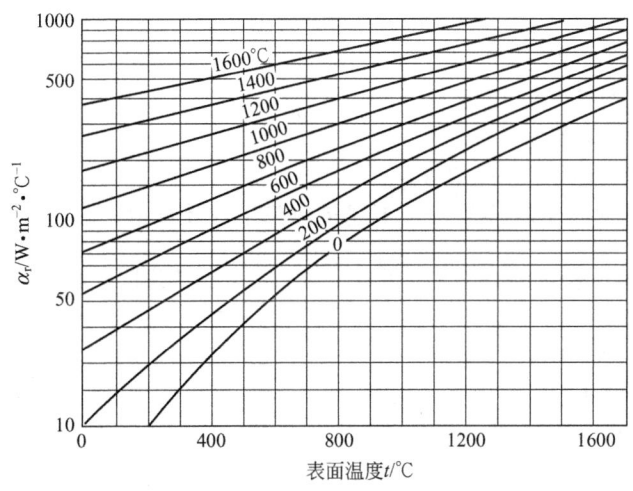

图 7-3-2 辐射传热膜系数 α_r

表 7-3-2 给出了具有氧化表面的水平单管复合传热膜系数 $(\alpha_c+\alpha_r)$ 值。

表 7-3-2 在室温 (26.7℃) 下各种尺寸的水平标准钢管（有氧化表面的光管）的复合传热膜系数

单位：$W\cdot m^{-2}\cdot ℃^{-1}$

公称直径 /mm	温度差/℃							
	16.6	55.5	111	167	222	278	333	389
25	0.380	0.44	0.528	0.634	0.764	0.909	1.07	1.23
76	0.347	0.396	0.481	0.583	0.71	0.854	1.01	1.17
127	...	0.379	0.46	0.564	0.687			
254	0.317	0.365	0.447	0.549	0.676			

3.3.4 密闭空间内的自然对流

穿过密闭空间的传热率是以两传热表面温度差为基准的对流传热膜系数计算的，即：

$$q=\alpha' A(t_1-t_2) \tag{7-3-20}$$

式中，α' 由式 (7-3-15) 求得，式 (7-3-15) 中的 a 和 m 值列于表 7-3-3。

表 7-3-3 求式 (7-3-20) 中的 α' 时式 (7-3-15) 中 a, m 值

形状	$GrPr(\delta/L)^3$	a	m
垂直空间	$2\times10^4 \sim 2\times10^5$	$0.20(\delta/L)^{-5/38}$	1/4
	$2\times10^5 \sim 10^7$	$0.071(\delta/L)^{1/8}$	1/3
水平空间	$10^4 \sim 3\times10^5$	$0.21(\delta/L)^{-1/4}$	1/4
	$3\times10^5 \sim 10^7$	0.075	1/3

Landis 和 Yanowitz 对高度为 25.4cm、间隙宽度为 5.08cm 的垂直密闭小室给出了传热膜系数计算式[11]：

当 $2\times10^3 < GrPr\left(\dfrac{\delta}{L}\right)^3 < 10^7$：$\dfrac{q\delta}{K\Delta t}=0.123\left(\dfrac{\delta}{L}\right)^{0.84}(GrPr)^{0.28}$ \hfill (7-3-21)

式中 q——均匀热通量，$W \cdot m^{-2}$；
L——小室高度，mm；
δ——小室间隙宽度，mm；
Δt——$L/2$ 处的温度差，℃。

式(7-3-21)适用于空气、水和硅油等。

Grugal 和 Hauf 对水平环隙给出了下述传热膜系数计算值[1]：

对 $0.55 < \delta/D_1 < 2.65$：$\dfrac{\alpha \delta}{\lambda} = \left(0.2 + \dfrac{0.145 Gr\delta}{D_1}\right)^{0.25} \exp\left(-\dfrac{0.02\delta}{D_1}\right)$ （7-3-22）

式中 δ——环隙宽度，mm；
D_1——环形内芯直径，mm。
Gr 以环隙宽度为定型尺寸。

3.4 强制对流传热

强制对流换热是工业上最常用的一种传热方式。被固体壁面分开的热流体和冷流体由泵或风机等送入传热设备，其传热率是流体物理性质、流速和系统几何形状的函数。流体通常是湍流流动，流动通道是多种多样的，从圆形管到带有折流板和扩展表面的换热器。强制对流换热的理论分析局限于相对简单的几何形状流动通道和层流流动。湍流流动传热分析是以一些力学模型为基础，通常并不能得到适合于工程设计的关系准则。对于一些复杂几何形状，只有一些经验关联式可应用。而这些关联式是以有限的试验数据和特定的操作条件为依据的。强制对流传热膜系数受流动特性的影响最大。为了得到精确传热系数，必须详尽地考虑湍流强度、进口条件和壁面情况等因素。

3.4.1 动量传递与热量传递的类比理论

分析流体运动方程和能量方程可以明显地看出动量传递和热量传递之间的相互关系。如果流体性质为常数，运动方程必须先于能量方程求解；如果流体性质不是常数，则两方程必须联立求解。为了得到动量传递和热量传递之间的简单关系，人们曾做了很大的努力。根据较容易观察的速度分布来得到流动流体的动量扩散的值。能够对动量和热量进行类比是由于假定热量和动量的扩散本质上是以相同的机理产生的，因而两者的扩散系数存在相对简单的关系。

对简单几何形状和很低 Pr 数流体（如液态金属），这种类比是很成功的。对高 Pr 数流体，Colburn 的经验类比也是非常成功的[5]。首先定义动量传递因子 j 为摩擦因子 f 的一半，即 $j = f/2$，再假定动量传递因子和热量传递因子相等，便有：

$$j = \dfrac{\alpha}{C_p G}\left(\dfrac{C_p \mu}{\lambda}\right)^{2/3} = St Pr^{2/3} \quad (7\text{-}3\text{-}23)$$

式中 G——质量速度，$kg \cdot m^{-2} \cdot s^{-1}$。

对圆形管，这种类比分析可将动量和能量方程简化为：

$$\dfrac{\tau}{\rho} = -\dfrac{(\nu + \varepsilon_m)du}{dy} \quad (7\text{-}3\text{-}24a)$$

$$\frac{q/A}{C_p\rho} = -\frac{(\alpha+\varepsilon_h)\mathrm{d}t}{\mathrm{d}y} \tag{7-3-24b}$$

式中 ε_h ——热量涡流扩散系数，$m^2 \cdot s^{-1}$；

ε_m——动量涡流扩散系数，$m^2 \cdot s^{-1}$；

τ——剪应力，$N \cdot m^{-2}$；

ν——运动黏度，$m^2 \cdot s^{-1}$。

涡流黏度有 $E_m = \rho\varepsilon_m$，涡流热导率有 $E_m = C_p\rho\varepsilon_h$，$\varepsilon_m$ 值可由速度分布的试验数据按式 (7-3-24a) 确定，假定 $\varepsilon_h/\varepsilon_m=$ 常数（通常为1），式 (7-3-24) 就可求解，进而得到温度分布，并由此得到传热膜系数。求解式 (7-3-24) 最主要的困难是精确地确定涡流扩散系数的合适关系式。有关涡流扩散系数计算可参考文献 [6]。

3.4.2 层流传热

通常在闭合的通道中，$Re<2100$ 为层流流动，这时通道的等效直径 $d_e = 4\times$（流通截面积/湿润周界）。对层流换热，人们曾进行过广泛的理论研究，解出各种边界条件和几何形状的能量方程式。然而真正的层流换热是极少发生的，总是存在着自然对流的影响，那种只有分子导热的假定是缺乏根据的。因此，最可靠的还是经验关系式。

绝大多数层流换热实验数据被关联为 Nusselt（努塞尔）数 Nu_{lm} 或 Nu_{am}（下标 lm、am 分别表示 Nusselt 数中 α 是以对数或算数平均温度差为定性温度得出的）、Graetz（格雷兹）数 $Gz = RePr\left(\dfrac{D}{L}\right)$ 和 Grashof（格拉斯霍夫）数（自然对流的影响）。一些关联式只考虑黏度随温度的变化，而有些关联式也考虑了密度的变化。对于长管的理论分析指出，Nu_{lm} 随管长增长而趋于一个极限值，各种闭合通道中层流换热的极限 Nusselt 数见表 7-3-4。

(1) 圆管 对水平圆管，按 Gz 数的大小有几个关系式[7]：

$$\text{对 } Gz<100, Nu_{am} = 3.66 + \frac{0.085Gz}{1+0.047Gz^{\frac{2}{3}}}\left(\frac{\mu_b}{\mu_w}\right)^{0.14} \tag{7-3-25}$$

$$\text{对 } Gz>100, \text{小直径管和小温差}, Nu_{am} = 1.86Gz^{1/3}\left(\frac{\mu_b}{\mu_w}\right)^{0.14} \tag{7-3-26}$$

式中，下标 b 为主流，w 为壁面。

表 7-3-4　闭合通道中层流换热 Nusselt 数的极限值

形状	极限 Nusselt 数（$Gr<4.0$）	
	恒壁温	恒热流
圆管	3.66	4.36
同心圆环隙	—	见式(7-3-27)
等边三角形	—	3.00
矩形		
边长比		
1.0(正方形)	2.89	3.63
0.713	—	3.78
0.500	3.39	4.11
0.333	—	4.77
0.25	—	5.35
0(平行平面)	7.60	8.24

能够适合所有直径和温差 Δt 的更为通用的关系式是在式(7-3-26)右边乘以因子 $0.87(1+0.015Gz^{\frac{1}{3}})$，也可采用文献 [8] 提供的方程式。

(2) 环隙　在同心圆环隙中层流传热膜系数可由下述方程式求得：

$$Nu_{am}=1.02Re^{0.45}Pr^{0.5}\left(\frac{D_c}{L}\right)^{0.4}\left(\frac{D_1}{D_2}\right)^{0.8}\left(\frac{\mu_b}{\mu_w}\right)^{0.14}Gz^{0.05} \quad (7\text{-}3\text{-}27)$$

式中　μ_b, μ_w——主流及环隙内壁处流体黏度，$N\cdot s\cdot m^{-2}$；
　　　D_1, D_2——内管外径和外管内径，m；
　　　D_c——环隙当量直径，m；
　　　L——管长，m。

对块状流环隙，极限 Nusselt 数可按下述方程求得[9]：

$$Nu_{lm}=\frac{8(m-1)(m^2-1)^2}{4m^4\ln m-3m^4+4m^2-1} \quad (7\text{-}3\text{-}28)$$

式中，$m=\dfrac{D_2}{D_1}$，定型尺寸为当量直径 $D_c=D_2-D_1$。

在环隙中层流传热极限 Nusselt 数的计算可参阅文献 [10]。此外，Reynolds 等人[11]进行了同心圆和偏心圆环隙的层流传热的理论分析。Lee[12] 进行了同心圆环隙进口处湍流传热的理论分析，充分发展的局部 Nu 数是在 30 个等效直径区域，即在 $0.1<Pr<30$，$10^4<Re<2\times10^5$，$1.01<\dfrac{D_2}{D_1}<5.0$ 的范围内得到的。

(3) 平行板和矩形通道　平行板和矩形通道层流传热极限 Nusselt 数已列于表 7-3-4 中。对 $Gz>70$ 常壁温的情况，

$$Nu_{lm}=1.85Gz^{1/3} \quad (7\text{-}3\text{-}29)$$

式中，Nu 数和 Gz 数均以当量直径为定型尺寸。对大温差的情况，建议在式(7-3-29)右边乘以因子 $\left(\dfrac{\mu_b}{\mu_w}\right)^{0.14}$。

对矩形通道，Kays 和 Clark 提出了在各种边长的矩形通道中加热和冷却空气的关系式[13]。对大多数非圆形通道，只要以当量直径（$=4\times$流通截面积/润湿周边）作为定型尺寸，就可应用式(7-3-25)和式(7-3-26)[14]。

(4) 浸没物体　当流体流过浸没物体，整个物体四周边界层完全是层流，即使主流为湍流，则认为这是层流流动。下列关系式只适用于单个物体浸没于无限流体中的情况，而不能用于一群物体。

浸没物体的平均传热膜系数通常按下式计算：

$$Nu=CRe^mPr^{1/3} \quad (7\text{-}3\text{-}30)$$

各种浸没物体的 C 和 m 值列于表 7-3-5 中。Nu 数和 Re 数的定性尺寸是相同的。物理性质按膜温度（等于壁温和未受干扰流体温度的平均值）计算。Re 数中的速度为未受干扰自然流体的速度。

表 7-3-5 浸没物体层流换热的 C 和 m 值 [式(7-3-30)]

形状	特征长度	Re	Pr	C	m
平行于流体的平板	平板长度	$10^3 \sim 3 \times 10^5$	>0.6	0.648	0.50
圆柱,轴垂直于流动	圆柱直径	$1 \sim 4$		0.989	0.330
		$4 \sim 40$		0.911	0.385
		$40 \sim 4000$	>0.6	0.683	0.465
		$4 \times 10^3 \sim 4 \times 10^4$		0.193	0.618
		$4 \times 10^4 \sim 2.5 \times 10^5$		0.0266	0.805
非圆形柱,轴垂直于流动,特征长度垂直于流动	方形,短直径	$5 \times 10^3 \sim 10^5$		0.104	0.675
	方形,长直径	$5 \times 10^3 \sim 10^5$		0.250	0.588
	六边形,短直径	$5 \times 10^3 \sim 10^5$	>0.6	0.155	0.638
	六边形,长直径	$5 \times 10^3 \sim 2 \times 10^4$		0.162	0.638
		$2 \times 10^4 \sim 10^5$		0.0391	0.732
球	直径	$1 \sim 7 \times 10^4$	0.6~400	0.6	0.50

浸没物体的传热,可参阅文献 [15]。文献提供了局部传热膜系数计算式和未受热的起始长度的影响。式(7-3-30) 也可以用下述形式表示:

$$StPr^{\frac{2}{3}} = CRe^{m-1} = f/2 \qquad (7\text{-}3\text{-}31)$$

式中,f 为表面摩擦阻力系数。

(5) 降膜 液体均匀地分布在垂直管顶部的周围(无论是管内还是管外),并在重力作用下沿管壁向下流动。同样,液体均匀分布在水平管外顶部,在水平管四周形成液层并流向底部。这两种情况称为液层的重力流动或降膜流动。

水在垂直管壁以湍流液层流下时,McAdams 推荐采用下式[16]:

$$\alpha_{lm} = 9150 \Gamma^{1/3} \qquad (7\text{-}3\text{-}32)$$

$$\Gamma = \frac{G}{\pi D}$$

式中 Γ——单管单位周边长度的液膜质量流量,$kg \cdot m^{-1} \cdot s^{-1}$;
G——单管的液膜质量流量,$kg \cdot s^{-1}$;
D——管径,液膜在管外流动为外径,在管内流动为内径,m。

式中常数是以液膜质量流量为 $0.25 \sim 6.2 kg \cdot m^{-2} \cdot s^{-1}$ 基准确定的。

这种水流方式常用于直立式氨冷凝器(氨蒸气在壳程)、酸冷却器、循环水冷却器和其他过程冷却器中。

下述方程可用于任何液体在垂直面上以液层形式流下的情况:

$$\text{对} \frac{4\Gamma}{\mu} > 2100, \quad \alpha_{lm} = 0.01 \left(\frac{\lambda^3 \rho^2 g}{\mu^2}\right)^{\frac{1}{3}} \left(\frac{C_p \mu}{\lambda}\right)^{\frac{1}{3}} \left(\frac{4\Gamma}{\mu}\right)^{1/3} \qquad (7\text{-}3\text{-}33a)$$

$$\text{对} \frac{4\Gamma}{\mu} < 2100, \quad \alpha_{lm} = 0.50 \left(\frac{\lambda^2 \rho^{4/3} C_p g^{2/3}}{\mu^2}\right)^{\frac{1}{3}} \left(\frac{\mu}{\mu_w}\right)^{\frac{1}{4}} \left(\frac{4\Gamma}{\mu}\right)^{1/9} \qquad (7\text{-}3\text{-}33b)$$

式中，L 为垂直管的长度。

式(7-3-33b) 的适用范围为 $L=0.12\sim18\mathrm{m}$。

水平管外的降膜，其雷诺数很难高过 2100，以水平管周边的一半 $\pi d/2$ 代替管长，式(7-3-33) 就可用于水平管外的降膜流动。

对水平管外水的流动，各种管径的无量纲方程式为：

$$\alpha_{\mathrm{lm}}=3360\left(\frac{\Gamma}{D_0}\right)^{\frac{1}{3}} \quad (7\text{-}3\text{-}34)$$

式中，Γ 的范围为 $0.94\sim4\mathrm{kg\cdot m^{-1}\cdot s^{-1}}$；$D_0$ 为水平管外径。

降膜流动也应用于液膜完全或局部蒸发（果汁浓缩）和结晶（冷凝）过程。

降膜换热器的传热膜系数较高，这个优点部分地弥补了液膜均匀分布和保持管外完全湿润的困难，以及将液体输送到换热器顶部的费用。

3.4.3 过渡区域的传热

确定湍流传热膜系数的方程只适用于 $Re>10000$ 的情况，过渡区的范围为 $2100<Re<10000$。从层流到湍流这个过渡区域还没有一个简单的方程可以说明这种变化。Hausen[7] 提出了适合从层流到湍流过渡区域的关系式，$2100<Re<10000$。

$$Nu_{\mathrm{am}}=0.116(Re^{\frac{2}{3}}-125)Pr^{\frac{1}{3}}\left[1+\left(\frac{D}{L}\right)^{\frac{2}{3}}\right]\left(\frac{\mu_{\mathrm{b}}}{\mu_{\mathrm{w}}}\right)^{0.14} \quad (7\text{-}3\text{-}35)$$

图 7-3-3 表示了流体在管内加热或冷却的 Colburn 因子对雷诺数的关系。图中层流部分按式(7-3-26) 画出，在 $Re=2100$ 处和湍流部分相连接，强制对流湍流按式(7-3-37) 画出，图中 L 为管长，单位和直径 D 相同。

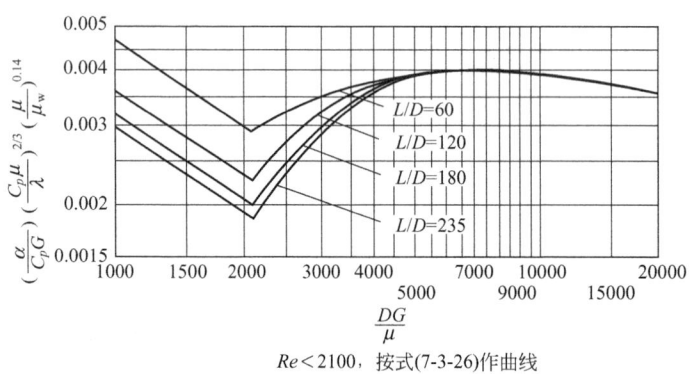

$Re<2100$，按式(7-3-26)作曲线
$2100<Re<10000$，按式(7-3-35)作曲线
$Re>10000$，按式(7-3-37)作曲线

图 7-3-3 管内流体加热和冷却时的 Colburn 因子对雷诺数的关系

3.4.4 湍流传热

(1) 圆管 对圆管内湍流时的传热膜系数已经提出了大量的计算关系式。对高 Pr 数流体，根据动量传递和热量传递类比，从运动方程和能量方程导出的传热膜系数关系式比许多经验关系式要复杂，精度低。目前用得最普遍的经验关系式是 Dittus-Boelter 方程：

$$Nu = 0.023 Re^{0.8} Pr^n \tag{7-3-36}$$

适用范围：$10^4 < Re < 1.2 \times 10^5$，$Pr = 0.7 \sim 120$，$L/D > 60$，式中，加热时 $n = 0.4$，冷却时 $n = 0.3$，流体物理性质的定性温度为流体的平均温度。

当管壁与流体温差较大且黏度也较大时，由于靠近管壁处的流体黏度和主流温度下黏度相差较大，流体加热和冷却时边界层的情况也不相同，故引入黏度比进行修正：

$$Nu = 0.023 Re^{0.8} Pr^{1/3} \left(\frac{\mu_b}{\mu_w}\right)^{0.14} \tag{7-3-37}$$

上式适用范围为 $Re > 10000$，$0.7 < Pr < 700$，$L/D > 60$。加热和冷却均可使用此式。

式(7-3-37)的Colburn传热 j 因子形式表示为：

$$j_h = St Pr^{\frac{2}{3}} \left(\frac{\mu_b}{\mu_w}\right)^{0.14} = 0.023 Re^{-0.2} \tag{7-3-38}$$

上式中，若定性温度为膜温度，即壁面温度和主流温度的平均值，黏性比这一项可忽略。

如果式(7-3-38)右边以粗糙管的 $f/2$ 代替（$f = 0.046 Re^{-0.2}$），则可近似地计算粗糙管的传热膜系数，粗糙管的摩擦因子可以很方便地从 f-Re 图中查得。对空气，Nunner[17]提出下式：

$$\frac{(Nu)_{\text{粗糙管}}}{(Nu)_{\text{光滑管}}} = \frac{f_{\text{粗糙管}}}{f_{\text{光滑管}}} \tag{7-3-39}$$

Dipprey 和 Sabersky[18]完整地讨论了管壁粗糙度对管内传热的影响。

(2) 各种条件下的量纲分析式

① 在常温常压下，$Pr = 0.78$，$\mu = 1.76 \times 10^{-5} Pa \cdot s$ 的气体传热膜系数可用下式计算：

$$\alpha = 3.04 \times 10^{-3} C_p \rho^{0.8} \frac{u^{0.8}}{D^{0.2}} \tag{7-3-40}$$

式中 C_p——气体比热容，$kJ \cdot kg^{-1} \cdot ℃^{-1}$；

u——气体速度，$m \cdot s^{-1}$；

D——管子内径，m。

② 对大气压力下的空气，可用下式计算：

$$\alpha = 3.52 \frac{u^{0.8}}{D^{0.2}} \tag{7-3-41}$$

③ 对温度范围为 $5℃ < t < 104℃$ 的水

$$\alpha = 1057 \times (1.352 + 0.02t) \frac{u^{0.8}}{D^{0.2}} \tag{7-3-42}$$

式中，t 为温度，℃。

④ 对有机液体，参数范围为 $C_p = 2.092 J \cdot kg^{-1} \cdot K^{-1}$，$\lambda = 0.14 W \cdot m^{-1} \cdot ℃^{-1}$，$\mu_b = 1 \times 10^{-3} Pa \cdot s$ 和 $\rho = 810 kg \cdot m^{-3}$ 时，可用下式计算：

$$\alpha = 423\frac{u^{0.8}}{D^{0.2}} \tag{7-3-43}$$

在合理的限度内，有机液体的传热膜系数约为水的三分之一。

⑤ 进口效应，若 $L/D>60$，则工业应用中，进口效应通常并不重要。若 $10<L/D<400$，则建议用下式计算：

$$Nu = 0.036Re^{0.8}Pr^{1/3}\left(\frac{L}{D}\right)^{-0.054} \tag{7-3-44}$$

上式中的定性温度为主流温度。

一般情况下，进口效应应用下式关联：

$$\frac{\alpha_\mathrm{m}}{\alpha} = 1 + F\left(\frac{D}{L}\right) \tag{7-3-45}$$

式中，α 由式(7-3-35)和式(7-3-36)求得，α_m 为考虑进口效应的平均传热膜系数。F 为修正系数，一些进口情况的 F 值如表 7-3-6[15]。

表 7-3-6 一些进口情况的 F 值

进口情况	F 值
充分发展的速度分布	1
突然收缩	6.0
滤网的钟罩形进口	1.4
45°弯头	5.0
90°直角弯头	7.0
180°圆弯头	6.0

⑥ 大温差下的传热。Gambill 给出了对气体的高热流量传热关系式[19]：

$$Nu = 0.021Re^{0.8}Pr^{0.4}\bigg/\left(\frac{t_\mathrm{w}}{t_\mathrm{b}}\right)^{0.29+0.0019\left(\frac{L}{D}\right)} \tag{7-3-46}$$

使用范围：$10<L/D<240$，$110\mathrm{K}<t_\mathrm{b}<1560\mathrm{K}$，$1.1<\left(\frac{t_\mathrm{w}}{t_\mathrm{b}}\right)<8.0$，式中，$t_\mathrm{b}$、$t_\mathrm{w}$ 分别为主流温度和壁面温度，定性温度为壁面温度。

式(7-3-46)也适用于液体大温差的情况。

(3) 环隙 对直径比为 $\frac{D_1}{D_2}>0.2$ 的环隙，无论外管还是内管可用下式计算[1]。

$$Nu = 0.020Re^{0.8}Pr^{0.3}\left(\frac{D_2}{D_1}\right)^{0.53} \tag{7-3-47}$$

式中，D_1、D_2 分别表示内管、外管直径。

采用 Colburn 形式的关系式时，可用单壁面的摩擦因子 f 计算环隙内外壁的 j 因子，从而求得单壁面传热膜系数：

$$j_\mathrm{h1} = (St)_1Pr^{2/3} = f_1/2 \tag{7-3-48a}$$

$$j_{h2} = (St)_2 Pr^{2/3} = f_2/2 \tag{7-3-48b}$$

Rothfus 等人报道，取环隙流体靠近外壁部分的 Re：$(Re)_2 = 2(r_2^2 - \lambda^2)u\rho/(r_2\mu)$，则 $(Re)_2$ 对摩擦因子 f_2 的关系与圆管中 Re 对 f 值的关系一样，环隙内流体最大速度的位置 λ 可按下式计算[1]：

$$\lambda^2 = \frac{r_2^2 - r_1^2}{\ln\left(\dfrac{r_2}{r_1}\right)} \tag{7-3-49}$$

式中，r_1、r_2 为环隙内、外管的半径。

上式可计算层流时环隙中最大流速的位置，也能近似地用于湍流情况。

计算内管壁摩擦因子 f_1 可用下式：

$$f_1 = \frac{f_2 r_2 (\lambda^2 - r_1^2)}{r_1 (r_2^2 - \lambda^2)} \tag{7-3-50}$$

对于具有外翅片管的环隙，传热膜系数是翅片形状的函数。文献 [16] 提供了在环隙内有横向翅片管、纵向翅片管和螺旋翅片管时的关系式。

(4) 非圆形通道 式(7-3-37)可用于非圆形通道，只是定型尺寸为当量直径（$d_e = 4 \times$ 流通截面积/润湿周界）。对大温度差传热，须将 Pr 数的 1/3 改为 0.4。Kays 和 London[14] 提供了紧凑换热器中各种非圆形通道的算图。通常振动和脉动有利于增加传热膜系数。

【例 7-3-1】 按下列条件计算套管环隙内外壁面的传热因子 j 和传热膜系数：内管外径 $D_1 = 25.4\text{mm}$，外管内径 $D_0 = 63.5\text{mm}$，水在 15.6℃ 的 $\mu/\rho = 1.124 \times 10^{-6}\text{m}^2\cdot\text{s}^{-1}$，速度 $u = 1.22\text{m}\cdot\text{s}^{-1}$，比热容 $C_p = 4.18\text{kJ}\cdot\text{kg}^{-1}\cdot\text{℃}^{-1}$，$Pr = 8.27$。

解 由式(7-3-49)得到最大流速的位置

$$\lambda^2 = \frac{r_2^2 - r_1^2}{\ln\left(\dfrac{r_2}{r_1}\right)} = \frac{0.0635^2 - 0.0254^2}{4 \times \ln\left(\dfrac{0.0635}{0.0254}\right)} = 9.24 \times 10^{-4}\text{m}^2$$

相应的环隙外壁 Re 改为：

$$Re_2 = \frac{2(r_2^2 - \lambda^2)u}{r_2 \mu/\rho} = \frac{2 \times (0.0318^2 - 9.24 \times 10^{-4}) \times 1.22}{0.0318 \times 1.124 \times 10^{-6}} = 5.96 \times 10^3$$

从光滑管 f-Re 图中查得，$f_2 = 0.00565$，$j_{h2} = (St)_2 Pr^{2/3} = \dfrac{f_2}{2} = 0.00283$

$$(St)_2 = \frac{\alpha_2}{C_p G} = \frac{\alpha_2}{4.18 \times 1000 \times 3600 \times 1.22} = 5.45 \times 10^{-8} \alpha_2$$

由此可得 $\alpha_2 = \dfrac{j_{h2}}{5.45 \times 10^{-8} Pr^{2/3}} = \dfrac{2.83 \times 10^{-3}}{5.45 \times 10^{-8} \times 8.27^{2/3}} = 12698\text{W}\cdot\text{m}^{-2}\cdot\text{℃}^{-1}$

由式(7-3-50)得到

$$f_1 = \frac{0.00565 \times 0.0318 \times (9.24 \times 10^{-4} - 0.0127^2)}{0.0127 \times (0.0318^2 - 9.24 \times 10^{-4})} = 0.1237$$

由此得到

$$j_{h1} = (St)_1 Pr^{2/3} = 0.00368$$

同样可得

$$\alpha_1 = \frac{3.68 \times 10^{-3}}{5.45 \times 10^{-8} \times 8.27^{2/3}} = 16511 \text{ W} \cdot \text{m}^{-2} \cdot \text{°C}^{-1}$$

比较环隙内外壁的传热膜系数，内壁传热膜系数比外壁传热膜系数高约 23%。

(5) 蛇形管 流体在螺旋蛇形管内流动，当 $Re > 10000$，可按直管计算式计算，再乘以 $(1 + 3.5 D_i/D_c)$。此处，D_i 为蛇形管内径，D_c 为蛇形管曲率直径。

当 $Re < 10000$，可按相应的直管计算式计算，但方程中出现的 L/D_i 项要用 $(D_c/D_i)^{1/2}$ 项来代替。

对于平面螺旋蛇形管，每一圈的 D_i/D_c 值都不相同，求得的每一圈的传热膜系数也不相同。可按每一圈长度加权平均计算平均传热膜系数。

(6) 翅片管 当金属管外流体传热膜系数比管内的低得多时（如蒸汽在管内冷凝来加热管外的空气），在管外壁装设翅片能明显地提高单位管长的传热率。

空气在翅片管外流动时，若流动方向与翅片管排轴成直角，可用下述量纲方程近似计算传热膜系数 α_f：

$$\alpha_f = 5.29 \frac{u_f^{0.8}}{D_0^{0.4}} \left(\frac{P'}{P' - D_0} \right)^{0.6} \tag{7-3-51}$$

式中　D_0——光管的外径，m；

　　　P'——一排管子的中心距，m；

　　　u_f——空气的迎面速度，m·s^{-1}。

对于空冷翅片管换热器，由式（7-3-51）求得的空气传热膜系数可按下式转换成以外光管为基准的传热膜系数：

$$\alpha_{io} = \alpha_f \frac{A_f + A_{uf}}{A_{of}} = \alpha_f \frac{A_T}{A_a} \tag{7-3-52}$$

式中　α_{io}——基于总外表面为基准的传热膜系数，W·m^{-2}·°C^{-1}；

　　　A_T——总外表面面积，m^2；

　　　A_a——未装翅片时外光管表面面积，m^2；

　　　A_f——翅片面积，m^2；

　　　A_{uf}——翅片管扣除翅片部分的外表面面积，m^2；

　　　A_{of}——未装翅片前管的外表面面积，m^2。

翅片效率的定义为整个翅片和翅片之间的平均温度差与翅片根部处翅片和流体之间温度差的比值。各种类型翅片的翅片效率图可参阅文献 [20]。

各种型式翅片管的传热膜系数在有关文献中可以查到[19,20]。

当空气以垂直于窄边方向流动时，Norris 和 Spofford[21] 提出了无量纲方程求取空气传热膜系数：

$$\frac{\alpha_{\mathrm{m}}}{C_p G_{\max}} Pr^{2/3} = 1.0 \left(\frac{Z_p G_{\max}}{\mu}\right)^{-0.5} \tag{7-3-53}$$

$$\frac{\alpha_{\mathrm{m}}}{C_p G_{\max}} = St$$

$$\frac{Z_p G_{\max}}{\mu} = Re$$

式中 α_{m}——空气平均传热膜系数，W·m^{-2}·℃$^{-1}$；

$G_{\max}$——垂直于空气流动方向的翅片管排最小自由截面处的最大质量流速，kg·m^{-2}·s^{-1}；

Z_{p}——流体穿过翅片所经历的距离（周边），m。

上式的适用范围为 $2100 < Re < 10000$。

由于翅片管的结构型式多种多样，为了方便起见，把所有各种类型结构翅片的传热膜系数转换为以光管内表面为基准的传热膜系数。Kern[22]提出了把以光管外表面传热膜系数转换成内表面传热膜系数关系式：

$$\alpha_{\mathrm{fi}} = (\Omega A_{\mathrm{f}} + A_{\mathrm{o}})(\alpha_{\mathrm{f}}/A_{\mathrm{i}}) \tag{7-3-54}$$

式中 α_{fi}——以光管内表面积为基准的外壁面传热膜系数，W·m^{-2}·℃$^{-1}$；

α_{f}——以光管传热膜系数关系式计算出的外壁面传热膜系数，W·m^{-2}·℃$^{-1}$；

A_{f}——翅片表面积，m^2；

A_{o}——未装翅片的管外表面积，m^2；

A_{i}——管的内表面积，m^2；

Ω——翅片效率，应按下式计算。

$$\Omega = \frac{\tanh m b_{\mathrm{i}}}{m b_{\mathrm{i}}} \tag{7-3-55}$$

$$m = \left(\frac{\alpha_{\mathrm{f}} P_{\mathrm{f}}}{\lambda a_{\mathrm{x}}}\right)^{1/2} \tag{7-3-56}$$

式中 b_{i}——翅片高度，m；

P_{f}——翅片周边，m；

a_{x}——翅片截面积，m^2。

翅片效率和翅片尺寸可由制造厂家给出，翅片面积和管子内表面面积之比一般也是已知的，这样 A_{o}、A_{f} 和 A_{i} 可直接从这些比值求得。

(7) 管束 对于垂直于圆管管束流动流体的加热和冷却，且管束数至少在 10 排以上，可应用下述方程计算传热膜系数：

Colburn 型计算式

$$\frac{a}{C_p G_{\max}} Pr^{2/3} = \frac{a}{\left(\frac{D G_{\max}}{\mu}\right)^{0.4}} = j \tag{7-3-57}$$

Nusselt 型计算式

$$\frac{a D_{\mathrm{o}}}{\lambda} = a \left(\frac{D G_{\max}}{\mu}\right)^{0.6} Pr^{1/3} \tag{7-3-58}$$

式中，G_{max} 为垂直于管束流动的质量流速，kg·m^{-2}·s^{-1}；D_o 为管子外径；上述式中的 a 为常数，其值根据流动条件确定如下：

流动条件：$Re>3000$	a 值
垂直于错列管束菱形顶部的流动，无渗漏	0.330
在装有折流板换热器中，有正常渗漏	0.198
垂直于直列管束菱形平面的流动，无渗漏	0.260
在装有折流板换热器中，有正常渗漏	0.156

当 $Re<3000$，由式(7-3-58)得到的值较低，下述方程可得出更精确的结果：

$$\frac{a}{C_p G_{max}} Pr^{2/3} = \frac{a}{\left(\dfrac{DG_{max}}{\mu}\right)^m} = j \tag{7-3-59}$$

式中，常数 a、指数 m 值列于表 7-3-7。

表 7-3-7　式(7-3-59) 中 a，m 值

Re	m	管子布置	渗漏	a
100~300	0.492	错列	无	0.695
			正常	0.416
		直列	正常	0.548
			无	0.329
1~100	0.590	错列	正常	1.086
			无	0.650
		直列	正常	0.855
			无	0.513

下列量纲方程式用于无渗漏、垂直于管排的流动，若用于正常渗漏，则由下列各式得到的传热膜系数乘以 0.6，若用于并列管束，则乘以 0.79。

$$\alpha = 0.33 \frac{C_p^{1/3} \lambda^{2/3} \rho^{0.6} u_{max}^{0.6}}{\mu^{0.267} D_o^{0.4}} \tag{7-3-60}$$

对常温常压下气体，$Pr=0.78$，$\mu=1.76\times10^{-5}$ Pa·s，则有：

$$\alpha = 4.82\times10^{-3} C_p \frac{u_{max}^{0.6}}{D_o^{0.4}} \tag{7-3-61}$$

对大气压力下空气：

$$\alpha = 5.33 \frac{u_{max}^{0.6}}{D_o^{0.4}} \tag{7-3-62}$$

对温度范围为 7~104℃ 的水：

$$\alpha = 986\times(1.21+0.0121t) \frac{u_{max}^{0.6}}{D_o^{0.4}} \tag{7-3-63}$$

式中　t——水的温度，℃。

对有机液体，当 $C_p=2.22\text{J}\cdot\text{kg}^{-1}\cdot\text{K}^{-1}$，$\lambda=0.14\text{W}\cdot\text{m}^{-1}\cdot\text{℃}^{-1}$，$\mu=1\times10^{-3}\text{Pa}\cdot\text{s}$，$\rho=810\text{kg}\cdot\text{m}^{-3}$，

$$\alpha=400\frac{u_{\max}^{0.6}}{D_o^{0.4}} \tag{7-3-64}$$

3.5 非牛顿流体的传热

3.5.1 非牛顿流体的黏性

许多流体都不遵循牛顿黏性定律，它们通常被称为非牛顿流体。在工业过程中会遇到的如聚合物溶液和熔化物、油漆、肥皂、生物流体、润滑脂、糨糊以及许多悬浮液等，都属于非牛顿流体。它们可能呈现出 Bingham 塑性、假塑性或膨胀性的特性。

当两块平行平板之间发生相对移动时，其间的流体的速度梯度或是剪切率为常数，流动就是稳定的黏滞流，对牛顿流体的稳态黏滞流，μ 为常数。随剪切率增加，黏性逐渐下降的材料称为剪切减弱或假塑性体。少数流体的黏性 μ 随剪切率的增加而增加，这种流体称为剪切增强体或膨胀体[23]。

假塑性流体和膨胀性流体在相当宽的剪切率范围内可用下述指数方程来表示流动特性[24]：

$$\tau=K\left(\frac{\mathrm{d}u}{\mathrm{d}y}\right)^n \tag{7-3-65}$$

式中 τ——剪切力，$\text{kg}\cdot\text{m}^{-1}$；

$\dfrac{\mathrm{d}u}{\mathrm{d}y}$——速度梯度，也称为剪切率，$\text{s}^{-1}$；

n——流动特性指数；

K——稠度系数。

指数 n 反映流体偏离牛顿流体的程度。对牛顿流体，$n=1$；拟弹性流体的 n 介于 $0\sim1$ 之间。膨胀性流体的 n 大于 1；大多数聚合物流体的 n 介于 $0.15\sim0.6$ 之间。系数 K 反映流体的黏稠程度。

上式也是对牛顿黏性定律修正的广义牛顿流体的一个主要方程，它也适用于非牛顿流体剪切率与黏性之间的关系。式(7-3-65) 也可描述一个很重要的黏性区域，其中 μ 随 $\dfrac{\mathrm{d}u}{\mathrm{d}y}$ 在对数坐标上线性下降[25]。

由理论分析知道，τ_w 能够表示为 $8\bar{u}/d$ 的函数，而 $\tau_w=d\Delta P/(4L)$，故可通过实验求得 $d\Delta P/(4L)$ 对 $8\bar{u}/d$ 的关系曲线，曲线的任何微小区段均可用下式表示：

$$\tau_w=\frac{d\Delta P}{4L}=K'\left(\frac{8\bar{u}}{d}\right)^{n'} \tag{7-3-66}$$

式中，K' 为广义稠度系数；n' 为广义流动特性指数。

式(7-3-65) 需通过积分才能用于计算，而式(7-3-66) 可直接用于计算。

当流体的流动特性可用式(7-3-65) 表示时，如果式(7-3-66) 中 n' 是与 τ_w 无关的常数，

则可证明 $n'=n$，也就是说假塑性流体和膨胀体在相当大的剪切速率范围内，n' 和 n 没有区别，当 $n'=n$ 时：

$$K'=K\left(\frac{3n+1}{4n}\right)^n \tag{7-3-67}$$

对牛顿流体，$n=n'=1$，$K=K'=\mu$；对假塑性流体，$n=n'<1$，对膨胀性流体，$n=n'>1$，而 K' 则与 K 和 n 有关，故 n' 亦反映流体偏离牛顿流体的程度，K' 反映流体的黏稠程度。

3.5.2 非牛顿流体的热导率

热导率是非牛顿流体的一个重要物性，与固态聚合物一样，熔融的聚合物也是典型的不良导体。一些聚合物的热导率比牛顿流体要小几个量级。热导率与聚合物的化学性质、分子量、温度和压力的关系不大，对于很多的聚合物，不管这些变量如何，λ 总是在 $(2\sim12)\times10^4 \mathrm{W \cdot m^{-1} \cdot K^{-1}}$ 之间，热导率常以热扩散系数 K 的形式给出[26]：

$$K=\frac{\lambda}{\rho C_p} \tag{7-3-68}$$

聚合物的热扩散系数 K 几乎与压力、温度和化学性质无关。

3.5.3 管内强制对流传热膜系数

(1) 层流流动传热膜系数 忽略自然对流的影响，当壁面温度为常数时，对圆管，$n'>0.1$，$Gz=\frac{uC_p}{\lambda L}>20\sim100$，$Re\leqslant 2100$ 时，可用下式计算[26]：

$$\frac{\alpha d}{\lambda \delta^{1/3}}=1.75 Gz^{1/3}\left(\frac{\mu}{\mu_\mathrm{w}}\right)^{0.14} \tag{7-3-69}$$

其中，μ_w 为壁面温度下的动力黏度 μ 值，其余参数定性温度为流体平均温度。式(7-3-69)中 α 为按算数平均温度计算的放热系数；δ 为层流时非牛顿流体在壁面处的速度梯度与牛顿流体在壁面的速度梯度之比值，并按下式计算：

$$\delta=\frac{3n'+1}{4n'} \tag{7-3-70}$$

式(7-3-69)适用于一切黏性流体（牛顿型、假塑性、膨胀性、Bingham 塑性流体）。

当自然对流的影响显著时，对常壁温水平圆管，层流流动传热膜系数计算式为：

$$\frac{\alpha d}{\lambda \delta^{1/3}}=1.75\left[Gr+12.6\left(Pr_\mathrm{w}Gr_\mathrm{w}\frac{d}{L}\right)^{0.4}\right]^{1/3}\left(\frac{\eta}{\eta_\mathrm{w}}\right)^{0.14} \tag{7-3-71}$$

式中，Gr 为格拉晓夫数，$Gr=\frac{L^3\rho^2 g\beta\Delta t}{\mu^2}$；$Gr_\mathrm{w}$ 为壁面处格拉晓夫数；定性温度为壁面温度。

当单位面积传热率为一定时（如均匀电加热情况），假塑性体和膨胀性流体在圆管内的层流流动可用下式计算[27]：

$Gz \leqslant 30$

$$Nu = 4.36\left(\frac{3n+1}{4n}\right)\left(\frac{K}{K_w}\right)^{0.14/(0.7n)} \tag{7-3-72}$$

$Gz \geqslant 30$

$$Nu = 1.41\left(\frac{3n+1}{4n}\right)^{1/3} Gz^{1/3} \left(\frac{K}{K_w}\right)^{0.10/(0.7n)} \tag{7-3-73}$$

(2) 湍流流动传热膜系数 已经清楚地知道，在湍流流动通道中，加入少量高分子量的聚合物添加剂，可使给定雷诺数下的摩擦系数发生显著的减小，与这个阻力减小的机理一样，它同时影响湍流流体与壁面的传热。

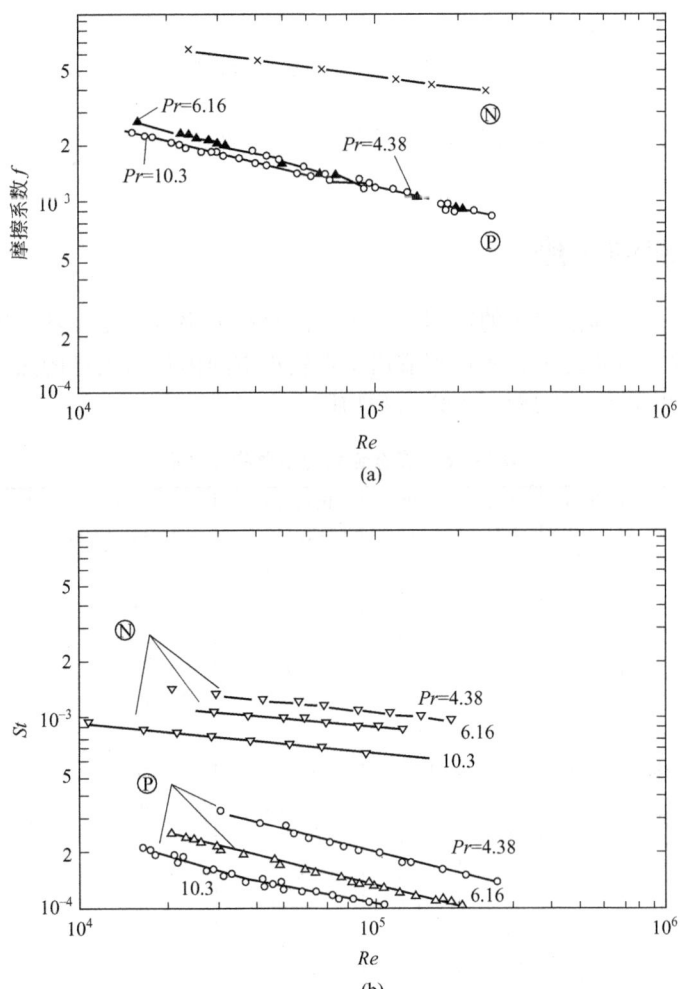

图 7-3-4 在三种普朗特数下，管内湍流水（曲线 N）和含 50mg·kg^{-1}聚氯乙烯的水（曲线 P）的摩擦系数与斯坦顿数

图 7-3-4(a)给出了含有和不含有 50mg·kg^{-1}聚氯乙烯的水的摩擦阻力系数，由图可见，添加聚合物减小了阻力（在 $Re=10^5$ 时，阻力系数减小约 75%），而普朗特数对阻力系数没有影响。图 7-3-4(b)给出了用 St 数表示的传热膜系数：

$$St = \frac{q}{(t_w - t_b)C_p G} = \frac{\alpha}{C_p G} \tag{7-3-74}$$

式中　q——管壁的均匀热流密度,W·m^{-2};

　　　t_w——管壁壁面温度,℃;

　　　t_b——流体温度,℃;

　　　G——质量流速,kg·m^{-2}·s^{-1}。

很明显,添加聚合物式换热明显减小,即使 St 数明显地取决于 Pr,但是在各个 Pr 数下,由聚合物引起的 St 数变化几乎是一样的,从图 7-3-4 可以看到,在 $Re=10^5$ 时,在三种 Prandtl(普朗特)数下,St 数减小约 82%。

对各种流体都适用的湍流传热膜系数计算式为[23]:

$$St = \frac{f/2}{1.2 + 11.8\sqrt{\frac{f}{2}}(Pr_\mathrm{wm}-1)(Pr_\mathrm{wm})^{-0.33}} \tag{7-3-75}$$

式中,定性温度为流体平均温度,上式适用范围为:$2920 < Re < 12900$,$1.88 < Pr_\mathrm{wm} < 264$。

3.6　液态金属的传热

液态金属与气体和其他液体的区别,在于它的热扩散率(导温系数)明显地大于它的运动黏度,即 $Pr<1$。因此液态金属特别适用于在较小空间内传递大量的热量,例如在核反应堆中。表 7-3-8 给出了液态金属的主要物理性质。

表 7-3-8　液态金属的主要物理性质

金属	熔点/℃	沸点/℃	温度/℃	密度 ρ/kg·m^{-3}	比热容 C_p/kJ·kg^{-1}·℃$^{-1}$	黏度 μ/×10^{4}kg·s^{-1}·m^{-2}	热导率 λ/W·m^{-1}·℃$^{-1}$	Pr
铋 Bi	277	1477	316	10000	0.144	1.66	16.4	0.014
			760	9470	0.165	0.805	15.6	0.0084
铅 Pb	327	1737	371	10540	0.159	2.45	16.0	0.024
			704	10140	0.155	1.40	14.9	0.016
锂 Li	179	1317	204	506	4.19	0.608	38.0	0.065
			982	442	4.19	0.425	—	—
汞 Hg	−38.9	357	10	13570	0.134	1.63	8.13	0.027
			316	12850	0.134	0.881	14.1	0.0034
钾 K	63.9	760	149	807	0.80	0.380	45.0	0.0066
			704	674	0.75	0.137	33.0	0.0031
钠 Na	97.8	833	204	902	1.34	0.440	80.2	0.0072
			704	779	1.26	0.182	59.7	0.0038
Na-K:22%Na	19.0	826	93.3	849	0.946	0.501	24.4	0.019
			760	691	0.883	0.149	—	—
56%Na	−11.1	784	93.3	888	1.13	0.592	25.6	0.026
			760	740	1.04	0.164	29.0	0.058
Pb-Bi:44.5%Pb	125	1670	288	10350	0.147	1.79	10.7	0.024
			649	9840	—	1.17	—	—
水	0	100	93.3	963	4.23	1.12	0.702	1.83
空气(100kPa)	—	—	93.3	0.966	1.01	0.0788	0.0313	0.884

大多数液态金属的沸点范围为 760~1740℃,可以作为高温下优良的载热体。

液态金属的 Pr 数比普通液体的要小很多，凡是 Pr 数大于 0.6 的流体所用的传热膜系数计算式都不适用于液态金属。液态金属层流和湍流中的分子换热，在边界层和湍流核心中都起着重要作用，传热膜系数是贝克莱数（Pe）的函数。

3.6.1 管内流动

(1) 圆管 当液态金属在 $L/d=30$ 的管道内流动时，$0.007 \leqslant Pr \leqslant 0.03$，传热膜系数计算式为：

对恒热流量情况

$$Nu=7.5+0.005Pe, 300 \leqslant Pe \leqslant 10^4 \tag{7-3-76}$$

对常壁面温度情况

$$Nu=5+0.025Pe^{0.8}, 100 \leqslant Pe \leqslant 2.0 \times 10^4 \tag{7-3-77}$$

在 $30 \leqslant Pe \leqslant 300$ 范围内，对恒热流量情况，采用下式

$$Nu=4.36+0.016Pe \tag{7-3-78}$$

此式为计算充分发展的层流状态下的放热系统提供了一个过渡。

这些公式适用于处于下述状态的加热管道和冷却管道，即液态金属中杂质成分（氧、氮等）低于工质温度下氧化物溶解度的极限。如果高于极限，由于壁面-流体边界处热阻的增加，传热系数大大降低。对被杂质污染的液态金属加热时，最小 Nusselt 数为：

$$Nu=4.3+0.0021Pe, 100 \leqslant Pe \leqslant 10^4 \tag{7-3-79}$$

(2) 环隙 环隙内液态金属（$0.007 \leqslant Pr \leqslant 0.03$）湍流的传热膜系数与管内流动时大不相同，它取决于环隙内外壁面直径以及输入热量的方式（外部、内部或两者都有）。

当纯液态金属在一侧或两侧（或冷却）的环形槽道中以湍流流动时，外侧壁面的 Nu_o 和内侧壁面的 Nu_i 数按下式计算：

$$Nu=a+b(cPe)^2 \tag{7-3-80}$$

式中，a、b、c 是环隙内外直径比的函数，并与热量输入或输出方式有关。当只从内壁面传热，$a=4.82+0.697(d_o/d_i)$，$b=0.0222$，$c=0.758(d_o/d_i)^{0.053}$。当只从外壁传热，$a=5.54-0.023(d_o/d_i)$，$b=0.0189+0.00316(d_o/d_i)$，$c=0.758(d_o/d_i)^{-0.0204}$。

(3) 平行平板 液态金属在平行平板之间和 $\dfrac{d_o}{d_i}<1.4$ 的环隙中以湍流流动时，在平均热流量条件下的传热膜系数关系式为：

$$Nu=5.8+0.020Pe^{0.8} \tag{7-3-81}$$

3.6.2 横掠管束

液态金属在 $0.007 \leqslant Pr \leqslant 0.03$ 和 $10 \leqslant Pe \leqslant 1300$ 条件下，横掠流过叉排和顺排管束时，传热膜系数计算式为：

$$Nu=2Pe^{0.5} \tag{7-3-82}$$

式中，Pe 数按接近管束蒸气流速进行计算；定型尺寸为管束管子外径；冷却剂的热物性按平均温度计算。

液态金属在上述流动条件下，流动方向与管轴之间呈 $30°\sim 90°$ 角度 φ 时，流过光滑管束的传热膜系数为：

$$Nu_\varphi = Nu(\sin\varphi)^{0.4} \tag{7-3-83}$$

式中，Nu 数按式(7-3-82)计算；定型尺寸为管子外径；定性温度为流体平均温度。

参考文献

[1] Perry R H. Chemical Engineer's Handbook. 6th. New York: McGraw-Hill, 1987.
[2] 杨世铭. 传热学. 第2版. 北京: 高等教育出版社, 1987.
[3] Brown A I, Marco S M. Introduction to Heat Transfer. 3rd. New York: McGraw-Hill, 1985.
[4] Kato H, Nishiwak H, Hirata M. Int J Heat Mass Transfer, 1968, 11(7): 1117-1126.
[5] Colburn A P. Trans Am Inst Chem Eng, 1933, 29: 174-210.
[6] Strank, Chao. Trans Am Inst Chem Eng J, 1964, 10: 269.
[7] Hausen, Dtsch Beih. Verfahrenstech, 1943, 4: 91.
[8] Sieder E N, Tate G E. Ind Eng Chem, 1936, 28: 1429-1435.
[9] Trefethen J M. General Discussions on Heat Transfer. New York, London: AMSE, 1951.
[10] Dwyer O E. Nuclear Sci Eng, 1963, 17(3): 336-344.
[11] Reynolds W C, et al. Int J Heat Mass Transfer, 1963, 6(6): 483-493, 495-529.
[12] Lee Y. Int J Heat Mass Transfer, 1968, 11(3): 509-522.
[13] Kays, Clark. Stanford Univ Dept Mech Eng Tech, Rept 14. 1953.
[14] Kays W M, London A L. Compact Heat Exchangers. 2nd. New York: McGraw-Hill, 1964.
[15] Kundsen J G. Fluid Dynamics and Heat Transfer. New York: McGraw-Hill, 1958.
[16] McAdams W H, Drew T B, Bays G S Jr. Trans Am Soc Mech Eng, 1940, 62: 627-631.
[17] Nunner W. VDI Forschungsheft, 1956, 455: 39.
[18] Dipprey D F, Sabersky R H. Int J Heat Mass Transfer 1963, 6(5): 329-353.
[19] Gambill W R. Chem Eng, 1967, 74(18): 147-152, 154.
[20] Gardner K A. Trans Am Soc Mech Eng, 1945, 67: 621-632.
[21] Norris R H, Spofford W A. Trans Am Soc Mech Eng, 1942, 64: 489-496.
[22] Kern D Q. Process Heat Transfer. New York: McGraw-Hill, 1950.
[23] [德]施林德尔. 换热器设计手册: 第二卷 流体力学与传热学. 马庆芳, 马重芳, 译. 北京: 机械工业出版社, 1989.
[24] 时钧, 等. 化学工程手册. 第2版. 北京: 化学工业出版社, 1996.
[25] Afgan N H, Schlunder E U. Heat Exchangers: Design and Theory Sourcebook. New York: McGraw-Hill, 1974.
[26] Metzner A B, Vaughn R D, Houghton G L. AIChE J, 1957, 3(1): 92-100.
[27] 水许笃朗, 等. 化学工学, 1967, 31: 25.

4

有相变时的传热

4.1 引言

相变是指物质从其存在的气、液、固三种相态中的任一种向另外两种中的某一种相态转变的过程或现象。物质相变过程既有热量的交换还有质量和动量的交换。其热量的传递可以是导热、对流和辐射三种基本形式中的任何一种，或其任何耦合形式进行。本章只讨论与冷凝换热和沸腾换热有关的相变传热问题。

4.2 冷凝换热

4.2.1 冷凝现象与机理

从一个系统中排出热量而使蒸气转变成液体的过程被称作冷凝。当蒸气被冷却到低于相应压力下的饱和温度时，即会引起小滴成核，从而发生冷凝。若蒸气整体上被均匀冷却则发生蒸气内部的均匀成核；若蒸气被局部冷却则发生非均匀成核，如在冷壁面或不均匀带入的粒子物质上产生的成核等。蒸气遇冷壁面的不均匀成核冷凝中，冷凝液依附于壁面上的形式有珠状冷凝和膜状冷凝两种。通常，膜状冷凝发生在易于润湿的冷却表面上，冷凝液在传热表面形成一层连续液膜流下。珠状冷凝则发生在湿润性不好的表面，蒸气冷凝成液滴，液滴又因进一步的冷凝与聚合而生长、滑落，然后表面上又继续形成新的液滴。珠状冷凝时由于传热面大部分未被冷凝液覆盖，不存在冷凝液膜引起的附加热阻，其传热膜系数较之膜状冷凝要大 5~10 倍以上，因此生产中希望出现持久珠状冷凝。但到目前为止，在工业冷凝器中即使采取了促进产生珠状冷凝的措施，仍不能持久地保持珠状冷凝的工作条件，最终仍将形成膜状冷凝，兼之目前珠状冷凝的可靠理论还远未确立，因此工业冷凝器的设计是以膜状冷凝换热公式为依据的[1~5]。

4.2.2 冷凝膜系数的计算公式

(1) 平表面上的膜状冷凝 对于单一纯净的饱和蒸气在倾斜平表面上的膜状冷凝，根据 W. Nusselt[4] 早期的理论分析，目前仍采用如下基本形式的公式来计算传热膜系数，即任意点 z 处的局部冷凝传热膜系数为：

$$\alpha_f(z) = \left[\frac{\rho_1(\rho_1-\rho_v)g\sin\theta r\lambda_1^3}{4\mu_1 z(t_{if}-t_w)}\right]^{1/4} \tag{7-4-1}$$

将式(7-4-1)沿壁面长度方向积分并考虑实验数据 20% 左右的误差修正后，在长度为 L 的整个表面上的平均传热膜系数可用下式计算：

$$\alpha_f(z) = 1.13\left[\frac{\rho_l(\rho_l-\rho_v)g\sin\theta r\lambda_l^3}{\mu_l L(t_{if}-t_w)}\right]^{\frac{1}{4}} \tag{7-4-2}$$

式中 α_f——平壁面上的平均传热膜系数，$W\cdot m^{-2}\cdot ℃^{-1}$；

ρ_l,ρ_v——冷凝液和蒸气的密度，$kg\cdot m^{-3}$；

g——重力加速度，$m\cdot s^{-2}$；

θ——平壁面与水平面的夹角，(°)；

r——蒸气冷凝潜热，$W\cdot kg^{-1}$；

λ_l——冷凝液的热导率，$W\cdot m^{-2}\cdot ℃^{-1}$；

μ_l——冷凝液动力黏度，$kg\cdot m^{-1}\cdot s^{-1}$；

L——平壁面长度，m；

t_{if},t_w——液膜表面和壁面温度，℃。

当 $\theta=90°$ 时，式(7-4-2)即为垂直壁面上的计算式。

上述各式仅适用于层流，也即在 $Re\leqslant 2000$ 的范围内可用，当流动为湍流时，其传热膜系数比式(7-4-2)给出的值大得多，对于任意点 z 的局部冷凝传热膜系数 $h_l(z)$，A.P.Colburn[6]提出：当 $Re\leqslant 2000$ 时，采用式(7-4-1)；当 $Re>2000$ 时，用下式计算：

$$\frac{\alpha_f(z)}{\lambda_l}\left[\frac{\mu_l^2}{\rho_l(\rho_l-\rho_v)g\sin\theta}\right]^{-\frac{1}{3}}=0.056\left(\frac{4\Gamma z}{\mu_l}\right)^{0.2}\left(\frac{C_{pl}\mu_l}{\lambda_l}\right)^{\frac{1}{3}} \tag{7-4-3}$$

式中 θ——平壁面与水平面的夹角。

式(7-4-1)~式(7-4-3)中冷凝液的物性按蒸气温度和壁温的算术平均值计算；r 以蒸气饱和温度为准；Γ 为单位宽度上的凝结液质量流量，$kg\cdot m^{-1}\cdot s^{-1}$。

对于底部已达湍流状态的竖壁冷凝换热，其沿整个壁面的平均传热膜系数可由下式求取：

$$\alpha_f=\alpha_{la}\frac{x_c}{L}+\alpha_{tu}\left(1-\frac{x_c}{L}\right) \tag{7-4-4}$$

式中 α_{la}——层流段的平均传热膜系数；

α_{tu}——湍流段的平均传热膜系数；

x_c——由层流转变为湍流的临界高度；

L——竖壁总高度，m；

α_f——沿整个竖壁的平均传热膜系数。

以上这些关系式适用于 $Pr>0.5$ 及 $C_{pl}(T_s-T_w)/r<1.0$ 的场合。

A.E.Duckler[8]曾考虑界面剪切力的影响后给出了对层、湍流都适用的更精确的分析解，其部分结果及其与他人公式[6,7]的比较如图 7-4-1 和图 7-4-2 所示。详细内容请参考文献［6，8］。这些曲线在层、湍流间是连续的，且对 Pr 数的影响反映得更准确，结果更合理些。

（2）管外壁面上的膜状冷凝 对于垂直管表面上的冷凝（无论是管外还是管内冷凝），只要管径 $D\gg\delta$，即可按照垂直平表面上的冷凝公式计算。

对单根水平管外的膜状冷凝，图 7-4-3 示出了其液膜的流动情况。W.Nusselt[4]采用类似平壁面的理论推导，并用图解积分法获得其平均传热膜系数为：

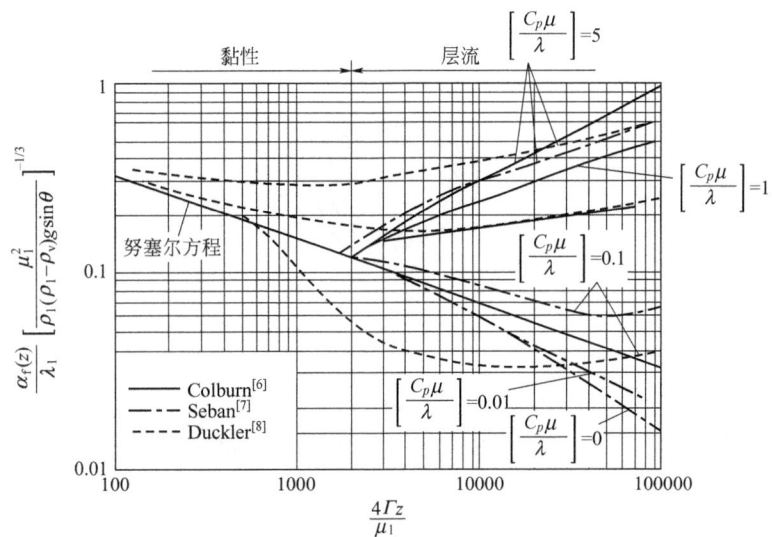

图 7-4-1 不考虑壁面剪切力影响的垂直表面上的冷凝

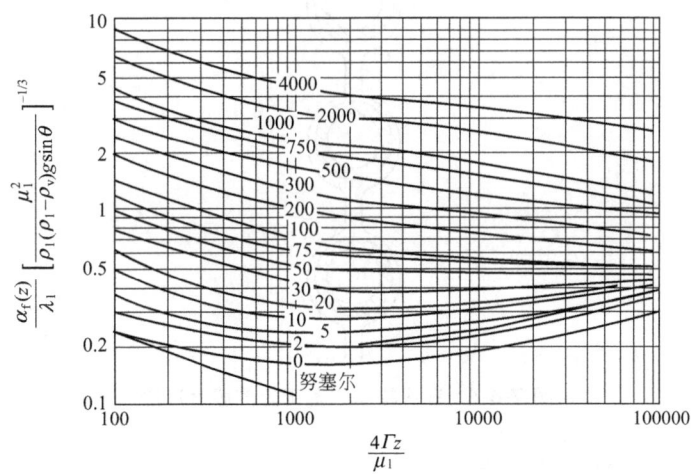

图 7-4-2 Ducler 的分析解，普朗特数 = 1.0

$$\alpha_f = 0.725 \left[\frac{\rho_1(\rho_1-\rho_v)gr'\lambda_1^3}{D\mu_1(t_{if}-t_w)} \right]^{\frac{1}{4}} \quad (7\text{-}4\text{-}5)$$

式中，D 为管外径；r' 为修正冷凝潜热。

$$r' = r\left[1 + 0.68\left(\frac{C_{p1}\Delta T_1}{r}\right)\right]$$

$$\Delta T_1 = T_{if} - T_w = t_{if} - t_w$$

该式在 $Re_r < 3200$ 范围内有效。

对如图 7-4-4 所示纵向排列水平管束上的冷凝，H. R. Jacobs[9]指出：当冷凝液从上一根管的底部流出进入它下方的那根管子，流动是层流且垂直排列的水平管具有相同温差时，其平均传热膜系数由式(7-4-5)用 nD 代替 D 求取。第 n 根管子的平均传热膜系数 α_{fn} 与顶

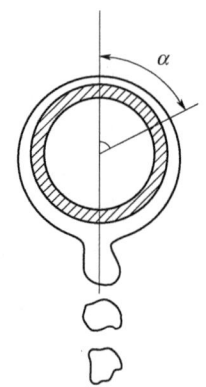

图 7-4-3　水平圆管外的膜状冷凝

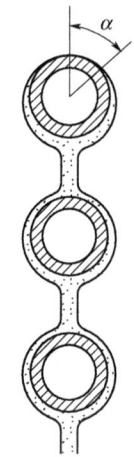

图 7-4-4　在纵排水平管束上的膜状冷凝

部管子的平均传热膜系数 α_{fl} 关系是：

$$\alpha_{fn}/\alpha_{fl} = n^{0.75} - (n-1)^{0.75} \tag{7-4-6}$$

式中，n 是垂直方向的管排数。式(7-4-6) 显著地低于实验测试值，这主要是因为冷凝液很少以连续薄层形式从上管下落。

在管壳式冷凝器中，通常管束是由垂直方向相互平等的 z 列管子组成。若各列管子在垂直方向的排数不相等，分别为 $n_1, n_2, n_3, \cdots, n_z$，则用平均管排数 n_m 代入上述关系式计算，其平均管排数为：

$$n_m = \left(\frac{n_1 + n_2 + n_3 + \cdots + n_z}{n_1^{0.75} + n_2^{0.75} + n_3^{0.75} + \cdots + n_z^{0.75}}\right)^4 \tag{7-4-7}$$

对于如图 7-4-5 所示四种排列方式下的水平管束上的冷凝，也可按 Dervere[10] 提出的方法，用当量管子数 n_s 代替 N 根单层排列水平管束计算式中的 N 求取平均传热膜系数，n_s 和管束的总管子数 N 有如下的关系式：

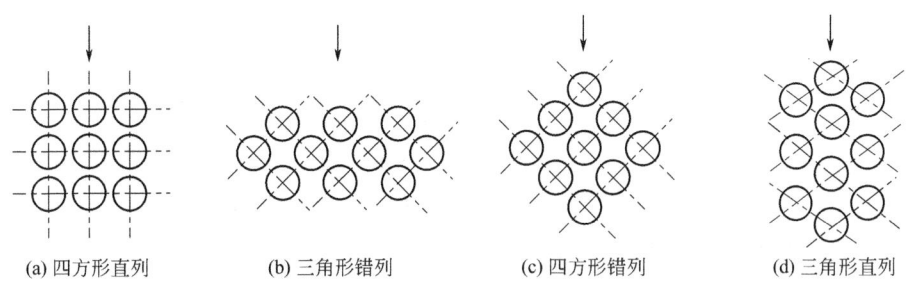

(a) 四方形直列　　(b) 三角形错列　　(c) 四方形错列　　(d) 三角形直列

图 7-4-5　管束排列方式

$$\left.\begin{array}{l} n_s = 1.37 N^{0.518}（四方形排列，错列）\\ n_s = 1.288 N^{0.480}（四方形排列，直列）\\ n_s = 1.022 N^{0.519}（三角形排列，直列）\\ n_s = 2.08 N^{0.495}（三角形排列，错列）\end{array}\right\} \quad (7-4-8)$$

(3) 管内壁面上的膜状冷凝　竖管内气液同向向下流动情况。界面剪切力通常起控制作用。当 $D \gg \delta$ 时，可采用竖壁公式计算。采用 A. E. Duckler 的精确计算图表[8]也可在很大参数范围内得到良好的结果。对于平均传热膜系数，还可使用 E. F. Carpenter 和 A. P. Colburm[11] 的简化关系式计算：

$$\frac{\alpha_f \mu_1}{\lambda_1 \rho_1^{\frac{1}{2}}} = 0.065 \left(\frac{C_{p1}\mu_1}{\lambda_1}\right) \tau_i^{\frac{1}{2}} \tag{7-4-9}$$

$$\tau_i = f'_i \left(\frac{\overline{G}_v^2}{2\rho_v}\right) \tag{7-4-10}$$

式中，f'_i 是对平均蒸气速度 $\overline{G}_v$ 下的单相管内流动而求出的折算界面摩擦系数，$\overline{G}_v$ 由下式计算：

$$\overline{G}_v = \left(\frac{G_1^2 + G_1 G_2 + G_2^2}{3}\right)^{\frac{1}{2}} \tag{7-4-11}$$

式中，G_1 和 G_2 分别是观察段起始处与出口处的蒸气质量速度。如全部蒸气都被冷凝，即 $G_2 = 0$，而 $\overline{G}_v = 0.58 G_1$。在 $Pr = 1 \sim 5$ 和 $\tau_i = 5 \sim 150$ 之间式(7-4-9)都适用。

Boyko-Kruzhilin[12] 提出了另一个关于界面蒸气剪切力影响控制下的冷凝换热关系式：

$$\frac{\alpha_f D_i}{\lambda_1} = 0.024 \left(\frac{D_i D_T}{\mu_1}\right)^{0.8} Pr^{0.43} \times \frac{\sqrt{(\rho/\rho_m)_i} + \sqrt{(\rho/\rho_m)_o}}{2} \tag{7-4-12}$$

$$\left(\frac{\rho}{\rho_m}\right)_i = 1 + \frac{\rho_1 - \rho_v}{\rho_v} x_i \tag{7-4-13}$$

$$\left(\frac{\rho}{\rho_m}\right)_o = 1 + \frac{\rho_1 - \rho_v}{\rho_v} x_o \tag{7-4-14}$$

水平管内的冷凝，在低流速下可使用从 Nusselt 方程基础上得出的 Kern[13] 修正公式进行计算：

$$\alpha_f = 0.761\left[\frac{L\lambda_1^3\rho_1(\rho_1-\rho_v)g}{W_T\mu_1}\right]^{\frac{1}{3}} \tag{7-4-15a}$$

$$= 0.815\left[\frac{\lambda_1\rho_1(\rho_1-\rho_v)g}{\pi\mu_1 D_1\Delta t}\right]^{\frac{1}{4}} \tag{7-4-15b}$$

$$\Delta t = t_{sg} - t_s$$

式中　W_T——冷凝在管内的总蒸气量。

在高冷凝负荷下，由于蒸气剪切力起主导作用，管系的放置方式已没有影响，式 (7-4-12) 同样也可以用于水平管内冷凝的计算。Akers[14]等考虑了蒸气速度的影响，提出下列计算方法：令 G_e 为质量当量流速，由进出口冷凝液流量与蒸气流量的管截面算术平均值按 G_l 和 G_v 下式定义计算求得：

$$G_e = \bar{G}_v + \bar{G}_l(\rho_1/\rho_v)^{\frac{1}{2}} \tag{7-4-16}$$

当 $Re = d_i G_e/\mu_1 < 5000$ 时，

$$Nu = \frac{\alpha d_i}{\lambda_1} = 5.03\left(\frac{d_i G_e}{\mu_1}\right)^{\frac{1}{3}} Pr^{\frac{1}{3}} = 5.03 Re^{\frac{1}{3}} Pr^{\frac{1}{3}} \tag{7-4-17}$$

当 $Re > 5000$ 时，

$$Nu = 0.0256 Re^{0.8} Pr^{\frac{1}{3}} \tag{7-4-18}$$

(4) 不冷凝气体及其他非理想因素的影响　对冷凝换热影响最大的因素主要有蒸气流速、含不冷凝气体、蒸气过热、物性变化和扩散等[15]。蒸气速度的影响涉及膜状冷凝的假设是否成立和剪切力的作用大小问题，前面已有所介绍。不冷凝气体的存在使冷凝传热膜系数大大下降，根据 Schadet[16] 的研究结果，可用如下关系式进行修正：

$$\alpha/\alpha_f = 1.3 C^{-0.5}\left(\frac{\nu}{D}\right)^{0.5} \tag{7-4-19}$$

式中　α——含不冷凝性气体的蒸气冷凝传热膜系数；
　　　α_f——纯蒸气的冷凝传热膜系数；
　　　C——不冷凝气体含量（摩尔分数），%；
　　　ν——蒸气和不冷凝气体混合物的运动黏度，$m^2 \cdot s^{-1}$；
　　　D——蒸气和不冷凝气体之间的相互扩散系数，$m^2 \cdot s^{-1}$；

该式适用于 $C = 1\% \sim 40\%$。

过热蒸气的冷凝机理严格地说是由过热的消除和蒸气的冷凝两个环节串联而成。通常仍把整个冷却-冷凝过程按饱和蒸气冷凝处理，继续使用本章所介绍的所有公式。所用温差仍为饱和温度与壁温之差，而不是过热蒸气温度与壁温之差。根据 Merkel[17] 的实验结果，在相同压力和相同壁温下蒸气过热度为 100℃ 时的冷凝传热量 q 仅比饱和蒸气冷凝时的传热量大 3%，在工程计算中通常可以忽略不计。

4.2.3　直接接触凝结

蒸气与低于饱和温度的液体接触时发生直接接触凝结。直接接触凝结有几种不同的形式，一是蒸气射流在过冷液体中凝结，二是过冷液体射流喷射入蒸气空间时在液体射流表面蒸气凝结，三是蒸气在过冷液体表面凝结。

实验和理论研究证明气液直接接触凝结过程主要受限于液体侧的传热传质过程，主要影响因素有蒸气质量流速、过冷度以及液体雷诺数等。下面主要分析水蒸气射流在过冷水中的直接接触凝结过程。

(1) 射流凝结流型图 根据动态压力信号与高速摄像可视化观察，Chun 等[18]给出了蒸汽射流在大空间水池中凝结的流型图。流型图以蒸汽质量流速 G_s 和过冷水温度 T_w 为横、纵坐标。共存在七大类不同的凝结流型，即间歇凝结（C）、间歇转变凝结（TC）、凝结振荡（CO）、气泡凝结振荡（BCO）、界面凝结振荡（ICO）、稳定凝结（SC）、发散射流凝结（DJC）。其中，稳定凝结可以进一步区分为锥形射流凝结（CJC）和椭球射流凝结（EJC）。当过冷水池温度非常高的时候，会出现发散射流凝结（DJC）。Cho 等[19]进一步提高蒸汽质量流速（G_s＜1600kg·m^{-2}·s^{-1}），获得了更大范围内的凝结流型图。综合 Chun 等[18]和 Cho 等[19]的研究结果，可以得到如图 7-4-6 所示的蒸汽在大空间水池中凝结流型图。

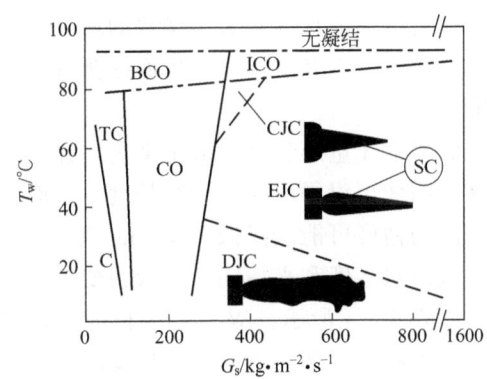

图 7-4-6 蒸汽在大空间水池中凝结流型图[18, 19]

(C—间歇凝结型；TC—间歇转变凝结型；CO—凝结振荡型；CJC—锥形射流凝结型；EJC—椭球射流凝结型；DJC—发散射流凝结型；BCO—气泡凝结振荡型；ICO—界面凝结振荡型；SC—稳定凝结型)

对于蒸汽射流在管流内的凝结过程，凝结流型图[20]采用凝结驱动势 B（$B = C_{pw}\Delta T_{sub}/h_{fg}$，$C_p$ 是过冷水比热容，ΔT_{sub} 是蒸汽与过冷水温差，h_{fg} 是蒸汽与过冷水焓差）和无量纲蒸汽质量流速 N（$N=G_s/G_m$，G_s 是蒸汽质量流速，$G_m=275$kg·m^{-2}·s^{-1} 是标准蒸汽质量流速）作为纵、横坐标，图 7-4-7 给出了不同过冷水雷诺数下 Re_w 的凝结流型图 [$Re_w = 4m_w/(\pi D\mu_w)$，m_w 是过冷水质量流量，D 是管道内径，μ_w 过冷水动力黏度]。

当过冷水温度较低时，管内水流的凝结能力很强，射流会在喷嘴出口处收缩，即使在很高流速时也不发生膨胀（对应较高的蒸汽出口压力）。对于非常低的蒸汽质量流速，不稳定间歇振荡流型将出现。随着蒸汽质量流速的增大，界面凝结振荡型、锥形射流凝结型、椭球射流凝结型顺次出现。当过冷水温度较高时，管内水流的凝结能力很弱，射流会在喷嘴出口处膨胀。随着蒸汽质量流速的降低，凝结流型从椭球射流凝结型到界面凝结振荡型，再到间歇凝结型。不同流型之间的转变并不是突然发生的，而是从一种状态逐渐转变成为另一种状态，过渡区域的流型兼具相邻流型的特征，特别是稳定凝结流型内部的划分边界更不明显。

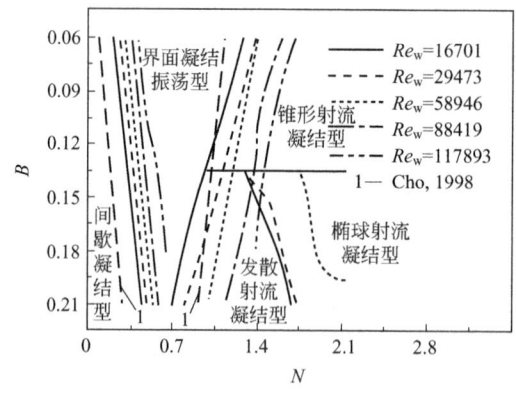

图 7-4-7 管流内蒸汽射流凝结流型分布图

当 Re_w 从 16701 增大到 117893 时，不稳定间歇振荡流型和不稳定界面振荡流型区域逐渐向更高的蒸汽质量流速方向移动。当过冷水雷诺数逐渐增大时，管内水流的定常流动速度增大，同时湍流运动增强，射流汽羽的尺寸随着雷诺数的增大而逐渐缩小。因此从不稳定间歇凝结流型向不稳定界面振荡流型，以及从不稳定界面振荡流型向稳定凝结流型的转变，需要更高的蒸汽质量流速才能达到。

（2）射流喷射长度 射流喷射无量纲长度一般定义为，纯蒸汽区汽羽长度与喷嘴直径的比值。通过分析蒸汽羽的高速图像可以得出这一特征长度。然而如果蒸汽质量流速较低或者过冷水温度较高时，这个方法的精度可能会降低。Kerney 等[21]假定蒸汽汽羽为轴对称且表面光滑，以蒸汽质量流速、过冷水温度和平均输运模量为变量，根据实验数据得到了第一个预测汽羽长度的经验公式，如表 7-4-1 所示。Wu 等[22]根据实验数据，以 Kerney 等[21]的汽羽长度经验公式为基础，得到了超声速条件下的汽羽长度经验公式。然而对于蒸汽射流在管内流动过冷水中的凝结过程，过冷水的运动会强化蒸汽-水界面水侧的传热，而直接接触凝结过程的主要传热阻力在水侧，Xu 等[20]根据实验数据，获得了亚声速及声速蒸汽横向射流在管流中凝结的汽羽长度经验公式。

表 7-4-1 文献中的不同射流喷射长度关联式

作者	无量纲喷射长度（$L=l/d_c$）	实验条件
Kerney 等[21]	$L=0.26B^{-1}(G_s/G_m)^{0.5}$	亚声速及声速蒸汽射流在大空间水池凝结 喷嘴出口直径 $d_c=4.95$mm 蒸汽质量流速 $G_s=338\sim1240$ kg·m^{-2}·s^{-1} 过冷水温度 $T_w=28\sim85$℃
Wu 等[22]	$L=0.868B^{-0.8}(G_s/G_m)^{0.5}(p_s/p_a)^{0.2}$	超声速蒸汽射流在大空间水池凝结 喉部直径 2mm，出口直径 2.2mm，3mm 蒸汽质量流速 $G_s=298\sim723$ kg·m^{-2}·s^{-1} 过冷水温度 $T_w=20\sim70$℃
Xu 等[20]	$L=0.1B^{-2.249}(G_s/G_m)^{1.941}Re_w^{-0.16}$	亚声速及声速蒸汽横向射流在管流中凝结 喷嘴出口直径 $d_c=5$mm 蒸汽质量流速 $G_s=223\sim610$ kg·m^{-2}·s^{-1} 过冷水温度 $T_w=20\sim70$℃ 过冷水雷诺数 $Re_w=4519\sim235785$

(3) 蒸汽射流凝结压力波动 蒸汽射流在过冷水中凝结时，会产生一定频率和强度的压力波动。当凝结压力波的频率和系统结构设备的固有频率接近时，会对系统的安全运行产生极大的危害。蒸汽射流在大空间水池中直接接触凝结所诱导的压力波主要受蒸汽质量流速和凝结驱动势影响。Fukuda[23]证实了凝结压力波主频正比于水的过冷度，反比于喷嘴尺寸，他提出的简单关于凝结压力波频率的关联式如下：

$$St = 0.011 Ja^{0.72} Re_s^{0.25} \tag{7-4-20}$$

$$St = \frac{\rho_w f d_e}{\rho_s V_s} \tag{7-4-21}$$

$$Re_s = \frac{\rho_s V_s d_e}{\mu_s} \tag{7-4-22}$$

$$Ja = \frac{\rho_w C_{pw} \Delta T}{\rho_s h_{ws}} \tag{7-4-23}$$

式中，St 为斯坦顿数；Ja 为雅可比数；Re_s 为蒸汽雷诺数；f 为凝结压力波主频，Hz；d_e 为喷嘴直径，m；V_s 为蒸汽出口速度，m·s^{-1}。

Hong 等[24]与 Qiu 等[25]研究了较高蒸汽质量流速下单孔射流的主频率随汽水参数的变化规律。研究发现蒸汽质量流速小于 300kg·m^{-2}·s^{-1} 时，压力波主频与蒸汽质量流速正相关，当蒸汽质量流速小于 300kg·m^{-2}·s^{-1} 时，压力波主频与蒸汽质量流速负相关。压力振荡的主频随着水温的升高而减小，较低的主频是蒸汽羽的周期性振荡引起的，较高的主频是由大的蒸汽泡的产生与破碎引起的。

Park 等[26]研究了蒸汽通过多孔混合器喷射入过冷水池中凝结压力波动幅值和频谱特性。压力波主频随着过冷水温度的升高而升高，水温 60℃时达到最大值，之后迅速降低，提出了下述频率预测关系式：

$$St = 0.00174 Ja^{1.093} Re_s^{0.891} We^{-0.827} I_\varphi^{0.298} \tag{7-4-24}$$

$$We = \frac{\rho_s V_s d_e^2}{\sigma_s} \tag{7-4-25}$$

式中，We 为韦伯数，m·s^{-1}；$I_\varphi = P/d_e$，为喷射器形状因子；P 为喷射器节圆直径，m；d_e 为喷嘴直径，m；σ_s 为气液表面张力，N·m^{-1}。其他参数与 Fukuda 中的定义相同。

(4) 射流凝结换热系数 传热系数一般用于表达直接接触凝结过程的传热能力。对于蒸汽射流在大空间过冷水池的直接接触凝结过程，文献中已经建立了许多汽液两相界面附近水侧的半经验的平均传热系数关联式。平均传热系数一般随着蒸汽质量流速和过冷度的增大而增大，范围为 0.1～3.5MW·m^{-2}·K^{-1}。对于亚声速及声速条件下的换热系数预测公式，可采用 Kim 等[27]提出的关系式计算，即：

$$h = 1.4453 C_p G_m B^{0.03587} (G_s/G_m)^{0.13315} \tag{7-4-26}$$

其中喷嘴直径范围为 $d_e = 5 \sim 20$mm，蒸汽质量流速 $G_s = 250 \sim 1188$kg·m^{-2}·s^{-1}，过冷水温度范围 $T_w = 35 \sim 80$℃。

对于超声速蒸汽射流在大空间过冷水池直接接触凝结的换热系数预测公式，可采用 Wu 等[23]提出的关系式计算，即：

$$h = 0.576 C_p G_s B^{-0.4} (p_a/p_s)^{0.2} \tag{7-4-27}$$

其中喷嘴喉部直径 2mm，出口直径 2.2mm 和 3mm，蒸汽质量流速 $G_s = 298 \sim 723 \text{kg} \cdot \text{m}^{-2} \cdot \text{s}^{-1}$，过冷水温度范围 $T_w = 20 \sim 70℃$。

对于蒸汽射流在流动水中凝结的情况，一方面流动水的湍流运动会产生更多的涡，另一方面过冷水持续从两相界面流过保持界面水侧维持在低温状态，这两方面都有助于强化水侧传热，最终会导致其传热系数大于静止水中的情况。Xu 等[28]给出了亚声速及声速蒸汽同向射流在管流中凝结的换热系数预测公式，即：

$$h = h_{av} = \begin{cases} 0.61 C_{pw} G_m B^{0.59} N^{-0.58} Re_w^{0.30}, & 2456 < Re_w \leq 29473 \\ 7.21 \times 10^{-5} C_{pw} G_m B^{0.35} N^{-0.55} Re_w^{1.10}, & 29473 < Re_w < 117893 \end{cases} \tag{7-4-28}$$

其中喷嘴直径为 $d_e = 8\text{mm}$，蒸汽质量流速 $G_s = 151 \sim 500 \text{kg} \cdot \text{m}^{-2} \cdot \text{s}^{-1}$，过冷水温度范围 $T_w = 20 \sim 70℃$，过冷水雷诺数 $Re_w = 2456 \sim 117893$，该式与大量实验数据的误差最大为 20%。

4.3 沸腾换热

4.3.1 沸腾现象与机理

液体吸热后在其内部或表面产生气泡的过程称为沸腾。当加热壁面附近液体的流动仅由壁面与液体间的温差和所产生气泡的干扰引起时，壁面上的沸腾称为池内或大容器内沸腾；当流体在其他动力作用下以一定速度受迫掠过加热面时，该壁面上产生的沸腾称流动沸腾。按照液体主流温度低于或达到相应压力下的饱和温度的差异，上述两类沸腾现象又有过冷与饱和沸腾之分。由于相变潜热和气泡扰动，沸腾换热强度较之单相换热要大几倍或几十倍。

理论和实践证明产生沸腾的条件是：①液体必须过热；②要有汽化核心。液体对壁面的润湿能力影响气泡的跃迁与再生频率，因而也影响沸腾换热的强度。

4.3.2 池内沸腾

(1) 沸腾曲线与影响因素 描述表面热流密度 q 或传热膜系数 h 随过热度 ΔT 变化的曲线称为沸腾曲线，不同工质、不同操作条件下的沸腾曲线是不同的，但基本形式相似。图 7-4-8 所示为 1atm 下水的池内沸腾曲线，曲线①是 h 随 ΔT 的变化；曲线②是 q 随 ΔT 的变化[29]。由图可知，根据沸腾曲线呈现的不同变化规律，沸腾过程可分为：Ⅰ，自然对流区（A 点以前）；Ⅱ，核态沸腾区（AB 段）；Ⅲ，过渡态沸腾区（BC 段）；Ⅳ，膜态沸腾区（C 点以后）等四个子区域。

除过热度外，影响沸腾换热过程的因素主要还有：压力、物性、加热面材质和粗糙度、加热面布置形式和添加剂等，这些因素的作用大小和规律请参见有关材料[30,31]。

(2) 传热膜系数的计算 沸腾换热各阶段的传热机理不同，计算方法也不同，自然对流区按单相传热公式计算。过渡态沸腾由于不易保持，至今其规律尚不清楚。其他各阶段的传热膜系数计算公式如下。

① 核态沸腾区的传热膜系数 α 仍定义为：

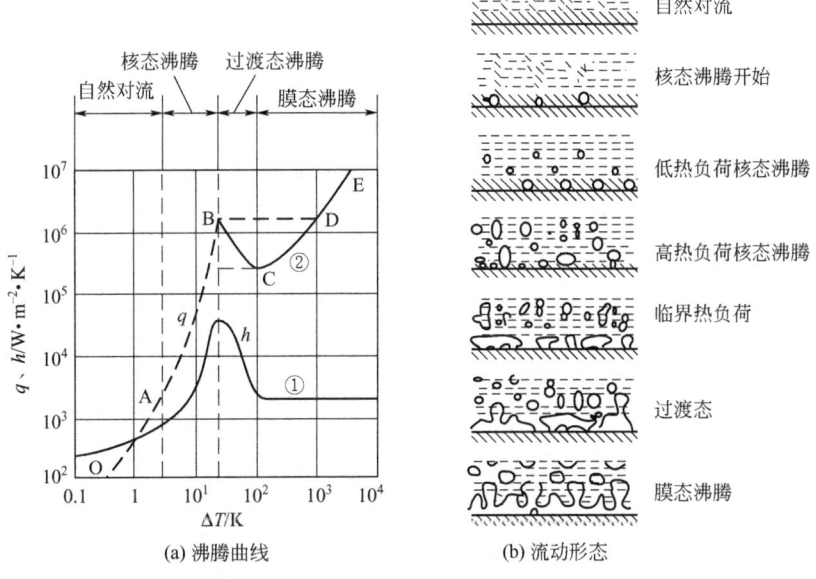

图 7-4-8 池内沸腾曲线及其流动形态

$$\alpha = \frac{q}{T} = \frac{q}{T_w - T_s} \tag{7-4-29}$$

其值取决于沸腾液体的物性参数、加热面的表面结构及其与液体的相互作用方式。

a. 单组分液体的沸腾。对工业上粗糙表面的核态沸腾，压力 $p=0.03p_c$ 时的传热膜系数，可采用 Stephan[32] 提出的关系式计算，即：

$$\frac{\alpha d_A}{n_1 T_s} = C \left(\frac{q d_A}{n_1 T_s} \right)^{n_1} \left(\frac{d_A T_s \lambda_1}{v_1 \sigma} \right)^{n_2} \left[\frac{R_A \rho g H_v}{(f d_A)^2 d_A \rho} \right]^{0.133} \tag{7-4-30}$$

式中，d_A 是气泡破裂时的直径，由下式计算：

$$d_A = 0.014 \beta \sqrt{\frac{2\sigma}{g(\rho_1 - \rho_v)}} \tag{7-4-31}$$

式中，β 为润湿角，(°)，对水为 45°，对其他冷却剂为 35°；f 为气泡破裂频率，s^{-1}，$(fd_A)^2 \approx 0.06$；R_A 为加热表面粗糙度，由前联邦德国工业标准 DIN 4762 确定。

对水平平板上的沸腾，式(7-4-30) 中各系数分别取：$C=0.013$，$n_1=0.8$ 和 $n_2=0.4$；对水平管上的沸腾，各系数取值分别为 $C=0.07$，$n_1=0.7$ 和 $n_2=0.3$。

对操作压力 $p \neq 0.03p_c$（p_c 为临界压力），也即对比压力 $\pi = p/p_c \neq 0.03$ 的情况，可采用 Haffner[33] 关系式进行修正，即：

$$\frac{\alpha_\pi}{\alpha_{\pi=0.03}} = f(\pi) \tag{7-4-32}$$

由冷却剂测试的关系式为：

$$f(\pi) = 0.70 - \pi \left(8.0 + \frac{2.0}{1-\pi} \right) \tag{7-4-33}$$

对于水和有机物质等纯净液体在大容器清洁平面上的核态沸腾,有研究者[34]在大量实验数据基础上提出如下的计算式:

$$\frac{C_{p1}(T_w - T_s)}{r} = C_{wl} \left\{ \frac{q}{\mu_1 r} \left[\frac{\sigma}{g(\rho_1 - \rho_v)} \right]^{\frac{1}{2}} \right\}^{\frac{1}{3}} Pr_1^n \tag{7-4-34}$$

式中,ρ_v 为定性温度 $T_m = (T_w + T_s)/2$ 所确定的蒸气密度,$kg \cdot m^{-3}$。σ 为气液界面的表面张力,$N \cdot m^{-1}$;Pr_1 的指数 n 对水取 1,对其他液体取 1.7;C_{wl} 为实验常数,与壁面材料和液体的组合情况有关,其值见表 7-4-2。

表 7-4-2 Rohsenow 方程中的 C_{wl} 值

表面-液体组合方式	C_{wl}	表面-液体组合方式	C_{wl}
正戊烷-抛光过的铜	0.0154	水-金、磨光的不锈钢	0.0080
正戊烷-抛光过的镍	0.0127	水-化学腐蚀的不锈钢	0.0133
正戊烷-研磨过的铜	0.049	水-机械磨光的不锈钢	0.0132
正戊烷-金刚砂擦过的铜	0.0074	水-聚四氟乙烯涂覆过的不锈钢	0.0058
水-抛光过的铜	0.0128	四氯化碳-抛光过的铜	0.0070
水-研磨过的铜	0.0128	乙醇-铬	0.027
水-有刻痕的铜	0.068	苯-铬	0.010
水-金刚砂磨光的铜	0.0128	正戊烷-铬	0.010
水-铂	0.013	正丁醇-铜	0.00305
水-黄铜	0.006	异丙醇-铜	0.00225

以上各式中包含流体物性参数,难以准确确定其值。为简便计,可使用如下以对比压力为变量的有量纲经验方程:

$$\alpha = 5.7 \times 10^{-4} [p_c^{0.69}(1.8\pi^{0.17} + 4\pi^{1.2} + 10\pi^{10})]^{3.33} \Delta T^{2.33}$$

或

$$\alpha = 0.1011 p_c^{0.69}(1.8\pi^{0.17} + 4\pi^{1.2} + 10\pi^{10}) q^{0.7} \tag{7-4-35}$$

该式综合十多种有机物和水的实验结果,与 95% 的实验数据偏差不大于 30%。

b. 多组分混合液沸腾。混合物液体的沸腾与单组分纯物料不同,其特性不仅取决于传热而且决定于传质。由于在沸腾过程中的传热与传质产生互为抑制的作用,混合物的传热膜系数较之单组分液体要低,有时甚至仅为其中轻组分沸腾换热系数的 1/30。只是在含有表面活性组分的混合物中,传热才得到改善。有关该问题研究所得的结论,彼此仍不一致。计算其传热膜系数的最简单的经验方法就是对单组分沸腾传热膜系数乘以修正系数 C,即:

$$\alpha = C \bar{\alpha} \tag{7-4-36}$$

$$C = \exp[-0.015(T_{bo} - T_{bi})] \tag{7-4-37}$$

式中,T_{bo}、T_{bi} 分别为混合沸腾液出口和进口的沸点。对于表面张力受物料组成影响小和纯组分之间表面张力差别不大的二元混合物,沸腾压力 = 1~10bar 时其沸腾传热膜系数可用如下方法计算:

$$\left. \begin{array}{l} \alpha = K \alpha_{理想} K [x_1 \alpha_1 + (1-x_1)\alpha_2] \\ K = \dfrac{1}{1 + A_0(0.88 + 0.12p|y_1 - x_1|)} \end{array} \right\} \tag{7-4-38}$$

式中，x_1 为低沸点组分摩尔分数；$|y_1-x_1|$ 为低沸点组分的摩尔分数浓度差；α_1、α_2 分别为纯低沸点和纯高沸点组分的传热膜系数；p 为压力，bar；A_0 为常数，取决于此时的混合物，部分混合物常数 A_0 的值由表 7-4-3 给出。

表 7-4-3　式(7-4-38)中的常数 A_0

混合物	A_0	混合物	A_0	混合物	A_0
丙酮/乙醇	0.75	苯/甲苯	1.44	甲乙酮/水	1.21
丙酮/丁醇	1.18	庚烷/甲基环己烷	1.95	丙醇/水	3.29
丙酮/水	1.40	异丙烷/水	2.04	水/甘醇	1.47
乙醇/苯	0.42	甲醇/苯	1.08	水/甘油	1.50
乙醇/环己烷	1.31	甲醇/戊醇	0.80	水/吡啶	3.56
乙醇/水	1.21	甲乙酮/甲苯	1.32		

注：表 7-4-2 中混合物的 A_0 值的均方误差为 ±8%，测试误差与此范围相同，与表 7-4-2 物性数据误差不大的混合物，其传热膜系数的估算则不用 A_0，而用平均值 $A_0=1.55$。

c. 管束沸腾。上述公式均为综合单管实验所得，若用于计算沉浸在液体中管束池内沸腾，则应考虑管束中存在的遮盖效应和混合液沸点与蒸气温度间的差别，对单管公式进行修正，具体方法可参见文献 [35, 36]。对列管式蒸发器等设备的管外侧沸腾时的传热膜系数，Slipcevic[37] 报道其值比单管传热膜系数平均高出 20%～30%，蒸发温度越低，温差 ΔT 越小，则传热膜系数的提高越显著。

② 临界热负荷 q。由图 7-4-8 的沸腾曲线②可知，达到 B 点时，由于 ΔT 增大，气泡迅速增加以致形成一层不稳定的连续气膜覆盖于部分加热表面，阻碍液体与壁面间的接触换热，使 q 值急剧下降，在恒热流条件下，将引起壁温突然升高使加热面出现红热甚至烧毁。B 点称为临界点，相应的热流密度称为临界热流密度或临界热负荷。在工程设备的设计中，应避免在 q_c 附近工作。q_c 的值除与液体物性有关外，还受加热面几何形状、位置、表面状况及液体过冷度等因素的影响，详见文献 [38]。

不同沸腾条件下的临界热负荷计算公式如表 7-4-4 所示。

表 7-4-4　池沸腾临界热负荷 q_c 计算式

换热条件		计算公式
饱和沸腾[29]	1. 大平板水平位置	$q_c=1.14q_{c,z}$，适用于 $L\geqslant 2.7$，L 为板宽 b 或圆板直径 d
	2. 小平板水平位置	$q_c=1.14(A/\lambda_d^2)q_{c,z}$，$A$ 为板受热面积，m^2；$\lambda_d=2\pi\{3\sigma/g[g(\rho_1-\rho_v)]\}^{\frac{1}{2}}$
	3. 水平圆柱	$q_c=[0.89+2.27\exp(-3.44\sqrt{L})]$，适用于 $L\geqslant 0.15\text{mm}$，L 为圆柱半径
	4. 大直径球体	$q_c=0.84q_{c,z}$，适用于 $L\geqslant 4.26$，L 为球体半径 R
	5. 小直径球体	$q_c=1.734L^{-1/2}q_{c,z}$，适用于 $0.15\leqslant L\leqslant 4.26$，$L$ 为球体半径 R
	6. 狭长带，宽度方向竖直放置	$q_c=1.18L^{-1/4}q_{c,z}$，适用于 $0.15\leqslant L\leqslant 2.26$，$L$ 为带宽 b
	7. 狭长带，宽度方向竖直放置，例如任意截面的细柱体	$q_c=1.4L^{-1/4}q_{c,z}$，适用于 $0.15\leqslant L\leqslant 5.86$，$L$ 为带宽 b 或者横线尺标
过冷沸腾[39]		$q_{c,\text{sub}}=\left[1+0.1\left(\dfrac{\rho_1}{\rho_v}\right)^{3/4}\dfrac{C_{pl}(T_s-T_1)}{r}\right]q_c$

续表

换热条件	计算公式
液态金属沸腾[39]	$q_c = 0.5048\rho_v r[g\sigma(\rho_1-\rho_v)/\rho_v^2]^{1/4} + K$ 对于钠 $(14\times10\sim1.5\times10^5 \text{N}\cdot\text{m}^{-2})$：$K=1.262\times10^6$ 对于钾 $(1\times10^3\sim1.5\times10^5 \text{N}\cdot\text{m}^{-2})$：$K=0.946\times10^6$

注：$q_{c,z} = \dfrac{\pi}{24}r\rho_v[g\sigma(\rho_1-\rho_v)/\rho_v^2]^{1/4}$, $\text{W}\cdot\text{m}^{-2}$；$L = l[g(\rho_1-\rho_v)/\sigma]^{1/2}$，$L$ 为无量纲特征尺寸，l 为特征尺寸，m。

③ 膜态沸腾。在化工及超低温技术中，膜态沸腾颇为常见。此时的热量由加热面通过蒸气膜传至沸腾液体，热阻主要是蒸气膜的导热阻。Rohsenow 等提出了如下的通用计算式为：

$$q_c = 0.0068\rho_v rq^{1/4}\left(\dfrac{\rho_1-\rho_v}{\rho_v}\right)^{0.6} \qquad (7\text{-}4\text{-}39)$$

$$\alpha_c = 0.62\left[\dfrac{gr'\rho_v(\rho_1-\rho_v)\lambda_v^3}{\mu_v D(T_w-T_s)}\right]^{0.25}$$

$$r' = r + 0.68C_{pv}(T_w-T_s), \qquad \text{J}\cdot\text{kg}^{-1} \qquad (7\text{-}4\text{-}40)$$

式中，D 为圆管外径；λ_v 为蒸气热导率，$\text{W}\cdot\text{m}^{-1}\cdot\text{℃}^{-1}$。

除 ρ、r 由饱和温度 T_s 确定外，其余物性参数均以平均温度和 $1/2(T_w+T_s)$ 为定性温度查取。

若考虑过热度的影响，则取有效汽化潜热，即对 r 乘以系数 $1+\dfrac{0.4C_v(T_w-T_s)}{r}$ 进行修正。

对竖直平壁，只需将式中的 D 换成 $L = 2\pi\left[\dfrac{\sigma}{g(\rho_1-\rho_v)}\right]$ 即可使用。

对大直径管和水平平直表面，可使用 Breen 公式计算传热膜系数，公式为：

$$\alpha_c = \left(0.59 + 0.069\dfrac{\lambda_c}{D}\right)\left[\dfrac{gr\lambda_v^3\rho_v(\rho_1-\rho_v)}{\lambda_c\mu_v(T_w-T_s)}\right]^{0.25}$$

$$\lambda_c = 2\pi\left[\dfrac{\sigma}{g(\rho_1-\rho_v)}\right]^{\frac{1}{2}} \qquad (7\text{-}4\text{-}41)$$

Kakac 等[39]介绍了另一组水平平板、竖直圆柱体外和球体外的膜态沸腾传热膜系数计算公式，详见文献 [39]。

对横向液流作用下的单一横管外传热膜系数由下式计算：

$$\alpha_c = 2.7\left[\dfrac{u_\infty\lambda_v\rho_v r}{d(T_w-T_s)}\right]^{\frac{1}{2}} \qquad (7\text{-}4\text{-}42)$$

式中，u_∞ 为流动液体的流速，适用于 $u_\infty < 2.5\text{m}\cdot\text{s}^{-1}$ 或 $u_\infty/\sqrt{gd} > 2.0$ 的场合。当 $\dfrac{u_\infty}{\sqrt{gd}} > 2.0$ 时，$\alpha = \alpha_c + \dfrac{7}{8}\alpha_r$；$\dfrac{u_\infty}{\sqrt{gd}} < 1.0$ 时，$\alpha = \alpha_c + \dfrac{3}{4}\alpha_r$，$\alpha_r$ 为辐射换热系数。

当膜态沸腾的壁温很高时，必须同时考虑辐射换热的影响。辐射换热系数通常用下式计算：

$$\alpha_r = \frac{q_r}{T_w - T_s} = \frac{\varepsilon\sigma_0 (T_w^4 - T_s^4)}{T_w - T_s} \tag{7-4-43}$$

式中，ε 为壁面黑度；σ_0 为斯蒂芬-玻尔兹曼常数。

膜态沸腾换热的总的传热膜系数为对流与辐射综合作用的结果，由下式计算：

$$\alpha = \alpha_c + \frac{3}{4}\alpha_r \tag{7-4-44}$$

4.3.3 流动沸腾

在作外部或内部流动的强制或自然对流过程中发生的沸腾为流动沸腾。一般外部流动（诸如沿圆柱体、平板、球体的外部及管束间）中的沸腾过程与池内沸腾相类似，其传热膜系数计算已在 4.3.2 中作了介绍。下面介绍内部流动即管内沸腾传热工况的计算方法。

(1) 管内沸腾传热

① 传热区域划分。液体在受热流道中流动时，流动沸腾传热工况经历单相强制对流换热（壁温低于相应压力下液体饱和温度）、部分核态沸腾（壁温超过饱和温度，亦称过冷沸腾或局部沸腾）、充分核态沸腾（主流温度超过饱和温度）、液膜强制对流蒸发、缺液区部分膜态沸腾或过渡沸腾、膜态沸腾等区段；相应的工质经历了单相液体、泡状流、弹（塞）状流及柱塞状流、环状流、环雾状流（具有夹带的环状流）、滴状或雾状流、单相蒸气流等流动结构或流型。与池内沸腾相似，经历各临界点时，流型和传热方式发生变化。

下面介绍各区的传热膜系数计算式。

② 流动沸腾传热膜系数计算公式。单相流体强制对流传热膜系数仍按单相强制对流换热部分章节介绍的公式计算。

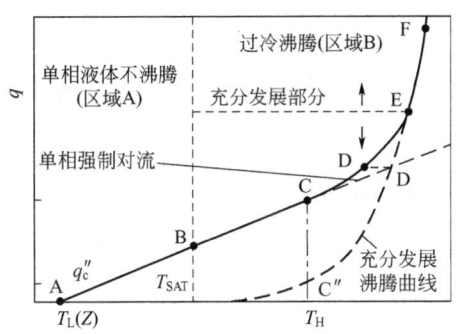

图 7-4-9 过冷沸腾时的壁温的热流密度关系曲线

a. 过冷沸腾起始点及部分核态沸腾传热区。图 7-4-9 示出了 Bergles[40] 提出的一种经验求解法。图中部分核态沸腾起始点 C 的形成所需过热度条件为：

$$(\Delta T)_{ONB} = (T_w - T_s)_{ONB} = 0.556 \left(\frac{q}{1082 p^{1.156}}\right)^{0.463 p^{0.0234}} \tag{7-4-45}$$

式中，$q = \alpha(T_w - T_s)$ 为热负荷，$W \cdot m^{-2}$；p 为压力，$10^5 Pa$；T_w 为管壁温度，℃；T_s 为液体饱和温度，℃。该式考虑了受热面附近区域中工质温度变化的影响，精度较高，但只适用于水。Frost[41] 建立了下列适用于各种液体的计算式：

$$(T_w - T_s)_{ONB} = \left(\frac{8\sigma q T_s}{\lambda_1 r \rho_v}\right)^{0.5} Pr_1 \qquad (7\text{-}4\text{-}46)$$

在部分核态沸腾传热区，单相液体对流传热和汽化过程同时发生作用，Rohsenow[42]建议总的热通量由两部分叠加而成：

$$q = q_1 + q_{nb} \qquad (7\text{-}4\text{-}47)$$

式中，$q_1 = \alpha_1(T_w - T_b)$，为单相液体对流热通量，由 Dittus-Boelter 公式确定；q_{nb} 为核态沸腾所传递的热通量，由充分发展核态沸腾公式计算。Labuntsov[43]提出了下列公式来计算核态沸腾区段的平均传热膜系数 α：

$$\left. \begin{array}{l} \text{当 } \alpha_{nb}/\alpha_{lo} \leqslant 0.5, \alpha = \alpha_{lo} \\ \text{当 } 0.5 \leqslant \alpha_{nb}/\alpha_{lo} \leqslant 2, \alpha = \alpha_{lo} \dfrac{4\alpha_{lo} + 5\alpha_{nb}}{5\alpha_{lo} - \alpha_{nb}} \\ \text{当 } \alpha_{nb}/\alpha_{lo} \geqslant 2 \text{ 时}, \alpha = \alpha_{nb} \end{array} \right\} \qquad (7\text{-}4\text{-}48)$$

其中 α_{nb} 由下式计算：

对于水：

$$\alpha_{nb} = \frac{3.4(10p)^{0.18}}{1 - 0.045p} q^{\frac{2}{3}} \qquad (7\text{-}4\text{-}49)$$

式中，各量的单位分别为：p，MPa；q，W·m^{-2}；α_{nb}，W·m^{-2}·℃$^{-1}$。

或者为：

$$\alpha_{nb} = A_1 q^{0.7} F_1(p) \qquad (7\text{-}4\text{-}50)$$

式中，A_1 为系数。

$$A_1 = 0.1011 p_{cr}^{0.69} \qquad (7\text{-}4\text{-}51)$$

式中，p_{cr} 为临界压力，bar(0.1MPa)；$F_1(p)$ 为压力影响系数，由下式求出（其中 $\pi = p/p_{cr}$）：

$$F_1(p) = 1.8\pi^{0.17} + 4\pi^{1.2} + 10\pi^{10} \qquad (7\text{-}4\text{-}52)$$

对冷冻剂（R-11、R-12、R-113、R-115 等），可用下式计算：

$$\alpha_{nb} = A q^{0.7} F_1(p) \qquad (7\text{-}4\text{-}53)$$

式中

$$F_1(p) = 0.7 + 2\pi\left(4 + \frac{1}{1-\pi}\right) \qquad (7\text{-}4\text{-}54)$$

经验系数 A 由表 7-4-5 查取。

表 7-4-5　核沸腾热交换计算中的经验系数 A 和 A_1 值

流　体	试验压力范围 /×0.1MPa	A	A_1	临界压力 p_{cr}/×0.1MPa
水	1~70	4.09	4.21	221.2
水	1~196	4.02	4.21	221.2

续表

流 体	试验压力范围 /×0.1MPa	A	A_1	临界压力 p_{cr}/×0.1MPa
水	0.09~1	5.08	4.21	221.2
水	1~72.5	4.47	4.21	221.2
水	1~170	4.44	4.21	221.2
水	1~5.25	5.74	4.21	221.2
戊烷	1~28.5	1.09	1.14	33.4
庚烷(80%)	0.45~21.7	1.18	0.967	26.4
庚烷(标准)	0.45~21.7	1.63	0.967	26.4
苯	1~44.4	1.06	1.48	49.0
苯	0.9~20.7	1.32	1.48	49.0
联苯	0.9~8	1.12	1.08	31.0
甲醇	0.08~1.39	(0.69)	2.07	79.5
乙醇	1~7.9	1.83	1.78	63.8
乙醇	1~59	2.59	1.77	63.8
丁醇	0.17~1.38	(0.44)	1.31	44.7
R-11(CFCl$_3$)	1~3	1.95[1.73]	1.17	43.7
R-12(CF$_2$Cl$_2$)	1~4.57	2.43	1.31	41.1
R-12(CF$_2$Cl$_2$)	6~40.5	3.49[2.57]	1.31	41.1
R-13(CF$_3$Cl)	2.8~10.5	1.79	1.21	38.6
R-13B1(CF$_3$Br)	17~39	4.43[2.48]	1.29	39.9
R-22(CHF$_2$Cl)	0.4~2.15	[2.39]	1.49	49.36
R-113(C$_2$F$_3$Cl$_3$)	1~3	1.24	1.15	34.1
R-115(C$_2$F$_5$Cl)	8~31	3.79[2.38]	1.08	31.2
R-C318(C$_4$F$_8$)	3.6~27	3.13[2.50]	1.00	27.8
二氯甲烷	1~4.5	(1.91)	1.72	60.6
氨 NH$_3$	1~8	3.90	2.64	113
甲烷	1~42	2.68	1.43	46.5

注：当表中同一栏内有两个数值时，宜采用方括号内的数值，圆括号内的数值不宜采用。

b. 充分核态沸腾区。流体被加热到饱和焓 i_1 或热力学平衡干度 $x=0$ 时，可认为达到充分核态沸腾区。此时工质过冷度和质量流速对传热影响很小，因而可用大容器核态沸腾传热膜系数计算式计算强制流动充分核态沸腾区的传热。

对于水，Thomes[44]等人建议用下式计算：

$$T_w - T_s = 25 q^{0.5} \exp(-p/87) \tag{7-4-55}$$

上式计算结果与大容器的传热计算式计算结果相近，因而对水以外的其他液体，在缺乏实验数据时可用大容器公式计算。

c. 强制对流蒸发区。两相强制对流传热区域的流型主要为环状流。该区内的传热膜系数大多采用 Lockhart-Martinelli 参数 X 表示，其基本形式为：

$$\frac{\alpha}{\alpha_{fo}} = A \left(\frac{1}{X} \right)^n \tag{7-4-56}$$

式中

$$X = \left(\frac{1-x}{x} \right)^{0.9} \left(\frac{\rho_v}{\rho_l} \right)^{0.5} \left(\frac{\mu_l}{\mu_v} \right)^{0.1}$$

Dengler[45]建议 $A=3.5$，$n=0.5$。α_{fo} 为全液相传热膜系数。上式平均误差约为 $\pm 30\%$。

Chen[46]提出了一个同时适用于饱和充分核态沸腾和两相强制对流传热区的计算式，他认为这两区域内的传热膜系数是饱和核态沸腾传热膜系数 α_{mic} 和两相强制对流传热膜系数 α_{mac} 叠加的结果。即：

$$\alpha = \alpha_{mic} + \alpha_{mac} \tag{7-4-57}$$

式中

$$\alpha_{mic} = 0.00122 \left(\frac{\lambda_1^{0.79} C_{p1}^{0.45} \rho_1^{0.49}}{\lambda^{0.5} \mu_1^{0.29} r^{0.24} \rho_v^{0.24}} \right) \Delta T_s^{0.24} \Delta p_s^{0.75} S \tag{7-4-58}$$

上式为 Forster[47]公式乘以 S。式中 $\Delta T_s = T_w - T_s$；Δp_s 为对应于 ΔT_s 的饱和蒸气压差；S 为抑制系数，由 $Re_{tp} = Re_1 F^{1.25} = \left[\frac{G(1-x)D}{\mu_1}\right] F^{1.25}$ 表示，G 为质量流速；F 为系数，与 x 有关。

当 $1/x \leqslant 0.1$ 时，$F = 1.0$；当 $1/x > 0.1$ 时，$F = 2.35(1/x + 0.213)^{0.738}$；而 $S = 1/x(1 + 2.53 \times 10^{-4} Re_{tp}^{1.17})$。

$$\alpha_{mac} = 0.023 \left[\frac{G(1-x)D}{\mu_1} \right]^{0.8} \left[\frac{\mu_f C_{p1}}{\lambda_1} \right]^{0.4} \frac{\lambda_1 F}{D} \tag{7-4-59}$$

该式适用于垂直管中流动的各种单组分非金属流体，平均误差为 $\pm 11\%$。

d. 欠液区与膜态沸腾传热区域。与实验数据符合程度最佳的欠液区传热膜系数计算式是 Groeneveld 等（1976）[48]提出的考虑了热力学不平衡状态的公式：

$$\alpha_a = 0.008348 \frac{\lambda_{Gl}}{D} \left\{ Re_{Gol} \left[x + \frac{\rho_b}{\rho_1}(1-x_a) \right] \right\}^{0.8774} Pr_{Gl}^{0.6112} \tag{7-4-60}$$

$$\alpha = \alpha_a (T_w - T_b)/(T_w - T_s) \tag{7-4-61}$$

式中，ρ_b 为气相密度，按气流温度 T_b 确定；Re_{Gol} 与 Pr_{Gl} 分别是以膜温度 T_l 为定性温度的相应的准则数：

$$Re_{Gol} = \frac{GD}{\mu_{Gl}} ; Pr_{Gl} = \frac{\mu_G C_{pG}}{\lambda_{Gl}} ; T_l = \frac{T_w + T_b}{2}$$

以上各式均为竖直圆管内上升流动情况。对螺旋管，其计算式如下[49,50]：

单相水：

$$\alpha_{lc} = 0.023 \frac{\lambda}{d} Re^{0.8} Pr^{0.4} \left[\left(\frac{d}{D}\right)^2 Re \right]^{0.05} \tag{7-4-62}$$

单相气：

$$\alpha_{vc} = 0.021 \frac{\lambda}{d} Re^{0.88} Pr^{0.4} \left(\frac{d}{D}\right)^{0.1} \tag{7-4-63}$$

两相强制对流传热：

$$\frac{\alpha_{\mathrm{tpc}}}{\alpha_{\mathrm{lc}}} = \begin{cases} 2.3\left(\dfrac{1}{X_{\mathrm{tt}}}\right)^{0.8}, & \dfrac{1}{X_{\mathrm{tt}}} > 3 \\ 3.09\left(\dfrac{1}{X_{\mathrm{tt}}}\right)^{0.53}, & \dfrac{1}{X_{\mathrm{tt}}} < 3 \end{cases} \Bigg\} \text{立式放置}^{[49]} \qquad (7\text{-}4\text{-}64)$$

$$\frac{\alpha_{\mathrm{tpc}}}{\alpha_{\mathrm{lc}}} = \begin{cases} 1+3.8\left(\dfrac{1}{X_{\mathrm{tt}}}\right)^{0.82}, & \dfrac{1}{X_{\mathrm{tt}}} < 2.5\times 10^{-2} \\ 1.28 & 2.5\times 10^{-2} < \dfrac{1}{X_{\mathrm{tt}}} < 2.5\times 10^{-1} \\ 1+2.2\left(1/X_{\mathrm{tt}}\right)^{1.55}, & \dfrac{1}{X_{\mathrm{tt}}} > 2.5\times 10^{-1} \end{cases} \Bigg\} \text{卧式放置}^{[50]}$$

$$(7\text{-}4\text{-}65)$$

干涸后传热区：

$$\alpha_{\mathrm{c}} = 0.023\frac{\lambda}{d}Pr_{\mathrm{v}}^{0.8}Re_{\mathrm{v}}^{0.8}\left[x+\frac{\rho_{\mathrm{v}}}{\rho_{\mathrm{l}}}(1-x)\right]^{0.8}y$$

$$y = 1-0.1\left(\frac{\rho_{\mathrm{v}}}{\rho_{\mathrm{l}}}-1\right)^{0.4}(1-x)^{0.4} \qquad (7\text{-}4\text{-}66)$$

③ 临界热负荷或临界干度

a. 竖直上升管。可用 Bertoletti 等[51]的关系式计算：

$$x_{\mathrm{cr}} = \frac{W_{\mathrm{B}}}{GAr} = \frac{1-p/p_{\mathrm{cr}}}{0.1G^{1/3}}\frac{L_{\mathrm{cr}}}{L_{\mathrm{cr}}+0.1988(p_{\mathrm{cr}}/p-1)GD^{1.4}} \qquad (7\text{-}4\text{-}67)$$

式中，W_{B} 为沸腾段长度 L_{cr} 内的输入功率，W。

b. 环状通道和燃料芯棒。Bertoletti[51]建议采用集中参数对式(7-4-67)进行修正，即将上式改写为：

$$x_{\mathrm{cr}} = \frac{W_{\mathrm{B}}}{GAr} = \frac{p_{\mathrm{h}}}{p_{\mathrm{tot}}}\times\frac{1-p/p_{\mathrm{cr}}}{0.1G^{1/3}}\frac{L_{\mathrm{cr}}}{L_{\mathrm{cr}}+0.1988(p_{\mathrm{cr}}/p-1)GD_{\mathrm{c}}^{1.4}} \qquad (7\text{-}4\text{-}68)$$

其中沸腾段是从环状通道或燃料芯棒中水的平均温度达到饱和值算起。p_{h} 与 p_{tot} 分别是通道的加热周长和总周长；D_{c} 为当量直径，$D_{\mathrm{c}}=\dfrac{4A}{P_{\mathrm{tot}}}$。CISE 计算式与 863 个实验数据比较，结果标准误差为 14.8%，最大误差为 40%。

c. 卧式放置的螺旋管。在 $p=3.0\sim15.0\mathrm{MPa}$，$G=300\sim2000\mathrm{kg\cdot m^{-2}\cdot s^{-1}}$，$x_{\mathrm{cr}}=0.1\sim1$，$q=70\sim600\mathrm{kW\cdot m^{-2}}$ 参数范围内，对 $x_{\mathrm{cr}}>0.1$ 的情况，由下式计算[52]：

当 $G>900\mathrm{kg\cdot m^{-2}\cdot s^{-1}}$ 时：

$$Bo = 17200x_{\mathrm{cr}}^{-0.44}De^{0.63}Re^{-1.76} \qquad (7\text{-}4\text{-}69)$$

当 $G<900\mathrm{kg\cdot m^{-2}\cdot s^{-1}}$ 时：

$$Bo\times 10^{6} = 4.11x_{\mathrm{cr}}^{-0.46}De^{0.35}Re^{0.16} \qquad (7\text{-}4\text{-}70)$$

式中，$Bo=q_{\mathrm{cr}}/(rG)$，称 Boiling Number(沸腾数)；x_{cr} 为干度；$De=(Gd/\mu)(d/D)^{0.5}$，称 Dean 数；$Re=Gd/\mu$，为饱和蒸气黏度计算的 Reynolds 数。上式最大误差为 17.6%，标

准误差 4.2%。

这些关系式仅能适用于水-蒸汽两相系统。

d. 非水液体的临界热负荷。Ahmad[53]认为，在 $\Delta i_{sub}/r$、ρ_l/ρ_v 和 L/D 保持同数值时，对水和其他有机液体，其相对沸腾数 q_{cr}/Gr 与无量纲数组：

$$\psi = \frac{GD}{\mu_l}\left(\frac{\mu_l^2}{\sigma D \rho_l}\right)^{2/3}\left(\frac{\mu_v}{\mu_l}\right)^{1/5} \tag{7-4-71}$$

的函数关系是相同的。如表面张力数据不易取得，则用如下无量纲数组代替：

$$\psi = \frac{GD}{\mu_l}\left(\frac{\varepsilon^{1/2}}{\sigma D \rho_l^{1/2}}\right)^{2/3}\left(\frac{\mu_v}{\mu_l}\right)^{1/8} \tag{7-4-72}$$

式中，$\varepsilon = \dfrac{\partial(\rho_v/\rho_l)}{\partial p}$，为密度比随压力的变化率。

计算非水液体的临界热负荷 q_{cr} 时，先在水的实验数据中找出相同 L/D、ρ_l/ρ_v 和 $\Delta i_{sub}/r$ 下水的相应临界热负荷 q_{cr}，或应用适用于水的计算式算出水的相应临界热负荷 q_{cr} 值，然后将水的各值按文献[46,47]建议方式画成曲线，再按定义计算出非水液体的无量纲数 ψ 的值，并从已画出的 q_{cr}/Gr-ψ 曲线上查取相应的 q_{cr}/Gr 值，从而求得非水液体的临界热负荷值。

对于垂直管内有机液体的临界热负荷，Ahmad 方法是较成功的。对水平通道，Ahmad 方法误差较大，可用 Merilo[54] 提出的公式计算，即：

$$\frac{q_{cr}}{Gr} = 575 \psi_H^{-0.34}\left(\frac{\rho_l}{\rho_v}-1\right)^{1.27}\left(1+\frac{\Delta i_{sub}}{r}\right)^{1.64}\left(\frac{L}{D}\right)^{-0.51} \tag{7-4-73}$$

式中

$$\psi_H = \frac{GD}{\mu_l}\left(\frac{\mu_l^2}{\sigma D \rho_l}\right)^{-1.57}\left[\frac{(\rho_l-\rho_v)D^2}{\sigma}\right]^{-1.05}\left(\frac{\mu_l}{\mu_v}\right)^{6.41} \tag{7-4-74}$$

式(7-4-74) 与 605 个水平管中实验数据（包括水和 R-12）的均方误差为 9%。

④ 流动沸腾传热系数计算公式。对于水平管内的沸腾传热系数，可以采用 Chen 等[55] 的关联式计算，即：

$$h = 0.00122 \frac{\lambda^{0.79} C_{pl}^{0.45} \rho_l^{0.49}}{\sigma^{0.29} \mu_l^{0.29} i_{lg}^{0.29} \rho_g^{0.24}} \Delta T_{sat}^{0.24} \Delta p_{sat}^{0.75} S + 0.23 Re_l^{0.8} Pr_l^{0.4}\frac{k_l}{d}F \tag{7-4-75}$$

$$S = \frac{1}{1+2.53\times10^{-6} F^{1.25} Re_l} \tag{7-4-76}$$

$$F = \begin{cases} 1.0, & 1/\chi_{tt} \leqslant 0.1 \\ 2.35(1/\chi_{tt}+0.213)^{0.736}, & 1/\chi_{tt} > 0.1 \end{cases} \tag{7-4-77}$$

式中　k_l——热导率，$W \cdot m^{-2} \cdot ℃^{-1}$；

　　　C_{pl}——液体比热容，$J \cdot kg^{-1} \cdot ℃^{-1}$；

ρ_l——液体密度，kg·m^{-3}；

ρ_g——气体密度，kg·m^{-3}；

σ——表面张力，N·m^{-1}；

μ_l——液体黏度，Pa·s；

i_{lg}——气液两相焓差，J；

ΔT_{sat}——气液两相温差，℃；

Δp_{sat}——气液两相压差，Pa；

Re_l——液体雷诺数；

Pr_l——液体普朗特数；

d——管道直径，m。

对于螺旋管内气液沸腾传热系数，可以采用 Zhao 等[56]的关联式计算，即：

$$\frac{h_{TP}}{h} = 1.6\left(\frac{1}{\chi_{tt}}\right)^{0.74} + 183000 Bo^{1.46} \tag{7-4-78}$$

$$\chi_{tt} = \frac{(dp/dz)_l}{(dp/dz)_g} = \left(\frac{1-x}{x}\right)^{0.9}\left(\frac{\rho_g}{\rho_l}\right)^{0.5}\left(\frac{\mu_g}{\mu_l}\right)^{0.1} \tag{7-4-79}$$

$$Bo = q/(Gi_{lg}) \tag{7-4-80}$$

式中　χ_{tt}——马蒂内利数，其中液气相均为湍流；

h_{TP}——两相传热系数，W·m^{-2}·℃$^{-1}$；

h——液体总流传热系数，W·m^{-2}·℃$^{-1}$；

Bo——沸腾数，无量纲；

q——热流，W·m^{-2}；

G——质量流量，kg·s^{-1}；

i_{lg}——气液两相焓差，J；

p——压力，Pa；

z——沿管道轴向距离，m；

x——平衡质量含量，无量纲；

ρ_l——液体密度，kg·m^{-3}；

ρ_g——气体密度，kg·m^{-3}；

μ_l——液体黏度，Pa·s；

μ_g——气体黏度，Pa·s。

在 $p=0.75\sim3.0$MPa，$G=400\sim700$kg·m^{-2}·s^{-1}，$x=0\sim0.95$，$q=0\sim900$kW·m^{-2} 参数范围内，该式与大量实验数据的误差最大为 12%。

(2) 管内气液两相流摩擦阻力　圆直管内的气液两相流摩擦阻力压降可采用如下经验公式计算[52]（包括水平、垂直和倾斜管内）：

$$\Delta p_{tpf} = \psi\lambda \frac{L}{D}\frac{G^2}{2\rho_l}\left[1 + x\left(\frac{\rho_l}{\rho_v} - 1\right)\right] \tag{7-4-81}$$

式中，ψ 为两相摩阻压降校正系数，由下式确定：

当 $G = 1000 \text{kg} \cdot \text{m}^{-2} \cdot \text{s}^{-1}$ 时，$\psi = 1$

当 $G < 1000 \text{kg} \cdot \text{m}^{-2} \cdot \text{s}^{-1}$ 时，$\psi = 1 + \dfrac{x(1-x)\left(\dfrac{1000}{G}-1\right)\dfrac{\rho_l}{\rho_v}}{1+x\left(\dfrac{\rho_l}{\rho_v}-1\right)}$ (7-4-82)

当 $G > 1000 \text{kg} \cdot \text{m}^{-2} \cdot \text{s}^{-1}$ 时，$\psi = 1 + \dfrac{x(1-x)\left(\dfrac{1000}{G}-1\right)\dfrac{\rho_l}{\rho_v}}{1+(1-x)\left(\dfrac{\rho_l}{\rho_v}-1\right)}$

λ 为单相流体摩阻系数，由下式计算：

$$\lambda = 1 \Big/ \left[4\left(\lg 3.7\dfrac{D}{k}\right)^2\right] \tag{7-4-83}$$

式中，k 为管壁粗糙度。

对螺旋管，可采用如下公式计算其两相摩擦阻力压降：

立式放置（向上流动）[49]：

$$\Delta p_{\text{tpf}} = \zeta \Delta p_{\text{lo}} \tag{7-4-84}$$

在 $p = 4.5 \sim 10.5 \text{MPa}$，$q = 0 \sim 0.57 \text{MN} \cdot \text{m}^{-2}$，$G = 500 \sim 2700 \text{kg} \cdot \text{m}^{-2} \cdot \text{s}^{-1}$，$x = 0 \sim 0.81$，$\Delta x = 0.47$ 范围内：

$$\begin{aligned}\zeta = 2.06 \delta Re_{\text{tp}}^{-0.025} &\left[1 - \langle\alpha\rangle\left(\dfrac{\rho_l}{\rho_v}-1\right)\right]^{0.8}\\&\left[1 + \langle x\rangle\left(\dfrac{\rho_l}{\rho_v}-1\right)\right]^{1.8}\\&\left[1 + \langle\alpha\rangle\left(\dfrac{\mu_v}{\mu_l}-1\right)\right]^{0.2}\end{aligned} \tag{7-4-85}$$

式中，Δp_{lo} 为液体单相摩擦压降；$Re_{\text{tp}} = \dfrac{\langle\overline{u}\rangle\langle\rho\rangle d}{\langle\overline{\mu}\rangle}$，其中 $\langle\overline{u}\rangle$、$\langle\rho\rangle$、$\langle\overline{\mu}\rangle$ 分别为两相速度、密度和黏度的截面平均值，$\langle\alpha\rangle$、$\langle x\rangle$ 为螺旋管圈内的平均截面含气率和平均干度。

卧式放置[57]：

$$\Delta p_{\text{tpf}} = \phi_{\text{lo}}^2 \Delta p_{\text{eo}} \tag{7-4-86}$$

在 $p = 3 \sim 14 \text{MPa}$，$G = 250 \sim 1400 \text{kg} \cdot \text{m}^{-2} \cdot \text{s}^{-1}$，$x = 0 \sim 0.8$ 范围内，$\phi_{\text{lo}}^2 = 1 + (4.25x - 2.55x^{2/3})G^{0.34}$。该式与大量实验数据的误差最大为 6.2%。

双螺旋管内气液两相流摩擦阻力，在 $p = 0.5 \sim 3.5 \text{MPa}$，$G = 150 \sim 1760 \text{kg} \cdot \text{m}^{-2} \cdot \text{s}^{-1}$，$x = 0.01 \sim 1.2$，$q = 0 \sim 540 \text{kW} \cdot \text{m}^{-2}$ 参数范围内，可以采用 Guo 等[58]的关联式计算，该式与大量实验数据的误差最大为 40%。即：

$$\phi_{\text{lo}}^2 = \dfrac{\Delta p_{\text{tp}}}{\Delta p_0} \tag{7-4-87}$$

$$\phi_{lo}^2 = \psi_1 \psi \left[1 + \left(\frac{\rho_1}{\rho_g} - 1\right)\right] \tag{7-4-88}$$

$$\psi = 1 + \frac{x(1-x)(1000/G-1)(\rho_1/\rho_g)}{1+x(\rho_1/\rho_g-1)}, G \leqslant 1000 \text{kg} \cdot \text{m}^{-2} \cdot \text{s}^{-1} \tag{7-4-89}$$

$$\psi = 1 + \frac{x(1-x)(1000/G-1)(\rho_1/\rho_g)}{1+(1-x)(\rho_1/\rho_g-1)}, G > 1000 \text{kg} \cdot \text{m}^{-2} \cdot \text{s}^{-1} \tag{7-4-90}$$

$$\psi_1 = 142.2 \left(\frac{p}{p_{cr}}\right)^{0.62} \left(\frac{d}{D}\right)^{1.04} \tag{7-4-91}$$

式中 ϕ_{lo}——两相摩擦因数；

Δp_{tp}——两相摩擦压降；

Δp_0——单相摩擦压降；

ψ——半经验系数；

ψ_1——经验修正系数；

G——质量流量，$\text{kg} \cdot \text{s}^{-1}$；

ρ_1——液体密度，$\text{kg} \cdot \text{m}^{-3}$；

ρ_g——气体密度，$\text{kg} \cdot \text{m}^{-3}$；

x——平均蒸气干度；

p——压力，Pa；

p_{cr}——临界压力，Pa；

d——螺旋管管道直径，m；

D——螺旋管大径，m。

对于双螺旋管内气液两相流摩擦阻力，在 $p=0.75\sim3.0\text{MPa}$，$G=400\sim700\text{kg} \cdot \text{m}^{-2} \cdot \text{s}^{-1}$，$x=0\sim0.95$，$q=0\sim900\text{kW} \cdot \text{m}^{-2}$ 参数范围内，还可以采用 Zhao 等[56]的关联式计算，该式与大量实验数据的误差最大为 15%。即：

$$\phi_{lo} = 1 + \left(\frac{\rho_1}{\rho_g} - 1\right)\left[0.303 x^{1.63}(1-x)^{0.885} Re_{lo}^{0.282} + x^2\right] \tag{7-4-92}$$

$$\phi_{lo}^2 = \frac{\Delta p_{tp}}{\Delta p_0} \tag{7-4-93}$$

式中 ϕ_{lo}——两相摩擦因数；

Δp_{tp}——两相摩擦压降；

Δp_0——单相摩擦压降；

x——平衡质量含量，无量纲；

ρ_1——液体密度，$\text{kg} \cdot \text{m}^{-3}$；

ρ_g——气体密度，$\text{kg} \cdot \text{m}^{-3}$；

Re_{lo}——两相雷诺数。

管内截面含气率可根据文献 [59~61] 等介绍的方法进行计算。

参考文献

[1] 杨世铭. 传热学. 第2版. 北京: 人民教育出版社, 1979.
[2] Collier J G. Convective Boiling and Condensation. New York: Mc Graw-Hill Inc, 1972.
[3] 时钧, 等. 化学工程手册. 第2版. 北京: 化学工业出版社, 1996.
[4] Nusselt W. ZVDI, 1916, 60: 541-546.
[5] Kirkbride C G. Trans AIChE, 1933, 30: 170.
[6] Colburn A P. Trans AIChE, 1933, 30: 187-193.
[7] Seban R A. Trans ASME, 1954, 76: 299-303.
[8] Duckler A E. Chen Eng Progress, 1960, 1(30): 56.
[9] Jacobs H R. Int J Heat Mass Transfer, 1966, 9(7): 637-648.
[10] Dervere A. Petrol Refiner, 1959, 38(167): 205.
[11] Carpenter E F, Colburn A P. Proc of General Discussion on Heat Transfer Inst Mech Engrs. ASME, 1951: 20-26.
[12] Boyko L D, Kruzhilin G N. Int J Heat Mass Transfer, 1967, 10(3): 361-373.
[13] Kern. Process Heat Transfer. New York: McGraw-Hill, 1950.
[14] Akers W W, Deans H A, Crosser O K. Chem Eng Prog Sym. 1959, 55(29): 171.
[15] Sparrow E M, Minkowge W J, Saddy M. Int J Heat Mass Transfer, 1966, 9: 1125-1144.
[16] Schadet H. Chem Ing Tech, 1966, 38(10): 1091.
[17] Merkel F. Die Grundlagen der Wärmeübertragung. Dresden und Leipzig: Th Steinkopff, 1927.
[18] Chun M H, Kim Y S, Park J W. International Communications in Heat and Mass Transfer, 1996, 23(7): 947-958.
[19] Cho S, Song C H, Park C K, et al. Pusan, 1998: 21-24.
[20] Xu Q, Guo L. Int J Heat Mass Transfer, 2016, 94: 528-538.
[21] Kerney P, Faeth G M, Olson D R. AIChE Journal, 1972, 18(3): 548-553.
[22] Wu X Z, Yan J J, Shao S F, et al. International Journal of Multiphase Flow, 2007, 33(12): 1296-1307.
[23] Fukuda S. Journal of Atomic Energy Society of Japan, 1982, 24(6): 466-474.
[24] Hong S J, Park G C, Cho S, et al. International Journal of Multiphase Flow, 2012, 39: 66-77.
[25] Qiu B, Tang S, Yan J, et al. Experimental Thermal and Fluid Science, 2014, 52: 270-277.
[26] Park C K, Song C H, Jun H G. Journal of Nuclear Science and Technology, 2007, 44(4): 548-557.
[27] Kim H Y, Bae Y Y, Song C H, et al. International Journal of Energy Research, 2001, 25(3): 239-252.
[28] Xu Q, Guo L J, Zou S F, et al. International Journal of Heat and Mass Transfer, 2013, 66: 808-817.
[29] 拔山四郎. 機械學會誌, 1934, 37(206): 375-379.
[30] 戴干策, 任德呈, 范自晖. 化学工程基础——流体流动、传热及传质. 北京: 中国石化出版社, 1991.
[31] 陈钟颀. 传热学专题讲座. 北京: 高等教育出版社, 1989.
[32] Stephan K. Chem Ing Techn, 1963, 35: 775-784.
[33] Haffner H. Wärmeübergang an Kältemittel bei Blasenverdampfung, Filmverdampfung und überkritischem Zustand des Fluids, Inst f Thermodynamik d TU, 1970.
[34] Ozisik M N. Basic Heat Transfer. NewYork: McGraw-Hill, 1977.
[35] мостинский И. л. теплоэнеряетика, 1963, 4: 66.
[36] 尾花英郎. 热交换器 ハンドフツタ, 1972.
[37] Slipcevic B. Warmeubertragung bei der Verdampfung von Frigenen. Verfahern-Stechnik, 1971, 5: 29-35.
[38] 汤琅孙. 沸腾传热与两相流. 王孟浩, 徐仁德, 译. 北京: 机械工业出版社, 1980.
[39] Kakac S, Bergles A E, Mayinger F. Heat Exchangers Thermal-Hydraulic Fundamentals and Design. Advanced Study Institute Book, Hemisphere Pub Co, 1981.
[40] Bergles A E, Rohsenow W M. Trans ASME Journal of Heat Transfer, 1964, 86(3): 365-372.
[41] Frost W, et al. AIChE Heat Transfer Conf Paper 67-HT-61. Seattle, 1952.
[42] Rohsenow W M. Heat transfer with evaporation//Heat Transfer-A Symposium held at the University of Michigan During the Summer of 1952. University of Michigan Press, 1953: 101-150.
[43] Labuntsov D A. Teploenergetika, 1963, 10.

[44] Thomes J R S, et al. Manchester, 1965.
[45] Dengler C E. et al. Chem Eng Prog Symp, 1956, 52: 95-103.
[46] Chen J C. Ind Eng Chem Process Design and Development, 1966, 5(3): 329-332.
[47] Forster H K, Zuber N. AIChE, 1955, 1(4): 531-535.
[48] Groeneveld D C, Delorme G G J. Nucl Eng Des, 1976, 36(1): 17-26.
[49] 周芳德. 螺旋管内气液两相流动和传热特性研究. 西安: 西安交通大学, 1985.
[50] Guo L, Chen X, Zhou F. Proc of Int Conf on Multiphase Flow, 1991, 91(1): 231-233.
[51] Bertoletti S et al. Mixture, Energ Nucl(Milan), 1965, 12: 121-172.
[52] Guo L, Chen X, Zhou F. Proc of Int Conf on Multiphase Flow, 1991, 91(1): 279-282.
[53] Ahmad S Y. Int J Heat Mass Transfer, 1973, 16(3): 641-661.
[54] Merilo M. Int J Multiphase Flow, 1979, 5(5): 313-325.
[55] Chen J C. I & EC Process Design Develop, 1966, 5(3): 322-329.
[56] Zhao L, Guo L J, Bai B F, et al. International Journal of Heat and Mass Transfer, 2003, 46(25): 4779-4788.
[57] 林宗虎. 西安交大科技报告 76-035. 1976.
[58] Guo L J, Feng Z P, Chen X J. International Journal of Heat and Mass Transfer, 2001, 44(14): 2601-2610.
[59] 郭烈锦, 陈学俊, 黎耕. 西安交通大学学报, 1991, 24(1): 24-36.
[60] 林宗虎. 气液两相流和沸腾传热. 西安: 西安交通大学出版社, 1987.
[61] 郭烈锦, 陈学俊, 周芳德. 核科学与工程, 1990, 10(3): 191-200.

5 辐射换热

5.1 热辐射和辐射特性[1~4]

5.1.1 基本概念

仅因物体自身温度而发出的辐射能称为热辐射。辐射能是以光速进行传播的，表征其特征的参数有频率 v、波长 λ 和波速 C 三个，这三者间有如下关系：

$$C = v\lambda \tag{7-5-1}$$

当辐射能从一种介质传播到另一种介质时，频率不发生变化。

在工业温度范围内有实际意义的热辐射波长范围为 $0.3 \sim 100 \mu m$。

辐射换热是指物体间相互辐射和吸收过程的总效果。只有相互可见的物体间才可能进行辐射能的交换。当热辐射能辐射到物体表面上时，将发生吸收、发射和穿透现象，总能量被吸收、反射和穿透过的分率 α、ρ、τ 分别被称作吸收率、反射率和穿透率，这三者满足能量守恒定律：

$$\alpha + \rho + \tau = 1 \tag{7-5-2}$$

自然界所有物体（气、液、固）的吸收率 α、反射率 ρ 和穿透率 τ 的数值都在 $0 \sim 1$ 之间。我们把 $\alpha = 1$ 的物体称作绝对黑体（简称黑体）；$\rho = 1$ 的物体称作镜体（漫反射时称作白体）；$\tau = 1$ 的物体称作绝对透明体（简称透明体）。黑体、镜体和透明体都是假定的理想物体。黑体既有最大的吸收率也具有最大的辐射力。

定量描述物体表面发射的辐射能的物理量有：

辐射力 E：也称半球总辐射能力，表示单位辐射表面在单位时间内向其上半球空间各个方向发射的全部波长的电磁波所具有的全部辐射能，$W \cdot m^{-2}$。相同温度下，黑体的辐射力最大，用 E_b 表示。

半球波段辐射力 $E_{\lambda_1 \sim \lambda_2}$ 和半球单色辐射力 E_λ：单位物体表面在单位时间内向其上半球空间各方向发射的波段为 $\lambda_1 \sim \lambda_2$ 的电磁波所具有的辐射能，称为波段辐射力，记作 $E_{\lambda_1 \sim \lambda_2}$，单位 $W \cdot m^{-2}$。黑体的波段辐射力记作 $E_{b(\lambda_1 \sim \lambda_2)}$。物体表面的单色辐射力 E_λ 定义为：

$$E_\lambda = \lim_{\Delta\lambda \to 0} \frac{E_{\lambda - (\lambda + \Delta\lambda)}}{\Delta\lambda} (W \cdot m^{-2} \cdot \mu m^{-1}) \tag{7-5-3a}$$

为波长 λ 的电磁波所具有的辐射能力。

定向总辐射强度 I_p：单位时间单位物体实际表面积下，空间指定方向 p 上，单位立体角内所通过的 $\lambda = 0 \sim \infty$ 的一切波长的辐射能量，I_p 表征了辐射能在空间的分布情况，如图

7-5-1 所示。

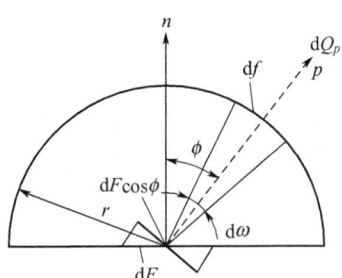

图 7-5-1 定向辐射强度定义图

$$I_p = \frac{dQ_p}{(dF\cos\phi)d\omega} \quad (W \cdot m^{-2} \cdot sr^{-1}) \tag{7-5-3b}$$

式中，dQ_p 为落在半径为 r 的球面积 df 上的辐射能，W；$dF\cos\phi$ 为 dF 在 p 方向的可见面积，m^2；$d\omega$ 为面积 df 所对应的立体角，$d\omega = df/r^2$，sr。

定向单色辐射强度 $I_{\lambda p}$：空间指定方向 p 上，单位立体角内所通过的波长为 λ 的辐射能量。当 p 方向为表面的法线 n 时，各定向辐射强度称作法向辐射强度。

5.1.2 基本定律和辐射特性[2~6]

(1) 黑体辐射基本定律

① Planck（普朗克）定律。1900 年 Planck 从理论上导出了黑体在不同温度下向真空辐射的能量与温度和波长的关系：

$$E_{\lambda b} = \frac{C_1 \lambda^{-5}}{e^{C_2/(\lambda T)} - 1} \tag{7-5-4}$$

式中，λ 为波长，m；T 为物体的热力学温度，K；e 为自然对数底数；$C_1 = 3.743 \times 10^{-16}\,W \cdot m^2$，称为普朗克第一常数；$C_2 = 1.4387 \times 10^{-2}\,m \cdot K$，称为普朗克第二常数。

每一温度下都有一波长 λ_m，它所对应的 $E_{\lambda b}$ 达到最高值。黑体温度 T 与相应的最大单色辐射力的波长 λ_m 间的关系有 Wien（维恩）定律确定：

$$\lambda_m T = 0.2898 \times 10^{-2} \quad (m \cdot K) \tag{7-5-5}$$

② Stefan-Boltzman（斯蒂芬-玻尔兹曼）定律。将 Planck 定律在 $\lambda = 0 \sim \infty$ 间积分，可得黑体单位表面积向其上半球空间发射的总辐射能，即黑体的辐射力 E_b 为：

$$E_b = \int_{\lambda=0}^{\lambda=\infty} E_{\lambda b} d\lambda = \sigma_0 T^4 \quad (W \cdot m^{-2}) \tag{7-5-6}$$

式中，$\sigma_0 = 5.67 \times 10^{-8}\,W \cdot m^{-2} \cdot K^4$，称绝对黑体辐射常数。该式即称为 Stefan-Boltzman 定律，通常可见如下形式：

$$E_b = C_0 \left(\frac{T}{100}\right)^4 \quad (W \cdot m^{-2}) \tag{7-5-7}$$

式中，$C_0 = 5.67\,W \cdot m^{-2} \cdot K^4$，称黑体辐射系数。

③ Lambert（兰贝特）定律。Lambert 指出：在半球空间，黑体在各个方向上的定向辐射强度是相等的，也即某一方向上的定向辐射强度等于辐射力与该方向和表面法线方向夹角的余弦的乘积。

(2) 实际物体表面的辐射特性

① 实际固体黑度与灰体。实际物体表面的半球单色辐射力按波长的分布是不规则的（见图 7-5-2），其单色辐射力 E_λ 与黑体的单色辐射力 $E_{\lambda b}$ 之比 ε_λ 在不同的波长处是不一样的，即：

$$\varepsilon_\lambda = \frac{E_\lambda}{E_{b\lambda}} \neq 常数, \varepsilon_\lambda < 1 \tag{7-5-8}$$

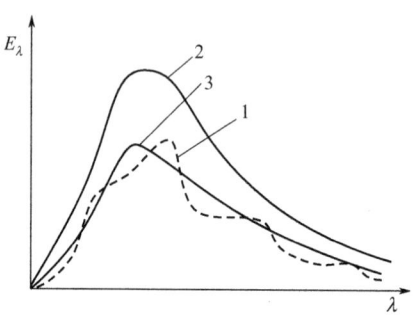

图 7-5-2 同温度下不同表面的 E_λ
1—实际物体；2—黑体；3—灰体

式中，ε_λ 被称作半球单色黑度，简称单色黑度。假定 ε_λ 在整个波谱范围内不随波长而变化，即：

$$\varepsilon_\lambda = \frac{E_\lambda}{E_{b\lambda}} = 常数, \varepsilon_\lambda < 1 \tag{7-5-9}$$

这种理想物体被称为灰体，ε 称作灰体的单色黑度。由此可导得灰体的半球总辐射力 E 为：

$$E = \varepsilon E_b = \varepsilon \sigma_0 T^4 = C_0 \left(\frac{T}{100}\right)^4 \quad (W \cdot m^{-2}) \tag{7-5-10}$$

令 $\varepsilon = E/E_b$，即实际物体表面的半球辐射能力 E 与同一温度下黑体表面的半球总辐射能力之比，称作物体的半球总辐射黑度。由上可知，灰体单色黑度与总辐射黑度是相等的。

对应于定向辐射强度 I_p 和定向单色辐射强度 $I_{\lambda p}$，同样可以定义出定向辐射黑度 $\varepsilon_p = I_p/I_{pb}$ 和单色辐射黑度 $\varepsilon_{\lambda p} = I_{\lambda p}/I_{\lambda p b}$。不同材料的法向总辐射黑度 ε_n 如表 7-5-1 所示。

表 7-5-1 不同材料的法向总辐射黑度

材料名称	$t/℃$	ε_n
1. 金属及其氧化物		
铝		
表面高磨光度的铝,纯度 98.3%	225～575	0.039～0.057
表面不光滑的铝	26	0.055
在 600℃氧化后的铝	200～600	0.11～0.19

续表

材料名称	$t/℃$	ε_n
表面铝化后,加热至600℃处理的紫铜	200～600	0.18～0.19
黄铜		
高度磨光的铜		
Cu 73.2,Zn 26.7	245.0～355	0.028～0.031
Cu 62.4,Zn 36.8,Pb 0.4,Al 0.8	255～375	0.033～0.037
Cu 82.9,Zn 17.0	275	0.030
冷碾压,磨光的有磨痕可见的黄铜	21	0.038
冷碾压,磨光的部分被侵蚀的黄铜	22	0.043
冷碾压,磨光的留有磨痕的黄铜	25	0.053
磨光的黄铜	33～115	0.10
碾压后的黄铜板,表面没有再加工	22	0.06
碾压后的黄铜板,表面用粗砂纸擦过	22	0.20
无光泽的黄铜板	50～350	0.22
在600℃氧化后的黄铜	200～600	0.61～0.59
铬		
磨光的铬	40～1090	0.08～0.36
磨光的铬	100	0.075
磨光的铬	150	0.058
紫铜		
精密磨光的电解铜	80	0.018
商用铜,砂纸打过,磨光而仍有不平整的表面	69	0.030
商用铜,刮到发光,但非光洁如镜面	22	0.072
氧化铜	800～1100	0.66～0.54
熔融的铜	1075～1275	0.16～0.13
黄金		
精密磨光的纯金	225～625	0.018～0.035
钢铁(不包括不锈钢)		
钢铁表面(或其上极薄的氧化膜)		
精密磨光的电解铁	175～225	0.052～0.064
磨光的铁	425～1020	0.144～0.377
砂纸刚打过后的铁	20	0.24
磨光的铸铁	200	0.21
加工后又加热过的铸铁	830～1025	0.60～0.70
磨光的钢铸件	770～1040	0.52～0.56
研磨后的钢皮	940～1100	0.55～0.61
表面光滑的铁皮	900～1040	0.55～0.60
氧化后的表面		
酸洗后,生锈发红的铁皮	20	0.61
完全生锈的铁板	20	0.69
碾压成的钢皮	21	0.66
氧化后的铁	100	0.74
在600℃氧化后的铸铁	200～600	0.64～0.78
在600℃氧化后的钢	200～600	0.79
氧化后电解铁的光滑表面	125～525	0.78～0.82
氧化铁	500～1200	0.85～0.89
粗糙的铁锭(未加工的)	925～1115	0.87～0.89
钢皮		
盖有粗糙牢固的氧化层	25	0.80

续表

材料名称	$t/℃$	ε_n
盖有紧密有光泽的氧化层	25	0.82
光滑的铸铁板	22	0.80
粗糙的铸铁板	22	0.82
高度氧化的粗糙的铸铁	40～250	0.95
氧化后的无光泽的熟铁	20～360	0.94
粗糙钢板	40～370	0.94～0.97
熔融的表面		
铸铁	1300～1400	0.29
软钢	1600～1800	0.28
铅		
99.96%纯铅,未氧化	125～225	0.057～0.075
氧化后的灰色铅	25	0.281
在150℃氧化的铅	200	0.63
蒙乃尔合金		
在600℃氧化后的	200～600	0.41～0.46
镍		
磨光的电镀过的镍	25	0.045
工业用纯镍(98.9%Ni+Mn),经过磨光	225～375	0.07～0.087
磨光的镍	100	0.072
电镀过的镍,未经磨光	20	0.11
镍线	185～100	0.096～0.186
在600℃氧化后的镍板	200～600	0.37～0.48
氧化镍	650～1255	0.59～0.86
镍合金		
铬镍合金	50～1035	0.64～0.76
铬镍锌合金(18～30Ni,55～68Cu,20Zn),氧化后的灰色表面	20	0.262
铂		
纯铂片,经过磨光	225～625	0.054～0.104
铂带	925～1625	0.12～0.17
铂丝	25～1230	0.036～0.192
纯银经过磨光	225～625	0.020～0.032
银经过磨光	40～370	0.022～0.031
银丝	1325～3000	0.19～0.31
锡		
有光泽的涂锡铁板表面	25	0.043及0.064
钨		
钨丝,老化后的	25～3100	0.032～0.35
钨丝	3100	0.39
锌		
商用锌(99.1%纯度),经过磨光	225～325	0.045～0.053
在400℃氧化后的锌	400	0.11
镀锌铁皮,仍有光泽的	28	0.23
镀锌铁皮,已氧化成灰色的	24	0.28
镀锌铁皮	100	0.21
2. 耐火材料、建筑材料、油漆涂料及其他		
石棉		
石棉纸板	24	0.96
石棉纸	40～370	0.93～0.94
砖		
红砖,表面粗糙,但还无大不平整处	20	0.93
硅砖,表面粗糙,未上过釉的	100	0.8

续表

材料名称	$t/℃$	ε_n
硅砖,表面粗糙,上过釉的	110	0.85
耐火砖	1000	0.75
炭		
炭丝	1040～1405	0.525
蜡烛烟灰	95～270	0.952
灯黑与水玻璃涂料层	98～225	0.96～0.95
灯黑与水玻璃涂料层,铁板上薄层的	20	0.927
灯黑与水玻璃涂料层,铁板上厚层的	20	0.967
灯黑层厚度 0.075mm 以上	40～370	0.945
灯黑熔在铁表面上的	19	0.897
玻璃		
玻璃,光滑的表面	22～90	0.94
石膏,厚度 0.5mm,在光滑或发黑的底板上	20	0.903
淡灰色大理石,经过磨光	22	0.931
润滑油		
在光滑镍表面上的油层		
在光滑镍表面,无油层时	20	0.045
磨光镍表面,+0.001mm,0.002mm,0.005mm 的油层		0.27,0.46,0.72
磨光镍表面+厚油层		0.82
在铝箔上的油层(亚麻仁油)		
铝箔,无油层时	100	0.087
铝箔+1,2 次涂刷的油层	100	0.561,0.574
涂料,涂漆,凡立水		
涂在粗糙铁板上的雪白凡立水	28	0.903
喷在铁上的有光泽的黑涂漆	25	0.875
涂在镀锡铁皮上的有光泽的黑涂漆	21	0.821
无光泽的黑涂漆	75～145	0.91
黑色或白色涂漆	40～95	0.80～0.95
平整的黑色涂漆	40～95	0.96～0.98
各种不同颜料的油质涂料	100	0.92～0.96
铝质涂料及涂漆		
在平整或粗糙表面上的 10%Al,22%涂料为底的涂料	100	0.52
各种老化程度不同、含铝量不一样的铝质涂料	100	0.27～0.67
在粗糙表面上的铝质涂料加凡立水	21	0.39
铝质涂料,加热到 325℃后的	150～315	0.35
薄纸,贴在镀锡铁板或发黑色的铁板上的	19	0.92,0.94
油纸,铺屋顶的	21	0.91
粗糙的粉刷石灰浆	10～88	0.91
瓷器,上过釉的	22	0.924
石英		
熔化后的石英,表面粗糙	20	0.932
橡胶		
硬橡胶,光板	23	0.94
软橡胶,灰色,不光滑的(经过再生)	24	0.86
天然橡胶,在空气中	—	0.0016
天然橡胶,在不含其他气体的蒸汽中	—	0.41
蛇纹岩,经过磨光	23	0.90
水	0～100	0.95～0.963

表面法向总辐射黑度 ε_n 比较容易测定，但在计算中常用的是半球总辐射黑度，两者之间的换算关系如图 7-5-3 所示。对表面粗糙或有轻微氧化的金属表面，$\varepsilon/\varepsilon_n$ 接近于 1，故可近似地用 ε_n 作为 ε 的值。对非导电体也是如此。

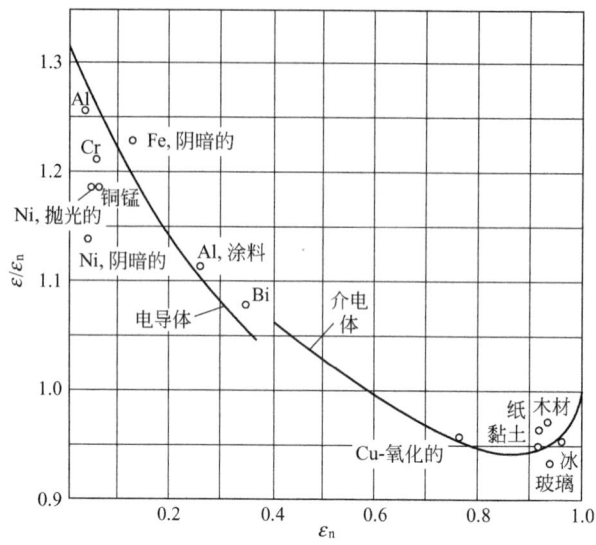

图 7-5-3　导电体及介电体 ε 与 ε_n 的关系

② 实际固体的吸收率与 Kirchhoff（可希霍夫）定律。相应各种黑度，物体对投入辐射能的吸收率同样有半球总吸收率 α、半球单色吸收率 α_λ、定向总吸收率 α_p、定向单色吸收率 $\alpha_{\lambda p}$ 等定义。

在工程计算中，固体的吸收率通常是根据 Kirchhoff 定律从物体黑度数据得出。

Kirchhoff 定律指出：物体的单色定向辐射黑度 $\varepsilon_{\lambda p}$ 与单色定向吸收率 $\alpha_{\lambda p}$ 相等；当投入辐射的强度与投入的角度无关时，半球单色吸收率 α_λ 等于半球单色辐射黑度 ε_λ；对于灰体，半球总吸收率 α 等于半球总辐射黑度 ε；对于金属，表面在 T_s 温度下的吸收率等于表面在 $T=(T_i T_s)^{0.5}$ 温度时的黑度，其中 T_i 为投入辐射的温度；在其他情况下，只有发射表面温度与吸收表面温度相等时 $\varepsilon=\alpha$。

③ 实际固体的反射率。实际固体的反射率可根据多数固体表面关系式来求取，即：

$$\alpha+\rho=1 \tag{7-5-11}$$

反射的方式主要取决于表面的粗糙度及投入辐射的波长；当表面的均方根粗糙度与波长之比很小时，为镜面反射；当比值增加时，漫反射程度增加。

(3) 气体的热辐射　气体的辐射和吸收是在整个容积中进行的且对波长有选择性，只在光带上具有辐射和吸收能力。使用中重要的是气体所有光带辐射的总和。Beer（贝尔）定律指出，单色辐射在吸收性介质（气体）中传播时按指数规律递减，即：

$$\frac{I_{\lambda,L}}{I_{\lambda,0}}=\mathrm{e}^{-K_\lambda L} \tag{7-5-12}$$

式中，K_λ 为单色减弱系数，它取决于气体种类、密度和波长；L 为气体层厚度。式 (7-5-12) 即为单色穿透率 $\tau_{\lambda,L}$ 的定义式。若气体不反射辐射能，即 $\rho_{\lambda,L}=0$，则有：

$$\tau_{\lambda,L}+\alpha_{\lambda,L}=1$$

$$\alpha_{\lambda,L} = 1 - e^{-K_\lambda L} \tag{7-5-12a}$$

由 Kirchhoff 定律知

$$\varepsilon_{\lambda,L} = \alpha_{\lambda,L} = 1 - e^{-K_\lambda L} \tag{7-5-13}$$

但实际上由于 $T_g \neq T_w$,气体辐射有选择性,不能作灰体处理,$\varepsilon \neq \alpha$。

① 气体黑度[半球总辐射黑度(辐射率)]。半球形的气体对其球心上微元表面 dA 的单位面积,在单位时间内辐射的能量 E_g 与同温度下黑体半球辐射能力 E_b 之比称作气体黑度,即:

$$\varepsilon_g = E_g / E_b \tag{7-5-14}$$

对燃烧产物烟气的黑度,可用下式计算:

$$\varepsilon_g = \varepsilon_{CO_2} C_{CO_2} + \varepsilon_{H_2O} C_{H_2O} - \Delta\varepsilon \tag{7-5-15}$$

式中,ε_{CO_2} 为 CO_2 的黑度,由烟气温度 T_g、烟气中 CO_2 的分压力 p_{H_2O} 以及烟气辐射的平均射线行程 L 查图 7-5-4 确定;ε_{H_2O} 为蒸汽的黑度,也由 T_g 烟气中 H_2O 的分压力 p_{H_2O} 及 L 查图 7-5-5 确定;C_{CO_2}、C_{H_2O} 分别查图 7-5-6 和图 7-5-7 确定;$\Delta\varepsilon$ 是由于 CO_2 和 H_2O 的光带相互重叠、相互吸收而引入的修正量,查图 7-5-8 确定。各种不同形状的气体容积的平均射线行程 L 可查表 7-5-2 或按下式计算:

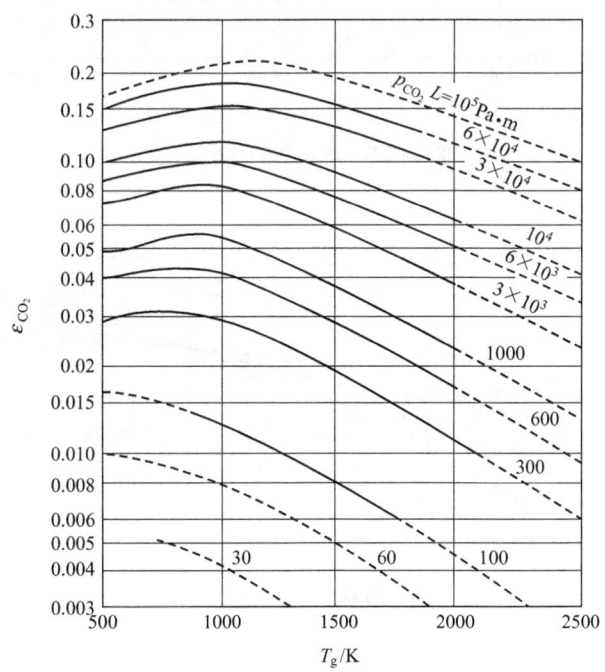

图 7-5-4 二氧化碳的黑度 ε_{CO_2}

$$L = 3.6 \frac{V}{A} \tag{7-5-16}$$

式中,V 为气体容积,m^3;A 为包壳面积,m^2。

烟气的吸收率:

$$\alpha_g = \alpha_{CO_2} C_{CO_2} + \alpha_{H_2O} C_{H_2O} - \Delta\alpha \tag{7-5-17}$$

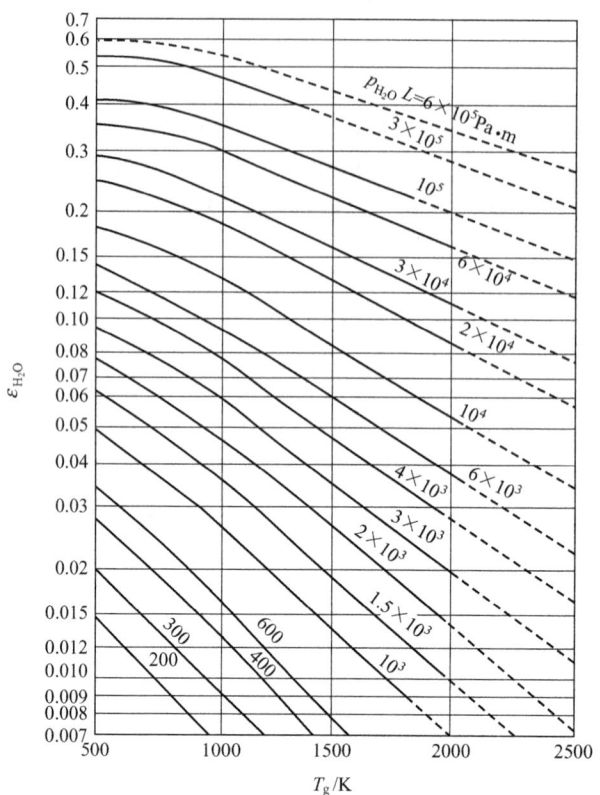

图 7-5-5 水蒸气的黑度 ε_{H_2O}

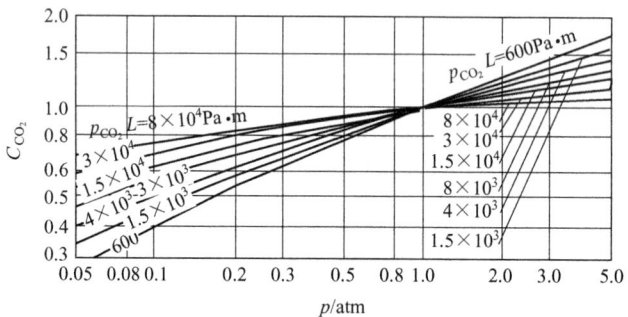

图 7-5-6 修正系数 C_{CO_2}

$$\alpha_{CO_2} = \varepsilon_{CO_2}\left(\frac{T_g}{T_w}\right)^{0.65} \tag{7-5-18}$$

$$\alpha_{H_2O} = \varepsilon_{H_2O}\left(\frac{T_g}{T_w}\right)^{0.45} \tag{7-5-19}$$

$$\Delta\alpha = (\Delta\varepsilon)T_w \tag{7-5-20}$$

式中，ε_{CO_2} 与 ε_{H_2O} 分别从图 7-5-4 和图 7-5-5 查得；$\Delta\alpha$ 为 T_w 时的修正量 $\Delta\varepsilon$，由图 7-5-8 查得；C_{CO_2} 和 C_{H_2O} 同式 (7-5-15)。

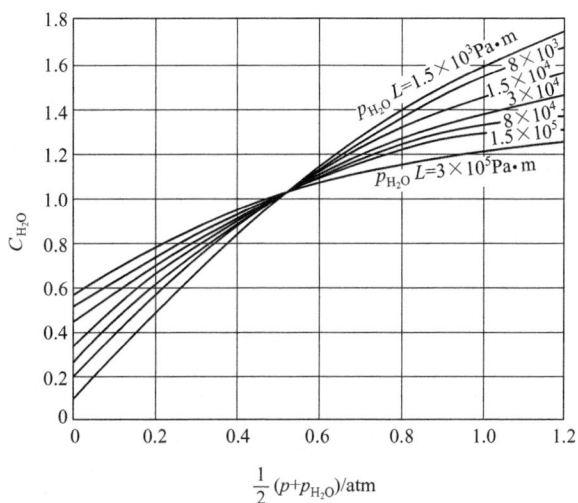

图 7-5-7 修正系数 C_{H_2O}

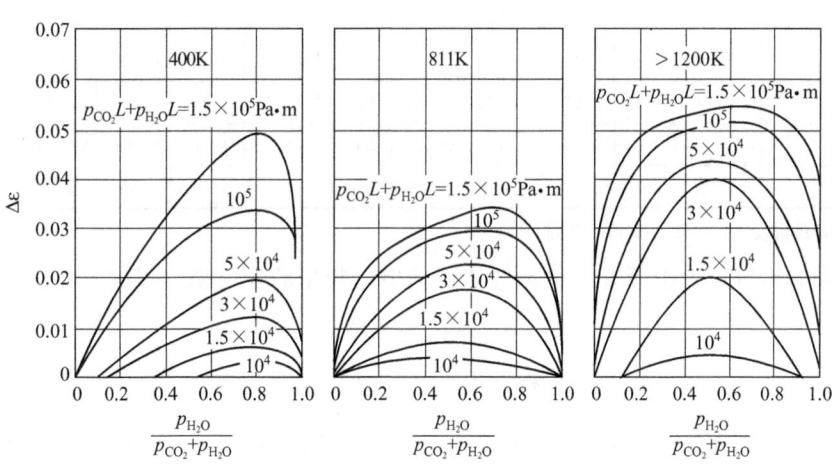

图 7-5-8 修正量 $\Delta\varepsilon$

表 7-5-2 各种形状气体的 L 值

气体形状	特性尺寸 D	L/D
球形,对表面的辐射	直径	0.63
半无限长的圆柱体,对底面中心的辐射	直径	0.90
对整个底面的辐射	直径	0.65
无限长的圆柱体,对表面的辐射	直径	0.94
高度等于直径,即 $h=d$ 的圆柱体,对底面中心的辐射	直径	0.71
对整个表面的辐射	直径	0.60
高度为直径的两倍,即 $h=0.5d$ 的圆柱体,对底面的辐射		0.43
对侧面的辐射		0.46
对全部表面的辐射		0.45
高度为直径的两倍,即 $h=2d$ 的圆柱体,对底面的辐射	直径	0.60
对侧面的辐射	直径	0.76
对全部表面的辐射	直径	0.73
无限长的、半径为 r 的半圆柱体,对平侧面中心的辐射	半径	1.26
平行六面体 $1:1:1$(立方体)对表面的辐射	边长	0.60

续表

气体形状	特性尺寸 D	L/D
平行六面体 1:1:4(立方体)对 1×4 表面的辐射	最短的边	0.82
对 1×1 表面的辐射	最短的边	0.71
对整个表面的辐射	最短的边	0.81
无限大的平行平面,对表面的辐射	距离	1.76
直径为 d、管表面与管表面的间隙为 c 的无限大管簇管簇间的气体对管表面的辐射,当管子的排列方式为		
等边三角形 $d=c$	间隙	2.8
等边三角形 $d=0.5c$	间隙	3.8
方阵行 $d=c$	间隙	3.5

部分气体的黑度可查表 7-5-3[7]。

表 7-5-3 某些气体的总辐射率(黑度)

温度 T_g/°R	1000			1600			2200			2800		
pL/atm·ft	0.01	0.1	1.0	0.01	0.1	1.0	0.01	0.1	1.0	0.01	0.1	1.0
NH_3	0.047	0.20	0.61	0.020	0.120	0.44	0.0057	0.051	0.25	0.001	0.015	0.14
SO_2	0.020	0.13	0.28	0.013	0.090	0.32	0.0085	0.051	0.27	0.0058	0.043	0.2
CH_4	0.020	0.060	0.15	0.023	0.072	0.194	0.022	0.070	0.185	0.019	0.059	0.17
CO	0.0111	0.031	0.061	0.022	0.057	0.10	0.022	0.050	0.080	0.012	0.035	0.050
NO	0.0046	0.018	0.060	0.0046	0.021	0.070	0.0019	0.010	0.040	0.00078	0.004	0.025
HCl	0.00022	0.00079	0.0020	0.00036	0.0013	0.0033	0.00037	0.0014	0.0036	0.00029	0.0010	0.0027

注:°R 为勒氏温度。1ft=0.3048m,下同。

② 粉尘的辐射。粉尘可大大增强气体的辐射。粉尘的发射率(黑度)可由下式计算:

$$\varepsilon_{st}=1-e^{-a_v ABL} \tag{7-5-21}$$

或

$$\varepsilon_{st}=1-e^{-K\frac{3}{2\rho_{st}}d^{-2/3}BL} \tag{7-5-22}$$

式中,a_v 为粉尘的辐射或吸收系数,B 为含尘浓度,kg·m^{-3};A 为比投射面积,m^2·kg^{-1};L 为当量直径,m;d 为平均直径,$d=3/(2\rho_{st}A)$,m;K 为含有 a_v 颗粒的特性常数,$K=a_v d^{-1/2}$,m$^{-1/3}$;ρ_{st} 为粉尘密度,kg·m^{-3}。

③ 含尘气体的辐射。实际上将粉尘近似视为具有带状辐射气体的灰体辐射介质,含尘气体的总发射率(黑度)为:

$$\varepsilon_{g+st}=\varepsilon_g+\varepsilon_{st}-\varepsilon_g\varepsilon_{st} \tag{7-5-23}$$

总吸收率为:

$$\alpha_{g+st}=\alpha_g+\alpha_{st}-\alpha_g\alpha_{st} \tag{7-5-24}$$

(4) 火焰的热辐射 当燃料气或无灰分燃料与空气充分混合并完全燃烧时,所得火焰略带蓝色而近于无色,这种火焰的辐射有选择性,可按气体辐射处理。重油、煤粉等的燃烧以及在空气比例不足或混合不充分的情况下燃料的燃烧都会发出橙色或黄色的火焰,这种火焰可发出连续的光谱而发光,称发光火焰或辉焰,其黑度可用如下经验方法求取:

$$\varepsilon_f=\frac{L}{H}\times\frac{d_f}{D}X \tag{7-5-25}$$

式中,H 为辐射室沿火焰方向的高度或长度,m;L 为火焰长度,m;D 为辐射室的当量直径，m；d_f 为火焰的平均直径，m；ε_f 为火焰本身的黑度；X 为无量纲数，由图 7-5-9 查出。火焰总黑度等于三原子气体的黑度 ε_g 与火焰本身黑度 ε_f 之和。

$$\varepsilon'_g = \varepsilon_g + \varepsilon_f \tag{7-5-26}$$

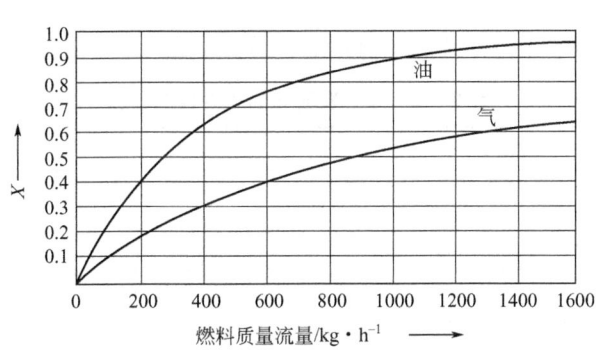

图 7-5-9 火焰黑度

对于炉内的辐射传热，取火焰的平均温度为准，火焰总黑度等于三原子气体的黑度加 0.1，即可满足计算要求。

5.2 辐射换热

5.2.1 角系数

漫射表面 1 发射辐射能到达表面 2 的份额，称表面 1 对表面 2 的角系数。用 $F_{A_1-A_2}$ 或 F_{1-2} 表示。它只与表面 1 和 2 的几何形状、大小及相对位置有关，常用几何结构体系的角系数可由文献 [5,6] 中的图表公式计算求得，可用于任何温度下的辐射换热计算。

5.2.2 黑体表面间的辐射换热

(1) 两黑体表面的辐射换热 置于非吸收性介质中任意放置的为温度为 T_1 和 T_2、面积为 A_1 和 A_2 的两黑体表面间的辐射换热量 Q_{1-2} 为：

$$Q_{1-2} = \sigma_b(T_1^4 - T_2^4)A_1 F_{A_1-A_2} = \sigma_b(T_1^4 - T_2^4)A_2 F_{A_2-A_1} \quad (W) \tag{7-5-27}$$

(2) 封闭体系中黑表面间的辐射换热 由几个转变体表面组成的封闭体系中，每个表面的温度分别为 T_1、$T_2 \cdots T_n$，表面积分别为 A_1、$A_2 \cdots A_n$ 的某一表面，与其余各表面间的辐射换热量为：

$$Q = A_i \sum_{j=1}^{n} \sigma_b(T_i^4 - T_j^4) F_{A_i-A_j} = A_i \sigma_b T_i^4 - \sum_{j=1}^{n} \sigma_b A_j T_j^4 F_{A_i-A_j} \quad (W) \tag{7-5-28}$$

5.2.3 灰体表面间的辐射换热

(1) 两灰体表面间的辐射换热 置于非吸收性介质中的两漫反射灰体表面间的辐射换热量为：

$$Q_{1\text{-}2}=\sigma_b(T_1^4-T_2^4)/R_r \quad (\text{W}) \tag{7-5-29}$$

$$R_r=\frac{1-\varepsilon_1}{\varepsilon_1 A_1}+\frac{1}{A_2 F_{A_1\text{-}A_2}}+\frac{1-\varepsilon_2}{\varepsilon_2 A_2} \quad (\text{W}) \tag{7-5-30}$$

式中，R_r 称为辐射系统热阻。

两个表面组成的简单几何系统的辐射换热计算式如表 7-5-4 所示。

表 7-5-4 两个表面间的辐射换热计算

辐射换热体系	图示	辐射换热计算式	变面情况
1. 灰体表面和黑体环境		$Q_{1\text{-}2}=\varepsilon_1\sigma_b(T_1^4-T_2^4)A_1$	
2. 同心圆球壁		$Q_{1\text{-}2}=\dfrac{A_1}{\dfrac{1}{\varepsilon_1}+\dfrac{A_1}{A_2}\left(\dfrac{1}{\varepsilon_2}-1\right)}\sigma_b(T_1^4-T_2^4)$	A_1:漫反射或镜面 A_2:漫反射
		$Q_{1\text{-}2}=\dfrac{A_1}{\dfrac{1}{\varepsilon_1}+\dfrac{1}{\varepsilon_2}-1}\sigma_b(T_1^4-T_2^4)$ $A_1=4\pi r_1^2,A_2=4\pi r_2^2$	A_1:漫反射或镜面 A_2:镜面
3. 两无限的平行平面		$Q_{1\text{-}2}=\dfrac{A_1}{\dfrac{1}{\varepsilon_1}+\dfrac{1}{\varepsilon_2}-1}\sigma_b(T_1^4-T_2^4)$	漫反射或镜面
4. 无限长同心圆筒壁		$Q_{1\text{-}2}=\dfrac{A_1}{\dfrac{1}{\varepsilon_1}+\dfrac{A_1}{A_2}\left(\dfrac{1}{\varepsilon_2}-1\right)}\sigma_b(T_1^4-T_2^4)$	A_1:漫反射或镜面 A_2:漫反射
		$Q_{1\text{-}2}=\dfrac{A_1}{\dfrac{1}{\varepsilon_1}+\dfrac{1}{\varepsilon_2}-1}\sigma_b(T_1^4-T_2^4)$	A_1:漫反射或镜面 A_2:镜面

续表

辐射换热体系	图示	辐射换热计算式	变面情况
5. 两个表面组成的封闭空间	$\varepsilon_2 A_2 T_2$, ε_1, A_1, T_1	$Q_{1\text{-}2}=\dfrac{A_1}{\dfrac{1}{\varepsilon_1}+\dfrac{A_1}{A_2}\left(\dfrac{1}{\varepsilon_2}-1\right)}\sigma_b(T_1^4-T_2^4)$	A_1:平的(或凸的)漫射面或镜面 A_2:漫射面

注：$Q_{1\text{-}2}$ 为表面1对表面2的辐射换热量，W；ε_1，ε_2 为表面1和表面2的黑度；T_1，T_2 为表面1和表面2的温度，K；A_1，A_2 为表面1和表面2的面积，m^2；$\sigma_b=5.67\times10^{-8}$ 为黑体辐射常数，$W\cdot m^{-2}\cdot K^{-4}$。

(2) 封闭体系中灰体表面间的辐射传热 如5.2.2（2）中的封闭系统，灰表面 i 与其余各表面间的换热量为：

$$Q_i=\frac{E_{bi}-J_i}{\dfrac{1-\varepsilon_i}{\varepsilon_i A_i}}\quad(W) \tag{7-5-31}$$

式中，$E_{bi}=\sigma_b T_i$，$W\cdot m^{-2}$，是温度为 T_i 的黑体辐射力；J_i 为表面 i 单位面积单位时间辐射出去的总能量，$W\cdot m^{-2}$，称有效辐射，等于本身辐射与反射辐射之和，由下式计算：

$$J_i=\varepsilon_i E_{bi}+(1-\varepsilon_i)\sum_{j=1}^{n}J_i F_{A_i\text{-}A_j}\quad(W\cdot m^{-2}) \tag{7-5-32}$$

$$\sum_{j=1}^{n}J_i F_{A_i\text{-}A_j}=J_1 F_{A_i\text{-}A_j}+J_2 F_{A_i\text{-}A_j}+\cdots+J_n F_{A_i\text{-}A_j} \tag{7-5-33}$$

式(7-5-33)有 n 个方程，联立求解可得 J_1，J_2，…，J_n，代入式(7-5-32)即可求得各表面的辐射换热量。

5.2.4 遮热板

在辐射表面间插入低黑度的薄板，可显著减小表面间的辐射换热，这种薄板称遮热板。表 7-5-5 列出了两表面间有遮热板时的辐射换热计算公式。

表 7-5-5 两表面间有遮热板时的辐射换热量及遮热板的温度

遮热板型式	辐射换热量及遮热板温度
1. 平板遮热板 T_0 T_1 T_i T_{n+1} ε_{01} ε_{i11} ε_{i1} A ε_{12} $\cdots$ A $\cdots$ $\varepsilon_{(n+1)1}$ ε_{i2}	$Q=\dfrac{A\sigma_b(T_0^4-T_{n+1}^4)}{\sum_{i=0}^{n}\left[\dfrac{1}{\varepsilon_{i2}}+\dfrac{1}{\varepsilon_{(i+1)1}}-1\right]}$ $T_i=\left\{T_0^4-\dfrac{Q}{A\sigma_b}\sum_{i=0}^{i-1}\left[\dfrac{1}{\varepsilon_{i2}}+\dfrac{1}{\varepsilon_{(i+1)1}}-1\right]\right\}^{\frac{1}{4}}$ 若 $\varepsilon_{i1}=\varepsilon_{i2}=\varepsilon_{02}=\varepsilon_{(n+1)1}=\varepsilon$，则 $Q=\dfrac{A\sigma_b(T_0^4-T_{n+1}^4)}{(n+1)\left(\dfrac{2}{\varepsilon}-1\right)}$

续表

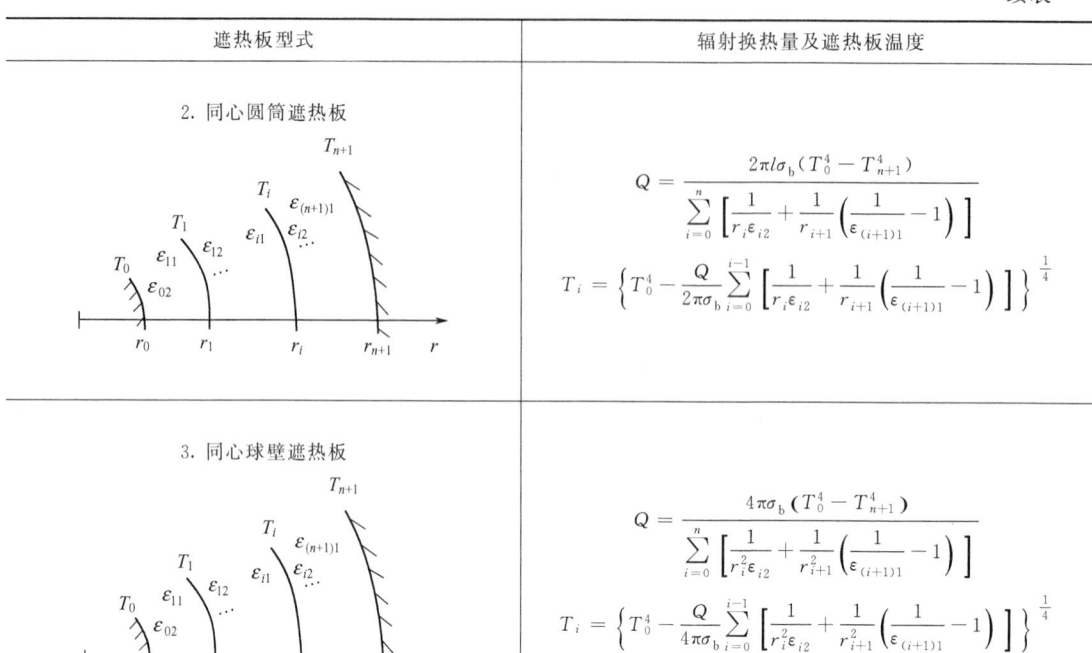

注：Q 为经 n 层遮热板后的辐射换热量，W；T_i 为第 i 层遮热板的温度，K；ε_i 为第 i 层遮热板两侧的黑度；r_i 为第 i 层遮热板的半径，m；l 为圆筒长度，m；n 为遮热板层数。

下标：i 为第 i 层遮热板；1、2 为平板遮热板左、右侧，或圆筒及球壁遮热板内、外侧；0 为辐射源或汇；$n+1$ 为辐射汇或源。

5.2.5 气体与管壁间的辐射换热

气体体积与密封气体的容器壁间的净辐射热流量可用下式计算：

$$Q_{gw} = AC_n \frac{\varepsilon_w}{1-(1-\varepsilon_w)(1-\alpha_g)} \varepsilon_g \left[\left(\frac{T_g}{100}\right)^4 - \alpha_g \left(\frac{T_w}{100}\right)^4\right] \quad (7\text{-}5\text{-}34)$$

该式在气体温度、密度、浓度不变时适用。

5.3 太阳能热辐射与太阳能利用[8~13]

5.3.1 太阳能热辐射与太阳能利用基础知识

太阳是一个巨大、久远的能源。尽管太阳辐射到地球大气层的能量仅为其总辐射能量（约为 3.75×10^{26} W）的 22 亿分之一，但已高达 173000TW，也即每秒钟太阳辐射到地球上的能量相当于 500 万吨煤。地球上的风能、水能、海洋温差能、波浪能和生物质能以及部分潮汐能都源于太阳，即使是煤、石油、天然气等化石燃料也是古代的动植物经过各种地质运动被埋藏在地下，再经复杂漫长的生物化学和物理化学变化逐渐形成，实质上还是古代生物固定贮存下来的太阳能，所以广义的太阳能所包括的范围非常大。本节所讨论的太阳能，仅限于狭义的直接太阳辐射能。

太阳能是一次能源，也是可再生能源，其总资源量相当于现在人类所利用的能源的一万多倍，资源丰富，既可免费使用，又无需运输，对环境无任何污染。但太阳能也有两个主要缺点：一是能流密度低；二是其强度受各种因素（季节、地点、气候等）的影响不能维持常量。这大大限制了太阳能的有效利用，也使它在整个综合能源体系中的作用受到一定的限制。

太阳能是太阳内部连续不断的核聚变反应过程产生的能量。地球轨道上的平均太阳辐射强度为 $1367kW·m^{-2}$。地球赤道的周长为 $40000km$，从而可计算出，地球获得的能量可达 $173000TW$。在海平面上的标准峰值强度为 $1kW·m^{-2}$，地球表面某一点 24h 的年平均辐射强度为 $0.20kW·m^{-2}$，相当于有 $102000TW$ 的能量，人类依赖这些能量维持生存，其中包括所有其他形式的可再生能源（地热能资源除外）。

人们通常用太阳辐射通量来表达太阳能辐射强度，它是指单位面积、单位时间内所获得的太阳辐射能，单位是 $W·m^{-2}$。地球上太阳能辐射强度与日地距离有关，由于地球绕太阳运行的轨道是椭圆形，所以一年中不同时间里地球上的太阳辐射强度是有差别的。为方便描述地球大气层上方的太阳辐射强度，人们把平均日地距离时在地球大气层上界垂直于太阳辐射表面上的太阳辐射通量称为太阳常数。目前世界上通用的太阳常数是约 $1352W·m^{-2}$。

我国太阳能资源极为丰富，而最丰富的地区是西藏西部，居世界第二位。按照太阳能总辐射量的大小，我国可被划分为五类地区。

一类地区为太阳能资源最丰富地区，年太阳能辐射总量 $6680～8400MJ·m^{-2}$，相当于 $225～285kg$ 标准煤燃烧所放出的热量，包括宁夏北部、甘肃北部、新疆东部、青海西部和西藏西部等地区。

二类地区为太阳能资源较丰富地区，年太阳能辐射总量 $5850～6680MJ·m^{-2}$，相当于 $200～225kg$ 标准煤燃烧所放出的热量，包括河北西北部、山西北部、内蒙古南部、宁夏南部、甘肃中部、青海东部、西藏东南部和新疆南部等地区。

三类地区为太阳能资源中等丰富地区，年太阳能辐射总量 $5000～5850MJ·m^{-2}$，相当于 $170～200kg$ 标准煤燃烧所放出的热量，包括山东、河南、河北的东南部、山西南部、新疆北部、吉林、辽宁、云南、陕西北部、甘肃东南部、广东南部、福建南部、江苏北部、安徽北部、台湾西南部等地区。

四类地区为太阳能资源较缺乏地区，年太阳能辐射总量 $4200～5000MJ·m^{-2}$，相当于 $140～170kg$ 标准煤燃烧所放出的热量，包括湖南、湖北、广西、江西、浙江、福建北部、广东北部、陕西南部、江苏南部、安徽南部以及黑龙江、台湾东北部等地区。

五类地区为太阳能资源最少地区，年太阳能辐射总量 $3350～4200MJ·m^{-2}$，相当于 $115～140kg$ 标准煤燃烧所放出的热量，包括四川、贵州等地区。

人类对太阳能的利用有着悠久的历史。各国学者和技术人员对如何利用太阳能进行了广泛深入的研究。太阳能利用技术是指将太阳能直接转化和利用的技术，它主要有太阳能光利用、太阳能热利用两大类。

把太阳辐射能以光的形式加以利用被称为太阳能光利用技术。目前比较成熟的光利用技术主要有太阳能照明技术、利用半导体器件的光伏效应原理把太阳能转换成电能的光伏发电技术，以及太阳能光化学利用和光生物利用技术等。

把太阳辐射能转换成热能并加以利用属于太阳能热利用技术，它包括太阳能供暖和干燥、将太阳能转化为热能通过热功转化过程发电的太阳能热发电技术以及通过热能驱动热化学反应制取化学燃料和产品的太阳能热化学利用技术等。

人类利用太阳能的历史虽然已有3000多年，但把太阳能作为一种能源和动力加以利用，却只有不到400年。自17世纪初以来可以按照太阳能利用技术的发展和应用的状况，把近现代世界太阳能利用技术的发展历程大致划分为8个阶段。

1615年，法国工程师所罗门、德·考克斯发明了世界上第一台利用太阳能驱动的抽水泵，人们一般把这个发明算为近代太阳能利用的历史起点；

1901~1920年，这一阶段世界太阳能研究的重点仍然是太阳能动力装置，但采用的聚光方式多样化，并开始采用平板式集热器和低沸点工质；

1921~1945年，此阶段由于化石燃料的大量开采应用和第二次世界大战的爆发，太阳能利用的研究开发处于低潮，参加研究工作的人数和研究项目及研究资金均大为减少；

1946~1965年，这一阶段太阳能利用的研究开始复苏，太阳能基础理论和基础材料的研究得到加强，太阳能利用的各个方面都有较大进展；

1966~1973年，此阶段由于太阳能利用技术尚不成熟、处于成长阶段，世界太阳能利用工作停滞不前，发展缓慢；

1974~1980年，这一时期爆发的中东战争引发了西方国家的"石油危机"，使得越来越多的国家和有识之士认识到现有的能源结构必须改变，应加速向新的能源结构过渡，这在客观上使这一阶段成了太阳能利用前所未有的大发展时期；

1981~1991年，由于世界石油价格大幅度回落，而太阳能产品价格居高不下，缺乏竞争力，太阳能利用技术无重大突破；

1992年至今为第八阶段，1992年6月联合国在巴西召开"世界环境与发展大会"后，促使世界各国加强了对清洁能源技术的研究开发，使太阳能的开发利用工作走出了低谷，得到越来越多国家的重视和加强。近年来，太阳能以其独具的储量"无限性"、存在的普遍性、开发利用的清洁性，使许多发达国家都把太阳能等可再生能源从原来的补充能源上升到战略替代能源的地位。

5.3.2 太阳能热发电技术

太阳能热发电主要有塔式、槽式和碟式三种聚焦形式(concentrating solar power，CSP)的技术。三种形式的太阳能热发电技术在技术上和经济上可行的范围是：①30~80MW聚焦抛物面槽式太阳能热发电技术（简称槽式）；②30~200MW点聚焦中央接收式太阳能热发电技术（简称塔式）；③7.5~25kW的点聚焦抛物面盘式太阳能热发电技术（简称碟式）。除了上述几种传统的太阳能热发电方式以外，国际上还在研究太阳能烟囱发电、太阳池发电等新技术。

全球太阳能热发电将进入一个大规模应用的时代。由于规模大、效率相对较高，太阳能塔式发电技术将快速发展，有望成为一种光热发电的主流技术，储热技术也将得到广泛应用。太阳能热发电站由于发电功率相对平稳可控、运行方式灵活、可进行热电并供，同时具有很好的环境效益等优势，太阳能热发电形成规模化后，还可能作为调峰电源为风力发电、光伏发电等间歇性电源提供辅助服务。随着未来技术的优化提升，由大型太阳能热发电站组成的太阳能热发电厂有可能承担电力系统基础负荷。目前，全球太阳能热发电产业正在兴起，装机容量逐年增加。聚光型太阳能热发电技术的主要特点如下：

① 用太阳直射光。这部分太阳光未被地球大气层吸收、反射及折射,仍保持原来的方向直达地球表面。

② 带有相对廉价的储热系统,发电功率相对平稳可控。太阳能资源具有间歇性和不稳定的特点,白天太阳辐射的变化会引起以太阳能作为输入能源的系统发电功率大幅波动,给电网系统平衡和稳定安全运行带来挑战。太阳能热发电站配置储热系统,可以将多余的热量储存起来,在云遮或夜间及时向动力发电设备进行热量补充,从而可以保证发电功率平稳和可控输出,减少对电网的冲击。

③ 可与常规火电系统联合运行。太阳能热发电站采用汽轮机、燃气轮机等常规热功转化设备进行热功转化驱动发电机发电,易于与燃煤、燃油及天然气等发电系统进行联合循环运行,节约化石燃料的消耗。同时克服太阳能不连续、不稳定的缺点,实现全天候不间断发电,达到最佳的技术经济性。

④ 全生命周期二氧化碳排放量极低。太阳能热发电站的全生命周期 CO_2 排放约 $17g·kW^{-1}·h^{-1}$,远远低于燃煤电站以及天然气联合循环电站。

三种聚光式太阳能热发电技术及其发展分析如下。

(1) 槽式太阳能热发电 槽式太阳能热发电系统是利用槽形抛物面反射镜将太阳光线聚焦到集热器上,对传热工质进行加热,经换热产生的蒸汽推动汽轮机带动发电机发电的能源动力系统。其特点是聚光集热器由许多分散布置的槽形抛物面聚光集热器串、并联组成。槽式太阳能热发电系统分为如图 7-5-10 所示的 2 种形式:传热工质在各个分散的聚光集热器中被加热形成蒸汽汇聚到汽轮机,称为单回路系统;传热工质在各个分散的聚光集热器中被加热汇聚到热交换器,经换热器再把热量传递给汽轮机回路,称为双回路系统。

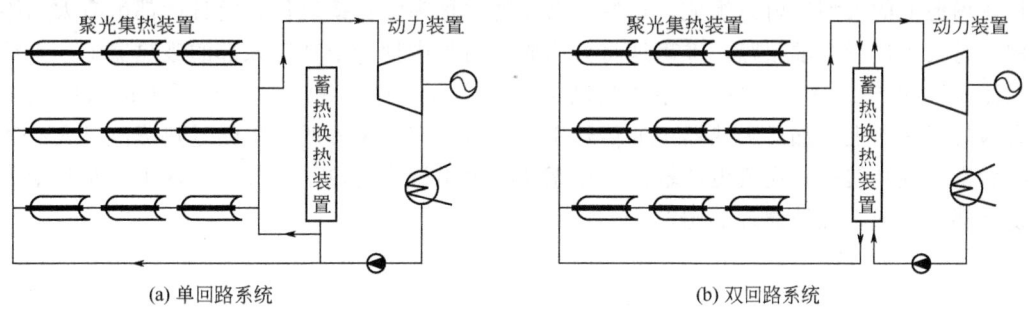

图 7-5-10 槽式太阳能热发电系统基本结构

在 20 世纪 70 年代末和 80 年代初,美国、欧洲多国、以色列和日本等国家都对槽式系统做了很多研究开发工作,取得了较大的进展,特别是美国在 20 世纪 90 年代初有了 9 座抛物面槽式大型系统投入商业并网运行,总装机容量达 354MW。此外,西班牙、日本等国的示范电站也取得了很好的成果,起到了试验示范的作用。1981 年国际能源机构(IEA)在西班牙南部的阿尔梅里亚建设了 2 座额定功率为 500kW 的太阳能热发电系统。

问题和改进:抛物槽式太阳能热发电系统虽然在美国已取得了大规模商业化运行的经验,但目前的主要问题是当系统集热温度高于 400℃后,峰值集热效率急剧下降。如图 7-5-11 所示,当直射辐射强度 DNI(Direct Normal Insolation)为 $800W·m^{-2}$、温度为 500℃时的集热效率比 250℃时的集热效率约降低 22.5%,由于其几何聚光比低及集热温度不高等条件的制约,使得抛物槽式太阳能热发电系统中动力子系统的热功转换效率偏低,通常在 35% 左右。因此,单纯的抛物槽式太阳能热发电系统在进一步提高热效率、降低发电成本方面的难

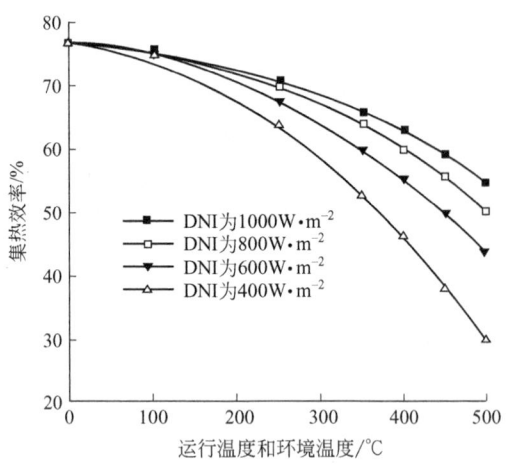

图 7-5-11 槽式抛物面集热温度与集热效率曲线

度较大。

槽式抛物面太阳能热发电技术今后的研发重点：
① 加强项目地点的太阳能资源的调研；
② 发展直接汽化系统的热储存技术；
③ 提高热载体的工作温度；
④ 开发高效的吸热管镀层技术，使集热表面的温度进一步提高到 550～600℃。

（2）塔式太阳能热发电 塔式太阳能热发电系统又称为集中型系统，其聚光装置由许多安装在场地上的大型反射镜组成，这些反射镜通常称为定日镜。每台定日镜都配有太阳跟踪机构，对太阳进行双轴跟踪，准确地将太阳光反射集中到一个高塔顶部的吸热器上。系统的聚光比通常在 200～1000 之间，系统最高运行温度可达到 1500℃[6]。经反射的太阳能聚集到塔顶的吸热器上，加热吸热器中的传热工质；蒸汽产生装置所产生的过热蒸汽进入动力子系统后实现热功转换，完成电能输出。该系统主要由聚光集热子系统、蓄热子系统和动力子系统 3 部分组成，系统原理如图 7-5-12 所示。

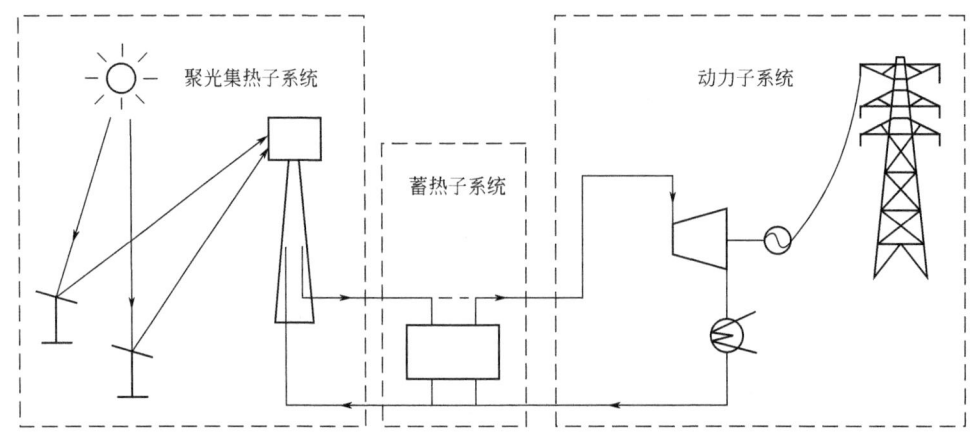

图 7-5-12 塔式太阳能热发电系统原理图

问题和改进：目前，国际上已经投入商业化运行的塔式太阳能热发电站共有三座，分别为 PS10、PS20 以及 GemaSolar 电站，均位于西班牙境内。其中，GemaSolar 电站是全球首座采用熔融盐作为传热和储热介质的商业化塔式电站，于 2011 年 5 月投入商业化运行。电站占地 $185 \times 10^6 \mathrm{m}^2$，容量 19.9MW，包括 265 台定日镜，每台定日镜的反射面积为 $120\mathrm{m}^2$，太阳塔高 150m。传热介质为熔融盐，吸热器入口温度为 290℃，出口温度为 565℃。储热形式为双罐直接储热，介质也是熔融盐，经冷盐罐（290℃）中的冷盐泵送到太阳塔顶的吸热器中，加热到 565℃ 后，回到热盐罐（565℃）储存起来。由于长时间地储热，GemaSolar 电站在实际运行中曾保持连续 36 天每天 24h 连续发电，这是其他可再生能源电站不曾实现的。其年满负荷运行时间约为 6500h，是其他可再生能源电站的 1.5 倍；年发电量约 $1.1 \times 10^8 \mathrm{kW \cdot h}$，同时减少 $3 \times 10^4 \mathrm{t}$ 的二氧化碳排放。

塔式系统主要改进方向如下：

① 镜场。包括更改设计，减少材料。使用非钢基支架、可靠的定日镜无线供电和通信方法，先进的自调控制系统、闭环跟踪。优化定日镜曲面，采用低轮廓定日镜，减少风载。光学上改进二次聚光，增加污染自动检测和反射率评估，驱动塔或地面安装基座，减少场地分级和整地，增加产能。

② 吸热器。包括能稳定工作长循环寿命的高温材料；设计腔体吸热器及其他能在高温有效集热方案中，如颗粒、光柱向下、体积式、模块化，模拟吸热器在部分受载状态下的模型。吸热器采用石英窗覆盖，以塔为容器集成储热系统，设计模块化、轻质的塔，可快速组合与安装。

③ 储热系统。包括具有更好热稳定性和更高储能密度的高温储能方案，如新型无机液态材料、固体颗粒材料、相变材料、热化学方法；可在更高温度工作的非硝酸盐，轻质、紧凑储热系统，可集成在塔内或塔上。

④ 发电与电厂平衡。包括先进的非超临界蒸汽动力循环，如超临界 CO_2 或空气布雷顿循环。工业微型涡轮机可降低尺寸和成本；开发高温换热器、高温耐腐蚀硬件。

(3) 碟式太阳能热发电　碟式太阳能热发电系统是利用碟式聚光器将太阳光聚集到焦点处的吸热器上，通过斯特林循环或者布雷顿循环发电的太阳能热发电系统。系统主要由聚光器、吸热器、斯特林或布雷顿热机和发电机等组成，如图 7-5-13 所示。碟式太阳能热发电系统通过驱动装置，驱动碟式聚光器像向日葵一样双轴自动跟踪太阳。碟式聚光器的焦点随着碟式聚光器一起运动，没有余弦损失，光学效率可以达到 90%。通常碟式聚光器的光学聚光比可以达到 600~3000，吸热器工作温度可以达到 800℃ 以上，系统峰值光电转化效率

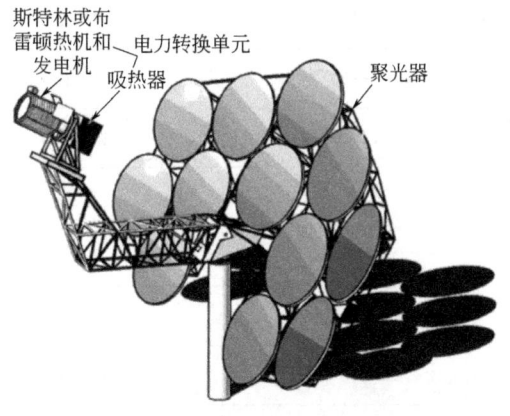

图 7-5-13　碟式太阳能热发电系统组成示意图

可以达到 29.4%。由于每套碟式太阳能热发电系统都可以单独发电，所以这种技术既可以用做分布式发电，又可以进行集中式发电。

问题和改进：由于碟式系统仍有较大的技术障碍需要突破，另外，由于其不具备储热系统，因此，碟式技术发展缓慢。目前，全球只有一座投入商业化运行的碟式斯特林热发电站 Maricopa，位于美国亚利桑那州，总装机容量为 1.5MW，由 60 台单机容量为 25kW 的碟式斯特林太阳能热发电装置组成。

在碟式太阳能热发电系统中，聚光器、接收器和热机是最重要的组成部分，碟式聚光器主要有玻璃小镜面式、多镜面张膜式、单镜面张膜式等。接收器包括直接照射式和间接受热式。针对在接收器内易产生"热点"的问题，C.E. Andraka 等先后对多种结构形式的热管接收器进行了测试与分析。

德国航空航天中心（DLR）设计了 1 种新型热管接收器，设计容量为 40kW，理论最高热流密度为 $54 \times 10^4 \mathrm{W \cdot m^{-2}}$。南京工业大学提出了 1 种组合式热管接收器，该接收器采用普通柱状高温热管作传热单元，降低了接收器成本和加工难度，提高了可靠性。另外，还有 1 种由热管接收器改造而成的以气体燃料作为能量补充的混合式热管接收器，但由于加入了燃料系统，使其结构复杂、成本提高。碟式太阳能热发电系统普遍采用斯特林发动机，其最高热电转换效率可达 40%。

（4）不同太阳能热发电技术的比较　三种聚焦式太阳能热发电方式各有优点。塔式太阳能发电技术聚光比和运行温度高、系统容量大和热转换效率高，适合大规模发电；槽式太阳能发电系统的结构简单、技术较为成熟，最早进入商业化运行；碟式太阳能发电热效率最高、结构紧凑、安装方便，非常适合分布式小规模发电系统。但是塔式太阳能发电由于建设成本过高，投入大规模商业化运行的步伐较慢。槽式太阳能发电聚光比小、工作温度低，核心部件真空管技术尚未成熟、吸收管表面选择性涂层性能不稳定，阻碍了它的推广。碟式发电系统最适合与斯特林发动机配套使用，但是目前斯特林发动机的技术还不成熟。表 7-5-6 给出了三种太阳能热发电的基本参数比较，表 7-5-7 列出了三种发电方式的优缺点。Hans 等针对不同太阳能聚焦方式给出了实际运行参数的数据，如表 7-5-8 通过具体的实际数据反映出塔式、槽式和碟式太阳能聚光系统的差异。

表 7-5-6　太阳能热发电的基本参数比较

比较项目	塔式	槽式	碟式
电站规模/MW	10~100	10~100	0.005~0.025
反射镜形状	平、凹面	抛物面	旋转对称抛物面
跟踪方式	双轴	单轴	双轴
转换效率/%	60	70	85
峰值效率/%	23	20	29
年净效率/%	7~20	11~16	12~25
1m² 造价/美元	200~475	275~630	320~3100

表 7-5-7　三种发电方式的优缺点

方式	优点	缺点
塔式	转化效率高、开发前景好，可混合发电，可高温储能，可改进定日镜和蓄热方式降低成本	聚光场和吸热场的优化配合有待研究，初投资、运营费高
槽式	可商业化、投资成本低，占地面积最少，开发风险低，可混合发电、可中温储能	只能生产中温蒸汽，真空管技术有待提高
碟式	转化效率最高，可实现模块化，可混合发电	造价高、无与之配套的斯特林热机，可靠性能差、开发风险高

表 7-5-8　不同聚光方式太阳能热电运行参数

项目	容量/MW	聚光比	峰值太阳效率/%	年度太阳效率/%	热循环效率/%	容量因子/%	土地使用/$m^2 \cdot MW \cdot h^{-1} \cdot a^{-1}$
槽式	10～200	70～80	21(d)	10～15(d) 17～18(p)	30～40ST	24(d) 25～70(p)	6～8
菲涅耳式	10～200	25～100	20(p)	9～11(p)	30～40ST	25～70(p)	4～6
塔式	10～150	300～1000	20(d) 35(p)	8～10(d) 15～25(p)	30～40ST 45～55CC	25～70(p)	8～12
蝶式	0.01～0.4	1000～3000	29(d)	16～18(d) 18～23(p)	30～40 20～30GT	25(p)	8～12

注：(d) 表示证实的；(p) 表示预期的；ST 表示蒸汽透平；GT 表示燃气透平；CC 表示联合循环。

光学聚光比是区别 3 种聚光型太阳能热发电技术的主要指标。光学聚光比是聚集到吸热器采光口平面上的平均辐射功率密度与进入聚光器采光口的太阳法向直射辐照度之比。聚光比和太阳能热发电系统效率（光电转换效率）密切相关。一般来讲，聚光比越大，太阳能热发电系统可能实现的集热温度就越高，整个系统的发电效率也就越高。碟式-斯特林太阳能热发电系统的聚光比最高，为 600～3000，塔式太阳能热发电系统的聚光比在 300～1000 之间，而槽式太阳能热发电系统的聚光比在 80～100。

(5) 太阳能热发电技术发展趋势

① 高参数、高效率。通过增大聚光比，提升集热温度，可以有效提高系统效率；因此，太阳能热发电技术总体朝高参数、高效率方向发展。在聚光比确定的情况下，如果只是单纯提高集热温度，并不一定能够提高系统效率，反而可能会降低光电转换效率。太阳能热发电的系统效率是集热效率和热机效率的乘积。如图 7-5-14 所示，在某一聚光比下，随着吸热器工作温度的提高，热机效率会随之提高，但集热效率会逐渐下降，因而系统效率曲线会出现一个"马鞍点"。因此必须满足聚光比与集热温度的协同提高才能实现光电转化效率的提高。

太阳能热发电系统对环境影响极小，是实现经济社会可持续发展的新能源技术之一，尤其是储热系统是太阳能热发电与光伏发电等其他可再生能源发电竞争的一个关键因素。研究显示，一座带有储热系统的太阳能热发电站，年利用率可以从无储热的 25% 提高到 65%；利用长时间储热系统，在未来太阳能热发电可以满足基础负荷电力市场的需求。

此外，太阳能发电系统还可以与热化学过程联系起来实现高效率的太阳能热化学发电。太阳能热发电系统余热可以用于海水淡化和供热工程等，进行综合利用。近年来还有科学家提出太阳能热发电技术用于煤的气化与液化，形成气体或液体燃料，进行远距离的运输。

② 塔式将成为主流技术。在已运行的太阳能热发电站中，抛物线槽式技术是应用最多

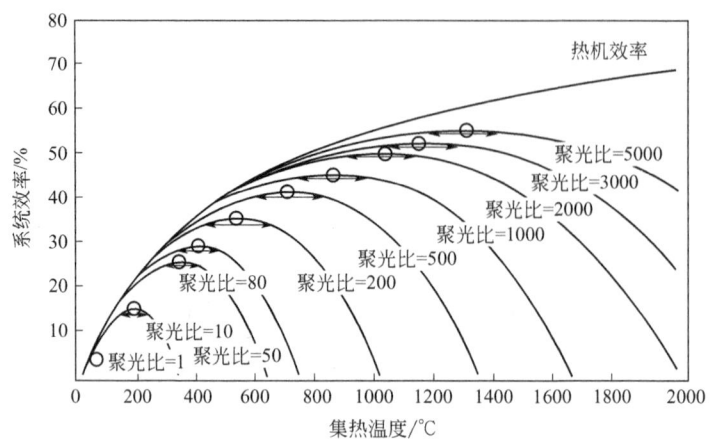

图 7-5-14 聚光比、吸热器温度和系统效率的关系[13]

的技术形式,约占总装机容量的 87.9%,如图 7-5-15 所示。美国 SEUS 是世界首座槽式太阳能热发电站,建于 20 世纪 80 年代,已持续盈利运行至今。槽式太阳能热发电技术被证明是目前世界上最成熟的太阳能热发电技术,投资风险系数相对较小。截至 2011 年 7 月,国外正在建设中的太阳能热发电站的装机容量约为 2.747GW,槽式和塔式两种技术形式的应用比例已开始拉近,分别为 49.2% 和 42.5%,主要原因是塔式系统的聚光比高于槽式系统,故塔式系统可以进行更高温度的运行,从而产出更高的系统效率以及更多的电力,预测在未来的发展中,塔式太阳能热发电技术将逐渐占据主导地位。

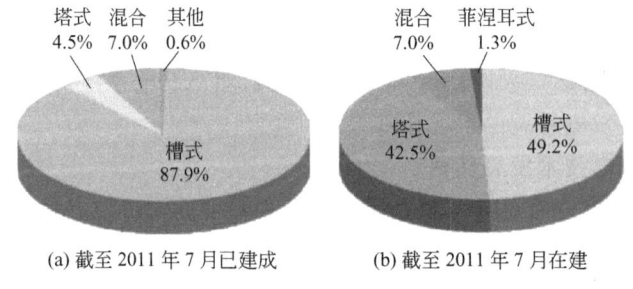

图 7-5-15 太阳能热发电电站技术形式

(6)太阳能热发电的优化 对于当前太阳能发展存在的难点,郑建涛等人提出了 4 个优化方案:

① 塔式和槽式太阳能热发电系统的组合。取长补短提高槽式系统的导热介质温度,弥补塔式系统的高塔建设和控制困难的缺陷。

② 与辅助燃煤(燃气)一体化。用太阳能热量来辅助加热锅炉给水,避免独立太阳能发电需要储热运行的缺点。

③ 太阳能光伏发电和光热发电的联合。光伏电池的工作温度上升将导致发电效率下降,在电池板背面敷设冷却通道,利用冷却工质冷却光伏电池可以提高电池的效率,冷却工质带走的热量可以采用低温热源发电技术发电,综合效率要比单一的光伏发电高。

④ 太阳能热发电的就地利用。例如根据当地的需要将太阳能热发电与制氢和海水淡化相结合,避免电能输送带来的困难和损失。

5.3.3 太阳能热化学利用

(1) 利用太阳能的热化学反应循环制氢 利用太阳能的热化学反应循环制取氢气就是利用聚焦型太阳能集热器将太阳能聚集起来产生高温,推动由水为原料的热化学反应来制取氢气的过程。聚焦型太阳能集热器主要有槽式集热器、塔式集热器和碟式集热器,如图7-5-16～图7-5-18所示。槽式集热器、塔式集热器和碟式集热器的聚光比分别为30～100、500～5000和1000～10000。聚光比越高,可以获得的温度越高,效率也越高。

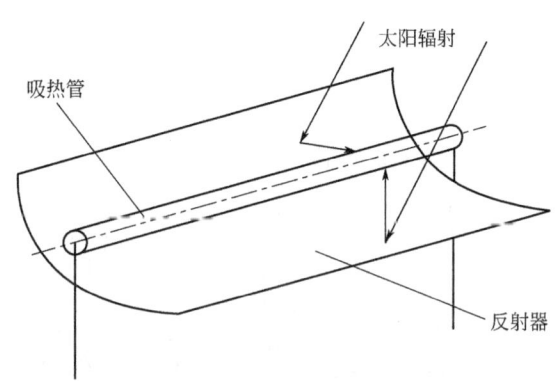

图 7-5-16 槽式太阳能集热器

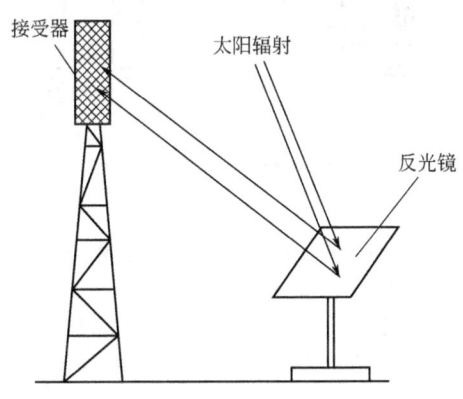

图 7-5-17 塔式太阳能集热器

由聚焦型集热器收集到的太阳能可以用来直接分解水,产生氢气和氧气,但所需温度很高,要达到2500K,对使用材料的要求较高。另外,直接分解水制氢循环的产物是水蒸气、氢气和氧气的混合物,在高温下这些混合物可能会重新结合又生成水,或是发生爆炸,这就需要对氢气和氧气进行及时分离。

近几年发展较快的太阳能热化学循环技术跨过了氢气和氧气分离的这一步,使利用太阳能热化学反应制氢更为可行。这种制氢方式采用金属氧化物作中间物。输入系统的原料是水,产物是氢和氧,不产生CO和CO_2,见图7-5-19。氢作为新能源,它只有在产氢过程和使用过程都没有污染,才是真正的清洁能源。

在太阳能热化学循环中,第一步是利用太阳能将金属氧化物分解为金属单质和氧;第二

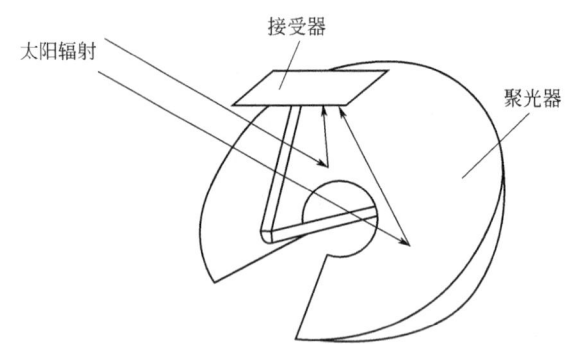

图 7-5-18 碟式太阳能集热器

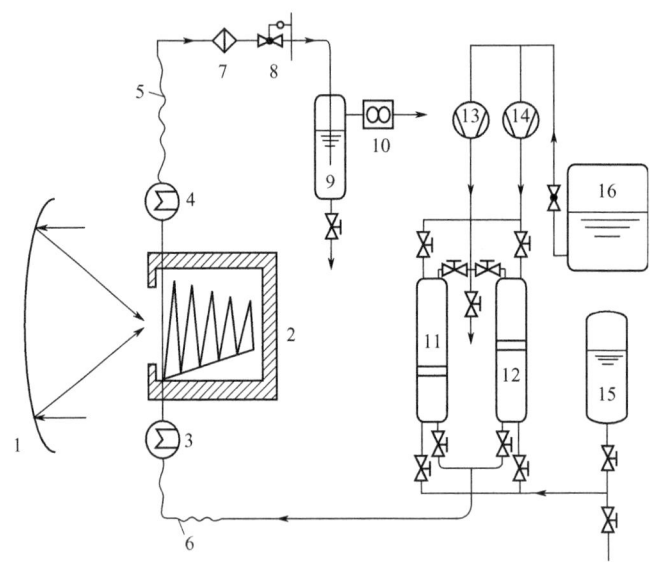

图 7-5-19 利用太阳能热化学循环制氢系统图

1—多碟太阳能聚光器；2—腔式吸收器；3,4—冷却器；5,6—金属软管；
7—过滤器；8—背压阀；9—气液分离器；10—气体流量计；11,12—加料器；
13,14—高压柱塞计量泵；15—储料罐；16—水箱

步是金属单质在高温下和水蒸气反应，生成金属氧化物和氢气。这两步反应式分别为

$$M_xO_y \Longrightarrow xM + 0.5yO_2 \tag{7-5-35}$$

$$xM + yH_2O \Longrightarrow M_xO_y + yH_2 \tag{7-5-36}$$

(2) 太阳能聚焦超临界水生物质气化制氢 其基本原理和工艺过程如下：太阳能聚焦超临界水生物质气化制氢技术是利用超临界水的高溶解性、高活性等特殊物理化学性质，不仅实现生物质高效洁净气化制氢，而且可以同时实现部分水的热化学分解制氢，具有气化率高、气化速度快、氢气产量高、原料不需要干燥、系统效率高等优点，同时，该技术利用聚焦太阳能为气化反应供热大大降低了太阳能热解水的反应温度（600℃以下），增强了系统的独立性。西安交通大学动力工程多相流国家重点实验室在国际上率先提出聚焦太阳能驱动热化学分解生物质和水气化制氢这一新思路。采用本技术有望实现能源完全可再生化和 CO_2

零排放，处理工业有机废弃物还可实现治污与制氢双重目的。鉴于生物质作为自然界最好的太阳能捕集器，聚焦太阳能供热超临界水生物质气化与太阳能热化学分解水结合制氢可以很好地解决太阳能能量密度低、分散性强、不稳定、不连续等难题。

国内外太阳能热化学制氢的现有途径主要是通过聚焦太阳能供热驱动热化学循环分解水和天然气、石油和煤等化石燃料制取富氢气体。虽然技术可行，但以化石能源为原料使整个转化系统不可再生，虽然热化学循环反应所需温度比直接热分解法低，但为了保证反应连续进行，对反应器材料要求仍然很高，一般都要求能承受1500℃以上的高温，同时存在循环效率低等问题。在太阳能与热化学耦合制氢方面，国内外已有多个关于太阳能热化学循环储能、制氢方面的专利申请，到目前为止，还未见关于生物质超临界水气化与太阳能聚焦供热耦合制氢的专利申请与研究报道。生物质在超临界水中的催化气化反应制氢是太阳能热解超临界水和生物质制氢中最基础、最核心、最关键的环节。生物质超临界水气化利用水在临界点附近的特殊性质，可使生物质气化率达到100%，氢气的体积分数超过50%，并且不生成焦油、焦炭等污染物，不易造成二次污染，对含水量较高的湿生物质可直接气化，无需高能耗的干燥过程，显示出良好的开发前景。自MIT的Modell教授1978年报道生物质超临界水气化制氢以来，通过美国、欧洲、日本、中国等国家和地区的学者多年的努力，该技术已经在实验室取得了可喜的进展。目前，国际上包括美国的夏威夷大学、太平洋国家实验室、GA公司、Auburn大学、日本京都大学、广岛大学，德国卡尔斯鲁厄研究中心，英国Leeds大学，荷兰Twente大学等多个研究机构从事生物质超临界水气化制氢的理论与技术的研究，目标是逐步实现工业化。

西安交通大学在"973"重大项目"利用太阳能规模制氢的基础研究""高效低成本直接太阳能化学和生物转化的基础研究"，"863"能源领域探索导向类项目"连续式煤的超临界水部分氧化气化制氢技术研究"和目标导向项目"生物质超临界水气化与直接太阳能聚焦供热耦合的制氢系统与关键技术"的支持下，与宁夏三新集团、中国科学院电工所等单位合作，开展了太阳能聚焦供热与生物质超临界水气化耦合制氢研究，取得了一系列创造性成果。研制成功国内第一套连续式超临界水湿生物质气化制氢装置，通过双泵、双加料器以及生物质与CMC混合方法很好地解决了生物质高压多相连续输送难题和泥浆泵严重磨损问题。成功研制国内第一套连续式煤/生物质超临界水气化制氢装置，通过高温热水与生物质物料混合的方式解决了生物质物料快速升温问题。实现了煤与生物质在超临界水中共气化制氢，发现了煤与生物质超临界水共气化的协同效应。针对高浓度生物质气化过程反应器结渣堵塞，研制成功国际第一套生物质超临界水流化床气化制氢装置，实现浓度24%的原生生物质和30%葡萄糖长时间稳定气化，解决了管流反应器系统中结渣堵塞难题。国际上首次创新研制成功两套生物质超临界水气化与太阳能聚焦供热耦合制氢实验装置，成功实现聚焦太阳能供热与生物质超临界水气化制氢和CO_2富集处理等的共耦合。在上述研究基础上，在宁夏成功建立一套湿生物质处理量为$1t·h^{-1}$的太阳能聚焦供热与生物质超临界水气化耦合制氢实验性示范系统，生物质高压连续混输浓度达到15%，气体产物中氢气含量达到55.6%，气化系统总能量效率达到73.1%，该示范装置在生物质高压多相流连续输送、高效太阳能吸热器以及与其耦合的反应器设计、太阳能高精度、大功率聚集、超临界水气化制氢系统的优化与集成等方面形成并获得具有自主知识产权的核心关键技术，表现出良好的前景和巨大的发展潜力。

参考文献

[1] 《化学工程手册》编委会. 化学工程手册：第七篇. 北京：化学工业出版社, 1985.
[2] 杨世铭. 热传学. 第2版. 北京：人民教育出版社, 1984.
[3] Sparrow E M. Cess R D. 辐射传热. 顾传保, 张学学, 译, 北京：高等教育出版社, 1983.
[4] J R. Engineering Heat Transfer. John Willin Co, USA, 1978.
[5] 德意志联邦共和国工程师协会工艺与化学工程学会. 热传手册. 化学工业部第六设计院, 译. 北京：化学工业出版社, 1983.
[6] 钱滨江, 伍贻文, 等. 简明热传手册. 北京：高等教育出版社, 1983.
[7] Siegel R, Howell J R. Thermal Radiation Heat Transfer. 2ed. Hemisphere Washington USA, 1981.
[8] 罗运俊, 何梓年, 王长贵. 太阳能利用技术. 北京：化学工业出版社, 2004.
[9] 于立军, 任庚坡, 楼振飞. 走进能源. 上海：上海科学普及出版社, 2013.
[10] 张耀明, 邹宁宇. 太阳能科学开放与利用. 南京：江苏科学技术出版社, 2012.
[11] 郑建涛, 裴杰. 热力发电, 2011, 40（2）：8, 9.
[12] 郭烈锦, 等. 利用太阳能规模制氢的基础研究//国家973重大基础研究项目结题报告. 2008.
[13] 郭烈锦, 等. 高效低成本直接太阳能化学和生物转化的基础研究//国家973重大基础研究项目结题报告. 2013.

6 传热过程计算

6.1 传热过程分析

工业上大量采用的传热装置是间壁式换热器,即冷、热流体为金属壁所隔离,热流体的热量通过金属壁传递给另一侧的冷流体。间壁式换热器的类型很多,都可以根据传热方程式进行分析计算:

$$q' = KA\Delta t_m \tag{7-6-1}$$

式中,A 为换热器传热面积;热负荷 q' 表示热流体所给出的热量,如忽略对周围环境的热损失,就等于冷流体所接受的热量。

如果在换热器中传热的冷热流体没有相变,可按下式求热负荷:

$$q' = W_{mh}C_h(T_1 - T_2) = W_{mc}C_c(t_2 - t_1) \tag{7-6-2}$$

式中 W_{mh}, W_{mc}——热流体和冷流体的质量流量,kg·s^{-1};

C_h, C_c——热流体和冷流体的比热容,J·kg^{-1}·℃$^{-1}$;

T_1, T_2——热流体的进、出口温度,℃;

t_1, t_2——冷流体的进、出口温度,℃。

下标 h 表示热流体;c 表示冷流体。

如果在换热器中冷、热流体发生相变化,例如蒸发和冷凝,则热负荷按下式计算:

$$q = W_m r \tag{7-6-3}$$

式中 r——汽化潜热,kJ·kg^{-1};

W_m——冷凝量或蒸发量,kg·s^{-1}。

设计一换热器时,热负荷根据给定的条件由上述方程式求得,A 即为设计时所求的传热面积。式(7-6-1)中计算热负荷的平均温度差 Δt_m 与冷、热流体的进出口温度的流动方向有关(见下节)。总传热系数 K 是反映换热器性能的重要参数,它的倒数称为总热阻。强化传热设备就是要提高总传热系数,降低热阻,确定换热器的热效率[1~3]。

6.2 平均温度差

两流体之间的温度差在换热器中是逐点变化的。平均温度差(MTD)可由两流体在换热器的进、出口处的温度求出,根据传热方程式和热量衡算可以推导出计算平均温度差的方程式[4]。推导时假设:

a. 通过换热器的流体质点经历相同的热过程。

b. 换热器在稳定状态下运行。
c. 每一流体的比热容为常数。
d. 总传热系数为常数。
e. 忽略热损失。

(1) 逆流或并流 换热器中流体流动时，流体温度就会随管长发生变化，如果流体沿管长凝结或蒸发，则流体进出口温度不变。

如图 7-6-1 所示，(a) 为两流体逆流时的温度变化，(b) 为两流体并流时的温度变化，(c) 和 (d) 是只有一侧流体温度有变化的情况。例如 (c) 为饱和蒸汽加热另一流体的情况，此时在一定压力下饱和蒸汽的冷凝温度不变；(d) 为流体加热液体至沸腾，在一定压力下沸腾液体的蒸发温度不变，由于一侧流体恒定不变，这类流动型式无所谓并流和逆流。

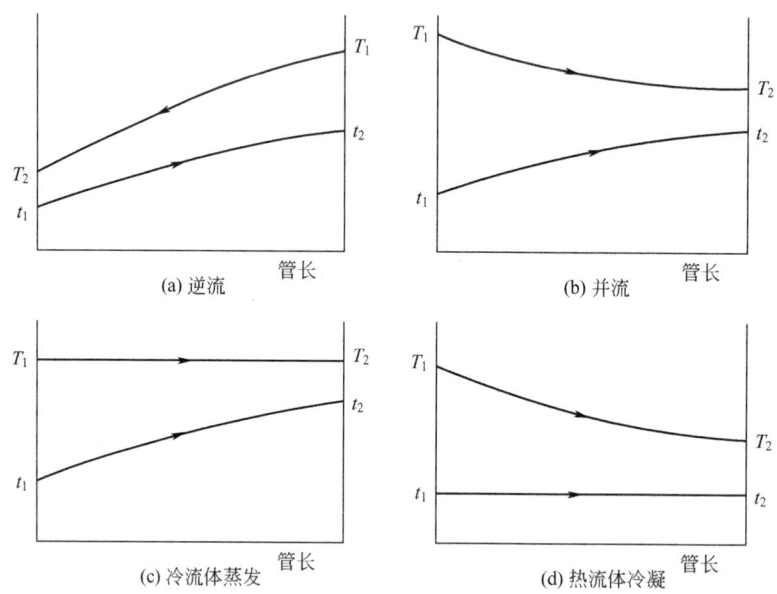

图 7-6-1 换热器中两流体的温度变化

如果流体的流动是完全逆流或完全并流，或其中一种或两种流体是等温的（冷凝或不考虑压力变化的蒸发），正确的平均温度差（MTD）是对数平均温度差（LMTD）。

逆流时对数平均温度差为：

$$\Delta t_m = \frac{(T_1 - t_2) - (T_2 - t_1)}{\ln\left(\dfrac{T_1 - t_2}{T_2 - t_1}\right)} \tag{7-6-4a}$$

并流时对数平均温度差为：

$$\Delta t_m = \frac{(T_1 - t_1) - (T_2 - t_2)}{\ln\left(\dfrac{T_1 - t_1}{T_2 - t_2}\right)} \tag{7-6-4b}$$

式中温度符号参见图 7-6-1(a)、(b)。

若总传热系数 K 不是常数，但 K 是 Δt 的线性函数时，则 $K_{om}\Delta t_m$ 可按下式求对数平均值[1]：

对逆流
$$K_{\text{om}}\Delta t_{\text{m}} = \frac{K'_{\text{o}}(T_1-t_2) - K_{\text{o}}(T_2-t_1)}{\ln\left[\dfrac{K'_{\text{o}}(T_1-t_2)}{K_{\text{o}}(T_2-t_1)}\right]}$$
(7-6-5a)

此处，K'_{o}是以T_1和t_2求得的总传热系数，K_{o}是以T_2和t_1求得的总传热系数。

对并流
$$K_{\text{om}}\Delta t_{\text{m}} = \frac{K'_{\text{o}}(T_1-t_1) - K_{\text{o}}(T_2-t_2)}{\ln\left[\dfrac{K'_{\text{o}}(T_1-t_1)}{K_{\text{o}}(T_2-t_2)}\right]}$$
(7-6-5b)

此处，K'_{o}是以T_1和t_1求得的总传热系数，K_{o}是以T_2和t_2求得的总传热系数。

(2) 折流或错流 两流体在换热器中传热时所经历的途径常常不是单纯的并流或逆流流动，而是既有并流也有逆流，这是因为我们希望在经济流速下获得较高的传热系数，这时换热器在结构上也更紧凑一些。图 7-6-2 是由一个带折流板的壳程和二管程所组成的换热器，简称 1-2 换热器。由图可见，壳程中的流体与第一管程中的流体是逆流传热，而与第二管程中的流体却是并流传热。因此，这种折流式换热器是一种逆流和并流组合来的换热器，其流动又称为混合流动。图 7-6-3 为由二壳程、四管程组成的换热器，简称 2-4 换热器，实际上是两个或两个以上相同的换热器串联使用。

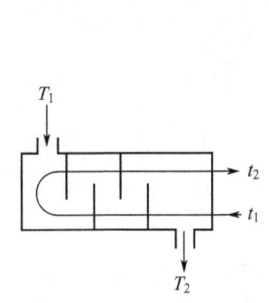
图 7-6-2　1-2 换热器

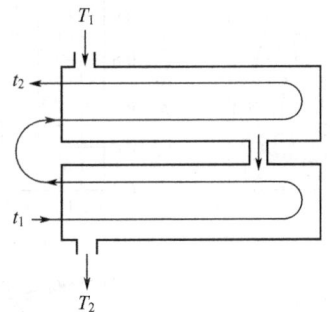
图 7-6-3　2-4 换热器

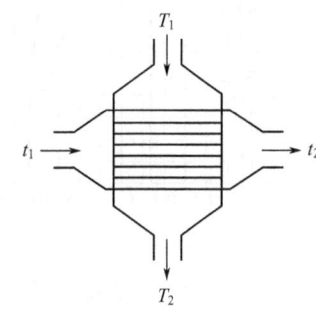
图 7-6-4　错流换热器

图 7-6-4 为一错流换热器，两流体的流动方向是互相垂直的，也是一种流体走管程，另一种流体走壳程。错流换热器也有多壳程、多管程各种类型。

折流和错流的平均温度差一般都按逆流传热方式计算对数平均温度差，然后乘以平均温度差校正因子F_T，即得折流或错流时的平均温度差，即：

$$\Delta t_{\text{m}} = F_T \Delta t_{\text{lm}}$$
(7-6-6)

(3) 平均温度差校正因子 F_T 各种类型换热器的平均温度差校正因子F_T值是两个无量纲比值R和S的函数，即：

$$F_T = f(R, S)$$
(7-6-7a)

$$R = \frac{T_1 - T_2}{t_2 - t_1} = \frac{\text{热流体的温降}}{\text{冷流体的温升}}$$
(7-6-7b)

$$S = \frac{t_2 - t_1}{T_1 - t_1} = \frac{\text{冷流体的温升}}{\text{两流体的最初温差}}$$
(7-6-7c)

此处，T_1、T_2为热流体的进、出口温度；t_1、t_2为冷流体的进、出口温度。

图 7-6-5 为各种换热器的平均温度差校正因子图。图 7-6-5(a) 用于一壳程，2、4、6 等

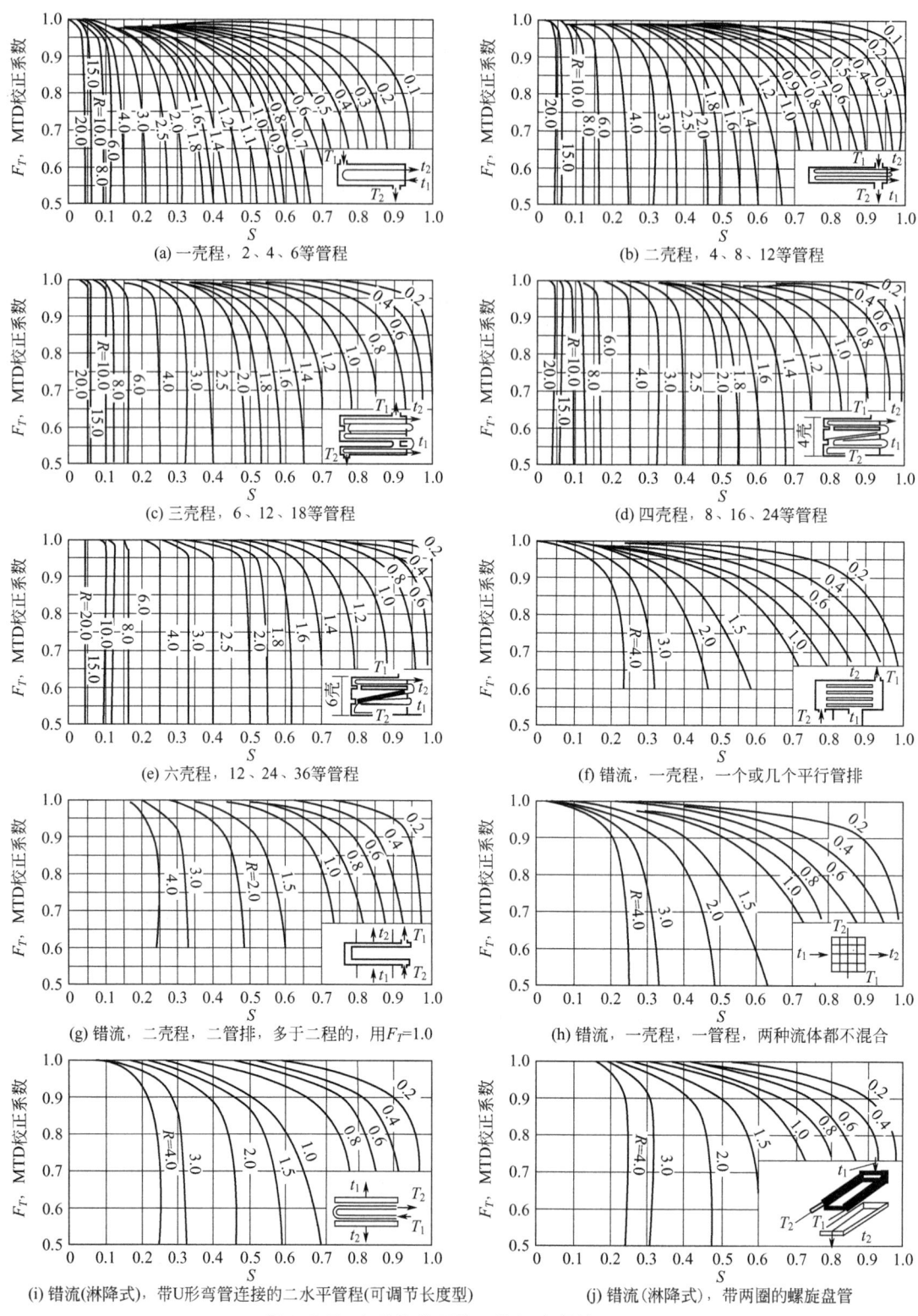

图 7-6-5　各种换热器的平均温度差校正因子

$$R = \frac{T_1 - T_2}{t_2 - t_1}, \quad S = \frac{t_2 - t_1}{T_1 - t_1}$$

管程；图 7-6-5(b) 用于二壳程，4、8、12 等管程，依次类推[6]。由图可见，F_T 值总是小于 1 的，即折流和错流的平均温度差总是比纯逆流的为小。F_T 值实际上表示特定流动形式在给定工况下接近逆流的程度。在设计中，除非出于必须降低壁温的目的，否则总要求 $F_T > 0.9$，至少不小于 0.8，如果达不到上述要求，则应改选其他流动形式[5]。

6.3 总传热系数

(1) 总传热系数 K 值的计算 热交换器的传热基本方程为：

$$q = KA\Delta t_m \tag{7-6-8}$$

总传热系数 K 与冷热流体的传热膜系数、金属壁面热阻和污垢热阻相关。当传热面为平壁时（即传热面 A 不变时），可得到总传热系数：

$$K = \frac{1}{1/\alpha_o + R_{do} + \delta/\lambda + R_{di} + 1/\alpha_i} \times \frac{1}{A} \tag{7-6-8a}$$

式中　α_o，α_i——两流体的传热膜系数，$W \cdot m^{-2} \cdot \text{℃}^{-1}$；

R_{do}，R_{di}——平壁两侧的污垢热阻，$m^2 \cdot \text{℃} \cdot W^{-1}$；

δ——壁厚，m；

λ——壁面材料的热导率，$W \cdot m^{-1} \cdot \text{℃}^{-1}$。

下标 o 表示壁面的外侧；i 表示内侧；d 表示污垢。

当传热面为圆筒壁时，则内表面积和外表面积不同，若以外表面积为基准，则总传热系数为：

$$K = \frac{1}{1/\alpha_o + R_{do} + \delta A_o/(\lambda A_m) + \left[\left(R_{di} + \frac{1}{\alpha_i}\right)A_o/A_i\right]} \tag{7-6-9}$$

式中，A_o，A_i，A_m 分别为管壁的外表面积、内表面积和平均表面积，m^2。

总传热系数也可以内表面积或平均面积为基准，相应的计算式为：

$$K = \frac{1}{1/\alpha_i + R_{di} + \delta A_i/(\lambda A_m) + \left[\left(R_{do} + \frac{1}{\alpha_o}\right)A_i/A_o\right]} \tag{7-6-10}$$

$$K_m = \frac{1}{A_m/(\alpha_o A_o) + R_{do}A_m/A_o + \delta/\lambda + R_{di}A_m/A_i + \frac{1}{\alpha_i}A_m/A_i} \tag{7-6-11}$$

(2) 总传热系数 K 值的大致范围 设计换热器时，常先取用大致的 K 值，初步选定合适的换热器，然后根据选定的换热器尺寸计算放热系数和总传热系数，以便检查是否符合原定的传热要求而加以适当调整。表 7-6-1～表 7-6-5 提供了总传热系数经验数据的大致范围，它不能代替正常的设计方法，但是利用这些数据既可以作为初步设计的依据，也可以检验最终设计所得的结果。

表 7-6-1　列管换热器的总传热系数值的大致范围

壳侧	管侧	K 值/$W \cdot m^{-2} \cdot ℃^{-1}$	包括在 K 值中的总污垢热阻 /$m^2 \cdot ℃ \cdot W^{-1}$
液体-液体介质			
亚老哥尔 1248	喷气发动机燃料	570～850	0.00026
稀释沥青	水	57～110	0.0018
乙醇胺(单乙醇胺或二乙醇胺)(10%～25%)	水或二乙醇胺或单乙醇胺	800～1100	0.00054
软化水	水	1700～2800	0.00018
燃料油	水	85～140	0.0012
燃料油	油	57～85	0.0014
汽油	水	340～570	0.00054
重油	重油	57～230	0.00070
重油	水	85～280	0.00088
富氢重整油	富氢重整油	510～880	0.00035
煤油或瓦斯油	水	140～280	0.00088
煤油或瓦斯油	油	110～200	0.00088
煤油或喷气发动机燃料	三氯乙烯	230～280	0.00026
夹套水	水	1300～1700	0.00035
润滑油(低黏度)	水	140～280	0.00035
润滑油(高黏度)	水	230～460	0.00054
润滑油	油	60～110	0.0011
石脑油	水	280～400	0.00088
石脑油	油	140～200	0.00088
有机溶剂	水	280～850	0.00054
有机溶剂	盐水	200～510	0.00054
有机溶剂	有机溶液	110～340	0.00035
妥尔油衍生物、植物油等	水	110～280	0.0007
水	烧碱溶液(10%～30%)	570～1420	0.00054
水	水	1100～1420	0.00054
蜡馏出液	水	85～140	0.00088
蜡馏出液	油	74～130	0.00088
冷凝蒸汽-液体介质			
酒精蒸气	水	570～1100	0.00035
沥青(232℃)	导热姆蒸气	230～340	0.0011
导热姆蒸气	妥尔油及其衍生物	340～460	0.0007
导热姆蒸气	导热姆液	460～680	0.00026
煤气厂焦油	水蒸气	230～280	0.00097
高沸点烃类(真空)	水	110～280	0.00054
低沸点烃类(大气压)	水	460～1100	0.00054
烃类蒸气(分凝器)	油	140～230	0.00070
有机蒸气	水	570～1100	0.00054
不凝性气体含量高的有机蒸气(大气压)	水或盐水	110～340	0.00054
不凝性气体含量低的有机蒸气(真空)	水或盐水	280～680	0.00054

续表

壳侧	管侧	K 值/ $W \cdot m^{-2} \cdot ℃^{-1}$	包括在 K 值中的总污垢热阻 / $m^2 \cdot ℃ \cdot W^{-1}$
煤油	水	170～370	0.00070
煤油	油	110～170	0.00088
石脑油	水	280～430	0.00088
石脑油	油	110～170	0.00088
稳压器的回流蒸汽	水	460～680	0.00054
水蒸气	饮用水	2300～5700	0.00088
水蒸气	6号燃料油	85～140	0.00097
水蒸气	2号燃料油	340～510	0.00044
二氧化硫	水	850～1100	0.00054
妥尔油衍生物、植物油（蒸气）		110～280	0.00070
水	芳香族蒸气共沸物	230～460	0.00088
气体-液体介质			
空气、N_2 等（压缩）	水或盐水	230～460	0.00088
空气、N_2 等（大气压）	水或盐水	57～280	0.00088
水或盐水	空气、N_2（压缩）	110～230	0.00088
水或盐水	空气、N_2 等（大气压）	30～110	0.00088
水	含天然气混合物的氢气	460～710	0.00054
汽化器			
无水氨	水蒸气冷凝	850～1700	0.00026
氯气	水蒸气冷凝	850～1700	0.00026
氯气	传热用的轻油	230～340	0.00026
丙烷、丁烷等	水蒸气冷凝	1100～1700	0.00026
水	水蒸气冷凝	1420～2300	0.00026

表 7-6-2　空气冷却器的总传热系数值的大致范围（以光管为基准）

冷凝	K 值/ $W \cdot m^{-2} \cdot ℃^{-1}$	液体冷却	K 值/ $W \cdot m^{-2} \cdot ℃^{-1}$	气体冷却	操作压力（表压）/kPa	压力降/kPa	K 值/ $W \cdot m^{-2} \cdot ℃^{-1}$
氨	625	机器夹套水	710	空气或烟道气	345	0.7～3.5	57
氟利昂-12	400	柴油	140		690	13.8	110
汽油	460	轻瓦斯油	370		690	34	170
轻烃类化合物	510	轻烃类化合物	480	烃类化合物气体	241	7	200
轻石脑油	430	轻石脑油	400		862	21	200
重石脑油	370	重整炉液流	400		6900	34	460
重整反应器废气	400	残油	85	氨反应器流体	—	—	480
低压蒸汽	770	焦油	40				
塔顶蒸汽	370						

注：光管外表面积为 $0.08 m^2 \cdot m^{-1}$。翅片面积/光滑面积的值为 16.9。

表 7-6-3　浸没在液体中盘管的总传热系数值的大致范围

热侧	冷侧	清洁表面的 K 值 /W·m^{-2}·℃$^{-1}$		考虑到常见污垢情况下设计 K 值/W·m^{-2}·℃$^{-1}$	
		自然对流	强制对流	自然对流	强制对流
加热时应用					
蒸汽	水溶液	1420～1840	1700～3120	570～1140	850～1560
蒸汽	轻油	280～400	625～790	270～260	340～620
蒸汽	中质润滑油	230～340	570～738	200～230	280～570
蒸汽	船用油 C 或 6 号柴油	110～230	400～510	85～170	340～460
蒸汽	焦油或沥青	85～200	280～400	85～140	220～340
蒸汽	熔融硫	200～260	260～310	110～200	200～260
蒸汽	熔融蜡	200～260	260～310	140～200	220～280
蒸汽	空气或气体	10～20	28～36	5～17	23～45
蒸汽	糖蜜或谷物糖浆	110～220	400～510	85～170	340～460
高温热水	水溶液	650～800	1100～1420	400～570	620～910
高温传热油	焦油或沥青	70～170	260～370	57～110	170～280
导热姆或亚老哥尔	焦油或沥青	85～170	280～340	68～114	170～280
冷却时应用					
水	水溶液	620～770	1110～1390	370～540	600～880
水	淬火油	57～85	140～260	40～57	85～140
水	中质润滑油	45～68	110～170	28～45	57～110
水	糖蜜或谷物糖浆	40～57	100～150	23～40	45～85
水	空气或气体	11～23	28～57	6～18	23～46
氟利昂或氨	水溶液	200～260	340～510	110～200	230～340
钙或钠盐水	水溶液	570～680	990～1140	280～430	460～710

表 7-6-4　带有夹套的容器的总传热系数值的大致范围

夹套内的流体	容器内的流体	传热壁材料	K 值 /W·m^{-2}·℃$^{-1}$	夹套内的流体	容器内的流体	传热壁材料	K 值 /W·m^{-2}·℃$^{-1}$
蒸汽	水	不锈钢	850～1700	蒸汽	水	玻璃衬里碳钢	400～570
蒸汽	水溶液	不锈钢	450～1140	蒸汽	水溶液	玻璃衬里碳钢	285～480
蒸汽	有机液	不锈钢	285～850	蒸汽	有机液	玻璃衬里碳钢	170～400
蒸汽	轻油	不锈钢	340～910	蒸汽	轻油	玻璃衬里碳钢	230～425
蒸汽	重油	不锈钢	57～285	蒸汽	重油	玻璃衬里碳钢	57～230
盐水	水	不锈钢	230～1625	盐水	水	玻璃衬里碳钢	170～450
盐水	水溶液	不锈钢	200～850	盐水	水溶液	玻璃衬里碳钢	140～400
盐水	有机液	不锈钢	170～680	盐水	有机液	玻璃衬里碳钢	115～340
盐水	轻油	不锈钢	200～740	盐水	轻油	玻璃衬里碳钢	140～370
盐水	重油	不锈钢	57～170	盐水	重油	玻璃衬里碳钢	57～170
传热油	水	不锈钢	285～1140	传热油	水	玻璃衬里碳钢	170～450
传热油	水溶液	不锈钢	230～965	传热油	水溶液	玻璃衬里碳钢	140～400
传热油	有机液	不锈钢	170～680	传热油	有机液	玻璃衬里碳钢	140～370
传热油	轻油	不锈钢	200～740	传热油	轻油	玻璃衬里碳钢	115～400
传热油	重油	不锈钢	57～230	传热油	重油	玻璃衬里碳钢	57～200

注：表中所列数值是对中等非贴近搅拌情况的。

表 7-6-5　外部蛇管的总传热系数值的大致范围

蛇管型式	蛇管间距/mm	蛇管中的流体（表压）/kPa	容器中的流体	温度范围/℃	K 值（无胶结料）/$W \cdot m^{-2} \cdot ℃^{-1}$	K 值（有传热胶结料）/$W \cdot m^{-2} \cdot ℃^{-1}$
外径 9.5mm，铜管用间距为 610mm 的扁钢连接	50	35～350,蒸汽	轻度搅拌的水	70～100	6～30	238～260
	80			70～100	6～30	280～300
	160			70～100	6～30	340～350
	320 或较大			70～100	6～30	390～410
外径 9.5mm，铜管用间距为 610mm 的扁钢连接	50	350,蒸汽	轻度搅拌的 6 号柴油	70～125	6～30	110～170
	80			70～125	6～30	140～220
	160			70～116	6～30	170～220
	320 或较大			70～115	6～30	200～260
盘状蛇管		350,水	沸腾水	100	160	270～310
			水	70～100	45～170	110～270
		水	6 号柴油	109～137	34～85	140～320
			水	54～66	40	85
			6 号柴油	54～66	23	51～110

注：1. 面贴贮槽的管子外表面积或盘状蛇管的一边。
2. 对管子，系数取决于蛇管对贮槽的紧密程度尤胜于任一流体。建议采用 K 值较小的一端。

6.4　污垢

(1) 污垢的形成　污垢是指在传热面上沉积了一层额外的物料。污垢的热导率较低，往往对传热产生主要的热阻。传热过程中会产生各种类型的污垢，有的是流体中分散得很细的物料沉积出来的沉渣；有的是由于在操作过程中某种物质在壁面温度下的溶解度低于主流温度下该物质的溶解度而结晶出来的垢层（例如硫酸钙）；有的是流体因聚合而产生一种溶解度较小的物质沉积在表面上，常常是很厚而结实的垢层；金属壁面的腐蚀产物也能造成较大的热阻；冷却水系统和发酵工业用水如有生物的生长（例如藻类），也是影响传热的一个重要因素[7]。

(2) 污垢的控制　消除或限制污垢形成的方法很多。通常在冷流体中加抑制剂以减低盐类沉积、金属腐蚀和藻类生长。对于疏松的沉渣，提高流体速度可以有效地降低沉渣聚集，但同时也增大了压力降和传热面的磨损，因而在应用上受到一定程度的限制。通常，在管内水的流速不应低于 $0.9 m \cdot s^{-1}$，可以高达 $2.5～3.0 m \cdot s^{-1}$。应该避免过大的温度差，尤其是液体中所含的物质在表面温度下达到它的溶解度极限时更应该采用较小的温度差。设计再沸器时，应保持较低的温度差以防止在过渡区或膜状沸腾区运行，同时应限制局部汽化以保持固体物质存在于溶液中而维持正常循环，防止固体析出并聚集在再沸器中而成为含残渣的液体。

(3) 污垢性质和除垢时间　污垢层发展时期有两个值得注意的特性。一是所谓"渐进式结构"，即在开始时迅速建立一定大小的污垢热阻，但是如果条件不变，则趋近于一稳定值。在壁温恒定时，这种污垢的发生最为普遍。由于污垢热阻的增加导致传热下降。二是在整个运行时间，污垢热阻或多或少是"线性增长"的。通常这种情况在增加温度差以保持恒定热流时经常发生，这时在流体-污垢层界面处的温度几乎是恒定的。

污垢的种类可分为结晶、颗粒沉积、化学反应、聚合、结焦、生物生长及表面腐蚀等。影响结垢厚度和污垢的生长及成长速率的因素有：流体和沉积物的性质、流体的温度、管壁温度、管壁材料的光洁度、流体流速等。

除垢的间隔长短主要取决于结垢速率、污垢对总传热速率的影响程度和换热器停工清洗而不影响生产过程的难易程度。通常在设计换热器时就应该考虑到它能连续运行，直到工厂停工检修，清除换热器的污垢。但是设计时必须注意不要在引入安全因素时过分加大外壳直径而导致壳程流速降低，从而加速污垢的沉积。在极个别情况下，也有将换热器设计成具有100%的备用传热量，以便在清洗某一换热器时，另一换热器仍在操作而不影响生产。但是在正常操作时，换热器的备用传热量过大是不经济的。

(4) 污垢的清除和防垢剂 在某些情况中，可以使用化学方法清除污垢。例如用弱酸、特种溶剂等。对于附在传热面上很松的沉渣可定期用高速流体洗去，或用高速蒸汽冲洗，或用水喷洗，或用水-砂石的浆液冲洗。这些方法对于壳侧和管侧都适用，而不必抽出管束。然而，大多数污垢沉积物必须用强制的机械操作来清除，例如管道通条、涡轮或刮管器清除表面。这种方法对于清洗管内污垢是有效的，也不必抽出管束，但清洗壳侧污垢时，则必须抽出管束，即使抽出管束也不易清洗，因为管子密集在一起而难以奏效。预先设置能用旋转方棒的清洗管道或大间距比的三角形排列会有助于清洗。

如能防止污垢形成，就不必清洗或延长清洗时间。以水处理为例，可分为外处理和内处理两种，或两者相结合已达到除垢和防垢的要求。

a. 除掉气态不纯物。将水喷成雾状由喷雾塔流下，可除去 CO_2、NH_3、H_2S 等。将水加热至 104℃ 左右可全部排除水中的 O_2 和 CO_2，如应用除氧器脱氧。

b. 除去水中的悬浮物。采用一般的沉降、凝结和过滤的方法。

c. 除去水中的溶解物。根据水质情况向水中添加化学药品，如石灰、纯碱或弱酸类或用交换树脂，如钠型树脂。溶解于水中的 Ca、Mg 离子与树脂中的 Na 或 H 离子交换而去除，使用一定时期后，可用 10% 食盐水反洗使离子交换树脂再生。

内处理是直接将除垢剂加在即将进行换热的水中以防止硬结水垢的形成。常用的有碳酸钠、磷酸钠或铝酸钠，这种盐类与水中形成污垢的物质起化学反应而生成泥浆状物料易于排出。根据水质情况也可加防腐剂，例如 pH 值低时可加氢氧化钠、碳酸钠，而 pH 值高时可加硫酸、磷酸等。最近也有用有机螯合剂（如 EDTA、NTA）以防止残余盐类结垢的。

对于污垢情况不明的应取污垢样品加以鉴定，并采用适当溶剂作溶液试验，以确定合适的溶剂浓度、用量、温度和处理时间。常用的溶剂有 HCl、HNO_3（有时加入 H_2SO_4）、H_3PO_4、CCl_4 和 $NH_4F \cdot HF$ 等。

(5) 污垢系数 现在还没有一种预测污垢系数的公式，大多采用实验数据或生产中的经验作为设计的依据。

污垢热阻可按下式测得：

$$R_d = \frac{1}{K_d} - \frac{1}{K_c} \tag{7-6-12}$$

式中，K_c 为清洁壁面的传热系数；K_d 为有污垢的换热面的传热系数。

污垢系数的表示式为：

$$\alpha_d = \frac{1}{R_d} \qquad (7\text{-}6\text{-}13)$$

表 7-6-6 和表 7-6-7 给出了常用物料的污垢系数大致数值，当没有更合适的经验数据时，可以采用这些数值作为设计依据，按此数据设计的换热器，在一年到一年半的时期内可以保证传递所需的热量而无需清洗换热器。

表 7-6-6　冷却水的污垢系数 α_d　　　　单位：$W \cdot m^{-2} \cdot ℃^{-1}$

加热介质温度	115℃以下		115~200℃	
冷却水温度	50℃以下		50℃以上	
	冷却水流速		冷却水流速	
冷却水种类	1m·s⁻¹ 以下	1m·s⁻¹ 以上	1m·s⁻¹ 以下	1m·s⁻¹ 以上
海水	11600	11600	5800	5800
冷却塔循环水				
处理过的补给水	5800	5800	2900	2900
未处理的补给水	1860	1860	1160	1390
城市用水或井水	5800	5800	2900	2900
湖水	5800	5800	2900	2900
微咸水、清洁河水	2900	5800	1860	2900
河水（污浊、含泥沙）	1860	2900	1390	1860
硬水（0.26g·L⁻¹以上）	1860	1860	1160	1160
蒸馏水	11600	11600	11600	11600
处理过的锅炉补给水	5800	11600	5800	5800
锅炉排水	2900	2900	2900	2900

表 7-6-7　各种流体的污垢系数 α_d　　　　单位：$W \cdot m^{-2} \cdot ℃^{-1}$

流体种类	α_d 值	流体种类	α_d 值
燃料油	1160	焦炉气	580
清洁润滑油	5800	柴油机排气	580
机械油、变压器油	5800	有机蒸气	11600
植物油	1860	水蒸气	11600
有机液体	5800	水蒸气废气	5800
液态冷冻剂	5800	酒精蒸气	11600
冷冻盐水	5800	冷冻剂蒸气	2900
沥青和渣油	580	空气	2900

6.5　有效因子及传热单元数

(1) 有效因子　换热器热效率为实际传热量和理论上最大可能传热量之比[1]，即：

$$\varepsilon = \frac{q}{q_{max}} \qquad (7\text{-}6\text{-}14)$$

实际传热量可从热流体失去的热量或冷流体得到的热量计算得到：

$$q = W_{mh}C_{ph}(T_1 - T_2) = W_{mc}C_{pc}(t_2 - t_1) \tag{7-6-15}$$

式中 W_m——流体质量流量，$kg \cdot s^{-1}$；
C_p——流体的比热容；
T——热流体温度；
t——冷流体温度；

下标 h 表示热流体；c 表示冷流体；1 表示进口；2 表示出口。

$W_m C_p$ 称为流体的热容量。假定冷、热两流体在一个传热面积为无限大的逆流换热器中传热，其中热容量（$W_m C_p$）较小的流体，必定产生最大的温度差，用热容量速率 $(W_m C_p)_{min}$ 表示。若热流体的 $W_{mh}C_{ph} = (W_m C_p)_{min}$，则热流体的出口温度将等于冷流体的入口温度，即 $T_2 = t_1$，此时热流体的温度下降最大，为 $T_1 - t_1$；若冷流体的 $W_{mc}C_{pc} = (W_m C_p)_{min}$，则冷流体的出口温度将等于热流体的进口温度，即 $t_2 = T_1$，此时冷流体的温度上升最大，为 $T_1 - t_1$。因此，理论上最大可能的传热速率为：

$$q_{max} = (W_m C_p)_{min}(T_1 - t_1) \tag{7-6-16}$$

由式（7-6-14）~式（7-6-16）得到：

当热流体的热容量速率 $W_{mh}C_{ph} = (W_m C_p)_{min}$ 时，有效因子为：

$$\varepsilon_h = \frac{T_1 - T_2}{T_1 - t_1} \tag{7-6-17a}$$

当冷流体的热容量速率 $W_{mc}C_{pc} = (W_m C_p)_{min}$ 时，有效因子为：

$$\varepsilon_c = \frac{t_2 - t_1}{T_1 - t_1} \tag{7-6-17b}$$

对并流换热器也可以得到类似的有效因子关系式。从式（7-6-17）知道有效因子可以冷流体或热流体在换热器中的实际最大温差和流体在换热器中可能发生的最大温度差之比来表示。

(2) 有效因子和传热单元数 换热器中流体热平衡方程为：

$$dq = W_{mh}C_{ph}dT = W_{mc}C_{pc}dt \tag{7-6-18}$$

传热方程式为：

$$dq = K(T - t)dA \tag{7-6-19}$$

由上两式可得到：

$$\frac{T_2 - t_2}{T_1 - t_1} = \exp\left[-\frac{KA}{W_{mc}C_{pc}}\left(1 + \frac{W_{mc}C_{pc}}{W_{mh}C_{ph}}\right)\right] \tag{7-6-20}$$

并流时若冷流体的热容量速率为最小，即 $W_{mh}C_{ph} = (W_m C_p)_{min}$，则热流体为 $W_{mh}C_{ph} = (W_m C_p)_{max}$，由式（7-6-20）和式（7-6-17）可以得到：

$$\varepsilon = \frac{1 - \exp\left[-\dfrac{KA}{W_{mc}C_{pc}}\left(1 + \dfrac{W_{mc}C_{pc}}{W_{mh}C_{ph}}\right)\right]}{1 + \dfrac{(W_m C_p)_{min}}{(W_m C_p)_{max}}} \tag{7-6-21}$$

式中，$\frac{(W_m C_p)_{\min}}{(W_m C_p)_{\max}}$ 称为热容量速率比，或容量比，以 R 表示；$\frac{KA}{W_{mc} C_{pc}}$ 称为传热单元数，以 NTU 表示，是一个反映换热器综合技术经济性能的指标，它表征换热器换热能力的大小，所以称为传热单元数。NTU 是无量纲数，NTU 中包括的 A 和 K 两个量分别反映换热器的初投资和运行费用[3,5]。式(7-6-21) 可写成：

$$\varepsilon = \frac{1-\exp[-(NTU)(1+R)]}{1+R} \tag{7-6-22a}$$

同样可得到逆流换热器的有效因子为：

$$\varepsilon = \frac{1-\exp[-(NTU)(1+R)]}{1+R\exp[-(NTU)(1+R)]} \tag{7-6-22b}$$

当冷、热流体之一发生相变，即 $(W_m C_p)_{\max}$ 趋于无穷大时，式(7-6-22) 可简化为：

$$\varepsilon = 1 - \exp(-NTU); \quad R = 0 \tag{7-6-23}$$

对于比较复杂的流动型式，ε 的计算公式可参阅文献 [5]。有效因子 ε 是传热单元数 NTU 和容量比的函数，因此将这些关系式做成图，应用起来是十分方便的，图 7-6-6～图 7-6-11 提供了常用的几种类型换热器的 ε-NTU 图。

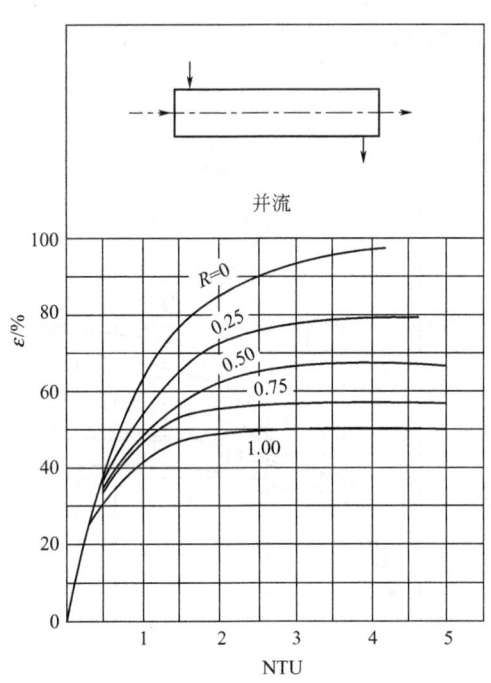

图 7-6-6 并流换热器的 ε-NTU 关系图

(3) ε-NTU 的应用 ε-NTU 法和平均温差法一样是换热器热力计算的基本方法，它们既可用于设计计算，又可用作校核计算。采用 ε-NTU 法进行换热器校核计算的具体步骤为：

a. 根据换热器给定的进口温度和假定的出口温度算出传热系数 K；
b. 算出 NTU 和 R；

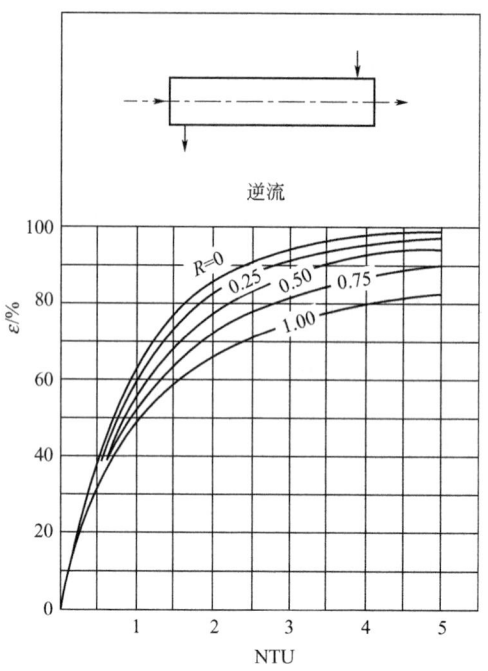

图 7-6-7 逆流换热器的 ε-NTU 关系图

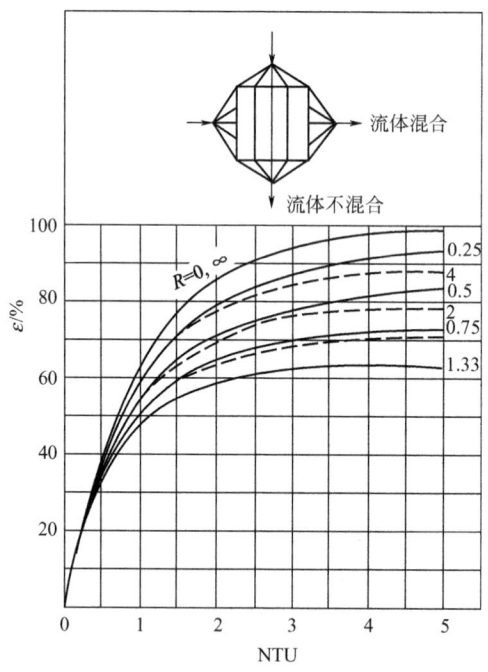

图 7-6-8 一种流体混合的错
流传热器 ε-NTU 关系图

c. 根据换热器中流体的流动型式，在相应的线算图上查出与 NTU 及 R 对应的 ε 值；

d. 根据冷、热流体进口温度等已知量，按式(7-6-14)、式(7-6-16)求得热流量 q；

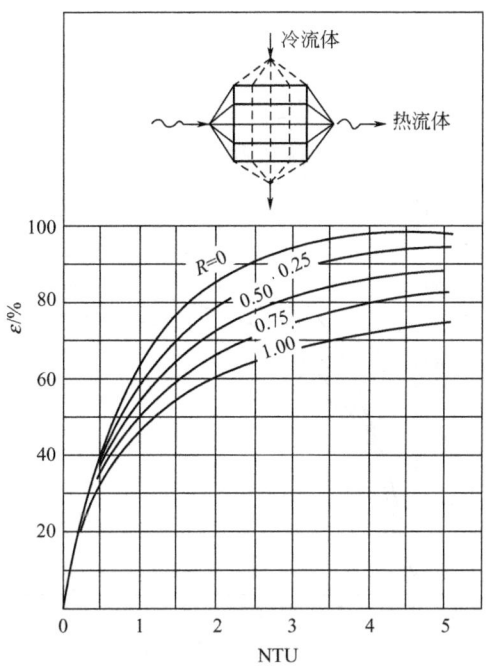

图 7-6-9 流体不混合的错流传热器 ε-NTU 关系图

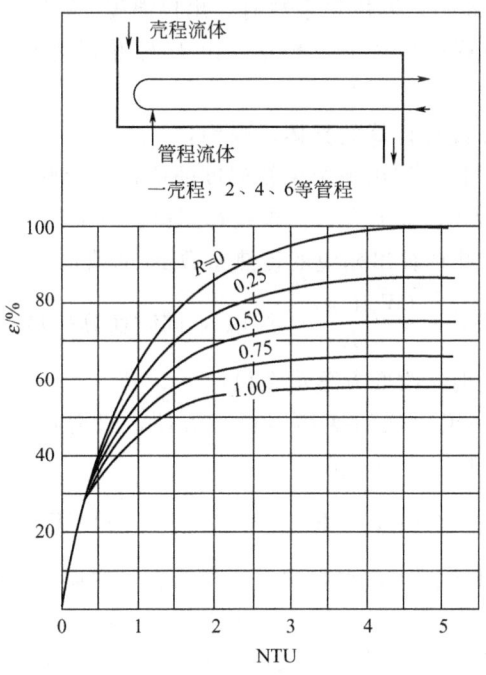

图 7-6-10 一壳程，2，4，6 等管程流传热器 ε-NTU 关系图

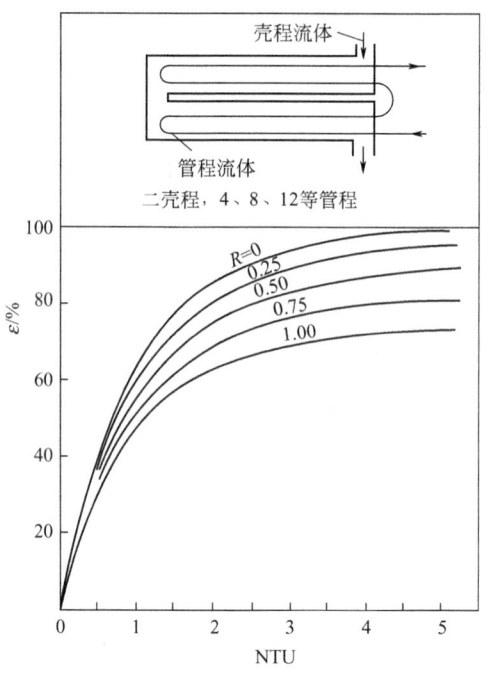

图 7-6-11 双壳程，4，8，12 等管程流传热器 ε-NTU 关系图

e. 用热平衡式(7-6-15)确定冷、热流体出口温度 T_2、t_2，与用平均温差法进行校核计算的相同之处是，在步骤 a 中计算传热系数时，出口温度 T_2 和 t_2 还不知道，因此只能凭经验先假定 T_2 和 t_2 值，待算得后再加以校正。由于 K 值随着终温变化而引起的变化不大，试算几次即能满足要求。

ε-NTU 法用于换热器设计计算的具体步骤为：

a. 先由热平衡式(7-6-15)解出那个未知温度的值，然后按式(7-6-17)求出 ε；

b. 根据选定的流动型式以及 ε 和 R，查线算图得出 NTU；

c. 初步布置换热器，并计算出相应的传热系数 K 的值；

d. 确定所需换热面积 $A = \dfrac{(W_m C_p)_{\min}}{K}\text{NTU}$，同时换算换热面两侧的流动阻力；

e. 如流动阻力过大，则应改变方案重新设计。

应用 ε-NTU 法计算一组串联的换热器也很方便，只需将每一换热器的传热单元数相加，即可得到串联换热器的传热单元数：

$$\text{NTU} = (K_1 A_1 + K_2 A_2 + K_3 A_3 + \cdots)/(W_m C_p)_{\min} \tag{7-6-24}$$

【例 7-6-1】 在套管换热器中，水和油逆流换热。水的质量流量为 4000kg·h^{-1}，进口温度为 25℃。油的质量流量为 6500kg·h^{-1}，进口温度为 110℃，油的比热容为 1930J·kg^{-1}·℃$^{-1}$。此换热器的传热面积为 15m^2，总传热系数 $K = 1254$J·m^{-2}·h^{-1}·℃$^{-1}$。求水和油的出口温度。

解 水 $W_{mc} C_{pc} = 4000 \times 4.18 = 16720$ (kJ·h^{-1}·℃$^{-1}$)

油：$W_{mh} C_{ph} = 6500 \times 1.93 = 12545$ (kJ·h^{-1}·℃$^{-1}$)

故油的热容量速率为最小。

$$R = \frac{(W_{\mathrm{m}}C_p)_{\min}}{(W_{\mathrm{m}}C_p)_{\max}} = \frac{12545}{16720} = 0.75$$

$$\mathrm{NTU}_{\max} = \frac{KA}{(W_{\mathrm{m}}C_p)_{\min}} = 1254 \times \frac{15}{12545} = 1.50$$

由 R、$\mathrm{NTU}_{\max}$ 值查逆流换热器的 ε-NTU 图，得 ε=0.66，即：

$$\varepsilon = \frac{T_1 - T_2}{T_1 - t_1} = \frac{110 - T_2}{110 - 25} = 0.66$$

由此，得油的出口温度为 53.9℃。

由热量衡算求冷却水的出口温度为 67.1℃。

6.6 从实验数据推求传热膜系数

用 Wilson 图解法，可以比较方便地从实验数据推求换热器的传热膜系数。要测量的数据只是冷、热流体的进、出口温度和流量，这对于工业用的换热器来说是容易实现的。

Wilson 图解法：一个换热器的总热阻为各分热阻之和：

$$\frac{1}{K} = \frac{1}{\alpha_1} + \frac{\delta}{\lambda} + R_{\mathrm{d}} + \frac{1}{\alpha_2}$$

通常，管壁热阻 $\frac{\delta}{\lambda}$ 可忽略不计，在不太长的时间内，污垢热阻 R_{d} 可视为常数。在实验中若固定热流体的质量流量（或流速）不变，并维持其定性温度在很小的幅度内（2～3℃）变化，则 α_1 可看作定值，至于冷流体的传热膜系数 α_2，一般具有如下形式的无量纲式：

$$Nu = B Re^p Pr^{\frac{1}{3}} \left(\frac{\mu}{\mu_{\mathrm{w}}}\right)^{0.14} \tag{7-6-25a}$$

或

$$\alpha_2 = B \frac{\lambda}{d} \left(\frac{dG}{\mu}\right)^p Pr^{\frac{1}{3}} \left(\frac{\mu}{\mu_{\mathrm{w}}}\right)^{0.14} = B' G^p \tag{7-6-25b}$$

式中，B 和 p 分别为待定的系数和指数。

$$B' = B \frac{\lambda}{d} \left(\frac{d}{\mu}\right)^p \left(\frac{\mu}{\mu_{\mathrm{w}}}\right)^{0.14}$$

将式(7-6-25) 代入式(7-6-8) 中，得：

$$\frac{1}{K} = \left(\frac{1}{\alpha_1} + R_{\mathrm{d}}\right) + \frac{1}{B' G^p} \tag{7-6-26}$$

这是一个 $y = mx + b$ 的线性方程式，自变量为 $\frac{1}{G^p}$，因变量为 $1/K$，斜率 $m = 1/B'$，截距 $b = \frac{1}{\alpha_1} + R_{\mathrm{d}}$。

根据层流还是湍流，先假定一个 p 值，将不同管内流量的试验点画在图上，参考图

7-6-12，可求出通过这些试验点的直线的斜率 m，式(7-6-26) 中的 B' 可由下式确定：

$$B' = \frac{1}{m} \tag{7-6-26a}$$

管侧流体的传热膜系数即可以下式得出：

$$\alpha_2 = \frac{1}{m} G^p \tag{7-6-26b}$$

壳侧流体的传热膜系数用下式求出：

$$b = \frac{1}{\alpha_1} + R_d \tag{7-6-26c}$$

式中，b 可由图中直线的截距确定，已知 R_d，则 α_1 即可算出。α_1 也可用试验方法确定。这时保持 α_2 不变，改变壳侧流量，用类似于确定 α_2 的方法可求得 α_1。这种利用图解分离传热过程来求得流体传热膜系数和分热阻的方法称为 Wilson 图解法。

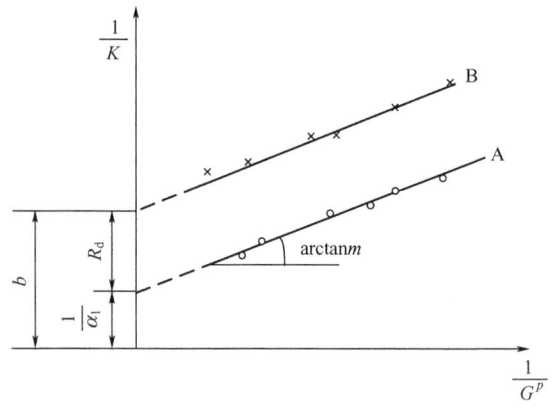

图 7-6-12　Wilson 图解

在式(7-6-26b) 中，p 值是假定值，可由下述式子求出[1]。对式(7-6-26b) 两边取对数：

$$\lg \alpha_2 = \lg B' + p \lg G \tag{7-6-26d}$$

这也是一个线性方程式，直线斜率就是 p 值，这就确定了冷流体的传热膜系数关系式。若 p 值和最初假定的 p 值相比大于设定的温差，则修正最初假定的 p 值，这样，反复计算、作图，直到满足误差要求时为止。

Wilson 图解法还可用来确定污垢热阻。在换热器全新时或经过清洗后做上述试验，并用 Wilson 图解画出图 7-6-12 中的直线 A，经过一段时间运行后，在保持壳侧工况与前次试验相同的条件下再做一系列实验，并用 Wilson 图解法求得直线 B。两根直线的截距之差即等于运行过程中增加的污垢热阻。

Wilson 图解法的主要优点是直接在工业用换热器上测定其总传热系数的同时，可以确定传热膜系数关联式，需要测量的温度和流量都在换热器外部进行而不必在换热器内部安装热电偶，因此，容易实施现场测定。此外，在带有折流板的列管换热器或翅片管换热器中，要安装足够数量的热电偶以测定各处的壁温和流体温度而不影响壳侧的流动状态是不可能的，而且还给设备的制造安装带来很多困难。应用 Wilson 图解法时，由于需要事先假定指

数 p、系数 B 和壁温 t_w 各值,最后所得结果如果不符合假定值,需要反复计算。

参考文献

[1] 时钧,等. 化学工程手册. 第 2 版. 北京:化学工业出版社,1996.
[2] Colburn A P. Ind Eng Chem,1933,25:873-877.
[3] Kakas C,Bergles A E,Mayinger F. Heat Exchangers:Thermal-Hydraulic Fundamentals and Design. New York:McGraw-Hill Co,1981.
[4] Perry R H. Chemical Engineer's Handbook. 6th ed. New York:McGraw-Hill Co,1987.
[5] 杨世铭. 传热学. 第 2 版. 北京:高等教育出版社,1987.
[6] Kays W M,London A L. Compact Heat Exchangers. 2nd ed. New York:McGraw-Hill,1958.
[7] Briggs D F E,Young H. Heat Transfer. Chem Eng Proc Symp Seires,1969,65(92):35-45.

7 传热强化和节能技术

7.1 传热强化

7.1.1 概述

传热强化是一种改善传热性能的技术，可以改善和提高热传递的速率，达到用最经济的设备来传递一定的热量，或是用最有效的冷却来保护高温部件的安全运行。传热一般是通过导热、对流或辐射三种方式进行的。因此传热强化也针对这三种传热方式进行。

导热过程的强化方法有：提高物体间接触表面光洁度和增加接触面积；在接触表面上用电化学方法添加软金属涂层或垫片来减少热阻；在接触面之间充填热导率较高的气体如氦气来减少热阻。

辐射传热的强化方法有：增加辐射表面粗糙度，增加辐射空间气流内的固体微粒，以及插入辐射板、加设辐射翅片等。

对流传热强化的各种方法也就是提高固体壁面和流体之间的传热系数的方法。这些方法可以简单地分为两类：无源的和有源的。在无源的一类里，是对传热表面进行改变，而不增加额外的功率[1~3]。例如人为地增加表面粗糙度、翅片，在管内插入扰流子等。在有源的一类里，要求外加动力源而不改变加热表面。例如：流体振荡，加热面振动，喷射，旋流流动，以及引入另一相流体等。

到目前为止，传热强化应用最多的是强制对流传热过程。本章主要讲述在对流传热过程中最常用的传热强化方法。

对流换热普遍地存在于许多换热设备和生产过程中[2]，其热阻往往构成整个传热过程的主要部分。传热介质（液体或气体）的物理性质与采用何种传热强化方法是密切相关的。高黏度流体在流道中常常呈现层流流动，流体和传热壁面间的温差发生在整个流动截面上，因此对层流换热所采取的强化措施必须使流体产生强烈的径向运动以加强整个流体的混合。例如采用旋流流动、翅化表面以增加换热面积，机械振动等方法。黏性不高的流体很容易形成湍流流动。在湍流流动中，流动阻力和热阻主要存在于贴壁的流体黏性底层。因此，对湍流流动的主要传热强化是增加对边界层的扰动，减薄层流边界层的厚度，最适合的方法是采用壁面扰流元件，增加壁面粗糙度。对于气体，由于气体的密度和热导率均很低，即使湍流换热其传热膜系数也不高，因此，对气体的传热强化方法往往是增加传热面积，如增加翅片等。

7.1.2 槽管

槽管是一种壁面扰流装置。在圆管及圆形通道内加装扰流装置，如碾轧槽管，使得流体流过这些扰流装置时，产生流动脱离区，从而形成强度不同、大小不等的漩涡。正是这些漩涡改变了流体的流动结构,增加近壁区的湍流度,从而提高流体和壁面的对流传热膜系数。

碾轧槽管是从圆管外面按照设计要求碾轧出一定节距和深度的横槽或螺旋槽,在管子内壁就形成凸出的横肋或螺旋肋,如图 7-7-1。这样管子外壁的凹槽和内壁的凸起物可以同时对管子内外两侧的流体起到增强传热的作用,特别适用于换热器中,主要用于强化管内单相流体的传热[1],同时也有增强管外流体蒸气冷凝和液体膜态沸腾传热的作用。

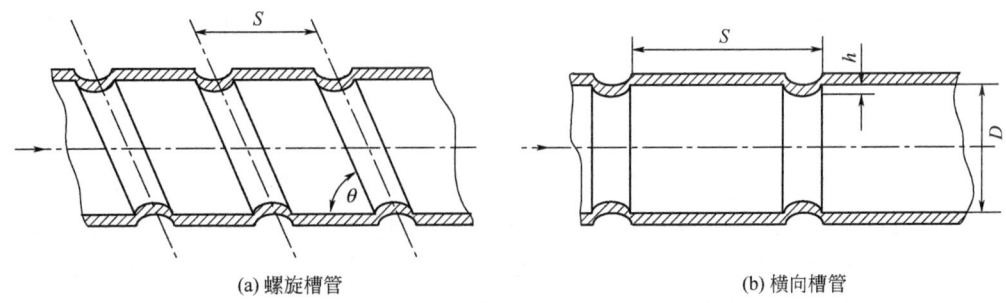

(a) 螺旋槽管　　　　　　　　(b) 横向槽管

图 7-7-1　槽管结构

(1) 螺旋槽管　螺旋槽管有单程和多程螺旋等类型。螺旋槽不宜太深,槽越深流阻越大,螺旋角越大,槽管的传热膜系数越大[4,5]。如果流体能顺槽旋转,则螺纹条数对传热的影响不大。

吉富英明对单头螺旋槽管进行了系统的实验[6],得出计算摩擦系数 f 及管内传热膜系数 α 的关系式,对 $5\times10^3 < Re < 5\times10^4$,槽深 $h < 2.5$mm

$$f = 1.3 \left(\frac{h}{D}\right) \left(\frac{S}{D}\right)^{-0.7} \tag{7-7-1}$$

对 $5\times10^4 < Re < 5\times10^6$,槽深 $h < 2.5$mm

$$f = 1.3 \left(\frac{h}{D}\right) \left(\frac{S}{D}\right)^{-0.7} \left(\frac{Re}{5\times10^4}\right)^{-0.2} \tag{7-7-2}$$

上式的定性尺寸为管子内径 D,内径 D 范围为 21.9～56.5mm,导程 S 范围为 10.7～50.0mm。

对 $S \geqslant 0.4D$,$h \leqslant 0.6D^{0.8}Re^{-0.16}$ 的螺旋槽管:

$$Nu = 165 \left(\frac{h}{D}\right)^{1/3} \left(\frac{S}{D}\right)^{-1/2} \left(\frac{Re}{10^4}\right)^{(0.8-3.5h/L)} Pr^{0.4} \tag{7-7-3}$$

这种管的最佳导程 S 推荐为 $0.4D$ 左右,最佳槽深 [$h = 0.04D$ ($Re = 8\times10^3 \sim 3\times10^4$)],$h > 0.04D$ ($Re > 3\times10^4$)。

(2) 横向槽管　对横向槽管 Nusselt 数,提出下述计算公式[7]:

$$\frac{Nu_r}{Nu} = \left(1 + \frac{\lg Re - 4.6}{2.45}\right) \left(\frac{1.14 - 0.28\sqrt{1-\dfrac{d}{D}}}{1.14}\right) \times \exp\left[\frac{9(1-d/D)}{(S/D)^{0.58}}\right] \tag{7-7-4}$$

适用范围为 $d/D = 0.03 \sim 0.1$,$S/D = 0.5 \sim 1.0$,$Pr = 0.71$。式中,Re 的定性温度为壁面温度。

气体加热时：

$$Nu = 0.0207 Re^{0.8} Pr^{0.48} \qquad (7\text{-}7\text{-}5)$$

气体冷却时：

$$Nu = 0.0192 Re^{0.8} Pr^{0.48} \qquad (7\text{-}7\text{-}6)$$

槽管对于管内流体的膜态沸腾传热也具有强化作用，可使沸腾传热膜系数增加 3～8 倍[2]。

7.1.3 翅片

在换热器及许多传热设备中，传热壁面两侧流体的对流传热膜系数的大小往往差别较大。例如，当管外是气体的强制对流，管内是水的强制对流或者饱和水蒸气的凝结时，管外的传热膜系数就比管内的小得多，在这种情况下，管外气体传热的增强通常采用扩展表面，例如加装翅片来增加外侧传热面积，减少该侧的传热热阻。

翅片有多种型式，依应用场合和设计要求不同而异。管内翅片有螺旋形、梯形、三角形和圆绕丝等；管外翅片有沿着管长方向的为纵向翅片，管外壁的同心圆形翅片称为环形翅片，外管外壁且与轴线相垂直的连续薄板称为板式翅片，还有如槽带翅片、穿孔翅片、锯齿翅片、螺旋翅片、片状螺旋翅片、穿孔螺旋翅片等[8]。横向高翅片主要用于低压气体。低翅片主要用于除水以外的流体的冷凝和沸腾。翅片不适合用于高表面张力的液体冷凝和会产生严重结垢的场合，尤其不适用于需要机械清洗、携带大量颗粒流体的流动场合。

(1) 内翅片圆管 管内翅片在一定程度上增加了传热面积，同时也改变了流体在管内的流动形式和阻力分布。在应用翅片增加传热系数的同时，泵功率的损失也相应增加。

在层流流动时，内翅片高度愈大，对换热的增强也愈大。在湍流流动时，内翅管中阻力系数和传热膜系数经验公式为

$$f = \frac{0.046}{Re^{0.2}(A_f/A_s)^{0.5}(\sec\beta)^{0.75}} \qquad (7\text{-}7\text{-}7)$$

$$Nu = 0.023 Re^{0.8} Pr^{0.4} (A_f/A_c)^{0.1} (F_s/F_f)^{0.5} (\sec\beta)^{0.75} \sec^3\beta \qquad (7\text{-}7\text{-}8)$$

上式使用范围：$M = 6\sim 38$，$F_s/F_f = 1.56\sim 2.39$，$A_f/A_s = 0.81\sim 0.97$。

式中，A_c 为以翅端为直径的管芯流动面积，m²；A_f、A_s 为光管和带翅片的管芯流动面积，m²；F_s、F_f 为带翅片的管和光管的传热面积，m²；M 为单位长度的翅片数；β 为内翅的半角。

(2) 外翅片圆管 当管外流体传热膜系数比管内流体传热膜系数小时，需要在管外扩展传热表面，增加传热膜系数。和管内翅片一样，影响翅化表面传热的主要因素是翅片高度、翅片厚度、翅片间距以及翅片材料的热导率。外翅片圆管有纵向直翅片管和横向翅片管等，横向翅片管有圆翅片管、螺旋翅片管、扇形翅片管、波状螺旋翅片管等类型，如图 7-7-2 所示。

圆翅片管束在管壳式换热器中得到广泛的应用。管束排列可有错列和直列两种方式。圆翅片管束局部传热膜系数的分布规律比较复杂，不同位置的局部传热膜系数差别很大。Briggs 等人[9]对圆翅管束试验得到以下传热膜系数关系式。

低翅片管束，等边三角形列，$D_f/D_b = 1.2\sim 1.6$，$D_b = 13.5\sim 16.0$ mm，$1.1\times 10^3 \leqslant$

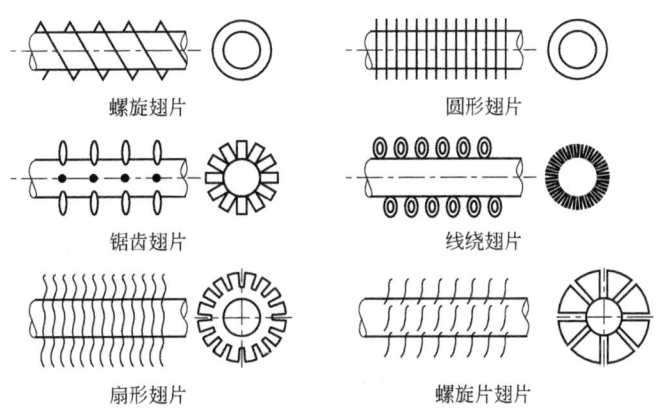

图 7-7-2 外翅片圆管

$Re \leqslant 1.8 \times 10^{4\,3}$

$$\frac{\alpha D_b}{\lambda} = 0.1507 \left(\frac{D_b G_m}{\mu}\right)^{0.667} Pr^{1/3} (S/h)^{0.164} (S/b)^{0.075} \tag{7-7-9}$$

高翅片管束，等边三角形错列，$D_b = 12 \sim 41\text{mm}$，$1.1 \times 10^3 \leqslant Re \leqslant 1.8 \times 10^4$

$$\frac{\alpha D_b}{\lambda} = 0.1378 \left(\frac{D_b G_m}{\mu}\right)^{0.667} Pr^{1/3} (S/h)^{0.295} \tag{7-7-10}$$

式中，α 为以圆翅片管外表面积为基准的传热膜系数；S、h、b 分别为翅片的间距、高度和厚度，mm；D_f、D_b 分别为翅片外径和管子外径，m；G_m 为最大质量流速，$\text{kg}\cdot\text{m}^{-2}\cdot\text{s}^{-1}$。

(3) 板式翅片 板式翅片也叫管板式翅片，如图 7-7-3 所示。在由管板式翅片组成的换热元件中，由于管子的影响，使管外流体沿板式翅片表面的流动既有层流和湍流，又有涡旋流和加速流。因此，板式翅片上各局部位置的换热强弱存在着很大差异，板式翅片传热受到雷诺数、管排数、翅片间距和管间距的影响[2]。

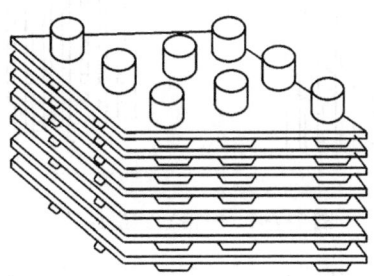

图 7-7-3 板式翅片换热器结构

对于管径 $D = 9.5 \sim 16.0\text{mm}$，管子错排，管间距为 $25.4 \sim 38\text{mm}$，翅片密度 $3.2 \sim 5.5$ 翅·cm^{-1}，$Re = 100 \sim 4000$，McQuiston[10] 提出 Colburn 传热因子 j 的计算式：

$$j_4 = 0.0014 + 0.2618 J \tag{7-7-11}$$

$$J = Re^{-0.4} \left[\left(\frac{4}{\pi}\right)\left(\frac{S_L}{D_h}\right)\left(\frac{S_t}{D}\right)\left(\frac{A}{A_f}\right)\right] \tag{7-7-12}$$

式中，下标 4 为第四排，Re 数的定性尺寸为管子外径；A 为最小流通截面积，m^2；A_f

为迎风面积，m^2；S_L 为管子纵向间距，S_t 为管子横向间距；D_h 为水力直径，$D_h=4AL/F$，其中 F 为传热表面积，L 为纵向管间距。

对第 n 排板式翅片 Colburn 传热因子 j 的计算式为：

$$j_n = \frac{1-1280nRe_L^{-1.2}}{1-5120nRe_L^{-1.2}}(0.0014+0.2618J) \qquad (7\text{-}7\text{-}13)$$

（4）槽带板式翅片 槽带板式翅片是在板式翅片的基础上发展起来的一种强化型板式翅片结构[9]。槽带板式翅片就是在板式翅片的表面上加工出一些隆起于翅片表面且相互平行的窄小条带，在每个条带的下方对应有一个槽缝的板式翅片结构。这种槽带板式翅片的传热系数比普通板高 60% 左右，而空气的流动阻力仅比普通板式翅片大 10% 左右。槽带板式翅片已广泛应用在空调工业以及干式冷却塔的空气冷却器中，图 7-7-4 是用于电站干冷塔散热器的槽带板式翅片结构简图。有关槽带板式翅片详尽的传热强化机理及计算式可参阅文献 [2，11，12]。

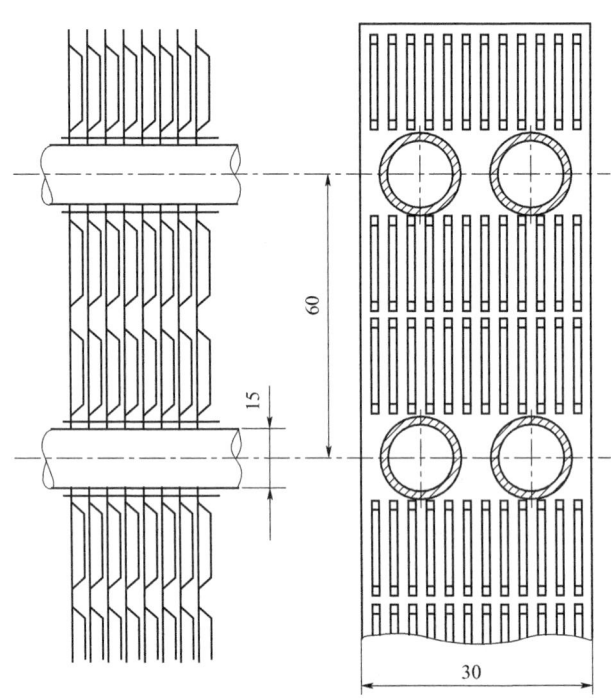

图 7-7-4 槽带板式翅片结构

（5）穿孔翅片 穿孔翅片是在翅片上加工了一些小孔的翅片，翅片上的小孔按一定的方向排列，或者是错排，或者是顺排，穿孔翅片可增加对流传热膜系数而流动阻力增加不大[13~15]。应用穿孔翅片可以减小换热器的体积，提高换热器的性能，一种用于干冷塔的穿孔翅片冷却器结构见图 7-7-5。翅片表面上的小孔不仅具有扰动气流、组织边界层发展的作用，而且还具有使流经它的气流产生涡旋的作用。翅片上的小孔促使流动状态由层流提前转变到湍流，使翅片表面的传热得到增强。

（6）锯齿翅片 锯齿翅片是钎焊在两平行平板之间的平行于气流，且沿流动方向连续交替地交错排列的薄片式翅片。由锯齿翅片构成的子通道横截面的形状可以是矩形的，也可以是三角形的。锯齿的表面有穿孔的，也有不穿孔的[16,17]。图 7-7-6 是矩形锯齿翅片的结构

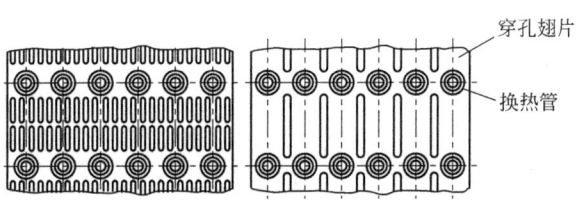

图 7-7-5 穿孔翅片冷却器结构

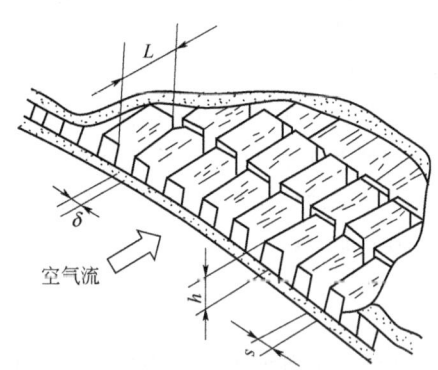

图 7-7-6 矩形锯齿翅片

图。锯齿翅片对传热强化的原因是由于翅片连续交错因而使得流动边层的发展中断，气流在上游翅片产生的尾涡对下游翅片的传热具有强化作用。

7.1.4 多孔介质

在许多传热设备中，利用多孔介质壁面喷入或吸出流体以抑制传热过程的进行。例如，在高温发动机中，为了减弱高温燃气对金属壁的对流换热，常常在壁面上加工许多小孔或由多层丝网组成多孔体壁，从另一侧以一定速度喷入温度不高的空气在内壁面形成气膜保护层，既可避免高温燃气与金属壁的直接接触，又使低温空气对壁面进行冷却。这种内部高温气流的冲刷与外部低温空气的进入，构成了近壁处气流的复杂流动、掺混和传热过程，有关的详细情况可参阅文献 [18]。

工程上经常遇到的情况包括：①高温壁面的薄膜冷却或发散冷却；②从传热壁面吸取边界层以增强传热；③当壁面上发生液体蒸发或蒸气冷凝时经过多孔壁喷入或吸出流体。

Yuan 等人[19]对经过多孔介质有质量流过时充分发展层流传热提出下列计算式：

$$Nu = \lambda_1^2 - Re_w Pr \tag{7-7-14}$$

其中，λ_1 为 $\lambda^2 = \dfrac{RePrR dT_b}{2(T_b - T_w) dX}$ 方程第一本征值；R 为管子半径，m；T_b 为管内流体温度，℃；T_w 为管外流体温度，℃。

通过多孔介质吸出流体使管内层流运动产生湍动，是层流换热得到强化的主要原因。Baculbeb 对经过多孔介质有质量吸出时湍流传热提出了下列计算式[2]：

$$Nu = 0.021 Re^{0.8} Pr^{0.4} \left(1 + 0.121 \times 10^4 \dfrac{Re_s}{Re}\right)^{0.8} \tag{7-7-15}$$

式中，Re_s 为经管壁吸出流体的雷诺数，定性尺寸为管子直径。

多孔介质表面可以使核态沸腾传热强化，Fujii 等[20]将铜颗粒（其大小为 115～530μm）镀在传热表面，镀层厚度为颗粒直径的 1～4 倍，可使核态沸腾传热提高十倍以上。马同泽等[21]报道了用紫铜、黄铜和不锈钢三种材料制成的丝网，烧结在铜表面。实验表明，热流密度越低，传热强化效果越好。应用电化学腐蚀法加工多孔介质表面[22]，在 4.65×10^4 W·m^{-2}的热流密度下，同光滑管相比，水的过热度最大可减少 87%。

多孔介质表面和种类很多[2,23]，如用铜或青铜颗粒烧结，用激光在表面打孔，形成双重凹陷的坑，机械加工多孔表面，金属纤维烧结表面等。这里介绍最典型的 Heat Flux 管，其是美国联合碳化公司生产的沸腾强化管[24]，这种多孔介质表面管用 0.08mm 厚的金属膜制成金字塔形的凸起物，金属膜焊接在传热面上。多孔的表面增加了汽化中心，这样可以在较小的温差下就形成了许多汽化中心。在相同的热负荷下，多孔表面的过热度仅为光滑表面的 1/10～1/20，大幅度提高了沸腾临界热负荷。多孔介质表面孔隙内有液体循环，并在毛细孔的作用下使孔壁内充分湿润，不会产生局部干点，这种良好的流体循环使烯烃化合物、冷冻剂以及水溶液等均具有抗结垢能力。

7.1.5 旋流流动

旋流流动时，一部分流体在管内沿轴向流动，而另一部分流体沿着管长在各个位置被切向喷入管内，在这个旋流流场内，离心力压迫壁面处较热的热流流向管子中心，使热边界层减薄，从而改进传热。

周芳德和 V. K. Dhir[3]进行了以空气为工质，切向喷射引入旋流使传热强化的实验研究。实验数据表明，传热强化随动量比增加而迅速增加，并提出了旋流传热关系式：

$$\frac{Nu}{Nu_{\mathrm{td}}} = [1 - \exp(-n\sqrt{Z/D})]^{-1} \tag{7-7-16}$$

$$Nu = \left[\frac{\frac{f}{8}RePr}{1.07 + 12.7\sqrt{f/8}(Pr^{2/3}-1)}\right]\left(\frac{\mu_{\mathrm{b}}}{\mu_{\mathrm{w}}}\right) \tag{7-7-17}$$

式中，定性尺寸为管子内径；定性温度为流体平均温度；$n = 0.95Pr^{0.27}$；Z 为管子长度；D 为管子内径；μ_{b}、μ_{w} 表示总流温度下与壁面温度下的黏度。

Guo 和 Dhir[25]研究了用切向喷射形成的旋流对单相流体和两相流体传热的影响。当切向动量和轴向动量比为 9.6 时，局部单相传热膜系数可增加 6 倍，有旋流的临界热负荷和无旋流的情况相比要高得多。

7.1.6 螺旋管

流体在螺旋管内流动的一个主要特征是存在二次回流。和轴向速度平方成正比的离心力使处于管子中心位置处的流体趋向管子外侧流动，这就使螺旋管内外侧产生压力梯度，在这个压力梯度作用下，使流体沿着管子的顶部和底部向内流动，产生两个等量但方向相反的漩涡。螺旋管内径的二次回流使流体与管壁间的传热过程得到强化，在湍流流动时，这种传热强化作用并不明显[26~28]。

Dravid[27]给出了螺旋管层流时传热膜系数关系式：

$$Nu = \left[0.76 + 0.65Re^{0.5}\left(\frac{d}{D}\right)^{0.25}\right]Pr^{0.175} \tag{7-7-18}$$

式中，d 为管子内径；D 为螺旋曲率直径。上式使用范围为 $50 < Re\left(\dfrac{d}{D}\right)^{0.5} < 2000$，$5 < Pr < 175$。

Rogers[29]提出了螺旋管内湍流传热计算式：

$$Nu = 0.023 Re^{0.85} Pr^{0.8} (d/D)^{0.1} \tag{7-7-19}$$

7.1.7 管内添加物

在管内放置一些添加物，如螺旋片条、螺旋线、各种型式的挡板使流体产生径向流动，从而加强流体混合，促进管内流体速度和温度分布的均匀，获得管壁和流体间较高的对流传热膜系数。

(1) 扭曲带 扭曲带是用宽度与管子内径相等的钢带或不锈钢带沿长度轴向扭曲而成。扭曲带一般置于传热管的全部长度上，以保持沿整个管长有均匀的传热强化；也可以把扭曲带分段地装入管内，在某些特别不利于传热的区段产生传热强化作用。当传热介质流过扭曲带和管壁之间的扭曲流道时，流体产生螺旋式的前进运动，它所引起的流体径向混合可以大大强化层流传热过程。

Bergles[30]提出了扭曲带管内层流传热计算式：

$$Nu = 0.338 (Re/y)^{0.522} Pr^{0.35} \tag{7-7-20}$$

式中，y 为扭曲比，扭曲带扭转 $180°$ 的轴向长度和管径之比。上式的适用范围为：$13 < Re < 2460$，$3 < Pr < 192$。与普通圆管相比，放热系数最大可增加 10 倍。

Lopina 等[31]给出了湍流流动下传热膜系数计算式：

流体被加热时：

$$Nu = F\left\{ 0.023 \left[Re\sqrt{1 + \left(\dfrac{\pi}{2y}\right)^2} \right]^{0.8} Pr^{0.4} + 0.12 (GrPr)^{0.33} \right\} \tag{7-7-21}$$

流体被冷却时：

$$Nu = F\left\{ 0.023 \left[Re\sqrt{1 + \left(\dfrac{\pi}{2y}\right)^2} \right]^{0.8} Pr^{0.4} \right\} \tag{7-7-22}$$

式中，F 为翅化系数，对松配合，$F = 1$；对紧配合，$F = 1.25$。由此上二式可以看到，扭曲带对于湍流传热强化作用可使传热膜系数增加 $10\% \sim 35\%$。

(2) 静态混合器 把扭曲带做成一段左旋，一段右旋，并使后面扭曲带的前缘与前面扭曲带的尾部错位 $90°$ 相焊接，如此交替地连接起来置于管内，如图 7-7-7 所示。这样，流体在每个元件的前缘分开，沿着管壁和元件壁面所形成的半圆形扭曲流道旋转前进。当流体脱离该元件而进入错位 $90°$ 的后一元件流道时，流体被重新分割并沿着相反方向旋转。这种结构为静态混合器。在混合器内，流体周期地被分割，作不断改变方向的径向运动。因此，流

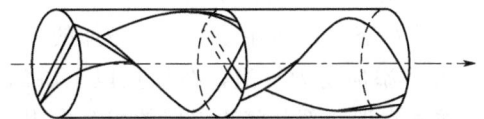

图 7-7-7 静态混合器

体各部分的混合比单一方向旋转和连续流动的扭曲带要更好一些,换热强度也就更高。

朱慎林等人[32]提出了静态混合器层流传热膜系数计算式:

$$Nu = 0.506 Re^{0.567} Pr^{1/3} y^{-0.6} \qquad (7\text{-}7\text{-}23)$$

式中,y 为扭曲比,扭曲带扭转 180° 的轴向长度和管径之比;定性尺寸为管子直径。

(3) 其他管内添加物 除了上面提到的扭曲带和静态混合器外,工业上应用的还有金属丝网多孔体或金属丝编成的螺旋刷[33]。把它们紧紧地插入传热管内,当流体经过这些填充物时,受到很大的扰动或产生旋流,再加上填充物的翅片作用而增加传热面积,可使传热膜系数提高 4~9 倍。由于相应的压力降损失也增加,因此这些方法只适用于流速低、管子短和热流密度较高的特殊情况。

7.1.8 流体添加物

在对流换热过程中,添加物对传热有很大的影响。添加物或是在工艺过程中自然形成的,或是为了满足生产上的某种需要而加入的。例如,化学反应中加入的催化剂,为减少流动阻力而填进的减阻剂,以及为增强传热能力而放入的石墨粉。由于条件的不同,它们既可以加强也可以削弱流体与壁面之间的传热。

(1) 气体中添加固体颗粒 由于气体的放热系数很低,往往成为传热过程中主要的热阻。在气流中加入少量的固体颗粒,可以显著提高气体的传热膜系数。这是由于固体粒子在和气体一起流动时,增加了气体的湍流扰动,扰动壁面热边界层,加上固体的比热值较大,在加热时可以带走较多的热量,增加传热率。

Farbar 等人[34]给出了气体中加入固体颗粒湍流传热计算式:

$$Nu = 0.14 Re^{0.6} (G_s/G_g)^{0.45} \qquad (7\text{-}7\text{-}24)$$

式中,定性尺寸为管子内径;G_s、G_g 为颗粒和气体的质量流速,$kg \cdot m^{-2} \cdot s^{-1}$。上式适用范围为:$2 < G_s/G_g < 8$,$10^4 < Re < 3 \times 10^4$。固体颗粒为硅-铝类催化剂。

(2) 气体中添加液体 在气体中添加液体形成悬浮液滴气体混合物,在许多蒸发器和液体燃料喷雾以及喷射干燥过程中得到应用。如水气雾状流,可以使传热流体在壁面上形成液膜,在较低壁面温度下混合流中的水分可以渗透、凝聚到壁面上,取代气体边界层而形成水膜构成内边界层,这样使气-水雾状流的传热膜系数比气体有很大的增加,最高可达 30 倍。

(3) 一些液体添加剂(包括醇类液体、润湿剂) 在含量适当时,可以提高池内核沸腾传热膜系数。Lowery 等[35]报道采用液体添加剂的方法,使池内核沸腾传热率提高 20%~40%。液体添加剂也能提高池内沸腾的临界热负荷。Vanwijk 等人[36]用微量的挥发性添加剂使临界热负荷提高了 1.4 倍。添加剂同样可以提高流动沸腾传热,Summerfield[37]发现水的添加可以改善苯胺的流动沸腾传热。

(4) 液体中添加固体颗粒 在液体中添加固体颗粒也可起到增强传热的作用。Ahuja[38]报道在甘油或氯化钠水溶液中分别添加直径为 $50\mu m$ 或 $100\mu m$ 聚苯乙烯小珠,当液体作层流运动时,其热导率比静态悬浮体显著增大,增加的大小与颗粒直径、浓度等因素有关。能够增加液体传热的另一添加物为气泡,在加热段上游的液体中注入少量小直径气泡,它在液体中相对运动,尤其在近壁部分与边界层的相互作用,可以明显地增强换热面上的传热。实验结果表明[39],液体中掺加气泡时传热增强最大可达 50%。在水内添加高分子聚合物除了减少阻力外，也具有增强传热的作用。

7.1.9 冷凝传热强化

一般地说，冷凝传热过程是一种高传热率过程。如在一般参数条件下，水蒸气膜状冷凝放热系数为 $5000 \sim 10000 \mathrm{W \cdot m^{-2} \cdot ℃^{-1}}$。然而，在低温能源利用、石油分馏、有机蒸气冷凝器以及各种制冷冷凝器中，有机物蒸气的冷凝传热系数仅为水蒸气的十分之一。为了提高冷凝器性能，减少冷凝器的体积和重量，增强冷凝传热成为一个关键。蒸气冷凝传热强化同样可以应用上面讲述的一些方法，如冷凝壁面上应用螺旋槽、肋纵槽等。对于蒸气冷凝传热强化，这里不再重复上面讲述的各种方法，主要介绍冷凝壁面处理的一些传热强化方法。

(1) 实现珠状冷凝的方法 珠状冷凝比膜状冷凝有高得多的冷凝传热系数，因此人们采取各种方法来实现珠状冷凝，得到高的传热效率。实现珠状冷凝的途径有：

① 憎水剂涂层。利用油酸、硬脂酸、亚麻油酸等长链状脂肪酸类有机化合物和金属硫或硒化合物涂在冷凝壁面上。

② 改变传热表面。国内采用铜-铬合金表面，离子镀和离子注入合金改变传热表面结构，以利珠状冷凝[40]。

③ 高分子聚合物涂层。如聚四氯乙烯、聚乙烯、尼龙等材料[41]。

(2) 膜状冷凝的传热强化 在石油、化工和动力工业中使用的冷凝器大部分是管壳式冷凝器，实际应用中大都属于膜状冷凝。膜状冷凝的热阻主要集中在液膜上，膜状冷凝传热强化方法主要考虑减薄液层、增加传热面积等方面。

① 沟槽。沟槽表面能够使冷凝传热强化，管壁表面上的沟槽形状有 V 形、矩形、半圆形、余弦形、平底尖顶形等[42]。这些沟槽上的冷凝液在表面张力的作用下沿水平方向流到槽界，使槽峰两侧的冷凝液膜变薄，传热热阻降低，图 7-7-8 示出了竖直 V 形槽管的结构图。Lin 等人[43] 提出了 V 形槽管平均冷凝传热膜系数：

$$\alpha = \frac{q_m r}{A \Delta T_m} \tag{7-7-25}$$

式中，q_m 为冷凝液质量流量，$\mathrm{kg \cdot s^{-1}}$；A 为冷凝液流横截面积，$\mathrm{m^2}$；ΔT_m 为管壁温度和饱和温度之差，℃；r 为汽化潜热，$\mathrm{kJ \cdot kg^{-1}}$。

他们的试验表明，当管外壁开设了 V 形沟槽之后，竖直管的平均冷凝传热膜系数比相

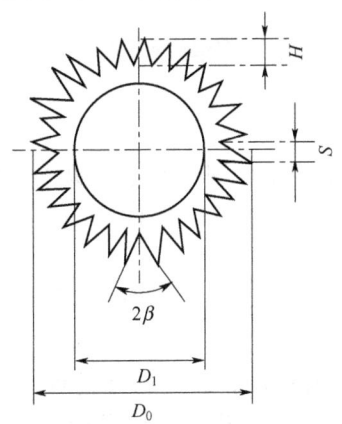

图 7-7-8 竖直 V 形沟槽结构图

应的光管提高 5～7 倍。

水平放置的螺旋槽管同样可起到冷凝传热强化作用。

② 翅管。水平放置的环形低翅管、螺旋翅管、粗糙肋管及各种异形翅片管都可以提高凝结传热膜系数，其传热强化作用同样是减薄液层厚度，利于排走冷凝液，增加传热面积。水平管内冷凝传热的强化可采用内翅表面、内槽表面以及内含纽带等方法。如水平内翅管的冷凝传热膜系数可较光滑管内的冷凝传热膜系数提高 200%～300%，而流动阻力略有增加[44]。内翅片的形状有三角形、梯形、圆弧形和矩形等。有关这方面的详细情况可参阅本章 7.1.3 节内容及文献［2，11］。

传热强化现已成为传热学的一个重要部分，在工业上正在发挥越来越大的作用。除了本章介绍的这些最基本和最重要的传热强化方法及技术外，还有其他一些适合不同工作条件的方法，如施加静电场、射流冲击、机械振动、应用流体脉动增强传热等，这里不再一一介绍。

7.2 节能技术

7.2.1 概述

化学工业是耗能高的部门，它既要用能源做燃料和动力，又要用能源作材料。1984 年化学工业的耗能约占全国能源消耗的 11.5%。同时，化工产品单位能耗都比国外同类产品高出很多。例如，每吨电石的耗电量比国外高 20%；每吨烧碱耗蒸汽 5～7t，国外一般为 2～3t；每吨合成氨的耗能量平均为日本的 2.5 倍。

节能的根本目标是将热能由高温到低温，系统而彻底地用尽。对能源的利用做到降低消耗，提高效率，采用高效能的传热设备或加热方法，尽可能地实现废热回收。

化工、石油等工业部门的节能一般途径有：

a. 燃料燃烧的合理化；

b. 加热、冷却等传热过程的合理化；

c. 蒸汽的有效使用；

d. 压缩空气的有效运行；

e. 废热（余热）回收。

另外还有热能动力转换、电力向动力和热转换等途径，详细内容可参阅文献［45，46～49］。

7.2.2 燃料燃烧的合理化

对燃烧加热器、锅炉和其他设备，过量供给空气所产生的超供量要正确控制。空气的超供和不足都是一样不经济的。空气超供量应保持在 10% 左右，使烟道气只有 2% 左右的氧气。

建立燃烧器的例行维护和清理制度。输入燃烧器的燃油温度应有利于正确雾化和有效地燃烧。

要考虑设置自动控制系统和监控设备。在燃烧过程中，例如，锅炉的正确运行维护，要求确定燃料气中氧气和燃烧物的量，并准确地保持空气超供量在 10%，以便提高燃烧效率。

利用余热给空气预热,或者应用蓄热器加热进入炉膛的空气,可以提高燃烧效率。

7.2.3 加热、冷却等传热过程的合理化

化工生产过程中的各种化学反应和各种化工过程都同时存在着传热过程。反应物料,工艺流体被加热、干燥、蒸馏、汽化、蒸发或者被冷却、结晶、冷凝。应用高效能的传热设备、改善传热性能、提高传热效率,是减少热损失、实现节能的一个主要途径。

应当重视化工生产过程中最明显的一种热能损失:工质的跑、冒、漏、滴。对传热设备应当采用正确的保温和保冷方法。针对传热过程的不同温度要求,采用不同的保温隔热材料,选择适合的隔热层厚度。有关这方面的内容可参阅本篇第 11 章的内容。

7.2.4 蒸汽的有效使用

工业耗用能源中大约 40% 是用于生产蒸汽。在蒸汽系统中,如果维护和操作不当,会造成能源的严重浪费。如果水汽阀的功能不佳,将成为能源损耗的主要原因。一个大型工业企业可能有几千个水汽阀,如果不能正常工作,就可能导致费用大幅度增加。水汽阀在把水汽分离或防止蒸汽损失的同时能排除冷凝水和不能冷凝的气体。如果阀关闭不紧,孔隙有时大到 6mm,造成蒸汽外溢,这样的水汽阀在蒸汽管路压力为 700kPa 时就能使 $5.7 \times 10^3 \mathrm{kJ \cdot a^{-1}}$ 的热能散失到大气中去。

不适当的蒸汽分配系统设计和操作会造成能源损失 10% 或更多。有时把优质蒸汽用于次要用途,例如空间采暖和清洁作业等会带来损失,而这些用途如果由其他热源供应的话,可能更经济合算。

冷凝水的回收可以产生很大的节能成果。因为损失了的进给水必须加以补充并加热。

在一般的蒸汽使用装置中利用的热量,只是蒸汽总热量中的潜热,蒸汽的显热,即凝结水所含有的热量,几乎还没被利用就被丢掉了。冷凝水的温度相当于装置内蒸汽压力下的饱和温度,而且能满足其他加热用途所需要的热量。冷凝水所具有的热量随蒸汽压力的不同而不等,可达到蒸汽总热量的 20%～30%。如果有效地利用冷凝水的热量,可使得锅炉燃烧用量节省 20%～30%。

由于原设计不佳或由于绝热材料失效,使管道和阀门的绝热能力下降。管路绝热不良而造成的热耗是十分可观的,例如,每 30m 绝热不良的管路热耗可达 $10^6 \mathrm{kJ \cdot a^{-1}}$ 或更多。

7.2.5 压缩空气的有效运行

压缩空气或气体是许多化工生产过程中消耗能源的主要形式之一。实现压缩空气有效运行可采取以下办法:

a. 要适当选择设备的型式和大小尺寸,对特定的工作选用最合适的设备,可以达到节能效果[50]。

b. 压缩空气系统中管路和阀门上的空气泄漏必须消除。压缩空气的压力应该降低到保证供应的最小值。

c. 空气压缩机入口处的空气温度应该尽可能低,降低入口处的空气温度可以使进入压缩机的空气体积变小,增加压缩空气量。

d. 对空气压缩机或空冷系统的冷却水进行热量回收。

7.2.6 废热回收

化工生产过程中存在着多种多样的废热（余热）。根据美国对化工部门废热的分布统计表明[49]，各种废热所占总废热量的百分比如下：冷却水 14%，工艺水 7%，工艺损失 47%，冷凝液 3%，锅炉和加热炉废气 32%。这些废热的特征是温度较低，除了锅炉和加热炉废气的温度在 150～540℃ 范围外，其他余热物流的温度均较低。如冷却水在 32～54℃，冷凝液在 60～93℃，工艺水在 38～60℃。在石油炼制中，产品冷却废弃的热量若以温度分，则为大于 120℃，占 40%；在 90～120℃ 之间，占 35%；小于 90℃，占 25%。可见，传热温差较小，需要采用高效率换热器。废热源中有一定的腐蚀性的污染物，要注意换热设备的结垢、腐蚀和可靠性等问题。

将回收到的废热再重新加以利用，通常可采用下述方式：

a. 产生蒸汽供空间采用或供工艺流程之用。例如，预热锅炉给水能够节约燃料 5%～10%。

b. 产生热空气供空间采用或供工艺流程之用。例如，预热进入炉膛的空气，可减少燃料消耗 10% 以上。

c. 加热工艺流程中的流体。例如，工艺加工中所需的有机液体，或预热被加工的原料。

应用换热器进行废热回收是应用最广泛、最普通的方式。

对气体与气体之间的换热，例如高温工艺气流和高温烟道气流的热回收，可应用回转式蓄热器、辐射式换热器[37]、板式换热器、热管换热器、同流换热器等[46]。

对气液换热，常见的是利用烟道烟气余热加热锅炉给水的省煤器，或产生蒸汽的废热锅炉。

对液液换热，例如以蒸气冷凝液加热锅炉给水，可以应用管壳式换热器。只要压力和温度允许，也可应用板式换热器。用板式换热器可以较小的温差和较大的传热系数进行换热，可以回收更多的热量。

特别需要指出的是，作为一种高传热效率的热管式换热器在废热回收中正在得到广泛的应用。热泵系统已在化工部门得到应用。对低品位的低温余热加以利用，这些新的废热回收技术在生产中将发挥重要的作用。

(1) 热管 用于气气热回收的热管换热器，正如冷却空气所常用的换热器一样，基本上是由一束翅片管所组成的管状换热器。

热管是一根内壁衬有一层能产生毛细作用的吸液芯的密闭管子。吸液芯中含有作为传热介质的工作液体，若热管的一端受热，吸液芯中的液体就在这一端蒸发，蒸气流向热管较冷的区域冷凝成液体放出冷凝潜热。冷凝液重新被吸液芯所吸收，并借助毛细作用返回吸液芯的蒸发区。

热管换热器广泛应用在化工、石油、动力等工业中。如废蒸汽回收、空气预热、电子设备的冷却等。热管换热器可从工厂烟道中回收热能用于预热本过程中的空气或燃料。能够将工艺过程中所回收的热能用于供热；在空气调节系统中回收热能，在冬天可预热引进的空气，在夏季则预冷引进的空气。有关热管的详细结构和类型等可参阅本篇第 9 章的内容。

(2) 热泵 前面介绍的热能回收技术都是用于回收温度相当高的废热，直接用于预热燃烧用的空气，产生蒸汽等。工业上有很多情况，虽然携带废热的介质（气体或液体）温度太低或热能品位低，但其热能还是可以利用的，可以将热能品位提高（如升到较高的温度）后再加以利用。热泵系统可以在较低的温度下接受热能并对流体做功,然后在较高温度处排出其热能。热泵可以在高温供给热能,它既可作为加热又可作为冷却之用。

热泵的基本回路由一组蒸发器、冷凝器、压缩机和膨胀阀组成,如图 7-7-9 所示。蒸发器从废热中接受低温热能,这部分热能被循环的工作流体以蒸发的方式吸收而进入热泵回路。蒸发所生产的蒸气在进入冷凝器之前通过压缩机,以提高其压力和温度,然后在冷凝器中放出在蒸发器中所接受的热量以及和压缩做功相当的热量。当热量减少后,蒸气冷凝,然后热的冷凝液通过一个膨胀阀,在过程中冷却。工作介质常用氟化氢。热泵工作的常用温度为 30~80℃。热泵有蒸汽压缩式、蒸汽喷射式和吸收式等形式。

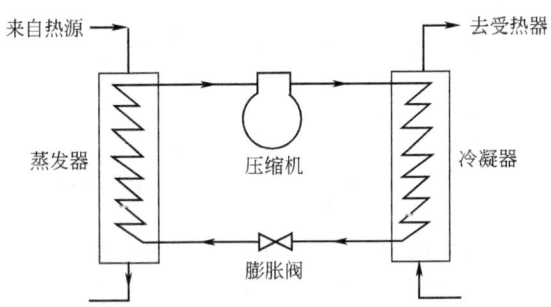

图 7-7-9 热泵的基本回路

热泵在蒸馏、蒸发及干燥等化工单元操作中得到了广泛的应用,有关操作过程详细内容可参阅文献 [51]。

参考文献

[1] Knudson J G, Katz D L. Fluid Dynamics and Heat Transfer. New York: McGraw-Hill, 1958.
[2] 顾维藻,等. 强化传热. 北京: 科学出版社, 1990.
[3] 周芳德, Dhir V K. 石油与天然气化工, 1990, 19 (2): 45-49.
[4] 邓颂九,谭盈科,庄礼贤,等. 化学工程, 1980, (6): 1-8.
[5] Li H M, Ye K S, Tan Y K, et al. Investigation on Tube-side Flow Visualization, Friction Factors and Heat Transfer Characteristics of Helical Ridging Tubes. Hemisphere Pub Co, 1982: 75.
[6] 吉富英明. 火力原子能发电 (日本), 1976, 27 (2): 171-186.
[7] Afgan N H, Schlunder E U. Heat Exchanger S: Design and Theory Sourcebook. New York: McGraw-Hill, 1974.
[8] Kakac S, Bergles A E, Mayingerm F. Heat exchanger thermal-hydraulic fundamentals and design. New York: McGraw Hill Co, 1981.
[9] Briggs D E, Young E H. Chem Eng Prog Symp Ser, 1963, 59 (41): 1-10.
[10] McQuiston F G. A SHRAR Trans, 1978, 84 (1): 294-309.
[11] Forgo L. Some Extre-High Capacity Heat Exchangers of Special Design, Heat Exchanger: Design and Theory Sourcebook. Washington: Hemisphere Pub, 1974: 101-120.
[12] Mori Y, Nakayama W. Recent Advances in Compact Heat Exchangers in Japan. ASME HTD-10, 5-16, 1980.
[13] Cheers F, Liley J N. Int J Heat Mass Transfer, 1961, 2: 259-261.
[14] 神家锐,顾维藻,张亚明. 工程热物理学报, 1985, 6 (2): 174-177.
[15] Liang C Y, Yang W J, Clark J A. Slotted Fin Tubular Heat Transfer for Dry Cooling Towers, AIAA paper No. 74-661/ASME Paper No. 74-HT-6, for AIAA/ASME 1974//Thermophysics and Heat Transfer Conference, 1974.
[16] 闫小军,张慧华,陶文铨. 空气槽掠错排板簇换热与阻力特性的试验研究//工程热物理学会第五届年会, 85-3064, 1985.
[17] Manson S V. Correlation of Heat Transfer Data and of Friction Data for Interrupted plane Fins Staggered in Succes-

[18] 葛绍岩，刘登瀛，徐靖中，等．气膜冷却．北京：科学出版社，1985.
[19] Yuan S W, Finkelstein A B. Tran ASME, 1956, 78（4）: 719-724.
[20] Fujii M. Nucleate boiling heat transfer from micro-porous heating surface. Advances in Enhanced heat transfer, San Diego, 1979.
[21] 马同泽，张正芳，李慧群．工程热物理学报，1984, 5（2）: 164-171.
[22] 陈嘉宾，蔡振业，林纪方．带有多孔覆盖层表面的沸腾传热实验研究//传热传质学文集．北京：科学出版社，1986.
[23] 辛明道．沸腾传热及其强化．重庆：重庆大学出版社，1986.
[24] Ragi E G. Composite structure for boiling liquid and its formation: US 3684007, 1972.
[25] Guo Z, Dhir V K. Int J Heat Fluid Flow, 1989, 10（3）: 203-210.
[26] 陈学俊．两相流与传热——原理与应用．北京：原子能出版社，1991.
[27] Dravid A N, Smith K A, Merrill E W, et al. AIChE J, 1971, 17（5）: 1114-1122.
[28] Chen X J, Zhou F D. Forced Convection Boiling and Post-dryout Heat Transfer. Miami, USA, 1986.
[29] Rogers G F C, Mayhew Y R. Int J Heat Mass Transfer, 1964, 7（10）: 1207.
[30] Hong S W, Bergles A E. J Heat Transfer, 1976, 98（2）: 251-256.
[31] Lopina R F, Bergles A E. Heat transfer and pressure drop in tape generated swirl flow. MIT, Dept, Mech. Eng. Report, No. DSR 70281-47.
[32] 朱慎林，孙建辉．螺旋型静态混合器强化传热的研究//工程热物理学会第五届年会，1985: 3049.
[33] Megerlin F E, Murphy R W, Bergles A E. J Heat Transfer, 1974, 96（2）: 145-151.
[34] Farbar L, Depew C A. Ind Eng Chem Fund, 1963, 2（2）: 130-135.
[35] Lowery A J, Westwater J W. Ind Eng Chem, 1957, 49（9）: 1445-1448.
[36] Vanwijk W R,Van W, Vos A S, et al. Chem Eng Sci, 1956, 5（2）: 68-80.
[37] Kreith F, Summerfield M. Trans ASME, 1950, 72: 869-879.
[38] Ahuja A S. J Appl Phys, 1975, 46（8）: 3408-3416.
[39] Kenning D B R, Kao Y S. Int J Heat Mass transfer, 1972, 15（9）: 1709-1718.
[40] 张东昌，林载祁，林纪方．实现滴状冷凝新途径的研究//工程热物理学会第五届学术年会，1985: 3027.
[41] Burmeister L C. Convective heat transfer. New York: John Wiley & Sons, 1982.
[42] Webb R L. J Heat Transfer, 1979, 101（2）: 335-339.
[43] Lin J F, Hsu T C, Pei J M. Heat transfer of condensation on a Vertical V-type corrugated tube—a new physical model. Proc 7th Int Heat Transfer Conf, 1982: 119-124.
[44] Reisbig R L. Condensing heat transfer augmentation inside splined tubes. ASME paper 74-HT 7, 1974.
[45] Gottzmann G F. Theory and application of high performance boiling surface to components of absorption cycle air conditioners//Proc Conf Nat' l Gas Res Tech. Session V. Chicago, 1971: 3.
[46] 雷伊 D A．工业节能手册．章维中，等译．北京：化学工业出版社，1986.
[47] 张管生．科学用能原理及方法．北京：国防工业出版社，1986.
[48] 陈络锋．工业节能．北京：国防工业出版社，1989.
[49] ［日］能力变化恳话会．能量有效利用技术．王维城，马润田，译．北京：化学工业出版社，1984.
[50] 史密斯 C B．节能技术．殷元章，等译．北京：机械工业出版社，1987.
[51] ［日］实用节能机器全书编辑委员会．实用节能全书．郭晓光，等译．北京：化学工业出版社，1981.

8 换热器

8.1 管壳式换热器

8.1.1 管壳式换热器的结构型式

管壳式换热器由一个圆筒形壳体及其内部的管束组成。管子两端固定在管板上，并将壳程和管程的流体分开。壳体内设有折流板，以引导流体的流动并支承管子用拉杆和定距管将折流板与管子组装在一起。

管壳式换热器由于具有结构比较简单、造价较为低廉、选材范围广泛、清洗比较方便、适应性强、处理能力大、耐高温高压的能力强的优点，因而得到广泛的应用。

管壳式换热器的主要型式如图 7-8-1。图中序号所示的零部件名称列于表 7-8-1。图中型号表示换热器的前端、壳体和后端结构型式的标号，常用的结构型式如图 7-8-2。

根据结构特点，管壳式换热器可分为固定板管式、U 形管式和浮头式三大类。

(1) 固定管板式 其典型结构如图 7-8-1(b)。管束连接在管板上，管板与壳体相焊，管

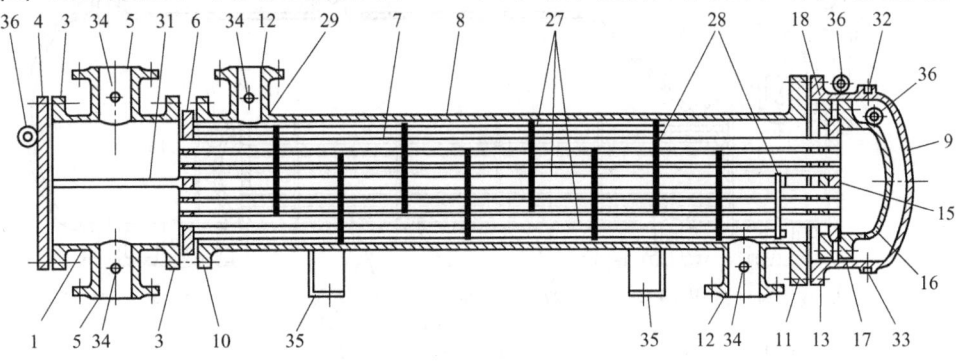

(a) 内浮头式换热器(有背衬构件的浮头)，AES 型

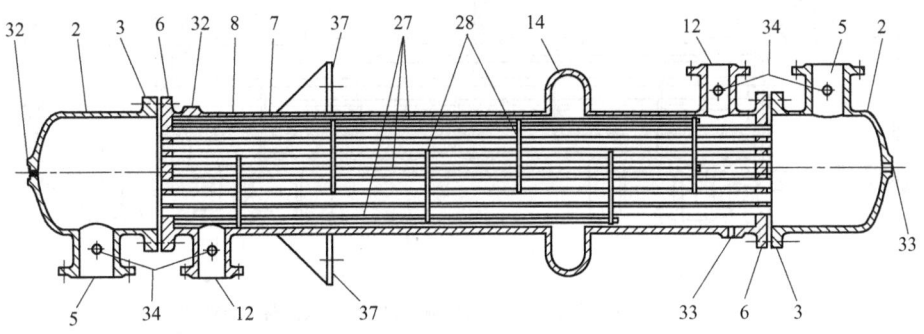

(b) 固定管板式换热器，BEM 型

图 7-8-1

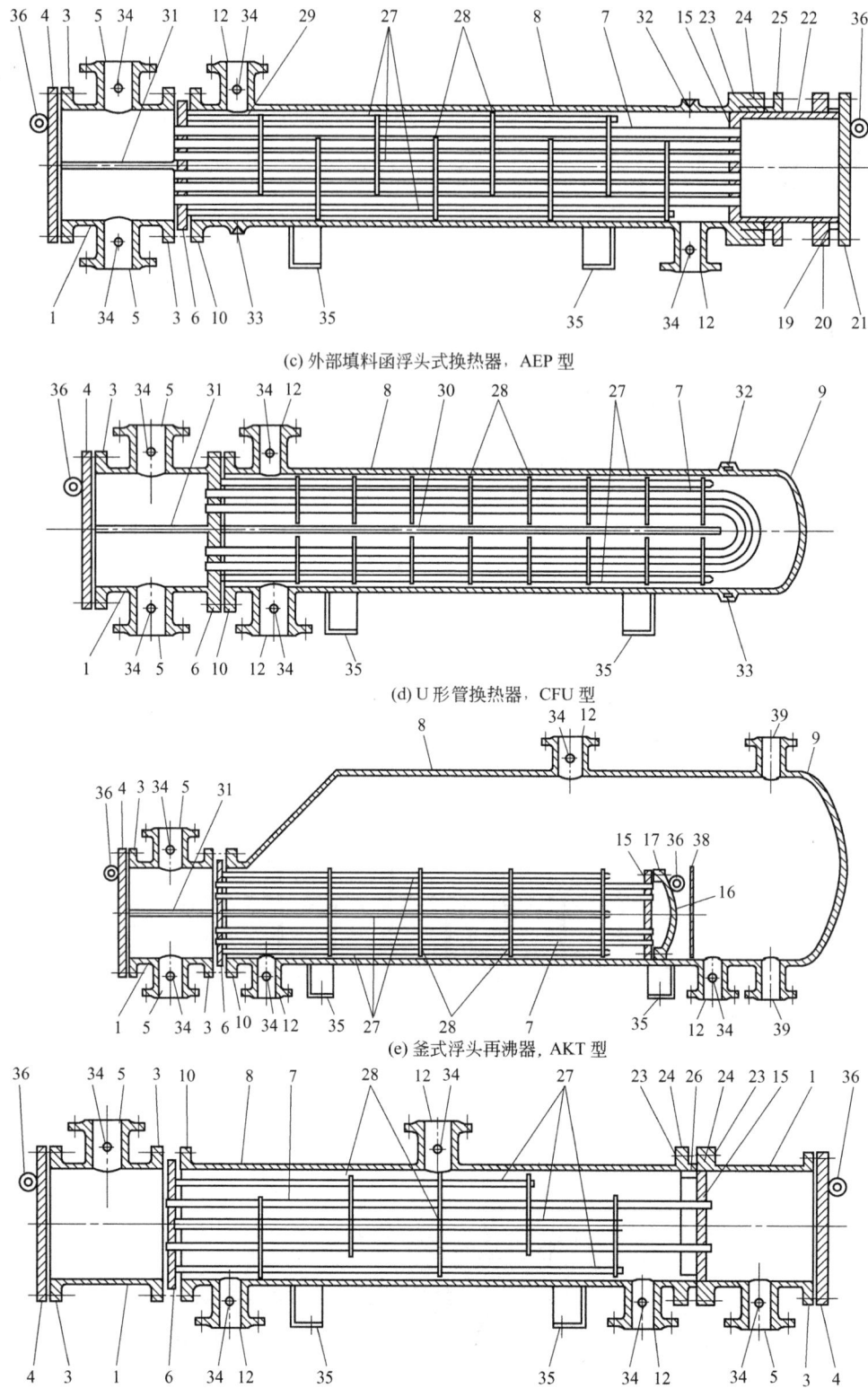

(c) 外部填料函浮头式换热器，AEP 型

(d) U 形管换热器，CFU 型

(e) 釜式浮头再沸器，AKT 型

(f) 具有填料函浮动管板和灯笼环的换热器，AJW 型

图 7-8-1　管壳式换热器主要型式

1～39—见表 7-8-1

表 7-8-1　管壳式换热器零部件名称表（参见图 7-8-1）

序号	名称	序号	名称	序号	名称	序号	名称
1	固定端部管箱	11	壳体后端法兰	21	浮头外盖	31	分程隔板
2	固定端部封头	12	壳体接管	22	浮动管板裙筒	32	排气接口
3	固定端管箱或封头法兰	13	壳体端盖法兰	23	填料函法兰	33	排液接口
4	管箱盖板	14	膨胀节	24	填料	34	仪表接口
5	固定端部接管	15	浮动管板	25	填料压盖	35	支座
6	固定管板	16	浮头盖	26	灯笼环	36	吊环
7	管子	17	浮头法兰	27	拉杆和定距管	37	托架
8	壳体	18	浮头背衬法兰	28	横向折流板或支撑板	38	堰板
9	壳体封头	19	剖分密封环	29	缓冲挡板	39	液位计接口
10	壳体固定端法兰	20	滑动背衬法兰	30	纵向折流板		

子、管板和壳体成刚性连接。此种换热器结构简单，价格便宜，管程清洗方便，管子损坏易于堵管或更换，故应用十分普遍。其缺点是壳程清洗困难和热膨胀能力差。一般，当管壁和壳壁温差超过 50℃时，在壳体上应加装膨胀节。在高温、高压条件下，近年来发展了挠性管板、椭圆管板、碟形管板、球形管板等薄壁管板结构，可利用管板的变形来吸收一部分热膨胀应力。

(2) U 形管式　其典型结构如图 7-8-1(d)，管子两端固定在同一管板上，另一端为 U 形弯头，可自由伸缩。整个管束可从前端抽出，便于管外清洗。管程流速高，传热性能好。承压能力强，结构比较简单，造价比较便宜，已得到广泛应用。其缺点是管程流阻较大，管内不易清洗，换管比较困难，受内管弯曲半径限制结构不够紧凑。

(3) 浮头式　针对固定管板式存在的缺点，发展了浮头式结构。两端管板中只有一端与壳体固定死，另一端可相对壳体滑移，称为浮头。浮头封闭在壳体内的称为内浮头式。图 7-8-1(a) 为带背衬的内浮头换热器；图 7-8-1(e) 为可抽式浮头，常用于釜式再沸器中。浮头露在壳体以外的称为外浮头式。在浮头与壳体的滑动接触面处采用填料函密封结构，故又称填料函式换热器，如图 7-8-1(c) 和(f) 所示。浮头式换热器由于管束的膨胀不受壳体的约束，故不会由于管束和壳体之间的差胀而产生热应力；浮头端可拆卸抽出管束，便于清洗和检修。浮头式结构较固定管板式复杂，造价约增加 20%。填料函处易发生泄漏，壳程压力应受限制，易燃或有毒物料不应在壳程内流动。

8.1.2 管程结构

介质流经传热管内的通道部分称为管程。

(1) 管子

① 管子型式。有光管和翅片管两类。在一般情况下应用光管。翅片管有径向翅片管、纵向翅片管、螺旋型翅片管等。翅片可在管外、管内，或两侧均有。当两侧放热系数相差大时，翅片应加在放热系数低的一侧。此外，还有各种沟槽管、多孔表面管、波纹管等，用于强化有相变时的传热。

② 管子尺寸。常用管子的外径×壁厚为 $\phi19\text{mm}\times2\text{mm}$、$\phi25\text{mm}\times2.5\text{mm}$ 和 $\phi38\text{mm}\times2.5\text{mm}$ 无缝钢管及 $\phi25\text{mm}\times2\text{mm}$ 和 $\phi38\text{mm}\times2.5\text{mm}$ 不锈钢管。标准管长有 1.5m、

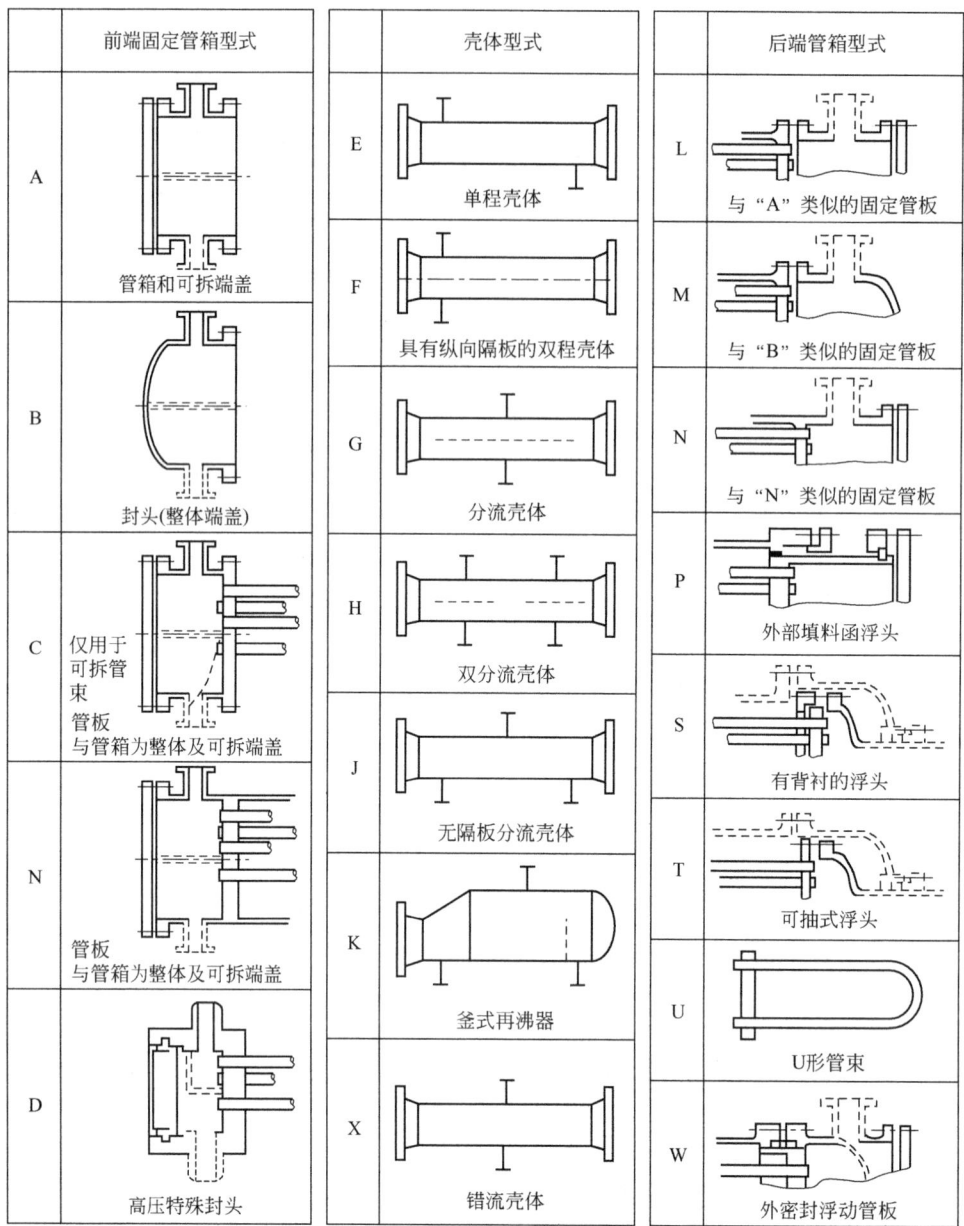

图 7-8-2 管壳式换热器前端、壳体和后端结构型式分类

2.0m、3.0m 和 6.0m。采用小管径，可使单位体积传热面积大、结构紧凑、金属耗量减少、传热膜系数也提高。据估算，将同壳径换热器的管子由 $\phi25mm$ 改为 $\phi19mm$，传热面积可增加 40% 左右，节约金属 20% 以上。但小管径流阻大，不便清洗，易结垢堵塞。

③ 管子材料。常用的为碳钢、低合金钢、不锈钢、铜、海军铜、铜镍合金、铝合金等，应根据工作压力、温度和介质腐蚀性等条件决定。此外还有一些非金属材料，如石墨、陶瓷、聚四氟乙烯等亦有采用。在设计和制造换热器时，正确选用材料很重要，既要满足工艺条件的要求，又要经济。对化工设备而言，由于各部分可采用不同材料，应注意由于不同种类的金属接触而产生的电化学腐蚀作用。

④ 管子排列。管子排列型式如图 7-8-3。正三角形排列结构紧凑；正方形排列便于机械

清洗；同心圆排列用于小壳径换热器，外圈管布管均匀，结构更为紧凑。我国换热器系列中，固定管板式多采用正三角形排列；浮头式则以转角正方形排列居多，也有正三角形排列。管间距 s 与管外径 d 的比值一般为：焊接时 $s/d \approx 1.25$；胀接时，$s/d \approx 1.3 \sim 1.5$。

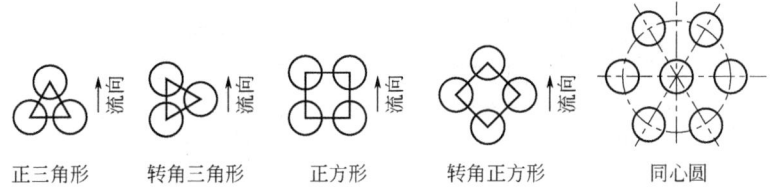

图 7-8-3 管子排列型式示意图

(2) 管板 管板的作用是将受热面管束连接在一起，并将管程和壳程的流体分隔开来。在现代高温高压大型换热器中，管板的厚度可达 300mm 以上，质量超过 20t，在换热器制造成本中占有相当大的比例。

① 管板材料。在选择材料时，除要满足机械强度的要求以外，还必须考虑管内和管外流体的腐蚀性，以及管板与管子材料的电化学兼容性等。最常用的材料是碳钢和合金钢。由于合金钢价贵，可考虑采用复合板或堆焊衬里等办法。

② 管板与管子的连接可胀接或焊接。胀接法是利用胀管器将管子扩胀，产生显著的塑性变形，靠管子与管板间的挤压力达到密封紧固的目的。胀接法一般用在管子为碳素钢、管板为碳素钢或低合金钢，设计压力不越过 4MPa，设计温度不超过 350℃ 的场合。当温度升高时，材料的刚性下降，热膨胀应力也增大，可引起接头脱落或松动，发生泄漏；材料的蠕变造成胀接残余应力松弛，将使胀口失效。因此，在高温下，宜用焊接法，更能保证接头的严密性。在高温高压条件下，可采用焊接加胀接，靠焊接来承受管子的载荷并保证密封，管子的贴胀可消除管子与管孔间产生间隙腐蚀，并提高接头的抗疲劳性能。如果要严格防止管内或管外流体从接头处泄漏到另一方，可采用双层管板结构，如图 7-8-4 所示。两块管板间有一窄缝通大气，若一旦发生泄漏，立即就能发现。

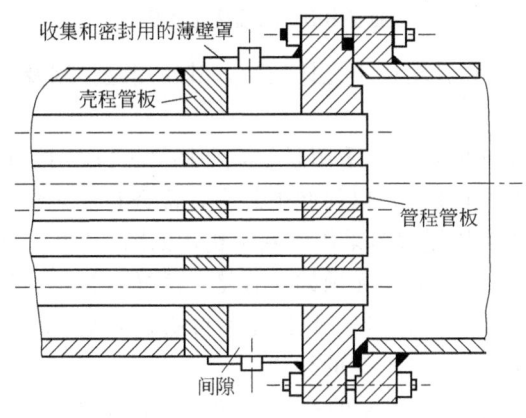

图 7-8-4 双层管板结构

③ 管板与壳体的连接有可拆连接和不可拆连接两种，如图 7-8-5。固定管板常采用不可拆连接，两端管板直接焊在外壳上并兼作法兰，拆下顶盖可检修胀口或清洗管内。浮头式、U 形管式等为使壳程清洗方便，常将管板夹在壳体法兰和顶盖法兰之间构成可拆连接。

④ 高温高压管板随着换热器压力和温度的提高，平管板将变得愈来愈厚，使管板厚度

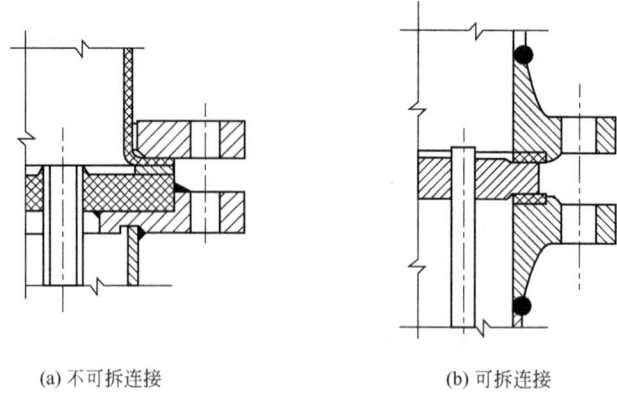

(a) 不可拆连接　　　　(b) 可拆连接

图 7-8-5　管板与壳体的连接

方向的热应力增大,制造困难,成本提高。因此,在高温高压条件下,应采用降低管板厚度的结构。如椭圆管板和挠性管板（图 7-8-6）。因管板具有一定弹性,可补偿管束和壳体间的差胀值,管板本身的热应力也较小,故可做得较薄。此外还有碟形管板、球形管板等。

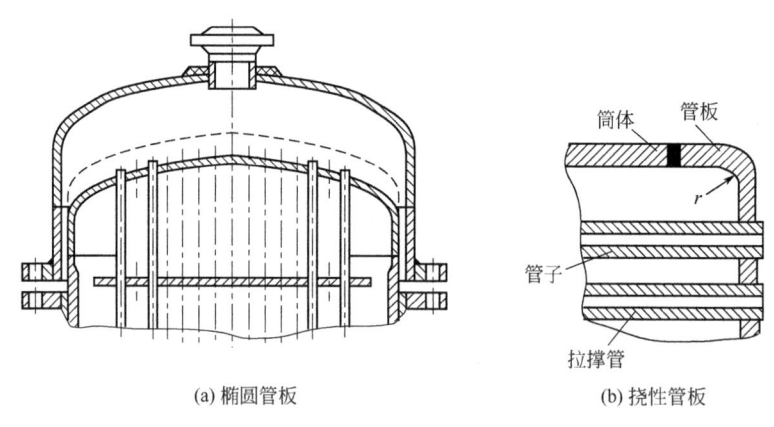

(a) 椭圆管板　　　　(b) 挠性管板

图 7-8-6　高温高压管板

(3) 封头和管箱　封头和管箱位于壳体两端,其作用是控制及分配管程流体。常用结构型式见图 7-8-2。

① 封头。当壳体直径较小时,常采用封头,如图 7-8-2B。接管和封头可用法兰或螺纹连接。封头与壳体之间用螺栓连接,以便卸下封头,检查和清洗管子。

② 管箱。壳径较大的换热器大多采用管箱结构,如图 7-8-2A、C、N。管箱具有一个可拆盖板,因此在检查或清洗管子时,无须卸下管箱。这样,管箱上的接管可不受干扰。在维修时,管箱比封头方便,但价格较贵。要求管束可拆时,管箱与壳体用螺栓连接,如图 7-8-2A、C。图 7-8-2N 为管束不可拆卸的结构。

③ 高压管箱。对压力超过 6MPa 的高压换热器,常采用锻造的特殊管箱结构,如图 7-8-2D。管箱端部的可拆盖板受流体的静压作用,由剪切环承受剪切应力吸收其端部的作用力。这种结构在高压下较螺栓连接更为经济。管箱内的分程隔板仅受管束进出口流体的压差作用,受力不大。

④ 分程隔板。对于多管程换热器,在管箱内应设分程隔板,其与管板的连接如图 7-8-7 所示。双层隔板结构稍复杂,但板间有一隔热空间,能减少管程流体通过隔板的换热。

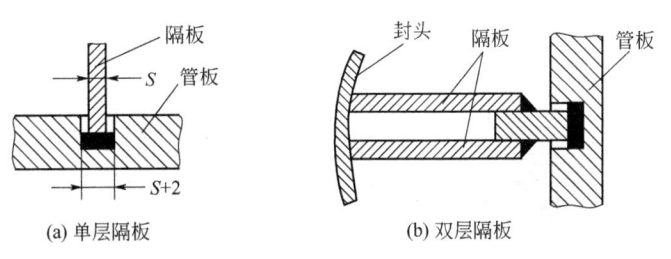

图 7-8-7　分程隔板

(4) 分程　当需要的换热面很大时，可采用多管程换热器。其办法是在管箱中设置若干分程隔板，将管束分为顺次串接的若干组，这样可提高介质流速，增强传热。管板多者可达 16 程，常用的有 2、4、6 程，其布置方案如图 7-8-8。在布置时应尽量使管程流体与壳程流体成逆流布置，以增强传热；同时应严防分程隔板的泄漏，防止流体的短路。

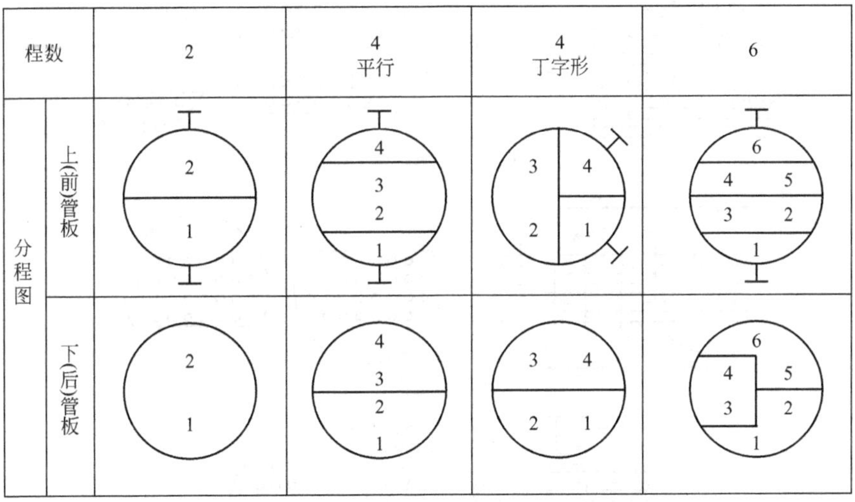

程数	2	4 平行	4 丁字形	6
分程图 上(前)管板	2／1	4／3／2／1	3 4／2 1	6／4 5／3 2／1
分程图 下(后)管板	2／1	4／3／2／1	3 4／2 1	6／4 5／3 2／1

图 7-8-8　管箱分程布置方案

8.1.3　壳程结构

介质流经传热管外面的通道部分称为壳程。

(1) 壳体　基本上是一个圆筒形的容器，壳壁上焊有接管，供壳程流体进入和排出之用。直径小于 400mm 的壳体，通常用钢管制成；大于 400mm 的可用钢板卷焊而成。壳体材料根据工作温度选择，有防腐要求时，大多考虑使用复合金属板。

介质在壳程的流动方式有多种型式，如图 7-8-2 所示。单壳程型式应用最为普遍。如壳侧传热膜系数远小于管侧，则可用纵向挡板分隔成双壳程型式。用两个换热器串联也可得到同样的效果。为降低壳程压降，可采用分流或错流等型式。

在壳程进口接管处常装有防冲挡板，或称缓冲板，可防止进口流体直接冲击管束上部的管排而造成管子的侵蚀和管束振动。也有在管束两端装置导流筒，不仅起防冲板的作用，还可改善两端流体的分布，提高传热效率。

(2) 折流板　在壳程管束中，一般都装有横向折流板，用以引导流体横向流过管束，增加流体速度，以增强传热；同时起支撑管束、防止管束振动和管子弯曲的作用。

折流板的型式有圆缺型、环盘型和孔流型等，如图 7-8-9 所示。

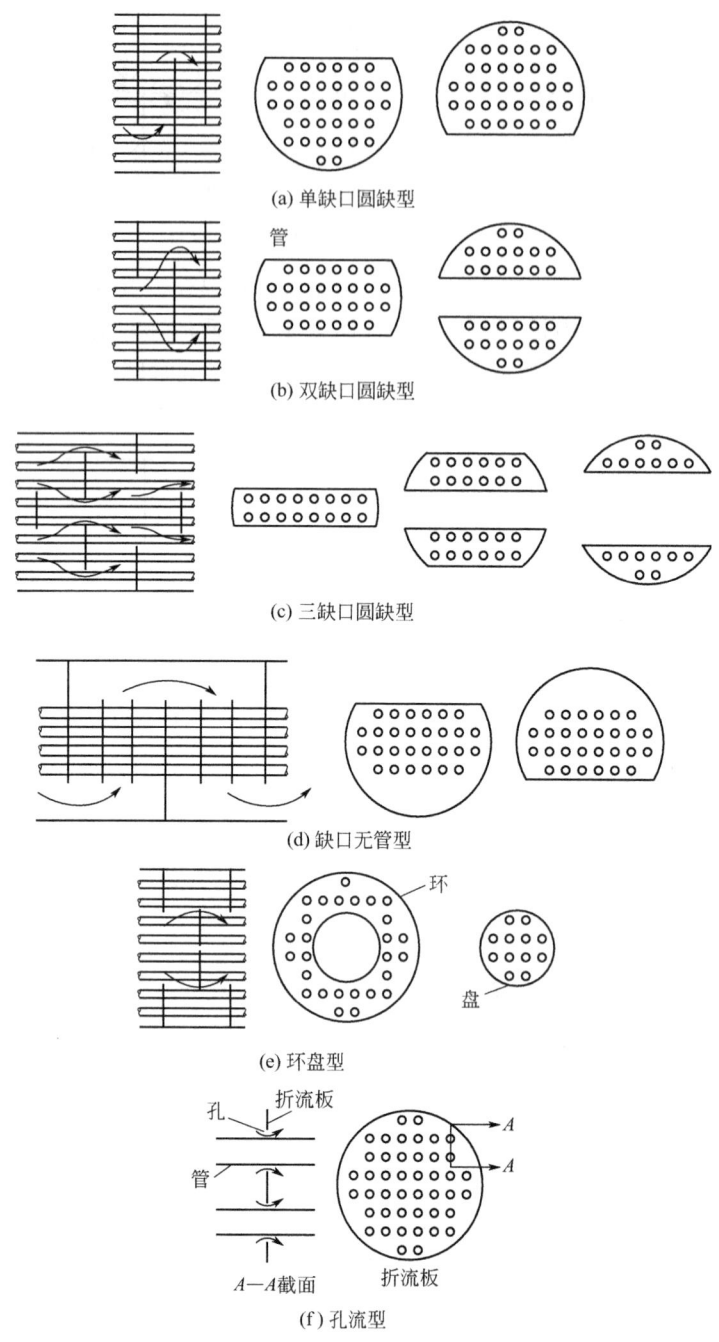

图 7-8-9　折流板型式

圆缺型折流板又称弓型折流板，应用最多。折流板缺口位置有水平切口、垂直切口和转角切口。水平切口宜用于单相流体。在壳程进行冷凝时，采用垂直切口，有利于冷凝液的排放。对正方形排列的管束，采用与水平成 45°的倾斜切口折流板，可使流体流过管束成错列流动，有利于传热。如壳程允许压降小时，可采用双缺口折流板。如要求压降特别低时，还可采用三缺口折流板和缺口不布置管子的型式。缺口的大小用切除高度与壳体内径的比值来表示，一般为 20%～25%。对于低压气体系统，为减小压降，缺口大小可达 40%～45%。折流板之间的间距比较理想的是使缺口的流通截面积和通过管束的错流流动截面积大致相等，这样可以减小压降，并有利于传热。一般，折流板间距应不小于壳体内径的 1/5 或 50mm。由于折流板有支撑管子的作用，折流板间的最大间距，对于钢管为 $171d^{0.74}$（d 为管子外径，mm）；对于铜、铝及其合金管子为 $150d^{0.74}$。折流板上管孔与管子之间的间隙及折流板与壳体内壁之间的间隙应合乎要求。间隙过大，泄漏严重，对传热不利，还易引起振动。间隙过小，安装困难。

环盘型折流板压降较小，但传热也差些，应用较少。孔流型折流板使流体穿过折流板孔和管子之间的缝隙流动，压降大，仅适用于清洁流体，其应用更少。

折流板用拉杆和定距管连接在一起。拉杆的数量取决于壳体的直径，从 4 根到 10 根，直径 10～12mm。定距管直径一般与换热管直径相同。有时也可将折流板与拉杆焊在一起而不用定距管。

当管束与壳体之间的间隙较大时，会形成旁流，影响传热，其间应放置旁流挡板，或称密封条。在管束中间当由于管程分程隔板而有较大的空隙时，可装一些假管，以减少旁流。假管是一些不穿过管板的管子，它们的一端或两端都是封闭的，没有流体通过，不起换热作用。

螺旋折流板换热器由前捷克斯洛伐克研究者 Lutcha 和 Nemcansky 提出[1]，ABB 公司于 20 世纪 90 年代开发出系列产品，并在实际工程应用中取得了良好的效果。螺旋折流板换热器的螺旋折流板结构是折流板与管束轴线以某一角度呈连续螺旋状排列，通常一个螺旋节距长度上是由 4 块扇形板片按一定的安装倾角交错排列而成，再用定距管将其定位，使其形成螺旋状。螺旋折流板换热器采用的螺旋折流结构使介质沿管束中心线作直线流动又绕管束中心线旋转流动，其结构如图 7-8-10 所示。

折流板所在平面与换热器壳体横截面之间的夹角称为螺旋折流板的螺旋角 β，在壳体横截面具有相同位置的最近的两块折流板间的轴向距离称为螺旋折流板的螺距 H_p。螺旋角决定了壳程流体流动方向与换热管束之间的夹角，影响着边界层厚度及其流动特性，直接影响着壳程传热与阻力特性，是反映螺旋折流板换热器性能的重要参数。按照折流板结构型式的不同，螺旋折流板可分为连续螺旋折流板与搭接螺旋折流板。理想的螺旋折流板结构为完整连续的螺旋曲面板，称为连续螺旋折流板。但由于螺旋曲面板加工难度较大，而且换热管与折流板的配合也较难实现，考虑到加工上的方便，通常会采用一系列椭圆扇形平面板（螺旋折流板）进行搭接，通过调节各板片与换热器壳体轴线之间的夹角，实现不同螺旋角度的近似螺旋状流动，称为搭接螺旋折流板。图 7-8-10 中即为搭接型折流板。一般来说，出于加工方面的考虑，一个螺距取 2～4 块折流板，相邻折流板之间有连续搭接和交错搭接两种方式；按流道又可分为单螺旋和双螺旋两种结构。与连续螺旋折流板相比，搭接螺旋折流板制造及安装过程相对简单，应用相对较多。文献 [2] 等还发明了具有更好性能的组合型螺旋折流板以及多壳程组合折流板结构。

壳程流体的螺旋流动更加接近柱塞状流动，有效地增大了传热温差驱动力；螺旋流动使壳程流体存在沿半径方向的速度梯度，会破坏换热管表面边界层，增加湍流度。与传统的弓形折流板换热器相比，螺旋折流板换热器壳程流体的塞状流动，基本不存在滞留区与传热死区，降低了旁路效应，提高了传热效率。单位压降下对流传热表面传热系数高；螺旋通道内高速旋转的介质流有利于冲刷颗粒物及沉淀物，能有效地抑制壳程污垢积累，在整个使用周

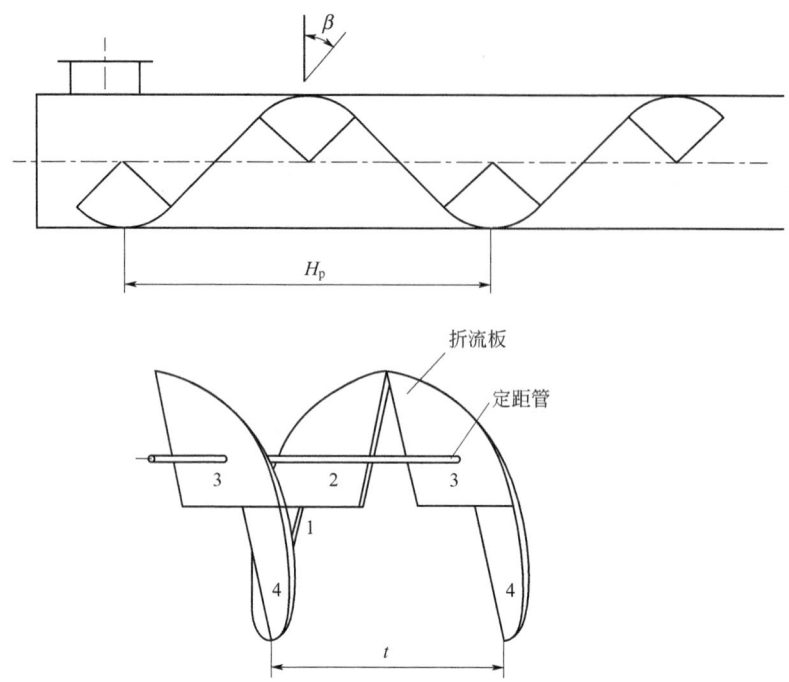

图 7-8-10 螺旋折流板结构示意

1～4——一个螺旋节距长度上的 4 块扇形板片

期内总传热系数下降很小,长期使用仍具有良好的操作性能,延长了换热器的运行周期。有研究表明在同等压降时,螺旋板换热器壳侧换热系数几乎是同规模弓形折流板换热器壳侧换热系数的两倍[3]。当壳程流动工质为高黏度流体时,与弓形折流板换热器相比,螺旋折流板换热器性能优势更加明显。设计时,螺旋角、板布置方式、板间距是重要影响参数。在 25°到 40°时,螺旋倾角越大换热系数越大。

(3) 折流杆 折流杆换热器的结构如图 7-8-11 所示。它是由许多折流杆在不同位置支撑管子的结构。折流杆尺寸等于管子之间的间隙。杆子之间用圆环相连,四个圆环组成一组,因而能牢固地将管子支撑住,使管束的刚性很好,从而能有效地防止管束的振动。折流杆同时又起到了强化传热、防止污垢沉积和减小阻力的作用,其应用正在不断增加。

8.1.4 管壳式换热器的设计计算

(1) 管程传热膜系数和压降计算

① 管程传热膜系数 α_i。流体在管内流动的传热膜系数,至今已研究得比较充分,有许多公式可供在不同条件下采用,一般公式已在 6.3 中阐述。在管壳式换热器中,用得较多的为 Sieder-Tate 公式[4],其公式为:

层流区,$Re<2100$

$$Nu=1.86(RePr)^{0.33}(d_i/L)^{0.33}(\mu_i/\mu_w)^{0.14} \quad (7\text{-}8\text{-}1)$$

或

$$\alpha_i=1.86\frac{\lambda_i}{d_i}\left[\left(\frac{G_id_i}{\mu_i}\right)\left(\frac{\mu_iC_{pi}}{\lambda_i}\right)\left(\frac{d_i}{L}\right)\right]^{0.33}\left(\frac{\mu}{\mu_w}\right)^{0.14} \quad (7\text{-}8\text{-}2)$$

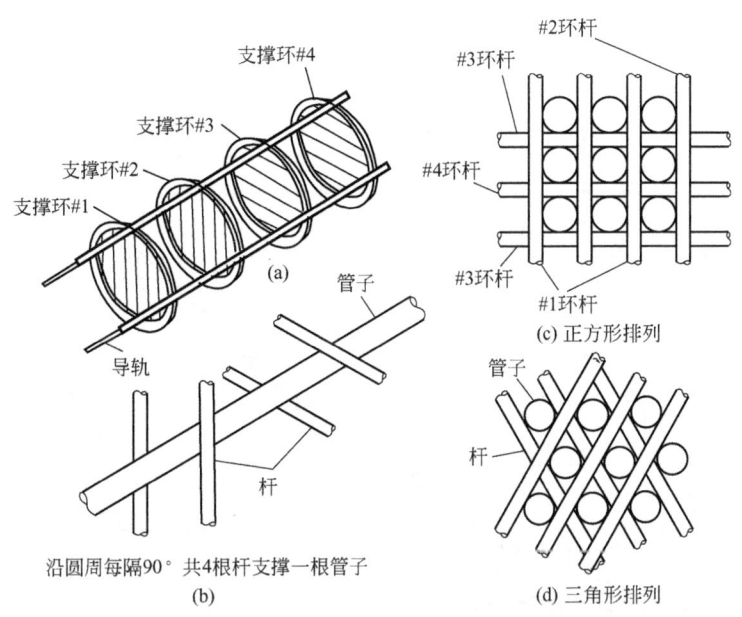

图 7-8-11 折流杆结构

湍流区，$Re > 10000$

$$Nu = CRe^{0.8} Pr^{0.33} (\mu_i/\mu_w)^{0.14} \tag{7-8-3}$$

或者

$$\alpha_i = C \frac{\lambda_i}{d_i} \left(\frac{G_i d_i}{\mu_i}\right)^{0.8} \left(\frac{\mu_i C_{pi}}{\lambda_i}\right)^{0.33} \left(\frac{\mu_i}{\mu_w}\right)^{0.14} \tag{7-8-4}$$

式中，C 为系数，对于气体 $C=0.021$；对于非黏性液体，$C=0.023$；对于黏性液体，$C=0.027$。

过渡区，$2100 < Re < 10000$。

在过渡区中，由于流动不稳定，因而难以正确计算其传热膜系数。一般可按式(7-8-1)和式(7-8-3)计算后，用线性插值法确定。

为计算方便，将上述公式绘制成线算图，如图 7-8-12 所示[5,6]。图中 J_{hi} 称为传热因子，其定义为：

$$j_{hi} = Nu Pr^{-0.33} (\mu_i/\mu_w)^{-0.14} \tag{7-8-5}$$

作图时，在湍流区是按 $C=0.023$ 计算的。对于 $Pr>0.7$，$L/d_i \geqslant 24$ 的管内层流、过渡流和湍流的强制对流传热因子 j_{hi} 值，均可利用该图查得。

由图查得传热因子 j_{hi} 后，即可由下式计算传热膜系数：

$$Nu = j_{hi} Pr^{0.33} \left(\frac{\mu_i}{\mu_w}\right)^{0.14} \tag{7-8-6}$$

或

$$\alpha_i = j_{hi} \frac{\lambda_i}{d_i} \left(\frac{\mu_i C_p}{\lambda_i}\right)^{0.23} \left(\frac{\mu_i}{\mu_w}\right)^{0.14} \tag{7-8-7}$$

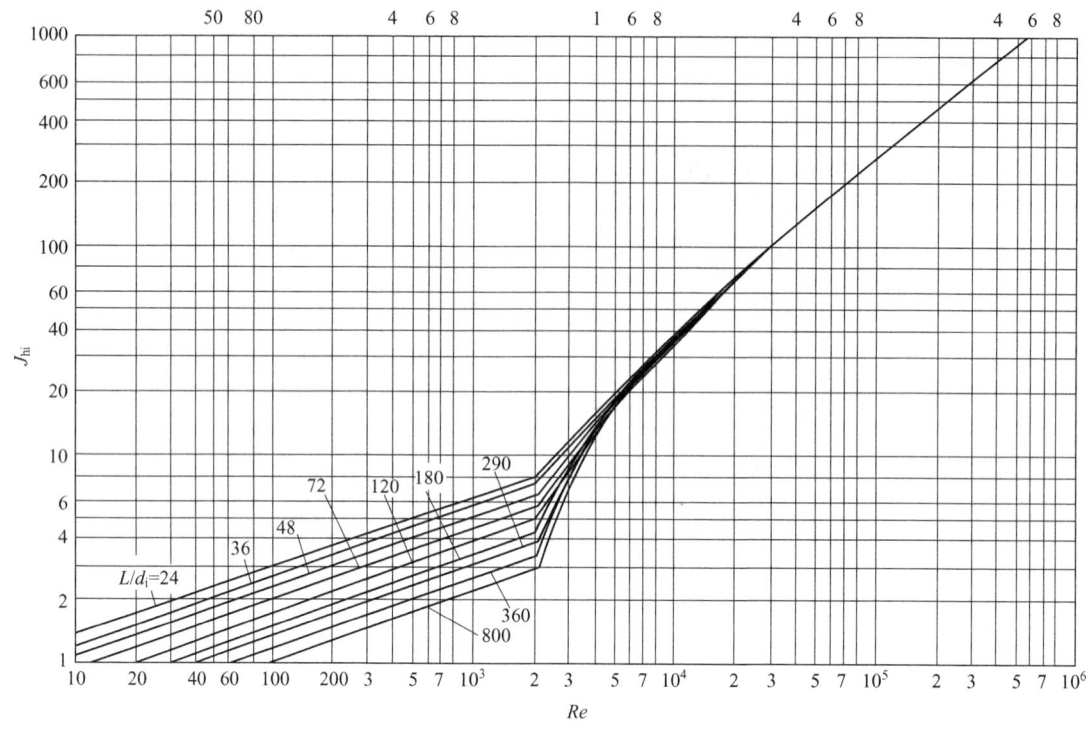

图 7-8-12 管程传热因子 J_{hi}

② 管程压降 Δp_i。管程压降 Δp_i 由管内的摩擦压降 Δp_f、管程的回弯压降 Δp_r 及管子进出口的局部压降 Δp_N 三部分组成，按 Kern 提出的计算方法[7]

$$\Delta p_i = (\Delta p_f + \Delta p_r) F_i + \Delta p_N \tag{7-8-8}$$

式中，F_i 为管程压降的结垢校正系数。对一般油品及液体，当垢阻为中等时（$R_i = 0.0003 \sim 0.0005 \mathrm{m^2 \cdot ℃ \cdot W^{-1}}$），对 $\phi 19\mathrm{mm} \times 2\mathrm{mm}$ 管子，可取 $F_i = 1.5$；对 $\phi 25\mathrm{mm} \times 2.5\mathrm{mm}$ 管子，$F_i = 1.4$；对于气体，$F_i = 1.0$。

各项压降可由下列公式计算：

$$\Delta p_f = j_f \frac{LN}{d_i} \frac{G_i^2}{Z\rho_i} \left(\frac{\mu_i}{\mu_w}\right)^{-m} \tag{7-8-9}$$

$$\Delta p_r = 4N \frac{G_i^2}{2\rho_i} \tag{7-8-10}$$

$$\Delta p_N = 1.5 \frac{G_N^2}{2\rho_i} \tag{7-8-11}$$

式中 G_i——管程流体的质量流速，$\mathrm{kg \cdot m^{-2} \cdot s^{-1}}$；

G_N——管程进出口流体的质量流速，$\mathrm{kg \cdot m^{-2} \cdot s^{-1}}$；

N——管程数；

L——每程管长，m；

j_f——管程摩擦因子，由图 7-8-13 查得；

m——管程流体黏度修正指数，对于层流流动，$Re < 2100$，取 $m = 0.25$；对于湍流

流动，$Re > 2100$，取 $m = 0.14$。

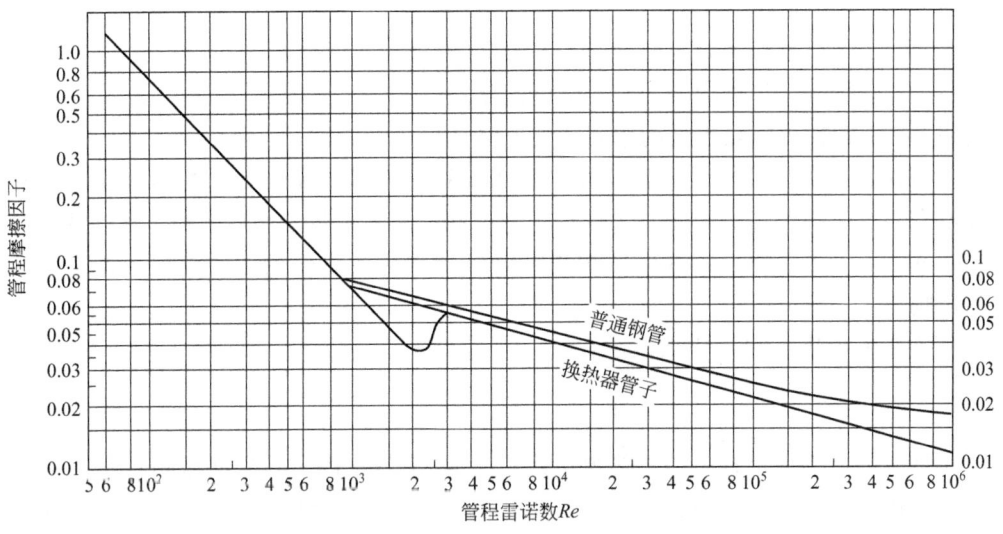

图 7-8-13　管程摩擦因子 j_f

(2) 壳程传热膜系数和压降计算　管壳式换热器中壳程的流动状态十分复杂，故传热膜系数的计算比较困难。在过去用得比较多的是 Kern[7] 和 Donohue[8,9] 方法。特别是 Kern，提出了一个比较完整的方法，它不仅包括传热问题，还同时考虑壳程-管程的流动、温度分布、污垢及结构等问题。目前普遍采用的是 Delaware-Bell 方法，它是由美国 Delaware 大学在 1948～1959 年期间通过大量研究建立的设计方法，由 Bell 于 1960 年首次公开发表[10]，后又经过一定的修正，加以改进而成[11,12]，可以说是目前公开发表的各种方法中比较完善的一种。随着电子计算机的发展，美国传热研究公司（HTRI）于 1969 年提出了具有独创性的流路分析法[13]，随后又经过多年的改进，建立了完整的设计程序，但至今未曾公开发表。天津大学化工系于 1978 年发表了计算壳程压降的流路分析法[14]，不仅可以计算出各流路条件发生变化时的壳程压降，而且可以求得各流路之间的流量分配，有利于分析问题。下面介绍 Delaware-Bell 方法。

① 壳程传热膜系数 α_o。Delaware-Bell 设计方法是以 Tinker 提出的流动模型为基础，把壳程流体分成 5 股流路，如图 7-8-14 所示[15]。

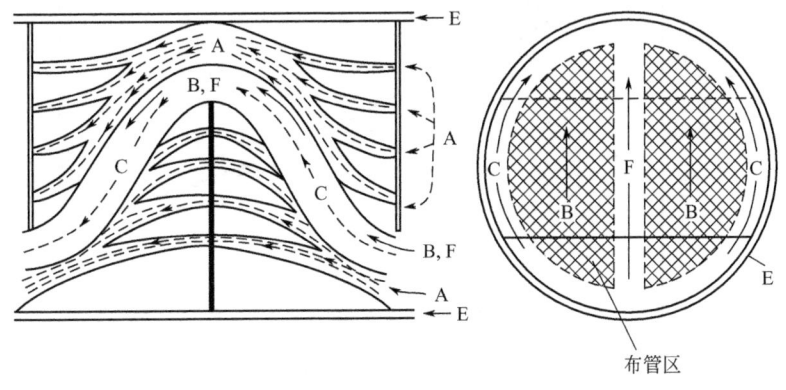

图 7-8-14　壳程流体流动模型

流路 A——折流板管孔和管子之间的泄漏流路；

流路 B——错流流路；

流路 C——管束外围和壳内壁之间的旁流流路；

流路 E——折流板与壳内壁之间的泄漏流路；

流路 F——管程分程隔板处的中间穿流流路。

Delaware-Bell 方法的中心内容是假定全部壳程流体都是以纯错流的形式通过一理想管束，即没有漏流、旁流等的影响，求得理想管束的传热膜系数，然后依据具体换热器的结构及操作条件，引入各项修正系数。也就是以流路 B 作为换热器的主要流路，再考虑其他各流路的影响。

壳程传热膜系数 α_o 可用下式表示：

$$\alpha_o = \alpha_{ok} J_c J_l J_b J_r J_s \tag{7-8-12}$$

下面将分别讨论理想管束的传热膜系数 α_{ok} 及各项修正因子，这些数值都是用曲线表示的。为便于用计算机计算，在文献 [16] 中已将这些曲线拟合成公式，可供参考应用。

a. 理想管束的传热膜系数 α_{ok}：

$$\alpha_{ok} = J_{ho} C_{po} \left(\frac{W_o}{S_m}\right) \left(\frac{\lambda_o}{C_{po}\mu_o}\right)^{2/3} \left(\frac{\mu_o}{\mu_w}\right)^{0.14} \tag{7-8-13}$$

式中 W_o——壳程流体的质量流量，$kg \cdot s^{-1}$；

S_m——壳程流体垂直于管束流动时的最小流通截面积，m^2；

J_{ho}——理想管束的传热因子，是壳程流体 Re_o 的函数，由图 7-8-15 查得。Re_o 按下式计算：

$$Re_o = \frac{d_o W_o}{\mu_o S_m} \tag{7-8-14}$$

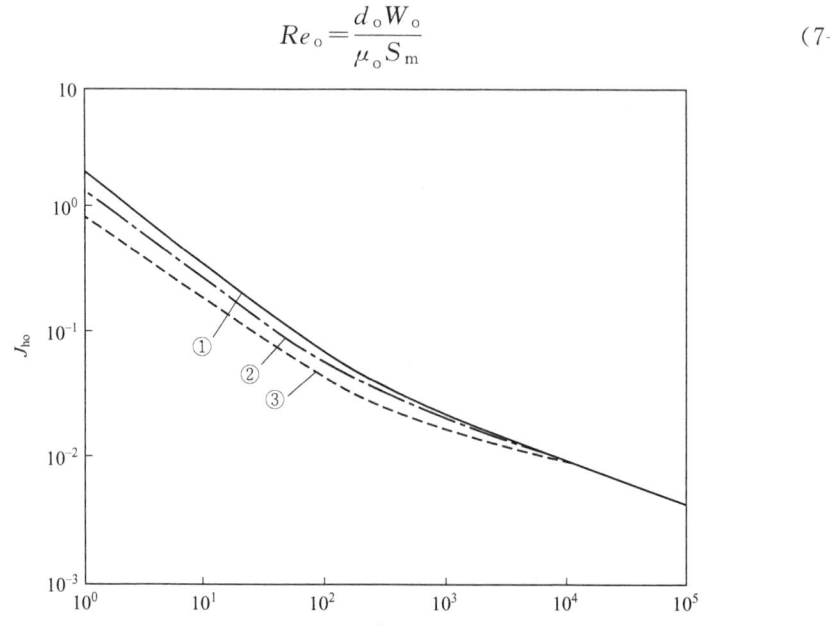

图 7-8-15 理想管束的传热因子 J_{ho}

①—正三角形排列；②—转角正方形排列；③—正方形排列

b. 折流板形状修正因子 J_c 可由图 7-8-16 查得。图中 F_c 为错流区内管子数占总管数的百分数，可由下式计算：

$$F_c = \frac{1}{\pi}\left\{\pi + 2\left(\frac{D_i - 2l_c}{D_{ot}}\right)\sin\left[\cos^{-1}\left(\frac{D_i - 2l_c}{D_{ot}}\right)\right] - 2\cos^{-1}\left(\frac{D_i - 2l_c}{D_{ot}}\right)\right\} \quad (7\text{-}8\text{-}15)$$

式中　D_i——壳体内径，m；
　　　l_c——折流板缺口高度，m；
　　　D_{ot}——管束外圈直径，m。

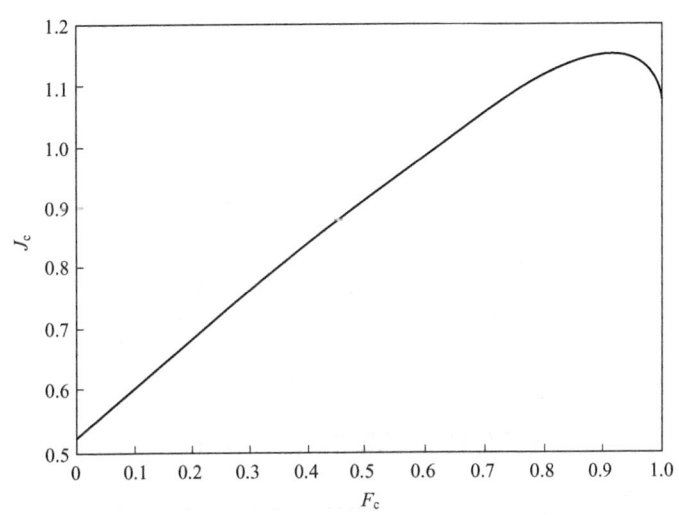

图 7-8-16　折流板形状修正因子 J_c

F_c 也可由图 7-8-17 近似查得。对缺口无管的结构，$J_c=1$。

c. 折流板泄漏修正因子 J_l，考虑管子与折流板管孔间间隙和折流板与壳体间间隙的泄漏影响，由图 7-8-18 查得。图中 S_{tb} 为每块折流板上管子与管孔间隙的面积，S_{sb} 为每块折流板外缘与壳壁之间间隙的面积。

d. 旁流修正因子 J_b 由图 7-8-19 查得。图中 N_{ss} 为每一错流区内的密封条数，N_c 为错流区的管排数，F_{bp} 为错流面积中旁流面积所占的分数，可由下式计算：

$$F_{bp} = \frac{\left[D_1 - D_{ot} + \frac{1}{2}(N_F\,B_F)\right]l_b}{S_m} \quad (7\text{-}8\text{-}16)$$

式中　N_F——管程隔板所占的通道数，即 F 流路数；
　　　B_F——F 流路的宽度，m；
　　　l_b——折流板间距，m。

图中实线表示 $Re_o \geqslant 100$，虚线表示 $Re_o < 100$。

e. 在低 Re_o 时产生逆向温度梯度的修正因子 J_r 可由图 7-8-20 和图 7-8-21 查得。

当 $Re_o \geqslant 10$ 时，$J_r = 1$。当 $Re_o \leqslant 20$ 时，$J_r = J_r^*$ 由图 7-8-20 查得。图中 N_c 为错流区管排数，N_{cw} 为每一圆缺区的有效管排数，N_b 为折流板数。

当 $20 < Re_o < 100$ 时，先由图 7-8-20 查得 J_r^*，再由图 7-8-21 查得 J_r。

f. 换热器进、出口段折流板间距不等的修正因子 J_s 可由式(7-8-17)求出：

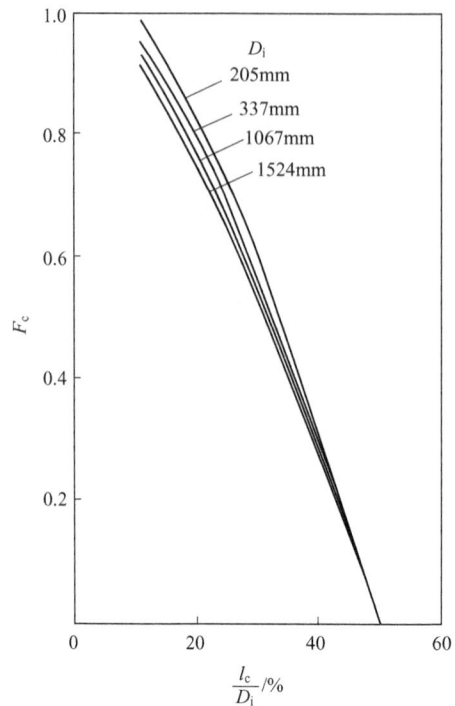

图 7-8-17　错流区内管子分数 F_c 的估算

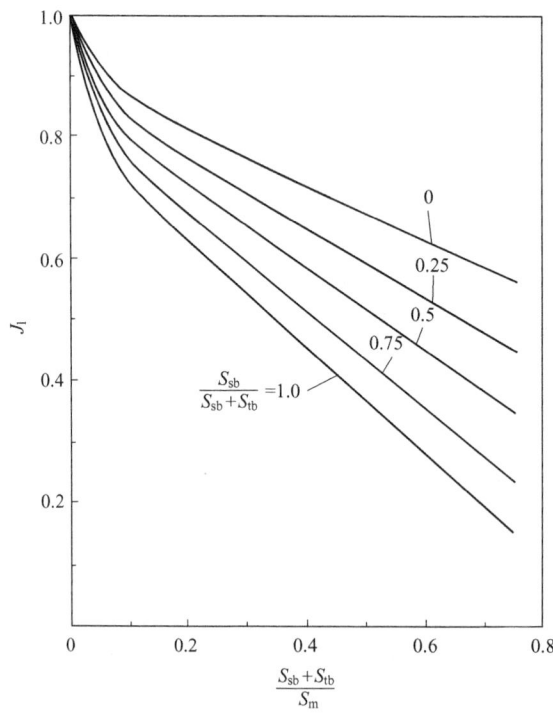

图 7-8-18　折流板泄漏修正因子 J_l

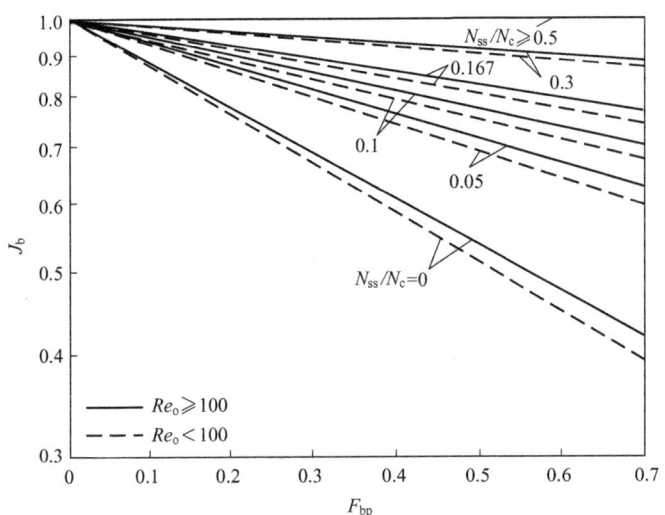

图 7-8-19 旁路修正因子 J_b

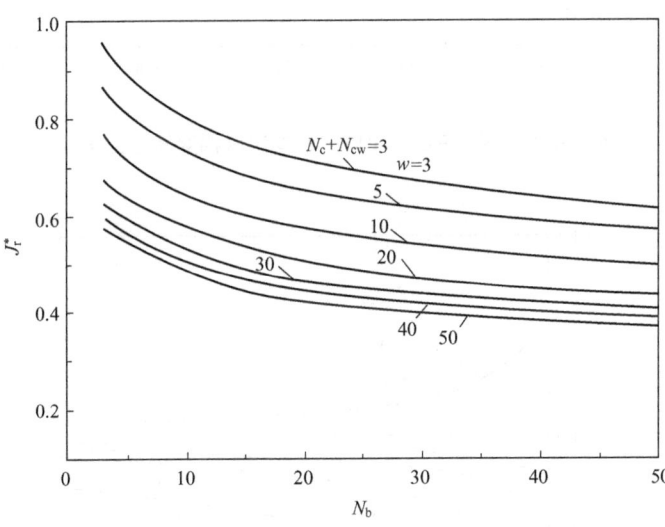

图 7-8-20 $Re_o \leqslant 20$ 时逆向温度梯度修正因子 J_r^*

$$J_s = \frac{(N_b-1)+\left(\dfrac{l_{bi}}{l_b}\right)^{1-n}+\left(\dfrac{l_{bo}}{l_b}\right)^{1-n}}{(N_b-1)+\left(\dfrac{l_{bi}}{l_b}\right)+\left(\dfrac{l_{bo}}{l_b}\right)} \tag{7-8-17}$$

式中 N_b——折流板数；
$\quad l_b$——折流板间距；
$\quad l_{bi}$——进口段折流板间距；
$\quad l_{bo}$——出口段折流板间距。

当 $Re_o \geqslant 100$ 时（湍流），$n=0.6$；

当 $Re_o < 100$ 时（层流），$n=1/3$。

当 $l_b^* = \dfrac{l_{bi}}{l_b} = \dfrac{l_{bo}}{l_b} = 0.5 \sim 3$ 时的 J_s 值在湍流和层流条件下可分别由图 7-8-22 和图 7-8-23

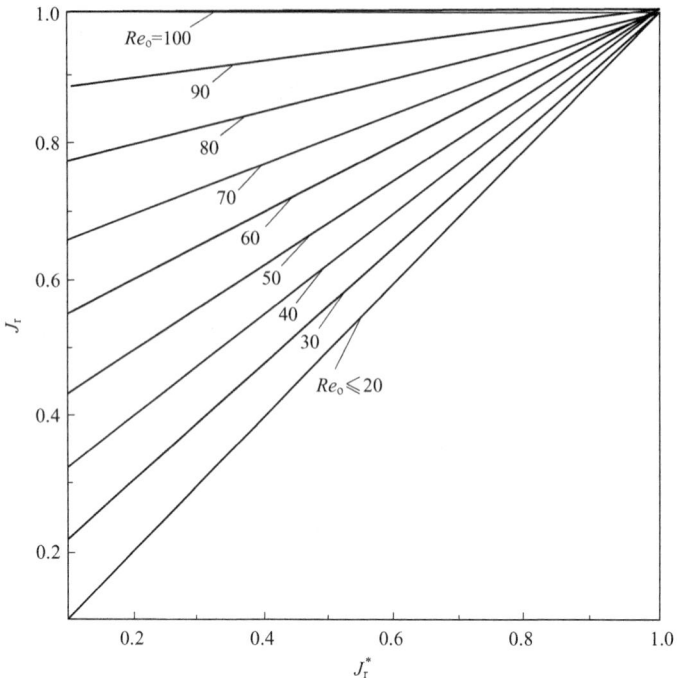

图 7-8-21 $20 < Re_o < 100$ 时逆向温度梯度修正因子 J_r^*

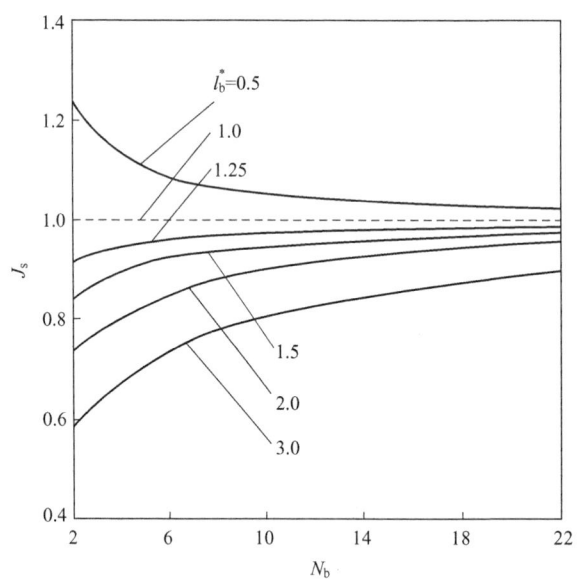

图 7-8-22 湍流时进出口折流板间距修正因子 J_s

查得。

② 壳程压降 Δp_o。Delaware-Bell 壳程压降计算方法也是从错流理想管束出发,再对泄漏和旁流的影响进行修正。对圆缺型折流挡板换热器,其壳程压降由端部区错流管束压降、非端部区折流板间错流管束压降和缺口区管束压降三部分组成:

$$\Delta p_o = 2\Delta p_{bk} R_b \left(1 + \frac{N_{cw}}{N_c}\right) R_s + [(N_b - 1)\Delta p_{bk} + N_b \Delta p_{wk}] R_l \qquad (7\text{-}8\text{-}18)$$

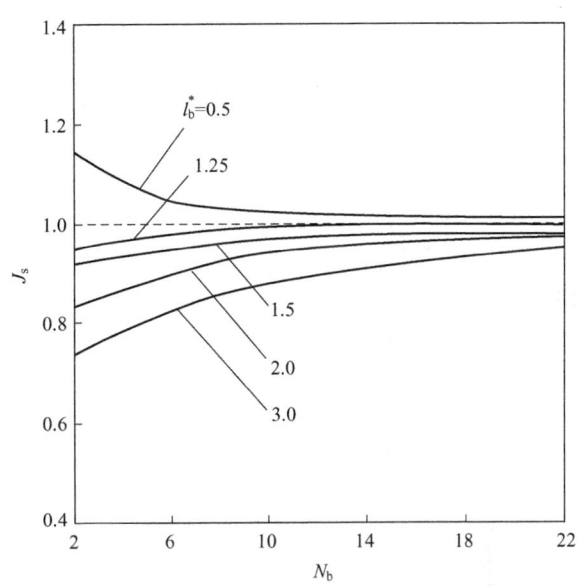

图 7-8-23　层流时进出口折流板间距修正因子 J_s

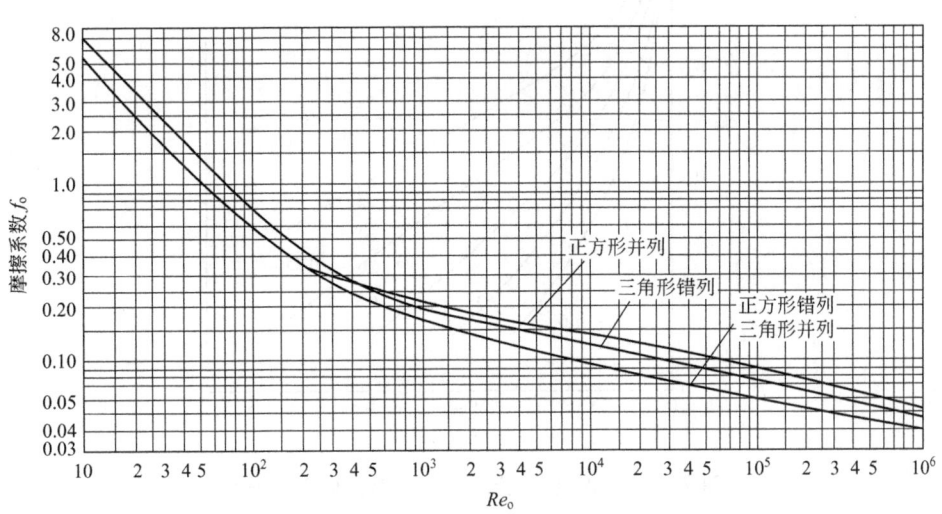

图 7-8-24　壳程管排摩擦系数 f_o

a. 错流区理想管束压降 Δp_{bk}：

$$\Delta p_{bk} = 4 f_o N_o \frac{\rho w_o^2}{2} \left(\frac{\mu_o}{\mu_w}\right)^{-0.14} \qquad (7\text{-}8\text{-}19)$$

式中　f_o——壳程管排的摩擦系数，由图 7-8-24 查得；

w_o——基于最小错流截面积 S_m 计算的流速，m·s^{-1}。

b. 缺口区理想管束压降 Δp_{wk}：

当 $Re_o \geqslant 100$ 时

$$\Delta p_{wk} = (2 + 0.6 N_{cw}) \left(\frac{\rho_o w_{ow}^2}{2} \right) \tag{7-8-20}$$

当 $Re_o < 100$ 时

$$\Delta p_{wk} = 26 \mu_o w_{ow} \left(\frac{N_{cw}}{p_t - d_o} + \frac{l_b}{d_e^2} \right) + 2 \left(\frac{\rho_o w_{ow}^2}{2} \right) \tag{7-8-21}$$

式中　p_t——管心距，m；
　　　d_o——管子外径，m；
　　　d_e——缺口区管束的当量直径，m；
　　　l_b——折流板间距，m；
　　　w_{ow}——缺口区流速，按错流速度 w_{oc} 和纵流速度 w_{ol} 的几何平均速度计算，m·s^{-1}。

$$w_{ow} \approx \sqrt{w_{oc} w_{ol}} \tag{7-8-22}$$

c. 折流板泄漏对压降影响的修正因子 R_l 可从图 7-8-25 查得。

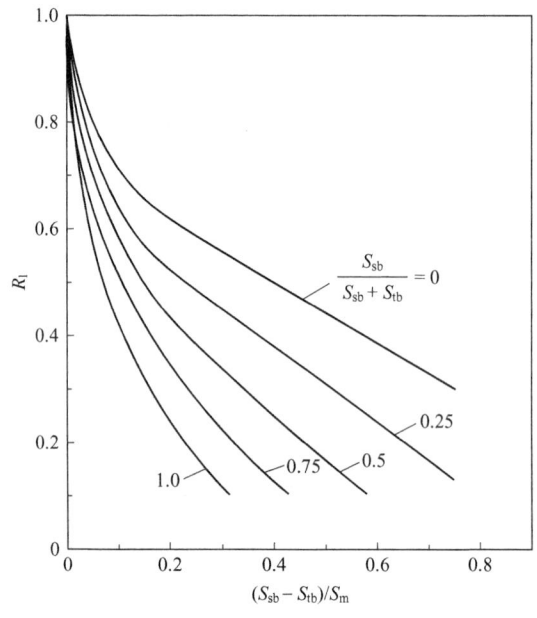

图 7-8-25　折流板泄漏对压降影响的修正因子 R_l

d. 旁流修正因子 R_b 可从图 7-8-26 查得。

e. 端部区折流板间距不同时对压降影响的修正系数 R_s，可由下式计算：

$$R_s = \frac{1}{2} \left[\left(\frac{l_{bi}}{l_b} \right)^{-n'} + \left(\frac{l_{bo}}{l_b} \right)^{-n'} \right] \tag{7-8-23}$$

当 $Re_o \geqslant 100$ 时（湍流），$n' = 1.6$；
当 $Re_o < 100$ 时（层流），$n' = 1.0$。

(3) 管壳式换热器设计的基本内容和步骤　管壳式换热器设计的主要任务是确定传热面积 A_o。由基本传热方程式：

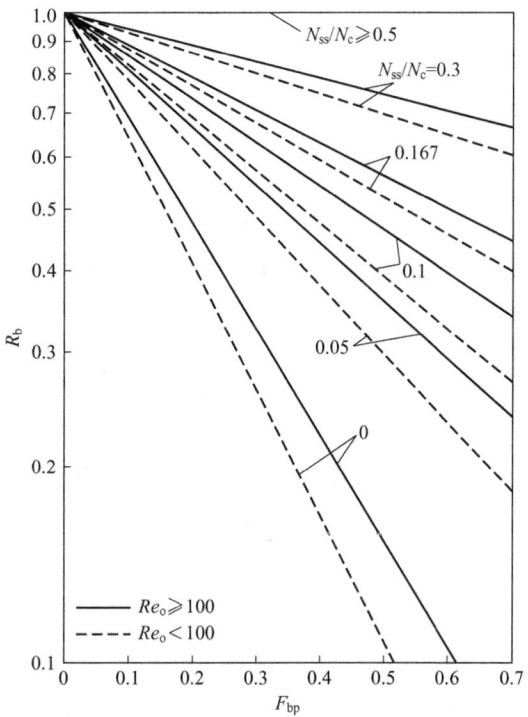

图 7-8-26 旁流对压降影响的修正因子 R_b

$$A_o = \frac{Q}{k_o \Delta T_m} = \frac{Q}{K_o F_T \Delta T_{lm}} \tag{7-8-24}$$

式中 Q——传热量，W；

K_o——以管外壁面积为基准的总传热系数，W·m^{-2}·℃$^{-1}$；

ΔT_m——平均温差，℃；

ΔT_{lm}——对数平均温差，℃；

F_T——对数平均温差修正因子。

① 传热量 Q。无相变传热：

$$Q = W_h C_{ph}(T_1 - T_2) = W_c C_{pc}(t_1 - t_2) \tag{7-8-25}$$

式中 W——质量流量，kg·s^{-1}；

T，t——热流体和冷流体温度，℃。

下标 h、c 分别表示热流体和冷流体；1、2 分别表示进口和出口。

有相变传热：

$$Q = Wr \tag{7-8-26}$$

式中，r 为汽化或冷凝潜热，kJ·kg^{-1}。

② 平均温差 ΔT_m。逆流时，$F_T = 1$。

$$\Delta T_m = \Delta T_{lm} = \frac{(T_1 - t_2) - (T_2 - t_1)}{\ln\left(\dfrac{T_1 - t_2}{T_2 - t_1}\right)} \tag{7-8-27}$$

并流时，$F_T = 1$

$$\Delta T_m = \Delta T_{lm} = \frac{(T_1 - t_1) - (T_2 - t_2)}{\ln\left(\dfrac{T_1 - t_1}{T_2 - t_2}\right)} \tag{7-8-28}$$

对于多程换热器，逆流和并流同时存在，这时的平均温差以逆流的对数平均温差为基准，乘以对数平均温差修正因子 F_T，它的数值表示偏离逆流温差的程度。

$$\Delta T_m = F_T \Delta T_{lm} \tag{7-8-29}$$

F_T 的计算相当复杂，从线图查取比较方便，参见 6.2。当 F_T 值小于 0.8 时，在经济上就不太合算，而且当操作温度变化时，可能使 F_T 值急剧下降，影响操作的稳定性，因此一般建议 F_T 值不应小于 0.8。也可用下述方法确定极限条件。

当热流体走壳程时，

$$T_2 \geqslant \frac{t_1 + t_2}{2} \tag{7-8-30}$$

当冷流体走壳程时，

$$t_2 \leqslant \frac{T_1 + T_2}{2} \tag{7-8-31}$$

当接近极限条件时，则应考虑采用多壳程或几台换热器串联。

壳程数或换热器串联台数可用图解法确定，如图 7-8-27 所示。在温度-传热量坐标图上，首先作出冷、热流体的温度操作线，然后从冷流体出口温度 t_2 开始，作一水平线与热流体线相交，在交点处往下作垂线，与冷流体线相交；再重复上述步骤，直到垂线与冷流体线的交点等于或低于冷流体进口温度。水平线的数目即为所需的壳程数。图中例子需用三壳程或三台换热器串联。采用此法所得结果，F_T 一般在 0.8～0.9 之间。

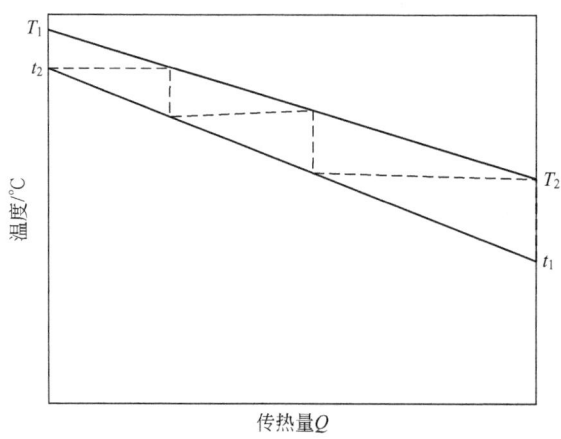

图 7-8-27 壳程数或换热器串联台数的确定

③ 总传热系数 K_o。以管子外壁面积为基准的总传热系数 K_o 按下式计算：

$$K_o = \cfrac{1}{\cfrac{1}{\alpha_o} + R_{fo} + \cfrac{\delta}{\lambda_w}\cfrac{A_o}{A_m} + R_{fi}\cfrac{A_o}{A_i} + \cfrac{A_o}{\alpha_i A_i}} \tag{7-8-32}$$

式中 α_o，α_i——壳程与管程的传热膜系数，$W \cdot m^{-2} \cdot ℃^{-1}$；

R_{fo}，R_{fi}——壳程与管程的污垢热阻，$m^2 \cdot ℃ \cdot W^{-1}$；

δ——管壁厚度，m；

λ_w——管壁热导率，$W \cdot m^{-1} \cdot ℃^{-1}$；

A_m——平均传热面积，$A_m = 1/2(A_o + A_i)$，m^2。

式(7-8-32)分母中每一项都是热阻，数值大的起控制作用，应设法加以减小。不同流体总传热系数的参考值列于表7-8-2中。

④ 污垢热阻。沉积在传热壁面上的腐蚀产物、污物或其他杂质，统称污垢。由于其热导率很小，因而其热阻往往是总传热系数的控制因素。污垢的热阻主要决定于垢层厚度及其热导率。污垢的种类很多，概括起来可分为：结晶、颗粒沉积、化学反应、聚合、结焦、生物体的成长及表面腐蚀等。各种污垢的物性可以相差很远，而影响结垢厚度的因素更为复杂，每一种污垢都有其独特的生成和成长机理，因而要正确确定污垢热阻十分困难。目前只能根据经验数据进行设计，参见表7-8-2。

表 7-8-2　总传热系数参考值　　　　单位：$W \cdot m^{-2} \cdot ℃^{-1}$

水-水	300～2300
水-低黏度油	180～600
水-高黏度油	60～300
低黏度油-低黏度油	120～480
高黏度油-高黏度油	10～180
气体-水	10～240
气体-气体	5～120

影响结垢厚度和速率的因素很多，如流体和沉积物的性质、流体和壁面温度、管壁材料和光洁度、流体速度以及上次清洗后的操作时间等。在设计时，污垢热阻的选择应通过技术经济指标确定。选用较大的污垢热阻，将使设备的投资费用增加，而清洗周期可以延长，清洗和停运的费用可以减少。因而要按总费用最小的原则合理确定。

⑤ 换热器设计的一般程序。换热器设计的程序或步骤随着设计任务和原始数据的不同而不同，要根据其基本原理和方法灵活安排。在一般情况下，可按下列步骤进行：

a. 根据设计任务搜集尽可能多的原始资料，如管壳程的流体名称、温度、压力、流量、热流量及允许压降等。

b. 确定定性温度，计算两侧流体的物性，如密度、黏度、热导率、比热容等。

c. 计算换热器的平均温差，在计算时应初步确定换热器的流程型式。

d. 计算热流量。

e. 初选总传热系数 K_o，并初算传热面积 A_o，以此来选择标准型号换热器或自行确定换热器结构。

f. 管程传热和压降计算。

g. 壳程传热和压降计算。

h. 核算总传热系数,当有 10%～20% 的过剩传热面积或传热量时,即符合要求。

i. 核算壁面温度。

j. 核算压力降。

k. 进行详细的结构设计,并进行强度、热应力、振动等问题的校核。

⑥ 传热单元数-有效因子(ε-NTU)法。前面所述为一般所用的设计方法,称为平均温差(MTD)法。主要用于设计计算,即已知两流体的进、出口温度,求出平均温差,进而求得传热面积和管长,比较方便。如果已知换热器结构,在知道两流体进口温度和流量的条件下,需求此换热器的出口温度和传热量时,也就是进行校核计算时,采用 MTD 法则需试算,比较麻烦,而用前面第 6 章 6.5 节所介绍的 ε-NTU 法比较方便。另外在优化设计中 ε-NTU 法也常被采用。

有效因子 ε 的定义为:

$$\varepsilon = \frac{实际传热量 Q}{最大可能传热量 Q_{max}} = \frac{(WC_p)_{min}(\Delta T)_{max}}{(WC_p)_{min}(T_1 - t_1)} = \frac{(\Delta T)_{max}}{T_1 - t_1} \qquad (7\text{-}8\text{-}33)$$

式中 $(WC_p)_{min}$ ——冷、热两流体中热容量小者,W·℃$^{-1}$;

$(\Delta T)_{max}$ ——冷热两流体中温差变化大者,℃;

T_1,t_1 ——热、冷流体的进口温度,℃。

传热单元数的定义为:

$$\text{NTU} = \frac{A_o K_o}{(WC_p)_{min}} \qquad (7\text{-}8\text{-}34)$$

各种类型的换热器,ε 和 NTU 间都存在一定的关系,可以作出线图。图 7-8-28 为一单壳程双(或双倍数)管程换热器的 ε-NTU 线图。图中 $R = (WC_p)_{min}/(WC_p)_{max}$。在校核计算时,根据已知数据,求得 NTU 和 R,就能从图中查得 ε,从而可算出流体的出口温度。详细内容可见文献 [17]。

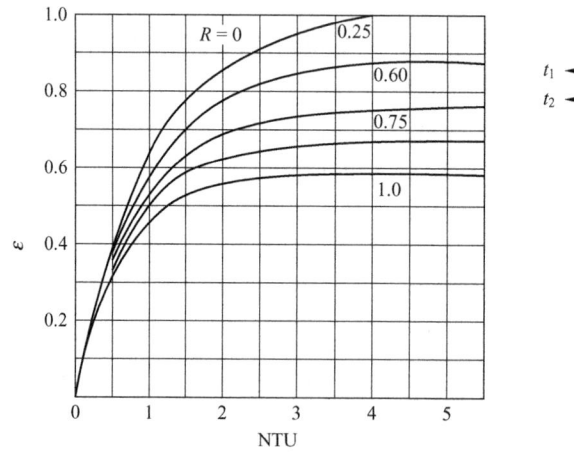
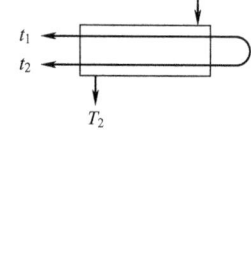

图 7-8-28 单壳程双管程换热器 ε-NTU 线图

⑦ Mueller 线图。结合 MTD 及 NTU 法,Mueller 开发出一种方法,其特点是把上述两法的变量都标绘在同一线图上。图 7-8-29 所示为一单壳程双管程换热器的 Mueller 线算图,图中曲线是以下式为依据的:

$$\frac{A_o K_o}{W C_p} = \frac{1}{\sqrt{1+R^2}} \ln\left[\frac{2-(1+R-\sqrt{1+R^2}\,)P}{2-(1+R+\sqrt{1+R^2}\,)P}\right] \tag{7-8-35}$$

在算得 P 和 R 后,就可在图中直接读出纵坐标 $\Delta T_m/(T_1-t_1)$,从而可求得 ΔT_m,不必像 MTD 法那样先 ΔT_{lm},再乘以 F_T。图中亦有 F_T 曲线。另外,通过原点的一组直线是 $(WC_p)/(KA)$ 作为参变量,即 NTU 的倒数。因此,此图也包括了 NTU 法的特点,而且可直接看出 MTD 法和 NTU 法的相互关系。此图也可用于偶数多管程换热器,其误差不大。其他换热器的线图可参见文献 [18]。

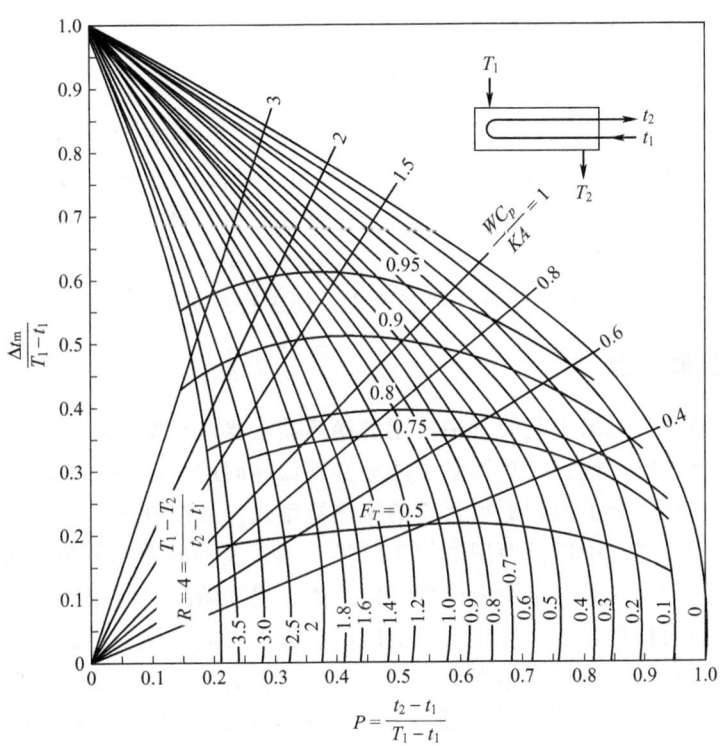

图 7-8-29 单壳程双管程换热器 Mueller 线图

(4) 螺旋折流板换热器换热计算 文献 [3] 参考 Bell-Delaware 方法对弓形折流板和螺旋折流板管壳式换热器的换热及压降进行了比较,将影响壳侧换热和压降的各因素归纳为若干个因子,通过确定各因子的值来修正横掠管束的流动和阻力关联式,从而获得螺旋折流板管壳式换热器壳侧的压降和换热系数值,所有的影响因子均以图线的形式给出。

对于螺旋折流板壳侧换热可用下式计算:

$$Nu = 0.62(0.3+\sqrt{Nu_{lam}^2+Nu_{turb}^2}\,)y_2 y_3 y_4 y_7 y_8 y_9 y_{10} \tag{7-8-36}$$

$$Nu = \frac{\alpha l}{\lambda} \tag{7-8-37}$$

$$Nu_{lam} = 0.664 Re^{0.5} Pr^{0.33} \tag{7-8-38}$$

$$Nu_{turb} = \frac{0.037 Re^{0.7} Pr}{1+2.443 Re^{-0.1}(Pr^{0.67}-1)} \tag{7-8-39}$$

对于阻力,单位螺距下流体螺旋流过管束的摩擦压降:

$$\Delta p_{t0} = \Delta p'_{t0} \frac{l_{t0}}{h} \qquad (7\text{-}8\text{-}40)$$

$$\Delta p'_{t0} = 2\lambda_{22} n'_r \rho u^2 z_2 z_3 z_6 z_7 \qquad (7\text{-}8\text{-}41)$$

式中，λ_{22} 为流体横掠理想管束阻力因子；n'_r 为流体掠过的总管排数；u 为壳侧平均流速；h 为螺旋折流板间距，l_{t0} 为管束的折流板长度。

折流板流动死区的压降：

$$\Delta p_{tn} = \Delta p'_{t0} z_5 \qquad (7\text{-}8\text{-}42)$$

螺旋折流板壳侧总压降：

$$\Delta p_z = \Delta p_{tn} + \Delta p_{t0} \qquad (7\text{-}8\text{-}43)$$

上述公式中的 y_i 以及 z_i，文献 [3] 给出了线算图，可供查阅。

文献 [19] 基于文献 [3] 的研究成果提出了用于螺旋折流板换热器设计的一种快速算法，通过该方法研究了流速和螺旋角等对螺旋折流板阻力和换热特性的影响。文献 [20] 总结了用于单相介质、光管、单壳程螺旋折流板换热器壳侧阻力及换热系数计算的关联式，并将文献 [3] 中的一系列图线拟合为数学表达式以便工程计算和程序编制。

8.1.5 缠绕管换热器

(1) 结构及特点 低温工艺装置中使用的换热器，要求热交换器具有更高的效率以降低热损失，当逆流操作时，这种换热器必须能够实现流体间的小温差。为此换热器往往做得很长且拉制成各种形状。为了得到更加紧凑的换热器型式，缠绕管式换热器应运而生。它的结构不同于目前石油化工厂中广泛使用的管壳式换热器，其换热管呈螺旋绕制状且缠绕多层。每一层与前一层之间逐次通过定距板保持一定距离，层间缠绕方向相反。缠绕管式换热器是一种结构紧凑的高效换热设备，近年来已被广泛应用于石油、化工、低温、高压及核工业领域，其使用效果与板翅式换热器相当，而结构材料则有更大的选择范围。在我国引进的一些深冷氢回收工艺、合成氨和尿素等大化肥装置中是关键设备之一。德国林德公司（Linde）于 1895 年首次成功开发，并用于工业规模的空气液化设备中。此后不久，英国汉浦森（Hampson）也研制开发了缠绕式管式换热器。图 7-8-30 分别给出了林德和汉浦森最初研制的缠绕管式换热器结构。

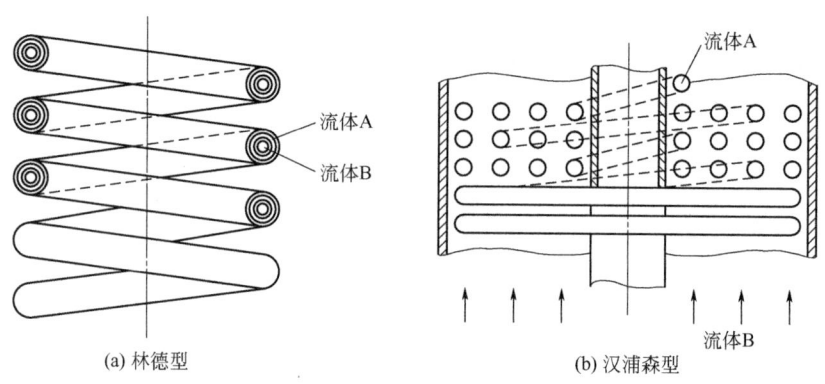

图 7-8-30　缠绕管式换热器

林德的换热器如图 7-8-30(a) 所示，由两个同心管缠绕成蛇形管，高压空气通入内管而冷的低压空气呈逆流流经内外管之间的缝隙。这种结构虽然实现了纯逆流流动，但总的传热效率比较差，主要因为在两通道中气流流动死区所占空间较大。汉浦森采用的换热器由许多管子组成，这些管子从内向外来回螺旋缠绕，形成盘管叠落在中心圆筒上，如图 7-8-30(b) 所示。在管程要冷却的高压空气从上到下螺旋式通过，在壳程低压冷空气逆流朝上横向交叉通过盘管。这种结构使壳程兼有比较高的横流传热系数及总的逆流效率，因此称为横向逆流换热器。

图 7-8-31 为由九根等长度管子分三层做成的一个缠绕管式换热器的剖视图，也是缠绕管的标准结构。换热管按三层缠绕在中心筒上，并集中在换热器两端的管板上，各层换热管相对方向缠绕并用相同厚度的垫板隔开，为了使管侧流体均匀分布，每个单管程通道采用等长管子制造。在多流体场合（管程多种流体），每个流道选择单管长度是很容易实现的，这大大地增加了单流体在调整传热面积时的灵活性。对于装有特殊长度管子的所有管层，按盘管组件直径方向应该对称分布。

由于管子长度相等，每层管子的斜率是一样的，但缠绕的数量从内层向外层均匀地减少。在壳程，为了使流体交叉流动，管子绕成相似的格栅型结构，从一层到另一层的层间距离 a 用垫板保持一致。为了保持管间流动方向上距离 c 均匀一致，每层的管数按各层管束平均直径的比来增加。因为这点常常做不到很精确，管间距离 c 总会有微小的改变，变化在平均值 c_m 附近。

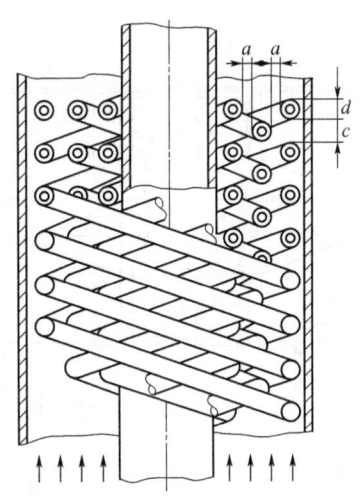

图 7-8-31 缠绕管标准结构

在理想平行管束中，流体自由横向流动截面积等于垂直流体流动方向管间最窄通道面积之和，这个定义同样适用于缠绕管换热器。如果逐个管层缠绕得绝对平行，壳程的流体自由流动截面积可按宽度为 a 的所有环形间隙再加上中心筒与第一层的间隙及最外层管束与壳体之间的间隙之和，通常这个间隙宽度为 $0.5a$。然而，实际上逐层排管并不绝对平行，而是连续形成一个微小的角度，这样，管子的相对位置就可能产生断断续续的移动（如图 7-8-32所示），此时各层管子之间的最短距离 S 就会在最小距离 S_{min} 到最大距离 S_{max} 之间变化，显然各层管平行时 S 达到最小值，$S_{min}=a$。

缠绕管式换热器按其结构特点分为两类：管程单股流体流道型（称为单股流缠绕管式换

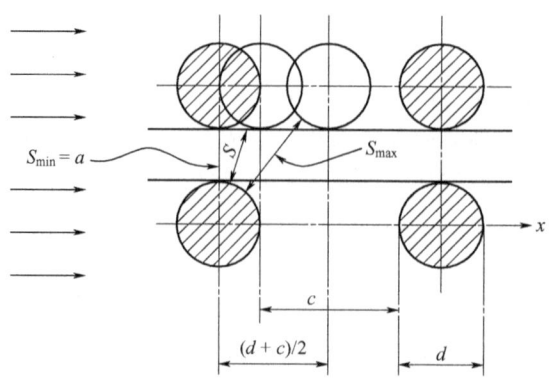

图 7-8-32 绕管间横向流动换热器管子的相对位置

热器），管程多股流体流道型（称为多股流缠绕管式换热器，例如三种流体——空气、氧、氮通过一个热交换器同时换热的所谓三流体热交换器）。图 7-8-33 和图 7-8-34 分别为典型单股流和多股流缠绕管式换热器主体结构图。主要由中心筒、缠绕管束、壳体、上下管板、导流装置、防震装置和管箱组成。我国 20 世纪 70 年代末引进的大化肥装置中采用德国林德公司低温甲醇洗工艺单元中各有 6 台缠绕管式换热器，有单股流和多股流换热器，其参数可见表 7-8-3 和表 7-8-4；20 世纪 90 年代初引进的德国鲁奇公司低温甲醇洗工艺单元中各有 2 台绕管式换热器。

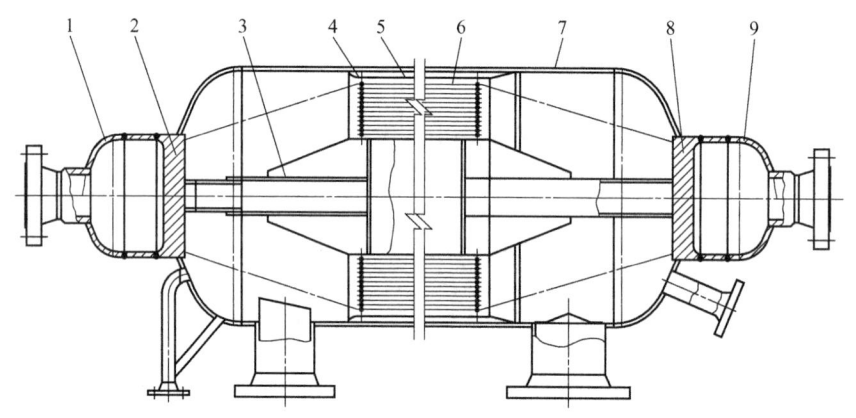

图 7-8-33 单股流缠绕式换热器

1—下管箱；2—下管板；3—中心管；4—换热管；5—夹套；
6—隔条；7—外壳；8—上管板；9—上管箱

缠绕管式换热器的结构尺寸主要取决于缠绕管束的结构尺寸。缠绕管束中心筒在制造中起支撑作用，要求有一定的强度和刚度。中心筒的外径由换热管的最小弯曲半径决定。每层换热管用垫条隔开，垫条厚度由工艺计算的流体通道要求确定，并采用异型垫条控制换热管的螺旋升角。在多股物流时，各个通道本身应有相同的管长，同时可根据工艺要求选择各通道管子的长度。缠绕管束绕制完成后用薄钢板夹套捆扎包紧，此夹套还起到导流作用，夹套与设备壳体间应保持一定的间隙。设备壳体的直径和高度取决于缠绕管束的外径和高度。上下管板及管箱的尺寸以管孔的排列、管程的程数和工艺流通面积而定。缠绕管式换热器的结构设计还包括中心筒、夹套和垫条（特别是异型垫条）等结构元件的设计及中心筒与管板

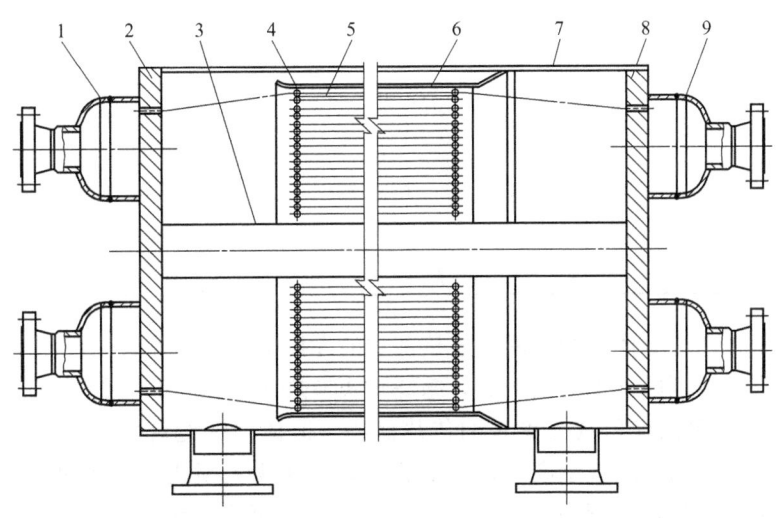

图 7-8-34　多股流缠绕管式换热器
1—下管箱；2—下管板；3—中心管；4—换热管；5—隔条；
6—夹套；7—外壳；8—上管板；9—上管箱

表 7-8-3　管程单股物流绕管式换热器

壳体规格	φ800	φ800	φ1400	φ1400
换热管规格/mm×m	φ17.2×2	φ17.2×2	φ15×1	φ17.2×2
换热管长度/mm	32870	28310	158100	842800
换热管数量/根	130	159	271	345
管孔排列	正三角	正三角	正三角	正三角
管孔间距/mm	23	23	19	23
管板规格/mm	φ400	φ450	φ600	φ620
管板厚度/mm	50	60	100	70
管子与管板连接型式	焊+胀	焊+胀	焊+胀	焊+胀
管绕层数/层	9	9	23	16
层间距/mm	2	2	1	2
绕管束高度/mm	5510	5808	11630	12150
绕管束规格/mm	φ752	φ752	φ1336	φ1314.4

表 7-8-4　管程多股物流绕管式换热器

壳体规格	φ2000	φ1600
换热管规格/mm×m	φ15×1.2	φ17.2×2
换热管长度/mm	19010/8830/8830	31220/34700
换热管数量/根	330/802/975	506/592
管孔排列	正三角	正三角
管孔间距/mm	19	23
管板规格/mm	φ2008/φ1850	φ1610/φ1510
管板厚度/mm	225/200	70

续表

壳体规格	$\phi 2000$	$\phi 1600$
管子与管板连接型式	焊+胀	焊+胀
管绕层数/层	45	22
层间距/mm	1	2
绕管束高度/mm	2895	9840
绕管束规格/mm	$\phi 1846.4$	$\phi 1544.8$

间、换热管与管板间、壳体与管板间等连接部位的焊接结构设计等。

相比目前广泛应用的管壳式换热器，缠绕管式换热器具有以下优点[21]：

① 结构紧凑，单位容积具有更多的传热面积。流体在螺旋管内流动会形成二次环流，强化了换热效果，因而传热效率高，占地面积小，易实现大型化。对换热管径为 8~21mm 的传热管可以拥有的传热面积高达 $100 \sim 170 m^2 \cdot m^{-3}$。而普通换热器的传热面积只有 $54 \sim 77 m^2 \cdot m^{-3}$，仅为缠绕管式换热器的 45% 左右。目前单台缠绕式换热器设备最大换热面积已达 $25000 m^2$。

② 传热温差小。流体分别在管程和壳程内总体上接近逆流流动，达到所需热交换量需要的传热温差较小。

③ 抗高压。由于管侧传热管直径不大，强度高，因此可以通过高压流体，操作压力可以达到 20MPa。同时换热管可以作成双连管，两管相连能承受比单管更高的压力。

④ 管束的热膨胀应力小。缠绕管式换热器管束两端均有一定的自由段，可以自行膨胀，因此对冷热变化有良好的补偿能力。

⑤ 可实现多种介质同时传热。几股物流必须同时加热或冷却时，缠绕管式换热器由于其结构的特殊性，可以很容易地实现多流股物流的热交换（可以多达 5 种不同流体）。双管缠绕管式换热器结构就属于这一类型。

但是缠绕管式换热器也有其使用上的受限之处：

① 壳侧流体分布不均，影响了壳侧流体的换热性能。

② 容易堵塞，对操作介质洁净度有较高要求。缠绕管式换热器结构复杂，流道狭窄，当流体中含有灰尘、析出物和即使加热也不能排除的杂质会容易堵塞。流体在进入换热器前应经过滤装置严格过滤。

③ 清洗、查漏、检修困难。缠绕管式换热器传热管部分为盘管状，管内外侧的清洗、查漏和检修都比较困难，通常只能用化学方法洗涤。

④ 造价高。由于缠绕管式换热器结构复杂，制造工艺要求较高，芯轴对传热无效等，使得制造缠绕管式换热器成本偏高。

总之，缠绕管式换热器结构简单、紧凑，特别适合应用在小温差下必须传递大的热负荷、传热管内外介质的比容差较大的场合，这在深冷工艺过程中是经常遇到的，该换热器还有多流股换热的特点，结构上又有一定的温差自补偿能力，因此特别适用于低温下的气体分离装置。在空气分离装置、氢液化装置、稀有气体分离装置、低温甲醇洗装置以及液氮洗装置中都有广阔的应用前景。至于绕管换热器所涉及的材料可以说基本上没有限制。例如，在低温装置中，数十年来一直使用钢作为传统材料，目前几乎完全被铝、不锈钢或是特殊的低温钢所代替。由于这些材料的采用，不仅解决了许多腐蚀问题，而且处理高压操作较为容易。

（2）传热和阻力计算 尽管缠绕管式换热器的提出很早，但要对其进行精确设计计算目前还比较困难，还只能是经验或半经验地进行。在我国对这种换热器在研究、设计及制造等方面所作的工作还相对较少。叙及此类换热器的设计原理和设计步骤的资料很少，文献[22]给出了一套缠绕管式换热器的简捷设计方法，介绍如下。

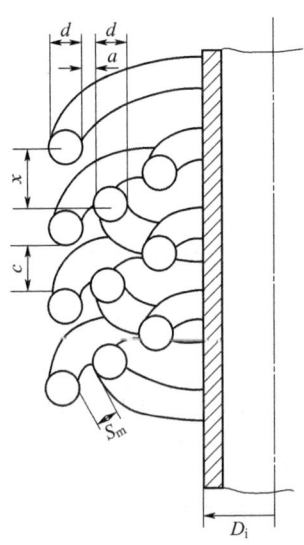

图 7-8-35　几何结构模型

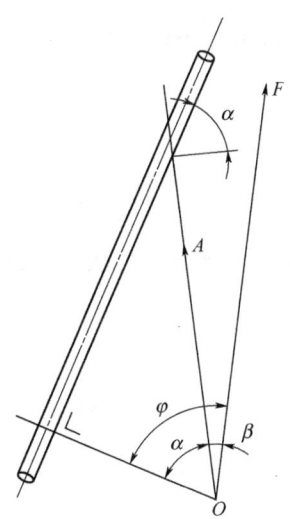

图 7-8-36　错流流动示意图

图 7-8-35 为该换热器的几何结构模型[23]，图 7-8-36 是错流流动示意图。假设在壳程中流体流动方向上相邻两绕管之间的间距为一常数，且相反缠绕方向的相邻两绕管的相对位置为 x，则有两个特征位置：

$$S_{max} = \{[(c+d)/2]^2 + (a+d)^2\}^{1/2} - d \qquad (7\text{-}8\text{-}44)$$

当 $x = (c+d)/2$ 时，

$$S_{\min}=a \tag{7-8-45}$$

当 $x=0$ 时，相邻两绕管之间的间距 S_m 将处于 $S_{\max}$ 与 $S_{\min}$ 之间，其计算公式为：

$$S_{\mathrm{m}}=[2/(c+d)]\int_0^{(c+d)/2} S\mathrm{d}x \tag{7-8-46}$$

积分可得：

$$S_{\mathrm{m}}=\frac{a+b}{2}\left[1+\left(\frac{c+d}{2a+2d}\right)\right]^{1/2}+\frac{(a+d)^2}{c+d}\ln\left\{\frac{c+d}{2a+2d}+\left[1+\left(\frac{c+d}{2a+2d}\right)^2\right]^{1/2}\right\}-d \tag{7-8-47}$$

壳程流道截面积为：

$$S_{\mathrm{o}}=D_{\mathrm{m}}\pi k S_{\mathrm{m}}-(S_1+S_2) \tag{7-8-48}$$

其中：

$$S_1=\frac{\pi a^2 110.0}{T}\times\frac{k}{4} \tag{7-8-49}$$

$$S_2=\pi c^2(n-k)l/(4.0l_{\mathrm{c}}) \tag{7-8-50}$$

k 为换热器内缠绕管的缠绕层数

D_{m} 为缠绕管的平均直径，由下式计算：

$$D_{\mathrm{m}}=D_{\mathrm{i}}+(k-1)a+kd+S_{\mathrm{m}} \tag{7-8-51}$$

D_{i} 为芯筒直径。

由壳程流道截面积可求得壳程流道的当量直径：

$$D_{\mathrm{e}}=4.0S_{\mathrm{o}}/L \tag{7-8-52}$$

式中，L 为浸润周边长度，且：

$$L=2.0(\pi D_{\mathrm{m}}+kS_{\mathrm{m}}) \tag{7-8-53}$$

对传热管长度 l 固定的缠绕管式换热器，传热管的缠绕角 α 与换热器的轴向管束长度 l_{c}、缠绕圈数 W_j 的关系分别为：

$$l_{\mathrm{c}}=l\sin\alpha \tag{7-8-54}$$

$$W_j=l\cos\alpha/(\pi D_j) \tag{7-8-55}$$

各缠绕管层 j 的中心圆平均直径 D_j 为：

$$D_j=D_{\mathrm{i}}+(j-1)a+jd+2e \tag{7-8-56}$$

式中，e 为第一层绕管与芯筒之间的隔板厚度，m。

对于多流股（共 m 个）缠绕管式换热器，设第 i 流股的管长为 l_i、管子根数为 z_i，则总的壳程换热面积为：

$$A_0=\sum_{i=1}^m A_i=\pi d\sum_{i=1}^m z_i l_i \tag{7-8-57}$$

(3) 壳侧传热系数计算方法[24] 缠绕管式热换器中，传热管在缠绕芯筒周围介于隔板中间呈螺旋状依次缠绕多层,形成圆筒状盘管而构成流道。传热管的缠绕方向逐层相反,缠绕角与纵向间距通常是均匀的,且管长相同。因此,随着传热管缠绕直径的增加,各层传热管数目也随之成比例增加。这些盘管层所组成的管束,其壳侧流道形式因圆周方向位置的不同而变化,由于相邻两个盘管呈直列、错列的变化,则流道构成就变成管子布置为直列、错列组合排列时的管外流动的流道构成。

传热系数可由下式计算:

$$a_o = 0.338 F_t F_i F_n Re_o^{0.61} Pr_o^{0.333} (\lambda_o/D_e) \qquad (7\text{-}8\text{-}58)$$

其中,F_t 为管子排列即流道结构的修正系数;F_i 为管子倾斜修正系数;F_n 为管排数修正系数。且:

$$F_i = (\cos\beta)^{-0.61} \left[\left(1-\frac{\varphi}{90}\right)\cos\phi + \frac{\varphi}{100}\sin\varphi\right]^{\varphi/235} \qquad (7\text{-}8\text{-}59)$$

式中,φ 为流体实际流动方向与传热管垂直轴之间的夹角,且

$$\varphi = \alpha + \beta \qquad (7\text{-}8\text{-}60)$$

β 如图 7-8-36 所示,表示实际流动方向偏离盘管中心线方向的角度,且:

$$\beta = \alpha\left(1-\frac{\alpha}{90}\right)(1-K^{0.25}) \qquad (7\text{-}8\text{-}61)$$

K 为盘管的特征数,盘管层左右交替缠绕时,$K=1$;仅一个方向缠绕时,$K=0$。

$$F_n = 1 - \frac{0.558}{n} + \frac{0.316}{n^2} - \frac{0.112}{n^3} \qquad (7\text{-}8\text{-}62)$$

其中,n 为流动方向一条直线上的管排数,当 $n>10$ 是,可近似取 $F_n=1$。

$$F_t = \frac{F_{\text{in-line}} + F_{\text{staggerd}}}{2} \qquad (7\text{-}8\text{-}63)$$

$F_{\text{in-line}}$ 为直列布置时的修正系数,F_{staggerd} 为规则错列布置时的修正系数,可由文献[24]查得。

(4) 管侧传热系数计算方法[24] 从层流到紊流过渡的临界雷诺数为:

$$(Re)_c = 2300[1 + 8.6(d_i/D_m)^{0.45}] \qquad (7\text{-}8\text{-}64)$$

d_i 为传热管内径。

当 $100 < Re < (Re)_c$ 时,

$$\alpha_i = \{3.65 + 0.08[1 + 0.8(d_i/D_m)^{0.9}]Re_i^i Pr_i^{0.333}\}(\lambda_i/d_i) \qquad (7\text{-}8\text{-}65)$$

$$i = 0.5 + 0.2903(d_i/D_m)^{0.194} \qquad (7\text{-}8\text{-}66)$$

当 $(Re)_c < Re < 22000.0$ 时,

$$\alpha_i = \{0.023[1 + 14.8(1 + d_i/D_m)(d_i/D_m)^{0.333}]Re_i^i Pr_i^{0.333}\}(l_i/d_i) \qquad (7\text{-}8\text{-}67)$$

$$i = 0.8 - 0.22(d_i/D_m)^{0.1} \qquad (7\text{-}8\text{-}68)$$

当 $22000.0 < Re < 150000$ 时,

$$\alpha_i = \{0.023[1+3.6(1-d_i/D_m)(d_i/D_m)^{0.8}]Re_i^{0.8}Pr_i^{0.333}\}(\lambda_i/d_i) \tag{7-8-69}$$

以上各式中，α_i，Re_i，Pr_i，λ_i 分别为管程的传热系数、管侧雷诺数、管内流体普朗特数以及热导率。

(5) 总传热系数与总传热面积计算方法　总传热系数：

$$K = \frac{1}{1/\alpha_o + R_o + (bd)/(\lambda d_m) + d/(\alpha_i d_i) + R_i d/d_i} \tag{7-8-70}$$

其中的 R_o 和 R_i 分别为壳侧和管侧的污垢系数；b 为传热管壁厚；λ 为传热管金属热导率，d，d_i 和 d_m 分别为传热管的外径、内径和平均直径，且：

$$d_m = \frac{d - d_i}{\ln(d/d_i)} \tag{7-8-71}$$

总传热面积：

$$A = \frac{Q}{K\varepsilon_m \Delta t_m} \tag{7-8-72}$$

式中，Q 为传热量；ε_m 为平均温差修正系数；Δt_m 为平均温差，且：

$$\Delta t_m = \frac{\Delta T_1 - \Delta T_2}{\ln\left(\dfrac{\Delta T_1}{\Delta T_2}\right)} \tag{7-8-73}$$

式中，$\Delta T_1 = T_1 - t_2$，$\Delta T_2 = T_2 - t_1$。

T_1，T_2 为热流体的进、出口温度；t_1，t_2 为冷流体的进、出口温度。

(6) 压降计算　壳侧压降可用下式计算：

$$\Delta p_o = 0.334 C_t C_i C_n \frac{nG_o^2}{2g_c \rho_o} \tag{7-8-74}$$

式中，ρ_o 为壳侧工质流体密度；n 为流动方向的管排数即每一根传热管的缠绕数；G_o 为壳侧有效质量流量，可参考文献 [24]。

传热管倾斜修正系数：

$$C_i = (\cos\beta)^{-1.8}(\cos\varphi)^{1.355} \tag{7-8-75}$$

管排数修正系数：

$$C_n = 0.9524\left(1 + \frac{0.375}{n}\right) \tag{7-8-76}$$

管子布置修正系数：

$$C_t = \frac{C_{\text{in-line}} + C_{\text{staggerd}}}{2} \tag{7-8-77}$$

式中，$C_{\text{in-line}}$ 为直列布置时的压降修正系数；C_{staggerd} 为规则错列布置时的压降修正系数，可由文献 [24] 查得。

管侧的压降：

$$\Delta p_i = \frac{f_i G_i^2}{2 g_c \rho_i} \left(\frac{l}{d_i} \right) \tag{7-8-78}$$

摩擦系数由下式计算：

$$f_i = \left[1 + \frac{28800}{Re_i} \left(\frac{d_i}{D_m} \right)^{0.62} \right] \frac{0.3164}{(Re_i)^{0.25}} \tag{7-8-79}$$

根据上述总传热面积和压力损失的计算，就可以对换热器进行初步的设计。对多流股（管程）换热器，可采取分别计算单一流股换热器的处理方法，壳程流股分别与管程流股换热，其流率按各管程流股所需的换热负荷大小成比例分配，总传热面积为各流股所需换热面积之和。文献［22］使用上述方法对某厂的多个缠绕式换热器进行了计算，结果表明该方法合理可靠。对于两相时的传热和压降计算，文献［21］给出了一套计算方法可供参考。

8.2 板式换热器

8.2.1 板式换热器简介

（1）基本结构和特点 板式换热器由一组长方形的薄金属传热板片构成，用框架将板片夹紧组装于支架上。两个相邻板片的边缘衬以垫片压紧，垫片由各种橡胶或压缩石棉等制成。板片四角开有圆孔，形成流体的通道。冷、热流体交替地在板片两侧流过，通过板片进行传热，其流动方式如图 7-8-37 所示。板片厚度为 0.5～3mm，其表面通常都压制成各种波纹形或槽形，既增强板片的刚度，也增强流体的湍流程度，提高传热效率。这种换热器可用于处理从水到高黏度的液体，用于加热、冷却、冷凝、蒸发等过程。在食品工业中广泛用于食品的加热杀菌和冷却，在化学工业中用于冷却氨水、凝缩甲醇蒸气、冷却合成树脂，并广泛应用于制碱、制酸、染料等工业。此外，在钢铁、机械、电力、造纸、纺织、制药等工业中也得到广泛的应用。

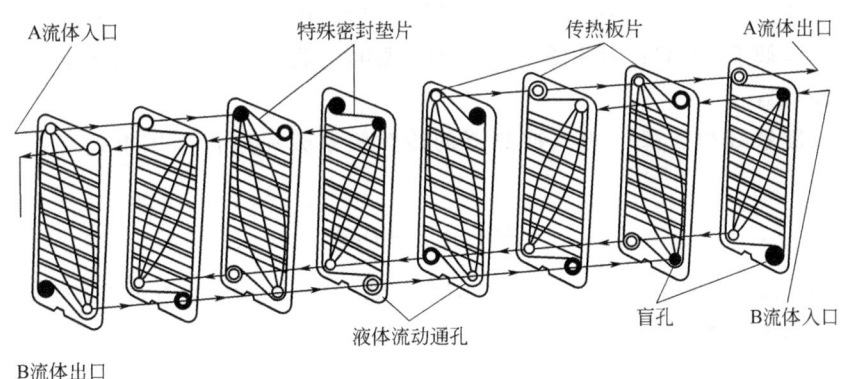

图 7-8-37 板式换热器流动示意图

板片尺寸，常见的宽度为 200～1000mm，板高可达 2000mm，两板之间的间距常为 4～6mm。板片数目可以根据工艺条件的要求加以改变。板片材料一般用不锈钢，也有用黄铜或其他耐蚀合金。板片型式的种类很多，典型的有水平平直波纹板、人字形板片、瘤形板片等。图 7-8-38 为典型水平平直波纹板结构，波纹的截面形状有三角形、梯形等。流体的流向与波纹垂直，或呈一定的倾角，形成曲折流动，增强流体的扰动。试验表明，当 $Re>200$ 时，即可转为湍流。人字形板片的波纹呈人字形，相邻两板的人字上下相反组合，形成多点接触，为典型的"网状流"板片，可承受较高的压力，传热性能也更好，但因接触点多，不适合用于含有颗粒或纤维的流体。瘤形板片是在板上交替排列着许多半球突起或平头突起，使流体呈网状流动，流阻较小。

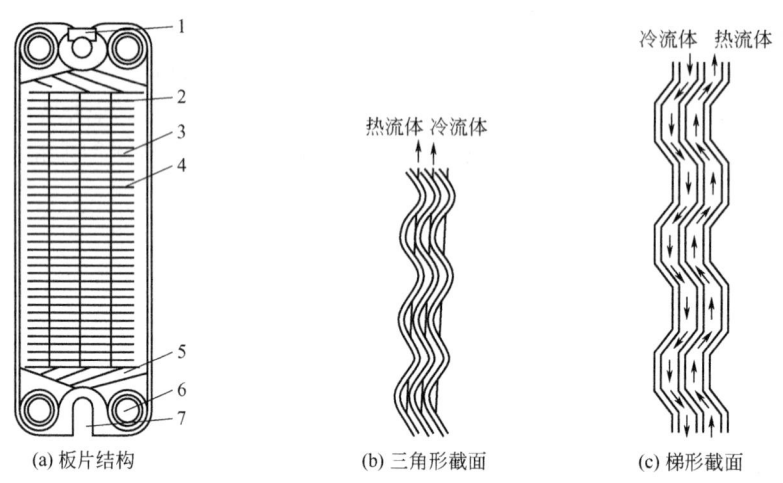

图 7-8-38 水平平直波纹板结构及截面型式

1—挂钩；2—波纹；3—触点；4—密封槽；5—导流槽；6—流体进出孔；7—定位缺口

板式换热器的主要优点是在低流速下可以获得高的传热系数。一般，$Re=150\sim500$ 即向湍流过渡，因而传热得到加强。水-水换热器的传热系数可达 $5800\mathrm{W\cdot m^{-2}\cdot ℃^{-1}}$，较列管式高 2～4 倍。此外，板式换热器结构紧凑，单位空间的传热面积大也是一个优点。每立方米体积内可具有 $250\mathrm{m}^2$ 以上的传热面积，而列管式仅在 $150\mathrm{m}^2$ 以内。板式换热器的金属耗量约为列管式的一半。另外，板片加工制造也比较容易，而且检修、清洗均很方便，其主要缺点是受垫圈材质的限制，操作压力和温度较低。一般，压力限制在 1.5MPa 以下，对合成橡胶垫圈温度，应低于 130℃；对压缩石棉垫圈，温度应低于 250℃。由于板间间隙小，较适宜于小容量换热器。

(2) 传热膜系数和压降 板式换热器的传热膜系数一般仍采用下列努塞尔数方程的形式：

$$Nu=CRe^mPr^n \tag{7-8-80}$$

对于不同形状的板片和不同介质，有不同的 Nu 方程，通常采用实验方法给出。有关几种国产板式换热器的 Nu 方程如表 7-8-5[25]。

表 7-8-5 国产板片传热膜系数方程

序号	板片型式	介质	Re	Nu 方程	
1	$0.1\mathrm{m}^2$ 斜波纹板片	水-水	2000～11000	$Nu=0.135Re^{0.717}Pr^{0.43}\left(\dfrac{Pr}{Pr_\mathrm{w}}\right)^{0.25}$	(7-8-81)

续表

序号	板片型式	介质	Re	Nu 方程	
2	0.1m² 人字形波纹板片	水-水	760~20000	$Nu=0.18Re^{0.7}Pr^{0.43}\left(\dfrac{Pr}{Pr_w}\right)^{0.25}$	(7-8-82)
		油-水	30~630	$Nu=0.146Re^{0.71}Pr^{0.43}\left(\dfrac{Pr}{Pr_w}\right)^{0.25}$	(7-8-83)
3	0.2m² 水平平直波纹板片	牛奶、麦芽汁、水	500~30000	$Nu=0.10Re^{0.7}Pr^{0.43}\left(\dfrac{Pr}{Pr_w}\right)^{0.25}$	(7-8-84)
4	0.2m² 锯齿形波纹板片	水-水	2850~14600	$Nu=0.31Re^{0.61}Pr^{0.4(或0.3)}$	(7-8-85)
		油-水	44~175	$Nu=0.77Re^{0.45}Pr^{1/3}\left(\dfrac{\mu}{\mu_w}\right)^{0.14}$	(7-8-86)
5	0.3m² 人字形波纹板片	水-水		$Nu=0.053Re^{0.61}Pr^{0.4(或0.3)}$	(7-8-87)
		油-水	160~800	$Nu=0.405Re^{0.585}Pr^{0.4(或0.3)}$	(7-8-88)
6	0.5m² 水平平直波纹板片	水-水	200~20000	$Nu=0.165Re^{0.65}Pr^{0.43}\left(\dfrac{Pr}{Pr_w}\right)^{0.25}$	(7-8-89)

注：流体受热时为 0.4，冷却时为 0.3。

国外对各种板片的计算公式进行了大量的研究工作，例如对于人字形板面可用下式[24]：

$$Nu=CRe^{0.67}Pr^{0.33}(\mu/\mu_w)^{0.14} \tag{7-8-90}$$

系数 C 值根据波形的间距和凸起高度的不同取值，在 0.25~0.375 之间。

英国 APV 板式换热器的计算公式：

层流 $Re<70$ 时，

$$Nu=1.416Re^{0.23}Pr^{1/3}(\mu/\mu_w)^{0.14} \tag{7-8-91}$$

湍流 $Re>1000$ 时，

$$Nu=0.178Re^{0.76}Pr^{1/3}(\mu/\mu_w)^{0.14} \tag{7-8-92}$$

瑞典 De-Laval 板式换热器的计算公式：

层流 $Re<150$ 时，

$$Nu=0.420Re^{0.5}Pr^{1/3}(\mu/\mu_w)^{0.14} \tag{7-8-93}$$

湍流 $Re>300$ 时，

$$Nu=0.378Re^{0.61}Pr^{1/3}(\mu/\mu_w)^{0.14} \tag{7-8-94}$$

板式换热器的流动压降可按管程压降的计算公式进行计算：

$$\Delta p=j_f\frac{LNG^2}{d_e 2\rho} \tag{7-8-95}$$

式中　L——流道长度，m；

　　　d_e——流道的平均当量直径，一般取 $d_e=2b$，b 为板间距，m；

　　　N——换热器的程数；

　　　j_f——摩擦因子，随波纹形状与尺寸而异，由试验确定。

例如对上海饮料机械厂生产的一种水平平直波纹板换热器，板片尺寸：长 860mm，宽 238mm，厚 1mm，板距 3.8mm，波节距 16mm，波高 6mm[26]。

$$j_f = 8200 Re^{-0.55} \tag{7-8-96}$$

一般对不同的板型，通过流体阻力试验，建立 Δp-w 关系图，根据流速可直接查得 Δp 值。

(3) 设计计算　板式换热器的设计可由下列基本传热方程确定所需传热面积 A（m²）：

$$A = \frac{Q}{K F_T \Delta T_{lm}} \tag{7-8-97}$$

对数平均温差修正因子 F_T 决定于流道构成方式。图 7-8-39 为流道的基本形式：并流、串流和混流。并流和串流时的 F_T 分别由图 7-8-40（a）和（b）查取；混流时可采用管壳式换热器的 F_T。

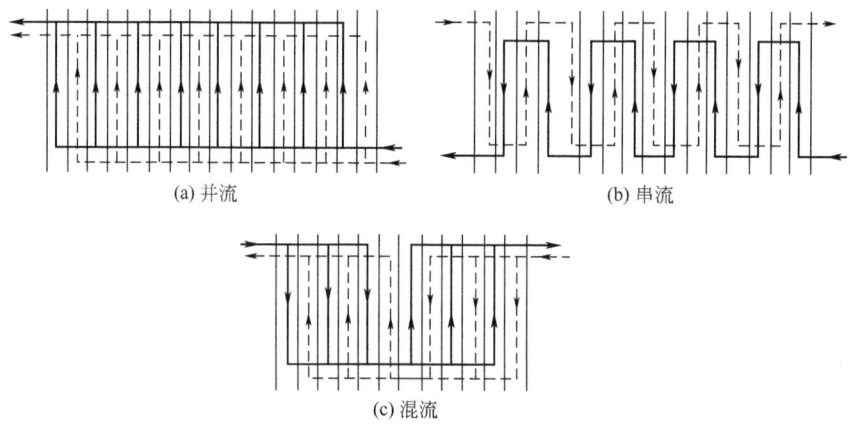

图 7-8-39　流道基本形式

总传热系数 K 由下式确定：

$$K = \frac{1}{\frac{1}{\alpha_1} + R_{f1} + R_{f2} + \frac{\delta}{\lambda_w} + \frac{1}{\alpha_2}} \tag{7-8-98}$$

式中　α_1，α_2——两侧流体的传热膜系数，W·m⁻²·℃⁻¹；

　　　R_{f1}，R_{f2}——两侧流体的污垢热阻，m²·℃·W⁻¹；

　　　δ，λ_w——板的厚度（m）及热导率（W·m⁻¹·℃⁻¹）。

板式换热器的污垢热阻比管壳式换热器的小得多。这主要是由于传热板凹凸不平，流体在流道中易形成湍流，流体中的固体颗粒难以沉积。板片材料一般采用耐蚀金属，不易生成锈类沉积；此外，拆装方便，便于清洗。一般，软水、蒸馏水、水蒸气的污垢热阻为 0.86×10^{-5} m²·℃·W⁻¹，工业用水为 $1.7 \times 10^{-5} \sim 4.3 \times 10^{-5}$ m²·℃·W⁻¹，油类为 $1.7 \times 10^{-5} \sim$

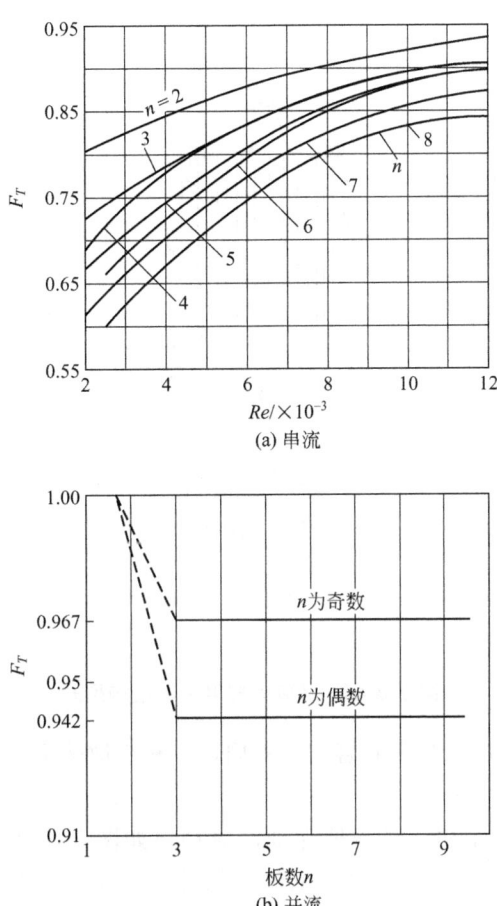

图 7-8-40　板式换热器的温差修正因子 F_T

$5.7\times10^{-5}\,\mathrm{m^2\cdot ℃\cdot W^{-1}}$。

板式换热器总传热系数的经验值如表 7-8-6。

表 7-8-6　板式换热器总传热系数参考值　　　　单位：$\mathrm{W\cdot m^{-2}\cdot ℃^{-1}}$

流体	水-水	水蒸气(或热水)-油	冷水-油	油-油	气-水
K 值	2900～4650	810～930	400～580	175～350	23～58

确定传热面积以后，即可根据所选的板片型式确定板片数，并求得流体的压降。

在进行校核计算时，也可采用传热单元数-有效因子法（ε-NTU 法），在文献 [24] 和文献 [25] 中列有不同板式换热器的 ε-NTU 线图，根据已有的结构型式，可以求出流体的出口温度。

8.2.2　螺旋板式换热器

（1）基本结构和特点　螺旋板式换热器的结构是由两张平行的钢板卷制成具有一对螺旋形通道的圆柱体，再加上顶盖和进出口接管而构成。根据流体在流道内的流动方式不同，可分为三种基本型式，如图 7-8-41 所示。

Ⅰ型为两流体均为螺旋流动，如图 7-8-41（a）。用于液-液换热，通常是冷流体从外周向

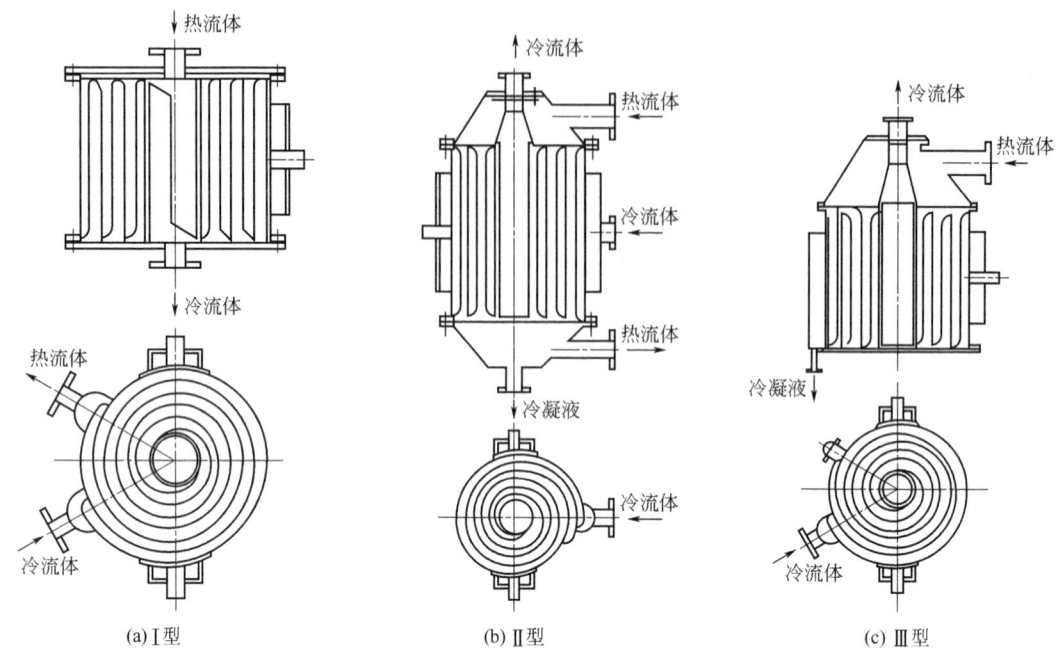

图 7-8-41 螺旋板式换热器结构型式

中心管流动，热流体则相反，从中心管流向外周，以减少散热损失，且两种液体成完全逆流流动。

Ⅱ型为一种流体螺旋流动，另一种为轴向流动，如图 7-8-41(b)。用于液体-气体、液体-可凝性气体的热交换。当液体为冷却剂时，从外周向中心管流动；当液体为加热剂时，从中心管向外周流动，皆为螺旋流动。而气体在敞开的流道中则为轴向流动。两种流体的流动方向成错流。

Ⅲ型为混合型，一种流体螺旋流动，另一种流体是轴向和螺旋流动的组合，如图 7-8-41(c)。用于液体-蒸汽之间的热交换。液体从外周向中心管流动，蒸汽由上部端盖进入，由流道的敞开部分沿着轴向向下部流动，并同时冷凝冷却，冷凝液沿流道下部向外周螺旋流动。

为了保证两个螺旋板之间的间距，在螺旋板上焊有许多定距柱，一般是用 3~10mm 的圆钢在卷板前预先焊在钢板上，同时起强化传热和增强刚性的作用。

螺旋板式换热器的主要优点是结构紧凑；传热增强，其传热系数比管壳式换热器高 50%~100%；流道内有自清洗作用，污垢不易沉积。主要缺点是承压能力较低，一般不超过 0.5~1MPa，工作温度不超过 250℃；流道流通能力较小，容量受到限制；检修和清洗比较困难。通道内介质的合理流速对液体为 $1\sim2\mathrm{m\cdot s^{-1}}$，对蒸汽或气体可高到 $20\mathrm{m\cdot s^{-1}}$。常用的直径为 500~1500mm，板高为 200~1500mm，板厚为 2~6mm，板间距为 5~25mm。常用材料为不锈钢和碳钢。在石油化工、合成氨、烧碱、轻纺、冶金等工业中得到广泛应用。

(2) 传热膜系数和压降计算 由于各种螺旋板换热器的结构不同，特别是定距柱的形状、大小、排列方式和间距大小不同，对传热和流动阻力有较大影响，所以很难建立一个普遍适用的公式，一般借用直管或弯管的计算公式以及采用经验公式[27,28]。

① 轴向流动时借用直管内湍流的公式：

$$Nu = 0.023Re^{0.8}Pr^{0.33} \tag{7-8-99}$$

② 螺旋流动时借用弯管内湍流的公式：

$$Nu = Nu_s(1+-0.77d_e/R) \tag{7-8-100}$$

式中 Nu_s——圆形直管的 Nusselt 数；

d_e——通道当量直径，$d_e = \dfrac{2Hb}{H+b}$；H 为板的高度，b 为通道间距，即通道宽度；

R——弯曲半径。

③ 经验公式。针对不同条件，螺旋板换热器的经验公式很多，主要有：

a. 水平放置逆流换热：

$$Nu = 0.0235Re^{0.81}Pr^{0.33} \tag{7-8-101}$$

b. 水平放置顺流换热：

$$Nu = 0.0111Re^{0.87}Pr^{0.33} \tag{7-8-102}$$

c. $Re > 10^4$ 的水和其他流体：

$$Nu = 0.0397Re^{0.784}Pr^n \tag{7-8-103}$$

液体被加热时，$n = 0.4$；被冷却时，$n = 0.3$。

d. $Re > 10^3$（包括过渡流）时：

$$Nu = \left[0.0315Re^{3.8} - 6.65 \times 10^{-7}\left(\frac{L}{b}\right)^{1.8}\right]Pr^{0.25}\left(\frac{\mu}{\mu_2}\right)^{0.17} \tag{7-8-104}$$

式中，L 为螺旋板长度；b 为通道间距。当 $Re > 3 \times 10^4$ 时，(L/b) 的影响可以不计。

e. $Re < 2000$ 时：

$$Nu = 8.4Gz^{0.2} \tag{7-8-105}$$

$$Gz = \frac{GCp}{\lambda L}$$

Gz 为格雷兹数；G 为流体质量流量，$kg \cdot h^{-1}$。

卷板上有突起的定距柱时，按专用的实验结果进行计算。

有相变时，可参照一般管内公式进行计算。

螺旋板式换热器的压降计算与圆管的压降计算方法相同，但要以当量直径 d_e 代替圆管的直径，再乘以修正系数 η，如下式：

$$\Delta p = j_f \frac{L}{d_e}\frac{\rho w^2}{2}\left(\frac{\mu}{\mu_w}\right)^{-0.14}\eta \tag{7-8-106}$$

式中，j_f 为管程摩擦因子，由图 7-8-13 查得。修正系数 η 与流速、定距柱直径和间距有关，其值 $\eta = 2 \sim 3$。

大连理工大学等单位通过试验，提出了计算压降的公式，考虑了定距柱的影响[29]。

f. 介质为液体时的压降计算：

$$\Delta p=\left(\frac{L}{d_{\mathrm{e}}}\frac{0.365}{Re^{0.25}}+0.0153Ln_0+4\right)\frac{\rho w^2}{2} \tag{7-8-107}$$

式中，n_0 为单位面积上定距柱的数目。在上式中包括三部分压降，第一项为螺旋通道的压降；第二项为由于定距柱的影响而增加的压降；第三项为螺旋板式换热器进、出口管的局部压降之和。

g. 介质为气体时的压降计算：

$$\Delta p=\left(2\ln\frac{p_1}{p_2}+4f_{\mathrm{c}}\frac{L}{d_{\mathrm{e}}}\right)\frac{\rho w^2}{2} \tag{7-8-108}$$

式中　p_1，p_2——进、出口压力；
　　　f_{c}——摩擦系数，当 $n_0=116$ 时，$f_{\mathrm{c}}=0.022$。

(3) 设计计算　螺旋板式换热器的传热面积 A 由传热基本方程式求出：

$$A=\frac{Q}{K\Delta t_{\mathrm{m}}} \tag{7-8-109}$$

对数平均温差 Δt_{m}，对于Ⅰ型和Ⅱ型结构，按逆流温差计算；对Ⅲ型结构，按错流温差计算。

总传热系数 K 为：

$$K=\frac{1}{\dfrac{1}{\alpha_1}+R_{\mathrm{f1}}+R_{\mathrm{f2}}+\dfrac{\delta}{\lambda_{\mathrm{w}}}+\dfrac{1}{\alpha_2}} \tag{7-8-110}$$

由于螺旋板式换热器的流道有一定的自清洗作用，其污垢热阻较管壳式换热器的要小一些。目前有关螺旋板式换热器的污垢热阻尚缺少系统的数据，在设计时可参考管壳式换热器选用较小的数值。

当螺旋板采用复合钢板时，则板材热阻 $\delta/\lambda_{\mathrm{w}}$ 应按复层厚度和复层材料的热导率与基体厚度和基体材料的热导率分别计算后取其和。

螺旋板式换热器的总传热系数 K 的参考值如表 7-8-7。

传热面积确定以后，螺旋板的长度 L 可由下式求出：

$$L=\frac{A}{2H} \tag{7-8-111}$$

螺旋板换热器的外径 D_0 可由下式确定：

$$D_0=D_1+N(b_1+b_2+2\delta)+(b_1+\delta) \tag{7-8-112}$$

式中　D_1——中心管直径；
　　　b_1，b_2——两个螺旋通道的宽度；
　　　N——螺旋圈数，其计算公式为

$$N=\frac{D\left(D_1+\dfrac{b_1+b_2}{2}\right)+\sqrt{\left(D_1+\dfrac{b_1+b_2}{2}\right)^2+\dfrac{4L}{\pi}(b_1+b_2+2\delta)}}{b_1+b_2+2\delta} \tag{7-8-113}$$

表 7-8-7 螺旋折流板换热器总传热系数参考值

逆流单相	
介质	$K/W\cdot m^{-2}\cdot ℃^{-1}$
水-水	1700～2200
水-废液	1400～2100
水-盐水	1150～1750
水-浓碱液	460～580
水-润滑油	140～350
有机液-有机液	350～800
油-油	90～140
气-盐水	35～70
气-油	30～45
错流有相变	
介质	$K/W\cdot m^{-2}\cdot ℃^{-1}$
水蒸气-水	1500～1800
有机蒸气-水	800～1200
氨-水	1500～2200
含油水蒸气-粗轻油	350～580

螺旋板换热器的有效因子 ε 与传热单元数 NTU 的关联线图如图 7-8-42 所示。利用此图可以方便地进行换热器设计或校核计算。

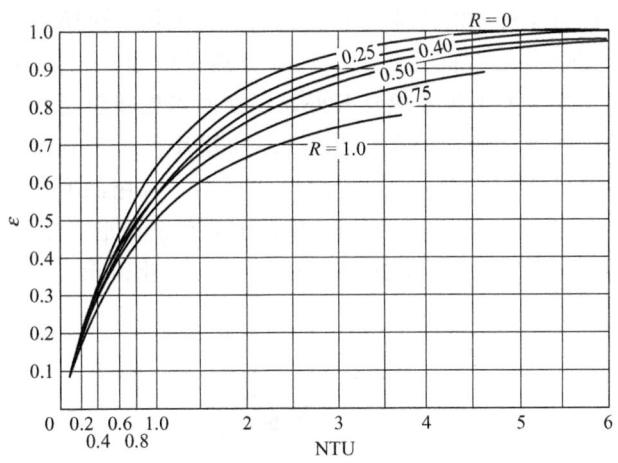

图 7-8-42 螺旋板换热器的 ε-NTU 线图

8.2.3 板翅式换热器

(1) 基本结构和特点 板翅式换热器的基本结构是由翅片、隔板和封条三种元件组成的单元体叠积结构,如图 7-8-43 所示。波形翅片置于两块平隔板之间,并由侧封条封固,许多单元体进行不同组叠并用钎焊焊牢就可得到常用的逆流、错流等布置的组装件,称为板束或芯体。通常在板束顶部和底部各设置一层起绝热作用的假翅片层,由较厚的翅片和隔板制

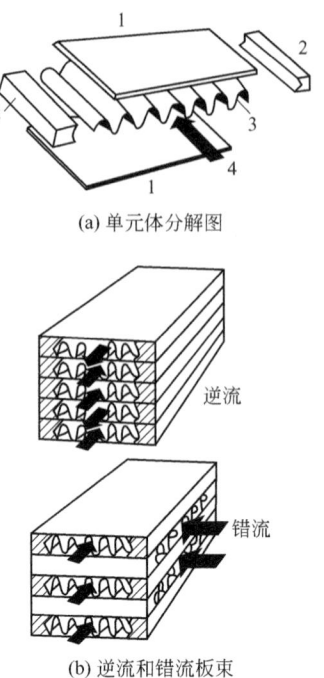

(a) 单元体分解图

(b) 逆流和错流板束

图 7-8-43 板翅式换热器单元体和板束
1—平隔板；2—侧条；3—翅片；4—流体

成，无流体通过。板束上配置导流片、封头和流体出入口接管即构成一个完整的板翅式换热器[17]。

冷热流体分别流过间隔排列的冷流层和热流层而实现热量交换。一般翅片传热面占总传热面的 75%～85%，翅片与隔板间为钎焊，大部分热量由翅片经隔板传出，小部分热量直接通过隔板传出。翅片除主要承担传热任务外，还在两隔板间起支撑作用，使薄板单元件结构有较高的强度和承压能力。例如，由 0.2mm 厚的翅片和 0.7mm 厚的平隔板所制成的板翅式换热器的承压能力可达 4.0MPa。翅片的型式很多，常用的有平直翅片、锯齿形翅片、多孔翅片，如图 7-8-44 所示。平直翅片的断面形状又有正方形、矩形、梯形、三角形、半圆形等多种型式。除上述三种基本型式外，波纹形、百叶窗形、钉状或片条状翅片也较常见。

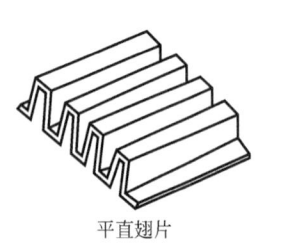   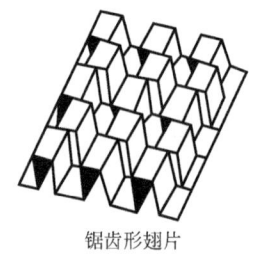   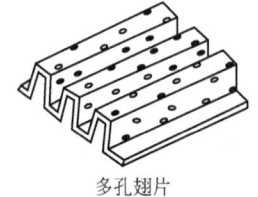

平直翅片　　　　　锯齿形翅片　　　　　多孔翅片

图 7-8-44 翅片型式

板翅式换热器的主要优点是传热能力强，结构紧凑、轻巧，单位体积的传热面积可达 1500～2500m^2·m^{-3}，相当管壳式换热器的十几倍，而同条件下换热器的重量只及管壳式的

10%～65%；其适应性广，可用作气-气、气-液和液-液换热器，也可作冷凝器和蒸发器。对铝合金制造的板翅式换热器，可利用其低温延性和抗拉性好的特点，特别适用于低温或超低温的场合。板翅式换热器的主要缺点是结构复杂，造价高；流道小，易阻塞；难于检修等。目前已在石油化工、电子、低温、航空、动力及核能等工业部门得到广泛应用。

(2) 传热膜系数和压降计算 按传热因子 j_h 法计算时：

$$j_h = St Pr^{0.67} \tag{7-8-114}$$

式中，St 为 Stanton 数，$St = \dfrac{Nu}{RePr} = \dfrac{\alpha}{GC_p}$。

可得

$$\alpha = j_h G C_p Pr^{-0.67} \tag{7-8-115}$$

压降

$$\Delta p = 4 j_f \dfrac{L}{d_e} \dfrac{\rho w^2}{2} \tag{7-8-116}$$

传热因子 j_h 和阻力系数 f 可由图 7-8-45 查得。

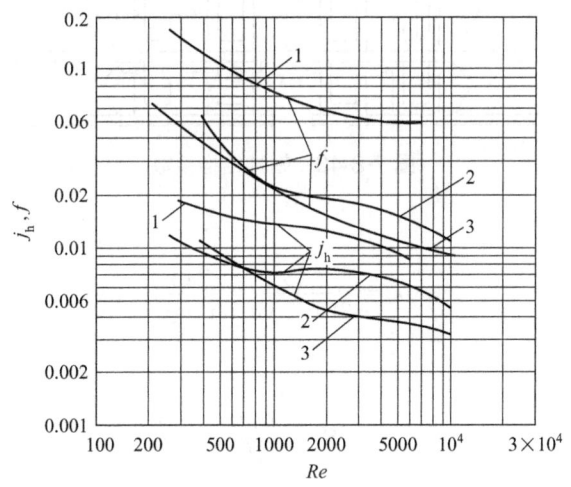

图 7-8-45 板翅式换热器传热因子 j_h 和阻力系数 f
1—锯齿形翅片；2—多孔板形翅片；3—平直翅片

此外，还有一些经验公式，例如对于单程板翅式换热器，对 $400 \leqslant Re \leqslant 10^4$ 的各种尺寸的平直翅片：

$$St = 0.023 Re^{-0.25} Pr^{-0.67} \tag{7-8-117}$$

$$f = 0.393 Re^{-0.25} \tag{7-8-118}$$

对各种尺寸的波纹型和百叶窗型翅片：

$$St = 0.023 Re^{-0.4} Pr^{-0.67} \tag{7-8-119}$$

$$f = 0.393 Re^{-0.25} \tag{7-8-120}$$

对于多程板翅式换热器各种尺寸的翅片，$Re < 700$ 时：

$$St = 0.087 Re^{-0.27} Pr^{-0.67} \tag{7-8-121}$$

$$f = 30.4 Re^{-0.91} \tag{7-8-122}$$

当 $Re > 700$ 时：

$$St = 0.071 Re^{-0.24} Pr^{-0.67} \tag{7-8-123}$$

$$f = 0.6 Re^{-0.31} \tag{7-8-124}$$

板翅式换热器的总压降除板束内的摩擦阻力外，还应包括由于流速变化而造成的加速压降，以及由于出入口、导流片等引起的局部阻力。

(3) 设计计算

① 翅片的结构参数。翅片的结构参数为：翅片高度 H，翅片厚度 δ，翅片间距 P，有效宽度 B，有效长度 L，翅片内距 $x = P - \delta$，内高 $y = H - \delta$。部分参数如图 7-8-46 所示。

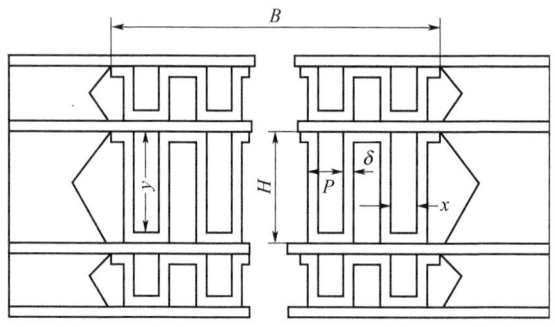

图 7-8-46　翅片结构参数

翅片的当量直径

$$d_e = \frac{4xy}{2(x+y)} = \frac{2xy}{x+y} \tag{7-8-125}$$

每层通道的截面积

$$S_i = \frac{xyB}{P} \tag{7-8-126}$$

n 层通道板束的截面积

$$S = nS_i = \frac{nxyB}{P} \tag{7-8-127}$$

每层通道的截面积

$$A_i = \frac{2(x+y)LB}{P} \tag{7-8-128}$$

n 层通道板束的传热面积

$$A = \frac{2(x+y)nLB}{P} \tag{7-8-129}$$

板翅式换热器的总传热面积又可分为一次表面传热面积 A_1 和二次表面传热面积 A_2 两部分，其所占总面积的比例分别为：

$$A_1 = \frac{x}{x+y} A \tag{7-8-130}$$

$$A_2 = \frac{y}{x+y} A \tag{7-8-131}$$

由图 7-8-46 可见，一次表面是指向平隔板方面的传热面，而二次表面则是翅片纵高方面的传热面。由于通常的翅片高度 H 比翅片间距 P 大，即 y 比 x 值大，故二次表面要比一次表面大得多。

② 翅片效率 η_f 和板翅表面总效率 η_o。由于翅片在高度方向存在着温度梯度，如果流体的温度为 T_f，翅片的平均温度为 T_m，翅片与平隔板接触处的温度为 T_w，则翅片效率的定义为：

$$\eta_f = \frac{T_f - T_m}{T_f - T_w} = \frac{\text{th}(ml)}{ml} \tag{7-8-132}$$

式中

$$m = \sqrt{\frac{2\alpha}{\lambda \delta}} \tag{7-8-133}$$

l 为翅片的定性尺寸，m 是指二次表面热传导的最大距离。对于单叠布置，即冷通道与热通道间隔排列时，$l = \frac{1}{2}H$；对于复叠布置，即每两个热通道间有两个冷通道，热通道与冷通道的通道数之比为 $1:2$ 时，对热通道，$l = \frac{1}{2}H$；对冷通道，$l = H$。

一次表面的传热量 Q_1 为：

$$Q_1 = \alpha_1 A_1 (T_f - T_w) \tag{7-8-134}$$

二次表面的传热量 Q_2 为：

$$Q_2 = \alpha_2 A_2 (T_f - T_m) = \alpha_2 A_2 \eta_f (T_f - T_w) \tag{7-8-135}$$

当一个热通道与一个冷通道间隔排列时，其总传热量 Q 为：

$$Q = Q_1 + Q_2 = \alpha_1 A_1 (T_f - T_w) + \alpha_2 A_2 \eta_f (T_f - T_w) = \alpha A \eta_o (T_f - T_w) \tag{7-8-136}$$

可得板翅表面总效率 η_o

$$\eta_o = \frac{A_1 + A_2 \eta_f}{A} = 1 - \frac{A_2}{A}(1 - \eta_f) \tag{7-8-137}$$

由于 A_2/A 总是小于 1 的，所以表面总效率 η_o 总是大于翅片效率 η_f 的。

③ 传热计算。板翅式换热器的传热量 Q 为：

$$Q = KA\Delta T_m \tag{7-8-138}$$

当以冷通道的传热面积 A_c 为基准时，传热系数 K_c 为：

$$K_c = \frac{1}{\dfrac{1}{\alpha_c \eta_{oc}} + \dfrac{1}{\alpha_h \eta_{oh}}\left(\dfrac{A_c}{A_h}\right)} \tag{7-8-139}$$

当以热通道的传热面积 A_h 为基准时,传热系数 K_h 为:

$$K_h = \frac{1}{\dfrac{1}{\alpha_c \eta_{oc}}\left(\dfrac{A_h}{A_c}\right) + \dfrac{1}{\alpha_h \eta_{oh}}} \tag{7-8-140}$$

式中,α_c、α_h 分别为冷、热流体通道的传热膜系数;η_{oc}、η_{oh} 分别为冷、热流体通道板翅表面的总效率。

由此可以求得冷流体通道的传热面积 A_c 为:

$$A_c = \frac{Q}{K_c \Delta T_m} \tag{7-8-141}$$

热流体通道的传热面积 A_h 为:

$$A_h = \frac{Q}{K_h \Delta T_m} \tag{7-8-142}$$

8.2.4 伞板式换热器

伞板式换热器是由伞形传热板片和异形垫片组成,两端加上端板,并用若干螺栓在伞板四周拉紧,再加上进出口接管构成,如图 7-8-47 所示。伞板传热片采用滚压成型的方法,可以在专用机床上滚压成所需的形状。伞板换热器流体出入口和螺旋板式换热器相似,设置在换热器的中心和圆周上。即一种流体由板中心流入,沿螺旋通道流至圆周边排出;而另一种流体则由圆周边接管流入,沿螺旋通道流向中心后排出。

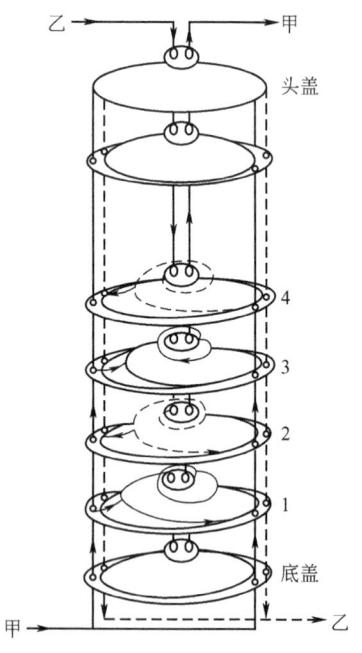

图 7-8-47 伞板式换热器示意图

伞板换热器的特点与板式换热器相似,具有结构紧凑、传热效率高、便于拆洗等特点。其传热和阻力特性与板片的结构和几何尺寸有关。根据对 $\phi 350\text{mm}$ 的小型伞板换热器的实验[30]，整理出对水的传热膜系数公式为：

$$Nu = 0.01287 Re^{0.834} Pr^n \qquad (7\text{-}8\text{-}143)$$

当水加热时，$n=0.4$；冷却时，$n=0.3$。

流体阻力的经验公式：

$$\Delta p = \left(\lambda \frac{L}{d_e} + 1.04 \times 10^{10} f_d^2\right) \frac{\rho w^2}{2} \qquad (7\text{-}8\text{-}144)$$

式中 f_d——每个螺旋通道的截面积；

λ——摩擦阻力系数，当 $Re = 3500 \sim 15000$ 时，

$$\lambda = 31.2 Re^{-0.209} \left(\frac{d_e}{D_m}\right)^{1.32} \qquad (7\text{-}8\text{-}145)$$

D_m 为板片的平均直径，对 $\phi 3.50$mm 的板片，$D_m = 0.235$m。

8.2.5 板壳式换热器

板壳式换热器介于板式和管壳式换热器之间，由板束和壳体两部分组成，如图 7-8-48 所示。板束相当于管壳式换热器的管束，每一板束元件相当于一根管子，由板束元件构成的流道称为板壳式换热器的板程，相当于管壳式换热器的管程；板束与壳体之间的流通空间则构成板壳式换热器的壳程。板束元件的形状可以是多种多样的，一般用冷轧钢带滚压成型再缝焊而成。

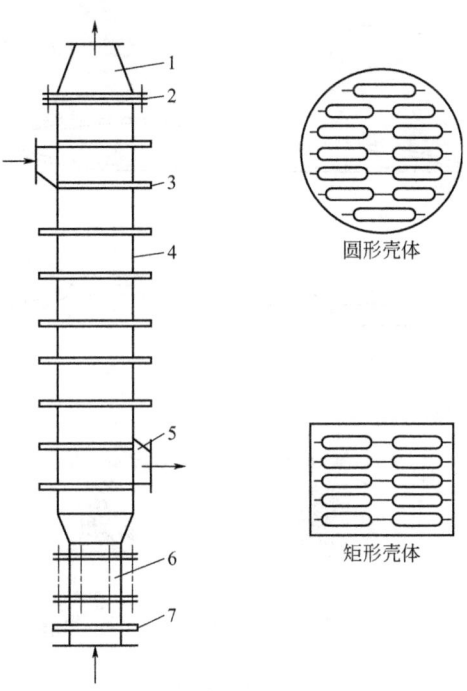

图 7-8-48 板壳式换热器示意图

1—头盖；2—密封垫片；3—加强筋；4—壳体；

5—管口；6—填料函；7—螺纹法兰

板壳式换热器的壳体有圆筒形和矩形的,但一般均采用圆筒形,其承压能力较好。为使板束能充满壳体,板束每一元件应按其所占位置的弦长来制造。一般板壳式换热器不装设壳程折流板。

板壳式换热器兼有管式和板式两类换热器的特点,能较好地解决耐压、耐温与结构紧凑、高效传热之间的矛盾。其传热系数约为管壳式换热器的 2 倍,而体积为管壳式的 30% 左右,压降一般不超过 0.05MPa。由于板束元件相互支撑,刚性强,能承受较高的压力和真空,最高工作压力已达 6MPa,工作温度达 800℃。此外,还具有不易结垢、便于清洗等优点。其主要缺点是板束制造较复杂,对焊接工艺要求较高。

8.2.6 T-P 板式换热器

T-P 板(Temp-Plate)又称热板,是把两块按一定间距分别压制(或液压鼓胀)形成许多均布圆锥台的金属板对扣,使两板之间各圆锥台相抵,再经点焊后而构成的。两板周边经封焊后在板间形成介质流道。T-P 板式换热器不受材料、组合型式及成型方法的限制,可用不锈钢、合金及碳钢制造,已有多种型式、尺寸和材料的产品在涂料、化工、纺织、酿造、制药、造纸、印刷、食品、核能及水处理等工业部门得到应用[31]。

国外 T-P 板代表性生产厂商有 Vicarb 公司及 Mueller 公司。T-P 板主要有单面成型板(SE)、双面成型板(DE)及凹纹板。如图 7-8-49 所示,其中单面成型板及双面成型板多采用液压鼓胀成型,而凹纹板则采用模压成型作为补充。表 7-8-8 和表 7-8-9 为 Mueller 公司生产的 T-P 板系列产品的一些规格尺寸。

热板板管之间留有足够的间隔以作为板管外介质的流道,也可以将板管单独使用。板管

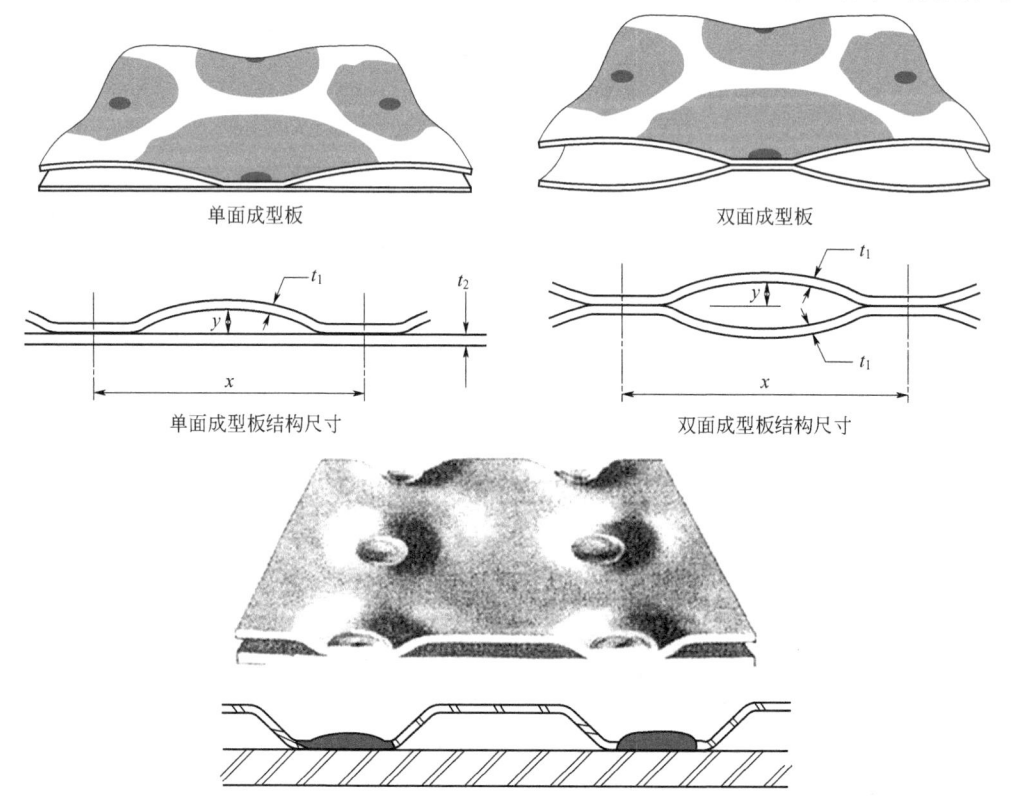

图 7-8-49　T-P 板主要型式

表 7-8-8　Mueller 公司 T-P 板系列产品板面积　　　　　单位：m²

长度 l/m	宽度 w/m							
	0.30	0.46	0.56	0.66	0.74	0.91	1.09	1.19
0.6	0.36	0.59	0.68	0.79	0.89	1.11	1.32	1.49
0.7	0.46	0.72	0.85	0.99	1.12	1.38	1.65	1.86
0.9	0.56	0.87	1.03	1.20	1.37	1.69	2.02	2.23
1.2	0.74	1.19	1.39	1.62	1.82	2.25	2.68	2.97
1.5	0.95	1.47	1.75	2.02	2.31	2.85	3.40	3.72
1.8	1.13	1.79	2.09	2.45	2.75	3.39	4.04	4.46
2.1	1.32	2.07	2.48	2.83	3.25	4.01	4.78	5.20
2.4	1.52	2.40	2.81	3.29	3.68	4.54	5.42	5.95
2.7	1.70	2.67	3.21	3.66	4.19	5.17	6.17	6.69
3.0	1.90	3.00	3.52	4.11	4.61	5.69	6.78	7.43
3.3	2.11	3.31	3.92	4.52	5.13	6.34	7.55	8.18
3.6	2.27	3.58	4.23	4.88	5.55	6.85	8.16	8.92

表 7-8-9　Mueller 公司 T-P 板系列产品板质量　　　　　单位：kg

长度 l/m	宽度 w/m						
	0.30	0.46	0.56	0.66	0.74	0.91	1.09
0.6	5.4	8.6	10.4	11.8	13.6	16.8	20.4
0.7	6.8	10.9	13.2	15.4	17.7	21.3	25.9
0.9	8.6	13.6	15.9	18.6	21.3	25.9	31.3
1.2	11.3	18.1	21.8	24.9	28.6	34.9	42.2
1.5	14.5	23.1	26.8	30.8	35.4	43.5	52.6
1.8	17.2	27.2	32.7	37.6	42.6	52.6	63.2
2.1	20.0	31.8	38.1	44.0	49.9	61.7	73.9
2.4	23.1	41.3	48.5	56.7	64.4	79.8	95.3
2.7	25.9	41.3	48.5	56.7	64.4	79.8	95.3
3.0	29.0	45.8	54.4	63.1	72.1	88.9	106.1
3.3	31.8	50.3	59.9	70.3	78.9	98.0	117.0
3.6	34.5	54.9	65.3	75.8	86.2	106.6	127.5

注：表中质量是依据板厚 2.0mm（14ga.，ga. 是线规，是美国长度/直径单位表示方法，14ga. 对应为 2mm）为基准计算的，如果用其他厚度板片时，还应分别乘以下列校正系数：

线规号	厚度 t/mm	系数
12ga.	2.8	1.40
16ga.	1.5	0.80

承受介质内压力作用主要依靠板片之间的点焊点和周边封焊焊缝对两张成型板的拉紧力，这与板式换热器依靠压紧板片，板片触点彼此支撑来抵抗介质压力有根本的区别。T-P 板的制造主要有薄板成型、周边焊接和点焊等工序，成型工艺不同，工序之间的顺序也有所不同。

Mueller 公司给出了 T-P 板在不同介质条件下传热系数的参考值，见表 7-8-10。

表 7-8-10 Mueller 公司 T-P 板的传热系数

传热媒体	产品	传热系数 $K/W \cdot m^{-2} \cdot K^{-1}$			
		加热		冷却	
		无搅拌	搅拌	无搅拌	搅拌
水	水溶液	170～480	595～765	140～450	570～740
	中等黏度液体	85～285	340～565	55～170	225～450
	溶剂油	30～170	140～455	25～50	55～170
	焦油	30～70	85～115	—	—
乙醇	水溶液			140～370	480～595
蒸汽	水溶液	570～1280	680～1700	—	—
	中等黏度液体	170～340	400～680		
	溶剂油	45～225	200～540		
	焦油	55～170	255～370		
R-12	水溶液	—	—	170～310	340～625
R-22	中等黏度液体	—	—	55～170	170～400
氨	溶剂油			5～45	35～100
	水溶液大型储罐浸没式	—	—	85～125	200～255
传热油	黏性液体	45～85	140～225	—	—
高流速(不包括气体)	空气或气体	6～17	17～40	6～17	17～40
		无传热涂层	有传热涂层	无传热涂层	有传热涂层
夹紧式 T-P 板，具有高流速(不包括气体)	水溶液	55～140	115～200	30～85	85～140
	黏性液体	30～55	55～115	11～34	30～55
	空气或气体	6～17	6～17	6～17	6～17

图 7-8-50 则给出了水在 T-P 板内的流动压降参考曲线。

图 7-8-50 中的参数为：①双面鼓胀成型板：变形尺寸 Y 分别为 2mm(0.080″)、2.8mm(0.109″)、3.1mm(0.122″)。②单面鼓胀成型板：变形尺寸 Y 为 2.1mm(0.082″)。③凹纹板：变形尺寸 Y 为 2.1mm(0.082″)。由图可见鼓胀(冲压)深度 Y 是决定压降大小的关键，且单面成型板的压降最大。

Vicarb 公司在搅拌和不搅拌两种情况下，使用 T-P 板作为浸没式盘管使用。Mueller 公司也给出几乎相同的使用方式，此外使用 T-P 板的产品包括各种水冷器和油池卸油加热撬。T-P 板还可以作为夹套替代品，用 T-P 板代替夹套，只要将其贴合在容器表面上即可进行取热或加热。如大型石化设备、大型露天立式发酵罐、食品加工业中的牛奶冷却器及葡萄酒发酵罐等均可采用。优点主要是 T-P 板本身就能独立承压，容器不必做负压设计。此外导热介质与容器隔离更能满足容器安全技术的要求。用 T-P 板代替换热管可制成换热器板管

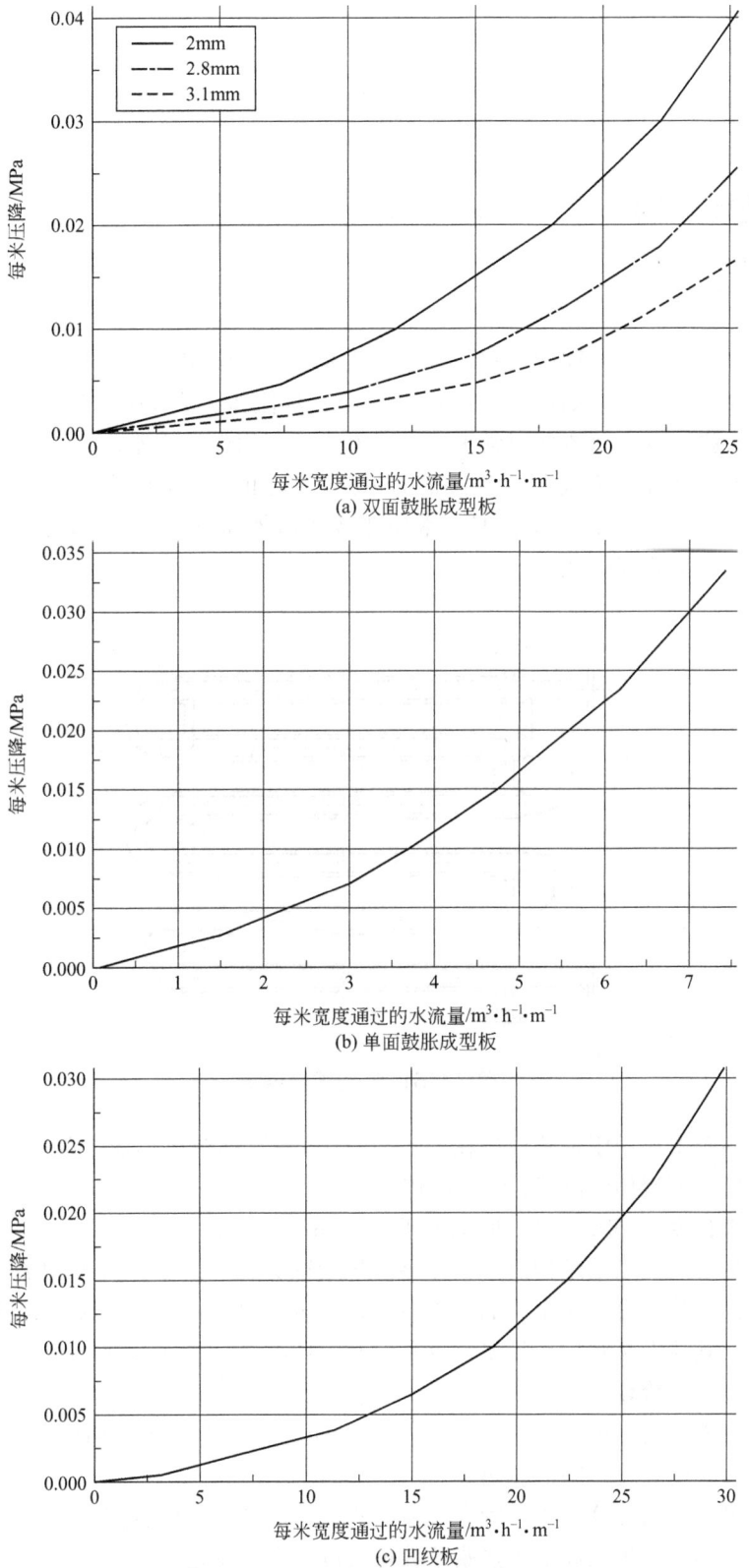

图 7-8-50 T-P 板板内压降参考曲线

板束，它已用在冷冻机组蒸发器、废水处理冷却器或补充水预热器（Mueller）及人孔换热器/抽吸式换热器等设备上。以 T-P 板为核心的小型成套装置主要有蓄能器（Energy Bank）和以板式外流自降膜蒸发器为核心的蒸发站，目前两者都主要用于纸浆行业。

8.3 其他换热器

8.3.1 套管式换热器

套管式换热器由直径不同的两根标准管子的同心套管组成传热单元，内管用 U 形弯头连接，外套管用直管连接，如图 7-8-51 所示。冷、热流体分别流过内管和套管的环隙，并在其中实现热交换。冷、热流体通常采用逆流方式，可用作加热器、冷却器或冷凝器。当用蒸汽加热液体时，使加热蒸汽由上而下流过环隙，以防止冷凝液阻塞汽流，被加热液体由下而上流过内管；当作为液-液冷却器时，常使热液体由上而下流过内管，而冷液体则自下而上流过环隙，以形成逆流传热。

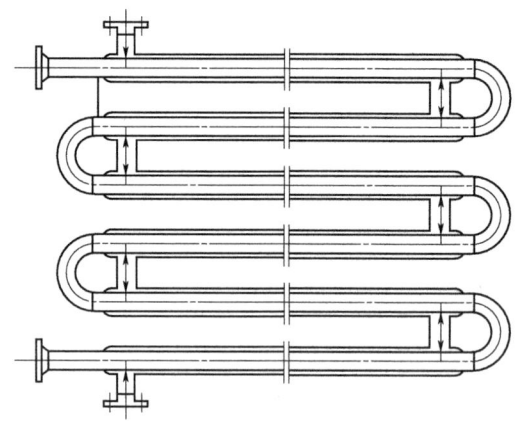

图 7-8-51　套管式换热器

套管式换热器主要用于传热面积在 $10\sim20\mathrm{m}^2$ 以下的小型换热器，可用改变管径及并联管束的方法，使两侧流体的流速相近。流体的合理流速 $0.5\sim3\mathrm{m\cdot s^{-1}}$；气体为 $5\sim30\mathrm{m\cdot s^{-1}}$。每段套管的有效长度 $4\sim6\mathrm{m}$，环隙间隙大于 $2\sim3\mathrm{mm}$。

套管式换热器的优点是结构简单，传热面积增减方便；易于选择合理流速和逆流流动，传热强度高；内、外管直径较小，能承受高温、高压；便于采用高硅铁管、陶瓷管、玻璃管等耐腐蚀材料。其缺点是管接头较多，容易泄漏；环隙通道清洗困难，容量增大时金属耗量和占用空间较大，造价较高。

通常采用的管径为：内管 $20\sim60\mathrm{mm}$；外管 $50\sim100\mathrm{mm}$。传热面除采用光滑管外，还可以采用翅片管，以强化管间的传热。

内管传热膜系数的计算方法与管壳式换热器管程的计算方法相同。

内管外壁与环隙流体之间的传热膜系数可按以下方法确定[20]。

(1) 内管为光滑管时　当 $200<Re<2000$ 时

$$Nu = 1.02 Re^{0.45} Pr^{0.5} \left(\frac{\mu}{\mu_w}\right)^{0.14} \left(\frac{D_e}{L}\right)^{0.4} \left(\frac{D_i}{d_o}\right)^{0.8} Gr^{0.65} \qquad (7\text{-}8\text{-}146)$$

式中，Nu、Re、Gr 的定性尺寸均采用当量直径 D_e。

$$D_e = D_i - D_o \qquad (7\text{-}8\text{-}147)$$

其中，D_i 为外管的内径；d_o 为内管的外径，L 为管长。

当 $Re > 10^4$ 时：

$$Nu = 0.023 Re^{0.8} Pr^{0.4} \left(\frac{D_i}{d_o}\right)^{0.45} \qquad (7\text{-}8\text{-}148)$$

式中，Nu、Re 的定性尺寸当量直径 D_e 按下式计算：

$$D_e = \frac{D_i^2 - d_o^2}{D_i} \qquad (7\text{-}8\text{-}149)$$

(2) 内管外有纵向翅片时 当 $Re\sqrt{\pi L/P} > 6 \times 10^4$ 时，可按下式计算：

$$Nu = 0.023 Re^{0.8} Pr^{0.33} \left(\frac{\mu}{\mu_w}\right)^{0.14} \qquad (7\text{-}8\text{-}150)$$

式中，Nu、Re 的定性尺寸当量直径 D_e 按下式：

$$D_e = \frac{4S}{\pi(D_i + d_o) + 2nH} \qquad (7\text{-}8\text{-}151)$$

$$S = \frac{\pi}{4}(D_i^2 - d_o^2) - nH\delta \qquad (7\text{-}8\text{-}152)$$

式中 H——翅高；
δ——翅厚；
n——翅片数；
P——2 个纵向翅片间流道的浸润周边长。

$$P = [\pi(P_i + d_o) + 2nH]/n \qquad (7\text{-}8\text{-}153)$$

套管式换热器总传热系数 K 的参考值如表 7-8-11。

表 7-8-11 套管式换热器总传热系数 K 的参考值

单相介质	$K/\text{W} \cdot \text{m}^{-2} \cdot \text{℃}^{-1}$	有相变介质	$K/\text{W} \cdot \text{m}^{-2} \cdot \text{℃}^{-1}$
水-水	700~1500	水-水蒸气	2000~4000
水-烃	200~430	水-氟利昂	750~850
水-油	90~700	水-氨	1400~2000
盐水-水	250~1500	水-汽油	450
水-润滑油	75	原油-汽油	100~150
原油-石脑油	180~240	油-水蒸气	200~900
水-丁烷	450		

套管式换热器的压降计算与一般管内的压降计算方法相同，对环隙用当量直径 $D_e = D_i - D_o$ 代替管径。

套管式换热器也可用多根细管的管束放入一外管内构成套管式管束换热器，如图 7-8-52 所示。内管可以是光管，也可以是翅片管。管子的一端胀接在管板上，另一端用 U 形弯头连接。这种换热器同样可以获得逆流流动，管内压力可高达 40MPa，外管直径为 200～400mm。每一传热单元的传热面积可比单套管换热器大大增加。这种换热器也可以做成 U 形管束的型式，置于大直径的外管内。

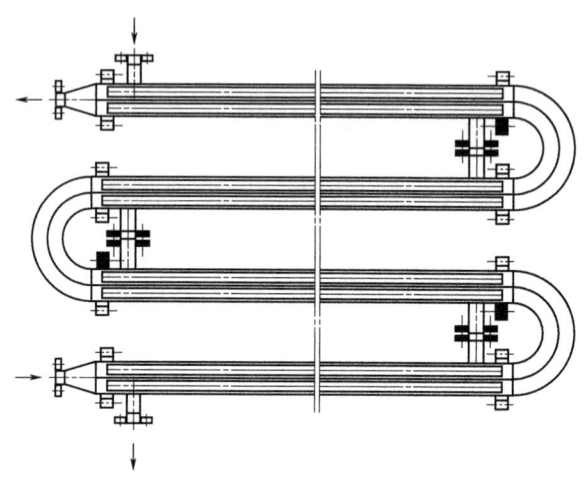

图 7-8-52 套管式管束换热器

对于有结晶过程的传热、有严重污垢物料的传热、高黏度流体中的传热以及溶剂萃取过程中的传热等，当工艺流体在管内流动时，可在管内装一弹性刮板，能在传热面上旋转，称为刮板式换热器，如图 7-8-53 所示。这种套管换热器采用的管径较大，最常用的尺寸为内管 150mm，外管 200mm，通常采用双排串联的立式结构，转动的刮板通过链条用电动机带动。

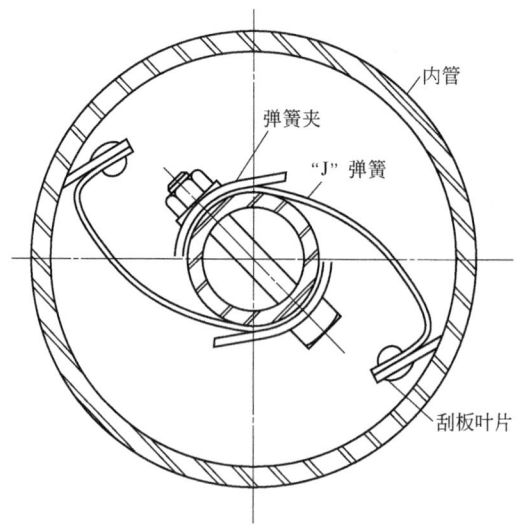

图 7-8-53 刮板式换热器内管示意图

8.3.2 蛇管式换热器

(1) 槽内盘管 在槽形容器内放置蛇形盘管,使容器内的流体和盘管内的流体通过管壁进行换热,如图 7-8-54 所示。图 7-8-54(a) 为敞开式,容器内的流体仅为液体;图 7-8-54(b) 为封闭式,可在压力下工作。这种换热器可用于管内流体的冷却或冷凝,或槽内流体的加热,分别称为冷却器、冷凝器、加热器。管内流体为液体时,应从盘管的下端送入;为蒸汽时,应从盘管的上端送入,以免产生阻塞。

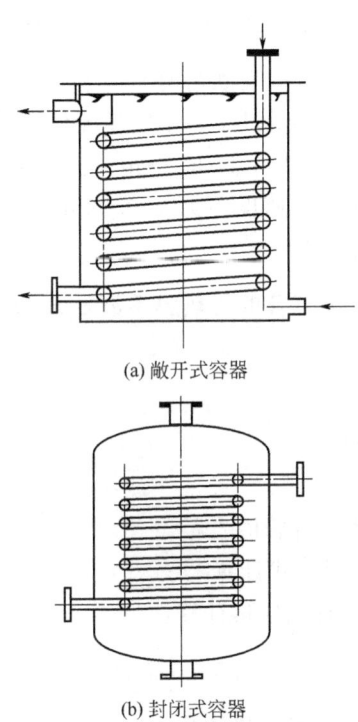

图 7-8-54 槽内盘管换热器

由于其结构简单,所以这种型式的换热器得到广泛应用。但由于槽内流体的流速小,传热系数低,设备较庞大,因此多用于小容量的情况。盘管直径常用 $\phi40mm$、$\phi50mm$、$\phi60mm$,管子材料有碳钢、合金钢、铜等,平面形蛇管的管子中心距可取 $(2.5\sim5)d$,圆柱形盘管螺旋圈间的中心距可取 $(1.5\sim3)d$,螺旋直径从制造角度要求 $D>8d$,d 为管子外径。

为提高管外流体的传热膜系数,在盘管外侧的流道中可设置隔板和搅拌器。

(2) 槽外盘管 有些槽或容器可以用外部盘管来加热或冷却,通常用 $\phi10\sim20mm$ 的铜或铝管在容器外壁均匀布置,其传热情况与盘管和容器壁面的贴紧程度有关,因此难以精确计算。为提高传热性能,可在盘管和器壁之间涂抹导热水泥,可使传热系数大为提高。

(3) 喷淋式冷却器 将平面形的蛇形管束垂直安放在固定的钢架上,在管束上面装有淋水装置,冷却水淋洒在管排上形成均匀水膜,同时有部分汽化,起冷却作用,故通常称为喷淋式冷却器,如图 7-8-55 所示。这种冷却器结构简单,制造、安装、维修方便,制造费用低廉;与槽内盘管相比,传热系数较大,消耗材料较少;处理腐蚀流体时,可用耐蚀管材,如铸铁管、搪瓷管、陶瓷管、衬里管等;清洗检修比较方便。

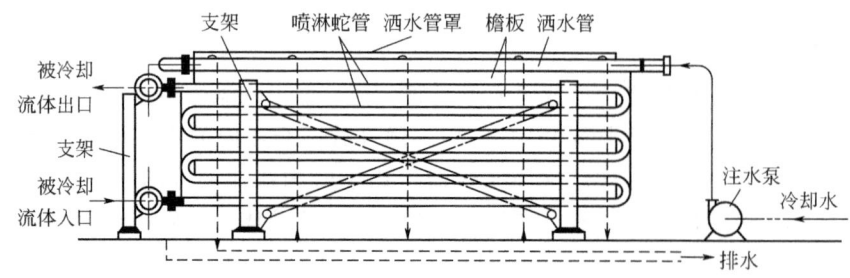

图 7-8-55 喷淋式蛇管冷却器

这种冷却器的冷却效果受冷却水的喷洒情况影响很大,关键在于冷却水是否能在整个冷却面上形成连续水膜。冷却水的喷淋量过小,不能保证传热面上全部润湿,喷淋量过多会形成偏流,通常把喷淋量控制在 $250 \sim 1500 \mathrm{L \cdot h^{-1} \cdot m^{-1}}$。喷淋装置可以由多孔管或喷淋槽构成,喷淋槽的长度应使冷却水的溢流速度不大于 $0.25 \mathrm{m \cdot s^{-1}}$。为了减少喷淋水冲到下面管子时的飞溅,两根管子之间装有檐板。

管内流体的传热膜系数 α_i 可按直管的传热膜系数 α_s 加修正的办法确定:

$$\alpha_i = C \alpha_s \tag{7-8-154}$$

C 为蛇管修正系数:

对气体:$C = [1 + 3.54(d/D_c)]$

对液体:$C = 1.2$

式中,d 为蛇管内径;D_c 为蛇管管圈直径。

槽内流体的传热膜系数按下列公式计算[5]。

① 槽内为静止流体,按自然对流传热计算:

$$Nu = 0.525 (GrPr)^{0.25} \tag{7-8-155}$$

② 槽内装有隔板时,按强制对流传热计算:

当 $10^{-1} < Re < 10^3$ 时,

$$Nu = (0.35 + 0.47 Re^{0.52}) Pr^{0.3} \tag{7-8-156}$$

当 $10^3 < Re < 5 \times 10^4$ 时,

$$Nu = 0.26 Re^{0.6} Pr^{0.3} \tag{7-8-157}$$

③ 槽内装有搅拌器时,根据蛇管的形状及搅拌桨叶的型式等,有不同的计算式,例如:

$$Nu = 0.87 \left(\frac{L^2 n \rho}{\mu}\right) Pr^{1/8} \left(\frac{\mu}{\mu_w}\right)^{0.14} \tag{7-8-158}$$

式中 L——搅拌桨叶的长度,m;

n——搅拌桨转速,$\mathrm{r \cdot h^{-1}}$。

Nu 数的定性尺寸按壳体内径计算。

对喷淋式冷却器,其管外的传热膜系数:

$$\alpha_o = 220 \left(\frac{W}{2 L d_o}\right)^{1/3} \tag{7-8-159}$$

式中　W——每一列蛇管的冷却水量，kg·h^{-1}；
　　　L——一根水平管的长度，m；
　　　d_o——管外径，m。

蛇管换热器总传热系数 K 的参考值如表 7-8-12 所示。

表 7-8-12　蛇管换热器总传热系数 K 的参考值

用途	管内流体	管外流体	$K/\text{W}\cdot\text{m}^{-2}\cdot\text{℃}^{-1}$	备注
冷却器	水	水状液体	370～530	自然对流
	水	水状液体	590～880	强制对流
	水	轻有机物	1150～1750	涡轮搅拌
	油	油	6～17	自然对流
	油	油	10～60	强制对流
	汽油	水	65～160	
	苯	水	100	
	甲醇	水	230	
加热器	水蒸气	水状液体	570～1150	自然对流
		水状液体	850～1550	强制对流
		轻油	220～260	自然对流
		轻油	340～630	强制对流
		水	400	有搅拌
蒸发器	水蒸气	液体	1160	
		乙醇	2320	
		水	1740～4650	自然对流

8.3.3　刺刀管式换热器

这种换热器的特点是在传热管的中心插入一根内管，传热管的底端为封闭的自由端，液体从内管流入传热管的底端，再由两管的环隙中流出，因此又称为双套管式换热器。

刺刀式换热器的管束只有一端有管板，另一端可自由膨胀，因此这种换热器特别适用于管壳侧之间有较大温差的场合。由于内管的管板两侧压力平衡，可以很薄，因此在高压条件下，只需要一块厚管板，而且由于高温流体进入壳程后直接与传热管换热，还可避免管板承受高温的冲击。内、外管束均可单独吊出壳体，拆装和清洗均较方便。其主要缺点是单位传热面的金属耗量大，结构比较复杂。

8.3.4　降膜式换热器

这种换热器的基本结构是直立的管壳式换热器，主要特点是每根管子的入口端都有一个特殊的液体分布器，液体从垂直管的顶部进入，依靠分布器的作用，使其沿传热管内壁成薄膜状流动，从管子上部一直降到底部。管外为加热或冷却流体，可以对液膜进行加热、蒸发或冷却和冷凝等过程。其主要优点是传热效率高，管内压降很小，接触时间短以及管内容易清洗。对热敏性物料来说，加热时间短是十分重要的。

降膜式换热器已在很多场合中应用，如：

① 液体冷却和蒸汽冷凝。可以应用普通水作为冷却介质，由于冷却器顶部是敞开的，因此当管内结垢时，可在不停运行的条件下进行清洗，即逐个取下液体分布器，分别清洗每根管子的内壁。

② 降膜蒸发。主要应用于要求加热时间短的场合，如硝酸铵、尿素和其他热敏性化合物溶液的浓缩。当溶液的沸点较高时，可以在管内引入空气以降低液体的分压。

③ 吸收或解析。这是在两相流系统中进行的。吸收剂在管内壁上分散成薄膜而下降，被吸收的气体也导入管内与液膜接触，管外则用冷却剂进行冷却。

解析过程也可以用气体来进行汽提，以降低气相组分的分压；从而过程的进行与吸收十分类似，如尿素生产中的二氧化碳汽提塔。

8.3.5 特种材料换热器[32]

(1) 非金属材料换热器

① 氟塑料换热器。氟塑料换热器是1965年由美国杜邦公司首先试制成功的，目前用于制造换热器的氟塑料有聚四氟乙烯和聚全氟乙丙烯。

由于聚四氟乙烯具有耐腐蚀、不生锈、能制成小口径的薄壁软管、可使换热器结构紧凑等优点，因而在腐蚀性介质的换热器中正得到日益广泛的应用。其主要缺点是机械强度和导热性能较差，故使用温度一般不超过150℃，使用压力不超过1.5MPa，但由于可制成薄壁小直径管，表面光滑，不像金属壁那样易结污垢，可弥补热导率小的缺点，一般其总热阻仅比金属的大0～50%。聚全氟乙丙烯也称四氟乙烯-六氟丙烯共聚物，其突出特点是加工性能比聚四氟乙烯好，用通常的热塑性塑料加工方法就能制造出各种形状的构件来。其他如耐化学性、耐热性及表面性能等两者相差不大。

氟塑料换热器与金属换热器相比有以下优点：a.抗腐蚀性能好，氟塑料优异的耐腐蚀性能，已成为允许温度范围内首选的耐腐蚀性材料，已经解决了许多金属难以胜任的腐蚀问题，已用于100种特殊介质的换热，如表7-8-13所示。b.抗污能力强，氟塑料管具有表面平滑、热膨胀量大和挠性较大的特点，其表面难以积污而形成垢层。c.体积小，重质轻及结构紧凑。d.适应性强。由于上述优点氟塑料换热器在化工及轻工等领域得到了广泛的应用。

表 7-8-13 适用于氟塑料换热器的介质

硝酸	偏硅酸钠	四氯化碳	乙二醇	蒸汽	聚酯树脂
硫酸	次氯酸钠	庚烷溶剂	溴化氢	盐水、海水、工业及民用水	染料介质
发烟硫酸	过氧化氢	己烷	混合酸(氢氟酸和硝酸同水混合物,硝酸和硫酸混合物)		有机磷化物
盐酸	氯化锌	聚烯烃、烯烃		镀铬、镀镍、镀锡液	溴化物
盐酸泥浆	硫酸锌	乙酸乙烯	草酸	二氯甲烷	甲基溶纤剂
氢氟酸	氯化亚铜	萘	磷酸锌碱溶液	二氯乙烷	妥尔油
磷酸	碳酸钙	苯、二甲苯	硅酸钠碱溶液	四氯乙烷	淬火油
乙酸	硫酸钙	乙酸戊酯			透平油
氯磺酸	氯气	丙酮			皂液
氯化氢淤浆					

根据工业使用不同场合的需要，可将氟塑料换热管管束与圆柱外壳或其他型式的壳体进行组合而得到管壳式换热器或沉浸式换热器。已在生产厂中使用的换热器管束由26～40根

管子组成，其管子尺寸有以下三种：$\phi 6mm \times 0.5mm$，管间距 8.5mm；$\phi 5.5mm \times 0.5mm$，管间距 7mm；$\phi 3.6mm \times 0.7mm$，管间距 5mm。管子均为等边三角形排列。如管壳式聚四氟乙烯换热器，管板与管束由聚四氟乙烯制造，壳体由金属制造，也可以用聚四氟乙烯作衬里。管束可由数以千计的聚四氟乙烯细管组成，管子外径为 2.5mm 或 6mm，管束具有柔性，故有热补偿能力，并可弯成各种形状。除列管式换热器外，还可用聚四氟乙烯管制成非密闭型的管束群，作为反应器及储槽中的浸液管束。聚四氟乙烯的热导率为 $0.18W \cdot m^{-1} \cdot K^{-1}$，约为不锈钢的 1/100。其层流上限的 Re 为 1000，过渡流的 Re 为 1000～10000。表 7-8-14 给出了聚四氟乙烯换热器的传热性能。

表 7-8-14　聚四氟乙烯换热器（管子 $\phi 2.5mm \times 0.25mm$）在各种装置中的传热特性

	应用	最高入口温度/℃	最大入口压力/10^5Pa	热负荷/W	总传热系数/$W \cdot m^{-2} \cdot ℃^{-1}$	传热面积/m^2
管壳式水冷却器	混合二甲苯	113	0.84	16600	414	0.37
	硫酸	61	4.22	15800	335	1.58
	硝酸	106	0.49	15300	386	1.58
	乳酸	40	0.35	3900	284	0.37
	次氯酸钠溶液	43	2.81	26400	510	2.42
	空气	120	8.79	12100	142	1.58
	透平油	33	1.76	26400	148	1.12
沉浸式冷却器	高硼酸钠结晶器	35	1.76	4130	402	—
	氯化氢淤浆	32	2.46	468600	340	—
	氯磺酸	78	1.4	58600	153	—
沉浸式加热器	氯化钠溶液	129	1.76	29300	288	1.49
	硅酸盐溶液	94	1.05	76500	301	2.69
	磷酸锌碱溶液	121	1.05	11100	114	—
管壳式蒸汽加热器	氢氧化物溶液	123	2.67	47400	556	1.58
	民用水	98	2.11	89400	449	—
	醋酸	126	1.41	130000	510	—

② 石墨换热器。石墨具有良好的耐蚀性和导热性，因此常用于腐蚀性介质的换热器。由于石墨是渗透性的，故用于换热器需作不透性处理。通常是在人造石墨的微细小孔内填充合成树脂，烧结而成，使其对流体具有不透性。这种换热器具有良好的物理和化学性能，能耐除硝酸等强氧化性酸以外的无机酸和盐类溶液的腐蚀；线膨胀系数小，因而具有良好的抗热冲击性能；石墨本身不会污染与它接触的介质；对污垢的吸附能力小，故不易结垢，而且由于石墨与污垢层的线胀系数相差很大，即使结垢也易于自行脱落和清洗；石墨的热导率高达 $150W \cdot m^{-1} \cdot K^{-1}$，因而具有良好的传热性能；石墨虽不能压延、锻压和焊接，但可以经受各种机械加工，且便于精确加工，抗压强度高，没有蠕变、疲劳等现象，具有一定的抗震能力，能持久地保持其机械强度，因而比较耐用。其缺点是易脆裂，抗弯、抗拉性能差，且石墨具有各向异性的性能，在导热能力上各向是有差别的。

石墨换热器可做成管壳式、块式、套管式、喷淋式、浸没式等多种型式。如表 7-8-15 所示。

表 7-8-15　各类石墨换热器的应用场合

设备类型	生产工艺过程									
	液-液热交换	液-气热交换	气-气热交换	冷凝	蒸发	降膜冷却	降膜蒸发	降膜吸收	容器内的加热或冷却	酸的稀释
列管式	○	△	△	△	○	○	○	○	×	△
圆块孔式	○	△	△	△	△	○	○	○	×	○
矩形块孔式	○	△	△	△	×	×	×	×	×	×
喷淋式	△	△	×	△	×	×	×	×	×	○
套管式	△	×	×	×	×	×	×	×	×	○
浸没式	×	×	×	×	×	×	×	×	○	×
板室式	△	△	○	×	×	×	×	×	×	×

注：表中符号意义：○表示优先采用，△表示可以采用，×表示不宜采用。

　　管壳式换热器优点是结构简单、制造方便、材料利用率高、传热面积大、流阻小；缺点是耐压能力低，不适用于有强烈冲击或振动及易生污垢的工作条件。管子的排列方式常用三角形排列，管间距取管外径加上 6～8mm。折流挡板用圆缺形，切口高度为壳体直径的 25％～30％，管板上管孔直径比管外径大 2～3mm。通常工艺流体通过管内，如壳侧介质也有腐蚀性，则在钢制壳体内衬以防腐材料。浮头式石墨列管换热器与浮头式金属列管换热器相比，因其材料性能不同，在结构设计上略有区别，但传热过程与传热计算完全相同。

　　块状换热器适用于两侧均为腐蚀介质的情况。块状石墨元件可做成立方体、圆柱体、矩形体等形状，其上钻有大量细孔，组成两个不同方向的流道，两种换热介质分别从中通过，如图 7-8-56 所示。其优点是结构坚固，积木式组件使拆装、清洗、检修等都较方便，结构紧凑、占地面积小，且适用性广，作为加热器和冷却器均可。其缺点是加工要求高、流阻较大、孔径小易被堵塞等，因此一般不适宜用于黏度大、含杂质多或颗粒的介质。矩形块孔式

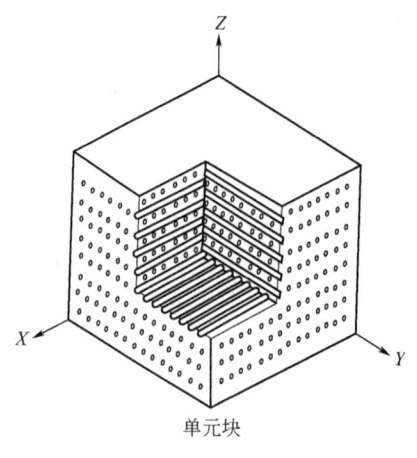

图 7-8-56　块状石墨元件

石墨换热器的基本结构与圆块孔式石墨换热器相同,但与圆块孔式石墨换热器相比,矩形块孔式重量大,换热块的体积利用率低,使用压力不能太高(一般不超过 0.5MPa)。

板槽式石墨换热器内的两种流体分别在换热板的两侧流动,通过换热板进行换热,是一种特殊的板式换热器。这类石墨换热器的特点是:两种流体接触的都是浸渍石墨,没有钢外壳。故最适宜用于两种腐蚀性介质的热交换;采用标准组装,通过增减换热单元的数目即可制成不同规格设备;石墨件间均采用胶泥胶结,胶接缝多,限制了总体性能,且内部一旦泄漏既难监察也难维修;石墨体积利用率一般为 $20\sim30m^2 \cdot m^{-3}$,是一般矩形块的 50%~60%;使用压力一般小于 0.3MPa;宜用于加热、冷却,也可用于冷凝及气体吸收;据资料介绍,加热时 K 值可达 $1160W \cdot m^{-2} \cdot K^{-1}$。

喷淋式石墨冷却器是将一排或者几排石墨管道由上而下水平地排列,两端用石墨接头(或其他方式)导流,管内流通腐蚀性介质,管外由顶部喷淋下冷却水,利用管壁进行间壁式传热。喷淋式冷却器材料消耗少,成本低;在用腐蚀性流体作冷却而又有较高传热系数的换热器中是最简单的装置;由于冷却水的蒸发作用,总传热系数与管壳式相当。

套管式石墨换热器由内外管套装组成换热元件,两端用石墨接头导流,利用内套管管壁进行传热。内管为石墨管,用以流通腐蚀性物料。若外管为钢管,则管间流通冷却水;若外管为石墨管或 PVC 管等,则可进行两种腐蚀性介质的换热。与喷淋式相比,结构复杂,材料消耗多,成本也高,但可实现两种腐蚀性流体的换热。

浸没式石墨换热器用于设备内部的加热或冷却,其实质仅为其他化工设备的一个换热元件。这种换热器通常用于金属清洗、浸渍、蚀刻及电镀等工序。

石墨蒸发器也常被用作蒸发设备的加热器,主要用于浓缩酸性腐蚀性物料。

目前我国已有两种石墨换热器的部颁标准:HG/T 3112—2011《浮头列管式石墨换热器》和 HG/T 3113—1998《YKA 型圆块孔式石墨换热器》。

③ 玻璃换热器。用于制造换热器的玻璃主要是硼硅玻璃和无硼低碱玻璃,在工作温度很高的场合则用石英玻璃。硼硅玻璃通常称作耐热玻璃,能承受 90~100℃的温度急变,允许 150℃的工作温差,允许工作温度高达 450℃,无硼低碱玻璃不含价格昂贵的原料硼,只是耐热性能比硼硅玻璃差些。石英玻璃的使用温度高达 800~1000℃,高纯透明石英玻璃短时间使用温度高达 1450℃。硼硅酸玻璃与聚四氟乙烯相类似,具有耐腐蚀、洁净等一系列优点,近年来在医药、食品、高纯硫酸的蒸馏等部门采用渐多。在燃用高硫分的燃油锅炉中,采用玻璃管式空气预热器对防止低温腐蚀有显著效果。用这些优质玻璃的玻璃换热器具有如下优点:玻璃具有极强的抗腐蚀能力,因此使用寿命长;玻璃表面极其光滑,流动阻力极小,且不易结垢;玻璃的密度较小,不到钢的 1/3,所以单位换热面积的质量比金属小;虽然玻璃的热导率低,约为钢的 1/50,但由于玻璃不易结垢,几乎没有污垢热阻。玻璃的主要缺点是性脆,抗震能力差,抗弯强度小,当管子两端固定时,管子的长度不能太大。一般说管子不应超过管径的 100 倍。

玻璃换热器有盘管式、喷淋式、管壳式、套管式等型式,使用温度可达 450℃,使用压力一般在 0.35MPa 以下。玻璃管的热导率较小,但由于玻璃管可制成小管径薄壁管等,可弥补其导热差的缺点。玻璃换热器的总传热系数与金属换热器相差不多。盘管式玻璃换热器是把玻璃管做成圆柱螺旋弹簧形的盘管,焊置于一个玻璃外筒中而构成,是玻璃换热器中最为常见和广泛应用的形式,传热系数 $K = 350\sim470W \cdot m^{-2} \cdot K^{-1}$。喷淋式玻璃换热器类似于金属管制喷淋式换热器。列管式玻璃换热器结构上的主要问题是玻璃管子与管板之间的连接，其间有密封、热膨胀、强度和刚度等方面的问题。套管式玻璃换热器的外套管，可以用玻璃或金属管制造。表7-8-16给出了常用玻璃换热器的传热系数。

表 7-8-16 玻璃换热器的总传热系数

设备	传热系数/$W \cdot m^{-2} \cdot K^{-1}$
气体-气体换热器，即管式空气加热器	23
液体-液体，即蛇形管硫酸冷却器	142～175
液体-液体，盘管式换热器或蛇管冷却器	113～228
蒸汽冷凝(不存在惰性介质)，盘式换热器	280～338
利用蒸汽加热液体，盘式换热器	315～373
蒸发液体(用热蒸汽或热油)，盘式换热器	338～432
升膜蒸发器，热蒸汽在减低的压力下操作	455～683

④ 涂层换热器。涂层换热器是在耐腐蚀性能低劣的金属材料表面上涂以耐腐蚀涂料，将金属与腐蚀介质隔开，以达到延长使用寿命的一种新型换热器设备，广泛应用于炼油、化工与化肥等行业。换热器除了部分采用不锈钢、铜和钛等特殊材料外，大多数用成本较低的碳钢，在碳钢表面涂敷一定厚度的防腐涂料，较好地解决了腐蚀结垢问题，尤其是解决了氯离子腐蚀问题。目前采用较多的防腐涂料有：前联邦德国 SAKAPHEN 涂料，日本米通 KWS 涂料，天津海水淡化与综合利用研究所的 TH847（7910 和 CH-784 改良品）涂料等。

涂层换热器的特点：a. 涂层换热器的涂层起着隔绝水、氧气、离子及蒸汽等对表面的渗透，保护碳钢基体不被腐蚀，可延长设备使用寿命 3～5 倍。b. 涂层换热器的涂层硬度大，表面能小且光滑，因而不易滞留污物和水垢。c. 传热效率提高，所用防腐材料本身热导率较高，加之涂层表面光洁平滑，热导率不会因垢阻而发生变化，而无涂层表面则会因锈蚀和污垢而产生高热阻。d. 经济效益增加。

只要施工工艺合理，涂层又能确保在 0.20～0.25mm 之内并达到致密程度，则涂层就会有良好的防腐蚀性能，对传热影响亦甚微。

除涂层外目前也出现 Ni-P 合金化学镀层换热器，而 Ni-P 镀层换热器因是非晶态合金，即金属玻璃，具有较高的耐腐蚀性，耐高温（在 380℃ 下可正常使用），抗冲刷与腐蚀，传热好，抗结垢，使用效果好，逐渐得到石化企业的青睐。化学镀 Ni-P 合金从学术研究到工程应用经历了较长时间，早期用于阀、泵及模具，近年来才应用到换热器等大型设备。国外用于防腐目的的镀层推荐为 $75\mu m$，国内厂家一般施镀厚度多为 $40～60\mu m$。

Ni-P 镀层用于石化业大型换热器等设备的防腐蚀中，取得了明显的效果，延长了设备的使用寿命，金陵石化设计院开发了化学镀细长管技术，已获得国家专利。Ni-P 镀层换热器的使用寿命一般延长了 3～5 倍。目前人们又开始了镀层加涂层联合防腐换热器的开发，使 Ni-P 合金底层表面上形成金属间化物（作为中间层），最后再将有机聚合物涂敷于中间层上，最终形成复合镀层＋涂层。一般取 Ni-P 镀层厚度 $15\mu m$，有机涂层厚度 $10\mu m$，总厚度约为 $25\mu m$。

⑤ 陶瓷材料换热器。陶瓷是一种有极好耐热性、化学稳定性、耐磨性、电绝缘性、耐溶剂性和耐油性的材料，此外还有足够的抗渗性和一定的机械强度，目前应用较多的是碳化硅陶瓷换热器和高铝制陶瓷换热器。a. 碳化硅陶瓷具有较高的强度，且在较高的温度下（1200～1300℃）可以保持其强度不变。b. 高铝陶瓷是以 Al_2O_3 和 SiO_2 为主要成分的低陶

瓷中，Al_2O_3 含量在 46% 以上的陶瓷。高铝陶瓷的强度较高，且其强度随 Al_2O_3 含量的增多而增高。

在高温烟气工况下的换热器，要求材料具有足够的耐火度和极高的荷重软化点，且应利于改善烟气向空气的给热，以提高换热器的总传热系数。鉴于陶瓷的特性，使得该类换热器比较适用于工业炉高温余热（1000℃左右）的回收。管束壳程传热以辐射为主，但也有对流，即辐射-对流耦合换热，而管程则以空气对流传热为主。陶瓷材料换热器的优点：耐高温，烟气温度可达 1000~1500℃，高温烟气不必稀释就可直接进入换热器进行热交换。在高温烟气热能回收方面发挥了重大作用。

陶瓷材料换热器存在问题：一般耐火黏土陶瓷换热器的传热系数低，传热面利用不够，为了提高总传热系数，应采用合理的结构并选用良好的陶瓷材料。陶瓷管式换热器结构较理想的传热元件是陶瓷管，管的周围都受到冷热气体的绕流，传热效率较高；陶瓷管的造价高；目前制造方法中存在有微裂纹的集中，因而会发生脆断；由于管子与管板的热膨胀不同，因而管子的连接还不能做到完全紧密不漏。

陶瓷材料换热器的结构型式有：插入管（刺刀）式列管换热器；八角形管列管式换热器，适用于烟气温度在 1270~1700℃ 的工况下工作，可将空气预热到 100~1200℃；陶瓷管管式换热器，结构简单，管子损坏后易于拆换，在管内还可插入轻质十字陶瓷管芯以强化传热，可使传热效率提高 20%，当烟气温度为 1500℃ 时，可将空气温度预热到 840~1000℃；新型管壳式陶瓷预热器，其结构与钢制管壳式预热器相似。与高温气体接触的换热管用碳化硅陶瓷做成，换热效率超过 50%，可承受 1400℃ 的高温烟气，结构紧凑，操作简单，运行可靠，是一种很有发展前景的高温气-气预热器。

(2) 有色金属换热器 为适应高温、高压、深冷、腐蚀性等工作条件，某些稀有金属材料更具有优越性。由于稀有金属价格较贵，故常以薄板、薄壁管或复合板的形式来应用。目前比较实用的有钛、钽、锆制的换热器。钛、钽、锆等稀有金属及其合金的使用，主要解决了温度和压力较高时的强腐蚀问题。钽、锆的耐腐蚀性能和耐热性虽然远超过钛，但因其密度很大，目前只用于某些特殊场合。

钛的价格相对较为便宜，对海水、大气及多数金属氯化物、氯酸盐、铬酸及许多有机酸有很强的抗腐能力，在稀硫酸里也比较稳定；机械强度和熔点高；与钢的线胀系数接近，便于制造复合板等，在航空、化学及医学等部门应用较广。其缺点是机械加工性能较差，复合板的制造工艺比较复杂，热导率小对传热和提高切削速度不利，对焊接工艺有特殊要求等。钛材换热器也有管式、板式等多种型式。钛换热器中应使腐蚀性介质走管程，如壳程介质也有腐蚀性时，应在壳体内加防腐衬里或非金属防腐涂层。钛也常被用作防腐衬里的材料。

钽的承压、传热能力较聚四氟乙烯和玻璃等非金属材料高，它的耐蚀和耐热性能远超过钛。钽的熔点高达 3000℃，在 200~300℃ 的条件下，对除氢氟酸和发烟硫酸外的各种强酸和强碱具有与玻璃相似的抗腐蚀性能。但在更高温度下，钽的化学稳定性将遭破坏。钽的机械强度比钛差，但极低温度下仍保持良好的延展性是其优点。钽的热导率与碳钢接近，传热性能好。钽的价格比钛贵许多倍，对焊接工艺要求高。可以预料，钽换热器在一些特殊条件下将会得到发展。锆与钽有类似性质，也可在某些特殊条件下应用。

钽换热器的耐腐蚀性和耐热性能远超过钛，若与石墨换热器和玻璃换热器相比，能承受较高的工作压力和提供较大的传热系数，其 K 值通常在 233~9333 W·m^{-2}·K^{-1} 之间，这比其他抗腐蚀材料换热器的传热系数高得多。钽换热器有多种结构型式，如加热管、蒸汽加热管、蒸汽加热套管预热器和锥形冷凝器等。

8.4 空冷器

8.4.1 空冷器基本特点

空冷器是空气冷却器的简称，它以空气作为冷却介质，对流经管内的热流体进行冷却或冷凝。

(1) 空冷与水冷技术经济比较 在许多工业过程中，产生的大量热量需要通过冷却系统来排放。过去大多用水作为冷却剂。随着工业的发展，冷却水量急剧增加，引起供水困难，因而发展空气冷却，并得到迅速发展。

从传热来看，空气作为冷却剂的性能比水要差许多。首先，水的对流传热膜系数比空气大 10～20 倍；其次，水的比热容为空气的 4 倍，在同样热负荷和温升时，空气量为水量的 4 倍，因此导致空冷器的结构比水冷却器要庞大许多。

但是，空冷器可以利用翅片扩展受热面，一般能扩大到光管的 20 倍，因而可补偿其传热性能差的影响。若冷却水费用包括供水、处理、循环使用及废水处理等费用，则空冷器的综合费用包括投资和运行费用，还可能低于水冷。此外，水冷还会产生污垢、腐蚀等问题，特别是用海水作冷却剂时，为防止腐蚀，需用合金钢，这样设备费用就必然增大。而空气则比较干净，且处处都有，取之不尽。因此，空冷器不仅在供水困难的地方得以发展，即使在供水充足的地方也有很强的竞争力。

(2) 选用空冷器的原则 在下列几种情况下特别适合应用空冷器：
① 冷却水供应困难，水冷的运行费用过高；
② 水冷引起结垢和腐蚀严重；
③ 水冷引起环境污染，特别是化工厂。将热水排入环境的热污染也应注意。

根据技术经济比较，在气候适宜的地方，当工艺物料的最低温度大于 65℃ 时，选用空冷最为合适；当工艺物料的最低温度小于 50℃ 时，则宜用水冷；在这两温度之间，则应作详细的经济分析，以确定何者优越。

根据计算分析，符合下列条件时，选用空冷更为有利：
① 空气进口温度设计值＜38℃；
② 热流体出口温度与空气进口温度之差＞15℃；
③ 有效对数平均温差≥40℃；
④ 热流体凝固温度＜0℃；
⑤ 热流体出口温度的允许波动范围为 3～5℃；
⑥ 管侧允许压力降＞10kPa；
⑦ 管内介质的传热膜系数＜2300W·m^{-2}·K^{-1}；
⑧ 冷却水污垢系数＞0.0002m^2·℃·W^{-1}。

8.4.2 空冷器的型式与构造

空冷器目前已广泛应用于石油和化学工业，有些炼油厂 90% 以上的冷却负荷采用空冷器。随着应用的日益扩大，空冷器的型式也越来越多。

按通风方式分类，有自然通风式和机械通风式，在机械通风式中按风机类型又可分为引风式和送风式，如图 7-8-57 所示。

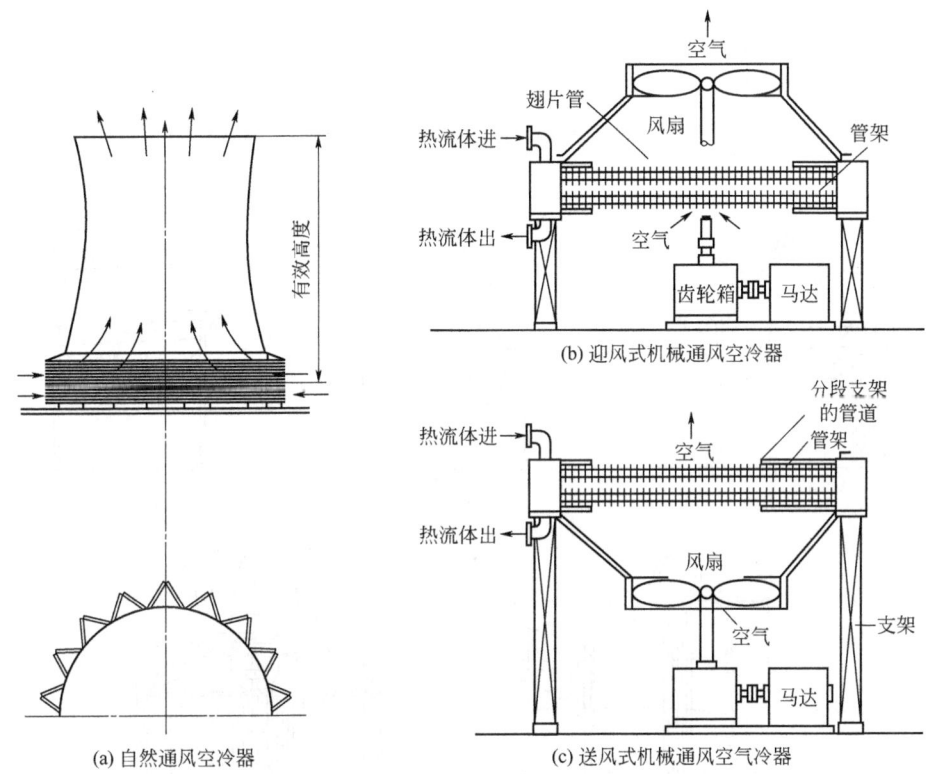

图 7-8-57 空冷器通风方式

自然通风空冷器是由足够高度的通风塔所产生的抽力来保证冷却空气的供给，这种抽力是由于塔内被加热的空气和环境中的空气密度不同而产生的。自然通风空冷器具有节能和减少环境噪声等优点。

机械通风空冷器由风机进行强迫通风。送风式由送风机供给环境温度下的空气，引风式由引风机从冷却器中抽出被加热后的空气。在相同的冷却空气流量下，引风机必须排出较大体积的空气，因此需消耗更大的功率。送风式空冷器的风机可设于地面，使装置紧凑，检修比较方便；缺点是有热风循环，受气候因素的影响较大。引风式的优点是热风循环小，受气候的影响小，停电时自然通风作用大；缺点是风机功率消耗较大，出口空气温度不能超过 100～120℃，安装检修比较困难。

空冷器的传热管束有光管束、圆形翅片管束、椭圆管矩形翅片管束等多种型式，如图 7-8-58。每种型式都各有其特点，可应用在不同场合。按管束布置方式分类，有斜顶式、水平式、立式和圆环式等，如图 7-8-59。

斜顶式空冷器是将管束按人字形设置，风机安装于中央空间内，占地面积较小，结构紧凑；不足之处是气流分布不太均匀，受天气影响较大。水平式空冷器管束长度可达 10m 以上，传热面积大，造价相对较便宜，空气分布均匀，但占地面积大。立式空冷器的管束垂直放置，风机置于一侧，结构较紧凑，占地面积较小；但气流分布不均匀，且受风向影响，管

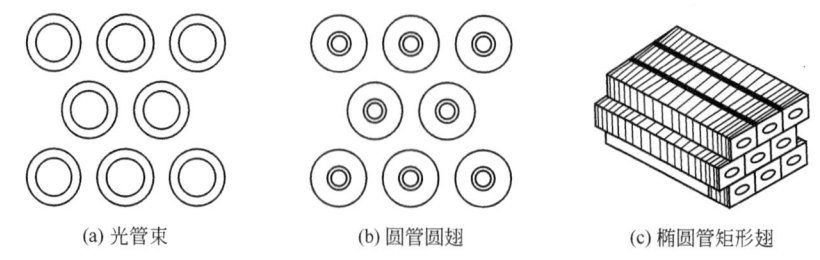

图 7-8-58 空冷器常用管束型式

(a) 光管束　　(b) 圆管圆翅　　(c) 椭圆管矩形翅

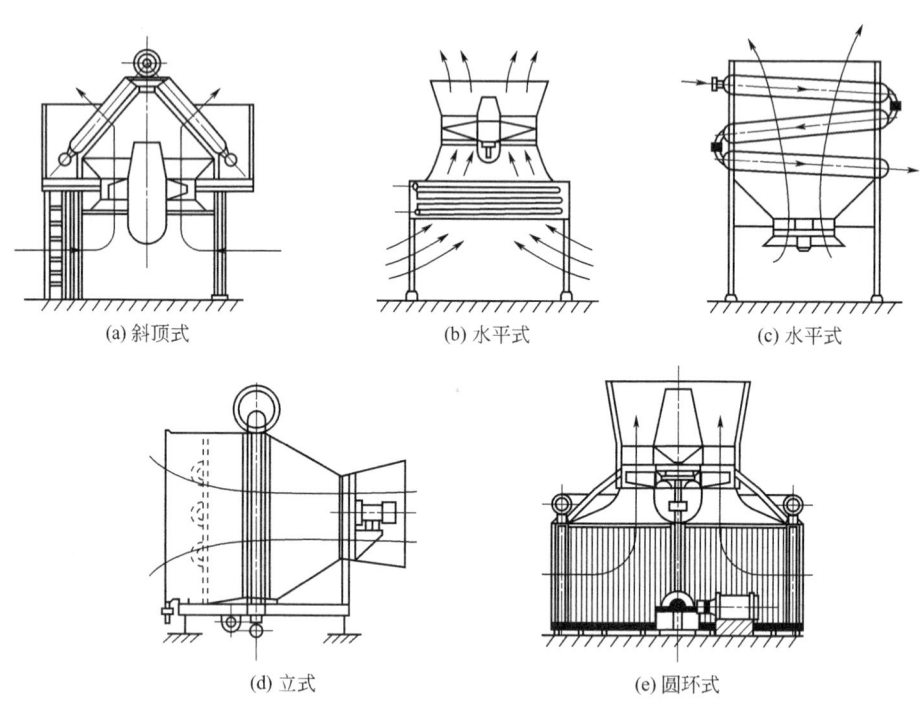

(a) 斜顶式　　(b) 水平式　　(c) 水平式

(d) 立式　　(e) 圆环式

图 7-8-59 空冷器管束布置方式

束不允许太长，只能用于小型装置。圆环式空冷器是将管束立放成圆环形，风机置于中央上部，结构紧凑，气流分布比较均匀，可直接安装在塔顶，占地面积小；主要缺点是风机容量小，空气流速变化范围较窄，灵活性较差。

在空冷器中，管束大多采用翅片管。按翅片加工方式分类，有缠绕式、镶嵌式、套接式、焊接式和整体式等，如图 7-8-60 所示。缠绕式、镶嵌式和套接式翅片管的特点是比较经济，翅化比大，翅片和管子材料可根据需要任意组合，但使用温度有一定限制。焊接式翅片管适用于高温高压条件，翅片可做成各种几何形状，缺点是焊缝中焊渣等残留物不易清除，对传热不利。整体翅片是整体轧制或铸造而成，翅片与管子间无接触热阻，结构强度高，能经受机械振动。整体轧制翅片对管材要求塑性好，使用温度也取决于管材。

在选择管束型式时，当管内介质的传热膜系数大于 2100W·m^{-2}·K^{-1} 时，管束用高翅；在 1200～2100W·m^{-2}·K^{-1} 时，高翅或低翅均可；在 120～1200W·m^{-2}·K^{-1} 时，采用低翅；当放热系数小于 120W·m^{-2}·K^{-1} 时，用光管更经济。当热流体黏度较大，如大于 10mPa·s 时，也最好使用光管束。关于使用温度，铝管缠绕式应低于 150℃；钢管缠绕式应低于 180～250℃，镶嵌式应低于 350℃。另外，现在用得比较广泛的一种翅片管束为椭圆

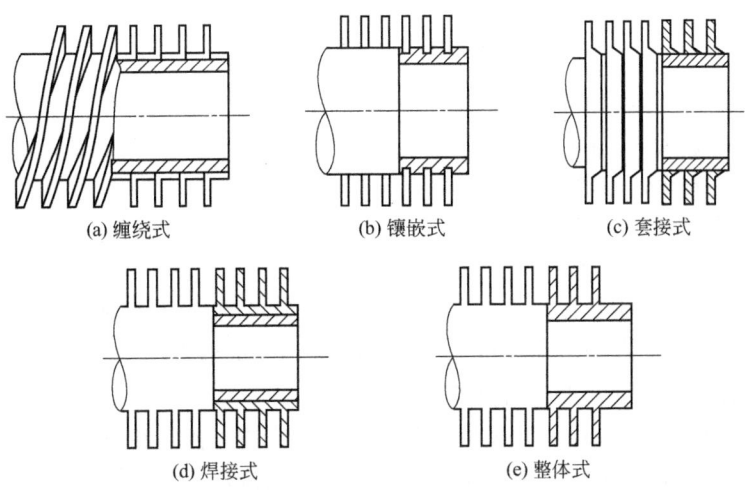

图 7-8-60 翅片管类型

管,与圆管相比,其气动性能好,绕流阻力低,相同气速下,放热系数可提高 25%,压降可降低 30%,单位体积的传热量可增加 50%。

8.4.3 自然通风空冷器

自然通风空冷器的抽力决定于通风塔的高度及塔内热空气和环境空气间的密度差,这一抽力用来克服空气通过管束和塔的全程阻力,由此可以确定出自然通风塔可能提供的空气流率。即:

$$\Delta \rho g H = \sum \Delta p \tag{7-8-160}$$

式中 $\Delta \rho$——环境空气与塔内空气的密度差;
H——塔的有效高度,即冷却管束中心到塔出口之间的高度;
$\sum \Delta p$——空冷器全程阻力。

根据计算分析,我国自然通风空冷器适用于黄河以北地区或环境空气设计温度低于 30℃ 的地区。此时因取消风机改用通风塔而节省投资,并简化操作。此外,由于空气入口温度低,传热温差大,弥补了管外传热膜系数低的不足,因此设备投资费增加不多,而由于节省了全年风机的电耗,可取得显著的经济效益。

在环境空气设计温度高于 30℃ 的地区,采用自然通风空冷器将因传热温差小而不经济。此时可选用机械通风和自然通风相结合的方式。当空气温度高时,可启动风机,此时由于安装了通风塔而使风机功率消耗减少;当空气温度低时,则可停开风机以自然通风代替。估计除最热的几个月外,全年有 3/4 时间停开风机,因而可取得显著的节能效益。这种方法更有利于老厂的节能改造。

8.4.4 机械通风空冷器

(1) 风机的选择和功率消耗 选用空冷器风机时,除要满足风量外,功率和噪声是要考虑的两个主要因素。

风机的功率由下式计算:

$$P = \frac{V \Delta p}{1000 \eta_\mathrm{f} \eta_\mathrm{d}} \quad (\mathrm{kW}) \tag{7-8-161}$$

式中 V——冷却空气体积流量，$\mathrm{m^3 \cdot s^{-1}}$；

Δp——风机总风压，Pa；

η_f——风机效率，一般取 0.6～0.7；

η_d——传动效率，一般取 0.95。

降低功率消耗的主要途径有：

① 通过管束的空气速度设计得低一些，减小压力降，以降低风机出口的静压；

② 适当增加风机的直径，使在最佳效率下操作，以减小速度头损失；

③ 适当增加叶片数目，提高风机效率。

空冷器的噪声主要来自风机和风机的驱动装置。当空气流动在风机中受到阻碍时，就产生了噪声。叶片的数目和风机转速产生低基频的空气湍流，也会形成噪声。减小噪声最有效的办法是降低叶片端点的线速度，最好采用低功率大直径，并在低转速下运行。减少风机区域里的湍流漩涡，能减少噪声并提高风机效率，在空气入口处更为明显。

为使整个迎风面上的气流分布均匀，风机横截面与迎风面积的比应大于 40%。

风机的传动装置应当价格低廉和牢固可靠。因此风机直径在 1.5m 以内，通常都是与电动机轴直接连接。当风机的直径较大时，风机的转速必须降低，以避免叶端速度过大而引起噪声增加。降低速度最容易的办法是在电动机和风机之间用 V 型皮带传动。V 型皮带传动功率可达 30～40kW。对更高的传输功率，可用各种类型的齿轮减速装置。

(2) 空气设计温度的选择和经济运行 空冷器的设计和投资与冷却空气的温度有极大的关系，因为空冷器的传热面积决定于工艺流体与冷却空气之间的温差。可是大气中的空气温度随季节变化很大，所以设计温度的选择十分重要，既要使空冷器的负荷满足要求，又要使投资比较经济合理。一般，选用的设计温度不是当地的最高温度，而是取一年中 94%～96% 时间的最高值，即允许 4%～6% 的时间超过该值，这样可以降低空气设计温度 12～14℃，可使投资额降低 50% 左右。

由于空气设计温度是选定的，而实际空气温度是变化的，根据设计原则，一年中大部分时间供给的空气量过多，工艺流体会出现不希望的过冷效应，还会使风机耗费过多的功率。减少空气量的方法有：

① 在装有多台风机时，可停用个别风机；

② 用变速电动机调节风机转速，调节转速到额定值的 2/3，驱动功率可减少约 70%；

③ 调节风机叶片角度。

在特别热的天气中，空冷器的能力会不足，达不到冷却要求，如果增加空气湿度，可使冷却空气的温度降低到湿球温度。例如大气温度为 32℃ 时，其湿球温度差不多为 20～24℃，其值与相对湿度有关，这样就可使空冷器的能力增加。不过，增加空气湿度的办法，只能在短时间或特殊情况下采用。因为湿度增加，就会增加对受热面管子的腐蚀和沉积污垢。

此外还应注意冬天严寒季节的防冻措施，其中最经济有效的办法是采用热风循环调节。在不得已的情况下，甚至用蒸汽加热管保温。

8.4.5 增湿空冷器

增湿空冷器是 20 世纪 60 年代末 70 年代初逐渐发展起来的一种高效换热器。通常是在换热管束的前方设置若干个喷头,将雾化水滴均匀地喷向换热管束。在这个过程中,由于部分水滴蒸发,降低了空气的温度,提高了传热温差;剩余的雾化水滴直接喷在管束表面,在其上形成一层薄水膜,由于水膜蒸发时吸收汽化潜热,又使管束的换热能力大大提高。一般,翅片管束的增湿换热器,其管外传热膜系数可为普通空冷器的 3~5 倍。增湿空冷器所需的喷水量较小,按质量计,一般仅为用以冷却空气量的 5% 左右,其中大部分回流后可循环使用,故实际耗水量很小。另外,喷水对管束阻力的增加也很小,所以采用增湿空冷器可以在基本不增加风机功率的条件下,明显地提高空冷器的换热能力。

8.4.6 表面蒸发式空冷器[32]

表面蒸发式空冷器的结构如图 7-8-61 所示。其工作时用管道泵将设备下部水箱中的循环冷却水输送到位于水平放置的换热管束上方的喷淋水分配器中,由该分配器将冷却水向下喷淋到传热管外表面,使管外表面形成连续均匀的薄水膜,同时用引风式轴流风机将空气从设备下部空气吸入窗口吸入,使空气自下向上流动,横掠水平放置的光管管束。水一面从管壁吸收管内热流体释放的热量,一面又与穿过管束向上流动的空气接触。部分水蒸发进入空气中,其余的水逐渐放出其吸收的热量,并恢复到其进口水温度流到储水池中。此时管外的换热主要依靠传热管外表面水膜的迅速蒸发来吸收管内的大部分热量,从而强化了管外传热,使设备总体传热效率明显提高。引风式轴流风机将饱和湿空气从换热管束中抽出,并使其流过位于喷淋水分配器上方的除雾器,除去饱和湿空气中夹带的水滴后从设备顶部风机出口处排入大气中。在蒸发空冷中,喷淋水一边循环喷淋一边蒸发,因此喷淋水中的盐类浓度在逐步增大。应连续地或定期地将储水池中的水排放出一部分,保持水中盐类浓度,防止管外结垢,并补偿蒸发和排放的水量。蒸发空冷一般采用光管为传热管。一般亦只适用于温度低于 80℃ 的低温位工艺流体的冷却和冷凝,其可使工艺流体出口温度冷到接近于环境湿球温度。表面蒸发式空冷器具有传热效率高、结构紧凑占地面积小、能耗和水耗小、投资和操作费用低等优点。如一套年产 10 万吨甲醇合成氨装置使用蒸发式冷却器后,可比传统水冷器节水 67% 以上、节电 58% 以上,综合节能率 60% 以上,经济效益可观[33]。

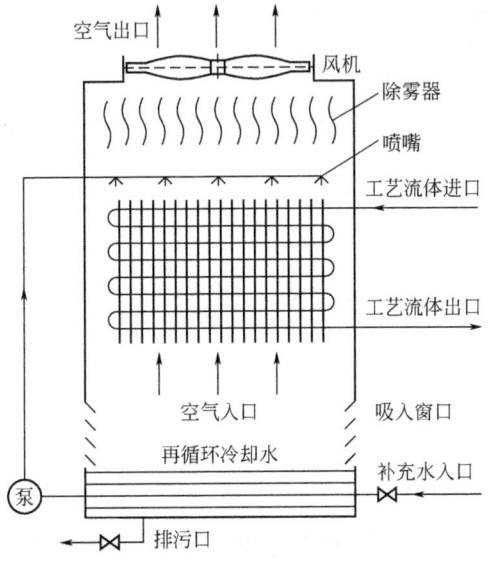

图 7-8-61 表面蒸发式空冷器示意图

8.4.7 空冷器设计计算

(1) 基本传热方程

$$Q = KAF_T \Delta t_m \tag{7-8-162}$$

(2) 总传热系数

① 光管 [见图 7-8-62(a)]，以外表面积为基准：

$$K_o = \cfrac{1}{\cfrac{1}{\alpha_o} + R_{fo} + \cfrac{\delta}{\lambda}\cfrac{A_o}{A_m} + R_{fi}\cfrac{A_o}{A_i} + \cfrac{1}{\alpha_i}\cfrac{A_o}{A_i}} \tag{7-8-163}$$

式中 A_o，A_i——每米管长的外表面积和内表面积，m^2；

A_m——每米管长的对数平均表面积，m^2，$A_m = \pi(d_o - d_i)/\ln(d_o/d_i)$；

R_{fo}，R_{fi}——管外侧及管内侧的污垢系数，$m^2 \cdot ℃ \cdot W^{-1}$；

α_o，α_i——管外侧和内侧传热膜系数，$W \cdot m^{-2} \cdot ℃^{-1}$；

δ，λ——管子壁厚（m）和热导率（$W \cdot m^{-1} \cdot ℃^{-1}$）。

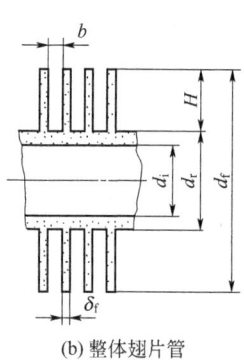
(b) 整体翅片管

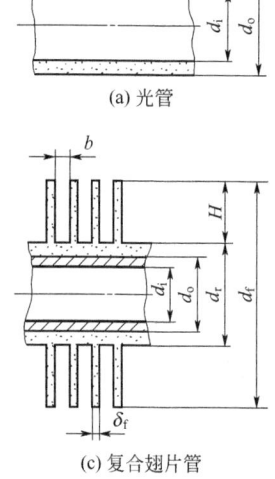
(c) 复合翅片管

图 7-8-62 传热管型式

② 整体翅片管 [见图 7-8-62(b)]：

$$K_o = \cfrac{1}{\cfrac{1}{\alpha_o} + R_{fo} + R_f + \cfrac{\delta}{\lambda}\cfrac{A_o}{A_m} + R_{fi}\cfrac{A_o}{A_i} + \cfrac{1}{\alpha_i}\cfrac{A_o}{A_i}} \tag{7-8-164}$$

式中 A_o——每米翅片管的总外表面积，m^2，$A_o = A_r + A_f$；

A_r——每米翅片管无翅部分表面积，m^2，$A_r = \pi d_r(1 - n_f \delta_f)$；

A_f——每米翅片管翅片部分表面积，m^2，$A_f = 2\left(\cfrac{\pi}{4}\right)(d_f^2 - d_i^2)n_f$；

A_m——每米管长的对数平均表面积，m^2，$A_m = \pi(d_r - d_f)/\ln(d_r/d_i)$；

n_f——每米管长的翅片数；

R_f——翅片热阻，$m^2 \cdot ℃ \cdot W^{-1}$。

③ 复合翅片管 [见图 7-8-62(c)]：

$$K_o = \frac{1}{\frac{1}{\alpha_o} + R_{fo} + R_f + \frac{\delta_i}{\lambda_i}\frac{A_o}{A_{im}} + \frac{\delta_o}{\lambda_o}\frac{A_o}{A_{om}} + R_{fi}\frac{A_o}{A_i} + \frac{1}{\alpha_i}\frac{A_o}{A_i} + R_b\frac{A_o}{A_b}} \tag{7-8-165}$$

式中 A_b——每米管子的接触表面积，m^2，$A_b = \pi d_b$；

A_{om}——每米外管的对数平均表面积，m^2，$A_{om} = \pi(d_r - d_b)/\ln(d_r/d_i)$；

A_{im}——每米内管的对数平均表面积，m^2，$A_{im} = \pi(d_b - d_i)/\ln(d_b/d_i)$；

δ_i，δ_o——内管及外管壁厚，m；

λ_i，λ_o——内管及外管管壁热导率，$W \cdot m^{-1} \cdot ℃^{-1}$；

R_b——内管及外管间的接触热阻，$m^2 \cdot ℃ \cdot W^{-1}$。

(3) 对数平均温差

$$\Delta T_m = \frac{(T_1 - t_2) - (T_2 - t_1)}{\ln \frac{T_1 - t_2}{T_2 - t_1}} \tag{7-8-166}$$

修正因子 F_T 参见 6.2。

(4) 翅片热阻 R_f 与接触热阻 R_b

$$R_f = \left(\frac{1}{\alpha_o} + R_{fo}\right)\left[\frac{1 - \eta_f}{\eta_f + (A_r/A_f)}\right] \tag{7-8-167}$$

式中，η_f 为翅片效率。常用的截面不变的等厚翅片效率可按下式计算：

$$\eta_f = \frac{\text{th}(mH)}{mH} = \frac{e^{mH} - e^{-mH}}{e^{mH} + e^{-mH}} \times \frac{1}{mH} \tag{7-8-168}$$

$$m = \sqrt{\frac{2\left(\frac{1}{\frac{1}{\alpha_o} + R_{fo}}\right)}{\lambda_f \delta_f}} \tag{7-8-169}$$

四种翅片型式的效率曲线与 mH 的关系如图 7-8-63 所示[34]。

对于绕片式翅片，在翅根与管子表面间存在接触热阻，即在式(7-8-164) 的分母中应增加 $R_b\left(\frac{A_o}{A_b}\right)$ 项，R_b 与绕片工艺、几何尺寸、表面粗糙度、材质及工作温度等许多因素有关，目前一般是将空气侧的传热膜系数乘以修正系数 0.8～0.9。

对于翅片管带内衬的复合翅片管，在内衬与管子间存在接触热阻，其值需由实验确定。当温度低于 100℃ 时，接触热阻可忽略不计。

(5) 空气侧传热膜系数和压降计算 管内流体的传热膜系数和压降计算可参见管壳式换热器管程流体的计算。管外空气侧的计算根据不同管子型式和布置方式如下所述。

① 圆光管管束[35]：

$$Nu = C_o C_N Re^n Pr^{0.33} \tag{7-8-170}$$

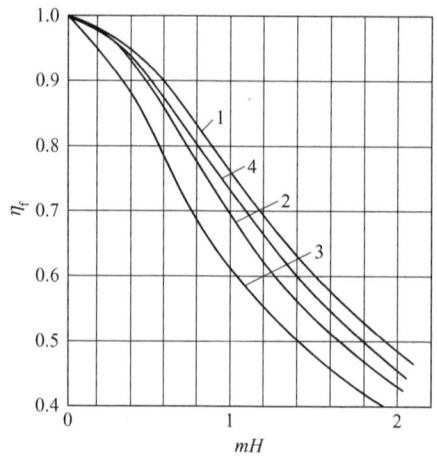

图 7-8-63 四种翅片的效率曲线
1—等厚翅片；2—三角形翅片；3—凹抛物线翅片；4—凸抛物线翅片

系数 C_o 及指数 n 由表 7-8-17 查得；管排修正系数 C_N 由表 7-8-18 查得，当管排数 $N \geqslant 10$ 时，$C_N = 1$。

表 7-8-17 横掠管束的 C_o、n 值

排列方式	P_1/d_o	P_2/d_o							
		1.25		1.50		2.0		3.0	
		C_o	n	C_o	n	C_o	n	C_o	n
并列	1.25	0.386	0.592	0.305	0.608	0.111	0.704	0.0703	0.752
	1.50	0.407	0.586	0.278	0.620	0.112	0.702	0.0753	0.744
	2.0	0.464	0.570	0.332	0.602	0.254	0.632	0.220	0.648
	3.0	0.322	0.610	0.396	0.584	0.415	0.581	0.317	0.608
错列	0.6	—	—	—	—	—	—	0.236	0.636
	0.9	—	—	—	—	0.495	0.571	0.445	0.581
	1.0	—	—	0.552	0.558	—	—	—	—
	1.125	—	—	—	—	0.531	0.565	0.575	0.560
	1.25	0.575	0.556	0.561	0.554	0.576	0.556	0.579	0.562
	1.5	0.501	0.568	0.511	0.562	0.502	0.568	0.542	0.568
	2.0	0.448	0.572	0.462	0.568	0.535	0.556	0.498	0.570
	3.0	0.344	0.592	0.395	0.580	0.448	0.562	0.467	0.574

表 7-8-18 横掠管束管排修正系数 C_N

管排数 N		1	2	3	4	5	6	7	8	9	10
C_N	并列	0.64	0.80	0.87	0.90	0.92	0.94	0.96	0.98	0.99	1.0
	错列	0.68	0.75	0.83	0.89	0.92	0.95	0.97	0.98	0.99	1.0

压降

$$\Delta p = 0.334 C_f N \frac{\rho w^2}{2} (\text{Pa}) \tag{7-8-171}$$

系数 C_f 由表 7-8-19 查得。

表 7-8-19 系数 C_f 的值

Re	P_1/d_o	并列布置 P_2/d_o				错列布置 P_2/d_o			
		1.25	1.5	2.0	3.0	1.25	1.5	2.0	3.0
2000	1.25	1.68	1.74	2.04	2.28	2.52	2.58	2.52	2.64
	1.50	0.79	0.97	1.20	1.56	1.80	1.80	1.80	1.92
	2.0	0.29	0.44	0.66	1.02	1.56	1.56	1.44	1.32
	3.0	0.12	0.22	0.40	0.60	1.30	1.38	1.13	1.02
8000	1.25	1.68	1.74	2.04	2.28	1.98	2.10	2.16	2.28
	1.50	0.83	0.96	1.20	1.56	1.44	1.60	1.56	1.56
	2.0	0.35	0.48	0.63	1.02	1.19	1.16	1.14	1.13
	3.0	0.20	0.28	0.47	0.60	1.08	1.04	0.96	0.90
20000	1.25	1.44	1.56	1.74	2.04	1.56	1.74	1.92	2.16
	1.5	0.84	0.96	1.13	1.46	1.10	1.16	1.32	1.44
	2.0	0.38	0.49	0.66	0.88	0.77	0.79	0.82	0.84
	3.0	0.22	0.30	0.42	0.55	0.78	0.68	0.65	0.60
40000	1.25	1.20	1.32	1.56	1.80	1.26	1.50	1.68	1.98
	1.50	0.74	0.96	1.02	1.27	0.88	0.96	1.08	1.20
	2.0	0.41	0.49	0.62	0.77	0.77	0.79	0.82	0.84
	3.0	0.25	0.30	0.38	0.46	0.78	0.68	0.65	0.60

② 椭圆光管管束[36]：

$$Nu = 0.236 Re^{0.62} Pr^{0.33} \tag{7-8-172}$$

式中，Nu、Re 的定性尺寸为当量直径 d_e，m。

$$d_e = \frac{ab}{\sqrt{(a^2+b^2)/2}} \tag{7-8-172a}$$

式中，a、b 分别为椭圆管的长、短轴，m。

如果取椭圆的短轴为定性尺寸，则：

$$Nu = 0.210 Re^{0.62} Pr^{0.33} \tag{7-8-173}$$

以上公式适用于气流垂直于短轴的错列管束。对椭圆管束，不需作管排数的修正。

压降

$$\Delta p = j_f N \frac{\rho w^2}{2} \text{ (Pa)} \tag{7-8-174}$$

摩擦因子

$$j_f = 1.24 Re^{-0.24} \tag{7-8-175}$$

③ 圆管圆形翅片[37]：

$$Nu = 0.1378 Re^{0.718} Pr^{0.33} \left(\frac{b}{H}\right)^{0.296} C_N \tag{7-8-176}$$

式中 b，H——翅片间隙与翅高，m；

C_N——管排修正系数，对鼓风式，$C_N=1.0$；对引风式，见表 7-8-20。

式(7-8-176)适用于表 7-8-20 的流速范围，管束成正三角形错列，翅片外沿几乎相接的情况。如为正方形并列管束，应将计算的 α_o 的值乘以 0.67；如为绕翅管，应将 α_o 乘以 0.8~0.9，以考虑接触热阻的影响。

压降

表 7-8-20 引风式翅片管束的 C_N 值

$w/\mathrm{m \cdot s^{-1}}$	N							
	2	3	4	5	6	8	10	20
5	0.828	0.885	0.916	0.935	0.947	0.963	0.972	0.987
7	0.810	0.871	0.908	0.930	0.945	0.961	0.970	0.987

$$\Delta p = j_f N \frac{\rho w^2}{2} \quad (\mathrm{Pa}) \tag{7-8-177}$$

$$j_f = 37.86 Re^{-0.316} \left(\frac{P_1}{d_r}\right)^{-0.527} \left(\frac{P_1}{P_2}\right)^{0.515} \tag{7-8-178}$$

④ 圆管矩形翅片（见图 7-8-64）：

$$Nu = 0.251 Re^{0.67} \left(\frac{P_1 - d_r}{d_r}\right)^{-0.2} \left(\frac{P_1 - d_r}{P_f} + 1\right)^{-0.2} \left(\frac{P_1 - d_r}{P_2 - d_r}\right)^{0.4} \tag{7-8-179}$$

P_f 为翅间距；P_1、P_2、P_3 为管心距，见图 7-8-64。

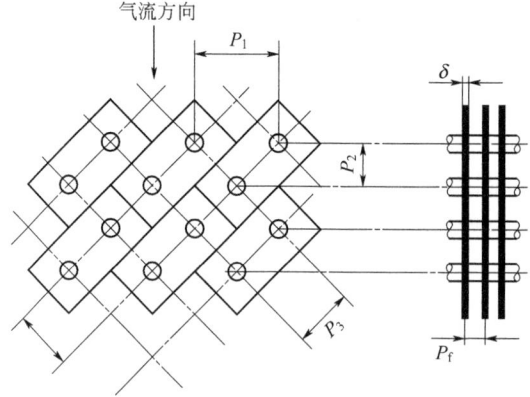

图 7-8-64 圆管矩形翅管束

定性尺寸当量直径：

$$d_e = \frac{A_r d_r + A_f \sqrt{A_f/(2n_f)}}{A_r + A_f} \tag{7-8-180}$$

式中 A_r——每米翅片管无翅部分表面积，m^2；
A_f——每米翅片管翅片部分表面积，m^2；
n_f——每米管长的翅片数。

压降

$$\Delta p = j_f N \frac{\rho w^2}{2} (\text{Pa}) \quad (7\text{-}8\text{-}181)$$

$$j_f = 1.463 Re^{-0.245} \left(\frac{P_1 - d_r}{d_r}\right)^{-0.9} \left(\frac{P_1 - d_r}{P_f} + 1\right)^{0.7} \left(\frac{d_e}{d_r}\right)^{0.9} \quad (7\text{-}8\text{-}181\text{a})$$

⑤ 椭圆管矩形翅片[38]

$$Nu = 0.25 Re^{0.79} \left(\frac{P_1 - b}{b}\right)^{-0.05} \left(\frac{P_2 - a}{a}\right)^{-0.15} \quad (7\text{-}8\text{-}182)$$

$$\Delta p = j_f N \frac{\rho w^2}{2} (\text{Pa}) \quad (7\text{-}8\text{-}183)$$

$$j_f = 8.2 Re^{-0.2} \left(\frac{P_1 - b}{b}\right)^{-0.35} \left(\frac{P_2 - a}{a}\right)^{-0.02} \quad (7\text{-}8\text{-}184)$$

定性尺寸当量直径 d_e：

$$d_e = \frac{A_r d_r + A_f \sqrt{A_f/(2n_f)}}{A_r + A_f} \quad (7\text{-}8\text{-}185)$$

其中

$$d_r = \frac{ab}{\sqrt{(a^2 + b^2)/2}} \quad (7\text{-}8\text{-}186)$$

式中，a、b 为椭圆管的长轴和短轴，P_1、P_2 为横向和纵向的管心距。

(6) 空冷器传热系数参考值 国产空冷器大部分采用钢管缠绕铝翅片的管束，其结构特性见表 7-8-21。空冷器传热系数的参考值如表 7-8-22 和表 7-8-23。

表 7-8-21 绕片翅片管特性

翅类	管径 $d_o \times \delta$ /mm	管心距 /mm	翅高 /mm	翅厚 /mm	翅距 /mm	翅外径 /mm	每米管长外表面积/m^2				翅片效率 η	翅化比 ε
							光管 A'_o	翅管 A_o	翅片 A_f	翅间 A_r		
低翅	25×2.5	54	12.5	0.5	2.3	50	0.0785	1.34	1.279	0.061	0.93	17.1
高翅	25×2.5	62	16	0.5	2.3	57	0.0785	1.84	1.779	0.061	0.88	23.4

表 7-8-22 空冷器用作冷却器的传热系数

流体名称	传热系数 /W·m^{-2}·℃$^{-1}$	流体名称	传热系数 /W·m^{-2}·℃$^{-1}$	流体名称	传热系数 /W·m^{-2}·℃$^{-1}$
工业用冷却水	600~700	残渣油	60~120	乙烯	400~500
低烃类化合物	450~550	焦油	30~60	合成氨反应气	100~110
轻汽油	350~400	烟道气	60~180	空气	60
重汽油	300~350	烃类气体	180~500		
燃料油	120~180	天然气	200~550		

表 7-8-23 空冷器用作冷凝器的传热系数

流体名称	传热系数 /W·m^{-2}·℃$^{-1}$	流体名称	传热系数 /W·m^{-2}·℃$^{-1}$	流体名称	传热系数 /W·m^{-2}·℃$^{-1}$
水蒸气	800～900	纯轻烃蒸气	460～500	轻石脑油蒸气	400～450
含10%不凝气水蒸气	600～660	混合轻烃蒸气	380～440	煤油蒸气	370
含20%不凝气水蒸气	550～600	中等烃类与水蒸气混合物	320～350	塔顶蒸气	350～400
氨蒸气	600～660	轻汽油蒸气	450	重石脑油蒸气	350～400

8.5 换热器的优化设计

换热器优化设计的主要内容为：
① 如何从可供选择的各种换热器型式中，选择较适宜的型式；
② 比较各种可用的换热表面，从中确定出最佳性能的换热表面；
③ 分析各种设计参数对换热器各方面性能的影响，寻求最佳设计。

8.5.1 换热器型式的选择

常用的各种换热器的性能和特征示于表 7-8-24[39]。考虑换热器选型的因素如下。

表 7-8-24 各型换热器的特性比较

特性	管壳式	套管式	板式	螺旋板式	板翅式	管式	
						光管	翅管
最大工作压力/bar	600	1000	20	40	60	400	
最高工作温度/℃	550	550	260～360①	420	－270～+500②	550	
每台最大传热面积/m²	3000	30	1500	300	9000		
紧凑性	Ⅳ	Ⅴ	Ⅱ	Ⅲ	Ⅰ	Ⅳ	Ⅱ
单位传热面价格	Ⅳ	Ⅴ	Ⅱ	Ⅲ	Ⅰ	Ⅳ	Ⅱ
制造难易	Ⅳ	Ⅰ	Ⅲ	Ⅱ	Ⅴ	Ⅰ	Ⅲ
机械法清洗	Ⅲ	Ⅱ	Ⅰ	Ⅱ	Ⅴ	Ⅱ	Ⅳ
化学法清洗	Ⅲ	Ⅱ	Ⅱ	Ⅱ	Ⅴ	Ⅱ	Ⅳ
抗腐蚀性	Ⅳ③	Ⅲ	Ⅰ	Ⅱ	Ⅳ	Ⅲ	
抗泄漏性	Ⅳ	Ⅲ④	Ⅴ	Ⅴ	Ⅰ	Ⅲ	
结垢程度	Ⅴ	Ⅲ	Ⅰ	Ⅱ	Ⅳ		
热敏感性	Ⅴ	Ⅴ	Ⅰ	Ⅲ	Ⅰ	Ⅳ	
温度效率	Ⅵ	Ⅴ	Ⅱ	Ⅱ	Ⅰ	Ⅴ	

① 取决于垫片材料；② 用铝合金制造－270～90℃；用不锈钢制造 500℃；③ 取决于具体结构；④ 焊接结构。
注：罗马数字自小到大表示其优劣程度，即"Ⅰ"表示"很好"，而"Ⅴ"则表示很差。

(1) 流体种类 对于液-液换热器，一般采用两侧都是光滑表面的间壁作为传热面较适合。螺旋板式和板式换热器的传热壁面为两侧光滑的板，且两侧流道基本相同，适用于两侧液体性质、流量接近的情况，但由于结构上的原因，仅适用于工作压力及压差较小的场合。

管壳式和套管式换热器大多也是以光壁作传热壁面,更适宜用于高温高压场合。小流量宜用套管式,大流量宜用管壳式。管壳式换热器中管侧流道和壳侧流道的差异,再加上通过变换壳侧折流板和管侧的挡板,可组成不同的流程,调整两侧液体的换热系数,以适应两侧液体不同的性质和流量。两侧液体换热性能相差较大时,换热系数小的一侧可采用翅片或扰流件。管壳式换热器易于制造、选材范围广,因此它在液-液换热器中是最主要的型式。对于气-气换热器,大多采用两侧都有翅片的换热面,以扩大传热面,缩小换热器的体积。常用的这类换热器有管式换热器和板翅式换热器。压力、温度较高的情况也有采用管壳式换热器的。如果气-气间泄漏不是重要问题时,也可采用蓄热式换热器。

对于气-液换热器,由于气体侧的传热系数大大低于液体侧,因此气体侧常用带翅片的换热面,液体侧则多为光壁,采用较多的是用各种翅片管制成的管式换热器。对于这类换热器,通常气侧通道的横截面和通道所占的体积比液体侧大许多倍,气侧所消耗的传输功率也大大高于液体侧,这就使得气侧通道传热面的结构与布置成为设计中特别重要的问题。

(2) 质量和尺寸 在移动装置和一些特殊应用场合,对换热器的尺寸、质量和体积等的限制常常是选型中考虑的重要因素。这些限制不仅是对换热器本身,还涉及维修所需的空间。为了适应这些要求,就需采用紧凑式换热器的型式,选取较高的流速,使运行中功率消耗增大、制造复杂。

(3) 投资和运行费用 换热器优化设计的重要内容就是在满足工艺要求的条件下,使换热器的初投资、运行费用及其维修费等的总成本为最低,也就是用最低的费用获得最大的收益。对于移动式装置,则只能在满足其他更重要的要求后,才适当考虑成本的优化。

(4) 污垢及清洗 如果换热器中工作的流体较脏,就容易结垢。在此情况下,考虑结垢的影响及清洗的可能性就成为主要因素。此时换热面的选择、流速的确定、受热面的布置等方面都要加以认真的考虑。

在换热器设计中,除考虑上述因素外,还应对结构强度、材料来源、加工条件、密封性、安全性等方面加以考虑。所有这些又常常是相互制约、相互影响的,通过设计的优化加以解决。

8.5.2 换热表面设计的优化

选定了换热器的类型后,接着的问题是选用哪一种型式的换热表面。例如,板翅式换热器可以用各种尺寸的平直翅片、多孔翅片、波形翅片等;翅片管换热器不仅涉及管子形状、管子布置,还涉及翅片形状、翅片间距等;即使是光管换热器,也可选用不同的直径、不同的排列方式等。显然,不同的换热表面有其各自的特点。

换热器设计时,对换热器两侧的表面结构都要作出选择。对气侧通道,它的传热膜系数、流阻、重量、尺寸等的矛盾显得更为突出,进行细致的比较,作出合理的选择,尤为重要。

为了对各种换热表面的性能作出定量的比较,至今已有很多方法,其比较的基准主要为:

① 基于换热表面的传热因子(j 因子)和摩擦因子(f 因子)的比较;
② 基于流体消耗功率的比较;
③ 与参考表面的比较;
④ 多方面性能的比较。

为了进行换热表面性能的比较，通常应用的比较参数有：

① 单位质量流量所需的换热表面积，A/w；

② 单位质量流量所消耗的输送功率，P/w；

③ 单位换热表面所消耗的输送功率，P/A；

④ 传热功耗比，$P/A/\alpha$；

⑤ 单位通道长度的流阻 $\Delta p/L$。

比较参数大多应用相对参数的形式，由于这些参数与换热器的结构参数、工作参数、流体物性参数、表面的传热及流阻特性等相互联系，因而较为方便。

8.5.3 系统优化

(1) 冷却器冷却水的最佳出口温度　设计水冷却器时，冷却水的出口温度直接关系到冷却器的大小以及冷却水的耗量。冷却水出口温度高，可节省冷却水耗量，但要增加冷却器的冷却面积；反之相反。因此，冷却水的出口温度必然有个最经济的数值，在这个温度下得出的冷却器设备费和冷却水费的总费用为最小。

水冷却器的设备费和水费的总值可用年总消耗费 C 来表示：

$$C = C_A A + C_W \tau W \tag{7-8-187}$$

式中　C_A——冷却器单位面积的设备费，元·m^{-2}·a^{-1}；

C_W——冷却水价格，元·kg^{-1}；

τ——运行时间，h·a^{-1}；

A——冷却器传热面积，m^2；

W——冷却水耗量，kg·h^{-1}。

冷却水耗量和传热面积可由热平衡方程得出：

$$Q = W C_p (t_2 - t_1) = K A \Delta T_m \tag{7-8-188}$$

可得

$$W = \frac{Q}{C_p (t_2 - t_1)} \tag{7-8-189}$$

$$A = \frac{Q}{K \Delta T_m} = \frac{Q \ln[(T_1 - t_2)/(T_2 - t_1)]}{K [(T_1 - t_2) - (T_2 - t_1)]} \tag{7-8-190}$$

代入式(7-8-187)可得：

$$C = \frac{C_A Q \ln[(T_1 - t_2)/(T_2 - t_1)]}{K [(T_1 - t_2) - (T_2 - t_1)]} + \frac{C_W Q \tau}{C_p (t_2 - t_1)} \tag{7-8-191}$$

式中　Q——冷却器的冷却负荷，kW；

C_p——冷却水的比热容，kJ·kg^{-1}·℃$^{-1}$；

t_1, t_2——冷却水的入口和出口温度，℃；

T_1, T_2——工艺流体的入口和出口温度，℃。

在冷却器设计中，把冷却水的出口温度 t_2 作为变量，最经济的冷却水出口温度 t_2^* 可由年总消耗费 C 对 t_2 微分并令其为零求得。

令式(7-8-191)中 $dC/dt_2 = 0$，则可得：

$$\frac{K\tau C_W}{C_A C_p} \left[\frac{(T_1 - t_2^*) - (T_2 - t_1)}{(t_2^* - t_1)} \right]^2 = \ln\left(\frac{T_1 - t_2^*}{T_2 - t_1}\right) - \left[1 - \frac{1}{(T_1 - t_2^*)/(T_2 - t_1)}\right] \tag{7-8-192}$$

冷却水的最经济出口温度 t_2^* 可用上式以试算法求得，也可从图 7-8-65 查得。

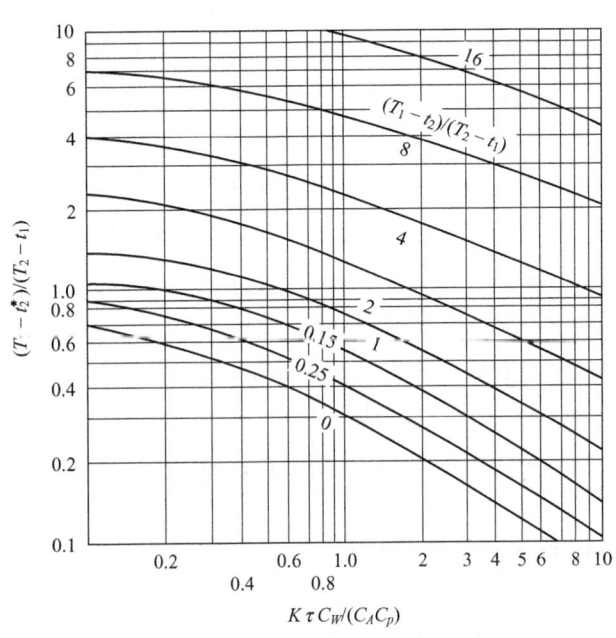

图 7-8-65 冷却水最佳出口温度

（2）废热的最经济回收量 化工生产中的废热应尽可能地加以回收利用，但是随着废热回收量的增加，换热器的面积也需增大。当温差较小时，增大废热回收量并不有利，因此要通过经济分析，确定废热的最经济回收量。

废热回收的净收益可用下式表示：

$$C = C_q Q\tau - C_A A \tag{7-8-193}$$

式中　C_q——单位热量的费用，元·kg^{-1}；
　　　Q——单位时间回收的废热量，kW。

由于回收的废热量 Q 是传热面积 A 的函数，因此可以通过年净收益 C 对传热面积的微分来求得最经济的回收热量，即 $dC/dA = 0$，得：

$$C_q \tau dQ/dA = C_A \tag{7-8-194}$$

回收热量与传热面积之间的函数关系比较复杂，可用下式表示：

$$dQ/dA = k(1-E)(1-RE)(T_1 - t_1) \tag{7-8-195}$$

代入式（7-8-194）可得：

$$(1-E)(1-RE) = \frac{C_A}{C_q \tau K(T_1 - t_1)} \tag{7-8-196}$$

式中　　E——传热效率，$E=(T_1-t_2)/(T_2-t_1)$；

　　　　R——热容量流率比，$R=W_1C_{p1}/(W_2C_{p2})$；

W_1，C_{p1}——高温流体的流量和比热容；

W_2，C_{p2}——低温流体的流量和比热容。

由于上式中只有高温流体的出口温度 T_2 为变量，可以通过试算求出。T_2 为能获得最大净收益的排放温度。

(3) 低压蒸汽预热的经济值　利用生产工艺中副产的低压蒸汽来预热工艺物料，可以节省一部分价格较高的高压蒸汽。低压蒸汽预热工艺物料到什么温度同样存在一个经济值。设工艺物料需从 t_1 加热到 t_2，首先采用温度为 T_1 的低压蒸汽将物料预热到温度 t，然后再用温度为 T_h 的高压蒸汽加热到 t_2。工艺物料加热所需的总费用为：

$$C=C_1Q_1\tau+C_AA_1+C_hQ_h\tau+C_AA_h \tag{7-8-197}$$

式中　C_1，C_h——低压蒸汽和高压蒸汽价格，元·kJ^{-1}；

　　　Q_1，Q_h——低压蒸汽和高压蒸汽耗热量，kW；

　　　A_1，A_h——低压蒸汽和高压蒸汽加热器面积，m^2。

根据热平衡方程，式(7-8-197) 可写成：

$$C=C_1\tau WC_p(t-t_1)+\frac{WC_pC_A\ln[(T_1-t_1)/(T_1-t)]}{K}+C_h\tau WC_p(t_2-t)+$$
$$\frac{WC_pC_A\ln[(T_h-t)/(T_h-t_2)]}{K} \tag{7-8-198}$$

将上式对温度 t 微分，并令其为零，即 $dC/dt=0$，可求得最经济的低压蒸汽预热温度：

$$(T_1-t)(T_h-t)=\frac{C_A(T_h-T_1)}{K\tau(C_h-C_1)} \tag{7-8-199}$$

由上式通过试算可得出 t，从而可求得最经济的低压蒸汽预热值。

(4) 多级冷却系统的优化　工艺物流如果采用多级冷却器进行冷却，各级冷却器分别采用不同蒸发温度的冷却剂蒸发制冷，这样一个冷却系统可以应用离散型最小值原理来进行优化。

冷却系统优化指的是系统的年总费用最小，即包括冷却器年折旧费和冷却剂费用在内的年总费用最小。优化的前提是工艺物流的流量、最初温度和最终温度已给定；各冷却器的传热系数已知；冷却系统是多级串联的，每个冷却器尺寸任意。由多级冷却器组成的冷却系统如图 7-8-66 所示。

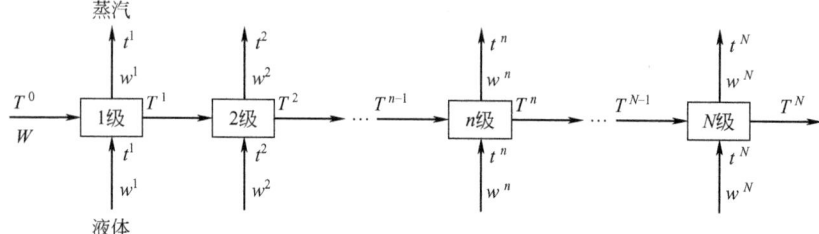

图 7-8-66　多级冷却系统

系统中第 n 级冷却器的热平衡关系为：

$$Q^n = K^n A^n (\Delta T_m)^n = WC_p (\Delta T)^n = r^n W_c^n \tag{7-8-200}$$

式中 $(\Delta T_m)^n$——第 n 级冷却器的对数平均温差，℃；

$(\Delta T)^n$——工艺物流在第 n 级中的温降，℃；

r^n——第 n 级冷却器中冷却剂的蒸发潜热，kJ·kg^{-1}；

A^n——第 n 级冷却器的传热面积，m^2；

W——工艺物流的流量，kg·s^{-1}；

W_c^n——第 n 级冷却器中的冷却剂耗量，kg·s^{-1}；

K^n——第 n 级冷却器的传热系数，kW·m^{-2}·℃$^{-1}$；

C_p——工艺物流的比热容，kJ·kg^{-1}·℃$^{-1}$。

由式(7-8-191)可得出第 n 级中工艺物流的出口温度：

$$T^n = (T^{n-1} - t^n) \exp\left(-\frac{K^n A^n}{WC_p}\right) + t^n \tag{7-8-201a}$$

第 n 级中所需的冷却剂耗量：

$$W_c^n = \frac{WC_p}{r^n}(\Delta T)^n = \frac{WC_p}{r^n}\left\{(T^{n-1}-t^n)\left[1-\exp\left(-\frac{K^n A^n}{WC_p}\right)\right]\right\} \tag{7-8-201b}$$

冷却器单位时间的总费用 C^n 是冷却器的设备费和所耗冷却剂费用的总和。假定冷却器的设备费与传热面积的 1/2 次方成正比，可得：

$$C^n = C_W^n W_c^n + C_A^n (A^n)^{1/2} \tag{7-8-202}$$

式中 C_W^n——第 n 级冷却剂的价格，元·kg^{-1}；

C_A^n——第 n 级冷却器单位传热面积单位时间的设备折旧费，元·m^{-2}·h^{-1}。

冷却系统的总费用为所有各级冷却器的费用的总和。并以此为目标函数，求其最优值。

$$\sum_{n=1}^{N} C^n = C^1 + C^2 + \cdots + C^n + \cdots + C^N \tag{7-8-203}$$

在这个冷却系统中，各级冷却器的传热面积为控制变量，工艺物流在各级冷却器中的出口温度以及系统的总费用这两个变量为状态变量，根据离散型最小值原理进行优化计算，从而可求得最佳的冷却系统配置。

(5) 换热器网格的优化 在生产过程中，如果有 n 个物流需加热，m 个物流需冷却，换热器网格的优化就是在需要加热和冷却的物流之间组织匹配换热，从而能经济有效地利用热量，使整个系统的能量消耗最少，网络总费用最小。

网络的总费用包括换热器、加热器和冷却器的设备投资以及加热器和冷却器的消耗费用。当过程物流之间利用的热量达最大时，则所需的加热蒸汽及冷却水的耗量最小，相应的网络总投资费用最低。因此换热器网格的优化可以转化为合成一个最小投资费用的网络。为了简化解析，可以把换热器、加热器和冷却器的投资费用近似地作为传热面积的线性函数，通过对最小面积网格的合成研究来求定其最优化的近似值，然后再进一步调优处理。

以温度为纵坐标、物流热容流率（WC_p）为横坐标的热焓图可以形象地表示出最小面积网格的合成。根据理论分析导出最小面积网格的必要条件是：

① 热块中的热流和加热用的蒸汽与冷块中的冷流和冷却用水，应按其物流温度降低的次序相继匹配；

② 按热流进口温度的递降次序来标号各冷、热块，使第 i 个热块的出口温度高于第 $(i+1)$ 个热块的进口温度；第 j 个冷块的进口温度高于第 $(j+1)$ 个冷块的出口温度。

由此而得出的三条推论为：

① 如网络中采用蒸汽加热器，且蒸汽温度高于最高的热流进口温度，则此蒸汽加热器应位于网络的末端；同样，当需要用水冷却器，而冷水温度低于最低的冷流进口温度时，则水冷却器也应位于网络的末端。

② 如 $T_{ck}+\Delta T_{min}>T_{hk}^0$，则删去温度在 $(T_{ck}+\Delta T_{min})$ 以下的热块；如 $T_{hk}-\Delta T_{min}<T_{ck}^0$，则删去温度在 $(T_{hk}-\Delta T_{min})$ 以上的冷块。剩下的可以进行换热的热块和冷块之间的较小值即为过程物流之间的最大换热量。其中，T_{ck}、T_{ck}^0 分别为冷块中最低的进口温度和最高的出口温度；T_{hk}、T_{hk}^0 分别为热块中最高的进口温度和最低的出口温度；ΔT_{min} 为换热器中热流和冷流间的最小允许温差。

③ 具有最高进口温度的热流应与具有最高出口温度的冷流相匹配；具有最低进口温度的热流应与具有最低出口温度的冷流相匹配；中间进口温度的热流应与中间出口温度的冷流相匹配。

根据每一过程物流在热焓图上的匹配，作出最小面积网格的流程图，然后应用调优原则进一步改进。

8.5.4 计算机辅助优化设计

优化设计的任务就是采用优化理论和方法，对于一个限定的系统，确定一组设计参数，包括热工参数和结构参数，使得某一预定的目标或某项性能要求达到最佳值。

换热器优化设计的主要内容包括：

① 确定所研究问题的范围；
② 规定一个评定的目标或指标；
③ 换热器选型和传热面选择；
④ 分析所研究问题的有关参数及设计变量；
⑤ 确定各有关参数的限定条件；
⑥ 建立目标函数；
⑦ 适当地简化；
⑧ 求解目标函数的最优化条件。

图 7-8-67 示出了换热器热力设计优化的原则框图。实现优化的过程要对每一个设计变量作多种试探。对于每一次试探都要完成整个换热器，以致包括更大范围内的传热、流阻等多方面的繁复计算，而影响换热器性能的变量又很多，因此需要计算的工作量非常大，必须用计算机进行辅助设计。

换热器计算机辅助设计的原则框图如图 7-8-68。换热器的热力设计可分为两类：

① 性能计算，也称校核计算。是对现有的换热器或已确定尺寸的换热器计算其传热量及压力降。

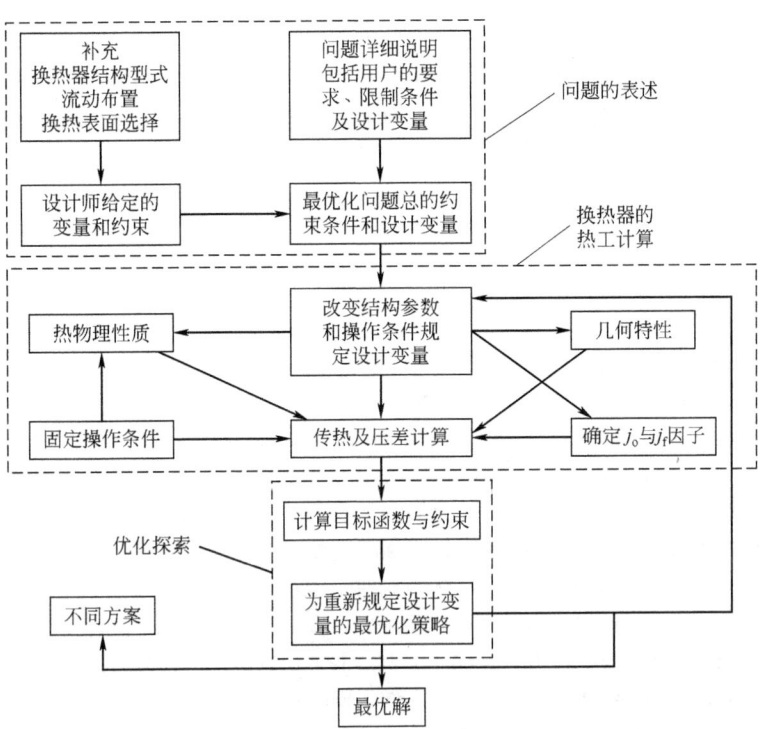

图 7-8-67　换热器热力设计优化框图

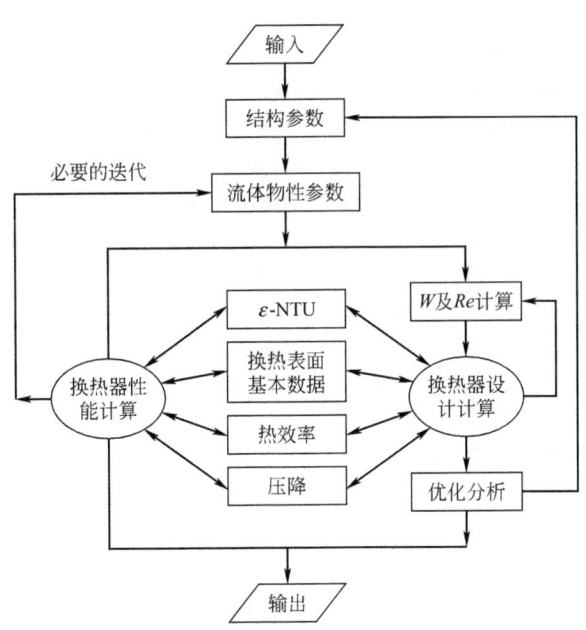

图 7-8-68　换热器计算机辅助优化设计框图

② 设计计算。是要确定换热器的所有尺寸及传热面积，保证达到所要求的传热量及允许的压降。

设计时最简单的办法是先假定一个换热器的尺寸及布置，然后计算其性能，并与原设计要求比较，如达不到要求，则重新设定一新的尺寸及布置，重复计算，直到符合要求为止。在设计过程中，应用优化理论和技术，将要求的设计传热量及允许压降作为目标性能，寻求最佳的结构布置。

参考文献

[1] Lutcha J, Nemcansky J. Chem Eng Res Des, 1990, 68 (3)：263-270.
[2] 王秋旺. 西安交通大学学报, 2004, 38 (9)：881-886.
[3] Stehlik P, Nemcansky J, Krai D, et al. Heat Transfer Engineering, 1994, 15 (1)：55-65.
[4] Sieder E N, Tate G E. Ind Eng Chem, 1936, 28：1429-1435.
[5] 幡野佐一, 等. 换热器. 李云倩, 林义英, 译. 北京：化学工业出版社, 1987：34.
[6] 朱聘冠. 换热器原理及计算. 北京：北京大学出版社, 1987：296.
[7] Kern D Q. Process Heat Transfer. New York: McGraw-Hill, 1950.
[8] Donohue D A. Ind Eng Chem, 1949, 41 (11)：2499-2511.
[9] Donohue D A. Petroleum Refiner, 1955, 34 (8, 10, 11)；1956, 35 (1)：155-160.
[10] Bell K J. Petroleum Engineer, 1960, 32 (11)：c26-c36, 40a-40c.
[11] Bell K J, Kakac S, et al. Heat Exchangers, Thermal-Hydraulic fundamentals and Design. Washington: Hemisphere Pub, 1981: 581.
[12] Perry R H. 化学工程手册. 天津大学, 等译. 第 6 版. 北京：化学工业出版社, 1992.
[13] Palen J W, Taborek J. Chem Eng Prog Symp Ser, 1969, 65 (92)：151-169.
[14] 黄鸿鼎, 冯亚云. 化工学报, 1979, (1)：91-108.
[15] Tinker T. ASME Paper, 1947：47-A-130.
[16] 兰州石油机械研究所. 换热器：上册. 北京：烃加工出版社, 1986：89-94.
[17] Kays W P, London A L. Compact Heat Exchangers. New York: McGraw-Hill, 1960.
[18] Mueller A C//Rohsenow W M, et al. Handbook of Heat Transfer: Section 18. New York: McGraw-Hill, 1973.
[19] Jafari Nasr M R, Shafeghat A. Applied Thermal Engineering, 2008, 28 (11-12)：1324-1332.
[20] Zhang J F, He Y L, Tao W Q. Journal of Heat Transfer-Transactions ASME, 2010, 132 (5)：051802, 1-8.
[21] 于清野. 缠绕管式换热器计算方法研究. 大连：大连理工大学, 2011.
[22] 曲平, 王长英, 俞裕国. 缠绕管式换热器的简捷计算. 大氮肥, 1998, 21 (3)：178-181.
[23] Abablizic E E, Scholz H W. Advances in Cryogenic Engineering: Vol 18. New York: Plenum Press, 1973.
[24] 尾花英朗. 热交换器设计手册. 徐忠权, 译. 北京：石油工业出版社, 1981.
[25] 毛希澜. 换热器设计. 上海：上海科学技术出版社, 1988：342.
[26] 朱聘冠. 换热器原理及计算. 北京：北京大学出版社, 1987：195.
[27] Briggs D F E, Young H. Chem Eng Prog Symp Ser, 1969, 65 (92)：35-45.
[28] Buonopane R A, Troupe R A. AIChE J, 1969, 15 (4)：592-596.
[29] 毛希澜. 换热器设计. 上海：上海科学技术出版社, 1988：292-293.
[30] 江阴轴承厂, 合肥通用机械研究所, 上海化工学院. 化工与通用机械, 1976, (5)：1-10.
[31] 兰州石油机械研究所. 换热器：上册. 第 2 版. 北京：中国石化出版社, 2013.
[32] 兰州石油机械研究所. 换热器：下册. 第 2 版. 北京：中国石化出版社, 2013.
[33] 汪家铭. 高效复合型蒸发式冷却器技术及其应用. 氮肥技术, 2013, 34 (5)：26-28.

[34] 卓宁，孙家庆．工程对流换器．修订版．北京：机械工业出版社，1991：114．
[35] Welty J R. Engineering Heat Transfer. New York: John Wiley & Sons Inc, 1978.
[36] Brauer H. Chem Process Eng, 1964, 45: 451-460.
[37] Zhukauskas A A, Ambrazyavichyus A B. Int J Heat Mass Transf, 1961, 3 (4): 305-309.
[38] 黄素逸，杨金宝．工程热物理理论文集．北京：科学出版社，1988：249．
[39] 邱树林，钱滨江．换热器原理、结构、设计．上海：上海交通大学出版社，1990：103．

9

再沸器、冷凝器与废热锅炉

9.1 再沸器

9.1.1 再沸器的分类和特性

再沸器又称重沸器，装于蒸馏塔底部，用来汽化一部分塔底产物。多采用管壳式换热器，其主要型式如图 7-9-1[1]，有下列几种：

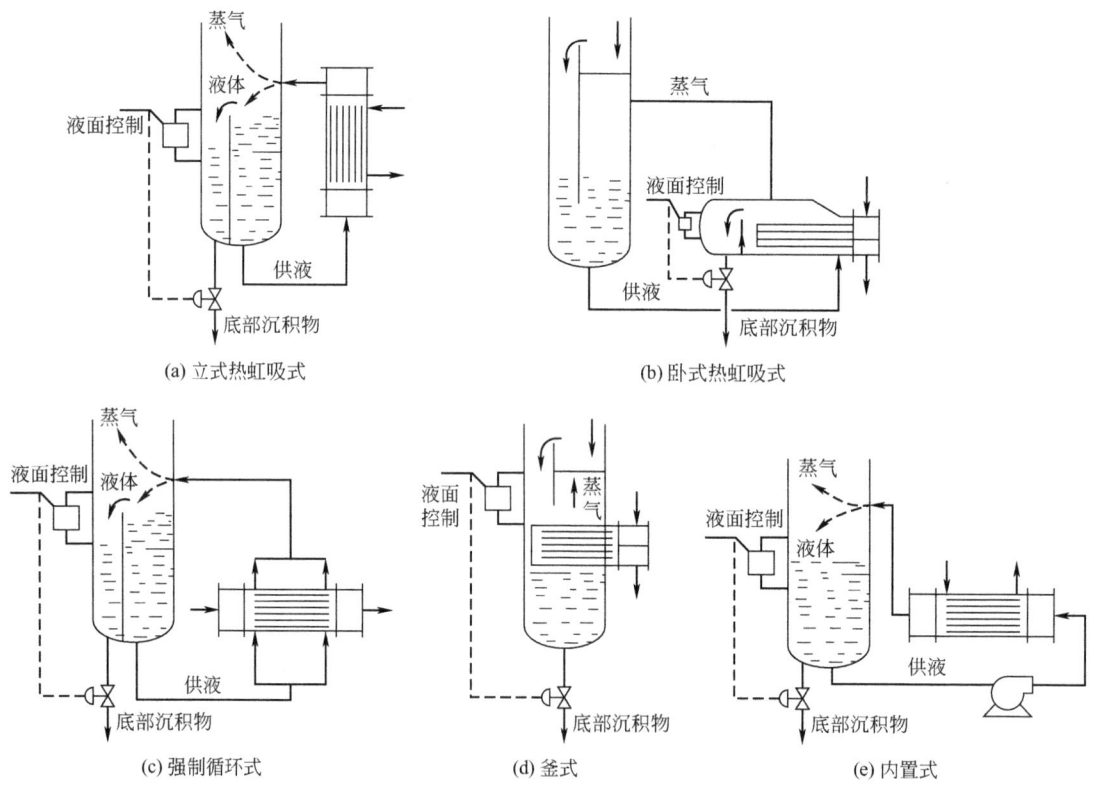

图 7-9-1 再沸器型式

① 立式热虹吸式；
② 卧式热虹吸式；
③ 强制循环式；
④ 釜式；
⑤ 内置式。

热虹吸再沸器为自然循环式，利用塔底单相液体与再沸器中气液混合物的密度差维持循环。一般立式再沸器在管内蒸发，卧式再沸器在管间蒸发，加热介质通常是蒸汽，也可以是换热用流体（气体或蒸汽）或废蒸汽。立式再沸器的优点是传热系数大，结构紧凑，配管简易，在加热段停留时间短，不易结垢，调节方便，设备及运行费用最为便宜；缺点是不适宜用于高黏度的液体或高真空下操作，通常不宜用于 0.03MPa 以下的压力，由于是立式布置，塔底必须提高，因而增加了塔支承的费用。卧式再沸器的传热系数中等，加热段的停留时间短，维护和清理方便，适用于大面积的情况，对塔的液面和流体压降的要求不高，可适于真空操作，缺点是占地面积大。

强制循环式再沸器依靠泵的压头进行循环，适用于黏性液体及固体悬浮液，可调节循环速度，适用于长的显热段和低蒸发比的低压降系统；缺点是增加泵并消耗动力，而且填料函容易漏液。

釜式再沸器是将管束沉浸在能进行气液分离的大型壳体内，液体不进行循环，其优点是对流体动力学不敏感，可靠性高，可在真空下操作，维护和清理方便；缺点是传热系数小，占地面积大，壳体容积大，造价高，加热段滞留时间长，易结垢。如将管束直接置于塔底成为内置式再沸器，则结构简单，不需管线，因而造价便宜；缺点是塔内容积有限，可装的传热面积不大，液体循环差，传热不好。

9.1.2 立式热虹吸再沸器

立式热虹吸再沸器是依靠单相液体与双相气液混合物间的密度差进行自然循环，其循环液量、传热负荷及压力降都相互关联，必须用迭代计算的方法才能确定。循环液量由系统压力损失正好与有效静压头相平衡来确定。Frank 和 Prickett 按照 Fair 方法得出的热负荷与平均总温度差和对比温度 T_r 的关系如图 7-9-2 所示[2]。对比温度为工作液饱和温度与临界温度的比值。

作出该图的条件为：

① 适用于管径为 25mm，管长 2.5～3.7m，取标准长度为 2.44m。

② 工艺物料的污垢系数为 $0.00017 \text{ m}^2 \cdot ℃ \cdot \text{W}^{-1}$，加热介质为水蒸气，其传热膜系数（考虑污垢）为 $6000 \text{W} \cdot \text{m}^{-2} \cdot ℃^{-1}$。

③ 该图按纯组分制得，若为混合物，应选用其中最低的对比温度。对比温度大于 0.8 时，用极限曲线（水溶液）。

④ 最低操作压力 0.03MPa。

⑤ 塔底的液面与再沸器的上管板相平，进出再沸器的配管简单。

⑥ 进入的工艺流体不应过冷。

⑦ 图中曲线不可外推。

热虹吸再沸器的热负荷太大，会引起流量不稳定，管内液体与蒸气的流动不平稳，且产生脉冲。在高热负荷时脉冲变大，可能引起气阻。采用较小管径或在入口管路中装一阀门或孔板，调节流动的阻力，可避免发生气阻。最大允许热负荷 q_{max} 可按式(7-9-1) 计算，其适用的流体范围很广，包括水、酒精和烃类化合物，管径范围为 19～50mm，管长范围为 1.5～3.7m。

$$q_{max} = 23660 \left(\frac{d_i^2}{l}\right)^{0.35} p_c^{0.61} \left(\frac{p}{p_c}\right)^{0.25} \left(1 - \frac{p}{p_c}\right) \tag{7-9-1}$$

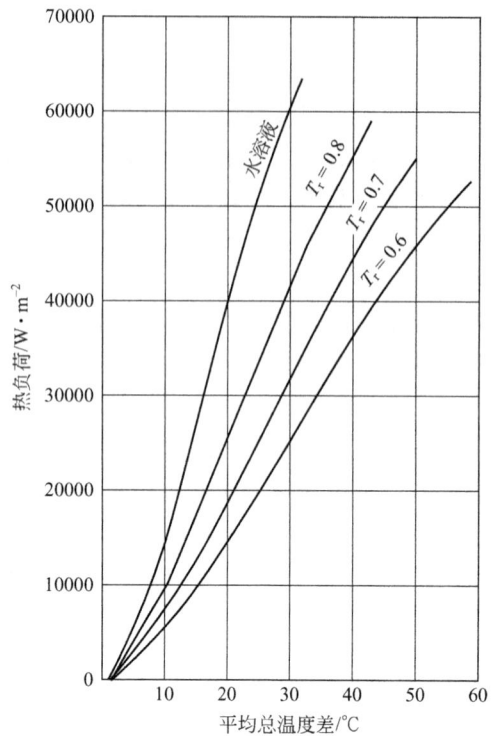

图 7-9-2 立式热虹吸再沸器热负荷关系曲线

式中　p_c——临界压力，kPa；
　　　d_i——管内径，m；
　　　l——管长，m。

按 Kern 推荐，热虹吸式再沸器的热负荷不应超过 37.9kW·m^{-2}。

设计时一般选用的管径为 ϕ25～38mm，管子长度为 2～6m，大多用 2.5～4m；蒸发过程的传热膜系数，对有机液体为 1600W·m^{-2}·℃$^{-1}$，对水或低浓度水溶液为 5600W·m^{-2}·℃$^{-1}$；设计温度一般选 20～50℃；加热介质的冷凝传热膜系数为 8500W·m^{-2}·℃$^{-1}$；再沸器出口的含汽率，对烃类化合物为 0.10～0.35，对水和水溶液为 0.02～0.10。

再沸器出口管路设计过小将引起最大允许热负荷降低，因此建议出口管道的最小流通面积至少应等于管程的总横截面积，并保证出口管路的总压降小于再沸器总压降的 30%。

立式热虹吸再沸器的设计大多采用 Fair 提出的方法[3]。再沸器的流程如图 7-9-3 所示，传热管内温度和压力的变化如图 7-9-4。传热管内分成显热加热段和蒸发段两部分。显热加热段的传热膜系数按一般的管内传热膜系数计算：

$$Nu = 0.023 Re^{0.8} Pr^{0.33} (\mu/\mu_w)^{0.14} \tag{7-9-2}$$

蒸发段的传热膜系数目前普遍采用 Chen 公式进行计算[4]：

$$\alpha = \alpha_{mic} + \alpha_{mac} \tag{7-9-3}$$

式中　α_{mic}——核态沸腾传热，亦称作微观对流换热；
　　　α_{mac}——强制对流换热，亦称作宏观对流换热。

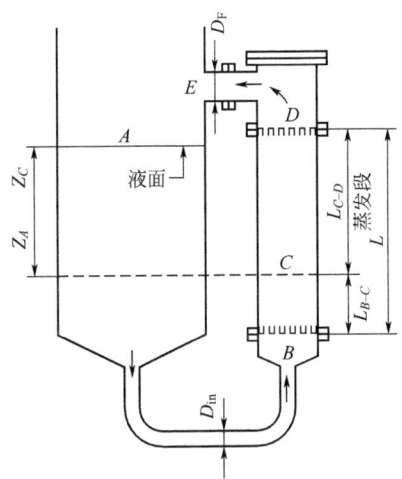

图 7-9-3　立式热虹吸再沸器流程示意图

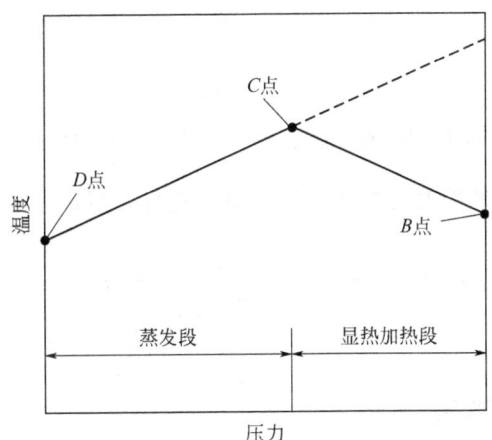

图 7-9-4　再沸器内温度和压力变化关系

Chen 提出采用 Forster 与 Zuber 的池内核沸腾关系式[5]再乘上核态沸腾的抑制因子 S，得到 α_{mic}：

$$\alpha_{\text{mic}} = 0.00122 \left[\frac{\lambda_{\text{l}}^{0.79} C_{p\text{l}}^{0.45} \rho_{\text{l}}^{0.49}}{\sigma^{0.5} \mu_{\text{l}}^{0.29} r^{0.24} \rho_{\text{v}}^{0.24}} \right] \Delta T^{0.24} \Delta p^{0.75} S \tag{7-9-4}$$

式中，$\Delta T = T_\text{w} - T_\text{b}$，$\Delta p$ 为相应于 ΔT 的饱和蒸气压差。

α_{mac} 由液相单独流动时的强制对流传热公式乘以修正因子 F 得到：

$$\alpha_{\text{mac}} = 0.023 \frac{\lambda_\text{l}}{d} Re_\text{l}^{0.8} Pr_\text{l}^{0.4} F \tag{7-9-5}$$

$$Re_\text{l} = \frac{G(1-x)d}{\mu_\text{l}} \tag{7-9-6}$$

修正因子 F 和抑制因子 S 由图 7-9-5 查得。图中 X_{tt} 为 Martinelli 参数：

$$X_{\text{tt}} = \left(\frac{1-x}{x} \right)^{0.9} \left(\frac{\rho_\text{v}}{\rho_\text{l}} \right)^{0.5} \left(\frac{\mu_\text{l}}{\mu_\text{v}} \right)^{0.1} \tag{7-9-7}$$

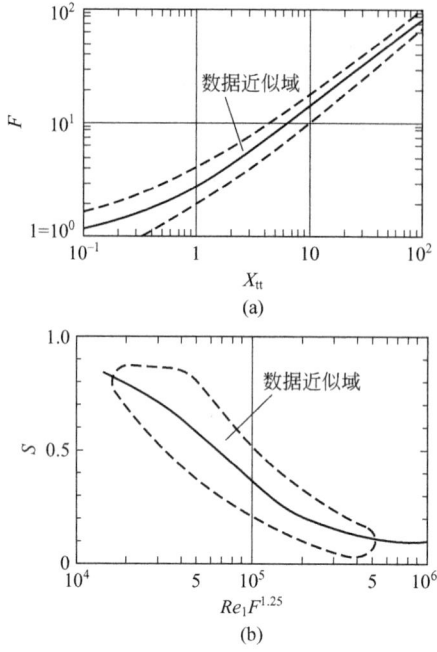

图 7-9-5 修正因子 F (a) 和抑制因子 S (b)

管外传热膜系数按管外冷凝传热膜系数计算。这样，可以求得再沸器的总传热系数 k_o：

$$k_o = \cfrac{1}{\cfrac{1}{\alpha_o} + R_{fo} + \cfrac{\delta_w}{\lambda_w}\cfrac{d_o}{d_m} + R_{fi}\cfrac{d_o}{d_i} + \cfrac{1}{\alpha_i}\cfrac{d_o}{d_i}} \tag{7-9-8}$$

9.1.3 卧式热虹吸再沸器

卧式热虹吸再沸器的工作原理与立式的相同，也是依靠液体与气液两相流的密度差进行自然循环，工艺流体可以在管内蒸发，也可以在壳侧蒸发，但一般采用壳侧蒸发，其水动力特性更为可靠。传热计算一般是以单管泡核沸腾为基础，再加上管束效应的影响。如果通过水动力计算求得循环液量，并计算出两相流的压降，则可用 Ta-Borek 方法计算对流沸腾传热膜系数 α_{cb}：

$$\alpha_{cb} = \left(\frac{\Delta p_{tpf}}{\Delta p_l}\right)^m \alpha_l \tag{7-9-9}$$

式中，α_l 是液相单独流过的对流传热膜系数；指数 m 的变化范围为 0.4～0.5，在近似计算中，可取 $m=0.45$。Kern 提出对烃类化合物混合物的沸腾传热膜系数可取为 1700 W·m^{-2}·℃$^{-1}$。

卧式再沸器最大允许热负荷 q_{max} 可由单根水平管的最大允许热负荷 q_{max}^o 加修正的办法求得：

$$q_{max} = q_{max}^o \phi_b \tag{7-9-10}$$

单根水平管的最大允许热负荷可由下式计算：

$$q_{\max}^{\circ} = 367 p_c \left(\frac{p}{p_c}\right)^{0.35} \left(1-\frac{p}{p_c}\right)^{0.9} \qquad (7\text{-}9\text{-}11)$$

式中，p_c 为临界压力，kPa。

管束修正因子

$$\phi_b = 2.24 \psi_b \qquad (7\text{-}9\text{-}12)$$

式中，$\psi_b = \dfrac{\pi D l}{A}$，为无量纲的管束几何参数，等于管束的周界除以管束的传热面积。

ϕ_b 的取值范围为 $\phi_b \leqslant 1.0$。由式(7-9-12)可见，当 ψ_b 大于 1/2.2 时，$\phi_b = 1.0$，表示这个管束的最大允许热负荷与单管的相同，并由试验得到证实。随着管束排列紧凑，ϕ_b 就下降，意味着管束中蒸汽覆盖和液体不足，因而导致最大允许热负荷降低。因此，对于 $\phi_b < 0.1$ 的情况，在管束中应考虑设置蒸汽排放槽，以促进蒸汽流出管束，除非设计的热负荷小于 $0.5 q_{\max}$。

如果设计的热负荷超过最大允许值，则应改变管束设计，例如可以增加管束长度和减小管束直径，或者增加管间距。Collins 推荐卧式热虹吸再沸器的最大允许热负荷，对直径 20mm 的管子为 47.3kW·m^{-2}；对直径 25mm 的管子为 56.8kW·m^{-2}。

9.1.4 强制循环再沸器

强制循环再沸器流体的流动由泵驱动，因而其流量可以得到保证，并使其含汽率很小，这样可用于会严重结垢的黏性流体或含固体的悬浮液。为减少结垢，循环流速可高达 5～6m·s^{-1}。管束布置可以是立式的，也可以是卧式的，工艺流体通常走管侧，传热和压降均按强制对流进行计算。由于循环流速可由设计确定，因此其可靠性更易保证。

强制循环的最大允许热负荷值尚难以计算，Kern 建议对有机物应不大于 63kW·m^{-2}；对水和稀水溶液应不大于 95kW·m^{-2}。

9.1.5 釜式再沸器

釜式再沸器的管束为浸没式，其设计可按泡核沸腾的数据进行。

在一个管束中，蒸汽从下部管排上升，流经上部管排，会产生两个相反的影响：上升的蒸汽会覆盖上部管子，特别是管间距较小时，使传热量减少；但此影响又被上升蒸汽泡引起湍流的加强而抵消。根据试验结果，用单管的关联公式计算管束的传热膜系数差别不大。

管束的最大允许热负荷则比单管的要低，与卧式热虹吸再沸器一样，可用式(7-9-10)计算，即用单管的最大允许热负荷乘上管束修正因子。Kern 建议釜式再沸器的最大允许热负荷为 37.9kW·m^{-2}，可作为设计参考。

壳体的大小应使蒸汽和液体有适当的分离空间。壳体的直径与热负荷有关，参见表 7-9-1。

表 7-9-1 壳体直径建议值

热负荷/kW·m^{-2}	壳直径/m
<25	1.2～1.5
25～40	1.4～1.8
>40	1.7～2.0

液面与壳体之间的自由空间高度至少 0.25m，为避免过多的液滴夹带，在液面上的最大蒸气速度应小于下式的值：

$$w_v < 0.2 \left(\frac{\rho_1 - \rho_v}{\rho_v}\right)^{1/2} \tag{7-9-13}$$

内置式再沸器的设计原则与釜式的相同。

9.2 冷凝器

9.2.1 冷凝器的选型

冷凝器是把蒸气冷凝为液体的设备，在冷凝过程中把热量传递给冷却剂。表面式冷凝器有一个薄壁，把冷却剂同蒸气及其冷凝液分开，热量通过薄壁传递。在直接接触式冷凝器中，蒸气和冷却液混合，热量直接传递给冷却剂。

表面式冷凝器中所用的换热表面可以是平板，也可以是管道。壁面型式有简单的平壁、带肋片的扩展表面，或经开槽、波纹及其他特殊方式处理过的强化表面。在直接接触式冷凝器中，两股流体的接触也是多种多样的。

冷凝蒸气的过程还可以用来加热或蒸发冷却剂，因此根据换热过程的主要目的，可以分别称为冷凝器、蒸发器、再沸器或加热器。本章主要讨论管壳式冷凝器。

管壳式冷凝器有卧式和立式两种，而冷凝流体可分别走壳程或管程。其中卧式壳程冷凝和立式管程冷凝是最常用的型式。卧式管程冷凝器很少用作工艺冷凝器，但常用于蒸汽加热的加热器和汽化器。

冷凝器选型时下列因素可予考虑：

① 压力。高压流体宜走管内。
② 压降。在低压时，为减小冷凝压降，宜走壳程。
③ 腐蚀。需要特殊或昂贵合金的腐蚀性气体，宜走管内。
④ 污垢。有污垢或聚合作用的过程蒸气宜走管内，以利于清洗。
⑤ 温度。在高温条件下，采用壳侧冷凝，应重视壳体的设计和安全；采用管内冷凝，应重视管子和管板的连接。
⑥ 冻结。如果冷凝液可能冻结，选择壳侧冷凝较好。
⑦ 冷凝液控制。当冷凝含有实际上是沸腾式露点区域的多组分混合物，或存有可溶性气体的混合物时，为了使低沸点化合物能够冷凝，或在汽提时能够防止组分冷凝或吸收，必须控制冷凝液和蒸气的流动，此时最好的控制方式是用管内冷凝。
⑧ 排气管内冷凝排放非冷凝气体比较可靠。

9.2.2 冷凝器结构

(1) 立式管程冷凝器 冷凝器结构如图 7-9-6，是一个带有外部封头和分离端盖的管壳式换热器。如果壳侧不需清洗或可用化学方法处理，可以使用固定管板式结构。

冷凝介质在管内一般为下流式，在管壁上以环状薄膜的形式冷凝，并流到管子底部排出。蒸气一般是通过径向接头管注入顶盖。如用轴向接头管，为使流体分布不均不致过大，

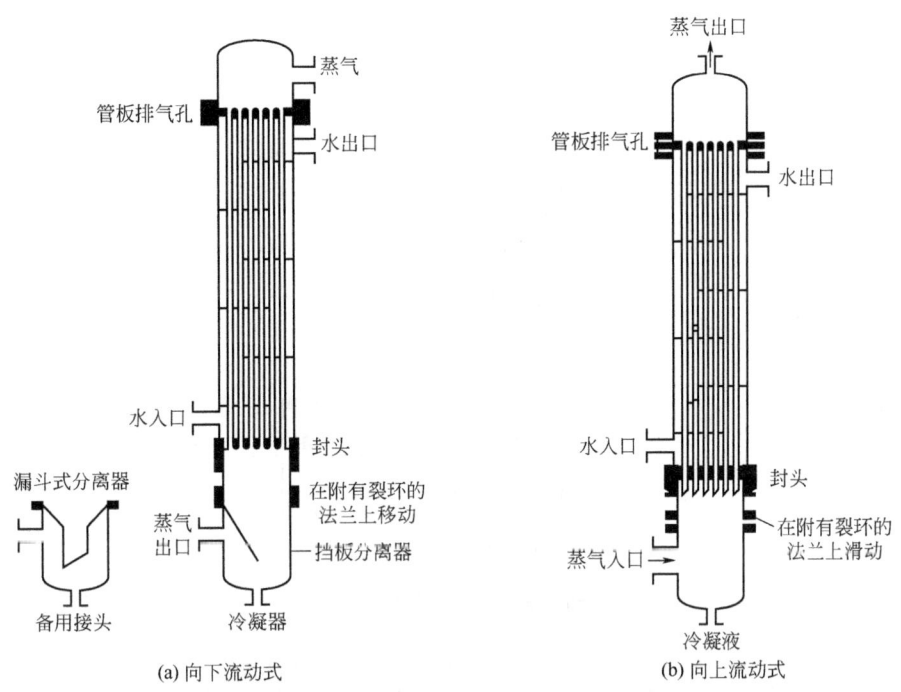

图 7-9-6 立式管程冷凝器

接头管入口的速度头应相当于冷凝器的管道压降，或在出口处布置一多孔板，开孔面积 5%～10%。为使出口排气中携带的冷凝液减到最少，下面的分离端盖可设计成挡板式或漏斗式。冷凝液液位应低于挡板或漏斗。管径一般为 19～25mm，在低压时，为减少压降，也有用 50mm 直径的大管子。

当需要热冷凝液回流和汽提少量低沸点组分，防止它们冷凝的情况，可采用冷凝介质向上流动的结构。蒸气通过径向接头管注入底部端盖，一般是把冷凝器直接安装在不带接头管的蒸馏塔的顶部。这种冷凝器一般都用 25mm 以上的大直径和 2～3m 的短管道作传热面管子。进入冷凝器的高沸点化合物会提高冷凝温度，因此应避免使用低温冷却剂。管束下端延伸到管板外，并切成 60°～75° 的倾角，便于滴液。

在向上流动的回流式冷凝器中，其容量受到液泛的限制。当蒸气向上的速度阻碍冷凝液自由回流时，便会产生液泛，将冷凝液从冷凝器的顶部吹掉。根据 Hewitt 和 HaIL-Taylor 的准则，当满足下列条件时，可防止液泛的发生：

$$(w_{vo}^{1/2}\rho_v^{1/4} + w_{lo}^{1/2}\rho_l^{1/4}) < 0.6[gd_i(\rho_l-\rho_v)]^{1/4} \tag{7-9-14}$$

式中，w_{vo}，w_{lo} 为蒸气和液体在管内单独流动的折算速度；d_i 为管子内径，m。

(2) 立式壳程冷凝器 如图 7-9-7 所示，水以落膜的形式在管内向下流动，因而水侧要求的压力低；由于水的传热系数大，所以耗水量低。蒸气通常是向下流动，壳侧可用折流板隔开，但通常是用支撑板，冷凝液通过管孔的间隙排放。这种冷凝器冷却水的配水不易均匀，可在管口装一配水器，如图 7-9-7 的附图。这种冷凝器很少采用，而壳程冷凝的方式在蒸发器及加热器中则有采用。

(3) 卧式壳程冷凝器 卧式壳程冷凝器可以设计成折流式或错流式。图 7-9-8 所示为折流式冷凝器，在蒸气出口处装有缓冲板，以减少蒸气对管束的直接冲击，但板的四周应留有

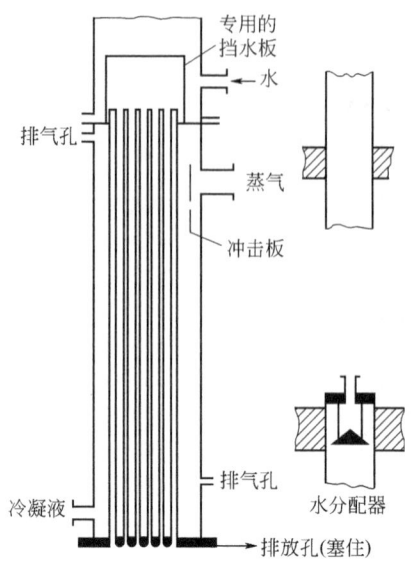

图 7-9-7　立式壳程冷凝器

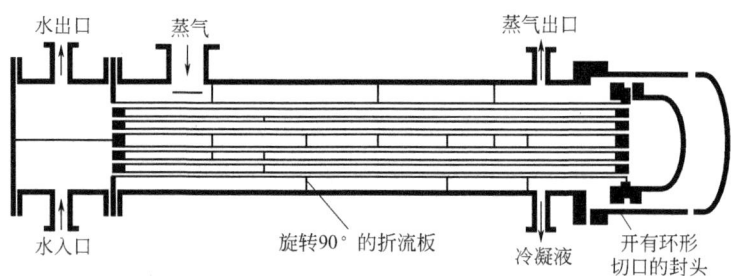

图 7-9-8　卧式壳程冷凝器

充分的间隙，以减少压降和防止管道振动。一般，其流通面积应等于接头管的面积，而且其动压头 ρw^2 应不大于 $2200 \text{kg} \cdot \text{m}^{-1} \cdot \text{s}^{-2}$。冷凝器有两个出口接头管，一个是冷凝液的出口，一个是排气口。冷却水走管程，可以是单程，也可以是多程。

在折流板或支撑板上通常开有垂直切口，以使蒸气可以从一侧流向另一侧。为了防止流体流动的短路，折流板的切口不宜大于 0.35×壳径。折流板间的最小间距为 0.35×壳径，最大间距不大于 2×壳径。为了便于排出冷凝液，折流板的下缘开有槽口。当被冷凝介质中含有不凝性气体时，折流板的间距可随介质的冷凝而减小，以增强传热。当冷凝液膜的传热膜系数小时，在壳侧可以使用低翅管，翅高 1～2mm。如要使冷凝液保持过冷，可以采用阻液形折流板。卧式壳程冷凝器的优点是压降小，冷却剂走管程便于清洗；缺点是蒸气与冷凝液产生分离，对冷凝宽沸点范围混合物会产生困难。

（4）卧式管程冷凝器　管内冷凝时，通常是以单程、双程或 U 形管排列的方式制造的。管子的大小和长度的变化范围大，其排列方式取决于冷却剂的需要量。在多程排列时，应把后面的管程放在其相连管程的下方；用减少每程管数的方法，可使流速保持不变；此外，冷凝液还可以在管程之间引出，并传送到下面独立的管道内，这样可以减少压降。在这种冷凝器中，冷凝液同蒸气的接触不好，所以对宽沸腾范围混合蒸气的完全冷凝是不适宜的。这种冷凝方式大多用于再沸器和加热器中，其冷凝特性并不重要。

9.2.3 冷凝器传热

在工业用冷凝器中，正常的传热机理为膜状冷凝。

(1) 水平管外冷凝 在第 4.2 节"冷凝换热"中已介绍了水平管束管外冷凝的计算方法。工程上还常用 Kern 的方法[6]，一组管束的平均传热膜系数为：

$$\alpha = 0.95\lambda_1 \left[\frac{\rho_1(\rho_1-\rho_v)g}{\mu_1 W_1}\right]^{1/3} N_r^{-1/6} \quad (7\text{-}9\text{-}15)$$

$$W_1 = \frac{W}{lN_t} \quad (7\text{-}9\text{-}16)$$

式中 λ_1——冷凝液的热传导系数，$W \cdot m^{-1} \cdot ℃^{-1}$；

W_1——管子负荷，每排管子单位管长的冷凝液流量，$kg \cdot m^{-1} \cdot s^{-1}$；

N_t——管束中管子总数；

W——冷凝液总流量，$kg \cdot s^{-1}$；

N_r——垂直管排中平均管数，可取为中心管排数中的 2/3。

(2) 垂直管内、外的冷凝 当 $Re < 30$ 时，按 Nusselt 的模型为：

$$\alpha = 0.926\lambda_1 \left[\frac{\rho_1(\rho_1-\rho_v)g}{\mu_1 W_1}\right]^{1/3} \quad (7\text{-}9\text{-}17)$$

$$W_1 = \frac{W}{\pi d_o N_t} \quad \text{或} \quad \frac{W}{\pi d_i N_t} \quad (7\text{-}9\text{-}18)$$

式中 W_1——垂直管负荷，每单位管子周长的冷凝液流量，$kg \cdot m^{-1} \cdot s^{-1}$。

当 $Re > 30$ 时，Boyko 和 Kruzhilin 得出的关联式为[7]：

$$\alpha = \alpha_{1o}\left(\frac{J_1^{1/2}+J_2^{1/2}}{2}\right) \quad (7\text{-}9\text{-}19)$$

式中

$$J = 1 + \left(\frac{\rho_1-\rho_v}{\rho_v}\right)x \quad (7\text{-}9\text{-}20)$$

x 为含汽率，下标 1、2 分别表示进、出口状态。

α_{1o} 为按出口冷凝液单相流计算的传热膜系数：

$$\alpha_{1o} = 0.024\left(\frac{\lambda_1}{d_i}\right)Re^{0.8}Pr^{0.43} \quad (7\text{-}9\text{-}21)$$

当进口为饱和蒸气，并全部冷凝时，式(7-9-19) 可得出为：

$$\alpha = \alpha_{1o}\left(\frac{1+\sqrt{\rho_1/\rho_v}}{2}\right) \quad (7\text{-}9\text{-}22)$$

(3) 水平管内冷凝 对于层流条件，可用 Nusselt 方程估算：

$$\alpha = 0.76\lambda_1 \left[\frac{\rho_1(\rho_1-\rho_v)g}{\mu_1 W_1}\right]^{1/3} \quad (7\text{-}9\text{-}23)$$

对于环状流条件，则按式(7-4-12) 计算。

对于水蒸气冷凝，由于其传热膜系数的值大，一般可取为 $8000\mathrm{W\cdot m^{-2}\cdot ℃^{-1}}$。

当进入冷凝器的蒸汽过热时，若过热度很大，则必须将过热段单独计算；若过热度不大，如不到潜热负荷的 25%，特别是管壁温度低于蒸汽露点时，由于过热蒸汽在管壁上冷凝，其传热膜系数与冷凝传热膜系数相近，故可合并在一起计算。

当冷凝液过冷时，如用控制冷凝器液面的方法，使一部分管子浸没在冷凝液中，由于在这一区中的冷凝液流速很小，传热膜系数可用自然对流的关联式计算，典型值为 $200\mathrm{W\cdot m^{-2}\cdot ℃^{-1}}$。

各种介质冷凝器总传热系数的经验值如表 7-9-2。

表 7-9-2 不同介质冷凝器总传热系数　　单位：$\mathrm{W\cdot m^{-2}\cdot ℃^{-1}}$

蒸气	冷却剂	传热系数
酒精	水	500～1100
导热姆	导热姆	450～680
真空高沸点烃类化合物	水	100～280
低沸点烃类化合物	水	450～1140
烃类化合物	油	140～230
有机溶剂	水	550～1140
煤油	水	170～370
煤油	油	110～170
石脑油	水	280～430
石脑油	油	110～170
植物油	水	110～280
有机物-蒸汽共沸混合物	水	220～450
水蒸气	水	2200～5700

9.2.4　混合物的冷凝

蒸气混合物的冷凝分为两类：
① 多组分混合物全部冷凝或低沸点组分可溶解在冷凝液内。
② 混合物中存在不凝性气体（这类换热器常称为冷却-冷凝器）。

这两类混合物的基本传热过程是类似的，有其共同的特点：
① 冷凝过程是非等温的，由于重组分从混合蒸气中冷凝出来，因而其露点是变化的。
② 由于冷凝过程是非等温的，所以存着将蒸气冷却到露点的显热传递；同时还有冷凝液的显热传递，因为冷凝液必须从它的冷凝温度冷却到出口温度。而蒸气的显热传递尤其重要，因为其传热膜系数比冷凝传热膜系数要低得多。
③ 由于冷凝过程中蒸气和液体的组分是变化的，所以它们的物性也是变化的。
④ 重组分必须通过较轻的组分扩散到冷凝表面，冷凝速率受扩散速率和传热速率的控制。

要计算混合蒸气冷凝器的实际温差，先要作出冷凝过程的蒸气温度随传热量变化的冷凝曲线。图 7-9-9 所示一单程逆流冷凝的温度变化曲线示意图。其中实线表示整体冷凝曲线，即冷凝液与蒸气保持接触状态，如立式冷凝器的冷凝那样。虚线表示局部冷凝曲线，即冷凝液从蒸气中分离出来的状态，如卧式壳程冷凝器。由于局部冷凝的平均温差较低，因而在混合蒸气冷凝中应避免冷凝液分离的方案。

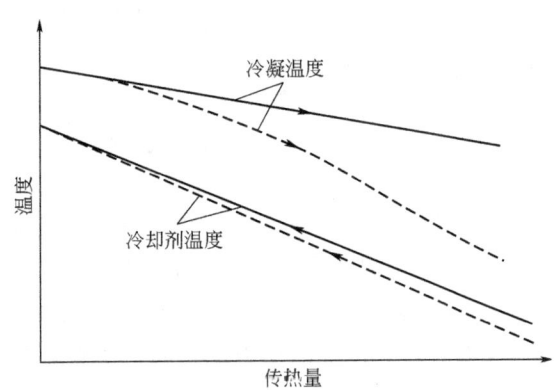

图 7-9-9　单程逆流冷凝器的冷凝曲线
实线表示整体冷凝过程；虚线表示局部冷凝过程

全凝性混合物冷凝时的传热膜系数可用单组分的关联式来估算其平均传热膜系数，液体的物性按冷凝液的平均组分计算。由于有显热传递和传质阻力的问题，通常加一个安全系数，如 Frank 建议为 0.65。

从不凝性气体中冷凝时，Gilmore 提出了一个近似计算方法：

$$\frac{1}{\alpha_{cg}} = \frac{1}{\alpha_c} + \frac{Q_g}{Q_t} \frac{1}{\alpha_g} \tag{7-9-24}$$

式中　α_{cg}——平均传热膜系数；
　　　α_c——在平均冷凝液组成和全部冷凝液负荷下，按单组分关联式计算的平均冷凝液传热膜系数；
　　　α_g——用平均蒸气流量计算的平均气体传热膜系数；
　　　Q_g——蒸气（气体）的全部显热传热量；
　　　Q_t——总传热量，包括潜热和显热全部。

当蒸气从不凝性气体中冷凝时，若气体的总体温度低于蒸气的露点，液体可能直接冷凝成雾沫。这种情况是不希望发生的，因为液滴可能被带出冷凝器。除雾沫的填料可用以分离夹带的液滴。

在冷凝器中，压降的计算也十分困难，这在设计真空冷凝器以及借重力从冷凝器回流入塔的情况中十分重要。

9.3　废热锅炉

9.3.1　废热锅炉的作用、特点与分类

(1) 废热锅炉的作用　废热锅炉是从高温工艺气体及烟道气中回收余热，生产蒸汽的一

种传热设备。其主要作用有：

① 提高能源利用效率，节约一次能源耗量。在石油化工和化学工业中，存在大量高温烟气与工艺气的余热可以利用，采用废热锅炉生产压力尽可能高的蒸汽用作工厂动力的需要，可取得重大的经济效益。对年产 30 万吨的合成氨厂，如充分利用其余热，可产生高压蒸汽 $300 t \cdot h^{-1}$ 以上，能满足全部汽轮机的蒸汽需要，并可供工艺用汽 $100 t \cdot h^{-1}$，全年可节约用煤约 24 万吨，节约用水约 800 万吨。年产 30 万吨乙烯装置，可产生高压蒸汽 $190 t \cdot h^{-1}$，能满足系统中全部压缩机和泵的动力需要。一个年处理 240 万吨的石油催化裂化装置，可能回收的能量达 24MW，除满足自身主风机动力 15MW 以外，还可输出电力。

② 满足工艺流程的要求。在合成氨、乙烯等石油化工中，废热锅炉不仅用来回收余热，而且是工艺流程中用于降温的不可缺少的工艺装备。例如合成氨系统中，二段转化炉出口工艺气温度约 1000℃，而进入下一步中温变换炉时要求工艺气温度仅约 360℃，要依靠废热锅炉来完成降温过程，并用以控制气温。由中温变换炉出口工艺气温为 428℃，而进入下一步低温变换炉的气温为 212℃ 左右，也要由废热锅炉来完成。在乙烯裂解流程中，裂解炉出口的裂解气要求在 0.05s 的极短时间内由 850~920℃ 的高温急冷到 350℃ 左右。此急冷过程要由废热锅炉来完成，同时可产生大量高压蒸汽。

③ 消除环境污染，减少公害。在工业生产中产生的大量废气、废液、废渣等，如直接排入环境中将产生严重的污染。利用废热锅炉回收余热的同时，可进行环保方面的处理，达到消除环境污染的目的。例如炼焦厂采用湿法熄焦时，由于冷水喷洒在炽热焦炭上产生大量 CO 气，引起严重的环境污染；改用干法熄焦，用废热锅炉来回收焦热，则可消除大气污染。

(2) 废热锅炉的特点　废热锅炉的基本结构和一般锅炉相似，通常由省煤器、蒸发受热面和过热器等部件组成。但是，由于废热锅炉热源不是用燃料在锅炉中直接燃烧产生，而是利用生产过程中的工艺热和余热，这些热源的温度有高有低，有的高达 1500℃ 以上，有的则低到 500℃ 以下，因此废热锅炉的结构设计必须适应余热的质与量的特点，使其结构型式多种多样。其主要特点有：

① 废热锅炉的结构应适应余热源的条件，其容量与参数决定于余热源的条件与数量。

② 由于废热锅炉所用的热源很广，不仅是烟气，而且其他气体含有腐蚀性很强的组分，如 SO_2、SO_3、NO_2、NO、H_2S、CH_4、NH_3、H_2 等，因而腐蚀问题比较严重。由于露点关系，余热气体从废热锅炉排出的温度也受到限制。

③ 有的余热气体带有大量粉尘、烟炱，有的还含有较多的低熔点金属元素，具有很强的黏结性，因而高温区域结渣和结焦以及对流受热面的积灰、堵灰和磨损问题比较严重，要考虑完善的除灰清焦装置和各种防磨措施。

④ 有些废热锅炉的换热器分散安装在工艺流程的不同部位，互相之间的联系要求又很高。锅炉水侧工作情况变化将通过受热面影响到工艺气侧的操作条件，以致对整个流程产生连锁反应，影响产品的产量和质量。

⑤ 余热源热负荷波动引起废热锅炉负荷不稳定。如有的工业炉为周期性生产，进入锅炉的烟气量时大时小，时断时续；有的工业炉虽是连续生产，但进料、排渣、出产品等过程又是间断的，因而引起烟温、烟量等的波动，这些波动均将引起锅炉负荷的波动。而蒸汽负荷的需求又受工艺过程的限制，往往造成蒸汽供求间的不平衡，因而在系统中要考虑蒸汽负荷的调节问题。

⑥ 在有些工业废气中不但含有显热，还含有可燃物质，如催化剂再生气、炭黑尾气等，其中含有 CO 等可燃气体，应加以利用。

⑦ 在石油化工中，有的废热锅炉不仅水侧处于高温高压，而且工艺气侧也处于高温高压，因而对锅炉结构有很高的要求。

上述这些特点将影响到废热锅炉的结构设计、材质选择以及操作维护等，因而使废热锅炉的设计具有许多特殊性。

(3) 废热锅炉的分类 按使用场合分类，有合成氨废热锅炉、乙烯废热锅炉、硫酸废热锅炉等。

按操作条件分类，有高温高压废热锅炉、中压或低压废热锅炉。

按汽水循环方式分类，有自然循环废热锅炉、强制循环废热锅炉和直流式废热锅炉。

按管内流动介质分类，有烟管式废热锅炉和水管式废热锅炉。

按布置型式分类，有立式废热锅炉和卧式废热锅炉。

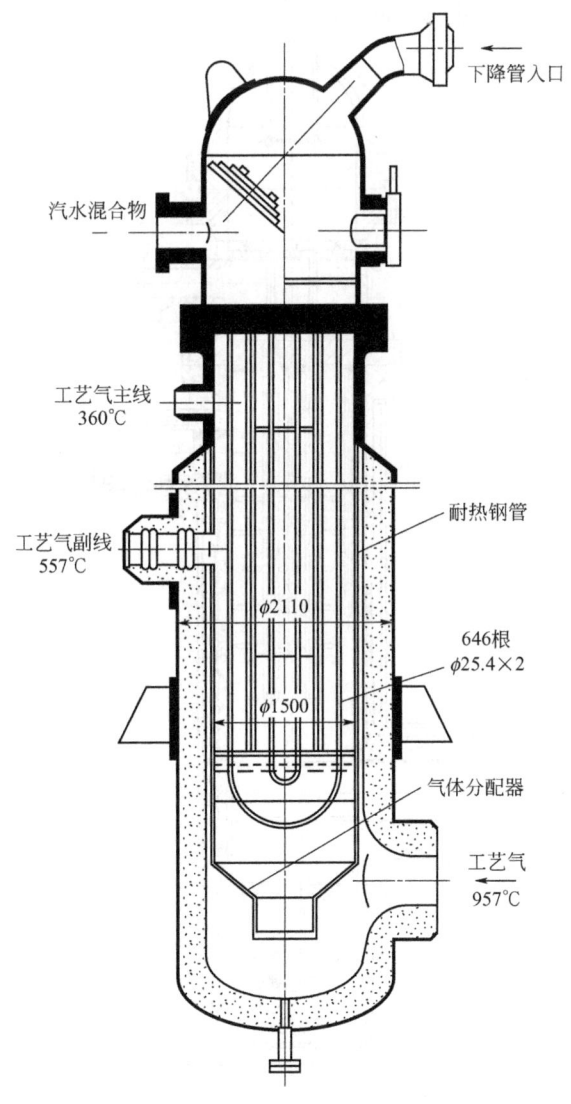

图 7-9-10 U 形管废热锅炉

按结构型式分类,有管壳式废热锅炉和烟道式废热锅炉。

按受热管型式分类,有列管式、盘管式、刺刀管式、U形管式、双套管式等。

9.3.2 废热锅炉结构

废热锅炉的结构型式很多,现举若干典型例子如下。

(1) 合成氨废热锅炉 年产30万吨合成氨装置采用的U形管废热锅炉如图7-9-10所示。利用二段转化炉出来的高温工艺气的热量产生10.6MPa高压蒸汽180t·h^{-1},在一段炉对流段高压过热器和辅助过热器中过热到495℃,送往汽轮机。

废热锅炉采用立式U形管结构,转化气从锅炉下部引入,通过气体分配器进入U形管束,从970℃冷却到360℃。壳体内径2110mm,壁厚37mm,内衬耐火和绝热水泥,内衬高合金钢衬板,内径1500mm,作为高温工艺气流道,压力3MPa。U形管$\phi 25mm \times 2mm$,

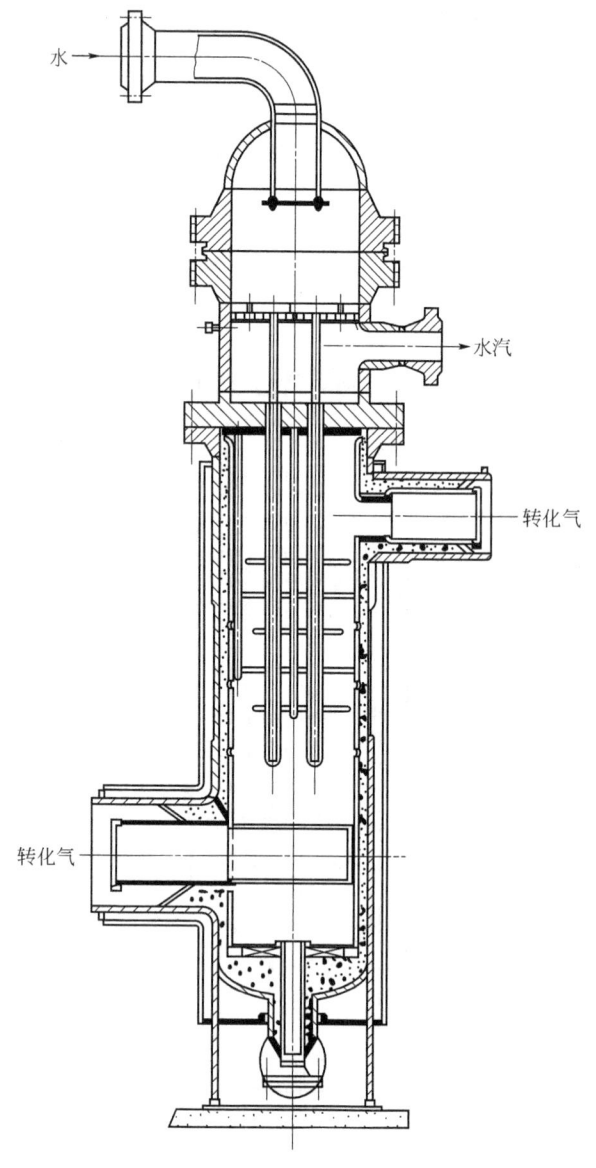

图 7-9-11 刺刀管废热锅炉

其 646 根，管端固定在锅炉上部的管板上，依靠锅炉上部的高置汽包进行自然循环，其循环倍率约为 6。锅炉装有开工循环泵和文丘里喷射器，以便在开工和低负荷时帮助锅炉建立水循环。

年产 30 万吨合成氨装置采用的刺刀管废热锅炉如图 7-9-11 所示。该装置共有四台废热锅炉，用来回收二段转化炉和中温变换炉工艺气的余热。二段转化炉出口工艺气以 1003℃ 首先进入两台第一废热锅炉，冷却到 482℃；再进入第二废热锅炉，降温到 371℃ 进入中温变换炉；从中温变换炉出来的工艺气以 420℃ 进入中变废热锅炉，冷却到 336℃。四台废热锅炉与辅助锅炉一起共用一台高置汽包，进行自然循环。

第一废热锅炉采用刺刀管式，内管尺寸为 $\phi 25.4\text{mm} \times 1.65\text{mm}$，外管尺寸为 $\phi 51\text{mm} \times 3.5\text{mm}$，共 206 根。水由上部流入内管向下流动，在管端沿内外管间的环隙上升并汽化。锅炉蒸发量 $65\text{t} \cdot \text{h}^{-1}$，压力 10.2MPa。

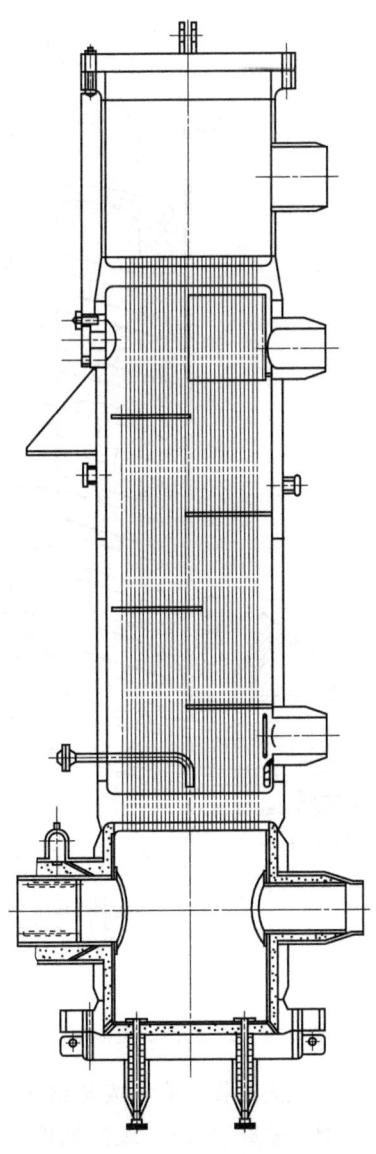

图 7-9-12　列管式废热锅炉

第二废热锅炉采用列管式结构,如图 7-9-12 所示,为固定管板式,工艺气走管程,水汽走壳程,蒸汽产量 28.5t·h^{-1},压力 10.2MPa。

中压废热锅炉采用卧式列管式结构,工艺气走管程,水汽走壳程,蒸汽产量 26t·h^{-1},压力相同,其基本结构与第二废热锅炉相类似。

在中小型合成氨装置中,转化气、重油气化工艺气的高温余热均用废热锅炉回收,用来产生 2.5MPa 蒸汽。废热锅炉型式很多,有列管式、U 形管式和盘管式等。采用管壳式结构,工艺气在管侧,水蒸气在壳侧。图 7-9-13 所示为一台重油气化炉后的盘管式废热锅炉简图,采用双螺旋管结构,水煤气从进口经一个叉管分两路进入盘管,冷却室内通水,以保护叉管。盘管由两根管子盘旋而成,分为两段,下段用 $\phi 76mm \times 6mm$ 管子,盘管直径 $\phi 600mm$;上段用 $\phi 57mm \times 5mm$ 管子,水煤气温度由 1310℃ 冷却到 300℃,水煤气进口压力 0.7MPa,水蒸气压力 1.8MPa,蒸发量 1.8t·h^{-1}。

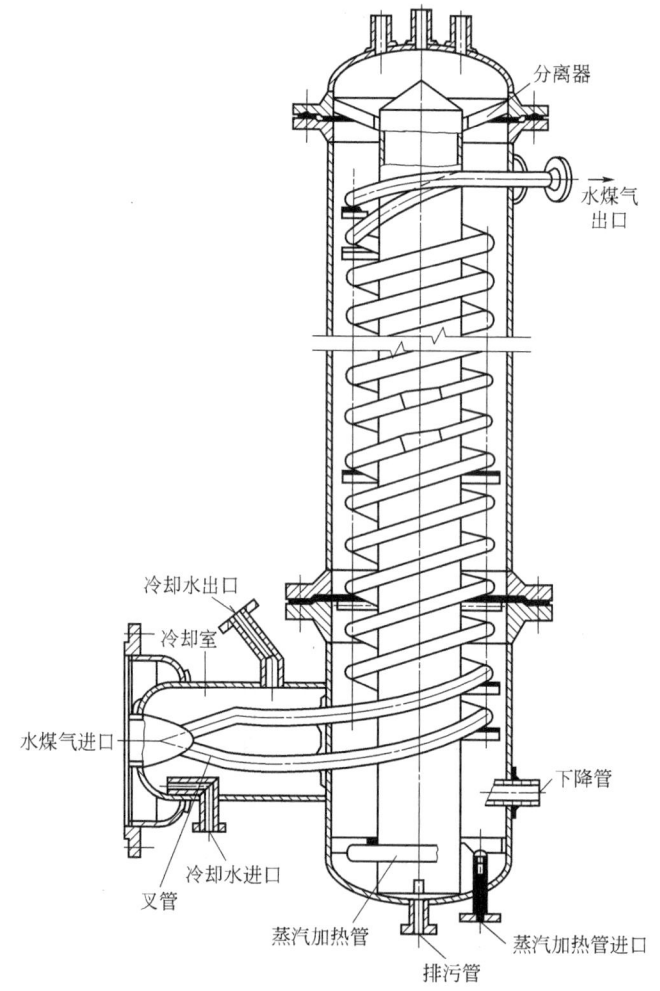

图 7-9-13 盘管式废热锅炉

以煤和焦炭为原料的合成氨厂,普遍采用造气废热锅炉,产生 0.4~0.8MPa 的低压蒸汽。目前已有改进可升压到 1.3MPa 或 2.5MPa。废热锅炉一般采用立式火管锅炉。

氨合成的余热利用,在大型装置中多用来加热锅炉给水,在中小型装置中也有用废热锅

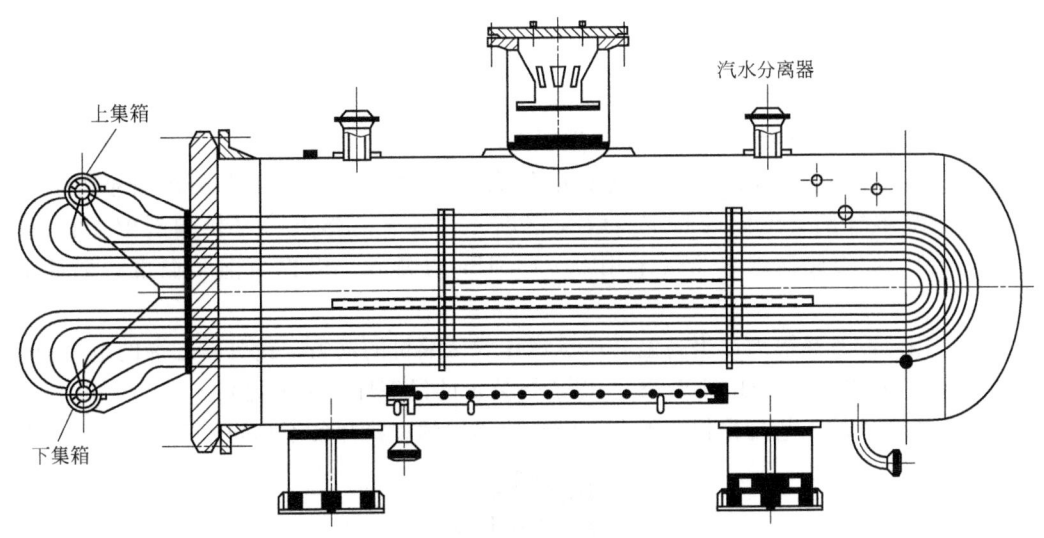

图 7-9-14　卧式 U 形管废热锅炉

炉。可以采用前置、中置及后置锅炉三种型式回收。图 7-9-14 为卧式 U 形管中置式废热锅炉简图，位于合成塔的两段换热器之间。该锅炉由 112 根 $\phi 24\text{mm} \times 6\text{mm}$ 不锈钢 U 形管组成，高压合成气由下集箱进入，在壳体上方设有汽水分离器，该锅炉可使每吨氨生产 1.3MPa 蒸汽 $0.8\text{t} \cdot \text{h}^{-1}$。

(2) 乙烯废热锅炉　裂解气急冷废热锅炉是乙烯装置特有的废热锅炉型式，用来对裂解

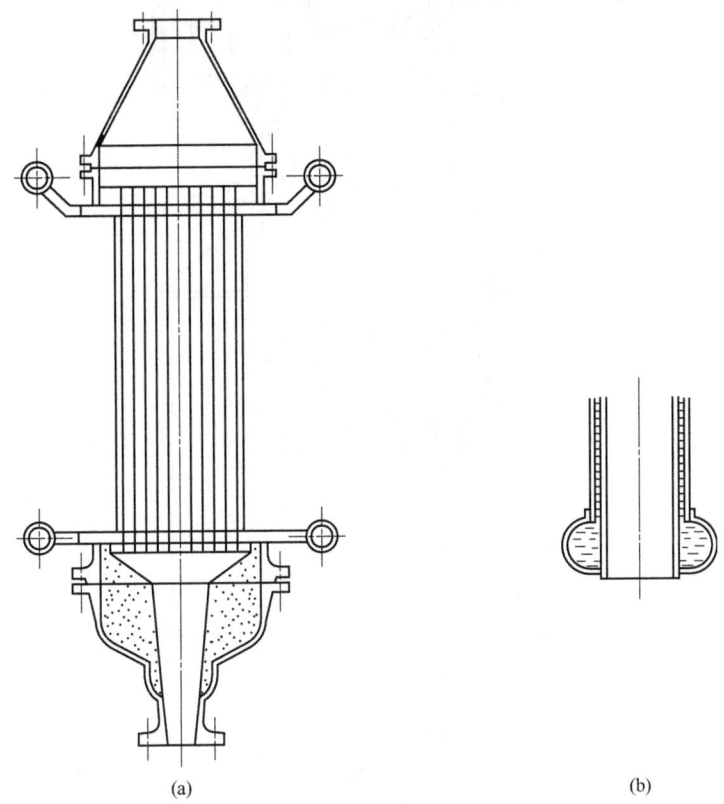

图 7-9-15　双套管式急冷废热锅炉

气进行快速急冷,并有效地回收余热。为达到这个要求,对废热锅炉的设计应满足如下的条件:

① 裂解气在锅炉内的停留时间必须很短,根据原料与裂解深度的不同,停留时间允许为 0.03~0.07s,以防止产生二次反应,造成产品损失。

② 为了防止裂解气达到露点而使其中的高沸点物质冷凝,从而引起管壁结焦,因此要求锅炉裂解气侧管壁温度高于裂解气露点。裂解气的露点与原料和裂解条件有关,为 250~400℃,为此锅炉水蒸气采用 8~14MPa 的高压,以提高饱和温度,防止管内结焦。

由于采用急冷废热锅炉产生高温高压蒸汽作为压缩机的动力,使每吨乙烯的电力消耗由 2000~3000kW·h 降到 50~100kW·h,所以乙烯装置的经济性有很大提高。

现代乙烯装置的工艺流程相差不多,而废热锅炉的型式却各不相同。图 7-9-15(a) 为一

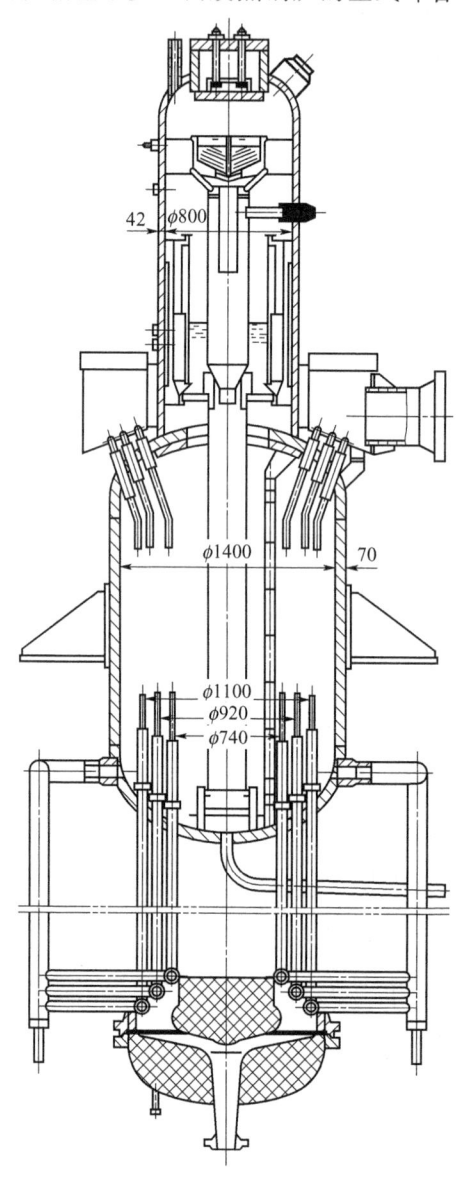

图 7-9-16 半螺旋管式急冷废热锅炉

双套管式废热锅炉简图。裂解气从底部进入锅炉的气体分配室。该分配室做成锥形扩散器形式,以避免产生涡流延长气流停留时间而造成结焦。裂解气在分配室空间的质量流速应大于 $20kg \cdot m^{-2} \cdot s^{-1}$。裂解气从气体分配室进入双套管的内管〔参见图 7-9-15（b）〕,以极高的流速自下向上流动,裂解气在管内的流速大于 $50kg \cdot m^{-2} \cdot s^{-1}$。裂解气在管内由 778℃ 冷却到 450℃,从顶部引出。水从高位汽包由下降管进入下集箱,再由扁圆集管进入套管的环隙中吸收热量产生蒸汽,汽水混合物再由上扁圆集管汇集于上集箱,由汽水引出管引入汽包。

扁圆集管用 $\phi 76mm \times 8mm$ 无缝钢管锻压成型,内管尺寸 $\phi 32mm \times 3.6mm$,套管尺寸 $\phi 51mm \times 4.5mm$。该锅炉蒸发量 $10t \cdot h^{-1}$,压力 12.4MPa。年产 30 万吨乙烯装置共用 22 台。该锅炉可以省去外壳,不需要管板,双套管间的热膨胀差可以由扁圆集管吸收,因而结构简单,是目前应用得比较广泛的一种结构型式。

图 7-9-16 为一台半螺旋管式急冷废热锅炉简图。该锅炉由三部分组成,下部为双套管和气体分配室,双套管的下端焊在圆形截面的环状集箱上,三个集箱作锥形叠置。中部为一立式锅筒,锅筒上方为汽水分离筒。双套管元件的外管与锅筒下封头相连,内管伸进锅筒内部呈螺旋状盘旋上升,再穿过上封头与气体出口集箱相接。锅筒中的水经下降管进入环状集箱,再经双套管环隙受热上升进入锅筒。筒体内的水循环由螺旋管与中心降水管组成。汽水混合物进入汽水分离筒,经迷宫式和钢丝网分离器后由蒸汽引出管引出。裂解气通过急冷锅炉的质量流速为 $50 \sim 120kg \cdot m^{-2} \cdot s^{-1}$,停留时间不超过 0.05s。在年产 11.5 万吨乙烯装置中,裂解气温度从 780℃ 降到 440℃,蒸汽压力 8.9MPa,蒸发量 $8t \cdot h^{-1}$,共用 11 台,每年回收的余热折标准煤 3 万吨。

另一种比较广泛采用的为薄管板式急冷废热锅炉,其结构简图如图 7-9-17 所示。在高

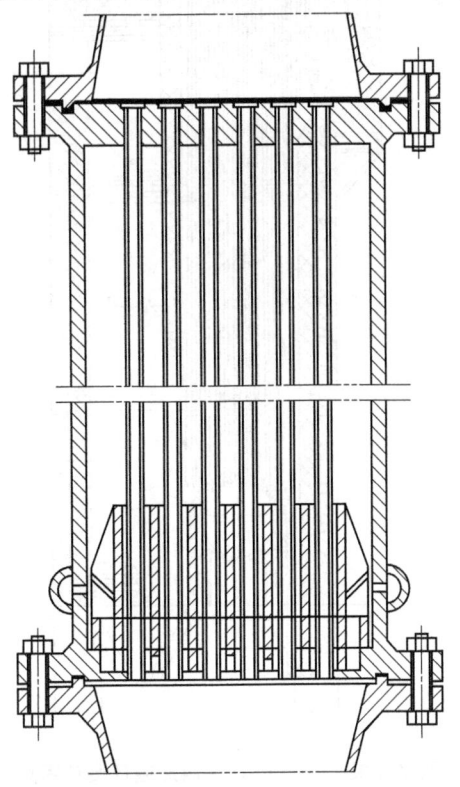

图 7-9-17　薄管板式急冷废热锅炉

温气体入口处采用只有 15mm 厚的平管板，使管板的热应力减小，管板的强度则通过网状支持格板来加强。高温裂解气从锅炉下端进入，穿过传热管束后由上端排出。水由下部法兰接口进入环状通道，再由径向流道进入壳体，汽水混合物由壳体上部法兰接口引出。在年产 7 万吨乙烯装置中，裂解气由 820℃ 降到 420℃，蒸汽压力 12MPa，蒸发量 $6.9 \text{t} \cdot \text{h}^{-1}$，整套装置共用 11 台，每年回收的余热折标准煤 2 万余吨。

(3) 硫酸废热锅炉 硫酸生产是一放热过程，有大量余热可以利用。每生产 1t 硫酸可回收的热量约为 3×10^6 kJ，相当于 100kg 标准煤，可生产中压蒸汽 1~1.2t。

硫铁矿沸腾焙烧炉废热锅炉一般采用烟道式，负压运行，水循环可用自然循环或强制循环。其主要特点是烟气的含尘量高，受热面磨损严重，以及气体中含大量 SO_2 和一部分 SO_3，如发生结露，则腐蚀严重。

图 7-9-18 所示为一台双锅筒自然循环锅炉。气体经过热器和蒸发管束后降到 450℃ 排出，锅炉压力 3.6~3.8MPa，过热汽温 350℃。图 7-9-19 所示为一台强制循环废热锅炉，由两级过热器和蒸发受热面组成。过热器布置在第一气道，蒸发受热面布置在第三气道内。考虑到气体向上流动时较易积灰，因此第二气道不布置受热面。受热面采用顺列布置纵向冲

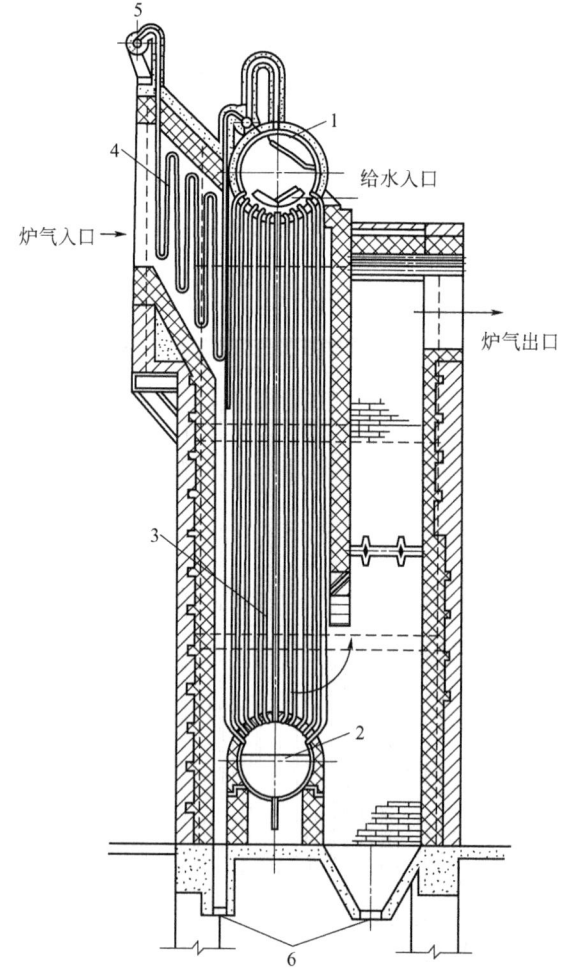

图 7-9-18 沸腾焙烧炉自然循环废热锅炉
1—上锅筒；2—下锅筒；3—蒸发受热面；4—过热器；5—出口集箱；6—出灰口

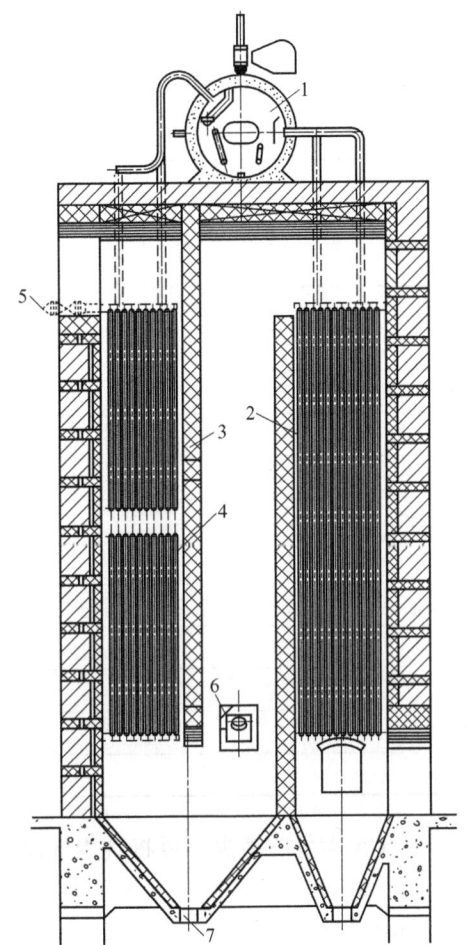

图 7-9-19 沸腾焙烧炉强制循环废热锅炉
1—锅筒；2—蒸发受热面；3—第一级过热器；4—第二级过热器；
5—过热蒸汽引出管；6—启动时加热用燃烧器；7—出灰口

刷，使粉尘对受热面的磨损较轻。

为防止受热面壁温低于露点而引起硫酸腐蚀，废热锅炉的蒸汽压力应大于 2.5MPa。而且在启动时，应先将锅炉压力升到上述压力后才能将制酸气体导入。

9.3.3 废热锅炉设计特点[8]

废热锅炉的设计方法与普通锅炉相同，但对废热锅炉特有的一些工作条件，应在设计中给予特别的考虑。

(1) 工艺气余热量 高温工艺气在废热锅炉中的放热量为：

$$Q = V(C_1 T_1 - C_2 T_2) \quad (kW) \tag{7-9-25}$$

式中 V——工艺气体的体积流量，$m^3 \cdot s^{-1}$；
C_1，C_2——工艺气体温度为 T_1 和 T_2 时的平均比热容，$kJ \cdot m^{-3} \cdot ℃^{-1}$；
T_1，T_2——工艺气体的入口和出口温度，℃。

主要化工工艺气的温度水平如表 7-9-3 所示。

表 7-9-3　化工工艺气余热利用温度水平

工艺气名称	余热温度/℃
合成氨转化器	950～1000
重油气化工艺气	1350～1400
粉煤加压气化工艺气	1350～1550
碎煤沸腾床气化工艺气	约 950
焦炭造气炉工艺气	650～680
块煤造气工艺气	500～600
氨合成反应气	480～520
钙镁磷肥工艺熔渣炉炉气	约 1400
乙烯裂解气	760～820
燃硫炉工艺气	1050～1100
硫铁矿沸腾焙烧工艺气	850～900
硝酸氧化炉工艺气	约 900
电石电炉尾气	约 700
甲醛氧化炉工艺气	620～700
炭黑炉气	约 1350
泡花碱反射炉气	约 1400
砂子炉烟道气	约 420

(2) 含尘气流设计　按照烟气含尘量的多少，可将含尘气流分为：
① 洁净气流，含尘量小于 $5g·m^{-3}$；
② 一般气流，含尘量 $5～60g·m^{-3}$；
③ 高浓度气流，含尘量 $60～200g·m^{-3}$；
④ 特高浓度气流，含尘量大于 $200g·m^{-3}$。

对于含尘气流，应考虑防止受热面磨损、积灰和堵灰的措施，主要有：
① 合理选择烟气流速。
② 对于高浓度气流，应采用直通式烟道，以减少空气动力场的不均匀性。需要时可采用带纵肋的受热面管子。受热面冲刷方式宜采用纵向冲刷，烟气流动方向由上向下。
③ 对于特高浓度气流以及石英、硫铁矿等颗粒硬度大的气流，应尽可能采用带预分离和有除尘作用的结构型式。如砂子炉设置高温旋风分离器、硫铁矿废热锅炉设置惯性除尘器等。在局部地区应装设防磨装置，如在管口设防磨导流套管、管束中设防磨挡板、沸腾床内设防磨套管或半圆环防磨片等。
④ 对含尘气流应设置有效的除灰设备，如吹灰器、振打器及振动除灰器等。

(3) 黏结性气流设计　气体的黏结性是指气流中夹带的粉尘以及升华与气化的物质在一定条件下黏附在锅炉受热面上形成不易清除的黏结层，其类型有：

① 黏附性积灰。气体中含有某些高沸点组分，如裂解气中的重组分及炭黑炉气中的未燃尽烃类等，以及含有低熔点的金属元素，如铅、锌等，这些成分在高温时呈气体状态，遇到温度较低的受热面时形成凝结物，黏附于管子表面，积成灰环，一般不易自行脱落。但这种积灰质地较软，采用振打除灰等可以清除。

② 高温黏结灰。产生在高温区的黏结性结灰。当气体中的粉尘颗粒呈熔融状态或呈黏性状态时，冲刷管子而形成。主要黏结于管子的正面，并迎着烟气流方向不断增厚。这种结灰十分坚硬，严重时将堵塞烟道而被迫停炉。

③ 低温黏结灰。气体中某些成分，如硫的氧化物等，在低温受热面上形成结露，与管壁上的积灰层作用，形成以硫酸钙为基质的水泥状坚硬黏结灰，易使烟道堵塞，且难清除。

对于高温黏结灰，主要的措施是在气体进入对流受热面密集管束之前，布置适当的辐射冷却室，使烟温降低到灰粒的凝固点以下。对于黏结性气流，一般只考虑采用水管锅炉，因为火管锅炉管径较小，容易堵塞；对流受热面中，顺列布置黏结性结灰较轻，横向节距宜大，纵向冲刷结灰较少。因此对于强黏结性气流，对流受热面一般采用带纵肋的管屏式结构，加上振打除灰装置，则可取得较好的效果。对于强黏结性气流，还要注意尽量缩短主流程炉窑出口与锅炉进口之间的烟道长度，并应有一定的倾斜度，以防止在烟道内堵灰。

对于低温黏结灰，主要是防止烟气结露，设法提高受热面壁温，因而适当提高工作压力，并采用适当的除灰装置较为有效。

(4) 腐蚀性气流设计 腐蚀性气流在制酸、有色金属、石油化工等部门极为常见。其气流中往往含有 SO_2、SO_3、NO、NO_2、N_2、H_2、NH_3、Cl_2、H_2S、S 等成分，在一定的压力、温度和组成条件下，对废热锅炉的有关部件产生强烈的腐蚀。腐蚀一般可分为低温腐蚀和高温腐蚀。低温腐蚀主要是硫酸腐蚀，当烟气中含有较多的 SO_2，在受热面壁温低于烟气的露点时，就发生硫酸的凝结而腐蚀。高温腐蚀发生在烟气温度高于 500℃ 的区域，一般是在气流中含有较多的碱金属、硫、矾等成分，腐蚀过程大都在覆盖有熔渣或积灰层下的管壁上进行。

防止低温腐蚀的有效措施是保持受热面壁温高于露点温度。因此在设计废热锅炉时，锅炉工作压力的确定应使其饱和温度高于烟气露点 5～10℃。此外，还可采用耐蚀钢材、表面涂保护层、烟气中加添加剂等办法。根据经验，采用纵向冲刷对防止低温腐蚀有利。

防止高温腐蚀的有效方法是控制金属壁温低于高温腐蚀的温度。因此在废热锅炉中，一般不设过热器，如要加设也应布置在较低烟温的区域。另外，要及时清除受热面积灰，也可采用耐蚀钢材、涂保护层及使用添加剂等。

(5) 反应性气流设计 从化工反应炉中出来的工艺气，在高温及一定的停留时间内尚处于副反应及二次反应的化工条件之下，形成的产物将影响产品的收率和质量，并使传热过程恶化。为了抑制裂解气的二次反应，主要用快速急冷的办法，要求在不到 0.05s 的时间内将工艺气从 800℃ 急冷到 450℃ 左右，急冷速度达 5000～9000℃·s^{-1}。又如甲醇氧化法制甲醛，为了抑制二次反应，要求在 0.12～0.15s 时间内将甲醛工艺气急冷，温降速度为 3000～4000℃·s^{-1}。为此：

① 锅炉设计必须满足急冷要求，能在极短时间内把高温裂解气冷却到足以使裂解反应停止的温度。

② 由于气体的流速极高，如乙烯裂解气急冷锅炉中气体的平均流速高达 200m·s^{-1}，气体的压降在设计中十分重要。压降过大会使裂解的选择性恶化，压降过小易引起结焦。

③ 由于对气体在废热锅炉内的停留时间限制很严，要求气体均匀急冷，因此进口分配器十分重要。应防止气流发生偏斜或产生涡流，造成局部气体停留时间过长，引起二次反应结焦。

④ 由于气体流速极高，锅炉应尽可能避免采用厚管板、耐热绝热敷料，以及一切引起

阻力和易于脱落的任何零部件。

⑤ 应考虑定期清焦的措施，并尽量延长清焦周期，不能影响裂解炉的运转周期。

(6) 高温气流设计　对于高温气流，由于受到金属材料的限制，废热锅炉有许多特殊的问题需要考虑。

① 进口管板保护。为防止进口管板过热失效及降低管板的热应力，进口管板常采用涂敷耐火绝热层措施，或采用薄管板结构，或采用浸没管箱结构，以及管口冷却水套屏蔽结构。也有采用耐高温金属材料等。

② 管口保护。在管子进口端插入一段保护套管，或在管子进口端采用冷却水套。也有在管口采用局部强制循环的，以避免气泡停滞。

③ 热膨胀结构。为解决高温条件下的热膨胀问题，采用了许多结构型式。如波纹膨胀节结构；用椭圆管板、蝶形管板等吸收膨胀结构；管口冷却水套吸收膨胀结构，如扁圆管套管结构等；也有采用挠性炉管结构，如盘管、半螺旋管、挠性直管等吸收膨胀；以及用自由伸缩炉管吸收膨胀的结构，如U形管等。

④ 管口连接、管子与管板的连接、管子与冷却水套的连接在高温条件下应特别重视，注意防止焊缝根部的切口效应及缝隙腐蚀。

此外，对高温材料的选用、高温密封结构等均应给以特别的重视。对于温度特别高的气流，则应采用辐射冷却室等降温后再进入废热锅炉。

(7) 不稳定气流的设计　有些工艺过程的排气，其流量和温度等有很大的波动，如合成氨间歇制气过程的工艺气等。波动的范围可以大到0~100%。波动的性质可以是有规律的、周期性的，也可以是非规律的、非周期性的。波动的特点可以是逐渐变化的，也可以是冲击性的。

对于流量和温度有大幅度波动的烟气，目前多数建议采用强制循环水管锅炉，以保证水循环的可靠性。为了减少烟气参数波动的影响，可考虑增加辅助燃烧装置，但在经济上不利，会使余热利用的作用减小。对于不稳定气流的锅炉，一般不用过热器，因为此时蒸汽温度很难调节。对于冲击性波动的气流，废热锅炉应注意各部承受冲击负荷的适应能力，避免采用厚壁结构，保持锅炉水分配的均匀性及足够的水循环速度，要求锅炉各部件有自由伸缩和防止振动的措施。

9.4　热管换热器

9.4.1　热管工作原理与特点[9]

热管是20世纪60年代中期出现的一种高效传热元件，它利用密闭管内工质的蒸发和冷凝来进行传热，其热阻很小。热管的工作原理如图7-9-20所示。它是由管壳、起毛细管作用的多孔结构物——管芯以及传递热能的工作液等，组成一个高度真空的封闭系统。沿热管长度分成蒸发段、绝热段和冷凝段三部分。当管子的蒸发段受到加热时，在管芯内的工作液体即蒸发，并带走潜热。蒸气从中心通道流向冷凝段，凝结成液体，同时放出潜热。然后，液体在管芯毛细力的作用下又流回蒸发段，这样，完成一闭合循环，将热量从加热段传递到散热段。由于热管是靠工质相变过程的潜热传热，所以，尽管冷、热端的温差很小，仍然可以传输很大的热流。

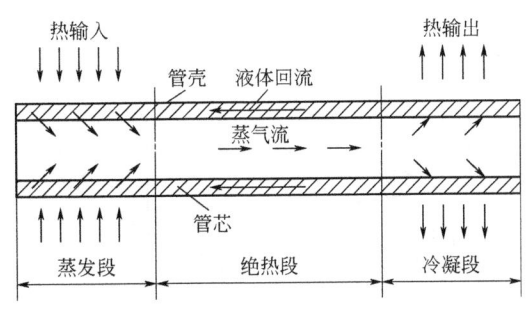

图 7-9-20 热管工作原理

热管的密闭管壳是一两头封闭的金属圆管，将工作流体与外界隔绝，并承受一定的压力。管内的吸液芯是紧贴在管壳内壁的多孔金属、金属丝网或烧结的多孔陶瓷材料，相当于一个毛细泵，具有一定的抽吸力。装在密闭管壳内的工作流体是热管的关键，决定热管工作的温度范围。要求工质具有潜热大、热导率高、黏度小、渗透湿润性好、表面张力大、密度大、化学稳定性好等特性。热管内工质的填充量约为热管蒸发段内体积的 25%。这种靠吸液芯毛细作用使冷凝液返回蒸发段的热管，称为吸液芯热管，或称毛细管式热管。

如果热管内不装吸液芯，冷凝液依靠其自身的重力返回蒸发段，这种热管称为重力热管，或称热虹吸式热管。重力热管仅由管壳和工作介质两部分组成，如图 7-9-21 所示。管子下部的工作液受外部热流体加热后蒸发变为气相而上升，到冷凝段凝结为液体，依靠重力返回蒸发段。重力热管可在与水平成 10°～90°的倾斜角范围内有效地工作。由于重力热管结构简单，得到了迅速的发展。

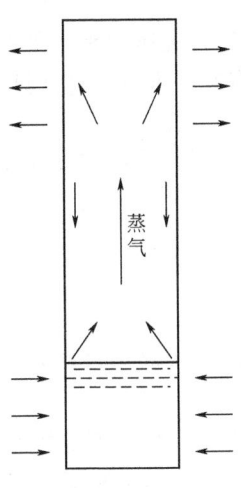

图 7-9-21 重力热管

如将热管绕轴旋转，则此热管称为旋转式热管，如图 7-9-22 所示。旋转热管带有一定的锥度，工作液体随同壳体一起旋转，冷凝段凝结液受离心分力作用返回蒸发段。因此旋转热管可不设吸液芯。在旋转热管中，由于离心力作用，使凝结液分布均匀，传热增强，因而具有更大的传热量。

热管的主要特点有：

① 热性能好，热阻小，传热温差小，并具有回收低温余热的能力。

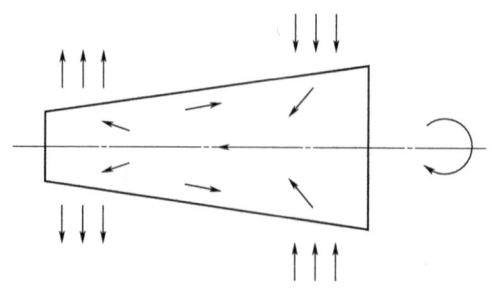

图 7-9-22 旋转式热管

② 传热量大,加热段与冷却段均可设翅片扩展受热面,并可避免冷热流体之间的互相泄漏和污染。

③ 适用温度范围广,在不同温度范围可选用不同的工质。

④ 热流密度可调。改变蒸发段与冷凝段面积的比例即可调节热流密度。

⑤ 热源种类不受限制。火焰、烟气、水蒸气、电热、日光或其他热源均可应用。

⑥ 工质循环无功率消耗。

⑦ 可提高壁温,减轻低温腐蚀。

9.4.2 热管工作性能[10]

(1) 热流极限 对吸液芯热管,一般存在四种极限:

① 毛细极限。热管在某一热流下,蒸发段内蒸发的液体如超过毛细作用所能提供的液流,就会造成蒸发段内吸液的干涸。其原因是由于管内蒸气和液体的流动阻力超过了毛细结构所能提供的最大压头。

② 声速极限。当蒸发段终端的蒸气流速达到该处状态下的声速时,所限制的蒸气流量即达到了声速极限的最大热流值。声速值可由下式计算:

$$w_s = \sqrt{2\frac{k}{k+1}RT} \, (\mathrm{m \cdot s^{-1}}) \tag{7-9-26}$$

式中 k——蒸气的绝热指数;

R——蒸气的气体常数,$\mathrm{J \cdot kg^{-1} \cdot K^{-1}}$;

T——蒸发段蒸气温度,K。

③ 携带极限。当蒸气流速过高而夹带凝结液时,将使凝结液返回量减少,引起蒸发段干涸,而使壁温升高的极限。

④ 沸腾极限。当热流增大到蒸发段发生膜态沸腾时的极限。

为保证热管安全工作,其热流应处在上述四项极限以内。如以热流量 Q 为纵坐标,管内蒸气的平均温度 T 为横坐标,可以作出四种极限线的示意图,如图 7-9-23 所示。

对于重力热管,一般存在三种热流极限的限制因素。

① 干涸极限。在装液量少时发生。

② 沸腾极限。在装液量较多而热流过高引起膜态沸腾时发生。

③ 带极限。由于蒸气携带液滴冲击冷凝段而发生。

重力热管的最大热流与倾角有关,如图 7-9-24 所示,当倾角大于 60°时,最大热流基本稳定。

(2) 热管寿命 指热管在设计能力下正常工作的时间长短。影响热管寿命的因素很多,

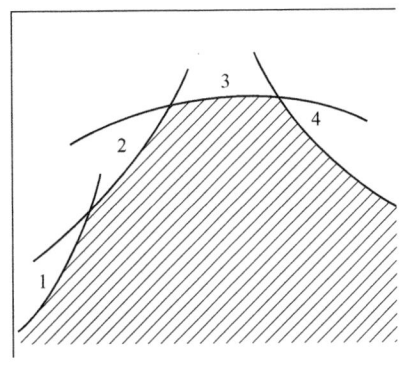

图 7-9-23　热管安全工作极限

1—声速极限；2—携带极限；3—毛细极限；4—沸腾极限

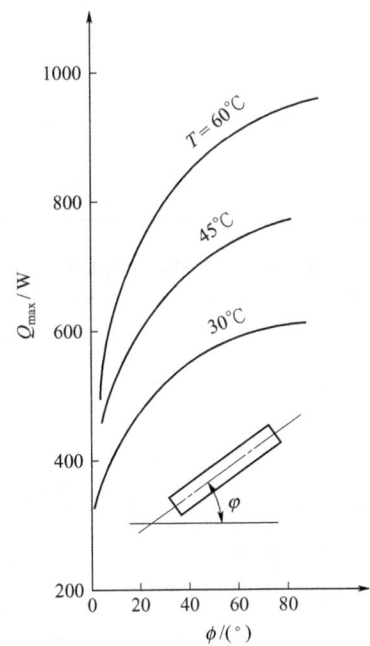

图 7-9-24　重力热管最大热流 Q_{max} 与倾角 φ 和工作温度 T 之间的关系

其中最重要的是工质与管壳或吸液芯发生化学反应，产生不凝结气体，积聚到冷凝段上部，造成热管的传热性能下降而失效。也就是存在着工质与管壳或吸液芯之间的相容性问题。

常用工质的合适工作温度范围如表 7-9-4。常用的热管材料如表 7-9-5。热管工质与材料的相容性如表 7-9-6。

为降低热管成本，采用碳钢-水重力热管，其材料与工质是最低廉的。可是，由表 7-9-6 可见，在一般条件下，碳钢与水是不相容的，在工作过程中，会发生化学反应，不断产生不凝结气体氢而使热管失效，其反应式为：

$$\text{Fe} + 2\text{H}_2\text{O} \longrightarrow \text{Fe(OH)}_2 + \text{H}_2 \uparrow \tag{7-9-27}$$

为了提高碳钢与水工作的稳定性，必须抑制钢与水之间的化学反应。在实际使用中，已经积累了相当的经验，主要措施为：

表 7-9-4　常用工质的合适工作温度范围

工质	熔点/℃	沸点(大气压下)/℃	工作温度范围/℃	工作压力范围/$\times 10^5$ Pa
氦	−272	−269	−270～−269	0.06～3
氮	−210	−196	−203～−160	0.5～19
氨	−78	−33	−60～100	0.3～64
氟利昂-11	−111	24	−40～120	0.02～13.5
丙酮	−95	57	0～120	0.1～6.9
甲醇	−98	64	10～160	0.1～8.0
乙醇	−112	78	0～130	0.025～4.5
水	0	100	30～320	0.042～113
导热姆 A	12	257	150～395	0.05～10.9
汞	−39	361	250～650	0.18～35
硫	112	440	200～600	0.003～6.9
铯	29	670	450～900	0.06～4.2
钾	62	774	500～1000	0.05～4.5
钠	98	892	600～1200	0.04～10
锂	179	1340	1000～1800	0.06～9.2
银	960	2212	1800～2300	0.06～6.0

表 7-9-5　常用的热管材料

温度范围/℃	材料
−200～−80	不锈钢
−45～120	铜、铝及铝合金、碳钢
100～250	碳钢、铜
300～600	碳钢、不锈钢、镍铬钢
600～1000	不锈钢、镍
1000～1300	铌锆合金
1400～1600	钼合金
1500～2000	钛、钽、钨合金
>2000	钨铼合金

表 7-9-6　常用热管的相容性

工质	相容材料	不相容材料
氨	铝、碳钢、镍、不锈钢	铜
丙酮	铜、二氧化硅、铝、不锈钢	
甲醇	铜、不锈钢、二氧化硅	铝
水	铜、孟奈合金	不锈钢、铝、二氧化硅、因科镍合金、镍、碳钢
导热姆 A	铜、二氧化硅、不锈钢	
钾	不锈钢、因科镍合金	钛
钠	不锈钢、因科镍合金	钛

① 采用钢铜复合管；在钢管内衬一层 0.5mm 的薄壁铜管。
② 钢管内表面镀铜，镀层厚度 0.1mm。
③ 热管内加缓蚀剂。
④ 钢管内表面进行钝化处理。

9.4.3 热管换热器

热管换热器属于热流体和冷流体互不接触的表面式换热器，按热流体和冷流体的相态，可分为气-气式、气-液式等。由于热管可在热流体和冷流体两侧增加翅片扩展受热面，大大提高气-气换热器的传热量，因而在气-气换热器中采用最为有效。其中应用最多的为热管空气预热器，其次为气-液换热器。由于液体侧的放热系数已经很高，因此在液体侧就不需要增加翅片，仅需在气体侧设翅片，作为水加热器仍有很大优点。

热管空气预热器按形式可分为固定式、旋转式和流动床式三种。目前实际上采用的大多为固定式，做成箱形结构，由热管管束、壳体、两端压板和中间隔板等四个主要部件组成。热管可以垂直布置或水平布置，如图 7-9-25 所示。

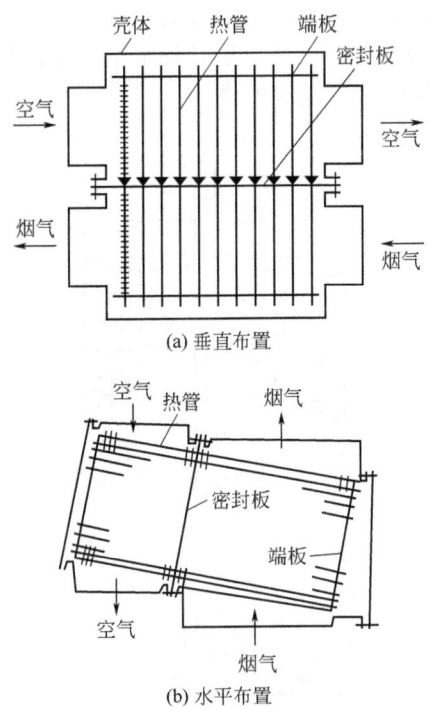

图 7-9-25 热管空气预热器简图

热管空气预热器的主要优点为传热效率高，用于热回收时的回收率高；流动阻力小；体积小、重量轻、结构紧凑；烟气与空气相互隔绝，相互间无泄漏；可提高金属壁温，对减轻低温腐蚀有利。热管空气预热器与其他型式的比较见表 7-9-7。

增设翅片是热管换热器扩展传热面、增加传热量的主要手段。由于热管的蒸发段与冷凝段是分开的，因此两段都可设置翅片。目前常用的翅片型式有：

① 穿片。一般采用机械套装，翅片型式有圆形、方形或六角形。

表 7-9-7　各种型式空气预热器性能比较

型式	传热系数	流动阻力	维护费用	造价	辅助动力	相互污染	单位体积传热面积
管壳式	高	高	中	中	无	无	小
回转式	高	中	高	高	有	有	大
中间载热体式	低	低	高	高	有	无	中
板翅式	中	低	中	高	无	无	很大
热管式	高	低	很低	中	无	无	大

② 绕片。有钢带或铝带，呈螺旋式缠绕在管上，为提高接触性能，缠绕后可浸入锌液中镀锌。

③ 焊片。采用金属钎焊，可大大减小接触热阻。

④ 频焊翅片。采用高频电流焊接翅片，接触好，热阻小。

旋转式热管空气预热器是使热管管束绕一定的轴旋转，热流体和冷流体分别与热管的加热段和冷却段进行热交换，这种换热器适合用于回收含灰气流的余热。由于旋转作用，易于将受热面上的积灰清除，同时由于离心力的作用，使灰分不易沉积在受热面上。此外，由于旋转作用，增强了气体的扰动，其传热系数比固定式的可提高约30%。旋转式热管空气预热器的布置简图如图 7-9-26 所示。按热管轴和旋转轴的相对位置，可分成两种：

① 热管平行于旋转轴〔图 7-9-26(a)〕。旋转轴水平安装，热管要有10°～15°倾斜角，两种换热气体呈径向（垂直于旋转轴）逆流流动。

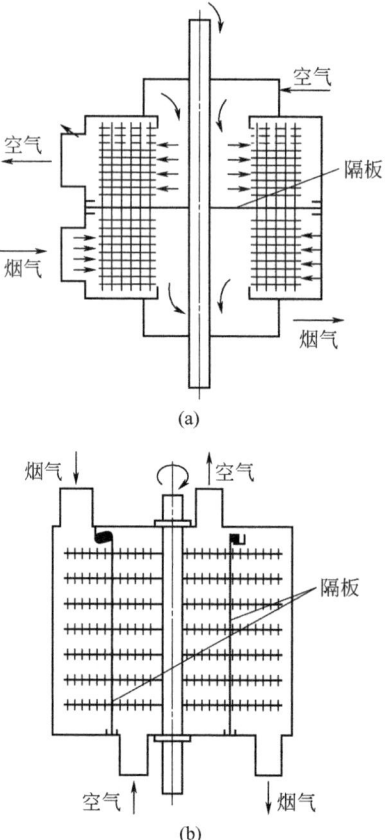

图 7-9-26　旋转式空气预热器简图

② 热管垂直于旋转轴［图 7-9-26(b)］。两种换热气体呈轴向（平行于旋转轴）逆流流动，烟气走外环路，翅片间距可加大，而翅片高度可适当增长。

流动床热管空气预热器的工作原理和流化床换热器相似，都是利用颗粒在运动状态下进行换热，其简图如图 7-9-27 所示。它是利用热流体送入上部容器内，将颗粒物质加热，通过加热后颗粒的运动将热量传给热管，冷却后的颗粒集中到下部，除去灰分后，再从竖管引到容器上部，通过颗粒循环进行换热，其传热系数由于颗粒运动而得到提高，同时颗粒也起储存热量的作用。

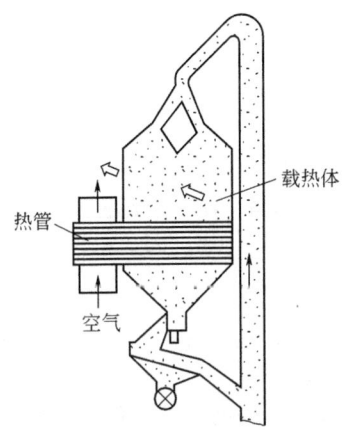

图 7-9-27　流动床式热管空气预热器

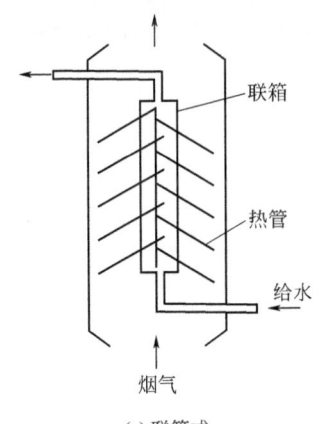

(a) 联箱式

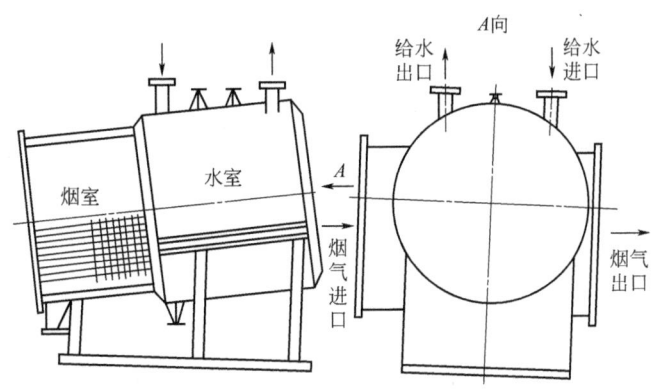

(b) 圆筒式

图 7-9-28　热管省煤器

热管省煤器的结构简图如图 7-9-28 所示。联箱式的结构是在给水联箱的周围倾斜 30°插入若干支 ϕ51mm、长 1m 的热管，焊在联箱壁上。锅炉给水串联经过几个联箱后进入锅炉。热管组件装入垂直的方形烟道内，烟气由下部进入，与热管蒸发段换热，冷却后的烟气由上部经烟囱排出。热管受热后，管内工质蒸发汽化进入联箱中的冷凝段，将热量传给锅炉给水，工质冷凝后再返回蒸发段。

圆筒式热管省煤器的水室为一圆筒，内中插入一组热管。烟气侧装有翅片，热管倾斜放置，通风阻力约 300Pa，阻力小，结构紧凑。

参考文献

[1] 施林德尔 E U. 换热器设计手册：第三卷. 马庆芳，等译. 北京：机械工业出版社，1988：159-162.
[2] 柯尔森 J M. 等. 化学工程：卷Ⅵ. 李全熙，等译. 北京：化学工业出版社，1989：449-477.
[3] Fair J R. Petroleum Refiner, 1963, 39（2）：105.
[4] Chen J C. Ind Eng Chem Process Des Dev, 1966, 5（3）：332-329.
[5] Forster H K, Zuber N. AIChE, 1955, 1（4）：531-535.
[6] Kern D Q. AIChE, 1958, 4（2）：157-160.
[7] Boyko L B, Kruzhilin G N. Int J Heat MassTransfer, 1967, 10（3）：361-373.
[8] 陈听宽. 节能原理与技术. 北京：机械工业出版社，1988：227-270.
[9] 马同泽，侯增琪，吴文铣. 热管. 北京：科学出版社，1983.
[10] Reay D A. Advances in Heat Pipes Technology. Oxford: Pergammon Press, 1981.

10

直接接触式换热器

10.1 工作特点和传热原理

直接接触式换热器也称混合式换热器，冷热介质通过直接混合实现热量交换。其优点是结构简单，材料消耗少，不存在传热面带来的热阻、过热和腐蚀等问题，接触面积大、传热效率高且反应灵敏；缺点是冷热介质混合，对于不允许混合或混合后不易分离、两种介质的参数相差很大或因物性会产生不良反应的工艺过程均不适用。

许多工艺过程采用直接接触换热，这些工艺过程可以分成以下类型：

① 直接接触冷凝器。利用蒸气与冷却水直接接触使蒸气放出潜热而被冷凝。这种冷凝方式仅适用于没有回收价值的蒸气的冷凝，或者对冷凝液的纯净度要求不高的场合。

② 冷却塔。广泛应用于工业过程中排除废热，特别是排除大量热水中的热量。来自大气的空气被抽入塔中，吸热后再以较高的温度返回大气。

③ 闪蒸器。将工艺流体输入到压力比流体的饱和蒸气压低得多的环境中，通过一部分流体的瞬间蒸发使液体冷却再达到饱和。在结晶、污液处理等场合应用。

④ 直接蒸气加热。在一些应用中，可以通过直接使用蒸气来提供加热。以这种方式利用蒸气，没有冷凝液回收。

⑤ 风力干燥。利用热空气来干燥固体物料。

⑥ 浸没燃烧蒸发。将火焰及其热气体与所要加热的流体之间直接接触，并使流体蒸发。

此外，如流化床中的传热过程等也是直接接触传热，因此应用非常广泛，本章仅介绍直接接触冷凝器及冷却塔，其他方式在别的章节中介绍。

直接接触换热的特点是热量交换与质量交换同时进行。对于气液直接接触过程的传质传热，如果是挥发性液体表面，则同时存在两种机理的传热，即：

① 显热传递（温差传热）。气液间温差大时，这种传热方式起主导作用，液温高于气温时，液体放热；反之则吸热。所传递的热负荷可按下式计算：

$$q_1 = \alpha_g (t_i - t_g) \quad (\text{W} \cdot \text{m}^{-2}) \tag{7-10-1}$$

式中 t_g——气体主流温度，℃；

t_i——气液接触面处的气温，一般可认为与该处的液温一致，℃；

α_g——以两相接触界面面积为基准的气液间对流传热膜系数，随设备及两相接触面情况而异，$\text{W} \cdot \text{m}^{-2} \cdot \text{℃}^{-1}$。

② 潜热传递（传质传热）。与传质同时进行，推动力为蒸气分压差，靠扩散和对流作用传递热量。当液面蒸气分压高于气流中的蒸气分压时，液体蒸发并放热；反之蒸气冷凝，液体吸热。所传递的热负荷可按下式计算：

$$q_2 = r\beta(p_i - p) \quad (\text{W·m}^{-2}) \tag{7-10-2}$$

式中　r——基准温度下的汽化潜热，对水，取 0℃ 的数值，2500kJ·kg^{-1}；

β——传质系数，kg 气·m^{-2}·s^{-1}·MPa^{-1}，由实验确定；

p_i，p——界面饱和蒸气压和主气流中的蒸气分压，MPa。

上述两种热流可能同向，也可能反向，故 q_1 与 q_2 的符号可能相同，也可能相反。当冷液体与热气体接触时，液体温度是升高还是降低，决定于上述两种热流相加或相抵的结果。热液体与冷气体接触时，也是如此。

对于非挥发性的液体，在液气接触面上不产生蒸发或凝结，故只有显热传递。

影响直接接触换热器传热能力的重要因素之一是两种介质接触面积的大小，因此，常将参加换热的液体设法分散为液柱、液滴或雾状，以增加接触表面积。液滴越细，接触面越大，下降速度越慢，换热也越充分。但应注意，上升气流速度不能过大，否则将把液滴吹走。

10.2　直接接触式冷凝器

直接接触式冷凝器应用很广，也称为大气冷凝器。其特点是不用金属传热表面，而是将蒸气直接与冷却液体接触，使蒸气在液体表面冷凝。由于结构比较简单，价格低廉，所以得到广泛应用。

(1) 接触式冷凝器类型　接触式冷凝器的型式很多，较典型的如图 7-10-1 所示[1]。

① 喷射式。利用喷嘴，将液体喷入气体流中，在液滴形成的表面上发生接触。由于是并流向下，不凝性气体也一同从下部排出。

② 填料式。在多孔板上装有填料，如瓷环之类，当冷却水淋下时与上升的蒸气接触，使之冷凝。由于可以采用陶瓷填料，可用以处理有腐蚀性的蒸气。

③ 液膜式。在塔内设多层隔板，在隔板之间，液体往下溢流时，形成液膜，蒸气上升时反复与各层的液膜接触。

④ 液柱式。在塔内设多层孔板，参差排列，形成液柱，使冷却液与蒸气的接触面增大。

在上述型式中，液柱式和液膜式应用较多，后者宜用于塔径小于 350mm 的设备，否则液膜不易均匀；填料式一般用于较大型的设备，处理腐蚀性蒸气；喷射式设备简单，不需另设抽气设备，既冷凝蒸气，又能带出不凝性气体。但冷却液用量较大，且要求具有一定的压力，故一般容量宜小。

在接触式冷凝器中，冷却液应尽量分散，以增加接触面积；两相接触时间长，则换热充分，出液温度高，冷却液耗量少。在塔高相同时，分段降落比一次降落的阻力大，但接触时间长，换热充分。设 H_e 为有效高度，τ 为下落时间，则水自由下落的时间为：

不分段时

$$\tau_1 = \sqrt{\frac{2H_e}{g}} \quad (\text{s}) \tag{7-10-3}$$

分为 n 段时

$$\tau_2 = n\sqrt{\frac{2H_e}{gn}} = \sqrt{\frac{2nH_e}{g}} \quad (\text{s}) \tag{7-10-4}$$

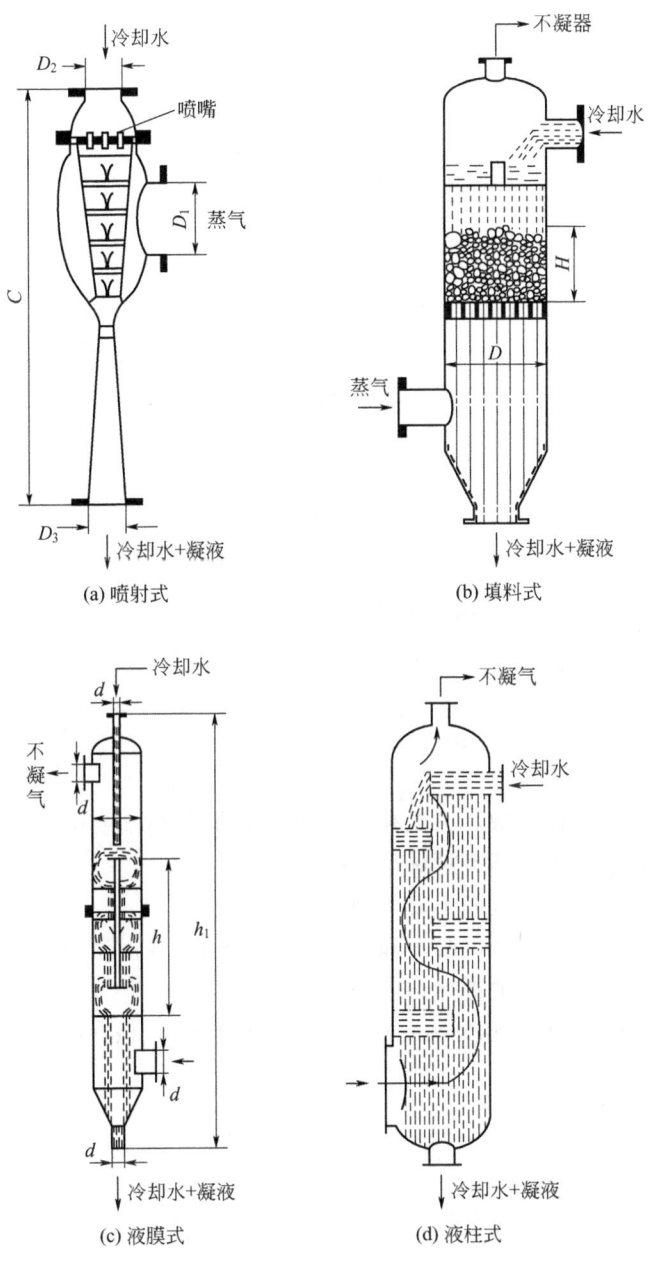

图 7-10-1 接触式冷凝器

(2) 设计计算问题

① 液柱式冷凝器[2]

a. 所需冷却液量 W_1。计算简图如图 7-10-2 所示。

当蒸气在饱和状态下进入,并忽略散热损失时,由热平衡可得:

$$W_1 C_1(t_2-t_1)=W_v[r+C(t_s-t_2)]+W_g C_g[t_s-(t_1+\Delta t)]$$

故可得:

$$W_1=\frac{W_v[r+C(t_s-t_2)]+W_g C_g[t_s-(t_1+\Delta t)]}{C_1(t_2-t_1)} \tag{7-10-5}$$

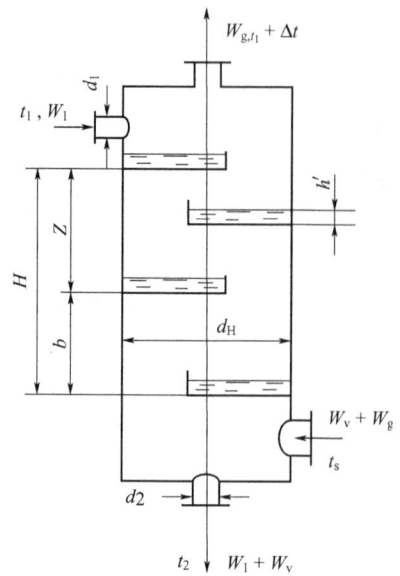

图 7-10-2 液柱式冷凝器计算

当没有不凝性气体时，$W_g=0$，则上式可简化为：

$$W_1 = \frac{W_v[r+C(t_s-t_2)]}{C_1(t_s-t_1)} \tag{7-10-6}$$

式中 W_1, W_v, W_g ——冷却液、蒸气和不凝性气体的流量，$kg \cdot h^{-1}$；

t_1, t_2 ——进液和排液温度，℃；

t_s, $t_1+\Delta t$ ——饱和气和不凝气的排气温度，℃；

C_1, C, C_g ——冷却液、凝液和不凝气的比热容，$kJ \cdot kg^{-1} \cdot ℃^{-1}$；

r ——蒸气的潜热，$kJ \cdot kg^{-1}$。

b. 塔径计算。设蒸气的比容为 v($m^3 \cdot kg^{-1}$)，速度为 w_v($m \cdot s^{-1}$)，则塔的理论流通截面为：

$$A_{fo} = \frac{\pi d_i^2}{4} = \frac{W_v v}{3600 w_v} \tag{7-10-7}$$

一般取冷凝器的生产能力为实际需要的 1.5 倍，故

$$A_f = 1.5 A_{fo} = 1.5 W_v v/(3600 w_v) = \frac{1.5\pi}{4} d_i^2$$

这样，可得塔的内径为：

$$d_i = 0.023 \sqrt{\frac{W_v v}{w_v}} \tag{7-10-8}$$

c. 塔板尺寸。弓形塔板的宽 B 应保证液体泛流，而又不致阻碍蒸气向上自由流动，一般取为：

$$B = \frac{d_i}{2} + 50 \quad (mm) \tag{7-10-9}$$

多孔塔板开孔总截面一般为塔内截面积的 $2.5\%\sim10\%$。孔径，对清水为 $2mm$；对浊水，为 $5mm$。栏板高度 h'（见图 7-10-2）约 $40mm$，穿孔液速约为 $0.6m\cdot s^{-1}$。多孔塔板数 $4\sim8$ 块，板间距 $300\sim400mm$。由于向上流动的蒸气量逐渐减少，塔板间的距离 b 也可适当地自下而上递减 $50mm$ 左右。

d. 进液管内径 d_1。根据冷却液最大流量 W_1 和液流速度 w_1 计算，即：

$$W_1 = \frac{\pi}{4}d_1^2 \rho w_1 \tag{7-10-10}$$

一般 w_1 为 $1.5\sim2.0 m\cdot s^{-1}$。

e. 排液管内径 d_2 和液柱高度 H：

$$\text{当 } d_1 \geqslant 100mm \text{ 时，取 } d_2 = d_1 \tag{7-10-11}$$

当 $d_1 < 100mm$ 时，取 $\quad d_2 = d_1 + 25mm \tag{7-10-12}$

液柱高度

$$H = H_0 + h_{\Delta p} + 0.5m \tag{7-10-13}$$

式中　H_0——$H_0=$大气压$-$塔内压，m 液柱；

$h_{\Delta p}$——排液阻力，m 液柱。

有时不经计算，可取 H 为 $10\sim11m$。

f. 进气管内径。一般可取为塔内径的 $\frac{1}{2}\sim\frac{2}{3}$。

② 填料式冷凝器

a. 填料层高度。填料层大致可分为两种类型：乱堆填料和规则填料。图 7-10-3 和图 7-10-4 给出了工业填料塔中所使用的典型填料型式[3]。通常乱堆填料在小尺寸时可提供较大的比表面及大的气压降；规则填料可提供低的气压降及尽可能大的液体流量，但安装费用大于乱堆填料。

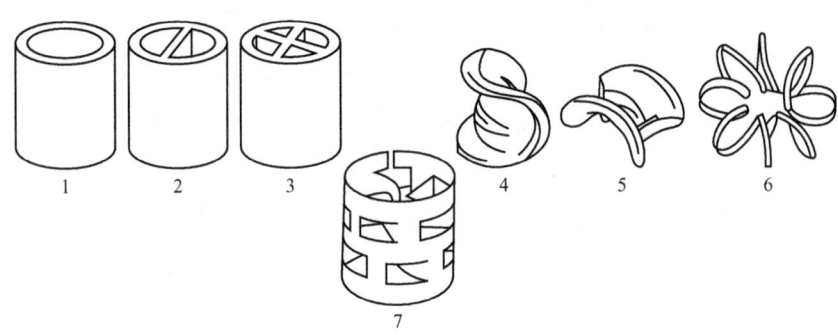

图 7-10-3　乱堆填料型式

1—拉西环；2—勒辛环；3—十字环；4—圆鞍形填料；
5—矩鞍形填料；6—特勒花环填料；7—鲍尔环

对于塔横截面上均匀分布的气体，其填料高度与塔直径之比应该不低于 $H/D=1.5\sim2.0$。H/D 值大，阻力就会增大，并导致液体分布不均匀，所以，H/D 值不应超过 $5\sim7$。

b. 塔径。可由选定的蒸气速度确定。蒸气速度过大，将使填料顶部的气体夹带液滴，造成溢流。对拉西环来说，临界溢流速度 w_{cr} 可由下式确定：

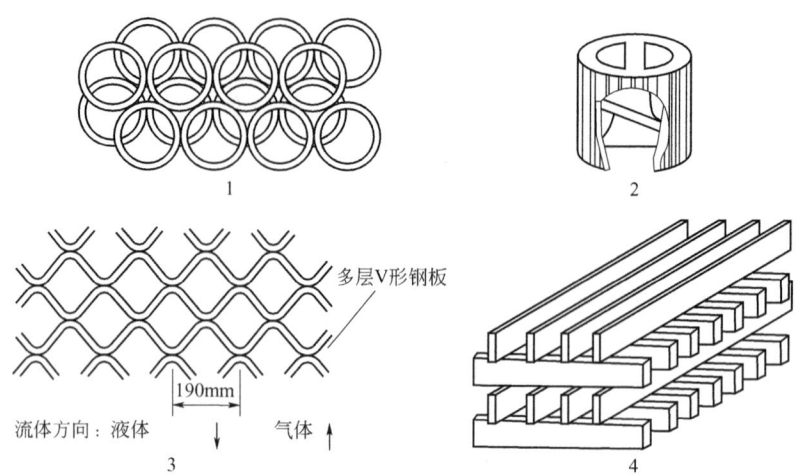

图 7-10-4 规则填料

1—拉西环；2—双螺旋环；3—金属网眼板条；4—木格栅

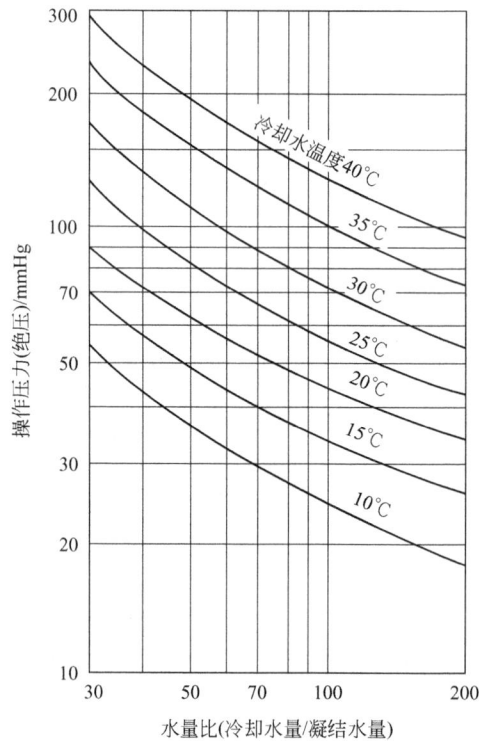

图 7-10-5 喷射式冷凝器性能

（1mmHg=133.32Pa，下同）

$$w_{cr} = \sqrt{\frac{\rho_1 \times 10^{0.022 - 1.75 B^{1/4} (\rho_g/\rho_1)^{1/8}}}{A_0 \rho_g \mu^{0.16}}} \tag{7-10-14}$$

式中　B——喷淋系数；

　　　A_0——填料面积，$m^2 \cdot m^{-3}$；

　　　μ——液体黏度，$mPa \cdot s$。

蒸气速度 $w = (0.8 \sim 0.85) w_{cr}$。

在实际应用中，w 的取值一般从 $0.2 \sim 0.3 m \cdot s^{-1}$ 到 $1 \sim 1.5 m \cdot s^{-1}$；在此过程中，喷淋密度即单位时间、单位塔截面上液体的体积流量 V 一般为 $1 \sim 1.5 m^3 \cdot m^{-2} \cdot h^{-1}$。

要求填料层高时，可在同一塔内安装几个床层，以减少液体分布的不均匀，并能减轻填料支承架的负载。

③ 喷射式冷凝器。喷射式冷凝器的性能如图 7-10-5 所示。操作压力、冷却水量和冷凝水量的水量比与冷却水温的关系可用一组曲线表示。很明显，对相同的操作压力而言，冷却水温度越低，水量比越小。

10.3　冷却塔

在化工、发电厂等工业部门中，需消耗大量冷却水，用以冷却蒸汽、空气或气体、油及机械轴承等，这对于在水源不足或水质不好的地区是一大限制。有效的解决办法是采用闭式供水系统，即把用过的水再通过冷却塔使其被空气冷却后循环使用。与喷水池冷却相比，冷却塔的占地面积小，被风吹失的水量可减少 2/3 左右，不受风向等自然条件的限制，因此，尽管有结构复杂、材耗大、造价高等缺点，仍然得到广泛的应用。

(1) 冷却塔型式和传热特点　冷却塔是用空气对水进行冷却的装置，它由淋水装置、塔体和集水池组成，如图 7-10-6 所示。淋水装置通常由木板条制成的格栅状填充物组成，层层堆置塔内，其上部设有分水槽等散水装置，使被冷却的水能均匀溅落在格栅上。水沿着稍有倾斜的栅板成薄膜状下流而被上升的空气冷却，空气可自由地在各相邻的板间通过。

根据通风方式，冷却塔可分为自然通风式和机械通风式两类。按空气和水流动的相对方式，又可分为逆流式冷却塔——水和空气平行流动，方向相反；横流式冷却塔——水和空气的流动方向相互垂直。

自然通风冷却塔也叫风筒式冷却塔，塔的高度 15~150m。其原理与烟囱相似，即依靠塔外干冷空气与塔内湿热空气的密度差所形成的自生通风力，使空气自下而上流动。目前大型塔采用双曲线薄壳风筒，使气流具有良好的空气动力特性。塔的下部装有配水系统和淋水装置，使水和空气直接接触进行蒸发冷却。在配水系统上部装有收水器，分离空气中携带的水滴。塔中的水和空气平行流动，方向相反，为逆流式自然通风冷却塔。

自然通风冷却塔的特点是冷却效果较为稳定，但当塔内外空气的密度差较小时，则抽风力小，对水的冷却不利，因此在高温、高湿、低气压地区和水温较低时不宜采用。

机械通风冷却塔中空气的流动是依靠风机实现的。一般是在塔的顶部装有引风机，从塔底部进风口把空气抽入塔内。这时塔内为负压，有利于水的蒸发，所以用得十分普遍。某些特殊要求的冷却塔，如水质较差且有腐蚀性，为避免引风机被腐蚀，采用鼓风式，将其装于塔的下部，空气进入塔内呈正压状态。

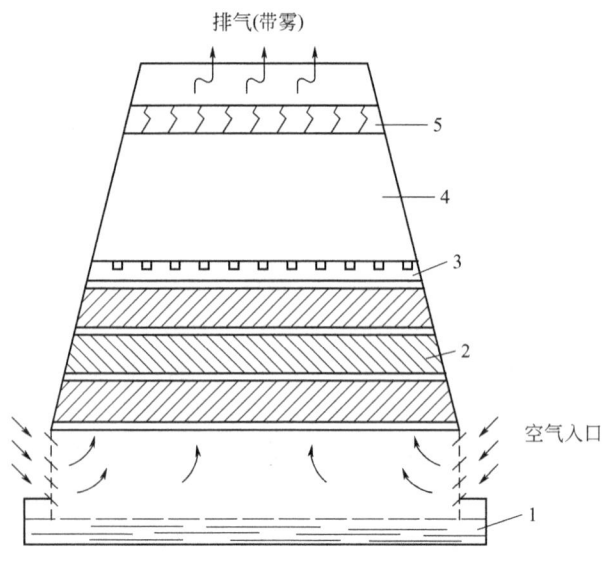

图 7-10-6 冷水塔示意图

1—水池；2—淋水装置；3—散水装置；4—风筒；5—水分分离器

中小型冷却塔广泛采用玻璃钢冷却塔，壳体用玻璃钢制造，淋水装置常用聚氯乙烯或聚丙烯塑料片制成。

冷水塔的传热属于挥发性液体（水）和气体（空气）直接接触传热。被冷却的水除接触传热（显热传递）外，还存在蒸发冷却（潜热传递）。

(2) 设计特点

① 淋水装置。淋水装置的作用是使进入冷却塔的热水尽可能地形成细小的水滴或薄的水膜，以增加与空气的接触面积和接触时间，利于水和空气的热、质交换。按淋水方式不同，有滴水式和薄膜式两种。

滴水式通常是由矩形或三角形的板条按照一定的相对位置排列而成。常用的排列形式有棋盘式、倾斜式和阶梯式三种，如图 7-10-7 所示[4]。

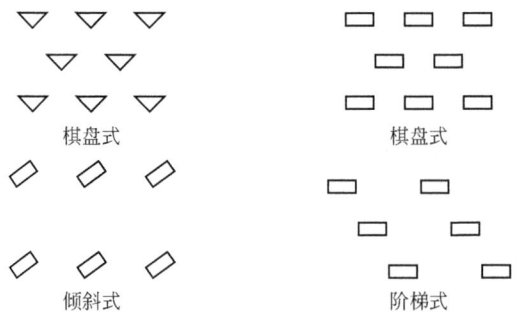

图 7-10-7 滴水式淋水装置排列方式

三角形板条有利于水滴的溅散，还可减小通风阻力。矩形板条水平布置时，水滴的溅散效果较好，但通风阻力较大。采用倾斜布置的矩形板条，既可减小通风阻力，又可利用其倾角起导流作用。板条可以用木材、钢丝网水泥、石棉水泥、塑料或竹材制成。

薄膜式淋水装置（见图 7-10-6）是用淋水板使水沿板的表面成薄膜状态向下流动，以增加水同空气的接触。淋水板的结构有平膜板、波形膜板和网格形膜板，可竖直布置或略为倾斜布置。

薄膜式单位容积的释热比滴水式大 1.6～2.5 倍，淋水密度（即每小时每平方米冷水塔截面的落水量）达 $5\sim7m^3\cdot m^{-2}\cdot h^{-1}$，约为滴水式的两倍，故常采用。

② 配水系统。配水系统的功能是把热水均匀地分布于整个淋水装置的表面上，同时要求动力消耗少、维护管理和水量调节方便并具有较小的通风阻力。

配水系统分为管式、槽式和池式三种。管式有固定式和旋转式两种，一般多用于中、小型冷却塔。固定管式由配水管和喷嘴组成，它需要较高的水压，一般为 $3\sim7mH_2O$ 压头（$1mH_2O=9.8kPa$，下同）。旋转管式在配水管上开有配水孔，使水成小水柱或水幕状态，利用水流喷出时的反作用力推动配水管旋转。

槽式配水系统适用于大型冷却塔，由配水槽、管嘴和溅水碟组成。池式配水系统是在池底板上开孔，孔径 3～4mm，将水分散成小水滴落到淋水装置。这两种配水系统的供水压力均较低，清理方便。其缺点是池或槽内易淤积和生长藻类。

③ 收水器。空气流过淋水装置和配水系统后，携带许多细小水滴，在空气排出冷却塔之前通常用收水器将水滴分离出来，以减少冷却水的损失。

收水器通常由一排或两排倾斜布置的板条组成，可将随空气带出的水分降低到冷却水量的 0.1%～0.4%。

④ 通风系统。机械通风冷却塔中所用的风机主要是轴流风机，其特点是风量大、通风压力小，压头为 200Pa 左右，通过调整叶片角度可以改变风量和风压。

⑤ 空气分配装置。在冷却塔中，除必须保证水在淋水装置中的均匀分配外，还必须保证空气沿冷却塔断面上的均匀分配，为此在冷却塔进风截面上装设空气分配装置，有时在进风口装设导流板，以减少进口处的涡流。

为防止水滴溅出，减少灰尘和杂物进入冷却塔，改善气流条件，通常在引风式冷却塔的进风口上设置向塔内倾斜的百叶窗。一般百叶窗与水平的倾角为 45°，宽度为 15～30cm。

对于逆流式冷却塔，进风口面积与淋水装置的横截面面积的比值在 0.4～0.53 范围内比较优越。

10.4 蒸发冷却器

蒸发冷却器可以看作是由水作为冷却介质的冷却器与冷却塔的组合式换热器。通常，在工业上为节省水冷式冷却器的用水，采用把水在冷却塔中冷却，循环使用。而蒸发冷却器是把冷却器和冷却塔组合为一体，被冷却的工艺流体在管内流动，水和空气同时在管外流动，管内流体的热量通过管外的水传给空气，达到冷却的目的。蒸发冷却器简图如图 7-10-8 所示。空气从蒸发冷却器下部的四周被吸入，从水平布置的传热管束间隙中通过，冷却水用循环水泵从蓄水池吸入并喷淋到传热管上，其中一部分水蒸发，其余的水汇集到蓄水池中，与补给水一起供循环使用。空气通过管束后经收水器分离部分水后排出。

工艺流体的热量经管壁传给管外流动的水，其过程与间壁式换热器相同；再从水将热量传给空气，其过程与冷却塔相同。

管子外壁与冷却水之间的传热膜系数可用下式计算：

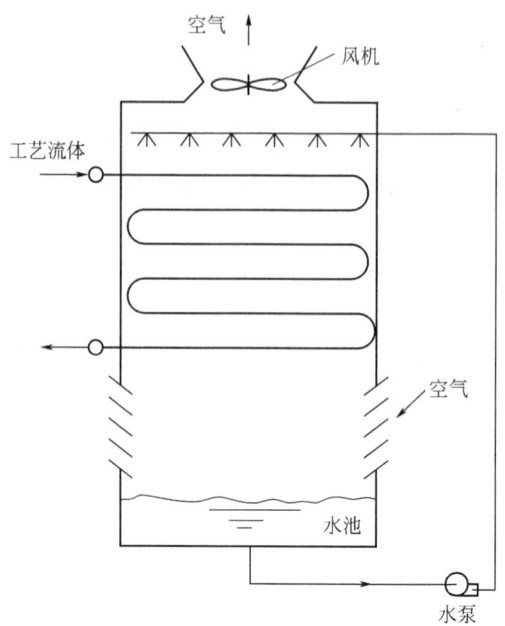

图 7-10-8 蒸发冷却器简图

$$\alpha_o = 2103 (W_1/d_o)^{1/3} (\text{W} \cdot \text{m}^{-2} \cdot \text{℃}^{-1}) \tag{7-10-15}$$

式中，W_1 为单位管长的冷却水流量，$\text{kg} \cdot \text{m}^{-1} \cdot \text{s}^{-1}$。

对于正方形顺列管束：

$$W_1 = \frac{W}{\text{每排管数} \times \text{管长的 2 倍}} \tag{7-10-16}$$

对于等边三角形错列管束：

$$W_1 = \frac{W}{\text{每排管数的 2 倍} \times \text{管长的 2 倍}} \tag{7-10-17}$$

W 为管外冷却水流量，$\text{kg} \cdot \text{s}^{-1}$；$d_o$ 为管子外径，m。

式(7-10-15) 的适用范围为：

$0.2 < (W_1/d_o) < 5.6$；$0.0127\text{m} < d_o < 0.040\text{m}$。

10.5 泡沫接触式换热器

泡沫接触式换热器也是蒸发冷却器的一种，用少量补给水就可以维持正常操作，而管外侧也即冷却水侧的传热膜系数，却比普通蒸发冷却器的冷却侧要高，这也是针对工业用水不足提出来的换热设备。

泡沫接触式换热器如图 7-10-9 所示[5]，被冷却的流体在冷却管内流过，而冷却管则浸没在空气和水的泡沫层中，从而得到冷却。

泡沫接触式换热器中，热量从管内流体传给管壁，然后又从管外壁传给管外的冷却水，再由水传给空气。水对空气的传热是由于水的蒸发，故为潜热传递，而空气吸收热量后发生

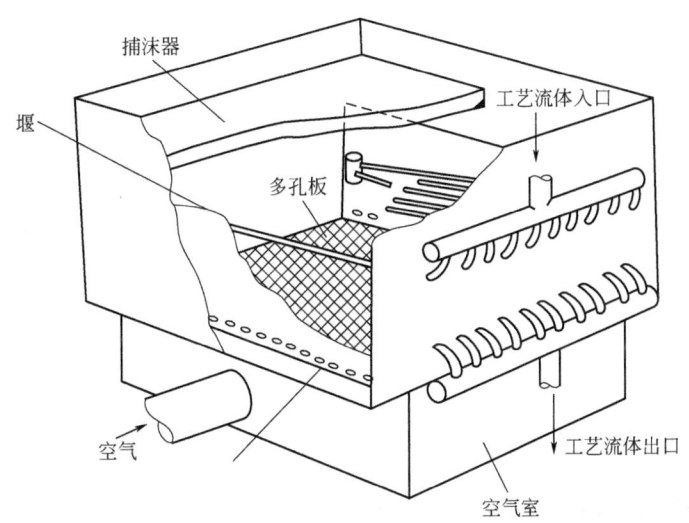

图 7-10-9　泡沫接触式换热器简图

显热变化，也即有显热传递，因此整个传热过程是由两部分构成。这一点和蒸发冷却器虽然相同。但泡沫接触换热器的管外冷却水是在空气不断搅拌混合下运行的，所以能维持水的温度一定。这一点与普通蒸发冷却器有所不同。

传热管外壁和管外泡沫层冷却水之间的传热膜系数，在空气的空塔速度为 $0.4\sim 4.0 \mathrm{m \cdot s^{-1}}$ 范围内基本上为一定值，$\alpha_o = 6400 \sim 7000 \mathrm{W \cdot m^{-2} \cdot ℃^{-1}}$。在多孔板孔径 $3 \sim 7 \mathrm{mm}$，开孔面积比 $0.108 \sim 0.0317$ 之间，也基本上没有变化。

泡沫接触式换热器中，冷却水的损失量为水分蒸发量的 30%～40%。

参考文献

[1] 朱聘冠. 换热器原理及计算. 北京：清华大学出版社, 1987: 228-233.
[2] Hasson D, Luss D, Peck R. Int J Heat Mass Transfer, 1964, 7(9): 969-981.
[3] 戴维·阿泽贝尔. 工业过程传热应用. 王子康, 等译. 北京：中国石化出版社, 1992: 270-279.
[4] 邱树林, 钱滨江. 换热器原理结构设计. 上海：上海交通大学出版社, 1990: 146-182.
[5] 《化学工程手册》编委会. 化学工程手册：第8篇. 北京：化学工业出版社, 1987: 181-209.

11 工业炉

11.1 概述

11.1.1 化学工业中的工业炉

在化学工业中常把具有下列功能的设备称作工业炉。

① 预热进行化学反应的物料。把物料的温度提升到化学反应所需的温度，以使物料进入反应器中进行化学反应。

② 向反应物料供热，保证吸热的化学反应所需要的热量。

③ 加热反应物料，使物料生成火焰，强烈释放出热量，此时的工业炉也可以称作是火焰反应器。

④ 加热化学工艺中需要的热载体。

⑤ 将固体物料转化成气体工艺物料，供下游的工艺流程使用。

⑥ 回收工艺流程中物料显热，提高热能的利用率和满足工艺流程的要求。

工业炉中主要进行两个过程：传热工程和燃烧过程。燃烧过程是将燃料燃烧产生具有很高温度的烟气，作为工艺过程物料加热的热源。传热过程是将燃料产生的热量传递给工艺物料或者将工艺流程中物料的热量传递给冷介质。传热过程可以有两种形式：混合式(即作为热源的烟气直接与物料接触混合)；间壁式(作为热源的烟气与物料不接触，其间由固体壁面隔开，热量通过壁面进行传递)。

工业炉大致可以按以下几种方法进行分类：

① 按燃料特性分类，如燃煤型、燃油型和燃气型工业炉。

② 以燃烧器布置位置分类，如燃烧器布置在炉膛两侧墙的称为侧烧炉，布置在炉膛顶部的称为顶烧炉。

③ 根据传热方式分类，如辐射炉、对流炉、内混式炉。

④ 根据燃烧室形状分类，如管式炉、流化床炉、回转窑炉等。

⑤ 根据工艺用途分类，如一段转化炉、裂解炉、气化炉、急冷废热炉等。

11.1.2 工业炉的技术要求

11.1.2.1 工业炉的总体技术要求

工业炉在化工流程中常担任反应物料的转化和能量的利用这一主要的工序。它的结构复杂、性能关键，是整套化工装置中的较庞大的设备。工业炉的性能关系到整个化工装置中的能源的利用率，所以化学工业中常以每吨产品的能耗来评价化工工艺的先进程度。例如，先进大型合成氨装置的吨氨能耗可达到 $37.7GJ·t^{-1}$ ($9×10kcal·t^{-1}$)以下。工业炉的技术性除了满足化工工艺外,还要求其具有最大的热能回收率,连续运行周期长、维修方便、安全可靠。

工业炉在燃烧和传热过程中不可避免地引起烟损失和热损失,提高烟效率和热效率可以有效地达到节能目的。常见的方法有:

① 化工工艺流程热的综合利用。可以将流程中某工艺段产生的热作为另一工艺段的热源。例如,将合成氨装置的二段转化炉中产生的高温气体的焓供给一段转化炉使用,这样可以提高热空气温度,就有可能减少一段转化炉所需的燃料(详见本篇11.5.3节)。还有现代电石工业中采用密闭电石炉产生的富含一氧化碳的烟气,燃烧后作为石灰窑煅烧所需的热量,这样可以节约60%左右的燃料。

② 分级利用热量,也就是对温度高的高品位热量分级利用。例如,多级蒸发,可以减少   损失,提高   效率。

③ 综合利用热能,将化工中产生的热能和多余的热能用于转化成电能,供化工装置使用,可以减少对外来电能的需求。例如,在大型合成氨和乙烯装置中产生的热来供给废热锅炉,产生的高压蒸汽驱动工业蒸汽轮机直接发电或带动压缩机。

11.1.2.2 工业炉排放的环保要求

工业炉排放物多为烟气,烟气中常含有粉尘、氧化硫、氧化氮、一氧化碳、二氧化碳、烃类等有害物质,这些物质会引起大气环境污染,工业炉也会以"废渣"的形式排出固体废物,这些固体废物中如果含有大量的重金属,也会污染环境。工业炉中由于气体流动和燃烧会激发设备的振动而产生噪声,这也是一种环境污染的形式。

工业炉的排放必须严格遵守环境保护的有关法规。

工业炉排放的污染物主要来自不安全燃烧过程。组织好工业炉的燃烧过程,使之完全燃烧是消除某些污染物的途径。同时完全燃烧也是消除许多其他化工工业产生的有害物质和微生物的既简便又费用低廉的办法。世界各国广泛使用焚烧炉处理化工废料和垃圾。焚烧炉更应组织完善整个燃烧过程,使之达到有关限制排放和保护环境的规定。

氧化氮、一氧化碳、烃类等有害物质,引起了大气污染。如用固体物料作为热载体或流化床料,其废弃和扬析物也要形成废渣。

一氧化碳是燃烧不完全引起的,具有剧毒。燃烧不完全时还可能生成未燃尽的烃类。多环芳烃常属于致癌物质,一般以苯并芘为致癌的烃的代表。苯并芘被吸附在微粒飘尘上,会增大其危害性。

氯化氢是焚烧炉容易产生的污染物,氟化氢是磷肥厂废气中常含有的污染物。

气体流动和燃烧激发的振动和噪声以及排烟的臭味组分也可能污染环境。

工业炉的排放必须严格遵守环境保护有关的法规。

11.2 工业炉的燃烧过程

11.2.1 燃烧设备

燃烧过程是可燃物和氧化剂发生的剧烈的化学反应。发生燃烧反应的空间一般称作燃烧室(炉膛),反应生成物称作烟气,燃烧反应会产生大量的热能,这些热能以烟气为载体并以显热的形式表现。高温烟气（例如大于 1200℃）有时称作火焰。输入可燃物（燃料）和氧化剂（例如空气）的装置称作燃烧器（习惯上称烧嘴）。燃烧炉是由燃烧室和燃烧器组成[1]。

燃料的物理特性不同，燃烧过程也不同。燃烧炉可分为燃煤炉、燃油炉、燃气炉、水煤浆炉等。

燃煤炉包括：层燃炉（固定床炉、火床炉）；室燃炉（悬浮燃烧炉）；流化床炉（沸腾炉、循环沸腾炉）。

燃气炉包括：预混火焰炉（无焰燃烧）；半预混火焰炉；扩散火焰炉。

层燃炉的燃烧器一般被称作炉排，燃料的燃烧过程 90% 在炉排上完成。炉排可分为固定式炉排和移动式炉排。固定式炉排燃料用原煤，其加煤和炉渣均采用人工完成，故这种炉排的体积不能太大，一般不超过 $1m^3$。移动式炉排又称链条炉排、往复式炉排，其加煤和除渣不用人工合成。我国最大的链条炉排体积约 $60m^3$。

流化床炉的燃烧器为固定式炉排，也称"布风板"，其加煤和除渣也不采用人力完成。沸腾炉中燃料的燃烧过程在炉排上方的空间中完成，炉排主要起配风和启动、停炉时承托物料的作用。

室燃炉中燃料的燃烧过程在整个燃烧室中完成，燃料悬浮在气体（烟气和空气）中，也称悬浮燃烧。燃料由气力输送至炉膛。燃料中的灰分部分随燃烧生成的烟气流出，部分以"炉渣"的形式从燃烧室下部的渣口排出。

布置在室燃炉中的燃烧器实质是燃料和空气的输送器，燃烧过程不在燃烧器中进行。固体燃料室燃炉中没有炉排，且燃烧过程限制在燃烧室中完成，所以燃料必须预处理，即磨制成很细的颗粒，故称煤粉，燃料的输送多采用气力输送。

固体燃料室燃炉的燃烧器可分为直流式燃烧器和旋流式燃烧器两种。直流式燃烧器布置在燃烧室的四角或四角附近，也称角置式燃烧器。旋流式燃烧器布置在燃烧室的前墙或前、后墙上。

液体燃料和气体燃料的燃烧都是在燃烧室的空间中进行。为了保证液体燃料在燃烧室的空间中燃尽，需要将液体燃料雾化。雾化成细小液滴的液体燃料悬浮在烟气中，到达炉膛出口时燃烧过程完成。

液体燃料的燃烧器包括雾化和配风器。配风器可以是直流式也可以是旋流式。因为液体燃料为无灰燃料，炉底不需出渣器，燃烧器可以布置在燃烧室四角（直流式配风器），也可以布置在前墙、前、后墙、炉顶或炉底。化学工业中工业炉常采用直流式燃烧器。

气体燃料的燃烧为均相燃烧，是在整个燃烧室中进行。根据燃料和空气进入燃烧室的状态可分为预混式燃烧器、半预混式燃烧器和扩散式燃烧器。所谓"预"是指燃料着火前就与空气中的氧气混合。完全预混的燃烧器着火时燃烧很强烈且会完全燃烧，火焰不发光，火焰长度很短。完全不预混的燃烧器称扩散式燃烧器，即燃料和空气要在燃烧室内通过扩散过程进行混合和燃烧。燃料的燃尽程度取决于扩散混合过程。这时的火焰称扩散火焰，火焰发光且火焰长度较长。如果设计和运行恰当也可以使燃烧强烈和完全燃烧。大功率（热功率）的气体燃烧器多采用扩散火焰燃烧器。

半预混式气体燃烧器，顾名思义，该燃烧器中燃气与部分空气混合，其余部分空气是用扩散的方式与燃气混合。其有可以调和预混火焰和扩散火焰的优缺点。这种燃烧器俗称大气式燃烧器。预先混合的空气叫一次风。扩散混合的空气叫二次风。

11.2.2 燃烧技术

11.2.2.1 着火及火焰的稳定性

① 工业炉中的燃烧过程是从燃料的稳定着火开始的。进行中的着火主要是热着火过程。由于温度不断升高使部分燃料活化达到着火点，开始燃烧。燃烧产生的热量使反应物温度升高，加快了反应速度放出更多热量。较多的燃料燃烧放热点燃了更多的燃料，使反应速度变得非常迅速，由此燃烧过程便可稳定进行。

② 火焰传播及稳定性。在室燃炉中一般都是气流火焰。气流火焰中的可燃物和空气存在相对运动，火焰总是在某一面上首先点燃，这个首先点燃面称火焰锋面。然后火焰就从这个面沿其法线方向以某一速度向外传播，并形成新的火焰锋面。传播的速度称火焰传播速度。火焰传播能够存在于一定的可燃物浓度范围内，这个浓度范围的界限称作火焰传播界限。火焰传播速度受火焰散热条件影响比较小。气流为层流时的火焰传播速度称正常传播速度，气流为湍流时的火焰传播速度等于正常传播速度加湍流扩散速度。

火焰的传播速度方向与气流的主流速度方向相反，火焰锋面上的火焰传播速度与主流速度大小相等方向相反。

着火的稳定性是指不发生脱火和回火类现象。脱火出现在进入燃烧室后没有气流的速度没有等于火焰传播速度的位置，所以不可能着火。回火是指进入燃烧室的气流速度低于火焰传播速度。火焰的锋面退回到燃烧器内，而不是在燃烧室中。预混火焰有可能会发生脱火和回火风险，而扩散火焰不可能回火，也不易发生脱火。

防止着火的不稳定性，化学工业炉常见的措施有以下两类：

a. 在流速较高的普通预混火焰喷嘴周围加装预混气流流进较低的一圈小孔，使小孔中的火焰成为主火焰的点火策源地。

b. 燃油炉和燃气炉的燃烧器可以装设"稳焰器"。稳焰器又分为两类：钝体和叶轮。钝体稳焰器下游会出现涡流区，涡流区成为主火焰的点火策源地。叶轮稳焰器可使10%～20%的空气通过而旋转形成回流区，这样既能产生火焰的点火策源地，又能在回流区中形成合理的氧浓度，以防止燃料缺氧裂解析碳。

11.2.2.2 燃烧及燃尽

燃料着火以后就进行着强烈的燃烧。随着燃料和氧逐渐消耗殆尽，燃烧渐渐减衰，于是就到了燃尽阶段。燃尽虽然不影响着火和强烈燃烧，但影响燃烧是否完全，对燃烧效率具有重要意义。

通常把温度（temperature）、湍流混合（turbulence）和时间（time）称为影响燃烧的三要素，并按每个英语单词的第一个字母称为3t。温度高时燃烧化学反应加速。湍流混合加强，则决定燃烧速度的另一个环节——扩散混合加快。然后无论温度和湍流混合多么强，燃烧总还需要一些时间，所以总是要求气体在工业炉炉膛内的滞留时间能满足燃烧的需要。这三个要素都是组织良好燃烧的必要条件，缺一不可。

工业炉中燃料的着火、燃烧和燃尽都是在气流中进行的。燃烧中不可缺少的扩散混合更与气流的湍流混合有关。所以工业炉技术中常要探讨炉内流动图谱和混合工况。

为了稳焰的需要，希望着火地区气流中存在低速区或回流区。但在着火以后的地区，炉内不宜有死滞旋涡区，以使炉膛容积尽量由主气流占据，使燃料在炉内的滞留时间长一些。

湍流中的混合主要是由湍动产生的。湍动不断地新生、分裂、弥散和消亡。湍动有大小不等各种标尺之分。大标尺湍动可跨越很长的距离，例如 0.1～1m，输运热量、质量和动量，所以对流动图谱和温度场、浓度场起着重要的作用。小标尺湍动可以在很细小的范围，例如 1～10mm 距离内，输运热量和质量。不同标尺的湍动各司其职，不能互相替代。氧在燃烧过程中必须先由大标尺湍动输运到燃烧区域各处，做到各处的氧大体上都满足对应燃料燃烧化学计量比的需求，然后由小标尺湍动输运到燃料分子的邻近。此时各处的氧在小标尺范围内也都满足化学计量比的需求。但是通常的小标尺湍动还不能完全替代扩散，最终氧还是靠分子扩散去与燃料分子相遇而燃烧。

湍动一开始是由气流速度差和碰撞产生的，当时标尺相当大。新生大标尺湍动的动能来自气流的时均运动动能，然后湍动一方面分裂成标尺稍小的湍动，另一方面弥散。湍动所携的动能由大标尺湍动递交给小标尺湍动。随着逐级分裂，动能也就逐级递交下去，直到很小的标尺，例如 1mm 左右。这种标尺的湍动遇到的黏性力很大，湍动动能很快消耗至尽。

如果气流的时均速度原始值很大，即气流的原始动能很大，那么逐级递交下去所形成的各级湍动动能都很大，动能将递交到更小的标尺才耗尽，所以最小湍动标尺将稍小一些。

炉内燃烧中先靠大标尺湍动解决大尺度空间范围内的燃料和氧不符合化学计量比的问题，然后小标尺湍动解决小尺度空间范围内的燃料配氧问题。因为气体分子运动的平均自由程只有 $0.1\mu m$，远小于一般的最小湍动标尺，所以一到这样微小距离的输运还需要分子扩散来承担。而且，因为湍动的输运能力比分子扩散强，当气流的原始动能加大时，湍动所担负的长距离到短距离的接力输运任务可更加深入到小一些的空间范围，这样分子扩散的接力任务减轻，氧与燃料的混合加强，燃烧也可以加剧。

综上所述，为了组织好燃烧和燃尽，一方面要建立合理的炉内流动图谱，以保证燃尽时间和大尺度空间范围内的良好浓度分布，另一方面要加大气流原始动能，以改进小尺度范围内氧与燃料的混合。前者是与气流相交情况和速度差有关的，后者则决定于气体原始时均速度本身的数值。

燃烧完成以后气流温度水平很高，就可能出现温度场不均匀的问题。温度高出平均值的区域称为热斑点。热斑点对催化剂或传热设备可能造成损害。热斑点也要靠合理的流动图谱和较强的掺混来抑制。

燃烧过程所处的温度水平决定于热量释出和散失的平衡，也即热工况。对于燃烧反应，反应加速时释热加速，温度升高，又促使反应加速，因而这是一种自我促进的机制。但是万一条件恶化，也可能发生自我抑制的现象，严重时形成恶性循环，可能导致熄火。

气化反应加速时反应吸热增速，温度降低，使反应受到抑制而容易趋于平衡状态。这是一种自平衡的机制。

燃气炉中如果采用预混火焰，湍动混合的程序早已完成，火焰传播到哪里，哪里就开始燃烧。燃烧也很快，所以火焰不长。如果采用扩散火焰，火焰长度较大，就要考虑火焰和热斑点会不会危及催化剂等问题了。通常可近似认为火焰尾端位于气流轴线上煤气和空气的浓度符合化学计量比的地方，然后加上分子扩散使燃烧最终完成所需的火焰厚度。

使用燃油时首先要将其雾化。常用的雾化器有机械雾化器、蒸汽雾化器和 Y 型蒸汽机械雾化器。雾化质量用索太尔平均粒径 SMD，即体积-面积平均粒径来衡量，同时还要考虑粒径均匀性和油雾在炉膛空间中的分布。通常把油雾化到 SMD=200μm 的数量级。

油滴的燃尽时间正比于其粒径的平方。

11.2.2.3 影响燃烧的因素

工业炉的燃烧过程影响到热功率、热效率和产品收率，因此应控制和优化其运行。

配合燃烧而送入的空气量是重要的影响因素。如果用氧气助燃，其影响与空气是相同的，只是一些参数的数值不同而已。

按完全燃烧化学反应方程式算出燃烧所需的空气量称为化学计量空气量，俗称理论空气量。实际上尚须多给一些空气以利燃尽，实际与理论空气量之比称为空气燃料当量比，俗称过量空气系数，常以 α 表示。

存在着一个最佳 α 值，可使不完全燃烧损失和排烟热损失之和最小，从而使工业炉热效率最大。

对于气化炉，所送入的空气量自然必须小于化学计量值，即保持 α<1。否则多余的氧会降低煤气产品收率。

在气化炉中氧气不满足化学计量比的需求，氢和一氧化碳互相争夺氧，因此变换反应：

$$CO + H_2O \rightleftharpoons CO_2 + H_2$$

处于化学平衡状态。但在遇到氧时因为氢燃烧的反应速度高于一氧化碳，暂时让氢占先，氢浓度先降低，然后再恢复到变换反应平衡状态。

α 的概念也适用于描绘炉内浓度场。α 的定义改为各该点的空气（或氧）燃料浓度当量比。α>1 的地区空气（或氧）过剩；

α<1 的地区燃料过剩，即氧不满足燃烧需求；

α=1 的地区燃料和氧浓度之比符合化学计量值。

工业炉研究中常采用模型试验或计算机辅助试验（CAT）来测定浓度分布，从而算出口的分布场，这样可查明燃烧和气化过程的实质。

工业炉的负荷，也即热功率，对燃烧过程有着相当大的影响。负荷降低时气体流量和流速降低，然而在一定负荷范围内流动图谱还没有明显的变异。燃尽时间则随负荷降低而加大。炉膛温度一般随负荷降低而降低。火焰稳定性能的变化不一。油气燃烧器的稳焰器随负荷降低而稍改善其稳定性。燃煤炉的着火稳定性在低负荷时要恶化一些。

工业炉的设计还是以经验方法为主。常采用炉膛断面热负荷和炉膛容积热负荷两个指标。断面热负荷反映出气体流速的总体水平，关系到阻力和稳焰等；它也反映出燃烧器区域的温度水平，关系到稳焰和煤灰结渣等；它还反映出炉内湍动混合强度，关系到热斑点和炉内火焰充满程度等。容积热负荷则反映出炉内气体滞留时间，关系到燃尽。

压力提高时燃烧过程强化，气体的初温提高时燃烧过程也强化。

11.3 工业炉的传热问题

工业炉中无论是利用燃料燃烧产生的热量加热物料促使化学工艺流程的实现或利用从化学流程中物料的显热节省能源都涉及热量的传递。化学工业中热量的传递一般分两种形式：混合式传热和间壁式传热。混合式传热即燃料产生的高温烟直接和物料接触混合，将烟气的热量传递给物料，这种形式也称内混式，完成这种形式传热的工业炉称内混式工业炉。间壁式传热是指冷却剂与高温物料或高温烟气与冷物料间不接触，用一个固体壁面隔开，热量通过这个壁传热，只能热交换而没有质的交换。化学工业中的工业炉多为间壁式换热[2]。

间壁式换热又可分为两种形式：辐射换热和对流换热。利用高温烟气的热量（大于950℃）时采用热辐射换热的形式，即高温烟气以热辐射的形式传给外壁面，热量以导热的形式传递给内壁面，内壁面再用对流的方式传递给物料等冷介质。所谓对流传热是指较低温度的热烟气用相对运动的方式将热量传递给间壁外表面，然后通过间壁再传递给冷介质（物料或其他工质）。这里讲的对流也包括烟气的热辐射，但热量主要利用对流的方式进行热量传递。

11.3.1 内混式工业炉的工作过程

如果工业炉中烟气和流体形态的吸热介质直接接触，就成内混式工业炉。例如煤气在液面下作浸没式燃烧的加热炉就是一种内混式炉。

二段转化炉也属于内混式，并且还属于自热式。这是因为转化气燃烧时释热又用于本身的甲烷转化反应。

内混式炉内烟气和介质直接接触，可以做到非常强烈的传热。

内热式炉结构很简单，而且可充分利用流程中自己释放的能量。

内混式炉一般尺寸紧凑，辐射层厚度较小，为了强化燃烧和防止生成炭黑，常用预混火焰，所以火焰不发光。由于上述，炉内辐射传热不强。

内混式炉完全靠对流方式传热，因而要加强其湍流混合，缩短火焰长度，例如：

① 将流量较小的那一种流体分散成许多股射流迅速布置。

② 两种气流形成接近正交的交角，或气流之间速差很大。

燃烧结束以后的热斑点或热偏差，有两种起源：①一定的流动图谱或不均匀浓度分布所产生的系统性偏差；②湍动和火焰脉动所产生的随机性偏差。前者可通过结构改进来设法减轻，后者只能靠湍动和保证一定滞留时间以顺其发展，听其自然消失。

燃烧技术上历来总是追求强化，但近年来也考虑受控燃烧，例如：分段燃烧、低温燃烧等就是为了抑制污染物生成故意控制燃烧速度，化学工业炉现在也有考虑受控燃烧，以保护受热面和催化剂。

11.3.2 工业炉的辐射传热

一般地说，凡是温度高于绝对零度的物体总是可以把其热能变为辐射能向外发出热辐射，也能吸收别的物体的热辐射。

工业炉的热辐射主要有两种形式，一是大空间内火焰和高温烟气对受热面管的辐射，例如燃烧室中的辐射。二是较密集的管束外的高温烟气对管束的热辐射。

大空间的辐射传热取决于火焰和烟气的辐射性，如辐射物的黑度和温度，烟气的温度分布（例如火焰中心、平均温度等），整个炉膛的辐射、反射、吸收的关系（例如角系数等）。目前对于炉膛的辐射传热主要关心参与辐射的物体间总的传热量，不注重研究发生辐射时的热传递过程。

11.3.2.1 工业炉炉内辐射传热的特点

工业炉的辐射传热计算很复杂。锅炉已有一套建立在理论和实验基础上的计算方法。对于工业炉管排辐射性和火焰黑度的物理模型与锅炉是一样的，可以通用。工业炉的炉内温度场与角系数有其特有的计算方法。

工业炉的受热面管内的介质是化工流程中的工业介质，这些介质和管内壁显然也有强制对流传热，但对流传热强度不如锅炉中介质（例如水）传热强烈，因此管的壁温较高。

工业炉内火焰和烟气的温度分布比较均匀，一般仅把炉膛出口的烟温选作平均温度，至多作一些修正。工业炉常把炉墙作为绝热壁面，即其吸收的烟气辐射热量会全部反射或再辐射给火焰或受热面管排。

锅炉炉膛传热计算中在处理火焰或烟气黑度时，全面考虑了有效辐射成分，如三原子气体（二氧化碳和水蒸气），固体碳颗粒，灰粒子甚至炭黑粒子。工业炉多使用预混火焰、燃烧油和气体燃料，属于不发光火焰，因此火焰或烟气的有效辐射成分只考虑三原子气体。但是对于有些工业炉，如气化炉中"烟气"中含有大量的极性二原子气体，如一氧化碳，极性二原子气体亦具有一定的辐射能力，因此也应予以考虑，这是和锅炉不同的。

锅炉炉内的管排管内冷却条件好，管壁温度接近管内工质温度，但存在着结渣等问题，结渣严重影响炉内的辐射传热。工业炉管内工艺介质传热能力减弱，因此管壁温度较高，灰渣的污染较轻，结渣污染等对辐射传热的影响较小，因此两者的处理方法不同。

尽管工业炉中烟气的有效辐射成分只有二原子气体，而三原子气体只在某些波长范围内有辐射能力，但工业炉在辐射传热计算中与所有辐射传热工程计算一样将烟气作为灰体处理。

11.3.2.2 工业炉炉内辐射传热的计算方法

(1) Lobo-Evans 法 假定炉膛内只存在三种物体，即烟气、受热面和耐火材料制成的炉墙，炉墙对外部环境无散热，炉墙自身不产生热，且不吸收热，全部反射所遇到的辐射热。烟气就是火焰，发射辐射热。炉内辐射传热量可用斯蒂芬-玻尔兹曼定律（Stefan-Boltzmann Law）表示：

$$Q_R = \sigma a_1 A_{eff}(T_g^4 - T_s^4) \tag{7-11-1}$$

式中 σ——玻尔兹曼常数，等于 $5.67032 \times 10^6 \, W \cdot m^{-2} \cdot K^{-4}$；

T_g——烟气的热力学温度，K；

T_s——受热面外表面的热力学温度，K；

a_1——炉内烟气和受热面组成的换热系统的黑度或称炉膛黑度；

A_{eff}——有效辐射受热面面积，m^2。

炉膛黑度可按下式计算：

$$a_1 = \cfrac{1}{\cfrac{1}{a_s} + \cfrac{1}{a_g\left(1 + \cfrac{A_w}{A_{eff}} \times \cfrac{1}{1 + \cfrac{a_g}{1-a_g} \times \cfrac{1}{X_{ws}}}\right)}} \tag{7-11-2}$$

式中 a_s——受热面外表面的黑度，清洁管一般为 0.9；

A_w——炉墙表面积，m^2；

A_{eff}——有效辐射受热面面积，m^2，按下式计算。

$$A_{\text{eff}} = X_{\text{gs}} A_g \tag{7-11-3}$$

式中 A_g——烟气参与辐射的表面积，m^2；

X_{gs}——火焰（烟气）对受热面的角系数，按下式计算：

$$X_{\text{gs}} = 1 + \frac{d}{s}\arccos\left(\frac{s}{d}\right) - \left[1 - \left(\frac{d}{s}\right)^2\right]^{1/2} \tag{7-11-4}$$

式中 d——受热面管的外表面直径，m；

s——受热面管排中相邻两管的中心线之间的距离，m。

a_g 为烟气的黑度，可按下式计算：

$$a_g = 1 - \exp(-kpl) \tag{7-11-5}$$

式中 p——三原子气体的分压力；

k——与温度有关的辐射减弱系数，由实验得到；

l——有效辐射层厚度，可按下式计算：

$$\frac{V}{F}l = 3.6 \tag{7-11-6}$$

式中 V——气体容积，m^3；

F——包覆气体容积的面积，m^2。

如果炉膛内受热面的对流传热量不可忽略时，可按下式计算对流传热量：

$$Q_C = hA_s(T_g - T_s) \tag{7-11-7}$$

式中 h——对流换热系数，$W \cdot m^{-2} \cdot \text{℃}^{-1}$；

A_s——受热面管的外表面积，m^2。

炉膛内传热量等于辐射传热量与对流传热量之和。炉膛总传热量一定等于燃料放出热量与烟气离开炉膛带走的热量之差。即：

$$Q_R + Q_C = C_g(T_{\text{th}} - T_1'') \tag{7-11-8}$$

式中 C_g——工业炉烟气的比热容，$J \cdot kg^{-1} \cdot K^{-1}$；

T_{th}——燃料的理论燃烧温度，指燃料绝热燃烧后，生成的烟气温度，K；

T_1''——炉膛出口温度，K。

利用式(7-11-8)，将 T_{th} 作为自变量、T_g 作为参变量可以求出 T_1'' 值。即可得到炉膛内的总传热量。

上述计算方法中的减弱系数 k、假定炉膛平均温度为炉膛出口烟温的修正以及烟气黑度的计算都要由实验或经验确定。

(2) 其他计算方法 对于化学工业中高压水加热炉、燃油炉等的管内介质传热强烈，放热系数较大，受热面布置接近蒸汽锅炉的工业炉，炉内传热宜采用锅炉炉内辐射传热的计算方法。

锅炉炉内辐射传热计算方法，在我国应用较广的是苏联制定的"热力计算联合标准"，该标准计算炉膛内传热的基本公式为：

$$\frac{T''_1}{T_{th}} = \frac{B_o^{0.6}}{Ma_1^{0.6} + B_o^{0.6}} \tag{7-11-9}$$

式中 M——系数，如果采用无焰燃烧器，燃用天然气时等于 0.48；

B_o——玻尔兹曼数，按下式计算：

$$B_o = \frac{C_g}{\sigma A_{eff} T_{th}^3} \tag{7-11-10}$$

对于物料为油或天然气的工业炉炉膛黑度为

$$a_1 = \frac{a_g}{a_g(1+a_g)\psi} \tag{7-11-11}$$

式中 ψ——系数，炉膛壁面的热有效系数。

11.3.3 对流传热

工业炉中高温烟气向吸热介质（蒸汽、空气、给水、原料等）传热时在中、低温烟气温度区域常采用对流传热的方法完成传热过程。在 400℃ 以上的烟气温度中进行对流传热时，同时会发生管束间的热辐射传热，此时的热辐射常用对流传热的计算式计算。400℃ 以下的烟温区间可以不计入管束间的辐射换热。

对流受热面一般尽量采用逆流布置的形式，有时高烟区为了节省对流受热面的材料也可采用部分顺流布置。对流受热面的传热强度主要取决于烟气（或工质）的流速（即雷诺数）。对于无灰或少灰的烟气，可尽量选用较高的流速；对于含灰气流，为了避免磨损，应降低烟气的流速。但烟气流速过低又会引起严重的积灰。

对流受热面上的污染会严重影响对流传热，运行时要有吹灰装置以减少污染对对流传热的影响。

对流传热的计算可采用苏联的"热力计算联合标准"[3]。

11.4 气化炉

所谓气化炉是指将固体可燃物质（如煤炭）进行气化反应，把可燃物中的固定碳转变为燃烧用煤气或合成用煤气。转化中采用的气化剂主要有氧气、水蒸气、二氧化碳等。

11.4.1 煤气化的基本化学反应

煤或煤焦的气化反应是一种非均相反应，即反应物系不处于同一相态，反应物之间存在着相界面。一般情况下气化剂及反应物属于气相，而含碳物质属于固相，煤的气化是不借助催化剂的气-固反应[4]。

煤或煤焦的气化反应通常必须经过下列几步：

① 反应气体扩散到固体碳的外表面。
② 反应气体通过固体颗粒的小孔通道进入小孔的内表面。
③ 反应气体被小孔内表面发生吸附反应，形成中间络合物。

④ 吸附反应形成的中间络合物之间或中间络合物和气相分子进行反应。

⑤ 处于吸附态的产物从固体表面脱附，然后从小孔通道扩散出来，进入气相中。

反应过程的总速率取决于过程中阻力最大的步骤。

在气化反应中的主要反应为：碳的燃烧反应、二氧化碳的还原反应、水蒸气的分解反应、水煤气生成反应和甲烷生成反应。

① 碳的燃烧反应。在高温条件下，碳和氧气发生下列反应：

$$\begin{cases} C+O_2 \longrightarrow CO_2+393.8 MJ \cdot kmol^{-1} & (7\text{-}11\text{-}12) \\ 2C+O_2 \longrightarrow 2CO+231.4 MJ \cdot kmol^{-1} & (7\text{-}11\text{-}13) \\ 2CO+O_2 \longrightarrow 2CO_2+571.2 MJ \cdot kmol^{-1} & (7\text{-}11\text{-}14) \end{cases}$$

② 二氧化碳的还原反应。高温的碳与二氧化碳会发生二氧化碳的还原反应。

$$C+CO_2 \longrightarrow 2CO-162.4 MJ \cdot kmol^{-1} \qquad (7\text{-}11\text{-}15)$$

研究表明，在 1000℃ 以上，明显发生还原反应，若温度在 400~900℃ 之间，则发生逆反应。在一般气化炉操作条件下，二氧化碳还原反应进行得很慢，不可能达到平衡。

③ 水蒸气的水解反应。高温碳与水蒸气作用会发生分解反应。

$$\begin{cases} C+H_2O \longrightarrow CO+H_2-131.5 MJ \cdot kmol^{-1} & (7\text{-}11\text{-}16) \\ C+2H_2O \longrightarrow CO_2+2H_2-90.0 MJ \cdot kmol^{-1} & (7\text{-}11\text{-}17) \end{cases}$$

在 1000℃ 以上为不可逆反应，生成的一氧化碳速率明显大于生成二氧化碳的速率，在一般的气化炉内水蒸气的分解反应达不到平衡状态。

④ 水煤气反应。高温碳与水煤气分解反应生成的一氧化碳与水蒸气作用发生水煤气反应。

$$CO+H_2O \longrightarrow CO_2+H_2+41.0 MJ \cdot kmol^{-1} \qquad (7\text{-}11\text{-}18)$$

该反应在碳粒表面上进行，属于均相反应。400℃ 以上即可发生，900℃ 时与水蒸气分解反应进行的反应速度很高。

⑤ 甲烷生成反应。气化过程中碳与氢气作用会生成甲烷。

$$C+2H_2 \longrightarrow CH_4+74.9 MJ \cdot kmol^{-1} \qquad (7\text{-}11\text{-}19)$$

在 1073K 和 10kPa 压力时，甲烷的生成速率是二氧化碳还原反应的 3×10^{-3} 倍。当压力增高时，反应速率提高。

11.4.2 煤的气化工艺与技术

自 20 世纪 70 年代石油危机出现后，世界各国广泛开展了煤炭等固体燃料气化技术的研究。其显著特征是煤在气化炉中的高温条件下与气化剂反应，使固体燃料转化为气体燃料，只剩下残渣。通常的气化剂为水蒸气、氧（或空气）和二氧化碳。气化后所产生的煤气称为粗煤气，粗煤气中会有灰分、CO、H_2 和 CH_4，还有 CO_2、H_2O、硫化物、烃类和其他微量成分。如果用空气作为气化剂，则粗煤气中会含有大量的氮气。粗煤气的灰分、硫分、氮分以及碱金属和卤化物均视为有害物质，需要专门的方法将其去除和净化。净化后的煤气是可用于燃料煤气，以满足钢铁工业、化工工业、联合循环发电和民用等不同的需要，也可用于生产合成气，作为合成氨、合成甲醇、合成甲醚及合成油的原料。煤气化也可以生产氢，煤气化制氢可能是未来氢能经济的主要技术路线[5]。

煤气化过程总的反应是吸收反应，供热方式一般采用"直接供热方式"，即通过一部分煤与氧化剂中的氧进行燃烧发出热量，满足煤与水蒸气气化反应所需要的热量，含氧气体可以是工业氧气也可以是空气。其他还有"间接供热气化"（即有外界供给气化吸热热量），热载体供热（热载体吸收热量后供给气化吸热的热量）等。直接供热法是目前最为常用的供热方法。

气化过程所用的气化剂大致有"空气-水蒸气""氧气-水蒸气"和"氢气"。近代大型气化炉的气化剂多利用"氧气-水蒸气"作为气化剂。

气化炉中根据煤的运动状态可分为：

固定床（移动床）气化法：煤在炉排上不动，气化剂穿过煤层使之完成气化。移动床是炉排不是固定不动而是在气化炉中移动，这样，加煤和出渣可以机械化及连续化。

流化床气化法：煤和支撑其的炉排不是相对静止的，而是通过气化剂将煤变成流体状态，气化过程在床上方空间中完成。

气流床气化法：煤和气化剂直接喷入到气化炉内，煤粒悬浮在气化炉中，完成气化过程。

熔融床气化法：熔融床气化炉在 1956 年由德国 Otto-Rummel 开发。所谓熔融床是指炉内一个灰渣形成的液体渣池，煤粉被吹入渣池中被渣池加热，然后与水蒸气发生气化反应。渣池的热容量大，可提供气化所需的热量，可以使粉煤中的可燃组分全部气化。粉煤在渣池中停留时间长与气化剂相对速度高，大粒径粉煤也可以充分气化。利用碱性熔融介质可以脱除酸性气体使 H_2S 和其他含硫物大部分脱除。熔融介质温度高可以使焦油和酚充分溶解，使后面粗煤气的洁净工艺简单。熔融床气化工艺最有代表性的有常压的罗米尔熔融渣池气化工艺、加压的 Kellogg 熔盐渣池工艺等。

11.4.3　气化炉

11.4.3.1　Lurgi（鲁奇）加压气化炉

鲁奇加压气化技术是 20 世纪 30 年代由联邦德国鲁奇公司开发的，是目前世界上建厂数量最多的煤气化技术，主要用于生产城市燃料煤气和化工合成原料气。

鲁奇加压气化炉使用碎煤屑（入炉煤粒度要求 6mm 以上，其中＞13mm 占 87%，6～13mm 占 13%）。炉内压力为 2.5～4.0MPa，气化剂为氧气和水蒸气，气化反应温度 800～900℃。固态排渣，连续送风制取中热值煤气。图 7-11-1 为 $\phi 2.6$m 中置灰箱的 Lurgi 炉示意图。

气化层自上而下分干燥、干馏、还原、气化和成灰等层。产品煤气经回收和除焦油可做城市煤气。粗煤气经烃类分离和蒸汽转化后可做合成气。

鲁奇加压气化炉采用固定床，固态排渣适宜弱黏结煤，相对于其他固定床气化炉，单台生产能力大，如山西化肥厂单台最大生产能力为 38000$m^3 \cdot h^{-1}$（标准状态）。

固态排渣鲁奇加压气化炉对煤质要求高，只能使用弱黏结灰的烟煤和褐煤，要求灰熔点大于 1500℃（氧化气氛）。同时进料和除渣用的锁阀使用寿命短（仅为 5～6 个月）。1984 年鲁奇公司开发了 BGL 型液态排渣鲁奇加压气化炉，如图 7-11-2 所示，用于生产燃料气和合成气。BGL 气化炉操作压力 2.5～3.0MPa，气化温度在 1400～1600℃，超过了灰熔点，灰

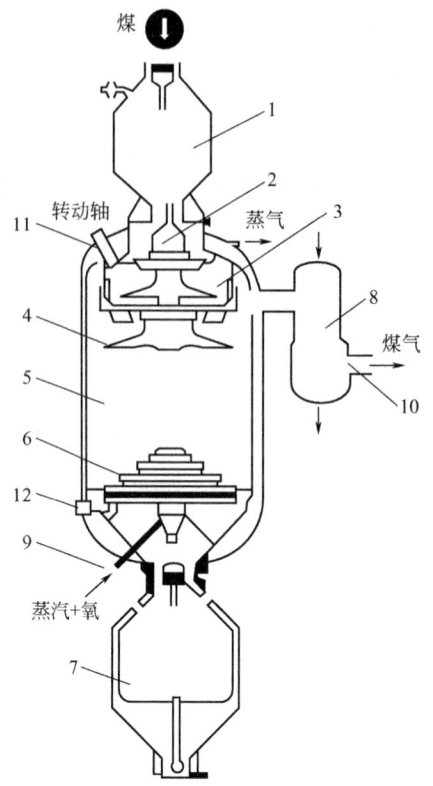

图 7-11-1　中置灰箱型鲁奇加压气化炉（$\phi2.6$m）

1—燃料箱；2—钟罩阀；3—布煤器；4—搅拌装置；5—水夹套；6—凸形炉箅；7—灰箱；8—煤气急冷器；9—蒸汽和氧入口；10—煤气出口；11—布煤器驱动装置；12—炉箅传动装置

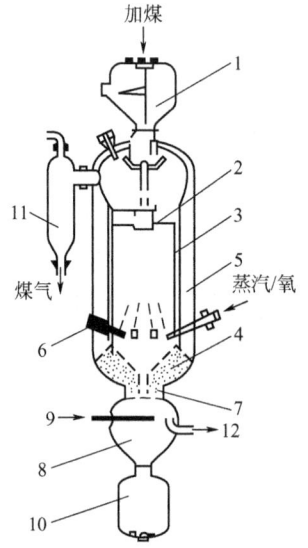

图 7-11-2　液态排渣鲁奇加压气化炉

1—燃料箱；2—布煤器；3—气化炉外壳；4—衬里；5—水夹套；6—蒸汽氧化喷嘴；7—出渣口；8—熔渣急冷器；9—急冷水入口；10—灰箱；11—煤气出口；12—急冷水出口

渣呈液体状态，取消了转动的炉排，简化了结构。

与固态排渣鲁奇加压气化炉相比，液态排渣鲁奇加压气化炉气化强度高，生产能力大，水蒸气分解率高，水蒸气耗量小，煤气中可燃成分增加，发电量提高，煤种适应性强，碳的转化率及气化效率均有提高。但由于存在着高压高温的操作条件，对于炉衬材料、熔渣池的结构和材质的要求较高。

11.4.3.2 流化床气化炉

煤的流化床气化炉是指气化反应在以气化剂与煤形成的流化床内进行，流化床气化可以直接用碎煤（通常煤的粒烃为 $0\sim10\text{mm}$）。不用将煤磨成细粉，床内物料分布均匀，温度场亦均匀，炉内气化强度大，可提高单台气化炉的出力（目前最大的生产应用 $\phi 5\text{m}$ 的恩德炉可产合成气 $4\times10^4\text{m}^3\cdot\text{h}^{-1}$）。可在炉内加固硫剂，炉的温度足以裂解煤中的高烃类物质，简化了粗煤气的净化及污水处理。炉内反应温度一般不大于 $1000℃$，只需要一般的耐火材料。由于反应物在炉内停留时间短暂，随煤气夹带出来的飞灰中含有未反应完的碳较多，采用循环流化床方法可以提高碳的转化率[6]。

典型的工业化流化床气化炉是温克勒（Winkler）型气化炉。该炉于 20 世纪 20 年代投入运行，其结构原理，如图 7-11-3。

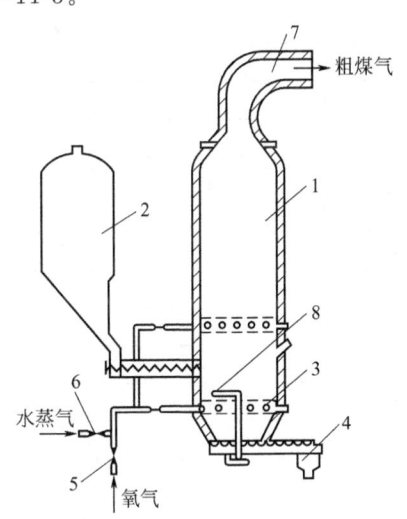

图 7-11-3 Winkler 气化炉

1—炉膛；2—煤仓和螺旋给煤机；3—布风板；4—灰斗和螺旋运灰机；5,6—阀门；7—煤气出口；8—灰刮板

颗粒为 $0\sim10\text{mm}$ 的原料煤经螺旋给炉机送入炉内，氧（或空气）和蒸汽通过位于流化床不同高度的几圈喷嘴加入，调节气化剂的流速使床温不至于超过灰的软化温度。约 30% 的灰由床层底部排出，70% 的灰则由上部粗煤气带出。为了提高气化效率并使低反应性煤也能气化，在床层上部的分离空间引入二次氧气和蒸汽以气化那些离开床层而未气化的碳分。气化炉上部装有余热回收装置（辐射或余热锅炉）使气体出口温度下降至 $190\sim220℃$，足以固化熔化的灰粒。表 7-11-1 给出了温克勒气化炉的煤气化指标。

考虑到常压操作的一些缺点，在上述常压流化床气化炉的基础上开发了新一代的高温高压的流化床气化炉，图 7-11-4 为 HTW 型高温高压气化炉结构示意图。

HTW 型流化床气化炉操作压力 1.0MPa，气化能力可处理干褐煤大于 $720\text{t}\cdot\text{d}^{-1}$，用于甲醇的合成气生产。

表 7-11-1　温克勒气化炉的褐煤气化指标

燃料		德国褐煤	其他褐煤
燃料的成分分析/%	碳	61.3	54.3
	氢	4.7	3.7
	氧	16.3	15.4
	氮	0.8	1.7
	硫	3.3	1.2
	灰分	13.8	23.7
燃料高发热量/×10^6J·kg^{-1}		22.1	18.7
蒸汽气化量/kg·kg^{-1}煤		22.1	18.7
气化氧气/kg·kg^{-1}煤		0.12	0.39
气化空气/kg·kg^{-1}煤		2.51	—
气化温度/℃		816~1204	816~1204
气化压力/MPa		~0.10	~0.10
产品气成分分析（体积分数）/%	CO	22.5	18.7
	H_2	12.6	40.0
	CH_4	0.7	2.5
	CO_2	7.7	19.5
	N_2	55.7	1.7
	C_mH_n	—	—
	H_2S	0.8	0.3
产品气高位发热量/×10^6MJ·m^{-3}		4.7	10.1
产生焦油量		无	无
气化炉出口温度/℃		776~1004	776~1004
产品气得率/m^3·kg^{-1}		2.9	1.3
气化强度/×10^9J·m^{-3}·h^{-1}		20.2	20.6
碳转化率/%		83.0	81.0
气化效率/%	η_1	61.9	74.4
	η_2	76.2	88.6

11.4.3.3　气流床气化炉

所谓气流床煤气化工艺是指煤粉由气化剂（或惰性气体）携带进入气化炉内，进行燃烧和气化反应。受气化炉空间的限制，煤粉停留时间很短，所以反应时间很短（1~10s），因此要求煤粉粒度很细（<0.1mm）。进入气化炉的煤粉和气化剂相对运动强度很低，为增加反应速率，必须提高反应温度（火焰中心温度>2000℃），温度很高，一般都超出煤灰的熔化温度，所以气化炉多为液态排渣。

气流床气化炉中没有像固定床气化炉中存在支撑煤块的固体界面，煤粉总是浮在气体中或者称由气流携带，气流床中气化区的煤的干燥、干馏、还原和氧化等阶段没有明显界限，而是交错在一起，挥发物的逸出和燃烧也几乎是同时进行。

进入气化炉的煤粉被气流（气化剂）分隔，单独完成气化过程和形成熔渣，不受煤灰黏结性的影响，原则上各种煤都可用于气流床气化，所以气流床气化炉煤种适应性强。

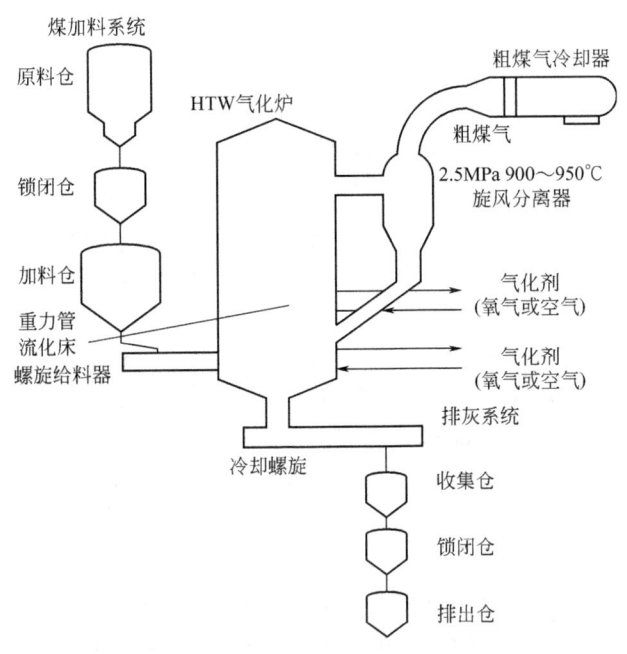

图 7-11-4　HTW 型气化炉结构示意图

由于煤粉在气化炉内停留时间很短，为了完成气化反应必须维持很高的气化温度，所以常以纯氧作为气化剂。处于熔融状态的灰渣会对炉壁衬里产生侵蚀，防侵蚀是提高气化炉寿命的关键之一。

气流床出炉煤气成分以 CO、H_2、CO_2、H_2O 为主，CH_4 含量很低，煤气热值并不高。为了达到高温，氧气耗量大，但水蒸气分解率提高，蒸汽耗量有所减少。

气流床出炉煤气温度很高，显热很大，必须用废热锅炉回收其显热，提高热效率。气流床气化工艺"氧煤比"和"蒸汽煤比"是两个重要的参数。氧煤比增加可以使燃烧反应的放热量增加，提高反应温度，促进 CO_2 还原和 H_2O 的分解，增加煤气中的 CO 和 H_2 的含量，但燃烧反应将生成 CO_2 和 H_2O，增加了煤气中的无效成分，所以合适的氧煤比才能获得理想的气化效果。水蒸气在高温条件下可以与碳发生水煤气反应，增加煤气中的 H_2、CO 的含量，并能控制炉温不致过高。但水蒸气煤比太大时，将使炉温降低，阻碍 CO_2 的还原和水蒸气的分解反应，影响气化过程。

气流床煤粉的给入方式一般分两种：煤粉以水煤浆的形式给入，煤粉制成水煤浆后其输送可以用灰浆泵完成，水煤浆像流体一样输送，控制比较方便，也易于实现加压气化工艺。但水煤浆含水量太高，使冷煤气效率和煤气中有效成分（$CO+H_2$）偏低，氧耗和煤耗较高。另外，水煤浆喷嘴易于磨损，一般仅使用 60~90d，这对连续运行和高负荷运行都有很大影响。图 7-11-5 给出装有煤气冷却器的 Texaco 气化炉工业流程图。水煤浆和纯度为 95% 的氧气从安装在气化炉炉顶的燃烧（气化）喷嘴中向下喷出，形成一个非催化的连续的射流，部分水煤浆被燃烧产生大量的热满足煤气化的要求。煤中所含灰分在气化过程中首先熔融成为液体状态，在辐射式冷却器中熔渣放出热量后固化，放出的热量被辐射式冷却器中的工质（水）吸收变为蒸汽去发电。固化的渣粒进入锁气式渣斗和炉渣储槽，然后排出炉外。为了使煤中灰分能以液态排渣，一般适用于 Texaco 气化炉的煤种的灰熔点应控制在 1149~1482℃ 范围内。带有冷却装置（辐射式冷却器和对流式冷却器）可以把粗煤气的温度从

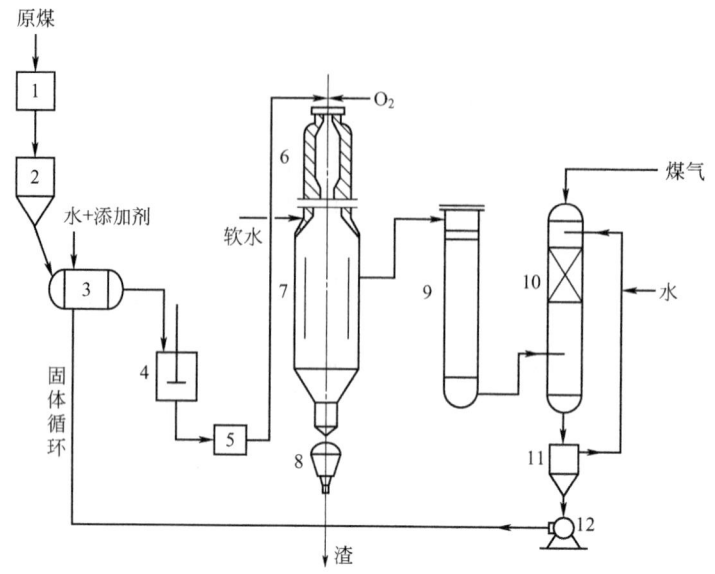

图 7-11-5 Texaco 气化炉工业流程
1—输煤装置；2—煤仓；3—球磨机；4—煤浆槽；5—煤浆泵；6—气化炉；
7—辐射式废热锅炉；8—锁斗（渣斗）；9—对流式废热锅炉；
10—气体洗涤器；11—沉淀器；12—灰渣泵

1370℃降到400℃左右，回收的热量用于汽轮机发电，这样就能提高热煤气的效率，从能量有效利用的观点来看这种方案是合理的，但由于辐射式冷却器和对流式冷却器尺寸庞大，价格较昂贵，投资费用增加。

另一种给煤方式是"干粉给煤"，煤粉由加压的氮气或二氧化碳气体浓相经喷嘴输送到炉内，气化剂（氧气和水蒸气）也经喷嘴送入炉内。调节加煤量及气化剂量使气化炉在1400～1700℃范围内运行。气化炉的操作压力为2～4MPa，在气化炉内煤粉的灰分以液态熔渣形式排出。图 7-11-6 给出了作 Shell 干粉气化法典型的流程图。

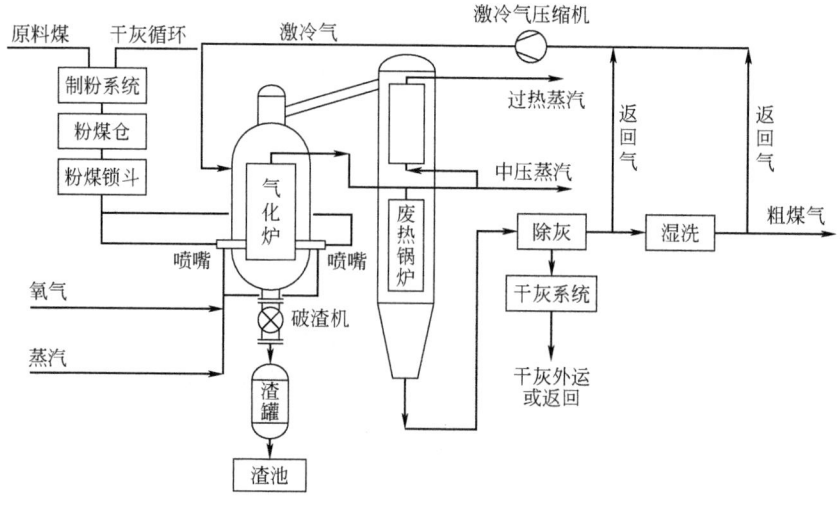

图 7-11-6 Shell 干粉气化法典型的流程

来自制粉系统的干燥煤粉，由氮气加压经煤锁斗送入两个对称布置的气化烧嘴，气化剂也送入烧嘴。干煤粉在气化炉内气化后产生的粗煤气被循环冷却煤气激冷，使熔化的灰渣固化而不致粘在水管式废热炉管壁上，然后再脱除。水管式废热锅炉产生中压蒸汽，过热后送入汽轮发电机发电。粗煤气冷却后进入净化部分，脱除氯化物、氨、氰化物和硫化物（H_2S，COS）。工艺过程中大部分水循环使用，废水用低品位热蒸发，剩下的残渣只是无害的盐类。

干法进煤可以使用褐煤、烟煤和沥青砂等多种煤，碳转化率达 98% 以上，煤中的硫、氧、灰分及结焦性对气化过程无显著影响。气化后的煤气中 $CO+H_2$ 含量可达 90% 以上，适合作合成气，煤气中无焦油等物。干法送粉对提高气化压力有限，不如水煤浆进料可根据需要提高操作压力。干法进料单台生产能力大，处理煤可达 $3000 t \cdot d^{-1}$。

由于是干粉进料，要求煤的含水量<2%。为了保证液态排渣，操作温度一般要求高于灰熔点（流动温度 FT）为 100~150℃，对于高灰熔点煤，一般可以添加助溶剂改变灰熔特性。

11.5 转化炉

11.5.1 一段转化炉

以轻质烃为原料也是合成气生产的重要原料路线之一，其间所用的两段蒸汽转化法生产技术较为成熟，且成本低廉。

甲烷在一段转化炉的转化反应方程为：

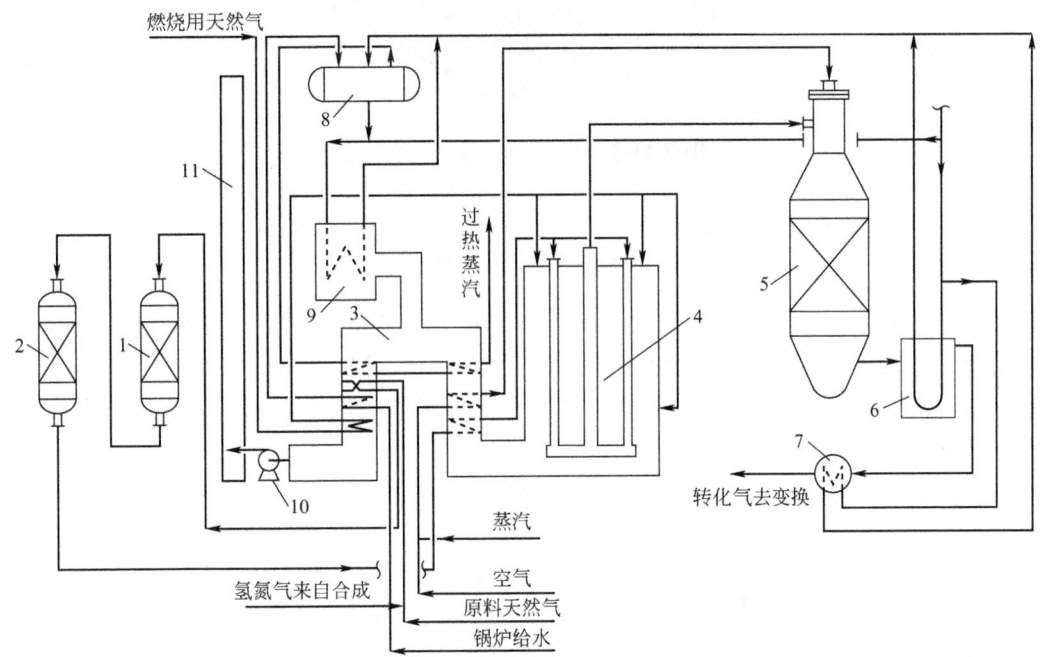

图 7-11-7 Kellogg 蒸汽转化流程

1—加氢脱硫器；2—氧化锌脱硫器；3—对流段；4—一段转化炉；5—二段转化炉；6—第一废热锅炉；7—第二废热锅炉；8—汽包；9—辅助锅炉；10—排风机；11—烟囱

$$CH_4 + H_2O \rightleftharpoons CO + 3H_2 - 206 \text{kJ} \tag{7-11-20}$$

$$CH_4 + 2H_2O \rightleftharpoons CO_2 + 4H_2 - 165.3 \text{kJ} \tag{7-11-21}$$

而石脑油（碳原子数 $n=7\sim10$）的转化反应为：

$$C_nH_m + nH_2O \rightleftharpoons nCO + \left(n + \frac{m}{2}\right)H_2 + Q \tag{7-11-22}$$

典型的 Kellogg 蒸汽转化流程示于图 7-11-7 中。天然气作为原料经预热和脱硫后掺加蒸汽在一段转化炉内进行转化。一段转化炉出口处温度 $800\sim820$℃，压力 3.04MPa，尚有 10% 左右甲烷不转化。

Kellogg 型一段转化炉烧嘴在顶部布置，燃用天然气，也可掺烧部分合成弛放气。

图 7-11-8 所示为这种炉子的全视图。外形呈方箱形。

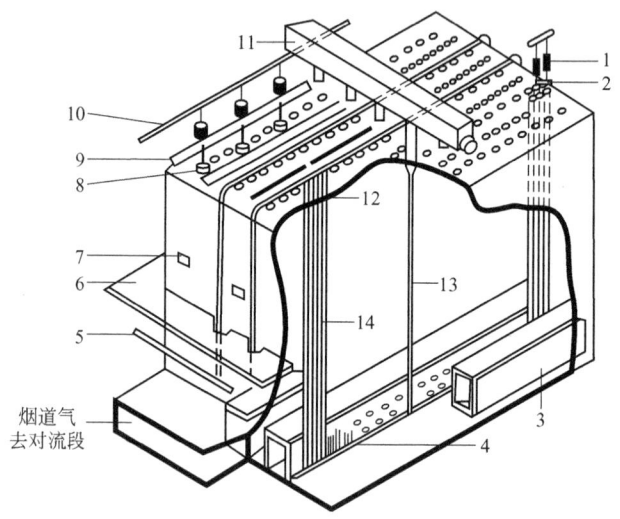

图 7-11-8 Kellogg 型转化炉全视图

1—弹簧吊架；2—转化管上法兰；3—烟道；4—出口气分总管；5—混合原料气总管；6—平台；
7—视火孔；8—燃嘴；9—走台；10—燃料气分总管；11—输气总管；12—上猪尾管；
13—上升管；14—转化管

图 7-11-9 所示为顶部烧嘴。天然气以 $>300\text{m}\cdot\text{s}^{-1}$ 的速度自小喷口喷出引射了一次风进行预混合。一次风和二次风可以来自大气，也可以来自鼓风机。图中 $\phi12$mm 小孔出口处可形成点火环起稳焰作用。这种烧嘴属半预混型，另有二次风由喷嘴下端四周的二次风门引入。

烧嘴的火焰射流属平流型，火焰瘦长，射程远，射流强劲有力，可以不贴墙和转化管（即炉管）。

一段转化炉也可用重油为燃料。重油需预热和过滤。因为燃烧空间狭长，宜用平流式烧嘴，一般可选用 Y 型蒸汽雾化喷嘴和平流式调风器配合而成的油燃烧器。图 7-11-10 和图 7-11-11分别示出这两种燃烧设备。Y 型喷嘴可以充分利用油压变成的动能，因此能兼有压力雾化能耗较小和蒸汽雾化质量良好的优点。文丘里配风器如图 7-11-11(b)，可以用喉部与入口的风压差来测量空气流量，因此可把顶部烧嘴的风量分配调得十分均匀。

平流烧嘴中心装有稳焰叶轮，它使 10%～20% 空气作为一次风旋转产生回流区就已能

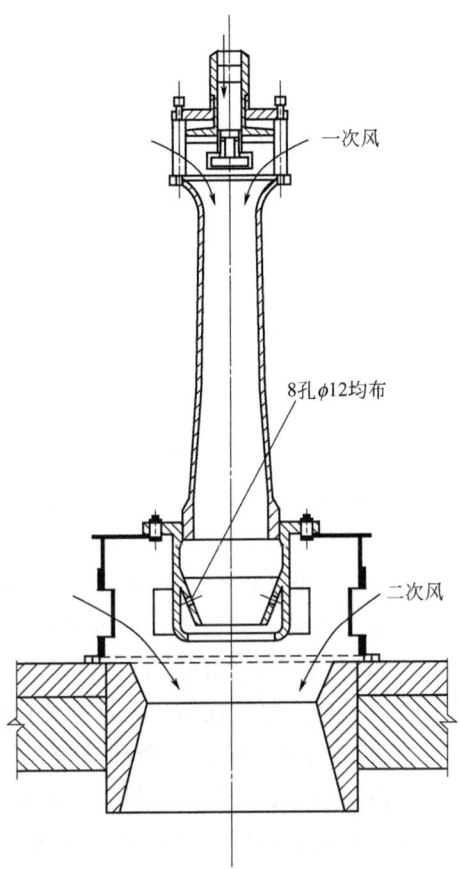

图 7-11-9 Kellogg 型转化炉顶部烧嘴

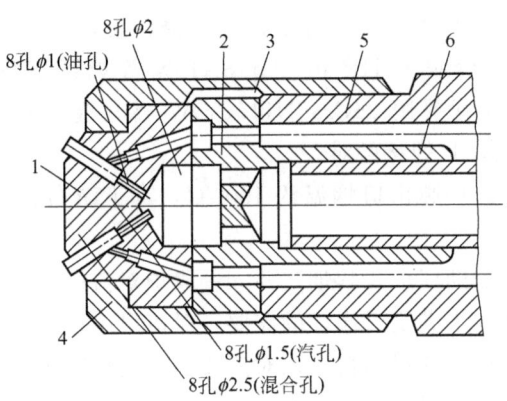

图 7-11-10 Y 型蒸汽雾化油喷嘴
1—喷嘴头部；2—分配盘；3—垫片；
4—特制螺母；5—外管；6—内管

起到稳焰作用。老式流烧嘴上将全部空气驱使旋转，耗能太多，实不必要。

  这种顶烧方箱炉内，在各行烧嘴之间悬吊着炉管，即转化管。甲烷加蒸汽作为物料在炉管也是向下流动的，所以火焰和物料并行顺流，可避免炉管壁温过高。火焰中心一般位于离炉管上端不远处。沿着竖直方向，即沿着管长，辐射传热热流密度总是由上而下逐渐递减

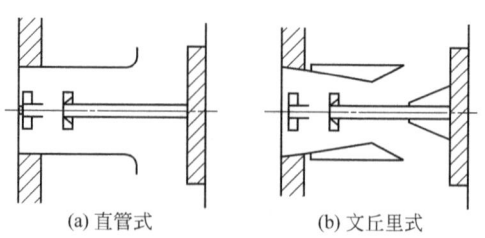

图 7-11-11　平流式配风器

的，其值主要随烟气温度而定。例如曾对炉管上、中、下部热流密度分别求出为 95kW·m^{-2}、57kW·m^{-2} 和 37kW·m^{-2}，而平均值为 58kW·m^{-2}（按炉管内表面计）。每行炉管受到火焰双面辐射，所以炉管圆周方向的热流密度分布是均匀的。

炉管内填有催化剂，现常为在耐火氧化铝烧结型载体上浸渍镍而制成的 Z402 等牌号。

物料中掺加的水蒸气与烃中碳的摩尔比称为水碳比。提高水碳比可防止析碳。析碳将有害于催化剂的寿命，但多掺水蒸气将增大生产成本和能源消耗。

炉管壁温高达 900～1000℃，热膨胀量很大，所以必须采用挠性较好的细管，称为猪尾管，作为炉管和集气管之间的连接。细管上有煨成 C 或 S 形的弯曲，因此挠性很好。

Kellogg 一段炉采用竖琴管型转化管系，如图 7-11-8 所示。42 根炉管下端直接焊在水平的下集气管上，它们全都置在炉内，称为热炉底结构。这种结构简化，但物料集合以后由中央的上升管向上回到炉顶输气总管再离开一段炉。全部管排和炉顶输气总管都采用弹簧吊挂，管排与下集气管之间刚性连接。各炉管之间和炉管、上升管之间的热膨胀差异很大。虽可由弹簧吊架吸收或补偿一部分，但这个热应力仍是重要问题。一旦炉管损坏，检修不便，且影响全厂生产。

炉管内径一般 60～127mm。炉管不仅耐受 900～1000℃ 高温而且抗气体腐蚀和渗碳。目前使用 25-20（含铬 25% 和镍 20%）合金钢离心浇铸管，在美国称为 HK-40，其最高极限温度约 1000℃，我国还研制了 HP-40，Cr18N16N 等炉管用新钢种。下集气管多采用 Incoloy800。管系中的上升管要用 26Cr35N115Cr5W 离心浇铸管，其牌号称为"超热钢"（super therm），不仅价贵，且焊接较难。

整个方箱炉布置紧凑。炉膛出口烟温约 1000℃，其下游布置了一系列受热面，称为对流段。

在流程中还设有一台辅助锅炉，其烟气并入一段炉对流段，如图 7-11-7，此外，为了满足运行中辐射段热功率可能不满足对流段的需要，对流段中还装有烟道烧嘴。烟道烧嘴宜采用短焰或无焰型式，以避免未燃尽燃料逸入对流段去。烧嘴喷出的高温烟气更应与对流段中已有的烟气主流充分混合，以保证烟气温度均匀。

11.5.2　其他型式一段转化炉

图 7-11-12 示有 Topsoe 型侧烧炉。侧烧炉还有 Selas 型。

侧烧炉中炉管沿管子轴线方向受到一系列侧壁烧嘴火焰的横向冲刷加热。每一烧嘴的热功率都可调节，所以炉管受热的热负荷可以调整到很均匀。不过炉管圆周上的热负荷分布还有些不均匀。

每一排炉管必须在两侧受热，所以侧烧炉的炉管至多布置两排。图 7-11-12 所示的侧烧

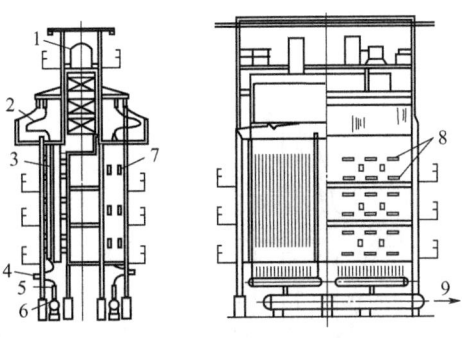

图 7-11-12 Topsoe 型侧烧炉

1—排风管；2—上猪尾管；3—炉管；4—下猪尾管；
5—下集气分总管；6—集气总管；7—窥火孔；
8—烧嘴；9—气体出口（去二段炉）

炉拥有双炉膛，其中各仅一排炉管。这种布置称为"门"字布置。因此侧烧炉炉膛常成扁箱形或长方箱形。双炉膛合用一个对流段。

侧烧炉的侧壁要开许多烧嘴孔，烧嘴数目多，检修、控制都较麻烦。侧壁烧嘴只能燃用气体燃料。

侧烧炉的烧嘴目前也与顶烧炉一样都采用直流火焰。图 7-11-13 的板式无焰烧嘴适宜于侧烧炉用。它属于无焰烧嘴。气体燃料引射空气。预混合气体在燃烧道内作无焰燃烧。

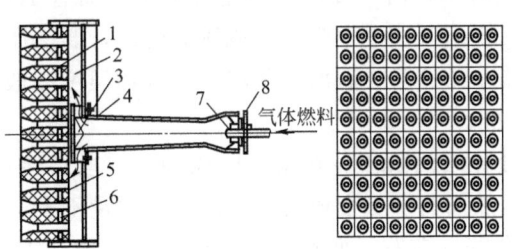

图 7-11-13 板式无焰烧嘴

1—耐火砖燃烧道；2—分配室；3—分配锥；
4—混合器；5—分配管；6—硅藻土层隔热层；
7—喷嘴；8—空气调节板

另一种侧壁烧嘴是平面火焰烧嘴，如图 7-11-14。它属于半预混式，煤气和一次风预混气体紧贴于炉墙壁面燃烧，二次风被扩流锥强行压迫充分扩展而附着于预混气层的外表面向四周散流。这样在侧炉壁上形成一平面火焰。例如，容量为 $50\sim70\text{m}^3\cdot\text{h}^{-1}$（标准状态）天然气的平面火焰烧嘴，当空气经过烧嘴的阻力 $1.5\sim2.0\text{kPa}$ 而空气已预热到 300℃时可以形成一个直径 2m 的圆形平面火焰。平面火焰把侧壁烧热，然后侧墙再辐射传热给炉管。

图 7-11-12 所示 Topsoe 侧烧炉采用单管型管系，兼有上下猪尾管，因此热膨胀简单，单管独立。如遇个别管子损坏可将它夹死，直到停炉时才换掉。

炉管下端、下猪尾管和下集气分总管有时布置在炉膛之外，即炉底之下，称为冷炉底结构。其优点是卸催化剂方便。

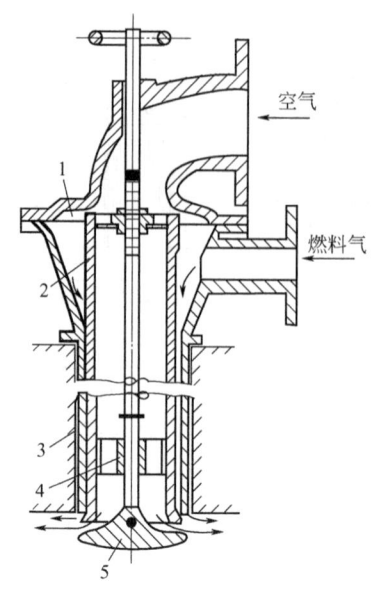

图 7-11-14 平面火焰烧嘴

1—孔板；2—导向圆筒；3—烧嘴外壳；4—导向导管；5—扩流锥

11.5.3 二段转化炉

由图 7-11-7 的流程图可知，出一段炉的转化气体由于尚有 10% 的残余甲烷送入二段转化炉，进一步完成转化反应。二段炉中为了合成所需的氮，要掺加空气。加入的空气来自一段炉对流段的空气预热器，预热前或后加入蒸汽。混合物温度一般 450℃ 左右，近来在节能型装置中有提高到 800℃ 的。

二段炉的工作过程可分成两阶段。在第一阶段中，一段炉转化气与蒸汽空气混合物掺混，遇到氧就着火燃烧。然而为了氨合成而配入的空气数量不多，混入的氧仅满足转化气中氢燃烧所需化学计量值的 25% 左右，而且氢燃烧的反应速度远大于一氧化碳和甲烷等，因此在第一阶段中只有氢能与氧燃烧。氧耗尽以后假设燃尽的氢、氧气体能与其余转化气混合均匀，那么其温度将为 1260~1410℃（后者为节能型装置中的数据），这对于后续催化剂是无碍的。如果混合很差，那么从火焰前沿中出来的气体是燃尽的氢、氧，温度将超过 1900~2000℃。所以第一阶段中转化气的混合十分重要。组织燃烧和强烈混合的部件本属燃烧器，但在二段炉中称为混合器[7]。

图 7-11-15 所示为 Kellogg 型二段转化炉。第一阶段在燃烧区内进行。第二阶段为转化反应，在高温铬催化剂以及镍催化剂上进行。其最高允许温度分别为 1650℃ 和 1312~1575℃。在催化剂之上还有一层耐高温的六角形砖，可耐 1870℃，起着保护催化剂不受气流冲刷损坏以及调整气流分布的作用。经过催化剂时气体中进一步完成转化反应，残余甲烷消耗殆尽，气体温度下降为 1010℃ 左右。最后离开二段炉去第一废热锅炉（参见图 7-11-7）。

Kellogg 型二段转化炉炉体外壳用碳钢制成，只耐压不耐热，工作压力 3.5MPa。作为衬里用的是高密度耐热钙铝水泥和高铝胶泥。另一种是由刚玉砖或预制块砌筑，对砖块的几何尺寸要求较高以保证砖缝很窄。万一砖缝处出现裂纹，高温气体就会通过裂纹旁路流过催

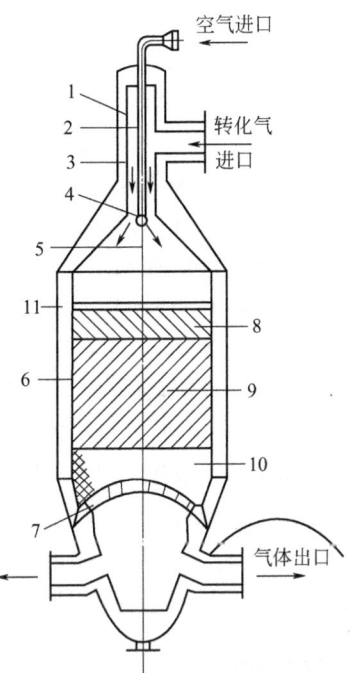

图 7-11-15　Kellogg 型二段转化炉
1—颈部；2—混合器入口管；3——段转化气入口通道；
4—混合器；5—燃烧区（锥形过渡段）；6—衬里；
7—支承拱；8—铬催化剂；9—镍催化剂；
10—耐热氧化铝球；11—耐高温六角形砖层

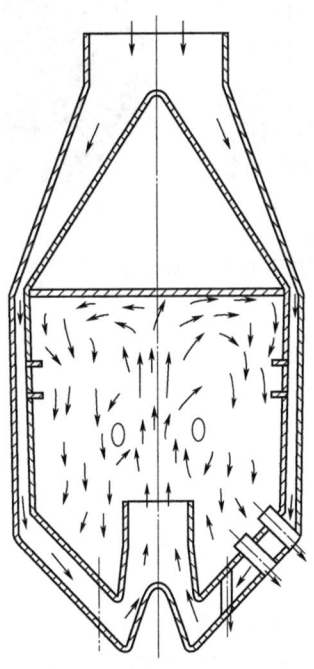

图 7-11-16　Kellogg 型混合器的结构及其内部流动

化剂层造成后续部件超温失效,称为串气。

为了防止串气,在铜壳内衬里中每隔一定距离加一挡圈环,也可阻断串气的途径。

混合器是二段炉的关键部件。如果混合器受损或失效,引起严重的热偏差或火焰伸长触及催化剂,都会造成严重的后果。

一段转化气从侧面进入颈部中的通道(参见图 7-11-15)后,其水平速度引起流量分布沿周向不均匀。曾有在颈部通道中装一多孔板以消除这种不均匀性,但这多孔板不能装得太低,否则受到火焰强烈辐射而过热变形,反而加剧了速度场畸变。

图 7-11-16 所示为 Kellogg 型混合器的一种结构及其内部流动图谱。因为中心空腔内流速不高,才能使各喷管入口的静压分布较为均匀。这三排喷管喷出的 50 股细射流喷进燃烧区内后都成空气蒸汽混合物的直流射流,卷吸转化气,作扩散火焰燃烧。其火焰长度约在锥形段燃烧区内占据 30% 深度。射程也仅深入到 50% 深度。火焰余温形成的热偏差大约当气体进入催化层耐火砖层时,由于湍动掺混可衰减不少,只残存 34%。混合器材料为 18Cr8Ni 不锈钢,外面喷镀高温镀层四层,其主要成分为锆。

图 7-11-17 是一种用环管小孔引入蒸汽空气混合物的混合器。Topsoe 二段炉的混合器与之相似,但环管只有一道;炉子结构也与图 7-11-15 相似。

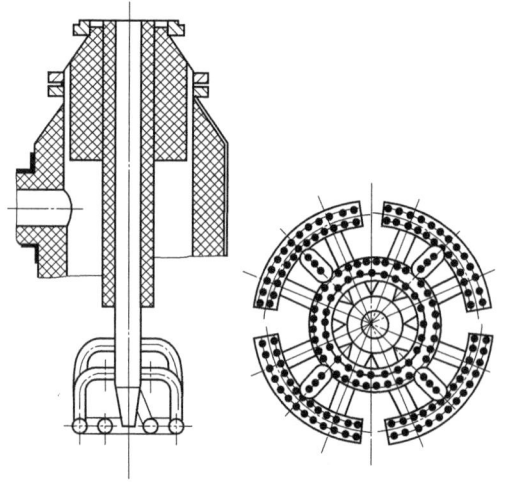

图 7-11-17　环管小孔型混合器

11.6　裂解炉

11.6.1　乙烯装置

石油烃裂解制取乙烯,同时还可得到丙烯、丁二烯、苯、甲苯和二甲苯等,这些都是石油化工的重要基础原料[8]。

乙烯装置包括有裂解、急冷、压缩、制冷、净化、分离精制等。

为了获得较高的乙烯收率,裂解反应要在高温、短停留时间和低烃分压的条件下进行。通常裂解炉的反应温度 800~900℃,反应物停留时间一般仅 0.01~0.7s。因此加热时必须要用很高的热流密度以尽快加热。

自裂解炉出来的高温裂解气，如不迅速冷却，将发生二次反应。二次反应将导致烯烃收率降低，结焦趋势加剧。因此，裂解气首先进入急冷设备迅速降温以终止反应，并回收裂解气的热量，用以产生动力用蒸汽。降温后已停止反应的裂解气还要经油洗、水洗以除去液相产物，并最终冷却到常温。

裂解炉是乙烯装置的核心设备。急冷废热锅炉也很重要。过去曾用过喷水急冷，不仅浪费了能源，且大量冷却水排放出去也污染了环境水体。

裂解炉的原料气中要掺水蒸气，既有利于提高裂解炉管内流速，保证传热和减少结焦，又可降低烃汽分压。如能提高气温，则对裂解有利。水蒸气过热要比裂解气加热的技术困难小得多。蒸汽过热炉的结构可参见有关资料。

11.6.2 裂解炉结构

裂解炉要满足高热流密度、短停留时间和低烃分压等要求，技术困难较大，因此裂解炉研制成功被认为是化学工业炉的一大成就。

裂解炉现全都用管式炉。通常都采用侧烧型或梯台型。有的把梯台倒过来，即烧嘴放在拱顶，火焰由下而上，被称为倒梯台型。这样梯台型改称正梯台型。

Lummus 公司的 SRT（Short Residence Time）型裂解炉应用较广，并已逐步形成 SRT-Ⅰ、SRT-ⅡHS（High Severity）、SRT-ⅡHC（High Capacity）、SRT-Ⅲ和 SRT-Ⅳ型裂解炉。

图 7-11-18 所示为 SRT-ⅡHS 型管式裂解炉，SRT 型裂解炉都用侧烧型式，但炉底也装了烧嘴。炉底烧嘴的热功率占整个炉子的 20%～35%，可以燃气，也可以燃油。侧壁烧嘴只能燃气，横向加热炉管；也可以用平面火焰烧嘴先加热炉墙再通过辐射加热炉管，这样炉管受的热流密度均匀。

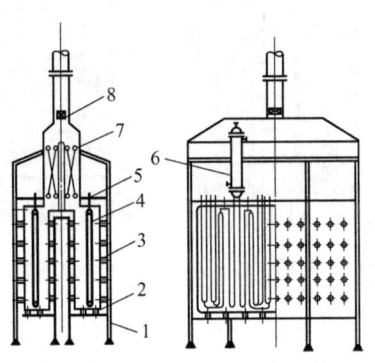

图 7-11-18 SRT-ⅡHS 型管式裂解炉

1—炉体；2—油气联合底部烧嘴；3—燃气侧壁烧嘴；4—裂解炉管；
5—弹簧吊架；6—急冷锅炉；7—对流段；8—排风机

裂解炉的每一炉膛中只装一排炉管，双面接受火焰的辐射。炉管顶端吊住，可向下热膨胀。炉管材料在 SRT-Ⅰ和Ⅱ型上用了 HK-40；SRT-Ⅲ改用 HP-40，SRT-Ⅳ型用了 Cr25%、Ni35%、Nb1.4%、W1.4%。这些炉管都是离心浇铸的。

缩短停留时间在 SRT 裂解炉上几经演变也取得不少进展。SRT-Ⅰ型的裂解区停留时间为 0.6～0.7s，只能裂解乙烷和石脑油。SRT-Ⅱ型采用变管径以保持各段高流速。

SRT-ⅡHS 型中已缩短到 0.3~0.35s 而 SRT-ⅡHC 型为 0.475s，可裂解乙烷、石脑油和轻柴油。

SRT-Ⅲ型除了变管径以外，又采用了 HP-40 耐热合金钢管材和新型可塑性耐火材料，这样可提高炉膛温度达 1320℃。SRT-Ⅲ型的停留时间为 0.431~0.387s，可以裂解的原料更可拓宽到乙烷、石脑油、轻柴油和减压柴油。

SRT-Ⅳ型进一步改进了变管径方案。其间考虑如下问题：前面数程管径改细有利于传热，可对原料升温阶段强化传热以缩短停留时间；且前面数程原料气尚未裂解，温度不高，细管内流速不至于太低。最后一程中需热不如前面数程多，不需要过高的热流密度；相反，气体裂解且升温，体积流率很大，需要大管径以适应之。最后一程结焦可能性大，采用较大管径后不易被焦堵塞，可延长操作周期。

降低烃分压的办法是掺加水蒸气，并且裂解气流动阻力应选择恰当，以免引起过大的压降。掺加水蒸气还可局部清除结焦。

由图 7-11-18 可看出，沿着裂解气流动方向炉管是变管径且逐步合并的。还可以看到急冷锅炉（标号 6）紧挨着 SRT 裂解炉。

Stone-Webster 公司的 USC（Ultra-Selective Cracking）型应用最多，见图 7-11-19。该炉可裂解混合原料，如轻烃、乙烷、丙烷混合裂解，称为共裂炉。USC 型也可以设计成裂解单一原料的炉子，如柴油炉。

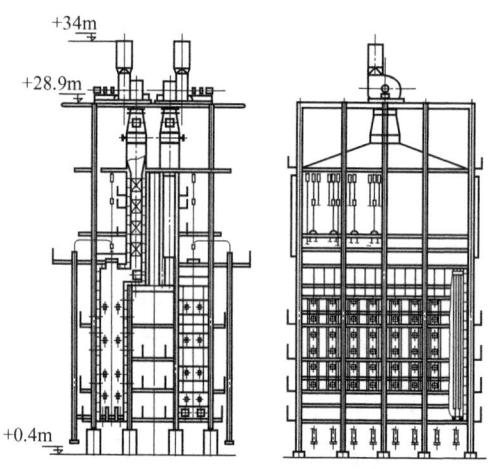

图 7-11-19　USC 型裂解炉（共裂炉）

USC 型的裂解温度 850~900℃，停留时间仅 0.2~0.3s。配有 USX 型急冷锅炉，它是单根套管式的，裂解气管外和外管以内的环形截面中有水作沸腾吸热。

F.W.（Foster Wheeler）型正梯台炉如图 7-11-20 所示。这种炉子可以燃油为主，又可通过调整各炉膛和各梯台下的烧嘴燃料量，对各不同区段的炉管热流密度进行调整，加热也较均匀。所有这些可控制炉管出口温度和停留时间，以达到调整裂解产品组成的目的。但该炉建造费用大，由图 7-11-20 的节点图可知，炉管和支挂拆卸较方便。

三菱油化公司 M-TCF 裂解炉如图 7-11-21 所示。该炉使用了椭圆管，周边受热面在同样流通截面积下比圆管大，特别是接受辐射传热好，因此受热面大，周向加热均匀，可缩短停留时间。

倒梯台炉中烧嘴流向为自上而下，火焰呈平形。顶部和中部两侧壁各有烧嘴，可燃油或

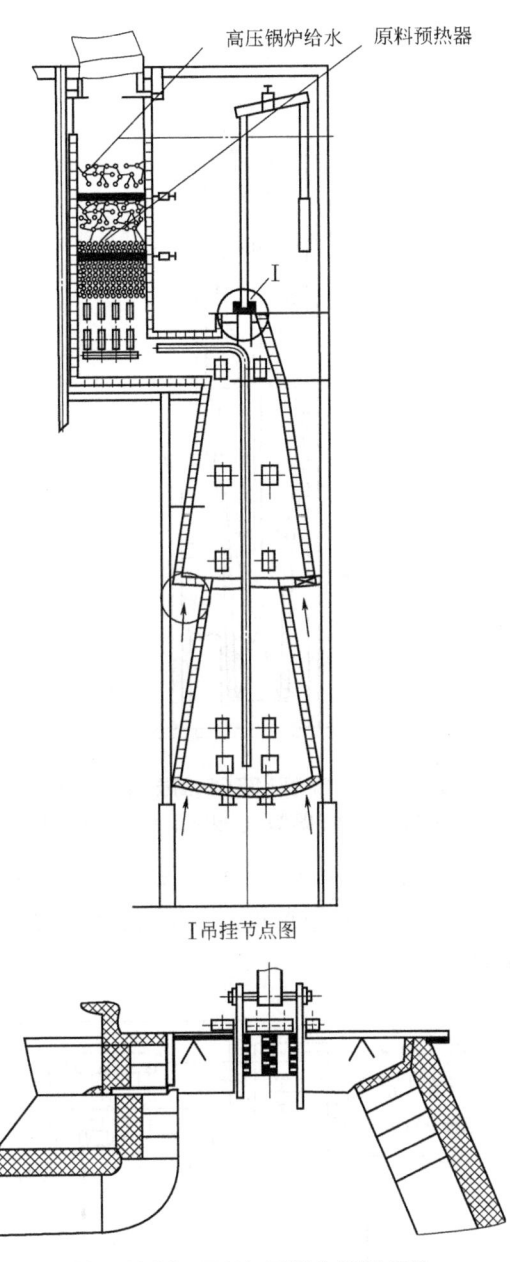

图 7-11-20　F.W. 正梯台型裂解炉

燃气，也可混烧油气。竖直向下喷射燃烧使烧嘴不易结焦，克服了水平烧嘴或向上烧嘴的滴漏或结垢可能性。

Kellogg 和出光石油化学公司协作开发了毫秒裂解炉（Millisecond Furnace，简称 MSF），可裂解煤油、石脑油、柴油等。毫秒炉又称超短停留时间裂解炉（Ultra-Short Residence Time，简称 USRT 型）。

毫秒炉采用小直径炉管，一般内径 25～35mm，停留时间极短，达到毫秒级（<10ms），其目的是提高乙烯收率和选择性。炉管仍从炉顶悬挂，单排双面辐射。烧嘴可用炉底或侧壁式。

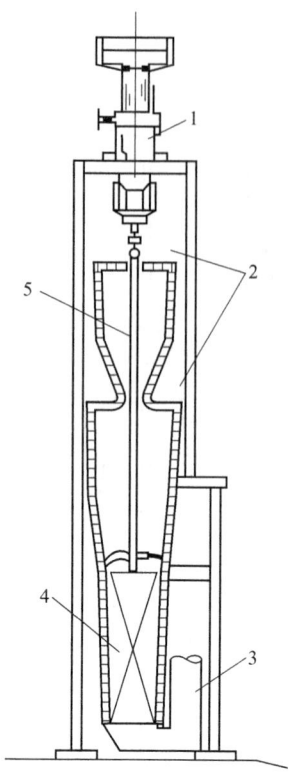

图 7-11-21 三菱 M-TCF 倒梯台型裂解炉

1—M-TLX 急冷锅炉；2—烧嘴；3—烟道；4—对流段；5—辐射炉管

图 7-11-22 为以石脑油和乙烷为原料的 MSF 型裂解炉。石脑油依次与稀释用过热蒸汽和乙烷混合，并在对流段预热后自下而上单程流过炉管，然后立即进入第一急冷锅炉急冷，最后再进第二急冷锅炉和油急冷器。

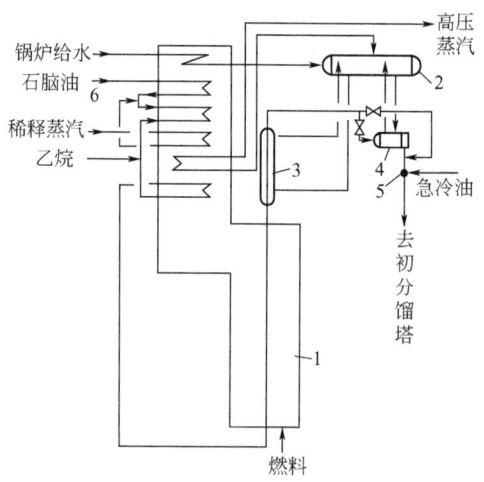

图 7-11-22 以石脑油和乙烷为原料的 MSF 型裂解炉

1—裂解炉炉壁；2—高压汽包；3—第一急冷锅炉；
4—第二急冷锅炉；5—油急冷器；6—稀释蒸汽混合器

以轻柴油为原料的毫秒炉的系统与图 7-11-22 差不多,仅取消了第二急冷锅炉。

毫秒炉的管材采用了 HK-40、HP-40 或 800H 合金钢。离心浇铸或拉制管均有采用,后者易于加工且较廉。毫秒炉采用小口径管带来的问题是易结焦,因此毫秒炉采用在线清焦。毫秒炉可以作为将乙烷、丙烷和石脑油混合裂解的共裂炉。Kellogg 公司的毫秒炉裂解温度极高,裂解柴油时 885℃,裂解石脑油时 899℃。停留时间仅 50~100ms。由于毫秒炉炉管采用 10m 长的直管,阻力降很小,因此其工作压力大大低于其他炉型,有利于裂解。但是裂解产物中乙炔、丙炔含量较高,给后续分离工序带来一些困难。另外数十根炉管并联,要使原料气分配均匀也有一定难度;频繁的在线清焦总带来不便。

图 7-11-23 所示为毫秒炉的炉膛结构。停留时间 50~100ms,采用了 40mm×5.72mm 炉管,管材 800H。炉管为单程。火焰双面辐射。只设炉底烧嘴,炉顶截面收缩,这样炉膛下部气体发生回流返混,且向上的辐射受到斜炉顶反射更多一些,有利于提高底部温度。炉顶处烟气温度由于收缩截面可以均匀一些。下猪尾管不仅吸收热膨胀,而且其阻力较大,有利于各炉管物料的均匀分配。

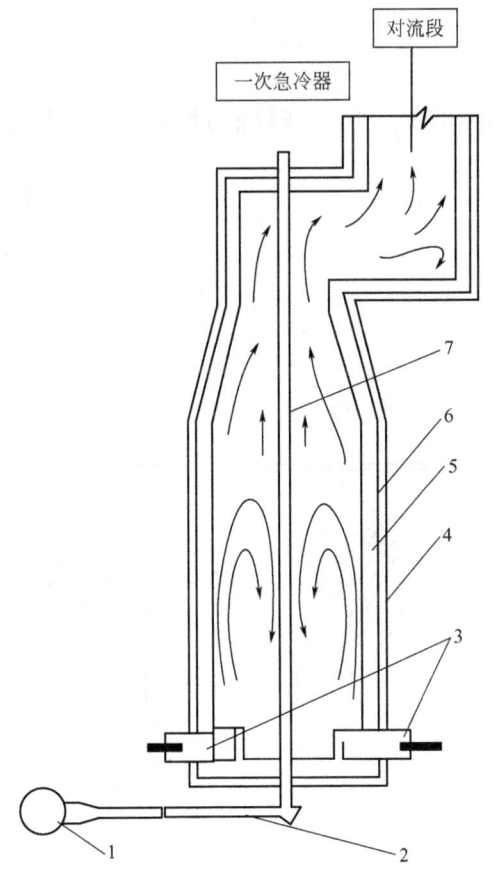

图 7-11-23　毫秒炉的炉膛结构
1—集气管;2—下猪尾管;3—烧嘴;4—炉体外壳;5—陶瓷纤维层;6—保温砖层;7—炉管

在裂解技术的发展中,将稀释用过热蒸汽温度提高到 1000℃ 是很有成效的。此时过热蒸汽与预热到 650℃ 的裂解原料水蒸气混合物按稀释比 0.2 相混合,混合后的温度可达 775℃,比一般裂解炉炉管入口的 650℃ 温度高出很多,这样就有可能提高裂解温度,且缩短停留时间。

不仅裂解炉管内存在着结焦的趋势,而且急冷锅炉冷却管一般属火管式,也有结焦的倾向。停留时间的概念应该包括到冷却管入口。

急冷锅炉的进口分配器是一项关键部件,分配器既要考虑到缩短裂解气在高温区的停留时间,又要尽量均匀地分配裂解气进入各冷却管。否则流量小的管子中流速低,停留时间长,就容易结焦。进口分配器的具体要求是:

① 各冷却管间的流量分配力求均匀。

② 分配器的空间速度是一个考核指标,其定义为裂解气质量流率除以分配器体积后所得的商。空间速度应具有较大的量值,例如,中国兰州化机院与西安交大协作研制的 8000 $t \cdot a^{-1}$ 乙烯装置急冷锅炉进口分配器的空间速度为 17.06 $kg \cdot cm^{-3} \cdot s^{-1}$。

③ 尽量避免或减小裂解气流道内的死滞旋涡区或低速区。

裂解气进口速度高达 200 $m \cdot s^{-1}$,首先要扩压化动能为静压。如果在直线壁锥形渐扩流道中扩压,那么如图 7-11-24(a) 所示,当扩展角较大时,流道的一侧,甚至双侧,从入口处开始就会出现死滞旋涡区,其原因是流道内的压力在入口处上升得太快。如果改如图 7-11-24(b),死滞旋涡区可缩小。图 7-11-24(c) 采用了由常量求出的流道壁曲线,死滞旋涡区不易出现。

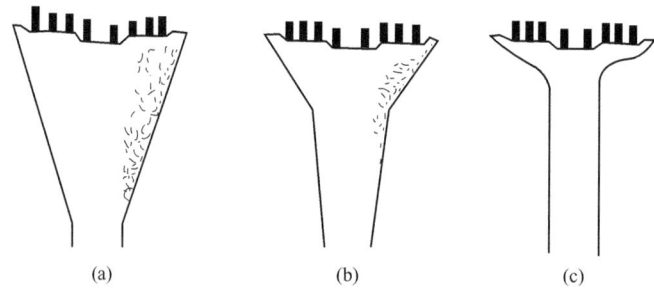

图 7-11-24 扩压流道示意图

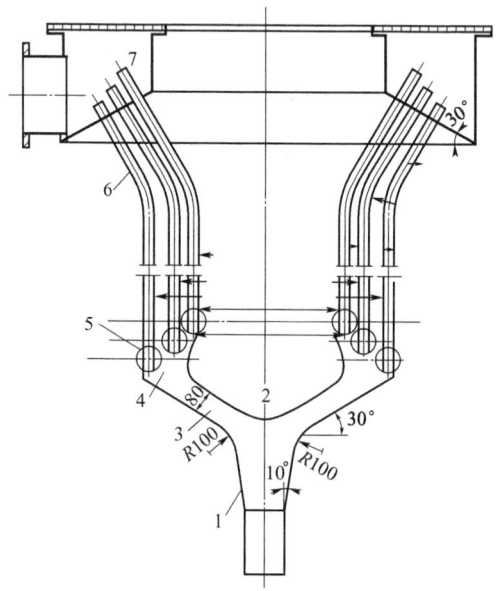

图 7-11-25 8000 $t \cdot a^{-1}$ 乙烯装置急冷锅炉所用进口分配器

1—扩压流道;2—分流体;3—岔道;4—集流管入口前的空腔;5—集流管外壳;6—冷却管;7—出口联箱

图 7-11-25 是 8000t·a^{-1} 乙烯装置急冷锅炉所用进口分配器，图 7-11-26 是双套管椭圆集流管板急冷锅炉（Schmidt 型）。

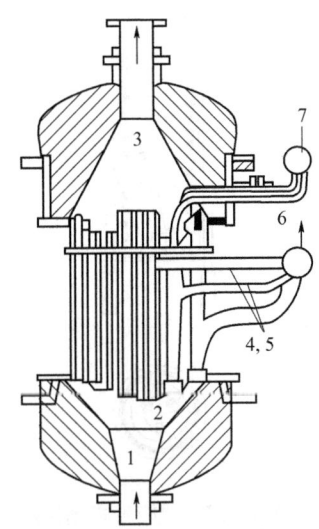

图 7-11-26　双套管椭圆集流管板急冷锅炉（Schmidt 型）
1—裂解气入口；2—冷却管；3—裂解气出口；4—集水管；5—水的下降管；
6—气水混合物的上升管；7—气水混合物集合管

　　裂解炉和急冷锅炉炉管中结的焦主要是碳，并有一些重组分烃的聚合残余物。焦质地坚硬，很难清除。如要彻底清焦，必须打开炉管用水力涡轮机驱动的旋转刮刀进行水力清焦。其次可用蒸汽空气混合物烧焦，也称在线清焦。这种清焦时管壁升温所产生的热膨胀应为设备所能承受。在线清焦已在毫秒炉等裂解炉上使用。清焦时间需 8～12h，两次清焦之间的运行周期 7～10d。清焦时排出的气体需返回裂解炉燃烧，不可直接排放而污染大气。此外还有研究开发结焦抑制剂。

11.7　加热炉

11.7.1　管式加热炉

　　管式加热炉都燃油或燃气，应用极广。
　　圆筒炉适用于 581kW（相当于 833kg·h^{-1} 蒸发量蒸汽锅炉的供热能力）以下的热功率。炉体呈圆筒形竖直放置，占地小。
　　图 7-11-27 所示为螺旋管式圆筒炉，炉管沿筒壁螺旋布置，火焰由炉底竖直向上。适用于 349kW 以下的小型炉。但无对流受热面，热效率低。
　　图 7-11-28 所示为立管式圆筒炉。吊挂膨胀简单，竖直的炉管抽出更换方便，不占更多地面。热效率仍低。
　　图 7-11-29 的圆筒炉已带有对流受热面，热效率有所提高。

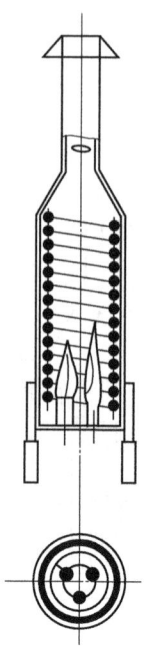

图 7-11-27　螺旋管式圆筒炉

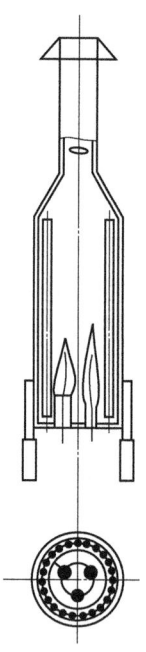

图 7-11-28　立管式圆筒炉

如要设计热功率大一些的管式炉，圆筒炉不是最佳方案，因为炉膛太大。如在炉膛内布置炉管，结构很复杂。这时应考虑选用立式炉。

立式炉炉体形如房屋，顶上有对流段。一般炉膛顶部两侧角正是死滞旋涡区，斜炉顶恰巧削掉了死滞旋涡区，适宜于中型和大型加热炉。炉底有烧嘴，火焰自下向上。炉管可有立式或卧式，卧管抽换需事先留出空地，因此占地面很大，但卧管在某些情况下也有优点，例如，可用带堵头的回弯头连接以便于清焦或清洗，停炉后能完全排出管内物料；管内多相流

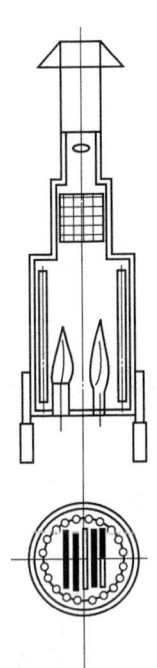

图 7-11-29 带有对流段的圆筒炉

不易出现异常流态。立管有许多优点,诸如,炉管支承简单,支承件的合金钢消耗量小;管子自重不会引起弯曲应力;管系热膨胀容易处理。

图 7-11-30 所示为单室立式炉,全用卧管,如所有立式炉一样采用炉底烧嘴,适宜加热油品。

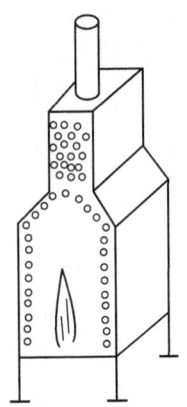

图 7-11-30 单室立式炉

图 7-11-31 的立式炉的火焰是附墙的。该炉也称为双炉膛型。炉底烧嘴的火焰贴着中间隔墙流动,隔墙烧得灼热,参与辐射传热,因而炉管所受的热流密度均匀。

图 7-11-32 是名副其实的多室(多炉膛)立式炉,可用于较大的热功率。

图 7-11-33 的立管立式炉,一改前三种的传统,采用立管。也可如图 7-11-34,发展成为拱门形立式炉,已属多室炉,适宜于加热流量大而压力降小的气体,例如过热水蒸气。炉管成拱门形,或称倒 U 形,支承膨胀都很简单。

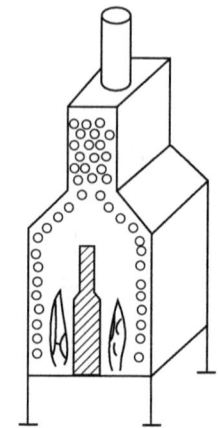

图 7-11-31　附墙火焰立式炉

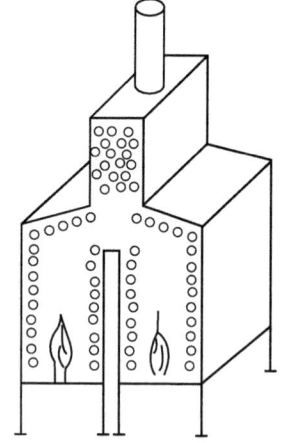

图 7-11-32　多室（多炉膛）立式炉

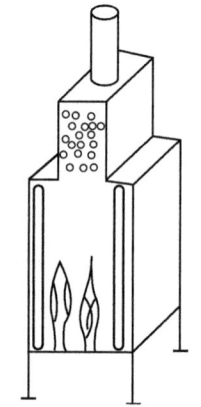

图 7-11-33　立管立式炉

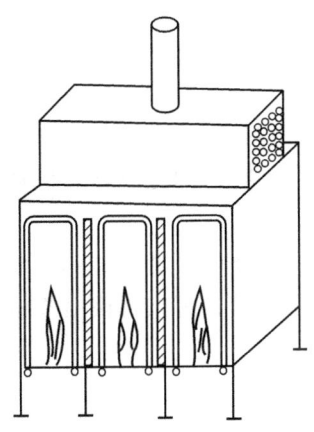

图 7-11-34 拱门形立式炉

侧烧和梯台型裂解炉及一段转化炉，如图 7-11-18～图 7-11-23 和图 7-11-12、图 7-11-13，实际上都是立式炉的变形，已成为成熟的专用炉型。但造价贵，不宜用于加热炉。此外大多不能全部燃油。

当热功率更大，达到 116MW（相当于 167t·h^{-1} 蒸发量）以上时，应考虑采用箱式炉。箱式炉实际上是立式炉大型化的变形。这时烧嘴可以用顶烧、侧烧和梯台炉等布置。对流段由炉顶移至侧面地上，如图 7-11-7 所示。

图 7-11-35 是圆筒炉和立式炉所用的炉底油-气联合烧嘴，可燃用减压渣油或其他重质油。油喷嘴用内混式蒸汽雾化。一次风被引射抽入燃烧区，另有二次风道。一、二次风均属平流，燃气由图示的四周喷枪喷入，其流向以 70°交角相聚，但实际上被迅速卷入空气流，这种烧嘴有两级火道，火道壁面应与油雾炬扩展角外缘接近平行。其间的间隙尽可能小一些，至多不超过 10～15mm。

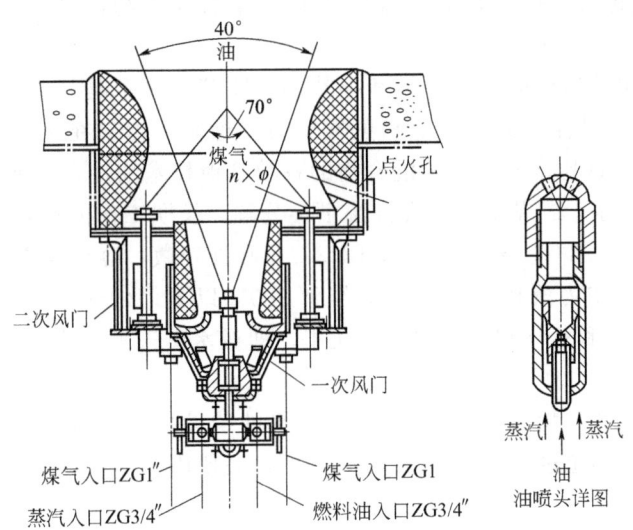

图 7-11-35 圆筒炉和立式炉所用的炉底油-气联合烧嘴

管式炉炉管的热流密度应做到比较均匀。虽然平均热流密度一般 20～90kW·m^{-2}，但由于不均匀，局部热流密度可能达到 100～300kW·m^{-2}。当热流密度过高时，炉管就可能因局部壁温过高而烧毁。

管式炉的对流段位于炉顶上，受到其位置和支承装置的限制，不宜装用庞大的空气预热器。因此炼油厂常减压蒸馏装置中一方面只用冷的油料作为吸热介质，在炉顶的烟气油料换热器中吸收烟气废热，另一方面，流程中别的热油在地面上的空气预热器中加热助燃用的空气。这股加热空气的热油是从原来加热冷油料的换热器倒换出来的。这称为"冷进料、热油预热空气"系统。

过去对烟气-油料换热器设计时取最小温差 100~150℃。现在在对流受热面上采用了横肋管（翅片管）、钉头管和高效吹灰器等，可以将该温差缩小到 50℃ 左右，这样可提高炉子热效率 2~6 个百分点。

11.7.2　热载体加热炉

有许多工业的工艺中，加热要求受到严格控制。直接受到火焰辐射这时是不允许的，因此常采用热载体进行间接加热。通常总用液态热载体。

选择热载体时应考虑其热稳定性和使用寿命；又要求凝固点低，压力不高时汽化饱和温度很高以及热导率高；如还要利用汽化潜热，潜热也应很大；无毒或至少毒性轻微；无臭；闪点高以防火灾；腐蚀性小；资源和价格能被接受。

热载体的最高使用温度是重要的判断指标。其寿命也应注意，例如，对 YD 系列导热油规定经常监测酸度、黏度、闪点和残碳。

水及其饱和蒸汽是传统的热载体。从绝大多数观点看来，水的性能都好。但水只能用于 200℃ 以下，因为其对应饱和压力随温度升高而增加得太快，如 200℃ 时饱和压力 1.5MPa，300℃ 对应于 8.5MPa，350℃ 对应于 16.6MPa。高压设备的制造费用惊人，此外，过热蒸汽的热导率不好。

当工作温度很高时，应考虑用液态钠（500~900℃）或钾（400~800℃）作为热载体，但技术较复杂，熔融无机盐，如硝酸盐和亚硝酸盐的混合物，可以在常压下用到 530~540℃，而其凝固点为 142℃。

目前工业上所用的热载体有联苯类和导热油。联苯类之一是二苯混合物，系由 26.5% 联苯和 73.5% 联苯醚混合而成。其饱和蒸气压力（绝对压力）在 200℃ 和 300℃ 时分别为 24.5kPa 和 520kPa，远比水好。二苯混合物的各项其他技术物性，如液态比热容、热导率、汽化潜热等都略逊于水。二苯混合物在高温下会分解，长期工作的最高工作温度 385℃。常压下的饱和蒸气温度 258℃。凝固点只有 12.3℃。毒性轻微。容易渗透和渗漏。

二苯混合物可以作为液相来使用，工作于 280℃ 以下即像热水那样，也可以在 280~380℃ 的范围内作为饱和蒸气和不饱和液体使用，即像水蒸气那样利用其汽化潜热和液体显热（即液相焓）。

热油类热载体包括矿物油和导热油。22# 透平油的最高工作温度为 280℃。芳烃三线油的最高使用温度最好不超过 285℃。YD 导热油的最高使用温度自 250℃ 至 340℃ 不等，随牌号而异。

热油类热载体都只利用其液体显热。

图 7-11-36 所示为水管式联苯炉，其设计热功率为 1.16MW。该炉燃用煤气，也可另行设计成燃油或燃煤。该炉生产联苯蒸气，仅需适当提高工作压力至 883kPa 即可产出温度 385℃ 的联苯蒸气。水管式炉适用于较大的热功率容量。

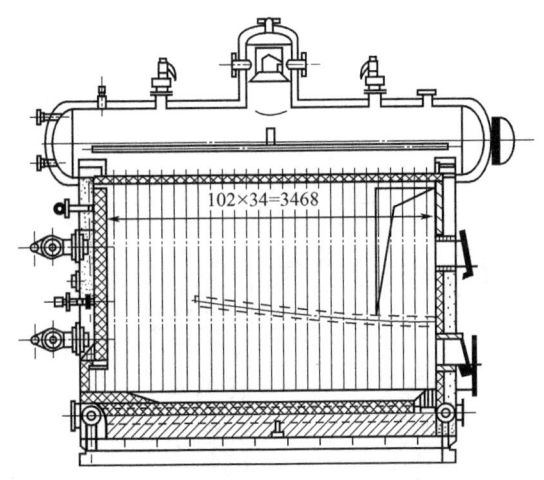

图 7-11-36 水管式联苯炉

小容量联苯炉也可用圆筒炉型式。此时因为没有汽包，只能利用液相显热。

热油炉应用广泛。根据我国的能源政策，热油炉大多燃煤，某些工业部门，出于各种具体情况，也可采用燃油或燃气的热油炉。

图 7-11-37(a)～(c) 示出三种顶烧燃油燃气圆筒形热油炉，(d)、(e) 系底烧型，(f) 系卧式炉。图 (a)、(c)、(e) 和 (f) 系卧管式，图 (b) 和 (d) 系立管式，这种热油炉采用直流锅炉型式，炉管布置比较灵活。顶烧炉和卧式炉内炉管分成三层，依次套装入炉内，分别接受对流和辐射传热。燃料燃烧产生的烟气先对内层炉管辐射传热，然后在射流自然形成的流场作用下（必要时也可以在炉管间加烟道隔墙）沿炉子四周回流，作对流加热，最后排出。底烧炉与 11.7.1 节的圆筒加热炉完全一样，炉管只一层，对流段设在顶上。所有这些热油炉的热功率自 233kW 至 1.4MW，相当于 $0.33\sim 2\mathrm{t\cdot h^{-1}}$ 蒸发量，属于小型热油炉，也可用于联苯的液相加热。

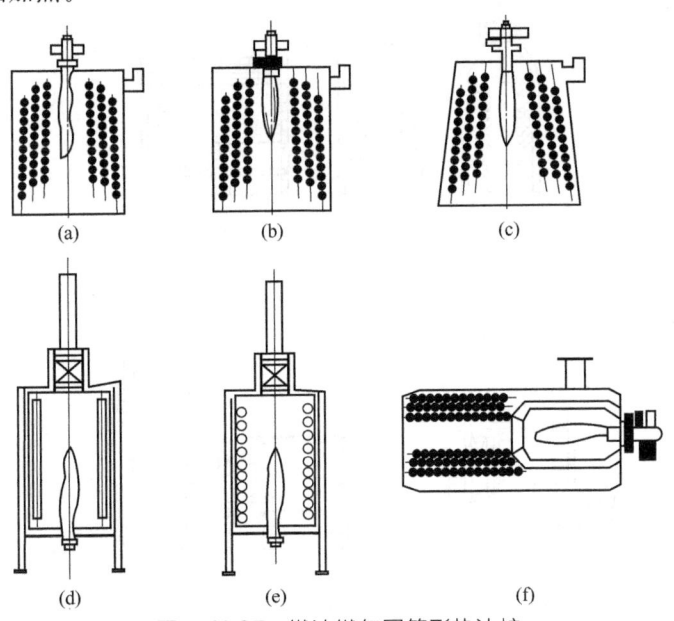

图 7-11-37 燃油燃气圆筒形热油炉

图 7-11-38 所示为 872kW 热油炉,该炉型为 Konus 型。炉子内的多层炉管及炉体外壳都是圆锥形的,其示意图见图 7-11-37(c)。因为烧嘴喷出的火焰也呈锥形,所以锥形排列的炉管与火焰表面是协调的,各处距离相等,这样炉管的热流密度比较均匀。

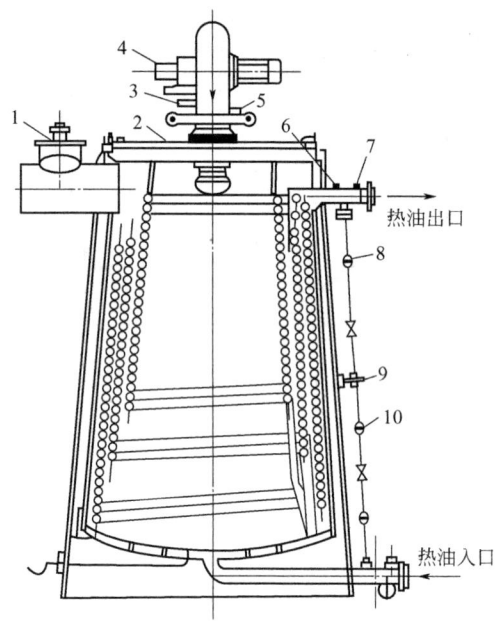

图 7-11-38　热油炉

1—防爆门；2—燃烧器；3—电磁阀；4—看火孔；5—光电管；
6—阻止热油过热的阻温器；7—控制热油温度的恒温器；
8—虹吸压力表；9—差压开关；10—截止阀

图 7-11-39(a) 和 (b) 是两种圆筒形燃煤热油炉。图(a) 为手烧炉排,司炉工作条件艰

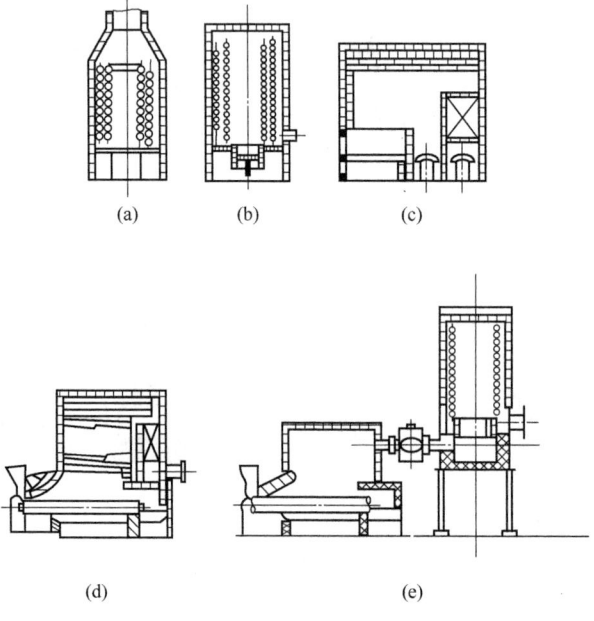

图 7-11-39　燃煤热油炉

苦，且常冒黑烟，污染大气，热效率也低。图（b）为抽板顶升炉排，使用特殊机构顶推新煤上升。新煤自下方饲给燃烧，这样所释出挥发分在灼红火床中燃尽，解决了冒黑烟问题。顶推饲煤任务完成以后有一抽板插入炉底托住火床而顶升机构另行加新煤准备下一循环。下次顶推前将抽板抽出，也有采用了饲炉排。这两种炉排适合于581kW以下的热油炉。

图7-11-39(c)为方箱形手烧热油炉。这种炉子适用于较大热功率，但不恰当地用了手烧炉排，又系散装，即将零散管子和耐火砖运到现场安装，既费时又不易保证质量。图7-11-39(d)为快装锅炉型热油炉，采用链条炉排，也可用水平往复推饲炉排，燃烧得较好，结构也紧凑，可整体运输和吊装。目前已用到2.33kW的热功率容量。图7-11-39(e)是分体式热油炉，适合于将单台或数台圆筒形燃油炉改造成燃煤的场合。

图7-11-40是一台465kW燃煤热油炉。其燃烧设备是手烧加上可转动炉排。虽然出渣稍方便，但司炉劳动仍艰苦。现在应改用抽板顶升炉排或下饲式。这种炉型属于圆筒形，其炉膛顶部盖有挡火顶，烟气对炉管作对流传热后才能绕过挡火顶流入烟囱。

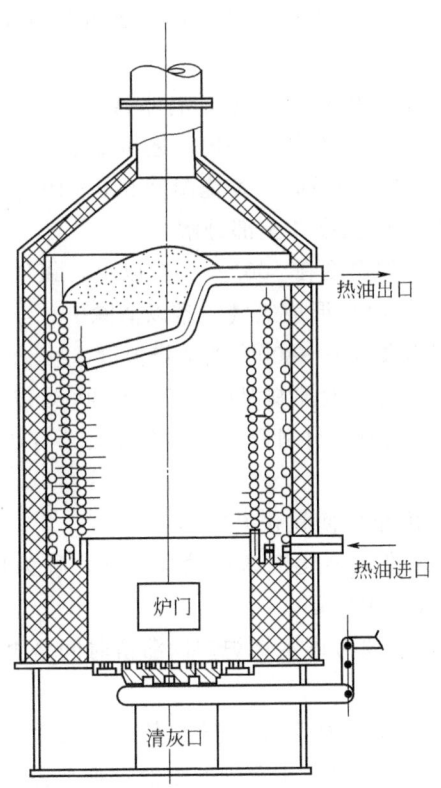

图 7-11-40　465kW 燃煤热油炉

11.8 焚烧炉

对工业废渣、废液、废气和城市垃圾进行处理，焚烧也是一种常用的方法。有些焚烧炉的炉渣可以用作肥料，不可燃的工业废渣应该填埋。

例如，造纸工业的黑液，含约25%碱及木素等有机物质，经焚烧处理，可回收碱，并防止排放有害废水。因含水太多，应先浓缩到水分占30%～50%的浓黑液，经专门的喷嘴喷入焚烧回收炉中，有机物烧掉而无机物被还原，生成的碳酸钠和硫化钠沿炉膛底部流出并回收。黑液炉的空气沿炉膛高度分段送入。炉底保持还原性气氛。

11.8.1 焚烧炉中焚烧过程的控制

在化学工业中会遇到含有乙二醇、丙烯酸、丙烯腈、醋酸酯（盐）、有机硫化物、对苯二甲酸酐、醛、酚、有机磷酸酯（盐）等的废液；含有氰化氢、乙醛、硫化氢以及烃类气体等的废气；污泥、炭黑泥浆等废渣。其中有些污染物可以采用焚烧的方法来处理[9]。

焚烧可使有害物质在高温下氧化、热解而被销毁。废渣焚烧机理有两种，即先分解析出挥发分而挥发分在炉内遇氧作扩散火焰燃烧；也有些废渣不会分解，只是在固体表面上发生燃烧化学反应。

焚烧也需要高的温度、强烈的湍动混合以及足够的时间，参见11.2.2.2节。

一般而言，提高焚烧温度有利于有机毒物的分解和销毁，并可抑制黑烟的产生。但过高的焚烧温度不仅增加了燃料消耗，而且增加废料中金属组分的挥发和升华，以及促进氧化氮生成。

焚烧温度对有机毒物的分解和氧化破坏影响非常大。大多数有机物的焚烧温度应在$800\sim1100℃$之间，通常在$800\sim900℃$的范围内。还可归纳出下列经验：

① 产生粒径小于$1\mu m$的炭黑颗粒时，焚烧温度$900\sim1000℃$可使之燃尽。

② 氰化物需要$850\sim900℃$的温度才全部分解。

③ 含氯化物的废物焚烧时如温度在$800\sim800℃$以上，氯气可以转变成氯化氢。氯化氢容易洗涤除去。温度低于$800℃$时会形成氯气，难以清除。

④ 脱臭（即除臭）处理需要$650\sim800℃$的焚烧温度。

⑤ 含碱土金属的废物焚烧时一般控制温度于$750\sim800℃$以下。这是因为碱土金属盐类一般为低熔点化合物，容易侵蚀耐火材料等，除非燃煤夹杂有灰分掩盖了碱土金属盐类的影响而形成高熔点炉渣。

⑥ 超过$1500℃$的焚烧温度会促使氧化氮增加。

也可以在$300\sim450℃$的温度用催化剂床层焚烧废气，称为催化焚烧。但废气中不能含有大量粉尘以防催化剂床层被粉尘堵塞。

当焚烧温度获得保证以后又要考虑焚烧炉炉内滞留时间是否足以使有害物质销毁。这方面的经验可归纳为：

① 对于一般有机废液的焚烧，在雾化质量和焚烧温度都获得保证时所需滞留时间为$0.3\sim2s$，而实用上为$0.6\sim1.0s$；含氰化合物的废液较难焚烧，所需滞留时间较长，约$3s$。

② 废气除臭所要求焚烧滞留时间一般在$1s$以下，例如油脂精制工厂产生的恶臭气体，在$650℃$焚烧温度下只需$0.3s$滞留时间即可达到除臭目的。

设计焚烧炉时还应该按焚烧过程所要求的炉膛内滞留时间增大$20\%\sim50\%$，以保证一定裕度。

焚烧炉的配风也是根据化学计量的空气量乘上过量空气系数来考虑。化学计量耗氧量称为COD值，以每克废物的化学计量耗氧量的质量来表示，可按化学反应方程式求出。例如甲醇的COD值为$1.50g\cdot g^{-1}$。如果废物的有机组分很复杂，需用试验测定。过量空气系数，对于废液废气焚烧炉取为$1.2\sim1.3$，废渣焚烧炉取为1.5。

如果测出了废物的COD值，那么可近似地估算其低位发热量。

11.8.2 焚烧炉类型

图 7-11-41 所示为一炉排式焚烧炉的工艺流程图。这是倾斜推饲炉,并以油作为辅助燃料,焚烧废渣,这台炉子因为废热量不大,没有废热回收,这对焚烧炉是可以允许的。

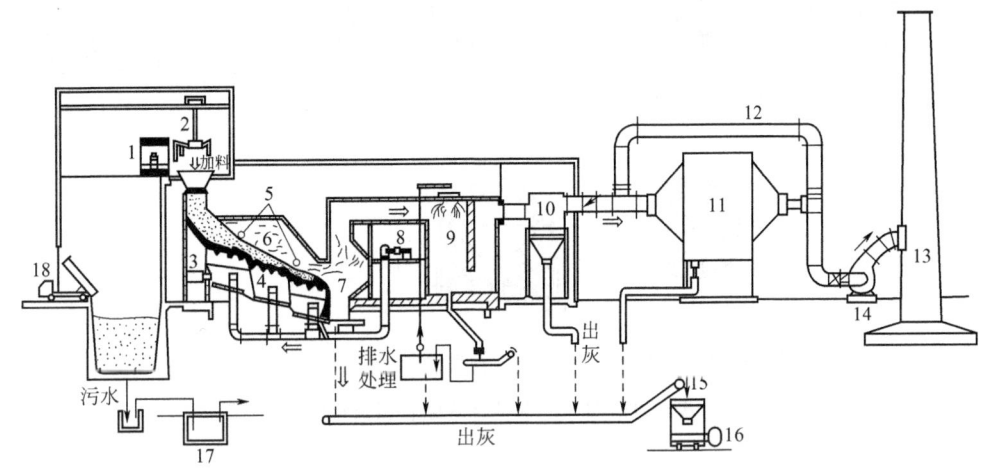

图 7-11-41　炉排式焚烧炉的工艺流程图
1—操作室;2—桁车;3—热风炉;4—空气室;5—燃料烧嘴;6—燃烧室;7—二次燃烧室;
8—送风机;9—冷却除尘室;10—除尘器;11—电除尘器;12—烟道;13—烟囱;14—引风机;
15—灰斗;16—出灰车;17—污水储槽;18—料斗

图 7-11-42 所示为一台倾斜床式焚烧炉,适宜于粒度极细的废渣以及污泥,因为它们不能搁置在炉排上焚烧。但是废渣中只能含有挥发性可燃组分。污泥等加入后落入辅助燃料的火焰中,然后沿倾斜床面渐渐焚烧。

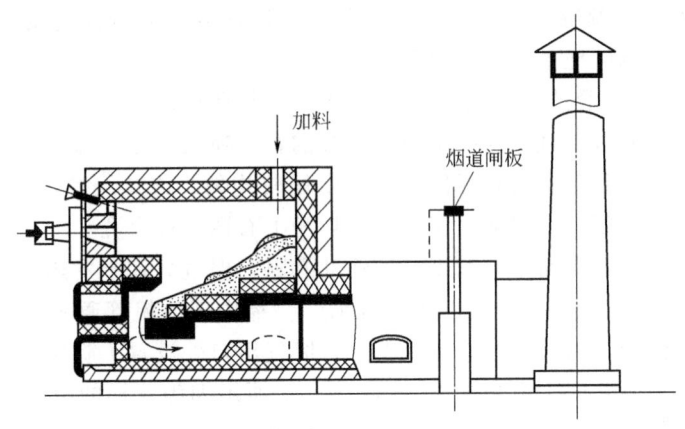

图 7-11-42　倾斜床式焚烧炉

图 7-11-43 是逆流焚烧式回转窑焚烧炉,广泛用于焚烧污泥、渣浆、废活性炭、塑料、沥青等。焚烧温度 1000℃,炉内滞留时间 1h。窑以 $1r \cdot min^{-1}$ 旋转,并补以燃油。废渣在窑内多次翻动落下,因此可充分焚烧。这台窑是逆流焚烧的,废物和空气逆向流动相遇,热量利用充分,但臭气不能焚烧而需另设除臭炉。

废液焚烧时也需先雾化。图 7-11-44 是组合式废液喷嘴,可联合燃油和燃废液。废液和

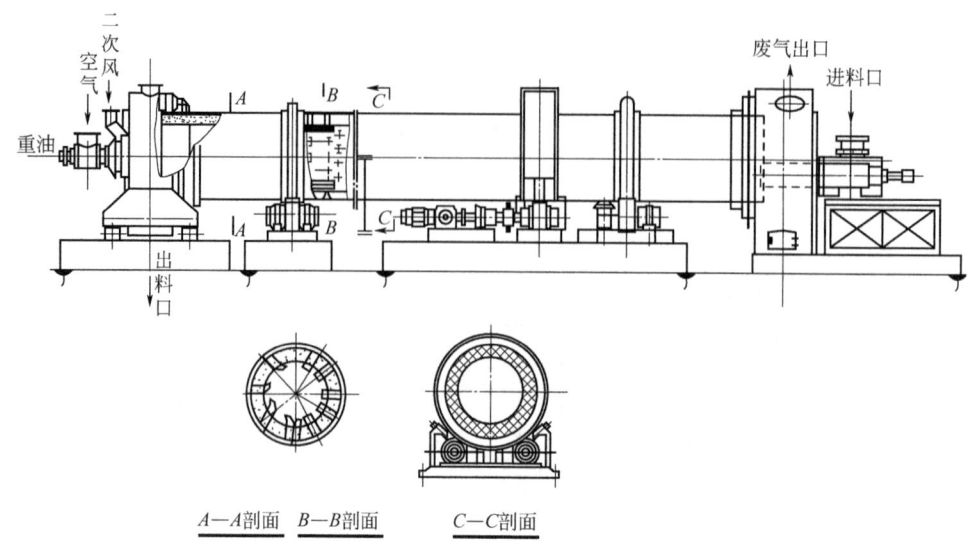

图 7-11-43 逆流焚烧式回转窑焚烧炉

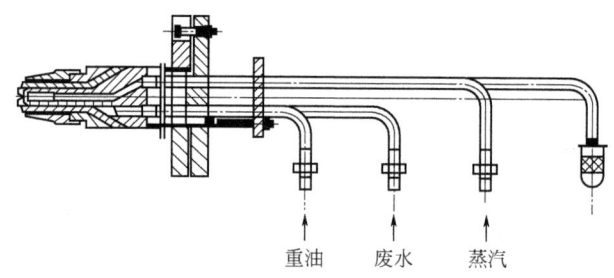

图 7-11-44 组合式废液喷嘴

重油均用 Y 型蒸汽雾化喷嘴。组合式烧嘴所焚烧的废液要具有较高的发热量，不宜焚烧低发热量废液。图中右端的把手很长，便于拆装。

图 7-11-45 是配置组合式烧嘴的立式焚烧炉。立式炉占地小。立式炉顶端有一组合式废液烧嘴。一部分空气通过 36 根环向 60°倾角布置的管子喷入，在炉膛中心处汇合，交角 60°。这种两级配风一般可有利于着火和促使炉内温度场较均匀。该焚烧炉炉膛设置了两个束腰，可以提高束腰上游的温度，并增强气流湍动。炉身上有数个窥火孔。

废气焚烧炉也用组合烧嘴来喷射废气和辅助燃料，但也只宜于发热量高的废气。

图 7-11-46 是一废气和气体燃料的组合烧嘴。烧嘴中部的粗管通入废气，周围装有一圈燃料气喷嘴。为了使废气与火焰烟气混合得好，废气出口处设置了旋流导向叶片。

废气和废液也可合并用于组合烧嘴。图 7-11-47 所示即为这样的组合烧嘴。废液用高压空气雾化。含酸冷却水也喷入以回收盐酸，这种烧嘴是用于氯乙烯装置中废液及二氯乙烷废气焚烧炉上的，所用卧式焚烧炉见图 7-11-48。补燃的升温用煤气从另一喷口喷入炉中。废液、废气的组合式烧嘴和煤气喷口都装于炉膛前端，一上一下。烟气转弯两次后引入急冷器，冷却并除去氯化氢而回收盐酸。

11.8.3　焚烧炉的污染抑制

焚烧炉是用以销毁有害有毒物质的，然而化学工业炉本身就是一种容易排放有害物质的

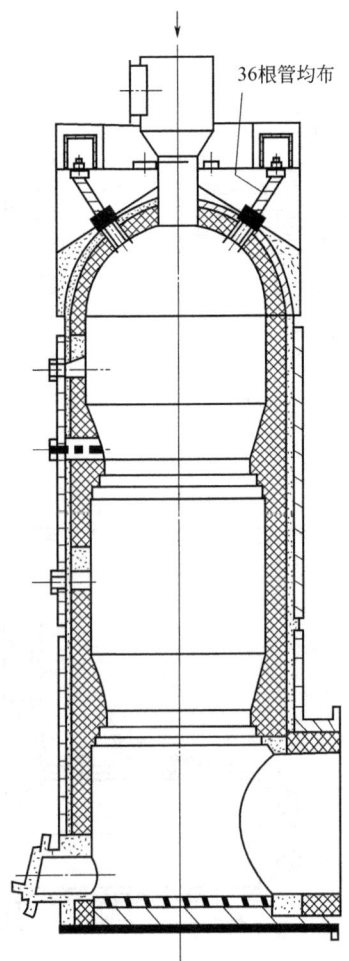

图 7-11-45 配置组合式烧嘴的立式焚烧炉

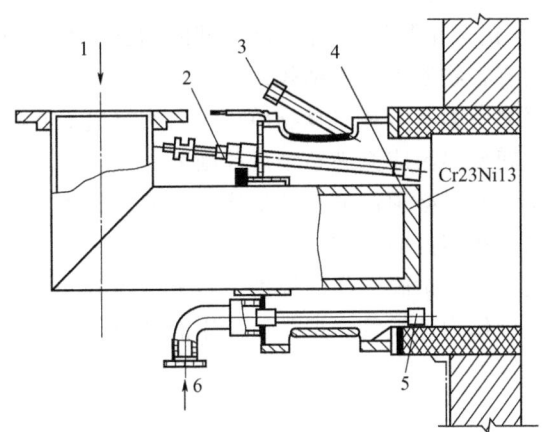

图 7-11-46 废气和气体燃料的组合烧嘴

1—主气体入口；2—点火器；3—观察孔；4—气体燃烧器；5—气体喷嘴；6—集气箱气体入口

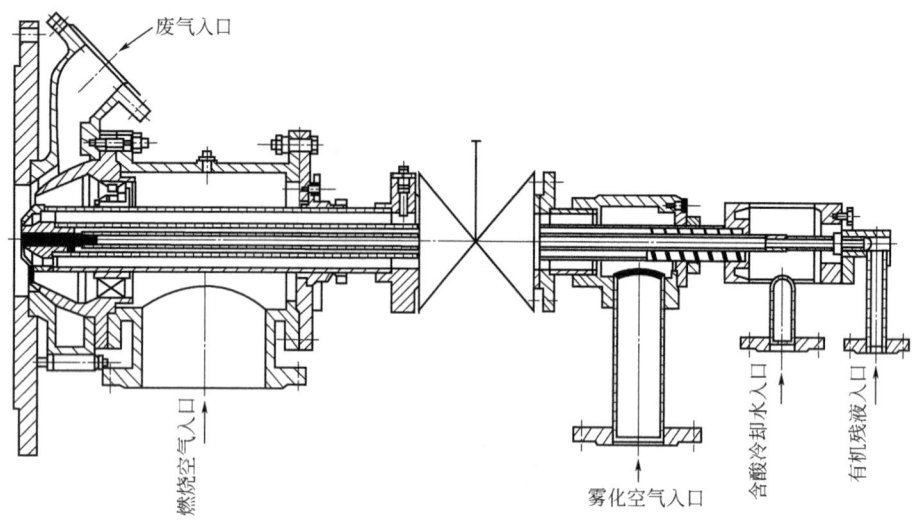

图 7-11-47 废气和废液合并用于组合烧嘴

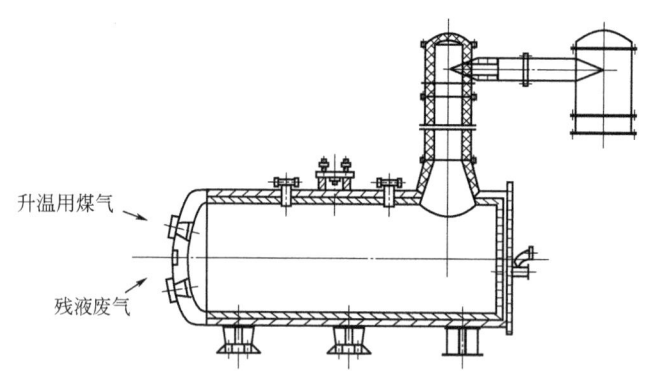

图 7-11-48 卧式废液废气焚烧炉

设备。所以焚烧炉的排放控制十分重要。

图 7-11-44 立式焚烧炉的双束腰以及图 7-11-47 卧式焚烧炉出口的两道转弯都可以大大增强湍动掺混,使残余的有害物质进一步销毁。

垃圾焚烧炉出口烟气之中的有害和恶臭物质可用二次风组织旋涡使之在炉膛空间中焚烧至尽。研究指出,这种空间旋涡区应充满整个炉膛断面。

研究更指出,前后墙二次风必须保证其动量流率足够大,才能造成大的旋涡区。这个大的旋涡区应放置在烟气温度相当高的区域。

炉膛中部设置束腰更可提高炉膛下部的温度,以充分发挥下部空间旋涡区的燃尽作用。因此束腰和前后墙二次风可作为垃圾焚烧炉排放控制的措施。

参考文献

[1] 许晋源,等. 燃烧学(修订本). 北京:机械工业出版社,1990.
[2] 秦裕琨. 炉内传热. 第2版. 北京:机械工业出版社,1992:107-113.

[3] 化工部工业炉设计技术中心站. 化学工业炉设计手册. 北京: 化学工业出版社, 1988.
[4] 重庆建筑工程学院, 等. 燃气生产与净化. 北京: 中国建筑工业出版社, 1984.
[5] 郭树才, 等. 煤化工工艺学. 北京: 化学工业出版社, 1992.
[6] 林宗虎, 等. 锅炉手册. 北京: 机械工业出版社, 1989: 242-264.
[7] 周玉铭. 二段转化炉的模型研究及燃烧过程预测. 西安: 西安交通大学, 1983.
[8] 李作政, 等. 乙烯生产与管理. 北京: 中国石化出版社, 1992.
[9] 张永照, 等. 环境保护与综合利用（修订本）. 北京: 机械工业出版社, 1989: 23-65.

12

数值传热

12.1 概述

最近几年，人们越来越重视友好的能源环境、安全快捷的运输、新材料的研发、能量传输的有效性等，传热的研究成为这些领域中的一个重点。传热是一个由于温差而导致热能传递的物理过程，其应用很广泛，从航空引擎、传热制冷到环境变化都有其应用。变化万千的流动与传热过程都受最基本的 3 个物理规律的支配，也就是质量守恒、动量守恒以及能量守恒。

一些产品的性能特点，例如半导体器械，很大程度上取决于材料在生产过程中的热梯度和温度。同样的，电厂中温度和流体分布也会影响它的环境因素，减少污染排放。一些系统的效率，例如电子仪器与发动机等，也受到传热很大的影响。这些需求都需要精确、持续和符合物理现象的传热数据做支持，获得温度和速度的分布，用来进行系统的设计，实现参数控制和优化。

这里举一个例子，横截面是正方形或者长方形的长条放置在空气或者水中，初始温度已知（图7-12-1），求物体内部的温度分布。对于实验来说，人们需要找到一根合适的长条，使用温度测量装置，例如热电偶，测量不同位置的瞬时温度。尽管如此，长条的尺寸、材料、流体性质和温度以及长条内初始温度分布等对结果都有很大的影响，需要进行大量的实验来建立数据库。对于这样一个简单的问题，烦冗的实验步骤是设计传热系统的一个必需的过程。

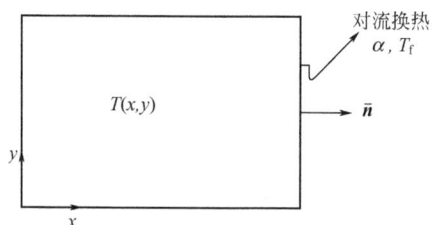

图 7-12-1　横截面为长方形的物体，表面为对流换热时的坐标系
($\bar{n}$ 为物体表面的法向量)

而从数学角度来看，如果是定常问题，方程可以写为

$$\nabla^2 T = \frac{\partial^2 T}{\partial x^2} + \frac{\partial^2 T}{\partial y^2} = \frac{1}{\alpha} \frac{\partial T}{\partial t} \tag{7-12-1}$$

这里，T 是材料任意位置的温度；α 为材料的热扩散率；t 为时间。这里只考虑对流换热，而物体表面的对流换热系数 α 假设为定值。初始和边界条件可以表示为

$$t=0: T=T_r$$
$$t>0: -\lambda \frac{\partial T}{\partial n}=\alpha (T_0-T_f)_r \text{物体表面}$$

这里，λ 为热导率；T_f 为流体温度，T_0 为均匀的初始温度。

这个问题可以通过解析的办法求解，譬如拉普拉斯变换、分离变量等等。这是一个非常简单的热传导问题，而物体的几何尺寸、形状、材料、流体和温度等影响可以通过对方程的无量纲化并结合初始以及边界条件进行求解，从而得出控制参数。对于一维问题，结果可以通过分离变量法得出。而考虑三维热传导的话，尽管某些方法依旧适用，但是求解过程会变得非常烦琐。解析解可以看出问题的自然属性，以及控制参数对结果的影响。

现在考虑一些实际过程中更为复杂的例子。物体的尺寸、形状、材料、横截面积在不同的应用中会有很大的变化。在上个例子中的长条可能一开始的温度不是定值而是坐标的函数，这取决于在流体中热量传输的过程，同时材料属性也可能随温度的变化而有很大的差异。对于均质物体的控制方程可以表示为

$$\nabla \cdot \lambda \nabla T = \rho C \frac{\partial T}{\partial t} \tag{7-12-2}$$

式中，ρ 为密度；C 为材料的比热容。

即使对于传热系数和流体温度都固定的热传导问题来说，传热过程也是比较复杂的。相比较而言，数值方法比解析方法更为适合。数值方法允许各种材料属性等变量的改变，并且不会对计算过程进行较大的改动。此外，一般而言，解析解不总是很直观的，在很多问题上，其结果是一系列的方程。而数值方法可以提供更加直观、形象的答案。

12.2 数学背景

对于这个问题的求解有两种最常见的数值方法：有限差分和有限元（如图 7-12-2）。前者是以变量离散取值来近似微分方程中变量的连续取值。对于此问题，控制方程由热传导区内一系列点的温度来表述。每一个点的空间导数被它临界区域的温度及其之间的距离所取代，从而生成一系列的数学表达式。每一个结点生成一个方程，然后在热传导区同时求解这些方程。每一个结点代表了一个有限的区域，没有重叠的部分。根据问题的不同，可以选择不同的网格。在边界的数值点作为边界条件，瞬时温度分布从而可以用数值运算的方法得到[1]。

有限元法是一种用于求解微分方程组或积分方程组数值解的数值方法。这一解法基于完全消除微分方程，即将微分方程转化为代数方程组（稳定情形）；或将偏微分方程（组）改写为常微分方程（组）的逼近，这样可以用标准的数值技术（例如欧拉法、龙格-库塔法等）求解。在解偏微分方程的过程中，主要的难点是如何构造一个方程来逼近原本研究的方程，并且该过程还需要保持数值稳定性。目前有许多处理的方法，它们各有利弊。当区域改变时（就像一个边界可变的固体），当需要的精确度在整个区域上变化，或者当解缺少光滑性时，有限元方法是在复杂区域（像汽车和输油管道）上解偏微分方程的一个很好的选择。例如，在正面碰撞仿真时，有可能在"重要"区域（例如汽车的前部）增加预先设定的精确度并在车辆的末尾减少精度（如此可以减少仿真所需消耗）。另一个例子是模拟地球的气候模式，预先设定陆地部分的精确度高于广阔海洋部分的精确度是非常重要的[2]。

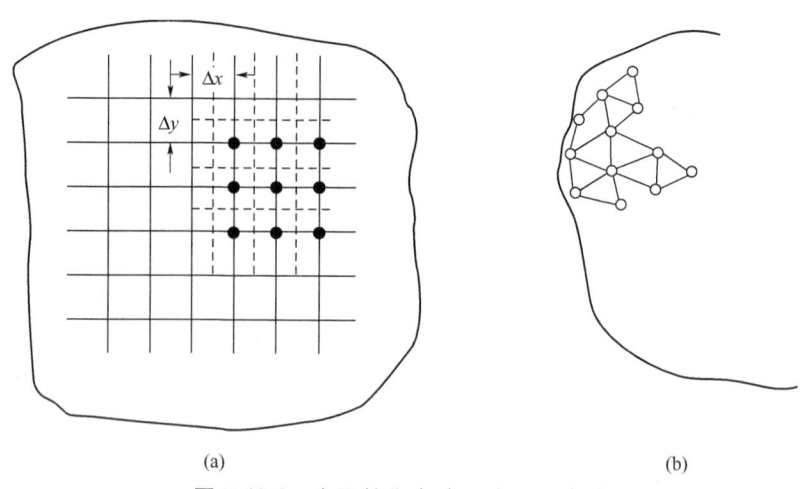

图 7-12-2 有限差分（a）和有限元（b）
网格为三角形

有限元是基于能量守恒的原则。在求解这个问题时，物体被划分为一系列的有限元，这些有限元可以为任意的形状。如图 7-12-2 对于二维热传导问题来说，一般使用三角形的网格，而对于三维问题，四面体经常被使用。对于有限元来说，内部的变化被认为是线性的。积分形式的控制方程要求每一个有限元都有积分方程。积分通过加权余量法等获得，从而满足能量守恒，并得到了计算区域的变量分布。

实际上，边界条件无法像公式(7-12-2)那样简单地表述。换热系数 h 可能要通过一些在相似问题中的实验关联式求得。但是，通常情况下，它通过联合流体方程一起求解，并同时考虑质量、动量和能量守恒。能量方程的解和流体区域相关，除非一些特殊的问题，在流场中产生了温度场。在物体表面，流体和固体的相对速度一般设为零，作为无滑移边界条件的设定。因此，物体表面的热传导主要是通过导热方式传递。因此，物体表面热传导可以用傅里叶定律表示，

$$q=-\lambda_f\left(\frac{\partial T}{\partial n}\right)_0 \tag{7-12-3}$$

这里 q 为材料表面的热损失；$\left(\frac{\partial T}{\partial n}\right)_0$ 为流体在固体壁面的温度梯度，如图 7-12-3 所示；λ_f 为流体的热导率。而对流换热系数 α 可以由下式子计算得出

$$q=\alpha(T_s-T_f) \tag{7-12-4}$$

这里 T_s 为固体表面温度，而对流换热系数 α 则可能是温度和固体表面位置的函数。因此需要对对流方程进行求解来得到 α，然后作为边界条件代入导热方程或者固体表面的能量方程。流体区域可以独立于温度区域，如强制对流换热加定常流动，或者和温度区域相依存，如自然对流换热加不定常流动。数值方法一般应用于对流传热。而解析方法一般用于简单而理想的传热问题。

局部对流换热系数 α 通常可以用 $Nu(x)$ 表示，

$$Nu(x)=\frac{\alpha_x}{\lambda_f} \tag{7-12-5}$$

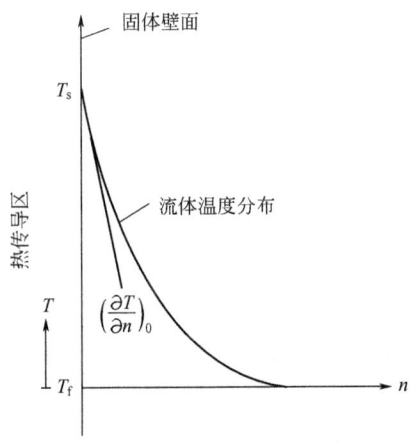

图 7-12-3 导热+对流换热

x 是坐标距离，例如从平面到边界的距离。而平均对流换热系数可以表示为

$$\bar{\alpha} = \frac{1}{A}\int_0^A \alpha \, dA \tag{7-12-6}$$

A 为物体面积。

$$\bar{\alpha} = \frac{1}{L}\int_0^L \alpha \, dx \tag{7-12-7}$$

对流传热的数值解可以由 Nu、温度和流体的分布得出。除了对流和传热，一些传热问题还需要考虑辐射。在考虑辐射传热时，式(7-12-2)可以改写为

$$-\lambda \frac{\partial T}{\partial n} = \alpha(T - T_f) + \varepsilon\sigma(T^4 - T_e^4) \tag{7-12-8}$$

这里，ε 为表面辐射率；σ 为 Stefan-Boltzman 常数；T_e 为辐射环境温度；T 为物体表面温度。所有的温度单位为 K。数值方法适用于求解非线性问题。一般来说，辐射换热需要考虑两个不接触表面之间的能量传递。这类方法用解析方法非常难求解，因为包含了一系列非线性方程和其他的能量传递方程。尽管在一些情况下，对求解问题的简化使得其他一些方法变得可行，但是数值方法依旧最常用于求解包含导热、对流和辐射的问题。

12.3 数值模拟

控制热量传递、质量传递和流体流动过程的方程是基于质量、动量和能量守恒原则。在一些特别的例子里，控制流动和换热的微分方程只包含了一种变量。其他一些包含两个独立变量的问题可以用一种变量形式来表达，由此产生了常微分方程。相似变量法可以对问题进行简化。对于传热和流动问题来说，可以很容易地建立一个两维的二阶方程

$$A\frac{\partial^2 \phi}{\partial x^2} + B\frac{\partial^2 \phi}{\partial x \partial y} + C\frac{\partial^2 \phi}{\partial y^2} + D\frac{\partial \phi}{\partial x} + E\frac{\partial \phi}{\partial y} + F\phi + G = 0 \tag{7-12-9}$$

这里的系数可能是两个独立变量的函数，分别用 x 和 y 以及非独立变量 ϕ 表示。上式

可以简化成一系列的微分方程来阐述热流问题。简化过程可以通过定义系数 A，B，C 等来实现。

通常用于求解稳态问题的拉普拉斯和泊松方程一般由椭圆形偏微分方程表述

$$\frac{\partial^2 \phi}{\partial x^2}+\frac{\partial^2 \phi}{\partial y^2}=0 \tag{7-12-10}$$

$$\frac{\partial^2 \phi}{\partial x^2}+\frac{\partial^2 \phi}{\partial y^2}+G=0 \tag{7-12-11}$$

这里系数 A 和 C 为 1，B 为 0，从而 $B^2-4AC<0$。流动为无黏、稳态、不可压缩和无旋流动，满足拉普拉斯方程。而对于稳态、定常、两维导热问题来说，如果没有热源的参与，是满足拉普拉斯方程的。如果有热源的参与，则满足泊松方程。

传热中最简化的抛物线方程可以表达为

$$\frac{\partial \phi}{\partial y}=A\frac{\partial^2 \phi}{\partial x^2} \tag{7-12-12}$$

式中，系数 B 和 C 为零，从而 $B^2-4AC=0$。瞬时二维热传导可以由下式表示

$$\frac{\partial \phi}{\partial t}=A\left(\frac{\partial^2 \phi}{\partial x^2}+\frac{\partial^2 \phi}{\partial y^2}\right)+G \tag{7-12-13}$$

这里 t 为时间变量；G 为源项。对比两个独立变量的最高阶导数可以看出，上式为时间的抛物线函数、空间的椭圆函数。

在一些机械领域，例如振动、波传导和声波学里面，双曲线微分方程是很常见的。在传热和流体中，双曲线方程表述了超声流动、对流流动和热现象中的波传导等传输现象。一个常见的双曲线方程为波动方程，可以表述为

$$\frac{\partial^2 \phi}{\partial t^2}=c^2\frac{\partial^2 \phi}{\partial x^2} \tag{7-12-14}$$

这里，c 为波传播的速度，而 $\phi(x,t)$ 为传输位移。另一个简单的双曲线方程为一维对流方程

$$\frac{\partial \phi}{\partial t}+c\frac{\partial \phi}{\partial x}=0 \tag{7-12-15}$$

一般来说，流动问题出现非线性项通常是动量方程中的惯性和加速项导致的。此外能量方程也有相应的项称为对流项，包含的流动区域。对于瞬态的二维问题来说

$$\frac{\partial \phi}{\partial t}+u\frac{\partial \phi}{\partial x}+v\frac{\partial \phi}{\partial y}=A\left(\frac{\partial^2 \phi}{\partial x^2}+\frac{\partial^2 \phi}{\partial y^2}\right)+G \tag{7-12-16}$$

这里 ϕ 表示动量、温度或者其他一些输运变量；u 和 v 则为速度分量；A 为动量或热扩散率；G 为力或者源相。

除了建立守恒方程以外，求解一个问题还需要物体机构、尺寸和边界以及初始条件的参与。图 7-12-4 很好地阐述了这个情况。除了建立守恒方程之外，大量的边界条件也需要用来决定每一个独立变量在控制微分方程中最高倒数的阶数。一般传热问题中，空间的边界条件通常由以下三种形式给出

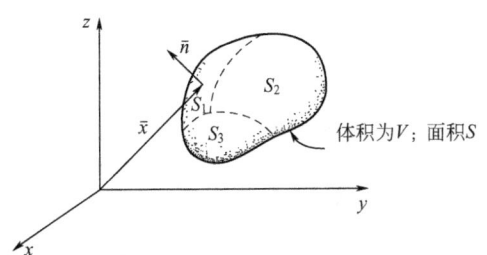

图 7-12-4 任意一体积为 V 的物体，外表面面积为 S，多种边界条件并存

$$\phi = f_1(\overline{x}) \quad S_1 \tag{7-12-17}$$

$$\frac{\partial \phi}{\partial n} = f_2(\overline{x}) \quad S_2 \tag{7-12-18}$$

$$a(\overline{x})\phi + b(\overline{x})\frac{\partial \phi}{\partial n} = f_3(x) \quad S_3 \tag{7-12-19}$$

式中，S_1，S_2 和 S_3 表示外表面 S 上的三个不同区域。
而法向导数可以表达为

$$\frac{\partial \phi}{\partial n} = \overline{n} \cdot \nabla \phi = (n_x \overline{i} + n_y \overline{j} + n_z \overline{k}) \cdot \left(\frac{\partial \phi}{\partial x} \overline{i} + \frac{\partial \phi}{\partial y} \overline{j} + \frac{\partial \phi}{\partial z} \overline{k} \right) = n_x \frac{\partial \phi}{\partial x} + n_y \frac{\partial \phi}{\partial y} + n_z \frac{\partial \phi}{\partial z}$$

$$\tag{7-12-20}$$

这里 $\overline{n}$ 为法向量；∇ 为梯度算子；n_x，n_y，n_z 为 $\overline{n}$ 的方向余弦项；$(\overline{i}, \overline{j}, \overline{k})$ 为单位向量。

对于动量和能量方程来说，微分和积分形式分别代表了局部和整体动量及热平衡。而微分和积分形式也为数值方法提供了不同的起始点。积分形式的导数需要对积分区域进行定义。目前，定义二维的积分方程是很方便的，如图 7-12-5 所示。

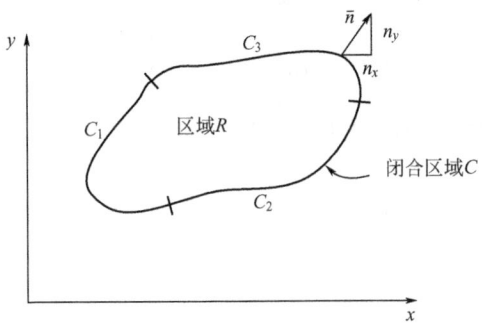

图 7-12-5 一个二维区域 R 的边界上可能存在多种边界条件

对于泊松方程来说

$$\int_R \left(\frac{\partial^2 \phi}{\partial x^2} + \frac{\partial^2 \phi}{\partial y^2} + G \right) dR = 0 \tag{7-12-21}$$

式中，$dR = dx\,dy$。可以很明显地看出泊松方程的积分为零。上式的二次导数可以在积分一次得到

$$\int_C \frac{\partial \phi}{\partial n} dC + \int_R G\, dR = 0 \qquad (7\text{-}12\text{-}22)$$

在求解传热问题的时候,上式表示通过边界 C 进入计算区域的热量和内能之和为零。这就是区域 R 中的热平衡。由高斯定理可得,

$$\int_V \nabla \cdot \overline{\eta}\, dV = \int_S \overline{n} \cdot \overline{\eta}\, dS \qquad (7\text{-}12\text{-}23)$$

这里 $\nabla \cdot$ 为散度算子;$\overline{\eta}$ 为任意矢量;$\overline{n} \cdot \overline{\eta}$ 为边界上 $\overline{\eta}$ 的向外的分量。上式提供了矢量 $\overline{\eta}$ 散度的体积分和 $\overline{\eta}$ 外法向面积分之间的关系。如果 $\overline{\eta}$ 表示热通量,那么此式表示热流散度的体积分等于通过边界向外流出的热流量。当 $\overline{\eta}$ 和 $\nabla \phi$ 成比例时,也就是仅仅考虑导热的传输过程,

$$\int_V \nabla^2 \phi\, dV = \int_S \overline{n} \cdot \nabla \phi\, dS \qquad (7\text{-}12\text{-}24)$$

其中 $\nabla^2 = \frac{\partial^2}{\partial x^2} + \frac{\partial^2}{\partial y^2} + \frac{\partial^2}{\partial z^2}$,为在直角坐标系的拉普拉斯算子。在导热过程中,这也就表示热通量由傅里叶定律计算得到。

如果 R 为不变形的二维区域,在 R 上积分,并使用高斯定理可以得到

$$\frac{\partial}{\partial t}\int_R \phi\, dR = A\int_C \frac{\partial \phi}{\partial n} dC + \int_R G\, dR \qquad (7\text{-}12\text{-}25)$$

式中,扩散系数 A 为常数。方程的左边为 ϕ 面积分的增长率,而右边为体源或扩散项导致的增长率。

对于流体问题来说,下式可以用来表述二维不可压缩流体的流动

$$\frac{\partial u}{\partial x} + \frac{\partial v}{\partial y} = 0 \qquad (7\text{-}12\text{-}26)$$

$$\frac{\partial \phi}{\partial t} + \frac{\partial}{\partial x}(u\phi) + \frac{\partial}{\partial y}(v\phi) = A\left(\frac{\partial^2 \phi}{\partial x^2} + \frac{\partial^2 \phi}{\partial y^2}\right) + G \qquad (7\text{-}12\text{-}27)$$

上式可以在固定的二维空间 R 内积分,则有

$$\frac{\partial}{\partial t}\int_R \phi\, dR = -\int_C \left(n_x u\phi + n_y v\phi - A\frac{\partial \phi}{\partial n}\right) dC + \int_R G\, dR \qquad (7\text{-}12\text{-}28)$$

写成一般形式

$$\frac{\partial \phi}{\partial t} = -\nabla \cdot (\overline{v}\phi - A\,\nabla \phi) + G \qquad (7\text{-}12\text{-}29)$$

式中,$\overline{v} = u\,\overline{i} + v\,\overline{j} + w\,\overline{k}$,为速度向量。

在体积为 V 的区域中进行积分,可以得到

$$\frac{\partial}{\partial t}\int_V \phi\, dV = -\int_S \overline{n} \cdot (\overline{v}\phi - A\,\nabla \phi) + \int_V G\, dV \qquad (7\text{-}12\text{-}30)$$

加入时间变量的平衡方程可以写为

$$\left(\int_V \phi \, dV\right)_{t_f} - \left(\int_V \phi \, dV\right)_{t_i} = -\int_{t_i}^{t_f} \overline{n} \cdot (\overline{v}\phi - A\nabla\phi) dS \, dt + \int_{t_i}^{t_f}\int_V G \, dV \, dt \quad (7\text{-}12\text{-}31)$$

对传热来说，第一项表示了在 t_f 时的热量，第二项为 t_i 时的热量，而第三项为通过边界进入计算区域的热量，最后一项为内能做的功。

先介绍有限差分法。

有限差分方法是计算机数值模拟最早采用的方法，至今仍被广泛运用近似积分方程。该方法将求解域划分为差分网格，用有限个网格节点代替连续的求解域。有限差分法以 Taylor 级数展开等方法，把控制方程中的导数用网格节点上的函数值的差商代替进行离散，从而建立以网格节点上的值为未知数的代数方程组。该方法是一种直接将微分问题变为代数问题的近似数值解法，数学概念直观，表达简单，是发展较早且比较成熟的数值方法。上面介绍的控制方程在这里会用一些根据定常二维扩散而调整的系数重新改写[3,4]。

对于稳态扩散，拉普拉斯和泊松方程表示为，

$$\frac{\partial^2 \phi}{\partial x^2} + \frac{\partial^2 \phi}{\partial y^2} = 0 \quad (7\text{-}12\text{-}32)$$

$$\frac{\partial^2 \phi}{\partial x^2} + \frac{\partial^2 \phi}{\partial y^2} + \frac{\dot{Q}}{\lambda} = 0 \quad (7\text{-}12\text{-}33)$$

式中，ϕ 为非独立变量；$\dfrac{\dot{Q}}{\lambda}$ 为源相，源相为单位时间和体积的变量；λ 为传输系数。对于导热来说，$\dot{Q}$ 和 λ 代表了内热和热导率。同样地，对于质量传递来说，两者分别为质量源相和质量扩散率。泊松方程的微分形式为

$$\int_C \frac{\partial \phi}{\partial n} dC + \int_R \frac{\dot{Q}}{\lambda} dR = 0 \quad (7\text{-}12\text{-}34)$$

$$\frac{\partial \phi}{\partial t} = \alpha\left(\frac{\partial^2 \phi}{\partial x^2} + \frac{\partial^2 \phi}{\partial y^2}\right) + \frac{\dot{Q}}{\rho c} \quad (7\text{-}12\text{-}35)$$

$$\frac{\partial}{\partial t}\int_R \phi \, dR = \alpha \int_C \frac{\partial \phi}{\partial n} dC + \int_R \frac{\dot{Q}}{\rho c} dR \quad (7\text{-}12\text{-}36)$$

在直接近似法中，偏导数直接由离散算子差分替代。这种方法基于离散算子差分的微积分理论[5]。

假设一个二维区域，如图 7-12-6 所示，网格已经划分好，Δx 和 Δy 为网格间隔。这里只考虑均匀的间隙。定义变量 $\phi = \phi(x,y)$，同时定义参数 $\phi_{i,j} = \phi(x_i, y_j)$ 为节点 (i,j) 在 (x,y) 的值。

对于一般三维瞬态问题，变量 $\phi(x,y,z,t)$ 可以用 $\phi_{i,j,k}^{(l)} = \phi(x_i, y_j, z_k, t_l)$ 来表示。角标为空间位置，l 为时间间隔。考虑其在图 7-12-6 中水平方向的变化，可以近似 ϕ 在 x 方向的导数。

$$\left(\frac{\partial \phi}{\partial x}\right)_{i,j} \doteq \frac{\phi_{i+1} - \phi_i}{\Delta x} \equiv \delta_x^+ \phi_{i,j} \quad (7\text{-}12\text{-}37)$$

$$\left(\frac{\partial \phi}{\partial x}\right)_{i,j} \doteq \frac{\phi_i - \phi_{i-1}}{\Delta x} \equiv \delta_x^- \phi_{i,j} \quad (7\text{-}12\text{-}38)$$

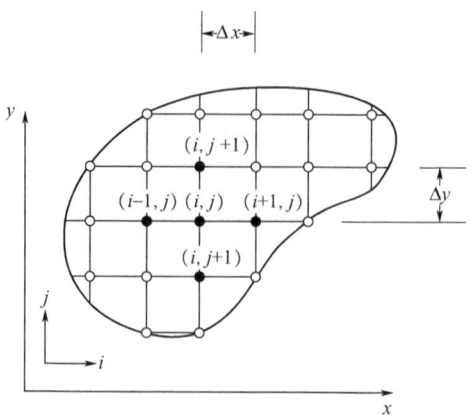

图 7-12-6　带有网格的二维区域

$$\left(\frac{\partial \phi}{\partial x}\right)_{i,j} \doteq \frac{\phi_{i+1}-\phi_{i-1}}{2\Delta x} \equiv \delta_x \phi_{i,j} \tag{7-12-39}$$

右边的 δ 为有限积分法的简写形式。中心差分可以由以下两种形式表示,

$$\delta_x \phi_i = \frac{1}{2}(\delta_x^+ \phi_i + \delta_x^- \phi_i) \tag{7-12-40}$$

$$\delta_x \phi_i = \frac{1}{\Delta x}\left[\frac{1}{2}(\phi_{i+1}+\phi_i)-\frac{1}{2}(\phi_i+\phi_{i-1})\right] \tag{7-12-41}$$

前者为单侧差分而后者为平均差分。

而位于 (i,j) 的二阶导数 $\dfrac{\partial^2 \phi}{\partial x^2}$ 可以近似为

$$\frac{\partial^2 \phi}{\partial x^2} = \frac{\partial}{\partial x}\left(\frac{\partial \phi}{\partial x}\right) \doteq \frac{\Delta}{\Delta x}\left(\frac{\Delta \phi}{\Delta x}\right) = \frac{1}{\Delta x}(\delta_x^+ \phi_i - \delta_x^- \phi_i) = \frac{\phi_{i+1}-2\phi_i+\phi_{i-1}}{(\Delta x)^2} \equiv \delta_x^2 \phi_i \tag{7-12-42}$$

此式为三点中心差分法,由 δ_x^2 表示。

另一个则为有限元方法(冯康首次发现时称为基于变分原理的差分方法)。这里举一个简单的工程实例,用材料力学的角度来推导离散化的有限元方程。因为有限元包含了大量的数学分析和推导,用这种方法可以帮助理解这种方法的起源。此外,了解数学和物理现象之间的联系也是十分必要的,可以更好地掌控工程实际问题[6]。

这里考虑一维压杆,一端固定,一端可自由移动。如图 7-12-7 所示。$q(x)$ 为分布式载

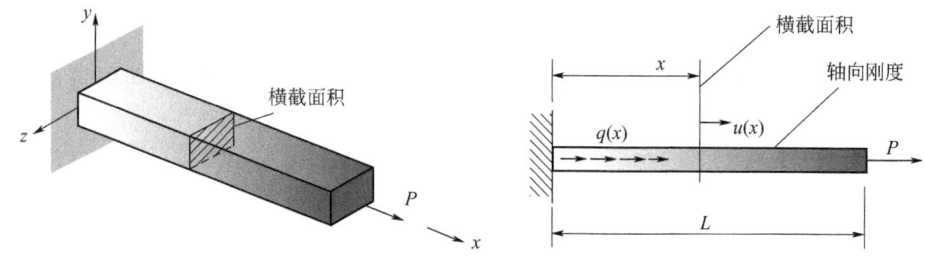

图 7-12-7　一端固定、一端自由功能梯度压杆以及相对符号

荷；P 为结束式载荷。图中标注的所有参数除了 $u(x)$ 均为已知量。

根据虎克定律，压杆中的应力应变关系可以写为

$$\sigma(x) = E\varepsilon(x) \tag{7-12-43}$$

其中，

$$\varepsilon(x) = \frac{\mathrm{d}u}{\mathrm{d}x} = u' \tag{7-12-44}$$

应变能密度为

$$\Theta = \frac{1}{2}\sigma(x)\varepsilon(x) \tag{7-12-45}$$

为了计算应变能，必须计算能量密度的体积分。

$$U = \frac{1}{2}\int_V \sigma\eta \mathrm{d}V = \frac{1}{2}\int_0^L p\varepsilon \mathrm{d}x = \frac{1}{2}\int_0^L (EAu')u' \mathrm{d}x$$

$$U = \frac{1}{2}\int_0^L u'EAu' \mathrm{d}x \tag{7-12-46}$$

外界所做的功由对物体施加的力和形变决定，因此需要定义外界作用的力，并且计算它们和位移的体积分。

$$W = \int_0^L qu \, \mathrm{d}x \tag{7-12-47}$$

对于一个平衡态的系统来说，内能应该等于外部对其所做的功。这里定义一个总势能，

$$\Pi = U - W$$
$$\Pi[u(x)] = U[u(x)] - W[u(x)] \tag{7-12-48}$$

根据变积分原理，

$$\delta\Pi = \delta U - \delta W = 0 \tag{7-12-49}$$

上式可以用于推导有限元方程。先把求解区域划分为五个相等的压杆，如图 7-12-8 所示。

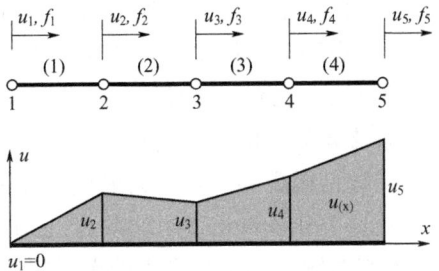

图 7-12-8　压杆的有限元离散化

变量为标量，因此总势能可以写作

$$\Pi = \Pi^{(1)} + \Pi^{(2)} + \Pi^{(3)} + \cdots + \Pi^{(N)} \tag{7-12-50}$$

$$\delta\Pi = \delta\Pi^{(1)} + \delta\Pi^{(2)} + \delta\Pi^{(3)} + \cdots + \delta\Pi^{(N)} = 0 \tag{7-12-51}$$

对于上式来说方程的每一个单项都为零，因此就有下式

$$\delta\Pi^{(e)} = U^{(e)} - W^{(e)} = 0 \tag{7-12-52}$$

下一步就是使用已经得到的 U 和 W 的微分来推导有限元方程。

12.4 传热模型与应用

在很多工程系统中，传热是设计和操作工程中一个非常重要的环节。操作这类系统需要关注在不同的地方和时间内，系统中各个组分的温度分布和能量传输。在工业生产中，系统设计主要包括铸造、热处理、热轧、干燥、焊接和塑料注塑成型过程中的换热考虑。同样地，在热耗散系统中，例如冷却塔、烟囱、循环回路中，也需要考虑和环境之间的热交换过程。集成电路、机车和飞机引擎的散热也是另外需要考虑热交换的领域。

在这些系统中可能会遇到各种的问题，譬如材料性质的变化、复合模式、复杂的系统、紊流和瞬时的边界调节。一般可以用分析和数值的方法来求解这些问题。此外，数值方法提供了各种形式的求解，所以在对待同样的数学问题上占有一些优势。尤其是一些生产和环境散热过程中的实际问题，数值传热是一个很有效的方法。

计算流体力学（CFD）是 21 世纪流体力学领域的重要技术之一，使用数值方法在计算机中对流体力学的控制方程进行求解，从而可预测流场的流动。目前有多种商业 CFD 软件问世，比如 FLUENT、CFD-ACE+（CFDRC）、Phoenics、CFX、Star-cd 等[7,8]。

目前在工程领域 CFD 方法已经得到广泛的应用。美国海空军下一代 F-35 战斗机所使用的附面层分离进气道是 CFD 的成果之一。附面层分离进气道通过特殊设计形状的突起分离流速较慢的附面层以改善涡轮风扇发动机的进气流场。此设计比传统的附面层隔板方法可以减轻数百公斤重量，同时在一定速度范围内能够维持很好的分离效率。

CFD 最基本的考虑是如何把连续流体在计算机上用离散的方式处理。一个方法是把空间区域离散化成小胞腔，以形成一个立体网格或者格点，然后应用合适的算法来解运动方程（对于不黏滞流体用欧拉方程，对于黏滞流体用纳维-斯托克斯方程）。另外，这样的一个网格可以是不规则的（例如在二维由三角形组成，在三维由四面体组成）或者是规则的；前者的特征是每个胞腔必须单独存储在内存中。最后，如果问题是高度动态的并且在尺度上跨越很大的范围，网格本身应该可以动态随时间调整，譬如在自适应网格细化方法中[9,10]。

如果选择不使用基于网格的方法，也有一些可选的替代，比较突出的有[11]：

① 平滑粒子流体力学，求解流体问题的拉格朗日方法。

② 谱方法，把方程映射到像球谐函数和切比雪夫多项式等正交函数上的技术。

③ 格子波尔兹曼方法（Lattice Boltzmann Methods），它在直角正交格点上模拟一个等价的中尺度系统，而不是求解宏观系统（也不是真正的微观物理）。

对于层流情况和对于所有相关的长度尺度都可以包含在格点中的湍流情形，直接求解纳维-斯托克斯方程是可能的（通过直接数值模拟）。但一般情况下，适合于问题的尺度的范围甚至大于今天的大型并行计算机可以建模的范围。

在这些情况下，湍流模拟需要引入湍流模型。大涡流模拟和 RANS 表述（雷诺平均纳

维-斯托克斯方程）与 k-ε 模型或者雷诺应力模型一起，是处理这些尺度的两种技术[11]。

很多实例中，其他方程和纳维-斯托克斯方程要同时被求解。这些其他的方程可能包括描述种类浓度、化学反应、热传导，等等。很多高级的代码允许更复杂的情形的模拟，涉及多相流（例如，液/气、固/气、液/固）或者非牛顿流体（例如血液）。

参考文献

[1] Baleanu D, Diethelm K, Scalas E, et al. World Scientific, 2012, 3: 19-29.
[2] Anderson J D, Wendt J. Computational fluid dynamics. Springer Verlag GmbH, 1995.
[3] Bathe K J, Wilson E L. Numerical methods in finite element analysis. New Jersey: Prentice-Hall Inc, Englewood Cliffs, 1976.
[4] Bertsekas D P, Tsitsiklis J N. Parallel and distributed computation: numerical methods. Athena Scientific, 1989.
[5] Marchuk G I, Ruzicka J. Methods of numerical mathematics. New York: Springer-Verlag, Berlin: Heidelberg, 1975.
[6] Saad Y. Numerical methods for large eigenvalue problems. The Society for Industrial and Applied Mathematics, 1992.
[7] Isaacson E, Keller H B. Analysis of numerical methods. John Wiley & Sons, 1994.
[8] Dennis J E, Jr, Schnabel R B. Numerical methods for unconstrained optimization and nonlinear equations. Society for Industrial and Applied Mathematics, 1996.
[9] Leveque R J. Numerical methods for conservation laws. Birkhäuser, 1992.
[10] Ames W F. Numerical methods for partial differential equations. Harcourt Brace Jovanovich, 2014.
[11] Harlow F H. A Machine Calculation Method for Hydrodynamatic Problems. Los Alamos Scientific Laboratory report LAMS, 1956.

13 绝热与保温材料

具有能够保持空气或气体的空穴,或者具有储存气体空间,以适当的效率延缓传热的材料或复合材料,称为绝热材料。物料延缓热量传递的能力用热导率来表示,绝热的特性是低热导率。

换热设备和环境温度有一定温差时,其设备表面在生产过程中就会散失或吸入热量,造成能量损失,产生环境污染。应用绝热材料和保温、保冷的目的是尽可能地减少设备的热量散失或吸入,维持换热设备的正常工作,提高传热效率,节约能源。

13.1 绝热材料

用在高于环境温度条件时,称为绝热材料和保温材料;用在低于生活温度条件时,称为保冷材料。

绝热材料的隔热性能是由材料的空气层形成的。它可用无机材料、有机材料、金属材料及复合材料制成。无机材料和有机材料又可分为天然和人造的。

13.1.1 绝热材料的种类

表 7-13-1 所列的是绝热材料种类[1]。

表 7-13-1 绝热材料按材料分类

无机绝热材料	天然绝热材料	珍珠岩、蛭石、硅藻土、石棉、轻石等
	人造绝热材料	耐热绝热砖、发泡玻璃、发泡混凝土、玻璃棉、矿绵、陶瓷纤维、氧化铝纤维、二氧化硅纤维、氧化锆球、硅酸钙、钛酸钾纤维等
有机绝热材料	天然绝热材料	植物绝热材料:软木、锯末、木材、棉、纸、海草、种子壳、布等 动物绝热材料:牛毛、兽毛、毛毡等
	人造绝热材料	泡沫聚氯乙烯、泡沫聚乙烯、泡沫酚醛树脂、泡沫氨基甲酸乙酯、塑料薄膜等
金属绝热材料	(人造绝热材料)	铝箔、波纹石棉板等
复合材料绝热材料	(人造绝热材料)	绝热涂料、绝热充填材料等

(1) 无机绝热材料 无机绝热材料种类多,形态也多,它的特点是在高温和低温下均可使用,化学性能稳定,可长期使用。但它的密度大、单位绝热性能的质量大、加工性能差等。

(2) 有机绝热材料 有机绝热材料大部分用在生活温度范围内。这是因为它只能在-100～150℃的温度范围内使用。有机绝热材料的特点是密度小,因而单位绝热性能的质量轻。特别是泡沫塑料、橡胶类的绝热材料,加工和施工性能好。天然绝热材料又分植物类和动物类两种。

(3) 金属绝热材料 金属材料本来就因其热传导性好而不合适作为绝热材料。但铝箔多层绝热材料（波纹状石棉板）具有防止放射传热的放射面，因而可以用作高温及低温用绝热材料。

(4) 复合绝热材料 这是一种由复合材料组成的绝热材料。目前只能用作绝热涂料等。

13.1.2 绝热材料使用温度

表 7-13-2 给出了绝热材料的使用温度范围。表中的温度界限并非是非常严格的，温度范围的分类数量也只是从方便的角度来决定的。

表 7-13-2 绝热材料的使用温度

−100℃以下超低温用绝热材料	用一种−100℃以下超低温条件下用的绝热材料和高性能保冷材料，绝热材料中的水分等是问题
低温用绝热材料	是无机绝热材料和有机绝热材料采用的温度范围。从加工性、重量来看，有机绝热材料比较好，如玻璃纤维、发泡玻璃、泡沫聚乙烯、泡沫氨基甲酸乙酯等
0～100℃常温用绝热材料	在住宅、汽车、船舶等方面有着广泛的应用。如玻璃纤维、石棉、岩棉、泡沫聚乙烯、泡沫氨基甲酸乙酯、泡沫酚醛树脂、牛毛、棉、纸等
100～250℃中温用绝热材料	应用于加热干燥、暖气、锅炉等工业装置、生活设施。如玻璃纤维、石棉、岩棉、硅酸钙、泡沫酚醛树脂等
250～800℃中高温绝热材料	用于工业炉、窑炉、高压锅炉等。如石棉、硅酸钙、二氧化硅纤维、硅藻土
800～1800℃高温绝热材料	用于高炉、窑炉、转炉、反应容器等。如耐火绝热砖、耐火绝热可塑材料、陶瓷纤维、钛酸钾纤维等
1800℃以上超高温绝热材料	它是今后提高能源利用效率所必需的材料，如石墨绝热材料

13.1.3 绝热材料的形态

绝热材料的形态见表 7-13-3。绝热材料形态不一样，发挥绝热性能的空气层的形态也不一样。可分为粉状、粒状、块状、纤维状、层状和复合绝热材料等形态。

表 7-13-3 绝热材料的形态分类

粉状、粒状绝热材料	多孔粒状绝热材料	珍珠岩、蛭石、硅藻土、泡沫聚乙烯珠等
	空心球绝热材料	硅橡胶空心球、氧化铝空心球、碳空心球等
固体绝热材料（块状）	粉末绝热材料	氧化铝粉、碳素粉、碳酸镁粉等
	泡、泡沫绝热材料	泡玻璃、耐火绝热砖、泡沫混凝土、轻石、聚氯乙烯泡沫、聚乙烯泡沫、聚氨基甲酸乙酯泡沫、软木等
纤维状绝热材料	纤维状绝热材料（短纤维）	石棉、硅酸钙、钛酸钾纤维、纸浆等
	纤维状绝热材料（长纤维）	玻璃纤维、岩棉、陶瓷纤维、氧化铝纤维、二氧化硅纤维碳素纤维、棉等
层状绝热材料	层状绝热材料	纸、波纹状石棉板、塑料薄膜、波纹状石棉板、铝箔波纹状石棉板、复合板玻璃等
复合绝热材料	复合绝热材料	不定型绝热材料、绝热塑料、绝热涂料等

13.2 常用绝热材料

13.2.1 硅藻土

硅藻土是高温绝热材料，最高使用温度达 900℃，通常用作 500℃ 以上高温设备及管道的保温材料。硅藻土制品是用优质硅藻土与可燃物质经机械加工、干燥后焙烧而成的。硅藻土的热导率为 $0.07\sim0.11\mathrm{W\cdot m^{-1}\cdot ℃^{-1}}$。

13.2.2 蛭石

膨胀蛭石是用矿产蛭石经煅烧膨胀而成的一种新型保温、吸音材料，热导率为 $0.05\sim0.07\mathrm{W\cdot m^{-1}\cdot ℃^{-1}}$。膨胀蛭石的特点是耐高温、强度大、价格低廉、使用方便，广泛用于高温设备及工业管道的保温。膨胀蛭石除了以松散粒状充填隔热外，也可以用石膏、水泥、沥青、水玻璃及合成树脂等为胶结材料，制成各种形状和规格尺寸的砖、板、管壳等预制体。

13.2.3 膨胀珍珠岩

膨胀珍珠岩材料质量轻、耐酸、耐碱、无害。珍珠岩作为绝热材料有两种应用方式，既以粒状状态做低温范围内的填充材料，也可作成板状或筒状成塑制品使用。它的导热性和吸湿率都非常小，而且使用温度范围很宽，一般在 200~1000℃ 范围内，具有很好的绝热特性。热导率为 $0.02\sim0.06\mathrm{W\cdot m^{-1}\cdot ℃^{-1}}$。

13.2.4 人造矿物纤维

人造矿物纤维材料包括氧化铝纤维、氧化锆纤维和二氧化硅纤维。

二氧化硅-氧化铝纤维的热导率低，能耐高温，因此，可代替耐火绝热砖等传统炉内耐火材料，可在所有工业部门应用。

二氧化硅纤维有熔融石英纤维和高硅石纤维两种。熔融石英纤维的熔化点大于 1500℃，高硅石纤维是一种含有 96% 以上的高硅石经过酸处理后的玻璃纤维，耐热性高，可作高温用密封垫等绝热材料。

氧化锆纤维是人造矿物纤维中能够达到最高使用温度的纤维，可用于电线或热电偶的涂敷、真空加热炉、绝热材料及衬垫材料等。

13.2.5 矿渣棉

矿渣棉是将冶金矿渣的熔融物用高压蒸汽喷射法制成的人造矿物纤维，矿渣棉的直径为 $2\sim20\mu\mathrm{m}$。矿渣棉及其制品的重量轻而热导率小，耐腐蚀，热导率为 $0.040\sim0.052\mathrm{W\cdot m^{-1}\cdot ℃^{-1}}$。矿渣棉的缺点是施工运输时粉尘大，当填充于垂直设备外围时，长期放置会产生沉陷，影响保温效果。

13.2.6 玻璃棉

玻璃棉是由玻璃制成的玻璃纤维，大量应用的是短纤维的玻璃棉及其制品。中纤维一般加工成管壳和平板。玻璃棉热导率小、耐酸、耐腐蚀、化学性能稳定、吸水性大。热导率为

$0.038\sim 0.047\text{W}\cdot\text{m}^{-1}\cdot\text{℃}^{-1}$。

13.2.7 石棉

石棉是天然生成的纤维状无机结晶矿物。耐热性好，具有很高的纤维强度，耐腐蚀，耐老化和电气绝缘。石棉用来制造各种各样的绝热类制品：石棉布、石棉被带、石棉板、石棉毯、石棉绳等。

13.2.8 硅酸钙

硅酸钙材料是含水硅酸钙和加强纤维等添加材料的混合材料。硅酸钙保温材料包括硬质成型保温材料和现场施工用无定形加水搅拌制成的保温材料。硬质成型保温材料主要用于各种锅炉、窑炉炉壁、加热炉以及管道的保温和绝热。硅酸钙具有对有色金属的熔化液不被湿润的性能，适合作为熔融有色金属液的保存、供给及输送用的绝热材料。

13.2.9 泡沫玻璃

泡沫玻璃由无机玻璃质内各自完全独立的大量均质气泡所组成，这种绝热材料重量轻，不易变形，热导率小，不吸水，不燃烧，不受酸、碱、有机溶剂和水蒸气的侵蚀，而且加工容易。在超低温到高温范围内被广泛应用。

13.2.10 有机绝热材料

有机绝热材料包括酚醛树脂泡沫材料、聚苯乙烯泡沫材料、聚乙烯泡沫材料和聚氯乙烯泡沫材料以及硬质氨基甲酸乙酯材料。

① 酚醛树脂泡沫材料：主要作为建筑绝热材料，低温范围内用于制冷剂通道和液化丙烷气罐的保冷材料。

② 聚苯乙烯泡沫材料：这种材料能耐酸、碱。

③ 聚乙烯泡沫材料和聚氯乙烯泡沫材料：耐化学侵蚀性能好，加工方便。广泛用于建筑、采暖制冷设备、车辆等方面的绝热材料。聚氯乙烯泡沫材料根据增塑剂的有无可分为硬质和软质泡沫两种。可用于液化石油气、液态天然气、输油管道等的保温材料以及冷藏盒、冷冻容器的绝热材料。

④ 硬质氨基甲酸乙酯：这种材料气泡中含有热导率很低的氟利昂气体（$0.00044\text{W}\cdot\text{m}^{-1}\cdot\text{℃}^{-1}$），在现有绝热材料中绝热性能最好，热导率为$0.021\text{W}\cdot\text{m}^{-1}\cdot\text{℃}^{-1}$以下，使用温度为$-70\sim 100\text{℃}$。

13.3 低温隔热

液化天然气、液氧、液氮之类的低温物料，由于与环境温度之间的温差较大，在储存和输送时要求采用更高效的隔热层。在低温隔热中，为了提高隔热的效果，通常采用的措施是：

① 用粒度精细的颗粒物料以降低固体的导热性；

② 用隔热层降低气体的导热性；

③ 在隔热层中采用多层反射片或吸收物质，以减少辐射传热。

低温隔热的类型有堆积隔热、高真空隔热、真空粉末隔热以及真空多层隔热四种，详细内容可参考文献 [2]。

图 7-13-1 为典型的真空杜瓦瓶示意图，用于储存液态氢或氦[3]。

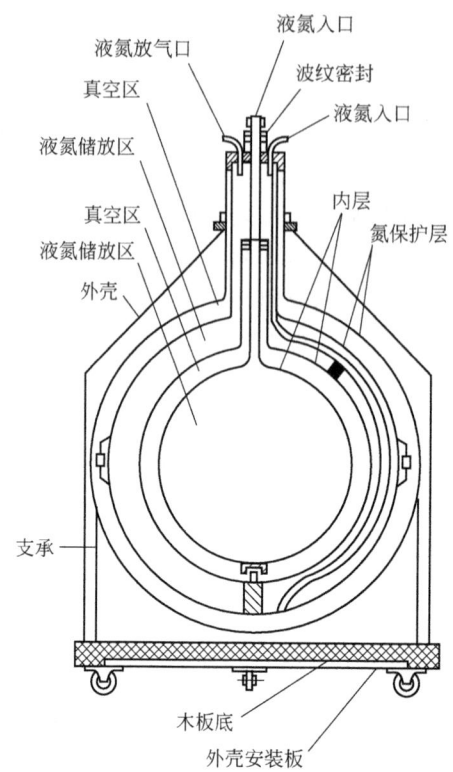

图 7-13-1　真空杜瓦瓶

13.4　保温层厚度

设备、管道外壁的保温或保冷，是为了维持内部的物料温度，保证生产工艺要求，同时可减少设备的能量损耗。保温材料的厚度通常由经济核算来确定。对高于 100℃ 的管道、设备是需要保温的，对低于 100℃ 的管道、设备可由操作条件来决定。表 7-13-4 给出了标准保温层厚度、散热量及表面温度的值。表 7-13-4 中数值是从经济的观点计算得到的，表面温度是室温为 30℃ 的值，在室外时，则比此值小些；保温材料的热导率为 $(0.052+0.0001t)\mathrm{W \cdot m^{-1} \cdot ℃^{-1}}$；当热量和温度需要严格控制时，上述厚度应当重新考虑。表 7-13-4 中给出的保温层厚度不包括外皮厚度、石棉、水泥等。

表 7-13-4　标准保温层厚度、散热量以及表面温度

流体温度/℃	保温材料厚度/mm	散热量/W·m^{-2}	保温材料表面温度/℃
100	60	81	27
150	75	94	29
200	100	116	30
250	100	162	34
300	120	168	35

续表

流体温度/℃	保温材料厚度/mm	散热量/W·m^{-2}	保温材料表面温度/℃
350	140	180	36
400	140	209	38
450	160	215	39
500	180	226	40
550	180	255	42
600	200	261	43
650	200	290	45

在低温系统中，考虑保温层的厚度时，首要的是防止保冷层表面温度达到露点温度，因达到露点温度后就会发生冷凝现象，从而严重影响保冷效果。因此，在确定保冷层厚度时，应保证其表面温度在露点温度以上，这一点比从经济上考虑其能量损失更为重要。

参考文献

[1] [日]《实用节能机器全书》编辑委员会. 实用节能全书. 郭晓光, 等译. 北京: 化学工业出版社, 1987.
[2] 时钧, 等. 化学工程手册. 第2版. 北京: 化学工业出版社, 1996.
[3] Perry R H. Chemical Engineer's Handbook. 6th ed. New York: McGraw-Hill Co, 1987.

符号说明

A　　面积，m^2；
a　　黑度，1；
Bo　　Boltzman 数；
C　　系统加给一微小热量 δQ 而温度升高 dT 时，$\delta Q/dT$ 这个量即是该系统的热容，$J \cdot K^{-1}$；
COD　　焚烧废料的化学计量耗氧量；
d　　受热面管的外直径，m；
H　　当量绝对黑表面，m^2；
h　　对流换热系数，$W \cdot m^2 \cdot K^{-1}$；
k　　考虑辐射层厚度对黑度影响的系数，$Pa^{-1} \cdot m^{-1}$；
l　　厚度，m；
M　　随燃料品种和烧嘴位置而异的参数；
m　　考虑积灰影响的系数；
n　　指数 1；
p　　压力，Pa；
s　　截距，m；
Q　　热流量，W；废料发热量，$MJ \cdot kg^{-1}$；
T　　热力学温度，K；
X　　角系数；
x　　反映辐射传热烟气热容强弱的参数；无量纲距离；
α　　反映传热强弱的系数；
β　　反映燃烧强弱的系数；
θ　　无量纲热力学温度；
ψ　　炉墙上的受热面敷设程度；
ζ　　考虑受热面沾污积灰情况的系数；
ΔT　　烟气温度修正值，K。

上角标

$''$　　出口

下角标

C　　对流；
eff　　有效辐射；
g　　烟气-火焰；
gs　　烟气-火焰对受热面；
s　　受热面外表面；
l　　炉膛；
m　　火焰中心（最高烟温处）；

net	低位；
w	炉墙；
ws	炉墙对受热面；
R	辐射；
th	理论燃烧。

第8篇
制冷

主 稿 人、编写人员：邢子文　西安交通大学教授
　　　　　　　　　　侯　予　西安交通大学教授
审 稿 人：陈光明　浙江大学教授

第二版编写人员名单
主 稿 人、编写人员：张祉祐　西安交通大学教授

机械制冷及其应用

近 100 多年来，在空气调节、食品的冷加工和冷藏冷运、工业生产的某些环节和科学研究方面，主要是依靠人工制冷的方法提供冷量，并在此基础上发展了制冷技术和低温技术（也称普通冷冻和深度冷冻）。

"制冷"是指从低温物体吸收热量并将其转移到环境介质中去的过程，其功用是使物体降温或保持比环境介质温度更低的低温条件。制冷技术和低温技术以所达到的温度来区分。按照现在的概念，所达到的温度在 120K 以上的属于制冷技术的范围，在 120K 以下的属于低温技术的范围。

制冷有多种方法，在制冷技术和低温技术领域内最广泛使用的是机械制冷，包括压缩制冷、吸收制冷和蒸气喷射制冷。除此之外，还有热电制冷、磁制冷以及在超低温领域（0.3K 以下）内应用的 ^{3}He-^{4}He 稀释制冷、^{3}He 压缩制冷和核绝热退磁制冷等。

制冷是一个不能自发进行的过程。根据热力学理论，要实现制冷过程，需以某种能量的消耗作为补偿。机械制冷是以消耗机械能或热能作为补偿的。由热力学的基本定律可以推知，理想的制冷循环应是逆卡诺循环。设实现循环的工质从温度为 T_1 的被冷却物体吸热（制冷）Q_1，向温度为 T_2 的环境介质放热 Q_2，则所消耗的功为 $W=Q_2-Q_1$，在没有传热温差的情况下，循环的制冷系数可表示为：

$$\varepsilon_k = \frac{Q_1}{Q_2-Q_1} = \frac{T_1}{T_2-T_1} \qquad (8-1-1)$$

在实际制冷循环中，因存在各种损失，其制冷系数将小于逆卡诺循环的制冷系数。

机械制冷按其实现制冷循环的方式，可分为蒸气制冷和气体制冷两种类型。蒸气制冷主要用于制冷技术领域，它是利用制冷工质的聚集态变化来实现能量转换的。在这种制冷方法中，制冷工质的蒸气首先被压缩到较高的压力，并在外部冷却介质的作用下转变为液体，再经节流，压力和温度同时降低（节流时不可避免要产生一定量的蒸气），利用低压力下制冷工质液体的蒸发即可制取冷量。在这种制冷方法中，所用的外部冷却介质可以是自然界的空气、冷却水，也可以是前一级制冷机所提供的、正在蒸发的制冷工质液体。因此，蒸气制冷方法所用的制冷工质需具有这样的特性，即在常温或普通低温下能够液化。

气体制冷是用在相当低的温度才能液化的空气、氮气、氢气、氦气等气体作为工质，而且是利用气体膨胀过程的冷效应提供冷量。在这种制冷方法中，气体被压缩到较高的压力并用适当方法预冷之后，令其经节流阀或膨胀机进行膨胀以达到较低的温度，而利用低温气体的复热过程即可制冷。只要气体膨胀后达到的温度足够低，就可使气体液化；不过气体液化所需冷量仍然是依靠气体的膨胀提供，而不是依靠外部冷却介质来冷却。气体制冷主要用于低温技术领域。

机械制冷广泛用于人民生活、工业生产、交通运输、科学研究和国防设施的许多方面。

化学工业是机械制冷的主要用户之一。在化工生产过程中,机械制冷可用于气体的液化、混合气体的分离和净化、石油产品的脱蜡、盐类的结晶、反应热的去除和反应速率的控制等。在不同温度范围内制冷和低温技术的应用见表 8-1-1。

表 8-1-1　在不同温度范围内制冷和低温技术的应用[1]

温度范围		应用举例
T/K	$t/℃$	
273～300	0～27	热泵、冷却装置、空调装置
263～273	−10～0	苛性钾结晶、冷藏运输、运动场的滑冰装置
240～263	−33～−10	冷冻运输、食品长期保鲜、燃气(丙烷等)液化装置
223～240	−50～−33	滚筒装置的光滑冻结、矿井工作面冻结
200～223	−73～−50	低温环境实验室、制取干冰
150～200	−123～−73	乙烷、乙烯液化,低温医学和低温生物学
100～150	−173～−123	天然气液化
50～100	−223～−173	空气液化、分离,稀有气体分离,合成气分离,氢气及氩气还原,液氧、液氮、空间低温环境模拟(热沉)
15～50	−258～−223	氖和氢液化,宇航员出舱空间真空环境模拟(氦低温泵)
4～15	−269～−258	超导、氦液化
0～4	−273.15～−269	^{3}He 的液化、^{4}He 超流动性、Josephson 效应、测量技术、物理研究

参考文献

[1] 吴业正. 制冷原理及设备. 第 3 版. 西安: 西安交通大学出版社, 2010: 4.

2

制冷剂和载冷剂

2.1 制冷剂的种类和编号表示方法

在制冷机系统中,完成制冷循环以实现能量转换的工作介质称为制冷工质,从低温物体中吸热的工作介质称为制冷剂。制冷工质在制冷机系统中循环流动并不断发生状态变化,在外功或热源所加热量的作用下,从被冷却物体吸取热量(即制冷),连同外功转化成的热量或热源所加热量,一并转移给环境介质。

通常所说的制冷剂指制冷技术领域内蒸气制冷所用的制冷工质。这类制冷工质在常温或普通低温下能够液化,因而其临界温度不是很低,标准沸点约在-150~100℃。

当前,能用作制冷剂的物质有多种。为了称谓和书写的方便,采用国际统一规定的符号命名制冷剂。国家标准 GB/T 7778—2017[1] 规定了制冷剂的编号表示方法,现按制冷剂的种类分别介绍如下。

2.1.1 卤代烃以及碳氢化合物

① 卤代烃的编号规则是根据化合物的结构确定的。卤代烃的分子通式可以表示为

$$C_m H_n Cl_x F_y Br_z \text{ 或 } C_m H_n Cl_x F_y I_z$$

其编号是用字母 R 和随后的数字 $k(m-1)(n+1)(y)B(z)$ 或 $k(m-1)(n+1)(y)I(z)$ 组成,$(m-1)=0$ 时不写出。其中,k 是化合物中非饱和碳键的个数,$k=0$ 时不写;字母 B 代表溴,I 代表碘,$z=0$ 时字母 B 或 I 省略。例如:

$$CHClF_2 \text{——} R22, CClF_2CClF_2 \text{——} R114$$

② 化合物中氯(Cl)原子数,是从能够与碳(C)原子结合的原子总数中减去氟(F)、溴(Br)和氢(H)原子数的和后求得的。对于饱和的制冷剂,连接的原子总数是 $2m+2$。对于单个不饱和的制冷剂和环状饱和制冷剂,连接的原子总数是 $2m$。

③ 环状衍生物,在制冷剂的识别编号之前使用字母 C。例如

$$C_4Cl_2F_6 \text{——} RC316, C_4F_8 \text{——} RC318$$

④ 乙烷系的同分异构体都具有相同的编号,但最对称的一种编号后不带任何字母;随着同分异构体变得越来越不对称时,就应附加 a、b、c 等字母。对称度是把连接到每个碳原子的卤素原子和氢原子的质量相加,并用一个质量总和减去所得的差值来确定,其差值绝对值越小,生成物就越对称。例如

$$CH_3CClF_2 \text{——} R142b, CH_3CHF_2 \text{——} R152a$$

⑤ 丙烷系的同分异构体都具有相同编号，它们通过后面加上两个小写字母来区别，加的第一个字母表示中间碳原子（C2）上的取代基：

—CCl_2——a，—CClF——b，—CF_2——c，—CHCl——d，—CHF——e，—CH_2——f

对环丙烷的卤代衍生物，用所连接原子的质量总和为最大的碳原子作为中心碳原子，对这些化合物，舍去第一个后缀字母。加的第二个字母表示两端碳原子（C1 和 C3）取代基的相对对称性，对称性取决于与"C1"和"C3"碳原子分别相连的卤素原子与氢原子的质量总和，两个和之差的绝对值越小，这个同分异构体越对称。但与乙烷系列不同，最对称的同分异构体具有第二个附加字母 a（乙烷系列同分异构体不加字母），按不对称顺序再附加字母（b、c 等）；如果没有同分异构体时，则省略附加字母，这时仅用制冷剂编号就明确地表示出分子结构，例如，$CF_3CF_2CF_3$ 编号为 R218，而不是 R218ca。

⑥ 丙烯系的同分异构体都是具有相同编号，它们通过后面加上两个小写字母来区别，加的第一个字母表示中间碳原子上的取代基，分别用 x、y 或 z 代表 Cl、F 和 H。第二个字母表示末端亚甲基碳上的取代基：

=CCl_2——a，=CClF——b，=CF_2——c，=CHCl——d，=CHF——e，=CH_2——f

对于立体异构体存在的情况，相对的异构体由后缀（E）界定，同向的异构体由后缀（Z）界定。

2.1.2 醚基制冷剂

醚基制冷剂应直接在编号之前用前缀"E"（表示"醚"）来编号。除以下特殊情况外，碳氢化合物原子的基数字标号应根据现行的碳氢化合物命名标准确定，参见 2.1.1。

① 二碳二甲基醚（如 R-E125，CHF_2—O—CF_3）不需要 2.1.1④中规定的那些后缀另外的后缀，因为"E"前缀的出现给出了清楚的描述。

② 对于直链三碳醚，应这样对碳原子进行编号，即：数字 1 分配给具有最大数目的卤素原子的末端碳，之后的碳原子按顺序编号，如同它们出现在直链上那样。在两个末端碳都含有相同数目的（但不同的）卤素原子的情况下，数字 1 应分配给依次具有最大数目的氯、氟和碘原子的末端碳。对于超过三个碳的醚，化合物应根据 2.1.4，在其他有机化合物 600 系列中编号。

醚氧的位置应由其首先接触到的碳（C）原子来规定，标识与醚氧连接的第一个碳的一个附加整数将添加到后缀字母上（如，R-E236ea2，CHF_2—O—CHF—CF_3）。

对于其他对称碳氢化合物结构，醚氧应指定给在分子式中最前面的碳（C）原子上。

在醚结构的烃部分只有一个单一的异构体存在的情况下，比如 CF_3—CHF_2—O—CF_3，在 2.1.1 中的④、⑤和⑥中所述的后缀字母应省略。在这个被引用的实例中，正确的名称应是 R-E218。

包含两个分散氧原子结构的二醚应用两个后缀整数命名，以指定醚氧的位置。

③ 对于带有"C"和"E"两个前缀的环醚，"C"应在"E"前面，即"CE"，用以命名"环醚"。对于包括三碳和一个醚氧原子的四元环醚，碳氢化合物原子的基数字标号应根据现行的碳氢化合物命名标准建立。

2.1.3 混合制冷剂

混合制冷剂在 400 和 500 系列号中进行编号。

① 非共沸混合制冷剂应在 400 系列中被连续地分配一个识别编号。为了区分具有相同制冷剂但不同组成（质量分数不同）的非共沸混合制冷剂，编号后应添加一个大写字母（A、B 或 C）。

② 共沸混合制冷剂应在 500 系列中被连续地分配一个识别编号。为了区分具有相同制冷剂但不同组成（质量分数不同）的共沸混合制冷剂，编号后应添加一个大写字母（A、B 或 C）。

③ 混合物应对单一成分的允差进行规定。那些允差应规定到接近 0.1% 质量分数的精确度。超过或低于名义值的最大允差不应超过 2.0% 质量分数。超过或低于名义值的允差不应小于 0.1% 质量分数。最高和最低允差之间的差值不应超过名义成分组成的二分之一。

2.1.4 有机化合物

有机化合物应在 600 系列中按 10 个一族被分配编号，在族内按名称顺序编号。对于带有 4～8 个碳原子的饱和烃类，被分配的编号应是 600 加碳原子数减 4。例如，丁烷是 R600，戊烷是 R601，己烷是 R602，庚烷是 R603，辛烷是 R604。直链或"正"烃没有后缀。对于带有 4～8 个碳原子的烃类同分异构体，小写字母 a、b、c 等根据连接到长碳链上的族被附加到同分异构体上。例如，R601a 被分配给 2-甲基丁烷（异戊烷），而 R601b 将被分配给 2,2-二甲基丙烷（季戊烷）。其中一个异构体的浓度大于或等于 4% 的混合同分异构体，应在 400 或 500 系列中被分配一个编号。

2.1.5 无机化合物

无机化合物按 700 和 7000 系列序号编号。

① 对于分子量小于 100 的无机化合物，化合物的分子量加上 700 就得出制冷剂的识别编号。例如

H_2O——R718，NH_3——R717，空气——R729，CO_2——R744，N_2O——R744A

② 对于分子量等于或大于 100 的无机化合物，化合物的分子量加上 7000 就得出制冷剂的识别编号。

③ 当两个或两个以上的无机制冷剂具有相同的分子量时，应按名称的顺序编号添加大写字母（例如，A、B、C 等），以便区分它们。

一些主要制冷剂的名称、化学分子式和编号在表 8-2-1 中给出。

表 8-2-1 制冷剂的物性参数

名称	化学分子式	编号	分子量	标准沸点/℃	安全分类	ODP	GWP
烷烃及其衍生物							
氯二氟甲烷	$CHClF_2$	R22	86.5	−41	A1	0.055	1810
三氟甲烷	CHF_3	R23	70.0	−82	A1	0	12000
二氟甲烷	CH_2F_2	R32	52.0	−52	A2L	0	675
二氯三氟乙烷	$CHCl_2CF_3$	R123	153.0	27	B1	0.02	77
四氟乙烷	CH_2FCF_3	R134a	102.0	−26	A1	0	1430
氯二氟乙烷	CH_3CClF_2	R142b	100.5	−10	A2	0.065	2310
二氟乙烷	CH_3CHF_2	R152a	66.0	−25	A2	0	124

续表

名称	化学分子式	编号	分子量	标准沸点/℃	安全分类	ODP	GWP
烯烃及其衍生物							
乙烷	CH_3CH_3	R170	30.0	−89	A3	0	20
丙烷	$CH_3CH_2CH_3$	R290	44.0	−42	A3	0	20
丁烷	$CH_3CH_2CH_2CH_3$	R600	58.1	0	A3	0	20
异丁烷	$(CH_3)_2CHCH_3$	R600a	58.1	−12	A3	0	20
乙烯	$CH_2=CH_2$	R1150	28.1	−104	A3	0	20
2,3,3,3-四氟-1-丙烯	$CF_3CF=CH_2$	R1234yf	114.0	−29.4	A2L	0	4
1,3,3,3-四氟-1-丙烯	$CF_3CH=CHF$	R1234ze(E)	114.0	−19	A2L	0	<1
丙烯	$CH_3CH=CH_2$	R1270	42.1	−48	A3	0	20
无机化合物							
氨	NH_3	R717	17.0	−33	B2L	0	<1
水	H_2O	R718	18.0	100	A1	0	<1
二氧化碳	CO_2	R744	44.0	−78	A1	0	1
共沸混合物							
R125/143a(50/50)	CHF_2CF_3/CH_3CF_3	R507A	98.9	−40	A1/A1	0	3900
R23/R116(39/61)	CHF_3/CF_3CF_3	R508A	100.1	−86	A1/A1	0	12000

2.2 制冷剂的热力学性质及环境影响指数

2.2.1 制冷剂的热力学性质

制冷剂的热力学性质是其在特定情况下被选用的基础，同时它对制冷循环的特性及制冷机的工作特性也会产生一定的影响。在制冷剂的热力学性质中，对制冷机起重要影响作用的有如下几种。

(1) 标准沸点 标准沸点是指制冷剂液体在标准大气压力（760mmHg，101.32kPa）下的饱和温度，以符号 t_s 表示，它是决定制冷剂适用场合的主要依据。按标准沸点的高低可将制冷剂分为三类，见表 8-2-2。

表 8-2-2 制冷剂按标准沸点 t_s 分类

类别	t_s/℃	30℃时的冷凝压力/kPa	制冷剂举例	应用举例
高温制冷剂 (低压制冷剂)	>0	约<300	R718	空调、热泵、工艺低温水
中温制冷剂 (中压制冷剂)	−60～0	300～2000	R717、R410A、R134a、R290	空调、热泵、工艺低温水、制冰、冷藏、工业生产过程
低温制冷剂 (高压制冷剂)	<−60	约>2000	R170、R744	化工等生产用低温设备

(2) 饱和蒸气压力同温度的关系 如图 8-2-1 所示，为一些制冷剂的饱和蒸气压力同温度的关系曲线，它可用来比较在蒸发温度和冷凝温度给定的情况下，选用不同制冷剂时蒸发压力和冷凝压力的高低。通常，希望蒸发压力高于大气压力，以避免空气及其中的水分漏入制冷系统；希望冷凝压力不要太高，以便可以使用轻型设备和管道。

(3) 凝固温度 所选用的制冷剂凝固温度应远低于制冷机工作时的最低温度，以防制冷

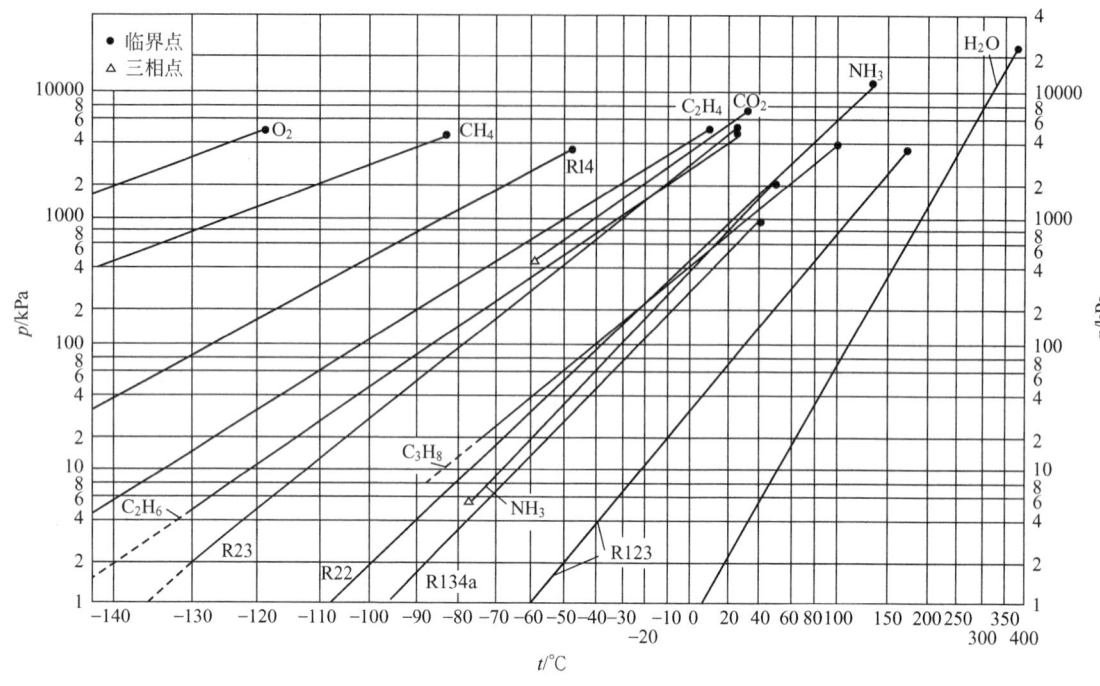

图 8-2-1 制冷剂的饱和蒸气压力-温度曲线[2]

剂凝固。

(4) 临界温度 T_{cr} 和压力 p_{cr} 所选用制冷剂的工作温度 T 和压力 p 应远低于其临界温度和压力，这是为了避免过低的蒸发压力、过高的冷凝压力和过高的排气温度，同时为了使制冷循环具有较高的热力学完善度。制冷剂的工作温度和压力宜在如下范围内选择：

$$\frac{T}{T_{cr}} = 0.5 \sim 0.85, \quad \frac{p}{p_{cr}} < 0.4$$

(5) 绝热指数 制冷剂的绝热指数小时，压缩机的排气温度低，因而可以采用比较大的压力比。

(6) 液体比热容 液体比热容越大越好。如果其值较大，过冷时能吸收较多热量，可提高循环的单位制冷量。

(7) 黏性 黏性是制冷剂流动阻力的主要原因，越小越好。制冷剂的黏性是影响制冷机辅机（特别是热交换器）设计的重要物性参数，其大小与流体种类、温度、压力有关，反映了流体内部分子之间发生运动的摩擦力。黏性用动力黏度和运动黏度来衡量。

除此之外，制冷剂的分子量、汽化潜热和蒸气的比体积对制冷循环的特性及制冷压缩机的工作特性都有一定的影响。

2.2.2 制冷剂的环境影响指数

将环境影响指数列为选用制冷剂的考察指标，而且作为硬指标，是人们在 20 世纪 80 年代后期提出的，包括以下两个方面：

(1) 消耗臭氧层潜值 ODP 考察物质的气体逸散到大气中，对臭氧层破坏的潜在影响程度，用消耗臭氧层潜值 ODP（ozone depletion potential）表示。规定以 R11 的臭氧层破坏影响作为基准，取 R11 的 ODP 值为 1，其他物质的 ODP 是相对于 R11 的比较值。

(2) 全球变暖潜值 GWP 考察物质的气体逸散到大气中，对大气变暖的直接或潜在影响程度，用全球变暖潜值 GWP（global warming potential）表示。规定以 CO_2 温室影响作为基准，取 CO_2 的 GWP 值为 1，其他物质的 GWP 是相对于 CO_2 的比较值。也可以仍以 R11 为基准物质，全球变暖潜值则用 HGWP 表示，并取 R11 的 HGWP 值为 1，其他物质的 HGWP 是相对于 R11 的比较值。这两种比较方法，在数值上，GWP 值是 HGWP 的 3500 倍。在进一步研究制冷剂的使用对大气变暖的影响时，不仅应考虑其自身逸散造成的直接温室影响，还应考虑使用它们的装置因消耗能量（发电和燃烧）引起 CO_2 的排放量增多所造成的间接温室影响。因此，提出用一个综合指标 TEWI（total equivalent warming impact）来反映总的温室影响，它包括了直接影响和间接影响。直接影响部分为 GWP，是由制冷剂自身性质决定的；间接影响部分则涉及装置、能效、能量转换效率等许多因素，有一套计算方法。

2.3 制冷剂的实用性质

在选择制冷剂及设计和运用制冷机时，还需要考虑与制冷剂的化学性质及物理化学性质密切相关的实用性质。

2.3.1 制冷剂的相对安全性

有毒和可燃易爆的制冷剂有可能危及人身安全，必须采取可靠的防范措施慎重使用。国家标准 GB 7778—2017 从毒性和可燃性对制冷剂进行了安全分类。安全性分类由两个字母数字符号（如 A1、B2 等）以及一个表示低燃烧速度的字母"L"组成。大写字母表示按 2.3.1.1 规定的毒性分类，阿拉伯数字表示按 2.3.1.2 规定的可燃性分类。混合制冷剂应被分配一个双安全组别，由斜杠（/）分开。所列的第一个类别应为混合制冷剂的最不利成分（WCF）的类别；所列的第二个类别应为最不利分馏成分（WCFF）的类别。

2.3.1.1 毒性分类

国家标准 GB 7778—2017 根据容许的接触量，将制冷剂毒性分为 A、B 两类。

A 类（低慢性毒性）：制冷剂的职业接触限定值 $OEL \geqslant 400 mg \cdot kg^{-1}$。

B 类（高慢性毒性）：制冷剂的职业接触限定值 $OEL < 400 mg \cdot kg^{-1}$。

对于卤代烃制冷剂来说，含氟原子越多，毒性越小。

2.3.1.2 可燃性分类

国家标准 GB 7778—2017 按照制冷剂的可燃性危险程度，将制冷剂的可燃性根据可燃下限（LFL）、燃烧热（HOC）和燃烧速度（S_u）分为 1、2L、2、3 四类：

(1) 第 1 类（无火焰传播） 在 101kPa、60℃大气中实验时，单一制冷剂或者混合制冷剂的 WCF 和 WCFF 未表现出火焰传播。

(2) 第 2L 类（弱可燃） 单一制冷剂或者混合制冷剂的 WCF 和 WCFF 满足以下条件：

(a) 在 101kPa、60℃的实验条件下，有火焰传播；

(b) 制冷剂 LFL＞3.5%（体积分数）[若制冷剂在 23.0℃和 101.3kPa 下没有 LFL，应用高温火焰极限（ETEL）代替 LFL 来确定其可燃性分类]；

(c) 燃烧产生热量＜19000kJ·kg^{-1}，并且：

(d) 在101kPa、23℃的实验条件下测试时，制冷剂的最大燃烧速度S_u≤10cm·s^{-1}。

(3) 第2类（可燃） 单一制冷剂或者混合制冷剂的WCF和WCFF满足以下条件：

(a) 在101kPa、60℃的实验条件下，有火焰传播；

(b) 制冷剂LFL＞3.5%（体积分数）[若制冷剂在23.0℃和101.3kPa下没有LFL，应用高温火焰极限（ETFL）代替LFL来确定其可燃性分类]，并且：

(c) 燃烧产生热量＜19000kJ·kg^{-1}。

(4) 第3类（可燃易爆） 单一制冷剂或者混合制冷剂的WCF和WCFF满足以下条件：

(a) 在101kPa、60℃的实验条件下，有火焰传播，并且：

(b) 制冷剂LFL≤3.5%（体积分数）[若制冷剂在23.0℃和101.3kPa下没有LFL，应用高温火焰极限（ETFL）代替LFL来确定其可燃性分类]；或者燃烧产生热量≥19000kJ·kg^{-1}。

2.3.1.3 安全性分类

根据2.3.1.1和2.3.1.2的毒性和可燃性分类原则，把制冷剂分为8个安全分类（A1、A2L、A2、A3、B1、B2、B2L和B3），如表8-2-3所示。

表8-2-3 制冷剂安全性分类

燃烧性增强 ↑		
	A3	B3
	A2	B2
	A2L	B2L
	A1	B1
	毒性增强 →	

2.3.2 制冷剂的热稳定性

制冷剂的热稳定性以其分解温度为标志，分解温度越高，稳定性越好。通常要求制冷剂的分解温度在200℃以上，使其在正常使用和保管条件下不会分解。但在异常情况下，这一问题仍需重视。制冷剂分解之后不但失去其作为制冷剂的特性，有些制冷剂在分解后还会产生危害。

当温度超过250℃时，氨会分解成氮和氢，而氢具有很强的爆炸特性。当含有氧时，丙烷在460℃时开始分解，830℃时完全分解。R22与铁接触时，在550℃时分解。含氯原子的卤代烃（如R22、R30）与明火接触时，能分解出有毒的光气（$COCl_2$）。

2.3.3 制冷剂对材料的作用

各类制冷剂对金属材料的腐蚀作用是各不相同的。进行系统设计时，应考虑到不同制冷剂的腐蚀性特点，选择与制冷剂相容的结构材料。

氨气对钢铁无腐蚀作用，但当含有水分时会腐蚀锌、铜及除磷青铜以外的其他铜合金。二氧化碳对所有金属材料都不起腐蚀作用。

烃类制冷剂对金属没有腐蚀作用。

各种卤代烃制冷剂当不含水时，对大多数金属材料无腐蚀作用，唯含镁量超过2%的铝镁、锌镁合金除外。但当制冷机系统中有水分和空气存在时，卤代烃会水解而产生酸性物质（HCl、HF），将导致金属被腐蚀。

卤代烃属有机制冷剂，能溶解许多有机物质，例如天然橡胶、树脂等。对于合成橡胶、塑料等高分子化合物，卤代烃虽无明显的溶解作用，但却会起"膨润"作用，使之变软、膨胀、鼓泡而失去作用。这种膨润作用能力的大小与卤代烃的组成及结构有关，一般来说，含氯原子越多，膨润作用能力越强。

2.3.4 制冷剂同水的溶解性

不同种类的制冷剂溶解水的能力是不同的。

氨与水可以任意比例互相溶解，组成呈碱性的氨水溶液。当氨制冷机系统中有水分时，因溶解度较大，在运转中水分不会析出，不会出现节流阀堵塞现象；但含水量较多时，会对某些金属材料引起腐蚀。所以，制冷系统中必须严格控制含水量，切不可超过限定值。

卤代烃及碳氢化合物类制冷剂与水难于互溶。例如，25℃时水在R134a液体中只能溶解0.11%（质量分数）。当卤代烃制冷机系统中的含水量超过在卤代烃液体中的溶解度时，一部分水分会析出，当温度降到0℃以下时，水分冻结而使节流机构堵塞。水在25℃和常压下在一些卤代烃制冷剂中的溶解度见表8-2-4。

表 8-2-4 水在卤代烃液体中的溶解度[3]

制冷剂	溶解度/%	制冷剂	溶解度/%	制冷剂	溶解度/%	制冷剂	溶解度/%
R22	0.13	R124	0.07	R152a	0.17	R704	0.016
R23	0.15	R125	0.07	R290	0.0067	R717	0.07
R32	0.12	R134a	0.11	R502	0.06	R718	100
R50	0.0023	R142b	0.05	R600a	0.0054	R728	0.14
R123	0.08	R143a	0.08	R702	0.008	R744	0.15

2.3.5 制冷剂同润滑油的溶解性

各种制冷剂同润滑油均能互相溶解，而溶解的程度同制冷剂、润滑油的种类有关，同时也与温度和压力有关。润滑油按制造工艺可分为两大类：

(1) 天然矿物油 简称矿物油，即从石油中提取的润滑油。作为石油的馏分，矿物油通常具有较小的极性，它们只能溶解在极性较弱或非极性的制冷工质中，如R600a、R12等。

(2) 人工合成油 简称合成油，即按照特定制冷工质要求，用人工化学的方法合成的润滑油。合成油主要是为了弥补矿物油难以与极性制冷工质互溶的缺陷提出的。因此，合成油通常都有较强的极性，它们能溶解在极性较强的制冷工质中，如R134a、R410A等。合成油主要有聚醇类、聚酯类、极性合成碳氢化合物等。

在制冷剂的工作温度范围内，按照溶解程度可将制冷剂分为三类。

第一类是微溶或难溶的制冷剂。用这类制冷剂时，压缩机内润滑油的黏度无显著变化，不会影响润滑；润滑油进入制冷机系统后不会影响制冷剂的蒸发温度，但会在换热器传热表面上形成油膜而影响传热。进入制冷机系统的润滑油将积存在储液器及蒸发器中，很容易排放出来。

第二类是可完全互溶的制冷剂。应用这类制冷剂时,压缩机内的润滑油会因制冷剂的溶入(其溶入量取决于润滑油的温度及上方的压力)而变稀,使油位改变、黏度下降,影响润滑;润滑油进入制冷机系统后不会在冷凝器传热面上形成影响传热的液膜,但会在蒸发器中逐渐积存起来,使蒸发温度升高、传热恶化。进入制冷机系统的润滑油与制冷剂互溶,无法分离排放,故需使用结构上能自动回油的蒸发器。

第三类是只能部分互溶的制冷剂。这类制冷剂在常温时与润滑油完全互溶,而在较低温度时分离为两层,分别称为贫油层和富油层。应用这类制冷剂时对制冷机的运转带来的影响,同第二类制冷剂是一样的;而且进入制冷机系统的润滑油也无法分离排放,故也需使用结构上能自动回油的蒸发器。

R22 的特性可用同润滑油的溶解曲线来解释,如图 8-2-2 所示,曲线是实验得到的,曲线有一个最高点,该点对应的温度称为溶解临界温度。当高于这一临界温度时,R22 同润滑油完全互溶,不会分层,这相当于储液器、冷凝器内的情况;当低于这一临界温度时,则分为贫油和富油两层,相当于蒸发器中的情况。

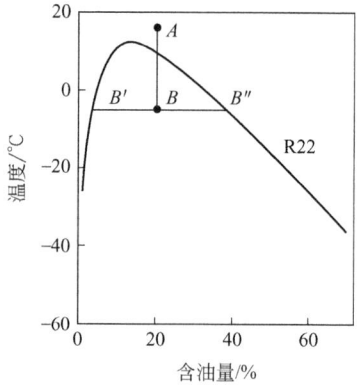

图 8-2-2 R22 同润滑油的溶解曲线

卤代烃制冷剂中所含的氟原子越多,在矿物油中的溶解度越小。值得指出的是,虽然那些不含氯的卤代烃制冷剂难以溶解于矿物油,但它们却能很好地溶解于合成油。即同一种制冷剂在不同种类的润滑油中的溶解度可能是不同的。部分制冷剂与不同润滑油的互溶性见表 8-2-5。

表 8-2-5 部分制冷剂与不同润滑油的互溶性[3]

润滑油名称	完全溶油	部分溶油	难溶或微溶油
矿物油	R11、R12、R600a	R22、R502	R717、R134a、R407C
聚酯类油	R134a、R407C	R22、R502	R11、R12、R600a
聚醇类油	R717	R134a、R407C	R11、R12、R600a
极性合成碳氢化合物油	R134a、R407C	R22、R502	R11、R12、R600a

2.3.6 制冷剂的泄漏判断

制冷机系统除可用充入适量气体(氮气或干燥空气)或涂抹皂液法进行检漏外,还可用充入适量制冷剂气体的方法并利用制冷剂本身的特性进行检漏。制冷机系统在运转过程中的检漏就属于后一种情况。

氨气有强烈的刺激性臭味，依靠人的嗅觉很容易判断是否有泄漏，但用此法难以确定出漏点。因氨水溶液呈碱性，故可用润湿的酚酞试纸进行检漏；如有泄漏，试纸立即变为红色。

卤代烃在火焰下会放出卤素，而卤素能与灼热的铜发生反应生成卤化铜，并在火焰下呈现出一种特殊的颜色。应用这一特性设计了卤素喷灯，它是通过酒精的燃烧加热一块紫铜，并用一吸气管将被检气体吸入喷灯，当被检气体中含有卤代烃时，燃烧的火焰即变为黄绿色（含量小时）或紫色（含量大时）。

对于卤代烃还可用电子检漏仪进行检漏。

2.4 常用制冷剂的特性

常用的制冷剂有十多种，分述如下。

2.4.1 无机化合物

(1) 水 (R718) 水用作制冷剂时有较好的实用特性：无毒、无腐蚀性、不燃、不爆、廉价易得，而且流动阻力小、传热效果好。但水的热力性能差，主要是标准沸点过高，因而工作压力特低、比体积很大、单位容积制冷量很小。水现在用于吸收式制冷机及蒸汽喷射式制冷机中，其蒸发温度需高于0℃。

(2) 氨 (R717) 氨具有良好的热力性能：工作压力适中、单位容积制冷量大，而且黏性小、传热性能好。但氨的实用特性较差：可燃、可爆、有毒、对铜等有腐蚀性。氨是最广泛应用的制冷剂之一，可用于空调、冷藏、低温，能适用于各种型式的制冷压缩机，蒸发温度可控制在$-65\sim5$℃。空气中氨的含量达$11\%\sim14\%$时即可以点燃，因此工作区内氨蒸气的浓度应在$20\mathrm{mg\cdot m^{-3}}$以下。氨中含有水时虽对正常运转无大影响，但会加剧对金属的腐蚀，故一般规定用作制冷剂的产品氨中的含水量应不超过0.2%。

(3) 二氧化碳 (R744) 二氧化碳（CO_2）曾作为重要制冷剂使用了半个世纪，普遍用于船舶用制冷装置，到1930年后，在含氯的氟化碳（CFC）制冷剂广泛应用时被淘汰。而近些年，在淘汰含氯的氟化碳（CFC）、含氢和氯的氟化碳（HCFC）过程中人们又回到CO_2作为制冷剂的研究。CO_2有很多优点：价格很低、单位容积制冷量大、压比小等，但是其临界温度低、工作压力过高、节流损失很大。为使CO_2能够有效地用于制冷系统，1994年Lorentzen提出了CO_2跨临界循环系统和实现高效循环的措施，并证明了它用于汽车空调、热泵、冰箱的可行性。CO_2的另一个主要用途就是用在大型制冷系统中，作为复叠系统的低温级制冷剂，西安交通大学的邢子文课题组和烟台冰轮合作对NH_3(氨)/CO_2复叠制冷进行了深入的研究，证明了其良好的应用前景[4]。

2.4.2 卤代烃

卤代烃制冷剂种类较多，是现代应用最广泛的一类制冷剂。卤代烃的实用性能较好：无毒或基本无毒，燃烧性不强，绝热指数小，因而制冷机的排气温度低。各种卤代烃的分子量均比较大，适宜应用于离心式压缩机。同氨气比较，卤代烃的单位容积制冷量较小，传热性能较差，密度大，黏度大，因而流动阻力较大；而且价格较贵，易于泄漏。卤代烃的电绝缘性能较好（电击穿强度较大，一般在 100kV·cm^{-1} 以上），适于使用在封闭式及半封闭式压缩机中。常用的卤代烃有如下几种：

(1) R123 属 HCFC 物质，被称作 R11 的过渡性替代物，其热力性质与 R11 接近，分子量为 153，标准沸点为 27.6℃，ODP 值为 0.013～0.022，GWP 值为 79，在大气中的寿命为 1～4 年，不可燃，相对安全。由于会破坏臭氧层，因而要被禁止使用。

(2) R134a 其热力性质与 R12 最接近，是第一个被提出的非臭氧层破坏物质，是 R12 的过渡性替代物，常用于冰箱、冷柜和汽车空调中，在大型离心式冷水机中也有使用。R134a 的标准沸点为 −26.2℃，ODP 值为 0，GWP 值为 1360。与高压制冷剂相比，其单位容积制冷量小，因而用于大多数对冷量要求大的商业用空调装置、需要较大气量的压缩机和较大尺寸的管道。

(3) R22 R22 也是比较安全的制冷剂，不燃烧、不爆炸、有微毒，其 ODP 值为 0.055，GWP 值为 1780，可用于各种类型的制冷装置，适用于各种型式的制冷压缩机。R22 用作制冷剂时热力性能良好，在温度相同时工作压力和单位容积制冷量同氨气相近；它在较低温度时的饱和蒸气压力比氨气高得多，蒸发温度可达 −80℃；在卤代烃类制冷剂中属于排气温度较高的制冷剂，用于压力较高工况时，需对压缩机采取冷却措施。R22 具有极性分子结构，对有机物有更强的膨润作用；仍属难溶于水的物质，含水量规定小于 0.0025%；常温下与普通矿物润滑油部分互溶。由于会破坏臭氧层，因而要被禁止使用。

(4) R32 R32 是 R22 和 R410A 的替代物之一，与 R410A 的热力性能非常接近。其标准沸点为 −51.7℃，凝固点为 −78.4℃，一般系统更换冷媒匹配后，其工作压力略高于 R410A，会使排气温度较高。它的 ODP 值为 0，GWP 值为 675，无毒、可燃，安全等级为 A2L，充注量少，约为 R410A 的 70%。如果压缩机排量相同，采取 R32 的系统比采取 R410A 的系统制冷量和 COP 值（制热能效比值）都有所提高。在 R22 的几种替代物 R32、R290、R161、R1234yf 中，R32 的燃烧下限（LFL）最高，最不易燃烧，并且燃烧后所释放的燃烧热（HOC）也最小，即它的燃烧强度最低，因而是几种替代物中相对最安全的。

(5) R600a R600a 的标准蒸发温度为 −11.7℃，凝固点为 −160℃，属中温制冷剂。它对大气臭氧层无破坏作用，无温室效应。无毒，但可燃、可爆，在空气中爆炸的体积分数为 1.8%～8.4%，故在有 R600a 存在的制冷管路，不允许采用气焊或电焊。它能与矿物油互溶；汽化潜热大，故系统充注量少；热导率高，压缩比小，对提高压缩机的输气系数及压缩机效率有重要作用；等熵指数小，排温低；单位容积制冷量小；工作压力低，低温下蒸发压力低于大气压力，因而增加了吸入空气的可能性；价格便宜。由于具有极好的环境特性，对大气完全没有污染，故目前广泛被采用，是冰箱、冷柜等制冷装置的主要制冷工质。

(6) R410A（R32/125，50/50） 它是近共沸混合制冷剂，可作为 R22 替代物选择之一；其标准沸点为 −52.5℃，相变温度滑移可以忽略。R410A 的压力明显高于 R22，大约高出 50%，它的单位容积制冷量大，相同冷量所需的压缩机输气量比用 R22 小得多。因为它有高密度和高压力，用口径小得多的管道仍能保持压降合理。理论上，R410A 循环的 COP 值不如 R22 的高，但它的传热性能很好。

(7) R404A（R125/143a/134a，44/52/4） R404A 是三元近共沸混合制冷剂，ODP

值为 0。作为 R502 替代物选择之一，它的标准沸点为 -46.5℃，相变温度滑移很小 (0.5℃)。它的循环特性各项参数与 R502 相接近，二者的制冷量和 COP 值也差不多，可以直接在原来的 R502 装置上使用。R404A 适用于各种中温或低温制冷装置，如冷柜、冷库、制冰和运输制冷等。对所有装置来说，R404A 微小的相变温度滑移造成的分馏现象都不明显，所以它还适用于配备有满液式蒸发器的制冷系统。它与多元醇酯（POE）润滑油相溶。

(8) **R507（R125/143a，50/50）** R507 属于共沸混合制冷剂。它作为 R502 的替代选择物之一，其标准沸点为 -46.5℃。在典型的零售冷冻食品的装置中使用，蒸发温度为 -32℃ 时，R507 的制冷能力和 COP 值几乎与 R502 完全一致。R507 的传热性能比 R502 更好些。

2.4.3 碳氢化合物

碳氢化合物的共同优点是：凝固点低；与水不起化学反应；无腐蚀性；与矿物油完全相溶；它们是石油化工流程的产物，易于获得、价格便宜。其缺点是燃爆性很强。常用作制冷剂的碳氢化合物有乙烷、乙烯、丙烷、丙烯等。就其适用温度范围来看，丙烷同 R22 和 R717 相当，而丙烯稍低一些，丙烷和丙烯均属中温制冷剂；乙烷温度较低，而乙烯更低一些，乙烷和乙烯均属低温制冷剂，宜用于复叠式制冷机的低温部分。丙烷作为中温制冷剂在大型制冷装置中已应用很久，近几年开始用于家用制冷装置，但由于其燃爆性很强的原因，充注量的控制是非常重要的。

2.4.4 混合制冷剂

混合制冷剂是用两种或两种以上的纯质制冷剂按一定的配比混合成的制冷剂，按其蒸发过程的特性可分为共沸混合制冷剂（简称共沸制冷剂）及非共沸混合制冷剂两类。

共沸制冷剂同纯物质一样，在定压下蒸发时的蒸发温度恒定不变，而且气相和液相的组成始终相同。共沸制冷剂的标准沸点比组成它的任一组分的标准沸点都低，因而当蒸发温度相同时，同其组分相比，共沸制冷剂的蒸发压力高、蒸气比体积小、单位容积制冷量大。此外，共沸制冷剂的压缩机排气温度也比其组分有所降低。故采用共沸制冷剂是改善制冷剂性能的一种有效方法。现在使用的共沸制冷剂已有十多种，ASHRAE 命名了其中 10 种，从 R500 到 R508B。由于 R500 至 R506 均含 CFC，对大气臭氧层有破坏作用，已经被淘汰。

非共沸混合制冷剂是由两种或两种以上纯质制冷剂组成的混合物，它在定压下蒸发时温度逐渐升高，气、液相的组成不同且不断发生变化。利用它相变中温度滑移的这一特性，制冷机就有可能较好地适应变温热源的情况。适当减小冷凝和蒸发过程中的传热温差，提高循环的热力学完善度，特别是在热泵中应用，有很好的节能效果。但非共沸混合制冷剂由于在整个循环的冷凝、蒸发过程中，会出现因分馏引起的制冷剂成分改变，系统泄漏也将造成制冷剂成分的变化，给使用带来一定的麻烦。所以制冷工程实际上不希望用相变温度滑移大的非共沸混合制冷剂。

由于具备共沸性的混合物毕竟十分有限，近共沸混合制冷剂是非共沸混合物和共沸混合物之间的一种折中。近共沸混合制冷剂虽属非共沸混合制冷剂，但它在制冷循环中的温度滑移和分馏都不大，可以近似按共沸混合制冷剂处理。当前的一些主要混合制冷剂见表 8-2-6。

表 8-2-6　主要混合制冷剂

符号	组分(成分)	沸点/℃	符号	组分(成分)	标准沸点/滑移温度/℃
R401A	R22/152a/124(53/13/34)	−33.1	R404A	R125/143a/134a(44/52/4)	−46.3/0.5
R402A	R125/290/22(60/2/38)	−49.2	R407A	R32/125/134a(20/40/40)	−45.8/6.6
R402B	R125/290/22(38/2/60)	−47.4	R407C	R32/125/134a(23/25/52)	−44.3/7.1
R403A	R290/22/21B(5/75/20)	−50.0	R410A	R32/125(50/50)	−52.5/—
R405A	R22/152a/142b/C31(45/7/5.5/42.5)	−27.3	R507	R125/143a(50/50)	−46.5/0.2
R406A	R22/600a/142b(55/4/41)	−22.0			

2.5　制冷剂的选用

2.5.1　选用制冷剂应考虑的问题

选用制冷剂时应主要从下述几个方面进行考虑，经过综合分析，再作出决定。

(1) 应用场合　家用、空调用及实验室用制冷设备应多从安全性考虑，宜选用无毒、不燃、不爆的制冷剂。生产用、特别是石油化工用制冷装置，安全性就不能作为决定性因素；而对于化工用制冷设备，还应考虑制冷剂同原料、产品或中间物质相结合的问题。

(2) 制冷性能　制冷剂制冷性能的好坏，要看它在制冷机要求的工作条件（即蒸发温度和冷凝温度）下，是否有令人满意的理论循环特性，这取决于制冷剂的热力学性质。期望其蒸发压力最好不低于大气压力，以防止空气漏入制冷机系统；冷凝压力不要过高，以减小设备和管道承受的压力，此外最好使 $p_k/p_{cr}<0.4$，以提高制冷循环的经济性；排气温度不要太高；循环的性能系数高；传热性好（热导率大、比热容大）；流动性好（黏性小）。

(3) 压缩机的型式　对于离心式压缩机，应选用分子量大的制冷剂；在制冷量大的场合，活塞式压缩机应选用单位容积制冷量大的制冷剂，对于封闭式及半封闭式压缩机，应选用对漆包线无腐蚀性且电绝缘性能好的制冷剂。

(4) 实用性　为了便于实用，制冷剂的化学稳定性和热稳定性要好，在制冷循环过程中不分解、不变质，对机器设备的材料无腐蚀，与润滑油不起化学反应。还希望它安全：无毒、无害、燃烧性和爆炸性小。另外，来源广、价格便宜也是考虑的重要方面，制冷剂充注量大的（如工业用）制冷装置，应尽可能选用价廉的制冷剂；而当制冷剂充注量小时，价格就不是主要问题。

(5) 环境可接受性　针对保护大气臭氧层和减少温室效应的环境保护要求，制冷剂的 ODP 值必须极低或为 0，而 GWP 值应尽可能小。

2.5.2　制冷剂的代用问题

目前，制冷剂的发展历程已经进入到了第四阶段，阶段划分是根据制冷剂不同时期发展的特点，这几个阶段分别为：

第一阶段（1830~1930 年）能用即可：NH_3、CO_2、SO_2、H_2O、CCl_4、$HCOOCH_3$ 等。

第二阶段（1930~1990 年）安全耐用：CFCs、HCFCs、NH_3、H_2O（主要是吸收式系统）。

第三阶段（1990~2010 年）保护臭氧层：HCFC（过渡阶段使用）、HFCs、NH_3、H_2O、HCs、CO_2。

第四阶段（2010年至今）缓解全球变暖：制冷剂应具备极低（<10⁻³）或零ODP值、低GWP值以及高效率。目前来看，大致包括：烯烃类HFCs（也称HFOs）、NH_3、CO_2、HCs和H_2O。

制冷剂的发展过程，实际上也是人类深入了解制冷剂性质并积极避免环境问题的一个过程，而这里的环境问题主要指的是臭氧层破坏和温室效应加剧。自1930年卤代烃被用作制冷剂以来，以其优异的性质而广泛用于空调、冷藏及低温等许多方面，并促进了制冷技术的发展。卤代烃按其组成可分为含氯的氟化碳（CFC）、含氢和氯的氟化碳（HCFC）及含氢无氯的氟化碳（HFC）三类，其中CFC对臭氧层的破坏能力最强，HCFC次之，而HFC因不含氯而无破坏作用。目前，CFC物质已完全被淘汰，而HCFC属于过渡性替代物，正逐渐被淘汰，这有效解决了臭氧层破坏的问题，但是地球温室效应问题仍然是一个需要解决的难题。因此，对高GWP值制冷剂的替代问题，各个国家都在进行研究工作。

对高GWP值制冷剂的取代的研究工作是多方面的，但首先还是寻找替代工质。高GWP值制冷剂的替代有两个思路：一是采用自然工质，如NH_3、CO_2、HCs、H_2O等。二是采用低GWP值的HFCs制冷剂，尤其是近几年广受关注的烯烃类HFCs制冷剂，这类制冷剂因含有碳碳双键，会与大气中的羟基发生反应，因而大气寿命极低，从而GWP值也极低。但除与大气中的羟基反应之外，碳碳双键同时也会与氧气发生反应，造成这一类制冷剂往往具有一定的可燃性。以下为若干具有替代潜力的制冷剂[5]：

(1) R32 R32被认为是一种有潜力的、替代R22和R410A在空调中使用的制冷剂，已在上节（2.4.2）说明，这里不再赘述。

(2) R290 制冷剂R290，即丙烷，是一种可以从液化气中直接获得的天然碳氢制冷剂。其ODP值为零，GWP值接近0，是极具潜力的制冷剂替代品。R290与R22的标准沸点、凝固点、临界点等基本物理性质非常接近，具备替代R22的基本条件。在饱和液态时，R290的密度比R22小，因此相同容积下R290的灌注量更小，实验证明相同系统体积下R290的灌注量是R22的43%左右。另外，由于R290的汽化潜热大约是R22的2倍，因此采用R290制冷剂的制冷系统循环量更小。R290具有良好的材料相容性，与铜、钢、铸铁、润滑油等均能良好相容。虽然R290具有上述优势，但其"易燃易爆"的缺点是目前限制其大规模推广的最大阻碍。

(3) R1234yf/R1234ze(E) 目前最具代表性的HFOs制冷剂是R1234yf和R1234ze(E)。R1234yf作为纯质制冷剂，目前的应用主要是在汽车空调里替代R134a，其他装置如家用冰箱中的应用也有相关研究。R1234ze(E)的性质与R134a相近，价格比R1234yf便宜，被认为更适合用于离心式冷水机组中替代现在使用的R134a。

(4) R1234ze(Z) R1234ze(Z)是R1234ze(E)的同分异构体，其大气寿命10d，ODP=0，GWP值小于1。因蒸气压曲线、汽化潜热与R245fa相近，被认为可以用于有机朗肯循环和高温热泵作为R245fa的替代物。

(5) R1233zd(E) R1233zd(E)是新提出的一种新型烯烃类HCFC制冷剂，其分子结构式为$CF_3CH=CHCl$，大气寿命短（26d），对臭氧层几乎无影响，ODP=0.00034，GWP<1，无二次环境破坏，低毒性，不可燃，在最新的ASHRAE34标准中被分类为A1。R1233zd(E)被认为是可以接受的、用于离心式冷水机组中替代R123和R245fa的下一代制冷剂。同时，它也被认为可以用于离心式冷水机组中替代R134a，因其具有与R134a同样的

安全分级，并且具有比 R134a 和其替代物 R1234ze(E) 更高的能效比。安全分级 A1 可使其满足现有的应用标准和建筑规范，因而可以直接使用。低毒性使其无需强制性的机械设备室，从而有更广泛的应用空间。同时，R1233zd(E) 具有优越的换热性能，可溶于矿物油，稳定性 10 倍于 R123，材料选择比 R123 更灵活。

(6) HFCs 混合物 2011 年 3 月起，美国空调供热制冷协会（AHRI）主持开展了低 GWP 替代制冷剂评价项目（AREP），该项目对不同制冷剂生产商提供的多种混合制冷剂进行了评估。目前，部分新型混合制冷剂于 2015 年 2 月获得了 ASHRAE 标准命名和安全分级，这些制冷剂基本都含有至少一种极低 GWP 值的烯烃类 HFCs 制冷剂［R1234yf 或 R1234ze(E)］。

① R410A 替代物 R446A/R447A。R446A 组成为 R32/R1234ze(E)/R600（68/29/3），安全分类 A2L，GWP＝461。R447A 组成为 R32/R125/R1234ze(E)（68/3.5/28.5），安全分类 A2L，GWP＝572。它们的容积制冷量、压力和效率均与 R410A 接近，临界温度高于 R410A，故而在更高的环境温度下具有更高的效率，目前其价格稍高于 R410A。

② R404A 替代物 R448A/R449A。R448A 组成为 R32/R125/R1234yf/R134a/R1234ze(E)（26/26/20/21/7），安全分级 A1，GWP＝1273。R448A 和 R449A 的制冷量、效率、排气温度基本一致。将 R449A 用于 R404A 系统直接替代时，其 COP 值略高于 R404A，制冷量相当，温度滑移 4.2℃，材料相容性好，系统更改极小，仅需改变膨胀阀开度。

③ 其他。新获得标准命名的混合制冷剂还有 R444B、R450A、R451A 等，关于这些新混合制冷剂的研究测试显示，它们在系统中具有和其替代物相当的容积制冷量和效率，并且可以实现 GWP 值大大降低。

然而，这些新制冷剂也存在一些问题，比如说温度滑移：R404A 和 R410A 都是近共沸制冷剂，但它们的替代物大多具有 4～7K 的温度滑移；此外，R404A 的替代物排气温度较高，R410A 的替代物均具有一定可燃性。对于这些替代制冷剂，可燃性越低时，GWP 值越高，而压力越高时，要实现不可燃需要的最低 GWP 值越高。

2.6 载冷剂

2.6.1 载冷剂的种类及选用

在制冷装置中一般多采用直接冷却方式，即利用制冷剂的蒸发直接冷却冷间内的空气，或直接冷却被冷却物体。但在有些情况下则采用间接冷却方式，例如在盐水制冰设备中就是先利用制冷剂的蒸发冷却盐水，再用低温盐水去冷却冰模使水冻结成冰；又如在集中式空气调节装置中就是利用制冷机提供的冷水对空气进行降温降湿处理。在上述情况下，采用间接冷却方式是由生产工艺过程的特性决定的。此外，在一些冷库用及工业生产用制冷装置中，为了减少制冷剂的充注量，也有采用间接冷却方式的。在间接冷却方式中，被冷却对象的热量是通过中间介质传送给在蒸发器中蒸发的制冷剂，这种中间介质起着传送和分配冷量的媒介作用，称为载冷剂，也称第二制冷剂。采用间接冷却方式，除可减少制冷剂的充注量外，尚有因载冷剂热容量大、易于保持温度恒定的优点。但它也有缺点：系统比较复杂，且增大了被冷却对象与制冷剂之间的温度差。

传统的载冷剂有三类,即水、盐水及有机物载冷剂,而近几年 CO_2 作为一种新的载冷剂逐渐被应用。载冷剂按其工作温度大致可分为 3 类:

(1) **高温载冷剂** 如水,适用于 0℃ 以上的制冷循环,被广泛用于空调装置。

(2) **中温载冷剂** 如氯化钠、氯化钙的水溶液,适用于 −50～5℃ 制冷装置中。

(3) **低温载冷剂** 如 R30、R1120,适用于低于 −50℃ 的制冷装置。

当选用载冷剂时应考虑如下因素:凝固温度应低于最低工作温度;安全性好,无毒、化学稳定、不燃不爆,且对金属不腐蚀或甚少腐蚀;价廉易得、便于保管;比热容宜大,密度及黏度宜小。

2.6.2 水

水的性质稳定,安全可靠,无毒害和腐蚀作用,流动传热性较好,还是廉价易得的物质。不足之处在于凝固点为 0℃,相对而言比较高。由于较高凝固点的限制,使之只适用于工作温度在 0℃ 以上的高温载冷场合。即在 0℃ 以上的人工冷却过程和空调装置中,如空气调节设备等,水是最适宜的载冷剂。而工业用的循环冷却水,温度一般在 10～30℃。

2.6.3 盐水

常用的有氯化钠盐水及氯化钙盐水。盐水的起始凝固温度随浓度而变,见表 8-2-7。氯化钙盐水的共晶温度 (−55.0℃) 比氯化钠盐水低,可用于较低温度,故应用较广。氯化钠盐水因无毒,可用于食品的直接接触冷却,且传热性能较氯化钙盐水好。

表 8-2-7 盐水的凝固温度

相对密度 (15℃)	氯化钠盐水			氯化钙盐水		
	浓度/%	100kg 水加盐量/kg	起始凝固温度/℃	浓度/%	100kg 水加盐量/kg	起始凝固温度/℃
1.05	7.0	7.5	−4.4	5.9	6.3	−3.0
1.10	13.6	15.7	−9.8	11.5	13.0	−7.1
1.15	20.0	25.0	−16.6	16.8	20.2	−12.7
1.175	23.1	30.1	−21.2			
1.20				21.9	28.0	−21.2
1.25				26.6	36.2	−34.4
1.286				29.9	42.7	−55.0

氯化钠盐水及氯化钙盐水均对金属材料有腐蚀性,使用时需加缓蚀剂重铬酸钠及氢氧化钠,以使盐水的 pH 值为 7.0～8.5,呈弱碱性。

2.6.4 有机物载冷剂

有机物载冷剂适用于比较低的温度,常用的有如下几种。

(1) **乙二醇、丙二醇的水溶液** 乙二醇无色无味,可全溶于水,对金属材料无腐蚀性。乙二醇水溶液使用温度可达 −35℃ (浓度为 45%),但用于 −10℃ (浓度为 35%) 时效果最好。乙二醇黏度大,故传热性能较差;稍具毒性,不宜用于开式系统,也不宜与被冷却食品直接接触。

丙二醇是极稳定的化合物，全溶于水，对金属材料无腐蚀性。丙二醇的水溶液无毒，可用直接接触法冷却食品；黏度较大，传热性能较差。丙二醇的使用温度通常为≥-10℃。

乙二醇和丙二醇溶液的凝固温度随其浓度的改变而改变，见表8-2-8。

表8-2-8 乙二醇和丙二醇水溶液的凝固温度

体积分数/%		20	25	30	35	40	45	50
凝固温度/℃	乙二醇	-8.7	-12.0	-15.9	-20.0	-24.7	-30.0	-35.9
	丙二醇	-7.2	-9.7	-12.8	-16.4	-20.9	-26.1	-32.0

（2）甲醇、乙醇的水溶液 在有机物载冷剂中甲醇是最便宜的，而且对金属材料不腐蚀。甲醇水溶液的使用温度是-35～0℃，相应的浓度是15%～40%；在-35～-20℃内具有较好的传热性能。甲醇用作载冷剂的缺点是有毒和可以燃烧，在运送、储存和使用中应注意安全问题。

乙醇无毒、对金属不腐蚀，其水溶液常用于啤酒厂、化工厂及食品加工厂。乙醇亦可燃，比甲醇贵，传热性能比甲醇差。

（3）卤代烃 当载冷剂的温度需达-35℃及以下时，由于受凝固温度的限制，同时由于黏度的急剧增大，盐水及上述几种有机物的水溶液已不适于用作载冷剂。在这种情况下，可使用一些卤代烃作为载冷剂。

常用作载冷剂的卤代烃有二氯甲烷（R30）、三氯乙烯（R1120）等，它们的凝固温度很低，使用温度可低达-100～-80℃。这些卤代烃用作载冷剂的优点是：化学稳定性好，不燃烧，毒性很小，黏度小因而传热性能好，而且对金属没有腐蚀性。

卤代烃的水溶性很小，当用作载冷剂时系统中需设干燥器，以防进入系统的水分析出而结冰。

2.6.5 二氧化碳

大多数传统载冷剂的传热性能较差，低温时的压力损失较大，因此系统的制冷性能（COP）较低。CO_2作为自然工质，符合当今节能减排的要求；同时，选用CO_2作为低温载冷剂，能很好地改善系统的制冷性能。国内天津商业大学的李林等对二氧化碳作为低温载冷剂进行了深入的探讨[6]。

CO_2作为载冷剂与其他传统的载冷剂（如盐水、乙二醇等）相比，有很多优点：①其动力黏度非常小，具有非常好的运输特性，从而可以选用功率较小的溶液泵，节约投资，也有利于能量的节约；②由于载冷剂采用的是纯CO_2液体，不存在质量分数问题，可以传递温度高于-50℃的冷量；③CO_2的汽化潜热也较大，载冷温度为-35℃时的汽化潜热为313.41 $J·g^{-1}$，所以可以利用液态CO_2的相变来吸收热量，大大减少了液态CO_2载冷剂的充注量，这样载冷循环中管道的管径以及载冷设备的体积都大大减小；④根据相变过程中温度不变可知，空气冷却器进、出口温度极为接近，所以整个载冷循环中流体的温差不是很大。

CO_2作为载冷剂，也存在一些缺陷，如载冷剂管道内的压力较盐水溶液和有机载冷剂的高，载冷循环与制冷循环单元的换热设计难度较大等。但总体来说，CO_2作为载冷剂，有冰点低、无毒、环保、化学稳定性好、密度小、价格低廉、容易取得等十分显著的优点，是理想的低温载冷剂。

参考文献

[1] GB/T 7778—2017. 制冷剂编号方法和安全性分类. 北京：中国标准出版社，2017.
[2] 吴业正，厉彦忠，朱瑞琪，等. 制冷与低温技术原理. 北京：高等教育出版社，2007：97.
[3] 陈光明，陈国邦. 制冷与低温原理. 第2版. 北京：机械工业出版社，2009.
[4] 王炳明，于志强，姜绍明，等. 制冷学报，2009，30（3）：9-12.
[5] 陈光明，高能，朴春成. 制冷学报，2016，37（01）：1-11.
[6] 李林，申江，孙欢. 制冷与空调，2008，（4）：24-27.

3

蒸气压缩制冷循环

3.1 单级压缩制冷循环

3.1.1 单级压缩制冷机的基本组成和工作过程

单级压缩制冷机的示意图见图 8-3-1,它是由压缩机、冷凝器、节流阀和蒸发器四个基本设备组成。每种基本设备可以有不同的结构型式和特性,但从热力学角度考虑,其中所进行的过程是相同的。

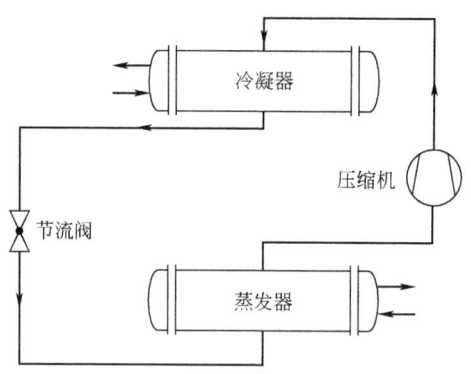

图 8-3-1 单级压缩制冷机的示意图

制冷机的工作过程可简述如下:在蒸发器中产生的制冷剂蒸气,首先被压缩机吸入并绝热压缩到冷凝压力 p_k;然后进入冷凝器中,被冷却介质(例如,水或空气)冷却而凝结为压力为 p_k 的高压液体,制冷剂液体经节流阀绝热膨胀,压力降低到蒸发压力 p_0,同时降温到蒸发温度 t_0,变为气液两相混合物;之后进入蒸发器中,在低温下吸取被冷却对象(例如,液体载冷剂或空气)的热量而蒸发为蒸气;在低温下吸取被冷却物体的热量,连同压缩功转化的热量一同转移给环境介质,这样便完成了制冷循环。

由以上所述工作过程可看出,蒸气压缩制冷的特点如下:①制冷机须是一个封闭系统,制冷剂在其中循环流动,并在一次循环中要连续两次发生聚集态的变化;②实现制冷循环的推动力来自压缩机,在它同节流机构的配合作用下,将制冷机系统分为低压和高压两个部分,在低压部分通过蒸发器从被冷却物体吸热,在高压部分通过冷凝器向环境介质放热。

3.1.2 理论循环及其性能指标

为了能用热力学理论对单级压缩制冷机的工作过程进行分析,提出如下假设:①制冷剂流经设备和管道时没有阻力损失,也不泄漏;②除蒸发器和冷凝器外,其他设备和管道均在绝热条件下工作,制冷剂流过时不与外部介质发生热交换;③压缩过程中不存在不可逆损失。根据这些假设，可对单级压缩制冷机的工作过程加以理想化，从而抽象出单级压缩制冷机的理论循环，单级压缩制冷机理论循环的温熵图和压焓图如图 8-3-2 所示。图中 1—2 为等熵压缩过程，2—3—4 为等压冷却和冷凝过程，4—5 为绝热节流过程，5—1 为等压蒸发过程。

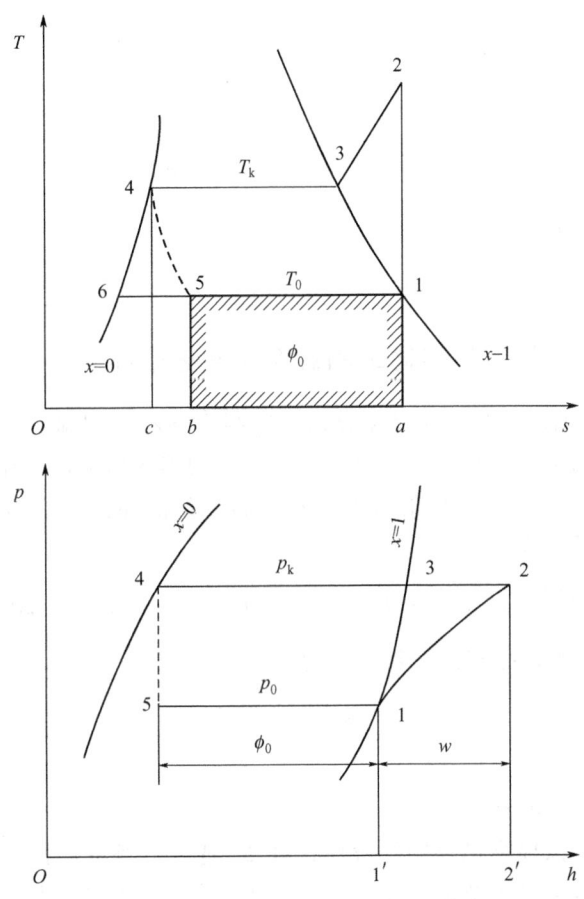

图 8-3-2 单级压缩制冷机理论循环的温熵图和压焓图

为了说明单级压缩制冷机理论循环的性能，常采用下述性能指标：

单位制冷量： $\phi_0 = h_1 - h_4 = r_0(1 - x_5)$ kJ·kg^{-1}

单位容积制冷量： $\phi_v = \phi_0 / v_1$ kJ·m^{-3}

理论比功： $w_0 = h_2 - h_1$ kJ·kg^{-1}

单位冷凝热量： $\phi_k = h_2 - h_4 = \phi_0 + w_0$ kJ·kg^{-1}

制冷系数： $\varepsilon_0 = \dfrac{\phi_0}{w_0} = \dfrac{h_1 - h_4}{h_2 - h_1}$ (8-3-1)

式中，r_0 为制冷剂液体在温度 t_0 下的汽化潜热；x_5 为节流以后气液混合物的干度。

制冷系数是制冷循环的一个重要经济性指标，它表示每消耗单位功所能获得的冷量。制冷循环的经济性还可用循环的热力学完善度 η 来表示，它定义为制冷系数 ε_0 与工作于相同蒸发温度和冷凝温度之间的逆卡诺循环的制冷系数 ε_k 之比：

$$\eta = \frac{\varepsilon_0}{\varepsilon_k} = \frac{h_1 - h_4}{h_2 - h_1} \times \frac{T_k - T_0}{T_0} \tag{8-3-2}$$

如果制冷机的制冷量为 Φ_0（kW），则借助于循环的性能指标可求出制冷剂的质量流量：

$$q_m = \Phi_0/\phi_0 (\text{kg} \cdot \text{s}^{-1}) = 3600\Phi_0/\phi_0 (\text{kg} \cdot \text{h}^{-1}) \tag{8-3-3}$$

制冷机所需的理论功率，即压缩机消耗的理论功率：

$$P_0 = q_m w_0 = \Phi_0/\varepsilon_0 (\text{kW}) \tag{8-3-4}$$

以及制冷压缩机的容积输气量：

$$q_v = q_m v_1 = \Phi_0/\phi_v (\text{m}^3 \cdot \text{s}^{-1}) = 3600\Phi_0/\phi_v (\text{m}^3 \cdot \text{h}^{-1}) \tag{8-3-5}$$

3.1.3 液体过冷、吸气过热对循环的影响和回热循环

在如图 8-3-1 所示的制冷机系统冷凝器出口的制冷剂液体的温度低于同一压力下的饱和温度称为过冷。两者温度之差称为过冷度。具有过冷的单级压缩制冷循环的温熵图和压焓图如图 8-3-3 所示，其中 4—4′ 为液体的过冷过程。制冷剂液体由于在节流前温度降低，比焓减少，因而单位制冷量增大为：

$$\phi_0' = h_1 - h_{4'} = (h_1 - h_4) + (h_4 - h_{4'}) = \phi_0 + c'\Delta t \tag{8-3-6}$$

而理论比功 w_0 未变，故制冷系数增大为：

$$\varepsilon' = \frac{\phi_0'}{w_0} = \varepsilon_0 + \frac{c'}{w_0}\Delta t \tag{8-3-7}$$

式中，c' 为液体的比热容。

因此可知，过冷可以提高循环的经济性；且 Δt 越大，经济性提高得越多。此外，一定的过冷度可以防止制冷剂进入节流装置前处于两相状态，使节流机构工作稳定。

前面对循环进行分析时均假定压缩机吸入的是饱和蒸气。如果吸气温度高于 p_0 压力下的饱和温度，称为过热。如果吸入蒸气的过热发生在蒸发器的后部，或者发生在安装于被冷却空间内的吸气管道上，或者发生在两者皆有的情况下，那么由于过热而吸收的热量来自被冷却的空间，因而产生了有用的制冷效果，这种过热称为有效过热。与简单理想循环相比，有过热时循环的单级压缩制冷循环的温熵图和压焓图见图 8-3-4，其中 1—1′ 为过热过程，1′—2′ 为过热蒸气的压缩过程。具有吸气过热时循环的单位制冷量增加了：

$$\Delta\phi_0 = h_{1'} - h_1 \tag{8-3-8}$$

同时理论比功也增加了：

$$\Delta w_0 = (h_{2'} - h_{1'}) - (h_2 - h_1) \tag{8-3-9}$$

因而制冷系数可以表示为：

$$\varepsilon' = \frac{\phi_0 + \Delta\phi_0}{w_0 + \Delta w_0} \tag{8-3-10}$$

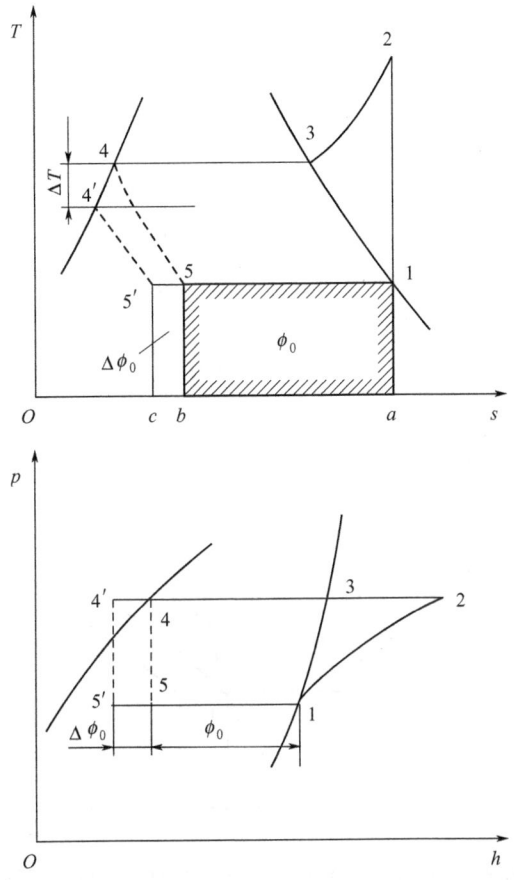

图 8-3-3 具有过冷的单级压缩制冷循环的温熵图和压焓图

由式(8-3-10)可知，有过热的循环的制冷系数 ε' 是大于还是小于基本循环的制冷系数 ε_0（$=\phi_0/w_0$），仅取决于比值 $\Delta\phi_0/\Delta w_0$ 是大于还是小于 ε_0。计算指明，这同制冷剂的种类有关。

以上对过热循环的分析中是取 $\Delta\phi_0$ 为可以利用的冷量，即有效过热。如果制冷剂蒸气是在被冷却空间以外吸取外界环境的热量而过热，则 $\Delta\phi_0$ 不能利用，此时循环的制冷系数必然降低。因此这种过热被称为无效过热，也称有害过热，蒸发温度越低，与环境温差越大，循环经济性越差，在实际应用中应设法予以减轻。

参照液体过冷及吸气过热对循环的影响，可以在制冷机系统中加设一个回热器，令节流前的液体同吸入前的蒸气进行热量交换，则组成有回热的制冷循环，称为回热循环。回热循环的系统图如图 8-3-5 所示。制冷剂液体在回热器中被低压蒸气冷却，然后经节流阀进入蒸发器。从蒸发器流出的低压蒸气进入回热器，在其中被加热后再进入压缩机压缩，压缩后的制冷剂气体进入冷凝器中冷凝。

回热循环的温熵图和压焓图如图 8-3-6 所示，图中 4—4′ 和 1—1′ 为回热过程，其温度关系应符合式(8-3-11)：

$$t_{4'}=t_{\mathrm{k}}-\frac{c_{p_0}}{c_p}(t_{1'}-t_0) \tag{8-3-11}$$

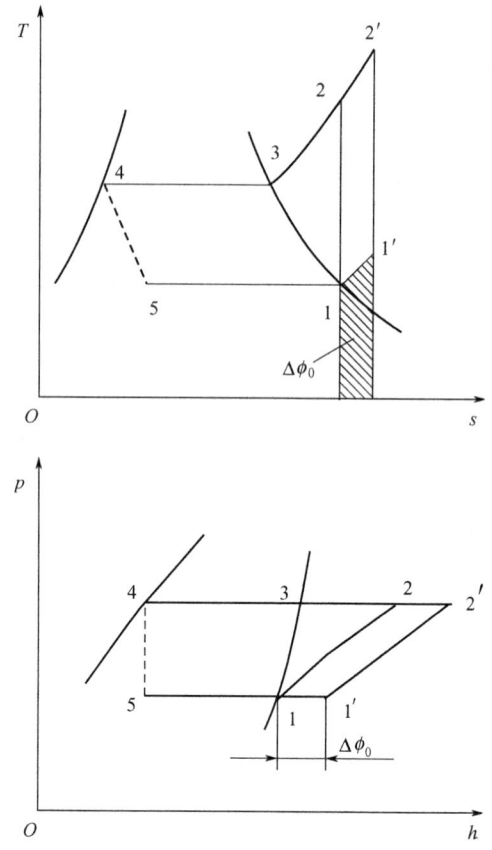

图 8-3-4 有过热的单级压缩制冷循环的温熵图和压焓图

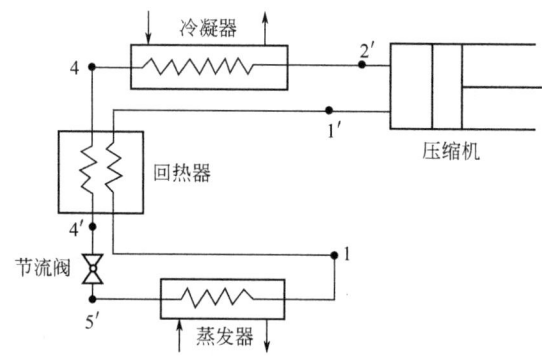

图 8-3-5 回热循环的系统图

式中，c_{p_0} 为吸入蒸气的平均定压比热容；c_p 为液体的平均定压比热容。

分析图 8-3-6 可知，同基本循环 1—2—3—4—5—1 相比较，回热循环的单位制冷量增大了：

$$\Delta \phi_0 = h_4 - h_{4'} = h_{1'} - h_1 \tag{8-3-12}$$

而理论比功增大了：

$$\Delta w_0 = (h_{2'} - h_{1'}) - (h_2 - h_1) \tag{8-3-13}$$

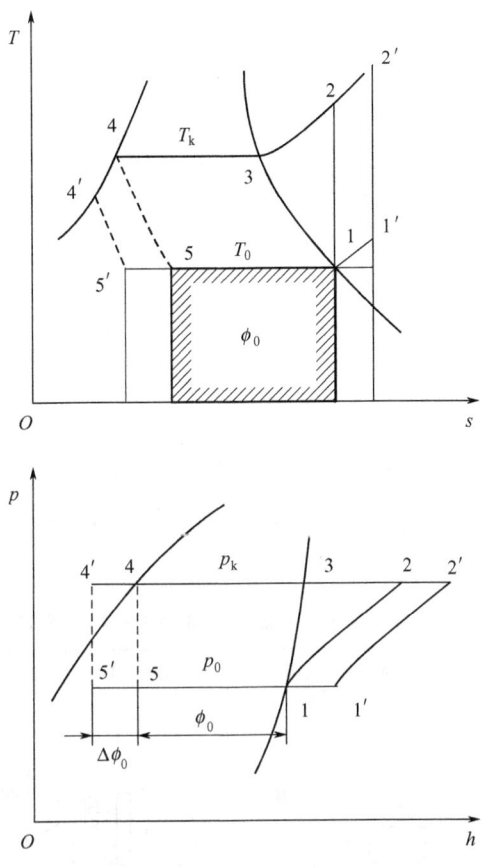

图 8-3-6 回热循环的温熵图和压焓图

因而制冷系数可表示为：

$$\varepsilon_R = \frac{\phi_0 + \Delta\phi_0}{w_0 + \Delta w_0} \tag{8-3-14}$$

ε_R 是大于还是小于 ε_0，仅取决于比值 $\Delta\phi_0/\Delta w_0$ 是大于还是小于 ε_0。这一结论同具有蒸气过热的循环是相同的。

计算证明，从单位统计制冷量和制冷系数角度看，在通常的制冷温度范围内，R290、R600a、R134a 采用回热循环时制冷系数提高；R22、R717 采用回热循环时制冷系数降低。

为了减少过热损失，可采用具有中间冷却的多级压缩制冷循环，如图 8-3-7 所示的多级压缩制冷循环为 $1 \to 2' \to 2'' \to 2''' \to 2 \to 3 \to 4 \to 1$。低压饱和蒸气 1 从压力 p_0 先被压缩至中间压力 p_1，经冷却后再被压缩至中间压力 p_2，再经冷却……最后被压缩至冷凝压力 p_k。这种多级压缩制冷循环，不但降低了压缩机的排气温度，而且可以减少过热损失，也减少了压缩机的总耗功量；高低压差越大，或者说，蒸发温度越低，节能效果越明显。

多级压缩制冷循环的压缩级数一般为二级，常采用闪发蒸气分离器（经济器）和中间冷却器两种形式，虽然可以提高循环的制冷系数，却要增加压缩机等设备的投资，故一般只在压缩比 $p_k/p_0 > 8$ 的低温冷藏设备中采用。不过，对于离心式或螺杆式制冷压缩机而言，因其可以比较方便地进行中间补气，故空调用冷水机组虽然压缩比不高，但也有采用双级或三级压缩系统者，如采用双级压缩和中间补气的"准双级压缩"制冷循环

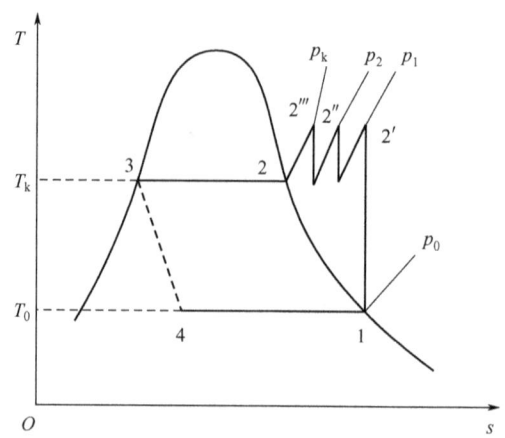

图 8-3-7 多级压缩制冷循环

已在双工况（制冷与制冰）冰蓄冷空调机组和寒冷地区热泵系统中得到应用。改善蒸气压缩式制冷循环性能的措施及其效果见表 8-3-1。

表 8-3-1 改善蒸气压缩式制冷循环性能的措施及其效果[1]

循环形式	单级压缩	单级压缩+再冷循环	双级压缩+经济器	双级压缩+经济器+再冷循环
制冷系数	7.30(100%)	7.59(104%)	7.89(108%)	8.05(110%)
系统形式				
制冷循环 $p\text{-}h$ 图				

注：这里的 COP 值是指蒸发温度为 4.2℃、冷凝温度为 37.7℃、过冷度为 4.0℃ 时的理论 COP，单级压缩时其理论 COP=7.30，作为比较基准 100%。

3.1.4 实际循环

制冷机的实际工作情况同理论循环是有差别的，其差别可归结为三个方面：①制冷剂流经压缩机时存在流动阻力、机械摩擦、热量交换和工质泄漏，故压缩过程不是等熵的；②制冷剂流经吸、排气管道时，因有流动阻力和热量交换，压力要降低、温度要变化；③制冷剂流经冷凝器和蒸发器时，同样因有阻力存在，冷凝过程和蒸发过程将不是等压的，冷凝温度和蒸发温度也不能保持恒定值。由此可见，制冷机的实际循环是很复杂的。

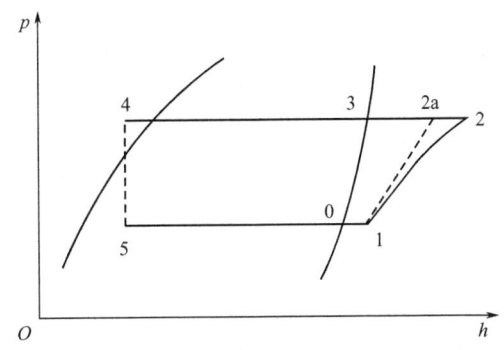

图 8-3-8　简化后的实际循环压焓图

在工程计算中，常常是对实际循环加以简化。简化的原则是：①忽略冷凝器和蒸发器中的微小压力变化，仍视冷凝过程和蒸发过程为等压过程；②对于小型装置忽略制冷剂流经吸、排气管道时的压力变化，对于大型装置可考虑一定的压力差和温度差；③压缩过程的不可逆性可归结为用绝热效率 η_s 计算其实际耗功和轴功率。简化后的实际循环压焓图如图 8-3-8 所示，其中为 1—2a 为理论压缩过程，1—2 为实际压缩过程。对于简化后的实际循环，ϕ_0、ϕ_v 及 w_0 的计算仍同理论循环一样：

$$\phi_0 = h_1 - h_4, \phi_v = \phi_0/v_1, w_0 = h_{2a} - h_1 \tag{8-3-15}$$

因而当制冷机的制冷量为 Φ_0（kW）时，制冷剂的循环量及压缩机的实际输气量分别为：

$$q_m = \Phi_0/\phi_0 (\text{kg}\cdot\text{s}^{-1}) = 3600\Phi_0/\phi_0 (\text{kg}\cdot\text{h}^{-1}) \tag{8-3-16}$$

$$q_v = q_m v_1 = \Phi_0/\phi_v (\text{m}^3\cdot\text{s}^{-1}) = 3600\Phi_0/\phi_v (\text{m}^3\cdot\text{h}^{-1}) \tag{8-3-17}$$

而循环的单位实际功和实际功为：

$$w_s = w_0/\eta_s (\text{kJ}\cdot\text{kg}^{-1}) \tag{8-3-18}$$

$$P = q_m w_s = \frac{\Phi_0}{\varepsilon_0 \eta_s} (\text{kW}) \tag{8-3-19}$$

另外，对于容积式压缩机还可求理论输气量：

$$q_{v_0} = \frac{q_v}{\eta_V} = 3600\Phi_0/\lambda\phi_v (\text{m}^3\cdot\text{h}^{-1}) \tag{8-3-20}$$

关于绝热效率 η_s 及容积式压缩机的容积效率 η_V，参见本手册第 5 篇。

3.2　冷凝温度、蒸发温度变化对制冷机性能和工况的影响

制冷机在使用中，冷凝温度和蒸发温度不可能始终保持恒定值，而是会变化的，这种变化将要引起制冷机性能的改变。为了方便起见，本节按理论循环分析温度变化时制冷机性能的变化规律，分析所得的结论同样适用于实际循环。

3.2.1 冷凝温度变化的影响

先研究 T_0 不变而 T_k 变化的情况,这种情况通常是由于地区及季节的改变而引起的。同时,采用不同的冷却方式(水冷却或空气冷却)时,冷凝温度也将不同。T_k 变化时单级压缩循环特性的改变见图 8-3-9。由图 8-3-9 可以看出,当冷凝温度升高($T_k' > T_k$)时,除冷凝压力升高($p_k' > p_k$)外,循环的单位制冷量减小($\phi_0' < \phi_0$)、单位理论功增大($w_0' > w_0$),因此 ϕ_v 减小、ε_0 降低;但吸气比体积 v_1 保持不变。对于一台制冷机,当压缩机的转速不变时 q_v 为定值,在 T_k 提高的情况下显然是 Φ_0 减小、理论功率 P_0 增大、实际制冷系数 ε_s($=\varepsilon_0 \eta_s$)降低,但制冷剂循环量 q_m 保持不变。当蒸发温度不变而冷凝温度降低时,对于同一台制冷机来说,其变化的情况正好相反。

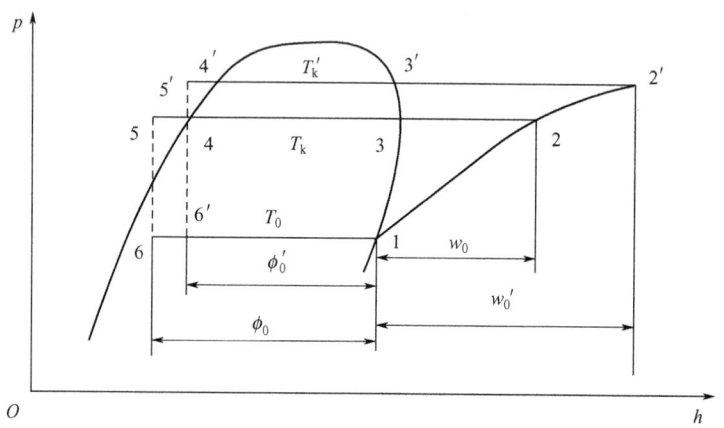

图 8-3-9 T_k 变化时单级压缩循环特性的改变

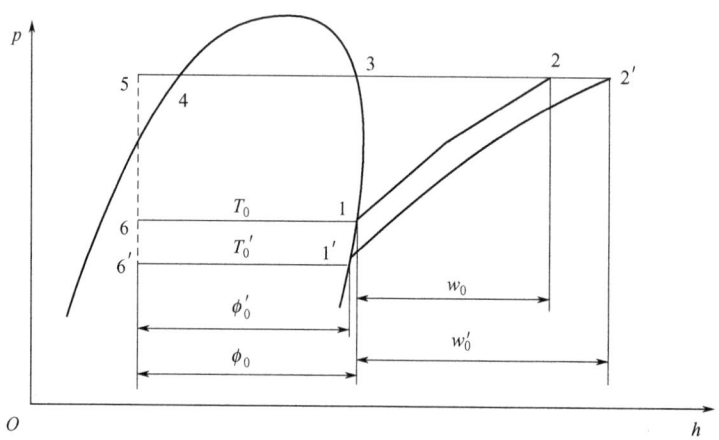

图 8-3-10 T_0 变化时单级压缩循环特性的改变

3.2.2 蒸发温度变化的影响

T_k 保持恒定而 T_0 变化这种情况,相应于制冷机因不同目的而保持不同的蒸发温度。实际上,任一台制冷机在热态启动过程中 T_0 也是变化的,是由环境温度逐渐降到工作温度。T_0 变化时单级压缩循环特性的改变见图 8-3-10。由图 8-3-10 可以看出,当蒸发温度降低（$T_0' < T_0$）时，除蒸发压力降低（$p_0' < p_0$）外，循环的单位制冷量减小（$\phi_0' < \phi_0$）、吸气比体积增大（$v_1' > v_1$）、单位理论功增大（$w_0' > w_0$），因此 ϕ_v 减小、ε_0 降低。对于制冷机在 q_v 恒定的情况下，当 T_0 降低时，显然是 q_m 和 Φ_0 减小，实际制冷系数降低，而理论压缩功率无法直观地判断其变化情况。为了分析这一情况，可把制冷剂看作理想气体，因而其理论压缩功率可表示为：

$$P = q_v \frac{\kappa}{\kappa - 1} p_0 \left[\left(\frac{p_k}{p_0} \right)^{\frac{\kappa-1}{\kappa}} - 1 \right] \quad (8\text{-}3\text{-}21)$$

式中，κ 为制冷剂气体的等熵指数。

将式（8-3-21）对 p_0 求导并令其偏导数等于零，可以求出理论功率为极大值时的压力比为：

$$\left(\frac{p_k}{p_0} \right)_{P_a = \max} = \kappa^{\frac{\kappa}{\kappa-1}} \quad (8\text{-}3\text{-}22)$$

通过对于不同的制冷剂计算发现[2]，大约是当 $p_k/p_0 = 3$ 时，P 达最大值。这一结论，对于了解制冷压缩机的工作特性，对于无卸载机构的压缩机的电动机功率选定，都具有指导意义。

3.2.3 单级压缩制冷机的工况

从以上的分析可知，单级压缩蒸气制冷机的制冷量、轴功率以及循环的制冷系数和热力学完善度是随其工作温度而变的，故在说明制冷机的性能时，必须同时指明其工作温度条件，即所谓的工况。在相同工况下才便于进行性能比较。

对于单级压缩蒸气制冷机的工况，主要是指冷凝温度和蒸发温度，同时也包括节流前液体的温度和压缩机吸入前的蒸气温度。制定制冷机的工况参数，应考虑制冷机的应用场合，同时也应同制冷机的工作特性相结合。对于单级压缩蒸气制冷机，工况的名目有多种，大体上可以分为如下两类。

① 用以标示和比较制冷机性能的工况。以前规定有标准工况和空调工况，分别用来标示制冷机用于冷藏和空气调节时的性能。新近制定的国家标准规定有名义工况和考核工况。名义工况即铭牌工况，是用来标示制冷压缩机和压缩机组的性能；考核工况是用作进行制冷机性能比较的基准工况。根据使用温度的高低，这些工况有高温、中温、低温之分；而对于采用卤代烃作为制冷剂的制冷机，按照冷凝器冷却方式的不同（水冷或空气冷却），这些工况又可分为低冷凝压力和高冷凝压力两种情况。

② 用以试验考核制冷机工作特性的工况。以前规定有最大压差工况和最大功率工况，分别用于试验考核在冷凝温度为给定值的情况下，冷凝压力与蒸发压力之比为允许最大值时和压缩机所需功率为最大值时（即压力比接近 3 时）制冷机的运转情况。新近制定的国家标准规定有功率试验工况和低吸气压力试验工况，分别用于试验考核在名义工况附近有可能出现的功率为最大值和吸气压力为最低值时制冷机的运转情况。

工业或商业用及类似用途的冷水（热泵）机组，其名义工况时的温度/流量条件见表 8-3-2。

表 8-3-2 名义工况时的温度/流量条件[3]

项目	使用侧			热源侧（或放热侧）					
	冷、热水			水冷式		风冷式		蒸发冷却式	
	水流量 /m³·h⁻¹·kW⁻¹	出口水温 /℃	出口水温 /℃	水流量 /m³·h⁻¹·kW⁻¹	干球温度 /℃	湿球温度 /℃	干球温度 /℃	湿球温度 /℃
制冷	0.172	7	30	0.215	35	—		24	
制热（热泵）		45	15	0.134	7	6	—		

制冷机在各种工况时的温度规定值是随制冷剂的种类而变的，且与制冷压缩机的型式有关，将在本篇的第 4 章中予以介绍。

3.2.4 单级压缩制冷机的工作温度范围

单级压缩制冷机只能在一定的温度范围内正常运转。

制冷机的冷凝温度取决于环境介质的温度，一般在 30～55℃（详情见本篇第 4 章）。在冷凝温度给定的条件下，制冷机所能达到的最低蒸发温度取决于压缩机的最大压力比。活塞式压缩机因受排气温度的限制，压力比不宜过大（对于氨气不超过 8，对于卤代烃不超过 10），单级制冷机的最低蒸发温度见表 8-3-3，大约只能达到 -40～-20℃，随制冷剂种类及冷凝温度而变。螺杆式压缩机采用喷油冷却时压力比可以大一些，因而能达到的蒸发温度可以低一些；当用 R717 时，最低蒸发温度一般也以 -40℃ 为限。

表 8-3-3 单级制冷机的最低蒸发温度[2]

	冷凝温度/℃	30	35	40	50
最低蒸发温度/℃	R717	-25	-22	-20	—
	R134a	-32	-29	-25	-20
	R152a	-34	-30	-28	-21
	R290	-40	-37	-35	-29

3.3 两级压缩制冷循环

如前所述，应用活塞式及螺杆式压缩机的单级制冷机，最低蒸发温度只能达到 -40～-20℃。为了获得更低的温度，就得使用两级压缩制冷机或其他型式的制冷机。

离心式压缩机每级（即每个工作叶轮）所能达到的压力比比活塞式压缩机小得多，即使用卤代烃作为工质也只能达到 4 左右。因此，除空调用制冷机外，一般都需应用多级压缩或复叠式制冷机。

对于回转式压缩机，容积效率并不随压力比的上升而明显下降，但排气温度会上升。采用多级压缩、中间冷却、多级节流后不仅能降低排气温度，而且能使循环性能得到改善。

显然，制冷机采用多级压缩与空气压缩机采用多级压缩的目的是不同的，后者是为了获得更高压力的压缩空气，而前者是为了获得更低的蒸发温度（达到更低的蒸发压力）。

3.3.1 两级压缩制冷循环的型式

两级压缩制冷机是将压缩过程分为两次来实现，即将来自蒸发器压力为 p_0 的低压制冷剂蒸气先用低压压缩机（或压缩机的低压级）压缩到中间压力 p_m，然后再用高压压缩机（或压缩机的高压级）压缩到冷凝压力 p_k。因此，它需要用两台压缩机（或使用双级压缩机）。现在，对于活塞式和螺杆式压缩机，均是选用单级压缩机组合成两级压缩制冷机，而不专门针对两级压缩制冷的要求设计和生产高压及低压压缩机。

两级压缩制冷机的原则性系统图见图 8-3-11，其为两级压缩制冷机系统的四种基本型式，其工作过程由图 8-3-11 可以清楚地看出。在实际系统中，可能会在冷凝器之后增设一个过冷器，或者在高压液体与低压蒸气之间增设一个回热器，其所起作用与单级压缩制冷循环基本相同，在图 8-3-11 中未予列出。

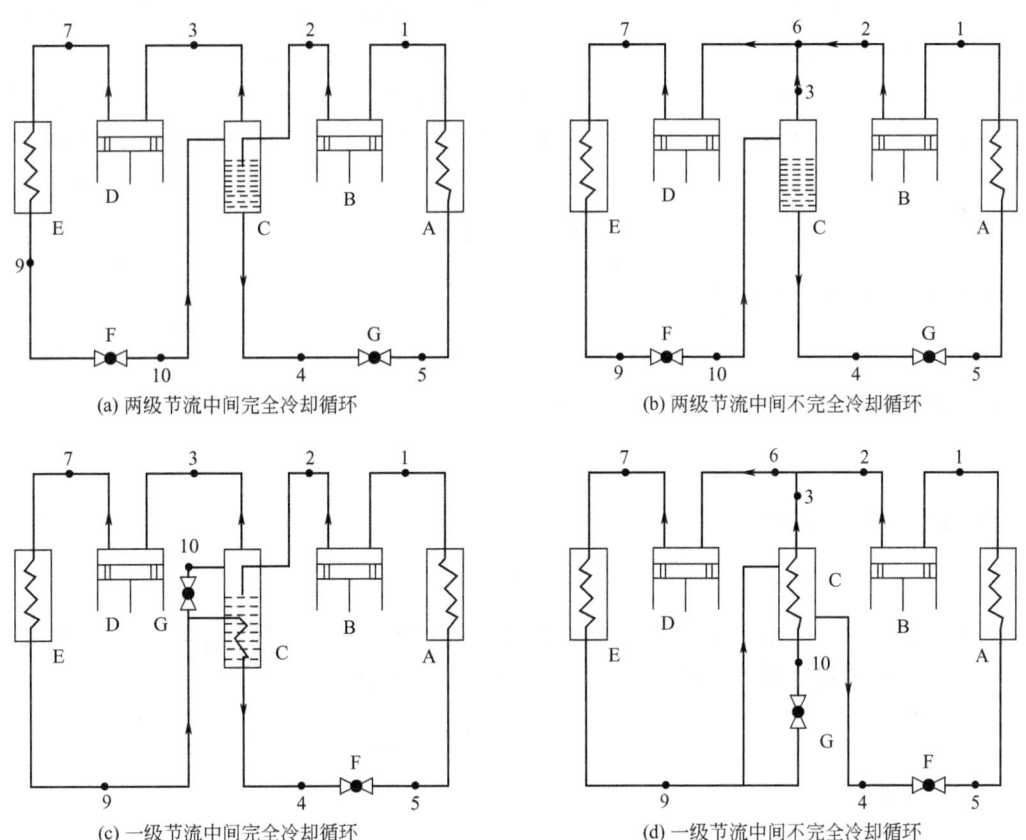

图 8-3-11 两级压缩制冷机的原则性系统图
A—蒸发器；B—低压压缩机；C—中间冷却器；D—高压压缩机；
E—冷凝器；F—第一节流阀；G—第二节流阀

图 8-3-11 所示的四种基本型式两级压缩制冷循环的温熵图、压焓图及计算制冷系数的公式见表 8-3-4。四种基本循环的差别主要体现在两个方面：低压压缩机排气的冷却方式及高压液体的节流方式。

按照低压压缩机排气的冷却方式，两级压缩制冷循环可分为中间完全冷却和中间不完全冷却两种。所谓中间完全冷却是令低压压缩机的排气同中间冷却器中的制冷剂液体直接接触并被冷却到中间压力下的饱和温度，再进入高压压缩机中被继续压缩。而中间不完全冷却是指低压压缩机的排气同中间冷却器中产生的蒸气在管路中混合后进入高压压缩机，在这一混合过程中，低压压缩机排气的温度有所降低但未达到中间压力下的饱和温度。采用哪一种中间冷却方式与制冷剂的种类有关。就两级压缩制冷循环中的高压压缩机而言，当采用中间完全冷却时吸入的是饱和蒸气，相当于单级制冷机的无回热循环；而当采用中间不完全冷却循环时吸入的是过热蒸气，相当于单级制冷机的回热循环。

两级压缩制冷循环可以采用两种液体节流方式：两级节流和一级节流。两级节流是令制冷剂液体先从冷凝压力 p_k 节流到中间压力 p_m 进入中间冷却器中；然后再经第二节流阀由 p_m 节流到蒸发压力 p_0，这种循环制冷系数较高，适宜于离心式制冷机。一级节流则是令制冷剂液体由 p_k 直接节流到 p_0，而且在节流之前先令制冷剂液体流经中间冷却器盘管，以减小液体节流后的汽化率。为了冷却高压液体，同时对于中间完全冷却循环为了冷却低压压缩机的排气，从冷凝器另引出一路高压液体，经第二节流阀节流到中间压力并进入中间冷却器中蒸发。在中间冷却器中蒸发的蒸气同低压压缩机的排气一同进入高压压缩机中被压缩。这种循环可以利用其较大的压力差实现远距离或多层冷库供液，而且便于调节，故应用较广。

对于如图 8-3-11 所示的两级压缩制冷循环也可用热力学的方法进行计算。循环的单位制冷量：

$$\phi_0 = h_1 - h_4 \tag{8-3-23}$$

低压压缩机的单位理论功：

$$w_{0L} = h_2 - h_1 \tag{8-3-24}$$

高压压缩机的单位理论功，当中间完全冷却时：

$$w_{0H} = h_7 - h_3 \tag{8-3-25}$$

当中间不完全冷却时：

$$w_{0H} = h_7 - h_6 \tag{8-3-26}$$

式中，混合状态的比焓 h_6 可由混合过程的能量平衡式求得。用 q_{mL} 和 q_{mH} 分别表示低压和高压压缩机的制冷剂循环量，则混合过程的能量平衡式为：

$$q_{mH} h_6 = q_{mL} h_2 + (q_{mH} - q_{mL}) h_3 \tag{8-3-27}$$

从而可求得：

$$h_6 = h_3 + \frac{1}{y}(h_2 - h_3) \tag{8-3-28}$$

$$y = q_{mH}/q_{mL}$$

式中，y 为高低压级的流量比。

两级压缩制冷循环的两台压缩机流量是不相等的，其比值 y 是随循环的不同而变的。以一级节流中间不完全冷却循环为例 [图 8-3-11(d)]，中间冷却器的能量平衡式为：

$$q_{mH} h_9 = q_{mL} h_4 + (q_{mH} - q_{mL}) h_3 \tag{8-3-29}$$

故：

$$y = \frac{q_{mH}}{q_{mL}} = \frac{h_3 - h_4}{h_3 - h_9} \tag{8-3-30}$$

从而可求得循环的理论制冷系数：

$$\varepsilon_0 = \frac{h_1 - h_4}{(h_2 - h_1) + \dfrac{h_3 - h_4}{h_3 - h_9}(h_7 - h_6)} \tag{8-3-31}$$

其余几种基本型循环的 y 和 ε_0 的计算式见表 8-3-4。

表 8-3-4　两级压缩制冷循环特性比较

循环型式	温熵图及压焓图	高低压级流量比	制冷系数
两级节流中间完全冷却	(a)	$\dfrac{h_2 - h_4}{h_3 - h_9}$	$\varepsilon_0 = \dfrac{h_1 - h_4}{(h_2 - h_1) + \dfrac{h_2 - h_4}{h_3 - h_9}(h_7 - h_3)}$
两级节流中间不完全冷却	(b)	$\dfrac{h_3 - h_4}{h_3 - h_9}$	$\varepsilon_0 = \dfrac{h_1 - h_4}{(h_2 - h_1) + \dfrac{h_3 - h_4}{h_3 - h_9}(h_7 - h_6)}$
一级节流中间完全冷却	(c)	$\dfrac{h_2 - h_4}{h_3 - h_9}$	$\varepsilon_0 = \dfrac{h_1 - h_4}{(h_2 - h_1) + \dfrac{h_2 - h_4}{h_3 - h_9}(h_7 - h_3)}$
一级节流中间不完全冷却	(d)	$\dfrac{h_3 - h_4}{h_3 - h_9}$	$\varepsilon_0 = \dfrac{h_1 - h_4}{(h_2 - h_1) + \dfrac{h_3 - h_4}{h_3 - h_9}(h_7 - h_6)}$

对于如图 8-3-11 所示的基本型循环工作的两级压缩制冷机，当制冷量为 $\Phi_0(\mathrm{kW})$ 时，

低压压缩机的制冷剂循环量和实际输气量分别为：

$$q_{mL}=\frac{\Phi_0}{\phi_0}=\frac{\Phi_0}{h_1-h_4} \tag{8-3-32}$$

$$q_{vLs}=q_{mL}v_1=\frac{\Phi_0 v_1}{h_1-h_4} \tag{8-3-33}$$

在确定了压缩机的绝热效率 η_s 和容积效率 η_V 之后，可计算出低压压缩机的轴功率和理论输气量：

$$P_{eL}=\frac{q_{mL}w_{0L}}{\eta_s}=\frac{\Phi_0}{\eta_s}\times\frac{h_2-h_1}{h_1-h_4} \tag{8-3-34}$$

$$q_{vL}=\frac{q_{vLs}}{\eta_V}=\frac{\Phi_0 v_1}{\eta_V(h_1-h_4)} \tag{8-3-35}$$

其计算方法与 3.1.4 节中讲过的单级压缩制冷机的计算方法是相同的。对于两级压缩制冷机的高压压缩机，只要计算出制冷剂的循环量（$q_{mH}=yq_{mL}$），就可用同一方法进行 q_{vHs}、P_{eH}、q_{vH} 的计算；不过计算 y 值和 h_6 时应取实际压缩过程终了时的比焓。

两级压缩制冷机还可设计成在蒸发压力 p_0 下和中间压力 p_m 下同时对外提供制冷量，即设计成单级压缩与两级压缩混合型的制冷机，在化工生产中有时需要这样提供冷量的方式。具有中间压力蒸发器的两级压缩制冷机见图 8-3-12，它是按一级节流中间不完全冷却循环工作的，其工作过程由图 8-3-12 可以清楚地看出，这种循环低压部分的计算同基本型循环没有什么不同，而对于高压部分则应按式(8-3-36)确定制冷剂的循环量

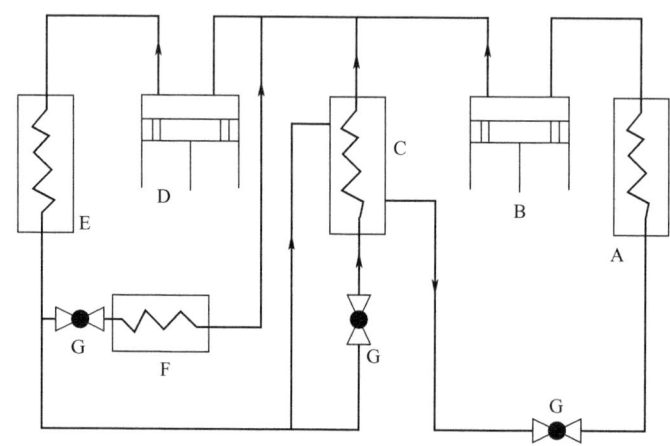

图 8-3-12 具有中间压力蒸发器的两级压缩制冷机

A—低压蒸发器；B—低压压缩机；C—中间冷却器；D—高压压缩机；E—冷凝器；
F—中间压力蒸发器；G—节流阀

$$q_{mH}=yq_{mL}+q_{mm} \tag{8-3-36}$$

式中，q_{mm} 为中间压力蒸发器的制冷循环量，可按中间压力下的制冷量 Φ_{0m} 用式(8-3-37)计算

$$q_{mm} = \frac{\Phi_{0m}}{h_3 - h_9} \tag{8-3-37}$$

对于这种制冷机，常用式(8-3-38)的综合性指标作为循环的制冷系数：

$$\varepsilon = \frac{\Phi_0 + \Phi_{0m}}{q_{mL}(h_2 - h_1) + q_{mH}(h_7 - h_6)} \tag{8-3-38}$$

式中，h_6 为高压压缩机吸入状态的比焓，该状态是由三股制冷剂蒸气混合而成的。

3.3.2 两级压缩制冷循环中间压力的确定

在蒸发压力 p_0 和冷凝压力 p_k 已给定的情况下，两级压缩制冷循环的中间压力 p_m（或中间温度 T_m）对循环的经济性、压缩机的容量和功率都具有一定的影响，因此合理地确定中间压力是两级压缩制冷机计算中的一个重要问题。

在确定两级压缩制冷循环的中间压力时，首先要区分是否有中间压力下的冷量负荷。对于具有中间压力下的冷量负荷的制冷机，在制冷剂选定之后中间压力 p_m 是根据中间蒸发温度 T_m 来确定，这里没有太大的选择余地（仅传热温差可在适当的范围内选择）。因此下面仅讨论无中间压力冷量负荷的两级压缩制冷循环的中间压力的确定问题。这可能有两种情况：一种情况是根据循环的计算结果对所要求的压缩机进行设计；另一种情况是选配现有的压缩机（如按系列标准生产的制冷压缩机）组成两级压缩制冷循环。后一种情况是最常见的情况，前一种情况仅见于生产用制冷装置的设计中，特别是当采用离心式制冷压缩机时。

对于第一种情况，中间压力应是可以任意选择的。为了使循环的经济性较好，应选择最佳中间压力，即将耗功最小作为选定中间压力的约束条件。如果按照两级压缩空气压缩机考虑，功率最小时的最佳中间压力应是：

$$p_m = \sqrt{p_k p_0} \tag{8-3-39}$$

但两级压缩制冷机高、低级的流量不相等，式(8-3-39)只可近似地使用。确切的方法应是按制冷系数最大这一条件去确定最佳中间压力，但这一方法只能用试算法求解，即在选定循环型式及制冷剂之后，可预取一系列的 p_m 值，并求出相应的制冷系数；然后绘制制冷系数随中间压力的变化曲线，曲线顶点处的中间压力即为最佳中间压力。在进行试算求解时，式(8-3-39)计算的 p_m 值可作为第一个预取值。

对于第二种情况，当选用两台现有的制冷压缩机时，其理论输气量 q_{vL} 和 q_{vH} 均已确定，因而此时的约束条件应是：

$$\xi = \frac{q_{vH}}{q_{vL}} = C_1 （定值） \tag{8-3-40}$$

这一方法也可用试算法求解，即预取一系列的 p_m 值并计算出相应的 ξ 值，绘制 ξ 随 p_m 的变化曲线，曲线同 $\xi = C_1$ 直线的交点即为所求的中间压力 p_m。值得注意的是，对于一个实际的设计任务，当用此法确定中间压力时，如果压缩机选配不当，会使循环的经济性有所降低，此时就需要重新选择、进行计算。因此，最好的办法是先按第一种情况确定出最佳中间压力及最佳中间压力时的理论输气量比，再选配适宜的压缩机，使其理论输气量比尽可能接近最佳中间压力时的数值；然后再按第二种情况根据已选定的压缩机确定实际中间压力。

3.3.3 两级压缩制冷机的变工况特性

工作温度变化时，两级压缩制冷机的性能将随之而改变。最常见的情况是冷凝温度 t_k 保持恒定，而蒸发温度 t_0 发生变化。这种变工况不但出现在一些蒸发温度可以调节的实验用低温制冷装置中，而且常出现在任何两级压缩制冷机的热态启动过程中。在这样的情况下，不但制冷机的制冷量、轴功率和制冷系数要发生变化，中间压力 p_m 和高、低压压缩机的压力比 $\sigma_H = p_k/p_m$、$\sigma_L = p_m/p_0$ 也要发生变化。

图 8-3-13 所示两级压缩氨制冷机在冷凝温度保持 35℃ 的情况下制冷机的工作压力和压力比随蒸发温度的变化关系。该制冷机是由一台缸径为 125mm 的 8 缸压缩机组成，其中 2 个缸为高压级，6 个缸为低压级，理论输气量比 $\xi=0.334$。该制冷机是按一级节流中间完全冷却循环工作，液体过冷后的温度为 30℃；蒸气在管路中过热的情况是：当 $t_0=-50℃$ 时过热 20℃，依次递减，一直到 $t_0=0℃$ 时过热度为零。图 8-3-13 中的曲线在 -25℃ 以下是根据上海第一冷冻机厂的实验数据，在 $t_0=-20℃$ 以上是根据计算结果绘制的。根据这样的图，即可计算两级压缩制冷机在不同蒸发温度时的制冷量、轴功率和制冷系数，并进而绘制出制冷机的性能曲线。

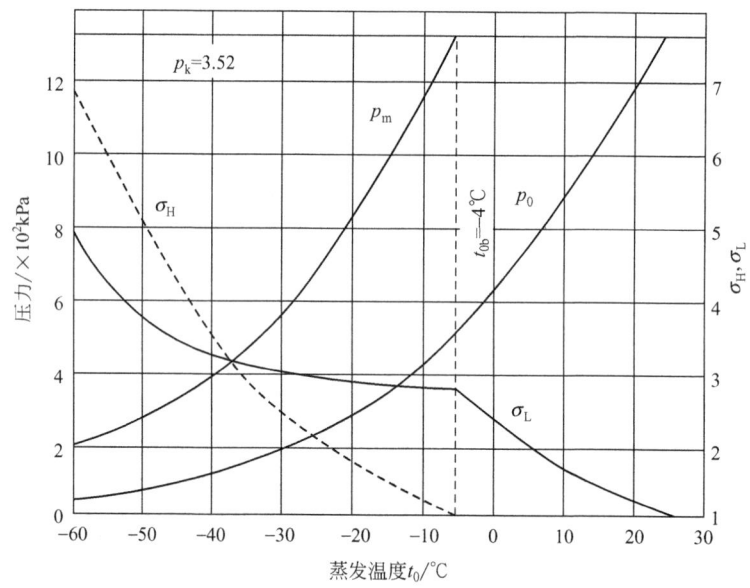

图 8-3-13 两级压缩氨制冷机的工作压力和压力比随蒸发温度的变化关系

从图 8-3-13 可以看出，两级压缩制冷机在工况变动时的一些特性：①随着 t_0 的升高，压力 p_0 和 p_m 都不断升高，但 p_m 升高得快，当 t_0 达某一边界值 t_{0b}（图 8-3-13 中 $t_{0b}=-4℃$）时，$p_m = p_k$，从这一点开始高压压缩机将不起压缩作用；②随着 t_0 的升高，压力比 σ_H 和 σ_L 都不断下降，但 σ_H 下降得快，当 t_0 达 t_{0b} 时，σ_H 降低到 1，且在这一点 σ_L 的变化曲线发生转折；③随着 t_0 的升高，压力差 $(p_k - p_m)$ 不断减小，$(p_m - p_0)$ 先逐渐增大而后逐渐减小，当 $t_0 = t_{0b}$ 时，$p_k - p_m = 0$，而 $(p_m - p_0)$ 达最大值。由上述压力变化的情况可以推知，高压压缩机的最大功率大致出现在 $t_0 = -27℃$ 时，此时 $\sigma_H = 3$；而低压压缩机的最大功率出现在 $t_0 = t_{0b}$ 时，此时压缩机承受的压差最大（但如果 ξ 的数值较小时，低压压缩机的最大功率也会出现在 $t_0 > t_{0b}$ 及 $p_k/p_0 = 3$ 时）。

上述分析和结论虽然是依据个别情况得出的，但定性地说，它表达了两级压缩制冷机的共同特性。根据两级压缩制冷机的上述特性，应按下述原则处理压缩机的启动和选配电动机的问题。

① 启动问题　热态启动时，蒸发温度 t_0 是由环境温度逐步降低的，在降到 t_{0b} 之前，高压压缩机不起压缩作用，两台压缩机同时启动势必浪费电能。因此，一般是先启动高压压缩机，待中间压力降到规定值后，再启动低压压缩机；或者先启动高压压缩机，使制冷机按单级压缩循环工作，待蒸发压力降低后再启动低压压缩机，并转换为两级压缩循环工作。只有对于小型机组才采用两台压缩机同时启动的方式。

② 电动机选配问题　由图 8-3-13 可知，高压压缩机在启动过程中要通过最大功率工况，故应按最大功率工况选配电动机，为节省设备容量也可按最常运转工况选配电动机，但在启动过程中需采用部分卸载或吸气节流等降低功率的措施。对于低压压缩机，如果按图 8-3-13 中的压差最大（或当 ξ 较小时，按 $p_k/p_0 = 3$）工况选配电动机，则电动机容量显得过大，又经常在低负荷下运转，效率较低，形成装机容量和电能的浪费。故低压压缩机电动机的功率应按其参加运转的温度范围内、功率最大时的情况去确定，这一情况应该就是低压压缩机起始投入运转时的情况。

3.4　复叠式制冷循环

中温制冷剂的两级压缩制冷机所能达到的低温（蒸发温度）也是有限制的。对于活塞式和螺杆式压缩机，这一限制主要不是由于压力比过大和排气温度过高（唯氨制冷机例外），而是由于蒸发压力过低。蒸发压力过低时，空气漏入制冷机系统的可能性增大，这对制冷机的正常工作是很不利的；而且，蒸发压力过低时蒸气的比体积增大，压缩机的容积效率又降低（是因压力比增大而引起的），致使压缩机尺寸增大，运转经济性降低。特别是对于活塞式压缩机，当蒸发压力降低到 15kPa 左右时，吸气阀片难以正常开启，致使压缩机难以正常工作。由于以上原因，应用中温制冷剂的两级压缩制冷机的蒸发温度就不可能很低，在这种情况下即使增多压缩级数也不能使情况得到改善。因此，现在应用活塞式和螺杆式压缩机的制冷机已不使用三级压缩循环，而只有以 CO_2 为制冷剂的生产干冰的制冷装置才采用三级压缩制冷循环。

对于离心式压缩机，每级（每个叶轮）的压力比比较小，尚可采用多级压缩，而且一般均采用分级节流循环。用中温卤代烃或碳氢化合物制冷剂时，一般用三级压缩或四级压缩，蒸发压力过低时同样也存在空气漏入和机器尺寸过大的问题。故用单一工质的离心式制冷机所能达到的低温也是有限度的。

因此，为了获得 $-80 \sim -65$℃ 的低温，需要使用复叠式制冷机。复叠式制冷机通常由两个部分（也可由三个或四个部分）组成，分别称为高温部分和低温部分。高温部分使用中温制冷剂，低温部分使用低温制冷剂，它们都是一个完整的单级或两级压缩制冷系统。高温部分和低温部分用一个冷凝蒸发器连起来，冷凝蒸发器对低温部分起冷凝器的作用，对高温部分起蒸发器的作用。高温部分用来向低温部分提供冷量，使其中的低温制冷剂冷凝；只有低温部分中制冷剂的蒸发才能在低温下对外提供冷量。由于复叠式制冷机的两个部分可根据各自的工作温度选用合适的制冷剂，因而不存在蒸发压力过低的问题。

3.4.1 复叠式制冷循环的型式

复叠式制冷机的组成比使用单一制冷剂的单级压缩和两级压缩制冷机要复杂一些，因而可以采用多种循环型式。最简单的复叠式制冷循环是由两个单级压缩系统组成的，其原则性系统如图 8-3-14 所示。这一系统实际是将两个单级压缩制冷机通过冷凝蒸发器耦合在一起，冷凝蒸发器中的传热温差一般取 5～10℃，其工作过程由图 8-3-14 可以一目了然。

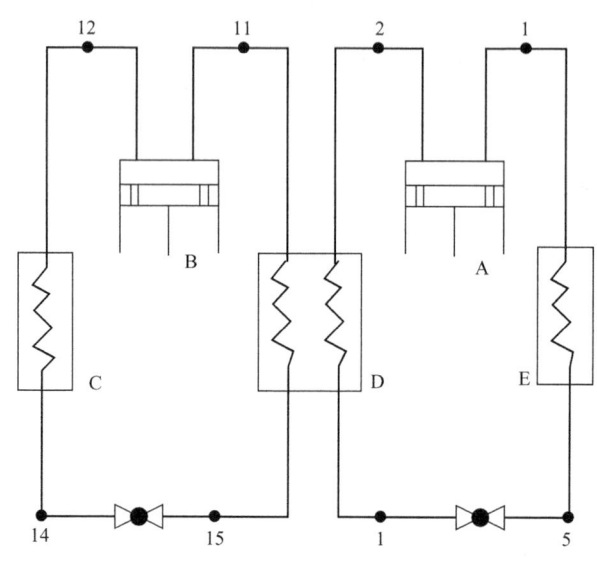

图 8-3-14 两个单级压缩系统组成的复叠式制冷机的原则性系统图
A—低温部分压缩机；B—高温部分压缩机；C—冷凝器；D—冷凝蒸发器；E—蒸发器

从保护环境出发，以 NH_3 和 CO_2 构成的 NH_3/CO_2 复叠式制冷系统，于 20 世纪 90 年代投入运行后，在国外（尤其是在冷库、超市陈列柜等食品冷冻冷藏领域）已被广泛应用，近些年在我国亦逐渐得到了推广。NH_3/CO_2 复叠式制冷循环流程图见图 8-3-15，是由 NH_3 单级压缩系统（作为高温部分）同 CO_2 单级压缩系统耦合成的复叠式制冷循环的流程。

NH_3/CO_2 复叠制冷系统的温熵图见图 8-3-16，图中 1—2—3—4—5 为低温部分的循环，6—7—8—9—10 为高温部分的循环。低温部分的冷凝温度需高于高温部分的蒸发温度，其差值也就是冷凝蒸发器的传热温差。高温部分和低温部分均在较适中的压力范围内工作，冷凝压力不甚高，蒸发压力均高于大气压力。应用在本章 3.1.4 节中讲述的方法，按照图 8-3-16 即可进行这种制冷机的热力学计算，在计算中应取高温部分的制冷量等于低温部分的冷凝热量。

相比目前冷库中广泛使用的氨单级压缩或两级压缩制冷系统，NH_3/CO_2 复叠制冷系统具有以下优点：①CO_2 作为自然工质，无毒、无味、不可燃、不助燃；②NH_3/CO_2 复叠制冷系统能明显降低氨的充注量，NH_3/CO_2 复叠制冷系统中氨的充注量约为氨两级压缩制冷系统的 1/8；③CO_2 制冷剂的单位容积制冷量大，约是 NH_3 的 8 倍，低温级制冷剂的容积流量大大降低；④NH_3/CO_2 复叠制冷系统的节能效果显著。

工业生产、特别是化工生产用复叠式制冷装置，常应用氨或碳氢化合物为制冷剂，且大

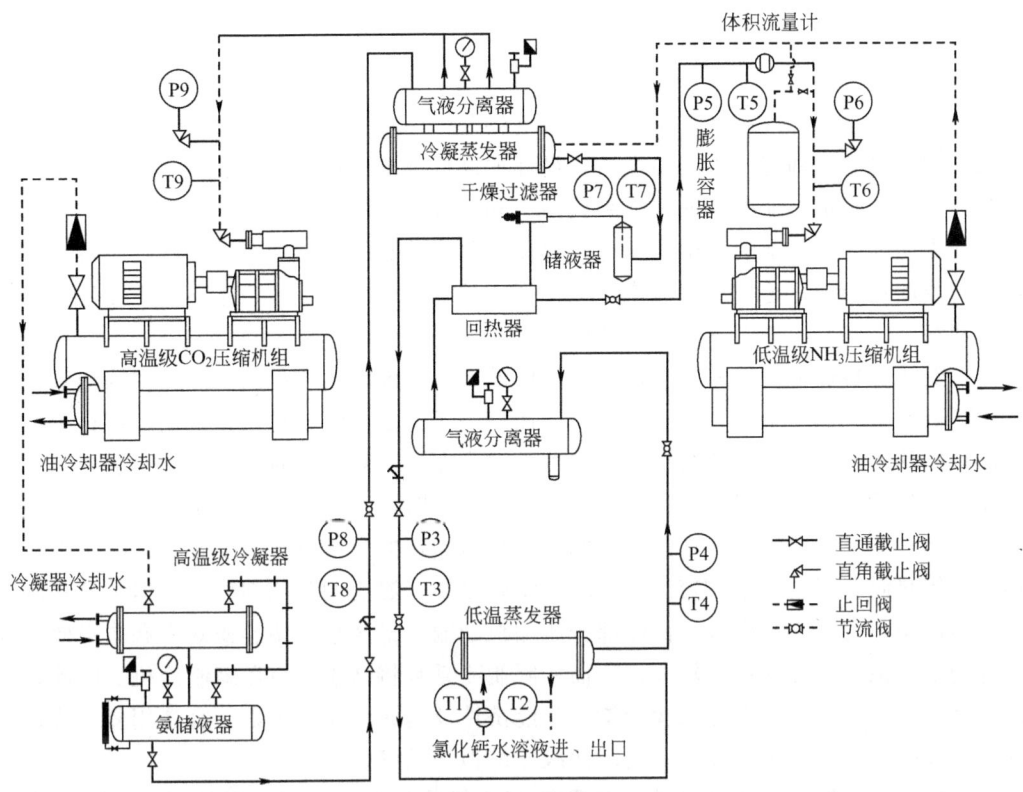

图 8-3-15 NH₃/CO₂ 复叠式制冷循环流程图[4]

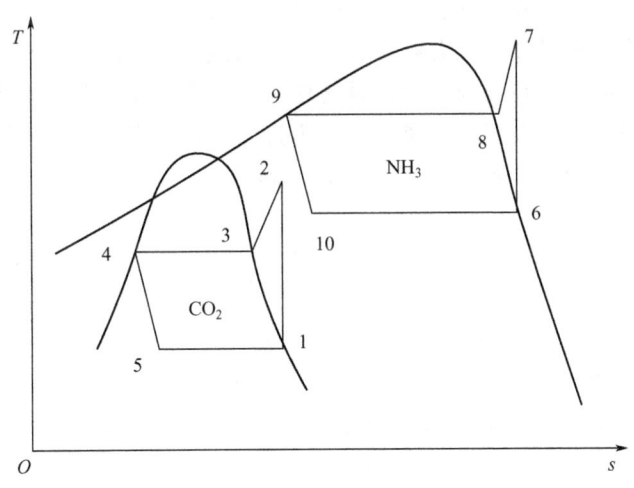

图 8-3-16 NH₃/CO₂ 复叠制冷系统的温熵图

型装置多采用离心式制冷压缩机，例如用单级压缩氨系统与两级压缩二氧化碳系统或两级压缩氨系统与单级压缩二氧化碳系统复叠可用于干冰生产，蒸发温度达 $-79℃$；用丙烯离心系统与乙烯离心系统复叠可用从石油烃裂解气生产聚乙烯和聚丙烯，蒸发温度达 $-100℃$ 以下；用丙烷、乙烯和甲烷三种离心系统的复叠可用来使甲烷液化，蒸发温度达 $-160℃$ 以下。总之，复叠式制冷循环的型式是多样的，可以根据需要选择合适的制冷剂，组织合理的循环

3.4.2 有关复叠式制冷循环的几个问题

在设计和使用复叠式制冷机时，应注意下述几个问题。

(1) 中间温度的确定 中间温度是指循环的高低温部分耦合处的温度。这一温度大体上可按两个原则去确定，即循环的制冷系数最大和各级压缩机的压力比大致相等。但从分析计算可知，中间温度在一定的范围内变化时对循环制冷系数的影响并不大，故还是按后一原则确定中间温度较合理，这样压缩机汽缸工作容积的利用率较高。对于化工生产用制冷装置，中间温度的确定有时还需考虑生产工艺的要求。

(2) 变工况特性 复叠式制冷机蒸发温度的调节范围是比较小的。这是因为当蒸发温度被调高时低温系统的冷凝压力也随之升高，而这一压力是不能超过压缩机的耐压极限的。

(3) 同两级压缩制冷循环的比较 当蒸发温度在－80℃以下时只能采用复叠式循环，故两者没有比较的基础。但当蒸发温度在－80～－50℃时，两级压缩制冷机和复叠式制冷机都可使用，便存在互相比较和合理选择的问题。从对循环的分析可知，复叠式制冷机因冷凝蒸发器需有传热温差而制冷系数较低，同时系统较复杂，温度调节范围较小。但复叠式制冷机工作压力适中，空气不会漏入；低温部分压缩机的输气量减小，使容积效率和指示效率都提高，特别是摩擦功率降低幅度较大，因而实际制冷系数将高于两级压缩制冷机。因此，一般说来，对于生产用装置及大型试验装置，从经济性及运转可靠性考虑，宜选用复叠式；而对于温度调节范围较大的小型装置，选用两级压缩似乎较好。

(4) 停机后低温制冷剂的处置 复叠式制冷机停机后，当温度回升到同环境温度相等时，低温制冷剂就会全部汽化，使低温部分系统内的压力升高，甚至会高于压缩机和设备的耐压极限，这当然是不希望发生的。为了解决这一问题，对于大型装置通常使高温部分定时运转，以保证低温部分始终处于低温状态；或者将低温制冷剂液化，并充入高压瓶中。对于小型装置，最常用的办法是在低温部分的系统中接入一个膨胀容器，以便停机后一部分低温制冷剂蒸气进入膨胀容器，而不致系统内的压力过度升高。膨胀容器可接于吸气管，也可接于排气管；当接于吸气管时其容积用式(8-3-41)确定：

$$V_p = (m_s v_p - V_s) \frac{v_x}{v_x - v_p} \tag{8-3-41}$$

式中 m_s——低温系统（不含膨胀容器）工作状态时制冷剂充灌量，kg；
　　V_s——低温系统（不含膨胀容器）总容积，m³；
　　v_p——在环境温度及平衡压力时制冷剂的比体积，m³·kg⁻¹；
　　v_x——在环境温度及吸气压力时制冷剂的比体积，m³·kg⁻¹。

平衡压力一般取 1～1.5MPa。

增设膨胀容器后低温制冷剂的总充灌量为：

$$m = m_s + V_p / v_x \tag{8-3-42}$$

(5) 启动问题 复叠式制冷机应先启动高温部分，待中间温度降低到足以保证低温部分的冷凝压力不超过压缩机的耐压极限时，再启动低温部分。如果低温部分压缩机的排气管通过一压力控制阀与膨胀容器相连时，也可高、低温部分同时启动，因低温部分压缩机排气压力一旦过高就自动排入膨胀容器中。

3.5 混合制冷剂制冷循环

如前所述（参见 2.4.4 节），混合制冷剂可分为共沸混合制冷剂和非共沸混合制冷剂两类。从制冷原理来看，共沸混合制冷剂在制冷机中的应用与纯质制冷剂没有什么两样，故这里仅简单介绍应用非共沸混合制冷剂的循环。这种制冷剂一般为二元或多元溶液，故需按溶液的理论进行循环性能的分析。

3.5.1 常规的单级压缩循环

这种循环的工作过程与 3.1 节介绍的单级压缩制冷循环相同，也是由压缩、冷凝、节流和蒸发四个过程组成；而且在理想情况下压缩过程可看作等熵过程，冷凝和蒸发均在等压下进行，图 8-3-17 为回热式单级压缩非共沸混合制冷剂循环的系统图和温熵图。根据二元溶液的性质可知，冷凝过程和蒸发过程都不是等温过程：冷凝时高沸点组分优先凝结，故冷凝温度不断降低；蒸发时低沸点组分优先汽化，故蒸发温度越来越高。利用冷凝和蒸发过程的这一特性，选择恰当的制冷剂浓度，并采用逆流式冷凝器和蒸发器，就有可能使冷凝温度和蒸发温度分别同冷却介质温度和被冷却物体温度同步变化，在冷凝器和蒸发器中实现等温差传热，使循环特性接近罗伦兹循环，以达到节能的目的。参数的选择和计算可参考文献［5］。

此外，采用非共沸制冷剂还可达到增大制冷机的制冷量或降低蒸发温度的目的，随制冷剂中添加成分的性质和数量而变。

3.5.2 自复叠制冷循环系统

自复叠制冷循环系统就是一种采用多元非共沸混合制冷剂（如 R134a/R23、R600a/R170、R290/R50 等）的制冷系统，它使用单台压缩机，混合制冷剂压缩后在循环过程中经过一次或多次的气液两相分离，使得整个制冷循环中有两种以上成分的混合制冷剂同时流动和传递能量，在高沸点组分和低沸点组分之间实现复叠，达到制取低温（-60℃以下）的目的。按气液分离次数的不同，可将自复叠制冷循环分为一次分凝循环和多次分凝循环。若采用精馏方法对高、低沸点制冷剂进行分离，该循环又称为精馏循环。精馏循环相当于多次分凝循环的分离，从而简化了设备结构。下面以一次分凝循环为例，简要介绍自复叠制冷循环。

图 8-3-18 为采用 R134a/R23 混合制冷剂，经过单级压缩单级分凝的自复叠循环系统图及焓浓度图。制冷机的工作过程如下：浓度为 ξ_m 的 R134a/R23 混合气体（ξ 是指 R23 在混合物中的质量分数），经压缩机压缩到适当的压力后进入冷凝器。在冷凝器中因受到冷却水的冷却，一部分气体冷凝成液体，并进入储液器中。R134a 为高沸点组分，冷凝液中 R134a 的含量大，故冷凝液的浓度低于 ξ_m；未凝气体中 R23 的含量大，故其浓度高于 ξ_m。随后，让储液器 C 中的冷凝液节流到吸气压力，进入冷凝蒸发器的管内蒸发制冷；同时令冷凝器内的、以 R23 为主的未凝气体进入冷凝蒸发器中凝结为液体，并进入储液器 E 中。然后，储液器 E 中的液体流经回热器被进一步冷却，并节流到蒸发压力，进入蒸发器中蒸发制冷。在蒸发器中产生的低压蒸气流经回热器被加热后，与从冷凝蒸发器来的低压蒸气相混合，一

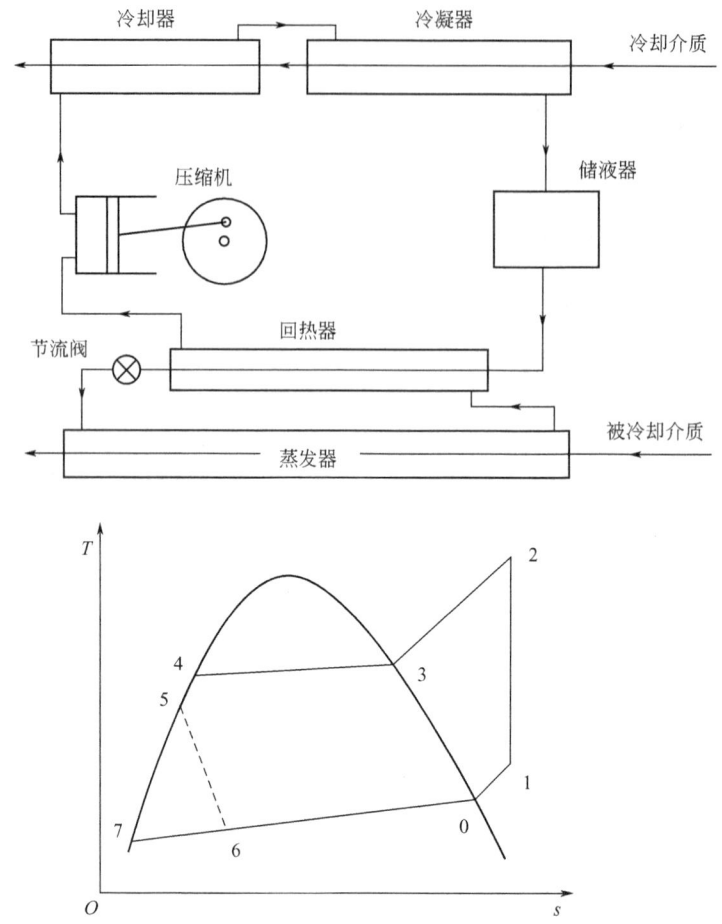

图 8-3-17 回热式单级压缩非共沸混合制冷剂循环的系统图和温熵图[5]

同进入压缩机,便完成了工作循环。

制冷机的工作过程可借助于溶液的焓浓度图进行热力学分析,如图 8-3-18 所示。图中点 1 表示压缩机的吸入状态,它是浓度为 ξ_m 的稍具过热度的低压蒸气。1—2 为压缩过程,在这一过程中 ξ_m 保持不变;点 2 压力已达 p_k,仍处于过热蒸气区。在冷凝器中高压蒸气被冷却到点 3,该点的温度即为冷凝过程的最低温度 t''_k。点 3 处于 p_k 压力下的两相区,它是点 3′所表示的饱和液体($\xi_1 < \xi_m$)和点 3″所表示的饱和蒸气($\xi_2 > \xi_m$)的混合状态。点 3 的干度 x 可用式(8-3-43)计算:

$$x = \frac{h_3 - h'_3}{h''_3 - h'_3} = \frac{\xi_m - \xi_1}{\xi_2 - \xi_1} \tag{8-3-43}$$

点 3′表示的饱和液体节流后的状态点 4 在 h-ξ 图上同点 3′重合,不过点 4 落在 p_0 压力下的两相区内,它是点 4′所表示的饱和液体同点 4″所表示的饱和蒸气的混合状态,其温度为 t_m。4—6 为节流后的液体在冷凝蒸发器中的蒸发过程,利用这一过程的冷量使点 3″表示的饱和蒸气冷凝为液体并达到过冷状态点 5。点 5 的温度应高于 t_m,以使冷凝蒸发器有一定的端部传热温差。4—6 和 3″—5 两过程间存在式(8-3-44)的能量平衡式:

$$x(h''_3 - h_5) = (1 - x)(h_6 - h_4) \tag{8-3-44}$$

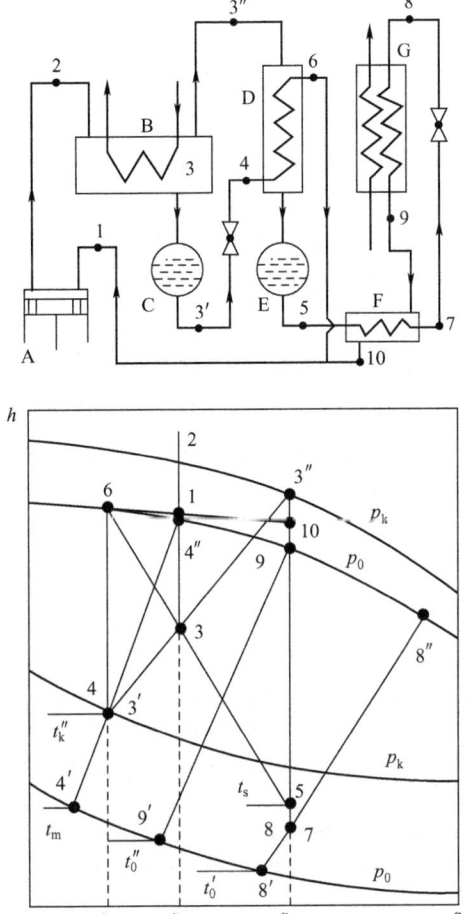

图 8-3-18 单级压缩单级分凝制冷循环的自复叠循环系统图及焓浓度图
A—压缩机；B—冷凝器；C、E—储液器；D—冷凝蒸发器；F—回热器；G—蒸发器

5—7 是高压液体在回热器中的冷却过程。过冷液体节流后的状态点 8 同点 7 重合，不过点 8 表示 p_0 压力下的气液混合物，其温度为 t_0'。蒸发过程 8—9 和回热器内的过热过程 9—10 都是在 ξ_2 不变的情况下进行的，而点 10 和点 6 两个状态的气流混合之后即回复到起始状态点 1。

由循环的 $h\text{-}\xi$ 图可以看出，循环的单位制冷量和单位理论功分别为：

$$\phi_0 = h_9 - h_8 = h_{10} - h_5 \tag{8-3-45}$$

$$w_0 = h_2 - h_1 \tag{8-3-46}$$

但因每压缩 1kg 气体只有 x(kg) 在蒸发器中蒸发制冷，故循环的理论制冷系数为：

$$\varepsilon = \frac{xq_0}{w_0} = \frac{\xi_m - \xi_1}{\xi_2 - \xi_1} \times \frac{h_{10} - h_5}{h_2 - h_1} \tag{8-3-47}$$

与常规制冷循环相比，非共沸混合制冷剂单级分凝循环在制取低温时具有以下特点：

① 采用不同沸点制冷剂的混合物作为制冷剂，在逆流式蒸发器和逆流式冷凝器中，制冷剂在等压下不等温相变，使得冷却介质和被冷却介质的温度变化始终分别和制冷剂的冷凝

温度和蒸发温度同步，从而改变了循环性能。

② 单级分凝循环只采用一台普通的单级压缩机就能制取很低的温度环境。沸点差距较大的制冷剂，在一定的温度下，采用气液分离器就能使在一个系统中的混合制冷剂分离出气、液相的不同组分，然后利用高沸点制冷剂蒸发吸热来冷却低沸点制冷剂，低沸点制冷剂节流蒸发获得低温，完成了常规制冷循环中需要两级压缩或双系统复叠才能达到、甚至无法达到的低温。系统简单，降低了投资成本。

③ 在混合制冷剂单级分凝循环中，混合制冷剂的高沸点组分成为循环的高温制冷剂，低沸点组分成为循环的低温制冷剂，使得工作温区较宽。在制取低温时不存在导致制冷剂的蒸发压力过低或冷凝压力过高的情况。

④ 在循环中由于高沸点的组元在较高温度形成液体经节流回到低压通道，从而避免了高沸点组元在低温下有固相析出而堵塞节流元件的可能，提高了系统的可靠性。高沸点组元在较高温度时节流返回低压通道，使得蒸发器的负荷减少，从而可以减少循环中高沸点组元在低温段带来的流动损失和回热损失。

参考文献

[1] 彦启森，申江，石文星. 制冷技术及其应用. 北京：中国建筑工业出版社，2006：67.
[2] 吴业正. 制冷原理及设备. 第3版. 西安：西安交通大学出版社，2010.
[3] GB/T 18430.1—2007 蒸气压缩循环冷水(热泵)机组第1部分：工业或商业用及类似用途的冷水(热泵)机组. 北京：中国标准出版社，2008.
[4] 王炳明. NH_3/CO_2 复叠制冷系统性能及 CO_2 螺杆制冷压缩机特性研究. 西安：西安交通大学，2011.
[5] 陈光明，陈国邦. 制冷与低温原理. 第2版. 北京：机械工业出版社，2009：101.

4

制冷压缩机

4.1 制冷压缩机的种类和工作特点

制冷压缩机是压缩式制冷机的主要组成部分，在它的作用下，制冷剂在制冷机系统内不断循环流动，并建立起吸气压力和排气压力，以完成制冷循环。制冷机的运转特性和经济性主要取决于制冷压缩机的型式和设计制造的质量。

本章仅涉及蒸气压缩式制冷压缩机。这类压缩机可以按不同的方法进行分类。

根据对制冷剂蒸气压缩的热力学原理，制冷压缩机可分为容积型和速度型两大类，其中容积型包括活塞式和回转式（包括滚动转子式、滑片式、螺杆式、涡旋式等）；速度型几乎都是离心压缩机。目前在化工过程中采用的制冷压缩机的型式为活塞式、螺杆式和离心式制冷压缩机。其中，活塞式制冷压缩机逐渐被螺杆式代替，但是仍然在一些特定场合中使用。

按照总体结构分类，制冷压缩机可分为开启式、半封闭式及全封闭式三类。开启式压缩机通过联轴器与电动机相连，安装维修较为简单；半封闭式压缩机与其电动机共用一根轴，两者的机壳用法兰连接在一起；全封闭式压缩机与其电动机做成一体，一同装在一个密封壳体内。开启式结构一般适用于大型制冷压缩机，而半封闭式及全封闭式结构适用于中小型及微型制冷压缩机。采用封闭式结构是为了避免制冷剂的泄出和空气的漏入，但也因此使机壳不易打开和修理。

按照所用制冷剂的种类，制冷压缩机有氨压缩机、卤代烃压缩机、丙烷压缩机等多种。用不同制冷剂时压缩机的运转特性是不同的，这一点对离心式压缩机尤为显著。

对于单级制冷压缩机，按照工作的蒸发温度分类，可分为高温、中温和低温压缩机，但在具体蒸发温度范围的划分上并不一致。

制冷压缩机的技术发展在一定程度上代表了制冷技术的发展水平。从20世纪70年代开始，随着环境友好型制冷剂的开发和应用，制冷压缩机的研发也取得了很大的进步。由最初的活塞式乙醚制冷压缩机，发展到一系列的制冷量不同的容积式制冷压缩机以及离心式制冷压缩机。而且，所需制冷量范围不断扩大，小到100W（活塞式制冷压缩机），大到单机制冷量27000kW（离心式制冷压缩机）。1961年喷油螺杆制冷压缩机研制成功后，在制冷领域中得到了迅速的拓展。迄今已经取代了一些较大的活塞式制冷压缩机（小至50kW，甚至更小），同时也取代了一些中等制冷量的离心式压缩机（大至1500kW）。各种制冷压缩机的种类、特点及用途见表8-4-1。

同一般气体压缩机比较，制冷压缩机具有如下的工作特点：

① 制冷机系统为封闭系统，要求不能有泄漏（制冷剂泄出或空气漏入），因为泄漏将影响制冷机的正常工作，造成制冷剂的损失以及组分变化，并引起环境问题。

表 8-4-1 制冷压缩机的种类、特点及用途

种类	常用制冷剂	适用制冷温度	单机制冷量/kW	主要用途
活塞式	R134a、R717、R410A	−120℃以上	全封闭型：0.15～50	家用、商用冰箱,空调
			高速多缸型：3～500	家用、商用冰箱,空调
			对称平衡型：400～1700	化工、石油及天然气工业中的冷却设备
离心式	R134a、R717、R50、R290、R1270	−160℃以上	160～35000	化工、石油、纺织等工业中的冷却设备,工业用及大型建筑物空调
螺杆式	R22、R134a、R717	−80℃以上	10～2500	化工、石油、商用及交通运输用冷却、冷藏设备和空调设备
滑片式、滚动转子式	R22、R717、R410A	−30℃以上	大型：16～675 小型：0.08～16	商用及交通运输用冷却及冷藏设备,冰箱、空调及商用小型制冷设备
涡旋式	R22、R717、R410A	−30℃以上	0.15～116	冰箱、空调及小型制冷设备

② 冷却介质的温度、被冷却介质的温度及冷量负荷常会有比较大的变化,制冷压缩机要能适应这些变化,具有有效的制冷量调节措施。

③ 制冷压缩机吸入的是温度比较低的制冷剂蒸气,有时其中还会带有液滴,这将引起吸入气体与压缩机吸气部分的热交换,导致金属及润滑油的过度冷却；当带液过多时,还会导致液击,甚至造成制冷压缩机零部件损坏。

上述这些特点,在进行制冷压缩机设计时必须予以考虑。

各种型式的压缩机内部工作过程的分析和热力计算已在第 5 篇"流体输送"中有比较详细的论述,故在这里仅简单地说明一下制冷压缩机的结构特点和运转特性。

4.2 活塞式制冷压缩机

活塞式制冷压缩机迄今还是应用最广的一种机械,其制冷量从 1kW 以下到 1000kW 以上。它的市场份额已被其他型式压缩机占去一部分,这是因为后者具有比活塞式制冷压缩机更好的可靠性、容积效率、输气压力稳定的性能。大型活塞式制冷压缩机多采用卧式对称平衡型结构,中小型压缩机则采用角度式结构,在结构上与"流体输送"一篇（第 5 篇）中所介绍的气体压缩机没有大的区别。

4.2.1 活塞式制冷压缩机的结构和特点

活塞式制冷压缩机的主要零部件及其组成：压缩机的机体由汽缸体和曲轴箱组成,汽缸体中装有活塞,曲轴箱中装有曲轴,通过连杆,将曲轴和活塞连接起来,在汽缸顶部装有吸气阀和排气阀,通过吸气腔和排气腔分别与吸气管和排气管相连；当曲轴被原动机带动旋转时,通过连杆的传动,活塞在汽缸内作上、下往复运动,并在吸、排气阀的配合下,完成对制冷剂的吸入、压缩和输送。

活塞式制冷压缩机具有以下特点：

① 不论流量大小,都能达到所需要的压力；

② 热效率高；

③ 气量调节时排气压力几乎不变；

④ 机器的体积大而且重，单机排气量一般小于 $500\mathrm{m}^3 \cdot \mathrm{min}^{-1}$；

⑤ 结构复杂、易损件多、维修工作量较大，但经过努力，现在已经可以做到连续运行 8000h 以上。

活塞式制冷压缩机的这些特点，决定了它适用于气量不大的高压范围。在各种制冷压缩机都可使用的范围内，则需要根据技术经济指标的分析，来确定是否选用活塞式制冷压缩机。

图 8-4-1 是一个典型的 V 形活塞式压缩机的剖面图[1]，左侧为高压级，右侧为低压级。低压级完成一个循环之后，将气体通过排气管输送到高压级的吸气管，进入高压级的压缩腔中进行第二级的压缩过程，最后通过排气管道排出。原动机驱动曲轴周期性转动，带动曲柄连杆进行转动，曲柄连杆与活塞通过活塞销连接，曲柄连杆带动活塞作往复运动，使得压缩腔内容积周期性变化。这种压缩机采用的是最常用的飞溅润滑的方式，润滑油是依靠连杆大头上装设的勺或棒，在曲轴旋转时打击曲轴箱中的润滑油，使得润滑油飞溅到需要润滑的地方。润滑油再经由连杆大、小头特设的导油孔，将油导至摩擦表面。这种润滑方式的优点是简单，缺点就是供油不稳定。开始油液面较高，溅起的润滑油较多，同时这部分功变成了热使油温升高。运行一段时间后，油液面降低，溅起的润滑油较少。有时候可能因为油液面过低，使得润滑油供油不足，因此，需要保证润滑的最低油液面，低于此液面便需要加油。

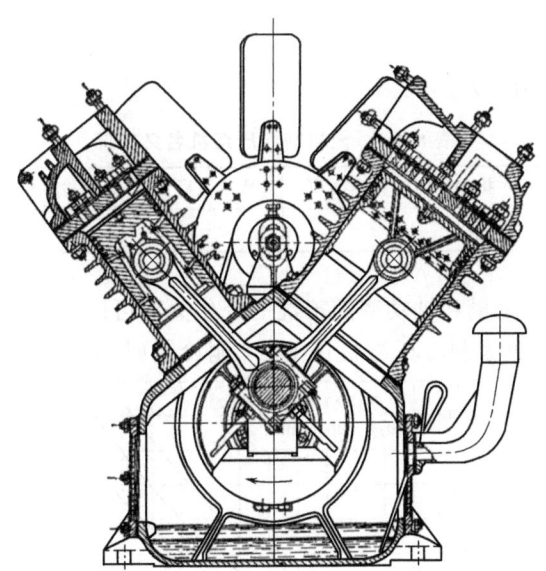

图 8-4-1 一种 V 形活塞式压缩机的剖面图

4.2.2 活塞式制冷压缩机的性能

活塞式制冷压缩机的理论输气量（容积排量）可用式(8-4-1)计算：

$$q_v = 15\pi D^2 snz \quad (\mathrm{m}^3 \cdot \mathrm{h}^{-1}) \tag{8-4-1}$$

式中，D 为汽缸直径，m；s 为行程，m；n 为压缩机的转速，$\mathrm{r} \cdot \mathrm{min}^{-1}$；$z$ 为汽缸数。

根据 3.1.4 节对实际制冷循环的分析，压缩机的制冷量和轴功率可分别用式(8-4-2)、式(8-4-3)计算：

$$\Phi_0 = \frac{\eta_V q_v \phi_0}{3600 v_1} \tag{8-4-2}$$

$$P = \frac{\eta_V q_v w_0}{3600 v_1 \eta_s} \tag{8-4-3}$$

式中，v_1 为压缩机吸气的比体积，$m^3 \cdot kg^{-1}$。

关于活塞式制冷压缩机的容积效率 η_V 和绝热效率 η_s，参见第 5 篇。

由 3.2 节的分析可知，在 q_v 为定值（压缩机转速不变时，q_v 即为定值）的情况下，活塞式制冷压缩机的制冷量和轴功率是随制冷机的工况而变的。活塞式制冷压缩机均是按单级压缩制冷循环确定其工况的，表 8-4-2 和表 8-4-3 列出了活塞式单级制冷压缩机的名义工况（有机制冷及无机制冷）[2]。

表 8-4-2　有机制冷压缩机名义工况

类型	吸入压力饱和温度/℃	排出压力饱和温度/℃	吸入温度/℃	环境温度/℃
高温	7.2	54.4①	18.3	35
	7.2	48.9②	18.3	35
中温	-6.7	48.9	18.3	35
低温	-31.7	40.6	18.3	35

① 为高冷凝压力工况。
② 为低冷凝压力工况。
注：名义工况的制冷剂液体过冷度为 0℃。

表 8-4-3　无机制冷压缩机名义工况

类型	吸入压力饱和温度/℃	排出压力饱和温度/℃	吸入温度/℃	制冷剂液体温度/℃	环境温度/℃
中低温	-15	30	-10	25	32

同一制冷压缩机的制冷量和轴功率随工况的变化关系可以列成性能表，也可以用性能曲线表示。图 8-4-2 为一台单级制冷压缩机用 R717 制冷剂时的性能曲线图，用它可以很方便

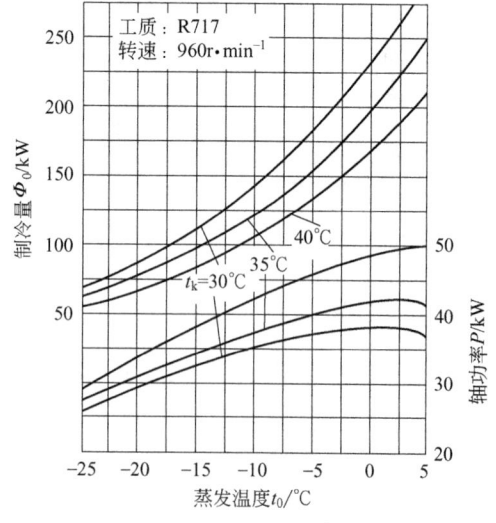

图 8-4-2　单级制冷压缩机的性能曲线图

地查出制冷压缩机在不同工况时的制冷量和轴功率。

同一型号的制冷压缩机,当应用不同的制冷剂时,即使在相同的工况下,其制冷量和轴功率也是不同的。这是因为在相同工况下各种制冷剂的 ϕ_0、w_0 和 v_1 是不相同的,甚至压缩机的 η_V 和 η_s 也会稍有变化。由上述计算 Φ_0 和 P 的公式 [式(8-4-2)、式(8-4-3)] 不难导出应用 a、b 两种不同制冷剂时,压缩机的制冷量和轴功率的换算关系式

$$\Phi_{0b} = \Phi_{0a} \times \frac{v_{1a}}{v_{1b}} \times \frac{\eta_{Vb}}{\eta_{Va}} \times \frac{\phi_{0b}}{\phi_{0a}} \tag{8-4-4}$$

$$P_b = P_a \times \frac{v_{1b}}{v_{1a}} \times \frac{\eta_{sb}}{\eta_{sa}} \times \frac{\eta_{Vb}}{\eta_{Va}} \times \frac{w_{0b}}{w_{0a}} \tag{8-4-5}$$

4.3 螺杆式制冷压缩机

螺杆式制冷压缩机是回转式制冷压缩机中用得比较普遍的一种,它是利用螺旋形转子(常称为螺杆)的旋转运动来改变汽缸工作容积的大小,以完成气体的压缩和输送过程,具有体积小、质量小、运转平稳、易损件少、效率高、单级压力比大、能量无级调节等优点。螺杆式制冷压缩机的单机名义制冷量可高达 3000kW,故适用于较大型的制冷机。

4.3.1 螺杆式制冷压缩机的构造及基本参数

螺杆式压缩机有单转子与双转子之分,在制冷机中以后者应用较为普遍,而且通常所说的螺杆式压缩机是指双转子螺杆式压缩机。

按密封方式,螺杆式制冷压缩机可以分为开启式、半封闭式和全封闭式三种。其中,开启式和半封闭式已形成系列。近几年全封闭系列螺杆式压缩机得到了发展。螺杆式制冷压缩机单机有较大的压力比及宽广的容量范围,故适用于高、中、低温各种工况,特别是在低温工况和变工况情况下仍有较高的效率。

制冷用螺杆式压缩机的总体结构与第 5 篇中介绍的压缩气体用螺杆式压缩机基本相同。图 8-4-3 是一个典型的开启式螺杆制冷压缩机结构图[3],采用滑动轴承承受径向力,滚动轴承承受轴向力,既保证了压缩机的性能,又大大提高了压缩机的使用寿命。

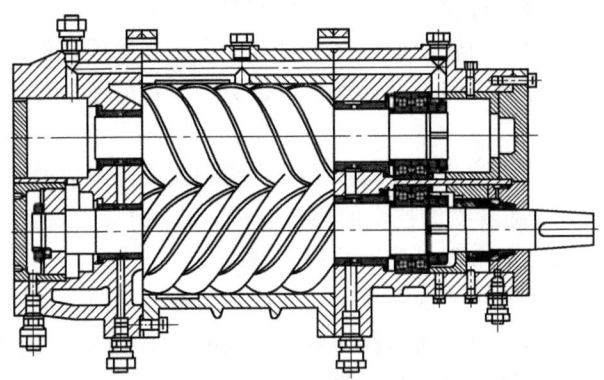

图 8-4-3 开启式螺杆制冷压缩机结构图

这种开启式螺杆制冷压缩机的阳转子为 5 齿,阴转子为 8 齿,齿形采用双边非对称全圆

弧包络线；一般阳转子为主动转子，直接带动阴转子转动（而不用同步齿轮）。此外，阳阴转子齿数比还有 5∶7 和 6∶8 的组合，齿形一般多采用非对称型线。不同齿数比的转子带来的性能差别也不一样，需要根据实际情况进行选择。螺杆式制冷压缩机多采用喷油运转方式，可起润滑、密封和冷却作用。压缩机在汽缸的下方开有一条缝，其下装一个滑阀，这样便可实现压缩机输气量的无级调节（0～100%）。

2009 年开始实施的国家标准 GB/T 19410—2008，规定了螺杆式制冷压缩机及螺杆式制冷压缩机组的术语和定义、分类与基本参数、技术要求、试验方法、检验规则和标志、包装及储存。螺杆式制冷压缩机及机组的名义工况[4]见表 8-4-4，适用的制冷剂为 R717、R22、R134a、R404A、R407C、R410A 和 R507A，采用其他的制冷剂（如 R290、R1270 等）的压缩机及机组可参照执行。

表 8-4-4　螺杆式制冷压缩机及机组的名义工况

类型	吸气饱和(蒸发)温度/℃	排气饱和(冷凝)温度/℃	吸气温度①/℃	吸气过热度②/℃	过冷度/℃
高温(高冷凝压力)	5	50	20	—	0
		40			
	−10	45	—	10 或 5①	
低温	−35	40			

① 用于 R717。
② 吸气温度适用于高温名义工况，吸气过热度适用于中温、低温名义工况。

与其他回转式压缩机相同，螺杆式制冷压缩机内压缩终了的气体压力 p_{cyd} 往往同排气管道的压力 p_{dk} 不相等，带来等容压缩或者等容膨胀的额外功耗。为此，就有必要进行内容积比调节来实现 p_{cyd} 等于 p_{dk}，以适应螺杆式压缩机在不同工况下的运行。

目前，随着制冷系统循环的不断发展进步，也产生了带有经济器、喷液的制冷循环系统。不同的制冷循环系统，可满足不同的场合使用。

4.3.1.1　转子型线的发展过程

转子型线的好坏决定了螺杆式压缩机的性能好坏。在螺杆式制冷压缩机中型线的设计过程大致经历了三代变化。

(1) 对称圆弧型线　第一代转子型线是对称圆弧型线，应用于初期的螺杆式压缩机中，虽然在随后的年代里，不对称的转子型线有了显著的进步和发展，但是这些进展都针对于喷油螺杆式压缩机。由于对称型线容易设计加工，这类型线目前还被很多干式螺杆式压缩机所使用。

(2) 不对称型线　第二代转子型线是以点、直线和摆线等组成的齿曲线为代表的不对称型线。20 世纪 60 年代后，随着喷油技术的逐步发展，以 SRM-A 型线为代表的第二代转子型线产生了。这种型线为目前市面上普遍采用的型线。

对称型线和不对称型线的主要区别在于，采用不对称型线时，泄漏三角形的面积大为减小。一般不对称型线的泄漏三角形面积仅为对称型线的 1/10 左右。因此，采用不对称型线，可以使喷油螺杆式压缩机的性能得到明显改善。

(3) 新的不对称型线　20 世纪 80 年代开始，随着计算机在螺杆式压缩机领域的不断应用，精确解析螺杆式压缩机转子的几何特性成为可能，在压缩机工作过程数学模拟的条件下，出现了各种各样的第三代转子型线。第三代转子型线采用圆弧、椭圆、抛物线等曲线。这种改变可使转子齿面由"线"密封改进为"带"密封，明显提高了密封效果，有利于形成润滑油油膜并减少齿面的磨损。

4.3.1.2 内容积比调节

内容积比的调节对螺杆式压缩机来说种类很多，早期生产厂根据压缩机应用中的工况要求，提供不同内容积比的机器来供选择，即通过更换不同的径向排气孔口的滑阀，或同时更换排气端座。但是对于工况变化范围大的机组，如一年中夏天制冷、冬天供暖的热泵机组，有必要实现内容积比随工况变化进行无级自动调节。

在实际设计中，滑阀上都开有径向排气孔口，它随着滑阀作轴向移动，通过滑阀改变排气孔口位置，见图8-4-4。这样，一方面压缩机转子的有效工作长度在减少，另一方面径向排气孔口也在减少，以延长内压缩过程时间、加大内压力比。把滑阀上的径向排气孔口与端盖上的轴向排气孔口做成不同的内压力比，就可在一定范围的调节过程中，保持内压力比与满负荷时一样。

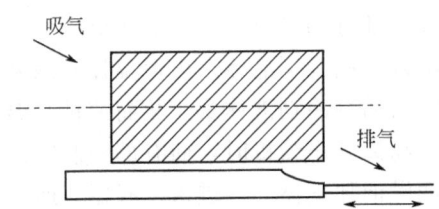

图 8-4-4　通过滑阀改变排气孔口位置[5]

内容积比自动调节，可以避免过压缩及欠压缩过程；可以根据系统工况要求，使机组始终在最节能、最高效率容积比上运行，为用户节约大量的运行费用。

4.3.1.3 经济器制冷循环系统

经济器制冷循环系统又称为中间补气循环系统。这种机组系统利用了螺杆式压缩机的吸气、压缩和排气过程处于不同空间位置的特点，在压缩机吸气结束之后的某一个位置，增开一个补气口，吸入来自经济器的制冷工质，使进入蒸发器的制冷工质液体具有更低的温度，从而明显提高机组的制冷量。

实际设计中的经济器制冷循环有两种：一种是闪发式的；另一种是换热器式的。在闪发式经济器制冷循环系统中，所有来自冷凝器的高压液体都经过一级节流阀节流后进入经济器中。节流后产生的闪发蒸气通过补气口进入压缩机，经过节流使温度降低后的液体，则再通过二级节流阀，进入蒸发器中。这种系统具有结构简单、性能良好的特点。

换热器式经济器制冷循环系统见图8-4-5，在实际机组中应用更为广泛。这种系统的经济器实质上是一个液体过冷器。来自冷凝器高压液体的一小部分，经过辅助节流阀进入经济器，在吸收其余高压液体的热量之后蒸发，并经补气口进入压缩机；大部分的高压液体在经济器中过冷，经主节流阀进入蒸发器。

经济器制冷循环系统的运行效果相当于一个两级压缩制冷循环，但该制冷系统又被大大简化。经济器制冷循环系统可以大幅度提高机组的制冷量及制冷系数。因此，经济器制冷循环系统在蒸发温度较低的场合中，得到了广泛的应用。

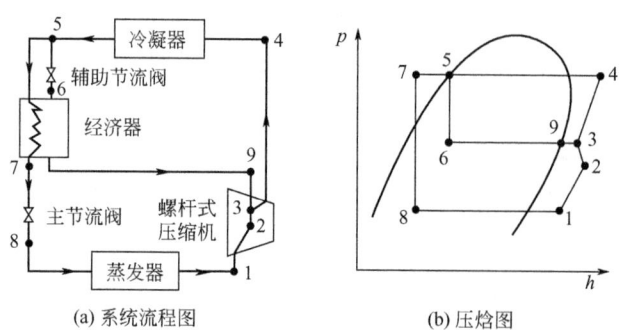

图 8-4-5 换热器式经济器制冷循环系统

4.3.1.4 喷液制冷循环系统

在螺杆式制冷压缩机中，通过喷入制冷剂液体来冷却机组中的润滑油。制冷剂液体喷入压缩机后，由于吸收了压缩过程所产生的能量而很快汽化，汽化过程所吸收的汽化潜热，可使油气混合物的温度降到所规定的数值。喷液制冷循环的优点在于油冷却器及所有相关的阀、冷却介质、流动管道及控制部分均可以省去，从而节省了大量的费用。

喷液制冷循环系统中，喷入的制冷剂液体量由恒温控制阀来调节。这种控制阀通过检测压缩机的排气温度，来调节喷入的制冷剂液体量，从而使排气温度控制于所设定的数值。有些工况下，压缩过的油气混合物离开压缩机时，尚有部分制冷剂液体正在蒸发，这会影响油分离器的工作，导致过多的润滑油随气体一起进入冷凝器。所以在允许条件下，应尽量提高压缩机排气温度的设定值。

与常规的制冷循环系统相比，喷液制冷循环系统的性能会有一定程度的下降。一方面，会有部分的制冷剂液体和润滑油混合后，泄漏到压缩机的吸气侧，从而减少了压缩机的正常吸气量，导致容积效率降低。另一方面，由于制冷剂液体在压缩过程中蒸发，所产生的蒸气将随着正常吸入的气体一起被压缩至排气压力，还会导致功耗增加。系统性能的下降程度与压缩机的运行工况和所压缩的制冷剂有关。

4.3.2 螺杆式制冷压缩机工作过程的特点及性能

螺杆式制冷压缩机与活塞式制冷压缩机同属容积型压缩机械，都是利用汽缸工作容积的变化来实现气体的压缩。但与活塞式制冷压缩机不同，螺杆式制冷压缩机工作容积的变化是依靠互相啮合的一对转子的转动来实现的。而且，螺杆式制冷压缩机不用吸气阀和排气阀，是依靠工作基元容积与吸气腔和排气腔的接通和断开来控制吸气过程、压缩过程和排气过程的起始和结束。所以，在螺杆式制冷压缩机中，气体被压缩的程度取决于工作基元容积同排气腔接通的时刻，即取决于压缩机的设计。结构设计已定的螺杆式制冷压缩机，有一个大致固定的内压力比（即当吸气压力一定时，有一个大致固定的内压缩终了压力），在工况变化的情况下，当外压力比与内压力比不相等时便会产生附加功。因此，螺杆式制冷压缩机的变工况特性较差。

除工作过程的差别外，与活塞式制冷压缩机相比，螺杆式制冷压缩机还具有如下特点：①结构简单，零部件、特别是易损件较少，加工、装配和检修工作量小；②转子作旋转运动，平衡性好，且转速可以较高，故单机容量可以较大；③对液击不敏感，不但可进行湿压缩，且可采用喷油冷却，达到较大的压力比；④转子之间及转子与汽缸之间的接触线长，气体的泄漏量大,因而功耗大、效率低;⑤工作基元容积可以减小到零,没有残留气体的膨胀过程,因而容积效率较高;⑥运转时噪声较大。

螺杆式制冷压缩机系容积压缩型,其理论输气量(容积排量)q_v取决于压缩机的几何尺寸和转速。A_{01}及A_{02}分别表示阳转子和阴转子端面型线图上的齿间面积;L为转子长度,则压缩机理论输气量可表示为:

$$q_v = C_\varphi n z L (A_{01} + A_{02}) \quad (8\text{-}4\text{-}6)$$

nz为任一转子齿数与转速的乘积。式(8-4-6)还可以改写成[3]:

$$q_v = C_\varphi C_{n1} n L D^2 \quad (8\text{-}4\text{-}7)$$

式中,n为阳转子的转速,$r \cdot min^{-1}$;C_{n1}为面积利用系数,当采用单边非对称型线时,$C_{n1}=0.515$。

在计算得q_v之后,可按与活塞式压缩机相同的公式,计算Φ_0及P。对于采用单边不对称型线的喷油螺杆式制冷压缩机,$\eta_V=0.8\sim0.95$;$\eta_s=0.82\sim0.85$。

4.3.3 螺杆式制冷压缩机的变频技术

在制冷循环系统中,螺杆式制冷压缩机一直处于变工况运行状态。据统计,压缩机的负荷率平均为67%,空载负荷为33%,这样就会因效率低而浪费了很多的电能。变频技术的发展能够极大地改善这一个问题,减少空载负荷、节约能源。

变频螺杆式制冷压缩机机组相比传统的机组增加了一套变频系统,其中包括电机和变频器。电机分为直流电机和交流电机。直流电机目前已成为动力机械的主要动力设备,需要进行调速的制冷循环系统采用直流电机。交流电机具有结构比较简单、容易实现大量化生产等特点,现在变频螺杆式制冷压缩机的电机普遍采用交流电机,而变频器则是变频系统的核心部件。随着电力电子技术、微电子技术和控制理论的不断发展,变频驱动技术也在不断发展,变频技术已经扩展到工业生产的所有领域之中。目前化工过程中也逐渐开始采用变频螺杆式制冷压缩机以应对不同工况的情况发生。

从变频螺杆式制冷压缩机的现状分析,变频螺杆式制冷压缩机的发展和应用应从以下几个方面入手:

① 采用可调的内容积比的结构设计,充分发挥变频螺杆式制冷压缩机的性能优势;
② 精确控制压缩腔的喷油量,并确保转子啮合时形成油膜所需要的油量;
③ 改变常规螺杆式制冷压缩机的吸气冷却电机的方式,减少吸气压损;
④ 加大对变频技术的研究,降低变频器的成本。

4.4 离心式制冷压缩机

大容量的制冷机普遍采用离心式压缩机。这是因为离心式压缩机的输气量大,用于大容量的制冷机时,可使机器的尺寸和重量大为减小(只有同容量活塞式压缩机重量的$1/8\sim1/5$)。

4.4.1 离心式制冷压缩机的构造及特点

离心式制冷压缩机属速度压缩型机械,它利用气体速度的变化提高其压力。基于性价比的考虑，离心式制冷压缩机多应用于 1000～4500kW 容量以上的中、大型制冷系统中。由于其具有适应温度范围广、清洁无污染、安装操作简便、效率高等优点，在当代制冷空调领域中具有重要的地位。

离心式制冷压缩机具有以下特点：

① 与容积式压缩机相比，在相同制冷量时，其外形尺寸小、重量轻、占地面积小。

② 离心式制冷压缩机运转惯性较小、振动小，因此基础简单。目前，在小型组装式离心制冷机组中应用的离心式制冷压缩机，压缩机机组可直接安装在蒸发器或者冷凝器之上，无需另外设计基础，安装较为方便。

③ 离心式制冷压缩机中的易损件少、连续运转时间较长、维护周期长、使用寿命长、维护费用低。

④ 离心式制冷压缩机工作时，制冷剂中混入的润滑油极少，所压缩的气体一般不会被润滑油污染，同时提高了冷却时的传热性能，并且可以省去油分装置。

⑤ 离心式制冷压缩机运行的自动化程度高，可以实现制冷量的自动调节，调节范围大，节能效果明显。

⑥ 离心式制冷压缩机在小流量区域与管网联合工作时，会发生喘振，需要布置防喘振控制系统或调节装置，并在运行过程中检测运行工况。

目前，在中央空调的主机中普遍采用的是螺杆式和涡旋式制冷压缩机，还有离心式制冷压缩机；一般中小型的采用螺杆式和涡旋式制冷压缩机，而中大型的采用离心式制冷压缩机。近年来，采用磁悬浮技术的离心式制冷压缩机开始在世界范围内得到广泛使用。丹佛斯的 Turbocor 磁悬浮离心式压缩机[6]便是首次采用这一技术的厂商。磁悬浮离心式压缩机的剖面图[7]见图 8-4-6。磁悬浮离心式压缩机可分为压缩部分、电机、磁悬浮轴承以及控制单元等，其中压缩部分是由两级叶轮和进口导叶组成。电机采用的是永磁电机并集成变频控制单元，可实现 $0～48000 r \cdot min^{-1}$ 的无级变转速控制。叶轮直径小，磁悬浮轴承无摩擦运转，启动转矩小，因此启动电流仅需 2A。

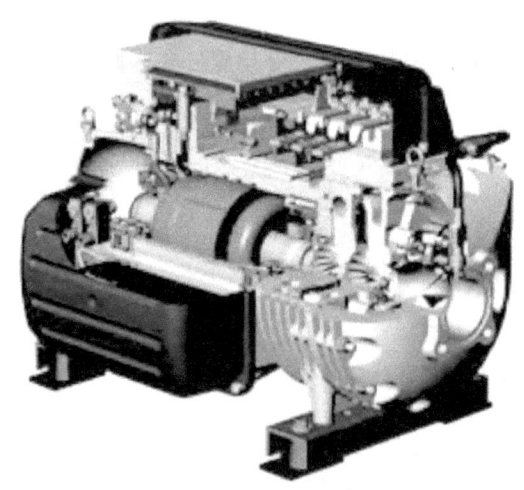

图 8-4-6　磁悬浮离心式压缩机剖面图

磁悬浮离心式压缩机中的核心是磁悬浮轴承及其控制单元，磁悬浮轴承的结构示意图见图 8-4-7。磁悬浮离心式压缩机设有 2 组径向和 1 组轴向磁悬浮轴承，在控制单元的控制下，运行过程中可始终保证主轴和轴承座之间有一定的空隙。同时，由于没有机械摩擦，压缩

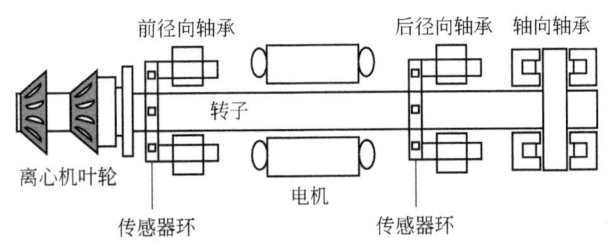

图 8-4-7 磁悬浮轴承的结构示意图

的运行噪声仅为 73dB(A)。相对于其他类型的制冷压缩机 80dB(A) 以上的运行噪声,具有明显的优势。

4.4.2 离心式制冷压缩机的性能

离心式压缩机是针对特定工质和给定的工况条件设计的,其特性曲线通常是表示在转速和进口条件不变情况下,压缩机的压力比、功率、效率等随其输气量的变化关系。将这种表示方法用于离心式制冷压缩机时,一般是将输气量用制冷量代替、将压力比用温度差 (t_k-t_0) 或 t_k(因 t_0 为定值)代替。离心式制冷压缩机的特性曲线可根据实验结果来绘制,也可根据按另一种工质的实验结果用相似理论来换算。

图 8-4-8 为离心式制冷压缩机特性曲线的典型形式,它以制冷量 Φ_0 为横坐标,表示出蒸发温度 t_0 及转速 n 为定值时,冷凝温度 t_k、功率 P 及绝热效率 η_s 的变化曲线,轴功率 P 及比轴功率 P/Φ_0 用相当于计算工况下该指标的百分数表示。

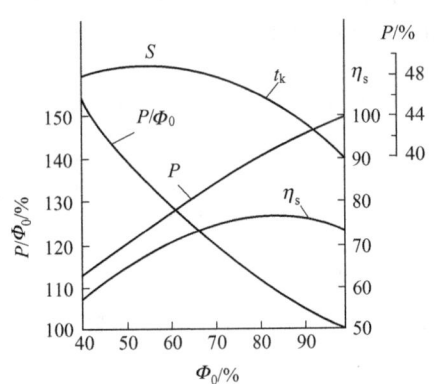

图 8-4-8 t_0 及 n 为定值时离心式制冷压缩机的特性曲线

当考虑蒸发温度变化的影响时,离心式制冷压缩机的性能曲线如图 8-4-9 所示,它表示出 t_0 为不同数值时,温差($\Delta t = t_k - t_0$)和 P 随 Φ_0 的变化关系。

离心式制冷压缩机可以在比计算输气量(制冷量)低的情况下运转,但不能低得太多,低到一程度(图 8-4-8 中的 S 点,图 8-4-9 中的虚线)时就会出现喘振。

喘振对于离心式压缩机的影响比较大。喘振发生时,压缩机周期性地发生间断的轰响声,整个机组出现强烈的振动,引起转子和密封齿的碰刮和轴向位移。冷凝压力、主电动机电流发生大幅度波动,轴承温度很快升高,严重时甚至会破坏整台机组。为此,当流量减少到接近喘振点的时候,适当增加压缩机的进口流量,可防止喘振的发生。同时可以采用两级或者三级压缩,以减少每级的负荷,或者采用高精度的进口导叶调节,以防止喘振的发生。

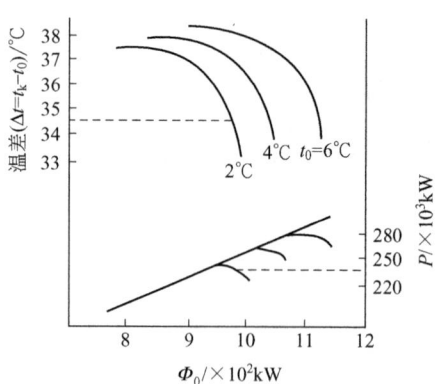

图 8-4-9 离心式制冷压缩机的性能曲线

参考文献

[1] 郁永章. 往复活塞压缩机. 修订本. 西安: 西安交通大学出版社, 2009.
[2] GB/T 10079—2001 活塞式单级制冷压缩机. 北京: 中国标准出版社, 2001.
[3] 曲宏伟, 李建风, 邢子文. 制冷与空调, 2013, 13 (9): 88-92.
[4] GB/T 19410—2008 螺杆式制冷压缩机. 北京: 中国标准出版社, 2008.
[5] 邢子文. 螺杆压缩机: 理论、设计及应用. 北京: 机械工业出版社, 2000: 311.
[6] 吴煜文. 暖通空调, 2014, (E12): 6-9.
[7] 沈珂, 刘红绍. 制冷与空调, 2014, 14 (6): 108-111.

5 蒸气压缩式制冷机的设备和工艺流程

5.1 蒸气压缩式制冷机的传热设备[1]

在各种型式的蒸气制冷机中，除去起主导作用的压缩机之外，还包括一些换热器。有些换热器是完成制冷循环所必需的，例如冷凝器、蒸发器和复叠式制冷机的冷凝蒸发器等，有些则是为了改善制冷机的工作条件或提高制冷循环的经济性而采用的，如过冷器、回热器和两级压缩制冷机的中间冷却器等。关于各种换热器的结构、传热方式和设计计算方法在第7篇中已有详细的论述，这里仅结合结构和传热过程的特点对制冷换热器作些介绍。

5.1.1 冷凝器和过冷器

冷凝器的作用主要是将压缩机排出的高温高压状态下的气态制冷剂予以冷却并液化，满足制冷剂在系统循环使用中的要求。根据冷却方式的不同，冷凝器可分为四类：水冷式、风冷式、水-空气冷却（蒸发式和淋水式）以及靠制冷剂或其他工艺介质冷却的冷凝器。目前水冷式、风冷式、蒸发式冷凝器在制冷装置中，使用比较普遍。

水冷式冷凝器中应用最广泛的是卧式壳管式冷凝器，制冷剂蒸气在传热管外表面上冷凝，而冷却水在管内流动。它的特点是结构紧凑、操作维护方便、传热效果较好；缺点是冷却水流阻较大，且清洗比较困难。这种冷凝器可用于各种制冷剂。氨冷凝器用无缝钢管，当水流速为 $1\sim 2 m\cdot s^{-1}$ 时，传热系数为 $850\sim 950 W\cdot m^{-2}\cdot K^{-1}$；卤代烃冷凝器一般采用由铜管轧制的低翅片管，当水流速为 $2.5\sim 3 m\cdot s^{-1}$ 时，传热系数也可达上述数值。氨制冷机还广泛使用立式壳管式冷凝器，它直立安装，没有封头，水在管内自上向下呈膜层一次流过。这种冷凝器的特点是可以露天安装（因而节省厂房面积）、清洗比较方便、冷却水所需压头较低；但传热效果较卧式冷凝器差。套管式冷凝器也是水冷式的一种，水在内管中流动，制冷剂蒸气在管间冷凝。它的传热效果尚好，但占地面积较大，故仅适用于小型制冷机。制冷机的过冷器大都采用套管式。小型卤代烃制冷机中还经常使用板式冷凝器，在相同的换热负荷情况下，板式冷凝器与壳管式冷凝器相比，体积小、质量小、传热效率高、可靠性好，所需的制冷剂充注量也大大节省。以水为例，在相同负荷和水流速的条件下，板式冷凝器的传热系数可达 $2000\sim 4650 W\cdot m^{-2}\cdot K^{-1}$，是壳管式冷凝器的 $2\sim 5$ 倍。但是内容积小、难以清洗、内部渗漏不易修复。

风冷式冷凝器主要用于中小型卤代烃制冷机，一般均做成蛇形管式，卤代烃蒸气在管内冷凝，空气在风机的作用下横向在管外流过。一般在管外套装翅片，以增强空气侧传热。风冷式冷凝器使用很方便，无需设冷却水设备；但传热系数较低，按全部外表面（包括翅片表面）计的传热系数为 $25\sim 55 W\cdot m^{-2}\cdot K^{-1}$。

蒸发式冷凝器也是做成蛇管形，制冷剂在管内冷凝，管外同时用水和空气来冷却。蒸发式冷凝器结构示意图见图 8-5-1，冷却水用水泵输送到管排的上方，经喷嘴喷洒，在管子表面呈膜层向下流动，依靠水的蒸发使管内制冷剂蒸气冷凝；空气在风机的作用下经管排向上流动，将蒸发的水汽带走，同时起一定的冷却作用。这种冷凝器耗水量很少，适用于缺水地区。

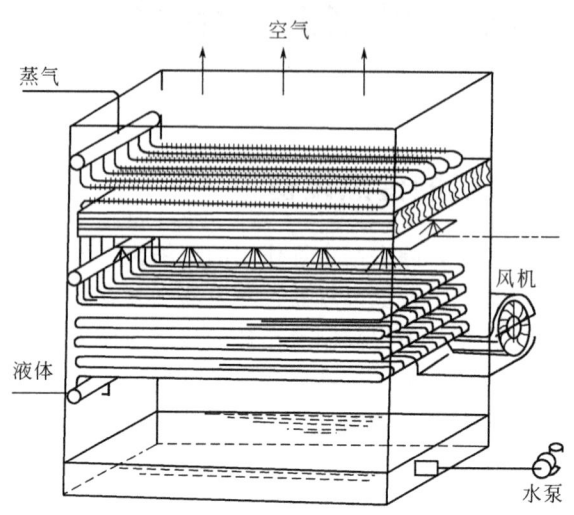

图 8-5-1　蒸发式冷凝器结构示意图

5.1.2　蒸发器和冷凝蒸发器

蒸发器的作用是通过制冷剂蒸发（沸腾），吸收载冷剂的热量，从而达到制冷目的。蒸发器的形式很多，根据供液方式的不同，蒸发器可分为以下四种：

(1) 满液式蒸发器　在这类蒸发器中，壳体和管子间充满液态制冷剂，可使传热面与液态制冷剂充分接触，因此沸腾换热系数较高；但是这种蒸发器需充入大量制冷剂，而且若采用能溶于润滑油的制冷剂，则润滑油难以返回压缩机。

(2) 干式蒸发器　液态制冷剂经节流装置进入蒸发器管内，随着在管内流动，不断吸收管外载冷剂的热量，逐渐汽化，故蒸发器内制冷剂处于气液共存状态；这种蒸发器虽克服了满液式蒸发器的缺点，但是有较多的传热面与气态制冷剂接触，故传热效果不如满液式蒸发器。

(3) 循环式蒸发器　这种蒸发器是通过重力供液或液泵强制循环，循环量约为制冷剂蒸发量的几倍，因此，与满液式蒸发器相似，沸腾换热系数较高，而且，润滑油不易在蒸发器内积存；但是这种蒸发器的设备费用较高。

(4) 淋激式蒸发器　这种蒸发器是借助液泵将液态制冷剂喷淋在传热面上，进行沸腾换热，这样不但可以减少制冷剂充注量，更重要的是可以消除制冷剂静液高度对蒸发温度的影响；由于其设备费用颇高，故适用于蒸发温度很低或蒸发压力很低的制冷装置。

蒸发器按被冷却介质的特性又可分为冷却液体载冷剂的蒸发器和冷却空气的蒸发器两类。

壳管式蒸发器是冷却液体载冷剂的一种，其结构同卧式冷凝器相似，制冷剂液体在管间蒸发，水或盐水在管内往返流动。它的传热系数较低，氨蒸发器为 $450 \sim 700 \mathrm{W \cdot m^{-2} \cdot K^{-1}}$。这种蒸发器有如下缺点：①制冷剂的充注量大；②壳体直径大时因液柱静压力的影响，使下部的蒸发温度提高；③对于卤代烃蒸发器，润滑油难以排出。这种蒸发器用于氨制冷机尚可，用于卤代烃制冷机则很不适宜。因此，对于卤代烃制冷机多采用如图 8-5-2 所示的用光管的干式蒸发器，卤代烃在管内蒸发，被冷却液体在管外呈纵横向流动。干式蒸发器克服了壳管式蒸发器的缺点，传热系数也大有提高。对于冷水机组用的 R22 蒸发器，当用小口径光管时，传热系数可达 $1000\sim1150\mathrm{W\cdot m^{-2}\cdot K^{-1}}$；当用铝芯内翅片 U 形管时，传热系数可达 $1150\sim1400\mathrm{W\cdot m^{-2}\cdot K^{-1}}$。除此之外，冷却液体载冷剂的蒸发器还有立管式、螺旋管式、蛇形管式及板式等；其中板式蒸发器从结构型式和特点上与上述板式冷凝器相似，而蛇形管式可用于卤代烃制冷机，上部进液，下部回气。

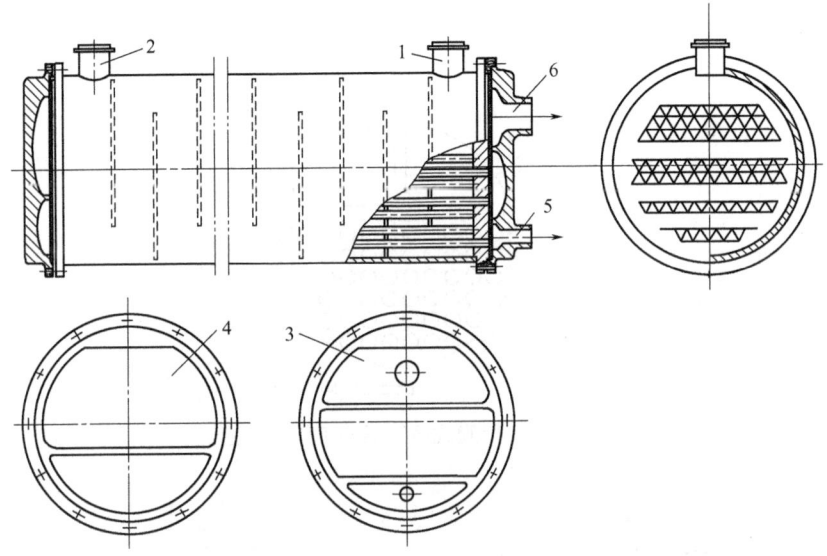

图 8-5-2　用光管的干式蒸发器

1—冷水进口；2—冷水出口；3—前盖；4—后盖；5—卤代烃进口；6—卤代烃出口

　　冷却空气的蒸发器照例是管内蒸发，管外空气有强制流动和自由流动两种；而且为了强化传热，管外一般有翅片。空气强制对流的蒸发器一般做成立方体形的蛇形管组，并与风机组装在一起，常称为冷风机。空气自由对流的蒸发器常称为冷却排管，有直管式、蛇管式、壁装式、顶装式、搁架式等多种型式。

　　冷凝蒸发器仅用于复叠式制冷机，可以做成壳管式、壳盘管式或壳蛇管式，中温制冷剂在管内蒸发，低温制冷剂在管外冷凝。

　　另外，近年来其他一些蒸发器的发展也较为迅速。如：热虹吸式蒸发器和降膜式蒸发器。

　　① 热虹吸式蒸发器的外形如图 8-5-3 所示，其采用热虹吸原理设计，热虹吸实际是一种热循环运动，它利用流体的高度差和密度差作为流体循环的动力。热虹吸式蒸发器属于重力供液制冷系统的辅助设备，它不受制冷工质限制，可用于 R717 和 R404A 等工业制冷系统，具有传热效率高、结构紧凑、质量小、安装方便等优点。

　　② 降膜式蒸发器的工作原理如图 8-5-4 所示，其换热主要是通过液膜在蒸发管道外表面汽化来实现的，由于液膜的厚度比管道的直径小，传热过程中的热边界层较薄；同时工质是在重力的作用下向下流动的。它已经在海水淡化、化工、制药、乳制品等行业取得了广泛的应用。

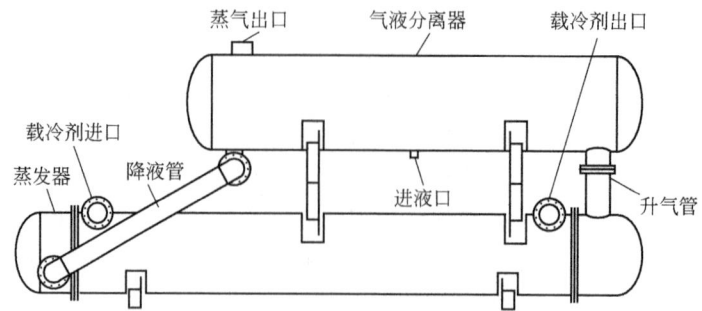

图 8-5-3 热虹吸式蒸发器外形图

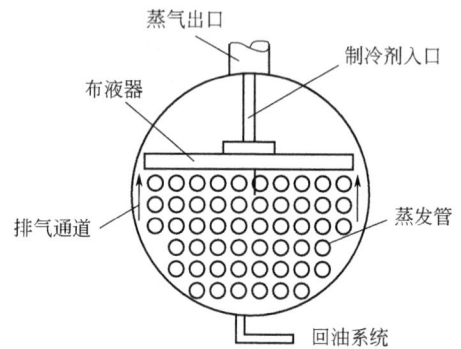

图 8-5-4 降膜式蒸发器的工作原理图

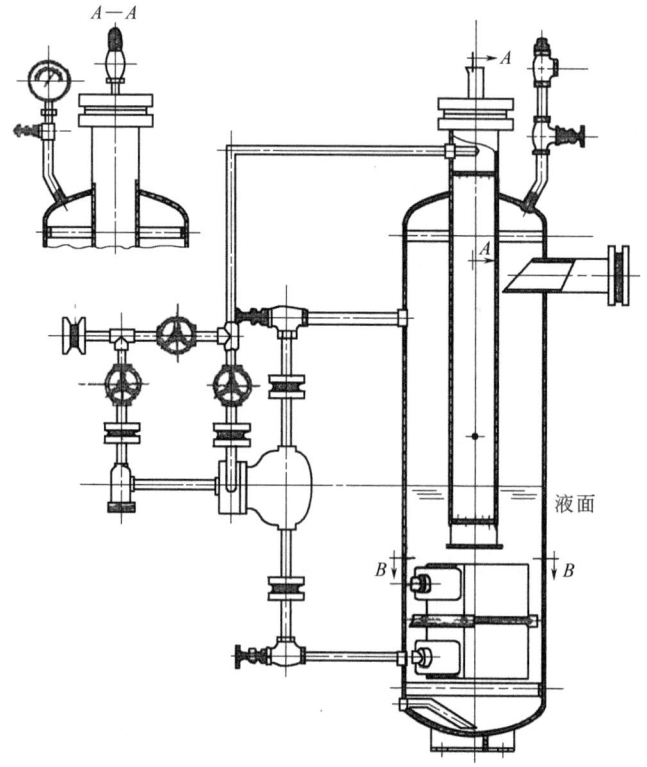

图 8-5-5 氨用中间冷却器

5.1.3 中间冷却器和回热器

一级节流中间完全冷却两级压缩制冷机所用的中间冷却器，需同时对低压级的排气和高压液体起冷却作用，对低压级排气的冷却一般采用直接接触传热方式。图 8-5-5 示出氨用中间冷却器的一例，在其中保持一定高度的氨液（经浮球调节阀供入），低压级的排气经顶部管子直接通入氨液中，被冷却后经侧面的管子去高压压缩机。用来冷却高压氨液的盘管设在中间冷却器的底部，沉浸在氨液中。

卤代烃制冷机用的中间冷却器及气液回热器多做成螺旋管式，即将一个由一层或两层螺旋管组成的管芯装入一个圆筒中而构成。被冷却的高压液体在管内流动，而管外是在中间压力下蒸发的制冷剂液体（指中间冷却器）或低压蒸气（指回热器）。

多级压缩离心式制冷机一般采用分级节流循环，常将中间冷却器与节流机构做成一体，并称为省功器。

近些年，一种新型换热器——微通道换热器经常被用在制冷设备中，作为冷凝器、蒸发器、过冷器、回热器等，其详细介绍参见第 7 篇。

5.2 蒸气压缩式制冷机的节流机构[1]

5.2.1 节流机构的功用及种类

蒸气压缩式制冷机的节流机构，除实现制冷剂液体的膨胀过程外，还对蒸发器（及中间冷却器）的供液量起控制作用，既要使蒸发器的全部传热面都能发挥作用（故不能缺液），又要防止制冷剂液体进入压缩机而引起液击（故不能满液）。

节流机构按其调节方式可分为四类：

(1) 手动调节的节流机构 即手动节流阀，可单独使用，也可同其他控制器件配合使用。

(2) 用液位调节的节流机构 常用的有浮球调节阀，它可单独使用，也可用作感应元件与其他执行元件配合使用。

(3) 用蒸气过热度调节的节流机构 有热力膨胀阀和电子膨胀阀等。

(4) 不调节的节流机构 有恒压膨胀阀、节流管（毛细管）、节流短管、节流孔等。

下面仅介绍除手动节流阀之外的、最普遍应用的三种节流机构。

5.2.2 浮球调节阀

浮球调节阀（浮球阀）现在主要用于氨制冷装置中，安装在蒸发器或中间冷却器的供液管道上。浮球阀按制冷剂液体在其中的流动方式可分为直通式和非直通式两种，浮球阀的结构示意及管路系统图见图 8-5-6。随着蒸发器负荷的变化，浮球阀壳体内的液面就会涨落，从而通过浮球的沉浮改变阀门的开度，以调节供入液量的大小。非直通式浮球阀的结构较直通式稍显复杂，但工作比较稳定（不受进入液气流的冲击），且可供液到蒸发器或中间冷却器的任意部位［图 8-5-6(c) 中的虚线］，故应用较为广泛。针阀式浮球阀结构示意图见图 8-5-7，该浮球阀的调节阀门采用针阀，它适用于容量较小的浮球阀。对于容量较大的浮球阀一般采用滑阀，可以减小浮球机构的受力，从而减小浮球阀的尺寸。

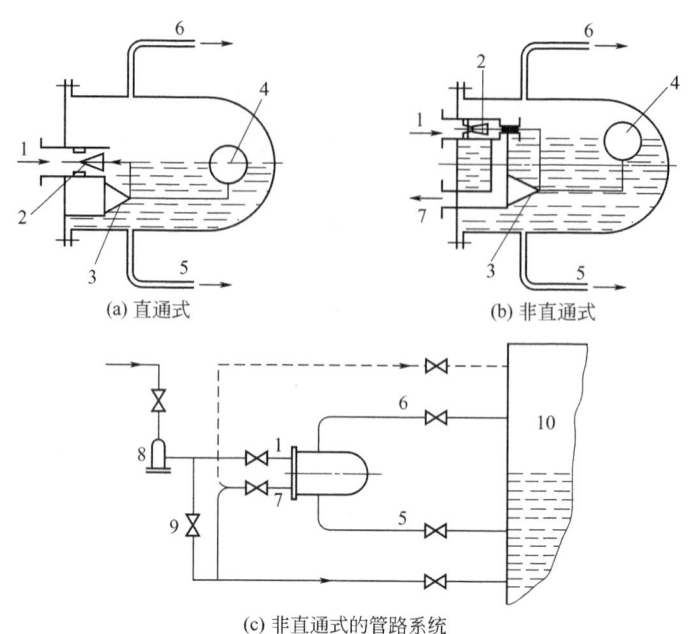

图 8-5-6 浮球阀的结构示意及管路系统图

1—液体进口；2—针阀；3—支点；4—浮球；5—液体连接管；6—气体连接管；
7—液体出口；8—过滤器；9—手动节流阀；10—蒸发器或中间冷却器

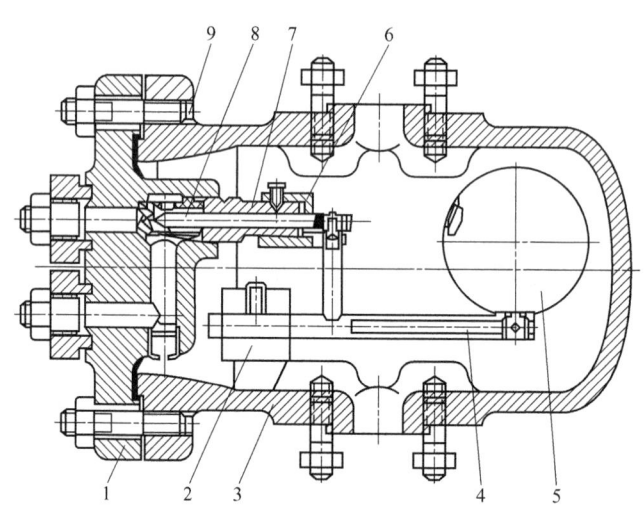

图 8-5-7 针阀式浮球阀结构示意图

1—端盖；2—平衡块；3—壳体；4—浮球杆；5—浮球；6—帽盖；7—接管；8—针阀；9—阀套

5.2.3 热力膨胀阀

热力膨胀阀也称感温调节阀，是目前卤代烃制冷机中应用最广的一种节流机构。热力膨胀阀是利用制冷剂蒸气的过热度来调节阀孔的开度以改变供液量的，故适用于没有自由液面的蒸发器，如干式蒸发器、蛇管式蒸发器、螺旋管式中间冷却器等。

内平衡式热力膨胀阀的工作原理图见图 8-5-8。它是由感应机构（感温包、毛细管等）、

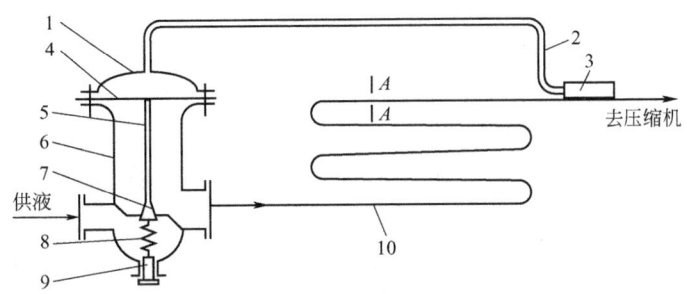

图 8-5-8 内平衡式热力膨胀阀工作原理图
1—阀盖；2—毛细管；3—感温包；4—膜片；5—推杆；
6—阀体；7—阀芯；8—弹簧；9—调整杆；10—蒸发器

执行机构（膜片、推杆、阀芯等）和调整机构（调整杆、弹簧等）组成。在感温机构中充有感温工质，利用它的压力通过膜片和推杆将阀打开。膨胀阀接在蒸发器的进口管上，感温包则敷在蒸发器的出口管上。蒸发器内的制冷剂液体，在达到蒸发器出口之前，例如在 $A—A$ 截面处，就已全部汽化，因而到达出口时已成为过热蒸气。感温包内感温工质的温度可以认为与蒸发器出口制冷剂蒸气的温度相同，因而具有一定的压力，足以将阀门打开，并保持一定的开度。因蒸发器热负荷增大而供液量显得不足时，$A—A$ 截面后移（远离出口截面），蒸发器出口蒸气过热度增大，因而感温工质的压力上升，于是阀孔开度增大，供液量增加。反之，因蒸发器的热负荷减小而供液量显得超余时，则所起作用相反，于是阀孔开度减小，供液量减少。内平衡式热力膨胀阀的结构图见图 8-5-9。

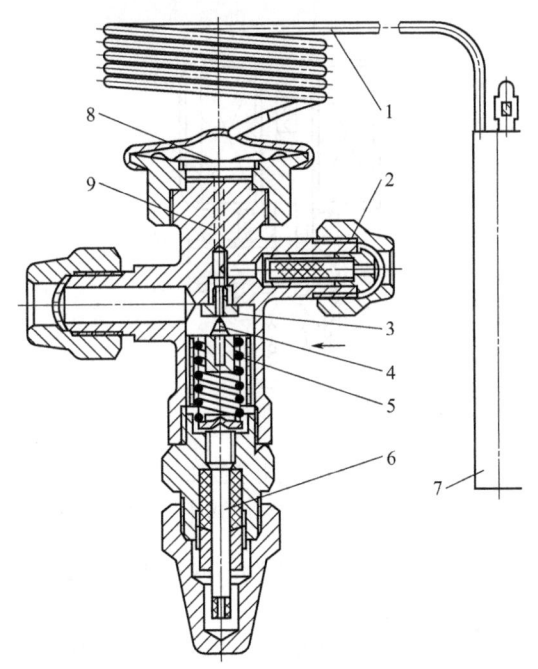

图 8-5-9 内平衡式热力膨胀阀的结构图
1—毛细管；2—阀体；3—阀座；4—阀芯；5—弹簧；6—调整杆；7—感温包；8—膜片；9—推杆

上述内平衡式热力膨胀阀适于做成小型，并用于小型蒸发器，因为膜片下方作用的是蒸发器进口压力,所保持的过热度为出口温度与进口饱和温度之差。对于蛇管较长的大型蒸发器,则使用外平衡式热力膨胀阀,它在膜片下做一个空腔,并用一平衡管与蒸发器的出口连通;这样膜片下方作用的是蒸发器出口处的压力,从而消除了蒸发器的压力降对膨胀阀性能的影响。

热力膨胀阀的感温工质有三种充注方式:第一种是相同工质充注方式,即感温工质与制冷剂相同;第二种是不同工质充注方式,如 R12 膨胀阀用氯甲烷作为感温工质;第三种是气体吸附充注方式,一般是充 CO_2 气体并用活性炭吸附。第一种方式使用较早,第三种方式的应用日见增多。采用不同方式时,温度调节特性是不同的。

5.2.4 电子膨胀阀

热力膨胀阀具有明显的不足之处:信号的反馈有较大的滞后;控制精度较低;调节范围有限。而电子膨胀阀的使用,克服了热力膨胀阀的上述缺点,并为制冷装置的智能化提供了条件。电子膨胀阀利用被调节参数产生的电信号,控制施加于膨胀阀上的电压或电流,进而控制阀针的运动,达到调节的目的。

电子膨胀阀可分为电磁式、电动式和电热式三大类,人们对电子膨胀阀的研究和开发主要针对的是电磁式电子膨胀阀和电动式电子膨胀阀。

(1) 电磁式电子膨胀阀 这种膨胀阀的结构如图 8-5-10 所示。被调参数先转换成电压,施加在膨胀阀的电磁线圈上。电磁线圈通电前,针阀处于全开位置。通电后,受磁力的作用,阀针的开度减小。开度减小的程度取决于施加在线圈上的控制电压。电压越高,开度越小,流经膨胀阀的制冷剂流量也越小。该阀结构简单,动作响应快,但在制冷系统工作时一直需要供电。

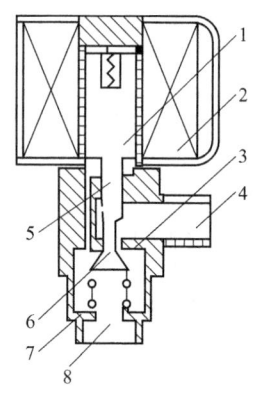

图 8-5-10 电磁式电子膨胀阀的结构图

1—柱塞;2—线圈;3—阀座;4—入口;5—阀杆;6—阀针;7—弹簧;8—出口

(2) 电动式电子膨胀阀 电动式电子膨胀阀的阀针由电动机驱动。这种阀广泛使用脉冲电动机驱动阀针。

直动型电动式电子膨胀阀的结构如图 8-5-11 所示,它用脉冲电动机直接驱动阀针。当控制电路产生的脉冲电压作用到电动机定子上时,永久磁铁制成的电动机转子转动,通过螺纹的作用,使转子的旋转运动转变为阀针的上下运动,从而调节阀针的开度,进而调节制冷剂的流量。

直动型电动式电子膨胀阀中,驱动阀针的力矩直接来自定子线圈的磁力矩。由于电动机

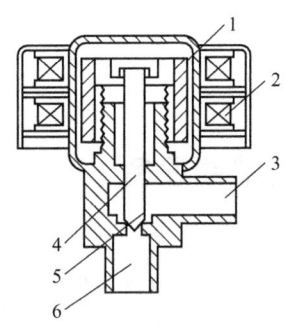

图 8-5-11 直动型电动式电子膨胀阀的结构图
1—转子；2—线圈；3—入口；4—阀杆；5—阀针；6—出口

尺寸所限，所以这个力矩是较小的。为了获得较大的力矩，开发了减速型电动式电子膨胀阀。

减速型电动式电子膨胀阀内装有减速齿轮组。脉冲电动机通过减速齿轮组将其磁力矩传递给阀针。减速齿轮组起放大磁力矩的作用，因而配有减速齿轮组的脉冲电动机可以方便与不同规格的阀体匹配，以满足不同流量调节范围之需。

(3) 电热式电子膨胀阀 电热式电子膨胀阀的感温元件是电阻系数为负值的热敏电阻，它与膨胀阀内的双金属片串联。当安装在蒸发器出口处的热敏电阻温度升高时，串联电路的电阻下降，电流增大，双金属片变形加剧，阀孔开度增大，制冷剂流量增大，蒸发器出口处温度降低。这种膨胀阀结构简单，使用方便，但它测得的温度是蒸发器出口温度，而非过热度，因而只适合在蒸发压力变化比较小时使用。电热式电子膨胀阀的结构见图 8-5-12。

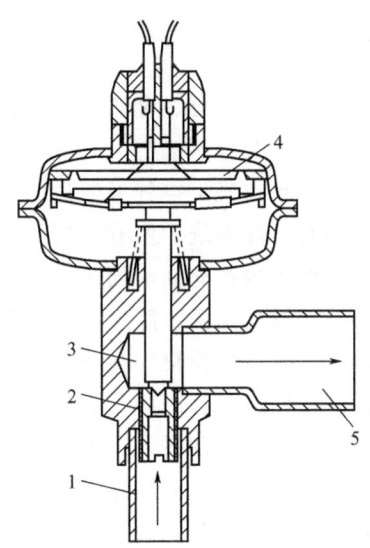

图 8-5-12 电热式电子膨胀阀的结构图
1—双金属片；2—电源；3—热敏电阻；4—回气；5—出液

制冷系统同时使用变频压缩机及电子膨胀阀时，因变频压缩机的运转受到主计算机指令的控制，电子膨胀阀的开度也随之受该指令的控制。一般而言，阀的开度与变频的频率成一定的比例，但由于制冷系统的蒸发器和冷凝器已定，其传热面积为定值，使阀的开度不应完全与频率成固定的比例。实验表明，在不同频率下存在一个能效比最佳的流量，因而在膨胀阀开度的控制指令中，应包含压缩机频率和蒸发温度等因素。

5.3 蒸气压缩式制冷机的辅助设备[1]

在压缩式制冷机的系统中还包括一些辅助设备，尤其是氨制冷机，其所需的辅助设备较多。辅助设备虽不是完成制冷循环所必需的设备，但对保证制冷机正常、安全运转却起重要作用。对于小型制冷机，为了简化设备，往往将一些辅助设备省去。

5.3.1 制冷剂的储存和分离设备

这类设备包括储液器和气液分离器。

储液器分为高压和低压两种，结构相似，均为圆筒形。高压储液器接在冷凝器之后，用来储存高压液体，以适应制冷负荷变化时制冷剂供液量的变化，并减少每年向系统内补充制冷剂的次数。高压储液器的容量应能保证制冷机系统 20～30min 的供液量。低压储液器，也称气液分离器，用以储存从低压回气中分离出的液体制冷剂，或在蒸发器融霜时供排液之用，或用于氨泵供液系统中。

中型及大型氨制冷装置气液分离器，一般起两种作用：一是用来分离蒸发器回气中的液体，以保证吸入的是干饱和蒸气；二是令节流后的气液混合物分离，并将氨液分配向各组蒸发器。气液分离器可做成立式或卧式圆筒形；有的立式气液分离器甚至同低压储液器做成一体，分离出的氨液直接落入低压储液器中。

5.3.2 制冷剂的净化设备

制冷剂中混入的杂质有不凝性气体、水分、金属屑、氧化皮等固体杂质，故需在系统中装设相应的净化设备。

制冷机系统中的不凝性气体主要是空气。空气可通过四个途径进入系统：①安装或经大修后第一次充注制冷剂前抽空不彻底，在系统中留有空气；②压缩机小修后曲轴箱未完全抽空；③向系统内补充制冷剂或向压缩机内补充润滑油时，接管中的空气未排除干净；④当蒸发压力低于大气压力时空气会从不严密处漏入。除此之外，制冷剂和润滑油在高温下分解也会产生不凝性气体。制冷机运转时不凝性气体集中在冷凝器中，将引起冷凝压力和排气温度升高，制冷量减小，功耗增大，经济性降低，因此，需设法将不凝性气体排出。

不凝性气体是从冷凝器及高压储液器上部排放，并通过空气分离器回收其中的制冷剂。空气分离器有多种结构型式，螺旋管式空气分离器见图 8-5-13，它是令制冷剂液体在螺旋管内蒸发，回气接入压缩机吸气管；混合气体在壳内被冷却，其中的制冷剂凝为液体，返回储液器或调节站，而不凝性气体从上部排出。

制冷剂产品本身含有一定的水分，进入系统中的空气也带有水分，故制冷机系统中必然会有水分，常用吸附器予以清除。吸附器为一小型容器，装在节流机构之前，内装硅胶或分子筛用以吸附水分。

制冷剂中的机械杂质用滤网式过滤器清除。液体过滤器装在节流机构之前，气体过滤器装在压缩机吸入管路之上。

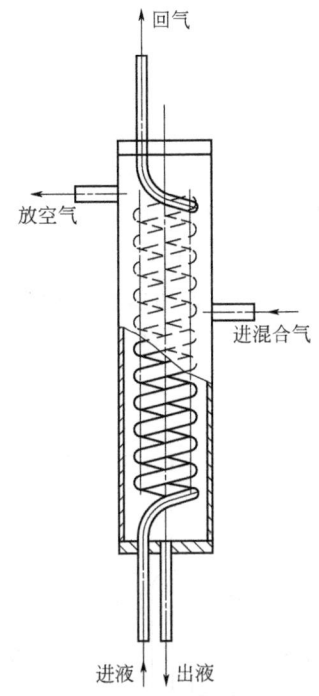

图 8-5-13 螺旋管式空气分离器

5.3.3 润滑油的分离及收集设备

除离心式外，其他制冷压缩机一般都需在排气管路中接入油分离器，以分离排气中挟带的润滑油。油分离器有多种结构型式，图 8-5-14 为常用的两种油分离器。洗涤式油分离器

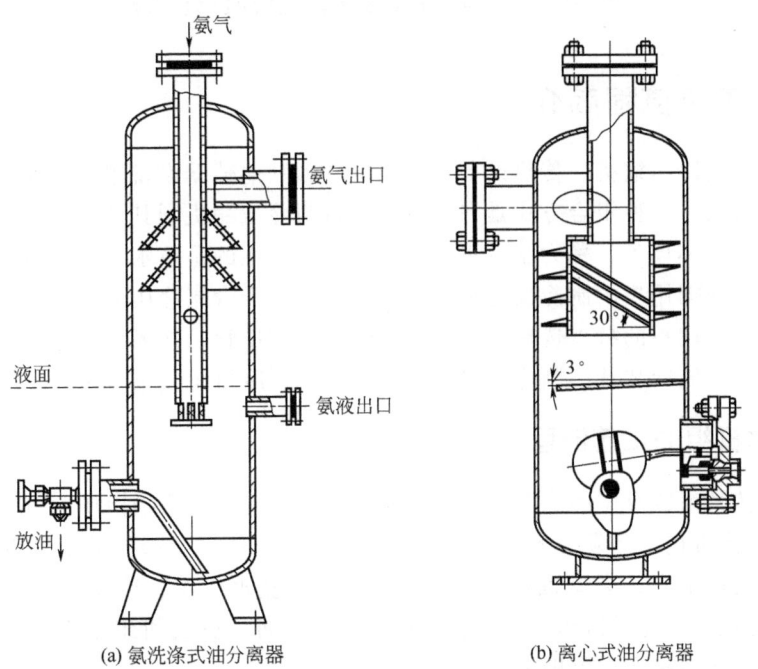

(a) 氨洗涤式油分离器　　(b) 离心式油分离器

图 8-5-14 油分离器结构图

用于氨制冷机中,它是利用减速、改变流向及氨液的洗涤和冷却等作用使油气分离;离心式油分离器用于大型压缩机中,它是利用减速和螺旋形流动的离心力来分离油滴。有的油分离器还带有回油机构,使其中集存的润滑油自动流回到压缩机中。

常用的油分离器的分离效率约达90%,不可能将压缩机排气中的润滑油全部分离出来,故不可避免有一部分被带入制冷机系统中。对于卤代烃制冷机,一般是采用可以回油的蒸发器,利用低压蒸气的流动将润滑油带回压缩机中。对于氨系统,润滑油进入后不但会影响冷凝器和蒸发器的传热,还会在蒸发器中集蓄起来,使蒸发器传热面的利用率降低,故需定期从系统内放油。氨制冷机系统一般是通过集油器进行放油操作,并回收润滑油中溶解的氨气。集油器为一圆筒形容器,用来集存系统中各个设备放出的润滑油。氨用油分离器及集油器的油路系统图如图8-5-15所示。

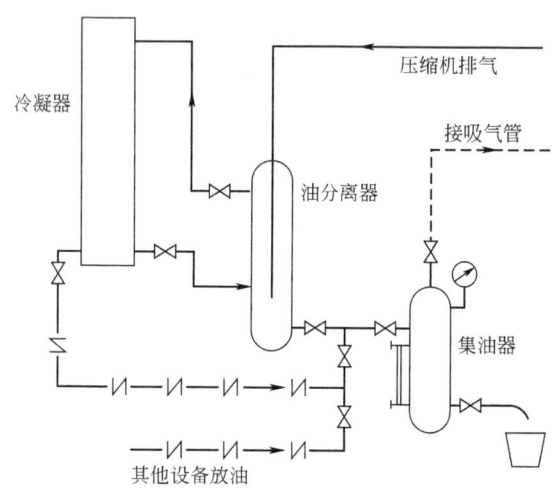

图 8-5-15　氨用油分离器及集油器的油路系统图

5.4　制冷工艺流程简介[2]

制冷机是由制冷压缩机、传热设备、节流机构和其他辅助设备组合而成的整体设备。一般有两种组合方式。一种组合方式是在制造厂内将制冷压缩机同其他设备组装在一个公共底座上,作为一个整体设备,称为制冷机组,其中最常使用的是冷水机组。另一种组合方式是由工程设计单位根据用户的制冷温度和冷量负荷选择若干台制冷压缩机、冷凝器、储液器和辅助设备,并结合用户的特点选择若干台蒸发器或冷却排管、冷风机,通过工程安装组合成完整的装置,称为制冷装置。制冷装置的工艺流程比制冷机组复杂得多。

5.4.1　冷水机组的工艺流程

制冷机组按其组成有压缩冷凝机组和单元机组。单元机组是指由压缩机、冷凝器(或再加储液器)、节流机构、蒸发器各一件(有的设备也可两件)及必要的辅助设备等组成的机组。这类机组用途很广,类型也很多,有冷水机组、盐水机组、冷库机组和空气调节机组(包括恒温恒湿机组、冷风机组、空气去湿机组)等多种。这类机组本身是一个完整的制冷系统,整体安装之后接通水电即可使用。

冷水机组是应用最广泛的一种制冷机组,可以提供5~12℃的冷水,供空气调节及生产工艺过程使用。按冷凝器冷却方式的不同，冷水机组有空冷及水冷两种。空冷冷水机组采用分体式结构，将冷凝器装在室外，其余设备组成一体，置于室内。水冷冷水机组则采用整体结构。大型冷水机组采用离心式压缩机，用 R134a 作为制冷剂，且一般用满液式或降膜式蒸发器（因离心式压缩机没有润滑油的影响）；中小型冷水机组一般用涡旋式压缩机，用 R410A 作为制冷剂，且一般用干式蒸发器。

5.4.2 冷库用氨制冷工艺流程

图 8-5-16 为一个 3000t 食品冷库的机房制冷工艺流程图。该冷库系一单层建筑物，只设有冻结间和冻品冷藏间，同时还有一台容量不是很大的快速制冷机。用氨作为制冷剂，冷库设计有 -20℃、-30℃ 和 -40℃ 三种蒸发温度，故制冷工艺流程实际上是由 4 个独立的制冷系统（包括制冰用系统）组成，不过其高压部分（包括冷凝器、高压储液器及高压供液管）则是全部融汇在一起。

冷库的冻结间在食品冷加工过程的初期，因库温较高，先用两台滚动转子式压缩机供给冷量，其蒸发温度可低达 -20℃；待库温降到 -10℃ 之后，再换用单机双级活塞式压缩机，其蒸发温度可达 -40℃，使食品进一步降温。冻品冷藏间是用一台滚动转子式压缩机供给冷量，其蒸发温度保持在 -30℃；而其余一台滚动转子式压缩机则是专供快速制冰机使用，其蒸发温度一般在 -15~-10℃。

图 8-5-16 所示的双级压缩机的低压及高压部分各带一个油分离器。低压级的排气经油分离器后进入中间冷却器的氨液中洗涤冷却，然后进入高压汽缸中被继续压缩。中间冷却器用浮球调节阀供液，氨液中沉浸有盘管，用来冷却高压氨液。在中间冷却器的中部做有一个外套，起空气分离器的作用。由高压储液器引来的混合气体进入外套中，因受冷却，其中的氨气冷凝成液体，便与空气分离开来，氨液回流入高压储液器（图中未画出），而空气就地排空。流程的其他部分由图 8-5-16 可一目了然。

图 8-5-16 仅示出冷库机房部分的制冷工艺流程，没有包括库房用冷设备的供液系统（图中也未示出压缩机的润滑油系统）。现代大型冷库的库房用冷设备大多采用径流式泵供液系统，如图 8-5-17 所示。高压制冷剂液体经节流阀降压后进入循环储液器中，进入的液体量由主阀的开关来调节，而主阀的开和关则是由循环储液器的液位指示器通过电磁阀来控制。循环储液器中的低压液体由泵的进液管流入泵中，而且在进液管上装有抽气管，在启动时用来抽除泵中所产生的制冷剂蒸气。泵供出的制冷剂液体经分调节站分配给库房的蒸发器。由蒸发器返回的蒸气中一般带有较多量的液体，故先进入气液分离器中进行分离，分离出的液体直接落入循环储液器中。压缩机的吸气管系统在气液分离器的顶部。库房内的蒸发器融霜时，其中的制冷剂液体也排入循环储液器中，故循环储液器兼具排液器的作用。

5.4.3 石油化工用制冷工艺流程

石油化工使用的制冷装置，因容量较大，多采用离心式压缩机；所用工质也是尽可能同石油化工产品或原料相结合，多使用碳氢化合物作为制冷剂。除此之外，制冷工艺流程还往往同生产工艺流程联系在一起，有制冷工质的输入和输出，故显得比较复杂。

图 8-5-18 所示从重油裂解气中生产聚乙烯和聚丙烯用的复叠式制冷装置简化制冷工艺流程图（略去了一些设备），它是用乙烯和丙烯作为制冷剂，而且与生产工艺流程密切联系。装置的高温部分（丙烯系统）是按多级压缩四级节流循环工作。压缩机的排气分为两路：一

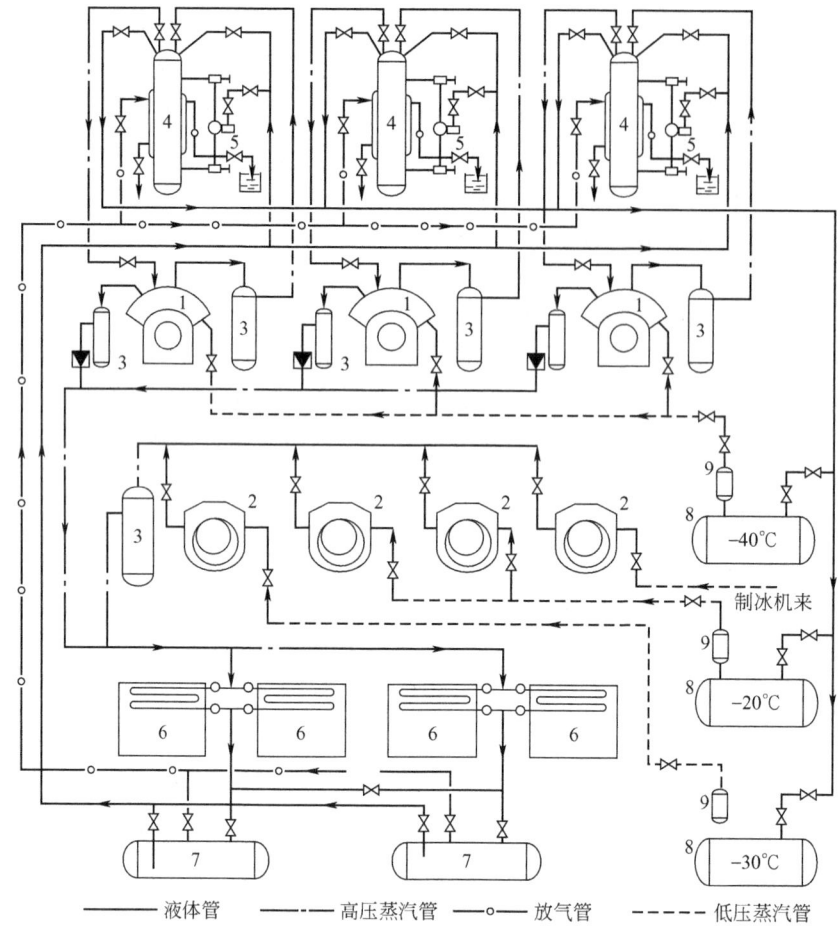

图 8-5-16 3000t 食品冷库机房制冷工艺流程图

1—单机双级活塞式压缩机；2—滚动转子式压缩机；3—油分离器；4—中间冷却器；
5—浮球调节阀；6—蒸发式冷凝器；7—高压储液器；8—循环储液器；9—气液分离器

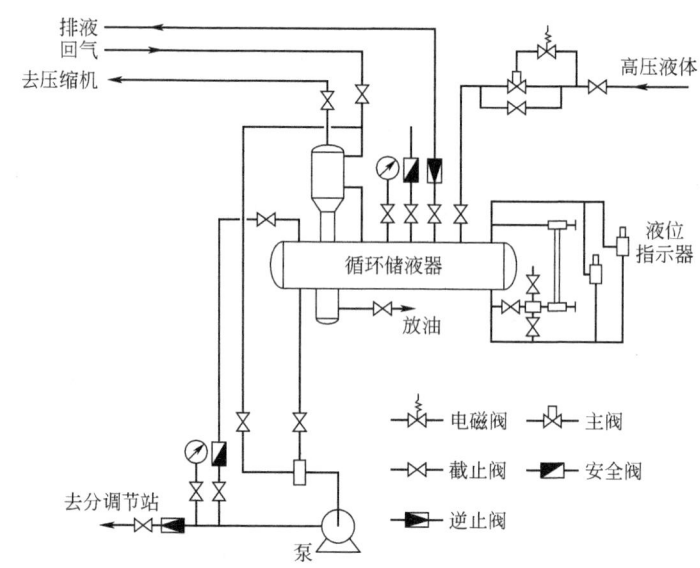

图 8-5-17 径流式泵供液系统图

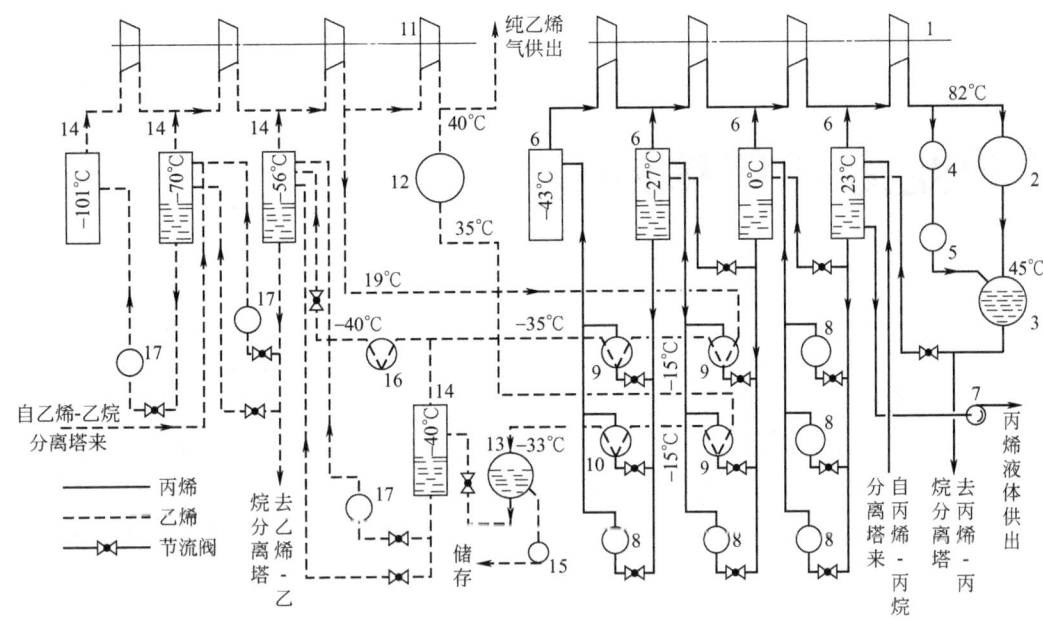

图 8-5-18　生产聚乙烯和聚丙烯用的复叠式制冷装置简化制冷工艺流程图

丙烯系统：1—离心式压缩机；2—冷凝器；3—高压储液器；4—水冷却器；5—丙烯-丙烷分离塔；
6—气液分离器；7—泵；8—蒸发器（生产用冷却器）；9—蒸发器（乙烯冷却器）；
10—蒸发器（乙烯冷凝器）

乙烯系统：11—离心式压缩机；12—冷凝器（水冷）；13—高压储液器；14—气液分离器；15—泵；
16—乙烯-乙烷分离塔；17—蒸发器（生产用冷却器）

路在水冷式冷凝器 2 中冷凝为液体；一路经水冷却器 4 冷却后进入丙烯-丙烷分离塔塔釜中的热交换器以加热釜液，并在其中冷凝为液体。两路丙烯液体均汇集于高压储液器 3 中（温度为 45℃），然后一部分流入丙烯-丙烷分离塔 5 作为回流液，另一部分则经节流后进入 23℃ 的气液分离器中。节流后的丙烯液体，一部分作为半成品供出，一部分经逐级节流后在各级蒸汽器 8～10 中蒸发制冷。这些蒸发器有的是用来冷却和冷凝乙烯，有的是用于生产过程（如冷却裂解气），其蒸发温度分别为 0℃、-27℃ 和 -43℃。各级蒸发器中产生的蒸气是逐级进入压缩机的各段，而由丙烯-丙烷分离塔塔顶来的丙烯则是作为原料气补充入压缩机的第四段。装置的低温部分（乙烯系统）也是按多级压缩四级节流循环工作。乙烯是依靠丙烯的蒸发来冷凝，冷凝温度为 -33℃；而乙烯在蒸发器 17 中的蒸发（温度为 -101℃）则是用来冷凝裂解气以除去其中的甲烷和氢，乙烯系统的工作原理与丙烯系统是相仿的，其不同之点是原料气供入压缩机的第二段以及作为半成品供出的是气态乙烯。

参考文献

[1] 吴业正．制冷原理及设备．第 3 版．西安：西安交通大学出版社，2010．
[2] 彦启森，申江，石文星．制冷技术及其应用．北京：中国建筑工业出版社，2006．

6

低温制冷与气体液化

低温技术（或称深度冷冻）是指用人工制冷方法获得120K以下的低温条件。低温技术已有100多年的历史，目前已发展到比较完备的程度。此外，低温技术的发展还促进了在低温条件下某些物质的奇异特性（如超流动性、超导电性）的探索和研究，为研究低温生物学和低温医疗技术开辟了道路，并为空间技术的发展提供了条件和保证。低温技术在化学工业中也得到了广泛应用，如石油化学工业中天然气的液化、裂解气的分离，合成氨工业中焦炉气分离、空气分离、液体氮洗涤净化等。本章内容仅涉及低温制冷方法和气体液化的问题。

6.1 低温工质的性质

6.1.1 低温工质的种类及热力学性质

在低温技术中用以实现低温制冷循环和气体液化循环的工质通称为低温工质。低温工质在常温下均为气体，在低温下液化之后成为低温液体（一般称液化气体）。在气体液化装置中，低温工质通常既是实现循环的制冷剂，也是生产低温液体的原料气。低温液体可以用作冷却剂（如液氮、液氦），也可以用作燃料（如液氢、液化天然气等）。

凡标准沸点在120K以下的纯物质（氙例外）以及它们的混合物都可以作为低温工质，常用的有甲烷、空气、氧、氮、氢及氦等，低温工质的物性参数见表8-6-1。

表 8-6-1 低温工质的物性参数

名称	化学式	分子量	标准状态密度 ρ_0 /kg·m^{-3}	气体常数 R/kJ·kg^{-1}·K^{-1}	标准沸点 T_s/K	凝固点 T_f/K	临界点 温度 T_{cr}/K	临界点 压力 p_{cr}/MPa	临界点 密度 ρ_{cr}/kg·m^{-3}	三相点 温度 T_{tr}/K	三相点 压力 p_{tr}/kPa	标准状态气液容积比
甲烷	CH$_4$	16.04	0.7167	0.5184	111.7	90.7	191.06	4.64	162	90.66	11.67	591
空气	—	28.966	1.2928	0.2870	78.9/81.7		132.55	3.769	328～320	60.15		675
氧	O$_2$	32.0	1.4289	0.2598	90.188	54.4	154.78	5.107	426.5	54.36	0.152	800
氮	N$_2$	28.016	1.2506	0.2968	77.36	63.2	126.26	3.398	312	63.15	12.536	643
氩	Ar	39.944	1.785	0.2081	87.29	83.85	150.72	4.864	535	83.81	68.92	780
氖	Ne	20.183	0.8713	0.4120	27.108	24.6	44.45	2.721	483	24.56	43.31	1340
氦4	^{4}He	4.003	0.1785	2.0771	4.215		5.199	0.229	69			700
氦3	^{3}He	3.016	0.1345	2.7587	3.191		3.35	0.118	41			
氢	n-H$_2$	2.016	0.0899	4.1243	20.39	13.96	32.24	1.297	31.45	13.95	7.04	788
氪	Kr	83.80	3.745	0.0992	119.8	115.95	209.4	5.51	909	115.76	73.6	570
氙	Xe	131.30	5.85	0.0633	165.05	161.35	289.75	5.88	1105	161.37	81.6	523

注：1. 本表根据文献 [1] 编制，并参照文献 [2] 作了补充；
2. n-H$_2$ 表示正常氢（或标准氢）；
3. 标准状态气液容积比表示 1L 低温液体转变为标准状况下气体的体积（L）。

6.1.2 空气及其组成气体

空气是一种多组分混合气体，主要由氮气、氧气、二氧化碳和氩气等稀有气体组成，并含有微量的其他气体；此外还含有少而不定量的水蒸气。地球表面干燥空气的平均组成见表 8-6-2。

表 8-6-2 地球表面干燥空气的平均组成[1]

组分	体积分数/%	质量分数/%
N_2	78.084	75.52
O_2	20.95	23.15
Ar	0.93	1.282
CO_2	0.03	0.046
其他稀有气体	24.46×10^{-4}	16.88×10^{-4}
乙炔及其他烃类	3.53×10^{-4}	2.08×10^{-4}
氢气及其他气体	1.04×10^{-4}	0.885×10^{-4}

常温下的空气是无色无味的气体，标准状态下的密度是 $1.2928 kg\cdot m^{-3}$。液态空气则是一种易流动的浅蓝色液体。一般当空气被液化时，二氧化碳已经被清除掉，因而液态空气的组成是 20.95% 的液氧，78.12% 的液氮和 0.93% 的液氩，其他组分含量甚微，可以略而不计。将空气液化后用精馏法予以分离可以得到液氧和液氮，这是当前生产氧产品和氮产品的主要方法。液氮、液氧和液态空气的标准沸点比较接近，可用作同一温度级别的冷却剂；但用液氧和液态空气容易引起燃烧和爆炸，故一般均采用液氮。

氮气是一种无色无味的气体，比空气稍轻，难溶于水。氮气的化学性质不活泼，在通常情况下很难跟其他元素直接化合，故可用作保护气体。标准大气压下，氮气在 77.36K 液化，液氮冷却到 63.2K 时转变成无色透明的结晶体。液氮的沸点和凝固点之间的温差不到 15K，因而在用真空泵减压时容易使其固化。液氮也用于氢气、氦气液化装置中作为预冷剂。液氮应小心储存，避免同碳氢化合物长时间接触，以防止碳氢化合物过量溶于其中而引起爆炸。

氧气也是一种无色无味的气体，标准状态下的密度是 $1.4289 kg\cdot m^{-3}$，比空气略重，难溶于水。氧气的化学性质非常活泼，属于强氧化剂，它能跟很多物质（单质和化合物）发生化学反应，同时放出热量。标准大气压下，氧气在 90.188K 时液化为易流动的淡蓝色液体；在 54.4K 时凝固成淡蓝色的固体结晶。在 43.80K 和 23.89K 时，固态氧发生同素异形转变，并伴随有转化热。氧气与其他大多数气体的显著不同在于具有强的顺磁性，且某些气态的氧化合物也有顺磁性。氧气的这一特性已被利用来制作氧磁性分析仪，根据磁化率的变化可以测出抗磁性气体混合物中所含微量氧气的浓度。

分离空气还可得到氩气以及氖气、氦气等稀有气体，这些气体在工业中各有其特殊的用途。

6.1.3 天然气及其组成气体

天然气是指天然蕴藏于地层中的烃类和非烃类气体的混合物。大多数天然气的主要成分是烃类，此外还含有少量非烃类。天然气中的烃类基本上是烷烃，以甲烷为主，还有乙烷、丙烷、丁烷、戊烷以及少量的己烷以上烃类（C_6^+）。在 C_6^+ 中有时还含有极少量的环烷烃（如甲基环戊烷、环己烷）及芳香烃（如苯、甲苯）。天然气中的非烃类气体，一般为少量的氮气、氢气、氧气、二氧化碳、硫化氢、水蒸气以及微量的惰性气体如氦气、氩气、氖气等。天然气具有燃烧热值高、洁净燃烧等优点，目前与煤炭、石油并称为世界三大能源支柱。

天然气的组成随地域的不同而改变，不仅不同地区油、气藏中采出的天然气组成差别很大，甚至同一油、气藏的不同生产井采出的天然气组成也会有区别。我国主要气田和凝析气田的天然气组成见表 8-6-3。

表 8-6-3　我国主要气田和凝析气田的天然气组成（体积分数）[3]　　　　单位：%

气田名称		甲烷	乙烷	丙烷	异丁烷	正丁烷	异戊烷	正戊烷	C_6^+	C_7^+	CO_2	N_2	H_2S
长庆气田	靖边	93.89	0.62	0.08	0.01	0.01	0.001	0.002			5.14	0.16	0.048
	榆林	94.31	3.41	0.50	0.08	0.07	0.013	0.041			1.20	0.33	
	苏里格	92.54	4.5	0.93	0.124	0.161	0.066	0.027	0.083	0.76	0.775		
中原气田	气田气	94.42	2.12	0.41	0.15	0.18	0.09	0.09	0.26		1.25		
	凝析气	85.14	5.62	3.41	0.75	1.35	0.54	0.59	0.67		0.84		
塔里木气田	克拉-2	98.02	0.51	0.04	0.01	0.01	0	0	0.04	0.01	0.58	0.7	
	牙哈	84.29	7.18	2.09									

天然气中主要组分是甲烷（临界温度 190.72K，临界压力 4.639MPa），在常压下冷却到 111K 即被液化，液化后的天然气（LNG）体积缩小到气态时的 1/600 左右。迄今，LNG 是跨地区远洋运输的唯一有效手段。目前天然气液化循环主要有三种类型：复叠式制冷液化循环（或称"级联式"循环）、混合制冷剂液化循环和带膨胀机的液化循环。

LNG 的生产通常分为三个步骤[4]：原料气预处理、液化和储存。典型的 LNG 生产工艺装置图见图 8-6-1。

6.1.4 氢

氢气是主要的工业原料，也是最重要的工业气体和特种气体。氢有三种同位素，但不论是用哪种方法获得的氢，其中绝大部分是原子量为 1 的氕，而氘和氚含量只占 0.013%～0.016%。氢气的标准沸点很低（约为 20K），故较难液化。氢气易燃且具有很高的热值，故在宇航技术中，氢气可被用作推进剂。

构成氢分子（H_2）的两个氢原子，当原子核自旋方向相同时称为正氢（o-H_2），相反时称为仲氢（p-H_2），如图 8-6-2 所示。

普通氢为正、仲氢的混合物，其平衡组成与温度有关，不同温度下平衡氢中仲氢的摩尔分数见表 8-6-4。

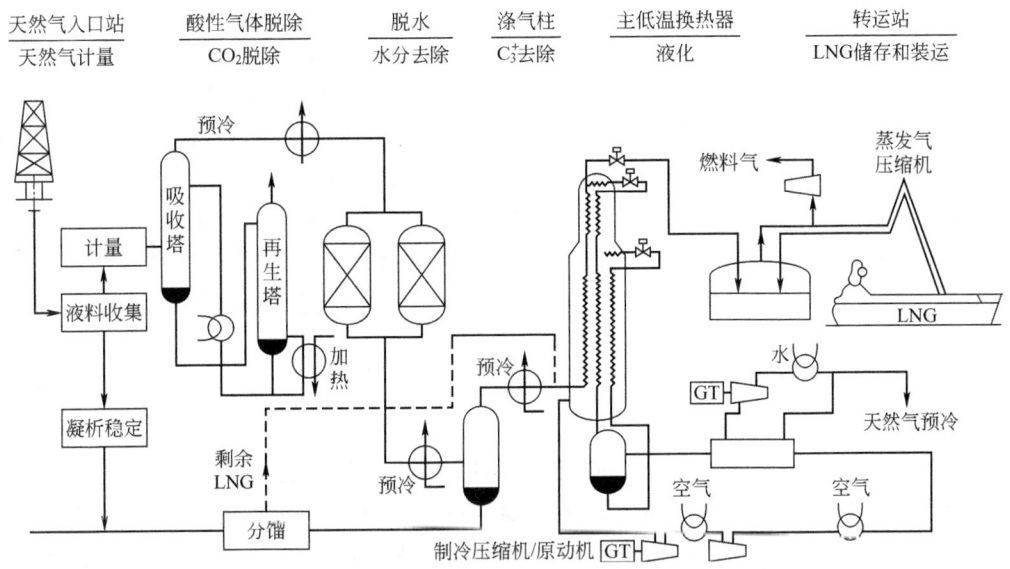

图 8-6-1 典型的 LNG 生产工艺装置图

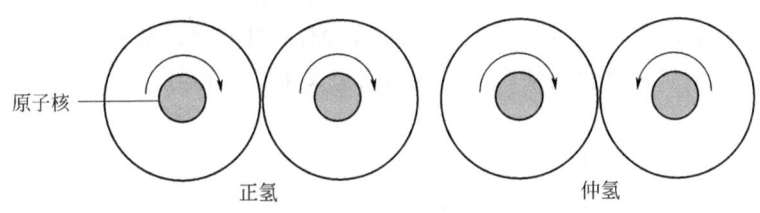

图 8-6-2 正氢和仲氢[5]

表 8-6-4 不同温度下平衡氢中仲氢的摩尔分数[5]

温度/K	仲氢的摩尔分数
20.27	0.9980
30	0.9702
40	0.8873
50	0.7796
60	0.6681
70	0.5588
80	0.4988
90	0.4403
100	0.3947
120	0.3296
140	0.2980
160	0.2796
180	0.2676
200	0.2597
250	0.2526
300	0.2507

在常温下平衡氢含 75% 的正氢、25% 的仲氢，称为正常氢（n-H_2）；温度降低时平衡氢中的正氢减少、仲氢增加，在标准沸点时仲氢含量可达 99.80%。

在一定条件下，正氢可以转变为仲氢，这就是通常所说的正-仲态转化。在气态时，正-仲态转化只能在有催化剂的情况下发生；液态氢则在没有催化剂的情况下也会自发地发生正-仲态转化，但转化速率很缓慢。氢的正-仲态转化是放热反应，转化过程中放出的热量和转化时的温度有关，在低温下其值约为 $700 kJ \cdot kg^{-1}$。液态正常氢转化时放出的热量超过汽化潜热（$447 kJ \cdot kg^{-1}$），导致液氢在储存中蒸发损失。在起始的 24h 液氢将蒸发掉约 18%，100h 后损失将超过 40%。为了减少蒸发损失，需在液氢生产过程中采用活性炭、金属氧化物等固态催化剂来加速正-仲态转化反应。

6.1.5 氦

氦有 ^{4}He 和 ^{3}He 两种同位素，均可用作低温工质。空气中氦的含量很少，目前各国生产的氦绝大多数是从天然气中提取的。天然氦实际上是两种同位素的混合物，但 ^{3}He 的含量很少，只占 $1/10^7 \sim 1/10^6$，所以我们所说的氦或者液氦通常是指 ^{4}He，氦的标准沸点非常低，大约是 4.215K，是最难液化（也是最后一个被液化）的气体。

^{4}He 的相图如图 8-6-3 所示，当沿气液平衡曲线降温（如用气泵不断抽气）时，一直到绝对零度液氦也不会凝固；只有当压力提高到 2.5MPa 以上时，液氦才会固化。这说明 ^{4}He 不可能有气、固、液三相共存的情况，没有通常意义上的三相点。

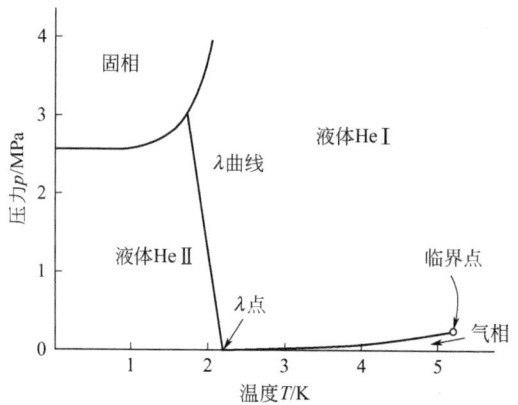

图 8-6-3 ^{4}He 的相图

当 ^{4}He 液体沿气液平衡曲线被冷却到 $T = 2.172K$、$p = 5.0516 kPa$（37.89mmHg，1mmHg=133.322Pa）时要发生相变，称为 λ 相变，该状态点称为 λ 点。若保持较高压力，在等压条件下使液体 ^{4}He 冷却，同样也会出现 λ 相变，不过此时的相变温度稍有降低。将不同压力时的 λ 点连接起来，便构成 λ 曲线，其上端同固液平衡曲线相遇。λ 曲线将 ^{4}He 的液体区分为两个区，分别称为 He I 和 He II。He I 的性质同一般的低温液体没有原则性的差别，称为常流氦；He II 具有超常的流动性和超常的导热性，称为超流氦。超流氦具有热机械效应（喷泉效应），能传递温度波，且可沿同它接触的固体表面形成可以蔓延开的液膜。

^{3}He 的相图同 ^{4}He 基本相似，只是到 0.0027K 时才出现超流相变，而且相变机理同 ^{4}He 不相同。^{3}He 有三个超流相，且超流 ^{3}He 具有磁性及各向异性等特征。对于 ^{3}He 液体，当压力高于 2.9MPa 时才会凝固，而且固液平衡曲线在 0.32K 时有最低点。利用上述

后一个特性，可以实现 ^{3}He 绝热压缩制冷（或称波麦兰丘克制冷）。

6.2 低温制冷方法

在低温技术中，为了得到 120K 以下的低温，常使用如下制冷方法：①压缩气体绝热节流；②压缩气体等熵膨胀；③压缩气体绝热放气。应用这些基本制冷方法可以组成各种低温制冷机和气体液化装置，其共同的特点是以环境介质为高温热源。

低温制冷机是获得和维持低温的设备，能提供 120K（-153℃）直至 1K 附近的从毫瓦到千瓦级别的冷量。低温制冷有机械式制冷、热声制冷、吸附制冷、辐射制冷、半导体制冷、磁制冷、激光制冷等方式。由于机械式低温制冷机具有持续运行、提供大冷量的能力，且无需消耗低温工质，运行和维护方便灵活，20 世纪六七十年代后得到了迅猛发展，在民用及国防的诸多领域获得了大量应用。目前应用较为广泛的机械式制冷机包括斯特林制冷机、G-M 制冷机、脉管制冷机等。

通常，为了获得 4.2K 以下的低温，需进一步使用下述制冷方法：①液氦抽气蒸发制冷；②^{3}He-^{4}He 稀释制冷；③^{3}He 绝热压缩制冷；④顺磁盐或核绝热退磁制冷。液体 ^{4}He 抽气蒸发制冷可达 1K 低温，液体 ^{3}He 抽气蒸发制冷可达 0.3K 低温；其他几种制冷方法例如稀释制冷及激光制冷可用以获得低于毫开（mK）级低温，但都需用液氦预冷。

在工业生产装置中一般只应用压缩气体的绝热节流和等熵膨胀。

6.2.1 气体的绝热节流

压缩气体通过阀门、缩孔等的节流过程，基本上是绝热的，且节流前后气体的速度（动能）变化不大，故可看作等焓过程。

(1) 节流效应 根据热力学一般关系式，气体发生状态变化时比焓的变量可表示为：

$$dh = C_p dT - T\left(\frac{\partial V}{\partial T}\right)_p dp + V dp$$

对于等焓过程 $dh=0$，从而可得：

$$\alpha_h = \left(\frac{\partial T}{\partial p}\right)_h = \frac{1}{C_p}\left[T\left(\frac{\partial V}{\partial T}\right)_p - V\right] \tag{8-6-1}$$

式中，α_h 为微分节流效应，它表示单位压力降所产生的温度变化。

对于理想气体，由状态方程 $pV=RT$ 可知：

$$\left(\frac{\partial V}{\partial T}\right)_p = \frac{R}{p}$$

故：

$$\alpha_h = \frac{1}{C_p}\left[T \times \frac{R}{p} - V\right] = 0$$

即理想气体节流时温度不发生变化。

实际气体节流时温度一般是变化的，α_h 可通过实验来确定。例如对于空气和氧气，在压力 $p<15\text{MPa}$ 时，α_h 可表示为：

$$\alpha_h = (a_0 - b_0 p)\left(\frac{273}{T}\right)^2 \quad (\text{K·kPa}^{-1}) \tag{8-6-2}$$

式中，a_0，b_0 为实验常数。

空气：$a_0 = 2.73 \times 10^{-3}$；$b_0 = 0.0895 \times 10^{-6}$。

氧气：$a_0 = 3.19 \times 10^{-3}$；$b_0 = 0.0884 \times 10^{-6}$。

α_h 是随低温工质的种类及节流时的状态参数而变的。当气体压力由 p_1 降到 p_2 时，节流过程的温度变化可用积分法求得：

$$\Delta T_h = T_2 - T_1 = \int_{p_1}^{p_2} \alpha_h \, \mathrm{d}p = \alpha_{hm}(p_2 - p_1) \tag{8-6-3}$$

式中，ΔT_h 为积分节流效应，也就是节流过程的总温降；α_{hm} 为 α_h 的平均值。

(2) 转化温度与转化曲线　分析式 (8-6-1) 可知，α_h 的变化有三种情况：① α_h 为正值，气体节流时温度降低；② α_h 为负值，气体节流时，温度反而升高；③ $\alpha_h = 0$，气体节流时温度不变。情况③出现时，气体的温度称为转化温度，它相当于 $T\left(\frac{\partial V}{\partial T}\right)_p = V$ 时的情况。

实际气体节流时的转化温度可用热力学的方法进行分析。由范德瓦尔方程求出 $\left(\frac{\partial V}{\partial T}\right)_p$，代入式 (8-6-1) 经分析后可得出转化温度 T_{inv} 的表达式[6]：

$$T_{\text{inv}} = \frac{2a}{9Rb}\left[2 \pm \sqrt{1 - \frac{3b^2}{a}p}\right]^2 \tag{8-6-4}$$

式中，a、b 为范德瓦尔常数。氮节流过程的转化曲线见图 8-6-4。式 (8-6-4) 在 T-p 图上的曲线为抛物线，如图 8-6-4 中的虚线所示。曲线将图面划分为两个区域，抛物线内为制冷区，$\alpha_h > 0$；线外为制热区，$\alpha_h < 0$。抛物线的上枝表示上转化温度，下枝表示下转化温度，顶点给出最大转化压力，$p_{\max} = 9p_{\text{cr}}$。图 8-6-4 中的实线是用实验方法得出的，它同虚线走向相似但不相吻合，说明范德瓦尔方程在定量上还不够准确。

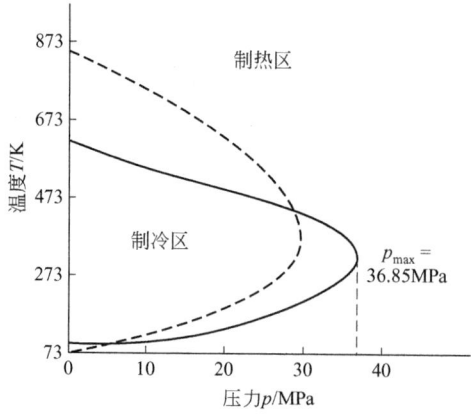

图 8-6-4　氮节流过程的转化曲线

6.2.2　气体的等熵膨胀

压缩气体在膨胀腔及喷管中的膨胀过程，在理想情况下可以看作等熵过程，膨胀过程中的内能减少，将转变为外功或气体的宏观动能。

用热力学的方法也可求出等熵过程的微分温度效应：

$$\alpha_s = \left(\frac{\partial T}{\partial p}\right)_s = \frac{T}{C_p}\left(\frac{\partial V}{\partial T}\right)_p \tag{8-6-5}$$

故知气体的 α_s 一般为正值（0.01～4℃时液体水为负值，HeⅡ也有类似性质），即气体（即使是理想气体）等熵膨胀时总是温度降低，产生冷效应。同式(8-6-1)相比较，可知：

$$\alpha_s - \alpha_h = \frac{V}{C_p} > 0$$

即气体的微分等熵效应总是大于微分节流效应。因而对于同样的膨胀压力范围，等熵膨胀的温降比等焓膨胀要大得多。

对于理想气体的等熵膨胀过程，其积分温度效应可按式(8-6-6)计算：

$$\Delta T_s = T_2 - T_1 = T_1\left[\left(\frac{p_2}{p_1}\right)^{\frac{\gamma-1}{\gamma}} - 1\right] \tag{8-6-6}$$

对于实际气体，可用热力学图（如 T-s 图）或有关物性的商用软件（如 Nist Refprop）确定其积分温度效应。

6.3 气体液化的热力学分析

6.3.1 气体液化的理论最小功

通常所说的气体液化，是指将大气条件下的气体转变为相同压力下的饱和液体，此时其温度比大气温度要低得多。气体液化时要放出热量，为使气体液化就得用人工制冷的方法将放出的热量转移到环境介质中去，这就需要消耗功。

采用理想循环使气体液化所消耗的功最少，称为气体液化理论最小功。理论最小功可用不同的方法求得。气体液化的理想循环见图 8-6-5。

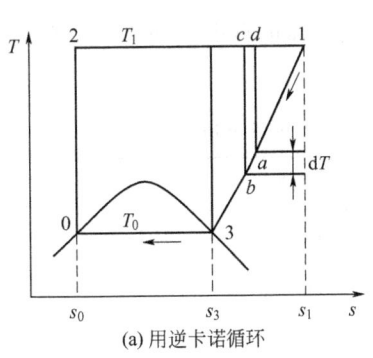 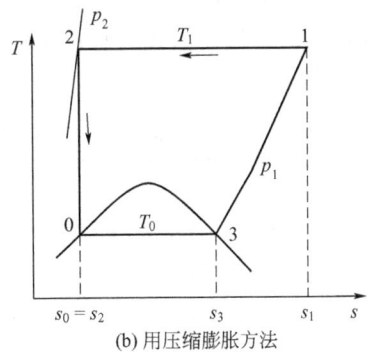

(a) 用逆卡诺循环　　　　　　　　(b) 用压缩膨胀方法

图 8-6-5　气体液化的理想循环

首先分析气体在等压条件下的液化过程，并用逆卡诺循环制冷机将气体放出的热量转移向环境介质。如图 8-6-5(a) 所示，先将气体从状态 1 等压冷却到状态 3，达到饱和蒸气状态，这可用吸热温度不断变化（但放热温度始终为 T_1）的逆卡诺循环来实现。再将气体从状态 3 等压冷却使之转变为饱和液体，在这一过程中 $T_3=T_0$，保持恒定不变，故可用工作于 T_1 与 T_0 之间的逆卡诺循环来实现。

如图 8-6-5(a) 所示，在状态 1、3 之间的某一中间状态点 a，为使 1kg 气体温度降低 dT，需用微元逆卡诺循环向气体吸取热量：

$$dq_0 = C_p dT$$

消耗功：

$$dW = \frac{dq_0}{\varepsilon_c} = dq_0 \times \frac{T_1 - T}{T} = C_p \left(\frac{T_1}{T} - 1\right) dT$$

式中，T 为状态点 a 的温度。

故知 1kg 气体从 T_1 冷却到 T_3 需消耗的功为：

$$W_{1-3} = \int_{T_3}^{T_1} C_p \left(\frac{T_1}{T} - 1\right) dT = T_1(s_1 - s_3) - (h_1 - h_3)$$

而在 3—0 过程中逆卡诺循环的吸热量为：

$$q_0 = h_3 - h_0 = r$$

消耗功：

$$W_{3-0} = (h_3 - h_0) \times \frac{T_1 - T_0}{T_0} = T_1(s_3 - s_0) - (h_3 - h_0)$$

从而可得出气体液化的理论最小功为：

$$W_{\min} = W_{1-3} + W_{3-0} = T_1(s_1 - s_0) - (h_1 - h_0) \quad (\text{kJ} \cdot \text{kg}^{-1}) \tag{8-6-7}$$

气体还可用压缩、膨胀的方法直接使之液化。最理想的方法如图 8-6-5(b) 所示，先将气体由 p_1 等温压缩到 p_2，并取 $s_2=s_0$；其次再让气体由 p_2 等熵膨胀到 p_1，即达到状态 0，气体全部液化。气体被压缩时耗功为 $W_{1-2}=T_1(s_1-s_2)-(h_1-h_2)$，气体膨胀时对外做功 $W_{2-0}=h_2-h_0$，从而可求出气体液化所消耗的功为：

$$W_{1-2-0} = W_{1-2} - W_{2-0} = T_1(s_1 - s_0) - (h_1 - h_0) \quad (\text{kJ} \cdot \text{kg}^{-1})$$

这也就是式(8-6-7)所表示的理论最小功。

由以上分析可知，气体液化的理论最小功仅与气体的种类及初终状态有关。一些气体液化的理论最小功见表 8-6-5。

表 8-6-5　一些气体液化的理论最小功

气体	$h_1 - h_0$ /kJ·kg^{-1}	理论最小功			初态条件
		/kJ·kg^{-1}	/kW·h·kg^{-1}	/kW·h·L^{-1}	
空气	427.7	741.7	0.206	0.18	
氧气	407.1	638.4	0.177	0.201	
氮气	433.1	769.6	0.213	0.172	$p_1=101.3\text{kPa}$ $T_1=303\text{K}$
氢气	3980	11900	3.31	0.235	
甲烷	915	1110	0.307	0.13	

6.3.2 气体液化循环的性能指标

分析和比较实际气体液化循环时常用的性能指标有：单位功耗 W_0、制冷系数 ε（或称性能系数 COP）、热力完善度 η。

单位功耗（亦称单位能耗）W_0 是指得到 1kg 液化气体所消耗的功，它可按式(8-6-8)计算：

$$W_0 = W/z \quad (\text{kJ} \cdot \text{kg}^{-1}) \tag{8-6-8}$$

式中 W——加工 1kg 气体需消耗的功；

z——循环的液化系数（即加工 1kg 气体所得的液化气体量），$\text{kg} \cdot \text{kg}^{-1}$（加工气体）。

令 1kg 液化气体复热可得冷量：

$$q_0 = h_1 - h_0 (\text{液化气体}) \quad (\text{kJ} \cdot \text{kg}^{-1})$$

而功耗为 W_0，从而可定义循环的制冷系数：

$$\varepsilon = q_0/W_0 = z(h_1 - h_0)/W \tag{8-6-9}$$

根据这一定义可推出理想循环的制冷系数：

$$\varepsilon_{\text{th}} = q_0/W_{\min} = (h_1 - h_0)/W_{\min} \tag{8-6-10}$$

实际循环同理想循环制冷系数之比，即为实际循环的热力完善度：

$$\eta = \varepsilon/\varepsilon_{\text{th}} = W_{\min}/W_0 = zW_{\min}/W \tag{8-6-11}$$

6.4 绝热节流气体液化循环

绝热节流气体液化循环是低温技术中最早使用的气体液化循环。这种液化装置结构简单、运转可靠，故沿用至今。其缺点是经济性较差，且气体需压缩到较高的压力。

6.4.1 一次节流液化循环

一次节流液化循环是 1895 年德国林德和英国汉普逊分别提出的，亦称林德-汉普逊循环（或焦耳-汤姆逊膨胀循环）。

一次节流液化循环流程图及温熵图（T-s）如图 8-6-6 所示。状态为 p_1、T_1（点 1）的气体，经压缩机 C 压缩到较高的压力 p_2，再被环境介质冷却到 $T_2 = T_1$，即达状态点 2（实际上是多级压缩分级冷却到状态 2）。这一过程可近似地处理为等温压缩过程，在 T-s 图上简单地用等温线 1—2 表示。此后高压气体进入液化装置的冷箱，首先在换热器 I 中被返流气体等压冷却到状态 3，然后经节流阀 TV 节流到初压 p_1 后进入分离器 II 中，气体经节流后温度也随之降低，并已部分液化。节流过程在 T-s 图上用等焓线 3—4 表示。节流后的气液混合物在气液分离器中进行相分离，液化气体（状态 0）作为产品输出冷箱，未液化的气体（状态 5）返流经换热器 I 复温到 T_1 后同原料气体混合，进入压缩机中重复上述循环过程。

现用热力学方法对一次节流液化循环进行分析。设加工 1kg 气体可生产 z(kg) 液化气体，则根据冷箱的热平衡式：

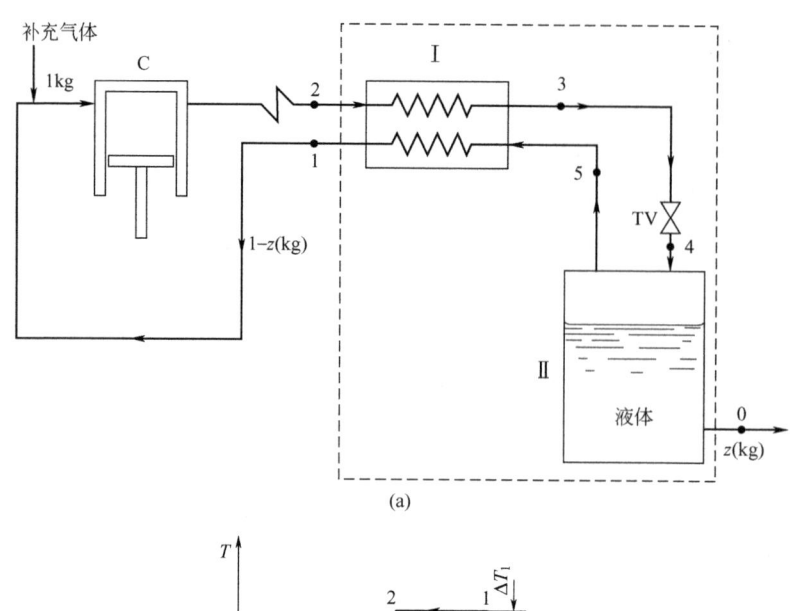

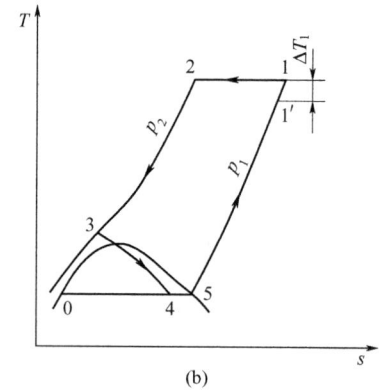

图 8-6-6 一次节流液化循环流程图及 T-s 图
C—压缩机；TV—节流阀；Ⅰ—换热器；Ⅱ—分离器

$$h_2 = zh_0 + (1-z)h_1$$

可求出循环的液化系数：

$$z = \frac{h_1 - h_2}{h_1 - h_0}(\text{加工气体}) \quad (\text{kg·kg}^{-1}) \tag{8-6-12}$$

环境温度和压力决定了 h_1 和 h_0 的大小，等温压缩后的压力决定了 h_2 的大小，因此，液化系数取决于环境温度和压力与等温压缩后的压力。一般情况下，当环境因素确定时，只有在状态点 2 得到最优的压力才能得到最大的液化系数，也即最小化的 h_2。

$$\left(\frac{\partial h}{\partial p}\right)_{T=T_2} = 0$$

根据焦耳-汤姆逊效应原理，可推导：

$$\left(\frac{\partial h}{\partial p}\right)_{T=T_2} = 0 = (a_h C_p)_{T=T_2}$$

式中，a_h 为微分节流效应，见 6.2.1 节；C_p 为比热容。因此，为了最大化液化系数，状态点 2 必须要在转换曲线上。一次节流液化循环不能用于氖气、氢气和氦气等气体，由于它们的最大转换温度低于室温，并且在室温时三种气体的 h_1 小于 h_2，导致液化系数为负值[5]。

令 z(kg) 液化气体复热可制得冷量：

$$zq_0 = z(h_1 - h_0) = h_1 - h_2 \text{（加工气体）} \quad (\text{kJ} \cdot \text{kg}^{-1})$$

而压缩 1kg 气体，压缩机耗功：

$$W_T = RT_1 \ln \frac{p_2}{p_1} \text{（加工气体）} \quad (\text{kJ} \cdot \text{kg}^{-1})$$

从而可求出循环的制冷系数：

$$\varepsilon_0 = \frac{zq_0}{W_T} = \frac{h_1 - h_2}{RT_1 \ln \dfrac{p_2}{p_1}} \tag{8-6-13}$$

以上是对理论循环的分析。同理论循环相比较，实际液化循环存在如下损失：①热交换器的不完全热交换损失，只能使返流气体复热到 $T_{1'}$，而 $T_{1'} < T_1$；②环境介质向冷箱传热，从而引起漏热损失 q_L (kJ·kg^{-1}，加工气体)；③压缩机实际消耗的功大于等温压缩功 W_T，这可用压缩机的等温效率 η_T 来考虑：

$$W = \frac{W_T}{\eta_T} = \frac{1}{\eta_T} RT_1 \ln \frac{p_2}{p_1}$$

在考虑了上述几项损失之后，根据热平衡式：

$$h_2 + q_L = zh_0 + (1-z)h_{1'}$$

可求得实际循环的液化系数：

$$z = \frac{(h_{1'} - h_2) - q_L}{h_{1'} - h_0} \text{（加工气体）} \quad (\text{kg} \cdot \text{kg}^{-1}) \tag{8-6-14}$$

从而可求出制冷量和制冷系数：

$$zq_0 = z(h_{1'} - h_0) = (h_{1'} - h_2) - q_L$$

$$\varepsilon = \frac{zq_0}{W} = \frac{(h_{1'} - h_2) - q_L}{RT_1 \ln \dfrac{p_2}{p_1}} \eta_T \tag{8-6-15}$$

分析上述结果公式可知，只有当 p_2 提高到一定的程度，致使 $h_{1'} - h_2 > q_L$ 时，才可能有液化气体的积累；而且计算指明，随着 p_2 的提高，循环的 z 和 ε 都将增大。但因受设备结构和强度的限制，p_2 一般只用到 20~22MPa，故这样的循环仅用来液化空气、氧气、氮气等标准沸点不是很低的气体。

由式 (8-6-12) 可知，一次节流液化循环仅是依靠气体在等温压缩过程中焓差 ($h_1 - h_2$) 提供冷量的，这一焓差常用 $-\Delta h_T$ 表示，即：

$$-\Delta h_T = h_1 - h_2 \tag{8-6-16}$$

它表示气体从状态 2 等温降压到状态 1 所能吸收的热量。而在实际循环中,可供利用冷量比 $-\Delta h_T$ 还要小一些,即:

$$h_{1'}-h_2=(h_1-h_2)-(h_1-h_{1'})=-\Delta h_T-C_p T_1 (\text{加工气体}) \quad (\text{kJ·kg}^{-1}) \quad (8\text{-}6\text{-}17)$$

式中,$C_p T_1$ 为不完全热交换损失,同时要从其中扣除漏热损失 q_L 后,所余部分才真正用于气体液化。由于压缩气体的 $-\Delta h_T$ 数值较小,这种循环的液化系数和经济性都较低;为了提高循环的液化系数和经济性,可以采用预冷及二次节流等措施。

6.4.2 有预冷的一次节流液化循环

用外部冷源将气体预冷,可以降低气体在节流前的温度,因而可以提高节流后的液化率,从而可提高循环的液化系数及经济性。所采用的外部冷源可以是一个独立的制冷系统,如图 8-6-7 中Ⅱ所示,其制冷工质随被液化气体的种类而变。对于空气和氧气、氮气等的液化一般用氨或卤代烃制冷机预冷,预冷到的温度一般为 $-50 \sim -40$ ℃;液化氢还需进一步采用液氮预冷,而为了液化氦则需依次用液氮、液氢预冷。

液化氧气、氮气、空气的有预冷的一次节流循环的流程图和温熵图见图 8-6-7,其中的预冷器Ⅱ即是氨或卤代烃的制冷机。循环的工作过程由图 8-6-7 可以清楚地看出,其中 3—4 为高压气体在预冷器中的冷却过程,在这一过程中制冷机提供的冷量为:

$$q_{pc}=C_p(T_3-T_4)(\text{加工气体}) \quad (\text{kJ·kg}^{-1})$$

对于理论循环,即当不计任何损失时,由液化装置冷箱的热平衡式:

$$h_2=zh_0+(1-z)h_1+q_{pc}$$

可求出循环的液化系数为:

$$z=\frac{(h_1-h_2)+q_{pc}}{h_1-h_0}(\text{加工气体}) \quad (\text{kg·kg}^{-1}) \quad (8\text{-}6\text{-}18)$$

令这些液体复热到初态可得制冷量:

$$z(h_1-h_0)=(h_1-h_2)+q_{pc}(\text{加工气体}) \quad (\text{kJ·kg}^{-1}) \quad (8\text{-}6\text{-}19)$$

由此可见,有预冷的一次节流循环的液化系数及单位制冷量较无预冷循环均有所提高,而单位制冷量提高的数量正好是预冷器所提供的冷量。

对于实际循环,即当考虑不完全热交换损失及漏热损失时,循环的液化系数将是:

$$z=\frac{(h_{1'}-h_2)+q_{pc}-q_L}{h_{1'}-h_0}(\text{加工气体}) \quad (\text{kg·kg}^{-1}) \quad (8\text{-}6\text{-}20)$$

应用式(8-6-20) 即可进一步计算循环的其他性能指标,这里不再一一说明。

值得注意的是,预冷量 q_{pc} 的数值是同循环的工作参数有关,不能任意取值。因为根据主换热器和分离器的热平衡式:

$$h_4+q_L''=zh_0+(1-z)h_{8'}$$

同样可以求得:

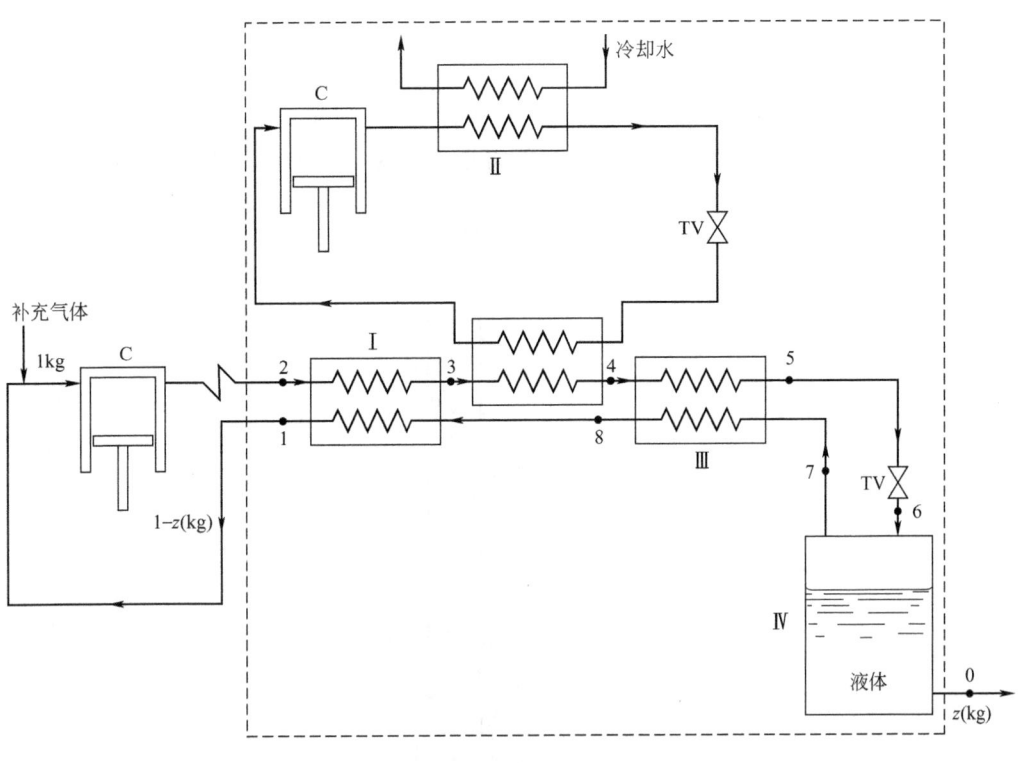

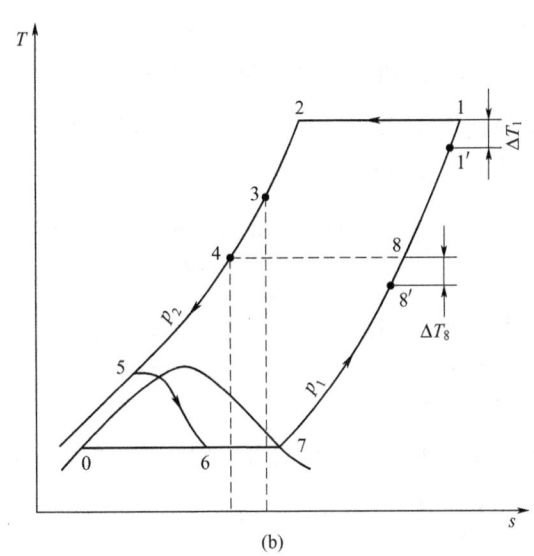

图 8-6-7 有预冷的一次节流液化循环的流程图和温熵图

C—压缩机；TV—节流阀；Ⅰ—预换热器；Ⅱ—预冷器；Ⅲ—主换热器；Ⅳ—分离器

$$z = \frac{(h_{8'} - h_4) - q_L''}{h_{8'} - h_0}(\text{加工气体}) \quad (\text{kg} \cdot \text{kg}^{-1}) \qquad (8\text{-}6\text{-}21)$$

式中，q_L'' 是所取部分的漏热损失，将式(8-6-21)、式(8-6-20)合并，即可求得：

$$q_{pc} = (h_{1'} - h_0)\frac{(h_{8'} - h_4) - q_L''}{h_{8'} - h_4} + q_L - (h_{1'} - h_2) \qquad (8\text{-}6\text{-}22)$$

氢的转化温度约为 204K，而且当温度在 80K 以下进行节流时才有明显的制冷效应，故当采用一次节流循环时需用液氮预冷，预冷温度可在 80～65K 选择（77K 以下时需采用抽气蒸发制冷方法）。一次节流氢液化循环的流程如图 8-6-8 所示。液氮在液氮槽Ⅱ中蒸发后仍具有很低的温度，其冷量还可利用，故通常将预换热器Ⅰ设计成多股流的型式。

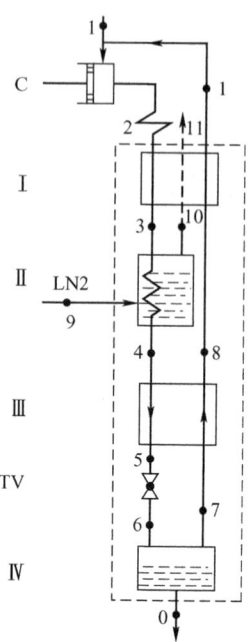

图 8-6-8 一次节流氢液化循环流程图

进行氢液化循环的计算时需考虑氢的正-仲转化所消耗的冷量。根据主换热器Ⅲ和分离器Ⅳ的热平衡式，可以确定循环的液化系数：

$$z = \frac{(h_{8'} - h_4) - q_L''}{(h_{8'} - h_0) + q_{cv}(\xi_2 - \xi_1)} \tag{8-6-23}$$

式中　q_L''——Ⅲ、Ⅳ及 TV 的漏热损失，$kJ \cdot kg^{-1}$（加工气体）；

　　　q_{cv}——氢的转化热，$kJ \cdot kg^{-1}$；

　　　ξ_1、ξ_2——转化前、后仲氢的浓度。

再根据预换热器Ⅰ及液氮槽Ⅱ的热平衡式可以确定液氮的耗量：

$$m_{LN2} = \frac{(h_2 - h_4) - (1-z)(h_{1'} - h_{8'}) + q_L}{h_{11} - h_9}（加工气体）\quad (kg \cdot kg^{-1}) \tag{8-6-24}$$

一次节流氢液化循环设备简单、运转可靠，但经济性差，故一般用于小型装置。

6.4.3　二次节流液化循环

二次节流液化循环亦称双压循环，它是令高压气体（在被冷却之后）分次节流，而第一次节流所产生的中间压力下的气体（亦称循环气体），在回收其冷量后只在高压压缩机中被压缩，这样就减小了低压压缩机的输气量和功耗，从而提高了循环的经济性。

图 8-6-9 中示出二次节流液化循环的流程图和 T-s 图，它包括两台压缩机 C1 和 C2、1

个换热器Ⅰ、两个节流阀 TV1 和 TV2 和两个气液分离器Ⅱ和Ⅲ。设 1kg 高压气体以状态 3 进入冷箱，先被冷却到状态 4，经第一次节流压力降低到中间压力 p_2，并已部分液化，进入分离器Ⅱ中进行相分离。x（kg）饱和气体由分离器Ⅱ流出并经换热器Ⅰ复热后与低压压缩机的排气混合，一同进入高压压缩机中；而（$1-x$）（kg）饱和液体经第二次节流降压到

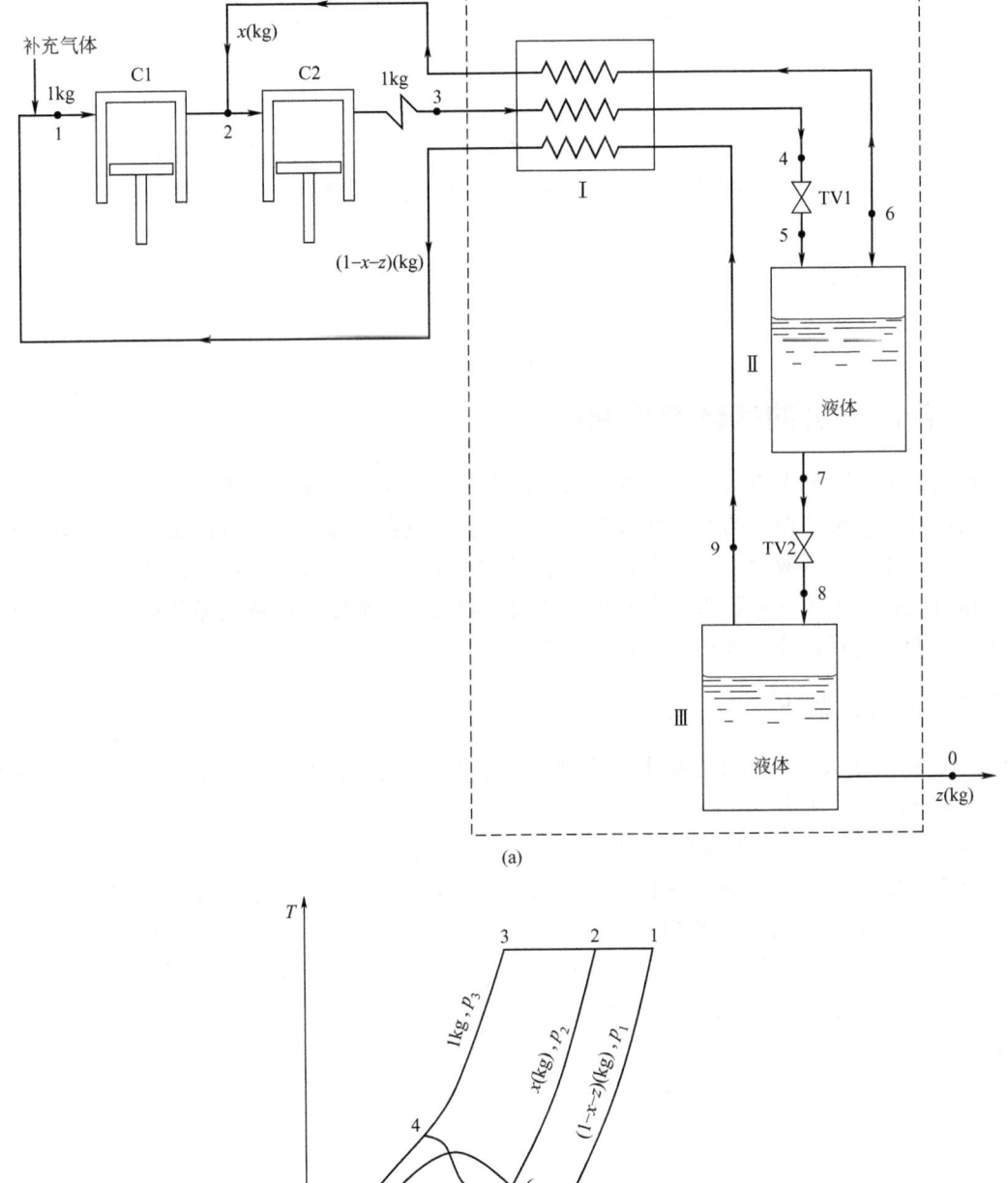

图 8-6-9 二次节流液化循环的流程图和 T-s 图

C1—低压压缩机；C2—高压压缩机；TV—节流阀；Ⅰ—换热器；Ⅱ、Ⅲ—分离器

p_1，闪发出 $(1-x-z)$(kg) 低压气体，经复热后返回低压压缩机被继续压缩，所余 z(kg) 的 p_1 压力下的液化气体作为产品由冷箱输出。

对于图 8-6-9 所示的理论循环，根据冷箱的热平衡式：

$$h_3 = zh_0 + xh_2 + (1-x-z)h_1$$

循环的液化系数可以表示为：

$$z = \frac{h_1 - h_3}{h_1 - h_0} - x\left(\frac{h_1 - h_2}{h_1 - h_0}\right) \tag{8-6-25}$$

式(8-6-25)等号右边的第一项是工作压力为 p_1 和 p_3 的一次节流液化循环的液化系数，第二项是由于 x(kg) 气体未节流到 p_1 压力而引起的液化系数的降低。x 的数值可根据换热器 I 的热平衡式用循环各节点的比焓值表示出来。

二次节流液化循环流程较复杂，所用设备较多，故其应用受到限制。二次节流循环若采用液氮预冷，可用来液化氢气。

6.5 带膨胀机的气体液化循环

在气体液化循环中应用气体作等熵膨胀的膨胀机，不但可获得较大的温降和制冷量，还可回收膨胀功，可使循环的经济性大为提高。故膨胀机在气体液化及分离装置中的应用日趋广泛。但膨胀机的带液量不能太大，且不能用于液体的膨胀，故在带膨胀机的液化循环中仍需应用节流阀。由于等熵膨胀过程有较大的制冷效应，带膨胀机的液化循环的工作压力（指高压气流的压力）比节流液化循环要低得多。

6.5.1 克劳特循环

1902 年法国人克劳特首先提出并实现了带活塞式膨胀机的空气液化循环，其流程图和 T-s 图如图 8-6-10 所示。

1kg 空气从状态 1 被等温压缩到状态 2，进入冷箱后先经换热器 I 等压冷却至状态 3，然后分为两路。一路 x_e(kg) 进膨胀机 E 膨胀到压力 p_1，达状态 8（理想情况下达状态 8s），与返流气体汇合流经换热器 II 和 I 以冷却高压空气；另一路 $(1-x_e)$(kg) 依次经换热器 II、III 冷却后（状态 5）再经节流阀节流到压力 p_1，产生 z(kg) 液体空气，其余 $(1-x_e-z)$(kg) 空气返流经各个换热器回收其冷量后排出冷箱之外，或再进入压缩机中继续进行循环。

首先分析理论循环，由冷箱的热平衡式：

$$h_2 + x_e h_{8s} = x_e h_3 + zh_0 + (1-z)h_1$$

可求得循环的液化系数为：

$$z = \frac{(h_1 - h_2) + x_e(h_3 - h_{8s})}{h_1 - h_0} = \frac{-\Delta h_T + x_e \Delta h_s}{h_1 - h_0} \text{（加工气体）} \quad (\text{kg·kg}^{-1}) \tag{8-6-26}$$

令 z(kg) 液化气体复热可得制冷量：

$$z(h_1 - h_0) = -\Delta h_T + x_e \Delta h_s \text{（加工气体）} \quad (\text{kJ·kg}^{-1})$$

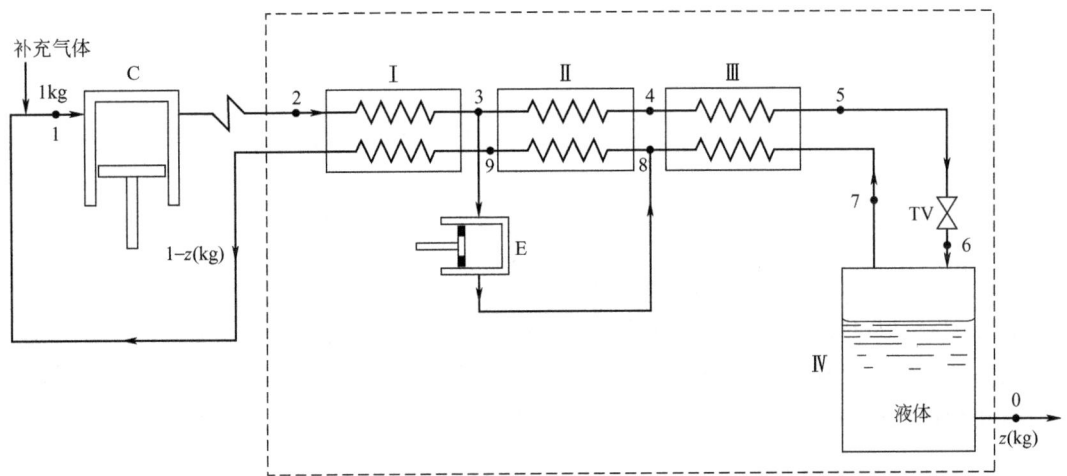

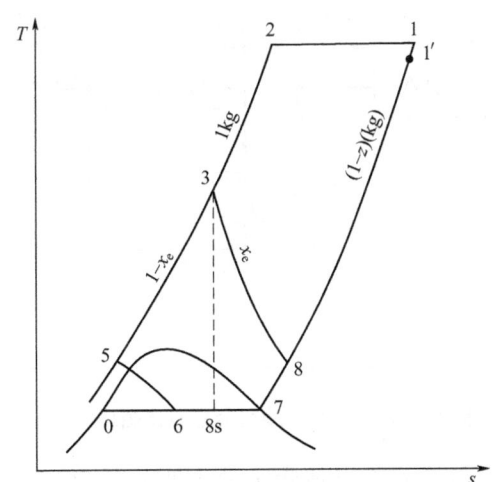

图 8-6-10 克劳特循环的流程图和 T-s 图

C—压缩机；E—膨胀机；TV—节流阀；Ⅰ、Ⅱ、Ⅲ—换热器；Ⅳ—分离器

而所消耗的功为压缩功与膨胀功之差：

$$W = W_T - W_E = RT_1 \ln \frac{p_2}{p_1} - x_e \Delta h_s \text{（加工气体）} \quad (\text{kJ} \cdot \text{kg}^{-1})$$

从而可求出循环的制冷系数：

$$\varepsilon_0 = \frac{zq_0}{W} = \frac{-\Delta h_T + x_e \Delta h_s}{RT_1 \ln \frac{p_2}{p_1} - x_e \Delta h_s} \tag{8-6-27}$$

由理论循环的计算式可以看出：①在带膨胀机的循环中，除膨胀机提供冷效应外，节流效应仍然是提供冷效应的一个方面；②膨胀过程的等熵焓降 $\Delta h_s = h_3 - h_{8s}$，起着增加冷量和减少功耗的双重作用，故带膨胀机循环的经济性比节流循环要高得多。

对于实际的克劳特循环,除考虑不完全热交换损失和漏热损失以及压缩机的效率之外,还应考虑到膨胀机的实际功要小于其绝热焓降,这可用其绝热效率 η_s 和机械效率 η_m 来考虑,于是实际克劳特循环的液化系数和功耗为:

$$z = \frac{(h_{1'} - h_2) + x_e \Delta h_s \eta_s - q_L}{h_{1'} - h_0} (\text{加工气体}) \quad (\text{kg} \cdot \text{kg}^{-1}) \quad (8\text{-}6\text{-}28)$$

$$W = \frac{1}{\eta_T} RT_1 \ln \frac{p_2}{p_1} - x_e \Delta h_s \eta_s \eta_m (\text{加工气体}) \quad (\text{kJ} \cdot \text{kg}^{-1}) \quad (8\text{-}6\text{-}29)$$

而根据 z 和 W 即可进行其他性能指标的计算。

液氮预冷克劳特液化循环流程图见图 8-6-11,其可用来液化氧气、氮气和空气,当用于较大型的液化装置时还可采用透平膨胀机。克劳特循环还可应用外部冷源进行预冷,以进一步提高其经济性;当用液氮预冷时,可用来液化氢气。

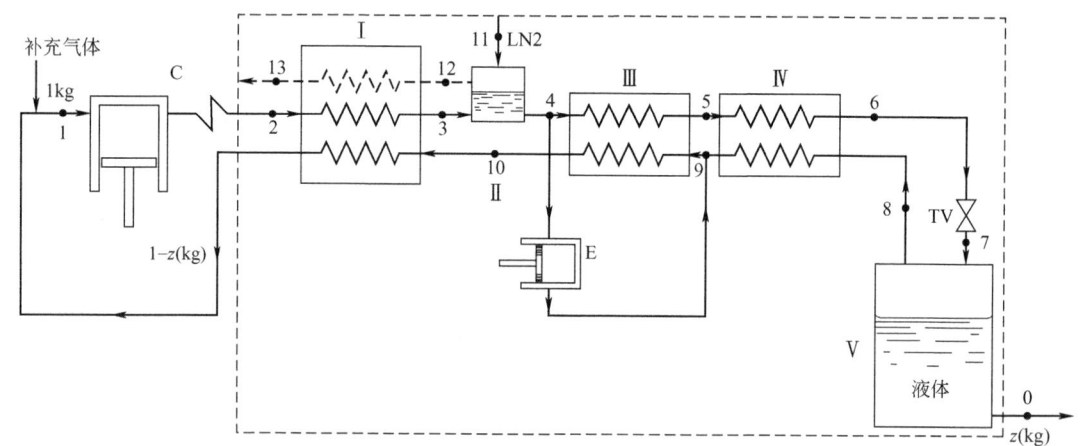

图 8-6-11 液氮预冷克劳特液化循环流程图

在确定克劳特循环的工作参数及气体膨胀量 x_e 时,需要注意两个问题:①在膨胀机的出口处(状态 8),对活塞式膨胀机来说,不能带液;对透平膨胀机来说,允许带液,但不宜过大,随膨胀机的设计特性而变。②需校核换热器 Ⅱ 和 Ⅰ 的温度工况,保证其在正常换热条件下工作,即各个截面上冷热气流的温差分布比较合理,最小温差应不低于某一定值(如 3～5K),且任一截面上不得出现理论上的"零温差"或"负温差"。校核温度工况的方法见文献 [7]。

6.5.2 海兰德循环和卡皮查循环

这两个循环是在液化空气的克劳特循环的基础上发展而成的,可看作是克劳特循环的变型或改进。

海兰德空气液化循环的流程图和 T-s 图如图 8-6-12 所示,它取消了热区的换热器,而是让室温下的高压空气(一般为 16～20MPa)进入膨胀机中膨胀。这样可以增大绝热焓降,提高膨胀机的效率,同时也解决了活塞式膨胀机在低温下进行润滑的困难。海兰德循环常用于小型空气分离装置,其计算方法与克劳特循环相同。

苏联科学家卡皮查 1937 年第一次用透平膨胀机实现了低压空气液化循环,这就是

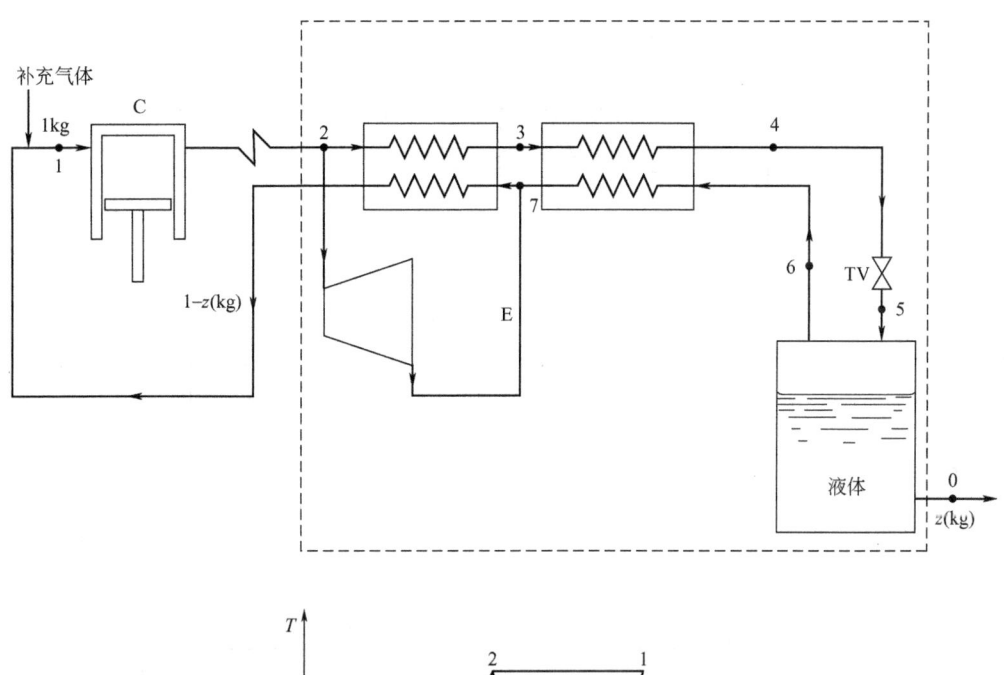

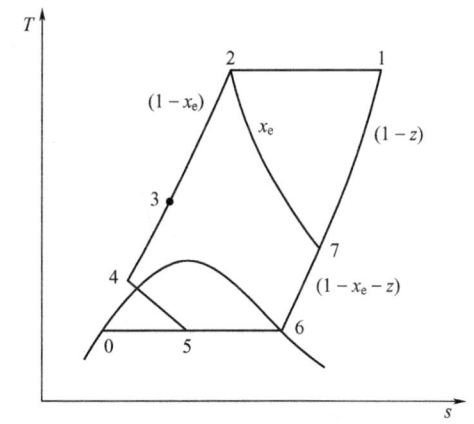

图 8-6-12 海兰德空气液化循环的流程图和 T-s 图

卡皮查循环,卡皮查空气液化循环的流程图和 T-s 图如图 8-6-13 所示。空气被压缩至 500~600kPa 压力,经换热器冷却到较低的温度 T_3,然后分为两部分:大部分空气经膨胀机 E 膨胀到约 100kPa,温度降至 T_6(已达饱和温度),进入冷却器中用以冷却未经膨胀的另一部分空气,并使之液化,达状态点 4。已冷凝的液体空气经调节阀降至 100kPa 左右,闪发的饱和蒸气汇同膨胀后的气体流经冷却器和换热器回收冷量后排出,所余液体空气则作为装置的产品。卡皮查循环的工作压力较低,等温压缩焓差及膨胀机的绝热焓降都比较小,因而液化系数一般不大,约在 5%。卡皮查循环的计算方法与克劳特循环相似。

6.5.3 带膨胀机的双压循环

将如图 8-6-9 所示的二次节流循环中的第一个节流阀用一台膨胀机代替,即构成带膨胀机的双压循环。带膨胀机的双压循环的流程图和 T-s 图见图 8-6-14,它用液氮预冷,可用来

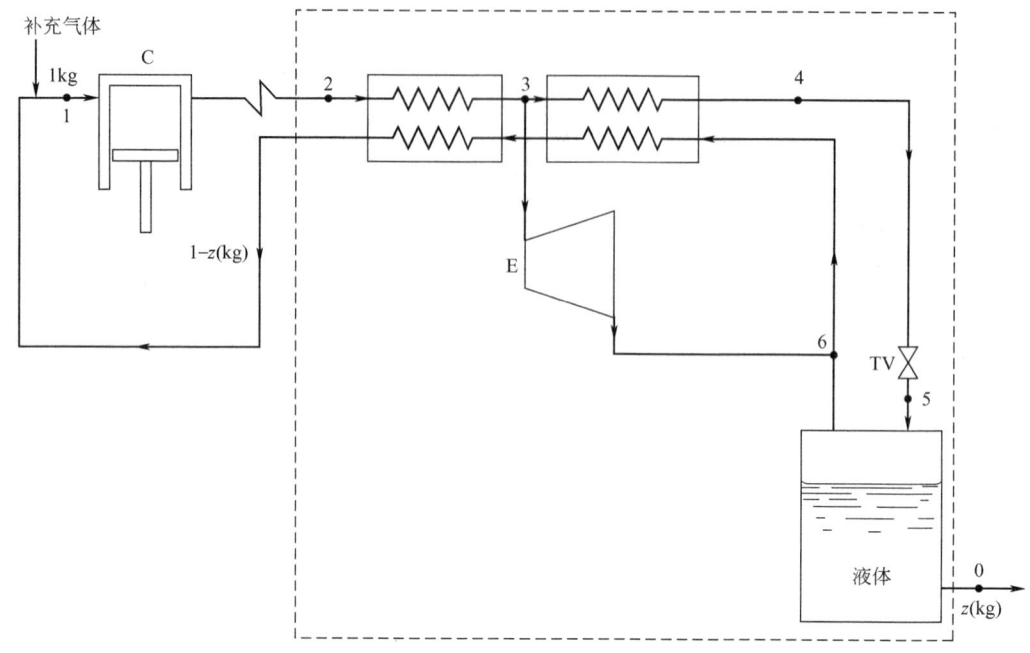

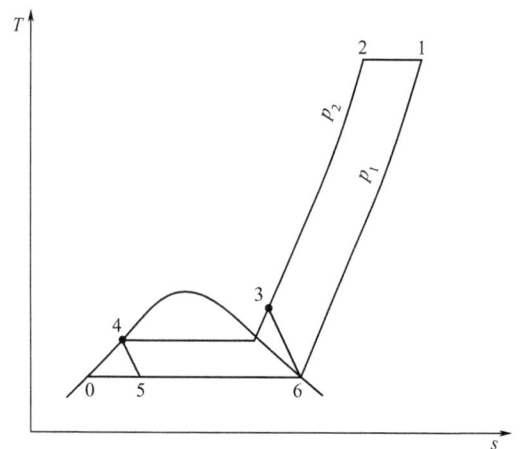

图 8-6-13 卡皮查空气液化循环的流程图和 T-s 图

液化氢气。经压缩机 C1 和 C2 压缩的高压氢气，依次流经换热器Ⅰ、液氮槽Ⅱ和换热器Ⅲ冷却后分为两路，一路在膨胀机 E 中膨胀至中间压力，返流复热后进高压压缩机 C2；另一路流经换热器Ⅳ被进一步冷却后再经节流进入分离器Ⅴ，产生的液氢作为产品输出，低压气体则复热后回低压压缩机 C1。由于膨胀机的冷效应大，图 8-6-14 所示的循环比图 8-6-9 所示的循环液化系数约增加 1 倍，或制取单位液氢的能耗约减少一半。

图 8-6-14 所示的双压循环的膨胀机是在高压 p_3 及中间压力 p_2 之间工作。双压循环也可设计成膨胀机在中间压力 p_2 及低压 p_1 之间工作。两种循环各有其特点，但都具有较高的液化系数。

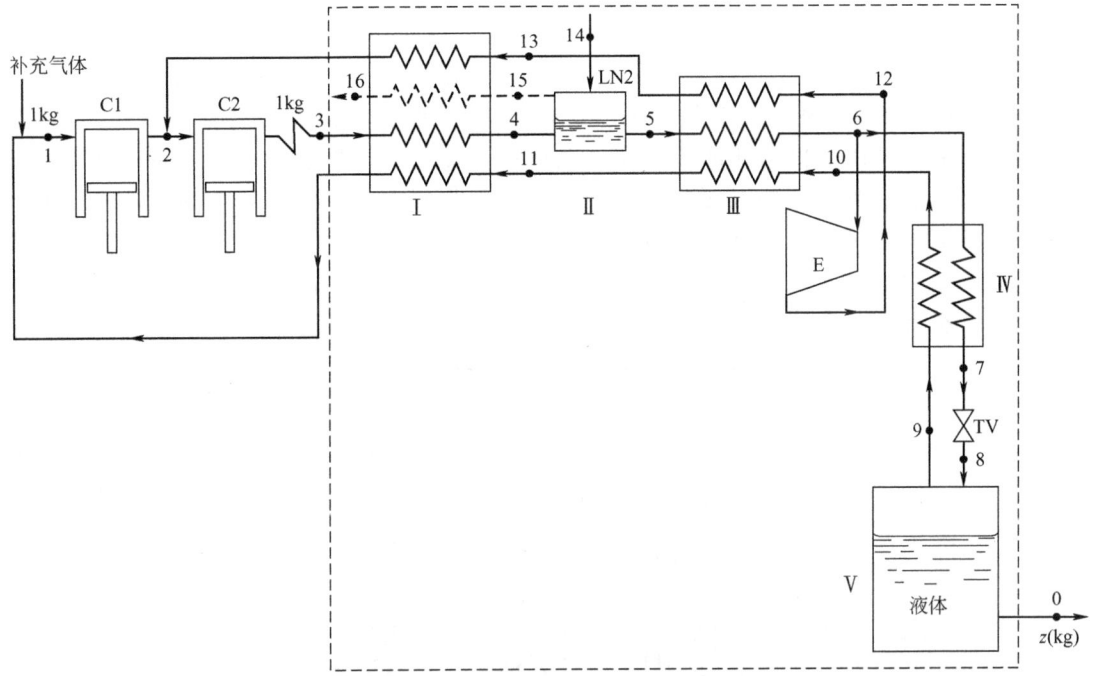

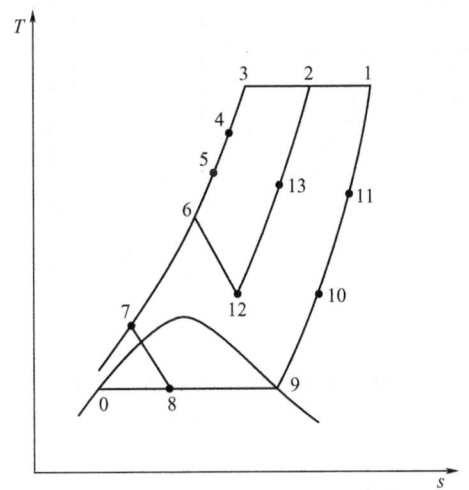

图 8-6-14 带膨胀机的双压循环的流程图和 $T\text{-}s$ 图

6.6 其他型式的气体液化循环

6.6.1 复叠式制冷气体液化循环

复叠式制冷气体液化循环亦称级联式循环，是由若干个在不同低温下工作的蒸气压缩制冷循环串联而成（参见 3.4 节），其中每个制冷循环可以是单级压缩，也可以是两级压缩，依具体情况而定。

图 8-6-15 为液化天然气用的复叠式制冷循环的典型流程图，它是一个三元复叠制冷循环，用丙烷、乙烯和甲烷作为制冷剂，蒸发温度分别为－45℃、－100℃及－160℃。它们的功用是提供天然气液化所需的冷量，而天然气经过净化之后先在甲烷换热器中被预冷，然后在甲烷蒸发器中冷凝为液体，作为产品用泵输出。循环的计算方法参见 3.4 节。

复叠式制冷气体液化循环的工作压力较低，循环的经济性较好，而且制冷循环与天然气液化系统各自独立，相互影响较小；但具有机器设备多、系统复杂的缺点。从原理上说，复叠式循环可用来液化任何气体；只要复叠级数增多，即使是氖、氢、氦均可使之液化。但复叠级数越多，则所需设备越多，系统也越复杂，故以往仅在天然气液化中使用复叠式循环。

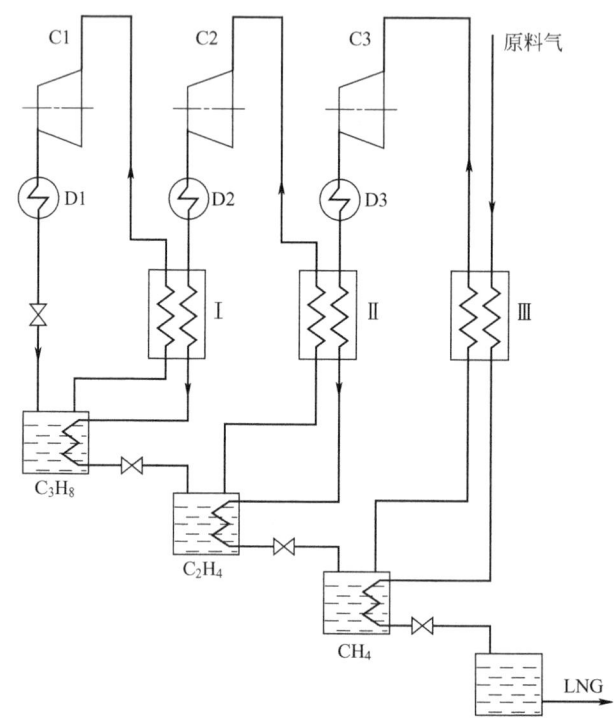

图 8-6-15　复叠式制冷天然气液化循环流程图
C1～C3—压缩机；Ⅰ～Ⅲ—换热器；D1～D3—冷凝器或冷却器

6.6.2　混合制冷剂制冷天然气液化循环

这种循环是由复叠式制冷天然气液化循环演变而来的，它用混合制冷剂制冷循环代替了复叠式制冷循环，用一种多组分混合制冷剂代替了几种纯组分制冷剂。同复叠式制冷气体液化循环相比，这种循环的系统简化、设备减少，因而初次投资减小；但能耗却升高了约 20%。

图 8-6-16 为闭式混合制冷剂制冷天然气液化循环流程图。它的制冷剂是由氮气、甲烷、乙烯（或乙烷）、丙烷、丁烷等组成的混合物，其中甲烷、乙烯所占比例较大（60%～80%）。这种循环是利用多组分混合物中高沸点组分优先冷凝这一特性工作的。如图 8-6-16 所示，混合制冷剂蒸气经过压缩及水冷却之后，大部分高沸点组分先液化，进入 F1 中进行气液分离。F1 中的凝液经换热器Ⅰ过冷后节流降压并汇入返流气体中，返回换热器Ⅰ向天

然气及两股正流制冷剂提供冷量；由 F1 引出的气体进入换热器 I 中继续被冷却并部分液化，然后进入 F2 中进行气液分离。上述过程重复两次，最后由 F3 引出的气体（主要是甲烷和氮）相继在换热器 III 和 IV 中被进一步冷却并部分液化，经节流降压后返回换热器 IV 使天然气液化和过冷，并形成返流气依次流经各个换热器，完全复热后进入压缩机，便完成了工作循环。原料天然气经冷却和净化后继续在四个换热器中被逐级冷却，并最后全部冷凝为液体。

图 8-6-16 所示的闭式循环也具有制冷系统同天然气液化系统各自独立、互相影响较小的特点。除此之外，还有一种开式混合制冷剂制冷天然气液化循环，其特点是制冷系统同液化系统联系起来，原料气同制冷剂混合在一起。在这种液化装置中，原料天然气经过冷却并清除水分和二氧化碳之后即与制冷剂混合，一同流过各级换热器及气液分离器，在冷却过程中逐次将所需要的制冷剂组分冷凝分离出来，令其节流降压并在各级换热器中依次复热，构成一个制冷循环。开式循环免去了停机时用来储存制冷剂的设备；但启动时间较长，且较难调到制冷剂的组成恰为设计要求的配比，故尚待完善。

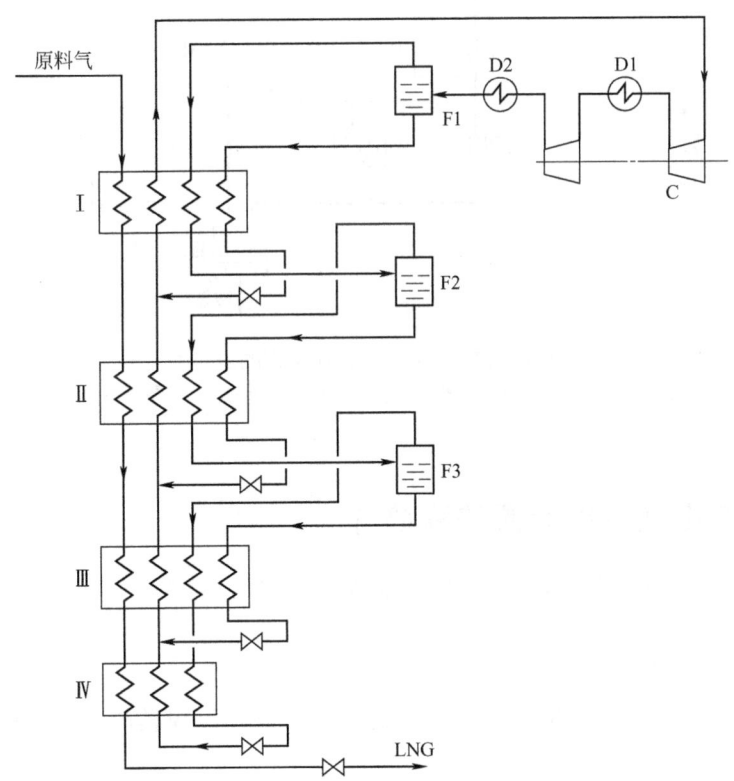

图 8-6-16 闭式混合制冷剂制冷天然气液化循环流程图
C—压缩机；D1—中间冷却器；D2—后冷却器；F1～F3—气液分离器；I～IV—换热器

6.6.3 氦制冷气体液化循环

这种循环是用氦制冷机（带膨胀机的氦制冷机或斯特林循环制冷机）提供冷源，使其他气体液化。为此，氦制冷机需达到能使其他气体液化的温度。例如用单级斯特林制冷机可获得 70K 以下的制冷温度，就可使大气压力下的氮气或空气直接液化，从而组成液氮机。

图 8-6-17 为氦制冷氢液化循环的流程图，氢液化循环和氦液化循环都采用液氮预冷。整个装置由氦制冷及氢液化两个系统组成，并通过氢冷凝器将两个系统联系起来。循环的工作过程由图 8-6-17 可以清楚地看出。

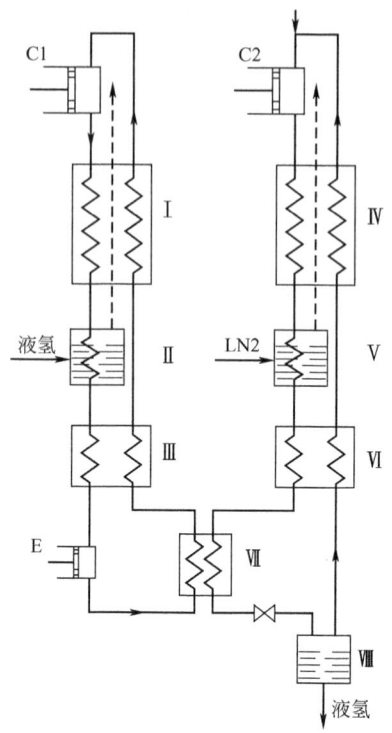

图 8-6-17　氦制冷氢液化循环的流程图

C1—氦压缩机；C2—氢压缩机；E—氦膨胀机；Ⅰ～Ⅵ—换热器；Ⅶ—氢冷凝器；Ⅷ—液氢储槽

6.7　气体液化及分离装置流程简介

本节简单介绍三种气体液化及分离装置的流程。

6.7.1　大型氢液化装置

图 8-6-18 所示美国在 20 世纪 70 年代建造的第一座吨级规模的大型氢液化装置的流程图，其生产能力为日产液氢 30t[8]。

装置的氢液化系统同制冷系统是各自独立的。原料气是由天然气用氧化裂解法制备的，主要成分是氢气，但尚含有 1.2% 的杂质，包括 CH_4、CO、N_2、Ar 及 CO_2 等。原料气进入装置后经过两次吸附纯化和逐级冷却，最后全部凝为液氢，并且在冷却过程中经过六个温度级的绝热催化转化器进行正-仲转化（使用以铝胶为载体的氧化铬为催化剂），最后液体产品中仲氢达 95%。

氢的冷却及液化过程如下。原料氢在进入装置之前先被压缩到 4.12MPa，用卤代烃制冷机冷却至 4.5～5℃，并用铝胶吸附器清除水分。原料气进入装置后，先经 E1 冷却至 100K，并在此温度下用 A1 清除 CH_4。其次，原料气流经氮预冷器 LN1，被在大气压力下蒸发的液氮冷却至80K，并在此温度下用A2除去CO、N_2和Ar。此后，经过纯化的原料气经E4和LN2被冷却到65K（LN2中保持100mmHg的负压），再经E5、E7、E9和LH1被冷却到约29K（LH1中液氢在约690kPa压力下蒸发），最后流经LH2被在大气压力下蒸发的液氢冷却并冷凝成液体，作为产品送去储槽。

装置的制冷部分按双压循环工作，有高压循环氢（4.4MPa）和低压循环氢（690kPa）两股气流进行循环，以提供所需冷量。进入装置的高压和低压两股气流均经LN2被预冷到65K，此后低压循环氢流经E6后进入膨胀机膨胀制冷；而高压循环氢经E5、E8、E10进一步冷却后进行第一次节流，温度降至29～30K，并已部分液化，再经F滤去杂质后进入

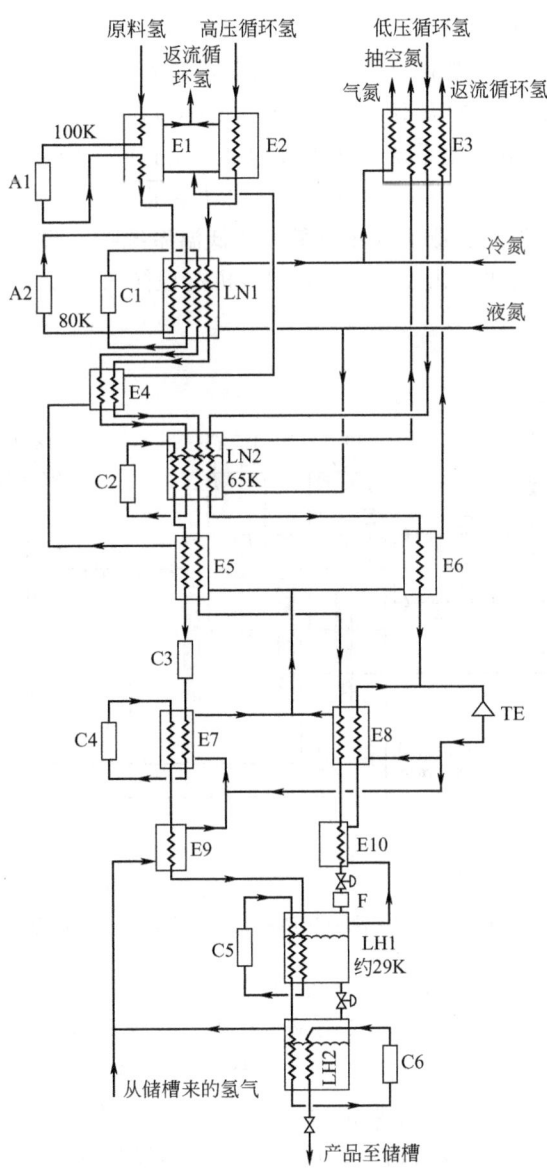

图 8-6-18　日产 30t 大型氢液化装置的流程图
A1、A2—吸附器；C1～C6—正-仲氢转化器；E1～E10—换热器；
LN1、LN2—液氮预冷器；LH1、LH2—液氢槽；TE—氢透平膨胀机；F—过滤器

LH1 中进行气液分离,从 LH1 出来的液氢第二次节流到大气压力,进入 LH2 蒸发制冷,为原料气液化提供冷量。从 LH1 及 LH2 引出的氢气均作为返流气体,依次流经各个热交换器,以冷却正流氢气和原料氢气;不过从 LH1 来的氢气尚具约 700kPa 的压力,故经 E10 和 E8 复热后与正流低压循环氢混合,一同进入膨胀机后再继续作为返流气体。两股返流氢返回各自的压缩机中,经过压缩后继续进行循环。

该装置在满负荷下运转时,每生产 1kg 液氢能耗约为 20kW·h。

6.7.2 大型氦液化装置

氦液化系统装置的原料气是从天然气或者空气中提取。由于高能物理、磁流体发电等现代科学技术的迅速发展,促使氦液化装置不断大型化。大型装置必须不断完善制冷液化循环和提高单元设备的性能,以增加循环热效率。目前普遍采用多台膨胀机的克劳特循环。

欧洲核子中心(CERN)的大型强子对撞机(LHC),作为目前世界上最高能量的强子对撞机,配备了性能强大的低温系统。在周长为 26.7km 的 LEP 隧道环上,分布着约 1800 个各种超导磁体,总共需要约 7000km 的 NbTi 超导电缆。为了获得 8.3T 的磁场,需要将超导磁体冷却到 1.9K,为此建造了世界上最大的低温系统[9]。图 8-6-19、图 8-6-20 分别为林德和法液空为 LHC 制造的 18kW/4.5K 氦制冷机流程简图[10]。

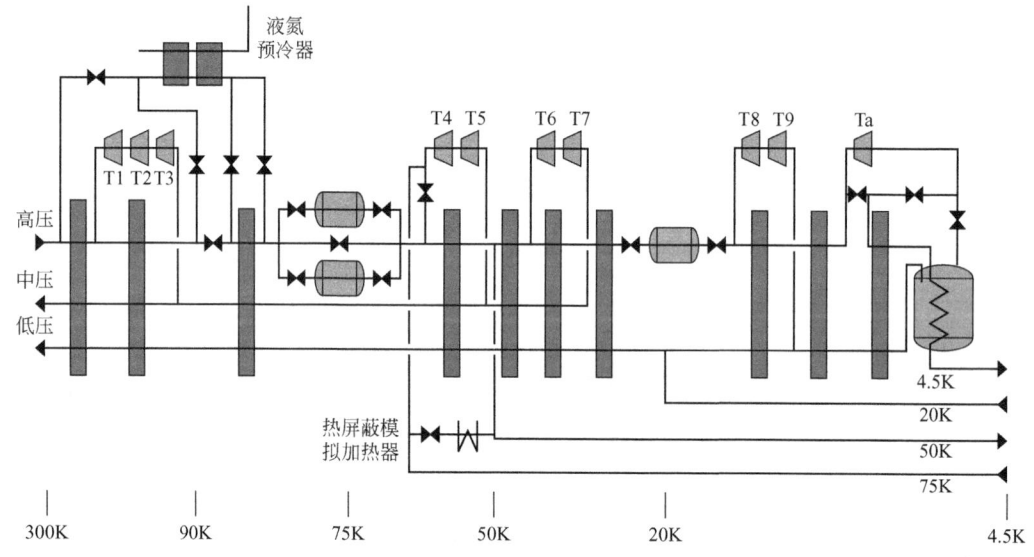

图 8-6-19 具有 10 台透平膨胀机的林德 18kW/4.5K 氦制冷机流程简图

除了换热器和膨胀机,冷箱的主要部分还包括 80K 可切换的吸附器组和 20K 吸附器、液氮预冷器、一个包含氦过冷器的 4.5K 气液分离器。从流程方面讲,两个制冷机到 20K 温区的冷箱内的流程几乎是一致的。出压缩机的流体通过换热器降温,部分氦气在高压与中压流体中直接膨胀制冷。林德用三个串联的透平来实现初步降温,而法液空则在两个串联的透平中间加了一个换热器。80K 吸附器后,第二个换热器模块和两组并联的透平使系统温度进一步降到 20K。为了在 4.5K 获得足够的冷量,林德在高压及低压回路直接用透平 T8 和 T9 膨胀降温(图 8-6-19),法液空用 T7 在高压及低压回路降温(图 8-6-20)。在图 8-6-19 的林德循环中,工质支流经过支流 T8 和 T9,而主流则经过换热器进一步降温后继续分流,

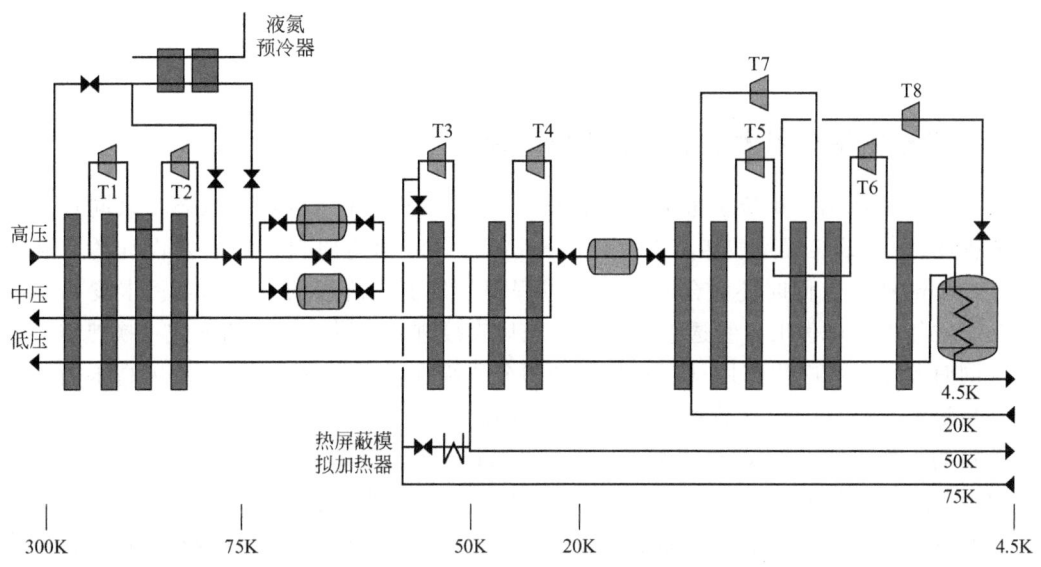

图 8-6-20 具有 8 台透平膨胀机的法液空 18kW/4.5K 氦制冷机流程简图

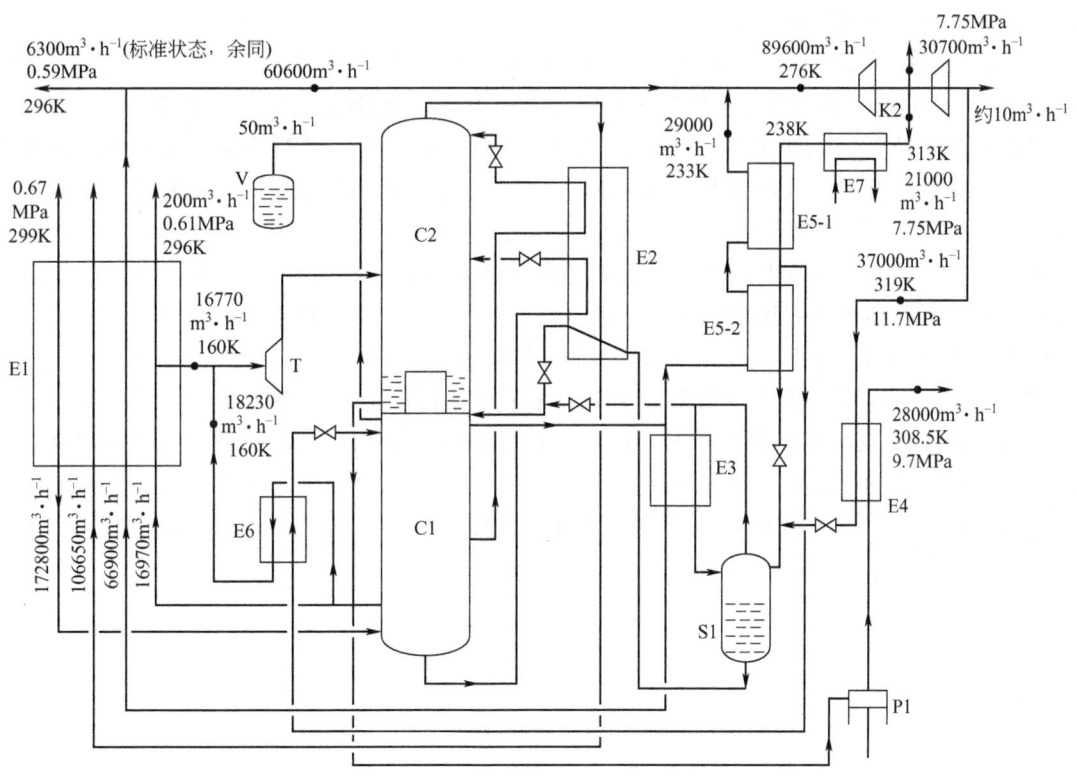

图 8-6-21 林德 28000m³·h⁻¹（标准状态）空分装置流程图

C1—下塔；C2—上塔；E1—切换式换热器；E2—过冷器；E3—液化器；E4—氧气化器；
E5-1、E5-2—循环氮换热器；E6—换热器；E7—氨预冷器；K2—循环氮压缩机；
P1—液氧泵；S1—分离器；T—透平膨胀机；V—液氨槽

一部分进入 Ta，经过节流阀减压到 1.3bar（1bar=1×10⁵Pa，下同）后进入气液分离器去预冷另一股未经过透平 Ta 的工质，以实现 LHC 系统 4.5K 低温冷量的应用需求，法液空的流程也采用类似方式。

6.7.3 合成氨生产用大型空气液化分离装置

图 8-6-21 为我国某单位引进的德国林德公司 28000m³·h⁻¹（标准状态，余同）空分装置的流程图[11]。该装置是按年产 30 万吨合成氨（以渣油为原料）的需要设计的，氧气产量为 28000m³·h⁻¹，同时还为合成氨生产过程提供气氮。流程的特点是：按卡皮查循环工作，膨胀空气由下塔引出，经透平膨胀机膨胀后直接进入上塔；采用切换式主换热器，对原料空气同时起冷却和净化作用（现时趋势是用分子筛在常温下净化空气）；用高压循环氮向下塔补足液氮，以适应从上塔底部抽取液氧产品的需要。

装置的工作过程可简要叙述如下：空气经过压缩、冷却和过滤之后，在 0.67MPa 和 299K 情况下进入装置，其流量为 172800m³·h⁻¹。空气进入装置后先经 E1 冷却到饱和温度，并有少量液化，进入下塔底部参加精馏过程。空分装置照例采用双级精馏塔，以便能同时获得高纯氧和高纯氮。下塔中的凝液分两路经过冷后送入上塔，继续参加精馏；同时下塔中的一部分气体（约为总空气量的 20%）作为膨胀气体，复热到 160K 经膨胀机膨胀到上塔压力，直接进入上塔参加精馏。经过上、下塔的精馏，在上塔顶部得到气氮，上塔底部得到液氧，下塔顶部得到液氮和气氮。

该装置可提供多种产品。从上塔底部抽出液氧 28000m³·h⁻¹，经 P1 加压到 9.7MPa，再经 E4 汽化并加热到 308.5K 以气氧形式输出。从下塔顶部抽出中压气氮 95900m³·h⁻¹，其中的大部分经 E3 和 E1 复热到 296K，分出 6300m³·h⁻¹ 用于甲醇洗涤装置和低温液氮洗涤装置，其余输向循环氮压缩机；另一部分中压气氮经 E5 复热后直接输向循环氮压缩机 K2。中压气氮经 K2 压缩后在第四级叶轮出口达 7.75MPa，此时气流一分为三：一部分约 30700m³·h⁻¹ 作为产品输出，充作氮洗装置的洗涤用氮；一部分约 21000m³·h⁻¹ 用作循环氮；其余部分继续被压缩到 11.7MPa，除 10m³·h⁻¹ 作为产品用作重油汽化炉测温元件保护气体外，其余均用来在 E4 中加热液氧，然后节流降压进入循环氮系统。上述第二部分气氮经 E7 和 E5 冷却后节流到 0.98MPa，与从 E4 来的气流汇合，一同进入气液分离器 S1 中。S1 中的气氮和液氮均节流到下塔压力并流入下塔顶部，其中有一部分气氮在 E3 中冷凝并返回 S1 中（为了回收冷量）。装置还有两种产品：200m³·h⁻¹ 的下塔气体用作装置本身的仪表气体和 50m³·h⁻¹ 的液氮用作真空液氮储槽的补充液氮。此外，上塔顶部尚有 106650m³·h⁻¹ 的气氮作为污氮经 E2 和 E1 复热后排出。

参考文献

[1] 吴业正. 制冷与低温技术原理. 北京：高等教育出版社，2004.
[2] 黄永华，陈国邦. 低温流体热物理性质. 北京：国防工业出版社，2014.
[3] 王遇冬. 天然气处理原理与工艺. 北京：中国石化出版社，2007.
[4] 马国光，吴晓南，王元春. 液化天然气技术. 北京：石油工业出版社，2012：34.
[5] Barron, Randall F. Cryogenic systems. Oxford University Press, Clarendon Press, 1985.
[6] 张祉祐，石秉三. 低温技术原理与装置：上册. 北京：机械工业出版社，1987：87-89.

[7] 张祉祐,石秉三. 低温技术原理与装置:上册. 北京:机械工业出版社,1987: 117-119.
[8] 《国外深冷》编写组. 国外深冷,1977,4.
[9] 叶斌,马斌,侯予. 低温工程,2010(4): 18-23.
[10] Gruehagen H, Wagner U. Measured performance of four new 18 kW@4.5K helium refrigerators for the LHC cryogenic system [C] //The 20th International Cryogenic Conference, Beijing: 2004.
[11] 阎振贵,李倩. 深冷技术,1988(6): 1-4.

7

吸收制冷

7.1 吸收制冷原理

吸收制冷是依靠吸收器-发生器组（也称热化学压缩机）的作用来实现制冷的一种方法。它以热能为推动力，且一般以二元溶液作为工质。工质中低沸点组分用作制冷剂，即利用它的蒸发来实现制冷；高沸点组分用作吸收剂，即利用它对制冷剂的吸收和解吸作用来完成工作循环。利用这种方法可以组成吸收式制冷机、吸收式热泵和吸收式热变换器，其中发展比较完备的是吸收式制冷机。

图 8-7-1 为最简单的吸收式制冷机系统图，它是由发生器、冷凝器、蒸发器、吸收器以及节流阀和溶液泵等组成，其工作过程如下：在发生器中用水蒸气（也可用热水或者燃气）加热溶液并使之蒸发，产生的制冷剂蒸气在冷凝器中冷凝为液体，经节流阀降压后进入蒸发器中蒸发制冷，使冷媒水温度降低，对外提供冷量。蒸发器中蒸发的制冷剂蒸气流入吸收器中。另外，在发生器中制冷剂含量减少后的溶液（亦称吸收液），经节流阀降压后也进入吸收器中，与蒸发器来的制冷剂蒸气相汇合，并吸收这些蒸气而恢复原来的浓度，再用溶液泵打入发生器中继续进行循环。同压缩式制冷机的工作过程相比较可以看出：吸收式制冷机也包括冷凝、节流、蒸发等过程，只是压缩机的作用被吸收器-发生器组所代替。

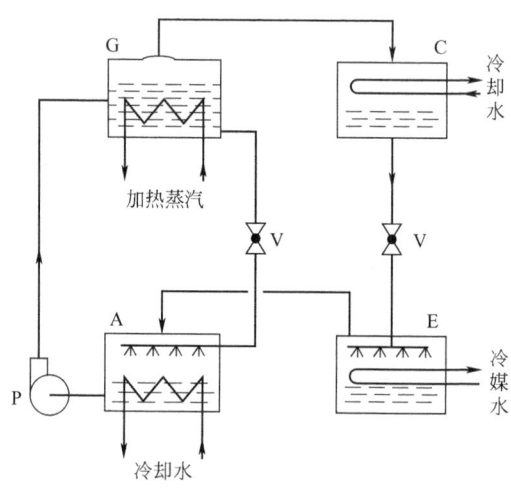

图 8-7-1 最简单的吸收式制冷机系统图

G—发生器；C—冷凝器；E—蒸发器；A—吸收器；P—溶液泵；V—节流阀

吸收器起着相当于压缩机吸气行程的作用[1]，将蒸发器中生成的制冷剂蒸气不断抽吸出来，以维持蒸发器内的低压。发生器则起相当于压缩机压缩行程的作用，产生高压、高温制冷剂蒸气。

用 Q_0、Q_g 分别表示制冷机的制冷量和加给发生器的热量,用 Q_a、Q_c 分别表示吸收器和冷凝器的放热量,则在没有散热损失和耗冷损失以及泵功可以忽略的情况下,有式(8-7-1)的热平衡式:

$$Q_0 + Q_g = Q_a + Q_c \tag{8-7-1}$$

可用 Q_0 同 Q_g 之比作为循环的经济性指标,称为热力系数。

$$\zeta = Q_0 / Q_g \tag{8-7-2}$$

热力系数表示消耗单位热量所能制取的冷量,是衡量吸收式机组的主要性能指标。在给定条件下,热力系数越大,循环的经济性就越好。需要注意的是,热力系数只表明吸收式机组工作时,制冷量与所消耗的加热量的比值,与通常所说的机械设备的效率不同,其值可以小于1、等于1、大于1。

如定义高温热源的温度为 T_g,低温热源的温度为 T_0,外界环境温度为 T_k,并忽略吸收式循环中各过程的不可逆损失,则可认为发生器中的发生温度就等于高温热源温度 T_g,蒸发器中的蒸发温度等于低温热源温度 T_0,冷凝器中的冷凝温度和吸收器中的冷却温度等于外界环境温度 T_k,根据热力学第二定律有式(8-7-3):

$$\frac{Q_0}{T_0} + \frac{Q_g}{T_g} = \frac{Q_a}{T_k} + \frac{Q_k}{T_k} \tag{8-7-3}$$

联立式(8-7-1)~式(8-7-3),可以得该理想吸收式循环的热力系数:

$$\zeta_{\max} = \frac{T_g - T_k}{T_g} \times \frac{T_0}{T_k - T_0} = \eta\varepsilon \tag{8-7-4}$$

式中　η——工作在高温热源温度 T_g 和环境温度 T_k 间的正卡诺循环的制冷系数,

$$\eta = \frac{T_g - T_k}{T_g};$$

ε——工作在低温热源温度 T_0 和环境温度 T_k 间的逆卡诺循环的制冷系数,

$$\varepsilon = \frac{T_0}{T_k - T_0}。$$

理想吸收式制冷循环的热力系数 $\zeta_{\max}$ 是吸收式制冷循环在理论上所能达到的热力系数的最大值,这一最大值只取决于三个热源的温度,而与其他因素无关。

在实际过程中,由于各种不可逆损失的存在,吸收式制冷循环的热力系数必然低于相同热源温度下理想吸收式循环的热力系数,两者之比就被称为吸收式制冷循环的热力完善度,用 β 表示。热力完善度越大,表明循环中的不可逆损失越小,循环越接近理想循环[1]。

$$\beta = \frac{\zeta}{\zeta_{\max}} \tag{8-7-5}$$

在如图8-7-1所示循环中,发生器与吸收器之间以及冷凝器与蒸发器之间均存在较大的温差,故可采用回热原理实现循环内部的热量交换,以提高循环的经济性。比较有重大意义的是,在发生器和吸收器之间加设一个溶液热交换器,图8-7-2所示有溶液热交换器的吸收式制冷机系统图。使用溶液热交换器后可使 Q_a 和 Q_g 减小,因而提高了循环的热力系数。

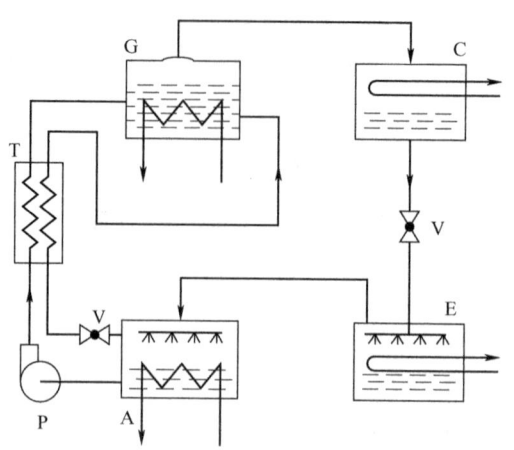

图 8-7-2 有溶液热交换器的吸收式制冷机系统图

G—发生器；C—冷凝器；E—蒸发器；A—吸收器；P—溶液泵；V—节流阀；T—溶液热交换器

7.2 吸收式制冷机的工质

吸收式制冷机的工质应满足如下要求：①吸收剂对制冷剂有强烈的吸收能力，且在相同压力下两者的沸点相差越大越好，这样在发生过程中可得到较纯的制冷剂蒸气；②制冷剂在工作温度方面应满足制冷的要求，且使制冷机具有较高的热力系数；③工作压力适中，便于制冷机的制造和运转；④安全可靠，不燃、不爆、不热解，对人体无毒，对材料无腐蚀性；⑤易于获得，价格低廉。

7.2.1 工质的种类

吸收式制冷机通常是按工质分类的，当工质种类不同时，制冷机的结构、循环特性和计算方法以及制冷机的使用场合和经济性，都差别较大。已经使用和正在研讨的吸收式制冷机工质大体可分为五类[2]。

(1) 以水为制冷剂的工质 有水-溴化锂、水-氯化锂、水-碘化锂、水-氯化锂-溴化锂等。以水为制冷剂时，其根本缺点是不能获得 0℃以下的低温。

(2) 以醇为制冷剂的工质 有甲醇-溴化锂、甲醇-溴化锌、乙醇-溴化锂等。用醇作为吸收式制冷机的制冷剂，则可克服以水作为制冷剂的缺点。

(3) 以氨类为制冷剂的工质 有氨-水、乙胺-水、甲胺-水、氨-硫氰酸钠等。

(4) 以卤代烃为制冷剂的工质 主要是以 R21、R22 为制冷剂，以四甘醇二甲醚为吸收剂。

(5) 以碳氢化合物为制冷剂的工质 例如以丙烷与乙烷的混合物为制冷剂，以丁烷和戊烷的混合物为吸收剂等。

到目前为止，得到实际应用的只有氨水溶液（氨-水）和溴化锂水溶液（水-溴化锂）。

7.2.2 溴化锂水溶液

溴化锂属盐类，当不含水时为白色结晶，化学性质比较稳定。在标准大气压力下，溴化锂的熔点为 549℃，沸点为 1265℃，因而在常温下可看作是不挥发的。

溴化锂极易溶于水，在常温下所得溶液的浓度约为 60%。溴化锂水溶液呈淡黄色，无毒；有较强的吸水能力，是比较理想的吸收剂。因溴化锂基本上不挥发，从溴化锂水溶液中蒸发出的是纯蒸气，故溴化锂吸收式制冷机发生器的出口无需设置分凝及精馏设备。溴化锂水溶液冷却到一定温度时会出现溴化锂结晶，其结晶曲线如图 8-7-3 所示。在溴化锂吸收式制冷机运转中，应严格控制溶液浓度不超过 66%。

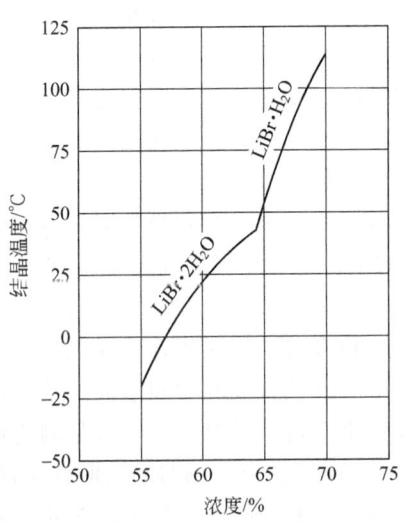

图 8-7-3 溴化锂水溶液的结晶曲线

溴化锂水溶液的化学性质稳定，不会变质；对碳钢及铜均有较强的腐蚀性（需用瓷容器盛装），特别是当温度高、浓度小和有氧气或空气存在时，腐蚀性较强。防止腐蚀最根本的方法是保持高度真空，尽可能不让氧气侵入。此外，在溶液中加入各种缓蚀剂也可以有效地抑制溴化锂溶液对金属的腐蚀，常见的缓蚀剂主要有铬酸盐、钼酸盐、硝酸盐以及锑、铅、砷的氧化物。另外，一些有机物，如苯并三唑 BTA（$C_6H_4N_3H$）、甲苯三唑 TTA（$C_6H_3N_3HCH_3$）等在溴化锂溶液中也有良好的缓蚀效果[3]。通过在溴化锂溶液中加入缓蚀剂并将溶液的 pH 值调到 9.5～10.3，可获得良好的缓蚀效果。

7.2.3 氨水溶液

氨与水能以任意的比例组成均匀溶液。氨水溶液无色，有强烈的刺激性臭味，对人体有毒。在相同压力下，氨与水的沸点相差不大（例如标准大气压下，氨的沸点为 −33.4℃，水的沸点为 100℃），蒸发时所产生的蒸气中仍含一定比例的水蒸气，故氨吸收式制冷机要在发生器出口处设置分凝或精馏设备。

氨水溶液有微量的离子化现象，故呈弱碱性，不腐蚀钢，而对有色金属（除磷青铜外）有腐蚀性。

7.3 溴化锂吸收式制冷机

溴化锂吸收式制冷机是目前应用最广泛的一类吸收式制冷机。它用水为制冷剂，蒸发温度在 0℃ 以上,仅可用于空气调节及为生产过程制备冷水。这类制冷机可用 0.03～0.15MPa (表压)的低压蒸汽或 85～150℃ 的热水为加热热源,因而对废汽、废热、太阳能和其他低温位热能的利用具有重要意义,特别在热、电、冷联供中配套使用,无疑有着明显的节能效果。根据加热热源形式及温度的不同,溴化锂吸收式制冷机有多种型式。

7.3.1 单效溴化锂吸收式制冷机

这类制冷机一般用低压蒸汽为热源,热力系数在 0.65～0.7[1]。

(1)流程系统 这类制冷机由发生器、冷凝器、蒸发器、吸收器和溶液换热器组成,不过发生器、冷凝器、蒸发器和吸收器不是单体设置,而是设置在一个或两个筒体内,这样可使设备简化,并可节约材料、减小流动阻力。故在结构型式上有单筒型(用于中小型)与双筒型(用于大型)之分。双筒型溴化锂吸收式制冷机的系统图见图 8-7-4,它的发生器和冷凝器设置在一个筒体内,称为高压筒;蒸发器和吸收器设置在一个筒体内,称为低压筒。它的工作过程与如图 8-7-2 所示的工作过程相同,而差别仅在于:①使用了蒸发器泵和吸收器泵,其作用是使冷剂水(制冷剂)和吸收液分别在蒸发器和吸收器中以较大的倍率循环流动,以强化与冷媒水(载冷剂)和冷却水的换热,这样一来,在吸收器中喷淋的是由发生器来的浓溶液同吸收器液囊内的稀溶液混合成的中间溶液;②在冷凝器至蒸发器的冷剂水管路上和发生器至吸收器的吸收液管路上均不设节流阀,这是因为溴化锂吸收式制冷机在真空条件下工作,高压部分与低压部分的压差很小,利用 U 形管中的水封和吸收液管路中的流动阻力即可将高低压力分开。在单筒型制冷机中,冷凝器与蒸发器之间甚至可以不用 U 形管,而改用节流短管或喷嘴。

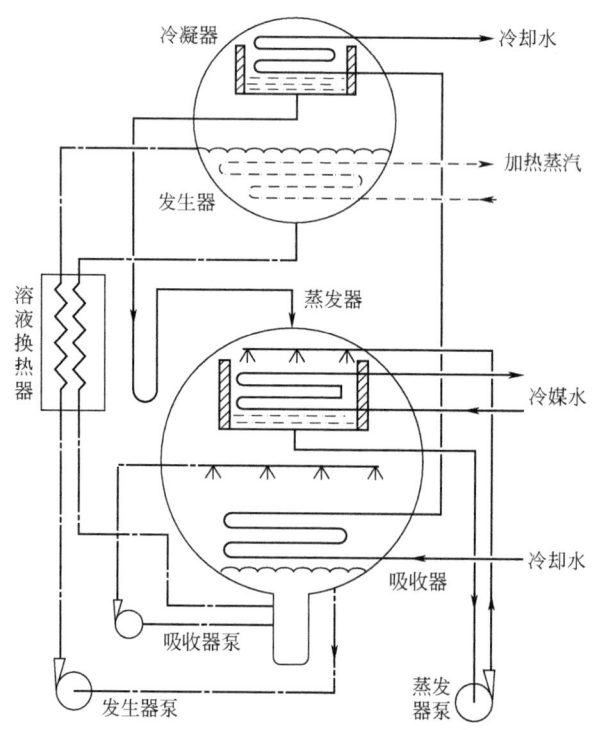

图 8-7-4 双筒型溴化锂吸收式制冷机的系统图

(2)基本热工计算 溴化锂吸收式制冷机的循环过程可以在溴化锂水溶液的焓浓度图上

表示出来,并作为循环的热工计算依据。在忽略流动阻力、不计冷损和热损,并假定发生过程终了和吸收过程终了均达到饱和状态(即不存在发生不足和吸收不足)的情况下,单效溴化锂吸收式制冷机循环的 h-ξ 图如图 8-7-5 所示。为方便起见,将由吸收器出来进发生器前的溶液称为稀溶液,将由发生器出来的溶液称为浓溶液,它们的浓度分别用 ξ_a 和 ξ_r 表示。图 8-7-5 中点 2 表示由吸收器出来的稀溶液的状态,2—7 为稀溶液在溶液换热器中的加热过程;7—5—4 为溶液在发生器中的加热和蒸发过程,在这个过程中产生的水蒸气,其平均状态用点 $3'$ 表示。点 4 表示由发生器出来的浓溶液的状态,4—8 为其在溶液换热器中的冷却过程。用点 8 表示的浓溶液进入吸收器液囊后,先同稀溶液混合,成为用点 9 表示的中间溶液,然后用吸收器泵送去喷淋。中间溶液离开喷淋系统后,首先闪发成用点 10 表示的饱和溶液,故 10—2 为实际的吸收过程。另外,$3'$—3 为制冷剂蒸气的冷凝过程,3—1 为节流过程,1—$1'$ 为蒸发过程。

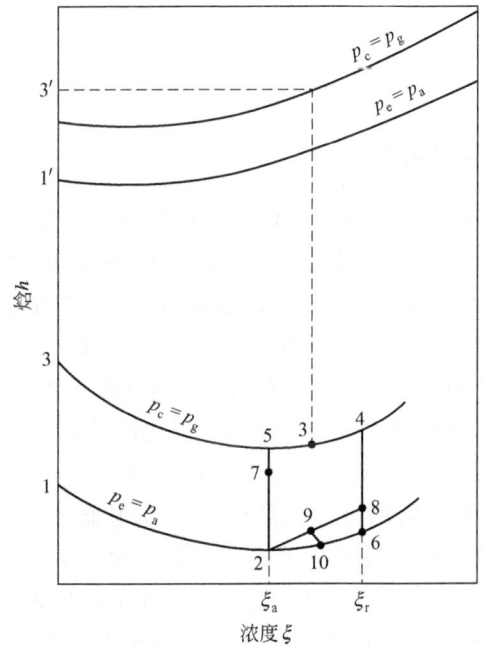

图 8-7-5 单效溴化锂吸收式制冷机循环的 h-ξ 图

现在介绍单效溴化锂吸收式制冷机的热工计算。令 D 表示制冷剂的流量,F 表示稀溶液的流量,$a=F/D$ 表示稀溶液的循环倍率,则根据发生器中溴化锂的质量平衡式:

$$F\xi_a = (F-D)\xi_r \quad (8\text{-}7\text{-}6)$$

可得

$$a = \xi_r/(\xi_r - \xi_a) \quad (8\text{-}7\text{-}7)$$

式中,浓度差 $(\xi_r - \xi_a)$ 为放气范围,是溴化锂吸收式制冷机的一个重要技术指标,其值一般为 3.5%~6%。

制冷机的制冷量 Q_0 同制冷剂流量的关系是:

$$Q_0 = Dq_0 = D(h_{1'} - h_3) \quad (\text{kJ} \cdot \text{h}^{-1}) \quad (8\text{-}7\text{-}8)$$

式中,$q_0 = h_{1'} - h_3$ 为制冷剂的单位制冷量。根据式(8-7-6)~式(8-7-8)可进行 Q_0 与 D、F 的换算。

进一步，还可计算各个热交换器的热负荷。对于冷凝器不难看出：

$$Q_c = Dq_c = D(h_{3'} - h_3) \quad (\text{kJ} \cdot \text{h}^{-1}) \tag{8-7-9}$$

用 q_g 表示在发生器中每发生 1kg 水蒸气需加入的热量，q_a 表示在吸收器中每吸收 1kg 水蒸气所放出的热量，则根据发生器和吸收器的热平衡式可以求得：

$$Q_g = Dq_g = D[a(h_4 - h_7) + (h_{3'} - h_4)] \quad (\text{kJ} \cdot \text{h}^{-1}) \tag{8-7-10}$$

$$Q_a = Dq_a = D[a(h_8 - h_2) + (h_{1'} - h_8)] \quad (\text{kJ} \cdot \text{h}^{-1}) \tag{8-7-11}$$

同时根据溶液换热器的热平衡式可求得：

$$Q_t = Da(h_7 - h_2) = D(a-1)(h_4 - h_8) \quad (\text{kJ} \cdot \text{h}^{-1}) \tag{8-7-12}$$

于是制冷机的热力系数可表示为：

$$\zeta = \frac{q_0}{q_g} = \frac{h_{1'} - h_3}{a(h_4 - h_7) + (h_{3'} - h_4)} \tag{8-7-13}$$

7.3.2 双效溴化锂吸收式制冷机

这类制冷机是为了有效地利用温度较高的加热热源而设计的，一般应用 250～800kPa（表压）的饱和蒸汽来加热，也可应用燃气或 150℃ 以上的高温热水。它同单效制冷机的不同之处是有两个发生器和两个溶液热交换器，而且利用高压发生器产生的蒸汽作为低压发生器的加热介质。它的热力系数比单效制冷机提高约 50% 以上。

双效溴化锂吸收式制冷机按其总体结构有双筒型与三筒型之分，按稀溶液的流动方式又可分为分流流程和串流流程。双筒型分流流程的双效溴化锂吸收式制冷机系统图见图 8-7-6，小筒中仅装设高压发生器，大筒中则装设低压发生器、冷凝器、蒸发器和吸收器；而且发生器泵与吸收器泵合二为一，另在溶液管路上增加了一个引射器。

图 8-7-7 示出上述分流流程双效溴化锂吸收式制冷机的 $h\text{-}\xi$ 图，图 8-7-7 中的点号与图 8-7-6 是一致的。在制冷机系统中，溴化锂溶液的循环流动情况如下。由吸收器出来的稀溶液，经低温换热器加热后分为两路：一路经凝水换热器加热到状态 4′，然后进入低压发生器发

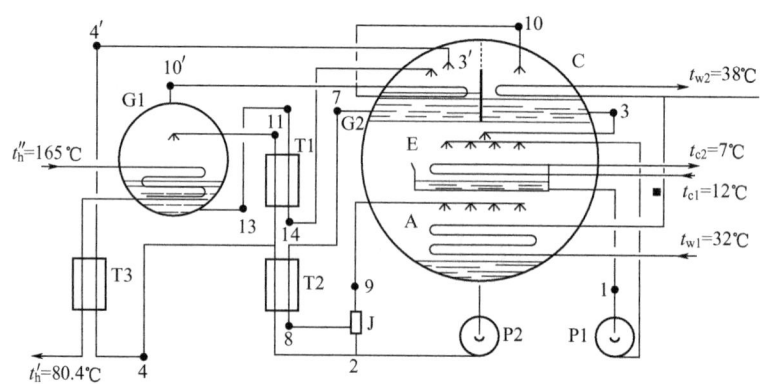

图 8-7-6 双筒型分流流程双效溴化锂吸收式制冷机系统图
G1—高压发生器；G2—低压发生器；C—冷凝器；E—蒸发器；A—吸收器；
T1—高温换热器；T2—低温换热器；T3—凝水换热器；J—引射器；P1—蒸发器泵；P2—溶液泵

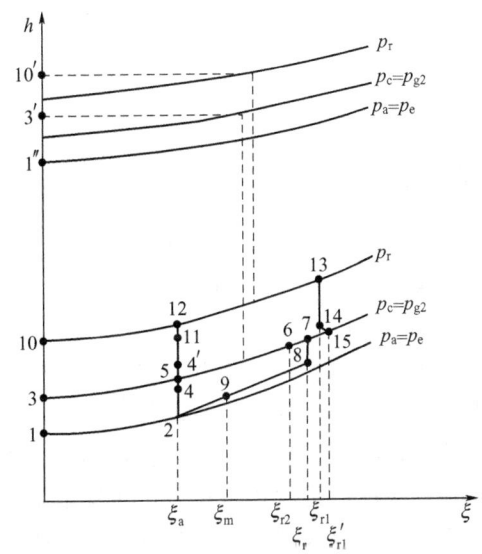

图 8-7-7 分流流程双效溴化锂吸收式制冷机 h-ξ 图

生蒸气，并转变为浓度为 ξ_{r2} 的浓溶液（点 6）；另一路经高温换热器加热到状态 11，进入高压发生器发生蒸气，并转变为浓度为 ξ_{r1} 的浓溶液。浓度为 ξ_{r1} 的浓溶液在高温换热器中被冷却后，进入低压发生器的尾部，由于节流降压闪发出一定量的蒸气后浓度增至 $\xi_{r1'}$（点 15），与低压发生器的浓溶液混合（点 7），一同进入低温换热器参加换热。

双效制冷机的计算同单效制冷机的相似，可参看文献 [4]。

7.3.3 两级吸收溴化锂吸收式制冷机

两级吸收制冷机是为了利用低温位（100℃以下）热能而设计的，两级吸收溴化锂吸收式制冷机系统图见图 8-7-8。它包括两个发生器、两个吸收器、一个冷凝器、一个蒸发

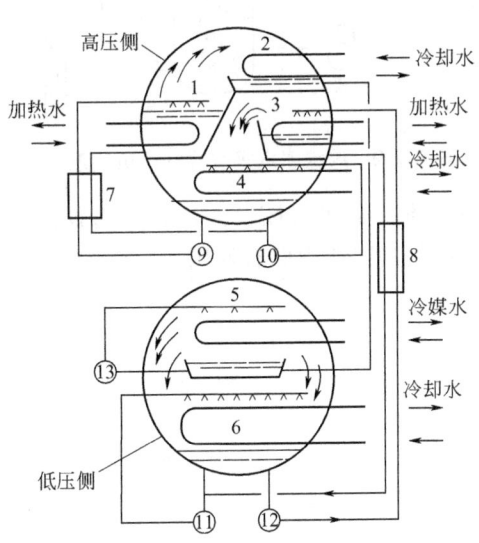

图 8-7-8 两级吸收溴化锂吸收式制冷机系统图

1—高压发生器；2—冷凝器；3—低压发生器；4—高压吸收器；5—蒸发器；
6—低压吸收器；7,8—溶液换热器；9,12—发生器泵；10,11—吸收器泵；13—蒸发器泵

器，装设在两个筒体中。制冷机的工作过程由图 8-7-8 可以看出，其特性和计算可参看文献 [5]。

7.4 氨水吸收式制冷机

氨水吸收式制冷机的工作原理与溴化锂吸收式制冷机是类似的，但具有如下特点：①以氨气为制冷剂，制冷机设备需采用全钢结构，制冷温度可以达 0℃ 以下；②工作压力较高，如冷凝器和发生器的压力可达 1.2～1.8MPa；③因发生过程是在较高压力下进行的，加热介质需具有较高的温度，如用水蒸气加热时，其压力应不低于 300kPa；④为了提高发生出来的氨气的浓度，需在发生器出口加设分凝及精馏设备。

单级氨水吸收式制冷机的系统图见图 8-7-9，它的各个设备均单体设置，而且氨节流阀不可以省去；此外，因蒸发温度与冷凝温度相差较大，使用了氨的气液回热器，这对于提高单位制冷量是有好处的。单级氨水吸收式制冷机的制冷温度一般可达 -30℃ 左右，双级氨水吸收式制冷机的制冷温度可低达 -60℃。

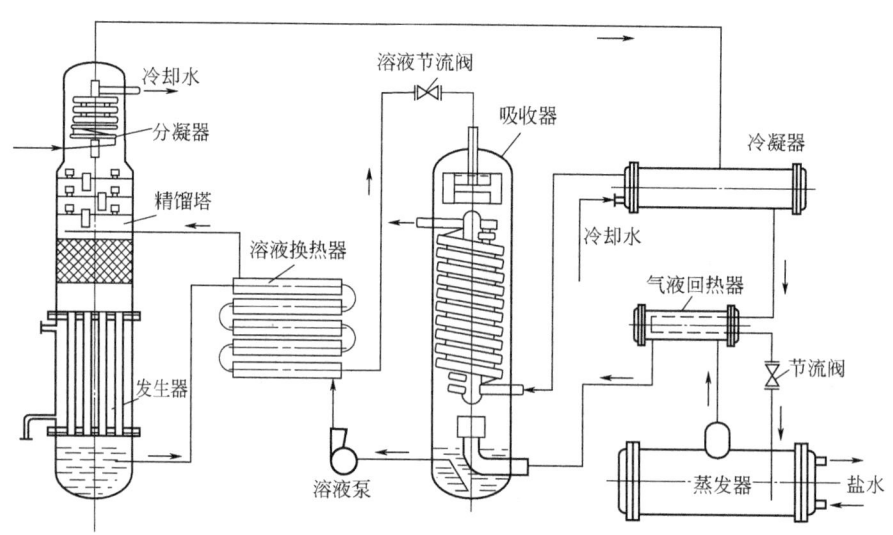

图 8-7-9 单级氨水吸收式制冷机的系统图

氨水吸收式制冷机设备笨重、金属消耗量大，需要用较高压力的加热蒸汽，且氨气有毒，故其应用日渐减少，仅在化学工业中偶有使用。

参考文献

[1] 戴永庆. 溴化锂吸收式制冷技术及应用. 北京：机械工业出版社，1996：6-58.
[2] 茅以惠，余国和. 吸收式与蒸汽喷射式制冷机. 北京：机械工业出版社，1985：39-42.
[3] 濮伟. 制冷原理. 北京：化学工业出版社，2000：87-88.
[4] 郑玉清，吴进发，耿惠彬. 两效溴化锂吸收式制冷机及应用. 北京：机械工业出版社，1990：74-79.
[5] 戴永庆，郑玉清. 溴化锂吸收式制冷机. 北京：国防工业出版社，1980：251-255.

热泵及能量回收

能源是经济和社会发展的重要支撑,能源短缺是我们必须面对和解决的基本问题。热泵技术和工业余热回收技术是节能减排的重要手段,本章将对这两个方面作具体介绍。

8.1 热泵

热泵的工作原理以及基本部件等和相应的制冷循环基本没有什么区别,所以本节只对热泵进行简单介绍。

8.1.1 热泵的含义及特点

热泵是利用少量驱动能源,把大量无用的低温热能变为有用的高温热能的装置,如同泵送"热能"的泵一样。其制取热能的能源消耗可比传统方法节省一倍甚至数倍,因此,热泵在制取生产和生活热能的诸多领域均具有广阔的应用前景。

热泵在向高温需热处供热的同时,也从低温热源吸热(制冷),因此,热泵兼有制冷及制热的双重功能,但热泵与制冷设备又有明显的不同,主要体现在以下几个方面:

(1) 目的和应用领域不同 热泵的目的是供热,用于需要供热的场合,而制冷设备的目的是供冷,用于低温储藏或加工的场合,不同目的影响供热及制冷的机组结构和流程的设计。如内燃机驱动的热泵,需尽量回收尾气余热和汽缸冷却热,与热泵制取的热量一起供给用户;而内燃机驱动的制冷设备则只需考虑制冷效果。

(2) 工作温度区间不同 热泵设备工作温度的下限一般是环境温度,上限则根据用户需求而定,可高于100℃;制冷设备工作温度的上限一般是环境温度,下限则根据用户需要而定(如食品冷冻温度为-30℃)。

(3) 对部件和工质的要求不同 由于热泵设备与制冷设备的工作温度不同,其工作压力、各部件材料与结构、对工质特性的要求也不同。

8.1.2 热泵按工作原理分类

基于热泵的工作原理,热泵可分为蒸气压缩式热泵、气体压缩式热泵、吸收式热泵、吸附式热泵、喷射式热泵、热电式热泵等,其中在工程实际中应用较多的是蒸气压缩式热泵、吸收式热泵和喷射式热泵。

8.1.2.1 蒸气压缩式热泵

蒸气压缩式热泵也称为机械压缩式热泵,其主要特点是利用电动机或内燃机等动力机械驱动压缩机,使工质在热泵中循环流动并发生状态变化,实现热泵的连续高效制热。蒸气压缩式热泵的原理示意图如图 8-8-1 所示,它是由压缩机(包括驱动装置,如电动机、内燃机等）、冷凝器、节流装置、蒸发器等基本部件和许多辅助设备组成的封闭回路，在其中充注循环工质，由压缩机驱动工质在其中循环流动。其使用的工质和蒸气压缩式制冷循环基本相同。

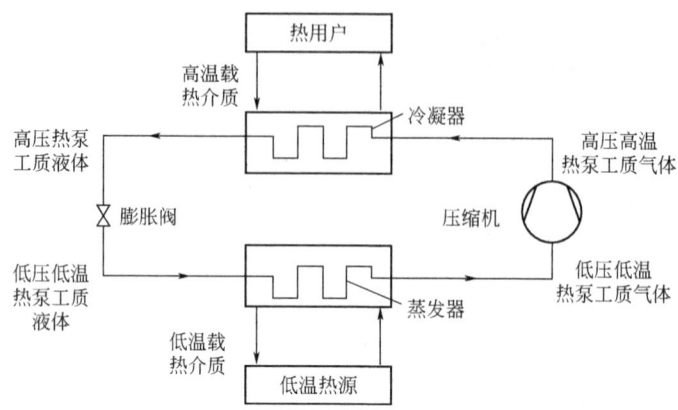

图 8-8-1　蒸气压缩式热泵的原理示意图[1]

蒸气压缩式热泵的制热系数高、热泵工质多样，可满足热用户对不同制热温度的需要；机组规模大、中、小、微型均可，应用最为广泛。

8.1.2.2　吸收式热泵

吸收式热泵原理示意图如图 8-8-2 所示（以水-溴化锂第一类吸收式热泵为例），它由热能驱动，发生器、吸收器、溶液泵、溶液阀共同作用，起到蒸气压缩式热泵中压缩机的功能，并和冷凝器、蒸发器、节流阀、溶液热交换器组成封闭回路，系统内充以工质对（吸收剂和循环工质）溶液，吸收剂和循环工质的沸点差距很大，且吸收剂对循环工质有极强的吸收作用。

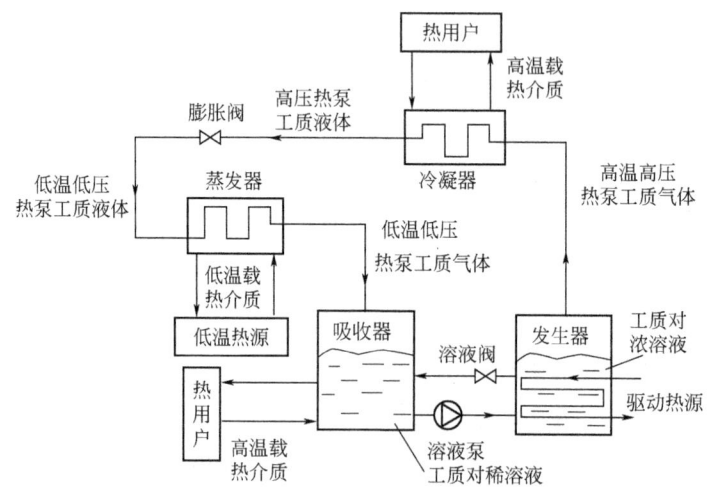

图 8-8-2　吸收式热泵原理示意图[1]

吸收式热泵可构建第二类热泵，在工程实际中应用比较广泛，机组规模大、中、小型均可，但大中型机组的技术经济性较好。在我国能源消耗还主要依赖化石燃料的今天，大量的中低温废热常常得不到有效利用，许多场合应用吸收式热泵能在提高能源利用率、降低温室气体排放量等方面可以起到很好的效果。

8.1.2.3 喷射式热泵

喷射式热泵原理示意图如图 8-8-3 所示，驱动热源加热高压工质液体，产生高压工质蒸气，进入喷射器形成高速低压气流，与来自蒸发器的低温低压工质蒸气混合后，速度降低，压力升高，在喷射器出口处形成中压工质气体，进入冷凝器凝结放热给热用户，在冷凝器出口成为中压热泵工质液体。出冷凝器的中压工质液体分为两路，一路经膨胀阀节流，产生低温低压工质液体，进入蒸发器，从低温热源吸热并变为低压低温工质蒸气，再进入喷射器开始下一个循环；另一路经工质泵升压后，进入加热器，被驱动热源加热为高压工质蒸气后，再进入喷射器开始下一个循环。

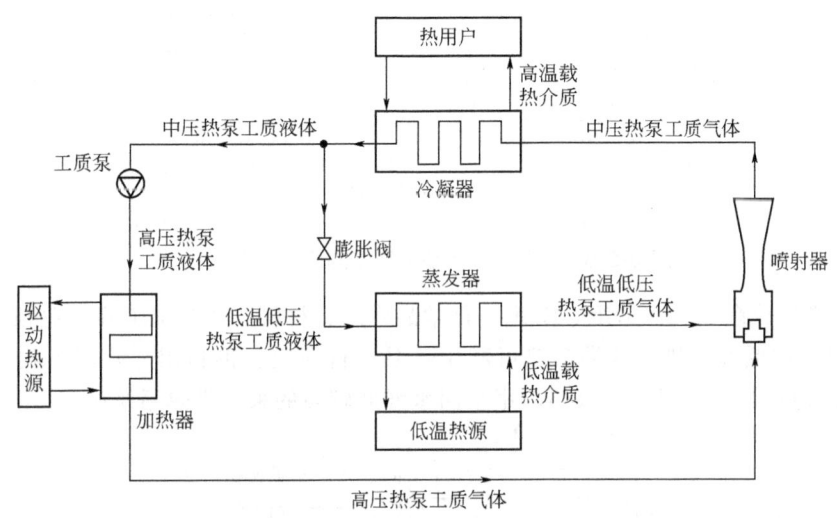

图 8-8-3　喷射式热泵原理示意图[1]

喷射式热泵的装置简单，可以充分利用工艺中的富余蒸气驱动热泵运行，运行可靠；机组规模大、中、小、微型均可；但制热系数略低于其他热驱动式热泵。

8.1.3　热泵的应用

（1）干燥　热泵与各种干燥装置结合组成的干燥装置称为热泵干燥装置。热泵应用于干燥过程的主要原理，是利用热泵蒸发器回收干燥过程排气中的放热，经压缩升温后再加热进干燥

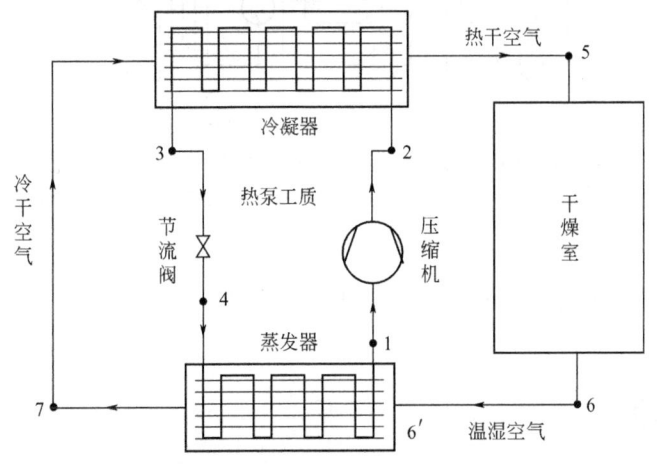

图 8-8-4　热泵干燥装置的原理示意图[2]

室的空气，从而大幅度降低干燥过程的能耗，热泵干燥装置的原理示意图如图 8-8-4 所示。

(2) 蒸发 蒸发浓缩、蒸馏和蒸煮等过程中需大量的热能，同时又产生具有很高焓值的二次蒸汽，此时可利用热泵，在热泵蒸发器中循环工质吸收二次蒸汽中所蕴含的热能，经压缩机升温后到热泵冷凝器中冷凝放热满足料液蒸发或蒸馏过程的需要，热泵蒸发浓缩或蒸馏的原理示意图如图 8-8-5 所示。

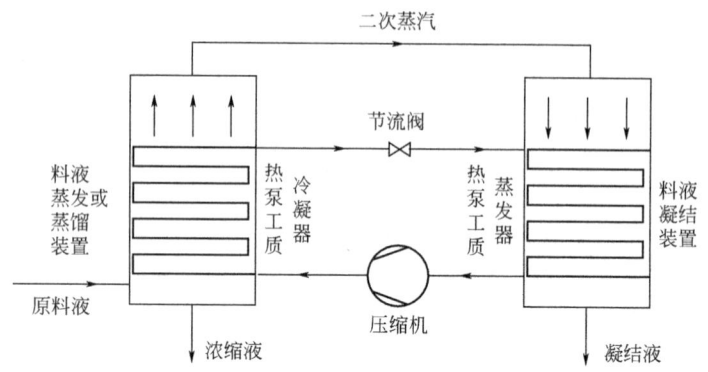

图 8-8-5 热泵蒸发浓缩或蒸馏的原理示意图[2]

(3) 回收工业余热 在造纸、纺织、化学品生产、材料生产与加工等工业领域，通常有大量 60℃ 以下的低温余热，这类余热可利用热泵进行回收、再利用。采用吸收式热泵的烟气、水蒸气潜热回收系统见图 8-8-6，用于回水温度较高的采暖供热系统中。

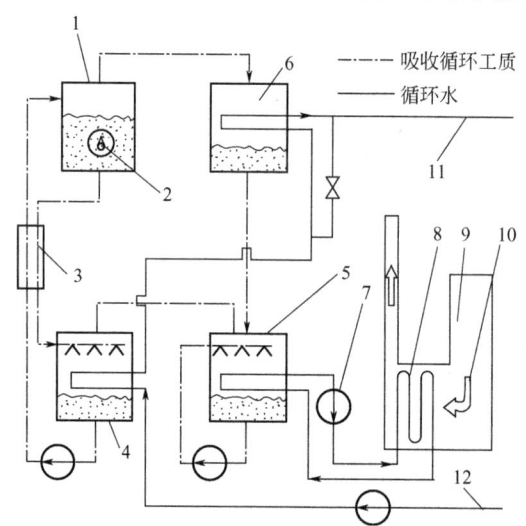

图 8-8-6 采用吸收式热泵的烟气、水蒸气潜热回收系统[3]
1—发生器；2—高温热源（燃烧室）；3—热交换器；4—吸收器；5—蒸发器；6—冷凝器；
7—泵；8—冷凝换热器；9—燃气锅炉；10—烟气流向；11—采暖供水；12—采暖回水

(4) 其他 如制取热水、供暖、供冷、海水淡化等。

8.2 能量回收

现今的工业生产过程中，特别是在化工、炼油、冶金、造纸、制糖等行业中，存在大量的热能没有被有效利用,而是以余热的形式排放到了环境中。根据温度的高低,工业余热可分为600℃以上的高温余热,230~600℃的中温余热和230℃以下的低温余热3种;根据来源,又可被分为烟气余热、废汽废水余热、冷却介质余热、高温产品和炉渣余热、化学反应余热等。由于余热资源种类多样,其产生环境和工艺过程不同以及场地固有条件的限制,目前应用的余热回收方式有热交换技术、热泵技术、余热制冷技术、低温有机朗肯循环发电技术(ORC)和Kalina循环发电技术。相比其他几种方式,有机朗肯循环具有流程简单、效率较高、安全性好等优点,近年来得到学术界和工业界的广泛关注和研究。

ORC并不是一项新技术,早在1924年就被提出了,当时使用的工质是二苯醚,而针对采用ORC进行低温热能利用的研究,始于20世纪70年代石油危机时期,最早进入的领域是地热发电。我国对ORC技术的实验研究始于20世纪80年代初期,天津大学在1983年开始采用螺杆式膨胀机进行了ORC系统发电技术的研究工作,之后西安交通大学[4]、上海交通大学等都相继开展了ORC的研究工作。由于人们对其他可再生能源的开发和ORC发电技术的不成熟,这种技术曾一度受到冷落。现在国内的一些能源专家呼吁,节能要立足能源高效利用,ORC作为一种非常经济的余热利用技术,重新受到了重视。

8.2.1 ORC的基本组成和工作过程

所谓有机朗肯循环(organic Rankine cycle,ORC),就是以低沸点有机物为工质的朗肯循环,主要由四大部件组成:膨胀机、冷凝器、工质泵和蒸发器,基本有机朗肯循环原理图如图8-8-7所示。基本有机朗肯循环 T-s 图如图8-8-8所示,包括等熵膨胀(1—2)、等压放热(2—3)、等熵压缩(3—4)、等压吸热(4—1)四个过程,分别对应ORC系统的四大部件,具体的过程如下。

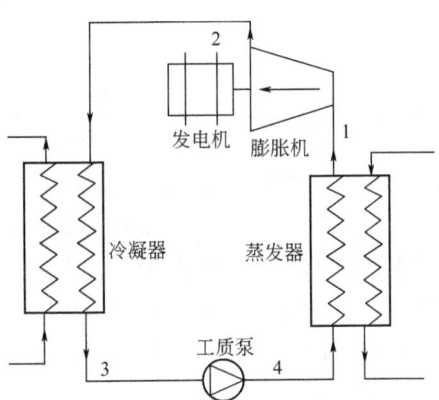

图8-8-7 基本有机朗肯循环原理图

等熵膨胀(1—2):来自蒸发器的高温高压的有机工质蒸气在膨胀机中绝热膨胀,对外做功。理想的膨胀过程为绝热等熵膨胀,绝热效率为1;而对于实际的膨胀机,由于摩擦、泄漏、漏热等不可逆损失的存在,其绝热效率小于1。膨胀机的绝热效率为:

$$\eta_{\exp}=\frac{h_1-h_2}{h_1-h_{2s}} \quad (8\text{-}8\text{-}1)$$

而膨胀功可以由式(8-8-2)进行计算:

$$W_{\exp}=q_{\mathrm{m}}(h_1-h_2) \quad (8\text{-}8\text{-}2)$$

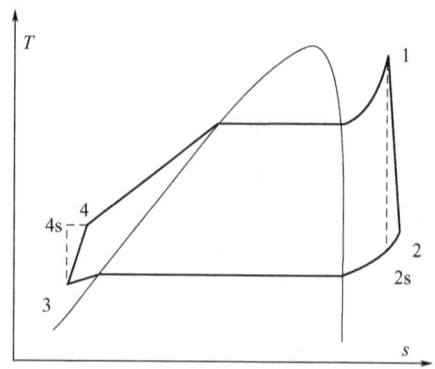

图 8-8-8 基本有机朗肯循环 T-s 图

式中，q_m 为系统工质的质量流量。

等压放热（2—3）：经过膨胀机膨胀之后的低温低压的有机工质蒸气，在冷凝器中放热，被冷却成过冷液体。通常这个过程包括三个阶段：预冷、冷凝和过冷。冷却流体可以采用空气或水，对于水资源丰富的地区，可采用水冷；否则，可采用空冷。可由式(8-8-3)计算冷凝器中的冷却过程：

$$\Phi_k = q_m(h_2 - h_3) = q_{mL}(h_{1b} - h_{1a}) \tag{8-8-3}$$

式中，q_{mL} 为冷却流体的质量流量；h_{1b} 和 h_{1a} 分别是冷却流体的进、出口比焓。

等熵压缩（3—4）：经冷凝器冷却之后的有机工质液体，在工质泵中被绝热加压，以达到蒸发压力。水蒸气朗肯循环中的泵功一般非常少，可以忽略不计；但是 ORC 系统中的泵功占膨胀机所做功的比例一般较大，不能忽略。由式(8-8-4)计算考虑了泵的效率之后的泵功：

$$W_{pump} = q_m(h_4 - h_3) = q_m \frac{h_{4s} - h_3}{\eta_{pump}} \tag{8-8-4}$$

等压吸热（4—1）：从工质泵出来的高压液体，在蒸发器中进行等压吸热，经历了预热、沸腾和过热三个阶段后，变成过热蒸气进入膨胀机做功。这个过程是 ORC 循环中不可逆损失最大的过程，因为工质是等温相变的，换热温差较大，带来了内部不可逆损失；另外由于换热不充分，不能充分回收热源的可用能，导致了外部不可逆损失。如果采用混合工质，因为其沸腾过程是变温的过程，所以可以有效减小换热温差，在一定程度上可减小内部的不可逆损失。这个过程可以由式(8-8-5)计算：

$$\Phi_0 = q_m(h_1 - h_4) = q_{m2}(h_{2a} - h_{2b}) \tag{8-8-5}$$

式中，q_{m2} 为蒸发器与工质换热的流体的质量流量；h_{2b}，h_{2a} 为该流体的进、出口比焓。

综合上述四个过程，根据式(8-8-1)~式(8-8-5)，有机朗肯循环的热效率为：

$$\eta_1 = \frac{W_{exp} - W_{pump}}{\Phi_0} = \frac{(h_1 - h_2) - (h_4 - h_3)}{h_1 - h_4} \tag{8-8-6}$$

8.2.2 ORC 的特点

余热发电的朗肯热力循环可分为水蒸气朗肯循环及有机朗肯循环两大类。相比常规的水作为工质，使用有机工质的 ORC 系统优势明显：

(1) 循环热效率较高 ORC 采用沸点较低的有机工质，在较低的温度下就能蒸发变为高压蒸气，阻力损失占工作压力的比例小，使得其在回收低温余热时有更高的热效率。

(2) 膨胀过程位于气相区 有机工质的 T-s 图如图 8-8-9 所示，根据图中工质饱和蒸气曲线的斜率性质，可以将工质分为湿工质、干工质以及等熵工质。如果饱和蒸气曲线 $dT/ds<0$ 为湿工质，$dT/ds>0$ 为干工质，垂直于 s 轴时则为等熵工质。不同于水蒸气等湿工质，大部分低沸点工质为干工质或等熵工质，在较低过热度的前提下膨胀，整个过程中始终为过热状态，不会产生小液滴，延长了速度型膨胀机的使用寿命。

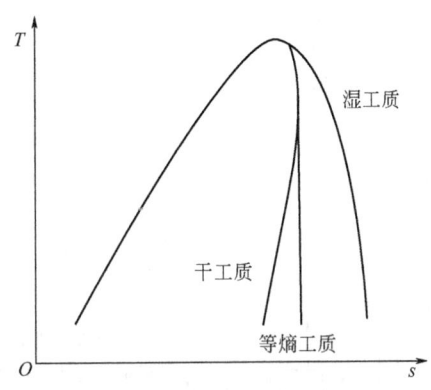

图 8-8-9 有机工质的 T-s 图

(3) 系统设备简单、强度要求较低 ORC 系统不需要设置除钙、镁离子硬度的软水装置，也无需严格的除氧处理辅助系统；其冷凝压力一般接近或高于大气压，不需要复杂的真空，使得冷凝器的设计与生产制造更加简单；并且，低沸点工质的临界压力一般在 5MPa 以下，而亚临界循环中的蒸发压力一般在 3MPa 以下，所以对系统管道和蒸发器的强度要求较低。

(4) 膨胀机一般尺寸小、噪声低 因为低沸点工质比热容小，蒸气密度大，可以有效减小汽轮机叶片高度以及排气管道的尺寸，并且工质的声速较低，可以使叶片获得有利的空气动力配合，同时减小设备的噪声。

(5) 工质选择范围广 ORC 系统可以根据余热源的温度范围、工质与管道器材的兼容性、换热效率、安全性、全球变暖潜能值（GWP 值）、消耗臭氧潜能值（ODP 值）、工质费用经济性等因素综合考虑有机工质的种类和配比的选择以及研究，实现更为优化的热力循环设计，提高发电效率。

(6) 低沸点工质的凝固点低，在较低温度下仍能释放热量 因此，即使室外温度较低，冷凝器一般也无需增加防冻设备。

总的来看，在回收低温余热时，ORC 技术具有效率高、系统简单等优点，是一项切实可行的余热回收技术。

8.2.3 ORC 系统的优化和改进

对 ORC 系统进行优化和改进是提高 ORC 系统效率的有效手段之一，与制冷循环类似，有机朗肯优化的循环主要包括三种类型：再热型、回热型和抽气回热型。各类优化循环型式的流程及对比见表 8-8-1。

表 8-8-1 各类优化循环型式的流程及对比

循环型式	流程图	评价
再热型	（膨胀机2、膨胀机1、发电机、冷凝器、再热器、蒸发器、工质泵；状态点 z5、z6、1、2、3、4）	对于低品位热能利用发电系统，采用输出功还是热效率作为评价手段，主要取决于热源条件，如果热源是一次性利用的，比如地热能，用过就走下一个流程或回灌，那么输出功就比较重要；如果是循环利用的，比如太阳能，热源本身被循环加热，那么热效率就比较重要。而再热型有机朗肯循环，其输出比功比基本有机物朗肯循环大，所以非常适用于一次性利用的热源
回热型	（膨胀机、发电机、回热器、冷凝器、蒸发器、工质泵；状态点 h5、h6、1、2、3、4）	蒸发器吸热量相于比基本有机朗肯循环减少了，而膨胀机的输出比功不变，根据热效率的计算式(8-8-6)，提高了系统热效率，并且降低了系统的不可逆损失
抽气回热型	（膨胀机、发电机、冷凝器、蒸发器、工质泵1、回热器、工质泵2；状态点 1、2、3、4、e5、c6、c7）	抽气回热型的膨胀机输出功减少了，但蒸发器的吸热量也同时减少了，因此是可能提高热效率的；在实际循环中，应选择较低的抽气压力，并需要综合考虑设备的复杂程度、成本等相关因素，使得热效率提高

8.2.4 工质的选择

工质的热力学性能对 ORC 系统效率、系统部件尺寸、动力部件设计以及系统的稳定性、安全性和环保性等都有重要影响，故工质的选择对 ORC 系统的性能和经济性起关键性作用。

理想的有机朗肯循环工质应该具备如下的特征：①无毒、不易燃、不爆炸、无腐蚀性且与设备材料的润滑油良好兼容；②较低的临界温度和压力、较小的比热容、高汽化潜热、高热导率、热稳定性好；③低黏度和表面张力，以免管道压力损失过大；④临界温度应该略高于循环中的最高温度，以避免跨临界循环可能带来的诸多问题；⑤循环中最高温度所对应的饱和压力不应过高，过高的压力将会导致机械承压问题；⑥循环中最低饱和压力不宜过低，最好能保持正压，以防止外界空气的渗入而影响循环性能；⑦工质的三相点要低于运行环境温度的最低温度，以保证流体不会在循环中的任意部位发生固化而造成堵塞甚至损坏；⑧尽量选用干流体和等熵流体；⑨对环境友好，工质的ODP值和GWP值低，价格便宜，且易于获得。在实际应用场合，需要根据热源情况，综合考虑以上因素，适当取舍，以选择合适的工质。

ORC的候选纯工质种类繁多，主要的选择对象是碳氢化合物、全氟化合物和硅氧烷等。从分子结构角度来看，碳氢化合物的热力学性质较为适宜，但是它们普遍存在易燃、易爆的问题；全氟化合物的热稳定性好，但是分子结构复杂且热力学性能不突出；硅氧烷的物性参数和热力学性能都很好，但是它们为非等温相变，与非共沸混合工质类似，存在一定的温度滑移，因此常将其用作混合工质。此外，由于不同的研究者热源的类型、温度条件、冷却方式、冷源温度、系统部件效率以及环境条件（温度、湿度和压力）等相差很大，且用来评价系统发电性能的指标参数（目标函数）也不尽相同，因此到目前为止，还没有一种公认的发电性能最优的纯工质。用于ORC的典型工质见表8-8-2。

表8-8-2 用于ORC的典型工质

名称	R123	R134a	R245fa	R600a	R601	R601a
临界压力/bar	36.6	40.6	36.1	36.4	33.6	33.7
临界温度/℃	183	101	153	135	196	187

与纯工质相比，混合工质的优点是等压相变过程中温度存在滑移，这是由于在相变过程中沸点温度发生变化，混合物在一定的温度范围内蒸发。换热器中的这种变温传热过程缓解了系统中工质与冷源和热源之间的温度匹配问题，从而降低了系统的㶲损失。

8.2.5 ORC系统组成部件

如前所述，ORC系统主要由膨胀机、冷凝器、工质泵和蒸发器四大部件组成。其中，膨胀机是研究的焦点。

8.2.5.1 膨胀机

膨胀机是ORC的核心部件，其性能的好坏直接关系到低品位热能回收的效率。可用于ORC的膨胀机有透平式、涡旋式、螺杆式、往复活塞式和滑片式等，各种膨胀机的对比见表8-8-3。

表8-8-3 各种膨胀机的对比

类型	功率范围/kW	转速/r·min^{-1}	成本	优点	缺点
径向向心透平式膨胀机	50～500	8000～80000	高	重量轻、效率高	成本高，偏离设计工况时效率低，不能带液
涡旋式膨胀机	1～10	<6000	低	效率高、制造简单、重量轻、转速低、可两相混输	功率低，需润滑和改造

续表

类型	功率范围 /kW	转速 /r·min⁻¹	成本	优点	缺点
螺杆式膨胀机	15~200	<6000	中	可两相混输、转速低、偏离设计工况时效率高	需要润滑，制造和密封困难
往复活塞式膨胀机	20~100	—	中	高压比、生产工艺成熟，适用于变工况、可两相混输	运动部件多，重量大，有阀和转矩脉动
滑片式膨胀机	1~10	<6000	低	可两相混输	需要润滑，功率低

在大型的 ORC 系统中，主要采用透平式膨胀机和螺杆式膨胀机。

(1) 透平式膨胀机 气体轴承透平式膨胀机的结构图见图 8-8-10，ORC 系统中使用的透平式膨胀机和蒸汽透平式膨胀机在原理上没有什么区别，但是由于有机工质和蒸汽的热物理性质差别很大，导致在 ORC 系统中使用的透平式膨胀机在结构上与蒸汽透平式膨胀机相比有较大差异。透平式膨胀机分为轴流式和径向向心式。轴流透平式膨胀机通常用于高流量、低压比的系统中，而径向向心透平式膨胀机适用于低流量、高压比的系统中，所以在有机朗肯循环中推荐使用径向向心透平式膨胀机，其优点如下：

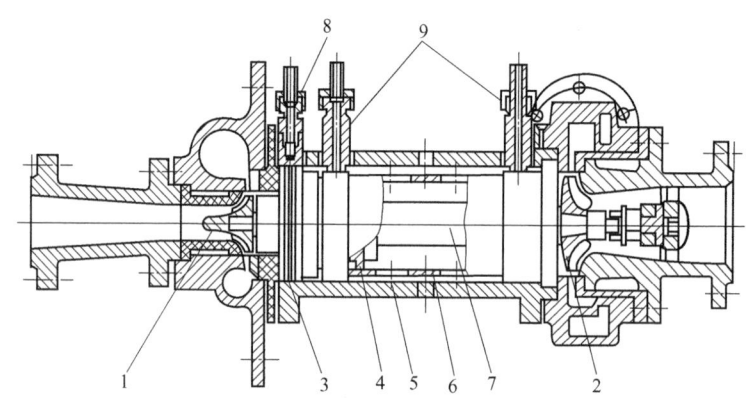

图 8-8-10 气体轴承透平式膨胀机的结构图
1—膨胀机；2—制动风机；3—密封套；4—空气轴承；
5—外筒体；6—轴承套；7—转子；8—密封气接头；9—轴承气接头

① 只要经过简单改装就可令标准的径向向心透平式膨胀机优化，更适用于各种地热资源；

② 通过使用可变的进口导向叶片，径向向心透平式膨胀机在偏离设计工况时仍可保持高效率，从而更适应季节变化；

③ 相比于轴流式，径向向心透平式膨胀机对于叶片加工的误差更加不敏感，这有利于其在尺寸减少时仍保持高效率；

④ 在跨临界或超临界情况下，使用高密度的工质会导致叶片负荷增加，而径向向心透平式膨胀机的强度大，足以满足要求；

⑤ 径向向心式比轴流式更易加工制造，另外其转子刚度更高，使得其动态稳定性也得以提高。

(2) 螺杆式膨胀机 螺杆式膨胀机的基本构造见图 8-8-11，其结构与螺杆式压缩机基本相同，但工作过程恰好相反。螺杆式膨胀机已经被广泛应用在有机朗肯循环发电中，尤其是

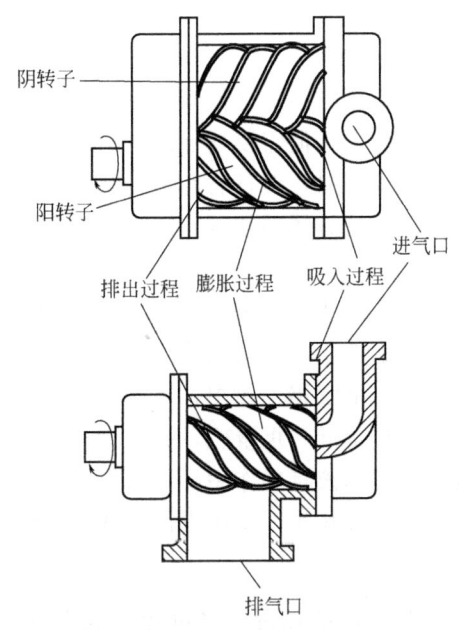

图 8-8-11 螺杆式膨胀机的基本构造[5]

用于回收地热能和废热。同透平式膨胀机相比,螺杆式膨胀机具有如下特点:①效率高,成本低;②靠间隙密封,可两相混输;③不会发生喘振,在部分负荷下效率高,对变工况适应性强;④能进行重负荷启动;⑤转速较低,扭矩大,可直接驱动发电机或其他低速耗能机械,且轴封效果好,寿命长,还可全部采用常规的滚动轴承。

近几年,针对螺杆式膨胀机用于 ORC 的研究逐渐增多,Tang 等对螺杆式膨胀机的工作过程进行了理论及实验研究,量化了吸气压力损失和泄漏对螺杆式膨胀机性能的影响[6]。在低转速下,泄漏是影响螺杆式膨胀机性能的主要因素,随着转速升高,吸气压力损失的影响逐渐成为主流,对于设计转速在 $2000 r \cdot min^{-1}$ 以上的螺杆式膨胀机,需要格外注意优化设计膨胀机的吸气孔口及吸气腔流道。

像所有的容积式膨胀机一样,密封是防止内泄漏的关键。为了避免每个转子齿的直接接触并实现密封,针对不同的螺杆机器类型(喷油和无油),有两种不同的润滑方法。喷油型的设计简单,生产成本低,效率高,广泛用作压缩机;无油型的将油和工质完全分离开来,通过汽缸外的同步齿轮使转子之间无需直接接触而同步转动,但是需要对轴承和汽缸之间进行严密的密封,这些额外的部分和需要使得无油螺杆式膨胀机的价格高于相应的喷油螺杆式膨胀机。

8.2.5.2 冷凝器

冷凝器通过低温介质使膨胀机出口的乏气充分冷凝,为储液罐提供充足的低温饱和液体或者过冷液体。为了充分冷凝,冷凝器的面积应适当增大,低温介质温度也不宜过低,否则会对蒸发器造成负荷。由于环境限制,冷凝温度可调节范围较小,因此冷凝器要充分考虑蒸发器换热量和膨胀机的做功能力,根据其差值选择或设计。当膨胀机乏气处于过热蒸气状态时,冷凝器入口先进行过热蒸气被冷却为饱和蒸气的单相气体强制对流换热。理论上工质与冷源的最小传热温差越小,冷凝温度越低,发电量也就越高,但冷凝器的换热面积也就越大,通常最小传热温差的取值为 3~7℃。为了保证工质泵稳定工作,一般要求其入口液体为过冷液体。

按进冷凝器的冷却介质为水或空气的不同,将冷端形式分为水冷及风冷两种。水冷式具有冷却水温度较低,冷凝器换热系数较高,可使动力循环在比较低的凝结温度下运行,同时冷凝器的传热面积也不会太大等优点,但需要增加冷却塔、冷却水循环泵及相关管道、配件等辅助设施。而风冷方式虽然系统简单,但具有所需换热面积较大、冷却塔风机耗电量较大和噪声较高等缺点。因此,需要经过具体的技术、经济计算和比较后,才能确定采用哪一种冷端方式。

采用水冷方式的冷凝器,其管内及管外的换热系数都很高,所需的换热面积不大,因此,可以采用管壳式换热器;为了便于冷凝液的排出,冷却水走管程,工质蒸气走壳程,工质采用冷却水逆流式换热。例如在电解铝工业中,可选用固定管板式换热器作为冷凝器;同其他管壳式换热器相比,管板式造价低,重量轻,旁路渗流少,且内侧换热管易清洗。对于小型系统,冷凝器也可以起到类似储液罐的作用,即可以储存一定的有机物工质,而板式换热器由于具有总传热系数高、占地面积小、使用方便等优点在中小型系统中被广泛采用。

8.2.5.3 蒸发器

蒸发器的作用是吸收工业余热中的热量,将过冷的低沸点工质加热成饱和或过热的蒸气,是有机朗肯循环中㶲损失最大的部件,因此需要对蒸发器进行仔细的设计和选择。

按传热面形状及结构特点,换热器主要有板式换热器、管壳式换热器以及翅片管式换热器三种。其中,板式换热器具有结构紧凑、易于安装、污垢系数低、换热系数高、单位体积换热面积大的优点;但是,板式换热器的工作压力适用范围小,工作压力不能太高,压降较大,对于含固体颗粒的烟气换热效果较差,容易发生堵塞,不适合回收利用含有一定粉尘的工业废气,广泛应用在中小型机组中。管壳式换热器具有结构简单、加工方便、工作可靠、承压高等优点;缺点是尺寸大,单位面积换热量低,且当蒸发器壳体直径较大时,底部蒸发温度会受液体静压的影响,为地热发电 ORC 系统普遍采用的换热器类型。当蒸发器烟气侧的热阻较大时,可选用翅片管式换热器,也叫扩展表面式换热器,以减小蒸发器尺寸、提高单位面积的换热量。翅片管包括螺旋形翅片管、纵向翅片管、方形翅片管、螺旋锯齿形翅片管等多种型式。当烟气中含有粉尘时,一般考虑到翅片管加工的困难程度,可选用螺旋形翅片管。

8.2.5.4 工质泵

工质泵是有机朗肯循环的基本部件之一,其作用是对冷凝液体加压,使储液罐中液态工质克服蒸发压力与冷凝压力之间的压力差和设备及管段的阻力损失,顺利流入蒸发器,以维持工质的循环。低工况下工质泵的功耗将不可避免地降低系统的热功转化效率。

工质泵的选型原则:使所选工质泵的型式和性能符合装置流量、扬程、压力、温度、汽蚀余量、吸程等工艺参数的要求,具体选型依据如下:

① 流量是工质泵选型的重要性能参数之一,它直接关系到整个装置的生产能力和输送能力。工质泵的选型,一般以最大流量为依据,同时兼顾正常流量,在没有最大流量的情况下,一般可取正常流量的 1.1 倍作为最大流量。

② 扬程是选取工质泵的又一个重要的指标,工质泵的扬程要满足蒸发压力与冷凝压力之间的压差,功率不宜过大,满足正常工作即可,避免系统自身耗电量的进一步增加。选型时一般要用放大 5%～10% 余量后的扬程来作为依据。

③ 液体性质，包括其物理性质、化学性质以及其他性质。其中，物理性质包括密度、黏度、温度、介质中固体颗粒直径和气体的含量等，这与系统的扬程、有效汽蚀余量的计算以及合适工质泵的类型息息相关；化学性质，主要是液体介质的化学腐蚀性与毒性，是选用工质泵以及选用哪一种轴封的重要依据。

④ 机械方面可靠性高、噪声低、振动小。

⑤ 经济上要综合考虑到设备费用、运转费用、维修费用和管理费用等，使总成本最低。

工质泵是成熟产品，对容积泵而言，无论是齿轮泵还是螺杆泵，主要针对黏度大的介质，而且流量有脉动，不利于泵后设备的运行；选用往复泵则存在费用高、性价比较低的问题，但也有选择高压柱塞泵、液压隔膜计量泵的；离心泵可以满足流量小、扬程高的要求，采用立式离心泵的厂家较多；由于需要适应变工况要求，工质泵一般需采用变频控制。

8.2.6 ORC 的应用场合

8.2.6.1 发电和提供动力

ORC 能有效回收工业余热中的热量，通过膨胀机做功带动发电机从而发电，并入电网后供人们利用，或者为需要耗能的机械动力设备提供功，如泵、压缩机等。这是目前 ORC 在余热回收应用中最广泛的两种方式。

ORC 系统能够实现余热回收，发电的最低余热资源温度可到 80℃，这是常规发电技术不能做到的（常规发电要求热源温度在 350℃ 以上），从而拓宽了可以回收发电的余热资源范围，为建材、冶金、化工等行业的低温余热资源回收提供了技术手段和设备；同时，这项技术还可以推广到可再生能源发电中（如地热能、太阳能、生物质能），为可再生能源发电提供关键技术和设备。位于 Lengfurt 的 Heidelberger Zement AG Plant 的 1500kW 有机朗肯循环电站，回收水泥工业中排放的 300℃ 的余热，是最早的用于水泥工业的 ORC 电站。该电站每年可减少二氧化碳排放量 7600t，每年的减排量占到整个工厂因电力而产生的二氧化碳排放量的 29.1%，输出的电力可以达到整个水泥厂 12% 的电力消耗量。

利用膨胀机直接为机械动力设备提供能量，比把膨胀机输出功转为电能再提供给机械设备的综合利用率要高。有机朗肯循环蒸发压缩制冷系统见图 8-8-12，为利用 ORC 驱动机械压缩式制冷系统的循环示意图。ORC 系统的透平式膨胀机与压缩机通过共轴连接起来，把 ORC 系统与制冷系统耦合起来，并且两个系统采用同一种工质，并共用一个冷凝器，从而回收低品位热源进行制冷。如果添加回热器、过热器、经济器等进行系统优化，还能够有效提高效率。

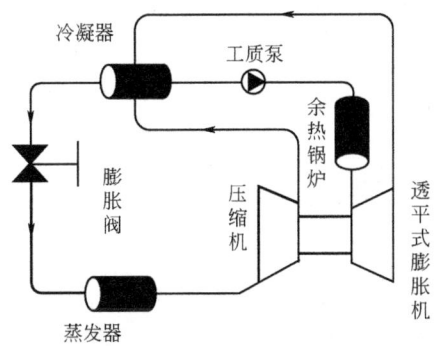

图 8-8-12 有机朗肯循环蒸发压缩制冷系统[7]

8.2.6.2 LNG 冷能回收

回收 LNG 冷能是 ORC 的一个重要的应用领域，且技术相对较为成熟。通常回收 LNG 冷量㶲发电的方式有三种：一是利用温度㶲的有机朗肯循环方式（每吨 LNG 的发电量在 20kW·h 左右）；二是利用压力㶲的直接膨胀法；三是综合了前二者的联合法，充分利用 LNG 的冷量㶲和压力㶲，从而大幅度提高冷能的回收率（每吨 LNG 的发电量在 45kW·h 左右）。目前典型的联合法回收 LNG 冷能发电的流程图如图 8-8-13 所示。图 8-8-13 中上半部分是靠 LNG 与海水或余热的温差驱动的有机朗肯循环；下半部分是利用 LNG 压力㶲的直接膨胀系统。系统中有机工质的选取较为重要，要达到一定的物性要求：在 LNG 范围内不凝固，且流动和换热性能良好，临界温度比环境温度要高，比热容大，使用安全。通常选取乙烯、丙烷等烃类化合物或 R502 等氟里昂类工质以及两者的混合物。有机朗肯循环系统中，通常采用回热或再热循环来提高 LNG 冷能的回收效率，这种方式的冷能回收率通常能够保持在 50% 左右。

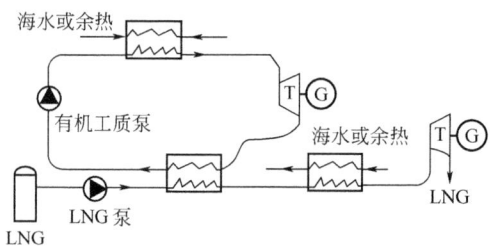

图 8-8-13　目前典型的联合法回收 LNG 冷能发电的流程图[8]

8.2.6.3 制冷发电复合系统

ORC 可以与喷射式制冷循环结合，利用膨胀机排气驱动喷射器工作，同时实现发电和制冷。低温热源喷射式发电制冷系统见图 8-8-14，采用 R245fa 作为工质。在系统工作过程中，饱和液态工质 1 经工质泵加压至状态 2，在余热换热器中吸收低温热源热量，由液态变为饱和或过热气态 3，进而推动透平旋转，并带动发电机组输出功。透平排气 4 作为压力相对较高的工质，流入喷射器，将蒸发器出口的气体 7 引射至喷射器中，二者在混合室中混合达到状态 5′，进而扩压到状态 5，进入冷凝器中放热冷凝为液态 1。液态工质一部分经工质泵提升压力回到余热换热器中，完成发电循环，另一部分则经节流阀节流降压至状态 6，再

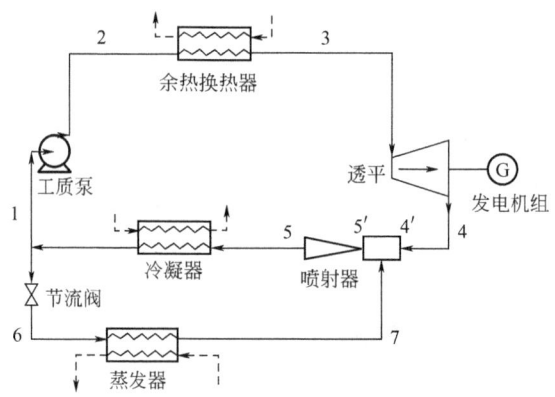

图 8-8-14　低温热源喷射式发电制冷系统[9]

回到蒸发器中，完成制冷循环。其中的动力循环与传统的有机朗肯循环相比，透平排气压力相对较高，其能量在喷射器中得到进一步的利用；而在制冷循环中，压缩机用喷射器取代，简化了系统的结构，使其性能稳定可靠，维护操作简单易行。

参考文献

[1] 陈东，谢继红. 热泵技术手册. 北京：化学工业出版社，2012：6-8.
[2] 陈东，谢继红. 热泵技术及其应用. 北京：化学工业出版社，2006：267-274.
[3] 付林，田贯三，隋军，等. 太阳能学报，2003，24（5）：620-624.
[4] 邢子文. 利用滑片膨胀机的低品位热源动力转换系统的特性. 西安：西安交通大学，1993.
[5] 邢子文. 螺杆压缩机——理论、设计及应用. 北京：机械工业出版社，2015：287-288.
[6] Tang H, Wu H, Wang X, et al. Energy, 2015, 90: 631-642.
[7] 张思朝，马国远，许树学. 应用能源技术，2012，（5）：17-20.
[8] 王强，厉彦忠，张朝昌. 低温工程，2002，（4）：28-31.
[9] 郑彬，翁一武，师伟，等，中国电机工程学报，2008，28（29）：16-21.

符号说明

C	比热容,$kJ \cdot kg^{-1} \cdot K^{-1}$
D	汽缸直径,m
h	比焓,$kJ \cdot kg^{-1}$
L	长度,m
n	转速,$r \cdot min^{-1}$
P	功率,kW
p	压力,kPa
p_0	蒸发压力,kPa
p_k	冷凝压力,kPa
Q	热量,kJ
q_m	质量流量,$kg \cdot s^{-1}$ 或 $kg \cdot h^{-1}$
q_v	容积流量,$m^3 \cdot s^{-1}$ 或 $m^3 \cdot h^{-1}$
R	气体常数,$kJ \cdot kg^{-1} \cdot K^{-1}$
r	汽化潜热,$kJ \cdot kg^{-1}$
s	比熵,$kJ \cdot kg^{-1} \cdot K^{-1}$
T	热力学温度,K
t	温度,℃
t_0	蒸发温度,℃
t_f	凝固点,℃
t_k	冷凝温度,℃
t_s	标准沸点,℃
v	比体积,$m^3 \cdot kg^{-1}$
w	单位功,$kJ \cdot kg^{-1}$
x	干度
z	液化系数,$kg \cdot kg^{-1}$(加工气体);汽缸数目
Φ_0	制冷量,kW
ϕ_0	单位制冷量,$kJ \cdot kg^{-1}$
ϕ_v	单位容积制冷量,$kJ \cdot m^{-3}$
α_h	微分节流效应,$K \cdot kPa^{-1}$
ε	制冷系数
ζ	热力系数
η	热力学完善度
η_s	绝热效率
λ	输气系数
ξ	溶液的质量浓度
σ	压力比

下标

L	低压级的
p	定压的
cr	临界状态的
H	高压级的
m	中间的
tr	三相点的
exp	膨胀机的

第9篇
蒸发

主 稿 人：史晓平　河北工业大学副教授
编写人员：史晓平　河北工业大学副教授
　　　　　魏　峰　河北工业大学副教授
审 稿 人：胡修慈　河北工业大学教授

第一版编写人员名单
编写人员：岳得隆　沃德邦　邱宣振　王　楚
审 校 人：郑　炽　陈树功

第二版编写人员名单
主 稿 人：胡修慈
编写人员：胡修慈　董伟志

蒸发及应用概述

蒸发是浓缩溶液的单元操作，含有不挥发性溶质的溶液在沸腾的条件下，使部分溶剂汽化为蒸气并移出，从而使溶液达到浓缩的操作称为蒸发。

溶液在低于其沸腾温度时，在表面也发生汽化，但在沸点温度下的汽化是在全部体积范围发生的，与表面汽化相比，蒸发是十分强烈的汽化过程。

通常蒸发的目的是：

① 浓缩溶液直接作为产品。

② 将溶液增浓，为溶质结晶创造条件；当采用蒸发结晶方式时，蒸发与结晶是在蒸发结晶器内同时进行的，对于含有多种溶质的混合溶液，可通过温度与浓度的匹配达到使不同的溶质顺次结晶，从而使溶质分离，如制盐工业中的盐硝联产[1]，复分解小苏打母液的综合处理等[2]。

③ 脱除杂质，制取纯净的溶剂，如海水淡化。

蒸发首先要有热量传入，以提供溶剂的汽化热；其次要把蒸发产生的蒸气和其夹带的液滴分开，以避免或减少蒸气带走溶质。所以蒸发器包括两个基本部分——加热室与分离室。在大部分情况下，蒸发器用水蒸气作为加热介质（通常称之为加热蒸汽、一次蒸汽或生蒸汽），通过换热壁间接传热给溶液，溶液受热后沸腾，溶剂汽化，产生的蒸气（大多数情况下也是水蒸气），叫作二次蒸汽。

因蒸发操作是溶液的沸腾传热过程，所以蒸发操作单元往往是整个生产过程中的能耗大户，尽量降低能耗往往是蒸发装置设计中最重要的目标。被蒸发的溶液常具有某些特点，例如有些溶剂在浓缩时可能结垢或析出结晶；有些热敏性物料在一定温度下容易分解变质；有些物料具有较大的黏度或较强的腐蚀性等。如何根据这些特性选择适宜的蒸发工艺和适宜的设备型式，是工程设计时应综合考虑的。

参考文献

[1] 周恒. 海湖盐与化工, 1995, 21(3): 1-15.
[2] 史晓平, 胡建勋, 刘常松, 等. 无机盐工业, 2010, 42(8): 57-59.

2 蒸发的类型与计算

单效蒸发可以在常压、正压或负压下进行。负压下的蒸发一般称为真空蒸发，溶液在低于常压的条件下其沸点下降，因此真空蒸发可以提高有效传热温差。

多效蒸发是将多台蒸发器串联操作，前效产生的二次蒸汽用作后效的加热蒸汽，使热量得到多次利用，可以比单效蒸发少消耗生蒸汽。

热泵蒸发是把产生的二次蒸汽提高温度、压力压缩后，送回加热室再次用作加热蒸汽，提供溶剂汽化所需的热量。

减压闪蒸是把热溶液送入低压空间，使其在绝热条件下急骤汽化。适宜于处理容易在加热面结垢的料液，有时也应用于回收热溶液的显热。

2.1 单效蒸发

单效蒸发器是最基本的蒸发装置，原料液在蒸发器内被加热汽化，产生的二次蒸汽由蒸发器引出后排空或冷凝。

2.1.1 单效蒸发的操作压力

图 9-2-1 所示为单效真空蒸发流程。图中 1 为蒸发器的加热室。加热蒸汽在加热室的管间冷凝，放出的热量通过管壁传给管内溶液。蒸发后的浓缩液由蒸发器排出。产生的二次蒸汽在分离室 2 经汽液分离后，引入直接冷凝器 3 与冷却水直接接触而被冷凝，直接冷凝器 3 要置于 10m 以上的高位，以便于冷却水的自动排出。二次蒸汽中的不凝性气体经分离器 4 和缓冲罐 5，由真空泵 6 抽出，排入大气。蒸发器的操作压力与加热蒸汽压力、直接冷凝器的规格（直接冷凝器的设备直径、表面冷凝器的传热面积）、冷却介质的温度和流量、真空泵的抽气能力等有关。从设计角度来看，蒸发器的操作压力主要受冷却介质温度及加热蒸汽压力的限制。

真空蒸发的优点：

① 在减压条件下溶液的沸点降低，当加热蒸汽温度相同时，真空蒸发的传热温差比常压蒸发大，因而可以减少所需的传热面积；

② 适宜处理在较高温度下容易分解、聚合或变质的热敏性物料；

③ 可以采用低压蒸汽或低温的废气、废水作为加热介质；

④ 蒸发在较低温度下进行，对设备材料的腐蚀性和对外界的热损失比较小。

真空蒸发的缺点：

① 蒸发温度较低时，溶液的黏度增大，溶液侧的对流传热膜系数下降；

② 蒸发温度受冷却水与真空泵的制约，并消耗一定的动力。

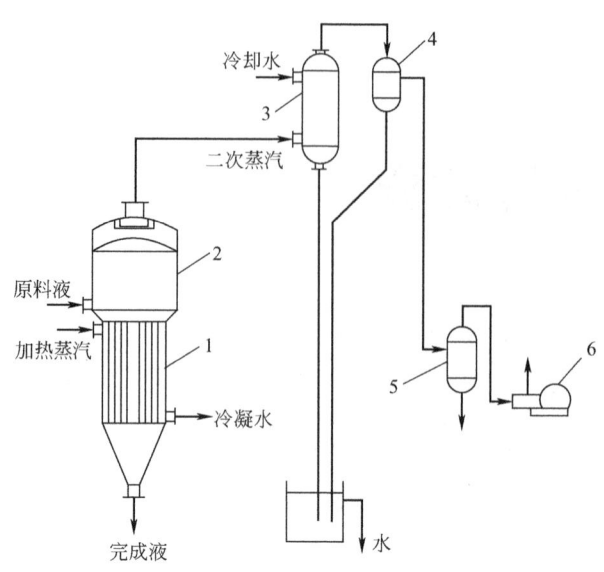

图 9-2-1　单效真空蒸发流程
1—加热室；2—分离室；3—直接冷凝器；4—分离器；5—缓冲罐；6—真空泵

2.1.2　连续蒸发与分批蒸发

大多数蒸发过程是稳定和连续的，即操作中的温度、压力、浓度、流量等各种参数不随时间变化，下面主要对连续蒸发进行讨论，但是在小批量生产中，蒸发操作也可以分批间歇进行。

连续操作的各项参数，如温度、压力、流量、浓度等都是稳定不变的，易于自动控制。所以大多数工业规模的蒸发装置都采用连续操作方式。但整个蒸发过程是在最终排出浓度下进行。一般高浓度溶液的黏度比低浓度溶液大，因此溶液侧的对流传热膜系数较小，而高浓度下溶液又具有较高的沸点升高值，导致有效传热温差下降。所以连续操作的循环型蒸发器实际上是在传热系数小、有效传热温差低的不利条件下运行的。

如果是分批间歇操作，蒸发器内一次性充满料液，则蒸发是在初始浓度到终了浓度的连续变化过程中进行的，其传热条件也由较好到较差逐渐变化，这比稳定操作时始终在较差条件下进行要好一些。

分批操作的实施方案有两种：

① 一次性加入全部料液，蒸发到所需浓度后全部排空，此后再进行下一批加料、蒸发。这样就需要蒸发器有很大的存液容积，而在浓缩终了时却要保证加热面仍浸没在溶液中，以免暴露的加热面蒸干结垢。

② 在蒸发器内料液容积因汽化而减少后，连续或分批补充稀料液，直到蒸发器内全部料液达到所需浓度，停车排空，再进行下一批料液的加料、浓缩与排空。这需要连续调整补充料液的流量，保持蒸发器内的料液液面稳定。

采用分批蒸发操作，每批操作都有较长的时间预热至沸点，多效蒸发预热时间更长。采用分批蒸发操作，在蒸发装置之外还要设较大容积的料液储槽和浓缩液储槽，因此在大中型规模生产中，多数不采用这种方法。但在小规模生产中，分批蒸发仍时有采用。

分批蒸发的物料平衡计算与连续操作相同，而其传热计算比较复杂。因为在蒸发过程中，随浓度变化，还引起沸点的变化和传热系数的变化，所以只能根据所建立的微分方程，积分求解传热量与蒸发量。

2.1.3 连续单效蒸发计算

连续操作的特点是在操作中，各项操作参数维持不变。图 9-2-2 是一台中央循环管蒸发器连续单效蒸发的计算图，在连续操作的条件下，温度为 T_1、焓为 H、流量为 D 的加热蒸汽在管间冷凝，流量为 F、浓度为 x_0 的稀溶液，进入蒸发器；与此同时，以 $F-W$ 的流量排出浓度为 x_1 的浓缩液，排出的二次蒸汽量为 W，由加热室排出与加热蒸汽等流量 D 的冷凝液。蒸发器接近理想混合状态，认为蒸发器内的溶液浓度与排出的浓缩液浓度近似相等，为 x_1。

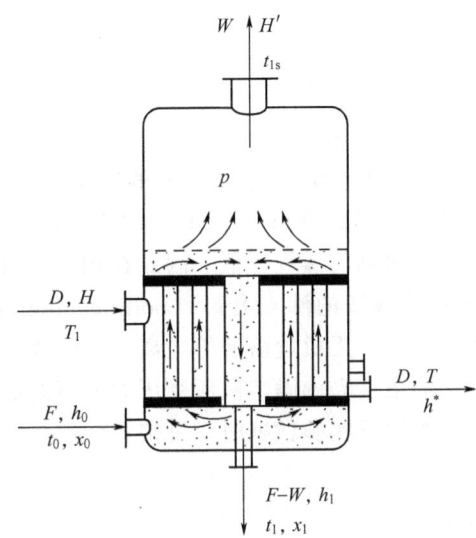

图 9-2-2 连续单效蒸发的计算图

蒸发量由物料质量平衡方程式(9-2-1)给出：

$$W = F\left(1 - \frac{x_0}{x_1}\right) \tag{9-2-1}$$

所需的加热蒸汽流量 D 由焓平衡方程式(9-2-2)给出：

$$D = \frac{W(H' - h_1) + F(h_1 - h_0) + Q_i}{H - h^*} \tag{9-2-2}$$

式中 H，H'——加热蒸汽、二次蒸汽的焓，$kJ \cdot kg^{-1}$；

h_0，h_1，h^*——原料液、浓缩液、加热蒸汽冷凝液的焓，$kJ \cdot kg^{-1}$；

Q_i——蒸发器的热损失，$kJ \cdot h^{-1}$。

从式(9-2-2)可见，加热蒸汽放出的热量，用于汽化溶剂、加热溶液达到沸点及热损失。所以在单效蒸发时，为了蒸发 1kg 水，要消耗大于 1kg 的蒸汽，即 $D/W > 1$，因此单效蒸发仅用于处理量较小的蒸发任务，或是由于产品为热敏性，要求在较高真空度下操作的情况。

2.1.3.1 传热面积

蒸发器的传热面积 A 可按传热方程式(9-2-3)确定。

$$A = \frac{Q}{\Delta t K} \tag{9-2-3}$$

当忽略 Q_i 时
$$Q = D(H - h^*) \tag{9-2-4}$$

式中　Q——传热量，$J \cdot s^{-1}$；

　　　K——总传热系数，$W \cdot m^{-2} \cdot K^{-1}$；

　　　Δt——有效传热温差，为加热蒸汽温度与溶液实际温度之差的平均值，将在下节讨论。

2.1.3.2　有效传热温差和传热温差损失

当用饱和水蒸气作为加热介质时，其温度为蒸汽的冷凝温度 T，溶液侧的温度应该是被加热溶液的平均温度 t_m，它与二次蒸汽的饱和温度 t_s 相比，t_m 要高于 t_s，其差值：

$$\Delta = t_m - t_s \tag{9-2-5}$$

Δ 叫做传热温差损失，由三部分组成：

$$\Delta = \Delta' + \Delta'' + \Delta''' \tag{9-2-6}$$

这三部分温差损失分别称为溶液的沸点升高、液柱静压及蒸气流动阻力引起的温差损失。

(1) 溶液由于蒸气压下降而引起的沸点升高 Δ'　因为溶液中含有不挥发性的溶质，在相同温度下，溶液的蒸气压较纯溶剂的蒸气压低。因此在相同压力下，溶液的沸点比纯溶剂的沸点高，两种沸点的差值叫做溶液的沸点升高（boiling point rise 或 B.P.R.）。一般来说，有机溶液的沸点升高数值较小，无机盐溶液等电离溶液的沸点升高数值较大。对于同一种溶液，沸点升高数值随溶液的浓度和沸腾溶液所受压力的不同而变化。浓度越高、所受压力越大，沸点升高数值越大。当缺乏实验数据时，可按式(9-2-7)估算沸点升高值。

$$\Delta' = f \Delta_0' \tag{9-2-7}$$

式中　Δ'——操作压力下由于溶液蒸气压下降而引起的沸点升高，K；

　　　Δ_0'——常压下由于溶液蒸气压下降而引起的沸点升高，K；

　　　f——压力修正系数，$f = \dfrac{0.0162(T' + 273)^2}{r'}$； $\tag{9-2-8}$

　　　T'——操作压力下二次蒸汽温度，K；

　　　r'——操作压力下二次蒸汽的汽化热，$kJ \cdot kg^{-1}$。

某些溶液常压下的沸点可参考文献 [1～3]。

(2) 液柱静压引起的温差损失 Δ''　在分离室的气液分界面上，溶液的沸腾温度为 t'；但在低于液面处，由于还承受上面液柱的静压，料液沸点比界面上的沸点 t' 要高。由液柱静压引起的温差损失 Δ''，既随液柱高度的增高而增大，又随二次蒸气压的降低而增大。

自然循环蒸发器的溶液温度分布见图 9-2-3。图 9-2-3(a) 可用来描述循环型蒸发器加热室中的传热过程。图中的曲线 1 是描述溶液沸点随深度变化的沸点线。液体加热曲线 2 为蒸发器中的循环料液由下向上流动时，因为被加热而温度上升的过程。料液在加热室入口处的温度等于分离室气液界面处的饱和温度 t_1，它低于此处的沸腾温度，因此在加热室下部形成了一个无相变的加热区，该区的高度取决于传热速率、静液柱高度和溶液的循环速度（图中 A、B、C 各线分别表示从小到大不同的循环速度）。一旦溶液被加热到它的沸点，就进入沸腾区。沸腾后形成的气液两相混合物的密度小于纯溶液的密度，由于改变了液柱静压力，又对沸点曲线 1 的斜率产生了影响。由此可见，溶液的温度随换热面高度而变化，应用式(9-2-3)计算换热面积时应取溶液的平均温度。

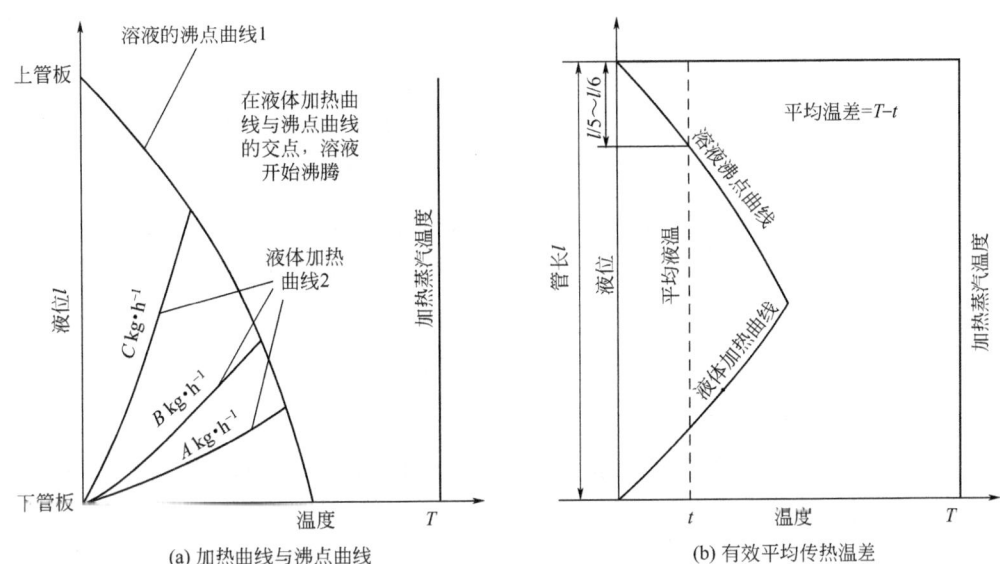

图 9-2-3　自然循环蒸发器的溶液温度分布

一般来说，沸腾传热比无相变传热的传热速率高，当处理不易结垢的溶液时，从增强传热的角度考虑，要尽量使换热面的大部分处在沸腾区工作；在处理结垢倾向大的溶液时，为了防止或减缓结垢，则应力求将沸腾区移出换热面。

静液柱引起的温差损失 Δ''，使溶液的沸点曲线沿管长 l 而变化。在无相变加热区，液体的温度沿管长上升，直到与沸点曲线相交的沸腾温度。所以溶液在管内上升时的实际温度有一最高值〔图 9-2-3(b)〕。只有知道这一温度分布曲线，才能精确计算平均有效传热温差。对自然循环蒸发器，作为粗略估计，当液位即为管长 l 时，可按液面下 $l/5 \sim l/6$ 处的溶液沸腾温度，作为溶液的平均温度 t_1 来计算。这比一般的推荐值"液面下 $l/2$ 处"更接近实际。这样，求取溶液平均温度的饱和压力 p'，将由式(9-2-9)给出：

$$p' = p + \Delta p = p + \left(\frac{1}{5} \sim \frac{1}{6}\right) l \rho g \tag{9-2-9}$$

用 p' 下的水的饱和温度 t_m 与料液浓度 x 查得沸点升高值 Δ' 之后，再按式(9-2-10)求得的温度 t_1 才是溶液的平均温度。

$$t_1 = t_m + \Delta' \tag{9-2-10}$$

此外，当溶液在加热管内的循环速度较大时，就会因流动阻力使平均压力增高，上述方法并未考虑这项影响。

对强制循环蒸发器，若已知循环速度、蒸发量，则溶液温度与二次蒸汽温度的差值，可由能量守恒近似求得。对膜式蒸发器，则无静液柱引起的温差损失。

(3) 蒸气流动阻力所引起的温差损失 Δ'''　二次蒸汽由蒸发器的分离室流到后效加热室克服除沫器、管道等的流动阻力要引起压力降，蒸气的压力损失会引起蒸气温度的下降，从而引起后效蒸发器传热温差的损失。根据经验，对每一效蒸发器，可取 $\Delta''' = 0.5 \sim 1.5℃$。

【例 9-2-1】　计算烧碱溶液的单效连续操作自然循环蒸发。进入装置的稀碱液为 $50 \text{t} \cdot \text{h}^{-1}$，温度为 $t_0 = 80℃$，浓度 $x_0 = 28\%$。要求浓缩到 $x = 40\%$。加热蒸汽压力为 0.25MPa 的饱和蒸汽，其饱和温度 $t_s = 127.2℃$，冷凝器中冷凝液的绝对压力为 0.02MPa，

已知总传热系数 $K=1200 \mathrm{W\cdot m^{-2}\cdot K^{-1}}$，蒸发器的液层总高度为 3.0m。求蒸汽消耗量及蒸发器所需的加热面积。

解 蒸发水量根据式(9-2-1) 计算。

$$W=F\left(1-\frac{x_0}{x}\right)=50000\times\left(1-\frac{28}{40}\right)=15000(\mathrm{kg\cdot h^{-1}})=4.17(\mathrm{kg\cdot s^{-1}})$$

有效传热温差 Δt：

在 0.02MPa 绝对压力下，水的沸点 $t_0=60$℃，对循环型蒸发器，在连续操作时，蒸发器内的溶液浓度接近终了浓度 $x=40\%$，查得该浓度下的溶液密度 $\rho=1365\mathrm{kg\cdot m^{-3}}$，则 $l/5$ 处的压力 p' 为：

$$p'=p+\frac{l}{5}\rho g=0.02\times10^6+\frac{3.0}{5}\times1365\times9.81=28034(\mathrm{Pa})=0.028(\mathrm{MPa})$$

查得该压力下水的沸点为 66℃。

查得常压下，40% 浓度的 NaOH 溶液的沸点为 128℃，比常压水的沸点升高 28℃

压力修正系数：$f=\dfrac{0.0162\times(66+273)^2}{2341.0}=0.795$

则 $\Delta'=28.0\times0.795=22.26$(℃)

则溶液的校正沸点：$t_1=t_\mathrm{m}+\Delta'=66+22.26=88.3$(℃)

取 $\Delta'''=1$℃，则有效传热温差：

$$\Delta t=t_\mathrm{s}-(t_1+\Delta''')=127.2-(88.3+1)=37.9(℃)$$

加热蒸汽消耗量 D 由式(9-2-2) 可得出：

$$D=\frac{W(H'-h_1)+F(h_1-h_0)+Q_\mathrm{i}}{H-h^*}$$

在 0.02MPa 下的蒸汽 $H'=2605\mathrm{kJ\cdot kg^{-1}}$，0.25MPa 下水的汽化潜热为 $H-h^*=2185\mathrm{kJ\cdot kg^{-1}}$。由图 9-2-4（氢氧化钠水溶液的焓浓图）查得：88.3℃、40% NaOH 溶液的 $h_1=400\mathrm{kJ\cdot kg^{-1}}$；80℃、28% NaOH 溶液的 $h_0=300\mathrm{kJ\cdot kg^{-1}}$。假设热损失为全部热负荷的 3%，则得：

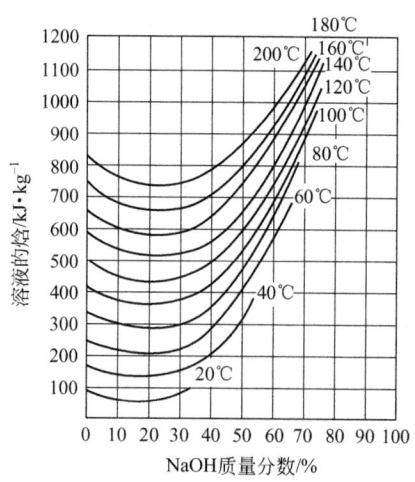

图 9-2-4 氢氧化钠水溶液的焓浓图

$$D=\frac{[15000\times(2605-400)+50000\times(400-300)]\times1.03}{2185}=17948.4(\mathrm{kg\cdot h^{-1}})$$

根据式(9-2-3)、式(9-2-4)，可得传热面积 A：

$$A = \frac{D(H-h^*)}{K\Delta t} = \frac{17948.4 \times 2185 \times 1000}{1200 \times 37.9 \times 3600} = 239.5 (\text{m}^2)$$

2.2 多效蒸发

多效蒸发是将多台蒸发器串联操作的系统，仅在操作压力最高的第一效加入新鲜的加热蒸汽，所产生的二次蒸汽通入后一效的加热室作为后一效的加热蒸汽，即后一效的加热室成为前一效二次蒸汽的冷凝器，后一效的操作压力和溶液沸点较前一效低，最末效往往是在真空下操作的，只有末效的二次蒸汽才用冷却介质冷凝。因此多效蒸发不但减少了加热蒸汽的消耗量，同时也减少了冷却介质的消耗量。一定条件下，单位蒸汽消耗量、冷却水消耗量与效数间的关系见表 9-2-1，当溶液低于饱和温度进料、有热损失等情况出现时会低于表中数据。由表 9-2-1 可以看出，效数增加，单位蒸汽消耗量与冷却水消耗量同时下降。但效数要受以下因素的限制：

表 9-2-1 多效蒸发单位蒸汽消耗量、冷却水消耗量与效数间的关系

项目	单效	双效	三效	四效	五效
单位蒸汽消耗量 $\frac{D}{W}$/kg·kg^{-1}	1.1	0.57	0.4	0.3	0.27
冷却水消耗量 $\frac{G}{W}$/kg·kg^{-1}	13.5	6.75	4.5	3.38	2.7

注：按冷却水允许温度 40℃计算；料液饱和温度下进入蒸发器；忽略热损失。

(1) 设备投资的限制 设备投资几乎与效数成正比增加，而单位蒸汽消耗量的下降幅度却随效数的增加而减小。当因节能而节省的运行费用不足以补偿设备折旧费的增加时，增加效数就失去了经济价值。此外在投资额有限时，其效数也受到限制。

(2) 温度差的限制 首效的加热蒸汽压力和末效冷凝器的真空度都有一定限制，所以装置的总温差 $(T_1 - T_{N+1})$ 是一定的。多效蒸发器组的每一效中均有温差损失，为 $\Delta = \Delta' + \Delta'' + \Delta'''$。而各效的有效温差 ΔT_i 与各效的温差损失 Δ_i 之和应该等于总温差：

$$T_1 - T_{N+1} = \Sigma \Delta T_i + \Sigma \Delta_i \tag{9-2-11}$$

多效蒸发器中的各效必须保证一定的有效温差，蒸发器才能正常操作。当因效数增加，使得各效温差损失之和 $\Sigma \Delta_i$ 增大时，若各效的有效温差不能满足沸腾传热的要求，此时蒸发器将无法正常操作。

由此可以看出，各效的有效温差比总温差要小得多。若 N 效蒸发器组的总传热面积 N 倍于单效蒸发器，在相同的总温差下，其生产能力却小于单效蒸发器。对于自然循环蒸发器（如图 9-3-2～图 9-3-4 所示的结构），当有效温差过小时，总传热系数很小，而且操作不稳定，所以一般要求各效有效温差大于 5~7℃，因此限制了效数的增加。

2.2.1 多效蒸发流程

根据加热蒸汽与料液的流向关系，多效蒸发可采用不同的流程。下面以三效为例，分别说明。

(1) 顺流流程（图 9-2-5） 料液和蒸汽流向相同，都由第一效开始依次流到末效。原料液用泵送入第一效，然后依次流入下一效，完成液自末效用泵抽出。

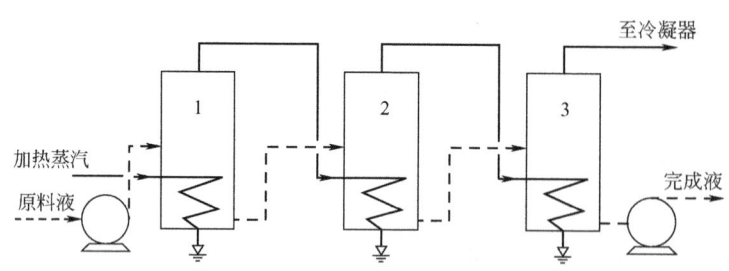

图 9-2-5 顺流三效蒸发装置流程图

因为后一效的操作压力较前效低，溶液的沸点也低，故溶液从前效进入后一效时，可省去过料泵，并会因过热而闪蒸，后一效有可能比前效产生较多的二次蒸汽。但因为后一效的浓度比前效高，而操作温度又较低，所以后一效的传热系数要低于前效，往往第一效的传热系数比末效要高很多。因第一效蒸发温度最高，料液预热至饱和温度需消耗更多的热量。

顺流流程适宜处理在高浓度下为热敏性的溶液、随浓度增加而黏度增加较少的溶液、高温高浓度腐蚀性较强的溶液。

(2) 逆流流程（图 9-2-6） 原料液由末效加入，用泵依次送到前一效，完成液由第一效排出，料液与蒸汽逆向流动。随着溶剂的蒸发，溶液浓度逐渐提高，溶液的蒸发温度也逐效上升，因此各效溶液的黏度比较接近，各效的传热系数也较为接近。但因为料液从后一效送到前效时，料液温度低于送入效的沸点，预热至沸点需额外消耗热能。

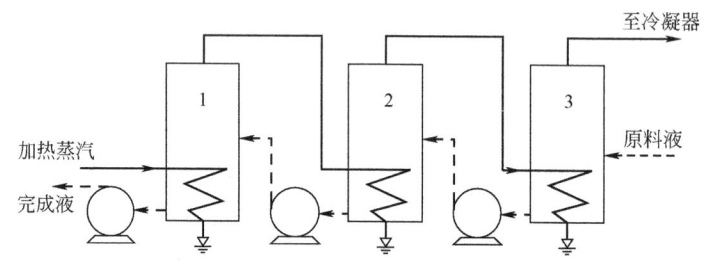

图 9-2-6 逆流三效蒸发装置流程图

一般来说，逆流流程适宜处理黏度随温度和浓度变化较大的溶液，而不宜处理热敏性溶液。

(3) 混流流程 混流流程是顺流流程、逆流流程的组合。例如在五效蒸发流程（图 9-2-7）中，料液采用Ⅲ→Ⅳ→Ⅴ→Ⅰ→Ⅱ效循序流动。混流的特点是兼有顺流流程与逆流流程的优点而避免了其缺点，但操作较复杂。我国造纸工业的碱回收系统、牛奶浓缩、氯化铵废水的综合处理[3]等领域多用混流流程。

(4) 平流流程（图 9-2-8） 平流流程的各效都同时加入原料液，又都引出完成液。此流程用于饱和溶液的蒸发。此时各效都有结晶析出，可及时分离结晶。此法还可以同时浓缩两种或多种溶液。

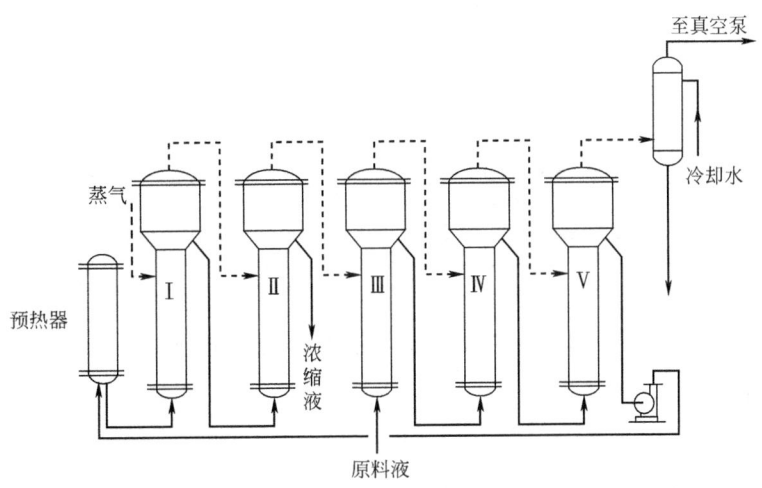

图 9-2-7 五效混流流程图（Ⅲ→Ⅳ→Ⅴ→Ⅰ→Ⅱ）

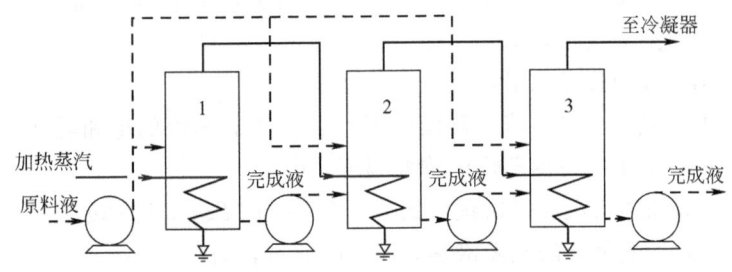

图 9-2-8 平流加料三效蒸发流程图

2.2.2 多效蒸发的计算

2.2.2.1 多效蒸发的数学描述

描述多效蒸发过程，可以仿效单效蒸发的办法，对每一效仍以物料质量衡算、焓衡算、传热速率列出基本方程。它们之间相互约束，可联立求解。现以图 9-2-9 所示的顺流加料多效蒸发计算示意图加以说明。

为使问题得以简化，作如下假设：

① 各效均无额外蒸汽引出；

② 不计热损失及蒸汽流动阻力引起的温差损失；

③ 忽略由于沸点升高引起的二次蒸汽的温度过热，即认为各效产生的二次蒸汽的温度就是该效蒸发室压力下的饱和温度。

对图 9-2-9 中的第 i 效，列基本方程如下：

(1) 物料质量衡算

总物料：
$$F_i - D_{i+1} = F_{i+1} \tag{9-2-12}$$

溶质：
$$x_i F_i = x_{i+1} F_{i+1} \tag{9-2-13}$$

(2) 焓衡算

$$r_i D_i + h_i F_i = H_{i+1} D_{i+1} + h_{i+1} F_{i+1} \tag{9-2-14}$$

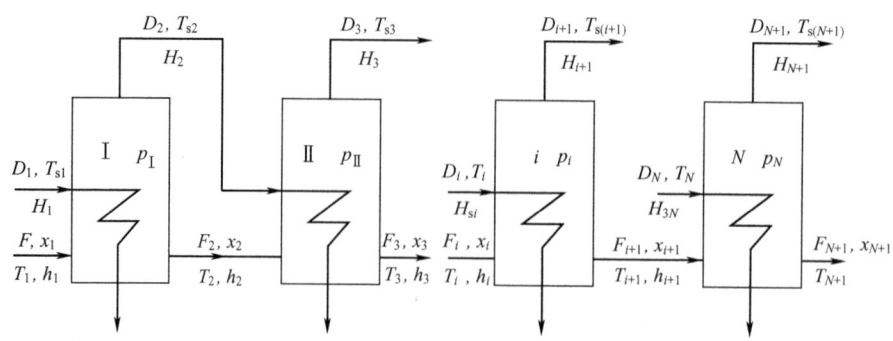

图 9-2-9　顺流加料多效蒸发计算示意图

(3) 传热速率

$$r_i D_i = K_i A_i (T_{si} - T_{i+1}) \tag{9-2-15}$$

图 9-2-9、式(9-2-12)～式(9-2-15) 中

　　D_i——第 i 效的加热蒸汽量，$kg \cdot h^{-1}$；

　　D_{i+1}——第 i 效排出的二次蒸汽量，即该效的蒸发水量 W_i，也就是下一效 $(i+1)$ 的加热蒸汽量，$kg \cdot h^{-1}$；

　　W_i——第 i 效的蒸发水量，$kg \cdot h^{-1}$；

　　T_{si}——上一效 $(i-1)$ 蒸发器操作压力 p_{i-1} 下，蒸汽的饱和温度，℃；

　　$T_{s(i+1)}$——i 效压力 p_i 下的蒸汽的饱和温度，℃；

H_i，H_{i+1}——i 效加热蒸汽和二次蒸汽的焓，$H_i = H(T_{si})$，$kJ \cdot kg^{-1}$；

　　r_i——i 效加热蒸汽的蒸发潜热，$r_i = r(T_{si})$，$kJ \cdot kg^{-1}$；

F_i，F_{i+1}——进入与排出 i 效的溶液流量，$kg \cdot h^{-1}$；

x_i，x_{i+1}——进入与排出 i 效的溶液浓度（质量分数），%；

　　T_i——进入 i 效的溶液温度，℃；

　　T_{i+1}——排出 i 效的溶液温度，等于 i 效溶液的沸点，是浓度 x_{i+1} 与 p_i 的函数，℃；

　　h_i——进口溶液的焓，是浓度与温度的函数 $h_i = h(x_i, T_i)$，$kJ \cdot kg^{-1}$；

　　h_{i+1}——排出溶液的焓，$h_{i+1} = h(x_{i+1}, T_{i+1})$，$kJ \cdot kg^{-1}$；

　　K_i——各效的总传热系数，在蒸发器型式选定的条件下可认为是溶液的浓度与温度的函数，可采用生产或实验数据。

由此可见，对于 N 效蒸发器，共可列出 $4N$ 个方程（每效 4 个）。其中独立参数包括：

$N+1$ 个液体流量　　$F_i (i = 1 \sim N+1)$

$N+1$ 个蒸汽流量　　$D_i (i = 1 \sim N+1)$

$N+1$ 个液体温度　　$T_i (i = 1 \sim N+1)$

$N+1$ 个浓度　　　　$x_i (i = 1 \sim N+1)$

N 个传热面积　　　$A_i (i = 1 \sim N)$

1 个蒸汽温度　　　　T_{s1}

因为与 T_i 的相平衡关系，在 $N+1$ 个 T_{si} 中只能有一个独立参数。共计 $5N+5$ 个参数，而只有 $4N$ 个方程。所以为了得到单值解，必须给定 $N+5$ 个参数或补充约束条件，补充的条件可根据具体的设计要求确定。

由于各效传热面积值 A_i 是个设计参数，为了便于设计、制造与交换使用，传统的做法是采用各效传热面积相等的方案,这样可减少 $N-1$ 个参数,即 $N+5-(N-1)=6$。剩余的六个参数是最为常见的进料量 F_1、进料浓度 x_1、最终浓度 x_{N+1}、进料温度 T_1、加热蒸汽温度 T_{s1} 和末效冷凝器的压力 p_{N+1}(或末效二次蒸汽温度 T_{N+1}),方程组可解。各效传热面积相等为原则的多效蒸发计算框图见图 9-2-10。

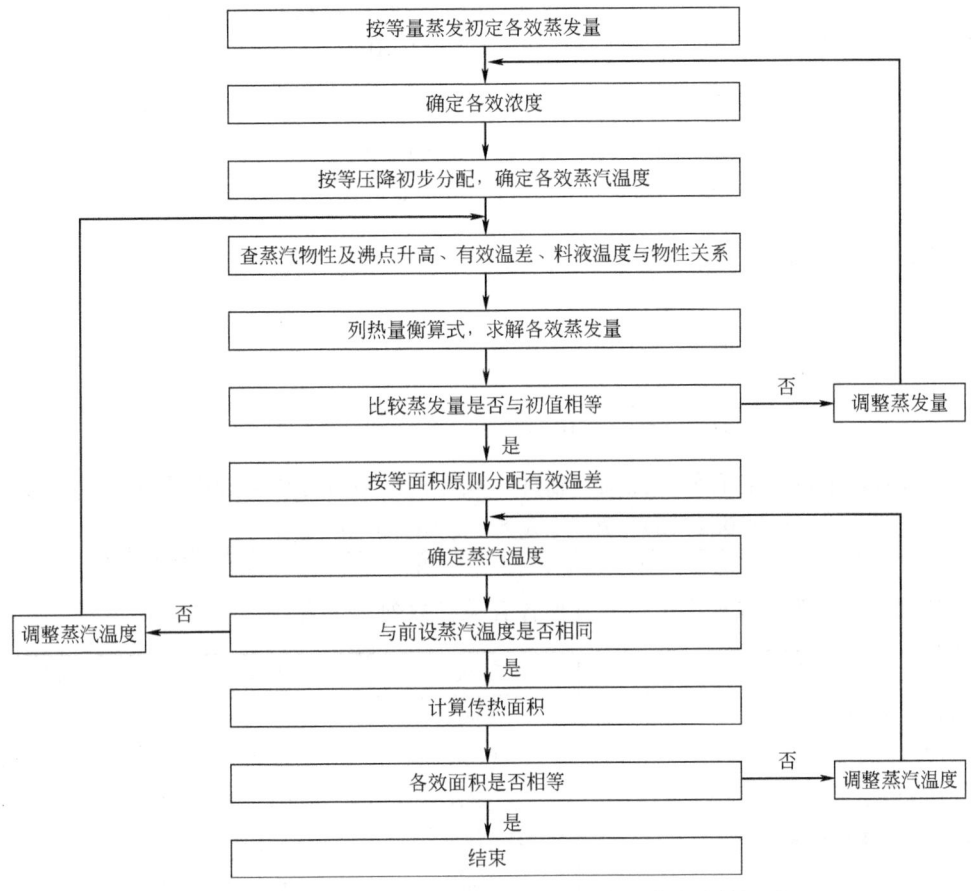

图 9-2-10 各效传热面积相等为原则的多效蒸发计算框图

2.2.2.2 多效蒸发的计算方法

上文 2.2.2.1 提到的方程组是非线性的,物性函数关系也常以数表或图线表示。求解时可用试差的办法来处理,为了减少试差次数,提高收敛速度,下面用图表格式来显示常用的设计型试差计算法,并通过例 9-2-2 来说明。

对多效蒸发系统不定方程组的求解,增加的约束种类决定了单值解是否满足工程设计的要求。各效传热面积相等的方案往往达不到经济上的合理性与工艺上的可行性。因此对具体的蒸发方案设计应根据具体的要求提出约束条件。如各效蒸发器采用不同材质制造时,可对价值高的效分配较大的温差;对热敏性物料应限制第一效的温度;对控制结垢的情况也应考虑最高浓度物料所在效的温度限制等。

【例 9-2-2】 采用三效顺流蒸发流程,将 10% (质量分数)的 NaOH 水溶液浓缩到 40%,进料量为 $2.5×10^5 \mathrm{kg·h^{-1}}$,温度为 80℃。用 0.5MPa 的饱和蒸汽加热,末效二次蒸汽进冷凝器冷凝,其压力为 0.02MPa(绝压)。已知各效总传热系数分别为 $K_1=1500\mathrm{W·m^{-2}·K^{-1}}$,$K_2=1000\mathrm{W·m^{-2}·K^{-1}}$,$K_3=560\mathrm{W·m^{-2}·K^{-1}}$。若各效采用自然循环蒸发器

并且传热面积相等,蒸发器内液层高度为7m,求加热蒸汽消耗量和各效的传热面积。

解 (1) 总蒸发水量:

$$D_2+D_3+D_4=F_1\left(1-\frac{x_1}{x_4}\right)=2.5\times10^5\times\left(1-\frac{10\%}{40\%}\right)=1.875\times10^5(\text{kg}\cdot\text{h}^{-1})=52.1(\text{kg}\cdot\text{s}^{-1})$$

(2) 各效浓度估计 因为没有额外蒸汽引出,先假设各效的蒸发量相等,故有:

$$D_2=D_3=D_4=(D_2+D_3+D_4)/3=(1.875\times10^5)/3=0.625\times10^5(\text{kg}\cdot\text{h}^{-1})=17.4(\text{kg}\cdot\text{s}^{-1})$$

各效排出液量:$F_2=F_1-D_2=2.5\times10^5-0.625\times10^5=1.875\times10^5(\text{kg}\cdot\text{h}^{-1})$

$$F_3=F_2-D_3=1.25\times10^5(\text{kg}\cdot\text{h}^{-1})$$

$$F_4=F_3-D_4=0.625\times10^5(\text{kg}\cdot\text{h}^{-1})$$

则各效中的浓度为:$x_2=\dfrac{F_1x_1}{F_2}=\dfrac{2.5\times10^5\times0.1}{1.875\times10^5}=13.33\%$

$$x_3=\frac{F_1x_1}{F_3}=20.0\%$$

$$x_4=\frac{F_1x_1}{F_4}=40.0\%$$

(3) 各效溶液沸点和有效传热温差估计 设蒸汽压力按等压降分配,每效压降为:

$$\Delta p=\frac{(p_1+0.1013)-p_4}{3}=\frac{(0.5+0.1013)-0.02}{3}=0.1938(\text{MPa})$$

可据此求得各效二次蒸汽压,并查得各有关参数列于下表:

项目	I 效	II 效	III 效
加热蒸汽压力 p_i/MPa	0.601	0.407	0.213
加热蒸汽饱和温度 $T_{si}^{①}$/℃	158.7	144.0−1.0=143.0	123.0−1.0=122.0
加热蒸汽的焓 H_i/kJ·kg^{-1}	2752.8	2741.7	2711.9
加热蒸汽的汽化潜热 r_i/kJ·kg^{-1}	2113.2	2139.9	2177.6
二次蒸汽压力 p_i/MPa	0.407	0.213	0.021
二次蒸汽饱和温度 T_i/℃	144.0	123.0	61.1
二次蒸汽的焓 H_{i+1}/kJ·kg^{-1}	2741.7	2711.9	2607.7

① 考虑蒸汽的流动阻力引起的温度损失 Δ''',此温度比前效二次蒸汽温度下降1.0℃。

各效蒸发器中溶液的平均温度取处在液面下 $l/6$ 液层深处的沸腾温度,其所处压力为:

$$p_i'=p_i+\Delta p=p_i+\frac{l\rho g}{6}$$

下面用表列出各相应数据。

项目	料液	I 效	II 效	III 效
溶液的浓度 x_i(质量分数)/%	10.0	13.33	20.0	40.0
溶液密度 ρ_i/kg·m^{-3}		1146	1219	1423
蒸发压力 p_i/MPa		0.407	0.213	0.02
水的沸点 T_{si}/℃		144.2	122.1	60.1
液柱静压 $\Delta p_i(=l\rho_i g/6)$/MPa		0.013	0.014	0.018

续表

项目	料液	Ⅰ效	Ⅱ效	Ⅲ效
沸点升高 Δ_i'①/℃		3.2	6.5	24.5
液柱静压引起的温差损失 Δ_i''②/℃		1.14	2.0	14.6
流动阻力引起的温差损失 Δ_i'''/℃		1.0	1.0	1.0
溶液的温度 T_i③/℃	80.0	147.4	128.6	74.7
溶液的焓 h_i④/kJ·kg^{-1}	305	565	470	340
加热蒸汽温度 $T_{s(i-1)}$⑤/℃		158.7	143.2	121.1
有效传热温差 ΔT_i⑥/℃		10.2	12.6	21.9
有效总传热温差 $\Sigma\Delta T$/℃		10.2+12.6+21.9=44.7		

① Δ_i' 是按 x_i、T_i 由文献 [1] 查出。
② Δ_i'' 是 $p_i+\Delta p_i$ 压力下水的沸点与 T_s 之差，即液柱静压引起的温差损失。
③ $T_i = T_{si} + \Delta_i'$。
④ h_i 是根据 x_i、T_i 由图 9-2-4 查出。
⑤ $T_{s(i-1)} = T_{si} - \Delta_i'''$。
⑥ $\Delta T_i = T_{s(i-1)} - (T_{si}+\Delta_i'+\Delta_i'')$。

Ⅰ效：$r_1 D_1 + h_1 F_1 = 2113.2 D_1 + 305 F_1 = H_2 D_2 + h_2 F_2 = 2741.7 D_2 + 565 \times 187500$

(a)

Ⅱ效：$r_2 D_2 + h_2 F_2 = 2139.9 D_2 + 565 \times 187500 = H_3 D_3 + h_3 F_3 = 2711.9 D_3 + 470 \times 125000$

(b)

Ⅲ效：$r_3 D_3 + h_3 F_3 = 2177.6 D_3 + 470 \times 125000 = H_4 D_4 + h_4 F_4 = 2607.7 D_4 + 340 \times 62500$

(c)

此外还有：$D_2 + D_3 + D_4 = 187500$ (d)

式(a)~式(d) 联立，解得：

D_1/kg·h^{-1}	D_2/kg·h^{-1}	D_3/kg·h^{-1}	D_4/kg·h^{-1}	$(D_2+D_3+D_4)$/kg·h^{-1}
88886	57682	62918	66900	187500

(4) 有效温差在各效的分配　因为前设 A_i 各效相等，则根据传热速率方程式(9-2-15)，各效传热温差应按下列规律分配。

$$\Delta T_1 : \Delta T_2 : \Delta T_3 = \frac{Q_1}{K_1} : \frac{Q_2}{K_2} : \frac{Q_3}{K_3} \qquad (9\text{-}2\text{-}16)$$

即：
$$\Delta T_i = \Sigma\Delta T_{\text{有效}} \times \frac{Q_i/K_i}{\Sigma Q_i/K_i} \qquad (9\text{-}2\text{-}17)$$

将各效数值与分配比例列表：

项目	Ⅰ效	Ⅱ效	Ⅲ效	各效之和Σ
加热蒸汽量 D_i/kg·h^{-1}	88886	57682	62918	
蒸汽的蒸发潜热 r_i/kJ·kg^{-1}	2113.2	2139.9	2177.6	
热负荷 $Q_i = r_i D_i$/kg·h^{-1}	18.78×10^7	12.34×10^7	13.7×10^7	
总传热系数 K_i/W·m^{-2}·K^{-1}	1500	1000	650	

续表

项目	I效	II效	III效	各效之和Σ
$Q_i/K_i/\mathrm{m^2 \cdot K}$	3.48×10^4	3.43×10^4	5.86×10^4	12.77×10^4
$\Sigma \Delta T/\mathrm{K}$			44.7	
$\Delta T_i = Q_i/K_i \times (\Sigma \Delta T/\Sigma Q/K)/\mathrm{K}$	12.2	12.0	20.5	44.7

(5) 初设值的复核

① 由各效蒸发量反算各效出口浓度。

$$x_2 = F_1 x_1/(F_1 - D_2) = 2.5 \times 10^5 \times 0.1/(2.5 \times 10^5 - 57682) = 0.130$$
$$x_3 = 2.5 \times 10^4/(2.5 \times 10^5 - 57682 - 62918) = 0.193$$
$$x_4 = 2.5 \times 10^4/(2.5 \times 10^5 - 57682 - 62918 - 66900) = 0.400$$

② 反推各效蒸发压力 由于各效的有效传热温差与初设值有差异,各效出口浓度也与初设值不同,所以各效的操作压力与等压差的设定值不同,现将设定值与反推值列表比较如下:

项目	I效		II效		III效	
	设定值	反推值	设定值	反推值	设定值	反推值
溶液出口浓度 $x/\%$	13.33	13.0	20.0	19.3	40.0	40.0
加热蒸汽温度 $T_{s(i-1)}/℃$	158.7	158.7	143.2	140.7	121.1	119.4
热液的沸点升高 $\Delta'/℃$	3.2	3.1	6.5	6.3	24.5	24.5
静压引起的 $\Delta''/℃$	1.14	1.14	2.0	2.0	14.6	14.6
流阻引起的 $\Delta'''/℃$	1.0	1.0	1.0	1.0	1.0	1.2
有效传热温差 $\Delta T/℃$	10.2	12.8	12.6	12.0	21.9	20.5
二次蒸汽温度 $T_{si}/℃$	144.2	141.7	122.1	120.4	60.1	60.1
蒸发压力 p_i/MPa	0.407	0.371	0.213	0.201	0.02	0.02

(6) 各效传热面积计算

项目	I效	II效	III效
加热蒸汽饱和温度 $T_{s(i-1)}/℃$	158.7	140.7	119.4
加热蒸汽量 $D_i/\mathrm{kg \cdot h^{-1}}$	88886	57682	62918
蒸发潜热 $r_i/\mathrm{kJ \cdot kg^{-1}}$	2113.2	2142.8	2218.8
热负荷 $Q_i = r_i D_i/\mathrm{kg \cdot h^{-1}}$	18.78×10^7	12.36×10^7	13.96×10^7
总传热系数 $K_i/\mathrm{W \cdot m^{-2} \cdot K^{-1}}$	1500	1000	650
$\Delta T_i/\mathrm{K}$	12.8	12.0	20.5
传热面积 $A_i = Q_I/(K_i \Delta T_i)/\mathrm{m^2}$	2718	2861	2910

(7) 设计值 上表所得各效传热面积相近,可取 $A_1 = A_2 = A_3 = 3000 \mathrm{m^2}$ 为设计值。

2.2.3 多效蒸发系统的计算机程序介绍

由例 9-2-2 可见三效蒸发系统计算过程的工作量很大,当效数增加、有余热利用时,则计算更为烦琐。近年来国内诸多学者利用过程模拟的办法,用本节所述相似的原理,对不同的加热流程和不同的物料，编制了计算程序。

对于顺流加料流程，周亚夫[4]的模拟程序适用于设计型与校核型计算（无抽汽，不考虑料液的预热）；杨山[5]、蔡勇[6]的计算程序考虑了额外抽蒸汽；李德虎等[7]的五效蒸发计算程序针对了腈纶生产中 NaSCN 溶剂回收（各效的额外抽汽均用于溶液本身的预热）；陈文波等[8]的计算程序适用于带有冷凝水闪蒸和额外蒸汽引出的蔗糖蒸发系统；王旭东[9]的基于传统试差法的多效蒸发计算程序；郭明远等[10]的蒸发计算程序基于淡碱浓缩；唐永付等[11]的烧碱浓缩多效蒸发计算程序等。

对于平流加料流程，有刘顺[12]根据刘丕训[13]等人编制的、适用于无水硫酸钠生产（析出结晶）的计算程序。

对于造纸厂废液的碱回收，有吴泽荣[14]和蔡恩照等人[15]开发的混流多效蒸发系统的计算程序；对于海水淡化的多效蒸发，有刘晓华等人[16]基于等温差分配法和等面积分配法的海水淡化蒸发过程模拟计算。设计时可以根据不同的需要来进行选择。

2.3 热泵蒸发

在饱和温度进料情况下蒸发所产生的二次蒸汽的流量与加热蒸汽量相差无几，但它的温度、压力都比加热蒸汽低。如果能设法提高二次蒸汽的压力，则其饱和温度也将相应提高，于是就可以将压力提高后的蒸汽代替新鲜蒸汽，重新用作加热介质。

以消耗一部分高质能（机械能、电能）或高温位热能为代价，通过热力循环，把热能由低温位物体转移到高温位物体的能量利用装置，称为"热泵"。它的工作原理与制冷装置相同，但使用的目的不是制冷，而是制热。

压缩式热泵的工作原理图见图 9-2-11。通过热泵的循环，消耗了高质能 W，从低温热源吸收热量 Q_0，使温度为 T_3 的用热场所获得热量 $Q_1=Q_0+W$。如果热泵的热力过程为逆卡诺循环，则加入的理论功最小：

$$W=\frac{(T_3-T_2)Q_1}{T_3} \quad (9\text{-}2\text{-}18)$$

式中，W 为加入的高质能，kJ；T_2、T_3 为低温与高温热源的热力学温度，K。

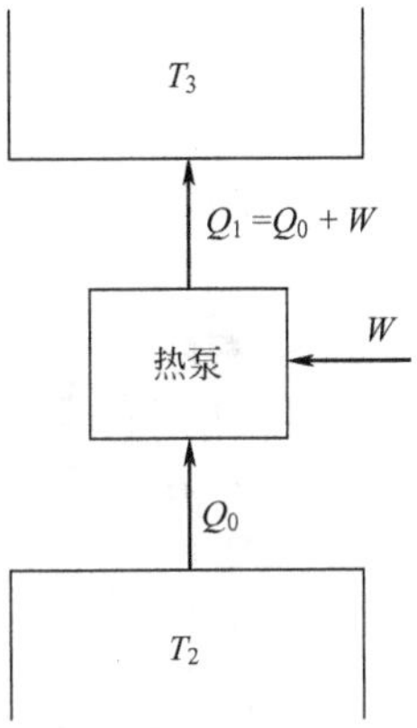

通常用供热系数 COP（coefficient of performance）——单位外功所能提供的热量，来衡量热泵系统的能量利用率：

$$\text{COP}=Q_1/W \quad (9\text{-}2\text{-}19)$$

图 9-2-11 压缩式热泵的工作原理

则按逆卡诺循环运行的热泵，其最大供热系数为：

$$\text{COP}_{\max}=Q_1/W=T_3/(T_3-T_2) \quad (9\text{-}2\text{-}20)$$

蒸发器产生的二次蒸汽是低温热源，其温度为 T_2；而所需的加热蒸汽是高温热源，其温度为 T_3，高低温热源的温差为 (T_3-T_2)，也就是蒸发器加热室的名义传热温差，包括有效传热温差与沸点升高等温差损失 $(\Delta'+\Delta''+\Delta''')$，其值往往不大，一般只有 8~20K。所以在蒸发中采用热泵技术的条件是非常优越的，可以得到较高的 COP 值（当 $T_3=373\text{K}$，$T_3-T_2=15\text{K}$ 时，$\text{COP}_{\max}$ 可达 25）。

在蒸发操作中，蒸汽是最常用热泵循环的工质，为提高二次蒸汽的压力，可以采用蒸汽喷射泵或机械式压缩机。

2.3.1 蒸汽喷射式热泵蒸发

蒸汽喷射泵见图 9-2-12，高温高压蒸汽 D_A（T_1，p_1）在绝热条件下通过先收缩后扩张的喷管 1，膨胀到低压 p_2，可以得到速度很高的气流。如果在与 p_2 相同压力下混入蒸发所得的二次蒸汽 D_B，并使混合后的（D_A+D_B）气流仍然以较大的速度进入一个截面逐渐变大的扩压管 3，则可以在扩压管的出口处得到速度变小而压力增大到 p_3 的蒸汽流 D，而使 $p_1 > p_3 > p_2$。

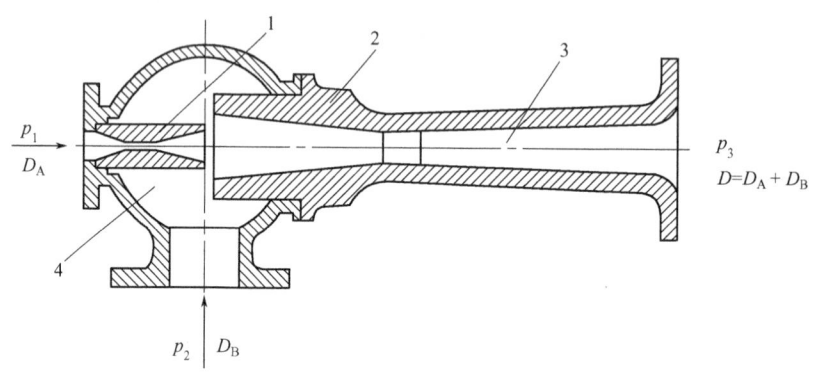

图 9-2-12 蒸汽喷射泵
1—喷管；2—混合室；3—扩压管；4—吸入室

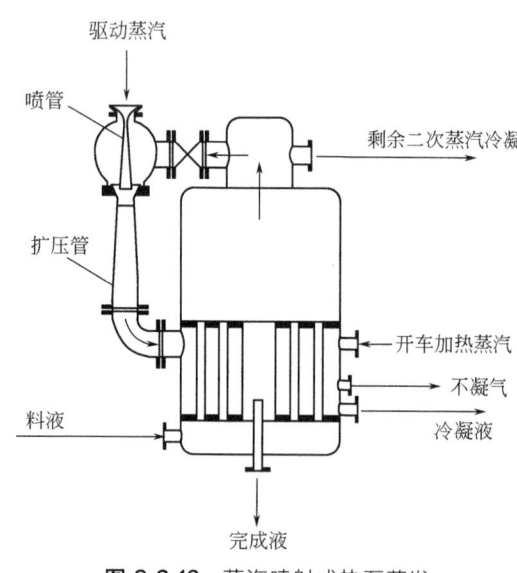

图 9-2-13 蒸汽喷射式热泵蒸发

蒸汽喷射式热泵蒸发见图 9-2-13，是蒸汽喷射泵与蒸发器组合成的热泵蒸发装置。高温高压的新鲜蒸汽是喷射泵的动力蒸汽；蒸发器出来的低压二次蒸汽压力被提高后进入加热室，剩余的二次蒸汽排出系统，或进行冷凝。

压缩后出口混合蒸汽的温度 t_3 为 105℃ 时，某蒸汽喷射泵的性能图见图 9-2-14。纵坐标是携带比 ϕ，横坐标是二次蒸汽饱和温度 t_2，两条曲线各对应驱动蒸汽的不同压力。由图 9-2-14 可见，ϕ 值随（$t_3 - t_2$）的增大、p_1 的降低而减小。蒸汽喷射泵的性能还受设计和制造质量的影响。对蒸汽喷射热泵蒸发，p_1 一定时，ϕ 值越大，驱动蒸汽消耗量越小，但由于蒸发器的传热温差减小会导致换热面积的增加。

$$\phi = \frac{D_B}{D_A} = \frac{二次蒸汽吸入量}{驱动蒸汽量} \tag{9-2-21}$$

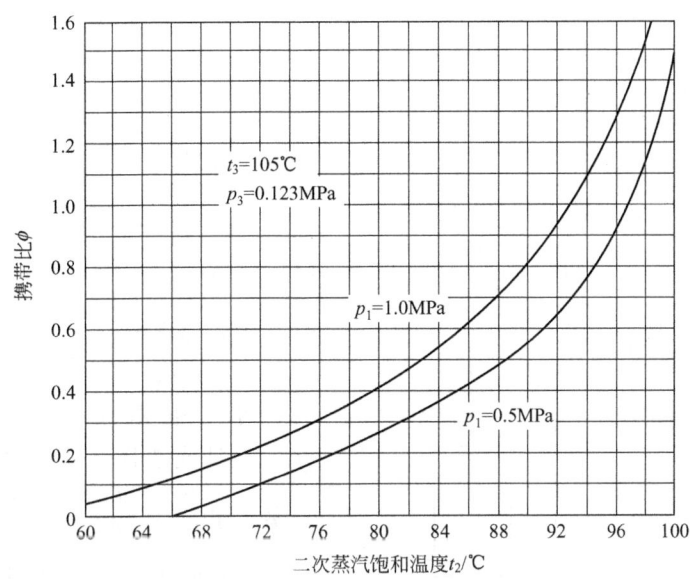

图 9-2-14 蒸汽喷射泵的性能图

p_1—驱动蒸汽的压力；p_3—出口混合蒸汽的压力

喷射泵的三股蒸汽流量（图 9-2-12）为

压力为 p_3 的排出汽量：$\qquad D=D_A+D_B=D_A(1+\phi)$ (9-2-22)

压力为 p_1 的驱动汽量：$\qquad D_A=D/(1+\phi)$ (9-2-23)

压力为 p_2 的吸入汽量：$\qquad D_B=\phi D/(1+\phi)$ (9-2-24)

对于已定的蒸发任务，其所需蒸发量 D_B 是一定的，可根据操作条件，由图 9-2-14 读取携带比 ϕ 用作参考，再由式(9-2-22)、式(9-2-23)求出 D_A。

【例 9-2-3】 采用蒸汽喷射式热泵蒸发，处理初始浓度 $x_0=10\%$，初始温度 $t_0=80.0℃$ 的料液 5000kg·h^{-1}，要求终了浓度为 $x=25\%$。已知溶液的比热容 $C_0=3.55$kJ·kg^{-1}·K^{-1}，其沸点升高 $\Delta'+\Delta''=2.0℃$，蒸发器总传热系数为 1000W·m^{-2}·K^{-1}，蒸发室压力为 $p_2=0.08$MPa，进入喷射泵的新鲜饱和蒸汽压力 $p_1=1.0$MPa，求新鲜蒸汽消耗量与蒸发器的加热面积。

解 （1）蒸发水量：

$$W=F\left(1-\frac{x_0}{x}\right)=5000\times\left(1-\frac{10\%}{25\%}\right)=3000(kg·h^{-1})$$

（2）新鲜蒸汽耗量：

① 确定操作条件 喷射式热泵的新鲜蒸汽压力 $p_1=1.0$MPa，饱和温度 $t_1=179.9℃$，焓 $h_1=2782.5$kJ·kg^{-1}。设吸入蒸汽压力 $p_2=0.08$MPa，$t_2=93.2℃$，$h_2=2665.3$kJ·kg^{-1}，汽化潜热 $r_2=2275.3$kJ·kg^{-1}，设定增压后的蒸汽压力 $p_3=0.123$MPa，$t_3=105℃$，$h_3=2685.0$kJ·kg^{-1}，$r_3=2245.4$kJ·kg^{-1}。

由图 9-2-14 查得，在上述条件下运行的喷射泵的携带比 $\phi=0.98$，溶液温度 $t=t_2+\Delta'+\Delta''=93.2+2.0=95.2℃$。

② 求蒸发器所需的加热蒸汽量 D，考虑热损失为总传热量的 3%，则所需热量：

$$Q=[FC_0(t-t_0)+Wr_2]\times1.03$$

$$= [5000 \times 3.55 \times (95.2 - 80.0) + 3000 \times 2275.3] \times 1.03$$
$$= 7.31 \times 10^6 (\text{kJ} \cdot \text{h}^{-1})$$

则加热蒸汽耗量：
$$D = \frac{Q}{r_3} = \frac{7.31 \times 10^6}{2245.4} = 3256 (\text{kg} \cdot \text{h}^{-1})$$

求新鲜蒸汽耗量，根据式(9-2-23)计算：
$$D_A = \frac{D}{1+\phi} = \frac{3256}{1+0.98} = 1644 (\text{kg} \cdot \text{h}^{-1})$$

吸入蒸汽量：
$$D_B = D - D_A = 3256 - 1644 = 1612 (\text{kg} \cdot \text{h}^{-1})$$

可以根据 D_A、D_B、D、p_1、p_2、p_3，设计或选择合适的喷射泵。单位生蒸汽蒸水量 $\frac{W}{D_A} = \frac{3000}{1644} = 1.82$。

（3）能源的合理利用 上述蒸发所产生的二次蒸汽为 $3000 \text{kg} \cdot \text{h}^{-1}$，除了 D_B 由喷射泵吸入回用之外，剩余 $3000 - 1612 = 1388 (\text{kg} \cdot \text{h}^{-1})$，其压力为 0.08MPa，仍可作他用。采用如图 9-2-15 所示的双效蒸发流程，假设在沸点加料，忽略热损失，并假设加热蒸汽、Ⅰ效二次蒸汽、Ⅱ效二次

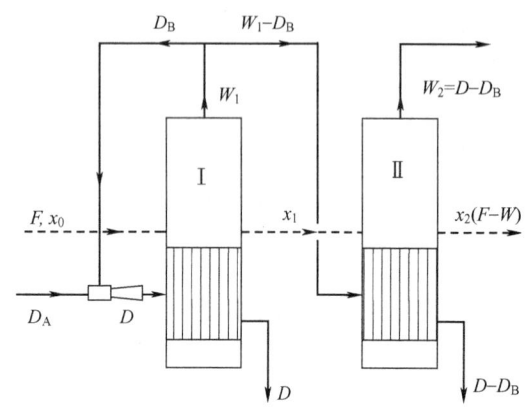

图 9-2-15 热力喷射泵蒸发的双效流程
$D_A + D_B = D = W_1$，$W_2 = D - D_B$，$W = W_1 + W_2 = 2D - D_B$

蒸汽的汽化潜热近似相等。Ⅱ效的溶液沸腾温度（即排出温度）为60℃，则：

$$W_1 = D$$
$$W_2 = D - D_B = \frac{D}{1+\phi} = D_A$$
$$W = W_1 + W_2 = \frac{D(2+\phi)}{1+\phi}$$

或为：
$$D = \frac{W(1+\phi)}{2+\phi}$$

（4）传热面积 假设总传热系数 $K = 1000 \text{W} \cdot \text{m}^{-2} \cdot \text{K}^{-1}$。$1\text{W} = 3.6 \text{kJ} \cdot \text{h}^{-1}$

① 单效

传热温差：$\Delta t_1 = 105 - 2 - 93.2 = 9.8 (\text{K})$

传热面积：$A = \frac{Dr_3}{K\Delta t} = \frac{3256 \times 2245.4}{1000 \times 9.8 \times 3.6} = 207 (\text{m}^2)$

② 双效

第Ⅱ效的传热温差（设二效的料液温度为60℃）：$\Delta t_2 = 93.2 - 1 - 60 = 32.2 (\text{K})$

第Ⅰ效蒸发水量：$W_1 + W_2 = \frac{D(2+\phi)}{1+\phi} = 3000$，$\phi = 0.98$，$W_1 = D = 1993 (\text{kg} \cdot \text{h}^{-1})$

第Ⅱ效蒸发水量：$W_2 = 3000 - 1993 = 1007 (\text{kg} \cdot \text{h}^{-1})$

则Ⅰ效传热面积：$A_1 = \frac{1993 \times 2245.4}{1000 \times 9.8 \times 3.6} = 127 (\text{m}^2)$

Ⅱ效传热面积：$A_2 = \dfrac{1007 \times 2245.4}{1000 \times 32.2 \times 3.6} = 20 (\text{m}^2)$

$$\sum A = A_1 + A_2 = 127 + 20 = 147 (\text{m}^2)$$

(5) 各效浓度与蒸汽利用率：

Ⅰ效出口浓度：$x_1 = \dfrac{5000 \times 10\%}{5000 - 1993} = 16.63\%$

Ⅱ效出口浓度：$x_2 = \dfrac{5000 \times 10\%}{5000 - 1993 - 1007} = 25.0\%$

喷射泵的驱动蒸汽量：$D_A = \dfrac{D}{1+\phi} = \dfrac{1993}{1+0.98} = 1007 (\text{kg} \cdot \text{h}^{-1})$

每千克驱动汽能蒸发水分：$\dfrac{W}{D_A} = \dfrac{1007 + 1993}{1007} = 2.98 (\text{kJ} \cdot \text{kg}^{-1})$

由于蒸汽喷射泵的结构简单，没有运动部件，所以不易出现故障，装置费用很低，而且其结构材料的选择很少受到限制。但喷射泵的热效率较低，而且如果所用的驱动蒸汽中含有液滴，容易使喷管的喉部磨损，使其效率下降。

关于蒸汽喷射泵的设计与计算，可参阅文献 [17～19]。

在工程设计中，一般可设定喷射泵所处效蒸发器的加热温度和蒸发温度；二者差值越小，喷射泵的携带比越大，但会使该效蒸发器的传热面积越大，因此应从经济角度选取适宜的操作条件。

2.3.2 机械压缩式热泵蒸发

从理论上来说，凡是能提高气体压力的机械，诸如罗茨风机、往复式压缩机、螺杆式压缩机以及离心式压缩机等，都可以用于热泵。它们可以用电动机驱动，也可以用汽轮机或其他动力机械驱动。如图 9-2-16(a) 所示，是用电动机驱动的热泵蒸发流程图。辅助加热器是装置开车时所必需的，如果加入的料液温度较低，也用来在操作中补充预热所需的热量。

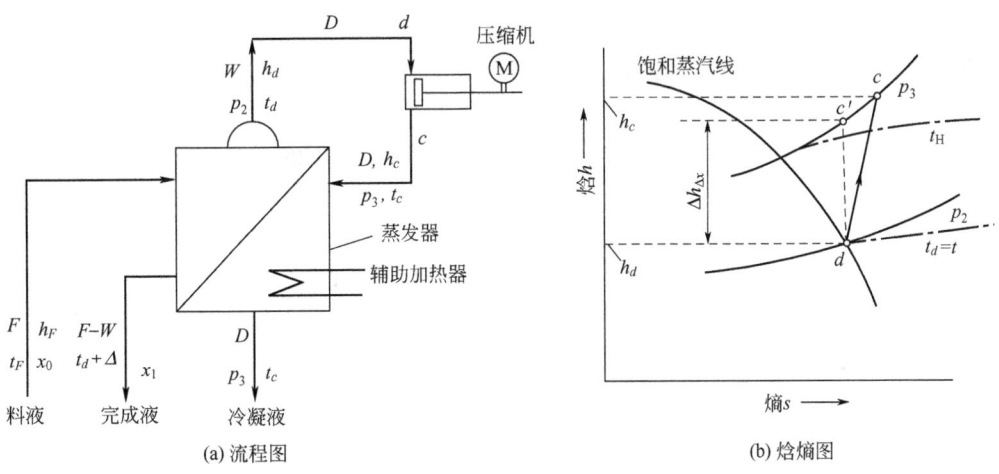

图 9-2-16　电动机驱动的热泵蒸发

如图 9-2-16(b) 所示的蒸汽焓熵图有助于说明压缩过程。设蒸发产生的二次蒸汽是压力

为 p_2 的饱和蒸汽（状况 d），所需的加热蒸汽压力为 p_3。理想的可逆压缩沿等熵线 d—c' 交等压线 p_3 于 c' 点，其等熵焓增为 $(h_{c'}-h_d)$。实际压缩过程是 d—c 的多变过程，其焓增为 (h_c-h_d)。

$$h_c-h_d=(h_{c'}-h_d)/\eta_{sc} \tag{9-2-25}$$

式中　η_{sc}——压缩机的等熵效率。

压缩机所需的功率为：

$$N_c=\frac{D}{3600}\times\frac{h_c-h_d}{\eta_{mc}}=\frac{D}{3600}\times\frac{h_{c'}-h_d}{\eta_{sc}\eta_{mc}}=\frac{D}{3600}\times\frac{h_{c'}-h_d}{\eta_c}(\text{kW}) \tag{9-2-26}$$

式中　D——蒸汽流量，$\text{kg}\cdot\text{h}^{-1}$。

$\eta_c=\eta_{sc}\eta_{mc}$，是考虑压缩机多变熵增和机械损失（$\eta_{sc}$、$\eta_{mc}$）的压缩机总效率，对于压缩机的效率参见第 5 篇。

【例 9-2-4】　生产任务和操作条件与例 9-2-3 相同，蒸发后的二次蒸汽用电力驱动的离心压缩机压缩，其综合效率为 75%，求所需功率及供热系数。

解　如图 9-2-16 所示，从蒸汽的焓熵图中查得压缩进口 d 点，与压缩机出口 c' 点参数列表见下表。

项目	压缩机入口状态 d （蒸发器的二次蒸汽状态）	压缩机出口状态 c' （加热蒸汽的状态）
压力 p/MPa	0.08	0.123①
温度 t/℃	93.2	133
汽相焓 $h''/\text{kJ}\cdot\text{kg}^{-1}$	2665.3	2742.6
液相焓 $h'/\text{kJ}\cdot\text{kg}^{-1}$	390.1	440.0②
熵 $s''/\text{kJ}\cdot\text{kg}^{-1}\cdot\text{K}^{-1}$	7.453	7.453

① $p_{c'}=0.123\text{MPa}$，是根据 $t_{c'}=105℃$ 查出的；$h''_{c'}$ 是根据 $s''_{c'}=s''_d=7.453\text{kJ}\cdot\text{kg}^{-1}\cdot\text{K}^{-1}$ 与 $p_{c'}=0.123\text{MPa}$ 查出的。
② $h'_{c'}$ 是指 p_3 压力下的饱和水的焓值。

将上述参数代入式(9-2-26)，得：

$$N_c=\frac{D}{3600}\times\frac{h''_{c'}-h''_d}{\eta_c}=\frac{3000}{3600}\times\frac{2742.6-2665.3}{0.75}=85.9(\text{kW})$$

预热料液与蒸发水分所需的热量：

$$Q_1=FC_0(t-t_0)+W(h''_d-h'_d)$$
$$=5000\times3.55\times(95.2-80.0)+3000\times(2665.3-390.1)$$
$$=7.1\times10^6(\text{kJ}\cdot\text{h}^{-1})$$

蒸汽冷凝放出的热量：

$$Q_2=W(h''_{c'}-h'_{c'})=3000\times(2742.6-440.0)=6.91\times10^6(\text{kJ}\cdot\text{h}^{-1})$$

实际上因为不是等熵压缩，状态 c' 的 $h''_{c'}$ 更大些。若维持稳态过程，需要考虑到热损失，所以还要补充能量。

供热与需热的差值，可用浓缩的排出液和加热蒸汽冷凝液与冷料液的热交换来补偿。供热系数：

$$\text{COP}=\frac{Q_2}{N_c}=\frac{6.91\times10^6}{85.9\times3600}=22.3$$

如图 9-2-17(a) 所示的是用蒸汽汽轮机驱动离心压缩机的热泵蒸发流程。流程中要求汽轮机动力蒸汽膨胀后排出的压力，与二次蒸汽在压缩机出口排出的压力相同，均为 p_3。则两种蒸汽都可以用来作为蒸发器的加热蒸汽。

如图 9-2-17(b) 所示的蒸汽焓熵图中，量为 D_A 的高压过热蒸汽以压力 p_1、温度 t_a 进入汽轮机（状态 a），膨胀到压力为 p_3 的 b 点，理想可逆过程应该沿虚线 a—b' 变化，其等熵焓降为 $(h_a-h_{b'})$。实际膨胀过程是多变过程，沿实线 a—b 到达 b 点，而：

$$h_a-h_b=(h_a-h_{b'})/\eta_{sT} \tag{9-2-27}$$

式中，η_{sT} 为汽轮机的等熵效率。

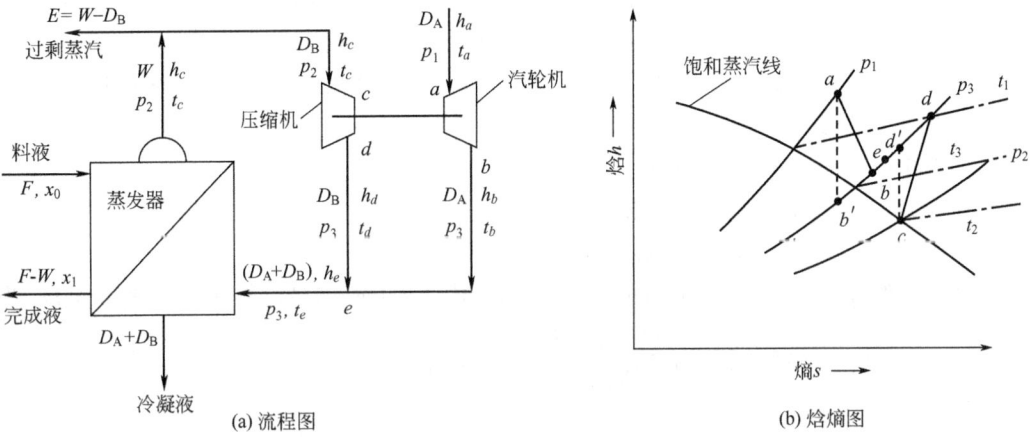

图 9-2-17 汽轮机驱动的热泵蒸发

汽轮机驱动压缩机，使压力为 p_2 的二次蒸汽（设为饱和状态，并处于 c 点），其量为 D_B，压缩到 p_3，理想可逆过程沿虚线 c—d' 变化，其等熵焓增为 $(h_{d'}-h_c)$。实际上的压缩过程也是多变的，沿实线 c—d 进行：

$$h_d-h_c=(h_{d'}-h_c)/\eta_{sc} \tag{9-2-28}$$

但压缩机是由汽轮机直接驱动的，两者的轴功率应该相等，即：

$$D_A(h_a-h_{b'})\eta_{sT}\eta_{mT}=\frac{D_B(h_{d'}-h_c)}{\eta_{sc}\eta_{mc}} \tag{9-2-29}$$

或：

$$D_A(h_a-h_{b'})\eta_T=\frac{D_B(h_{d'}-h_c)}{\eta_c} \tag{9-2-30}$$

式(9-2-27)～式(9-2-30) 中，η_{sT}，η_{mT}，η_T 分别为汽轮机的等熵效率、机械效率和总效率；η_{sc}，η_{mc}，η_c 分别为压缩机的等熵效率、机械效率和总效率。

但蒸发器的加热蒸汽量 D 为汽轮机的排汽量 D_A 与压缩机的排汽量 D_B 之和：

$$D=D_A+D_B \tag{9-2-31}$$

两种蒸汽混合后的状况为图 9-2-17(b) 上的 e 点，其焓值 h_e 为：

$$h_e=\frac{D_A h_b+D_B h_d}{D_A+D_B} \tag{9-2-32}$$

由式(9-2-30)、式(9-2-31)，可得：

$$D_A=\frac{D(h_{d'}-h_c)}{(h_a-h_{b'})\eta_T\eta_c+(h_{d'}-h_c)} \tag{9-2-33}$$

$$D_B = \frac{D(h_a - h_{b'})\eta_T \eta_c}{(h_a - h_{b'})\eta_T \eta_c + (h_{d'} - h_c)} \tag{9-2-34}$$

蒸发器的加热蒸汽需要量 D 由热平衡方程(9-2-2)给出。

显然,由式(9-2-33)可见,汽轮机驱动蒸汽量 D_A 恒小于所需的加热蒸汽量 D,两者之比即驱动蒸汽比耗 d,可以很小:

$$d = D_A/D \tag{9-2-35}$$

【例 9-2-5】 生产任务与操作条件与例 9-2-3 相同,采用如图 9-2-17 所示的流程,用汽轮机来带动压缩机,汽轮机用 $p = 2.6 \text{MPa}$、$t = 400℃$ 的过热蒸汽驱动,膨胀做功后排出的蒸汽用以补偿蒸发器加热。求蒸汽消耗量和剩余的低压蒸汽量。

解 由例 9-2-3 可知,蒸发水量 $W = 3000 \text{kg·h}^{-1}$,蒸发器的加热蒸汽耗量 $D = 3256 \text{kg·h}^{-1}$。由蒸汽图表查得:

$p_1 = 2.6 \text{MPa}$,$h_a = 3240 \text{kJ·kg}^{-1}$;

$p_3 = 0.123 \text{MPa}$,$h_{b'} = 2580 \text{kJ·kg}^{-1}$,$h_{d'} = 2743 \text{kJ·kg}^{-1}$;

$p_2 = 0.08 \text{MPa}$,$h_c = 2665 \text{kJ·kg}^{-1}$。

若汽轮机的 $\eta_T = 80\%$,压缩机的 $\eta_c = 75\%$,代入式(9-2-33),得新蒸汽消耗量 D_A 为:

$$D_A = \frac{D(h_{d'} - h_c)}{(h_a - h_{b'})\eta_T \eta_c + (h_{d'} - h_c)}$$

$$= \frac{3256 \times (2743 - 2665)}{(3240 - 2580) \times 0.75 \times 0.8 + (2743 - 2665)}$$

$$= 536 (\text{kg/h})$$

压缩机的蒸汽压缩量 D_B:$D_B = D - D_A = 3256 - 536 = 2720 (\text{kg·h}^{-1})$

压缩机的压缩比:$p_3/p_2 = 0.123/0.08 = 1.538$

剩余蒸汽量 E:$E = W - D_B = 3000 - 2720 = 280 (\text{kg·h}^{-1})$

蒸汽利用倍率:$W/D_A = 3000/536 = 5.6$

蒸汽比耗:$d = D_A/D = 536/3256 = 0.1646$

由例 9-2-3~例 9-2-5 可见,无论是热力喷射泵的携带比 ϕ [式(9-2-21)、图 9-2-14],电驱动机械式热泵的单位能耗 N_c/D [式(9-2-26)],还是汽轮机驱动的热泵的蒸汽比耗 d [式(9-2-31)与式(9-2-33)],都与被压缩蒸汽的等熵焓增成正比。而等熵焓增则是与被压缩蒸汽的压缩比 p_3/p_2 成正比,也就是说与加热蒸汽的冷凝温度 T_s 和被蒸溶液沸腾温度之差 ΔT 成正比,ΔT 值增大,则能耗增大。

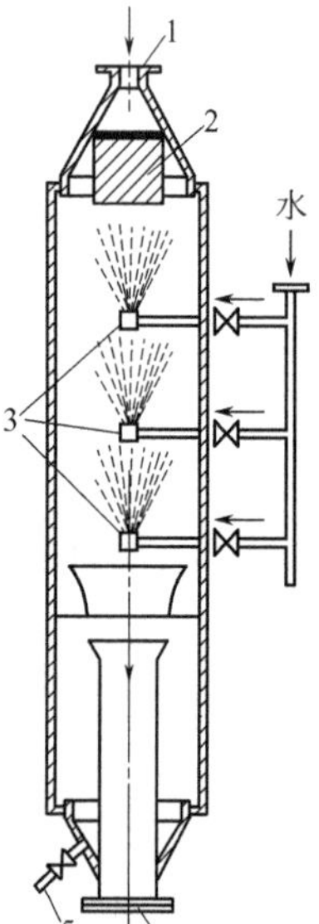

因为过热蒸汽的传热膜系数明显低于饱和蒸汽冷凝时的传热膜系数,所以在蒸汽进加热室之前要设法消除其过热。最简便的方法是向过热蒸汽喷入雾状水滴。雾滴在直接与蒸汽接触时,吸收蒸汽的显热得以汽化(图 9-2-18),喷入水量可根据热量平衡求出。在蒸发高浓度电解质溶液时,因为沸点升高值很大,产生的二次蒸汽也是过热的蒸汽,有时也采用这一方法以消除过热。

图 9-2-18 蒸汽过热消除器
1—过热蒸汽进口;2—螺旋状导流器;
3—喷嘴;4—饱和蒸汽出口;
5—剩余水排出口

如果蒸汽的过热度不是很大，也可以不消除过热，直接引入加热室，因为换热管外的冷凝液膜与雾滴也可以起到消除过热的作用。

一般来说，在蒸汽喷射泵与汽轮机驱动的热泵蒸发中，二次蒸汽都有剩余。剩余二次蒸汽可以用来预热料液，或用以供给另一台操作压力较低的蒸发器作加热用（图 9-2-15），或者专设辅助冷凝器冷凝。

在电驱动热泵蒸发中，要专设辅助加热器，用于启动时加热料液，并产生蒸汽；此外也可正常运行时补充热量。辅助冷凝器或辅助加热器的能力，可由热量平衡方程式求得。

目前，机械压缩式热泵蒸发（MVR）在化工、环保、制药等领域有广泛的应用，一套典型的含盐废水 MVR 浓缩处理流程见图 9-2-19。

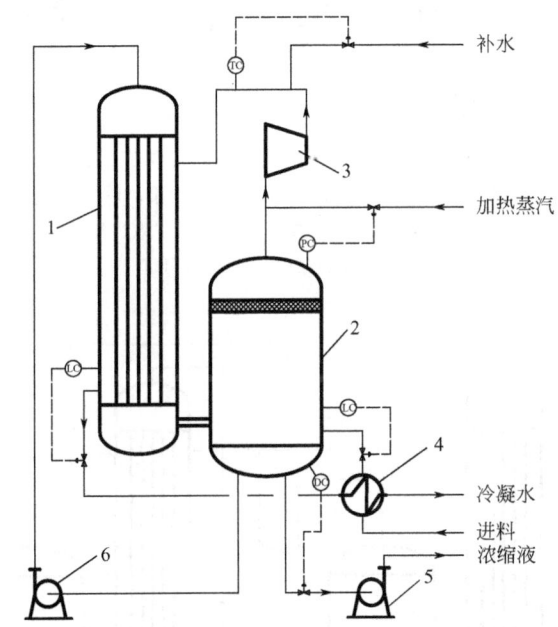

图 9-2-19 一套典型的含盐废水 MVR 浓缩处理流程图
1—加热室；2—分离室；3—压缩机；4—预热器；5—出料泵；6—循环泵

2.3.3 多效蒸发与热泵组合式蒸发

多效蒸发与热泵蒸发均为蒸发操作中主要的节能措施。一套蒸发装置的设计不但要尽量降低能耗，还应满足蒸发工艺的要求。简单的热泵蒸发一般为单效操作，存在下列不足：

① 蒸发器内的物料是在接近最终浓度下操作，物料的浓度高、黏度大，传热膜系数较低，沸点升高值大；

② 在一定的蒸发任务下，蒸发器的蒸发量也较多效蒸发中单效的蒸发量大，因此压缩机或喷射器（泵）的吸气量大；

③ 对于有结晶要求的场合，结晶要求的温度、压力条件与压缩机的高效运行条件矛盾；

④ 对于喷射式热泵蒸发，还有一部分二次蒸汽需要冷凝系统冷凝，这部分二次蒸汽所带的较多蒸发潜热未被利用，会使能耗较高，冷凝系统负荷较大。

在蒸发装置的设计中，如将多效蒸发与热泵组合集成，为克服上述热泵蒸发的不足提供了可能。多效蒸发与喷射式、机械压缩式热泵的组合，如图 9-2-20～图 9-2-22 所示。

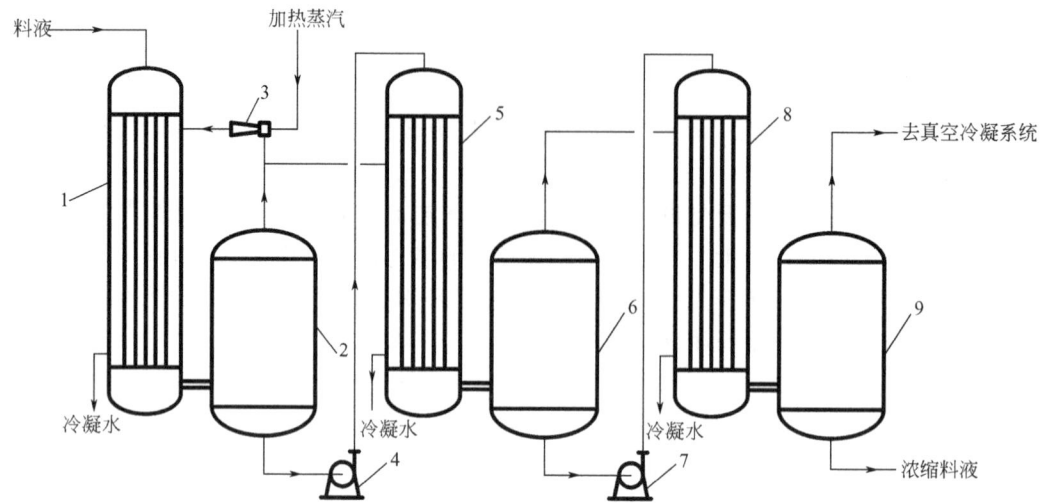

图 9-2-20 多效蒸发与喷射式热泵的组合
1——效加热室；2——效分离室；3—蒸汽喷射泵；4——效过料泵；
5—二效加热室；6—二效分离室；7—二效过料泵；
8—三效加热室；9—三效分离室

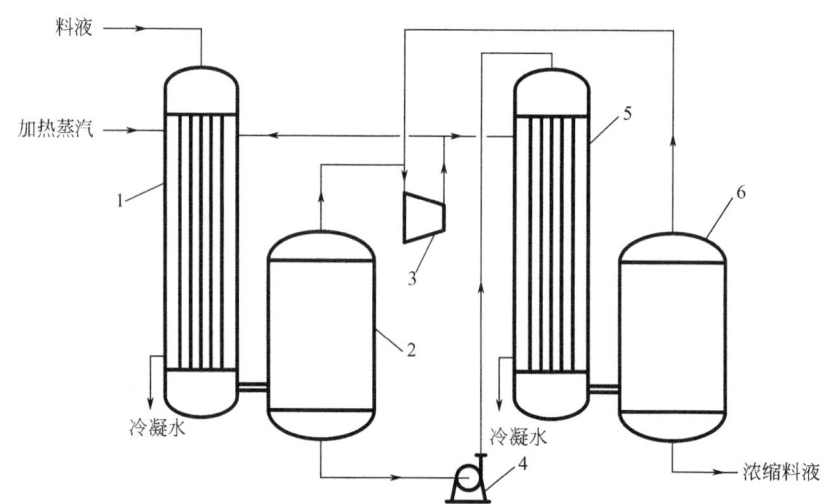

图 9-2-21 多效蒸发与机械压缩式热泵的组合（一）
1——效加热室；2——效分离室；3—压缩机；4—过料泵；
5—二效加热室；6—二效分离室

如图 9-2-20 所示，蒸汽喷射泵抽吸第一效二次蒸汽的余量用于第二效加热，各效蒸发器的蒸发量及操作温度随蒸汽喷射泵抽吸量（携带比 ϕ）而变化。该流程设计除考虑蒸汽耗量外，还可以合理选取喷射泵抽吸量，使各效物料浓度及操作温度满足某些工艺要求。

如图 9-2-21 所示，两台蒸发器的二次蒸汽合并后经压缩机加压升温，再分配给二台蒸发器，相当于两台蒸发器与压缩机并联，物料顺序经过两台蒸发器。这种流程的特点是，第一蒸发器在较低浓度下操作，传热效率高，第二蒸发器在接近最终浓度下运行。设计时应根据物料性质的变化，合理分配两台蒸发器的蒸发量，蒸发器也可选择不同的型式以适应各自

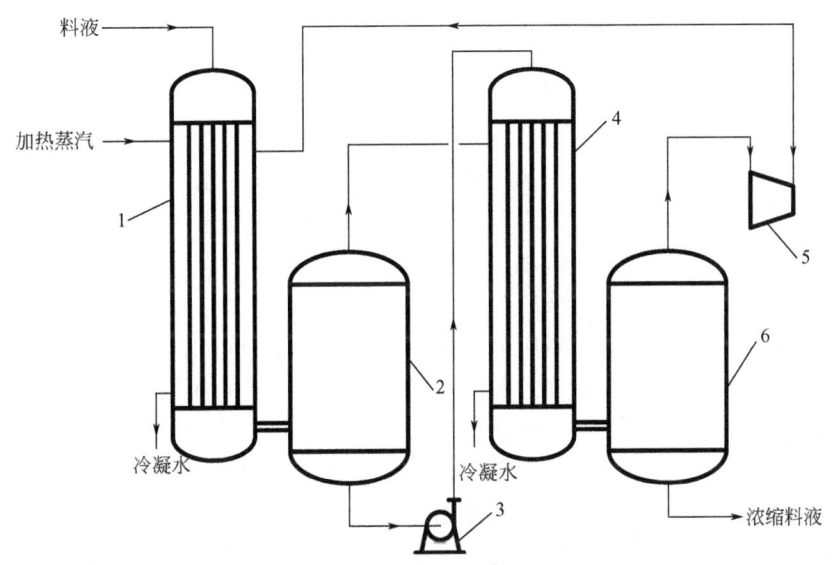

图 9-2-22 多效蒸发与机械压缩式热泵的组合（二）
1——效加热室；2——效分离室；3—过料泵；4—二效加热室；
5—压缩机；6—二效分离室

的操作条件。

如图 9-2-22 所示，为一种多效蒸发与机械压缩式热泵的组合，第二效蒸发器的二次蒸汽经压缩升温后作为第一效的加热蒸汽。相对于单效热泵蒸发，这种方案的压缩机吸气量减少了一半。这种流程适用于沸点升高值很小的物料。

2.4 减压闪蒸

使热溶液的压力降到低于溶液温度下的饱和压力，则部分溶剂将在压力降低时沸腾汽化，叫做闪蒸。溶剂汽化时带走的热量，等于溶液从原来温度 t_a 降低到降压后饱和温度 t_b 时所释放出的显热（不考虑溶解热），可由式(9-2-36)来计算：

$$Wr = FC(t_a - t_b) \tag{9-2-36}$$

式中 W——蒸发溶剂量，$kg \cdot h^{-1}$；
r——溶剂的汽化潜热，$kJ \cdot kg^{-1}$；
F——溶液流量，$kg \cdot h^{-1}$；
C——溶液的比热容，$kJ \cdot kg^{-1} \cdot ℃^{-1}$。

闪蒸后溶液的浓度 x_1 可按式(9-2-37)计算：

$$x_1 = \frac{Fx_0}{F - W} \tag{9-2-37}$$

式中 x_0——闪蒸前的溶液浓度。

减压闪蒸的具体实施办法：直接把溶液分散喷入一个压力较低的大容积空间，使闪蒸在瞬间完成；从一个与降压压差相当的液柱底部引入热溶液，使降压汽化过程在溶液上升过程中逐步实现，目的是减少闪蒸的剧烈程度，从而减缓振动及雾沫夹带，容易实

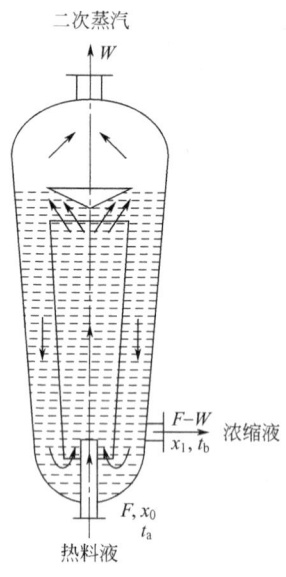

图 9-2-23 闪蒸器结构

现汽液分离。

在闪蒸过程中,溶液被浓缩,当浓度达到饱和时,将有部分溶质析出。但因为闪蒸时没有加入外界热量,所以不存在一般蒸发过程加热面结垢的问题。而在闪蒸前的加热过程中,因为溶液处于较高的压力下没有沸腾汽化,所以加热表面的结垢问题不突出。因此,闪蒸蒸发适用于处理易结垢溶液的浓缩。

减压闪蒸常与多效逆流蒸发配合应用。把从第一效引出的高温高压浓缩液逐级闪蒸,不但可以继续使溶液浓缩,而且闪蒸出来的蒸汽还可以用于低压效的加热或预热料液。

一般常采用上述第二种闪蒸办法。闪蒸器结构如图 9-2-23 所示,中央汽化管呈倒锥形,回流循环液与闪蒸液在底部混合后,可以降低闪蒸液的温度,缓解闪蒸的剧烈程度。

在多效蒸发中,各效加热器排出的冷凝液,也可以逐级闪蒸出蒸汽,补充到二次蒸汽中,为下一效加热用。

用二次蒸汽预热料液的四级闪蒸流程见图 9-2-24。料液经四级预热后进入加热器,用加热蒸汽加热到温度 t_0,经四级逐级降压,闪蒸到 t_4。各级闪蒸出的二次蒸汽通入相应的冷凝预热器,以逐级加热料液。在不同压力下所得的冷凝液,也在冷凝液闪蒸室闪蒸出二次蒸汽,并将此二次蒸汽补充到紧邻的下一级闪蒸汽中。用这种办法来处理易结垢的料液,既避免了加热面因沸腾浓缩而引起的结垢,又充分利用热量,提高了加热蒸汽的经济性。多级闪蒸常用于海水脱盐以制取淡水。

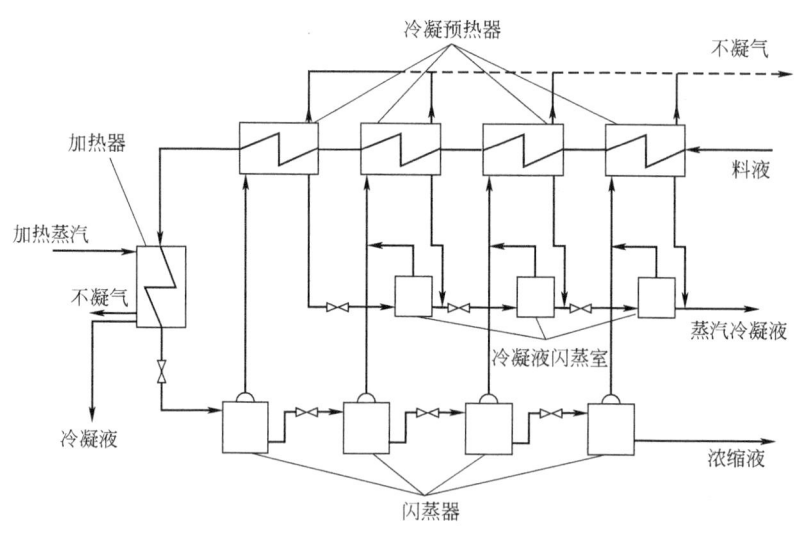

图 9-2-24 用二次蒸汽预热料液的四级闪蒸流程

多级闪蒸器两相邻级之间的温差可以很小,不像管式蒸发器那样有最小温差的限制。因此,在给定条件下,可以设计成更多的级数,而使得所需的供热量很低。日产淡水数千吨级至万吨级的大型海水淡化装置级数多达 30~40 级[20]。

多级闪蒸器可由物料平衡方程与热量平衡方程计算。在忽略热损失的条件下,对海水制取淡化水的蒸汽相对需要量 D/W，文献[21]中给出了式(9-2-38)：

$$\frac{D}{W} = \frac{t_F - t_F^* + N\theta_C}{f'\Delta h_H(N+1)\left[1 - \left(1 - \dfrac{t_F - t_F^* - \theta_C}{f'(N+1)\Delta h_m}\right)^N\right]} \quad (9\text{-}2\text{-}38)$$

式中 N——闪蒸器的级数；

t_F^*——未加热的海水温度，℃；

t_F——加热后海水的最高温度，℃；

θ_C——预热器中蒸汽的冷凝温度与海水被加热后出口温度之差，℃；

f'——常数，$f' = 0.238 \times 10^{-3}$；

Δh_m——海水在各闪蒸室中汽化潜热的平均值，$J \cdot kg^{-1}$；

Δh_H——加热室中加热蒸汽的汽化潜热，$J \cdot kg^{-1}$；

W——总造水量，为各级冷凝量之和，$kg \cdot h^{-1}$。

由式(9-2-38)可见，级数 N 越大，则 D/W 值越小。海水进口与盐水出口的盐分浓缩比，由式(9-2-39)给定：

$$\frac{x_0}{x_c} = \left[1 - \frac{t_F - t_F^* - \theta_C}{f'(N+1)\Delta h_m}\right]^N \quad (9\text{-}2\text{-}39)$$

从单位质量海水中获得的淡水量由式(9-2-40)给出：

$$\frac{W}{F} = 1 - \left[1 - \frac{t_F - t_F^* - \theta_C}{f'(N+1)\Delta h_m}\right]^N \quad (9\text{-}2\text{-}40)$$

【例 9-2-6】 在 20 级闪蒸器中，由海水制取淡水 $50 t \cdot h^{-1}$，海水由初始温度 $t_F^* = 25℃$，在预热器中预热，并在加热器中用 0.35MPa 的饱和蒸汽加热到 $t_F = 100℃$。设计预热器的传热面积时，使在每级中蒸汽的冷凝温度与流出海水温度之差 $\theta_C = 3℃$。为了获得所需水量，要耗费多少加热蒸汽？海水进、出口盐分的浓缩比 x_0/x_c 是多少？在给定条件下，处理单位海水可以提供多少淡水？

解 先求各级蒸发温度的算术平均值 t_m：

$$t_m = \frac{t_{n=1} + t_{n=N}}{2} = \frac{t_F + t_F^* + \theta_C}{2} = \frac{100 + 25 + 3}{2} = 64(℃)$$

查得水在 64℃ 下的汽化潜热 $\Delta h_m = 2350 \times 10^3 J \cdot kg^{-1}$，加热蒸汽的汽化潜热 $\Delta h_H = 2152 \times 10^3 J \cdot kg^{-1}$，代入式(9-2-38)得：

$$\frac{D}{W} = \frac{100 - 25 + 20 \times 3}{0.238 \times 10^{-3} \times 2152 \times 10^3 \times (20+1) \times \left\{1 - \left[1 - \dfrac{100 - 25 - 3}{0.238 \times 10^{-3} \times 2350 \times 10^3 \times (20+1)}\right]^{20}\right\}}$$

$= 0.109$

因此所需总汽量：$D = 50 \times 1000 \times 0.109 = 5450 (kg \cdot h^{-1})$

进、出口盐分浓缩比：$\dfrac{x_0}{x_c} = \left[1 - \dfrac{100 - 25 - 3}{0.238 \times 10^{-3} \times 2350 \times 10^3 \times (20+1)}\right]^{20} = 0.885$

因而要处理的海水量：

$$F = \frac{W}{1 - \left[1 - \dfrac{t_F - t_F^* - \theta_C}{f'(N+1)\Delta h_m}\right]^N}$$

$$= \frac{50000}{1 - \left[1 - \dfrac{100 - 25 - 3}{0.238 \times 10^{-3} \times 2350 \times 10^3 \times (20+1)}\right]^{20}}$$

$$= 4.35 \times 10^5 \text{ (kg·h}^{-1}) = 435 \text{ (t·h}^{-1})$$

2.5 蒸发系统的热能利用

前面讨论了多效蒸发、热泵蒸发、多级闪蒸等蒸发系统节能的有效措施，这些方法能成倍提高系统的热能利用率。除此之外，在蒸发系统自身也存在着可以回收利用的余热，充分利用这些热量可达到进一步节能降耗的目的。

在蒸发系统内部，可以利用的余热有下列几种：

(1) 末效二次蒸汽 一般情况下是送入冷凝系统冷凝，这部分热量最大，但温度很低，除有时可用于预热料液外，利用起来有困难。

(2) 浓缩液携带的热量 在多效逆流系统中，排出浓缩液的温度较高，但由于浓度也较高，所以腐蚀性较大，还易于结垢，对换热表面的选材与清洗不利。可利用分级闪蒸以回收低压蒸汽。

(3) 各效加热蒸汽冷凝液携带的热量 冷凝液比较洁净，回收热量应该没有什么困难，但各效排出的冷凝液，其压力、温度各不相同，必须加以注意。

(4) 各效产生的二次蒸汽 可以分出一部分，作为额外蒸汽，用于相适应的场合。

下面介绍热能利用的措施。

(1) 料液的分级预热 如果料液量很大、温度比较低，直接把低温料液送入蒸发器，不但增加蒸发器的传热负荷，而且还要消耗㶲值较高的加热介质。如果合理利用本系统的低温余热，逐级预热料液，使料液在尽可能高的温度下进入蒸发器，则可避免上述两方面的弊端。

(2) 浓缩液热量的利用 在表面式换热器中用热的浓缩液来预热料液，往往由于腐蚀、结垢等原因利用困难。工业上多采用分级减压闪蒸的办法，使浓缩液在较低压力下闪蒸，使闪蒸蒸汽补充到压力相近的二次蒸汽系统加以利用。由于水分的闪蒸，还可以使浓缩液继续浓缩，提高排出浓度。

(3) 冷凝液热量的利用 冷凝液比较洁净，可以在表面式换热器中对料液进行分级预热，但应注意各效间预热器冷凝液压力的平衡问题。冷凝液热量利用的一种方法为，采用冷凝液减压到本效二次蒸汽的压力，使闪蒸蒸汽补充到本效二次蒸汽系统中，再从二次蒸汽中抽取部分蒸汽，来预热料液。这样虽然在闪蒸过程中有㶲的损失，但对流程的控制较为容易。

(4) 额外蒸汽的排出利用 多效蒸发器组中由各效排出的二次蒸汽，主要是用作本系统下一效的加热蒸汽和预热本系统的料液。但如果在生产的其他装置中，有与各二次蒸汽压力（温度）相应的需求，可以抽出一部分供其使用。自多效蒸发器的第 n 效，抽出量为 E_n（kg·h^{-1}）的额外蒸汽，大约只需要增加 $E_n/(n+1)$ 的加热蒸汽量。当低温低压蒸汽需求量很大时，甚至可以把蒸发器作为蒸汽压力减压器来代替减压阀，把压力、温度合适的二次蒸汽完全供给工艺生产用。这时，加热蒸汽既在蒸发器中浓缩了溶液，又以二次蒸汽的形式提供了所需的热源。

2.6 蒸发系统的优化

无论是多效蒸发、热泵蒸发，还是蒸发系统的余热利用，在提高蒸汽经济性的同时，都要以增加传热面积、增加设备及流程的复杂性为代价。处理单位产品所花费的总成本，或是蒸发单位水量所花费的总成本为最低，应当是蒸发装置追求的目标。这里所指的总成本，既包括维持日常生产的能耗（包括蒸汽、水、电等）、维修、运行的材料与人工费用，又包括设备、厂房等基建投资的折旧费用。各种费用的计算可参见文献［22］的方法。多效蒸发的效数与蒸发总成本的关系见图 9-2-25。

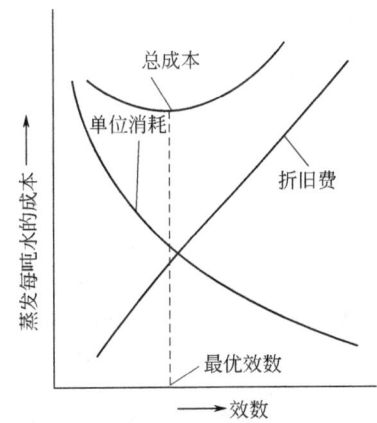

图 9-2-25　多效蒸发的效数与蒸发总成本的关系

对于多效蒸发，随着效数的增长，能耗下降的趋势逐渐减缓，而投资上升却是直线增长。当因增加效数而使建设（基建）投资折旧费的上升超过运行费用的下降时，继续增加效数反而会使总成本上升。而总成本为最小的效数，就是最优效数（图 9-2-25）。对于热泵蒸发，则存在最优传热温差。

最优效数受蒸汽价格、电价、设备及厂房造价等因素的影响。大规模装置的最优效数往往较高。

蒸发器是非标准化设备，尤其是在大型化装置中，没有必要使各效传热面积相等，也没有必要使浓效与稀效采用相同结构型式。合理配置蒸发器各效的传热面积，可以得到所需传热面积为最小的结果，因而得到降低设备总投资的目的。这也就出现了各效传热面积分配的优化设计以及各效蒸发操作参数的优化问题。

各种蒸发器的具体设计中也要考虑优化问题，例如强制循环蒸发器中的循环速度。一方面，高的流速需要大流量的循环泵，以克服较大的流体阻力，需要消耗较多的电能。另一方面，较大的流速又导致较高的传热系数，可以减少结垢，因而可以采用较小的传热面积。热泵蒸发中如果采用较高的压缩比，就要消耗较多的外功，而较高的压缩比有较大的传热温差，可以减少蒸发器的传热面积。在这里，找出最佳循环速度、最佳压缩比就是上述两种系统优化问题的核心。在多效蒸发装置中，各效蒸发器型式的选择应考虑所在效的操作条件，选择在该条件下适宜的型式，各效不一定选择相同型式的蒸发器。

在同样的工艺要求下，是采用多效蒸发、热泵蒸发，还是多级闪蒸，这中间固然存在技术适应的问题，但还应采用技术经济指标作最终评价。

参考文献

[1] 刘光启，马连湘，刘杰. 化学化工物性数据手册——无机卷. 北京：化学工业出版社，2002.
[2] 刘光启，马连湘，刘杰. 化学化工物性数据手册——有机卷. 北京：化学工业出版社，2002.
[3] 史晓平，刘常松，魏峰. CN10154437A. 2011. 4. 27.
[4] 周亚夫. 化学工程，1985，5：46-52.
[5] 杨山，蔡勇. 化学工程，1986，6：32-37.
[6] 蔡勇，杨山. 化学工程，1987，1：14-22.
[7] 李德虎，李培宁，琚定一. 化学工程，1995，23（6）：29-33.
[8] 陈文波，陈华新，施得志，等. 福州大学学报：自然科学版，2001，3：100-104.
[9] 王旭东. 中国氯碱，2004，5：21-24.
[10] 郭明远，郭萌. 纺织学报，1997，(01)：43-45，24-44.
[11] 唐永付，孙举柱，王兵. 纯碱工业，1991，4：17-22.
[12] 刘顺. 无机盐工业，1992，(06)：19-24.
[13] 刘丕训，冯佩言. 无机盐工业，1990，5：28-31.
[14] 吴泽荣. 中国造纸，1987，1：23-31.
[15] 蔡恩照，林匡行，杨东华. 华东理工大学学报，1995，21（2）：177-180.
[16] 刘晓华，沈胜强，Klaus G，等. 石油化工高等学校学报，2005，4：13-14，16-19.
[17] 索科洛夫 Е Я，津格尔 Н М. 喷射器. 黄秋云，译. 北京：科学出版社，1977.
[18] SUN D W, W E. Journal of the Institute of Energy, 1995, 68（475）：65-79.
[19] SH/T 3118—2000.
[20] 惠绍棠，阮国岭，于开录. 海水淡化与循环经济. 天津：天津人民出版社，2005.
[21] Billet R, Fullarton J W. Evaporation technology, princples, applications, economics. Weiheim: VCH, 1989: 172.
[22] 《投资项目可行性研究指南》编写组. 投资项目可行性研究指南. 北京：中国电力出版社，2002.

3 蒸发器的类型与选择

按加热面的型式可将蒸发器分成三大类：

(1) 管式蒸发器 蒸发器的加热元件为换热管，加热介质与被蒸发的料液用管壁分隔，热量通过管壁传递。

(2) 异状间壁蒸发器 蒸发器的加热元件为波纹板、夹套、平板等非管状传热元件。

(3) 直接接触蒸发器 加热介质直接引入被蒸发的料液中，并与之相互接触、相互混合，没有固定的传热表面。

上述三种类型中，具有管壳式加热元件的蒸发器应用最广。

依据料液是否在蒸发器内循环加热，蒸发器可分为直流型蒸发器与循环型蒸发器。对于直流型蒸发器，料液在蒸发器内顺序经过加热、汽化、分离等过程，离开时已经达到要求的浓度，在蒸发器内停留的时间很短，料液不在蒸发器内循环，但浓缩程度一般不高。对于循环型蒸发器，其中设有一定的储液容量和进行循环的回路，料液被加热并部分汽化后又继续返回加热汽化，蒸发器内循环液体的浓度接近蒸发的终了浓度，在蒸发器中的平均停留时间较长，所以不适合处理在一定温度下容易分解的热敏性物料，但它可以在较大浓度范围内操作，且操作简单。

循环型蒸发器根据循环的动力不同，可分为自然循环蒸发器与强制循环蒸发器。自然循环蒸发器的循环流动为料液受热后沸腾汽化所引起，一般循环速度不高，处理黏稠物料时蒸发强度过低。用搅拌或泵提高循环速度时称为强制循环蒸发器。提高料液在换热管内的循环速度，不但提高了传热系数，而且降低了单程汽化率。降低换热面附近的汽化率可使局部浓度增高现象减轻，进而加热面结垢趋势可以减缓。料液的沸腾汽化，可以在加热区发生，也可以在加热区之外的专设沸腾汽化区进行。

每一种蒸发器在适应不同物料、不同操作条件、不同处理量等要求方面各有特点，下面是几种常见蒸发器及其使用范围。

3.1 夹套釜式蒸发器

带搅拌的夹套釜式蒸发器如图 9-3-1 所示，此种蒸发器可以处理批量不大的料液或由于产品腐蚀性强而需采用搪瓷衬里的蒸发场合。夹套的加热面积较小，可以在釜内增设蛇管加热器。为了强化传热，还可以设置搅拌器。

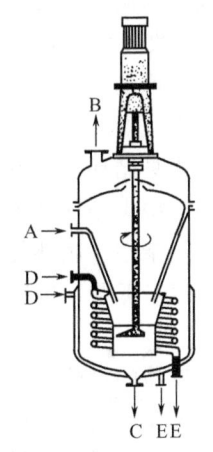

图 9-3-1 带搅拌的夹套釜式蒸发器
A—料液；B—二次蒸汽；C—浓缩液；
D—加热蒸汽；E—冷凝液

3.2 竖管循环型蒸发器

3.2.1 自然循环蒸发器

3.2.1.1 中央循环管蒸发器

立式短管蒸发器是早期最为常用的蒸发器,至今在化工、轻工等行业中仍有采用,因而被称为标准蒸发器。加热管长为 1~4m,管外径为 38~75mm,中央设置管径较大的下降管以组成循环回路(图 9-3-2),循环管截面积约为全部加热管总截面的 0.3~0.4 倍。料液在加热管内被管外蒸汽加热后,在上半部管内沸腾,所形成的气液混合物密度小于下降管中受热较少的溶液密度,使循环得以进行,属自然循环蒸发器。

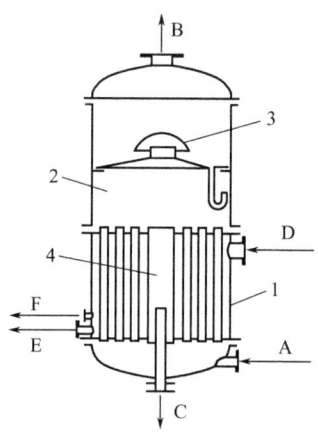

图 9-3-2　中央循环管蒸发器
A—料液;B—二次蒸汽;C—浓缩液;D—加热蒸汽;E—冷凝液;F—不凝气;
1—加热器;2—分离室;3—除沫器;4—中央循环管

这种蒸发器的循环和传热受"液位"影响很大。当液位初始沸腾位置处在加热管长度 2/3 时,传热系数有最高值。液位低于此值时,会增大结垢趋势,使蒸发能力显著下降。液位高时,循环的推动力减小,循环减弱后,传热系数下降。当用以蒸发易结垢料液时,要提高液位防止结垢。

带搅拌的中央循环管蒸发器结构如图 9-3-3 所示。为了强化循环、促进传热、防止固体颗粒的沉积,在中央循环管中设置推进式搅拌器。搅拌器从蒸发器的顶部或底部传动,这就增加了结构的复杂性。底部传动要考虑传动轴在带有固体颗粒的液体中的密封困难,同时要把搅拌桨放得尽量低些,以防止叶轮在沸腾溶液中产生空蚀;若采用顶部传动,则必然要使传动轴很长。

由于该蒸发器的换热管较短,因此也称为短管蒸发器。短管蒸发器的优点:所需厂房高度较低;传热温差大时自然循环良好,传热系数较大;易于机械清洗。缺点:占地面积大;设备的存液容量大,料液在设备内的停留时间长;单位传热面的金属耗量大;温差小或溶液黏度大时传热不良;在真空条件下自然循环推动力减少,循环不好。立式短管蒸发器适用于蒸发洁净的低黏度料液。处理有结晶析出的物料时,要考虑增设搅拌器。

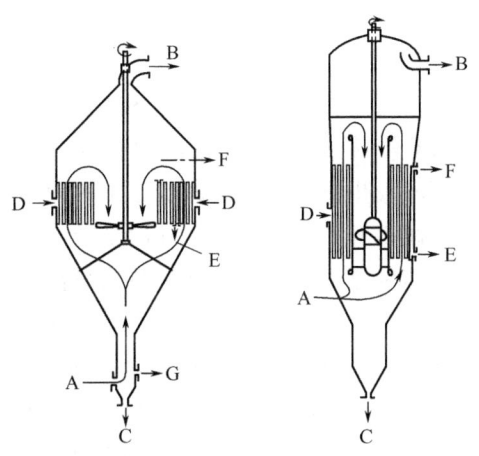

图 9-3-3 带搅拌的中央循环管蒸发器

A—料液；B—二次蒸汽；C—浓缩液；D—加热蒸汽；E—冷凝液；F—排空；G—排净口

3.2.1.2 立式长管蒸发器

近几十年来，长管蒸发器因其通用性和单位换热面造价较低而逐渐取代短管标准蒸发器，成为常见的蒸发器结构型式。长管蒸发器常用的管外径为 25～57mm，管长 4～12m。

长管自然循环蒸发器见图 9-3-4。长管蒸发器既可以循环操作，也可以是直流型的。直流型蒸发器（见 3.3 节）在加热室中一般不保持液面，料液在加热汽化分离后就达到了浓缩要求，在蒸发器内的停留时间只有几秒钟。在循环操作中，其自然循环的原理与短管蒸发器相同。这种蒸发器分为加热室与分离室同轴安置的内热式［图 9-3-4(a)］和加热室外置的外热式［图 9-3-4(b)］两种。

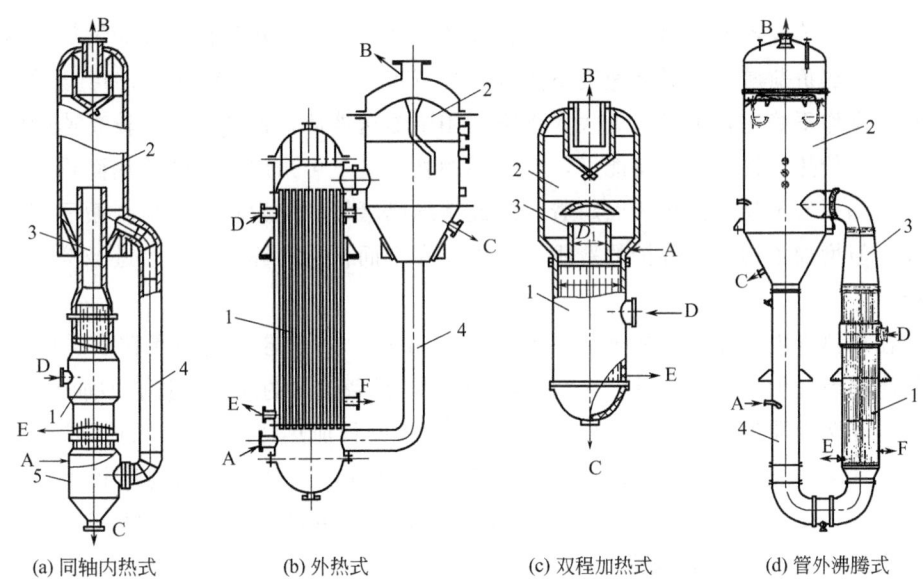

(a) 同轴内热式　　(b) 外热式　　(c) 双程加热式　　(d) 管外沸腾式

图 9-3-4 长管自然循环蒸发器

A—料液；B—二次蒸汽；C—浓缩液；D—加热蒸汽；E—冷凝液；F—排空；
1—加热器；2—分离室；3—沸腾区；4—下降循环管；5—结晶分离室

图 9-3-4(c) 是双程加热式，在管板中心直径为 D_1 的范围内，加热管内料液加热上升；而在 D_1 以外的环形范围内，管内料液加热下降。料液在一次循环过程中既在下降管中又在上升管中得到加热，所以加热室的高度可以降低。内热式和双程式在加热区之上都保持了较大的液面高度，在此区间专设有沸腾区 3，依靠溶液的静压使下层液体的沸点升高，并使溶液在加热管中流动时只受热而不发生汽化，从而减少了加热面结垢；当溶液离开加热管后上升，进入沸腾区内时，因静压减少开始沸腾汽化，此时溶液已离开加热区，虽有结晶析出也不影响加热面的传热。在这种蒸发器中，循环液在加热区虽没有相变产生，但溶液得到的热量以显热形式储藏在溶液中，使其出口温度升高，有效传热温差下降。文献 [1,2] 还报道了倒循环蒸发器与 L 形蒸发器的应用实例，这两种自然循环型的新结构旨在降低设备总高。

如图 9-3-4(b) 所示，外热式长管蒸发器中，加热器上管板与蒸发室的液面几乎持平，上面未保持较高的液位，没有专设沸腾区。但溶液加热后进入分离室的接管口径没有增加，其节流效应也起到抑制加热管内液体沸腾的作用，汽化大部分产生在经过节流后的蒸发室之中。但这种蒸发器的操作稳定性不良。

如图 9-3-4(d) 所示的是外热式管外沸腾长管蒸发器，其结构与外热式长管蒸发器 [图 9-3-4(b)] 相似，只是增设了沸腾区 3，料液在加热器 1 上部的沸腾管内沸腾，循环管较大，不易结垢，适用于黏度较大、易结垢的溶液蒸发浓缩，在化工、轻工、医药等行业的蒸发单元操作中，是一种比较常见的蒸发设备。管外沸腾的长管蒸发器，其沸腾区高度的确定既要保证沸腾后的料液移出换热管外，又不会使取值过大，而增加静液柱引起的温度损失。在多效蒸发装置中，各效蒸发器的沸腾区高度应按各自的操作条件分别确定。

3.2.2 强制循环蒸发器

在自然循环蒸发器中，料液通过加热元件的循环流速，随热负荷增大而增加，当传热温差太小时，传热负荷减小，循环速度下降到一定程度，会发生不稳定的脉冲甚至倒流现象，从而使蒸发操作不稳定，蒸发能力大大下降。用泵输送液体，迫使液体以较高速度流过加热元件，强化了传热，提高了蒸发能力，在相同的处理量下可采用较小的传热面积。由于较高的流速使结晶颗粒不易在换热表面附着，因此抗结晶堵管的能力较强。强制循环蒸发器的适应性较强，但增加了运转与维护的费用，所以要在全面权衡利弊之后，经过经济衡算，才能做出选择。

料液在加热管内的循环流速通常在 $1.2\sim3.0\ \text{m}\cdot\text{s}^{-1}$（当悬浮液中晶粒多、所用管材硬度低、液体黏度较大时，选用低值），过高的流速将耗费过多的能量，且会增加系统的磨损。

强制循环蒸发器见图 9-3-5。加热室可采用立式单程加热 [图 9-3-5(a)] 或立式双程加热 [图 9-3-5(b)]，也可以是卧式双程加热 [图 9-3-5(c)]。后者的设备总高较小，换热管容易被晶粒磨损。图 9-3-5(d) 为轴向进料的蒸发结晶器，主要用在真空制盐等领域。为了抑制加热区内的汽化，可在加热之上保持一定液面高度 [图 9-3-5(a)~(c)]，或采用出口节流的办法 [图 9-3-5(a)]。

选择循环泵时，必须注意泵的扬程要与循环系统的阻力相匹配。由于料液的温度接近于沸点，在循环管路的设计与泵的选型中要注意预防汽蚀的发生。

有循环的降膜蒸发器和带搅拌的短管蒸发器实际上也属于强制循环型蒸发器。料液在降

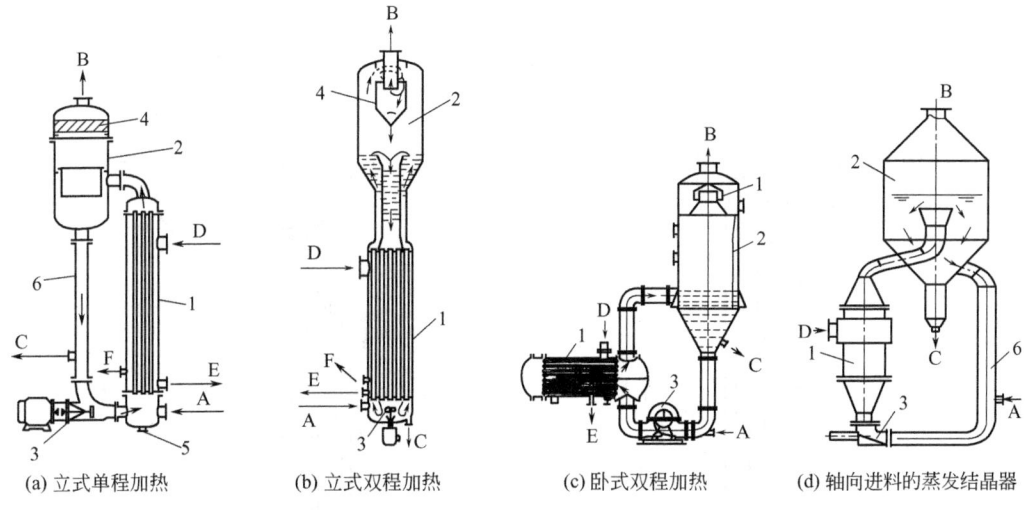

(a) 立式单程加热　　(b) 立式双程加热　　(c) 卧式双程加热　　(d) 轴向进料的蒸发结晶器

图 9-3-5　强制循环蒸发器

A—料液；B—二次蒸汽；C—浓缩液；D—加热蒸汽；E—冷凝液；F—不凝气；
1—加热器；2—分离室；3—循环泵；4—除沫器；5—排净口；6—下降管

膜蒸发器加热管内呈膜状流动，没有充满管子，所以循环量要小得多；带搅拌的短管蒸发器只是在中央循环蒸发器中辅以搅拌，所需功率较小。而本节所介绍的几种强制循环型蒸发器往往需要配备大流量、大功率的循环泵（一般采用轴流泵）。

强制循环蒸发器的优点：传热系数大、抗盐析、抗结垢，当加热蒸汽与料液之间的温差较小时（3～5℃），仍可正常稳定操作，易于清洗。缺点：造价高，属循环型蒸发器，溶液停留时间长；需要增加泵的运行与维修费用；泵轴不容易保持密封；为了抑制加热区内的汽化，传入的全部热量以显热形式从加热区携出，由于循环量很大，循环液在换热管内的平均温度较自然循环低，因此一般由静压引起的沸点升高较小。

强制循环蒸发器适用于处理黏度高、蒸发时析出结晶、容易结垢或浓度较高的溶液。

3.3　竖管膜式蒸发器

3.3.1　升膜蒸发器

升膜蒸发器如图 9-3-6 所示。料液送入加热室的底部，沿加热管上升，其温度因加热而上升，到管一定高度处开始汽化，汽化后的蒸气以较高的上升气速，携带溶液沿管壁呈膜状上升，故叫升膜蒸发。膜状流中，液体湍动剧烈，传热速率较高。这种被高速气芯带动的升膜流动，必须在较强烈的沸腾条件下才能形成，所以要求有较大的传热温差。

升膜蒸发器一般用于直流操作，料液一次通过就可达到浓缩要求，可以达到较大的浓缩比，但控制要求较严，加料量、预热温度以及加热蒸汽压的波动，都将影响操作状态的稳定。

3.3.2　降膜蒸发器

降膜蒸发器结构示意如图 9-3-7 所示。料液从顶部进入料液布膜器 3，把料液均匀地分布到每根加热管中，并使其呈膜状沿管内壁向下流动，液膜受到从管壁传入的热量加热而蒸

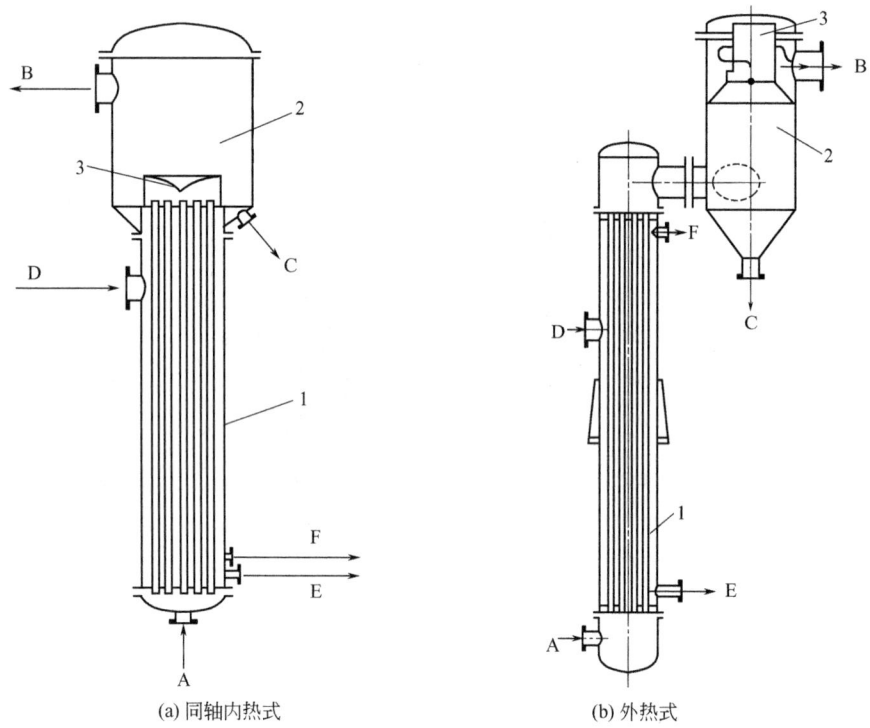

图 9-3-6 升膜蒸发器
A—料液；B—二次蒸汽；C—浓缩液；D—加热蒸汽；E—冷凝液；F—排空；
1—加热室；2—分离室；3—除沫器

发汽化。当传热温差不大时，汽化是在强烈扰动的膜表面发生的，而不是在加热管与液膜的界面（即加热管内表面）发生，因此不易结垢。产生的蒸气通常是与液膜并流向下移动。由于汽化表面很大，蒸气中的液沫夹带量较少，但对于蒸发结晶操作，降膜蒸发器并不适合。

由于料液在管内壁呈膜状流动，不充满管子的整个截面，无液体静压所造成的温差损失，通过的料液量可以很少。

为了保证均匀分布及液膜在流动时不形成缺液表面，需要一个最小润湿流率。以管内壁的周长计算，降膜蒸发器管内的最小润湿流率[3]可用式(9-3-1) 估算：

$$\varGamma_{\min}=8.061\times10^{-3}(\mu_L S_L \sigma^3)^{0.2} \tag{9-3-1}$$

式中 $\varGamma_{\min}$——最小润湿流率，$kg \cdot s^{-1} \cdot m^{-1}$；

S_L——料液的比密度；

μ_L——料液黏度，cP（1cP=1mPa·s，下同）；

σ——料液的表面张力，$mN \cdot m^{-1}$。

对于热敏性的物料，为了限制停留时间，在保证最小润湿流率的前提下，实际选用的流率尽量小一些；对于非热敏性物料，可以选用高流率以限制结垢，必要时可增设循环泵以保证高流率。由于布膜对最小流率的要求，对于一次通过不能达到浓缩要求的热敏性物料可采用多管程降膜蒸发器，如图 9-3-7(c) 所示。

如图 9-3-7(d) 所示为水平管降膜蒸发器，这种蒸发器加热室由水平管束构成，蒸汽在管内加热，料液经泵由分布器从顶部喷洒在管外壁，形成降落液膜进行蒸发。其特点是料液在管外流动湍动剧烈，从而改善了传热性能；无液体静压头所造成的温差损失。液体分布是

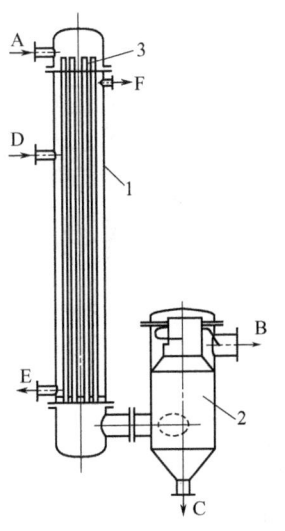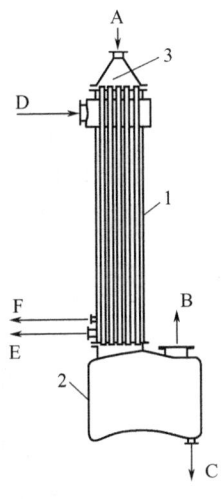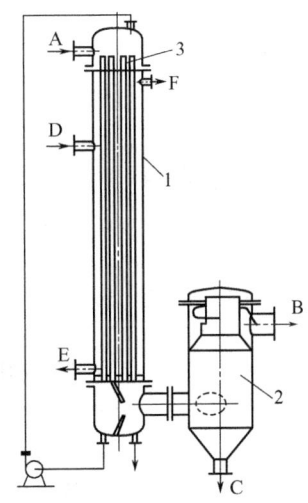

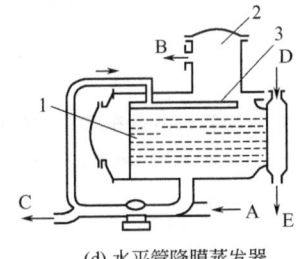

(a) 加热室与蒸发室并列型蒸发器　(b) 加热室与蒸发室叠置型蒸发器　(c) 多管程降膜蒸发器

(d) 水平管降膜蒸发器

图 9-3-7　降膜蒸发器结构示意图

A—料液；B—二次蒸汽；C—浓缩液；D—加热蒸汽；E—冷凝液；F—不凝气；
1—加热室；2—分离室；3—料液布膜器

通过喷头或多孔板来实现的，液体如何分布均匀是该蒸发器的设计关键。这种蒸发器主要用在海水淡化和干法腈纶蒸发装置上[4]。

料液布膜器是降膜蒸发器的关键部件，降膜蒸发器的热交换强度和生产能力受料液沿换热管上分布的均匀程度影响很大。所谓均匀分布不仅是指液体要均匀地分配到每一根管子中，还要沿每根管子的全部周边均匀分布，并在整个管子的长度上保持液膜完整。当料液不能均匀地润湿全部加热管的内表面时，缺液或少液表面就可能因蒸干而结垢，结垢表面又阻滞了液膜的流动，从而使邻近区域的传热条件进一步恶化。

如图 9-3-8 所示为竖管降膜蒸发器布膜器的各种型式，其装在每根加热管的头部。图 9-3-8(a) 为有螺旋槽的导流头；图 9-3-8(b) 为导流伞；图 9-3-8(c) 为在管口开齿形槽；图 9-3-8(d) 为带切向槽的套管；图 9-3-8(e) 为锥体式分布器；图 9-3-8(f) 为细管式分布器。文献 [5~8] 列出了目前公开的几种布膜器型式。

为了保证流入各加热管的料液量相等，就要保持布膜器上部有恒定的液面，这对于大型蒸发器来说，并非易事。如图 9-3-9 所示的多层淋降板式分布器，就是为了保证每根加热管能均匀地分配料液而设计的。最下层板孔的位置应该对准管板上管孔的周围盲区（图 9-3-10），此时各加热管口要加工平整，并保证各管端部在同一水平面上。

降膜蒸发器中的料液蒸发时不承受液柱静压，消除了由静压引起的传热温差损失，在低

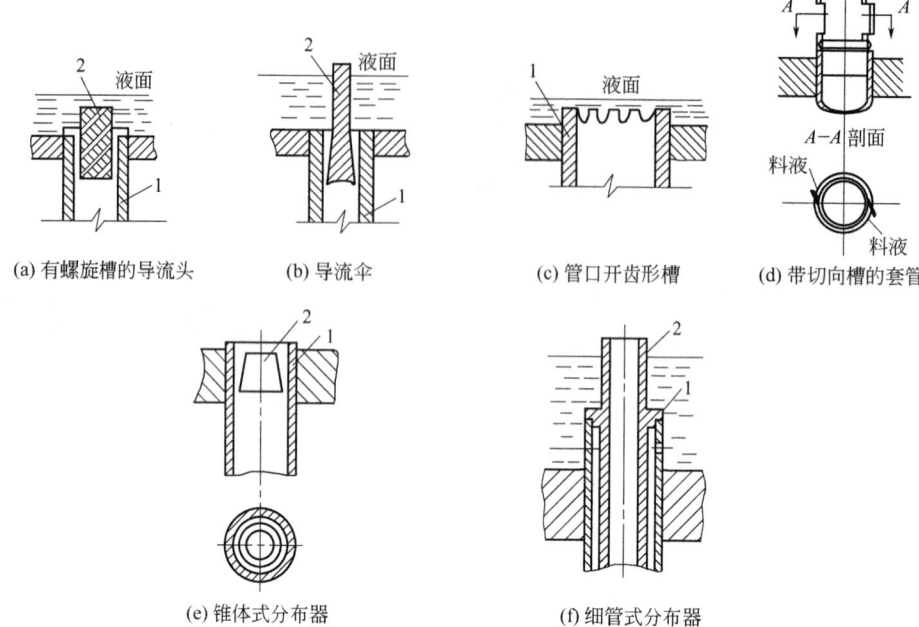

图 9-3-8 竖管降膜蒸发器布膜器的各种型式
1—加热管；2—布膜器

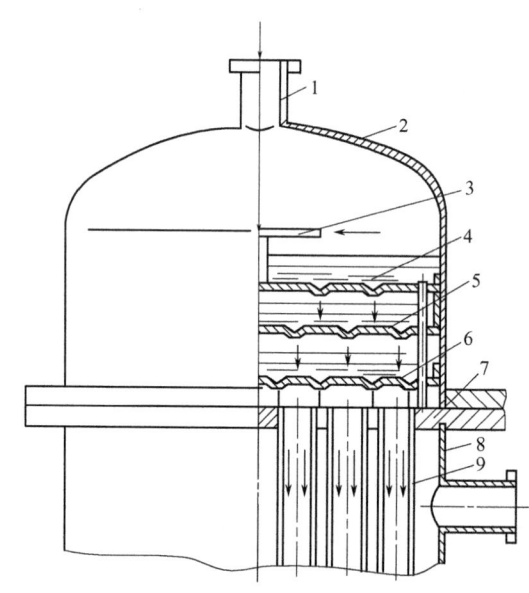

图 9-3-9 多层淋降板式分布器
1—进料管；2—封头；3—挡液板；4—上分布板；5—中分布板；6—下分布板；
7—管板；8—筒体；9—加热管

温差下仍然有较高的传热系数，适宜用在多效蒸发及热泵蒸发系统之中。既可以一次通过直流操作，也可以循环操作。所以对于稀溶液的浓缩，降膜蒸发器往往是首选型式。

竖管降膜蒸发器的优点：传热系数较高，且在小温差下仍有较高值，单位蒸发能力的造价低，适用于大型装置，持液量少，占地面积少。缺点：要求厂房较高，一般不适

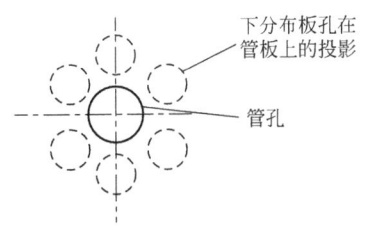

图 9-3-10 下分布板孔在管板上的投影

于处理析出结晶和易于结垢的料液。直流型的降膜蒸发器适合于处理热敏性物料，对易起泡物料或在高真空下的应用具有优势。

3.4 板式蒸发器

用金属板代替换热管作为传热元件基于两方面的考虑：一是板材比管材价格便宜；二是平板上的垢层比圆管内的垢层容易剥落。此外金属板易加工成不同形状以强化传热，但板的刚度与强度远小于圆管，这就要用各种办法增加其刚度与强度，也就出现了各种不同的结构。板式蒸发器的传热效率高，单位换热面积体积小、材料耗量少、结构紧凑。板式蒸发器可单程或循环操作。对于单程蒸发器，操作条件的稳定很重要，压力波动、进料不足及分配孔阻塞等原因容易造成结垢。

3.4.1 板式升膜蒸发器

图 9-3-11 所示为板式升膜蒸发器的加热室，外表与一般的板式加热器相同，其用前后端板夹紧多块换热板片，只是在气液混合物出口处接有气液分离器（图中未显示）。但其加热元件是由两块波纹板从周边焊接而成（因为蒸汽冷凝侧没有垢层，不用拆洗），加热蒸汽由端板的右上侧引入，在两板之间冷凝，并从端板的下部排出。料液由端板下部进口进入两加热元件之间，受热、沸腾、汽化后，上升蒸汽流携带料液在板面形成上升液膜，在加热板

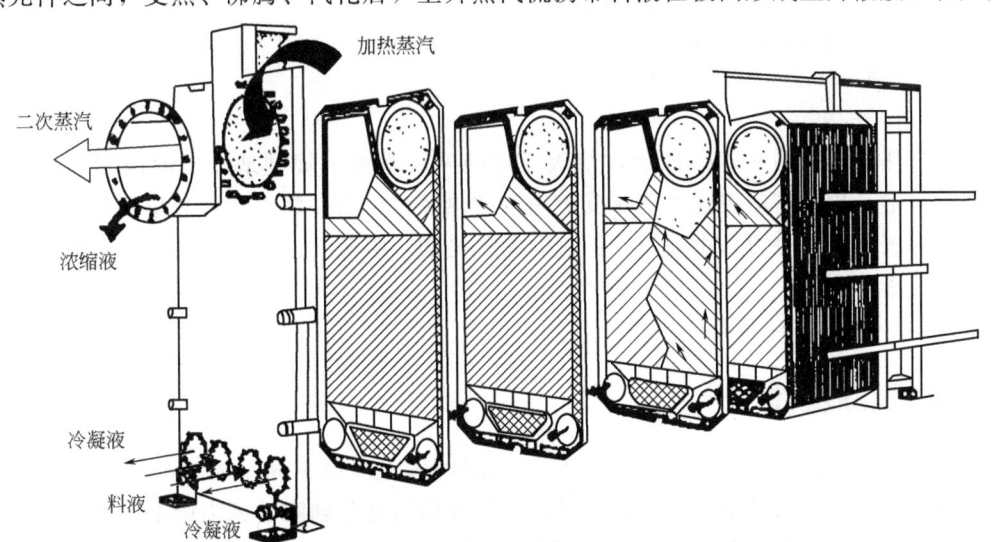

图 9-3-11 板式升膜蒸发器的加热室

波纹影响下，形成强烈的湍动。气液混合物从前端板上侧出口引出，在专设的气液分离器中分离。这种蒸发器是一次通过型蒸发器，料液不进行循环。两加热元件之间的周边，设有密封垫，在机架与螺栓压紧作用下确保密封。与常用的管式蒸发器相比，这种蒸发器具有高效、紧凑、价格低廉等优点[9]。

3.4.2 板式降膜蒸发器

图 9-3-12 所示是板式降膜蒸发器，其加热元件由两块薄板在周边焊接构成，蒸汽在元件内侧冷凝，料液由循环泵提升到顶部，通过分配器 2 均匀地分布到每个加热元件的两侧，沿元件外表面呈膜状流下，在下降过程中受热而汽化。产生的二次蒸汽由相邻两个元件之间的通道上升，通过气液分离室上部的液沫分离器 3 然后排出，该蒸发器一般采用循环型操作。

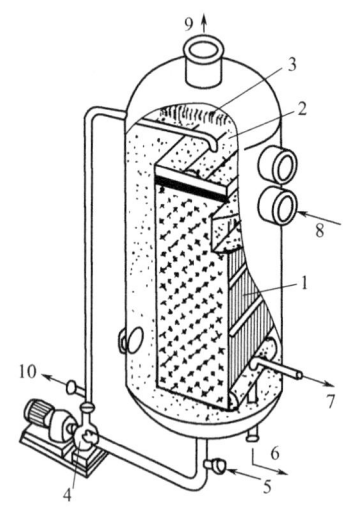

图 9-3-12 板式降膜蒸发器

1—加热元件；2—分配器；3—液沫分离器；
4—循环泵；5—料液进口；6—排净口；
7—冷凝液出口；8—加热蒸汽进口；
9—二次蒸汽出口；10—料液出口

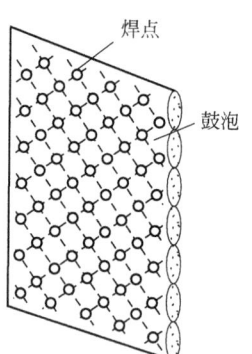

图 9-3-13 板式加热元件

板式加热元件如图 9-3-13 所示，组成元件的两块薄板上规则地布有向内凹的焊点和向外突起的鼓泡，周边密封焊连，能承受腔内的加热蒸汽压力。料液在外侧呈膜状由上至下在起伏不平的表面上靠重力自由流下。板表面是抛光的，因蒸发而形成的垢，积累到一定厚度时易自动剥落。

3.5 刮膜蒸发器

刮膜蒸发器如图 9-3-14 所示。圆筒体（或圆锥体）内设有同轴旋转的刮板，料液加到设在圆筒体上部的分布盘中，分布盘旋转时把料液均匀地甩到圆筒的内壁上，沿筒壁靠重力流下，被紧贴筒壁的刮板布成膜，并不断受到刮板的推动、剪切和挤压，形成表面不断更新、

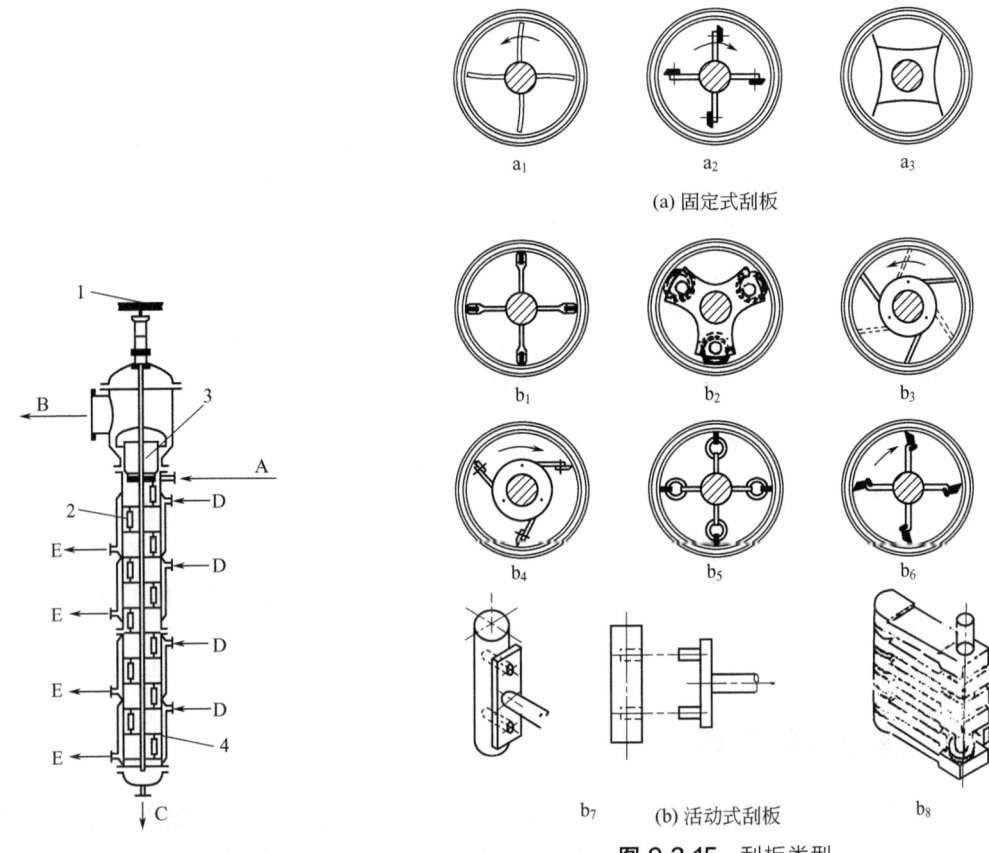

图 9-3-14　刮膜蒸发器
A—料液；B—二次蒸汽；C—浓缩液；
D—加热介质进口；E—加热介质出口；
1—转动系统；2—刮板；3—除沫器；4—夹套

图 9-3-15　刮板类型

高度扰动的液膜。在料液作螺旋状向下流动的过程中，被筒壁传入的热量加热、汽化，二次蒸汽经分离后从上部引出，浓缩液在下部收集排出。筒体外壁设夹套以引入蒸汽或其他加热介质。

刮板结构分为固定式和活动式两种[10]。固定式结构的刮板与转轴固定在一起，刮板外端与筒体内壁面留有一定间隙，如图 9-3-15(a) 所示；活动式结构的刮板没有与转轴完全固定在一起，可以在径向移动，靠旋转产生的离心力或弹性力作用而紧贴筒体表面，如图 9-3-15(b) 所示。

刮膜蒸发器的优点：为非循环的直流型蒸发器，料液在蒸发器内的停留时间较短，可防止结垢，可处理黏度很大的物料，料液的浓缩比可以很高。缺点：单位传热面的造价昂贵；适于处理热敏性的、高黏度的物料（黏度可高达 100Pa·s），如中药的膏剂，此时多采用较大的传热温差，做最终的浓缩加工。

3.6　直接加热蒸发器

直接加热蒸发器又称浸没燃烧蒸发器，如图 9-3-16 所示。它是把气态或液态燃料与助

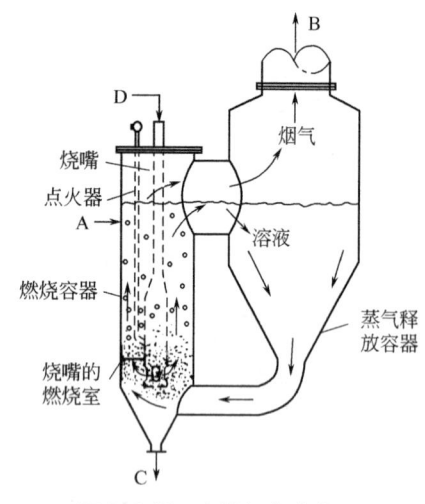

图 9-3-16 直接加热蒸发器
A—料液；B—含有蒸汽的燃烧烟气；
C—浓缩液；D—空气与燃料

燃空气分别送入浸没在液下的燃烧器内燃烧；燃烧产生的高温气体，以气泡状分散到周围液体中，同时把热量传递给液体，并使溶剂汽化。当气体上升到液面时，其温度已经下降，与液温十分接近，所以传热效率很高，但溶液可能被燃烧产物污染[11]，产生的二次蒸汽与燃烧产生的烟气混合，回收利用其热量较困难。

这种蒸发器的结构简单，不需要传热表面，而且外形尺寸较小，腐蚀问题容易解决，因此用于强腐蚀性料液的蒸发，也可用于高温烟道气的余热利用。

直接加热蒸发器存在的问题是雾沫夹带量大以及带有腐蚀性雾滴的烟气排放问题。

直接加热蒸发器最适合于强腐蚀性、易结垢盐析和高黏度溶液的浓缩，但不能处理与烟气起反应的、热敏性的或能被烟气污染的料液。

3.7 蒸发器的选型

蒸发设备的选型是蒸发装置设计中的重要问题。为了使装置更加紧凑，在选型时首先要选用传热系数高的类型，但料液的物理、化学性质常常限制它们的使用。有时几种类型的蒸发器对于相同的料液都可采用。因此在选型时，要综合技术要求、现场条件、投资状况、操作情况等统筹考虑。

3.7.1 选型考虑的因素

(1) 料液性质　包括组成成分、杂质、黏度变化范围、沸点、热稳定性、发泡性、腐蚀性，是否易结垢、结晶，是否带有固体悬浮物等。

(2) 生产要求　包括处理量、蒸发量、料液进出口浓度、温度、安装场地的大小、设备投资限额、要求连续生产还是间歇生产等。

(3) 公用工程条件　包括电、蒸汽的供应条件，冷却水的水量、水质和温度等。

3.7.2 有关选型的说明

(1) 料液的黏度　料液在蒸发过程中，黏度的变化范围是选型的关键因素之一。表 9-3-1 中列出了不同类型蒸发器适用的黏度范围。

(2) 物料的热敏性　对热敏性的物料一般应选用储液量少、停留时间短的一次性通过蒸发器，还要在真空下操作，以降低其受热温度并减少在高温区的停留时间。

(3) 物料的发泡性　黏度大、表面张力低、含有高分散度固体颗粒的溶液以及胶状溶液易起泡。发泡严重时能使泡沫充满气液分离空间，形成二次蒸汽的大量雾沫夹带。

(4) 有结晶析出的料液　饱和溶液蒸发时，由于溶剂汽化达到过饱和，使结晶沉积在加热表面，阻碍传热。一般要采用管外沸腾型蒸发器，如强制循环式、长管带专设沸腾区的自然循环式和多级闪蒸等。一方面在加热区抑制沸腾的发生，另一方面加大循环流速以冲刷已沉积的盐垢。一般认为升膜式不能用于饱和溶液的蒸发。在有一定循环量时，降膜蒸发器也可以成功用于有结晶析出的料液，这是因为下降的液膜很薄，气液界面面积很大，汽化主要发生在气液界面上。

（5）结垢问题 蒸发器经长期使用后，传热面总会有不同程度的结垢。垢层导热性能差，会明显降低蒸发强度。按结垢成因来分，主要有过饱和溶质的盐析（已如上述分析）、悬浮颗粒的沉积，也有局部过热引起的焦化。选用便于清洗的结构则是另一种解决问题的途径。

如果工艺条件允许，降膜式蒸发器应该是首选类型，它的传热系数大，单位传热面的造价低（换热管长可达 12m），允许在很低的传热温差下操作（有利于用多效或热泵操作），在管壁上只有很薄的一层液膜，持液量很少，液体在蒸发器内停留时间短（有利于热敏性物料）。但降膜蒸发器却不适于处理黏度大的物料。

结垢倾向较大的物料或悬浮固体较多的物料宜采用强制循环蒸发器。

3.7.3 蒸发设备选型表

前文介绍了各种常用的蒸发器，各种类型蒸发器的特性见表 9-3-1。

表 9-3-1 各种类型蒸发器的特性

	蒸发器类型	适用黏度范围/Pa·s	蒸发容量	造价	料液停留时间	浓缩比	盐析与结垢趋势	适于处理热敏性物料	适于处理易发泡物料
自然循环型	夹套釜式	≤0.05	小	较低	长	较高	大	不适	较差
	中央循环管	≤0.05	中	较高	长	较高	大	不适	较差
	带搅拌中央循环管式	≤0.05	中	较高	长	较高	稍大	不适	尚适
	长管自然循环型	≤0.05	中~大	较低	长	较高	稍大	不适	尚适
强制循环型	管式	0.10~1.00	中~大	较高	长	较高	较小	不适	尚适
	板式	0.10~1.00	中~大	较高	长	较高	较小	不适	尚适
膜式	升膜	≤0.05	小~大	较低	短	一般	大	适	好
	降膜	0.01~0.10	小~大	较低	短或长[①]	一般或较高[①]	稍大	适	好
	刮膜	1.00~10.00	小~中	高	短	高	微小	适	适
	浸没燃烧	≤0.05	小~中	低	长	较高	微小	不适	尚适
	闪蒸型	≤0.01	中~大	高	较短或长	小	微小	适	尚适

① 为采用循环操作条件下的情况。

参考文献

[1] 赵景利，王秀珍，张炳然. 化学工程，1993，6：22，24-28.
[2] 赵景利，闫文军，史晓平. 河北工业大学学报，1997，04：26-30.
[3] 尾花英朗. 热交换器设计手册（下册）. 徐忠权，译. 北京：石油工业出版社，1982：382.

[4] 《化学工程师手册》编辑委员会. 化学工程师手册. 北京: 机械工业出版社, 1999: 700.
[5] 史晓平, 胡修慈, 赵景利. 化学工程, 1990, 4: 14-18, 12.
[6] 袁人. 化工设备设计, 1981, 1: 52-60.
[7] 赵景利, 史晓平, 朱玉峰, 等. 化工机械, 1995, 3: 125-127, 185.
[8] Beccari M, Dipinto A C, Spinosa L. Desalination, 1979, (29): 295-310.
[9] 王虎虎, 马学虎, 兰忠, 等. 化工进展, 2009, 28(S1): 343-345.
[10] 皮丕辉. 内冷式刮膜薄膜蒸发器传热蒸发与应用研究. 广州: 华南理工大学, 2003.
[11] 丁惠华, 杨友麒, 卢琪. 浸没燃烧蒸发器. 北京: 中国工业出版社, 1963.

4 蒸发器的设计

蒸发器的设计要考虑三个主要的方面：传热、气液分离、能量的有效利用，现分别加以说明。

(1) 传热 由于蒸发器的蒸发量由传热量决定，所以传热速率是选择蒸发器类型、决定蒸发器尺寸与造价的主要因素。传热的热阻除与换热表面介质的流动状态有关外，溶液在换热面盐析结垢的热阻往往是主要控制传热速率的因素。

(2) 气液分离 蒸发产生的二次蒸汽中，常常有溶液雾滴，这不但会引起产品损失并造成二次蒸汽冷凝水的污染，还会引起与二次蒸汽接触的下游装置结垢、腐蚀。所以气液分离在某些场合下非常重要。但为了节省投资，在达到所需分离要求的前提下，设备结构要尽量简单。

(3) 能量的有效利用 蒸发所需的热量包括三部分：使料液从初始温度提高到沸腾温度的预热热量；料液中固体溶质结晶析出所需的能量（溶解热的反效应），这部分占总热量的百分比一般都很小，可以忽略；使溶剂汽化所需的汽化热，这部分热量占的百分比最高。

常以蒸发 1kg 溶剂所消耗的蒸汽量（kg）来评价能量的有效利用率。有时也以每消耗 1kg 加热蒸汽能蒸发的溶剂量（kg）来评价。显然，两者互为倒数。

除闪蒸蒸发器、浸没燃烧蒸发器外，各种类型蒸发器均由加热室与分离室两个基本部分组成。

4.1 加热室

蒸发器的加热室可选用不同类型的换热器。大多数蒸发器都采用常见的管壳式换热器，经常用蒸汽做加热介质，并在换热器的壳程冷凝，料液在加热管内被加热，有时在管内还伴有沸腾汽化。因为板式换热器造价较低、换热效率高，近年来也日益得到重视。

换热器的设计方法已在第 7 篇中作了详细介绍，本篇仅针对蒸发器的设计。

传热速率可用式(9-4-1)计算：

$$Q = KA\Delta t \tag{9-4-1}$$

式中，K 为总传热系数；A 为传热面积；Δt 为传热有效温差。

4.1.1 加热室的总传热系数

① 加热室的总传热系数的计算方法参见第 7 篇，由于影响总传热系数的因素很复杂，工程设计时常选用经验数据。表 9-4-1 与图 9-4-1 提供了不同类型蒸发器总传热系数的大概范围。

表 9-4-1 各种蒸发器的总传热系数

蒸发器类型	总传热系数/W·m^{-2}·K^{-1}
夹套式	350～2330
盘管式	580～3000
水平管式（蒸汽管内冷凝）	580～2330
水平管式（蒸汽管外冷凝）	580～4700
中央循环管式	580～3000
带搅拌的中央循环管式	1200～5800
悬筐式	580～3500
强制循环型	1200～7000
倾斜管式	930～3500
升膜式	580～5800
降膜式	1200～3500
外加热式	1200～5800
刮膜式（黏度 1～100mPa·s）	1750～7000
刮膜式（黏度 1000～10000mPa·s）	700～1200

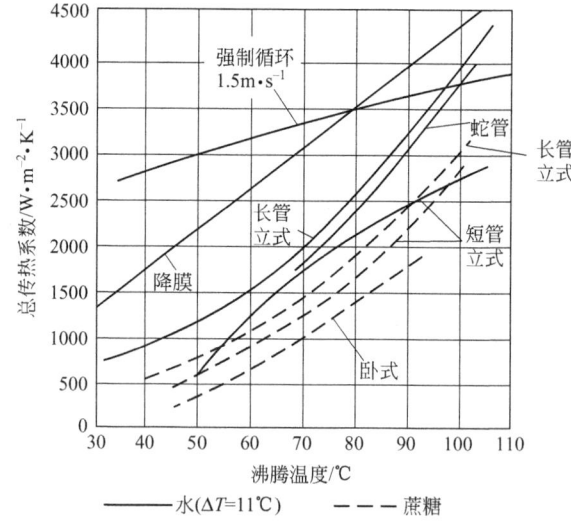

图 9-4-1 各种蒸发器的总传热系数

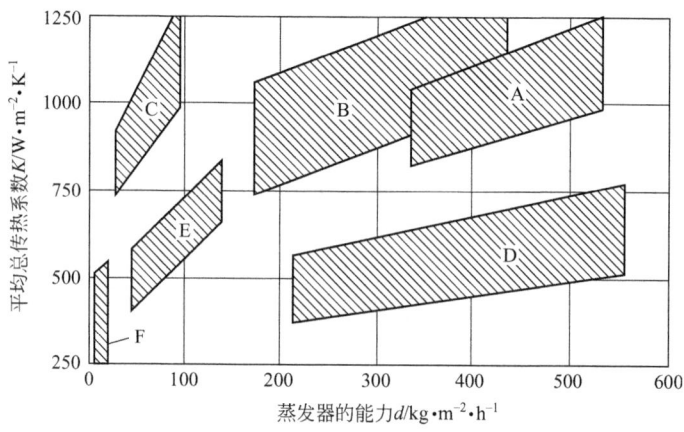

图 9-4-2 刮膜蒸发器总传热系数的范围

A—溶剂回收；B—有机物蒸馏；C—有机物脱水；D—高沸点有机物的蒸馏；
E—由有机物汽提低沸点物；F—用导热油等做加热介质的脱臭

② 刮膜蒸发器的总传热系数　影响刮膜蒸发器传热的因素很多，刮膜蒸发器总传热系数的范围见图 9-4-2，推荐的是根据不同种类物料粗略估计总传热系数的办法。

所处理物料的黏度对总传热系数的影响很大。文献 [1~5] 列举了数据：当加热筒内径为 0.1~1.5m，长为 1~6.2m，刮板转速为 2000~3000r/min，液膜厚度为 0.1~1.0mm 时，刮膜蒸发器的总传热系数与物料黏度有如表 9-4-2 所示的关系。

表 9-4-2　刮膜蒸发器的总传热系数与物料黏度的关系

物料黏度/cP	总传热系数/$W \cdot m^{-2} \cdot K^{-1}$
1~5	5800~7000
100	1750
1000	1160
10000	700

4.1.2　料液侧的传热膜系数

料液侧的传热膜系数，因蒸发器的类型、料液的流动方式（满管流、膜状流）以及加热程度（无相变、沸腾）等条件各异，目前并没有可靠的计算公式。多数情况是采用在各种条件下得到的半经验关联式。以下分别推荐几种常见的计算方法。

(1) 管式自然循环蒸发器中料液侧的传热膜系数　可用 Kirschbaum 的无量纲关联式[6]来粗略估计其平均传热膜系数。

$$\frac{\alpha_L \sigma_L}{\lambda_L p} = \frac{C \Delta t_W C_L}{r} \left(\frac{\rho_L}{10^3 \rho_V}\right)^{0.5} \left(\frac{\mu^*}{\mu_L}\right)^{0.25} \qquad (9\text{-}4\text{-}2)$$

式中　σ_L——液体的表面张力，$N \cdot m^{-1}$；
　　　λ_L——液体的热导率，$W \cdot m^{-1} \cdot K^{-1}$；
　　　p——二次蒸汽压力，Pa；
　　　C_L——液体比热容，$J \cdot kg^{-1} \cdot K^{-1}$；
　　　r——液体的汽化潜热，$J \cdot kg^{-1}$；
　　　ρ_L——液体密度，$kg \cdot m^{-3}$；
　　　ρ_V——蒸气密度，$kg \cdot m^{-3}$；
　　　μ_L——液体的动力黏度，$kg \cdot m^{-1} \cdot s^{-1}$；
　　　μ^*——水的动力黏度，$kg \cdot m^{-1} \cdot s^{-1}$；
　　　Δt_W——管壁与沸腾液体之间的传热温差，$\Delta t_W = t_{WL} - t_L$，K；
　　　C——与表观液面高度百分比 h 有关的系数。

h 为加热管内含纯液柱高度占总管长的百分比，可用与换热器下管箱和蒸发室无液气相区相连接液位计读数（图 9-4-3），当读得的表观液面高度百分比 $h=75\%$ 时，$C=0.24$，当 $h=40\%$ 时，$C=0.37$。

式(9-4-2)中的传热温差 Δt_W 不得小于产生自然循环所需的最小温差 Δt_{min}。图 9-4-4 是 Δt_{min} 的经验关系曲线，纵坐标是表观液面高度百分比 h。温差小于相应曲线左侧的各状态，不能维持稳定的自然循环状态。

(2) 强制循环蒸发器 [图 9-3-5(a)~(d)] 中料液侧的传热膜系数　因为强制循环蒸发

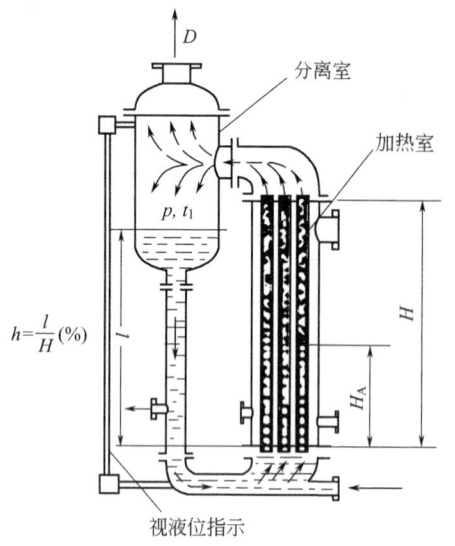

图 9-4-3 自然循环蒸发器表观液面高度百分比的测量

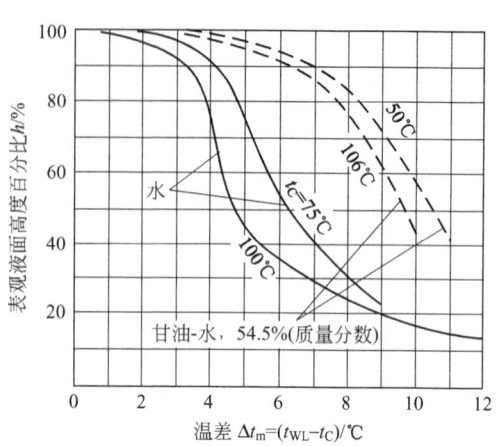

图 9-4-4 维持自然循环的最小温差 Δt_{min}

器换热管内没有沸腾汽化,所以当加热管中的流速确定后,可用无相变的强制湍流传热膜系数关联式计算(参见第6篇)。外设沸腾区的自然循环蒸发器(图 9-3-4),因为在加热区属无相变传热,也同样可采用此法,但在估计其循环推动力与循环速度时,过程比较复杂。胡修慈等对此作了专门研究,可参考文献[7,8]。

(3) 管式升膜蒸发器(图 9-3-4)**中料液侧的传热膜系数** 可用 Coulson 和 Mcnelly 的关联式[9]计算:

$$\alpha_L = \frac{1.3 + 128 d_i}{d_i} \lambda_L (Pr)_L^{0.9} (Re)_L^{0.23} (Re)_V^{0.34} \left(\frac{\rho_L}{\rho_V}\right)^{0.25} \times \frac{\mu_V}{\mu_L} \qquad (9\text{-}4\text{-}3)$$

$$(Pr)_L = \frac{c_L \mu_L}{\lambda_L}$$

$$(Re)_L = \frac{d_i u_L \rho_L}{\mu_L} = \frac{4 w_L}{\pi d_i \mu_L}$$

$$(Re)_V = \frac{d_i u_V \rho_V}{\mu_V} = \frac{4 q l}{r \mu_V}$$

式中 w_L——每根管子的料液流量,kg·s^{-1};
  q——每根管子的热负荷,W·m^{-2};
  u_L,u_V——液体与蒸气的表观流速,m·s^{-1};
  d_i——管内径,m;
  l——管长,m。

(4) 竖管降膜蒸发器中料液侧的传热膜系数 可用 Dulker[10]的关联图 9-4-5 求得,图 9-4-5 中:

$$(Re)_L = \frac{4\Gamma}{\mu_L} \qquad (9\text{-}4\text{-}4)$$

$$\phi = \left(\frac{\mu_L}{\rho_L^2 g \lambda_L^3}\right)^{\frac{1}{3}} \qquad (9\text{-}4\text{-}5)$$

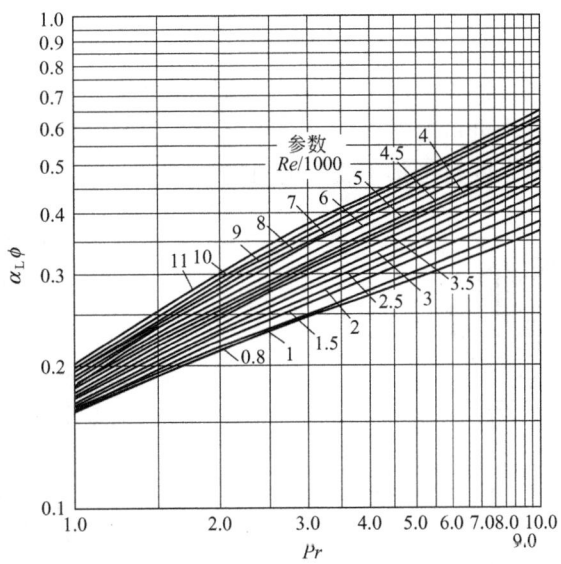

图 9-4-5 降膜蒸发器的传热膜系数

式中，Γ 为管内润湿流率，$kg \cdot m^{-1} \cdot s^{-1}$。

(5) 水平管降膜蒸发料液侧的传热膜系数 可用 Chun 和 Seban 的关联式[11]计算：

$$\alpha_L = 0.822 \left(\frac{\lambda_L^3 g}{v_L^2}\right)^{\frac{1}{3}} \left(\frac{4\Gamma}{\mu_L}\right)^{-0.22} \tag{9-4-6}$$

$$\Gamma = \frac{W}{2l}$$

式中 Γ——管外润湿流率，$kg \cdot m^{-1} \cdot s^{-1}$；

   v_L——运动黏度，$m^2 \cdot s^{-1}$；

   W——单根换热管的料液流量，$kg \cdot s^{-1}$；

   l——换热管长，m。

(6) 板式蒸发器的传热膜系数 板式蒸发器的板片结构是影响蒸发传热的关键因素，其结构的不同对蒸发侧的传热系数影响较大，近年来许多学者提出了关于板式蒸发器比较准确的传热系数关联式，读者可选择文献 [11] 中的适宜传热系数关联式进行设计计算。

4.1.3 不凝气的排除

蒸汽中往往带有少量的不凝气，不凝气的来源有三方面：加热蒸汽中带入；料液蒸发时产生；负压操作下外界漏入。

这些不凝气（空气、CO_2、NH_3 等）随加热蒸汽进入加热室，虽然量不大，但长期积累后，可在冷凝侧的局部富集，使得传热速率明显下降。因此必须随时从冷凝侧排出不凝气。

不凝气从两方面减小传热速率：一是当不凝气聚集在换热表面形成气膜时，气膜的热阻很大；二是不凝气浓度较高时，蒸汽分压下降而使冷凝温度降低，从而减小了有效传热温差。

在排除不凝气时，总要带走一些混在一起的蒸汽。为了尽量排除不凝气，而又减少蒸汽的损失，应选择适宜的不凝气排放点并注意加热室蒸汽通路的设计。对于加热室采用管壳式换热器、蒸汽在壳程冷凝的情况，视加热室直径的大小，可以分别采用下述的方法。

对于加热室直径小、加热面积不大的蒸发器，可在蒸汽进口的对面，靠近上下管板处各设一个接管，下部的排气管位置应高于操作时冷凝液的液面。或用如图 9-4-6 所示的加热室壳程接管布置办法，在蒸汽进口的对面，设一半圆形截面的集气管，在集气管上沿高度方向均匀开孔，以达到在整个高度范围排不凝气的目的。

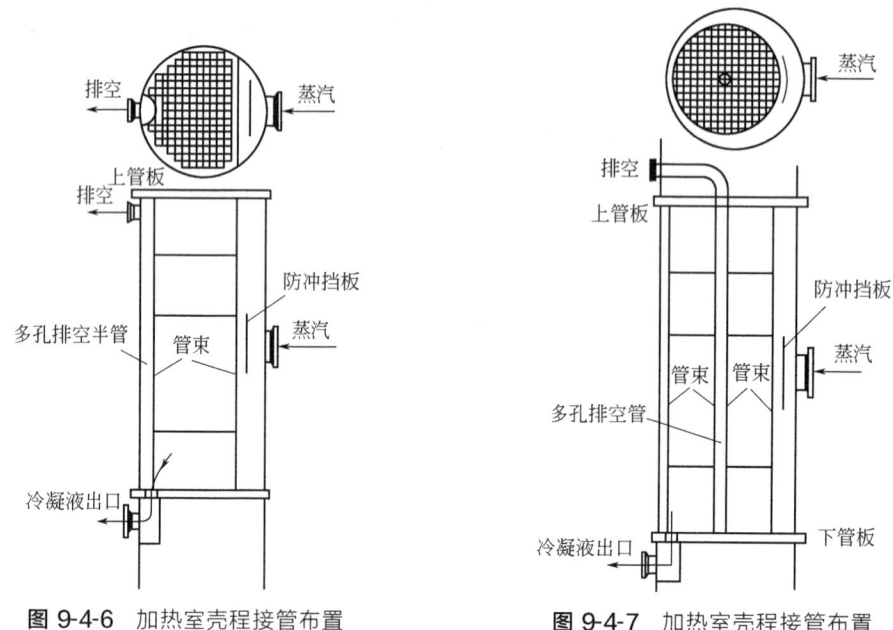

图 9-4-6　加热室壳程接管布置　　　　图 9-4-7　加热室壳程接管布置

换热器壳体直径大于 1.2m 时，可采用如图 9-4-7、图 9-4-8 所示的设计方案，前者排不凝气是通过装在管束中心的多孔集气管来进行；后者在加热室中留有非布管通道，虽然减少布管会减少传热面积，但合理排放不凝气会使传热过程得以强化。

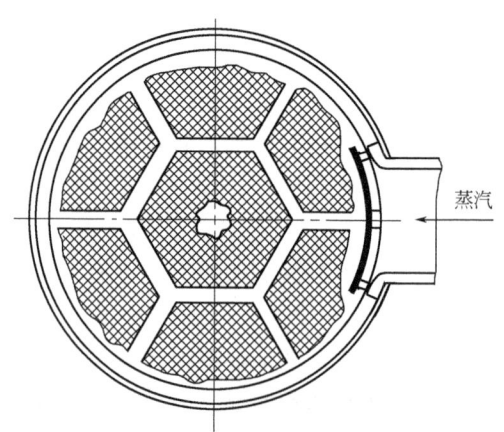

图 9-4-8　大直径加热室留有蒸汽通道的布管方案

加热室压力超过常压时，不凝气可以直接向大气排放；低于常压时，不凝气的排放应与负压的末效冷凝器相连。在多效蒸发系统中，每条排放管线必须能分别控制。把加热室的排放管与下一效加热室相连的办法可以回收一些与不凝气一起排走的蒸汽，供下一效加热用，但却增加了下一效加热蒸汽中不凝气的浓度。当冷凝水的排放采用冷凝水罐时，不凝气的排放口可设在冷凝水罐的顶部。

4.1.4 蒸汽进口与冷凝液出口

对于管壳式加热室，蒸汽进口既要使蒸汽在壳程的流动中强化传热，更要防止高速气流直接冲击管束，以防冲刷换热管及产生振动，还应尽量减小进口流动阻力。如图 9-4-6、图 9-4-7 所示的结构，在进口处设防冲挡板，并保证一定的流通面积。图 9-4-9 则是在进口处设膨胀节，除能达到上述目的外，还可使壳体与换热管的热膨胀差得到补偿。

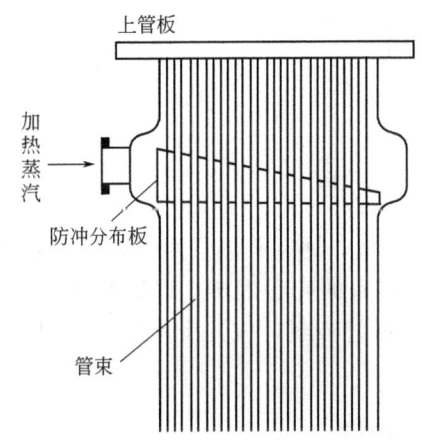

图 9-4-9 带膨胀节的蒸汽进口结构

蒸汽进口管常设在靠近上管板的位置，这样可以使下降的冷凝液膜不致过厚，以减小冷凝传热热阻。

如果冷凝液在壳程积存，不及时排出，会减少蒸汽的冷凝放热面积，所以冷凝液排出管要尽量接近下管板。图 9-4-6、图 9-4-7 是在下管板上开孔排液，这样当然可以完全排放出壳程的积液，但却要在管板下的管箱内引出接管，对于可拆连接的管箱是不方便的。图 9-4-10（b）是用半管引出冷凝液的方法。图 9-4-11 是虹吸式结构，虽然引出管设在下管板之上，但由于加热蒸汽的压力，可使下部冷凝液通过虹吸管排出，从而使壳程冷凝液液位较低。

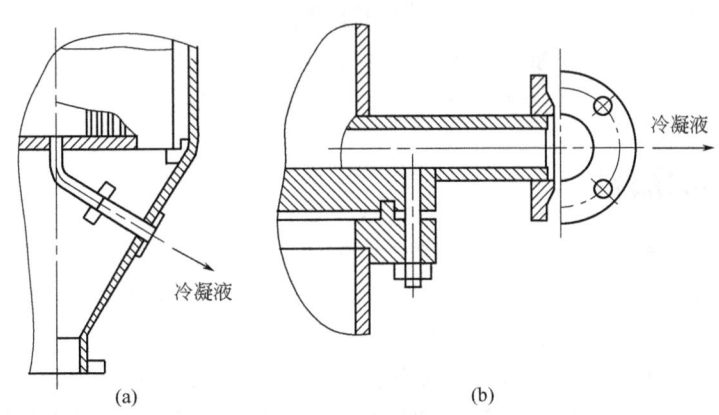

图 9-4-10 冷凝液出口结构

冷凝液流量较少时，可在冷凝液排出管道上设置各种类型的疏水阀，使冷凝液自动排出。冷凝液流量大时，一般采用设有液位计的冷凝液罐排放（图 9-4-12）。

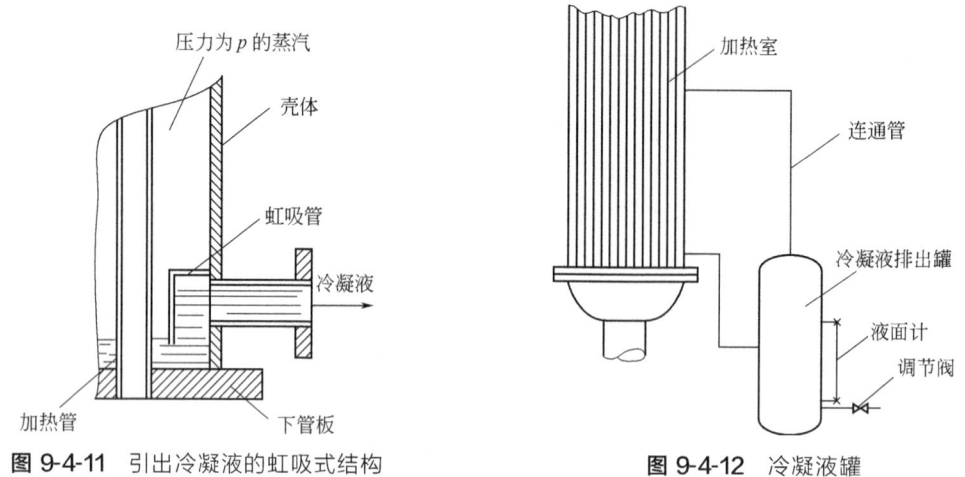

图 9-4-11　引出冷凝液的虹吸式结构　　　图 9-4-12　冷凝液罐

对于第一效加热蒸汽的冷凝液，通常将热量回收后送回锅炉房作为锅炉给水。其余各效的冷凝液，可以通到下一效加热室的壳程闪蒸，以回收热量。相邻两效之间的压差一般不大，其间可设置一定高度的 U 形管液封，或几个串联的液封，来代替疏水阀，使冷凝液自动流入下一效（图 9-4-13）。

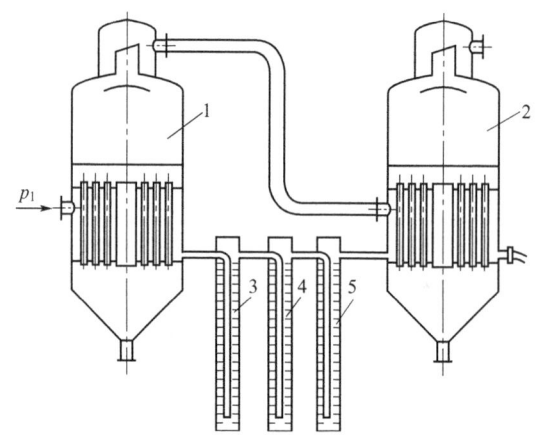

图 9-4-13　利用液封原理排出冷凝液
1——效蒸发器；2—二效蒸发器；3～5—串联液封

4.2　蒸发器的加料

对于循环型蒸发器，要慎重选择料液加入的位置。如果进入蒸发器的料液温度低于或等于该蒸发器内的沸腾温度，进料口要设在浓缩液排出口与循环液加热室入口之间，使浓缩液不被稀释，还可以加大加热器的传热温差。

对过热料液，要防止料液因闪蒸沸腾剧烈而破坏原有的正常循环及增大雾沫夹带。将料液送到静压较大的位置，可以减缓闪蒸的剧烈程度；把料液沿分离室切向送入气液交界面处，可减轻雾沫夹带。

蒸发容易起泡的溶液，可以把料液加入分离室的气液交界面上，利用表面张力的差异，有助于破沫。

蒸发析晶溶液时，如果加入的料液浓度低于饱和浓度，可以分出一部分料液，通过带喷嘴的集管，从除沫器沿蒸发室壁喷下，既可清洗除沫器以防止堵塞，还能明显降低器壁的结垢速度。

4.3 分离室

分离室的设计应考虑气液分离、存液容积、是否产生结晶及结晶排出等。

4.3.1 气液分离

蒸发所产生的蒸汽中，往往携带着大小不等的液滴或泡沫。如不妥善分离而从分离室排出，将引起产品损失，还可能使下一效蒸发器加热室或冷凝器腐蚀、结垢，并引起冷凝液污染。分离要求应根据产品损失、冷凝液污染及加热室选材的变化、冷凝液的利用及设备投资等来进行综合考虑。

产生雾沫夹带的原因：一是由于上升到液面的气泡发生破裂，其液膜分裂成小的雾滴群，液滴直径约为几个微米；二是由于从加热管中喷射出来的液柱分裂成较大的液滴群，四处飞溅，其直径可达几百个微米。由气泡分裂而成的细雾滴，其重力沉降速度可能小于二次蒸汽在分离室内的上升速度，故而形成了夹带。而由液柱分裂形成的大液滴，因为具有较大的初速度，有可能飞溅到较高的高度。

分离室设计中，气液分离主要采用两种措施：一是降低蒸汽在分离室内的上升速率、增大分离室高度，使尽可能多的液滴依靠重力沉降返回到液相中；二是进一步的分离通过设在分离室上部（或外部）的除沫器进行。

分离室的直径取决于允许的上升气速，而允许的上升气速由分离效率（或允许的雾沫夹带量）决定。图 9-4-14[12] 给出了分离效率与单位面积蒸汽质量流量之间的关系，图中横坐标中的 $G_{v,f}$ 是单位面积的蒸汽质量流量，其计算公式为式（9-4-7），纵坐标的除污系数为二次蒸汽量与雾沫夹带量的比值。一般情况下，允许的上升气速为 $0.5\sim2.0\mathrm{m\cdot s^{-1}}$，分离要求高、操作压力大时取小值；反之，取大值。

$$G_{v,f} = \frac{W_{v,f}}{(\pi/4)D_f^2} \quad (9\text{-}4\text{-}7)$$

式中，$G_{v,f}$ 为单位面积的蒸汽质量流量，$\mathrm{kg\cdot m^{-2}\cdot h^{-1}}$；$W_{v,f}$ 为二次蒸汽量，$\mathrm{kg\cdot h^{-1}}$；D_f 为分离室直径，m。

分离室液面以上的高度一般取 1.5～3.5m，取值主要考虑液滴向上运动的高度。料液从切向进入分离室、进入分离室处设置挡板、料液不易起泡及分离室上升气速取值较小等情况取小值；反之，取大值。在确定分离室的实际高度时，还要考虑到安装内部除沫器所需的高度以及存液量的要求等。

除沫器的作用是使细小的雾滴集积，并与二次蒸汽分离。常用在蒸发器中的除沫器有装在分离室上部的惯性式、折流式、旋流板式、丝网式除沫器和单独设在蒸发器外部的旋风式除沫器。

比较常见的惯性式除沫器 [图 9-3-2，图 9-3-4(a)～(c)，图 9-3-5(c)，图 9-3-6(b)，图 9-3-7(a)、(c)] 是改变气流的速度与方向，使被携带的液滴由于惯性附着在器壁上集

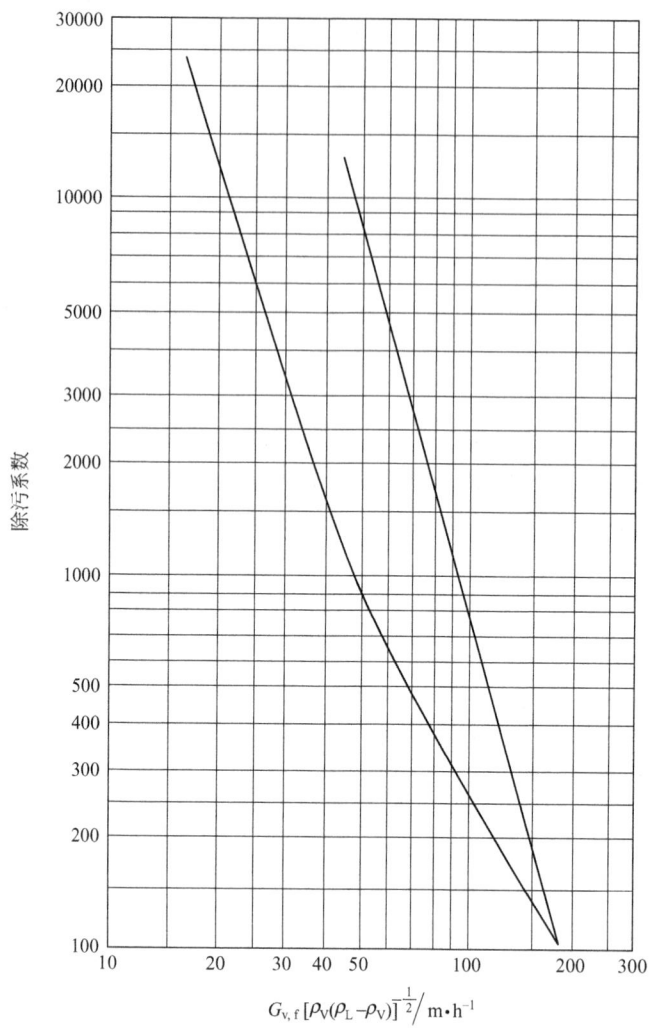

图 9-4-14　蒸发器的分离效率（不包括除沫器部分）与单位面积蒸汽质量流量之间的关系

积后，靠重力流回。回流管设液封，用以防止气流由回流管短路通过，并妨碍集积的液滴回流。

折流式除沫器（图 9-4-15）与惯性式除沫器的工作原理相同，是使二次蒸汽通过许多并联的曲折通道，液滴在曲折通道的垂直壁面以及设在通道曲折处的陷阱集积后，顺壁流下，得以分离。折流式除沫器的几种折流元件见图 9-4-16。由于液滴与壁面的碰撞机会多，分离效率较高，而气流的压降较小。用式（9-4-8）计算折流板的适宜气速时，可取的 K_V 值为 $0.085 \sim 0.1$[13]。

$$U_V = K_V \left(\frac{\rho_L - \rho_V}{\rho_V} \right)^{\frac{1}{2}} \tag{9-4-8}$$

式中　U_V——蒸发室中蒸汽的平均上升速度，$m \cdot s^{-1}$；

ρ_L，ρ_V——料液和蒸汽的密度，$kg \cdot m^{-3}$；

K_V——雾沫携带因子。

旋流板式除沫器是借用气液传质塔设备的外向旋流板，使带液气流做螺旋上升运动，液

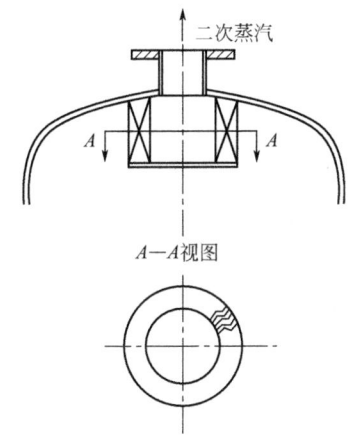

图 9-4-15 装在分离室上部的折流式除沫器

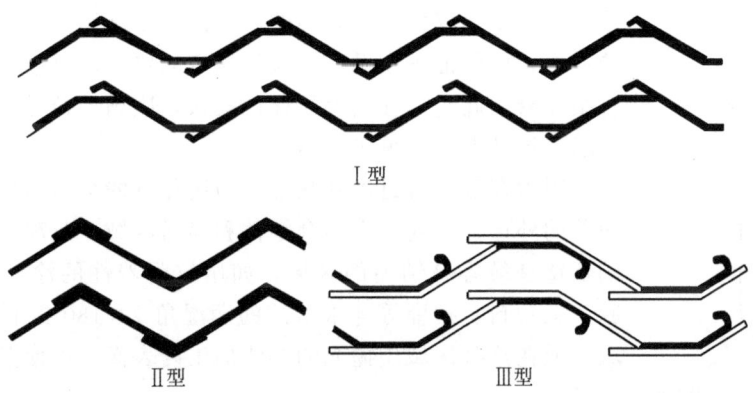

图 9-4-16 折流式除沫器的几种折流元件（气流方向自左至右）

滴被离心力甩到蒸发室的器壁，集积后流下，除沫效率可高达 98%～99%，其结构与设计计算方法参见文献 [14～16]。

丝网式除沫器是使气流通过多层细金属丝针织网。在雾沫量不是很大或雾滴不是特别细小的情况下，很容易达到 99% 以上的分离效率，用式（9-4-8）计算气速时，K_V 的取值随丝网结构及操作条件而定，见表 9-4-3[17]。丝网除沫器适用于洁净气体的除雾，不宜用于液滴中含有固体或容易析出固体物质的场合，以免液体蒸发后留下固体堵塞丝网，并应设置喷淋装置，经常冲洗。

各种除沫器的特性见表 9-4-4。

表 9-4-3 编织丝网除沫器的 K_V 值

使用条件		丝网类型	K_V 值
干净流体、中等液体负荷		标准型	0.107～0.110
		高效型	0.107
		超高效型	0.076
黏性及带悬浮固体的介质		低密度型、人字形或高速型	0.116～0.128
在真空下操作	6666Pa（绝压）	标准型或高效率型	0.061
	5426Pa（绝压）		0.082
用于腐蚀性化学剂		涂塑料丝网或塑料绳网	0.064

表 9-4-4　各种除沫器的特性

型式	捕集雾滴直径 /μm	阻力降 /Pa	分离效率 /%	K_v	进口气速范围 /m·s^{-1}
惯性式除沫器	>50	100～600	80～90	0.085～0.10	常压 12～25，负压>25
折流式除沫器	>15	200～800	90～99	0.085～0.10	3～10
旋流板式除沫器	>10	12～300	90～99		2～5
丝网式除沫器	>5	250～750	98～100	见表 9-4-3	1～4
旋风式除沫器		3000～5000			20～30

4.3.2 存液容积

分离室的下部用于存储与二次蒸汽分离后的料液。对于非循环的一次通过型蒸发器，存液容积很小，仅仅起到收集的作用。对于循环型蒸发器，存液容积的大小，要保证正常循环、操作稳定的要求。对于有结晶目的的蒸发结晶器，此时的存液容积往往较大，应满足结晶及悬浮液沉降的要求，设计方法参见第 10 篇。

因为存液常有过饱和状态，为避免器壁结垢与堵塞，必须有最简单的外形，不允许有多余零件和停滞区域。分离室存液液面附近的器壁是最容易结垢的区域，如用抗附着性的涂层或衬里（如橡胶、氟塑料、搪瓷等与水溶液的润湿角 $\theta \approx 180°$ 的材料）覆盖此区域，或在这些区域用抛光的办法加工内表面，可使蒸发器的清洗周期延长。

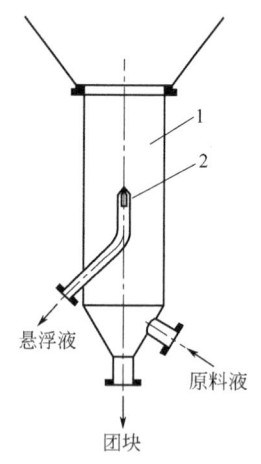

图 9-4-17　自蒸发器引出悬浮液的淘洗腿
1—淘洗腿；
2—悬浮液排出管

4.3.3 含盐悬浮液的排出

蒸发过程中形成的晶体，以悬浮液形式分批或连续地排出。在小型蒸发器中，常采用分批出盐法；在连续操作的大中型蒸发器中，排盐是连续进行的，为此在存液容积的沉积区之下设有圆筒形淘洗腿（图 9-4-17），待蒸发的料液自底部注入，向上流动，使沉积在淘洗腿中的盐晶松动，并携带细粒盐晶向上返回，使它得以在过饱和溶液中继续长大。淘洗腿设有侧向开孔的悬浮液排出管，松动后的盐晶随溶液以较高的浓度从此排出。大的盐块定期从淘洗腿的底部放出。淘洗腿也称为水力分级器，其设计方法可参见文献 [18,19]。

参考文献

[1] Miyashita H, Hoffinan T W. Journal of chemical engineering of Japan, 1978, 11(6): 444-450.
[2] Bott T R, Romero J J B. The Canadian journal of Chemical engineering, 1963, 41(5): 213-219.
[3] Azoory S, Bott T R. The Canadian journal of Chemical engineering, 1970, 48(8): 373-377.
[4] Trommelen A M. Transinstnchemengrs, 1967, 45: 176-178.
[5] Mutzenberg A B, Parker N, Fischer R. Chemical Engineering, 1965, 9: 190-197.
[6] Kirschbaum E. Chemie Ingenieur Technik, 1955, 27(5): 248-257.

[7] 胡修慈, 姜新月, 庞树声. 化学工程, 1990, 18 (2): 13-17.
[8] 庞树声, 胡修慈. 化学工程, 1990, 18 (6): 19-24.
[9] Coulson J M, Mcnelly M J. Chemical Engineering Research and Design, 1956, 34: 247-257.
[10] Dulker A E. Petro Chem En, 1961, 11: 52-54.
[11] Chun K R, Seban R A. Heat Transfer, 1971, 93 (3): 391-396.
[12] 尾花英朗. 热交换器设计手册 (下册). 徐忠权, 译. 北京: 石油工业出版社, 1982: 406.
[13] Minton P E. Handbook of evaporation technology. Park Ridge, New Jersey: Noyes publications, 1986: 155.
[14] 浙江大学化工原理教研组. 化工机械, 1978, 4: 32-45, 53.
[15] 郑州工学院脱硫科研组. 化肥工业, 1979, (04): 79.
[16] 方文骥, 张西安. 化肥工业, 1983, (03): 7-15, 27.
[17] 魏兆灿. 塔设备设计. 上海: 上海科技出版社, 1988: 450.
[18] 袁国才. 有色冶金设计与研究, 1995, (01): 3-9, 15.
[19] 波瓦罗夫 A N. 选矿厂水力旋流器. 王永嘉, 译. 北京: 冶金工业出版社, 1982.

5 蒸发系统及其操作特点

5.1 蒸发系统的组成

烧碱顺流三效四体蒸发流程见图 9-5-1,为电解盐制烧碱生产中的电解液蒸发系统流程。因第三效有两台蒸发器 A3、A4 并联操作,所以称为三效四体顺流流程。含 NaOH 9%～10%、NaCl 18%的电解液,顺序经 1、2、3 号预热器预热后,送入第一效蒸发器 A1 蒸发到 NaOH 浓度为 11.8%～12.5%,靠效间压差自动流入第二效蒸发器 A2 和第三效蒸发器 A3(强制循环),蒸发浓缩到 NaOH 浓度为 25%,连同析出的 NaCl 结晶一起经离心机(流程中没有显示)除去盐晶。除盐后的料液送回系统中的 A4 蒸发器,继续浓缩到含 NaOH 50%。A4 蒸发器与 A3 蒸发器并联,同用 A2 蒸发器产生的二次蒸汽加热。它们的二次蒸汽则共用直接冷凝器 K 冷凝,不凝气由真空系统抽空。

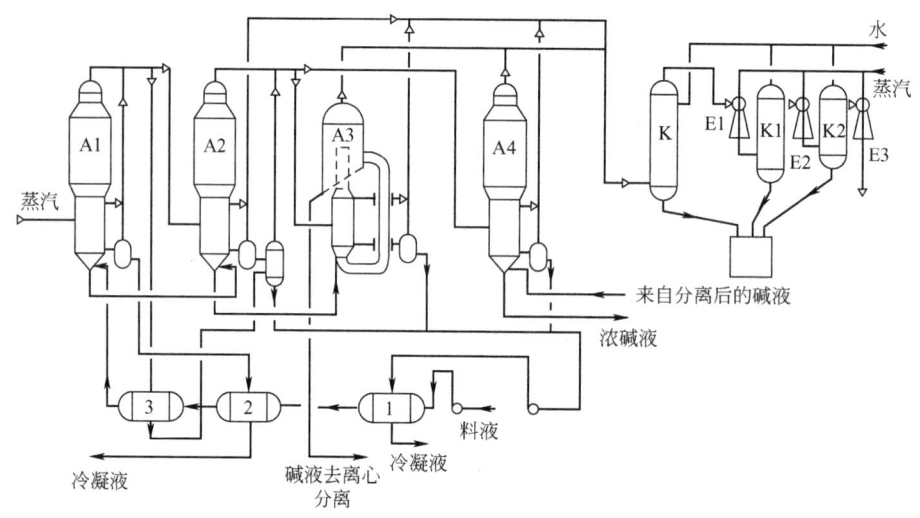

图 9-5-1 烧碱顺流三效四体蒸发流程
空心箭头表示蒸汽流向;黑色实心箭头表示料液流向
A1,A2,A4—自然循环蒸发器;A3—强制循环蒸发器;1～3—预热器;
K1,K2,K—直接冷凝器;E1～E3—蒸汽喷射真空泵

第一效蒸发器 A1,用加热蒸汽加热。第二效蒸发器 A2 用第一效的二次蒸汽加热,A2 蒸发器所产生的二次蒸汽供第三效(A3 和 A4)两个蒸发器加热。

1 号预热器用三效的冷凝液和经闪蒸后的二效冷凝液加热料液,2 号预热器则用一效冷凝液作为热源。抽取一部分第一效的二次蒸汽,在 3 号预热器中进一步加热料液。

由 A1 与 A2 排出的冷凝液,还可以各自闪蒸到较低的压力,以继续回收热量。

图 9-5-2 所示为复分解小苏打母液处理流程图[1]，母液中主要含有 NH_4^+、Na^+、Cl^-、HCO_3^- 等，通过处理，分离出氨水、氯化钠和氯化铵。

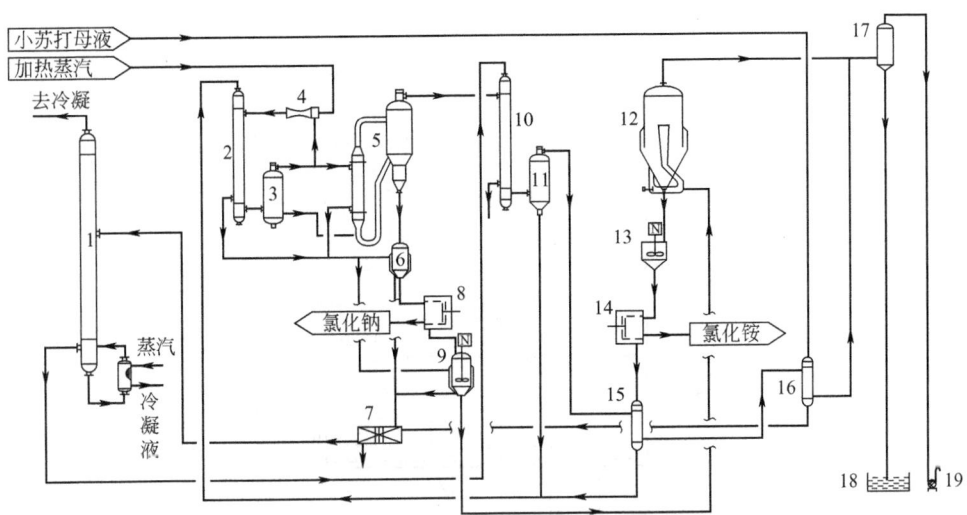

图 9-5-2 复分解小苏打母液处理流程图

1—蒸氨塔；2——效加热室；3——效分离室；4—蒸汽喷射泵；5—二效蒸发器；6—稠厚器Ⅰ；
7—板式预热器；8—离心机Ⅰ；9—母液保温罐；10—三效加热室；11—三效分离室；
12—真空闪蒸结晶器；13—稠厚器Ⅱ；14—离心机Ⅱ；15—母液乏汽预热器；
16—原液乏汽预热器；17—大气冷凝器；18—水封槽；19—真空泵

由上可见，一个完整的蒸发系统，既包括在各种压力下操作的各种类型的蒸发器，又包括了闪蒸器、预热器、泵、冷凝器及真空装置。

系统中各设备之间所选用的送料泵，多采用离心泵。需要指出的是，这里输送的液体，大多是在饱和温度下的溶液，所以必须将泵安装在液面以下足够深的位置，使液体自灌入泵，以免发生汽蚀。当从负压操作的各效抽出料液时，上述事项更为重要。

5.2 冷凝器

蒸汽冷凝器是用冷却介质使低压的二次蒸汽冷凝。大多数情况下，二次蒸汽是不需要回收的蒸汽，可采用直接式冷凝器（也叫气压冷凝器、混合式冷凝器）。由于它使二次蒸汽与冷却水直接接触进行热交换，冷凝效果好，加之结构简单、造价低廉而被广泛采用。直接冷凝器多采用逆流多孔板式结构。当冷凝水需回收利用，或冷却介质会被二次蒸汽污染时，应采用表面冷凝器。冷凝器的设计详见本书第 7 篇。

5.3 压缩机与真空泵的选择

5.3.1 蒸汽压缩机的选择

目前各类压缩机的应用范围[2]见图 9-5-3。对于热泵蒸发来说，要求的压缩比较小，对进入压缩机的蒸汽纯度要求较高。一般不采用活塞式压缩机，以免蒸汽中夹带油雾而影响传热，当有雾沫夹带时也会损害压缩机。当压缩蒸汽量较小时，可采用罗茨式、螺杆式；蒸汽量大时，则用离心式；蒸汽量更大时，还可采用轴流式。各种压缩机的性能参见本书第 5 篇。

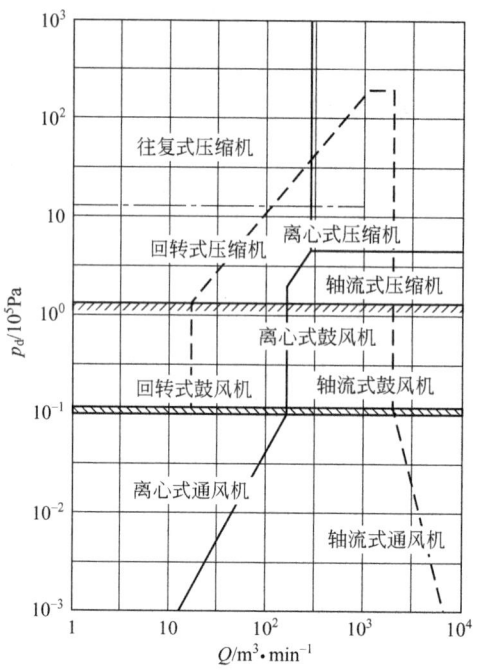

图 9-5-3 各类压缩机的应用范围

(1) 压缩机的压缩功率 压缩机作绝热压缩时的理论功率，可按式(9-5-1)计算压缩每千克气体的比功率：

$$\omega = \frac{k}{k-1} p_0 v_0 \left[\left(\frac{p_1}{p_0} \right)^{\frac{k-1}{k}} - 1 \right] (\text{kJ} \cdot \text{kg}^{-1}) \tag{9-5-1}$$

式中 k——气体的绝热指数，空气 $k=1.4$，蒸汽 $k=1.329$；

p_0, p_1——吸入条件下的气体压力和气体的排出压力，Pa；

v_0——吸入条件下气体的比体积，$\text{m}^3 \cdot \text{kg}^{-1}$。

一般说来，市售的定型压缩机多数是用来压缩空气的，如果要用来压缩蒸汽，则要对其压缩功率作核算。现将空气与蒸汽同在常压下吸入时的绝热压缩功列表比较，见表 9-5-1。

表 9-5-1 空气与蒸汽的绝热压缩功比较表

项目	吸入压力 p_0	吸入温度 T_0/K	初始密度 ρ_0/kg·m^{-3}	绝热指数 k	绝热压缩功 /kJ·kg^{-1}		绝热压缩功 /kJ·m^{-3}	
					$p_1/p_0=1.2$	$p_1/p_0=1.5$	$p_1/p_0=1.2$	$p_1/p_0=1.5$
蒸汽	常压	373	0.598	1.329	32.10	73.42	19.16	43.88
空气	常压	293	1.247	1.400	15.74	36.15	19.63	45.08

由表 9-5-1 可见，每千克蒸汽的绝热压缩功要比空气的绝热压缩功大。但对于相同的吸入体积来说，蒸汽的绝热压缩功却与空气的相近而略小，这是因为蒸汽的比体积大而密度

小。压缩机的规格是以吸入体积来标注的，所以，用压缩空气的定型产品来压缩蒸汽时，其传动系统与承压元件的强度都不需要校核与改动，只需要考虑材质的耐腐蚀性能和密封结构就可以了。

(2) 容积型压缩机的选用 罗茨风机常用来压缩小流量的蒸汽，属于容积型压缩机，只能用调节转速的办法来调节排气量。安装时要在风机的进、出气管道之间设旁通管线，罗茨风机与蒸发器的连接如图 9-5-4 所示。罗茨风机在启动之前，要打开旁通阀 V，以减轻原动机的启动负荷。当用电动机驱动时，转速不便调节，也可以通过旁通阀使一部分气体回流，以减少流量，但却要增加功率的损失。罗茨风机的总效率为 50%～60%，其单级压缩比一般不超过 2.0。

当所需要的压缩比较大时，可以选用无油式螺杆压缩机。为了提高其容积效率，降低汽缸温度，可以向汽缸内喷水。螺杆压缩机也属于容积型压缩机，但可以通过出口阀门的开度来调节流量。

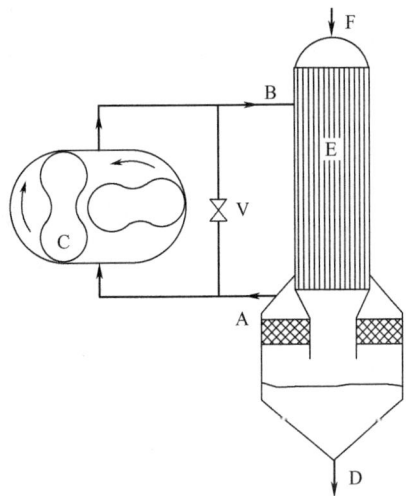

图 9-5-4 罗茨风机与蒸发器的连接
A—二次蒸汽；B—加热蒸汽；C—罗茨风机；D—出料；E—蒸发器；F—加料；V—旁通阀

(3) 离心压缩机的选用 单级离心式压缩机吸气量为 $1.0～150 m^3 \cdot s^{-1}$，压缩比为 $1.1～2.5$，气量更大时，还可选轴流式压缩机。它们都属于离心式机械，是通过叶片和气体的相互作用，先使气体获得高速，高速气流在换能器中减速，把动能转换为压力势能，从而提高气体在出口处的压力。用于热泵蒸发的离心式压缩机，由于所需压缩比不大，多采用单级叶轮。

离心压缩机的流量调节可采用改变转速、进口或出口节流、旁路及放空三种方法。改变转速的方法最经济、功率消耗最小。进口管路安装调节阀门比出口节流操作稳定、调节范围较大、功率消耗也较小。上述两种方法的流量调节范围应注意避免出现喘振。旁路主要是防止喘振，用于流量调节时功率消耗太大。

用于压缩蒸汽的离心压缩机，最好是根据具体条件来专门设计。因为当离心压缩机的吸入工况（包括压力、温度、气体密度、绝热指数等）改变时，压缩机的性能曲线也将相应改变。用相似原理作性能换算的方法请参阅第 5 篇。

用离心式压缩机来压缩蒸汽时，对蒸汽中夹带液滴的分离要求很高，因为在高速下，气流中夹带的液滴会对压缩机的叶片产生冲蚀，而且液滴携带的溶质也能引起压缩机零部件的腐蚀，并影响叶轮的平衡。

5.3.2 真空泵的选择

在真空蒸发时，为了维持系统内的负压，需设置真空泵，以排除系统内的不凝性气体。一般情况下，蒸发所需的真空度不高，为 $-0.03～-0.09$ MPa（属粗真空范围），但应考虑不凝气中可能含有蒸汽及夹带的料液，真空泵的选型可参见第 5 篇。

蒸发装置中常用的真空泵为水环真空泵和水喷射泵。水环真空泵的运动部件较少，加工精度要求不高，对材质的要求也不高，而且也允许气体中夹带一些液体，水环对气体还有补充冷凝作用。单台水环真空泵的吸气量可达到 $600 m^3 \cdot min^{-1}$，单级水环真空泵极限真空可达 4kPa，双级水环真空泵极限真空可达 2kPa。

水喷射泵是用高速喷射水为动力，其原理与蒸汽喷射泵相似。只是因为水是不可压缩流体，所以喷嘴形状为收缩形，见图 9-5-5。吸入的气体在扩压器 5 中与高速水流混合后，呈气液两相流，增压到常压从出水口引出。它可以在低位安装，但一般认为如果能安装在 10m 以上的高位，则可以得到稳定而较高的真空度。水喷射泵一般用于排气量不大、真空度不高的场合。由于无运动部件，还可以实现冷凝，因此可简化装置，减少投资。

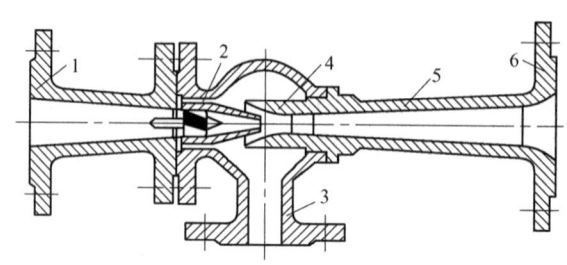

图 9-5-5 水喷射泵

1—进水口；2—喷嘴；3—吸入口；4—混合室；5—扩压器；6—出水口

(1) 真空泵吸气量的确定 蒸发装置真空泵的吸气量包括不凝气和可凝气两类。其中不凝气有四种来源：

① 料液中溶解的不凝气 G_1：一般量很少，可以忽略。

② 过程中化学反应所产生的气体 G_2：由化学反应确定。

③ 漏进系统中的空气 G_3：这部分的气量较大。

④ 如果是采用水直接冷凝的办法，在冷却水被加热时还将释放出溶解气体（空气）G_4。

其中漏进系统中的空气量 G_3 是最主要的，也是最不容易确定的，因为它与各可拆密封面的紧密程度、密封周边长度和器内外压差有关。通常用系统容积和系统真空度两种参数与空气渗漏量 G_a 相关联。系统容积与空气渗漏量的关系见图 9-5-6，图 9-5-6 中的横坐标表示系统容积，单位为 m^3，线簇表示系统的表压，可从纵坐标上读取空气渗漏量 G_a，而在设计中取 $G_3 = 2G_a$。

冷却水放出的溶解空气量 G_4，与冷却水进口温度有关，进口温度低，空气溶解量大，加热时放出的空气就多。冷却水放出空气量与冷却水入口温度的关系见图 9-5-7，可用来查取 G_4。

此外还有随不凝气一起排出的未冷凝蒸汽量 G_5，G_5 取决于冷凝效果。正常情况下 $G_5 = (0.2\% \sim 1\%)W$，W 是每小时进入冷凝器的蒸汽量。

真空泵的总吸气量为 $\sum_{i=1}^{5} G_i$，$kg \cdot h^{-1}$。

(2) 真空泵的吸气量 真空泵的吸气量应为在吸入状态下的体积 V，$m^3 \cdot h^{-1}$：

$$V = \left[\frac{(273+t)p_0}{273p}\right] \sum_{i=1}^{5} G_i / \rho_i \tag{9-5-2}$$

式中 p——真空泵的吸入压力，Pa；

t——吸入状态温度，一般取冷凝器出口温度，℃；

p_0——常压，一般取 $p_0 = 10^5 Pa$；

ρ_i——各种气体在标准状态下的密度，$kg \cdot m^{-3}$；

G_i——气体流量，$kg \cdot h^{-1}$。

所选真空泵的吸入体积 V_B 应大于 V。

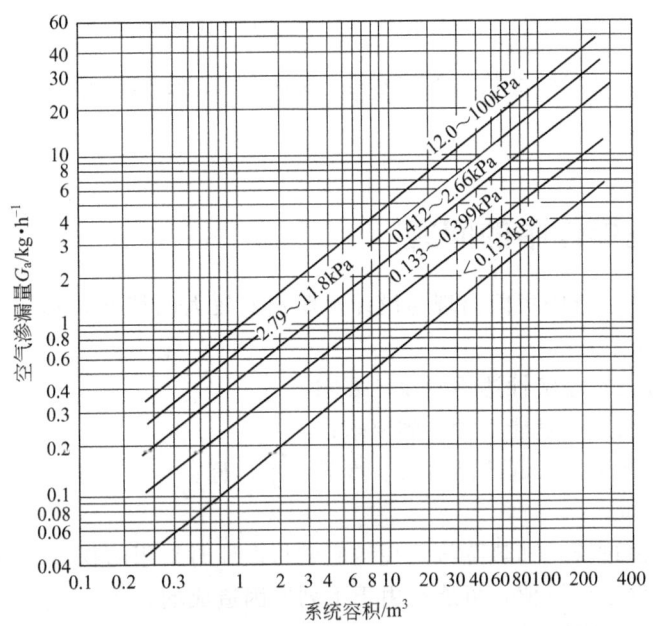

图 9-5-6 系统容积与空气渗漏量的关系

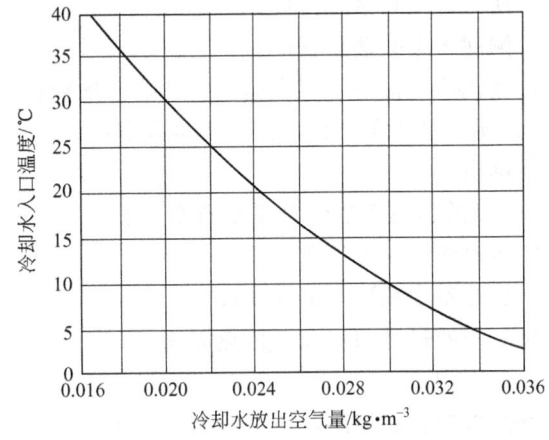

图 9-5-7 冷却水放出空气量与冷却水入口温度的关系

【例 9-5-1】 一台混合冷凝器，在一定压力下，冷凝例 9-2-2 中第三效的二次蒸汽（$W = 66900 \, kg \cdot h^{-1}$）。已知冷却水循环使用，进口水温 $t_w = 32 \, ℃$，计算配套这台冷凝器的真空泵的吸气量。

解 根据题意，忽略 $G_1 + G_2$ 之量。根据图 9-5-6，设系统总容积为 $200 \, m^3$，查得 $0.02 \, MPa$ 时的 $G_a = 35 \, kg \cdot h^{-1}$，则 $G_3 = 2G_a = 70 \, kg \cdot h^{-1}$。由图 9-5-7 查得 $t_w = 32 \, ℃$ 时，冷却水放出空气量为 $0.019 \, kg \cdot m^{-3}$，则 $G_4 = 1475 \times 0.019 = 28.03 \, (kg \cdot h^{-1})$。

则得空气量为 $G = G_3 + G_4 = 70 + 28.03 = 98 \, (kg \cdot h^{-1})$

未冷凝蒸汽量 G_5 按 0.2% 的二次蒸汽量计算：

$$G_5 = 66900 \times 0.2\% = 133.8 (\text{kg} \cdot \text{h}^{-1})。$$

真空泵的吸气量 V（折换成吸入状态，$p = 2 \times 10^4 \text{Pa}$、$t_w = 32℃$）为：

$$V = \frac{(273+32) \times 10^5}{273 \times 2 \times 10^4} \times \frac{9.8 \times 10}{1.29} + 133.8 \times 7.65 = 1448 (\text{m}^3 \cdot \text{h}^{-1}) = 24.13 \ (\text{m}^3 \cdot \text{min}^{-1})$$

式中，1.29 为空气在标准状态下的密度，$\text{kg} \cdot \text{m}^{-3}$；7.65 为水蒸气在 $2 \times 10^4 \text{Pa}$ 压力下的比体积，$\text{m}^3 \cdot \text{kg}^{-1}$。

5.4 蒸发系统操作中的问题

蒸发系统在操作运行中可能出现与设计预期相差较大的情况，其中反映为性能低劣的，可能有下列几个方面：

① 蒸汽耗量过大、经济性达不到设计要求；
② 传热系数过低、蒸发能力达不到要求；
③ 过量的雾沫夹带，引起产品流失、冷凝水不达标；
④ 清洗周期过短。

(1) 蒸汽经济性过低　加热蒸汽的耗量应该与设计时采用的物料平衡与热量平衡的计算结果相符。实际值低于计算值，可能是由于下列原因造成的：

① 循环泵或效间过料泵的轴封处漏入密封用水，稀释了料液；
② 过量冲洗；
③ 过量排放不凝气，使大量加热蒸汽排放；
④ 冷凝器中的冷却水倒灌入末效蒸发器中；
⑤ 加热室内部泄漏，蒸汽冷凝液漏入蒸发器中，使溶液稀释；
⑥ 蒸汽向外界漏损，或蒸汽从未关严的阀门漏入蒸发器中；
⑦ 蒸汽随冷凝水过量排出。

(2) 传热系数过低　过低的传热系数使蒸发器的能力下降，其原因可能是：

① 料液侧或蒸汽侧的传热面上结垢严重；
② 不凝气排放不足，加热室中积聚不凝气体；
③ 冷凝液排放不及时，积液过多而淹没了传热面积；
④ 料液循环不良、分布不均；
⑤ 传热温差过低，不但直接影响传热，还促使循环恶化；
⑥ 传热温差过高，使料液侧形成膜状沸腾，或使料液侧迅速结垢。

(3) 过量的雾沫夹带　造成过量雾沫夹带的原因可能是：

① 漏进空气，特别是在蒸发室的液面下漏进空气；
② 过热溶液的急剧闪蒸；
③ 蒸发器操作压力的急剧波动；
④ 分离室液面过高；
⑤ 蒸发器超负荷工作。

(4) 清洗周期过短　蒸发器的加热表面总是会结垢的，按垢的组成可分为水溶性垢和不溶性垢。水溶性垢是蒸发饱和溶液时所析出的盐类结晶，可用水或稀的不饱和溶液定期清洗。不溶性垢包括钙、镁、硅等低溶解度的盐类以及有机聚合物等，要定期停车用酸、碱或机械办法清洗，不论是水溶性垢还是非水溶性垢，都要根据具体情况定期清洗，而且清洗周期要定在结垢的初期。因为已结垢的加热管，其流动阻力大于其他管子，因阻力加大而流速下降的管子，又更容易结垢，最后导致整管被结垢堵死，此时再清洗就非常困难。形成清洗周期短于常规的原因有：

① 操作压力或蒸发室液面的急剧变化；
② 循环速度过低；
③ 在清洗、冲洗或轴封水中引入了硬水或其他污染物；
④ 传热温差过大；
⑤ 不正确的清洗程序。

参考文献

[1] 史晓平，胡建勋，刘常松，等．无机盐工业，2010，42（8）：57-59．
[2] 余国琮．化工机械工程手册（中卷）第14篇．北京：化学工业出版社，2003：7-14．

符号说明

A	传热面积,m^2	
C	与表观液面百分比有关的系数	
C_p	比热容,$kJ \cdot kg^{-1} \cdot K^{-1}$	
COP	热泵的供热系数	
C_0	溶液比热容,$kJ \cdot kg^{-1} \cdot K^{-1}$	
C^*	水的比热容,$kJ \cdot kg^{-1} \cdot K^{-1}$	
D	加热蒸汽量,$kg \cdot h^{-1}$	
	加热管直径,m	
D_A	高温高压蒸汽量,$kg \cdot h^{-1}$	
D_B	二次蒸汽量,$kg \cdot h^{-1}$	
E	额外蒸汽量,$kg \cdot h^{-1}$	
F	加料量,$kg \cdot h^{-1}$	
G	冷却水量,$kg \cdot h^{-1}$	
	真空泵排气量,$kg \cdot h^{-1}$	
H	加热蒸汽的焓,$kJ \cdot kg^{-1}$	
H'	二次蒸汽的焓,$kJ \cdot kg^{-1}$	
H_{si}	各效饱和加热蒸汽的焓,$kJ \cdot kg^{-1}$	
h	表观液面百分比,%	
	多孔板堰高,m	
h_i	各效中浓缩溶液的焓,$kJ \cdot kg^{-1}$	
h_0	原料液的焓,$kJ \cdot kg^{-1}$	
h^*	蒸汽冷凝液的焓,$kJ \cdot kg^{-1}$	
K	传热系数,$kJ \cdot m^{-3} \cdot s^{-1} \cdot K^{-1}$	
K_V	雾沫携带因子	
l	管长,m	
N	功率,kW	
n	孔数	
p_0	加热蒸汽压力,MPa	
p_i	各效蒸发压力,MPa	
Δp	计算平均温度时的静压力,MPa	
p'	平均温度下对应的饱和压力,MPa	
Q	传热量,$kJ \cdot h^{-1}$	
Q'_i	各效蒸发器的热损失,$kJ \cdot h^{-1}$	
q	热负荷,$W \cdot m^{-2}$	
R	污垢系数,$m^2 \cdot K \cdot kW^{-1}$	
r	水的汽化潜热,$kJ \cdot kg^{-1}$	

S_L		料液的比密度
T		温度，K
T_i		各效加热蒸汽温度，K
T_{si}		各效加热蒸汽饱和温度，K
t_i		各效沸腾温度，K
$t_上$		加热室上管板处的温度，K
Δt		有效传热温差，K
U		表观速度，m·s^{-1}
U_V		二次蒸汽速度，m·s^{-1}
V		真空泵的吸入体积，m^3·h^{-1}
W		蒸发量，kg·h^{-1}
		比功，kJ·kg^{-1}
x_0		初始浓度（质量分数），%
x_i		各效终了浓度（质量分数），%
α_i		各效传热膜系数，kJ·m^{-3}·s^{-1}·K^{-1}
ϕ		携带比
δ		加热管壁厚，m
η		热利用系数
		效率
λ		热导率，kJ·m^{-3}·s^{-1}·K^{-1}
μ		溶液的动力黏度，kg·m^{-1}·s^{-1}
μ_L		料液黏度，mPa·s
θ		蒸汽冷凝温度与溶液沸腾温度之差，K
ρ		密度，kg·m^{-3}
σ		表面张力，N·m^{-1}
Δ		传热温差损失，K
Δ'		蒸气压下降引起的沸点上升，K
Δ''		静压引起的温差损失，K
Δ'''		流动阻力引起的温差损失，K
Γ		润湿流率，kg·m^{-1}·s^{-1}
下标		
0		初始值
1，2，3，…，i		各效值
o、i		管外、管内
s		等熵
c		压缩机
T		汽轮机
m		机械的、平均的
L		液体
V		蒸气

第10篇
结晶

主 稿 人：王静康　中国工程院院士，天津大学教授
编写人员：王静康　中国工程院院士，天津大学教授
　　　　　龚俊波　天津大学教授

第一版编写人员名单
编写人员：岳德隆　沃德邦　邱宣振　王　楚
审 校 人：郑　炽　陈树功

第二版编写人员名单
主 稿 人、编写人员：王静康

1

概述

结晶是固体物质以晶体状态从蒸气、溶液或熔融物质中析出的过程,很多化学等工业过程中都包含有结晶这一基本的单元操作[1~3]。

结晶作为一种历史悠久的精制和分离技术,在很多工业领域得到了日益广泛的应用,已经成为重要的分离纯化产品手段,很多化工产品或中间产品都是应用结晶方法得到的晶态物质。以盐和糖为例,世界的年生产能力已超过100Mt;化肥如硝酸铵、氯化钾、尿素、磷酸铵等世界的年生产量亦超过了1Mt。在医药、染料、精细化工生产中,结晶操作具有异常重要的地位,而且能带来高额的产值。在冶金工业、材料工业中,结晶过程亦是关键的单元操作。值得注意的新动向是,在高新技术领域中,结晶技术的重要性亦在与日俱增,例如生物技术中蛋白质的制造,催化剂制备中超细晶体活性组分的负载以及新材料工业中超纯物质的净化等都离不开结晶技术[4~6]。

相对于其他的化工分离操作,结晶过程具有以下特点:

① 能从杂质含量及种类比较多的溶液或熔融混合物中,分离出高纯或超纯的晶体。结晶产品在包装、运输、储存或使用上都比较方便。

② 对于许多难分离的混合物系,例如同分异构体混合物、共沸物、热敏性物系等,使用其他分离方法难以奏效,而适用于结晶分离。

③ 结晶与精馏、吸收等分离提纯方法相比,能耗低得多。因为结晶热一般仅为蒸发潜热的1/10~1/3。又由于结晶可在较低温度下进行,对设备材质要求较低,操作相对安全。一般亦无有毒或废气逸出,有利于环境保护。

④ 结晶技术涉及多相、多组分间的相平衡,以及相间传热、传质,流体流动和输送的过程,也涉及表面化学反应过程等。且有晶体粒度及粒度分布问题,因此结晶技术涉及多学科,应用广泛,设备结构和种类繁多。

近几十年来,结晶技术得到广泛发展,引起了世界科学界及工业界很大的关注,对于它的理论分析和工业技术应用与设备的开发等都取得了许多引人瞩目的进展。相图的测定与分析,晶体的成核与成长速率的定量测量技术,粒度分布测定方法都有了迅速的提高。近代的物理仪器如场分析仪,拉曼光谱等都已被用于对结晶过程研究和分析,使得人们对结晶机理、结晶热力学、结晶动力学,特别对二次成核现象有了较为深刻的认识。工业结晶界归纳生产实践的经验,应用粒数衡算概念,建立了各种操作参数与晶体粒度分布的相对关系;又依据设备几何形状及流体力学参数对结晶过程的影响,提出了几种结晶器的半经验、半理论的设计模型。所有这些进展和成就,导致业界逐渐形成一种共识,即"晶体工程"技术的理念。

对于结晶方法的分类,一般按溶液结晶、熔融结晶、升华、沉淀四类讨论,与俗称关系的对应如表10-1-1所示。

表 10-1-1 不同分类的对应联系

俗称 \ 一般分类	溶液结晶	熔融结晶	升华（结晶）	沉淀（结晶）
冷却结晶	√	√	√	
蒸发结晶	√	√		
真空绝热冷却结晶	√			
盐析结晶				√
冰析结晶				√
萃取结晶	√			√
反应结晶				√
悬浮结晶	√			
加压结晶	√			
膜结晶	√			
喷射牵引结晶		√		

注：表中"√"表示一般分类中的结晶方式中包含俗称的结晶方式。

为了设计一个结晶过程，需要收集到以下基础信息后，方可开始方案设计：
① 结晶系统的性质；
② 相平衡数据，其中包括介稳区数据；
③ 结晶成核与成长动力学及特征；
④ 结晶溶液流体力学数据及特征。
亦即，要想掌握工业结晶的技术与设计方法，首先必须掌握这几类基础数据。

参考文献

[1] Randolph A D, Larson M A. Theory of Particulate Processes: Analysis and Techniques of Continuous Crystallization. London: Elsevier, 1988.
[2] Mullin J W. Crystallization. London: Elsevier, 2001: 3.
[3] Myerson A S. Handbook of Industrial Crystallization. Woburn: Butterworth-Heinemann, 2002.
[4] Jancic S J, Grootscholten P A M. Industrial Crystallization. Dordrecht: Springer, 1984.
[5] Garside J. Chemical Engineering Science, 1985, 40(1): 3-26.
[6] 王静康，张远谋. 石油化工，1984(11): 29-35.

2 晶体工程

2.1 晶体工程的内涵

晶体工程技术是以理解分子或粒子间的构效关系理念为基础,逐步探究从粒子到粒子簇,并进一步到晶核晶体的组装过程,主要研究晶体结构与其性能的关系以及晶体材料的分子空间构象、微观结构及其组装方式对材料功能的影响,然后根据人们对不同材料的功能需求,结合信息化模拟分析、实验筛选等技术手段,对分子以及超分子结构进行设计,使其满足人们对晶体产品的需求[1]。晶体工程是一种"自下而上"设计晶体的过程。作为21世纪物质科学与工程的重要组成部分,晶体工程的研发受到世界科技界广泛的重视[2,3]。不论是现代医药、药物传送系统、生态化新型能源、光电器件、新型材料的研发,还是食品、化肥及农药等领域的进一步研发都涉及晶体,而且对不同产品、不同尺度的晶体产品的质量要求也愈来愈高。

晶体工程是实现功能晶体设计直至产业化的技术支撑,详见图10-2-1,CAD (computer aided design) 为计算机辅助设计,CAC (computer aided control) 为计算机辅助控制。

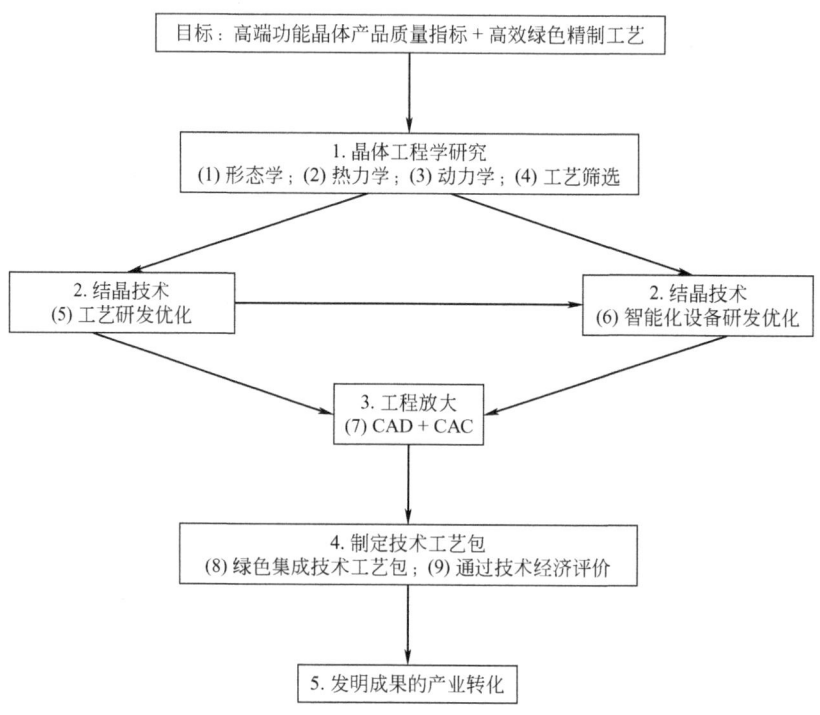

图10-2-1 晶体工程的内涵:从设计到产业化

2.2 晶体工程与传统工业结晶技术的共性与区别

晶体工程技术是制造高端晶体产品的核心技术。晶体工程涵盖了由纳米晶、晶纤、晶膜直至生物大分子（如 DNA、蛋白质等）晶体科学与技术的全部内容[4]。而工业结晶科学与技术泛指微米至毫米级粒子群晶体的科学与技术，它是晶体工程科学与技术的一个重要组成部分。

晶体工程技术广泛应用于精细化工业的高端产品生产、高新材料的制造以及医药工业等的产品升级制造，如表 10-2-1 所示。其中高新材料涵盖了有机光电子材料、纳米材料、生物医用材料、新能源材料、高纯同分异构体、手性化合物、聚合物、热敏性物质等。晶体工程技术是制备上述产业高端功能材料与产品的共性关键技术，晶体工程技术与设备是以上产业产品创新的技术支撑，对国民经济发展的意义重大[5]。

表 10-2-1　晶体产品是不同行业高端产品中的核心部分[6~11]

行业领域	晶体产品所占产品品种比例/%
精细化工产品	>70
医药	>85
农药	>73
海洋化工（无机化工）产品	>86
石油化工产品	>32
有机原料化学品	>20
化肥	>90
用于新能源、材料工业、电子信息等领域的重要原材料为晶体粒子产品	>50
食品添加剂等功能品领域	>60
……	…

现代晶体工程技术具有高效、节能、降耗、减排以及环境友好等优点。首先，现代晶体工程技术旨在优化粒子产品的晶体质量指标，能够显著提高全过程收率，提高产品内在质量。同时，相对其他操作，现代晶体工程技术具有操作温度低、能耗低、生产能力高、生产周期短等特点。此外，采用现代耦合结晶技术可减少操作单元，显著降低原材料消耗，可循环使用溶剂，减少"三废"排放，符合污染防治与绿色生态工程的要求。

2.3 高端晶体产品的质量指标

一般来说，高端晶体产品的质量指标主要包括[12]：
① 严格的化学组成与纯度；
② 晶体晶型、形态学以及粒度指标。

严格的化学组成，对于高端晶体产品有着重要的意义。以碳酸锂为例，普通的工业级碳酸锂（质量分数＞98％）与电池级的碳酸锂（质量分数＞99.9％）价格差异巨大，造成两者价格区别的主要指标就是纯度[13]。而晶体的纯度对于晶体产品的质量和用途会有很大影响，以单晶硅为例，纯度为 99.9999％ 的单晶硅产品只能用于太阳能电池，而纯度为 99.999999999％ 的单晶硅则可用于芯片的制造。

此外，晶体晶型、形态学以及粒度指标同样非常重要。总体来看，又可将其归纳为三个尺度上的指标。

(1) 晶体的晶型指标：微观结构上的指标。

晶体的微观结构对于产品来说非常重要。晶体的微观结构主要指晶体的晶胞结构。不同微观结构的晶体产品有着重要的差异。以药物晶型为例，同种药物的不同晶型会影响药物在机体内的吸收，这种吸收差异性可能达数倍甚至数十倍。因此，晶型对晶体产品来说是一项重要的指标[14]。

(2) 形态学指标：晶体的介观或宏观外部形态。

晶体的形态种类繁多。例如：晶粒、纳米晶、晶纤、晶膜、晶须、液晶等。如图 10-2-2 是晶体的各种形态。

图 10-2-2　晶体的各种介观或宏观外部形态

晶习指的是晶体粒子外部的宏观形态。不同的晶习不仅影响结晶下游工段的效率，同时还会影响晶体的堆密度、聚集性、机械强度、溶解性以及压片性能。因此，晶体产品的晶习也是晶体产品的一项重要指标[15]。

(3) 粒度指标：晶体的宏观外部指标。

晶体的粒度指标为晶体的宏观外部指标，一般用晶体的粒度分布（CSD）、变异系数（CV）、堆密度及比容等指标来衡量，一般晶体的粒度分布如图10-2-3所示。

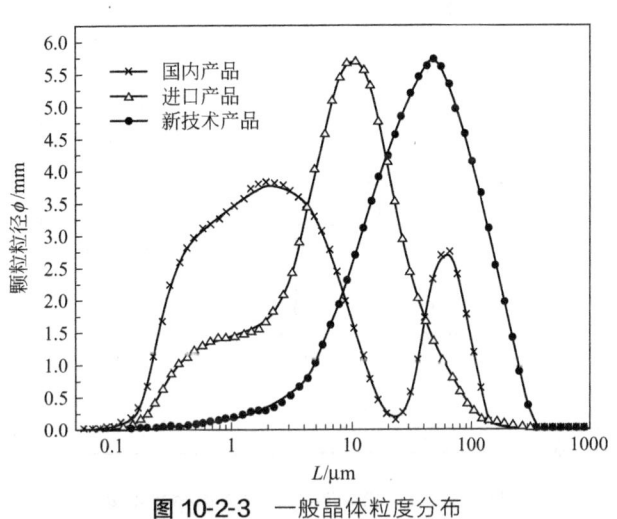

图 10-2-3　一般晶体粒度分布

晶体产品的粒度对于晶体的质量有着重要的影响。晶体的粒度对于晶体的溶解性、下游的分离操作效率、堆密度等有较大的影响。对于纳米级的晶体来说，粒度还对于产品的性质有着重要的影响[16]。

2.4　同质多晶行为与构效关系分析

同质多晶现象指的是某一化合物分子在固态时因晶体排列方式与填充方式的不同，形成不同晶体状态的现象。以药物晶体为例，同质多晶行为具有普遍性。同一药物不同晶型的理化性质（溶解度、稳定性、流动性、抗压缩性、溶出速度、生物利用度等）可能存在显著差异。现代科技研究与实践证明60％以上的功能粒子产品皆具有同质多晶行为。所以研究固体药物的多晶型及其与临床疗效之间的关系就成为药物研发过程中不可忽视的重要研究内容之一[17]。

药物晶体中，超分子化学与药物构效关系如图10-2-4所示。固体药物的评价指标主要包括纯度、粒度分布、晶型和晶习。固体药物经口服后，首先进入消化道，在消化道内片剂或胶囊崩解，有效成分溶出，成为可被吸收的形式。随后在不同的部位（胃、肠等）吸收，进入血液。这一过程中，药物的粒度分布对药物在消化道中的溶解程度和溶解速率有着重要的影响。药物的晶型则会影响药物在体内的吸收效率，不同晶型之间的吸收效率差异可达数倍甚至数十倍，吸收效率的差异将直接导致药物临床疗效的差异。此外，药物的晶型不同会导致药效的不同，有的晶型有疗效，有的晶型无疗效甚至会有毒副作用。

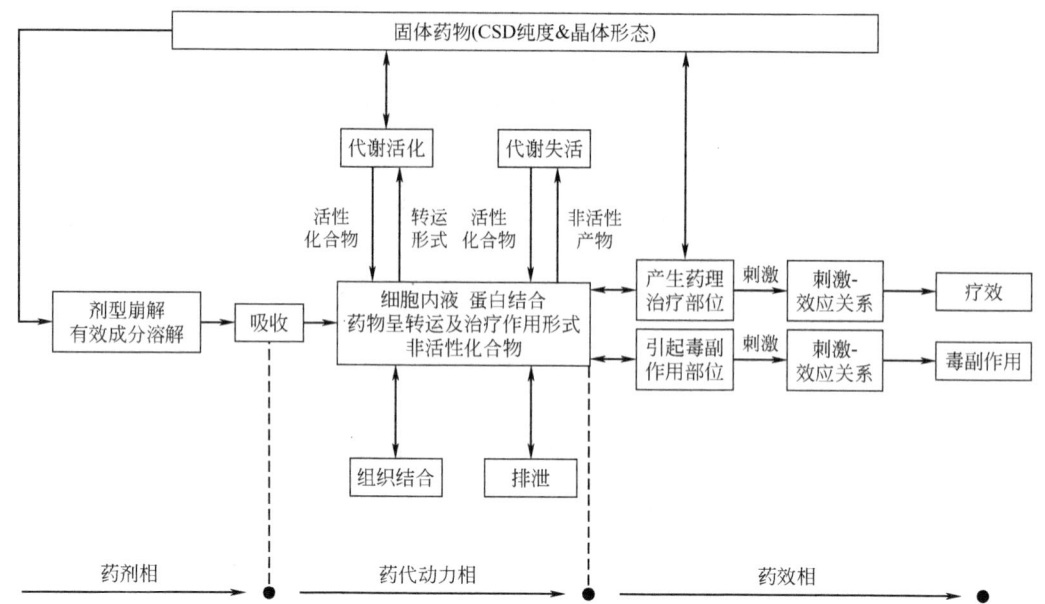

图 10-2-4　超分子化学与药物构效关系

除此之外，某些药物也使用生成共晶的方式来改善其有效成分的理化性质。药物共晶是指在氢键或其他非共价键的作用下，药物分子与其配体以固定的化学计量比结合而形成的多组分晶体。近年来，药物共晶的数量急剧增加，由于其具有新颖性、实用性和制备的特殊性，药物共晶体从知识产权的角度来看极具价值。对于市售原料药而言，若某一共晶体的药理性能高于以往的已知形态，那么其专利将极具商业价值。共晶体不会改变主体分子的结构，因此，与其他新化学药物相比，药物共晶体的开发流程（包括临床试验）将缩短，风险幅度也会降低。

参考文献

[1] Zhou W. Advanced Materials, 2010, 22（28）: 3086-3092.
[2] Aakeröy C B, Champness N R, Janiak C. Crystengcomm, 2009, 12（1）: 22-43.
[3] Hollingsworth M D. Science, 2002, 295（5564）: 2410-2413.
[4] Desiraju G R. Journal of the American Chemical Society, 2013, 135（27）: 9952-9967.
[5] Braga D. Chemical Communications, 2003, 9（22）: 2751-2754.
[6] Jones A G. Crystallization Process Systems, 2002, 19（3）: 329-336.
[7] 刘衍余，王苏平，等. 化工百科全书. 北京：化学工业出版社，1993.
[8] 朱良天. 精细化学品大全·农药卷. 杭州：浙江科学技术出版社，2000.
[9] 国家药典委员会. 中华人民共和国药典：（2015年版）一部. 北京：中国医药科技出版社，2015.
[10] 吕扬，杜冠华. 晶型药物. 北京：人民卫生出版社，2009.
[11] 中国化工信息中心. 中国化工产品目录. 北京：化学工业出版社，2010.
[12] 王静康，鲍颖. 关于我国化学工业及晶体工程技术发展战略的思考//中国工程院化工、冶金与材料工学部学术会

议，2009.

[13] 汪明礼，张传峰. 石油化工应用，2008，27（4）：21-26.

[14] Aitipamula S, Chow P S, Tan R B H. Crystengcomm, 2014, 16（17）: 3451-3465.

[15] Li J, Tilbury C J, Kim S H, et al. Progress in materials science, 2016, 82: 1-38.

[16] Ward J D, Mellichamp D A, Doherty M F. AIChE Journal, 2010, 52（6）: 2046-2054.

[17] Cruz-Cabeza A J, Bernstein J. Chemical Reviews, 2014, 114（4）: 2170.

3

结晶系统性质

3.1 晶体

3.1.1 晶体特性

晶体可以定义为一种内部结构中的质点（原子、离子、分子）作规律排列的固态物质[1]。如果晶体生长环境良好，则可形成有规则的多面体外形，该多面体的面称为晶面。由于晶体中每一个宏观的质体内部的晶格均相同，保证了晶体的物理性质和化学性质在宏观方面的均一性。但对于一种晶体，晶体的几何特性及物理效应一般来说常随方向的不同而表现出差异。

3.1.2 晶体的空间结构

构成晶体的微观质点在晶体所占有的空间中按照一定的几何规律排列，该几何规律就是三维空间点阵，也可以称为空间晶格（Space Lattice）。空间晶格有 32 种可能的对称组合，这些组合大致可以分为 7 组，称为 7 种晶系，分别为：立方晶系、四方晶系、六方晶系、正交晶系、单斜晶系、三斜晶系、三方晶系[2]。

除了六方晶系外其他的晶系可以用三个晶轴之间的长短和夹角来描述，六方晶系用 4 个晶轴来描述。如图 10-3-1 所示。

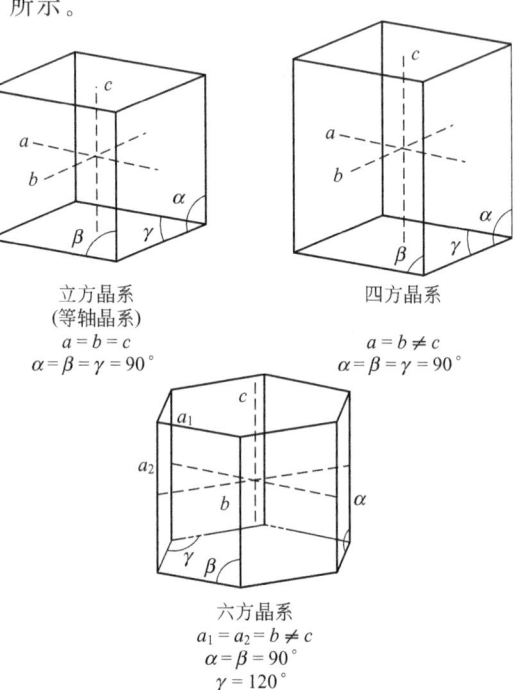

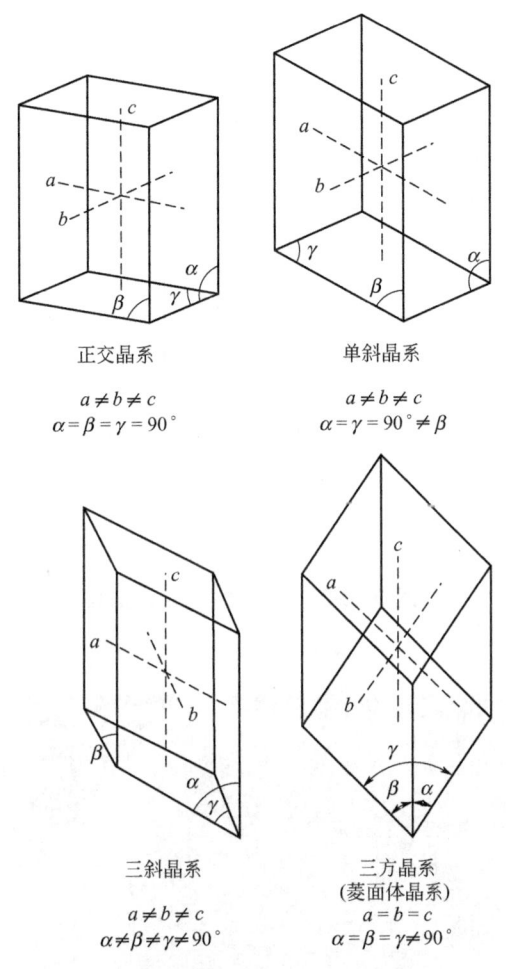

图 10-3-1 7 种晶系

结晶问题研究中，常常涉及某些具体的晶面，这些晶面常用米勒指数来表示。米勒指数的表示方法是将一个特定的晶面在三根晶轴上的截距的倒数作为晶面指数。如图 10-3-2 和图 10-3-3 所示。

3.1.3 晶体的晶习

虽然晶体可以依据 7 种不同的晶系进行分类，但是对于特定的晶体，其各个面的比例往往不一致，这种现象称为晶习的变化。一种晶体的某一个面在特定情况下可能生长得很快，而另一个面的生长却受到了抑制，这导致晶体的外观形态出现了很多不同的变化。实际上自然存在的晶体多多少少存在某些面被抑制的情况，几何形状完美对称的晶体在自然界中很少[2]。如图 10-3-4 所示为同一晶系下三种不同晶习的示意图。

晶体各个面生长的相对生长速度受到很多因素的影响。快速的结晶过程，例如：骤冷，可能产生针状的晶体，杂质的含量以及使用的溶剂等都会对晶体的晶习产生影响。如图 10-3-5 所示为氯化钠晶体在不同结晶条件下得到的不同晶习。

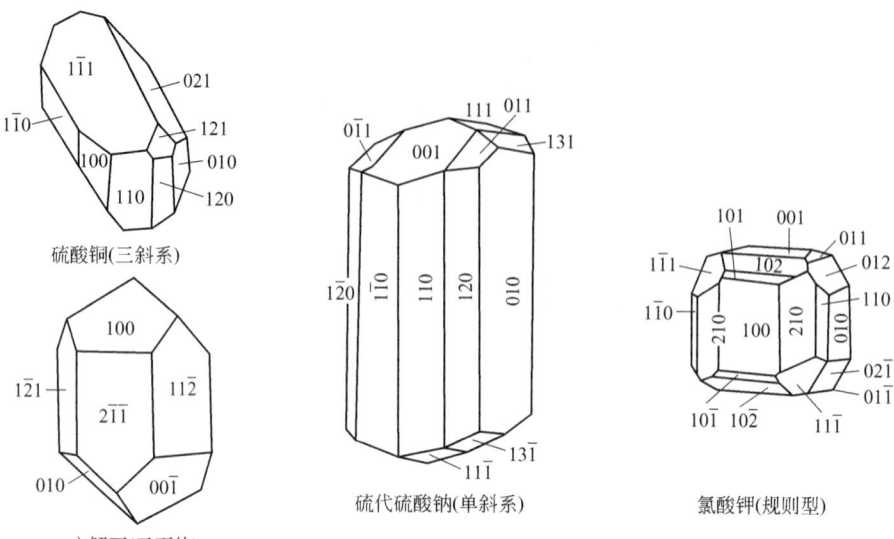

图 10-3-2 一些晶体的晶面指数

图 10-3-3 $LiMn_2O_4$ 的晶面指数[3]

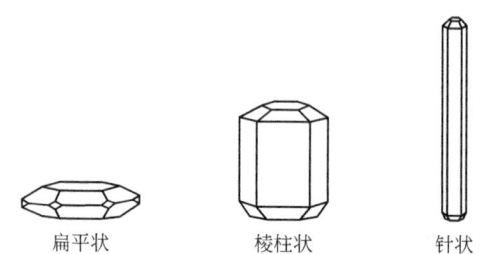

图 10-3-4 同一晶系下的三种不同晶习的示意图

图 10-3-5 4种氯化钠的晶习[2]

3.1.4 晶体的晶型

同一种物质结晶出不同的晶型被称为同质多晶现象。造成晶体存在多晶型现象的原因是构成晶体的分子或原子的排列方式不同[1]。不同的多晶型物质其特性往往不同。最典型的多晶型例子就是石墨和金刚石,它们都由碳原子构成,但是由于其晶型不同,两者的特性存在巨大的差异。

不同的多晶型之间可以转化,但是有的晶型是单变体系,有的晶型则是互变体系。如图10-3-6 所示,为球霰石晶体向方解石晶体的转化。

图 10-3-6 在溶剂介导情况下球霰石向方解石转化[2]

某些晶体的多晶型可以从晶体的外观区分,但是大部分的晶体不能通过外观直接区分,这就需要使用仪器进行检测,常用的鉴别多晶型的方法有:X射线粉末衍射、单晶X射线衍射、红外光谱、差示扫描量热、差热分析、拉曼光谱等。如图10-3-7所示为甘露醇的两

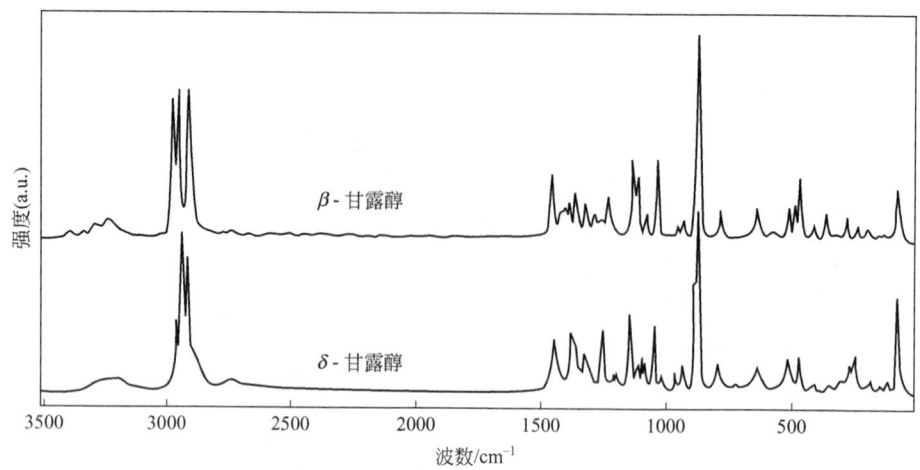

图 10-3-7 甘露醇的两种晶型的拉曼光谱[4]

种不同晶型的拉曼光谱区别。

3.1.5 晶体的粒度分布

晶体的粒度分布是产品的一个重要的质量指标，不同的产品用途要求不同的粒度分布指标。

将晶体样品经过筛分，根据筛分结果，可以将晶体样品标绘为筛下积累质量或筛分质量密度百分率与筛孔尺寸的关系曲线，并可进一步引申为累计粒子数及粒数密度与粒度的关系曲线，如图 10-3-8 所示，借此曲线可以表达晶体粒度分布。筛分质量密度对应单位筛孔尺寸的粒子的重量。较常用的简便方法是以平均粒度与变异系数来描述粒度分布。"平均粒度"（Medium Size，MS）定义为筛下累积重量比为定值（常取 50%）处的筛孔尺寸值。

"变异系数"（CV）值为一统计量，与 Gaussian 分布标准偏差相关，计算式如下：

$$CV = \frac{100 \times (PD_{84\%} - PD_{14\%})}{2 \times PD_{50\%}} \tag{10-3-1}$$

式中，PD_w 为筛下累积质量分数为 $w(\%)$ 的筛孔尺寸。对于一个晶体样品，平均粒径大代表总的平均粒度大，CV 值大，表明其粒度分布范围越广；相反，CV 值越小则表示晶体粒度越均一。

应用筛分法可测出准确的粒度分布，但是所需晶体样品多，操作时间长。目前已开发出数种物理光学仪器（如扫描电镜法，激光散射法以及电导电阻测定法等），可用以测定晶体的粒度分布，并且具有样品少、测定快的优点。

3.1.6 溶解度和过饱和度

结晶过程产量取决于结晶物质与其溶液之间的相平衡关系，通常可用固体在溶剂中的溶解度来表示这种相平衡关系[5]。溶解度通常是指一定温度下，100 份溶剂中溶解多少份无水溶质。部分文献中提供的溶解度数据也以溶液的总物质的量中或每升溶液中含有多少无水物溶质的物质的量为单位，即摩尔分数或 $mol \cdot L^{-1}$ 溶液单位等。

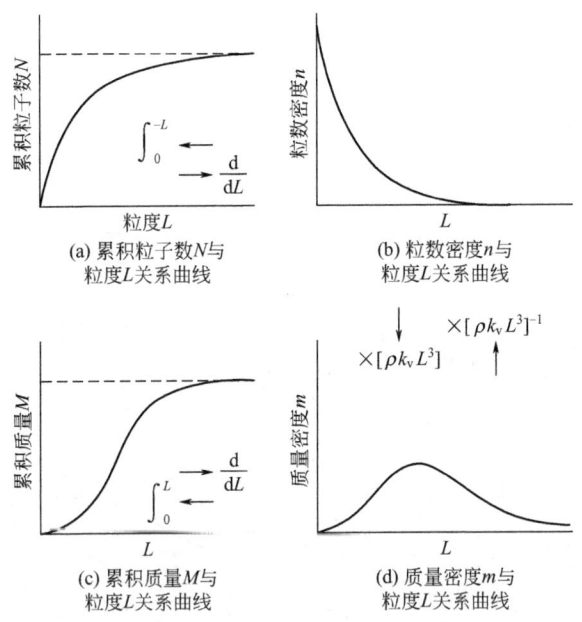

图 10-3-8 粒度分布曲线

溶解度是状态函数，随温度或压力而改变。如图 10-3-9 所示为某些无机盐类在水中的溶解度在常压下随温度变化的曲线。由该图可见，这些物质溶解度曲线有不同的特征，有的随温度的升高而迅速增大，如：$Na_2HPO_4 \cdot 12H_2O$、$KClO_4$ 等；有的随温度升高以中等速度增加，如 KCl、$NaNO_3$ 等；有的如 $NaCl$、$KFe(SO_4)_2 \cdot 4H_2O$ 则随温度升高变化不大；还有一些物质，如 $CaSO_4$、Na_2SO_4 等溶解度随温度的上升而下降；还有若干形成水合物的晶体，在溶解度曲线上有折为存在不同水分子的水合物的"变态点"（transition position），如 Na_2SO_4 及其水合物 $Na_2SO_4 \cdot 10H_2O$ 的晶体等。物质溶解度这些特征对于选择结晶工艺起决定性作用。例如：对于溶解度随温度变化敏感的物质适用变温结晶方法分离；对于溶解度随温度增高变化不明显的物质，适合选用蒸发结晶等工艺分离。

物质的溶解度在压力恒定的条件下，是温度的函数，它们的经验表达式为：

$$\lg X = A + \frac{B}{T} + C \lg T \tag{10-3-2}$$

式中　　X——以摩尔分数表达的溶质浓度；

　　　　T——热力学温度，K；

　　A, B, C——应用溶解度数据回归的经验常数。

对于分散在溶剂中的溶质粒子充分地小至微米级时，溶解度则可能超过平衡溶解度，这时溶解度不仅是温度，而且是粒度的函数，相关表达式为：

$$\ln \frac{C(r)}{C^*} = \frac{2M\gamma}{\nu RT\rho r} \tag{10-3-3}$$

式中　$C(r)$——粒度半径为 r 的溶质溶解度，$kg \cdot kg^{-1}$ 溶剂；

　　　C^*——正常平衡溶解度，$kg \cdot kg^{-1}$ 溶剂；

　　　M——溶质分子的摩尔质量，$kg \cdot mol^{-1}$；

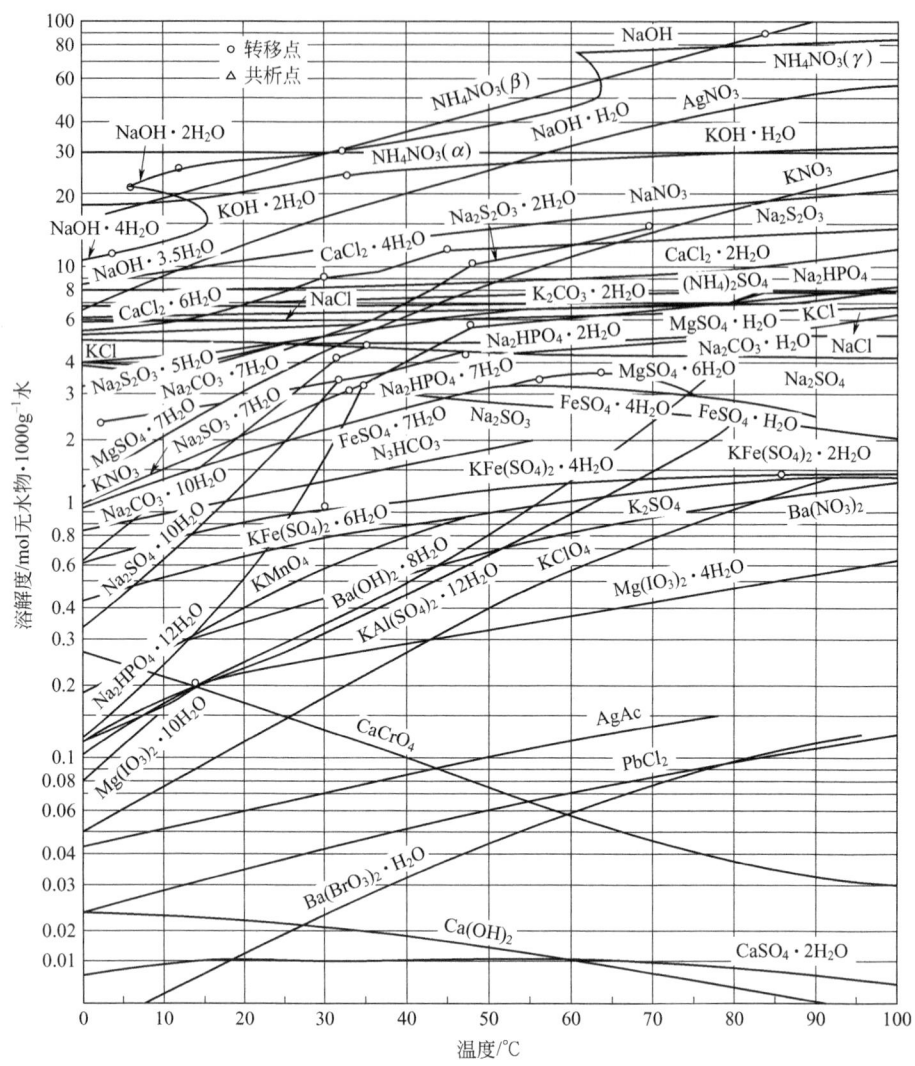

图 10-3-9　某些无机盐在水中的溶解度在常压下随温度变化的曲线

γ——固液界面张力，$J \cdot m^{-2}$；

ν——每摩尔电解质形成离子的物质的量；

R——气体常数，$8.314 J \cdot mol^{-1} \cdot K^{-1}$；

ρ——固体密度，$kg \cdot m^{-3}$；

r——颗粒的粒径，m。

对于非电解质 $\nu=1$。应该注意的是，工业上的溶液极少为纯物质溶液，除温度外，结晶母液的 pH 值及可溶性杂质等也有可能改变溶解度数值，所以引用手册数据时需慎重。必要时，应按溶液的实际组分重新测定溶解度。

3.1.7　溶液的过饱和、超溶解度曲线以及介稳区

溶液浓度恰好等于溶质的溶解度，即达到液固相平衡状态时，称为饱和溶液。溶液含有超过饱和量的溶质，则称为过饱和溶液[5]。Wilhelem Ostwald 第一个观察到过饱和现象。

将一个完全纯净的溶液在不受任何扰动（无搅拌，无振荡）及任何刺激（无超声波等作用）条件下，缓慢冷却，就可以得到过饱和溶液。但超过一定限度后，澄清的过饱和溶液就会开始析出晶核，Ostwald 称这种不稳定状态区段为"不稳区"。标志溶液过饱和而欲自发地产生晶核的极限浓度曲线称为超溶解度曲线。溶解度平衡曲线与超溶解度曲线之间区域为结晶的介稳区。在介稳区内溶液不会自发成核。如图 10-3-10 所示为溶液的稳定区、介稳区以及不稳区。关于介稳区的概念，丁绪淮又予以创造性的发展[1]，在工业结晶中，溶液中总有固体悬浮，且有温和的搅拌，他系统地研究了类似这种状态下的过饱和现象，证明超溶解度曲线与溶解度曲线有所不同，一个特定物系只存在一条明确的溶解度曲线，而超溶解度曲线的位置要受多种因素的影响，例如有无搅拌，搅拌强度大小；有无晶种，晶种大小与多寡；冷却速率快慢等，如考虑这些因素，图 10-3-10 中 AB 段是溶解平衡曲线，超溶解度曲线应是一簇曲线 $C'D'$，其位置在 CD 线下，而与 CD 趋势大体一致。图中 E 点代表一个欲结晶物系，可分别使用冷却法、真空绝热冷却法或蒸发法进行结晶，所经途径相应为 EFH、$EF''G''$ 以及 $EF'G'$。

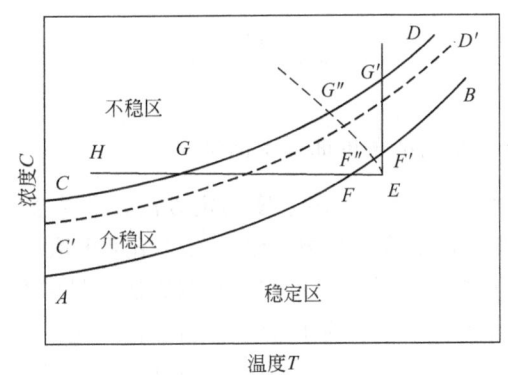

图 10-3-10 溶液的过饱和与超溶解度曲线

工业结晶过程要避免自发成核，才能保证得到平均粒度大的晶体产品。只有尽量控制在介稳区内结晶才能达到这个目的。所以按工业结晶过程条件测定出的超溶解度曲线，并圈出的介稳区更有实用价值。

过饱和度有很多表征方法，常用的是：浓度推动力 ΔC，过饱和度 S，相对过饱和度 σ 等。这些表示法如下：

① $$\Delta C = C - C^* \tag{10-3-4}$$

② $$S = C/C^* \tag{10-3-5}$$

③ $$\sigma = \Delta C/C^* = (C - C^*)/C^* = S - 1 \tag{10-3-6}$$

式中　C^*——饱和浓度（任何一种浓度表示法）；
　　　ΔC——浓度推动力（任何一种浓度表示法）。

各种过饱和度的表示法的数值对所使用的浓度单位非常敏感，当涉及水合物变化就更大一些，必须注意单位换算。例如，K_2SO_4（分子量 174），在 20℃ 时在水中平衡饱和浓度 $C^* = 109 \text{kg } K_2SO_4 \cdot (1000\text{kg})^{-1} H_2O$，这时溶液的相对密度为 1.08。若浓度推动力 $\Delta C = 116 \text{kg } K_2SO_4 \cdot (1000\text{kg})^{-1} H_2O$，在 20℃ 时溶液的相对密度为 1.09，按不同表示法计算出过饱和度如表 10-3-1 所示。

表 10-3-1　K_2SO_4 水溶液浓度和过饱和度的不同表示方法

浓度表示方法	C	C^*	ΔC	S	σ
$g \cdot kg^{-1} H_2O$	116	109	7.0	1.06	0.06
$g \cdot kg^{-1}$ 溶液	104	98.3	5.7	1.06	0.06
$g \cdot L^{-1}$ 溶液（$= kg \cdot m^{-3}$ 溶液）	113.3	106.1	7.2	1.07	0.07
$mol \cdot L^{-1}$ 溶液（$= kmol \cdot m^{-3}$ 溶液）	0.650	0.608	0.042	1.07	0.07
K_2SO_4 的摩尔分数	0.0119	0.0112	0.0007	1.06	0.06

溶液过饱和度是析出晶体的推动力，是决定晶体成核及成长速率的关键因素。ΔC 一般用浓度差来表示，对于溶解度与温度相关的结晶物系，也可以用温度差来表示。分析图 10-3-10 由超溶解度曲线 CD 可得到相应条件下的最大允许（或极限）浓度推动力 ΔC_{max} 值或最大允许（或极限）温度过冷度 Δt_{max}，它们的换算公式为：

$$\Delta C_{max} = \frac{dC^*}{dt} \Delta t_{max} \tag{10-3-7}$$

式中，$\dfrac{dC^*}{dt}$ 为计算点在平衡溶解度曲线上的斜率。

过饱和度的测定，一般可应用平衡溶解度测定方法，即浓度分析法关联溶液物理性质（如折射率、电导率、黏度、密度等）的物理化学测试结果求取，但工业结晶过程物理环境较复杂，晶核析出点难以捕捉，因此难以应用一般测定法。目前在中试及生产控制中，常常应用准确的流量、温度等测试手段，并辅以化学分析方法，进行物料及热平衡计算，再对照产品粒度分析值来推算实际过饱和度，以作为操作条件查定及设计再现的依据。

3.2　结晶机理

3.2.1　成核

在溶液中新生成的晶体微粒称为晶核。晶核的形成可以大体分为两类[6]，如图 10-3-11 所示。

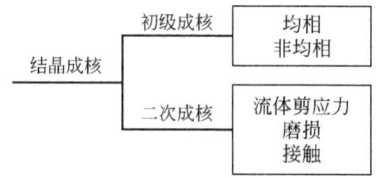

图 10-3-11　晶核形成模式

① 初级成核：无晶体存在下的成核；
② 二次成核：有晶体存在下的成核。

晶体成核的过程很复杂，一般认为成核过程存在一个由分子（原子）到分子簇再到晶核的过程。在工业结晶过程中，一般希望晶核的主要来源为二次成核，这是因为初级成核往往不容易控制，从而导致细晶过多。在超微粒子制造中，可以依靠初级成核过程爆发成核。晶核的大小粗估为纳米至微米的数量级。

3.2.1.1　初级成核

按照饱和溶液中是否存在外来微粒，初级成核又被分为了初级均相成核和初级非均相成核。初级均相成核是没有外来微粒情况下的成核现象，初级非均相成核则是在外来微粒存在下的成核现象[7]。

初级均相成核是指在完全清净的饱和溶液中，由于分子、原子或离子构成的微粒，互相撞碰结合成晶胚，晶胚可以再溶解或生长，当生长到足够大，能与溶液建立热力学平衡时就可称为晶核。如图 10-3-12 所示。

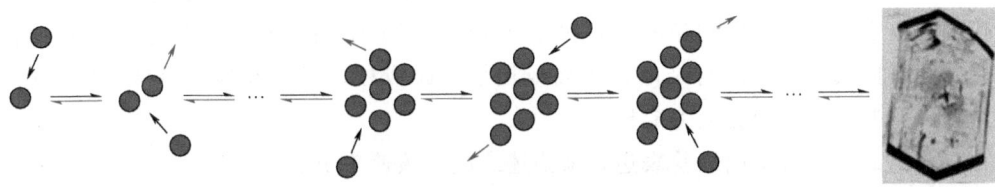

图 10-3-12　初级成核过程示意图[8]

这种成核速率 B_p 可用 Arrhenius 反应速率形式表达：

$$B_p = A \exp \frac{-16\pi\gamma^3 v^2}{3k^3 T^3 (\ln\Delta C)^2} \tag{10-3-8}$$

式中　A——指数因子；
　　　v——摩尔体积，$cm^3 \cdot mol^{-1}$；
　　　k——玻尔兹曼（Boltzman）常数；
　　　T——热力学温度，K；
　　　ΔC——过饱和度，C/C^*；
　　　γ——表面张力，$J \cdot cm^{-2}$。

从式中可以看出影响成核的三个主要的变量分别是：温度 T、过饱和度 ΔC 以及表面张力 γ。进一步分析可以看出当过饱和度 ΔC 超过某一临界值后成核速率将急剧增加，并且式（10-3-8）揭示了在任一饱和度下，如果时间足够长都能够观测到成核。

由于真实溶液中常常难以避免来自外加入的晶种、大气中的灰尘或其他外来的物质粒子的干扰，这种情况下发生的初级成核称为"非均相成核"（heterogeneous nucleation）。这些外来物质微粒可诱导晶核的生成，在一定程度上降低了成核能垒。所以非均相成核可以在比均相成核低的过饱和度下发生[8,9]。

在工业结晶中，式（10-3-8）的应用价值较少，一般使用简单的经验关联式来表达过饱和度 ΔC 与初级成核速率 B_p 的关系：

$$B_p = K_p \Delta C^a \tag{10-3-9}$$

式中 K_p——速率常数；
　　　a——成核指数。

K_p 和 a 是由具体系统的物理和化学环境决定的常数，一般情况下 $a>2$。

相对于二次成核速率，初级成核速率大得多，而且对过饱和度的变化非常敏感，这导致初级成核速率难以控制，这也就是除了超细微粒外一般的工业结晶过程都要尽量避免发生初级成核的原因所在。

3.2.1.2　二次成核

在有晶体存在条件下形成晶核的过程被称为"二次成核"(secondary nucleation)[10,11]。二次成核是大多数实际结晶过程的主要成核机理，因此控制二次成核是实际工业结晶过程的操作要点。

二次成核机理比较复杂，至今尚未认识得非常清晰。如图 10-3-11 所示内容中，近年来认为其中起决定性作用的机理是流体剪应力成核及接触成核。接触成核是指当晶体与其他固体物接触时由于撞击所产生的晶体表面的碎粒成核。工业结晶器内接触成核可能还有晶体与搅拌桨之间碰撞成核；晶体与结晶器表面或挡板撞碰成核；以及晶体与晶体之间碰撞成核等。这种成核概率又大于剪应力成核[11,12]。

在工业结晶界，常使用经验表达式来描述二次成核速率 B_S：

$$B_S = K_b M_T^J N^l \Delta C^b \quad (10\text{-}3\text{-}10)$$

式中 B_S——二次成核速率，个·m^{-3}·s^{-1}；
　　　K_b——与温度相关的成核速率常数；
　　　M_T——悬浮密度，kg·m^{-3}；
　　　N——表示系统输入能量项，一般指搅拌强度量（转速或周边线速等），s^{-1} 或 m·s^{-1}；
　　　ΔC——过饱和度；
　　　J, l, b——受操作条件影响的指数。

与初级成核相比较，二次成核所需的过饱和度较低，所以在二次成核为主时，初级成核可忽略不计。结晶过程中，总成核速率 B^0 即单位时间单位容积溶液中新生核数目，可表达为：

$$B^0 = B_p + B_S \quad (10\text{-}3\text{-}11)$$

在一般工业结晶过程中，通常以二次成核为主，B^0 近似为 B_S，在外部输入能量相对稳定时简化为：

$$B^0 = K_b M_T^J \Delta C^n \quad (10\text{-}3\text{-}12)$$

式中，n 为成核指数。

按照结晶行为特征，结晶物系可分为两类，第Ⅰ类物系是指在结晶成核成长过程中剩余过饱和度始终较大的物系。例如：蔗糖溶液就属于第Ⅰ类物系，它的溶液黏度高，传质的阻力也较大，即使在高过饱和度存在情况下晶核也较难形成，为了促使结晶进行，常外加物理场（如超声波场等）赋予能量以加速发生晶核或者按需要加入定量的晶种。第Ⅱ类物系是指一旦过饱和度产生结晶成核、成长速率很快，无剩余过饱和度物系。常见的盐类等水溶液物系为第Ⅱ类物系。为了得到主粒度足够大的晶体产品，必须认真控制结晶过程中的成核速率B^0，欲控制成核速率，应注意维持结晶母液过饱和度的稳定，尽量降低外部能量的输入。此外，必要时可使用细晶消除操作减少溶液中的晶体数目，另外还可考虑加入有效添加剂的方法或改变结晶母液的pH值以降低成核速率。

表10-3-2列出了某些物系结晶成核及生长动力学参数。表10-3-3列出了某些工业结晶产品的生长速率以及动力学方程式。关于结晶成核及成长速率的测定方法可参考有关文献[13]。

表 10-3-2　某些物系结晶成核及生长动力学参数[14]

结晶物质	温度/℃	$G \propto \Delta C^l$	$B \propto M_T^J \Delta C^n$		$B \propto M_T^J G^i$	
		l	n	J	i	
$KAl(SO_4)_2 \cdot 12H_2O$	27～30	7.1	3.3		1.94	
	32	1.25～1.62				
	28	1.25		1	1.8	
$KAl(SO_4)_2$/乙醇溶剂	26.5			1	1.25	
	26.5				1	
K_2SO_4	20～60	2	7.6		3.8	
	20	2	8.3		4.15	
	20～40	2				
	32.2	0.99	0.56	1.13	0.57	
$MgSO_4 \cdot 7H_2O$	18～26	2.29				
	29	2.5				
$NiSO_4 \cdot 6H_2O$	35～50	1.26				
$(NH_4)_2SO_4$	45～60	1.0	4.9		4.9	
$(NH_4)_2SO_4$/甲醇溶剂	26.5			0.98		
	26.5			1.0	4.0	
KCl	12～30				2	
KNO_3	11～40				1.3	
	18.5			0.5	2.06	
	20.5			0.5	3.1	
$K_2Cr_2O_7$	15.3	1.7	0.9	0.53	0.53	
柠檬酸一水合物	16～24	0.65	0.54	0.84	0.83	
脂肪酸甘油酯	－6.5～10	1.6	0.5		0.31	
NaCl	26.5				2.4	
NaCl/乙醇溶剂	26.5				9	
$Na_2S_2O_3 \cdot 5H_2O$	30	1	3.8		3.8	
	30	1	3.7		3.7	

注：如无特指溶剂，则表中的数据均表示在水溶液中测定的动力学数据。

表 10-3-3　某些工业结晶产品的生长速率与动力学方程式

结晶物质	$G/10^8$ m·s^{-1}	时间范围 /h	M_T范围 /g·L^{-1}	温度 /℃	规模	B^0的动力学方程式/♯·L^{-1}·s^{-1}	参考文献
硫酸铵	1.67	3.83	150	70	P	$B^0 = 6.62 \times 10^{-25} G^{0.82} P^{-0.92} m_2^{2.05}$	Bennett, Wolf. AICHE, SFC, 1979
硫酸铵	0.2	0.25	38	18	B	$B^0 = 2.94 \times 10^{10} G^{1.83}$	Larson, Mullen. J Gryst Growth, 1973, 20:183
硫酸铵		0.2		34	B	$B^0 = 6.14 \times 10^{-11} S_R^{7.8} M_T^{0.98} G^{1.22}$	Youngquist, Randolph. AICHE J, 1972, 18:421
柠檬酸	1.1~3.7			16~24	B	$B^0 = 1.09 \times 10^{10} m_4^{0.084} G^{0.84}$	Sikar, Randolph. AICHE J, 1976, 22:110
硫酸锰	3.0~7.0			25	B	$B^0 = 9.65 \times 10^{12} M_T^{0.67} G^{1.24}$	Sikar, Randolph. AICHE J, 1976, 22:110
氯化钾	2~12		200	32	P	$B^0 = 7.12 \times 10^{39} M_T^{0.14} G^{4.99}$	Randolph, et al. AICHE J, 1977, 23:500
重铬酸钾	1.2~9.1	0.25~1	14~42		B	$B^0 = 7.33 \times 10^4 M_T^{0.6} G^{0.5}$	Desari, et al. AICHE J, 1974, 20:43
重铬酸钾	2.6~10	0.15~0.5	20~100	26~40	B	$B^0 = 1.59 \times 10^{-3} S_R^3 M_T G^{0.48}$	Janse. Ph. D. thesis. Delft TechUniv, 1977
硝酸钾	8~13	0.25~0.5	10~40	20	B	$B^0 = 3.85 \times 10^{16} M_T^{0.5} G^{0.26}$	Juzaszak, Larson. AICHE J, 1977, 23:460
硫酸钾		0.03~0.17	1~7	30	B	$B^0 = 2.62 \times 10^3 S_R^{2.5} M_T^{0.5} G^{0.54}$	Sikar, Randolph. IEC Fundam, 1976, 15:64
氯化钾	3.3	1~2	100	37	B	$B^0 = 5.16 \times 10^{22} M_T^{0.19} G^{2.77}$	Randolph, et al. IEC Process Des Dev, 1981, 20:496
氯化钠	4~13	0.2~1	25~200	50	B	$B^0 = 1.92 \times 10^{10} S_R^2 M_T G^2$	Asselbergs. Ph. D. thesis. Delft Tech Univ, 1978
氯化钠	0.5	1~2.5	70~190	72	P	$B^0 = 1.47 \times 10^2 \times (I^2/P) m_4^{0.84} G^{0.98}$	Bennett, et al. CEP, 1973, 69(7):86
尿素	0.4~4.2	2.5~6.8	350~310	55	P	$B^0 = 5.48 \times 10^{-1} M_T^{-3.67} G^{-1.65}$	Bennett, Van Buren. CEP Symp Ser, 1973, 95(7):65
尿素				3~16	B	$B^0 = 1.49 \times 10^{-31} S_R^{2.3} M_T^{1.07} G^{-3.54}$	Rodaya, et al. IEC Process Des Dev, 1977, 16:294

注：1. 其他组分数据，见 Garside, Shah. IEC Process Des Dev, 1980, 19:509。

2. B=实验室规模，P=工厂规模。

3.2.2 晶体生长

一旦晶核在溶液中生成，溶质分子或离子会持续地吸附于晶核上而形成晶体，这就是晶体生长。晶体生长的理论有很多，例如：表面能理论、扩散反应理论、螺旋生长理论等[15]。在化学工程中常使用的是较简单的扩散反应理论[16,17]。按这个理论，晶体成长第一步为溶质扩散，即待结晶的溶质通过扩散穿过靠近晶体表面的一个静止液层，由溶液中转移至晶体表面；第二步为表面反应，即到达晶体表面的溶质嵌入晶面，使晶体生长。在不同的物理环境下，这两步骤都可能是生长过程的控制步骤。一般来说，根据过饱和度的差异，晶体的生长机理可以分为螺旋错位生长、2D 成核生长以及粗糙生长，这三种机理的示意如图 10-3-13 所示。

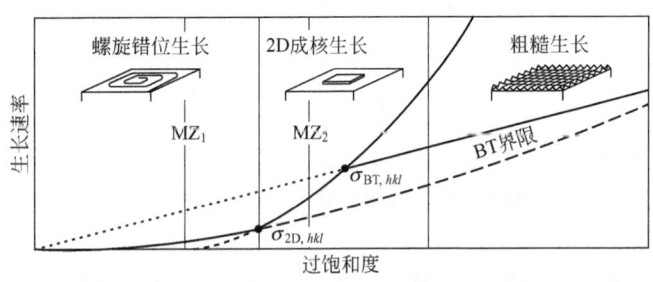

图 10-3-13 晶体生长机理[15]

MZ_1—第一介稳区；MZ_2—第二介稳区

晶体的螺旋错位生长如图 10-3-14 所示。

图 10-3-14 原子力显微镜下 $CaHPO_4 \cdot 2H_2O$ 晶体的螺旋错位生长[3]

（1）结晶生长速率 对于晶体生长过程为溶质扩散控制的晶体，由传递理论推导出结晶线性生长速率式为：

$$G = k_g \Delta C \quad (L > 0.1 \mu m) \quad (10\text{-}3\text{-}13)$$

$$G = k_g \Delta C / L \quad (L \leqslant 0.1 \mu m) \quad (10\text{-}3\text{-}14)$$

式中　ΔC——过饱和度；

　　　L——晶体主粒度；

　　　k_g——速率常数。

对于晶体生长过程为表面反应控制的晶体，按照 BCF 模型推导出表达式为：

$$R = A\Delta C^P \tanh(B/\Delta C) \quad (10\text{-}3\text{-}15)$$

式中　　R——以沉积溶质质量计算的结晶生长速率，$kg \cdot m^{-2} \cdot s^{-1}$；
　　　　A, P, B——特征常数；
　　　　ΔC——过饱和度。

在高过饱和度下，式(10-3-15) 可以简化为：

$$R = E\Delta C \quad (10\text{-}3\text{-}16)$$

式中，E 为特征常数。

对于溶质扩散与表面反应两步必须同时考虑的结晶生长过程，结晶生长速率应是两步速率的叠加。在工业结晶中，常使用经验式：

$$G = K_g \Delta C^g \quad (10\text{-}3\text{-}17)$$

式中　　G——以晶体线性成长计算的结晶生长速率；
　　　　K_g——与具体物系及过程物理环境相关的生长速率常数；
　　　　g——幂指数。

以上所述的以沉积质量计算的结晶生长速率 R 与以晶体线性生长计算的结晶生长速率 G，两种表示法的换算关系为：

$$R = \frac{1}{A}\frac{dm}{dt} = \frac{3\alpha\rho G}{\beta} \quad (10\text{-}3\text{-}18)$$

$$m = \alpha\rho L^3$$

式中　　m——晶粒质量，kg；
　　　　ρ——晶体密度，$kg \cdot m^{-3}$；
　　　　β——体积形状因子；
　　　　α——表面形状因子；
　　　　A——晶粒表面积，m^2；
　　　　L——晶体粒度，m 或 μm。

式中 α 和 β，对于球晶和正方体晶形符合：$6\alpha/\beta = 1$。在一些文献中常出现晶线生长速率 v，相当 $G/2$。表 10-3-4 列出某些物系的平均晶面线生长速率 v。

表 10-3-4　一些盐类的平均晶面生长速率[2,18]

(过饱和度 $\Delta C = C/C^*$，C 与平衡溶解度 C^* 的单位为 $kg \cdot kg^{-1} H_2O$，$G = 2v$，$v = G/2$)

结晶物质	C	S	v[①]	
			$m \cdot s^{-1}$	$\mu m \cdot h^{-1}$
$(NH_4)_2SO_4 \cdot Al_2(SO_4)_3 \cdot 24H_2O$	15	1.03	1.1×10^{-8}[①]	39.6
	30	1.03	1.3×10^{-8}[①]	46.8
	30	1.09	1.3×10^{-7}[①]	360
	40	1.08	1.2×10^{-7}[①]	432
NH_4NO_3	40	1.05	8.5×10^{-7}	3060

续表

结晶物质	C	S	v[1]	
			m·s^{-1}	μm·h^{-1}
(NH$_4$)$_2$SO$_4$	30	1.05	2.5×10^{-7}[1]	900
	60	1.05	4.0×10^{-7}	1440
	90	1.01	3.0×10^{-8}	108
NH$_4$HSO$_4$	20	1.06	6.5×10^{-8}	234
	30	1.02	3.0×10^{-8}	108
	30	1.05	1.1×10^{-7}	396
	40	1.02	7.0×10^{-8}	252
MgSO$_4$·7H$_2$O	20	1.02	4.5×10^{-8}[1]	162
	30	1.01	8.0×10^{-8}[1]	288
	30	1.02	1.5×10^{-7}[1]	540
NiSO$_4$·(NH$_4$)$_2$SO$_4$·6H$_2$O	15	1.03	5.2×10^{-9}	18.72
	25	1.09	2.6×10^{-8}	93.6
	25	1.20	4.0×10^{-8}	144
K$_2$SO$_4$·Al$_2$(SO$_4$)$_3$·24H$_2$O	15	1.04	1.4×10^{-8}[1]	50.4
	30	1.04	2.8×10^{-8}	100.8
	30	1.09	1.11.4×10^{-7}[1]	5.4
	40	1.03	5.6×10^{-8}[1]	201.6
KCl	20	1.02	2.0×10^{-7}	720
	40	1.01	6.0×10^{-7}	2160
KNO$_3$	20	1.05	4.5×10^{-8}	162
	40	1.05	1.5×10^{-7}	542
酒石酸-水结晶	25	1.05	3.0×10^{-8}	108
	30	1.01	1.0×10^{-8}	36
	30	1.05	4.0×10^{-8}	144
蔗糖	30	1.13	1.1×10^{-8}[1]	39.6
	30	1.27	2.1×10^{-8}[1]	75.6
	70	1.09	9.5×10^{-8}	342
	70	1.15	1.5×10^{-7}	542
K$_2$SO$_4$	20	1.09	2.8×10^{-8}[1]	100.8
	30	1.18	1.4×10^{-7}[1]	504
	30	1.07	4.2×10^{-8}[1]	152
	50	1.06	7.0×10^{-8}[1]	252
KH$_2$PO$_4$	50	1.12	3.2×10^{-7}[1]	1152
	30	1.07	3.0×10^{-8}	108
	30	1.21	2.9×10^{-7}	1044
	40	1.06	5.0×10^{-8}	180

续表

结晶物质	C	S	v[①]	
			m·s^{-1}	μm·h^{-1}
NaCl	40	1.18	4.8×10^{-8}	1728
	50	1.002	2.5×10^{-8}	90
	50	1.003	6.5×10^{-8}	234
Na$_2$S$_2$O$_3$·5H$_2$O	70	1.002	9.0×10^{-8}	324
	70	1.003	1.5×10^{-8}	24.2
	30	1.02	1.1×10^{-7}	396
	30	1.08	5.0×10^{-7}	1800

① v 为晶面线生长速率，相当于晶体线性生长速率的 1/2。

(2) 晶体生长的 ΔL 定律 晶体生长的 ΔL 定律由 McCabe 于 1929 年提出。通过 ΔL 定律，我们可以对加入晶种的结晶产品的粒度进行一个大致的估计，对结晶过程的晶种加入量和晶种尺寸大小进行预估[2]。

ΔL 定律假设：①所有的晶体的形状一致；②生长速率不变；③结晶器内各处的过饱和度一致；④结晶器内的粒度不会分级；⑤结晶过程中不成核。

$$\frac{\mathrm{d}M_S}{\alpha L_P^3} = \frac{\mathrm{d}M_P}{\alpha(L_S+\Delta L)^3} \tag{10-3-19}$$

式中 α——晶体粒子的体积形状因子；

M_S——晶种的质量；

M_P——结晶终点晶体产品的质量；

L_S——晶种的粒度；

L_P——晶体产品的粒度。

通过式(10-3-19) 可以建立晶体质量、晶种粒度和产品质量、产品粒度之间的相互关系，对于结晶操作中晶种的加入量以及晶种的尺寸进行预估，从而能够避免晶种加入过多所导致的产品粒度过小的情况。

(3) 与粒度相关的结晶成长 实践证明，对于某些物系如钾矾水溶液等，晶体成长不服从 ΔL 定律，而明显是晶粒粒度的函数[19]。对于与粒度相关的结晶成长经验表达式为：

$$G(L) = G^0(1+\gamma L)^b \tag{10-3-20}$$

式中 b——一般小于 1 的参数；

γ——参数，是物系及操作状况的函数；

G^0——晶核成长速率；

L——主粒度。

许多晶核的初始成长速率强烈地随粒度而变化，适合用上式描述。

(4) 晶体生长速率分散现象 Janse 和 Randolph 都发现有在同一过饱和度下，相同粒度的同种晶体却以不同速率生长的现象，称为结晶生长分散[20~22]。有关发生机理至今仍不清楚。一般来说，晶体的塑性越小，其越可能发生晶体生长分散的现象。

3.2.3 奥斯特瓦尔德熟化

奥斯特瓦尔德于 1896 年观察并总结出了结晶过程的奥斯特瓦尔德规则：当一个不稳定的系统发生相变的时候并不一定是直接形成最稳定的状态，而是先形成一个介稳的状态随后再转化为稳定状态[23]。这个规则在结晶过程中经常发生，例如硫酸钠水溶液在快速降温时并不是直接形成稳定的十水合物，而是首先形成一个介稳的七水合物，随后再由七水合物转化为十水合物。很多的多晶型药物的生产中都存在奥斯特瓦尔德熟化现象，所以需要注意得到的产品是否会存在自发的奥斯特瓦尔德熟化现象。

奥斯特瓦尔德熟化现象的另一个形式就是细小的晶体重新溶解，随后较大的晶体持续长大。结晶过程中常常利用该现象，在结晶完成后进行养晶过程，这能够提升产品的粒度，并减少细小晶体，从而提升分离干燥效率。

3.2.4 结晶成核与成长的内在联系

在工业结晶器中，结晶的成核与成长不是相互独立的，其受结晶系统其他参数的影响。图 10-3-15 表示出了这个复杂的内在联系。

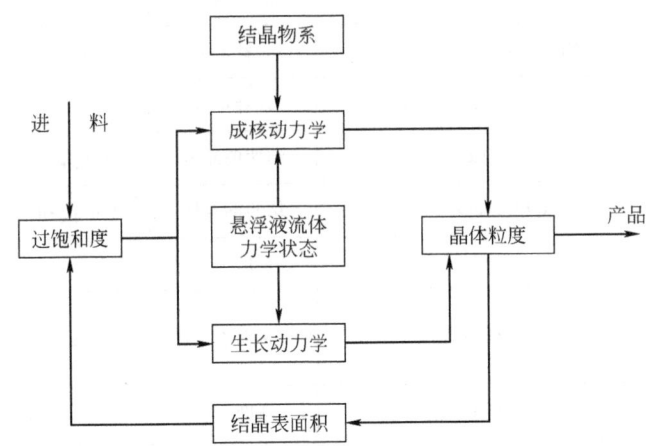

图 10-3-15 成核与成长的内在联系

3.2.5 添加剂和杂质对结晶的影响

对于许多物系，如果在结晶母液中加入微量杂质（或添加剂），浓度仅为千分之一或者更少，即可有效改变结晶行为，其中包括相图的转变，粒度分布的改变与晶习的改变等[24~26]。例如三价离子 Cr^{3+}、Fe^{3+}、Al^{3+} 是很有效的晶习改变剂，它们的用量仅需 100×10^{-6} 左右。已知为晶习赋形剂的某些杂质见表 10-3-5。表面活性剂和某些有机物在工业上也被用于改变某些结晶物系的结晶行为，这种添加剂也可称为媒晶剂。

表 10-3-5 已知为晶习赋形剂的某些杂质[2,27]

结晶材料	添加剂	效应	浓度	参考文献
$Ba(NO_3)_2$	Mg, Te^{4+}	促进生长	—	①
$LiCl \cdot 2H_2O$	$Cr, Mn^{2+}, Sn^{2+}, Co, Ni, Fe^{3+}$	促进生长	小量	①

续表

结晶材料	添加剂	效应	浓度	参考文献
NaCl	Pb, Mn^{2+}, Bi, Sn^{2+}, Ti, Fe, Hg	促进生长	小量	②
	尿素	形成八面体	小量	②
	四烷基铵盐	促进生长及变硬	$1\sim100\mu g\cdot g^{-1}$	美国专利 3095281
	聚乙烯氧化物	促进生长及变硬	—	美国专利 3000708
$NaClO_3$	Na_2SO_4, $NaClO_4$	四面体	—	③
$Na_2CO_3\cdot H_2O$	SO_4^{2-}	降低长径比	$0.1\%\sim1\%$	加拿大专利 812685
	Ca^{2+}, Mg^{2+}	增加堆密度	$400\mu g\cdot g^{-1}$	美国专利 3459497
$Na_2B_4O_7$	酪蛋白,明胶	片状晶体	—	②
Na_2SO_4	烷基芳基磺酸盐	帮助生长	—	②
NH_4Cl	Mn, Fe, Cu, Co, Ni, Cr	帮助生长	小量	①
$(NH_4)_2HPO_4$	H_2SO_4	降低长径比	7%	
$(NH_4)_2SO_4$	Cr^{3+}, Fe^{3+}, Al^{3+}	针形	$50\mu g\cdot g^{-1}$	
	H_2SO_4	针形	$2\%\sim6\%$	
	草酸,柠檬酸	结实的晶体	$1000\mu g\cdot g^{-1}$	美国专利 2092073
	H_3PO_4, SO_2	结实的晶体	$1000\mu g\cdot g^{-1}$	美国专利 2228742
$MgSO_4\cdot 7H_2O$	$Na_2B_4O_7$	帮助生长	5%	①
$Na_2CO_3\cdot NaHCO_3\cdot 2H_2O$	D-40 洗涤剂	帮助生长	$20\mu g\cdot g^{-1}$	美国专利 3233983
KH_2PO_4	$Na_2B_4O_7$	帮助生长	—	①
$NH_4H_2PO_4$	Fe^{3+}, Cr, Al, Sn	促进生长	痕量	①
NH_4F	Ca	促进生长	小量	①
$ZnSO_4\cdot 7H_2O$	硼砂	帮助生长	—	①
己二酸	表面活性剂(SDBS)	帮助生长	$50\sim100\mu g\cdot g^{-1}$	②
季戊四醇	蔗糖	帮助生长	—	①
	丙酮溶剂	形成平板		②
尿素	缩二脲	降低 L/D	$2\%\sim7\%$	
	NH_4Cl	降低 L/D	$5\%\sim10\%$	
萘	环己烷	形成针形	—	②
	甲醇	形成平板		

续表

结晶材料	添加剂	效应	浓度	参考文献
KCl	Pb,Bi,Sn^{2+},Ti,Zr,Th,Cd,Fe,Hg,Mg	促进生长	小量	①
KNO_3	Pb,Th,Bi	促进生长	小量	①
KNO_2	Fe	促进生长	小量	①
K_2SO_4	Cl,Mn,Fe,Cu,Al,Mg,Bi	促进生长	小量	①

① Gilman. The Art and Science of Growing Crystals. New York：Wiley，1963.
② Mullin. Crystallization. London：Butterworth，1961.
③ Buckley. Crystal Growth. New York：Wiley，1951.

添加剂改变结晶行为的机理，一般认为有两种，一种是添加剂集中于晶体表面附近，可能导致晶体的表面层发生变化，进而影响结晶行为；另一种机理是添加剂不但存在于母液中，并且嵌入晶格，当溶质分子欲与晶格连接之前，首先必须更替晶面上所吸附的杂质，进而影响了晶面的生长速率，导致了晶习改变[25]。

参考文献

[1] 丁绪淮，谈道.工业结晶.北京：化学工业出版社，1985.
[2] Mullin J W. Crystallization. London: Elsevier, 2001: 3.
[3] Wei C, Shen J, Zhang J, et al. Rsc Advances, 2014, 4（84）：44525-44528.
[4] 吕扬，杜冠华.晶型药物.北京：人民卫生出版社，2009.
[5] Myerson A S. Handbook of Industrial Crystallization. Woburn: Butterworth-Heinemann, 2002.
[6] Garside J, Davey R J. Chemical Engineering Communications, 1980, 4（4-5）：393-424.
[7] Larson M A, Garside J. Solute Clustering in Supersaturated Solutions[J]. Chemical Engineering Science, 1986, 41（5）：1285-1289.
[8] Davey R J, Schroeder S L, Horst J H. Nucleation of Organic Crystals--a Molecular Perspective[J]. Angewandte Chemie International Edition, 2013, 52（8）：2166-2179.
[9] Diao Y, Myerson A S, Hatton T A, et al. Surface Design for Controlled Crystallization: The Role of Surface Chemistry and Nanoscale Pores in Heterogeneous Nucleation[J]. Langmuir, 2011, 27（9）：5324-5334.
[10] Agrawal S G, Paterson A H J. Chemical Engineering Communications, 2015, 202（5）：698-706.
[11] Garside J. Chemical Engineering Science, 1985, 40（1）：3-26.
[12] Garside J, Davey R J. Chemical Engineering Communications, 2007, 4（4-5）：393-424.
[13] Garside J, Shah M B. Industrial & Engineering Chemistry Process Design & Development, 1980, 19（4）：509-514.
[14] Tengler T, Mersmann A. Chemie Ingenieur Technik, 1983, 55（9）：730-731.
[15] Lovette M A, Doherty M F. Crystal Growth & Design, 2012, 12（2）：656-669.
[16] Nielsen A E. Journal of Crystal Growth, 1984, 67（2）：289-310.
[17] Pamplin, BrianR. Crystal Growth. 2nd Ed. Oxford: Pergamon Press, 1980: 18.
[18] Mullin J W. Industrial Crystallization. New York: Plenum Press, 1976.
[19] Jones A G, Mullin J W. Programmed Cooling Crystallization of Potassium Sulphate Solutions[J]. Chemical Engineering Science, 1974, 29（1）：105-118.
[20] Garside J, Ristić R I. Journal of Crystal Growth, 1983, 61（2）：215-220.
[21] Davey R J, Ristić R I, Žižić B. Journal of Crystal Growth, 1979, 47（1）：1-4.
[22] Gilmer G H, Bennema P. Journal of Crystal Growth, 1972, 13（5）：148-153.

[23] Tahri Y, Kozisek Z, Gagnière E, et al. Crystal Growth & Design, 2016, 16 (10): 5689-5697.
[24] 王静康, 欧阳胜利. 化工学报, 1990, 41 (5): 525-531.
[25] Shtukenberg A G, Ward M D, Kahr B. Chemical Reviews, 2017, 117 (24): 14042.
[26] Shtukenberg A G, Lee S S, Kahr B, et al. Annual Review of Chemical & Biomolecular Engineering, 2014, 5 (1): 77.
[27] Gilman, John Joseph. The Art and Science of Growing Crystals. New York: Wiley, 1963.

4 溶液结晶

按照结晶过程过饱和度产生的方法特征，溶液结晶主要可分为冷却结晶、蒸发结晶、真空绝热冷却结晶以及加压结晶等其他结晶四种基本类型，如图 10-4-1 和表 10-4-1 所示，在本章主要讨论前三种类型。

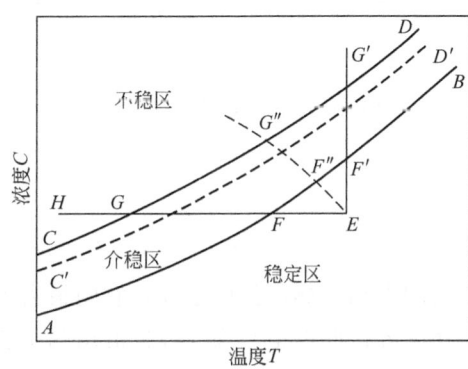

图 10-4-1　溶液的过饱和与超溶解度曲线

表 10-4-1　溶液结晶的基本类型

结晶类型	产生过饱和度的方法	图 10-4-1 中的相应路径
冷却结晶	降低温度	$E \to F \to G$
蒸发结晶	溶剂的蒸发	$E \to F' \to G'$
真空绝热冷却结晶	溶剂的闪蒸与蒸发兼有降温	$E \to F'' \to G''$
加压结晶等其他类型	改变压力,降低溶解度等方法	—

注：E 为原始溶液在 C-T 图中的位置。

如按溶解度曲线对结晶物质进行分类，大致可分为三种类型（见表 10-4-2）。对于不同类型的物质，适于运用不同类型的结晶方式。对照表 10-4-2 及图 10-4-2 中的第一类物质，其溶解度随温度变化较大，适于冷却结晶。第二类物质其溶解度随温度变化较小适于蒸发结晶。至于溶解度随温度变化的速度介于上两类之间的物质，适于采用真空蒸发冷却结晶方法。类似于蔗糖的那些剩余过饱和度较高的情况可结合采用上三种形式的结晶过程。表 10-4-2 中的第三类物质其溶解度随温度的增加而降低，可以采用蒸发溶剂的方法结晶，但要注意避免溶液与加热界面之间过大温差。

表 10-4-2　按溶解度特征对某些结晶物质分类

溶解度曲线的形式	物质（举例）
第一类	KNO_3,$NaNO_3$,NH_4NO_3,$CaSO_4$,$Na_2SO_4 \cdot 10H_2O$,糖等
第二类	KCl,$NaCl$,$(NH_4)_2SO_4$,K_2SO_4,对苯二甲酸等
第三类	Na_2SO_4,$ZnCrO_4 \cdot H_2O$,$CaSO_4$,$MgSO_4 \cdot H_2O$,$FeSO_4 \cdot H_2O$ 等

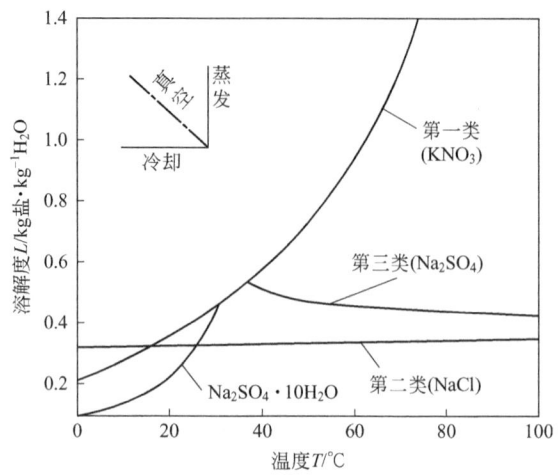

图 10-4-2 不同类型的溶解度曲线

4.1 相图特征

工业结晶过程是一个复杂的多相传热、传质过程,它的最大生产能力是由热力学平衡数据确定的。对于结晶过程,相图分析亦可指导确立最佳的结晶工艺方案。

4.1.1 相律

相律最早由吉布斯提出,相率确定了系统组分数 C、相数 P 以及系统自由度 F 之间的关系:

$$P+F=C+2 \tag{10-4-1}$$

系统组分数 C 是能够最少地表示出系统中所有物质的数。例如:硫酸铜-水系统,可能存在五水硫酸铜、三水硫酸铜、一水硫酸铜、水以及硫酸铜五种组分,但是为了应用相率只考虑两个组分,所以 C 等于 2。

P 表示系统中的相数,所有的气体都表示一个相,互溶的液体也是一相,但是如果不互溶则认为是两相。

F 表示系统的自由度,这个自由度可以是浓度、温度或者压力。在水-冰-水蒸气系统中,$C=1$,$P=3$,那么系统的自由度 $F=0$,这说明该系统没有自由度,系统的温度、压力都是固定的。

4.1.2 单组分系统

单组分通过相律可知其有两个自由度,即:温度、压力。所以单组分系统的相图就是一个温度压力平衡的相图。

图 10-4-3 表示水的相图,图中的曲线 AB 表示了冰的蒸气压和温度的关系,曲线 BC 表示了水的蒸气压和温度的关系,BD 表示了压力对冰的熔点的影响。三条曲线在 B 点相交,在此处水、冰、水蒸气三相平衡。在临界点 C 点之后液相和气相就无法分开了。

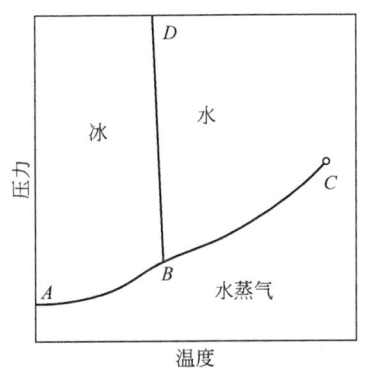

图 10-4-3 水的相图

4.1.3 相变

一个物质因晶格排列不同，可能存在有多种晶型，称为多晶现象[1~3]。晶型的不同往往也导致物理化学性质的差异。例如碳的两种晶型：石墨为六方晶系，而金刚石为正方晶系。一般在指定的压力和温度条件下，只有一种晶型是稳定的，所有其他的晶型有向此种晶型转化的趋势。某些多晶物质的晶型转变是迅速的，并具有可逆性，这类物质晶型可以互变，称为对应晶型多晶物质。如：硝酸铵晶体在不同温度下晶型可以自动相互转化。某些物质的不同晶型晶体不能彼此转化，如石墨与金刚石晶型，这种不能相互转变晶型的物质称为单变多晶型物质。

图 10-4-4 是具有 α 和 β 两种晶型的对映晶型多晶物质的相图。AB 是 α 晶型晶体的平衡蒸气压力曲线，BC 是 β 晶体的平衡蒸气压力曲线，CD 是液体的平衡蒸气压力曲线。点 B 是在特定的温度 t_0、压力 p_0 时 α 晶体与 β 晶体平衡共存点，亦是两种晶型的转化点。点 C 是 β 晶体的熔点，亦是气、液、固三相共存的平衡点。

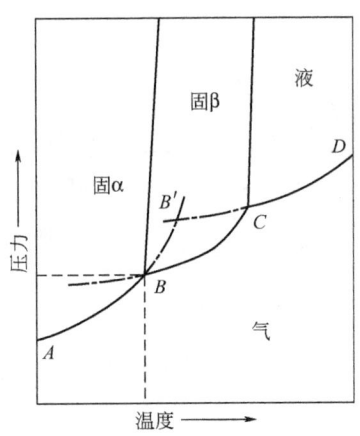

图 10-4-4 对映晶型多晶物系相图

图 10-4-5 是具有 α 和 β 两种晶型的单变晶型的相图。AB 和 BC 曲线是 α 晶体固气平衡和熔化后液气平衡曲线。$A'B'$ 是 β 晶体固气平衡曲线。α 晶体与 β 晶体的固气平衡曲线不相交，所以没有晶体转化点。

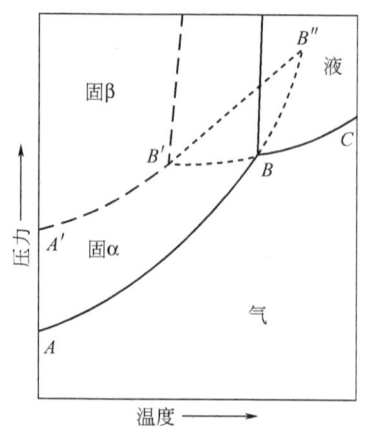

图 10-4-5 单变晶型的相图

4.1.4 双组分系统

通过相律可以得知双组分系统的自由度有三个，分别是温度、压力和组成。如果要完整地描述该相平衡的话需要使用立体相图，但是在溶液结晶过程中，压力的影响并不是很显著，所以一般我们就关注浓度和温度的相图。双组分的相图形式大致有三种：低共熔双组分相图、化合物的相图、固体溶液相图[4~10]。

图 10-4-6 的萘-苯相图就是低共熔双组分相图。

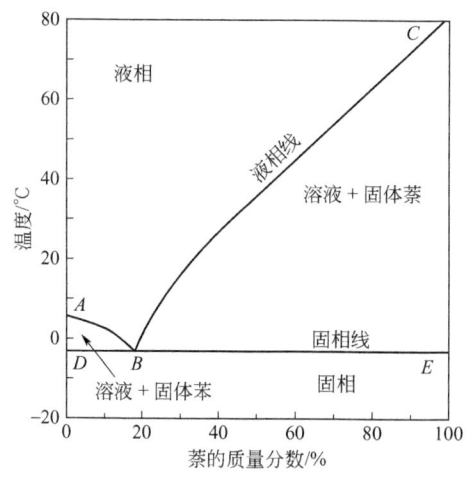

图 10-4-6 苯-萘相图

如图 10-4-6 所示，曲线 AB 以及 BC 表示了在不同温度下，萘或者苯开始结晶的温度曲线。由于在该曲线上的溶液均为液体状态，所以曲线 AB 与 BC 又被称为液相线。曲线 DBE 表示了当混合物低于该温度情况下两组分是完全的固体混合状态，所以也被叫作固相线。

图 10-4-7 的氯化钠-水相图就是一种化合物形式的相图。

如图 10-4-7 所示，曲线 AB 是水的凝固点曲线，BC 是二水合物的溶解度曲线。在 C 点二水物转变为了无水物。许多物质的相图都是这种可以形成化合物的相图，典型的例子如：

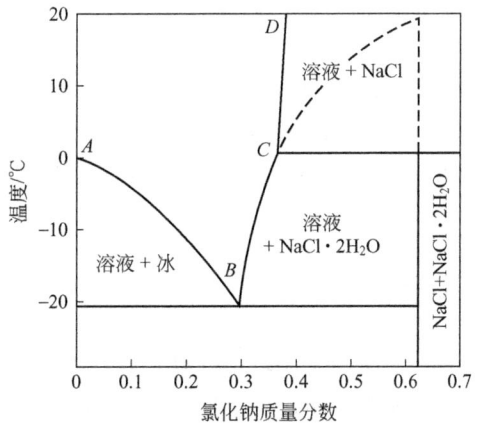

图 10-4-7 氯化钠-水相图

硫酸钠-水以及碳酸钠-水相图。

图 10-4-8 是一种固体溶液萘-β-萘酚的相图。

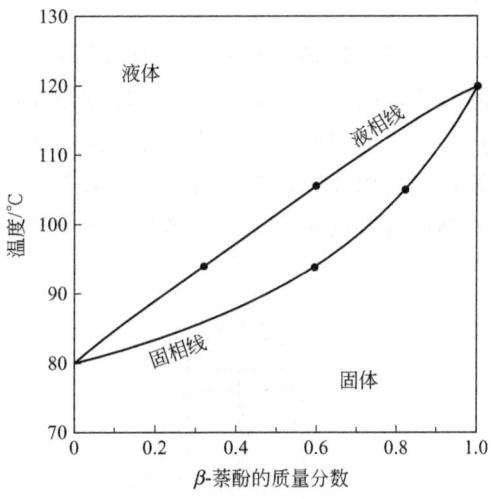

图 10-4-8 萘-β-萘酚相图

这种固体溶液系统的相图表明通过冷却操作不能得到纯组分,两种物质是同时析出的。在这种系统中只存在两项,一项是固相,另一项是液相。如图 10-4-8 所示,固相线和液相线之间就是固液混合的区域。

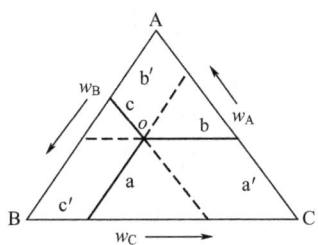

图 10-4-9 物质的三元相图

4.1.5 三组分系统

三组分系统相图的形式有很多种，此处不详细展开。三组分系统的相图主要是由三角相图来表示。三组分系统相图中的三条边分别为各个组分的浓度轴，如图 10-4-9 所示的三元相图，边 a 的长度代表组分 A 的含量，边 b 的长度代表组分 B 的含量，边 c 的长度代表组分 C 的含量。

4.2 冷却结晶及其装置

冷却结晶是依靠降低温度，以达到过饱和度而产生结晶的过程。

最简单的冷却结晶器是无搅拌的结晶釜，热的结晶母液置于釜中，甚至是开放的容器中几小时甚至几天，自然冷却结晶。所得晶体纯度较差，容易发生结块现象；设备所占空间较大，生产能力较低。由于这种结晶过程设备造价低，安装使用条件要求不高，目前在某些产量不大、对产品纯度及粒度要求又不严格的物质的结晶过程中仍有使用。

4.2.1 间接换热冷却结晶

间接换热冷却结晶的操作方式可以是连续式或间歇式操作。图 10-4-10 与图 10-4-11 是目前应用较广的带搅拌与间接冷却的釜式结晶器形式。冷却结晶过程所需的冷量可由夹套换热或通过外循环换热器传递实现。选用何种具体的冷却形式主要取决于换热量的大小。对于换热量较大的结晶过程来说，常使用外循环冷却的结晶器形式。外循环式操作可以强化结晶器内的混合与传热，换热效率的提升依靠于提升换热面积和换热介质温差，但是实际的设计

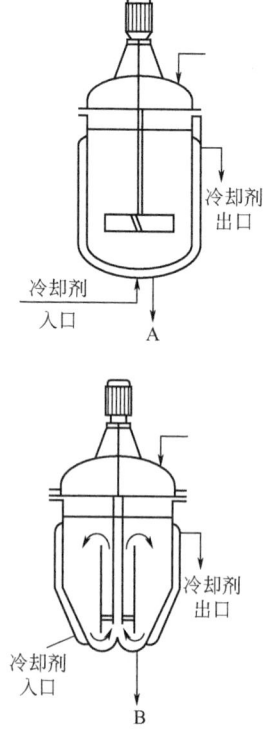

图 10-4-10 MSMPR（混合悬浮混合出料）结晶器

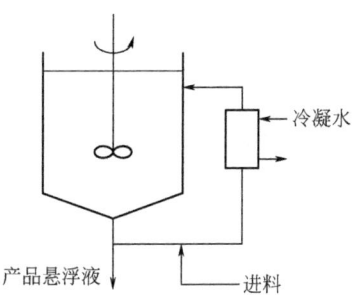

图 10-4-11 外循环式冷却结晶器

过程中必须注意选用合适的循环泵,以避免悬浮颗粒晶体的磨损破碎。

4.2.2 直接冷却结晶

间接冷却结晶的制冷方式是通过一个冷却表面间接制冷的,它的缺点在于冷却表面易结垢并进一步导致换热效率下降。直接接触冷却结晶就没有这个问题。它的原理是依靠结晶母液与冷却介质直接混合制冷(见图10-4-12)。常用的冷却介质是液化的碳氢化合物等惰性液体,如乙烯、氟利昂等,借助于这些惰性液体的蒸发汽化而直接制冷。选用这种操作的注意事项主要是结晶产品不存在被冷却介质污染问题,以及结晶母液中溶剂与冷却介质不互溶或者虽互溶但易于分离。目前在润滑油脱蜡,水脱盐及某些无机盐生产中使用了这个过程。结晶设备有简单釜式、回转式、湿壁塔式等多种类型[11]。

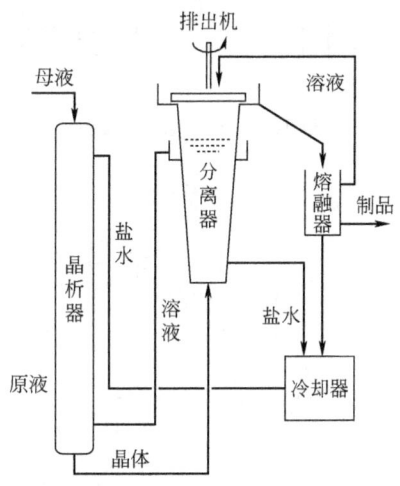

图 10-4-12 冷媒直接接触型晶析装置

4.3 蒸发结晶装置

依靠蒸发除去一部分溶剂的结晶过程称为蒸发结晶,它是使结晶母液在加压、常压或减压下加热蒸发浓缩而产生过饱和度的。晒盐是目前最简单的应用太阳能蒸发结晶的过程。蒸发结晶消耗的热能较多,加热面结垢问题也会使操作遇到困难,目前主要用于糖及盐类的工业生产。为了节约能量,糖的精制已使用了由多个蒸发结晶器组成的多效蒸发,操作压力逐效降低，以便重复利用二次蒸汽的热能。很多类型的自然循环及强迫循环的蒸发结晶器已在工业中得到应用[12]。图 10-4-13 和图 10-4-14 为具有内部循环路线的结晶器，溶液循环的推动力可借助于泵、搅拌器、蒸汽鼓泡、热虹吸等作用产生，溶液循环速度决定了结晶区的过饱和度和全部流动速度。蒸发结晶也常在减压下进行，目的在于降低操作温度，以减小热能损耗，避免热敏性物质的变质。

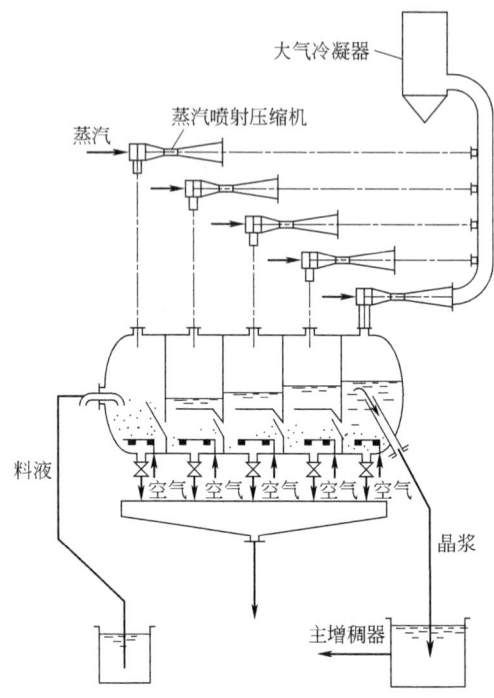

图 10-4-13　蒸发结晶器

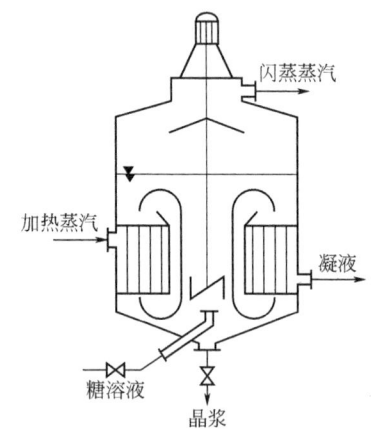

图 10-4-14　带有机械搅拌的蒸发结晶器（制糖业）

4.4　真空绝热冷却结晶器

真空绝热冷却结晶是使溶液在真空下绝热闪蒸，降低溶液温度并蒸发部分溶剂，产生过饱和度而结晶的过程。这是 20 世纪 50 年代以来更多采用的结晶方法。其特点是主体设备结构相对简单,无换热面,操作比较稳定,不存在内表面严重结垢及结垢清理问题。真空操作压力一般与溶液蒸气分压相近,可低至0.001MPa或者更低。常采用多级蒸汽喷射系统及热力压缩机来产生真空。在大型生产中,为了节约能耗也常选用由多个真空绝热冷却结晶器组成的多级结晶器。具体的结晶器构型及多级排列见4.5节。

4.5 连续结晶器

目前世界工业中已经应用了许多具体构造不同的连续结晶器。它们的主要构型可概括为三类:强迫外循环型、流化床型及导流筒加搅拌桨型。

4.5.1 强迫外循环型结晶器

美国Swenson公司开发的强迫外循环型Swenson真空结晶器如图10-4-15所示,由结晶室、循环管、循环泵组成,并配备有蒸汽冷凝器。部分晶浆由结晶器的锥形底排出后,经循环管,靠循环泵输送,沿切线方向重新返回结晶室,如此循环往复,实现连续结晶过程。这种结晶器亦可用于蒸发,间壁冷却结晶,但在循环管中段需加入一个供加热或冷却使用的换热器。这种类型的结晶器的生产量较大,产品平均粒度较小,粒度分布较宽。已被用于生产氯化钠、尿素、柠檬酸等产品,可生产平均粒度约在0.10~0.84mm范围内的晶体产品。

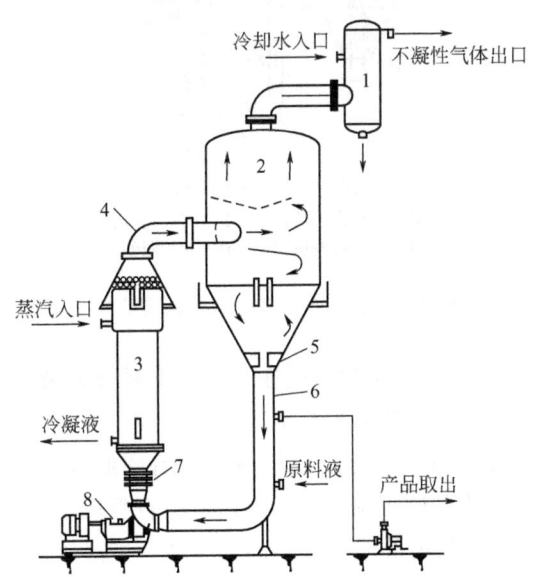

图 10-4-15 强迫外循环型 Swenson 真空结晶器
1—大气冷凝器;2—真空结晶器;3—换热器;4—返回管;
5—漩涡破坏装置;6—循环管;7—伸缩接头;8—循环泵

4.5.2 流化床型结晶器

图10-4-16(a)表示了Oslo流化床型真空结晶器[13],它在工业上曾得到较广泛的应用,它的主要特点是过饱和度产生的区域与晶体生长区分别置于结晶器的两处,晶体在循环母液中流化悬浮,为晶体生长提供了较好的条件,能够生产出粒度较大而均匀的晶体。Oslo冷

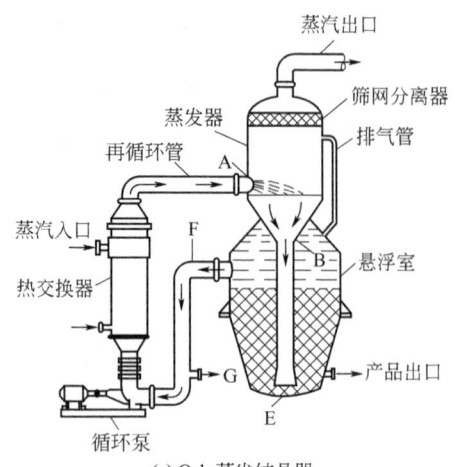

(a) Oslo 蒸发结晶器

A—闪蒸区入口；B—介稳区入口；E—床层区入口；
F—循环流入口；G—结晶母液进料口

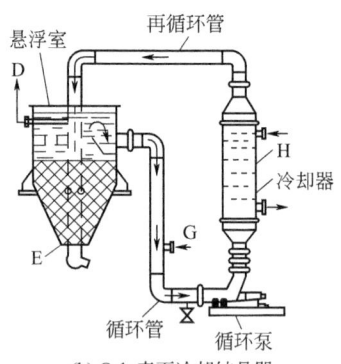

(b) Oslo 表面冷却结晶器

D—上层母液移出口；E—床层入口；
G—结晶母液进料口；H—冷却器部分

图 10-4-16 Oslo 流化床型真空结晶器

却法结晶器如图 10-4-16(b) 所示，在我国现在主要用于联合制碱的 NH_4Cl 生产，与真空型结晶器相比，它没有汽化室，而在循环管路上增设列管式冷却器，母液单程通过列管向上方循环。热浓的料液在循环泵前加入，与循环母液混合后一起经过冷却器冷却而产生过饱和度，操作要点在于要使这个过饱和度在介稳区内以避免自发成核。产品悬浮液由结晶器锥底引出。这种形式结晶器缺点与强迫外循环式结晶器类似，即必须选用性能优良的循环泵，否则循环晶浆中的晶粒与循环泵的高速叶轮碰撞会产生大量的二次成核，产生较多细晶，使 CV 值变大。

4.5.3 导流筒加搅拌桨型真空结晶器

图 10-4-17 表示了美国 Swenson 公司在 20 世纪 50 年代开发出的具有导流筒及挡板的真空结晶器（简称 DTB 型，即 Draft Tube & Baffled Type 结晶器）。这种结晶器可用于真空绝热冷却法、蒸发法、直接接触冷冻法以及反应法等多种结晶操作。它的优点在于生产强度高，能生产粒度达 600~1200μm 的大粒度晶体产品，已成为国际上连续结晶器的最主要形

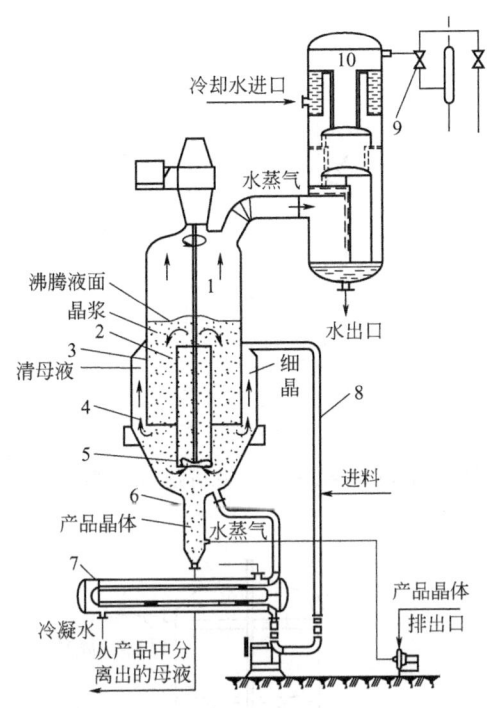

图 10-4-17 Swenson DTB 型结晶器

1—结晶器；2—导流筒；3—环形挡板；4—澄清区；5—螺旋桨；6—淘析腿；
7—加热器；8—循环管；9—喷射真空泵；10—大气冷凝器

式之一。

DTB 型结晶器属于典型的晶浆内循环结晶器，由于设置了内导流筒及高效搅拌器，形成了内循环通道，内循环速率很高，可使晶浆重量密度保持至 30%～40%水平，并可明显地消除高饱和度区域，结晶器内各处的过饱和度都比较均匀，而且较低（一般过冷度 <1℃），因而强化了结晶器的生产能力。除主循环通道外，DTB 型结晶器还设有外循环通道，用于消除过量的细晶，以及产品粒度的淘洗，保证了能生产粒度分布范围较窄的晶体产品，可充分满足不同的粒度要求。这种结晶器目前在世界上已广泛用于化工、食品、制药等多种工业部门。部分用户对结晶产品粒度上限要求不是很严格，所以工业上所引用的 DTB 型结晶器常不加装淘析腿，如图 10-4-18 所示，这种形式的结晶器操作更加简便。

日本 20 世纪 70 年代开发的双螺旋桨（Double-Propeller）结晶器简称 DP 结晶器，如图 10-4-19所示。DP 结晶器在导流筒外侧的环隙中也设置了一组螺旋桨叶，它们的安装方位与导流筒内的叶片相反，还可向下推进环隙中的循环液。在维持结晶器内部相同的内循环液速的条件下，DP 结晶器可较大幅度地降低搅拌器的功率消耗，因而可在很大程度上降低二次成核速率（它正比于功率输入项），而使晶体产品平均粒度增大，DP 结晶器的缺点在于它的螺旋桨制造比较复杂，要求精确而且要耐腐蚀，动平衡性能好。

图 10-4-20 所示的 Standard-Messo 湍流（Turbulence）结晶器在 20 世纪 60 年代末工业化。它有两个同心圆形导流管，外管上端与器壁相连，称为喷射管，内管为中央导流管。晶浆由顶部伸入的螺旋桨搅拌器所驱动，在上方形成初级循环，并在结晶器下部形成次级循环。分析这两个通道可以看出，有一部分晶体，特别是较大晶体在次级循环中悬浮生长而不

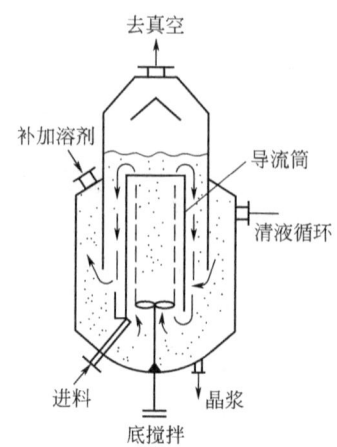

图 10-4-18 带底搅拌无淘析腿 DTB 型结晶器

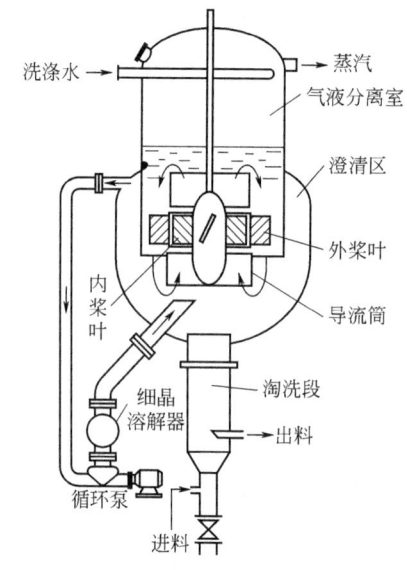

图 10-4-19 双螺旋桨（DP）结晶器

进入初级循环，这对粒度控制很有利，优于其他结晶器。结构复杂是这种结晶器的缺点，此外设备结垢的可能性也较大。

4.5.4 多级结晶过程

在连续的大规模工业结晶生产中，多级结晶也是很常见的[14]。如年产数万吨级的 KCl 生产工艺，在世界上不同国家中采用了 4～8 级的多级结晶器，与单级结晶器相比优点为：

① 能耗低；

② 各级平均温差低；

③ 产品粒度分布窄；

④ 各级流体动力学状态易控制；

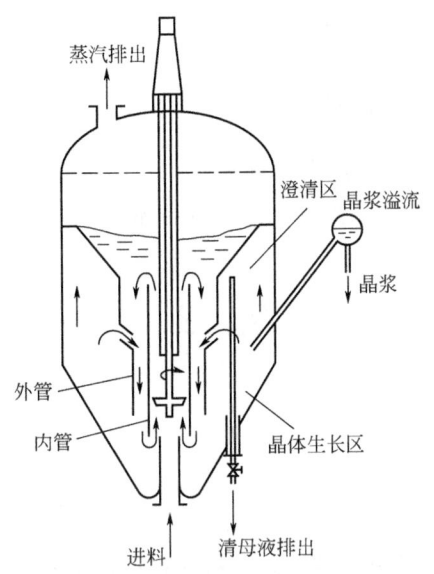

图 10-4-20 Standard-Messo 湍流结晶器

⑤ 操作可靠性增加。

图 10-4-21 给出了可用于多级结晶的不同形式的流程。由图可见,可分为顺流、逆流和并流三种类型。顺流形式主要用于,随结晶和杂质浓度增加温度敏感性也增加的溶液物系。图 10-4-21(a) 为两个顺流的可能流程。逆流流程宜采用在黏度对温度较敏感的溶液物系,见图 10-4-21(b)。对于原料是浓溶液的体系宜用并流安排,如图 10-4-21(c) 所示,可使溶液均匀地分配在各个结晶器内。在这种情况下每一级放出的物料可进一步处理。

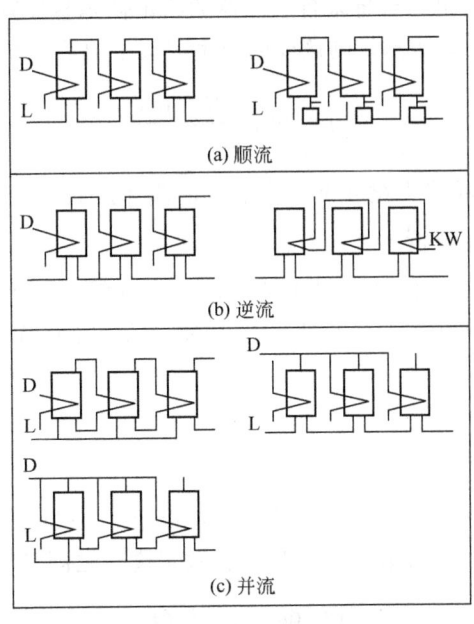

图 10-4-21 多级结晶器的不同安排

4.6 溶液结晶过程的模型及系统分析

4.6.1 总体模型与稳态行为分析

Randolph 和 Larson 依据结晶系统（见图 10-4-22）物料衡算严格推导了以粒数衡算为基础的溶液结晶过程的数学模型，在结晶过程中晶体的粒度分布在母液体积不变的情况下，可以通过下式来计算：

$$\frac{\partial n}{\partial t} + \frac{\partial (Gn)}{\partial L} + \frac{Q}{V}n = \frac{Q_i}{V}n_i + (B' - D') \tag{10-4-2}$$

式中　n——粒数密度，个·m^{-1}·L^{-1}；
　　　t——时间，s；
　　　G——线形结晶成长速率，m·s^{-1}；
　　　L——晶体粒度，m 或 μm；
　　　Q——引出结晶器的产品悬浮液流量，m^3·h^{-1}或 m^3·s^{-1}；
　　　Q_i——引入结晶器的母液流量，m^3·h^{-1}或 m^3·s^{-1}；
　　　n_i——引入结晶器的母液中晶体的粒数密度，个·m^{-1}·L^{-1}；
　　　V——结晶母液体积，m^3；
　　　B'——结晶生函数，个·s^{-1}·L^{-1}；
　　　D'——结晶死函数，个·s^{-1}·m^{-1}·L^{-1}。

Randonlph 和 Larson 应用这个模型，首先开发了连续操作的混合悬浮混合出料（mixed suspension mixed product removal，MSMPR）结晶器模型，后来又按照工业结晶设备中出现的大多数结晶器，例如：有细晶消除系统或带淘析腿的产品粒度再分级系统的特定初始边界条件特征，考察了这个数学模型的各种变化及求解的计算公式。

Randolph 与 Larson 指出，若将来自结晶器的给定体积悬浮物中的晶体总数作为其特征粒度的函数标绘如图 10-4-23 所示，则该线的斜率定义了出晶体粒数密度 n：

$$n = \lim_{\Delta L \to 0} \frac{\Delta N}{\Delta L} = \frac{dN}{dL} \tag{10-4-3}$$

式中，N 为单位体积晶浆中粒度小于等于 L 的晶体总数。

4.6.1.1　MSMPR 结晶器分析

以 MSMPR 结晶器为例，假设进料连续稳定，且进料中无固体粒子，结晶过程晶浆的总体积不变，忽略结晶生死函数，生长速率 G 与颗粒的粒径 L 无关，达到稳态时式(10-4-2)可转化为：

$$\frac{dn}{dL} + \frac{n}{G\tau} = 0 \tag{10-4-4}$$

假定停留时间不变，以 $\tau = V/Q$ 计算的话，在极限 n^0（即假定该处 L 为 0 的晶核的粒数密度）及 n（即任意选定的晶体粒度为 L 的粒数密度）之间进行积分，式(10-4-4)变为：

$$\int_{n^0}^{n} \frac{dn}{n} = -\int_{0}^{L} \frac{dL}{G\tau} \tag{10-4-5}$$

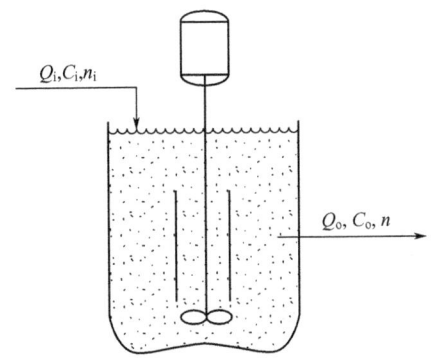

图 10-4-22 溶液结晶（MSMPR）系统图

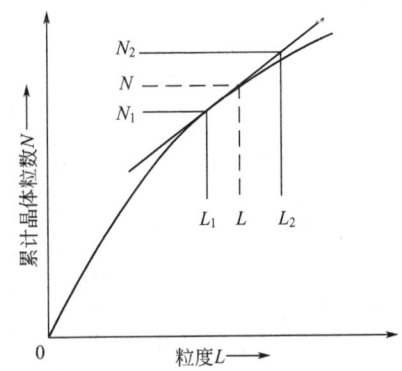

图 10-4-23 晶体粒数密度 n 的确定

$$\ln n = \frac{-L}{G\tau} + \ln n^0 \tag{10-4-6}$$

或

$$n = n^0 e^{-L/(G\tau)} \tag{10-4-7}$$

$\ln n$ 对 L 的标绘是一条直线，其截距为 $\ln n^0$，其斜率为 $-1/(G\tau)$，（对于以 10 为底的对数纸上的标绘，必须作适当的斜率修正）。因此，若某试验样品满足上述推导的假定，并且粒度分布的对数与粒度呈线性关系的情况下，由晶浆密度及停留时间，便可得到试验条件下的成核速率与生长速率，粒数分布及系统平均性质的计算方程式，正如表 10-4-3 中无细晶消除系统部分所示。表 10-4-3 中亦列出按有细晶去除系统推演出的表达式，以供参考。

通过求取粒数密度分布的各阶矩 M_j：

$$M_j = \int_0^L n L^j \, dL \quad j = 0, 1, 2, \cdots, n \tag{10-4-8}$$

可得到系统的特征数据，如对于稳态操作的 MSMPR 结晶器，由 M_0、M_1、M_2、M_3 可分别求取单位体积悬浮液中在 $0 \rightarrow L$ 粒度中的晶体粒子总数、粒度总和、总表面积，以及粒子质量的总和，表 10-4-3 中的表征式也反映了这个信息。

表 10-4-3 粒数平衡计算的通用方程式

名称	符号	单位	无细晶消除系统	有细晶消除的系统	
				细晶流股	产品流股
停留时间	t	h	$t=V/Q$	$t_F=V_{液体}/Q_F$	$t=V/Q$
生长速率	G	mm·h^{-1}	$G=\mathrm{d}L/\mathrm{d}t$	$G=\mathrm{d}L/\mathrm{d}t$	$G=\mathrm{d}L/\mathrm{d}t$
体积系数	K_v		$K_v=$单个晶体体积$/L^3$		$K_v=$单个晶体体积$/L^3$
粒数密度	n	个·mm^{-1}·L^{-1}	$n=\mathrm{d}N/\mathrm{d}L$	$n=\mathrm{d}N/\mathrm{d}L$	$n=\mathrm{d}N/\mathrm{d}L$
晶核粒数密度	n^0	个·mm^{-1}·L^{-1}	$n^0=K_m M^i G^{i-1}$		
粒数密度	n	个·mm^{-1}·L^{-1}	$n=n^0\mathrm{e}^{-L/(Gt)}$	$n_F=n^0\mathrm{e}^{-L/(Gt)}$	$n=n^0\mathrm{e}^{-L/(Gt)}$
成核速率	B_0	个·h^{-1}	$B_0=Gn^0=K_m M^i G^i$	$B_0=Gn^0$	
无量纲长度	x		$x=L/(Gt)$, $L_0 \to L_F$	$x_F=L/(Gt)_F$, $L_0 \to L_F$	$x=L/(Gt)$, $L_0 \to L_F$
质量/单位体积(晶浆)	M_T	g·L^{-1}	$M_T = K_v\rho\int_0^\infty nL^3\mathrm{d}L$ $M_T = 6K_v\rho n^0(Gt)^4$	$M_{TF} = K_v\rho\int_0^\infty n^0\mathrm{e}^{-L/(Gt)_F} L^3\mathrm{d}L$	$M_{TF} = K_v\rho\int_0^\infty n^0\mathrm{e}^{-L/(Gt)_F} L^3\mathrm{d}L$
累计至x的质量/总质量	W_x		$W_x = 1-\mathrm{e}^{-x}\left(\dfrac{x^3}{6}+\dfrac{x^2}{2}+x+1\right)$	$W_x = \dfrac{\mathrm{e}^{-x}(x^3+3x^2+6x+6)-6}{\mathrm{e}^{-x_c}(x_c^3+3x_c^2+6x_c+6)-6}$	$W_x = \left[1-\mathrm{e}^{-x}\left(\dfrac{x^3}{6}+\dfrac{x^2}{2}+x+1\right)\right] \times \dfrac{6K_v\rho n^0\mathrm{e}^{-L_c/(Gt)_F}(Gt)^4}{M_T}$
主粒度	L_d	mm	$L_d = 3Gt$		
平均(重量)粒度	L_a	mm	$L_a = 3.67Gt$		
晶体总数	N_T	个·L^{-1}	$N_T = \int_0^\infty n\mathrm{d}L$	$N_T = \int_0^{L_f} n_F\mathrm{d}L$	$N_T = \int_{L_1}^\infty n\mathrm{d}L$

注：下标 F 代表细晶消除流股中的参数；L_0 为晶核直径。

【例 10-4-1】 根据在 MSMPR 结晶器中尿素结晶试验的晶体样品计算其粒数密度、生长及成核速率,关于该过程资料如下:

晶浆密度 = 450g·L^{-1}
晶体密度 = 1.335g·cm^{-3}
停留时间 t = 3.38h
形状因子 K_v = 1.00
产品粒度

−14 目,+20 目	4.4%
−20 目,+28 目	14.4%
−28 目,+35 目	24.2%
−35 目,+48 目	31.6%
−48 目,+65 目	15.5%
−65 目,+100 目	7.4%
>100 目	2.5%

n = 每升体积中的粒子数目
求生长速率及成核速率。

解 14 目为 1.168mm,20 目为 0.833mm,平均开孔 1.00mm,大小间距 = 0.335mm = ΔL。

$$\frac{\Delta N_{20}}{\Delta L_{20}} = n_{20} = \frac{450\text{g·L}^{-1} \times 0.044}{(1.335/1000)\text{g·mm}^{-3} \times 1.00^3 \text{mm}^3 \cdot \text{个}^{-1} \times 0.335\text{mm} \times 1.0}$$
$$= 44273 \text{ 个·mm}^{-1}\text{·L}^{-1}$$

$\ln n_{20} = 10.698$

对每个筛子增量重复计算:

筛子大小/目	重量/%	K_v	$\ln n$	L,平均孔径/mm
100	7.4	1.0	18.099	0.178
65	15.5	1.0	17.452	0.251
48	31.6	1.0	16.778	0.356
35	24.2	1.0	15.131	0.503
28	14.4	1.0	13.224	0.711
20	4.4	1.0	10.698	1.000

如图 10-4-24 所示,标绘 $\ln n$ 对 L 得一条直线,在粒度为 0 处的截距是 19.781,斜率是 −9.127。如式(10-4-7)所述,可求得生长速率:

$$\text{斜率} = -1/(Gt) \text{ 或 } -9.127 = 1/[G(3.38)]$$

或 $\quad G = 0.0324\text{mm·h}^{-1}$

而且 $\quad B^0 = Gn^0 = 0.0324e^{19.781} = 12.65 \times 10^6 n \text{ 个·L}^{-1}\text{·h}^{-1}$

又 $\quad L_M = 3.67 \times 0.0324 \times 3.38 = 0.40(\text{mm})$

也可用下列关系检查数据的正确性:

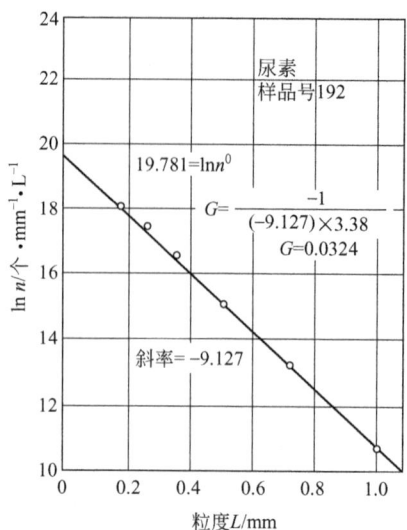

图 10-4-24 例 10-4-1 的粒数密度标绘

$$M_T = 6K_v \rho n^0 (Gt)^4 = 450 \text{g} \cdot \text{L}^{-1}$$

$$M_T = 6 \times 1.0 \times \frac{1.335 \text{g} \cdot \text{cm}^{-4}}{1000 \text{mm}^3 \cdot \text{cm}^{-3}} e^{19.78} \times (0.0324 \times 3.38)^4$$

$$M_T = 455 \text{g} \cdot \text{L}^{-1} \approx 450 \text{g} \cdot \text{L}^{-1}$$

若仅已知生长速率，则固体的粒度分布可由下式计算：

$$W_t = 1 - e^{-x}\left(\frac{X^3}{6} + \frac{X^2 + X}{2} + 1\right)$$

其中 W_t 为大到粒度 L 的质量分数，且 $X = L/(Gt)$

$$X = \frac{L}{0.0324 \times 3.38} = \frac{L}{0.1095}$$

筛号/目	L/mm	x	W_t	保留 $100(1-W_t)$ 的累计/%	保留的测量累计/%
20	0.833	7.70	0.944	5.6	4.4
28	0.589	5.38	0.784	21.6	18.8
35	0.417	3.80	0.526	47.4	43.0
48	0.295	2.70	0.286	71.4	74.6
65	0.280	1.90	0.125	87.5	90.1
100	0.147	1.34	0.048	95.2	97.5

注意计算分布与测量值有某些偏差，因为真正样品与理论变异系数是有少量偏离的（如 47.5% 对 52%）。

求动力学式中的有关参数 i 及 j。

如果从得自同一设备的几个不同样品，可作出一个不同数值表：

样品号	$\ln n^0$	G	$\ln G$
191	18.81	0.0330	-3.41
192	19.78	0.0324	-3.43
193	18.70	0.0317	-3.45
194	20.51	0.0200	-3.91

如图 10-4-25 中线图所示，通过各点所绘最好直线的斜率是 -4.45。

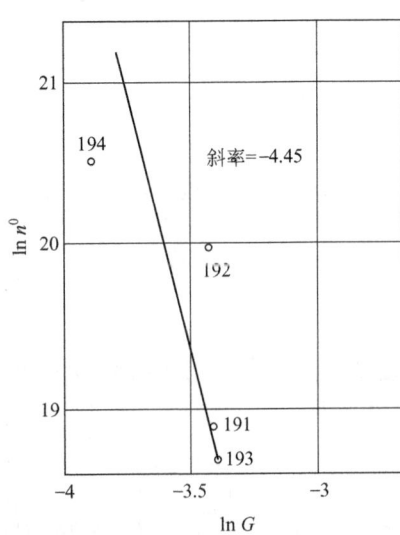

图 10-4-25　例 10-4-1 的生长速率与成核速率

由下式：

$$n^0 = K_m M_T^j G^{i-1}$$

$i-1 = -4.45$，$i = -3.45$

于是 $n^0 = K_m M_T^j G^{-4.55}$　（晶核粒度密度）

及 $B^0 = K_m M_T^j G^{-3.45}$　（成核速率）

此处可见此例成核速率是生长速率（及过饱和度）的递减函数。

由于许多数据表明，对于不同值的 M_T 在 G 为常数时 n^0 是变化的，在相应的 G 值时 $\ln n^0$ 对 $\ln M_T$ 的标绘即可测定指数 j。

4.6.1.2　具有细晶体排除装置的结晶器分析

MSMPR 结晶器是一种理想的结晶器，由于其颗粒的停留时间分布较宽，实际生产的晶体粒度分布往往较宽，降低了晶体的质量。因此在实际的结晶操作中加入细晶消除装置，从晶浆中排除不需要的细微结晶物质，以控制粒数密度，生产较大的晶体产品。这样做了以后，标绘在 $\ln n$ 对 L 线图上的产品分布，便如图 10-4-26 中的线 P 所示。斜率最陡的线 F 代表细晶的粒度分布，该分布可以从离开细晶消除装置的液流中取得。产品晶体有较低的斜率，其中应很少有甚至没有小于 L_f 的物料存在，L_f 为切割粒度，产品物料的有效成核速率是线 P 延伸到粒度为零处的交点。

有细晶消除装置生产的产品，将粒度从 L_f 到无限大的分布积分可得：

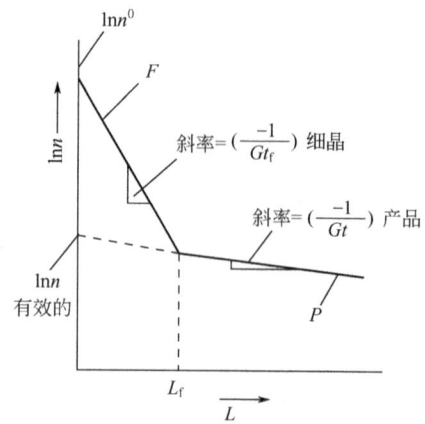

图 10-4-26 具有细晶排除装置的结晶器的 $\ln n$ 对 L 的标绘

$$M_T = K_v \rho \int_{L_f}^{\infty} n^0 \exp[-L_f/(Gt_f)] \exp[L/(Gt)] L^3 dL \tag{10-4-9}$$

此式的积分形式示于表 10-4-3。

对于如图 10-4-27 所示的复杂结晶器,应用式(10-4-8)进行分析,所得出的典型 $\ln n$-L 曲线见图 10-4-28。

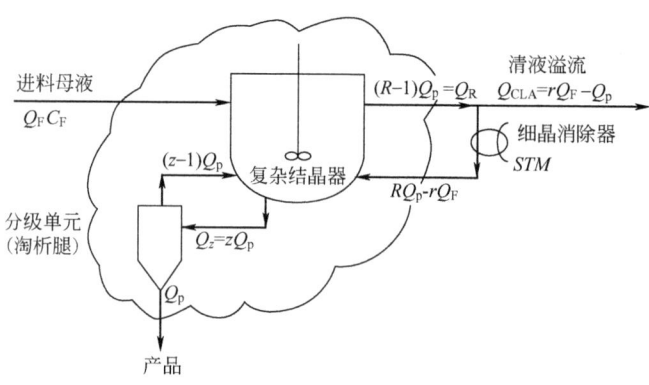

图 10-4-27 复杂结晶器示意图

4.6.2 非稳态行为分析

连续结晶过程中晶粒的粒度分布（crystal size distribution，CSD）的动态行为分为瞬时动态和内在不稳定性两种类型，前者是指由于外界干扰所引起的瞬时的 CSD 变化，随着干扰的消除，系统便逐渐恢复稳定；后者则是结晶过程所固有的一种特性，是由结晶系统的动力学特征以及设备结构所导致的 CSD 动态行为，与外界干扰无关。这种内在的 CSD 不稳定性表现为持续的有限振荡，它的幅度与周期随结晶物系和结晶环境的不同而异，有时影响较大，可延续至数日或数月之久，导致粉浆的形成，严重影响结晶产品质量。这种内在的不稳定性亦会显著作用于瞬时动态行为的响应曲线，二者作用相互叠加，加剧了操作条件对 CSD 影响的灵敏度，这也就是部分结晶过程难以控制的原因。图 10-4-29 给出一台 KCl 结晶器中 CSD 振荡曲线，图 10-4-30 给出了引起结晶过程动态行为的信息反馈图。

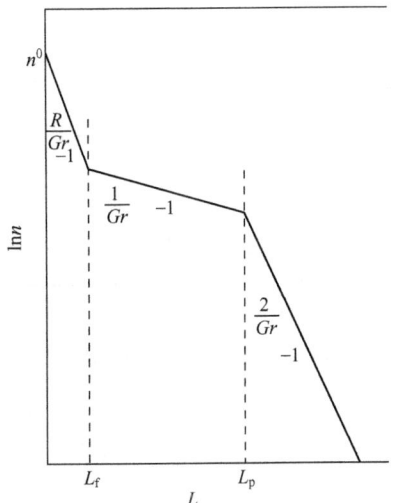

图 10-4-28　复杂结晶器 ln$n$-L 曲线图

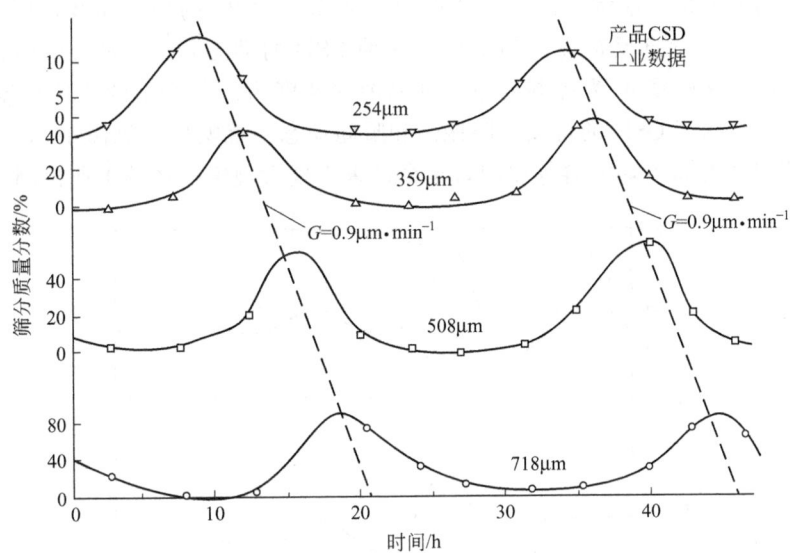

图 10-4-29　在 KCl 工业结晶器中 CSD 振荡曲线

对 CSD 动态行为的分析与研究工作可追溯至 20 世纪 60 年代。Randolph 和 Larson、Hulburt 以及 Katz 等曾彼此独立地确立了动态粒数衡算模型及求解方法，奠定了结晶过程动态行为研究分析的理论基础。依据结晶过程粒数衡算理论，按照带有细晶消除循环及产品粒度分级单元（或称淘析腿）的理想复杂结晶器。该模型方程组如下：

动态粒数平衡方程：

$$\frac{\partial n}{\partial t}+G\frac{\partial n}{\partial L}+h(L)\frac{n}{\tau}=0 \qquad (10\text{-}4\text{-}10)$$

式中，设生长速率 G 与粒度无关，回收函数 $h(L)$ 的数学表达式为：

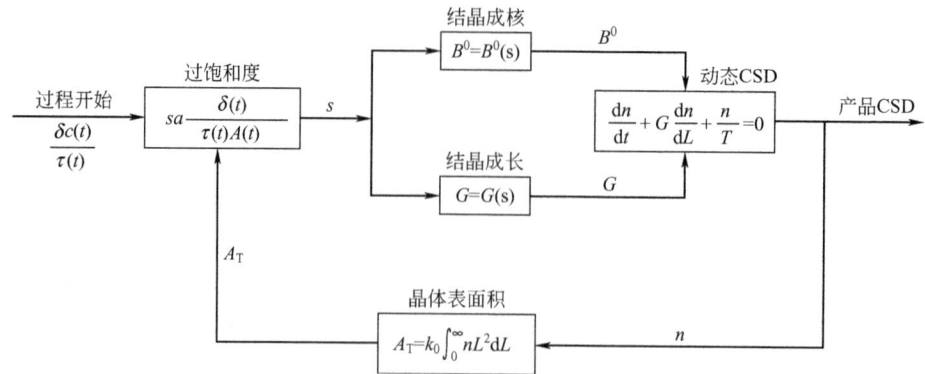

图 10-4-30　MSMPR 结晶系统信息反馈图

$$h(L) = \begin{cases} R & 0 \leqslant L \leqslant L_F \\ a & L_F \leqslant L \leqslant L_P^- \\ a + \dfrac{Z-a}{L_P^+ - L_P^-} & L_P^- \leqslant L \leqslant L_P^+ \\ Z & L \leqslant L_P^+ \end{cases} \quad (10\text{-}4\text{-}11)$$

对于这个模型模拟的求解，已成功地得到类似图 10-4-29 的仿真曲线，图 10-4-30 给出了 MSMPR 结晶系统信息反馈图。为了控制这种 CSD 的动态行为，Randonph 等应用这个模型，开发了以晶核密度 n^0 为控制变量、细晶消除速度为操作变量的比例控制软件，在中试装置上有效地控制了 CSD 的持续有限振荡和瞬间动态干扰响应，见图 10-4-31，但由于存在线密度 n 测定装置尚不够完善等原因，至今尚未实现大规模生产的工业控制。

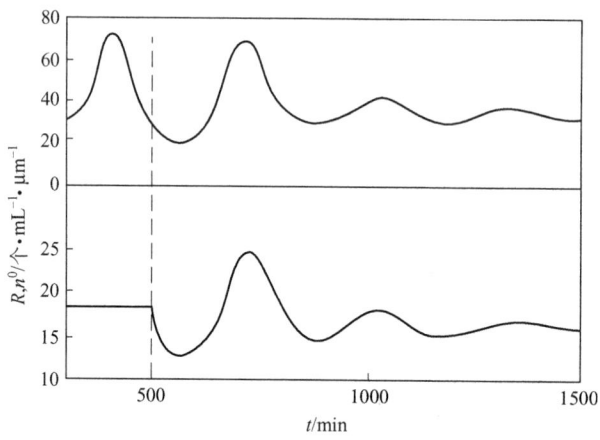

图 10-4-31　KCl 结晶比例控制效果图

4.7　结晶过程计算与结晶器设计

4.7.1　收率

对于简单的冷却或蒸发法结晶过程的收率 Y 可根据溶解度相图数据来估计，对于溶液物系有：

$$Y=\frac{WR[C_1-C_2(1-V)]}{1-C_2(R-1)} \qquad (10\text{-}4\text{-}12)$$

式中 C_1，C_2——初始溶液浓度及最终溶液浓度，kg·kg^{-1}；

V——蒸发移出的溶剂，kg·kg^{-1}；

R——相对于无溶剂盐（如无水盐）的盐的溶剂化合物（如水合物）分子量比例；

Y——结晶收率，kg；

W——初始溶剂的质量，kg。

如果欲将式(10-4-12)应用于真空绝热冷却结晶过程，需物料平衡与热量平衡联立求解，式中 V 值必须用下式计算：

$$V=\frac{qR(C_1-C_2)+C_p(t_1-t_2)[1-C_2(R-1)](1+C_1)}{\lambda[1-C_2(R-1)]-qRC_2} \qquad (10\text{-}4\text{-}13)$$

式中 λ——溶剂蒸发潜热，J·kg^{-1}；

q——产品的结晶潜热，J·kg^{-1}；

t_1——溶液初始温度，℃；

t_2——溶液终止温度，℃；

C_p——溶液的比热容，J·kg^{-1}·K^{-1}；

C_1 和 C_2 的意义与单位同式(10-4-12)。

【**例 10-4-2**】某溶液中含有 5000kg 水和 1000kg 硫酸钠（分子量 142）。使此溶液冷却到 10℃。在此温度下溶液的溶解度是 9.0kg·(100kg)$^{-1}$，而结晶出来的盐是含十个分子结晶水的水合盐（$Na_2SO_4 \cdot 10H_2O$，分子量 322）。假设在冷却过程中有 2% 的水蒸发。计算结晶产品质量。

解
$R=322/142=2.27$
$C_1=1000/5000=0.2(\text{kg·kg}^{-1})$
$C_2=9/100=0.09(\text{kg·kg}^{-1})$
$W=5000\text{kg}$
$V=2/100=0.02(\text{kg·kg}^{-1})$

把以上数值代入式(10-4-12)：

$$Y=\frac{5000\times 2.27[0.2-0.09(1-0.02)]}{1-0.09(2.27-1)}=1432(\text{kg})$$

【**例 10-4-3**】用真空冷却结晶器使醋酸钠溶液结晶，获得水合盐 $Na_2C_2H_3O_2 \cdot 3H_2O$，料液是 80℃ 的 40% 醋酸钠水溶液，进料量是 2000kg·h^{-1}。结晶器内压力是 10mmHg。溶液的沸点升高可取为 11.5℃。计算每小时结晶产量。

数据：结晶热，$q=34.4\text{kcal·kg}^{-1}$

溶液热容，$C_p=0.837\text{kcal·kg}^{-1}\cdot\text{℃}^{-1}$

10mmHg 下水的蒸发潜热，$\lambda=588\text{kcal·kg}^{-1}$

10mmHg 下水的沸点为 17.5℃

解 溶液的平衡温度，$t_2 = 17.5 + 11.5 = 29(℃)$

溶液的初始浓度，$C_1 = 40/60 = 0.667 (kg \cdot kg^{-1})$

溶液的终了浓度（根据 29℃查表得），$C_2 = 0.539 kg \cdot kg^{-1}$

原始水量，$W = 0.6 \times 2000 = 1200 (kg \cdot h^{-1})$

分子量之比，$R = 136/82 = 1.66$

先用式(10-4-13) 计算，得 $V = 0.153 kg \cdot kg^{-1}$。将此 V 值代入式(10-4-12)，则得：

结晶产量，$Y = 635 kg \cdot h^{-1}$

由于在后续洗涤、过滤与干燥步骤中，不可避免地会有一些损失，所以实际收率会略低于计算值。

4.7.2 结晶器的设计

由于工业结晶的过程是一个较复杂的过程，与其他化工过程相比其理论进展较慢，长期以来结晶器的设计还主要依赖于经验。直到近二十年，随着对结晶成核、生长的研究以及对非均相流体力学、传热传质等研究的深化，才促使结晶器设计由完全依赖经验逐渐向半理论、半经验阶段发展。工业结晶器的数学模型的模拟放大是目前国际结晶界主要研究课题之一。

针对不同类型的结晶器，已提出很多数学模型[15~18]。其中主要有四个学派，美国的 M. A. Larson 和 A. D. Randolph 学派；日本的丰仓贤学派；欧洲的 J. Nývlt 学派；欧洲的 J. W. Mullin 学派。他们的理论在设计应用上都有局限性，例如丰仓贤应用他的理论成功地把 Na_2SO_4 结晶器由 6L 的实验室设备放大到 $600m^3$ 的大型结晶器，但对其他结晶体系放大的效果却

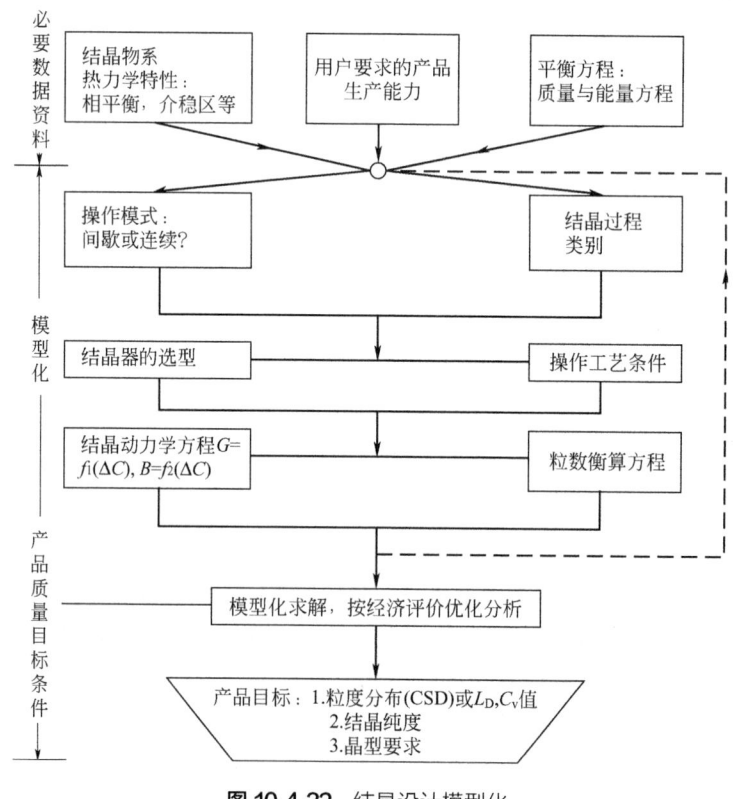

图 10-4-32 结晶设计模型化

不理想。虽然如此,对于指导与分析工业结晶的操作,他们的理论在实践中已被证明,是有一定作用的。

图 10-4-32 总结了进行结晶器设计的各步骤之间的内在联系。

由图 10-4-32 可见,欲完成一台结晶器设计,首先必须收集与测定必要的结晶物性数据与资料,清楚了解产品的产量与质量要求;然后确定结晶过程的类型,选择好操作模式,进而完成结晶器的选型与操作条件的确定;最终才能进行模型化求解运算。

对于溶液结晶,结晶器具体形式较多,但主要形式是 3 种类型,即搅拌釜式、强迫循环式与流化床式,其主要操作条件的范围如表 10-4-4 所示,结晶器类型的选择可参考进行。

表 10-4-4 工业结晶器主要操作条件

主要操作条件 \ 工业结晶器	搅拌釜式	强迫循环式	流化床式
悬浮密度,$m_T/\text{kg}\cdot\text{m}^{-3}$	200~300	200~300	400~600
固含率,$\varphi_T/\text{m}^3\cdot\text{m}^{-3}$	0.1~0.2	0.1~0.15	0.2~0.3
停留时间,t/h	3~4	1~2	2~3
比能量输入,$\varepsilon/\text{W}\cdot\text{kg}^{-1}$	0.1~0.5	0.2~0.5	0.01~0.5
过饱和度,$\Delta\rho/\rho_c$	$10^{-4}\sim10^{-2}$	$10^{-4}\sim10^{-2}$	$10^{-4}\sim10^{-2}$
平均粒度,L_{50}/mm	0.5~1.2	0.2~0.5	0.1~1

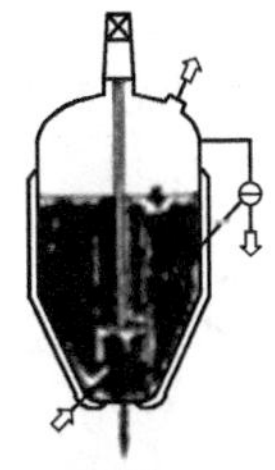

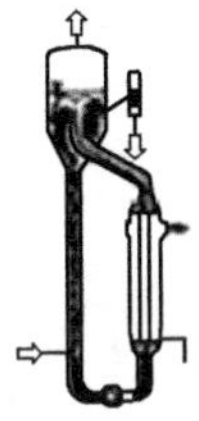

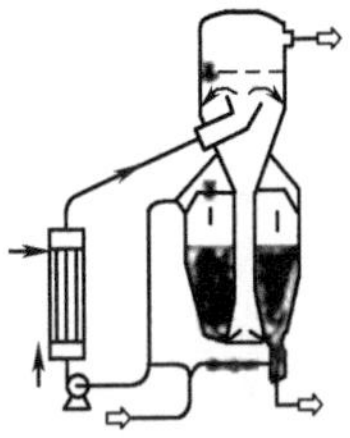

4.7.2.1 拉森(M. A. Larson)和兰道夫(A. D. Randolph)MSMPR 结晶器设计方法

Larson 和 Randolph 的结晶器设计数学模型是由总体粒数平衡概念出发,应用结晶成核与成长经验公式与物料平衡方程联立求出结晶器稳态方程与动态方程的解,导出了不同停留时间的结晶器通用方程,进而解出了间歇结晶器与连续结晶器的一些设计模型,如已提出的混合悬浮混合出料(MSMPR)型结晶器设计基本公式为:

$$G = \left(\frac{27 M_T^{1-j}}{2 L_D^4 k_v k_N \rho} \right)^{\frac{1}{i-1}} \tag{10-4-14}$$

又如具有细晶消除的 DTB 型结晶器设计基本公式为:

$$G = \left\{ \frac{27 M_T^{1-j}}{2 L_D^4 k_v k_N \rho \exp[-3L_{ef}(R-1)/L_D]} \right\}^{\frac{1}{i-1}} \tag{10-4-15}$$

式中 G——结晶成长速率,$\text{m}\cdot\text{s}^{-1}$;

L_D——主粒度($L_D = 3G\tau$),m;

M_T——悬浮密度,$\text{kg}\cdot\text{m}^{-3}$;

L_{ef}——结晶切割粒度，m；

ρ——晶体密度，kg·m^{-3}；

R——消晶循环比；

k_v——体积形状因子；

k_N——成核动力学式常数；

i——成核速率与生长速率的指数关系（$B^0 = KM_T^j G^i$）；

j——成核速率与浆料密度的指数关系（$B^0 = KM_T^j G^i$）。

【**例 10-4-4**】 设计一台混合悬浮混合出料（MSMPR）冷却结晶器，简图如图 10-4-33 所示。已知条件如下：

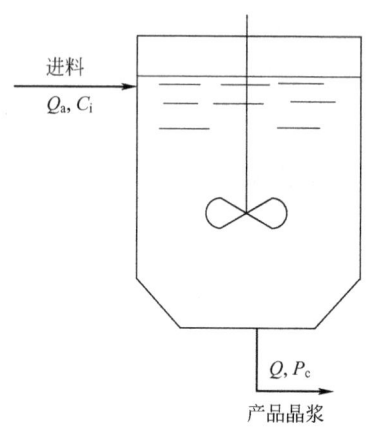

图 10-4-33 【例 10-4-4】结晶器简图

晶体的主粒度	4×10^{-4} m
生产速率	400 kg·h^{-1}
悬浮密度	200 kg·m^{-3} 晶浆
体积形状因子	1
晶体密度	1.8×10^3 kg·m^{-3}

解 成核-生长动力学方程式：

$$B^0 = 3 \times 10^{15} M_T G^{1.5} \text{个·m}^{-3}\text{·s}^{-1}$$

(1) 确定适合要求的生长速率

由成核速率表达式可知：$i = 1.5$，$j = 1$

$$G = \left(\frac{27}{2L_D^4 k_v k_N \rho}\right)^{\frac{1}{i-1}} = \left[\frac{27}{2(4 \times 10^{-4})^4 (3 \times 10^{15})(1.8 \times 10^3)}\right]^{\frac{1}{0.5}} = 9.5 \times 10^{-9} \, (\text{m·s}^{-1})$$

(2) 确定停留时间

$$\tau = \frac{L_D}{3G} = \frac{4 \times 10^{-4}}{3(9.5 \times 10^{-9})} = 14030 \, (\text{s}) = 3.89 \, (\text{h})$$

(3) 确定排料量 Q 及结晶器有效体积 V

$$Q = 400/200 = 2 \, (\text{m}^3 \cdot \text{h}^{-1})$$

$$V = 2 \times 3.89 = 7.78 (\text{m}^3)$$

此式也可用于蒸发结晶器的计算。此时 τ 为晶体的停留时间,蒸发量可通过物料衡算得出,而结晶器的体积还需考虑液面上方的蒸气分离空间。

【例 10-4-5】 设计一台带细晶消除的 DTB 型结晶器(见图 10-4-34),已知条件与例 10-4-4 相同,但要求适应以下条件:$i=1.5$, $j=1.0$, $L_f=30\mu\text{m}$, $R=3$。

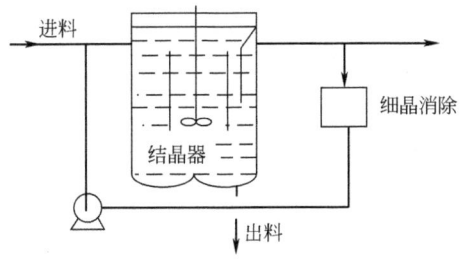

图 10-4-34 带细晶消除的结晶器

解

$$G = \left\{ \frac{27}{2(4 \times 10^{-4})^4 (1)(3 \times 10^{15})(1.8 \times 10^3) \exp\left[-\frac{3(3-1)(3 \times 10^{-5})}{4 \times 10^{-4}}\right]} \right\}^{\frac{1}{1.5-1}}$$

$$= 2.35 \times 10^{-8} (\text{m} \cdot \text{s}^{-1})$$

$$\tau = L_{DF}/(3G_F) = 4 \times 10^{-4}/(3 \times 2.35 \times 10^{-8}) = 5673(\text{s}) = 1.576(\text{h})$$

产品排出的体积速率:

$$Q = P/P_e = 400/200 = 2 (\text{m}^3 \cdot \text{h}^{-1})$$

悬浮区的体积:

$$V = \tau Q = 1.576 \times 2 = 3.15 (\text{m}^3)$$

与例 10-4-5 的计算结果相比较,完成相同的任务,采用细晶消除方式操作,使结晶器的有效体积降低一半以上。如能结合清母液溢流,使晶浆密度 M_T 进一步提高,或增大细晶消除循环速率比 R,所需的结晶器的有效体积还能显著降低。但也应注意到这种结晶器需要较大的澄清区截面积。

4.7.2.2 丰仓贤加晶种间歇结晶器的设计方法

丰仓贤提出了以结晶操作特性因子 CFC 概念为基础的设计理论[2]。该方法可以用于加晶种的间歇结晶器的设计。在公式推导中应用了结晶成核与成长的经验式,并假定了成长指数 $g=1$,导出了输送层型(包括 DTB 型)、混合槽型、分级层型(包括 Krystal-Oslo 型)结晶器设计计算式。例如,对于加晶种的混合槽型结晶器有效体积 V 可按下式计算:

$$V = AF \tag{10-4-16}$$

$$A = \frac{PL_D}{k_a k_0 MV^*(\Delta C)^2} \tag{10-4-17}$$

$$F=\frac{\varphi\left(X_1^2+\frac{2}{3}X_1+\frac{2}{9}\right)}{\left(1-\frac{1}{\varphi}\right)\left(X_1^2+\frac{2}{3}X_1+\frac{2}{9}+X_1^3\right)} \tag{10-4-18}$$

式中 P——生产速率，$kg \cdot h^{-1}$；

L_D——主粒度，m；

k_a——面积体积形状因子之比；

k_0——质量结晶成长速率，$m \cdot h^{-1}$；

M——结晶物质分子量；

V^*——千摩尔体积，$m^3 \cdot kmol^{-1}$；

ΔC——溶液入口处的浓度推动力，$kmol \cdot m^{-3}$ 溶剂；

φ——无量纲对比过饱和度；

X_1——无量纲粒度；

F——结晶操作特性因子 CFC；

A——设计特性因子。

在 1975 年第六届国际结晶会议上，丰仓贤又提出了结晶器图解设计方法[19,20]，见图 10-4-35。该法的特点是按照结晶器数学模型公式计算出结晶器生产强度 P/V、主粒度 L_D、成核速率 B（即图中的 $F'vk$）、成长速率 G（即图中 $dL/d\theta$）、空隙率 ε 之间的相互关系通式，并绘图表示出来。因而对于一定的结晶系统，只要由实验求出其 B 和 G，即可应用此图求出结晶器有效体积，对结晶器进行放大设计。国际上工业结晶界对此图解法也很感兴趣。

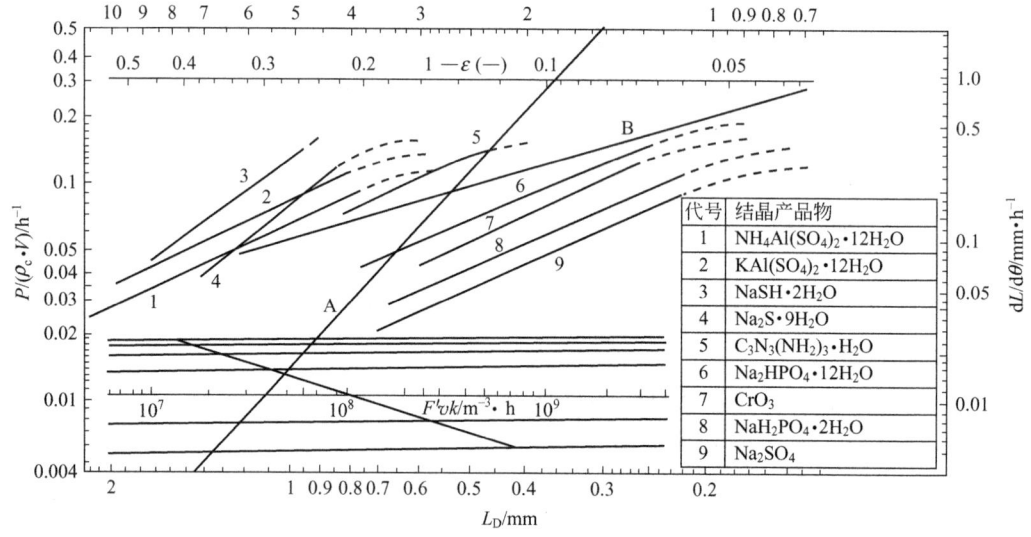

图 10-4-35 丰仓贤结晶器图解设计方法

【例 10-4-6】 试设计一联合制碱用的外冷式结晶器，操作方法是连续混浆式。已知：总产量 $P'=80000 t \cdot a^{-1}$，年工作日为 300d；

冷却结晶器的产量占总产量的 32.7%；

扣除母液分离不净所夹带的 NH_4Cl，冷析结晶器纯产 NH_4Cl（100%）只占 96.3%；

冷析结晶器的操作温度为 7℃；

晶体生长速率系数，$K_0 = 0.07725 \text{m} \cdot \text{h}^{-1}$；

氯化铵的摩尔质量，$M = 53.5 \text{kg} \cdot \text{kmol}^{-1}$；

晶体的密度，$\rho_c = 1460 \text{kg} \cdot \text{m}^{-3}$；

纯水的密度，（7℃）$\rho_v = 999.902 \text{kg} \cdot \text{m}^{-3}$；

平均操作过饱和度，$\Delta C_{av} = 0.9676 \text{g} \cdot \text{L}^{-1}$（溶液），$\Delta C_{av} = 1.3002 \text{g} \cdot \text{L}^{-1}$（水）；

晶体面积体积形状因子之比，$k_0 = 6$；

进出溶液的组成如下：浓度单位为 $\text{kmol} \cdot \text{m}^{-3}$ 溶液；α 为生产 1t 粗氯化铵对应所需溶液体积，单位为 $\text{m}^3 \cdot \text{t}^{-1}$；

溶液密度，$\rho_u = 1129.06 \text{kg} \cdot \text{m}^{-3}$。

项目	母液名称	NH$_4$Cl	NaCl	(NH$_4$)$_2$CO$_3$
进液	AⅠ	4.0715	1.2120	0.8007
出液	BⅡ	3.4575	1.2534	0.8280

项目	母液名称	Na$_2$CO$_3$	NH$_4$OH	α
进液	AⅠ	0.2383	0.5806	8.0827
出液	BⅡ	0.2465	0.6004	7.8156

解

（1）冷析盐析的实际产量

$$P' = \frac{80000 \text{t} \cdot \text{a}^{-1}}{300 \text{d} \cdot \text{a}^{-1} \times 24 \text{h} \cdot \text{d}^{-1}} = 11.11 \text{t} \cdot \text{h}^{-1}$$

冷析产量

$$P = \frac{11.11 \times 0.327 \times 96.3}{100} = 3.499 (\text{t} \cdot \text{h}^{-1}) \approx 3500 \ [\text{kg} \cdot \text{h}^{-1}(100\% \text{NH}_4\text{Cl})]$$

（2）物料衡算表（以每吨粗氯化铵为基准，重量为 kg）

项目	进液（AⅠ）(26℃)	出液（BⅡ）(7℃)
NH$_4$Cl	4.0715×53.5×8.0827=1760.61	3.4575×53.5×7.8156=1445.71
NaCl	1.2120×58.8×8.0827=576.02	1.2534×58.8×7.8156=576.02
(NH$_4$)$_2$CO$_3$	0.8007×96×8.0827=621.26	0.8280×96×7.8156=621.26
Na$_2$CO$_3$	0.2383×106×8.0827=204.20	0.2465×106×7.8156=204.20
NH$_4$OH	0.5806×35×8.0827=164.24	0.6004×35×7.8156=164.24
合计	3323.38	3008.48
溶液总重	1130.72×8.0827=9139.21	1129.06×7.8156=8824.32
H$_2$O	5815.83	5815.84

（3）溶剂的投入量

纯水在 26℃ 时，$\rho_v = 996.783 \text{kg} \cdot \text{m}^{-3}$

$$F = \frac{5815.83}{996.783} \times 11.11 = 64.83 \quad (\text{m}^3 \cdot \text{h}^{-1})$$

(4) 出口溶液浓度

$$C_{av} = 3.4575 \times 7.816/(5815.84/999.902) = 4.646 \quad (\text{kmol} \cdot \text{m}^{-3})$$

(5) 空隙率

$$\varepsilon = \frac{\rho_c(\rho_v + MC_{av})}{\rho_c(\rho_v + MC_{av}) + \rho_u P/F} = \frac{1460(999.902 + 53.5 \times 4.646)}{1460(999.902 + 53.5 \times 4.6460) + 1129.06 \times 3500/64.829}$$
$$= 0.9677$$

(6) 以投入溶剂为基准的过饱和度（晶种粒度 $L_s = 200\mu m$）

$$\Delta C_1 = \Delta C_{av} + (P - F'\rho_c L_s^3)/(FM)$$

晶种流率 F'：

$$F' = \frac{\rho}{L_D^3 \rho_c} = \frac{3500}{(1 \times 10^{-3})^3 \times 1460} = 2.40 \times 10^9$$

$$F'\rho_c L_s^3 = 2.40 \times 10^9 \times 1460 \times (2 \times 10^{-4})^3 = 28.03 \quad (\text{kg} \cdot \text{h}^{-1})$$

$$\Delta C_1 = 0.0243 + (3500 - 28.03)/(64.83 \times 53.5) = 1.025 \quad (\text{kmol} \cdot \text{m}^{-3})$$

(7) 对比过饱和度

$$\varphi = \frac{\Delta C_1}{\Delta C_{av}} = \frac{1.025}{0.0243} = 42.18$$

(8) 对比粒度

$$X_1 = \frac{L_s}{L_D} = \frac{2 \times 10^{-4}}{1 \times 10^{-3}} = 0.2$$

(9) 按式(10-4-17) 求 A

$$A = \frac{PL_D}{k_a V^* k_0 M(\Delta C_1)^2} = \frac{3500 \times 1 \times 10^{-3}}{6 \times \frac{53.5}{1460} \times 0.07725 \times 53.5 \times 1.025^2} = 3.665$$

(10) 按式(10-4-18) 计算操作特性因子 CFC

$$F = 42.78$$

(11) 以溶剂为基准的结晶器容积

$$V = AF = 3.665 \times 42.78 = 156.77 \quad (\text{m}^3)$$

(12) 晶浆的表观流速，即保持晶体悬浮所需的上升速度，可参考有关的流体流动的章节计算：

$$u_c = 3.667 \text{cm} \cdot \text{s}^{-1} = 0.0367 \text{m} \cdot \text{s}^{-1}$$

(13) 结晶器的容积

$$V' = \frac{V(\rho_v + MC_{av})}{\varepsilon \rho_u} = \frac{156.77(999.902 + 53.5 \times 4.646)}{0.9677 \times 1129.06} = 179.14 \quad (m^3)$$

(14) 母液循环量 Q，$m^3 \cdot s^{-1}$

过饱和度 $\Delta C_{ac} = 0.9676 \text{kg} \cdot m^{-3}$（溶液）

循环量 $Q = P/\Delta C_{av} = 3500/0.9676 = 3617.2(m^3 \cdot h^{-1}) = 1.004 \quad (m^3 \cdot s^{-1})$

(15) 结晶器的截面积 S，m^2

设中心管循环流速 $1.5 m \cdot s^{-1}$，若忽略管壁截面积

$$S = S' + S'' = \frac{Q}{u_c} + \frac{Q}{1.5} = \frac{1.004}{0.0367} + \frac{1.004}{1.5} = 27.39 + 0.669 = 28.06 \quad (m^2)$$

(16) 结晶器的直径

因为 $\qquad S = \frac{\pi}{4} D^2$

$$D = \sqrt{\frac{S}{0.7854}} = \sqrt{\frac{28.06}{0.7854}} = 5.977 \quad (m)$$

取 $\qquad D = 6m$

(17) 结晶器高度　在结晶器中，晶浆的上升与中心管所占的部分无关。

结晶器的高度 $\qquad Z = \frac{V'}{S'}$

实际的 $\qquad S' = 0.7854 \times 6.0^2 - 0.669 = 27.606 \quad (m^2)$

$$Z = \frac{179.14}{27.606} = 6.489 \quad (m)$$

取 $\qquad Z = 6.5m$

实际容积 $\qquad V' = 27.606 \times 6.5 = 179.44 \quad (m^3)$

4.7.2.3　那乌特（Nývlt）连续结晶器设计方法

在欧洲以 Nývlt 为代表的结晶学派也一直在对结晶器的设计模型进行研究[15,21]。他们由简单的粒度与质量平衡出发，应用主粒度概念，结晶成核及成长动力学方程式导出了包含一个系统常数 F 的基本设计模型：

$$L_D^{\frac{3+i}{i}} = FM_m \eta^{\frac{1-i}{i}} \tag{10-4-19}$$

$$F = 6^{-\frac{1}{i}} (3L_N)^{\frac{3}{i}} \times \frac{k_a k_g}{\varphi k_v k_n^{\frac{1}{i}}} \tag{10-4-20}$$

$$M_m = \frac{M_c}{V\rho} = \int_{L_N}^{\infty} \rho k_v n L^3 dL \tag{10-4-21}$$

$$\eta = \frac{P}{V\rho_l} \tag{10-4-22}$$

式中　　η——生产强度，$kg \cdot kg^{-1} \cdot h^{-1}$（或 $kg \cdot kg^{-1} \cdot s^{-1}$）；

　　　　k_n——质量成核速率常数；

　　　　k_g——质量结晶成长速率常数；

　　　　k_a——面积形状因子；

　　　　k_v——体积形状因子；

　　　　ρ_l——溶液密度，$kg \cdot m^{-3}$；

　　　　ρ——结晶密度，$kg \cdot m^{-3}$；

　　　　L——晶体粒度，m；

　　　　L_N——晶核粒度，m；

　　　　L_D——产品结晶主粒度，m；

　　　　M_m——晶浆悬浮密度，$kg \cdot kg^{-1}$；

　　　　M_c——结晶器中晶体的总质量，kg；

　　　　P——生产速率，$kg \cdot h^{-1}$（或 s^{-1}）；

　　　　V——结晶溶液体积，m^3；

　　　　i——成核生长动力学级数比。

Nývlt 已将此式应用于 MSMPR 型结晶器的设计中，并由此式出发对多级结晶器进行了最佳化，提出了多级连续结晶模型。

取得系统常数 F 的可靠方法是采用中试法，利用一台具有中试规模的连续结晶器进行试验，并要求测得试验中结晶器的生产强度 η、晶浆密度 M_m 及产品晶体的主粒度 L_D。基本设计方程式(10-4-19)可改写为：

$$\left(\frac{L_D^3}{\eta}\right)^{1/i} = F \frac{M_m}{L_D \eta} \tag{10-4-23}$$

或

$$\frac{1}{i}\lg \frac{L_D^3}{\eta} = \lg F + \lg \frac{M_m}{L_D \eta} \tag{10-4-24}$$

在 4 次以上不同条件的试验中，取得若干组 η、M_m 及 L_D 的数据，以 $\lg(L_D^3/\eta)$ 为横坐标，以 $\lg \frac{M_m}{L_D \eta}$ 为纵坐标作图，可得一直线，其斜率为 $1/i$，截距为 $-\lg F$。主粒度 L_D 根据产品筛析数据，绘出按质量粒度分布函数 $W(L)$ 加以确定。

【例 10-4-7】 设计一台在 15℃ 下操作的 MSMPR 冷却结晶器。进料为 40℃ 的饱和 $FeSO_4 \cdot 7H_2O$ 溶液，进料的体积速率为 $10 m^3 \cdot h^{-1}$，要求产品晶体的主粒度为 $325 \mu m$。计算结晶器的有效体积。

已知数据如下：进料溶液的密度 $\rho_l = 1290 kg \cdot m^{-3}$。

40℃ 下 $FeSO_4$ 的溶解度 $C_0 = 0.287 kg \cdot kg^{-1}$

15℃ 下 $FeSO_4$ 的溶解度 $C_f = 0.180 kg \cdot kg^{-1}$

成核-生长动力学级数比 $i = 2.34$

无水物与水合物分子量比 $M_{AH}/M_H = 152/278 = 0.547$

在实验室中用一个 4L 的 MSMPR 结晶器进行试验，进料为 40℃ 的饱和溶液，流量为 $3L \cdot h^{-1}$，得到产品晶体的主粒度 $L_D = 423 \mu m$。

解　晶浆悬浮密度为：

$$M_\mathrm{m} = \frac{C_0 - C_\mathrm{f}}{(M_\mathrm{AH}/M_\mathrm{H}) - C_0} = \frac{0.287 - 0.180}{0.547 - 0.287} = 0.4115 \quad (\mathrm{kg \cdot kg^{-1}})$$

平均停留时间：

$$\tau = \frac{V}{Q} = \frac{4}{3} = 1.33 \quad (\mathrm{h})$$

实验室结晶器的生产强度：

$$\eta = \frac{M_\mathrm{m}}{\tau} = \frac{0.4115}{1.33} = 0.3094 \quad (\mathrm{kg \cdot kg^{-1} \cdot h^{-1}})$$

系统常数 F：根据试验数据，用式(10-4-23)求得。

$$F = \frac{L_\mathrm{D}^{\frac{3}{i}+1}}{M_\mathrm{m} \eta^{\frac{1}{i}-1}} = \frac{(4.23 \times 10^{-4})^{2.28}}{0.4115 \times 0.3094^{-0.573}} = 2.522 \times 10^{-8}$$

根据实验室试验数据计算出的 η、F，以及根据生产任务所规定的产品主粒度 $L_\mathrm{D} = 325\mu\mathrm{m}$，用式(10-4-19)求取生产规模的结晶器的生产强度 η。

$$L_\mathrm{D}^{\frac{3}{i}+1} = F M_\mathrm{m} \eta^{\frac{1}{i}-1}$$
$$(3.25 \times 10^{-4})^{2.28} = (2.522 \times 10^{-8}) 0.4115 \eta^{-0.573}$$

故

$$\eta = 0.88295 \mathrm{kg \cdot kg^{-1} \cdot h^{-1}}$$

以总质量为基准的浆料密度为：

$$M_\mathrm{T} = \frac{C_0 - C_\mathrm{f}}{\dfrac{M_\mathrm{AH}}{M_\mathrm{H}} - C_\mathrm{f}} = \frac{0.287 - 0.180}{0.547 - 0.180} = 0.292 \quad (\mathrm{kg \cdot kg^{-1}})$$

按设计要求结晶器的生产速率为：

$$P = Q \rho_1 M_\mathrm{T} = 10 \times 1290 \times 0.292 = 3767 \quad (\mathrm{kg \cdot h^{-1}})$$

结晶器的有效体积为：

$$V = \frac{P}{\rho_1 \eta} = \frac{3767}{1290 \times 0.883} = 3.307 \quad (\mathrm{m^3})$$

【例 10-4-8】 设计任务及已知条件与例 10-4-7 相同，但规定采用具有清母液溢流的 MSMPR 结晶器，溢流的母液量为 $2\mathrm{m^3 \cdot h^{-1}}$，试求结晶器的有效体积。

解 清液溢流悬浆悬浮密度

$$M_\mathrm{mc} = M_\mathrm{m} \frac{Q}{Q - Q_0} = 0.4115 \times \frac{10}{10 - 2} = 0.514 \quad (\mathrm{kg \cdot kg^{-1}})$$

$$\eta^{-0.573} = \frac{L_\mathrm{D}^{\frac{i}{3}+1}}{F M_\mathrm{mc}} = \frac{(3.25 \times 10^{-4})^{2.28}}{2.522 \times 10^{-8} \times 0.514} = 0.86$$

$$\eta = 1.301 \mathrm{kg \cdot kg^{-1} \cdot h^{-1}}$$

$$V = \frac{P}{\rho_1 \eta} = \frac{3767}{1290 \times 1.301} = 2.244 \quad (\text{m}^3)$$

与例 10-4-7 的设计结果相比，采用清母液溢流使结晶器有效体积缩小约 30%。

4.7.2.4 木林（Mullin）设计方法

这是一个主要借助于经验估算法的设计方法，在该设计中应用了五个基本设计参数：

$$\text{溶液的循环量 } Q = \frac{\text{结晶的生产速率 } P}{\text{有效过饱和度 } \Delta C_a} \tag{10-4-25}$$

$$\text{结晶器的截面积 } S = \frac{\text{溶液的循环量 } Q}{\text{溶液的上升速度 } u_c} \tag{10-4-26}$$

$$\text{晶浆层的高度 } H = \frac{\text{晶浆的溶剂 } V}{\text{结晶器的截面积 } V} \tag{10-4-27}$$

$$\text{总停留时间 } T = \frac{\text{晶浆中结晶的质量 } W}{\text{结晶的生产速率 } P_c} \tag{10-4-28}$$

$$\text{晶浆的容积 } V = \frac{\text{晶浆中结晶的质量 } W}{\text{晶浆的密度 } M_t} \tag{10-4-29}$$

式中各物理量意义及估算法如下所述。

① 有效过饱和度：式(10-4-25) 中有效过饱和度 $\Delta C_a = \Delta C_p - \Delta C_0$，其中 ΔC_p 为溶液进入悬浮床底部时的过饱和度；ΔC_0 为溶液离开悬浮床顶部时的过饱和度，单位均为 kg 溶质·kg^{-1}溶剂。故式(10-4-25)计算所得的 Q 实质上为溶剂的循环速率，其单位是 kg 溶剂·h^{-1}。已求出溶剂循环速率，并已知溶液浓度，即可求出溶液的循环速率。式(10-4-28) 中定义的总停留时间 T 对于稳定操作系统，既指晶体的停留时间也指液体的停留时间，不要将它同产品晶体的生长时间，即一个晶体从晶核长成产品粒度所经历的时间（或称为产品晶体的年龄）混淆起来，这是悬浮床结晶器与混合型结晶器的主要区别。在悬浮床中由于分级作用，使晶粒只有在长大后才得以沉至结晶器底而作为产品排出，而式(10-4-28)、式(10-4-29) 中的悬浮床中晶体质量 W 却是指整个粒度范围内的晶体质量，微小晶核要经历很长的时间（远比名义停留时间为长）才能长大成为符合粒度要求的产品晶体。式(10-4-28) 中晶体生产速率 P_c 指产品大晶粒排出速率 kg·h^{-1}。

② 悬浮床中溶液的向上流速是由粗粒晶浆的沉降速度来确定的，在流化床中晶体的沉降速度是流体上升产生晶体的"曳力"与重力的平衡力所造成的，当溶液中晶体浓度增加，直径又大于 100μm 时，晶体的沉降速度受到阻滞而下降，Richardson 和 Zaki 证明有下述关系：

$$u_c = u_i e^n \tag{10-4-30}$$

$$\lg u_c = \lg u_1 + n \lg e \tag{10-4-31}$$

式中 u_c——晶浆中颗粒的下降速度，或溶液上升速度；

u_i——晶浆浓度为零，也就是在清溶液中颗粒沉降速度，称为"终端速度"，在一般化学工程书籍中有它的计算方法或可查表求取；

e——晶浆的空隙率，$e = 1 - W/(\rho_c V)$；

W——晶浆中干固体的质量；

V——质量为 W 的晶体的晶浆体积；

W/V——单位体积中干晶体重,称为"晶浆浓度";
$W/(\rho_c V)$——单位体积中晶体净占的体积分数。

式中,n 值是 Re(以清溶液的黏度、密度、流速以及晶体粒径 d_p 为基准算出的雷诺数)的函数,当容器直径 D 与粒径"接近"时,又是 d_p/D 的函数,关联式如下:

$$0<Re'<0.2 \quad n=4.6+20d_p/D \tag{10-4-32}$$

$$0.2<Re'<1 \quad n=(4.4+18d_p/D)Re'^{-0.03} \tag{10-4-33}$$

$$1<Re'<200 \quad n=(4.4+18d_p/D)Re'^{-0.1} \tag{10-4-34}$$

$$200<Re'<500 \quad n=4.4Re'^{-0.1} \tag{10-4-35}$$

$$500<Re' \quad n=2.4 \tag{10-4-36}$$

式中 d_p——晶体的粒径;
D——容器的直径。

d_p/D 是对比直径,只要使用单位统一均可,当 $Re>200$ 以后,d_p/D 的改正就不需要。大型设备中 d_p/D 值很小,可忽略不计。

③ 晶床容积(V)的几种估计方法如下:

a. 取晶床高度 H 为结晶器直径的 1~2 倍。再用结晶器的有效截面积 S,则算出 V,这只是一种粗略的估计方法,分级式结晶器的产率在一定条件下不决定 H 而决定 S。

b. "分离强度"(separation intensity,SI)估算法:

它的定义是每 1m³ 结晶器容积每小时能生产粒径为 1mm 的晶体的质量,SI 值一般在 50~300kg·m⁻³·h⁻¹,温度在 30℃左右。随温度的增高,SI 值亦增大。

对于粒径为 $d_p>1$mm 的晶体,有下述关系:

$$SI=d_p P/V \tag{10-4-37}$$

式中 d_p——晶粒的大小(实际是一个对比直径 $d_p/1$mm),mm;
P——晶体的产量,kg·h⁻¹;
V——晶浆的容积,m³。

c. 在很多分级结晶器中,总停留时间(或落下时间)$T=2$h。当产量 P 已知,可由 $PT=W$ 算出晶床中晶体的质量。选择适当的晶浆密度或者空隙率 e,晶浆容积可由下式求出:

$$e=1-\frac{W}{\rho_c V} \tag{10-4-38}$$

移项后可得:

$$V=\frac{W}{\rho_c(1-e)} \tag{10-4-39}$$

④ 产品结晶的生长时间 t,它的几种估计方法为:

a. 从理论上考虑,推荐使用晶体的真实停留时间 t,它是总停留时间(落下时间)T 的 4 倍,即,$t=4T$,$T=2$h,

$$t=4T=8h \tag{10-4-40}$$

b. 分级结晶器中,结晶速率相当于每小时将悬浮晶体质量 10%~15% 析出,也就是 $t=7$~10h。

c. 如能算出 G（$=dL/dt$），即结晶线生长速率，就可以按下式估算：

$$\tau = \frac{L_p - L_0}{G} \tag{10-4-41}$$

式中　L_p——产品结晶的主粒径；

L_0——晶床中最小晶体的粒径。

但 G 应是晶床中在平均过饱和度下的生长速率。

d. t 也可由下式估算：

$$t = L_p/2G_p(L_p^2/L_0^2 - 1) \tag{10-4-42}$$

此式是假定全部过饱和度均在晶床中消失。G_p 为最大线生长速率，也就是在结晶器底部（产品的出口或液体的入口处）的晶体线生长速率。

⑤ 晶浆密度（ρ_c）或晶床空隙率（e），常需选择适当的晶浆密度或空隙率的工作值，有些资料推荐：在结晶器底部使用空隙率值为 0.5，而在顶部取 0.975；但在实践中发现，结晶器的总平均空隙率一般为 0.8~0.9。用直线内插法校验此平均空隙率，令 $e_{平均}$ 为平均空隙率；$L_{平均}$ 为晶浆平均粒度；L_p 为 $e_p = 0.5$ 时对应的产品粒度；$e_0 = 0.975$ 时对应的最小粒度为 L_0：

$$e_{平均} = e_p + \frac{e_0 - e_p}{L_p - L_0} L_{平均} \tag{10-4-43}$$

对于完全分级的晶浆而言，

$$L_{平均} = 0.63 L_p \tag{10-4-44}$$

一般 $e_{平均}$ 值在 $0.8(L_0 \to 0) \sim 0.9(L_0 = 0.25L_p)$ 之间。

应指出的是，上述的方法仅是根据经验的估算法，使用时需要进行分析。

依据以上设计参数，以下列出理想分级床结晶器设计计算的主要假设与计算方法：

在这一分析与推导中，首先假设：

a. 结晶器未发生失去控制的成核现象，单位时间内进入恒定的晶种数目 N，晶种是晶床中最小的颗粒，其粒径为 L_0。这种简化的假设是符合工业实际的，多余的晶核可由细晶捕集器取出加以溶解再送至结晶器。

b. 晶床是完全分级的，并且分为若干层，各层的粒度相等（即停留时间相等）。这一简化便于计算晶床中各层晶粒的表面积总和。实际上不可能分得如此清晰，可能有相混现象。

c. 晶体的质量生长动力学方程用下式加以描述。

$$dW/dt = k_g A \Delta C^n \tag{10-4-45}$$

d. 晶体的粒径可以用一个特征长度 L 表示，于是晶体的表面积与体积可根据这个长度再引入形状系数而计算出来。

根据上述假设，可列出悬浮床中任一层的物料衡算通式：

$$Q(\Delta C_p - \Delta C) = \alpha \rho N(L_p^3 - L^3) \tag{10-4-46}$$

或：

$$\Delta C = \Delta C_p - \frac{\alpha \rho N(L_p^3 - L^3)}{Q} \tag{10-4-47}$$

式中，ΔC_p 为分级床层最底层，且产品粒度为 L_p 处的过饱和度；ΔC 为离开晶床任一层处最小粒度为 L 处的过饱和度；N 为单位时间经过悬浮床的晶粒数。结晶的生产速率为：

$$P = \alpha \rho N L_p^3 \tag{10-4-48}$$

从而式(10-4-47)可改写为：

$$\Delta C = \Delta C_p - \frac{P}{Q}\left(1 - \frac{L^3}{L_p^3}\right) \tag{10-4-49}$$

N 个结晶的总表面积及质量为：

$$A = \beta N L^2 \tag{10-4-50}$$
$$W = \alpha \rho N L^3 \tag{10-4-51}$$

式中，α 和 β 为体积及面积形状因子，

从而

$$dW = 3\alpha \rho N L^2 dL \tag{10-4-52}$$

所以晶体线性生长速率为：

$$G = \frac{dL}{dt} = \frac{\beta}{3\alpha\rho} k_g \Delta C^n \tag{10-4-53}$$

再将 (10-4-49) 式代入式(10-4-53) 得：

$$G = \frac{\beta}{3\alpha\rho} k_g \Delta C_p^n \left[1 - \frac{P}{Q\Delta C_p}\left(1 - \frac{L^3}{L_p^3}\right)\right]^n \tag{10-4-54}$$

一般来说，离开结晶器分级床的过饱和度不是零，而是一个正值，

$$\Delta C_0 = \Delta C_p - \frac{P}{Q}\left(1 - \frac{L^3}{L_p^3}\right) \tag{10-4-55}$$

在大多数情况下，$L_0 \ll L_p$，因此：

$$\Delta C_0 = \Delta C_p (1 - \Phi) \tag{10-4-56}$$

式中

$$\Phi = \frac{P}{Q\Delta C_p} = 1 - \frac{\Delta C_0}{\Delta C_p} \tag{10-4-57}$$

由式(10-4-54)

$$G = G_p [1 - \Phi(1 - L^3/L_p^3)]^n \tag{10-4-58}$$

式中

$$G_p = \frac{\beta}{3\alpha\rho} k_g \Delta C_p^n \tag{10-4-59}$$

G_p 是分级床底部产品结晶的生长速率，式中 Φ 是过饱和度消失的程度（以分数表示）。如果完全消失，$\Delta C_0 = 0$，$\Phi = 1$；如果消失了 90%，则 $\Delta C_0 = 0.1\Delta C_p = (1-0.9)\Delta C_p$，其余类推。

假设结晶的生长速率与晶体粒度无关（如与粒度有关，也可以取一个平均值），Mullin 由以上式出发，对 $\Phi = 1$（即过饱和度完全消失）情况，推导出：

$$G_p = \left(\frac{L}{L_p}\right)^{3n} \tag{10-4-60}$$

于是

$$\tau = \frac{L_p}{(3n-1)G_p}\left[\left(\frac{L_p}{L_0}\right)^{3n-1} - 1\right] \tag{10-4-61}$$

当 $n=1$ 时，此式简化为：

$$\tau = \frac{L_p}{2G_p}\left(\frac{L_p^2}{L_0^2} - 1\right) \tag{10-4-62}$$

若 $L_0 = 0.1L_p$，于是：

当 $n=1$ $\tau = 49L_p/G_p$

当 $n=2$ $\tau = 2\times 10^4 L_p/G_p$

若 $L_0 = 0.3L_p$，于是：

当 $n=1$ $\tau = 4L_p/G_p$

当 $n=2$ $\tau = 82L_p/G_p$

对于 $\Phi = 0.9$：

当 $n=1$ $\tau = 7.1L_p/G_p$

当 $n=2$ $\tau = 50.7L_p/G_p$

对于 $\Phi = 0.5$：

当 $n=1$ $\tau = 1.67L_p/G_p$

当 $n=1$ $\tau = 2.89L_p/G_p$

对于 $\Phi \to 0$（即过饱和度消失极少）：

$$G = G_p$$

$$\tau = \frac{L_p - L_0}{G} = \frac{L_p - L_0}{G_p} \tag{10-4-63}$$

下面的问题是如何恰当选择实际过饱和度 ΔC_p，选值时一定要低于介稳区的极限值，由于受水力学及其他有关条件的影响，此值的极限以最大温度过饱和度 Δt_{max} 表示，也可以通过该点溶解度曲线的斜率转换为最大浓度过饱和度：

$$\Delta C_{max} = \frac{dC^*}{dt}\Delta t_{max} \tag{10-4-64}$$

另一方法是假定最大允许过饱和度与全混式结晶器一样，即由晶体粒数衡算求得：

$$N = \frac{P}{\alpha\rho L_p^3} = \frac{k_n \Delta C_{max}^m}{\alpha\rho L_0^3} \tag{10-4-65}$$

式中，L_0 是晶核的粒径，注意此处的 k_n 单位是 $kg \cdot s^{-1} \cdot \Delta C^m$。

于是，

$$\Delta C_{max} = \left[\frac{P}{k_n(L_p/L_0)^3}\right]^{1/m} \tag{10-4-66}$$

此式表示了产品结晶最下一层的平衡关系，在这一过饱和度水平之下可能生成过多的晶核，因此必须用比 $\Delta C_{\max}$ 远低一些的过饱和度值。

流化床内的总物料平衡式为：

$$W = \sum_{L_0}^{L_p} \alpha \rho N_i L_i^3 \cong \frac{P\tau L^3}{L_p^3} \tag{10-4-67}$$

式中，N_i 为任意一层的晶体数目；L_i 为该层相应的晶体粒径。而且床层中平均粒度为：

$$L_M^3 = \frac{\int_{L_0}^{L_p} L^3 dL}{L_p - L_0}$$

$$L_M^3 = \frac{1}{4}[(L_p^4 - L_0^4)/(L_p - L_0)] \tag{10-4-68}$$

当 $\qquad L_p \gg L_0, L_M = 0.63 L_p \tag{10-4-69}$

$$W = \frac{P\tau}{4L_p^3} \frac{L_p^4 - L_0^4}{L_p - L_0} \tag{10-4-70}$$

$$W = \frac{1}{4} P\tau \tag{10-4-71}$$

因为 $\qquad T = W/P \tag{10-4-72}$

则 $\qquad \tau = 4T \tag{10-4-73}$

这也就是前述的"产品晶体生长时间为总停留时间的4倍"的依据。

【例 10-4-9】 在 20℃ 下结晶 K_2SO_4，产率为 $1000 kg \cdot h^{-1}$，要求产品粒径为 1mm。悬浮床中最小晶体粒度 L_0 为 0.3mm，该粒度晶体自由沉降速度为 $4 cm \cdot s^{-1}$，晶核粒度 L_n 为 0.1mm，该结晶生长与晶核形成动力学速率常数分别为：

$$k_g = 0.75 kg \cdot m^{-2} \cdot s^{-1} \cdot (\Delta C)^{-n} \quad n = 2.0$$
$$k_n = 2 \times 10^8 kg \cdot s^{-1} \cdot (\Delta C)^{1-m} \quad m = 8.3$$

其他物性数据为：

晶体密度，$\rho_s = 2.660 kg \cdot m^{-3}$

液体密度，$\rho = 1.082 kg \cdot m^{-3}$

溶液的黏度，$\eta = 1.2 Pa \cdot s$

溶解度(20℃时)，$C^* = 0.1117 kg \cdot kg^{-1}$。

试计算此结晶器的合理尺寸。

解 ① 工作过饱和度，ΔC_p 由 $\Delta C_{\max}$ 估计出来：

$$\Delta C_{\max} = \left[\frac{P}{k_n (L_p/L_n)^3}\right]^{1/m} = \left[\frac{1000}{3600 \times 2 \times 10^8 \times 1000}\right]^{1/8.3} = 0.037 \quad (kg \cdot kg^{-1})$$

实际选用的过饱和度水平，在分级结晶中，远比此极限为低。可取进入床底的过饱和度 ΔC_p 为 $\Delta C_{\max}$ 的 30% 左右，即 $\Delta C_p \approx 0.01$。

② 溶液的循环量，Q。

对于过饱和度完全消失的，即 $\Phi = 1$，

$$Q = \frac{P}{\Phi \Delta C_p} = \frac{1000}{1 \times 0.01} = 10^5 (\text{kg} \cdot \text{h}^{-1}) = 10^5 (1+0.1117) = 1.1117 \times 10^5 (\text{kg} \cdot \text{h}^{-1})$$

$$= \frac{1.1117 \times 10^5}{1082} = 103 \quad (\text{m}^3 \cdot \text{h}^{-1})$$

③ 最大线生长速率 G_p，设晶体为球形，$\alpha/\beta = 1/6$

$$G_p = \frac{\beta}{3\alpha \rho_s} k_g \Delta C_p^n = \frac{6}{3 \times 2660} \times 0.75 \times 0.01^2 = 5.6 \times 10^{-8} \quad (\text{m} \cdot \text{s}^{-1})$$

$$C = 0.1117 + 0.01 = 0.1217$$

$$C^* = 0.1117$$

过饱和度 $\Delta C = C/C^* = 0.1217/0.1117 = 1.09$

查表 10-3-4 求出 G 与此一致。

④ $n=2$，以不同的 Φ 值分别计算产品生长时间 t，例如 $\Phi=1$

$$t = \frac{L_p}{(3n-1)G_p} \left[\left(\frac{L_p}{L_0} \right)^{3n-1} - 1 \right] = \frac{(1/1000)}{5 \times (5.6 \times 10^{-8}) \times 3600} \left[\left(\frac{1}{0.3} \right)^5 - 1 \right] = 403 \quad (\text{h})$$

⑤ 计算分级床中晶体的总重：

$\Phi = 1 \qquad t = 403\text{h}$

$$W = \frac{Pt}{4L_p^3} \frac{L_p^4 - L_0^4}{L_p - L_0} = \frac{1000 \times 403}{4 \times (1/1000)^3} \frac{1^4 - 0.3^4}{1 - 0.3} \frac{1000}{1000^4} = 143000 \quad (\text{kg})$$

⑥ 选空隙率 $e = 0.85$，计算分级床容积

$$e = 1 - \frac{W}{\rho_s V_s} \quad 0.85 = 1 - \frac{143000}{2660V}$$

$$V_s = 358 \text{m}^3$$

⑦ 溶液上升流速　按照前述方法可取自由沉降的实测值，即 $u_c = 4\text{cm} \cdot \text{s}^{-1}$，结晶器的截面积为：

$$S = \frac{103}{(4/100) \times 3600} = 0.72(\text{m}^2) = \frac{Q}{u_c}$$

结晶器的直径 $\qquad D = \sqrt{\frac{4S}{\pi}} = \sqrt{\frac{4 \times 0.72}{\pi}} = 0.95 \quad (\text{m})$

如果精密计算时要扣除中央进液管所占截面积，即先定 $1 \sim 1.5 \text{m} \cdot \text{s}^{-1}$ 的管内流速，计算管截面后扣除之。

⑧ 分级床的高度 $\qquad H = V_s/S = 358/0.72 = 497 \quad (\text{m})$

$$H/D = 497/0.95 = 523$$

因此比值不合理，故要求重新迭代计算。

⑨ 分离强度 SI 的计算：

$$\text{SI} = \frac{L_p}{1} \frac{P}{V_s} = 1 \times \frac{1000}{358} = 2.8$$

将过饱和消失度 Φ，设定为各种不同值，重复上述计算，可得到表 10-4-5。

表 10-4-5 例题 10-4-9 计算结果

设计项目	单位	过饱和消失度 Φ			
		1	0.9	0.5	0.1
晶体最大线生长速率,G_p	$m \cdot s^{-1} \times 10^{-8}$	5.6	5.6	5.6	5.6
溶液上升速度,u	$m \cdot h^{-1}$	144	144	144	144
溶液循环量,Q	$m^3 \cdot h^{-1}$	103	114	206	1030
产品结晶生长时间,t	h	403	252	14.4	3.5
晶体重量,W	kg	143000	89500	5100	1240
分层床容积,V_s	m^3	358	224	12.8	3.1
结晶器截面积,S	m^2	0.72	0.79	1.43	7.2
结晶器分层床高度,H	m	497	284	9.0	0.43
结晶器直径,D	m	0.95	1.0	1.35	3.03
H/D*	—	518	284	6.7	0.14
分离强度,SI	$kg \cdot m^{-3} \cdot h^{-1}$	2.8	4.5	78	320
经济上可行性	—	不可	不可	可	不可

计算结果讨论：

① 上述计算结果表明，就分级悬浮结晶器而言，对于像硫酸钾这种具有中等生长速率的结晶过程（生长速率指数 $n=2$），在结晶器中使用较低过饱和度解除程度是比较合适的。当 $\Phi=0.5$，$V_s=12.8m^3$，$H/D=6.7$ 值偏高一些。若要使 H/D 大约等于 2，则悬浮床体积需要 $6m^3$ 左右，而过饱和度解除程度约为 30%。

② 影响分级悬浮床结晶器床高的因素有两个，其一为过饱和度解除程度 Φ，当 Φ 值越大，悬浮床高度也越大；其二是所期望的产品晶体粒度 L_p 和留存在床层中的最小晶体的粒度 L_0 之差，(L_p-L_0) 之值越大，H 值也越大。分级悬浮床的高度与操作过饱和度无关，又与生产速率无关，而这种结晶器的截面积却与生产速度、操作过饱和度及 Φ 值有关。分级悬浮床结晶器的床高 H 往往选为器身直径 D 的 1~2 倍，其原因通常是为了节省结构材料。分离强度 SI 值可助于估计生产速率或悬浮床体积，前已介绍 SI 值，通常在 50~300 $kg \cdot m^{-3} \cdot h^{-1}$ 之间、在许多分级悬浮床结晶器中，产品晶体的生长时间 τ 约在 5~15h 范围之内，故取 $\tau=8h$ 作为初步计算之用是合理的。

③ 对于过饱和度解除程度 Φ 值，若结晶物质的生长速率与过饱和度的一次方成正比，即生长速率指数 $n=1$，则容许的 Φ 值可达 90%。对于 $n=2$ 的物质，容许的 Φ 值可能要低于 50%。必须强调指出，过饱和度的解除程度亦为结晶器高度的函数，按照操作条件所选用的 Φ 值将决定结晶器的尺寸。

4.8 结晶器操作与控制

4.8.1 结晶器操作

4.8.1.1 连续操作与间歇操作比较

虽然连续结晶操作也像其他单元操作连续化一样具有许多优点，但是对于许多较大规模的结晶过程却至今宁愿采用分批间歇操作。这是因为间歇结晶过程具有独特的长处，如设备相对简单，热交换器表面结垢现象不严重等，最主要的是对于某些结晶物系，只有使用间歇操作才能生产出指定纯度、粒度分布及晶型的合格产品。间歇结晶与连续结晶过程相比较，它的缺点是操作成本比较高，不同批产品的质量可能有差异，即操作及产品质量的稳定性较差，必须使用计算机辅助控制方能保证生产的重复性。但间歇结晶操作的晶浆可以达到热力学平衡态，比较稳定。连续结晶过程生产出的晶浆是不可能完全达到平衡态的，晶浆有可能在结晶出口管道或其他部位继续结晶，出现不希望有的固体沉积现象。

在制药行业应用间歇结晶操作，便于批间对设备进行清理，可防止批间污染，而保证药品的高质量，同理对于高产值、低批量的精细化工产品也适宜采用间歇结晶操作。如果连续结晶过程操作一段时间后常会发生不希望有的自生晶种的情况，也必须经常中断操作，进行洗涤才能保证过程的正常运行。在部分结晶过程中，间歇半连续结晶过程兼具了间歇操作与连续操作双方的优点，已被工业界较广泛采纳。

4.8.1.2 操作要点

在大多数连续结晶设备中，晶体产品达到所希望的粒度需要的停留时间一般为 2~6h。但过饱和溶液的成核却可以在几分之一秒内发生。所以维持连续结晶设备中操作的稳定性，比在很多其他类型的加工设备中重要得多。欲抑制一次扰动，预计将经过 4~6 倍停留时间周期。这就是说，恢复期一般经历 8~36h。

维持一个给定产品粒度所需的晶核形成速率，该速率随粒度要求的增加而呈幂级减少。所以对任何要求产生大晶粒的系统，必须仔细控制成核。并要特别注意防止晶种随进料流股进入结晶器，或随从过滤机或离心机返回的母液再循环流股重新回到结晶器之中。

经验证明，在任何给定的结晶器主体中，当以给定生产速率操作时，通过外加清液溢出等措施控制晶浆密度，对晶体粒度的控制是十分重要的。虽在某些系统中晶浆密度的变化不能引起成核速率的变化，但在更通常的情况下，增加晶浆密度，会使成核量减少、生长量增加并且增加床层中晶粒的停留时间，使产品粒度增大。较长停留时间将使得溶质从液相到固相的推动力降低，对于增大粒度是有作用的。降低悬浮密度一般将增加成核并减小粒度。因为较低的悬浮密度在设备局部会产生较高的过饱和度水平（特别是在蒸发型结晶器内的临界沸腾表面处），从而导致局部成核速率过快，降低了晶体的主粒度。

在液体表面或在表面冷却结晶器的管壁，该处的高过饱和度是壁面结垢的主要原因。虽然若干类型的结晶器［如 KCl 或 $(NH_4)_2SO_4$ 的结晶］可能连续操作几个月，但大多数连续结晶器的稳定操作时间短得多。控制粒度与延长操作周期在大多数装置中都是较难解决的操作问题。

对于强制循环型结晶器，粒度的控制基本是通过选择循环系统与主体体积来实现的。从操作观点来讲，外加晶种、分级排料或对晶浆密度仔细加以控制有利于生产具有理想粒度的产品。当强制循环设备中的晶体不能达到产品粒度要求时，常常采用细晶消除措施。在 DTB 结晶系统中是通过调节循环溢流液以抽出主体中细晶的一部分来实现的，其量约达澄清体积的 0.05%~0.5%。在稳定操作中，溢流固体量应保持相对恒定，如果在结晶器内的晶浆密度升高到 50% 以上，大量产品将出现在溢流系统中，使细晶消除设备不起作用。若通过细晶阱的循环速率太高，将产生同样的结果。而如果通过细晶循环的流量太低，则移除的粒子不够，将使晶体产品粒度变小。要采用细晶消除技术的结晶器，比简单强制循环设备的操作，要求更为复杂的控制。

悬浮床式分级结晶器的控制也相对复杂，除控制细晶消除回路的流量外，还要求有对主循环流股加以控制以使悬浮室中保持适当程度的流化，该流股的流量随起始操作与正常操作之间晶体粒度的变化而变化。

虽然目前采用的大多数工业设计都建立在减少成核问题上，但在某些结晶系统中，也确实出现晶种不够及产品晶体粒度过大的问题。在这类系统中，可借增加循环装置施加机械刺激，或通过某种外源引入细晶，以增加晶种或增加晶核的形成。

4.8.2 连续结晶过程的在线控制

为了得到粒度分布特性好、纯度高的结晶产品，在工业上已应用了仪表控制和计算机辅助控制于工业结晶过程中。在连续结晶过程中除了需稳定控制住结晶温度、压力、进料及晶浆出料速率以及结晶器液面，保证结晶过程的过饱和度稳定在介稳区内操作以防止大量的二次及初级成核外，还需注意对连续结晶不稳态行为进行控制，以尽可能地消除结晶粒度分布的固有振荡现象[22~26]。

4.8.3 间歇结晶过程控制与最佳操作曲线

对于间歇结晶过程，为了得到高质量（粒度分布优良与高纯度）的晶体产品，需要仔细地加入晶种，并实现程序控制[27~29]。对于不加晶种溶液实现迅速冷却的结晶，必然穿过介稳区，自发成核，释放的结晶潜热又使溶液温度略有上升，冷却后又产生更多的晶核，以致难以控制结晶成核及成长的过程，这种效应表示于图 10-4-36 及图 10-4-37 中。

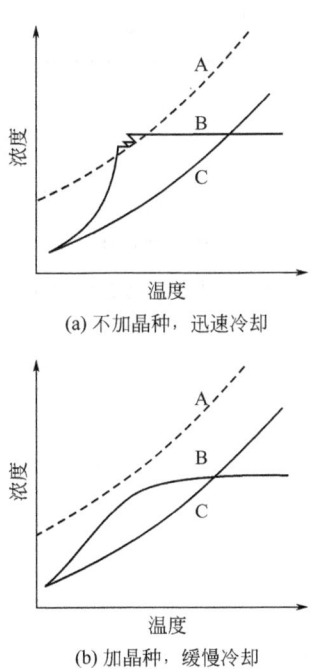

(a) 不加晶种，迅速冷却

(b) 加晶种，缓慢冷却

图 10-4-36　加晶种的冷却结晶
A—超饱和曲线；B—溶液冷却曲线；C—溶解度曲线

图 10-4-36 描述了加晶种并缓慢冷却结晶过程的行为。结晶是在介稳区内进行，避免了自发成核，晶种的结晶成长速率也得以控制。按照规定的结晶产品主粒度 L_p 以及所需的结

晶产率 Y，可粗略按式(10-4-74)算出所需的晶种（粒度为 L_s）加入质量 M_s。在制糖行业中已广泛应用了这种加晶种的操作。

$$M_s = \frac{YL_s^3}{L_p^3 - L_s^3} \quad (10\text{-}4\text{-}74)$$

为了控制产品粒度，还需控制结晶过程中的冷却曲线或蒸发曲线。不控制的自然冷却过程，在过程的前期会出现过饱和度峰值，如图 10-4-37 所示，不可避免地要发生自发成核，引起产品结晶粒度分布的恶化。要维持在介稳区内结晶成长，需按最佳冷却曲线（或最佳蒸发曲线）进行结晶操作。欲求取在不同操作条件下的最佳冷却（或蒸发）曲线，需经过极复杂的计算，下述的简单关系式可供粗略计算最佳冷却曲线：

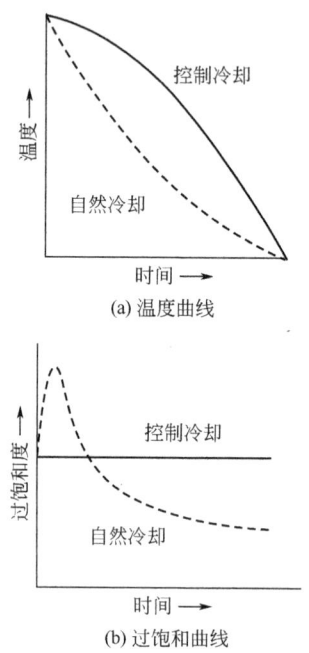

图 10-4-37　自然冷却结晶与控制冷却结晶

$$\theta_t = \theta_0 - (\theta_0 - \theta_f)(t^*/t)^3 \quad (10\text{-}4\text{-}75)$$

式中　θ_t——某一时刻的温度，℃；

θ_0——溶液的初始温度，℃；

θ_f——溶液的终点温度，℃；

t^*——某一时刻；

t——总结晶时间。

4.8.4　结晶的包藏与结块现象的防止手段

(1) 结晶的包藏与防止手段　结晶的包藏是指晶体内包含有固体、液体或气体杂质的现象[30]。在工业结晶中，由于含有杂质的母液往往不能彻底地脱除而被包藏在晶体中，将使晶体不纯。在晶体产品储存时，一旦某些晶体中包藏的少量液体破碎流出，会引起结块。为了避免杂质的包藏，在进行结晶时应尽量防止灰尘或其他固体杂质进入系统。结晶时也要避免急骤的搅拌或者沸腾，因为这些操作会导致空气或者气体在晶体中包藏。晶体成长过快是引起包藏的一个主要原因，所以也应避免结晶过程中产生过高的过饱和度。

（2）结晶的结块与防止手段　在储存或运输晶体产品的过程中，某些晶体物质常常会结成块状，为产品的应用带来很大的不便。影响结块的因素较多，就晶体产品本身来说，主要是粒度、粒度分布以及晶习。均匀整齐的粒状晶体的结块倾向小，即使发生了结块现象，由于单位接触点少，结块也容易破碎[31]。粒度参差不齐的粒状晶体，由于大晶体之间的空隙填充着较小的晶体，其结果是单位体积中接触点增多，故其结块倾向较大，结成的块也不易破碎。片状的、枝状的、不规则柱状晶体都具有易于结块的特性。影响结块的外部因素有储存环境下的大气湿度、温度、压力及时间等[32]。

工业上防止晶体产品结块的方法有三种，第一种方法是彻底干燥晶体产品，并在湿度低的干燥空气中包装，储存于不漏气的容器中，尽量地防止储存时受较大的压力。第二种方法是在工业结晶过程中仔细控制，使晶体粒度适宜。第三种方法是使用防结块添加剂，常用的防结块剂有惰性防结块剂，如滑石粉、硅藻土等；还有表面活性防结块剂，如用脂肪胺作为氯化钾的防结块剂，十五烷基磺酰氯作为碳酸氢铵化肥的防结块剂等已取得良好效果[33]。

参考文献

[1] Shtukenberg A G, Lee S S, Kahr B, et al. Annual Review of Chemical & Biomolecular Engineering, 2014, 5 (1): 77.
[2] Gilman, JohnJoseph. The Art and Science of Growing Crystals. New York: Wiley, 1963.
[3] Nancollas G H, Reddy M M, Tsai F. Journal of Crystal Growth, 1973, 20 (2): 125-134.
[4] Mullin J W, Söhnel O. Chemical Engineering Science, 1977, 32 (7): 683-686.
[5] van Leeuwen C, Blomen L J. Journal of Crystal Growth, 1979, 46 (1): 96-104.
[6] Söhnel O, Garside J. Journal of Crystal Growth, 1981, 54 (2): 358-360.
[7] 金克新. 化工进展, 1986, (4): 13-16, 20.
[8] Feilchenfeld H, Sarig S. Industrial & Engineering Chemistry Product Research & Development, 1985, 24 (1): 130-133.
[9] Bo S, Rasmussen P, Fredenslund A. Chemical Engineering Science, 1986, 41 (5): 1197-1202.
[10] Kimura H. Journal of Crystal Growth, 1985, 73 (1): 53-62.
[11] Mullin J W, Williams J R. Chemical Engineering Research and Design, 1984, 62: 296-302.
[12] Finkelstein E. Journal of Heat Recovery Systems, 1983, 3 (6): 431-437.
[13] Bamforth A W. Industrial Crystallization. London: Leonard-Hill, 1965.
[14] 王静康, 周爱月, 张远谋. 天津大学学报: 自然科学与工程技术版, 1985 (3): 59-69.
[15] Nývlt J. Collection of Czechoslovak Chemical Communications, 1989, 54 (12): 3187-3197.
[16] Nyvlt J. Design of Crystallizers. Sweden: Wolfe Publishing Ltd, 1992.
[17] Larson M A, Garside J. Chemical Engineer-London, 1973, 274 (274): 318-328.
[18] Nývlt J, Toyokura K. Kristall und Technik, 1981, 16 (12): 1425-1433.
[19] Toyokura K E N, Tanaka H, Tanahashi J. Journal of Chemical Engineering of Japan, 1973, 6 (4): 325-331.
[20] Toyokura K E N. Acta Polytechnica Scandinavica Chemical Technology Series Ch, 1997: 29-38.
[21] Nývlt J. Kinetics of Industrial Crystallization. Prague: Elsevier, 1985.
[22] Beckman J R, Randolph A D. AICHE Journal, 1977, 23 (4): 510-520.
[23] Ishii T, Randolph A D. AICHE Journal, 1980, 26 (3): 507-510.
[24] 王静康, 卫宏远, 张远谋. 化工学报, 1993 (5): 565-574.
[25] Rousseau R W, Howell T R. Industrial & Engineering Chemistry Process Design & Development, 1982, 21 (21):

606-610.
[26] Randolph A D, White E T, Low C C D. Industrial & Engineering Chemistry Process Design & Development, 2002, 20 (3): 496-503.
[27] Wang H Y, Ward J D. Industrial & Engineering Chemistry Research, 2015, 54 (38): 9360-9368.
[28] 王静康, 廖立, 张远谋. 化工学报, 1990 (4): 467-475.
[29] Tseng Y-T, Ward J D. AICHE Journal, 2014, 60 (5): 1645-1653.
[30] Wilcox W R, Kuo V H S. Journal of Crystal Growth, 1973, 19 (4): 221-228.
[31] Brunsteiner M, Jones A G, Pratola F, et al. Crystal Growth & Design, 2005, 5 (1): 3-16.
[32] Chen M, Wu S, Xu S, et al. Powder Technology, 2018, 337: 51-67.
[33] Phoenix L. British Chemical Engineering, 1966, 11 (1): 34-38.

5 熔融结晶

5.1 熔融结晶的操作模式与宏观动力学分析

5.1.1 基本操作模式

熔融结晶基本包含以下几种结晶模式：

① 在冷却表面上从静止的或者熔融体滞流膜中徐徐沉析出结晶层，即逐步冻凝法，或称定向结晶法。

② 在具有搅拌的容器中从熔融体中快速结晶析出晶体粒子，该粒子悬浮在熔融体之中，然后再经纯化，熔化而作为产品排出，亦称悬浮床结晶法或填充床结晶法。

③ 区域熔炼法：将待纯化的固体材料（或称锭材）顺序局部加热，使熔融区从一端到另一端通过锭块，以完成材料的纯化或提高结晶度，以改善材料的性质。

在第一、二种模式熔融结晶过程中，由结晶器或结晶器中的结晶区产生的粗晶，还需通过净化器或结晶器中的纯化区来移除多余的杂质而达到结晶的净化提纯，按照杂质存在的机理，所使用的技术如表 10-5-1 所示。

表 10-5-1 净化的机理与方式

序号	杂质存在机理	杂质存在的部位	杂质的移除技术
1	母液的黏附	结晶表面物质粒子之间	洗涤,离心
2	宏观的夹杂	结晶表面和内部包藏	挤压+洗涤
3	微观的夹杂	内部的包藏	发汗+再结晶
4	固体溶解度	晶格点阵	发汗+再结晶

前两种模式的结晶方法，主要用于有机物的分离与提纯，第三种模式专门用于冶金材料精制或高分子材料的加工。据统计，目前已有数十万吨有机化合物使用熔融结晶法分离与提纯，例如：纯度高达 99.99% 的对二氯苯已达到生产规模 17000 $t \cdot a^{-1}$；纯度 99.95% 的对二甲苯已达到 70000 $t \cdot a^{-1}$；双酚 A 已达到 15000 $t \cdot a^{-1}$ 等。在金属材料的精制中区域熔炼法已被广泛使用。

图 10-5-1 给出了熔融结晶过程逐步冻凝与悬浮结晶法中熔融母液（A，A'）与结晶表面（B）的温度与浓度关系。图 10-5-2 表示出了当相对流动速度 u 改变时结晶表面（A）条件的变化。

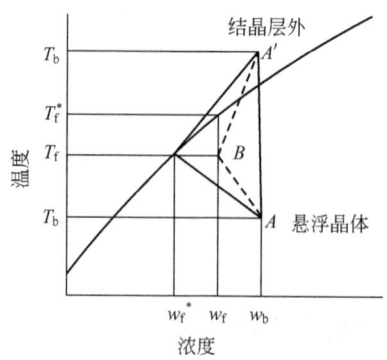

图 10-5-1 母液-晶体表面层温度与浓度关系

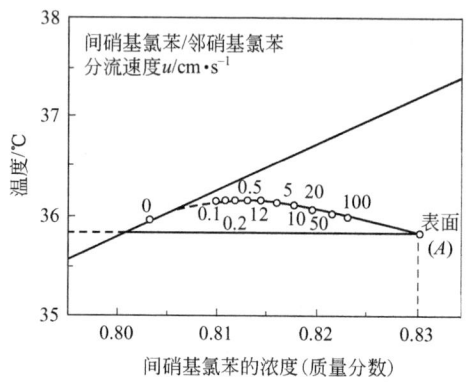

图 10-5-2 相对流动速度 u 改变时，结晶表面条件的变化

5.1.2 熔融结晶宏观动力学分析

对熔融结晶宏观动力学的研究远不及对溶液结晶研究的成熟。20 世纪 70 年代有研究对特定熔融结晶过程模型化进行了初步探讨，90 年代 M. Matsuoka 和 J. Garside 又综合了逐步冻凝层式结晶与悬浮床塔式结晶两种模式，以二元结晶物系为例（即图 10-5-1 表示的母液-晶体表面层温度与浓度关系），并提出了综合动力学模型方程组，方程如下[1]：

① 质量传递速率式

$$N_A = K_d \rho Z_A \ln \frac{Z_A - w_{Ab}}{Z_A - w_{Ai}} \tag{10-5-1}$$

式中

$$Z_A = \frac{N_A}{N_A + N_B}$$

② 热量传递速率式

$$Q = h(T_i - T_b)\frac{1}{\Lambda}\ln\frac{1}{\Lambda - 1} \tag{10-5-2}$$

式中

$$\Lambda = \frac{C_p(T_i - T_b)}{-\Delta H} \tag{10-5-3}$$

式中 N_A——相对于结晶表面 A 扩散质量通量，$kg·m^{-2}·s^{-1}$；

N_B——相对于结晶表面 B 扩散质量通量，$kg·m^{-2}·s^{-1}$；

Z_A——相对于总体质量通量的 A 组分的通量比例；

h——传热系数，$J·m^{-2}·s^{-1}·K^{-1}$；

C_p——平均比热容，$J·kg^{-1}·K^{-1}$；

K_d——传质系数，$m·s^{-1}$；

ρ——熔融液层密度，$kg·m^{-3}$；

w_{Ab}，w_{Ai}——结晶物质主体以及表面的浓度，以质量分数来表示；

T_b，T_i——结晶物质主体以及表面的温度；

ΔH——结晶热。

5.2 相图特征

5.2.1 二组分系统

对于二组分系统，在恒压操作条件下，该系统的相图可以在温度和浓度坐标中绘制。它可以是由一种溶质及一种溶剂组成的简单溶液体系，溶剂一般不会结晶析出。如果二组分系统中的二组分都可分别析出，它们的几种相图如图 10-5-3～图 10-5-6 所示。大部分有机物系属于这些体系。

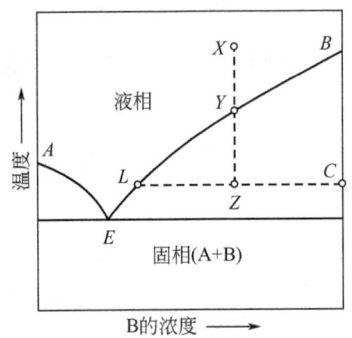

图 10-5-3 低共熔点双组分相图

(1) 低共熔物系 图 10-5-3 是低共熔点双组分相图，在系统中能形成具有最低结晶温度的"低共熔物系"（eutectic system），它是 A 和 B 按一定比例混合的固体。曲线 AE 和 BE 表示 A 和 B 不同组成混合物系结晶温度。很多有机化合物混合物、合金、耐火混合物等都属于这种物系。

(2) 固体溶液型物系 固体溶液是指由两个或更多组分，以分子级别大小紧密掺和的混合物。固体溶液物系比低共熔物系更难分离。图 10-5-4 是固体溶液相图，与低共熔物系相比较，固体溶液物系的分离不能是一级结晶，而必须采用多级结晶才能达到分离目的。

(3) 化合物形成型物系 类似于在水溶液中能形成水合物一样，对于由溶剂和溶质组成的双组分物系，亦可能生成一种或多种溶剂化合物。如果此化合物能与同样组成的液相以一

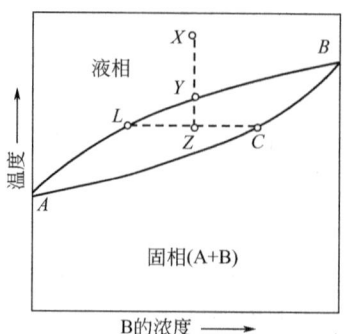

图 10-5-4　固体溶液相图

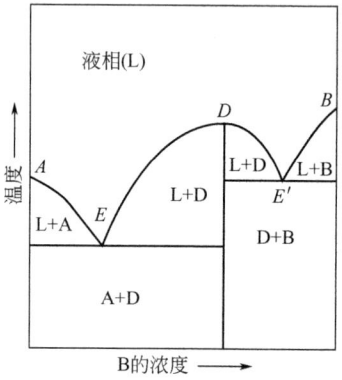

图 10-5-5　生成同成分熔点型溶剂化化合物相图
（双组分 A、B 能形成异成分熔点型化合物 D）
L—液相；E—低共熔点；
T_1—D 分解温度；T_2—D 理论熔点

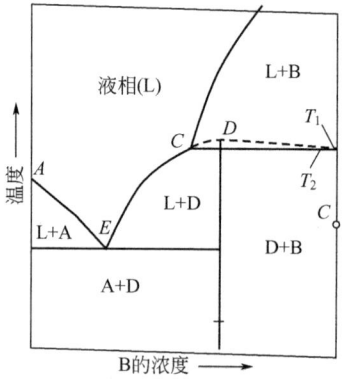

图 10-5-6　生成异成分熔点型溶剂化化合物相图
（双组分 A、B 能形成异成分熔点型化合物 D）
L—液相；E—低共熔点；
T_1—D 分解温度；T_2—D 理论熔点

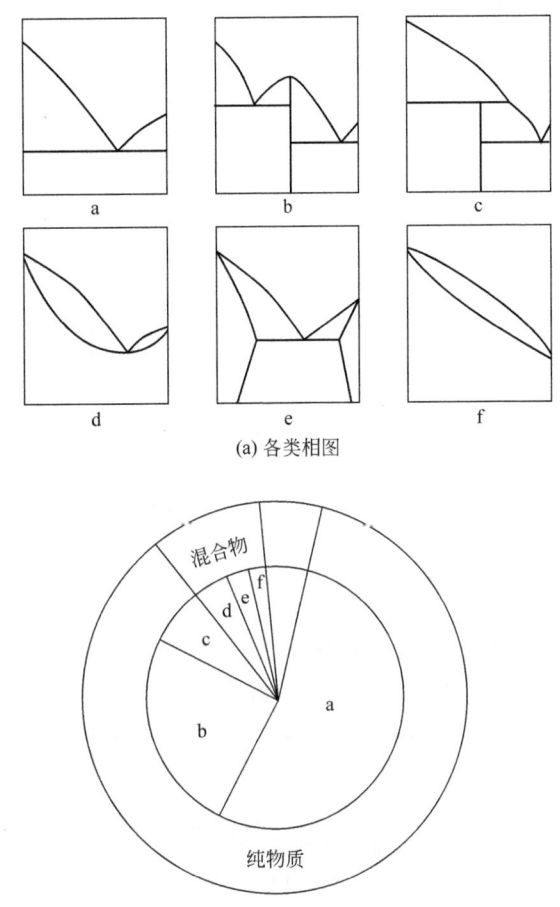

图 10-5-7 有机物系六种典型的结晶相图

种稳定平衡关系共存,即固相溶剂化合物可熔化为同样组成的液相,其熔点可称为同成分熔点;反之,则称为异成分熔点。图 10-5-5 和图 10-5-6 分别为两种情况的生成溶剂化化合物双组分物系的典型相图。图 10-5-7 为双组分有机物系的六种典型结晶相图,也适用于许多冶金物系。

常见的无机盐,如氯化钙六水合物的行为类似同成分熔点化合物;硫酸钠十水化合物、醋酸钠二水化合物等类似于异成分熔点化合物。

当结晶物系中存在有多晶型物质,而且晶型之间能够转化时,会导致结晶过程复杂化。图 10-5-8(a) 与图 10-5-8(b) 绘出了一个由 A 和 B 组分构成的双组分低共熔体的相图。其中组分 B 有两种对应晶型的多晶态 α 和 β。在图 10-5-8(a) 中,多晶转化温度高于低共熔点。图 10-5-8(b) 中,多晶转化温度低于共熔点,是一种纯粹的固相晶型转化。

5.2.2 分配系数

实际上,由于杂质或次要组分的黏附、包藏或夹杂,即使对低共熔混合物仅通过一级结晶也难以达到完全的分离,亦需多级结晶或通过净化后才能获得纯品。

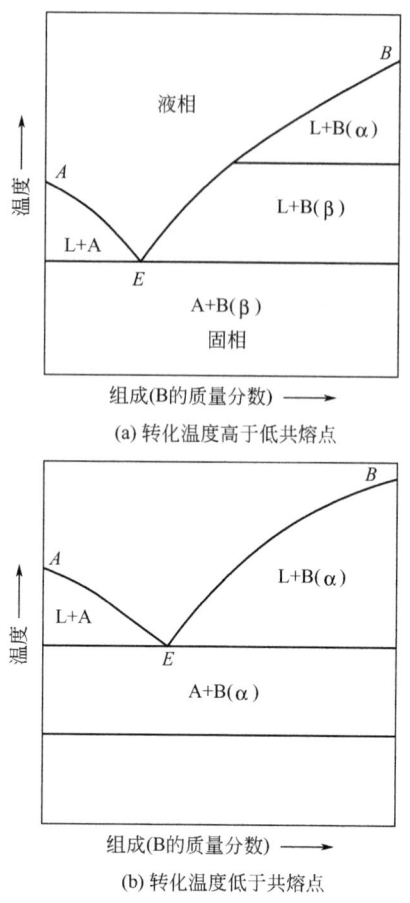

图 10-5-8 双组分系统多晶转化

如果杂质或次要的组分是完全地或部分地溶解于被提纯组分的固相中，则可方便地定义一个分配系数 k：

$$k = C_s / C_l \tag{10-5-4}$$

式中，C_s 是固相中杂质或次要组分的浓度；C_l 是液相中杂质的浓度。分配系数一般随固相组成而变，纯相中 k 等于零，熔点降低时则小于 1。以二元固体溶液物系为例，在纯 A 和纯 B 的附近区域中液相曲线和固相曲线近似变成直线，即分配系数变成常数。这就是在许多用分步凝固法获取超纯材料的数学处理中普遍假设 k 为常数的依据。

5.3 逐步冻凝过程及设备

逐步冻凝或正常冻凝，是指熔融物缓慢而定向地固化。实质上，这涉及用间接冷却在容器底部、周围界面或特定界面上进行缓慢凝固的过程。按相图的规律，无论是低共熔物系或固体溶液物系，在缓慢凝固时，其他组分或杂质都会被前进中的固体界面排除在液相之内，这种方法可用来使杂质集中。通过重复的凝固和液体排除可以在界面产生很纯的晶块。图 10-5-9 是一种最简单的逐步冻凝设备。凝固速率和界面位置由管的移动速率及冷却介质的温度加以控制。这种设备有许多类型，例如，液体部分可以在被搅拌或流动时被冷却而发生定向冻凝，如图 10-5-9 所示。此外，该过程也可以横卧完成。一般而言，当两个或多个组分的混合物被定向冻凝时，就有溶质的再分配。

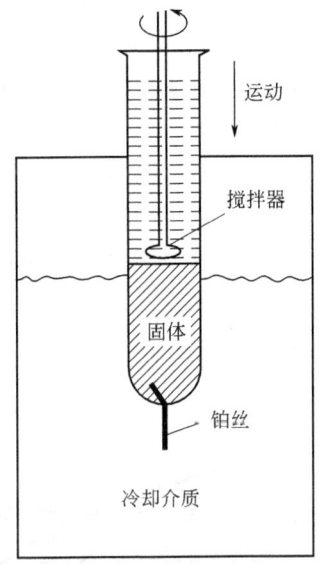

图 10-5-9　逐步冻凝设备

5.3.1　逐步冻凝组分分离

逐步冻凝的一个极限情况是平衡冻凝[2,3]，在这种情形下冻凝速率必须慢到足以使固相中的扩散能消除浓度梯度。只要在全部液相凝固之前结束冻凝操作，就能够达到分离的目的。

当分配系数小于 1 时，结晶出的固相中的杂质含量小于液相中的杂质含量。当被冻凝的部分增加，剩余液体中杂质的浓度也会增加，从而使析出固相中杂质的浓度也渐渐增加。对 $k>1$，浓度梯度则反转过来。因此，即使是固体相中的杂质没有发生扩散，在冻凝晶块内也会建立起一个浓度梯度。

若是主体液相被混合得很好，而固相中又不发生扩散，则对于分配系数 k，可得出一个联系着固相组成与被冻凝部分的简单公式：

$$C_s = kC_0(1-X)^{k-1} \tag{10-5-5}$$

式中，C_0 是最初进料的溶液浓度；X 是所冻凝部分的凝固分率；C_s 是固相中的溶液浓度。图 10-5-10 表明对不同的分配系数数值式所推测的溶质再分配。

这个理想化模型目前已被进一步发展，在模型中又增加了诸如冻凝速率和液相中混合程度之类的变量。例如，Burton 等推论，固体排除杂质的速度可能比它扩散到主体液体之内的速度要快。他们建议，冻凝速率和搅拌之间的关系可用溶质穿过一层紧贴着固体界面的停滞膜或滞流层的扩散来解释。他们的理论引出了有效分配系数 k_{eff} 表达式，k_{eff} 可用式(10-5-6) 以代替 k：

$$k_{\text{eff}} = \frac{1}{1+(1/k-1)e^{-f_0\delta/D}} \tag{10-5-6}$$

式中　f_0——晶体生长速率，cm·s^{-1}；
　　　δ——停滞膜或滞流层厚度，cm；
　　　D——扩散系数，cm^2·s^{-1}。

影响杂质再分配的主要变量是液相中的混合程度和冻凝速率。重要的是要达到足够的混合效果以增强杂质扩散离开固-液界面进入主体液体的速率。膜厚度随搅拌或湍流程度的增加而降低。过高的冻凝速度和过低的冷介质温度都会降低分离程度。

如图 10-5-10 所示，当逐步冻凝法应用于固体溶液或低共熔点混合物的分离时，在分配系数有利时，能得到较大的分离因数。如果再把晶块中不希望要的杂质借"发汗"等方法去除掉，能够得到相当纯的材料。此外，在某些情况下逐步冻凝对杂质的集中也提供了一个方便的办法，例如，如果 $k<1$，进行分配的杂质便富集在被冻凝的最后部分的液体中。

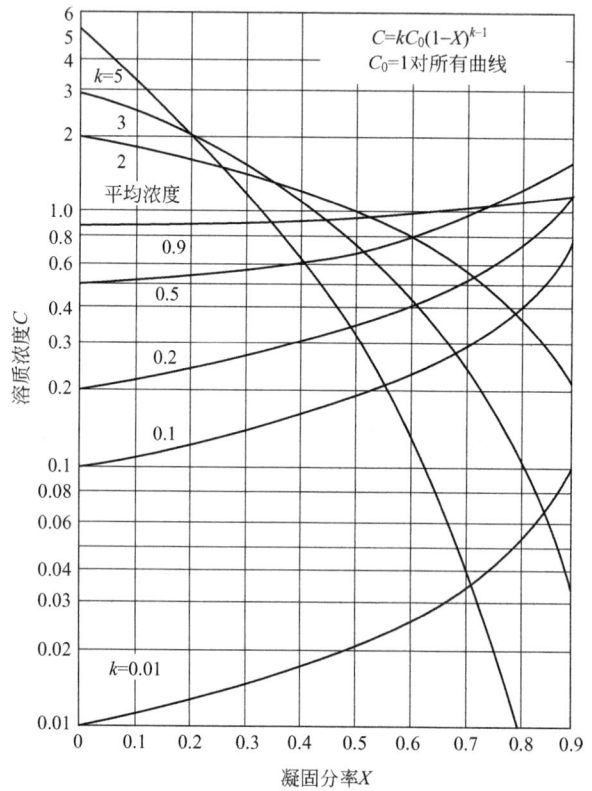

图 10-5-10　溶质浓度 C 对凝固分率 X 的逐步冻凝曲线

5.3.2　结晶设备

逐步冻凝曾经大规模地应用过，例如，用连续逐步冻凝法精炼铝。Proabd 提纯器也是逐步冻凝的一个商业应用例子。在此设备中，混合物在冷却管上定向地被凝固，然后发汗提纯，此方法曾应用于萘和对二甲苯的提纯。另一种使用定向凝固外加发汗法的提纯过程是由 Saxer 和 Papp 加以描述的 MWB 过程。该过程中操作是按顺序的，步骤包括熔融物以降膜的形式在 12m 长的管中部分冻凝，随后是"发汗"，再然后是熔解与精制产品的回收。分离能力视级数、回流比和分配系数而定。此外，逐步冻凝方法现已用于种类广泛的有机产品的提纯。

(1) 单级分离结晶器

① Proabd 精制器[4]　Proabd 精制器的结晶过程属于单级逐步冻凝结晶过程，也是间歇冷却过程[4]。在结晶釜内，熔融体在翅片换热管（管内运行冷却介质）表面上逐渐结晶析出，剩余母液中杂质含量不断增加，直到全部结晶组元析出为止。然后换热管内停止通入冷却介质，换为加热介质，使晶体缓慢熔化，最初熔化液中杂质含量高而被舍弃，待熔化液中所需组元的浓度达标后再作为产品放出。图 10-5-11 是这种精制器的示意流程图。

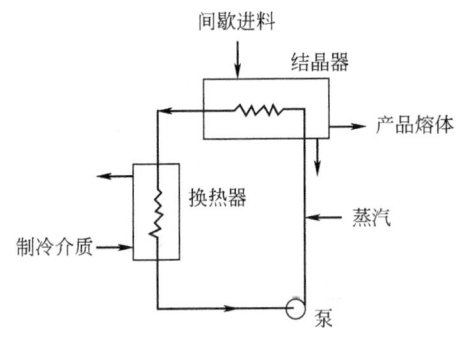

图 10-5-11　Proabd 精制器的示意流程图

② 旋转鼓式结晶器　图 10-5-12 表示旋转鼓式结晶器的示意图，它也属于单级结晶分离器。熔融体送入槽内，空心圆鼓部分浸入熔融体内，冷却剂通过转鼓轴心输入转鼓空腔。当转鼓转动时，在转鼓冷却表面部分形成结晶层，随后结晶层又被刮刀移出[5,6]。

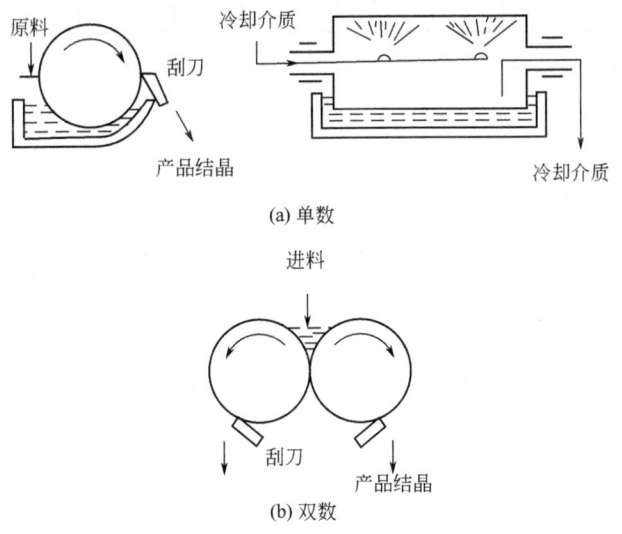

图 10-5-12　旋转鼓式结晶器的示意

③ 具有刮刀的热交换器式结晶器　它的基本结构是由带有夹套的圆柱形管构成的热交换器型的结晶器，在管内装配有刮刀。在进行结晶时管子可以以慢速转动。在这种结晶器下方排出的结晶母液中含有细小的晶体（约 $10\mu m$），所以对后续分离要求较高，这种结晶器已被用于滑润油的脱蜡及很多有机物系（如萘、对二甲苯、氯苯等）的分离。

(2) 多级结晶过程　应用单级熔融结晶过程进行分离，最终产品常常难以达到所需的纯度要求，因此部分过程需要采用多级结晶过程。多级熔融结晶过程有两种操作模式。

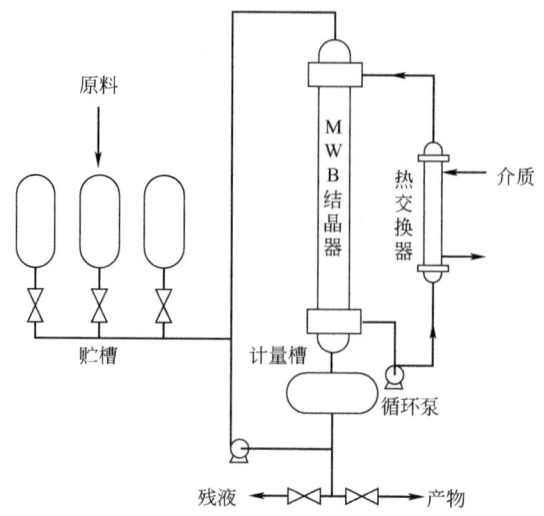

图 10-5-13　MWB 结晶装置

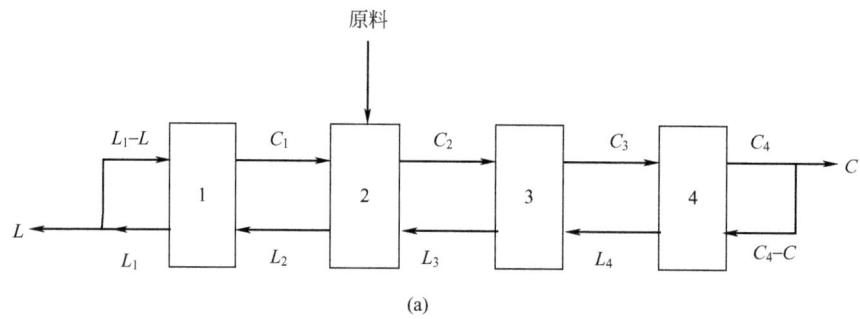

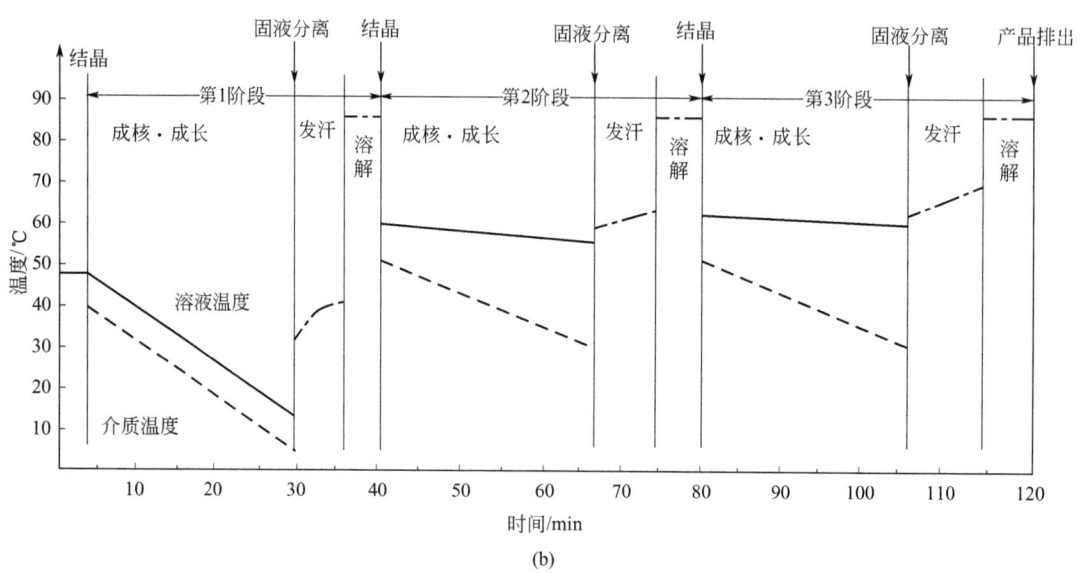

图 10-5-14　MWB 结晶装置的操作模式

① 多次重复进行结晶、熔融、重结晶操作，只要结晶操作重复的次数足够多肯定可得到所需要纯度的产品。

② 完成一级结晶后，用纯的液态物质对晶体进行逆流洗涤，以达到晶体的纯化。

如果熔融体内杂质含量高，一般选用第一种操作模式。对于属于固体溶液的熔融物系的分离必须考虑第一种操作模式。对于熔融体内杂质含量低的物系适合采用第二种操作模式。实际上，目前许多工业结晶过程中，是将两种操作模式结合起来实施的[4~9]。

苏尔寿兄弟公司（Sulzer&Brother Co.）开发了 Sulzer MWB 多级结晶过程，已经有效地用于有机混合物大规模的工业分离过程中（如氯苯、硝基氯苯、脂肪酸等）。这个过程是一个典型的逐步冻凝的多级过程，该装置及操作模式如图 10-5-13 和图 10-5-14 所示。它的主体设备为一个立式管式换热器式的结晶器，结晶母液循环于管程，冷却介质和加热介质转换运行于壳程。结晶首先发生在冷却表面上，然后再发汗、再熔融、再结晶，重复进行，直至完成多级结晶过程。图 10-5-14 表示了 MWB 结晶装置的操作模式[10]。

5.4 塔式结晶装置

已经工业化的熔融结晶过程，大多采用了塔式结晶器，实现了由低共熔混合物或固体混合物中分离出高纯产物的目的，并避免了多次重复结晶。该工艺一般使用多种形式的塔式结晶装置，熔融物系以液体形式进料，高纯产品亦以液体状态由塔中流出，固液交换的传热传质过程全部在塔内进行。在塔内同时进行着重结晶、逆流洗涤、发汗过程，从而达到分离提纯的目的。

1945 年美国菲利浦（Phillips）公司 Aronld 首先根据精馏塔的原理提出连续多级逆流分步结晶塔的设想，该设想引起了世界各国科学家的重视，随后不断涌现出各种结构形式的塔式结晶装置，如 20 世纪 50 年代中期美国 Phillips 公司提出的活塞式结晶塔和脉冲式结晶塔等[11~13]。

熔融结晶的第二种操作模式，就是依靠塔式结晶器实现的。在塔内用晶体和液体的逆流进行结晶提纯，与传统的结晶或蒸馏相比可产生较高的产品纯度。这个过程是首先在内部或外部形成晶体相，而后通过一股逆流的浓缩回流液运送晶体。实际应用这个工艺的问题在于控制固相运动有困难，不像蒸馏可利用液体和蒸气两相之间的密度差别，熔融结晶通常涉及具有几乎相同物理性质的液相和固相接触。两相密度常常很相近，而晶体的重力沉降可能慢而无效。目前虽已产生了很多的构型研究，以实现可靠的固相运动、高产量和纯度，以及效率高的加热和除热，但这些设备较少商业化。视进料位置是在结晶形成段的上游或下游，塔式结晶器曾被分类为末端加料或中央加料装置。末端加料和中央加料塔式构型在性能上有差别，因此，将分开讨论中央加料和末端加料塔式结晶器。它们的比较示于表 10-5-2 中。

表 10-5-2 熔融物结晶器工作原理的比较

序号	中央加料器	末端加料器
1	晶体在内部形成；这样，只有液流进出塔	晶体在外部设备中形成而作为晶浆加入纯化器
2	内部回流能受到控制而不影响产品收率	最大的内部液体回流由相对于产品流股的进料热力学状态决定。过多的回流将减少产品收率
3	在全回流时不能连续或分批操作	不可能在全回流下操作
4	中央加料塔对低共熔点混合物和固体溶液两种系统都适用	末端加料塔对固体溶液系统的分离效率不高

续表

序号	中央加料器	末端加料器
5	在提纯和熔融区中能形成低孔率或者高孔率的固相浓缩物	末端加料塔的特征是在提纯和熔融区中填充着低孔率固相
6	放大决定于晶体输送系统的机械复杂性和去除热量的技巧。垂直的振动螺旋塔多半限于约 0.2m 的直径,而横卧塔可能有几米的直径	放大受到熔融器和/或晶体洗涤段设计的限制,垂直或横卧塔可能有几米的直径

5.4.1 中央加料塔式结晶器

(1) 布朗底 (Brodie) 提纯器 图 10-5-15 表示一座横卧式中央加料塔式结晶器,它对萘和对二氯苯的连续提纯已经商业化。液体进料是在被加热的提纯段和被冷凝的冻凝段之间进塔。熔融物经过精制和回收区壁面间接冷却时,在内部形成晶体。结晶后的残液则从塔的顶端流出,螺旋运输器控制固体在塔内的输运[14]。

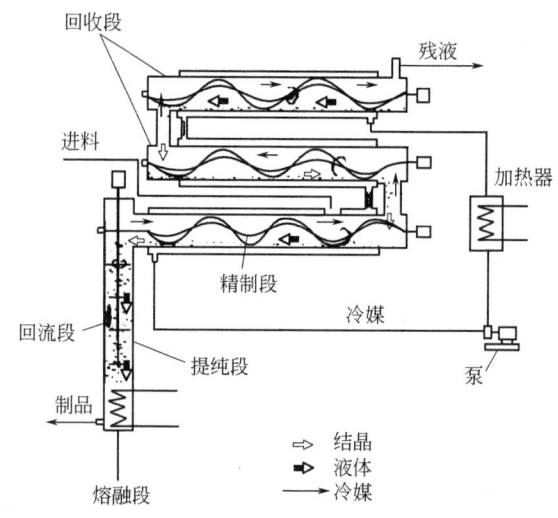

图 10-5-15 横卧式中央加料塔式结晶器

(2) 螺旋输送塔式结晶器 另一种商用中央加料结晶器设计是 Schildknect 所报道的垂直螺旋运输器式塔。如图 10-5-16 所示,在这类装置中分散的晶相在冻凝段中形成,被垂直摆动的旋转螺旋有控制地向下输送。

(3) 工作原理与模型分析 图 10-5-15 和图 10-5-16 表示两种类型的中央加料塔结晶器。同蒸馏塔一样,这些装置由三段组成:①冻凝结晶或回收段,该段中溶质从不纯的液体中冻凝;②提纯段,该段中固体和液体发生逆流接触;③晶体熔解并回流段[14]。进料位置和熔融器之间的部分称为精制或浓缩段,而加料和冻凝器之间的部分称为回收段或剥除段。精制段可能有侧壁冷却设备。

由于物相转变和热量交换过程,晶体的成核和生长、晶体的洗涤和晶体的熔融在设备的不同区域内发生着,所以描述塔式结晶器中的提纯速率是极其复杂的,塔内的流体动力学也难以表述。液相和固相的混合形式受到诸如固体传递机理、塔的取向以及固体的沉降特征(特别对于稀浆)的影响。

对于固体-溶液系统的塔结晶,占支配地位的提纯机理是逆流洗涤和重结晶。重结晶引

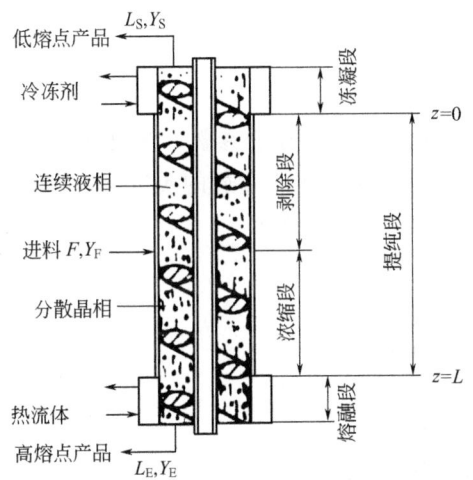

图 10-5-16 具有螺旋式输送器的中央加料塔式结晶器

起的传质速率与互相接触的固相和自由液体的浓度有关。Powers 等曾报道了一个基于传递单元高度（height of a transfor unit，HTU）概念的模型，即代表着全回流操作的二元固体-溶液系统高熔点组分在提纯段内的组分分配。提纯偶氮苯-芘固体溶液系统的典型数据示于图 10-5-17，塔式结晶器是在全回流下操作的，图中的实线是 Powres 等使用 3.3cm 的 HTU 实验值计算出来的。

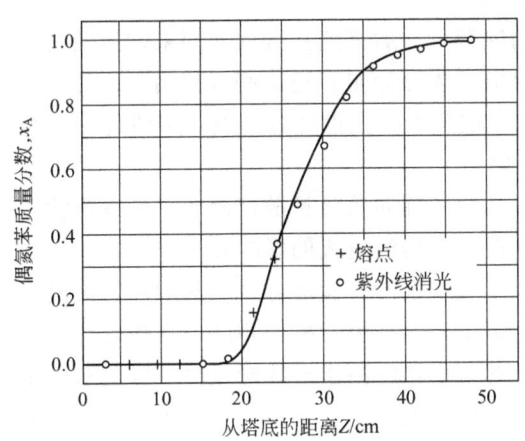

图 10-5-17 全回流下偶氮苯和芘在中央加料塔式结晶器中的稳态分离

Henry 对提纯段开发了一个稳态模型，所依据的是微分逆流接触以及内部流率和晶体成分都不变的假设。内部流率不变适用于当回流液不再发生冻凝时（如在原料比较纯的场合）。这个模型考虑了杂质轴向扩散的影响，转动和摆动着的输送器能够促使晶体与黏附着的液相和浓缩的洗涤液之间进行传质。下列方程描述浓缩段中的杂质分配。

浓缩段（$z > z_F$）：

$$\frac{Y - Y_P}{Y_\varphi - Y_P} = e^{-(z - z_F)/\psi_E} \tag{10-5-7}$$

$$Y_P = \frac{C\varepsilon - L_E Y_E}{C - L_E} \tag{10-5-8}$$

$$\psi_E = \frac{1}{C-L_E}\left[D\rho A\eta + \frac{r(r+1)C^2}{K\alpha A\rho} - \frac{\alpha L_E C}{K\alpha A\rho}\right] \tag{10-5-9}$$

式中　　Y——自由液体中杂质的质量分数；

　　　　Y_P——为使方程形式简化而提出的整合参数，无具体物理意义；

　　　　Y_φ——加料点 z_F（m）处自由液体中杂质的质量分数；

　　　　Y_E——浓缩段产品中杂质的质量分数；

　　　　z_F——加料点的位置，m；

　　　　ψ_E——浓缩段的传质系数；

　　　　ε——晶体相中杂质的质量分数；

　　　　C——晶体速率，$kg \cdot s^{-1}$；

　　　　L_E——浓缩产品速率，$kg \cdot s^{-1}$；

　　　　z——在冻凝段下的位置，m；

　　　　r——黏附液与晶体的速率比；

　　　　D——有效轴向扩散系数，$m^2 \cdot s^{-1}$；

　　　　η——自由液的体积分数；

　　　　K——黏附液与自由液之间的传质系数，$m \cdot s^{-1}$；

　　　　α——单位体积的界面面积，m^{-1}；

　　　　A——垂直于流动方向塔截面积（输送器环隙所确定的窗口面积），m^2；

　　　　ρ——自由液体密度，$kg \cdot m^{-3}$。

对回收段使用相似的模型，而后将这些方程连同末端流股的有约束的物料衡算式用迭代的方法联立求解，以给出塔一成分分布。把这些方程用于设计，必须有精制和回收段的传质系数 ψ，以及晶相的成分。这意味着在设计时必须对所研究的系统提供诸如 A、D、η、K、α 等参数的测定值或估计值。

有实验证据指明，母液中的轴向质量扩散控制着一座螺旋输送器式中央加料结晶塔的提纯能力。质量传递诸项则似乎对提纯过程的影响较小。

图 10-5-18 表示苯-环己烷系统的实验塔分布，其中环己烷是次要组成。在大回流下，液相成分在熔融段附近变为恒定，这是因为根据相图，在该处母液成分接近于晶相成分。全回流操作时杂质在冻凝段中的集中程度高于连续操作时，因此对于全回流操作，晶体中杂质含量较大，而使最终的产品纯化受到限制。这种冻凝器中的杂质包藏限制了产品的最高纯度。

Moyers 等测试了一座具有内部晶体形成和可变回流装备的紧密床层式中央加料塔。在理论叙述中使用了一个非绝热、活塞式流动的轴向扩散模型，以描绘整个塔的工作[15]。模型没有描述杂质在黏附液与自由液之间相际传递的各项，是用迭代数值法得出的二阶微分方程。图 10-5-19 表明最紧密床层塔所算出的液体和固体通量的典型变化。液体通量在进料位置处出现一个跳跃式变化。在塔的提纯段中发生中等程度的熔解。图 10-5-20 中所示计算出来的塔-温度分布曲线指明了其对液体轴向混合大小的敏感性。对于低轴向分散，预测在进料点有一个会切点。据实验观察，在进料点之下有一个陡然的温度上升，这指明在液相中存在着接近活塞流动的情况。

Brodie 提出了有关塔结晶器操作的最小回流概念，它可应用于所有形式的塔结晶器，包括末端加料塔。为了稳定塔的操作，进入熔融区的过冷固体的显热应当小于或等于回流熔融物的熔化热。式(10-5-10)中关系描述了正常塔操作所需的最小回流比。

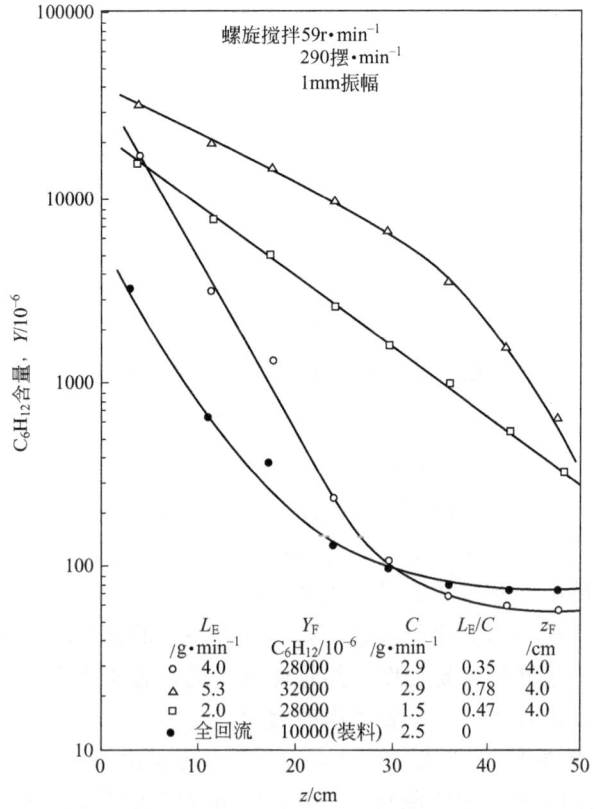

图 10-5-18 苯-环己烷在一座中央加料塔中稳态分离的分布

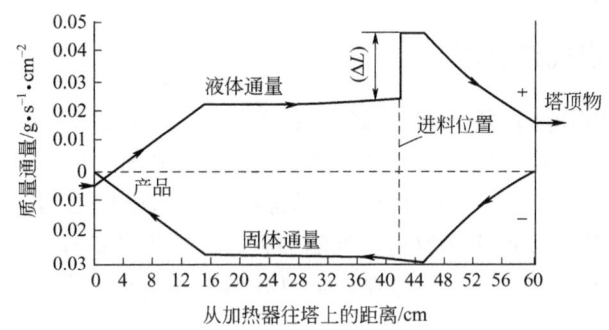

图 10-5-19 量紧密床层塔式结晶器中计算出来的液体和固体通量

$$R = (T_p - T_F)C_p / \lambda \tag{10-5-10}$$

式中 R——回流比，$g \cdot g^{-1}$；

T_p——产品温度，℃；

T_F——饱和进料温度，℃；

C_p——固体晶体的比热容，$cal \cdot g^{-1} \cdot ℃^{-1}$；

λ——熔化热，$cal \cdot g^{-1}$。

如果供给的回流比等于式(10-5-10)所计算的最小回流比，则全部被回流的熔融物将被再冻凝。当所供给的回流比大于最小回流比，需要在精制区备有夹套冷却或在回收区中备有

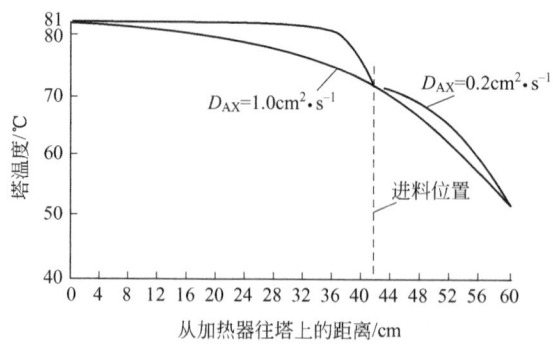

图 10-5-20　计算的塔-温度分布曲线

额外冷却，以维持产品的回收。由于高纯度熔融物是在接近它的纯组分的熔点温度加入的，在设有夹套冷却情况下，不会发生再冻凝。

(4) 主要变量　要进行一座塔结晶器的设计或建立结晶器的模型必须检定很多参数。这些参数许多是经验性的，必须在与所要评定的特殊设计完全相同的设备中进行实验测定。因此，必须要用大规模的中间实验数据对系统进行宏观评定。这些关键参数中包括液相内所富集的杂质含量，产品质量与回流比的函数，固体在设备中的轴向混合程度，产生的晶体粒度和形态，以及塔中固体装卸的容易程度。热量通常是通过金属表面而被移除的，因此，溶液在过冷时的稳定性也是设计中的一个要考虑的因素。

目前 Brodie 提纯器的横卧式塔（图 10-5-15）已商业化，用于大规模生产对二氯苯和萘，如年产量达 6000t 以 95% 的富原料生产 99.9% 的对二氯苯的过程等。

螺旋塔曾用于纯化低共熔混合物和固体溶液两种类型的二元和多元混合物，包括芳香族和脂族烃、含水系统以及脂肪酸等。

5.4.2　末端加料塔式结晶器

(1) 菲利浦（Phillips）塔式结晶器　末端加料塔是在 20 世纪 50 年代由菲利浦（Phillips）石油公司开发并成功商业化的设备，常称为菲利浦（Phillips）塔，其典型末端加料塔的各段示于图 10-5-21。残液经由位于产品冻凝区与熔融器之间的过滤器取出，而不是像中央加料塔那样在冻凝区的末端取出。末端加料装置的提纯机理基本上同中央加料设备的一样。但是，在末端加料塔中有回流限制，而且在熔融器附近存在着高度压紧的固体。在大

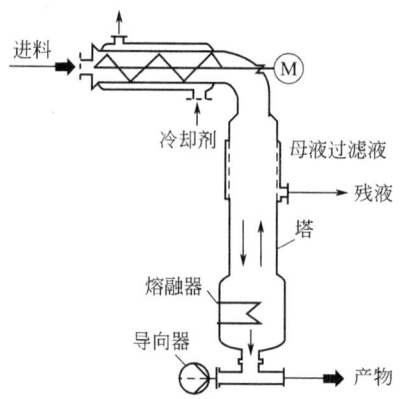

图 10-5-21　菲利浦（Phillips）结晶器

部分提纯段中,自由液和固体的分数始终保持相对恒定,但在熔融段附近呈现一个陡然的间断。需要注意的是,末端加料塔只适用于低共熔点混合物系统的提纯,而不能在全回流下操作。

(2) 工作原理与模型分析 因为常常加工的是比较不纯的进料,轴向温度差一般可达 40~50℃,提纯段的主要作用是使晶体和自由液体之间充分传热。因为进料浆中的晶体是过冷的,这会引起一部分液流的再冻凝,并使熔融段之上的塔区中固体分数增加,形成紧密的固体床层,大部分的提纯是在这个床层发生。应强调的是:末端加料塔提纯段中的高固体含量和稀相中央加料塔提纯段中的固体含量不相同。进入末端加料塔的晶体-液体料浆进塔时典型的含有 50%固体,并且在提纯段底形成紧密的不动床层,塔底的固体质量分数能够超过 95%。

Player 曾对末端加料塔开发了一个模型[16],他把提纯段的上段(见图 10-5-21)看作是晶体的压紧区,虽然只有相当小的一部分体积,但已形成了一个紧密的晶体床层,实际上供作提纯段之用。他的方法预测液体成分和固体含量在熔融段附近都有间断,因此对解释末端加料塔式结晶器的性能数据很有价值。

Player 表示产品纯度对晶相质量和再冻凝回流量的灵敏度如下:

$$X_1 = \frac{S_2 Y_2 + (W_1 - W_2)}{S_2 + (W_1 - W_2)} \quad (10\text{-}5\text{-}11)$$

式中 X_1——产品成分质量分数;
S_2——到压紧区的固体回流量,$kg \cdot s^{-1} \cdot m^{-2}$;
Y_2——到压紧区的固体成分量,$kg \cdot kg^{-1}$;
W_1——进入提纯区的液体回流(即来自熔融器的回流)量;
W_2——离开压紧区的液体回流量。

假如 $S_2 = 100 kg \cdot s^{-1} \cdot m^{-2}$,而跨过压紧提纯区的液体回流变化是 24.59,则产品成分 X_1 能作为晶体质量的一个函数计算出来($Y_2 = 0.99$,$X_1 = 0.992$;$Y_2 = 0.995$,$X_1 = 0.9966$;$Y_2 = 0.999$,$X_1 = 0.9992$)。

对于所述例子,使回流流股在过冷晶体上再冻凝,只能稍微增加产品质量。Player 的分析指明,高纯度熔融物的再冻凝仅仅使杂质含量受到稀释以浓缩固相,而且,至少对末端加料塔中可能达到的回流水平而言,不会显著地浓缩产品。有人提出,末端加料塔式结晶器中发生的高度固体压紧,可部分归因于回流的再冻凝使轴向混合减至最少。因此,用小量回流可获得极好的晶体洗涤。倘若离开压紧区的液体回流量比加热过冷固体所需要的大,则可达到高度提纯的目的。

熔融结晶法对二甲苯的提纯表明,进料流中的晶体几乎 100%作为产品被取出,这表示来自熔融段的回流液有效地被逆流的过冷晶体流再冻凝了。从质量分数 65%的进料中获得了 99.0%~99.8%质量分数的对二甲苯高纯产品,主要杂质是间二甲苯。图 10-5-22 说明对不同产品纯度的塔截面面积与生产力之间的关系。

(3) 主要变量 通常用脉冲设备得到高效的与自由液流成逆流的晶体流股,所需的脉冲位移是塔截面面积的一个函数。Mckay 曾测定了适用的脉冲位移。晶体的性质及其颗粒大小的分布也影响塔的操作。这些变量在液体排出和塔的过滤区中固体可溶性方面起主要作用。此外,提纯段底部晶体紧密床层的孔率受到晶体类型的影响。塔进料中杂质的含量严重

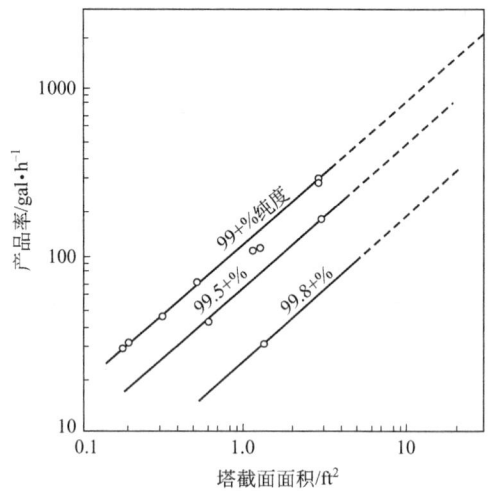

图 10-5-22　进料含 65% 对二甲苯时脉冲塔生产力对塔大小的关系

(1gal=3.78541dm³，1ft=0.3048m)

地影响塔的操作。在提纯段中的再冻凝程度对提纯影响极大，但因为再冻凝只有晶体在塔进料中显著被过冷才会发生，所以末端加料塔可能不适用于加工较纯的原料（0.1%～3% 的杂质）。

5.4.3　组合塔式结晶器

对于稀释的原料，从经济和控制颗粒大小的观点出发，比较适合的方法是使进料在外部单独的设备中冷却并形成晶浆，而后把晶浆直接加进末端加料塔的提纯区。在单独设备中进行凝固和提纯基本上不改变操作的末端加料性质。在所开发的塔式结晶装置中，有以下四种已经工业化。

（1）冰洗涤塔　为冻凝脱盐所开发的冰洗涤塔具有熔融化冻凝产品（此处就是水）并使其回流的装置[17]。与适当的形成晶体的外部设备配合，冰洗涤塔能适用于溶质浓缩或回收并精制有机物的含水产品。

（2）吴羽化学工业株式会社的克西比（KCP）型工业结晶装置　图 10-5-23 是 KCP 工业结晶装置的示意图，装置由结晶槽、过滤器、螺旋输送器及提纯塔四个主要部分组成[18]。1964 年开发成功后主要用于混合二氯苯的分离。该装置的制造难度主要在于提纯塔，塔内

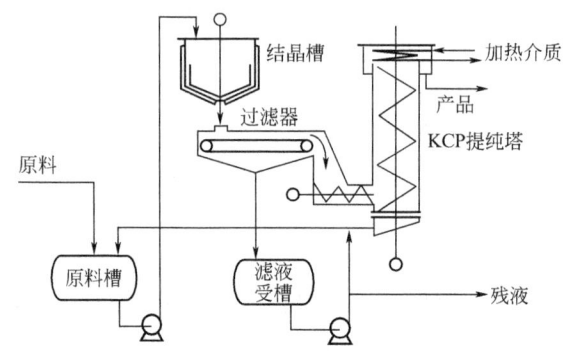

图 10-5-23　克西比（KCP）结晶装置

装有两根旋转方向相反的螺旋搅拌桨,螺旋桨一方面使塔内的晶体被粉碎,另一方面向上输送晶体,使晶体与回流液进行有效的接触完成重结晶与逆流洗涤的过程。精制塔上部的操作温度保持在晶体的熔点附近,保证了高纯产品的生成。KCP 结晶装置也是一套连续结晶装置,能耗较低,适合于高纯有机物的分离。

(3) 月岛机械株式会社（Tsukishima Kihai，TSK）逆流冷却结晶装置（Countercurrent Cooling Crystallization Process，CCCC） 如图 10-5-24 所示,该装置由三个塔组成,前两塔为二级结晶器,后一塔为提纯器[19]。前两塔结构类似,塔内有带刮刀的转桶、带刮刀的搅拌器,在结晶过程中同时起到刮晶、搅拌及输送的作用。在一、二塔底又设有悬浆泵,将悬浮液输送至下一个塔塔顶液的固液离心分离器中,然后液体返回,固体送入下一塔中继续进行结晶或在提纯塔进行提纯。提纯塔为一种晶体填充床式提纯设备,该设备由提纯段与熔融段所组成,中心有长轴搅拌器,晶体填充层的高度是通过控制熔融段的熔化速率和前两塔结晶速率来实现的,搅拌桨的作用是使晶体填充层处于疏松状态,以促进再结晶与逆流洗涤的进行。该装置能耗较低,能分离出高纯产品。其缺点在于操作难度比较大,控制难度也比较大,在结构上具有运转件及高效固、液离心装置,对维修要求比较高。该装置也曾用于大规模生产对二甲苯等有机产品。

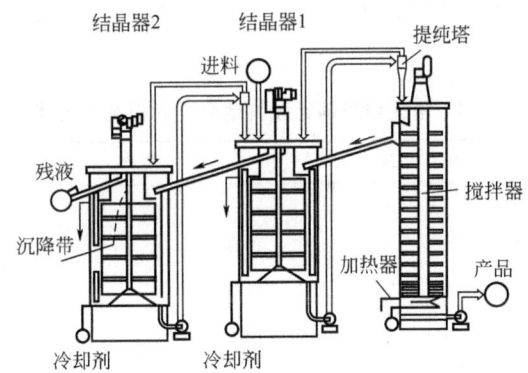

图 10-5-24 TSK-CCCC 结晶装置

(4) 液膜结晶（FLC）装置 图 10-5-25 为天津大学工业结晶中心开发的液膜结晶装置,该装置是由一塔式结晶器与一卧式结晶器组成[13]。塔内有高效填料、塔板与分配管,待分离的熔融液由塔上中部进入,精制的母液由塔底流至卧式结晶器中分离出高纯的产品。该装置能耗比较低,操作曲线全部依靠计算机辅助操作保证,已用于大规模生产高纯对二氯苯、

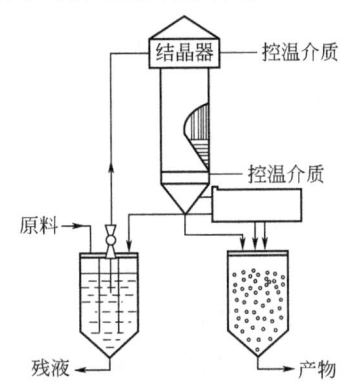

图 10-5-25 液膜结晶（FLC）装置

精萘等产品。

表 10-5-3 给出了不同塔式结晶装置的比较。

表 10-5-3　不同塔式结晶装置比较

过程	操作	结晶级数	净化级数	液固分离机械	净化机理	回流
Brodie	连续	多	单	无	发汗+洗	有
KCP	连续	单	单	有	发汗+洗	有
CCCC	连续	多	单	有	发汗+洗	有
MWB	间歇	多	多	无	发汗	有
FLC	连续	多	多	有	发汗+洗	有

5.4.4　塔式结晶分离与其他分离方法比较

塔式结晶器同其他分离方法的粗略比较示于表 10-5-4。与精馏相比，结晶操作能耗低，但是由于模拟和设计目前还没有适用的模型，工业经验不多，因此工业应用的品种较少，年产量也较低。

表 10-5-4　塔式结晶器比较其他分离和提纯法的优缺点

选择判据	分级结晶或洗涤	蒸馏	塔式结晶
1.应用场合			
a. 有机产品数目	中等	很高	中等
b. 年产量	较低	较高	较低
2.工业经验	中等	很多	少
3.可靠性	中等	良好	良好
4.相对费用			
a. 能耗	低	高	很低
b. 维修	高	小	小
c. 人员	中等	小	小
d. 开工损失	中等	无	无
5.产品纯度	中等	中等到高	很高
6.腐蚀	中等	高	小

5.5　区域熔炼

区域熔炼也是靠溶质在液固两相中的分配实现分离的，这个过程的特征是使一个或多个熔融区域通过锭块。这种由 W. G. Pfann 发明的方法曾广泛用于提纯各种金属或高分子的材料[20,21]。图 10-5-26 说明了最简单形式的区域熔炼。用一个移动的加热器或缓慢地将提纯的材料拖曳通过一个固定的加热区，就能使一个熔融区域从一端到另一端通过锭块。

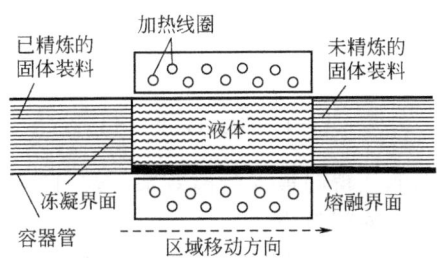

图 10-5-26 区域熔炼简图

5.5.1 区域熔炼的过程分析

区域熔炼所能达到的溶质再分配程度决定于区域长度 l、锭块长度 L、程数 n、液体区域中的混合程度以及待提纯材料的分配系数 k。单程之后的溶质分配可由物料衡算算出。对于分配系数不变、液相中混合完善以及固相中扩散可以忽略不计的情形,对单程的溶质分配为:

$$C_s = C_0[1-(1-k)e^{-kx/l}] \quad (10\text{-}5\text{-}12)$$

区域位置 x 从锭块的前缘量起。对于多程过程,溶质分配也能用物料衡算计算,但在此情形下,区域的前缘碰到的固体,相当于该点在前一程的成分。对许多 k、L/l 和 n 的组合,已有文献计算出多程分配的数值[4],图 10-5-27 中也标明了在无限程数之后的极限分配,对 $x<(L-1)$ 可由下式算出:

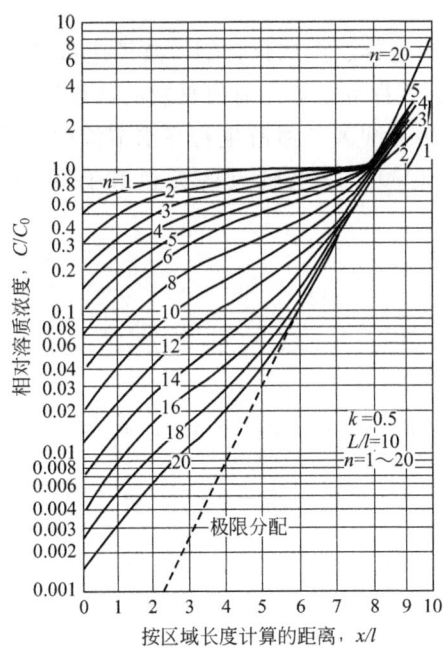

图 10-5-27 对不同程数 n,相对溶质浓度 C/C_0(对数坐标)对区域长度距离 x/l(从装料开始处算)的标绘

$$C_s = A e^{Bx} \quad (10\text{-}5\text{-}13)$$

其中 A 和 B 可由下列关系确定：

$$k = Bl/(e^{BL} - 1) \tag{10-5-14}$$

$$A = C_0 BL/(e^{BL} - 1) \tag{10-5-15}$$

极限分配代表不割锭块而能获得的最大分离效果。式(10-5-13)是近似的结果，因为它不包括在最后区域长度中的逐步冻凝效应。

如同逐步冻凝一样，区域熔炼曾经发展了许多这些模型的改进式，对部分液体混合和变动的分配系数的校正也有许多详细的总结[2]。

5.5.2 主要变量

区域熔炼中的主要变量有程数，锭块长度与区域和长度之比，冻凝速率和液相中的混合程度。图 10-5-27 表明程数增加时所发生的溶质再分配的增长情形。通常用的锭块长度与区域长度之比是 4～10。

冻凝速率和混合程度对溶质再分配的影响，与逐步冻凝所讨论的类似。区域移动速率通常对有机系统是 $1\text{cm} \cdot \text{h}^{-1}$，对金属是 $2.5\text{cm} \cdot \text{h}^{-1}$，而对半导体是 $20\text{cm} \cdot \text{h}^{-1}$。除区域移动速率外，加热情况也影响冻凝速率。Zief 与 Wilcox 曾扼要地总结了对区域熔炼的加热和冷却方法[4]。液体区的直接混合对区域熔炼要比对逐步冻凝困难。机械搅拌使设备复杂，并且增加被外界污染的可能性。对于装料相当好的导体，利用电流和磁场的相互作用，曾开发了一些用磁力搅拌液体区的方法。

5.5.3 应用

许多无机化合物，包括半导体、金属化合物、离子盐和氧化物，都曾用区域熔炼加以提纯。Schildknecht 与其同事们曾探究了许多有机材料的区域熔炼。他们也曾应用区域熔炼法于可被蒸汽挥发的物质——酶、细菌和浮游生物在水溶液中的结晶。Zief 与 Wilcox 曾编制表格，列举具有从 -115～3000℃ 以上熔点的无机和有机两类材料的操作条件及参考文献[4]。

参考文献

[1] Matsuoka M, Garside J. Chemical Engineering Science, 1991, 46 (1): 183-192.

[2] Pfann W G. Zone Melting. New York: Wiley, 1966.

[3] Burton J A, Prim R C, Slichter W P. Journal of Chemical Physics, 1953, 21 (11): 1987-1991.

[4] Zief M, Wilcox W R. Fractional Solidification. New York: M. Dekker, 1967: 393-400.

[5] Gelperin N I, Medvedev E G, Sukhorukov I M, et al. Sov Chem Ind, 1976: 8-9.

[6] Ponomarenko V G, Bei V I, Potebnya G F, et al. Chemical and Petroleum Engineering, 1979, 15 (10): 761-765.

[7] Wintermantel, Klaus. Chemie Ingenieur Technik, 1986, 58 (58): 498-499.

[8] Atwood G R, Pal O J A. Crystallization from Solutions and Melts. New York: American Institute of Chemical Engineers, 1969.

[9] Rittner S, Steiner R. Chemie Ingenieur Technik, 1985, 57 (2): 91-102.

[10] Saxer K, Papp A. Chemical Engineering Progress, 1980, 76 (4): 64-66.

[11] Gates W C, Powers J E. AICHE Journal, 1970, 16（4）: 648-658.
[12] Henry J D, Powers J E. AICHE Journal, 1970, 16（6）: 1055-1063.
[13] 王静康, 张远谋, 杨志勇, 等. 具有填料管板的塔式液膜结晶装置. CN1038590A. 1990-01-10.
[14] Brodie J A. Mech Chem Eng Trans, Inst Eng Aust, 1971, 7: 37-44.
[15] Rousseau R W. Handbook of Separation Process Technology. New York: Wiley, 1987.
[16] Player M R. Industrial & Engineering Chemistry Process Design and Development, 1969, 8（2）: 210-217.
[17] Myerson A S, Senol D. AICHE Journal, 1984, 30（6）: 1004-1006.
[18] 菅原克, 清水忠. ケミカルエンジニヤリング, 1983, 28（2）: 28-32.
[19] Takegami K. Industrial Crystallization, 1984, 84: 143-146.
[20] Pfann W G. Process for Controlling Solute Segregation by Zone-Melting. US: 1956.
[21] Pfann W G. Temperature Gradient Zone-Melting. US: 1957: 961-964.

6 升华（升华结晶）

升华是一个物质从固态汽化成为气态而中间不形成液态的现象，反升华是蒸气直接凝结为晶体的过程。一个升华过程，常常是包括这两步，常简称为升华，实际上是一个升华结晶过程[1~7]。

升华常应用于把一个挥发组分从含其他不挥发组分的混合物中分离出来。表10-6-1列出了常用升华结晶法分离的物质。

表10-6-1 一些用升华结晶法分离的物质

序号	名称(有机物)	序号	名称(无机物)
1	2-氨基苯酚	1	氯化铝
2	蒽	2	砷
3	氨茴酸	3	氯化砷
4	蒽醌	4	钙
5	苯并蒽酮	5	氯化铬
6	苯甲酸	6	四氯化铬
7	1,4-苯醌	7	碘
8	樟脑	8	三氯化铁
9	氰脲酰氯	9	镁
10	间苯二酸	10	硫
11	2-萘酚	11	四氯化钛
12	邻苯二甲酸酐	12	六氟化铀
13	邻苯二甲酰亚胺	13	四氯化锆
14	1,2,3-苯三酚	14	三氧化钼
15	萘		
16	水杨酸		
17	对苯二酸		
18	百里酚		

此外，在生物化工与食品领域，应用水的升华作用的冻干法已是一个非常重要的操作。

可以应用升华作为分离手段的物质往往有如下特点：①材料不稳定或对温度和氧化作用敏感；②为了得到产品的目标晶型、粒度或晶习，需要从蒸气直接产生固体；③待回收的产品是不挥发的并对热敏感，而且是要与一个挥发性物质分离，例如，冻干；④待回收的物质有高的熔点，而且如果在高温下加工，会出现设备腐蚀等问题；⑤挥发性物质同高含量的一些不挥发物质混在一起；⑥要分离挥发性物质的混合物。

6.1 升华分离相图与限度

6.1.1 相图特征

图 10-6-1(a) 是升华物质的单组分系统的相平衡图,是一个固、液、气三相平衡图,其中包括三个区域:①升华曲线 AT,记录了固体的蒸气压与温度的关系;②TC 是蒸发曲线,描述了液体蒸气压与温度的关系;③熔融曲线 TD 则给出了压力对熔点的影响。一般物质当压力增加时熔点也上升,但唯独水是一个例外,它的 TD 线向左倾。

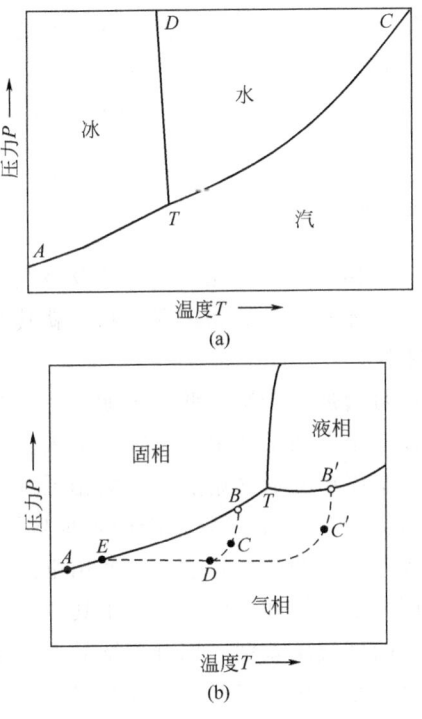

图 10-6-1 单组分相图

有关升华曲线分析的物理数据公布的不多,目前仅可用 Clausius-Clapeyron 方程进行初步估算,该方程为:

$$\ln\frac{P_1}{P_2}=\frac{\lambda_v(T_1-T_2)}{RT_1T_2} \tag{10-6-1}$$

式中,R 为气体常数,$R=8.314\text{J}\cdot\text{mol}^{-1}\cdot\text{K}^{-1}$;$T$ 为热力学温度;λ_v 为汽化潜热。

【例 10-6-1】 萘在 190℃ 和 160℃ 的蒸气压分别为 780Pa 和 220Pa,方程式 (10-6-1) 可用来估计任一其他温度下的组分蒸气压,试求 120℃ 下萘的蒸气压。

解

$$\ln\frac{780}{220}=\frac{\lambda_v(463-433)}{8.314\times463\times433}$$

$$\lambda_v=70430\text{J}\cdot\text{mol}^{-1}$$

又有
$$\ln\frac{220}{P}=\frac{70430\times(433-393)}{8.314\times433\times393}$$

则 120℃ 下有：

$$P=30\text{Pa}$$

图 10-6-1 中固、液、气平衡的三相点 T 的位置非常重要，如果它高于一个大气压力，则常压下该物质只能升华为气体而不能凝固。如 CO_2 三相点发生在 -57℃、500kPa，所以在常压下加热固态 CO_2 不会形成液体，只能升华为气体。

如果三相点 T 处于压力小于一个大气压的区域，加热固体时很容易导致它的蒸气压越过三相点的压力，也就是固体在汽化器中易于熔融。在这种情况下，在凝聚结晶时，一定要注意使进入设备的待凝聚组分蒸气的分压小于三相点 T 对应的压力，以阻止生成溶液。可以用惰性气体稀释蒸气来减少分压，图 10-6-1(b) 中 C' 点示意表示稀释后的状态，所以凝聚途径将是 $C'DE$。

6.1.2 分离纯度的约束条件

单组分系统：一个纯物质的相图可用来完全代表涉及该纯物质的升华过程的相关系。对于一个纯物质或者含有一个单独挥发组分的物理混合物，就其在简单升华操作中所得产品的纯度而言，并没有理论上的限制。

当涉及多个挥发组分时，每增加一个组分此系统就获得一个额外的自由度，而升华过程中的相平衡关系就不再能够在一个单独平面上完全表达出来。对含有两个挥发组分且在固相中没有相互溶解度的系统，一个简单的低共熔点混合物相图（见图 10-4-6）就代表在一定压力下的相关系。如果两个挥发组分在整个成分范围内形成固体溶液，则可应用像图 10-4-8 一样的图。对含有不止一个挥发组分的固体物质，若使用全部冷凝器，则用简单升华操作不能回收纯组分，纯组分只能用分步方法加以回收。对于其中无固体溶液形成的二元系统，假如在可升华组分之间有相当大的蒸气压差别，用升华结晶方法分离纯组分可能成功；当蒸气压差别小或有固体溶液形成时，必须用分步升华回收纯组分，对于其中无固体溶液形成的二元系统，从单独一座多级分离塔中只能获得一种纯组分。当在整个成分范围内两种挥发组分都形成固体溶液时，理论上有可能在单独一座塔里完全分离这两种组分。对于挥发度相近的多元混合物，能否分离一种或多种纯组分，要视固相中的溶解度而定。如果在固相中不存在相互溶解度，则无论用多少级塔也不可能分离多于一种的纯组分。如果在各种二元系统的整个成分范围内以及在多元系统内有固体溶液形成，则理论上有可能分离出每个纯组分，所用的塔级数目则比涉及的组分数目少一个。

6.2 升华过程及速率分析

由相图分析可知，为了使汽化得以进行，升华组分的蒸气压必须大于它和固体接触的气相中的分压，但相当少的物质能在大气的情况下升华。因此，升华必须加热固体，或控制和固体接触的气相环境，或两者并用方能完成。环境的控制可以借助真空操作，由于总压力被降低，气相主要含有升华组分，也可以用一种不起反应的气体稀释剂降低升华组分的分压，后者称为载体或夹带剂升华。真空升华是一种分批操作，而夹带剂升华则能作为连续过程来进行。

图 10-6-2 是简单升华过程的综合性示意图。对于真空升华，则没有图中所示夹带剂气体和淬冷气体的管线，以及任何循环流股。如若需要，夹带剂升华可以有夹带剂气体的循环操作。

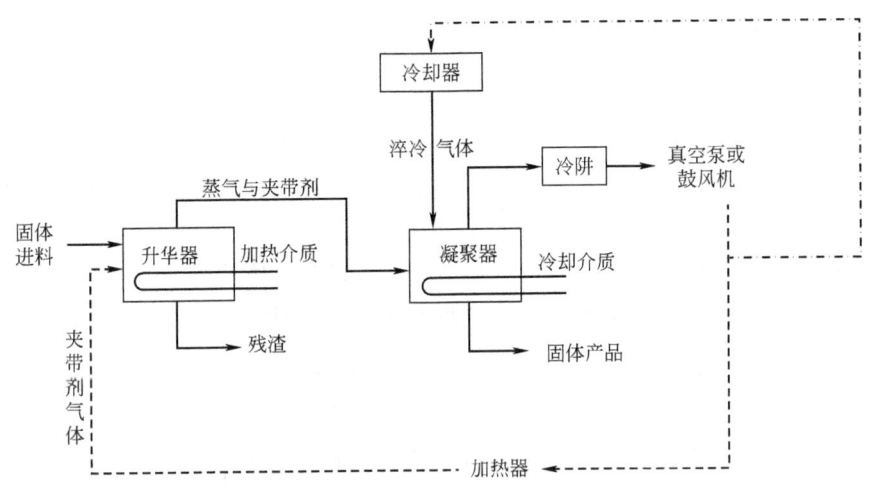

图 10-6-2　简单升华的综合性示意图

升华过程的生产能力通常决定于总过程速度的步骤，它们可能是：

① 向正在升华的固体传热。向固体传热是较难完成的，需用一些方法改善传热：如往往将固体粉碎后加入升华器中而且不断地被搅拌；对于夹带剂升华，可将夹带剂气体加以预热；对于无热敏感性的材料，可用锅直接烧热等。

② 可升华组分向气-固相界面的扩散。蒸馏和升华之间一个重要区别是挥发组分到达蒸气-凝聚相的界面方式。液体中的对流可促进界面的更新，但对固体则缺乏这种机理。固体中挥发组分的表面耗损引起固态扩散限制过程。

③ 固体变化成蒸气。一般这一步不会是速率限制步骤。关于蒸发速率最大值 V（kg·m^{-2}·s^{-1}），通常可用引入校正因子 α（＜1）的 Hertz-Knudsen 方程计算：

$$V = \alpha P_s \left(\frac{M}{2\pi RT}\right)^{1/2} = 52.2 \alpha P_s \left(\frac{M}{T_s}\right)^{1/2} \tag{10-6-2}$$

式中，P_s 为在表面温度 T_s 时固体物质蒸气压力；M 为分子量。

④ 从汽化到凝聚区的传质。对于真空升华，从升华区到凝聚区的质量传递可能限制速率。在简单升华中，连续泵送可改善传质，使用夹带剂气体也能显著地改善传质。

⑤ 蒸气变化成固体。该步的控制速率是由制冷速率决定的。必须及时移除来自凝聚固体的热流。否则随着时间的推移，速率限制机理可能变成是来自凝聚固体的热传导。

6.3　设备及设计方程

6.3.1　设备

升华所用设备尚没有标准化，典型设备包括带夹套的盘式干燥器以及 Herreshoff 煅烧炉等。升华器发展水平远比凝聚器的先进。固体凝聚设备目前不外乎是一些带有冷却面并备有机械刮板、刷子或振动器以除去凝聚固体的槽。

适用于连续分步升华的设备特征为：具有使惰性固体颗粒循环的回流流股，可升华组分在颗粒表面沉积为一层薄膜或借可升华固体通过机械输送或自由降落而获得粒子回流。

6.3.2 设计方程

简单升华可采用真空操作也可用夹带剂操作。倘若在平衡情况下（即固体与蒸气之间的平衡）升华器和凝聚器内被加工的固体不形成固体溶液，则所获得的理论分离效率只取决于在升华器和凝聚器温度下组分的饱和蒸气压的比值。如果蒸气压的比值小或有固体溶液形成，则不适合用简单升华，而必须用分步升华过程。

对真空操作或用夹带剂操作，每程可升华固体的收率计算基本上是一样的，所有速率控制步骤都得到均衡。对含有两个可升华组分的系统，每程的损失百分数是：

$$损失百分数 = \frac{r(P_{AC}+P_{BC})/(P_{AS}+P_{BS})}{(1+r)-[(P_{AC}+P_{BC}-\Delta P)/(P_{AS}+P_{BS})]} \times 100 \quad (10\text{-}6\text{-}3)$$

$$r = P_1/(P_{AS}+P_{BS}) = (P-P_{AS}-P_{BS})/(P_{AS}+P_{BS}) \quad (10\text{-}6\text{-}4)$$

式中，r 是惰性气体（在真空操作中是不可避免的，而在夹带剂操作中是故意加入的）与被升华了的固体的摩尔比；P_A 和 P_B 是组分 A 和 B 的蒸气压；下标 S 和 C 指升华器和凝聚器；P_1 是惰性气体的分压；ΔP 是升华器和凝聚器之间的总压降；P 是升华器中的总压。

要计算每程的收率百分数，必须对升华器和凝聚器进行物料衡算。在实际情形下，其中平衡可能并未达到，升华器和凝聚器中的气体未被可升华组分所饱和，则升华器中的蒸气压应由 $E_S P_S$ 代替，而凝聚器中蒸气压由 $E_C P_C$ 代替，其中 E_S 和 E_C 是相对饱和值或效率值。

对于简单真空升华，蒸气的循环是不可能的。因此，凝聚固体的最终收率就由从 100 减去式(10-6-3)所算出的损失来决定。对于简单夹带剂升华，夹带剂能够循环以增加产品最终收率，使之超过式(10-6-3)所示的收率。由于收率损失随 r 的增加而增加，在真空升华中应使空气泄漏维持在小量。夹带剂升华的优点通常抵消了高 r 值或每程低收率的缺点。

【**例 10-6-2**】 用简单夹带剂升华进行提纯。将含 15%（摩尔分数）组分 A 和 85%（摩尔分数）组分 B 的机械混合物用简单夹带剂均匀升华进行提纯。假设在升华器和凝聚器中都达到平衡状态，升华器和凝聚器温度分别恒定在 65.6℃（150°F）和 4.4℃（40°F），固体以 200mol·h^{-1} 的速率加料，在大气压下操作，并且没有夹带剂循环。据知，在这些情况下纯 A 将以 20mol·h^{-1} 的速率加入，而升华器和凝聚器之间的压力降为 2068N·m^{-2}（0.3lbf·in^{-2}）。有下列蒸气压数据：

温度/℃	蒸气压(绝对)/N·m^{-2}	
	P_A	P_B
65.6	9333	1167
4.4	1067	66.6

试估计升华组分的损失百分数和凝聚产品的浓度。

解 假设汽化速率与蒸气压成正比，N_{AS} 和 N_{BS} 分别为两组分的蒸气压，$P_{AS}/P_{BS} = N_{AS}/N_{BS} = 9333/1167 = 8.0$。由于汽化了的 A 量是 20mol·h^{-1}，故 B 以 2.5mol·h^{-1} 速率

升华；从蒸气压数据算出 r 是 8.65，而由式(10-6-3) 定出的收率损失百分数是 9.6%。离开凝聚器的 A 对 B 的摩尔比，可由凝聚器温度下的蒸气压之比给出，即从 $N_{AC}/N_{BC}=16$，联立解此关系式和方程 $N_{AC}+N_{BC}=22.5(0.096)$，以得出离开凝聚器在蒸气相中的 A 和 B 的摩尔数。然后从物料衡算决定凝聚产品中的成分是 88.3%（摩尔分数）A 和 11.7%（摩尔分数）B。

在例 10-6-2 中，能够使从凝聚器流出的蒸气在一个低于 4.4℃ 的温度下凝聚，以产生一个含 A 浓度较高的次要产品。

【例 10-6-3】 用真空升华提纯。假设例 10-6-2 中组分 B 的蒸气压可忽略不计，用简单真空升华。如果产品 A 的损失限制在 0.1%，可容许的漏进系统的空气量以每分钟在标准温度和压力下的体积（m^3）表示。设 $E_C=0.98$，$E_S=0.90$，而 ΔP 可以忽略不计。

解 由于只存在一个挥发组分，$P_B=0$，因此，重新整理式(10-6-3) 并代入分压，得：

$$r=\frac{0.001\times(0.90\times 9333-1067/0.98)}{1067/0.98-0.001\times 0.90\times 9333}$$
$$=0.00677 \quad (\text{mol}\cdot\text{mol}^{-1})$$

由于汽化的产品摩尔数 $=20/60=0.333$（$\text{mol}\cdot\text{min}^{-1}$），则可允许的空气泄漏量将是

$0.333\times 0.00677=0.00225(\text{mol}\cdot\text{min}^{-1})$，$0.00225\times 22.4=0.05(m^3\cdot\text{min}^{-1})$

在分步升华中回流的使用使分步升华不同于简单升华。当分步升华以真空操作的方式进行并应用塔式设备，塔底和塔顶之间的分压差就作为推动力，使蒸气往塔上流动。用夹带剂气体操作的主要优点是（从相律）容许额外有一个自由度，从而可以规定操作压力所期望的分离并且塔能用恒温或用选定的温度分布曲线进行操作。在分步升华中有一种趋势，使易挥发组分集中在塔的上部而难挥发组分集中在塔的下部，这样，就完成了分离。对于形成固体溶液的混合物的分步升华，其计算方法同分馏的计算方法类似。

参考文献

[1] Ratner E, Goldfiner P, Hirth J. Condensation and Evaporation of Solids. New York: Gordon and Breach, 1964.
[2] Eggers H H, Ollmann D, Heinz D, et al. Chemischer Informationsdienst, 1986, 17（25）.
[3] Faktor M M, Garrett I, Cullen G W. Physics Today, 1975, 28（12）: 52-54.
[4] Goldberger W M, Gillot J. Separation Method for Volatile Solids [P]. US3457049DA, 1969.
[5] Holden C, Bryant H. Separation Science, 1969, 4（1）: 1-13.
[6] Kudela L, Sampson M. Understanding Sublimation Technology. New York: Chem Eng, 1986.
[7] Wintermantel K, Holzknecht B, Thoma P. Chemical Engineering & Technology, 1987, 10（1）: 405-410.

7 沉淀

7.1 沉淀的形成

沉淀的形成如同结晶一样也是由三步组成：
① 形成过饱和度；
② 生成晶核；
③ 晶核成长为可分辨的大小。

在沉淀形成过程中微小晶粒会聚并形成晶簇，或同时进行"老化"（或称熟化）而改变粒度分布。所谓"老化"，即分散在饱和溶液中的固体小颗粒可能再溶解，溶质又会沉积在大的颗粒上，因而小的粒子消失，大颗粒愈长愈大。导致这种现象的原因是系统中的固相倾向于向表面自由能最小的方向发展。"老化"现象会改变粒度分布，系统温度的波动会加速老化的进程。老化的速度很大程度上取决于粒子的大小及溶解度，对于由扩散控制的成长动力学，粒子的线性成长速度可近似表示为：

$$\frac{dr}{dt} \cong \frac{\gamma v^2 DC^*}{3vRT_r^2} \qquad (10\text{-}7\text{-}1)$$

式中 r——粒度；
t——时间；
γ——表面张力；
v——摩尔体积；
D——扩散系数；
v——离子数目；
C^*——过饱和浓度；
T_r——对比温度。

由于很多情况下老化速度比较慢，又可能是表面反应控制，所以实际速度值小于按上式计算值。

盐析结晶的特点是往沉淀溶液中添加某些物质，它可较大程度地降低溶质在溶剂中的溶解度致使结晶，这种方法称盐析结晶[1~5]。水析结晶也属于这个范畴，只要控制加水量，就可由与水共溶的有机溶剂中分离出其中某种溶质。

7.2 沉淀所遵循的基本法则

7.2.1 溶度积原理

很多在水中可沉淀出来的电解质的溶解度变化用溶度积的概念来描述。在理想溶液中，

电解质 M_xA_y，如在水中，可解离为 x 个阳离子 M 和 y 个阴离子 A：

$$M_xA_y \rightleftharpoons xM^{Z^+} + yA^{Z^-} \tag{10-7-2}$$

式中，Z^+ 和 Z^- 分别为阳、阴离子的价数，在达到饱和的情况下满足：

$$(C_+)^x(C_-)^y = K_c \tag{10-7-3}$$

式中，C_+ 和 C_- 分别为阳离子以及阴离子的浓度；K_c 为溶度积，为常数。

对于与理想溶液偏差较大的实际溶液，则必须引入离子活度系数 γ 来描述实际溶液的溶度积 K_a：

$$K_a = (C_+\gamma_+)^x(C_-\gamma_-)^y = 常数 \tag{10-7-4}$$

或整理为：

$$K_a = K_c(\gamma_\pm)^\nu$$

式中，$\gamma_\pm$ 为平均离子活度系数。

$$\gamma_\pm = \sqrt[x+y]{\gamma_+^x + \gamma_-^y} \tag{10-7-5}$$

式中，$x+y=\nu$ 为 1mol 电解质中的离子的摩尔总数。

在实际上，当电解质浓度 $<10^{-3}$ mol·L^{-1} 时，可假设 $K_a=K_c=$ 常数，再增加电解质浓度时，就必须考虑活度的影响。因为任一种离子的活度系数值在很大程度上都受其他离子浓度的影响。在总的离子浓度大幅度增加时，常常会导致个别离子的活度系数不同程度下降。这也就是某些不规范事例发生的原因所在。例如，在一般情况下，向某电解质溶液中加入外来离子（如盐析结晶的情况），会导致原有电解质溶解度的下降；但也存在使原电解质溶解度上升的特例，这就是由于活度系数也随之变化的结果。

7.2.2 奥斯特（Ostwald）递变法则

Ostwald 递变法则指出：对于一个不稳定的化学系统，其瞬时变化的趋势，并不是立刻变化到在给定条件下的最稳定的热力学状态，而是首先达到自由能损失最小的邻近状态。按照这个法则，对于存在若干平行反应的反应过程，并不是热力学最稳定的反应。而首先进行的是动力学速度最快的反应，也就是说反应动力学是过程的控制因素。所以对于反应沉淀结晶过程，首先析出的常常是介稳的固体相态，随后才能转变为更稳定的固体相态。例如，可能由一种晶型转变为另一种晶型，由一种水合物转变为另一种水合物，由一种水合物转变为无水物，或由无定形沉淀转变为晶型产品等。

7.2.3 威门（Weimarn）沉淀法则

影响沉淀形态特别是粒度分布的因素很多，这是因为沉淀形成过程包括成核、成长、晶习改变、相转化、老化与聚并等多个步骤，所以形成沉淀的全部物理环境的各个因素如杂质、pH 值、溶剂等等都会影响沉淀结晶形态，但其中最主要的是过饱和度对粒度分布的影响，Weimarn 沉淀法则就是对间歇沉淀过程总结出的经验规律，如下：

① 当反应试剂浓度增加时，在反应试剂混合后给定的时间间隔内取样分析出的沉淀粒度，先是随时间而增大，随后则下降，有如图 10-7-1 所示的趋势。当时间间隔增长时，主粒度的最大值向低初始过饱和度处偏移，而且主粒度上升。

② 在初始过饱和度增加时，沉淀完全生成后，主粒度下降。

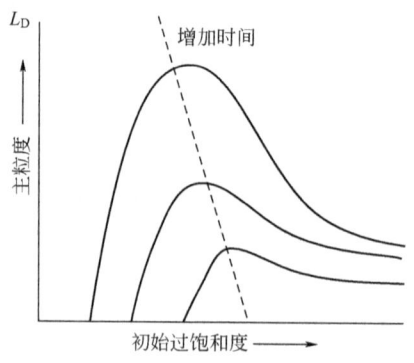

图 10-7-1 威门沉淀法则示意图

7.2.4 分配系数

在沉淀的原始母液中不可避免地含有一定量的杂质。杂质也会随沉淀而析出，而降低沉淀的纯度。杂质随之析出的原因较多，如表面吸附，外来离子进入晶格及母液，溶剂的黏附，物理包藏等等。一般的规律是，杂质在所处的物理环境下溶解度愈小愈易随主要沉淀物质析出。杂质在固相和液相中的分配情况可以借 Chlolpin 方程描述。

$$\frac{x}{y} = D \frac{a-x}{b-y} \tag{10-7-6}$$

式中，a 和 b 分别为沉析组分 A 和 B 在原始母液中的含量；x 和 y 分别为组分 A 和 B 在晶体中的含量；所以 $(a-x)$ 和 $(b-y)$ 则分别为 A 和 B 在液相中含量；D 为分配系数。Doerner-Hoskins 方程简化为对数形式为：

$$\ln \frac{a}{x} = \lambda \ln \frac{b}{y} \tag{10-7-7}$$

式中，λ 为非均相分配系数。图 10-7-2 给出了沉淀速度对 λ 值的影响趋势。由图 10-7-2 可见：无论对于 $\lambda<1$ 或 $\lambda>1$ 的体系，当无限地降低沉淀速率时，λ 将会趋向于极限 D_d 或 D_e（常数）；当快速沉淀时，$\lambda \to 1$。

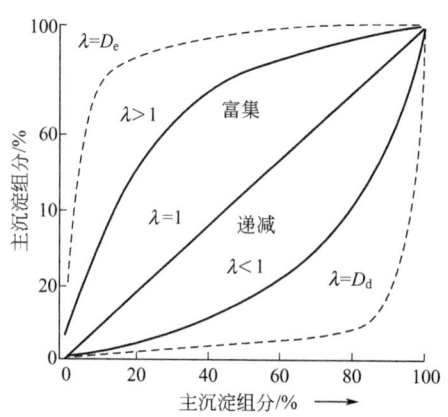

图 10-7-2 沉淀速度对非均相分配系数的影响趋势

7.3 沉淀技术与设备

7.3.1 反应沉淀

最简单的反应沉淀是将两个反应试剂快速混合而沉淀。工业化的困难在于如何保证反应容器中混合程度的均一。因为过饱和度、pH 值、不同试剂浓度的不均一，甚至两个试剂先后加入顺序都会影响最终沉淀形态与组成。图 10-7-3 表示出了反应沉淀过程中过饱和度或溶液浓度变化的典型趋势。由图可见，与反应试剂混合后，一般要经过一个诱导期（可能很短）后初级成核才出现。诱导期的长短取决于温度、过饱和度、混合的效率、搅拌的状态和杂质等综合因素。诱导期之后，过饱和度较快下降，二次成核同时发生，在这阶段主要是核的成长，最后进行老化和凝并而使粒子变大。

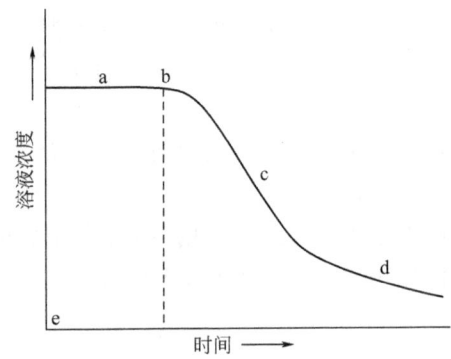

图 10-7-3 典型的反应结晶过程的沉降过程饱和度曲线
a—核的生成；b—诱导期；c—结晶成长；
d—沉淀老化；e—平衡的饱和浓度

在工业上，运用气体或者液体之间进行化学反应沉淀出固体产品来制备的化学物质很多。有的借助于放出的反应热来驱赶体系中的溶剂，特别在产生有回收价值的废气的工业中可用此法。例如从焦炭炉废气中回收 NH_3，就应用 NH_3 与 H_2SO_4 反应结晶生成 $(NH_4)_2SO_4$ 的方法。在生物化学领域，如药、食品添加剂等也广泛应用沉淀法制取产品。一旦反应产生了很高的过饱和度，沉淀会析出，但可能是非常细小的无定形沉淀，只要仔细控制过程产生的过饱和度，就可以把反应沉淀过程变为反应结晶过程。

目前一般反应沉淀产生的固体粒子很小，要想取得易于与母液分离足够大的固体粒子，必须将反应试剂高度稀释而且沉淀时间要充分长。一般均相沉淀方法可以克服这个缺点，而且可以提高固体产品的纯度，产生结晶产品。例如可以借硝酸银的水溶液与 3-氯丙烯反应制取氯化银结晶。均相沉淀结晶法亦已用于分离镭和钡以产生活性放射物质，以及制取颜料和磨料等。

7.3.2 盐析

在沉淀结晶时往待沉淀的溶液中添加某种物质，它可较大程度地降低溶质在溶剂中的溶解度导致结晶，这种方法称盐析，加入的物质称盐析剂[6~8]。盐析剂可以是液体、固体或气体。如在制药工业中水析结晶也属于这个范畴，只要控制加水量，就可以由与水共溶的有机溶剂中分离出其中某种物质。图 10-7-4 是联合制碱（氯化铵）的冷盐析相图。

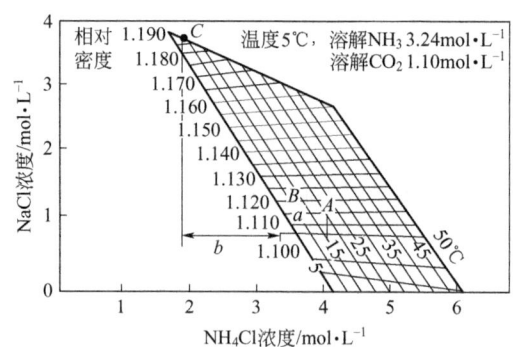

图 10-7-4　联合制碱（氯化铵）的冷盐析相图

盐析有很多优点，例如适用于热敏性物质提取，可在低温操作，选择适当盐析剂还可以溶去不希望残留的杂质，而提高产品的纯度。盐析操作的缺点是为了回收有价值的盐析剂和溶剂，往往对后序工作要求较高。

用液体当作盐析剂的工业应用也很广泛，如制药生产中大多含有这一步操作，在无机盐提取工艺中也使用了有机溶剂当盐析剂等。

用气体和固体当盐析剂的例子也很多，如应用 NaCl 当作盐析剂可生产很多染料，又如在我国联合制碱生产中也广泛应用了 NaCl 盐析 NH_4Cl 的工艺操作，等等。

7.3.3　沉淀设备

在沉淀过程中大多采用间歇操作或间歇半连续操作。经常选用的设备都类似釜式的反应器或结晶器。操作的关键在于要达到反应试剂在一定物理环境下的快速混合，所以选择一个有效混合的反应设备非常重要，大多选用具有高效搅拌的容器或者具高效外混合功能的设备。图 10-7-5 是应用于我国碱厂 NH_4Cl 生产的盐析结晶器的示意图。设备的设计方法类似于全混型反应器和结晶器设计，只要保证足够的停留时间即可。

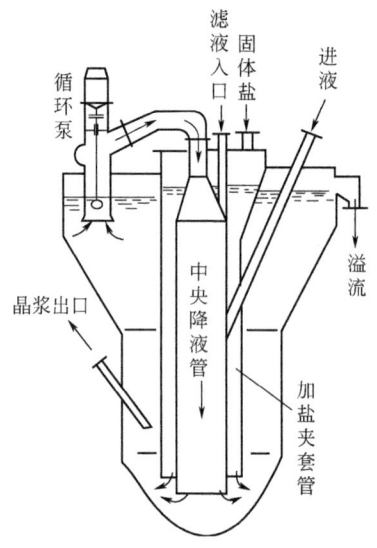

图 10-7-5　联合制碱（NH_4Cl）盐析结晶器

此外还有萃取结晶、乳化结晶、加合结晶等不同的路线，一般亦可归于沉淀结晶一类。欲分离碳氢异构体或沸点相近的混合物时，可考虑采用萃取结晶法。它的特点是往二元体系中加入第三组分来改变其固-液相平衡曲线，然后选用再结晶方案达到上两组分的分离。例如用此法可分离间位、对位甲酚混合物以及间位、对位二甲苯混合物等用简单结晶法无法分离的体系。这种流程比一般结晶过程复杂。

依靠分步结晶的方法由溶液或熔融液中净化有机物，在某些情况下大规模操作有些困难，溶剂消耗也较大。乳化结晶法可克服这些缺点。乳化结晶法是将一水的乳化液冷却，其中的杂质以一种低共熔混合物形式保留在乳液中，欲提纯的有机物则可结晶出来。有机物在水中的乳化可借助于适当的非离子表面活性剂以及如同马铃薯淀粉胶类的保护胶来稳定胶体。例如在萘的提纯中用 5~6 个乳化结晶循环可生产较纯的萘，产率约为 70%。

对于能形成低共熔物的 A 和 B 的混合物用常规的结晶方法较难分离，亦可运用加合结晶方法来分离。这种结晶法的步骤如下：向物系加入 X，AX 以一种配合物形式沉淀出来，而 B 则留在溶液中，最后用加热法或溶剂再溶解、再结晶的方法由 AX 配合物中分离出欲提纯的产物 A。X 即为加合结晶中的加合物。例如用尿素和硫脲作为加合物的加合结晶法已经完成链烷烃和直链烯烃的分离。

所谓等电点结晶法已运用于味精生产中谷氨酸的工业分离，特点是在准确控制溶液 pH 值时进行的反应结晶。另外，等电点结晶在制药行业中已得到了广泛应用。

参考文献

[1] Arkenbout G J. Separation & Purification Reviews, 1978, 7 (1): 99-134.
[2] Lewin S. In The Solubility Product Principle: An Introduction to Its Uses and Limitations, IEEE Conference on Decision & Control, 2003: 1163-1168.
[3] Matz G. Chemie Ingenieur Technik, 1980, 52 (7): 562-570.
[4] Matz G. Germany Chem Eng, 1985, 8: 255-265.
[5] Oppenheimer L E, James T H, Herz A H, et al. Academic Press, 1973, 46: 159.
[6] Alfassi Z B, Mosseri S. AICHE Journal, 1984, 30 (5): 874-876.
[7] Lozano J A F. Industrial & Engineering Chemistry Process Design and Development, 1976, 15 (3): 445-449.
[8] Lozano J A F, Wint A. The Chemical Engineering Journal, 1982, 23 (1): 53-61.

8
耦合结晶技术

随着人们对环境的生态化要求的提高以及为了应对能源、资源危机的挑战，传统工业结晶技术必须向高效集成化绿色结晶技术发展。现代工业结晶技术将更加注重结晶过程与其他前后操作单元的集成与耦合，耦合结晶是绿色过程集成的先进技术，已受到当今国际结晶技术界的广泛关注[1,2]。

耦合结晶是将工业结晶单元与其前序与后序的化工单元操作集成在一个结晶单元装置内进行，例如反应-结晶耦合过程是反应过程与结晶分离过程有机结合，通过结晶过程的质量传递，改变反应体系的组成，促使反应向有利的方向进行，在药物和精细化学品合成中具有广阔的应用前景。对于分离一些沸点接近、熔点相差较大的有机物质，单纯采用精馏的方法提高产品的纯度，不仅能源消耗大，而且难以得到较高含量的产品；而单纯采用结晶工艺，需多级结晶器，生产成本高、效率低。使用精馏-熔融结晶耦合工艺，能简化或缩短工艺流程，提高产品质量，增加产品收率，降低生产成本，减少环境污染，因而是分离有机产品的先进工艺。此外，溶析与反应结晶耦合为反应溶析结晶、真空蒸发冷却与溶析耦合为蒸发冷却-溶析结晶等，这些工艺能适用于精细化工、石油化工、制药化工等各个化工领域，可以优化晶体产品形态、提高过程效率，如地塞米松磷酸钠反应-溶析耦合结晶工艺[3]，见图10-8-1，实现了多个子过程的高效耦合，并在相关制药企业成功完成了绿色集成技术及相应智能化结晶装置的产业化。

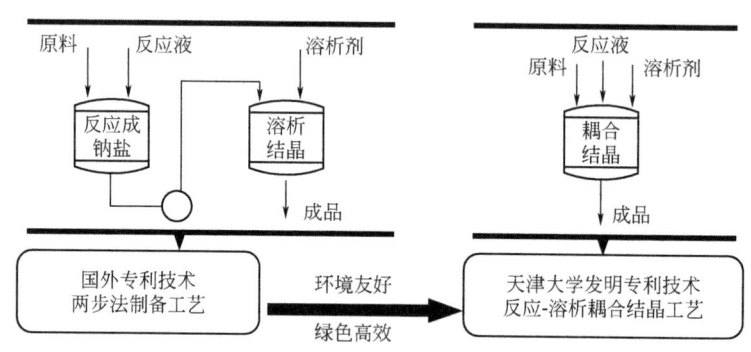

图 10-8-1　地塞米松磷酸钠反应-溶析耦合结晶工艺

不论是各种结晶技术之间的耦合还是结晶技术与其他分离技术的耦合，都是为了充分发挥各个分离操作的优势，弥补各自的不足，提高分离收率和产品质量。另外在耦合过程中可根据热交换网络原理进一步降低过程的能耗，降低操作成本。例如：从表观上看，熔融结晶与蒸馏过程非常类似，只是用固液平衡代替了气液平衡。但是这两种分离技术都依靠的相平衡、传质速率和分相速率三个基本要素，在两种分离技术上存在很大的差别，所以设计耦合结晶时需要注意区别。

8.1 反应-结晶耦合

反应-结晶耦合过程是将反应过程与结晶分离过程有机结合,通过结晶过程的质量传递,改变反应体系的组成,促使反应向有利的方向进行。这种技术在药物和精细化学品合成中具有广阔的应用前景,例如对 5-对羟基苯海因水解合成 D-对羟基苯甘氨酸的过程,由于底物和产物在水中的溶解度非常低,反应单程转化率低、出晶少、成本高,因此,通过合理设计反应过程的催化剂和设备,构建出生物催化反应-结晶耦合过程实现非均相转化,使转化一次出晶率由 60% 提高到 70% 以上,使原设计能力 500 $t \cdot a^{-1}$ 的生产线的实际产能提高到 3500 $t \cdot a^{-1}$。在氰乙酸的合成过程中,将酸化过程和结晶过程有机整合,实现低温酸化-结晶耦合,使能耗下降 21%,产品纯度达到 99.8%。

反应-结晶一般具备四个特征:①由反应产生过饱和度。由于反应速度一般都很快,而产物在反应体系中溶解度特别小,故晶核往往在特别高的相对过饱和度下产生。在这种情况下,往往认为成核机理为初级均相成核或者是初级非均相成核,同时,由于成核往往属于爆发式地迅速成核方式,一般认为该过程的二次成核可忽略不计。②由于相对过饱和度很高,所以成核在反应结晶中扮演着主要的角色,在反应结晶过程中体系颗粒浓度往往可达到 $10^{11} \sim 10^{16}$ 个 $\cdot cm^{-3}$,颗粒粒径则一般为 0.1~10 μm。③由于体系高过饱和度以及大量细小颗粒的产生,粒子的 Ostwald 熟化、相转移以及颗粒的团聚和破碎等二次过程对反应-结晶过程的影响很大。所以在对反应结晶过程进行控制及优化的时候,为了更好地控制反应-结晶过程中的二次过程的现象,必须考虑胶体系统的行为。④由于反应速度往往很快,此时物料的混合扮演着重要的角色,所以在反应-结晶过程中必须考虑宏观混合及微观混合的影响,特别是当反应过程为混合扩散控制,即反应-结晶的诱导期小于液相达到分子尺度混合所需要的时间时,那么混合效率对产品质量的影响会很大。

在反应-结晶过程中,存在以下问题:①初始过饱和度过高使得成核难以控制;②纳米级别粒子的聚结难以有效控制;③溶液结晶过程中晶体粒子的外部生长环境难以控制。这些因素使得晶体产品的晶习以及粒度难以得到有效调控,使之成为制约反应-结晶过程发展的瓶颈之一。近几十年来,人们不仅在探索反应结晶机理,而且在积极地寻找各种外界因素,例如:适宜的外场技术(如超声、微波、超重力、磁场等)来强化反应-结晶过程,调控结晶体系或局部的参数(如温度、过饱和度、界面张力等)及晶体成核、生长过程中的溶质的传质、表面反应过程的条件等来改善结晶行为,克服传统反应-结晶技术的难题。遗憾的是,目前这方面的工作只是处于现象探索阶段,还不能对强化手段的选择以及工艺参数进行有效的预测和评估,而且迄今为止,上述方法中仍没有一种方法能够在大规模结晶过程中得到有效应用,场效应机理研究、经济性设备的开发和工业放大生产是当前面临的主要挑战。

8.2 蒸馏-结晶耦合

在分离一些沸点接近、熔点相差较大的有机物质时,将精馏与熔融结晶耦合操作,是一种较先进的生产工艺。对这类物质的分离,单纯采用精馏的方法提高产品的纯度,不仅消耗大量能源,而且难以得到较高含量的产品;而单纯采用结晶工艺,需多级结晶器,生产成本高、效率低。但利用它们熔点差较大的特性,使用精馏-结晶耦合工艺,能简化或缩短工艺流程，提高产品质量，增加产品收率，降低生产成本，减少环境污染，因而是分离有机产品的有发展前途的工艺。

近年来，国内外学者对蒸馏-结晶耦合操作方法进行了大量的研究。从混合物相的可分性及相平衡的研究入手，着重研究了各种混合物系分离的可行性，在热力学上提供了可靠的理论支持。依据对可行性的深入分析，David A Berry 等提出了五种流程从相对挥发度及分离效率等方面论述了耦合的可行性，并提出了相应的使用范围。蒸馏-结晶耦合操作已经成功应用到精萘的提纯，可以使萘的总提取率由 88%～94% 提高到 97%～98%，有较大的经济效益。该工艺分离热敏性物系和同分异构物系，实现大幅度节能，并且工艺流程简捷，已用于工业生产。蒸馏-结晶耦合法是一种新的分离方式，许多具体工作还有待于进一步深入，以便指导生产，解决实际问题。例如：操作条件的优化，包括蒸馏回流、结晶温度、降温速率、晶种、"发汗"等具体操作和参数变化对整个过程及产品的影响，以及在蒸馏-结晶耦合操作的计算机模拟预测都有待深入研究。

参考文献

[1] 刘海岛，尹秋响. 化学工业与工程，2004，21（5）：367-371.
[2] 王静康，鲍颖. 精细化工与耦合结晶过程//国际精细化工原料及中间体市场研讨会暨2005年全国精细化工原料及中间体行业协作组年会，2005.
[3] 郝红勋. 地塞米松磷酸钠耦合结晶过程研究. 天津：天津大学，2003.

9

其他结晶方法与机理

9.1 生物大分子物系结晶

蛋白质（包括酶）、核酸和高分子量的碳氢化合物等是生命科学中一类非常重要的生物大分子[1]，无论对生理、医学等领域，还是对农业、食品等方面都有十分重要的意义[2,3]。在 2005 年报道的 46 种最重要药物中，生物大分子药物占据了其中的 7 种，由此可见生物大分子的重要地位[4]。

生物大分子的结构功能和分离纯化是生命科学研究领域十分关心并长期探索的课题[5]。无论是天然的蛋白质产物，还是人工合成的生物制品，都需要经过纯化分离，才能进行下一步的研究和应用[6]。因此，获得生物大分子的纯品，是满足结构测定、活性实验以及大规模应用的必要条件。作为化工基础单元操作之一，结晶技术具有悠久的历史，广泛应用于工业提纯领域。蛋白质的首次结晶可以追溯至 19 世纪（1840 年 Hünefeld 结晶得到血红蛋白晶体）[7]，但由于生物大分子本身的复杂性，对其结晶过程的研究与小分子物质相比还不够成熟和完善。

近几十年来，人们在生物大分子，特别是蛋白质结晶方面累积了较多成功的技术经验，无论是针对结构研究还是针对分离纯化，结晶技术的成果也在不断增长。蛋白质数据库（protein data bank）中的蛋白质结构，大部分都是通过培养单晶，利用 X 射线衍射分析得到的[8]。尽管利用核磁共振技术和冷冻透射电镜技术也能够进行蛋白质结构的解析，但是利用单晶进行 X 射线衍射分析仍然是蛋白质结构解析的主要手段[9,10]。

生物大分子结构复杂，其结晶较一般小分子化合物要困难得多。了解生物大分子的结晶过程、分析影响因素，无论对生物大分子的结晶提纯还是结构解析都具有十分重要的意义。

蛋白质的结晶与小分子物质一样，遵循固液相平衡的基本原理。但是由于蛋白质本身对环境敏感，影响其结晶的因素众多（如温度、溶液 pH、沉淀剂种类等）[11]。因此，与小分子物质相比，人们对蛋白质结晶过程的固液平衡关系还没有一个准确清楚的认识。目前，人们常用 "pseudo phase diagram" 来对蛋白质的固液平衡关系进行定性的描述，如图 10-9-1 所示[12]。从定性的相图中可以看到，蛋白质结晶同样是以过饱和度为推动力。通过改变条件，使得溶液中的过饱和度逐渐增大，诱导蛋白质晶体的成核与生长。与小分子物质类似，蛋白质的结晶过程同样需要控制在介稳区中进行。而与小分子物质不同的是，除了成核区间之外，蛋白质固液相图中还存在沉淀区与分相区。在沉淀区中，蛋白质可能发生沉淀、聚集，甚至可能发生结构的破坏。而在分相区中，蛋白质溶液则会发生分相。由此可见，蛋白质的结晶过程需要特别注意实验条件的调控。由于蛋白质本身的环境敏感性，简单的条件改变很可能导致整个相图的变化，从而影响结晶过程的结果[13]。

尽管如此，随着结晶技术的发展，生物大分子结晶的规律也慢慢被人们所认识，影响生

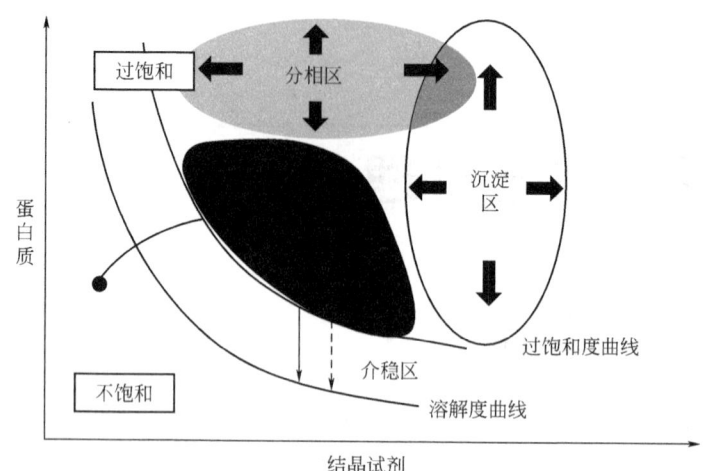

图 10-9-1 "pseudo phase diagram"蛋白质结晶过程的定性相图[12]

物大分子的结晶因素也渐渐为人所了解。由于对可溶蛋白的结晶研究相对较多,下面主要介绍可溶蛋白结晶的影响因素和结晶方法。

9.1.1 可溶蛋白结晶的影响因素

(1) **温度** 温度的变化不仅会影响蛋白质的稳定性和生物活性,还能够引起蛋白质溶解度的改变。研究表明,同小分子物质类似,大多数可溶蛋白的溶解度是随着温度的变化而改变的[14]。通过对几十种常见的蛋白质进行溶解度测定,人们总结出了可溶蛋白溶解度随温度变化的一些规律,并提出了这些蛋白质结晶的最适温度[8]。目前,蛋白质的结晶温度一般被控制在 4~22℃。

(2) **pH 值** 结晶体系的 pH 值变化对可溶蛋白结晶行为有着重要的影响。首先,结晶体系的 pH 值影响蛋白质的溶解度。一般来说,蛋白质在等电点 pI 附近,溶解度最小,容易发生沉淀;而当 pH 远离 pI 的时候,溶解度会增大。另外,对于有些可溶蛋白,例如溶菌酶,结晶操作的 pH 还会影响晶体的晶型。在酸性的缓冲溶液体系与碱性缓冲溶液体系所得到的溶菌酶的晶体晶型不同[15,16]。酸性条件下,得到的通常为四方晶系的晶体,而在碱性条件下,则以正交晶系的晶体为稳定存在的形态[17]。因此,对操作环境的 pH 要严格控制。pH 越稳定,所得到的晶体质量越高。

(3) **沉淀剂** 沉淀剂的主要作用是与水结合,使得可溶蛋白从水溶液中结晶出来。一般来讲,常用的沉淀剂有以下几种。

① 盐类,如:硫酸铵、氯化钠、氯化钾、磷酸盐等。

② 高分子直链聚合物,如:聚乙二醇(PEG)。PEG 是目前较为广泛使用的沉淀剂之一,对可溶蛋白与膜蛋白的结晶均适用。分子量从 400~20000 的 PEG 都能成功用于蛋白质的结晶,其相对分子质量的大小对蛋白质的结晶存在一定的影响,但是明确的关系尚在探索中。

③ 小分子多元醇类,如 2-甲基-2,4-戊二醇(MPD)。

④ 有机溶剂类,如乙醇、甲醇、丙酮、异丙醇、叔丁醇等。

需要特别指出的是,不同类型的沉淀剂,也会影响蛋白质的晶型。在溶菌酶结晶过程中,当采用氯化钠和硝酸钠为沉淀剂时,得到的溶菌酶晶型是不同的[18]。有些时候,单一沉淀剂不能达到理想的结晶效果，可以使用混合沉淀剂以获得更好的效果。

9.1.2 可溶蛋白的结晶方法

(1) 蒸气扩散法（vapor diffusion） 蒸气扩散法是最常用的蛋白质结晶方法之一，适用于可溶蛋白和膜蛋白的结晶。这种结晶方法主要用于培养质量优异的蛋白质单晶，进行蛋白质的结构解析。蒸气扩散（vapor diffusion）基于蒸发扩散的原理，主要包括悬滴法和坐滴法，如图 10-9-2 所示。首先需要配制蛋白质溶液作为液滴，然后配制结晶使用的沉淀剂溶液。这类方法的关键在于蛋白质液滴与沉淀剂溶液之间存在浓度差，使得液滴中的水在封闭体系内蒸发扩散，最后达到平衡而使蛋白质液滴浓缩，达到过饱和而结晶[19]。蒸气扩散法能够用于大多数蛋白质的结晶，而且操作过程简单。但是为了达到理想的浓度差，蒸气扩散实验通常需要消耗较高浓度的沉淀剂。由于蒸气扩散速率较为缓慢，实验过程需要的时间也较长。蒸气扩散技术在多孔板中进行，不需要消耗大量的蛋白质，能够较为方便地筛选出所需要的实验条件。但由于实验在微升尺度操作，且蒸气扩散的过程不可调控，不适用于大规模的应用。

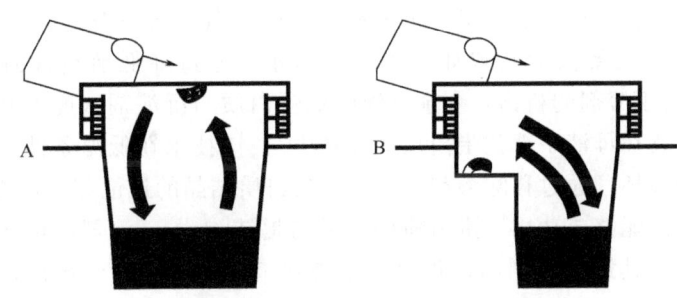

图 10-9-2 蒸气扩散技术示意图
A—悬滴；B—坐滴

(2) 微流体技术（microfluidic technique） 近年来发展的微流体技术为蛋白质结晶条件的高通量筛选提供了另外一个很好的方法[20]。该项技术适用于可溶蛋白和膜蛋白的结晶条件筛选，主要优点在于通过连续改变沉淀剂、蛋白质溶液的流速来控制其在结晶溶液中的比例，进而高通量地筛选出一系列不同的结晶条件。微流体技术通过设计一系列微尺度流动通道，利用高精度蠕动泵和微阀来精确控制结晶蛋白质和沉淀剂的流量与配比，同时可以进行上百种不同浓度的蛋白质结晶实验，从而实现高通量的结晶条件筛选（图 10-9-3）。此外，利用该技术得到的单晶，同样能够用于结构的解析[20]。

(3) 分批结晶（batch crystallization） 这种方法是将蛋白质溶液与结晶沉淀剂按照一定比例和浓度混合，在一定的温度下，进行恒温结晶。其关键是控制所加沉淀剂的量而使蛋白质溶液逐步达到理想的结晶过饱和度。当沉淀剂量少的时候，较小的推动力会导致蛋白质的结晶时间变长，甚至不能够使蛋白质成核。而当沉淀剂过量时，过饱和度增大，可能会形成大量晶核甚至沉淀。为了达到理想的结晶状态，筛选某一种合适的条件，可以配制一系列蛋白质和沉淀剂的溶液，进行筛选实验，观察适宜的结晶条件。利用分批结晶技术，脲酶等蛋白质能够成功地得到结晶提纯[21]。分批结晶过程主要用于蛋白质的提纯，但是分批结晶实验通常需要的样品量较大，且结晶过程不容易调控，大规模应用受到一定的限制。

(4) 溶剂冻析技术（solvent-freeze-out technology） 由 Ulrich 提出的溶剂冻析（SFO）

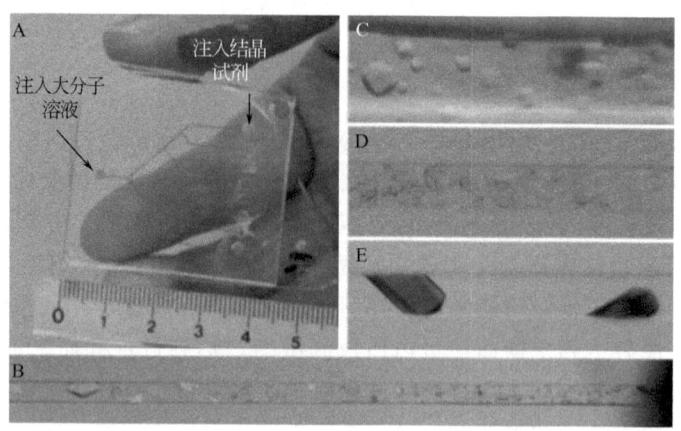

图 10-9-3　生物大分子结晶微通道反应器示例

A—微通道示意图，包括 8 个结晶微通道；B~E—微通道蛋白质结晶实例：B—索马甜（thaumatin）；
C—牛胰岛素；D——种植物病毒；E—火鸡蛋白溶菌酶[20]

技术，是一种新型的蛋白质结晶技术，主要用于可溶蛋白的结晶提纯[22]。这项技术利用熔融结晶的基本原理，主要实验装置如图 10-9-4 所示。通过降低换热管的温度，使得溶剂（水）结晶析出。由于溶剂的析出，剩余母液中的蛋白质与沉淀剂浓度上升，达到蛋白质结晶的过饱和度，最终在母液中得到蛋白质的晶体[23]。该技术在低温条件下进行，减少了温度对蛋白质性质的破坏。通过移除溶剂，增加了蛋白质结晶的过饱和度，能够减少沉淀剂的用量。这项技术目前能够成功用于蛋白质的结晶与提纯[24,25]。溶剂冻析技术基于工业结晶的基本原理和操作，其过程控制和过程放大都遵守工业结晶操作的规律，在蛋白质提纯领域，具有很好的工业化应用前景。

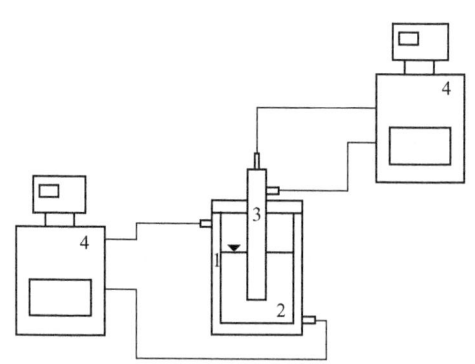

图 10-9-4　溶剂冻析技术实验装置[25]

1—夹套反应釜；2—蛋白质结晶溶液；3—换热管；4—恒温水浴槽

蛋白质（生物大分子）的结晶是一个复杂的过程，一种成功的结晶条件往往没有普适性，可能只对一种或者几种生物大分子有效。目前为止，能够成功结晶且晶体质量优异的蛋白质数目仍然相对较少，对于膜蛋白更是如此。除了胰岛素以外，其他种类的结晶蛋白制剂产品也非常罕见。生物大分子结晶的研究仍具有很大的难度和挑战性。但随着技术的日益发展，生物大分子的结晶规律进一步被认识，快速高效的结晶技术、提纯工艺放大等问题可以被相继解决，生物大分子结构的解析，以及生物大分子制剂的大规模生产也将随之进一步发展。

由于无可比拟的专一性和高效性，生物大分子药物已被发达国家列为 21 世纪药物研究开发中最有前景的领域之一，广泛应用于肿瘤、艾滋病、心脑血管等重大疾病的治疗。但生物大分子药物在体内外的不稳定性限制了其临床应用和大规模生产，而结晶化将改善其稳定性及制剂体内传递。与无定形态相比，晶体往往具有较高的理化稳定性和生物活性。此外，由于晶体是一种热力学稳定体系，其在介质中的溶出需要一定的过程和时间，因此可实现对药物的缓慢释放。

由于大分子药物分子结构多级化的复杂性，药物分子形态学的同质多晶型行为更为突出，不同的晶体结构对于药物生物利用度、活性（治疗效果）及药物传送系统的设计有着极重要的影响。如何维持最适当的结晶形态、最高的结构稳定和活性恢复，对药代/药动学及药物在组织和器官上的分配特性等均为不可缺少的研究与考虑因素。

从晶体学角度分析，因其多级结构学复杂性，生物大分子的结晶较一般小分子化合物的结晶困难得多，其结晶热力学行为近似Ⅰ型结晶物系；其动力学特征的一次成核能垒很高，且二次过程影响突出，成长速率比一般小分子药物低几个数量级，目前蛋白质等生物大分子的晶体培养仍处于摸索和经验累积阶段。近年来，随着交叉学科的迅猛发展，人们从物理化学等多个角度提出了许多促使生物大分子结晶及提高晶体质量的方法，例如，导入籽晶技术来有效控制晶体的成核及生长；通过改变温度使晶核易在低饱和度溶液中生长出单晶；加入沉淀剂或者离子液体影响生物大分子晶体分子的堆积而改善晶体质量。另外，高通量蛋白质结晶技术可以同时进行数千个蛋白质结晶条件试验，大大减少了优化结晶条件的时间，加快了蛋白质结构研究的速度，近年来发展的微流体技术为蛋白质结晶条件的高通量、快速筛选提供了一个很好的平台。

生物大分子结晶是一个复杂的物理化学过程，在母液中满足结晶所需的全部条件往往相当困难，而且一种成功的结晶条件一般只对几种甚至一种生物大分子有效。目前为止，已经获得成功并能得到质量优异的蛋白质晶体数目仍相对较少，除胰岛素外，尚未有其他结晶蛋白的制剂产品上市。生物大分子结晶条件的研究仍具有很大的难度和挑战性，但随着结晶技术的日益发展，以及工艺放大等关键问题的相继解决，生物大分子结晶的规律将得到进一步认识，该类晶体药物势必会在医药领域得到进一步的开发利用。

9.2 功能纳米晶体的结晶

纳米晶体指的是某一方向的尺度在 1~100nm 之间的晶体。由于纳米晶体的特殊电子、光学、磁性、化学、催化等性质以及潜在的应用前景，人们对于纳米晶体的关注越来越多[26,27]。纳米晶体的研究和应用涉及多个不同的学科领域，在本节中将主要讨论，药物纳米晶体（pharmaceutical nanocrystals），胶体纳米晶体（colloidal nanocrystal）以及多糖纳米晶体（polysaccharide nanocrystals），纳米线（nanowires）。

(1) 药物纳米晶体 药物纳米晶体主要是为了解决部分药物溶解速率慢、溶解度低的问题[28]。此外，纳米药物晶体还具有吸收性好、生物利用度高等优势[29]。此外，由于仅仅是改变了晶体的粒径大小，理论上晶体的结构以及成分等不受影响，因此该方法具有一定的普适性。

药物纳米晶体的制备可以大体分为两种方法：① 自下而上的方法（bottom-up

methods）；②自上而下的方法（top-down methods），部分研究中也将这两种方法结合[29]。自下而上方法的主要思路在于避免晶体生长。这种方法往往通过溶析或者反应结晶的方式进行，因为这两种结晶过程可以瞬间产生较高的过饱和度，从而大量生成晶核并快速消耗完溶液中的过饱和度，达到避免晶体生长的目的。然而由于该过程较为复杂，存在较难解决的放大问题，因此仅靠该方法很难实现工业级的药物纳米晶体生产。自上而下的方法则主要利用磨损来降低晶体产品的粒径。磨损过程中可以加入磨损介质，分散剂以及稳定剂。在磨损过程中不单单需要注意器材的磨损情况，还需要注意磨损过程中可能出现的转晶问题。

（2）胶体纳米晶体 胶体纳米晶体是一种在溶液中生长的无机晶体，其表面附着表面活性剂以稳定其晶体形态[30]。胶体纳米晶体是一大类材料的总称，其性质由内层的晶核以及外层的表面活性剂包层共同决定。由于良好的可设计性，胶体纳米晶体在先进材料以及设备中有广泛的应用前景，例如由于纳米晶体的表面积-体积比值极高，因此在催化剂中使用纳米晶体将极大地提升反应效率；此外由于不同形态和粒径的纳米晶体将表现出不同的光学散射效应，因此在摄像领域中胶体纳米晶体也有重要应用[31]。

大部分的胶体纳米晶体是通过胶体方法合成的，其合成中一般包括以下组分：前体（precursor），有机表面活性剂（surfactant）以及溶剂（部分研究中溶剂也充当表面活性剂的作用）[30]。与普通的结晶过程相似，纳米晶体的结晶过程也基本包含三个阶段：①成核；②晶核转化为晶种（此定义中的晶种将不再发生结构变动）；③晶种生长至纳米晶体[26]。通常的合成手段如下：将反应介质加热到足够高的温度，前体发生化学转化并变为活性原子或者分子［部分研究中统称其为生长单元（monomers）］，随后这些生长单元成核并生长。Wang 等提出了一种具有一定普适性的合成纳米晶体的方法[32]，即液-固-溶液（liquid-solid-solution，LSS）方法，该方法中的贵金属离子在金属-亚油酸（solid）、乙醇-亚油酸液相（liquid）以及水-乙醇溶液（solution）的界面被乙醇还原。该合成步骤中，需要在容器内依次加入贵金属离子水溶液，亚油酸钠（或者另一种硬脂酸钠）和亚油酸（或另一种脂肪酸）-乙醇混合物。贵金属离子通过相转移自发地穿过亚油酸钠-水以及水-乙醇溶液界面。在特定温度下，液相以及溶液相中的乙醇在相界面处还原贵金属离子。随着还原过程的进行，原位生成的亚油酸吸附于纳米晶体的表面形成疏水性表面。由于密度差以及疏水性，纳米晶体自发地进行相分离，并沉入容器底部。典型的合成步骤如下：将 20mL 含有贵金属盐（例如：0.5g $AgNO_3$、$HAuCl_4$，或者其他氯化物），1.6g 亚油酸钠，10mL 乙醇和 2mL 亚油酸的水溶液在搅拌下加入 40mL 高压釜中。根据不同的金属调整反应温度（Ag 通常为 80~200℃，Ru、Rh 以及 Ir 通常为 20~200℃，Au、Pb 以及 Pt 通常为 20~100℃），并反应 10h 左右即可获取相应的胶体金属纳米晶体。除了上述的方法，超临界流体[33]、外场技术、模板剂等也被用于胶体纳米晶体的合成[34]。

不同的颗粒大小和粒径对晶体产品的物理化学性能有重要影响，因此控制胶体纳米晶体按照特定要求生长是胶体纳米晶体的一个重要研究方向。虽然胶体纳米晶体的合成步骤相对较简单，但是分子层次上的结晶机理极为复杂，准确的结晶理论仍然有待进一步的研究，因此形态控制手段更像是一种艺术行为[26]。尽管如此，经过多年的实验研究，人们依然提出了许多经验或半经验的形态控制手段。

一般情况下，粒度分布均一的颗粒具有较好的物理化学性质，因此大部分纳米晶体都希望具有均一的粒度。常见的粒度分布控制手段都利用了粒度分布聚焦（size-distribution focusing）的概念[30]。该概念认为当生长单元浓度够高时，小晶体的生长速率大于大颗粒的晶体。如图 10-9-5 中所示，当高浓度时，晶体的临界晶核粒径小，受到粒度分布聚焦的影响，晶体的粒径分布将逐渐聚集，这样有利于获取均一粒径的产品。

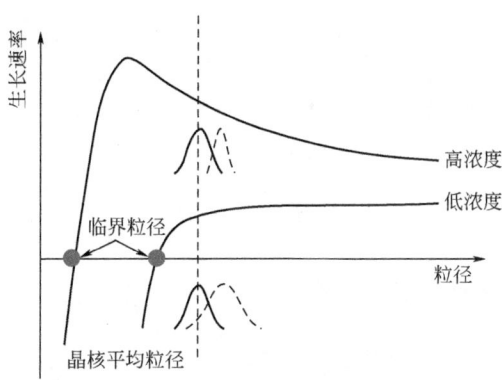

图 10-9-5 晶体生长过程中的粒度聚焦效应

晶体的形态也对纳米晶体的性质有重要影响，例如：球形的纳米晶体由于其结构具有高度对称性，因此在可见光波段内往往只有单一的衍射峰，然而对于棒状等各向异性的形态来说，由于在晶体边缘和转角处的高度局部电荷极化性质，晶体的衍射光谱中呈现出多个不同的衍射峰[35]。晶体的形态受到晶体生长过程中的热力学和动力学共同影响，纳米晶体的生长过程较为复杂，除了传统的单体吸附-反应机理以外，近期人们进一步发现晶体生长还可以通过颗粒吸附生长机理[36]。

理论上来说稳态晶体的形态总是趋向于总表面积最小，因此在生长速率较低时，晶体的长径比往往也较低，反之则容易获得长径比较高的产品[30]。表面活性剂不单单起到防止晶体聚结以及提升晶体表面稳定性的作用，更由于其吸附在晶体的表面，因此也可以有效地改变晶体的形态。如图 10-9-6 中所示，在钴纳米晶体颗粒的某一面上选择性地吸附表面活性剂则可以改变晶体生长的特性，从而获取棒状的晶体。

除了选择合适的表面活性剂之外，还有多种调控晶体形状的手段，典型的有：模板生长法；定向吸附；外场强化；选择吸附生长等方法[34]。

（3）多糖纳米晶体 多糖纳米晶体是一种由自然多糖有机物（主要是纤维素，几丁质和淀粉）中提取出来的纳米晶体材料。相对于无机纳米晶体材料，多糖纳米晶体具有良好的生物相容性、可降解性，此外还具有成本低、易于合成的特点[27]。

多糖纳米晶体的主要来源是自然界中的多糖聚合物，这类物质往往由结晶相和无定形相构成。由于易于操作和可控性强，加酸将多糖聚合物中的无定形段水解是最常用的提取多糖纳米晶体的方法。多糖纳米晶体的形态根据提取方法和多糖来源的改变而改变。一般来说，棒状的多糖纳米晶体往往源自植物纤维（棉花，亚麻等），长度 100~700nm；动物被膜，长度往往接近 100nm；细菌纤维素，长度由 100nm 到几微米[27]。同样由于源自生物质，多糖纳米晶体的结晶度往往不高，一般认为在 54%~88% 之间[37]。多糖纳米晶体的分解温度在 200~300℃ 之间。多糖纳米晶体的表面有许多暴露的活性羟基，对于部分较规整的晶体，暴露的活性羟基可以粗略计算出来。这些暴露出的活性羟基基团便于人们通过化学方法修饰晶体的表面，达到增强多糖纳米晶体特性的目的，并扩大多糖纳米晶体的应用范围。

在已有的研究中，棒状多糖纳米晶体已被用作天然纳米增强剂，用于静电纺丝技术。加入了多糖纳米晶体之后，复合纳米纤维的机械强度可以显著提升。由于良好的生物相容性，

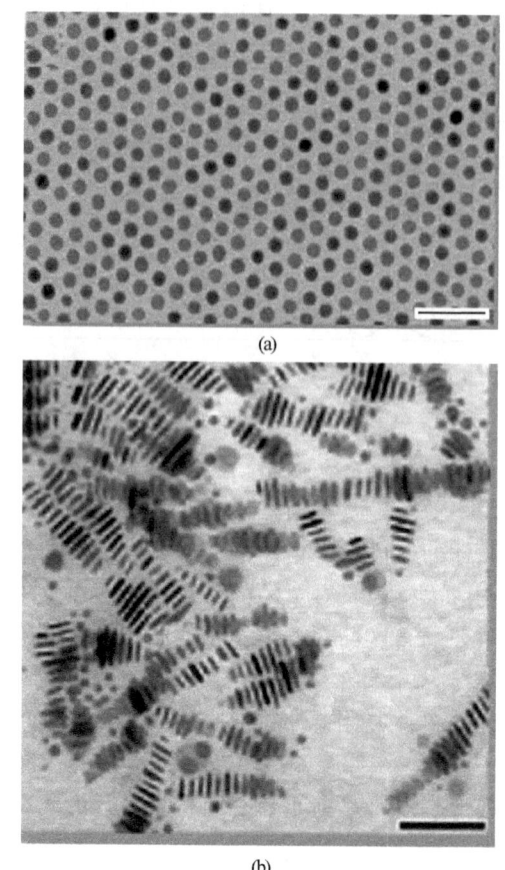

图 10-9-6 钴纳米晶体颗粒在不同合成条件下的形态

(a) 动力学控制下的颗粒形态；(b) 表面活性剂存在下的棒状形态

在药物载体中加入多糖纳米晶体不易产生副作用，并且由于刚性的多糖纳米晶体在微球体中可以与载体形成氢键网络，从而增加载体的机械强度，防止载体的崩解，此外多糖纳米晶体还能够改善药物的释放速率，达到药物缓释的目的[38]。除了上述的应用之外，多糖纳米晶体还可以被用于细胞的造影，仿生材料、无机材料合成基质等。

在未来的多糖纳米晶体的研究中主要有以下的挑战：①在温和或"绿色"反应条件下开发纳米晶体表面物理或化学修饰的可控方法；②解决纳米多糖晶体热稳定性差的问题；③充分利用多糖物质的物理化学特性，发现其在不同领域内的应用。

(4) 纳米线 纳米线是一种一维纳米材料，部分纳米线也可以被定义为胶体纳米晶体。纳米线中的电子受到量子尺寸效应的影响，可以占据与宏观材料不同的离散态能级，这种特性使得纳米线在半导体以及电子材料制备中有广泛的应用前景。用于合成纳米线的技术包括：金属催化生长技术（vapor-liquid-solid process，VLS process）；激光辅助化学气相沉积（laser-assisted chemical vapor deposition）；氧化辅助化学气相沉积（oxide-assisted CVD）；金属催化分子束外延（metal-catalyzed molecular）等方法[39]。

VLS 技术最早由 Wagner 和 Ellis 在 1964 年提出。他们使用 Au 颗粒作为催化剂，以 $SiCl_4$ 或 SiH_4 等蒸气为源长出半导体纳米晶须。其合成的步骤如下：①通过喷镀或者蒸镀的方式在 Si 基板上沉积一层 Au 薄膜，随后将薄膜退火形成纳米 Au 颗粒，并使用光刻技术将颗粒分散形成阵列。②根据纳米 Au 颗粒的大小设定活化 Au 表面的温度。粒径越大,温度越高,当粒径大于 50nm 时,活化温度在 800℃ 左右。③通入 1∶10 的 SiH_4 与 H_2 混合蒸气,反应气体在 Ar 气氛中稀释至约 2%。反应压力约为 200Torr(1Torr=133.322Pa),流速保持在 1500sccm(体积流量单位,mL·min^{-1})。④在 Si 衬底表面上的 Au 颗粒首先与 Si 反应,形成 Au-Si 合金液滴,在高于 363℃ 的温度下,Au 颗粒可在 Si 表面上形成 Si-Au 共溶液滴。由于 Au 的催化作用,SiH_4 在 Au-Si 液滴处发生还原。⑤由于 Si 的熔点高,因此还原的 Si 会向下沉积于固-液界面处,在该处 Si 开始结晶并生长成为纳米线。VLS 法可以生产大批量的纳米线,并且可以获取氧化物、氮化物等纳米材料,但是该方法较难获取金属纳米线。其他的纳米线合成方法可见 Wang 等的论文[39]。

由于纳米线的外形与稳定的晶体外形大不相同,因此控制纳米线的生长对于纳米线的合成有重要影响。由于纳米线的生长方向受到催化剂和晶体间的几何以及原子结构的影响,对于立方晶系的材料来说,一般生长方向都是垂直于界面的。但是对于其他晶系的物质来说,生长方向则可能会存在夹角。此外,界面处的杂质也可能导致生长方向发生变化。此外,由于极高的表面活性,部分的纳米线表面也需要进行处理,以使其能够保持稳定。

9.3 加压结晶、喷射结晶、冰析结晶等

此外,结晶方法还有加压结晶、喷射结晶、冰析结晶等。加压结晶是靠加大压力改变相平衡曲线进行结晶的方法[40]。该方法已受工业界重视,装置见图 10-9-7。喷射结晶类似于喷雾干燥过程,是很浓的溶液的溶质和熔融体固化的一种方式。严格地说喷射固化的固体并不一定能形成很好的晶体结构,而其固体形状很大程度上取决于喷口的形状。高聚物熔融纺丝牵伸过程也形成部分结晶,即属于这种类型。

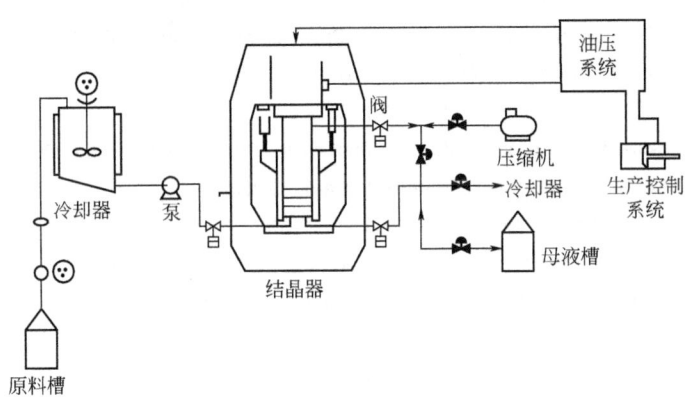

图 10-9-7　加压结晶装置

冰析结晶特点在于使用冷却方法移走溶液的热量使溶剂结晶而不是溶质结晶。步骤是由浓缩的溶液中分离结晶,用纯溶剂洗涤结晶后,再将结晶溶剂熔化以制取较纯的溶剂。此过程已用于海水的脱盐、水果汁的浓缩以及咖啡的萃取等。目前主要用于水溶液系统,冰析目标是水的移出。冰析过程一般分为直接接触冰析、间接冰析与真空冰析过程三种,详见文献[41~44]。

参考文献

[1] 吴蕾. 新型液相色谱介质制备及生物大分子快速纯化. 天津: 天津大学, 2004.

[2] 陈惠黎. 生物大分子的结构和功能. 上海: 复旦大学出版社, 1999.

[3] 桂林, 李琳, 胡松青, 等. 化工进展, 2005, 24 (8): 854-859.

[4] 杨志民, 生物大分子药物高效化的意义与研究展望//香山科学会议第282次学术研讨会. 北京: 2006.

[5] 赵秋雯, 范国梁, 严颖. 现代仪器使用与维修, 1998, (2): 8-10.

[6] Weber M. Industrial Purification of the Enzyme Urease from Jack Beans Using Crystallization [D]. Germany: Martin Luther University Halle-Wittenberg, 2008.

[7] Jones M. On the Industrial Crystallization of Proteins. Habilitation [D]. Germany: Martin Luther University Halle-Wittenberg, 2014.

[8] Christopher G K, Phipps A G, Gray R J. Journal of Crystal Growth, 1998, 191 (4): 820-826.

[9] Milne J L S, Borgnia M J, Bartesaghi A, et al. Febs Journal, 2013, 280 (1): 28-45.

[10] Wishart D S, Sykes B D, Richards F M. Biochemistry, 1992, 31 (6): 1647-1651.

[11] Müller C. How to Describe Protein Crystals Correctly? Case Study of Lysozyme Crystals [D]. Germany: Martin Luther University Halle-Wittenberg, 2012.

[12] Hekmat D. Bioprocess & Biosystems Engineering, 2015, 38 (7): 1209-1231.

[13] Mcpherson A, Gavira J A. Methods, 2004, 34 (3): 254-265.

[14] Howard S B, Twigg P J, Baird J K, et al. Journal of Crystal Growth, 1988, 90 (1-3): 94-104.

[15] Weber M, Jones M J, Ulrich J. Crystal Growth & Design, 2008, 8 (2): 711-716.

[16] Jones M J, Ulrich J. Chemical Engineering & Technology, 2010, 33 (10): 1571-1576.

[17] Yu X, Ulrich J, Wang J. Crystal Research & Technology, 2015, 50 (2): 179-187.

[18] Heijna M C R, Enckevort W J P V, Vlieg E. American Journal of Roentgenology Radium Therapy & Nuclear Medicine, 2008, 8 (1): 560-564.

[19] Benvenuti M, Mangani S. Nature Protocols, 2007, 2 (7): 1633-1651.

[20] Dhouib K, Malek C K, Pfleging W, et al. Lab on A Chip, 2009, 9 (10): 1412-1421.

[21] Sumner J B. Journal of Biological Chemistry, 1926, 69 (2): 435-441.

[22] Borbon V P D, Ulrich J. Journal of Crystal Growth, 2013, 373 (12): 38-44.

[23] Diaz Borbon V. Solvent Freeze out (Sfo) Technology for Protein Crystallization-Optimization and Applicability [D]. Germany: Martin Luther University Halle-Wittenberg, 2013.

[24] Fahlman B. Materials Chemistry. Springer Netherlands, 2011.

[25] Yu X, Wang J, Ulrich J. Chemical Engineering & Technology, 2014, 37 (8): 1353-1357.

[26] Xia Y, Xiong Y, Lim B, et al. Mrs Bulletin, 2009, 48 (1): 60-103.

[27] Lin N, Huang J, Dufresne A. Nanoscale, 2012, 4 (11): 3274-3294.

[28] Malamatari M, Taylor K, Malamataris S, et al. Drug Discovery Today, 2018, 23 (3): 534.

[29] Shegokar R, Müller R H. International Journal of Pharmaceutics, 2010, 399 (1): 129-139.

[30] Yin Y, Alivisatos A P. Nature, 2005, 437 (7059): 664-670.

[31] Zheng H, Smith R K, Jun Y W, et al. Science, 2009, 324 (5932): 1309-1312.

[32] Redl F X, Cho K S, Murray C B, et al. Nature, 2003, 423 (6943): 968-971.

[33] Hanrath T, Korgel B A. Advanced Materials, 2010, 15 (5): 437-440.

[34] Cozzoli P D, Pellegrino T, Manna L. Chemical Society Reviews, 2006, 35 (11): 1195-1208.

[35] Tao A R, Habas S, Yang P. Small, 2010, 4 (3): 310-325.

[36] De Yoreo J J, Gilbert P U, Sommerdijk N A, et al. Science, 2015, 349 (6247): aaa6760.

[37] Jimenez A, Ruseckaite R A. Polymer Degradation & Stability, 2010, 95 (11): 2125.

[38] Lin N, Huang J, Chang P R, et al. Colloids & Surfaces B Biointerfaces, 2011, 85 (2): 270-279.

[39] Wang N, Cai Y, Zhang R Q. Materials Science & Engineering R, 2008, 60 (1): 1-51.

[40] 豊倉賢, 守時正. Chemical Engineering, 1980, 25 (2): 153-157.

[41] Van Pelt W H. Journal of Food Engineering, 1975, 47: 77-79.

[42] Bomben J L, Bruin S, Thijssen H A C, et al. Advances in Food Research, 1973, 20: 1-111.

[43] Heist J A. Freeze Crystallization Applications for Wastewater Recycle and Reuse//AICHE Symposium Series, 1981: 259-272.

[44] Omran A M, King C J. AICHE Journal, 1974, 20 (4): 795-803.

第11篇
传质

主 稿 人、编写人员：任其龙　浙江大学教授
审 稿 人：潘勤敏　苏州大学教授

第一版编写人员名单
编写人员、审 校 人：时　钧

第二版编写人员名单
主 稿 人：时　钧
编写人员：时　钧　肖人卓

1 概论

1.1 传质现象

物质分子从空间某一点向另一点迁移的现象称为质量传递现象,简称传质。传质的机理有两种:分子传质和对流传质[1~6]。

分子传质指由分子运动完成的传质过程,也称为扩散。扩散可以发生在气体、液体和固体中。扩散的动力是相邻空间的化学位差,具体表现为浓度差、温度差、压力差、外加场(电场、重力场、离心力场)的作用等。

对流传质指在流体中,由流体微团的无序运动而完成的质量传递,仅发生在流体中,其传质特性主要取决于流体的流动特性。

传质过程广泛存在于自然界和人类活动过程中。传质学是许多应用科学的物理基础。化工生产工艺过程由化学反应和物质分离两部分组成,在反应器和分离设备中普遍存在着传质过程[1,5]。

1.2 化工生产过程中的传质

化工生产过程关心的传质问题绝大多数是发生在两相之间的传质,其中一相为流体,或者两相均为流体。两相中的一相是流体,另一相是固体的过程有:非均相催化反应、吸附、结晶、浸取、干燥、反渗透、电渗析、膜分离等。两相均为流体的过程有:非均相反应、吸收、蒸馏、萃取等。单纯的分子传质(扩散)在化工过程中是很少见的,绝大多数情况都是分子传质与对流传质同时存在。当两相均为流体时,在界面上发生的是扩散,在流体中则是对流传质,扩散与对流传质是顺序进行的。

传质科学的方法学有三类[7~18]。第一类,针对具体的对象,例如气体吸收,以实验数据为基础,用量纲分析将影响传质过程的因素用准数群加以关联,用于工程设计和装置运行的分析[13]。历年来,积累了大量实用价值的关联式。第二类,是将传动、传热和传质过程作为传递现象,用普遍性的微分方程组表达[8],再结合具体对象加以简化得到分析解。但是得到的解在数学上也是复杂的,在早期需要再借助图解得到最终结果。随着计算机技术日新月异的发展,在各种初始条件和边界条件下,微分方程组的数值解法已经成熟[7]。第三类,通过数值模拟来分析各种因素对传质过程的影响[11]。由于所用的大多数物性数据是估算的,这种方法只能给出半定量的结果。当今,对于工程中新的研发对象,可以先用模拟方法探索其中的关键因素,再以实验数据为基础,用量纲分析方法关联数据,逐级放大,以得到可靠的结果。

参考文献

[1] Belfiore L A. Transport Phenomena for Chemical Reactor Design. Hoboken: John Wiley & Sons, 2003.
[2] Bird R B, Stewart W E, Lightfoot E N. Transport Phenomena (revised 2nd ed.). New York: John Wiley & Sons, 2007.
[3] Cussler E L. Diffusion Mass Transfer in Fluid Systems, 3rd Edition. Cambridge: Cambridge University Press, 2007.
[4] Geankoplis C J. Transfer Processes and Unit Operations, 2nd Edition. Boston: Allyn and Bacon, 1983.
[5] Kirwan D J. Mass Transfer Principles//Rousseau R W. Handbook of Separation Process Technology. New York: John Wiley, 1987.
[6] Hines A L, Maddox R N. Mass Transfer: Fundamentals and Applications. New Jersey: Prentice-Hall, 1985.
[7] Majumdar P. Computational Methods for Heat and Mass Transfer. Boca Raton: CRC Press, 2005.
[8] Mikhailov M D, Ozisik M N. Unified Analysis and Solutions of Heat and Mass Diffusion. New York: John Wiley & Sons, 1984.
[9] Polyanin A D, Kutepov A M, Vyazmin A V, et al. Hydrodynamics, Mass and Heat Transfer in Chemical Engineering. Boca Raton: CRC Press, 2002.
[10] Raju K S N. Fluid Mechanics, Heat Transfer, and Mass Transfer: Chemical Engineering Practice. Hoboken, New Jersey: Wiley, 2011.
[11] Tosun I. Modelling in Transport Phenomena, a Conceptual Approach. Amsterdam: Elsevier, 2002.
[12] Skelland A H P. Diffusional Mass Transfer. New York: John Wiley, 1974.
[13] Sherwood T K, Pigford R L, Wilke C R. Mass Transfer. New York: McGraw-Hill, 1975.
[14] de Souza-Santos M L. Analytical and Approximate Methods in Transport Phenomena. Boca Raton: CRC Press, 2008.
[15] Taylor R, Krishna R. Multicomponent Mass Transfer. New York: John Wiley & Sons, 1993.
[16] Treybal R E. Mass Transfer Operations, 3rd Edition. New York: McGraw-Hill, 1980.
[17] Wesselingh J A, Krishna R. Mass Transfer. New York: Ellis Horwood, 1990.
[18] Welty J R, Wicks C E, Wilson R E, et al. Fundamentals of Momentum, Heat, and Mass Transfer, 5th Edition. Hoboken: John Wiley & Sons, 2008.

2 分子传质（扩散）

2.1 通量、浓度和速度

传质速率，即单位时间内通过单位面积的质量，又称为通量。常用的单位为质量通量 $kg\cdot s^{-1}\cdot m^{-2}$ 或摩尔通量 $kmol\cdot s^{-1}\cdot m^{-2}$。通量也可理解为单位体积的物质以一定的速度通过垂直于流向的平面，质量通量 n 等于质量浓度（密度 ρ）与速度 u 的乘积：

$$n = \rho u \quad (kg\cdot s^{-1}\cdot m^{-2}) \tag{11-2-1}$$

摩尔通量 N 等于摩尔浓度 c 与 u 的乘积：

$$N = cu \quad (kmol\cdot s^{-1}\cdot m^{-2}) \tag{11-2-2}$$

以静止坐标为参照，如果多组分的混合物以质量平均速度 v 在运动，其中组分 i 的速度为 u_i，则混合物质量平均速度的定义为各组分的速度按密度加和法则求得的平均值：

$$v = \frac{\sum_{i=1}^{n} \rho_i u_i}{\rho} = \sum_{i=1}^{n} w_i u_i \tag{11-2-3}$$

式中，w_i 为组分 i 的质量分数。

组分 i 相对于平均速度 v 的扩散速度 v_i 为 u_i 与 v 之差：

$$v_i = u_i - v \quad (m\cdot s^{-1})$$

混合物的平均速度还可用摩尔平均速度来表达：

$$v^M = \frac{\sum_{i=1}^{n} c_i u_i}{c} = \sum_{i=1}^{n} x_i u_i \tag{11-2-4}$$

式中，x_i 为组分 i 的摩尔分数。与之对应，组分 i 相对于混合物摩尔平均速度的扩散速度为：

$$v_i^M = u_i - v^M \quad (m\cdot s^{-1}) \tag{11-2-5}$$

上述各种速度定义表达的组分 i 的扩散通量有以下 6 种方式：

相对于静止坐标	$n_i = \rho_i u_i$	(11-2-6)
相对于质量平均速度	$i_i = \rho_i (u_i - v)$	(11-2-7)
相对于摩尔平均速度	$j_i = \rho_i (u_i - v^M)$	(11-2-8)
相对于静止坐标	$N_i = c_i u_i$	(11-2-9)
相对于质量平均速度	$I_i = c_i (u_i - v)$	(11-2-10)
相对于摩尔平均速度	$J_i = c_i (u_i - v^M)$	(11-2-11)

化学工程中的传质问题多可采用静止坐标来处理；对于一些特殊体系，基于质量平均速度或摩尔平均速度的表达方式，可以简化数学处理。

2.2　Fick 定律

Fick 定律由 Fick 通过实验结果推出。组分 A 在静止的组分 B 中沿 z 轴方向扩散，其质量通量与其浓度梯度成正比

$$i_{A,z} = -\rho D_{AB} \frac{dw_A}{dz} \tag{11-2-12}$$

式中　$i_{A,z}$——A 组分在 z 轴的扩散通量，$kg \cdot s^{-1} \cdot m^{-2}$；

$\dfrac{dw_A}{dz}$——A 组分沿 z 方向的质量分数梯度，m^{-1}；

D_{AB}——扩散系数，$m^2 \cdot s^{-1}$。

对于 A 的稀溶液，可认为混合物的密度 ρ 是定值，则 Fick 定律可写成：

$$i_{A,z} = -D_{AB} \frac{d\rho_A}{dz} \tag{11-2-13}$$

用摩尔单位的 Fick 定律为：

$$J_{A,z} = -cD_{AB} \frac{dx_A}{dz} \tag{11-2-14}$$

式中，c 为混合物摩尔浓度，$kmol \cdot m^{-3}$。对于 A 的稀溶液，混合物的浓度 c 是定值，则可写成：

$$J_{A,z} = -D_{AB} \frac{dc_A}{dz} \tag{11-2-15}$$

以上四个表达式中，A 组分的扩散通量是对于以混合物平均速度运动的坐标系而言的，对于静止坐标，Fick 定律表达式应为：

$$n_{A,z} = w_A(n_{A,z} + n_{B,z}) - \rho D_{AB} \frac{dw_A}{dz} \tag{11-2-16}$$

$$N_{A,z} = x_A(N_{A,z} + N_{B,z}) - cD_{AB} \frac{dx_A}{dz} \tag{11-2-17}$$

上两式中等式右方的第一项为随混合物整体运动被携带的对流通量，第二项为因浓度梯度引起的扩散通量。

2.3　分子传质微分方程

在混合物中划出一个控制体，对组分 A 建立质量衡算，得到的质量守恒方程如下：

$$\frac{\partial \rho_A}{\partial t} = -\left(\frac{\partial n_{A,x}}{\partial x} + \frac{\partial n_{A,y}}{\partial y} + \frac{\partial n_{A,z}}{\partial z}\right) + r_A \tag{11-2-18}$$

同理，也可用摩尔单位建立组分 A 的质量衡算方程：

$$\frac{\partial c_A}{\partial t} = -\left(\frac{\partial N_{A,x}}{\partial x} + \frac{\partial N_{A,y}}{\partial y} + \frac{\partial N_{A,z}}{\partial z}\right) + R_A \tag{11-2-18a}$$

式中　r_A，R_A——控制体积内组分 A 的质量反应速率（$kg \cdot m^{-3} \cdot s^{-1}$）和摩尔反应速率（$kmol \cdot m^{-3} \cdot s^{-1}$）。

当混合物以流速 v 运动时,相对于静止坐标而言,组分 A 的通量为混合物携带的量和扩散通量之和:

$$n_A = \rho_A v + i_A \tag{11-2-19}$$

如果混合物的密度和组分 A 的扩散系数是定值,由质量衡算方程和式(11-2-19)可得到质量扩散方程:

$$\frac{\partial \rho_A}{\partial t} + \left(v_x \frac{\partial \rho_A}{\partial x} + v_y \frac{\partial \rho_A}{\partial y} + v_z \frac{\partial \rho_A}{\partial z}\right) = D_{AB}\left(\frac{\partial^2 \rho_A}{\partial x^2} + \frac{\partial^2 \rho_A}{\partial y^2} + \frac{\partial^2 \rho_A}{\partial z^2}\right) + r_A \tag{11-2-20}$$

(积累)　　　(通过表面的对流传质)　　　　(通过表面的分子扩散)　(反应生成)

和摩尔扩散方程:

$$\frac{\partial c_A}{\partial t} + \left(v_x \frac{\partial c_A}{\partial x} + v_y \frac{\partial c_A}{\partial y} + v_z \frac{\partial c_A}{\partial z}\right) = D_{AB}\left(\frac{\partial^2 c_A}{\partial x^2} + \frac{\partial^2 c_A}{\partial y^2} + \frac{\partial^2 c_A}{\partial z^2}\right) + R_A \tag{11-2-21}$$

将扩散方程结合实际问题的初始条件和边界条件求解,可以得到扩散物质的浓度随时间和空间的分布。以下是一些经典的案例。

2.4　稳态分子扩散

2.4.1　一维扩散

条件:稳态、无化学反应、沿 z 轴一维扩散,扩散系数为定值。

2.4.1.1　单组分通过静止组分的扩散

二元气体混合物中的组分 A 沿 z 轴通过平面 1 向平面 2 扩散,两平面之间的距离为 $z = z_2 - z_1$,组分 B 是静止的(组分 B 不扩散)。气体吸收、萃取、增湿、吸附属于这种情况。扩散方程为:

$$\frac{dN_A}{dz} = 0 \tag{11-2-22}$$

边界条件:$z = z_1$,$y_A = y_{A_1}$;$z = z_2$,$y_A = y_{A_2}$。

对理想气体,可求解得到通量的表达式:

$$N_A = \frac{PD_{AB}}{RTz} \ln \frac{P_{B_2}}{P_{B_1}} \tag{11-2-23}$$

式(11-2-23)可以写成:

$$N_A = \frac{PD_{AB}}{RTz}\left(\frac{P_{B_2} - P_{B_1}}{P_{BM}}\right) = \frac{D_{AB}}{RTz}\left(\frac{P}{P_{BM}}\right)(P_{A_1} - P_{A_2}) \tag{11-2-24}$$

式中

$$P_{BM} = \frac{P_{B_2} - P_{B_1}}{\ln(P_{B_2}/P_{B_1})} \tag{11-2-25}$$

式中,P 为气体总压;D_{AB} 为组分 A 在 B 中的扩散系数;P_A,P_B 分别为组分 A、组分 B 的分压;下标 1、2 表示平面在 z 轴上的位置;R 为气体常数;T 为热力学温度。组分 A

的摩尔分数沿 z 轴的分布（图 11-2-1）为：

$$\left(\frac{1-y_A}{1-y_{A_1}}\right)=\left(\frac{1-y_{A_2}}{1-y_{A_1}}\right)^{\frac{z-z_1}{z_2-z_1}}$$

【例 11-2-1[1]】 井的直径为 9m，深度为 40m。大气和井水的温度均为 25℃，井口空气的相对湿度为 50%。求水汽从井口扩散出来的流速。水汽在空气中的扩散系数 $D=2.58\times 10^{-5}\mathrm{m^2\cdot s^{-1}}$。

解 $z=40\mathrm{m}$，$P=10^5\mathrm{N\cdot m^{-2}}$，$T=298\mathrm{K}$，$R=(8315/18)\mathrm{J\cdot kg^{-1}\cdot K^{-1}}$，25℃下水的饱和蒸汽压为 $3169\mathrm{N\cdot m^{-2}}$，井中水面上空气的分压为 $P_{B_1}=(10^5-3169)\mathrm{N\cdot m^{-2}}$，井口空气的分压为 $P_{B_2}=(10^5-3169\times 50\%)\mathrm{N\cdot m^{-2}}$。

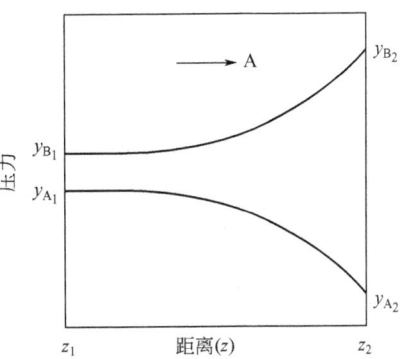

图 11-2-1 A 通过静止的 B 扩散时的摩尔分数分布

将上述数值代入式(11-2-23)，求出 N_A，再乘以井的截面积 $S=63.62\mathrm{m^2}$，得出从井口扩散出的水汽的流速为 $4.84\times 10^{-7}\mathrm{kg\cdot s^{-1}}$。

2.4.1.2 等物质的量相向扩散

二元混合物中的两个组分 A 和 B 沿 z 轴在平面 1 和平面 2 之间相向扩散，而且扩散通量相等。两平面的距离为 $z=z_2-z_1$。二元混合物的精馏接近这种情况。扩散方程为：

$$\frac{\mathrm{d}N_A}{\mathrm{d}z}=0 \tag{11-2-26}$$

边界条件：$z=z_1$，$c_A=c_{A_1}$；$z=z_2$，$c_A=c_{A_2}$。

求解得到通量的表达式：

$$N_A=\frac{D_{AB}}{z}(c_{A_1}-c_{A_2}) \tag{11-2-27}$$

或

$$N_A=\frac{D_{AB}}{RTz}(P_{A_1}-P_{A_2}) \tag{11-2-28}$$

组分 A 沿 z 轴的分布为线性，见图 11-2-2。

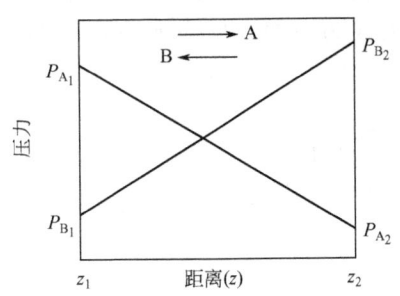

图 11-2-2 等物质的量相向扩散时的分压分布

【例 11-2-2[1]】 两台储罐中有 CO_2 和 N_2 的混合气，其中一台的 CO_2 和 N_2 的摩尔分数分别为 0.2 和 0.8，另一台的 CO_2 和 N_2 的摩尔分数分别为 0.8 和 0.2。两台储罐之间用截面积 $S=0.1\mathrm{m^2}$，长度为 0.5m 的管道连接。气体的温度为 290K，压力为 $10^5\mathrm{N\cdot m^{-2}}$。扩散系数为 $0.16\times 10^{-4}\mathrm{m^2\cdot s^{-1}}$。求扩散过程刚开始时 CO_2 和 N_2 的扩散流速。

解 N_2 的分压 $P_{A_1}=0.8\times 10^5\mathrm{N\cdot m^{-2}}$，$P_{A_2}=0.2\times 10^5\mathrm{N\cdot m^{-2}}$，$R=8315\mathrm{J\cdot kmol^{-1}\cdot K^{-1}}$，$T=290\mathrm{K}$，$z=0.5\mathrm{m}$。

代入式(11-2-28)，得 $N_A=7.962\times 10^{-7}\mathrm{kmol\cdot m^{-2}\cdot s^{-1}}$。

N_2 和 CO_2 的扩散流速应相等，均为 $N_A S=7.962\times 10^{-8}\mathrm{kmol\cdot s^{-1}}$。

注：从扩散开始到两储罐中的气体组成相等是非稳态扩散过程，这里仅计算扩散刚开始的情况。

2.4.2 伴有化学反应的一维扩散

2.4.2.1 非均相反应

惰性气体的总摩尔浓度为 c，其中组分 A 的摩尔分数为 x_{A_L}。在固体催化剂表面（$z=0$）与气体主体之间有一层静止的气膜，其厚度为 L。组分 A 通过气膜扩散至催化剂表面，在表面发生反应，反应速率常数为 k_1。扩散系数 D_{AB} 为定值。扩散方程为：

$$\frac{dN_A}{dz}=0 \tag{11-2-29}$$

边界条件：$z=0$，$c_A=c_{A_0}$；$z=L$，$c_A=c_{A_L}$。

求解得到通量的表达式：

$$N_A=\frac{cD_{AB}}{L}\ln\frac{1+x_{A_0}}{1+x_{A_L}} \tag{11-2-30}$$

一级反应的通量表达式：

$$N_A=-R_A=-k_1 c x_{A_0} \tag{11-2-31}$$

由式(11-2-30)、式(11-2-31) 可得：

$$N_A=-\frac{c\ln(1+x_{A_L})}{\dfrac{L}{D_{AB}}+\dfrac{1}{k_1}} \tag{11-2-32}$$

式(11-2-32) 右边分母中的第一项为扩散阻力，第二项为反应阻力。二者数值的比反映扩散过程与反应过程在全过程中所起的作用。当反应速率很大时，第二项很小，过程为扩散速率控制；反之则为反应速率控制。

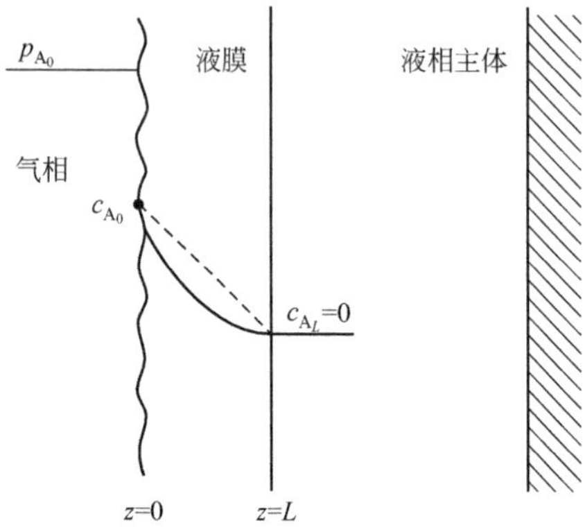

图 11-2-3 气体通过液膜在液相反应的传质

2.4.2.2 均相反应

惰性气体中含可溶于液体中的组分 A，其浓度为 c_{A_0}。在气液界面（$z=0$）与液相主体之间有一层厚度为 L 的液膜（图 11-2-3）。A 通过液膜扩散至液相主体，再与液体中的 B 反应。扩散系数 D_{AB} 为定值。反应级数为一级，反应速率常数为 k_1。扩散方程为：

$$-D_{AB}\frac{d^2 c_A}{dz^2}+k_1 c_A=0 \tag{11-2-33}$$

边界条件为 $z=0$，$c_A=c_{A_0}$；$z=L$，$c_A=c_{A_L}$。

求解得到液膜中的浓度分布和气液界面上的通量：

$$c_A=\frac{c_{A_L}\sinh(mz)+c_{A_0}[m(L-z)]}{\sinh(mL)} \tag{11-2-34}$$

$$N_A\big|_{z=0}=\frac{D_{AB}c_{A_0}}{L}\left(\frac{m\delta}{\delta\tanh m}\right) \tag{11-2-35}$$

式中，c_{A_0} 为气液界面上 A 的浓度；c_{A_L} 为液膜与液相主体界面上 A 的浓度；$m=(k_1/D_{AB})^{1/2}$。

如果反应速率很大,致使液膜与液相主体界面上 A 的浓度等于零,边界条件 $z=L$, $c_A=0$,则浓度分布为:

$$c_A = \frac{\sinh[m(L-z)]}{\sinh(mL)} c_{A_0} \tag{11-2-36}$$

此时气液界面上的扩散通量为:

$$N_A|_{z=0} = -D_{AB}\left(\frac{dc_A}{dz}\right)_{z=0} = \frac{mD_{AB}c_{A_0}\cosh(mL)}{\sinh(mL)} \tag{11-2-37}$$

当物理吸收时($m=0$),扩散通量为:

$$N'_A|_{z=0} = \frac{D_{AB}}{L} c_{A_0}$$

以上两式的比值:

$$\frac{N_A}{N'_A} = \frac{mL}{\tanh(mL)} \tag{11-2-38}$$

称为 Hatta 数,用以表示化学反应对传质的影响。无化学反应时,其值为 1;随着反应速率的增大,k_1 值增大,Hatta 值趋近于 mL。

【**例 11-2-3**[2]】 在湿壁塔中用水吸收氯气,实验测得传质系数值为 $16\times 10^{-3}\,\text{cm}\cdot\text{s}^{-1}$。氯与水的反应为不可逆反应(反应速率很大):

$$Cl_2 + H_2O \longrightarrow H^+ + Cl^- + HClO$$

已知水吸收无反应的气体时,传质系数为 $1\times 10^{-3}\,\text{cm}\cdot\text{s}^{-1}$。氯在水中的扩散系数 $D=1.25\times 10^{-5}\,\text{cm}^2\cdot\text{s}^{-1}$。求氯与水的反应速率常数。

解 伴有化学反应的传质系数:

$$k = \sqrt{Dk_1}\coth(\sqrt{k_1/D}\,L)$$

式中,k_1 为反应速率常数;D 为扩散系数;L 为液膜厚度。当反应速率很大时:

$$k = \sqrt{k_1 D}$$

将数值代入上式:

$$16\times 10^{-3} = \sqrt{k_1(1.25\times 10^{-5})}$$

求得 $k_1 = 20\,\text{s}^{-1}$。

2.4.2.3 伴有热量传递的扩散

在扩散过程中扩散物质会携带着其具有的焓,因此就会伴随着与其传质通量相关的热量传递[3]。当有温差存在时,还会伴有传热。以下是气相冷凝的案例(图 11-2-4)。

温度为 T_1 的惰性气体中有可冷凝的物质 A。表面温度为 T_3。A 在表面上冷凝,其沿 z 方向通过气膜的扩散通量为:

$$N_{A,z} = \frac{-cD_{AB}}{1-y_A} \times \frac{dy_A}{dz} \tag{11-2-39}$$

式中,c 为摩尔浓度;D_{AB} 为扩散系数;y_A 为摩尔分数。
式(11-2-39)中的浓度和扩散系数均与温度有关,而温度沿 z 方向是有分布的,取其为:

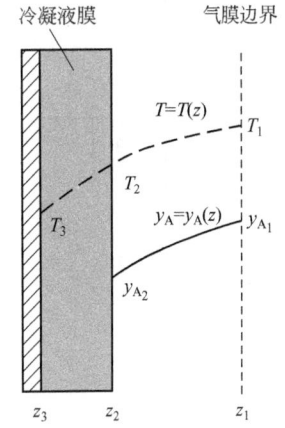

图 11-2-4 气相冷凝的传热和传质

$$\frac{T}{T_1} = \left(\frac{z}{z_1}\right)^n \tag{11-2-40}$$

则扩散系数沿 z 方向的分布为：

$$D_{AB} = D_{AB}|_{T_1} \left(\frac{T}{T_1}\right)^{3/2} = D_{AB}|_{T_1} \left(\frac{z}{z_1}\right)^{3n/2} \tag{11-2-41}$$

气体浓度沿 z 方向的分布为：

$$c = \frac{P}{RT} = \frac{P}{RT_1(z/z_1)^n} \tag{11-2-42}$$

由之得到：

$$N_{A,z} = \frac{-PD_{AB}|_{T_1}}{RT_1(1-y_A)} \left(\frac{z}{z_1}\right)^{n/2} \frac{\mathrm{d}y_A}{\mathrm{d}z} \tag{11-2-43}$$

如果温差不大，可用扩散系数和浓度的平均值，则

$$N_{A,z} = -\frac{(cD_{AB})_{\text{平均值}}}{1-y_A} \times \frac{\mathrm{d}y_A}{\mathrm{d}z} \tag{11-2-44}$$

边界条件：$z = z_1$，$y_A = y_{A_1}$；$z = z_2$，$y_A = y_{A_2}$。

得到

$$N_{A,z} = \frac{(cD_{AB})_{\text{平均值}}(y_{A_1} - y_{A_2})}{(z_2 - z_1)y_{B,lm}} \tag{11-2-45}$$

求平均值必须知道 T_2，可由传热方程来求得，沿 z 方向的热通量为：

$$\frac{q_z}{A} = h_L(T_2 - T_3) = h_c(T_1 - T_2) + N_{A,z}M_A(H_1 - H_2) \tag{11-2-46}$$

式中，q_z 为热量；A 为传热面积；h_L 为液膜中对流传热系数；h_c 为气膜中对流传热系数；M_A 为 A 的分子量；H_1 和 H_2 分别为平面 1 和平面 2 上 A 的焓。

式(11-2-45) 和式(11-2-46) 可用试差法求解。

2.4.2.4 伴有动量传递的扩散（降膜吸收）

液体从垂直平板的顶部沿着平板表面呈薄膜状向下流动，与液膜接触的惰性气体中的组分 A 被液体所吸收（图 11-2-5）[3]。组分 A 被吸收的量不大，因而可以认为液体的物性数据是不变的。平板高度为 L，宽度为 W，液膜厚度为 δ。根据动量分析，液膜内的液体沿 x 轴向下流动时，其沿液膜厚度方向（y 轴）的速度分布为：

$$v_x = 2v_{\max}\left[\frac{y}{\delta} - \frac{1}{2}\left(\frac{y}{\delta}\right)^2\right] \tag{11-2-47}$$

$$v_{\max} = \frac{\rho g \delta^2}{2\mu} \tag{11-2-48}$$

式中，$v_{\max}$ 为气液界面上（$y = \delta$）液膜的速度；ρ 为密度；μ 为黏度。

液膜内的传质方程为：

$$v_x \frac{\partial c_A}{\partial x} - D_{AB} \frac{\partial^2 c_A}{\partial y^2} = 0 \tag{11-2-49}$$

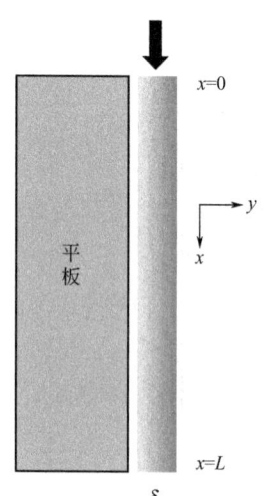

图 11-2-5 降膜吸收的传质

将式(11-2-47) 代入式(11-2-49)，可得到动量传递与质量传递相结合的传质方程：

$$2v_{\max}\left[\frac{y}{\delta}-\frac{1}{2}\left(\frac{y}{\delta}\right)^2\right]\frac{\partial c_A}{\partial x}=D_{AB}\frac{\partial^2 c_A}{\partial y^2} \tag{11-2-50}$$

其边界条件为：

$$x=0, c_A=0; y=0, \frac{\partial c_A}{\partial y}=0; y=\delta, c_A=c_{A_0}$$

上式的解为：

$$\frac{c_A|_{x=L}-c_A|_{y=\delta}}{c_A|_{x=0}-c_A|_{y=\delta}}=0.7857e^{-5.1213n}+0.1001e^{-39.318n}+0.03500e^{-105.64n}+0.01811e^{-204.75n}+\cdots \tag{11-2-51}$$

式中，$c_A|_{x=L}$ 为底部溶质浓度；$c_A|_{x=0}$ 为顶部溶质浓度；$c_A|_{y=\delta}$ 为气液界面上的溶质浓度；$n=D_{AB}L/(\delta^2 v_{\max})$；$D_{AB}$ 为溶质在液相的扩散系数。

2.5 非稳态分子扩散[4]

2.5.1 半无限大静止介质中的一维扩散

介质的 x 和 y 方向的尺寸远大于 z 方向的尺寸，传质只沿 z 轴方向进行。扩散系数为定值。扩散方程式(11-2-21) 成为：

$$\frac{\partial c_A}{\partial t}=D_{AB}\frac{\partial^2 c_A}{\partial z^2} \tag{11-2-52}$$

扩散物质从 x-y 平面的一侧进入（或流出），另一侧是密封的。介质内部扩散物质的初始浓度为 c_{A_0} 而且是均匀的，表面上的浓度为 c_A^* 且保持不变。则

初始条件：$t=0$，在所有 z 处，$c_A=c_{A_0}$

边界条件：$t>0$，在 $z=0$ 处，$c_A=c_A^*$

$t>0$，在 $z=\infty$ 处，$c_A=c_{A_0}$

方程的解如下[3]：

$$\frac{c_A-c_{A_0}}{c_A^*-c_{A_0}}=1-\mathrm{erf}\left(\frac{z}{2\sqrt{D_{AB}t}}\right) \tag{11-2-53}$$

在任意时刻 t，进入介质的溶质通量为：

$$N_A=-D_{AB}\left(\frac{\partial c_A}{\partial z}\right)_{z=0}=(c_A^*-c_A)\sqrt{\frac{D_{AB}}{\pi t}} \tag{11-2-54}$$

在时间从 0 到 t 期间，进入介质的溶质平均通量为：

$$\overline{N_A}=\frac{1}{t}\int_0^t N_A \mathrm{d}t=\frac{1}{t}\int_0^t (c_A^*-c_A)\sqrt{\frac{D_{AB}}{\pi t}}\mathrm{d}t$$

$$=2(c_A^*-c_{A_0})\sqrt{\frac{D_{AB}}{\pi t}} \tag{11-2-55}$$

2.5.2 大平板中的一维扩散

平板的厚度为 $2a$，其另两个方向的尺寸远大于其厚度。扩散物质从平板的两侧表面同时进入（或流出）平板，扩散系数为定值，其扩散方程与式(11-2-52) 相同。介质中扩散物

质的初始浓度为 c_{A_0}，表面上的浓度为 c_A^* 且保持不变。将平板中心面处置于 $z=0$ 处。则

初始条件：$t=0$ 时，对于 $-a<z<a$，$c_A=c_{A_0}$

边界条件：$t>0$ 时，对于 $z=\pm a$，$c_A=c_A^*$

$t>0$ 时，对于 $z=0$，$\dfrac{\partial c_A}{\partial z}=0$

方程的解如下[2]：

$$\frac{c_A-c_A^*}{c_{A_0}-c_A^*}=\frac{4}{\pi}\sum_{n=0}^{\infty}\frac{(-1)^n}{2n+1}\cos\left[\frac{(2n+1)\pi z}{2a}\right]\exp\left[\frac{-D(2n+1)^2\pi^2 t}{4a^2}\right] \quad (11\text{-}2\text{-}56)$$

无量纲浓度在平板内沿 z 轴的分布与 Dt/a^2 的关系见图 11-2-6。平板内的无量纲平均浓度为：

$$\frac{\bar{c}_A-c_A^*}{c_{A_0}-c_A^*}=\frac{8}{\pi^2}\left(e^{-\beta}+\frac{1}{9}e^{-9\beta}+\frac{1}{25}e^{-25\beta}+\cdots\right)=E_a \quad (11\text{-}2\text{-}57)$$

式中，$\beta=\dfrac{\pi^2 Dt}{4a^2}$。

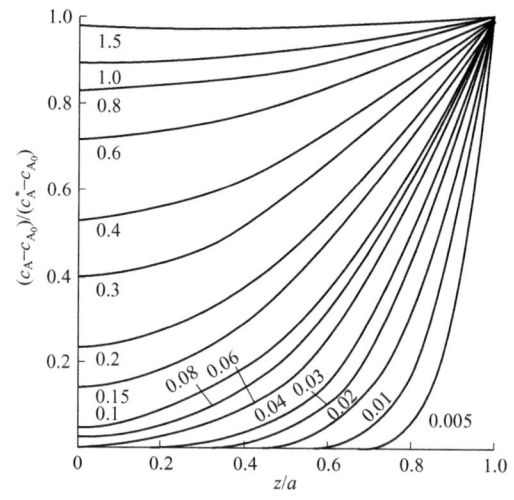

图 11-2-6 平板从两侧扩散时的浓度分布（曲线上的数字为 Dt/a^2）

【例 11-2-4[5]**】** 石膏块的厚度为 40mm，含水率为 18%，四周边封闭。其中的水分从两侧平面蒸发至空气中，表面的含水率保持 2.5%。经过 6h 后，石膏中的平均含水率降至 9.75%。假定扩散系数是定值，求平均含水率达到 6% 所需的时间。

解 将 $c_{A_0}=0.18$，$\bar{c}_A=0.0975$，$c_A^*=0.025$，$a=0.02\text{m}$，代入式(11-2-57)，用迭代法求出 $Dt/a^2=0.22$，由 $t=6\text{h}=21600\text{s}$，求得 $D=4.07\times10^{-9}\text{m}^2\cdot\text{s}^{-1}$。

再将 $c_{A_0}=0.18$，$\bar{c}_A=0.06$，$c_A^*=0.025$，$a=0.02\text{m}$，代入式(11-2-57)，求出 $Dt/a^2=0.52$，由 $D=4.07\times10^{-9}\text{m}^2\cdot\text{s}^{-1}$，求得 $t=51106\text{s}=14.2\text{h}$。

2.5.3 球体中的扩散

扩散物质扩散进入（或流出）半径为 a 的球体。球体内扩散物质的初始浓度为 c_{A_0}，表面的浓度为 c_A^* 且保持不变。扩散系数为定值。扩散方程为：

$$\frac{\partial c}{\partial t}=D\left(\frac{\partial^2 c}{\partial r^2}+\frac{2}{r}\times\frac{\partial c}{\partial r}\right) \quad (11\text{-}2\text{-}58)$$

令
$$u = cr \tag{11-2-59}$$

$$\frac{\partial u}{\partial t} = D \frac{\partial^2 u}{\partial r^2} \tag{11-2-60}$$

边界条件和初始条件为：
$$r=0, t>0, u=0$$
$$r=a, t>0, u=ac_A^*$$
$$t=0, 0<r<a, u=rc_{A_0}$$

得到的解为：
$$\frac{c_A - c_{A_0}}{c_A^* - c_{A_0}} = 1 + \frac{2a}{\pi r}\sum_{n=1}^{\infty}\frac{(-1)^n}{n}\sin\frac{n\pi r}{a}\exp(-Dn^2\pi^2 t/a^2) \tag{11-2-61}$$

无量纲浓度沿半径 r 的分布与 Dt/a^2 的关系图与图 11-2-6 相似。任一时间 t，扩散物质进入（或流出）球体的量 M_t 与达到平衡时的量 M_∞ 的比值为：

$$\frac{M_t}{M_\infty} = 1 - \frac{6}{\pi^2}\sum_{n=1}^{\infty}\frac{1}{n^2}\exp(-Dn^2\pi^2 t/a^2) \tag{11-2-62}$$

2.5.4 圆柱体中的扩散

半径为 a 的圆柱体的两端是封住的，扩散物质沿径向扩散进入（或流出）圆柱体。圆柱体内扩散物质的初始浓度为 c_{A_0}，表面的浓度为 c_A^* 且保持不变。扩散系数为定值。扩散方程为：

$$\frac{\partial c}{\partial t} = D \frac{\partial^2 c}{\partial r^2} \tag{11-2-63}$$

边界条件和初始条件为：
$$r=a, t \geqslant 0, c_A = c_A^*,$$
$$t=0, 0<r<a, c_A = c_{A_0}$$

得到的解为
$$\frac{c_A - c_{A_0}}{c_A^* - c_{A_0}} = 1 - \frac{2}{a}\sum_{n=1}^{\infty}\frac{\exp(-D\alpha_n^2 t)J_0(r\alpha_n)}{\alpha_n J_1(a\alpha_n)} \tag{11-2-64}$$

无量纲浓度在圆柱体内沿 r 的分布与 Dt/a^2 的关系图与图 11-2-6 相似。任一时间 t，扩散物质进入（或流出）圆柱体的量 M_t 与达到平衡时的量 M_∞ 的比值为：

$$\frac{M_t}{M_\infty} = 1 - \sum_{n=1}^{\infty}\frac{4}{a^2\alpha_n^2}\exp(-D\alpha_n^2 t) \tag{11-2-65}$$

2.6 多孔体中的扩散

2.6.1 Fick 扩散

多孔体微孔中的扩散机理与微孔的孔径和结构有关。当孔径远大于扩散分子的平均自由程时，扩散特性与一般流体的扩散特性相同，可用 Fick 定律来表达，只需加上孔隙率和孔道弯曲率的校正项即可。稀溶液稳态扩散的通量表达式为：

$$N_A = \frac{\varepsilon D_{AB}}{\tau} \times \frac{c_{A_1} - c_{A_2}}{z_2 - z_1} \tag{11-2-66}$$

式中 ε——固体内部孔隙的体积分数，等于孔隙的自由截面分数；

τ——弯曲率，是考虑弯曲孔道的实际长度大于颗粒尺寸的校正系数。

孔隙率可以实验测定。不固结物料的弯曲率 τ 值为 1.5～2，压实物料的 τ 值为 7～8，多孔催化剂的 τ 值为 3～7[6]。

2.6.2 Knudsen 扩散

当扩散分子的平均自由程 λ 远大于微孔孔径 d 时，分子对孔壁的碰撞频率远大于分子之间的相互碰撞频率，扩散阻力主要决定于分子对孔壁的碰撞，这种扩散称为 Knudsen 扩散（图 11-2-7）。$K_n = \lambda/d$ 称为 Knudsen 系数。$K_n \geqslant 10$ 时，扩散主要是 Knudsen 扩散；$K_n \leqslant 0.01$ 时，扩散主要是 Fick 扩散。在压力很低或孔径很小的条件下，气体的扩散属于 Knudsen 扩散。由气体动力学导出的 Knudsen 扩散系数的表达式为：

$$D_{K,A} = 97\bar{r}\left(\frac{T}{M_A}\right)^{1/2} \tag{11-2-67}$$

式中 $D_{K,A}$——A 组分的 Knudsen 扩散系数，$m^2 \cdot s^{-1}$；

$\bar{r}$——微孔的平均半径，m；

T——热力学温度，K；

M_A——扩散物质的分子量。

长度为 L 的直孔道中，Knudsen 扩散通量与孔道两端的压力差成正比：

$$N_{K,A} = \frac{D_{K,A}P}{RTL}(x_{A_1} - x_{A_2}) = \frac{D_{K,A}}{RTL}(P_{A_1} - P_{A_2}) \tag{11-2-68}$$

多孔体微孔中的 Knudsen 扩散的通量表达式可参照式（11-2-66）作孔隙率和弯曲率的校正。

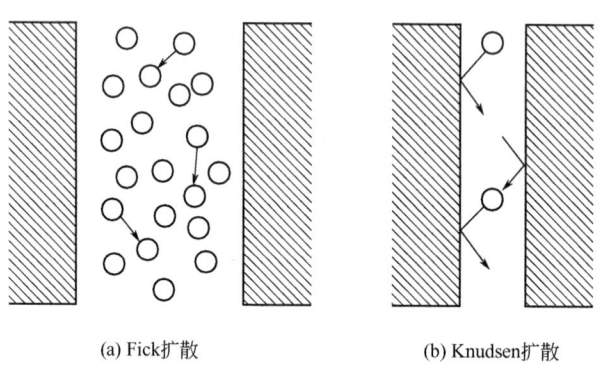

(a) Fick 扩散　　(b) Knudsen 扩散

图 11-2-7　气体在微孔中的扩散

2.6.3 过渡型扩散

分子的平均自由程与微孔孔径接近时，分子之间的碰撞频率接近于分子与孔壁之间的碰撞频率，扩散过程处于 Fick 扩散与 Knudsen 扩散之间，称为过渡型扩散。过渡型扩散的扩散阻力等于两种扩散阻力之和：

$$\frac{1}{D_{N,A}} = \frac{1}{D_{AB}} + \frac{1}{D_{K,A}} \tag{11-2-69}$$

2.6.4 表面扩散[7]

多孔体微孔的表面上有气体的吸附层,吸附层内的浓度与微孔中的气体浓度保持相平衡关系。在扩散过程中,孔中气体沿孔的长度方向有浓度梯度,吸附层也有与之对应的浓度梯度,导致吸附层内的气体分子沿着表面扩散。表面扩散与孔中扩散是平行进行的,其机理和数学表达尚不清楚。简化处理,用 Fick 定律来表达表面扩散,则多孔体中扩散的摩尔通量 J 包括孔内扩散、Knudsen 扩散和表面扩散三项:

$$J = -\left(\frac{1}{D_{AB}} + \frac{1}{D_{K,A}}\right)^{-1} \frac{dc}{dy} - D_{SA} \frac{d(S\rho_p c_S)}{dy} \tag{11-2-70}$$

式中 D_{SA} ——表面扩散系数,$m^2 \cdot s^{-1}$;

c ——微孔中气相浓度,$kmol \cdot m^{-3}$;

S ——微孔表面积,$m^2 \cdot kg^{-1}$;

ρ_p ——颗粒表观密度(颗粒质量除以整个颗粒的体积),$kg \cdot m^{-3}$;

c_S ——表面浓度,$kmol \cdot m^{-2}$;

$S\rho_p c_S$ ——吸附相的吸附量,$kmol \cdot m^{-3}$。

如果气相和吸附相的平衡关系为线性,即 $S\rho_p c_S = Kc$,则有:

$$J = -\left[\left(\frac{1}{D_{AB}} + \frac{1}{D_{K,A}}\right)^{-1} + KD_{SA}\right] \frac{dc}{dy} \tag{11-2-71}$$

由于常温下氦的吸附量很小,可以在 Knudsen 扩散范围内实验测定氦在多孔体中的扩散系数,再由之估算某气体的扩散通量(Knudsen 扩散系数与分子量成反比),然后将其相减,所得的差就是表面扩散通量。

2.7 扩散系数

实验测定的扩散系数数据可在相关手册和专著中查找。在缺乏实验数据的情况下,可以用估算的方法求得。

2.7.1 气体的扩散系数

2.7.1.1 低压下非极性气体

二元混合物的扩散系数(详见第 1 篇),由分子运动学说推出的估算式[8]:

$$D_{AB} = \frac{1.8583 \times 10^{-7} T^{3/2}}{P(\sigma_{AB})^2 \Omega_D} \left(\frac{1}{M_A} + \frac{1}{M_B}\right)^{1/2} \tag{11-2-72}$$

Fuller 等提出的经验式[9]:

$$D_{AB} = \frac{1 \times 10^{-7} T^{1.75} \left(\frac{1}{M_A} + \frac{1}{M_B}\right)^{1/2}}{P\left[(\sum v_A)^{1/3} + (\sum v_B)^{1/3}\right]^2} \tag{11-2-73}$$

2.7.1.2 高压下非极性气体

当密度低于临界密度的二分之一时,扩散系数与密度 ρ 的乘积为常数:

$$\rho D_{AB} = \rho^\circ D^\circ_{AB} \tag{11-2-74}$$

式中的上标"°"代表同一温度下的低压值。在更高的压力下，乘积 ρD_{AB} 将随压力升高而减小。

Sigmund[10]对包括烃类、N_2、CO_2、CF_4 和 C_2F_6 在高压下的实验数据进行实验关联，其平均误差为 14.1%。关联式的形式如下：

$$\frac{\rho D}{\rho° D°}=0.99589+0.096016\rho_r-0.22035\rho_r^2+0.032874\rho_r^3 \tag{11-2-75}$$

式中，对比密度 $\rho_r=\rho/\rho_c$，ρ_c 为临界密度。

2.7.1.3 多组分气体混合物

多组分气体混合物中组分 A 的扩散可以定义为一个有效扩散系数来处理，其摩尔通量表达式为：

$$N_A=-cD_{A_m}\frac{dx_A}{dz}+x_A\sum_{j=1}^n N_j \tag{11-2-76}$$

式(11-2-76)结合 Stefan-Maxwell 扩散方程，可以导出[11]：

$$\frac{1}{cD_{A_m}}=\frac{\sum_{j=1}^n\left(\frac{1}{cD_{Aj}}\right)(x_j N_A-x_A N_j)}{N_A-x_A\sum_{j=1}^n N_j} \tag{11-2-77}$$

式中 D_{A_m}——组分 A 在多组分气体混合物中的有效二元扩散系数；

D_{Aj}——二元（A，j）体系的扩散系数；

N_A——A 的摩尔通量；

N_j——任意组分 j 的摩尔通量。

对于静止的混合物，$N_j=0$：

$$D_{A_m}=\frac{1-x_A}{\sum_{j=2}^n(x_j/D_{Aj})} \tag{11-2-78}$$

例如，组分 A 在静止组分 B、C、D 的混合物中的扩散，其有效二元扩散系数为：

$$D_{A_m}=\frac{1-x_A}{\frac{x_B}{D_{AB}}+\frac{x_C}{D_{AC}}+\frac{x_D}{D_{AD}}} \tag{11-2-79}$$

2.7.2 液体的扩散系数

2.7.2.1 非极性液体

由流体动力学理论推导出的 Stokes-Einstein 方程如下：

$$D_{AB}=\frac{K_B T}{6\pi r \mu_B} \tag{11-2-80}$$

式中 K_B——Boltzmann 常数；

T——热力学温度；

r——"球形"溶质的分子半径；

μ_B——溶剂的黏度。

式(11-2-80)适用于极稀溶液。当溶质分子尺寸与溶剂分子尺寸的比值大于 5 时，准确度大约为 20%。比值越小，误差越大[12]。

2.7.2.2 非电解质稀溶液

Wilke-Chang 经验式[13]，用缔合参数表达溶质与溶剂之间的相互作用：

$$D_{AB}=7.4\times10^{-8}(\Phi_B M_B)^{0.5}\frac{T}{\mu_B V_A^{0.6}} \tag{11-2-81}$$

式中　D_{AB}——在无限稀释溶液中溶质 A 在溶剂 B 中的扩散系数，$cm^2 \cdot s^{-1}$；
　　　T——热力学温度，K；
　　　M_B——溶剂的摩尔质量，$g \cdot mol^{-1}$；
　　　μ_B——溶剂的黏度，cP；
　　　V_A——溶质在正常沸点下的摩尔体积，$cm^3 \cdot mol^{-1}$；
　　　Φ_B——溶剂的缔合参数。

2.7.2.3 非电解质浓溶液

溶液的非理想性随着溶质的浓度增大而增大，导致扩散系数随溶质浓度而变化，有时还会有最高点和最低点。引进活度系数来校正非理想性的 Vignes 经验式如下[14]：

$$(D_{AB})_{浓}=(D_{BA})^{x_A}(D_{AB})^{x_B}\left(1+\frac{\mathrm{d}\ln\gamma_A}{\mathrm{d}\ln x_A}\right) \tag{11-2-82}$$

式中　D_{BA}——无限稀释溶液中溶质 B 在溶剂 A 中的扩散系数；
　　　D_{AB}——无限稀释溶液中溶质 A 在溶剂 B 中的扩散系数；
　　　x_A——A 的摩尔分数；
　　　x_B——B 的摩尔分数；
　　　γ_A——活度系数。

2.7.2.4 电解质稀溶液

强电解质稀溶液的分子扩散系数可用 Nernst 方程估算：

$$D_{AB}=8.931\times10^{-10}T\left(\frac{l_+^0 l_-^0}{l_+^0+l_-^0}\right)\left(\frac{Z_++Z_-}{Z_+Z_-}\right) \tag{11-2-83}$$

式中　D_{AB}——单盐在水中的扩散系数，$cm^2 \cdot s^{-1}$；
　　　l_+^0，l_-^0——无限稀释的正离子和负离子的电导率，$(A \cdot cm^{-2})(cm \cdot V^{-1})(cm^3 \cdot mol^{-1})$；
　　　Z_+——正离子价的绝对值；
　　　Z_-——负离子价的绝对值；
　　　T——热力学温度，K。

25℃下的电导率可从相关手册中查得。常见离子在水中的电导率见表 11-2-1。需要其他温度的扩散系数，可使用式(11-2-84)：

$$D_{AB}(t℃)=\left(\frac{T}{334\mu_W}\right)D_{AB}(25℃) \tag{11-2-84}$$

式中　μ_W——水在温度 T 下的黏度，cP。

2.7.2.5 电解质浓溶液

在溶质浓度小于 $2 mol \cdot L^{-1}$ 的范围内，Gordon[15]提出的校正非理想性的半经验式如下：

$$(D_{AB})_{浓}=D_{AB}\frac{\mu_B}{\mu_{AB}}\times\frac{1}{\rho_B \overline{V}_B}\times\left(1+m\frac{\partial\ln\gamma_\pm}{\partial m}\right) \tag{11-2-85}$$

式中 D_{AB}——无限稀释溶液中的扩散系数，$cm^2 \cdot s^{-1}$，用式(11-2-83)计算；
m——电解质溶液的摩尔浓度，$mol \cdot cm^{-3}$；
μ_B——水的黏度，cP；
μ_{AB}——溶剂的黏度，cP；
$\gamma_{\pm}$——溶质的平均离子活度系数；
ρ_B——溶剂的摩尔浓度，$mol \cdot cm^{-3}$；
$\overline{V}_B$——溶质在正常沸点下的摩尔体积。

在很多情况下 μ_B/μ_{AB} 和 $\rho_B \overline{V}_B$ 的值都接近于1，式(11-2-85)可化简为：

$$(D_{AB})_{\text{浓}} \cong D_{AB}\left(1 + m\frac{\partial \ln \gamma_{\pm}}{\partial m}\right) \quad (11\text{-}2\text{-}86)$$

欲求在任意温度下（$t \neq 25℃$）时的$(D_{AB})_{\text{浓}}$值，而又缺少在此温度下的l_+^0、l_-^0、$\gamma_{\pm}$值，可以先用式(11-2-83)求出D_{AB}（25℃），然后用式(11-2-87)换算到温度$t℃$：

$$[D_{AB}(t℃)]_{\text{浓}} = [D_{AB}(25℃)]_{\text{浓}} \times \frac{T}{298} \times \frac{\mu_{AB}(25℃)}{\mu_{AB}(t℃)} \quad (11\text{-}2\text{-}87)$$

式中，μ_{AB}（25℃）与μ_{AB}（$t℃$）之比可取其等于μ_B（25℃）与μ_B（$t℃$）之比。

表 11-2-1 常见离子在水中无限稀释时的电导率

阳离子	l_+^0	阴离子	l_-^0
一价			
Ag^+	61.9	乙酸根	40.9
$CH_3NH_3^+$	58.7	苯甲酸根	32.4
$(CH_3)_2NH_2^+$	51.9	丁酸根	32.6
$(CH_3)_3NH^+$	47.2	Br^-	78.4
Cs^+	77.3	BrO_3^-	55.7
H^+	349.8	Cl^-	76.35
K^+	73.5	ClO_3^-	64.6
Li^+	38.7	ClO_4^-	67.4
Na^+	50.1	氰乙酸根	41.8
NH_4^+	73.6	F^-	55.4
NMe_4^+	44.9	甲酸根	54.6
NEt_4^+	32.7	HCO_3^-	44.5
NPr_4^+	23.4	I^-	76.8
NBu_4^+	19.5	IO_4^-	54.6
NAm_4^+	17.5	N_3^-	69.0
Rb^+	77.8	NO_3^-	71.46
Ti^+	74.7	OH^-	198.6
		苦味酸根	30.39
		丙酸根	35.8
		ReO_4^-	55.0

续表

阳离子	l_+^0	阴离子	l_-^0
二价			
Ba^{2+}	63.6	CO_3^{2-}	69.3
Be^{2+}	45.0	$C_2O_4^{2-}$	74.2
Ca^{2+}	59.5	SO_4^{2-}	80.0
Co^{2+}	55.0		
Cu^{2+}	56.6		
Mg^{2+}	53.0		
Sr^{2+}	59.4		
Zn^{2+}	52.8		
三价			
Ce^{3+}	69.8	$[Fe(CN)_6]^{3-}$	100.9
$[Co(NH_3)_6]^{3+}$	101.9	$P_3O_9^{3-}$	83.6
Dy^{3+}	65.6		
Er^{3+}	65.9		
Eu^{3+}	67.8		
Gd^{3+}	67.3		
Ho^{3+}	66.3		
La^{3+}	69.7		
Nd^{3+}	69.4		
Pr^{3+}	69.6		
Sm^{3+}	68.5		
Tm^{3+}	65.4		
Yb^{3+}	65.6		
其他			
		$[Fe(CN)_6]^{4-}$	110
		$P_4O_{12}^{4-}$	94
		$P_2O_7^{4-}$	96
		$P_3O_{10}^{5-}$	109

参考文献

[1] Kothandaraman C P. Fundamentals of Heat and Mass Transfer. New Dehli: New Age International, 2006: 664, 665.
[2] Cussler E L. Diffusion Mass Transfer in Fluid Systems. Cambridge: Cambridge University Press, 1984: 349.
[3] Welty J R, Wicks C E, Wilson R E, et al. Fundamentals of Momentum, Heat, and Mass Transfer, 5th Edition. Hoboken: John Wiley & Sons, 2008: 479, 483.
[4] Crank J. The Mathematics of Diffusion, 2nd Edition. London: Oxford University Press, 1975.
[5] Sinha A P, De P. Mass Transfer: Principles and Operations. New Dehli: PHI Learning, 2012: 75.

[6] Satterfield C N. Mass Transfer in Heterogeneous Catalysis. Cambridge: MIT Press, 1970.
[7] Sherwood T K, Pigford R L, Wilke C R. Mass Transfer. New York: McGraw-Hill, 1975: 42.
[8] Hirschfelder J O, Bird R B, Spotz E L. Chem Rev, 1949, 44: 205.
[9] Fuller E N, Schettle P D, Giddings J C. Ind Eng Chem, 1966, 58: 18.
[10] Sigmund P M. J Can Pet Technol, 1976, 15: 48.
[11] Bird R B, Stewart W E, Lightfoot E N. Transport Phenomena(revised 2nd ed). New York: John Wiley & Sons, 2007.
[12] Chen S H, Davis H T, Evans D F. J Chem Phys, 1981, 75: 1422.
[13] Wilke C R, Chang P. AIChE J, 1955, 1: 264.
[14] Vignes A. Ind Eng Chem Fundam, 1966, 5: 189.
[15] Gordon A R. J Chem Phys, 1937, 5: 522.

3 对流传质

3.1 对流传质的传质方程

运动的流体与固体之间，运动的互不相溶的两流体之间存在一界面，流体与界面之间的传质称为对流传质。可以认为，紧贴着界面处的流体是静止的，靠近界面区域的流体处于层流状态，该区域之外与流体主体连接。垂直于界面的传质须依次经历流体主体与层流区之间，层流区与界面之间两种传质。层流中的传质依靠分子扩散，可以用扩散方程来表达。如果流体主体的流动是层流状态，则流体主体与界面间的全部传质过程可用扩散方程来表达。如果流体主体的流动属于湍流，则其传质依靠流体的湍动，与流体主体的流动特性有关，这种传质称为对流传质。对于静止坐标，其稳态一维传质的通量表达式为：

$$N_A = k_c (c_{A_1} - c_{A_0}) \tag{11-3-1}$$

式中 k_c——传质系数，$m \cdot s^{-1}$；

c_{A_1}, c_{A_0}——分别为 A 在界面上的浓度与在流体主体中的浓度，$kmol \cdot m^{-3}$。

式(11-3-1)的关键在于如何求得传质系数。一种方法是将其与 Fick 定律比较，传质系数相当于 D_{AB}/z。这种方法的问题是其中的 z 是未知的。另一种方法是通过实验来测定传质系数，并且用量纲分析来关联传质系数与其影响因素的关系。有些问题还可利用动量传递、热量传递与质量传递的类比，用动量传递和热量传递的实验数据来推导传质系数。

3.2 对流传质系数与扩散系数对比

将对流传质方程与 Fick 定律对比，得到传质系数与扩散系数的关系，以下是两种条件下的示例。

(1) 等物质的量相向扩散，$N_A = -N_B$

$$N_A = J_A = \frac{D_{AB}}{z}(c_{A_1} - c_{A_2}) \tag{11-3-2}$$

与式(11-3-1)比较可得传质系数：

$$k'_c = \frac{D_{AB}}{z} \tag{11-3-3}$$

(2) 组分 A 从界面 1 通过另一静止组分 B 扩散至界面 2，$N_B = 0$

$$N_A = \frac{D_{AB}}{z(x_B)_M}(c_{A_1} - c_{A_2}) \tag{11-3-4}$$

与式(11-3-1)比较可得：

$$k_c = \frac{D_{AB}}{z(x_B)_M} \tag{11-3-5}$$

式中，$(x_B)_M = (x_{B_2} - x_{B_1})/\ln(x_{B_2}/x_{B_1})$，其值恒小于 1，故对于相同的传质推动力，总是有 $k_c > k_c'$。对于稀溶液，则可认为这两种传质系数相等。

3.3 传质系数与推动力单位的关系

在扩散方程中通量与浓度梯度成正比，比例系数是扩散系数，扩散系数是物质的性质，其单位是 $m^2 \cdot s^{-1}$。在传质方程中，通量与推动力成正比，比例系数是传质系数，其单位因推动力的单位而异，它不是物质的性质。气体常用的推动力有摩尔分数、分压、传质物质与惰性组分的比率等；液体常用的推动力有摩尔浓度、质量浓度、传质物质与惰性组分的比率等。同一传质过程，对应于各种推动力单位有各种传质系数，其数值也不同，其表达式和转换关系式见表 11-3-1 和表 11-3-2。以上传质系数的表达式的前提是：传质通量较小，因而通过界面的物质流动对界面附近的速度分布和浓度分布没有明显的影响，对于大多数化工传质过程是适用的。当传质通量很大时，传质系数会随传质方向和通量而变[1,2]。

表 11-3-1 传质方程及传质系数

基本方程：
$$N_A = \frac{\text{推动力}}{\left(\dfrac{1}{\text{传质系数}}\right)}$$

式中，$N_A =$ 摩尔通量 $(kmol \cdot s^{-1} \cdot m^{-2})$

等摩尔相对扩散		通过静止膜扩散	
通量式	传质系数	通量式	传质系数
气体：			
$N_A = k_G'(P_{A_1} - P_{A_2})$	$k_G' = \dfrac{D_{AB}}{zRT}$	$N_A = k_G(P_{A_1} - P_{A_2})$	$k_G = \dfrac{PD_{AB}}{zRT\, P_{B_M}}$
$N_A = k_y'(y_{A_1} - y_{A_2})$	$k_y' = \dfrac{PD_{AB}}{zRT}$	$N_A = k_y(y_{A_1} - y_{A_2})$	$k_y = \dfrac{P^2 D_{AB}}{zRT\, P_{B_M}}$
$N_A = k_c'(c_{A_1} - c_{A_2})$	$k_c' = \dfrac{D_{AB}}{z}$	$N_A = k_c(c_{A_1} - c_{A_2})$	$k_c = \dfrac{PD_{AB}}{zP_{B_M}}$
$N_A = k_Y'(Y_{A_1} - Y_{A_2})$	$k_Y' = \dfrac{D_{AB}P(y_{B_1}\, y_{B_M})}{zRT}$	$N_A = k_Y(Y_{A_1} - Y_{A_2})$	$k_Y = \dfrac{PD_{AB}y_{B_1}}{zP_{B_M}}$
液体：			
$N_A = k_L'(c_{A_1} - c_{A_2})$	$k_L' = \dfrac{D_{AB}}{z} = k_c'$	$N_A = k_L(c_{A_1} - c_{A_2})$	$k_L = \dfrac{D_{AB}}{z(x)_{B_M}} = k_c$
$N_A = k_x'(x_{A_1} - x_{A_2})$	$k_x' = \dfrac{c_A D_{AB}}{z}$	$N_A = k_x(x_{A_1} - x_{A_2})$	$k_x = \dfrac{c_A D_{AB}}{zx_{B_M}}$
$N_A = k_X'(X_{A_1} - X_{A_2})$	$k_X' = \dfrac{D_{AB}\bar{\rho}(x_{B_1})(x_{B_M})}{z\bar{M}}$	$N_A = k_X(X_{A_1} - X_{A_2})$	$k_X = \dfrac{D_{AB}\bar{\rho}x_{B_1}}{z\bar{M}}$

注：式中，x、y 为摩尔分数；X、Y 为摩尔比；$\bar{\rho}$ 为混合物平均密度；$\bar{M}$ 为混合物平均分子量。

表 11-3-2(a)　传质系数之间的转换关系

气体：
$$k'_c c = k'_L \frac{P}{RT} = k_c \frac{P_{B_M}}{RT} = k_c \frac{P}{RT} y_{B_M} = k_c c y_{B_M} = k'_G P = k_G P_{B_M} = k_G P y_{B_M} = k_y y_{B_M} = k'_y = \frac{k'_Y}{(y_{B_1})(y_{B_M})} = \frac{k_Y}{y_{B_1}}$$

液体：
$$k'_c c = k'_L c = k_L x_{B_M} c = \frac{k'_L \bar{\rho}}{\bar{M}} = k'_x = k_x x_{B_M} = \frac{k'_X}{(x_{B_1})(x_{B_M})} = k_X / x_{B_1}$$

表 11-3-2(b)　传质系数的单位

传质系数	SI 制	工程制	英制
k_c, k_L, k'_c, k'_L	m·s^{-1}	m·s^{-1}	ft·h^{-1}
k_x, k_y, k'_x, k'_y	kmol·s^{-1}·m^{-2} (Δx^{-1} 或 Δy^{-1})	kg·mol·s^{-1}·m^{-2} (Δx^{-1} 或 Δy^{-1})	lb·mol·h^{-1}·ft^{-2} (Δx^{-1} 或 Δy^{-1})
k_X, k_Y, h'_X, h'_Y	kmol·s^{-1}·m^{-2} (ΔX^{-1} 或 ΔY^{-1})	kg·mol·s^{-1}·m^{-2} (ΔX^{-1} 或 ΔY^{-1})	lb·mol·h^{-1}·ft^{-2} (ΔX^{-1} 或 ΔY^{-1})
k_G, k'_G	kmol·s^{-1}·m^{-2}·Pa^{-1}	kg·mol·s^{-1}·m^{-2}·atm^{-1}	lb·mol·h^{-1}·ft^{-2}·atm^{-1}

【例 11-3-1】 大量的气体（B）流过被液体（A）完全润湿的固体表面，A 从固体表面蒸发进入气流中。已知总压为 2atm（1atm=1.013×10⁵Pa），表面温度为 298K，A 的蒸汽压为 0.2atm，$k'_y = 6.78 \times 10^{-5}$ kmol·s^{-1}·m^{-2}。B 不溶于 A。求 A 的汽化通量 N_A 和传质系数 k_y 和 k_G。

解 $P_{A_1} = 0.2$atm，$P_{A_2} = 0$；$y_{A_1} = P_{A_1}/P_A = 0.1$，$y_{A_2} = 0$。

$$N_A = k_y(y_{A_1} - y_{A_2})$$

已知 k'_y，则可求出 k_y，因为：

$$k'_y = k_y y_{B_M}$$

$$y_{B_M} = \frac{y_{B_2} - y_{B_1}}{\ln(y_{B_2}/y_{B_1})}$$

$$y_{B_1} = 1 - y_{A_1} = 1 - 0.1 = 0.9$$

$$y_{B_2} = 1 - y_{A_2} = 1 - 0 = 1$$

代入上式可得：

$$y_{B_M} = \frac{1 - 0.9}{\ln(1/0.9)} = 0.95$$

故

$$k_y = \frac{k'_y}{y_{B_M}} = \frac{6.78 \times 10^{-5}}{0.95} = 7.138 \times 10^{-5} \quad (\text{kmol·s}^{-1} \cdot \text{m}^{-2})$$

又因为

$$k_G y_{B_M} P = k_y y_{B_M}$$

所以

$$k_G = \frac{k_y}{P} = \frac{7.138 \times 10^{-5}}{2} = 3.569 \times 10^{-5} \quad (\text{kmol·s}^{-1} \cdot \text{m}^{-2} \cdot \text{atm}^{-1})$$

或者

$$k_G = \frac{k_y}{P} = \frac{7.138 \times 10^{-5}}{2 \times 1.013 \times 10^5} = 3.523 \times 10^{-10} \quad (\text{kmol} \cdot \text{s}^{-1} \cdot \text{m}^{-2} \cdot \text{Pa}^{-1})$$

A 的传质通量：
$$N_A = k_y(y_{A_1} - y_{A_2}) = 7.138 \times 10^{-5} \times (0.1 - 0) = 7.138 \times 10^{-6} \quad (\text{kmol} \cdot \text{s}^{-1} \cdot \text{m}^{-2})$$

同时
$$P_{A_1} = 0.2\text{atm} = 0.2 \times (1.013 \times 10^5) = 2.026 \times 10^4 \quad (\text{Pa})$$

故
$$N_A = k_G(P_{A_1} - P_{A_2}) = 3.523 \times 10^{-10} \times (2.026 \times 10^4 - 0) = 7.138 \times 10^{-6} \quad (\text{kmol} \cdot \text{s}^{-1} \cdot \text{m}^{-2})$$

或者
$$N_A = k_G(P_{A_1} - P_{A_2}) = 3.569 \times 10^{-5} \times (0.2 - 0) = 7.138 \times 10^{-6} \quad (\text{kmol} \cdot \text{s}^{-1} \cdot \text{m}^{-2})$$

3.4 流体界面传质模型

3.4.1 膜理论

膜理论[3]假定界面上有一层静止的膜，传质阻力全部集中在膜内，其传质机理为扩散（图 11-3-1）。对于稀溶液，稳态传质方程为：

$$N_A = J_A = \frac{D_{AB}}{l}(c_{A_1} - c_{A_2}) = k'_c(c_{A_1} - c_{A_2}) \tag{11-3-6}$$

式中，l 为膜厚度，由之：

$$k'_c = \frac{D_{AB}}{l} \tag{11-3-7}$$

即传质系数与扩散系数成正比。膜理论将所有影响传质的因素全部归结于 l。但 l 是未知的，须通过实验测定传质系数，再反过来求得 l。

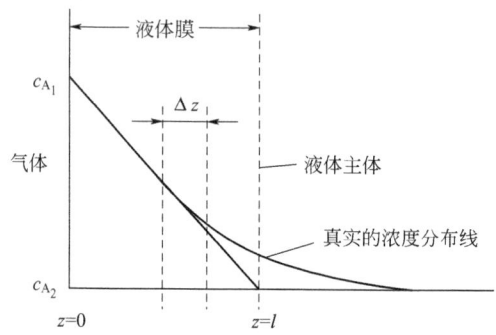

图 11-3-1 传质的膜理论

【例 11-3-2】[4] 在填料塔中用水吸收惰性气体中的二氧化碳，其分压 $p = 10\text{atm}$，实验测定得到的吸收速率为 $2.3 \times 10^{-5} \text{kmol} \cdot \text{m}^{-2} \cdot \text{s}^{-1}$。二氧化碳与水溶液的 Henry 平衡常数 $H = 600\text{atm}$，在水中的扩散系数 $D_{AB} = 1.9 \times 10^{-9} \text{m}^2 \cdot \text{s}^{-1}$，计算膜厚度。

解 相平衡关系为
$$p = Hx_A = H(c_{A_1}/c_W)$$

式中，c_W 为水的摩尔浓度，其值为 $(1/18) \times 10^3 \text{kmol} \cdot \text{m}^{-3}$。将 p、H、c_W 的数值代入上式，求得 $c_{A_1} = 9.3 \times 10^{-1} \text{kmol} \cdot \text{m}^{-3}$。

将 $N_A = 2.3 \times 10^{-5} \text{kmol} \cdot \text{m}^{-2} \cdot \text{s}^{-1}$，$c_{A_2} = 0$（吸收后水溶液中的二氧化碳浓度很低，

可忽略不计）代入式(11-3-6) 求得 $k'_c = 2.5 \times 10^{-5}$ m·s^{-1}。将扩散系数与传质系数代入式(11-3-7)，得 $l = 7.6 \times 10^{-5}$ m。

3.4.2 渗透理论

渗透理论[5]认为在气液两相之间传质时（图11-3-2），液面上有许多微小单元（简称"微元"），各微元在气液界面上曝露一定的时间，而且所有微元的曝露时间 t 是相同的。当微元在表面上时，气体中的可溶物传质进入微元，然后微元回到（"渗透"到）液相主体中，其在表面上的位置则被别的微元所取代。由于传质过程中微元的无序运动，传质为非稳态的。对于稀溶液，传质方程为：

$$\frac{\partial c_A}{\partial t} D_{AB} = \frac{\partial^2 c_A}{\partial z^2} \tag{11-3-8}$$

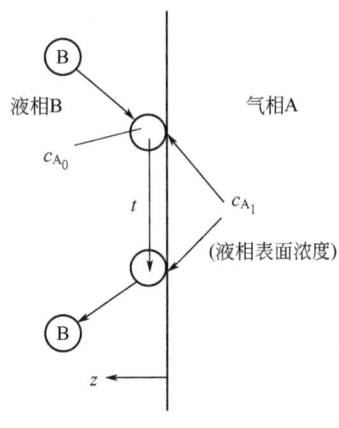

图 11-3-2 渗透模型

设液体微元中溶质的初始浓度为 c_{A_0}，气液界面处的液体浓度等于与气体平衡的浓度 c_{A_1}，初始条件当 $t=0$，在所有的 z 处 $c_A = c_{A_0}$。边界条件当 $z=0$，$t>0$ 时，$c_A = c_{A_1}$；当 $z=\infty$，$t>0$ 时，$c_A = c_{A_0}$。

对于稀溶液，界面处进入液相的瞬时溶质通量为：

$$N_{A|z=0} = J_{A|z=0} = -D_{AB}\left(\frac{\partial c_A}{\partial z}\right)_{z=0}$$

$$= (c_{A_1} - c_{A_0})\sqrt{\frac{D_{AB}}{\pi t}} \tag{11-3-9}$$

在曝露时间 t 期间内的平均通量为：

$$\overline{N}_{A|z=0} = 2(c_{A_1} - c_{A_0})\sqrt{\frac{D_{AB}}{\pi t}} \tag{11-3-10}$$

与传质系数定义式比较可得：

$$k'_c = 2\sqrt{\frac{D_{AB}}{\pi t}} = 1.13\sqrt{\frac{D_{AB}}{t}} \tag{11-3-11}$$

式(11-3-11)中，$k'_c \propto D_{AB}^{1/2}$，与实验数据比较接近。此外，$k'_c \propto t^{-1/2}$，是溶质的逐渐渗入使界面处的浓度梯度随时间而减小的结果。渗透理论将所有影响传质的因素全部归结于 t。但 t 是未知的，须通过实验测定传质系数，再求得 t。

3.4.3 表面更新理论

表面更新理论[6]是对渗透理论的修正。认为各微元在液面的曝露时间不是相同的，而是有分布的。液相分成主体区和界面区（图11-3-3）。主体区内的浓度是均匀的；界面区按照渗透理论进行传质，其中的微元与主体区快速地交换和更新。任一微元在表面上曝露时间 t 的概率为 $E(t)dt$，所有微元的概率为从 $0 \to \infty$ 的积分，且等于1。令表面微元的更新率为 S，则表面微元的停留时间分布为：

$$E(t) = Se^{-St} \tag{11-3-12}$$

S 的倒数即为某微元在界面区的平均停留时间。根据渗透理论，界面处的瞬时通量为：

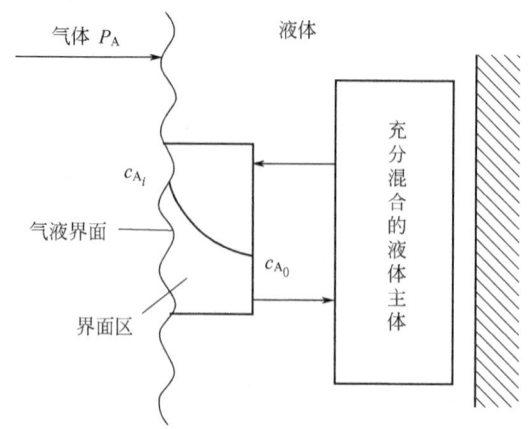

图 11-3-3 传质的表面更新模型

$$N_{A|z=0} = (c_{A_i} - c_{A_0})\sqrt{\frac{D_{AB}}{\pi t}} \tag{11-3-13}$$

单位界面上的平均传质通量应为所有微元的传质通量之和,即

$$\begin{aligned}N_{A|z=0} &= \int_0^\infty \sqrt{\frac{D_{AB}}{\pi t}}(c_{A_i} - c_{A_0})Se^{-St}\,\mathrm{d}t\\ &= \sqrt{D_{AB}S}\,(c_{A_i} - c_{A_0})\end{aligned} \tag{11-3-14}$$

与传质通量表达式对比,传质系数:

$$k'_c = \sqrt{D_{AB}S} \tag{11-3-15}$$

结果是,这里用一个未知的 S 代替了渗透理论中未知的 t。文献中还有一些对上述界面传质理论的修正或改进,例如将膜理论与渗透理论加以综合,等等,但没有本质上的突破。

【例 11-3-3[7]】 根据例 11-3-2 的实验数据求出渗透理论的曝露时间 t 和表面更新理论的微元更新率 S。

解 将例 11-3-2 中求得的传质系数 $k'_c = 2.5 \times 10^{-5}\,\mathrm{m \cdot s^{-1}}$ 和扩散系数 $1.9 \times 10^{-9}\,\mathrm{m^2 \cdot s^{-1}}$ 代入式(11-3-11)及式(11-3-15),可求得:

$$t = 3.9\,\mathrm{s};\ S = 0.33\,\mathrm{s^{-1}}$$

3.5 对流传质中的无量纲分析

对流传质系数必须通过实验来测定,影响传质系数的因素很多,用量纲分析方法可以确定传质过程中起重要作用的物性与无量纲数群,指导实验设计和数据处理。例如,强制对流下的传质,重要的物性是流速 v、黏度 μ、密度 ρ、扩散系数 D_{AB}、对流传质系数 k_c、特征长度 L。相关的无量纲数群是 Sherwood 数 $Sh = k_c L / D_{AB}$,Reynolds 数 $Re = v\rho L/\mu$,Schmidt 数 $Sc = \mu/(\rho D_{AB})$,描述传质的数群方程为:

$$f(Sh, Re, Sc) = 0 \tag{11-3-16}$$

又如,垂直圆管壁上自然对流的传质,重要的物性是管径 d、黏度 μ、密度 ρ、扩散系数 D_{AB}、对流传质系数 k_c、浮力 $g\Delta\rho$。相关的无量纲数群是 Sh、Sc、$Gr = (L^3 g\Delta\rho/\rho)(\rho/\mu)^2$,描述传质的数群方程为:

$$f(Sh, Sc, Gr) = 0 \tag{11-3-17}$$

在用数群表达的传质方程中包含着传质系数与物性的关系。针对各种具体的传质问题，可以用量纲分析来确定相关的数群，常用的无量纲数群见表 11-3-3。

表 11-3-3 传递现象中常用的无量纲数群

无量纲数群	名称	符号	机理比
$\dfrac{vL\rho}{\mu}$	Reynolds 数	Re	$\dfrac{\text{惯性力}}{\text{黏性力}}$
$\dfrac{P}{\rho v^2}$	Euler 数	Eu	$\dfrac{\text{压力}}{\text{惯性力}}$
$\dfrac{v^2}{Lg}$	Froude 数	Fr	$\dfrac{\text{惯性力}}{\text{重力}}$
$\dfrac{\mu/\rho}{k/C_p\rho} = \dfrac{C_p\mu}{k}$	Prandtl 数	Pr	$\dfrac{\text{动量的分子扩散率}}{\text{热量的分子扩散率}}$
$\dfrac{h}{C_p\rho v}$	Stanton 数	St	$\dfrac{\text{壁面传热速率}}{\text{对流传热量}}$
$\dfrac{hL}{k}$	Nusselt 数	Nu	$\dfrac{\text{界面处温度梯度}}{\text{穿过流体到达界面的温度梯度}}$
$\dfrac{C_p\rho vL}{k}$	Peclet 数	Pe	$\dfrac{\text{对流传热量}}{\text{传导传热量}}$
$\dfrac{\mu}{\rho D_{AB}}$	Schmidt 数	Sc	$\dfrac{\text{动量分子扩散率}}{\text{质量分子扩散率}}$
$\dfrac{k_c L}{D_{AB}}$	Sherwood 数	Sh	$\dfrac{\text{界面的浓度梯度}}{\text{穿过流体到达界面的浓度梯度}}$
$\dfrac{h}{k_c C_h}$	热湿比		$\dfrac{\text{由于对流传递的热量}}{\text{由于传质传递的热量}}$

3.6 质量、能量和动量传递的类比

3.6.1 质量、热量和动量传递的相似性

湍流时组分 A 传质的总摩尔通量为分子扩散与涡流扩散通量之和：

$$J_A^{(t)} = -(D_{AB} + D_E)\frac{\partial c_A}{\partial z} \tag{11-3-18}$$

当温度和压力一定时，式(11-3-18)中的扩散系数为常数。涡流扩散系数 D_E 与湍流强度及离开界面的距离有关。靠近界面的区域 D_E 与 D_{AB} 的比值很小，分子扩散占主导地位；远离界面的区域则湍流扩散占主导地位。湍流时的总动量通量表达式和总热量通量表达式与传质表达式的形式是相同的：

$$\tau^{(t)} = -(\nu + \nu_E)\frac{\partial(\rho v)}{\partial z} \tag{11-3-19}$$

$$q^{(t)} = -(\alpha + \alpha_E)\frac{\partial(\rho C_p T)}{\partial z} \tag{11-3-20}$$

式中 $\tau^{(t)}$——总动量通量，$kg \cdot m^{-1} \cdot s^{-2}$；
$q^{(t)}$——总热量通量，$J \cdot m^{-2} \cdot s^{-1}$；
ν——运动黏度，$m^2 \cdot s^{-1}$；
α——热导率，$m^2 \cdot s^{-1}$；
$\dfrac{\partial(\rho v)}{\partial z}$——垂直于主流方向的时间平均动量密度梯度，$kg \cdot s^{-1} \cdot m^{-3}$；
$\dfrac{\partial(\rho C_p T)}{\partial z}$——垂直于主流方向的时间平均热能浓度梯度，$J \cdot m^{-4}$。

对于圆管内的流动，无论是层流还是湍流，切应力随径向距离呈线性变化，即

$$\frac{\tau}{\tau_s} = \frac{r}{r_0} \tag{11-3-21}$$

式中 τ——径向位置 r 处的切应力，$N \cdot m^{-2}$；
τ_s——壁面上的切应力，$N \cdot m^{-2}$；
r_0——管半径，m。

圆管内的传热和传质，其随半径的变化作为一级近似，可取其为线性，即

$$\frac{q}{q_s} = \frac{r}{r_0} \tag{11-3-22}$$

$$\frac{J_A}{J_{A_s}} = \frac{r}{r_0} \tag{11-3-23}$$

式中 J_A, J_{A_s}——组分 A 在径向位置 r 处和壁面上的摩尔通量，$kmol \cdot m^{-2} \cdot s^{-1}$；
q, q_s——径向位置 r 处和壁面上的热量通量，$N \cdot m^{-2}$。

综上所述，动量、热量和质量传递的机理是相似的，其通量表达式和边界条件在数学上是等同的，因而它们之间是可以类比的。可以从一类传递过程估计另一类过程，例如，可以从容易获得的阻力系数数值来估计传热系数和传质系数的数值。

3.6.2 混合长理论

混合长理论[8]是最早的湍流传质半经验模型。该模型认为，在湍流中流体微团或漩涡的运动类似于气体分子运动，可以将因微团脉动而产生的扩散通量与平均浓度梯度联系起来。流体微团在运动中保持着固有的特性（如速度、温度、浓度），只是在移动了一段距离后才与其他的微团完全混合。这段距离称为混合长，类似于气体分子运动的平均自由径。根据沿壁面湍流运动的状况，混合长 l 与距离壁面的距离 z 成正比，即

$$l = Kz \tag{11-3-24}$$

在近壁的区域，由实验确定的比例系数 K 值为 0.4。

对于动量传递，由混合长理论可以导出涡流动量扩散率（涡流运动黏度）ν_E（$m^2 \cdot s^{-1}$）的表达式：

$$\nu_E = l^2 \left| \frac{\partial v}{\partial z} \right| \tag{11-3-25}$$

式中 $\left| \dfrac{\partial v}{\partial z} \right|$——垂直于壁面方向上时间平均速度梯度的绝对值，$s^{-1}$。

涡流运动黏度并不是流体的物性，而是与流动状态有关的物理量。

对于热量传递和质量传递也可假设与动量传递对应的混合长 l_H 和 l_D，以及对应的表

达式：
$$\alpha_E = l_H^2 \left|\frac{\partial v}{\partial z}\right| \tag{11-3-26}$$

$$D_E = l_D^2 \left|\frac{\partial v}{\partial z}\right| \tag{11-3-27}$$

式中 α_E ——涡流热扩散率（涡流热导率），$m^2 \cdot s^{-1}$；

D_E ——涡流质量扩散率（涡流扩散系数），$m^2 \cdot s^{-1}$。

如果动量、热量和质量传递的混合长相等，则应有：
$$\nu_E = \alpha_E = D_E \tag{11-3-28}$$

实验结果表明，在 Re 很大时，式(11-3-28)是成立的。在其他情况下比值 ν_E/α_E 和 ν_E/D_E 并不等于1，而是与湍流强度以及流体的物性有关。例如对于液态金属，ν_E/α_E 为 1~1.6，对于空气，其值为 0.7~1[9]。

3.6.3 Reynolds 类比

Reynolds 类比[10]认为壁面附近只有湍流层。将式(11-3-18)与式(11-3-19)相比，得：
$$\frac{J_A}{\tau} = \frac{D_{AB} + D_E}{\rho(\nu + \nu_E)} \times \frac{dc_A}{dv} \tag{11-3-29}$$

假设①$D_E = \nu_E$；②$D_E \gg D_{AB}$，$\nu_E \gg \nu$；③$\frac{J_A}{J_{A_s}} = \frac{\tau}{\tau_s}$。

则式(11-3-29)可以简化为：
$$\frac{J_{A_s}}{\tau_s} = \frac{1}{\rho} \times \frac{dc_A}{dv} \tag{11-3-30}$$

对于圆管内的流动，如果传质方向是从流体至管壁，式(11-3-30)从壁面至流体主体的某一径向位置积分（积分下限 $v=0$，$c_A = c_{A_s}$；上限 $v = v_b$，$c_A = c_{A_b}$）可得：
$$\frac{J_{A_s}}{\tau_s} = \frac{c_{A_b} - c_{A_s}}{\rho v_b} \tag{11-3-31}$$

传质系数 k_c' 和壁面摩擦系数 f 的表达式为：
$$k_c' = \frac{J_{A_s}}{c_{A_b} - c_{A_s}} \tag{11-3-32}$$

$$f = \frac{\tau_s}{\frac{1}{2}\rho v_b^2} \tag{11-3-33}$$

将其代入式(11-3-30)可得：
$$\frac{k_c'}{v_b} = \frac{f}{2} v_b \tag{11-3-34}$$

还可用无量纲数群表达为：
$$\frac{k_c' d}{D_{AB}} = \frac{f}{2} \times \frac{v_b d}{\nu} \times \frac{\nu}{D_{AB}} \tag{11-3-35}$$

式中，d 为圆管直径。

亦可写成
$$Sh = \frac{f}{2} Re \cdot Sc \tag{11-3-36}$$

同理，热量传递也可得到相同的类比关系：

$$\frac{h}{\rho C_p v_b} = \frac{f}{2} \tag{11-3-37}$$

即

$$Nu = \frac{f}{2} Re \cdot Pr \tag{11-3-38}$$

由此，动量、热量和质量传递的 Reynolds 类比可以用统一的表达式：

$$\frac{k'_c}{v_b} = \frac{h}{\rho C_p v_b} = \frac{f}{2} \tag{11-3-39}$$

即

$$St_D = St_H = \frac{f}{2} \tag{11-3-40}$$

实验证明，当 $Pr \cong 1$，$Sc \cong 1$，并且只考虑壁面摩擦时，Reynolds 类比是合乎实际的。若阻力系数还包括形体（例如填料）阻力时，Reynolds 类比不成立。此外，液体的 Pr 和 Sc 往往比 1 大很多，所以 Reynolds 类比也不适用于液体。Reynolds 类比也适用于沿平面壁的对流传热和传质，此时以上各式中需用远离壁面处流体主体区的流速、温度和浓度代替 v_b、T_b 和 c_{A_b}。

3.6.4 Prandtl 类比

Prandtl 类比[11]将管内的湍流看成是由层流层和湍流层构成的两层结构。采用的假设是：

① 层流层 $D_{AB} \gg D_E$，$\nu \gg \nu_E$；② 湍流层 $D_{AB} \ll D_E$，$\nu \ll \nu_E$，$D_E = \nu_E$；③ $\dfrac{J_A}{J_{A_s}} = \dfrac{\tau}{\tau_s}$。

所得的结果如下：

$$\frac{k'_c}{v_b} = \frac{f/2}{1 + 5\sqrt{\dfrac{f}{2}}(Sc - 1)} \tag{11-3-41}$$

即

$$Sh = \frac{\dfrac{f}{2} Re \cdot Sc}{1 + \sqrt{\dfrac{f}{2}}(Sc - 1)} \tag{11-3-42}$$

当 $Sc \cong 0.5 \sim 2.0$ 时，Prandtl 类比与实验结果基本符合。

3.6.5 von Karman 类比

von Karman 类比[12]在 Prandtl 类比的基础上修正，认为在层流层和湍流层之间还存在着缓冲层，在缓冲层中分子扩散和涡流扩散都不可忽略。结合对光滑管内通用速度分布的分析，得到：

$$\frac{k'_c}{v_b} = \frac{\dfrac{f}{2}}{1 + 5\sqrt{\dfrac{f}{2}} \left[(Sc - 1) + \ln \dfrac{1 + 5Sc}{6} \right]} \tag{11-3-43}$$

即
$$Sh = \frac{\frac{f}{2} Re \cdot Sc}{1 + 5\sqrt{\frac{f}{2}}\left[(Sc-1) + \ln\frac{1+5Sc}{6}\right]} \quad (11\text{-}3\text{-}44)$$

当 $Sc < 25$ 时，该类比可以给出合理的结果[13]。

3.6.6 Chilton-Colburn 类比

在化工领域应用最多的是 Chilton-Colburn 类比[14]。该类比根据层流和湍流状态下气体和液体的流动、传热和传质的实验结果，得到以下关联式：

$$j_H = j_D = \frac{f}{2} \quad (11\text{-}3\text{-}45)$$

式中

$$j_H = \frac{h}{\rho v_b C_p} Pr^{2/3} = \frac{Nu}{Re \cdot Pr^{\frac{1}{3}}} = St_H \cdot Pr^{2/3} \quad (11\text{-}3\text{-}46)$$

$$j_D = \frac{k'_c}{v_b} Sc^{2/3} = \frac{Sh}{Re \cdot Sc^{\frac{1}{3}}} = St_D \cdot Sc^{2/3} \quad (11\text{-}3\text{-}47)$$

式(11-3-45) 的适用范围是 $0.6 < Sc < 3000$，$0.6 < Pr < 100$。不适用于 f 值中包括有形体阻力的情况，例如通过填料层的流动或是绕过钝体的流动，但是传热与传质的类比关系依然成立。对流传热和传质无量纲数群的对应关系见表 11-3-4。可将传热的准数方程中的无量纲数群换成对应的传质无量纲数群，从而得到表达传质的准数方程。需要注意的是，多数传热数据是在不存在传质的条件下得到的，所以类比法估算出的传质系数是总传质通量等于零下的传质系数，即 k'_c 或 k'_G 等。

表 11-3-4　传质与传热中的无量纲数群间对应关系

传质	传热
$\dfrac{c_A - c_{A_1}}{c_{A_2} - c_{A_1}}$	$\dfrac{t - t_1}{t_2 - t_1}$
Reynolds 数 $Re = \dfrac{lv\rho}{\mu}$	Reynolds 数 $Re = \dfrac{lv\rho}{\mu}$
Schmidt 数 $Sc = \dfrac{\mu}{\rho D_{AB}} = \dfrac{\nu}{D_{AB}}$ $(\mu/\rho = \nu)$	Prandtl 数 $Pr = \dfrac{C_p \mu}{k} = \dfrac{\nu}{a}$ $(a = k/\rho C_p)$
Sherwood 数 $Sh = \dfrac{k'_c l}{D_{AB}}, \dfrac{k_G P_{B_M} RT l}{P D_{AB}}, \dfrac{k_c P_{B_M} l}{P D_{AB}}, \dfrac{k'_y lRT}{P D_{AB}}$ 等	Nusselt 数 $Nu = \dfrac{hl}{k}$
Grashof 数 $Gr_D = \dfrac{gl^3 \Delta\rho}{\rho}\left(\dfrac{\rho}{\mu}\right)^2$	Grashof 数 $Gr_H = gl^3 \beta \Delta t \left(\dfrac{\rho}{\mu}\right)^2$
Peclet 数 $Pe_D = Re \cdot Sc = \dfrac{lv}{D_{AB}}$	Peclet 数 $Pe_H = Re \cdot Pr = \dfrac{C_p lv\rho}{k} = \dfrac{lv}{a}$

续表

传质	传热
Stanton 数 $$St_D = \frac{Sh}{Re \cdot Sc} = \frac{Sh}{Pe_D} = \frac{k'_c}{v_b} = \frac{k_G P_{BM} \overline{M}}{\rho v} \text{ 等}$$	Stanton 数 $$St_H = \frac{Nu}{Re \cdot Pr} = \frac{Nu}{Pe_H} = \frac{h}{C_p v \rho}$$
$j_D = St_D \cdot Sc^{2/3}$	$j_H = St_H \cdot Pr^{2/3}$

【例 11-3-4[15]】 拟用在壁上流动的细流水吸收氨-空气混合物中的氨，压力为大气压，混合物中氨的浓度很低，其流动处于湍流状态。已知在相似的条件下，传热系数 $h = 65 \text{W} \cdot \text{m}^{-2} \cdot \text{K}^{-1}$，用类比法估算气相的传质系数 k_G。

解 氨与空气的混合物的物性数据如下：平均分子量 $M = 29$，$\rho = 1.14 \text{kg} \cdot \text{m}^{-3}$，$\mu = 1.85 \times 10^{-5} \text{kg} \cdot \text{m}^{-1} \cdot \text{s}^{-1}$，$k$（热导率）$= 0.0273 \text{W} \cdot \text{m}^{-1} \cdot \text{K}^{-1}$，$C_p$（热容量）$= 1002 \text{J} \cdot \text{kg}^{-1} \cdot \text{K}^{-1}$，氨在空气中的扩散系数 $D_{AB} = 2.4 \times 10^{-5} \text{m}^2 \cdot \text{s}^{-1}$，$P = 101.3 \text{kN} \cdot \text{m}^{-2}$。

由 Chilton-Colburn 类比，有：

$$j_D = j_H$$

由式(11-3-46) 和式(11-3-47) 得：

$$St_D \cdot Sc^{2/3} = St_H \cdot Pr^{2/3}$$

St_D 和 St_H 的定义见表 11-3-4。将所有物性数据代入上式，可求得：

$$k_G = 2.22 \times 10^{-5} \text{kg} \cdot \text{s}^{-1} \cdot \text{kN}^{-1}$$

【例 11-3-5[16]】 已知管道中湍流的传热系数关联式为：

$$Nu = \frac{hD}{k} = 0.023 Re^{0.8} \cdot Pr^{1/3}$$

从上述关联式推导出管道中湍流的传质关联式。

解 根据 Chilton-Colburn 类比：

$$\frac{h}{\rho v_\infty C_p}(Pr)^{2/3} = \frac{k_c}{v_\infty}(Sc)^{2/3}$$

由之，$h = k_c \rho C_p \left(\dfrac{Sc}{Pr}\right)^{2/3}$。

将所得 h 代入传热系数关联式，得：

$$k_c \rho C_p \left(\frac{Sc}{Pr}\right)^{2/3} \frac{D}{k} = 0.023 Re^{0.8} \cdot Pr^{1/3}$$

将 Sc、Pr 的定义代入，化简后得到传热系数关联式：

$$Sh = \frac{k_c D}{D_{AB}} = 0.023 Re^{0.8} \cdot Sc^{1/3}$$

上式与 Linton 和 Sherwood 根据实验数据得到的关联式相同。

3.7 对流传质系数的关联式

通过积累实验数据、数学分析和类比方法，文献中有大量各种对象的传质关联式[17]。以下是一些经典的案例。

3.7.1 平板

根据边界层理论，当流体沿平板表面流动时，不论流体主体是层流还是湍流，在平板的前端沿表面会有一段层流边界层。当沿表面的 Re（$=vx\rho/\mu$）逐渐增大，达到 $(2\sim5)\times10^5$ 时，边界层的流动才转换为湍流。其传质关联式为：

层流
$$Re_L = \frac{vL\rho}{\mu} < 2\times10^5 \tag{11-3-48}$$

$$\frac{k'_c L}{D_{AB}} = Sh_L = 0.664 Re_L^{1/2} \cdot Sc^{1/3} \tag{11-3-49}$$

湍流
$$Re_L > 2\times10^5 \tag{11-3-50}$$

$$Sh_L = 0.036 Re_L^{0.8} \cdot Sc^{1/3} \tag{11-3-51}$$

式中，L 为与平板前端的距离；k'_c 为按长度的平均传质系数；Sh_L 为按长度平均的 Sherwood 数。如果平板长度大于边界层流型转换的距离，则整个平板的平均传质系数为层流区和湍流区的传质系数的加权平均值。当转换的 $Re=3.2\times10^5$ 时，平均传质系数按式 (11-3-52) 计算[18]：

$$\frac{k'_c L}{D_{AB}} = 0.037 Sc^{1/3} (Re_L^{0.8} - 15500) \tag{11-3-52}$$

平板的传质关联式大多是根据液体蒸发和固体升华的实验数据得到的。在 $0.6 < Sc < 2500$ 的条件下，其对应的通量式（沿整个平板的平均值）为：

层流
$$j_D = \frac{Sh_L}{Re_L \cdot Sc^{1/3}} = 0.664 Re_L^{-1/2} \tag{11-3-53}$$

湍流
$$j_D = 0.036 Re_L^{-0.2} \tag{11-3-54}$$

3.7.2 球体、液滴和气泡

圆球向其周围流体的传质有以下方式：半径方向的分子扩散、因溶质密度差引起的自然对流和外部驱动力引起的强制对流传质。

① 放置在无限大静止流体中的单个球体与流体之间的分子扩散，用理论分析可得到简单的关联式 $Sh=2$。当圆球与流体之间有相对运动，但 $Re=vd_p\rho/\mu$（d_p 为圆球直径）很小，接近于零时，该关联式也是适用的。

② 绕球体的爬流传质，当 $Re<1$ 时，由理论分析可得到其关联式。

Brian[19] 提出，当 $Pe_D = Re \cdot Sc < 10^4$，$Sh = (4.0 + 1.21 Pe_D^{2/3})^{1/2}$ (11-3-55)

Levich[20] 提出，当 $Pe_D = Re \cdot Sc > 10^4$，$Sh = 1.01 Pe_D^{1/3}$ (11-3-56)

③ 对流传质，其传质系数与圆球表面的位置有关。在前停滞点处传质系数最大，接近圆球腰部处最小，两者可相差几倍。整个球面的平均传质系数的关联式如下：

Ranz-Marshall 关联式[21] $Sh = 2 + 0.6 Re^{1/2} \cdot Sc^{1/3}$ (11-3-57)

适用范围：$2 \leqslant Re \leqslant 200$，$0.6 \leqslant Sc \leqslant 2.5$。

Rowe-Claxton-Lewis 关联式[22] $Sh = 2 + 0.79 Re^{1/2} \cdot Sc^{1/3}$ (11-3-58)

适用范围：$20 \leqslant Re \leqslant 2000$。

Steinberger-Treybal 关联式[23]，该式考虑了速度低时自然对流对传质的影响：

$$Sh = Sh_0 + 0.347 (Re \cdot Sc^{1/2})^{0.62} \tag{11-3-59}$$

适用范围：$Sc=0.6\sim 3200$，$Re=(1\sim 3)\times 10^4$。

式中，Sh_0 是自然对流时的 Sh 数，其值由式(11-3-60) 或式(11-3-61) 求之：

当 $Gr_D \cdot Sc < 10^8$ 时，$Sh_0 = 2.0 + 0.569(Gr_D \cdot Sc)^{0.25}$ (11-3-60)

当 $Gr_D \cdot Sc > 10^8$ 时，$Sh_0 = 2.0 + 0.0254(Gr_D \cdot Sc)^{1/3} Sc^{0.244}$ (11-3-61)

以上各关联式还适用于不存在内部循环的刚性球形液滴。

④ 存在内部循环的液滴与其周围间流体的传质关联式为[24]：

当 $Pe_D \gg 2.8\left(\dfrac{\mu_d + \mu_c}{\mu_d}\right)\left(\dfrac{12\mu_c + 9\mu_d}{\mu_d}\right)^2$ 时

$$Sh = 0.61 Pe_D^{1/2}\left(\dfrac{\mu_d}{\mu_d + \mu_c}\right) \qquad (11\text{-}3\text{-}62)$$

当 $1000 < Pe_D \ll \left(\dfrac{\mu_d + \mu_c}{\mu_d}\right)\left(\dfrac{12\mu_c + 9\mu_d}{\mu_d}\right)^2$ 时

$$Sh = 0.98 Pe_D^{1/3}\left(\dfrac{\mu_c + 1.58\mu_d}{\mu_c + \mu_d}\right)^{1/3} \qquad (11\text{-}3\text{-}63)$$

式中，μ_d、μ_c 分别为分散相和连续相的黏度。

⑤ 球形小气泡，直径 $d_p < 1\text{mm}$ 时，可用式(11-3-56) 计算。更为可靠的是经验式(11-3-64)[25]：

$$\dfrac{k'_c d_p}{D_{AB}} = 1.13 Pe_D^{1/2}\left(\dfrac{d_p}{0.45 + 0.2 d_p}\right) \qquad (11\text{-}3\text{-}64)$$

3.7.3 圆柱体

单个长圆柱体与气体之间的传质，当流动方向与圆柱体的长轴垂直时，Bedingfield 和 Drew 提出的关联式如下[26]：

$$\left(\dfrac{k'_G P}{G_M}\right) Sc^{0.56} = 0.281 Re^{-0.4} \qquad (11\text{-}3\text{-}65)$$

适用条件：$400 < Re < 25000$，$0.6 < Sc < 2.6$。

式中 Re——根据圆柱体直径计算的 Reynolds 数；

G_M——气体的摩尔流速，$\text{kmol} \cdot \text{s}^{-1} \cdot \text{m}^{-2}$；

P——气体总压，atm。

Geankoplis 根据实验数据提出[27]：

$$j_D = 0.600 Re^{-0.487} \qquad (11\text{-}3\text{-}66)$$

适用条件：$Re = 50 \sim 50000$；对于气体，$Sc = 0.6 \sim 2.5$；对于液体，$Sc = 1000 \sim 3000$。

3.7.4 圆管内

从圆管内壁到流动流体的传质，从大量实验数据和理论分析得出的关联式如下。

3.7.4.1 层流传质

从管端开始，管内的速度分布及浓度分布有一个发展过程。速度分布充分发展成抛物线的进口段长度为[28]：

$$\left(\dfrac{x}{d}\right) \cong 0.05 Re \qquad (11\text{-}3\text{-}67)$$

浓度分布达到充分发展的进口段长度为[26]：

$$\left(\frac{x}{d}\right)_D \cong 0.05 Re \cdot Sc \tag{11-3-68}$$

式中　d——管直径；
　　　x——从入口起计算的管长。

当速度分布已充分发展后，传质系数与浓度分布发展情况和边界条件有关。

(1) 对于发展中的浓度分布，当管壁处的浓度 c_{A_s} 保持恒定时

$$\frac{k'_c d}{D_{AB}} = Sh = 3.36 + \frac{0.0668\left[\left(\frac{d}{x}\right)Re \cdot Sc\right]}{1+0.04\left[\left(\frac{d}{x}\right)Re \cdot Sc\right]^{2/3}} \tag{11-3-69}$$

(2) 对于发展中的浓度分布，当管壁处的扩散通量 J_{A_s} 保持恒定时

$$\frac{k'_c d}{D_{AB}} = 4.36 + \frac{0.023\left[\left(\frac{d}{x}\right)Re \cdot Sc\right]}{1+0.0012\left[\left(\frac{d}{x}\right)Re \cdot Sc\right]} \tag{11-3-70}$$

(3) 充分发展后的浓度分布，以上两式右端的第二项趋近于零，故

当 c_{A_s} 恒定时　　$Sh = 3.66$ \hfill (11-3-71)

当 J_{A_s} 恒定时　　$Sh = 4.36$ \hfill (11-3-72)

3.7.4.2　湍流传质

Pinczewski 和 Sideman 假设管壁处的浓度为恒定，提出[29]：

(1) 当 $0.5 < Sc < 10$ 时

$$\frac{k'_c d}{D_{AB}} = Sh = 0.0097 Re^{0.9} \cdot Sc^{0.5} (1.10 + 0.44 Sc^{-1/3} - 0.70 Sc^{-1/6}) \tag{11-3-73}$$

(2) 当 $10 < Sc < 1000$ 时

$$Sh = \frac{0.0097 Re^{0.9} \cdot Sc^{0.5}(1.10 + 0.44 Sc^{-1/3} - 0.70 Sc^{-1/6})}{1 + 0.064 Sc^{1/2}(1.10 + 0.44 Sc^{-1/3} - 0.70^{-1/6})} \tag{11-3-74}$$

(3) 当 $Sc > 1000$ 时

$$Sh = 0.0102 Re^{9/10} \cdot Sc^{1/3} \tag{11-3-75}$$

还可用 Chilton-Colburn j 因子类比求传质系数：

$$j_D = j_H = \frac{f}{2} \tag{11-3-76}$$

适用的条件：$2 \times 10^3 < Re < 3 \times 10^5$；$0.6 < Sc < 2500$。

3.7.5　小颗粒悬浮液

小颗粒悬浮液指液体中有悬浮的细小催化剂颗粒，搅拌槽或鼓泡塔内液体中有小气泡、微生物以及其他固体和液滴等。

Moo-Young 等提出以下关联式[30]：

(1) 颗粒直径 $d_p < 2.5$ mm　将小气泡作为刚性球体处理，若 $Re < 1$，单个颗粒和气泡的传质系数可按 Levich 式计算，即

$$Sh = \frac{k'_c d_p}{D_{AB}} = 1.01\left(\frac{d_p v_t}{D_{AB}}\right)^{1/3} \tag{11-3-77}$$

式中，v_t 为颗粒的自由沉降速度或终端速度：

$$v_t = \frac{d_p^2 g \Delta\rho}{18\mu_L} \tag{11-3-78}$$

式中 $\Delta\rho = \rho_L - \rho$，$\rho_L$ 为液体密度，ρ 为气泡密度；

μ_L——液体黏度。

由式(11-3-77)和式(11-3-78)可得：

$$\frac{k'_c d_p}{D_{AB}} = 1.01 \left(\frac{d_p^3 g \Delta\rho}{18\mu_L D_{AB}}\right)^{1/3} \tag{11-3-79}$$

即 $Sh = 0.39(Gr \cdot Sc)^{1/3}$。 $\tag{11-3-80}$

若 $Re \gg 1$，单个气泡或颗粒的传质可用式(11-3-57)计算。

气泡群的关联式为：

$$Sh = 2.0 + 0.31(Gr \cdot Sc)^{1/3} \tag{11-3-81}$$

式(11-3-81)右边的第一项为分子扩散的作用，第二项为对流传质的作用。随着密度差 $\Delta\rho$ 的减小，浮力的作用将减小，使 Sh 趋近于 2。

(2) 颗粒直径 $d_p > 2.5\text{mm}$ 其关联式为：

$$\frac{k'_c d_p}{D_{AB}} = 0.42 \left(\frac{d_p^3 \rho_L g \Delta\rho}{\mu_L^2}\right)^{1/3} \left(\frac{v_L}{D_{AB}}\right)^{1/2} \tag{11-3-82}$$

即 $Sh = 0.42 Gr^{1/3} \cdot Sc^{1/2}$ $\tag{11-3-83}$

由式(11-3-82)和式(11-3-83)可见，其传质系数与颗粒的直径无关。

参考文献

[1] Bird R B, Stewart W E, Lightfoot E N. Transport Phenomena. New York: John Wiley & Sons, 2007.

[2] 修伍德 T K, 皮克福特 R L, 威尔基 C R. 传质学. 时钧, 李盘生, 等译. 北京: 化学工业出版社, 1988.

[3] Nerst W Z. Phys Chem, 1904, 47: 52.

[4] Cussler E L. Diffusion Mass Transfer in Fluid Systems. 3rd Edition. Cambridge: Cambridge University Press, 2007: 277.

[5] Higbie R. Trans AIChE, 1935, 31: 365.

[6] Danckwerts P V. Ind Eng Chem, 1951, 43: 1460.

[7] Cussler E L. Diffusion Mass Transfer in Fluid Systems. 3rd Edition. Cambridge: Cambridge University Press, 2007: 281.

[8] Schlichting H. Boundary Layer Theory. 7th Edition. New York: McGraw-Hill, 1979: 579.

[9] Davies J T. Turbulence Phenomena. New York: Academic Press, 1972: 108.

[10] Reynolds O. Phil Trans R Soc Lond, 1883, 174: 935.

[11] Prandtl L. Physik Z, 1910, 11: 1072.

[12] von Karman T. Trans ASME, 1939, 61: 705.

[13] Hines A L, Maddox R N. Mass Transfer: Fundamentals and Applications. New Jersey: Prentice-Hall, 1985: 175.

[14] Chilton T H, Colburn A P. Ind Eng Chem, 1934, 26: 1183.

[15] Sinha A P, De Parameswar. Mass Transfer Principles and Operations. New Delhi: PHI Learning, 2012: 88.

[16] Welty J R, Wicks C E, Wilson R E, et al. Fundamentals of Momentum, Heat, and Mass Transfer, 5th Edition. Hoboken: John Wiley & Sons, 2008: 540.

[17] Perry R H, Green D W, Maloney J O. Perry's Chemical Engineers' Handbook. Seventh Edition. NewYork: McGraw-Hill, 1997, 5: 63.

[18] Rohsenow W M, Choi H Y. Heat, Mass and Momentum Transfer. New Jersey: Prentice Hall, 1961: 199.
[19] Brian L T, Hales H T. AIChE J, 1969, 15: 419.
[20] Levich V G. Physicochemical Hydrodynamics. New Jersey: Prentice Hall, 1962.
[21] Ranz W E, Marshall W R. Chem Eng Prog, 1952, 48: 141.
[22] Rowe P N, Claxton K T, Lewis J B. Trans Inst Chem Eng (London), 1965, 43: 14.
[23] Steinberger W L, Treybal R E. AIChE J, 1960, 6: 227.
[24] Ward D M, Trass O, Johnson A I. Can J Chem Eng, 1962, 40: 164.
[25] Johnson A I, Besik F, Hamielec A E. Can J Chem Eng, 1969, 47: 559.
[26] Bedingfield C H, Drew T B. Ind Eng Chem, 1950, 42: 1164.
[27] Geankoplis C J. Transport Processes and Unit Operations, 2nd Edition. Boston: Allyn Bacon, 1983.
[28] Skelland A H P. Diffusional Mass Transfer. New York: Wiley Interscience, 1974.
[29] Pinczewski W V, Sideman S. Chem Eng Sci, 1974, 29: 1969.
[30] Moo-Young M. Comprehensive Biotechnology, Vol. 2. Oxford: Pergamon Press, 1985: 25.

4

相间传质

当两种或两种以上的相（例如气-液、液-液、气-固、液-固）接触时，跨过相际界面的传质，称为相间传质。传质物质需要从一相的主体传递至界面，跨过界面，然后从界面传递至另一相的主体中。相间传质问题的重点是，当传递物质通过界面时发生的物理过程及其数学表达。

4.1 双膜理论

最早提出的相间传质理论是双膜理论[1]，对象是气体与液体之间的吸收过程。该理论的观点与3.4.1节中的膜理论是相近的，认为在相间界面的两侧（气体侧和液体侧）各有一层静止的膜（气膜和液膜），见图11-4-1。界面上没有传质阻力。界面上气液两相之间总是保持相平衡的，可以用相平衡关系来表达。传质阻力仅存在于两层膜中，两相之间的传质阻力等于各相的主体与界面间的传质阻力之和。在3.7节述及的传质系数关联式适用于各相主体与界面间的传质。

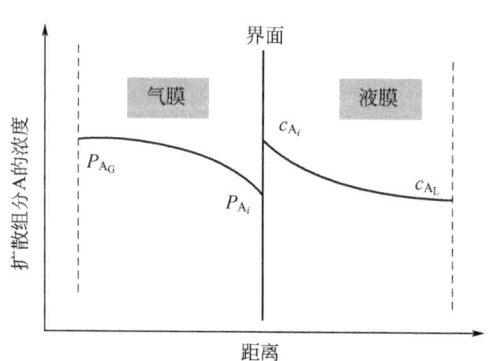

图 11-4-1 双膜理论

对于稳态传质，气相和液相的传质通量表达式分别为：

$$N_A = k_G(P_{A_G} - P_{A_i}) \tag{11-4-1}$$

$$N_A = k_L(c_{A_i} - c_{A_L}) \tag{11-4-2}$$

式中 k_G, k_L——气相与液相的传质系数；

P_{A_G}, P_{A_i}——气相主体和界面上传质物质A的分压；

c_{A_L}, c_{A_i}——液相主体和界面上A的浓度。

界面上A的分压 P_{A_i} 与液相中A的浓度 c_{A_i} 保持相平衡关系：

$$P_{A_i}^* = f(c_{A_i}) \tag{11-4-3}$$

式中，$P_{A_i}^*$ 表示界面上组分A与液相浓度 c_{A_i} 平衡的气相分压。

对于稳态传质，界面上两相传质通量应相等，即

$$N_A = k_G(P_{A_G} - P_{A_i}) = k_L(c_{A_i} - c_{A_L}) \tag{11-4-4}$$

4.2 总传质系数

当气液两相之间的平衡关系为线性（低浓度区属于这种情况）时，

$$P_A^* = mc_A \tag{11-4-5}$$

在界面上有 $P_{A_i} = mc_{A_i}$ \hfill (11-4-6)

由式(11-4-1)、式(11-4-2)、式(11-4-5)、式(11-4-6)可推导出：

$$N_A = \frac{(P_{A_G} - P_{A_i}) + (P_{A_i} - P_{A_L}^*)}{\dfrac{1}{k_G} + \dfrac{m}{k_L}} = \frac{P_{A_G} - P_{A_L}^*}{\dfrac{1}{k_G} + \dfrac{m}{k_L}} \tag{11-4-7}$$

令

$$\frac{1}{K_G} = \frac{1}{k_G} + \frac{m}{k_L} \tag{11-4-8}$$

式(11-4-7)可写成：

$$N_A = K_G(P_{A_G} - P_{A_L}^*) \tag{11-4-9}$$

式中 K_G——以气相浓度为基准的总传质系数。

还可以用相同方法推导出：

$$N_A = \frac{c_{A_G}^* - c_{A_i}}{1/(mk_G)} = \frac{c_{A_i} - c_{A_L}}{1/k_L} = \frac{c_{A_G}^* - c_{A_L}}{\dfrac{1}{mk_G} + \dfrac{1}{k_L}} \tag{11-4-10}$$

令

$$\frac{1}{K_L} = \frac{1}{k_L} + \frac{1}{mk_G} \tag{11-4-11}$$

式(11-4-10)可写成：

$$N_A = K_L(c_{A_G}^* - c_{A_L}) \tag{11-4-12}$$

式中 K_L——以液相浓度为基准的总传质系数。

综合上述各式，对于稳态传质有：

$$N_A = \frac{P_{A_G} - P_{A_L}^*}{1/K_G} = \frac{c_{A_G}^* - c_{A_L}}{1/K_L}$$

$$= \frac{P_{A_G} - P_{A_i}}{1/k_G} = \frac{c_{A_i} - c_{A_L}}{1/k_L} \tag{11-4-13}$$

式(11-4-8)和式(11-4-11)的意义是，总传质阻力等于两相传质阻力之和。由两式可以看出，如果 k_G 很大，则 $K_G \approx k_L/m$，$K_L \approx k_L$，传质速率为液膜传质控制；如果 k_L 很大，则 $K_G \approx k_G$，$K_L \approx mk_G$，传质速率为气膜传质控制。此外，平衡常数 m 也有影响，当气体在液体中的溶解度很大时，m 值很小，$K_G \approx k_G$，传质速率为气膜传质控制；反之则为液膜传质控制。当相平衡关系是非线性时，m 是随浓度而变的，因而表观上总传质系数是随浓度而变的。

4.3 工业装置中的传质

4.3.1 容积传质系数

工业传质设备中，单位体积的传质流率 G（kmol·s^{-1}·m^{-3}）等于传质通量 N 与设备中单位容积的传质面积 a（$m^2 \cdot m^{-3}$）的乘积。所以，已知 N 和 a，就可以求出 G，然后再根据工艺要求的传质量就可计算出设备的容积。可是许多传质设备（如填料塔、鼓泡塔、筛板塔、转盘塔、搅拌釜、流化床等）的传质面积 a 是未知的。鉴于这种情况，就将 a 与传质系数归成一个量，例如 $k_G a$、$K_G a$，其单位为 $kmol \cdot s^{-1} \cdot m^{-3} \cdot Pa^{-1}$；以及 $k_L a$、$K_L a$，其单位为 s^{-1}，即 $kmol \cdot s^{-1} \cdot m^{-3} \cdot (kmol^{-1} \cdot m^3)$ 等，称之为容积传质系数。在研究各种因素（流体的物性、流速等）对传质速率的影响时，也将其与容积传质系数关联[2~6]。

4.3.2 等摩尔相向扩散的传质装置

一相中的组分 A 与另一相中的组分 B 相向扩散且两组分的摩尔通量相等，称为等摩尔相向扩散（两组分的摩尔汽化潜热相等的精馏属于这种传质）。各相的摩尔流量沿塔高是恒定的。设塔截面积为 S，气相流量为 L，液相流量为 V，在塔的高度方向取一微分高度 dh，其质量衡算和传质速率方程为：

$$N_A a S dh = d(V y_A) = d(L x_A) = V d y_A = L d x_A \tag{11-4-14}$$

$$\begin{aligned}N_A a S dh &= k'_y a (y_G - y_i) S dh = k'_x a (x_i - x_L) S dh \\ &= K'_y a (y_G - y_L^*) S dh = K'_x a (x_G^* - x_L) S dh\end{aligned} \tag{11-4-15}$$

式(11-4-15) 中已省去 y 和 x 的下标 A。将式(11-4-14) 和式(11-4-15) 合并，积分，可得塔高：

$$\begin{aligned}h &= V \int_{y_1}^{y_2} \frac{dy}{k'_y a S (y_G - y_i)} = L \int_{x_1}^{x_2} \frac{dx}{k'_x a S (x_i - x_L)} \\ &= V \int_{y_1}^{y_2} \frac{dy}{K'_y a S (y_G - y_L^*)} = L \int_{x_1}^{x_2} \frac{dx}{K'_x a S (x_G^* - x_L)}\end{aligned} \tag{11-4-16}$$

式中，y_2、y_1 分别为塔两端气相的摩尔分数；x_2、x_1 分别为塔两端液相的摩尔分数。Chilton 和 Colburn 将式(11-4-16) 右端的积分项定义为传质单元数（Number of Transfer Unit）[7]，简写为 NTU。其分子是需要完成的传质总量，分母是传质推动力，两者的比值越大，传质单元数越大。比值 h/NTU 称为传质单元高度（Height of Transfer Unit），简写为 HTU，即每个传质单元需要的塔高，用以评价设备的效率，其值越小，塔的分离能力越好。塔高等于传质单元高度与传质单元数的乘积。

4.3.3 通过静止膜扩散的传质装置

一相中的组分 A 扩散至另一相中，传质是单向的，所以两相流量沿塔高是变化的，一相的流量在逐渐减少，另一相则在逐渐增多。气体吸收和脱吸，液-液萃取基本上属于这种传质。其质量衡算和传质速率方程为：

$$\begin{aligned}N_A a S dh &= k_y a (y - y_i) S dh = k_x a (x_i - x) S dh \\ &= K_y a (y - y_L^*) S dh = K_x a (x_G^* - x) S dh\end{aligned} \tag{11-4-17}$$

$$N_A a S dh = d(Vy) = d(Lx) \tag{11-4-18}$$

虽然流量沿塔高是变化的，但其中的惰性组分的流量 V' 是不变的，可得：

$$d(Vy) = V' d\left(\frac{y}{1-y}\right) = V' \left[\frac{dy}{(1-y)^2}\right] = V \frac{dy}{1-y} \tag{11-4-19}$$

$$d(Lx) = L\frac{dx}{1-x} \tag{11-4-20}$$

由上述各式可得塔高：

$$h = \int_{y_1}^{y_2} \frac{V}{k_y aS} \times \frac{dy}{(1-y)(y-y_i)} = \int_{x_1}^{x_2} \frac{L}{k_x aS} \times \frac{dx}{(1-x)(x_i-x)}$$

$$= \int_{y_1}^{y_2} \frac{V}{K_y aS} \times \frac{dy}{(1-y)(y-y_L^*)} = \int_{x_1}^{x_2} \frac{L}{K_x aS} \times \frac{dx}{(1-x)(x_G^*-x)} \tag{11-4-21}$$

其中的容积传质系数与浓度有关。但任一截面上的容积传质系数与惰性组分浓度平均值的乘积与浓度是无关的，即

$$k_y(1-y)_{iM} = \frac{k_y(y-y_i)}{\ln[(1-y_i)/(1-y)]} \tag{11-4-22}$$

$$k_x(1-x)_{iM} = \frac{k_x(x_i-x)}{\ln[(1-x)/(1-x_i)]} \tag{11-4-23}$$

$$K_y(1-y)_{oM} = \frac{K_y(y-y_L^*)}{\ln[(1-y_L^*)/(1-y)]} \tag{11-4-24}$$

$$K_x(1-x)_{oM} = \frac{K_x(x_G^*-x)}{\ln[(1-x)/(1-x_G^*)]} \tag{11-4-25}$$

实验证明，$k_y \propto (V/S)^{0.8}$，$k_x \propto (L/S)^{0.8}$，可以近似地假设容积传质系数与对应相的流量成正比，由之可导出：

$$h = \left[\frac{V}{k_y aS(1-y)_{iM}}\right]_{av} \int_{y_1}^{y_2} \frac{(1-y)_{iM} dy}{(1-y)(y-y_i)} \tag{11-4-26}$$

$$= \left[\frac{L}{k_x aS(1-x)_{iM}}\right]_{av} \int_{x_1}^{x_2} \frac{(1-x)_{iM} dx}{(1-x)(x_i-x)} \tag{11-4-27}$$

$$= \left[\frac{V}{K_y aS(1-y)_{oM}}\right]_{av} \int_{y_1}^{y_2} \frac{(1-y)_{oM} dy}{(1-y)(y-y_L^*)} \tag{11-4-28}$$

$$= \left[\frac{L}{K_x aS(1-x)_{oM}}\right]_{av} \int_{x_1}^{x_2} \frac{(1-x)_{oM} dx}{(1-x)(x_G^*-x)} \tag{11-4-29}$$

式中的积分项为传质单元数，其前置项为传质单元高度。

4.3.4 传质单元数的计算

① 相平衡关系为非线性　用图解积分计算[8]。

② 相平衡关系为线性

$$y^* = mx + c \tag{11-4-30}$$

对于稀溶液，气液两相流量可取为定值，于是

$$(NTU)_{OG} = \frac{y_1-y_2}{(y-y^*)_M} \tag{11-4-31}$$

$$(NTU)_{OL} = \frac{x_1-x_2}{(x^*-x)_M} \tag{11-4-32}$$

式(11-4-31)和式(11-4-32)右边的分母分别为塔两端之间气相及液相浓度的对数平均值：

$$(y-y^*)_M = \frac{(y-y^*)_1-(y-y^*)_2}{\ln[(y-y^*)_1/(y-y^*)_2]} \tag{11-4-33}$$

$$(x^*-x)_M = \frac{(x^*-x)_2-(x^*-x)_1}{\ln[(x^*-x)_2/(x^*-x)_1]} \tag{11-4-34}$$

③ 相平衡关系为线性，而且通过原点

$$y^* = mx \tag{11-4-35}$$

对于稀溶液，Colburn 得出如下的代数解[9]：

$$(NTU)_{OG} = \frac{1}{1-\frac{mV}{L}} \ln\left[\left(1-\frac{mV}{L}\right)\left(\frac{y_1-mx_2}{y_2-mx_2}\right)+\frac{mV}{L}\right] \tag{11-4-36}$$

$$(NTU)_{OL} = \frac{1}{1-\frac{L}{mV}} \ln\left[\left(1-\frac{L}{mV}\right)\left(\frac{x_1-y_2/m}{x_2-y_2/m}\right)+\frac{L}{mV}\right] \tag{11-4-37}$$

④ 浓度不太高的情况，可用惰性组分浓度的算术平均值取代其对数平均值[10]：

$$(1-y)_{iM} = \frac{(1-y)_1+(1-y)_2}{2} \tag{11-4-38}$$

于是有

$$(NTU)_G = \int_{y_1}^{y_2} \frac{dy}{y-y_i} + \frac{1}{2}\ln\left(\frac{1-y_1}{1-y_2}\right) \tag{11-4-39}$$

$$(NTU)_L = \int_{x_1}^{x_2} \frac{dx}{x_i-x} + \frac{1}{2}\ln\left(\frac{1-x_2}{1-x_1}\right) \tag{11-4-40}$$

$$(NTU)_{OG} = \int_{y_1}^{y_2} \frac{dy}{y-y_L^*} + \frac{1}{2}\ln\left(\frac{1-y_1}{1-y_2}\right) \tag{11-4-41}$$

$$(NTU)_{OL} = \int_{x_1}^{x_2} \frac{dx}{x_G^*-x} + \frac{1}{2}\ln\left(\frac{1-x_2}{1-x_1}\right) \tag{11-4-42}$$

4.3.5 总传质单元高度与单相传质单元高度的关系

① 等摩尔相向扩散，总容积传质系数与各相传质系数的关系为：

$$\frac{1}{K_G a} = \frac{1}{k_G a} + \frac{m'}{k_L a} \tag{11-4-43}$$

$$\frac{1}{K_L a} = \frac{1}{m'' k_G a} + \frac{1}{k_L a} \tag{11-4-44}$$

由此可导出总传质单元数与单向传质单元数的关系为：

$$(HTU)_{OG} = (HTU)_G + \frac{m'V}{L}(HTU)_L \tag{11-4-45}$$

$$(HTU)_{OL} = (HTU)_L + \frac{L}{m''V}(HTU)_G \tag{11-4-46}$$

② 通过静止膜扩散，总传质单元数与单向传质单元数的关系为：

$$(HTU)_{OG} = (HTU)_G \frac{(1-y)_{iM}}{(1-y)_{oM}} + \frac{m'V}{L}(HTU)_L \frac{(1-x)_{iM}}{(1-y)_{oM}} \tag{11-4-47}$$

$$(HTU)_{OL} = (HTU)_L \frac{(1-x)_{iM}}{(1-x)_{oM}} + \frac{L}{m''V}(HTU)_G \frac{(1-y)_{iM}}{(1-x)_{oM}} \tag{11-4-48}$$

传质单元数与传质单元高度的对应关系见表 11-4-1。表中 NTU 简写为 N，HTU 简写为 H。

表 11-4-1　传质单元数 N 与传质单元高度 H 的对应关系

机理	传质单元数		传质单元高度		推动力
等摩尔相向扩散	N_G	$\int_{y_1}^{y_2} \dfrac{\mathrm{d}y}{y_i - y}$	H_G	$\dfrac{V}{k'_y aS}$	$y_i - y$
	N_{OG}	$\int_{y_1}^{y_2} \dfrac{\mathrm{d}y}{y^* - y}$	H_{OG}	$\dfrac{V}{K'_y aS}$	$y^* - y$
	N_L	$\int_{x_1}^{x_2} \dfrac{\mathrm{d}x}{x - x_i}$	H_L	$\dfrac{L}{k'_x aS}$	$x - x_i$
	N_{OL}	$\int_{x_1}^{x_2} \dfrac{\mathrm{d}x}{x - x^*}$	H_{OL}	$\dfrac{V}{K'_x aS}$	$x - x^*$
静止膜通过扩散	N_G	$\int_{y_1}^{y_2} \dfrac{(1-y)_M \mathrm{d}y}{(1-y)(y_i - y)}$	H_G	$\dfrac{V}{k_y aS(1-y)_M}$	$y_i - y$
	N_{OG}	$\int_{y_1}^{y_2} \dfrac{(1-y)_M \mathrm{d}y}{(1-y)(y^* - y)}$	H_{OG}	$\dfrac{V}{K_y aS(1-y)_M}$	$y^* - y$
	N_L	$\int_{x_1}^{x_2} \dfrac{(1-x)_M \mathrm{d}y}{(1-x)(x - x_1)}$	H_L	$\dfrac{L}{k_x aS(1-x)_M}$	$x - x_i$
	N_{OL}	$\int_{x_1}^{x_2} \dfrac{(1-x)_M \mathrm{d}y}{(1-x)(x - x^*)}$	H_{OL}	$\dfrac{L}{K_x aS(1-x)_M}$	$x - x^*$

参考文献

[1] Lewis W K, Whitman W G. Ind Eng Chem, 1924, 16: 1215.
[2] Rizzuti L, Augugliaro V, Locascio G. Chem Eng Sci, 1981, 36: 973.
[3] Onda K, Takeuchi H, Okumoto Y. J Chem Eng Japan, 1968, 1: 56.
[4] Charpentier J C. Gas-Liquid Absorption and Reaction//Drew T B, et al. Advances in Chemical Engineering. New York: Academic Press, 1981, 11: 1.
[5] Perry R H, Green D W, Maloney J O. Perry's Chemical Engineers' Handbook. 7th Edition. New York: McGraw-Hill, 1997.
[6] King C J. AIChE J, 1964, 10: 671.
[7] Chilton T H, Colburn A P. Ind Eng Chem, 1935, 27: 255.
[8] 修伍德 T K, 皮克福特 R L, 威尔基 C R. 传质学. 时钧, 李盘生, 等译. 北京: 化学工业出版社, 1988: 485.
[9] Colburn A P. Trans AIChE, 1939, 35: 211.
[10] Colburn A P. Trans AIChE, 1940, 36: 679.

第12篇
气体吸收

主 稿 人：袁希钢　天津大学教授
　　　　　余国琮　中国科学院院士，天津大学教授
编写人员：曾爱武　天津大学副研究员
　　　　　袁希钢　天津大学教授
审 稿 人：袁孝竞　天津大学教授

第一版编写人员名单
编写人员：麦本熙　时　钧
审 校 人：施亚钧

第二版编写人员名单
主 稿 人、编写人员：麦本熙

1

概述

1.1 概念与定义

1.1.1 吸收与解吸

气体吸收是气体混合物中一种（或多种）组分从气相转移到液相的过程。转移方法是物质借扩散（分子扩散或对流扩散）作用而传递，从机理上看，吸收属于传质过程；转移的结果是一种（或多种）组分与其余组分分开，从应用上说，吸收是分离过程的一种。混合气中可溶入液相的组分称为溶质，不能溶的组分称为惰性组分或载体气。能将溶质溶于其中的液体称为溶剂，溶质溶于其中之后便成为溶液。

与吸收相反的过程，将溶质从液相中分离出来而转移到气相的过程（用惰性气流吹扫溶液，或将溶液加热，或将其送入减压容器中使溶质放出），称为解吸，也称为脱吸、提馏或汽提。吸收与解吸的区别仅仅是过程中物质传递的方向相反，它们所依据的原理相同，因此了解清楚吸收，解吸就不难举一反三了，故本篇大部分篇幅都按吸收展开讨论。

化工生产中使用吸收操作的目的主要是：①从气体混合物中将一种或若干种组分分离出来作为产品，或作为进一步加工的原料；②将气流中一种或多种无用的或有害的组分除去，以免影响产品质量、腐蚀设备，或排放后污染环境；③使纯气体溶解于溶剂中成为溶液产品，也可视为吸收，也属于传质过程，但不算是分离过程。解吸或提馏常常是用于从吸收操作所得到的溶液中将气体溶质以比较纯的或浓的状态分离出来，并将溶剂回收，以便重新使用。

1.1.2 物理吸收与化学吸收

若气体溶质与液体溶剂并不发生明显的化学反应，所进行的过程称为物理吸收，例如用水吸收二氧化碳，用水吸收乙醇或丙酮蒸气，用液态烃吸收气态烃。若气体溶质进入液相之后与溶剂或预先溶解在溶剂里的其他物质进行化学反应，则所进行的过程称为化学吸收。例如，用稀硫酸吸收氨，用氢氧化钠或碳酸钠溶液吸收二氧化碳、二氧化硫或硫化氢。

物理吸收所形成的溶液中，若所含溶质浓度为某数值，在一定条件（温度、总压）下平衡蒸气中溶质的蒸气压也为一定值，吸收的推动力是气相中溶质的实际分压与溶液中溶质的平衡蒸气压之差。在化学吸收中，进入溶液的气体溶质部分或全部转变为其他化合物，此溶质的平衡蒸气压有所降低，甚至可以降到零。这样就使吸收推动力提高，从而提高吸收速率，并且使一定量溶剂能吸收的溶质量也有所增加。因此，化工生产中常用到化学吸收。若所进行的化学反应是可逆的，可用加热、减压等方法将溶剂回收，重新使用。若所进行的化学反应是不可逆的，溶剂的回收则较为困难。

1.1.3 非等温吸收

气体溶入液体时,一般都放出溶解热,物理吸收的溶解热由冷凝热与混合热构成。化学吸收中则还有反应热。若混合气中被吸收组分的浓度低,溶剂用量大,则系统温度的变化并不显著,可以按等温过程来考虑。有些吸收过程,如水吸收 HCl 或 NO_2 蒸气、用稀硫酸吸收氨,放热量很大,若不进行冷却,则气液两相的温度都有很大改变,称为非等温吸收。工业上一般都采取冷却措施,但仍不能令气液两相的温度在吸收过程中维持恒定。

1.1.4 多组分吸收

若被吸收的组分不止一个,则称多组分吸收。用液态烃混合物吸收气态烃混合物,是典型的多组分吸收。其实,混合气体中所谓不能溶解的惰性组分,多少也能溶解一些,只是溶解量甚少,可不加考虑而已。能溶解的各组分,在混合气中的含量及其溶解度也各不相同,因而它们分离的完全程度也不一样。

1.1.5 吸收操作流程

工业上进行吸收操作,常常采用塔式设备(如较多使用与蒸馏过程气液传质设备类同的填充塔、板式塔等,在某些情况下,也采用鼓泡塔、喷射塔等)。塔的作用是使气液两相在其中充分接触,以利于物质传递。如果吸收之后要回收溶剂,以重新使用,可将吸收塔与提馏塔组合成一个系统,如图 12-1-1 所示。

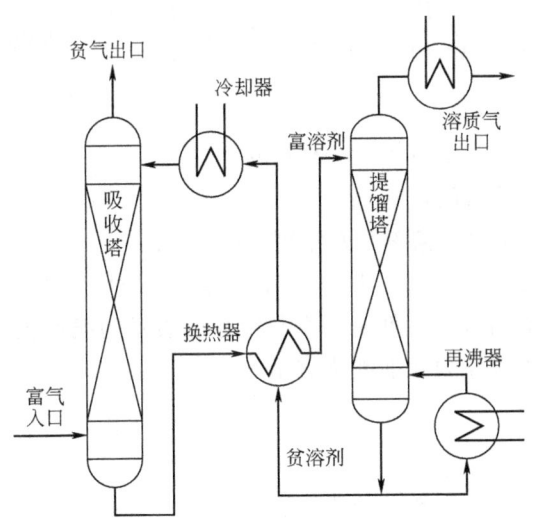

图 12-1-1 吸收塔与提馏塔组合的流程

1.2 气体在液体中的溶解度——气液平衡关系

在一定条件(系统的温度、总压力)下,混合气中某溶质组分的分压若一定,则与之密切接触而达到平衡的溶液中,该溶质的浓度也为一定,反之亦然。对气相中的溶质来说,液相中的浓度是它的溶解度;相对液相中的溶质而言,气相分压是它的平衡蒸气压。气液平衡是气液两相密切接触后所达到的终极状态。在判断过程进行的方向(吸收还是解吸)、吸收用溶剂量或解吸用吹扫气体量以及设备的尺寸时,气液平衡数据都是不能缺少的。

1.2.1 亨利常数

吸收用的气液平衡关系可用亨利定律表示:"一气体在液体中的溶解度与它在气相中的分压成正比",写成公式即

$$p = Hx \tag{12-1-1}$$

或

$$p = H'c \tag{12-1-2}$$

或

$$y = mx \tag{12-1-3}$$

式中　p——溶质在气相中的分压,kPa;
　　　x——溶质在液相中的摩尔分数;
　　　c——溶质在液相中的浓度,$kmol \cdot m^{-3}$;
　　　y——溶质在气相中的摩尔分数;
　　　m——相平衡(亨利)常数。

上述各式的不同之处只是气、液两相组成的表示法不同,故而亨利常数也有不同的写法,采用不同的单位:H,kPa;H',$kPa \cdot m^3 \cdot kmol^{-1}$;$m$,无单位。

各种形式的亨利常数之间的关系如下:

$$m = \frac{H}{P} \tag{12-1-4}$$

$$H = \frac{\rho_L H'}{M_A + M_S(1+x)} = c_M H' \approx \frac{\rho_S H'}{M_S} (\text{于 } x < 0.05 \text{ 时用}) \tag{12-1-5}$$

式中　P——系统总压,kPa;
　M_A,M_S——溶质与溶剂的摩尔质量,$kg \cdot kmol^{-1}$;
　　ρ_L,ρ_S——溶液与溶剂的密度,$kg \cdot m^{-3}$;
　　　c_M——溶液(包括溶质与溶剂)总浓度,$kmol \cdot m^{-3}$。

亨利常数随温度而变,当压力不大(约 5mPa 以下)时,其随压力的变化较小,可以不计。值得注意的是,只有溶液浓度低时,亨利定律所表示的线性关系才存在;若浓度提高,气液两相平衡组成之间的关系要用曲线来表示。

1.2.2 气液平衡数据

下面是取得气液平衡关系数据的几个途径:

① 本手册第 1 篇"化工基础数据"中有这方面的内容;Perry 手册[1]第 2 部分有多种气体在液体中溶解度的数据表;《化工工艺算图》[2]第 1 册有溶解度与压力、温度的关系列线图;《化工工艺设计手册》[3]上册第 21 章"物化数据"中有一些气体水溶液的亨利常数表和几种常见气体的溶解度数据表与曲线。

② 若所形成的是理想溶液(溶质与溶剂是相似的化合物,例如都是烃类),亨利常数可用拉乌尔定律估计:

$$m = \frac{y}{x} = \frac{p_v}{P} \tag{12-1-6}$$

式中 p_v——溶质在系统温度下的饱和蒸气压；

P——系统的总压，二者取同一种单位。

物质的饱和蒸气压可由本手册第1篇或Perry手册[1]中查得。若为高压系统，式(12-1-6)中的 p_v 可用液态纯溶质在溶液温度与压力下的逸度代替；P 用气态纯溶质在系统温度与压力下的逸度代替。逸度 f 的计算可参考本手册第3篇"化工热力学"或其他化学、化工热力学的专著。

有许多烃混合物的平衡关系用 K 表示。这个 K 其实就是式(12-1-6)中的 m。Perry手册[1]中载有许多种烃的 K 值与 P、t 二者的关系，并有若干种烃在高压下的 K 值变化关系。这些关系也可在许多石油化工或蒸馏书籍中找到。

③ 若形成非理想溶液，溶解度数据又不能从第①种来源中取得，则表示平衡关系的 m 可通过活度系数用下式估计：

$$m = \frac{y}{x} = \frac{\gamma p_v}{P} \tag{12-1-7}$$

活度系数 γ 是 x 的函数，其求法可参考本手册第3篇"化工热力学"或其他化学、化工热力学的专著。

④ 上述途径都行不通时，可以进行粗略的推算。本手册第1篇中对此有所说明。Reid的著作[4]对推算方法有较系统的讨论。如这些途径仍有问题，其最终办法就是实验测定。

为了计算吸收的放热量及塔内的温度变化情况，需要溶解热或反应热、溶剂比热容与汽化热；为了计算传质系数，需要扩散系数、黏度、表面张力、密度等数据。这些均可从本手册第1篇及文献[1~4]中查找。

1.3 相际传质

本手册第11篇"传质"对传质问题有系统的论述。这里只是将与吸收直接有关的内容稍作回顾及引申，以便引出下文。

1.3.1 传质速率与传质系数

物质由一相传递到另一相，要穿越两相的界面。从一相主体至相界面之间的传质阻力，使得每一相的主体与相界面之间产生该物质的浓度差或分压差。吸收过程中，气相主体内溶质组分A的分压为 p，气液界面处A的分压为 p_i。气相主体与气液界面之间A的分压差 $p - p_i$ 便成为A由气相主体向界面转移的推动力。传质速率与推动力成正比。同理，气液界面与液相主体之间A的浓度差 $c_i - c$ 便是A自界面向液相主体转移的推动力。

吸收时溶质组分A通过惰性组分B而扩散（这是指在气相中，若在液相中，则是通过溶剂S），故B（或S）的浓度便成为影响传质阻力的重要因素。又由于界面上没有物质积累，并可假设界面对传质不产生阻力，稳定过程中有多少物质从气相主体传递到界面便有多少物质从界面传递到液相主体。单位时间通过单位面积界面的传递通量可以写成：

$$N_A = \frac{D_G}{RTz_G} \times \frac{P}{p_{Bm}} (p - p_i) \tag{12-1-8}$$

$$N_A = \frac{D_L}{z_L} \times \frac{C_M}{c_{Sm}}(c_i - c) \tag{12-1-9}$$

合并一些项目，上两式又可写成：

$$N_A = \frac{k_G P}{p_{Bm}}(p - p_i) \tag{12-1-10}$$

$$N_A = \frac{k_L C_M}{c_{Sm}}(c_i - c) \tag{12-1-11}$$

式中　N_A——A 的传递通量，kmol·m^{-2}·s^{-1}；

D_G，D_L——气、液相中 A 的扩散系数，m^2·s^{-1}；

p，p_i——气相主体、界面处 A 的分压，kPa；

P——气相的总压，kPa；

p_{Bm}——B 在气相主体与在界面处的分压的平均值，kPa；

R——气体常数，kJ·kmol^{-1}·K^{-1}；

T——温度，K；

c_i，c——界面处或液相主体中 A 的浓度，kmol·m^{-3}；

C_M——液相中溶质与溶剂的浓度之和（总浓度），kmol·m^{-3}；

c_{Sm}——溶剂 S 在液相主体与界面处的浓度的平均值，kmol·m^{-3}；

z_G，z_L——界面两侧虚拟的静止气膜或液膜厚度，m；

k_G——气相传质系数，kmol·m^{-2}·s^{-1}·kPa^{-1}；

k_L——液相传质系数，kmol·m^{-2}·s^{-1}·kmol^{-1}·m^3，即 m·s^{-1}。

式(12-1-8) 与式(12-1-10) 中的 P/p_{Bm} 称为漂流因子，它反映混合气体中被吸收的 A 进入界面后留下的空间所引起的 A 与 B 总体流动的效应。类似地，C_M/c_{Sm} 也称为漂流因子。

(1) 低浓度系统　在溶质 A 浓度低的系统，惰性组分 B 的分压 p_B 与系统总压 P 很接近，漂流因子 $P/p_{Bm} \approx 1$。同理，$C_M/c_{Sm} \approx 1$。在此条件下，式(12-1-10) 与式(12-1-11) 可简化成：

$$N_A \approx k_G(p - p_i) \tag{12-1-12}$$

$$N_A \approx k_L(c_i - c) \tag{12-1-13}$$

令 $p = Py$，$p_i = Py_i$，$c_i = C_M x_i$，$c = C_M x$，$k_G P = k_y$，$k_L C_M = k_x$，式(12-1-12) 与式(12-1-13) 又可写成：

$$N_A \approx k_y(y - y_i) \tag{12-1-14}$$

$$N_A \approx k_x(x_i - x) \tag{12-1-15}$$

式中　k_y——气相传质系数，kmol·m^{-2}·s^{-1}；

k_x——液相传质系数，kmol·m^{-2}·s^{-1}。

k_y 与 k_G 同名，k_x 与 k_L 同名，但各自与不同的推动力表示法相对应，由它们的单位显示出来。

假设气液界面处 A 的气相浓度与 A 的液相浓度达到平衡（不是相等），即符合 $p_i =$

$H'c_i$，或 $y_i = mx_i$ 时，y_i 与 x_i 之值可根据式(12-1-14)与式(12-1-15)利用下述方法求得。图 12-1-2 中，OE 为平衡线，线上的任一点反映界面上达到平衡的 y_i 与 x_i 的关系。根据气相组成 y 与液相组成 x 可在平衡线上方定出一点 P。由 P 引斜率等于 $-k_x/k_y$ 的直线与平衡线 OE 交于 R，则 R 的坐标 (y_1, x_1) 正好代表界面上的组成。

为了避免求界面组成的麻烦，推动力改以两相的组成来表示，并相应地将传质系数改变，将传质速率写成：

$$N_A = K_y(y - y_e) \tag{12-1-16}$$

$$N_A = K_x(x_e - x) \tag{12-1-17}$$

式中 K_y, K_x——气相或液相总传质系数，$kmol \cdot m^{-2} \cdot s^{-1}$；

y_e——与液相组成 x 相平衡的气相组成，摩尔分数；

x_e——与气相组成 y 相平衡的液相组成，摩尔分数。

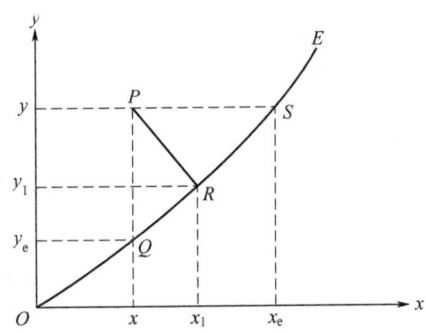

图 12-1-2 界面组成的确定

若平衡线 OE（图 12-1-2）为直线，斜率 $m =$ 常数，或线上 QRS 一段近似于直线，斜率可取为 m，则由式(12-1-14)~式(12-1-17)可导出：

$$\frac{1}{K_y} = \frac{1}{k_y} + \frac{m}{k_x} \tag{12-1-18}$$

$$\frac{1}{K_x} = \frac{1}{mk_y} + \frac{1}{k_x} \tag{12-1-19}$$

与式(12-1-16)~式(12-1-19)进行比拟，可写出如下另一套公式：

$$N_A = K_G(p - p_e) \tag{12-1-20}$$

$$N_A = K_L(c_e - c) \tag{12-1-21}$$

$$\frac{1}{K_G} = \frac{1}{k_G} + \frac{H'}{k_L} \tag{12-1-22}$$

$$\frac{1}{K_L} = \frac{1}{H'k_G} + \frac{1}{k_L} \tag{12-1-23}$$

各式中符号的意义同前。

应注意平衡线不为直线时，式(12-1-18)与式(12-1-19)中的 m，式(12-1-22)与式(12-1-23)中的 H' 便不为常数。原则上只宜根据相传质系数 k_y、k_x、k_G、k_L 作计算，不

宜根据总传质系数 K_y、K_x、K_G、K_L 作计算。在有些设计计算中依然采用后者的经验数据，这只能认为是权宜之计。只有设计条件与取得总传质系数数据的实验条件（特别是浓度变化范围）相近时，才能免于出现较大的误差。

（2）高浓度系统 若气液两相或其中一相中溶质 A 的浓度高（比如超过10%），则传质速率要用未经简化的式(12-1-10)或式(12-1-11)表示。

为了将推动力改成以摩尔分数计，将上述两式中的漂流因子的倒数改写成：

$$\frac{p_{Bm}}{P} = \frac{y_{Bm}}{1} = (1-y)_{im} = \frac{(1-y)-(1-y_i)}{\ln\dfrac{1-y}{1-y_i}} \tag{12-1-24}$$

$$\frac{c_{Sm}}{C_M} = \frac{x_{Sm}}{1} = (1-x)_{im} = \frac{(1-x)-(1-x_i)}{\ln\dfrac{1-x}{1-x_i}} \tag{12-1-25}$$

式(12-1-10)与式(12-1-11)于是可写成：

$$N_A = \frac{k_y}{(1-y)_{im}}(y-y_i) \tag{12-1-26}$$

$$N_A = \frac{k_x}{(1-x)_{im}}(x_i-x) \tag{12-1-27}$$

比拟于式(12-1-16)与式(12-1-17)，又得：

$$N_A = \frac{K_y}{(1-y)_{om}}(y-y_e) \tag{12-1-28}$$

$$N_A = \frac{K_x}{(1-x)_{om}}(x_e-x) \tag{12-1-29}$$

上两式中，$(1-y)_{om}$ 与 $(1-x)_{om}$ 亦为漂流因子的倒数，即

$$(1-y)_{om} = \frac{(1-y)-(1-y_e)}{\ln\dfrac{1-y}{1-y_e}} \tag{12-1-30}$$

$$(1-x)_{om} = \frac{(1-x)-(1-x_e)}{\ln\dfrac{1-x}{1-x_e}} \tag{12-1-31}$$

注意：$(1-y)$ 与 $(1-x)$ 的下标都有两个字母，后一字母 m 指平均；前一个字母若为 i，表示取一相主体组成与界面组成的平均；若为 o，表示取一相主体组成与另一相主体平衡组成的平均。

将高浓度系统用的式(12-1-26)与低浓度系统用的式(12-1-14)比较，可见前者多了一个 $1/(1-y)_{im}$。似乎前式中的 K_y 的单位中，比后式中的 K_y 的单位中少了一项摩尔分数。其实不然，因为 $1/(1-y)_{im}$ 是气相中 A、B 两组分摩尔分数之和（等于1）与 B 组分摩尔分数平均值之比，没有单位。其他式中漂流因子的倒数的单位也与此相同。

总传质系数与相传质系数的关系，在平衡线为直线时，可以写成：

$$\frac{1}{K_y} = \frac{(1-y)_{\mathrm{im}}}{(1-y)_{\mathrm{om}}} \times \frac{1}{k_y} + \frac{(1-x)_{\mathrm{im}}}{(1-x)_{\mathrm{om}}} \times \frac{m}{k_x} \tag{12-1-32}$$

$$\frac{1}{K_x} = \frac{(1-x)_{\mathrm{im}}}{(1-x)_{\mathrm{om}}} \times \frac{1}{k_x} + \frac{(1-y)_{\mathrm{im}}}{(1-y)_{\mathrm{om}}} \times \frac{1}{mk_y} \tag{12-1-33}$$

当各漂流因子都趋近于 1 时，上两式便化为低浓度系统的式(12-1-18)与式(12-1-19)。

1.3.2 有关传质系数的说明

设计计算中使用传质系数时，要注意它必须与相组成的表示法相匹配，且与推动力的计算范围相一致。引用文献中所载的数据或计算式时，应注意其测定条件或关联条件的范围与设计的要求是否一致。若差别比较大，必须考虑由此所产生的影响，乃至决定其是否可用。

(1) 压力的影响 将式(12-1-8)与式(12-1-10)相比较可知，$k_G = D_G/(RTz_G)$，即 k_G 与扩散系数 D_G 成正比，而气相中 D_G 随压力 P 而变（$D \propto P^{-1}$）。由此可知，$k_G P$ 即 k_y 大致不随压力而变。这个原则在中、低压（40~50atm 以内，1atm=101325Pa）下可以使用。

由文献中取得的 k_G 乘以 ($P_{测定}/P_{设计}$)，可以得到设计压力下的 k_G，此值再乘以 $P_{设计}$，即得 k_y，此法既费时又易出错，不如用前法。

根据式(12-1-9)与式(12-1-11)，对 k_L 有影响的是液相中的 D_L，后者基本上不随压力而变，故可认为 k_L 不受压力的影响，当然 k_x 也不受影响。

(2) 温度的影响 一般把传质系数的实验研究结果表示成 k_G 与数群 $Re = d_p G/\mu$、$Sc = \mu/(\rho D)$ 的函数关系。气相的 Sc 不随温度而变，气相 Re 中黏度 μ 受温度的影响，但由它再影响到 k_G 的程度较小，因此，温度对 k_G 的影响可以忽略。

对于 k_L，温度的影响主要是通过液相的黏度 μ 与扩散系数 D。由于液相的 D 与热力学温度 T 及 μ 呈函数关系，故由温度变化而致的 k_L 变化的关系可表示成：

$$\frac{k_{L2}}{k_{L1}} = \left(\frac{T_2}{T_1}\right)^{1/2} \left(\frac{\mu_1}{\mu_2}\right)^m \tag{12-1-34}$$

式中，下标 1 表示原来的状态；2 表示校正后的状态；$m = 0.5 \sim 0.8$。

(3) 系统特性的影响 系统特性中起主要影响的是扩散系数 D，大致按下列关系：

$$k_G \propto D_G^n \left(n = \frac{1}{2} \sim \frac{1}{3}\right) \tag{12-1-35}$$

$$k_L \propto D_L^{0.5} \tag{12-1-36}$$

生产中，若仅改变所吸收的物质，所用的设备和操作条件都与原有情况一样，新情况下的传质系数可根据原来的传质系数通过上述关系粗略估算。

(4) 溶质浓度的影响 吸收包括某个组分通过惰性组分 B 扩散的过程，故用 k_G 表示的速率式(12-1-10)中包括 P/p_{Bm}，用 k_y 表示的速率公式(12-1-26)中包括 $1/(1-y)_{\mathrm{im}}$。但是，对于低浓度系统，这两个漂流因子都极接近于 1，它们在速率式(12-1-12)与式(12-1-14)中都消失了。文献中所载的 k_G 数据或关联式，一般都是按低浓度系统的实验结果整理出来的。它们既可用于低浓度系统的计算，也可用于高浓度系统的计算。后一情况下，则按设计条件算出漂流因子的值代入相应的公式，所用的传质系数数值不变。至于实验测出的是高浓度系统数据，自然按高浓度系统的公式进行数据处理，其中的漂流因子按测试条件计算。在

得到的 k_G 中已用漂流因子作了校正，就可在低浓度系统的公式中应用。

至于 k_L（或 k_x）与 C_M/c_{Sm} [或 $1/(1-x)_{im}$] 间的联系，乃从 k_G（或 k_y）类比得来，单从理论上说这多少有点勉强。幸而液相浓度一般不会太高（x 常在 0.1 以内），故浓度的影响常都可以忽略。计算时一般都采用低浓度系统的公式。

参考文献

[1] Green D W, Perry R H. Perry's Chemical Engineers' Handbook. 8th ed. New York: McGraw-Hill Inc, 2008.
[2] 谢端授，璩定一，苏元复. 化工工艺算图：第一册. 北京：化学工业出版社，1982.
[3] 中国石化集团上海工程有限公司. 化工工艺设计手册. 第4版. 上册. 北京：化学工业出版社，2009.
[4] Poling B E, Prausnitz J M, O'Connell J. The Properties of Gases and Liquids. 5th ed. New York: McGraw-Hill Inc, 2000.

2 吸收塔设计

2.1 设计要领

2.1.1 溶剂选择

溶剂的选择要结合工艺条件进行。合适的溶剂往往不止一种，最合适的要通过经济权衡才能确定，有时还要做预设计和成本估计，才能做最后决定。

一般来说，溶质在溶剂中的溶解度愈大愈好，这样溶剂用量小，设备尺寸也小。价格高的溶剂要考虑是否容易回收。溶剂要比较不易挥发，以免被流出塔的气体大量带走；若腐蚀性小，性质稳定，黏度小，不易起泡，则对设备与操作都有利。此外，价格也是个重要因素。按照这些要求，水似乎是最佳选择；但亦不尽然，工艺条件与要求常常起决定性作用。以二氧化硫为例，若从将要排放的烟道气中将其除去，可用水洗，再将溶液排放掉；若考虑减少环境污染，改用石灰乳洗涤使其沉淀出来比较好；若用 MgO 溶液作溶剂，吸收后生成的 $MgSO_3$ 与 $MgSO_4$ 加以精制可作为成品出售。炼厂气若含 SO_2 在 3.5% 以上，可采用 N,N-二甲基苯胺 $[C_6H_5N(CH_3)_2]$ 或二甲苯胺 $[(CH_3)_2C_6H_3NH_2]$ 作溶剂，用吸收的方法，把所得的溶液加热后便将 SO_2 放出。

2.1.2 设备选择

吸收设备多为塔器，主要是填充式与板式，其次是喷洒式、鼓泡式、湿壁式等。

填充塔的优点主要是结构简单，压力降小，耐腐蚀（陶瓷填料）。其缺点是液气比不能太小，否则填料润湿不充分；填料层每段不能太高，以免液体愈往下而愈不易分布均匀。过去填充塔多为中小型，因大型塔笨重且放大效应显著。近二三十年来，质轻的塑料填料及薄壁的金属填料应用渐多，又开发了性能改进很大的散装开孔（槽）填料及规整波纹填料，克服了上述缺点。目前填充塔的直径已可到 10m 以上。

板式塔适用于干净、无腐蚀、不起泡的物料，适用于液气比小的操作。它的直径可以很大。因为在板面上装冷却器较方便，有利于在热效应大的吸收操作中使用。

喷洒式吸收器几乎都只用在压力降要控制得很小的场合，例如烟道气的冲洗。它不适用于级数多与接近达到平衡的吸收要求。它不能算是塔，只是在容器内装一个或几个喷头。也有将喷头装在文丘里管或旋风器内的。

关于设备选择，表 12-2-1 可以参考。

2.1.3 溶剂用量

做吸收塔全塔的物料衡算，可以得到通过塔的液气比：

表 12-2-1　吸收（解吸）设备选用指南[1]

操作条件与要求	板式塔		填充塔	喷洒塔
	筛板	泡罩	散堆	
液体速率低	D	A	C	D
液体速率中等	A	C	B	C
液体速率高	B	C	A	A
分离难（需多级）	A	B	A	D
分离易（需一级）	C	C	B	A
发泡	B	C	A	C
腐蚀	B	C	A	A
有固体物	B	D	C	A
压降要小	C	D	B	A
停车频繁	C	A	B	D
检修改装容易	C	C	A	D
多点加料或出料	B	A	C	C

注：A—最佳选择；B—通常适用；C—评价后选用；D—通常不适用。

$$\frac{L'_M}{G'_M} = \frac{Y_1 - Y_2}{X_1 - X_2} \tag{12-2-1}$$

式中　L'_M——液流中溶剂的摩尔流速，$kmol \cdot m^{-2} \cdot s^{-1}$；

　　　G'_M——气流中惰性气体的摩尔流速，$kmol \cdot m^{-2} \cdot s^{-1}$；

　　　Y——气流中溶质与惰性气体的摩尔比；

　　　X——液流中溶质与溶剂的摩尔比；

　下标 1——塔的浓端（吸收塔底或解吸塔顶）；

　下标 2——塔的稀端（吸收塔顶或解吸塔底）。

在 Y-X 坐标上标出代表稀端组成的 A 点与代表浓端组成的 B 点，连直线 AB，此线称为操作线，位于平衡线 OE 的上方（吸收塔），如图 12-2-1(a) 所示。

吸收塔底送出的溶液浓度提到最高，也只能与进入塔底的气相达到平衡。这时的操作线便与平衡线相交，成为 AB'，吸收推动力在塔底处降到零。这时操作线的斜率最小，溶剂用量达最小值，式(12-2-1) 变成：

$$(L'_M)_{min} = G'_M \frac{Y_1 - Y_2}{X_1^0 - X_2} \tag{12-2-2}$$

式中　X_1^0——溶剂用量达到最小时的出口溶液浓度，摩尔比。

实际的溶剂用量应比最小量$(L'_M)_{min}$大 20%～100%。这要根据经济权衡决定，或参考实践经验决定。

若平衡线形状特殊，便会在塔中部与操作线相切，如图 12-2-1(b) 所示。吸收推动力在此位置上也等于零。于是，溶剂用量最小时的出口溶液浓度 X_1^0 便由切线的端点 B' 来定。

解吸塔的操作线 AB 位于平衡线 OE 下方。若操作线与平衡线相交或相切，如图 12-2-1

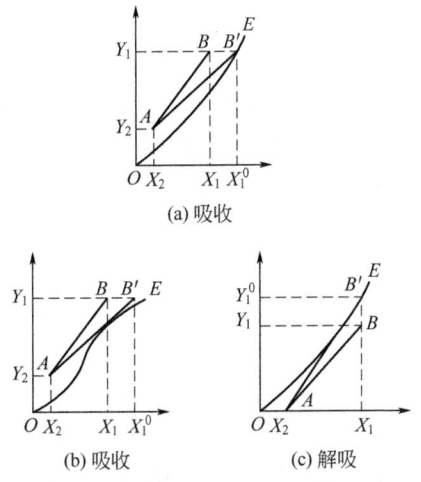

图 12-2-1 操作线与平衡线的相对位置

(c) 所示，则吹扫用气体中的溶质浓度达到最大，为 Y_1^0，惰性气体用量达最小值，为：

$$(G'_M)_{min} = L'_M \frac{X_1 - X_2}{Y_1^0 - Y_2} \tag{12-2-3}$$

实际用量也应比最小用量大 20%~100%。

若气液两相中溶质的浓度都低，则式(12-2-2)中的 G'_M 与 L'_M 分别可以用气液两相的摩尔流速 G_M 与 L_M 代替，摩尔比 Y 与 X 分别可以用溶质的摩尔分数 y 与 x 代替，写成：

$$(L_M)_{min} = G_M \frac{y_1 - y_2}{x_1^0 - x_2} \tag{12-2-4}$$

考虑到填料表面需要润湿充分，对于易溶气体吸收，根据上述原则定出的溶剂用量有时会不足。20 世纪 50 年代 Morris 和 Jackson[2] 曾推荐，对于直径 75mm 以内的环形填料以及板距 50mm 以内的栅板填料，最小润湿速率（MWR）应取 $L_V/a_t = 2.22 \times 10^{-5}$ m³·m⁻¹·s⁻¹，式中的 L_V 是液体的体积流速，m³·s⁻¹·m⁻²；a_t 是干填料的比表面积，m²·m⁻³。例如，采用 50mm 的陶瓷拉西环，$a_t \approx 90$ m²·m⁻³，液体的 L_V 至少要等于 0.002m³·s⁻¹·m⁻²。如果液体实际的喷淋密度小于此，便要适当增加填料层高度，使润湿面积得到补偿；或将部分出口液体再送入塔内循环，使喷淋密度提高到合乎要求。后一种做法自然是以降低传质推动力为代价的。对于后来开发出来的填料，还没有人提出类似的规定值。然而，目前已经有办法算出填料的润湿面积或有效面积（见本篇 6.1 节），根据此面积计算出所需的填料层高度，可以认为已经考虑了表面润湿程度。

合适的溶剂用量除了可参照最小溶剂量来决定外，也可以根据 mG_M/L_M（解吸因子）来估算。若溶质浓度低，且塔内液相温度的改变可以忽略，则吸收塔的 mG_M/L_M 可取 0.7，以决定溶剂用量；解吸塔则取其等于 1.4，以决定吹扫用惰性气体量。取值以塔的稀端为准，其中 G_M 按 50% 液泛来定。若吸收塔中液相温度越往下上升越快，则稀端的 mG_M/L_M 应取比 0.7 略小的值，使得浓端的 m 增大时，mG_M/L_M 不至于与 1 十分接近。

2.1.4 塔径

填充塔的直径通常可参照液泛气速来决定。实用的气流速度 u_G 应等于液泛时气流速度 u_{Gf} 的 50%～70%。将通过塔的气体体积流速除以实际气速，便得塔的截面积。有时候工艺条件会限定全塔的压力降不能超过某个数值，这就得根据容许的压力降来规定实用气速。有关填充塔的液泛气速，压力降与气、液流速的关系问题，于第 14 篇中讨论。

板式塔所用的气体速率一般要使雾沫夹带率（一层板内成为雾沫并由气体带到上层塔板的液体量与离开此板的液体流量之比）限制在 0.1 以内，同时还要不高于液泛气速的 0.7～0.8 倍，若液体易起泡，则改为 0.5～0.6 倍。板式塔雾沫夹带以及液泛的计算问题，也见本手册第 14 篇。

2.1.5 塔高

吸收塔的高度由所要求的分离程度与能够达到的传质速率决定。前者是溶质在进出口气体中的浓度变化，后者则取决于传质系数、相接触面积与传质推动力的大小。以上两者，与工艺要求和系统的特性有关。在填充塔设计中，按照分离要求，利用平衡关系与速率关系便可定出填料层高度，加上塔上下方的空间，就是塔高。在板式塔设计中，假定各层板上气液达到平衡，只按分离要求利用平衡关系便可求出理论板数。此理论板数除以体现传质速率关系的板效率才得到实际板数。实际板数乘以板间距离，加上塔顶与塔底的空间高度，便是塔高。

推算传质系数和板效率的方法载于本篇第 6 章，本手册第 14 篇也有这方面的资料。

2.2 填充吸收塔设计

2.2.1 基本公式与计算方法

填充塔设计的核心问题是决定填料层高度。

在图 12-2-2 所示的填料层中取高度等于 dh 的微分段，自此微分段从底部至整个填料层顶部的范围内的物料衡算式是：

$$yG_M - y_2 G_{M2} = xL_M - x_2 L_{M2} \tag{12-2-5}$$

或

$$G'_M \left(\frac{y}{1-y} - \frac{y_2}{1-y_2} \right) = L'_M \left(\frac{x}{1-x} - \frac{x_2}{1-x_2} \right) \tag{12-2-6}$$

式中 G_M，L_M——气体、液体的摩尔流速，$kmol \cdot m^{-2} \cdot s^{-1}$；

G'_M，L'_M——气流中的惰性气体、液流中的溶剂的摩尔流速，$kmol \cdot m^{-2} \cdot s^{-1}$；

y，x——气相、液相中溶质的摩尔分数。

气流通过单位面积填料层截面、高度 dh 的微分段之后溶质的减少量为：

$$-d(G_M y) = -G'_M d\frac{y}{1-y} = -G'_M \frac{dy}{(1-y)^2}$$

溶质减少量应与在此段内从气相传递到液相中的溶质量相等。利用式（12-1-26）表示传质速率，便得：

$$G'_M \frac{\mathrm{d}y}{(1-y)^2} = \frac{k_y a}{(1-y)_{im}}(y-y_1)\mathrm{d}h$$

将上式整理后可积分得填料层高度 h 的表达式：

$$h = G'_M \int_{y_2}^{y_1} \frac{(1-y)_{im}\mathrm{d}y}{k_y a(1-y)^2(y-y_1)} \tag{12-2-7}$$

式中　　h——填料层高度，m；

$(1-y)_{im}$——漂流因子的倒数，按式(12-1-24)计算；

k_y——气相传质系数，$kmol \cdot m^{-2} \cdot s^{-1}$；

a——单位体积填料层内的有效传质面积，$m^2 \cdot m^{-3}$。

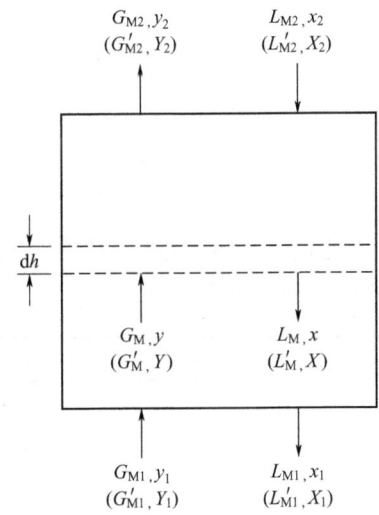

图 12-2-2　气液两相通过填料层时的组成变化

若改用气相总传质系数 K_y 表示，则为：

$$h = G'_M \int_{y_2}^{y_1} \frac{(1-y)_{om}\mathrm{d}y}{K_y a(1-y)^2(y-y_e)} \tag{12-2-8}$$

式中，漂流因子的倒数 $(1-y)_{om}$ 按式(12-1-30)计算。

式(12-2-7)或式(12-2-8)的形式虽复杂，但可用于最普遍的情况。若入口气体的溶质浓度高（超过10%），通过塔后，被吸收的分数大，气体在塔内的质量流速会显著改变，k_y（或 K_y）的变化也大。此时便要用式(12-2-7)或式(12-2-8)计算 h。

求解式(12-2-7)时，要知道 y_i 随 y 的变化关系，可利用操作线与平衡线以及 $-k_x/k_y$ 来决定这个关系。

如图 12-2-3 所示，在 y-x 坐标上绘出平衡线 OE，又按式(12-2-6)绘出操作线 AB，自操作线上一系列相应于 y 的点，作斜率等于 $-k_x/k_y$ 的线与平衡线相交，就可得到一系列相应的 y_i。由于高浓度系统的 $k_y a$ 不能视为常数，它与 G_M 有关，故要通过 G_M 与 y 的关系，将积分号内的 $k_y a$ 表示成 y 的函数，式(12-2-7)才能进行积分。积分一般要用图解法或数值法。关于 $K_y a$ 的处理方法，同 $k_y a$。

【例 12-2-1】 总压力为 101.3kPa 的混合气中含 50% Cl_2，其余为空气，用 NaOH 溶液进行吸收，使出口气体中只含 5% Cl_2。混合气的摩尔流速 G_M 入塔时为 0.0167 kmol·m^{-2}·s^{-1}。用 Cl_2 浓度很低的混合气进行试验，测得总气相体积传质系数 $K_y a = 0.11 G^{0.8}$。式中，G 为混合气的质量流速，kg·m^{-2}·s^{-1}；$K_y a$ 的单位是 kmol·m^{-3}·s^{-1}。求填料层高度。

解 因 Cl_2 与 NaOH 进行极快的不可逆反应，溶液的 Cl_2 平衡分压为零（$y_e = 0$），且可假定吸收为气相阻力控制，$K_y a \approx k_y a$。采用式(12-2-8)，并假定式中 $(1-y)_{om}$ 的计算可用算术平均代替对数平均，则：

$$(1-y)_{om} = \frac{1}{2}[(1-y)+(1-0)] = 1 - 0.5y$$

惰性气体的摩尔流速：

$$G'_M = (1-y_1)G_{M1} = (1-0.5) \times 0.0167 = 0.00835 \quad (\text{kmol·m}^{-2}\cdot\text{s}^{-1})$$

Cl_2 的摩尔质量为 71kg·kmol^{-1}，空气的平均摩尔质量为 29kg·kmol^{-1}，故 G'_M 与 G 的关系为：

$$G = G'_M \left(29 + \frac{71y}{1-y}\right)$$

算出 $y_1 = 0.50$ 至 $y_2 = 0.05$ 之间若干个中间 y 值下，$(1-y)_{om}$、G、$K_y a$ 与 $(1-y)_{om}/[K_y a(1-y)^2(y-y_e)]$ 的值，列出下表：

y	0.50	0.3775	0.255	0.1525	0.05
$(1-y)_{om}$	0.75	0.811	0.873	0.924	0.975
G	0.835	0.602	0.445	0.349	0.272
$K_y a$	0.095	0.073	0.0576	0.0474	0.039
$(1-y)^2(y-0)$	0.125	0.146	0.141	0.109	0.045
$(1-y)_{om}/[K_y a(1-y)^2(y-0)]$	63	75.8	108	179	557

按 Simpson 规则作数值积分

$$\therefore \int_{y_2}^{y_1} \frac{(1-y)_{om} \mathrm{d}y}{K_y a(1-y)^2(y-y_e)}$$

$$= \frac{0.5-0.05}{12} \times (63 + 4\times 75.8 + 2\times 108 + 4\times 179 + 557) = 69.6$$

$$\therefore h = 0.00835 \times 69.6 = 0.58 \quad (\text{m})$$

例 12-2-1 计算中由于 $y_e = 0$，计算比较简便。若溶液中溶质的平衡分压不为零，便要用物料衡算式(12-2-6) 由 y 求出 x，再用平衡关系由 x 求出 y_e。当然这两步可以直接在图 12-2-3 上作出。

2.2.2 传质单元

k_G 大致与 $G_M = G'_M/(1-y)$ 的 $0.7 \sim 0.8$ 次方成正比。因此，式(12-2-7) 中的 $G'_M/[k_y a(1-y)]$ 可以近似地作为常量而移到积分号外，于是得：

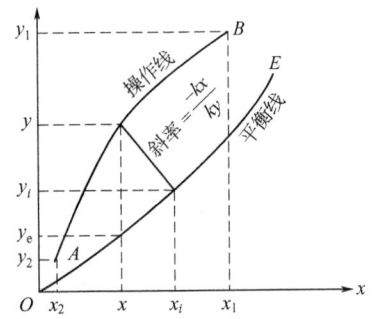

图 12-2-3　操作线与平衡线，由 y 求 y_i

$$h = \frac{G'_M}{k_y a(1-y)} \int_{y_2}^{y_1} \frac{(1-y)_{im} dy}{(1-y)(y-y_1)} \tag{12-2-9}$$

或

$$h = \frac{G_M}{k_y a} \int_{y_2}^{y_1} \frac{(1-y)_{im} dy}{(1-y)(y-y_1)} \tag{12-2-10}$$

积分号前的分数式具有长度单位，称为传质单元高度（HTU），在这里具体为气相传质单元高度，用符号 H_G 代表，即：

$$H_G = \frac{G'_M}{k_y a(1-y)} = \frac{G_M}{k_y a} = \frac{G_M}{P k_G a} \tag{12-2-11}$$

H_G 多少会有些变化，为了比较可靠，应按塔的顶、底两处状况分别估算出其数值然后取平均。

式（12-2-9）中的积分是个无量纲数，表示为了达到一定的分离程度（浓度由 y_1 变到 y_2）所需的传质单元数（NTU），在这里具体为气相传质单元数，用符号 N_G 代表，即：

$$N_G = \int_{y_2}^{y_1} \frac{(1-y)_{im} dy}{(1-y)(y-y_1)} \tag{12-2-12}$$

于是，式（12-2-9）可以写成：

$$h = H_G N_G \tag{12-2-13}$$

填料层高度 h 也可以用气相总传质单元高度 H_{OG} 与气相总传质单元数 N_{OG} 相乘而得：

$$h = H_{OG} N_{OG} \tag{12-2-14}$$

$$H_{OG} = \frac{G'_M}{K_y a(1-y)} = \frac{G_M}{K_y a} \tag{12-2-15}$$

$$N_{OG} = \int_{y_2}^{y_1} \frac{(1-y)_{om} dy}{(1-y)(y-y_e)} \tag{12-2-16}$$

用类比方法，可以列出液相传质单元高度 H_L、液相传质单元数 N_L、液相总传质单元高度 H_{OL}、液相总传质单元数 N_{OL} 的表示式，并利用它们求填料层高度。要注意所用的传质系数、漂流因子表示法、推动力表示法及其范围，三者之间必须匹配得当。

总传质系数倒数与相传质系数倒数的关系和式（12-1-32）与式（12-1-33）相同：

$$H_{OG} = \frac{(1-y)_{im}}{(1-y)_{om}} H_G + \frac{(1-x)_{im}}{(1-x)_{om}} \times \frac{mG_M}{L_M} H_L \qquad (12\text{-}2\text{-}17)$$

$$H_{OL} = \frac{(1-x)_{im}}{(1-x)_{om}} H_L + \frac{(1-y)_{im}}{(1-y)_{om}} \times \frac{L_M}{mG_M} H_G \qquad (12\text{-}2\text{-}18)$$

2.2.3 浓度低时的简化计算

若入口气体中溶质的浓度很低，则式(12-2-16)中的 $(1-y)$ 与 $(1-y)_{om}$ 都接近于 1，此式便简化成：

$$N_{OG} = \int_{y_2}^{y_1} \frac{dy}{y - y_e} \qquad (12\text{-}2\text{-}19)$$

此情况下的传质单元高度 H_{OG} 表示式没有变，传质单元数 N_{OG} 的计算却大为简化。溶液中溶质浓度低时，同理亦可得到：

$$N_{OL} = \int_{x_2}^{x_1} \frac{dx}{x_e - x} \qquad (12\text{-}2\text{-}20)$$

此条件下：

$$H_{OG} = H_G + \frac{mG_M}{L_M} H_L \qquad (12\text{-}2\text{-}21)$$

$$H_{OL} = H_L + \frac{L_M}{mG_M} H_G \qquad (12\text{-}2\text{-}22)$$

在操作线与平衡线都为直线时，式(12-2-19)的积分式中的推动力 $y - y_e$ 可取填料层顶、底两处的对数平均值作为常量，于是，式(12-2-19)便可积分得：

$$N_{OG} = \frac{y_1 - y_2}{(y - y_e)_{lm}} \qquad (12\text{-}2\text{-}23)$$

$$(y - y_e)_{lm} = \frac{(y_1 - y_{e1}) - (y_2 - y_{e2})}{\ln \frac{y_1 - y_{e1}}{y_2 - y_{e2}}}$$

在 m 为常数的情况下，式(12-2-19)中的 y_e 可以通过亨利定律与物料衡算表示成 y 的函数，这样式(12-2-19)便可用解析法求解，Colburn[3]导出：

$$N_{OG} = \frac{1}{1 - \frac{mG_M}{L_M}} \ln\left[\left(1 - \frac{mG_M}{L_M}\right) \times \frac{y_1 - mx_2}{y_2 - mx_2} + \frac{mG_M}{L_M}\right] \qquad (12\text{-}2\text{-}24)$$

图 12-2-4 曲线组就是按式(12-2-24)标绘出来的，用它根据 $(y_1 - mx_2)/(y_2 - mx_2)$ 与 mG_M/L_M（解吸因子）来求 N_{OG} 十分方便。若采用式(12-2-23)要有顶、底两处浓度差的对数平均值，这就要先算出 x_1 以及 y_{e1}，不如采用式(12-2-24)或图 12-2-4 那样简便。

解吸塔的计算可按液相的浓度变化来进行，这时用 N_{OL} 方便。N_{OL} 的计算式也可用相同的方法导出：

$$N_{OL} = \frac{1}{1-\dfrac{L_M}{mG_M}} \ln\left[\left(1-\frac{L_M}{mG_M}\right) \times \frac{x_1 - y_2/m}{x_2 - y_2/m} + \frac{L_M}{mG_M}\right] \qquad (12\text{-}2\text{-}25)$$

式中，下标 1 代表浓端；下标 2 代表稀端。

利用图 12-2-4 的曲线组同样可以读出 N_{OL}。这时，纵坐标改为 N_{OL}，横坐标改为 $(x_1 - y_2/m)/(x_2 - y_2/m)$，参变数改为 L_M/mG_M（吸收因子）。

【例 12-2-2】 若把例 12-2-1 的混合气中 Cl_2 的浓度从 5% 再降到 0.5%，求填料高度再增加多少？

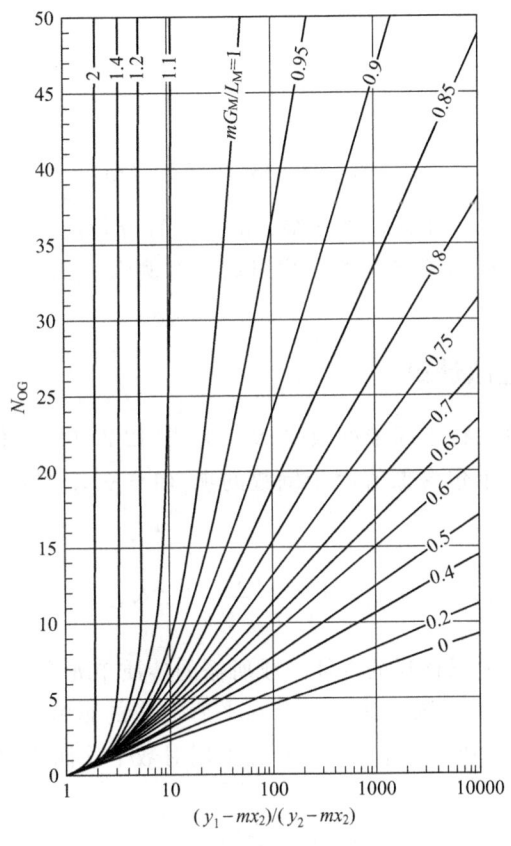

图 12-2-4　求吸收塔传质单元数的线图

解　对增加的一段填料层，混合气入口的摩尔流速为：

$$G_M = 0.0167 \times (1-0.5) \times (1+0.05) = 0.00875 \quad (\text{kmol·m}^{-2}\text{·s}^{-1})$$

$K_y a$ 可取入口处的值，即例 12-2-1 的附表中所列的 $y=0.05$ 时的值：

$$K_y a = 0.0388 \text{kmol·m}^{-2}\text{·s}^{-1} \text{由此得：}$$

$$H_{OG} = \frac{0.00875}{0.0388} = 0.226 \quad (\text{m})$$

又

$$y_1 - y_{e1} = 0.05 - 0 = 0.05$$

$$y_2 - y_{e2} = 0.005 - 0 = 0.005$$

$$(y-y_e)_{lm} = \frac{0.05-0.005}{\ln\dfrac{0.05}{0.005}} = 0.0195$$

由式(12-2-23)有

$$N_{OG} = \frac{0.05-0.005}{0.0195} = 2.31$$

若采用图 12-2-4 计算，因 $m=0$，$mG_M/L_M=0$，$(y_1-mx_2)/(y_2-mx_2)=y_1/y_2=0.05/0.005=10$，在图上只能读出 $N_{OG}\approx 2$，不够精确。改用式(12-2-24)，将有关数字代入，得：

$$N_{OG} = \frac{1}{1-0}\times\ln[(1-0)\times 10+0] = 2.303$$

$$h = 0.226\times 2.303 = 0.52 \quad (m)$$

本例及前例的解表明，一个浓度变化很大的塔，宜分段计算，各段采用适于其浓度变化状况的方法。计算时需要段与段之间的两相组成。本例因 y_e 总是等于零，故不需求上段与下段之间的 x 值。

2.2.4 浓度高时的近似计算

(1) 漂流因子的近似 将求高浓度吸收 N_{OG} 的式(12-2-16)与低浓度吸收的式(12-2-20)相比较，可知前者多了一个包含漂流因子倒数的项 $(1-y)_{om}/(1-y)$。进行近似计算可先把式(12-2-16)写成：

$$N_{OG} = \int_{y_2}^{y_1}\frac{dy}{y-y_e} + \Delta N_{OG} \tag{12-2-26}$$

上式等号右侧第一项代表无限稀释的气体吸收所需的传质单元数，实际上就是低浓度气体吸收的 N_{OG} 表示式；第二项表示浓度达到一定水平所造成的影响，也就是漂流因子不能忽略时须作的校正。Weigand[4] 推知，若 $(1-y)_{om}$ 不用对数平均而改用算术平均，则：

$$\Delta N_{OG} = \frac{1}{2}\ln\frac{1-y_2}{1-y_1} \tag{12-2-27}$$

按上式求出 ΔN_{OG} 后代入式(12-2-26)求高浓度气体吸收的 N_{OG}，在大多数情况下都足够准确。

式(12-2-26)等号右侧的积分项只有在 mG_M/L_M 为常数时才能采用式(12-2-24)或图 12-2-3 作简化计算。高浓度气体吸收中塔内的液气比 $R(=L_M/G_M)$ 改变大，平衡常数 m 亦不为常数，即平衡线与操作线都不是直线。Sherwood 等[5] 的著作中，曾在计算机上对几百个假想的吸收塔（气相浓度高至 $y_1=0.8$，吸收率为 81%～99.9%）进行计算与分析，开发出了一种求平均 R 与平均 m 的方法，使式(12-2-24)及图 12-2-3 得以用于高浓度吸收的近似计算。简述如后。

(2) 平均液气比 此法只适用于 R 接近或大于 1 时。先定出下列参数：y_1，y_2，$R_1=L_{M1}/G_{M1}$，$R_2=L_{M2}/G_{M2}$，$f=y_e/y_2$（进塔气体与离塔液体趋近于平衡的分数）。根据这些参数利用图 12-2-5 即可定出平均液气比 R_{av}，即 $(L_M/G_M)_{av}$。

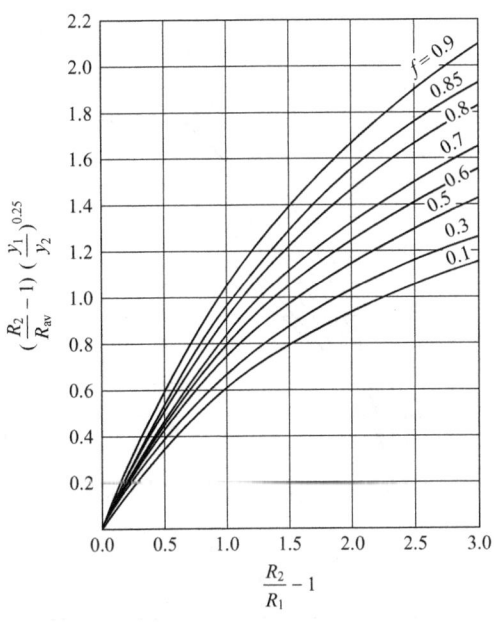

图 12-2-5 估计平均液气比的设计曲线

(3) 平衡线平均斜率 此法适用于平衡线可近似地表示成 $y_e = ax(1+bx)$ 时。多数情况下这个关系都能满足，除非平衡线的斜率很不规整。先算出下列参数：趋近于平衡的分数 $f = y_{e1}/y_1$、进出口气体中溶质的浓度比与 y_1/y_2、平衡曲线在塔顶处的斜率 m_2 以及平衡曲线上连接 y_{e1} 与 y_{e2} 两点的弦的斜率 m_c。利用图 12-2-6 便可定出平均斜率 m。其中图 12-2-6(a) 用于平衡线向上弯时 ($m_c > m_2$)，图 12-2-6(b) 用于平衡线向下弯时 ($m_c < m_2$)。

【例 12-2-3】 设计一个填充塔，用水吸收空气与 SO_2 的混合气中的 SO_2，将其由体积分数 20% 降到 0.5%。溶剂用量为最小量的 1.4 倍。空气的质量流速（不计其中的 SO_2）为 $0.3 \text{kg} \cdot \text{m}^{-2} \cdot \text{s}^{-1}$。用近似法求 N_{OG}。

操作温度下 SO_2-H_2O 的平衡数据如下：

y	0.02	0.04	0.06	0.08	0.10
x	0.00127	0.00237	0.00338	0.00439	0.00538

解 ① 计算 ΔN_{OG}
已知 $y_1 = 0.2$，$y_2 = 0.005$，代入式 (12-2-27) 得

$$\Delta N_{OG} = \frac{1}{2} \ln \frac{1-0.005}{1-0.2} = 0.11$$

② 根据所列的平衡数据，在 y-x 坐标上绘出平衡线，如图 12-2-7 所示。平衡线上 $y = 0.2$ 处，$x = 0.01036$，此点代表溶剂用量最小时的塔底状况。据此可以用式 (12-2-2) 求出 $(L_M')_{\min}$。为此，先算出空气摩尔流速 $G_M' = 0.3/29 = 0.0103 (\text{kmol} \cdot \text{m}^{-2} \cdot \text{s}^{-1})$，$Y_1 = 0.2/0.8 = 0.25$，$Y_2 = 0.005/0.995 = 0.00503$，$X_1^0 = 0.01036/0.9864 = 0.01050$，又 $X_2 = 0$，代

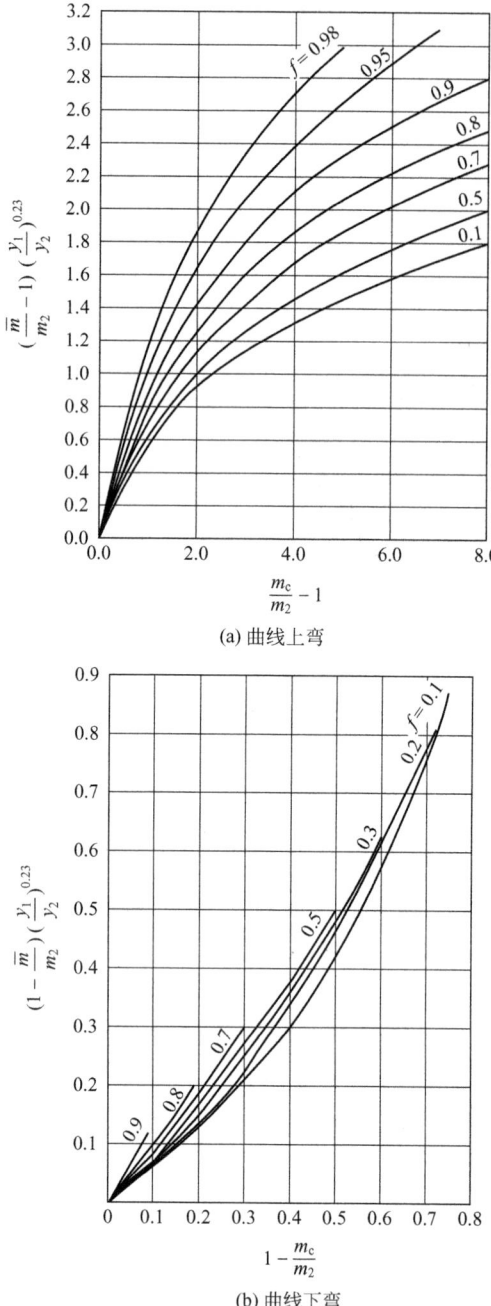

(a) 曲线上弯

(b) 曲线下弯

图 12-2-6 平衡线平均斜率关联图

入式(12-2-2)得：

$$(L'_M)_{min} = 0.0103 \times \frac{0.25 - 0.00503}{0.01050 - 0} = 0.24 \quad (\text{kmol} \cdot \text{m}^{-2} \cdot \text{s}^{-1})$$

实际溶剂用量：

$$L'_M = 1.4 \times 0.24 = 0.336 \quad (\text{kmol} \cdot \text{m}^{-2} \cdot \text{s}^{-1})$$

塔底出口溶液浓度按物料衡算式(12-2-1) 求得：

$$X_1 = \frac{0.0103 \times (0.25 - 0.00503)}{0.336} + 0 = 0.0075$$

$$x_1 = 0.007$$

③ 按式(12-2-6) 列操作线方程：

$$0.0103 \times \left(\frac{y}{1-y} - \frac{0.005}{0.995}\right) = 0.336 \times \left(\frac{x}{1-x} - 0\right)$$

利用上式算出操作线上的若干点如下：

y	0.2	0.15	0.10	0.05	0.02	0.005
x	0.0074	0.00522	0.00324	0.00145	0.00047	0

据此在图 12-2-7 的 y-x 坐标上绘出操作线。

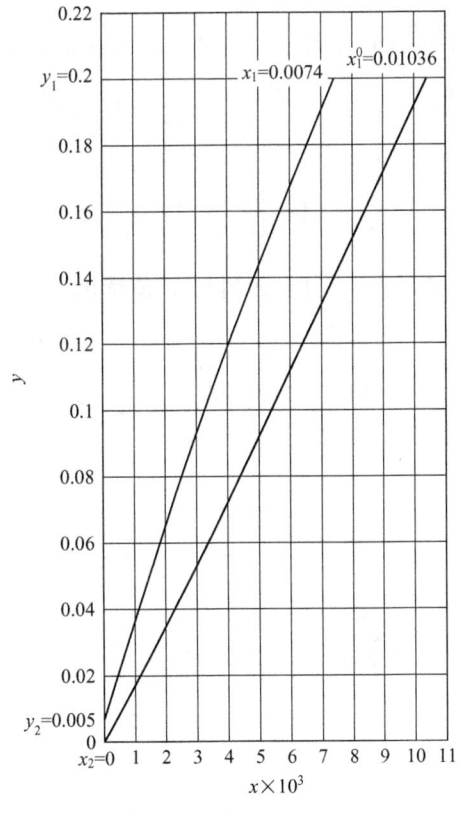

图 12-2-7　例 12-2-3 的平衡线与操作线

④ 求 R_{av} 与 $\overline{m}$

$y_1/y_2 = 0.2/0.005 = 40$；在平衡线上读出与 x_1 平衡的 $y_{e1} = 0.14$，故：

$$f = \frac{y_{e1}}{y_1} = \frac{0.14}{0.2} = 0.7$$

入塔混合气量 $G_{M1}=0.0103/0.8=0.0129(\text{kmol}\cdot\text{m}^{-2}\cdot\text{s}^{-1})$,入塔气中的 SO_2 量 $=0.0129\times0.2=0.00258(\text{kmol}\cdot\text{m}^{-2}\cdot\text{s}^{-1})$,出塔气中的 SO_2 量 $=0.0129\times0.005=6.5\times10^{-5}$ $(\text{kmol}\cdot\text{m}^{-2}\cdot\text{s}^{-1})$,$SO_2$ 被吸收量 $=0.00258-6.5\times10^{-5}=0.00251(\text{kmol}\cdot\text{m}^{-2}\cdot\text{s}^{-1})$。

塔顶 $R_2=L_{M2}/G_{M2}=(0.376+0)/(0.0103+6.5\times10^{-5})=36.3$;塔底 $R_1=L_{M1}/G_{M1}=(0.376+0.00251)/(0.0103+0.00258)=29.4$,故

$$\frac{R_2}{R_1}-1=\frac{36.3}{29.4}-1=0.235$$

在图 12-2-5 上,由前面算出的 $(R_2/R_1)-1$ 与 f 的值读出:

$$\left(\frac{R_2}{R_{av}}-1\right)\left(\frac{y_1}{y_2}\right)^{0.25}=0.25$$

将有关数字代入,解出:

$$R_{av}=29.8$$

从图 12-2-7 的平衡线上可得到相当于塔顶处 ($x=0$) 的斜率 $m_2=15.6$,平衡线上相当于 y_{e1} 与 y_{e2} 两点的连线斜率 $m_c=(y_{e1}-y_{e2})/(x_1-x_2)=(0.14-0)/(0.0074-0)=18.9$,故得:

$$\frac{m_c}{m_2}-1=\frac{18.9}{15.6}-1=0.211$$

在图 12-2-6(a) 上,由 (m_c/m_2-1) 的值与 f 值读出:

$$\left(\frac{\overline{m}}{m_2}-1\right)\left(\frac{y_1}{y_2}\right)^{0.23}=0.22$$

将有关数字代入,解出:

$$\overline{m}=17.1$$

⑤ 求 N_{OG}

$$\left(\frac{mG_M}{L_M}\right)_{av}=\frac{\overline{m}}{R_{av}}=\frac{17.1}{29.8}=0.57$$

$$\frac{y_1-mx_2}{y_2-mx_2}=\frac{0.2-0}{0.005-0}=40$$

代入式(12-2-19) 和式(12-2-24),求得无限稀释的气体吸收所需的传质单元数:

$$\int_{y_2}^{y_1}\frac{\mathrm{d}y}{y-y_e}=\frac{1}{1-0.57}\ln[(1-0.57)\times40+0.57]=6.7$$

最后,由式(12-2-26),得:

$$N_{OG}=\int_{y_2}^{y_1}\frac{\mathrm{d}y}{y-y_e}+\Delta N_{OG}=6.7+0.11=6.8$$

2.2.5 传质单元数的图解

利用 Baker[6] 法，在 y-x 坐标上作出平衡线与操作线，可图解出近似的传质单元数。先在操作线与平衡线间垂直距离的一半处作一根虚线，如图 12-2-8 所示。从操作线上代表塔顶的 A 点开始，朝着平衡线作水平线直至 C 点，使得 AB 等于 CB，C 点可在平衡线的任一侧。从 C 点垂直向上作线与操作线交于 D。C 至 D 的气相浓度变化正好等于操作线与平衡线在 AC 范围内的平均距离，符合用式 (12-2-23) 所表示的 N_{OG} 等于 1 的概念，故 $\triangle ACD$ 代表一个传质单元。从 D 开始再重复进行上述步骤，直到抵达或越过操作线上代表塔底状况的一点为止。所作出的三角形数目就是 N_{OG} 的近似值。

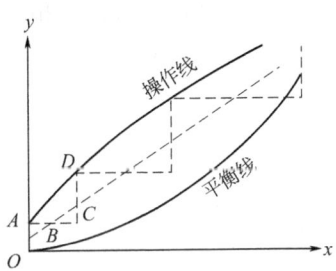

图 12-2-8 传质单元数的图解

如果要求 N_{OL} 则虚线绘在操作线与平衡线间的水平距离一半处，自操作线上代表塔底的一点开始作图。

2.2.6 填充塔的放大问题

填充吸收塔的设计，一般是依据所用填料与操作条件估计出传质系数，从而计算工业塔的尺寸。很少先在小塔内用小填料进行试验取得结果后将塔放大，除非是为了探索工艺条件。这一点与化学反应器（包括化学吸收设备）的设计常由实验室小设备逐步放大到大型工业设备不同。然而，塔内所填充的填料类型尺寸不变，塔径增大则传质效率往往就下降，这就是所谓的填充塔放大效应。其原因是直径越大，填料层中液体的分布越不均匀，气体通过未被液体润湿的部位，就不能被吸收；液体在已润湿的各部分停留时间不一致，各个局部的 mG/L 也会有差异，导致吸收程度不同，这种情况在接近平衡时影响尤其大。在小直径的塔内采用大直径的填料，又会使壁流严重，影响效率。虽有这些把握不准的因素存在，填充塔还是按两相在整个塔截面上成活塞流而设计。关于液体的分布问题虽然已有不少研究结果，但根据它们对设计作校正，精度仍有待提高。目前采用的办法是尽量设计完善的液体和气体分布装置，力求使淋洒的液体分布均匀。此外，塔直径与填料的直径比要大于 10，以免近壁处空隙太大而使壁流严重。填料层高度与直径之比应不大于 5，超过了应分段安装并在两段之间设液体再分布装置。

液体流量大有利于良好分布，但对气流的返混有影响，使得逆流的效果减小，这在回收率高时影响比较显著。关于轴向分布（返混）对设备性能的影响及设计时对此应如何考虑，Sherwood[5] 等所著书中有所讨论。

2.2.7 喷洒器

喷洒器适合于用大量水吸收混合气中浓度很低的易溶溶质（例如 NH_3、HCl 等）。此情况下，平衡气相浓度 y_e 极小而可忽略。式(12-2-19)便可进一步简化成：

$$N_{OG} = \int_{y_2}^{y_1} \frac{dy}{y} = \ln \frac{y_1}{y_2} \tag{12-2-28}$$

若令溶质的回收率 $E = (y_1 - y_2)/y_1$，则传质单元数亦可表示成：

$$N_{OG} = \ln \frac{1}{1-E} \tag{12-2-29}$$

根据这个公式，95%的回收率需要 3 个传质单元，99%的回收率需要 5 个传质单元。

Hansen 和 Dannos[7]用喷洒器做 SiF 回收试验，得出粗略的数据如下：一个旋风式喷洒器最多可相当于 3 个传质单元，一个文丘里喷洒器最多相当于 3.5 个传质单元。喷洒塔传质系数及有效接触面积的估算方法，见本篇 6.3 节。

2.3 板式吸收塔设计

2.3.1 理论板数的图解

板式塔的实际板数由理论板数除以整塔效率而得。因此，板式塔设计首先是求理论板数。可用图解法取得近似结果，于 y-x 坐标上绘出操作线与平衡线，如图 12-2-9 所示，从操作线上代表塔顶状况的端点 A 出发向平衡线作水平线与平衡线交于 B 点，再由 B 点作垂直线与操作线交于 C 点，CB 之间的气相浓度变化相当于气液达到平衡一次，故△ABC 代表一块理论板。如此继续作图，直到抵达或首次越过操作线上代表塔底状况的另一个端点为止。解吸的操作线在平衡线下方，作图法同样，总是从操作线的一个端点出发，至达到或首次越过另一个端点为止。

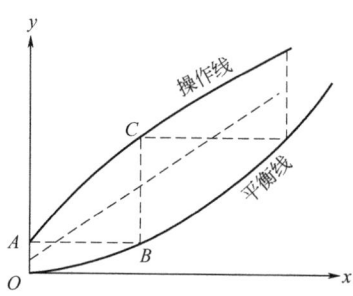

图 12-2-9 理论板数的图解

2.3.2 理论板数的计算

对于低浓度气体的吸收，若亨利定律适用，则理论板数 N 与吸收因子 $A = L_M/(mG_M)$ 之间的关系可以用 Kremser[8]所导出，经 Souders 和 Brown[9]改进过的公式表示为：

$$\frac{y_{N+1} - y_1}{y_{N+1} - mx_0} = \frac{A^{N+1} - A}{A^{N+1} - 1} \tag{12-2-30}$$

板式塔的板数计数方式是从顶到底（图 12-2-10），故用于板式吸收塔的式(12-2-30)

中，y_1 为从塔顶第 1 板送出的气体浓度，x_0 为送入塔顶第 1 板的液体浓度。式(12-2-30) 等号左侧的分数代表溶质实际被吸收的量与可能被吸收的最大量（出塔气体与入塔液体达于平衡）之比，它是吸收程度的一个衡量准则。若入塔液体中不含溶质（$x_0=0$），则这个分数就是入塔气体中溶质被吸收的分数。因此，此公式对快速地估算吸收程度（或回收率）与理论板数之间的关系十分有用。

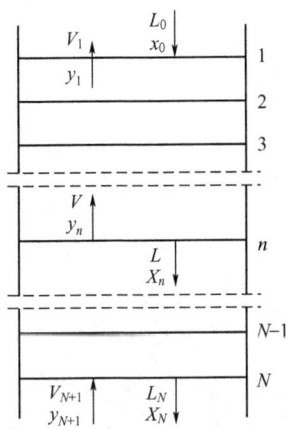

图 12-2-10　气液两相通过板式塔时的组成变化

用于解吸计算时，Kremser-Brown-Souders 公式改用解吸因子 $S=mG_M/L_M$ 表示，成为：

$$\frac{x_0-x_N}{x_0-y_{N+1}/m}=\frac{S^{N+1}-S}{S^{N+1}-1} \tag{12-2-31}$$

上式中各符号的意义除上段已说明过者外，尚有：x_N 为从塔底第 N 板送出的液体浓度。

Colburn[3] 也导出了另一种形式的计算吸收塔理论板数 N 的公式：

$$N=\frac{-1}{\ln\frac{mG_M}{L_M}}\ln\left[\left(1-\frac{mG_M}{L_M}\right)\times\frac{y_1-mx_2}{y_2-mx_2}+\frac{mG_M}{L_M}\right] \tag{12-2-32}$$

用于解吸计算时，Colburn 公式为：

$$N=\frac{-1}{\ln\frac{L_M}{mG_M}}\ln\left[\left(1-\frac{L_M}{mG_M}\right)\times\frac{x_1-y_2/m}{x_2-y_2/m}+\frac{L_M}{mG_M}\right] \tag{12-2-33}$$

式(12-2-32) 与式(12-2-33) 中各符号的意义与式(12-2-24)、式(12-2-25) 中的相同。各式的下标 1 都代表塔的浓端，下标 2 代表稀端。根据式(12-2-32) 标绘出的线图如图 12-2-11 所示。此图亦可用于表示式(12-2-33)，只是横坐标改为 $(x_1-y_2/m)/(x_2-y_2/m)$，参变数改为 $L_M/(mG_M)$。

用 Colburn 式与用 Kremser 等的式求得的结果一样。

式(12-2-30)～式(12-2-33) 都只适用于中压以下混合气中可被吸收的组分浓度低时，否则各式中所包括的吸收因子或解吸因子都不为常数，无法用于直接计算。这种情况下的解决方法在本篇第 4 章"多组分吸收"的"4.3.2 富气吸收"中讨论。

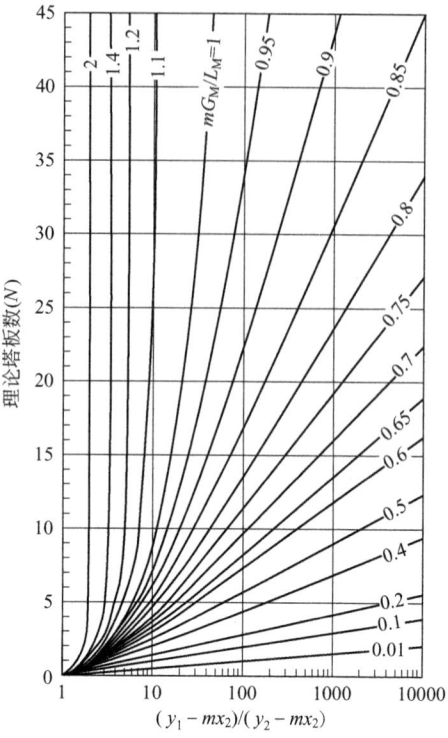

图 12-2-11　求吸收塔理论板数的线图

参考文献

[1] Rousseau R W. Handbook of Separation Process Technology. NewYork: Wiley, 1987.
[2] Morris G A, Jackson J. Absorption Towers. London: Butterworth, 1953.
[3] Colburn A P. Trans Am Inst Chem Engrs, 1939, 35: 211.
[4] Weigand J H. Trans Am Inst Chem Engrs, 1940, 36: 679.
[5] Sherwood T K, Pigford R L, Wike C R. Mass Transfer. NewYork: McGraw-Hill Inc, 1975.
[6] Baker T K. Ind Eng Chem, 1935, 27: 977.
[7] Hansen A O, Dannos R J. Chem Eng Prog, 1982, 78: 40.
[8] Kremser A. Nat Petrol News, 1930, 22: 42.
[9] Souders M, Brown G. Ind Eng Chem, 1932, 24: 519.

3

非等温吸收

3.1 热效应的考虑

3.1.1 塔温度变化所造成的影响和处理原则

前节关于设计计算都是按等温吸收讨论的。只有溶剂用量大而所吸收的溶质量少，或吸收过程中采用了充分的冷却措施，塔内的温度才能保持基本不变。一般情况下，塔内各处的温度总有变化，不过是大小之别而已。温度改变会使溶解度发生显著变化，所引起的物性变化还会导致传质系数的改变。这些都对吸收速率产生很大影响。

吸收塔内温度的变化起因于吸收过程中的热效应。这些热效应包括：①溶质的溶解热（又包括混合热、冷凝潜热，化学吸收时还有反应热）使溶液温度升高；②溶剂部分汽化可吸收汽化潜热而使溶液温度降低；③气相与液相之间直接传热；④体系通过设备向外界直接散热，若设备内装了冷却器，则对冷却器的传热也归入此类。

等温吸收中对上述热效应全不考虑，故只能用于所有热效应都可忽略的场合。经典的简单绝热吸收计算只考虑上述热效应中的第①项，并假设所有溶解热都用于使溶液温度升高。这样很容易定出溶液温度随其中溶质浓度的增大而升高的关系，按此关系将平衡曲线加以修正。图 12-3-1 中的曲线 a 是按溶剂入口温度所标绘的，曲线 b 是考虑到 x 增加后所达到的新温度而标绘的。曲线 b 比曲线 a 陡，与操作线的距离，尤其是在塔底部分小得多。这个模型可以用于热效应比较小的吸收计算。

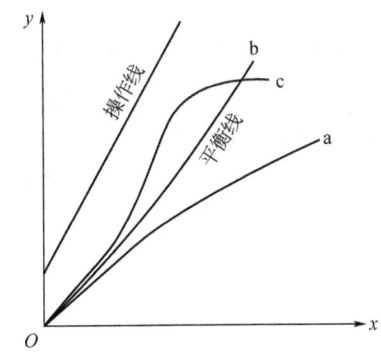

图 12-3-1 热效应考虑方式不同时的平衡线

a—等温吸收；b—简单绝热吸收；c—严格绝热吸收

吸收量大时，上述②、③两项热效应会造成很大影响。溶剂从塔顶进入后，因吸收溶质的溶解热而逐渐升温，到达塔的下部时，溶液温度会升高到使溶剂本身蒸发。当溶剂蒸发所需热量超过溶质吸收的放热量时，溶液温度开始下降。若刚从塔底进入的气体温度低而又未被溶剂蒸气所饱和，又会促进溶液的冷却。这样，便会出现在靠近塔底处有溶剂蒸发，而在靠近塔顶处有溶剂冷凝的情况。有必要指出，塔内温度最高之处并不是最底部，而是离塔底不远的某处。此处称为热点，又因平衡线与操作线在此处有可能相碰，故又称夹紧点。图12-3-1 中的曲线 c 示出在上述②、③两项热效应也不能忽略时的平衡线。此平衡线在塔底以上一定距离处会向上凸出，要求加大操作线的斜率，即 $L_M/(mG_M)$ 要够大，两线才能保持合理的距离。如果仍然按平衡线 b 来决定 L_M/G_M 之值，定出的操作线便有可能与真正的平衡线 c 相交而使得塔不能达到设计预定的液体出口浓度。即使没有相交，实际的推动力也会比按平衡线 b 定出者为小，据后者求出的传质单元数或理论板数就会偏小。

3.1.2 操作条件与设备的影响

(1) 入塔溶剂温度 溶剂入塔时的温度对塔内温度的分布以及吸收效果的影响很小。原因在于起主要影响的是吸收过程的热效应而非液体本身的显热。

(2) 入塔气体的温度与湿度 混合气入塔前经冷却减湿，有助于以增加溶剂蒸发潜热的方式减缓塔温升高。所用溶剂价廉（例如水）而吸收热效应很大时，此点值得考虑加以利用。

(3) 液气比 比率 L_M/G_M 之值对塔内温度的变化起很大作用。吸收热效应大时，决定最小液气比要根据图 12-3-1 上的平衡曲线 c 与操作线相碰的一点。由于平衡曲线的位置又与 L_M/G_M 有关，故要做繁复的试算才定得出来。

(4) 冷却 吸收热效应很大，以至于在塔内出现热点时，增加塔板数或填料层高度无助于改善分离效果。解决的途径，首先是降低操作温度，最有效的措施是加设冷却器；其次，提高溶剂用量，将入口气体冷却及减湿，以至于提高塔压（溶质气体分压提高则吸收推动力增大）也有帮助。

(5) 设备 板式塔便于在塔板上设冷却器。填充塔若设冷却器要装在塔外，将溶液从塔内引出冷却之后再返回。多数情况下，塔底处吸收量大、放热快，冷却器可设于底下少数几层板上，或在塔底附近抽出热液进行冷却。只用一个冷却器时，并不一定要正好装在温度最高处或热点所在的位置。

至于像用水吸收 HCl 这种放热量极大的操作，在设备内提供足够的冷却面积比提供两相接触面积更为迫切。有一种构造与立式列管换热器相仿的多管湿壁塔，气体在管内上升，液体沿管内壁流下，管外通冷却水，称为降膜吸收器[1,2]。此外，又可在吸收过程中同时将一部分溶剂蒸发到气流中以移除热量，所用的设备称为蒸发冷却吸收器[3,4]。上述装置的操作与设计问题，前面所引文献和 Norman 的著作[5]有比较详细的论述。

3.2 近似算法

3.2.1 按等温吸收计算

按等温吸收计算就是根据溶剂入塔的温度决定气液平衡关系，只适用于塔内温度基本上不变的场合。此法求得的传质单元数或平衡级（理论板）数往往偏低，应采用适当的安全系数予以补救。若估计一个溶液出塔温度，取液体进出塔温度的平均值来决定平衡关系，求得的结果当有改善，但塔内温度改变大时仍是无济于事。

3.2.2 按简单绝热吸收计算

假设塔内溶液温度的变化纯粹是由溶解气体的溶解热所引起，则溶液在往下流的过程中于某截面上的温度 t_L 与它流到该处时所含溶质浓度 x_A 的关系，可以通过简单的焓衡算表示出来，如式(12-3-1)所示：

$$t_L = t_{L2} + \frac{(x_A - x_{A2})H_{OS}}{x_A C_{pLA} + (1-x_A)C_{pLS}} \tag{12-3-1}$$

式中　t_{L2}——液体进入塔顶时的温度，℃；
　　　x_{A2}——液体进入塔顶时含溶质的摩尔分数；
　　　C_{pL}——液体的摩尔比热容，下标 A 与 S 分别代表溶质与溶剂，kJ·kmol^{-1}·℃$^{-1}$；
　　　H_{OS}——溶质在溶剂中的平均积分溶解热，kJ·kmol^{-1}。

利用式(12-3-1)可根据溶液的 $t_L - x_A$ 值算出其 t_L 值，从而又可以定出与它平衡的 y_{Ae} 值。取得若干组数据之后，便可在 $y-x$ 坐标上标绘出一定条件（入塔液体的 t_{L2} 与 x_{A2}）下的平衡曲线，如图 12-3-2 上的曲线 A，与操作线结合便可定出吸收的总推动力 $y-y_e$。气液界面温度 t_i 一般可视为基本与液相主体温度 t_L 相等，这样根据每对 (t, x) 定出的平衡浓度 y_e 也代表界面上的气相浓度 y_i。于是，根据 x 值在操作线上定出一点，自此点作斜率等于 k_x/k_y 的线，与相当于温度 t 的平衡线相交，交点的坐标值即为 (y_i, x_i)，若干交点可连接成代表界面上气、液浓度关系的曲线 B。气相一侧的推动力是 $y-y_i$。

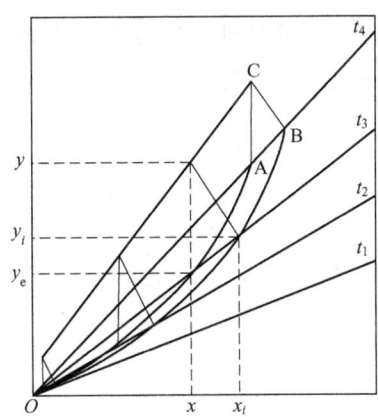

图 12-3-2　简单绝热吸收计算用的平衡线

A—气相主体与液相主体达到平衡时的浓度关系；B—界面上气相与液相的浓度关系；C—操作线

【例 12-3-1】 用填充塔从丙酮与空气的混合物中吸收其中丙酮的 90%。进塔混合气的压力为 101.3kPa，温度为 15℃，流量为 6800m^3·h^{-1}，含丙酮 6%（摩尔分数），并为水蒸气所饱和。溶剂为水，进塔时温度为 15℃，流量为 12300kg·h^{-1}。根据上述操作条件、塔径（1.25m）与所用填料（25mm 弧鞍散装填料），已估计出丙酮吸收的 $H_G = 0.42$m，$H_L = 0.3$m。按简单绝热吸收求填料层高度。

解　(1) 流量与组成
① 入口气

$$\text{总量}(A_T G_{M1}) = \frac{6800}{22.4} \times \frac{273}{288} = 287.8 \quad (\text{kmol} \cdot \text{h}^{-1})$$

式中，A_T 为塔截面积。G_M（后面的 L_M 亦然）为以单位截面积计的摩尔流速。

$$y_{A1} = 0.06$$

15℃时水的饱和蒸气压为 12.8mmHg[❶]，故

$$y_{S1} = \frac{12.8}{760} = 0.0168$$

入口水蒸气量 $= 287.8 \times 0.0168 = 4.84 \quad (\text{kmol} \cdot \text{h}^{-1})$

入口空气量 $= 287.8 \times 0.923 = 265.6 \quad (\text{kmol} \cdot \text{h}^{-1})$

② 入口液

$$\text{总量}(A_T L_{M2}) = \frac{12300}{18} = 683.3 \quad (\text{kmol} \cdot \text{h}^{-1})$$

$$x_{A2} = 0.0$$

③ 出口气

丙酮被吸收量 $= 287.8 \times 0.06 \times 0.9 = 15.54 \quad (\text{kmol} \cdot \text{h}^{-1})$

出口气中丙酮量 $= 287.8 \times 0.06 \times 0.1 = 1.727 \quad (\text{kmol} \cdot \text{h}^{-1})$

估计出口气中水蒸气浓度时，为简便计，假设塔顶压力仍为 101.3kPa，出口气温度为 15℃，被水蒸气所饱和，即水蒸气分压仍为 12.8mmHg。

$$y_{S2} = 0.0168$$

出口气中丙酮与空气量 $= 1.727 + 265.6 = 267.33 \quad (\text{kmol} \cdot \text{h}^{-1})$

出口气总量 $(A_T G_{M2}) = \dfrac{267.33}{1 - 0.0168} = 271.9 \quad (\text{kmol} \cdot \text{h}^{-1})$

$$y_{A2} = \frac{1.727}{271.9} = 0.00635$$

$$y_{B2} = 1 - 0.0168 - 0.00635 = 0.977$$

④ 出口液

$$\text{总量}(A_T L_{M1}) = 683.3 + 15.54 = 698.84 \quad (\text{kmol} \cdot \text{h}^{-1})$$

$$x_{A1} = \frac{15.54}{698.84} = 0.0222$$

(2) 热数据与平衡数据　丙酮溶于水的溶解热中，混合热可忽略，只计入丙酮的冷凝潜热，估计为 $132 \text{kcal} \cdot \text{kg}^{-1} = 132 \times 4.187 \text{kJ} \cdot \text{kg}^{-1}$，故得：

---

❶ 1mmHg=133.3Pa。

溶解热 $H_{OS}=132\times4.187\times58=32055.7$ （kJ·kmol^{-1}）

又液体丙酮的摩尔热容 $C_{pA}=0.4\times4.187\times58=97.1$ （kJ·kmol^{-1}·℃$^{-1}$）

液体水的摩尔热容 $C_{pS}=1\times4.187\times18=75.4$ （kJ·kmol^{-1}·℃$^{-1}$）

自 $x_A=0\sim0.03$ 之间取几个值，按式(12-3-1)利用以上数据，可以算出溶质浓度为这些数值时溶液所达到的温度 t_L。按下列经验式可以算出与各 x_A 值相应的 p_v、γ、m、y_e。求丙酮蒸气压 p_v（以 mmHg 计）的公式（此式及后一式中的温度 T 以 K 为单位）为：

$$p_v=\exp\left(18.1594-\frac{3794.06}{T}\right)$$

计算丙酮水溶液中组分活度系数 γ 的 van Laar 方程为：

$$\lg\gamma=\frac{A/T}{\left[1+\dfrac{Ax_A}{B(1-x_A)}\right]^2}$$

上式中 $A=2.3933T-454.43$；$B=600.7-1.403T$。

现以 $x_A=0.01$ 为例，将计算过程列后：

$$t_L=15+\frac{(0.01-0)\times7656}{0.01\times23.2+0.99\times18}=19.2(℃)=292.4\ (K)$$

$$p_v=\exp\left(18.1594-\frac{3794.06}{292.4}\right)=178.4(\text{mmHg})=23.78\ (\text{kPa})$$

$$A=2.3933\times292.4-454.43=245.37$$

$$B=600.7-1.403\times292.4=190.46$$

$$\lg\gamma=\frac{\dfrac{245.37}{292.4}}{\left(1+\dfrac{245.37\times0.01}{190.46\times0.99}\right)^2}=0.8177$$

$$\gamma=6.57$$

$$m=\frac{\gamma p_v}{P}=\frac{6.57\times178.4}{760}=1.542$$

$$y_e=mx=1.542\times0.01=0.0154$$

按所取各 x_A 值计算而得的结果列表如下：

x	$t_L/℃$	p_v/mmHg	γ	m	y_e
0	15				0
0.005	17.1	162.4	6.57	1.4039	0.00702
0.010	19.2	178.4	6.57	1.5419	0.0154
0.015	21.4	196.5	6.56	1.6961	0.0254
0.020	23.5	215.3	6.53	1.8499	0.0370

续表

x	$t_L/℃$	$p_v/mmHg$	γ	m	y_e
0.0225	24.4	223.8	6.63	1.9219	0.0432
0.025	25.6	235.5	6.48	2.008	0.0502
0.030	27.7	257.3	6.41	2.1701	0.0651

按表中所列 y_e-x 关系数据绘成的修正后的平衡线见图 12-3-3。

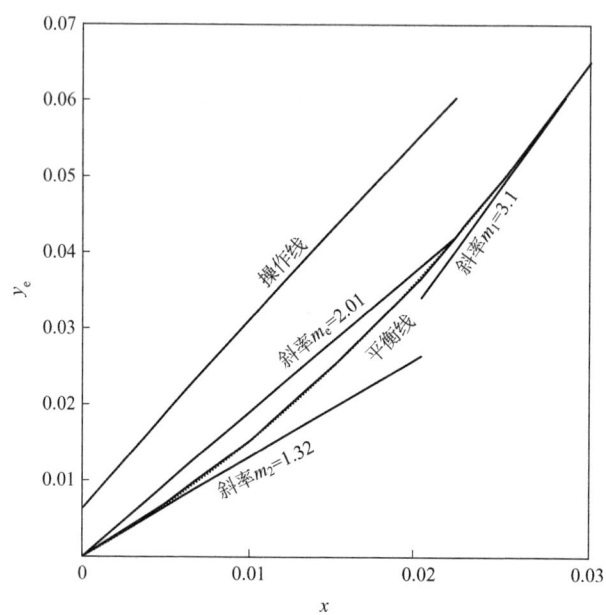

图 12-3-3 例 12-3-1 的平衡线与操作线

操作线 按操作线方程(12-2-6)列出。式中的

$$A_T G'_M = 287.8 \times (1 - 0.06 - 0.0168) = 265.7 \quad (kmol \cdot h^{-1})$$

$$A_T L'_M = 683.9 \quad (kmol \cdot h^{-1})$$

$$x_0 = 0, \quad y_2 = 0.00635$$

故操作线方程为:

$$265.7 \left(\frac{y}{1-y} - \frac{0.00635}{0.994} \right) = 683.9 \left(\frac{x}{1-x} - 0 \right)$$

化简后为:

$$\frac{y}{1-y} - 0.00639 = \frac{2.57x}{1-x}$$

操作线基本上为直线,参见图 12-3-3。

(3) 传质单元数与填料层高度

① 求平衡线的平均斜率 $\overline{m}$ 利用图 12-2-6(a)。先根据图 12-3-3 上的平衡线定出 $m_2 =$

1.32，$m_c = 2.01$，于是得：

$$\frac{m_c}{m_2} - 1 = \frac{2.01}{1.32} - 1 = 0.523$$

$$\frac{y_1}{y_2} = \frac{0.06}{0.00635} = 9.45$$

$$f = \frac{y_{e1}}{y_1} = \frac{0.0421}{0.06} = 0.702$$

据此从图 12-2-6(a) 的相应曲线读出

$$\left(\frac{\overline{m}}{m_2} - 1\right)\left(\frac{y_1}{y_2}\right)^{0.23} = 0.4$$

解得
$$\overline{m} = 1.63$$

② 传质单元数

$$\frac{y_1 - \overline{m}x_2}{y_2 - \overline{m}x_2} = \frac{0.06 - 0}{0.00635 - 0} = 9.45$$

塔底：

$$\frac{\overline{m}G_{M1}}{L_{M1}} = \frac{1.63 \times 287.8}{698.84} = 0.67$$

塔顶：

$$\frac{\overline{m}G_{M2}}{L_{M2}} = \frac{1.63 \times 271.9}{683.9} = 0.65$$

平均：

$$\frac{\overline{m}G_M}{L_M} = 0.66$$

代入式(12-2-24)，得：

$$N_{OG} = \frac{1}{1-0.66}\ln[(1-0.66) \times 9.45 + 0.66] = 3.98$$

③ 总传质单元高度　由平衡线在 $y = 0.06$ 处的斜率定出塔底处 $m_1 = 3.1$，于是：

$$(H_{OG})_1 = 0.42 + \frac{3.1 \times 287.8}{698.84} \times 0.3 = 0.80 \quad (m)$$

又

$$(H_{OG})_2 = 0.42 + \frac{1.32 \times 271.9}{683.9} \times 0.3 = 0.58 \quad (m)$$

平均：$H_{OG} = 0.69(m)$

④ 填料层高度

$$h_T = 0.69 \times 3.98 = 2.7 \quad (m)$$

3.3 严格算法

3.3.1 正规计算

严格绝热吸收计算所用的关系方程式包括物料衡算、平衡关系式（塔内各处不同温度下的 y-x 关系）、焓衡算（要计入溶质的溶解热与溶剂的汽化潜热）、气液两相的传质速率方程与传热速率方程。为了运用这些方程式，除了必要的物性数据外，还需要估计传质系数、传热系数（一般根据传热与传质的类似原则，从先求得的传质系数推算得到）、液相与界面的温度分布的辅助关系等。

吸收塔的操作条件（变量）中，进口气体与进口液体的状况（总流量、组成和温度）一般都已规定。塔的压降可以不计时，塔内的压力可以视为恒定。若为设计问题，可再规定出口气中溶质的浓度或溶质的回收率而求填料层高度。若为操作问题，因填料层高度已经确定，故可求出口气中溶质的浓度，也就是溶质的回收率。

若为等温吸收，则出口气体、液体的温度都视为等于入口液体的温度；若溶质只有一个组分而溶剂又不可挥发，则出口气体中只要规定了溶质的浓度，惰性气体的浓度也就定下来，出口溶液中溶质与溶剂的浓度也可以用物料衡算求出。也就是说，应该规定的变量全都可以预先定下来，此后的计算路线是笔直的。

若为绝热吸收而各种热效应都要考虑（热损失有时可忽略），则出口液体与出口气体的温度及出口气体中溶剂蒸气的浓度都是未知的。这样，塔两端的状况无法预先知道。计算时必须预先给一些未知变量以假设值，再进行反复试差计算。

由于大量的试差迭代与繁多的计算关系式，正规的严格计算要在计算机上进行。

Stockar 和 Wilke[6]提出了作此计算的松弛法。此法模拟填充塔从开工到达稳定的过程。先假设一个填料层高度，将它沿塔高方向平分成若干个（100 以内）填料段。开始时认定全塔充满入塔状况的溶剂，温度等于 t_{L2}，其中溶质的浓度等于 x_{A2}。从塔底通入温度为 t_{G1}、组成为 y_{A1}、y_{B1}、y_{S1} 的混合气（下标 A、B、S 分别代表溶质、惰性气体与溶剂蒸气）。根据不稳定的物料衡算关系计算每一时间间隔 $\Delta\theta$ 内各小段填料层内的气液温度（t_G、t_L）与气液组成（y_A、y_S 与 x_A）的改变，直到稳定，即 $\Delta\theta$ 间隔里这些量的变化小到满足要求。稳定时若所达到的回收率不符合设计要求，则另设一个填料层高度，如此反复计算，直到符合要求为止。计算步骤在他们的论文[6]中有框图表示。

Treybal[7]提出另一种相近的方法。先假定出口气体的温度与其中溶剂蒸气的浓度，又规定出每一填料段的高度，从塔底开始计算。进入最底一层的是原料气，从最底一层流出的是最终溶液，后者的浓度根据规定的回收率算出，温度则根据假设的出口气体组成与温度算出。自下而上逐层计算每一填料段中的气、液温度与组成。在计算中要用到相间传热速率关系，故要假设每一填料段内的气液界面温度。段数增加到某段送出的气体中溶质的浓度与 y_{A2} 相等。然后校验最后一段送出的气体的温度以及其中的溶剂蒸气浓度是否和原来假设的一样；否则应重设每段的界面温度，再从头计算。后来，Feintuch 和 Treybal[8]将此法推广到多组分绝热吸收,提出详细的计算步骤。朱长乐等[9]将其应用于有化学反应的绝热吸收,在他们的文章中列出计算框图,并作了一些简化。

Sherwood 等[10]鉴于热效应大的易溶气体的吸收一般都可假定为气相阻力控制,提出一种比较简易的逐段算法,其后朱长乐[11]又按此模型进行计算机模拟,提出了计算框图。

Hitch 等[12]提出了用块状三对角矩阵解前述方程组的方法,尤适于多组分绝热吸收填充塔的计算。

3.3.2 简捷计算

Stockar 和 Wilke 在其严格算法[6]的基础上发展出一套简捷算法[13],可用于计算塔内有热点的绝热吸收。它是将 90 个假想事例的严格计算结果进行经验关联而建立的,用它算得的结果与用严格方法得到的很接近。这套算法的基本要点如下:定出温度分布的数学表达式,据此式求修正的平衡曲线,将曲线分割成两段,求出各段的平均斜率,按这两斜率分别利用式(12.2-24)或图 12-3-4 求出两段填料层的传质单元数。具体步骤如下:

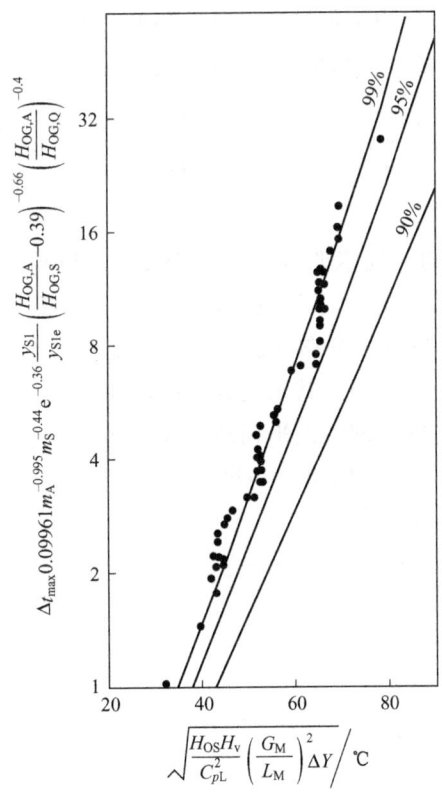

图 12-3-4 求 $\Delta t_{\max}$ 用的关联曲线(线旁所注数字为回收率;黑点为回收率为 99%时的数据点)

(1) 用下列半经验公式估计塔顶出口气的温度

$$t_{G2} = t_{L2} + \left(\frac{dt_L}{dx_A}\right)_2 \left(\frac{G_M}{L_M}\right)_2 \left(\frac{H_{OG,Q}}{H_{OG,A}}\right)_2 \times (y_{A2} - y_{Ae,2}) \qquad (12\text{-}3\text{-}2)$$

$$\left(\frac{dt_L}{dx_A}\right)_2 = (L_{M2}H_{OS} - G_{M2}H_v m_{S2}) / \left[L_{M2}C_{pL,2} - G_{M2}C_{pG,2} - G_{M2}H_v \times (1-x_{A2})\left(\frac{dm_S}{dt_L}\right)_2\right]$$
(12-3-3)

式中　t_{G2}——气体温度，℃；

　　　t_{L2}——液体温度，℃；

　$H_{OG,Q}$——气相总传热单元高度，m；

　$H_{OG,A}$——按溶质吸收计的气相总传质单元高度，m；

　　　H_{OS}——溶质在溶剂中的积分溶解热，kJ·kmol^{-1}；

　　　H_v——纯溶剂的汽化潜热，kJ·kmol^{-1}；

　　　m_{S2}——塔顶处溶剂的相平衡常数 y_{Se}/x_S；

　$\left(\dfrac{dm_S}{dt_L}\right)_2$——塔顶处 m_S 随温度的变化率；

　$C_{pG,2}$——塔顶处气体的平均摩尔热容，kJ·kmol^{-1}·℃$^{-1}$；

　$C_{pL,2}$——塔顶处液体的平均摩尔热容，kJ·kmol^{-1}·℃$^{-1}$。

然后，通过全塔的焓衡算估算出塔液体的温度：

$$t_{L1} = t_{L2} + \left(\frac{G_M}{L_M}\right)_{av}\left[\frac{C_{pG,av}}{C_{pL,av}}(t_{G1}-t_{G2}) + \frac{H_v}{C_{pL,av}}(y_{S1}-y_{S2})\right] + \frac{H_{OS}}{C_{pL,av}}(x_{A1}-x_{A2})$$
(12-3-4)

式中　$C_{pG,av}$——按全塔平均的气体平均热容，kJ·kmol^{-1}·℃$^{-1}$；

　　　$C_{pL,av}$——按全塔平均的液体平均热容，kJ·kmol^{-1}·℃$^{-1}$。

(2) 用图 12-3-4 估计液体温度分布凸出部分的温度 Δt_{max}　图中各符号所表示的意义见式(12-3-2)与式(12-3-3)后的说明，其未提到的补述如下：m_A，液体入口温度下的溶质平衡线斜率；m_S，液体入口温度下的溶剂平衡线斜率；y_{S1}/y_{S1e}，入口气中溶剂的饱和分数；$H_{OG,S}$，按溶剂汽化计的气相总传质单元高度，m；$H_{OG} = H_G + (mG_M/L_M)H_L$，其中的 m 按液体温度取值；$\Delta Y = y_{A1} - y_{A2}$。

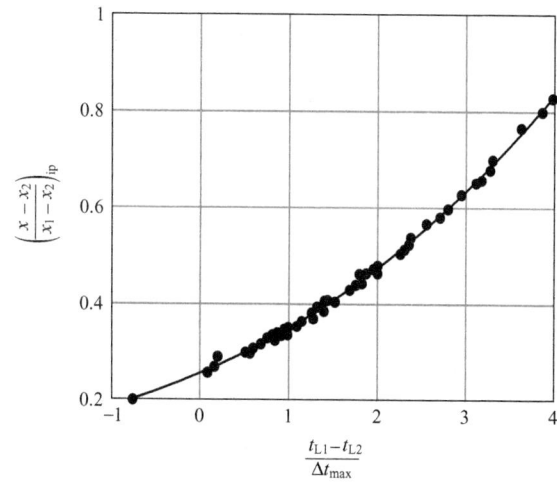

图 12-3-5　求非等温平衡曲线上拐点处浓度的关联曲线

(3) 用图 12-3-5 定出平衡曲线的拐点　纵坐标 $[(x-x_2)/(x_1-x_2)]_{ip}$ 是规整化浓度的表示法，下标 ip 代表拐点，故整个式子表示拐点处的规整化浓度。

下面的经验公式是用来计算塔内规整化浓度为 x_N 处的液体温度的；若式中的 x_N 换以 x_{Nip}，算得的自然就是拐点处的温度。

$$t_L = t_{L2} + (t_{L1} - t_{L2})x_N + 74.34 \times (x_N^{1.074} - x_N^{1.114}) \Delta t_{max} \tag{12-3-5}$$

式中　$x_N = \dfrac{x_A - x_{A2}}{x_{A1} - x_{A2}}$。

塔内若干点包括拐点处的温度若已算出，则相应点以及拐点上的平衡气相浓度 y_e 以及 y_{eip} 自然也都可以定出，据此便可标绘出按温度分布而修正了的 y-x 平衡曲线。平衡线与操作线相结合，用图解积分便可求出传质单元数，从而得出填料层高度。

(4) 用下法求出平衡曲线拐点前后两段的有效平均斜率，则传质单元数也可以用解析法计算。求平衡曲线向上弯一段（相当于塔内浓度较低的区域）的有效平均斜率 $\overline{m}$ 用图 12-3-6，求向下弯一段（相当于浓度较高的区域）的有效平均斜率 $\overline{m}$ 则用图 12-3-7。此两图中所涉及的斜率符号（$\overline{m}$、m_c、m_2、m_{ip}）的意义表示在图 12-3-8 上。

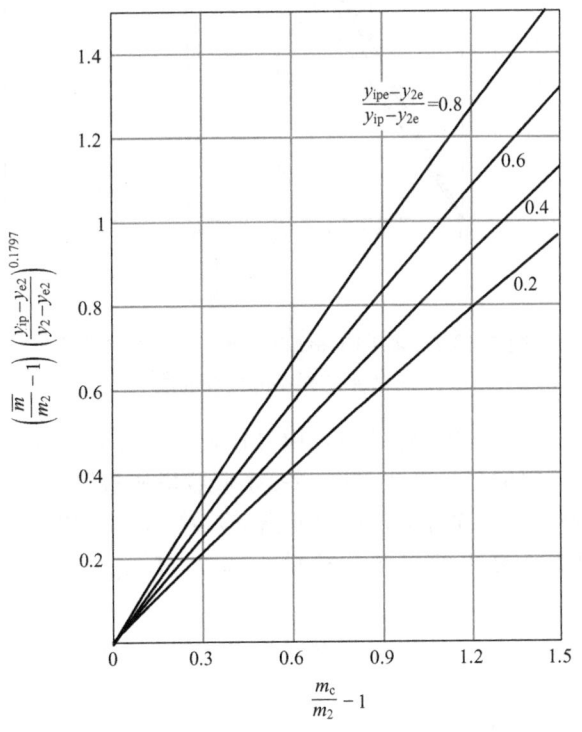

图 12-3-6　求平衡曲线向上弯一段（低浓度区）有效平均斜率的关联曲线

采用解析法时，并不需要定出全塔的温度分布，这是因为只需用塔顶、塔底、拐点三处的 y_e 值。然而，为了估算 m_{ip}，还要求出 x_A 比拐点 $(x_{ip})_A$ 稍微大一点处的 y_e 值，以便在 y-x 坐标上定出一点与拐点连成直线而求其斜率。拐点的 y 值可用操作线方程决定。两段填料层的传质单元数根据相应的 $\overline{m}$ 值用式(12-2-24) 或图 12-2-4 确定。两段填料层的总传质单元高度亦根据相传质单元高度与相应的 $\overline{m}$ 值用式(12-2-21) 计算。

若 $(t_{L1}/t_L)/t_{max} \geq 4.3$，可按简单绝热吸收来决定填料层高度。由图 12-3-6 定出的相当

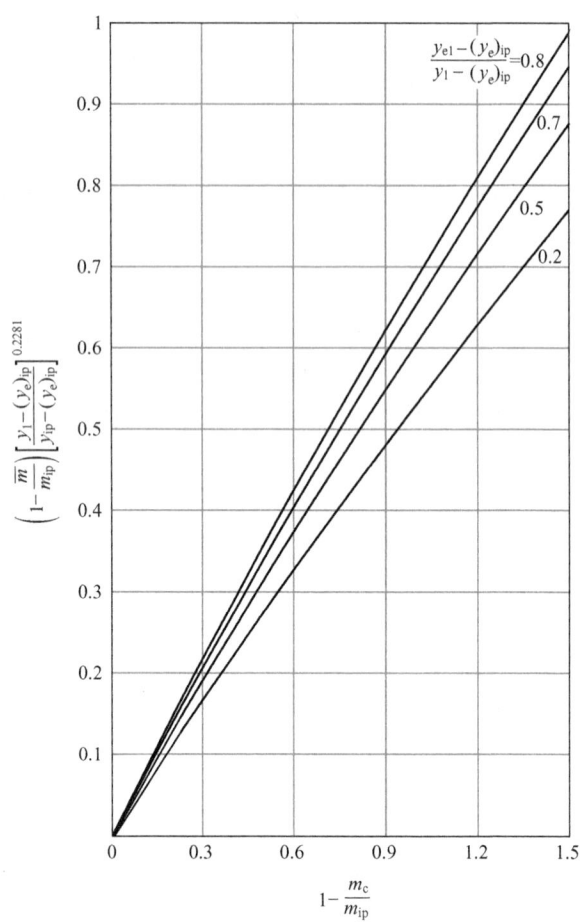

图 12-3-7 求平衡曲线向下弯一段（高浓度区）有效平均斜率的关联曲线

于低浓度区的平均斜率 $\overline{m}$ 可作为全塔的 $\overline{m}$，便可在式 (12-2-24) 或图 12-2-4 中使用。

【**例 12-3-2**❶】 用简捷的严格算法求例 12-3-1 吸收塔所需填料层高度。

补充数据：按溶剂蒸气传递计的传质单元高度：$H_{G,S}=0.77\mathrm{m}$，$H_{L,S}$ 与 $H_{L,A}$ 相等；根据传热与传质类似原则估算出的气相传热单元高度 $H_{G,Q}=0.33\mathrm{m}$，液相传热单元高度 $H_{L,Q}=0.27\mathrm{m}$；比热容数据：$C_{pL,A}=12\times4.187$，$C_{pG,S}=8\times4.187$，$C_{pL,S}=18\times4.187$，单位均为 $\mathrm{kJ\cdot kmol^{-1}\cdot ℃^{-1}}$；水的汽化潜热 $H_v=595\times18\times4.187(\mathrm{kJ\cdot kg^{-1}})$（参考温度取 0℃）。

解 （1）求气体与液体的出口温度

由例 12-3-1 的解所得的出口气、液组成及比热容，可以估计出：

入口气： $C_{pG1}=7.317\times4.187$ （$\mathrm{kJ\cdot kmol^{-1}\cdot ℃^{-1}}$）

出口气： $C_{pG2}=7.048\times4.187$ （$\mathrm{kJ\cdot kmol^{-1}\cdot ℃^{-1}}$）

入口液： $C_{pL2}=18.0\times4.187$ （$\mathrm{kJ\cdot kmol^{-1}\cdot ℃^{-1}}$）

---

❶ 例 12-3-2 根据文献 [13] 的附录改编。

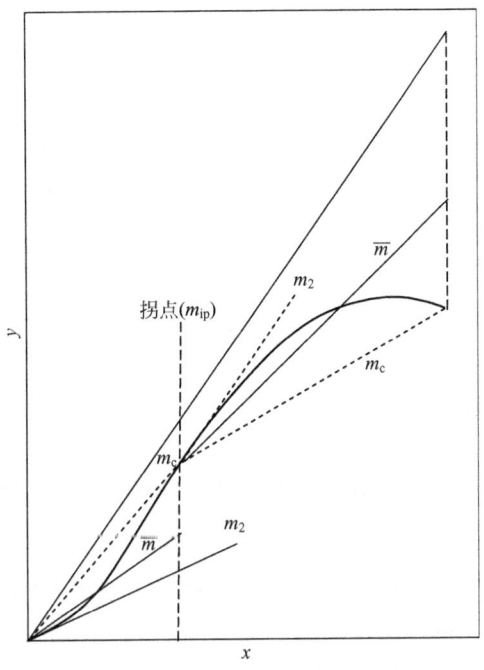

图 12-3-8 修正后的非等温吸收平衡曲线

出口液： $C_{pL1} = 17.86 \times 4.187$ （kJ·kmol^{-1}·℃$^{-1}$）

平均： $C_{pL} = 17.937 \times 4.187$ （kJ·kmol^{-1}·℃$^{-1}$）

平均： $C_{pG} = 7.183 \times 4.187$ （kJ·kmol^{-1}·℃$^{-1}$）

塔顶处水入口温度为15℃，水的饱和蒸气压 $p_v = 12.79 \text{mmHg}$，故

$$m_{S2} = \left(\frac{y_S}{x}\right)_2 = \frac{12.79/760}{1.0} = 0.0168$$

为了求水在塔顶处（15℃）的 dm_S/dt，从饱和水蒸气性质表上读出：14℃时，$p_v = 11.99 \text{mmHg}$；16℃时，$p_v = 13.63 \text{mmHg}$，于是得：

$$\left(\frac{dm_S}{dt}\right)_2 = \frac{(13.63-11.99)/760}{16-14} = 0.00108$$

由式（12-3-3）

$$\left(\frac{dt_L}{dx_A}\right)_2 = \frac{L_{M2}H_{OS} - G_{M2}H_v m_{S2}}{L_{M2}C_{pL2} - G_{M2}C_{pG2} - G_{M2}H_v(1-x_{A2})\left(\frac{dm_S}{dt_L}\right)_2}$$

$$= (683.3 \times 7656 - 271.9 \times 10710 \times 0.0168) \div [683.3 \times 18 - 271.9 \times 7.048 - 271.9 \times 10710 \times (1-0) \times 0.00108]$$

$$= 715.5 \quad (℃,摩尔分数)$$

求 t_{G2} 要用到稀端（塔顶）的 $H_{OG,A}$ 与 $H_{OG,Q}$，求 $H_{OG,A}$ 又要先求得 m_A（15℃时），用例 12-3-1 解中所列的求丙酮活度系数 γ 与蒸气压的步骤，可以求得：

$$m_A = 1.27$$

于是得到塔顶处：

$$H_{OG,A} = 0.42 + 1.27 \times \frac{271.9}{683.9} \times 0.3 = 0.57 \quad (m)$$

$$H_{OG,Q} = 0.33 + \frac{271.9}{683.9} \times 0.027 = 0.34 \quad (m)$$

$$t_{G2} = t_{L2} + \left(\frac{dt_L}{dx_A}\right)_2 \left(\frac{G_M}{L_M}\right)_2 \left(\frac{H_{OG,Q}}{H_{OG,A}}\right)_2 \times (y_{A2} - y_{Ae,2})$$

$$= 15 + 715.5 \times \frac{271.9}{683.9} \times \frac{0.34}{0.57} \times (0.00635 - 0) = 16.08 \quad (\text{℃})$$

求得的出口气温度与原设定值（15℃）差 1.08℃。此温度下水的饱和蒸气压 $p_v = 13.7\text{mmHg}$，得 $y_{S2} = 13.7/760 = 0.018$，由此求得的 $A_T G_{M2} = (265.7 + 1.727)/(1 - 0.018) = 272.3 (\text{kmol·h}^{-1})$，与原来代入式（12-3-3）求 dt_L/dx_A 所用之值（271.9）相差很少，对结果几乎没有影响，故不用重算。

为了用式（12-3-2）求 t_{L2}，要有 $(G_M/L_M)_{av}$。因

$$(A_T G_M)_{av} = \frac{287.8 + 272.3}{2} = 280.0 \quad (\text{kmol·h}^{-1})$$

$$A_T L_{M1} = A_T (L_{M2} + G_{M1} - G_{M2}) = 683.9 + 287.8 - 272.3 = 699.4 \quad (\text{kmol·h}^{-1})$$

$$(A_T L_M)_{av} = \frac{683.9 + 699.4}{2} = 691.7 \quad (\text{kmol·h}^{-1})$$

故得 $\left(\dfrac{G_M}{L_M}\right)_{av} = \dfrac{280.0}{691.7} = 0.4048$

由式（12-3-4）求得出塔液体温度为：

$$t_{L1} = \left[\frac{C_{pG,av}}{C_{pL,av}}(t_{G1} - t_{G2}) + \frac{H_v}{C_{pL,av}} \times (y_{S1} - y_{S2})\right] \times \left(\frac{G_M}{L_M}\right)_{av} + \frac{H_{OS}}{C_{pL,av}}(x_{A1} - x_{A2}) + t_{L2}$$

$$= \left[\frac{7.183}{17.937} \times (15 - 16.08) + \frac{10710}{17.937} \times (0.018 - 0.0168)\right] \times 0.4048 +$$

$$\frac{7656}{17.937} \times (0.022 - 0) + 15 = 24.01 \quad (\text{℃})$$

若在计算机上做正规的严格计算，可得：

$$t_{G2} = 16.5\text{℃}$$
$$t_{L1} = 24.12\text{℃}$$

（2）估计 Δt_{max}　图 12-3-4 的横坐标值为

$$\left[\frac{H_{OS} H_v}{C_{pL}^2}\left(\frac{G_M}{L_M}\right)^2 \Delta Y\right]^{1/2} = \left[\frac{7656 \times 10710}{17.937^2} \times 0.4048^2 \times (0.06 - 0.00635)\right]^{1/2} = 47.37 \quad (\text{℃})$$

由所求得的横坐标值,从图 12-3-4 上回收率为 90% 的曲线上读出纵坐标值为 1.34,即

$$\Delta t_{\max} \times 0.09961 m_A^{-0.995} \times m_S^{-0.44} \times e^{-0.36 \frac{y_{S1}}{y_{S1e}}} \times \left(\frac{H_{OG,A}}{H_{OG,S}} - 0.39\right)^{-0.66} \left(\frac{H_{OG,A}}{H_{OG,Q}}\right)^{-0.4} = 1.34$$

式中,$H_{OG,A} = H_{G,A} + \left(m_A \times \frac{G_M}{L_M}\right) H_L = 0.42 + 1.27 \times 0.4048 \times 0.3 = 0.57$ (m)

$H_{OG,S} = H_{G,S} + \left(m_S \times \frac{G_M}{L_M}\right) H_L = 0.27 + 0.0168 \times 0.4048 \times 0.3 = 0.27$ (m)

(此处的 m_A 与 m_S 按理应取塔平均温度下之值,现采用塔顶温度下之值,因为本系统为气相阻力占主要,对 H_{OG} 影响很小)

$$H_{OG,Q} = 0.33 + 0.4048 \times 0.027 = 0.34 \quad (m)$$

代入得:

$$\Delta t_{\max} = \frac{1.34}{0.09961} \times 1.27^{0.995} \times 0.0168^{0.44} e^{0.36 \frac{0.0168}{0.0168}} \times \left(\frac{0.57}{0.27} - 0.39\right)^{0.66} \left(\frac{0.57}{0.34}\right)^{0.4} = 7.0 \quad (℃)$$

正规的严格计算求得 $\Delta t_{\max} = 6.5℃$。

(3) 估计平衡曲线拐点前后两段的有效平均斜率

① 拐点处的组成与温度 按图 12-3-5 来决定拐点处的 x_N。先算出横坐标值:

$$\frac{t_{L1} - t_{L2}}{\Delta t_{\max}} = \frac{24.01 - 15}{7.0} = 1.287$$

从图 12-3-5 读出纵坐标值为:

$$x_{N,ip} = \frac{x_{ip} - x_2}{x_1 - x_2} = 0.39$$

$$x_{ip} = 0.39 \times (0.0222 - 0) + 0 = 0.00866$$

y_{ip} 按操作线为直线而算出:

$$y_{ip} = y_2 + \left(\frac{L}{G}\right)_{av} x_{ip} = 0.00635 + \frac{0.00866}{0.4048} = 0.0277$$

拐点处的温度用式 (12-3-5) 计算:

$$t_{L,ip} = t_{L2} + (t_{L1} - t_{L2}) x_{N,ip} + 74.34 \times (x_{N,ip}^{1.074} - x_{N,ip}^{1.114}) \Delta t_{\max}$$
$$= 15 + (24.01 - 15) \times 0.39 + 74.34 \times (0.39^{1.074} - 0.39^{1.114}) \times 7.0 = 25.5 \quad (℃)$$

② 按塔内温度分布定出平衡曲线的 4 个点 这四个点取塔顶、塔底、拐点及拐点附近的一个参考点。参考点取在 $x_A = 0.01$ 处,按式 (12-3-5) 求出该处 $t_L = 26.1℃$。根据这 4 个点处的 x_A 与 t_L,可算出 γ、p_v、m_A、y_A、y_{Ae}。计算方法与例 12-3-1 中的相同,计算结果列于下表。

位置	塔顶(2)	拐点(ip)	参考点(ref)	塔底(2)
x_A	0	0.00866	0.01	0.0222
$t_L/℃$	15	25.5	26.1	24.01
γ	6.55	7.12	7.08	6.49
p_v/mmHg	147.6	234.5	240.6	221.1
m_A	1.27	2.20	2.24	1.83
y_A	0.00635	0.0277	0.0311	0.06
y_{Ae}	0	0.0191	0.0224	0.0417

平衡线拐点处斜率的约略值如下：

$$m_{ip}=\frac{(y_e)_{ref}-(y_e)_{ip}}{x_{ref}-x_{ip}}=\frac{0.0224-0.0191}{0.01-0.00866}=2.46$$

(4) 求传质单元数与填料层高度

① 塔的上半部

$$m_c=\frac{(y_e)_{ip}-0}{x_{ip}-0}=\frac{0.0191}{0.00866}=2.21$$

$$\frac{m_c}{m_2}-1=\frac{2.21}{1.27}-1=0.74$$

$$\frac{(y_e)_{ip}-y_{e2}}{y_{ip}-y_{e2}}=\frac{0.0191-0}{0.0277-0}=0.69$$

从图 12-3-6 上读出：

$$\left(\frac{\overline{m}}{m_2}-1\right)\left(\frac{y_{ip}-y_{e2}}{y_2-y_{e2}}\right)^{0.1797}=0.74$$

而

$$\left(\frac{y_{ip}-y_{e2}}{y_2-y_{e2}}\right)^{0.1797}=\left(\frac{0.0277-0}{0.00635-0}\right)^{0.1797}=1.303$$

代入得：

$$\left(\frac{\overline{m}}{1.27}-1\right)\times 1.303=0.74$$

解得

$$\overline{m}=1.99$$

$$\overline{m}\left(\frac{G_M}{L_M}\right)=1.99\times 0.4048=0.806$$

$$\frac{y_2-mx_2}{y_{ip}-mx_2}=\frac{0.0277-0}{0.00635-0}=4.36$$

代入式 (12-2-24) 得：

$$N_{OG} = \frac{1}{1-0.806}\ln[(1-0.806)\times 4.36 + 0.806] = 2.57$$

又

$$H_{OG} = 0.42 + 0.806\times 0.3 = 0.66 \quad (m)$$

故

$$h_1 = 2.57\times 0.66 = 1.7 \quad (m)$$

② 塔的下半部

$$m_c = \frac{y_{e1}-(y_e)_{ip}}{x_1-x_{ip}} = \frac{0.0417-0.0191}{0.0222-0.00866} = 1.669$$

$$1-\frac{m_c}{m_{ip}} = 1-\frac{1.669}{2.46} = 0.322$$

而

$$\frac{y_{e1}-(y_e)_{ip}}{y_1-(y_e)_{ip}} = \frac{0.0417-0.0191}{0.06-0.0191} = 0.553$$

从图 12-3-7 上读出：

$$\left(1-\frac{\overline{m}}{m_{ip}}\right)\left[\frac{y_1-(y_e)_{ip}}{y_{ip}-(y_e)_{ip}}\right]^{0.2281} = 0.225$$

而

$$\left[\frac{y_1-(y_e)_{ip}}{y_{ip}-(y_e)_{ip}}\right]^{0.2281} = \left(\frac{0.06-0.0191}{0.277-0.0191}\right)^{0.2281} = 1.427$$

代入得

$$\left(1-\frac{\overline{m}}{2.46}\right)\times 1.427 = 0.225$$

解得

$$\overline{m} = 2.07$$

按低浓度吸收系统考虑，又混合气入塔时已为溶剂饱和，此段内溶剂的蒸发量可忽略，因此溶剂蒸发对丙酮吸收（反方向扩散）的影响可不考虑。

$$m\frac{G_M}{L_M} = 2.07\times 0.4048 = 0.838$$

$$\frac{y_1-mx_{ip}}{y_2-mx_{ip}} = \frac{0.06-0.0191}{0.0274-0.0191} = 4.927$$

$$N_{OG} = \frac{1}{1-0.838}\ln[(1-0.838)\times 4.927 + 0.838] = 3.04$$

$$H_{OG} = 0.42 + 0.838\times 0.3 = 0.67 \quad (m)$$

$$h_2 = 3.04\times 0.67 = 2.04 \quad (m)$$

③ 全塔

$$N_{OG} = 2.57 + 3.04 = 5.6$$
$$h = 1.7 + 2.04 = 3.7 \text{ (m)}$$

由各法求得的结果比较：

计算方法	N_{OG}	h/m
按等温吸收计算		1.95
按简单绝热吸收计算（例 12-3-1）	3.9	2.7
简捷的严格计算（例 12-3-2）	5.6	3.7
正规的严格计算		3.62

参考文献

[1] Dobratz C J, Moore R J, Barnard R D, Meyer R H. Chem Eng Prog, 1953, 49（11）：611.
[2] Gaylord W M, Miranda M A. Chem Eng Prog, 1957, 53（3）：139M-144M.
[3] Oldershaw C F, Simenson L, Brown T, Radcliffe F. Chem Eng Prog, 1947, 43（7）：371.
[4] Kantyka T A, Hinchlieb H R. Trans Inst Chem Engrs, 1954, 32（4）：236.
[5] Norman W S. Absorption, Distillaiton and Cooling Towers. London：Longmans, 1961.
[6] Stockar U, Wilke C R. Ind Eng Chem Fund, 1977, 16（1）：88.
[7] Treybal R E. Ind Eng Chem, 1969, 61（7）：37.
[8] Feintuch H M, Treybal R E. Ind Eng Chem Process Des Dev, 1978, 17（4）：505.
[9] 朱长乐，张荣贤，蒋耿民，王庆智. 化工学报，1986（3）：312-322.
[10] Sherwood T K, Pigford R L, Wilke C R. Mass Transfer. New York：McGraw-Hill Inc, 1975.
[11] 朱长乐. 化学工程，1983（3）：19-29.
[12] Hitch D M, Rousenau R W, Ferreil J K. Ind Eng Chem Process Des Dev, 1986, 25（3）：699.
[13] Stockar U, Wilke C R. Ind Eng Chem Fund, 1977, 16（1）：94.

4

多组分吸收

4.1 操作分析

混合气中有几种组分同时被吸收的操作称为多组分吸收。工业上最常遇到的一种多组分吸收是用液态烃混合物吸收气态烃混合物。这种物系的吸收常用板式塔进行,因而也常按这种塔来分析计算。分析中考虑了吸收的热效应(溶质的冷凝潜热与溶剂的汽化潜热,有些情况下也考虑物系向外界的传热)。本章所讨论的就是这种非等温的多组分吸收板式塔的理论板数计算。填充塔的计算常与塔内多组分体系的气液两相间传热与传质速率结合进行,以便直接算出填料层高度,问题还要复杂一些,非本手册内容所能及,但在"非等温吸收"(本篇 3.3 节)中已简略地提到,并指出了参考文献。

处理多组分吸收问题的基本原则是按工艺与经济上的考虑,保证其中某一组分的回收率达到一定要求,从而定出液气比与理论板数;再据此建立起操作条件与理论板数计算其他组分的回收率,由此可以估算出塔的出口气体与出口液体组成。若不符合要求,则重新规定液气比与(或)板数,再行计算。

液态烃吸收气态烃所形成的溶液可视为理想溶液,平衡关系符合拉乌尔定律,对于任一组分 j,下列关系都成立:

$$y_{je}=K_j x_j \tag{12-4-1}$$

上式中的 K 值除取决于组分本身外,还取决于体系的温度与压力。K_j 与温度、压力关系的表格或线图,广泛记载于有关碳氢化合物性质或蒸馏的书籍中,本手册第 1 篇"化工基础数据"中也有刊载。因为各组分的 K 值不同,在 y-x 坐标图上各组分的平衡线是一簇从原点引出的直线。

在进出塔的气流与液流中,各组分的浓度不一样,故每一组分各有一物料衡算式。然而,气液比是共同的,若所处理的是贫气,可吸收的各组分浓度都很低,L_M/G_M 可视为常数,则各组分的操作线便是一组相互平行的直线,其斜率都等于 L_M/G_M:

$$y = \frac{L_M}{G_M} x_j + \left(y_{j,1} - \frac{L_M}{G_M} x_{j,1} \right) \tag{12-4-2}$$

设混合气中可被吸收的组分有 A、B、C 三种,其中 A 最难溶,B 次之,C 最易溶。它们的平衡线分别为 OA、OB、OC;操作线分别为 DE、FG、HI,如图 12-4-1 所示。

各组分之中,平衡线与操作线最接近达到平衡的一个组分,也就是它的 K 值与 L_M/G_M 值最接近的一个组分,称为关键组分,这里就是 B 组分。A 组分比关键组分难溶,它的平衡线斜率大于操作线斜率,两线在塔底处趋于汇合。从塔底送出的溶液中 A 的浓度已近于饱和,从塔顶送出的气体中 A 的浓度仍然很高,表示 A 的回收率很小。C 组分比关键组分

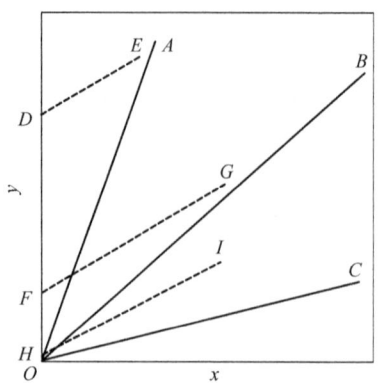

图 12-4-1 多组分贫气吸收的平衡线与操作线

易溶,情况正好相反,两线趋于汇合的位置在塔顶,气体从塔顶送出时 C 的浓度已降到非常低,表示 C 的回收率很大。

因此,设计时按关键组分的回收率定出液气比与理论板数之后,其他组分如果 K 值为关键组分的 4～5 倍,可以视为基本上不被吸收,如果 K 值为关键组分的 1/5～1/4,可以视为基本上完全吸收。

4.2 设计变量

设计之前必须对一定数目的变量加以规定,以使设计对象明确。规定少了、规定多了或规定得彼此有矛盾,都会得出不合理的结果或得不出任何结果。对于溶质组分只有一个的等温吸收系统,应规定的变量显而易见。然而,若组分的数目多、进出塔的物流股数多(例如有侧线加料、出料)、塔内物流股数多(例如板式塔各层之间都有气与液流进与流出),再加上非等温操作(各层板都有热传入或传出),则所包括的变量数目大增。计算之前,合理地规定出变量的数目十分必要。这个问题在使用计算机时尤为突出。对此本手册只给出结论,详细论述,请参考郭慕孙的原始论文[1],或 Smith 的教材[2],或 Henley 和 Seader 的教材[3],亦可参考刘家祺的文章[4]。

一个包括 N 层板、C 个组分的吸收塔,若进、出塔的都只有气、液两股料(没有侧线料),则设计者所面对的变量(也就是自由度)数目有

$$2C+2N+5$$

规定了下列各项,则吸收塔的状况便很明确地定下来:

变量	数目
每一层的压力	N
每一层的传热量(包括散热)	N
入口气体的总流率与组成(或其中各组分的流率)	C
入口气体的压力与温度	2

续表

变量	数目
入口液体的总流率与组成（或其中各组分的流率）	C
入口液体的压力与温度	2
塔板层数	1
合计	$2C+2N+5$

特殊情况下，若塔的压力降可略去不计，则入口气体和液体的压力，及各层板的压力等 $N+2$ 个变量可以归结成塔的操作压力1个变量；又若各层板的传热量也可忽略，则变量数再去掉 N，于是应规定的变量数便变成 $2C+4$ 个。

按上述规定，可算出出口气与出口液中所有各组分的流率，亦即总流率与各组分的摩尔分数，进而核验吸收效果即回收率是否合乎要求。亦可作出别样规定，即将上表中的项目去掉一个，换上一个别的。例如，要计算操作的液气比，则可不规定入口液体的总流率（它的组成还是要的），改为规定出口气中某一个组分的流率（也就是规定此组分的回收率）。

4.3 简捷计算

4.3.1 贫气吸收

贫气中可被吸收的组分浓度都很低，如果操作线与平衡线都为直线，则理论板数 N、吸收因子 A、吸收程度 ϕ 三者之间的关系，便可用 2.3.2 中的式(12-2-30) 表示。若入塔的液体中不含被吸收组分，$x_0=0$，式(12-2-30) 便可写成：

$$\phi = \frac{y_{N+1} - y_1}{y_{N+1}} = \frac{A^{N+1} - A}{A^{N+1} - 1} \tag{12-4-3}$$

式中，ϕ 代表回收率。上式对各组分都通用，只是组分不同则吸收因子 A 的值各异。当 $A=1$ 时，上式第二个等号右侧为不定，然而根据 L'Hopital 法则，可以定出这时 $\phi=N/(N+1)$。

从气态烃混合物中回收烃的计算，一般都是已知 N 值或假设一个 N 值以求各组分的 ϕ。若要根据对某个组分（通常是关键组分）所要求的 ϕ 计算所需的 N，则可将式(12-4-3) 改写成：

$$N = \frac{1}{\lg A} \lg \frac{A - \phi}{1 - \phi} - 1 \tag{12-4-4}$$

按照式(12-4-4) 所绘出的曲线组如图 12-4-2 所示。从图 12-4-2 中可以看出，在理论板数 N 一定的情况下，若设法提高 A 值以提高回收率，则在 A 提高到一定程度以后，效果便很有限，所以关键组分的 A 值一般不超过 2；理论板数 N 较少的情况下，N 值增加才会使回收率有显著的提高，但超过 10 以后再增，则回收率的提高很有限，所以算得的板数若超过 10，则所规定的操作条件未必妥当。

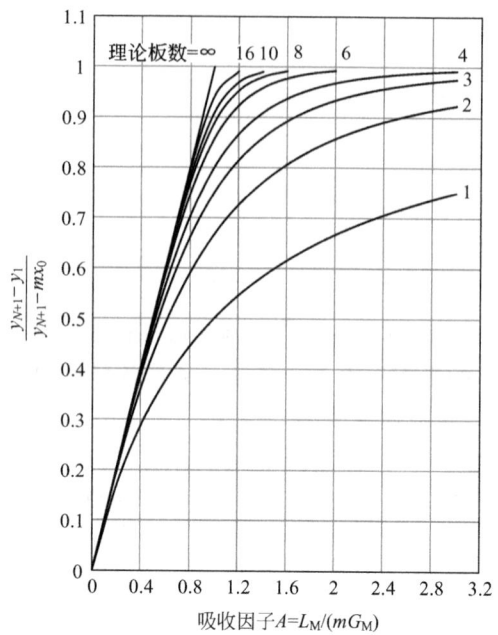

图 12-4-2 吸收程度（或回收率）与吸收因子、理论板数的关系

【**例 12-4-1**】 用不挥发的烃油吸收气态烃混合物，混合气中各组分的浓度和操作温度（30℃）、压力（2atm）下的平衡常数 K 值如下：

代号	组分	入口浓度	$K=y_e/x$
A	CH_4	0.86	76
B	C_2H_6	0.08	14.1
C	C_3H_8	0.04	4.7
D	$n\text{-}C_4H_{10}$	0.02	1.41

要求 C_3H_8 的回收率为 60%，L_M/G_M 为最小值的 1.4 倍，计算所需理论板数与其他组分的回收率（CH_4 可视为基本上不被吸收）。

解 （1）根据 C 组分——C_3H_8 的吸收要求计算 L_M/G_M 与 N。先按式（12-2-4）求最小溶剂用量

$$\left(\frac{L_M}{G_M}\right)_{min} = \frac{(y_C)_{N+1} - (y_C)_1}{(y_C)_{N+1}/K_C - 0} = K_C \phi_C$$

而

$$A_C = \frac{L_M}{K_C G_M} = 1.4 \left(\frac{L_M}{K_C G_M}\right)_{min} = 1.4\phi_C = 1.4 \times 0.6 = 0.84$$

代入式（12-4-4），得：

$$N = \frac{1}{\lg 0.84} \lg \frac{0.84 - 0.6}{1 - 0.6} - 1 = 1.93$$

取 $N=2$

（2）计算其他组分的回收率

$$A_D = \frac{L_M}{K_D G_M} = \frac{L_M}{K_C G_M}\left(\frac{K_C}{K_D}\right) = 0.84 \times \frac{4.7}{1.41} = 2.8$$

由式(12-4-3)得：

$$\phi_D = \frac{2.8^3 - 2.8}{2.8^3 - 1} = 0.914$$

用同法可求得其他组分在 $N=2$ 时的回收率。全部结果列表如下：

组分	CH_4	C_2H_6	C_3H_8	$n\text{-}C_4H_{10}$
A	0.052	0.28	0.84	2.8
ϕ	0.052	0.26	0.61	0.914

4.3.2 富气吸收

富气中可被吸收的各组分浓度高，吸收过程中塔内气、液两相的摩尔流速都发生显著变化，因此 G_M 与 L_M 都不恒定。吸收量多则热效应亦大，使各板上的温度都不等，同一个组分在各板上的平衡常数 K 的值亦不同。其结果是，$A = L_M/G_M$ 的值逐板变化，使得式(12-2-30)不能直接应用。原则上应采用包括各板上不同 A 值的公式计算。

为此，由 Horton 与 Franklin[5] 首先提出，并经 Edmister[6] 整理得到下式：

$$v_1 = v_{N+1} \frac{1}{\Sigma_A + 1} + l_0\left(1 - \frac{\Pi_A}{\Sigma_A + 1}\right) \tag{12-4-5}$$

式中，v_{N+1} 为入塔气体中某个组分（另加下标 j 表明）的摩尔流速；v_1 为出塔气体中该组分的摩尔流速；l_0 为入塔液体中该组分的摩尔流速。又

$$\Pi_A = A_1 A_2 A_3 \cdots A_N \tag{12-4-6}$$

$$\Sigma_A = A_1 A_2 A_3 \cdots A_N + A_2 A_3 \cdots A_N + \cdots + \cdots A_N \tag{12-4-7}$$

式中各吸收因子 A 的下标代表板次（从顶算起），第 n 板的吸收因子为

$$A_n = \frac{(L_M)_n}{K_n (G_M)_n} = \frac{x_n (L_M)_n}{y_n (G_M)_n} = \frac{l_n}{v_n} \tag{12-4-8}$$

由已知的 v_{N+1} 和 l_0，即可用式(12-4-5)求出 v_1，并由下列关系求出回收率：

$$\phi = \frac{v_{N+1} - v_1}{v_{N+1}} \tag{12-4-9}$$

利用上法求 ϕ 需要知道所有板上的吸收因子，这就需要知道所有板上的液、气比与各板上的温度（为了求 K_n），因此必须进行大量试算。假设塔内温度、气速与液速在各板的分布，反复核算直到所得结果与假设值相符合。这是一个非常繁复的计算过程，现已开发出一些简捷算法来避免它。

若为贫气，则式(12-4-6)与式(12-4-7)中各吸收因子都近于相等，若令其都等于 A，则这两式便分别简化为：

$$\Pi_A = A^N \tag{12-4-10}$$

$$\Sigma_A = (A^{N+1} - 1)/(A - 1) \tag{12-4-11}$$

代入式(12-4-5)，经整理后可得：

$$\frac{v_{N+1} - v_1}{v_{N+1} - l_0/A} = \frac{A^{N+1} - A}{A^{N+1} - 1} \tag{12-4-12}$$

上式和式(12-2-30)一样，当 $l_0 = 0$ 时，又与式(12-4-3)一样。所以，若能找到一个求各板上的 A 的平均值的简便方法，即可借用贫气吸收的公式来计算富气吸收。

(1) 平均吸收因子法　Souders 和 Brown[7]曾建议采用下式求平均吸收因子：

$$A_{av} = \frac{(L_M)_0}{K_{av} v_{N+1}} \tag{12-4-13}$$

先估计出一个塔的平均温度之后便能定出上式中的平均平衡常数 K_{av}。此法最为简便，它只是假定气体中的溶质没有传递到液体中去，实际情况当然不是这样。因此，此法只宜用于粗略的初步估算，所得结果可在较为准确的方法中作为假设值，若能先大致估计出气体通过塔的缩减量 s，则将式(12-4-13)的 $(L_M)_0$ 用 $(L_M)_0 + s$ 代替，所得结果当较佳。

(2) 有效吸收因子法　Edmister[8]采用有效吸收因子将式(12-4-12)改写成下列形式以适应于富气吸收：

$$\frac{v_{N+1} - v_1}{v_{N+1} - l_0/A'} = \frac{A_e^{N+1} - A_e}{A_e^{N+1} - 1} \tag{12-4-14}$$

该作者按只有两层理论板的塔，导出了利用顶板吸收因子 A_1 与底板吸收因子 A_N 计算上式中的两个有效吸收因子 A_e 与 A' 的公式，如下：

$$A_e = \sqrt{A_N(A_1 + 1) + 0.25} - 0.5 \tag{12-4-15}$$

$$A' = \frac{A_N(A_1 + 1)}{A_N + 1} \tag{12-4-16}$$

理论板数超过 2 时仍按上法计算出 A_e 与 A' 进而在式(12-4-14)中使用，所得结果亦颇准确。

使用式(12-4-15)与式(12-4-16)要有顶、底两板的吸收因子，因此要先知道这两板的 G_M、L_M 与温度。Horton 和 Franklin[5]曾提出，第一次估计各板的 A 值时，可粗略地假设溶质在各层板上被吸收的分数相等，从而得到由相邻两板送出的气体摩尔流速之比为：

$$\frac{(G_M)_n}{(G_M)_{n+1}} = \left[\frac{(G_M)_1}{(G_M)_{N+1}}\right]^{1/N} \tag{12-4-17}$$

从上式求得送入任一板的气体量之后，可用总物料衡算求出由该板送出的液体量：

$$(L_M)_n = (L_M)_0 + (G_M)_{n+1} - (G_M)_1 \tag{12-4-18}$$

再假设任何两板之间的温度变化与溶质在这两板之间的被吸收量成比例，则任一板的温

度 T_n 可用下式估计：

$$\frac{(G_M)_{N+1}-(G_M)_{n+1}}{(G_M)_{N+1}-(G_M)_1}=\frac{T_N-T_n}{T_N-T_0} \tag{12-4-19}$$

式中，T_N 为假设的塔底温度；T_0 为进入塔顶的液体温度。

这样估算出来的气、液摩尔流速与温度都和实际的有很大出入，但通过它们求出的各组分回收率与用严格算法求出者仍颇接近。计算之前，还要有气、液进塔和出塔时的总流量与温度。气、液进塔时的流量与温度本来已知，再假定出气体混合物通过塔后其中溶质被吸收的量，便可迅速估算出气、液出塔的量，并用热量衡算大致估出液体出塔时的温度 T_N 以及气体出塔时的温度 T_1。

(3) 改进的有效吸收因子法 Owens 和 Maddox[9] 分析了大量用计算机进行多组分吸收塔逐板计算的结果，发现总理论板数自 3～12 的塔，都有大约 80% 的吸收量发生于顶、底两板，因此认为整个塔的吸收因子易于用下列三个因子来表示：①顶板的吸收因子 A_1；②底板的吸收因子 A_N；③代表塔内其余 $N-2$ 层板的吸收因子 A_m。这样，表示两个吸收因子函数的式(12-4-6) 与式(12-4-7) 可以近似地简化成：

$$\Pi_A=A_1 A_m^{N-2} A_N \tag{12-4-20}$$

$$\Sigma_A=A_1 A_m^{N-2} A_N+A_m^{N-2} A_N+A_m^{N-3} A_N+\cdots+A_m A_N+A_N \tag{12-4-21}$$

要估算上两式中所包括的三个吸收因子，需要相应的塔板温度与气、液质量流速，它们可以围绕塔不同段作物料衡算或热量衡算而分别求出。

顶板温度可围绕顶板作热量衡算来估计：

$$T_{G,1}-T_{L,0}=\frac{\Delta H_{A,1}-C_{pG,2}(T_{G,1}-T_2)}{C_{pL,0}} \tag{12-4-22}$$

式中，$T_{G,1}$ 为从塔顶送出塔外的气体温度（即顶板温度）；$T_{L,0}$ 为从塔外进入顶板的液体温度；$\Delta H_{A,1}$ 为所有组分在顶板吸收的放热量；$C_{pG,2}$ 为从第 2 板进入第 1 板的气体的热容；$C_{pL,0}$ 为从塔外进入顶板的液体的热容；T_2 为第 2 板的温度。

使用式(12-4-22) 计算要用试差法。第一次试算时假设一个 $T_{G,1}$ 值，并假设 T_2 等于 $T_{G,1}$，下次试算时改用由式(12-3-2) 求得的 T_2，然后围绕顶板作物料衡算以核验所设的 $T_{G,1}$。由于塔内温度分布有凸出的地方（参看本篇 3.1.1 节），平均塔温并不等于顶、底两板温度的平均值，要用下式计算：

$$T_m=T_{G,1}+\frac{C_{pG,1}(T_{L,N}-T_{G,1})+(1-w)\Delta H_A}{C_{pG,1}+C_{pL}} \tag{12-4-23}$$

式中 T_m——塔中段的平均温度；

$C_{pG,1}$——从顶板送出塔外的气体热容；

$T_{L,N}$——从底板送出塔外的液体温度；

w——顶、底两板的吸收量在全塔吸收量中所占分数；

ΔH_A——被吸收物料的吸收热；

C_{pL}——进、出塔的液体的平均热容。

塔中段的平均温度 T_m 算出后，塔内第 2 板的温度 T_2 便可用下式估计［所得结果用于代入式(12-4-22)以重算 $T_{G,1}$]：

$$T_2 = T_1 + \frac{T_N - T_1}{N} + \left(T_m - \frac{T_N + T_1}{2}\right) \tag{12-4-24}$$

式中 T_1，T_N——顶、底两板温度。

顶、底与中段温度都估计出之后，平均 L_M/G_M 便可用下列经验公式估计：

$$\left(\frac{L_M}{G_M}\right)_{av} = \frac{(L_M)_N - [(G_M)_{N+1} - (G_M)_N]}{(G_M)_N - 0.05s} \tag{12-4-25}$$

式中，$s = V_{N+1} - V_1$，为气体出塔时的缩减量，等于液体出塔时的增加量 $(L_N - L_0)$。

采用此法之初，也要假设一个全塔的总吸收量，此值假设得好则试差次数可减少，最方便的办法是用平均吸收因子式(12-4-13)来估计这个初值。

【例 12-4-2[10]】 一吸收塔有 8 层理论板，于 15.6atm 压力下操作。湿气（原料气）于 21.1℃ 时送入塔底，其中含有 80% 甲烷、10% 乙烷与 10% 丙烷。作为溶剂的贫油（其性质可视为与辛烷 C_8 相同）于 15.6℃ 时送入塔顶，流量为 20kmol 贫油（以 100kmol 湿气计）。计算塔顶送出的干气与塔底送出的富油的组成与温度。采用下列三种方法：

（1）平均吸收因子法；
（2）Edmister 的有效吸收因子法；
（3）Owens 与 Maddox 的改进有效吸收因子法。

为了比较，各种方法计算中均假设气体的缩减量 s 为 9.6kmol（以 100kmol 湿气计），又在（1）、（2）两法中以及（3）法的第一次试算中，都假设塔的平均操作温度为 25℃。

解 计算中用到的 15.6atm 与各温度下各组分的相平衡常数 K 及气态焓 H_G、液态焓 H_L，是将手册中查得的数据回归成温度的函数式，然后将相应温度代入算出的。有关的数值列于计算表 12-4-1～表 12-4-3 中。

表 12-4-1 平均吸收因子法计算过程简表（基准：100kmol 湿气）

组分	(1)进口湿气 $v_{N+1,j}$ /kmol	(2)进口贫油 $l_{0,j}$ /kmol	(3)$K_{j,av}$ (25℃)	(4)$A_{j,av}$ (25℃)	(5) ϕ	(6)吸收量 /kmol	(7)干气 $v_{1,j}$ /kmol	(8)富油 $l_{N,j}$ /kmol
C_1	80	0	9.7309	0.03043	0.03043	2.4344	77.5665	2.4335
C_2	10	0	1.6715	0.17708	0.17708	1.7708	8.2292	1.7708
C_3	10	0	0.5281	0.56050	0.5581	5.5810	4.4191	5.5810
C_8	0	20	0.002244	131.900	$\phi=0.00758$	-0.1516	0.1516	19.8484
合计	100	20					90.3663	29.6336

表 12-4-2 有效吸收因子法计算过程简表（基准：100kmol 湿气）

组分	(1)进口湿气 $v_{N+1,j}$ /kmol	(2)进口贫油 $l_{0,j}$ /kmol	(3) A_1	(4) A_N	(5) A_e	(6) ϕ	(7)吸收量 /kmol	(8)干气 $v_{1,j}$ /kmol	(9)富油 $l_{N,j}$ /kmol
C_1	80	0	0.02404	0.03080	0.03061	0.03061	2.4486	77.551	2.4486
C_2	10	0	0.13993	0.17933	0.17411	0.17411	1.7411	8.2589	1.7411
C_3	10	0	0.44291	0.56760	0.53227	0.53227	5.3227	4.6773	5.3227
C_8	0	20	$S_1=0.007486$	$S_N=0.009594$	$S_e=0.009574$	$\phi=0.009574$	-0.1915	0.1915	19.809
合计	100	20						90.679	29.321

(1) 平均吸收因子法

① 以100kmol进口气为基准,各组分在进口湿气与进口贫油中的量列于表12-4-1第(1)、(2)两栏。按平均塔温25℃算出的K_{av}列于第(3)栏。

表12-4-3 改进的有效吸收因子法计算过程简表（基准：100kmol湿气）

(1)进塔湿气量 组分 j $v_{N+1,j}$/kmol	(2)进塔贫油量 $l_{0,j}$/kmol	(3)21.2℃气体焓 $(H_G)_j$/kcal·kmol^{-1}	(4)21.2℃气体摩尔热容 $C_{pG,j}$/kcal·kmol^{-1}·℃$^{-1}$	(5)15.6℃液体焓 $(H_L)_j$/kcal·kmol^{-1}
C_1 80	0	2.921	8.80	1.958
C_2 10	0	5.068	14.63	2.836
C_3 10	0	6.965	19.06	3.378
C_8 0	20	26.577	70.77	11.742
$(G_M)_{N+1}=100$	$(L_M)_0=20$			
(6)15.6℃液体摩尔热容 $C_{pL,j}$/kcal·kmol^{-1}·℃$^{-1}$	(7) K_j(22.8℃)	(8) K_j(25℃)	(9) $A_{1,j}$	(10) $A_{N,j}=A_{m,j}$
18.59	9.5968	9.7309	0.0308	0.0304
25.42	1.6165	1.6715	0.1831	0.1771
29.12	0.5034	0.5281	0.5880	0.5606
104.11	0.002215	0.0022444	133.60	121.11
(11) $(\Pi_A)_j$	(12) $(\Sigma_A)_j$	(13)出口干气量 $v_{1,j}$/kmol	(14)出口富油量 $l_{N,j}$/kmol	(15) $x_{1,j}$
7.38×10^{-13}	0.03135	77.567	2.433	0.0894
1.0×10^{-6}	0.2152	8.229	1.771	0.0563
1.02×10^{-2}	1.2639	4.418	5.582	0.0971
5.103×10^{16}	5.141×10^{16}	0.150	19.850	0.2428
		$(G_M)_1=90.364$	$(L_M)_N=29.636$	
(16) $l_{1,j}$/kmol	(17)22.8℃的吸收热 $(\Delta H_A)_j$/kcal·kmol^{-1}	(18)顶板的吸收热 $(\Delta H_A)_{1,j}$/kcal	(19) $v_{2,j}$/kmol	(20)22.8℃气体摩尔热容 $C_{pG,j}$/kcal·kmol^{-1}·℃$^{-1}$
2.363	0.841	1987.15	79.929	8.82
1.488	2.070	3080.60	9.717	14.67
2.566	3.406	8739.04	6.984	19.11
20.000	14.195		0.150	71.16
$(L_M)_1=26.417$		$(\Delta H_A)_1=13806.79$	$(G_M)_2=96.780$	
(21) $v_{2,j}(C_{pG})_{2,j}$ /kcal·℃$^{-1}$	(22)22.8℃时的汽化潜热 $H_{v,j}$/kcal·kmol^{-1}	(23)出口干气的焓 $(H_G)_{1,j}$/kcal	(24)25℃液体的焓 $(H_L)_j$/kcal·kmol^{-1}	(25)出口富油的焓 $(H_L)_{N,j}$/kcal
704.977	2.936	227.735	2.318	5.641
142.554	5.093	41.911	3.079	5.452
133.464	6.998	30.919	3.657	20.413
10.658	26.698	3.999	12.736	252.812
$(G_M)_2(C_{pG})_2=991.653$		$(H_G)_1=304.564$		$(H_L)_N=284.318$
(26) $A_{1,j}$	(27) $A_{N,j}$	(28) $A_{m,j}$	(29)出口干气量 $v_{1,j}$/kmol	(30)出口富油量 $l_{N,j}$/kmol
0.0305	0.0309	0.0297	77.535	2.465
0.1808	0.1796	0.1726	8.216	1.784
0.5687	0.5685	0.5464	4.456	5.544
131.9816	122.8493	118.0689	0.152	19.848
			$(G_M)_1=90.359$	$(L_M)_N=29.641$

② 按式(12-4-13)计算各组分的平均吸收因子：$A_{av}=[(L_M)_0+s]/(K_{av}v_{N+1})=(20+9.6)/(K_{av}\times100)=0.296/K_{av}$，结果列于第(4)栏。

③ 用各组分的A_{av}按式(12-4-12)与式(12-4-9)计算各组分的回收率ϕ_j（入塔溶剂中

各被吸收组分的 $l_{0,j}=0$），求得的值列于第（5）栏。

入塔溶剂中的 C_8 在气流中有少量蒸发，即从溶剂中解吸而出，其解吸量用下法计算：取 $S_{av}=1/A_{av}=1/131.9=0.00758$，由式（12-2-31）得：

$$\frac{x_0-x_N}{x_0-y_{N+1}/m}=\frac{S_{av}^{N+1}-S_{av}}{S_{av}^{N+1}-1}=0.00758$$

此即第（5）栏中 C_8 的 ψ 值（因 C_8 的 $y_{N+1}=0$）。

④ 吸收量 $=\phi_j \times v_{N+1,j}$ 列于第（6）栏，对于 C_8，则为蒸发量 $=\psi l_0=20\times 0.00758=0.1516$，于第（6）栏中列为负值。

⑤ 出口干气中各组分之量 $v_{1,j}=v_{N+1}-$吸收量，列于第（7）栏，富油中各组分之量 $l_{N,j}=l_{0,j}+$吸收量，列于第（8）栏。

⑥ 缩减量 $s=(G_M)_{N+1}-(G_M)_1=100-90.3663=9.6337(\text{kmol})$。

（2）有效吸收因子法

① 求各层的 G_M 时略去干气中的贫油蒸气量，则 $(G_M)_1=(G_M)_{N+1}-s=100-9.6=90.4(\text{kmol})$，由式（12-4-17）：

$$\frac{(G_M)_n}{(G_M)_{n+1}}=\left(\frac{90.4}{100}\right)^{1/8}=0.9875$$

故

$$(G_M)_2=\frac{(G_M)_1}{0.9875}=91.5443\text{kmol}$$

根据式（12-4-18）：

$$(L_M)_1=(L_M)_0+(G_M)_2-(G_M)_1=20+91.5443-90.4=21.1443 \quad (\text{kmol})$$
$$(G_M)_N=0.9875(G_M)_{N+1}=98.75\text{kmol}$$
$$(L_M)_N=L_0+\text{缩减量}=20+9.6=29.6 \quad (\text{kmol})$$

② 求各被吸收组分的 A_1、A_N 与 A_e

$$A_1=\frac{(L_M)_1}{K_j(G_M)_1}=\frac{21.1443}{90.4K_j}=\frac{0.2339}{K_j}$$

$$A_N=\frac{(L_M)_N}{K_j(G_M)_N}=\frac{29.6}{98.75K_j}=\frac{0.29975}{K_j}$$

$$A_e=\sqrt{A_N(A_1+1)+0.25}-0.5$$

求得的结果列于表 12-4-2 的第（3）、（4）、（5）栏。计算时所用的 K_j 值即本解（1）部分按 25℃ 定出的各组分 $K_{j,av}$ 值[见本例表 12-4-1 第（3）栏]。

对 C_8 为解吸过程，应采用与式（12-4-15）相对应的公式求出 S_e 来计算。按板次自稀端算起的原则，对吸收为第 1 板，对解吸则为第 N 板，于是对 C_8 得

$$S_1=\frac{1}{A_N}=\frac{K_{C_8}}{0.29975}=0.007486$$

$$S_N = \frac{1}{A_1} = \frac{K_{C_8}}{0.2339} = 0.009594$$

$$S_e = \sqrt{S_N(S_1+1)+0.25} - 0.5 = 0.009574$$

此结果列于表 12-4-2 第 (3)、(4)、(5) 栏中与 C_8 相应的位置上。

③ 用式(12-4-14) 计算各被吸收组分的回收率 ϕ_j（因为 $l_0=0$，所以该式等号左侧即为 ϕ_j），由 ϕ_j 求出各组分的吸收量及其在干气中的量 $v_{1,j}$，分别列于第 (6)、(7)、(8)、(9) 各栏。

对 C_8，则用与式(12-4-15) 相对应的公式求出其解吸率 ψ［因 C_8 的 $v_{N+1}=0$，式(12-4-14) 等号右侧的 A_e 改为 S_e 后，算出的值即为 ψ］。

④ 缩减量 $s=(G_M)_{N+1}-(G_M)_1=100-90.679=9.321$ （kmol）。

(3) 改进的有效吸收因子法

① 假设气体通过塔的缩减量为 9.6kmol（以 100kmol 湿气计）。

② 第一次试算，全塔各板只用一个液气比，假设此值为：

$$\frac{(L_M)_0+s}{(G_M)_{N+1}} = \frac{20+9.6}{100} = 0.296$$

③ 根据入塔的湿气与贫油的物质的量组成，估计它们的焓与摩尔热容：

湿气的焓 = Σ(组分的物质的量×组分的焓) = Σ[(1)×(3)] = 304010 （kcal）

上式第二个等号右侧以及其后各式中小括号内的数字指本例表 12-4-3 中的栏号。

湿气的摩尔热容 = Σ[(1)×(4)] = 1041kcal·℃$^{-1}$

稀油的焓 = Σ[(2)×(5)] = 234.84kcal

稀油的摩尔热容 = Σ[(2)×(6)] = 2082kcal·℃$^{-1}$

④ 估计顶板、底板及塔中段温度。本例情况下，湿气入塔温度 $(T_G)_{N+1}$ 为 21.1℃，稀油入塔温度 $(T_L)_0$ 为 15.6℃，故假设：

干气出塔 $(T_G)_1 = 22.8$℃

富油出塔 $(T_L)_N = 25$℃

塔中段平均 $T_m=25$℃（据题中所假设的平均操作温度定出）

初值如何并不影响最后结果，但假设得好则收敛得快。

⑤ 定出各温度下各组分的相平衡常数 K_j，列于表 12-4-3 的第 (7)、(8) 两栏，这些数值由回归出的公式计算而得。

⑥ 由 $L_M/(K_j G_M)$ 算出各组分在塔内各处的吸收因子 $A_{1,j}$ 与 $A_{N,j}$（本例亦为 $A_{m,j}$），见第 (9)、(10) 栏。

⑦ 吸收因子函数 Π_A 与 Σ_A 由式(12-4-20) 与式(12-4-21) 计算，以甲烷为例：

$$\Pi_A = A_1 A_m^6 A_N = 7.43 \times 10^{-13}$$

$$\Sigma_A = A_1 A_m^6 A_N + A_m^6 A_N + A_m^5 A_N + A_m^4 A_N + A_m^3 A_N + A_m^2 A_N + A_m A_N + A_N = 0.03137$$

所有结果列于第（11）、（12）栏。

⑧ 出塔的干气组成可由式(12-4-5)算出：

$$v_1 = v_{N+1} \frac{1}{\Sigma_A + 1} + l_0 \left(1 - \frac{\Pi_A}{\Sigma_A + 1}\right)$$

以甲烷为例：

$$v_{1,C_1} = 77.567 \text{kmol}$$

出口干气中亦含有自进塔贫油中蒸发出的辛烷，其量亦可根据式(12-4-5)算出

$$v_{1,C_8} = 0.150 \text{kmol}$$

又

$$(G_M)_1 = \Sigma v_{1,j} = 90.364 \text{kmol}$$

全部计算结果列于第（13）栏。

⑨ 出口富油中各组分含量 $l_{N,j}$ 可由 $v_{1,j}$ 用全塔的该组分物料衡算计算。对甲烷：

$$l_{N,C_1} = v_{N,C_1} + l_{0,C_1} - v_{1,C_1} = 2.433 \text{kmol}$$

出口富油量 $(L_M)_N = \Sigma l_{N,j} = 29.636 \text{kmol}$，气体的缩减量＝油的增加量＝$29.636 - 20 = 9.636$(kmol)，与原设的 9.6kmol 基本上相等。

⑩ 求得各 $v_{1,j}$ 与 $l_{N,j}$ 之后，便可核验原在第④步假设的三处塔温。塔顶第一板温度 T_1 原是假设的，此时若按热衡算算得的 T_{G1} 值与原设定的干气出塔温度 $(T_G)_1$ 值相等，则可认为 T_1 亦已求出，否则要重新假设 $(T_G)_1$。

由塔顶第一板流下的液体与从此板上升的干气达到相平衡，故根据所设顶板温度（22.8℃）下的 K_j，可以求出平衡液体的组成：

$$x_{1,j} = \frac{v_{1,j}}{(G_M)_1 K_j} = \frac{(13)}{\Sigma(13) \times (7)}$$

以甲烷为例：

$$x_{1,C_1} = 0.08944$$

计算结果列于第（15）栏。

⑪ 上述平衡液体中 C_8 的摩尔分数应为

$$x_{1,C_8} = 1 - \Sigma(15) = 0.7572$$

⑫ 离开第一板的液体量（假设贫油蒸发到干气中的量可忽略）

$$(L_M)_1 = \frac{顶板液体中 C_8 的量}{C_8 在顶板液体中的摩尔分数} = 26.41 \text{kmol}$$

⑬ 离开第一板的液体中各组分的量

$$l_{1,j} = x_{1,j}(L_M)_1$$

对甲烷：
$$l_{1,C_1} = 2.363 \text{kmol}$$

各算得的值列于第（16）栏。

⑭ 由所估计出的第一板吸收量可以算出此板的吸收放热量：
$$(\Delta H_A)_1 = \sum[(l_1-l_0)(\Delta H_A)_{1,j}] = \sum\{[(16)-(2)]\times(17)\}$$

第一板温度（原设为 22.8℃）下各组分的吸收热取其等于该组分的蒸发潜热，即令 $(\Delta H_A)_j = (H_G)_j - (H_L)_j$，列于第（17）栏。第一板吸收放热量 ΔH_{A1} 的计算结果列于第（18）栏。

⑮ 由第二板进入第一板的气体中各组分的量可由物料衡算求取：
$$v_{2,j} = v_{1,j} + l_{1,j} - l_{0,j} = (13)+(16)-(2)$$

对甲烷：
$$v_{2,C_1} = 79.929 \text{kmol}$$

各值列于第（19）栏。

⑯ 从第二板升入第一板全部气体的摩尔热容用下式计算：
$$(G_M)_2 \times (C_{pG})_2 = \sum(C_{pG})_j \times v_{2,j} = \sum[(20)\times(19)]$$

第（20）栏列出各气体组分在 22.8℃时的摩尔热容，第（21）栏列出按上式算得的结果。

第二板的温度 T_2 用式(12-4-24)计算，作第一次试算时，式中的 T_1、T_N 与 T_m 为最初假设的值。

$$T_2 = T_1 + \frac{T_N-T_1}{N} + \left(T_m - \frac{T_N+T_1}{2}\right) = 22.8 + \frac{25-22.8}{8} + \left(25 - \frac{22.8+25}{2}\right) = 24.2 \quad (℃)$$

⑰ 由式(12-4-22)重新估计顶板温度
$$T_{G,1} = T_{L,0} + \frac{\Delta H_{A,1} - [(G_M)_2 C_{pG,2}(T_{G,1}-T_2)]}{C_{pL,0}} = 22.886℃$$

计算得的 $T_{G,1}$ 值与原设的 22.8℃十分接近，故原设 $T_{G,1} = 22.8$℃可用。一般不可能假设得这样准确，而上述计算步骤（自④～⑰）常要重复做。

⑱ 用全塔的热量衡算来核验所设的出口富油温度。
  a. 出塔干气的焓 $(G_M)_1(H_v)_1 = \sum[(13)\times(22)] = 304564$ kcal 第（23）栏
  b. 出塔富油的焓 $(L_M)_N(H_L)_N = \sum[(14)\times(24)] = 284.318$ kcal 第(25)栏

$$输出 = 304847.9 \text{kcal}$$
$$输入 = 入塔稀油的焓 + 入塔湿气的焓 = 304244.8 \text{kcal}$$

热平衡十分完善，故所设富油出塔温度（25℃）正确，如果输入与输出不能平衡，则另设一个富油温度，重复计算、核验。

⑲ 计算平均塔温，并与原设的数值相比较。先求干气的热容。
$$(C_p)_{G1} = \sum[(13)\times(20)] = 899.95 \text{kcal}\cdot℃^{-1}$$

吸收所放热等于吸收量与吸收热的乘积，吸收热无准确的数据可用，以塔顶温度下的 $(H_v - H_L)$ 代替［见第（17）栏］

$$(\Delta H_A)_{塔} = \sum\{[(1)-(13)] \times (17)\} = \sum[(v_{N+1,j} - v_{1,j})(\Delta H_{A,j})] = 22597.77 \text{kcal}$$

应注意到，$C_1 \sim C_3$ 被吸收时放热，而 C_8 蒸发时则吸热，上述情况由计算中所取的正、负值反映出来。

⑳ 用式(12-4-23)求平均塔温。此次试算取 $w=0.8$，即假设有 80% 的吸收是在顶、底两板进行的。

$$T_m = T_{G,1} + \frac{C_{pG,1}(T_{L,N} - T_{G,1}) + (1-w)\Delta H_A}{C_{pG,1} + C_{pL}}$$
$$= 25.0°C$$

算出的 T_m 值与原设值相近，故原设 $T_m = 25°C$ 正确。

㉑ 所有原来假设的温度都可用。原来假设的气体缩减量 9.6kmol 与第⑨步算得的值 9.637kmol 差别亦很小，可不重算。后面为了显示如何使这两个值更接近一些，再做一个循环的计算。这里采用直接迭代，若算得的值与假设值相差太大，则重新假设的值最好是按差别的方向进一步扩大一点差额。

㉒ 求新的液气比以便求新的吸收因子：

$$\left(\frac{L_M}{G_M}\right)_1 = \frac{\text{从第一板流下的液体量}}{\text{从第一板上升的蒸气量}} = \frac{\sum(16)}{\sum(13)} = \frac{26.410}{90.363} = 0.2923$$

因新设的用第⑨步算出的气体缩减量与原设的相差很少，顶板的情况不同可以忽略，故仍采用前次算出的第(16)、(13)两栏数值。若新做假设比前次改变较大，应重复前面所做的顶板计算，使 $(L_M/G_M)_1$ 估计得准确一些。

$$\left(\frac{L_M}{G_M}\right)_N = \frac{\text{从底板流下的液体量}}{\text{湿气量} - \text{气体通过底板的缩减量}} = \frac{\sum(14)}{\sum(1) - (\text{顶底两板的缩减量} - \text{顶板吸收量})}$$
$$= 0.3003$$

$$\left(\frac{L_M}{G_M}\right)_m = \frac{L_N - \text{气体通过底板的缩减量}}{V_N - 0.05 \times \text{气体总缩减量}} = 0.2885$$

㉓ 用上面算出的三个 L_M/G_M 计算顶板、底板与中段三处各组分的吸收因子。本例中因本次计算用的温度与前次并没有差异，故 K_1 用前次的值。对甲烷计算如下：

顶板　　　　　　　　　　$A_1 = 0.0305$

底板　　　　　　　　　　$A_N = 0.0309$

中段平均　　　　　　　　$A_m = 0.0296$

所得结果分别列于第(26)、(27)、(28)各栏。

㉔ 用新算得的吸收因子求新的 Π_A 与 $\sum_A$ [按式(12-4-20)与式(12-4-21)]，又求新的 $v_{1,j}$ [按式(12-4-5)]，列于第(29)栏，用各组分的全塔物料衡算求新的 $l_{N,j}$，列于第(30)栏。

$$\text{总干气量} = \sum(29) = 90.359 \text{kmol}$$
$$\text{总富油量} = \sum(30) = 29.641 \text{kmol}$$
$$\text{气体缩减量} = 100 - 90.359 = 9.641 \text{kmol}$$

第二次计算时假设的缩减量为 9.637kmol，此次计算得的结果几乎与它完全一致，在这个示范计算中，第一次所设的初值即接近于真值，故收敛极快。实际计算不会达到这样，这是将多次迭代计算中最终两次列出以作示范。

㉕ 下面列出本例用本章第 4.4 节所述 Sujata 的逐板法于计算机上求得的结果[11]，可与上面求得的结果相比较：

富油温度 T_{LN}　　　　24.6℃
干气温度 T_{G1}　　　　23.4℃
干气组成 C_1　　　　77.562kmol
　　　　 C_2　　　　8.23kmol
　　　　 C_3　　　　4.54kmol
　　　　 C_8　　　　0.156kmol
气体缩减量 s　　　　9.506kmol

㉖ 从本例看，用 Owens 和 Maddox 法求得的结果似乎与用其他较简单的两法求得的结果无明显区别。这是由于所设初值接近于真值，故用三种方法都能得到准确的答案。一般计算中，初值不会设得很准，Owens 和 Maddox 法所得的结果便可靠得多。前两法对塔内温度并不核算，亦是它们的一个缺陷。

4.4　严格计算

多组分吸收塔的最终设计要求定出各层板上的温度、压力，气、液流量与组成，以及传热量。对此进行严格计算的基本方法是：对于一个有 N 层板的 C 组分吸收塔的每一层板（理论板，即平衡级），列出各个组分的物料衡算式（M 方程，C 个）、焓衡算式（H 方程，1 个）、各个组分的平衡关系式（E 方程，C 个），并加上必须满足的制约式 $\sum x_i = 1$ 与 $\sum y_i = 1$（S 方程，2 个）。这样，每层板可列出 $2C+3$ 个方程式，塔有 N 层板便有 $N(2C+3)$ 个方程式。对于最广泛的情况，若规定出塔板层数、从塔外向各层板的加料量与组成、加料温度与压力、各层板向塔外的出料量、各层的传热量，便可列出上述 $N(2C+3)$ 个方程式并且联立而解出同数量的未知量。它们是：各层板的温度；升到上面一层板的气体量及其中各组分的浓度；流到下面一层板的液体量及其中各组分的浓度。

这些方程式经过合并与重整之后，可以表示成三对角矩阵进而用固定的方法（Thomas 法）求解。由于计算时要代入式中许多变量的值，只能到最后才可求出的未知数不能事先得知，求解时必须采用迭代法。要设的初值包括各层板的温度与从各板流到上一层板的气体量。这种繁复的计算必须用计算机来完成，所得结果的准确度却只受平衡数据与焓数据准确度的影响。

根据每次迭代后检验计算值与假设值接近程度的方法不同与下次迭代时改设什么值的方法不同，计算方法不止一种。多组分吸收常用的一种为流量加和法。它首先由 Sujata[11] 提出，后又由 Burningham 和 Otto[12] 加以完善而成。

这个方法的大意是：①设各级温度 T_j 与从各级上升的蒸气量 V_j；②用三对角矩阵法解 M-K 方程组（由 M 方程与 K 方程合并重整而得），算出各层板上液体中各组分的浓度 $x_{i,j}$；③用 S 方程检验算出的 $x_{i,j}$ 是否满足要求；④若不满足，为 V_j 改设新值，所用的方法就是所谓流量加和：由原用的各级液体量 $L_j^{(k)}$ 乘以 $\sum_{i=1}^{C} x_{i,j}$ 得新的 $L_j^{(k+1)}$，然后用物料衡算从 $L_j^{(k+1)}$ 算出 $V_j^{(k+1)}$，这就是 V_j 的新值；⑤用此 V_j 代替上次计算中所设的 V_j，重复进行迭代计算，直到满足 S 方程的要求，然后转入下一步；⑥用三对角矩阵法解 H 方程组求各级的 T_j；⑦用一定的判据检验此次新算得的 $T_j^{(k+1)}$ 与原设的 $T_j^{(k)}$ 相差是否合乎要求；⑧若不合要求，则用新得的 T_j 代替原设的，重复进行迭代计算；⑨若合乎要求，则计算结束。上述步骤可用框图表示成如图 12-4-3 所示。这是十分原则性而极其简化了的说明，欲知其详，可参阅原作者的论文[12]，或周亚夫的论文[13]，或郭天民的著作[14]第 9 章。

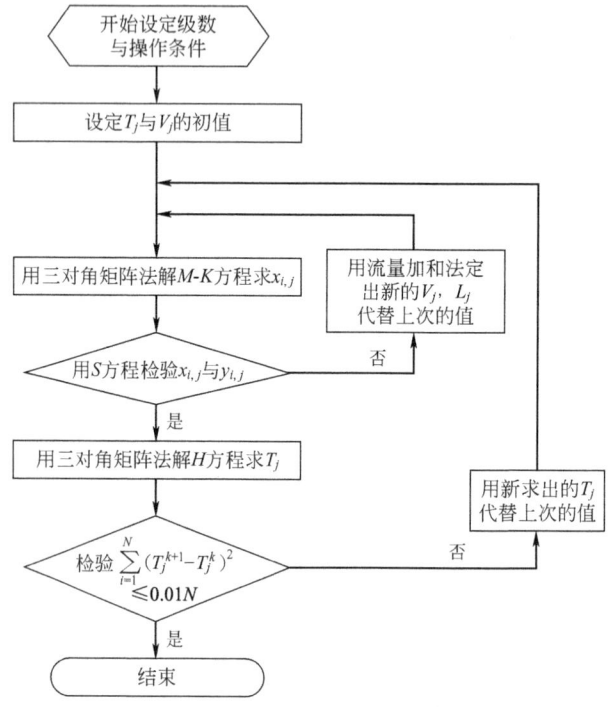

图 12-4-3 多组分吸收 SR 法计算框图

参考文献

[1] Mooson Kwauk. AIChE J, 1956, 2: 240.
[2] Smith B D. Design of Equilibrium Processes. New York: McGraw-Hill Inc, 1963.
[3] Henley E J, Seader J D. Equilibrium-Stage Separation in Chemical Engineering. New York: John Wiley & Son, 1981.
[4] 刘家祺. 化工设计, 1992 (4): 16-21.
[5] Horton G, Franklin W B. Ind Eng Chem, 1940, 32: 1384.
[6] Edmister W C. Am Int Chem Eng J, 1957, 3: 165.
[7] Souders M, Brown G G. Ind Eng Chem, 1932, 24: 519.
[8] Edmister W C. Ind Eng Chem, 1943, 35: 837.
[9] Owens W R, Maddox R N. Ind Eng Chem, 1968, 60 (12): 14.
[10] McKetta J J, Cunningham W A. Encyclopedia of Chemical Engineering Processing and Design. Maddox R N, Erbar J

H Ed. New York: Dekker Inc, 1976, 1: 19-88.
[11] Sujata A D. Hydrocarbon Proc and Petrol Ref, 1961, 40(12): 137.
[12] Burningham D W, Otto F D. Hydrocarbon Proc, 1966, 45(8): 155.
[13] 周亚夫. 化学工程, 1984(6): 30.
[14] 郭天民, 等. 多元汽-液平衡和精馏. 北京: 化学工业出版社, 1983.

5

化学吸收

5.1 化学反应的影响

5.1.1 吸收速率的增大

工业上的吸收操作很多都带有化学反应,主要是为了利用化学吸收速率大于物理吸收速率的优点。吸收速率增大的原因有以下几个方面。

(1) 吸收推动力增大 溶质气体扩散而通过气、液界面之后,因与液相中的反应物起反应而被消耗,溶质的平衡分压降低。若反应是不可逆的,在溶剂中的反应物利用完以前,液相中溶质的浓度及平衡压力可以降到很低甚至于接近零。推动力提高导致传质速率增大。溶质因反应而被消耗的另一个结果是提高溶剂的吸收能力。

(2) 传质系数提高 化学反应可使所溶解的气体未扩散到液相主体以前,在液膜中部分地或全部消耗掉,意味着它在液相中扩散的阻力减小了,液相传质系数加大,因而总传质系数也加大,传质系数增加的程度随反应机理的不同而有很大差别。

(3) 填料层内有效接触面积增大 液体散布在填料表面上所形成的薄膜有些地方比较薄而且流动得快,另一些地方则相反,甚至停滞不动。在物理吸收中,流动很慢或停滞不动的液体易被溶质饱和而不能再进行吸收;但在化学吸收中,这些液体还可以吸收较多的溶质才达饱和。于是,对物理吸收不再有效的填料湿表面对化学吸收仍然可能是有效的。

5.1.2 增强因子

化学反应是在液相中进行的。气相中的溶质先扩散(分子扩散或对流扩散)到达气、液界面,在界面处溶解,开始边扩散边反应,通过液膜而进入液相主体。速度快的反应在液膜内就能完成,使溶质消耗殆尽,此后也就没有溶质的扩散问题了。速度慢的反应可能要在溶质扩散到液相主体之后才显著起来。所以在液相内所进行的过程中,溶质的扩散与反应是此消彼长的。化学吸收中传质系数的大小,主要视反应是在液相中的哪个部分进行而定,当然系统的物性、流动情况也有一定关系。

物理吸收的速率以液相传质系数表示时,为

$$N_A a = k_L a (c_{Ai} - c_{AL}) \tag{12-5-1}$$

式中 $N_A a$ ——物理吸收速率,以单位体积设备计,$kmol \cdot m^{-3} \cdot s^{-1}$;

$k_L a$ ——液相体积传质系数,s^{-1};

a ——单位体积设备(填料层)的有效界面面积,$m^2 \cdot m^{-3}$;

c_{Ai}——界面上溶质 A 的浓度，它与界面上 A 的分压相平衡，$kmol \cdot m^{-3}$；

c_{AL}——液相主体中 A 的浓度，$kmol \cdot m^{-3}$。

若为化学吸收，则吸收速率为：

$$R_A a = E k_L a c_{Ai} \tag{12-5-2}$$

式中 $R_A a$——化学吸收速率，以单位体积设备计，$kmol \cdot m^{-3} \cdot s^{-1}$；

E——增强因子。

c_{Ai} 的意义与物理吸收中的一样，但在化学吸收中它只是溶解了而未反应的那部分溶质的浓度。

比较式(12-5-1) 与式(12-5-2) 可知，化学吸收用增强因子 E 来反映化学反应对吸收速率的影响。增强因子的定义式可以写成：

$$E = \frac{R_A}{k_L c_{Ai}} \tag{12-5-3}$$

所以 E 代表化学吸收速率与液相主体内 A 的浓度为零时的物理吸收速率之比。

增强因子的值常表示为下列两个无量纲参数的函数。

(1) 八田数（Hatta number） 为了表示反应与扩散两者的作用的相对大小，令：

$$M = \frac{已溶解的气体在液膜内进行反应的量}{不考虑化学反应的物理吸收溶质量}$$

若反应为 A 与 B 的二级不可逆反应，则：

$$M = \frac{k_2 c_{Ai} c_{BL} z_L}{\dfrac{D_A (c_{Ai} - 0)}{z_L}} = \frac{k_2 c_{BL} z_L^2}{D_A} = \frac{D_A k_2 c_{BL}}{k_L^2} = Ha^2 \tag{12-5-4}$$

式中 k_2——溶质 A 与反应物 B 的二级反应速率常数，$m^3 \cdot kmol^{-1} \cdot s^{-1}$；

c_{Ai}——界面上 A 的浓度，$kmol \cdot m^{-3}$；

z_L——液膜厚度，m；

D_A——A 在液相中的扩散系数，$m^2 \cdot s^{-1}$。

符号 $Ha(=\sqrt{M})$ 代表八田数，其值愈大，则从界面扩散到主体的过程中在膜内反应的气体量愈大；此值为零时，膜中无反应，即为物理吸收。E 的表示式中也可用 M 或 $\sqrt{M}$ 而不用 Ha。M 可称为反应-扩散参数。

(2) 浓度-扩散参数 为了表示液膜内 B 向界面扩散的速度与 A 向液相主体扩散的速度的相对大小，用浓度-扩散参数表示成下式的形式：

$$Z_D = \frac{D_B}{\nu D_A} \frac{c_{BL}}{c_{Ai}} \tag{12-5-5}$$

式中 ν——化学计量比，等于与 1mol A 起反应的 B 的物质的量；

D_B——B 在液相中的扩散系数，$m^2 \cdot s^{-1}$。

其他符号的意义与式(12-5-4) 中的相同。

5.2 化学吸收速率

5.2.1 二级不可逆反应

工业上有许多化学吸收所进行的是二级不可逆反应，反应式为：

$$A + \nu B \xrightarrow{k_2} P \tag{12-5-6}$$

反应速率为

$$r_A = k_2 c_A c_B \tag{12-5-7}$$

$$r_B = \nu r_A \tag{12-5-8}$$

式中 ν——化学计量比；

r_A, r_B——反应速率，即单位时间、单位体积内 A、B 的反应量，$kmol \cdot m^{-3} \cdot s^{-1}$；

c_A, c_B——A、B 的浓度，$kmol \cdot m^{-3}$；

k_2——二级反应速率常数，$m^3 \cdot kmol^{-1} \cdot s^{-1}$。

膜模型、渗透模型、表面更新模型都可以用来分析、估计化学反应对吸收速率的影响。由不同模型得到的吸收速率或增强因子计算式在外观上有时差别很大，但用它们算出的结果却差别很小。往往比所用的物性数据的不准确程度还小。故采用什么模型来说明与计算，便成为怎样选择才比较简便的问题。后面只介绍由膜模型得到的结果。这是因为，膜模型对传质机理表达得较为简单直观，用以推导出的计算公式也常常较易运用。

伴有二级不可逆反应的吸收，按反应的快慢可以划分成好几种。下面将各种情况的 Ha 范围，液膜内 A、B 的浓度分布，过程特点，以及由此引出的吸收速率公式与增强因子计算式列于表 12-5-1，以便查阅与比较。

表 12-5-1 二级不可逆反应按快慢的分类

反应快慢等级与 Ha 范围	液相内的浓度分布	特点	增强因子	吸收速率
(A) 极慢反应 $Ha<0.02$	界面 c_{Ai} c_{BL} c_{AL} z_L	反应速率极小，液膜内无反应，液相主体内的反应也极少，所溶解的气体全部或绝大部分未经反应便随液体从设备排出。液相主体内 A 的浓度与界面上的值很接近。吸收速率可按物理吸收考虑	$E = \left(1 + \dfrac{k_L a}{k_2 l c_{BL}}\right)^{-1}$ (12-5-9) ($E<1$) (引自文献[1])	$R_A = E k_L c_{Ai} = \dfrac{c_{Ai}}{\dfrac{1}{k_L} + \dfrac{a}{l k_2 c_{BL}}}$ (12-5-10) 或 $N_A = K_G(p_A - p_{Ae})$ (12-5-11)

续表

反应快慢等级与 Ha 范围	液相内的浓度分布	特点	增强因子	吸收速率
(B) 慢反应 $0.02 < Ha < 0.3$	界面处 c_{Ai} 下降至 $c_{AL} \approx 0$，c_{BL} 恒定	反应速率小，液膜内的反应可忽略，但液体从设备排出以前，已溶解的 A 基本上在液相主体中反应完了。反应快可使液相主体中 A 的浓度接近于零，吸收过程是膜内的扩散，继而在主体内的反应	$E = \left(1 + \dfrac{k_L a}{k_2 l c_{BL}}\right)^{-1}$ (12-5-12) ($E < 1$ 且接近 1) (引自文献 [1])	$R_A = E k_L c_{Ai} = \dfrac{c_{Ai}}{\dfrac{1}{k_L} + \dfrac{a}{l k_2 c_{BL}}}$ (12-5-13)
(C) 中等快反应 $0.3 < Ha < 3$	界面处 c_{Ai} 下降至 $c_{AL} \approx 0$，c_{BL} 恒定	溶解了的 A 大部分在膜内起反应，仅小量未起反应的 A 扩散到液相主体内才反应，c_{AL} 很小，反应对吸收速率有显著的影响	$E = \dfrac{Ha}{\tanh(Ha)}$ (12-5-14) 此式由 (D) 中的式 (12-5-16) 令 $E_i = 1$ 简化而得	$R_A = E k_L c_{Ai}$ (12-5-15)
(D) 快反应 $Ha > 3$	界面处 c_{Ai} 下降至 $c_{AL} = 0$，c_{BL} 恒定	反应快，溶质 A 在通过液膜而扩散的过程中即全部反应，$c_{AL} = 0$	$E = \dfrac{Ha\sqrt{\dfrac{E_i - E}{E_i - 1}}}{\tanh\left\{Ha\sqrt{\dfrac{E_i - E}{E_i - 1}}\right\}}$ (12-5-16) 式中，$E_i = 1 + \dfrac{D_B c_{BL}}{\nu D_A c_{Ai}}$ (E 值位于以上各曲线的弯曲部分) (引自文献 [2])	$R_A = E k_L c_{Ai}$ (12-5-17)

续表

反应快慢等级与 Ha 范围	液相内的浓度分布	特点	增强因子	吸收速率
(E) 假一级快反应 $3 < Ha < E_i/2$ $E_i = 1 + \dfrac{D_B c_{BL}}{\nu D_A c_{Ai}}$ (12-5-18)	界面处 c_{Ai} 降至 $c_{AL}=0$，c_{BL} 保持常数	情况与 (D) 同，但液相中的 c_{BL} 比 c_{Ai} 大得多，使反应过程中 c_{BL} 并不明显减少，即 c_{BL} = 常数，故 $k_2 c_{BL} = k_1$	E 的表示式与 (D) 中的式 (12-5-16) 相同，但此情况下该式成为： $E = Ha$ (12-5-19) (E 值位于曲线上的对角线附近)	$R_A = E k_L c_{Ai}$ $= Ha k_L c_{Ai}$ $= (D_A k_2 c_{BL})^{0.5}$ (12-5-20) (R_A 与 k_L 无关)
(F) 瞬时反应（反应面在液膜内） $Ha > 10 E_i$ 且 $c_{BL} < (c_{BL})_c$ $(c_{BL})_c = \dfrac{\nu D_A k_G}{D_B k_L} p_A$ (12-5-21)	界面处 c_{Ai}，在液膜内距界面 z_r 处为反应面，之后 c_{BL}	反应极快，$k_2 \to \infty$，在液膜内距界面 z_r 处的反应面上反应便全部完成，c_A 与 c_B 在此面上都降到零，吸收速率由 A 与 B 各自扩散到此面上的速率决定，反应速率的大小对吸收速率无关紧要	$E = E_i$ (12-5-22) (E 值位于曲线的水平部分)	$R_A = E k_L c_{Ai}$ $= E_i k_L c_{Ai}$ (12-5-23) (R_A 与 k_2 无关)
(G) 瞬时反应（反应面与气液界面重合） $Ha > 10 E_i$ 且 $c_{BL} > (c_{BL})_c$	反应面在气液界面处，$c_{Ai}=0$，液相内 c_{BL}	反应极快且 c_{BL} 很大，B 扩散得很快致反应面移到气液界面上，两面重合，液侧阻力降到零。吸收速率由气膜控制	$E \to \infty$ (12-5-24)	$R_A = N_A = K_G p_A$ (12-5-25) (R_A 与 k_L、k_2 无关)

表 12-5-1 中各 E 的表示式的来源，除式(12-5-9)、式(12-5-12)、式(12-5-16) 已注出原始文献外，各式（包括上述三式）的来源及比较详细的说明见本章末所列的参考文献 [2～5]。

表 12-5-1 中的符号意义如下：

E——增强因子；
k_L——液相传质系数，$m \cdot s^{-1}$；
a——单位体积设备中气液界面面积，$m^2 \cdot m^{-3}$；
k_2——二级反应速率常数，$m^3 \cdot kmol^{-1} \cdot s^{-1}$；
l——单位体积设备中的持液体积，$m^3 \cdot m^{-3}$；
c_{AL}——液相主体中 A 的浓度，$kmol \cdot m^{-3}$；
R_A——单位界面的化学吸收速率，$kmol \cdot m^{-2} \cdot s^{-1}$；
c_{Ai}——界面上 A 的浓度，$kmol \cdot m^{-3}$；
D_A——A 在液相中的扩散系数，$m^2 \cdot s^{-1}$；
D_B——B 在液相中的扩散系数，$m^2 \cdot s^{-1}$；
c_{BL}——液相主体中 B 的浓度，$kmol \cdot m^{-3}$；
N_A——单位界面的物理吸收速率，$kmol \cdot m^{-3} \cdot s^{-1}$；
K_G——气相总传质系数，$kmol \cdot m^{-2} \cdot s^{-1} \cdot atm^{-1}$；
p_A——气相中 A 的分压，atm；
p_{Ae}——液相中 A 的平衡分压，atm；
$(c_{BL})_c$——瞬时反应中 B 的临界浓度 [见式(12-5-21)]，$kmol \cdot m^{-3}$；
E_i——瞬时反应的增强因子 [见式(12-5-16)]；
k_G——气相传质系数，$kmol \cdot m^{-2} \cdot s^{-1} \cdot atm^{-1}$。

【例 12-5-1】 于 20℃ 时在鼓泡搅拌槽内用 pH＝9 的缓冲溶液吸收 101.3kPa 下的纯 CO_2。已知 CO_2 在液相中的扩散系数 $D_A = 1.4 \times 10^{-9} m^2 \cdot s^{-1}$，$CO_2$ 与 OH^- 反应的二级反应速率常数 $k_2 = 1 \times 10^4 m^3 \cdot kmol^{-1} \cdot s^{-1}$，液相传质系数 $k_L = 1.0 \times 10^{-4} m \cdot s^{-1}$。请指明反应的快慢等级。设鼓泡搅拌槽中，$a = 100 m^2 \cdot m^{-3}$，$l = 0.2 m^3 \cdot m^{-3}$；$CO_2$ 的亨利常数 $H'_e = p/c = 71 atm \cdot m^3 \cdot kmol^{-1}$。求吸收速率，以单位体积槽内鼓泡液体计。

解 pH＝9 时，液相中 OH^- 的浓度：

$$c_{BL} = 1 \times 10^{-14+9} = 1 \times 10^{-5} (kmol \cdot m^{-3})$$

$$Ha = \frac{\sqrt{D_A k_2 c_{BL}}}{k_L} = \frac{\sqrt{1.4 \times 10^{-9} \times 1 \times 10^4 \times 1 \times 10^{-5}}}{1 \times 10^{-4}} = 0.118$$

因算出的 Ha 大于 0.02 而小于 0.3，故为慢反应。

$$c_{Ai} = \frac{p_i}{H'_e} = \frac{1}{71} = 0.014 (kmol \cdot m^{-3})$$

由式 (12-5-12)：

$$E = \left(1 + \frac{1 \times 10^{-4} \times 100}{1 \times 10^4 \times 0.2 \times 1 \times 10^{-5}}\right)^{-1} = 0.667$$

$$R_A = E k_L c_{Ai} = 0.667 \times 1 \times 10^{-4} \times 100 \times 0.014 = 9.33 \times 10^{-5} (kmol \cdot m^{-2} \cdot s^{-1})$$

【例 12-5-2】 用 NaOH 溶液吸收 CO_2，溶液中 NaOH 的浓度 $c_{BL}=0.5\text{kmol·m}^{-3}$，界面上 CO_2 的浓度 $c_{Ai}=0.04\text{kmol·m}^{-3}$，$k_L=1\times10^{-4}\text{m·s}^{-1}$，$k_La=1\times10^{-2}\text{s}^{-1}$，$k_2=1\times10^4\text{m}^3\text{·kmol}^{-1}\text{·s}^{-1}$，$D_A=1.8\times10^{-9}\text{m}^2\text{·s}^{-1}$，$D_B/D_A=1.7$。求吸收速率。并指出 c_{Ai} 的值低到多少时可视为假一级快反应，高到多少时成为瞬时反应。分别计算这两种情况下的吸收速率。

解 由式(12-5-4) 可求得 Ha。

$$Ha=\frac{\sqrt{1.8\times10^{-9}\times1\times10^4\times0.5}}{10^{-4}}=30>3$$

由此知属于二级快反应。

$$E_i=1+\frac{1.7\times0.5}{2\times0.04}=11.6$$

根据 Ha 与 E_i 的值在图 12-5-1 上读出：$E=10$

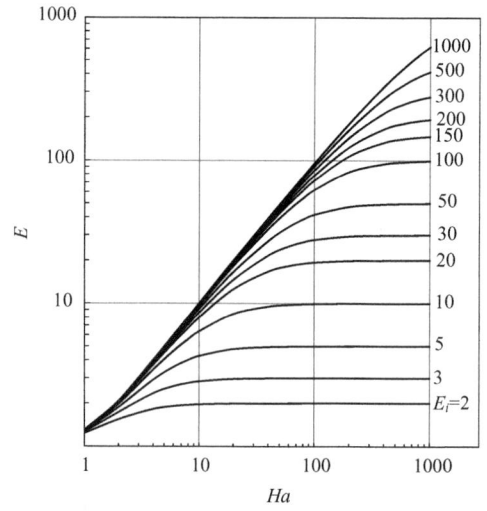

图 12-5-1 二级反应的增强因子根据式（12-5-16）绘制

$$R_Aa=10\times1\times10^{-2}\times0.04=4\times10^{-3}(\text{kmol·m}^{-3}\text{·s}^{-1})$$

除 $Ha>3$ 外，假一级快反应成立的条件还有 $Ha<E_i/2$，故还需要：

$$30<\left(1+\frac{D_Bc_{BL}}{\nu D_Ac_{Ai}}\right)\times\frac{1}{2}$$

由此解出，可作为假快一级反应时，$c_{Ai}<0.0072\text{kmol·m}^{-3}$。此时

$$E=Ha=30$$
$$R_Aa=30\times1\times10^{-2}\times0.0072=2.16\times10^{-3}(\text{kmol·m}^{-3}\text{·s}^{-1})$$

瞬时反应成立的条件是 $Ha>10E_i$，故要求

$$30>10E_i$$

即

$$30 > 10 \times \left(\frac{1.7 \times 0.5}{2c_{Ai}} + 1\right)$$

由此可解得

$$c_{Ai} > 0.213 \text{kmol} \cdot \text{m}^{-3}$$

此时

$$E = E_i = \frac{1.7 \times 0.5}{2 \times 0.213} + 1 = 3$$

$$R_A a = 3 \times 1 \times 10^{-2} \times 0.213 = 6.4 \times 10^{-3} (\text{kmol} \cdot \text{m}^{-3} \cdot \text{s}^{-1})$$

5.2.2 其他反应

(1) 一级不可逆反应 反应式为：

$$A \xrightarrow{k_1} P \tag{12-5-26}$$

反应速率为：

$$r_A = k_1 c_A \tag{12-5-27}$$

按膜模型求得的化学吸收速率公式为[6]：

$$R_A = k_L \left[c_{Ai} - \frac{c_{AL}}{\cosh(Ha)} \right] \times \frac{Ha}{\tanh(Ha)} \tag{12-5-28}$$

推动力并不是 $c_{Ai} - c_{AL}$，但一般情况下 $c_{AL} \approx 0$，于是上式也可写成下列一般形式：

$$R_{Aa} = E k_L a c_{Ai} \tag{12-5-29}$$

而 $E = \dfrac{Ha}{\tanh(Ha)}$

对于一级反应，八田数应写成：

$$Ha = \sqrt{M} = \frac{\sqrt{D_A k_1}}{k_L} \tag{12-5-30}$$

当 $Ha > 30$ 时，为快反应，$\tanh(Ha) \approx 1$，$E = Ha$，与二级反应中的假一级相同。当 $Ha > 10 E_i$ 时，为瞬时反应，$E = E_i$。

(2) m、n 级不可逆反应 反应式为

$$A + \nu B \xrightarrow{k_{m,n}} P \tag{12-5-31}$$

反应速率为：

$$r_A = k_{m,n} c_A^m c_B^n \tag{12-5-32}$$

速率公式写成 $R_A = E k_L c_{Ai}$ 时，增强因子的近似式为[7]：

$$E=\frac{Ha\left(\dfrac{E_i-E}{E_i-1}\right)^{n/2}}{\tanh\left[Ha\left(\dfrac{E_i-E}{E_i-1}\right)^{n/2}\right]} \tag{12-5-33}$$

此处的八田数为:

$$Ha=\frac{\sqrt{\dfrac{2}{(m+1)}k_{m,n}D_A(c_{Ai})^{m-1}(c_{BL})^2}}{k_L} \tag{12-5-34}$$

E_i 与二级反应相同 [式(12-5-18)]。

若液相中反应物 B 的量大,其浓度改变很小,$Ha<0.5E_i$,就成为假 m 级反应,$k_m=k_{m,n}c_{BL}^n$,于是对一级反应 $m=1$ 适用的式(12-5-30) 对 $m=0、2、3$ 亦适用。若 $3<Ha<0.5E_i$,则为假 m 级快反应,此时可令 $E=Ha$。

(3) 可逆反应　一级可逆反应式为:

$$A \underset{k_2}{\overset{k_1}{\rightleftharpoons}} P \tag{12-5-35}$$

反应速率为:

$$r_A=-r_B=k_1c_A-k_2c_P \tag{12-5-36}$$

伴有一级可逆反应的化学吸收速率公式是[8]:

$$R_A=\left[\frac{1+K}{1+\dfrac{K\tanh\left(Ha\sqrt{\dfrac{1+K}{K}}\right)}{Ha\sqrt{\dfrac{1+K}{K}}}}\right]\times k_L(c_{Ai}-c_{AL}) \tag{12-5-37}$$

上式中的推动力为 $c_{Ai}-c_{AL}$,这是因为反应为可逆时,液相中 A 的浓度 c_{AL} 不为零,其值由化学平衡决定。式中 Ha 的表示法与一级不可逆反应的相同,即式(12-5-30)。而

$$K=k_1/k_2 \tag{12-5-38}$$

当 $K\to\infty$ 时,$c_{AL}\to 0$,式(12-5-37) 便可转化成与一级不可逆反应用的式(12-5-28) 相同。

可逆反应最一般的情况是正反应 $m、n$ 级,负反应 $p、q$ 级。对此,Danckwerts[3] 提出过处理的一般方法,Onda 等[9] 求得增强因子的近似解。

(4) 瞬时可逆反应　反应速度极快,使界面处至液相主体都达到平衡。由于反应是可逆的,界面及液相主体中 A 的浓度均有一定的值。对于下式所示的瞬时可逆反应:

$$A+\nu B \rightleftharpoons \nu' P \tag{12-5-39}$$

其吸收速率可写成[3,10]:

$$R_A=k_L\left[\left(c_{Ai}+\frac{D_Pc_{Pi}}{\nu'D_A}\right)-\left(c_{AL}+\frac{D_Pc_{PL}}{\nu'D_A}\right)\right] \tag{12-5-40}$$

式中　k_L——液相传质系数,m·s^{-1};

D_A, D_P——A、P 在液相中的扩散系数，$m^2 \cdot s^{-1}$；

ν'——化学计量比，由 1mol A 反应而生成的 P 的物质的量；

c_{Ai}, c_{AL}——界面上、液相主体中 A 的浓度，$kmol \cdot m^{-3}$；

c_{Pi}, c_{PL}——界面上、液相主体中 P 的浓度，$kmol \cdot m^{-3}$。

式(12-5-40)表示吸收速率等于被吸收组分 A 与生成物 P 各自在液膜中的扩散速率之和。若 A 与 P 的扩散系数相等，则式(12-5-40)可化为：

$$R_A = k_L \left[\left(c_{Ai} + \frac{c_{Pi}}{\nu'} \right) - \left(c_{AL} + \frac{c_{PL}}{\nu'} \right) \right] \tag{12-5-41}$$

即

$$R_A = k_L (c_{Ai}^0 - c_{AL}^0) \tag{12-5-42}$$

式(12-5-42)中的 c_{Ai}^0 与 c_{AL}^0 分别为界面上与液相主体中 A 的总浓度，包括已反应的和未反应的。即此种情况下吸收速率的表示式与物理吸收用的一样，只是推动力改为总浓度（已反应的与未反应的 A 的浓度）之差。

(5) 其他 其他较为复杂的反应还有：两种能与溶液中的反应物起反应的气体同时吸收；气体溶质与反应物起反应后所生成的产物又继续起反应的吸收等。对上述情况的说明以及对化学吸收原理比较深入的论述见专著[2~5]及其所引的参考文献。

【例 12-5-3】 H_2S 于其分压为 0.1atm 时，被 25℃ 的溶液所吸收。溶液中含 NH_3 $1kmol \cdot m^{-3}$，含 H_2S $0.5kmol \cdot m^{-3}$（都指已反应的与未反应的）。反应是瞬时的，反应速率常数为：

$$\frac{[HS^-][NH_4^+]}{[H_2S][NH_3]} = 186 kmol \cdot m^{-3}$$

NH_3 与 H_2S 的扩散系数大体相等，H_2S 的溶解度为 $0.1 kmol \cdot m^{-3} \cdot atm^{-1}$。试求反应速率，并表示成 k_L 的倍数。

解 因溶液与分压为 0.1atm 的 H_2S 达于平衡，故未反应的 H_2S 浓度为：

$$[H_2S] = c_{AL} = \frac{1}{H_e'} p_A = 0.01 kmol \cdot m^{-3}$$

令

$$[NH_3] = x$$

则

$$[HS^-] = [NH_4^+] = 1 - x$$

因

$$\frac{(1-x)^2}{0.01x} = 186$$

解得

$$x = 0.28 kmol \cdot m^{-3}$$

于是达到平衡时，即界面上未反应的与已反应的 H_2S 总浓度为：

$$c_{AL}^0 = [H_2S] + [HS^-] = 0.01 + (1-0.28) = 0.73 \quad (kmol \cdot m^{-3})$$

已知液相中 H_2S 的总浓度为 $c_{AL}^0 = 0.5 kmol \cdot m^{-3}$

故

$$R_A = k_L (0.73 - 0.5) = 0.23 k_L$$

5.2.3 平衡溶解度与扩散系数

化学吸收中表示气体溶解度的亨利系数，反映气相中溶质气体分压 p 与液相中未反应的溶质浓度 c 之间的关系：

$$p = H'_e c \tag{12-5-43}$$

这里的亨利系数写成 H'_e 以区别式(12-1-2)中用于物理吸收的 H'。

化学吸收中的液相一般都是反应物的溶液而非纯溶剂，有时是一种盐（电解质）溶液。气体溶于电解质水溶液时的亨利系数与溶于水时的亨利系数不相等。二者的比率要根据气体本身、溶液中离子本身及其浓度来估计，详见 Danskwerts 及其他人的一些著作[2~5]。Kohl 和 Riesenfeld 所著书中[11]也有这类数据，分散载于有关章节。本手册第 1 篇中也收集了这方面的数据。它们大都以曲线组或表格的形式列出，表示成溶质气体的蒸气压与该气体在反应物浓度不同的溶液中的平衡溶解度。

当液相为电解质溶液及液相为纯溶剂或为非电解质溶液时，同一物质在液体中的扩散系数都不相等。估计前者的值时，也要考虑离子存在的影响。这方面的数据很缺乏。粗略的估计方法可见文献 [2~5]，以及本手册第 1 篇。

5.2.4 根据反应快慢的设备选用原则

针对反应快慢等级，可以提出一个设备选用的原则。快反应与瞬时反应都在液膜内进行，液相主体中溶质气体的浓度实际上等于零。对于这种反应，设备持液量的大小并不重要，若气、液互相接触的界面面积 a 大，则 $k_G a$、$k_L a$ 以及吸收速率便大。遇到这种反应，应采用填料塔、板式塔、文丘里管洗涤器。对于极慢反应，气液接触面积虽然重要，更要紧的是设备内要有充足的持液量，因此鼓泡塔与搅拌槽比较适用。对于中间部分，即慢反应与中速反应，液膜内与液相主体内都有反应，化学反应与物质传递都不能忽略，设备内的持液量与相接触面积都重要。合乎此要求的设备有搅拌槽、喷气反应器、板式塔等。

为了对上述考虑提供依据，于表 12-5-2 列出一些常用吸收设备的有关数据范围。设计时若需要填料塔的 k_L 与 a （化学吸收中有效面积 a 与润湿面积 a_w 近似相等，物理吸收 $a < a_w$），可查 Danskwerts 书[3]第 9 章中所引用的曲线图；持液量 l 的数据则以 Shulman 等论文[12]中较为丰富。

表 12-5-2　常用传质设备的若干性能数据

设备类型	$k_G \times 10^3$ /kmol·m^{-2}·s^{-1}·atm^{-1}	$k_L \times 10^4$ /m·s^{-1}	a /m^2·m^{-3}	$k_L a \times 10^2$ /s^{-1}	l /m^3·m^{-3}
填料塔					
逆流	0.03~2	0.4~2	10~350	0.04~7	0.02~0.25
并流	0.1~3	0.4~6	10~170	0.04~102	0.02~0.95
板式塔					
泡罩	0.5~2	1~5	100~400	1~20	0.1~0.95
筛板	0.5~6	1~20	100~200	1~40	0.1~0.95
鼓泡塔	0.5~2	1~4	50~60	0.5~24	0.6~0.98

续表

设备类型	$k_G \times 10^3$ /kmol·m^{-2}·s^{-1}·atm^{-1}	$k_L \times 10^4$ /m·s^{-1}	a /m^2·m^{-3}	$k_L a \times 10^2$ /s^{-1}	l /m^3·m^{-3}
喷洒塔	0.5～2	0.7～1.5	10～100	0.07～1.5	0.02～0.2
鼓泡搅拌槽	—	0.3～0.4	100～2000	0.3～80	0.2～0.95
文丘里管洗涤器	2～10	5～10	160～250	8～25	0.05～0.3

5.3 化学吸收设备设计

5.3.1 从原始理论出发

(1) 基本公式　上节所述，集中于液相中化学反应的影响，所列的速率公式都采用 k_L 作传质系数。纯气体的吸收无气相侧阻力，这些公式可以直接使用，式中的 c_{Ai} 就是气相的平衡浓度。若从混合气中吸收其中的可溶组分，则要考虑气相侧阻力。以液膜系数表示的吸收速率公式为：

$$R_A a = E k_L a (c_{Ai} - c_{AL}) \tag{12-5-44}$$

反应为不可逆时，上式中的 $c_{AL} \approx 0$。若用气膜系数表示，则化学吸收的速率公式与物理吸收的是一样的：

$$R_A a = k_G a P (y - y_i) \tag{12-5-45}$$

通过亨利定律 $p = H'_e c$ 将式(12-5-44)与式(12-5-45)合并并消去 $y_i (= p_i / P)$，可得：

$$R_A = \frac{P(y - y_e)}{\dfrac{1}{k_G} + \dfrac{H'_e}{E k_L}} \tag{12-5-46}$$

$$R_A = K'_G P (y - y_e) \tag{12-5-47}$$

反应为不可逆时，上两式中的 $y_e \approx 0$。式(12-5-47)中的 K'_G 为化学吸收时的气相总传质系数，其表示式如下：

$$\frac{1}{K'_G} = \frac{1}{k_G} + \frac{H'_e}{E k_L} \tag{12-5-48}$$

它与物理吸收时的气相总吸收系数之间的关系为：

$$K'_G = \frac{1 + F}{1 + F/E} K_G \tag{12-5-49}$$

式(12-5-49)中

$$F = k_G H'_e / k_L \tag{12-5-50}$$

仿照物理吸收时的式(12-2-8)，可列出化学吸收塔填料层高度的计算式如下：

$$h = G'_M \int_{y_2}^{y_1} \frac{(1-y)_{om} dy}{K'_G aP(1-y)^2(y-y_e)} \tag{12-5-51}$$

即

$$h = G'_M \int_{y_2}^{y_1} \frac{(1-y)_{om} dy}{K_G aP(1-y)^2(y-y_e) \dfrac{1+F}{1+F/E}} \tag{12-5-52}$$

若气相浓度低，$(1-y)^2$ 与 $(1-y)_{om}$ 均接近于 1，$G'_M \approx G_M$，$K_G a$ 可视为常数（或取平均值）；又若 y_e 可忽略，则：

$$h = \frac{G_M}{K_G aP} \times \frac{1+F/E}{1+F} \ln \frac{y_1}{y_2} \tag{12-5-53}$$

若先定出一系列 R_A 与 y 的关系 [直接通过式(12-5-46)]，则通过式 $-G'_M d[y/(1-y)] = R_A a dh$ 可将填料层高度表示成：

$$h = \frac{G'_M}{a} \int_{y_2}^{y_1} \frac{dy}{R_A(1-y)^2} \tag{12-5-54}$$

若气相浓度低，可简化为：

$$h = \frac{G_M}{a} \int_{y_2}^{y_1} \frac{dy}{R_A} \tag{12-5-55}$$

同理，利用 $L_M dc_{BL}/(\nu c_M) = R_A a dh$ 可得：

$$h = \frac{L_M}{\nu a c_M} \int_{c_{BL1}}^{c_{BL2}} \frac{dc_{BL}}{R_A} \tag{12-5-56}$$

上述从原始理论出发计算的基本思路是依靠增强因子 E。采用这个方法的先决条件是对反应机理了解充分。由于反应快慢等级不同，E 的表示式有很大差异，这个方法运用起来，繁简程度也有很大差异。后面以二级不可逆反应为例，加以说明。

(2) 慢反应 不可逆慢反应的增强因子可以用表 12-5-1 中的式(12-5-12) 表示，此式与式(12-5-46)（其中 $y_e = 0$）相结合，得：

$$R_A = \frac{Py}{\dfrac{1}{k_G} + \dfrac{H'_e}{k_L} + \dfrac{H'_e}{k_2 l c_{BL}}} \tag{12-5-57}$$

式(12-5-57) 表示伴有慢反应的化学吸收速率，它取决于两膜中的传递与液相主体中的反应。阻力似乎增加了一项，但反应使液相中溶质的平衡分压降至接近于零，吸收推动力增大，故吸收速率并不降低。

先按 L_M/c_M、ν 与所要求的混合气 y 的变化，定出溶液中 c_{BL} 的变化范围，用式(12-5-46) 定出这个范围内若干个 c_{BL} 值下的 R_A，然后按式(12-5-56) 进行图解积分，即可求出 h。

若反应极慢，则绝大部分被溶解的气体来不及进行反应便从设备排出，液相中溶质的浓度 c_{AL} 及其平衡分压 P_{Ae} 都不为零。此种情况下可以按物理吸收来考虑。有了传质系数和溶质气体在反应物溶液中的溶解度数据或亨利系数，可不必通过增强因子而直接采用本篇 2.2

(3) **假一级反应** 液相中若反应物的量比所溶解的气体量大得多，二级反应便可视为假一级反应。这种情况常出现于逆流操作吸收塔顶部，因为新入塔的浓溶液与快要离开的稀气体在这里相遇。假一级反应的 $E=\sqrt{D_A k_2 c_{BL}}/k_L$（采用二级反应的写法），将其代入式(12-5-46)（令其中 $y_e=0$），整理后可得：

$$R_A = \frac{Py}{\dfrac{1}{k_G} + \dfrac{H'_e}{\sqrt{D_A k_2 c_{BL}}}} \tag{12-5-58}$$

若全塔各处的 c_{BL} 改变不大，则可取平均值代入上式算出 R_A 后，再代入式(12-5-56)，可积分求得 h。若要考虑 c_{BL} 的改变，可用 Porter[13] 所导出的计算公式：

$$h = \frac{G_M}{k_G a P} \ln \frac{y_1}{y_2} + \frac{G_M H'_e}{aP\sqrt{D_A k_2 c_{BL2}}} \times \frac{\ln\dfrac{(e+1)(e-b)}{(e-1)(e+b)}}{e} \tag{12-5-59}$$

$$e = \sqrt{1 + S(y_2/y_1)}$$
$$b = \sqrt{1 + S(y_2/y_1) - S} = \sqrt{c_{BL2} - c_{BL1}}$$
$$S = \nu G_M y_1 / (L_M/c_M) c_{BL2}$$

注意本篇沿用的规定：下标 1 代表溶质的浓端，这也是反应物 B 的稀端。这里指适合于假一级反应的一段填料层的最低截面，有可能在塔的中部。

当 $Ek_L/H'_e \gg k_G$ 时，即 $\sqrt{D_A k_2 c_{BL2}}/H'_e \gg k_G$ 时，气相侧阻力控制，式(12-5-58)等号右侧分母的第二项可忽略，式(12-5-59)可简化成：

$$h = \frac{G_M}{k_G a P} \ln \frac{y_1}{y_2} \tag{12-5-60}$$

【**例 12-5-4**】 要在直径为 0.52m 的逆流填料塔内，于温度 20℃、压力 15atm 的条件下，用 1mol·L^{-1} 的 NaOH 溶液吸收混合在空气中 1% 的 CO_2，使其浓度降到 0.005%。混合气每天处理量为 50000m^3（以标准状态计）。NaOH 溶液每小时用量为 2.5m^3。所进行的二级不可逆反应为：$CO_2 + 2NaOH \longrightarrow Na_2CO_3 + H_2O$，在本操作条件下可按假一级反应考虑。已知 $k_G=2.35$kmol·m^{-2}·h^{-1}·atm^{-1}，$k_L=1.33$m·h^{-1}，$a=110$m^2·m^{-3}，$H'_e=45$m^3·atm·kmol^{-1}，$D_A=1.77\times10^{-9}$m^2·s^{-1}，$k_2=5700$m^3·kmol^{-1}·s^{-1}。求所需填料高度。

解 $G_M = 50000/[24\times22.4\times(\pi/4)\times0.52^2] = 439$ (kmol·m^{-2}·h^{-1})

$$L_M/C_M = \frac{2.5}{\pi/4 \times 0.52^2} = 11.8 \quad (m^3·m^{-2}·h^{-1})$$

$$c_{BL2} = 1 \text{kmol·m}^{-3}$$

c_{BL1} 可由物料衡算求出。因 $\nu=2$，即 B 的消耗量为吸收 A 的量的 2 倍，故可列出：

$$11.8\times(1-c_{BL1}) = 2\times439\times(0.01-0.00005)$$

解得 $c_{BL1} = 0.26$ kmol·m^{-3}

式(12-5-59) 中

$$S = \frac{2 \times 439 \times 0.01}{11.8 \times 1} = 0.744$$

$$e = \sqrt{1 + 0.744 \times (0.00005/0.01)} = 1.00185$$

$$b = \sqrt{0.26/1} = 0.51$$

上述值代入式(12-5-59),得:

$$h = \frac{439}{2.35 \times 110 \times 15} \times \ln\frac{0.01}{0.00005} + \frac{439 \times 45}{100 \times 15 \times \sqrt{1.77 \times 10^{-9} \times 3600 \times 5700 \times 3600}} \times$$

$$\frac{\ln\frac{(1.00185+1) \times (1.00185-0.51)}{(1.00185-1) \times (1.00185+0.51)}}{1.00185} = 6.72 \quad (\text{m})$$

(4) 瞬时反应

① 瞬时反应指的是溶液中的反应物浓度 c_{BL} 大到超过了临界浓度 $(c_{BL})_c$ 之后,反应面与气液界面重合,液相侧阻力等于零,吸收由气相侧阻力控制,故:

$$c_{BL} > (c_{BL})_2 \text{ 时}: R_A = k_G a p = P k_y a y \tag{12-5-61}$$

这样就完全可以按物理吸收计算:

$$h = \frac{G_M}{k_G a P} \ln\frac{y_1}{y_2} \tag{12-5-62}$$

此式与(12-5-60)完全一样。在此情况下,h 代表反应面与气液界面重合的一段填充高度,y_1 是符合这个条件的填充层最低截面上的摩尔分数。式(12-5-62)只对低浓度气体适合,若 A 的浓度高,应改用式(12-2-7)。例 12-2-1 就是利用式(12-2-7)将化学吸收按物理吸收计算的例题。

在一定条件下,可以按气膜控制的物理吸收计算的实例还有:用酸溶液吸收 NH_3,用碱溶液吸收 SO_2,用强碱溶液吸收低浓度的 H_2S 等。具体条件是液体中有足量的反应物能把溶解下来的气体立即完全消耗掉。

② 在溶液中反应物的浓度小于 $(c_{BL})_c$ 时,反应面在液膜内部而与气液界面平行。此条件下瞬时反应的 $E = E_i = (D_A/\nu D_B)(c_{BL}/c_{Ai})$,将这个 E 代入式(12-5-44)(其中的 $c_{AL} = 0$),又将式(12-5-45)中的 y_i 写成 $H'_e c_{Ai}$,此两式合并便可得到这个条件下的吸收速率表示式。故 $c_{BL} < (c_{BL})_c$ 时:

$$R_A = \frac{Py + H'_e D_B c_{BL}/(\nu D_A)}{\frac{1}{k_G} + \frac{H'_e}{k_L}} \tag{12-5-63}$$

式(12-5-56)中的 R_A 用式(12-5-63)代入后,便可用图解积分法求 h。Secor 和 South[14] 在一定条件下(见后)用解析法求得下式:

$$h = H_{OG} \times N_{OG} = \frac{G_M}{K_G a P} \times \frac{\ln\left[\left(1 - \frac{m'G_M}{L_M}\right)\frac{y_1 + \frac{m'c_{BL2}}{\nu C_M}}{y_2 + \frac{m'c_{BL2}}{\nu C_M}} + \frac{m'G_M}{L_M}\right]}{\frac{m'G_M}{L_M}} \tag{12-5-64}$$

$$K_G a = 1 \bigg/ \left(\frac{1}{k_G a} + \frac{H'_e}{k_L a} \right)$$

$$m' = m D_B / D_A$$

$$m = C_M H'_e / D_A$$

式中 y_1——进入进行瞬时反应的一段填料层最低截面的气体中 A 的摩尔分数；

y_2——离开此段填料层最高截面的气体中 A 的摩尔分数。

上式推导式所假设的条件是：$1 - m' G_M / L_M$ 与 $m' c_{BL2}/(\nu C_M) + m' G_M y_2 / L_M$ 均可视为恒定。

式(12-5-64) 的 N_{OG} 部分与 Colburn 为物理吸收所提出的式(12-2-24) 相仿。合乎前述条件化学吸收的填充层高度也可根据 Colburn 公式绘出的图 12-2-4 来计算。在此情况下求 N_{OG} 时，图 12-2-4 的横坐标改为 $[y_1 + m' c_{BL2}/(\nu C_M)]/[y_2 + m' c_{BL2}/(\nu C_M)]$，参数改为 $m' G_M / L_M$，H_{OG} 不变。

③ 根据 $Ha > 10 E_i$，知道反应为瞬时反应之后，还要算出临界浓度 $(c_{BL})_c$，以便从设计中 c_{BL} 的变化范围来判断在塔的操作条件下，瞬时反应是发生于气液界面上，还是发生于液膜内与界面平行的某个面上。若是前者，则可采用式(12-5-62) 计算塔高；若是后者，则用式(12-5-64) 计算塔高。若一个塔的上部属于前者，下部属于后者，那就要分开来采用相应的公式计算。

临界浓度的表示式是：

$$(c_{BL})_c = \frac{\nu D_A k_G}{D_B k_L} P y_c \tag{12-5-65}$$

塔内 $c_{BL} = (c_{BL})_c$，$y = y_c$ 的一个截面至塔顶之间的物料衡算式是：

$$y_c = \frac{L_M}{\nu G_M} [c_{BL2} - (c_{BL})_c] + y_2 \tag{12-5-66}$$

式(12-5-65) 与式(12-5-66) 合并后得：

$$(c_{BL})_c = \frac{\dfrac{L_M}{\nu m G_M} c_{BL2} + \dfrac{y_2}{m} c_M}{\dfrac{k_L H'_e}{\nu H'_e k_G} + \dfrac{L_M}{\nu m' G_M}} \tag{12-5-67}$$

【例 12-5-5】 在 1atm 下操作的逆流填料塔内，用 $0.6 \text{kmol} \cdot \text{m}^{-3}$ 的 H_2SO_4 水溶液吸收含 5% NH_3 的空气，使从塔顶送出的气体中含 NH_3 降到 1%。气体的摩尔流速 $G_M = 45 \text{kmol} \cdot \text{m}^{-2} \cdot \text{h}^{-1}$，液体的摩尔流速 $L_M = 500 \text{kmol} \cdot \text{m}^{-2} \cdot \text{h}^{-1}$。求所需填料层高度。在本例条件下，反应为瞬时不可逆反应。设 $k_G a = 35 \text{kmol} \cdot \text{m}^{-3} \cdot \text{h}^{-1} \cdot \text{atm}^{-1}$，$k_L a = 0.5 \text{h}^{-1}$，$C_M = 55.6 \text{kmol} \cdot \text{m}^{-3}$，$H'_e = 0.013 \text{m}^3 \cdot \text{atm} \cdot \text{kmol}^{-1}$，$D_A / D_B \approx 1$。

解 反应式为：

$$NH_3 + \frac{1}{2} H_2SO_4 \longrightarrow \frac{1}{2} (NH_4)_2 SO_4$$

故 $\nu = 1/2$。

做全塔的物料衡算：

$$45\times(0.05-0.01)=500\times\frac{0.6-c_{BL1}}{(1/2)\times55.6}$$

解得 $\qquad c_{BL1}=0.5\text{kmol}\cdot\text{m}^{-3}$

因
$$m=\frac{C_M H'_e}{P}=\frac{55.6\times0.013}{1}=0.722$$

$$m'=\frac{mD_B}{D_A}=0.722$$

用式(12-5-67)求得临界浓度为:

$$(c_{BL})_c=\frac{\dfrac{500}{0.5\times0.722\times45}\times0.6+\dfrac{0.01}{0.722}\times55.6}{\dfrac{0.5}{0.5\times0.013\times35}+\dfrac{500}{0.5\times0.722\times45}}=0.583\quad(\text{kmol}\cdot\text{m}^{-3})$$

相应的 y_c 由式(12-5-65)算出:

$$y_c=\frac{D_B k_L}{\nu D_A k_G}\times\frac{(c_{BL})_c}{P}=0.0167$$

塔的上半部, c_{BL} 自 $0.6\text{kmol}\cdot\text{m}^{-3}$ 至 $0.583\text{kmol}\cdot\text{m}^{-3}$, 即 y 自 0.01 至 0.0167 的一段, 按气膜控制的式(12-5-62)计算, 将有关数值代入得:

$$h_1=\frac{45}{35\times1}\times\ln\frac{0.0167}{0.01}=0.66\quad(\text{m})$$

塔的下半部, c_{BL} 自 $0.583\text{kmol}\cdot\text{m}^{-3}$ 至 $0.5\text{kmol}\cdot\text{m}^{-3}$ 的一段, 按式(12-5-64)计算:

$$H_{OG}=\frac{G_M}{K_G aP}=\frac{G_M}{P}\left(\frac{1}{k_G a}+\frac{H'_e}{K_L a}\right)=\frac{45}{1}\times\left(\frac{1}{35}+\frac{0.013}{0.5}\right)=2.46\quad(\text{m})$$

又因
$$\frac{m'G_M}{L_M}=\frac{0.722\times45}{500}=0.065$$

$$\frac{m'c_{BL2}}{\nu C_M}=\frac{0.722\times0.583}{0.5\times55.6}=0.015$$

故
$$N_{OG}=\frac{\ln\left[(1-0.065)\times\dfrac{0.05+0.015}{0.0167+0.015}+0.065\right]}{1-0.065}=0.73$$

得 $\qquad h_2=2.46\times0.73=1.8\quad(\text{m})$

全塔 $\qquad h=h_1+h_2=0.66+1.8=2.46\quad(\text{m})$

(5) 快反应 快反应的 E 用表12-5-1中的式(12-5-16)计算。E 在该式中是隐函数,不能将该式直接代入求 R_A 的式(12-5-46)。E 的值要从图 12-5-1 上的曲线组读出。这样，利用式(12-5-56)求 h 便要进行图解积分。快反应的 E 又是 Ha 与 E_i 的函数，E_i 中含有 c_{Ai}，而 c_{Ai} 在 R_A 求出后才能算出，因此要采用试差法。只有在气相侧阻力可以忽略的特殊条件下，$y_i \approx y$，c_{Ai} 可根据 y 定出，才可不用试差。试差的过程是：由物料衡算从某个截面上的 c_{AL} 求出此截面上的 y，参考 y 的大小假设一 y_i 值，由亨利定律求出 c_{Ai}，然后算出 E 与 R_A。假设的 y_i 用下式核验：

$$y_i = y - \frac{R_A}{k_G P} \tag{12-5-68}$$

试差直到所设的 y_i 与由式(12-5-68)算出的 y_i 吻合到满意为止（详见例 12-5-6）。

后来，也有 E 为明函数的公式提出，其中之一是 Decoursey 按表面更新模型得到的下列近似式[15]：

$$E = \frac{Ha^2}{2(E_i-1)} + \left[\frac{Ha^4}{4(E_i-1)^2} + \frac{E_i Ha^2}{E_i-1} + 1\right]^{1/2} \tag{12-5-69}$$

此公式也与图 12-5-1 的曲线组符合，使用它可以直接算出 E 而无须求助于曲线，但是计算 h 时仍不能避免试差。

【例 12-5-6】 合成氨的原料气中含 25% CO_2，要在装填 35mm 拉西环的填充塔内进行吸收，使 CO_2 的浓度降到 2×10^{-3}%。所用的溶剂为 2.5mol·L^{-1} 的一乙醇胺（MEA）溶液。此溶剂在送入塔顶时的 CO_2 含量为 0.15kmol CO_2·$kmol^{-1}$ MEA，从塔底送出时为 0.4kmol CO_2·$kmol^{-1}$ MEA。塔的操作压力为 20atm，温度可假设恒定于 30℃。

惰性气体摩尔流速 $G'_M = 11.4$ kmol·m^{-2}·h^{-1}，液体溶剂的体积流速 $L'_V (= L'_M/C_M) = 6.1 m^3 \cdot m^{-2} \cdot h^{-1}$。

反应为二级，化学计量比 $\nu = 2$，反应速率常数 $k_2 = 1.02 \times 10^4 m^3 \cdot kmol^{-1} \cdot s^{-1}$。塔内各截面上，溶液中 CO_2 的平衡分压与气相中 CO_2 的分压相比可以忽略。下面是有关数据的估计值：

$$H'_e = 40 m^3 \cdot atm \cdot kmol^{-1}$$

$$D_A = 1.4 \times 10^{-9} m^2 \cdot s^{-1} \quad (CO_2 \text{ 在溶液中})$$

$$D_B = 0.77 \times 10^{-9} m^2 \cdot s^{-1} \quad (\text{MEA 在溶液中})$$

$$k_L = 0.79 m \cdot h^{-1}$$

$$a = 140 m^2 \cdot m^{-3}$$

$$k_G a = 29.2 kmol \cdot m^{-3} \cdot h^{-1} \cdot atm^{-1}$$

求填料高度。

解 （1）以单位塔截面积计的全塔每小时吸收量 $= 11.4 \times (0.25/0.75 - 0.00002/0.99998) = 3.8$ (kmol·m^{-3}·h^{-1})

每单位体积液体吸收 CO_2 的量 $= 3.8/6.1 = 0.62$ (kmol·m^{-3})
塔顶处未反应的 MEA 浓度 $c_{BL2} = 2.5 \times (1 - 2 \times 0.15) = 1.75$ (kmol·m^{-3})
塔底处未反应的 MEA 浓度 $c_{BL1} = 2.5 \times (1 - 2 \times 0.4) = 0.5$ (kmol·m^{-3})

(2) 为了作图解积分求 h，先定出与塔内若干截面上的 c_{BL} 相对应的 R_A。对于每个截面，都要先算出 Ha 与 E_i 以便求 E。用试差法。第一次试算假设 $y_i=y$，后面任意选一截面进行计算示范。取 $p_{CO_2}=4\text{atm}$ 的一个截面。$y=4/20=0.2$，此截面上 CO_2 的摩尔流速 $= G'_M[y/(1-y)]=11.4\times(0.2/0.8)=2.85(\text{kmol}\cdot\text{m}^{-2}\cdot\text{h}^{-1})$

塔顶处 CO_2 的摩尔流速 $=G'_M[y_2/(1-y_2)]=11.4\times0.00002=0.000228(\text{kmol}\cdot\text{m}^{-2}\cdot\text{h}^{-1})$

此截面至塔顶间以单位塔截面积计的每小时吸收量 $=2.85-0.000228\approx2.85(\text{kmol}\cdot\text{m}^{-2}\cdot\text{h}^{-1})$

此截面上未起反应的 MEA 浓度 $c_{BL}=1.75-2\times2.85\div6.1=0.82(\text{kmol}\cdot\text{m}^{-3})$

① 第一次试算　假设 $y_i=y=0.2$

$$c_{Ai}=\frac{Py_i}{H'_e}=\frac{20\times0.2}{40}=0.1\quad(\text{kmol}\cdot\text{m}^{-3})$$

$$E_i=1+\frac{D_B c_{BL}}{\nu D_A c_{Ai}}=1+\frac{1\times0.77\times10^{-9}\times0.82}{2\times1.4\times10^{-9}\times0.1}=3.3$$

$$Ha=\frac{\sqrt{D_A k_2 c_{BL}}}{k_L}=\frac{3600\times\sqrt{(1.4\times10^{-9})\times(1.02\times10^4)\times0.82}}{0.79}=15.6$$

从图 12-5-1 上读出　$E=3.3$

由式 (12-5-46)：

$$R_A=\frac{20\times0.2}{\dfrac{1}{29.2/140}+\dfrac{40}{3.3\times0.79}}=0.20\quad(\text{kmol}\cdot\text{m}^{-2}\cdot\text{h}^{-1})$$

② 第二次试算　根据第一次试算求得的 R_A，重设 y_i 的值如下：

$$y_i=y-\frac{R_A}{k_G P}=0.2-\frac{0.2}{\dfrac{29.2}{140}\times20}=0.15$$

于是求得：

$$c_{Ai}=20\times0.15\times1\div40=0.075$$

$$E_i=1+\frac{1}{2}\times\frac{0.77}{1.4}\times\frac{0.82}{0.075}=4$$

$$E=3.9$$

$$R_A=\frac{20\times0.2}{\dfrac{1}{29.2/140}+\dfrac{40}{3.9\times0.79}}=0.225\quad(\text{kmol}\cdot\text{m}^{-2}\cdot\text{h}^{-1})$$

③ 第三次试算

设

$$y_i=0.2-\frac{0.225}{\dfrac{29.2}{140}\times20}=0.146$$

由此得：

$$c_{Ai} = 0.073$$

$$E_i = 4.09$$

$$E = 4$$

$$R_A = 0.229 \text{kmol} \cdot \text{m}^{-2} \cdot \text{h}^{-1}$$

收敛很快，即以第三次试算求得的结果为准，取 $R_A = 0.229$。

（3）另外取几个截面进行同样的计算，所得结果列表如下：

y	0.25	0.20	0.15	0.10	0.05	0.025
c_{BL}	0.51	0.82	1.09	1.33	1.55	1.66
Ha	12.2	15.6	18.0	19.9	21.4	22.2
E_i	2.35	4.09	7.24	16.9	42	114
E	2.35	4	6	12	16	22
R_A	0.19	0.229	0.227	0.222	0.126	0.0705

将 $1/R_A$ 对 c_{BL} 进行标绘，量得曲线底下自 $c_{BL} = 0.51 \sim 1.66 \text{kmol} \cdot \text{m}^{-3}$ 范围内的面积相当于 $4.5 \text{h} \cdot \text{m}^{-1}$，即

$$\int_{c_{BL}=0.51}^{c_{BL}=1.66} \frac{\mathrm{d}c_{BL}}{R_A} = 4.5 \text{h} \cdot \text{m}^{-1}$$

代入式(12-5-56)，得自塔底（$y = 0.25$ 处）至塔中部一个截面（$y = 0.025$ 处）的填料层高度为

$$h_1 = \frac{6.1}{2 \times 140} \times 4.5 = 0.098 \quad (\text{m})$$

（4）由（3）中所列的表可看出，在 $y = 0.025$ 的一个塔截面上，$Ha = 22.2$，$E_i = 114$，符合假一级反应的条件（$3 < Ha < E_i/2$）。自此截面至塔顶，c_{BL} 从 $1.66 \text{kmol} \cdot \text{m}^{-3}$ 变为 $1.75 \text{kmol} \cdot \text{m}^{-3}$，故 c_{BL} 可取平均值 $(1.75+1.66)/2 = 1.71$（$\text{kmol} \cdot \text{m}^{-3}$）而视为恒定，这一段塔的 R_A 便可采用式(12-5-58)计算：

$$R_A = \frac{20y}{\dfrac{140}{29.2} + \dfrac{40}{3600\sqrt{1.4 \times 10^{-9} \times 1.02 \times 10^4 \times 1.71}}} = 2.84y$$

代入式(12-5-55)求得自塔中部 $y = 0.025$ 的截面至塔顶的填料层高度为：

$$h_2 = \frac{G'_M}{a} \int_{y_2=0.00002}^{y_1=0.025} \frac{\mathrm{d}y}{2.84y} = 0.204 \text{m}$$

因此，填料层总高度为

$$h = h_1 + h_2 = 0.30 \text{m}$$

5.3.2 利用经验关系与数据

从原始理论出发计算的先决条件是明确反应机理,并知道反应速率常数;计算中用到的溶解度、扩散系数等数据也要齐全。这些要求往往不能全都满足。因此,从原始理论出发虽然基础扎实,并已证实能取得相当可靠的结果,但往往由于条件不具备,传统上使用比较多的方法还是要依靠适合于特定体系与操作条件的关联式或经验数据,将化学吸收当作物理吸收来计算。

传统方法所用的化学吸收速率关系并不附加增强因子,一般都直接以 $K_G a$ 表示。化学吸收有许多并不见得是以气相侧阻力为主,但吸收的要求往往是以气相中溶质的分压或摩尔分数变化为准,$K_G a$ 正好与此要求相适应。使用关联式或经验数据时有一点要特别注意,即所规定的适用条件必须遵守,外推到所规定应用范围之外很容易出错。压力、温度尤其是系统的浓度(例如溶液中反应物的浓度或转化程度)都会对反应机理产生很大影响,有些影响甚至难以估量。k_L 的变化大,而又不易推知,自然也使系统的各种条件改变时,K_G 的变化趋势不好掌握。

经验公式或数据的来源,主要是文献中所载的针对某个化学吸收体系研究而得的资料。专著中以 Kohl 和 Riesenfeld 的书[11]收集得较多,Astarita 等的书[16]则在最后的"References and Notes"中列出许多化学吸收过程的参考资料。此外,国外填料或塔板的制造厂商所提供的产品目录或说明书中,往往列出一些物理吸收、化学吸收系数或板效率的典型数据(表格或曲线)。这些数据多数是在直径比较大的中间试验设备做出或直接取自生产现场。表 12-5-3 与表 12-5-4 所列,就是这类数据的摘录。

表 12-5-3 填料类型尺寸与液体流速对化学吸收系统的 $K_y a y_{Bm}$ 的影响

填料/mm	$L=27\text{kg}\cdot\text{m}^{-2}\cdot\text{s}^{-1}$				$L=13\text{kg}\cdot\text{m}^{-2}\cdot\text{s}^{-1}$			
	25	38	50	75~90	25	38	50	75~90
陶瓷弧鞍	30	24	21	16°	45	38	32	26°
陶瓷矩鞍	34	27	22		56	43	34	
陶瓷拉西环	27	24	21		42	34	30	
金属拉西环	29	24	19		45	35	27	
塑料鲍尔环	29	27	26°	16	45	42	38°	24
金属鲍尔环	37	32	27	21°	56	51	43	27°
塑料鞍环(gutalox)	40°		24°	16°	56°		37°	26°
金属鞍环(gutalox)	43°	35°	30°	30°	66°	58°	48°	37°

注:1. $K_y a y_{Bm}$ 的单位是 $\text{kmol}\cdot\text{m}^{-3}\cdot\text{h}^{-1}$。$y_{Bm}$ 即 $(1-y)_m$,与 $K_y a$ 联用时,指 $(1-y)_{om}$,见式(12-1-28)与式(12-1-30)。

2. 操作条件:CO_2 在空气混合物中占 1%(摩尔分数);NaOH,4%(质量分数),即 $1\text{mol}\cdot\text{L}^{-1}$;25%转化成碳酸钠;温度 24℃,压力 0.97atm;数据右角无"°"者,气速=$0.68\text{kg}\cdot\text{s}^{-1}\cdot\text{m}^{-2}$,相当于 $0.59\text{m}\cdot\text{s}^{-1}$;有"°"者,气速=$1.22\text{kg}\cdot\text{s}^{-1}\cdot\text{m}^{-2}$,相当于 $1.05\text{m}\cdot\text{s}^{-1}$;塔直径 0.76m,填料层高度 3.05m。

3. 本表摘自"Perry's Chemical Engineers' HandBook"(6th ed.)第 14 章所引自 Norton 公司的资料。

表 12-5-4　各种反应系统的 $K_y a y_{Bm}$ 数据

气相溶质	液相反应物	$K_y a y_{Bm}/\text{kmol}\cdot\text{m}^{-3}\cdot\text{h}^{-1}$	特定条件
HCl	H_2O	353	气相控制
NH_3	H_2O	337	气相控制
Cl_2	NaOH	272	8%质量溶液
SO_2	Na_2CO_3	224	11%质量溶液
HF	H_2O	152	
Br_2	NaOH	131	5%质量溶液
HCN	H_2O	114	
HCHO	H_2O	114	物理吸收
HBr	H_2O	98	
H_2S	NaOH	96	4%质量溶液
SO_2	H_2O	59	
CO_2	NaOH	38	4%质量溶液
Cl_2	H_2O	8	液相控制

注：1. 表中的 y_{Bm} 即 $(1-y)_m$，对 K_y 来说，指 $(1-y)_{om}$，见式(12-1-28)与式(12-1-30)。
2. 操作条件：38mm 陶瓷矩鞍；溶质气体 0.5%~1%（摩尔分数）；反应物转化率 33%；压力 1atm；温度 16~24℃；气速 $1.2\text{kg}\cdot\text{s}^{-1}\cdot\text{m}^{-2}$，相当于 $1.1\text{m}\cdot\text{s}^{-1}$；液速 $3.4\sim6.8\text{kg}\cdot\text{s}^{-1}\cdot\text{m}^{-2}$；塔直径 0.76m；填料层高度 3.05m。
3. 本表摘自 "Perry's Chemical Engineer's Handbook"（6th ed.）第 14 章所引自 Norton 公司的资料。

【例 12-5-7】 用 $2\text{mol}\cdot\text{L}^{-1}$ 的一乙醇胺（MEA）溶液作溶剂，从烟道气中吸收 CO_2。烟道气中含 17.5% CO_2，其余可视为 N_2。要求经吸收后气体中只含 1% CO_2。操作压力为 1atm，温度为 45℃（假设为等温操作）。入塔混合气质量流速 $G_1=3000\text{kg}\cdot\text{m}^{-2}\cdot\text{h}^{-1}$，入塔液体质量流速 $L_2=2500\text{kg}\cdot\text{m}^{-2}\cdot\text{h}^{-1}$，入塔液体中 CO_2 含量为 $0.02\text{kmol CO}_2\cdot\text{kmol}^{-1}$ MEA，塔内填充 50mm 陶瓷拉西环。计算填充高度。

计算吸收系数采用 Riesenfeld 和 Kohl 书[11]中第 83 页所载公式：

$$K_G a = 5.6F(L/\mu)^{2/3}[1+5.7M\times(X_e-X)e^{0.0067(1.8t+32)-3.4p}]$$

式中　$K_G a$——气相总体积吸收系数，$\text{kmol}\cdot\text{m}^{-3}\cdot\text{h}^{-1}\cdot\text{atm}^{-1}$；
　　　L——液体质量流速，$\text{kg}\cdot\text{m}^{-2}\cdot\text{h}^{-1}$；
　　　μ——液体黏度，$\text{mPa}\cdot\text{s}$；
　　　M——溶液中 MEA 的浓度，$\text{kmol}\cdot\text{m}^{-3}$；
　　　X——溶液中 CO_2 的浓度，$\text{kmol CO}_2\cdot\text{kmol}^{-1}$ MEA；
　　　X_e——与气相中 CO_2 平衡的液相浓度，$\text{kmol CO}_2\cdot\text{kmol}^{-1}$ MEA；
　　　t——温度，℃；
　　　p——气相中 CO_2 的分压，atm；
　　　F——根据填料类型与尺寸而规定的系数，38~50mm 拉西环的 F 等于（0.4~0.6）$\times10^3$（文献[11]），现取 $F=0.5\times10^3$。

上式的适用条件：温度低于 50℃，CO_2 的分压小于 0.5atm，溶液中 CO_2 浓度 $<0.5\text{kmol CO}_2\cdot\text{kmol}^{-1}$ MEA。

解　（1）混合气浓度以 CO_2 与 N_2 的摩尔比 Y 计；溶液的浓度以 CO_2 与 MEA（反应

了的与未反应的）的摩尔比 X 计。

$$Y_1 = \frac{0.175}{0.825} = 0.212$$

$$Y_2 = \frac{0.01}{0.99} = 0.0101$$

$$X_2 = 0.02$$

$$G_{M1} = \frac{3000}{0.175 \times 44 + 0.825 \times 28} = 97.4 \quad (\text{kmol} \cdot \text{m}^{-2} \cdot \text{h}^{-1})$$

$$G'_{M1} = 97.4 \times 0.825 = 80.4 \quad (\text{kmol N}_2 \cdot \text{m}^{-2} \cdot \text{h}^{-1})$$

单位塔截面的 CO_2 吸收速率 $G'_M(Y_1-Y_2) = 80.4 \times (0.212-0.0101) = 16.2$ $(\text{kmol} \cdot \text{m}^{-2} \cdot \text{h}^{-1})$。

MEA（分子式为 $NH_2C_2H_4OH$）的摩尔质量为 $61.1 \text{kg} \cdot \text{kmol}^{-1}$，$2 \text{mol} \cdot \text{L}^{-1}$ 的 MEA 溶液浓度为 $122.2 \text{kg} \cdot \text{m}^{-3}$，在 45℃时密度为 $0.992 \text{kg} \cdot \text{m}^{-3}$。

入塔溶液中 MEA 的质量分数 $=122.2/992=0.123$。

入塔溶液中 MEA 的质量速率 $=25000 \times 0.123 = 3075$ $(\text{kg} \cdot \text{m}^{-2} \cdot \text{h}^{-1})$。

$$L'_M = \frac{3075}{61.1} = 50.3 \quad (\text{kmol} \cdot \text{m}^{-2} \cdot \text{h}^{-1})$$

$$X_1 = \frac{G'_M(Y_1-Y_2)}{L'_M} + X_2 = \frac{16.2}{50.3} + 0.02 = 0.342 \quad (\text{kmol} \cdot \text{kmol}^{-1})$$

（2）计算总传质系数 K_Ga 与液体中 CO_2 的浓度有关，沿塔改变比较大，在求填料层高度时，不能视为常数。后面算出塔顶、塔底及塔中部 $Y=(Y_1+Y_2)/2=0.111$ 处的三个 K_Ga 值。

① 塔顶 $\qquad t=45℃, p=1 \times 0.01=0.01(\text{atm})$

$$L = 25000 \text{kg} \cdot \text{m}^{-2} \cdot \text{h}^{-1}$$

$$M = 2 \text{kmol} \cdot \text{m}^{-3}$$

$$X = 0.02 \text{kmol} \cdot \text{kmol}^{-1}$$

$$X_e = 0.5 \text{kmol} \cdot \text{kmol}^{-1}$$

（按 45℃及 $p_{CO_2}=0.01\text{atm}$ 在文献 [11] 第 51 页图 12-2-13 上读出）代入上述经验公式，得：

$$K_Ga = 5.6 \times (0.5 \times 10^{-3}) \times \left(\frac{25000}{0.8}\right)^{2/3} \times [1+5.7 \times 2 \times (0.5-0.02) e^{0.0067 \times (1.8 \times 45+32)-3.4 \times 0.01}]$$

$$= 34.1 \quad (\text{kmol} \cdot \text{m}^{-3} \cdot \text{h}^{-1} \cdot \text{atm}^{-1})$$

② 塔底 流到塔底液体中所溶解的 CO_2 增多，塔底处的 L 与 μ 都会略有提高，但 μ 的数据难以估计准确，只好近似地取 L/μ 的值与塔顶处相同。数值与塔顶处不同的量有：

$$p = 0.175\text{atm}; X = 0.345; X_e = 0.6$$

代入经验公式求得：
$$K_Ga = 5.6\times(0.5\times10^{-3})\times992\times[1+5.7\times2\times(0.6-0.345)e^{0.0067\times(1.8\times45+32)-3.4\times0.175}]$$
$$= 12.3(\text{kmol}\cdot\text{m}^{-3}\cdot\text{h}^{-1}\cdot\text{atm}^{-1})$$

③ 塔中部（$Y=0.111$ 处）

$$p = 1\times\frac{0.111}{1.111} = 0.1(\text{atm})$$

$$X = \frac{80.4}{49.9}\times(0.111-0.0101)+0.02 = 0.183$$

$$X_e = 0.55$$

代入经验公式求得：
$$K_Ga = 20.4\,\text{kmol}\cdot\text{m}^{-3}\cdot\text{h}^{-1}\cdot\text{atm}^{-1}$$

(3) 计算填料层高度

$$-G'_M dY = K_Ga P(y-y_e)dh$$
$$= K_Ga Py\,dh \quad (y_e\approx 0)$$
$$= K_Ga P\frac{Y}{1+Y}dh$$

$$h = G'_M\int_{Y_2=0.0101}^{Y_1=0.212}\frac{(1+Y)dY}{K_Ga PY}$$

根据 Simpson 法则作数值积分，列出下表：

Y	$K_Ga P$	$\dfrac{1+Y}{K_Ga PY}$
0.0101	34.1	2.93
0.111	20.4	0.491
0.212	12.3	0.465

得
$$\int_{Y_2=0.0101}^{Y_1=0.212}\frac{(1+Y)dY}{K_Ga PY} = \frac{0.212-0.0101}{6}\times(2.93+4\times0.491+0.465) = 0.18$$

故填料层高度 $\qquad h = 80.4\times 0.18 = 14.5\quad(\text{m})$

5.3.3 通过实验室或中间厂试验放大

利用经验关系计算的先决条件是有适用的公式或数据。这方面的资料也非完备，要找到吸收体系与操作条件范围都合适的资料，常有困难。这个问题在开发一个新的吸收过程时更为突出。为了取得可靠的设计数据，要针对所涉及的吸收体系和操作条件安排试验直接测定。从前认为若要对测得的结果用起来有信心，试验必须在工厂设备或中间厂设备内进行，现在已针对化学吸收开发出一些用实验室设备模拟塔设备的技术。

用实验室模型来模拟工业设备以考察化学反应对吸收速率的影响，首先应使模型与设备的物理吸收系数 k_L 相等。如果相等，则在二者之中化学反应对吸收速率提高的程度也就相同。工业设备（例如填充塔）的物理吸收系数 k_L 和有效接触面积 a 比较容易估算（见本篇 6.1 节），若安排一个气液接触面积一定的试验模型，通过操作参数的改变使其 k_L 值与工业设备的 k_L 值相等，则在模型中测出的某一化学吸收系统的吸收系数便可以用到工业设备上去。

Danckwerts 和 Gillham[17]设计了一种专为模拟填料塔用的搅拌池。池的直径为 10cm，内装数百立方厘米液体，液面以上为被吸收的气体。气液界面是一个已知的定值。物理吸收系统的 k_L 在填料塔内主要随喷洒密度 L 而变，在搅拌池内则随搅拌器转速 N 而变。因此，可以首先通过物理吸收试验，求出一系列取得相同 k_L 的塔内 L 与搅拌器 N 的关系，绘成曲线。然后，在搅拌池内进行化学吸收试验，在某一转速下测得的化学吸收系数即为填料塔在相应喷洒密度下的化学吸收系数。填料塔内的吸收系数除与液体喷洒密度有关外，还与其他因素有关，首先是与溶液中反应物的浓度有关。因此，要改变液体浓度进行多次试验，每次试验模拟塔内一个截面，因为每个截面上的浓度都不同。

Danckwerts 和 Alper[18]鉴于上述模型装置只能用纯溶质气体来测定化学吸收的 k_L，故将其加以改进以便做到 k_L 与 k_G 都能和工业设备的相等。其方法是在液体搅拌器的转轴外套一个空心轴，在空心轴上另装搅拌桨来搅拌液面以上的混合气，并独立调节其转速以使 k_G 的值与塔内的值相等。试验要在一系列气、液相浓度相匹配的情况下进行，以模拟塔内不同水平截面上的气、液浓度状况。两相浓度的匹配用物料衡算决定。

Danckwerts 和 Alper[19]后来又提出一种可以模拟整个填料吸收塔操作条件的模型。这个装置的器身是一根直径几厘米的直立玻璃管，内悬一串圆球，共约 10 个，可以按需要增减。气体从管底通入向上流动。变更外围管的直径可以使气体的线速度改变。液体送到最顶的球上，沿各球的表面下降。每个球的顶部都有一个凹进的小池子，用以维持一定的持液量。只要安排下列比率在模型中与在实际设备中相等，则在模型上测出的吸收效果便和工业设备上所达到的相同。这几个比率是：ah/L_V，L_V/G_V，lh/L_V（或 l/a）。其中 a 是单位填料（或球）体积的气液接触面积；h 是填料层高度（或串球的总高）；L_V 与 G_V 分别是单位时间单位塔（或管）截面的液流与气流体积；l 是持液量，即单位体积填料（或球）所持的液体体积。放大比率（填料层高与串球高之比）以 5～15 为宜。

后来，Tontiwachwuthikul 等[20]提出，中间试验设备应与工业规模设备的流体流动状况完全相同。大小不同的两者若采用相同的填料，相同的空塔气、液流速而壁效应可忽略，则此条件便达到。这时，使中间试验塔内某一水平截面上的气、液两相主体浓度做到各自与实际的工业塔内某一水平截面上的相同，则两处的化学吸收速率 R_A 便相等。于是，测出中间试验塔内若干水平截面上的气相浓度 y 而绘出浓度变化曲线 $Y=f(Z)$，由曲线的斜率便可求出各高度 Z 处的 R_A：

$$R_A = \frac{G'_M dY}{dZ}$$

式中，$Y=y/(1-y)$；Z 为截面所在的高度。将 R_A 表示成所在位置上的 y 与 c_{BL} 的函数，便可通过式(12-5-54)～式(12-5-56)中之一进行数值积分以求 h。进行试验时，实际的塔可以分割成若干段，逐段用中间试验塔来模拟其操作条件。

5.4 有化学反应的解吸

化学吸收如果所进行的反应是可逆的，所得溶液便可进行解吸。化学吸收常使用专门的溶剂，故解吸溶质并回收溶剂是工艺过程中很重要的一步。

从溶液中取出溶剂的手段是减压与加热。解吸过程往往先是用减压闪蒸以取出一些较易除去的组分，然后在填充塔或板式塔内做彻底的解吸。塔釜内通入直接蒸气或间接蒸气；要解吸的溶液自塔顶送入或在塔身近顶处送入（以防止排出气体中有溶剂蒸气损失）。

有化学反应的解吸塔一直缺乏成熟的设计方法，到 20 世纪 80 年代初，Astarita 和 Savage[21]提出，若化学吸收中对溶剂为一级反应，则化学吸收的理论亦可用于解吸，自慢反应至快反应为止，$R_A = Ek_L(c_{AL} - c_{Ai})$ 这个关系（表示推动力的浓度差解吸与吸收的符号相反）可以直接使用。

其后，Weiland、Rawal 和 Rice[22]指出，化学解吸用的增强因子虽只决定于液相主体中 A 与 B 的浓度及界面上 A 的浓度，但液相主体的浓度却与化学反应的热力学平衡有关。化学吸收的热效应包括反应热、溶解热及蒸气的冷凝潜热，不能忽略。据此，作者们开发出一个填充解吸塔的设计步骤，大意如下：

① 计算塔底的蒸气组成，假设再沸器（釜）为一个平衡级。

② 由总物料衡算与热衡算求塔顶蒸气组成。

③ 规定出一小段填料层高度，将小段以内的气、液流速与组成均视为恒定，求出此段内的增强因子。从顶部的一小段开始，利用平衡关系与速率关系，计算此小段的传质速率。

④ 对此小段做热衡算以估计蒸气冷凝速率，做物料衡算以估算从此小段流下的液流速率与组成。

⑤ 将各变量在此小段顶部的值与在底部的值分别取平均。自第③步起重复算到各量的平均值收敛为止。若所选的小段高度不大，则小段底部的流速与组成便能与实际相接近，此小段底部各变量可以作为下一段的初值。

⑥ 如此逐段往下算，直到相当于塔底的状况（溶液解吸后浓度符合设计的要求）达到为止。各小段的高度之和即为所需的填料层高度。

Kohl 和 Riesenfeld 的专著[11]（第 2 章）中载有 CO_2-MEA 系统解吸的传统设计方法，包括再沸器热负荷的计算与提馏塔高度的估计。

参考文献

[1] Van Krevelen D W, Hoftyzer D J. Rec Trav Chim, 1948, 67: 563.

[2] Charpentier J C. Mass Transfer Rates in Gas-liquid Absorbers and Reactors. Advance in Chemical Engineering. New York: Academic Press Inc, 1981.

[3] Danckwerts P V. Gas-liquid Reaction. London: McGraw-Hill Inc, 1970.

[4] Astarita G. Mass Transfer with Chemical Reactions. Amsterdam: Elsevier, 1967.

[5] 张成芳. 气液反应和反应器. 北京：化学工业出版社，1985.

[6] Hatta S. Technol Rept（Tohoku Imp Univ），1932, 10: 19.

[7] Hikita H, Asai S. Int Chem Eng, 1964, 4: 332.

[8] Danckwerts P V, Kenedy A M. Trans Inst Chem Eng Sci, 1954, 32: S49.

[9] Onda K, Sada E, Kobayashi T, Fujine M. Chem Eng Sci, 1970, 25: 753.
[10] Olander D R. AIChE J, 1960, 6: 233.
[11] Kohl A L, Riesenfeld F C. Gas Purification. 4th ed. Houston: Gulf Publishing Co, 1985.
[12] Shulman H L, Ullrich C F, Wlls N. Chem Eng Prog, 1955, 1: 247.
[13] Porter K E. Trans Inst Chem Engrs, 1963, 41: 320.
[14] Secor R M, South R W. AIChE J, 1961, 7: 705.
[15] DeCoursey W J. Chem Eng Sci, 1974, 29: 1687.
[16] Astarita G, Savage D W, Bisio A. Gas Treating with Chemical Solvents. New York: John Wiley & Sons Inc, 1983.
[17] Danckwerts P V, Gillham A J. Trans Inst Chem Engrs, 1966, 44: T42.
[18] Danckwerts P V, Alper E. Trans Inst Chem Engrs, 1975, 53: 34.
[19] Alper A J, Danckwerts P V. Chem Eng Sci, 1976, 31: 599.
[20] Tontiwachwuthikul P, Meisen A, Lin C J. Can J Chem Eng, 1989, 67: 602.
[21] Astarita G, Savage D W. Chem Eng Sci, 1989, 35: 649.
[22] Weiland R H, Rawal M, Rice P G. AIChE J, 1982, 28: 963.

6 气体吸收塔性能

6.1 填充塔

6.1.1 传质系数通用关联式

许多研究者提出过一些表示传质系数（或传质单元高度）数据的曲线图或计算用的经验公式。如果设计所涉及的吸收物系和所采用的填料类型尺寸以及气、液流动条件与这些曲线或公式所指定的适用范围相符，则根据它们所求出的吸收系数数值大体上比较可靠。然而，经过研究的吸收体系毕竟有限，早期的研究更集中于少数几种老式填料，测试条件也不见得符合设计要求，经验公式或数据的应用常常受到限制。

另一个途径是利用通用关联式。这些关联式原则上对多数吸收体系、填料类型尺寸与操作条件都可以用，实际上却不尽然。用不同研究者提出的关联式往往会求出相去甚远的结果。其中原因，可能是影响因素太多、影响大小不尽相同，有些尚未探明，有些则在关联式中不易简单地表达，在关联时就难免出现顾此失彼的情况。例如，液体在整个填料层上的分布情况以及它在各个填料表面上如何铺开，气体通过填料层时短路或返混程度的大小，都对传质系数有很大影响。对此，很多关联式都未能考虑，即使考虑到了也只是通过一些参数间接地、部分地加以照顾。

下面所列的两组关联式，文献中引用比较多，实际中使用比较广。然而，在使用时，仍然要对其使用条件多加注意，避免越出其规定范围。

(1) Bolles-Fair 关联式[1~3] 此模型最初由 Cornell 等于 1960 年提出，是分析综合了 1957 年为止所发表的传质系数数据及影响因素而建立的，称为孟山都模型[1]。1979 年对其中常数所规定的值及参数的算法做了少许更动，称为改进的孟山都模型[2]。后面所列，是 1982 年发表的最终形式[3]。

① 液相传质单元高度

$$H_L = 0.86 \phi C_f h^{0.15} (Sc)_L^{0.5} \tag{12-6-1}$$

式中 H_L——液相传质单元高度，m；

ϕ——填料参数，与填料类型、尺寸以及液体质量流速有关，从图 12-6-1 读出；

C_f——气体负载系数，由图 12-6-2 曲线定出，其为液泛分数的函数，液泛分数 = u_G/u_{Gf}，其中的 u_G 与 u_{Gf} 分别为设计气速与液泛气速，后者通过 Eckert 的通用关联图计算（见本手册第 14 篇）；

h——填料层高度，若填料分成几段安装，则以每段的高度为准，m；

$(Sc)_L$——$(Sc)_L = \mu_L/(\rho_L D_L)$，液相的施密特数，无量纲，其中的 μ、ρ、D 分别为黏

度、密度和扩散系数，采用单位需一致。

② 气相传质单元高度

$$H_G = \frac{C\psi d_T^m h^{0.33}(Sc)_G^{0.5}}{(Lf_\mu f_\rho f_\sigma)^n} \tag{12-6-2}$$

式中 H_G——气相传质单元高度，m；

C——单位变换因数，环形填料 $C=0.017$，鞍形填料 $C=0.029$；

ψ——填料参数，与填料类型、尺寸以及液泛分数有关，从图 12-6-3 读出；

d_T——塔直径，如 d_T 超过 0.6m，仍按 0.6m 计算，m；

h——一段填料层的高度，m；

L——液体质量流速，kg·m^{-2}·s^{-1}；

$(Sc)_G$——$(Sc)_G=\mu_G/(\rho_G D_G)$，气相的施密特数，无量纲，其中各物理量采用单位需一致；

f_μ——$f_\mu=(\mu_L/\mu_W)^{0.16}$，其中，$\mu_L$ 为液体黏度（mPa·s），$\mu_W=1.0$mPa·s（20℃水的黏度）；

f_ρ——$f_\rho=(\rho_L/\rho_W)^{-1.25}$，其中，$\rho_L$ 为液体密度（kg·m^{-3}）；$\rho_W=1000$kg·m^{-3}（20℃水的密度）；

f_σ——$f_\sigma=(\sigma_L/\sigma_W)^{-1.25}$，其中，$\sigma_L$ 为液体表面张力（mN·m^{-1}）；$\sigma_W=72.8$mN·m^{-1}（20℃水的表面张力）；

m——$m=1.24$（环），1.11（鞍）；

n——$n=0.6$（环），0.5（鞍）。

式(12-6-1)与式(12-6-2)曾用 13 个来源的 545 次试验的数据检验，各变量的范围如下：

塔径	0.25～1.25m
填充高度	0.15～1.07m
ρ_L	480～1026kg·m^{-3}
ρ_G	0.256～28.8kg·m^{-3}
μ_L	0.09～1.5mPa·s
μ_G	0.017～0.19mPa·s
D_L	7.6×10^{-10}～1.5×10^{-8} m^2·s^{-1}
D_G	5.6×10^{-7}～4.3×10^{-5} m^2·s^{-1}
σ_L	5～75mN·m^{-1}
L/G	0.45～485kg·kg^{-1}
压力	0.07～22atm

【例 12-6-1】 于 1atm 及 20℃时用水吸收低浓度的氨，所用填料为 50mm 陶瓷拉西环，气体的质量流速为 3660kg·m^{-2}·h^{-1}，液体的为 7320kg·m^{-2}·h^{-1}。试用 Bolles-Fair 公式求 $k_L a$、$k_G a$ 与 $K_G a$。

塔径 1m，每段填料层高度 5m，亨利常数 $H'=0.014$ atm·m³·kmol⁻¹。

解 ① 求 H_L 及 $k_L a$　20℃时，$D_L=2.16\times 10^{-9}$ m²·s⁻¹，$\mu_L=0.001$ Pa·s，$\rho_L=1000$ kg·m⁻³，$\rho_G=1.2$ kg·m⁻³。在图 12-6-1 上，按 50mm 陶瓷拉西环与 $L=7320$ kg·m⁻²·h⁻¹ $=2.033$ kg·m⁻²·s⁻¹ 读出：

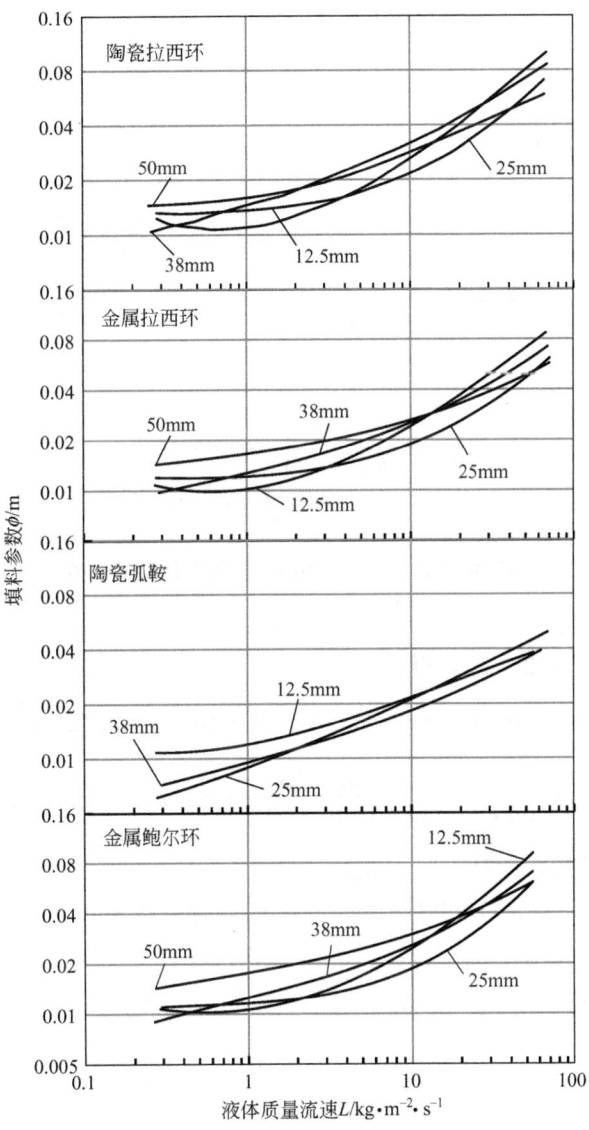

图 12-6-1　求液相传质系数用的填料参数

$$\phi=0.018 \text{m}$$

$$(Sc)_L=\mu_L/(\rho_L D_L)=\frac{0.001}{1000\times 2.16\times 10^{-9}}=463$$

$$u_G=\frac{3660/3600}{(\pi/4)\times 1^2\times 1.2}=1.08(\text{m·s}^{-1})$$

利用 Eckert 通用关联图求得：

$$u_{Gf} = 2.48 \text{m·s}^{-1}$$

$$F_r = \frac{u_G}{u_{Gf}} = \frac{1.08}{2.48} = 0.44$$

在图 12-6-2 上，按液泛分数 $F_r = 0.44$ 读出 $C_f = 1$。

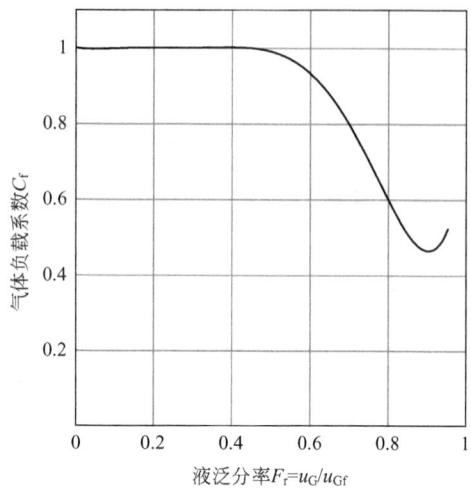

图 12-6-2　求液相传质系数的气体负载系数

将有关数值代入式(12-6-1)，得：

$$H_L = 0.86 \times 0.018 \times 1 \times 5^{0.15} \times 463^{0.5} = 0.42 \quad (\text{m})$$

$$k_L a = \frac{L_M}{C_B H_L} = \frac{7320/18}{(1000/18) \times 0.42} = 17.4 \quad (\text{kmol·h}^{-1})$$

(溶液的摩尔质量按水计算，取 18kg·kmol^{-1})

② 求 H_G 及 $k_G a$　在图 12-6-3 上，按 50mm 陶瓷拉西环与液泛分数 44% 读出：

$$\psi = 188$$

20℃时，$D_G = 1.9 \times 10^{-5} \text{m}^2 \text{·s}^{-1}$，$\mu_G = 1.8 \times 10^{-5} \text{Pa·s}$，则：

$$(Sc)_G = \frac{1.8 \times 10^{-5}}{1.2 \times 1.9 \times 10^{-5}} = 0.79$$

本题的溶剂为水，溶液浓度很低，故可取 $f_\mu = 1$，$f_\rho = 1$，$f_\sigma = 1$，代入式(12-6-2)，得：

$$H_G = \frac{0.017 \times 188 \times 0.6^{1.24} \times 5^{0.33} \times 0.79^{0.5}}{\left(\frac{7320}{3600} \times 1 \times 1 \times 1\right)^{0.6}} = 1.68 \quad (\text{m})$$

$$k_G a = \frac{G_M}{P H_G} = \frac{3660/28.8}{1 \times 1.68} = 76 \quad (\text{kmol·m}^{-3} \text{·h}^{-1} \text{·atm}^{-1})$$

(混合气的摩尔质量按空气取 28.8kg·kmol^{-1})

③ 求 $K_G a$

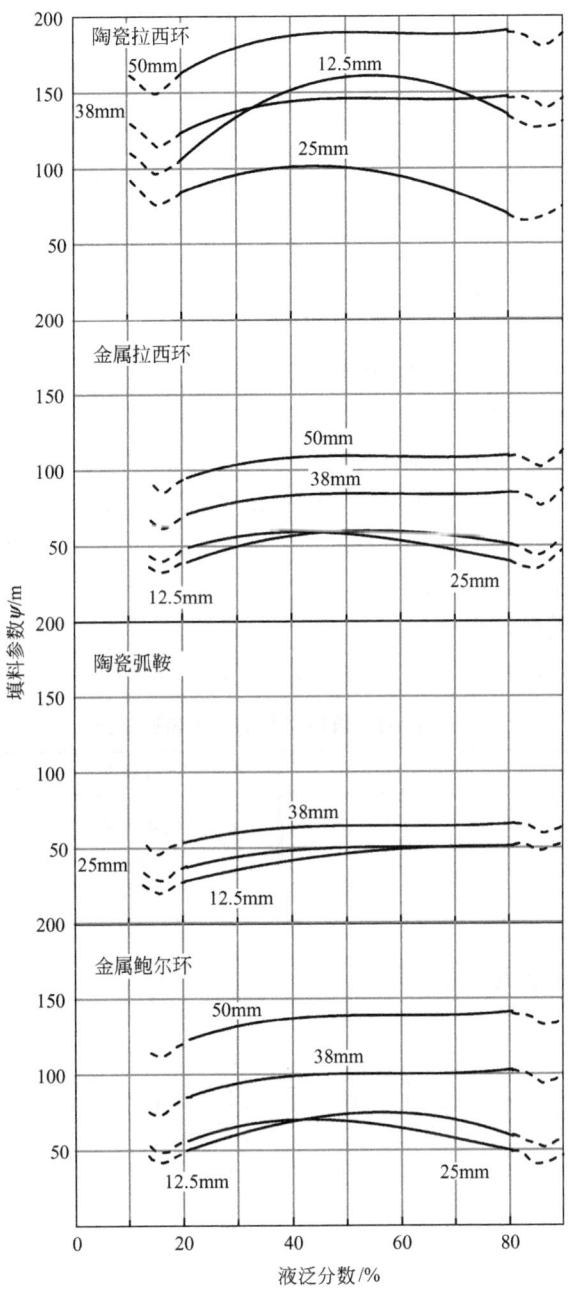

图 12-6-3 求气相传质系数用的填料参数

$$\frac{1}{K_G a} = \frac{1}{k_G a} + \frac{H'}{k_L a} = \frac{1}{76} + \frac{0.014}{17.4} = 0.014$$

$$K_G a = 71 \text{kmol} \cdot \text{m}^{-3} \cdot \text{h}^{-1} \cdot \text{atm}^{-1}$$

(2) Onda（恩田）等的关联式[4] 这些作者把填料的润湿表面当作有效表面（对大填料，这二者相接近），并分别提出润湿面积与传质系数的关联式，把它们算出后合并起来便成为体积传质系数。

① 求润湿表面的关联式

$$\frac{a_W}{a_t}=1-\exp\left[-1.45\left(\frac{\sigma_c}{\sigma}\right)^{0.75}Re_L^{0.1}\times Fr_L^{-0.05}We_L^{0.2}\right] \tag{12-6-3}$$

$$Re_L=L/(a_t\mu_L)$$

$$Fr_L=L^2 a_t/(\rho_L^2 g)$$

$$We_L=L^2/(a_t\rho_L\sigma)$$

式中 a_W——单位体积填料层的润湿面积，$m^2 \cdot m^{-3}$；

a_t——单位体积填料层的总表面积，$m^2 \cdot m^{-3}$；

σ——液体的表面张力，$mN \cdot m^{-1}$；

σ_c——填料材质的临界表面张力，$mN \cdot m^{-1}$，见表 12-6-1；

L——液体质量流速，$kg \cdot m^{-2} \cdot s^{-1}$；

ρ_L——液体的密度，$kg \cdot m^{-3}$；

μ_L——液体的黏度，$Pa \cdot s$；

g——重力加速度，$9.81 m \cdot s^{-2}$。

表 12-6-1　填料材质的临界表面张力

填料材质	$\sigma_c/mN \cdot m^{-1}$	填料材质	$\sigma_c/mN \cdot m^{-1}$
碳	56	聚氯乙烯	40
陶瓷	61	钢	75
玻璃	73	涂石蜡表面	20
聚乙烯	33		

② 表示液相传质系数的关联式

$$k_L\left(\frac{\rho_L}{\mu_L g}\right)^{\frac{1}{3}}=0.050\frac{\left(\dfrac{L}{a_W\mu_L}\right)^{\frac{2}{3}}}{\left(\dfrac{\mu_L}{\rho_L D_L}\right)^{\frac{1}{2}}}(a_t d_p)^{0.4} \tag{12-6-4}$$

③ 表示气相传质系数的关联式

$$\frac{k_G RT}{a_t D_G}=C\frac{\left(\dfrac{G}{a_t\mu_G}\right)^{0.7}\left(\dfrac{\mu_G}{\rho_G D_G}\right)^{\frac{1}{3}}}{(a_t d_p)^{2.0}} \tag{12-6-5}$$

Danckwerts[7] 提出，式(12-6-5) 可简化成：

$$k_G=\frac{CG}{MP}\left(\frac{Gd_p}{a_t\mu_G}\right)^{0.7}\left(\frac{\mu_G}{\rho_G D_G}\right)^{\frac{1}{3}}(a_t d_p)^{-2.0} \tag{12-6-6}$$

式(12-6-4) 与式(12-6-5) 在量纲上是一致的，故其中的各物理量取一致单位即可。各符号的意义除已在式(12-6-3) 中规定的外，还有：

k_L, k_G——液相、气相传质系数；
D_L, D_G——液相、气相的扩散系数；
μ_L, μ_G——液相、气相的黏度；
ρ_L, ρ_G——液相、气相的密度；
d_p——填料的名义尺寸；
$a_t d_p$——按表 12-6-2 取值，也可根据填料特性计算；
G——气体的质量流速；
C——常数，环形填料=5.23，若填料的名义尺寸小于 0.015m，或为球、棒则等于 2.0；
R——通用气体常数；
T——温度；
M——混合气体的摩尔质量；
P——压力。

Onda 模型的适用范围为：

$$0.04 < Re_L < 500$$

$$1.2 \times 10^{-8} < We_L < 0.027$$

$$2.5 \times 10^{-9} < Fr < 1.8 \times 10^{-2}$$

$$0.3 < \sigma_c/\sigma < 2$$

表 12-6-2 各类填料的 $a_t d_p$ 值

填料类型	$a_t d_p$	填料类型	$a_t d_p$
圆球	3.4	弧鞍	5.6
圆棍	3.4	鲍尔环	5.9
拉西环	4.7		

【例 12-6-2】 用恩田等的公式求例 12-6-1 的氨吸收的传质系数。

解 ① 求 a_W

$\sigma = 72 \text{mN} \cdot \text{m}^{-1}$

$\sigma_c = 61 \text{mN} \cdot \text{m}^{-1}$（见表 12-6-1）

$$\left(\frac{\sigma_c}{\sigma}\right)^{0.75} = \left(\frac{61}{72}\right)^{0.75} = 0.883$$

$a_t = 93 \text{m}^2 \cdot \text{m}^{-3}$（50mm 陶瓷拉西环的总表面积，见本手册第 14 篇）

$$Re_L^{0.1} = \left(\frac{L}{a_t \mu_L}\right)^{0.1} = \left(\frac{7320/3600}{93 \times 0.001}\right)^{0.1} = 1.36$$

$$Fr_L^{-0.05} = \left(\frac{L^2 a_t}{\rho_L^2 g}\right)^{-0.05} = \left[\frac{93 \times \left(\frac{7320}{3600}\right)^2}{1000^2 \times 9.81}\right]^{-0.05} = 1.66$$

$$We_L^{0.2} = \left(\frac{L^2}{a_t \rho_L \sigma}\right)^{0.2} = \left[\frac{\left(\frac{7320}{3600}\right)^2}{93 \times 1000 \times 0.072}\right]^{0.2} = 0.228$$

将有关数值代入式(12-6-3)，得：

$$\frac{a_W}{a_t}=1-\exp[-1.45\times0.883\times1.36\times1.66\times0.228]=0.48$$

$$a_W=0.48\times93=45 \,(\text{m}^2\cdot\text{m}^{-3})$$

② 求 k_L 及 $k_L a$

$$\left(\frac{\rho_L}{\mu_L g}\right)^{\frac{1}{3}}=\left(\frac{1000}{0.001\times9.81}\right)^{\frac{1}{3}}=46.56 \quad (\text{s}\cdot\text{m}^{-1})$$

$$\left(\frac{L}{a_W \mu_L}\right)^{\frac{2}{3}}=\left(\frac{7320/3600}{45\times0.001}\right)^{\frac{2}{3}}=12.69$$

$$\left(\frac{\mu_L}{\rho_L D_L}\right)^{-\frac{1}{2}}=\left(\frac{0.001}{1000\times2.16\times10^{-9}}\right)^{-\frac{1}{2}}=0.0462$$

$a_t d_p=93\times0.05=4.65$（表 12-6-2 中为 4.7）

$$(a_t d_p)^{0.4}=4.65^{0.4}=1.85$$

将有关数值代入式(12-6-4)，得：

$$k_L=\frac{0.0051\times12.69\times0.0462\times1.85}{46.56}=1.188\times10^{-4}(\text{m}\cdot\text{s}^{-1})=0.43 \quad (\text{m}\cdot\text{h}^{-1})$$

$$k_L a\approx k_L a_W=0.43\times48=20.6 \quad (\text{h}^{-1})$$

(即 2.06 kmol·m^{-3}·h^{-1}·kmol^{-1}·m^3)

③ 求 k_G 与 $k_G a$　采用式(12-6-6)，其中

$P=1\text{atm}$

$G=3660\text{kg}\cdot\text{m}^{-2}\cdot\text{h}^{-1}=1.02\text{kg}\cdot\text{m}^{-2}\cdot\text{s}^{-1}$

$C=5.23$

$M=28.8\text{kg}\cdot\text{kmol}^{-1}$

$$\left(\frac{G d_p}{\mu_G}\right)^{-0.3}=\left(\frac{1.02\times0.05}{1.8\times10^{-5}}\right)^{-0.3}=0.0922$$

$$\left(\frac{\mu_G}{\rho_G D_G}\right)^{-\frac{2}{3}}=0.79^{-\frac{2}{3}}=1.17$$

$$(a_t d_p)^{-1.7}=4.65^{-1.7}=0.0733$$

将有关数值代入式(12-6-6)，得：

$$k_G=\frac{5.23\times3660}{28.8\times1}\times0.0733\times0.0922\times1.17=5.26 \quad (\text{kmol}\cdot\text{m}^{-2}\cdot\text{h}^{-1}\cdot\text{atm}^{-1})$$

$$k_G a=5.26\times45=237 \quad (\text{kmol}\cdot\text{m}^{-3}\cdot\text{h}^{-1}\cdot\text{atm}^{-1})$$

④ 求 $K_G a$

$$K_G a = \frac{1}{\frac{1}{237} + \frac{0.014}{20.6}} = 204 \quad (\text{kmol} \cdot \text{m}^{-3} \cdot \text{h}^{-1} \cdot \text{atm}^{-1})$$

(3) 通用关联式的比较与选用参考 为了将各关联式求得的结果与实际数据相对照，从 Sherwood 和 Digford 所著 "Absorption and Extraction" 一书（第 282 页，图 102）所引 Fellinger[5] 的数据曲线组上读出：对于 NH_3-空气-水系统，在 $G = 3660 \text{kg} \cdot \text{m}^{-2} \cdot \text{h}^{-1}$ 与 $L = 3720 \text{kg} \cdot \text{m}^{-2} \cdot \text{h}^{-1}$ 的操作条件下，50mm 陶瓷拉西环：

$$H_G = 0.55 \text{m}$$

$$H_{OG} = 0.61 \text{m}$$

即

$$k_G a = \frac{G_M}{P H_G} = \frac{3660/28.8}{1 \times 0.55} = 231 \quad (\text{kmol} \cdot \text{m}^{-3} \cdot \text{h}^{-1} \cdot \text{atm}^{-1})$$

$$K_G a = \frac{G_M}{P H_{OG}} = \frac{3660/28.8}{1 \times 0.61} = 208 \quad (\text{kmol} \cdot \text{m}^{-3} \cdot \text{h}^{-1} \cdot \text{atm}^{-1})$$

又反算得：

$$k_L a = 1 / \left[\left(\frac{1}{K_G a} - \frac{1}{k_G a} \right) \frac{1}{H'} \right] = 1 / \left[\left(\frac{1}{208} - \frac{1}{231} \right) \times \frac{1}{0.014} \right]$$

$$= 29.2 \quad (\text{kmol} \cdot \text{m}^{-3} \cdot \text{h}^{-1} \cdot \text{kmol}^{-1} \cdot \text{m}^3)$$

下表所列，是三种来源所得结果的对照：

来源	$k_L a$	$k_G a$	$K_G a$
Fellinger 的曲线值	29.2	231	208
Bolles 等的关联式	17.4	76	71
恩田等的关联式	19.7	248	211

表中所列的数字显示，关联式算出的值彼此之间、与实际数据之间有可能相差不多也有可能相去甚远，这既与关联式所关联数据的范围有关，亦与该式对某些因素（例如润湿状况、液体分布的影响等）的侧重程度等许多因素有关。对此，文献 [6] 有比较详细的分析。因此，选用关联式时，最好能结合所设计的体系、所用填料，以及气、液流动条件等来考虑其适用性。Norman[8]（第 6 章）及 Danckwerts 的著作[7]（第 9 章）都曾列举多种关联式并对其适用性略有说明。Sherwood 等的著作[9]（第 11 章）对于物性，气、液流量，持液量，返混等对传质速率的影响，有精辟的分析讨论。Au-Yeung 等[10] 所发表的论文，对填充塔 k_L 关联式的研究演变、特点比较、选用的推荐意见以及有关文献题目等，都讨论说明得很详细，很值得参考。关于 k_G 关联式，尚未见有比较详尽的述评，Spedding 和 Jones[11] 的论文后所列的 k_G 关联方面的参考文献颇为详细，也可据以检索。

(4) 开孔（槽）填料[12,13] 多数关联式所关联的数据大都是用不开孔（槽）的老式填料做出的。Bolles 等提出的改进孟山都模型[2]虽然包括了适用于开孔的鲍尔环的参数（ϕ 与 ψ），但它们并非直接关联试验数据得到，而是参考鲍尔环填料的特性数据规定出来的。

有人直接用几种开孔填料的试验数据对 Onda 等的模型（见本篇 6.1.1）进行校核，得到了求开孔填料传质系数的校正式。

① 液相传质系数[12]

$$k'_L a = k_L a_W \eta^{0.4} \tag{12-6-7}$$

② 气相传质系数[13]

$$k'_G a = k_G a_W \eta^{1.1} \tag{12-6-8}$$

式中 a_W, k_L, k_G ——按名义尺寸与材质都相同的拉西环分别用式(12-6-4)～式(12-6-6)求得的值；

η ——校正系数，鲍尔环、矩鞍、阶梯环均取 1.45，但阶梯环由于直径与高之比与 1.0 相差较远，若取其直径作为名义尺寸，则将算出的值减小 15%。

(5) 规整填料[14,15] 以前所发表的通用关联式都只适用于乱堆的散装填料。现在规整波纹填料的应用已很广泛，其传质系数的关联式，于 1985 年始由 Bravo[14] 等提出以下关系式：

$$\frac{k_D d_e}{D_G} = 0.338 Re_G^{0.8} Sc_G^{0.333} \tag{12-6-9}$$

$$k_L = 2\left(\frac{D_L u_{L,\text{eff}}}{\pi S}\right)^{0.5} \tag{12-6-10}$$

式(12-6-9) 与式(12-6-10) 中：

$$Re_G = \frac{d_e \rho_G}{\mu_G}(u_{G,\text{eff}} + u_{L,\text{eff}}) \tag{12-6-11}$$

$$Sc_G = \frac{\mu_G \rho_G}{D_G} \tag{12-6-12}$$

d_e 为波纹填料的当量直径，根据波纹板间的三角形空隙尺寸来计算（参考图 12-6-4）。

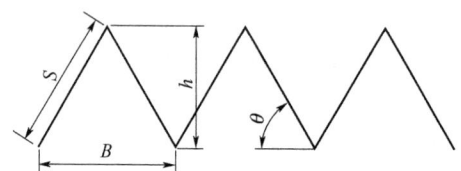

图 12-6-4 波纹板间三角形空隙尺寸参数

$$d_e = Bh[1/(B+2S) + 1/(2S)] \tag{12-6-13}$$

$u_{G,\text{eff}}$ 与 $u_{L,\text{eff}}$ 分别为气与液通过三角形通道的有效流速（m·s^{-1}），由下两式计算：

$$u_{G,\text{eff}} = u_{GS}/(\varepsilon \sin\theta) \tag{12-6-14}$$

$$u_{L,\text{eff}} = [3\Gamma/(2\rho_L)][\rho_L^2 g/(3\mu_L I')]^{0.333} \tag{12-6-15}$$

式中 u_{GS} ——空塔气速，m·s^{-1}；

ε ——填料层的孔隙率；

θ ——夹角 (见图 12-6-4)；

Γ ——以单位周长为准的液体质量流速，kg·s^{-1}·m^{-1}，$\Gamma = L/(PA_T)$；

A_T——塔横截面积，m^2。

$P=(P_t+P_d)/2$，单位塔截面上的周边长，m/m^2，其中的 P_t 与 P_d 由下两式计算：

$$P_t=(4S+2B)/(Bh) \tag{12-6-16}$$

$$P_d=4S/(Bh) \tag{12-6-17}$$

式中 S，B，h——填料空隙参数，m，见图 12-6-4。

要算出 k_La 或 k_Ga，还需要有效面积 a 的值，其估算方法如下：

丝网波纹填料[14] $\qquad a=a_t \tag{12-6-18}$

板波纹填料[15] $\qquad a=\beta a_t \tag{12-6-19}$

$$\beta=0.5+0.0058\times\text{液泛分数} \tag{12-6-20}$$

式(12-6-20)用于计算板波纹填料 85% 液泛以内的 β 值，超过 85% 液泛时，取 $\beta=1$。各种波纹填料液泛气速的估计尚未有完善方法，Fair 等[15]文中载有一些随填料而定的曲线图，可以参考。因此，式(12-6-19)只能作极粗略的估算。

根据 Nawrocki 等[16]的研究，板波纹填料的 a_W 也可用恩田模型［式(12-6-3)］来估计，虽然其公式原来是按乱堆填料建立的。

6.1.2 传质系数专用经验式

针对特定吸收体系及填料类型、尺寸作出的经验公式或曲线图，在设计条件与它所规定的基本上相符时，可以直接引用；不尽一致时则可以借鉴。例如，填料类型、尺寸与气、液流速相同而物系不同，则大体上可以取 $k_L\propto D^{0.5}$ 或 $k_G\propto D^{0.5\sim0.8}$ 等关系式来粗估（D 为扩散系数）。又如，将相同条件下不同填料的传质系数的值加以对比，亦可在另一条件下从一种填料已知的传质系数粗略推算此条件下另一填料的传质系数。

后面列出三种有代表性的吸收体系的经验公式或数据曲线。

(1) 氨-空气-水系统 氨-空气-水体系的传质曾用多种填料进行过广泛的研究。最初认为这一体系属于气相阻力控制，后来的研究表明，液相阻力可以占到总阻力的 5%～40%（25℃时）。

Fellinger[5]对这个体系用多种尺寸的拉西环、弧鞍、三螺旋环（都为陶瓷）所做实验研究最为全面，其结果整理成许多曲线组，曾在 Sherwood 和 Pigford 所著专著 "Absorption and Extraction"（1952）中转载，后来 "Perry's Chemical Engineer's Handbook"（1984）又从其中摘出 H_{OG} 部分并合并起来（第 18～38 页，图 18～图 66），现转引如图 12-6-5 所示。

图 12-6-5 上的曲线显示出下列规律：①若液体速率固定，气体速率提高，则 H_{OG} 先增大，然后突然下降；下降开始之处是载点所在。未达载点以前，$H_{OG}\propto G^n$，n 通常在 1/4～1/2 之间，视填料与液体速率而定。②若气体速率固定，液体速率增加，则 H_{OG} 减小，原因是填料的润湿状况有所增进，大体上成下列关系：$H_{OG}\propto L^{1/2}$。③在液体速率与气体速率都相同的条件下，拉西环与弧鞍的 H_{OG} 值没有明显差别，但弧鞍的载点速度与液泛速度都比拉西环的平均大 50%。④拉西环的名义尺寸小于 25mm（1in）以后，H_{OG} 并不降低，K_Ga 并不增大。

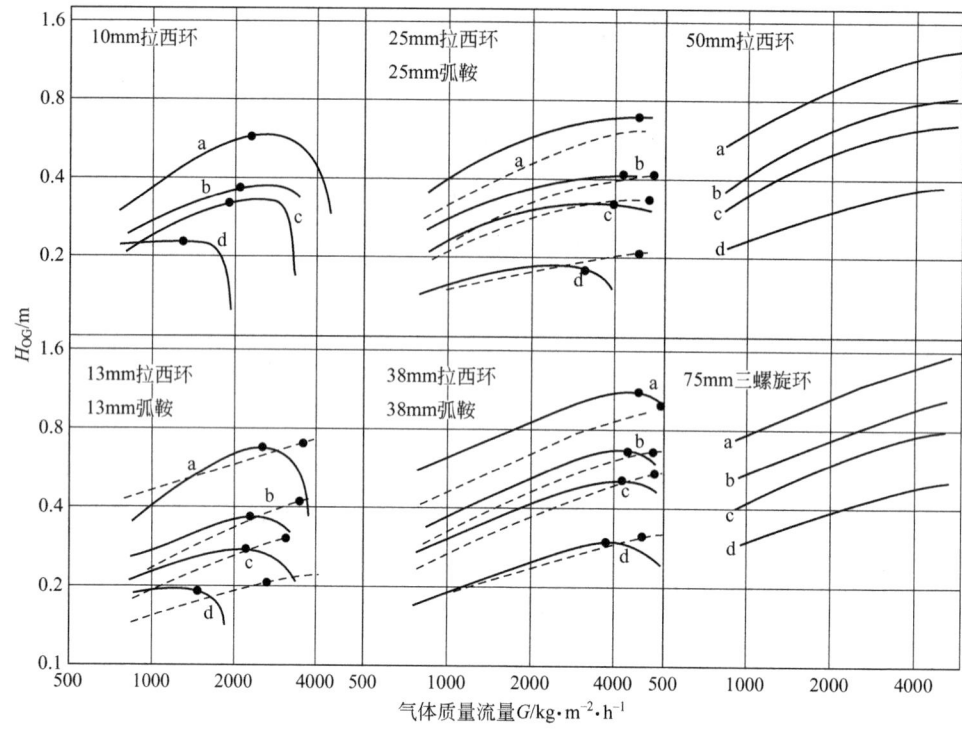

图 12-6-5 氨-空气-水体系的传质单元高度 H_{OG}

a—液体质量流速 $2440 kg·m^{-2}·h^{-1}$；b—液体质量流速 $4880 kg·m^{-2}·h^{-1}$；
c—液体质量流速 $7320 kg·m^{-2}·h^{-1}$；d—液体质量流速 $21960 kg·m^{-2}·h^{-1}$；
——拉西环；----弧鞍；●载点

将不开孔的拉西环与几种开孔填料的 NH_3 吸收数据加以比较，如图 12-6-6[17] 所示。其中包括 4 种 38mm 的金属开孔填料，而 38mm 陶瓷拉西环的曲线是根据 Fellinger[5] 的数据进行改绘的。

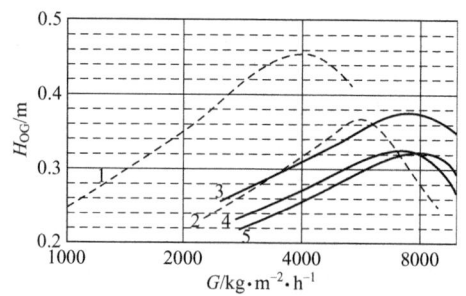

图 12-6-6 开孔填料与不开孔填料吸收 NH_3 的 H_{OG} 比较

1—陶瓷拉西环；2—金属拉西环；3—金属鞍环；
4—金属鲍尔环；5—金属阶梯环 38mm 填料，$L = 10000 kg·m^{-2}·h^{-1}$

(2) 二氧化硫-空气-水系统 用水吸收空气中的二氧化硫是气、液两相阻力都重要的过程。Whitney 和 Vivian[18] 测定了 1in（25mm）陶瓷拉西环在 $4500 kg·m^{-2}·h^{-1} < L <$

5710kg·m^{-2}·h^{-1} 与 320kg·m^{-2}·h^{-1}＜G＜3900kg·m^{-2}·h^{-1} 范围内的传质特性，利用所得数据并假定气体流速对液相传质系数没有影响，提出下列经验关系式：

$$\frac{1}{K_L a} = \frac{1}{aL^{0.82}} + \frac{H'}{0.099 G^{0.7} L^{0.25}} \quad (12\text{-}6\text{-}21)$$

式中　$K_L a$——液相总传质系数，h^{-1}；
　　　L——液体速率，kg·m^{-2}·h^{-1}；
　　　G——气体速率，kg·m^{-2}·h^{-1}；
　　　a——系数，随温度变化，见表 12-6-3；
　　　H'——亨利常数，atm·m^3·kmol^{-1}，随温度变化，见表 12-6-3。

表 12-6-3　式(12-6-21)中的 a 与 H' 值

温度/℃	10	15	20	25	30
a	0.0093	0.0102	0.0115	0.0129	0.0142
H'/atm·m^3·kmol^{-1}	2.61	2.13	1.78	1.51	1.31

上述关系式等号右侧的第一项反映液相传质阻力，第二项反映气相传质阻力。

(3) 二氧化碳-空气-水系统　用水吸收空气中的二氧化碳属于液相阻力控制的传质过程，$K_L \approx k_L$。这一类体系的填充塔传质性能数据早就由 Sherwood 和 Holloway[19]用 CO_2、O_2、N_2 解吸做过研究，得到求 $k_L a$ 的通用关联式，式中的系数与指数都因填料而异。但是，由此算出的 $k_L a$ 却随填料而变得不多。因此，Norman[8]在其著作（第191页）中将其归纳简化，使得 12.5～50mm 的陶瓷拉西环与弧鞍的 $k_L a$ 都可以在公式中用同样的系数与指数表示，而最大误差不超过 20%。

$$\frac{k_L a}{D_L} = 530 \times \left(\frac{L}{\mu_L}\right)^{0.75} \left(\frac{\mu_L}{\rho_L D_L}\right)^{0.75} \quad (12\text{-}6\text{-}22)$$

上式不是无量纲数群关系式，故各量应采用指定的单位：液相传质系数 $k_L a$ 为 h^{-1}·kmol^{-1}·m^3，液体速率 L 用 kg·m^{-2}·h^{-1}，黏度 μ_L 用 Pa·s，密度 ρ_L 用 kg·m^{-3}，扩散系数 D_L 用 m^2·h^{-1}。

Sherwood 和 Holloway[19]原来规定的适用条件是：拉西环，$L = 73300 \sim 122000$ kg·m^{-2}·h^{-1}，若 L 更大，传质性能会下降；弧鞍与螺旋环，则 L 大至 157000 kg·m^{-2}·h^{-1}，仍未见下降。

式(12-6-22)用相应的物性数据代入，不仅可用于求吸收 CO_2 的 $k_L a$，求其他溶质吸收的 $k_L a$ 亦适用。

Koch 等[20]提出一个专用于吸收 CO_2 的公式：

$$k_L a = 0.0545 L_M^{0.96} \quad (12\text{-}6\text{-}23)$$

式中　$k_L a$——液相传质系数，h^{-1}；
　　　L_M——液体速率，kmol·m^{-2}·h^{-1}。

此式是在高 1.22m，直径为 150mm 和 250mm 的两个塔和 10mm、12.5mm、20mm、25mm 拉西环四种填料层内做出的。此式也表明 $k_L a$ 不因填料直径而变，用以求得的结果比式(12-6-22)低 20%～40%。

表 12-6-4　图 12-6-7 与图 12-6-8 附表

曲线	填料类型尺寸	温度/℃	塔径/mm	充填密度/10^4个·m^{-3}	干填料比表面积/$m^2·m^{-3}$
A	12.5mm 陶瓷矩鞍	25	0.1	63	470
B	12.5mm 陶瓷鲍尔环	25	0.1	36	420
C	16mm 钢鲍尔环	25	0.15	22	350
D	12.5mm 陶瓷拉西环	25	0.1	37	380
E	25mm 陶瓷鲍尔环	25	0.2	4.9	220
F	25mm 陶瓷矩鞍	25	0.23	8.4	250
G	25mm 陶瓷拉西环	25	0.23	4.8	180
H	38mm 陶瓷拉西环	20	0.46	1.4	130

Danckwerts 等[21]曾提出于 20～25℃下用水吸收的 k_L 曲线图（图 12-6-7），并提出有效表面积 a 的曲线图（图 12-6-8）配合使用。它们的值随填料类型尺寸而不同。图 12-6-8 中的 a 是用化学吸收的体系测出的，本来是为了在化学吸收中使用。对于拉西环与弧鞍，从图 12-6-8 上读出的 a 值与自 Onda 等的式(12-6-3)算出的 a_W 值还算接近；但对于鲍尔环，则由式(12-6-3)算出的值偏低。

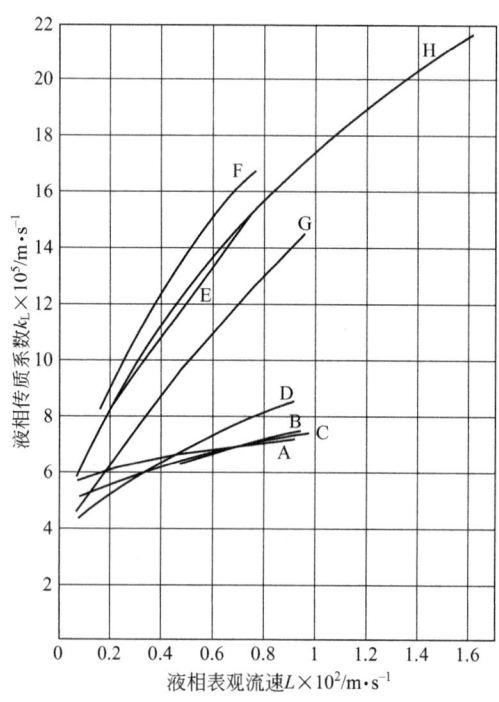

图 12-6-7　在不同填料上二氧化碳用水吸收的液相传质系数（图例见表 12-6-4）

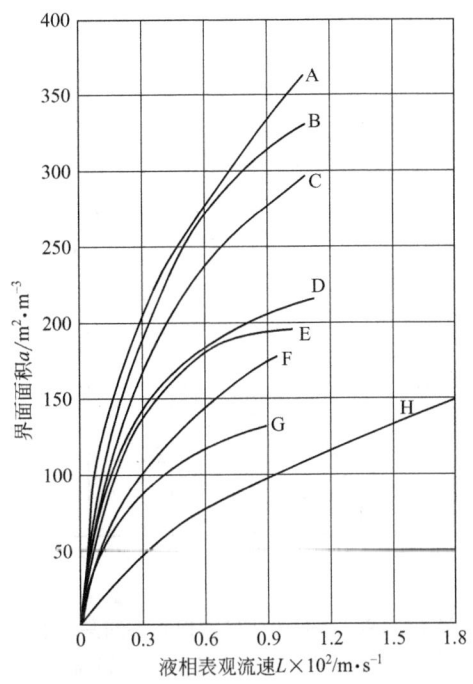

图 12-6-8 不同填料的有效表面积

（图例见表 12-6-4）

6.2 板式塔

从达到一定分离程度所需的理论板（平衡级）数推算实际板数，要通过板效率。板效率有总板效率、单板效率与点效率三种表示法，详见第 14 篇。

板效率反映板式塔的传质性能，故与传质速率相关联。它的影响因素主要有液体的物理性质、液体与气体通过塔板流动的状况、塔板的机械设计等。现将吸收操作中泡罩塔与筛板塔板效率的估计方法分述于后。

6.2.1 泡罩吸收塔板效率

O'Connell[22] 关联文献中所载数据，得到如图 12-6-9 所示的曲线，可以用来对吸收塔的总板效率 E_O 作粗略估计（E_O=总理论板数/总实际板数）。横坐标参数中的 H' 为亨利常数，atm·m³·kmol⁻¹；μ 为液体黏度，cP；以上均按塔底与塔顶的平均温度与平均浓度取值，P 为系统的总压，atm。

图 12-6-9 的曲线后来由 Kessier 和 Wankat[23] 回归成下列公式：

$$E_O = 0.37237 + 0.19339 \lg \frac{H'P}{\mu}$$
$$+ 0.024816 \left(\lg \frac{H'P}{\mu} \right)^2 \tag{12-6-24}$$

由图 12-6-9 读出的是物理吸收的板效率。若为化学吸收，效率比较低，因而化学吸

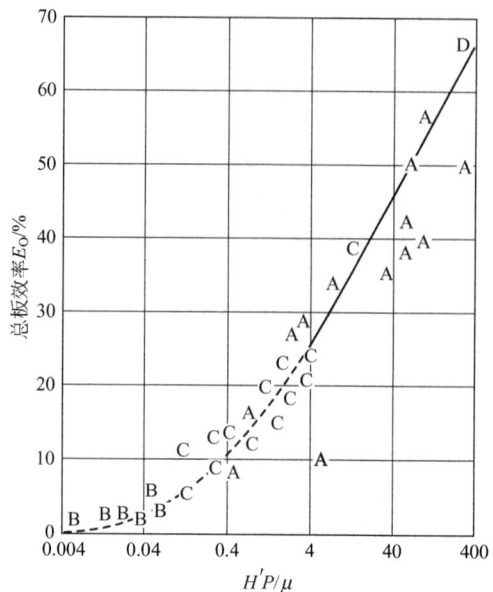

图 12-6-9 板式吸收塔总板效率的关联曲线
A—工业中烃吸收塔；B—实验室中用水及甘油溶液吸收 CO_2；C—实验室中烃吸收；D—实验室中 NH_3 吸收

推动力比较大的优点被抵消了一部分。

由图 12-6-9 读出的是泡罩塔的板效率。对于其他板型，可以参考下列相对值略作校正：泡罩塔 1.0，筛板塔 1.1，浮阀塔 1.1～1.2，穿流筛孔板塔（无降液管）0.8（均以操作状况良好为准）。

6.2.2 筛板吸收塔板效率

筛板塔若设计得好，其板效率比泡罩塔高。Zuiderweg[24]在筛板塔性能做了综述的基础上，提出一套估计气相 Murphree 单板效率 E_{MG} 的步骤 [$E_{MG}=(y_{n+1}-y_n)/(y_{n+1}-y_n^*)$]，过程如下。

（1）估计气相传质系数

$$k_{GC}=\frac{0.013}{\rho_G}-\frac{0.085}{\rho_G^2} \tag{12-6-25}$$

$$0.1 \text{kg} \cdot \text{m}^{-3} < \rho_G < 80 \text{kg} \cdot \text{m}^{-3}$$

式中　k_{GC}——气相传质系数，$\text{kmol} \cdot \text{m}^{-2} \cdot \text{h}^{-1} \cdot \text{kPa}^{-1}$；
　　　ρ_G——气体密度，$\text{kg} \cdot \text{m}^{-3}$。

（2）估计液相传质系数

$$k_L=\frac{2.6\times10^{-5}}{\mu_L^{0.25}} \tag{12-6-26}$$

式中　k_L——液相传质系数，$\text{m} \cdot \text{h}^{-1}$；
　　　μ_L——液体黏度，$\text{Pa} \cdot \text{s}$。

(3) 计算气相总传质系数

$$K_{GC} = \frac{k_{GC} k_L}{k_L + m_c k_{GC}} \quad (12\text{-}6\text{-}27)$$

式中 K_{GC}——气相总传质系数，$kmol \cdot m^{-2} \cdot h^{-1} \cdot kPa^{-1}$；
  m_c——分配系数。

$$m_c = \frac{m \rho_G M_L}{\rho_L M_G} \quad (12\text{-}6\text{-}28)$$

式中 m——以摩尔比表示的亨利系数（相平衡常数），$m = y/x$；
  ρ——密度，$kg \cdot m^{-3}$；
  M——摩尔质量，$kg \cdot kmol^{-1}$。

(4) 求点效率

$$E_{POG} = 1 - e^{-\left(\frac{K_{GC} a}{u_G}\right)} \quad (12\text{-}6\text{-}29)$$

式中 E_{POG}——气相点效率；
  a——单位鼓泡面积上的气、液界面面积，$m^2 \cdot m^{-3}$；
  u_G——鼓泡面上的气速，$m \cdot s^{-1}$。

界面面积 a 的值为板上流动状态的函数。若液体负荷小而气速大，液体受从筛孔喷出的气体射流的作用几乎完全分散成小滴，则操作为喷雾状态。若液体流过塔板并越过堰的过程中主要受气流的作用而成为乳状液，则操作为乳液流动状态，此种状态在液体负荷高而气体速率小时发生。操作状态可通过参数 $F_P/(bh_1)$ 来判定（参数中各符号的意义见后）。各种状态下 a 值的计算公式如下：

喷雾状态 $[F_P/(bh_1) < 3 \sim 4]$：

$$a = \frac{40}{F^{0.3}} \left(\frac{F_{bba}^2 h_1 F_P}{\sigma} \right)^{0.37} \quad (12\text{-}6\text{-}30)$$

混合与乳液流动状态 $[F_P/(bh_1) > 3 \sim 4]$：

$$a = \frac{43}{F^{0.3}} \left(\frac{F_{bba}^2 h_1 F_P}{\sigma} \right)^{0.53} \quad (12\text{-}6\text{-}31)$$

式中 F——单位鼓泡面积上孔所占分数；
  F_{bba}——鼓泡面的 F 因子，$F_{bba} = u_G \rho_G^{0.5}$，$m \cdot s^{-1} \cdot (kg \cdot m^{-3})^{0.5}$；
  F_P——流动参数，$F_P = (u_L/u_G)(\rho_L/\rho_G)^{0.5}$；
  σ——表面张力，$N \cdot m^{-1}$；
  h_1——鼓泡面上的持液量，$h_1 = 0.6 H_W^{0.5} \times p^{0.25} b^{-0.25} F_P^{0.25}$，$m^3 \cdot m^{-2}$；
  H_W——堰高，m；
  p——筛孔中心距，m；
  b——单位鼓泡面积的堰长，$m \cdot m^{-2}$。

(5) 计算气相 Murphree 单板效率

$$E_{MG} = A(e^{\frac{E_{OG}}{A}} - 1) \quad (12\text{-}6\text{-}32)$$

式中 E_{MG}——气相 Murphree 单板效率；

A——吸收因子，$A = L_M/mG_M$；

G_M，L_M——气、液的摩尔流速，$kmol \cdot m^{-2} \cdot s^{-1}$。

6.3 喷洒塔

喷洒塔内的气体自下而上流动，与被分散成滴的液体相接触，多数呈逆流，亦可为错流。喷洒塔适用于极易溶气体的吸收，又适用于有大量热效应的吸收，因为用水量大可避免温度提高太多。在压力降必须很小而传质单元只需一两个时，使用喷洒塔最为经济。它的缺点是喷头功率消耗很大。

喷洒塔传质单元数的求法与填充塔类似（见本篇 2.2.7），但其性能——传质系数或传质单元高度却不像填充塔那样容易求得准。它的气、液界面，顾名思义，应该是单位体积塔内全部液滴的表面积，但并不固定，因为塔内液滴的大小与数目随其所在位置而异。有人曾经试图根据比较原始的理论导出表示传质系数的公式供设计用。然而，这需要液滴直径分布与液滴在塔内运行时间的估算，又要考虑液滴聚结、被气流夹带，落在塔壁上变成液膜等许多因素的影响。循此途径不容易找到切实可行的办法。

Mehta 和 Sharma[25] 使用一些生产上用的喷洒装置实际测试喷洒装置类型、塔高、气液流速、液体性质等对喷洒塔性能的影响（返混的影响也大，但研究不充分），整理出下列可供设计参考的关联式：

$$a = \alpha L^\beta u_G^{0.28} S^{-0.38} \tag{12-6-33}$$

$$k_G = \gamma u_G^{0.54} \tag{12-6-34}$$

式中 a——有效界面面积，$cm^2 \cdot cm^{-3}$；

u_G——气体表观速度，$cm \cdot s^{-1}$；

S——塔有效高度（喷头至塔底气体入口的垂直距离），cm；

k_G——气相传质系数，$mol \cdot cm^{-2} \cdot s^{-1} \cdot atm^{-1}$；

α, β, γ——常数，见表 12-6-5。

表 12-6-5 式(12-6-33) 与式(12-6-34) 中常数 α、β、γ 的值

塔径 /cm	塔有效高度 /m	喷洒类型	孔径 /mm	$\alpha \times 10^4$	β	$\gamma \times 10^5$
8	1.3	淋洒器	1.2 (69孔)	246	0.38	1.02
21	1.2	喷头	5.5	2.12	0.81	0.95
21	1.2	喷头	4.4	0.51	0.93	2.2
39	2.8	喷头	5.5	8.97	0.62	2.2
39	2.8	喷头	4.4	4.9	0.70	2.2
39	2.8	喷头	8.4	4.28	0.47	2.2

文中没有列出 k_L 的关联式，仅指出 k_L 的值与填充塔内的不相上下。文中载有由特定物系实测的数据整理成的曲线，可以参考。

6.4 鼓泡塔

鼓泡塔是于深筒液体底部设一个或多个鼓泡器，将通入的气体分散成气泡，以达成气、液充分接触。它的优点是持液量大，停留时间长，单位体积内可设置的传热面积大，气液接触面积和传质系数都大。它的缺点是液相返混剧烈，气体要通过高液层，压力降大。塔的高度与直径之比大（>12），则气泡的聚结会使气液接触面缩减颇多。

鼓泡塔在物理吸收、化学吸收、解吸中都有应用，对以液相阻力为主的难溶气体吸收比较合适。用于化学吸收的设备，多数设有搅拌器及挡板，称为搅拌鼓泡反应器。另见本手册第 25 篇。

对鼓泡塔的气含率、有效接触面积、传质系数等的系统研究，20 世纪 70 年代以前便已进行[26]，结果分歧颇大。下面所引 Hikita 等[27]的关联式，于 20 世纪 80 年代提出，对前人的成果有所借鉴，比较适于供设计参考用。

$$\frac{k_L a u_G}{g}=14.9\times\left(\frac{\mu_G\mu_L}{\sigma}\right)^{1.76}\left(\frac{g\mu_L^4}{\rho_L\sigma^3}\right)^{-0.248}\left(\frac{\mu_G}{\mu_L}\right)^{0.243}\left(\frac{\mu_L}{\rho_L D_L}\right)^{-0.604} \quad (12\text{-}6\text{-}35)$$

式中各项都是无量纲的，其适用范围如下：

$$5.0\times10^{-4}<\mu_G\mu_L/\sigma<3.3\times10^{-2}$$

$$1.3\times10^{-11}<g\mu_L^4/(\rho_L\sigma^3)<3.2\times10^{-7}$$

$$1.6\times10^{-3}<\mu_G/\mu_L<2.5\times10^{-2}$$

$$1.2\times10^{2}<\mu_L/(\rho_L D_L)<2.0\times10^{4}$$

式(12-6-35) 又可简化成：

$$k_L a=14.9 g^{0.752} u_G^{0.76}\rho_L^{0.852}\mu_G^{0.243}\mu_L^{-0.079}\sigma^{-1.016}D_L^{0.604} \quad (12\text{-}6\text{-}36)$$

式(12-6-35) 与式(12-6-36) 中的参数，应取一致单位，也可取下列指定的单位：

$k_L a$——液相体积传质系数，s^{-1}；

g——重力加速度，$cm\cdot s^{-2}$；

u_G——气相表观速度，$cm\cdot s^{-1}$；

ρ_L——液体密度，$g\cdot cm^{-3}$；

μ_G，μ_L——气、液相黏度，$mPa\cdot s$；

σ——表面张力，$N\cdot cm^{-2}$；

D_L——液体扩散系数，$cm^2\cdot s^{-1}$。

实验是分别在直径为 10cm 与 19cm 的两个塔内进行的，采用单个喷头作鼓泡器。气相表观速度范围是 4.2～38.0 $cm\cdot s^{-1}$，鼓泡后的液层高度，小直径塔为 130cm，大直径塔为 220cm，所采用的系统有：空气-水，空气-蔗糖溶液，空气-甲醇，O_2-水，H_2-水，CH_4-水，

CO_2-水。

由式(12-6-35)与式(12-6-36)求得的 $k_L a$，只适用于液相为水或非电解质溶液。若液相为电解质溶液，则所得 $k_L a$ 还要乘上一个校正系数 f，其值与溶液的离子强度 I 有关，求法如下：

当 $0 < I < 1.0$ g 离子·L^{-1} 时：

$$f = 10^{0.0681} \tag{12-6-37}$$

当 $I > 1.0$ g 离子·L^{-1} 时：

$$f = 1.114 \times 10^{0.0211} \tag{12-6-38}$$

测算 f 时所用的系统，由空气分别与下列电解质溶液构成：NaCl，KCl，HNO_3，Na_2SO_4，K_2SO_4，$CaCl_2$，K_3PO_4，$AlCl_3$。

6.5 湿壁塔

湿壁塔的气液接触面就是沿直立管壁成膜状流下的液体表面。此表面积易于算准，对实验研究很方便。但表面积却相对较小，对工业生产不合适。然而，此种构造极便于通过筒（管）壁从外部进行冷却，故在热效应特别大的吸收中使用，亦有其优越之处。

Gilliland 和 Sherwood[28] 在湿壁塔内将水及几种有机液体蒸发到空气中，求得下列表示气相传质系数的无量纲数群关系式：

$$\frac{k_G d}{D_G} \times \frac{p_{Bm}}{P} = 0.023 \left(\frac{d u_G \rho_G}{\mu_G}\right)^{0.83} \times \left(\frac{\mu_G}{\rho_G D_G}\right)^{0.44} \tag{12-6-39}$$

式中　　k_G——气相传质系数；

d——管的内径；

u_G——气相速度；

ρ_G，μ_G，D_G——气体的密度、黏度、扩散系数；

P——系统总压；

p_{Bm}——$(P - p_A)$ 与 $(P - p_{Ai})$ 的平均值；

p_A，p_{Ai}——气体主体中界面上 A 的分压。

式(12-6-39)的应用范围是：$2000 < Re_G < 35000$，$0.6 < Sc_G < 2.5$，$0.1 \text{atm} < P < 3 \text{atm}$。在一般湍流情况下，例如，管比较长而导致波纹出现，上式仍可用；若下降的液膜表面严重地产生波纹，使气液接触面积增加并引起外加的湍动，用上式求得的 k_G 便偏低。若气流在入口处受到严重干扰或有很大热效应产生，求得的 k_G 便不可靠。

Vivian 和 Peaceman[29] 在很短（1.9～4.3cm）的湿壁塔内从水溶液中解吸 CO_2 与从稀 HCl 溶液中解吸 Cl_2，研究液相传质系数，得知 Re 小于 2000 时气速对 k_L 无影响，Re 超过 2000 则波纹的作用可使 k_L 显著增大。作者结合渗透理论并考虑到量纲的一致性原则，提出下列无量纲关系式(此式非由数据关联而得，故使用时应小心)：

$$\frac{k_L h}{D_L} = 0.433 \left(\frac{\mu_L}{\rho_L D_L}\right)^{0.5} \left(\frac{\rho_L^2 g h^3}{\mu_L^2}\right) \left(\frac{4\Gamma}{\mu_L}\right)^{0.4} \quad (12\text{-}6\text{-}40)$$

式中 k_L ——液相传质系数；

     h ——湿壁塔高度；

ρ_L, μ_L, D_L ——液体的密度、黏度、扩散系数；

     g ——重力加速度；

     Γ ——单位时间单位长度管周边的液体质量流速。

Gaylord 和 Miranda[30]采用并流降膜多管 HCl 吸收塔测得气相总传质系数的计算式如下：

$$K_G = \frac{1.66 \times 10^{-5}}{M_m^{1.75}} \times \frac{dG}{\mu_G} \quad (12\text{-}6\text{-}41)$$

式中 K_G ——气相总传质系数，$kmol \cdot m^{-2} \cdot s^{-1} \cdot atm^{-1}$；

   d ——管直径，m；

   M_m ——管入口处的气体平均摩尔质量，$kg \cdot kmol^{-1}$；

   G ——管入口气体的质量流速，$kg \cdot m^{-2} \cdot s^{-1}$；

   μ_G ——气相黏度，$Pa \cdot s$。

参考文献

[1] Cornell D, Knapp W G, Fair J R. Chem Eng Prog, 1960, 56(7): 68.
[2] Bolles W L, Fair J R. I Chem E Symposium Series No 56 (3rd International Symposium on Distillation), 1979, 3. 3/35.
[3] Bolles W L, Fair J R. Chem Eng, 1982, 89(14): 109.
[4] Onda K, Takeuchi H, Okumoto Y. J Chem Eng Jpn, 1968, 1(1): 56.
[5] Fellinger L L. ScD Thesis, MIT, 1941.
[6] 麦本熙. 化学工业与工程, 1993, 10(1): 16.
[7] Danckwerts P V. Gas-liquid Reactions. New York: McGraw-Hill Inc, 1970.
[8] Norman W S. Absorption Distillation and Cooling Towers. London: Longmans Green Co, 1961.
[9] Sherwood T K, Pigford R L, Wilke C R. Mass Transfer. New York: McGraw-Hill Inc, 1975.
[10] Au-Yeung P H, Ponter A B. Can J Chem Eng, 1983, 61: 481.
[11] Spedding P L, Jones M T. Chem Eng J, 1986, 33: 1.
[12] 李锡源, 谈道, 李阿娜. 化工学报, 1980(4): 376.
[13] 麦本熙. 化学工程, 1986(4): 1.
[14] Bravo J L, Rocha J A, Fair J R. Hydrocarbon Proc, 1985, 64(1): 91.
[15] Fair J R, Bravo J L. Chem Eng Prog, 1990, 86(1): 19.
[16] Nawrocki P A, Xu Z P, Chuang K T. Can J Chem Eng, 1991, 69: 1336.
[17] 麦本熙, 李阿娜, 李锡源. 化学工程, 1986(3): 6.
[18] Whitney T K, Vivian J K. Ind Eng Chem, 1940, 32: 970.
[19] Sherwood T K, Holloway F A. Tran Am Inst Chem Engrs, 1940, 36: 21.
[20] Koch H A, Stutzman L F, Blum H A, Hutchings L E. Chem Eng Prog, 1949, 45: 677.
[21] Danckwerts P V, Sharma M M. Tran Inst Chem Engrs, 1966, 44: CE244.
[22] O′Connell H E. Tran Am Inst Chem Engrs, 1946, 42: 741.

[23] Kessier D P, Wankat P C. Chem Eng, 1988, 95(13): 72.
[24] Zuiderweg F J. Chem Eng Sci, 1982, 37: 1441.
[25] Mehta K C, Sharma M M. Brit Chem Eng, 1970, 15: 1440.
[26] Mashelkar R A. Brit Chem Eng, 1970, 15: 1297.
[27] Hikita H, Asai S, Tanigawa K, et al. Chem Eng J, 1981, 21: 61.
[28] Gilliland E R, Sherwood T K. Ind Eng Chem, 1934, 28: 516.
[29] ViVian E, Peaceman D W. AIChE J, 1956, 2: 437.
[30] Gaylord W M, Miranda M A. Chem Eng Prog, 1957, 53(3): 139.

7 吸收过程的工业应用

7.1 气体吸收在流程工业中的应用

7.1.1 产品的生产

吸收操作无论是在无机化工生产,还是有机化工产品生产中均有广泛的应用,以下为几个典型的化工产品的应用实例。

7.1.1.1 盐酸[1]

合成盐酸主要分两步:①氯气与氢气在合成炉内反应生成氯化氢;②生成的氯化氢经冷却后再用水吸收氯化氢生产盐酸。

水吸收氯化氢时发热量很大,必须及时移走。如果热量采用水冷却移出,称为冷却吸收法;若采用盐酸中水分的蒸发带走热量,并使盐酸浓缩,称为绝热吸收法或热吸收法。

绝热吸收法制取盐酸的工艺流程如图 12-7-1 所示。

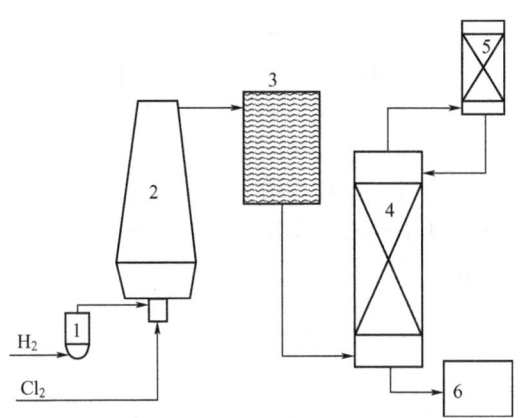

图 12-7-1 绝热吸收法制取盐酸的工艺流程
1—阻火器;2—合成炉;3—冷却塔;
4—绝热吸收塔;5—尾气吸收塔;6—盐酸罐

7.1.1.2 硝酸[1]

硝酸是强氧化剂,有强腐蚀性,在生产、使用和运输中要注意安全。稀硝酸的生产流程归纳起来主要有三种:①常压法。氨氧化与酸的吸收均在常压下进行,吸收时采用多个串联的吸收塔,此法设备简单,但成品中硝酸含量低,尾气氨氧化物含量高,环境污染严重,吸收容积大,投资高。②全压法:氨氧化与酸的吸收均在加压下进行,吸收压力可分为中压(0.2~0.5MPa)吸收和高压(0.7~1.0MPa 或更高)吸收两个等级,此法吸收容积小,能量回收率高,但铂损耗较大。③综合法:氨氧化和 NO_2 吸收分别在不同压力下进行,分为常压反应加压吸收和中压反应高压吸收两种流程。

7.1.1.3 硫酸[1]

在接触法生产硫酸过程中,吸收操作主要有:①SO_2 气体干燥脱水,其过程为浓硫酸吸收水分,硫酸浓度以93%~95%较合适,工艺流程见图12-7-2;②用硫酸吸收 SO_3 制取发烟硫酸;③用98%的硫酸吸收 SO_3 制取98%浓硫酸。

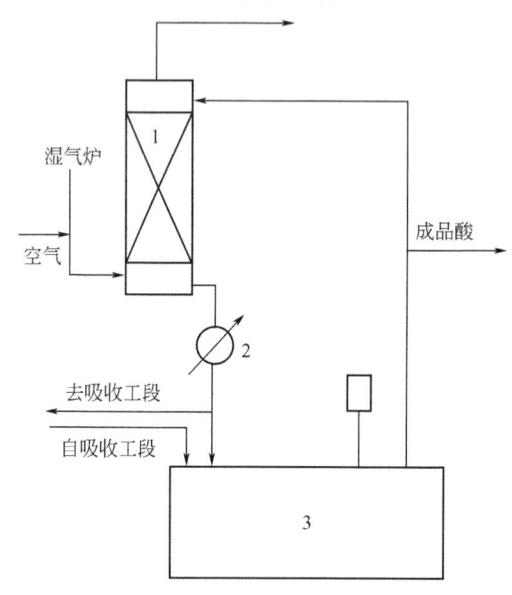

图 12-7-2 炉气干燥工艺流程
1—干燥塔;2—冷却器;3—酸储罐

吸收系统的主要设备有吸收塔、循环酸槽、酸泵机、酸冷却器等。这些设备与干燥系统的设备在功能与结构上相近,其中吸收塔类型同干燥系统。

7.1.1.4 纯碱及其他碳酸盐[2]

纯碱生产主要是用氯化钠水溶液吸收氨制成氨盐水,然后再进行碳酸化反应生成重碱,将重碱煅烧可得纯碱。

氨的吸收过程在氨塔中进行。由于氨易溶于氯化钠水溶液,同时吸收溶解过程热效应较大,故常采用板式吸收塔。

碳酸化反应是二氧化碳由气相至液相的传质过程,并与液相组分进行化学反应,所以也可认为是一种化学吸收过程。类似的碳酸化反应还可应用于生产轻质碳酸钙、碳酸镁、碳酸氢钠及碳酸钡等过程。

7.1.1.5 有机化工产品[2]

在有机化工生产中,应用吸收过程制取产品的主要有如下几种:

① 甲醛:甲醇与空气混合后在催化剂的作用下氧化脱氢生成甲醛,反应物经冷却后用甲醛水溶液吸收制取37%的甲醛水溶液。由于吸收过程的传质推动力小,吸收后尾气中甲

醛需再用水或甲醛稀溶液吸收，尾气需燃烧处理。

② 环氧乙烷：通过氧化反应，乙烯生成环氧乙烷，反应产物经冷却后进入吸收塔，吸收塔用水吸收环氧乙烷，环氧乙烷吸收液经过解吸精制可得产品。

③ 四氟乙烯：氟利昂经裂解生成四氟乙烯和氯化氢，先用水或碱液洗涤除去氯化氢，经干燥后进入吸收塔用溶剂吸收未反应的氟利昂，四氟乙烯由塔顶排出。

④ 丙烯腈：丙烯氨氧化得到的丙烯腈混合气中含有少量的氰化氢、乙腈、二氧化碳及其他有机含氧化合物等。由于反应过程中氨过量，为防止副反应，需先用含有硫酸的水洗涤除去氨，然后进入吸收塔用水将丙烯腈、乙腈、有机含氧化合物吸收并将二氧化碳等放空，吸收了丙烯腈的水溶液进一步处理，提纯精制得到丙烯腈。

⑤ 二氯乙烷：乙烯与氯气经氯化反应，或与氯化氢、氧气经氧氯化反应生成二氯乙烷，反应后气体先冷却，再用水将氯化氢洗涤除去后得粗二氯乙烷，未冷凝气体中的二氯乙烷用煤油作为吸收剂进行回收。

7.1.2 气体的净化与尾气处理

吸收操作广泛应用于化工生产过程，典型的有：

① 在合成光气过程中，用溶剂脱除排放尾气中的光气。

② 在有机物的氯化反应过程中，如生产烷基氯化物、芳烃氯化物等，生成的氯化氢通常采用水（或碱液）吸收法，回收制取盐酸，并将气体净化。

③ 合成氨原料气的脱硫、脱碳及脱除少量一氧化碳。

④ 尿素生产中未反应的氨气与二氧化碳的回收利用。

⑤ 硫酸、盐酸、硝酸生产过程中的尾气处理。

⑥ 吸收分离裂解气中的乙炔，用碱液脱除裂解气中的酸性气。

7.1.3 产品的精制与回收

化工生产过程中常应用吸收方法将产品分离出来，并进一步采用其他方法进行精制。

① 甲烷氟化物[3]：甲烷、氯气和氟化氢经过反应生成氟利昂-12（CCl_2F_2）、氟利昂-11（CCl_3F_2）及氯化氢，反应后出来的气体一般先脱除氯化氢，然后再经过水洗塔、碱洗塔和硫酸干燥塔，利用水、碱液和硫酸将氯甲烷混合物进行洗涤并干燥，再在精馏塔中除去低沸物，即可得到氟利昂产品。

② 丙酮：异丙醇经催化脱氢反应得到含丙酮的混合气体，反应气体经冷却后，在吸收塔内脱除氢气，即可得到粗丙酮。

③ 顺酐：苯（或丁烷）和空气在高温下经过催化氧化生成顺酐（顺丁烯二酸酐），将反应后的气体进行冷凝，回收大部分液体顺酐，未冷凝的气体用水或吸收剂进行吸收。

④ 异戊二烯：从 C_5 馏分中用 65%硫酸进行选择性吸收异戊烯，然后用 C_4～C_{10} 烷烃从饱和酸溶液中将异戊烯反抽提出来，经蒸馏得到异戊烯，异戊烯脱氢生成异戊二烯后，用二甲基甲酰胺吸收，然后用汽提法分离并通过精制得到产品异戊二烯。

除以上产品外，还有氯丁二烯、丁二烯、氰化氢等产品均需通过吸收过程进行分离精制。

7.2 二氧化碳的捕集与脱除

7.2.1 概述

煤炭、石油、天然气燃烧放出来的大量二氧化碳进入大气,导致大气中二氧化碳浓度已从工业革命前的 $280\mu L\cdot L^{-1}$ 升高到 $370\mu L\cdot L^{-1}$,且仍以每年 0.5% 的速度递增[4]。因此,二氧化碳的捕集与脱除已成为全世界最受关注,也是最为紧迫的问题之一。在二氧化碳的捕集方法中,吸收技术是目前最为成熟、处理量最大的方法[5]。

同时,二氧化碳的脱除也是许多化工生产过程中必须处理的问题,如制氢、合成氨生产,以及许多有机合成、钢铁生产等过程。

二氧化碳的捕集与脱除过程,依据原料气的组成而异,归纳起来可分为如下几种:①物理吸收法;②化学吸收法;③物理化学吸收法。

7.2.2 物理吸收法

物理溶剂吸收法利用吸收剂对二氧化碳的溶解度与其他气体组分不同而进行分离。常用的溶剂有水、甲醇、碳酸丙烯酯等。

① 加压水洗法:水洗法应用最早,具有流程简单、运行可靠、溶剂水廉价易得等优点,但其设备庞大、电耗高、产品纯度低并易造成污染等,一般不采用。

② 低温甲醇法:应用较早,除具有流程简单、运行可靠外,能耗比水洗法低,产品纯度较高。但是,为获得吸收操作所需低温,需设置制冷系统,设备材料需用低温钢材,因此装置投资较高。

③ 碳酸丙烯酯法(简称 PC 法):是近年来中小型氨厂常用脱碳和回收二氧化碳的方法。它具有溶液无毒、浓溶液对碳钢腐蚀性小,能耗比甲醇法低等优点;缺点是 PC 溶剂循环量大,造成溶剂损耗大,操作费用较高。

④ Selexol 法[10]:以聚乙二醇二甲醚(DMPEG)为溶剂吸收二氧化碳的方法,此法的装置材质可选用碳钢,溶剂的蒸气压低,挥发损失小,其对二氧化碳的溶解能力也比碳酸丙烯酯大。

⑤ N-甲基吡咯烷酮法[11]:也称为 Purisol 法,由 Lurgi 公司开发,它采用 N-甲基吡咯烷酮为物理吸收溶剂,在常温、加压条件下脱除二氧化碳等酸性气体。

7.2.3 化学吸收法

化学吸收法是利用原料气中二氧化碳与吸收剂活性组分之间发生化学反应而将二氧化碳脱除的。目前广泛使用的吸收溶剂为醇胺类[6],传统的溶剂还有碳酸钾、氨水等[7]。

① 乙醇胺类溶剂法:常使用的乙醇胺类溶剂有一乙醇胺(MEA)、二乙醇胺(DEA)、N-甲基二乙醇胺(MDEA)等,其中 N-甲基二乙醇胺水溶液目前使用最为广泛,乙醇胺类溶剂具有较好的吸收选择性,也可较容易进行再生利用,因而得到了越来越多的应用,同时还能与其他溶剂混合,得到效果更好的复合溶剂。

② 热钾碱法:热钾碱法是使用热的碳酸钾或添加了不同活化剂的碳酸钾溶液吸收二氧化碳的过程,典型的工业流程有本斐尔法、砷碱法、G-V 无毒脱碳法等。

③ 氨吸收法：氨水吸收二氧化碳工艺具有较长的历史，如广泛应用的碳酸氢铵生产工艺中，用氨水在常温下吸收二氧化碳以脱除合成气中的CO_2，同时还得到了碳酸氢铵产品。近几年用氨水脱除烟道气中的二氧化碳技术也得到了广泛的重视[8]。

7.2.4 物理化学吸收法

物理化学吸收法主要有砜-胺法[9]、甲醇吸收法等。

① 砜-胺法：砜-胺法是为了满足从酸性天然气、重油部分氧化生产的合成气及用蒸汽转化的合成气中脱除酸性气的要求开发的，该吸收剂以环丁砜、烷醇胺和水的混合物依据用途不同进行配制，砜-胺溶剂在较高的酸气分压下对酸气仍有较好的吸收能力，从而降低了溶剂的循环量。此外，该法还有良好的脱有机硫的能力和节能效果。

② 常温甲醇法：常温甲醇法使用的溶剂为甲醇与烷基醇胺的混合物，后又提出了一种改进的混合溶剂，即采用两种脂肪族烷基胺，在吸收过程中，甲醇为物理溶剂，烷基胺为化学吸收剂。

7.2.5 过程的比较与评价

不同的二氧化碳的吸收技术是针对不同的过程和要求研究开发的，因此，全面评价各种方法的优劣是相当困难的，有时不同的技术要求会出现相互矛盾的地方，如操作的稳定性与能耗之间。故而，在应用时需要根据不同的工艺条件、吸收或脱除的要求进行对比，以选择最合适的吸收工艺。

对于物理吸收法，改进的热钾碱法技术成熟，操作稳定，净化程度高，但能耗偏高；碳酸丙烯酯法则净化度低一些，溶剂损失大，操作费用高。

化学吸收法在二氧化碳脱除中占据主导地位，其中采用 MDEA 溶剂应用越来越广，化学吸收法处理后产品气纯度高且处理量大，化学吸收法也存在着一定的不足之处，主要表现为[12]：①化学吸收法脱除 CO_2 时，要考虑吸收剂的再生循环使用问题，操作上比较烦琐；②化学吸收法对原料气适应性不强，需要复杂的预处理系统，而且设备腐蚀和环境污染问题也比较严重，因此对一些关键设备的材质要求很高，加大了设备的投资；③化学吸收法作为湿法工艺相对而言流程比较复杂，流体需要周期性升温、降温，并且溶剂再生还要消耗大量的外供热能。

7.3 酸性气体的吸收

7.3.1 概述

酸性气体种类较多，常见的有二氧化碳、氯气、氯化氢、二氧化氮、硫化氢、二氧化硫等，其中二氧化碳、氯化氢等前面已有讨论，这里主要讨论二氧化硫、硫化氢等的吸收脱硫过程。

对于采用吸收法脱硫，许多方法与二氧化碳的吸收脱除相似，也可分为物理吸收与化学吸收法。

7.3.2 物理吸收过程

物理吸收过程所采用的溶剂有碳酸丙烯酯（PC）、N-甲基吡咯烷酮、聚乙二醇二甲醚、甲醇、环丁砜等，其吸收过程与二氧化碳吸收过程类似。

7.3.3 化学吸收过程

化学吸收过程分为不析硫脱硫法（如醇胺溶剂法）、析硫脱硫法（如氨水催化法、氢氧化铵溶液法、络合法等）和湿式氧化法（如蒽醌二磺酸钠法、水杨酸络合锰法）等。用于脱除二氧化碳的许多溶剂也可用于脱硫过程，这其中胺类溶剂（如 MEA、DEA、DGA、DIPA、TEA、MDEA）是使用最为广泛的一种[13]。

7.3.4 其他吸收过程

经过研究开发的脱硫方法众多，其他方法还有海水法、石灰石-石膏湿法、双碱法、磷铵肥法、尿素法等。

7.3.5 工艺过程的比较与评价

在吸收法脱硫技术中，不论采用何种方法，都是以碱性溶液作为基本溶剂，而且各种方法的流程大致相同，主要差别在于各法使用的载氧体不同，以至于脱硫剂的硫容量不同，因而所需溶剂的循环量也不同。

不同工艺过程及脱硫要求，对脱硫方法进行对比会得到不同的比较结果，如对于小型氮肥的生产，经比较采用蒽醌二磺酸钠法（ADA 法）较为合理[14]，而天然气的净化过程则多采用 MDEA 溶剂脱硫[15]。

7.4 烟气脱硫脱硝[16]

我国二氧化硫和氮氧化物的排放 90% 来自煤炭的消耗，因此控制大气污染最迫切的就是燃煤的二氧化硫和氮氧化物的控制。自 20 世纪 60 年代，世界各国开发的控制二氧化硫和氮氧化物排放的技术多达数百种，其中商业应用的不到 10%。目前控制二氧化硫和氮氧化物污染的技术可分为三类：燃烧前控制技术、燃烧中控制技术和燃烧后控制技术。吸收技术主要用于燃烧后控制技术。

7.4.1 烟气脱硫

在湿式吸收法中，用于烟气脱硫的技术有石灰-石灰石洗涤法、双碱法、威尔曼-洛德法、氧化镁法和氨法等，其中石灰-石灰石洗涤法技术最为成熟，运行最为可靠，应用也最为广泛。

① 石灰-石灰石洗涤法烟气脱硫工艺：烟气在冷却塔内用水洗涤降低温度并增湿，同时除去大部分的烟尘，冷却后的烟道气进入吸收塔用石灰浆洗涤脱硫，然后经过除沫、升温由烟囱排放。

② 氨法烟气脱硫工艺：采用氨水作吸收剂脱去烟道气中的二氧化硫等污染物。氨是一种良好的碱性吸收剂，在烟道气的吸收过程中为气液或气气反应，反应速率快且完全，吸收

剂的利用率高，脱硫率也高。

③ 海水脱硫工艺：利用海水的天然碱性脱除烟道气中的二氧化硫，该技术不产生废弃物，具有技术成熟、工艺简单、系统运行可靠、脱硫率高和投资运行费用低等特点，在沿海地区可得到广泛应用。

④ 双碱法脱硫工艺：此法是为了克服石灰-石灰石工艺容易结垢而发展起来的。它先用碱金属类的水溶液吸收二氧化硫，然后在另一石灰石反应器中用石灰石或石灰将吸收二氧化硫后的溶液再生以循环使用，其最终产物以亚硫酸钙和石膏的形式析出。

⑤ 氧化镁法烟气脱硫工艺：利用氧化镁的浆液吸收烟道气中的二氧化硫，生成含水亚硫酸镁和少量的硫酸镁，然后将其脱水、干燥加热，使其分解，得到氧化镁及二氧化硫，再生的氧化镁可重新循环使用。

⑥ 磷铵肥法烟气脱硫工艺：磷铵肥法（phosphate ammonia fertilizer process，PAFP）烟道气脱硫技术由我国自主开发，它利用天然磷矿石和氨为原料，在烟道气脱硫过程中直接生产磷铵复合肥料。

⑦ 氧化锰发烟气脱硫工艺：采用氧化锰浆料液吸收烟道气中的二氧化硫，该法具有丰富的吸收剂来源，在适宜的配套生产工艺的情况下，有较好的应用价值。

⑧ 威尔曼-洛德法烟气脱硫工艺：威尔曼-洛德（Wellman-Lord）法利用亚硫酸钠溶液吸收和再生循环过程将烟气中的二氧化硫脱除，故又称为亚钠循环法，烟气脱硫率在90%以上。

⑨ 有机酸钠-石膏烟气脱硫工艺：利用有机酸钠吸收烟道气中的二氧化硫后，然后用石灰石将吸收液还原为有机酸钠再循环使用，同时得到副产品石膏。

⑩ 石灰-镁法脱硫工艺：烟气经过再热器进入吸收塔，脱除二氧化硫后又经再热器进入烟囱，而吸收液则经过氧化、浓缩、结晶，排出副产品石膏，还原后再循环使用。

⑪ 氧化锌法烟气脱硫工艺：利用氧化锌浆料液吸收烟道气中的二氧化硫，该法可将脱硫工艺与原有冶炼工艺紧密结合起来，氧化锌浆料可用锌精矿沸腾焙烧炉的旋风除尘收集的烟尘配制，而所得二氧化硫又可送去制取硫酸，从而解决了吸收剂的来源和吸收产物的处理问题，因此特别适合锌冶炼企业的烟气脱硫。

7.4.2 烟气脱硝

氮的氧化物有多种形式，如 NO、NO_2、N_2O_3、N_2O_4、N_2O_5 等，除 NO_2 较稳定外，其余均不稳定。燃料在燃烧过程中生成的氮氧化物是 NO 和 NO_2，统称为 NO_x。NO_x 对人体危害较大，因此其排放必须加以控制。

烟气脱硝可分为干法与湿法。目前采用较多的干法脱硝技术是以氨作还原剂的选择性接触还原法；湿法脱硝技术是将 NO 先氧化为 NO_2，然后用水吸收的方法。将 NO 先氧化为 NO_2 的氧化剂有 O_3、$KMnO_4$、ClO_2 等，吸收 NO_2 可用水或碱性水溶液，为节省投资，可采用联合脱硫脱硝技术。

联合脱硫脱硝技术分类很多，按照处理过程可分为两大类，一是炉内燃烧过程同时脱硫脱硝技术，二是燃烧后烟气联合脱硫脱硝技术。第二类方法是在烟气脱硫的基础上发展而来的。

参考文献

[1] 陈五平. 无机化工工艺学. 第3版. 北京: 化学工业出版社, 2001.
[2] 吴志泉, 涂晋林. 工业化学. 第2版. 上海: 华东理工大学出版社, 2004.
[3] 化学工业出版社组织编写. 化工生产流程图解. 第3版. 北京: 化学工业出版社, 1997.
[4] Thomas D C, Kerr H R. Carbon dioxide capture for storage in deep geologic formations result from the CO_2 capture project. Amsterdam: Elsevier, 2005.
[5] Park J H, Celedonio, J M, Seo H, et al. Catalysis Today, 2016, 265: 68.
[6] Hartono A, da Silva E F, Svendsen, H F. Chem Eng Sci, 2009, 64: 3205.
[7] 黄家鹄, 王斌, 雍思吴, 等. 氮肥技术, 2015, 36(5): 10.
[8] Ondrey G. Chem Eng, 2000, 107(3): 41.
[9] 陈颖, 杨鹤, 梁宏宝, 等. 石油化工, 2011, 40(5): 565.
[10] 张哲, 皮艳慧, 陈思锭, 等. 天然气与石油, 2013, 31(2): 31.
[11] 顾子樵. 化工厂设计, 1989(5): 15.
[12] 王波. 化肥设计, 2007, 45(2): 34.
[13] Chattopadhyay P. Absorption & Stripping. New Delhi: Asian Books Private Ltd, 2007.
[14] 黄子衔. 小氮肥设计技术, 1988(3): 44.
[15] Eimer D A. Gas Treating. London: John Wiley & Sons Ltd, 2014.
[16] 杨广贤. 最新火电厂烟气脱硫脱硝技术标准应用手册. 北京: 中国环境科学技术出版社, 2007.

符号说明

A	吸收因子 $=L_M/(mG_M)$
A_T	塔横截面积，m^2
a	单位体积填料层内的有效传质面积，$m^2 \cdot m^{-3}$
a_t	干填料的比表面积，$m^2 \cdot m^{-3}$
a_W	填料的润湿表面积，$m^2 \cdot m^{-3}$
C_M	液相中溶质与溶剂（化学吸收中还包括反应物）的总浓度，$kmol \cdot m^{-3}$
C_{pG}	气体比热容，$kJ \cdot kmol^{-1} \cdot K^{-1}$
C_{pL}	液体比热容，$kJ \cdot kmol^{-1} \cdot K^{-1}$
c	液相浓度，$kmol \cdot m^{-3}$
c_e	与气相平衡的液相浓度，$kmol \cdot m^{-3}$
c_{Ai}	界面上未反应 A 的浓度，$kmol \cdot m^{-3}$
c_{Ai}^0	界面上已反应与未反应 A 的总浓度，$kmol \cdot m^{-3}$
c_{AL}	液相中未反应 A 的浓度，$kmol \cdot m^{-3}$
c_{AL}^0	液相中已反应与未反应 A 的总浓度，$kmol \cdot m^{-3}$
c_{BL}	液相中未反应的反应物 B 的浓度，$kmol \cdot m^{-3}$
c_i	界面上的浓度，$kmol \cdot m^{-3}$
c_{Sm}	溶剂 S 在液相主体与在界面上的浓度的平均值，$kmol \cdot m^{-3}$
D	扩散系数，$m^2 \cdot s^{-1}$
D_A	溶质 A 在反应物溶液中的扩散系数，$m^2 \cdot s^{-1}$
D_B	反应物 B 在液相中的扩散系数，$m^2 \cdot s^{-1}$
D_G	气相中的扩散系数，$m^2 \cdot s^{-1}$
D_L	液相中的扩散系数，$m^2 \cdot s^{-1}$
d_p	填料的名义尺寸（直径），m
d_T	塔直径，m
E	化学吸收中的增强因子
E_i	瞬时反应化学吸收中的增强因子
E_M	Murphree 单板效率（另加下标 G 或 L 表示以气相或液相浓度为准）
E_O	总板效率（即全塔效率）
$E_{p,OG}$	点效率（气相）
F	用于式(12-5-49)中的量，$F=k_G H_e'/k_L$；
f	逸度，$kPa \cdot m^{-2}$
f	吸收塔出口液体趋近于平衡的分数，$f=y_{e1}/y_1$（图 12-2-6 上的参数）

G	混合气的质量流速,$kg·m^{-2}·s^{-1}$
G_M	气体的摩尔流速,$kmol·m^{-2}·s^{-1}$
G'_M	气流中惰性气体的摩尔流速,$kmol·m^{-2}·s^{-1}$
g	重力加速度,$m·s^{-2}$
H	亨利常数,kPa(摩尔分数)
H'	亨利常数,$kPa·m^3·kmol^{-1}$
H_e	溶质气体溶于反应物溶液中的亨利常数,kPa(摩尔分数)
H'_e	溶质气体溶于反应物溶液中的亨利常数,$kPa·m^3·kmol^{-1}$
H_G	气相传质单元高度,m
(H_G)	气体焓,$kJ·kmol^{-1}$
H_L	液相传质单元高度,m
(H_L)	液体焓,$kJ·kmol^{-1}$
H_{OG}	气相总传质单元高度,m
$H_{OG,Q}$	气相总传热单元高度,m
H_{OL}	液相总传质单元高度,m
H_{OS}	溶质在溶剂中的平均积分溶解热,$kJ·kmol^{-1}$
H_v	汽化潜热,$kJ·kmol^{-1}$
ΔH	吸收热效应,$kJ·kmol^{-1}$
h	填料层高度,m
K_G	气相总传质系数,$kmol·m^{-2}·s^{-1}·kPa^{-1}$
K'_G	用于化学吸收的气相总传质系数,$kmol·m^{-2}·s^{-1}·kPa^{-1}$
K_Ga	气相总体积吸收系数,$kmol·m^{-3}·s^{-1}·kPa^{-1}$
K_L	液相总传质系数,$m·s^{-1}$
K_La	液相总体积传质系数,s^{-1} 或 h^{-1}
K_{OG}	气相总传质系数,$m·s^{-1}$
K_x	液相总传质系数,$kmol·m^{-2}·s^{-1}$
K_xa	液相总体积传质系数,$kmol·m^{-3}·s^{-1}$
K_y	气相总传质系数,$kmol·m^{-2}·s^{-1}$
K_ya	气相总体积传质系数,$kmol·m^{-3}·s^{-1}$
k	反应速率常数(数字下标表示反应级数),单位因级数而定
k_G	气相传质系数,$kmol·m^{-3}·s^{-1}·kPa^{-1}$
k_Ga	气相体积传质系数,$kmol·m^{-3}·s^{-1}·kPa^{-1}$
k_L	液相传质系数,$m·s^{-1}$
k_La	液相体积传质系数,s^{-1} 或 h^{-1}
k_x	液相传质系数,$kmol·m^{-2}·s^{-1}$
k_xa	液相体积传质系数,$kmol·m^{-3}·s^{-1}$
k_y	气相传质系数,$mol·m^{-2}·s^{-1}$
k_ya	气相体积传质系数,$kmol·m^{-3}·s^{-1}$
L	液体的质量流速,$kg·m^{-2}·s^{-1}$
L_M	液体的摩尔流速,$kmol·m^{-2}·s^{-1}$

L'_M	液流的溶剂的摩尔流速，$kmol·m^{-2}·s^{-1}$
L_V	液体的体积流速，$m^3·m^{-2}·s^{-1}$
l	持液量，$m^3·m^{-3}$
$l_{n,i}$	多组分液体混合物中第 i 组分通过第 n 板的摩尔流速，$kmol·m^{-2}·s^{-1}$
M	摩尔质量，$kg·kmol^{-1}$
M	化学吸收中的扩散-反应参数，$M=Ha^2$
m	相平衡常数（亨利常数的一种）
m	y-x 平衡线斜率
N	理论板数（即平衡级数）
N_A	物理吸收中 A 的传质通量（通过单位界面面积），$kmol·m^{-2}·s^{-1}$
$N_A a$	物理吸收中 A 的传递速率（以单位体积填料层为准），$kmol·m^{-3}·s^{-1}$
N_G	气相传质单元数
N_L	液相传质单元数
N_{OG}	气相总传质单元数
N_{OL}	液相总传质单元数
P	总压，kPa
p	分压，kPa
p_{Bm}	惰性气体组分在气相主体中与在界面上的分压平均值，kPa
p_i	界面上的分压，kPa
p_v	饱和蒸气压，kPa
R	气体常数，$kJ·K^{-1}·kmol^{-1}$
R	塔内的液气比，$R=L_M/G_M$
R_A	A 的化学吸收通量（以单位界面面积为准），$kmol·m^{-2}·s^{-1}$；
$R_A a$	A 的化学吸收速率（以单位体积填料层为准），$kmol·m^{-3}·s^{-1}$
r	化学反应速率（用下标表示反应物），$kmol·m^{-3}·s^{-1}$
S	解吸因子，$S=mG_M/L_M$
T	温度，K
t	温度，℃
u	线速度，$m·s^{-1}$
V	体积流速，$m^3·s^{-1}$
$v_{n,i}$	多组分气体混合物中，第 i 组分通过第 n 板的摩尔流速，$kmol·m^{-2}·s^{-1}$
X	液相中溶质对溶剂的摩尔比
X_1^0	吸收塔溶剂用量最小时出塔溶液中溶质对溶剂的摩尔比
x	液相浓度，摩尔分数
x_e	与气相浓度相平衡的液相浓度，摩尔分数
x_N	从塔底第 N 板送出的液体浓度；规整化浓度［用于式(12-3-5)］
$x_{S,im}$	溶剂在气液界面上与在液相主体中的摩尔分数的平均值，摩尔分数
Y	气相中溶质气体对惰性气体的摩尔比
Y_1^0	解吸塔吹扫用惰性气体量最小时出塔气体中溶质对惰性气体的摩尔比
y	气相浓度，摩尔分数

$y_{B,im}$	惰性气体组分在气液界面上与在气相主体中的摩尔分数的平均值,摩尔分数
y_e	与液相浓度相平衡的气相浓度,摩尔分数
Z	高度,m
Z_D	化学吸收中的浓度-扩散参数 [见式(12-5-5)]
z	有效流体膜厚度(以下标 G 或 L 表示气膜或液膜),m
Γ	以单位周长度为准的液体质量流速,$kg \cdot m^{-1} \cdot s^{-1}$
γ	活度系数
ε	填料层空隙率,$m^3 \cdot m^{-3}$
μ	黏度,$Pa \cdot s$ 或 $mPa \cdot s$
ν	化学计量比
ρ	密度,$kg \cdot m^{-3}$
σ	表面张力,$N \cdot m^{-1}$
σ_c	填料材质的临界表面张力,$N \cdot m^{-1}$
ϕ	回收率(多组分混合物中对某个组分再加相应下标)

下 标

A	溶质
av	平均
B	气相中的惰性组分
B	液相中的反应物(仅化学吸收中用)
e	平衡
eff	有效
G	气相
i	界面
im	界面浓度与主体浓度的平均
ip	拐点
j	多组分混合物中的一个组分
L	液相
lm	对数平均
m	平均
min	最小
N	塔的最底一层板
N+1	塔底第 N 以下的一层虚拟板
n	板次
O	总
om	一相浓度与另一相平衡浓度的平均
p	填料
Q	传热
ref	参考
S	溶剂
T	塔

0   塔顶第1板上的虚拟板
1   塔的浓端（吸收塔底或解吸塔顶）
2   塔的稀端（吸收塔顶或解吸塔底）

数 群

$Fr = La_t/(\rho^2 g)$ Froude（弗鲁德）数

$Ha = \sqrt{D_A k_1}/k_L$（一级反应）或 $\sqrt{D_A k_2 c B_L}/k_L$（二级反应）   Hatta（八田）数

$Re = G/(a_t \mu)$ 或 $G d_p/\mu$（气相）$L/(a_t \mu)$ 或 $L d_p/\mu$（液相）   Reynold（雷诺）数

$Sc = \mu/(\rho D)$ Schmidt（施密特）数

$Sh = k_G RT/(a_t D_G)$ Sherwood（舍伍德）数

$We = L^2/(a_t \rho \sigma)$ Weber（韦伯）数

第13篇
蒸馏

主 稿 人：袁希钢　天津大学教授
　　　　　余国琮　中国科学院院士，天津大学教授
编写人员：马友光　天津大学教授　　　　王宇新　天津大学教授
　　　　　孙津生　天津大学副研究员　　许春建　天津大学研究员
　　　　　刘春江　天津大学研究员　　　李鑫钢　天津大学教授
　　　　　罗祎青　天津大学副研究员　　唐忠利　天津大学副研究员
　　　　　袁希钢　天津大学教授　　　　崔现宝　天津大学副研究员
　　　　　韩振为　天津大学副研究员　　曾爱武　天津大学副研究员
审 稿 人：杨志才　天津大学教授
　　　　　袁孝竞　天津大学教授

第一版编写人员名单
编写人员：于鸿寿　王世昌　吴锦元　杨志才
　　　　　樊丽秋　孙志发　余国琮　萧成基
审 校 人：余国琮　萧成基

第二版编写人员名单
主 稿 人：余国琮
编写人员：王宇新　李鑫钢　宋海华　吴锦元
　　　　　杨志才　韩振为　樊丽秋

1

汽-液平衡关系

1.1 引言

蒸馏是利用液体混合物中各组分挥发度的差异实现其组分分离的过程，是工业上应用最广泛的一类液体混合物的分离方法。蒸馏的适用范围广泛，不仅可以分离液体混合物，而且可以通过改变操作压力使常温常压下呈气态或固态的混合物在液化后得以分离。蒸馏过程需要消耗大量的能量（包括对介质的加热、汽化、冷凝和冷却），因此在蒸馏过程中，节能始终是重要的研究课题。按蒸馏方式，蒸馏可分为平衡蒸馏（闪蒸）、简单蒸馏、精馏和特殊精馏（如萃取精馏、恒沸精馏和反应精馏等）；按操作压力，蒸馏可分为加压蒸馏、常压蒸馏和减压蒸馏；按操作方式，蒸馏可分为间歇蒸馏和连续蒸馏。对于极难分离物系，如稳定性同位素分离，需要级联精馏装置分离。

蒸馏操作是汽-液两相间的传热和传质过程，汽-液平衡关系是分析和计算蒸馏过程的基础，通常采用汽-液平衡关系式、汽-液平衡数据表和汽-液平衡相图的形式对其进行描述。

1.2 汽-液平衡基本关系式

1.2.1 相对挥发度

蒸馏方法对物系进行分离的难易程度，一般用组分间的相对挥发度 $\alpha_{i,j}$ 来衡量。对于二元物系，其相对挥发度定义为：

$$\alpha_{1,2} = \frac{y_1/x_1}{y_2/x_2} \tag{13-1-1}$$

式中，x_1、x_2 分别为液相混合物中组元 1 和 2 的摩尔分数；y_1、y_2 分别为气相混合物中组元 1 和 2 的摩尔分数。

同理，对于多元物系，不同组分的相对挥发度为：

$$\alpha_{i,j} = \frac{y_i/x_i}{y_j/x_j} \tag{13-1-2}$$

式中，x_i、x_j 分别为液相混合物中组元 i 和 j 的摩尔分数；y_i、y_j 分别为气相混合物中组元 i 和 j 的摩尔分数。

通常以易挥发组分的 y/x 为分子。

1.2.2 逸度系数和活度系数

在计算相对挥发度时，常常通过逸度系数或活度系数进行计算。多组元体系组元 i 的逸度、逸度系数及活度、活度系数的定义如下：

$$\begin{cases} \mathrm{d}G_i = RT\,\mathrm{d}\ln \hat{f}_i \\ \lim_{p \to 0} \dfrac{\hat{f}_i}{y_i p} = 1 \end{cases} \quad (T\ 恒定) \tag{13-1-3}$$

$$\hat{\phi}_i = \frac{\hat{f}_i}{y_i p} \tag{13-1-4}$$

$$\hat{a}_i = \frac{\hat{f}_i}{f_i^{\ominus}} \tag{13-1-5}$$

$$\gamma_i = \frac{\hat{a}_i}{x_i} = \frac{\hat{f}_i}{f_i^{\ominus} x_i} = \frac{\hat{f}}{\hat{f}_i^{\mathrm{id}}} \tag{13-1-6}$$

式中，G_i 为组元 i 的偏摩尔 Gibbs 自由能；R 为通用气体常数；T 为热力学温度；$\hat{f}_i$ 为混合物中组元 i 的逸度；p 为压力；$\hat{\phi}_i$ 为混合物中组元 i 的逸度系数；$\hat{a}_i$ 为混合溶液中组元 i 的活度；γ_i 为混合溶液中组元 i 的活度系数；$f_i^{\ominus}$ 为混合物中组元 i 的标准态逸度；$\hat{f}_i^{\mathrm{id}}$ 为理想混合物中组元 i 的逸度。

1.2.3 活度系数法和状态方程法基本关系式

汽-液平衡计算主要是提供气相组成（y_i）与液相组成（x_i）间的互算，因此需要一个联系 y_i 与 x_i 间的关系式。基于相平衡时组元 i 的气相逸度 f_i^{v} 与液相逸度 f_i^{l} 相等，可得到两种计算方法，即状态方程法和活度系数法。

状态方程法的基本关系式如下：

$$p y_i \hat{\phi}_i^{\mathrm{v}} = p x_i \hat{\phi}_i^{\mathrm{l}} \tag{13-1-7}$$

式中，$\hat{\phi}_i^{\mathrm{v}}$ 为气相中组元 i 的逸度系数；$\hat{\phi}_i^{\mathrm{l}}$ 为液相中组元 i 的逸度系数。

活度系数法的基本关系式如下：

$$p y_i \hat{\phi}_i^{\mathrm{v}} = f_i^{\ominus} \gamma_i x_i \tag{13-1-8}$$

1.3 汽-液平衡数据及相图

1.3.1 汽-液平衡数据

对于实际的精馏过程，所涉及的系统绝大多数为多元体系，因此需要多元汽-液平衡数据。就汽-液相平衡实验测定而言，多元汽-液相平衡变量太多，难以提供充足的实验数据。有效的方法是测定各种二元体系，再由多个二元体系计算出较为可靠的多元汽-液相平衡值。因此，二元汽-液相平衡数据测定是多元汽-液相平衡值的基础。

二元汽-液平衡的研究主要包括相平衡数据测量（即该体系的 T、p、x、y）以及选择合适的关联方程进行关联，得出关联系数。

由于化工生产中所涉及的物系众多，并且同一个二元物系也存在大量的不同温度、压力条件，因此本手册中提供若干个具体物系数据意义不大，仅提供几个样本（分别是恒温恒压条件下的二元系统汽-液平衡数据）供参考（表 13-1-1[1,2]）。

表 13-1-1 恒压恒温下二元系统汽-液平衡数据

组分		温度/K	A 组分的摩尔分数		备注
A	B		液相(x)	气相(y)	
丙酮	水	347.95	0.0500	0.6381	$p=101.3\text{kPa}$
		341.68	0.1000	0.7301	
		338.41	0.1500	0.7716	
		336.74	0.2000	0.7916	
		335.02	0.3000	0.8124	
		333.90	0.4000	0.8269	
		333.10	0.5000	0.8387	
		332.27	0.6000	0.8532	
		331.44	0.7000	0.8712	
		330.64	0.8000	0.8950	
		329.83	0.9000	0.9335	
		329.45	0.9500	0.9627	
丙酮	乙醇	348.55	0.0500	0.1550	$p=101.3\text{kPa}$
		346.15	0.1000	0.2620	
		344.15	0.1500	0.3480	
		342.15	0.2000	0.4170	
		340.45	0.2500	0.4780	
		339.05	0.3000	0.5240	
		337.85	0.3500	0.5660	
		336.75	0.4000	0.6050	
		334.95	0.5000	0.6740	
		333.55	0.6000	0.7390	
		332.25	0.7000	0.8020	
		331.15	0.8000	0.8650	
		330.15	0.9000	0.9290	
乙酸乙酯	乙醇	351.45	0.0	0.0	$p=101.3\text{kPa}$
		349.75	0.0500	0.1020	
		348.65	0.1000	0.1870	
		347.05	0.2000	0.3050	
		345.95	0.3000	0.3890	
		345.25	0.4000	0.4570	
		344.95	0.5000	0.5160	
		345.00	0.5400	0.5400	
		345.05	0.6000	0.5760	
		345.35	0.7000	0.6440	
		346.15	0.8000	0.7260	
		347.85	0.9000	0.8370	
		349.15	0.9500	0.9140	
		350.25	1.0000	1.0000	

续表

组分		压力/kPa	A 组分的摩尔分数		备注
A	B		液相(x)	气相(y)	
丙酮	水	19.87	0.0	0.0	$T=333.15\text{K}$
		45.20	0.0333	0.5600	
		64.66	0.0720	0.7050	
		76.93	0.1170	0.7680	
		85.33	0.1710	0.7730	
		90.93	0.2360	0.8110	
		95.19	0.3180	0.8230	
		98.66	0.4200	0.8430	
		103.19	0.5540	0.8680	
		107.72	0.7370	0.8800	
		114.66	1.0000	1.0000	
丙酮	乙醇	29.77	0.0250	0.1210	$T=321.15\text{K}$
		32.54	0.0500	0.2155	
		35.14	0.0750	0.2890	
		37.54	0.1000	0.3460	
		41.89	0.1500	0.4370	
		45.53	0.2000	0.5070	
		48.73	0.2500	0.5600	
		51.60	0.3000	0.6020	
		56.65	0.4000	0.6700	
		60.98	0.5000	0.7310	
		64.66	0.6000	0.7850	
		68.01	0.7000	0.8380	
		71.06	0.8000	0.8890	
		73.81	0.9000	0.9420	
乙酸乙酯	乙醇	73.14	0.0065	0.0175	$T=343.15\text{K}$
		74.58	0.0180	0.0460	
		84.47	0.1310	0.2370	
		88.61	0.2100	0.3210	
		90.71	0.2630	0.3670	
		93.83	0.3870	0.4540	
		94.66	0.4520	0.4930	
		94.95	0.4880	0.5170	
		94.82	0.6250	0.5970	
		94.18	0.6910	0.6410	
		93.03	0.7550	0.6810	
		90.55	0.8220	0.7470	
		86.87	0.9030	0.8390	
		84.71	0.9320	0.8880	
		82.07	0.9750	0.9480	

1.3.2 相律及相图

相律是相平衡的基本定律，是各种平衡系统都必须遵守的规律，可用来确定相平衡系统中有几个独立改变的变量——自由度。

$$F = N - \pi + 2 \tag{13-1-9}$$

式中，F 为体系的自由度；N 为组元数；π 为相数。

以二元汽-液平衡为例，按相律其 $N=2$，$\pi=2$，可得自由度为 2，即只有两个变量可自由确定。例如，当 T、p 确定后，乙醇-水二元体系的汽-液相组成 (x_i,y_i) 就确定了。同样，丙酮-水体系的二元汽-液平衡组成也确定了，只是 y_i 和 x_i 值不同于同样 T、p 下的乙醇-水体系。

在二元汽-液平衡研究中，通常将二元混合物的汽-液平衡数据按相律标绘成恒温下的 p-x-y 图或恒压下的 T-x-y 图，即二元汽-液平衡相图。典型的二元混合物汽-液平衡相图如图 13-1-1[3] 所示。

根据相律，二元汽-液平衡关系有两个自由度，因此可用二元相图表示其 T、p、x、y 间的关系。在图中可表达不同组成下的蒸气压、x-y 曲线、泡点线、露点线、活度系数-组成线。图 13-1-1 给出了各种不同的 y_i-x_i 曲线，该图在显示精馏分离组元时更直观。

如果两个组元间分子作用力相等且大小相近，该混合体系呈理想溶液（或称理想混合物）状态，各组成下其活度系数均为 1，汽-液平衡基本关系式由拉乌尔定律和道尔顿定律可简化为：

$$p_i^s x_i = p y_i \tag{13-1-10}$$

式中，p_i^s 是纯组分 i 的饱和蒸气压。

因此，在 x_i-y_i 关系中只要有温度 T（由此求出蒸气压 p_i）和压力 p，x_i 和 y_i 间关系就可以求得。实际混合物大多不符合上述两个基本条件，只有极个别混合物近似符合，例如，苯和甲苯可视为理想溶液。理想溶液的 x_i-y_i 图见图 13-1-1(a)。

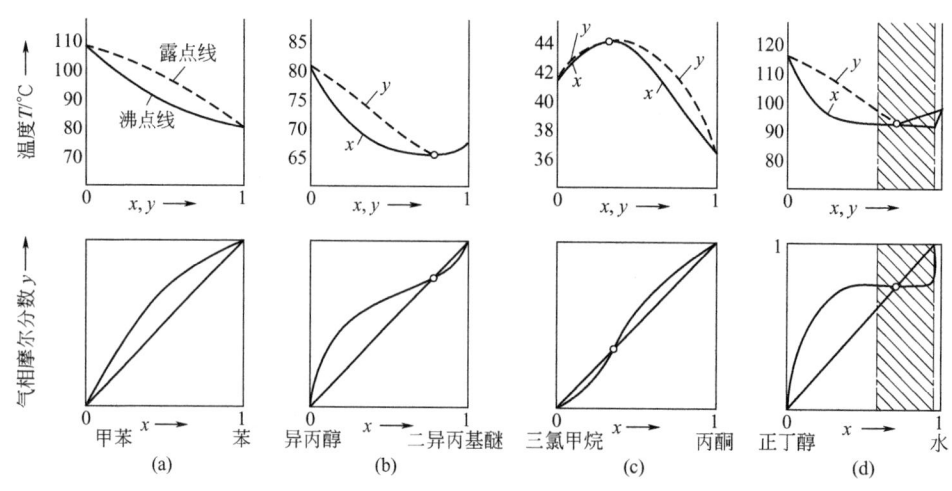

图 13-1-1 二元混合物汽-液平衡相图

如果异种分子间吸引力大于同种分子间吸引力，各组元蒸气压都大于理想溶液状态。当异种分子间吸引力小于同种分子间吸引力时，则各组元蒸气压都低于按理想溶液计算的蒸气压。这两种情况下 y_i-x_i 图形与图 13-1-1(a) 基本相同，但数值关系不能沿用式 (13-1-10)。

当上述"非理想"性达到更大时，可能产生共沸现象，当正偏差很大时，y_i-x_i 曲线与对角线相交［图 13-1-1(b)］，这种共沸物沸点低于两个纯组元的沸点；当负偏差很大时，生成高沸点共沸物，共沸点温度高于两个纯组元的沸点［图 13-1-1(c)］。在实际体系中，低沸点共沸物比较常见，而高沸点共沸物很少见到。不管是哪一种共沸物，都会对精馏分离造成困难，因为当有共沸物存在时，普通精馏不可能在一个塔中同时得到塔顶和塔底两个近似纯组分。

当系统有极强的正偏差性质时，同种分子间吸引力将大大超过异种分子间的吸引力，溶液会产生部分互溶现象，如图 13-1-1(d) 所示，阴影部分为非均相区，该图中只在高浓度和低浓度两端有互溶区可以进行精馏操作。

当体系有更强的正偏差时，两种液体将互不相溶，通常不需精馏分离，水油分层就是一个典型实例。

目前在综合性化工数据手册中，由于受篇幅所限，一般不会大量刊出如表 13-1-1 所示的汽-液平衡数据。一些专门的汽-液平衡数据手册中含有很多体系的汽-液平衡测定值及回归值。由于数据量极大，单本手册难以容纳。如 Gmehling 等所著的 "Vapor-Liquid Equilibrium Data Collection"，至少已出版了二十余册，其数据库（一般称为 Dortmond 数据库）DDB 是目前世界上最著名的汽-液平衡数据库。该套手册不仅提供了大量实测值，还用多种关联方程进行了关联，并对关联结果进行了比较。

1.4 活度系数法和状态方程法

为了实现 y_i-x_i 间的预测，即汽-液相平衡计算，可以使用两种方法，即活度系数法及状态方程法，两者都是基于汽-液平衡：

$$\hat{f}_i^v = \hat{f}_i^l \tag{13-1-11}$$

1.4.1 活度系数法

式 (13-1-11) 可改写为：

$$p y_i \hat{\phi}_i^v = p_i^s \phi_i^s \gamma_i x_i \exp \frac{V_i^l (p - p_i^s)}{RT} \tag{13-1-12}$$

该式气相（v）用逸度系数（$\hat{\phi}_i^v$）对其与理想气体的偏差进行校正，液相（l）用活度系数（γ_i）对其与理想溶液的偏差进行修正。式中需要纯组元的蒸气压（p_i^s）与纯组元液相摩尔体积（V_i^l），这两项数据是容易发现或求得的。$\hat{\phi}_i^v$ 的求取难度随压力而变，当压力在常压附近（包括低压）时，气相可视为理想气体，$\hat{\phi}_i^v = 1$，上式简化为：

$$p y_i = p_i^s \gamma_i x_i \tag{13-1-13}$$

该式的难点主要在于 γ_i 的求取，因此需要各种二元体系 γ_i-x_i 的关系式。目前最常用的有 Wilson 方程、NRTL 方程、UNIQUAC 方程等（见表 13-1-2）。这些方程不但可以给出 y_i-x_i 关系（即提供 γ_i 值），还可以由二元关系式求出多元 γ_i 的关系式，即基本上不需要多元 y_i-x_i 实验值。后者由于实验工作量太大，通常缺乏实验数据。

表 13-1-2　二元体系活度系数常用计算模型

模型名称	等式
Wilson	$\ln\gamma_1 = -\ln(x_1+\Lambda_{12}x_2) + x_2\left(\dfrac{\Lambda_{12}}{x_1+\Lambda_{12}x_2} - \dfrac{\Lambda_{21}}{x_2+\Lambda_{21}x_1}\right)$ $\ln\gamma_2 = -\ln(x_2+\Lambda_{21}x_1) + x_1\left(\dfrac{\Lambda_{21}}{x_2+\Lambda_{21}x_1} - \dfrac{\Lambda_{12}}{x_1+\Lambda_{12}x_2}\right)$
NRTL	$\ln\gamma_1 = x_2^2\left[\dfrac{\tau_{21}G_{21}^2}{(x_1+x_2G_{21})^2} + \dfrac{\tau_{12}G_{12}}{(x_2+x_1G_{12})^2}\right]$ $\ln\gamma_2 = x_1^2\left[\dfrac{\tau_{12}G_{12}^2}{(x_2+x_1G_{12})^2} + \dfrac{\tau_{21}G_{21}}{(x_1+x_2G_{21})^2}\right]$ $G_{21}=\exp(-\alpha_{12}\tau_{21}), G_{12}=\exp(-\alpha_{12}\tau_{12})$ $\tau_{21}=(g_{21}-g_{11})/(RT), \tau_{12}=(g_{12}-g_{22})/(RT)$
UNIQUAC	$\ln\gamma_1 = \ln\dfrac{\phi_1}{x_1} + \dfrac{Z}{2}q_1\ln\dfrac{\theta_1}{\phi_1} + \phi_2\left(l_1-\dfrac{r_1}{r_2}l_2\right) - q_1\ln(\theta_1+\theta_2\tau_{21}) + \theta_2 q_1\left(\dfrac{\tau_{21}}{\theta_1+\theta_2\tau_{21}} - \dfrac{\tau_{12}}{\theta_2+\theta_1\tau_{12}}\right)$ $\ln\gamma_2 = \ln\dfrac{\phi_2}{x_2} + \dfrac{Z}{2}q_2\ln\dfrac{\theta_2}{\phi_2} + \phi_1\left(l_2-\dfrac{r_2}{r_1}l_1\right) - q_2\ln(\theta_2+\theta_1\tau_{12}) + \theta_1 q_2\left(\dfrac{\tau_{12}}{\theta_2+\theta_1\tau_{12}} - \dfrac{\tau_{21}}{\theta_1+\theta_2\tau_{21}}\right)$ $l_1 = \dfrac{Z}{2}(r_1-q_1) - (r_1-1), l_2 = \dfrac{Z}{2}(r_2-q_2) - (r_2-1)$ $\theta_1 = \dfrac{q_1x_1}{q_1x_1+q_2x_2}, \theta_2 = \dfrac{q_2x_2}{q_1x_1+q_2x_2}$ $\phi_1 = \dfrac{r_1x_1}{r_1x_1+r_2x_2}, \phi_2 = \dfrac{r_2x_2}{r_1x_1+r_2x_2}$ $\tau_{21}=\exp\left(-\dfrac{u_{21}}{RT}\right), \tau_{12}=\exp\left(-\dfrac{u_{12}}{RT}\right)$
Margules	$\ln\gamma_1 = x_2^2[A_{12}+2x_1(A_{21}-A_{12})]$ $\ln\gamma_2 = x_1^2[A_{21}+2x_2(A_{12}-A_{21})]$
van Larr	$\ln\gamma_1 = A_{12}\left(\dfrac{A_{21}x_2}{A_{12}x_1+A_{21}x_2}\right)^2$ $\ln\gamma_2 = A_{21}\left(\dfrac{A_{12}x_1}{A_{12}x_1+A_{21}x_2}\right)^2$

在中压及高压条件下，计算要困难得多，因为 $\hat{\phi}_i^V$ 的计算需要用 p、V、T 关系。例如，在不太高的压力下，可用截项 Virial（维里）方程。问题是在中压特别是高压下，一般 γ_i-x_i 方程的可靠性难以确定。

1.4.2　状态方程法

状态方程法也是以气、液两相中任一组元的逸度相等为基础的：

$$y_i \hat{\phi}_i^{\text{v}} = x_i \hat{\phi}_i^{\text{l}} \tag{13-1-14}$$

由上式可知，状态方程法形式简单，因为其气、液两相都只用到逸度系数，避免了活度系数的计算（及标准状态的选择）。难点是要选择合适的状态方程，即可适用于气、液两相的状态方程。另外，在状态方程中，一般都需要交互作用系数，后者难于预测，原则上需要用实验值拟合求取。

1.4.3 两种方法的比较

表 13-1-3[4] 给出了上述两种方法的比较。由表中可见，两种方法各有优缺点，适用范围也不同。

表 13-1-3　状态方程法和活度系数法的比较

项目	状态方程法	活度系数法
优点	(1) 不需要标准态； (2) 可在更大压力范围使用，甚至可达近临界区； (3) 有可能用混合物 $p、V、T$ 数据得到物质交互作用项，从而避开相平衡数据	(1) 活度系数方程及其系数比较齐全，也可使用更多的数据库； (2) 温度影响主要反映在 f_i^{l} 上，对 γ_i 的影响不大； (3) 适用于多种类型的体系，甚至包括电解质、聚合物等
缺点	(1) 状态方程需要同时适用气、液两相，选择比较困难； (2) 需要配合使用混合规则，且其影响较大，混合规则中需要交互作用系数，该系数源自实验值，无法估算； (3) 相对摩尔质量大的物质缺乏可靠的临界数据，影响计算的准确性	(1) 需要确定标准态； (2) 对含有超临界组元体系应用不便，在临界区无法使用
适用范围	原则上可适用于各种压力下的汽-液平衡，更常用于中、高压下的汽-液平衡	适用于低压下汽-液平衡，当有中压下汽-液平衡数据时，也可用于中压下

1.5 K 值法和 K 图

1.5.1 K 值法的基本公式

在工程实际中，通常采用相平衡常数的方法来计算组分的相对挥发度。令 $y_i/x_i = K_i$，$y_j/x_j = K_j$，可得到相对挥发度的另一表达式：

$$\alpha_{i,j} = \frac{K_i}{K_j} \tag{13-1-15}$$

式中，K_i 为 i 组分的相平衡常数；K_j 为 j 组分的相平衡常数。

相平衡常数 K 是混合物的温度、压力及组成的复杂函数，严格地说，K 并非常数，更应定义为相平衡比。对于分子结构及分子大小均相近的混合物，K 值主要取决于温度和压力。在此情况下，忽略组成的影响不致引起过大误差，例如轻烃系统等，可使计算得以简化。一般而言，K 值的引入只是形式上的简明，在 y_i-x_i 关系的求取中并没有实质改变。

K 值的基本计算式如表 13-1-4 所示，应根据不同的条件选择应用不同的公式。

表 13-1-4　K 值的基本计算公式

公式	应用条件	系统压力	备注
$K_i = y_i / x_i$	定义式，无限制		式(13-1-16)
$K_i = p_i^s / p$	气、液两相均为理想体系	低压至略高于常压	式(13-1-17)
$K_i = \dfrac{\gamma_i p_i^s}{p}$	气相为理想体系，液相为非理想体系	低压至略高于常压	式(13-1-18)
$K_i = \dfrac{\gamma_i f_i^{\ominus}}{\hat{\phi}_i^v p}$	气、液两相均为非理想体系	无限制	式(13-1-19)
$K_i = \hat{\phi}_i^v / \hat{\phi}_i^v$	无限制	无限制	式(13-1-20)

注：p_i^s 是纯组分 i 的饱和蒸气压，p 为系统压力，$f_i^{\ominus}$ 为组分 i 的标准态逸度。

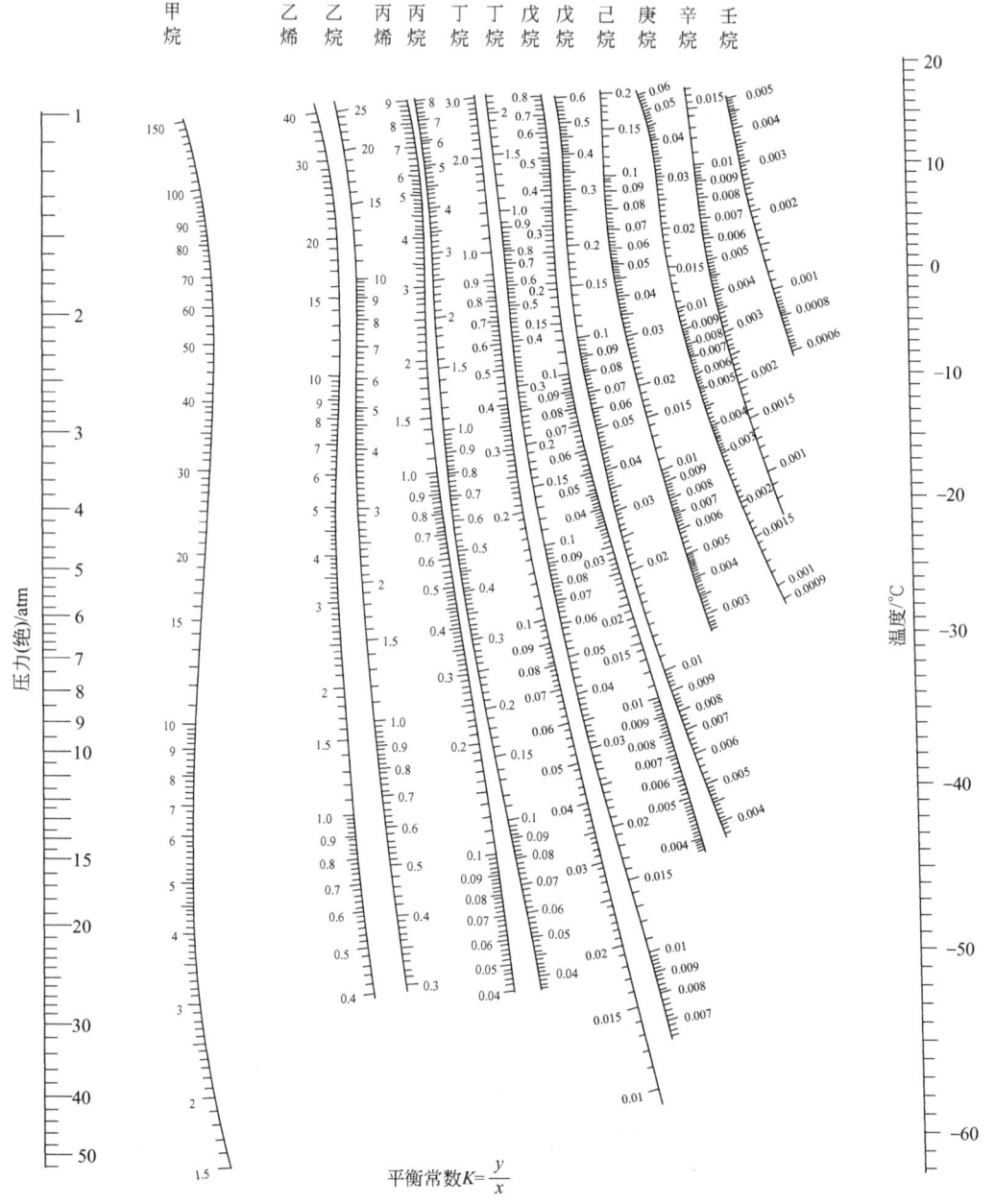

图 13-1-2　Depriester K 值图（-65～20℃）

1.5.2 K值图

对于烃类系统，组成对 K 的影响较小，可近似认为 K 仅是温度和压力的函数，由此可绘制出 Depriester K 值图，如图 13-1-2 和图 13-1-3 所示[5]。

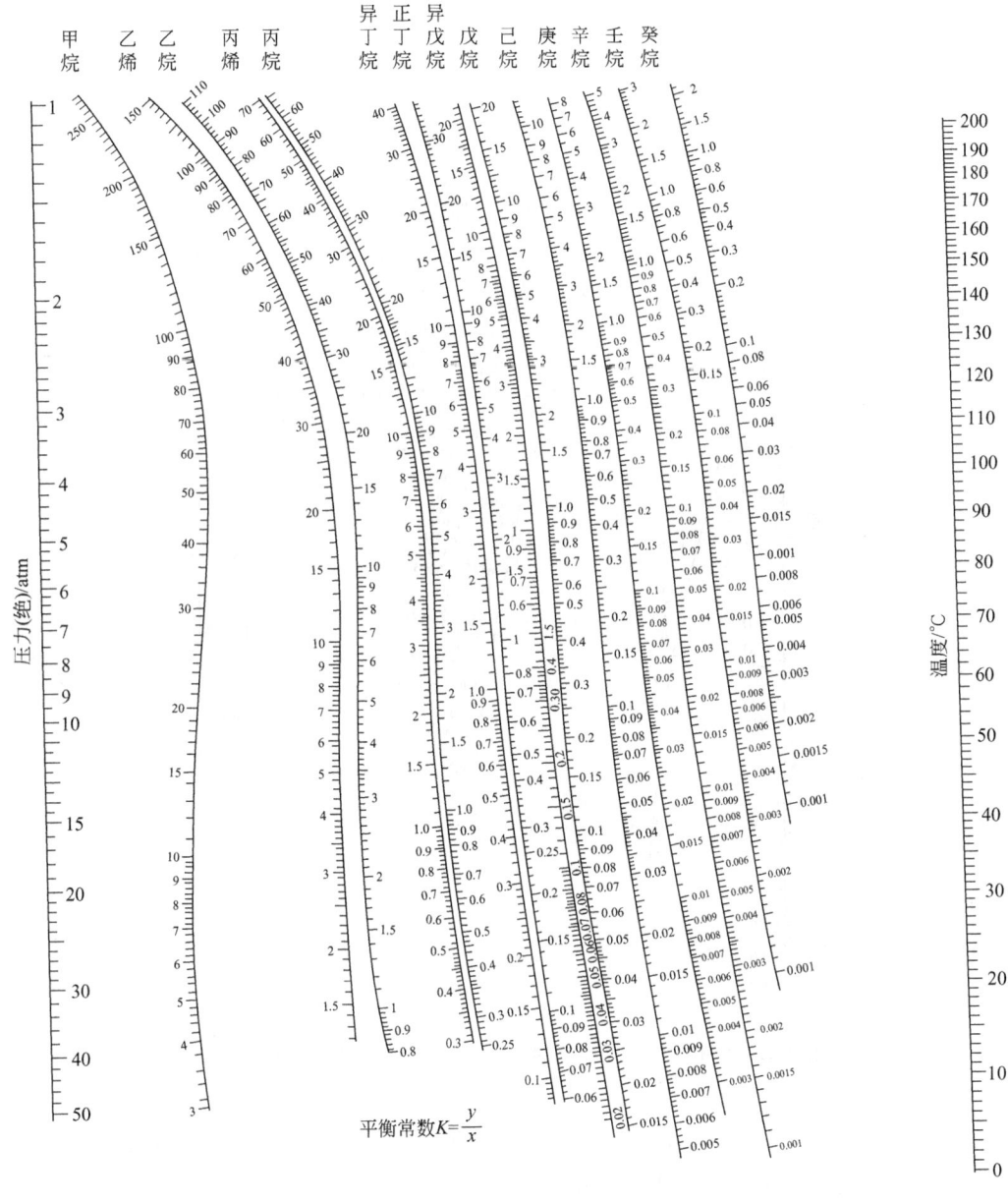

图 13-1-3　Depriester K 值图（−5～200℃）

上述 K 值图是参考了 BWR 方程的计算结果绘制的，并略去了组成的影响，即图中 K 值代表不同组成时的平均 K 值。与实验数据比较，K 值的平均偏差为 6.4%，在手工计算时广泛应用。为了适应计算机应用的需要，上述 K 值图的回归方程及回归系数可查阅文献 [6]。

Depriester K 值图的下限温度仅为 −65℃，更低温度下的轻烃 K 值图如图 13-1-4 所示，

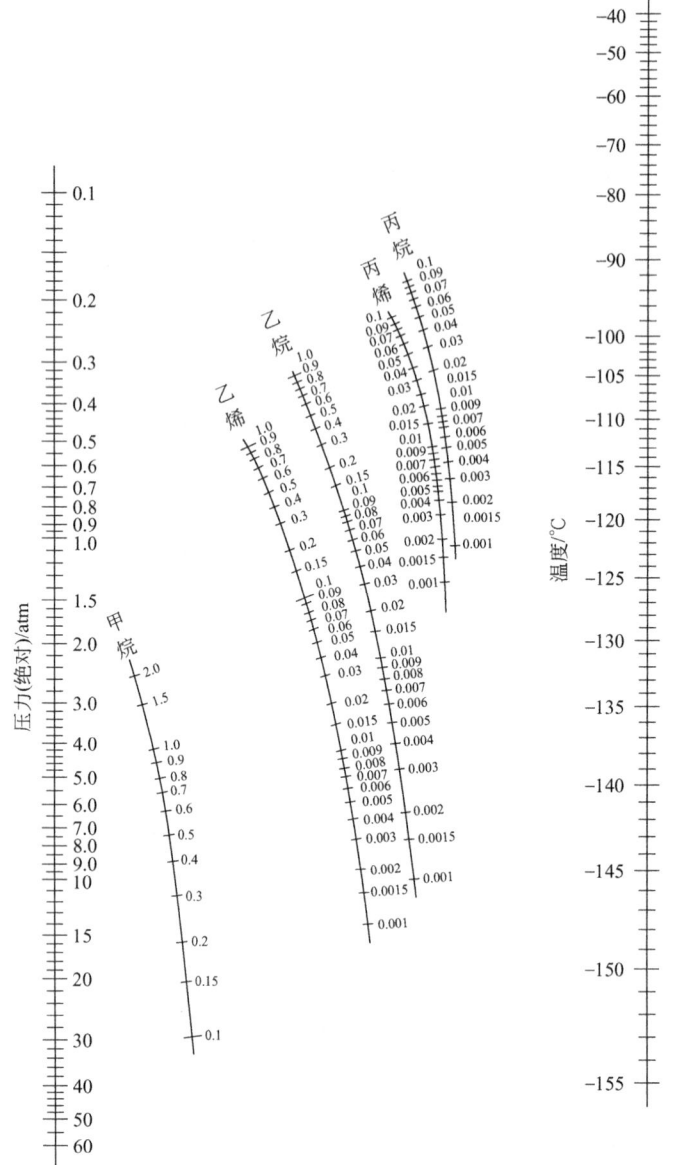

图 13-1-4 兰州化学工业公司设计院低温区 K 值图（−155～−40℃）

其下限温度为 −155℃。一般来说，K 值图还是近似的，更多应用于手工计算，在烃类组成中，当摩尔质量相差较大时，误差也会随之增大。

1.5.3 K 值的模型计算

K 的定义表明它只是 y_i 与 x_i 间关联的一种方式。因此，原则上没有产生新的方法和计算式，可用的方法仍然是活度系数法和状态方程法。

几十年前曾提出过 Chao-Seaoler 法，该法由于只能用于非极性体系，尽管后来也有一些改进的方法，但应用范围有限，目前已极少使用。

参考文献

[1] Perry R H, Green D W. Perry's chemical engineers' handbook. 8th ed. New York: McGraw-Hill, 2008.
[2] Gmehling J, Onken U. Vapor-liquid equilibrium data collection. Fankfurt/Main: DECHEMA, 1977.
[3] Gerhartz W. Ullmann's encyclopedia of industrial chemistry. 5th ed. Weinheim: VCH, 1988.
[4] 马沛生,李永红. 化工热力学. 北京:化学工业出版社,2009.
[5] 郭天民,等. 多元汽-液平衡和精馏. 北京:化学工业出版社,1983.
[6] McWilliams M L, Charleston W V. Chemical Engineering, 1973, 80(25): 138-140.

2 蒸馏基本原理及分类概述

蒸馏过程作为分离流体混合物的一种关键共性技术，在石油化工、煤化工、医药、生物及能源领域中均占有重要地位。蒸馏是利用混合物中各组分具有不同的挥发度，即在同一温度下各组分蒸气压不同的性质，对混合物中各组分进行分离的。挥发度较高的物质在气相中的浓度高于液相中的浓度，挥发度较低的物质在液相中的浓度高于气相中的浓度，故借助于多次部分汽化与多次部分冷凝，达到轻重组分分离的目的。蒸馏过程是在蒸馏塔内进行气液相的直接接触传质，蒸馏塔内装有提供气液两相逐级接触的塔板，或连续接触的填料[1]。

待分离的原料经过预热达到一定温度后进入塔的中部。由于重力，液体在塔内自上而下流动，并且由于压力差，气相则自下而上流动，气液两相在塔板或填料上接触。液体到达塔釜后，有一部分被连续引出成为塔釜产品，另一部分经再沸器加热汽化后返回塔中作为气相回流。蒸气到达塔顶后一般被全部冷凝，一部分冷凝液作为塔顶产品连续引出，另一部分作为液相回流返回塔中。由于挥发度不同，液相中的轻组分转入气相，而气相中的重组分则进入液相，即在两相中发生物质的传递。其结果是在塔顶主要得到轻组分，在塔釜主要得到重组分，使轻、重组分得以分离。

通过气液两相接触达到热力学平衡的塔板称为"理论塔板"或"平衡塔板"。研究蒸馏过程，需要依照气、液两相在理论塔板上达到的热力学平衡及衡算关系来建立由相平衡、物料衡算、热量衡算以及摩尔分数加和所构成的数学模型。汽-液相平衡就是在一定的温度和压力下，气、液两相达到热力学平衡状态时的组成。汽-液相平衡及混合物的焓性质，可以由热力学方法求得。

通过对数学模型的求解，可以得出蒸馏塔内各理论板上的气、液相浓度分布和流率分布以及塔内温度分布，这是蒸馏塔设计的基本工艺数据。对于具体的蒸馏过程设计，还需要考虑塔内结构。板式蒸馏塔主要由塔板、降液管及受液盘组成，填料蒸馏塔主要由填料、内部构件及气、液分布器组成。

板式塔已具有 190 余年的历史，目前使用的主要类型有泡罩塔、筛板塔和浮阀塔，以及它们的改进和发展型。填料塔也有 100 多年的历史，主要有散装填料和规整填料两种形式。20 世纪 70 年代之前，板式塔的应用与发展占主导地位。但 90 年代以来情况有所变化，填料塔得到迅速发展，特别是规整填料的开发应用以及气、液分布器的结构改进，已基本解决了大型填料塔的工程放大问题。迄今，在旧塔改造方面，在很多场合规整填料在增产、节能和提高效率等方面具有明显优势。对新建大型塔而言，通常板式塔的设备投资较低。设计者要根据具体情况，谨慎合理地选择塔板或填料[2]。

2.1 简单蒸馏

2.1.1 闪蒸

单级分离过程即一般闪蒸过程和部分冷凝过程，如图 13-2-1 所示。进料以某种方式被加热至部分汽化，经过减压设施，在闪蒸设备空间内使气、液两相迅速分离，得到含易挥发组分较多的蒸气，称为闪蒸过程，如图 13-2-1(a) 所示。若与之相反，把蒸气进料部分冷凝，得到含难挥发组分较多的液体，称为部分冷凝过程，如图 13-2-1(b) 所示。单级平衡分离过程的进料和出料是连续进行的，因而是一种稳态过程。

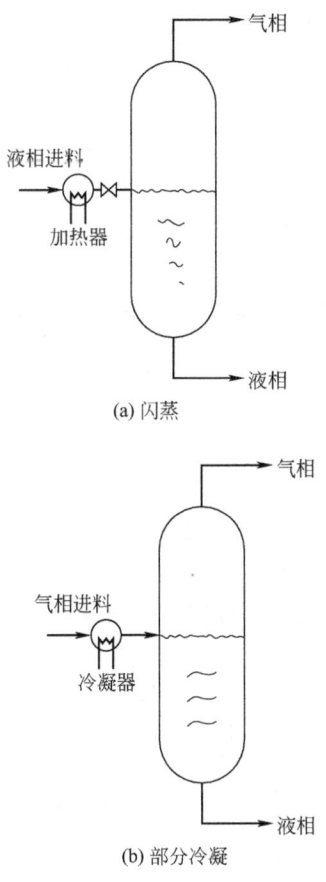

图 13-2-1 单级分离过程

在上述过程中，如果气、液两相有足够的时间紧密接触而达到了平衡状态，则这种方式称为平衡汽化或平衡冷凝。在实际生产过程中，由于接触时间和接触面积总是有限的，故只能在不同程度上趋于平衡状态。

平衡汽化和平衡冷凝可以使相对挥发度相差较大的混合物得到一定程度的分离，因而是比较粗略的分离，故适用于分离纯度要求不高的场合。

2.1.2 渐次汽化

图 13-2-2 为渐次汽化的简单蒸馏装置，或称微分蒸馏。一定量的混合液体在釜中被加

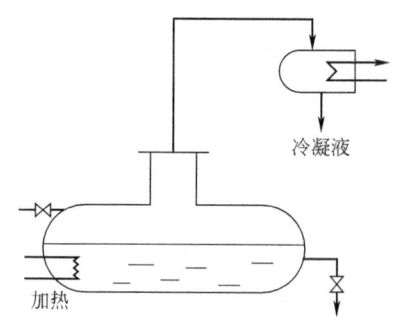

图 13-2-2　渐次汽化的简单蒸馏装置

热使之逐渐汽化,产生的蒸气被引出,并经过冷凝冷却后将其收集起来。

在简单蒸馏中,瞬间蒸气组成与存留于釜中的液体瞬间组成互成平衡状态。在简单蒸馏过程中,由于形成蒸气的不断引出,因而所产生蒸气的组成是不断变化的。最初得到的蒸气含轻组分最多,随后形成的蒸气中轻组分的浓度逐渐降低,而残留液中重组分的浓度则不断增大。因此简单蒸馏可使轻、重组分得到一定程度的分离。与平衡汽化相比,微分蒸馏所剩下的残液与最后一个轻组分含量不高的微量蒸气互为相平衡关系,而平衡汽化的液相则与全部气相处于平衡状态。

微分蒸馏是一种不稳态过程,分离程度不高,工业应用较少,一般多在实验室分析中使用。

2.2　连续多级蒸馏

连续多级蒸馏即精馏,是化工装置中常用的蒸馏方法,如图 13-2-3 所示。进料连续地引入到某一中间位置的板上,该板液体组成大体与进料组成相同。塔顶、塔底连续采出合格产品。塔顶设有冷凝器使蒸气冷凝并部分回流,塔底有再沸器产生蒸气送回塔内。蒸馏塔内

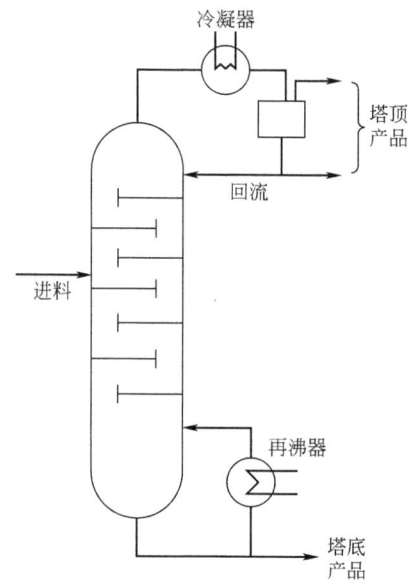

图 13-2-3　连续多级蒸馏

建立温度和浓度梯度。进料板以上称为精馏段，进料板以下称为提馏段。精馏段是使较高温度和轻组分含量较少的气相与较低温度和轻组分含量较高的液相相互接触，进行质量、热量及动量传递，达到平衡而产生新的气、液两相，使轻组分得以提纯。气、液两相在提馏段的接触是使易挥发组分从液体中提馏出来，增加轻组分的回收率。对于重组分则正好相反，在提馏段中提高其纯度，在精馏段中提高其回收率。连续多级蒸馏的分离效果要优于平衡汽化和微分蒸馏。精馏塔内回流液的逐级下降与蒸气的逐级上升使塔内沿塔高建立起温度梯度和浓度梯度。多级蒸馏气液接触单元的存在，是精馏过程得以进行的必要条件。

2.3 间歇多级蒸馏

在许多化工过程中，所处理的混合物需要分批进行，或者是产量小，或者是浓度经常改变，或者是要求用同一个塔分离多组分混合物成为几个不同馏分等。在这种场合下，需采用间歇蒸馏（或称分批蒸馏），如图 13-2-4 所示。首先将被分离的原料液整批全部装入蒸馏塔的塔釜中，然后在塔釜加热，使所产生的蒸气进入塔内逐级上升，然后在塔顶冷凝，部分采出作为塔顶产品。与单级的微分蒸馏不同，间歇蒸馏可以是多级的（即多块塔板的），并采用部分冷凝液作为液体回流，使塔内气、液保持接触，这与连续蒸馏类似。在操作过程中，塔釜中的液体连续减少，塔顶产品在馏出液接收罐中积累。间歇蒸馏可以通过改变回流比或压力，以达到馏出不同馏分的目的。间歇蒸馏属于一种不稳态过程。

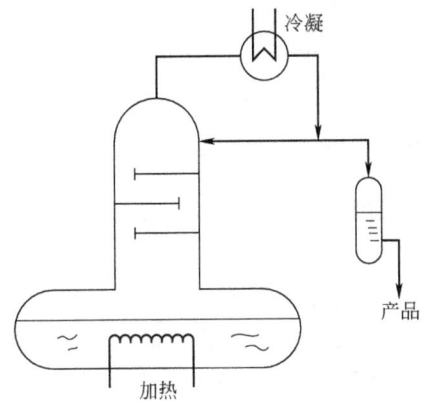

图 13-2-4 间歇多级蒸馏

与连续蒸馏类似，间歇多级蒸馏塔顶产品的组成与塔板数和回流比有关。当塔在操作时，因为塔顶产物含易挥发组分较多，塔釜内存留液体中的易挥发组分将不断变少。如果按恒定回流操作，其结果是塔顶产物的浓度将不断降低。因此，可通过不断增大回流比的办法来保持稳定的塔顶产品质量。

间歇多级蒸馏是一种动态过程，在操作过程中需要更多的注意力。两次装料之间还需要停工、排空和清洗塔体，损失不少蒸馏时间。但间歇蒸馏在操作上具有很大的灵活性，特别适用于小型、多品种产品的工厂，能适应某种特殊场合，如高沸点混合物的减压蒸馏以及热敏物质的分离等。此外，使用单塔就能够方便地处理多元混合物，获得多个产品，而连续蒸馏要更多塔系统才能够完成。

2.4 复杂多级蒸馏

实际工业过程中,有许多复杂的多级蒸馏过程,可能包括不同组分的多股进料,或者多个侧线产品,或者中间冷凝、中间再沸、侧线汽提,或者中间泵循环等。图 13-2-5 是一个典型的用于石油蒸馏过程的复杂多级蒸馏塔。石油馏分是包含复杂物系的混合物,对其分离精度往往要求不高,在同一个塔内可以有多个侧线产品,侧线产品还设有水蒸气汽提塔,使侧线产品中含有的轻组分返回塔中。进料中带入的大量热量一般不会全部由塔顶冷凝器中取出,而是依靠中间泵循环冷却取热,使全塔气液相负荷分布均匀,也使能源利用经济。

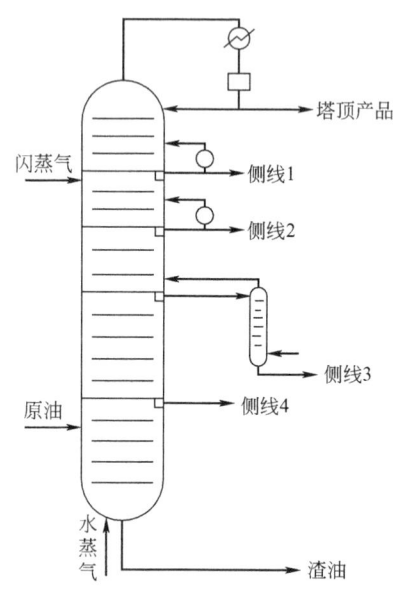

图 13-2-5 用于石油蒸馏过程的复杂多级蒸馏塔

多组元分离的侧线汽提的蒸馏方式,又可认为是一种热耦合蒸馏方式。通过主蒸馏塔和侧线汽提塔之间的物料交换将两个蒸馏塔耦合在一起。除此之外还有侧线蒸出塔方式,如本篇第 16 章图 13-16-27 所示。侧线汽提和侧线蒸出蒸馏又称为部分热耦合蒸馏塔,与此对应的还有全热耦合蒸馏塔,即 Petlyuk 塔。热耦合蒸馏可以设计成隔板精馏塔。因热耦合蒸馏方式在节能方面具有显著优势,因而近年来备受关注,详见本篇第 16.4.5 节。

复杂多级蒸馏常常用于石油的常减压蒸馏、煤焦油的分离以及催裂化产品的分馏等过程。

2.5 特殊蒸馏

2.5.1 萃取蒸馏

在化工过程中,有许多混合物的沸点很相近或相对挥发度接近于 1,用常规蒸馏的方法需要很多的塔板。还有些存在共沸现象的混合物,用常规蒸馏的方法根本不能得到目标纯度的情况。这时,可以考虑使用萃取蒸馏的方法进行分离。萃取蒸馏就是加入第三组分进行蒸馏的方法，加入的第三组分称为萃取剂。萃取剂本身一般都具有较高的沸点，能与原料中某个组分有较强的交互作用，可显著降低该组分的蒸气压，从而加大原料中两个组分的相对挥发度，使之易于分离。由于加入的萃取剂挥发度较低，它与另一组分从塔底排出，再去回收[3]。图 13-2-6 是萃取蒸馏的典型流程。

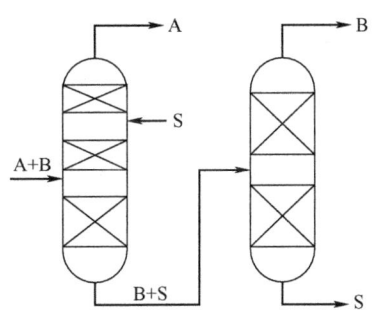

图 13-2-6　萃取蒸馏的典型流程
A，B—沸点相近的两组分；S—萃取剂

萃取蒸馏塔一般分为三段，进料板以下称提馏段，进料板与萃取剂入口之间为萃取段，萃取剂入口以上为分离萃取剂段，由于萃取剂沸点较高，该段所需板数一般不多。在一般萃取蒸馏中，为使被分离组分挥发度加大，萃取剂的用量都比较大。萃取剂的选择要考虑以下几点：

① 萃取剂的选择性要大，即萃取剂的加入应使原组分间的相对挥发度有较显著的变化。

② 萃取剂的沸点要适宜，若沸点太低，萃取剂容易被分离产品所带走，增大萃取剂的消耗量。一般萃取剂的沸点比原组分的沸点都高。

③ 不与任一组分形成共沸物或起化学反应，否则溶剂回收就比较复杂。

2.5.2　共沸蒸馏（恒沸蒸馏）

大部分非理想溶液，由于分子间相互作用力的影响，往往有共沸现象产生，用一般的蒸馏方法不能将它们分离。共沸蒸馏是通过加入第三组分的办法，分离最低恒沸物、最高恒沸物或沸点接近的物系。加入的第三组分通常称为共沸剂或夹带剂[4]。根据被分离物系的性质，共沸剂可以有以下多种形式：

(1) 分离最低共沸物

① 加入的共沸剂能与原组分之一形成一组新的二元最低共沸物，其沸点低于原来的共沸物沸点，一般相差 10℃ 上，以宜于工业应用。

② 共沸剂与原两组分形成三元最低共沸物，其沸点比任何一个二元共沸物的沸点都低，其中欲分离的二组元在三元共沸物中的比例与原共沸物有较大差异。

(2) 分离沸点相近或最高共沸物

① 共沸剂能与原来组分之一形成二元最低共沸物。

② 共沸剂能与原来两组分分别形成两组二元最低共沸物，而其沸点温度相差较大。

③ 共沸剂与原两组分形成三元最低共沸物，其沸点低于任何一个二元共沸物，且其中所欲分离二组元的比例与原混合液中有较大差别。

加入共沸剂后形成的共沸物可以分为两种，即均相共沸物和非均相共沸物。均相共沸物指加入共沸剂后形成的最低共沸物能与原混合液中易挥发组分以任何比例混合成一相均匀存在，所得到的共沸物要用减压蒸馏或萃取蒸馏的方法进行处理。非均相共沸物则不能与易挥发组分完全混合，冷凝后共沸物分层为两个液相，且都是最低共沸物，根据各层组分的差异进行分离。

共沸蒸馏操作流程与共沸物是均相或非均相而不同。在非均相中，又有原系统是非均相共沸物和加入共沸剂后形成的非均相共沸物两种类型。前者不需要加入共沸剂，用双塔联合流程即可分离。

在共沸蒸馏中，选择适当的共沸剂很重要。从分离和经济角度都对共沸剂有一定要求：

① 共沸剂应能与被分离组分形成共沸物，且沸点要与纯组分的沸点有较大的差异。

② 在共沸物中每份共沸剂所夹带的某个组分要尽可能多，这样共沸剂的用量少，能耗也少。

③ 共沸剂容易分离和回收。

2.5.3 反应蒸馏

化学反应和蒸馏是化工生产中常用的两个单元操作，它们通常是在单独的设备中完成的。反应过程在各种形式的反应器中进行，而未反应的反应物、产物和副产物则在蒸馏塔中得到分离。反应蒸馏过程即"伴有化学反应的蒸馏过程"，是将反应和蒸馏两个过程结合于一个设备中进行。反应蒸馏过程可以提高产品的收率，降低设备的投资和能耗。反应蒸馏过程的优势主要有以下几个方面：

① 反应的选择性高，如在连串反应中，反应中生成的中间目的产物很快离开反应段，避免了进一步的连串反应，即提高了选择性。

② 节省能源，在放热反应中，反应热直接用于蒸馏过程液相汽化，减少了外供热量，节省了能源。

③ 由于沸点温度只和压力、组成有关，热量输入的变化只改变汽化速度。在反应蒸馏中，每一级（例如每一块塔板）的组成、压力不变，反应温度亦不变化，因此反应温度易于控制，减少了温度波动和随之而来的副产物生成。

④ 由于蒸馏的存在，反应产物被及时蒸出，破坏了化学平衡，加快了化学反应速度，增加转化率，提高生产能力。

⑤ 反应器和蒸馏塔合成一个设备，节省了投资，简化了流程。

⑥ 对于某一反应物大量过剩的反应过程，反应蒸馏过程可以大大减少过剩反应物，减少循环费用。

但并不是所有的反应过程和蒸馏过程都可以合成反应蒸馏过程。反应蒸馏过程必须使反应和蒸馏相匹配，即反应蒸馏在较低温度和压力下能达到满意的反应速率才能有效。对于高温、高压下的气相反应就不能采用。

自20世纪70年代以来，反应蒸馏的研究不再限于均相反应，已扩大到非均相催化反应系统，出现了"催化蒸馏"过程，即将催化剂布于蒸馏塔中构成催化内构件，它既有加速组分间化学反应的作用，还起到了填料层蒸馏分离作用，能使气液分布均匀，比表面积大，催化剂磨损小。催化蒸馏过程要比均相的反应蒸馏过程复杂。

反应蒸馏过程的反应和蒸馏之间存在着极其复杂的相互影响，例如板数、进料位置、停留时间、传热速率、副产物浓度等参数的微小变化，都有可能引起过程的强烈波动。开发和推广应用一个新的反应蒸馏过程，必须经过系统的过程设计，相关内容详见本篇第11章。

反应蒸馏的数学模型与单纯的蒸馏数学模型原则上没有太大的区别，只是在组分物料平衡式中考虑由于化学反应而引起的该组分的生成或消失，在能量平衡中考虑化学反应热效应项，还应将化学反应速率表达式或化学平衡式联立求解。但是，由于化学反应与蒸馏之间存在着非常复杂的相互影响，系统往往呈现强烈的非理想性而使求解迭代过程难以收敛或不收敛。目前已有多种方法模拟平衡级稳态反应蒸馏过程。为适应反应蒸馏过程设计和操作的需要，一些化工模拟公司已研制出专门模拟反应蒸馏过程的软件。

反应蒸馏已在多种反应过程中实现了工业化应用[5]。随着化工行业节能减排以及过程强化的发展，反应蒸馏过程的应用将会日益广泛。

2.5.4 分子蒸馏与短程蒸馏

分子蒸馏是在高真空条件下，蒸发面和冷凝面的间距小于或等于被分离物料的蒸气分子的平均自由程，由蒸发面逸出的分子，既不与残余空气的分子碰撞，也不自身相互碰撞，毫无阻碍地飞射到并凝集在冷凝面上。通常，分子蒸馏在 $10^{-1} \sim 10^{-3}$ mmHg（1mmHg＝133.322Pa）的绝压下操作。分子蒸馏过程由分子从液体向蒸发表面扩散、分子在液层表面上的自由蒸发、分子从蒸发表面向冷凝面飞射以及分子在冷凝面上的冷凝四个步骤组成。

分子蒸馏过程可以在任何温度下进行，只要冷、热两面存在温度差即可。另外，分子蒸馏是在液层表面上的自由蒸发，不存在鼓泡、沸腾现象，蒸发和冷凝过程都是不可逆的。

分子蒸馏广泛用于科学研究及化工、石油、医药、轻工、油脂等行业中，用于浓缩或纯化高分子量、高沸点、高精度物质以及热稳定性极差的有机化合物。

分子蒸馏的条件有时并不严格，例如，若操作真空度有所降低（即绝对压力略增加），则冷、热两面的距离有时就略大于蒸气分子平均自由程，这种蒸馏称为短程蒸馏。短程蒸馏与分子蒸馏一般差别不大，但在设计计算时需加入校正系数。

一般参考文献

[1] Perry R H, Green D W. Perry's chemical engineers' handbook. 6th ed. New York: McGraw-Hill, 1984.
[2] 化学工程手册编辑委员会. 化学工程手册. 第3卷. 北京: 化学工业出版社, 1989.

参考文献

[1] 李鑫钢. 现代蒸馏技术. 北京: 化学工业出版社, 2009.
[2] Kiss A A. J Chem Technol Biotechnol, 2014, 89(4): 479-498.
[3] Luan S, Huang K, Wu N. Ind Eng Chem Res, 2013, 52(7): 2642-2660.
[4] Yu G C, Yuan X G, Li G. Chinese J Chem Eng, 2013, 64(1): 11-26.
[5] Sundmacher K, Kienle A. Reactive distillation: status and future directions. Weinheim: Wiley-VCH, 2003.

3
自由度分析

对精馏分离问题进行设计、分析和计算一般要经过以下三个步骤：

① 分析精馏过程所包含的变量数，以及用多少个独立的方程式就能完全地描述该过程。对于简单的问题可以利用相律进行分析，但对于比较复杂的精馏系统采用自由度分析的方法更为有效。

② 列出全部独立的方程式，也就是建立精馏过程的数学模型，并且指定各个设计变量数值。

③ 选择合适的方法求解数学模型。

对于其中第一个步骤，早期 Dunstan[1]、Gilliland 和 Reed[2] 曾做过研究，1956 年 Kwauk[3] 提出了一个严格的分析方法，1981 年 Henley 和 Seader[4] 又做了改进，形成一套完整的自由度分析计算方法。

一个精馏系统可能包含若干个精馏塔，每个精馏塔都是一个操作单元。每个操作单元又由一些操作要素构成。下面将分别介绍操作要素和操作单元的自由度分析。

3.1 自由度

无论是一个操作单元还是一个操作要素总要包含许多过程变量，设其总数为 N_V。这个单元或要素可以通过若干个相互独立的方程式完全地描述，每个方程都是过程变量之间的一个约束关系式，约束关系式数目或独立方程式的数目记为 N_E。一般情况下 N_V 要比 N_E 大得多。从数学上看，只有当未知的过程变量与独立的方程式数目相等时，问题才可能有确定的解。能够通过方程组求解的未知量称为非独立变量，它们是数学模型的输出变量，其数量等于 N_E。而其余的过程变量则必须在求解方程组之前赋值，即预先制定它们的数值，这些变量称为独立变量或设计变量，是数学模型的输入变量。它们的数量，即独立变量数，称为自由度，可由下式计算：

$$N_f = N_V - N_E \tag{13-3-1}$$

3.1.1 过程变量

精馏过程的过程变量可分为三类：

① 强度变量，如温度、压力和流股的浓度等。

② 广度变量，如流股的流量、传递的热量等。

③ 设备参数，如平衡级数、进料位置等。

精馏过程还包含一些物性参数和热力学参数，如焓值、相平衡常数（K 值）等，都不作为过程变量，但它们都是过程变量的函数。

3.1.2 约束关系式

精馏分离过程包含的约束关系式或独立方程式一般可分为以下几类：

① 基本约束关系式，即由过程的定义或假设所决定的关系式。例如，精馏塔平衡级假设要求任一平衡级的气、液两相满足相平衡条件，气相温度等于液相温度，气相压力等于液相压力。

② 基于质量守恒的质量衡算关系式。一个 c 组元的系统可写出 c 个组分质量衡算式，或 $c-1$ 个组分质量衡算式和 1 个总质量衡算式。

③ 基于能量守恒的能量衡算关系式。

④ 相分布关系式，表示某个组分在不同相之间的分布关系，如对汽-液平衡系统有：

$$f_i^L = f_i^V \quad i=1,2,3,\cdots,c \tag{13-3-2}$$

$$y_i = K_i x_i \tag{13-3-3}$$

⑤ 如精馏塔内发生化学反应，则还有化学平衡关系式。

以下的讨论都限于不含化学反应的精馏分离过程。

3.1.3 设计变量

对精馏过程进行计算之前必须指定足够的设计变量，它的数目 N_f 可由自由度分析确定。但是在 N_V 个过程变量中，哪个作为设计变量，哪个作为非独立变量，则与具体的精馏过程和具体的计算问题有关。一般可将设计变量分为两类：

① 限定性设计变量：指过程变量中必须由设计者指定的变量。某些变量若不限定，设计计算工作就无从下手，如进料的性质（流量、组成、压力、温度或焓）和系统的压力等。

② 非限定性设计变量：指限定性设计变量以外的过程变量。一般来说，精馏计算问题有两种类型。第一种类型是操作型问题，即对于现有的精馏设备，计算其在一定操作条件下的分离效果。这时需要指定平衡级数和进料位置等，这些就作为设计变量，而产品的纯度或组分的回收率等则作为非独立变量由求解数学模型而得到。第二种类型是设计型问题，即为了完成一定的分离任务而设计一个新的精馏装置。在这种情况下，产品的纯度或关键组分的回收率等应作为设计变量被指定，而平衡级数和进料位置等则成为非独立变量。上述这些过程变量在某些问题中可能作为设计变量，在另一些问题中又可能成为非独立变量，称为非限定性设计变量。一个分离过程问题所包含的非限定性设计变量越多，问题的灵活性就越大。

3.1.4 非独立变量

非独立变量可以通过求解过程的独立方程式而得到。由于精馏过程的数学模型往往是数目庞大的非线性的联立方程组，一般要利用迭代计算方法求解。在有些计算方法中，所有的非独立变量作为迭代变量，同时进行迭代收敛计算。而在另一些计算方法中，只将一部分非独立变量作为迭代变量使过程的独立方程组线性化，从而使方程可以解析求解。究竟选择哪些非独立变量作为迭代变量则与具体的计算方法有关。

3.2 操作要素的自由度分析

操作要素是构成操作单元的最基本部分，以下用上标 e 表示操作要素。

3.2.1 单股均相流

这是最简单的操作要素。一股 c 组元的单相流如果其组成用摩尔分数表示,则包括 $c+3$ 个过程变量(见表 13-3-1),并存在一个约束关系式:

$$\sum_{i=1}^{c} x_i = 1.0 \tag{13-3-4}$$

式中,x_i 为组分 i 的摩尔分数。所以要确定一股单相流必须给定 $c+2$ 个独立变量。

表 13-3-1 c 组元单股均相流的自由度分析

过程变量	N_V^c	独立变量	N_i^c
摩尔分数组成,$x_1, x_2, \cdots, x_c$	c	浓度	$c-1$
流量 L	1	流量	1
温度 T	1	温度	1
压力 p	1	压力	1
	$c+3$		$c+2$

3.2.2 分流器

分流器的作用是将一流股劈分割成两个或多个同样组成的流股。图 13-3-1 表示精馏塔顶冷凝液的分流器,它将冷凝液 L_C 分割成馏出液 D 和回流液 L_R。

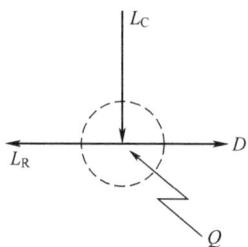

图 13-3-1 分流器示意

此分流器包括 3 个物料流股,可能还有一个能量流股,所以过程变量为:

$$N_V^e = 3(c+3) + 1 = 3c + 10 \tag{13-3-5}$$

此操作要素的独立约束关系式有 $2c+5$ 个(见表 13-3-2),所以自由度为:

$$N_i^e = N_V^e - N_E^e = c+5 \tag{13-3-6}$$

所以如果要求解一个图 13-3-1 所示的分流器,必须指定 $c+5$ 个独立变量的值。表 13-3-2中给出了指定独立变量的一个可能方案。

3.2.3 简单平衡级

一个无进料、无侧线排料的简单平衡级如图 13-3-2 所示。它包括 4 股物料流和 1 股热量流,过程变量数为:

表 13-3-2　分流器操作要素的独立约束关系式数目及指定独立变量的一个可能方案

约束关系式	N_E^e	独立变量	N_i^e
基本约束关系式：		进料流股 L_C	$c+2$
$\quad L_R$ 与 D 的 T、p 相等	2	回流比 $R=L_R/D$	1
$\quad L_R$ 与 D 的浓度相等	$c-1$	热损失 Q	1
物料衡算	c	L_R 和 D 流股的压力	1
能量衡算	1		$c+5$
摩尔分数加和式	3		
	$2c+5$		

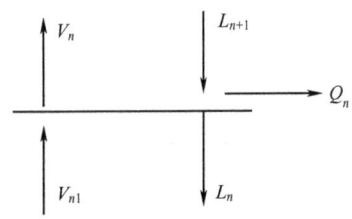

图 13-3-2　简单平衡级示意

$$N_V^e = 4(c+3)+1 = 4c+13 \tag{13-3-7}$$

此操作要素的约束关系式共有 $2c+7$ 个，即独立方程数目 $N_E^e = 2c+7$（见表 13-3-3）。所以自由度为：

$$N_i^e = N_V^e - N_E^e = 2c+6 \tag{13-3-8}$$

可以采用表 13-3-3 中的变量为指定的设计变量。

表 13-3-3　简单平衡级操作要素的独立约束关系式数目及指定的独立设计变量

独立方程式	N_E^e	设计变量	N_i^e
V_n 与 L_n 的温度、压力相等	2	指定 L_{n+1} 流股	$c+2$
相平衡关系式	c	指定 V_{n-1} 流股	$c+2$
物料衡算式	c	V_n、L_n 的压力	1
能量衡算式	1	热损失 Q_n	1
摩尔分数加和式	4		$2c+6$
	$2c+7$		

3.2.4　小结

基于精馏过程中常见的一些操作要素进行自由度分析，结果归纳于表 13-3-4 中。

表 13-3-4　精馏过程中各操作要素的自由度分析

操作要素	N_V^e	N_E^e	N_f^e
均相流股	$c+3$	1	$c+2$
分流器	$3c+10$	$2c+5$	$c+5$
流股混合器	$3c+10$	$c+4$	$2c+6$
泵	$2c+7$	$c+3$	$c+4$
加热器	$2c+7$	$c+3$	$c+4$
冷却器	$2c+7$	$c+3$	$c+4$
完全冷凝器	$2c+7$	$c+3$	$c+4$
完全再沸器	$2c+7$	$c+3$	$c+4$
部分冷凝器	$3c+10$	$2c+6$	$c+4$
部分再沸器	$3c+10$	$2c+6$	$c+4$
简单平衡级	$4c+13$	$2c+7$	$2c+6$
进料级	$5c+16$	$2c+8$	$3c+8$
侧线级	$5c+16$	$3c+9$	$2c+7$
绝热闪蒸级	$3c+9$	$2c+6$	$c+3$
等温闪蒸级	$3c+10$	$2c+6$	$c+4$

3.3　操作单元的自由度分析

一个操作单元由若干操作要素构成。设其中第 j 个要素的设计变量数为 N_{fj}^e，则操作单元所包含的过程变量数为：

$$N_V^u = N_t + \sum_j N_{fj}^e \tag{13-3-9}$$

式中，上标 u 代表操作单元。一个操作单元中所包含的相同的操作要素构成一组，其中要素的数目称为该要素组的组变量。式(13-3-9)中的 N_t 即为操作单元中组变量的个数。操作单元的独立变量数为：

$$N_f^u = N_V^u - N_E^u \tag{13-3-10}$$

式中，N_E^u 是由操作要素结合成操作单元时可能产生的新的约束关系式数目。它不包含在计算各操作要素自由度时已考虑过的约束式，而仅包括操作单元中在各操作要素之间相互流动的各内部流股中存在的恒等式。两个要素之间的一个内部流股所包含的 $c+2$ 个变量，在计算每个要素的 N_{fj}^e 时作为两个流股已经分别被这两个要素计数，而被计数的这两股流实际上是同一个流股。所以当对操作单元作自由度分析时，对每个内部流股都要增加 $c+2$ 个新的恒等约束式，以避免出现过多的独立变量。

3.3.1　简单级联

图 13-3-3 所示的简单级联由一系列相同的如图 13-3-2 所示的简单平衡级组成。可以用一个组变量来指定总的平衡级数 N，所以级变量的数目 $N_t=1$。

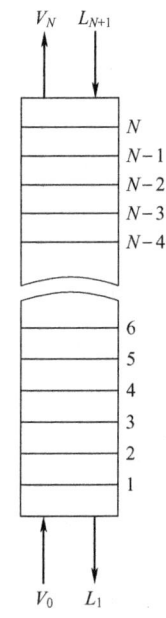

图 13-3-3 简单级联示意

由表 13-3-4 知，每个简单平衡级的自由度为 $N_{fj}^e = 2c+6$ $(j=1,2,\cdots,N)$，所以：

$$N_V^u = N_t + \sum_{j=1}^{N} N_{fj}^e = 1 + N(2c+6) \tag{13-3-11}$$

此操作单元有 $2(N-1)$ 个内部的级间流股，所以：

$$N_E^u = 2(N-1)(c+2) \tag{13-3-12}$$

因此操作单元的自由度为：

$$\begin{aligned} N_i^u &= N_V^u - N_E^u \\ &= [1+N(2c+6)] - 2(N-1)(c+2) \\ &= 2c+2N+5 \end{aligned} \tag{13-3-13}$$

可以选择表 13-3-5 中的变量作为此级联的设计变量。

表 13-3-5 简单级联的可选设计变量及变量的数目

设计变量	N_i^u
两个进料流股	$2c+4$
级数 N	1
离开每级的各流股压力	N
每级的热损失	N
	$2c+2N+5$

3.3.2 简单精馏塔

图 13-3-4 为具有一股进料、一个全凝器和一个部分再沸器的简单精馏塔。它由图中用

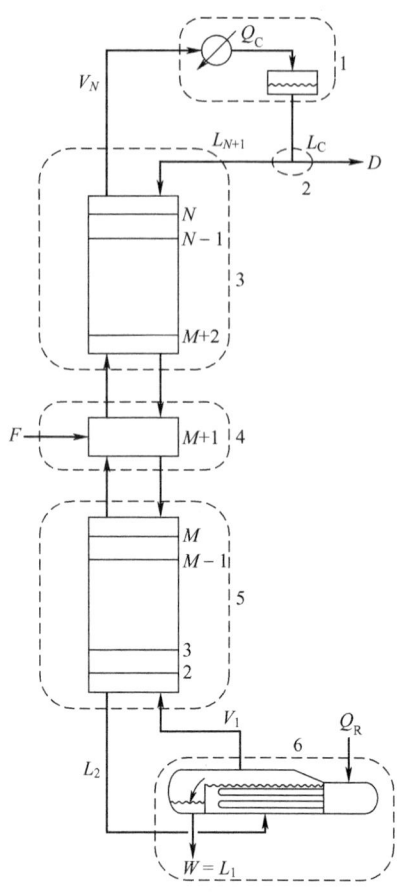

图 13-3-4 简单精馏塔

虚线围起来的 6 个部分构成,其中第 3 部分为精馏段,第 5 部分为提馏段,分别相当于上述的简单级联。由于这是将 6 个不同的部分组合成整个操作单元,所以这里的组变量 $N_t=0$。

此操作单元 6 个组成部分的过程变量数示于表 13-3-6。这 6 个部分之间有 9 股内部流,所以约束关系式的数目为:

$$N_E^u = 9(c+2) \tag{13-3-14}$$

表 13-3-6 简单精馏塔各部分的过程变量数

组成部分	N_V^u
1.全凝器	$c+4$
2.回流分流器	$c+5$
3.精馏段的 $(N-M-1)$ 个平衡级级联	$2c+2(N-M-1)+5$
4.进料级	$3c+8$
5.提馏段的 $(M-1)$ 个平衡级级联	$2c+2(M-1)+5$
6.再沸器	$c+4$
	$10c+2N+27$

因此简单精馏塔的独立变量数为:

$$N_{\mathrm{f}}^{\mathrm{u}}=(10c+2N+27)-9(c+2)=c+2N+9 \tag{13-3-15}$$

可以选择表 13-3-7 中所示的变量作为计算精馏塔时所指定的设计变量。当然也可以有许多其他的指定设计变量的方案。

表 13-3-7　简单精馏塔指定设计变量示例及相应变量数

指定的设计变量	变量数
离开每一级流股的压力（包括再沸器）	N
离开冷凝器和回流分流器流股的压力	2
每一级的热损失（除去再沸器）	$N-1$
回流分流器的热损失	1
进料流	$c+2$
回流温度	1
总级数 N	1
进料级位置 M	1
馏出率 D/F	1
回流比 $R=L_{N+1}/D$	1
	$c+2N+9$

3.3.3　小结

几种不同类型的、与精馏有关的操作单元的设计变量数和非限定性设计变量的指定方案示于表 13-3-8。表中所指定的设计变量不包括指定每股进料流的 $c+2$ 个变量、各级的压力、各级的传热速率或热损失（再沸器和冷凝器除外）。除了表 13-3-8 中所列的操作单元外，各种类型的操作要素或操作单元可以任意地结合成复杂的精馏过程，并且可以按照上面叙述的原理对它们进行自由度分析。如果过程中增加一股进料，就需要增加 $c+3$ 个自由度（其中 $c+2$ 个自由度用以确定进料流股，1 个自由度指定进料位置）。若过程中增加一股侧线排料，则需要增加 2 个自由度（指定侧线流率和侧线位置）。例如，对于图 13-3-5 所示的热耦合精馏过程，有：

$$N_{\mathrm{f}}^{\mathrm{u}}=2(N+M)+c+18 \tag{13-3-16}$$

表 13-3-8　不同类型精馏操作单元的自由度分析

操作单元		$N_{\mathrm{f}}^{\mathrm{u}}$	非限定性设计变量	
			设计型问题	操作型问题
蒸馏	一股进料，部分再沸器，完全冷凝器	$c+2N+9$	1.饱和温度下冷凝 2.轻关键组分回收率 3.重关键组分回收率 4.回流比（$>R_{\min}$） 5.最优的进料位置	1.饱和温度下冷凝 2.进料级以上的级数 3.进料级以下的级数 4.回流比 R 5.塔顶产品流率
	一股进料，部分再沸器，部分冷凝器，塔顶仅有气相产品	$c+2N+6$	1.轻关键组分回收率 2.重关键组分回收率 3.回流比（$>R_{\min}$） 4.最优的进料位置	1.进料级以上的级数 2.进料级以下的级数 3.回流比 R 4.塔顶产品流率

续表

操作单元		N_i^u	非限定性设计变量	
			设计型问题	操作型问题
蒸馏	一股进料，部分再沸器，部分冷凝器，塔顶有气、液相两股产品	$c+2N+9$	1.塔顶气、液产品流率比 2.轻关键组分回收率 3.重关键组分回收率 4.回流比（$>R_{min}$） 5.最优的进料位置	1.塔顶气、液产品流率比 2.进料级以上的级数 3.进料级以下的级数 4.回流比 R 5.塔顶液体产品流率
吸收	两股进料	$2c+2N+5$	一个关键组分回收率	平衡级数
气提	两股进料	$2c+2N+5$	一个关键组分回收率	平衡级数
再沸吸收	两股进料	$2c+2N+6$	1.轻关键组分回收率 2.重关键组分回收率 3.最优的进料位置	1.进料级以上的级数 2.进料级以下的级数 3.塔顶产品流率
再沸气提	一股进料	$c+2N+3$	1.一个关键组分回收率 2.再沸器热负荷	1.级数 2.塔顶产品流率
萃取精馏	两股进料，部分再沸器，完全冷凝器，单相冷凝液	$2c+2N+12$	1.饱和温度下冷凝 2.轻关键组分回收率 3.重关键组分回收率 4.回流比（$>R_{min}$） 5.最优的进料级 6.最优的 MSA 进入级	1.饱和温度下冷凝 2.MSA 进料级以上的级数 3.MSA 进料级与 F 进料级之间的级数 4.进料级以下的级数 5.回流比 R 6.馏出液流率

注：MSA 为质量分离剂。

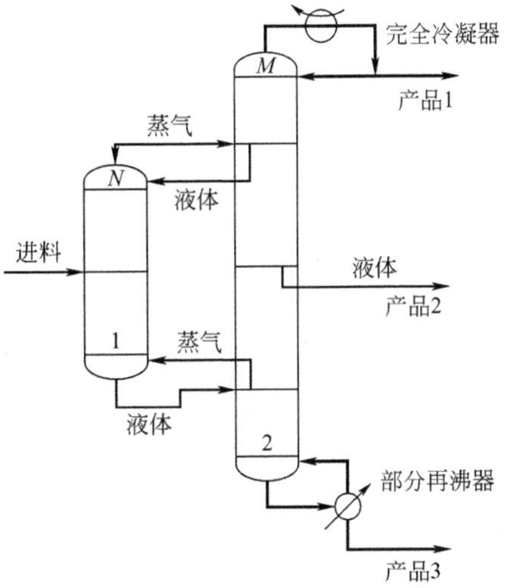

图 13-3-5 热耦合精馏过程

一般参考文献

[1] Seader J D. Section 13, Distillation//Perry R H, Green D W, eds. Perry's chemical engineer's Handbook", 6th ed. New York: McGraw-Hill, 1984.
[2] Henley E J, Seader J D. Equilibrium stage separation operations in chemical engineering. New York: John Wiley & Sons, 1981.

参考文献

[1] Dunstan A W. The science of petroleum. Oxford: Oxford Univ Press, 1936: 1536.
[2] Gilliland E R, Reed C E. Ind Eng Chem, 1942, 34: 551-557.
[3] Kwauk M. AIChE J, 1956, 2: 240-248.
[4] Henley E J, Seader J D. Equilibrium stage separation operations in chemical engineering. New York: John Wiley & Sons, 1981: 239-269.

4

简单蒸馏计算

简单蒸馏属于单级分离过程,常见的有平衡冷凝、平衡汽化、闪蒸和节流等操作。计算方法根据物料平衡、汽-液平衡和焓平衡的原理进行。

4.1 泡点、露点计算

泡点和露点计算是蒸馏过程计算中需反复进行的基本运算内容。对于一个多组分液态混合物,在一定压力下将其加热到刚形成微小气泡时的温度称为液体混合物的泡点温度;而将温度继续升高到刚使液相的最后一滴消失时的温度称为露点温度。

对于多组分汽-液平衡系统,假设系统的温度为 T、压力为 p、饱和气相(处于露点)的组成为 y_i、饱和液相(处于泡点)的组成为 x_i。若系统包含 c 个组分,有关的变量是 $2c+2$ 个(即 T、p、x_i、y_i),表 13-4-1 中列出了 $c+2$ 个方程,剩下 c 个自由度。因此泡点或露点的汽-液平衡计算问题必须指定 c 个独立变量。

表 13-4-1 泡点和露点计算方程式

方程	方程数
$y_i = K_i x_i$	c
$\sum x_i = 1$	1
$\sum y_i = 1$	1
总计	$c+2$

选择哪几个变量作为独立变量,原则上是任意的。根据独立变量的指定方案,有以下四种泡点、露点计算类型:

泡点温度:指定 x_1,…,x_{c-1},p,求 y_i 和 T;
泡点压力:指定 x_1,…,x_{c-1},T,求 y_i 和 p;
露点温度:指定 y_1,…,y_{c-1},p,求 x_i 和 T;
露点压力:指定 y_1,…,y_{c-1},T,求 x_i 和 p。

蒸馏过程计算中,通常系统压力是指定的,故本节只讨论泡点温度、露点温度的计算问题,其他类型问题的求解方法与此类似。

4.1.1 泡点温度计算

泡点温度计算是已知压力和液相组成,通过联立相平衡和气相摩尔分数加和方程式,求解泡点温度和气相组成:

$$y_i = K_i x_i \quad 1 \leqslant i \leqslant c \tag{13-4-1}$$

$$\sum y_i = 1 \tag{13-4-2}$$

故泡点方程为：

$$F_B(T) = \sum K_i x_i - 1 = 0 \tag{13-4-3}$$

F_B 为非线性方程，求解泡点温度及平衡气相组成需要用迭代的方法。当相平衡方程表示为温度 T 的函数时，泡点温度计算可以采用 Newton 迭代法求解。对泡点方程式(13-4-3)求导，得：

$$F'_B(T) = \sum_{i=1}^{c} x_i \frac{\mathrm{d}K_i}{\mathrm{d}T} \tag{13-4-4}$$

Newton 迭代公式为：

$$T^{k+1} - T^k = \frac{F_B(T^k)}{F'_B(T^k)} \tag{13-4-5}$$

上标 k 表示迭代次数。迭代过程中假设一个温度初值 T^0，求出 K^0、F_B、F'_B，用式(13-4-5)即可求得 T^1。反复进行以上迭代方程，直到满足精度要求 $|F_B(T^k) \leqslant \varepsilon|$ 为止，ε 通常取 10^{-4}。

4.1.2 露点温度计算

在露点温度计算时则需通过联立相平衡方程式(13-4-1)与液相摩尔分数加和式：

$$\sum x_i = 1 \tag{13-4-6}$$

求解露点温度和液相组成。露点方程式可表示为：

$$F_D = \sum \frac{y_i}{K_i} - 1 = 0 \tag{13-4-7}$$

露点温度的计算同样可以采用 Newton 迭代法。对式(13-4-7)求导，得：

$$F'_D = -\sum_{i=1}^{c} \frac{y_i}{K_i^2}\left(\frac{\mathrm{d}K_i}{\mathrm{d}T}\right) \tag{13-4-8}$$

故求露点温度的 Newton 迭代公式为：

$$T^{k+1} = T^k - \frac{F_D(T^k)}{F'_D(T^k)} \tag{13-4-9}$$

具体迭代方法同泡点温度计算。

若采用更加复杂的汽-液平衡模型来计算泡点、露点温度，则需要更加复杂的多层迭代循环运算。

4.2 闪蒸计算

闪蒸过程是化工过程系统的一个重要单元过程，它是汽化、冷凝、精馏等涉及物料气液相变化的基本过程，因此闪蒸过程的计算是非常重要的。Boston 和 Britt[1]把闪蒸过程分为六种类型，见表 13-4-2。

表 13-4-2 闪蒸过程的类型

类型	指定变量	计算变量	备注
Ⅰ	Q, p, F, z_i, T_f	T, V	绝热闪蒸
Ⅱ	Q, T, F, z_i, T_f	V, p	
Ⅲ	Q, V, F, z_i, T_f	T, p	
Ⅳ	V, T, F, z_i, T_f	p, Q	$V=F$:露点压力 $V=0$:泡点压力
Ⅴ	V, p, F, z_i, T_f	T, Q	$V=F$:露点温度 $V=0$:泡点温度
Ⅵ	T, p, F, z_i, T_f	V, Q	平衡冷凝、汽化

常见的有平衡冷凝、平衡汽化和绝热闪蒸过程。

4.2.1 平衡冷凝、平衡汽化过程计算

典型的平衡冷凝、平衡汽化过程如图 13-4-1 所示。流量为 F (kmol·h^{-1})，摩尔组成为 z_i 的液相或气相混合物，在压力 p 下加热或冷却到温度 T 后进入分离罐。如果 T 介于泡点和露点温度之间，则混合物被部分汽化或部分冷凝，进入分离罐后被分离为气液两相。气相流率为 V (kmol·h^{-1})，组成为 y_i，液相流率为 L (kmol·h^{-1})，组成为 x_i，定义摩尔汽化分率 e 为：

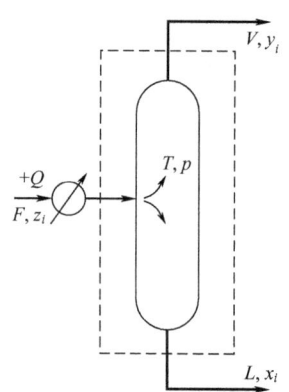

图 13-4-1 平衡冷凝、平衡汽化过程

$$e = V/F \tag{13-4-10}$$

平衡汽化、平衡冷凝的变量数是 $3c+5$ 个（即 $T, p, F, z_i, V, y_i, L, x_i$）。方程数为 $2c+3$ 个，见表 13-4-3。

表 13-4-3 平衡汽化、平衡冷凝计算方程

方程	方程数
$y_i = K_i x_i$	c
$Fz_i = Vy_i + Lx_i$	c
$\sum z_i = 1$	1
$\sum y_i = 1$	1
$\sum x_i = 1$	1
合计	$2c+3$

在进行平衡冷凝、平衡汽化计算之前，必须先指定 $c+2$ 个独立变量的值方能求解，通常指定的独立变量为 T、p、F、z_i，求解 V、L、x_i、y_i（类型Ⅵ），或指定 p、e、F、z_i、求解 T、x_i、y_i（类型Ⅴ）。

部分汽化和部分冷凝过程的基本方程由物料平衡、相平衡和摩尔分数加和方程构成。

组分物料平衡：
$$Fz_i = Lx_i + Vy_i \tag{13-4-11}$$

相平衡方程：
$$y_i = K_i x_i \tag{13-4-12}$$

摩尔分数加和方程：
$$\sum x_i = 1, \quad \sum y_i = 1 \tag{13-4-13}$$

由式(13-4-11)、式(13-4-12)消去 y_i 并结合式(13-4-10)可得：
$$x_i = \frac{z_i}{(K_i-1)e+1} \tag{13-4-14}$$

按 $\sum x_i = 1$ 可写出：
$$F(e,T) = \sum_{i=1}^{c} \frac{z_i}{(K_i-1)e+1} - 1 = 0 \tag{13-4-15}$$

式(13-4-15)就是将平衡汽化、平衡冷凝过程所涉及的基本方程合并为一个方程。方程式(13-4-15)为一非线性方程。当指定 T、p，求汽化分率 e 时，需要用 Newton 迭代的方法进行求解：

$$e^{k+1} = e^k - \frac{F(e^k)}{F'(e^k)} \tag{13-4-16}$$

由指定的 T、p 就可求得各组分的汽-液平衡常数 K_i，迭代过程中先假设汽化率初始值 e^0，即可采用式(13-4-16)求得 e^1，如此重复进行迭代直到 $|F(e,T)|$ 小于指定允许偏差为止。求出汽化率后，由式(13-4-14)、式(13-4-12)就可以求得气、液相组成 x_i 和 y_i。

当已确定汽化分率 e，要求相应的平衡温度 T 时，迭代方法与此类似。首先需假设一个温度 T，得出相应的 K_i，用式(13-4-15)，改变温度进行逐次迭代计算，直到满足一定精度为止，此时温度即为所求的平衡温度。

4.2.2 绝热闪蒸过程计算

典型的绝热闪蒸过程如图 13-4-2 所示。液体进料经节流阀绝热情况下减压到 p 汽化，系统温度降低至 T。绝热闪蒸后进入闪蒸罐分离为气、液两相，气相流率为 $V(\text{kmol·h}^{-1})$，组成为 y_i，气相焓为 H^V；液相流率为 $L(\text{kmol·h}^{-1})$，组成为 x_i，液相焓为 H^L。绝热闪蒸过程的独立变量数较平衡汽化、平衡冷凝多一个。绝热闪蒸计算过程中使用的基本方程与上节部分汽化、冷凝是类似的，仅增加一个热平衡方程。通过联立求解物料平衡、相平衡、摩尔分数加和方程和热平衡方程，就可以求得绝热闪蒸后的温度 T（或 p），平衡气、液相的量 V、L，组成 y_i、x_i 和热焓 H^V、H^L 等性质。绝热闪蒸过程的热平衡方程可以表示为：

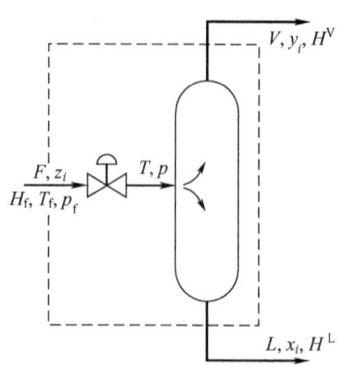

图 13-4-2 绝热闪蒸过程

$$FH_f = VH^V + LH^L \tag{13-4-17}$$

绝热闪蒸过程模型虽然只增加了一个方程，但计算过程比平衡汽化、平衡冷凝过程复杂得多，收敛也困难得多。由于温度和汽化分率都是未知的，因此要用多层迭代循环进行求解。内循环汽化分率的求解同平衡汽化、平衡冷凝过程，外循环温度的校正由焓平衡方程可采用割线法求解。

传统的闪蒸过程计算（包括平衡汽化、平衡冷凝）都是把主要方程合并为一个方程进行迭代计算的。Boston 和 Britt[1] 采用变量置换的方法求解简化后的方程组；Kinoshita 和 Takamatsu 等[2] 采用数值偏导数矩阵法求解；李鑫钢等[3] 以液相浓度为变量，用 Newton-Raphson 迭代求解由物料平衡方程组所构成的矩阵方程，以上这些矩阵法都使迭代过程容易收敛。

4.3 单级间歇蒸馏计算

单级间歇蒸馏即微分蒸馏，如图 13-4-3 所示。将一批料液加到蒸馏釜中，然后连续加入热量，使蒸气不断产生，又不断冷凝移出。单级间歇蒸馏塔顶没有回流，任一瞬间离开塔釜的蒸气组成 y 与釜中液体组成 x 平衡，即

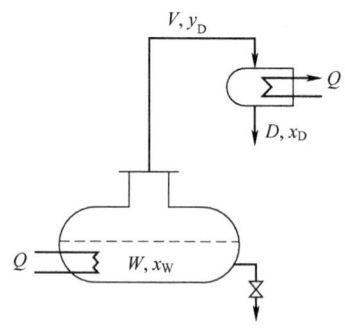

图 13-4-3 微分蒸馏

$$y_D = Kx_W \tag{13-4-18}$$

设馏出液速率为 D (kmol·h^{-1})，釜中液体量为 W (kmol)。对于易挥发组分：

$$\text{馏出速率} = Dy_D$$

$$\text{釜内消耗速率} = \frac{d(Wx_W)}{dt}$$

因此，任意时刻易挥发组分的物料平衡为：

$$\frac{d(Wx_W)}{dt} = -Dy_D \tag{13-4-19}$$

将总平衡方程 $-Ddt = dW$ 代入并积分，得：

$$\ln\frac{W}{W_D} = \int_{x_{W_0}}^{x_W} \frac{dx_W}{y_D - x_W} \tag{13-4-20}$$

由于 y_D 与 x_W 互成平衡，式(13-4-20) 可改写为：

$$\ln\frac{W}{W_D} = \int_{x_0}^{x} \frac{dx}{y - x} \tag{13-4-21}$$

式中，y 与 x 可按热力学平衡关系进行处理。对于复杂的汽-液平衡关系，积分式可用图解法或数值法求解。对于简单平衡关系，可以直接求得积分值。

对于压力恒定、釜温变化较小、K 值与组成无关的情况，即平衡常数近似恒定，将平衡关系 $y = Kx$ 代入式(13-4-21) 中，积分得：

$$\ln\frac{W}{W_D} = \frac{1}{K-1}\ln\frac{x}{x_D} \tag{13-4-22}$$

对于相对挥发度 α 为恒定的二元混合物，有：

$$y = \frac{\alpha x}{1 + (\alpha - 1)x} \tag{13-4-23}$$

将式(13-4-23) 代入式(13-4-21) 积分得：

$$\ln\frac{W}{W_D} = \frac{1}{\alpha - 1}\left(\ln\frac{x}{x_D} + \alpha\ln\frac{1-x}{1-x_D}\right) \tag{13-4-24}$$

4.4 水蒸气蒸馏

如果蒸馏的物料具有较高的沸点，利用水蒸气蒸馏可以降低蒸馏温度，防止热敏物质的分解。用水蒸气蒸馏时，水蒸气直接加入釜内液体中，降低了为使蒸气沸腾的混合物分压，使蒸馏能在较低温度下进行。常见的有过热水蒸气的蒸馏，即蒸气本身不冷凝，故蒸气的温度和压力都是可以人为控制的。减压塔底吹入过热水蒸气以降低塔内油气分压，原油精馏塔侧线气提等都属于过热水蒸气蒸馏。

设拟回收的组分为 A，水蒸气为 B，则体系总压和组分分压之间的关系为：

$$p = p_A + p_B \tag{13-4-25}$$

由于只有 A 一个液相，且与气相呈平衡，故：

$$p_A = p_A^0 \tag{13-4-26}$$

式中，p_A^0 为纯 A 的饱和蒸气压。

当体系总压一定，在没有水蒸气存在时，液体 A 要在 $p_A^0 = p$ 时才能沸腾；在水蒸气存在时，只要 $p_A^0 = p_A = p - p_B$，A 就能沸腾，即过热水蒸气的存在使 A 的沸点降低。

根据分压定律，在气相中：

$$\frac{N_B}{N_A} = \frac{p_B}{p_A} = \frac{p - p_A}{p_A} = \frac{p - p_A^0}{p_A^0} = \frac{p}{p_A^0} - 1 \tag{13-4-27}$$

式中，N_A、N_B 分别为 A 蒸气和水蒸气的物质的量。

由此可见：

① 当 p 一定、要求汽化量 N_A 一定时，增大 N_B 可降低 p_A^0，即增加水蒸气量可以在更低的温度下得到相同数量的 N_A。

② 当 T 和 p 都一定时，增大水蒸气的量，N_A 会按比例增加。

如果体系中的物料不是纯组分 A 而是混合物，上述的基本原理仍然适用，但在具体计算中差别较大[4]。

一般参考文献

[1] 郭天民. 多元汽液平衡和蒸馏. 北京：化学工业出版社，1983.

参考文献

[1] Boston J F, Britt H I. Comput Chem Eng, 1978, 2: 109.
[2] Kinoshita M, Takamatsu T. Comput Chem Eng, 1986, 10(4): 353-360.
[3] 李鑫钢，王璐，余国琮. 化学工程，1988，16(8): 9-14.
[4] 林世雄. 石油炼制工程：上册. 北京：石油工业出版社，1988: 264.

5 二组元精馏计算

5.1 基本概念

二组元精馏通常是指将一个二组元混合物通过精馏的方法进行分离，分别获得这两个组元具有纯度要求的产品。如果是将一股多组元混合物在挥发度相邻的两个组元之间进行精馏分离，此时也称二组元精馏。两个挥发度相邻的组元分别称为轻、重关键组元。工业上应用的精馏是多级蒸馏过程，所需要的级数通常可理解为塔板数。塔板数取决于分离的难易程度和产品的纯度要求。二组元精馏在工业中应用十分广泛。表 13-5-1 列举了一些二组元工业精馏过程及其通常需要的塔板数。二组元精馏过程分析是精馏理论的重要基础，主要的精馏原理均可以通过二组元精馏过程加以阐明。同时，二组元精馏计算方法可以推广到多组元物系的精馏。因此，二组元精馏过程原理及其计算是精馏理论的重要基础。

表 13-5-1 一些重要的二组元精馏过程及其塔板数

物系	关键组元	塔板数
烃类体系	乙烯/乙烷	73
	丙烯/丙烷	138
	丙炔/1,3-丁二烯	40
	1,3-丁二烯/乙烯基乙炔	130
	苯/甲苯	34,53
	苯/乙苯	20
	苯/二乙苯	50
	甲苯/二甲苯	28
	乙苯/苯乙烯	34
	邻二甲苯/间二甲苯	130
非烃有机体系	甲醇/甲醛	23
	二氯乙烷/三氯乙烷	30
	乙酸/乙酐	32
	乙酐/乙二醇二乙酸酯	50
	乙酸乙烯酯/乙酸酯	90
	乙二醇/二甘醇	16
	异丙基苯/苯酚	38
	苯酚/乙酰苯	39,54
水溶液体系	氢氰酸/水	15
	乙酸/水	40
	甲醇/水	60
	乙醇/水	60
	异丙醇/水	12
	乙酸乙烯酯/水	35
	环氧乙烷/水	50
	乙二醇/水	15

二组元精馏计算的目的，主要是通过定量计算获得精馏所需要的塔板数（或级数）、回流比，以及在给定操作压力条件下每块塔板上的温度，各组分浓度和气、液两相的流量，以及焓等工程设计所需要的参数。然而，实际的精馏操作涉及气液两相在湍流条件下的传质和传热，是十分复杂的过程，受精馏塔结构等复杂因素的影响。因此，精馏过程的计算需要进行一系列假设，使过程得以简化。其中最主要的假设是采用平衡级模型或传质单元概念对精馏的级进行描述。借助于平衡级的概念可以建立每一级的物料衡算（用字母 M 代表）、相平衡（E）、组分摩尔分数加和方程（S）以及焓（即热量）衡算（H）方程，并针对所有的级求解这些方程，即 MESH 方程组，便可获得上述参数。将所有级的 MESH 方程同时联立求解的过程通常被称为精馏塔的严格模拟。

基于平衡级、恒摩尔流等假设，二组元精馏中的相平衡、物料衡算以及焓衡算关系较容易用图来表示，所以可用图解法进行精馏计算。图解法由于简单、直观而被广泛用于二组元精馏的计算、分析和设计。基于同样的假设提出的 Fenske 方程[1]和 Underwood 方程[2]是分别计算最小平衡级数和最小回流比简便、快捷的方法，同时结合 Gilliland 关联[3]，形成了精馏简捷设计方法，亦称 FUG 简捷设计法，且被广泛应用。对多组元精馏的严格设计和计算，为获得温度、每个组元浓度以及气、液相负荷在全塔的分布，则应考虑求解 MESH 方程组，即严格模拟方法。本节主要介绍二组元精馏的图解方法，关于 FUG 简捷法和严格模拟可参见本篇第 7 章。

对于二组元精馏过程，McCabe-Thiele 图[4]是最为广泛使用的方法，它主要考虑的是相平衡和物料衡算。如果需要考虑焓的衡算，则需要借助 Ponchon-Savarit 图解法[5]以及改进的 McCabe-Thiele 图解法[6]。本节重点介绍精馏的平衡级、传质单元等基本概念，介绍用于二元精馏设计的 McCabe-Thiele 图解方法以及传质单元的简单求算方法。关于 Ponchon-Savarit 图解法及改进的 McCabe-Thiele 图解法可参见《化学工程手册》第二版第 13 篇第 5.3 节[7]，或有关参考文献[1,5,6,8]。

5.1.1 精馏平衡级概念

精馏过程的平衡级，或称理论板，其概念有两层含义。一是假设在每个级里面，气、液两相实现充分混合和传质、传热，以致气、液两相达到相平衡；二是精馏塔由多个平衡级级联而成。图 13-5-1 为精馏塔中的平衡级的级联方式。由平衡级概念可知，由第 n 级输出的气相 V_n 的组成 y_n 和液相 L_n 的组成 x_n 之间呈相平衡，在相图，即 x-y 图上为一条曲线。如图 13-5-1 所示，在 n 级与 $n+1$ 级之间有逆向流动的气相流股 V_{n+1} 和液相流股 L_n。这一对级间逆向流动的流股的组成与操作条件有关，称为操作关系。对图 13-5-1 封闭虚线部分进行易挥发组分的物料衡算，则有：

$$y_{n+1} = \frac{L_n}{V_{n+1}} x_n + \frac{V_1 y_1 - L_0 x_0}{V_{n+1}} \tag{13-5-1}$$

其中 $V_1 y_1 - L_0 x_0$ 为离开第 1 级的易挥发组元的净流率，对于稳态操作为一个定值。因此式(13-5-1)在 x-y 图上为一条直线，表示一对级间流股组成之间的关系。因该直线的斜率和截距与操作参数（即 L_n、V_{n+1}、V_1 及 L_0）有关，因此称为 n 级和 $n+1$ 级之间的操作线。考察式(13-5-1)可以发现，如果假设恒摩尔流，即 $V_2 = \cdots = V_{n-1} = V_n = V_{n+1} = \cdots$ 及 $L_1 = \cdots = L_{n-1} = L_n = L_{n+1} = \cdots$，则任何两个平衡级之间的操作线均具有相同的斜率和截距。所以图 13-5-1 所示所有平衡级之间的操作线可连成一条统一的直线。在给定压力条件下，平衡级的平衡线和操作线如 McCabe-Thiele 图（图 13-5-2）所示。

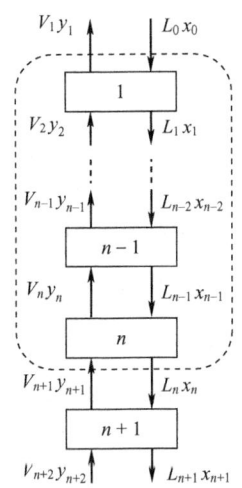

图 13-5-1　平衡级及其级联

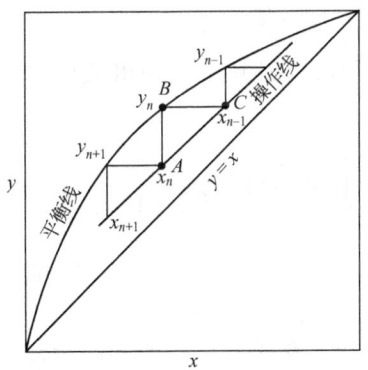

图 13-5-2　McCabe-Thiele 图

结合图 13-5-1 和图 13-5-2 可以看出，在第 n 级与 $n+1$ 级之间，气液两相的组成分别是 y_{n+1} 和 x_n，即图 13-5-2 的 A 点，进入第 n 级后，两相组成分别为 y_n 和 x_n，即从 A 点沿竖直方向到 B 点，而在第 $n-1$ 级与 n 级之间，两相组成分别变为 y_n 和 x_{n-1}，即从 B 点沿水平方向到 C 点。因此图 13-5-2 中平衡线与操作线之间的一个阶梯，即折线 A-B-C 对应精馏的一个平衡级。

上述平衡线和操作线之间的阶梯可向右上方或左下方延续，以此可直观地表示出精馏塔内气液两相组成随级数的变化关系。图 13-5-2 表示这种关系的图称为 McCabe-Thiele 图。在已知分离要求（即精馏塔上、下两端的气液相浓度）条件下，通过绘制 McCabe-Thiele 图来获取所需的平衡级数的方法称为 McCabe-Thiele 图解法。

5.1.2　传质单元概念及其图解法

对于气液两相连续接触的填料塔或降膜精馏塔，Chilton 和 Colburn[9] 提出了传质单元的概念。气液两相连续接触的精馏塔段如图 13-5-3 所示。现考察图 13-5-3 中阴影部分所示

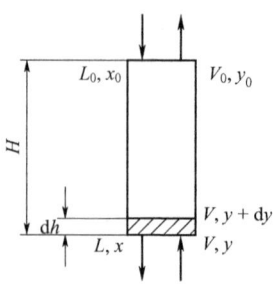

图 13-5-3 气液两相连续接触的精馏塔段

的微元体,其高度为 dh,则该微元体内传质通量为:

$$dF = K_{OG}(y^* - y)A_c a_p dh \tag{13-5-2}$$

式中,K_{OG} 为气相总传质系数;A_C 为填料床层截面积;a_p 为单位体积填料的传质面积。由微元体气相物料衡算有:

$$Vdy = dF \tag{13-5-3}$$

结合方程式(13-5-2),则有:

$$Vdy = K_{OG}(y^* - y)A_c a_p dh \tag{13-5-4}$$

由方程式(13-5-4)通过积分可以得到将气相组成由 y 变为 y_0 所需要的填料床层高度 H,即

$$H = \int_0^H dh = \int_y^{y_0} \frac{V}{K_{OG}A_c a_p} \times \frac{dy}{y^* - y} \tag{13-5-5}$$

式(13-5-5)中积分符号内的第一个分式 $\frac{V}{K_{OG}A_c a_p}$ 仅与设备和操作参数有关,且具有长度的量纲,因此定义为总气相传质单元高度 H_{OG},即 $H_{OG} = \frac{V}{K_{OG}A_c a_p}$,式(13-5-5)则变为:

$$H = H_{OG} \int_y^{y_0} \frac{dy}{y^* - y} \tag{13-5-6}$$

根据其物理含义,式(13-5-6)积分部分可定义为总气相传质单元数,即

$$N_{OG} = \int_y^{y_0} \frac{dy}{y^* - y} \tag{13-5-7}$$

此时,填料床层高度可表示为总气相传质单元高度与总气相传质单元数的乘积,即 $H = H_{OG}N_{OG}$。由式(13-5-7)定义的传质单元数也可以理解为气相浓度变化与传质推动力之比。

相似地,可以获得总液相传质单元高度与总液相传质单元数,即

$$H_{OL} = \frac{L}{K_{OL}A_c a_p}, \quad N_{OL} = \int_x^{x_0} \frac{dx}{x^* - x}$$

以及分别基于气、液各相传质系数的气相传质单元高度、气相传质单元数,即

$$H_G = \frac{V}{k_G A_c a_p}, \quad N_G = \int_y^{y_0} \frac{dy}{y^i - y}, \quad H = H_G N_G$$

和液相传质单元高度、液相传质单元数：

$$H_L = \frac{L}{k_L A_c a_p}, \quad N_L = \int_x^{x_0} \frac{\mathrm{d}x}{x^i - x}, \quad H = H_L N_L$$

式中，k_G 和 k_L 分别为气相和液相传质系数；y^i 和 x^i 分别为气相界面浓度和液相界面浓度。

三种传质单元高度之间的关系为：

$$H_{OG} = H_G + \frac{m}{L/V} H_L, \quad H_{OL} = H_L + \frac{L/V}{m} H_G$$

如图 13-5-4 所示，气相进口浓度为 y，与 x 同在操作线上，而与 x 呈相平衡的气相组成 y^* 则在平衡线上，操作线与平衡线之间的竖直距离（$y^* - y$）为传质推动力。

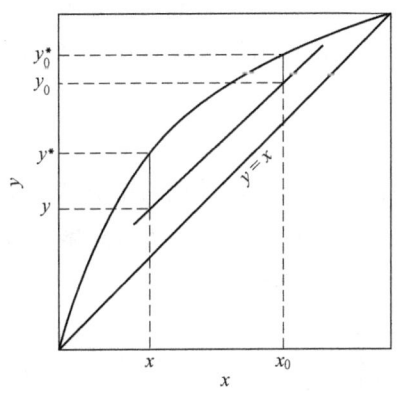

图 13-5-4 表示传质推动力的 x-y 图

在图 13-5-4 表示传质推动力的 x-y 图上可以读出精馏塔内不同位置处的传质推动力（$y^* - y$）的值，然后如图 13-5-5 所示，以 y 为横坐标，$\frac{1}{y^* - y}$ 为纵坐标做图，则根据式 (13-5-7) 通过图解积分法便可求出 N_{OG} 的值。

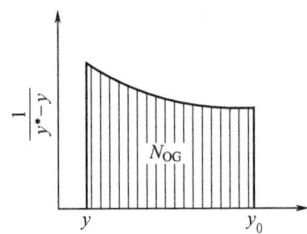

图 13-5-5 传质单元数的图解法

传质单元数大致表示在给定分离难度下对分离的要求程度，即分离要求的纯度越高，所需的填料塔越高；也可将传质单元数理解为在给定分离要求条件下的分离难度，即 N_{OG} 的值越大，说明完成一定的分离任务需要的填料塔越高。而传质单元高度可理解为给定物系和操作条件下填料的分离性能，即填料的性能越好（传质系数高、传质面积大），则完成单位分离任务需要的填料高度越低。

5.2 二组元精馏 McCabe-Thiele 图解方法

精馏的理论板数是精馏设计所需的基础数据之一。虽然目前有很多方法和软件可以用来方便地计算理论板数，但 McCabe-Thiele 图解方法[4]仍然在教学以及设计中被广泛使用。其原因不仅在于其简便快捷，还在于该图解法有助于理解精馏过程的热力学原理。

现假设精馏过程中恒摩尔流假设成立，这意味着混合物中两个组元蒸发潜热相等、无混合热、无热量损失，因而可以忽略热量衡算❶。在这种情况下，稳态操作每个精馏塔段内的气、液相摩尔流率都是常数，那么如 5.1.1 节所述，对应每个精馏段的操作线在 x-y 图上均为直线。

5.2.1 简单精馏过程

只有一股进料和塔顶、塔底产品两股产品的情况称为简单精馏过程，进料位置以上的精馏塔段称为精馏段，进料以下的塔段称为提馏段。在 McCabe-Thiele 图上，操作线可以表示物料衡算关系。

5.2.1.1 精馏段操作线

图 13-5-6(a) 所示为精馏段的一部分，塔顶为全凝器。由恒摩尔流假设，有 $V_1 = \cdots = V_n = V_{n+1} = \cdots = V$ 和 $L_1 = \cdots = L_n = L_{n+1} = \cdots = L$。在虚线封闭部分对易挥发组元作物料衡算，可得到与式(13-5-1)类似的关系式：

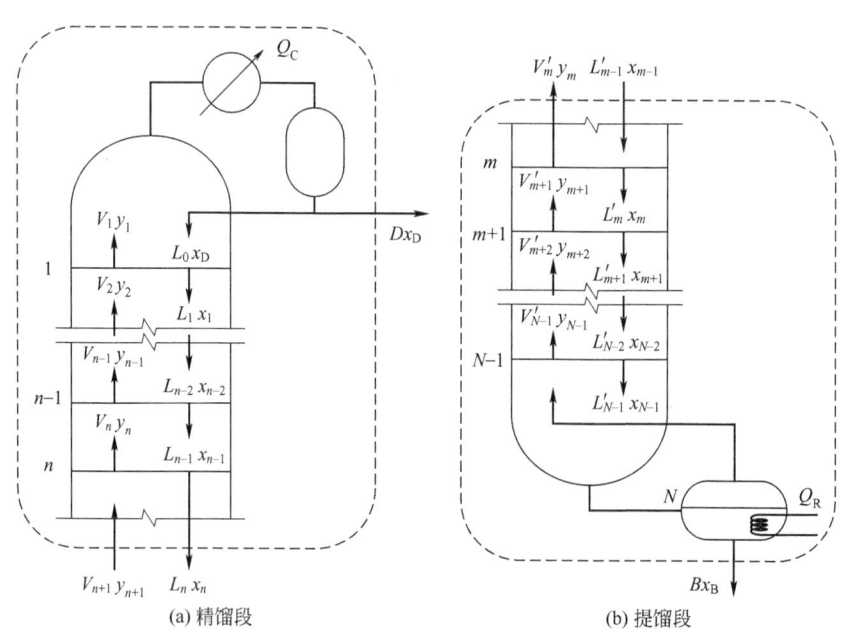

(a) 精馏段　　(b) 提馏段

图 13-5-6　精馏塔物料衡算

$$y_{n+1} = \frac{L}{V} x_n + \frac{D x_D}{V} \tag{13-5-8}$$

---

❶ 通常恒摩尔流假设远离实际，但一些同位素或沸点相近的同分异构体混合物的精馏分离接近这一假设。

式(13-5-8)给出了精馏段任意两个平衡级之间气、液相流股组成 y_{n+1} 和 x_n 之间的关系。这一关系仅与精馏塔操作条件 V、L 和 D 有关,因此称为精馏段的操作线,在 x-y 图上以 $\frac{L}{V}$ 为斜率,以 $\frac{Dx_D}{V}$ 为截距的一条直线。该直线斜率 $\frac{L}{V}<1$ ($V=L+D$,因 $D>0$,所以 $L<V$),且与对角线 $y=x$ 相交于 x_D。根据操作条件,已知斜率、截距以及 x_D 中的任意两个,即可在 x-y 图上绘制精馏段的操作线,如图 13-5-7 所示。

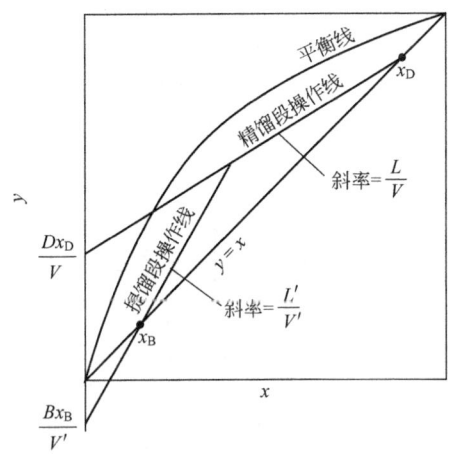

图 13-5-7 McCabe-Thiele 图中的操作线

回流比 $R=\frac{L}{D}$,因此精馏段操作线可写为:

$$y_{n+1}=\frac{R}{R+1}x_n+\frac{x_D}{R+1} \tag{13-5-9}$$

5.2.1.2 提馏段操作线

图 13-5-6(b) 所示为提馏段的一部分,塔底为部分再沸器,相当于一个平衡级。由恒摩尔流假设,提馏段的气液两相流率可分别用 V' 和 L' 表示。在图 13-5-6(b) 虚线封闭部分对易挥发组元作物料衡算,可得到提馏段操作线方程:

$$y_m=\frac{L'}{V'}x_{m-1}-\frac{Bx_B}{V'} \tag{13-5-10}$$

其斜率和截距分别为 $\frac{L'}{V'}$ 和 $-\frac{Bx_B}{V'}$,与对角线的交点为 x_B,如图 13-5-7 所示。

5.2.1.3 进料线

精馏塔的进料经进料级(进料板)引入精馏塔,如图 13-5-8 所示。但因进料的热状态

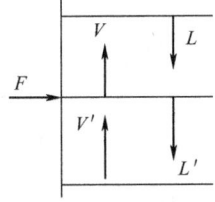

图 13-5-8 精馏塔的进料

不同,进料对精馏段和提馏段物料衡算的影响不同。进料热状态通常有如表 13-5-2 给出的 5 种情况。

表 13-5-2 精馏塔进料热状态

序号	进料热状态	物料衡算关系	进料热状态参数
1	过冷液体		$q>1$
2	饱和液体		$q=1$
3	气液两相混合		$0<q<1$
4	饱和气体		$q=0$
5	过热气体		$q<0$

5 种进料情况可由进料热状态参数 q 进行表示。q 的定义为:

$$q=\frac{\text{将单位物质的量进料转变为饱和蒸气所需要的热量}}{\text{进料混合物摩尔蒸发热}}$$

进料流量与塔内气液两相流率有如下物料衡算关系:

$$L'=L+qF \tag{13-5-11}$$

$$V=V'+(1-q)F \tag{13-5-12}$$

当 $q>1$ 时,进料为过冷液体,此时进料级的气相会发生部分冷凝,放出的热量将过冷液体加热到进料板的温度,因而有 $V<V'$,$L'>L+F$。当 $q=1$ 时,进料为饱和液体,有 $V=V'$,$L'=L+F$。当 $0<q<1$ 时,进料为气液两相混合流体,此时式(13-5-11) 和式(13-5-12)中的 q 可以理解为 F 中液体的分率。当 $q=0$ 时,进料为饱和气体,有 $V=V'+F$,$L'=L$。当 $q<0$ 时,进料为过热气体,进料级的液相会发生部分汽化,消耗的热量将过冷热蒸气冷却到进料板的温度,因而有 $V>V'+F$,$L'<L$。

精馏段的操作线与提馏段的操作线在进料处相交的位置受进料热状态的影响,交点的轨迹称为进料线,或 q 线。将精馏段和提馏段的操作线方程相结合可得 q 的线性方程:

$$y=\frac{q}{q-1}x-\frac{z_F}{q-1} \qquad (13\text{-}5\text{-}13)$$

其中,z_F 为进料中易挥发组元的摩尔分数。进料线是一条斜率为 $\frac{q}{q-1}$ 的直线,与对角线相交于 z_F。

由表 13-5-2 给出的 5 种不同进料热状态对应的 q 线如图 13-5-9 所示。

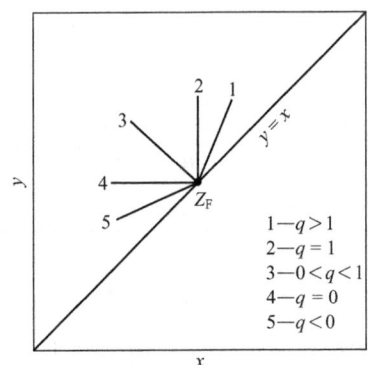

图 13-5-9 表示 5 种不同进料热状态的 q 线

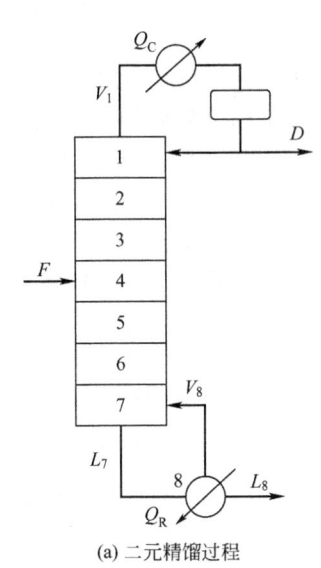

(a) 二元精馏过程

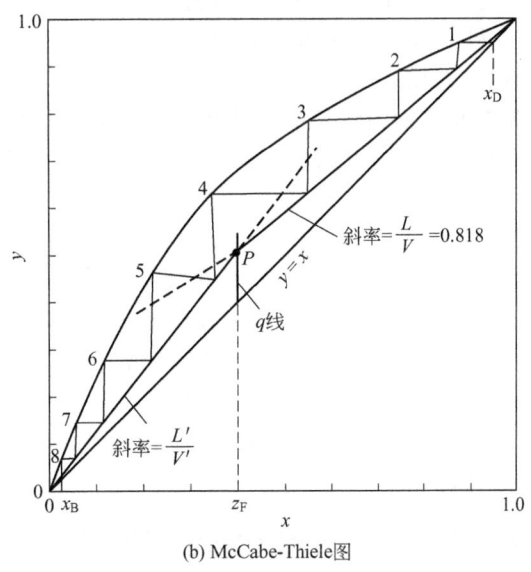

(b) McCabe-Thiele图

图 13-5-10 McCabe-Thiele 图解法应用示例

5.2.1.4 McCabe-Thiele 图解法算例

设一精馏过程如图 13-5-10(a) 所示,有 8 个平衡级,包括塔底部分再沸器和塔顶全凝器。第 4 级为进料级,根据精馏操作压力下的二元相平衡数据在 x-y 图上画出相平衡曲线如图 13-5-10(b) 所示。对此精馏过程进行自由度分析可知,它有 $c+2N+9$ 个设计变量(自由度)。只有设定它们的数值之后才能唯一地确定一个具体的精馏操作。假设给定的设计变量如表 13-5-3 所示。要求计算:塔底产品组成 x_B,以及塔顶气相流率 V_1 是否超过允许最大气相流率 V_{max} ($2 kmol \cdot s^{-1}$)。

表 13-5-3 给定的设计变量

设计变量	数量	设定值说明
各级压力	N	忽略塔内所有压力降,即精馏过程在等压下操作;设 $p=275 kPa$,并设所有热损失为 0
冷凝器压力	1	
级热损失(除再沸器)	$N-1$	
回流罐压力和热损失	2	
进料流股性质	$c+2$	设在塔的压力下饱和液体进料($q=1$);流率 $1 kmol \cdot s^{-1}$;易挥发组元摩尔分数 $z_F=0.4$
进料级位置	1	第 4 级进料
总级数 N	1	8 级
塔顶产品纯度	1	$x_D=0.95$(摩尔分数)
回流温度	1	饱和液体回流,等于泡点温度
外回流比	1	设 $R=4.5$

① 精馏塔的内部回流比为 $\frac{L}{V}=\frac{R}{R+1}=0.818$。在 x-y 图的对角线上画出 $x_D=0.95$ 点,然后以斜率 0.818 作出精馏段的操作线。在对角线上画出 $z_F=0.4$ 点。由于 $q=1$,所以由 z_F 点作垂线即为 q 线,与精馏段操作线相交于 P 点。若已知 x_B 的值,可在对角线上画出 x_B 点,与 P 点相连即为提馏段的操作线。但在本例中 x_B 未知,并且已固定平衡级数为 8,即在 x_D 和 x_B 之间要精确地恰好做出 8 个阶梯。然而提馏段的操作线又必须已知 x_B 才能画出,所以需要用试差的方法求出 x_B。假设一个 x_B 值,便可画出提馏段的操作线,然后从 x_D 开始在相平衡曲线和精馏段操作线之间画出阶梯到达第 4 个阶梯之后就切换到在平衡线和提馏段操作线之间绘制阶梯,如图 13-5-10(b) 所示。若与第 8 个平衡级对应的液相摩尔分数 $x_8 \neq x_B$,则需要重新设一个新的 x_B 值,并重复上述计算。若求得的 $x_8 \approx x_B$,则试差计算结束。如图 13-5-10(b) 所示,最后,本例得到的 $x_B=0.026$(摩尔分数)。

② 由全塔的易挥发组元的物料衡算得 $D=0.405 kmol \cdot s^{-1}$,所以 $V_1=D(R+1)=2.226 kmol \cdot s^{-1} > V_{max}$,这意味着利用此精馏塔不能获得 $0.405 kmol \cdot s^{-1}$ 的纯度为 0.95(摩尔分数)的塔顶产品。所以需要降低产品的纯度要求或减少塔顶产品的流率。若要维持塔顶产品的纯度,为了使 $V_1 < V_{max}$,必须减小回流比 R,精馏段的操作线将绕 x_D 向上旋转,更靠近平衡线,经过 8 个平衡级后的塔底产品 x_B 将提高,则塔顶产品流率 D 减小,易挥发组元的收率降低。

5.2.2 平衡级数、回流比与进料位置

对精馏分离能力影响较大的设计参数为平衡级数、回流比和进料位置等。在估算平衡级

数和操作回流比时可以参考两个极端的操作情况，即最小回流比和全回流（无限回流比）条件下的精馏过程。

5.2.2.1 全回流下的二组元精馏

由式(13-5-8)可知，精馏段操作线的斜率与回流比 R 有关，当 R 趋于无穷时，精馏段操作线的斜率趋近于 1，操作线趋于和对角线重合。如果达到全回流，即 $D=0$，同时如果保持塔顶和塔底产品纯度不变，则 B 和 F 均等于 0。此时操作线与对角线完全重合，如图 13-5-11 所示。由图 13-5-11 可以看出，此时要达到指定分离要求的平衡级数最小，称为精馏过程的最小平衡级数，或最小理论板数。因此通过 McCabe-Thiele 图可以方便地获得这一最小平衡级数。

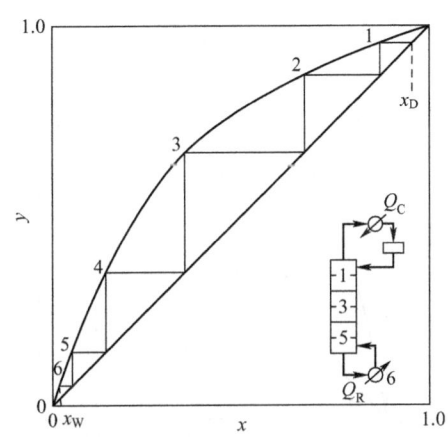

图 13-5-11 全回流操作的 McCabe-Thiele 图

最小平衡级数也可由 Fenske 方程给出，具体方法可参见本篇第 7 章。

5.2.2.2 最小回流比

随着精馏塔顶回流比减小，在 x-y 图上精馏段的操作线与相平衡线逐渐靠近，完成一定精馏分离任务所需要的平衡级数逐渐增加，同时塔底的再沸比也逐渐减小。如继续减小回流比直到操作线与平衡线相接触，此时的回流比称为最小回流比，$R_{\min}$；再沸比称为最小再沸比 $R'_{\min}$，如图 13-5-12(a) 所示。操作线与平衡线的接触点称为精馏的夹紧点，或简称夹点。如图 13-5-12(a) 所示，在夹点附近平衡线和操作线非常接近，平衡级数量激增，该区域称为夹紧区。夹紧区内各平衡级浓度趋于相同，所以也称为恒浓区。最小回流比对应精馏能耗最小，但为完成一定分离任务需要无穷多个平衡级，所以是一种理论上的极限情况。操作线与平衡线相接触的形式有两类：

① 相平衡曲线无拐点，如图 13-5-12(a) 所示。精馏段与提馏段操作线相交点落在平衡线上，夹点在进料级处。最小回流比和最小再沸比可由表 13-5-4 所示的关系式计算。

② 相平衡曲线有拐点，如图 13-5-12(b) 所示。

精馏段（或提馏段）的操作线与平衡线相切，此切点即为夹点。这种类型的最小回流比只会发生在非理想的二组元物系中。

最小回流比和最小再沸比的计算公式如表 13-5-4 和图 13-5-13 所示。

图 13-5-13 中的 x_F^*、y_F^* 为 q 线与平衡线交点的坐标：

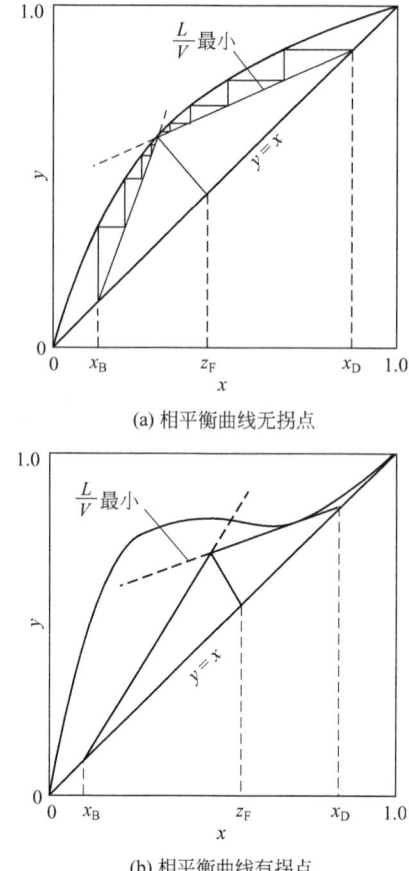

(a) 相平衡曲线无拐点

(b) 相平衡曲线有拐点

图 13-5-12 最小回流比操作的 McCabe-Thiele 图

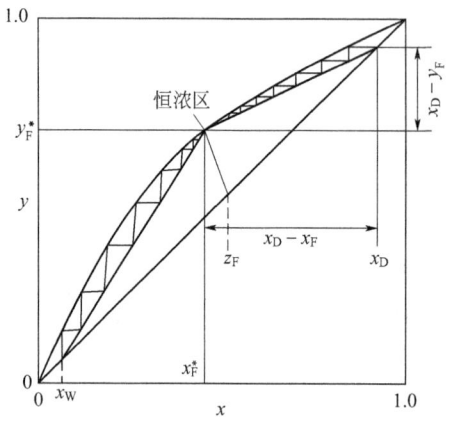

图 13-5-13 最小回流比与最小再沸比

$$x_P^* = -\frac{u}{2} + \sqrt{\frac{u^2}{4} + v} \qquad (13\text{-}5\text{-}14)$$

其中 $u = \dfrac{1}{q}\left(\dfrac{\alpha}{\alpha-1} - q - z_F\right)$，$v = \dfrac{z_F}{q(\alpha-1)}$，$q$ 为进料的热状态参数。

表 13-5-4　最小回流比 $R_{\min}$ 与最小再沸比 $R'_{\min}$

项目	最小回流比 $R_{\min}$	最小再沸比 $R'_{\min}$
一般情况	$\left(\dfrac{L}{V}\right)_{\min}=R_{\min}=\dfrac{x_D-y_F^*}{x_D-x_F^*}$	$\left(\dfrac{L'}{V'}\right)_{\min}=R'_{\min}=\dfrac{y_F^*-x_B}{x_F^*-x_B}$
相对挥发度 α 为常数	$R_{\min}=\dfrac{1}{\alpha-1}\left(\dfrac{x_D}{x_F^*}-\alpha\dfrac{1-x_D}{x_F^*}\right)$ 若 $x_D=1, R_{\min}=\dfrac{1}{(\alpha-1)x_F^*}$	$R'_{\min}=\left\{\dfrac{1}{1-\dfrac{x_B}{x_F^*}}\left[\dfrac{\alpha}{1+(\alpha-1)x_F^*}-1\right]\right\}$ 若 $x_B=0, R'_{\min}=\left[\dfrac{\alpha}{1+(\alpha-1)x_F^*}-1\right]$

若进料为饱和液体：$x_F^*=z_F$

若进料为饱和气体：$x_F^*=\dfrac{z_F}{\alpha-(\alpha-1)z_F}$

5.2.2.3　最优回流比

由上述分析可知，回流比越大，需要的平衡级数越少，设备的投资费用越小，如图 13-5-14 中年设备费曲线所示。但随着回流比 R 的增大，精馏过程能耗增加，即精馏操作费用提高，如图 13-5-14 中的年操作费用曲线所示。精馏过程的年总费用是投资和操作费用之和，如图 13-5-14 所示年总费用有一个最小值，与之对应的回流比即为最优回流比，R_{opt}。一般情况下最优回流比 R_{opt} 是最小回流比 $R_{\min}$ 的 1.1～1.5 倍。

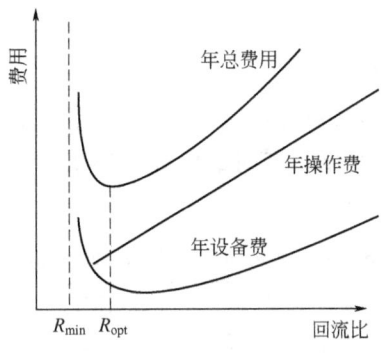

图 13-5-14　最优操作回流比的选择

5.2.2.4　进料级的位置

选择最优的进料位置对精馏塔操作具有重要影响，对一定数目的平衡级，能使塔顶和塔底产品浓度 x_D 与 x_B 之差最大，或为完成一定分离任务能使所需平衡级数最小。在应用 McCabe-Thiele 图解法进行计算时，只要在绘制每一个阶梯时都使用与平衡线距离最远的操作线，则两条操作线交汇点处所对应的平衡级即为最优进料位置。例如，图 13-5-15(a) 中的第 3 级即为最优进料位置，完成同样的分离任务需要 5 个平衡级。而若在最优进料位置以下进料，如图 13-5-15(b) 所示的第 5 级进料，要完成同样的分离任务则需要 7 个平衡级。而若在最优进料位置以上进料，如图 13-5-15(c) 所示的第 2 级进料，则需要 6 个平衡级。所以进料处于最优位置时，所需平衡级数最少。

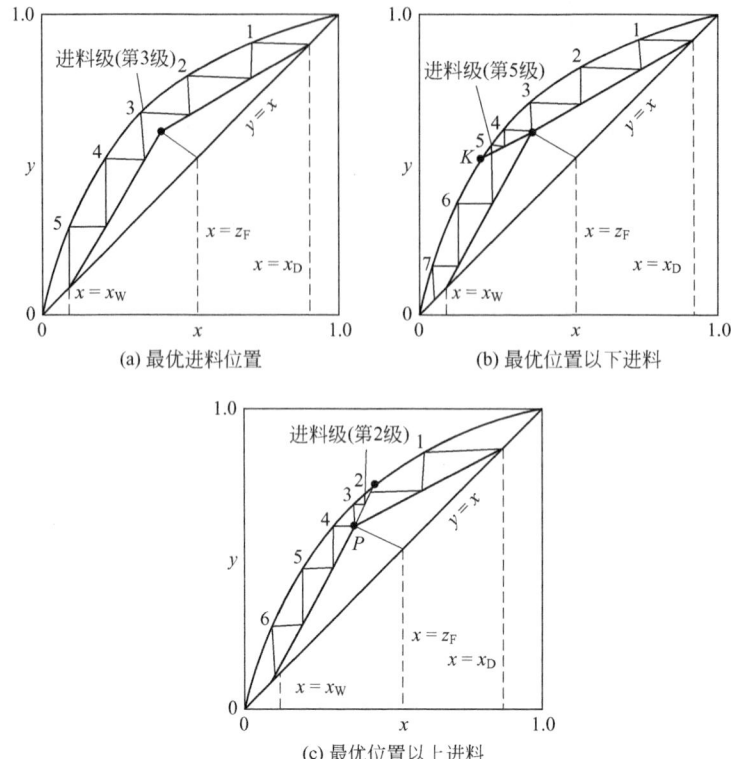

图 13-5-15 进料位置对精馏过程的影响

5.2.3 其他构型的精馏塔

一些具有复杂结构的精馏塔也可以应用 McCade-Thiele 图解法进行计算,关键在于复杂结构的精馏塔的操作线会发生变化。不同结构的精馏塔 McCade-Thiele 图解法如表 13-5-5 所示。

表 13-5-5 不同结构精馏塔的 McCabe-Thiele 图解法

精馏塔类型	说明	McCabe-Thiele 图
具有分凝器的简单精馏塔	塔顶为部分冷凝器,气相产品采出,冷凝器相当于一个平衡级	图 13-5-16(a)
具有多股进料的精馏塔	两股进料时,假设一股 F_1 为饱和气体进料,另一股 F_2 为饱和液体进料	图 13-5-16(b)
具有侧线采出的精馏塔	两股侧线采出时,假设一股 S_1 液体采出,另一股 S_2 为气体采出	图 13-5-16(c)
具有中间冷凝器和中间再沸器的精馏塔	假设在精馏段设中间冷凝器 Q_1,在提馏段设中间再沸器 Q_2	图 13-5-16(d)
蒸汽精馏塔	在塔底引入水蒸气直接进行加热,无再沸器	图 13-5-16(e)

5.2.4 二组元精馏的级效率

由平衡级的定义可知,平衡级为一种理论上存在的极限情况。实际操作中的精馏塔板会与平衡级有显著差距。若要应用基于平衡级的方法(如 McCade-Thiele 图解法)对实际精馏塔进行计算、设计，级效率则是弥补二者之间差距的较为简单的方法。级效率有多种定义，较为常用的是 Murphree 级效率，或称 Murphree 板效率。即

$$E_{MV} = \frac{y_n - y_{n+1}}{y_n^* - y_{n+1}} \quad (13\text{-}5\text{-}15)$$

式中，y_n^* 是某组元与离开第 n 块塔板的液相摩尔分数 x_n 呈相平衡的气相摩尔分数，可由相平衡曲线读出；y_n 和 y_{n+1} 分别是离开第 n 块和第 $n+1$ 块塔板实际气体摩尔分数。如果假设各塔板具有相同的 Murphree 板效率，例如 $E_{MV}=0.5$，在 x-y 图上可在操作线与

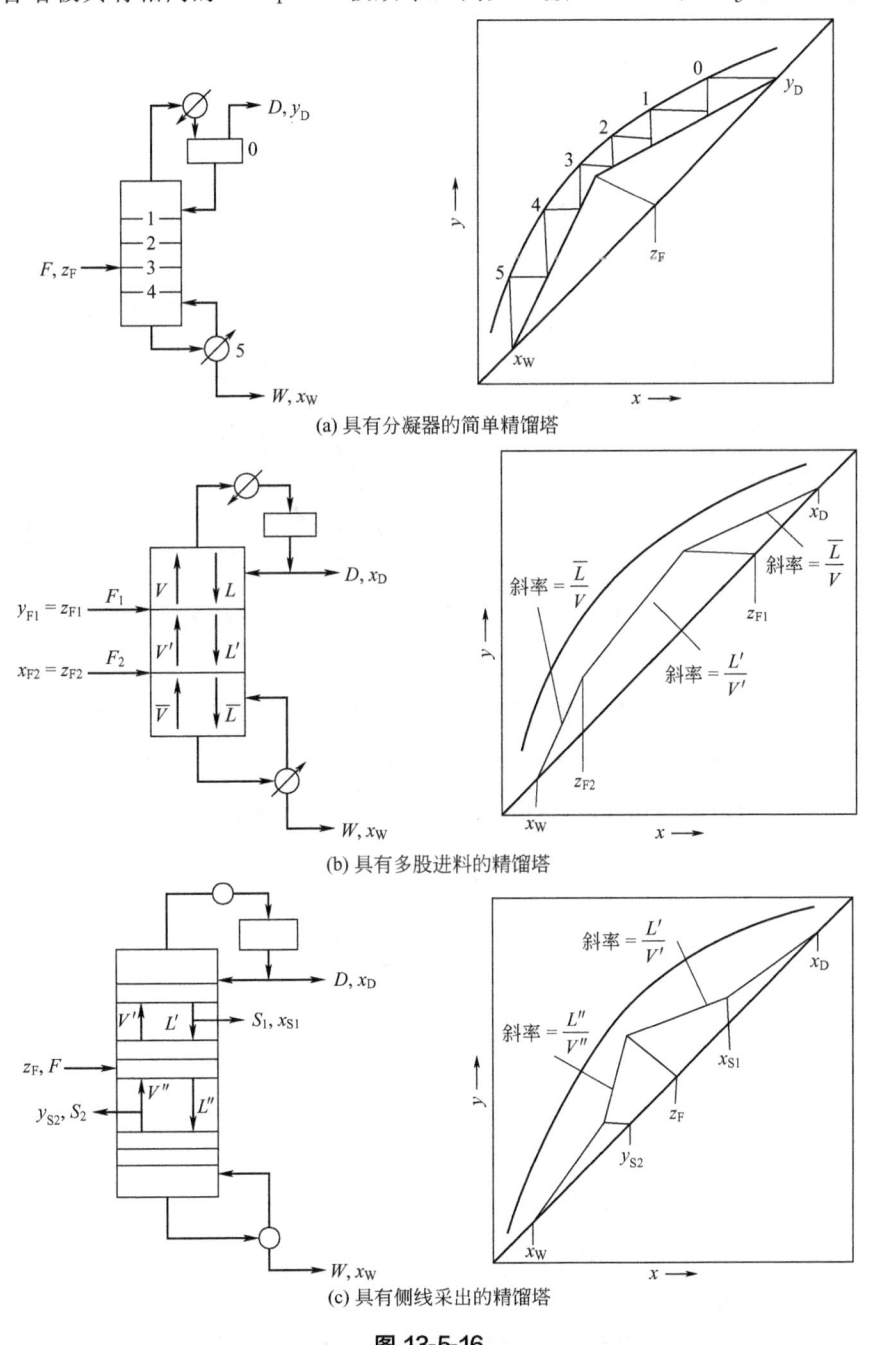

(a) 具有分凝器的简单精馏塔

(b) 具有多股进料的精馏塔

(c) 具有侧线采出的精馏塔

图 13-5-16

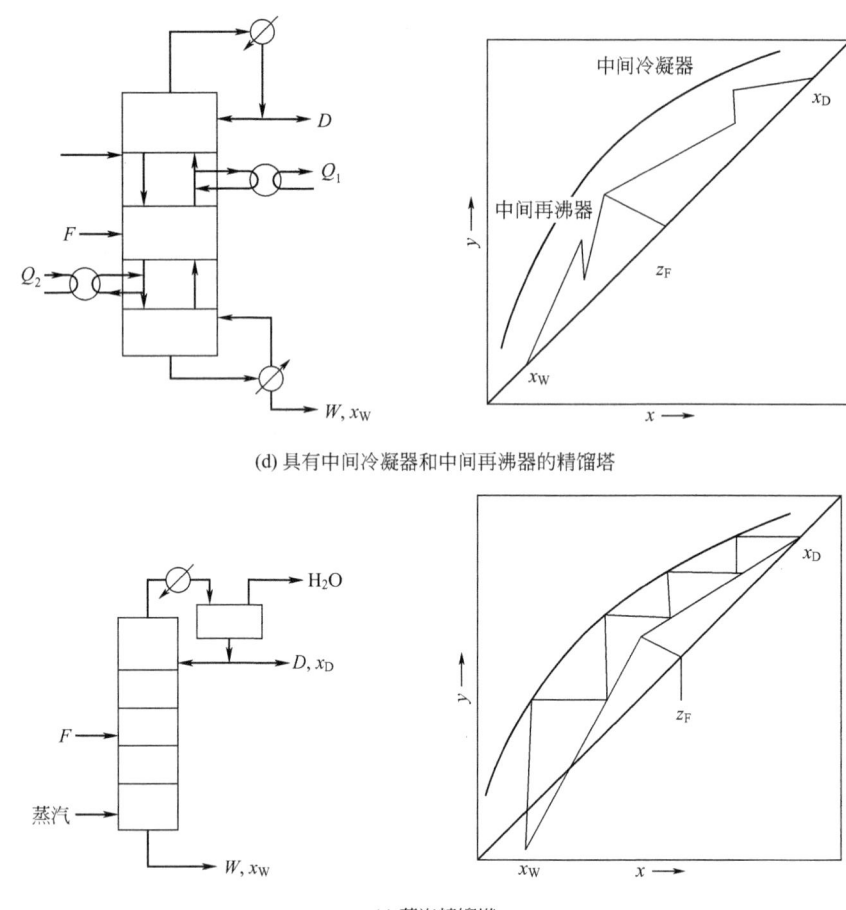

(d) 具有中间冷凝器和中间再沸器的精馏塔

(e) 蒸汽精馏塔

图 13-5-16 不同类型的 McCabe-Thiele 图

平衡线垂直距离一半处绘制一条伪平衡曲线,如图 13-5-17 所示。如果假设再沸器仍为平衡级,则可在平衡线与提馏段操作线之间绘制一个阶梯,表示再沸器,然后继续向上在操作线

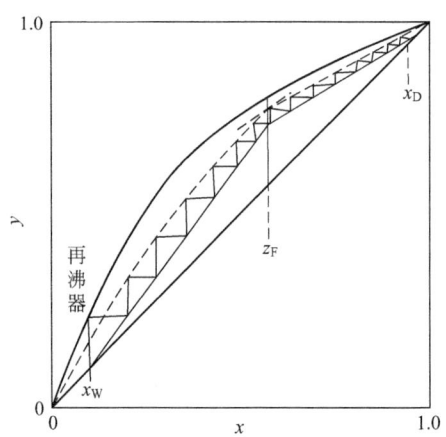

图 13-5-17 实际精馏塔的 McCabe-Thiele 图

与伪平衡线之间依次绘制阶梯，表明离开任一块塔板 n 的气相组成仅达到相平衡组成 y_n^* 的一半，这样绘制出的阶梯则表示实际塔板。Murphree 板效率的计算方法详见本手册第 14 篇"气液传质设备"。

参考文献

[1] Seader J D，Henley E J，Roper D K. Separation process principles. 3rd ed. NewYork: John Wiley & Sons，2013.

[2] Harker J H，Coulson J M，Backhurst J R，et al. Coulson and Richardson's chemical engineering//Particle technology and separation processes. 5th ed:Vol 2. Oxford: Butterworth-Heinemann Ltd，2002.

[3] Wankat P C. Separation process engineering. 3rd ed. New York: Prentice Hall，2012.

[4] McCabe W L，Thiele E W. Ind Eng Chem，1925，17: 605.

[5] Ponchon M. Tech Mod，1921: 13，20，55.

[6] Savarit R. Art et Metiers，1922: 65，142，178，241，266，307.

[7] 时钧，江家鼎，余国琮，陈敏恒. 化学工程手册. 第 2 版. 北京: 化学工业出版社，1996.

[8] Treybal R E. Mass-transfer operations. 3rd ed. New York: McGraw-Hill，1980.

[9] Chilton T H，Colburn A P. Ind Eng Chem，1935，27（3）: 255.

6

三组元蒸馏计算

严格的三元混合物精馏过程的计算方法与多元精馏过程完全相同。但是，工业上有许多难分离物系的精馏操作需要通过加入第三组分作为分离剂（溶剂）加以强化，如萃取精馏和共沸精馏。这种精馏过程的目的虽然是两个组分之间的分离，但由于第三组分的加入，则变为三元混合物的分离，并且其中常常会形成不同类型的共沸物。对这类系统进行分离往往需要多个相连的塔完成。在进行严格的精馏计算之前，首先要建立最适宜的多塔精馏的流程，即过程合成、选择合适的溶剂等，常常需要对许多不同的方案进行计算、评价和比较。这些计算和评价往往是初步的，若均采用严格的方法，则过于烦琐。精馏曲线图，或称三角形相图方法[1]是一种对三组元精馏过程进行可视化图形分析、计算、过程和控制系统设计，乃至故障诊断等的强有力的方法，同时也是深入理解精馏操作原理的工具。本章将重点介绍精馏曲线图方法，以及三组元精馏过程的主要操作参数的计算方法。

6.1 三组元相平衡的表示

设以 a、b 和 c 分别表示一个三元混合物的低、中和高沸点组分。它的汽-液平衡关系可以用三角形相图表示。图 13-6-1 为 131kPa 压力下 N_2-Ar-O_2 三元混合物相图。

图 13-6-1 中的各个顶点分别代表各纯组分，三条边代表相应的三个二元混合物的组成，三角形内部的点表示三元混合物的组成。在二元混合物的 y-x 相图中，气液两相平衡关系可以用相平衡曲线表示，如给定 x，则可在相平衡曲线上确定 y 的坐标，如图 13-5-2 所示。而在三角形相图中，用曲线表示相平衡关系比较困难。若液相组成 x_i（i=a,b,c）由三角形相图的基本坐标线（图 13-6-1 中的细实线）表示，则平衡气相的组成 y_i 可以根据另一套坐标读出。在图 13-6-1 中用虚线和点划线分别表示 y^*_{Ar} 和 $y^*_{O_2}$ 的坐标，也称为参数坐标

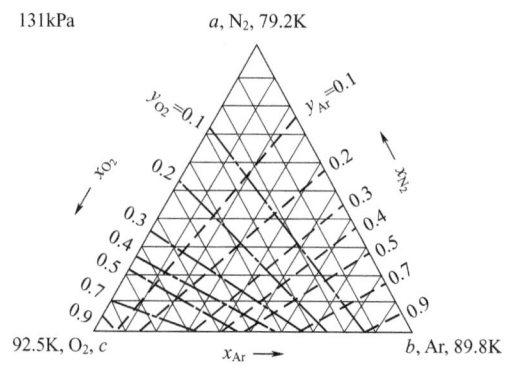

图 13-6-1　131kPa 压力下 N_2-Ar-O_2 三元混合物相图

线。对于相对挥发度 α_{ik} 为常数的理想混合物，参数坐标线为直线，而对于非理想系统，参数坐标线为曲线。多重坐标同时出现于一个图中，使得三角形相图变得十分混乱，不便使用。一个比较适宜的方法是在三角形相图上用精馏曲线表示三元汽-液平衡关系，不仅图线简洁，而且也能很方便地表示三元精馏过程。

6.1.1 精馏曲线

设一个三元混合物的 i 组分的初始浓度是 x_{i0}，将它标记在三角形相图上。与之平衡的气相浓度为 y_{i0}^*。设此气相完全冷凝，可得到一个新的液相，其浓度为 $x_{i1}=y_{i0}^*$，也标记在三角形相图上。这两个点既反映处于平衡的气、液两相的组成，也相当于在全回流操作条件下经过一个平衡级后液相组成发生的变化，所以也可以代表一个精馏平衡级。然后再由与 x_{i1} 平衡的气相浓度 y_{i1}^* 确定另一个液相状态点 $x_{i2}=y_{i1}^*$。依此类推，可以得到一系列的液相状态点 x_{i0}、x_{i1}、x_{i2}、x_{i3}、…，将它们连接在一起的曲线称为精馏曲线，也称精馏路径，它习惯上起始于高沸点组分，终止于低沸点组分，在线上标注的箭矢表示易挥发组分逐渐富集，混合物沸点逐渐降低的方向。三角形的各条边是二元混合物的精馏曲线。图 13-6-2 为 N_2-Ar-O_2 三元系统的若干条精馏曲线，分别表示几个不同初始组成的三元混合物的精馏路径。图 13-6-2 又称为精馏曲线图。应该指出，图 13-6-2 所示的精馏曲线上任一点都对应一个温度，即在给定压力下液相达到该点组成时的汽-液平衡温度。图 13-6-2 给出了三个顶点对应的温度，即三个纯组分在 131kPa 下的泡点温度。

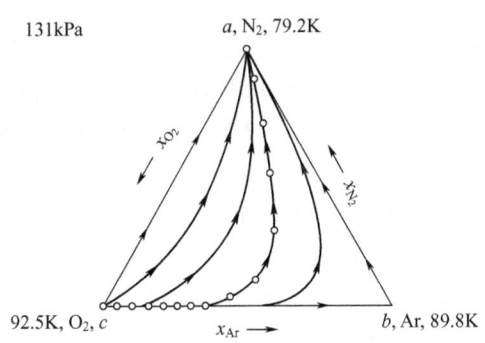

图 13-6-2 131kPa 下 N_2-Ar-O_2 三组元混合物的精馏曲线图

精馏曲线可由如下递归式计算：

$$y_{i,n}^* = K_{i,n} x_{i,n} \quad i=a,b,c \tag{13-6-1a}$$
$$x_{i,n+1} = y_{i,n}^* \quad n=0,1,2,\cdots \tag{13-6-1b}$$

精馏曲线图的三条边为精馏边界，即所有精馏曲线不会超出边界，否则某组分的分率为负值。在图 13-6-2 所示的精馏曲线图中，所有精馏曲线均由 c 点为起点并以 a 点为终点。所有具有相同起点和终点的一组精馏曲线称为精馏区域。非共沸三组元物系只有一个精馏区域，即三组元组成的整个区域。而对于含有共沸物的三组元混合物，情况并非如此，精馏曲线图会因为不同的精馏曲线始于或终于不同的点而形成两个或多个精馏区域，各精馏区域之间的唯一一条精馏曲线被称为分界线，分界线亦为精馏边界。因此含共沸物的三组元物系的精馏边界已不仅限于三角形顶点之间的连线，还包括共沸点与顶点之间、共沸点与共沸点之间的连线。二组元共沸物系的精馏边界为一个点，即共沸组成，而三组元物系的精馏边界为一条曲线，而对于四组元物系，精馏边界则是一个曲面。

在一个精馏区域内，所有精馏曲线都从温度最高的点出发，到达温度最低的点。图13-6-2所示的精馏区域中所有的精馏曲线均从 c 点出发，到达 a 点。所有精馏曲线出发或到达的点，如 c 和 a，称为"极点"。除非混合物组成落到 ab 或 bc 边界上（即高沸点组分或低沸点组分为0），否则精馏曲线不会到达中间沸点组分点 b，该点称为中间沸点鞍点，或简称"鞍点"。或者说一个精馏区域，除了极点，其余为鞍点。在精馏曲线图中共沸点也会形成极点或鞍点。

6.1.2 几种不同形式的精馏曲线

在三元混合物中由两个组分或三个组分可能形成不同类型的共沸物，会导致不同类型的精馏区域图，下面将介绍一些较为典型的情况。

① 混合物 A：如图 13-6-3(a) 所示，为理想的三元混合物精馏曲线图，所有精馏曲线都从高沸点组分点 c 出发到达低沸点组分点 a，中间沸点组分点 b 为鞍点，整个三组元组成三角图为单一的精馏区域。

② 混合物 B：低沸点组分 a 与中间沸点组分 b 形成一个具有最低沸点的二元共沸物，即二元最小共沸物，如图 13-6-3(b) 所示。此共沸物具有整个系统的最低沸点，所以所有的精馏曲线都从高沸点组分 c 点出发并到达这个二元最小共沸物点。共沸点成为一个极点，而 a 和 b 则成为鞍点。

③ 混合物 C：中间沸点组分 b 与高沸点组分 c 形成一个具有最高沸点的二元共沸物，即二元最大共沸物，如图 13-6-3(c) 所示。此共沸物具有整个系统的最高沸点，所以所有的精馏曲线都以这个二元最大共沸物点为起点，以系统的最低温度，即低沸点组分 a 点为终点。共沸点为一个极点，而 b 和 c 则为鞍点。

④ 混合物 D：低沸点组分 a 与中间沸点组分 b 形成一个二元最大共沸物，如图 13-6-3(d) 所示。从高沸点组分 c 点开始的精馏曲线首先指向这个二元共沸物点，然后转向低沸点组分点 a 或中间沸点组分点 b，这取决于混合物 D 的初始组成点在组成中的位置。因此三角形相图被分为两个精馏域。在每个精馏域中的精馏曲线有不同的终结点。分隔这两个精馏域的一条精馏曲线即为精馏边界线，在图中用粗实线表示，它的终点是二元共沸物点。任何精馏曲线不会穿越精馏边界线。两个精馏域各有两个极点和一个鞍点。其中极点 c 和鞍点（即最大共沸点）为两个精馏区域共享。

⑤ 混合物 E：中间沸点组分 b 与高沸点组分 c 形成一个二元最小共沸物，如图 13-6-3(e) 所示。这个二元共沸物是非均相共沸物，在图中用阴影部分表示两个不互溶液相共存的范围。图中有一条精馏边界线将三元系统 E 分割为两个精馏域，每个精馏域内的精馏曲线有自己的出发点，但都终结于低沸点组分点 a。与混合物 D 类似，两个精馏域共享一个极点和一个鞍点，即 a 点和最小共沸点。

⑥ 混合物 F：出现两个二元最小共沸物，如图 13-6-3(f) 所示，因低沸点组分与中间沸点组分之间的共沸点的温度最低，因而形成了新的极点，而另一个共沸物形成了鞍点，两个共沸物组成之间的精馏曲线为精馏边界，三元系统 F 被精馏边界线分为两个精馏域。

⑦ 混合物 G：有两个二元最小共沸物和一个二元最大共沸物，同时还形成一个三元鞍点共沸物，如图 13-6-3(g) 所示。图中有两条精馏边界线，一条连接两个二元最小共沸物，

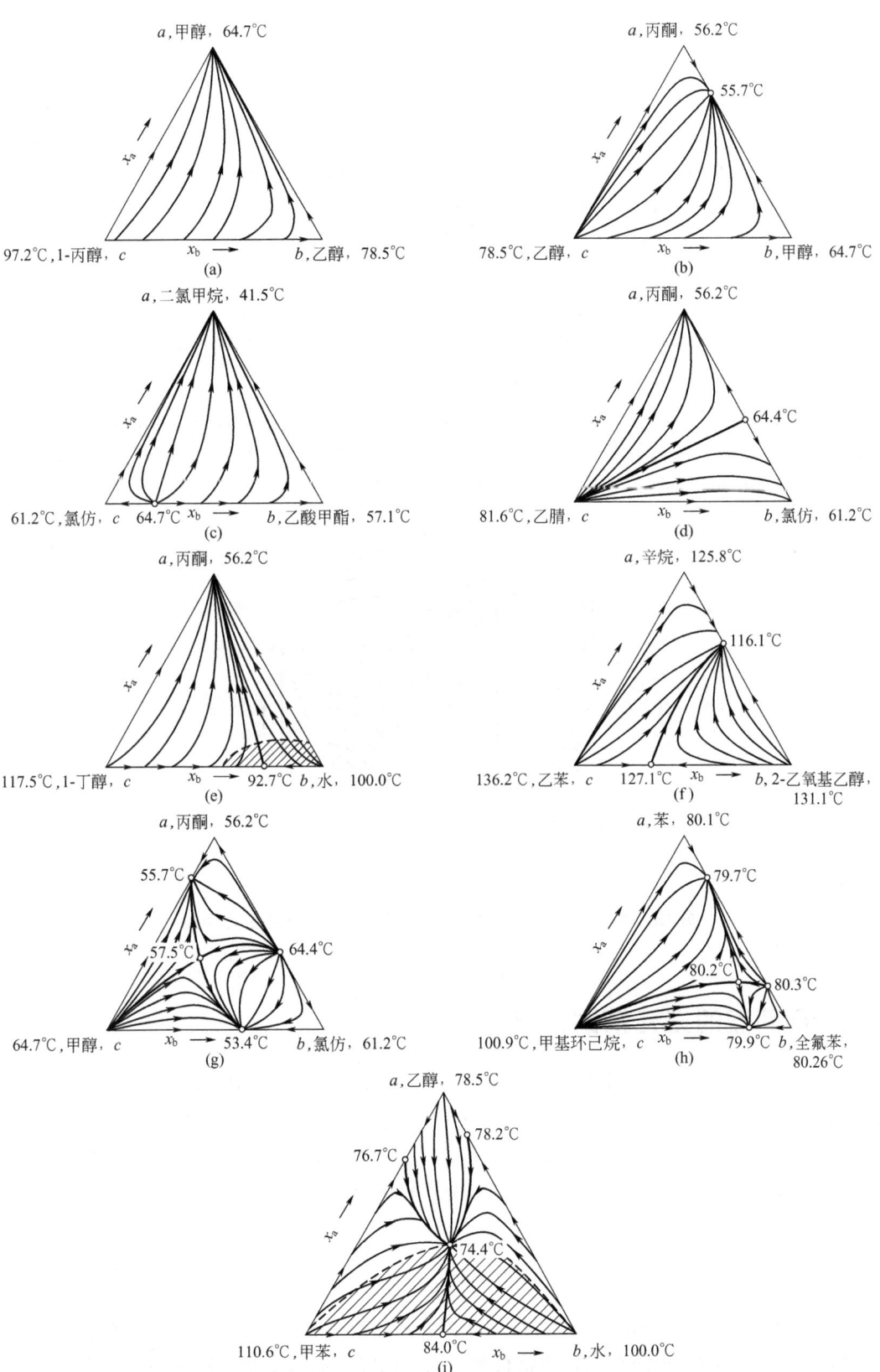

图 13-6-3 101.3kPa 下 9 种三组元混合物的精馏曲线图

另一条连接高沸点组分 c 和二元最大共沸物。两条精馏边界线相交于三元鞍点共沸物的组成点,并将三元系统 G 分为四个精馏区域。

⑧ 混合物 H:有三个二元共沸物,其中间组分 b 和 c 形成一个二元最小共沸物,而组分 a 和 b 之间能形成一个二元最小共沸物和一个二元最大共沸物。同时还形成一个三元鞍点共沸物,如图 13-6-3(h) 所示。其结果与混合物 G 的精馏曲线图类似,图中也有两条相交于三元鞍点的精馏边界线,将形成四个精馏区域。

⑨ 混合物 I:如图 13-6-3(i) 所示,它的三个组分能分别形成三个二元最小共沸物,其中组分 b 和 c 之间的共沸物是非均相的,图中的阴影部分表示不互溶液相的共存区域,同时还有一个三元最低共沸物,它具有整个系统中的最低沸点。有三条精馏边界线分别将各个二元共沸物与三元共沸物相连,将系统分为三个精馏区域。在每个精馏区域内,纯组分点均为极点,三元共沸点为各区域共享的极点。

三元混合物的沸点可以用三维图表示,图 13-6-4 为混合物 G 的沸点表面图。所有的精馏曲线都从沸点面上的高峰开始,结束于沸点面上的低谷。两条精馏边界线分别连接沸点面上的两个高峰和两个低谷,它们在鞍点处相交,形成一个三元鞍点共沸物。

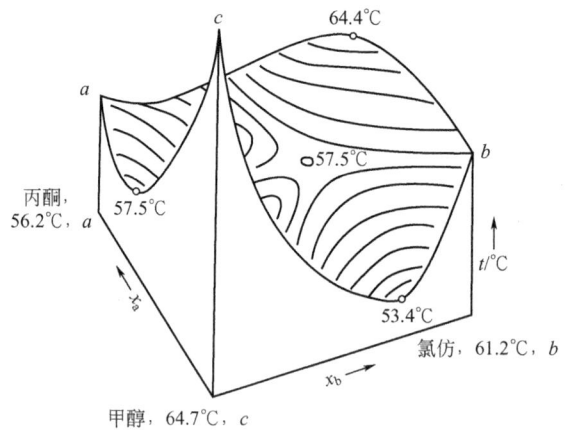

图 13-6-4　101.3kPa 下丙酮-氯仿-甲醇三组元物系的沸点图

6.2　全回流的三元精馏计算

一个精馏塔在全回流条件下操作,或者进料及塔顶、塔底产品的流率 F、D、W 远小于塔内的气、液相流率 V 和 L,即回流比 $R \to \infty$ 时,仅需要最少的平衡级数 $N_{\min}$,这是表示精馏混合物分离难度的一个重要指标。如果精馏过程满足恒摩尔流假设,如图 13-6-5(a) 所示,则此精馏过程必定满足总物料衡算和组分物料衡算方程,即

$$F = D + W \tag{13-6-2a}$$

$$Fz_{Fi} = Dx_{Di} + Wx_{Wi} \tag{13-6-2b}$$

在三角形相图 13-6-5(b) 上总物料衡算关系式 (13-6-2a) 表示一条通过进料点 F 和塔顶、塔底产品点 D 和 W 的直线,即物料衡算线。同时还应满足相平衡关系式,表示为相图上的精馏曲线。被物料衡算线所截的一段精馏曲线表示在全回流条件下塔内液体浓度的分布

情况。如图 13-6-5(b) 所示，线上的实心点表示各个平衡级的液相组成 x_{in}。全塔总物料衡算线则为精馏曲线的一根弦，二者相交于 D 和 W 点。显然，通过 F 点可以作出许多根弦与某一条精馏曲线相交于不同的 D 和 W 点，而同一条物料衡算线也可以是许多条不同的精馏曲线的弦，如图 13-6-5(b) 中的虚线与空心点所示。它们的塔顶、塔底产品流率与组成及所需要的平衡级数都各不相同，其中有两个极端情况，一个是塔顶产品为纯轻组分 a，则物料衡算线为通过 F 和三角形顶点 a 的直线；另一个是塔底产品为纯重组分 c，则物料衡算线为通过 F 和三角形顶点 c 的直线。这两条直线与通过 F 点的精馏曲线围成的蝶形区域的两个部分 D 和 W，即图 13-6-5(c) 所示阴影部分，分别为所有可能的塔顶和塔底产品点的集合，称为分离区域，或称可行产品域。

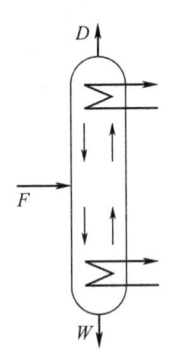

(a) 无限回流比操作的精馏塔

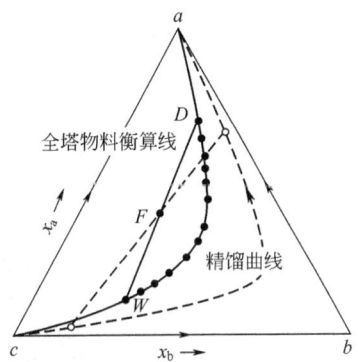

(b) 三元混合物的精馏曲线和物料衡算线

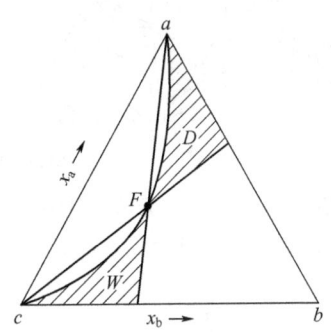

(c) 三元混合物精馏的分离区域

图 13-6-5 非共沸三元分离的精馏三角组成图表示

若三元混合物具有 a-b 和 b-c 两个二元最小共沸物，即图 13-6-3(f) 所示分类中的"混合物 F"，两个共沸物点之间有一条精馏边界线将三角形相图分割为两个精馏域。位于精馏边界线两侧的进料点 F_1 和 F_2 所对应的可行产品域示于图 13-6-6。

图 13-6-7 表示具有 3 个二元最小共沸物和 1 个三元鞍点共沸物的三元混合物，即图 13-6-3(g) 所示分类中的"混合物 G"的 4 个精馏区域，以及在各区域分别以 F_1、F_2、F_3 和 F_4 为进料组成的可行产品域。

一般情况下三元混合物的全回流精馏过程遵循两条规律，一是对于三组元混合物的简单精馏，能够作为纯组分加以回收的组分仅限于那些位于某精馏曲线始点或终点的组分；二是在具有一个以上的精馏曲线始点或终点的系统中，至少存在一条精馏操作是不能穿越的精馏边界线，即精馏分离仅能在一个精馏区域内进行。但是也有少数的例外情况[2]。

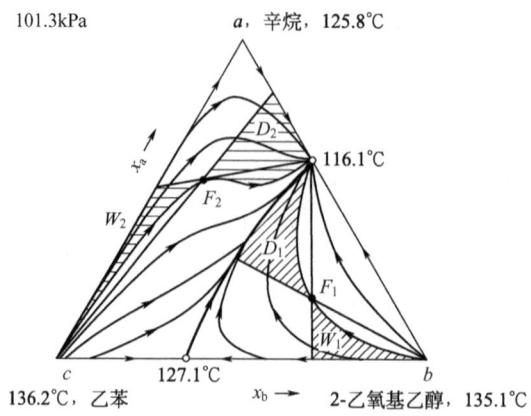

图 13-6-6 具有两个二元最小共沸物的三元混合物的分离区域

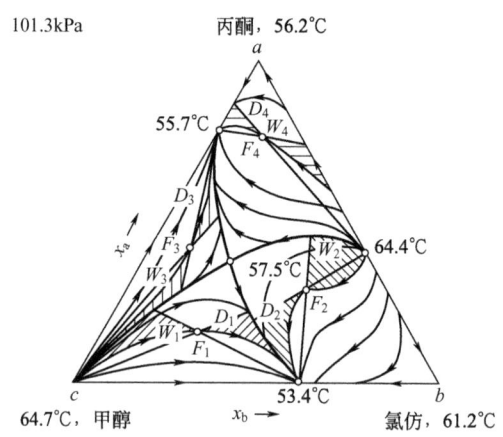

图 13-6-7 具有 3 个二元最小共沸物和 1 个三元鞍点共沸物的三元混合物的分离区域

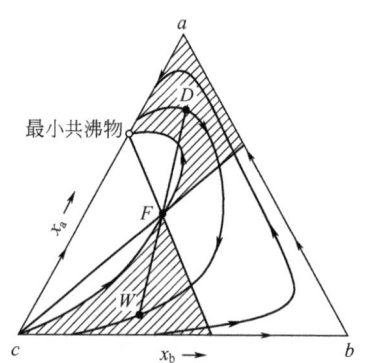

图 13-6-8 具有 a-c 二元最小共沸物的三元混合物的分离区域

如图 13-6-8 所示,若精馏曲线的起点和终点都位于三角形相图的同一条边上,虽然低沸点组分 a 不是精馏曲线的端点,但它位于分离区域 D 内,所以也可以通过精馏过程从塔顶回收纯组分 a。另一个例外情况如图 13-6-9(a) 所示,进料点 F 位于精馏边界的凹陷一侧,通过 F

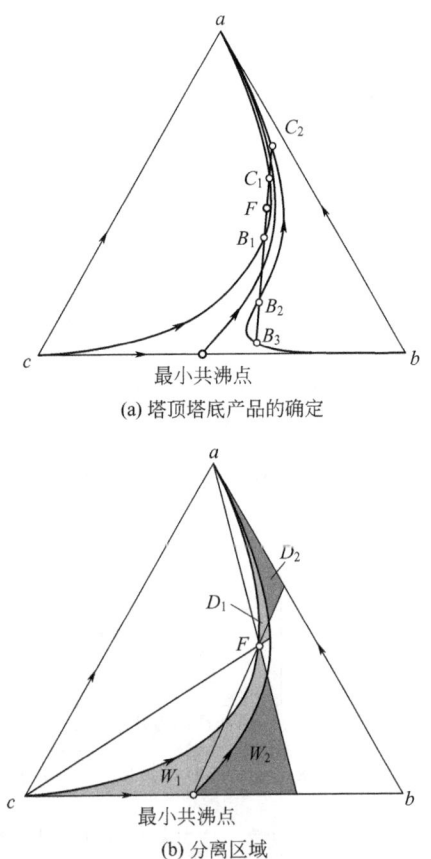

图 13-6-9 具有 b-c 二元最小共沸物进料组成精馏边界凹陷一侧的三组元分离区域

点的物料衡算线可能与精馏边界线两侧的精馏曲线相交。在这种情况下，进料 F 所对应的塔顶和塔底产品可以是与 F 同在一个精馏区域的 C_1 和 B_1 点，也可以是精馏边界另一侧的 C_2 和 B_2（或 B_3）点。分离区域如图 13-6-9(b) 所示的阴影部分跨越了精馏边界，所以精馏是可以跨越精馏边界操作的，但塔顶和塔底产品需在同一个精馏区域。

6.3 最小回流比下的三元精馏

工业精馏塔一般希望在尽可能低的回流比下操作，因此精馏过程的极端操作参数之———最小回流比 $R_{\min}$ 是一个重要的参数。Underwood[3]曾经提出一个在一定的进料组成下对于任一塔顶产品组成确定多元精馏系统的最小回流比的方法，但它需要对Underwood方程的根进行试差。对于三元混合物，在以下三种特殊情况下可以简单地直接计算最小回流比或最小再沸比。

6.3.1 最小回流比与最小再沸比

二元精馏过程最小回流比的计算式（见表 13-5-4）可以直接用于三元混合物的每一组分，如表 13-6-1 左栏中的式 (13-6-3) 所示。式中的 x_F^* 和 y_F^* 为进料的平衡液、气相组成，在三角形相图图 13-6-10 中它们在一条精馏曲线上。

表 13-6-1　三元精馏过程的最小回流比和最小再沸比

最小回流比	最小再沸比
$R_{\min}=\dfrac{x_{Di}-y_{Fi}^*}{y_{Fi}^*-x_{Fi}^*}$ (13-6-3)	$\overline{R}_{\min}=\dfrac{x_{Fi}^*-x_{Wi}}{y_{Fi}^*-x_{Fi}^*}$ (13-6-11)
若塔顶产品无重组分 c $R_{\min}=\dfrac{y_{Fc}^*}{y_{Fc}^*-x_{Fc}^*}$ (13-6-4) $x_{Da}=(1+R_{\min})y_{Fa}^*-R_{\min}x_{Fa}^*$ $x_{Db}=(1+R_{\min})y_{Fb}^*-R_{\min}x_{Fb}^*$ (13-6-5) $x_{Dc}=0$	若塔底产品无轻组分 a $\overline{R}_{\min}=\dfrac{x_{Fa}^*}{y_{Fa}^*-x_{Fa}^*}$ (13-6-12) $x_{Wa}=0$ $x_{Wb}=(1+\overline{R}_{\min})y_{Fa}^*-\overline{R}_{\min}x_{Fa}^*$ $x_{Wc}=(1+\overline{R}_{\min})y_{Fb}^*-\overline{R}_{\min}x_{Fb}^*$ (13-6-13)
对于理想物系 $R_{\min}=\dfrac{1}{(\alpha_{ac}-1)x_{Fa}^*+(\alpha_{bc}-1)x_{Fb}^*}$ (13-6-6) $x_{Da}=\dfrac{(\alpha_{ac}-1)x_{Fa}^*}{(\alpha_{ac}-1)x_{Fa}^*+(\alpha_{bc}-1)x_{Fb}^*}$ $x_{Db}=\dfrac{(\alpha_{bc}-1)x_{Fb}^*}{(\alpha_{ac}-1)x_{Fa}^*+(\alpha_{bc}-1)x_{Fb}^*}$ $x_{Dc}=1-x_{Da}-x_{Db}$ (13-6-7)	对于理想物系 $\overline{R}_{\min}=\left[\dfrac{\alpha_{ac}}{1+(\alpha_{ac}-1)x_{Fa}^*+(\alpha_{bc}-1)x_{Fb}^*}-1\right]^{-1}$ (13-6-14) $x_{Wa}=0$ $x_{Wb}=\dfrac{(\alpha_{ac}-\alpha_{bc})x_{Fa}^*}{\alpha_{ac}-[1+(\alpha_{ac}-1)x_{Fa}^*+(\alpha_{bc}-1)x_{Fb}^*]}$ $x_{Wc}=\dfrac{(\alpha_{ac}-1)x_{Fc}^*}{\alpha_{ac}-[1+(\alpha_{ac}-1)x_{Fa}^*+(\alpha_{bc}-1)x_{Fb}^*]}$ (13-6-15)
若塔顶产品为纯轻组分 a $R_{a,\min}=-\dfrac{\mu}{2}+\sqrt{\dfrac{\mu^2}{4}-\varphi}$ (13-6-8) $\mu=1-\dfrac{1}{x_{Da}}\left(R_{\min}+\dfrac{\alpha_{ab}}{\alpha_{ab}-1}\right)$ $\varphi=\dfrac{R_{\min}}{(\alpha_{ab}-1)x_{Da}}$ $x_{Da}=1$ $x_{Db}=0$ $x_{Dc}=0$ (13-6-9)	若塔底产品为纯重组分 c $\overline{R}_{c,\min}=\left(-\dfrac{\mu}{2}+\sqrt{\dfrac{\mu^2}{4}-\varphi}\right)^{-1}$ (13-6-16) $\mu=-\dfrac{1}{\overline{R}_{\min}}[1+x_{Wb}(\alpha_{bc}-1)](\alpha_{bc}-1)$ $\varphi=\dfrac{(1-x_{Wb})(\alpha_{bc}-1)}{\overline{R}_{\min}}$ $x_{Wa}=0$ $x_{Wb}=0$ $x_{Wc}=1$ (13-6-17)
饱和液体进料 $x_{Fi}^*=z_{Fi}$ (13-6-10)	饱和气体进料 $x_{Fi}^*=\dfrac{z_{Fi}/\alpha_{ik}}{1-\sum\limits_{j=1}(\alpha_{ik}-1)/\alpha_{ik}}$ (13-6-18)

在泡点液体进料的情况下，全塔物料衡算线为过进料 F 点（x_F^* 点）的直线，这样的直线可以做出许多根。其中有一根也通过 y_F^* 点，即 x_F^*、y_F^* 点和塔顶、塔底产品的状态点 D、W 都在一根衡算线上（图 13-6-10），则与此相应的最小回流比有最低值，称为最佳分离过程的最小回流比 $R_{\min}$。若塔顶产品组成点为图 13-6-11 中的 D_1 点，则精馏塔中精馏段和提馏段的液体浓度分布由两条精馏曲线①表示，两者在进料点处相交，表示在进料级形成一个夹紧区或恒浓区。这样的精馏过程消耗的能量最少，但是需要无穷多个平衡级。

若要求从塔顶产品中完全排除重组分 c，即 $x_{Dc}=0$，则可由表 13-6-1 左栏中的式 (13-6-4) 和式 (13-6-5) 计算 $R_{\min}$ 和相应的塔顶产品组成 x_{Db}。只要在进料级以上的精馏段内不存在夹紧点，式 (13-6-4) 和式 (13-6-5) 可用于任何三元精馏过程。对于相对挥发度为

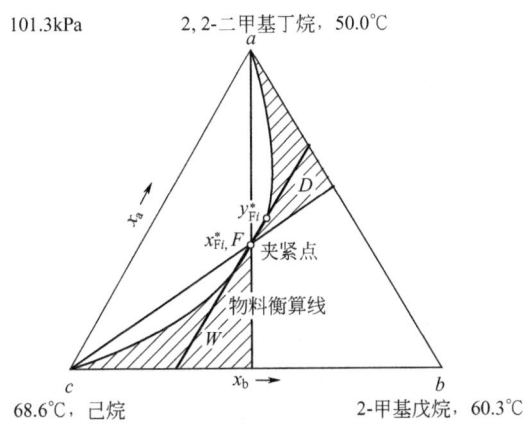

图 13-6-10　三元混合物最佳分离的最小回流比

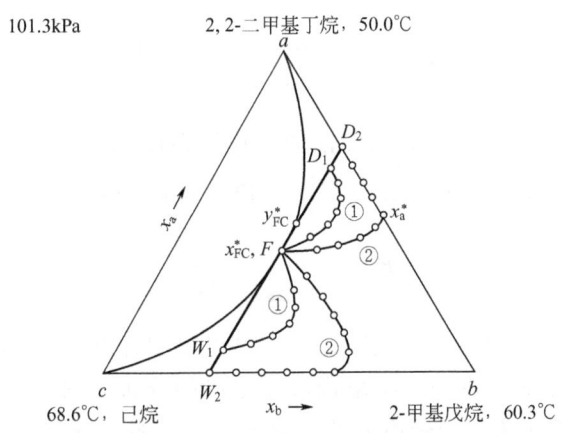

图 13-6-11　最佳分离的最小回流比条件下的三组元精馏过程
——全塔物料衡算线；—○—塔内液相浓度分布

常数的理想三元混合物，则可应用表 13-6-1 左栏中的式(13-6-6) 和式(13-6-7) 计算 $R_{\min}$ 和 $x_{\mathrm{D}c}$。

塔底的最佳分离的最小再沸比 $R'_{\min}$ 和相应的塔底产品组成 $x_{\mathrm{W}i}$ 也有类似的关系式，示于表 13-6-1 的右栏。

6.3.2　分离低沸点组分的最小回流比

三元混合物的精馏过程常常要求在塔顶最大限度地富集最易挥发的组分 a。若要求塔顶产品中无重组分 c，可以采用上述的最佳分离过程，由式(13-6-4)～式(13-6-7) 计算 $R_{\min}$ 和 $x_{\mathrm{D}i}$，精馏塔内液体的浓度分布可由图 13-6-11 中的两段精馏曲线②表示，塔顶、塔底产品分别为 D_2 和 W_2。由图中可见，在塔顶有一些平衡级中不出现重组分 c，实际为二元精馏过程，各平衡级的液相状态点位于三角形相图的 ab 边上。只有当轻组分 a 的浓度低于 x_{a}^{*} 时，才开始出现重组分 c。这可由图 13-6-12 所示的 y-x 图说明。在图 13-6-12 中以 $R_{\min}$ 表示的精馏段操作线和以相对挥发度 α_{ab} 表示的相平衡曲线相交于 x_{a}^{*} 点，形成一个夹紧点，精馏

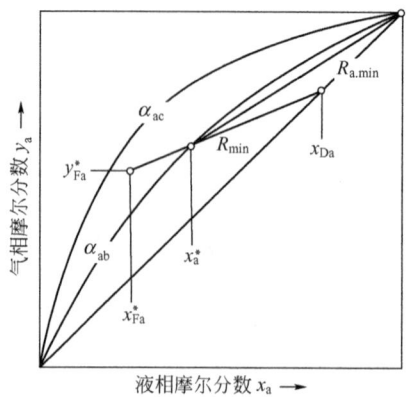

图 13-6-12 从三元混合物 a-b-c 分离纯的塔顶产品 a 的最小回流比 R_{min}

塔中在 x_a^* 点以上只有 a、b 两个组分。类似于表 13-5-4，此二元精馏过程的最小回流比为：

$$R_{min} = \frac{1}{\alpha_{ab}-1}\left(\frac{x_{Da}}{x_a^*} - \alpha_{ab}\frac{1-x_{Da}}{1-x_a^*}\right) \tag{13-6-19}$$

若希望塔顶产品为纯轻组分 a，精馏段的操作线在图 13-6-12 中以 $R_{a,min}$ 表示，它也与 α_{ab} 相平衡曲线交于 x_a^* 点，显然 $R_{a,min} > R_{min}$。由于 $x_{Da}=1$，所以：

$$R_{min} = \frac{1}{(\alpha_{ab}-1)x_a^*} \tag{13-6-20}$$

结合式 (13-6-19) 和式 (13-6-20) 消去 x_a^*，可以得到计算 $R_{a,min}$ 的关系式，见表 13-6-1 左栏中的式 (13-6-8)。这种情况下精馏塔内液相组成的分布如图 13-6-13 中的两段精馏曲线所示。塔顶产品点 D 位于表示纯轻组分的三角形顶点 a 处。显然 $R_{a,min}$ 不是最佳分离过程的最小回流比。在精馏段中高沸点组分 c 仅在二元夹紧点 x_a^* 以下才开始出现。在进料级用混合线表示精馏段的液相流股与进料流股混合形成提馏段的液相流股。三元混合物的夹紧点位于进料级以下的提馏段顶端。

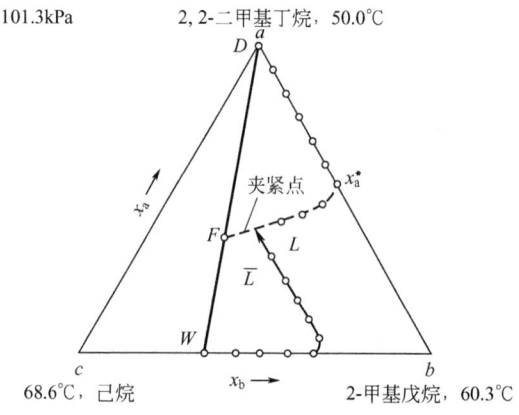

图 13-6-13 分离纯低沸点物的三元精馏最小回流比
——全塔物料衡算线；—○—塔内液相浓度分布；---混合线

6.3.3 分离高沸点组分的最小再沸比

若要求三元精馏过程的塔底产品为纯重组分 c，可利用表 13-6-1 右栏中的式(13-6-16)计算最小再沸比 $\overline{R}_{c,\min}$。精馏塔内液相浓度的分布示于图 13-6-14，三元夹紧点位于进料级的上方。

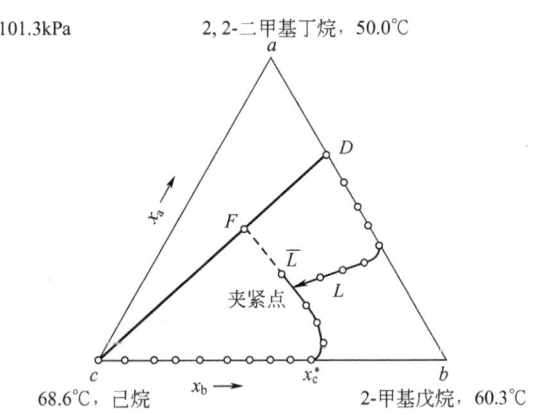

图 13-6-14 分离纯高沸点物的三元精馏最小再沸比
——全塔物料衡算线；—○—塔内液相浓度分布；---混合线

6.4 操作回流比下的三元精馏计算

设在恒压下进行的精馏操作满足恒摩尔流假设。进料流率为 F，组成为 z_{Fi} ($i=a,b,c$)，并要求塔顶产品的组成为 x_{Di}。在进行三元精馏计算时首先设定精馏塔的平衡级数 N、进料级位置 n_F、回流比 R 和塔顶产品流率 D。通过物料衡算可以求出塔底产品的组成 x_{Wi}，并计算再沸比：

若为泡点液体进料 ($q=1$)：

$$\overline{R}=\frac{D/F}{1-D/F}\times(R+1) \tag{13-6-21a}$$

若为饱和气体进料 ($q=0$)：

$$\overline{R}=\frac{D/F}{1-D/F}\times(R-1) \tag{13-6-21b}$$

6.4.1 提馏段计算

提馏段中每个平衡级的计算包括两个步骤：

(1) 根据相平衡关系式由已知的液相组成计算平衡气相的组成。若精馏系统是相对挥发度为常数的理想混合物，则：

$$\overline{y}_{an}^*=\frac{\overline{x}_{an}\alpha_{ac}}{1+(\alpha_{ac}-1)\overline{x}_{an}+(\alpha_{bc}-1)\overline{x}_{bn}}$$

$$\overline{y}_{bn}^* = \frac{\overline{x}_{bn}\alpha_{bc}}{1+(\alpha_{ac}-1)\overline{x}_{an}+(\alpha_{bc}-1)\overline{x}_{bn}} \qquad (13\text{-}6\text{-}22)$$

$$\overline{y}_{cn}^* = 1 - \overline{y}_{an}^* - \overline{y}_{bn}^* \quad n = W,1,2,\cdots,n_F$$

(2) 根据与塔底间的物料衡算计算上一层平衡级的液相组成，则：

$$\overline{x}_{a,n+1} = \frac{\overline{R}}{\overline{R}+1}\overline{y}_{an}^* + \frac{1}{\overline{R}+1}x_{Wa}$$

$$\overline{x}_{b,n+1} = \frac{\overline{R}}{\overline{R}+1}\overline{y}_{bn}^* + \frac{1}{\overline{R}+1}x_{Wb} \qquad (13\text{-}6\text{-}23)$$

$$\overline{x}_{c,n+1} = 1 - \overline{x}_{a,n+1} - \overline{x}_{b,n+1}$$

交替使用式(13-6-22)和式(13-6-23)便可以由塔底向进料级逐级计算各平衡级的液相组成与相应的平衡气相组成。计算结果在图13-6-15中表示为W和$\overline{L}$间的一段精馏曲线，每个空心圆点表示一个平衡级。

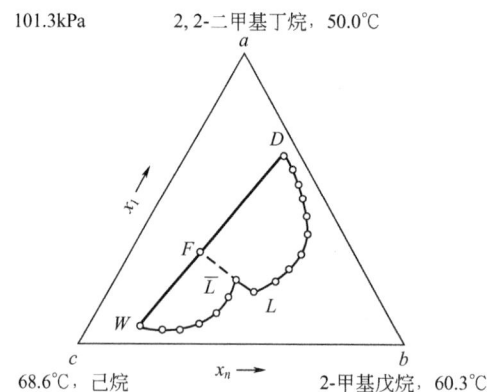

图13-6-15 有限回流比下的三元精馏过程
——全塔物料衡算线；—○—塔内液相浓度分布；---混合线

6.4.2 进料级计算

设泡点液体进料，并忽略其与进料级之间的温度差。

因为进料级以下的液体是由进料级上的液体与进料液混合而成的，所以可以计算进料级上的液相组成：

$$\overline{x}_{an_F} = \frac{(\overline{R}+1)W/F}{(\overline{R}+1)W/F-1}(\overline{x}_{Fa,n_F-1}-x_{Fa}) + x_{Fa}$$

$$\overline{x}_{bn_F} = \frac{(\overline{R}+1)W/F}{(\overline{R}+1)W/F-1}(\overline{x}_{Fb,n_F-1}-x_{Fb}) + x_{Fb} \qquad (13\text{-}6\text{-}24)$$

$$\overline{x}_{cn_F} = 1 - \overline{x}_{an_F} - \overline{x}_{bn_F}$$

在三角形相图图13-6-15上，这为一条通过F点的直线，进料级上的液相状态点L和进料级以下的液相状态点$\overline{L}$都位于此直线上。

6.4.3 精馏段计算

精馏段的计算与提馏段相似。每个平衡级的计算也包括两个步骤。即利用式(13-6-22)计算平衡气相的组成，然后再由下式计算上一层平衡级的液相组成：

$$x_{a,n+1} = \frac{\overline{R}y_{an}^* + x_{Wa} - x_{Fa}(F/W)}{\overline{R} + 1 - (F/W)}$$

$$x_{b,n+1} = \frac{\overline{R}y_{bn}^* + x_{Wb} - x_{Fb}(F/W)}{\overline{R} + 1 - (F/W)} \tag{13-6-25}$$

$$x_{c,n+1} = 1 - x_{a,n+1} - x_{b,n+1}$$

交替使用式(13-6-22)和式(13-6-25)，便可以由进料级向塔顶逐级计算各平衡级的液相组成与相应的平衡气相组成。计算结果在图 13-6-16 中表示为 L 和 D 间的另一段精馏曲线。

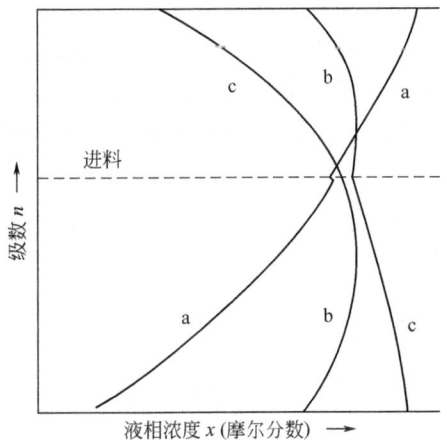

图 13-6-16 三组元精馏塔内的液相浓度分布
a—2,2-二甲基丁烷；b—2-甲基戊烷；c—己烷

若计算所得的 x_{Di} 达到所规定的浓度，精馏计算结束。否则，根据情况重新设定精馏塔的某些操作参数，如回流比 R、塔顶产品流率 D、平衡级数 N、进料级位置 n_F 等，再重复上面的计算直到达到规定的要求为止，最终的计算结果可由图 13-6-16 所示的塔内液相浓度分布表示。

6.4.4 与三元精馏计算有关的几个问题

上述的三元精馏计算比较简单，但是有几个问题必须注意，否则可能会使计算过程变得比较复杂。

(1) 选择回流比 对于理想的三元混合物或具有弱非理想性的三元混合物，$R = (1.1 \sim 1.3) R_{\min}$，$\overline{R} = (1.1 \sim 1.3) \overline{R}_{\min}$。但是对于具有高度非理想性的三元混合物，还要考虑在精馏段和提馏段也可能形成夹紧点，它所对应的最小回流比或最小再沸比一般要大于本篇 6.3 节中根据进料级处形成的夹紧点所计算的 $R_{\min}$ 或 $\overline{R}_{\min}$。

(2) 设定塔底的液相组成 上述的精馏计算过程可以认为是以塔底液相组成 x_{Wi} 作为迭代变量。若使用较差的 x_{Wi} 初值进行计算，可能会使计算结果有较大的误差，甚至可能出现计算的塔内液相浓度 $x_{in}<0$ 的情况。因此,在进行计算之前应检查 x_{Wi} 的初值是否位于本篇 6.2 节中所述的分离区域 B 之内。另外,为了减小 x_{Wi} 的初值不当的影响,也可以在精馏段内由规定的 x_{Di} 值开始从塔顶向进料级进行逐级计算,并根据进料级上三股物料流的契合程度作为检验精馏计算收敛的判据。

(3) 迭代初值的校正 经过一次迭代计算之后若不满足收敛要求,需要调整某些操作参数,估计新的迭代初值 x_{Wi}。目前还提不出一个具有严格物理基础的改善设定参数的方法,因此常常使得校正迭代初值的过程带有一定的盲目性。若校正不当,往往会造成收敛困难,对于具有高度非理想性的精馏系统,问题尤其严重。

(4) 选择进料级位置 对于二元精馏过程,最优进料位置的判据是要求进料级上的液体组成等于进料液体的组成。但对于三元精馏过程,这样的要求不可能满足,因为塔内的液相组成一般都与进料组成不同。原则上可将进料级上液相中的某一组分的浓度与进料相同作为选择进料位置的判据。但是在进料级上其他组分的相互混合有可能对精馏分离产生不利的影响。选择三元精馏过程最优进料位置的其他判据详见参考文献 [4]。

(5) 关于焓衡算 上述的三元精馏计算基于恒摩尔流假设,即精馏段和提馏段内的气、液相流率均为常数,无需考虑焓衡算。如果实际的精馏过程不满足恒摩尔流假设,在逐级进行计算时还必须由焓衡算方程式计算各个平衡级的气、液相流率,这将使计算过程相当复杂。

参考文献

[1] Gerhartz W. Ullmann's encyclopedia of industrial chemistry. 5th ed: Vol B3. Weinheim: VCH, 1988: 4-33-4-41.
[2] Stichlmair J G, Herguijuela J R. AIChE J, 1992, 38: 1523-1535.
[3] Underwood A J V. Chem Eng Progr, 1948, 44(8): 603-614.
[4] Vogelpohl A. Chem Ing Tech, 1975, 47(21): 895.

7 多组元精馏计算

7.1 多组元精馏过程简捷计算

虽然目前已有十分有效的方法对多组元精馏过程进行严格计算和模拟，但简捷计算方法因更为简便、快速和实用，仍在精馏塔初始设计、最优分离序列的合成以及严格计算中所需初值的确定等场合广泛使用。本章主要介绍 Fenske-Underwood-Gilliland（FUG）简捷法，该方法被广泛用于多组元精馏过程的初始设计以及简单塔序列优化问题的求解；随后介绍 Kremser 法[1]，该方法主要应用于汽提和液液萃取过程的简捷计算。简捷方法中一般假设体系的物理性质与组成无关，因此，这两种方法均可通过手算或计算机辅助计算完成。

7.1.1 Fenske-Underwood-Gilliland 简捷法

Fenske-Underwood-Gilliland 方法（FUG 法）是一种设计型的精馏计算方法。它基于三个方程式：计算全回流条件下最小理论板数的 Fenske 方程、计算最小回流比的 Underwood 方程以及关联实际回流比和实际塔板数的 Gilliland 关联式或关联图。在计算时首先使用前两个方程对两个极端操作条件，即全回流和最小回流比下的精馏过程进行计算，然后再由第三个关联式或关联图求出实际精馏过程的操作条件。图 13-7-1 给出了使用 FUG 法计算精馏塔的过程框图。

7.1.1.1 关键组分的选择以及中间非关键组分在塔顶和塔底分布的估计

对多组元精馏塔进行设计，需要规定两个关键组分以及它们在塔顶和塔底产品中的分布。而估计中间非关键分布组分在塔顶和塔底的分布比较困难，需按照图 13-7-1 的步骤进行迭代，但一般仅需要迭代两次，很少需要迭代三次以上。

图 13-7-2 所示是典型的炼油厂烷基化装置[2]分离方案，进料中的组分按相对挥发度减小的顺序排列，按照图中对三个产品流股的规定进行分离操作，则有如表 13-7-1 给出的两种可行的分离序列流程。在方案 1 中，直接分离序列第一个精馏塔是脱异丁烷塔。由于异丁烷（iC_4）循环流股中允许存在一定数量的正丁烷（nC_4），并且规定了异丁烷（iC_4）在正丁烷（nC_4）产品流股中的量，因此选择异丁烷（iC_4）作为轻关键组分（LK）、正丁烷作为重关键组分（HK），这两个关键组分是相邻组分。由于这两个关键组分的分离可近似清晰分离，而非关键组分的挥发度与正丁烷（nC_4）相差较大，作为初步估计，可假定非关键组分是完全分离的。

对于方案 2，间接分离序列中如果第一个塔用作脱正丁烷（nC_4），根据图 13-7-2 的规定条件，则轻关键组分（LK）选择正丁烷（nC_4）。重关键组分（HK）的选择就不确定，因为比正丁烷轻的组分都没有规定回收率或纯度。重关键组分（HK）可以是 iC_5、nC_5 或 C_6，而选择 iC_5 比较简便，这样可保证两个关键组分是相邻组分。例如，若假设进料中有 5.9 kmol·h^{-1} 的 iC_5 从塔顶分离出，由于 iC_5 不能清晰分离，iC_5 和 nC_5 又是相邻组分，则 nC_5 在塔顶的量不能忽略。表 13-7-1 给出了方案 2 中非关键组分分布的估算值，其中组分 iC_4 也有可能在塔顶、塔底都是分布的，但作为初始估计暂确定为 0。

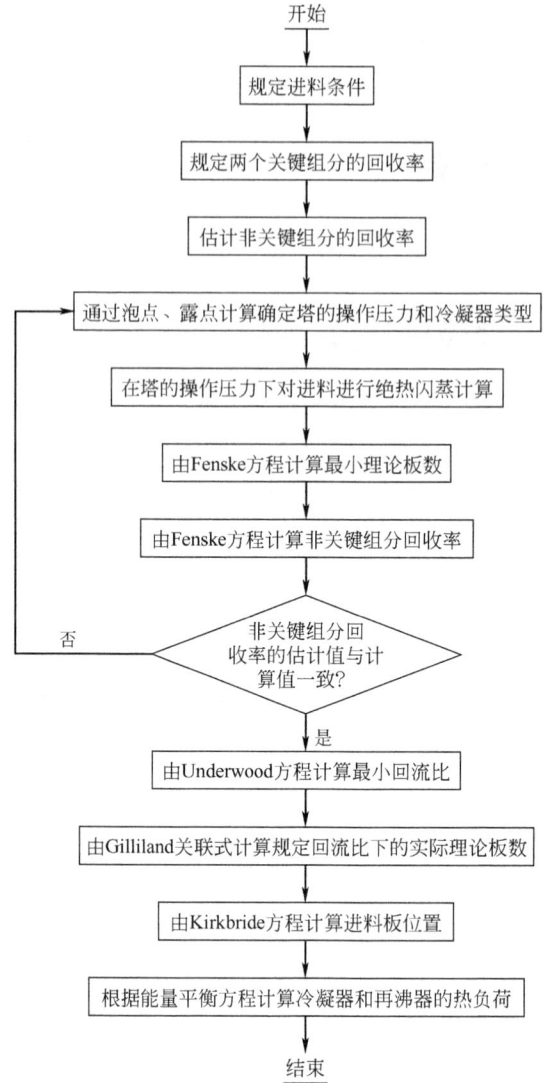

图 13-7-1 FUG 法计算精馏塔过程框图

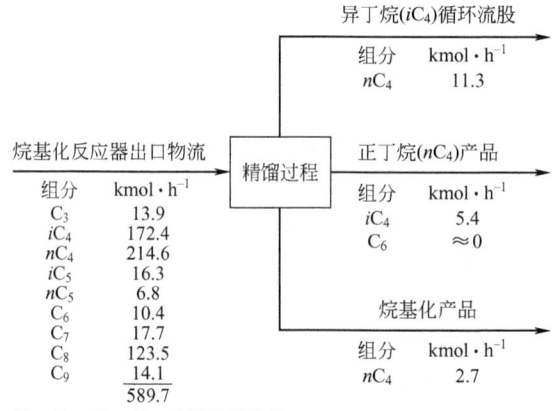

注：C_6、C_7、C_8、C_9 视为链烷烃。

图 13-7-2 烷基化反应器出口物流分离方案的规定

方案 3 中，如表 13-7-1 间接分离序列的第一个塔，即脱正丁烷塔的重关键组分选择 C_6，在塔顶的流率规定为 $0.005 \text{kmol} \cdot \text{h}^{-1}$，则 iC_5 和 nC_5 在塔顶、塔底都是分布的，其数值的估计用方案 2 中的值。

表 13-7-1 关键组分的规定以及估算非关键组分的分布

组分	进料 /kmol·h^{-1}	直接序列 方案 1, kmol·h^{-1} 第 1 个塔脱 iC_4		间接序列 方案 2, kmol·h^{-1} 第 1 个塔脱 nC_4 (HK:iC_5)		方案 3, kmol·h^{-1} 第 1 个塔脱 nC_4 (HK:C_6)	
		塔顶	塔底	塔顶	塔底	塔顶	塔底
C_3	13.9	(13.9)	(0)	(13.9)	(0)	(13.9)	(0)
iC_4	172.4	166.9①	5.4②	(172.4)	(0)	(172.4)	(0)
nC_4	214.6	11.3②	203.2①	211.8①	2.7②	211.8①	2.7②
iC_5	16.3	(0)	(16.3)	5.9②	10.4①	(5.9)	(10.4)
nC_5	6.8	(0)	(6.8)	(0.5)	(6.4)	0.5	(6.4)
C_6	10.4	(0)	(10.4)	(0)	(10.4)	0.005②	10.43①
C_7	17.7	(0)	(17.7)	(0)	(17.7)	(0)	(17.7)
C_8	123.5	(0)	(123.5)	(0)	(123.5)	(0)	(123.5)
C_9	14.1	(0)	(14.1)	(0)	(14.1)	(0)	(14.1)
	589.7	192.2	397.5	404.5	185.2	404.5	185.20

① 物料衡算得到。
② 规定的条件。
注：（ ）内为估计值。

实际上，由于脱异丁烷塔需要分离沸点非常接近的丁烷同分异构体，脱丁烷塔的分离操作比较困难，其塔底产品流股作为分离序列中第二个塔，即脱正丁烷塔的进料，该塔的轻重关键组分分别可选择 nC_4 和 iC_5，最终可获得图 13-7-2 所示的产品分离要求[3]。由于原料中的 nC_4 和 C_8 含量占到 82.2%（摩尔分数），且这两个组分挥发度相差较大，因此塔顶和塔底温差较大。此外，由于轻关键组分的分离要求较高，而对重关键组分的分离要求不高，使用 FUG 法进行塔的设计工作量会较大。

7.1.1.2 塔的操作压力

在求解塔的设计方程之前，操作压力一般按图 13-7-3 所示的方法和步骤确定。将 322.15K 设定为使用工业冷却水作为冷却介质时，冷凝器允许的工艺物流进料最低温度。该方法中设定的压力和温度的操作范围主要考虑到经济因素，当系统压力远低于物系的临界压力时，设定的压力可高于 2.86MPa。对于塔底的操作压力，一般可假设冷凝器的压降为 0~14kPa，全塔压降为 35kPa。若已知塔板数，对于常压及高压精馏塔，每块板的压降可设为 0.7kPa；对于减压塔，可假设每块板压降为 0.35kPa。此外，在确定塔底操作压力后，应进行塔底物料的泡点计算，避免塔底温度在所确定的塔底操作压力已超过物料的临界温度或分解温度。

7.1.1.3 芬斯克（Fenske）方程计算最小理论板数

最小理论板数是指精馏塔在全回流条件下，将进料分离成指定纯度产品所需的最少理论板数，此时精馏塔在稳态下操作，没有进料进入以及产品的采出，如图 13-7-4 所示。

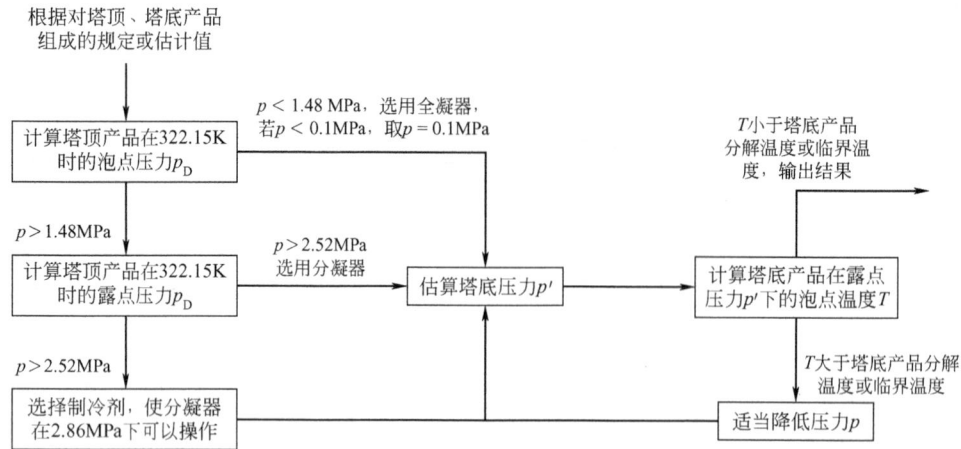

图 13-7-3　精馏塔操作压力估算方法以及冷凝器类型的确定

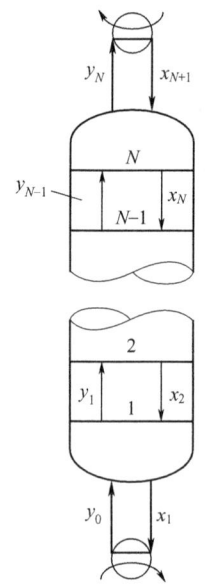

图 13-7-4　全回流条件下的精馏塔

芬斯克方程[4]，即式（13-7-1）可快速计算出全回流条件下的精馏分离所需最小理论板数：

$$N_{\min} = \frac{\lg[(x_{i,N+1}/x_{i,1})(x_{j,1}/x_{j,N+1})]}{\lg \alpha_{i,j}} \tag{13-7-1}$$

最常用的芬斯克方程常以组分 i 在塔顶和塔底的流率之比的形式进行表示，即式（13-7-2）的形式，其中相对挥发度 $\alpha_{i,j}$ 使用塔顶和塔底相对挥发度的几何平均代替，见式（13-7-3）：

$$N_{\min} = \frac{\lg[(d_i/d_j)(b_j/b_i)]}{\lg \alpha_{\mathrm{m}}} \tag{13-7-2}$$

$$\alpha_{\mathrm{m}} = [(\alpha_{i,j})_N (\alpha_{i,j})_1]^{1/2} \tag{13-7-3}$$

由此可看出,最小理论板数 N_{min} 只与两个关键组分的分离要求及它们之间的相对挥发度有关,与进料状态无关。应注意,芬斯克方程假设了相对挥发度恒定或混合物为理想溶液,因此多数情况下式(13-7-2) 只能给出近似结果。如待分离物系远离上述假设,同时又需要得到准确的最小理论板数,则需使用严格的计算方法。

此外,由式(13-7-1) 所表示的芬斯克方程并没有限定组分 i、j 是关键组分,因此一旦 N_{min} 已知,式(13-7-1) 可用于计算所有非关键组分的塔顶产品流率 d 和塔底产品流率 b,这些数值可作为估计其他大于 N_{min} 的塔板数时产品中组分分布的初值。

7.1.1.4 安德伍德(Underwood)方程计算最小回流比

最小回流比对应精馏塔操作的一种极端操作形式,与具有最小理论板数的精馏塔不同,最小回流比下操作的精馏塔有进料,也有产品采出,并具有无穷多的塔板数。精馏塔在最小回流比下存在夹点区域,在该区域内气相和液相的组成相同。Shiras 等[5]将最小回流比下的精馏分离分为两类,如图 13-7-5 所示,第一类最小回流比操作[图 13-7-5(a)、(b)、(c)]在塔内形成一个夹点区域,一般发生在窄沸点混合物分离或者关键组分非清晰分离的精馏塔内。第二类最小回流比操作[图 13-7-5(d)、(e)]在塔内形成两个夹点区域,一般发生在有一个或多个组分仅在一个产品流股中出现的情况下。当塔顶产品和塔底产品都不能包含进料中的所有组分时,进料板上下会存在两个夹点区域[图 13-7-5(d)],如果此时进料中所有组分都出现在塔底,则提馏段夹点区域将移动到进料板,如图 13-7-5(e) 所示。

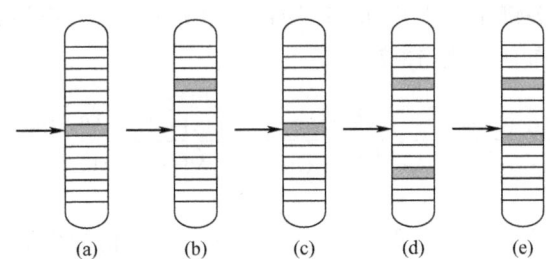

图 13-7-5 最小回流比下夹点区域位置

(a) 二元体系;(b) 形成共沸物的非理想二元体系;(c) 多组元体系,所有组分都是分布组分;(d) 多组元体系,轻组分和重组分不全是分布组分;(e) 多组元体系,所有轻组分都是分布组分,重组分不全是分布组分(轻组分是指比轻关键组分还轻的组分,重组分是指比重关键组分还重的组分)

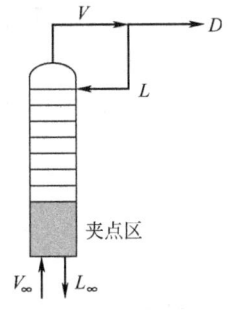

图 13-7-6 精馏段夹点区

对位于精馏段或进料板位置的夹点区域(图 13-7-6)进行组分的物料衡算可得:

$$y_{i,\infty}V_\infty = x_{i,\infty}L_\infty + x_{i,D}D \tag{13-7-4}$$

总物料衡算：

$$V_\infty = L_\infty + D \tag{13-7-5}$$

相平衡关系：

$$y_{i,\infty} = K_{i,\infty}x_{i,\infty} \tag{13-7-6}$$

由以上三式可获得夹点区域的内部回流比：

$$\frac{L_\infty}{D} = \frac{[(x_{i,D}/x_{i,\infty}) - \alpha_{i,j\infty}(x_{j,D}/x_{j,\infty})]}{\alpha_{i,j\infty} - 1} \tag{13-7-7}$$

(1) 第一类最小回流比操作 对于第一类最小回流比操作，进料板处物料的组成或共沸点组成与夹点区域物料组成相等，因此 $x_{i,\infty} = x_{i,F}$，则对于轻、重关键组分 LK 和 HK，式(13-7-7) 可写成：

$$\frac{(L_\infty)_{\min}}{F} = \frac{(L_F/F)[(Dx_{LK,D}/L_F x_{LK,F}) - (\alpha_{LK,HK})_F Dx_{HK,D}/(L_F x_{HK,F})]}{(\alpha_{LK,HK})_F - 1} \tag{13-7-8}$$

与芬斯克方程相同，式(13-7-8) 不仅对关键组分适用，其他非关键组分同样适用。因此，如果将该方程中轻关键组分下角标 LK 用任一组分 i 代替，则该方程可用于计算非关键分布组分在产品中的分布，即式(13-7-9)：

$$\frac{Dx_{i,D}}{L_F x_{i,F}} = \frac{(\alpha_{i,HK})_F - 1}{(\alpha_{LK,HK})_F - 1} \times \frac{Dx_{LK,D}}{L_F x_{LK,F}} + \frac{(\alpha_{LK,HK})_F - (\alpha_{i,HK})_F}{(\alpha_{LK,HK})_F - 1} \times \frac{Dx_{HK,D}}{L_F x_{HK,F}} \tag{13-7-9}$$

式(13-7-9) 如果成立，即计算得到 $0 < \dfrac{Dx_{i,D}}{L_F x_{i,F}} < 1$，则精馏塔的外部最小回流比可通过在精馏段的热量衡算得到：

$$(R_{\min})_{\text{external}} = \frac{(L_{V_\infty})_{\text{external}}}{D} = \frac{(L_\infty)_{\min}(h_{V_\infty} - h_{L_\infty}) + D(h_{V_\infty} - h_V)}{D(h_V - h_L)} \tag{13-7-10}$$

式中，下标 V 和 L 分别代表离开塔顶的气相以及返回塔顶的外部回流液相。当恒摩尔流假设成立时，外部回流比和内部回流比相等，即 $(R_{\min})_{\text{external}} = (L_\infty)_{\min}/D$。

(2) 第二类最小回流比操作 对于第二类最小回流比操作，式(13-7-4)~式(13-7-6) 仍然成立，由于夹点区域的液相组成不再与进料或共沸点组成相等，无法获得其数值，式(13-7-7) 不能直接计算内部最小回流比。为此，Underwood[6] 提出了另一种计算方法克服此困难。对于精馏段，定义变量 Φ 使下式成立：

$$\sum_i \frac{(\alpha_{i,r})_\infty x_{i,D}}{(\alpha_{i,r})_\infty - \Phi} = 1 + (R_\infty)_{\min} \tag{13-7-11}$$

类似地，对于提馏段定义 Φ'，使下式成立：

$$\sum_i \frac{(\alpha'_{i,r})_\infty x_{i,B}}{(\alpha'_{i,r})_\infty - \Phi'} = 1 - (R'_\infty)_{\min} \tag{13-7-12}$$

其中，在提馏段夹点区域 $R'_\infty = L'_\infty/B$。Underwood 假设在两个夹点区域之间的塔段内相对挥发度 α 恒定，并且塔内恒摩尔流成立，则：

$$(L'_\infty)_{\min} - (L_\infty)_{\min} = qF \tag{13-7-13}$$

基于这两点假设，Underwood 证明至少存在一个根 θ（$\theta = \Phi = \Phi'$）使式(13-7-11) 和式(13-7-12) 同时成立。θ 可由下式求出：

$$\sum_i \frac{(\alpha_{i,r})_\infty z_{i,F}}{(\alpha_{i,r})_\infty - \theta} = 1 - q \tag{13-7-14}$$

式中，q 是进料热状态；参考组分 r 选取重关键组分。当只有两个关键组分是分布组分时，式(13-7-14) 通过迭代可求解出一个根 θ，且 $\alpha_{\text{LK,HK}} > \theta > 1$。代入式(13-7-11)，则最小内部回流比可由下式计算得出：

$$\sum_i \frac{(\alpha_{i,r})_\infty x_{i,D}}{(\alpha_{i,r})_\infty - \theta} = 1 + (R_\infty)_{\min} \tag{13-7-15}$$

当有非关键组分也是分布组分时，该分布组分的塔顶组成 $x_{i,D}$ 估计值不可以用于求解式(13-7-15)。对于这种情况，可利用式(13-7-14) 解出 m 个根 θ，根的个数 m 比分布组分的个数少一个，其中每个根的数值都介于两个相邻组分相对挥发度之间。基于求解得到的根和式(13-7-15) 可组成 m 个方程组，最终求出最小内部回流比以及非关键组分的塔顶组成。

获得最小内部回流比后，通过焓衡算式(13-7-10) 可计算出外部最小回流比。在此计算过程中，需要知道精馏段夹点区域的液相组成以计算焓值，Underwood[6] 给出下式计算夹点区域液相组成：

$$x_{i,\infty} = \frac{\theta x_{i,D}}{(R_\infty)_{\min}[(\alpha_{i,r})_\infty - \theta]} \tag{13-7-16}$$

式中，θ 使用式(13-7-15) 使用的根，且满足 $(\alpha_{\text{HNK},r})_\infty > \theta > 0$，式中 HNK 为最重的非关键组分。夹点区域气相组成由物料衡算式(13-7-4) 计算。宽沸点混合物进料的精馏塔外部回流要比内部回流高出很多，Bachelor[3] 的算例分析表明，外部回流高出内流 55%。

7.1.1.5 吉利兰（Gilliland）关联式计算实际回流比和理论板数

精馏塔完成一定的分离任务，操作回流比越大（操作费越高），所需塔板数越少（设备费越少）；而回流比越小，则所需塔板数越多，因此精馏塔的设备费和操作费是一对矛盾，不能同时达到最小。吉利兰关联式[7] 给出了实际回流比和实际塔板数之间的近似关系，可以方便获得精馏塔的最优回流比。

对于一定的分离任务，实际回流比和塔板数都要比其最小值高。基于经济的角度考虑，实际回流比一般取其最小回流比的某个倍数，然后再通过吉利兰经验关联式或吉利兰关联图确定实际塔板数。如图 13-7-7 所示，Fair 和 Bolles[8] 的研究得出，$R/R_{\min}$ 为 1.05。但由图 13-7-7 可看出，当 $R/R_{\min}$ 从 1.05 出发向左，操作费会快速上升，而超过 1.05 向右则上升缓慢，所以实际 $R/R_{\min}$ 值应选取稍大于 1.05 的值。因此，通常对于要求较高的分离，如果塔板数较多，$R/R_{\min}$ 近似取 1.10；若板数较少，$R/R_{\min}$ 近似取 1.50。对于一般情况，经验

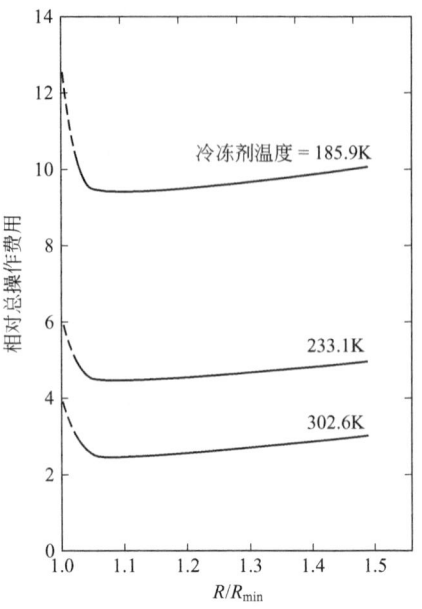

图 13-7-7 回流比与操作费的关系

上 R/R_{min} 取 1.30。

吉利兰关联式适用于接近理想的物系，实际塔板数与实际回流比的关系如图 13-7-8 所示。图中包含三组数据点，分别取自 Gilliland[7]、Brown 及 Martin[9] 和 Van Winkle 及 Todd[10] 的结果，所包含的 61 个数据点涵盖的条件范围如下：

组分数目	2～11
进料热状态 q	0.28～1.42
操作压力	真空～4237kPa
相对挥发度	1.11～4.05
最小回流比	0.53～9.09
最小理论板数	3.4～60.3

Molokanov 等[11] 给出了图 13-7-8 中曲线的关系式：

$$Y = \frac{N - N_{min}}{N+1} = 1 - \exp\left(\frac{1+54.4X}{11+117.2X} \cdot \frac{X-1}{X^{0.5}}\right) \tag{13-7-17}$$

其中，$X = \dfrac{R - R_{min}}{R+1}$。

7.1.1.6 进料板位置

应用吉利兰关联式确定的精馏塔实际板数，需保证精馏段和提馏段塔板分布最优。Kirkbride[12] 提出的经验方程式可用来计算适宜的进料位置：

$$\frac{N_R}{N_S} = \left[\left(\frac{z_{HK,F}}{z_{LK,F}}\right)\left(\frac{x_{LK,B}}{z_{HK,D}}\right)^2 \frac{B}{D}\right]^{0.206} \tag{13-7-18}$$

式中，N_R、N_S 分别为精馏段和提馏段的塔板数。

应该指出，对于多组元混合物的精馏分离，所有组分都某种程度存在于塔顶和塔底产品

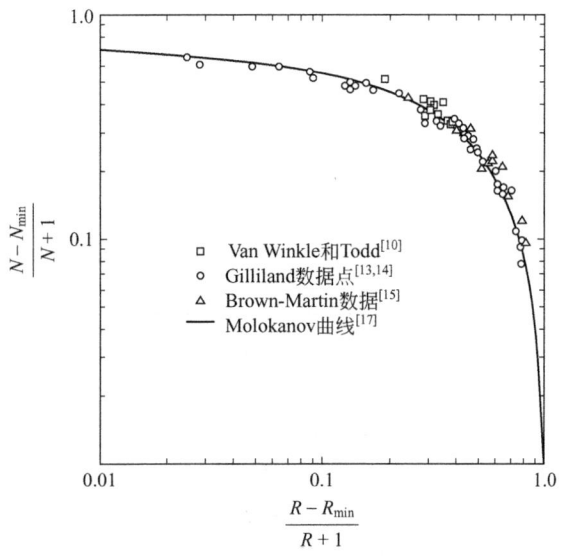

图 13-7-8 吉利兰关联

中。本小节主要讨论了关键组元在塔顶和塔底产品中的分布，而实际上非关键组元的分布规律十分复杂，Stupin 和 Lockhart[13]对此进行了讨论。

7.1.2 用于吸收和汽提计算的 Kremser 群法

逆流级联广泛应用于气（汽）液相分离操作，如吸收、脱吸（或解吸）和蒸馏。其中吸收和脱吸均是在多级塔段中进行。对这一过程，可将进出塔段的多元气液相组成与所需平衡级数关联起来。由于不考虑从一级到另一级的温度、相组成和流率的细节变化，而只对塔段中做总体计算，这种算法被称为群法。

最早的群法是 Kremser[1]推出的适用于多级逆流吸收塔内吸收或解吸过程的方程。本节介绍的方法与 Edmister[14]对气-液分离操作的处理方法类似。

对具有 N 个绝热平衡级的逆流吸收塔 [图 13-7-9(a)]，平衡级的编号由塔顶至塔底。设吸收剂为纯组分，气液相中的组分 i 摩尔流率分别为 v_i 和 l_i。定义组分的吸收因子 A（以下各式省略代表组分的下标 i）：

$$A = \frac{L}{KV} \tag{13-7-19}$$

从塔顶至塔底，通过对每个平衡级上的组分物料衡算及气液两相平衡关系可得：

$$l_N = v_{N+1} - v_1 \tag{13-7-20}$$

$$v_1 = \phi_A v_{N+1} \tag{13-7-21}$$

式中，ϕ_A 为气相进料中组分 i 未被吸收的摩尔分数，在群法中采用组分的平均有效吸收因子 A_e 代替各级中组分的吸收因子，其数值可由 Kremser 方程计算：

$$\phi_A = \frac{A_e - 1}{A_e^{N+1} - 1} \tag{13-7-22}$$

式中，A_e 为组分的平均有效吸收因子；N 为平衡级数。

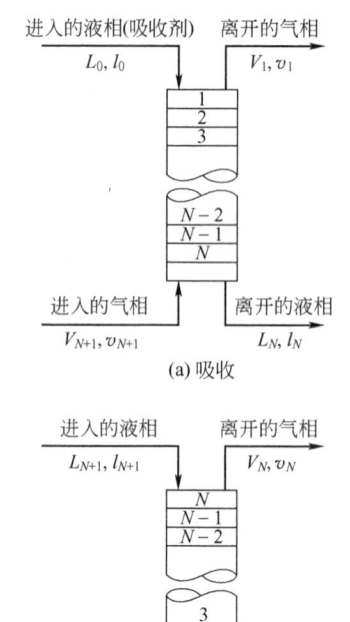

图 13-7-9 具有 N 个绝热平衡级的逆流级联

图 13-7-10 是对式(13-7-22)的图解，A_e 和 N 作为参数可确定 ϕ_A。

对具有 N 个绝热平衡级的逆流汽提塔[图 13-7-9(b)]，假设进塔气相中不含有从液相中脱吸的组分，并忽略液相的吸收作用，平衡级数从塔底到塔顶进行编号，则对于汽提过程：

$$l_1 = \phi_S l_{N+1} \tag{13-7-23}$$

ϕ_S 定义为液相进料中的组分未被汽提的摩尔分数：

$$\phi_S = \frac{S_e - 1}{S_e^{N+1} - 1} \tag{13-7-24}$$

组分的汽提因子 S 定义为：

$$S = \frac{KV}{L} = \frac{1}{A} \tag{13-7-25}$$

在群法中采用组分的平均有效汽提因子 S_e 代替各级中组分的汽提因子 S。图 13-7-10 也适用于式(13-7-24)。

如图 13-7-11 所示，为了使吸收剂再生和循环使用，吸收塔经常与汽提塔或蒸馏塔耦合。由于汽提操作一般是不完全的，经过再生循环的吸收剂进入吸收塔时含有存在于吸收塔气相进料中的组分。气相在上升过程中将自身携带的和循环吸收剂中的这些组分脱除。将气相进料中组分的吸收方程式(13-7-21)与液相进料中同一组分的汽提方程式(13-7-23)联立，可得到通用的吸收塔方程。

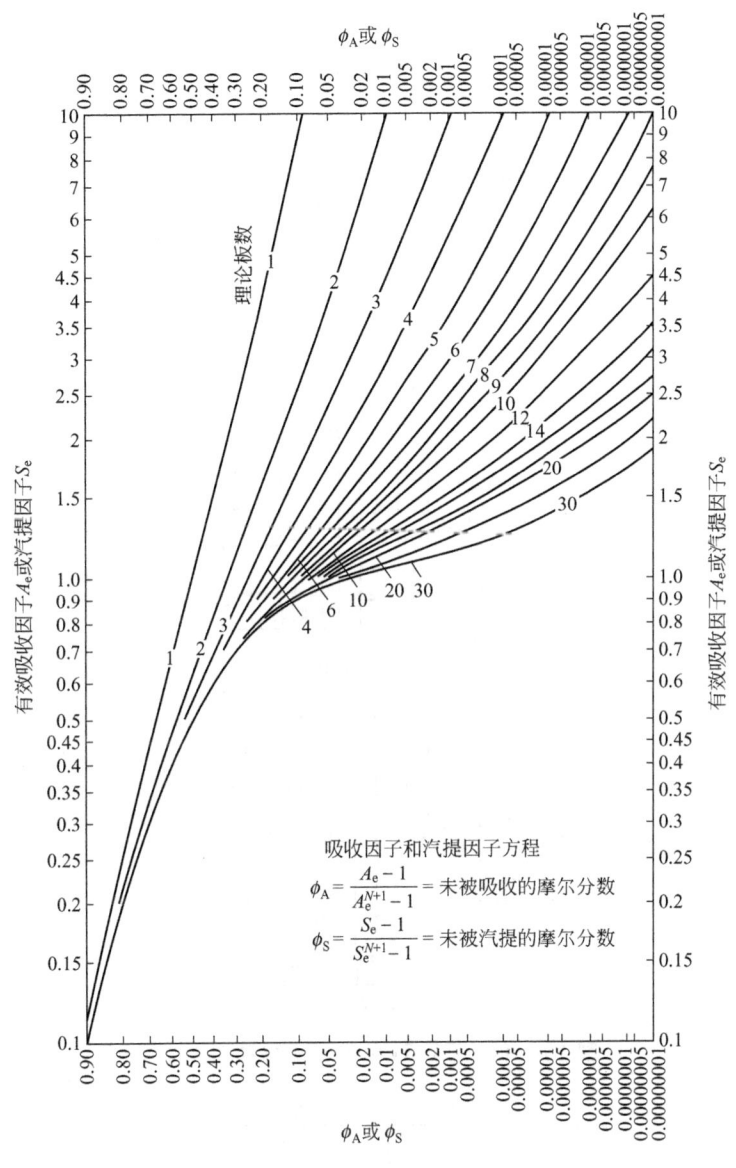

图 13-7-10 Kremser 方程的图解

$$v_1 = \phi_A v_{N+1} + l_0(1-\phi_S) \tag{13-7-26}$$

该式适用于吸收塔气相进料中的每个组分。式(13-7-21)仅适用于进料液相中存在的组分。类似的汽提塔方程为：

$$l_1 = \phi_S l_{N+1} + v_0(1-\phi_A) \tag{13-7-27}$$

上述 Kremser 群法还可用于萃取计算。图 13-7-12 为萃取级联的示意图，溶剂[1]由底部进入 V_{N+1}。对此，可借助群法进行计算，并使用分配系数 K_{D_i} 代替式(13-7-19)中的 K 值：

---

[1] 在立式萃取塔中，若溶剂的密度大于进料密度，则从塔顶进料。

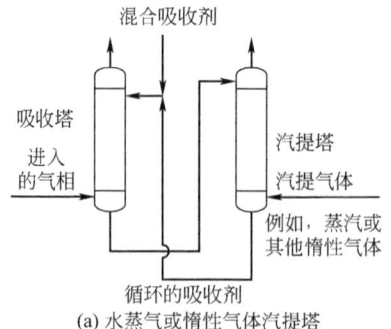

(a) 水蒸气或惰性气体汽提塔

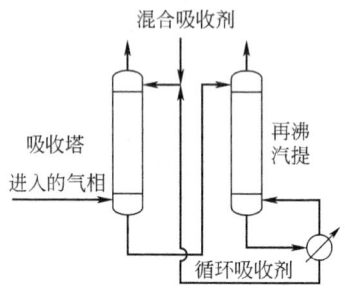

(b) 再沸汽提塔

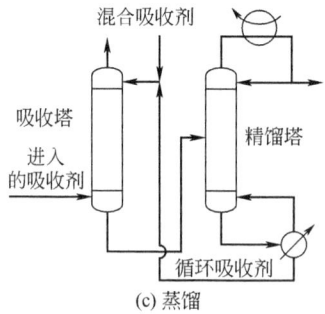

(c) 蒸馏

图 13-7-11　用于吸收剂回收的各种耦合方案

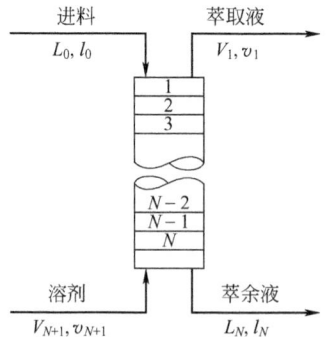

图 13-7-12　逆流液液萃取级联

$$K_{D_i} = \frac{y_i}{x_i} = \frac{v_i/V}{l_i/L} \tag{13-7-28}$$

式中，y_i 为组分 i 在溶剂或萃取相中的摩尔分数；x_i 为在进料或萃余相中的摩尔分数。

用萃取因子 E 代替汽提因子：

$$E_i = \frac{K_{D_i} V}{L} \tag{13-7-29}$$

其倒数为：

$$U_i = \frac{1}{E_i} = \frac{L}{K_{D_i} V} \tag{13-7-30}$$

则萃取过程的工作方程可写为：

$$v_1 = \phi_U v_{N+1} + l_0 (1 - \phi_E) \tag{13-7-31}$$

$$l_N = l_0 + v_{N+1} - v_1 \tag{13-7-32}$$

其中，

$$\phi_U = \frac{U_e - 1}{U_e^{N+1} - 1} \tag{13-7-33}$$

$$\phi_E = \frac{E_e - 1}{E_e^{N+1} - 1} \tag{13-7-34}$$

对于 Kremser 法，式(13-7-29) 和式(13-7-30) 中的 E_i 和 U_i 以进料和溶剂的进口状态为基准。但是，在液液萃取过程中，V、L 和 K_D 的值在各级间可能存在相当大的变化，因此需要更好的近似，这可利用由 Horton 和 Franklin[15] 及 Edmister[16] 提出的下列关系式实现，在这些关系式中采用级联两端 V、L 和 K_D 的估计值计算 E_i 和 U_i 的平均值。

$$V_2 = V_1 \left(\frac{V_{N+1}}{V_1} \right)^{1/N} \tag{13-7-35}$$

$$L_1 = L_0 + V_2 - V_1 \tag{13-7-36}$$

$$V_N = V_{N+1} \left(\frac{V_1}{V_{N+1}} \right)^{1/N} \tag{13-7-37}$$

$$E_e = [E_1(E_N + 1) + 0.25]^{1/2} - 0.5 \tag{13-7-38}$$

$$U_e = [U_1(U_N + 1) + 0.25]^{1/2} - 0.5 \tag{13-7-39}$$

式(13-7-38) 和式(13-7-39) 可用质量单位，而不用物质的量单位。由于在绝热萃取器中，除非进料和溶剂的进出口温度差别明显或混合热大，否则温度变化通常不大，故一般不需要焓衡算方程。但对于液液萃取级联，群法并非总是可靠的，因为分配系数是活度系数之比，而活度系数可能随组成显著变化，因此对液液萃取级联操作，应优先采用严格法。

7.2 多组元精馏严格计算方法

除了一些简单的情况，如二元精馏，或者物理性质或级效率不清楚的情况，简捷的设计方法仅仅适合于初步设计，而多级、多组元精馏塔的最终设计需要严格地确定每块板上的温度、压力、流股流率、流股组成和传热速率，这需要对每块板的物料平衡、能量平衡和相平衡方程进行求解。由于这些关系式是由耦合作用强的非线性代数方程组成的，因此求解计算困难并且繁复。然而，一旦将求解上述方程的方法变为计算机软件，则求解计算效率大为提高。目前已经有许多用于精馏塔严格计算的商用软件，可提供物性数据库、多种热力学模型等支撑系统，得到了十分广泛的应用。用软件进行精馏过程的严格计算又称为精馏过程模拟。

平衡级是精馏模拟中的一个重要的基本假设（参见本篇第 5 章），迄今大多数精馏过程的模拟都是基于平衡级假设，而实际的精馏塔板通常是远离平衡级假设的。在设计中为了弥补平衡级假设导致的误差，通常引入级效率（板效率）参数对模型或计算结果进行校正。然而级效率的应用从理论和实践上均存在不便。为此出现了非平衡级模型，以求从根本上解决平衡级假设存在的缺陷。

本节将介绍精馏过程模拟的基于平衡级假设的严格数学模型及其求解方法，并简要介绍非平衡级模型方法。

7.2.1　平衡级数学模型

平衡级模型需要进行如下假设：①每级上气液两相间达到相平衡；②没有化学反应发生；③忽略气相中夹带的液滴和液相中吸留的气泡；④气液两相在级内分别达到瞬时混合（输出的气相和液相的组成分别等于各相在级中的组成）。满足上述假设的级称为平衡级，或称理论级。设精馏塔内有多个理论级，且从上到下排序，则第 j 个理论级如图 13-7-13 所示。该理论级的进料摩尔流率为 F_j，可以是单相或者两相，组分摩尔分数为 $z_{i,j}$，温度为 T_{F_j}，压力为 p_{F_j}，总摩尔焓为 h_{F_j}。进料压力等于或者大于级压力 p_j。如果 $p_F - p_j$ 大于 0，则进料需要通过阀 F 进行绝热减压，使 $p_F - p_j$ 等于 0。

来自上部 $j-1$ 级的液相流股，又称级间流股，摩尔流率为 L_{j-1}，摩尔组成为 $x_{i,j-1}$，焓为 $h_{L_{j-1}}$，温度为 T_{j-1}，压力为 p_{j-1}，压力等于或者小于 j 的压力。由于气相通过级内液层的静压头的变化，来自 $j-1$ 级的液体的压力会增加。

相似地，来自于下部第 $j+1$ 级的级间气相流股进入第 j 级，摩尔流率为 V_{j+1}，摩尔组成为 $y_{i,j+1}$，焓为 $h_{V_{j+1}}$，温度为 T_{j+1}，压力为 p_{j+1}。设物流通过阀 V 后绝热减压，使压力差 $p_{j+1} - p_j$ 为 0。

离开第 j 级的气相组成为 $y_{i,j}$，焓为 h_{V_j}，温度为 T_j，压力为 p_j。这一流股可包含摩尔流率为 W_j 的气相侧线流股和进入级 $j-1$ 的摩尔流率为 V_j 的级间流股。如果 $j=1$，则级间气相流股即为出塔的产品。离开第 j 级的液相与气相呈相平衡，组成为 $x_{i,j}$，焓为 h_{L_j}，温度为 T_j，压力为 p_j。离开第 j 级的液相可包含摩尔流率为 U_j 的侧线流股和进入级 $j+1$ 的摩尔流率为 L_j 的级间流股。如果 $j=N$，级间液相流股即为出塔的产品。

设第 j 级的热量采出速率为 Q_j，代表中间冷却或热损失；如果该值为负，则表示热量的输入，如中间加热器或再沸器。

7.2.1.1　MESH 方程的建立

MESH 方程是指图 13-7-13 所示理论级的物料衡算（M）、相平衡（E）、组分摩尔分数加和（S）以及能量衡算（H）方程。

M 方程——各组分的物料衡算方程（每个理论级共有 C 个方程）：

$$M_{i,j} \equiv L_{j-1}x_{i,j-1} + V_{j+1}y_{i,j+1} + F_j z_{i,j} - (L_j + U_j)x_{i,j} - (V_j + W_j)y_{i,j}$$
$$= 0 \quad (i=1,2,\cdots,C) \tag{13-7-40}$$

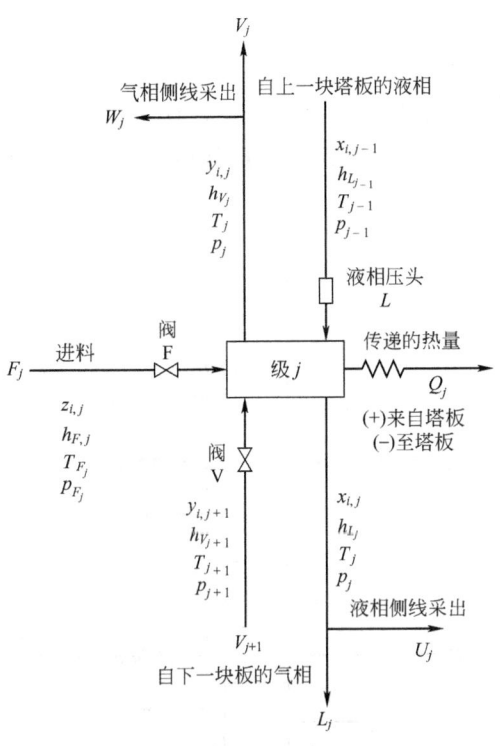

图 13-7-13 平衡级模型

E 方程——各组分的相平衡方程（每个理论级共有 C 个方程）：

$$E_{i,j} \equiv y_{i,j} - K_{i,j} x_{i,j} = 0 \quad (i=1,2,\cdots,C) \tag{13-7-41}$$

S 方程——摩尔分数加和方程（每个理论级有 2 个）：

$$(S_y)_j \equiv \sum_{i=1}^{C} y_{i,j} - 1 = 0 \tag{13-7-42}$$

$$(S_x)_j \equiv \sum_{i=1}^{C} x_{i,j} - 1 = 0 \tag{13-7-43}$$

H 方程——能量衡算方程（每个理论级有 1 个）：

$$H_j \equiv L_{j-1} h_{L_{j-1}} + V_{j+1} h_{V_{j+1}} + F_j h_{F_j} - (L_j + U_j) h_{L_j} - (V_j + W_j) h_{V_j} - Q_j = 0 \tag{13-7-44}$$

方程(13-7-42)和方程(13-7-43)中的一个可以使用总物料衡算方程代替，即

$$L_j = V_{j+1} + \sum_{m=1}^{j} (F_m - U_m - W_m) - V_1 \tag{13-7-45}$$

通常，气液平衡常数和流体的焓均为温度、压力以及组成的函数，即 $K_{i,j} = K_{i,j}\{T_j, p_j, \boldsymbol{x}_j, \boldsymbol{y}_j\}$，$h_{V_j} = h_{V_j}\{T_j, p_j, \boldsymbol{y}_j\}$，$h_{L_j} = h_{L_j}\{T_j, p_j, \boldsymbol{x}_j\}$。如果将 $K_{i,j}$、h_{V_j} 和 h_{L_j} 代入方程(13-7-41)和方程(13-7-44)，则每个理论级的 MESH 方程共包含 $2C+3$ 个方程。

如图 13-7-14 所示，对具有 N 个理论级的精馏过程，MESH 方程包含 $N(2C+3)$ 个方程，包含的变量的总数为 $N(3C+10)+1$。在多数精馏过程的模拟中，一般给定理论级数 N，并已知所有进料条件 $\{F_j, z_{i,j}, T_{F_j}, p_{F_j}\}$，同时给定各塔板的压力 p_j、各侧线采出流量 U_j 和 W_j，以及热量 Q_j，即已知的变量数为 $N(C+7)+1$；则未知变量数目下降为 $N(2C+3)$，因此可以通过求解 MESH 方程组得到未知变量，即 $x_{i,j}$、$y_{i,j}$、L_j、V_j 和 T_j 的确定解。

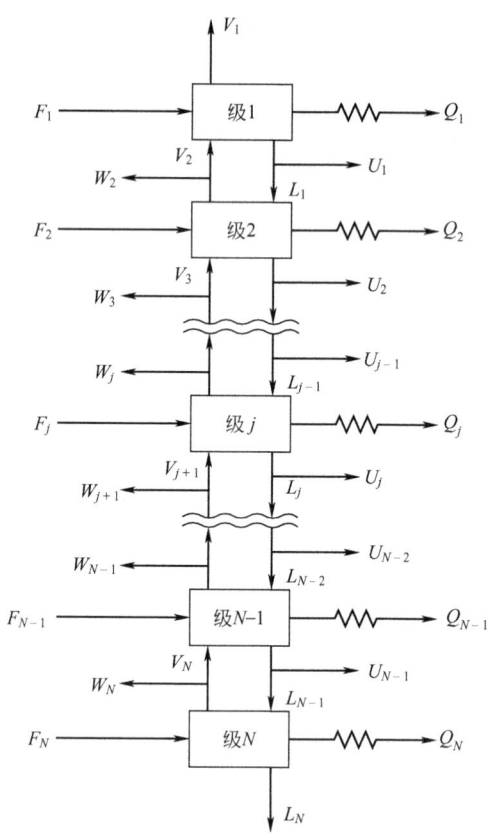

图 13-7-14　具有 N 个平衡级的逆流接触级联

在过程模拟中，除了采用上述变量规定外，还可以选择其他规定，例如，给定回流比 $R=\dfrac{V_1}{D}-1$（全凝器，D 为塔顶产品流率）或 $R=\dfrac{L_1}{V_1}$（分凝器）、再沸比 $R'=\dfrac{V_N}{L_N}$、组分收率 $r_i=\dfrac{y_{i,1}D}{\sum F_j z_{i,j}}$ 或 $r_i=\dfrac{x_{i,N}L_N}{\sum F_j z_{i,j}}$ 等。

在 MESH 方程组中 M、E 和 H 方程是非线性的，因而通常需要使用数值方法迭代求解。

7.2.1.2　MESH 方程的求解策略

求解非线性代数方程组的迭代求解策略有很多种，如采用方程分割方法或 Newton-Raphson 线性化技术等。Myers 和 Seider[17] 对这些方法有详细介绍。

20 世纪 30 年代 Lewis 及 Matheson[18] 和 Thiele 及 Geddes[19] 就针对方程 (13-7-40)～方程 (13-7-44) 或其等价形式提出了方程分割（分解）策略，实现了逐板计算，可用于求解具有一股进料、两股出料的简单精馏塔。上述两种方法分别用于设计型和操作型的计算。此后基于分解策略的计算方法逐步得到改进，例如 Holland[20] 以及 Amundson 和 Pontinen[21] 等人的工作。

Friday 和 Smith[22] 系统分析了求解 MESH 方程的分解方法，指出没有一种分解技术可以有效求解所有类型的问题；对于挥发度相近（窄沸程）物系建议采用泡点（BP）法；对于挥发度相差悬殊（宽沸程）物系建议采用流率加和法（SR）；对介于两者之间的情况则 Newton-Raphson 法较为有效。

进入 20 世纪 70 年代，虽然计算机的应用已经成为求解 MESH 方程的主流，但随着严格热力学模型的应用以及多组元精馏计算需求，超大的计算工作量逐步成为制约精馏模拟计算的重要问题。为此 Boston 和 Sullivan[23] 提出了一种既能有效减小计算量又能保证计算结果精确度的方法，即内外层（Inside-Out）法。该方法将 MESH 方程的求解分为内层迭代和外层迭代两个循环，在需要大量计算的内层迭代中采用简化热力学模型，而仅在内层迭代收敛后才经外层采用严格热力学模型对简化模型进行校正，因而有效减少了严格模型的使用。内外层法计算快捷、有效，因而获得了广泛应用。

目前求解 MESH 方程应用最多的方法主要是 BP 法、SR 法、Newton-Raphson 法和内外层法。后两种方法广泛使用在过程模拟软件中，其优势在于可灵活选择变量，并且可以求解大多数问题。BP 法或者 SR 法经常用来为 Newton-Raphson（NR）法和内外层法提供第一次迭代的初值。以下章节对上述方法进行简要介绍。

7.2.2 方程的分割（分解）

7.2.2.1 三对角矩阵法

BP 法和 SR 法中方程分割的关键是基于修正的 M 方程获得三对角矩阵。当选择 T_j 和 V_j 为分解变量时，M 方程可与其他方程实现分割，成为液相摩尔分数的线性方程，可使用 Thomas 改进的高斯消除法，即追赶法求解。修正的 M 方程是将式(13-7-41) 代入式(13-7-40) 消去 y，并将式(13-7-45) 代入式(13-7-40) 消去 L 得到。对于每块塔板 j 上的每个组分 i，略去方程中 B、C、D 的下标 i，则最终修正的 M 方程可写成如下形式：

$$A_j x_{i,j-1} + B_j x_{i,j} + C_j x_{i,j+1} = D_j \tag{13-7-46}$$

其中，

$$A_j = V_j + \sum_{m=1}^{j-1}(F_m - W_m - U_m) - V_1,\ 2 \leqslant j \leqslant N \tag{13-7-47}$$

$$B_j = -\left[V_{j+1} + \sum_{m=1}^{j}(F_m - W_m - U_m) - V_1 + U_j + (V_1 + W_j)K_{i,j}\right], 1 \leqslant j \leqslant N \tag{13-7-48}$$

$$C_j = V_{j+1} K_{i,j+1},\ 1 \leqslant j \leqslant N-1 \tag{13-7-49}$$

$$D_j = -F_j z_{i,j},\ 1 \leqslant j \leqslant N \tag{13-7-50}$$

对于图(13-7-14)所示的一般级联情况，$x_{i,0}=0$，$V_{N+1}=0$，$W_1=0$，$U_N=0$。对于所有组分，修正的 M 方程构成的方程组可写成三对角矩阵方程形式：

$$\begin{bmatrix} B_1 & C_1 & 0 & 0 & 0 & \cdots & \cdots & & & \cdots & 0 \\ A_2 & B_2 & C_2 & 0 & 0 & \cdots & \cdots & & & \cdots & 0 \\ 0 & A_3 & B_3 & C_3 & 0 & \cdots & \cdots & & & \cdots & 0 \\ \cdots & \cdots & \ddots & \ddots & \ddots & & & & & \cdots & \cdots \\ \cdots & \cdots & & \ddots & \ddots & \ddots & & & & \cdots & \cdots \\ \cdots & & & & \ddots & \ddots & \ddots & & & \cdots & \cdots \\ \cdots & & & & & \ddots & \ddots & \ddots & & \cdots & \cdots \\ \cdots & & & & & & \ddots & \ddots & \ddots & \cdots & \cdots \\ 0 & \cdots & & & & 0 & A_{N-2} & B_{N-2} & C_{N-2} & 0 \\ 0 & \cdots & & & & 0 & 0 & A_{N-1} & B_{N-1} & C_{N-1} \\ 0 & \cdots & & & \cdots & \cdots & 0 & 0 & 0 & A_N & B_N \end{bmatrix} \cdot \begin{bmatrix} x_{i,1} \\ x_{i,2} \\ x_{i,3} \\ \cdots \\ \cdots \\ \cdots \\ \cdots \\ \cdots \\ x_{i,N-2} \\ x_{i,N-1} \\ x_{i,N} \end{bmatrix} = \begin{bmatrix} D_1 \\ D_2 \\ D_3 \\ \cdots \\ \cdots \\ \cdots \\ \cdots \\ \cdots \\ D_{N-2} \\ D_{N-1} \\ D_N \end{bmatrix}$$

(13-7-51)

对于每个组分，若相平衡常数 K 与组成无关，则常数 B_j 和 C_j 只是 **T** 和 **V** 的函数。若 K 与组成有关，则需要迭代计算组成来估算 K 值。

针对线性方程组式(13-7-51)采用高斯消去法从第 1 级开始直到第 N 级进行正向消去，最终得到 $x_{i,N}$。再由 $x_{i,N-1}$ 开始反向代入可以求得其他 $x_{i,j}$ 值。例如，对于 5 个平衡级的过程，在 Thomas 算法中，对于第 1 级，式(13-7-46)为 $B_1 x_{i,1}+C_1 x_{i,2}=D_1$，此式可由未知的 $x_{i,2}$ 求得 $x_{i,1}$，即

$$x_{i,1}=(D_1-C_1 x_{i,2})/B_1$$

设 $p_1=C_1/B_1$，$q_1=D_1/B_1$，则：

$$\begin{bmatrix} B_1 & C_1 & 0 & 0 & 0 \\ A_2 & B_2 & C_2 & 0 & 0 \\ 0 & A_3 & B_3 & C_3 & 0 \\ 0 & 0 & A_4 & B_4 & C_4 \\ 0 & 0 & 0 & A_5 & B_5 \end{bmatrix} \cdot \begin{bmatrix} x_1 \\ x_2 \\ x_3 \\ x_4 \\ x_5 \end{bmatrix} = \begin{bmatrix} D_1 \\ D_2 \\ D_3 \\ D_4 \\ D_5 \end{bmatrix}$$

$$\begin{bmatrix} 1 & p_1 & 0 & 0 & 0 \\ 0 & 1 & p_2 & 0 & 0 \\ 0 & 0 & 1 & p_3 & 0 \\ 0 & 0 & 0 & 1 & p_4 \\ 0 & 0 & 0 & 0 & 1 \end{bmatrix} \cdot \begin{bmatrix} x_1 \\ x_2 \\ x_3 \\ x_4 \\ x_5 \end{bmatrix} = \begin{bmatrix} q_1 \\ q_2 \\ q_3 \\ q_4 \\ q_5 \end{bmatrix}$$

$$\begin{bmatrix} 1 & 0 & 0 & 0 & 0 \\ 0 & 1 & 0 & 0 & 0 \\ 0 & 0 & 1 & 0 & 0 \\ 0 & 0 & 0 & 1 & 0 \\ 0 & 0 & 0 & 0 & 1 \end{bmatrix} \cdot \begin{bmatrix} x_1 \\ x_2 \\ x_3 \\ x_4 \\ x_5 \end{bmatrix} = \begin{bmatrix} r_1 \\ r_2 \\ r_3 \\ r_4 \\ r_5 \end{bmatrix}$$

则有：

$$x_{i,1} = q_1 - p_1 x_{i,2} \tag{13-7-52}$$

则矩阵中系数 $B_1=1$，$C_1=p_1$，$D_1=q_1$，结合式(13-7-46)与式(13-7-52)可得：

$$x_{i,2} = \frac{D_2 - A_2 q_1}{B_2 - A_2 p_1} - \frac{C_2}{B_2 - A_2 p_1} x_{i,3}$$

设 $q_2 = \dfrac{D_2 - A_2 q_1}{B_2 - A_2 p_1}$，$p_2 = \dfrac{C_2}{B_2 - A_2 p_1}$

则 $x_{i,2} = q_2 - p_2 x_{i,3}$

同样，$A_2=0$，$B_2=1$，$C_2=p_2$，$D_2=q_2$。

推广至一般的情况，有：

$$q_j = \frac{D_j - A_j q_{j-1}}{B_j - A_j p_{j-1}} \tag{13-7-53}$$

$$p_j = \frac{C_j}{B_j - A_j p_{j-1}} \tag{13-7-54}$$

则有：

$$x_{i,j} = q_j - p_j x_{i,j+1} \tag{13-7-55}$$

令 $A_j=0$，$B_j=1$，$C_j=p_j$，$D_j=q_j$。这样，从第1级开始依次可计算出 p_j 和 q_j，至第 N 级，可得：

$$x_{i,N} = q_N \tag{13-7-56}$$

再用此结果代入式(13-7-55)，依次可得到 x_i：

$$x_{i,j-1} = q_{j-1} - p_{j-1} x_{i,j} = r_{j-1} \tag{13-7-57}$$

该算法与其他的矩阵求逆过程相比可避免计算机截断误差的积累。此外，Boston 和 Sullivan[24] 还提出了一种修正 Thomas 算法，用于平衡级数较多的塔以及组分的吸收因子 $A=L/KV$ 在某个塔段小于1、在另一塔段大于1的塔中的情况。

7.2.2.2 泡点 (BP) 法

对于组分 K 值范围相对较窄的精馏分离，Friday 和 Smith[22] 提出了泡点（BP）法，其算法如图13-7-15所示。规定条件包括进料条件、进料位置、每级的压力、除第 N 级（再沸器）外每个级的液相采出流率、除第1级（冷凝器）和第 N 级（再沸器）外的所有级的热量、总级数、泡点温度下的回流量，以及塔顶气相馏出物流量。

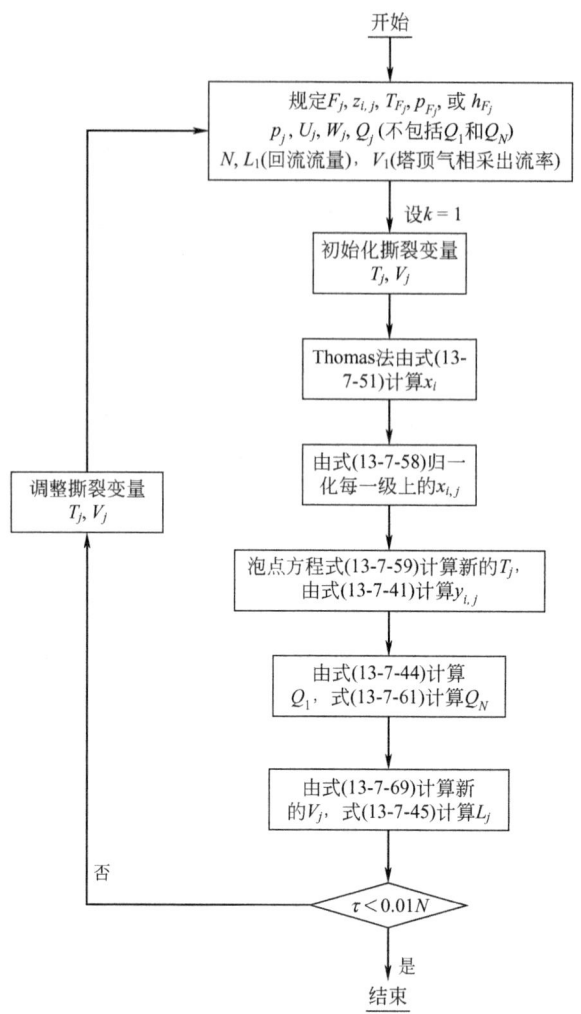

图 13-7-15 Wang 和 Henke 的泡点法

关于精馏塔的规定条件，可参考图 13-7-16 给出的示例。图 13-7-16 给出的是一个含有两股进料、两股侧线采出、一个冷凝器、一个中间冷却器的复杂精馏塔。

开始计算时，假设分解变量 V_j 和 T_j 的初值。V_j 初始值的确定可基于恒摩尔流率假设，并可参考对回流量、馏出物、进料及侧线流股流量等的规定。T_j 的初始值可通过计算塔底产品的泡点温度和塔顶产品的露点温度（当馏出物是液体时计算其泡点温度；当馏出物气液相共存时取露点和泡点之间的温度），然后用线性插值法计算其他各级的温度。

用式(13-7-51)求解 x_i 时需要相平衡常数 $K_{i,j}$ 的值。当 $K_{i,j}$ 与组成相关时，$K_{i,j}$ 的计算需要假设 $x_{i,j}$ 和 $y_{i,j}$ 的初值。对于每次迭代，计算得到的每一级的 $x_{i,j}$ 值不一定必满足式(13-7-43)的加和约束。为此可由式(13-7-58)对 $x_{i,j}$ 进行归一化处理。

$$(x_{i,j})_{\text{normalized}} = \frac{x_{i,j}}{\sum_{i=1}^{C} x_{i,j}} \tag{13-7-58}$$

使用归一化的 $x_{i,j}$ 由泡点计算可得到每一级新的温度。因为计算的稳定性受温度对组成

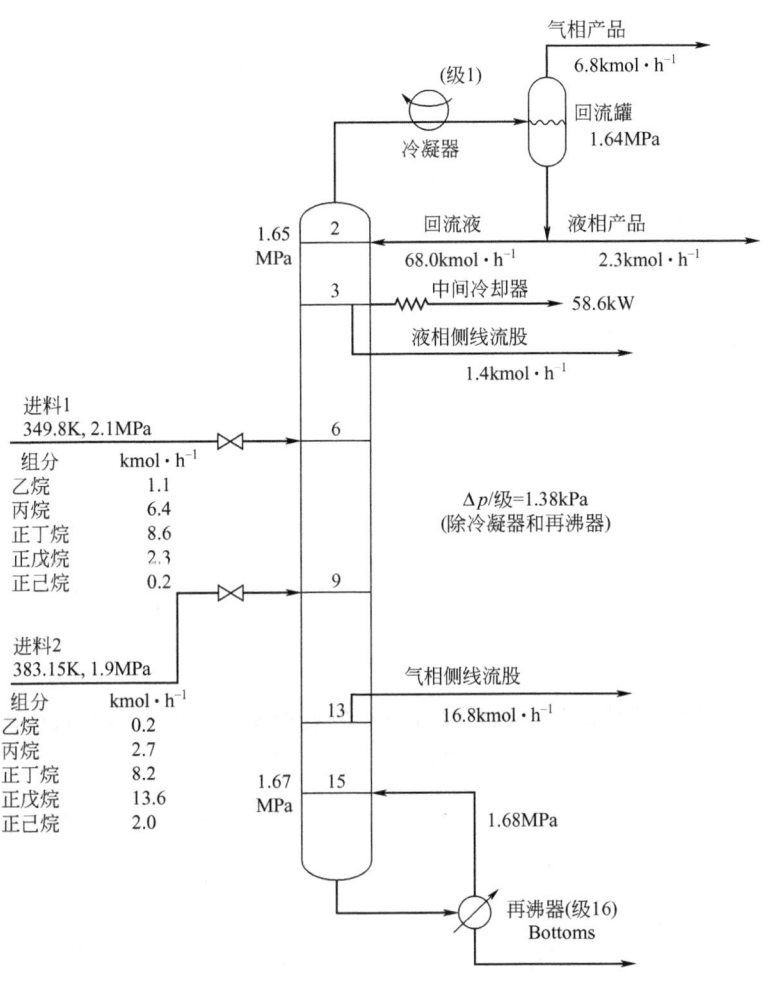

图 13-7-16 使用 Wang 和 Henke 泡点法的规定示例

敏感程度的影响，因此泡点法更适用于 K 值范围较窄物系的分离[22]。在所有组分具有相同的 K 值的极限情况下，温度对应于 $K_{i,j}=1$，而与 $x_{i,j}$ 无关。泡点方程一般写成如下形式：

$$\sum_{i=1}^{C} K_{i,j} x_{i,j} - 1 = 0 \tag{13-7-59}$$

上式对温度是非线性的，必须通过迭代求解。Wang 和 Henke 建议使用 Muller 迭代法[25]，假设三组温度初值 T_j，分别由下式计算 S_j 的值：

$$S_j = \sum_{i=1}^{C} K_{i,j} x_{i,j} - 1 = 0 \tag{13-7-60}$$

使用得到的三组 (T_j, S_j) 拟合 S_j 对 T_j 的二次方程，并用于预测 $S_j=0$ 时的 T_j 值。用式(13-7-60) 对 T_j 进行检验，通过迭代，得到三组最好的 (T_j, S_j) 值重复二次拟合和 S_j 检验，直到满足某个收敛要求，比如 $|T_j^{(n)} - T_j^{(n-1)}|/T_j^{(n)} \leqslant 0.0001$，$T$ 为绝对温度，n 为泡点计算中的温度的迭代次数。此外还可采用 $S_j \leqslant 0.0001C$ 作为收敛判据。

利用 E 方程式(13-7-41) 在计算各级温度的同时确定 $y_{i,j}$ 的值。由同一组 $x_{i,j}$、T_j 和

$y_{i,j}$ 值，计算每个离开平衡级的液相和气相流股的摩尔焓值。因为 F_1、V_1、U_1、W_1 和 L_1 已被规定，因此很容易由式(13-7-45) 获得 V_2，而冷凝器热负荷由式(13-7-44) 计算获得。再沸器热负荷可对所有级的式(13-7-44) 加和确定，即

$$Q_N = \sum_{j=1}^{N} (F_j h_{F_j} - U_j h_{L_j} - W_j h_{V_j}) - \sum_{j=1}^{N-1} (Q_j - V_1 h_{V_1} - L_N h_{L_N}) \tag{13-7-61}$$

结合式(13-7-44) 和式(13-7-45)，消去 L_{j-1} 和 L_j 获得修正后的能量衡算式，由此计算一组新的分解变量 V_j：

$$\alpha_j V_j + \beta_j V_{j+1} = \gamma_j \tag{13-7-62}$$

其中，

$$\alpha_j = h_{L_{j-1}} - h_{V_j} \tag{13-7-63}$$

$$\beta_j = h_{V_{j+1}} - h_{L_j} \tag{13-7-64}$$

$$\gamma_j = \left[\sum_{m=1}^{j-1}(F_m - W_m - U_m) - V_1\right](h_{L_j} - h_{L_{j-1}}) + F_j(h_{L_j} - h_{F_j}) + W_j(h_{V_j} - h_{L_j}) + Q_j \tag{13-7-65}$$

焓值的计算需使用迭代最后一次时计算获得的各级温度，而不是开始迭代计算所用的初始温度。以三对角矩阵形式写式(13-7-62)：

$$\begin{bmatrix} \beta_2 & 0 & 0 & 0 & \cdots & & & & 0 \\ \alpha_3 & \beta_3 & 0 & 0 & \cdots & & & & 0 \\ 0 & \alpha_4 & \beta_4 & 0 & \cdots & & & & 0 \\ \cdots & & \ddots & \ddots & & \cdots & & & \cdots \\ \cdots & & & \ddots & \ddots & \ddots & \cdots & & \cdots \\ 0 & \cdots & 0 & \alpha_{N-3} & \beta_{N-3} & 0 & 0 & 0 \\ 0 & \cdots & 0 & 0 & \alpha_{N-2} & \beta_{N-2} & 0 \\ 0 & \cdots & 0 & 0 & 0 & \alpha_{N-1} & \beta_{N-1} \end{bmatrix} \cdot \begin{bmatrix} V_3 \\ V_4 \\ V_5 \\ \cdots \\ \cdots \\ V_{N-2} \\ V_{N-1} \\ V_N \end{bmatrix} = \begin{bmatrix} \gamma_2 - \alpha_2 V \\ \gamma_3 \\ \gamma_4 \\ \cdots \\ \cdots \\ \gamma_{N-3} \\ \gamma_{N-2} \\ \gamma_{N-1} \end{bmatrix} \tag{13-7-66}$$

由 V_2 已知的顶部开始，一次一个方程向下递推，可求解方程(13-7-66)。于是：

$$V_3 = \frac{\gamma_2 - \alpha_2 V_2}{\beta_2} \tag{13-7-67}$$

$$V_4 = \frac{\gamma_3 - \alpha_3 V_3}{\beta_3} \tag{13-7-68}$$

写成一般的情况，即

$$V_j = \frac{\gamma_{j-1} - \alpha_{j-1} V_{j-1}}{\beta_{j-1}} \tag{13-7-69}$$

相应的液相流率从式(13-7-45) 得到。

当 $T_j^{(k)}$ 和 $V_j^{(k)}$ 值在对应于 $T_j^{(k-1)}$ 和 $V_j^{(k-1)}$ 的某个预先规定的容差范围内时，认为求

解程序已经收敛，这里 k 为迭代次数。可收敛判据为：

$$\sum_{j=1}^{N}\left[\frac{T_j^{(k)}-T_j^{(k-1)}}{T_j^{(k)}}\right]^2+\sum_{j=1}^{N}\left[\frac{V_j^{(k)}-V_j^{(k-1)}}{V_j^{(k)}}\right]^2\leqslant\varepsilon \tag{13-7-70}$$

式中，T 为绝对温度，而 ε 为某个预先规定的容差。但 Wang 和 Henke 建议采用下列更简单的判据，这种判据仅根据两组连续迭代的 T_j 值就足够了。

$$\tau=\sum_{j=1}^{N}[T_j^{(k)}-T_j^{(k-1)}]^2\leqslant 0.01N \tag{13-7-71}$$

在迭代过程中，由式(13-7-59)和式(13-7-69)产生的 T_j 和 V_j 值可作为下一次迭代的初值，如果需要，可在开始下一次迭代前调整所产生的分解变量。每一级的温度应设定上限和下限，级间流率的负值应改变为接近零的正值。此外，为防止迭代振荡，可采用阻尼限制迭代 T_j 和 V_j 值的变化步长，例如 10%。BP 法的收敛速度往往取决于假设的 T 的初始值。高回流比的情况可能比低回流比更难收敛。Orbach 和 Crowe[26] 给出了一种可以加速收敛的外推方法。

泡点法无法确定最佳进料板位置的，但可在完成严格计算之后，基于两个关键组分绘制 McCabe-Thiele 图，以确定进料板是否位于最佳位置。

【例 13-7-1】 BP 法求解精馏过程的第一次迭代。

如图 13-7-17 所示的精馏塔，试用 BP 法完成一次迭代过程，计算一组新的 T_j 值，设 K 值与组成无关。

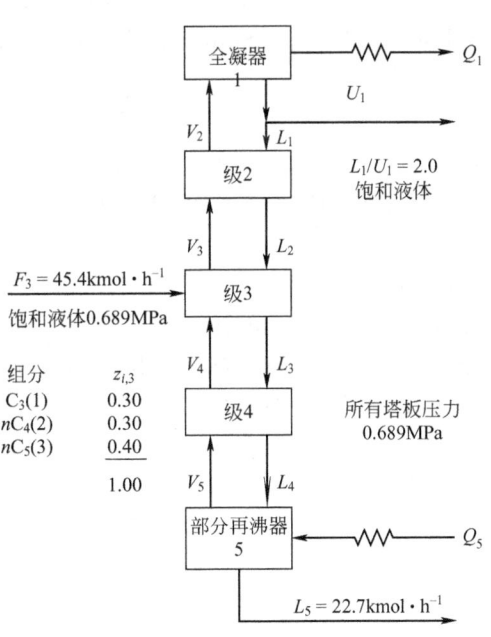

图 13-7-17 例 13-7-1 精馏塔的规定

解 由总物料衡算可得：

液相塔顶产品流率$=U_1=F_3-L_5=45.4-22.7=22.7$(kmol·h^{-1})，则 $L_1=(L_1/U_1)U_1=2\times 22.7=45.4$(kmol·h^{-1})。

由全凝器的物料衡算可知 $V_2=L_1+U_1=45.4+22.7=68.1$(kmol·h^{-1})。分解变量的

初始估计值如下表。

级 j	$V_j/\text{kmol}\cdot\text{h}^{-1}$	T_j/K
1	规定值 0	291.5
2	规定值 68.1	305.4
3	68.1	319.3
4	68.1	333.2
5	68.1	347.0

0.689MPa 压力下，在假设的各板温度下 K 的估计值为：

级	$K_{i,j}$				
	1	2	3	4	5
$C_3(1)$	1.23	1.63	2.17	2.70	3.33
$nC_4(2)$	0.33	0.50	0.71	0.95	1.25
$nC_5(3)$	0.103	0.166	0.255	0.36	0.49

对于组分 C_3，方程式(13-7-51)按如下步骤求解：

已知 $V_1=0$，$W=0$，根据式(13-7-47) 有：$A_j = V_j + \sum_{m=1}^{j-1}(F_m - U_m)$

则 $A_5 = V_5 + F_3 - U_1 = 68.1 + 45.4 - 22.7 = 90.8$ （kmol·h^{-1}）

类似地，$A_4 = 90.8 \text{kmol}\cdot\text{h}^{-1}$，$A_3 = 90.8 \text{kmol}\cdot\text{h}^{-1}$，$A_2 = 45.4 \text{kmol}\cdot\text{h}^{-1}$

由式(13-7-48)，$B_j = -[V_{j+1} + \sum_{m=1}^{j}(F_m - U_m) + U_j + V_j K_{i,j}]$

则 $B_5 = -[F_3 - U_1 + V_5 K_{1,5}] = -(45.4 - 22.7 + 68.1 \times 3.33) = -249.5$ （kmol·h^{-1}）

同时，$B_4 = -274.4 \text{kmol}\cdot\text{h}^{-1}$，$B_3 = -238.4 \text{kmol}\cdot\text{h}^{-1}$，$B_2 = -156.3 \text{kmol}\cdot\text{h}^{-1}$，$B_1 = -68.1 \text{kmol}\cdot\text{h}^{-1}$

由式(13-7-49)，$C_j = V_{j+1} K_{1,j+1}$ 可得：

$C_1 = V_2 K_{1,2} = 68.1 \times 1.63 = 111.0$ （kmol·h^{-1}）

类似地，$C_2 = 147.6 \text{kmol}\cdot\text{h}^{-1}$，$C_3 = 183.7 \text{kmol}\cdot\text{h}^{-1}$，$C_4 = 226.6 \text{kmol}\cdot\text{h}^{-1}$

由式(13-7-50)，$D_j = -F_j z_{1,j}$ 可得：$D_3 = -45.4 \times 0.30 = -13.6$ （kmol·h^{-1}）

同时，$D_1 = D_2 = D_4 = D_5 = 0$

将以上获得的数值代入式(13-7-46)，得：

$$\begin{bmatrix} -68.1 & 111.0 & 0 & 0 & 0 \\ 45.4 & -156.3 & 147.6 & 0 & 0 \\ 0 & 90.8 & -238.4 & 183.7 & 0 \\ 0 & 0 & 90.8 & -274.4 & 226.6 \\ 0 & 0 & 0 & 90.8 & -249.5 \end{bmatrix} \begin{bmatrix} x_{1,1} \\ x_{1,2} \\ x_{1,3} \\ x_{1,4} \\ x_{1,5} \end{bmatrix} = \begin{bmatrix} 0 \\ 0 \\ -13.6 \\ 0 \\ 0 \end{bmatrix}$$

则：

$$p_1 = \frac{C_1}{B_1} = \frac{111.0}{-68.1} = -1.630$$

$$q_1 = \frac{D_1}{B_1} = \frac{0}{-68.1} = 0$$

$$p_2 = \frac{C_2}{B_2 - A_2 p_1} = \frac{147.6}{-156.3 - 45.4 \times (-1.630)} = -1.793$$

经过类似运算，矩阵方程形式化为：

$$\begin{bmatrix} 1 & -1.630 & 0 & 0 & 0 \\ 0 & -1 & -1.793 & 0 & 0 \\ 0 & 0 & 1 & -1.170 & 0 \\ 0 & 0 & 0 & 1 & -1.346 \\ 0 & 0 & 0 & 0 & 1 \end{bmatrix} \begin{bmatrix} x_{1,1} \\ x_{1,2} \\ x_{1,3} \\ x_{1,4} \\ x_{1,5} \end{bmatrix} = \begin{bmatrix} 0 \\ 0 \\ 0.0867 \\ 0.0467 \\ 0.0333 \end{bmatrix}$$

最终求得：

$x_{1,5} = q_5 = 0.0333$

$x_{1,4} = q_4 - p_4 r_{1,5} = 0.0915$

$x_{1,3} = 0.1938$

$x_{1,2} = 0.3475$

$x_{1,1} = 0.5664$

对于组分 nC_4 和 nC_5，由相同的求解过程求得的结果见下表：

级	$x_{i,j}$				
	1	2	3	4	5
C_3	0.5664	0.3475	0.1938	0.0915	0.0333
nC_4	0.1910	0.3820	0.4483	0.4857	0.4090
nC_5	0.0191	0.1149	0.3253	0.4820	0.7806
$\sum_i x_{i,j}$	0.7765	0.8444	0.9674	1.0592	1.2229

将获得的以上组成进行归一化，再由式(13-7-59)迭代求解出 0.689MPa 压力下的泡点温度，并与假设的初值进行比较，

级	$T^{(2)}/K$	$T^{(1)}/K$
1	292.0	291.5
2	307.6	305.4
3	328.2	319.3
4	340.9	333.2
5	357.6	347.0

7.2.2.3 流率加和（SR）法

对于大多数吸收塔和汽提塔，所涉及的物系组分具有较宽的挥发度范围。因此 BP 法不再适用。此时级温度对液相组成变化的敏感程度高于级间流率以及级间能量衡算式(13-7-44)。在这种情况下，Sujata[27] 提出的速率加和（SR）算法更适合[22]。Burningham 和 Otto[28] 在 SR 算法中结合了修正的 M 方程三对角矩阵形式，使该方法获得了进一步的改进。

图 13-7-18 为 Burningham-Otto 的 SR 算法。其 FORTRAN 计算机程序可参考文献

[29]。问题的规定变量是：所有进料流股的状态和位置、每级的压力、每股侧线的总流率、每级的传热速率和总级数。

假定一组分解变量 T_j 和 V_j 的初值，并假设级间为恒摩尔流，利用规定的气相进料和气相侧线物流的流量由塔底开始向上计算，一般可以由假定的塔顶和塔底温度线性插入值确定 T_j 的一组初值。$x_{i,j}$ 的值可采用 Thomas 法求解式(13-7-51) 获得。但是，获得的值不要在这一步骤作归一化处理，而是将其直接应用到流率加和方程式(13-7-43) 产生 L_j 的新值：

$$L_j^{(k+1)} = L_j^{(k)} \sum_{i=1}^{C} x_{i,j} \tag{13-7-72}$$

式中，$L_j^{(k)}$ 的值是由 $V_j^{(k)}$ 通过式(13-7-45) 获得的。相应的 $V_j^{(k+1)}$ 值可由总物料衡算获得。将式(13-7-40) 对所有 C 个组分进行累加，再将结果与式(13-7-42) 和式(13-7-43) 结合，则可得到总的物料衡算式，然后将结果从第 j 级到第 N 级进行累加，则有：

$$V_j = L_{j-1} - L_N + \sum_{m=j}^{N}(F_m - W_m - U_m) \tag{13-7-73}$$

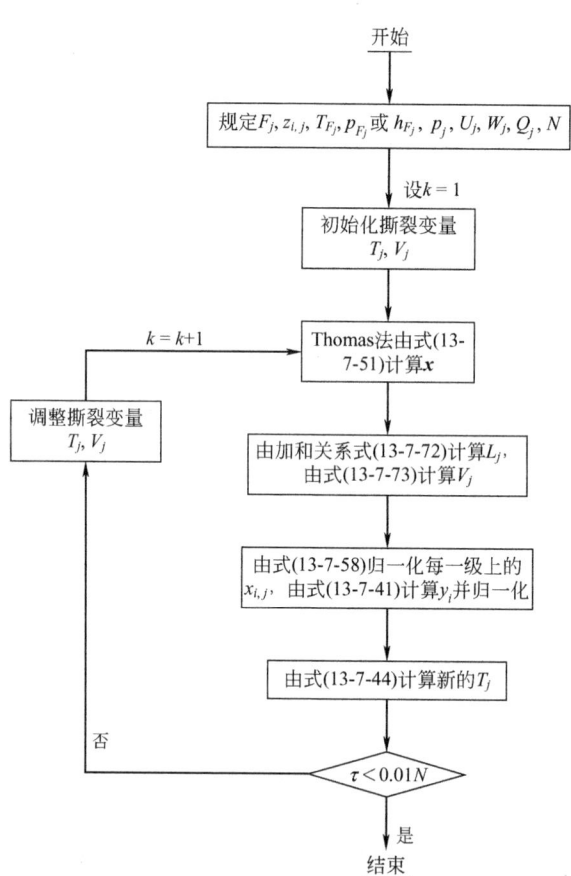

图 13-7-18 Burningham-Otto 的 SR 算法

用式(13-7-58) 对 $x_{i,j}$ 进行归一化。相应的 $y_{i,j}$ 值用式(13-7-41) 计算。通过求解式(13-7-44) 给出的 N 级联立能量衡算方程组可以获得各级温度 T_j 的一组新值。其中，由于通常气、液相焓随温度呈现非线性变化，因此，温度需采用迭代法求解，如采用 Newton-

Raphson 法。

在 Newton-Raphson 法中，关于变量 x_i 的联立非线性方程写成零函数的形式：

$$f_i\{x_1, x_2, \cdots, x_n\} = 0 \quad i = 1, 2, \cdots, n \tag{13-7-74}$$

将每个函数在这些初值（用星号标记）附近展开泰勒级数，略去一阶导数项之后的各项，得到函数 f_i 在该点的线性展开式：

$$0 = f_i\{x_1, x_2, \cdots, x_n\}$$
$$\approx f_i\{x_1^*, x_2^*, \cdots, x_n^*\} + \frac{\partial f_i}{\partial x_1}\bigg|^* \Delta x_1 + \frac{\partial f_i}{\partial x_2}\bigg|^* \Delta x_2 + \cdots + \frac{\partial f_i}{\partial x_n}\bigg|^* \Delta x_n$$
$$\tag{13-7-75}$$

其中，

$$\Delta x_j = x_j - x_j^* \tag{13-7-76}$$

式(13-7-75)和式(13-7-76)是线性的，可直接求解得到校正值 Δx_i。如果求得的校正值全部为零，则初始值为正确的，式(13-7-74)求解完成；如果校正值不全部为零，则将校正值加到初始值上，产生一组新的初始值用于式(13-7-75)。重复上述过程，直到函数在某个容差范围内视为零。采用递推形式表示，可将式(13-7-75)和式(13-7-76)写为

$$\sum_{j=1}^{n}\left[\left(\frac{\partial f_i}{\partial x_i}\right)^{(r)} \Delta x_j^{(r)}\right] = -f_i^{(r)}, i = 1, 2, \cdots, n \tag{13-7-77}$$

$$x_j^{(r+1)} = x_j^{(r)} + \Delta x_j^{(r)}, j = 1, 2, \cdots, n \tag{13-7-78}$$

为了从能量方程式(13-7-44)获得 T_j 的一组新值，求解该方程的 Newton-Raphson 法递推方程可表示为：

$$\left(\frac{\partial H_j}{\partial T_{j-1}}\right)^{(r)} \Delta T_{j-1}^{(r)} + \left(\frac{\partial H_j}{\partial T_j}\right)^{(r)} \Delta T_j^{(r)} + \left(\frac{\partial H_j}{\partial T_{j+1}}\right)^{(r)} \Delta T_{j+1}^{(r)} = -H_j^{(r)} \tag{13-7-79}$$

其中，

$$\Delta T_j^{(r)} = T_j^{(r+1)} - T_j^{(r)} \tag{13-7-80}$$

$$\frac{\partial H_j}{\partial T_{j-1}} = L_{j-1} \frac{\partial h_{L_{j-1}}}{\partial T_{j-1}} \tag{13-7-81}$$

$$\frac{\partial H_j}{\partial T_j} = -(L_j + U_j)\frac{\partial h_{L_j}}{\partial T_j} - (V_j + W_j)\frac{\partial h_{V_j}}{\partial T_j} \tag{13-7-82}$$

$$\frac{\partial H_j}{\partial T_{j+1}} = V_{j+1} \frac{\partial h_{V_{j+1}}}{\partial T_{j+1}} \tag{13-7-83}$$

上述各偏导数取决于所用的焓关联式。例如，如果采用与组成无关的温度多项式方程，

$$h_{V_j} = \sum_{i=1}^{C} y_{i,j}(A_i + B_i T + C_i T^2) \tag{13-7-84}$$

$$h_{L_j} = \sum_{i=1}^{C} x_{i,j}(a_i + b_i T + c_i T^2) \tag{13-7-85}$$

则偏导数为：

$$\frac{\partial h_{V_j}}{\partial T_j} = \sum_{i=1}^{C} y_{i,j}(B_i + 2C_iT) \tag{13-7-86}$$

$$\frac{\partial h_{L_j}}{\partial T_j} = \sum_{i=1}^{C} x_{i,j}(b_i + 2c_iT) \tag{13-7-87}$$

式(13-7-79)给出的 N 个方程构成 $\Delta T_j^{(r)}$ 的线性三对角矩阵方程。矩阵方程的形式与式(13-7-51)相同。例如式中 $A_2 = (\partial H_2/\partial T_1)^{(r)}$、$B_2 = (\partial H_2/\partial T_2)^{(r)}$、$C_2 = (\partial H_2/\partial T_3)^{(r)}$、$x_{i,2} = \Delta T_2^{(r)}$ 和 $D_2 = H_2^{(r)}$。此偏导数矩阵称为雅可比(Jacobian)校正矩阵。可用 Thomas 算法求解得到一组校正值 $\Delta T_j^{(r)}$。然后，可由下式确定 T_j 的新值：

$$T_j^{(r+1)} = T_j^{(r)} + t\Delta T_j^{(r)} \tag{13-7-88}$$

式中，t 为标量衰减因子。通常，和在式(13-7-78)中一样，t 可取为 1，但在每次迭代中可利用使下面函数平方和最小确定其最优值：

$$\sum_{j=1}^{N}[H_j^{(r+1)}]^2$$

当所有校正值 $\Delta T_j^{(r)}$ 趋近于零时，可借助式(13-7-70)或式(13-7-71)的判据确定是否已达到收敛。如果尚未达到收敛，调整 V_j 和 T_j 的数值，开始下一次迭代。流率加和法通常可快速收敛。

【**例 13-7-2**】 SR 法求解吸收过程。

对图 13-7-19 所示的吸收塔，计算各塔板温度、气液相流量及组成分布。

解 求解过程使用了 Shinohara 等[29]的计算程序。假设的初始条件为塔顶及塔底温度，分别为 305.4K 和 313.7K。满足收敛条件式(13-7-71)的迭代次数为 7 次，τ 值见下表：

迭代次数	τ/K
1	3070
2	789
3	14.20
4	2.67
5	0.264
6	0.0383
7	0.00670

图 13-7-19 中给出了收敛后的计算结果。图 13-7-20～图 13-7-22 给出了收敛后塔内温度分布、总流量分布以及组分的气相流量分布。

7.2.2.4　Newton-Raphson（NR）法

对于非理想性较强的液相混合物，或者分离器中一部分塔段类似吸收塔或汽提塔而另一部分类似精馏塔的情况，泡点法（BP）和流率加和法（SR）很难收敛。此时可以采用同时校正（SC）法，即对 MESH 方程同时联立求解，所用的迭代方法为 Newton-Raphson 法。

使用同时校正法，必须选择合适的未知变量和相应的方程（MESH 方程）并将其排序。Goldstein 和 Stanfield 提出[30]，对求解组分较多、平衡级数较少的问题，将方程按类型归

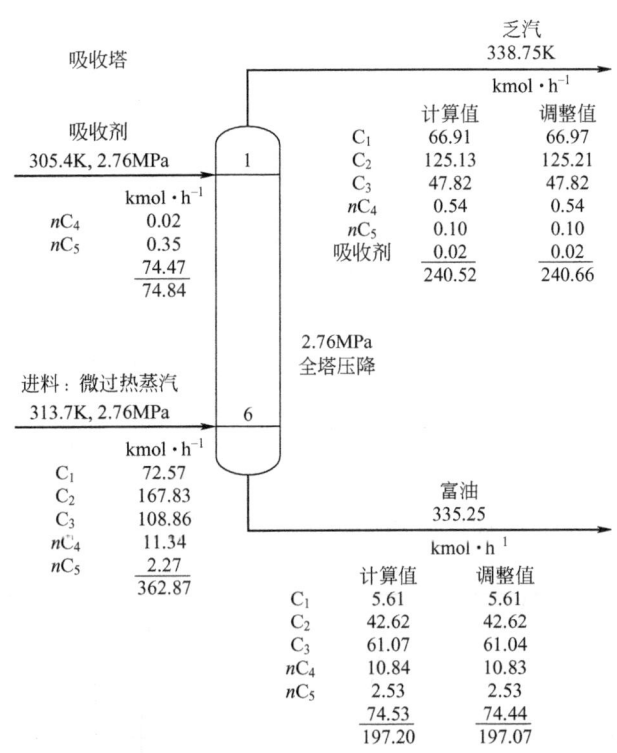

图 13-7-19 吸收塔进料条件及规定

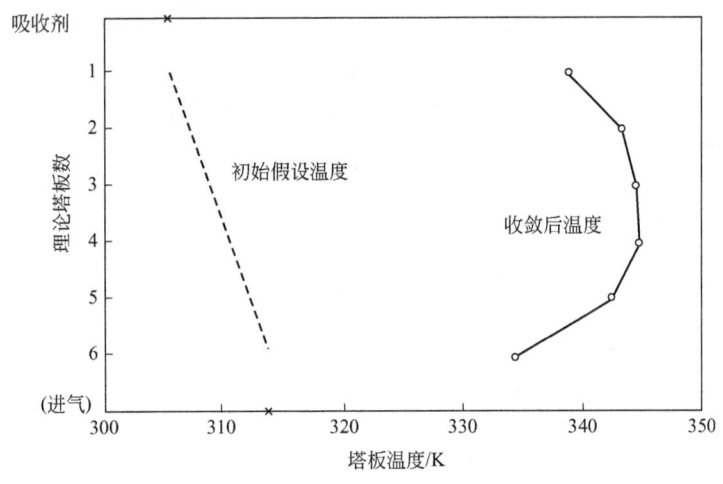

图 13-7-20 温度分布

类来计算是最有效的。而组分较少、平衡级数较多的问题则应将方程按平衡级位置来归类。上述第二种归类方法由 Naphtali 提出[31]，后被 Naphtali 和 Sandholm 成功应用[32]。

这里再次使用到图 13-7-13 和图 13-7-14 中的平衡级模型。不同于之前同时求解 $N(2C+3)$ 个 MESH 方程，此方法是通过变量代换，采用组分流率和温度作为未知变量，使未知变量数以及方程减少到 $N(2C+1)$。此时 MESH 方程变为：

物料衡算：

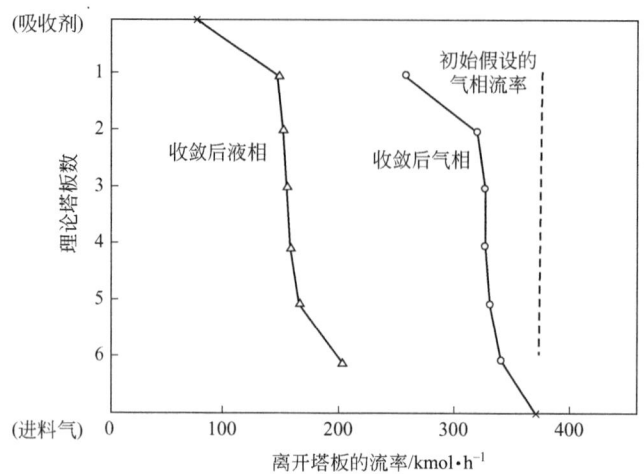

图 13-7-21 离开塔板的总流量分布

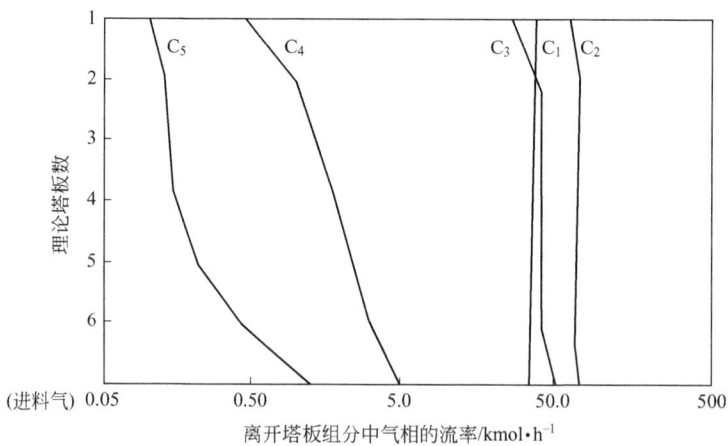

图 13-7-22 组分中的气相流量分布

$$M_{i,j} = l_{i,j}(1+s_j) + v_{i,j}(1+S_j) - l_{i,j-1} - v_{i,j+1} - f_{i,j} = 0 \tag{13-7-89}$$

相平衡：

$$E_{i,j} = K_{i,j} l_{i,j} \frac{\sum\limits_{k=1}^{C} v_{k,j}}{\sum\limits_{k=1}^{C} l_{k,j}} - v_{i,j} = 0 \tag{13-7-90}$$

能量衡算：

$$\begin{aligned} H_j = & h_{L_j}(1+s_j)\sum_{i=1}^{C} l_{i,j} + h_{V_j}(1+S_j)\sum_{i=1}^{C} v_{i,j} \\ & - h_{L_{j-1}} \sum_{i=1}^{C} l_{i,j-1} - h_{V_{j+1}} \sum_{i=1}^{C} v_{i,j+1} - h_{F_j} \sum_{i=1}^{C} f_{i,j} - Q_j = 0 \end{aligned} \tag{13-7-91}$$

其中 $f_{i,j} = F_j z_{i,j}$，$s_j = U_j/L_j$，$s_j = W_j/V_j$。

如果 N 和所有的 $f_{i,j}$、$T_{F,j}$、$p_{F,j}$、p_j、s_j、S_j 和 Q_j 都已规定，那么 M、E 和 H 方程是含有 $N(2C+1)$ 个未知变量，即 $v_{i,j}$、$l_{i,j}$ 和 $T_j(i=1,2,\cdots,C,j=1,2,\cdots,N)$ 的非线性函数。

在对式(13-7-89)～式(13-7-91)通过 Newton-Raphson 迭代法联立求解过程中，将方程和变量按平衡级从塔顶到塔底的顺序分组，可使方程组的导数矩阵，即雅可比矩阵形成分块三对角结构，并可采用 Thomas 算法进行计算。令：

$$\bm{X} = [\bm{X}_1, \bm{X}_2, \cdots, \bm{X}_j, \cdots, \bm{X}_N]^T \tag{13-7-92}$$

$$\bm{F} = [\bm{F}_1, \bm{F}_2, \cdots, \bm{F}_j, \cdots, \bm{F}_N]^T \tag{13-7-93}$$

其中 $\bm{X}_j$ 是第 j 级按下列次序排列的输出变量向量：

$$\bm{X}_j = [v_{1,i}, v_{2,j}, \cdots, v_{i,j}, \cdots, v_{c,j}, T_j, l_{1,j}, l_{2,j}, \cdots, l_{i,j}, \cdots, l_{c,j}]^T \tag{13-7-94}$$

$\bm{F}_j$ 是第 j 级按下列顺序排列的函数向量：

$$\bm{F}_j = [H_j, M_{1,i}, M_{2,j}, \cdots, M_{i,j}, \cdots, M_{c,j}, E_{1,j}, E_{2,j}, \cdots, E_{i,j}, \cdots, E_{c,j}]^T \tag{13-7-95}$$

参照式(13-7-77)，牛顿法递归式可以表示为：

$$\Delta \bm{X}^{(k)} = -\left[\left(\overline{\frac{\partial \bm{F}}{\partial \bm{X}}}\right)^{-1}\right]^{(k)} \bm{F}^{(k)} \tag{13-7-96}$$

和

$$\bm{X}^{(k+1)} = \bm{X}^{(k)} + t \Delta \bm{X}^{(k)} \tag{13-7-97}$$

其中 t 是标量步长因子，它的作用将在下面对收敛的讨论中提到；$(\overline{\partial \bm{F}/\partial \bm{X}})$ 为雅可比矩阵 [或称函数对所有变量偏导数的 $(N \times N)$ 阶分块矩阵]，由式(13-7-98)给出：

$$\overline{\frac{\partial \bm{F}}{\partial \bm{X}}} = \begin{bmatrix} \overline{\bm{B}}_1 & \overline{\bm{C}}_1 & \bm{0} & \bm{0} & \cdots & & & 0 \\ \overline{\bm{A}}_2 & \overline{\bm{B}}_2 & \overline{\bm{C}}_2 & \bm{0} & \cdots & & & 0 \\ 0 & \overline{\bm{A}}_3 & \overline{\bm{B}}_3 & \overline{\bm{C}}_3 & \cdots & & & 0 \\ \cdots & & \ddots & \ddots & \ddots & & & \cdots \\ \cdots & & & \ddots & \ddots & \ddots & & \cdots \\ \bm{0} & \cdots & & & \ddots & \ddots & \ddots & \\ \bm{0} & \cdots & & & 0 & \overline{\bm{A}}_{N-1} & \overline{\bm{B}}_{N-1} & \overline{\bm{C}}_{N-1} \\ \bm{0} & \cdots & & & 0 & 0 & \overline{\bm{A}}_N & \overline{\bm{B}}_N \end{bmatrix} \tag{13-7-98}$$

与式(13-7-51)结构类似，因为第 j 级的函数所涉及的变量只与第 $j-1$ 级、j 级和 $j+1$ 级有关，由式(13-7-98)给出的雅可比矩阵具有分块的三对角形式。子块 $\overline{\bm{A}}_j$、$\overline{\bm{B}}_j$ 和 $\overline{\bm{C}}_j$ 为第 j 级函数分别对第 $j-1$ 级、j 级和 $j+1$ 级的输出变量的偏导数 $(2C+1) \times (2C+1)$ 子矩阵。由式(13-7-89)、式(13-7-90)和式(13-7-91)可知，子矩阵中包含很多 0 元素，如果用"+"表示非零元素，则各子矩阵拥有下列的形式。

$$\overline{A}_j = \overline{\dfrac{\partial F_j}{\partial X_{j-1}}} = \begin{array}{c} \\ H_j \\ M_{1,j} \\ \\ \\ \\ M_{C,j} \\ E_{1,j} \\ \\ \\ \\ E_{C,j} \end{array} \begin{array}{c} \overset{\displaystyle X_{j-1}}{} \\[2pt] \overset{\displaystyle v_{1,j-1}\cdots\quad v_{C,j-1}\ \ T_{j-1}\ \ l_{1,j-1}\cdots\quad v_{C,j-1}}{\left[\begin{array}{cccccccc} & & + & + & \cdot & \cdot & \cdot & + \\ & & & -1 & & & & \\ & & & & \cdot & & & \\ & & & & & \cdot & & \\ & & & & & & \cdot & \\ & & & & & & & -1 \\ & & & & & & & \\ & & & & & & & \\ & & & & & & & \\ & & & & & & & \end{array}\right]} \end{array} \quad (13\text{-}7\text{-}99)$$

$$\overline{B}_j = \overline{\dfrac{\partial F_j}{\partial X_j}} = \begin{array}{c} H_j \\ M_{1,j} \\ \\ \\ \\ M_{C,j} \\ E_{1,j} \\ \\ \\ \\ E_{C,j} \end{array} \begin{array}{c} \overset{\displaystyle X_j}{} \\[2pt] \overset{\displaystyle v_{1,j}\cdots\quad\quad\quad v_{C,j}\ \ T_j\ \ l_{1,j}\cdots\quad\quad v_{C,j}}{\left[\begin{array}{cccccccccc} + & \cdot & \cdot & \cdot & \cdot & \cdot & \cdot & \cdot & \cdot & + \\ + & & & & + & & & & & \\ & \cdot & & & & & \cdot & & & \\ & & \cdot & & & & & \cdot & & \\ & & & \cdot & & & & & \cdot & \\ & & & & + & & & & & + \\ + & \cdot & \cdot & \cdot & \cdot & \cdot & \cdot & \cdot & \cdot & + \\ \cdot & & & & & & & & & \cdot \\ \cdot & & & & & & & & & \cdot \\ \cdot & & & & & & & & & \cdot \\ + & \cdot & \cdot & \cdot & \cdot & \cdot & \cdot & \cdot & \cdot & + \end{array}\right]} \end{array} \quad (13\text{-}7\text{-}100)$$

$$\overline{C}_j = \overline{\dfrac{\partial F_j}{\partial X_{j+1}}} = \begin{array}{c} H_j \\ M_{1,j} \\ \\ \\ \\ M_{C,j} \\ E_{1,j} \\ \\ \\ \\ E_{C,j} \end{array} \begin{array}{c} \overset{\displaystyle X_{j+1}}{} \\[2pt] \overset{\displaystyle v_{1,j+1}\cdots\quad v_{C,j+1}\ \ T_{j+1}\ \ l_{1,j+1}\cdots\quad v_{C,j+1}}{\left[\begin{array}{cccccc} + & \cdot & \cdot & \cdot & + & \\ -1 & & & & & \\ & \cdot & & & & \\ & & \cdot & & & \\ & & & \cdot & & \\ & & & & -1 & \\ & & & & & \\ & & & & & \\ & & & & & \\ & & & & & \end{array}\right]} \end{array} \quad (13\text{-}7\text{-}101)$$

因此，式(13-7-96)由一组含有 $N(2C+1)$ 个校正值 $\Delta \boldsymbol{X}$ 为变量的 $N(2C+1)$ 个线性方程组成。例如，按照式(13-7-99)～式(13-7-101)的排列方式，式(13-7-96)中的第 $2C+2$ 个方程是通过将函数 H_2 [式(13-7-91)] 写成类似于式(13-7-75)的线性展开式而获得的。结果如下：

$$\begin{aligned}
-H_2 = & 0(\Delta v_{1,1} + \cdots + \Delta v_{C,1}) - \frac{\partial h_{L_1}}{\partial T_1} \sum_{i=1}^{C} l_{i,1}(\Delta T_1) \\
& - \left(\frac{\partial h_{L_1}}{\partial l_{1,1}} \sum_{i=1}^{C} l_{i,1} + h_{L_1} \right) \Delta l_{1,1} - \cdots \\
& - \left(\frac{\partial h_{L_1}}{\partial l_{C,1}} \sum_{i=1}^{C} l_{i,1} + h_{L_1} \right) \Delta l_{C,1} - \cdots \\
& + \left[\frac{\partial h_{V_2}}{\partial v_{i,2}}(1+S_2) \sum_{i=1}^{C} v_{i,2} + h_{V_2}(1+S_2) \right] \Delta v_{1,2} + \cdots \\
& + \left[\frac{\partial h_{V_2}}{\partial v_{C,2}}(1+S_2) \sum_{i=1}^{C} v_{i,2} + h_{V_2}(1+S_2) \right] \Delta v_{C,2} \\
& + \left[\frac{\partial h_{L_2}}{\partial T_2}(1+s_2) \sum_{i=1}^{C} l_{i,2} + \frac{\partial h_{V_2}}{\partial T_2}(1+S_2) \sum_{i=1}^{C} v_{i,2} \right] \Delta T_2 \\
& + \left[\frac{\partial h_{L_2}}{\partial l_{1,2}}(1+s_2) \sum_{i=1}^{C} l_{i,2} + h_{L_2}(1+s_2) \right] \Delta l_{1,2} + \cdots \\
& + \left[\frac{\partial h_{L_2}}{\partial l_{C,2}}(1+s_2) \sum_{i=1}^{C} l_{i,2} + h_{L_2}(1+s_2) \right] \Delta l_{C,2} \\
& - \left(\frac{\partial h_{V_3}}{\partial v_{1,3}} \sum_{i=1}^{C} v_{i,3} + h_{V_3} \right) \Delta v_{1,3} - \cdots \\
& - \left(\frac{\partial h_{V_3}}{\partial v_{C,3}} \sum_{i=1}^{C} v_{i,3} + h_{V_3} \right) \Delta v_{C,3} \\
& - \frac{\partial h_{V_3}}{\partial T_3} \sum_{i=1}^{C} v_{i,3} \Delta T_3 + 0(\Delta l_{1,3} + \cdots + \Delta l_{C,3})
\end{aligned}$$

(13-7-102)

进一步举例说明，雅可比矩阵中第 $2C+2$ 行和第 $C+3$ 列的元素可按照式(13-7-102)得到：

$$\frac{\partial H_2}{\partial l_{2,1}} = -\frac{\partial h_{L_1}}{\partial l_{2,1}} \sum_{i=1}^{C} l_{i,1} + h_{L_1} \tag{13-7-103}$$

虽然气、液相的焓以及 K 值通常是未知变量的非线性函数，但某些变量的影响却很小，因而导数计算可以简化。比如，相比温度和液相组成而言，气相组成对 K 值的影响甚小，因此 K 对所有气相流率的导数可视为零。

因为 Thomas 法可以适用于式(13-7-98)的分块三对角结构，所以偏导数的子矩阵可以只根据需要来计算。根据式(13-7-52)～式(13-7-57)，可求解式(13-7-96)，其中矩阵和矢量 $\overline{\boldsymbol{A}}_j$、$\overline{\boldsymbol{B}}_j$、$\overline{\boldsymbol{C}}_j$、$-\overline{\boldsymbol{F}}_j$ 和 $\Delta \boldsymbol{X}_j$ 分别与变量 A_j、B_j、C_j、D_j 和 x_j 相对应。

一般来说，塔顶和塔底变量规定条件的设定对整体矫正法计算稳定性具有重要影响。通常不宜对冷凝器和再沸器的热负荷进行规定，因为两者通常是相互影响的。使用其他变量替代联立方程组中的热量衡算方程 H_1 和/或 H_N,并用偏差函数表示。对设有分凝器的塔可供选择的规定方式列于表 13-7-2 中。

表 13-7-2 可供选择的规定方式

规定变量	替换 H_1	替换 H_N
回流比或再沸比,L/D 或 V/B	$\sum l_{i,1} - (L/D)\sum v_{i,1} = 0$	$\sum v_{i,N} - (V/B)\sum l_{i,N} = 0$
塔板温度,T_D 或 T_B	$T_1 - T_D = 0$	$T_N - T_B = 0$
产品流率,D 或 B	$\sum v_{i,1} - D = 0$	$\sum l_{i,N} - B = 0$
产品中组分的流率,d_i 或 b_i	$v_{i,1} - d_i = 0$	$l_{i,N} - b_i = 0$
产品中组分的摩尔分数,y_{iD} 或 x_{iB}	$v_{i,1} - (\sum v_{i,1})y_{iD} = 0$	$l_{i,N} - (\sum l_{i,N})x_{iB} = 0$

采用整体校正法是对 MESH 方程组整体作数学处理,其优势之一是可以在方程中引入塔板效率参数。如果需要得到实际的级数而非理论级数,可将式(13-7-90) 进行修改,并规定板效率的值。例如,Murphree 板效率可由下列定义式将其与气相组成相关联:

$$\eta_j = \frac{y_{i,j} - y_{i,j+1}}{K_{i,j}x_{i,j} - y_{i,j+1}} \tag{13-7-104}$$

利用各组分的流率,式(13-7-90) 可写成如下偏差函数形式,并替代式(13-7-89)。

$$E_{i,j} = \frac{\eta_j K_{i,j} l_{i,j} \sum_{k=1}^{C} v_{k,j}}{\sum_{k=1}^{C} l_{k,j}} - v_{i,j} + \frac{(1-\eta_j)v_{i,j+1}\sum_{k=1}^{C} v_{k,j}}{\sum_{k=1}^{C} v_{k,j+1}} = 0 \tag{13-7-105}$$

对于需要过冷的全凝器,必须规定其过冷程度,并用表示回流与馏出液组成相同的函数来替代式(13-7-90) 或式(13-7-105)。

图 13-7-23 给出了 Naphtali-Sandholm 算法的框图。图中对已知条件的规定是比较灵活的。但算法需要对平衡级数及所有进料流股的压力、组成、流率和进料位置进行规定。对于两相的进料流股,可将其引入同一平衡级,也可将其中的气相部分引入进料位置的上一级。对于压力和板效率的规定,可先规定塔顶和塔底的数值,其余各级的压力和板效率的值则通过线性内插法获得。气相和/或液相的侧线流股可通过总流量或组分的流率来确定,也可以通过侧线流股的流率与流向下一级的流股的流率之比来确定。塔顶级和塔底级的规定可选择冷凝器负荷 Q_1 和再沸器负荷 Q_N,或选择表 13-7-2 中的规定。

为有利于收敛,Newton-Raphson 法需要为所有输出变量提供合适的初值。如果已经规定塔底和塔顶,或者一个或多个中间级的 T、V 和 L 的初值,也可在此基础上产生其他输出变量的初值。例如,通过线性内插法可获得其余的 T_j、V_j 和 L_j 的初值,继而可获得 $v_{i,j}$ 和 $l_{i,j}$ 的初值。

$x_{i,j}$ 值和 $y_{i,j}$ 值的计算有两种方法。一种方法是,如果 K 值与组成无关,或可作近似处理,则可通过式(13-7-51) 和式(13-7-41),在 BP 法和 SR 法的第一次迭代中来计算 $x_{i,j}$ 值和相应的 $y_{i,j}$ 值。另一种更为粗略的方法是在全塔平均压力下对组合进料进行闪蒸计算,并用 V/L 值来近似表示塔顶与塔底产物之比,这样能得到一个粗略的估计值。假定所得的平

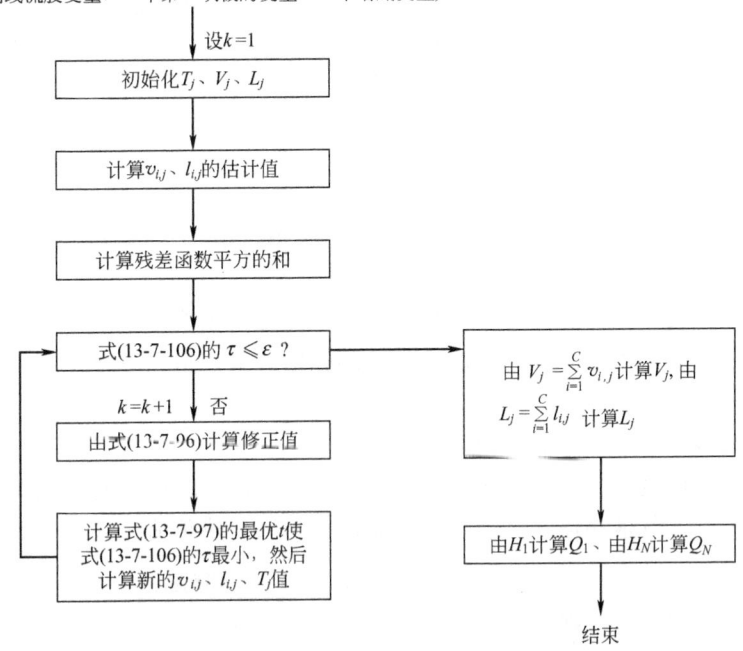

图 13-7-23 Naphtali-Sandholm 的整体校正 Newton-Raphson 算法

衡气相和液相组成适用于每一个平衡级，则第二种方法更为有效，但第一种方法更加适用于复杂的情况。这两种方法都可以将 $x_{i,j}$ 值和 $y_{i,j}$ 值代入式(13-7-91)来求解 $l_{i,j}$ 和 $v_{i,j}$ 的初始组分流率的值。

整体校正法通常将计算所得的偏差函数的平方和与收敛判据进行比较：

$$\tau = \sum_{j=1}^{N}\left\{(H_j)^2 + \sum_{i=1}^{C}\left[(M_{i,j})^2 + (E_{i,j})^2\right]\right\} \leqslant \varepsilon \tag{13-7-106}$$

为使所有偏差函数的值具有相同的数量级，需要用近似等于汽化潜热（如 1000kJ·kmol^{-1}）的标量因子来除以能量衡算方程 H_j。

若收敛判据采用式(13-7-107)计算，所得到的收敛值一般能精确到 4 位或 4 位以上的有效数字，大多数的问题都能在 10 次迭代以内收敛。

$$\varepsilon = N(2C+1)\left(\sum_{j=1}^{N} F_j^2\right) \times 10^{-10} \tag{13-7-107}$$

一般情况下，用输出变量的初值进行第一次迭代很难满足收敛判据。其后续的迭代过程中，用式(13-7-96)计算 Newton-Raphson 校正值，然后将校正值加到输出变量的现有值上获得一系列新的输出变量。或者也可以采用式(13-7-97)来计算，其中 t 是一个非负的标量步长因子。在每一次迭代中，所有的输出变量都应采用相同的 t 值。t 值允许从稍大于 0 到 2 之间变化，以期达到兼顾计算的稳定性和收敛速度的目的。每次迭代，寻找使式(13-7-106)的平方和最小的 t 值。一般情况下，t 的最优值相应的数值变化则是从 0 到 1 之间的某值到几乎等于或略大于 1。每次迭代中 t 的最优值可采用 Fibonacci 搜索法[33]加以确定。若在指定

的范围内无法找到 t 的最优值，则设定 t 为 1 或较小的数值，并允许其平方和增大。一般来说，经过几次迭代后，平方和会逐渐地减小。

如果通过式(13-7-97)计算出的组分流率为负，则可用 Naphtali 和 Sandholm 推荐的映射方程，将未知变量的值减小到一个接近 0 的非负值：

$$X^{(k+1)} = X^{(k)} \exp\left[\frac{t \Delta X^{(k)}}{X^{(k)}}\right] \tag{13-7-108}$$

此外，建议限定每次迭代过程中的温度校正值。

NR 法很容易推广到包含两个液相（如萃取）和三相共存（如三相精馏）的多级分离器的情况[34]，以及具有内部连接流股的分离器的情况[35]。

应该指出，初始点的选择对整体校正法收敛速度甚至能否收敛具有重要影响。这是整体校正法的显著弱点。因此对于一些较为复杂的精馏过程模拟，不得不选择如本章第 7.2.4 节所述的其他方法。

【例 13-7-3】 NR 法求解再沸吸收塔。

再沸吸收塔的进料条件及规定如图 13-7-24 所示，该塔用于脱除乙烷馏分。试使用 NR 法计算各板温度、气液相流量、组成的分布以及再沸器热负荷。假设各板效率为 100%。

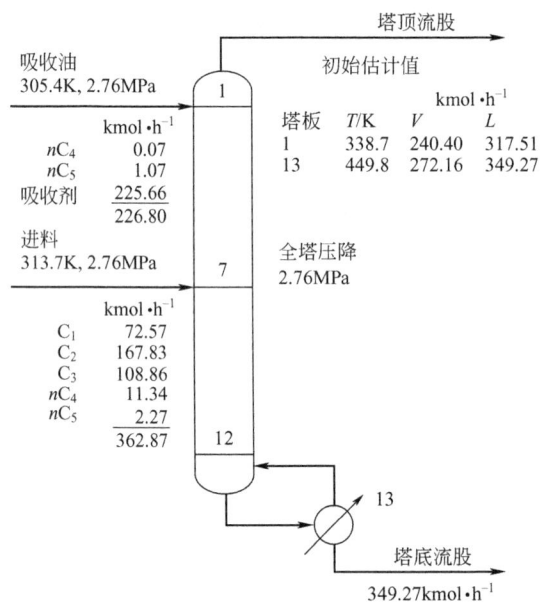

图 13-7-24 再沸吸收塔进料条件及规定

解 使用 Naphtali 和 Sandholm 的计算机程序。假设 K 值和焓与组成无关，通过在 $0\sim477.55\text{K}$ 间数据线性插值获得。

根据式(13-7-107)，收敛条件为：

$$\varepsilon = 13 \times (2 \times 6 + 1) \times (226.80 + 362.87)^2 \times 10^{-10} = 5.876 \times 10^{-3}$$

图 13-7-25 显示了迭代过程中 169 个偏差函数平方和减少的过程，其中 t 为步长因子，经 7 次迭代，满足了误差要求。迭代开始时使用的数据是基于图 13-7-25 中的初始估计以及对混合进料的闪蒸计算获得的。第一次迭代计算的摩尔分数如下表，并用于

每一块板：

组分	y	x
C_1	0.2603	0.0286
C_2	0.4858	0.1462
C_3	0.2358	0.1494
nC_4	0.0153	0.0221
nC_5	0.0025	0.0078
吸收剂	0.0003	0.6459
	1.0000	1.0000

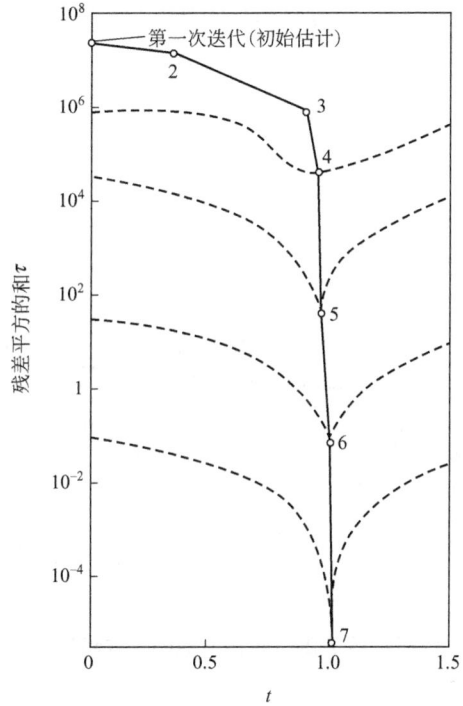

图 13-7-25　误差收敛趋势

第 1 次迭代误差非常大，τ 为 2.865×10^7。第 2 次迭代时，最优的步长因子 t 为 0.34，对误差减小起了一定作用。第 3 次迭代，最优的步长因子 t 为 0.904，误差有一个数量级的减小。到第 4 次及以后的迭代，步长因子 t 的作用从图 13-7-25 中可看到，误差有两个数量级的减小，步长因子 t 趋近于 1。

图 13-7-26 和图 13-7-27 相对初始数值，对比了温度、气液比的收敛特性。由图 13-7-26 可见，收敛后塔板上的温度与按塔板线性变化的估计温度相差很远。进料板之上，从塔顶向下温度逐步升高，由于进料温度低，第 6 块板至第 7 块板温度有小幅降低。从第 7 块板至第 13 块板温度继续增加，从塔底至再沸器，温度大幅升高。从图 13-7-27 可看出，收敛后的气液比与初始估计值相差很远。

图 13-7-28 为关键组分流率在塔内的变化情况。可以看出，初始的估计值与收敛后数值相差很大。除了塔底一块板，液相中丙烷在塔内的变化比较有规律，而在塔底由于在再沸器中的汽化，其数值大幅度减小。由于吸收剂对乙烷的吸收作用，气相中乙烷的流率在塔顶发

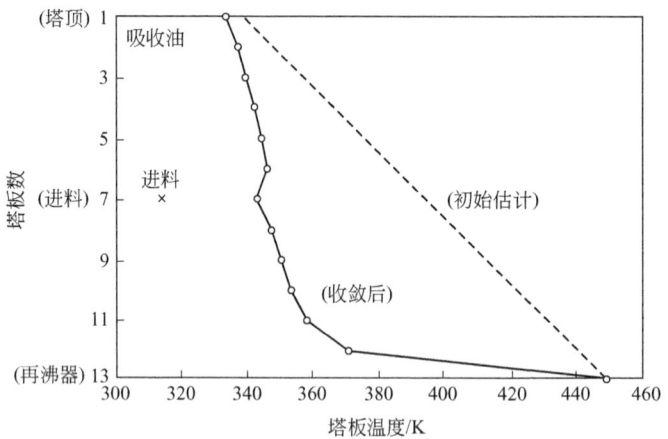

图 13-7-26 温度收敛趋势

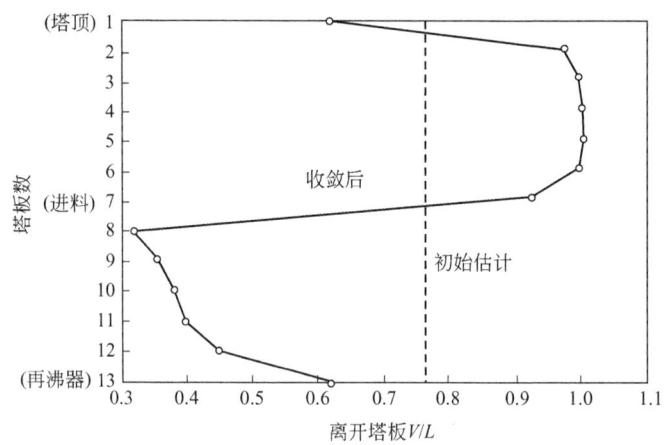

图 13-7-27 塔内气液比收敛趋势

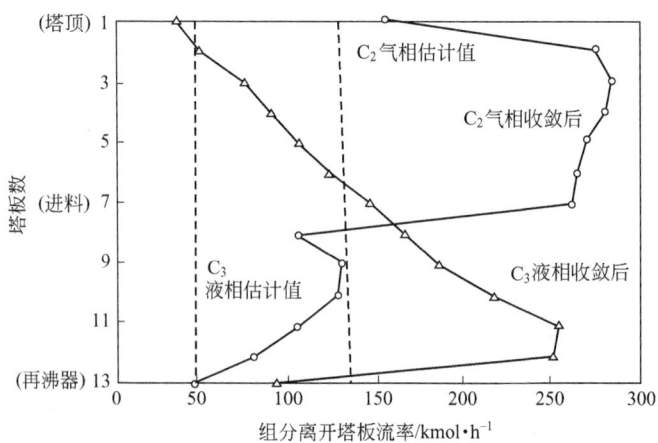

图 13-7-28 关键组分流率在塔内的变化情况

生变化，在进料板位置由于气相乙烷进入，其流量也发生了改变。

收敛后的再沸器热负荷以及塔顶塔底组成见表 13-7-3，表中还包含了使用 Chao-Seader

(CS) 和 Soave-Redlich-Kwong (SRK) 状态方程计算 K 值和焓值，代替假设 K 值和焓值与组成无关的结果。使用 SRK 状态方程计算热力学性质时，两个关键组分得到了更清晰的分离，并且塔底温度和再沸器热负荷有所增加。由此可见，热力学模型的选择对物性的准确性影响很大，选择时需注意。

表 13-7-3　再沸器热负荷以及塔顶塔底组成

项目		与组成无关的性质	Chao-Seader 关联式	Soave-Redlich-Kwong 方程
塔顶组分流率 /kmol·h^{-1}	C_1	72.57	72.57	72.57
	C_2	153.30	151.28	154.93
	C_3	14.42	16.37	12.76
	nC_4	0.02	0.03	0.02
	nC_5	0.08	0.10	0.08
	吸收油	0.02	0.07	0.05
		240.41	240.42	240.41
塔底组分流率 /kmol·h^{-1}	C_1	0.005	0.01	0.005
	C_2	14.53	16.51	12.90
	C_3	94.44	92.50	96.11
	nC_4	11.39	11.38	11.39
	nC_5	3.26	3.24	3.26
	吸收油	225.64	225.59	225.61
		349.27	349.23	349.28
再沸器热负荷/kW		3326.36	3217.92	4583.63
塔底温度/℃		447.8	443.4	466.9

7.2.3 Inside-Out 法

在泡点（BP）法、流率加和（SR）法以及 NR 法中，大部分计算工作量花费在 K 值和焓值的计算上。如果采用严格的热力学模型，由于每次迭代都需要进行物性计算，同时需要计算所有热力学性质对温度和两相各组成的偏导数（NR 法），K 对温度的偏导数（BP 法）；焓对温度的偏导数（SR 法），上述方法则非常耗时，以至会影响方法的实用性。

为有效减少计算工作量，20 世纪 70 年代 Boston 和 Sullivan[23] 提出了一种内外层法，即 Inside-Out 算法。图 13-7-29(a) 给出了内外层法与其他方法，即 BP/SR 法 [图 13-7-29(b)] 及 Newton-Raphson 法 [图 13-7-29(c)] 的主要区别。该算法的基本思想是在 MESH 方程的求解中使用简化的热力学模型，形成简化的 MESH 方程并求解，当计算收敛后再应用严格模型进行校核，如简化 MESH 方程解满足严格热力学模型则计算结束，否则采用严格热力学模型对简化模型进行修正，然后使用修正后的简化 MESH 模型再次进行计算，直到严格热力学模型得以满足。因此在内外层方法中主要使用简化模型，很少量使用严格模型。由于内外层方法中的简化热力学模型可使 K 值和焓值及其导数计算大为简化，所以该方法收敛速度较传统方法大为提高。为了实现上述思想，内外层算法将计算分为内、外层两个循环，内层循环完成简化 MESH 方程的迭代求解，外层则完成严格热力学模型校核以及简化模型的更新。

许多文献[36~41]和计算机模拟程序的专利均对内外层法做出了扩充和改进，使该法可应用于几乎所有类型的稳态、多组元、多级气-液分离操作。该方法已经广泛应用于包括 ASPENPLUS 在内的流程模拟商业软件中，已经成为精馏过程严格模拟计算的一种有效方法。

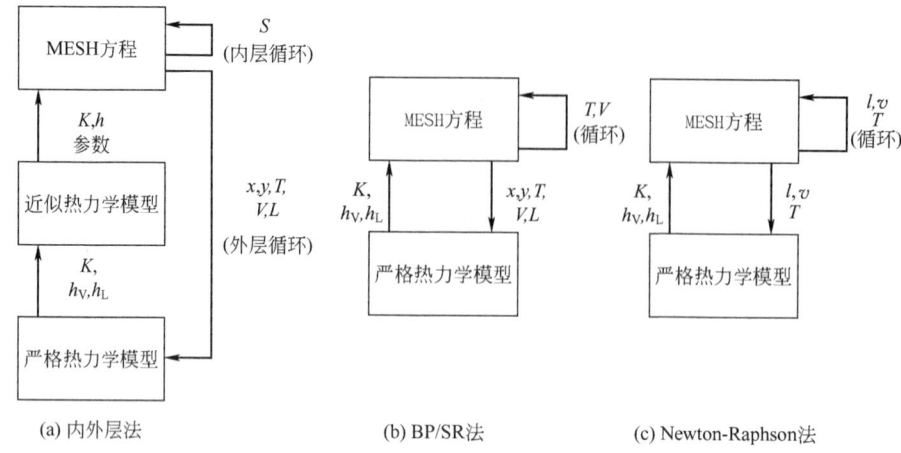

图 13-7-29　内外法与其他方法迭代过程的比较

7.2.3.1　内外层法中的 MESH 方程

与 BP 法、SR 法和 NR 法相同，内外层法应用图 13-7-13 和图 13-7-14 中的平衡模型。其内层迭代变量为：$\alpha_{i,j}=K_{i,j}/K_{b,j}$，$S_{b,j}=K_{b,j}V_j/L_j$，$R_{L_j}=1+U_j/L_j$，$R_{V_j}=1+W_j/V_j$，其中 K_b 是基准或虚拟参考组分的 K 值，$S_{b,j}$ 是基准组分的汽提因子，R_{L_j} 是液相抽出因子，R_{V_j} 是气相抽出因子。对于没有侧线流股的级，R_{L_j} 和 R_{V_j} 为 1。将上述迭代变量代入式(13-7-89)～式(13-7-91)，则内层迭代循环的 MESH 模型方程组为：

相平衡：

$$v_{i,j}=\alpha_{i,j}S_{b,j}l_{i,j}, i=1\sim C, j=1\sim N \tag{13-7-109}$$

组分物料衡算：

$$l_{i,j-1}-(R_{L_j}+\alpha_{i,j}S_{b,j}R_{V_j})l_{i,j}+(\alpha_{i,j+1}S_{b,j+1})l_{i,j+1}=-f_{i,j}, i=1\sim C, j=1\sim N \tag{13-7-110}$$

能量衡算：

$$H_j=h_{L_j}R_{L_j}L_j+h_{V_j}R_{V_j}V_j-h_{L_{j-1}}L_{j-1}-h_{V_{j+1}}V_{j+1}-h_{F_j}F_j-Q_j=0, j=1\sim N \tag{13-7-111}$$

式中，$S_{i,j}=\alpha_{i,j}S_{b,j}$。

此外，表 13-7-2 中所示的各类偏差函数可加到 MESH 方程中实现各种限制规定。

7.2.3.2　热力学模型

(1) 严格模型　在内外层法的外层迭代循环中，需要使用严格热力学模型对内层迭代中使用的近似模型参数进行重新计算。所使用的严格热力学模型包括基于 p-V-T 状态方程的模型和预测液相活度系数的基于自由能的模型。严格热力学模型包括气-液平衡常数模型：

$$K_{i,j}=K_{i,j}\{p_j, T_j, \boldsymbol{x}_j, \boldsymbol{y}_i\} \tag{13-7-112}$$

气相以及液相焓的模型：

$$h_{V_j}=h_{V_j}\{p_j, T_j, \boldsymbol{y}_i\} \tag{13-7-113}$$

$$h_{L_j} = h_{L_j}\{p_j, T_j, x_i\} \tag{13-7-114}$$

(2) 近似模型 内外层法中使用近似模型计算级温度和汽提因子。

Russell[38] 和 Jelinek[40] 的近似 K 值模型由 $\alpha_{i,j}$ 值和 $K_{b,j}$ 值进行估算。$K_{b,j}$ 值由下式计算：

$$K_{b,j} = \exp(A_j - B_j/T_j) \tag{13-7-115}$$

进料中的任一组分或虚拟的参考组分均可选择作为基准组分 b，当采用后者时，基准组分的 K 值采用如下形式的气相组成加权形式：

$$K_{b,j} = \exp\left(\sum_i w_{i,j} \ln K_{i,j}\right) \tag{13-7-116}$$

式中，$w_{i,j}$ 为加权函数，有：

$$w_{i,j} = \frac{y_{i,j}[\partial \ln K_{i,j}/\partial(1/T)]}{\sum_i y_{i,j}[\partial \ln K_{i,j}/\partial(1/T)]} \tag{13-7-117}$$

初始的 $K_{i,j}$、K_b 和 $\alpha_{i,j}$ 值由严格热力学模型计算得到。式(13-7-117)中的偏导数可由严格模型用数值法或解析法求取。确定式(13-7-115)中的 A_j 和 B_j 值时，每级需要选择两个温度。例如，可选择两个相邻级 $j-1$ 和 $j+1$ 的估计温度或当前温度。这两个温度称为 T_1 和 T_2，并对每一级的基准组分 b 有：

$$B = \frac{\ln(K_{b_{T_1}}/K_{b_{T_2}})}{\frac{1}{T_2} - \frac{1}{T_1}} \tag{13-7-118}$$

$$A = \ln K_{b_{T_1}} + B/T_1 \tag{13-7-119}$$

关于焓的计算，对任一相：

$$h = h_V^0 + (h - h_V^0) = h_V^0 + \Delta H \tag{13-7-120}$$

式中，h_V^0 是理想气体焓；ΔH 项为焓差，对气相，考虑压力的影响，$\Delta H_V = h_V - h_V^0$；而对液相，考虑汽化焓和压力对气液两相的影响，$\Delta H_L = h_L - h_V^0$。汽化焓对 ΔH_L 有重要影响。上述两个焓差在近似的焓方程中，用两个线性函数代替：

$$\Delta H_{V_j} = c_j - d_j(T_j - T^*) \tag{13-7-121}$$

$$\Delta H_{L_j} = e_j - f_j(T_j - T^*) \tag{13-7-122}$$

上两式中焓差采用单位质量焓为单位，T^* 为参考温度。参数 c、d、e 和 f 在每次外层循环迭代中由严格模型估算。

7.2.3.3 内外层法

Russell[38] 的内外层法包括初始化方法、内层循环迭代和外层循环迭代。

(1) 初始化方法 在开始内层或外层循环计算前，可使用 Boston 和 Sullivan[23] 建议的方法对所有级的 $x_{i,j}$、$y_{i,j}$、T_j、V_j 和 L_j 给出估计值。采用严格热力学模型计算 K 和 h 近似模型所需参数 A_j、B_j、$a_{i,j}$、$b_{i,j}$、c_j、d_j、e_j、f_j、$K_{b,j}$ 和 $\alpha_{i,j}$。计算 $S_{b,j}$、$R_{L,j}$ 和

$R_{V,j}$ 的初值。

(2) 内层循环迭代计算步骤 在内层循环中由 M 方程(13-7-110) 计算组分液相流量 $l_{i,j}$。由 E 方程(13-7-109) 计算组分气相流量 $v_{i,j}$。由此可分别用式(13-7-89) 和式(13-7-90) 计算总流量 V_j 和 L_j 的修正值。由式(13-7-92) 计算每一级的 x_i 值,然后将泡点方程式 $\sum_i z_i K_i = 1$ 和式 $\alpha_{i,j}$ 的定义相结合得到的式(13-7-123) 计算 $K_{b,j}$ 的一组修正值:

$$K_{b,j} = 1 / \sum_{i=1}^{C} (\alpha_{i,j} x_{i,j}) \tag{13-7-123}$$

用这组新的 $K_{b,j}$ 值,用式(13-7-115) 计算所需温度的一组新值:

$$T_j = \frac{B_j}{A_j - \ln K_{b,j}} \tag{13-7-124}$$

在内层循环迭代中使用 H 方程(13-7-111) 及其他限制方程做收敛检验,直至内层迭代收敛,并产生一组新的变量 $x_{i,j}$、$y_{i,j}$、T_j、V_j 和 L_j。

(3) 外层循环迭代计算步骤 根据内层循环得到的新的变量值,由严格热力学模型计算相对挥发度和物流的焓。如果与用于开始内层循环迭代的前一次数值足够接近,则算法获得收敛。否则,执行初始化中的步骤,利用严格模型逐级确定 K 和 h 近似模型参数的数值,再依次进行内层和外层的迭代计算。

内外层法对大多数问题是稳定和快速的。若初始估计值偏差比较大,导致塔内某些位置流量为负或零时,收敛可能遇到困难。为克服这种倾向,可将所有组分汽提因子乘以基准汽提因子 S_b,即

$$S_{i,j} = S_b \alpha_{i,j} S_{b,j} \tag{13-7-125}$$

S_b 值的初始选择应使初始化步骤的结果能给出全塔组分流量的合理分布。Russell 推荐 S_b 值只选一次,而 Boston 和 Sullivan[23] 则对每组新的 $S_{b,j}$ 值均计算新的 S_b 值。

对强的非理想混合物,应用内外层法可能比较困难。遇到这种情况时,可优先采用 NR 法。如果 NR 法也不能收敛,Kister[42] 的松弛迭代法或者延拓法通常能成功收敛,但计算时间可能会有数量级的增加。

7.2.4 其他方法

方程分解法的应用范围相对有限,例如,BP 法可成功应用于精馏过程(窄沸程混合物),SR 法更适用于宽沸程的混合物系。对于物质受温度和组成影响均显著的情况,以上算法往往出现收敛问题。而同时收敛法可克服 BP 法、SR 法以及其他一些方法的局限性。因此除本节介绍的上述方法,多组元精馏的模拟计算还有针对不同情况的一些有效的方法。

(1) 同时收敛法 同时收敛法是指通过牛顿法或者与之相关的方法同时求解 MESH 方程组实现精馏过程严格计算。该方法也是商业过程模拟程序的标准方法,当多数基于方程分解法和内外法很难奏效时,基于牛顿法的同时收敛法体现出快速和可靠的特点。

(2) 延续法 延续(continuation)法又称同伦算法,主要是为了解决牛顿法高度依赖初始解的问题。当多数方法都不便使用时,也可考虑同伦算法或物理延拓法进行求解。关于同伦算法在化学工程应用中的详细描述可参见文献 [43]。

(3) 非稳态松弛法 以上多组元精馏过程的严格方法都是以描述稳态精馏过程的

MESH 方程组为基础进行求解计算的。对于非常难以收敛的问题，可利用非稳态方程计算方法通过求解非稳态精馏过程的 MESH 方程组模拟求解稳态精馏过程，称为松弛方法[44~46]。假设精馏塔在非稳态下操作，塔内过程变量具有某一初始分布，随着操作的进行逐渐趋于稳定状态，即稳态精馏模拟计算结果。该过程相当于精馏塔的开车过程，经过一段非稳态操作后，逐渐达到正常的稳态操作情况。非稳态过程可以用非稳态的物料衡算方程描述，这是一个常微分方程，而其他的方程（E、S、H 方程）仍用代数方程表示。所建立的数学模型是一个常微分-代数方程组，其中的微分方程需要使用数值积分方法求解。松弛法只要时间步长足够小，就可以保证计算的收敛。松弛法的优点在于其极度的稳定性。该方法的缺点在于，通常收敛是一个很慢的过程，在接近结果时收敛速度会进一步放慢。因此，这个方法更适用于那些难以收敛的问题。

目前，计算效率更高且更加稳健的其他非稳态方法在复杂精馏塔以及复杂分离流程优化的应用研究中取得了新的成果，相关成果及方法可参见文献 [47~49]。

7.3 非平衡级和非平衡混合池模型

平衡级模型用来描述由若干平衡级或理论塔板构成的模型精馏塔，它基于两个主要的假设：

① 平衡级假设，即假设离开每一级（或理论塔板）的气相混合物和液相混合物之间处于相平衡；

② 全混级假设，即假设每一级上的液体和级间的气体都分别是完全混合的，具有均匀的组成和温度。

由于作为平衡级模型之基础的两个主要假设都不符合实际情况，所以利用平衡级模型进行模拟计算的结果与实际的精馏塔并不相同。为了弥补它们之间的偏差，目前通常采用的方法是根据经验选择或利用一些经验关联式来估计一个全塔效率（或总包效率）E_T 的数值。全塔效率的定义为：

$$E_T = \frac{N_T}{N_A} \quad (13\text{-}7\text{-}126)$$

式中，N_T 为平衡级模型计算所得到的理论板数；N_A 是实际的精馏塔板数。由于不能准确地估计 E_T 的数值，所以虽然平衡级精馏计算非常严格，但由式(13-7-126)确定的 N_A 却是一个很粗略的近似值。而且由平衡级计算也无法得到与实际精馏过程有关的其他信息，如每块实际塔板的气相和液相的组成、温度和流率等。为了解决这个问题，人们越来越注意到不应仅是对平衡级模型的计算结果进行校正，而应该直接对实际的精馏塔进行模拟计算。然而实际精馏塔传递行为非常复杂，不但气、液两相之间达不到相平衡，而且由于流体流动分布的影响，塔板或填料中的液相以及气相中的组分浓度分布并不均匀。所以平衡级模型实际上包含了上述两个假设，从而使问题得到大幅度简化，而实际精馏塔的模拟是十分复杂的。

学术界针对实际精馏塔的模拟进行了多年的努力，目前可归纳出三种方法，即全混非平衡级模型、不完全混合的非平衡级模型（混合池模型），以及精馏塔严格模拟的计算传质学方法。

(1) 全混非平衡级模型 这类模型认为塔板上的液体和板间的气体都是完全混合的,所以塔板效率等于点效率,即 $E_{MV}=E_{OG}$,其数值可以由点效率预测模型进行计算。在建立精馏过程的全混型非平衡级模型时又有两种不同的形式:

① METSH 方程组法 利用塔板效率 E_{MV} 将塔板上的实际气相组成与液相组成相关联,将计算 E_{MV} 的塔板效率关系式(T 方程)加入精馏基本方程组中,构成一个 METSH 方程组。求解此数学模型便可以得到各层非平衡级的气、液两相组成、温度和流率等。

② K-T 模型 1985 年 Krishnamurthy 和 Taylor[50]提出另一种形式的非平衡级模型,他们不直接使用塔板效率(或点效率)的概念,而是将 Maxwell-Stefan 多组元扩散方程以及传热方程结合为表示相界面两侧面气膜和液膜内传质通量和传热通量的速率(R)方程式并与塔板的质量、能量衡算方程及组分摩尔分数加和方程结合在一起构成 MERSH 方程组。对于简单的精馏塔,这是一个三对角线块子矩阵形式的方程组。他们利用 Lucia 提出的将经典的 Newton-Raphson 方法与 Broyden 方法相结合的混合算法,同时求解全塔的 MERSH 方程组得到模拟计算的结果。

这类非平衡级模型仍然保留"全混级"假设,故此模型还不能真实地反映大型塔板上的浓度和温度,以及气、液相流体流动和混合程度的复杂的分布状况。对于二元精馏系统或理想多组元物系的较小直径的精馏塔,往往能收到较好的效果;而对于非理想的多元物系的较大型的精馏塔,计算过程比较复杂而且准确性也不很高。K-T 模型虽然不采用板效率(或点效率),但要预测组分的传质系数与传热系数,这是十分困难的而且有时也是很不准确的。特别是在大型塔板上,由于气、液速度分布不均,这些数值在一块塔板上也不是恒定的。所以在实际精馏模拟计算中采用这类非平衡级模型时,应充分考虑到这些不准确性可能引起的巨大误差。

(2) 不完全混合的非平衡级模型 若考虑实际塔板上的液体和板间的气体都不是完全混合的,则 $E_{MV} \neq E_{OG}$。若令 $\zeta = E_{MV}/E_{OG}$ 为塔板效率增效因子,则 $E_{MV} = \zeta E_{OG}$。将这样计算的塔板效率值代入上述的 METSH 方程组,则模拟计算的结果便包括了塔板上液体和板间气体不完全混合的程度对精馏过程的影响,可进一步缩小模拟计算与实际情况之间的偏差。

塔板效率增效因子 ζ 的数值与塔内气、液两相的流动和混合状况有关。1936 年 Lewis[51]首先假设塔板上的液体做活塞流动,提出了三种典型的操作情况,称为 Lewis 情况 1、2 和 3,这三种 Lewis 情况下的塔板效率增效因子有不同形式的计算公式。20 世纪 50 年代 Gerster 等[52]用一维涡流扩散模型,Gautreaux 和 O'Connell[53]用一维混合池模型描述塔板上液体的流动,并导出了计算塔板效率增效因子的计算公式。

20 世纪 70 年代 Porter 等[54]建立了描述圆形塔板上液体流动的双区模型(滞止区模型),即塔板中间的主流区内液体活塞流动,两侧的弓形部分为滞止区,同时在整个塔板的有效面积上液体都发生两维的涡流混合。80 年代余国琮等提出了具有不均匀温度场的涡流扩散模型[55],描述塔板上液体的流动和混合现象。由于这些塔板流动模型都用微分方程表达,故还不能完全描述蒸馏塔内复杂的流动情况,例如,塔板上的液体返流、雾沫夹带、漏液以及由于塔壁热损失造成的板间蒸气部分冷凝等现象对塔板效率增效因子 ζ 的影响。因此,这类非平衡级模型只适用于流动情况比较简单,还不甚复杂的情况。

(3) 精馏塔严格模拟的计算传质学方法 随着计算机以及计算科学的快速发展,通过高性能计算实现较为复杂的化工过程的模拟已经成为可能。为了彻底摆脱平衡级以及全混级假设对精馏过程模拟的束缚，使精馏过程模拟和设计摆脱对传统平衡级和非平衡级方法中对经验参数的依赖，余国琮等[56,57]提出了精馏过程严格模拟的计算传质学方法。该方法通过流体微元体的物料、动量、热量衡算关系建立能够描述精馏塔板或填料中质量、动量和热量传递行为的输运方程组，通过数值计算求解获得全塔较为严格的流体流速、浓度以及温度分布。该方法由于采用严格模拟方法，不但可避免平衡级等简化导致的误差以及对板效率等经验参数的依赖，同时还可以通过变换边界条件考虑精馏板结构等设计参数对精馏效率的影响，因而具有显著的优势和重要的发展前景。然而计算传质学方法计算比较复杂，尚依赖于较强的软、硬件条件，计算效率也面临进一步提高的需求。

本节仅对非平衡级模型方法进行详细介绍，并就非平衡混合池模型方法进行简介。关于计算传质学方法，读者可参阅参考文献[56，57]。

7.3.1 Krishnamurthy-Taylor（K-T）非平衡级模型

R. Krishnamurthy 和 R. Taylor[50]在1985年提出的非平衡级模型经过不断地完善，目前已形成了较为完整的非平衡级精馏模型及其解法体系，在二组元或多组元精馏、萃取精馏、反应精馏、吸收等过程中都有应用，如果各种传质、传热系数关联式及其计算方法可靠，这种模型能很好地描述实际精馏状况。

7.3.1.1 塔板上的 MERSH 方程组

根据双膜理论，在塔板上湍动的鼓泡液体内，在气、液界面两侧存在着一层液膜和一层气膜。膜内的流体做层流流动，膜内的物质传递依赖于分子扩散，在相界面上气、液两相处于相平衡，考虑一个稳态 C 组元精馏操作，其中第 j 块塔板（$j=2,3,\cdots,N-1$）如图13-7-30所示，气、液两相之间传质的推动力是浓度差，传热的推动力是温度差，如图13-7-31所示。

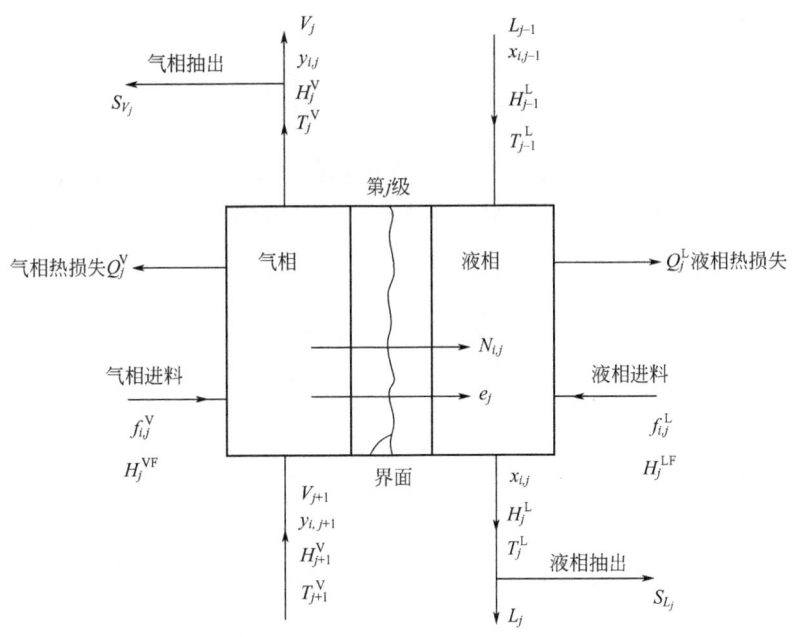

图 13-7-30 非平衡级模型示意图

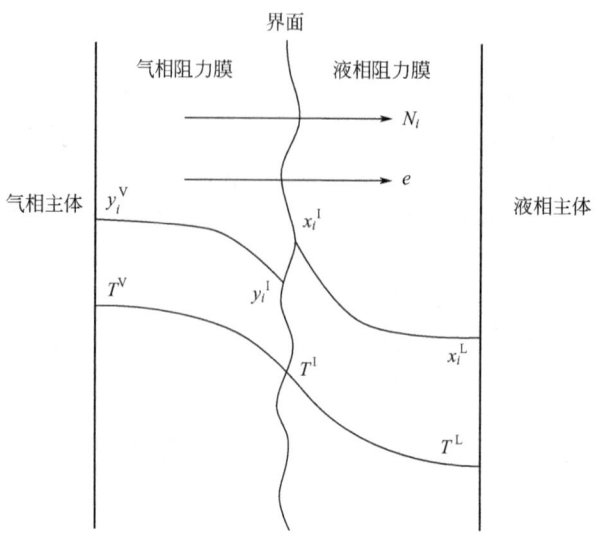

图 13-7-31 塔板上传热传质过程示意图

在任意塔板 j 上气相和液相中组分 i 的物料衡算方程为：

$$M_{ij}^V \equiv (1+r_j^V)v_{ij} - v_{i,j+1} - f_{ij}^V + N_{ij}^V = 0 \quad i=1,2,\cdots,c \tag{13-7-127}$$

$$M_{ij}^L \equiv (1+r_j^L)l_{ij} - l_{i,j-1} - f_{ij}^L - N_{ij}^L = 0 \quad i=1,2,\cdots,c \tag{13-7-128}$$

式中：

$$r_j^V = \frac{S_{V_j}}{V_j} \quad r_j^L = \frac{S_{L_j}}{L_j}$$

式(13-7-127)和式(13-7-128)左边最后两相分别为气膜内和液膜内组分 i 的传质量，设由气相向液相的传递量为正值，定义为：

$$N_{ij}^V = \int N_{ij}^V \mathrm{d}a_j; \quad N_{ij}^L = \int N_{ij}^L \mathrm{d}a_j \tag{13-7-129}$$

式中，a_j 为气液接触面积，是物系性质和精馏操作条件的函数；N_{ij} 为组分 i 的摩尔扩散通量，$\mathrm{kmol\cdot m^{-2}\cdot s^{-1}}$，可以利用 Maxwell-Stefan 多组元扩散方程计算各组元的传通量：

$$N_i^V = N_i^V(k_{ik}^V, y_k^I, y_k^V, N_k^V, k=1,2,\cdots,C)i=1,2,\cdots,C-1 \tag{13-7-130}$$

$$N_i^L = N_i^L(k_{ik}^L, x_k^I, x_k^L, N_k^L, k=1,2,\cdots,C)i=1,2,\cdots,C-1 \tag{13-7-131}$$

式中，k_{ik} 为二组元传质系数。有关传质系数的计算方法可以参考《Perry's 化学工程手册》第五部分或《计算传质学》。

假设在界面处没有质量积累，气膜和液膜内的传递等于穿过界面处的传递量：

$$M_{ij}^I \equiv N_{ij}^V - N_{ij}^L = 0 \tag{13-7-132}$$

在任意塔板 j 上气相和液相能量衡算方程为：

$$E_j^V \equiv (1+r_j^V)V_j H_j^V - V_{j+1}H_{j+1}^V + Q_j^V - F_j^V H_j^{VF} + \varepsilon_j^V = 0 \tag{13-7-133}$$

$$E_j^L \equiv (1+r_j^L)L_j H_j^L - L_{j+1}H_{j+1}^L + Q_j^L - F_j^L H_j^{LF} - \varepsilon_j^L = 0 \tag{13-7-134}$$

其中，ε_j 为相间传递过程中得到或失去的能量，定义为：

$$\varepsilon_j^V = \int e_j^V \mathrm{d}a_j ; \quad \varepsilon_j^L = \int e_j^L \mathrm{d}a_j \tag{13-7-135}$$

其中，e_j 为穿过界面处的能量通量，由对流和传导两部分热量通量构成：

$$e^V = q^V + \sum_{i=1}^{C} N_i^V \overline{H_i^V} ; \quad e^L = q^L + \sum_{i=1}^{C} N_i^L \overline{H_i^L} \tag{13-7-136}$$

其中 $\overline{H_i}$ 为组分 i 的偏摩尔焓，由温度梯度引发的对流传热 q 为：

$$q^V = h^V(T^V - T^I) ; \quad q^L = h^L(T^I - T^L) \tag{13-7-137}$$

对界面进行能量衡算可以得到：

$$E_j^I \equiv \varepsilon_j^V - \varepsilon_j^L = 0 \tag{13-7-138}$$

相界面处的基本方程：设在相界面上气液两相处于相平衡，则有相平衡（E）方程式：

$$Q_{ij}^I \equiv K_{ij} x_{ij}^I - y_{ij}^I = 0 \tag{13-7-139}$$

相界面上的气液两相的组成还遵循摩尔分数归一的原则，即有加和（S）方程式：

$$S_j^V \equiv \sum_{i=1}^{C} y_{ij}^I - 1 = 0 ; \quad S_j^L \equiv \sum_{i=1}^{C} x_{ij}^I - 1 = 0 \tag{13-7-140}$$

7.3.1.2 数学模型及求解[58]

如果给定了进料、侧线采出量及状态、热负荷和每块板上的压力，那么可以得到 $6C+5$ 个独立的方程和 $6C+5$ 个未知变量，见表 13-7-4，通过合并化简后，最终可得到 $5C+1$ 个独立的方程和 $5C+1$ 个未知变量的非平衡级（MERH）数学模型，其矢量形式为：

$$(J_j)^T \equiv (M_{1j}^V, M_{2j}^V, \cdots, M_{Cj}^V, E_j^V, E_j^L, M_{1j}^L, M_{2j}^L, \cdots, M_{Cj}^L, R_{1j}^V, R_{2j}^V, \cdots, \\ R_{C-1,j}^V, E_j^I, Q_{1j}^I, Q_{2j}^I, \cdots, Q_{Cj}^I, R_{1j}^L, R_{2j}^L, \cdots, R_{C-1,j}^L) \tag{13-7-141}$$

$$(X_j)^T \equiv (v_{1j}, v_{2j}, \cdots, v_{Cj}, T_j^V, T_j^L, l_{1j}, l_{2j}, \cdots, l_{Cj}, N_{1j}, N_{2j}, \cdots, N_{Cj}, \\ y_{1j}^I, y_{2j}^I, \cdots, y_{C-1,j}^I, T_j^I, x_{1j}^I, x_{2j}^I, \cdots, x_{C-1,j}^I) \tag{13-7-142}$$

表 13-7-4 独立方程和未知变量数

独立方程	数量	未知变量	符号	数量
气相中组分物料衡算方程	C	组分气相流率	v_{ij}	C
液相中组分物料衡算方程	C	组分液相流率	l_{ij}	C
相界面处物料衡算方程	C	气相温度	T_j^V	1
气相主体组成归一方程	1	液相温度	T_j^L	1
液相主体组成归一方程	1	界面温度	T_j^I	1
气相能量平衡方程	1	相界面处气相组成	y_{ij}^I	C
液相能量平衡方程	1	相界面处液相组成	x_{ij}^I	C

续表

独立方程	数量	未知变量	符号	数量
界面处相平衡方程	C	气相传质速率	N_{ij}^{V}	C
气相中传质方程	$C-1$	液相传质速率	N_{ij}^{L}	C
液相中传质方程	$C-1$	气相能量传递速率	ε_{j}^{V}	1
相界面处能量平衡方程	1	液相能量传递速率	ε_{j}^{L}	1
相界面处气相组分归一方程	1			
相界面处液相组分归一方程	1			
总计	$6C+5$			$6C+5$

K-T 非平衡级模型的数学形式，即 MERH 方程组为：

$$F(X)=0 \qquad (13\text{-}7\text{-}143)$$

这是一个 $(5c+2)(N-1)-c$ 维的非线性方程组，一般要采用 Newton-Raphson 方法，也称为多元牛顿方法，将其线性化，然后迭代求解。迭代计算公式为：

$$J^{(k)}[X^{(k+1)}-X^{(k)}]=-F[X^{(k)}] \qquad (13\text{-}7\text{-}144)$$

其中 $J^{(k)}$ 为第 k 次迭代计算的雅可比（Jacobian）矩阵：

$$J^{(k)}=\frac{\partial[F^{(k)}]}{\partial[X^{(k)}]} \qquad (13\text{-}7\text{-}145)$$

雅可比矩阵为三对角线块矩阵，矩阵中的非零子矩阵的分布结构如下所示：

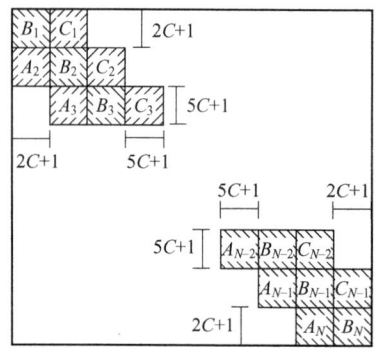

所以线性方程组式(13-7-144) 可以利用追赶法求解得到新的迭代变量 $X^{(k+1)}$。这样逐次进行迭代计算直至收敛，即 $\|X^{(k+1)}-X^{(k)}\| \leqslant \varepsilon$ 为止。牛顿方法是求解非线性方程组的有效方法，但在每次迭代计算时都需要重新计算 $[(5C+2)(N-1)-C]\times[(5C+2)(N-1)-C]$ 阶的雅可比矩阵中的各个元素，计算工作量非常巨大。而且雅可比矩阵中的某些元素的计算要涉及系统的热力学性质，如相平衡常数、焓，以及传递性质，如传质系数等对组成、温度和传质通量求导，这些导数往往不能用解析的形式表示，当用差分代替导数时也要进行大量烦琐的计算，这就给实际应用牛顿方法求解式(13-7-144) 造成了很大的困难。

1965 年 Broyden 提出了准牛顿（quasi-Newton）方法，在每次迭代计算中无须重新计算雅可比矩阵中的每个元素，只要对原有的雅可比矩阵做适当的校正即可，这不但使得雅可比矩阵的更新成为可能，而且还大大减少了计算工作量。然而，由于它是变尺度算法，而且对雅可比矩阵的初始近似值的要求比较苛刻，所以在求解 MERH 方程组时常常不容易收敛。

1983 年 Lucia 提出了一种将牛顿方法和准牛顿方法相结合的混合算法，称为 Hybrid 方法。它将雅可比矩阵分成两部分，一部分由容易解析求导的元素构成，在每次迭代中精确地计算各个元素的新值，记作 C。另一部分由无法解析求导的元素构成，在每次迭代中利用 Broyden 方法对其进行校正，记作 A。

$$J^{(k)} = C^{(k)} + A^{(k)} \tag{13-7-146}$$

实践证明，利用 Hybrid 方法求解非平衡精馏计算的 MERH 方程组可以获得较好的效果。

7.3.2 非平衡级模型的应用

非平衡级模型在二组元或多组元精馏、萃取精馏、反应精馏、吸收等过程应用越来越多，ChemSep 网站上有相关的研究论文和文献目录（http://www.chemsep.org/publications/），在文献 [59] 中也有多个计算案例，很多商业流程模拟软件中也开发了以非平衡级为基础的精馏计算模块，部分计算软件见表 13-7-5。

表 13-7-5 带有非平衡级模型精馏计算模块的软件

软件供应商	网址
Aspen Tech	www.aspentech.com
ChemSep	www.chemsep.com
Chemstations	www.chemstations.net
Honeywell	www.honeywell.com
Process Systems Engineering	www.psenterprise.com
SimSci-ESSCOR	www.simsci-esscor.com

一般来说，非平衡级模型在以下精馏过程或体系的计算中要优于平衡级模型：
① 填料塔（包括规整填料）；
② 强非理想体系；
③ 体系内关键组分为痕量；
④ 塔内浓度分布存在最大值或塔内局部浓度变化大，例如共沸精馏或非等温气体吸收；
⑤ 复杂精馏系统，如有多进料口和多侧线采出的过程；
⑥ 传质效率未知或不易估算的过程、或变化过大或过小。

R. Krishnamurthy 和 R. Taylor 对四个精馏过程采用非平衡级、平衡级以及平衡级内加入板效率（AIChE 法）修正等三种模型进行了对比研究，其条件见表 13-7-6 和表 13-7-7，比较结果列于表 13-7-8，从比较结果可以看出，对于完成相同的分离任务，平衡级模型和非平衡级模型设计出的塔板数相差 5%~53%，采用平衡级模型对非理想物系进行计算其结果明显设计不足。

表 13-7-6 四个塔的平衡级及进料位置

序号	体系	总板数	进料位置
1	甲醇-异丙醇-水	20	13
2	丙酮-甲醇-水	80	13(水),68(丙酮、甲醇)
3	乙醇-叔丁醇-水	79	30
4	$C_1 \sim C_5$	33	16

表 13-7-7 四个塔的分离设计条件

条件	甲醇-异丙醇-水	丙酮-甲醇-水	乙醇-叔丁醇-水	$C_1 \sim C_5$ 系
压力/MPa	0.1013	0.1013	0.1013	2.76
回流比	5	10	12.5	1.89
进料流率/10^3 kmol·s^{-1}	0.8333	0.222/0.8889	0.3472	0.9583
进料温度/K	347	340.0/334.5	352.25	313.56
进料组成 1	0.4	0.25	0.55	0.2
进料组成 2	0.2	−0.75	0.2	0.4625
进料组成 3	0.4	1.0	0.25	0.3
进料组成 4	—	—	—	0.0313
进料组成 5	—	—	—	0.0062
塔釜采出率/10^3 kmol·s^{-1}	0.5	0.8889	0.1563	0.3236
预期产品纯度	0.9800(1)	0.9500(1)	0.9000(1)	0.6900(2)
冷凝器类型	全凝	全凝	全凝	全凝
再沸器	平衡	分离蒸汽	分离蒸汽	平衡

表 13-7-8 四个塔不同模拟方法结果

体系/质量		组分	方法		
			Ⅰ 平衡级($\eta_j=1$)	Ⅱ 平衡级(AIChE 求 η_j)	非平衡级
甲醇-丙酮-水	级数		22	30	41
	进料板		10	13	16
	塔顶组成 1	1	0.9813	0.9804	0.9815
	塔顶组成 2	2	0.0135	0.0134	0.0157
	塔顶组成 3	3	0.0052	0.0062	0.0028
丙酮-甲醇-水	级数		54	79	121
	进料板		27	30	53
	塔顶组成 1	1	0.9508	0.9500	0.9500
	塔顶组成 2	2	0.0394	0.0360	0.0310
	塔顶组成 3	3	0.0098	0.0140	0.0190
乙醇-叔丁醇-水	级数		53	80	105
	进料板		11/46	13/68	11/85
	塔顶组成 1	1	0.9000	0.9006	0.9004
	塔顶组成 2	2	0.0397	0.0378	0.0454
	塔顶组成 3	3	0.0603	0.0617	0.0542
$C_1 \sim C_5$	级数		19	22	31
	进料板		9	16	15
	塔顶组成 1	1	0.3030	0.3020	0.3020
	塔顶组成 2	2	0.6900	0.6901	0.6900
	塔顶组成 3	3	0.0080	0.0079	0.0080
	塔顶组成 4	4			
	塔顶组成 5	5			

7.3.3 非平衡混合池模型

20世纪80年代，余国琮等提出二维[60]和三维[61,62]非平衡混合池模型，能较好地描述塔内复杂的流动情况。在此模型中，塔板上的液体和板间的气体都被划分为一定数目的二维分布的混合池，混合池内的液体或气体的组成都是均匀的。根据实验观察，将直径在1~2m的塔板划分为14个混合池是足够精确的。由于对称性，一般只需要考虑半块塔板即可，如图13-7-32所示，其中8号混合池为降液管。

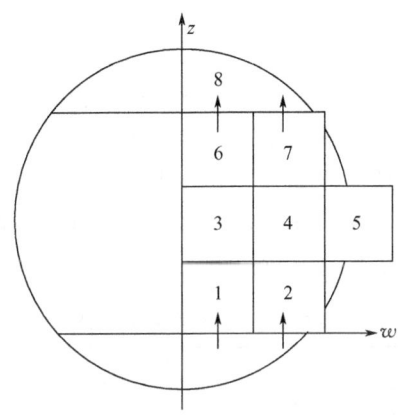

图 13-7-32 塔板上的混合池

任一混合池 j 中的液体都有 z、w 两个方向的流动速度 u_{zj} 和 u_{wj}，并且与相邻的混合池之间有涡流扩散流动，可以用涡流扩散系数 D_{zj} 和 D_{wj} 表示，$j=1,\cdots,7$。相邻塔板之间也可以有液体交换，表示雾沫夹带和漏液现象。在每个液相混合池内的鼓泡液体中气、液两相之间进行着非平衡的传质过程，可以用点效率 E_{OG} 来关联混合池内气、液两相的组成。当然也可以用局部的传质系数和传热系数来计算传质速度以代替点效率。三维非平衡混合池模型同时考虑在气相混合池之间也有涡流扩散流动，可以用气相涡流扩散系数 D_{Gzj} 和 D_{Gwj} 表示。

对每个混合池可以写出各组元的物料衡算（M）方程式和点效率（P）关系式，以及组分摩尔分数加和（S）方程式和焓衡算（H）关系式，即MPSH方程组。将全塔各混合池（包括塔顶冷凝器和塔底再沸器）的MPSH方程结合在一起，便为非平衡混合池模型的数学形式。求解之后可以得到全塔各个气、液相混合池的浓度、温度和流率，即得到这些参数在精馏塔内的二维分布的图景，从此能够更真实地理解整个精馏塔内进行的精馏分离过程。

7.3.4 塔板上液体流动-混合参数与精馏点效率预测

在MPSH方程组中包含着塔板上气、液两相流体的流动-混合参数，及表示混合池内非平衡传质特点的点效率，这些都是非平衡混合池模型以及一些非平衡级模型中的重要参数，需要有可行的预测方法。

(1) 液体流场及涡流扩散系数的预测 塔板上液体的流动速度和涡流扩散系数的预测方法可以分为两类：

① 间接测量方法，一般包括三个步骤：

a. 建立一个描述塔板上液体的不规则流动和不均匀混合的流体力学特性的动态模型，

其中包含待求的流动-混合参数。

b. 进行示踪剂的激励-响应实验,测量示踪剂的浓度随在塔板上的位置和随时间而变化的情况。

c. 根据实验结果采用适当的方法估计模型中的流动-混合参数,其中以用网络状态变量参数估计方法[63]的效果较好。

② 计算流体力学方法[62] 由描述湍流运动现象的 Navier-Stokes 方程出发,通过雷诺分解技术导出雷诺方程,并与适当的湍流模型相结合,可以数值求解塔板上的液体流速场。

(2) 点效率的预测 点效率 E_{OG} 实际上反映的是塔板上局部范围内的鼓泡液体中气、液两相传质过程的特点,因而它与精馏物系的性质以及精馏操作的工况条件密切相关。对于不同的精馏混合物,点效率具有不同的特点,如表 13-7-9 所示。

二组元混合物的点效率数值表现出规则的特性,即 $0 < E_{OG} < 1$。然而对于多组元混合物,由于不同组分分子间的扩散交互作用,传质过程具有许多奇异的特点,因此多组元物系的点效率与二组元物系有本质的区别,预测方法也有较大的不同。

表 13-7-9 点效率 E_{OG} 的特点

精馏物系		各组分的性质				组分的点效率	
		各组分的分子尺寸	不同组分分子间的扩散交互作用	各组分的分子扩散系数	各组分的相平衡常数 K_i	各组分的点效率数值	各组分的点效率的数值范围
二组元物系		相同或不同	相同	相同	不同,但只有一个是独立的	相等	0~1
多组元物系	理想系统	相近	相近	相近	不同	不同	0~1
	非理想系统	不同	不同	不同	不同	不同	$-\infty \sim +\infty$

① 二组元物系的精馏点效率 二组元混合物精馏点效率可以用不同的方法计算,其中最普遍应用的是 1958 年发表的"AIChE Manual"中提出的模型[64],它提供了一套完整的计算点效率的方法,使用很方便。但是计算出来的点效率数值常常偏低,因此当实际应用时,AIChE 模型中的一些经验公式和经验系数常常需要根据实验结果进行一些调整,以改善计算的精馏点效率的精度。

② 多组元物系的精馏点效率 多组元物系的精馏点效率比较复杂,对理想物系和非理想物系需要采用不同的方法进行计算。

a. 理想的多组元物系点效率的预测。理想的多组元混合物中各组元分子的尺寸和性质都比较相近,各个分子间的交互作用力也相差不大,因此不同组元间的扩散交互作用对传质过程的影响可以忽略不计。所以,这类混合物中各组元的点效率都有规则的特性。一般情况下可以将 AIChE 模型推广到理想的多组元物系,用于计算各个组元的点效率。有两种方法可以使用:关键二组元方法和伪二组元方法。

关键二组元方法:关键二组元方法把多组元混合物简化为轻、重两个关键组分构成的二组元物系。选择哪个组元作为关键组分取决于各个组元的浓度和组元间相对挥发度的差别。因此,对于不同的精馏塔段,往往可以选择不同的组元作为关键组元。确定了两个关键组元之后，把原来的多组元混合物作为二组元混合物来处理，即两个关键组元具有相等的点效率，并且可以由 AIChE 模型来计算。

伪二组元方法：伪二组元方法将理想的 C 组元混合物的点效率预测问题转化为 $C-1$ 个伪二组元混合物的点效率计算问题。例如，将组分 1 作为一个组分，而将其余的 $C-1$ 个组分形成的混合物作为一个伪组分，此二者便构成了一个伪二组元混合物。利用 AIChE 模型计算此伪二组元混合物的点效率作为组元 1 的点效率 $E_{OG,1}$，然后依次计算第 2、3、⋯、$C-1$ 个组元的点效率 $E_{OG,2}$、$E_{OG,3}$、⋯、$E_{OG,C-1}$。由于摩尔分数加和等于 1 的限制，一个 C 组元的混合物只有 $C-1$ 个独立的点效率值，第 C 个组元的点效率 $E_{OG,C}$ 可以由前 $C-1$ 个组元的点效率推算。一般情况下，由伪二组元方法计算的各个组元的点效率的数值互不相同。由于伪二组元方法忽略了不同组元分子间的扩散交互作用的影响，所以它仅适用于理想的多组元混合物。

b. 非理想的多组元物系点效率的预测。对于非理想的多组元混合物，各组元分子之间的交互作用不容忽略，这常常使传质过程表现出许多奇异的特点。预测这类非理想多组元混合物的精馏点效率，至今仍是个尚未完全解决的复杂而又困难的问题。一般来说，Krishna[65] 提出来的方法能获得较好的计算结果。在具体计算过程中，首先选择一个传质理论，如双膜理论，作为分析鼓泡液体中气、液相间传质问题的基础。然后将点效率的预测分为两个问题，其一是在充分考虑各组元分子间交互作用的条件下利用 Maxwell-Stefan 方程表示在相际接触面两侧的气膜和液膜内发生的不可逆的多组元分子扩散过程的扩散通量与传质推动力之间的关系，液膜内的 Maxwell-Stefan 方程为：

$$\frac{x_i}{RT}\nabla\mu_i = \sum_{i=1,j\neq i}^{c}\frac{x_i N_j - x_j N_i}{\rho_L D_{ij}}, i=1,2,\cdots,C \tag{13-7-147}$$

在能量守恒和摩尔分数归一等定解条件下，上面的方程组可写成矩阵的形式：

$$(N^L) = -\rho_L[\beta^L][B^L][\Gamma](\nabla x)$$

式中，(N^L) 和 (∇x) 分别是 $C-1$ 阶的扩散通量和浓度梯度列向量；$[\beta^L]$、$[B^L]$、$[\Gamma]$ 分别是 $C-1$ 阶的引导矩阵、扩散系数倒数矩阵和热力学因子矩阵，关于 Maxwell-Stefan 方程的详细推导与求解方法参见文献 [59]。其二是计算鼓泡液体中气、液两相的相接触面积和接触时间，最后再通过质量衡算求出气相主体的浓度，进而计算各个组元的点效率。由于气相组成为未知数，所以需要进行迭代计算。在计算过程中要用到气、液相多组元非理想混合物的许多物理性质和热力学性质以及传递性质，如果这些性质能够被准确地估计，则计算过程比较容易收敛，而且求出的点效率数值也比较准确。但实际上这些性质常难以准确估计，特别是两相的接触面积和时间。

7.4 填料塔的计算

精馏分离操作不但能够在多级式设备，如板式塔中进行，也可以在连续逆流接触式的设备（如填料塔）中进行。随着新型高效填料的发展，在工业上填料塔的应用日益扩大。在填料塔中，没有离散的平衡级，而是两相流体在通过填料表面的逆向流动过程中连续、微分地相互接触而发生质量传递。从本质上说应该用微分方程式来描述填料塔中的精馏过程，但是这些方程是一些高度非线性的偏微分方程式,求解相当困难,而且对于这些方程所涉及的一些参数,目前还不能进行准确的数学关联,所以这只是一个尚不成熟但很有发展前景的领域。

填料塔的设计计算一般要利用传质单元的概念,但也常常应用多级式分离过程的一些概念,如类似于平衡级的当量理论板高度等描述连续的多相逆流接触装置,使得可以利用与多级式分离过程几乎相同的方法,对发生在填料塔中的精馏过程进行设计计算,目前这种方法在实际中被广泛应用。

7.4.1 传质单元

填料塔计算中所使用的传质单元概念建立在双膜理论的基础之上。

(1) 双膜理论　在连续接触的精馏设备中,气、液两相间的传质是由扩散作用引起的。在静止的或层流流动的情况下,一般只发生分子扩散。而在湍流流动的情况下,还存在涡流扩散,涡流扩散通常要比分子扩散快得多。对于气、液两相间的传质过程,一般在相界面的每一侧都存在浓度梯度。如果两相都是湍流流动,则可认为在湍流主体中浓度是均匀的,那么浓度梯度只在相界面每侧的一个薄膜层中是显著的,这两个膜层本身是滞止的或做层流流动,它们对整个传质过程起着决定性的作用,这种描述传质过程机理的方法称为双膜理论,图 13-7-33 表示精馏过程的情况。

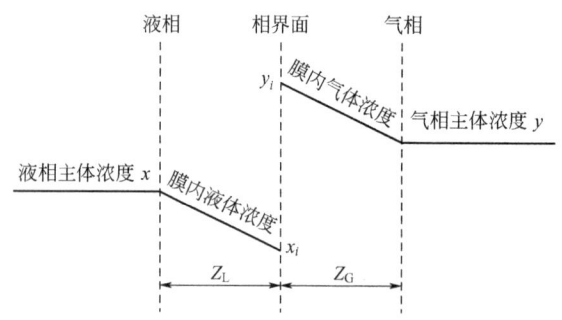

图 13-7-33　传质过程的双膜理论

滞止膜和湍流主体之间实际上有一个过渡区,但是,为了简化通常不考虑它的存在。组分 A 通过气、液两层膜的传递通量可表示为:

$$N_A = k_l(x_A - x_{Ai}) = k_g(y_{Ai} - y_A) \qquad (13\text{-}7\text{-}148)$$

式中,k_l 和 k_g 是液相和气相的传质系数。式(13-7-148)很少使用,因为一般无法知道式中的两相界面处的组成 y_{Ai} 和 x_{Ai}。为了克服这个困难通常将式(13-7-148)改写为:

$$N_A = K_x(x - x^*) = K_y(y^* - y) \qquad (13\text{-}7\text{-}149)$$

式中,K_y 和 K_x 分别是气相和液相的总传质系数;y^* 是与液相主体浓度 x 相平衡的气相浓度;x^* 是与气相主体浓度 y 相平衡的液相浓度。由于式(13-7-149)中的各个浓度都容易求得,所以使用式(13-7-149)是很方便的。总传质系数 K_y 和 K_x 的单位是单位时间内在单位相界面积上在单位传质推动力的作用下所传递的物质的量。对于大多数连续接触式装置,如填料塔,很难确定相界面积,因此需要定义一个量 a——单位有效的设备体积内的相界面积,并把它与总传质系数结合在一起定义为能力系数,对液相为 $K_x a$,对气相为 $K_y a$,

它的单位是单位时间内在单位有效设备体积中在单位推动力的作用下能够传递的摩尔质量数。

(2) 传质单元高度和传质单元数 考虑一个填料精馏塔段如图 13-7-34 所示。

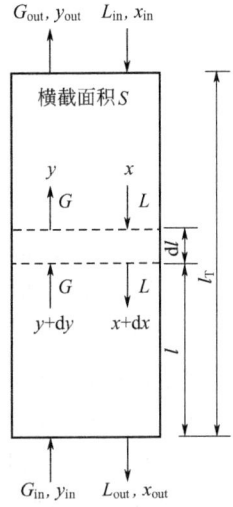

图 13-7-34 填料塔段中的传质

图 13-7-34 中的 G 和 L 分别为气相和液相的摩尔或质量流率；y 和 x 分别为 G 和 L 中组分 A 的摩尔分数或质量分数。在微分塔高 dl 内，对被传递的组分 A 作质量衡算有：

$$d(Gy) = -d(Lx) = NaSdl \tag{13-7-150}$$

将式(13-7-149)与式(13-7-150)相结合得：

$$d(Lx) = (K_x a)(x - x^*)Sdl \tag{13-7-151}$$

$$d(Gy) = (K_y a)(y^* - y)Sdl \tag{13-7-152}$$

在设计填料塔时，一般给定与进料有关的条件，并规定一定的分离任务，如使液相浓度从 x_1 变化到 x_2，或使气相浓度从 y_1 变化到 y_2，而要求计算所需要的填料高度 l_T。由式(13-7-151)、式(13-7-152) 可以得到：

$$l_T \int_0^{l_T} dl = \int_{x_1}^{x_2} \frac{d(Lx)}{(K_x a)S(x-x^*)} = \frac{L}{(K_x a)S} \int_{x_1}^{x_2} \frac{dx}{x-x^*} \tag{13-7-153}$$

$$l_T \int_0^{l_T} dl = \int_{y_1}^{y_2} \frac{d(Gy)}{(K_y a)S(y^*-y)} = \frac{G}{(K_y a)S} \int_{y_1}^{y_2} \frac{dy}{y^*-y} \tag{13-7-154}$$

在恒摩尔流动的假设成立并且总传质能力系数与物系的组成无关的情况下 $\frac{L}{(K_y a)S}$ 和 $\frac{G}{(K_x a)S}$ 都是常数，所以可以将它们从积分号下提出来。定义：

$$H_{OL} = \frac{L}{(K_x a)S} \tag{13-7-155}$$

$$H_{OG} = \frac{L}{(K_y a)S} \tag{13-7-156}$$

上两式分别为液相和气相的总传质单元高度，统称为总传质单元高度，记为 HTU。由式(13-7-155)、式(13-7-156)可知，HTU 是气相或液相的流率、传质设备的流体力学特点和传质动力学性质的函数。HTU 的单位是（填料或塔的）长度，分离设备越有效，HTU 值越小。另外还定义：

$$N_{OL} = \int_{x_1}^{x_2} \frac{dx}{x - x^*} \tag{13-7-157}$$

$$N_{OG} = \int_{y_1}^{y_2} \frac{dy}{y^* - y} \tag{13-7-158}$$

这两式分别为液相和气相的总传质单元数，统称为总传质单元数，记为 NTU。NTU 是分离程度和传质推动力的函数，表示分离过程的难易程度，类似于多级分离过程中为了达到一定的分离程度所需要的平衡级数。实际上这二者一般在数值上也很接近。

(3) NTU 的计算　一般来说，需要利用图解积分的方法由式(13-7-157)和式(13-7-158)计算总传质单元数 NTU。对于填料塔中的任一横截面，设进入和离开的气相和液相流股的组成分别为 y 和 x，与 x 相平衡的气相组成为 y^*，则可以得到一对$(y^* - y)$和 y 值。由若干个横截面得到的一系列数据可以作出一条 $1/(y^* - y)$-y 曲线，在 $y = y_1$ 和 $y = y_2$ 之间此曲线下面所包围的面积即为气相浓度 y_1 变化到 y_2 所需要的传质单元数。对于二组元精馏系统可以利用图解方法进行计算，式(13-7-158)中的$(y^* - y)$为 y-x 图上相平衡曲线与操作线之间的垂直距离。若操作线和相平衡线均为直线，可以用解析的方法进行积分计算。对于多组元精馏系统，传质单元数的计算方法要复杂一些。

(4) HTU 的计算　HTU 的数据可以从文献或手册中查到，或者由实验数据计算。也可以利用一些经验关联式计算，不过要注意这些关联式往往只能用于一定的精馏物系，并且也只在一定的操作条件范围内才能准确地使用。影响总传质单元高度的因素有：

① 液相的流率：增加液相的流率会使 HTU 的数值减小，而气相流率对 HTU 的影响较小。

② 温度：提高温度会使 HTU 的数值减小，而压力对 HTU 的影响较小。

③ 填料颗粒的尺寸：填料的颗粒越小，HTU 的数值也越小，这是因为它的比表面积较大。

④ 填料塔的直径：一般来说，填料塔的直径越大，液体分布的均匀性越差，所以 HTU 的数值也越大，不利于精馏分离过程。因此每隔一定高度的填料，应该有一个液体的再分布器。

(5) 填料塔的高度　由以上的叙述可知：

$$l_T = H_{OL} N_{OL} \tag{13-7-159}$$

或

$$l_T = H_{OG} N_{OG} \tag{13-7-160}$$

即如果求出 NTU 和 HTU，将它们相乘之后便可得到完成规定的分离任务所需要的填料高度 l_T。

(6) 液相传质单元和气相传质单元　式(13-7-159)和式(13-7-160)可以写成：

$$l_T = \text{HTU} \cdot \text{NTU} \tag{13-7-161}$$

原则上使用气相或者液相的总传质单元数和总传质单元高度进行填料塔计算的效果是一样的，主要看过程的主要阻力是在气、液相的哪一侧，例如，对气相阻力为主的过程则常用气相总传质单元数与总传质单元高度。但是对于某些分离过程，使用其中的一种更适宜或更符合习惯。例如：

① 气体吸收过程：由于在气体吸收过程中气相的浓度差要大一些，所以选择使用 N_{OG} 和 H_{OG} 是合适的。

② 汽提过程：当被吸收的气体从液相中排出时通常将液相中的浓度梯度 $(x^* - x)$ 作为工作变量，因此一般使用 N_{OL} 和 H_{OL} 进行计算。

③ 一般精馏过程：精馏过程常常基于气相计算，所以大多数使用 N_{OG} 和 H_{OG}。

7.4.2 当量理论塔板

虽然利用传质单元概念进行填料塔的精馏计算是严格的，但由于计算过程比较复杂，所以应用并不十分广泛，而经常使用的是当量理论塔板的概念。

(1) 当量理论塔板高度 一般来说，可以认为一个填料塔的精馏分离效果等价于一个具有一定理论塔板数的板式塔，与一块理论塔板相当的填料高度称为当量理论塔板高度 HETP，可按下式估计[66]：

$$\text{HETP} = H_{OG} \frac{\ln(mV/L)}{(mV/L) - 1} \tag{13-7-162}$$

式中 m ——相平衡曲线的斜率；

L/V ——操作线的斜率。

如果相平衡曲线的斜率与操作线的斜率之比，即汽提因子 $mV/L = 1$，传质单元等同于理论塔板；若 $mV/L = 0.9 \sim 1.1$，传质单元与理论塔板间的差别不很显著。对于低相对挥发度理想混合物的全回流精馏过程，操作线近似平行于相平衡线，$\text{HETP} = H_{OG}$。而对于其他情况，它们之间可能明显不同。

(2) 填料高度的计算 完成一定精馏分离任务所需要的填料高度的具体的计算过程包括以下步骤：

① 以二组元蒸馏为例，用前述的方法在 McCabe-Thiele 图上构造梯级，求出完成一定的精馏分离任务所需要的平衡级数 N_T。

② 根据每一平衡级 j 的相平衡性质和操作状况求出相应的传质单元高度 H_{OGj}，并且得到 m、V、L 等数值。

③ 由式(13-7-162)计算相应的 HETP_j 值，虽然各个平衡级的 H_{OGj} 值变化不明显，但 HETP_j 的数值可能有较大的差别。与各个平衡级相对应的当量理论塔板高度的总和即为所需要的总填料高度：

$$l_T = \sum_{j=1}^{N_T} \text{HETP}_j \tag{13-7-163}$$

7.4.3 填料塔的计算例题

设一直径 1.08m 的填料塔用于分离甲醇-水混合物，塔内填充 25mm 拉西环，泡点液体进料的温度为 310.95K,流率为 216.8kmol·h^{-1},甲醇的浓度为 0.36(摩尔分数)。精馏塔的操作压力是 1atm,回流比 $R=1.5$。要求塔顶、塔底产品中甲醇的浓度分别为 $x_D=0.915$(摩尔分数)和 $x_W=0.00565$(摩尔分数),试计算所需要的填料高度。

解 根据甲醇-水系统的汽-液平衡数据和题目规定的操作条件,可以在 y-x 图上绘出相平衡曲线和操作线,如图 13-7-35 所示。

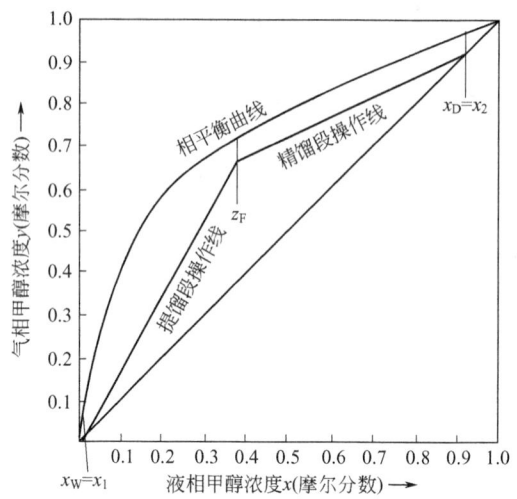

图 13-7-35 甲醇-水精馏系统的 y-x 图

由图 13-7-35 可知,塔底再沸器的气相中甲醇的浓度为 $y_1=0.032$(摩尔分数),离开塔顶的气相浓度为 $y_2=0.915$(摩尔分数),进料级的气相浓度为 $y_F=0.656$(摩尔分数)。由图 13-7-35 可以求得一系列 y_1 和 y^* 值,并且可以计算相应的总气相传质推动力,如表 13-7-10 所示。

表 13-7-10 气相总传质推动力

项目	y	y^*	$\dfrac{1}{y^*-y}$
精馏段	0.915	0.960	22.22
	0.850	0.906	17.86
	0.800	0.862	16.13
	0.700	0.760	16.67
	0.656	0.702	21.74
提馏段	0.656	0.707	19.61
	0.500	0.639	7.19
	0.400	0.580	5.56
	0.300	0.500	5.00
	0.200	0.390	5.29
	0.100	0.230	7.69
	0.032	0.091	16.95

根据表 13-7-10 中的数据可以绘制图 13-7-36。

利用图解积分的方法计算图中曲线下面的面积,从而求得精馏段和提馏段的气相总传质单元数分别为:

$$(N_{OG})_R = 4.92 \quad (N_{OG})_S = 5.10$$

利用拉西环填料的传质系数关联式[59]可以求得精馏段和提馏段的气相总传质单元高度

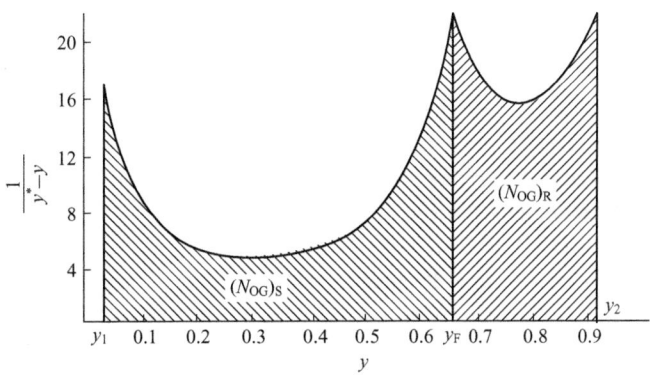

图 13-7-36　气相总传质单元数

（单位：m）分别为：

$$(H_{OG})_R = 1.53 \quad (H_{OG})_S = 0.98$$

所以精馏段和提馏段的填料层高度（单位：m）分别为：

$$(l_T)_R = 7.53 \quad (l_T)_S = 4.54$$

塔内填料的总高度（单位：m）为：

$$l_T = 12.07$$

参考文献

[1] Kremser A. Natl Petroleum News, 1930, 22 (21): 43-49.
[2] Kobe K A, McKetta J J, Jr. Advances in petroleum chemistry and refining: Vol2. New York: Interscience, 1959: 315-355.
[3] Bachelor J B. Petroleum Refiner, 1957, 36 (6): 161-170.
[4] Fenske M R. Ind Eng Chem, 1932, 24: 482-485.
[5] Shiras R N, Hanson D N, Gibson C H. Ind Eng Chem, 1950, 42: 871-876.
[6] Underwood A J V. J Inst Petrol, 1946, 32: 614-626.
[7] Gilliland E R. Ind Eng Chem, 1940, 32: 1220-1223.
[8] Fair J R, Bolles W L. Chem Eng, 1968, 75 (9): 156-178.
[9] Brown G G, Martin H Z. Trans AIChE, 1939, 35: 679-708.
[10] Van Winkle M, Todd W G. Chem Eng, 1971, 78 (21): 136-148.
[11] Molokanov Y K, Korablina T P, Mazurina N I, et al. Int Chem Eng, 1972, 12 (2): 209-212.
[12] Kirkbride C G. Petroleum Refiner, 1944, 23 (9): 87-102.
[13] Stupin W J, Lockhart F J. The Distribution of Non-Key Components in Multicomponent Distillation//presented at the 61st Annual Meeting of the AIChE. Los Angeles, December 1-5, 1968.
[14] Edmister W C. AIChE J, 1957, 3: 165-171.
[15] Horton G, Franklin W B. Ind Eng Chem, 1940, 32: 1384-1388.
[16] Edmister W C. Ind Eng Chem, 1943, 35: 837-839.
[17] Myers A L, Seider W D. Introduction to Chemical Engineering and Computer Calculations. Englewood Cliffs, NJ: Prentice-Hall, 1976: 484-507.
[18] Lewis W K, Matheson G L. Ind Eng Chem, 1932, 24: 496-498.

[19] Thiele E W, Geddes R L. Ind Eng Chem, 1933, 25: 290.
[20] Holland C D. Multicomponent Distillation. Englewood Cliffs, NJ: Prentice-Hall, 1963.
[21] Amundson N R, Pontinen A J. Ind Eng Chem, 1958, 50: 730-736.
[22] Friday J R, Smith B D. AIChE J, 1964, 10: 698-707.
[23] Boston J F, Sullivan S L. Can J Chem Eng, 1974, 52: 52-63.
[24] Boston J F, Sullivan S L. Can J Chem Eng, 1972, 50: 663-669.
[25] Wang J C, Henke G E. Hydrocarbon Processing, 1966, 45(8): 155-163.
[26] Orbach O, Crowe C M. Can J Chem Eng, 1971, 49: 509-513.
[27] Sujata A D. Hydrocarbon Processing, 1961, 40(12): 137-140.
[28] Burningham D W, Otto F D. Hydrocarbon Processing, 1967, 46(10): 163-170.
[29] Shinohara T, Johansen P J, Seader J D. Stagewise computations——Computer programs for chemical engineering education (ed. by J. Christensen). Austin, TX: Aztec Publishing, 1972: 390-428.
[30] Goldstein R P, Stanfield R B. Ind Eng Chem Process Des Dev, 1970, 9: 78-84.
[31] Naphtali L M. The Distillation Column as a Large System. paper presented at the AIChE 56th National Meeting. San Francisco: May 16-19, 1965.
[32] Naphtali L M, Sandholm D P. AIChE J, 1971, 17: 148-153.
[33] Beveridge G S G, Schechter R S. Optimization: Theory and Practice. New York: McGraw-Hill, 1970: 180-189.
[34] Block U, Hegner B. AIChE J, 1976, 22: 582-589.
[35] Hofeling B, Seader J D. AIChE J, 1978, 24: 1131-1134.
[36] Boston J F, Britt H I. Comput Chem Eng, 1978, 2: 109-122.
[37] Boston J F. ACS Symp Ser, 1980, 124: 135-151.
[38] Russell R A. Chem Eng, 1983, 90(20): 53-59.
[39] Trevino-Lozano R A, Kisala T P, Boston J F. Comput Chem Eng, 1984, 8: 105-115.
[40] Jelinek J. Comput Chem Eng, 1988, 12: 195-198.
[41] Venkataraman S, Chan W K, Boston J F. Chem Eng Prog, 1990, 86(8): 45-54.
[42] Kister H Z. Distillation Design. New York: McGraw-Hill, 1992.
[43] Seader J D. Computer Modeling of Chemical Processes (AIChE Monograph). New York: AIChE, 1985.
[44] Rose A, Sweeny R F, Schrodt V N. Ind Eng Chem, 1958, 50: 737.
[45] Ball W E. "Computer Programs for istillation", paper presented at the 44th National Meeting of AIChE. New Orleans, 1961.
[46] Jelinek J, Hlavaeek V, Kubieek M. Chem Eng Sci, 1973, 28: 1825.
[47] Pattison R C, Baldea M. AIChE Journal, 2014, 60(12): 4104-4123.
[48] Pattison R C, Gupta A M, Baldea M. AIChE Journal, 2016, 62(3): 704-716.
[49] Ma Y J, Luo Y Q, Yuan X G. Industrial & Engineering Chemical Research. 2017, 56:6266-6274.
[50] Krishnamurthy R, Taylor R. AIChE J, 1985, 31: 449.
[51] Lewis W K. Ind Eng Chem, 1936, 28: 399.
[52] Gerster J A, Hill A B, Hochgraf A F. AIChE, Final Report. New York: Univ of Delaware, 1958.
[53] Gautreaux M E, O'Connell H E. Chem Eng Progr, 1955, 51(5): 232.
[54] Porter K E, Lockett M J, Lim C T. Trans Inst Chem Eng, 1972, 50(91): 972.
[55] 余国琮, 黄洁. 化工学报, 1981(1): 11.
[56] Yu K Y, Yuan X G. Introduction to Computational Mass Transfer-with applications to chemical engineering. second edition. Springer, 2014.
[57] 余国琮, 袁希钢. 化工计算传质学. 北京: 化学工业出版社, 2017.
[58] 宋海华. 精馏模拟: 多级分离理论(一). 天津: 天津大学出版社, 2005.
[59] Taylor R, Krishna R. Multicomponent Mass Transfer. New York: Wiley, 1993.
[60] 余国琮, 顾芳珍. 化工学报, 1981(2): 97.
[61] 余国琮, 宋海华, 黄洁. 化工学报, 1991(6): 653.
[62] Yu K T. Institution of Chemical Engineers Symposium Series, 1992, 128: A139.
[63] 宋海华, 余国琮. 化工学报, 1988(6): 707.

[64] Distillation Subcommittee of the Research Committee. Bubble-Tray Design Manual-Prediction of fractionation efficiency. New York: American Institute of Chemical Engineers, 1958.
[65] Krishna R. Chem Eng Res Des, 1985, 63: 312-322.
[66] Fair J R. Liquid and Gas System //Perry's Chemical Engineers' Handbook: Section 18. 6th ed. New York: McGraw-Hill, 1984.

8

萃取精馏

在石油化学工业中,经常遇到一些混合物的待分离组分之间的相对挥发度很小,或者可能形成共沸物。若采用普通精馏的方法进行分离,将很困难,或者不可能达到分离目标。但是,如果向精馏系统加入某种溶剂,往往会显著增大组分之间的相对挥发度,使得分离变得容易进行,这就是萃取精馏技术。

在萃取精馏的情况下,向精馏塔内加入一种高沸点的溶剂,通常称为萃取剂,改变原料组分间的相对挥发度,使得分离过程变得容易进行。由于萃取剂的沸点大大高于原料组分,萃取剂和进料的混合物中不可能形成共沸物,所以只要利用普通的精馏便可回收萃取剂。因此,萃取精馏过程一般比较简单,应用也比共沸精馏更广泛。

8.1 萃取精馏过程

一个典型的萃取精馏过程是分离甲基环己烷(M)和甲苯(T)二元混合物。常压下它们的沸点分别是 100.95℃ 和 110.65℃,当甲苯浓度由极低变化到极高时,相对挥发度 α_{M-T} = 1.08～1.54,利用普通精馏方法进行分离将需要许多平衡级,尤其是在精馏段。若进料中 T 的摩尔分数为 50%,要求塔顶产品中 T 的摩尔分数为 99%,回收率为 95%,由 Fenske 方程可以求得在无苯酚的情况下的 N_{min} = 28.2。如果将苯酚(P,沸点为 181.96℃)加入这个二元物系,会大大提高相对挥发度的数值。若液相苯酚的摩尔分数为 50%,则 α_{M-T} = 1.69～2.14,如图 13-8-1 所示。这时 N_{min} = 11.7,所需要的平衡级数大大减少。

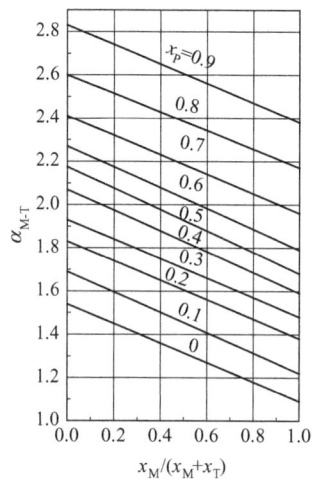

图 13-8-1 萃取剂苯酚(P)的存在对甲基环己烷(M)-甲苯(T)相对挥发度的影响

萃取精馏过程的典型流程示于图 13-8-2。整个流程由萃取精馏塔和萃取剂回收塔构成。

由于萃取剂的浓度对分离系统的相对挥发度有很大的影响,所以为了保持在整个萃取精馏塔内具有较高浓度的萃取剂,需要在主要进料级的上方引入萃取剂。通常萃取剂进入点在塔顶以下的几块塔板处,主要是为了避免将萃取剂带入塔顶产品中。

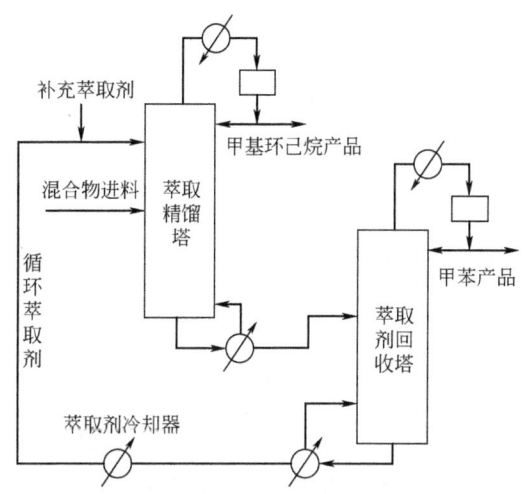

图 13-8-2 萃取精馏过程的典型流程图

由于萃取剂的挥发度很低,所以塔内萃取剂的浓度近似不变。如果萃取精馏塔为液相进料,在进料级处可能发生萃取剂浓度的突然变化,为避免萃取剂被稀释,有时采用气相进料。塔顶的回流液体也会稀释萃取剂,所以过大的回流比并不利于分离过程。但回流比减小会使需要的平衡级数增加,因此在确定操作回流比时应权衡这两方面的影响。

8.2 萃取剂的作用

在普通精馏过程中,轻重关键组分分别从塔顶和塔釜采出。在萃取精馏过程中,大部分情况和普通精馏过程类似,但有些溶剂的加入则使得重关键组分从塔顶采出,轻关键组分和溶剂却从塔釜回收。总而言之,这种轻重关键组分之间相对挥发度的改变与溶剂种类、浓度和溶剂与组分之间的相互作用有着密切的关系。

萃取精馏所处理的都是轻重关键组分的相对挥发度都接近于1的体系(近沸、共沸体系等)。若精馏系统的气相为理想气体,体系压力在临界压力之下,原料混合物的轻关键组分 i 和重关键组分 j 之间的相对挥发度可以定义为组分的蒸气压和活度系数乘积的比值:

$$\alpha_{ij} = \frac{y_i/x_i}{y_j/x_j} = \frac{\gamma_i p_i^{\text{sat}}}{\gamma_j p_j^{\text{sat}}} \tag{13-8-1}$$

式中,y、x 是气、液相的摩尔分数;γ 是活度系数;p^{sat} 是纯组分的饱和蒸气压。

当添加萃取剂之后,萃取剂将间接地对各组分的压力之比产生影响。由于萃取剂是高沸点的物质而且一般加入的量多于原料,所以萃取剂的加入使得精馏过程在相同的操作压力下温度将会升高。这就导致各组分的蒸气压都将增大,但是各组分的压力比值不会有很大的变化,仍然是接近于1,除非各组分的饱和蒸气压随温度变化相差很大。

由于活度系数受组成影响非常大,所以溶剂对活度系数的影响通常更为明显。萃取剂对活度系数影响的程度和方向取决于它的溶解度和各组分与萃取剂之间的相互作用。萃取剂倾向于减小与它具有相似液相行为的关键组分的非理想性，该关键组分和萃取剂之间产生弱分子相互作用，构成一个理想或近似理想体系，活度系数接近于1，甚至产生负拉乌尔偏差；同时，萃取剂增加与它具有不相似液相行为的关键组分的非理想性，导致萃取剂和该组分产生排斥作用，增加其液相活度因子。有时在高浓度萃取剂的稀释作用下，产生正拉乌尔偏差，这样该组分的活度因子接近于无限稀释活度因子。

当加入萃取剂后，轻关键组分的活度因子明显增加（γ_i/γ_j 增加，$p_i^{sat}/p_j^{sat}>1$），则轻组分将从塔顶采出；若要使得重关键组分从塔顶回收，则溶剂的加入必须使得 γ_i/γ_j 减小，这样才可能使轻重关键组分的相对挥发度小于1。一般情况下，后者更难以实现，并要求较多的萃取剂。通常的做法是选择一个合适的萃取剂，使轻关键组分从塔顶出。

8.3 萃取剂的筛选

与共沸精馏相比，萃取精馏过程的应用更为广泛，主要是因为萃取精馏过程中萃取剂的选择范围较宽，比较容易回收，因此使得生产过程比较简单，成本也比较低。所以，合理地选择萃取剂对于萃取精馏过程是很重要的。

8.3.1 萃取剂的筛选依据

萃取剂的选择范围较宽，一般来说对萃取剂的挥发性没有什么严格的约束，只要求满足以下条件：

① 萃取剂的沸点高于原进料混合物的程度要足够大，以避免萃取剂-非萃取剂难分离或形成共沸物；

② 萃取剂的沸点也不能过高，以避免萃取剂回收塔釜的温度过高；

③ 萃取剂应具有较好的稳定性，便于循环使用。

对于一个萃取精馏过程的进料混合物，有许多溶剂都满足上述要求。从中选择一个合适的萃取剂时应遵循以下几个原则：

① 所选择的萃取剂应能够较大地提高原精馏混合物中关键组分间的相对挥发度。精馏分离的难易程度可以用相对挥发度来衡量［式（13-8-1）］，当温度改变不大时，比值 p_i^{sat}/p_j^{sat} 可看作常数，所以萃取剂对原料混合物的相对挥发度的影响主要是使活度系数之比发生改变。因此将萃取剂存在下的两个关键组分的活度系数之比称为萃取剂的选择性参数：

$$S_{ij} = \left(\frac{\gamma_i}{\gamma_j}\right)_{萃取剂} \tag{13-8-2}$$

所以选择的萃取剂应该具有尽可能大的 S_{ij} 值。

② 萃取剂应容易与精馏产品分离，即容易回收和循环使用。

③ 毒性小，不污染环境。

④ 成本低，容易获得。

8.3.2 萃取剂筛选方法

因为萃取精馏混合物大多是具有极大非理想性的系统，所以到目前为止选择萃取剂基本上处于经验或半经验筛选的阶段，具体的选择方法可大致分为以下几类：

8.3.2.1 实验方法

通过实验方法测量和计算添加溶剂之后组分之间的相对挥发度和萃取剂的选择性，作为筛选萃取剂的依据。通常所测量的体系为待分离关键组分＋溶剂的混合物，一般浓度比例为关键组分间＝1∶1，溶剂∶关键组分＝（1∶1）～（1∶3）。

8.3.2.2 经验法

① Scheibel[1]方法：适用于非烃混合物的精馏过程。在关键组分的同系物中有许多化合物不能与关键组分形成共沸物，都可以作为萃取剂使用，这时应当选择其中具有最低沸点者作为萃取剂。

② 考虑萃取剂与关键组分分子间交互作用的方法：适合于烃类混合物的精馏过程。这种情况下一般选择极性萃取剂，它与关键组分分子之间的作用包括物理作用和化学作用：

a. 物理作用：Prausnitz 和 Anderson[2]将萃取剂的选择性与烃类关键组分的摩尔体积之差和萃取剂的极性内聚能量密度相关联。

b. 化学作用：若萃取剂与烃类分子间形成氢键，Prausnitz 和 Anderson[2]将萃取剂的选择性与烃类分子的离子化趋势和萃取剂的电子相似性相关联。

8.3.2.3 溶解度法

Weimer-Prausnitz[3]方法（WP方法）：根据纯组分的分子体积、烃类分子和极性萃取剂分子的溶解度参数计算萃取剂中烃类的γ^0。后来，Helpinstill 和 Winkle[4]又对 WP 方法作了改进。

8.3.2.4 分子模拟

上述的多数萃取剂选择方法都是从现有的众多溶剂中被动地挑选适宜的萃取剂，不仅费时费工，而且选定的萃取剂的选择性也往往不够理想。近年来，基于分子力场的分子模拟发展成为一门新兴的计算化学技术，不断地被运用到研究溶液的流体性质和预测相平衡数据。分子模拟从分子水平出发，通过统计热力学的计算，不仅可以得到宏观热力学数据，而且更为探索萃取剂的作用机理提供更有利的分子视角，从而预测设计出更加合理的萃取剂。

8.3.3 影响萃取剂筛选的因素

① 萃取剂与关键组分的浓度：应该在萃取精馏塔内保持较高的萃取剂浓度，同时又要使萃取剂和原精馏混合物系统处于完全互溶区域内。

② 混合溶剂效应：有时为了改善萃取剂的选择性和避免当萃取剂浓度较高时形成不完全互溶的两个液相，需要加入第二个溶剂，形成混合萃取剂。

③ 温度的影响：一般情况下温度升高，萃取剂的选择性下降。

8.4 萃取精馏过程的设计与优化

萃取精馏过程的设计与优化比一般的精馏过程复杂得多，因为萃取精馏过程具有一个额外的自由度——溶剂比（溶剂与原料的摩尔比或者质量比）。选取溶剂比、回流比和进料热状况,要考虑整个塔内的浓度分布,既要使关键组分间有满意的相对挥发度,又要避免在任何一块塔板上形成两个液相,同时需要保持所需的显热在一个合理的范围内。

溶剂比是对萃取精馏的经济性影响最为显著的变量。在无溶剂情况下分离近沸和非共沸体系,没有最小溶剂比。因为从理论上讲,在无限塔板数下是可以达到分离效果的。然而,相对挥发度的改变很大程度上取决于精馏萃取段的溶剂的含量,相对挥发度变化随着溶剂比增大而增大。因此,溶剂的加入可以使得所需的理论塔板数大大减少。如图 13-8-3 所示,当使用苯酚分离乙酸乙烯酯和乙酸乙酯时,随着苯酚的加入,塔板数迅速下降。随着溶剂比再增加,塔板数趋于 80 左右,没有明显的下降。

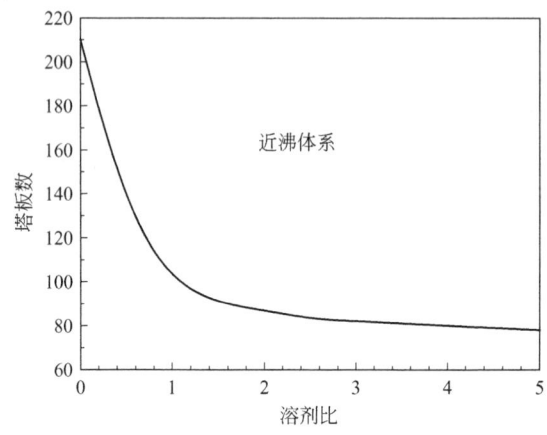

图 13-8-3 近沸体系乙酸乙烯酯和乙酸乙酯采用苯酚为萃取剂,溶剂比对理论塔板数的影响

当分离含有最低恒沸物的二元共沸体系时,会出现最小溶剂比。如图 13-8-4 所示,水作为萃取剂分离丙酮和甲醇,当溶剂比小于或等于最小溶剂比时,将无法完成分离目标,即塔板数为无穷多。随着溶剂比的增大,塔板数将迅速下降。Laroche 等[5]给出了粗略确定最小溶剂比的方法,Jeffrey 和 Michael[6]描述了精确计算最小溶剂比的方法。通常在精馏过程操作时,溶剂比一般确定为 2~5。虽然更高的溶剂比可以大大减少塔板数和最小回流比,但会导致萃取塔和溶剂回收塔的塔径增加,同时增加再沸器的温度和能耗。

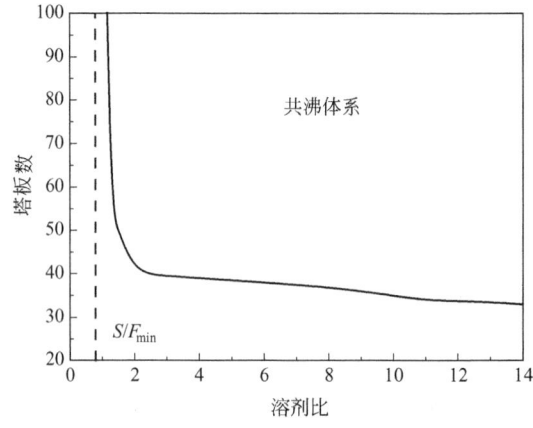

图 13-8-4 共沸体系丙酮和甲醇采用水为萃取剂,溶剂比对理论塔板数的影响

萃取精馏的回流比一般确定为最小回流比的 1.2~1.5 倍。萃取精馏和一般精馏在回流

比上有些差异，在给定的塔板数下，萃取精馏中的塔顶和塔底的产物的纯度不会一直随回流比的增加而增加。超出最大回流比 $R_{\max}$，产物的纯度反而随着回流比的增加而下降。这是因为过大的回流比将稀释溶剂在塔中的浓度，从而降低塔的性能。

溶剂的进料热状况对最小溶剂比没有影响，但是会影响最小回流比，尤其在大溶剂比时。当溶剂以过冷热态进入塔内时，由于过冷的溶剂和溶液进行热交换，会产生更多的液相冷凝液，则需要更少的外部回流。原料以气态进入塔内，可以帮助提高进料板和其下面几块塔板上的萃取剂浓度。

萃取精馏过程的设计优化在很多文献中都有较详细的讨论。Robinson[7]、Simth[8]、Van Winkle[9]、Walas[10]讨论了简捷法、图解法和严格逐板计算法求解最小溶剂比、最小回流比、原料和溶剂的最佳进料位置。

参考文献

[1] Scheibel E G. Chem Eng Progr, 1948, 44: 927.
[2] Prausnitz J M, Anderson R. AIChE J, 1961, 7: 96.
[3] Weimer R F, Prausnitz J M. Petrol Refiner, 1965, 44(9): 237.
[4] Helpinstill J G, Van Winkle M. Ind Eng Chem Process Des Dev, 1968, 7: 213.
[5] Laroche L, Andersen H W, Morari M, et al. Can J Chem Eng, 1991, 69(6): 1302-1319.
[6] Jeffrey P K, Michael F D. AIChE J, 1994, 40(2): 243-268.
[7] Robinson C S, Gilliland E R. Elements of fractional distillation. New York: McGraw-Hill, 1950.
[8] Smith B D. Design of equilibrium stage process. New York: McGraw-Hill, 1963.
[9] Van Winkle M. Distillation. New York: McGraw-Hill, 1967.
[10] Walas S M. Chemical process equipment. Boston: Butterworths, 1988.

9

共沸精馏

共沸精馏是利用共沸现象的某些特性来实现混合物分离的精馏过程。当待分离混合物各组分的沸点温度很接近或形成共沸物时，采用普通的精馏方法进行分离往往比较困难或者不可能，这时除可用前述的萃取精馏方法外，还可考虑应用共沸精馏的方法。

9.1 共沸现象与共沸精馏

"共沸"这一术语是 1911 年由 Wade 和 Merriman[1] 提出的。所谓共沸现象是指二组元或多组元混合物处于相平衡时气相和液相混合物具有相同的组成，即各组分的相平衡常数相等或相对挥发度均等于 1，这样的混合物就称为共沸物。对于一个二元共沸物，有 $x_1=y_1$，$x_2=y_2$，设气相混合物为理想气体，则：

$$a_{12}=\frac{y_1 x_2}{x_1 y_2}=\frac{p_1^{sat}\gamma_1}{p_2^{sat}\gamma_2}=1; \frac{\gamma_1}{\gamma_2}=\frac{p_2^{sat}}{p_1^{sat}} \tag{13-9-1}$$

由于 $p_1^{sat} \neq p_2^{sat}$，所以液相的活度系数 γ_1 和 γ_2 都不可能等于 1，因此，表现出共沸现象的物系必定是非理想系统。

9.1.1 共沸物的分类

根据共沸物特点，可将其进行如下分类：

① 绝对共沸物和有限共沸物　某些物系在各种温度（直至临界状态）下都可能形成共沸物，称为绝对共沸物。而另一些物系只在一定的温度范围内才可能形成共沸物，称为有限共沸物。

② 正共沸物和负共沸物　在恒压下具有最低沸点温度，或在恒温下具有最大总蒸气压的共沸物称为正共沸物，其组分的活度系数 $\gamma_i>1.0$。在恒压下具有最高沸点温度，或在恒温下具有最小总蒸气压的共沸物称为负共沸物，其组分的活度系数 $\gamma_i<1.0$。实际存在的正共沸物多于负共沸物。

③ 均相共沸物和非均相共沸物　只包含一个液相的共沸物为均相共沸物，而能够形成两个或更多个液相的共沸物为非均相共沸物。例如，苯（B）-乙醇（E）-水（W）共沸物系有两个液相，常记为（B，E，W—·—），硝基甲烷（N）、水（W）和正烷烃（H_i，$i=7 \sim 12$）能够形成一系列具有三个液相的共沸物，可记为（N，W，H_i—·—·—）。

④ 二元共沸物和多元共沸物

二元共沸物：由两个组分形成的共沸物，可能是正共沸物或负共沸物。

三元共沸物：由三个组分形成的共沸物，除了正、负共沸物外，还可能形成鞍形共沸物,也称为正-负共沸物。在系统的沸点温度表面上表现为一个双曲点,可参见本篇第 6 章三组元精馏计算。三元鞍形共沸物又可分为二正一负共沸物和二负一正共沸物两类[2]。

多元共沸物:由四个或更多个组分形成共沸物的可能性比较小,情况更为复杂,目前研究也很不充分。

9.1.2 共沸现象的普遍性

在有机和无机系统中都会出现共沸现象,但是已知的绝大多数共沸物都是由有机化合物构成的,因为许多无机化合物在沸腾时很容易分解。从 19 世纪末以来,人们曾一直认为共沸是一种罕见现象,然而许多证据说明,共沸现象是普遍存在的。1900 年 Ryland[3] 研究了 80 个混合物的气液相平衡,其中有 45 个能够形成共沸物。1949 年 Lecat[4] 发表了 13290 个二元物系的汽-液平衡数据,其中有 6287 个,即 47% 能够形成共沸物。1973 年 Horsley[5] 报道了:

① 7945 个二元共沸物:119 个共沸物中含有无机化合物,其中 32 个是负共沸物;665 个共沸物中有一个组分是水;

② 371 个三元共沸物:其中有 40 个为鞍形共沸物,267 个共沸物中有一个组分是水,还有 4 个负三元共沸物;

③ 9 个四元共沸物:包括有 8 个正共沸物和 1 个负共沸物;

④ 1 个五元共沸物。

由上述可见,共沸现象是大量存在的,因此对共沸现象的研究具有重要意义。较新的报道可以参考"Azeotropic Data"[6]。

9.1.3 预测共沸数据

由于实验测量共沸物的组成和温度既困难又烦琐,所以常常需要利用一些数学关联式计算有关的共沸数据。

(1) 二元共沸数据的预测　计算一个二元共沸物组成的方法可分为 3 类。

① 利用经验关联式进行计算,可应用于均相和非均相共沸物。

Lecat[4] 首先观察到二元共沸物的组成与两个组分的沸点差有关。设一个公用组分 1 能够与一个同系物的组分 2 构成一系列二元共沸物,这些共沸物的组成可以用幂级数形式的关联式(13-9-2)估计。

$$w_1 = A_0 + A_1 \Delta + A_2 \Delta^2 + \cdots \tag{13-9-2}$$

式中　　w_1——共沸物中公用组分 1 的质量分数;
　　　　Δ——共沸物的两个组分的沸点温度差;
A_0, A_1, A_2——与构成共沸物的组分有关的常数。

并且有:

$$\delta = C_0 + C_1 \Delta + C_2 \Delta^2 + \cdots \tag{13-9-3}$$

式中　　δ——共沸物中的低沸点组分与共沸物的沸点温度之差;
C_0, C_1, C_2——与构成共沸物的组分有关的常数。

1977 年 Seymour[7] 提出了另一种形式的经验关联式计算常压下二元共沸物的组成:

$$\lg \frac{10 \times x_1}{1-x_1} = -0.0316 \frac{T_{\text{ref},2}}{T_{\text{ref},1}}(T_1-T_2)+0.939 \tag{13-9-4}$$

式中，组分 1 是极性较大的组分；T_{ref} 是组分的沸点温度对具有同样分子量的虚拟正烷烃的沸点温度之比。例如，对于异丙醇（1）-正己烷（2）混合物，$T_1=82.45℃$，$T_2=68.85℃$，$T_{\text{ref},2}=1.0$，$T_{\text{ref},1}=1.28$。由式（13-9-4）得到 $x_1=0.286$，而实验测量值是 0.290。Seymour 用式（13-9-4）计算了 1108 个共沸物的组成并与实验数据进行了比较，x_1 的平均误差是 0.046（摩尔分数）。

② 基于规则溶液理论的关联式：仅可用于均相二元共沸物。

应用规则溶液理论可以由纯组分和共沸物的某些性质计算二元（正或负）共沸物的组成，常用的有三个关联式[8~10]，如表 13-9-1 所示。

表 13-9-1　二元共沸物的组成

项目	Prigogine 方程式	Malesinski 方程式	Kireev 方程式
$\Delta S_1^0 = \Delta S_2^0$	$x_2=a(1+a)^{-1}$ $a=\left(\dfrac{\delta_1}{\delta_2}\right)^{0.5}$	$x_2=0.5+\dfrac{T_1-T_2}{2Z_{12}}$ Z_{12} — 对称共沸范围的半值	$x_2=(1+b)^{-1}$ $b=\left(\dfrac{\ln\gamma_2}{\ln\gamma_1}\right)^{0.5}$
$\Delta S_1^0 \neq \Delta S_2^0$	$x_2=a'(1+a')^{-1}$ $a'=ca$ $c=\left(\dfrac{\Delta S_1^0}{\Delta S_2^0}\right)^{0.5}$	方程式中包含 Z_u，不容易求得，所以一般不适用	$x_2=(1+b')^{-1}$ $b'=cb$ $c=\left(\dfrac{\Delta S_2^0}{\Delta S_1^0}\right)^{0.5}$
平均偏差（摩尔分数）	0.049	0.045	0.045
参考文献	[8]	[9]	[10]

Kurtyka[11] 对 30 个二元物系分别利用上述几个关联式计算共沸物的组成并与实测数据进行比较，发现对于极性-非极性和非极性-非极性系统，不能确定哪一个方程式更优越。实际上选用哪一个方程式仅取决于是否存在方程中所需要的数据。因此，前两个方程式比第三个方程式更经常使用。

③ 仅用于非均相共沸物的关系式　有相当数量的系统表现出有限的溶解度，可能形成正的或负的非均相共沸物。若假设液相的两个组分完全不互溶，并且气相为理想气体，则二元非均相共沸物的组成为：

$$x_1=y_1=\frac{p_1^{\text{sat}}\{T^{\text{Az}}\}}{p_1^{\text{sat}}\{T^{\text{Az}}\}+p_2^{\text{sat}}\{T^{\text{Az}}\}} \tag{13-9-5}$$

共沸物的沸点温度 T^{Az} 可由下面的方程式解出：

$$p=p_1^{\text{sat}}\{T^{\text{Az}}\}+p_2^{\text{sat}}\{T^{\text{Az}}\} \tag{13-9-6}$$

式中，p 为相平衡时的总压。

若液相的两个组分部分互溶，必须引入活度 a，则为：

$$x_1=y_1=\frac{p_1^{\text{sat}}\{T^{\text{Az}}\}a_1}{p_1^{\text{sat}}\{T^{\text{Az}}\}a_1+p_2^{\text{sat}}\{T^{\text{Az}}\}a_2} \tag{13-9-7}$$

和
$$p = a_1 p_1^{\text{sat}}\{T^{\text{Az}}\} + a_2 p_2^{\text{sat}}\{T^{\text{Az}}\} \tag{13-9-8}$$

注意两个液相中的 a_1 是相等的。利用 12 个二元非均相共沸系统进行检验表明，对于两个液相完全不互溶的情况，如芳香烃和正烷烃与水构成的系统，式(13-9-5) 和式(13-9-6) 的计算值与实测数据相当一致。但是对于两个液相部分互溶的情况，如正丁醇-水、苯胺-水、乙腈-正烷烃系统，式(13-9-7) 和式(13-9-8) 的计算结果就不令人满意。

(2) 多元共沸数据的预测　对多元共沸系统的组成进行实验测量相当困难而且耗费时间，所以多元共沸数据非常缺乏。因此对其进行预测显得更为重要。一般来说，可以将二元共沸组成的预测方法扩展到三元或多元系统。

① 多元均相共沸数据的预测　有两个预测多元均相共沸数据的方法。

a. 基于规则溶液理论的 Malesinski[12] 方法：用于三元均相共沸物。

在等压条件下，若各组分的蒸发熵相等，组分 1、2 和 3 的三元均相共沸物的组成可以与由它们构成的任何两对二元共沸物的组成相关联，如表 13-9-2 所示。若各组分的蒸发熵不相等，则可用规则溶液常数 A_{12}、A_{13} 和 A_{23} 代替表 13-9-2 中的 Z_{12}、Z_{13} 和 Z_{23}，但是组分间蒸发熵的差别对三元系统的共沸组成影响很小。

表 13-9-2　三元共沸物的组成

二组元对 (1,2) 和 (2,3)	二组元对 (1,3) 和 (2,3)	二组元对 (1,2) 和 (1,3)
$x_1 = \dfrac{x_1^{(1,2)} + \hat{a} x_3^{(2,3)}}{1 - \hat{a}\hat{b}}$	$x_1 = \dfrac{x_1^{(1,3)} + \hat{c} x_2^{(2,3)}}{1 - \hat{c}\hat{d}}$	$x_2 = \dfrac{x_2^{(1,2)} + \hat{e} x_3^{(1,3)}}{1 - \hat{e}\hat{f}}$
$x_3 = \dfrac{x_3^{(2,3)} + \hat{b} x_1^{(1,2)}}{1 - \hat{a}\hat{b}}$	$x_2 = \dfrac{x_2^{(2,3)} + \hat{d} x_1^{(1,3)}}{1 - \hat{c}\hat{d}}$	$x_3 = \dfrac{x_3^{(1,3)} + \hat{f} x_2^{(1,2)}}{1 - \hat{e}\hat{f}}$
$\hat{a} = \dfrac{Z_{13} - Z_{23} - Z_{12}}{2 Z_{12}}$	$\hat{c} = \dfrac{Z_{12} - Z_{23} - Z_{13}}{2 Z_{13}}$	$\hat{e} = \dfrac{Z_{23} - Z_{13} - Z_{12}}{2 Z_{12}}$
$\hat{b} = \dfrac{Z_{13} - Z_{23} - Z_{12}}{2 Z_{23}}$	$\hat{d} = \dfrac{Z_{12} - Z_{23} - Z_{13}}{2 Z_{23}}$	$\hat{f} = \dfrac{Z_{23} - Z_{13} - Z_{12}}{2 Z_{13}}$

注：$x_1^{(1,2)}$、$x_1^{(1,3)}$ 分别是二元共沸物 (1, 2)、(1, 3) 中组分 1 的摩尔分数；$x_2^{(1,2)}$、$x_2^{(2,3)}$ 分别是二元共沸物 (1, 2)、(2, 3) 中组分 2 的摩尔分数；$x_3^{(1,3)}$、$x_3^{(2,3)}$ 分别是二元共沸物 (1, 3)、(2, 3) 中组分 3 的摩尔分数；Z_{12}、Z_{13}、Z_{23} 是对称共沸范围的半径，可由式 $\delta_1^{0.5} + \delta_2^{0.5} = Z_{12} = 0.5Z$ 计算。

如果由三个组分构成的某个二元系统 i-j 是不共沸的，可由与组分 i 和 j 分别属于同一个同系物或性质相近的其他两个能够形成共沸物的物质，计算相应的共沸范围值 Z_{ij}。若利用表 13-9-1 中的关联式计算得到的某个组分的共沸浓度 ≤0，则说明此三元系统不是共沸系统。

b. 基于多元气、液相平衡数据的一般性方法：由于 i-j 二组元共沸系统的相对挥发度等于 1，所以求算二组元共沸的组成可以转化为求最小值的问题：

$$\min \overline{F}_2 = |\alpha_{ij} - 1| \tag{13-9-9}$$

对二元混合物的组成 x_i（或 x_j）作一维搜索，使 $\overline{F}_2$ 充分接近于 0，即可求得二元共沸物的组成。同样，对于三元系统可以建立目标函数：

$$\overline{F}_3 = |\alpha_{13} - 1| + |\alpha_{23} - 1| \tag{13-9-10}$$

对三元混合物的组成作二维搜索，使 $\overline{F}_3 \to 0$，即可求得三元共沸物的组成。三元以上的系统也可用类似的方法处理。若设气相为理想气体，i-j 二组元对的相对挥发度为：

$$\alpha_{ij} = \frac{p_i^{\text{sat}} \gamma_i}{p_j^{\text{sat}} \gamma_j} \tag{13-9-11}$$

所以预测多元共沸组成主要是计算非理想混合物活度系数的问题。任何合适的计算多元液相活度系数的关联式都可应用。Aristovich 和 Stepanova[13] 利用 Wilson 方程式计算 γ_i，由表 13-9-2 中的关联式预测了 19 个三元物系和 1 个四元物系的共沸组成，与实验测量值相当接近。

② 多元非均相共沸数据的预测　三元和多元非均相共沸物的组成可以用类似于二元非均相共沸物的情况。对于气相为理想气体和形成两个完全不互溶液相的情况：

$$x_1 = y_1 = \frac{p_1^{\text{sat}}\{T^{\text{Az}}\}}{p_1^{\text{sat}}\{T^{\text{Az}}\} + p_2^{\text{sat}}\{T^{\text{Az}}\} + p_3^{\text{sat}}\{T^{\text{Az}}\}} \tag{13-9-12}$$

$$x_2 = y_2 = \frac{p_2^{\text{sat}}\{T^{\text{Az}}\}}{p_1^{\text{sat}}\{T^{\text{Az}}\} + p_2^{\text{sat}}\{T^{\text{Az}}\} + p_3^{\text{sat}}\{T^{\text{Az}}\}} \tag{13-9-13}$$

共沸物的沸点温度 T^{Az} 满足下面的方程式：

$$p = p_1^{\text{sat}}\{T^{\text{Az}}\} + p_2^{\text{sat}}\{T^{\text{Az}}\} + p_3^{\text{sat}}\{T^{\text{Az}}\} \tag{13-9-14}$$

若液相的两个组分部分互溶，必须类似于式(13-9-7)和式(13-9-8)，引入活度 a_1、a_2 和 a_3。

9.1.4　压力对共沸组成的影响

在设计一个共沸精馏过程时，考虑共沸物的组成随压力变化而变化的规律是非常重要的。因为压力是一个容易改变的操作参数，通过调整操作压力可以创造有利于共沸精馏的条件。确定压力对二元共沸物组成和温度的影响可以简单地利用 C_{ox}-蒸气压图。在 C_{ox} 的 $\lg p^{\text{sat}}$-$1/T$ 图上，共沸物的蒸气压基本上是一条直线，可根据共沸物蒸气压与纯组分蒸气压的大小判断共沸物的性质。当共沸物的蒸气压大于两个纯组分的蒸气压时，说明此时形成了正共沸物，如异丙醇-二异丙基醚共沸物，在 T-x 图上表现出最低恒沸点［参见图 13-1-1(b)］；当共沸物的蒸气压小于两个纯组分的蒸气压时，说明此时形成了负共沸物，如甲烷-丙酮共沸物和水-硝酸共沸物，在 T-x 图上表现出最高恒沸点［参见图 13-1-1(c)］。共沸蒸气压线与两纯组分蒸气压曲线的交点即表示共沸物。可以确定共沸物的组成和温度。压力对共沸物的影响有 4 种类型：

① 当压力升高时系统会形成共沸物，例如丁酮-甲醇在 3.95atm 下形成共沸物。
② 当压降低时系统会形成共沸物，例如苯胺-正庚烷在 0.53atm 下形成共沸物。

③ 当压力升高或降低时系统都会形成共沸物，例如甲醇-丙酮 19.74atm 和 0.26atm 下都形成共沸物。

④ 在各种压力，一直到临界压力下都可能形成共沸物，例如吡啶-乙酸系统。

9.2 共沸精馏过程

共沸精馏过程可应用于两种情况。一种情况是向精馏系统中加入某一组分（称为夹带剂或共沸剂）与原进料中的一个或多个组分形成（或近于形成）一个共沸物，作为馏出液或釜液（大多数情况是馏出液）排出，从而可以使原来不易分离的混合物能够获得较完全分离或者改变原混合物中各组分的分离顺序。

另一种情况是加入夹带剂去改变原进料混合物的组分防止形成共沸物。这种情况与萃取精馏过程相似，它们之间的区别是在共沸精馏过程中夹带剂出现于塔顶馏出液中，而在萃取精馏过程中萃取剂则一般出现于塔底产品流中。

在有夹带剂存在时，会出现两个（或多个）不相溶的液相，即液体的分相现象。按照在分离过程中是否利用这种液体分相现象，共沸精馏可分为均相共沸精馏和非均相共沸精馏。

9.2.1 均相共沸精馏

均相共沸精馏可以采用两个或者三个精馏塔的序列，也可采用包括精馏以外的分离方法，如包括精馏和液-液萃取的混合系统。如果假定残余曲线图中的精馏边界（如果存在精馏边界）为直线或不能穿越，则可能的夹带剂与要分离的两个组分或任何产物共沸物必须位于残余曲线图中的同一精馏区域内。适合包括均相共沸精馏和常规精馏的序列的残余曲线图可分为五类，每一类图均包括适合的残余曲线图和用于分离两种共沸物质和循环利用夹带剂的分离塔的序列。

均相共沸精馏的馏出液为均相，之后采用减压蒸馏、萃取等方法进一步提纯。图 13-9-1 为一个有代表性的共沸精馏过程。进料为环己烷（80.8℃）和苯（80.2℃）的混合物，它们能形成一个最小沸点的均相共沸物（77.4℃），所以不能利用普通的精馏方法进行分离，括号中的数字为正常沸点。但是可以利用共沸精馏的方法将其分离，向共沸精馏塔内引入丙酮（56.4℃）作为夹带剂，它可与环己烷形成一个最小沸点均相共沸物（53.1℃）。因此几乎纯的苯作为塔底产品排出，而丙酮-环己烷共沸物作为馏出液排出，然后在一个液-液萃取塔中用水处理，几乎纯的环己烷从萃取塔顶排出，因而完成了苯和环己烷的分离任务。由萃取塔底排出的丙酮-水混合物再利用一个简单的精馏塔进行分离，得到的两个溶剂丙酮和水都可以循环使用。

甲苯（常压沸点为 110.6℃）是一种常见的有机溶剂，能与氯仿、乙醚、丙酮等多种有机溶剂互溶，用作生产染料、医药中间体、香料等产品的原料。常压下采用普通精馏方法不能完全分离甲苯与沸点相近的烷烃（常压共沸点≈110.6℃）组成的混合物，甲苯与烷烃会形成一个最小沸点的均相共沸物（常压共沸点<110.6℃），因而需要采用特殊精馏方法进行分离。在此，可利用甲醇（常压沸点为 64.5℃）可分别与甲苯、烷烃形成最小沸点均相共沸物这一性质，采用共沸精馏方法进行分离[14]。图 13-9-2 为分离甲苯-烷烃混合物的共沸精馏过程流程。图 13-9-2 中的共沸精馏塔塔顶馏出物为甲醇-烷烃共沸物，冷凝后甲醇和烷烃

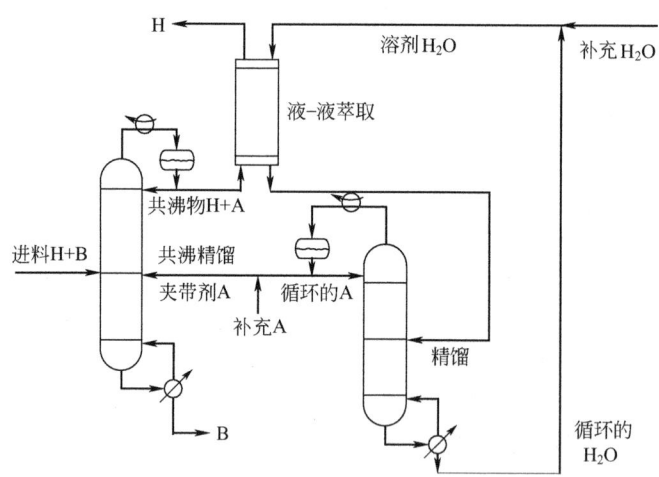

图 13-9-1 以丙酮（A）为夹带剂从苯（B）中分离环己烷（H）的共沸精馏过程

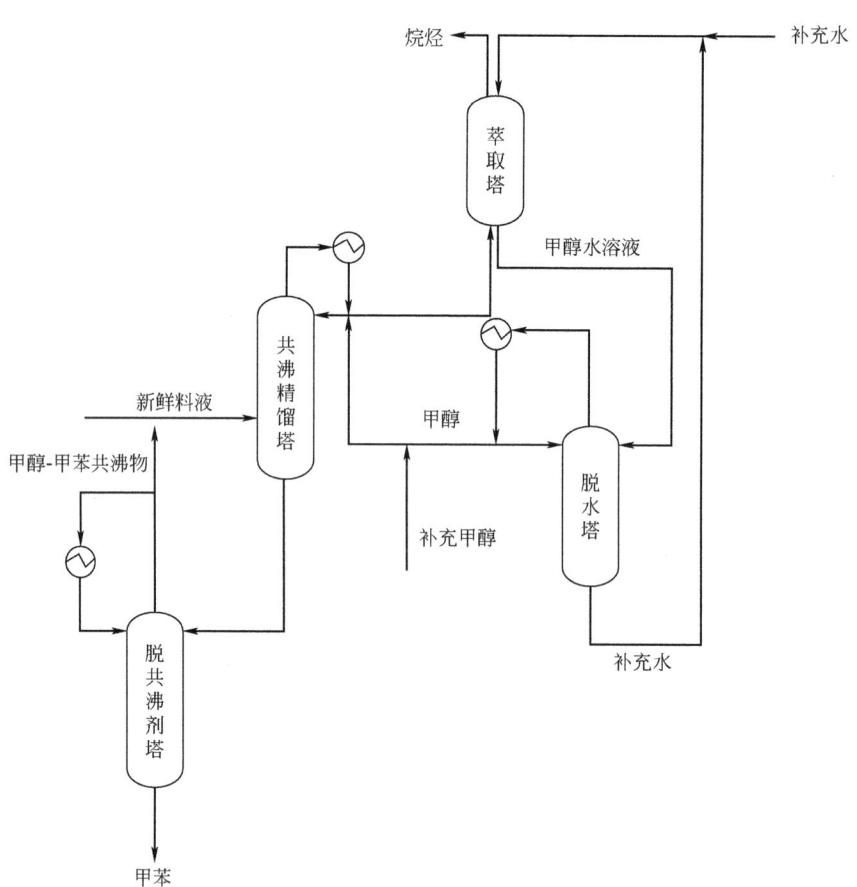

图 13-9-2 以甲醇为夹带剂从烷烃中分离甲苯的共沸精馏过程

完全互溶，需加入水在萃取塔中萃取回收烷烃，然后采用精馏的方法分离水和甲醇，回收共沸剂甲醇作为回流返回共沸精馏塔。共沸精馏塔釜液进入脱共沸剂塔（脱甲醇塔），该塔塔釜馏出甲苯产品，塔顶馏出甲醇-甲苯共沸物，此共沸物大部分作为该塔的回流，少部分加入新鲜料液后再次进入共沸精馏塔。

9.2.2 非均相共沸精馏

某些二元组分溶液的共沸物是非均相的，在共沸组成下溶液可分为两个具有一定互溶度的液层，此类混合物的分离不必加入共沸剂便可实现物质的完全分离，得到两个纯组分。非均相共沸精馏的馏出液为非均相，共沸物经冷凝分层后，一相回流至共沸装置，另一相经精馏、萃取等方法处理。

非均相共沸精馏技术利用形成二元和/或三元非均相恒沸物的夹带剂分离沸点接近的二元混合物和最低二元恒沸物。其中，非均相恒沸物是涉及一个以上液相的系统。液相总组成等于气相组成，则非均相恒沸物所含三相具有各自不同的组成。精馏过程中，塔顶气相接近非均相恒沸物的组成。当冷凝时，在冷凝器下游的倾析器内形成两个液相。在倾析器内分离后，大部分或全部富夹带剂的液相作为回流返回塔内，而大部分或全部另一相液体送到下一个分离单元进一步分离。因为这两个液相通常位于残余曲线图的不同精馏区域，将克服基于均相恒沸精馏的精馏序列通常遇到的限制。于是，在非均相恒沸精馏过程中，将要进行分离的组分不需要必须位于同一精馏区域内。

图 13-9-3 为具有代表性的非均相共沸精馏过程[15]。进料为乙醇（常压沸点为 78.3℃）和水（常压沸点为 100℃）的混合物，该混合物存在最小沸点的均相共沸物（常压共沸点为 78.1℃）。该共沸混合物系可以采用共沸精馏的方法进行分离。乙醇-水溶液进入到共沸精馏塔中，并向塔中加入苯（常压沸点为 80.1℃）作为夹带剂，苯与水形成一个最小沸点非均相共沸物（常压共沸点为 69.3℃），几乎纯的乙醇作为塔底产品排出，而苯-水共沸物作为馏出液采出，然后在塔顶冷凝器下游的倾析器内形成两个不互溶的液相。有机相（苯）再次回到共沸精馏塔中，而水相（乙醇、水以及微量的苯）进入到提馏塔中进行分离，几乎纯的水作为提馏塔的塔底产品排出，塔顶蒸汽冷凝后也进入倾析器中分层，有机相进入到共沸精馏塔中，水相再次返回到提馏塔中。这一由两塔组成的共沸精馏过程完成了水和乙醇的分离任务，夹带剂在这一过程中可以循环使用。考虑到过程中夹带剂的损失，需要向共沸精馏塔中补充少量的夹带剂以保证共沸精馏塔塔底产品为纯的乙醇。

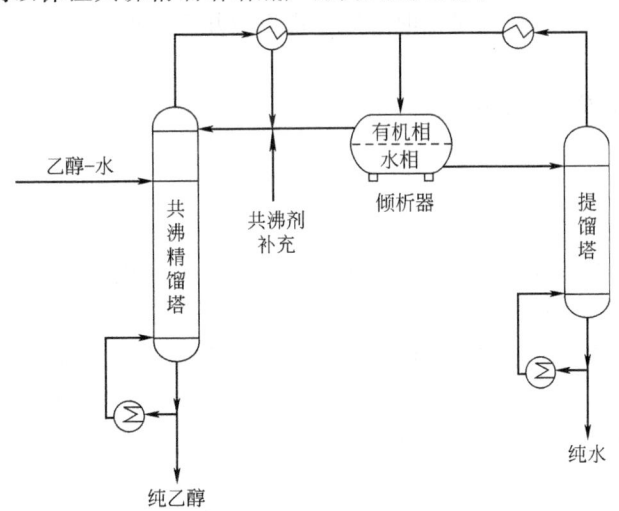

图 13-9-3 以苯为夹带剂从水中分离乙醇的非均相共沸精馏过程

9.3 共沸剂的选择

选择共沸剂的原则有以下几条：

① 具有最大的选择性：共沸精馏过程中加入夹带剂的目的是通过它与原料中的某一个（或某几个）组分形成共沸物，使气、液相平衡关系向有利的方向偏移，从而使原来的近沸点组分或共沸组分之间的分离变得可能，而且比较容易完成。根据夹带剂的作用可分为3种类型：

a. 夹带剂仅与原进料中的一个组分形成二元正共沸物。

b. 夹带剂与原进料中的两个组分都形成二元正共沸物，但其中一个共沸物的沸点要比另一个低许多。

c. 夹带剂与原进料中的两个组分形成一个三元正共沸物，它的沸点比任何一个二元共沸物都低得较多，而且三元共沸物中待分离的两个组分的浓度比不同于原进料中的数值。

在具体选择夹带剂时有两种方法：一种是根据经验划定一定范围的备选化合物，然后逐个进行筛选；另一种是计算有关物质的共沸范围的数值，作为选择夹带剂的依据。

② 容易回收：在工业生产过程中由共沸精馏塔顶排出的共沸物必须再进行分离，回收夹带剂，返回到共沸精馏塔循环使用。所以从经济上考虑，必须要求夹带剂的回收操作比较容易进行。最好的情况是在室温下由共沸精馏塔顶排出的是非均相共沸物，而且夹带剂与另一组分完全不互溶，只需利用一个分液器就很容易将二者分离。若它们是互溶的，最好是夹带剂溶于水，而另一共沸组分不溶于水，则可以利用水洗的方法使夹带剂分离，并且夹带剂-水混合物也应当比较容易分离。若夹带剂不溶于水，最好能够找到一种价格便宜的冲洗剂，能够将夹带剂冲洗出来。

③ 在均相共沸精馏过程中，假定残余曲线图中的精馏边界（如果存在精馏边界）为直线或不能穿越，则可能的夹带剂与要分离的两个组分或任何产物共沸物必须位于残余曲线图中的同一精馏区域内。在非均相共沸精馏过程中，将要进行分离的组分不需要必须位于同一精馏区域内。

除上述三点以外，在选择夹带剂时还应考虑以下几个要求：

① 不腐蚀设备。

② 与进料组分不发生化学反应。

③ 热稳定性好。

④ 无毒性。

⑤ 价格便宜。

例如在常压下，甲醇（64.7℃）和丙酮（56.4℃）能形成一个正共沸物（55.7℃），含0.8（摩尔分数）丙酮，括号中的数字表示正常沸点。这时一个适宜的夹带剂是二氯甲烷，它仅与甲醇形成共沸物（37.8℃），含 0.827（摩尔分数）二氯甲烷。在甲醇-丙酮精馏塔中加入适量的二氯甲烷，塔顶馏出液为甲醇-二氯甲烷共沸物，而塔底产品几乎为纯的丙酮。又例如，以苯为夹带剂使乙醇-水共沸物脱水的共沸精馏过程。这三个组分能形成一个三元正共沸物（64.8℃），含苯 74.1%（质量分数，下同）、乙醇 18.5%、水 7.4%，乙醇与水的质量比为 2.5∶1。它们能够形成的两个二元共沸物分别为乙醇-苯（68.2℃），含乙醇 32.4%；乙醇-水（78.15℃），含水 4%，乙醇与水的质量比是 24∶1。所以加入适量的苯可使塔顶馏出液为三元正共沸物，塔底产品为纯的乙醇。

9.4 共沸精馏过程的设计及计算示例

9.4.1 共沸精馏过程的设计

可以利用严格的精馏计算方法对共沸精馏过程进行设计计算，但在计算时有几个问题需要特别注意：

(1) 夹带剂的流率与入塔位置 由于夹带剂的作用是参与形成共沸物，所以需要确定夹带剂-进料比值，严格控制它在共沸精馏塔内的浓度。并且要估计夹带剂在循环使用过程中的损失，考虑进行适量的补充。多数情况下在塔的顶段将夹带剂引入共沸精馏塔，但这不是一个普遍的规律。对于图 13-9-1 所示的共沸精馏过程，可以利用三角形相图图 13-9-4 来计算夹带剂与进料的流率比。

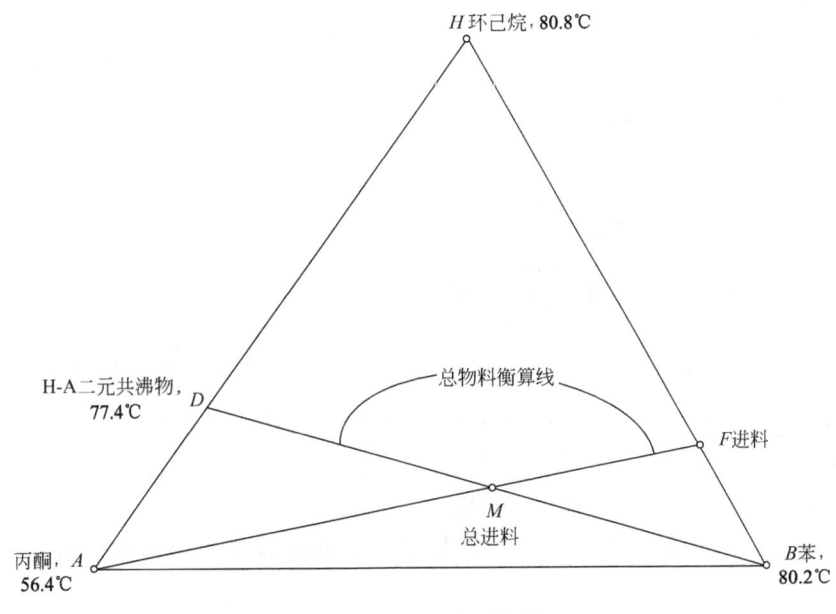

图 13-9-4 三角形相图

三角形右边上的 F 点表示环己烷（H）和苯（B）的进料混合物，左边上的 D 点表示夹带剂丙酮（A）和 H 形成的二元正共沸物，它是共沸精馏塔的塔顶产品，而塔底产品为纯苯，即 B 点。因此进入共沸精馏塔的进料流股和夹带剂流股的混合点位于直线 $\overline{AF}$ 和 $\overline{BD}$ 的交点 M，夹带剂与进料流率的比值为：

$$\frac{A}{F} = \frac{\overline{FM}}{\overline{AM}} \tag{13-9-15}$$

(2) 相平衡模型 共沸精馏系统是非理想混合物，各组分的活度系数对温度和液相组成的变化很敏感，因此需要利用较严格的气、液相平衡模型来计算活度系数，并且要能够预测和计算由于形成非均相共沸物而产生的相分裂。

(3) 精馏计算方法 共沸精馏过程中常常会出现温度和组成等参数激烈变化的情况，即在某一塔段内温度或组成的分布曲线很陡峭，所以一般应采用同时校正的方法进行精馏计算。

9.4.2 共沸精馏过程计算示例

模拟计算以戊烷（P）为夹带剂分离乙醇（E）和水（W）的近共沸混合物的精馏过程，如图 13-9-5 所示，由一个共沸精馏塔、一个分液器和一个分相器构成。

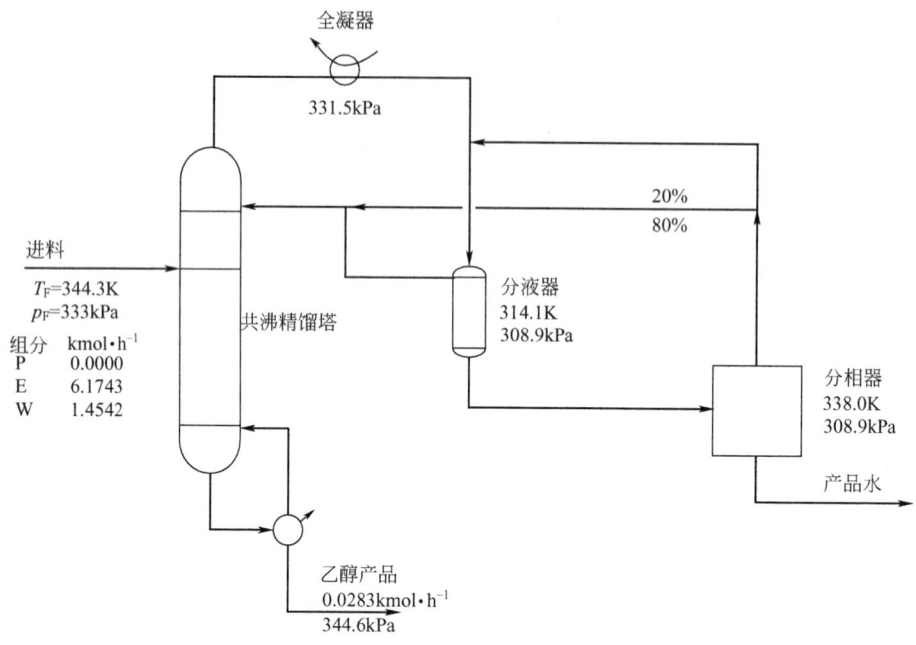

图 13-9-5 以戊烷（P）为夹带剂的乙醇（E）-水（W）共沸精馏过程

这三个组分能形成一个三元非均相正共沸物为塔顶产品，其中水、乙醇比值高于进入精馏塔的近共沸乙醇-水混合物。塔底产品为乙醇，其中水含量为 0.0046（摩尔分数）。

解 利用计算机进行计算的程序包括以下 4 个部分：

① 对具有 18 块理论塔板、一个全凝器和一个再沸器的共沸精馏塔进行严格的模拟计算。

② 对塔顶全凝器进行换热计算，设排出全凝器的为泡点温度的冷凝液体。

③ 通过三相闪蒸计算模拟分液器，在分液器中冷凝液劈裂成两个平衡液相：有机相和水相。

④ 通过物料衡算对分相器进行计算。

由图 13-9-5 可见，此共沸精馏过程包括两个物料循环，当计算开始时需要对每个循环至少给出一个流股的流率和组成的初始猜测值。分液器的进料是这两个循环的公用流股，所以一般给它设定初值，设其流率为 35.5kmol·h^{-1}，组成（摩尔分数）为 $x_F=0.7042$、$x_E=0.0845$、$x_W=0.2113$。共沸精馏塔的计算结果如表 13-9-3 所示。

由表 13-9-3 可见，从再沸器向上到 13 级温度和组成仅发生轻微的变化，在此塔段内戊烷的浓度从 0 逐渐增加到 $x_P \approx 0.002$（摩尔分数）。从级 13～8 戊烷的浓度迅速达到一定的水平，温度迅速降低。从级 8 到进料级 3 温度仅下降几摄氏度，液相中水浓度由 0.00392（摩尔分数）迅速增加到 0.0564（摩尔分数），而在进料级以上水的浓度变化更加剧烈。分液器的计算结果如表 13-9-4 所示，全凝器和再沸器的热负荷分别是 1116.5MJ·h^{-1} 和 1135.0MJ·h^{-1}。

表 13-9-3 共沸精馏塔的计算结果

级 j	温度/K	流率/kmol·h^{-1}		气相组成(摩尔分数)		液相组成(摩尔分数)	
		V_j	L_j	P	W	P	W
回流	326.6	…	32.2697	…	…	0.699	0.235
1	333.9	35.4008	33	0.638	0.33	0.83	0.0521
2	341.3	36.1	34.6	0.758	0.135	0.842	0.0167
3	343	37.8	51.8	0.771	0.0985	0.573	0.0564
4	344.4	38.1	52.3	0.778	0.0749	0.581	0.0383
5	345.7	38.6	52.8	0.786	0.0502	0.588	0.0232
6	346.7	39.1	53.1	0.794	0.0297	0.593	0.0128
7	347.4	39.4	53	0.798	0.0157	0.586	0.00675
8	348.4	39.3	51.4	0.79	0.00751	0.538	0.00392
9	352.2	37.7	46	0.732	0.00369	0.338	0.00396
10	367.1	32.3	42.8	0.482	0.00371	0.0754	0.00542
11	382.0	29.1	44.2	0.111	0.00583	0.0106	0.0058
12	385.1	30.5	44.6	0.0153	0.00635	0.00135	0.0058
13	285.6	30.9	44.6	0.00195	0.00635	0.00017	0.00574
14	385.7	31.0	44.6	0.00025	0.00626	0.00002	0.00565
15	385.8	31.0	44.7	0	0.00613	0.0	0.00553
16	385.9	31.0	44.7	0	0.00596	0.0	0.00538
17	385.9	31.0	44.7	0	0.00574	0.0	0.00518
18	386.0	31.0	44.7	0	0.00545	0.0	0.00491
19	386.1	31.0	13.6736	0	0.00506	0.0	0.00456

表 13-9-4 分液器的计算结果

组分	流率/kmol·h^{-1}		
	分液器进料	有机相排料	水相排料
戊烷	22.5568	22.5487	0.0081
乙醇	2.3962	1.0636	1.3326
水	12.5821	0.1005	12.4816
合计	37.5351	23.7128	13.8223

一般参考文献

[1] Scader J D. Section13, Distillation//Perry R H, Green D W, eds. Perry's chemical engineers' handbook. 6th ed. New York: McGrave-Hill, 1984.
[2] Holland C D, Gallun S E, Lockett M J. Distillation, azeotropic and extractive// McKetta J J. Encyclopedia of chemical processing and design: Vol 16. New York: Marcel Detter, 1982, 96-133.

参考文献

[1] Wade J, Merriman R W. J Chem Soc, 1911, 99: 997.
[2] Kurtyka Z. Bull Acad Pol Sci Ser Sci Chim, 1961, 9: 741.
[3] Ryland. Am Chem J, 1899, 22: 384.
[4] Lecat M. L' azeotropisme. L' Auteur, Brussels: Monograph, 1918.

[5] Horsley L H. Azeotropic Data-Ⅲ. Washington: ACS, 1973.
[6] Gmehling J, Menke J, Krafczyk J, et al. Azeotropic data. 2nd ed. New York: Wiley-VCH, 2004.
[7] Seymour K M, Carmichael R H, Carter J, et al. Ind Eng Chem Fundam, 1977, 16: 200.
[8] Prigogine I, Defay R. Chemical thermodynamics. London: Longmans, 1954.
[9] Malesinski W. Azeotropy and other theoretical problems of vapor-liquid equilibrium. New York: Wiley-Interscience, 1965.
[10] Kireev. Acta Physicochim URSS, 1941, 14: 371.
[11] Kurtyka Z M, Kurtyka A. Ind Eng Chem Fundam, 1980, 19: 225; 1981, 20: 177.
[12] Malesinski W. Bull Acad Pol Sci Class Ⅲ, 1956, 4: 295, 303, 365, 371.
[13] Aristovich V Y, Stepanova E I. Zh Prikl Khim, 1970, 43: 2192.
[14] 邓修, 吴俊生. 化工分离过程. 北京: 科学出版社, 2000.
[15] Kowach Ⅲ J W, Seider W D. AIChE J, 1987, 33: 1300.

石油与复杂物系分馏

石油及石油馏分是极其复杂的混合物,因其组分数很多,目前尚难以详知其确切的化学组成。将原油分离成不同沸程的馏分,可以得到多种多样的燃料油、润滑油和其他化工原料产品。迄今蒸馏是一种最经济和有效的石油馏分分离手段。

原油的一次加工过程,就是指原油蒸馏过程,例如拔顶蒸馏、常减压蒸馏等。一次加工过程可将原油分割成相应的直馏汽油、煤油、轻柴油、重柴油以及各种润滑油馏分等。也可以按不同的生产方案分割出一些二次加工所用的原料,如催化裂化原料、重整原料、加氢裂化原料等。

在原油的二次加工过程中,蒸馏仍然是不可缺少的分离手段,用它来实现原料的进一步精确分割或反应物和产物的分离。

在天然气和炼厂气加工过程中,通常需要把其中的烃类逐个分离,得到精细化工产品,也是借助于蒸馏过程来实现的。

在煤焦油的加工过程中,蒸馏是煤焦油加工的龙头,该过程分离的有效程度,直接影响煤焦油各馏分产品的进一步加工。

由此可见,蒸馏是炼油和煤化工工业中一种基本的分离方法。

10.1 石油馏分的表示方法

10.1.1 石油及石油馏分

天然石油通常是淡黄色到黑色的、流动或半流动的黏稠液体。石油主要由烃类构成,其中碳的含量为 83%～87%,氢含量为 11%～14%。除此之外,还有硫、氧、氮以及一些微量元素。

石油是一个极多组分的复杂混合物,石油加工的第一步是初馏,把石油按照沸点范围"切割"成若干个"馏分",每个馏分还是一个复杂混合物,只不过所包含的组分数目比原油少一些而已。石油馏分进一步加工,才能变成石油产品。从原油直接分馏得到的馏分,称为直馏馏分,其产品为直馏产品。它们基本上不含不饱和烃。石油直馏馏分经过二次加工后,所得的馏分与相应的直馏馏分的组成就不一定相同了。

10.1.2 石油及其馏分的蒸馏曲线

石油及其馏分都是极其复杂的混合物,测定其单体组成是非常困难甚至是不可能的,实际上也是没有必要的。按惯例石油及其馏分的汽-液平衡关系不是以其详细的化学组成来表示,而是以宏观的方法通过实验室蒸馏来测定的。石油及其馏分的汽-液平衡关系一般通过一种实验室蒸馏方法来取得，包括有恩氏蒸馏、实沸点蒸馏和平衡汽化。所得的结果可以用馏分组成数据表达，也可以用蒸馏曲线（馏出温度-馏出率）表示。

(1) 恩氏蒸馏曲线　恩氏蒸馏是一种简单蒸馏，它是以规格化的仪器在规定的试验条件下进行的，故而是一种条件性的试验方法。将馏出温度对馏出量（体积分数）作图，就得到恩氏蒸馏曲线，如图 13-10-1 所示。

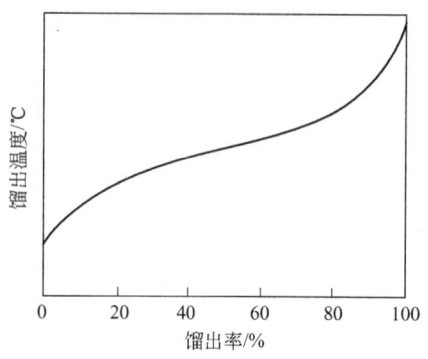

图 13-10-1　恩氏蒸馏曲线

恩氏蒸馏是渐次汽化过程，基本上没有蒸馏作用，因而不能表达油品中各组分的实际沸点。但它能反映油品在一定条件下的汽化性能，而且方法简单易行，所以是广泛用于反映油品汽化性能的一种规格试验。由恩氏蒸馏数据可以计算油品的一部分性质参数，因此它也是油品的最基本的特性参数之一。

(2) 实沸点蒸馏曲线　实沸点蒸馏是一种实验室间歇蒸馏。实沸点蒸馏设备是一种规格化的蒸馏设备，规定其蒸馏柱应相当于 17 块理论板，而且是在规定的试验条件下运行。所得到的馏出温度-馏出率的数据曲线可以近似地表示石油混合物中众多组分沸点变迁的情况，如图 13-10-2 所示。

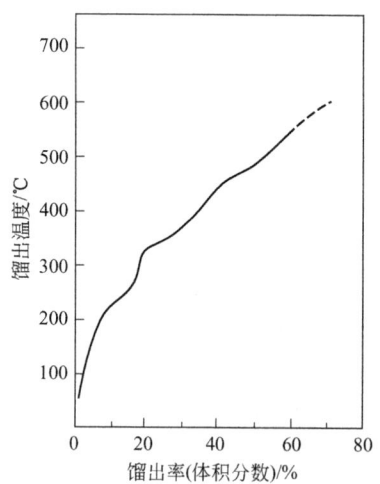

图 13-10-2　实沸点蒸馏曲线

实沸点蒸馏主要用于原油评价。原油的实沸点蒸馏试验是相当费时间的。为了节省试验时间，20 世纪 70 年代出现了用气相色谱分析来取得原油和石油馏分的模拟实沸点数据的方法，但还不能完全代替实验室的实沸点蒸馏。

(3) 平衡汽化曲线 在实验室平衡汽化设备中，将油品加热汽化，使气液两相在恒定的压力和温度下密切接触一段足够长的时间后迅速分离，即可测得油品在该条件下的平衡汽化曲线。在恒压下选择几个合适的温度（一般至少要五个）进行试验，就可以得到恒压下平衡汽化率与温度的关系，如图 13-10-3 所示。根据平衡汽化曲线，可以确定油品在不同汽化率时的温度、泡点温度、露点温度等。

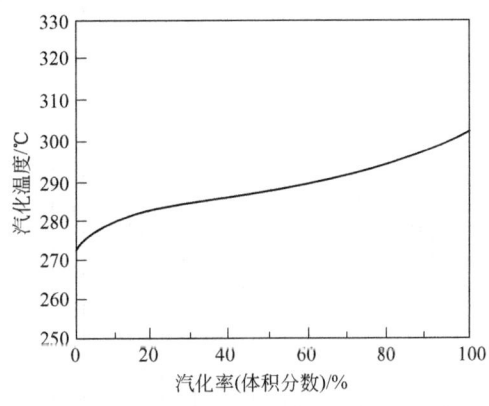

图 13-10-3 平衡汽化曲线

(4) 三种蒸馏曲线的关系 从三种蒸馏曲线可以看到，平衡汽化曲线最平缓，恩氏蒸馏曲线比较陡一些，实沸点蒸馏曲线的斜率最大。实际上反映了三种蒸馏方式分离效率的差别，即实沸点蒸馏是精馏过程，分离精度最高；恩氏蒸馏基本上是渐次汽化过程，分离精度次之，而平衡汽化的分离精度最差。但平衡汽化可以用较低的温度得到较高的汽化率，这对炼油过程具有重要的实际意义。

三种蒸馏曲线的换算主要借助于经验的方法。通常是通过大量实验数据，制成各种曲线之间的图表以供换算之用。由于石油和石油馏分之间性质的差异，制得的经验图表会有一定的误差，应用时需加注意。如有可能，应尽量采用实测的实验数据。三种蒸馏曲线的换算参见文献 [1]。

10.1.3 假组分和假多元系

蒸馏曲线经验方法迄今仍然是处理石油馏分汽-液平衡的一种基本方法。但该法有两个主要缺点，即精度不高和不能用于计算机计算。随着电子计算机在炼油蒸馏中的广泛应用，需要对复杂物系的汽-液平衡进行理论或半理论的解析计算，从而提出了假组分的概念。假多元系法把石油或石油馏分按沸程分为一系列窄馏分，每一个窄馏分都可以被当作一个纯组分处理，称为假组分或虚拟组分，同时以窄馏分的平均沸点、密度、平均分子量等表征各假组分的性质。这样，石油馏分这一复杂混合物就可以看作是由一定数量假组分构成的假多元物系，然后按多元系汽液平衡的处理方法进行计算。

作为假组分，窄馏分的宽度和假多元系所包含假组分数目视具体情况而定。原则上馏分愈窄，愈接近于纯组分，计算误差也愈小，但计算工作量也愈大。窄馏分的宽度多数为10～20℃，一般不超过 30℃。在设计计算中，窄馏分的切割是借助于实沸点蒸馏曲线来完成的，如图 13-10-4 所示。严格来说，每个窄馏分的平均沸点应按图解积分法求得。当窄馏分足够窄，在其沸程内的蒸馏曲线接近直线时，可取该窄馏分的中沸点为平均沸点。

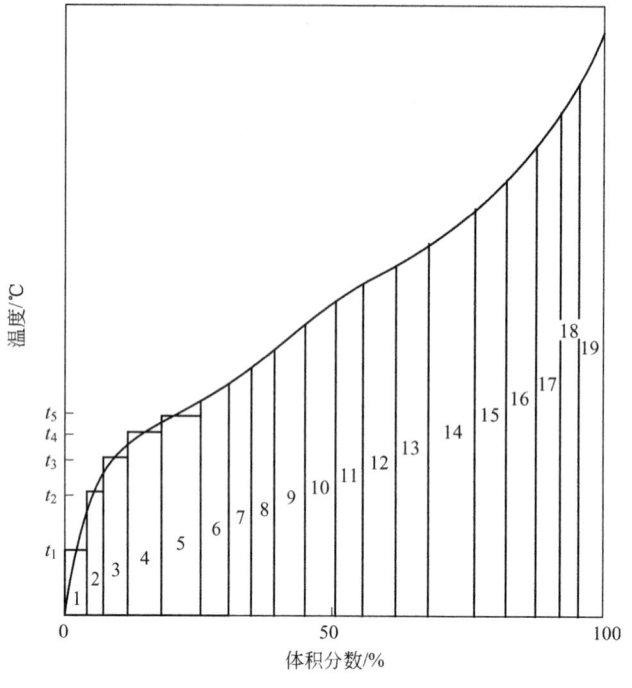

图 13-10-4　假多元物系

现代石油馏分汽-液平衡和石油蒸馏的解析计算都无例外地采用假多元系的处理方法。实沸点蒸馏曲线实际上是一条连续曲线，用连续分布函数来代替对馏分的切割已见诸报道[2,3]。

10.2　石油馏分性质的计算

10.2.1　相对密度

在石油蒸馏计算中，常常用相对密度求定其他物理性质。油品的相对密度，常以 4℃ 的水为参考物质。欧美各国常以 15.6℃（60°F）的水作为参考物质，并用比重指数（API 度）来表示液体的相对密度。它们之间的关系为：

$$\mathrm{API}° = \frac{141.5}{d_{15.6}^{15.6}} - 131.5 \tag{13-10-1}$$

石油馏分的密度取决于混合物中烃类的组成，一般用实测的方法获得。

10.2.2　特性因数

特性因数 K 表征石油及其馏分的烃类组成，其定义式为：

$$K = \frac{(T°R)^{1/3}}{d_{15.6}^{15.6}} \tag{13-10-2}$$

式中，$T°$ 为油品平均沸点温度，K；R 为气体常数。烷烃的 K 值最大，芳烃的 K 值最小，环烷烃的 K 值介于两者之间。我国原油大多数具有较高的特性因数。石油馏分的沸点 T 最早用摩尔平均沸点，后改用立方平均沸点，近年来使用中平均沸点。

用特性因数关联直馏馏分油的物理性质和热性质，能得到满意的结果。对于含大量烯烃、二烯烃或芳香烃的馏分，特性因数并不能准确表达其性质，使用时会导致较大误差。

10.2.3 平均沸点

石油馏分的沸程应该表示为平均沸点，才能方便地作为关联参数。石油馏分的体积平均沸点 t_v 通常根据恩氏蒸馏的 10％、30％、50％、70％、90％ 五个馏出温度数据计算得到：

$$t_v = \frac{t_{10}+t_{30}+t_{50}+t_{70}+t_{90}}{5} \tag{13-10-3}$$

在不同的场合下，要用到不一样的平均沸点。石油馏分的质量平均沸点、摩尔平均沸点、立方平均沸点和中平均沸点要用平均沸点校正图或关联式进行计算[4]。沸程<30℃ 的窄馏分，可以认为各种平均沸点接近相等，并以中平均沸点代替而不致引起大的误差。

10.2.4 平均分子量、临界性质、热性质

平均分子量是石油馏分的重要物性之一，可用图表[5]或关联式[6~9]求得。石油馏分的临界常数、偏心因子以及饱和蒸气压和蒸发潜热等物性数据也可以用各种图表或经验关联式求得。常用的主要关联式见表 13-10-1。

表 13-10-1　石油窄馏分物性关联式

物理性质	物性关联式		
平均分子量 M	Winn[5] Riazi-Daubert[8]	Hariu[6] Sim-Daubert[9]	API[7] 寿德清-向正为[1]
临界温度 T_r	Winn[5] Sim-Daubert[9]	API[7] Lee-Kesler[11]	Roess[10] 周佩正[12]
临界压力 P_r	Winn[5] Lee Kesler[11]	API[7,8] 周佩正[12]	Sim-Daubert[9]
偏心因子 ω	API[7]	Lee-Kesler[11]	Edmister[13]
临界体积 V_c	API[7]	Riazi-Daubert[8]	Hall-Yarborou[14]
饱和蒸气压 P^0	API[7] Pitzer[17]	Maxwell-Bonnell[15]	Gomez-Thodos[16]
蒸发潜热 ΔH_v	API[7]	Riazi-Daubert[8]	Kistiarowsky[18]

石油馏分气液相的焓和比热的估算，主要用图表法[1]或 API 介绍的 Lee-Kesler 算法[7]。

石油馏分各物性关联式误差不一，使用范围各异，尤其是对于高沸点馏分，使用时应特别加以注意。李鑫钢等[19]采用正构烷烃的假多元系法，应用于乙烯急冷过程的计算。

10.3　石油馏分的汽-液平衡计算

在手工计算中，轻质烃和石油窄馏分汽-液平衡常数的求取主要是列线图法[20]。组成对

汽-液平衡的影响可以用会聚压法来校正[20]。图表法能适用一般工程计算，但精度不高，并且不能用于计算机计算。

低压下石油馏分的汽-液平衡计算可以按理想体系处理，窄馏分的饱和蒸气压关联式如表13-10-1所示。当压力较高时，假多元系混合物与理想溶液有显著偏差，必须按非理想体系进行严格的汽-液平衡计算。求取非理想体系汽-液平衡常数主要有以下两类状态方程法：

① 混合模型：分别用不同方法求取气相和液相中各组分的逸度。如 Chao-Seader 模型[21]，Grayson-Streed 关联[22]，Lee-Erbar-Edmister 模型[23]等。

② 采用同时适用于气、液两相的状态方程直接计算气液两相中各组分的逸度。如 Soave 模型[24]，P-R 方程[25]，SHBWR 方程[26]等。

10.4 石油分馏

石油蒸馏是典型的复杂物系精馏。石油蒸馏的精确度要求不如化工产品的要求高，一般只要求分割为一定沸程的馏分。图 13-10-5 为典型的原油常减压蒸馏原理流程图。

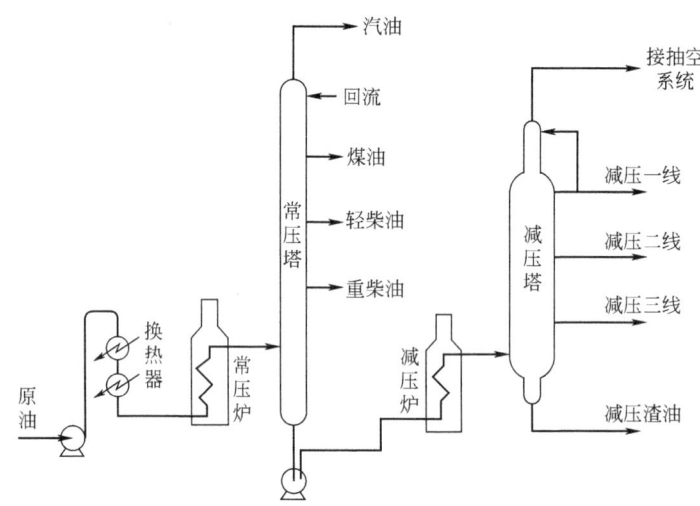

图 13-10-5 原油常减压蒸馏原理流程图

10.4.1 原油常压蒸馏

原油常压蒸馏塔在接近大气压力下操作。原油通过常压蒸馏切割成汽油、煤油、轻柴油、重柴油和重油等产品。原油常压蒸馏塔是一个复杂塔，产品从各侧线馏出。侧线产品一般都设有汽提段，用水蒸气汽提（也有个别情况用再沸器提馏），所用的过热水蒸气量一般为侧线产品的 2%~3%（质量分数）。常压塔底也需要水蒸气汽提，吹入的过热水蒸气量一般为 2%~4%（质量分数）。

常压塔的热量是靠进料提供的。常压塔的回流比由全塔的热平衡确定。常压塔往往采用中段回流的方式取热，以使塔内气液负荷分布均匀，同时起到节省能源的目的。中段回流取热量一般占全塔取热量的 40%~60%。

10.4.2 原油减压蒸馏

常压重油一般是原油中沸点高于350℃的重组分。原油中350℃以上的高沸点馏分是润滑油和催化裂化、加氢裂化的原料，常压下需加热到500℃以上才能分离，但在高温下会发生分解反应。因而将常压重油在减压条件下蒸馏，温度条件限制在420℃以下。减压塔内的真空度一般都在700～750mmHg（1mmHg＝133.322Pa）或更高。

减压塔一般都要求有尽可能高的拔出率。减压蒸馏常用的有舌型塔板、网孔塔板、筛板等。为降低压降以增加拔出率，近年来国内外大多数减压塔已使用各种形式的高效规整填料。

在设计减压塔时，要考虑塔内各段的气液流量尽量均匀以减小塔径。为此，减压塔一般采用多个中段取热循环回流。

根据生产任务的不同，减压塔分为润滑油型和燃料油型两种。润滑油型减压塔为后续的加工过程提供润滑油料，要求有较高的分馏效果。从蒸馏过程本身来说，要求润滑油料的黏度合适、残碳值低、色度好，在一定程度上要求馏程要窄。润滑油型减压塔各侧线间一般3～5块塔板。燃料油型减压塔的主要任务是使得残碳值和重金属含量尽可能低，至于对馏分组成的要求则并不严格。

传统的减压蒸馏塔使用塔底水蒸气汽提，以降低油气分压，提高拔出率，但同时使塔内气相负荷增大。近年来，提高减压塔底的真空度、使用各种填料降低塔内的压力降来实现降低油气分压的干式减压蒸馏技术，在润滑油型减压塔和燃料油型减压塔中已有了很多应用。

10.5 石油分馏过程的计算

10.5.1 近似的估算

(1) 计算所需基本数据

① 原料油性质。主要包括实沸点蒸馏数据（或恩氏蒸馏数据）、密度、特性因数、分子量、含水量、黏度和平衡汽化数据等。

② 原料油的条件。包括最大和最小可能的处理量，原料油的温度、压力等。

③ 产品方案及产品性质。

④ 汽提水蒸气的温度和压力。

(2) 设计计算步骤

① 根据原料油性质及产品方案确定产品的收率，做出物料平衡。

② 通过计算或图表，列出有关各油品的性质。

③ 决定汽提方式，并确定汽提蒸汽用量。

④ 选择塔板或填料的形式，并按经验数据定出各塔段的塔板数或填料层高度。

⑤ 画出精馏塔的草图，其中包括进料及各侧线抽出口的位置、中段回流位置等。

⑥ 确定塔内各部位的压力和加热炉出口压力。

⑦ 确定进料过汽化率，计算汽化段温度。

⑧ 确定塔底温度。

⑨ 假设塔顶及各侧线抽出温度，作全塔热平衡，算出全塔回流取热。选择回流方式及

中段回流的数量和位置，合理分配回流取热。

⑩ 校核塔顶及各侧线温度。若与假设值不符，应重新假设和计算。

⑪ 作全塔气、液相负荷分布图，并将上述工艺计算结果填在草图上。

⑫ 计算塔径和塔高。

⑬ 作塔板流体力学核算。

⑭ 对于填料塔，选择气体、液体分布器形式，并进行流体力学核算。

10.5.2 计算机模拟

上述手工计算是非常费时的，而且也不十分精确。近年来，计算机已经在石油蒸馏塔的设计计算中得到了广泛的应用，同时也提高了计算精度。并且能从众多的方案中进行优化和比较，寻求最优的生产方案和操作条件，获得最大可能的经济效益。

实现石油蒸馏塔计算机模拟的基础是把石油和石油馏分看作是虚拟的多组元体系。对假多组元系的石油蒸馏塔，建立由物料平衡、相平衡、摩尔加和以及焓平衡所构成的非线性 MESH 方程组，用计算机进行严格的模拟计算，可以得出全塔的气相液相浓度分布、气相液相流率分布、温度分布、热负荷分布，以及产品的组成和性质等详尽的数据。这些数据是进行精馏塔设计的基础。计算机模拟的计算方法与多组元精馏计算相同，可参考本篇中有关部分。

10.6 煤焦油分馏

煤焦油是重要的焦化产品，含有多种宝贵的化工原料，是芳烃、多环芳烃和杂环化合物的重要来源。其中有些产品不可能或不可能经济地从石油化工原料中获得，如工业上使用的咔唑和喹啉几乎全部出自煤焦油，蒽、苊、芘世界总需求量的90%以上也是由煤焦油工业提供的。到目前为止，煤焦油产品已在化工、轻工、医药、环保等多个部门有重要应用。由于煤焦油所具有的巨大经济价值，世界各国都十分重视煤焦油加工技术的开发。

10.6.1 煤焦油的组成和性质

煤焦油又称煤膏、煤馏油、煤焦油溶液。煤焦油密度大于水，具有一定溶解性和特殊的臭味，可燃并有腐蚀性。煤焦油是炼焦工业煤热解生成的粗煤气中的产物之一，其产量占装炉煤的3%～4%，在常温常压下其产品呈黑色黏稠液状。煤焦油是煤化学工业的主要原料，其成分达上万种，主要含有苯、甲苯、二甲苯、萘、蒽等芳烃，以及芳香族含氧化合物（如苯酚等酚类化合物）、含氮、含硫的杂环化合物等多种有机物，可采用分馏的方法把煤焦油分割成不同沸点范围的馏分。

煤焦油是生产塑料、合成纤维、染料、橡胶、医药、耐高温材料等的重要原料，可以用来合成杀虫剂、糖精、染料、药品、炸药等多种工业品。

10.6.2 煤焦油的分馏方法

煤焦油的气体和液体产品必须通过后续分离过程实现其回收、分离和提纯。目前焦化过程最为有效的分离手段仍然是精馏。总的来说，精馏在焦化过程的重要应用体现在以下三个方面[27]：

(1) 产品回收的必备手段 煤焦油中多种馏分的切割过程，主要通过精馏过程依据不同馏分的沸程分离成轻油、酚油、萘油、洗油、蒽油和沥青等产品。

（2）产品深加工的有效途径 精馏在煤焦化产品的深加工过程中的重要作用尤为突出，焦油初馏过程得到的馏分，多数经过精馏过程得到纯度更高的产品。富含三苯的轻油经过粗苯精制的多塔精馏可以得到苯、甲苯、二甲苯等产品；酚油馏分可以通过精馏过程得到苯酚、甲酚和二甲酚等产品。值得一提的是洗油，含有多种可作为医药、农药和染料中间体的稠环芳烃，也需要经过多塔精馏过程切割馏分，并配合结晶等提纯手段最终得到 β-甲基萘、α-甲基萘、苊、芴等高附加值产品。

（3）废水资源化治理的构成环节 焦化废水的末端一般采用生化处理，为了消除废水中的氨等物质对活性污泥的毒害，同时回收资源，多数需要在生化处理之前进行预处理。如蒸氨过程、脱酚过程，就是通过精馏过程将废水中的氨提浓到 14%～20%，然后用于后续的硫铵或烟气脱硫过程，并回收粗酚。

为提高煤焦油的分离程度，有效分离各馏分，借鉴石化工业先进工艺，采用煤焦油常压-减压流程来实现。该流程主要由常压蒸馏和减压蒸馏两种操作构成。由于引入了减压操作，组分间的相对挥发度大大增加，从而对沥青中的轻组分进行了有效的深拔，同时由于操作压力降低，煤焦油加热温度也将大幅下降，有效改善塔内焦油结焦的状况。

煤焦油常减压蒸馏流程中，煤焦油的全部组分包括沥青都进入常压塔加工，因此尽管加热温度已大大降低，煤焦油在常压塔塔底仍会发生一定程度的堵塞。由于对塔的清理不便，因此在该流程的基础上，引入闪蒸操作，以初步分离重组分，并不再经过常压塔，而将其直接引入减压塔，这就形成了煤焦油等温闪蒸-常压蒸馏-减压蒸馏流程。该流程的分离效果与煤焦油常压-减压流程基本相当，但温度分布得到进一步改善。

10.6.3 煤焦油分馏过程计算

采用流程模拟的方法对煤焦油分馏过程进行模拟计算时，所用的煤焦油由两部分组成：一部分是确定组分的轻组分，另一部分是无法具体定义其组成的虚拟组分——沥青。沥青的组成极为复杂，大多数为三环以上的芳香族烃类，还有含氮、氧、硫等元素的杂环化合物。为了便于模拟，一般采用炼油厂炼油塔底的减压渣油来代替煤焦油中的沥青进行模拟计算，在 101.33kPa 下定义蒸馏的实沸点（true boiling point，TBP），这样就解决了虚拟组分的定义问题。尽管目前的模拟计算方法及结果与实际情况存在一定误差，但采用数值模拟煤焦油的蒸馏过程可以大量地节省试验费用，对煤焦油蒸馏的实际操作具有一定的参考价值[28]。

参考文献

[1] 林世雄. 石油炼制工程: 上册. 北京: 北京工业出版社, 1988.
[2] Shibata S K, Sandler S I, Behrens R A. Chem Eng Sci, 1987, 42（8）: 1977-1988.
[3] Kehlen H, Ratzsch M T, Bergmann J. AIChE J, 1985, 31（7）: 1136-1148.
[4] 郭天民. 多元汽-液平衡和精馏. 北京: 化学工业出版社, 1983.
[5] Winn F W. Petroleum Refiner, 1957, 36（2）: 157-159.
[6] Hariu O H, Sage R C. Hydrocarbon Processing, 1969, 48（4）: 143.
[7] API Technical Data Book——Petroleum Refining. 3rd ed. Washington: API, 1976.
[8] Riazi M R, Daubert T E. Hydrocarbon Processing, 1980, 59（3）: 115-116.

[9] Sim W J, Daubert T E. Ind Eng Chem Process Des Dev, 1980, 19(3): 386-393.

[10] Roess L C. J Inst Petrol Technol, 1936, 22: 1270-1279.

[11] Kesler M G, Lee B I. Hydrocarbon Processing, 1976, 55(3): 153-158.

[12] 周佩正. 华东石油学院学报, 1980, (2): 91-106.

[13] Edmister W C, Hanna W S. Petrl Refiner, 1958, 37(10): 111-122.

[14] Hall K R, Yarborou L. Chem Eng, 1971, 78(25): 76.

[15] Maxwell J B, Bonnell L S. Ind Eng Chem, 1957, 49: 1187-1196.

[16] Gomez-Nieto M, Thodos G. Ind Eng Chem, 1977, 16: 254.

[17] Pitzer K S, Lippmann D Z, Curl R F, et al. J Am Chem Soc, 1955, 77: 3433-3440.

[18] Kistiarowsky G B, Rice W W. J Chem Phys, 1940, 8: 610-622.

[19] Li X, Xie B, Wu W, et al. Chem Ind Eng Prog, 2011, 30(1): 40-46.

[20] 燃化部第五化工设计院. 汽液相平衡常数//轻碳氢化合物数据手册: 第2册. 北京: 化学工业出版社, 1971.

[21] Chao K C, Seader J D. AIChE J, 1961, 7: 598-605.

[22] Li X P, Liu Y Z, Li Z Q, et al. Chinese J Chem Eng, 2008, 16(4): 656-662.

[23] Lee B I, Erbar J H, Edmister W C. AIChE J, 1973, 19(2): 349-356.

[24] Soave G. Chem Eng Sci, 1972, 27(6): 1197.

[25] Peng D, Robinson D B. Ind Eng Chem Fundam, 1976, 15: 59-64.

[26] Starling K E, Han M S. Hydrocarbon Processing, 1972, 51(5): 129.

[27] Gu W, Chen X, Liu K, et al. Chem Eng Technol, 2015, 38(2): 203-214.

[28] Gu W, Wang K, Huang Y, et al. Chem Eng Technol, 2015, 38(7): 1243-1253.

11

反应蒸馏

11.1 反应蒸馏概述

11.1.1 反应蒸馏的原理及特点

反应蒸馏是将化学反应与精馏分离耦合在同一个设备中同时进行的一种特殊精馏操作，借助于边反应边分离的操作方式，可以提高反应速度、克服化学平衡的限制、增大转化率及选择性，对于放热反应还可通过综合利用反应热实现节能。反应蒸馏的另一个优势在于可有效缩短生产流程，减小设备尺寸。反应蒸馏还可使共沸物完成分离或使混合物中的痕量物质通过反应生成更易分离的物质，从而实现高精度提纯。反应蒸馏是过程强化概念在化学工业成功应用的典范之一[1]。

反应蒸馏的特点主要体现在两个方面：①精馏分离强化化学反应过程，即利用精馏分离过程将反应物与产物及时分离，打破化学反应平衡，从而促进目标反应的进行，达到提高反应转化率和选择性的目的；②化学反应强化精馏分离过程，即将普通精馏无法分离的共沸物或挥发度相近物质中的低浓度组分通过化学反应彻底转化为其他物质，从而破坏原有的共沸物或改变挥发度以获得较纯的目标产品。

11.1.2 反应蒸馏的热力学性质

在开发和设计反应蒸馏过程时，热力学数据起着至关重要的作用，反应和分离同时发生的这一事实，对实验研究和过程计算均提出了特殊的挑战。反应蒸馏中的热力学大体可分为两类考虑方式，一类是仅仅考虑气液达到相平衡，不考虑反应的因素，这就是通常所指的汽-液平衡；另一类是考虑到具体实际操作过程中反应的协同作用，认为只有气液相和反应同时达到平衡，体系才算真正处于平衡状态。1997年Song等[2]在Nature杂志上发表了关于发现反应共沸物的文章，也进一步证实了这一观点。基于第二类考虑，所得到的汽-液平衡数据与第一类考虑所说的汽-液平衡数据相差较大，其测定方法与计算方法也有所不同。为了获得可靠的结果，应针对具体的需要，选择合理的测定方法和计算方法。

11.1.3 反应蒸馏的分类

根据反应与精馏的形式不同，耦合后的反应蒸馏过程也是形式众多，按进料方式不同可分为间歇式和连续式；按反应中是否使用催化剂可分为催化反应蒸馏及非催化反应蒸馏；催化反应蒸馏中按催化剂的相态不同可以分为均相催化反应蒸馏与非均相催化反应蒸馏；按反应过程所发生的相态不同，可分为气相反应蒸馏与液相反应蒸馏[3]。

11.2 反应蒸馏过程设计方法

反应蒸馏的过程开发与设计方法对于反应蒸馏技术的推广应用具有重要意义。一般来讲，反应蒸馏设计方法包括以下几个阶段：①可行性分析与概念设计；②稳态与动态的模拟和优化；③催化内构件的设计。

11.2.1 反应蒸馏过程可行性分析及概念设计方法

化工过程设计是在确定流程进料条件和产品要求的情况下，考虑整个流程在经济、环境、安全等方面的因素，确定流程中各个设备的配置、尺寸及操作条件等。由于在精馏分离过程中引入了反应的发生，反应精馏塔的设计较传统精馏塔的设计难度要高，需要充分考虑反应和分离过程的耦合作用。因此，并不是所有的反应-精馏过程都适合采用反应蒸馏技术进行强化。反应蒸馏过程最主要的限制条件是要求反应和分离过程的适宜温度和适宜压力相匹配。这是因为反应蒸馏的反应和分离过程均在一个设备中进行，各个塔板的温度由塔板所在压力条件下的组成和汽-液平衡决定。若反应精馏塔的温度较低，则各个塔板上的反应速率较低，过程所需的停留时间较长，较长的停留时间会导致反应精馏塔的尺寸过大、经济成本较高，增大设备的设计难度；相反，若反应精馏塔的温度较高，则可能引起反应过程的副反应发生，进而无法达到理想的转化率与选择性。除此之外，反应蒸馏过程还要求反应体系中各个反应物和生成物之间的相对挥发度较大，以保证反应精馏塔精馏段和提馏段的分离精度。现阶段，反应蒸馏过程的可行性分析和概念设计方法可以分为两大类：

(1) 图解法 图解法以反应与精馏过程的热力学或动力学信息为基础，通过直观的图像表现形式，对反应蒸馏过程进行可行性分析及概念设计。图解法中的各个方法都是以残余曲线或者精馏边界的性质为基础，通过对热力学-拓扑分析精馏曲线或反应体系中各个组成的组成变化曲线进行分析，获得可行性分析结果及反应精馏塔的操作参数。目前，比较成熟的反应蒸馏图解法分析与设计方法包括：静态分析法、残余曲线法、固定点法、可实现区域设计法等[4]。

(2) 优化法 优化法是以逐板计算方法为基础，运用计算机编程从整体上考虑反应蒸馏过程可行性分析与概念设计的方法。该方法通常以反应蒸馏的设备费用和操作费用最低为目标函数，以全塔和每块塔板上的 MESH 方程(物料平衡方程、汽-液平衡方程、归一化方程、焓平衡方程)、反应精馏塔内的动量和能量关系以及过程变量和塔板数之间的关系为计算方程，得到反应精馏过程的操作参数。与图解法相比，优化法可以得到反应蒸馏过程的经济性分析，得到经济上最为优越的设计结果。然而，此方法所要求的计算量巨大，设计过程烦琐且需要结合丰富的工程经验[5]。

11.2.2 反应蒸馏过程模拟

运用 Aspen Plus 等模拟软件可以对反应蒸馏过程进行稳态模拟、设计及优化，得到反应精馏塔可行且优异的设备参数与操作参数，为反应蒸馏的工业化应用提供可靠依据。对于稳态模拟，反应蒸馏过程所采用的计算模型按精馏过程模型可以分为级模型和微分模型，其中级模型可以分为平衡级模型和非平衡级模型，微分模型通常是指非平衡池模型[6]。

11.2.2.1 平衡级模型

平衡级模型最早应用在没有反应存在的常规精馏塔计算中。反应蒸馏过程的平衡级模型是在原有模型的基础上引入反应过程的参数,即在原有平衡级模型中每一级的 MESH 模型方程中引入反应动力学方程进行计算。在反应方程的处理上,平衡级模型中对于液相快速可逆化学反应,可用化学平衡方程代替反应动力学方程;对于受化学平衡限制的慢反应,可采用化学平衡方程来预估反应可能达到的最大反应程度。平衡级模型假定塔内的每一个平衡级上离开的气、液相均达到相平衡组成,然而实际的反应蒸馏过程中每一级并不处于相平衡状态。为了弥补这一偏差,该模型引入了级效率或等板高度的概念,然而这一参数的确定大多依靠经验,模型的可靠性受到影响。但此模型的求解简单,可广泛用于反应蒸馏过程开发的初期阶段。

11.2.2.2 非平衡级模型

非平衡级模型也叫反应-扩散模型。该模型在平衡级模型假设的基础上,运用双膜理论代替平衡级模型中的气液相平衡假设,考虑了气、液两相之间的反应-扩散状态。非平衡级的计算方程则是在 MESH 方程的基础上加入多组分的质量、能量传递的速率方程(R),形成新的 MESHR 方程。该模型充分考虑了气、液两相之间的质量与能量传递过程,避免了平衡级模型中对级效率或等板高度的估算,比平衡级模型更加确切地表达了反应精馏塔内的实际情况,使模拟结果更加准确。

11.2.2.3 非平衡池模型

不论是平衡级模型还是非平衡级模型均假设每一级都为全混合,然而在反应精馏塔中,特别是大尺寸反应精馏塔内的流速分布和浓度分布均较为复杂,上述两种模型都无法真实反映反应精馏塔中每一层塔板内的不均匀流动、涡流、雾沫夹带以及漏液等现象。非平衡池模型在非平衡级模型基础上,将每一理论级都划分为一系列的小池子,气、液两相均分散于这些池子中进行气、液传质及反应。该模型可以通过规定每个小池子中的气、液两相的特征来描述实际反应精馏塔内的各种复杂流动和现象,从而更加接近反应精馏塔的实际过程。然而尽管已有成熟的非平衡级或非平衡池设计模型可以使用,但就目前公开发表的文献来看,仍然缺乏可供利用的硬件构型的流体力学与传质参数的详细信息。这些信息对于准确描述反应精馏塔的性能具有至关重要的作用,因此迫切需要开展该领域的研究。

11.2.3 反应蒸馏内构件设计

反应精馏塔的结构设计核心是依据过程模拟设计结果将反应与分离功能在塔内合理匹配。反应精馏塔内构件的构型或催化剂在内构件中的装填方式会影响设备中气、液的传质及分离效率,还会影响反应物之间的接触面积,从而影响反应程度。为了使反应与精馏分离满足过程设计的要求,使整个反应精馏塔高效、稳定地操作,在设计和选择塔内件时要根据具体的反应条件及要求的操作条件进行选择。不同类型的反应分离内构件结构具有各自的特点及应用条件。例如,液相反应、气相反应、快反应、慢反应、均相催化反应以及非均相催化反应等不同反应类型的反应蒸馏过程要配合适应各自特点的反应分离内构件型式,才能达到满意的效果。因此,内构件是反应蒸馏的关键设备,在设计和选择反应蒸馏内构件时,要依据内构件的结构特点和应用条件,针对具体的反应条件和操作条件进行选择。

反应精馏塔内构件型式主要分为两大类：一类是均相反应蒸馏内构件，另一类是非均相催化反应蒸馏内构件。均相反应蒸馏内构件不具有催化的功能，仅提供适当的停留时间用于化学反应。对于均相反应蒸馏过程，持液量较大的板式塔结构要优于填料塔；但对于反应速率极快的反应精馏过程，情况正好相反，需根据具体情况进行设计。而非均相催化反应蒸馏内构件则具有催化反应的作用，这种情况要比均相反应精馏内构件复杂得多，总体可以分为装填型与负载型两大类。装填型反应蒸馏内构件大多用多孔材料将催化剂完全封闭式地包装起来，然后与分离元件结合放入塔内。将催化剂颗粒用布包裹卷成捆状，用折叠的布缝成口袋，将固体催化剂颗粒装进口袋，然后将袋口缝合，最后用另一层波纹丝网或钢丝网把装有催化剂的袋子卷起来形成如图 13-11-1 所示的圆柱形催化剂捆扎包。波纹丝网创造的空隙允许气相通过并与液相接触传质。对于捆扎包式催化填料的流体力学、动力学和传质特性等性能研究已有相关文章报道，这种构型的催化填料目前被广泛应用于工业生产中。

图 13-11-1 捆扎包式催化填料

由 Montz 公司研制生产的 Multipak 催化填料如图 13-11-2 所示。它由波纹丝网薄片和

图 13-11-2 Multipak 催化填料

垂直放置的催化剂包交替排列组成，这种结构能够像普通波纹板规整填料一样为气体提供足够的上升通道，而大量的液体在流经催化剂包表面时，扩散进催化剂包内部，与催化剂接触进行催化反应；产物再扩散出催化剂包表面，与上升的气相接触传质。与此类似，Sulzer 公司研制出 Katapak-SP 催化填料，如图 13-11-3 所示。同样是将催化剂包与波纹片交替放置，但催化剂包与波纹片的形式、大小、数量等结构参数与 Multipak 催化填料有所不同。该公司同时还开发了 Katapak-S 催化填料，如图 13-11-4 所示。催化剂颗粒夹在两片方向相同的丝网波纹板中作为一片催化波纹片，将催化波纹片按普通规整波纹填料的形式组合。这类规整的催化剂夹心结构的一个重要优点是利于液体的径向分布。在催化剂夹层中，液体沿十字形的路径流动。与常规填料床中的扩散相比，径向扩散约高一个数量级。

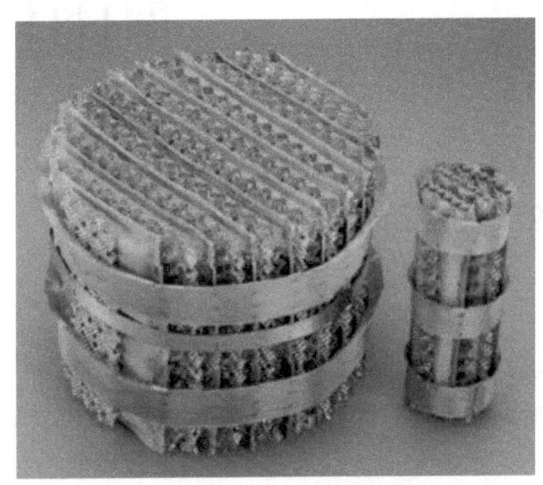

图 13-11-3　Katapak-SP 催化填料

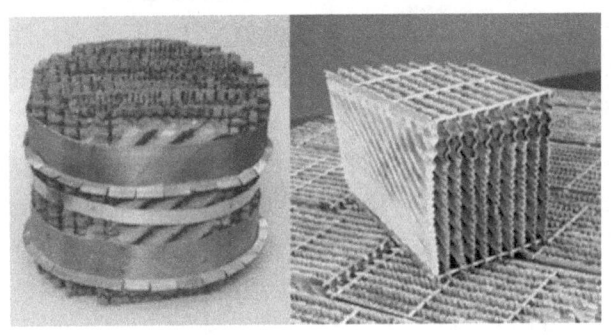

图 13-11-4　Katapak-S 催化填料

近来由国内企业开发的催化剂填装构件如图 13-11-5 所示[7,8]，是一种装填型反应蒸馏内构件，它是规整填料形式的、带有防止溢流挡板的催化剂网盒组合构件。现已成功应用于醚化、酯化等非均相催化反应蒸馏过程中。

负载型反应蒸馏内构件是指利用常规的填料作为载体，在其上负载具有催化活性的物质而制成的催化填料。这种技术不需要与其他分离元件配合使用，直接装入塔内即可用于催化蒸馏操作，是反应蒸馏内构件未来的发展趋势。近些年，以提高传质效果和催化剂利用率为目的，先后提出了多种优异的反应蒸馏内构件，并对这些新型内构件进行 CFD 模拟[9,10]，拟合和验证修订的经验模型，为后续装置的放大及优化提供依据。

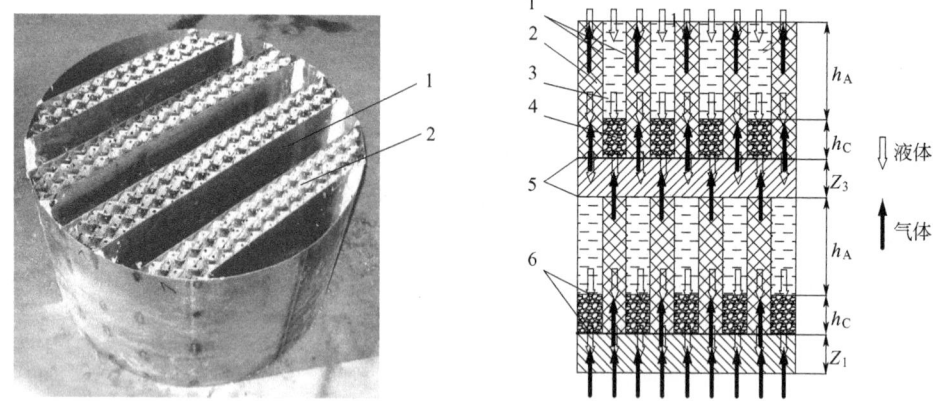

图 13-11-5 渗流型催化蒸馏内构件实物与结构示意图（SCPI）

1—防溢流挡板；2—波纹板；3—液层；4—催化剂颗粒；5—内构件中间段高度；6—金属丝网

11.3 反应蒸馏的工程应用

11.3.1 酯化与酯交换类反应

乙酸戊酯通常用作溶剂、稀释剂、制造香精、化妆品、人造革、胶卷、火药等。传统的生产工艺与乙酸酯类物质的生产工艺基本相同，采用间歇釜式反应器，在液体酸催化下进行反应，后续利用精馏分离、碱洗及水洗等工艺对产品进行后处理，生产工序烦琐且成本较高。国内近期开发的乙酸戊酯酯化反应蒸馏工艺已成功在工业生产中应用。其特点是工艺流程短，操作简单，并降低了操作温度和压力。产品纯度达到 99.5%，转化率达 99.5% 以上[11]，大幅降低了装置的能耗，降低了乙酸戊酯的生产运行成本。除此之外，反应蒸馏技术还应用于三乙酸甘油酯、邻苯二甲酸二异辛酯、邻苯二甲酸二丁酯以及丙烯酸甲酯等酯类物质的生产过程。

碳酸二乙酯作为一种绿色环保的化工产品，在环境中可缓慢地水解为乙醇和二氧化碳，常用于仪器仪表固定漆、聚碳酸酯单体、医药苯巴比妥中间体和高碳醇酸酯的合成，也可作为锂电池的电解液。近来，国内企业[12,13]以碳酸二甲酯和乙醇为原料，开发了年产 6000t 碳酸二乙酯连续反应蒸馏的生产工艺，碳酸二甲酯的转化率达到 90% 以上，产品收率大于 92%，产品质量达到 99.99%。

酯交换反应还可用于生产聚酯、碳酸酯、生物柴油及低级醇等许多重要产品，该反应是一种可逆反应，受制于化学平衡，转化率普遍较低，后续产品分离负荷较大。除碳酸二乙酯之外，反应蒸馏技术还应用于丙二醇单甲醚醋酸酯（PMA）、仲丁醇等产品的生产[14~17]。

11.3.2 醚化类反应

催化轻汽油醚化类反应已经用于汽油改质过程技术[18]，反应蒸馏可使馏分小于 70℃ 的轻汽油经选择性除二烯，二烯烃转化率显著提高，单烯绝对减少量显著下降，碳五叔烯烃经醚化转化率达 85% 以上。该工艺具有环保节能、运行费用低的优势[18]。有关醚化催化精馏技术在 MTBE 以及 TAME 的生产中的应用可参见文献 [19]。

11.3.3 缩醛类反应

甲缩醛又名二甲氧基甲烷，是一种良好的有机溶剂，广泛应用于化妆品、制药、油漆和橡胶工业等领域。作为电子产品的清洁剂，可以替代含氯溶剂，也能替代氟利昂，减少挥发性有机物（VOCs）的排放；甲缩醛还能够被用于合成高纯甲醛。近年来还发现甲缩醛作为甲醇汽油的添加剂可显著改善甲醇汽油的低温启动性能，已在含甲醇的车用燃料中广泛应用。甲缩醛是以甲醇和甲醛水溶液为原料，无机酸或 Lewis 酸为催化剂合成的，由于该反应过程中存在大量的水，因此反应转化率低、生产周期长、能耗高，且甲缩醛与甲醇和水能形成共沸物，导致分离、提纯困难，废液量大，且所用催化剂回收困难、腐蚀性强。

针对上述技术存在的不足，国内学者提出催化蒸馏法生产甲缩醛的连续工艺[20]，生产能耗和成本低，仅需要一个反应精馏塔，塔顶即可获得合格的甲缩醛产品（纯度在 88% 以上）；反应和分离在同一设备中进行，节省设备费用和操作费用；反应热直接用于精馏过程，可降低能耗；采用阳离子交换树脂为催化剂，对设备腐蚀小，且催化剂装填采用捆扎包形式，不易磨损、破碎且容易更换。

11.3.4 水解类反应

PTA、PVA 生产过程中产生大量的副产物醋酸甲酯（MA），由于其易挥发、工业用途有限，一般通过水解分解成醋酸和甲醇，这是个典型的可逆反应，且水解反应的平衡常数 K 值很小，为 0.14～0.15。传统水解工艺在固定床反应器中进行，以阳离子交换树脂作为催化剂，醋酸甲酯的单程水解率仅为 30% 左右，大部分未水解的 MA 须从四元水解液中分离后循环再水解，流程复杂。采用催化蒸馏工艺，可使 MA 单程水解率由原来的 30% 提高到 70% 以上[21]。

11.3.5 水合类反应

二氢月桂烯醇是当前国际上最为重要的大宗香料之一。二氢月桂烯直接水合是制备二氢月桂烯醇的重要方法，其具有反应选择性高、生产危险性小和工艺流程简单等优点。然而，由于反应物烯烃与水互溶度非常低，烯烃水合法仍存在着反应速率慢和平衡转化率低等问题。已有研究表明，二氢月桂烯水合的反应蒸馏工艺可使反应快速进行，并提高反应的选择性和转化率[22]。

参考文献

[1] Malone M F, Doherty M F. Ind Eng Chem Res, 2000, 39: 3953-3957.
[2] Song W, Huss R S, Doherty M F, et al. Nature, 1997, 388（7）: 561-563.
[3] 高鑫, 李鑫钢, 李洪. 化工进展, 2010, 29（3）: 419-425.
[4] 孙笑愚, 李洪, 高鑫, 等. 现代化工, 2013, 33（9）: 96-99.
[5] Gao X, Li X G, Li H. Chem Eng Proc, 2010, 49（12）: 1267-1276.
[6] Taylor R, Krishna R. Chem Eng Sci, 2000, 55: 5183-5229.
[7] Gao X, Li X G, Zhang R, et al. Ind Eng Chem Res, 2012, 51（21）: 7447-7452.
[8] Gao X, Wang F Z, Zhang R, et al. Ind Eng Chem Res, 2014, 53: 12793-12801.

[9] Li X G, Zhang H, Gao X, et al. Ind Eng Chem Res, 2012, 51(43): 14236-14264.
[10] Zhang H, Li X G, Gao X, et al. Chem Eng Sci, 2013, 101: 699-711.
[11] 李洪, 孟莹, 李鑫钢, 等. 化工进展, 2015, 34(12): 4165-4171.
[12] Qiu T, Tang W, Li C, et al. Chinese J Chem Eng, 2015, 23: 106-111.
[13] Yang J, Zhou L, Guo X, et al. Chem Eng J, 2015, 280(15): 147-157.
[14] Tian H, Zheng H, Huang Z, et al. Ind Eng Chem Res, 2012, 51: 5535-5541.
[15] Qiu T, Zhang P, Yang J, et al. Ind Eng Chem Res, 2014, 53: 13881-13891.
[16] Wang H, Wu C, Bu X, et al. Chem Eng J, 2014, 246: 366-372.
[17] Wang H, Xiao J, Shen Y, et al. J Chem Eng Data, 2013, 58: 1827-1832.
[18] 李鑫钢, 张锐, 高鑫, 等. 化工进展, 2009, 28(S): 364-367.
[19] Gao X, Wang F Z, Li X G, et al. Sep Purif Technol, 2014, 132: 468-478.
[20] 张苏飞. 催化精馏合成甲缩醛的研究. 天津: 天津大学, 2009.
[21] 高鑫, 李鑫钢, 张锐, 等. 化工学报, 2010, 61(9): 2442-2447.
[22] 邱挺, 王碧玉, 郑辉东, 等. 一种生产二氢月桂烯醇的新方法: CN101921176A. 2010-08-10.

12

溶盐蒸馏

12.1 溶盐蒸馏的基本原理

在处于相平衡的热力学体系中,加入不挥发性的盐类,使平衡点发生移动的现象叫作相平衡中的盐效应。绝大多数含水有机物质加入第三组分盐后,可以增大有机物质与水的相对挥发度。加入的盐可以分成两类:一类是无机盐,另一类是有机盐,主要是离子液体。

12.1.1 无机盐

具有共沸性质的含水有机溶液加入无机盐后,其共沸点会发生移动,甚至消失,如图 13-12-1 和图 13-12-2 所示[1]。溶盐蒸馏就是利用盐的这种效应,达到组分分离的目的。另外,加盐萃取精馏也是利用盐效应,是以含无机盐的混合溶剂代替单纯液体萃取剂的萃取蒸馏方法。

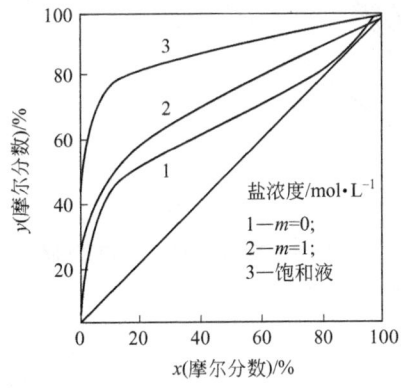

图 13-12-1 乙醇-水-氯化钙物系的汽-液平衡

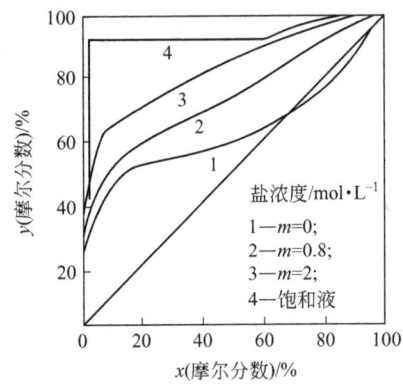

图 13-12-2 异丙醇-水-氯化钙物系的汽-液平衡

12.1.2 离子液体

溶盐蒸馏所使用的盐除了无机盐外,还可以是有机盐。离子液体由有机阳离子和无机阴离子或有机阴离子构成,是一种人为合成的有机盐。它既有熔盐的作用,又可以避开无机盐熔点高的缺点。很多离子液体在室温下可以为液体。离子液体与无机盐相比,熔点低、液程宽,具有良好的溶解性,具有广阔的应用领域。离子液体是一类新型材料,它的出现拓宽了溶盐蒸馏的使用范围。离子液体能够溶于有机物质中,因此不仅能用于含水溶液的分离,而且可用于不含水的有机溶液的分离。对于共沸物,加入适宜的离子液体后会使其共沸点发生移动,甚至消失。图 13-12-3 和图 13-12-4 表示的是加入离子液体后共沸点消失的情况,其中 x_3 是混合物中离子液体摩尔分数;x_1' 是扣除离子液体的二元体系组成归一化后易挥发组分摩尔分数;y_1 是汽相中易挥发组分摩尔分数。由于离子液体几乎不挥发,气相中不含离子液体。

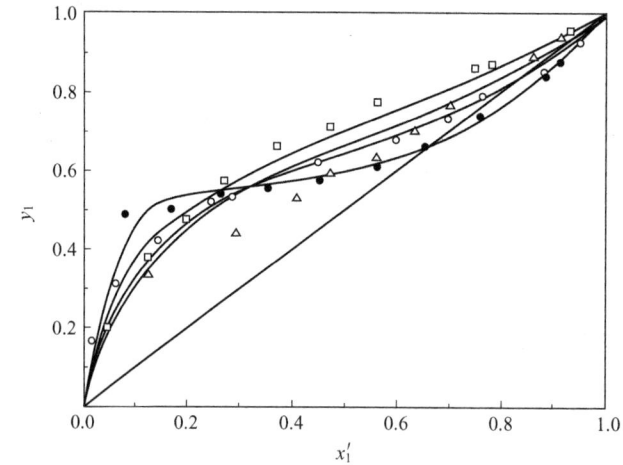

图 13-12-3 异丙醇-水-1-丁基-3-甲基咪唑四氟硼酸盐的汽-液平衡[2]

● $x_3=0$;○ $x_3=0.1$;△ $x_3=0.2$;□ $x_3=0.3$

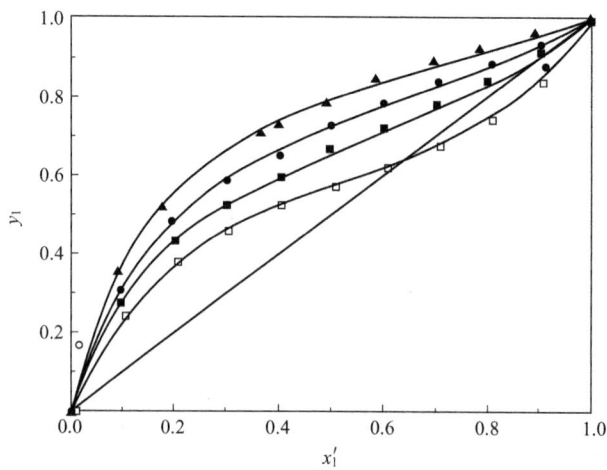

图 13-12-4 101.3kPa 下乙酸甲酯-甲醇-1-乙基-3-甲基咪唑醋酸盐的汽-液平衡[3]

□ $x_3=0$;■ $x_3=0.1$;● $x_3=0.2$;▲ $x_3=0.3$

以离子液体为萃取剂的盐效应进行的精馏过程本质上也是溶盐蒸馏，但它也是萃取精馏的一种，现在一般称为离子液体萃取精馏。

12.2 溶盐蒸馏的计算方法

盐效应蒸馏过程的理论依据和设计基础在于溶盐体系汽-液平衡的规律。因此，含盐溶液汽-液平衡的关联和预测在溶盐蒸馏、加盐萃取精馏以及离子液体萃取精馏过程的设计、开发中具有重要的意义。

含盐溶液属于强电解质体系，电解质溶液的复杂性致使盐效应的理论不很成熟，含盐体系汽-液平衡的关联大量依靠实验数据。含盐体系汽-液平衡的计算主要有 Furter 方程，拟二元模型和状态方程法以及活度系数法。

12.2.1 Furter 方程

二元体系加入无机盐后，其盐效应最简单的表示方法是 Furter 将体系盐浓度与有盐和无盐条件下的相对挥发度关联[4]：

$$\ln \frac{\alpha_s}{\alpha} = Kz \tag{13-12-1}$$

式中，K 为盐效应参数，液相组成固定时 K 为常数；z 为液相中盐的摩尔分数；α 为相对挥发度；下标 s 为有盐体系。

Furter 方程计算简单，但仅仅能关联平衡组成，且要求液相的溶剂比一定，这样就降低了该方程的实用性。

12.2.2 拟二元模型和状态方程法

拟二元模型是把两种挥发性组分和一种盐组成的三元含盐溶液当作虚拟二元溶液处理[5~8]，这种虚拟组分是某一个挥发性组分的盐溶液。在计算该三元体系中被分离组分的气相组成时，把盐的影响只考虑到纯挥发性组分含盐后的饱和蒸气压降低中去，即以含盐组分的饱和蒸气压作为式(13-12-2)中的 p_i^s 项。这样，就不用在活度系数中考虑盐的影响了。

假设气相为理想气体，含盐的二元物系中存在下面的关系：

$$p_i = x_i' \gamma_i' p_i^s \quad (i=1,2) \tag{13-12-2}$$

$$p = p_1 + p_2 \tag{13-12-3}$$

$$y_i = p_i / p \tag{13-12-4}$$

式中，x_i' 为略去盐的假想二元物系中的组分 i 的摩尔分数；p_i^s 为组分 i 含盐后的饱和蒸气压；γ_i' 为无盐溶液中组分 i 的活度系数；p 为总压强；y_i 为气相中组分 i 的摩尔分数。

此外，还可以用状态方程法研究含盐拟二元溶液的汽-液平衡[9]。由单一溶剂盐溶液的蒸气压数据，回归出各虚拟组分的状态方程参数，再由适当的混合法则计算混合物的状态方程参数。

12.2.3 活度系数法

计算含盐体系汽-液平衡较好的办法是从二元盐溶液数据直接预测含盐多元体系的汽-液平衡。Hala[10]从电解质溶液中存在着静电和非静电两种相互作用力的观点出发，从二元数据推算了含盐三元体系的汽-液平衡。时钧等[11]把 Pitzer[12]提出的二元电解质溶液模型扩展应用于预测多元电解质溶液在各温度下的汽-液平衡。Pitzer 将电解质溶液过剩自由能 G^E 的贡献视为长程静电作用项和近程范德华作用项之和，得出活度系数方程。Aspen 模型[13]和 DTH 模型[14]都是基于局部组成的概念而建立的。Aspen 模型采用 NRTL 模型描述近程力，而忽略了长程力的影响。DTH 模型中用统计力学的 Debye-Huckel 方程描述长程离子-离子相互作用项，用修正的 UNIQAC 模型描述近程离子-离子、离子-溶剂和溶剂-溶剂的相互作用项。局部组成型方程也可以很好地预测含盐电解质体系的汽-液平衡。例如，基于局部组成概念的 NRTL 方程能够较好地关联含离子液体的三元体系的汽-液平衡数据。此外，COSMO-RS[15~17]和 COSMO-SAC[18~20]模型能较好地预测含有离子液体的溶液体系的汽-液平衡。COSMO-RS 和 COSMO-SAC 模型是基于量子化学和分子热力学的预测型模型，只要知道分子结构信息即可进行多元体系汽-液平衡预测。

12.3 溶盐蒸馏改进与发展

溶盐蒸馏最早是以无机盐作为添加剂来改变被分离组分的相对挥发度而进行的蒸馏过程。只在塔釜添加无机盐的简单蒸馏分离效率低，一般不会应用。而采用精馏塔的溶盐精馏，在以无机盐为添加剂时，盐遍布全塔，容易堵塞塔板或填料。为了解决堵塞的问题，发展出了加盐萃取精馏和离子液体萃取精馏。

12.3.1 加盐萃取精馏

加盐萃取精馏是把无机盐溶解到有机萃取剂中，使无机盐在精馏过程中不析出，从而解决溶盐蒸馏的无机盐堵塞问题。例如，乙醇-水共沸物系的加盐萃取精馏[21]，采用乙二醇和 KAc 的混合物作为萃取剂。把 KAc 溶解到乙二醇中形成溶液，将此溶液在靠近塔顶的位置加入塔内，以改变乙醇-水的相对挥发度，破坏乙醇-水共沸物，从而获得无水乙醇。由于盐效应对汽-液平衡的影响大，因此加盐萃取精馏往往比一般萃取精馏更节能。

12.3.2 离子液体萃取精馏

离子液体虽然也是盐，但其熔点与无机盐相比很低，许多离子液体在常温下就是液体。离子液体萃取精馏是近年来提出的一种新型的精馏方法。离子液体萃取精馏与一般萃取精馏相比，能耗相对较低。

Seiler 等[22]使用 Aspen Plus 软件模拟了离子液体 1-丁基-3-甲基咪唑四氟硼酸盐作为萃取剂分离乙醇-水的萃取精馏过程。其萃取精馏流程如图 13-12-5 所示，整个流程由一个萃取精馏塔、一个闪蒸罐和一个汽提塔组成。乙醇和水的混合物从萃取精馏塔中部进料，萃取剂从靠近塔顶的地方进料，萃取精馏塔顶部得到纯度为 99.8% 的乙醇产品。从萃取精馏塔底部出来的水和萃取剂的混合物进入一个闪蒸罐进行分离，罐顶得到水，罐底得到含水萃取剂。含水萃取剂再进入一个汽提塔，由干燥空气进一步去除萃取剂中的水分。

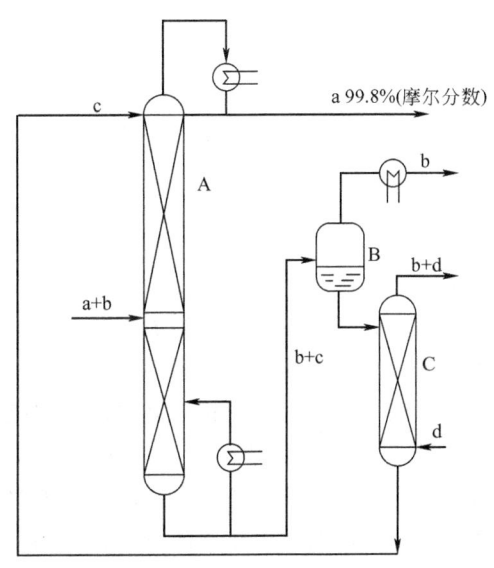

图 13-12-5 离子液体萃取精馏流程图

A—萃取精馏塔；B—闪蒸罐；C—汽提塔；a—乙醇；b—水；c—离子液体萃取剂；d—干空气

研究表明，与传统萃取剂乙二醇相比，要得到同样产量和相同纯度的乙醇，其能耗与传统萃取精馏相比可以节省 24％。

参考文献

[1] 张景航，武向红. 石油化工，1990，19（2）：82.
[2] Li Q，Zhang J，Lei Z，et al. J Chem Eng Data，2009，54：2785.
[3] Cai J，Cui X，Zhang Y，et al. J Chem Eng Data，2011，56：282.
[4] Johnson A I，Furter W F. Can J Chem Eng，1969，38：78.
[5] Jaques D，Furter W F. Adv Chem Series，1972，(115)：159-168.
[6] Sada E，Ohno T，Kito S. J Chem Eng Japan，1972，5：215.
[7] 李伯耿，朱自强. 石油化工，1985，14（2）：79.
[8] Roussean R W，Ashcraft D L，Schoenborn E M. AIChE J，1972，18：825.
[9] 李伯耿，骆有寿，朱自强. 化工学报，1986，37（1）：51.
[10] Hala E. Fluid Phase Equilibria，1983，13：311.
[11] 陆小华，王延儒，时钧. 化工学报，1989，40（3）：293.
[12] Pitzer K S. J Am Chem Soc，1980，102：2902.
[13] Mock B，Evans L B，Chen C C. AIChE J，1986，32：1655.
[14] Sander B，Frendenslund A，Rasmussen P. Chem Eng Sci，1986，41：1171.
[15] Klamt A. J Phys Chem，1995，99（7）：2224.
[16] Klamt A，Jonas V，Bürger T，et al. J Phys Chem A，1998，102（26）：5074.
[17] Klamt A，Eckert F. Fluid Phase Equilibria，2000，172（1）：43.
[18] Lin S T，Sander S I. Ind Eng Chem Res，2002，41（5）：899.
[19] Wang S，Sandler S I，Chen C C. Ind Eng Chem Res，2007，46（22）：7275.
[20] Hsieh C M，Sandler S I，Lin S T. Fluid Phase Equilibria，2010，297（1）：90.
[21] 段占庭，雷良恒，周荣琪，等. 石油化工，1980，9（6）：350.
[22] Seiler M，Jork C，Kavarnou A，et al. AIChE J，2004，50（10）：2439.

13

精密蒸馏

精密蒸馏系指用蒸馏的方法分离气、液相平衡组成十分相近的物系。例如，对相对挥发度接近于 1 的物系的蒸馏属精密蒸馏。另外，当物系中某组分的分离纯度要求极高时，即使相对挥发度较大，沸点差较大，该组分的气、液相平衡组成亦很接近。因此，有高纯度要求的蒸馏亦属精密蒸馏。精密蒸馏具有理论板数高、回流比大、达到稳定操作的时间长等特点。但从过程原理上说，精密蒸馏与普通蒸馏并无本质区别。通过精密蒸馏才能达到要求纯度的物质一般称为难分离物质。相对挥发度接近 1 的系统在蒸馏中通常称为难分离系统。

精密蒸馏在近代分离技术中占有重要地位，它的基本理论、设计方法和过程设备不仅用于同位素产品和精细化工产品的分离与提纯，而且已广泛用于普通化学工业、石油化工和多种产业领域，如同位素系列产品（重水、重氧水以及硼、碳、氮、氩、氪的同位素产品等）、重芳烃产品（二甲苯、乙苯、苯乙烯、三甲苯和均四甲苯等）、苯的卤素衍生物异构体、脂肪酸系列产品，以及许多香料的分离和提纯等。

早期精密蒸馏技术主要用于实验室制备、难分离物质的小批量生产、石油产品的评价和高效填料的性能测定等。所采用的塔型主要为填料塔。近 20 年来，精密蒸馏技术已广泛用于石油化工等生产部门及稳定同位素的分离。塔型已有多种选择，包括多种类型的规整填料塔、高效乱堆填料塔和新型板式塔等。

13.1 高纯物分离过程的图解法

直接在 McCabe-Thiele 图上求解有高纯度要求时所需的板数将产生较大的误差，这时可将 x-y 图绘在双对数坐标纸上。在 x 值非常小时，平衡曲线通常可假定为直线：

$$y = mx \qquad (13\text{-}13\text{-}1)$$

其中斜率 m 是一常数。将上式两侧取对数得到：

$$\lg y = \lg x + \lg m \qquad (13\text{-}13\text{-}2)$$

将 y 对 x 在双对数纸上作图将得到一条斜率为 1 的直线。通过平衡曲线上的一点即可确定平衡曲线在双对数图上的位置。通过物料平衡方程得到的操作曲线亦可画到双对数图上，平衡曲线和操作曲线在双对数图上可延伸到任意所需的纯度。

13.2 难分离物系及其相对挥发度

在精密蒸馏技术中，通常遇到的物系一般都能良好地符合拉乌尔定律，即蒸气压和液相中组分浓度呈直线关系。则组分间的相对挥发度为：

$$\alpha = \frac{p_A^0}{p_B^0} = \frac{p_A/x_A}{p_B/x_B} \tag{13-13-3}$$

由于各纯组分的饱和蒸气压均随温度沿相同方向变化，因而其比值在一个不大的温度范围可以认为近似不变。在一个实际蒸馏塔中，尽管塔内不同高度的温度和浓度不同，然而根据上述原理仍可视相对挥发度为一常数。这一点对于简化计算具有重要意义。

表 13-13-1 列出某些同位素化合物在沸点和某些特定温度下的 $(\alpha-1)$。

表 13-13-1　某些同位素化合物的 $(\alpha-1)$[1]

系统	温度/K	相对挥发度-1$(\alpha-1)$	系统	温度/K	相对挥发度-1$(\alpha-1)$
H_2/HD	20.4	0.73	$^{20}Ne/^{22}Ne$	24.7	0.0445
$^{36}Ar/^{40}Ar$	83.8	0.006	$^{10}BF_3/^{11}BF_3$	173.1	−0.0065
$^{12}CCl_4/^{13}CCl_4$	307.7	−0.0013	$H_2^{16}O/H_2^{18}O$	350.0	0.0065
C_6H_6/C_6D_6	330.0	−0.027	$^{14}N^{16}O/^{14}N^{18}O$	109.6	0.0465
$^{14}N^{14}N/^{14}N^{15}N$	64.8	0.0062		121.7	0.0368
	77.0	0.0040	$^{10}BCl_3/^{11}BCl_3$	211.4	0.0000
$^{12}C^{16}O/^{13}C^{16}O$	68.3	0.0109		286.0	−0.0030
	81.0	0.0070	NH_3/ND_3	202.0	0.227
$^{12}C^{16}O/^{12}C^{18}O$	69.0	0.0079		235.7	0.139
	77.0	0.0059	$^{14}NH_3/^{15}NH_3$	200.0	0.0050
$^{16}O^{16}O/^{16}O^{18}O$	69.5	0.0100		239.0	0.0025
	90.0	0.0052	H_2O/HDO	313.1	0.059
$^{12}CH_4/^{12}CH_3D$	90.0	0.0025		373.1	0.026
	110.0	−0.0035	$^{14}N^{16}O/^{15}N^{16}O$	109.5	0.032
$^{12}CH_4/^{13}CH_4$	91.0	0.0054		121.6	0.0262
	104.8	0.0035			

图 13-13-1 为某些同位素化合物的 $(\alpha-1)$ 随温度的变化曲线。

表 13-13-2 为用以测试各类高效填料和精密蒸馏塔性能的常用试验物系及相对挥发度。

表 13-13-2　常用精密蒸馏试验物系及相对挥发度[2,3]

系统(A-B)	沸点/℃ t_A	沸点/℃ t_B	Δt	相对挥发度 α	系统(A-B)	沸点/℃ t_A	沸点/℃ t_B	Δt	相对挥发度 α
甲基环己烷-甲苯	100.9	110.6	9.7	1.33	四氯化碳-苯	76.8	80.2	3.4	1.11
苯-三氯乙烯	80.2	86.9	6.7	1.24	2-甲基酚-3-甲基酚	129.5	132.1	2.6	1.09
苯乙烷-三氯乙烯	80.8	86.9	6.1	1.23	正庚烷-甲基环己烷	98.4	100.85	2.45	1.083 / 1.07
苯-二氯乙烷	80.2	83.4	3.2	1.11	环己烷-环己烯	80.8	82.2	2.0	1.081
正己醇-环己烷	157	156.5	0.5	1.11	苯-环己烷	80.2	80.8	0.6	1.021

表 13-13-3 列出 C_8 芳烃在不同温度下的饱和蒸气压及物系的相对挥发度。

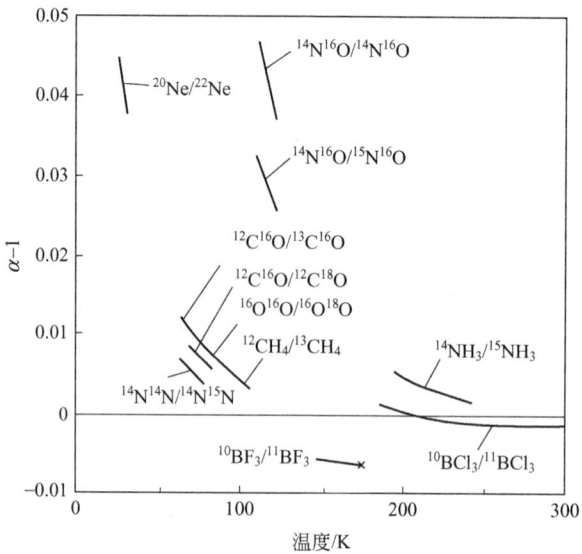

图 13-13-1　某些同位素化合物的（α－1）随温度的变化曲线[1]

表 13-13-3　C_8 芳烃的饱和蒸气压及相对挥发度[4]

温度 /℃	饱和蒸气压/atm					相对挥发度 α			
	对二甲苯	间二甲苯	邻二甲苯	乙苯	苯乙烯	对二甲苯 间二甲苯	间二甲苯 邻二甲苯	乙苯 对二甲苯	乙苯 苯乙烯
100	0.3163	0.3073	0.2612	0.3381	0.2508	1.0293	1.1765	1.0689	1.3481
110	0.4384	0.4270	0.3649	0.4674	0.3517	1.0267	1.1702	1.0661	1.3290
120	0.5958	0.5816	0.4997	0.6388	0.4839	1.0244	1.1639	1.0638	1.3098
130	0.7955	0.7782	0.6719	0.8444	0.6543	1.0222	1.1582	1.0615	1.2905
140	1.0450	1.0243	0.8885	1.1067	0.8701	1.0202	1.1528	1.0590	1.2719
150	1.3523	1.3281	1.1569	1.4291	—	1.1082	1.1480	1.0568	—

13.3　精密蒸馏过程计算

由于精密蒸馏过程要求的理论板数多，而且大多假定其相对挥发度不变，故多采用解析法计算理论板数、进料位置和最小回流比。

对同位素化合物的蒸馏过程，在许多情况下可以认为是以难挥发组分的浓缩为目的（如重水、重氧水、氮15化合物等）的二元系统。进行稳态计算和不稳态计算时，浓度 x、y 均表示难挥发组分，相对挥发度与平衡关系的形式不变，因此在 y-x 图中平衡线和操作线处于对角线下方。另外，塔的回流比是指塔釜蒸发量与塔底产品之比。这类问题的计算方法另外有专著[1,5]介绍。

(1) 全回流操作与最少理论板数　当分离物系和操作温度给定以后，对于一定的分离要求，即 x_D 和 x_W 一定，由 Fenske 方程[6]，当 $R=\infty$ 时有：

$$\frac{x_D}{1-x_D}=\alpha^{N+1}\frac{x_W}{1-x_W} \tag{13-13-4}$$

或

$$N_m + 1 = \frac{\ln\left(\dfrac{x_D}{1-x_D}\dfrac{1-x_W}{x_W}\right)}{\ln\alpha_{av}} \tag{13-13-4a}$$

式中，N_m 为对塔体所要求的最少理论板数；α_{av} 为塔顶、塔底的平均相对挥发度的几何平均值：

$$\alpha_{av} = \sqrt{\alpha_顶 \alpha_底} \tag{13-13-5}$$

或

$$\alpha_{av} = 1 + \sqrt{(\alpha_顶 - 1)(\alpha_底 - 1)} \tag{13-13-5a}$$

(2) 最小回流比与最佳回流比 由 McCabe-Thiele 图可知（参见本篇第 5 章），精馏段和提馏段操作线取决于回流比以及进料状态。当精馏段操作线在进料处与平衡线相交时，对应的回流比为最小回流比。最小回流比 R_m 可由 Underwood 方程[7]给出。当饱和液体进料时，最小回流比为：

$$R_m = \frac{1}{\alpha - 1}\left[\frac{x_D}{x_F} - \frac{\alpha(1-x_D)}{1-x_F}\right] \tag{13-13-6}$$

当饱和蒸气进料时：

$$R_m = \frac{1}{\alpha - 1}\left(\frac{\alpha x_D}{y_F} - \frac{1-x_D}{1-y_F}\right) - 1 \tag{13-13-6a}$$

若要求对产品高度浓缩，即 $x_D \approx 1$，则从式(13-13-6)中可得：

$$R_m = \frac{1}{(\alpha-1)x_F} \tag{13-13-6b}$$

与普通精馏相同，精密精馏应在最佳回流比 R_{opt} 下操作，此时总成本（设备费加操作费）为最小。精密蒸馏填料塔的最佳回流比一般可由图 13-13-2 中的曲线估计[8]，图中 Q 为操作费与设备费之比。

由图 13-13-2 看出，当操作费与设备费相比可忽略不计时 $Q=0$，$(R_{opt}+1)/(R_m+1) \approx R_{opt}/R_m = 1.4$；当操作费增加，$Q$ 值增大，最佳回流比就减小。通常精密蒸馏填料塔的费用占总费用的比重较大，在大多数情况下，Q 值小于 5，故精密蒸馏的最佳回流比一般为 $(1.05 \sim 1.4)R_m$。

(3) 回流比一定时所需理论板数 当回流比一定时，即在有产品条件下操作，采用精密蒸馏达到预期分离所需理论板数一般很多，由常规 McCabe-Thiele 图解法将导致较大误差，因此常用解析法计算。

① 板式塔理论板数的计算 设塔的操作为恒摩尔流动，则液、气比 L/V 为常数。另设相对挥发度 α 为常数。在大多数情况下将近似满足上述条件。为此，其平衡线方程及操作线方程为：

$$y = \frac{\alpha x}{1 + (\alpha - 1)x} \tag{13-13-7}$$

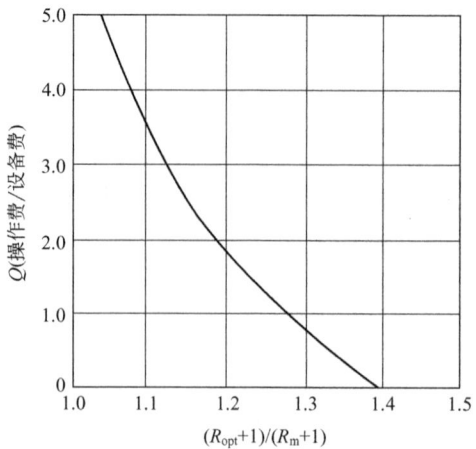

图 13-13-2　最佳回流比曲线[5]

R_{opt}—最佳回流比；R_m—最小回流比

$$y_{n+1} = \frac{L}{V}x_n + \frac{D}{V}x_D \quad (\text{精馏段}) \tag{13-13-8}$$

$$y_{m+1} = \frac{L'}{V'}x_m + \frac{W}{V'}x_W \quad (\text{提馏段}) \tag{13-13-9}$$

对于精馏段，将式(13-13-7)及式(13-13-8)进行坐标变换求解，可用 Smoker 公式[9]，变换结果如图 13-13-3 所示。

在新坐标系中，平衡线及操作线方程变为：

$$y' = \frac{Cx'}{1+(C-1)x} \tag{13-13-10}$$

$$y'_{n+1} = x'_n \tag{13-13-11}$$

$$C = \frac{1+(\alpha-1)x_{\mathrm{II}}}{1+(\alpha-1)x_{\mathrm{I}}} \tag{13-13-12}$$

$$x' = \frac{x-x_1}{x_n-x_1} \tag{13-13-13}$$

式中，x_{I}、x_{II} 为操作线与平衡线的两个交点，见图 13-13-3，其数值为联立方程(13-13-7)及方程(13-13-8)的两个根。x_{I}、x_{II} 的解为：

$$\frac{-\left[\dfrac{L}{V}-\alpha+(\alpha-1)\dfrac{D}{V}x_D\right] \pm \sqrt{\left[\dfrac{L}{V}-\alpha+(\alpha-1)\dfrac{D}{V}x_D\right]^2-4\dfrac{LD}{V^2}x_D(\alpha-1)}}{2(\alpha-1)\dfrac{L}{V}} \tag{13-13-14}$$

根号前取负号是 x_{I}，正号是 x_{II}。

由式(13-13-10)及式(13-13-11)可导出求算理论板数的 Smoker 公式为：

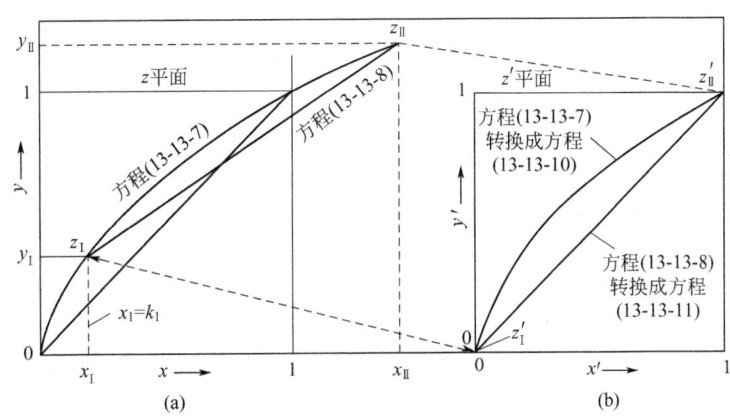

图 13-13-3 方程(13-13-7)及方程(13-13-8)的坐标变换

$$n = \lg \frac{x'_0(1-x')_n / [x'_n(1-x')_0]}{\lg C} \tag{13-13-15}$$

式中 x'_0——转换后馏出液摩尔分数，$mol \cdot mol^{-1}$；

x'_n——转换后进料摩尔分数，$mol \cdot mol^{-1}$。

对于提馏段，由类似方法可得到相应的结果，此时式(13-13-15)中符号的意义为：

x'_0——转换后进料摩尔分数，$mol \cdot mol^{-1}$；

x'_n——转换后釜残液摩尔分数，$mol \cdot mol^{-1}$。

$$C = \frac{1+(\alpha-1)x_{\mathrm{II}}}{1+(\alpha-1)x_{\mathrm{I}}} \quad \text{（与精馏段相同）} \tag{13-13-16}$$

$$x' = \frac{x_{\mathrm{I}} - x}{x_{\mathrm{I}} - x_n} \tag{13-13-17}$$

x_{I}、x_{II} 分别为：

$$\frac{-\left[\dfrac{L'}{V'}-\alpha-(\alpha-1)\dfrac{W}{V'}x_{\mathrm{W}}\right] \pm \sqrt{\left[\dfrac{L'}{V'}-\alpha-(\alpha-1)\dfrac{W}{V'}x_{\mathrm{W}}\right]^2 + 4\dfrac{L'W}{V'^2}x_{\mathrm{W}}(\alpha-1)}}{2(\alpha-1)\dfrac{L'}{V'}} \tag{13-13-18}$$

根号前取正号是 x_{I}，负号是 x_{II}。

上述解析法求算理论板数的公式特别适宜于需要大量理论板数的场合。但此法较复杂，故作近似计算时，可以采用 Gilliland 关联图[10]。

② 填料塔传质单元数的计算　填料塔内沿塔高的气、液两相组成是微分连续变化的，而板式塔内的是阶梯变化的。因此，从理论上说用传质单元的概念表达填料塔的传质特性比用理论板的概念更为合适。

如果平衡线与操作线平行，即 mV/L 等于1，那么传质单元数与理论板数相等，如果平行线和操作线均为直线，但不平行，则两者数值不等；若 $mV/L=0.9 \sim 1$，则其间的差别可以忽略。对难分离物系，平衡线与操作线接近平行，习惯上，用理论板的概念也是可以的。

Dodge 及 Huffman[11] 早期提出，当 α 为恒定时，填料塔传质单元数 N 由下式计算：

$$N = \frac{2R+B}{2\sqrt{B^2+4Ax_D}} \ln \frac{(2Ax_D+B-\sqrt{B^2+4Ax_D})(2Ax_F+B+\sqrt{B^2+4Ax_D})}{(2Ax_F+B-\sqrt{B^2+4Ax_D})(2Ax_D+B+\sqrt{B^2+4Ax_D})} +$$
$$\frac{2R'+B'}{2\sqrt{B'^2-4A'x_W}} \ln \frac{(2A'x_F+B'-\sqrt{B'^2-4A'x_W})(2A'x_W+B'+\sqrt{B'^2-4A'x_W})}{(2A'x_W+B'-\sqrt{B'^2-4A'x_W})(2A'x_F+B'+\sqrt{B'^2-4A'x_W})} +$$
$$\frac{1}{2} \ln \frac{Ax_F^2+Bx_F-x_D}{Ax_D^2+Bx_D-x_D} + \frac{1}{2} \ln \frac{A'x_W^2+B'x_W+x_W}{A'x_F^2+B'x_F+x_W} \tag{13-13-19}$$

式中 $A = R(1-\alpha)$
　　　$B = R(\alpha-1) - x_D(\alpha-1) + \alpha$
　　　$R' = [(x_D - x_W) + R(x_F + x_W)]/(x_D - x_F)$
　　　$A' = R'(1-\alpha)$
　　　$B' = R'(\alpha-1) - x_W(\alpha-1) - \alpha$

由上式编制计算机程序，可方便求得在某一回流比下操作时的填料塔的传质单元数。

为了使用上的方便，Yu 和 Coull[12] 在早期曾经用 N/N_m 对 R_m/R 将上式进行了关联，得到了有价值的结果。以后山田幾穗[13] 和 Eduljee[14] 就此作了进一步发展。为了得到一个更便于估算的图表，余国琮等[8]进一步将上式用 N/N_m 对 $(R_m+1)/(R+1)$ 进行了关联，关联结果如图 13-13-4 所示。

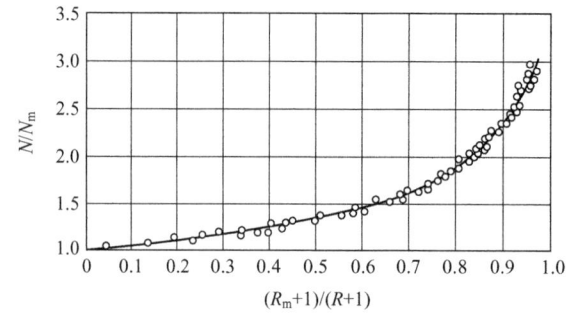

图 13-13-4　传质单元数的关联[8]

图 13-13-4 中关联的参数范围如下：

α	$1.005 \sim 1.100$	R_m	$12 \sim 657$
x_D	$0.70 \sim 0.99$	N_m	$20.4 \sim 1977$
x_F	$0.41 \sim 0.60$	N	$20.4 \sim 4990$
x_W	$0.01 \sim 0.30$		

图 13-13-4 中曲线与原式的最大误差为 4.4%。

图 13-13-4 也可表示为如下多项式[8]：

$$N/N_m = 1.0124 - 0.4048\theta + 6.5407\theta^2 - 13.3130\theta^3 + 9.4039\theta^4 \tag{13-13-20}$$

式中，$\theta = (R_m+1)/(R+1)$，其适用范围 $\theta < 0.95$，与曲线的最大误差为 0.28%。

(4) 达到稳定状态所需要的时间　精密蒸馏的一个特点是建立稳态操作的时间较长，因此开工时间的计算往往是精密蒸馏计算的重要内容之一。

蒸馏塔开始工作后，塔顶产品罐和各塔板均有存料，而这些存料是开工充塔所引入的原料液。当分离过程开始后，对精馏段来说，塔板上和产品罐中需要一个易挥发组分的积累过程，相应地发生难挥发组分的置换过程；与此同时，提馏段也在进行难挥发组分的积累过程和易挥发组分的置换过程。因而在此过程中，全塔各点的浓度是在不断变化的。直至全塔浓度达到稳定（全塔平衡），此过程即称为不稳态开工过程。

不稳态开工过程的长短受多种因素影响，以下各因素都导致不稳态操作的时间增加：塔身和产品罐存料量大；原料浓度低而产品浓度又要求高；相对挥发度小，理论板数多；塔内气液流速低等。此外，还与操作方式有关。如开始连续进料的时间、进料方式、回流方式等。

关于达到稳态（即开工过程）所需时间的计算公式及其影响因素已在不稳态过程一节中介绍，在此不再重复。

13.4 用于精密蒸馏的高效填料

精密精馏塔的设计原则也与普通精馏塔相同，但由于精密蒸馏通常需要较多理论板数，再加上这类物料的处理量较小，因而塔的设计应优先考虑高的分离效率，即要求一定高度下塔的理论板数尽可能多，比较容易满足上述要求的塔型是高效填料塔。因此从20世纪40年代以来，出现了诸多各具特色的高效填料，包括各种精细颗粒填料和早期的金属丝网规整填料，表13-13-4列出了在实验室及小型装置中部分常用的高效填料及其实测的性能。

表 13-13-4 高效填料实验数据举例[1,15]

填料	填料直径（或尺寸）/mm	塔径/mm	填充高度/mm	分离系统	塔内液体流量/mL·h^{-1}	滞料量/mL	HETP/mm
金属丝螺旋（丝径0.076mm）	1.2	11	560		150	8	7.0
金属丝螺旋（丝径0.25mm）	2.4	25	1520		3000	170	30.0
金属丝螺旋（丝径0.25mm）	2.4	25	1520		1000	120	19.0
玻璃螺旋（丝径0.46mm）	4	20	1500		1800	150	37.5
不锈钢丝螺旋	1.5×1.5	8	710		22.8		13.0
不锈钢丝螺旋	1.5×1.5	25.4	1050		500~3060		16~25.0
不锈钢丝螺旋	2.0×1.6	52	9500	$H_2^{16}O-H_2^{18}O$ H_2O-D_2O	1600		10.0
方形弹簧(Heli-pak, 丝径0.8mm)	0.8×1.8×1.7	13.4		2,2,4-三甲基戊烷-甲基环己烷	78	0.145/板	6.6
方形弹簧(Heli-pak, 丝径0.8mm)	0.8×1.8×1.7	13.4		2,2,4-三甲基戊烷-甲基环己烷	120	0.18/板	7.1
方形弹簧(Heli-pak, 丝径0.8mm)	0.8×1.8×1.7	13.4		2,2,4-三甲基戊烷-甲基环己烷	210	0.25/板	8.1

续表

填料	填料直径(或尺寸)/mm	塔径/mm	填充高度/mm	分离系统	塔内液体流量/mL·h^{-1}	滞料量/mL	HETP/mm
方形弹簧(Heli-pak，丝径0.8mm)	0.8×1.8×1.7	13.4		2,2,4-三甲基戊烷-甲基环己烷	300	0.29/板	9.0
方形弹簧(Heli-pak，丝径0.8mm)	0.8×1.8×1.7	13.4		2,2,4-三甲基戊烷-甲基环己烷	390	0.31/板	9.4
方形弹簧(Heli-pak，丝径0.8mm)	0.8×1.8×1.7	13.4		2,2,4-三甲基戊烷-甲基环己烷	430		9.7
θ形纱网环(Dixon环)	1.5	25.4		正庚烷-甲基环己烷	696	0.24/板	4.2
θ形纱网环(Dixon环)	1.5	25.4		正庚烷-甲基环己烷	1056	0.43/板	6.2
θ形纱网环(Dixon环)	1.5	25.4		正庚烷-甲基环己烷	1404	0.60/板	8.0
θ形纱网环(Dixon环)	1.5	25.4		正庚烷-甲基环己烷	1746	0.80/板	9.4
θ形纱网环(Dixon环)	1.5	25.4		正庚烷-甲基环己烷	2100	1.17/板	11.0
θ形纱网环(Dixon环)	1.6	20	1520		1200	100	15.0
θ形纱网环(Dixon环)	3.2	20	1520		1800	75	27.0
θ形纱网环(Dixon环)	3×3	75~100	9500	$H_2^{16}O$-$H_2^{18}O$	1040		20~30
θ形纱网环(Dixon环)	3×3	90	8000	$H_2^{16}O$-$H_2^{18}O$	20		10
双层金属网环	2×2	24	5000	正庚烷-甲基环己烷			5
纱网鞍形填料(McMahon)	6.3	76.2		液态空气			37
黄铜网鞍形填料(Mcmahon)	6.3	152	1450	苯-二氯乙烯			25~76
Moncl网鞍形填料(McMahon)	6.3	152	1450	苯-二乙烯			76~100
纱网鞍形填料(McMahon)	9.5						76~100
纱网鞍形填料(McMahon)	12.7						76~114
纱网鞍形填料(McMahon)	6.3	51					43~53
金属突出物(Cannon)填料	6.3	51					28~35.5
金属突出物(Cannon)填料	4.6	51		正庚烷-甲基环己烷			33~48
金属突出物(Cannon)填料	6.1	102		正庚烷-甲基环己烷			46~56/mm
金属突出物(Cannon)填料	9.5	51					46~76
单圈螺旋(Fenske填料)	2.4	9.5					25~37
单圈螺旋(Fenske填料)	2.4	51					37~58

近年来，由于精密蒸馏应用的范围扩大，大规模生产过程的应用日益增多，促使高效填料向大型化发展。精馏塔的设计思想也由主要追求高分离效率到重视综合效益，即同时兼顾分离效率和处理能力。基于这一思想，近20年来出现了大量具有较高分离效率而又适用于大型精馏塔的新型规整填料，如金属波纹填料、板波纹填料、Glish格栅填料、压延金属板填料等。此外，阶梯环、金属鲍尔环、金属矩鞍环等乱堆填料也有良好的综合性能，并已取得广泛应用。有关填料的详细介绍参阅本手册第14篇"气液传质设备"。

13.5 利用循环精馏过程解决高理论板需求问题

如前述，对于沸点相近的二元系统（难分离系统）的分离，x-y图中平衡线与对角线十分接近，采用精馏进行产品分离往往需要过多的理论板数，因而导致精馏塔过高、累计的压降过大等设计和操作问题。为解决这一问题，控制精馏塔的高度，实际工程应用中常采用循环精馏过程，亦称增浓-剥淡过程。其实质是采用两塔达到最终分离要求，通过降低每个塔的分离要求，降低单塔理论板数，然后将降低分离要求后产生的混合物在两塔间循环，从而确保被分离物质的收率。

二组元物系循环精馏过程的流程如图13-13-5所示，其中A和B分别代表轻组分和重组分。原料从塔1加入，在塔顶馏出物中A达到所需的分离要求。塔底物流送至塔2，其中塔2的塔顶馏出物分离要求与塔1进料组分一致，然后循环回塔1，满足分离要求的纯组分B从塔2塔底出系统。由于塔1的塔底残留物中含有一定量的A，因此塔1的分离难度有所降低。同理，塔2的分离难度也会相应降低。即，通过两塔循环精馏过程代替单塔常规精馏的方法，降低两塔的分离要求则降低了对理论板数及塔高的需求，为装置的设计和建设带来了方便。但是增加的循环物流会导致能耗的增加，使得整个系统操作费用增加。

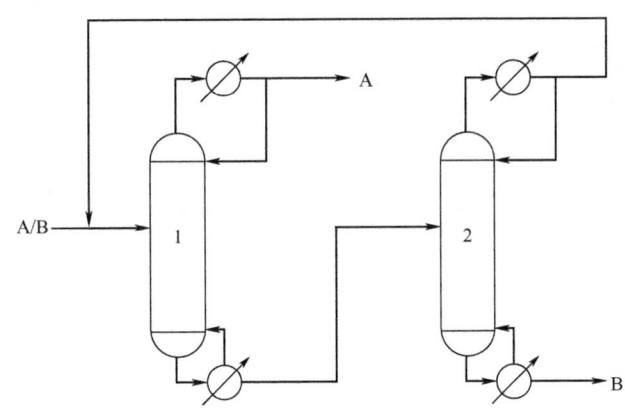

图 13-13-5　循环精馏过程示意图

为降低因为循环精馏过程引入的额外能耗，工业中常采用能量集成的方式来降低或平衡这部分新增能耗。

例如，有机硅单体精馏工业流程中常采用循环精馏过程模式降低精馏塔塔高。该流程的主要产品是甲基二氯硅烷（MeH）、三甲基氯硅烷（Me3）、甲基三氯硅烷（Me1）和二甲基二氯硅烷（Me2），它们在110kPa压力下的露点温度和相对挥发度如表13-13-5所示，其中相对挥发度以 Me2 为基准。表 13-13-5 表明，Me1 与 Me2 之间的相对挥发度较接近于 1，为难分离物系。流程如图 13-13-6 所示。这是一个由多塔组成的多组元精馏分离序列。其中精馏塔 C7 与 C8 均为循环精馏过程，用于 Me1 与 Me2 之间的分离。原料进入 C1 后仅塔顶产品达到分离要求，而塔底产物并非达到浓度要求的高沸物产品，该产物进入 C9。C9 仅控制塔底得到满足要求的高沸物产品，而塔顶产品则回到 C1 得到进一步分离，这样设置的目的是减少热不稳定物质的分解。Me1 和 Me2 混合物作为 C2 的塔底产品经 C7 和 C8 循环精馏过程得到分离。即 C7 仅严格控制塔顶得到合格的 Me1 产品，剩余大约 10% 的 Me1 与 Me2 一起进入 C8。C8 仅控制塔底得到合格的 Me2 产品，塔顶为 Me1 和 Me2 的混合物回到 C2 进行循环分离。该精馏方案中存在的两组循环精馏过程使得各个塔只需要完成一个分离目标，从而有效降低了精馏塔的高度。以 Me1 和 Me2 之间的分离为例，如果采用单个精馏塔，塔顶和塔底杂质含量均不超过 0.5% 则需要 368 块理论板。而采用图 13-13-6 流程 C7 和 C8 需的理论板数分别为 232 和 130。

表 13-13-5　有机硅单体精馏产品在 110kPa 下露点温度与相对挥发度

精馏产品	露点温度/℃	相对挥发度
甲基二氯硅烷（MeH）	44.87	2.403
三甲基氯硅烷（Me3）	60.58	1.437
甲基三氯硅烷（Me1）	69.71	1.091
二甲基二氯硅烷（Me2）	72.66	1.000

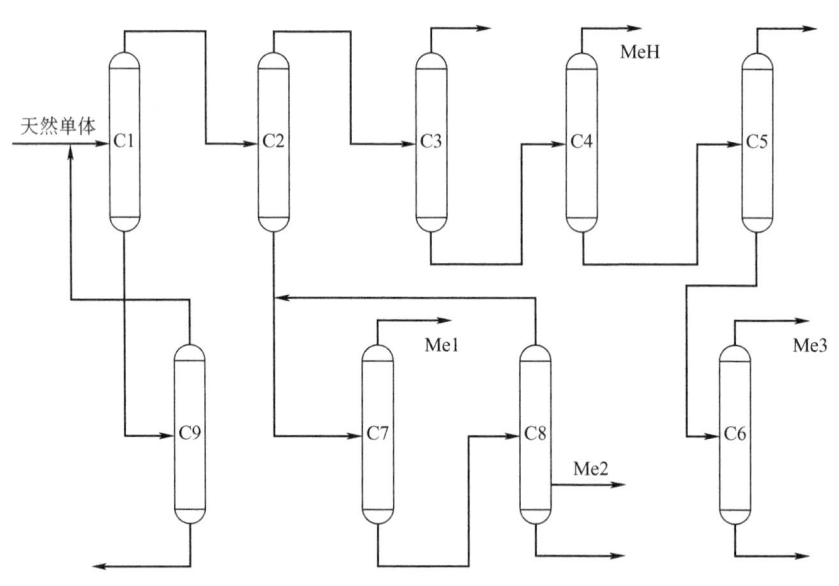

图 13-13-6　带有循环精馏流程的有机硅单体精馏方案

C1—脱高塔；C2—脱低塔；C3—轻分塔；C4—含氢塔；C5—共沸塔；C6—三甲塔；C7—一甲塔；
C8—二甲塔；C9—高沸塔

在上述流程中引入能量集成可有效缓解循环物流带来的能耗增加。图 13-13-7 给出了上述流程的能量集成的一个可行方案。研究表明，该方案可显著降低整个分离过程的能耗[16,17]。关于精馏塔系统的能量集成可参见本篇第 16 章。

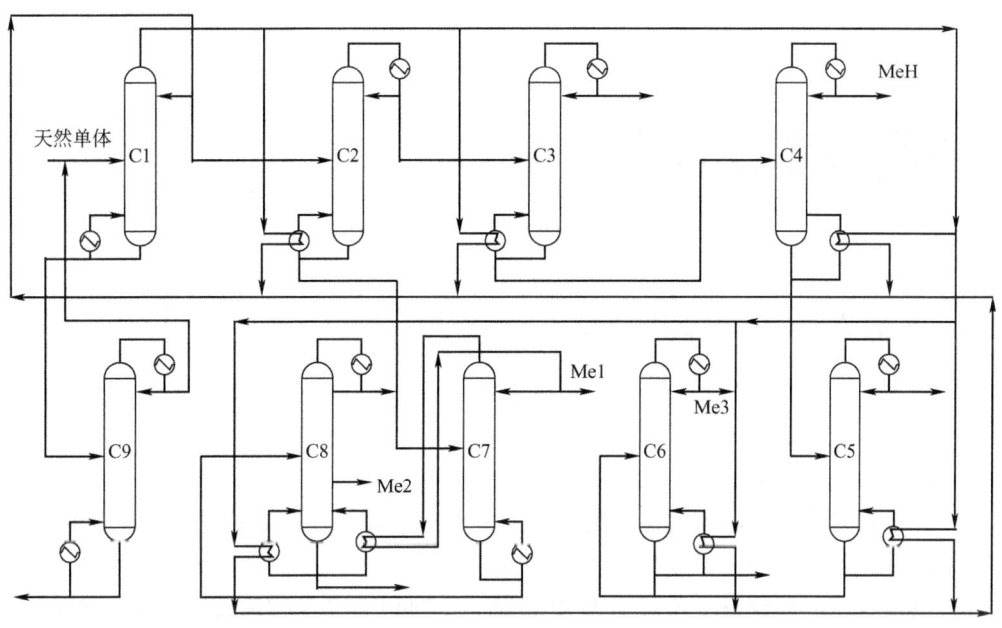

图 13-13-7　带有循环精馏流程的有机硅单体精馏系统能量集成方案

参考文献

[1] London H. Separation of isotopes. London: George Newnes Ltd, 1961.
[2] Крель Э. Руководство по Лабораторной Ректификации, Издателъство Инострациой Литературы, Москва, 1960.
[3] Haldenwanger H. Chem Ing Tech, 1951, 23: 431-440.
[4] Варгафтик Н Б. Справочник по Теплофизигеским Свойствам Газов и Жидкостей. Москва: ФМ, 1963.
[5] Розен Л М. Теория Разделения Изотонов в Колоннах. Москва, 1960.
[6] Seader J D, Henley E J, Roper D K. Separation process principles. 3rd ed. New York: John Wiley & Sons, 2013.
[7] Underwood A J V. Chem Eng Progr, 1948, 44(8): 603-614.
[8] 余国琮,杨志才,顾芳珍. 化工学报, 1980(2): 112.
[9] Brown G G. Unit operations. New York: John Wiley & Sons, 1950.
[10] Wankat P C. Separation process engineering. 3rd ed. San Antonio: Pearson, 2012.
[11] Dodge B F, Huffman J R. Ind Eng Chem, 1937, 29: 1434.
[12] Yu K T, Coull J. Chem Eng Prog, 1950, 46: 89.
[13] 山田幾穗,遠板登,杉江日出澄,岩田隆逸. 化学工学, 1966, 30: 636.
[14] Eduljee H F. Hydrocarbon Processing, 1975, 54(9): 122.
[15] 天津大学,等. 塔器:下册. 兰州:兰州石油机械研究所, 1973.
[16] Sun J, Wang F, Ma T, et al. Energy, 2012, 47(1): 498-504.
[17] 孙津生,吴鹏,高红,等. 节能节水型有机硅单体精馏方法: CN101798322A. 2010-03-26.

14

不稳态蒸馏过程

14.1 不稳态蒸馏过程的分类

蒸馏过程中，若某些状态参数（如温度、压力、液面）及组成等是随时间而变化的，则这种过程称为不稳态蒸馏过程。不稳态蒸馏过程是更加广泛存在的蒸馏过程，稳态蒸馏也可以说是不稳态蒸馏的一种特例。

(1) 分批蒸馏是典型的不稳态蒸馏过程 对于小批量、多产品的分离，常采用分批蒸馏过程，精细化工的发展促进了分批蒸馏的发展。

(2) 蒸馏开工过程也属于不稳态蒸馏过程 任何稳态蒸馏均需经历或长或短的开工过程，在开工过程中塔内料液浓度随时间而变化，以建立沿塔高的浓度梯度，直至最后达到稳态蒸馏状态。尤其对难分离系统的精密精馏来说，开工时间很长（可达几天，甚至数月），已成为不可忽视的一段重要的不稳态蒸馏过程。

(3) 稳态蒸馏的控制过程也是不稳态蒸馏过程 在大规模连续化蒸馏生产中，调节控制是不可缺少的，虽然力求稳定操作，但若干外来因素的作用（如进料组成的变化，热源、冷源及环境温度的变化等）常使蒸馏操作偏离理想状态。此时需及时调节某些参数使操作尽快恢复到理想状态。这种情况是经常遇到的，甚至有的蒸馏塔一直处于波动之中。所以说，稳态蒸馏是基于不稳态蒸馏的调节来维持的。

14.2 分批蒸馏过程

广义来讲，分批蒸馏过程是指运用蒸馏原理，分批加料于塔系统内，从塔的一个或多个出料口将挥发性不同的组分顺序蒸出的过程。由于在同一出料口的不同时间获取不同的馏分，不同于连续蒸馏通过不同的出料口获得不同的馏分，可以用单塔获得多个产品，使设备投资减少，但也存在着物料的混合现象。在分批蒸馏发展中出现的多种新操作方法和新结构塔型，都与减少分批蒸馏过程中不同浓度物料的混合有密切关系。例如，增多出料点以减少馏出料液的混合，减少塔顶存料和塔身持液使同一点馏出组分更替时的混合，减少塔底内回流液体与残液的混合等，均可在一定条件下获得更有效的分离效果。分批蒸馏塔具有适用性强、操作灵活、投资少、适于处理原料成分复杂的多元系统等优点，因此其在精细化工等行业获得了广泛的应用。借计算机的帮助，更促进了其动态分离规律的研究，向实现多回路时变过程控制发展。所以近40年来，研究重点集中于模拟计算和发展新操作方法、新结构塔型上。

14.2.1 分批蒸馏过程的分类

分批蒸馏过程可按操作策略分类，也可以按塔的结构类型分类。

14.2.1.1 分批蒸馏按操作策略分类

(1) 恒定回流比操作 在操作时回流比固定不变,所以便于控制,但有时分离效果欠佳。

(2) 恒定塔顶馏出液浓度操作 在操作时不断增加回流比以保持产品浓度恒定,分离效果较好,但较难控制。实践中常用分阶段控制不同的恒回流比来近似。

(3) 优化回流比操作[1~3] 该操作以回流比为可控变量,以最大经济效益,或最大合格产品量,或最短蒸馏时间为目标函数进行优化计算,求得优化回流比曲线来指导操作。由于只考虑了回流比的优化而忽略其他可控变量的优化,加之很难严格实现优化曲线要求,故优化效果往往不大,至今应用尚少。

(4) 变压力-恒釜温操作[4] 在该操作中加热釜内料液的沸点恒定并低于受热极限温度,该操作方式一般用于减压蒸馏。为此,分批蒸馏刚开始时塔内操作压力要较高(真空度较低)。随过程的进行,加热釜内易挥发物不断减少就需逐渐降低塔内压力(提高真空度),使釜温基本不变。所以这种操作与恒定压力操作相比,其塔内压力高,气体密度大,因此塔的气流通量增加,提高了塔的生产能力。此外,由于塔釜温度的恒定,塔顶温度变化小,有利于塔釜加热面积和塔顶冷凝面积的合理设计,充分发挥加热釜和冷凝器的能力。该操作过程更适于组分多,且沸点相差大的被分离物系。

(5) 全回流-全采出操作[5,6] 该操作要求设置一定容量的塔顶回流液储罐,将部分料液稳定地置于罐内进行全回流操作,使被剥除的轻组分在回流罐内被浓缩,此时塔的分离效率最高、浓缩倍数最大,待接近平衡时将罐内浓缩料液一次放出。由于不需控制回流比,故操作简单,特别适于剥除少量轻杂质的分批蒸馏情况。

(6) 置换塔顶、塔身持液操作[7] 在分批蒸馏过程中,当馏出组分发生更迭时,塔顶、塔身浓度的变化显现"遗留"效应,使下一组分的浓度迟迟达不到较高浓度,也称为前一组分的"拖尾"现象,这是影响分批蒸馏收率的主要原因之一,为此可采用置换持液操作。即在塔顶、塔底设置持液置换机构,在馏出组分发生更迭时适时地置换塔顶、塔身持液,有利于分离效率的提高。

(7) 多变参数分批蒸馏操作 在分批蒸馏过程中协调塔内压力、回流比、气相负荷强度以及适时置换持液的操作,是上述诸种操作的综合方法,运用合理时效果最佳。

14.2.1.2 分批蒸馏按塔的结构类型分类

(1) 简单蒸馏 如图 13-14-1 所示,分批蒸馏塔内无液体回流,塔身亦没有塔板或填料等气液传质构件,其分离效率基本为一块理论板,适于分离易分离物系。显然其塔内阻降(即塔的压降)最小,适于热敏物料的蒸馏。

(2) 常规分批蒸馏 如图 13-14-2 所示。该类蒸馏塔亦被称为精馏式分批蒸馏塔[8],塔釜内存有全部被分离料液,塔顶馏出易挥发组分,如连续蒸馏塔的精馏段。它适于分离难度较大的系统,加长塔身可提高分离效率,达到所希望的理论板数。

(3) 提馏式分批蒸馏[9] 如图 13-14-3 所示。该类分批蒸馏所用塔的塔顶设有储液罐,开工前投放了全部被分离物料,而塔釜基本不存料液,蒸馏时从塔底馏出难挥发组分,类似于连续蒸馏塔的提馏段。它适于以提取难挥发组分为目标或难挥发组分具热敏性的蒸馏情况。

(4) 带有中间储罐的分批蒸馏塔[1,10~14] 如图 13-14-4 所示。该塔包括上下两段,塔

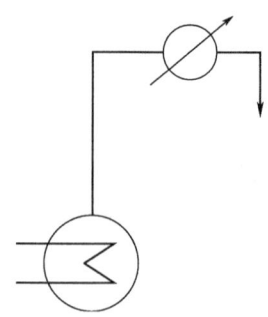

图 13-14-1　简单蒸馏

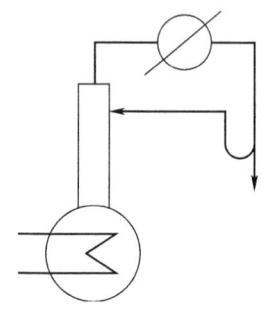

图 13-14-2　常规分批蒸馏（精馏式）

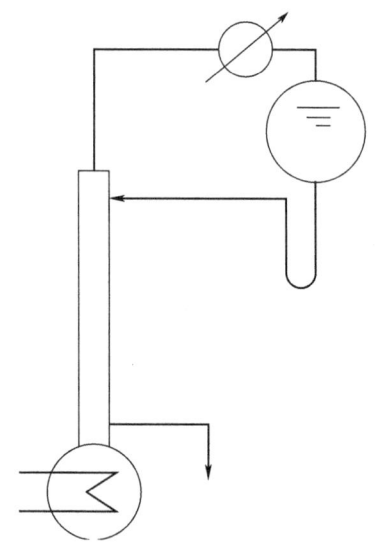

图 13-14-3　分批蒸馏（提馏式）

顶、塔底均可馏出易、难挥发组分，而开工前将被分离物料全部储存于塔中部的储罐内。在该塔内进行分批蒸馏过程时，综合了精馏式与提馏式分批蒸馏塔的双重作用，生产能力提高，节能效果明显，并对某些热敏物料的分离有特殊优异的效果，是一有潜在优势的多组分物料分批蒸馏过程。

（5）带有动态侧线出料的分批蒸馏塔　带有动态侧线出料的分批蒸馏塔（图 13-14-5

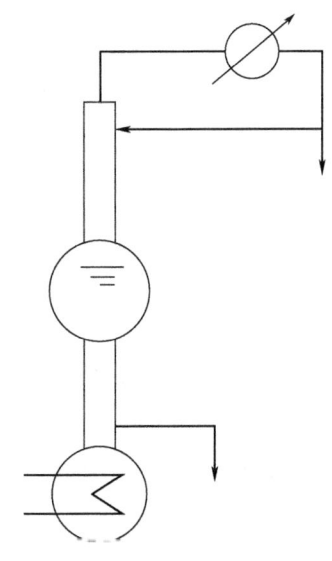

图 13-14-4 带有中间储罐的分批蒸馏

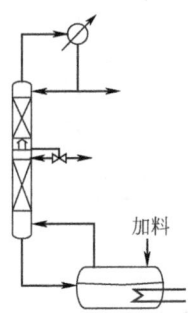

图 13-14-5 带有动态侧线的精馏式分批蒸馏塔

及图 13-14-6）是在常规分批精馏塔的塔身增加一个侧线出料口，它只是在组成达到要求的阶段采出产品，相应的产品采出称为动态侧线采出。该塔型结构简单，但分离效果优异，充分利用了分批蒸馏塔的动态特性，尤其对高纯产品或热敏物料的分离有良好的效果。

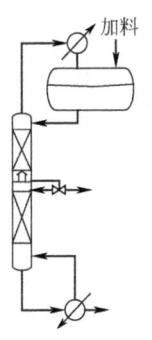

图 13-14-6 带有动态侧线的提馏式分批蒸馏塔

(6) 其他分批蒸馏塔型 如单塔双回流罐结构（用于置换塔顶持液）；单塔双加热釜结

构（适于容易分离物系，减少釜液混合）；双塔共用一个加热釜结构（适于分离难分离物系，减少塔顶、塔身料液的混合，提高分离效率），以及其他结构类型，均在特定分离条件下显现出突出优点。图 13-14-7 给出了其他类型分批蒸馏塔示意图。

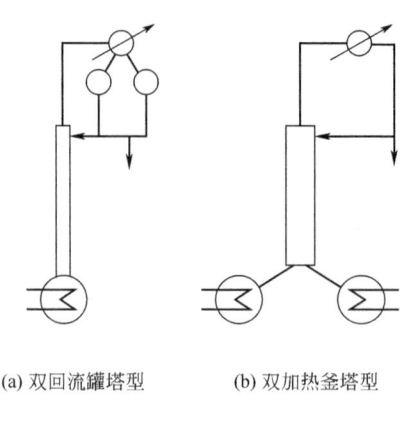

(a) 双回流罐塔型　　(b) 双加热釜塔型

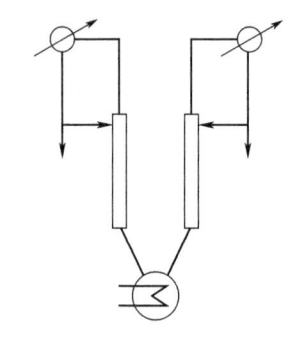

(c) 双塔共釜型

图 13-14-7　其他类型分批蒸馏塔

14.2.2　分批蒸馏的计算

像连续蒸馏一样，分批蒸馏的计算包括操作型计算与设计型计算两大类。为满足生产中对分批蒸馏设计计算的要求，各种解决设计计算的研究工作已经广泛开展。如在二元理想系统中的恒回流比操作，在略去塔顶、塔身持液时的设计计算已经解决，而上述条件下的多元系统也获得了初步成果。但对有持液的多组元分批蒸馏的设计计算则尚无简捷的计算方法。近年来，关于分批蒸馏过程的优化计算的报道甚多[15~19]，但其优化变量往往只限于回流比等一两个参数，且还没有可供设计使用的成熟成果。所以目前常采用某些合理假设以近似解决分批蒸馏设计计算问题。分批蒸馏的过程计算可分为下列四类情况：

① 无塔顶、塔身持液的二元系统分批蒸馏计算。
② 有塔顶、塔身持液的二元系统分批蒸馏计算。
③ 无塔顶、塔身持液的多元系统分批蒸馏计算。
④ 有塔顶、塔身持液的多元系统分批蒸馏计算。

显然第一类是近似程度最大、应用范围最窄的计算，但计算简单，基本可用解析方法求得分批蒸馏过程的操作型计算和设计型计算。第二类计算已取得若干成果。第三类计算用途较广，常作为有持液多组元分批蒸馏（第四类）的近似计算，且占用机时不多，在某些范围内与有持液的实验结果很接近。第四类计算是最为严格的计算,对计算机性能要求高,目前的计算机性能已经完全满足其计算要求,已经成为当前可应用的计算方法。

14.2.2.1 分批蒸馏操作过程计算

这类计算是指已知被分离物料的组成、性质,塔的板数、直径及持液量等结构参数,在给定操作条件下(已知回流比、压力及温度等),需获得产品浓度及数量等而进行的操作过程计算。

(1) 解析计算法 该计算中略去了塔内持液(指塔顶、塔身持液),所以可将塔顶馏出液浓度 $x_{c,i}$ 和釜液浓度 $x_{B,i}$ 直接关联起来。对组分 i 作物料衡算:设釜持液量为 H_B,塔顶馏出液累积量为 $\overline{D}(\text{kmol})$。

$$d(H_B x_{B,i}) = -x_{c,i} d\overline{D} \tag{13-14-1}$$

总物料衡算为:

$$d\overline{D} = -dH_B \tag{13-14-2}$$

将式(13-14-2)代入式(13-14-1)得:

$$\frac{dH_B}{H_B} = \frac{dx_{B,i}}{x_{c,i} - x_{B,i}} \tag{13-14-3}$$

此式亦可变形为:

$$\frac{H_B}{H_{B0}} = e^{-\lambda} \left(\lambda = \int_{x_{B0}}^{x_B} \frac{dx_{B,i}}{x_{c,i} - x_{B,i}} \right) \tag{13-14-4}$$

$$\frac{dx_{B,i}}{d(\ln H_B)} = x_{c,i} - x_{B,i} \tag{13-14-5}$$

只要由塔釜组成 $x_{B,i}$ 求得塔顶组成 $x_{c,i}$,就可由上式得到塔顶馏出量 $\overline{D}$ 和塔顶、塔釜物料组成的关系。上式只对二元理想物系分离时才能获得解析解。

① 恒回流比操作 蒸馏塔的回流比是影响馏出物产量和浓度的主要因素,也是精馏操作主要控制参数之一。恒定回流比的分批蒸馏是最早的操作方法,1902年Rayleigh[20]首先提出了它的计算公式[即式(13-14-3)在二元物系中的简化式]:

$$\ln \frac{H_{B0}}{H_B} = \int_{x_B}^{x_{B0}} \frac{dx_B}{x_c - x_B} \tag{13-14-6}$$

由于回流比不随时间变化,当塔内气体流量 V 恒定时,馏出速率 $\frac{d\overline{D}}{dt}$ 也不随时间变化 $\left(\frac{d\overline{D}}{dt} = \frac{V}{R+1}\right)$,这是一种最易控制的分批蒸馏操作。作为极限情况,可对式(13-14-6)求解。

对于全回流操作($R = \infty$):

$$\frac{x_B}{x_D - x_B} \left(\frac{x_D - x_B}{1 - x_B} \right)^{\alpha^{N+1}} = \frac{x_{B0}}{x_D - x_{B0}} \left(\frac{x_D - x_{B0}}{1 - x_{B0}} \right)^{\alpha^{N+1}} \tag{13-14-7}$$

式中,x_D 为塔顶馏出液的平均摩尔分数;N 为理论板数。

该式给出了无限大回流比条件下分批蒸馏所能达到的塔顶馏出液最高浓度。如板数无限大（$N=\infty$），即在最小回流比下操作。

而所谓最小回流比是指精馏塔内出现操作线和平衡线非常接近，形成了夹紧区，限制了塔板的分离能力时的回流比。根据塔内夹紧区出现的部位，可分为上夹紧区最小回流比和下夹紧区最小回流比。根据 McCable-Thiele 图解法在 y-x 图上理论板的提浓作用，体现在平衡线和操作线之间所绘直角三角形的大小，而在夹紧区内此三角形被压缩到很小，以至于各板上物料浓度几乎相同，近似称为恒浓区。故在上夹紧区内，塔顶各板浓度近乎塔顶馏出液浓度，在下夹紧区内塔底各板浓度近乎釜内浓度。所以，釜液浓度较高时出现上夹紧区，釜液浓度低时出现下夹紧区。图 13-14-8 反映这种情况。

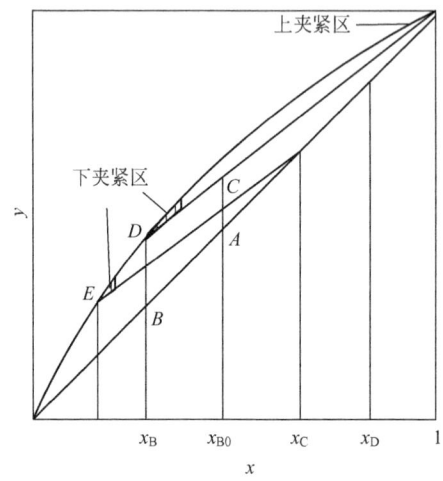

图 13-14-8　二元物系分批蒸馏 y-x 图

出现上夹紧区时，操作线通过 y-x 图上的顶点，$x_D=1$：

$$\frac{H_B}{H_{B0}}=\frac{\alpha-1}{\alpha-\dfrac{R_m+1}{R_m}}(1-x_{B0}) \tag{13-14-8}$$

出现下夹紧区时，操作线上端与 45°线相交，下端与平衡线相交[21]：

$$\ln\frac{H_B}{H_{B0}}=\frac{1}{(\alpha-1)(R_m+1)}\left(\ln\frac{x_B}{x_{B0}}+\alpha\ln\frac{1-x_{B0}}{1-x_B}\right) \tag{13-14-9}$$

$$x_D=\frac{H_{B0}x_{B0}-H_B x_B}{H_{B0}-H_B} \tag{13-14-10}$$

式(13-14-9)给出了恒回流比分批蒸馏时，从釜液量 H_{B0}、浓度 x_{B0} 到 H_B、x_B 的定量关系。

② **恒塔顶馏出液浓度操作**　一般情况下，恒回流比操作很难保证塔顶馏出液组成保持不变，而塔顶馏出液浓度正是蒸馏产品的质量指标。于是产生了不断增加回流比以保持塔顶馏出液浓度不变的操作方法。Bogart[22]提出了下列计算式：

$$\overline{V}=(x_D-x_{B0})\int_{x_B}^{x_{B0}}\frac{dx_B}{\left(1-\dfrac{R}{R+1}\right)(x_D-x_B)^2} \tag{13-14-11}$$

如果分批蒸馏塔板数无穷大（$N=\infty$），上式可积分得：

$$\overline{V} = \frac{H_{B0}(x_D - x_{B0})}{\alpha - 1} \left[\frac{1}{x_D} \ln\left(\frac{x_{B0}}{x_B} \times \frac{x_D - x_B}{x_D - x_{B0}}\right) + \frac{\alpha}{1 - x_D} \ln\left(\frac{1 - x_{B0}}{1 - x_B} \times \frac{x_D - x_B}{x_D - x_{B0}}\right) \right]$$
(13-14-12)

该式计算结果为增加理论板数所能达到的极限情况。当选定塔内蒸发速率 V 时，可从上式结果求出最小蒸馏时间 $t_{\min}$。如某甲苯-苯分离任务，取理论塔板数 $N=18$ 进行分批蒸馏，需 10h，而从式(13-14-12)算得 $\overline{V}$ 后再用相同蒸发速率求得 $t_{\min}$ 为 7.8h，这说明 $N=18$ 已经接近足够分离该物系的板数，再提高板数缩短蒸馏时间仅有 2.2h 的裕量。对于分批蒸馏要求一次收率较高的情况，由于釜液浓度需有较大的变化，恒塔顶浓度（变回流比）操作有较大优越性。

对于多元理想物系，一般不能得到解析结果，所以采用数值计算法和图解积分 Rayleigh 方程法。

数值计算法主要指借助图解积分法及借助计算机编程计算分批蒸馏过程。

图解积分 Rayleigh 法略去了塔顶、塔身持液，应用 McCabe-Thiele 法图解分批蒸馏过程中的浓度变化规律，如图 13-14-9 所示。Smoker 和 Rose 运用图解积分求算 McCabe-Thiele 图，从而获得 Rayleigh 方程的解。

③ 应用于恒回流比操作　参照式(13-14-6)及图 13-14-9 计算出多组数据填入表 13-14-1，图解中应用了已知量 N、R 及 α。

表 13-14-1　McCabe-Thiele 图解法得到的 x_C 及 x_B 数值

x_B	x_C	$(x_C - x_B)^{-1}$
0.107	0.78	1.487
0.041	0.775	1.362

【**例 13-14-1**】　计算常压下分批蒸馏 18%（摩尔分数）的乙醇水溶液，使釜残液浓度为 4%，取 $R=3$，$N=7$，如图 13-14-9 所示绘阶梯确定 x_C-x_B 关系值，可得表 13-14-1[5]，则式(13-14-6)积分值为 0.205，代入式(13-14-10)可得 $x_D = 0.8$。

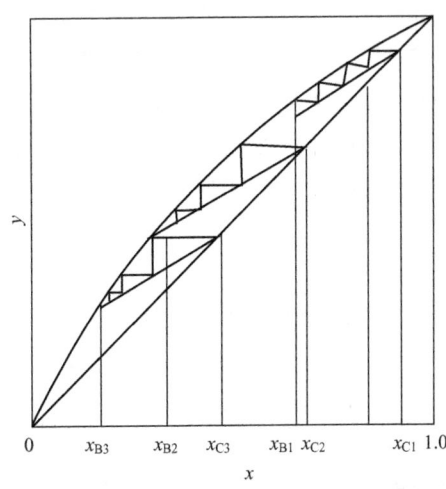

图 13-14-9　McCabe-Thiele 图解浓度分布（$R=C$）

④ 应用于恒塔顶浓度操作　参照式(13-14-11)和图 13-14-10，不断增加回流比可在一定范围内保持馏出液浓度不变，但考虑经济效益，往往不考虑过大增加回流比数值。当已知 $x_C = x_D$ 和 N 以及 α 的数值，如上所述图解出 x_B 与 R 的关系，对式(13-14-11)积分直到满足为止。

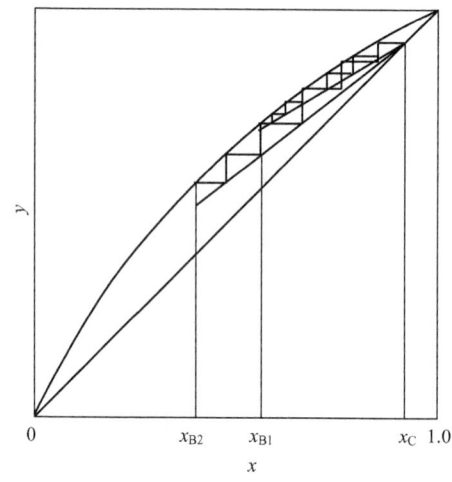

图 13-14-10　McCabe-Thiele 图解浓度分布($x_C = C$)

【例 13-14-2】　计算上述所给乙醇-水物系，初始浓度为 18%，最终釜液浓度为 4%，$N=7$，$x_C=0.8$，在类似于图 13-14-10 的 y-x 图上绘制阶梯，计算其回流比 R 的变化规律，可得表 13-14-2。由于两种操作方法完成相同分离任务的回流比不同，故前者比后者操作时间短。

表 13-14-2　McCabe-Thiele 图解法得到的 x_B 与回流比 R 的关系

$\dfrac{R}{R+1}$	x_B	$\dfrac{1}{\left(1-\dfrac{R}{R+1}\right)(x_C-x_B)^2}$
0.8	0.143	11.5
0.85	0.054	11.9
0.9	0.021	16.4

(2) 数字模拟计算法　该计算方法是目前计算分批蒸馏过程的主要计算方法，它考虑了塔顶和塔身持液对过程的影响，又可计算多元系统分离的复杂情况，故被广为采用。

间歇精馏通用模型的示意图如图 13-14-11 所示。该模型中包含 n 个进料、n 个出料和 n 个反应。

间歇精馏模型的基本假设如下：
　　a. 塔内恒体积持液：每一块理论板上的体积持液量相等，且在精馏过程中保持不变；
　　b. 平衡级假设：即离开各塔板的气液两相达到相平衡；
　　c. 热反应仅在液相中进行，且液相达到完全混合；
　　d. 忽略流体力学滞后；
　　e. 忽略系统中的气相滞料量；
　　f. 塔身绝热操作；

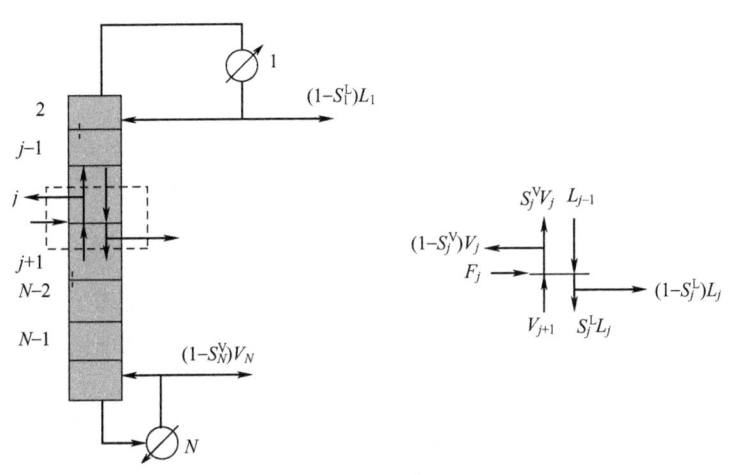

图 13-14-11 间歇精馏通用模型示意图

g. 塔釜相当于一个平衡级；

h. 塔顶冷凝器为全凝器。

① 物料衡算方程 根据前面所述模型假设条件，设精馏塔具有 N 块理论塔板，理论塔板由上而下计数，在此基础上分别对塔顶冷凝器、任意理论板 j 以及塔釜进行组分物料衡算和总物料衡算，并结合相平衡方程，得到如下方程：

塔顶冷凝器采用全凝器，$j=1$

组分 i 的物料衡算：

$$\frac{d(H_1 x_{1,i})}{dt} = F_1 z_{1,i} + S_2^V V_2 K_{2,i} x_{2,i} - L_1 x_{1,i} + \nu_i r_1 \tag{13-14-13}$$

塔顶冷凝器总物料衡算：

$$\frac{dH_1}{dt} = F_1 + S_2^V V_2 - L_1 + \nu_T r_1 \tag{13-14-14}$$

由以上两式得：

$$H_1 \frac{dx_{1,i}}{dt} = -(F_1 + S_2^V V_2 + \nu_T r_1) x_{1,i} + S_2^V V_2 K_{2,i} x_{2,i} + F_1 z_{1,i} + \nu_i r_1 \tag{13-14-15}$$

第 j 块理论板（$1<j<N$）

组分 i 的物料衡算：

$$\frac{d(H_j x_{j,i})}{dt} = F_j z_{j,i} + S_{j-1}^L L_{j-1} x_{j-1,i} + S_{j+1}^V V_{j+1} K_{j+1,i} x_{j+1,i} - L_j x_{j,i} - V_j y_{j,i} + \nu_i r_j \tag{13-14-16}$$

第 j 块理论板的总物料衡算：

$$\frac{dH_j}{dt} = F_j + S_{j-1}^L L_{j-1} + S_{j+1}^V V_{j+1} - L_j - V_j + \nu_T r_j \tag{13-14-17}$$

相平衡方程：

$$y_{j,i} = K_{j,i} x_{j,i} \tag{13-14-18}$$

式中，$y_{j,i}$ 为第 j 块理论板气相中 i 组分的摩尔分数；$K_{j,i}$ 为 j 板上 i 组分的相平衡常数。

由以上方程得：

$$H_j \frac{\mathrm{d}x_{j,i}}{\mathrm{d}t} = S_{j-1}^\mathrm{L} L_{j-1} x_{j-1,i} - [F_j + S_{j-1}^\mathrm{L} L_{j-1} + S_{j+1}^\mathrm{V} V_{j+1} - V_j(1 - K_{j,i}) + \nu_\mathrm{T} r_j] x_{j,i} + S_{j+1}^\mathrm{V} V_{j+1} K_{j+1,i} x_{j+1,i} + F_j z_{j,i} + \nu_i r_j \tag{13-14-19}$$

式中，H_j 为第 j 块理论板的摩尔持液量，mol；$x_{j,i}$ 为第 j 块理论板上 i 组分的液相摩尔分数；F_j 为第 j 块理论板的进料流量，$\mathrm{mol \cdot h^{-1}}$；$z_{j,i}$ 为第 j 块理论板进料中 i 组分的摩尔分数；S_j^V 为离开第 j 块理论板进入第 $j-1$ 块理论板的气相分率；V_j 为第 j 块理论板的气相流率，$\mathrm{mol \cdot h^{-1}}$；$S_j^\mathrm{L}$ 为第 j 块理论板进入第 $j+1$ 块理论板的液相分率；L_j 为第 j 块理论板的液相流率，$\mathrm{mol \cdot h^{-1}}$；$r_j$ 为 j 板上的反应量，$\mathrm{mol \cdot h^{-1}}$；$\nu_i$ 为化学计量系数；$\nu_\mathrm{T} = \sum \nu_i$，为化学计量系数之和。

塔釜，$j = N$

$$\frac{\mathrm{d}(H_N x_{N,i})}{\mathrm{d}t} = F_N z_{N,i} + S_{N-1}^\mathrm{L} L_{N-1} x_{N-1,i} - V_N K_{N,i} x_{N,i} + \nu_i r_N \tag{13-14-20}$$

塔釜总物料衡算：

$$\frac{\mathrm{d}H_N}{\mathrm{d}t} = F_N + S_{N-1}^\mathrm{L} L_{N-1} - V_N + \nu_\mathrm{T} r_N \tag{13-14-21}$$

由以上两式得：

$$H_N \frac{\mathrm{d}x_{N,i}}{\mathrm{d}t} = S_{N-1}^\mathrm{L} L_{N-1} K_{N-1,i} x_{N-1,i} - [F_N + S_{N-1}^\mathrm{L} L_{N-1} - V_N(1 - K_{N,i}) + \nu_\mathrm{T} r_N] x_{N,i} + F_N z_{N,i} + \nu_i r_N \tag{13-14-22}$$

对反应项附加说明如下：

假定在理论板 j 上存在反应：$a\mathrm{A} + b\mathrm{B} \longrightarrow c\mathrm{C} + d\mathrm{D}$，经整理即可得到：$c\mathrm{C} + d\mathrm{D} - a\mathrm{A} - b\mathrm{B} = 0$。上述反应式广义上可表达为：

$$\sum \nu_i A_i = 0 \tag{13-14-23}$$

式中，ν_i 为化学计量系数，对生成物而言其为正值，对反应物而言其为负值，上述反应的反应度可表示为：

$$\xi_j = k \left(\frac{H_j x_{j,i}}{H_j^\mathrm{V}} \right)^{n_i} \tag{13-14-24}$$

式中，ξ_j 为反应度；k 为反应速率常数；括号中的项（可表示为 C_{A_i}）为组分 A_i 的摩尔浓度；n_i 为反应级数；H_j^V 为体积持液量。

于是理论板 j 上以反应度表示的反应量可以用下式表示：

$$r_j = \xi_j H_j^\mathrm{V} \tag{13-14-25}$$

因此理论板 j 上 i 组分的反应量为 $\nu_i r_j$，反应中总物质的量的变化量为 $\nu_\mathrm{T} r_j$，其中：

$$\nu_T = \sum_{i=1}^{c} \nu_i \tag{13-14-26}$$

本模型中定义回流比为：

$$R_L = \frac{S_1^L}{1-S_1^L} \tag{13-14-27}$$

这样做的好处在于当精馏过程处在全回流操作时，令 $S_j^L = 1$ 即可，而避免了出现 $R_L = \infty$ 的情况，为计算带来了方便。

模型假定恒体积持液，因此模拟过程中还涉及摩尔持液量和体积持液量的换算问题，其换算公式如下：

$$H_j = \frac{H_j^V}{\sum_{i=1}^{c} \frac{x_{j,i} M_i}{\rho_i}} \tag{13-14-28}$$

式中，H_j 为摩尔持液量，mol；H_j^V 为体积持液量，m³；M_i 为组分 i 的摩尔质量，kg·mol⁻¹；ρ_i 为组分 i 的质量密度，kg·m⁻³；c 为组分数量。

② 能量衡算方程　根据前面所述模型假定条件，分别对塔顶冷凝器、任意理论板 j 以及塔釜进行热量衡算，如下所示：

塔顶冷凝器（$j=1$）

塔顶冷凝器热量衡算：

$$\frac{d(H_1 h_1^L)}{dt} = F_1 h_1^F + S_2^V V_2 h_2^V - L_1 h_1^L + Q_C + Q_1^R \tag{13-14-29}$$

由于

$$\frac{d(H_1 h_1^L)}{dt} = H_1 \frac{dh_1^L}{dt} + h_1^L \frac{dH_1}{dt} \tag{13-14-30}$$

将塔顶冷凝器总物料衡算式(13-14-14)以及方程（13-14-30）代入方程（13-14-29）得：

$$H_1 \frac{dh_1^L}{dt} = F_1(h_1^F - h_1^L) + S_2^V V_2(h_2^V - h_1^L) - h_1^L \nu_T r_1 + Q_C + Q_1^R \tag{13-14-31}$$

第 j 块理论板（$1 < j < N$）

第 j 块理论板能量衡算：

$$\frac{d(H_j h_j^L)}{dt} = F_j h_j^F + S_{j+1}^V V_{j+1} h_{j+1}^V + S_{j-1}^L L_{j-1} h_{j-1}^L - L_j h_j^L - V_j h_j^V + Q_j^R \tag{13-14-32}$$

以上各式中，h_j^L 为第 j 块理论板的液相焓，J·mol⁻¹；h_j^F 为第 j 块理论板的进料焓，J·mol⁻¹；h_j^V 为第 j 块理论板的气相焓，J·mol⁻¹；Q_j^R 为第 j 块理论板的化学反应热，J·h⁻¹；Q_C 为冷凝器的换热量，J·h⁻¹。

由于

$$\frac{d(H_j h_j^L)}{dt} = H_j \frac{dh_j^L}{dt} + h_j^L \frac{dH_j}{dt} \tag{13-14-33}$$

由方程（13-14-32）、方程（13-14-33）及方程（13-14-17）得：

$$H_j \frac{\mathrm{d} h_j^{\mathrm{L}}}{\mathrm{d}t} = F_j(h_j^{\mathrm{F}} - h_j^{\mathrm{L}}) + S_{j-1}^{\mathrm{L}} L_{j-1}(h_{j-1}^{\mathrm{L}} - h_j^{\mathrm{L}}) - V_j(h_j^{\mathrm{V}} - h_j^{\mathrm{L}}) +$$
$$S_{j+1}^{\mathrm{V}} V_{j+1}(h_{j+1}^{\mathrm{V}} - h_j^{\mathrm{L}}) - h_j^{\mathrm{L}} \nu_{\mathrm{T}} r_j + Q_j^{\mathrm{R}} \qquad (13\text{-}14\text{-}34)$$

塔釜第 N 块理论板 ($j=N$)

塔釜能量衡算：

$$\frac{\mathrm{d}(H_N h_N^{\mathrm{L}})}{\mathrm{d}t} = F_N h_N^{\mathrm{F}} + S_{N-1}^{\mathrm{L}} L_{N-1} h_{N-1}^{\mathrm{L}} - V_N h_N^{\mathrm{V}} + Q_N + Q_N^{\mathrm{R}} \qquad (13\text{-}14\text{-}35)$$

式中，Q_N 为塔釜换热量，$\mathrm{J} \cdot \mathrm{h}^{-1}$。

由于：
$$\frac{\mathrm{d}(H_N h_N^{\mathrm{L}})}{\mathrm{d}t} = H_N \frac{\mathrm{d} h_N^{\mathrm{L}}}{\mathrm{d}t} + h_N^{\mathrm{L}} \frac{\mathrm{d} H_N}{\mathrm{d}t} \qquad (13\text{-}14\text{-}36)$$

由方程（13-14-35）、方程（13-14-36）及方程（13-14-21）可以得到：

$$H_N \frac{\mathrm{d} h_N^{\mathrm{L}}}{\mathrm{d}t} = F_N(h_N^{\mathrm{F}} - h_N^{\mathrm{L}}) + S_{N-1}^{\mathrm{L}} L_{N-1}(h_{N-1}^{\mathrm{L}} - h_N^{\mathrm{L}}) -$$
$$V_N(h_N^{\mathrm{V}} - h_N^{\mathrm{L}}) - h_N^{\mathrm{L}} \nu_{\mathrm{T}} r_N + Q_N + Q_N^{\mathrm{R}} \qquad (13\text{-}14\text{-}37)$$

由方程（13-14-14）可得：

$$V_2 = \frac{1}{S_2^{\mathrm{V}}} (L_1 - F_1 - \nu_{\mathrm{T}} r_1 + \delta_t H_1) \qquad (13\text{-}14\text{-}38)$$

对于理论板 j，由式（13-14-17）得：

$$L_j = F_j + S_{j-1}^{\mathrm{L}} L_{j-1} + S_{j+1}^{\mathrm{V}} V_{j+1} - V_j + \nu_{\mathrm{T}} r_j - \delta_t H_j \qquad (13\text{-}14\text{-}39)$$

由方程（13-14-34）得：

$$V_{j+1} = \frac{1}{S_{j+1}^{\mathrm{V}} (h_{j+1}^{\mathrm{V}} - h_j^{\mathrm{L}})} \big[-F_j(h_j^{\mathrm{F}} - h_j^{\mathrm{L}}) - S_{j-1}^{\mathrm{L}} L_{j-1}(h_{j-1}^{\mathrm{L}} - h_j^{\mathrm{L}}) +$$
$$V_j(h_j^{\mathrm{V}} - h_j^{\mathrm{L}}) + h_j^{\mathrm{L}} \nu_{\mathrm{T}} r_j - Q_j^{\mathrm{R}} + H_j(\delta_t h_j^{\mathrm{L}}) \big] \qquad (13\text{-}14\text{-}40)$$

由方程（13-14-31）得：

$$Q_{\mathrm{C}} = -F_1(h_1^{\mathrm{F}} - h_1^{\mathrm{L}}) - S_2^{\mathrm{V}} V_2(h_2^{\mathrm{V}} - h_1^{\mathrm{L}}) + h_1^{\mathrm{L}} \nu_{\mathrm{T}} r_1 - Q_1^{\mathrm{R}} + H_1(\delta_t H_1^{\mathrm{L}}) \qquad (13\text{-}14\text{-}41)$$

由方程（13-14-37）得：

$$Q_N = -F_N(h_N^{\mathrm{F}} - h_N^{\mathrm{L}}) - S_{N-1}^{\mathrm{L}} L_{N-1}(h_{N-1}^{\mathrm{L}} - h_N^{\mathrm{L}}) +$$
$$V_N(h_N^{\mathrm{V}} - h_N^{\mathrm{L}}) + h_N^{\mathrm{L}} \nu_{\mathrm{T}} r_N - Q_N^{\mathrm{R}} + H_N(\delta_t h_N^{\mathrm{L}}) \qquad (13\text{-}14\text{-}42)$$

$$\delta_t H_j = \frac{H_j - H_j^0}{\delta_t} \qquad (13\text{-}14\text{-}43)$$

$$\delta_t h_j^{\mathrm{L}} = \frac{h_j^{\mathrm{L}} - (h_j^{\mathrm{L}})^0}{\delta_t} \qquad (13\text{-}14\text{-}44)$$

式中，H_j^0 为上一时刻的持液量，mol；$(h_j^L)^0$ 为上一时刻的液相焓，J·mol^{-1}；δ_t 为时间间隔，h。

用来描述间歇精馏过程的微分方程组构成一刚性系统，即指在常微分方程的解中同时包含快变分量和慢变分量，而如果在一个过程中的快变过程与慢变过程的变化速度相差非常大就会产生刚性问题。求解刚性方程的方法很多，据文献［23］中对求解刚性方程的许多方法的比较，向后差分的数值积分法，例如 Gear 法，是效果最好的几种方法之一。

14.2.2.2 分批蒸馏设计型计算

(1) 分批蒸馏设计计算的基本要求 即算出满足产品纯度 x_D、产量 D 和收率 E 的塔高和塔径及附属设备的特性指标（尚未考虑合理的塔型和操作策略的内容）。其中最重要的是平衡级数和塔的蒸汽通量。

(2) 分批蒸馏设计计算的基本内容 由于分批蒸馏的复杂性，目前其设计计算仍以无持液计算为基础，通过考虑持液量的影响来解决实际有持液分批蒸馏设计计算问题。并且，设计计算中以恒回流比为基础，以精馏式分批精馏为对象进行。在具体计算方法上以简捷法为依据，即求出满足分离要求的最小回流比 R_m，然后计算最小理论板数 N_m，再假定一个实际回流比 R，借用连续精馏的 Gilliland 关联式来近似求出理论板数 N，最后求出满足产量要求的塔径 D_C。

(3) 分批蒸馏的基本操作步骤

① 全回流开工阶段：全塔均被原料液组成的料液所占据，开始全回流操作，直到塔顶近乎达到第一个产品的纯度要求为止。随即转入产品馏出阶段。

② 产品馏出阶段：以接收罐内液体的平均浓度不低于要求的产品纯度为止，并转入过渡阶段。

③ 过渡馏分阶段：始于前一产品结束，止于后一产品阶段开始之前，其馏出料液可以作为返锅料投入下一釜中。

此后，再接下一个产品和过渡段，直到最后一个组分残留于釜中，作为釜残液放出。

(4) 多组元分批蒸馏的生产状况 在实际多组元分批蒸馏生产过程中，为同时满足分离任务中所要求的多个馏出物各自浓度指标，必须调整被分离料液的组成数值，使某些含量低而产品纯度要求高的组分通过过渡段返锅而提高其浓度。所以在实际生产中，需要有分批蒸馏的循环过程，如图 13-14-12 所示。也就是说，在分批蒸馏设计计算时不应以原料组成为被分离料液组成，而应以循环稳定后的混有过渡馏分料液的组成为被分离料液组成 x_{B0}。在图 13-14-12 中，D_k 和 $x_{D,k}$ 为第 k 个馏出物馏出累积量和组分浓度矢量；S_k 和 $x_{S,k}$ 是第 k 个馏出物后的过渡馏分量和组分浓度矢量，可见被分离料液量 H_{B0} 和组成 x_{B0} 不等于提供分批蒸馏工序的原料液量 $\overline{F}$ 和组成 x_F。这是因为过渡馏分收集液需返回下一釜与新原料混合后构成被分离料液。具体操作情况如下：先以原料液进行分批蒸馏，可能某些产品达不到所需

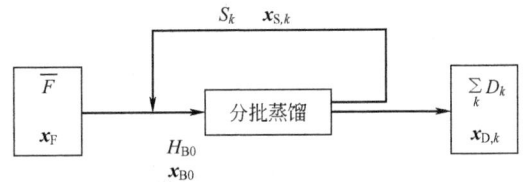

图 13-14-12 分批蒸馏的基础分离过程

产量，而随着过渡馏分的返锅，各产品产量逐渐接近于其要求，最终达到返锅馏分量和组成均不再发生变化，新原料与产品达到物料全平衡，则循环稳定基本达到，进入近似稳定生产阶段。进行设计计算的基础过程就应根据这个过程设计。所以进行设计计算前首先要找出满足图 13-14-12 所示分批蒸馏生产稳定物料流（即为分离要求）的基础分批蒸馏过程，并以其为分离依据进行设计计算。循环到近似稳定的判据是：

$$\max \left| \frac{\sum_k (D_k x_{Dk,i})}{F x_{F,i}} - 1 \right| \leqslant \varepsilon \tag{13-14-45}$$

式中，ε 为可允许的微量判据。式（13-14-45）指明，在一釜分批蒸馏完成后，任一组分 i 的投入量与馏出物中 i 组分的总含量（k 为馏出物序号）相等时，则该分批蒸馏生产过程各组分均达到了完全分离。

(5) 通过解析法进行某些简单设计计算 在解析法设计计算中，忽略了塔内持液量，并采用简捷计算法，对象是二元系统。

最小回流比 R_m 的计算：在分批蒸馏过程中，R_m 是指从初始釜液浓度 x_{B0} 到终止釜液浓度 x_B 的过程中，塔顶馏出液的平均浓度达到分离要求浓度 x_D 时的最小回流比值，同时还必须满足产品收率的要求。所以一个 R_m 值对应着若干条斜率相同的分批蒸馏过程的操作线。这点不像连续精馏过程中一个 R_m 值只对应着一条最小回流比操作线。具体计算可按式（13-14-8）～式（13-14-10）进行。

最小理论板数 N_m 的计算：在分批蒸馏过程中，如果尽量减少馏出量，在全回流下使产品浓度和收率达到要求，此时要求的塔板数是最少的，这就是在设计计算分批蒸馏塔时所谓最小理论板数 N_m。改写式（13-14-7）可得：

$$N_m = \frac{\ln\left[\frac{\ln\left(\frac{x_{B0}}{x_D - x_{B0}} \times \frac{x_D - x_B}{x_B}\right)}{\ln\left(\frac{x_D - x_B}{1 - x_B} \times \frac{1 - x_{B0}}{x_D - x_{B0}}\right)}\right]}{\ln\alpha} - 1 \tag{13-14-46}$$

式（13-14-46）给出了相对挥发度为 α 的物系进行分批蒸馏时，釜液浓度从 x_{B0} 到 x_B，馏出液平均浓度为 x_D 时的 N_m 值计算式。

求在回流比 R 下的实际理论板数 N：作为近似计算，借用连续精馏的 Gilliland 经验关联式：

$$\frac{N - N_m}{N + 1} = 1 - \exp\left(\frac{1 + 54.4\psi}{11 + 117.2\psi} \times \frac{\psi - 1}{\psi^{0.5}}\right) \tag{13-14-47}$$

式中，$\psi = \dfrac{R - R_m}{R + 1}$。

通常取实际回流比为 R_m 的 k 倍，k 在 1.2～1.8 间取适宜值。

$$R = k R_m \tag{13-14-48}$$

由于 Gilliland 关联式原用于连续精馏，套用于分批蒸馏计算可能引入某种误差。

累积蒸发量 $\overline{V}$：

$$\overline{V} = \frac{\Delta H_B}{1 - \dfrac{R}{R+1}} \qquad (13\text{-}14\text{-}49)$$

式中，ΔH_B 为釜液减少量（等于馏出液总量），$\Delta H_B = H_{B0} - H_B$。

(6) 通过数值计算法进行较严格的设计计算　这是利用计算机以有持液分批蒸馏为最终目标的设计计算。

塔内持液对分批蒸馏过程的影响：研究表明，少量的塔顶和塔身持液（如 5%）都对分批蒸馏的动态特性起极大的作用，而实际分批蒸馏塔内持液往往高于此值，故研究塔顶、塔身持液的作用引起了学者的重视。塔内持液的影响可用下式反映[24]：

$$\frac{H_B}{H_{B0}} = e^{-\lambda}\left[1 + \frac{\sum_{j=3}^{N-1} H_j}{H_{B0}} \int_{x_{B0}}^{x_B} \frac{e^{\lambda \frac{d\overline{x}}{dx_B} \times dx_B}}{x_C - x_B} + \frac{H_1}{H_{B0}} \int_{x_{B0}}^{x_B} \frac{e^{\lambda \frac{dx_C}{dx_B} \times dx_B}}{x_C - x_B} + \frac{H_2}{H_{B0}} \int_{x_{B0}}^{x_B} \frac{e^{\lambda \frac{dx_2}{dx_B} \times dx_B}}{x_C - x_B}\right]$$

$$(13\text{-}14\text{-}50)$$

式中，$\overline{x}$ 为塔身持液平均浓度。式(13-14-50) 中等号右边方括号内右三项分别表示塔身、塔顶和回流罐持液的作用，如果持液量为零，则式(13-14-50) 变为无持液表达式(13-14-4)。除塔内压力过高（此时气体密度相对于液体密度来说是不容忽视）的情况外，一般常压、减压和真空条件下的分批蒸馏的计算均只考虑塔内液相持液（即塔顶冷凝器内、回流罐内及管线内持液和塔身的塔板或填料上的液相持液等），而略去气相持料量的影响。塔内持液是不可避免的，它有如下三点作用：

① 塔内存有持液是塔内沿塔身建立浓度梯度的过程，需占用一定的时间，即开工时间客观存在，持液愈多，开工时间愈长。

② 塔内存在持液，使分离难度加大。因为开始馏出产品时由于塔顶、塔身持液占有浓缩的易挥发组分，釜液浓度比无持液情况降低，则获得同样纯度产品所需浓缩倍数增加，分离难度加大。

③ 由于塔内持液占有一定质量，具有组分的"吞吐"作用，宛如回转的飞轮，塔内持液"吞吐"的是某组分的质量，起着延缓塔内浓度变化的作用。如在塔内馏出产品的后期，釜液内易挥发组分（即产品组分）浓度一定很低，但塔身持液内仍含有较多易挥发组分，塔顶仍可馏出高浓度产品而优于无持液塔，这就是文献［25］上所谓的"飞轮效应"（fly wheel effect），它使塔顶与塔底的浓度差在某瞬时大大高于无持液的情况，有利于分离。但"飞轮效应"的积极作用并不是永恒的，当 α^N 值较小或持液量过大时，积极作用将消失，这就是人们经常感到塔内持液不利于分离的原因。所以，有助于分离的积极作用是在一定条件下（物料、设备和操作条件的巧妙结合）才能出现的，而大量的、经常的表现出来的行为还是消极作用。如当分批蒸馏过程进行到过渡馏分阶段后期，即将馏出下一合格产品时，由于持液的惯性作用而不断吐出残余的前一组分（即为该产品的易挥发杂质），而使馏出物呈现轻杂质"拖尾"现象，迟迟得不到合格产品，加大过渡段的数量，减小产品收率。图 13-14-13 给出了一组反映塔身持液比率（塔身持液与被分离物料总量之比）影响过渡馏分比率（过渡段馏出量与馏出总量之比）的曲线[24]。曲线表明，某些有持液分批蒸馏过程（如 A 点）优于无持液分离效率。其他研究者亦多次得到类似结论。有关持液对分批蒸馏分离效率作用的系统研究尚不充分，至今未得到应用"飞轮效应"的积极作用进行设计计算的

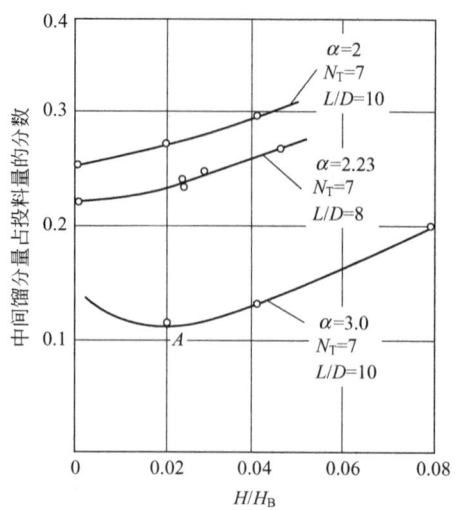

图 13-14-13 持液量对过渡段量的影响

方法。

(7) 有持液分批蒸馏塔的设计计算 由于分批蒸馏过程的复杂性,迄今尚无严格的分批蒸馏设计计算方法,一般是在各种简化下借助二元或多元无持液模型进行设计计算,并以有持液过程的操作性计算来验算。其思路为:

① 已知分离要求,即被分离系统组成、相平衡关系及产品浓度和收率等。
② 选定一次分批蒸馏的各产品收率。
③ 借助于无持液分批蒸馏计算确定循环稳定状态。
④ 按无持液简捷设计计算(N_m、R_m、R 和 N)求出各操作阶段回流比和理论塔板数。
⑤ 按所求出的 N、R 进行有持液分批蒸馏过程计算,以验证收率。
⑥ 计算生产能力和塔径。

上述设计计算均取恒定回流比操作,对于实际生产上采用的分段恒回流比或变回流比,尚需在步骤⑤进行真实验算,找出差距进行修正来完成。有持液多组元分批蒸馏的设计计算问题仍未成熟。

14.3 特殊分批精馏

14.3.1 动态侧线出料分批精馏

带有动态侧线出料的分批精馏塔(也称间歇精馏塔)一般是在塔的中部加一个出料口,侧线出料口在精馏过程中并不是一直采出物料,而是只在一定阶段采出物料,因此是动态侧线出料。动态侧线出料分批精馏适合于高纯物料分离以及部分热敏物料的分离。

如前所述,带有动态侧线出料的分批精馏塔主要包括两种类型:带有动态侧线出料的精馏式分批蒸馏塔(图 13-14-5)和带有动态侧线出料的提馏式分批蒸馏塔(图 13-14-6)[26,27]。带有动态侧线出料的分批精馏由于具有两个出料口,所以具有两个回流,一个是塔顶回流,另一个是侧线回流,因此其操作步骤与常规分批精馏相比更为复杂。下面以带有动态侧线出料的精馏式分批精馏为例，来说明其一般操作步骤[25]。假定分离 A、B、C 三个组分，其中 B 是产品，A 和 C 分别是轻组分和重组分。操作步骤如下：

① 全回流操作。塔顶和侧线均没有出料，塔内组成向两极分化，轻组分向塔顶浓缩。

② 接近稳定时，以塔顶回流比R_T^1从塔顶采出浓缩的轻组分 A。

③ 随塔顶馏出 A，侧线出料口处组分 B 的浓度升高，当瞬时浓度大于指定的产品纯度x_B^S时，以回流比R_S从侧线出料口采出产品，产品存于侧线出料接收罐中。在此过程中，侧线出料的瞬时浓度会达到一个最大值x_B^{MS}，然后其浓度会逐渐降低。

④ 塔顶馏出物中 B 组分的含量也会升高，当瞬时浓度大于指定的纯度x_B^D时，塔顶采出的物料也进入产品罐，此时塔顶回流比为R_T^2。在此过程中，塔顶出料的瞬时浓度会达到一个最大值x_B^{MD}，然后其浓度会逐渐降低。

⑤ 当侧线出料产品罐中产品虽然纯度x_B^{Sav}满足产品要求x_p^{Spec}（$|x_B^{Sav}-x_p^{Spec}|\leqslant\varepsilon$），但侧线出料口处的 B 瞬时浓度小于$x_B^{MS}$时，停止侧线采出。

⑥ 当塔顶产品罐中收集的产品虽然纯度x_B^{Dav}满足$|x_B^{Dav}-x_p^{Spec}|\leqslant\varepsilon$，但塔顶馏出物中 B 的瞬时浓度小于$x_B^{MD}$时，或者塔釜中只有很少的物料时，停车。

以上步骤是带有动态侧线出料的精馏式分批蒸馏的一般操作步骤。不同的塔顶回流比和侧线回流比组合，会产生不同的出料方式（如图 13-14-14 所示）。带有动态侧线出料的提馏式分批精馏的操作方式与精馏式类似，在这里不再赘述。

带有侧线出料的精馏式间歇蒸馏塔增多了出料口，对带有轻杂质和重杂质的产品的提纯是非常有利的，塔顶只馏出轻杂质，而合格产品可以只从塔中的侧线出料口采出，这样克服了普通间歇精馏的出料管线中杂质对产品的污染，易于获得高纯产品，且可以减少过渡段的量。

带有动态侧线出料的精馏式和提馏式间歇蒸馏，均可以用于热敏性物料的分离和提纯。带有动态侧线出料的精馏式间歇蒸馏塔用于从轻组分和重组分杂质中提纯具有热敏分解反应的产品时，其产品收率比常规间歇蒸馏塔和带有中间储罐的间歇蒸馏塔高。带有动态侧线出料的提馏式间歇蒸馏塔在塔顶有存料罐，被蒸馏的物料存于存料罐中，存料罐可以设置冷却系统，从而使物料处于冷存料状态。带有动态侧线出料的提馏式间歇蒸馏塔在塔顶冷存料情况下，热敏产品（无论是易于分解还是聚合）回收率比常规提馏式间歇蒸馏塔和带有动态侧线出料的精馏式间歇蒸馏塔高[27]。带有动态侧线出料的提馏式间歇蒸馏塔的操作和控制，比带有动态侧线出料的精馏式间歇蒸馏塔稍微复杂，因此在工业上带有动态侧线出料的精馏式间歇蒸馏塔较之应用广泛。

14.3.2 热敏物料分批精馏

热敏物料是指某些受热达到一定程度（指在某温度下持续一定时间）将会产生化学反应（包括聚合、分解、碳化、变色、变味等）的被分离物料。研究表明，物料的热敏性可由其中各纯组分的热稳定性指数（stability index）I_S反映[28]：

$$I_S = \lg(p\,T^a) \tag{13-14-51}$$

式中，a 为受热反应指数（对于热分解 $a=E_a/\lambda$，E_a 为分解反应摩尔活化能，λ 为摩尔汽化热）。

显然，I_S越大，说明物料热稳定性越强，热敏性越弱。在精细化工中，使用单塔分离

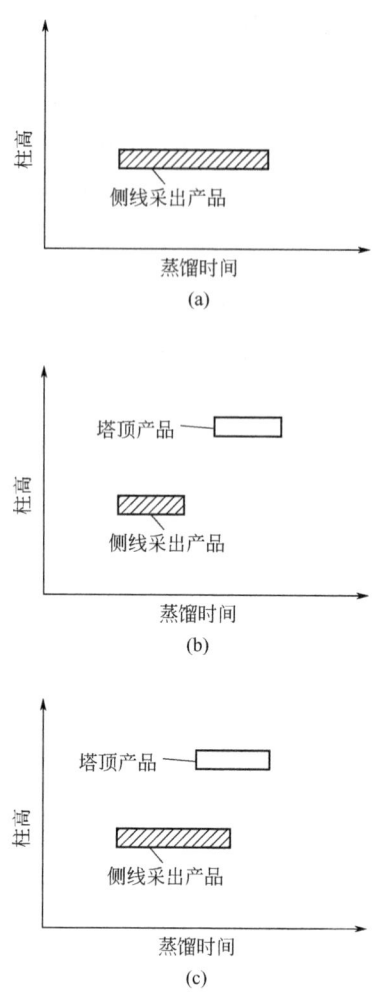

图 13-14-14　带有动态侧线出料的精馏式间歇蒸馏出料方式
(a) 在整个精馏过程中产品只从侧线出料口采出；(b) 产品先从侧线出料口采出然后从塔顶采出；
(c) 产品从侧线出料口和塔顶采出，在一定的时间区间产品同时从塔顶和侧线出料口采出

多个组分采用分批蒸馏，而分批蒸馏的物料在加热釜中常经受很长的蒸煮时间，造成被蒸馏物料发生较多的热敏反应，为解决这个问题，除提高塔内的真空度、降低沸点，或减少投料量外，还可以改进塔的结构和流程。

14.3.2.1　冷存料循环釜式热敏物料蒸馏

在间歇精馏中塔釜的存液量大，且温度高，因此物料在塔釜受热程度最大，发生热敏反应的可能性也最大。塔釜冷存料的精馏过程主要是降低热敏精馏过程中物料在塔釜的受热反应量。如图 13-14-15 所示，该流程包括：冷存料塔釜，预热-冷却器，蒸发器，循环泵，精馏塔和冷凝器。操作时热敏物料一次投入塔釜，物料由循环泵输送到预热-冷却器与塔底回流液体进行换热升温，然后进入蒸发器。蒸发器是一个升降膜蒸发器，物料在此蒸发器中进行加热蒸发，产生物料蒸气，蒸气进入塔内，而未蒸发的液体由塔底流到预热-冷却器进行换热。进入塔内的物料蒸气经冷凝器冷凝后部分回流部分采出，从而实现精馏操作。

在该流程中，由于塔釜内的物料通过内置的冷却器进行冷却，物料可以保持较低的温度

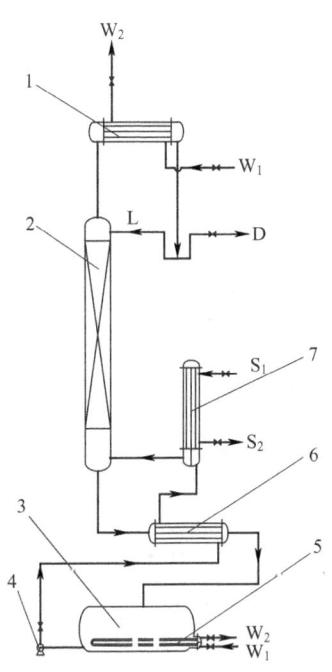

图 13-14-15 冷存料循环釜式热敏物料精馏流程

1—冷凝器；2—精馏塔；3—冷存料塔釜；4—循环泵；5—冷却器；6—预热-冷却器；7—蒸发器

D—馏出液；L—回流液；S_1—加热蒸汽；S_2—乏汽；W_1—冷却水上水；W_2—冷却水回水

而不是像常规间歇精馏那样处于沸腾状态，因此可以大大减少物料的受热反应量，从而保护热敏物料。在热敏精馏过程中，当回流比较小，预热-冷却器面积较大，塔釜冷却量较大，蒸发器的加热量较大，泵循环流量较小时，有利于保护热敏物料[30]。

冷存料循环釜式间歇精馏的核心思想是物料只在蒸发产生蒸气时处于沸腾状态，在其他条件下处于冷态存储。该流程还有其他的变形，例如，杨志才等[29~31]提出的采用多液层蒸发器的冷存料循环釜式间歇精馏过程。该过程采用卧式多液层蒸发器代替升降膜蒸发器。在卧式多液层蒸发器内，料液边流动边蒸发，气相进入精馏塔，而液相流出蒸发器进入釜储罐，在釜储罐内物料被冷却，从而维持冷态。卧式多液层蒸发器的液层很薄，因此每层的液体静压力很小，适合于高真空热敏物料的蒸发。

14.3.2.2 "湿式干釜"动态复合间歇精馏

胡朋飞等[32]将直接接触传热理论引入到热敏物料精馏领域，开发了用于热敏物料精馏的直接接触传热蒸发釜。该釜持有被分离的热敏物料液量少，传热面积大，传热效率高，对被精馏物料而言接近于干釜状况，故称为"湿式干釜"。"湿式干釜"采用与被精馏液体不互溶的液体作为载热体加热被分离物料，属于不互溶液体直接接触加热蒸发过程，可有效防止热敏料液因在釜内停留时间过长而导致的热分解。

崔现宝等[33,34]将"湿式干釜"和正立式半连续操作及倒立式间歇精馏操作相结合，提出了"湿式干釜"动态复合间歇精馏方法，如图 13-14-16 所示。该流程中采用的"湿式干釜"是采用规整填料作为传热表面的。在"湿式干釜"中物料与载热体在规整填料表面直接接触传热，因此其传热效率高、传热系数大，而且规整填料可以提供很大的传热面积，因此可以采用很小的传热温差来加热物料，产生蒸馏所需的物料蒸气。这样可以从很大程度上避

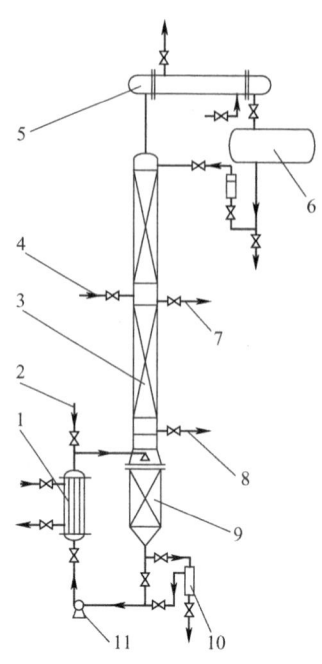

图 13-14-16　"湿式干釜"动态复合间歇精馏
1—换热器；2—载热体进口；3—精馏塔；4—塔中进料口；5—冷凝器；6—回流罐；
7—塔中出料口；8—塔底出料口；9—湿式干釜；10—分相器；11—循环泵

免间壁式传热、因蒸煮时间长所造成的过热现象，减少热敏物料受热反应量。

该流程采用的复合精馏技术分成两步进行，第一步是半连续精馏过程（属正立式操作）。它类似于连续精馏，但是与连续精馏是不同的。连续精馏是一个稳态过程，而该过程是非稳态过程，重杂质在塔底采出，而产品和轻杂质在塔顶回流罐内进行动态累积。第二步采用的是提馏式间歇精馏操作（倒立式操作），被蒸馏物料存于塔顶回流罐内，由塔底采出剩余重杂质，由塔中出料口和塔底出料口采出成品。由于在倒立塔操作过程中物料存于塔顶回流罐，其温度低，因此可以大大降低热敏反应速率，提高产品收率。

除了以上介绍的两种热敏物料间歇精馏流程，还有带有冷存料中间储罐的热敏物料精馏、带有动态侧线出料的间歇热敏蒸馏、水蒸气蒸馏、惰气蒸馏以及热敏物料重复蒸馏方法。此外，在热敏物料的间歇精馏过程中还可以加入功能性助剂来降低热敏反应速率[35]。

14.3.3　高凝固点物料分批精馏

高凝固点物料指的是易于结晶、经常堵塔的被蒸馏物料，显然是常温下为固体的物料，或者是被蒸馏物料中一个或者几个组分的凝固点较高的物料。由于物料凝固点较高，在蒸馏过程中容易堵塞设备和管线，因此高凝固点物料精馏的关键是解决设备和管线堵塞问题。管线可以采用加热蒸汽、导热油伴热或者套管保温来防止物料堵塞。塔系统内则要仔细分析，冷凝器是塔系统中温度最低的设备，又是直接接触冷却剂的部位，所以是高凝固点物料精馏中容易堵塞的设备。高凝固点物料往往沸点高，用冷却水冷却时凸显易凝结堵塔的缺点。因此在高凝固点物料的精馏中采用蒸发冷凝器防止其堵塞（如图

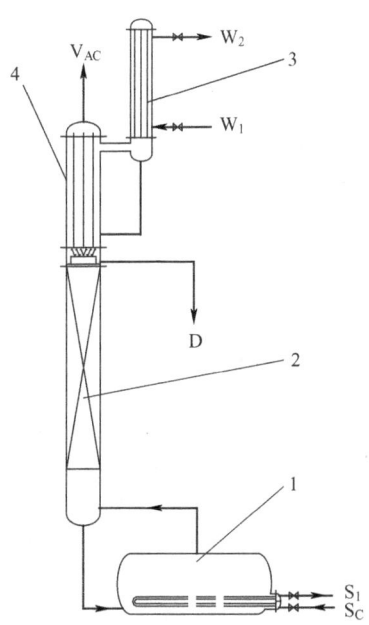

图 13-14-17　高凝固点物料间歇精馏
1—塔釜；2—精馏塔；3—换热介质冷凝器；4—蒸发冷凝器
D—馏出液；S_1—加热蒸汽；S_C—乏汽；V_{AC}—真空；
W_1—冷却水上水；W_2—冷却水回水

13-14-17 所示）。在蒸发冷凝器中加入换热介质（代替冷却水），并利用换热介质的蒸发吸热来冷却被蒸馏物料的蒸气。换热介质需要根据被蒸馏物料的凝固点以及物料蒸馏温度（塔顶温度）进行选择。换热介质的沸点应高于被蒸馏物料的凝固点，且小于塔顶温度。换热介质可以采用常压下的有机介质，也可以采用加压下的水，通过调节压力，使换热介质的蒸发温度高于被蒸馏物料的凝固点而低于其蒸馏温度。换热介质在采用加压水时，还可以获得可利用的水蒸气，该水蒸气可以用于其他过程的加热，这样既可以节能又可以省去换热介质冷凝器，节省设备投资[36]。

一般高凝固点物料沸点很高，或者具有一定的热敏性，因此需要采用减压蒸馏。对于高凝固点物料的减压蒸馏，并不是精馏塔的真空度越高越好。由于物料凝固点随压力变化很小，而沸点随压力变化大，在高真空下，有可能造成沸点低于凝固点，这样精馏就必然堵塔，但真空低，沸点就高，物料受热程度加大，无法操作。所以对高凝固点物料的蒸馏，采用蒸发冷凝技术尤为有利，它使冷凝器的冷却剂（即上述换热剂）温度恒定在沸点上，靠潜热吸热，而不像冷却水靠显热吸热，故便于设计和操作。图 13-14-17 所示即为蒸发冷凝流程，换热剂冷凝物料蒸气，水冷却换热剂蒸气。

14.4　蒸馏开工过程

蒸馏开工过程有多种，一般采用全回流开工形式，从全塔均为原料浓度开始，以达到某种接近平衡浓度或设计浓度指标而告终，继而转入馏出产品阶段。关于全回流开工流程（图 13-14-18）的计算有三种方法：代数方程法，解析计算法和数值模拟计算法。

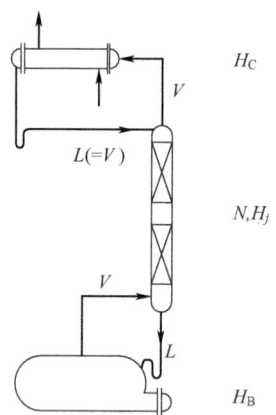

图 13-14-18 全回流开工流程

H_C—冷凝器持液量，kmol；H_j—第 j 块理论板的持液量，kmol；H_B—塔釜持液量，kmol；
L—塔内物料液相流率，kmol·h^{-1}；N—理论板数；V—塔内物料蒸汽流率，kmol·h^{-1}

14.4.1 代数方程法

这是最粗略的计算方法，但它从最根本的概念出发，在一定近似条件下导出了简明的计算式，给出了有关变量的函数关系。

(1) 早期提出的最短平衡时间 最短平衡时间 t_0 的计算式是根据最大累积速率 J 导出的[37]：

$$t_0 = \frac{M}{J} \tag{13-14-52}$$

$$t_0 = \frac{\alpha H_B}{V} \times \frac{\alpha^N - 1}{\alpha - 1} + \frac{H}{V} \times \frac{\alpha^N - 1 - N(\alpha - 1)}{(N-1)(\alpha - 1)^2} \tag{13-14-53}$$

式中，M 为塔顶累积易挥发组分总量，kmol；H_B 为塔釜持液量，kmol；H 为塔身持液量，kmol；V 为塔内物料蒸气流率，kmol·h^{-1}。

需要指出，本节所指平衡时间是指达到某种平衡程度的时间，因为达到完全平衡所需时间为无限长。式(13-14-53)是用于浓缩难挥发组分的提馏塔在全回流操作下达到平衡所需的时间。推导中取 $x = \alpha y$，$J = V(\alpha - 1)x_0$（x_0 为最初液体浓度）。由于以最大累积率计算，故算出的平衡时间 t_0 小于实际值。

(2) 近似平衡时间计算式 Бабков 提出[38]，假设全塔各板上液体接近平衡浓度的程度相同，从而将全塔各板上液体浓度联系起来，对低浓二元物系进行难挥发组分提馏操作时，塔釜液体浓度从 x_0 到 x_n 所需时间 t 为：

$$t = \frac{1}{V} \times \frac{\alpha}{\alpha - 1}\left[\left(H_j \frac{\alpha}{\alpha - 1} + H_B\right)(\alpha^N - 1) - NH_j\right] \ln \frac{\alpha^N - 1}{\alpha^N - \frac{x_n}{x_0}} \tag{13-14-54}$$

显然，当 $x_n = x_0$ 时，$t = 0$；$x_n = \alpha^N x_0$（即达到完全平衡时）时，$t = \infty$，也就是说平衡时间随达到的平衡浓度而变化，这说明式(13-14-54)比式(13-14-53)更合理些。

14.4.2 解析计算法

(1) 板式塔开工过程 开工过程的研究最初是由分离同位素引起的,Keesom 和 Van Dijk[39]在研究氪同位素分离时首先研究了开工过程,Archer 和 Routhfuss 在总结前人工作后指出,板式塔的不稳态数学模型都是求解下面基本方程得到的:

$$H_n \frac{\mathrm{d}x_n}{\mathrm{d}t} + h_n \frac{\mathrm{d}y_n}{\mathrm{d}t} = V_{n-1} y_{n-1} - V_n y_n + L_{n+1} x_{n+1} - L_n x_n \tag{13-14-55}$$

式中,n 为塔板序号;L_n 为 n 塔板下流液体流率,kmol·h^{-1};h_n 为 n 塔板气相滞料物质的量,kmol。

Keesom 等用 Taylor 级数将 $V_{n-1} y_{n-1}$ 和 $L_{n+1} x_{n+1}$ 展开得:

$$\frac{\partial}{\partial t}(Hx) = \frac{\partial}{\partial n}\left[Lx - Vy + \frac{1}{2} \times \frac{\partial}{\partial n}(Lx + Vy)\right] \tag{13-14-56}$$

在相平衡关系为线性,塔釜浓度始终不变等若干条件下可得标准抛物线方程:

$$H \frac{\partial x}{\partial t} = L \frac{\partial^2 x}{\partial n^2} \tag{13-14-57}$$

然后他们求解了该方程。

此外,Bardeen 设平衡关系 $y = ax$,Marshall 和 Pigford 在全回流、板效率为 100% 及 $y = ax + b$ 条件下求解了方程,得到了塔顶馏出组成与操作时间的关系。Lapidus 和 Amudson[40]整理得更一般的解:

$$x_n = \frac{A_0}{a^n} + \sum_{m+1}^{N+1} A_m X_{nm} \mathrm{e}^{-\beta_m T} \tag{13-14-58}$$

式中,X_{nm} 为塔内位置的函数;x_n 为第 n 理论板上液体浓度;a 为平衡线斜率;n 为理论板序号;$N+1$ 和 $m+1$ 为该塔段终止与起始理论板序号;β_m 为与物料及塔结构有关的常数;$T = \frac{Lt}{H}$ 为相对时间变量;t 为时间;H 为塔身持液量;L 为塔内液体流量;A_0、A_m 为常数。

我国学者假定汽-液平衡关系 $y_n = ax_n + b$,考虑塔板效率 $E = \frac{x_n - x_{n+1}}{x_n^* - x_{n+1}}$ 条件下,应用拉氏变换求出了板式塔的解:

$$x(t,n) = x_0 - B(n)(1 - \mathrm{e}^{P_1 \frac{L}{EH}}) \tag{13-14-59}$$

式中,x_0 为初始液体浓度;$B(n)$ 为与理论板序号 n 有关的参数;P_1 为与物料及塔结构有关的参数;E 为塔板效率。其他符号含义同前式。它可分别应用于恒浓点以上的浓缩段和以下的提馏塔段。

(2) 填料塔开工过程 描述连续性分离塔(如填料塔)的不稳态方程最初是由 Cohen[41]在精密精馏塔中建立的,概括形式为:

$$\frac{\partial}{\partial t}(H,x) = \frac{\partial}{\partial n}(L,x) - \omega(x,y) \tag{13-14-60}$$

$$\frac{\partial}{\partial t}(h,y) = \frac{\partial}{\partial n}(V,y) - \omega(x,y) \tag{13-14-61}$$

$$\omega(x,y) = k\left[y(1-x) + \frac{1}{\alpha}x(1-y)\right] \tag{13-14-62}$$

Cohen 以比摩尔分数表示浓度，设 $\frac{1+Y}{1+X}=1$ 使方程线性化，Berg 和 James 设 $\frac{1+Y}{1+X}=\alpha$ 使方程得到解。余国琮等[42]通过设 $\frac{1+X}{1+Y}\times\frac{\alpha(1+X)}{\alpha+X}=1$ 使方程线性化，得到了适用于全浓范围的解，较严格地处理了相平衡关系。其解为：

$$\frac{X}{X_0} = Re^{m_0 z} - (Re^{m_0 z} - 1)e^{P_1 t} \tag{13-14-63}$$

$$R = \frac{N(\tau_C + \tau_B + \tau)}{\left(\frac{\tau}{\varepsilon} + N\tau_B\right)e^{\varepsilon N} - \left(\frac{\tau}{\varepsilon} - N\tau_C\right)} \tag{13-14-64}$$

式中，τ、τ_B、τ_C 分别为液流置换塔身、塔釜、塔顶存料所需时间；P_1 为标志不稳态特性参数，具体表示式见文献 [41]。

此外，余国琮等[43]还提出了逐阶段降低气速的开工方式，并以解析结果与实验数据相验证，证明变气速开工比恒气速开工所需平衡时间短。

14.4.3　数值模拟计算法

尽管理论推导寻求开工过程解析解的研究在历史上持续了相当长的时间，并取得了一定成果，但是都带有很强的近似性，如限于二元物系、恒摩尔流假设以及相平衡关系的近似等。所以，严格地求解精馏塔开工过程还是运用数字计算机才得以完成的。早期人们曾试图用模拟计算机求解开工过程，但最终限于塔板数不能过多（如 10 余块），精度不高而终止。最早使用数字计算机计算板式塔开工过程的是 Jackson 和 Pigford[44]、Resenbrock。目前求解开工过程的数值计算法大多是将开工时间离散为若干微小的时间间隔，求算每一时间间隔内塔内浓度（一般是联立求解各塔板的物料方程、相平衡方程以及焓方程等），从最初浓度分布开始，逐步求到最终浓度（即稳态模拟计算中的松弛法），其求解方法与一般间歇精馏过程的求解方法相同，在此不再赘述。

14.5　蒸馏过程控制

本节重点是研究图 13-14-19 所示连续精馏塔在稳态操作时采用的调节和控制方法。由于蒸馏过程的合理控制应以蒸馏过程动态学为基础，所以前述不稳态蒸馏过程的理论分析与计算为本节打下了基础。为了达到良好的控制效果，需对受控指标、受控制变量影响的规律有充分的了解。获得这种规律的方法一般有黑箱法、白箱法和灰箱法。所谓黑箱法，是指确定影响变量后，通过实验找出定量的影响规律[43]。而白箱法是指依靠理论分析，定量计算出某些影响规律。至于灰箱法，是介于黑箱与白箱之间的方法，是既有部分理论分析，又有部分试验测定的确定影响规律的方法。本节主要介绍白箱法和灰

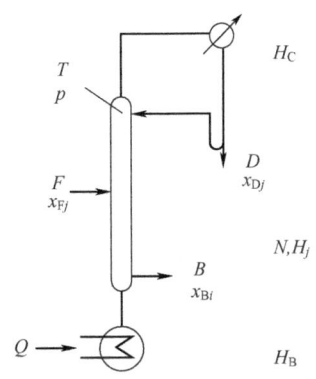

图 13-14-19 连续精馏塔的参数

箱法进行蒸馏塔的控制。

14.5.1 蒸馏塔调节的必要性

一个连续生产的蒸馏塔或蒸馏系统,是要求稳定于给定的设计状态下进行操作的,因为在此状态下才能完成生产任务,发挥足够的生产能力。但是,在实际生产过程中,总会有若干外来随机因素作用于它,引起操作参数偏离给定值的情况,无论哪种情况都需要操作人员采取措施尽快地消除偏离的状态,这就是对蒸馏塔进行调节的原因。举例来说,可以有下列情况:

① 进料量 F 和组成 x_F 是前道工序决定的,是随机变量,可能在一定范围内发生变化。

② 塔的冷源(如冷凝器、冷却器的冷却水温度和流量等)取决于系统以外的供水系统,是随机变量,可能影响塔顶的液体回流量 L 和出料量 D。

③ 塔的热源(如塔釜加热蒸汽压力、流量等)是不依赖于本系统的随机变量,可能随时发生变化而影响塔的蒸发量 V 和塔底出料量 B。

④ 由于塔的某些构件和附属设备偶然发生故障,引起塔内物料流动和热能流动不畅以及压力的变化,引起塔操作参数多方面偏离理想数值的情况。

⑤ 对于多塔系统或耦合塔,塔间物料、能量流以及压力相互沟通与连锁,一塔出现扰动,立即波及其余各塔,造成多种多样的偏离理想状态的情况。

14.5.2 蒸馏塔的调节特性

影响蒸馏塔操作的因素很多,其中多种扰动因素均以物料偏离平衡和能量偏离平衡的形式影响塔的操作。

14.5.2.1 蒸馏塔调节的稳态特性

一个蒸馏塔在操作时,无论瞬间如何强烈地偏离理想状态,受其动态特性所支配,最终必然回到稳定状态。稳态特性已在本篇前面诸节给予了详细描述,此不赘述。

14.5.2.2 蒸馏塔调节的动态特性

因为蒸馏塔不可避免地被或强或弱的外来扰动因素所作用,而某些扰动引起的响应时间可能是相当长的(如浓度),也就是说,需经历很长的时间才能使塔回到稳态,于是蒸馏塔就可能处于一个扰动的影响尚未消除,下一个扰动又到来的状态。所以生产实际上的蒸馏塔可能总是经历着不停的动态特性支配的过程，而稳态特性只是给出了蒸馏塔趋向稳定的目标。蒸馏塔实际存在的动态特性规律是相当复杂的，目前研究得还很不充分。外来因素的影响可分成两类：对塔内容量型操作参数的影响（如对液位、流量、储液量、持液量的影响）和对塔内强度型操作参数的影响（如对浓度、压力、温度等的影响）。

(1) 对容量型参数的影响

① 对塔内蒸气流量 V 的影响　由于塔内上升蒸汽速度很高（从每秒数米到数十米），而气相持料量又很小，故上升蒸气量变化的响应时间很短，一般在数秒以内，可近似认为响应时间为零。

② 对塔内液体流量 L 的影响　塔内液体流动线速度很小，而无论是塔板还是填料都有相当大的持液量，所以液体流量发生变化时其响应时间较长。如塔顶液体流量发生了变化，首先作用于塔顶上的塔板或填料上的持液，然后逐渐下移才能将信号传递到塔底，一般最少需若干分钟才能传遍全塔。

③ 对塔顶回流罐及塔釜液位的影响[45]

对回流罐：
$$\rho_D A_D \frac{dL_D}{dt} = V - L - D \tag{13-14-65}$$

对加热釜：
$$\rho_B A_B \frac{dL_B}{dt} = L - V - B \tag{13-14-66}$$

式中，ρ_D、ρ_B 分别为料液在塔顶和塔底的比容，$mol \cdot m^{-3}$；A_D、A_B 分别为回流罐和加热釜的水平截面积，m^2；L_D、L_B 分别为回流罐和加热釜的液位高度，m。上式表达了液、气流量发生变化时，引起液位变化的规律，其作用是累积的、缓慢的。

(2) 对强度型参数的影响　温度 T 与压力 p 相互间存在强烈的影响规律，各种扰动对塔内浓度，尤其是对塔顶、塔底馏出产品浓度 x_D、x_B 均有影响。

① 当塔的冷、热源温度发生变化后，传热温差发生变化，于是原来的热平衡被破坏，产生新生热流 ΔQ，当 $\Delta Q > 0$ 时，塔内部分液相转化为气相；当 $\Delta Q < 0$ 时，塔内部分气相冷凝为液相，最终使塔内压力 p 发生变化，即

$$\frac{dp}{dt} = K \Delta Q \tag{13-14-67}$$

式中，K 为比例系数，$Pa \cdot cal^{-1}$；ΔQ 为由于传热温差发生变化产生的新生热流，$cal \cdot h^{-1}$。

式(13-14-67)亦可用于相反的情况，如主动调整塔内压力以增减热流，从而导致塔内蒸气流量的变化。

② 对塔顶、塔底馏出产品浓度的影响，由于塔顶、塔底产品浓度是蒸馏要求中最主要的指标，所以任何可能影响它们的因素全应考虑，一般可将影响因素归并为进料组成 x_F 和进料量 F，塔内液、气相流量（L，V）[46]。对于二元理想系统，可以写出连续进出料蒸馏塔发生扰动时的数学模拟方程组，再经过整理可得到如下矢量矩阵形式[47]：

$$\frac{d\mathbf{x}}{dt} = \mathbf{A}\mathbf{x} - \mathbf{B}\mathbf{u} + \mathbf{P}\mathbf{d} \tag{13-14-68}$$

式中，$\mathbf{x}^T = [\delta x_C, \delta x_N, \cdots, \delta x_1, \delta x_B]$；$\mathbf{u}^T = [\delta L, \delta V]$；$\mathbf{d}^T = [\delta \mathbf{x}, \delta F]$；$\delta$ 为扰动增量符

号。在上式中，精馏塔的理论板是从下往上数的。

$$\boldsymbol{A}^\mathrm{T} = \begin{bmatrix} -\dfrac{V}{H_\mathrm{C}} & \dfrac{VK_N}{H} & 0 & 0 & \cdots & \cdots & \cdots & 0 \\ \dfrac{L}{H_N} & -\dfrac{L+VK_N}{H_N} & \dfrac{VK_{N-1}}{H_N} & 0 & \cdots & \cdots & \cdots & 0 \\ 0 & \vdots & & & & & & \\ 0 & \cdots & \dfrac{L}{H_\mathrm{f}} & -\dfrac{L+F+VK_\mathrm{f}}{H_\mathrm{f}} & \dfrac{VK_{\mathrm{f}-1}}{H_\mathrm{f}} & 0 & \cdots & 0 \\ \vdots & & & & & & & \\ 0 & \cdots & \cdots & \cdots & 0 & \dfrac{L+F}{H_1} & -\dfrac{L+F+VK_1}{H_1} & \dfrac{VK_\mathrm{B}}{H_1} \\ 0 & \cdots & \cdots & \cdots & \cdots & \cdots & \dfrac{L+F}{H_\mathrm{B}} & -\dfrac{VK_\mathrm{B}+B}{H_\mathrm{B}} \end{bmatrix}$$

$$\boldsymbol{B}^\mathrm{T} = \begin{bmatrix} 0 & \dfrac{x_\mathrm{C}-x_N}{H_N} & \cdots & \dfrac{x_{i+1}-x_i}{H_i} & \cdots & \dfrac{x_2-x_1}{H_1} & \cdots & \dfrac{x_1-x_\mathrm{B}}{H_\mathrm{B}} \\ 0 & \dfrac{y_{N-1}-y_N}{H_N} & \cdots & \dfrac{y_{i-1}-y_i}{H_i} & \cdots & \dfrac{y_2-y_1}{H_1} & \cdots & \dfrac{y_1-y_\mathrm{B}}{H_\mathrm{B}} \end{bmatrix}$$

$$\boldsymbol{P}^\mathrm{T} = \begin{bmatrix} 0 & \cdots & 0 & \dfrac{F}{H_\mathrm{f}} & 0 & \cdots & \cdots & 0 \\ 0 & \cdots & 0 & \dfrac{x_\mathrm{f}-x_\mathrm{F}}{H_\mathrm{f}} & 0 & \cdots & \dfrac{x_2-x_1}{H_1} & \cdots & \dfrac{x_1-x_\mathrm{B}}{H_\mathrm{B}} \end{bmatrix}$$

式中，x_f 和 x_F 分别表示进料液和进料板上的液体浓度；δx_C 和 δx_B 为输出变量，即产品浓度的增量；其余 $\boldsymbol{u}$、$\boldsymbol{d}$、$\boldsymbol{x}$ 根据不同情况取作扰动量或控制量，其影响规律如式(13-14-68)所示。由于蒸馏塔动态规律的复杂性，在控制中采用近似的不稳态蒸馏模拟具有实际意义。

14.5.3 蒸馏塔的控制方法

14.5.3.1 蒸馏塔的控制指标

蒸馏塔的控制指标有三点：①产品组成 x_D；②产品产量 D；③产品收率 E。其中产品组成是最基本要求，因为低于该质量指标的馏出物是不合格的，而产品产量是满足质量要求下的产量，它是评价塔性能的又一指标。产品收率是衡量蒸馏过程经济效果的重要指标，也可以表示为连续蒸馏塔的另一馏出产品的质量 x_B，所以，可将产品收率并入产品质量统称为产品的质量要求。

14.5.3.2 蒸馏塔的两种调节方式

蒸馏塔有前馈控制和反馈控制两种调节方式。

(1) 前馈控制的调节 把影响产品质量的进料扰动变量（δF，δx_f）在尚未波及产品质量时，采用及时改变再沸器加热量和回流量的方法来补偿，使进料的变化基本不造成对产品质量的影响,这种调节方式就是前馈调节。设置前馈调节的主要原因是蒸馏塔板数多,可能有较大的时间常数和滞后时间,进料的扰动可能需要经过比较长的时间才能影响产品的质量指标。在这种情况下反馈调节就不能及时地克服进料扰动的影响,而前馈调节就补偿了进料的主要扰动,减轻了反馈调节的负担。常见的稳态前馈调节式为:

$$D = EFx_F \tag{13-14-69}$$

它是前馈调节量的近似参考计算式。

(2) 反馈控制的调节 产品质量的反馈调节是基于产品质量指标与实测值之间已经出现偏差进行调节的,虽然它存在某种滞后,但比较稳妥可靠,可以保证最终获得较合格的产品,也可以减少其他调节的精度,是蒸馏调节的主要形式。

14.5.3.3 蒸馏塔的质量指标与控制方法

(1) 直接以产品成分分析数据作为质量指标 如采用气相色谱或液相色谱仪分析产品组成;以折光仪、红外线分析仪以及炼厂油品的沸程测定等仪器测量产品的组成者,均属于直接进行成分分析以衡量质量指标的。其优点是准确可靠;缺点是代价太高,滞后时间较长,往往成分分析结果难以作为过程的中间控制的指导,故多用作产品最终控制标准。

(2) 采用温度作为产品纯度的间接质量指标 它是目前蒸馏过程中应用范围最广的方法,包括如下内容:

① 以塔顶料液的饱和温度间接反映塔顶馏出物的组成 此法适用于塔顶压力比较稳定的情况,因为压力也是影响沸点的因素。但由于实际生产塔的压力很难绝对稳定,故应补偿修正,以补偿后的温度作为间接反映产品质量的标准。

$$T^* = T - \frac{\partial T}{\partial p}\delta_p \tag{13-14-70}$$

当塔顶轻组分 j 的浓度较高时:

$$\frac{\partial T}{\partial p} \approx \frac{B_j}{p(A_j - \ln p)^2} \tag{13-14-71}$$

则有

$$T^* = T - \frac{B_j}{p(A_j - \ln p)^2}\delta_p \tag{13-14-72}$$

式中,T^* 为压力补偿后塔顶饱和温度,K;T 为压力补偿前塔顶饱和温度,K;δ_p 为压力波动量,Pa;A_j、B_j 为 j 组分的 Antonie 方程常数。

② 塔顶-塔身灵敏点的温度差反映塔顶馏出物产品质量 灵敏点是指塔身上近邻塔顶处,当塔顶产品质量发生波动时,温度变化最剧烈的部位。所以灵敏点温度比塔顶温度更明显、更早地反映塔顶馏出物的浓度变化,实际上是监视塔下部重组分上移冲淡塔顶产品的"岗哨"。灵敏点温度一般略高于塔顶温度,当灵敏点温度接近塔顶温度时,则塔顶馏出物料浓度很高(实为恒浓区),可以大胆出料,但当两者温度差加大时,则说明出现重组分,将冲淡塔顶产品,应谨慎出料。此外,用塔顶-灵敏点温差监视出料质量可以不受塔内压力扰动的影响。如图 13-14-20 所示,塔内操作压力出现微小变动时,只要产品纯度不变则温差亦不变。

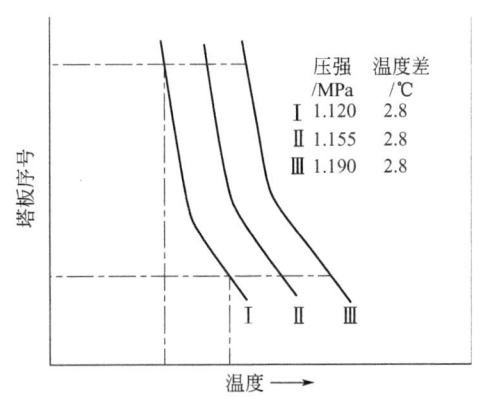

图 13-14-20 压力温度图[46]

③ 双温差控制 应当指出，温差控制尚受塔身压差（即塔内负荷）的影响，有人提出用两个温差的差值控制蒸馏塔操作的方法。也就是将精馏塔段的温差与提馏塔段的温差相减而得的差值控制塔顶、塔底产品质量的方法。

(3) 以饱和蒸气压差控制蒸馏塔操作 当馏出料液组成一定时，其饱和温度与压力存在着确定的关系，故两种浓度不同的料液在同样温度下产生的饱和蒸气压差反映两者的浓度差别。因而可将一盛有合格产品液体的密封温包置于塔顶（塔底）内，测量温包内、外压差以监视塔顶（或塔底）产品的质量。其测量精度可达 100Pa 以下。对绝对压力为 1MPa 的碳氢化合物来说，相当于 0.004℃ 的温差，故测量精度很高。但应注意，温包及管线内不得含有空气等其他气体，更不得泄漏。

14.5.3.4 蒸馏塔内蒸汽流量的检测方法

塔内蒸发量（即气相流量）是影响蒸馏塔操作的头等重要因素，它既影响回流量，又影响出料量，但在生产上却常常被忽视。因为塔内蒸发量不便直接测量，而塔的温度又往往反映不出蒸发量的变化，因此工业上往往存在由于蒸发量失控而大大减弱了塔的分离能力的现象。塔内蒸发量可通过塔顶、塔底压差 Δp 来表示，而 Δp 又可表示为塔内气流动能因子 F_V（$F_V = u\sqrt{\rho_V}$）的函数：

$$\Delta p = A F_V^B \tag{13-14-73}$$

式中 A, B——系数，与填料、塔板结构和尺寸有关；

u——气流速率，$m \cdot s^{-1}$。

虽然蒸发量的测量也可以通过釜加热量、塔顶冷却量或物料液体回流、出料总量而算出，但往往滞后很多，且不够精确，不能及时地反映问题。忽视塔内蒸发量的监控是若干蒸馏塔工作不正常的原因，应引起足够重视。

蒸馏过程是分离技术中最主要的过程，它又是包含传热、传质和动量传递的综合过程，加之被分离系统千差万别，塔的结构多种多样，板数多，组分复杂，使蒸馏塔动态规律相当复杂。所以，蒸馏塔的控制依然是个有待于深入研究的领域。随着计算机的发展，人们已将简单的质量、产量和收率等控制目标转化为最大经济效益等新型控制目标。在实施控制方面，计算机在多回路、非线性和高精度等控制方面显现出了突出优点，近些年在工业上得到了广泛应用。但是仍需要有可靠的蒸馏动态规律，并辅以优良的控制元件、合理的伺服机构等附属设备的配合，才能达到满意的控制结果。

参考文献

[1] Robinson E R. Chem Eng Sci, 1970, 25(6): 921.
[2] Converse A O. Ind Eng Chem Fund, 1963, 2(2): 217.
[3] 孙磊, 崔现宝, 冯天扬, 等. 化学工程, 2008, 36(8): 1.
[4] 杨志才, 余国琮, 李文秀. 化工学报, 1992, 43(1): 47.
[5] Perry R H, Green D W. Perry's Chemical Engineers' Handbook. Sixth Ed. New York: McGraw-Hall, 1984: 13-90.
[6] 白鹏, 张卫江, 尹波, 等. 化学工程, 2000, 28(5): 7.
[7] 张雪梅, 简春贵, 任洪东, 等. 化学工程, 2006, 34(10): 5.
[8] Cui X B, Feng T Y, Zhang Y, Yang Z C. Front Chem Eng China, 2009, 3(4): 443.
[9] 杨志才, 莫志民, 吴少敏, 等. 石油化工, 1987, 16(6): 420.
[10] Cui X B, Yang Z C, Shao H Q, et al. Ind Eng Chem Res, 2001, 40(3): 879.
[11] Davidyan A G, Kiva V N, Meski G A, et al. Chem Eng Sci, 1994, 49(18): 3033.
[12] Meski G A, Morari M. Comput Chem Eng, 1995, 19: s597.
[13] Barolo M, Guaríse G B, Rienzi S A. Ind Eng Chem Res, 1996, 35(12): 4612.
[14] Robinson C S, Gilliland E R. Elements of fractional distillation. New York: McGraw-Hill Book Co, 1950.
[15] 余国琮, 王宇新. 化工学报, 1986, 37(1): 30.
[16] Farhat S, Czernicki M, Pibouleau L. AIChE J, 1990, 36(9): 1349.
[17] Mujtaba I M, Macchietto S. J Proc Contr, 1996, 6(1): 27.
[18] Hanke M, Li P. Comput Chem Eng, 2000, 24(1): 1.
[19] Hansen T T. Chem Eng J, 1986, 33: 151.
[20] Rayleigh L. Phil Mag, 1902, 4(23): 521.
[21] Bauerle G L, Sandall O C. AIChE J, 1987, 33(6): 1034.
[22] Bogart J P. Trans Am Inst Chem Eng, 1937, 33: 139-152.
[23] Enright W H, Hull T E, Lindberg B. BIT Num Math, 1975, 15(1): 10-48.
[24] Holland C D. Unsteady state processes with application in multicomponent distillation. NJ: Prentice-Hall, 1966.
[25] Pigford R L, Tepe J B, Garrahan C J. Ind Eng Chem, 1951, 43(11): 2592.
[26] Cui X B, Zhang Y, Feng T Y, et al. Ind Eng Chem Res, 2009, 48(10): 5111.
[27] Cui X B, Zhang X K, Zhang Y, et al. Ind Eng Chem Res, 2010, 49(14): 6521.
[28] King R W. British Chem Eng, 1967, 12(4): 568.
[29] 翟亚锐, 崔现宝, 杨志才, 等. 化学工业与工程, 2005, 22(1): 28.
[30] 杨志才, 何盛宝. 石油化工, 1992, 21(9): 607.
[31] 杨志才, 何盛宝. 石油化工, 1992, 21(10): 671.
[32] 胡朋飞, 崔现宝, 杨志才. 化工进展, 2002, 21(S): 158.
[33] 崔现宝, 郭永欣, 胡鹏飞, 等. 化工学报, 2007, 58(7): 1656.
[34] 崔现宝, 翟亚锐, 杨志才. 热敏物料的湿式干釜动态复合精馏过程: CN1583206. 2004-05-25.
[35] 崔现宝, 张缨, 冯天扬. 化学工业与工程, 2011, 28(3): 74.
[36] 冯惠生, 杨志才. 化学工程, 2001, 29(1): 67.
[37] Брадский А И.Жур Физ Хим, 1939, 13(4): 451.
[38] Бабков С И. Дакл Акад.Hay СССР, 1956, 106: 877.
[39] Keesom W H, Van Dijk H. Proc Roy Acad Amsterdam, 1931, 34: 42.
[40] Lapidus L, Amundson N R. Ind Eng Chem, 1950, 42(6): 1071.
[41] Cohen K. The theory of isotope separation as applied to the large scale production of ^{235}U. New York: McGraw-Hill, 1951.

[42] 余国琮，王世昌，杨志才. 中国科学，1975，（6）: 584.
[43] 余国琮，杨志才. 化工学报，1980（1）: 1.
[44] Jackson R F, Pigford R L. Ind Eng Chem, 1956, 48 (6): 1020.
[45] 王骥程. 化工过程控制工程. 第 2 版. 北京: 化学工业出版社, 1991.
[46] Aleksandar C, Miodrag J, Milan M. Chem Eng Sci, 1990, 45 (12): 3585.
[47] 龚剑平. 精馏塔的自动调节. 北京: 化学工业出版社, 1984.

15

分子蒸馏

按蒸馏系统操作压力不同，真空蒸馏有五种主要的类型：①减压蒸馏，常见的减压蒸馏过程大多数在 10^4 Pa 以上的压力范围内操作，其过程机理及蒸馏设备皆与常压蒸馏相近；②真空蒸馏，操作压力在 $10^4 \sim 10^2$ Pa 之间，若能正确选用真空排气机泵的型号及动静密封的结构形式，其蒸馏过程操作是容易实现的；③高真空蒸馏，压力范围为 $10^2 \sim 1$ Pa，此时对蒸馏装置的选型、设计、制造、安装、操作等都有较为严格的要求；④短程蒸馏或准分子蒸馏，压力范围为 $1 \sim 10^{-2}$ Pa，在此高真空下操作，蒸发面和冷凝面的间距稍大于蒸发分子的平均自由程，但由于蒸发分子远远重于空气的分子，因而稍多的分子碰撞并不能改变蒸发分子的行进方向；⑤分子蒸馏，在高真空条件下，蒸发面和冷凝面的间距小于或等于被分离物料的蒸气分子的平均自由程，由蒸发面逸出的分子，既不与残余空气的分子碰撞，自身也不相互碰撞，毫无阻碍地奔射到并凝集在冷凝面上。短程蒸馏和分子蒸馏的基本原理没有差别，其区分仅在于设备的尺寸和操作状态。在同一蒸馏设备中，一部分可以是分子蒸馏，而另一部分则可以是无阻行程蒸馏。

通常，分子蒸馏在低于 $10^{-2} \sim 10^{-1}$ Pa 的压力下操作[1]。在实验室中，操作压力 $10^{-2} \sim 10^{-1}$ Pa 的压力是容易获得的，而在工业生产中，操作压力 $10^{-1} \sim 1$ Pa 则是经济合理的。在高真空蒸馏中，合理"高"真空的含义是：此时残余气体的压力已经小到以致再进一步提高真空度不能改变蒸馏设备的工作特性，即得不到更多的经济效果。

分子蒸馏装置的设计应当严格遵守真空工程学的有关规定。由于真空设备费及运行费比较昂贵，在选型时应当进行详细的经济核算[2]。

分子蒸馏广泛地应用在科学研究及化工、石油、医药、轻工、油脂等工业中，用于浓缩或纯化高分子量、高沸点、高黏度及热稳定性极差的有机化合物[3]。

15.1 分子蒸馏的原理

(1) 分子蒸馏过程及特点

① 分子蒸馏过程　分子蒸馏过程可分如下四步：

a. 分子从液相主体向蒸发表面扩散。通常，液相中的扩散速度是控制分子蒸馏速度的主要因素，在设备设计时，应尽量减薄液层厚度及加强液层的流动。

b. 分子在液相表面上的自由蒸发。蒸发速度随着温度的升高而上升，但分离因数有时却随着温度的升高而降低，所以应以被加工物质的热稳定性为前提，选择经济合理的蒸馏温度为最好。

c. 分子从蒸发表面向冷凝面飞射。蒸气分子从蒸发面向冷凝面的飞射过程中，可能彼此相互碰撞，也可能和残存于两面之间的空气分子发生碰撞。由于蒸发分子远重于空气分子，且大都具有相同的运动方向，所以它们自身碰撞对飞射方向和蒸发速度影响不大。而残气分子在两面间呈杂乱无章的热运动状态，故残气分子的数目多少是影响飞射方向和蒸发速度的主要因素。实际上，只要建立起足够的真空度，使蒸发分子的平均自由程大于或等于两面之间距，则飞射过程和蒸发过程就可以很容易进行，再继续提高真空度毫无意义。

d. 分子在冷凝面上冷凝。只要保证冷热两面间有足够的温度差（70~100℃），冷凝表面的形状合理且光滑，则认为冷凝步骤可以在瞬间完成。

② 分子蒸馏过程的特点　与普通蒸馏过程相比，分子蒸馏过程有下列四个特点[4]：

a. 普通蒸馏在沸点温度下进行分离，分子蒸馏可以在任何温度下进行，只要冷热两面存在温度差，就能达到分离的目的。

b. 普通蒸馏是液相蒸发和气相冷凝的过程，液相和气相间可以形成相平衡状态；而分子蒸馏过程中，从蒸发表面逸出的分子直接飞射到冷凝面上，中间不与其他分子发生碰撞，理论上没有返回蒸发面的可能性，所以分子蒸馏过程是不可逆的。

c. 普通蒸馏有鼓泡、沸腾现象；分子蒸馏是液层表面上的自由蒸发，没有鼓泡现象。

d. 表示普通蒸馏分离能力的分离因素与组元的蒸气压有关，表示分子蒸馏分离能力的分离因素则与组元的蒸气压和分子量之比有关，并可由相对蒸发速度求出。

(2) 分子平均自由程

① 分子平均自由程长度　分子在两次连续碰撞之间所走路程的平均值称为平均自由程[5]。自由程长度是设计分子蒸馏器时的重要参考数据，其计算方法如下：

a. 只有一种分子时[6]：

$$\lambda = 1.75 \times 10^{-22} \times T/(pD^2) \tag{13-15-1}$$

而

$$D^2 = 2.714 \times 10^{-21} \frac{\sqrt{MT}}{\eta_T} \tag{13-15-2}$$

所以

$$\lambda = 6.45 \times 10^{-2} \frac{\eta_T}{p} \sqrt{\frac{T}{M}} \tag{13-15-3}$$

式中　λ——分子平均自由程长度，cm；

　　　T——热力学温度，K；

　　　D——分子直径，cm；

　　　p——蒸气压，Pa；

　　　M——分子量；

　　　η_T——温度 T 时气体的黏度，P❶。

b. 当有两种分子同时存在时：

$$\lambda_1 = [5.69 \times 10^{21} \times p_2 \times D_1^2/T + 1.01 \times 10^{21} \times (1 + M_1/M_2)^{1/2} \times p_2 \times (D_1 + D_2)^2/T]^{-1} \tag{13-15-4}$$

$$\lambda_2 = [5.69 \times 10^{21} \times p_2 \times D_2^2/T + 1.01 \times 10^{21} \times (1 + M_2/M_1)^{1/2} \times p_1 \times (D_1 + D_2)^2/T]^{-1} \tag{13-15-5}$$

---

❶ 法定计量单位制的动力黏度单位为 Pa·s，1P = 10^{-1}Pa·s。

式中，p_1 和 p_2 分别是组元 1 和组元 2 的分压，Pa；其余符号同前。

② 自由程长度的分布规律　气体分子自由程的长度服从以下的分布规律：

$$n_x = n_0 e^{-x/\lambda} \tag{13-15-6}$$

式中，n_0 是单位体积内的分子总数；n_x 是单位体积内经过 x 或大于 x 的路程而尚未碰撞的分子数；$e^{-x/\lambda}$ 是分子经过 x 或大于 x 的路程而不碰撞的概率。

当真空度不很高时，即冷热两面之间距大于分子平均自由程的长度 λ 时，可用式(13-15-6)校验蒸馏过程接近于分子蒸馏的程度。

(3) 分子蒸馏速度　分子蒸馏速度等于液体分子的蒸发速度减去返回液面的速度。Langmuir[7]研究了高真空下纯金属的蒸发现象，指出在绝对真空下表面自由蒸发速度应等于分子的热运动速度，即等于单位时间内与单位壁面积发生碰撞的分子数：

$$G_M = 1/4 \times n \times \overline{V} = 0.0775 p^S \sqrt{M/T} \tag{13-15-7}$$

式中　G_M——自由蒸发速度，即分子蒸馏的理论蒸馏速度，g·cm^{-2}·s^{-1}；

n——单位体积内的分子数目，个·cm^{-3}，$n = 1.28 \times 10^{11} p/T$；

$\overline{V}$——算术平均速度，$\overline{V} = 14551\sqrt{T/M}$，cm·s^{-1}；

T——蒸发表面的绝对温度；

M——分子量。

而实际上：

$$G = KG_M \tag{13-15-8}$$

式中，G 为实际蒸馏速度；K 为蒸发系数，由于物料性质、设备形状及操作条件、残留惰性气体等种种影响，一般 $K < 1$，即分子蒸馏速度小于理想值。为此，人们提出了多种理论的或经验的修正系数，其中，以 Barrows 用余弦定律及自由程长度导出的校正系数较为合理。

(4) 分离因数　以二元溶液为例说明。

在普通蒸馏中，液相与气相能达到动态的相平衡，并以相对挥发度 α_p 表示其分离能力。

理想溶液：

$$\alpha_p = p_1^S / p_2^S \tag{13-15-9}$$

非理想溶液：

$$\alpha_p = p_1^S \gamma_1 / (p_2^S \gamma_2) \tag{13-15-10}$$

对于不可逆的分子蒸馏来说，其分离因数 α_m 可由蒸发速度求出[8]。

理想溶液：

$$\alpha_m = p_1^S / p_2^S \times \sqrt{M_2/M_1} \tag{13-15-11}$$

非理想溶液：

$$\alpha_m = p_1^S \gamma_1 / (p_2^S \gamma_2) \times \sqrt{M_2/M_1} \tag{13-15-12}$$

比较式(13-15-9)～式(13-15-12)得：

$$\alpha_m = \alpha_p \sqrt{M_2/M_1} \tag{13-15-13}$$

式中　α_m——分子蒸馏时的分离因数；

α_p——普通蒸馏时的分离因数。

分析上述各式可知：分子蒸馏的分离能力与普通蒸馏相差 $\sqrt{M_2/M_1}$ 倍；分子蒸馏可分离蒸气压十分相近而分子量有所差别的化合物。

(5) 抽馏曲线 在分子蒸馏的条件下，按相同的时间间隔和相同的温度增量，连续地从混合物中分出馏分，对每一温度下的馏分要分别地进行收集、分析和计量。以馏出液中组分 A、B、…、N 的产量变化为纵轴，以单位时间内的蒸馏温度为横轴，可以绘出抽馏曲线。图 13-15-1 表示纯物质由非挥发性溶剂中蒸馏的理论抽馏曲线。显而易见，对某一物质，其最大馏出量所对应蒸馏温度是常数。图 13-15-2 为混合组分 A、B、…、N 的抽馏曲线。可以看出，从混合物中分出某一组分的最好方法是：在所需组分的馏出量为最大的温度下进行分子蒸馏。

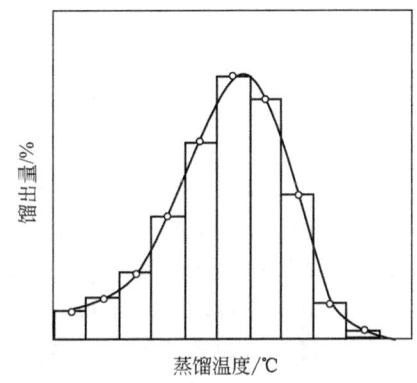

图 13-15-1　纯物质的理论抽馏曲线

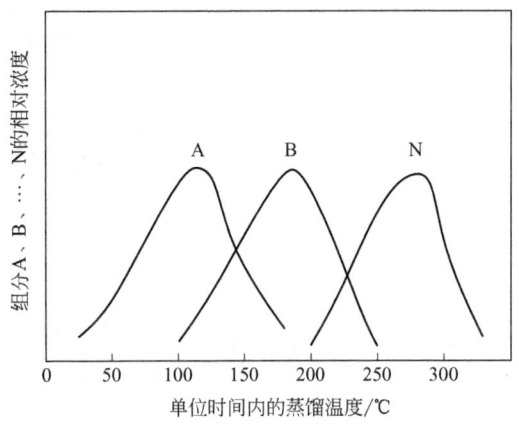

图 13-15-2　混合组分的理论抽馏曲线

15.2　分子蒸馏装置及设计原则

(1) 流程及附属设备

① 流程　分子蒸馏装置主要由真空泵组（即排气装置）、原料液脱气器、分子蒸馏设备及压力-温度-流量的测控仪表等组成。图 13-15-3 表示一简单的实验装置流程，在实验装置中，脱气、预热、蒸馏等操作都在蒸馏设备中进行。

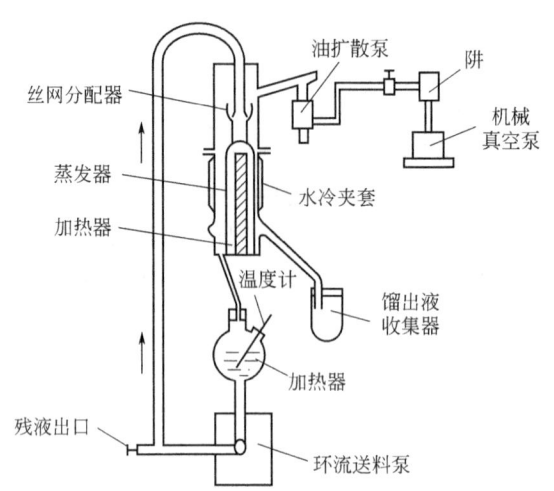

图 13-15-3　实验室用降膜式分子蒸馏装置流程

图 13-15-4 是鱼肝油分子蒸馏车间流程图。原料液经原料进口 A 粗滤器被吸入储槽 B，在这里被旋片泵 O 抽至压力为 6.5×10^2 Pa，从而进行一定程度的脱气操作。原料液由齿轮泵 C 经预热器 D 预热到 120~150℃后送至刮膜式脱气塔 E，在此塔中，水分预先过热到沸点以上，并由旋片泵将其抽成压力 13Pa 左右，此时原料液变成表面积非常大的细微油滴，脱气和脱水过程得以充分进行。原料液进入再预热器 D，接着进入脱气降膜蒸馏设备 G，在比原料液蒸馏稍低的温度下把轻组分除掉。此处用扩散增压泵 H 排气，可达 $1\sim 10^{-1}$ Pa 的

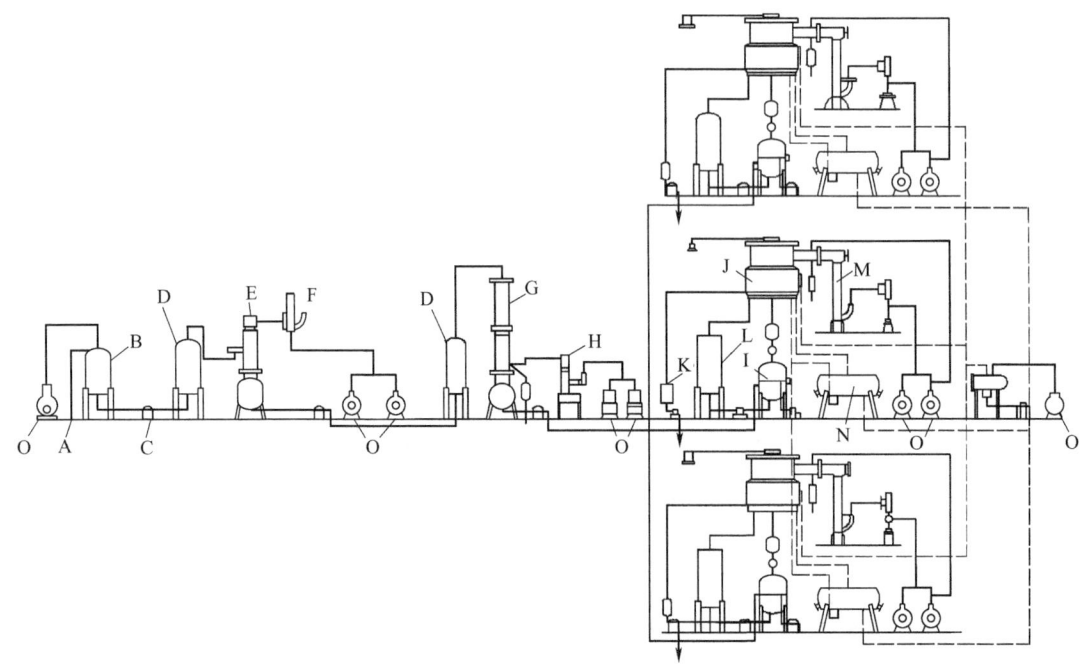

图 13-15-4　鱼肝油分子蒸馏车间流程图

A—原料进口；B—原料液储槽；C—齿轮泵；D—预热器；E—刮膜式脱气塔；F—气阱；
G—二级脱气降膜蒸馏设备；H—扩散增压泵；I—脱气原料液储槽；J—刮膜式蒸馏釜；K—成品储槽；
L—残液换热器；M—油扩散泵；N—导热姆加热锅炉；O—机械真空泵

压力。然后把完全除掉了水分、气体和轻馏分的原料注入脱气原料液储槽 I，再经残液换热器 L 预热，最后进刮膜式蒸馏釜 J。此蒸馏设备用导热姆蒸气锅炉加热，每个蒸馏系统由一个油扩散泵 M 及喷射增压泵和两台旋转机械泵组成。操作压力由电离规测量。用鱼肝油蒸馏维生素 A 时，要求操作压力范围是 $10^{-2} \sim 10^{-3}$ Pa。馏出液进入成品储槽 K，经齿轮泵和止逆阀排出。

上述生产流程中，脱气、预热、蒸馏等工序分别独立进行。为便于在蒸馏阶段维持分压，预先分别在 650Pa、13Pa、10^{-1}Pa 的压力下进行有效的排气操作。

② 附属设备

a. 排气装置。分子蒸馏过程进行的必要条件是，整个系统必须维持在非常高的真空度下操作，因此选择强有力的排气设备和严格要求系统的密封性，是分子蒸馏装置设计的关键之一。

一般说来，分子蒸馏装置所要求的极限压力为 $10^{-2} \sim 10^{-4}$ Pa，工作压力为 $1 \sim 10^{-2}$ Pa，通常选用油扩散泵为主泵，气镇式油封机械真空泵为前级泵。由于使用条件比较恶劣，所以选泵时要考虑多方因素，如料液中的杂质、水分及其分解情况等。

b. 脱气装置。为防止料液暴沸，必须在真空条件下将溶液内溶解的气体尽量排出，常用的脱气设备有降膜式、喷射式、填充式及层板式，如图 13-15-5 所示。

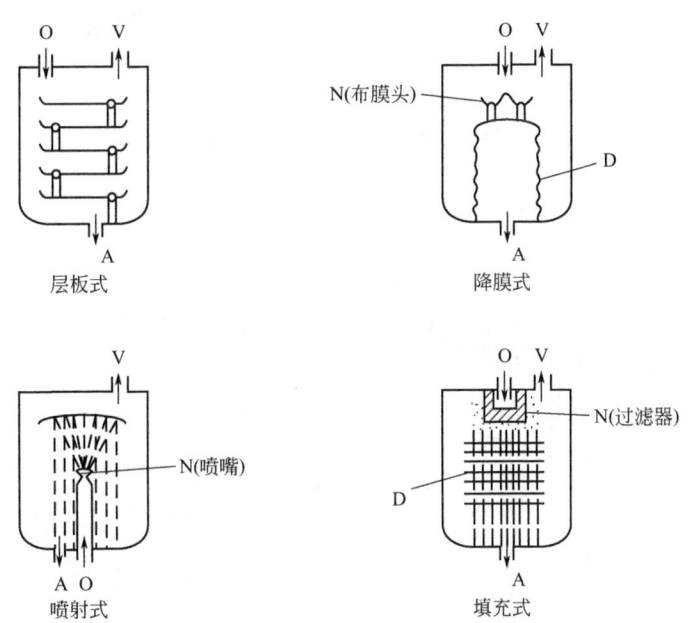

图 13-15-5 脱气设备图

V—真空泵；O—脱气原料入口；D—脱气部分；A—脱气原料出口

(2) 分子蒸馏器

① 静止式 静止式分子蒸馏器出现最早，结构最简单，其特点是具有一个静止不动的水平蒸发表面[9]。按其形状不同，静止式可分为釜式、盘式等。如图 13-15-6 所示。

静止式设备生产能力低、分离效果差、热分解的危险性大，一般适用于实验室及小批量生产。

② 降膜式

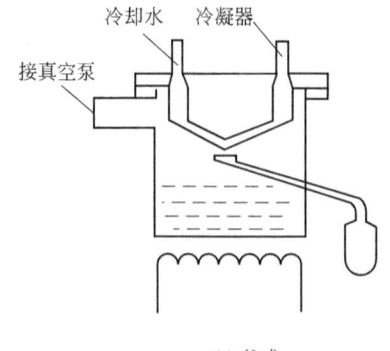

(a) 釜式

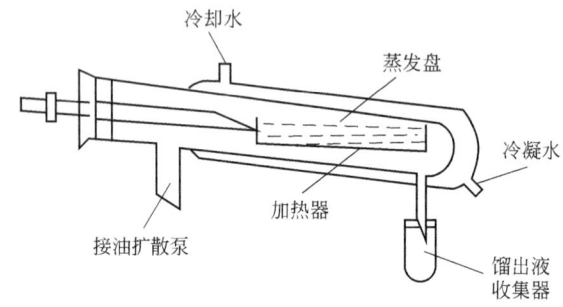

(b) 盘式

图 13-15-6　静止式分子蒸馏器

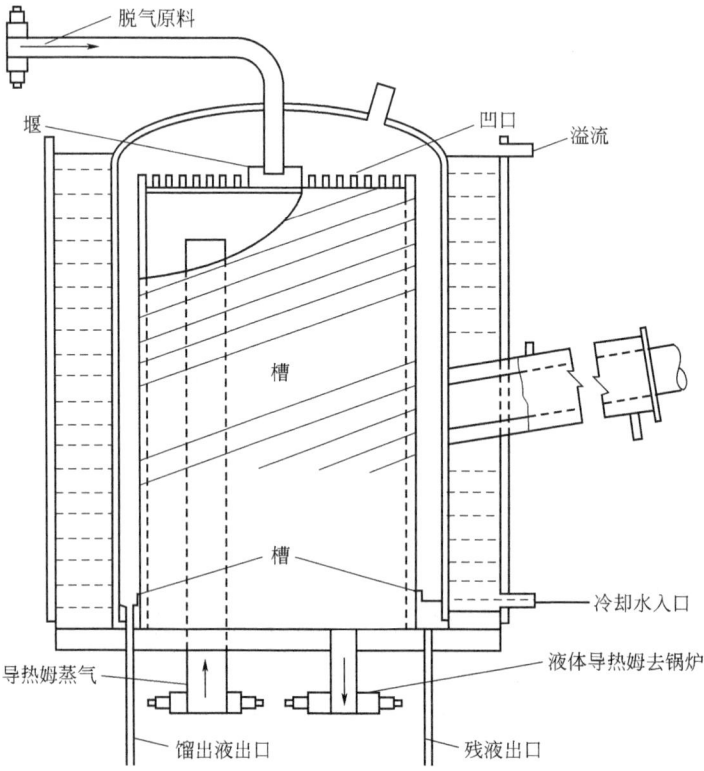

图 13-15-7　工业用降膜式分子蒸馏设备

a. 降膜式分子蒸馏设备的结构。降膜式设备在实验室及工业生产中广泛应用[10]。其优点是液膜厚度小，并且沿蒸发表面流动；被加工物料在蒸馏温度下停留时间短，热分解的危险性较小，蒸馏过程可以连续进行，生产能力大。缺点是液体分配装置难以完善，很难保证所有的蒸发表面都被液膜均匀覆盖；流体流动时常发生翻滚现象，所产生的雾沫也常溅到冷凝面上，降低了分离效果。图 13-15-7 是工业用降膜式分子蒸馏设备的一种。

图 13-15-8 所示的刮膜式分子蒸馏设备是降膜式设备的一种特例。从结构上看，刮膜式釜中设置一硬碳或聚四氟乙烯的转动刮板（或称刮片），它既保证液体均匀覆盖蒸发表面，又使下流液层得到充分搅动，从而强化传热和传质过程。为保证密封，刮膜式设备结构比较复杂，但与离心式相比，它还是比较简单的形式。日本中川洋最先研制出工业型刮膜式设备，用以从鱼肝油中提取维生素 A，日产 6t。

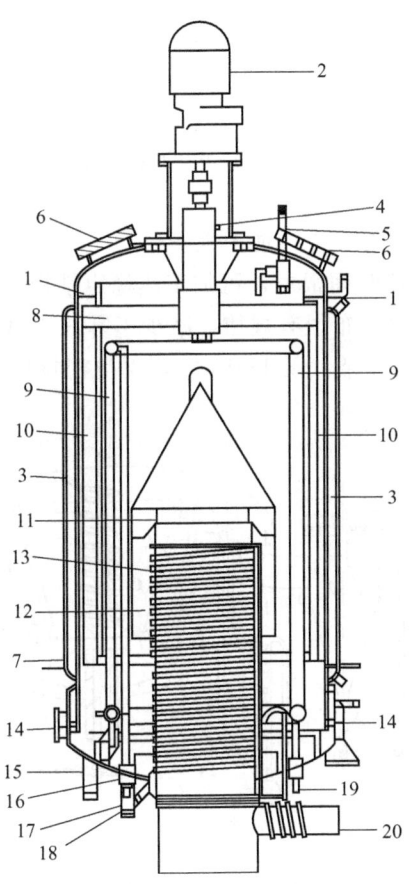

图 13-15-8　刮膜式分子蒸馏设备
1—加料口；2—马达；3—蒸发器壁；4—油封填料箱；5—被蒸物料加料口；6—视镜；
7—排水夹套；8—旋转器；9—冷凝器垂直管；10—碳质刮片；11—扩散泵喷头；
12—扩散泵冷却油；13—扩散泵内真空；14—法兰；15—蒸余物出口；16—冷凝器入口；
17—蒸馏物出口；18—冷凝液出口；19—冷凝水出口；20—真空泵接口

b. 降膜式设备的设计要点。在降膜塔中，液膜的厚度和流下速度与料液性质、处理量及蒸发表面尺寸有关：

$$h = \sqrt[3]{\frac{3\mu\Gamma}{\rho^2 g}} \qquad (13\text{-}15\text{-}14)$$

$$\Gamma = \frac{Q}{\pi D} \qquad (13\text{-}15\text{-}15)$$

$$D = \frac{3\mu Q}{\pi g \rho^2 h^3} \qquad (13\text{-}15\text{-}16)$$

式中 h——蒸发面上的液膜厚度，cm；

μ——液体的动力黏度，g·cm^{-1}·s^{-1}；

ρ——液体的密度，g·cm^{-3}；

g——重力加速度，cm·s^{-2}；

Γ——蒸发面单位圆周长度上的流速，g·cm^{-1}·s^{-1}；

Q——进料量，g·s^{-1}；

D——蒸发面直径，cm。

③ 离心式　离心式分子蒸馏器具有旋转的蒸发表面[11]。多用于工业生产中，其优点是：

a. 液膜非常薄，流动情况好，生产能力大。

b. 料液在蒸馏温度下停留时间很短，可加工热稳定性极差的有机化合物。

c. 由于离心力作用，液膜分布很有规律，减少了雾沫飞溅现象，分离效果较好。

离心式分子蒸馏设备结构复杂（图 13-15-9），真空密封较难，设备的成本较高。

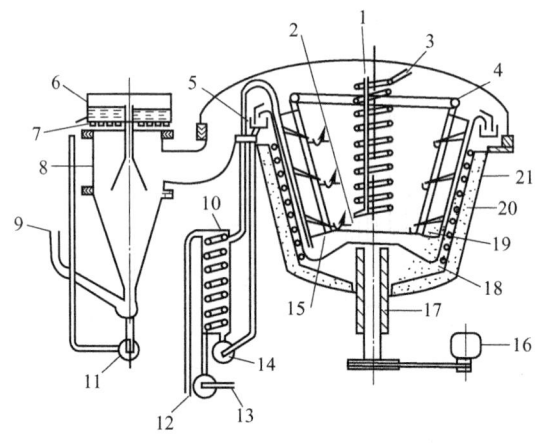

图 13-15-9　离心式分子蒸馏设备

1—冷却水入口；2—蒸出物入口；3,4—冷却水出口；5—蒸余物储槽；6—喷射泵炉；
7—喷射泵加热器；8—喷射泵；9—泵连接管；10—热交换器；11—喷射泵炉加料泵；
12—蒸余物出口；13—进料泵；14—蒸余液泵；15—冷却水入口；16—电机；
17—轴；18—旋转盘；19—冷凝器片；20—加热器；21—绝热层

④ 多级式　图 13-15-10 表示了工业用多级分子蒸馏设备的结构。图 13-15-11 表示了多级分子蒸馏设备中的流体流动情况，馏出液沿冷凝面向"塔顶"逐级传递，而"塔顶"槽内的液体则经溢流挡板向"塔底"逐级传递。

⑤ 各种分子蒸馏设备的主要特征　各种分子蒸馏设备的主要特征列于表 13-15-1 中。

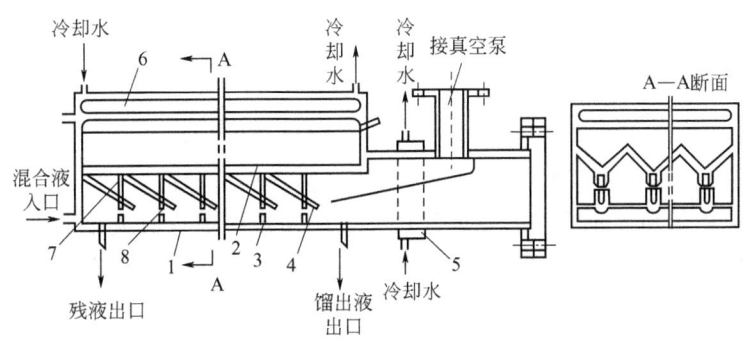

图 13-15-10　工业用多级式分子蒸馏设备
1—壳体；2—冷凝器；3—隔板；4—导流槽；
5—水冷却器；6—冷却器；7—垂直挡板；8—隔板间膜

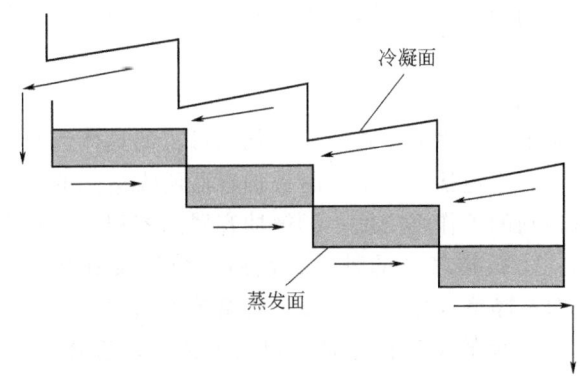

图 13-15-11　多级式设备中流体流动情况

表 13-15-1　各种分子蒸馏设备的主要特征

设备名称	发明年代	液膜厚度/mm	液层上下面之温差/℃	料液在高温下的停留时间
釜式	1922	10～50	3～18	1～5h
盘式	1926	1～10	1.5	5～60min
实验室降膜式	1930	0.1～0.3	不计	10～50s
工业型降膜式	1935	1～3	不计	2～10min
实验室离心式	1936	0.01～0.03	不计	0.04～0.08s
工业型离心式	1940	0.03～0.06	不计	0.1～1s
高速离心式	1942	0.001～0.005	不计	0.001～0.005s
逆流阶梯式	1950	5～15	5	5～60min

(3) 各种分子蒸馏装置的设计原则

① 正确地选择真空泵组、管道尺寸及密封结构，以保证足够快地达到所需的工作真空度。

② 正确选择蒸发面与冷凝面的形状、距离及相对位置，以保证从设备的蒸馏空间内顺利地排出残余气体。蒸发面与冷凝面之间的距离过小时，一方面不利于抽除残气，另一方面蒸馏液的雾沫也容易溅到冷凝面上，从而降低分离效果。近来，蒸发面与冷凝面的间距选得

比较大，一般为 1~2cm，甚至有 5~6cm。

③ 分子蒸馏多用于分离热敏性物质，故要求被加工物料在蒸馏温度下停留较短的时间。从表 13-15-1 看，离心式设备内物料停留时间最短。

④ 由机理分析知，液层内部的扩散是分子蒸馏过程的控制因素，所以分子蒸馏设备应力求减少液层厚度及强化液层的流动。刮膜式设备内液层搅动最好。

⑤ 被蒸馏液体必须预先除气。在大气压下，任何液体都含有或多或少的气体，此气体含量取决于液体的性质和它进入蒸馏装置之前所处的状态。文献指出，每升鱼肝油中含有 0.6~0.8L 气体，在 1.33×10^2 Pa 的压力下，此气体的体积为 $(0.45 \sim 0.6) \times 10^6$ L，可见未经除气的液体不能直接加入蒸馏釜，否则不但不能保证系统的真空度，而且液体会急骤地析出气体，产生飞沫，沾污冷凝面，使分子蒸馏过程遭到破坏。

(4) 真空系统设计 由各种真空元件（包括被抽容器、真空泵、真空阀门、真空管道、密封元件及真空检测仪表等）连接组成，以获得一定的真空度来满足特定的工艺要求的装置，称为真空系统。按工作压力的大小不同，真空系统可分为粗、低真空系统（$1.013 \times 10^5 \sim 1.33 \times 10^2$ Pa），中真空系统（$1.33 \times 10^2 \sim 10^{-1}$ Pa），高真空系统（$10^{-1} \sim 10^{-6}$ Pa），超高真空系统（10^{-6} Pa 以下）。

在进行化工用真空系统设计之前，首先应对化工过程的具体情况进行分析，根据工艺条件提出对真空系统的要求。它包括：① 空载时被抽容器所需达到的极限真空度；② 被抽容器在进行化工操作时所需达到的工作真空度；③ 被抽容器的容积及其压力由大气压降至某一指定值时所需的抽气时间；④ 被抽气体的种类、性质、数量及其变化，工作压力下的抽速；⑤ 化工过程及被抽容器对洁净度、振动、防爆、防腐等方面的要求；⑥ 投资及日常维修等各项经济指标。化工用真空系统的设计任务是，根据上述要求选择恰当的真空元件和配置方案，抽除被抽空间的大气，并以抽气克服化工装置的放气和漏气，从而始终保持化工过程顺利进行所需要的真空度。

化工生产中常用的真空系统有：以油扩散泵为主泵构成的高真空系统；以增压泵为主泵所构成的中真空系统；以机械泵或多级流体喷射泵为主泵所构成的粗真空系统。

如图 13-15-12 所示为分子蒸馏用的高真空系统。根据分子蒸馏过程所要求的极限真空度及工作真空度，选用最佳工作压力范围为 $10^{-4} \sim 5 \times 10^{-2}$ Pa 的油扩散泵为主泵，由于被抽气体中有可凝蒸气存在，选用气镇式油封机械真空泵为前级泵。然后再根据分子蒸馏装置的排气量来选配扩散泵及前级泵的型号。

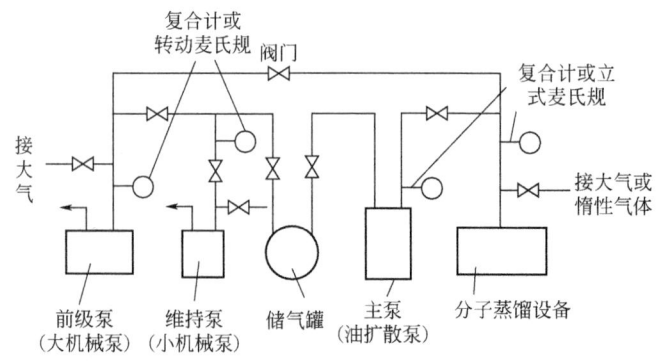

图 13-15-12 分子蒸馏用的高真空系统

15.3　分子蒸馏的发展与应用

分子蒸馏是由传统的蒸馏技术和真空技术发展起来的。19 世纪末期，随着真空技术的发展，操作压力可以达到几个毫米汞柱，从而为高真空下蒸馏技术的应用开辟了道路。1909 年 Knudsen 对超低压气流的研究，解决了高真空下流体的传输问题。20 世纪 20 年代，Hickman 等设计出高真空条件下操作的蒸馏器[12]。分子蒸馏技术作为一种对高沸点和热敏性物质有效的分离提纯手段，自 20 世纪 30 年代出现以来，得到了世界各地的广泛重视。至 20 世纪 60 年代，为适应浓缩鱼肝油中维生素 A 的需求，分子蒸馏技术实现了工业应用[13]。美国、英国、日本、德国及苏联相继设计制造了多套分子蒸馏装备，用于浓缩维生素 A 等的生产。但当时由于各种条件限制，应用面太窄，发展速度比较慢。然而，在过去的几十年里，世界各国都在不断扩大和完善该项技术在工业实际中的应用，特别是 20 世纪 80 年代以来，随着人们对天然物质的青睐，回归自然的潮流兴起，分子蒸馏技术得到了迅速发展。对分子蒸馏的设备，各国研制的形式也多种多样。我国对分子蒸馏技术的研究开始得比较晚。20 世纪 60 年代，樊丽秋首次在国内进行了分子蒸馏机理的相关研究；70 年代，余国琮、樊丽秋发表了对降膜式分子蒸馏研究的论文；80 年代，国内才出现分子蒸馏器方面的相关专利，随后又引进了几套国外的分子蒸馏装置，用于硬脂酸单甘酯的生产。

到目前为止，分子蒸馏技术已经广泛地应用于各个生产领域。人们对分子蒸馏技术的理论研究更加深入、完善。对蒸发速率、分离效率等基本方面的理论研究以及基于各种前提假设的数学模型的建立，为分子蒸馏技术的应用和装置的设计、应用提供了更加充分的理论指导。尤其是随着计算机技术的快速发展，数值计算模拟求解复杂分子蒸馏数学模型方程成为可能，从而为人们研究分子蒸馏过程中动量、质量、热量传递等复杂现象开辟了捷径。

早在 20 世纪 30~40 年代，即分子蒸馏技术出现的初期，许多学者就已经研究了应用分子蒸馏（短程蒸馏）技术分离提纯石油、动植物油、脂类、固体甚至金属物质，尤其是维生素 E 的精制提取。分子蒸馏主要应用在脱除热敏性物质中的轻组分、降低热敏性物质的热损伤、改进传统生产工艺，进行清洁生产、改进传统合成工艺条件、分离产品和催化剂等。随着人们对天然、环保和绿色产品的追求，特别是中药现代化、国际化进程的展开，分子蒸馏技术在高沸点、热敏性天然物质的分离方面得到了迅速发展。目前世界各国应用分子蒸馏技术纯化分离的产品达 150 余种，广泛应用于石油化工、食品工业、精细化工、农药、医疗保健、核工业等诸多行业，特别是在一些高难度物质的分离方面，该项技术显示了特有的优势[14]。

在我国，分子蒸馏技术在草药有效成分的分离提纯方面的应用值得特别关注。草药与化学合成药物相比，具有取材天然、作用平稳安全、毒副作用小等化学合成药物无法比拟的独特优点。现代人越来越把注意力从化学合成药转向天然药，希望从天然药中开发出更为安全有效的新药以替代前者。但是由于我国中药产业制剂工艺，特别是分离提纯工艺相对落后，以及国际市场对重金属农药残留等有毒物质限量方面的不断严格，我国中医药的发展面临着巨大的挑战。中药工业化的关键是中药有效成分提取和制剂工艺现代化。在中药有效成分提取分离阶段使用分子蒸馏技术，尤其是针对传统中药中挥发性成分的分离使用分子蒸馏技术，取得了很好的效果，前景光明。

一般参考文献

[1] 中川洋. 分子蒸馏. 東京: 日刊工业新闻社, 1962.
[2] 中川洋. 真空蒸馏. 東京: 日刊工业新闻社, 1964.
[3] Barrows G. Molecular distillation. Oxford: Clarendon Press, 1960.
[4] Watt P R. Molecular stills. London: Chapman and Hall, 1963.
[5] Roth A. Vacuum technology. Amsterdam: North-Holland, 1976.
[6] 化学工业协会. 化学装置便览. 第二版. 東京: 丸善株式会社, 1989.

参考文献

[1] Erdweg K J. Molecular and short-path distillation. Chem Ind, 1983, 9: 342-345.
[2] 樊丽秋. 真空设备设计. 上海: 上海科学技术出版社, 1990.
[3] Chen L J, Zeng A W, Dong H B, et al. Bioresource Technology, 2012, 112: 280-284.
[4] 吴鹏, 张东明, 张庆波. 化工进展, 2000, 1: 49-53.
[5] Lutišan J, Cvengroš J. The Chemical Engineering Journal and the Biochemical Engineering Journal, 1995, 56 (2): 39-50.
[6] Kawala Z, Stephan K. Chem Eng Technol, 1989, 12: 406-413.
[7] Langmuir I. Phys Rev, 1916, 7: 302-333.
[8] Kawala Z. Int Chem Eng, 1974, 14 (3): 536-543.
[9] 王志祥, 林文, 于颖. 化工进展, 2006, 25 (3): 292-296.
[10] Zhang X B, Xu C J, Zhou M. Sep Sci Technol, 2005, 40 (6): 1371-1386.
[11] Yu J, Zeng A W, Yuan X G, et al. Sep Sci Technol, 2015, 50: 2518-2524.
[12] Hickman K C D. High-vacuum short-path distillation - a review. Chem Rev, 1944, 34 (1): 51-106.
[13] Mckenna T F. Chem Eng Sci, 1995, 50 (3): 453-467.
[14] Batistella C B, Moraes E B, Filho R M, et al. Appl Biochem Biotechnol, 2002, 98 (100): 1149-1159.

16 精馏过程的节能

精馏是利用各组分间的沸点差异实现混合物中各组分分离的，汽化和冷凝是其主要的物理过程，因此需要能量的输入和输出，可以说能量是精馏过程唯一的分离剂。但一般精馏塔的热力学效率很低，仅有 5%～10% 的能量被有效利用，通常有大量低位能量输出；再加上不良设计与操作，以及蒸汽泄漏、换热设备结垢、保温不良以及维护失当等问题的存在，精馏过程的能量利用率会进一步降低。

精馏是广泛用于石油、化工、轻工、食品、医药、冶金等工业部门的通用分离技术，其能源消耗量在上述部门总能耗中占相当大的比例。如果精馏的能源效率有所提高，则节约的能量将十分可观。因此提高精馏过程的能源效率、实现节能具有重要意义。

16.1 精馏过程的热力学分析

16.1.1 精馏过程所需功

图 13-16-1 所示为简单精馏过程，如假设稳态操作，根据热力学第一定律和第二定律分别得：

$$Fh_F - Dh_D - Wh_W + Q_W - Q_D = 0 \tag{13-16-1}$$

$$Fs_F - Ds_D - Ws_W + \frac{Q_W}{T_W} - \frac{Q_D}{T_D} + S_g = 0 \tag{13-16-2}$$

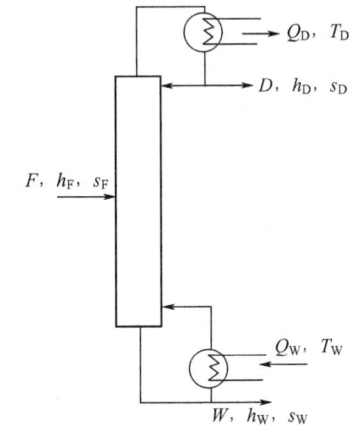

图 13-16-1 稳态精馏过程示意图

将式(13-16-2)乘以 T_0 并与式(13-16-1)相减可得：

$$F(h_F - T_0 s_F) - D(h_D - T_0 s_D) - W(h_W - T_0 s_W) + \left(1 - \frac{T_0}{T_W}\right)Q_W - \left(1 - \frac{T_0}{T_D}\right)Q_D - T_0 S_g = 0$$

(13-16-3)

式中，T_0 为环境温度；S_g 为精馏塔内的熵增；h、s 分别为单位物流量的焓和熵；Q_D 为塔顶冷凝所放出的热量；Q_W 为塔底加热所吸收的热量。在图 13-16-1 所示的精馏过程中，向温度为 T_W 的塔底加入热量 Q_W，需要环境所做的理想功为 $\left(1 - \frac{T_0}{T_W}\right)Q_W$，从温度为 T_D 的塔顶取出热量 Q_D，可对环境做的理想功为 $\left(1 - \frac{T_0}{T_D}\right)Q_D$，因此，精馏过程中所需理想功的净消耗为：

$$W = \left(1 - \frac{T_0}{T_W}\right)Q_W - \left(1 - \frac{T_0}{T_D}\right)Q_D \tag{13-16-4}$$

将式(13-16-3)代入式(13-16-4)，并根据流动系统物流有效能的定义，$b = h - T_0 S$，可得：

$$W = Db_D + Wb_W - Fb_F + T_0 S_g \tag{13-16-5}$$

当塔内的精馏过程为可逆过程时，熵增 $S_g = 0$，可得精馏过程所需最小用功为：

$$W_{\min} = Db_D + Wb_W - Fb_F \tag{13-16-6}$$

$W_{\min}$ 为假设精馏过程可逆所需要的功，因此等于精馏过程的最小分离功，它仅仅依赖于所分离混合物的组成、温度和压力，以及产品的组成、温度和压力。式(13-16-6)表明，稳态精馏过程的最小分离功等于物流的有效能增量。

对于实际的精馏过程来说，由于过程是不可逆的，所需用功则为：

$$W_{实际} = W_{\min} + W_{损失} \tag{13-16-7}$$

$W_{损失}$ 为实际过程的损失功，过程的不可逆程度越大，$W_{损失}$ 也越大，过程所需要的功越多。

16.1.2 精馏过程不可逆性的分析

对于给定的分离任务，最小分离功 $W_{\min}$ 由原料与产品的组成、温度和压力所决定，是一定值。因此，为了减少精馏过程中的功耗，必须尽可能地减小 $W_{损失}$，即设法使过程尽量降低精馏过程的热力学不可逆性，减小过程的熵增。根据不可逆热力学原理可知[1]，熵增可以描述为各热力学通量（热通量、质量通量、反应速度等）与各热力学力（传热热力学力、传质热力学力、反应亲和力等）的乘积，因而精馏过程热力学的不可逆性主要由以下原因引起：

① 压力梯度而引起的动量传递；
② 温度梯度而引起的热量传递或不同温度物流的反向混合；
③ 浓度梯度而引起的质量传递或不同化学位物流的反向混合。

由上述分析可见，降低流体流动过程所产生的压力降，提高传热和传质效率，减小不必要的混合均能使精馏过程中的功耗降低。精馏能量的输出（塔顶冷凝热）温度较低，为低品位热能，且量很大，带走了大量有效能。因此减少塔顶冷凝器中被冷却介质带走的热量或有效再利用这些热量是降低精馏过程能耗的重要途径。

在待分离物系以及各组分的先后分离顺序确定后，精馏过程节能的方法基本上可以分为三类[2]：①实现精馏过程的最优设计与操作，以减少精馏过程本身的能量需求；②精馏过程热能的充分回收和利用；③提高精馏过程的热力学效率。

16.2 精馏过程的最优设计与操作

精馏过程的能耗与精馏塔的设计、操作、控制以及设备维护保养状况有很大关系。因此，保证精馏过程的最优设计，在最佳的条件下进行操作，是减少精馏过程能耗的基本保证。

16.2.1 精馏过程最佳操作条件的选择

(1) 最佳回流比的选择 精馏过程加热蒸气的消耗量根本上取决于回流比的大小，因此应尽可能减小操作回流比。图 13-16-2 为精馏塔总费用随回流比的变化曲线，总费用通常为设备投资与操作费之和。其中在操作费中能耗费占重要比例。最佳的回流比应取在图中年总费用曲线的最低点附近。该曲线可以通过精馏塔模拟和评价计算加以确定，进而精确得到最佳回流比。在精馏塔设计中应用较多的是经验法，较为成熟的经验是：推荐的回流比为最小回流比 R_{min} 的 1.2~1.5 倍。该倍数的具体取值取决于设备投资与操作费的价格之间的权衡。例如，自 20 世纪 70 年代以后，由于能源价格上涨，回流比的推荐值也相应减小，文献 [2] 的推荐值为 $(1.2~1.3)R_{min}$。总之，在设备投资与操作费的权衡中，如果适当提高能源价格的权重，设计的回流比会相应减小，因而有利于能耗的减小。

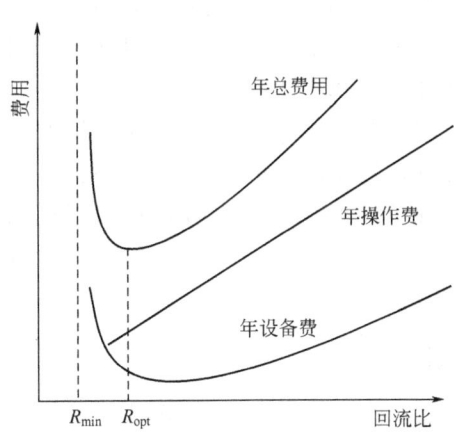

图 13-16-2 回流比与费用的关系

(2) 最佳操作压力的选择 一般说来，在不需要制冷的前提下，精馏塔的操作压力应尽可能降低，以降低精馏塔所需能量的品位。同时，在许多情况下，尤其是组分沸点相接近的系统，在低压下，组分的相对挥发度会增加，这不仅降低了加压系统的负荷，而且提高了精馏塔的分离能力，因而可在较低的回流比下操作，此时降压操作的经济效果是十分明显的。

但是对于减压操作的精馏塔，如果要进一步降低操作压力则需慎重考虑。因为压力的降低使气体密度减小，气体的体积流率成比例增加。由于气体的动能与速度的平方成正比，因此需要的塔径会显著增大，同时塔顶冷源还要更高品位的冷源，因此一般因降低压力获得的收益难以补偿设备投资以及塔顶冷凝增加的费用。

当考虑精馏塔之间的能量集成时，提高精馏塔的压力以提高冷凝器温度，直至冷凝器输出热能可为其他精馏塔的塔釜提供热量。多数情况下能量集成的收益足以补偿因单个精馏塔压力上升而增加的费用。

此外，采用新型的节能型塔板和新型高效填料能够提高精馏塔的分离效率，减小回流比。特别是采用高效规整填料可显著降低塔压降，使得塔顶、塔底温差减小，从而增大使用较低品位冷、热公用工程的可能性。

(3) 最佳进料位置和进料状态的选择　进料位置应选择在物料组成与进料组成最为接近的塔板上，否则会因进料与塔内物料之间的返混而导致进料板附近的塔段的效率损失。将精馏塔设置多个进料口，视具体情况变更进料位置，可获得较好的节能效果。

在选择最佳进料位置的同时，还应考虑进料状态对精馏过程的影响。进料状态可为液相（过冷或饱和）、气相（饱和或过热）和气液两相，不同的进料状态对塔的热平衡影响很大。因此，任何预热进料的方案，均应核算塔的进料状态，以确保节能方案的有效性。

16.2.2　在精馏操作中采用先进的自动控制系统

精馏塔控制系统有两个基本功能：使操作稳定和最佳。两者是有联系的，操作不稳定时很难达到操作最佳。

在控制系统靠人工手动或简陋的控制进行调节时，控制精度低，操作不得不在较大的安全系数下进行，以确保产品的质量，其结果是回流比上升而消耗过多的能量。目前已有针对各种类型的精馏塔操作的先进的控制系统，例如，自动化仪表控制、计算机智能控制等，从控制方法上有普通 PID 控制，还有模型预测控制等[3~5]先进控制方法。特别是近年来一些流程模拟软件也提供有效的精馏控制工具[6]，为精馏过程控制系统的设计提供了有力工具。这些精馏控制系统不仅能有效保证精馏操作的稳定性，同时为保证精馏塔在最佳设计参数下运行，避免能耗的增加提供了可靠的方法。

采用先进的控制系统实现节能对精馏塔的设计提出了更高的要求。设计中必须选用可靠的原始数据，采用可靠的计算方法，设计计算结果力求准确，以确保在设计值下操作的精馏塔处于真正的最佳状态。

16.2.3　精馏设备的保养维护

对精馏设备进行恰当的维护、维修、清洗和检查，也能收到节能的效果。换热器和精馏塔的维修与清洗，对于精馏过程能量的充分利用尤为重要。

(1) 换热器的维护　结垢会使换热器的效率大大降低，除采用新型换热器以外，主要可通过减少换热器结垢来提高换热效率。经常清洗可以消除结垢。为换热器设置旁路可避免清洗时的停工。

减少换热器结垢的预防措施有[7]：

① 工艺物流的预处理（如脱盐、采用气体保护的储罐、过滤等）；

② 适宜的设备设计（如采用挡板提高壳程流速）；
③ 采用合适的金属材料或加入防腐剂控制腐蚀性结垢；
④ 使用防垢剂。

为了更好地维护保养换热器，还必须经常监测换热器的性能，应该定期采集传热数据，这些数据将有助于鉴定换热器的结垢问题，并可作为计算节能潜力的数据依据。

（2）精馏塔的维护 精馏塔内塔板或填料的工作状况对精馏过程的影响很大。塔板或填料的堵塞、结垢和腐蚀都会造成精馏过程的失常，此时要达到设计的分离效果，就需要消耗更多的能量。因此，塔的检修和清洗对降低精馏能量损失十分重要。

16.3 精馏过程热能的回收和利用

充分回收和利用精馏过程本身的热能是以热力学第一定律为依据的，其目的是使排出精馏系统或散失于外界的热量减为最小。主要途径有热量回收和加强保温。

16.3.1 精馏过程的显热回收

图 13-16-3 为利用冷热流体的相互换热进行显热回收的一个例子，在炼油常减压精馏等领域被广泛采用。

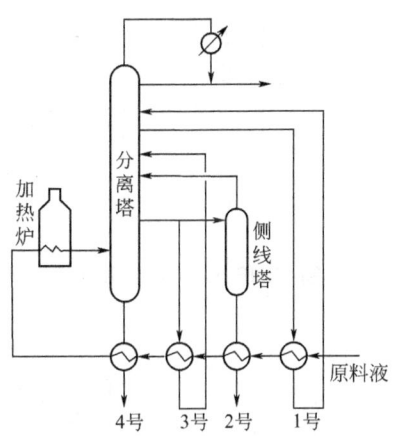

图 13-16-3 显热回收

利用从精馏塔产品带出或中间换热输出的热量来进行原料液预热或汽化（图 13-16-4），可使供给塔底再沸器高位热能的数量减少，这是有效利用低品位热能的一种方法。但当进料被加热而发生汽化时，塔的操作线随之改变，因此需要相应调整精馏塔的设计，否则会使馏出液中高沸点成分增加。这种节能方法多用于较易分离的物系。

对具有一定压力和温度的一些液体物料，可通过减压罐将其显热转换成潜热，利用喷射泵将其升压以供其他用户使用（图 13-16-5）。例如，将甲醇精馏塔塔底 0.5MPa、154℃ 的釜液减压取得的低压（23.33kPa）蒸气，经喷射泵升压后用作乙醇塔的加热蒸气，可节约加热蒸汽消耗量 20%，流程见图 13-16-6。

采用显热转换为潜热的方式节能，需进行如下考虑：
① 选择合适的精馏塔操作压力；

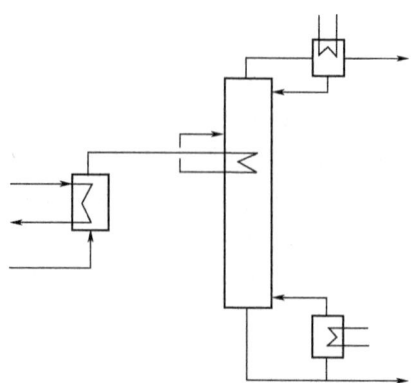

图 13-16-4 汽化进料

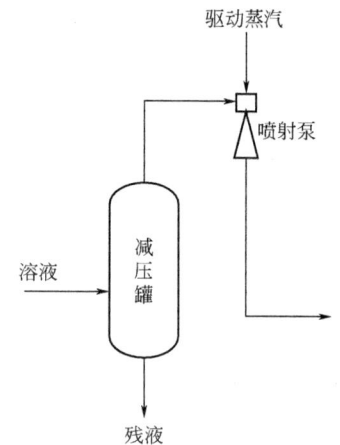

图 13-16-5 减压回收法

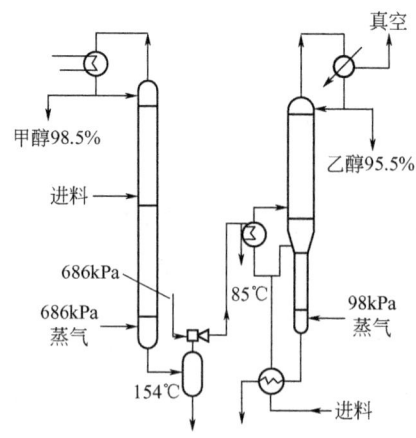

图 13-16-6 减压回收流程

② 回收的低压蒸气是否可得到有效利用；
③ 选择适用于蒸气压力特性的蒸气喷射泵。

16.3.2 精馏过程的潜热回收

从潜热回收的热量通常比显热大得多。在高温精馏和加压精馏中，可将塔顶冷凝器用作蒸气发生器，获得的低压蒸气作为热源输出，使塔顶蒸气的潜热得以回收（图13-16-7）。图13-16-8为甲醛-水系统潜热回收中的蒸气发生精馏工艺。图13-16-9所示的例子为精馏与蒸发操作的组合，这种方式相对于用蒸发单独操作所使用的蒸气量，可有60%的节约率。

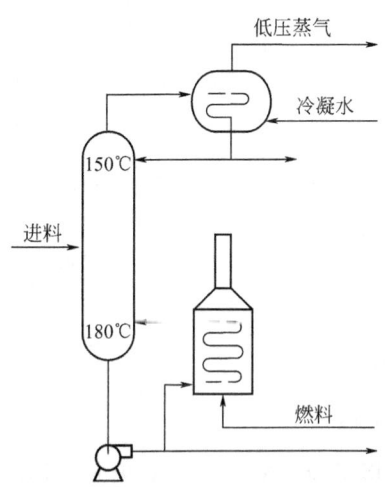

图 13-16-7 塔顶蒸气的潜热回收

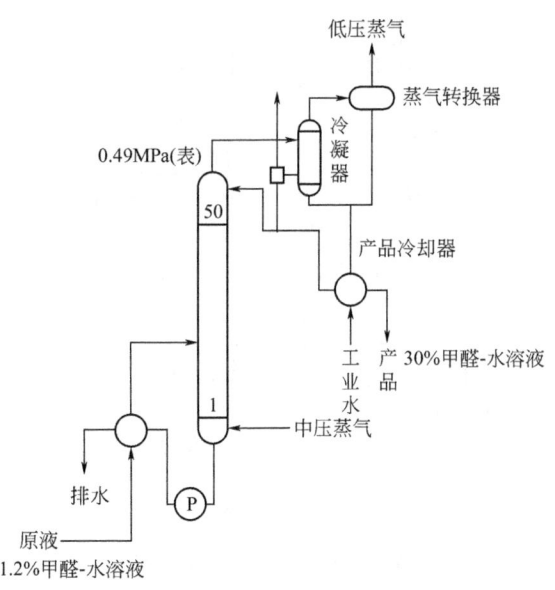

图 13-16-8 甲醇-水回收蒸气发生精馏工艺

对于塔顶产品为多组元混合物，且露点与泡点的差值较大者（例如原油精馏），可采用两级冷凝增加潜热的回收量，如图13-16-10所示，第一级冷凝液作为回流，第二级冷凝液作为产品。假定150℃为热能可以再利用的温度下限，回流比均为1，计算表明，采用两级冷凝回收的热量由采用一级冷凝的 1×10^7 kcal·h^{-1} 增至 1.75×10^7 kcal·h^{-1}，即增加了

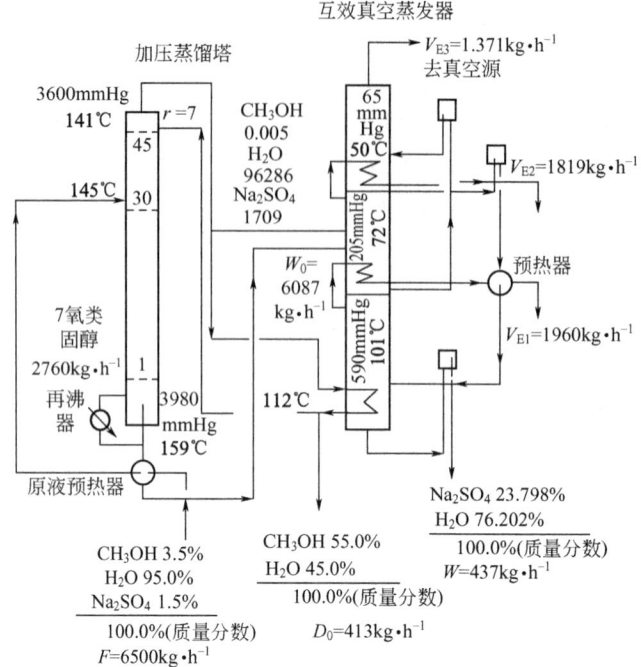

图 13-16-9 含无机盐的甲醇-水溶液的浓缩

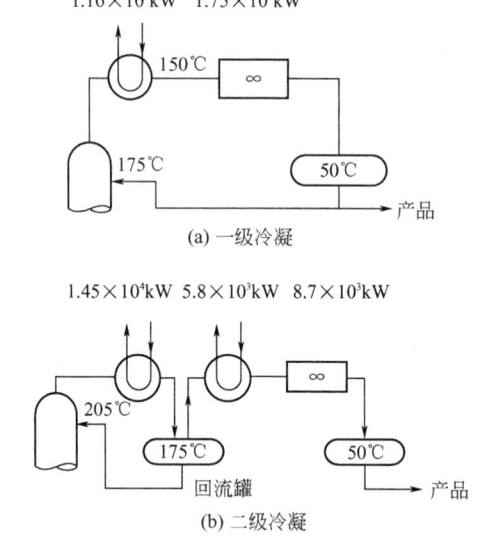

图 13-16-10 塔顶冷凝流程

75%。应注意到，所增加的潜热回收量与规定的温度回收下限或回流比有关。

16.3.3 加强保温以减少精馏过程的热损失

采用合适的保温绝热层可减少精馏塔、管线及零部件裸露表面的热损失，可降低再沸器的负荷。操作温度与大气温度相差越大，保温的经济效果越显著。需要指出，保温的对象既包括高温表面，也包括冷表面。保温材料和厚度的选择取决于保温费用和保温寿命内所节约的能量费用之间的经济权衡。此外，减少换热介质的泄漏对减少精馏过程的热损失也是非常重要的。

16.3.4 精馏塔间的能量集成

两个精馏塔之间的能量集成是指一个精馏塔输出的热量通过换热器或其他间接换热方式用于另一个精馏塔的热量输入，以实现节能。通常精馏塔间的能量集成的热源是一个精馏塔冷凝器，而热阱则是另一个塔再沸器。但广义的精馏塔能量集成是指一个精馏塔或多个精馏塔所组成的系统中任何热源和热阱之间的换热。例如，用塔底产品的热量预热精馏塔的进料，以及本篇 16.3.1 节和 16.3.2 节中介绍的显热和潜热的回收均可认为是精馏塔的能量集成。在精馏系统中，若一个冷凝器温度高于一个再沸器的温度，且有足够的换热温差，那么可直接进行能量集成。否则可以改变精馏塔操作压力，进而改变冷凝器或再沸器的温度实现能量集成。

同一个精馏塔的冷凝器和再沸器之间可以通过热泵实现能量集成，这种能量集成及其操作方式通常称为热泵精馏，详见本篇 16.4.1 节。

如果将精馏塔的整个精馏段加压，使其温度充分高于提馏段，则可以实现两个塔段任意一对塔板之间的换热。这种精馏塔内部能量集成方式称为"二次回流与汽化精馏"，即 SRV（secondary reflux and vaporization）精馏，详见本篇 16.4.4 节。

虽然能量集成可以显著节能，但也应关注所带来的问题。首先精馏系统能量集成所具有的换热温差明显小于普通冷凝器或再沸器的换热温差，因此换热面积会有所增加。为了提高冷凝器温度而提高精馏塔操作压力会导致塔底温度的上升，故需要更高温度的加热介质，导致热源价格的上升。同时，因组分之间的相对挥发度随压力的增高而降低，提高精馏压力会导致分离难度增加，因而需要较多的精馏级数（塔板数或填料高度）。此外，虽然提高精馏塔压力会使精馏塔体积缩小，但因高压下的塔壳和管线的费用会增加，也会给能量集成的收益带来不确定性。

对于两个精馏塔之间的能量集成，哪一个作为热源或热阱最多有两种选择，而两个以上的精馏塔则会有众多种热源和热阱之间匹配的选择，不同的匹配方案节能效果会有显著差别。因此多精馏塔系统的能量集成是系统最优化问题，详见第 27 篇有关章节。

16.4 提高精馏系统的热力学效率

常规精馏的热力学效率是很低的，这是由精馏过程的热力学不可逆性所造成的。提高精馏过程的热力学效率、减少过程中的㶲损失是降低过程能耗的重要途径，在精馏节能技术中占有很重要的地位。

精馏过程热力学不可逆性产生的原因在前面已做了简单分析。无疑，采用新型节能型塔板和高效填料，可以降低塔压降，减小传质过程中的化学位差；采用高效换热设备，可以减小传热温差。这些方法均能提高精馏过程的热力学效率。但即使如此，精馏过程的热力学效率仍然很低，分析其原因，主要有三。其一，塔顶冷凝器带走了大量不能再利用的低位热能，增大了过程的不可逆性；其二，塔顶取热与塔底给热的温差使不可逆性增加；其三，换热设备的效率无论多高，还是需要一定的传热温差，使过程产生不可逆性。因此，要提高精馏过程的热力学效率，一是要尽可能减少塔顶㶲能的损失，二是要降低取热温度与给热温度之差，三是要采用直接换热的方式取代冷凝器或再沸器。

16.4.1 热泵精馏

如本篇 16.3.4 节所述,热泵精馏属于同一个精馏塔内部的能量集成。热泵精馏(直接蒸气再压缩流程)是对精馏系统加入一定量的机械功,将温度较低的塔顶蒸气加压升温,作为塔釜的热源。由于回收的潜热用于过程本身,用塔顶冷凝热量加热塔釜,省去了精馏塔的加热和冷却介质(加热蒸汽和冷凝水),大大降低了塔顶所放出热量的能位损失,减小了过程的不可逆性。热泵精馏被认为是一种较有效的精馏节能方法。

热泵精馏适用于塔底、塔顶温差小的系统,因此用于分离沸点相近的物系效果较好。热泵精馏需要高效率的压缩机,宜配备低温差的高效换热设备,如采用低压降填料(或塔板),则效果更佳。

图 13-16-11 为丙烯-丙烷热泵精馏流程。其中图 13-16-11(a) 为通常的开式热泵精馏流程,(b) 为两级压缩热泵流程。因为丙烯的露点较低,为了用冷却水使其冷凝,在图 13-16-11(a) 的流程中压缩机出口需维持较高的压力,而在图 13-16-11(b) 的二级压缩流程中,由于使用了高效换热器,再沸器两侧流体温差可低至 5.6℃,故第一级压缩机的出口压力可以降低,大部分塔顶蒸气只需压缩至 1.4MPa 供塔釜加热,剩下的少量蒸气再经二级压缩至 1.9MPa,用冷却水调温。与常规精馏相比,塔顶压力由 1.9MPa 降至 0.9MPa,总投资减少 50%,节约能量费用 72%。

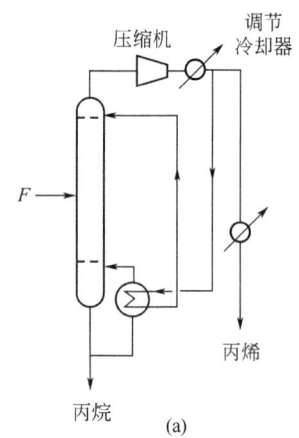

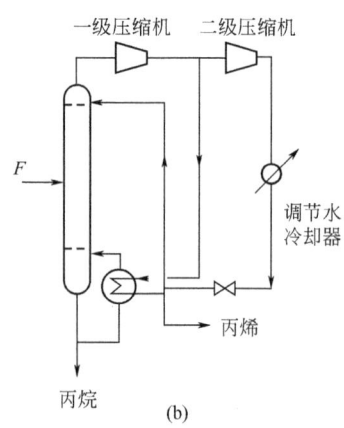

图 13-16-11 丙烯-丙烷热泵精馏流程

对于组分沸点相差较大的物系，有时可以采用分割型热泵流程。图 13-16-12 为乙醇-水分离系统的热泵精馏流程。由于乙醇-水混合物存在共沸点，如果让塔顶产品组成尽可能接近共沸点，则精馏的能耗会显著增加。若采用单塔热泵流程，则塔底、塔顶温差为 21.9℃，所需压缩比为 3，但采用图 13-16-12 所示的分割型流程后，上塔塔底、塔顶温差仅为 1℃，压缩比为 1.2，节能效果十分显著。

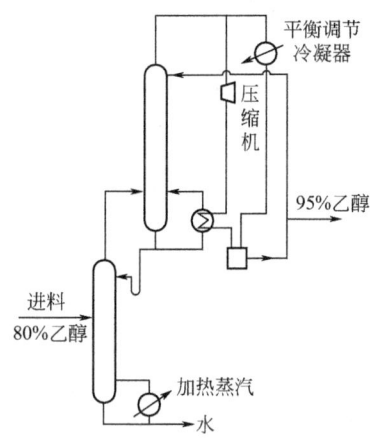

图 13-16-12　分割型热泵流程

此外，热泵精馏还包括塔底液体汽化用以冷却塔顶的操作方式。即降低塔底液体压力，使之在冷凝器中汽化，然后再压缩返回塔底，如图 13-16-13 所示。

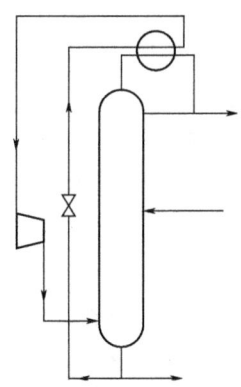

图 13-16-13　塔底流体汽化-压缩热泵精馏

热泵精馏还可以通过引入外部载热介质加以实现。如图 13-16-14 所示，外部流体作为载热介质在冷凝器中汽化，带出热量并经压缩后在再沸器中冷凝。

16.4.2　多效精馏

多效精馏通常是指将一个精馏塔分解成两个或三个精馏塔，并让分解后的精馏塔在不同压力下操作，以实现各塔之间的能量集成。所以多效精馏属于精馏能量集成的一种形式。分解后的精馏塔数目称为"效数"，如双效精馏、三效精馏等，如图 13-16-15(a) 和 (b) 所示。图 13-16-15(a) 和 (b) 所示的多效精馏中的每个精馏塔分离任务相同。此外，一种以高压塔进料的各精馏塔分离任务不同的双效精馏如图 13-16-15(c) 所示。这种多效精馏方

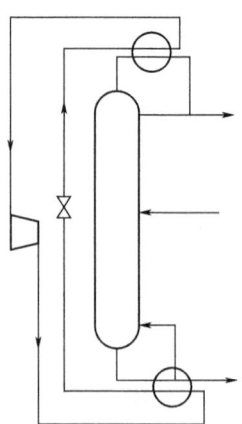

图 13-16-14 引入外部载热流体的热泵精馏

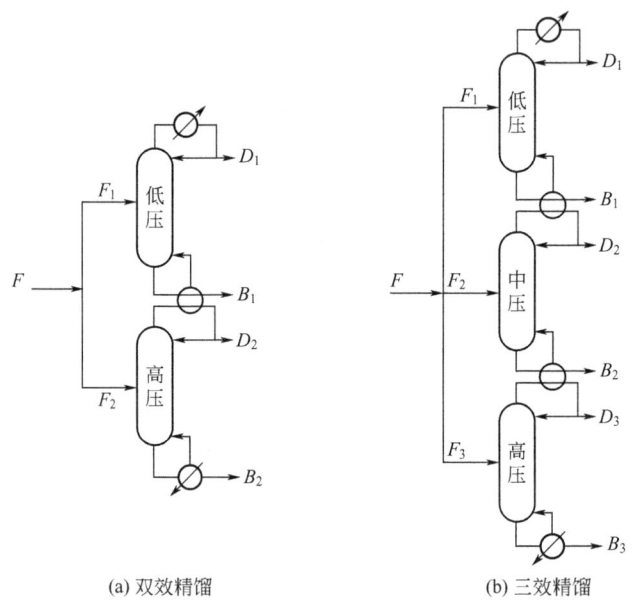

(a) 双效精馏　　　　　　　　(b) 三效精馏

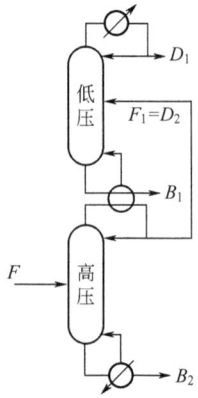

(c) 高压进料的双效精馏

图 13-16-15 多效精馏的不同方式

式共有一股塔顶产品和两股塔底产品。如果改变进料位置和两个精馏塔连接方式，还可以得到许多种双效精馏方式。文献 [8] 给出了 23 种不同的多效精馏方式，并给出了简单评价方法。与图 13-16-15(c) 所示的方式相比，图 13-16-15(a) 和 (b) 所示的多效精馏，由于每个精馏塔的分离任务相同，达到可行换热温差所需要的塔间压力差最大；或为了尽量减小压差而降低换热温差，导致所需的换热面积增加，因此通常被认为是较昂贵的多效精馏[8]。

多效精馏的节能原理仍是减少塔顶有效能的损失。多效精馏的加热蒸汽用量与效数近似成反比，效数越多，能耗越小，但效数的增加受高压塔加热蒸汽的压力及低压塔冷却介质种类的限制。一般来说，效数受下面几种因素的限制：

① 高压塔的最高压力必须低于临界压力；
② 高压塔再沸器的温度不得超过可用热源的最高温度；
③ 塔的最低压力通常根据冷却水的温度而定；
④ 各塔之间必须有足够的压差和温差，以便有足够的传热推动力。

效数过多，会使操作困难，且设备投资增加，较为常见的是双效精馏。此外，多效精馏一般适用于非热敏物质的分离。

图 13-16-16 为联氨-食盐-水的三效精馏流程，其加热蒸汽用量为单塔时的 35%。图 13-16-17 为甲醇-水的双效精馏流程，其能耗比单塔精馏降低 47%。

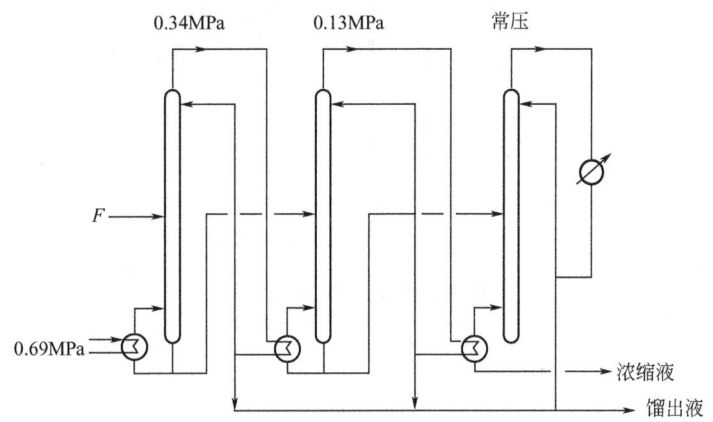

图 13-16-16 联氨-食盐-水的三效精馏流程

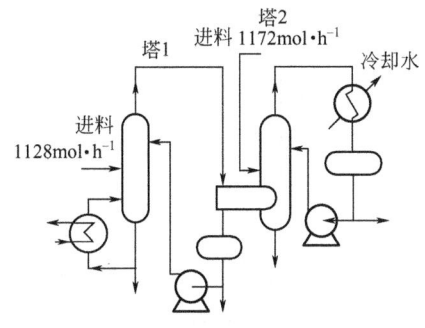

图 13-16-17 甲醇-水的双效精馏流程

16.4.3 增设中间再沸器和中间冷凝器

普通精馏塔的塔底以高温加热，塔顶以低温取热，其温差决定了精馏过程的不可逆性，以及热力学效率。如图 13-16-18 所示，若沸点进料的精馏塔在绝热条件下操作，并忽略各股物料的蒸发潜热及显热差别，根据式(13-16-4)，若 $Q_D = Q_W = Q_0$，则该塔的净功消耗为 $W_0 = Q_0 T_0 \left(\dfrac{1}{T_D} - \dfrac{1}{T_W} \right)$。对一个具体的精馏过程来说，$Q_0$、$T_0$、$T_D$ 和 T_W 均为定值，若改变热量的加入和移出方式，则有可能减小净功的消耗。如图 13-16-19 所示，增设一中间再沸器后，该塔净功消耗为 $W = Q_1 T_0 \left(\dfrac{1}{T_m} - \dfrac{1}{T_W} \right) + Q_0 T_0 \left(\dfrac{1}{T_D} - \dfrac{1}{T_m} \right)$。显然，$W - W_0 < 0$，即 $W < W_0$（注意到 $Q_0 = Q_1 + Q_2$，$T_D < T_m < T_W$）。若在进料点上、下分别增设无限多个中间冷凝器和中间再沸器，则该塔净功耗将减为最小，以 W'_{min} 表示之，以区别于式(13-16-6)

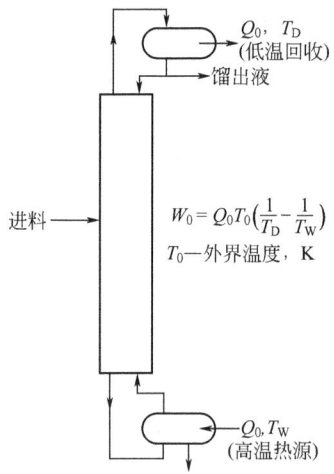

图 13-16-18　普通精馏塔

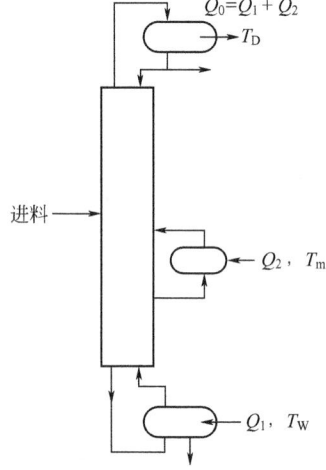

图 13-16-19　具有中间再沸器的蒸馏塔

中的 W_{min}，并将精馏塔的热力学效率定义为 $\eta = \dfrac{W'_{min}}{W_{min}}$。Kayihan[9]研究了增设中间再沸器和中间冷凝器的个数对提高热力学效率的贡献，其结果如图 13-16-20 和图 13-16-21 所示。图 13-16-20 表明，加入一个中间再沸器或一个中间冷凝器所提高的热力学效率相当，具有同等效用。而同时具有一个中间再沸器和一个中间冷凝器的热力学效率则更高。图 13-16-21 表明，加入中间冷凝器（或再沸器）对提高热力学效率的贡献主要在于前几个冷凝器（或再沸器），若再增加其数目，其贡献将逐渐减小。

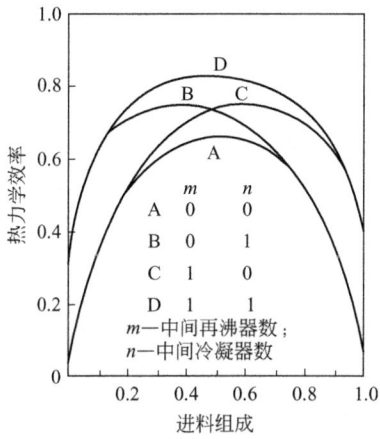

图 13-16-20 在相同分离条件下，普通蒸馏塔与具有中间换热器蒸馏塔热力学效率的比较（一）

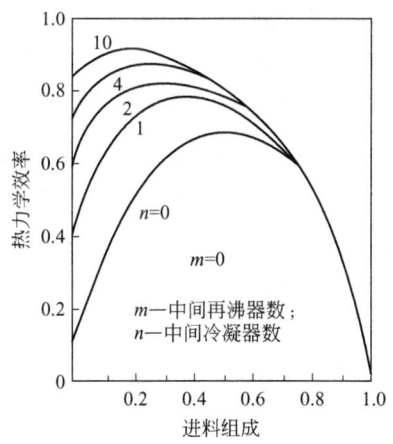

图 13-16-21 在相同分离条件下，普通蒸馏塔与具有中间换热器蒸馏塔热力学效率的比较（二）

增设中间再沸器或冷凝器能够节能的原因也可通俗地解释为，增设的中间再沸器比塔釜温度低，减少了较高品位热能的消耗，而增设的中间冷凝器比塔顶温度高，可回收较高品位热能（对低温精馏塔顶需要制冷的情况，则减少了较高品位冷源的消耗），其结果是增加了精馏过程的有效能的利用率。

图 13-16-21 表明，只有在进料轻组元浓度低时，加入中间冷凝器对提高热力学效率

的贡献才是显著的。还应注意，加入中间换热器后，改变了塔的操作线，如图 13-16-22 所示。这样，达到相同分离要求所需要的理论板数将会增加，总设备投资增大。因此，当塔底、塔顶温差较大，且具有温度合适的中间热源时，利用中间换热器节能会更为优越。

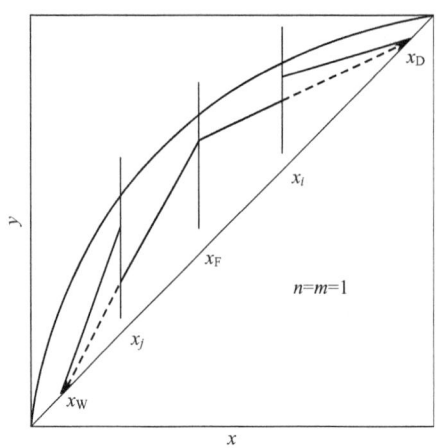

图 13-16-22 具有中间换热器双组分蒸馏塔的操作线（实线表示）

16.4.4 SRV 精馏

SRV 精馏（distillation with secondary reflux and vaporization）也称为具有附加回流和蒸发的精馏，它是借助于精馏段和提馏段之间的温度差进行热交换，从而提高热力学效率的，如图 13-16-23 所示。从图中可以看出，SRV 精馏相当于精馏段中有许多中间冷凝器，在提馏段中有许多中间再沸器，把回收的热量用于过程本身，并且大大减小了塔顶冷凝器和塔釜再沸器的负荷。若精馏段与提馏段在同一压力下操作，精馏段温度低于提馏段温度，前者无法作为热源将热量传给后者。为此，将精馏段与提馏段分开，两段之间加设一个压缩

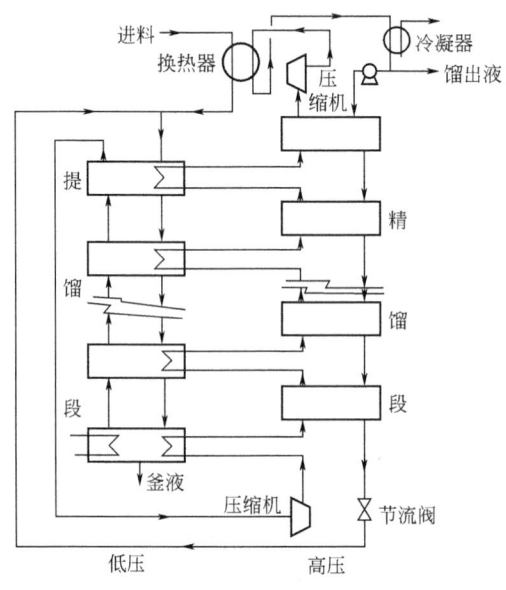

图 13-16-23 SRV 精馏

机,使精馏段压力高于提馏段,这不但使 SRV 过程得以进行,而且塔顶较高压力的蒸气可通过膨胀-压缩机回收一部分能量。由于塔内有附加回流和蒸发,故精馏段的回流量由上而下逐渐增加,而提馏段的蒸气量由下而上逐渐增加,其操作线示于图 13-16-24。

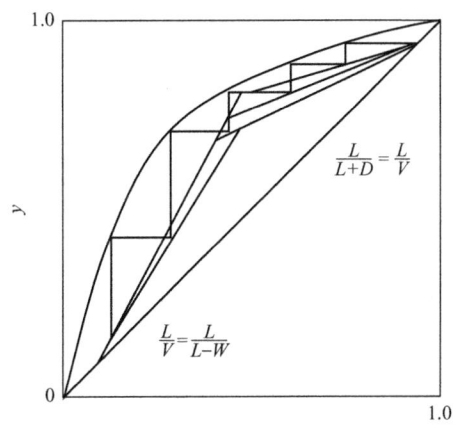

图 13-16-24　SRV 精馏的操作线

Mah 等[10]通过模拟计算得出结论,低温精馏采用 SRV 精馏较好,因为 SRV 精馏提高了精馏段操作压力,冷凝器负荷可显著降低。当混合物沸点相近时,所用热泵压缩比可以减小,有助于提高 SRV 精馏的经济效果。

图 13-16-23 所示的方案较为复杂,设备投资大,二塔段多处互相交联,操作控制复杂,因而难以实现工业化。图 13-16-25 和图 13-16-26 给出了精馏段与提馏段交联的简化方案。图 13-16-25 中,从精馏段需要中间冷却的某一合适位置抽出一定量蒸气经压缩机加压后,送入提馏段需要中间加热的某一合适塔板处换热器中,冷凝放热,凝液经节流阀节流膨胀后回到精馏段,这相当于在精馏段设置一个中间冷却器,在提馏段设置一个中间加热器。图 13-16-26 中,从提馏段需要中间加热的某一塔板上抽出一定量的液体,经节流阀节流膨胀后送入精馏段需要中间冷却的塔板处换热器中,吸热汽化,气体经压缩机升压后送回提馏段,这也相当于在精馏段设置一个中间冷却器,在提馏段设置一个中间加热器。由图 13-16-25 和图

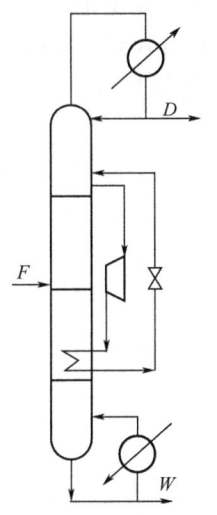

图 13-16-25　提馏段与精馏段交联的方案一[7]

13-16-26 还可看出，SRV 精馏也具有热泵精馏的一些特点。

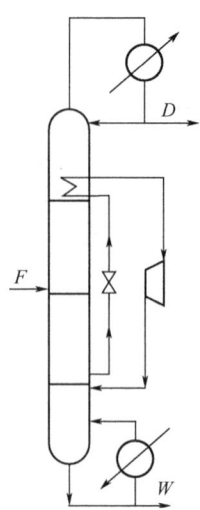

图 13-16-26 提馏段与精馏段交联的方案二[7]

SRV 精馏虽然可有效减小冷、热公用工程的消耗，同时减小冷凝器和再沸器的设备尺寸，但增加的中间换热器和压缩设备等会导致投资费的增加。特别是由于增加了过程的不可逆性（操作线更加接近平衡线），因而为完成给定分离任务需要的理论板数也会随之增加。

16.4.5 热耦精馏

热耦精馏（thermally coupled distillation），特别是与之有关的隔板精馏塔因其在节能方面的优势近年来受到了普遍关注。精馏的热耦合是指精馏塔或精馏塔段之间通过热物料（液相或气相）直接交换而偶联在一起的精馏系统。图 13-16-27(a) 和（b）给出了一种热耦合精馏的基本结构及其与普通精馏塔序列的对比。该流程对应的是直接分离序列，即将混合物中按挥发性排列的 A、B 和 C 组元逐个分离的流程。图 13-16-27(b) 所示的热耦合精馏的一种热力学等价形式示于图 13-16-27(c)，该方式即为侧线精馏塔。与之对应的是间接分离序列的热耦精馏方式，及其热力学等价流程，即侧线汽提塔，如图 13-16-28 所示。对于三元混合物分离，侧线精馏或侧线汽提是获得较高纯度的中间产品较为节能的有效方法，因而在工业中经常采用，例如空分精馏塔（侧线精馏塔），以及炼油常、减压精馏塔（侧线汽提塔）等。

从图 13-16-27 可以看出，热耦合精馏方式可以省去塔Ⅰ的再沸器，因此可降低设备费，但该再沸器所需热量并未省去，而是移至图 13-16-27(b) 中塔Ⅱ的再沸器。然而热耦精馏与普通精馏相比仍可显著节能，这主要是因为在塔Ⅰ流向塔Ⅱ的净流量不变前提下，塔Ⅱ进料中的液相流量明显大于图 13-16-27(a) 产品 BC 的流量，导致塔Ⅱ提馏段（即塔段 4）的内回流增加，因此在分离要求不变的情况下，该段的塔板数可以减少，或塔板数不变，塔Ⅱ再沸器热负荷可以减小。

除了侧线精馏和侧线汽提，工业上还可以采用隔板精馏塔（dividing-wall column，DWC）的方式实现热耦精馏。两种热耦合精馏的隔板塔形式如图 13-16-27(d) 和图 13-16-28(d) 所示。隔板精馏塔最大的优势是精馏塔设备得到了简化，省掉了有关管线，节约了投资，同时避免了气相采出等设备设计上的困难。

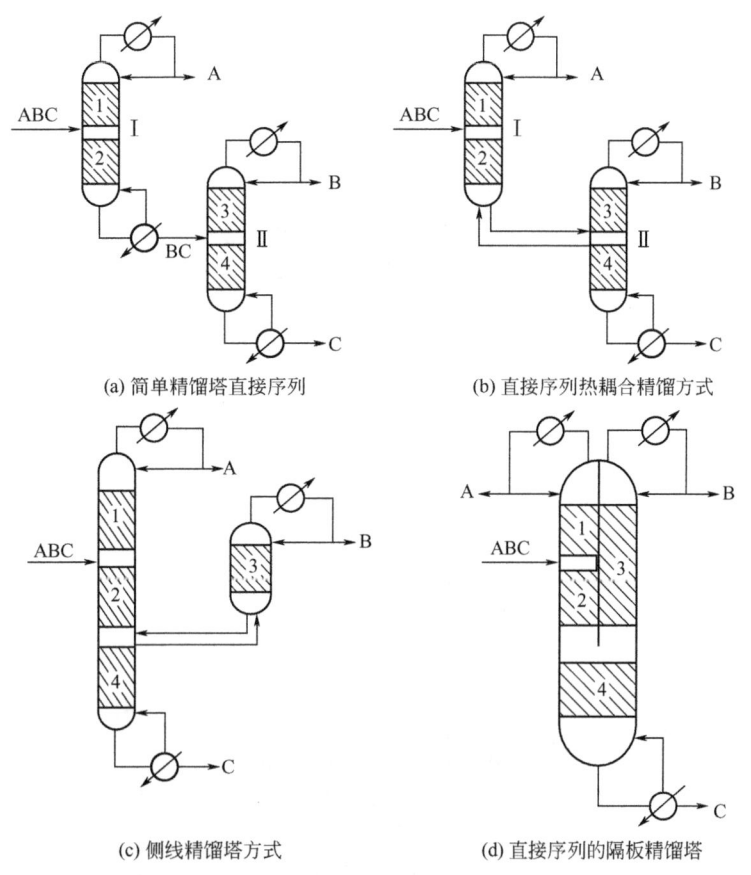

图 13-16-27　直接分离序列热耦合精馏塔（图中阴影部分为塔板或填料构成的塔段）

图 13-16-27、图 13-16-28 所示的为三组元分离的热耦合精馏方式，而出于节能的考虑，热耦精馏也可用于任何多组元精馏系统，可参见文献 [11～14]。

图 13-16-27、图 13-16-28 所示的热耦合方式通常称为部分热耦合，与之相对应的还有完全热耦合精馏，简称全热耦合精馏塔。三组元分离的全热耦合精馏方式如图 13-16-29(a) 所示，该方式又称为 Petlyuk 精馏塔[15]。该精馏系统包含预分馏塔（prefractionator），即塔 Ⅰ，和主塔，即塔 Ⅱ。预分馏塔是非清晰分馏塔，将原料分离成 AB 和 BC 两股混合物，其中 B 称为分布组分。该两股混合物分别进入主塔的上部和下部，由主塔的塔顶、中间采出和塔底分别获得较纯的 A、B 和 C 产品。

全热耦合精馏塔与传统简单塔序列相比具有十分明显的节能优势，最多节能可达30%～50%。除了如前所述热耦合带来的优势（减少冷凝器和再沸器数量，减少塔底热负荷），全热耦合节能优势主要来自于预分馏塔的引入。在图 13-16-27(a) 所示的直接序列流程的塔 Ⅰ 中，中间组元 B 从塔底采出，而 B 的浓度峰值出现在进料和塔底之间的某一块塔板上，塔 Ⅰ 塔底并不是全塔 B 的浓度最高之处。因此 B 组元在塔底采出之前经历了由浓变淡的过程，这一过程称为精馏塔内的轴向返混，简称返混。进料之后，B 组元的增浓全靠能量的消耗，而返混则会导致因增浓所输入的能量的损失。因此多组元分离的简单精馏塔序列因返混导致的能量损失是不可避免的。在一些情况下，例如中间组元 B 的量较大时，这种由返混导致的能量损失较为可观。在正确设计的全热耦合精馏塔中，则可以实现所有的组元均在浓

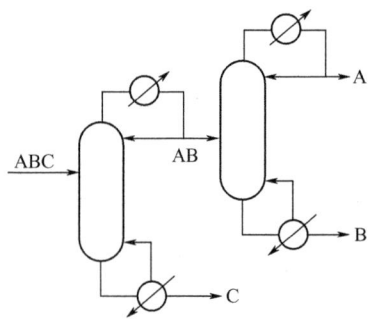

(a) 简单精馏塔间接序列

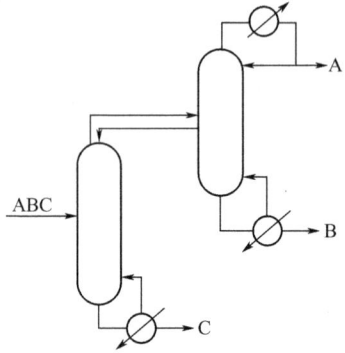

(b) 间接序列热耦合精馏方式

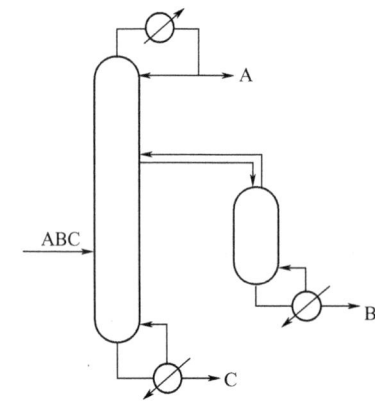

(c) 侧线精汽提方式

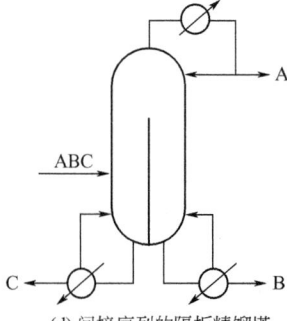

(d) 间接序列的隔板精馏塔

图 13-16-28 间接分离序列热耦合精馏塔

度最高处采出，因而有效避免了反混导致的能量损失。

全热耦合精馏塔在工业上可以隔板精馏塔的形式加以实现，如图 13-16-29(b) 所示。隔板精馏塔已经获得成功的工业应用，并显示出明显的节能优势，目前其研究和应用受到普遍关注。

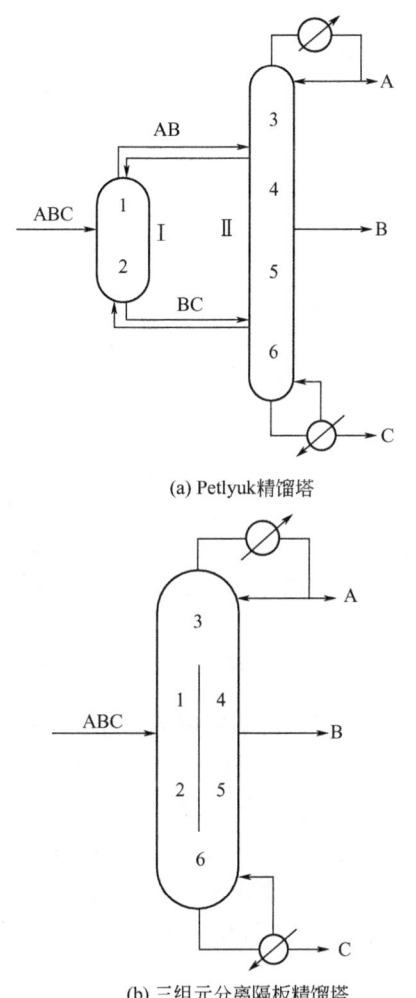

图 13-16-29　完全热耦合精馏塔

由于采用了非清晰分离（预分馏塔），因此与传统精馏塔相比，热耦合精馏塔增加了自由度，需要在设计中加以优化。对于全热耦合精馏塔，中间组元 B 在预分馏塔塔顶的比例是一个重要的参数，它可表示为：

$$\beta = \frac{V_1 y_B - L_1 x_B}{f_B} \tag{13-16-8}$$

式中，β 为进料中定义为进料中组元 B 进入预分馏塔塔顶产品的分率；V_1 为预分馏塔 [图 13-16-29(a) 中的塔 Ⅰ] 塔顶到主塔（图中塔 Ⅱ）的气相流率；L_1 为主塔塔段 3 流向预分馏塔塔顶的液相采出流率；y_B 和 x_B 分别为 V_1 和 L_1 中组元 B 的摩尔分数。可以看出，当 $\beta = 0$ 或 $\beta = 1$ 时，预分馏塔分别对应 A/BC 或 AB/C 清晰分离。研究表明，全热耦合精馏塔内总气相流率[16]随 β 的增加呈现先减小再增加的变化规律,因此 β 是决定全热耦合方式是否节能以及节能幅度的重要参数。式(13-16-8)表明,β 取决于 V_1 和 L_1,这两个流量可被视为全热耦合精馏塔新增的自由度,需要在设计中加以优化和确定。而在全热耦合精馏塔设计中并非直接对这两个流量加以决策,取而代之的是气相分割比 r_V 和液相分割比 r_L,其定义分别为塔段 6 顶部流向塔段 2 底部的气相流率与塔段 6 顶部总气相流率之比,和塔段 3 底部流向塔段 1 顶部液相流率与塔段 3 底部液相总流率之比。研究表明,全热耦合精馏塔(隔板精馏塔)的年总费用(total annual cost,TAC),即投资与操作费(能耗费)之和分别随 r_V 和 r_L 的增加均呈现先减小再增加的变化规律[17, 18],如图 13-16-30 所示。对如图所示的例子来说,r_V 和 r_L 的最佳设计值应分别为 0.36 和 0.51。

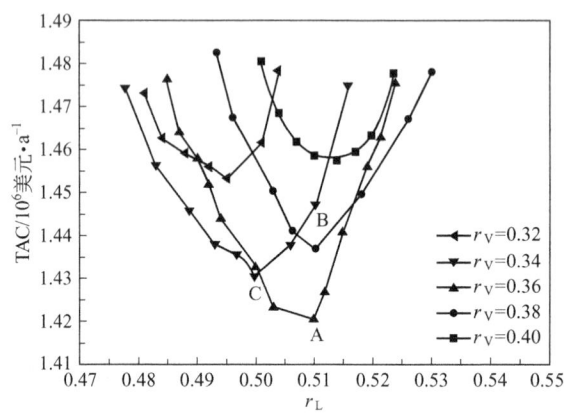

图 13-16-30　全热耦合精馏塔年总费用(TAC)随 r_V 和 r_L 的变化规律

自由度分析表明,与普通的三产品复杂精馏塔相比,全热耦合精馏塔的塔段数由 3 增加到 6(每个塔段对应一个级数),加上新增的 r_V 和 r_L,自由度增加的总数为 5。

对于图 13-16-27(b)~(d)所示的部分热耦合精馏塔而言,与相应的简单塔序列[图 13-16-27(a)]相比塔段数目没有变化,但增加了气相分割比(即塔段 4 顶部流向塔段 2 底部的气相流率与塔段 4 顶部总气相流率之比)这一新增自由度。与之类似,不难看出图 13-16-28(b)~(d)所示的部分热耦合精馏塔与相应的简单塔序列图 13-16-28(a)相比,也增加了一个新的自由度,即液相分割比。

由于热耦合精馏塔具有更多的自由度,这增加了设计的复杂程度。全热耦合精馏塔的设计多采用热力学等价流程方法,即将全热耦合精馏塔等价成由三个相互耦合的简单精馏塔组成系统进行设计[19,20]。同时也可采用一些系统工程方法[21]进行设计。

虽然热耦合精馏或隔板精馏塔广为报道,但工业应用相对迟缓,其主要原因是新增加的自由度增加了过程控制的难度,同时导致操作中的不确定性。这主要源于操作中气相分割比 r_V 的不可控性。对于隔板精馏塔,在实际操作中液相分割比可以通过图 13-16-31 所示的液相收集-采出-再分配的方法加以控制,因而可作为优化控制变量。然而,由于气体的收集和采出等结构设计困难,因此实际操作中气相分割比的控制难以实现。设计中,隔板两侧的气体流量取决于两侧的塔截面积,塔截面积由气体流速而定,而气体流速则取决于隔板两侧的阻力和压降。由于隔板两侧可能采用不同的级数或不同结构的塔内件(塔板、填料、流体收集装置等),因此在设计中阻力很难准确估计。在如图 13-16-27(d)所示的部分热耦合精馏塔中,隔板两侧的压降可以通过调节两个塔顶冷凝器的热负荷加以调节,因此气相分割比可视为可控。但是由图 13-16-29(b) 所示的全热耦合隔板精馏塔，隔板两侧的压降相等，因此两侧的气体流量完全取决于两侧的阻力。所以在操作阶段，由于塔内结构已经固定，全热耦合精馏塔的气相分割比是难以控制的。如果在全热耦合隔板塔设计中对隔板两侧阻力估计不准，或实际操作中原料组成等条件发生变化，则有可能使得隔板塔不能在最佳的 r_V 下操作。此时虽然可通过调节液相分割比等参数加以弥补，但因无法调节 r_V，会导致能耗的上升。因此，在全热耦合隔板塔设计中，最佳气相分割比值的确定应该充分考虑设计以及操作条件等的不确定性及其可能的变化范围，使得设计的 r_V 值在可能的操作范围内是较优的[17]。

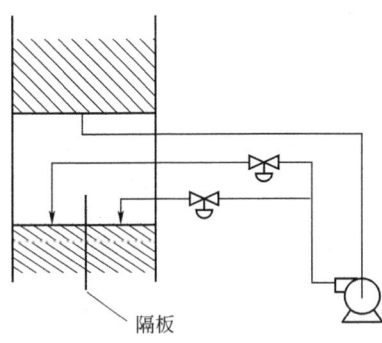

图 13-16-31　隔板精馏塔液相分割比控制的收集-采出-再分配方法

16.5　多组元精馏塔序列合成及其能量集成

工业上多组元混合物的分离通常采用多个简单精馏塔组成的精馏塔网络系统完成。系统内精馏塔的排序，即组元之间切割的先后顺序对整个精馏塔系统的能耗乃至总费用具有重要影响，因此如何选择最优化的精馏塔序列，即精馏序列的合成对整个精馏塔系统的能耗有重要影响。同时，如果适当选择精馏塔的操作压力，则可以实现不同精馏塔之间的能量集成，使精馏塔放出的热量得到充分利用。因此多组元精馏塔序列合成及其能量集成是精馏系统节能的重要途径，并已经成为精馏系统设计的基本要求。有关内容请参阅第 27 篇有关章节。

一般参考文献

[1]　时钧，汪家鼎，余国琮，陈敏恒. 化学工程手册. 第 2 版. 北京：化学工业出版社，1996.
[2]　Perry R H. PERRY 化学工程手册. 第 6 版. 北京：化学工业出版社，1992.

参考文献

[1]　Degroot S R, et al. 非平衡态热力学. 陆全康，译. 上海：上海科学技术出版社，1981.
[2]　吴锦元，余国琮. 化工进展，1980（3）：6.
[3]　Shinskey F G. Distillation Control. New York：McGraw-Hill，1977.
[4]　Buckley P S，Luyben W L，Shunta J P. Design of distillation column control systems. Oxford：Butterworth-Heine-

mann,1985.

[5] Luyben W L. Practical distillation control. New York: Springer, 1993.
[6] Luyben W L. Distillation design and control using aspen simulation. 2nd ed. New York: Wiley, 2013.
[7] 兰州石油机械研究所. 现代塔器技术. 北京: 烃加工出版社, 1990.
[8] Wankat P C. Ind Eng Chem Res, 1993, 32: 904.
[9] Kayihan F. AIChE Symp Ser, 1980, 76: 192.
[10] Mah R S H, Nicholas J J, Wodnik R B. AIChE J, 1977, 23(5): 651-658.
[11] 安维中, 袁希钢. 化工学报, 2006, 57(7): 1591.
[12] 安维中, 袁希钢. 化工学报, 2006, 57(7): 1599.
[13] Agrawal R, Fidkowski Z T. AIChE J, 1999, 45(3): 485.
[14] Petlyuk F B, Platonov V M, Slavinsk D M. Int Chem Eng, 1965, 5(3): 555.
[15] Carlberg N A, Westerberg A W. Ind Eng Chem Res, 1989, 28: 1386.
[16] Ge X, Ao C, Yuan X, Luo Y. Ind Eng Chem Res, 2014, 53: 13383.
[17] Maralani L T, Yuan X, Luo Y, et al. Chinese J Chem Eng, 2013, 21(1): 72.
[18] Dejanovic I, Matijasevic L, Olujic Z. Chem Biochem Eng Quart, 2011, 25(2): 147.
[19] Olujic Z, Dejanovic I, Kaibel B, et al. Chem Eng Technol, 2012, 35: 1392.
[20] Ge X, Yuan X, Ao C, Yu K T. Comput Chem Eng, 2014, 68: 38.
[21] Ling H, Luyben W L. Ind Eng Chem Res, 2009, 48: 6034.

第14篇
气液传质设备

主 稿 人：袁希钢　天津大学教授
　　　　　余国琮　中国科学院院士，天津大学教授
编写人员：朱慧铭　天津大学副研究员
　　　　　袁希钢　天津大学教授
　　　　　曾爱武　天津大学副研究员
审 稿 人：王树楹　天津大学教授
　　　　　黄　洁　天津大学教授

第一版编写人员名单
编写人员：萧成基　于鸿寿
审 校 人：余国琮　沈　复

第二版编写人员名单
主 稿 人：余国琮
编写人员：王树楹　黄　洁　朱慧铭

1

概述

1.1 气液传质过程和设备

气液传质过程是指在气(汽)相和液相间进行的质量传递过程。化工生产中最常应用的气液传质过程有蒸馏和吸收,其他还有洗涤、闪蒸、抽提、蒸发、增湿、减湿、喷雾干燥等,这些过程的进行都受气液间相平衡关系和质量传递的制约[1]。

用以进行气液传质过程的设备是气液传质设备。在气液传质设备中,除进行传质过程外,常伴有传热过程,也可用这类设备只进行直接接触的传热操作。在一些场合,气液传质设备中还产生化学反应过程。气液传质设备类型很多,但蒸馏和吸收过程通常采用板式塔和填料塔,气液传质设备还有喷淋塔、卧式塔、鼓泡塔、湿壁塔、文丘里管、静态混合器等。

为了有效和经济地运行,气液传质设备应满足以下基本要求:

① 相际传质面积大,气液两相接触充分。气液之间的相际传质只有在两相充分接触的情况下才能有效进行。气液传质设备应具有尽可能大的相接触面积,并使之有效充分利用,才能得到较高的传质效率。

② 生产能力大。在一定的塔径条件下,在较大的气液相负荷时仍能保证设备的正常有效操作。

③ 操作稳定、弹性大。当气液相负荷发生一定的变化或波动时,设备仍能正常有效地运行。

④ 阻力小。气体通过设备时阻力较小,可减少能耗。此外,阻力较小的气液传质设备对热敏物料的处理更为必要。

⑤ 结构简单,制造、安装方便,加工费少,以减少设备投资。

⑥ 耐腐蚀,不易堵塞,易检修。

考虑到上述要求,工业中最广泛应用的气液传质设备是板式塔和填料塔。本篇将主要介绍这两类设备。

1.2 板式塔和填料塔的选择原则

板式塔是一种逐级(板)接触型的气液传质设备(图 14-1-1),塔内以塔板作为气液接触基本构件,气体以鼓泡或喷射的形式穿过塔板上水平方向流动的液层,使气液相密切接触进行传质。

填料塔属于微分接触型的气液传质设备。塔内以填料作为气液接触的基本构件,液体在填料表面呈膜状向下流动,气(汽)体作为连续相向上流动,两相在流动的过程中进行传质与传热。

板式塔和填料塔均可作为蒸馏、吸收等气液传质过程的设备,并在不同的条件下各具特色，在两者之间进行比较和选择时应考虑多方面的因素。表 14-1-1 给出了板式塔和填料塔主要的比较情况[2]。

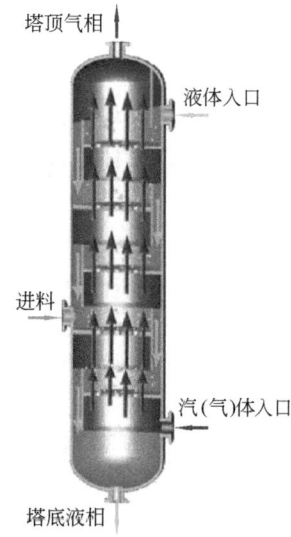

图 14-1-1　板式塔示意图

通常填料塔具有如下特点：
① 分离程度要求高时，采用新型高效填料可降低塔的高度；
② 填料塔的压力降较低，对节能有利，同时填料塔的持液量较小，适于热敏物料的分离；
③ 对于腐蚀性物料，可选用非金属材质的填料；
④ 易于发泡物系可选填料塔，因为填料塔内气相为连续相，可减少发泡危险。

板式塔具有如下特点：
① 板式塔内液体滞料量较大，操作负荷范围较宽，操作易于稳定，对进料等的波动不甚敏感；

表 14-1-1　板式塔和填料塔的比较

项目	板式塔			填料塔	
	筛板	浮阀	泡罩	散堆	规整
处理能力	3	3	2	3	5
分离效率	3	3	3	4	5
压降	3	3	3	4	5
操作弹性	3	4	5	4	4
抗污能力	3	2	3	2	2
抗腐能力	3	2	3	1	1
加工材料	3	3	3	5	4
放大效应	3	3	2	4	4
安装检修	3	3	3	2	1
技术成熟度	5	5	4	5	5
造价	4	4	2	2～3	1～2

注：表中 1 为最差，5 为最好。

② 液相负荷较小时，填料表面的润湿不充分，难以保证分离效率；

③ 对易积垢、有结晶的物料，板式塔的堵塞危险小；

④ 需要设置内部换热或需要多个进出料口时，板式塔易于实现；

⑤ 安装、检修、清洗较方便。

生产实践表明，高压操作蒸馏塔多采用板式塔，因为高压时塔内气液比较小、气相返混剧烈等原因，如应用填料塔则分离效果不佳，具体论述可参见文献［3］。

参考文献

［1］ Green D W, Perry R H. Perry's Chemical Engineer's Handbook. 8th Edition. New York: McGraw-Hill Companies Inc, 2008.

［2］ Gorak A, Olujic Z. Distillation: Equipment and Processes. Amsterdam: Elsevier, 2014.

［3］ Mackowiak J. Fluid Dynamics of Packed Columns. Berlin/Heidelberg: Springer-Verlag, 2010.

2 板式塔

2.1 板式塔的结构及塔板分类

板式塔种类繁多,通常可分类如下:

(1) 按塔板结构分 有泡罩板、筛板、浮阀板、网孔板、舌形板等。历史上应用最早的有泡罩板及筛板,20世纪50年代前后开发了浮阀板。目前应用最广的是筛板和浮阀板,其他不同类型的塔板也有应用。一些新型的塔板或改进型的传统塔板也在陆续开发和研究中。

(2) 按气液两相的流动方式分 有错流式塔板和逆流式塔板,或称有降液管塔板和无降液管塔板,图14-2-1为两者的示意图。图14-2-1(a)为有降液管的筛板塔(错流式)工作情况,图14-2-1(b)为无降液管的穿流式波纹塔板(逆流式)工作情况。有降液管塔板应用极广,具有较高的传质效率和较宽的操作范围;无降液管的逆流式塔板也常称为穿流式塔板,气液两相均由塔板上的孔道通过,塔板结构简单,整个塔板面积利用较为充分,目前常用的有穿流式筛板、穿流式栅板、穿流式波纹板(图14-2-2)等。

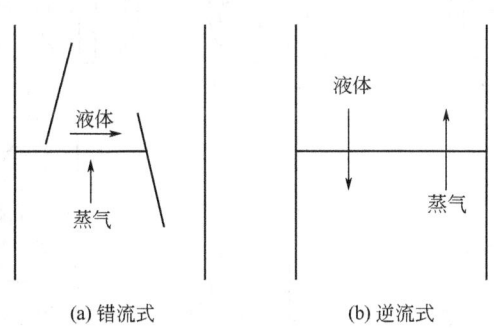

图 14-2-1 错流式和逆流式塔板
(Perry. Perry化学工业手册.第六版.北京:化学工业出版社,1993)

(3) 按液体流动型式分 有单溢流型、双溢流型、U形流型及其他流型(如四溢流型、阶梯流型、环流型等),示意图见图14-2-3。

单溢流型塔板应用最为广泛,它结构简单,液流行程长,有利于提高塔板效率。但当塔径或流量过大时,塔板上的液面梯度会较大,导致气液分布不均,或造成降液管过载,影响塔板效率和正常操作。

双溢流或多溢流型塔板用于塔径较大及液流量较大时,此时液体分流为两股或多股,可以减少溢流堰的液流强度和降液管负荷,同时也减小了塔板上的液面梯度,但塔板的降液管也要相间地置于塔板的中间或两边,多占一些塔板传质面积。

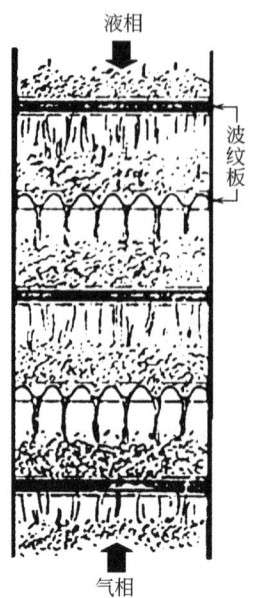

图 14-2-2　穿流式波纹板（逆流式）工作情况

[三井造船. 别册化学工业，1980，24（10）：77]

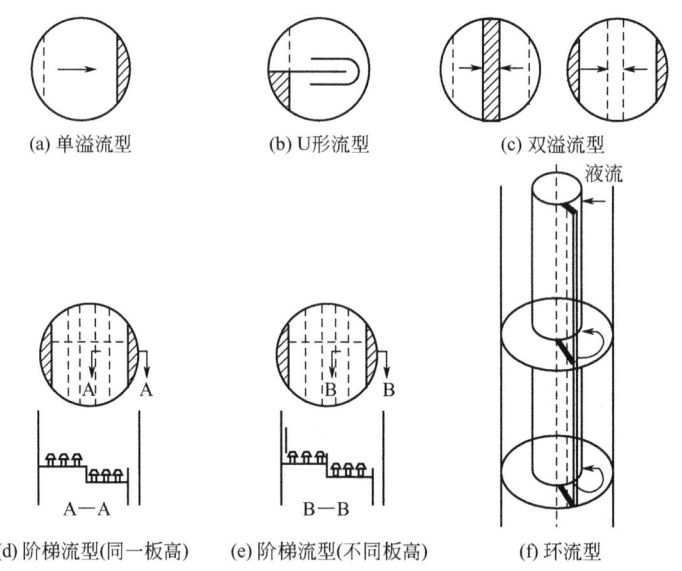

图 14-2-3　各种流体流型的塔板

（《化学工程手册》编辑委员会. 化学工程手册：第 13 篇. 北京：化学工业出版社，1979.）

　　U 形流型塔板进口堰均置于塔板的同一侧，其间置有高于液层的隔板，以控制液流呈 U 形流，从而延长液流行程，此种板型在小直径塔及低液量时采用。

　　阶梯流型塔板适合于更大直径的塔和很大液量的情况。

　　在选择塔板流型时，可以根据塔径和液相负荷参考表 14-2-1 初选。

表 14-2-1　液相负荷与塔型选择

塔径/mm	液相负荷/m³·h⁻¹			
	U 形流型	单溢流型	双溢流型	阶梯流型
900	7 以下	7～45		
1200	9 以下	9～70		
1800	11 以下	11～90	90～160	
2400	11 以下	11～110	110～180	
3600	11 以下	11～110	110～200	200～310
3600	11 以下	11～110	110～230	230～350
4500	11 以下	11～110	110～250	250～400
6000	11 以下	11～110	110～250	250～450

不同结构类型的塔板可适用于不同的生产工艺过程，同时塔板的性能也存在一定差异。表 14-2-2[1]给出了几种主要塔板性能的比较。

表 14-2-2　板式塔结构性能比较

塔盘类型	板上蒸气相对负荷		效率/%		操作弹性（最大与最小蒸气负荷比）	最大负荷 85%时的压力降/Pa	塔板间距/mm	与泡罩塔相比的相对价格	塔盘载荷/N·m⁻²
	低值	中值	85%最大负荷	允许可变负荷					
泡罩	1	1	80	60～80	4～5	450～800	400～800	1	900～1400
槽形泡罩	0.7	0.8	60～70	55～60	3～4	500～850	400～600	0.8	800～1400
S 形泡罩	1.1	1.2	80～90	60～70	4～5	450～800	400～800	0.6	400～700
Thormann 泡罩	1.1	1.2	85	70～90	4～5	450～600	300～600	0.8	400～700
盘式浮阀	1.2	1.3	80	70～90	5～8	450～600	400～600	0.7	400～700
重盘式浮阀	1.2	1.5	80	70～90	5～8	400～600	400～600	0.7	400～600
A.P.V.-West[①]	1.2	1.3	80	80	4～5	400～600	200～300	1.2	1100～1500
筛板	1.2	1.3	80	70～80	2～3	300～500	400～800	0.7	300～400
舌形	1.1	1.35	80	60～80	3～4.5	400～700	400～600	0.7	500～800
Kittle 塔板	1.1	1.4	80	70～80	2～3	200～500	300～600	0.6	400～700
穿流式筛板	1.2	1.4	75	60～80	2～3	300～400	300～400	0.5	300～400
穿流式栅板	1.5	2.0	70	60～80	1.5～2.5	250～400	200～400	0.5	200～300
波纹筛板	1.2	1.6	70	60～75	2～3	200～300	300～400	0.5	300～500

① 泡罩筛孔型复合塔盘。

2.2　塔板上气液两相操作状态

塔板上气液两相的操作状态对于气液传质是十分重要的，并且它与操作条件、塔板结构和性能有密切关系。

2.2.1　操作状态分类

目前大部分研究和讨论是针对筛板进行的，根据气液相负荷的大小可有三种不同的操作状态[2]：

① 鼓泡态——塔板上形成鼓泡的液层，气相以分散相（气泡）通过鼓泡层，而液相为连续相，这种状态通常出现在筛板中高液相负荷和相对低气相负荷时。

② 喷射态——液相形成喷射的液滴，以分散相通过塔板，此时气相为连续相，这种状

态常在低液相负荷和高气相负荷时出现。

③ 泡沫态——这是鼓泡态和喷射态之间的一种过渡状态，有的也称为混合态，此时气泡和一部分液滴共存于塔板上。

应予指出，关于不同操作状态的判断和分类方法各国学者的结果不尽相同。如 Ho 等[3]认为，在某一液速下，随着气速的增加，筛板上可出现四种不同的流动状态：鼓泡态、蜂窝态、泡沫态和喷射态。Lockett[4]则将塔板上两相流动状态分为五种状态（图 14-2-4）：蜂窝泡态 (a)、鼓泡态 (b)、乳化态 (c)、泡沫态 (d) 和喷射态 (e)。在各种大同小异的分类中，其共同点是都有喷射态，此时气相为连续相，液相为分散相；而其余各态皆可合并为泡沫态，它们均以气相为分散相、液相为连续相为其特征，故通常可将塔板上的气液两相的操作状态分为截然不同的两种状态：泡沫态和喷射态。

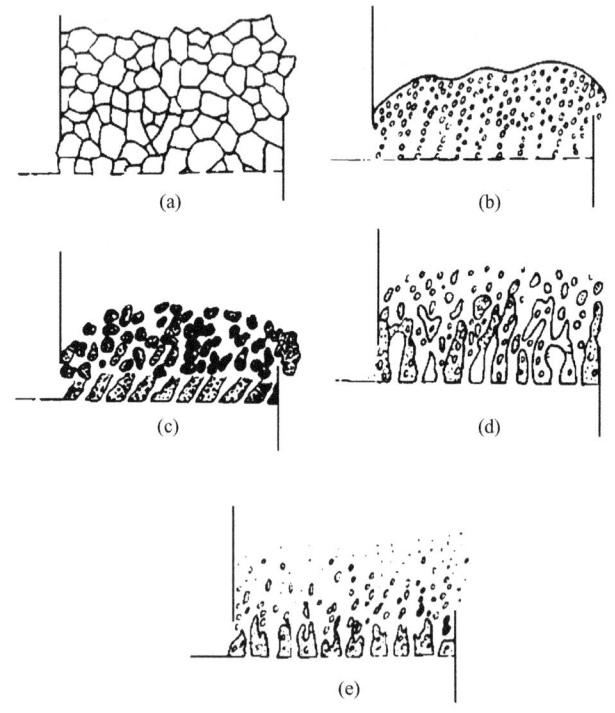

图 14-2-4 塔板上不同的两相状态

(Lockett M J. Distillation Tray Fundamentals. Cambridge：Cambridge University Press，1986)

不同的操作状态其流体力学和传质性能是有差异的，如塔板上泡沫层密度、雾沫夹带量计算等均将采用不同的计算公式。图 14-2-5 是典型的三种不同操作状态时塔板上泡沫层密度离塔板高度变化的情形，其中 1、2、3 分别代表鼓泡态、泡沫态和喷射态。

2.2.2 相转变点

塔板喷射态和泡沫态之间转变的工况称为相转变点。许多学者已对筛板的相转变点做了大量工作，证明在较高的气速、较低的液相负荷或较大的筛板孔径情况下容易发生喷射状态。

Perry 手册[5]建议用 Johnson 以空气和矿物油、甘油-水混合物及水等液相进行试验得到的相转变点计算公式：

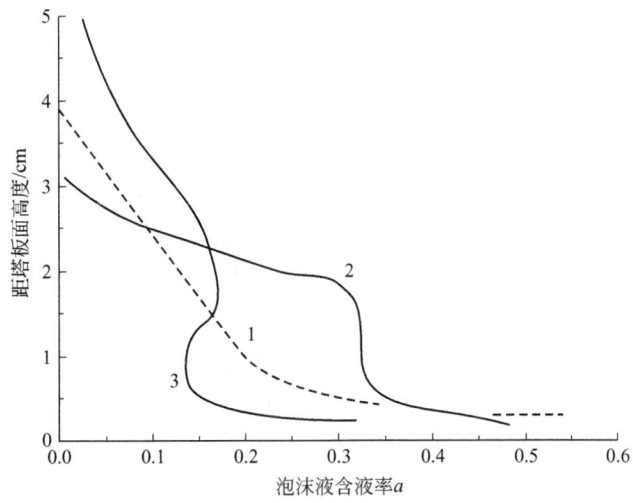

图 14-2-5 三种不同操作状态时的鼓泡层密度

(Lockett M J. Distillation Tray Fundamentals. Cambridge: Cambridge University Press, 1986)

$$F_a^0 = 0.0567\rho_1^{0.692}\sigma^{0.06}(A_0/A_a)^{0.25}L_w^{0.05}d_0^{-0.10} \quad (14\text{-}2\text{-}1)$$

$$F_a^0 = w_a\rho_g^{1/2}$$

式中 F_a^0——相转变点时的动能因子;;

w_a——以塔板鼓泡面积计的气速，$m \cdot s^{-1}$；

ρ_g, ρ_1——气相和液相密度，$kg \cdot m^{-3}$；

A_0, A_a——筛孔面积和塔板鼓泡面积，m^2；

L_w——液流强度，$m^3 \cdot m^{-1} \cdot s^{-1}$；

σ——表面张力，$mN \cdot m^{-1}$；

d_0——筛孔直径，mm。

上式是在堰高为 50mm 时得到的。对 25mm 堰高，应将 F_a^0 乘以 0.92；对 100mm 堰高，乘以 1.12。

Hofhuis 和 Zuiderweg[6]关联了不同作者的数据，提出了式（14-2-2）并给出了图 14-2-6。他们的研究发现：表面张力、黏度等物性参数的影响很小；孔径有一定影响。式（14-2-2）适用于 6.3mm 孔径，对于大孔径如 12.6mm，式中常数为 1.2。

$$\frac{h_1}{d_0} = \frac{1.1w_a}{\varphi(gh_1)^{1/2}}\sqrt{\frac{\rho_g}{\rho_1}} \quad (14\text{-}2\text{-}2)$$

式中 h_1——清液层高度，mm；

d_0——筛孔直径，mm；

φ——基于塔板鼓泡面积的开孔率；

w_a——以塔板鼓泡面积计的气速，$m \cdot s^{-1}$。

在图 14-2-6 中分别以流动参数 ϕ 和容量因子 λ 为坐标，分别定义为：

$$\phi = \frac{u_1}{w_a}\left(\frac{\rho_1}{\rho_g}\right)^{1/2} \quad (14\text{-}2\text{-}3)$$

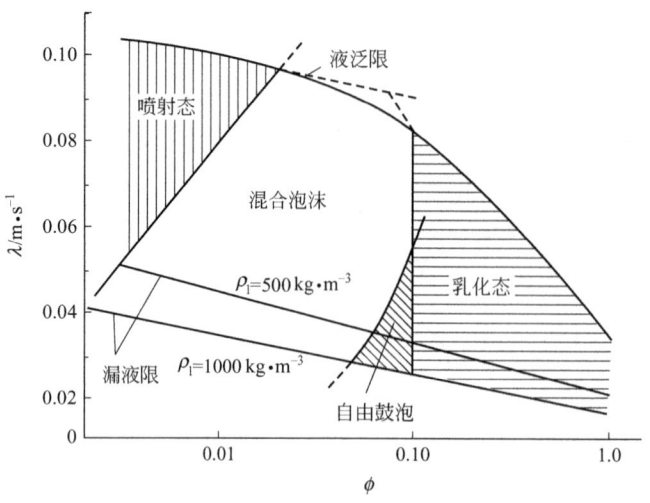

图 14-2-6 塔板流态

[Hofhuis P A M, Zuiderweg F J. Inst Chem Engrs Symp Ser, 1979, 56 (2): 2/1]

和
$$\lambda = w_a \left(\frac{\rho_g}{\rho_l - \rho_g} \right)^{1/2} \tag{14-2-4}$$

式中　u_l——以塔截面积计的液相流速，m·s^{-1}；

　　　w_a——以塔板鼓泡面积计的气速，m·s^{-1}；

　　　ρ_g，ρ_l——气相和液相密度，kg·m^{-3}。

需要指出，在计算相变点时，无论式(14-2-1)还是式(14-2-2)都是在有限数据下关联得到的，何者更为准确目前尚无定论。如两式所给出的结果一致时，则应该认为是可信的；如果计算结果不一致，则需根据实验结果来确定。

对浮阀塔板两相流状态和相转变点的研究甚少，其中主要是 Dhulesia[7]、Weiss 和 Langer[8] 以及沈复等[9] 的工作。Dhulesia 对 Glitsch V-1 型浮阀板空气-水进行的测定表明浮阀塔板也存在着不同的两相流状态：低气速时的鼓泡态、高气速下的喷射态及介于两者之间的混合态。其流动状态的分区如图 14-2-7 所示，但其中 λ 用式(14-2-4)时应代入 w_s（以塔截面积计的气速，即空塔气速，m·s^{-1}），流动参数 ϕ 为：

$$\phi = \frac{L}{G} \left(\frac{\rho_g}{\rho_l} \right)^{1/2} \tag{14-2-5}$$

式中　L——液相流量，kmol·s^{-1}；

　　　G——气相流量，kmol·s^{-1}。

同时，可得到以下两相状态转变点的公式。

鼓泡态-混合态转变：

$$\frac{h_{l,T}}{d_0} = 2.5 w_0 \sqrt{\frac{\rho_g}{\rho_l}} \tag{14-2-6}$$

混合态-喷射态转变：

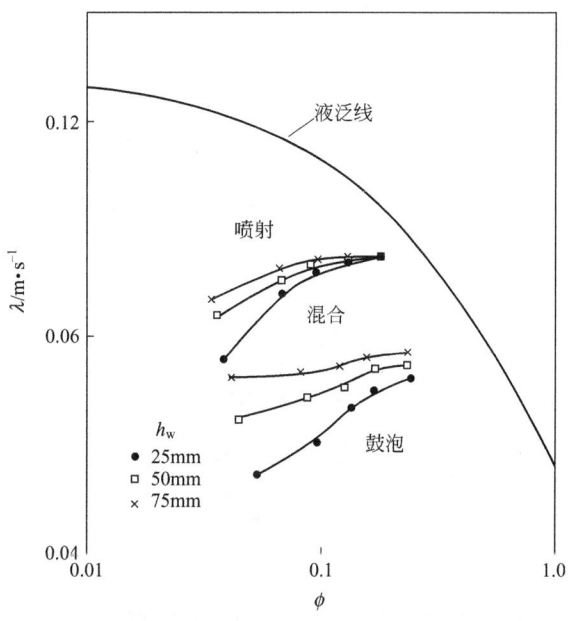

图 14-2-7　浮阀塔板流态图
[Dhulesia H. Chem Eng Res Des，1983，61：329-332]

$$\frac{h_{1,T}}{d_0}=1.5w_0\sqrt{\frac{\rho_g}{\rho_1}} \tag{14-2-7}$$

式中　$h_{1,T}$——相转变点时的清液层高度，m；

　　　d_0——浮阀阀孔孔径，m；

　　　w_0——孔速，m·s^{-1}；

　　　ρ_g，ρ_1——气相和液相密度，kg·m^{-3}。

上两公式用于其他型式的浮阀或除空气-水以外的其他物系时，应由实验进行必要的修正。

2.3　鼓泡层、清液层高度和堰上液流液头及液面梯度

塔板气液两相处于泡沫状态或者喷射状态时的鼓泡层高度和清液层高度对塔板操作与性能有重要影响。多年来，许多学者用 γ 射线吸收等技术对此进行研究与测定，得到了塔板鼓泡层中所含液体分数和离塔板距离 H 的变化规律，如图 14-2-8 所示。由图 14-2-8 可见，在筛板操作时，当气速较低时，液体密度与距板面高度 H 近似呈直线关系；当气速较高时，曲线形状成为反 S 形，此时将转入喷射态。

2.3.1　鼓泡层高度和清液层高度

Zuiderweg[10] 得出了筛板上鼓泡层中平均密度的计算公式。

喷射态：

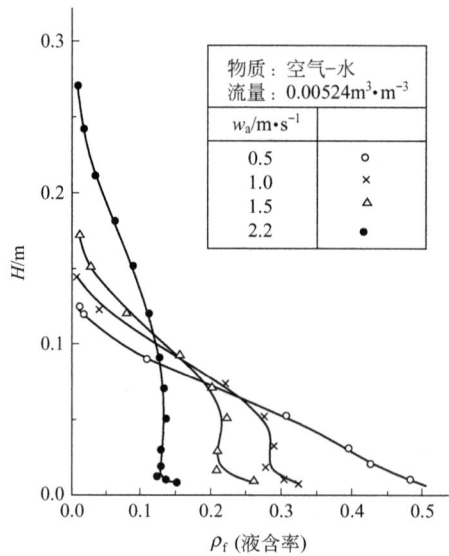

图 14-2-8 筛板上液含率分布

[Hofhuis P A M，Zuiderweg F. Inst Chem Engrs Symp Ser，1979，56（2）：2/1-2]

$$\frac{1}{\overline{\rho}_f} = 265\left[\frac{w_a}{(gh_1)^{0.5}}\left(\frac{\rho_g}{\rho_1}\right)^{0.5}\right]^{1.7} + 1 \quad (14\text{-}2\text{-}8)$$

泡沫态：

$$\frac{1}{\overline{\rho}_f} = 40\left[\frac{w_a}{(gh_1)^{0.5}}\left(\frac{\rho_g}{\rho_1}\right)^{0.5}\right]^{0.8} + 1 \quad (14\text{-}2\text{-}9)$$

式中　$\overline{\rho}_f$——两相鼓泡层中平均液体分数或称液含率；
　　　w_a——以塔板鼓泡面积计的气速，m·s^{-1}；
　　　h_1——清液层高度，m。

对图 14-2-8 积分可得到清液层高度为：

$$h_1 = 0.6 h_w^{0.5} t^{0.25} \psi^{0.25} \quad (14\text{-}2\text{-}10)$$

其中

$$\psi = \frac{LA_a}{V l_w}\sqrt{\frac{\rho_1}{\rho_g}}$$

式中　h_w——堰高，m；
　　　t——筛孔距离，m；
　　　A_a——塔板鼓泡面积，m^2；
　　　L——液相流量，m^3·s^{-1}；
　　　V——气相流量，m^3·s^{-1}；
　　　l_w——堰长，m。

上式适用于出口堰高为 0.025～0.1m，孔径为 0.007～0.01m。

鼓泡层高度可为：

$$h_f = \frac{h_1}{\rho_f} \tag{14-2-11}$$

Dhulesia[7] 用空气-水系统进行了测定，给出 V_1 浮阀塔板鼓泡和混合状态时清液层高度计算公式：

$$h_1 = 0.42 h_w^{2/3} \psi^{1/3} \tag{14-2-12}$$

上式符号说明如式（14-2-10）所示，其应用范围是堰高 $h_w = 0.025 \sim 0.075 \text{m}$，$\psi = 0.03 \sim 0.3 \text{m}$，孔间距是标准的。

Weiss 和 Langer[8] 在 0.4m 直径的浮阀塔板上用四种物系试验，也归纳出了一个计算清液层高度的公式，并与另几位学者的结果进行了比较。

2.3.2 堰上液流液头

堰上液流液头 h_{ow}（见图 14-2-9）有时也称为堰上液流高度，常用 Francis 公式及其对各种堰的修正公式来计算。

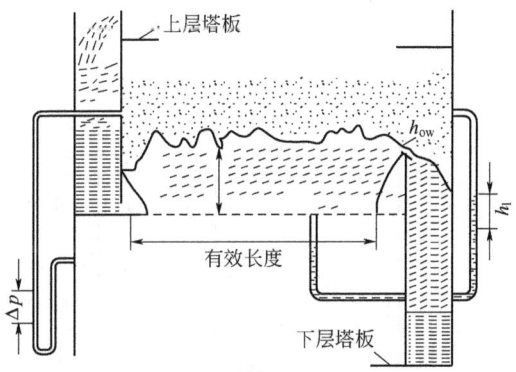

图 14-2-9 筛板上液层示意图

(Smith B D. Design of Equilibrium Stage Processes. New York：McGraw-Hill，1963)

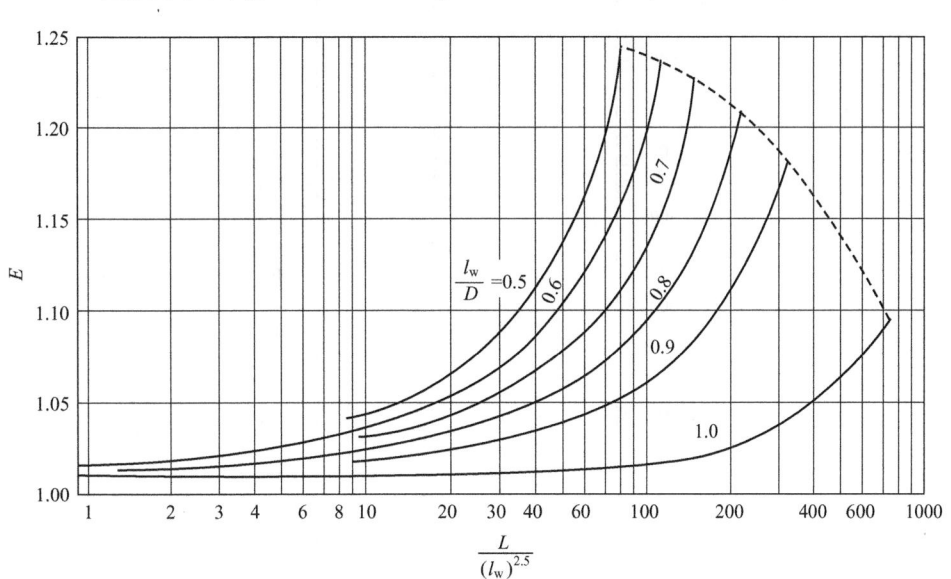

图 14-2-10 液流收缩系数

[Bolles W L. Pet Refiner，1946，25 (12)：613-620]

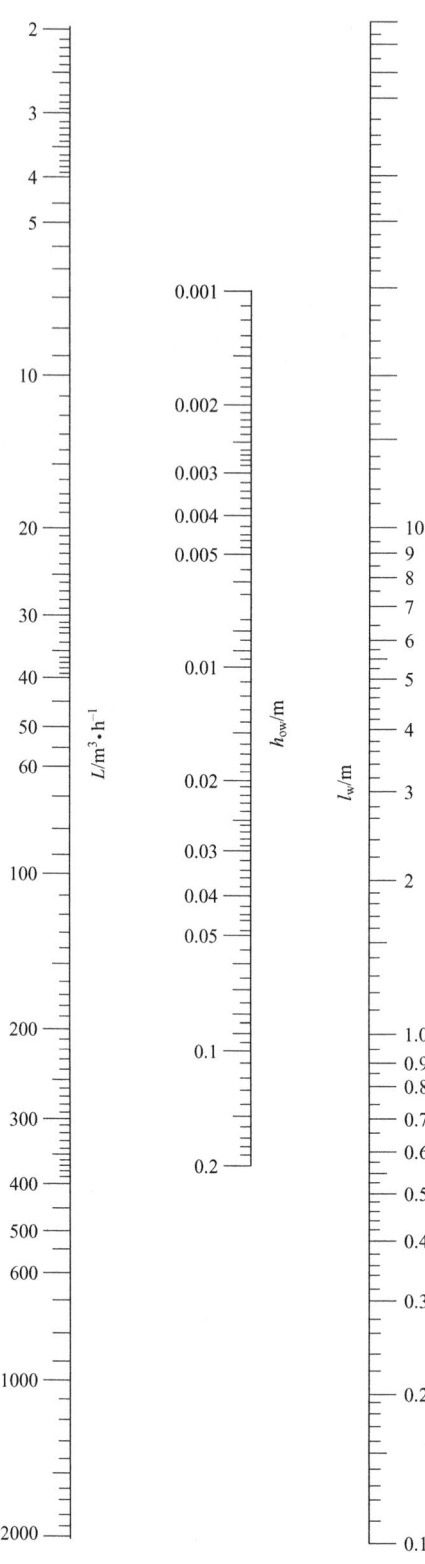

图 14-2-11 求 h_{ow} 的列线图

(1) 平堰

$$h_{ow} = \frac{2.84}{1000} E \left(\frac{L}{l_w}\right)^{2/3} \tag{14-2-13}$$

式中 h_{ow}——堰上液流高度，m；
  L——液相流量，$m^3 \cdot h^{-1}$；
  l_w——堰长，m；
  E——液流收缩系数，由图 14-2-10 查出，图中 D 为塔径，m。

一般情况下，可取 $E \approx 1$，对计算结果影响不大，此时 h_{ow} 可由图 14-2-11 直接查出。

当流过塔板的液量较小时，h_{ow} 将减小，为保证塔板正常操作，h_{ow} 应不小于 6mm，如果达不到时，可考虑改用齿形堰。

(2) 齿形堰 齿形堰（图 14-2-12）的齿深 h_n 一般在 15mm 以下，当液流未超过齿顶时 [图 14-2-12(a)]，h_{ow} 为：

$$h_{ow} = 1.17 \left(\frac{L_s h_n}{l_w}\right)^{2/5} \tag{14-2-14}$$

当液流浸没齿顶时 [图 14-2-12(b)]，液体流量应为：

$$L_s = 0.735 \left(\frac{l_w}{h_n}\right) [h_{ow}^{5/2} - (h_{ow} - h_n)^{5/2}] \tag{14-2-15}$$

式中 L_s——液相流量，$m^3 \cdot s^{-1}$；
  l_w——堰长，m；
  h_n——齿深，m；
  h_{ow}——液流高度，m。

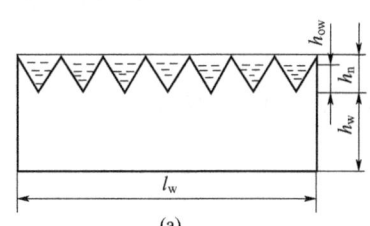 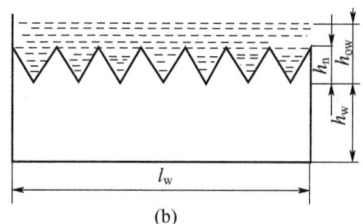

图 14-2-12 齿形堰

用式(14-2-15)计算时需用试差法，或由图 14-2-13 查出。

(3) 圆形降液管 当塔径不大或者液量很小时，亦可采用圆形降液管，此时 h_{ow} 可按下式计算：

$$h_{ow} = 0.14 \left(\frac{L}{d}\right)^{0.704} \tag{14-2-16}$$

式中 h_{ow}——液流高度，m；
  L——每个圆降液管的流量，$m^3 \cdot h^{-1}$；
  d——降液管直径，mm。

式(14-2-16)只适用于 $h_{ow} < 0.2d$ 的情况，当 $h_{ow} > 0.2d$ 时易发生液泛，应予避免。

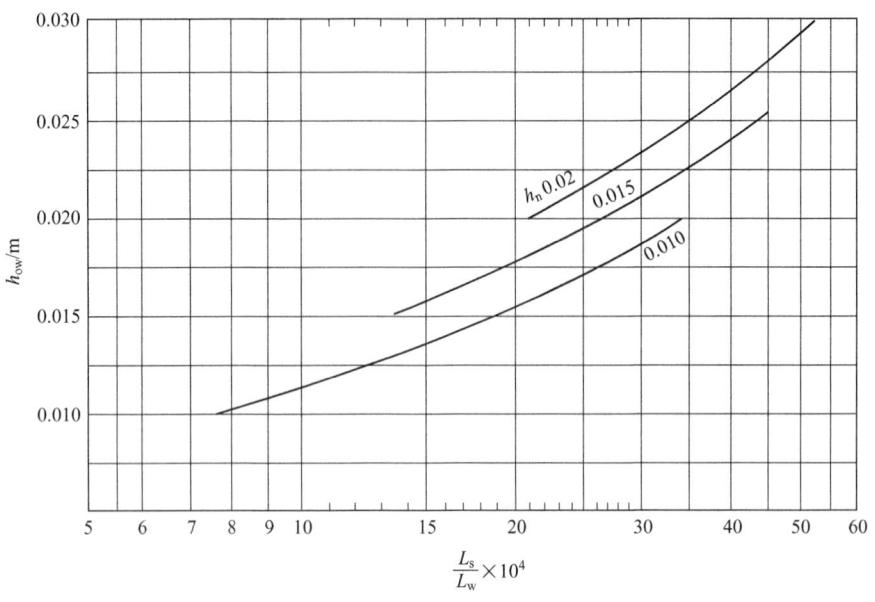

图 14-2-13 溢流层超过齿顶时的 h_{ow}

以上计算堰上液流高度的公式都是以堰上流过的是清液出发的，实际堰上流过的是由两相形成的泡沫液。Hofhuis 和 Zuiderweg[6] 采用通过测出的筛板上鼓泡层密度曲线（图 14-2-8），并从堰高以上至泡沫液层顶积分的方法来求 h_{ow}，可以认为这样的结果更为合理。

2.3.3 液面梯度

液体流过塔板由于阻力将在塔板上形成一定的液面梯度 Δ（图 14-2-20），也称液面落差。对于筛板，一般液面梯度不大，可以忽略不计。当液量特别大及液相流程较长时，可按下式计算[11]：

$$\Delta = \frac{0.215(250b + 1000h_f)^2 \mu_1 \times 10^3 \times LZ_1}{(1000bh_f)^3 \rho_1} \tag{14-2-17}$$

$$b = \frac{D + l_w}{2}$$

式中　Δ——液面梯度，m；
　　　b——平均液流宽度，m；
　　　D——塔径，m；
　　　l_w——堰长，m；
　　　h_f——鼓泡层高度，m；
　　　μ_1——液相黏度，N·s·m^{-2}；
　　　L——液相流量，m³·h^{-1}；
　　　Z_1——内外堰间距离，m；
　　　ρ_1——液相密度，kg·m^{-3}。

Perry 手册[5] 则推荐采用 Hughmark 和 O'Connell 的公式计算筛板的液面梯度，其公式是 1957 年公布的，而且应用时也稍为复杂。

浮阀塔板的液面梯度也不大，可以认为接近或者稍大于筛板。对于液体流程较长且液量较大时，过大的液面梯度会导致塔板进口处漏液的增加，气液分布不均，从而影响塔板效率，一般要求液面梯度不超过干板压降的40%。

2.4 塔板压降

塔板的压降可以分解为几个组成部分，采用加和原理计算。塔板的压降分解方式不尽相同，常见的分解方法如下：

$$\Delta p = \Delta p_c + \Delta p_1 + \Delta p_\sigma \tag{14-2-18}$$

式中　Δp——塔板总压降，Pa；
　　　Δp_c——干板压降，Pa；
　　　Δp_1——因塔板液层高产生的压降，Pa；
　　　Δp_σ——因液层表面张力产生的压降，Pa。

有的则建议总压降只为干板压降和塔板上液层压降之和。

按 Zuiderweg[10] 的推荐，筛板的干板压降以下式计算：

$$\Delta p_c = \frac{1}{2} \rho_g \left(\frac{w_0}{C_0}\right)^2 \tag{14-2-19}$$

式中　ρ_g——气相密度，kg·m^{-3}；
　　　w_0——筛板孔速，m·s^{-1}；
　　　C_0——筛孔流量系数。

在塔板上有液层时筛孔流量系数C_0是孔速的函数，并与板上液层高度有关，只在孔速很高时C_0才与无液层的干板时相一致。建议用下式求之：

$$C_0 = 0.7 \left[1 - 0.14 \left(\frac{gh_1\rho_1}{w_0^2\rho_g}\right)^{2/3}\right] \tag{14-2-20}$$

过去，一般推荐的干板压降计算公式亦与式(14-2-19)相同[11]，但其中的筛孔流量系数C_0规定用图14-2-14查出。同时还规定，当将此图用于大孔筛板时，即$d_0 \geqslant 12\text{mm}$，$C_0$应乘以校正系数$\beta$，$\beta$值可取为1.15。

筛板上因液层高度产生的压降Δp_1，可直接应用计算式(14-2-10)求h_1，再求Δp_1，即：

$$\Delta p_1 = g\rho_1 h_1 \tag{14-2-21}$$

式中　Δp_1——因塔板液层高产生的压降，Pa；
　　　g——重力加速度，m·s^{-2}；
　　　ρ_1——液相密度，kg·m^{-3}；
　　　h_1——塔板上清液层高度，m。

筛板的Δp_σ，可由下式求出：

$$\Delta p_\sigma = \frac{4\sigma}{d_0} \tag{14-2-22}$$

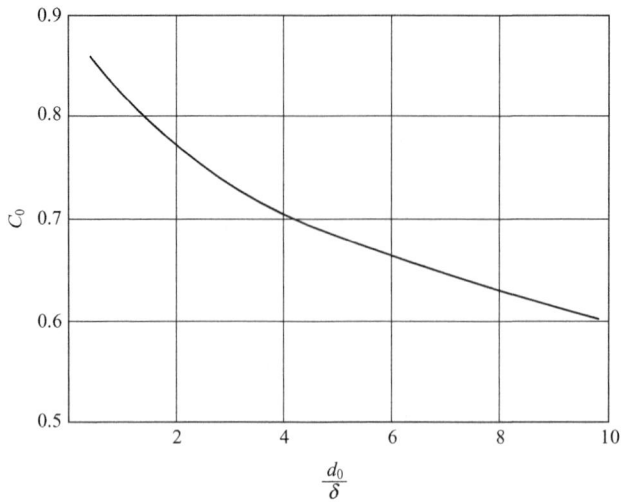

图 14-2-14 干筛孔的流量系数

δ—板厚，mm；d_0—孔径，mm

[Hughmark G A, O'Connell H E. Chem Eng Prog, 1957, 53 (3): 127-132]

式中 σ——液相表面张力，$N \cdot m^{-1}$；

d_0——筛孔直径，m。

国内通用的 F1 型浮阀塔板的干板压降可按下式计算[11]。

阀片全开前：

$$\Delta p_c = 19.9 g w_0^{0.175} \tag{14-2-23}$$

阀片全开后：

$$\Delta p_c = 5.34 \frac{\rho_g}{2} w_0^2 \tag{14-2-24}$$

式中 Δp_c——干板压降，Pa；

g——重力加速度，$m \cdot s^{-2}$；

ρ_g——气相密度，$kg \cdot m^{-3}$。

浮阀由部分打开转为全开的临界孔速为：

$$w_{oc} = \frac{10.5}{\rho_g^{1/1.825}} \tag{14-2-25}$$

以上三式均是对阀重为 34g 及阀孔直径为 39mm 的浮阀测定的，对其他阀重应予以修正。

浮阀塔板的 Δp_1 亦参照式(14-2-21) 计算，但其中清液层高度 h_1 应按式(14-2-12) 计算。有时 h_1 亦推荐采用较简单的公式计算：

$$h_1 = \beta(h_w + h_{ow}) \tag{14-2-26}$$

式中 β——充气系数；

h_w——堰高，m；

h_{ow}——堰上液流高度，m。

在一些资料中，也常将 $h_w+h_{ow}=h_L$ 称为塔板上液层高度（如图 14-2-15 所示），严格讲这是不合理的。充气系数在若干浮阀塔板设计中常取为常数，如 $\beta=0.5$[11]。Klein[12] 根据发表的实验数据整理出适用于各种浮阀塔板的充气系数关联曲线。沈复等[13]将这些曲线回归得以下方程式：

当 $F_a=0.1\sim2.70$ 时，

$$\beta=\frac{1}{1.60F_a^{0.138}} \tag{14-2-27}$$

当 $F_a>2.70$ 时，$\beta=0.545$。

其中 F_a 为以塔板鼓泡面积计的气相动能因子。

浮阀塔板的 Δp_σ 可以用类似式(14-2-22)的方法来计算，此时不用筛孔孔径而要应用浮阀开度。但是，一般此值很小，计算时可以略去。

2.5 操作极限与负荷性能图

一般来说，板式塔较填料塔有较大的操作弹性，但它对气相和液相负荷也有一定的要求。

2.5.1 最大允许气相负荷

最大允许气速直接影响塔的直径，最大气速主要受板式塔的液泛控制。液泛有两种：一种是过量雾沫夹带，可称为夹带液泛；另一种是降液管内充满含气泡沫液体，直至上层塔板，称为降液管液泛。无论哪种情况都使板式塔的压降增大、效率降低，最后无法正常操作。通常在真空和常压操作时，液相负荷较小，易发生夹带液泛；高压和高液相负荷时易发生降液管液泛。

(1) 由夹带液泛而确定的最高气速 板式塔由夹带液泛而确定的最大气速通常采用 Souders-Brown 公式，即：

$$w_{n,max}=C\sqrt{\frac{\rho_l-\rho_g}{\rho_g}} \tag{14-2-28}$$

式中　$w_{n,max}$——以塔板面积 A_n 计的夹带液泛气速，m·s^{-1}；

　　　A_n——塔板面积，$A_n=A_t-A_d=A_a+A_d$，m^2；

　　　A_t——塔截面积，m^2；

　　　A_d——每个降液管所占塔板面积，m^2；

　　　A_a——塔板鼓泡面积，m^2；

　　　C——气相负荷因子，m·s^{-1}。

此式是根据雾沫夹带得出的关联式。对于筛板、泡罩板，式中的 C 可从 Smith 图[14]查得，后来此图又推广用于浮阀塔，现给出的图 14-2-15 是结合 Smith 图归纳而成的。图 14-2-15是由液体表面张力 $\sigma=2\times10^{-2}$N·m^{-1} 的经验数据绘出的，若塔内为其他液体时，应将图上查出的 C 值按下式进行校正：

$$\frac{C}{C_\sigma} = \left(\frac{2 \times 10^{-2}}{\sigma}\right)^{0.2} \tag{14-2-29}$$

式中　C——由图 14-2-15 查出的数值，$m \cdot s^{-1}$；

　　　C_σ——表面张力为 σ 时的 C 值，$m \cdot s^{-1}$；

　　　σ——液相表面张力，$N \cdot m^{-1}$。

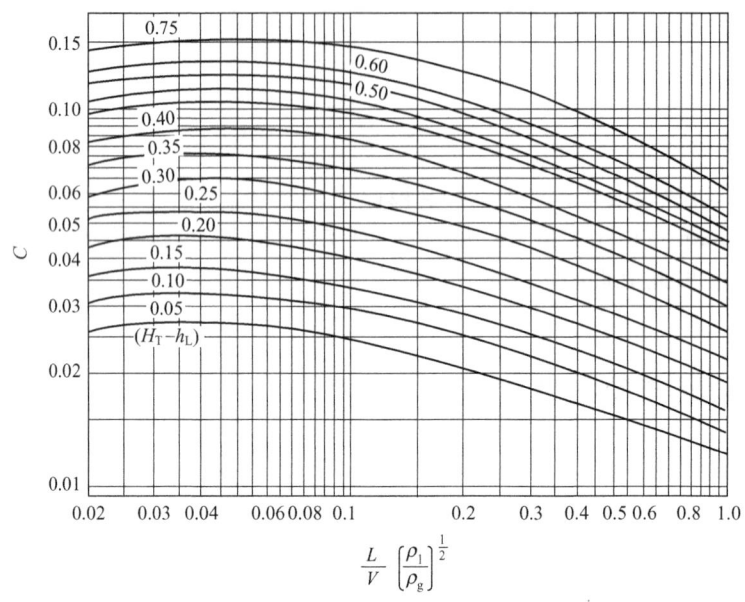

图 14-2-15　不同分离空间下的负荷因子与动能参数

H_T—板间距，m；h_L—塔板上液层高度（$h_w + h_{ow}$），m；

L、V—液相、气相流量，$m^3 \cdot h^{-1}$；

ρ_l，ρ_g—液相、气相密度，$kg \cdot m^{-3}$

(Smith B D. Design of Equilibrium Stage Processes. New York：McGraw-Hill，1963)

应用式（14-2-28）时需要先假定塔板间距和塔板上液层高度，为此可在推荐的板间距和堰高的范围内进行初选，在进一步进行塔板流体力学核算后方能作为最后的结果。

在液泛气速确定后，设计的空塔气速可以由下式求之：

$$w = (0.6 \sim 0.8) w_{n,\max} \tag{14-2-30}$$

对浮阀塔板可采用 Glitsch 设计手册中验算泛点率的方法来确定最大的允许气速[15]，这是一种间接判断雾沫夹带量的方法。

泛点率的意义是指设计负荷与泛点负荷之比，以百分数表示。泛点率由以下公式求出，并取其中较大的数值：

$$F_1 = \frac{100 C_v + 136 L Z_1}{A_a K C_F} \tag{14-2-31}$$

或

$$F_1 = \frac{100 C_v}{0.78 A_s K C_F} \tag{14-2-32}$$

其中
$$C_v = V\sqrt{\frac{\rho_g}{\rho_l - \rho_g}}$$

式中 F_1——泛点率，%；
C_v——基于流量的气相负荷因子，$m^3 \cdot s^{-1}$；
V，L——气相及液相流量，$m^3 \cdot s^{-1}$；
Z_1——液相流程长度，m；
A_a——塔截面积，m^2；
A_s——塔板鼓泡面积，m^2；
K——物性系数，见表 14-2-3；
C_F——泛点负荷因子，见图 14-2-16。

表 14-2-3 物性系数 K

系统	K
无泡沫，正常系统	1.0
氟化物（如 BF_3、氟利昂）	0.9
中等起泡沫（如油吸收塔、胺和乙二醇再生塔）	0.85
重度起泡沫（如胺和乙二醇再生塔）	0.73
严重起泡沫（如甲乙酮装置）	0.60
形成稳定泡沫系统（如碱再生塔）	0.30

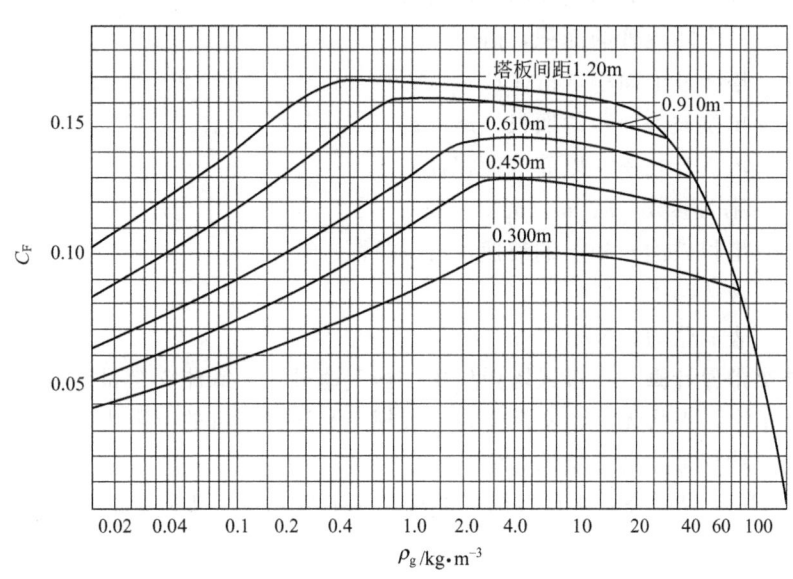

图 14-2-16 泛点负荷因子
[徐亦方，杨国威. 石油译丛——油气加工，1965（4）：17]

若根据要求，雾沫夹带量需控制在 $0.1 kg \cdot kg^{-1}$ 以下时，F_1 的数值规定如下：

对一般大塔，$F_1 < 80\% \sim 82\%$；对负压操作的塔，$F_1 < 75\% \sim 77\%$；对直径小于 900mm 的塔，$F_1 < 65\% \sim 75\%$。

除上述方法计算外，Zuiderweg[10] 对筛板的液泛界限还提出了以下的计算方法，可作为参考。

喷射态发生雾沫夹带液泛的上限为:

$$C_{\max}=w_a\sqrt{\frac{\rho_g}{\rho_l}}=0.037g^{0.5}\frac{(H_T-h_1)^{0.59}}{h_1^{0.09}} \tag{14-2-33}$$

泡沫态时,主要考虑降液管液泛,则:

$$C_{\max}=\left(\frac{H_T}{h_{f,i}}\right)^{1/5}C_i \tag{14-2-34}$$

其中

$$h_{f,i}=h_1+40\frac{h_1^{3/5}}{g^{2/5}}C_i \tag{14-2-35}$$

$$C_i=0.032\left[g^{1/3}\left(\frac{A_d}{A_a}\right)^{1/3}b_e^{1/6}\psi_a^{1/5}\right]\frac{h_1^{1/3}}{\phi^{7/12}}\left(\frac{\rho_l}{\rho_l-\rho_g}\right)^{1/6}\left(\frac{\sigma}{\mu_l}\right)^{1/3}$$

式中 $C_{\max}$——塔板液泛时的负荷因子,$m \cdot s^{-1}$;
w_a——以塔板鼓泡面积计的气速,$m \cdot s^{-1}$;
H_T——塔板间距,m;
h_1——清液层高度,m;
$h_{f,i}$——开始液泛时的鼓泡层高度,m;
C_i——开始液泛时的负荷因子,$m \cdot s^{-1}$;
A_d——一个降液管的面积,m^2;
A_a——塔板鼓泡面积,m^2;
b_e——单位鼓泡面积的堰长,m^{-1};
ψ_a——塔板开孔率(以鼓泡面积计);
ϕ——流动参数,$u_l/w_a(\rho_l/\rho_g)^{0.5}$;
u_l——塔板鼓泡面积上的液速,$m \cdot s^{-1}$;
μ_l——液体黏度,$N \cdot s \cdot m^{-2}$;
σ——表面张力,$N \cdot m^{-1}$。

(2) 雾沫夹带量计算 在板式塔操作中,当气速过大、雾沫夹带量超过一定界限时,塔板效率将显著下降,塔将无法正常操作,一般规定雾沫夹带量的上限为 $e_v < 0.1 kg \cdot kg^{-1}$ 气。为此,下面介绍计算雾沫夹带量的方法。

较早采用 Hunt 等的公式来计算筛板的雾沫夹带量 e_v[11],即:

$$e_v=0.22\frac{73}{\sigma}\left[\frac{w_n}{12(H_T-h_f)}\right]^{3.2} \tag{14-2-36}$$

式中 h_f——鼓泡层高度,m;
w_n——基于 A_s-A_d 的气速,$m \cdot s^{-1}$;
A_s——塔截面积,m^2;
A_d——一个降液管的面积,m^2;
σ——液体表面张力,$mN \cdot m^{-1}$。

式(14-2-36)也可按图 14-2-17 求取。

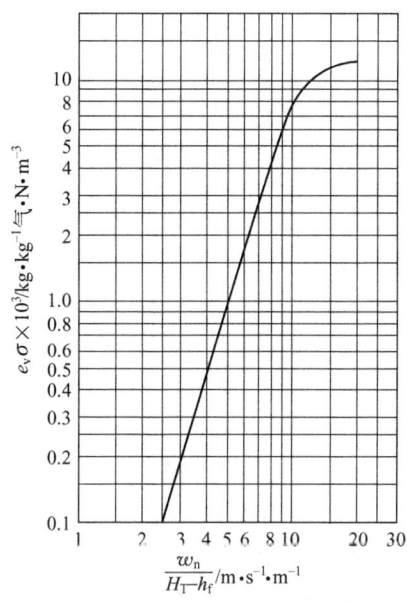

图 14-2-17 筛板雾沫夹带量

[Hunt C D, Hanson D N, Wilke C R. AIChE J, 1995, 1 (4): 441-451]

用 Hunt 法计算时,曾发现当 $\dfrac{w_n}{H_T-h_f}$ 大于 12 时 e_v 不再显著上升,因此图 14-2-17 上的曲线在后来倾向于水平。

另一类雾沫夹带量的计算方法是利用相对的液泛来关联。较流行的是 Fair 法[11],该法先由下式求出泛点气速:

$$w_F = 0.305 C_{SB} \sqrt{\dfrac{\rho_l - \rho_g}{\rho_g}} \tag{14-2-37}$$

式中 w_F——泛点气速,$\mathrm{m \cdot s^{-1}}$;

ρ_l,ρ_g——液相及气相密度,$\mathrm{kg \cdot m^{-3}}$;

C_{SB}——由图 14-2-18 求得,当筛孔面积与鼓泡区面积 $A_0/A_a < 0.10$ 时 C_{SB} 应乘以校正系数 β_c (表 14-2-4)。

表 14-2-4 β_c 值

A_0/A_a	β_c
0.10	1.00
0.08	0.90
0.06	0.80

图 14-2-18 适用于孔径 $d_0 < 6\mathrm{mm}$,液相表面张力 $\sigma = 20 \times 10^{-3} \mathrm{N \cdot m^{-1}}$ 及 $h_w < 0.15 H_T$ 的情况。当液相表面张力不等于 $20 \times 10^{-3} \mathrm{N \cdot m^{-1}}$ 时,查得的 C_{SB} 值应乘以 $[\sigma/(20 \times 10^{-3})]^{0.2}$ 进行校正。

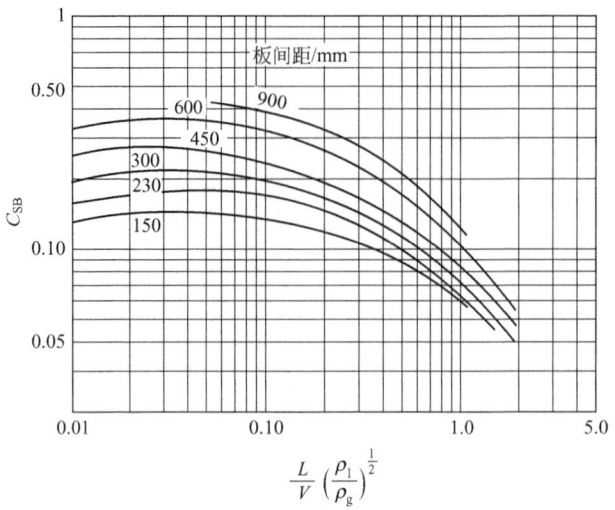

图 14-2-18 C_{SB} 系数

(Smith B D. Design of Equilibrium Stage Processes. New York: McGraw-Hill, 1963)

将操作气速与式(14-2-37)求出的泛点气速之比 $w/w_F \times 100\%$ 作为液泛百分数,由图 14-2-19 可求得雾沫夹带分数 ψ,再得到雾沫夹带量 e_v:

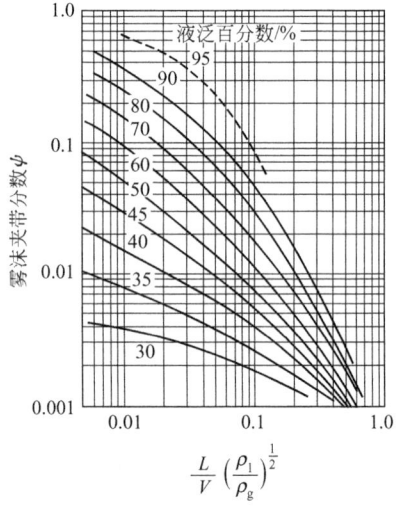

图 14-2-19 雾沫夹带分数

(Smith B D. Design of Equilibrium Stage Processes. New York: McGraw-Hill, 1963)

$$\psi = \frac{e}{L_m + e} = \frac{e_v}{\dfrac{L'}{G'} + e_v}$$

或

$$e_v = \frac{L'\psi}{(1-\psi)G'} \tag{14-2-38}$$

式中 e_v——雾沫夹带量,kg·kg^{-1}气;

L_m ——液相流量，kmol·L^{-1}；
G'，L' ——气相和液相流量，kg·h^{-1}；
e ——雾沫夹带量，kmol·h^{-1}；
ψ ——雾沫夹带分数，kmol·kmol^{-1}总液流量。

为计算筛板的雾沫夹带量，Zuiderweg 将 FRI 的数据进行了关联，并认为只在喷射态时雾沫夹带才较为严重，为此给出计算喷射态时雾沫夹带量的公式为：

$$e_v = 1.0 \times 10^{-8} \left(\frac{h_f}{H_T}\right)^3 \left(\frac{w_0}{u_1}\right)^2 \tag{14-2-39}$$

式中 e_v ——雾沫夹带量，mol·mol^{-1}液；
h_f ——鼓泡层高度，m；
H_T ——塔板间距，m；
w_0 ——孔速，m·s^{-1}；
u_1 ——塔板鼓泡面积上液速，m·s^{-1}。

以上计算筛板雾沫夹带量的三种计算方法中，Hunt 法出现最早，形式简单、易用，在作粗略计算时仍多采用。当计算要求较高时，可用 Fair 法。较新出现的 Zuiderweg 法在我国应用尚不多，但可以作为参考。

浮阀塔板的雾沫夹带量的计算国内外做过不少研究，但是适用于工业装置的计算仍宜采用验算泛点率的概念，即式(14-2-31) 和式(14-2-32)，作为间接判断雾沫夹带量的方法。

(3) 由降液管液泛而确定的最高气速 见本章 2.5.3 节。

2.5.2 最小允许气相负荷

浮阀塔板和筛板等均存在一个最小允许气速。当通过筛孔或阀孔的气速过低时，由此产生的压降不足以支持塔板孔上的液层，液体会由筛（阀）孔流下，形成塔板漏液，这时液体未经与气体在塔板上充分接触传质而形成短路，严重降低塔板效率。因此，过量的塔板漏液是不允许的。此外，过小的气速也会造成塔板上鼓泡不均，影响塔板效率。

筛板要求下限气速为 w_{om}，当孔速低于此值时液体开始从筛孔泄漏，此称为漏液点。w_{om} 可按以下经验公式计算[11]：

$$w_{om} = 4.4 C_0 \sqrt{\frac{(0.0056 + 0.13 h_L - h_\sigma)\rho_1}{\rho_g}} \tag{14-2-40}$$

当 h_L 小于 30mm 或筛孔直径小于 3mm 时，可用：

$$w_{om} = 4.4 C_0 \sqrt{\frac{(0.0051 + 0.05 h_L)\rho_1}{\rho_g}} \tag{14-2-41}$$

对于孔径大于 12mm 的大孔筛板，可用：

$$w_{om} = 4.4 \beta C_0 \sqrt{\frac{(0.01 + 0.13 h_L - h_\sigma)\rho_1}{\rho_g}} \tag{14-2-42}$$

式中 w_{om} ——漏液点筛孔气速，m·s^{-1}；

h_L——塔板清液层高度，以 h_w+h_{ow} 计，m；

h_w——堰高，m；

h_{ow}——堰上液流高度，m；

h_σ——与液体表面张力相当的液柱，m；

β——修正系数，可取 $\beta=1.15$；

C_0——筛孔流量系数，见图 14-2-14。

实际孔速 w_0 与下限孔速 w_{om} 之比称为稳定系数 K，即：

$$K=\frac{w_0}{w_{om}} \tag{14-2-43}$$

K 值应大于 1。当操作要求较大弹性时，K 可取为 1.5～2.0 以上。

对筛板的漏液点，Zuiderweg[10] 根据 FRI 和 Mayfield 的数据对塔板两种不同的两相流状态给出了以下结果，可作漏液点计算的参考。

混合态：

$$C_m=\psi_a(gh_1)^{1/2}\left(1-0.15\frac{\psi}{b_e h_1}\right) \tag{14-2-44}$$

泡沫态：

$$C_m=0.45\psi_a(gh_1)^{1/2} \tag{14-2-45}$$

式中　C_m——漏液点时的 C 因子，m·s^{-1}；

h_1——清液层高度，m；

ψ——流动参数，$\dfrac{u_1}{w_a}\sqrt{\dfrac{\rho_l}{\rho_g}}$；

u_1——鼓泡面积上的液速，m·s^{-1}；

w_a——鼓泡面积上的气速，m·s^{-1}；

b_e——单位鼓泡面积的堰长，m^{-1}；

ψ_a——筛板鼓泡面积的开孔率。

上两式的精度为 ±25%。由于漏液限是总处理量的 25%～30%，故对总处理量来说误差为 ±5%。

浮阀塔板由于有可随气速大小升降的浮阀，故它的漏液相当小。阀的重量对塔板漏液亦有影响，实验表明，当阀重大于 30g 时，阀重再增加，漏液也不会减少，故通常应用的 F1 型浮阀重阀为 32～34g。为了不致因漏液影响塔板的正常操作，对 30～34g 的阀，可取阀孔动能因子 $F_0=5\sim6$ 作为负荷下限，阀孔动能因子定义为：

$$F_0=w_0\sqrt{\rho_g} \tag{14-2-46}$$

式中　w_0——孔速，m·s^{-1}；

ρ_g——气相密度，kg·m^{-3}。

由此可决定孔速下限。

对真空操作，应采用较轻的阀（25g），此时塔板漏液量增大，可适当提高 F_0 的下限值。对加压操作，由于所需阀数较少，一般 F_0 取得较小。

我国沈复等[16]以空气-水系统和空气-柴油系统进行试验，得出 F1 型重阀的漏液点阀孔动能因子为：

$$F_{om}=2.968\psi_a^{0.19}h_w^{0.027}L_w^{0.219} \tag{14-2-47}$$

式中　ψ_a——塔板鼓泡面积的开孔率；
　　　h_w——堰高，mm；
　　　L_w——液流强度，$m^3 \cdot m^{-1} \cdot h^{-1}$。

需要强调，漏液点孔速是塔板无漏液时的孔速下限。但研究表明，有一定的塔板均匀漏液时，塔板效率并不显著降低；但在低气速时，塔板易发生不均匀漏液，特别是进口堰附近的局部漏液，对塔板效率的下降有很明显影响[17]。

2.5.3　最大允许液相负荷

塔板上最大允许液相负荷主要受降液管的限制，为此常从四个方面决定最大允许液相负荷：

① 出口堰上的液流强度一般不宜超过 $60m^3 \cdot m^{-1} \cdot h^{-1}$；
② 降液管内的液相流速不宜超过 $0.1m \cdot s^{-1}$；
③ 降液管内液体的停留时间一般应大于 5s；
④ 降液管内清液层高度不宜超过板间距的一半。

液体在降液管内的停留时间 τ 由下式求出：

$$\tau = \frac{H_T A_d}{L} \tag{14-2-48}$$

式中　H_T——塔板间距，m；
　　　A_d——每个降液管的面积，m^2；
　　　L——每个降液管的液相流量，$m^3 \cdot s^{-1}$。

最小停留时间应按不同情况决定：

① 不起泡物系（如水等），$\tau > 3s$；
② 微起泡物系，$\tau > 3.5s$；
③ 中等起泡物系，$\tau \geq 4 \sim 5s$；
④ 严重起泡物系，$\tau > 7s$；
⑤ 高压烃类和其他特殊物系，$\tau > 6 \sim 7s$。

降液管内清液层高度 H_d' 即为液相通过一层塔板时所需的液柱高度，对降液管液泛有重大影响，可用下式计算：

$$H_d' = h_w + h_{ow} + \Delta + h_d + h_p \tag{14-2-49}$$

式中　h_w——出口堰高，m；
　　　h_{ow}——堰上液流高度，m；
　　　Δ——液面梯度，m；
　　　h_d——相应液相流出降液管局部阻力的液柱高度，m；
　　　h_p——相应每层塔板总压降的液柱，m。

h_d 应用下式计算：

$$h_d = 0.153 \left(\frac{L}{l_w h_0} \right)^2 \tag{14-2-50}$$

式中　L——液相流量，$m^3 \cdot s^{-1}$；
　　　l_w——堰长，m；
　　　h_0——降液管底部离塔板距离，m。

实际上在降液管内泡沫层高度 H_d 为（图14-2-20）：

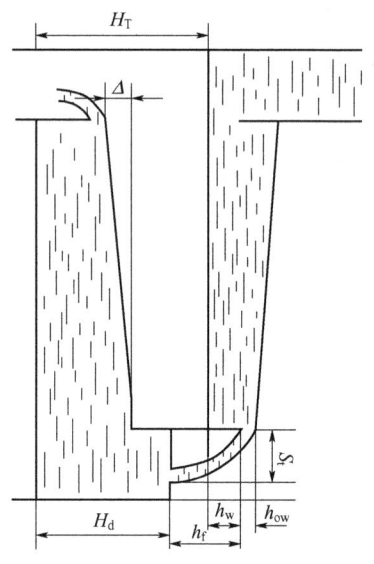

图 14-2-20　塔板上液面示意图

$$H_d = \frac{H_d'}{\varphi'} \tag{14-2-51}$$

式中，φ' 为泡沫层相对密度，对易起泡物系可取为 0.3～0.4，对一般物系 φ' 取 0.5，对不宜起泡物系 φ' 取 0.6～0.7。此 H_d 应满足：

$$H_d < H_T + h_w \tag{14-2-52}$$

实际上应留有一定裕度，以防止降液管液泛。

最大允许液速还受液流越堰时的抛射距离 S_t 限制（图14-2-20），此抛距必须小于降液管宽度，否则液流封闭降液管口以致排气困难，造成降液管中液体夹带气体过多，对塔板效率不利，也容易液泛。抛距可以计算如下：

$$S_t = 0.8 \sqrt{h_{ow}(H_T + h_w - H_d)} \tag{14-2-53}$$

式中　S_t——液流抛射距离，m；
　　　h_{ow}——堰上液流高度，m；
　　　H_T——塔板间距，m；
　　　h_w——出口堰高，m；
　　　H_d——降液管内液层高度，m。

为了使液体中所含气体充分分离，最大抛距不应超过降液管宽度的60%。

2.5.4 最小允许液相负荷

理论上塔板可以在相当小的液相负荷下操作，因为塔板上液层高度主要由出口堰高决定。但在很小的液相负荷下，塔板上液流容易不均匀，从而降低塔板效率，为此要保证一定的堰上液流高度 h_{ow}。

h_{ow} 由本章2.3.2中给出的各式计算，平堰采用式(14-2-13)计算。为保证塔板的正常操作，在精馏设计时 h_{ow} 不宜超过80mm。当液量过小时，h_{ow} 将减小，为此应保证：

$$h_{ow} \geqslant 6\text{mm}$$

这相当单流型弓形降液管液流强度约 $3\text{m}^3 \cdot \text{m}^{-1} \cdot \text{h}^{-1}$，如达不到此值，可将平堰改为齿形堰。

当采用圆形降液管时，为避免在管口发生液阻现象，h_{ow} 应小于圆形降液管内径的 $1/6 \sim 1/5$。

2.5.5 负荷性能图和操作弹性

(1) 负荷性能图 由于对塔板的气液相负荷均有一定的限制和要求，对某种形式的塔板只在一定的气液负荷下才能达到稳定的操作，当气液负荷越出此范围，塔的操作就将破坏。塔板的稳定操作范围可用负荷性能图（图14-2-21）表示，在此图上表示出各种不正常的流体力学状态的界限。不同的塔板有不尽相同的界限曲线，对有降液管的塔板可用下列一些曲线来确定其稳定操作范围。

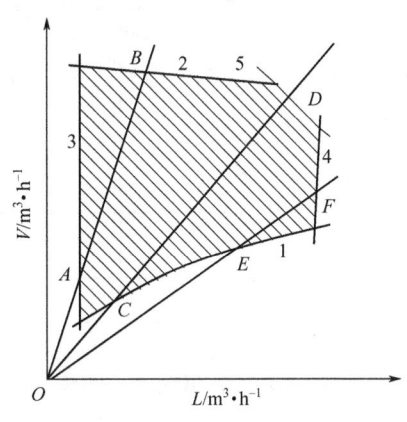

图 14-2-21 塔板负荷性能图

1——气速下限线：气速过低，将造成塔板漏液和气体分布不均，气相不能与液相正常接触传质；

2——雾沫夹带线：气速超过此线时，雾沫夹带量将超过允许界限 $0.1\text{kg} \cdot \text{kg}^{-1}$ 气，导致塔板效率严重下降；

3——液量下限线：当液量过小，出口堰上液头 h_{ow} 不能满足低限要求，塔板将出现严重液流不均，传质效率降低；

4——液量上限线：如果不能保证液相通过降液管的必要停留时间，液体中所含气体不能充分分离，形成严重气相夹带，降低塔板效率，严重时还会发生降液管液泛；

5——液泛线：气液流量超过此限时形成降液管液泛，此时降液管内液层高度不能满足式(14-2-52)的要求。

对于一定液气比的操作过程，V/L 为一定值。故塔板的操作线在图 14-2-21 上为通过 O 点的直线，图中分别列出不同液气比的三条线，各操作线的上、下限分别为：

OAB 线——上限 B（雾沫夹带），下限 A（液层低）；

OCD 线——上限 D（液泛），下限 C（漏液）；

OEF 线——上限 F（降液管过小），下限 E（漏液）。

(2) 操作弹性 塔板的负荷性能图可以清楚表示出塔板允许的气液相负荷的工况范围，反映出塔板操作弹性的优劣。塔板的操作弹性习惯上及实践中以气相负荷的变化范围来表示，即定义操作弹性为气相负荷上限与气相负荷下限之比。表 14-2-2 中列出若干塔板操作弹性的大致范围。

在一定情况下，虽然塔板效率操作工况未达到极限，但从传质的角度看塔板效率已明显降低，这时塔已不能正常操作，因此可以更广义地将操作弹性理解为塔板效率仍能维持一定数值的操作工况区间。图 14-2-22 为四种塔板的效率曲线[18]。由图 14-2-22 可见，浮阀和泡罩两种塔板的效率曲线具有相当平坦的变化趋势，这表明两种塔板可在较广的工况范围内维持较高的效率；而筛板和 Kittle 穿流板的效率曲线变化较剧烈，它们只能在较窄的工况范围内操作，才能保证一定的塔板效率。所以，浮阀和泡罩两种塔板的操作弹性明显优于另两种塔板。

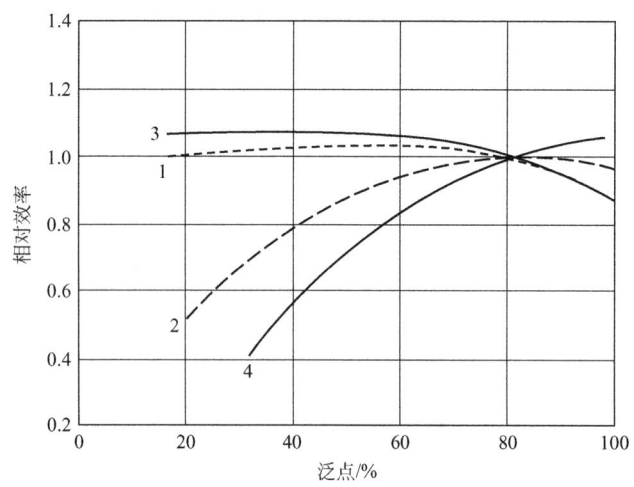

图 14-2-22 塔板效率曲线

1—泡罩；2—筛板；3—浮阀；4—Kittle 穿流板

(Zuiderweg F J, et al. In International Symposium on Distillation. Rottenburg P A. Brighton: Institution of Chemical Engineers, 1960)

2.6 板式塔内的流体流动

2.6.1 流体流动的不均匀性

随着化工生产的大型化，板式塔的直径也不断增大，液相流过塔板的流速分布不均问题日益显得重要。20 世纪 70 年代初，Porter 等[19]发现了大直径塔板上的弓形区部分存在着液流滞止的实验现象。Bell 等[20]采用光导纤维技术测定塔板上的液相流速分布，发现在塔板弓形区存在局部环流。图 14-2-23 给出 Porter 等[21]在直径 2.44m 的筛板上某一测定结果，这是以相对值表示的等温线，试验系统为空气-热水。当热水流过塔板时，与从筛孔上升的空气进行换热作用，水温渐降，液体在塔板上停留时间愈长，水温愈低。图 14-2-23 的等温线显示出 U 字形状，塔板上的弓形区水温较低，显然这里流动不畅，有缓流或滞流存在；如果等温线接近平行直线，则说明液流较为均匀，那么塔板分离效率也较高。

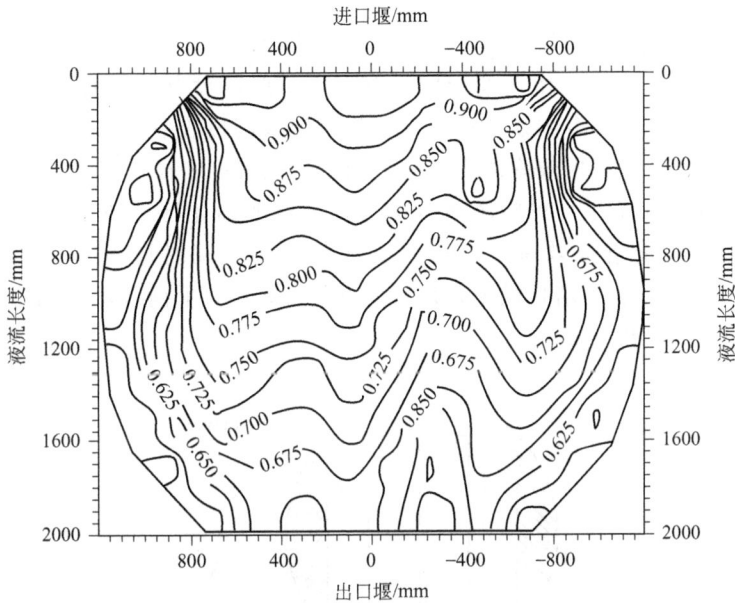

图 14-2-23 塔板上水的等温线

[Porter K E, Yu K T, Chambers S, et al. Inst Chem Engrs Symp Ser, 1992, 1 (128)：A257-A276]

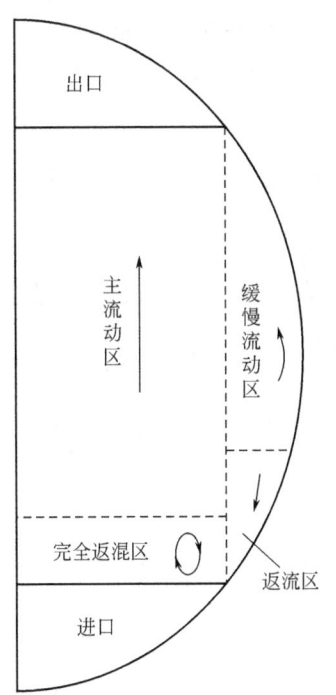

图 14-2-24 塔板分区示意图

[余国琮，黄洁. 化工学报, 1981 (1)：11-19]

余国琮等[22]在研究大型塔板的模拟与板效率的工作中，根据冷模实验结果，提出将塔板按其液流状态分为四个区（图 14-2-24）：塔板进口堰附近的完全返混区、塔板中部矩形的主流动区（但流速分布也不均匀），塔板两侧的缓慢流动区（弓形区）和进口堰旁在某些操作条件下存在的返流区。这充分说明了塔板上液流状态的复杂性。

2.6.2 对塔板效率的影响

液流不均对塔板效率有明显影响，尤其在塔板弓形区存在滞流、缓流或环流时，这一区域的液相很快与通过此区的气相达到传质平衡，由于此区没有或只有很少的液相流入与流出，通过此区的气相几乎没有浓度变化，这显然将导致塔板效率下降。

塔板上液流不均匀对塔板效率的影响与液流不均匀程度、操作工况及参数等诸多因素有关。若按 Porter 的研究结果，可将塔板分为恒流速区和滞止区（图 14-2-25），计算表明滞止区的存在将明显降低塔板效率，与塔板上液相均匀流动时塔板效率的比较见图 14-2-26[19]。图 14-2-26 中 E_{MV} 为塔板效率；E_{OG} 为点效率；λ 为平衡线斜率与操作线斜率之比；Pe 为彼克列（Peclet）数。

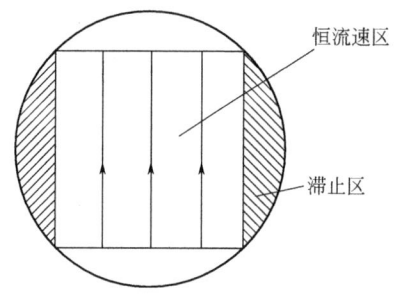

图 14-2-25　两区模型

［余国琮，黄洁. 化工学报，1981（1）：11-19］

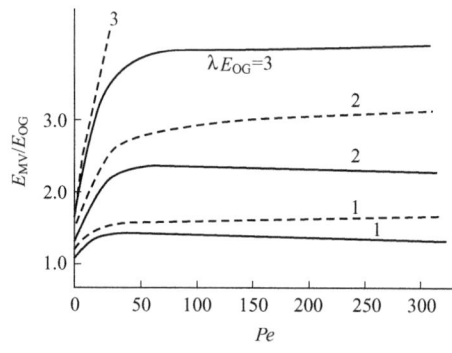

图 14-2-26　板效率与 Pe 的关系

------均匀流；———有滞止区

［Porter K E, Locker M J, Lim C T. Trans Inst Chem Engr, 1972, 50 (2): 91-101］

Bell[23]对于矩形流道，当流速分布分别为反抛物线（1）、斜直线（2）、抛物线（3）和均匀分布（4）四种情况，计算出塔板效率在不同流速分布下的区别，如图 14-2-27 所示。

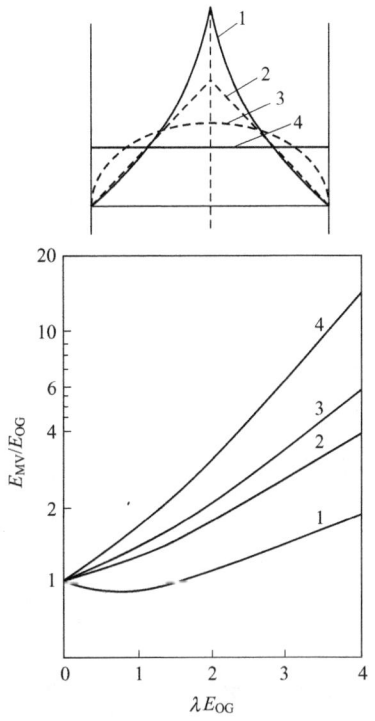

图 14-2-27　液流不均匀的影响
[Bell R L. AIChE J, 1972, 18 (3): 498-505]

图中清楚反映出液流均匀时塔板效率最高，液流愈不均匀效率愈低，尤其在 λE_{OG} 数值较大时更为明显。

影响塔板上液流不均的因素除塔径、堰长及这两者之比外，实际的因素还包括进口与出口堰的设计和安装、塔板水平度等。此外，当塔板上有传质构件（如浮阀）时，往往因布置不均造成在边缘处、主梁上方或在采用分块式塔板的分区处有较大的液流空隙，形成"短路"，这种局部沟流也将降低塔板效率。为此，应考虑设立防短路挡板。

2.7　塔板效率

为了完成一定要求的分离任务，板式塔所需的塔板数可由多级设计来确定，但是这种计算常采用平衡级的假设，即认为通过塔板后的气相能与塔板上的液相达到传质的平衡，这种塔板称为理论板。实际上气液两相在塔板上接触传质后往往不能达到热力学平衡（即理论）状态，它与理论的偏差常采用塔板效率来修正。传质越充分，越接近相平衡状态，板效率就越高。影响塔板效率的因素主要有：

① 所处理物料的组成和物性；
② 气液两相的流速及流动状态；
③ 塔板的结构及尺寸。

2.7.1　几种塔板效率的定义

在板式塔计算中有几种不同的塔板效率的定义：全塔效率、板效率和点效率。

(1) 全塔效率 传质分离所需理论板数 N_T 和实际塔板数 N 之比称为全塔效率，即：

$$E_T = \frac{N_T}{N} \tag{14-2-54}$$

全塔效率反映的是塔内的所有塔板传质的总效果。

(2) 板效率 对于板效率已提出了多种定义[4]，有 Murphree 板效率、Hausen 板效率、Standart 效率、Holland 汽化效率等，但应用最广的是 Murphree 板效率。Murphree 板效率是指每一块塔板进、出气相（或液相）达到的浓度变化之比。按照此定义 [图 14-2-28(a)]，可表示如下：

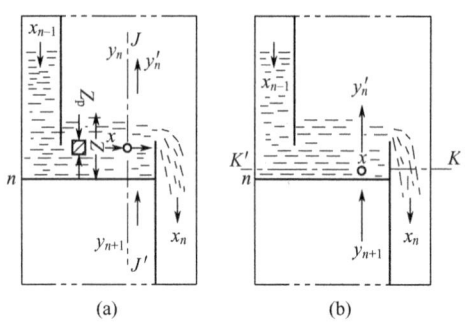

图 14-2-28 塔板效率模型图

(Distillation Subcommittee of the Research Committee. Bubble Tray Design Manual. New York：AIChE，1958)

对于气相：

$$E_{MV} = \frac{y_n - y_{n+1}}{y_n^* - y_{n+1}} \tag{14-2-55}$$

对于液相：

$$E_{ML} = \frac{x_{n-1} - x_n}{x_{n-1} - x_n^*} \tag{14-2-56}$$

式中 E_{MV}——气相板效率；
  E_{ML}——液相板效率；
  y_n，y_{n+1}——离开和进入 n 板的气相平均浓度，摩尔分数；
  x_n，x_{n-1}——离开和进入 n 板的液相平均浓度，摩尔分数；
  y_n^*——与 x_n 相平衡的气相浓度，摩尔分数；
  x_n^*——与 y_n 相平衡的液相浓度，摩尔分数。

通常文献上所指板效率 E_{MV} 和 E_{ML} 的关系为：

$$E_{MV} = \frac{E_{ML}}{E_{ML} + \lambda(1 - E_{ML})} \tag{14-2-57}$$

$$\lambda = m \frac{V}{L}$$

式中 λ——平衡线斜率与操作线斜率之比，亦称解析因子；
  m——平衡线斜率；

V——气相流量，mol·h^{-1}；
L——液相流量，mol·h^{-1}。

当操作线与平衡线相平行时，$\lambda=1$，$E_{MV}=E_{ML}$。

(3) 点效率 在一块塔板上的液相浓度由进板的 x_{n-1} 至 x_n（图 14-2-28）是变化的，因此由液层上方逸出的气相浓度沿塔板也不相同。Murphree 板效率中 y_n 和 y_{n+1} 是指塔板上方和塔板下方的气相平均浓度，因而是一块塔板气液传质的总结果。为表示塔板上各点的气液传质效果，需引入点效率。

现讨论图 14-2-28(a) 中塔板上通过某点的 JJ' 线，若进入此点的气相浓度为 y_{n+1}，离开此点液面后的气相浓度为 y'_n，则气相点效率定义为：

$$E_{OG}=\frac{y'_n-y_{n-1}}{y^*-y_{n+1}} \tag{14-2-58}$$

式中 y^*——与塔板上此点液相浓度 x 处于相平衡的气相浓度，摩尔分数。

同样，讨论图 14-2-28(b) 中 KK' 线，某点液相浓度为 x，离开此点的气相浓度为 y'_n，则液相点效率定义为：

$$E_{OL}=\frac{x_{n-1}-x}{x_{n-1}-x^*} \tag{14-2-59}$$

式中 x^*——与离板气相浓度 y'_n 处于相平衡的液相浓度，摩尔分数。

与式(14-2-57) 相仿，两个点效率也存在着以下关系：

$$E_{OG}=\frac{E_{OL}}{E_{OL}+\lambda(1-E_{OL})} \tag{14-2-60}$$

当操作线与平衡线平行时，$\lambda=1$，$E_{OG}=E_{OL}$。

2.7.2 板效率计算

板效率的估计和计算，通常采用三类方法：
① 经验关联式；
② 由实验装置数据确定板效率；
③ 理论或半理论的传质计算方法。

(1) 经验关联式

① O'Connell 方法[24] O'Connell 综合了大量工业数据后发现，对于蒸馏塔可用相对挥发度 α 与液相黏度 μ_l 的乘积作为参数来表示全塔效率，对于吸收塔可用 $\mu_l/(Hp)$ 作为参数来表示全塔效率。O'Connell 方法目前仍被认为是较好的简易方法而被引用。

a. 蒸馏塔的全塔效率 如图 14-2-29 所示，其中 α 为相对挥发度，在多组分系统时取关键组分的 α；μ_l 为液相的平均黏度。对于多组分系统，可按下式做平均计算：

$$\mu_l=\sum x_i \mu_{li} \tag{14-2-61}$$

式中 x_i——进料中各组分的浓度，摩尔分数；
μ_{li}——i 组分液态黏度，mN·s·m^{-2}。

α 及 μ_{li} 均取塔顶及塔底平均温度时的数值。

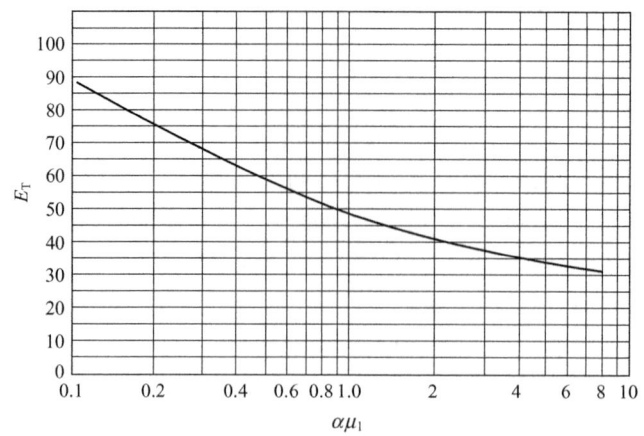

图 14-2-29　蒸馏塔的全塔效率

[O'Connell H E. Trans Am Inst Chem Eng, 1946, 42 (4): 741-755]

图 14-2-29 中的曲线可以用下式表示:

$$E_T = 0.49(\alpha\mu_1)^{-0.245} \tag{14-2-62}$$

当塔板上的液流长度超过 1m 时，实际上可达到的全塔效率 E_T 比图 14-2-29 给出的大，此时可将查得的 E_T 乘以系数 C_1，C_1 的数值范围由图 14-2-30 查得，但此图只适用于 $\alpha\mu_1$ 在 0.1~1.0 范围。

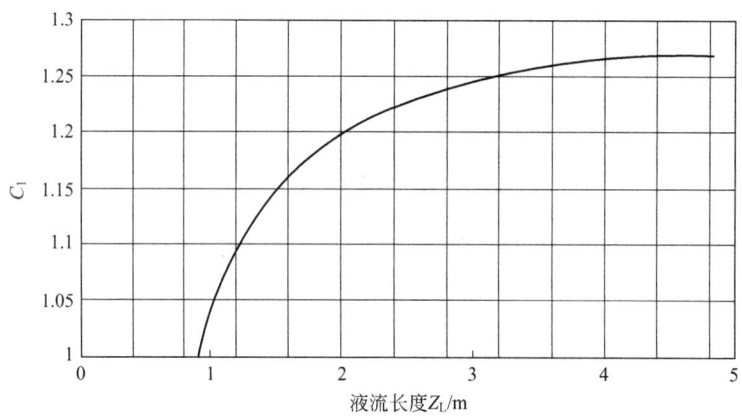

图 14-2-30　液流长度对 E_T 的修正

(Lockhart F J, Legget C W. Advances in Petroleum and Refining Chemistry. Kobe K A, McKetta J J Jr. New York: Interscience, 1958, Vol 1: 323-326)

b. 吸收塔的全塔效率　O'Connell 对于吸收塔的全塔效率也提出了相仿的关系，如图 14-2-31 中实线，此时以体现黏度与溶解度的因子 $\mu_1/(Hp)$ 作为参数。μ_1 为液相黏度，mN·s·m^{-2}；H 为溶质的亨利系数，kmol·m^{-3}·kPa^{-1}；p 为系统总压，kPa；μ_1 及 H 均为按塔顶及塔底平均温度的数值。

Lockhart 等[25]对烃类的油吸收塔的效率亦用 $\alpha\mu_1$ 的函数来表达，其归纳的数据包括一些从常压到 10MPa 操作的烃吸收塔，其结果在图 14-2-31 上用虚线表示，此处相对挥发度 α 系指被吸收组分与溶剂两者的气液平衡常数比，即:

$$\alpha = \frac{K_i}{K_a} = \frac{y_i}{x_i}\frac{1}{K_a} \tag{14-2-63}$$

式中 K_i，K_a——在操作温度及压力下被吸收组分及溶剂的相平衡常数；
　　　y_i，x_i——组分在气相及液相中的浓度，摩尔分数。

当 x_i 较小时（$x_i < 0.15$），可假设溶剂的活度系数为1，K_a 可按 p^0/p 来计算，即溶剂在操作温度下的饱和蒸气压与操作压之比。Lockhart 认为，对于一般石油化学工业中常用的油吸收塔可取 $K_a \approx 0.1$。

由式(14-2-63)及图 14-2-31 可以看出，在一个多组分的吸收塔中轻组分的塔板效率比重组分小，例如按甲烷考虑的 E_T 有时为按丙烷考虑的 E_T 的 $1/5 \sim 1/4$。

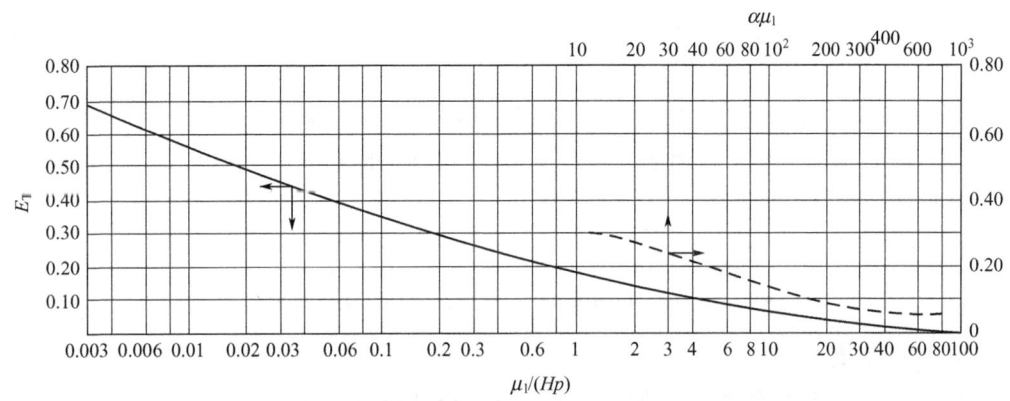

图 14-2-31　吸收塔的全塔效率
[O'Connell H E. Trans Am Inst Chem Eng, 1946, 42 (4): 741-755]

② MacFarland 等[26]的方法　根据筛板和泡罩塔板的数据对 Murphree 板效率和有关的无量纲准数进行关联，得到了下列计算式：

$$E_{MV} = 0.068 \left(\frac{\sigma}{\mu_1 w_a}\right)^{0.115} \left(\frac{\mu_1}{\rho_1 D_1}\right)^{0.215} \left(\frac{h_w w_0 \rho_g}{\mu_1 \Psi_s}\right)^{0.1} \tag{14-2-64}$$

式中 σ——液体表面张力，N·m^{-1}；
　　　μ_1——液体黏度，N·s·m^{-2}；
　　　w_a——塔板鼓泡面积上的气速，m·s^{-1}；
　　　ρ_g，ρ_1——气体和液体密度，kg·m^{-3}；
　　　D_1——液体分子扩散系数，m^2·s^{-1}；
　　　w_0——孔速，m·s^{-1}；
　　　Ψ_s——基于全塔的筛板开孔率或齿缝面积与全塔截面积之比；
　　　h_w——堰高，m。

(2) 由实验装置数据确定板效率　由实验装置进行塔板效率的测定可在 Oldershaw 蒸馏柱中进行，其直径不大于 25～50mm，此时的塔板效率等于点效率。也可在较大的实验装置上进行，此时可得全塔效率。由于影响板效率的因素很多，众多公布的实验数据常有相当大的出入，为使实验数据的应用具有可比性，应该满足必要的条件：蒸馏物系相同，操作工况相对于液泛点的比值相同，全回流操作，若是小实验装置应采用标准的 Oldershaw 蒸馏柱。

(3) 理论或半理论的传质计算方法 基于传质的双膜理论，AIChE[27]和Zuiderweg[10]均给出了半理论的板效率计算方法，其中尤以AIChE的方法得到广泛的应用。

① AIChE方法 影响塔板效率的因素十分复杂，包括物性参数、塔板结构参数、流体力学参数以及操作参数和相平衡关系等。美国化学工程师学会（AIChE）组织力量进行了多年的专题研究，将各因素综合成四项关系——气相传质速率、液相传质速率、塔板上液相返混及雾沫夹带，最后整理成一套计算方法，包括的因素相当全面，虽然还带有一定的简化和局限，但一直为各国学者所推荐。

用AIChE方法计算塔板效率可按下列步骤进行：

a. 计算塔板上的气相传质单元数 N_G；
b. 计算塔板上的液相传质单元数 N_L；
c. 计算点效率 E_{OG}（或 E_{OL}）；
d. 计算塔板上液相返混情况，求出干板效率 E_{MV}（或 E_{ML}）；
e. 考虑雾沫夹带影响，得出表观板效率 E_a（也称湿板效率）。

下面依次写出计算公式。

a. 气相传质单元数 N_G

$$N_G = [0.776 + 4.56h_w - 0.238F_a + 105L_w](Sc)^{-0.5} \tag{14-2-65}$$

式中 h_w——堰高，m；

F_a——塔板鼓泡面积上的动能因子，m·s^{-1}·(kg·m^{-3})$^{1/2}$；

L_w——液流强度，m^3·m^{-1}·s（以塔板平均液流宽度计）；

Sc——气相施密特数 $\left(\dfrac{\mu_g}{\rho_g D_g}\right)$；

μ_g——气相黏度，N·s^{-1}·m^{-2}；

ρ_g——气相密度，kg·m^{-3}；

D_g——气相分子扩散系数，m^2·s^{-1}。

上式主要基于小的泡罩塔得出的实验数据，但也可用于筛板和浮阀塔板。

b. 液相传质单元数 N_L

对泡罩塔板：

$$N_L = 203D_L^{0.5}(0.213F_a + 0.15)t_L \tag{14-2-66}$$

对筛板：

$$N_L = 197D_L^{0.5}(0.4F_a + 0.17)t_L \tag{14-2-67}$$

其中液相停留时间 t_L 为：

$$t_L = \frac{A_a h_1}{L} \tag{14-2-68}$$

F_a 为基于塔板鼓泡面积的动能因子；D_L 为液相扩散系数，cm^2·s^{-1}；A_a 为鼓泡面积。单位鼓泡面积上的持液量即塔板清液层高度 h_1 可计算如下。

对泡罩塔板：

$$h_1 = 0.042 + 0.19 h_w - 0.0135 F_a + 2.46 L_w \tag{14-2-69}$$

对筛板：

$$h_1 = 0.0061 + 0.725 h_w - 0.006 F_a + 1.23 L_w \tag{14-2-70}$$

式中　h_1——单位鼓泡面积上的持液量，m；
　　　h_w——堰高，m；
　　　F_a——塔板鼓泡面积上的动能因子，$m \cdot s^{-1} \cdot (kg \cdot m^{-3})^{1/2}$；
　　　L_w——以平均液流宽度计的液流强度，$m^3 \cdot m^{-1} \cdot s^{-1}$。

在 N_G 和 N_L 已知后，可根据双膜理论求出气相总传质单元数 N_{OG}，即：

$$N_{OG} = \frac{1}{\dfrac{1}{N_G} + \dfrac{\lambda}{N_L}} \tag{14-2-71}$$

式中，λ 为平衡线斜率与操作线斜率之比。

c. 点效率 E_{OG} 计算　假定塔板上某一点的液相沿液层高度完全混合，该点的气相上升通过液层为柱塞流，则可以得到：

$$E_{OG} = 1 - e^{-N_{OG}} \tag{14-2-72}$$

d. 板效率 E_{MV} 计算[11]　由于点效率 E_{OG} 计算（干）板效率 E_{MV} 与塔板上液相返混情况有密切关系，对此可分三种情况来讨论。

（a）当塔板上液相为完全混合时，如较小直径的板式塔，板效率就等于点效率，即：

$$E_{MV} = E_{OG} \tag{14-2-73}$$

（b）当塔板上液相完全不混合即成柱塞流时，可得：

$$E_{MV} = \frac{1}{\lambda}(e^{\lambda E_{OG}} - 1) \tag{14-2-74}$$

（c）当塔板上液相为部分混合时，可得：

$$\frac{E_{MV}}{E_{OG}} = \frac{1 - e^{-(\eta + Pe)}}{(\eta + Pe)\left(1 + \dfrac{\eta + Pe}{\eta}\right)} + \frac{e^{\eta} - 1}{\eta\left(1 + \dfrac{\eta + Pe}{\eta}\right)} \tag{14-2-75}$$

其中

$$\eta = \frac{Pe}{2}\left(\sqrt{1 + \frac{4\lambda E_{OG}}{Pe}} - 1\right) \tag{14-2-76}$$

$$\lambda = \frac{mV}{L}$$

式中　m——平衡线斜率；
　　　V——气相流量，$kmol \cdot h^{-1}$；
　　　L——液相流量，$kmol \cdot h^{-1}$；
　　　Pe——彼克列（Peclet）数，由式(14-2-77)求得。

$$Pe = \frac{Z_l^2}{D_E t_L} \tag{14-2-77}$$

式中 Z_l——液相在塔板上的流程长度，m；
t_L——液相在塔板上的停留时间，s；
D_E——涡流扩散系数，$m^2 \cdot s^{-1}$。

涡流扩散系数 D_E 又常称为返混系数，AIChE 曾在其研究报告中分别给出了筛板和泡罩塔板的 D_E 计算公式，其中计算筛板 D_E 的公式与计算 $\phi 80mm$ 泡罩塔板的公式相同。其后又有其他计算式[4]。AIChE 推荐的计算公式如下。

对 $\phi 80mm$ 泡罩塔板及筛板：

$$D_E^{0.5} = 0.00378 + 0.017 w_a + 3.68 L_w + 0.18 h_w \tag{14-2-78}$$

对 $\phi 50mm$ 泡罩塔板：

$$D_E^{0.5} = 1.154 [0.00378 + 0.017 w_a + 3.68 L_w + 0.18 h_w] \tag{14-2-79}$$

式中 D_E——涡流扩散系数，$m^2 \cdot s^{-1}$；
w_a——塔板鼓泡面积上的气速，$m \cdot s^{-1}$；
L_w——以平均液流宽度计的液流强度，$m^3 \cdot m^{-1} \cdot h^{-1}$；
h_w——堰高，m。

式(14-2-75)的数字求解较繁，可用图 14-2-32 求之。

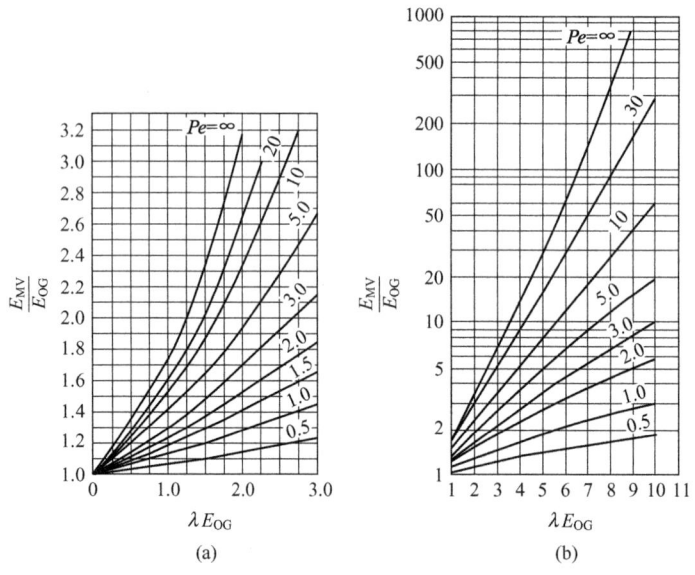

图 14-2-32 求 E_{MV}/E_{OG} 值的图解线
(AIChE Research Committee. Tray Efficiency in Distillation Columns final report.
New York: University of Delaware，1958)

对浮阀塔板液相返混的研究较少，可应用以下计算公式[28]：

$$D_E^{0.5} = 0.0005 + 0.128 w_a + 6.32 L_w + 0.312 h_w \tag{14-2-80}$$

式中 w_a——空塔气速，$m \cdot s^{-1}$。

e. 湿板效率 E_a 计算　由于塔板的雾沫夹带将导致塔板效率的下降，在实际应用中应考虑这种不利影响，并求出湿板效率 E_a。AIChE 推荐应用 Colburn[29] 导出的公式：

$$E_a = \frac{E_{MV}}{1 + e_v' \dfrac{E_{MV}}{L}} \tag{14-2-81}$$

式中　e_v'——雾沫夹带量，$kmol \cdot h^{-1}$；
　　　L——液相流量，$kmol \cdot h^{-1}$。

当 $e_v' > 0.1L$ 时，式中的 L 应代入 $L + e_v'$。

式(14-2-81)推导时，假设平衡线与操作线相互平行（$\lambda = 1$），即相邻塔板的浓度变化接近相等，这对于一般的工业塔（$\lambda^{-1} = 0.5 \sim 2$、$e_v' < 0.5L$）误差不大。由于雾沫夹带量常用每单位气体流量的夹带量 e_v 来表示，式(14-2-81)也可写成：

$$E_a = \frac{E_{MV}}{1 + e_v \dfrac{V}{L} E_{MV}} \tag{14-2-82}$$

式中　e_v——雾沫夹带量，$kmol \cdot kmol^{-1}$ 或 $kg \cdot kg^{-1}$；
　　　V，L——气体和液体流量，$kmol \cdot h^{-1}$。

AIChE 方法经历过长期实践的考验，直至今日仍然为各种专著和手册优先推荐，这个方法是建立在涡流扩散模型基础上的，在此之后也曾提出过多种其他的计算 E_{MV} 的数学模型[30]。

随着塔径的增大，AIChE 方法逐渐暴露了它的缺陷和不足，包括液流不均匀、气相混合、塔板漏液及二维涡流扩散等众多因素都陆续为各国学者所探讨[31]。

② Zuiderweg 方法[10]　Zuiderweg 在 FRI 的筛板实验数据基础上归纳出另一个计算点效率的方法，可作为计算时的参考。其方法如下。

计算气相总传质系数：

$$k_{OG} = \frac{k_l k_g}{k_l + m k_g} \tag{14-2-83}$$

其中气相传质系数 k_g 为：

$$k_g = \frac{0.13}{\rho_g} - \frac{0.065}{\rho_g^2} \tag{14-2-84}$$

$$(1.0 kg \cdot m^{-3} < \rho_g < 80 kg \cdot m^{-3})$$

液相传质系数 k_l 为：

$$k_l = \frac{2.6 \times 10^{-5}}{\eta_l^{0.25}} \tag{14-2-85}$$

于是，气相点效率为：

$$E_{OG} = 1 - e^{-(ak_{OG})/w_a} \tag{14-2-86}$$

喷射态时单位鼓泡面积上的相界面积 a 为：

$$a = \frac{43}{\Psi_a^{0.3}} \left(\frac{F_a^2 h_1 \Psi}{\sigma} \right)^{0.37} \tag{14-2-87}$$

混合态和鼓泡态时：

$$a = \frac{4.3}{\Psi_a^{0.3}} \left(\frac{F_a^2 h_1 \phi}{\sigma} \right)^{0.53} \tag{14-2-88}$$

式中 m——气液平衡线斜率；

ρ_g——气相密度，$kg·m^{-3}$；

η_1——液相黏度，$N·s·m^{-2}$；

w_a——塔板鼓泡面积上的气速，$m·s^{-1}$；

Ψ_a——筛板鼓泡面积开孔率，%；

F_a——$w_a \sqrt{\rho_g}$，$m·s^{-1}·(kg·m^{-3})^{1/2}$；

h_1——清液层高度，m；

ϕ——流动参数，$\dfrac{\mu_1}{w_a}\left(\dfrac{\rho_1}{\rho_g}\right)^{0.5}$；

σ——液相表面张力，$mN·m^{-1}$；

μ_1——塔板鼓泡面积的液速，$m·s^{-1}$。

③ 混合池模型的计算　在塔板效率的理论模拟计算中，关键是计算塔板上液相的返混，在目前提出的各种方法中主要有两类模型：涡流扩散模型和混合池模型。AIChE 方法是涡流扩散模型的主要代表，同时混合池模型也有长足的发展[30]。

较早提出混合池概念的是 Gautreaux 和 O'Connell[32]，他们假设将塔板上液体混合现象表示为一连串完全混合的液体池，由此导出：

$$E_{MV} = \frac{1}{\lambda}\left[\left(1 + \frac{\lambda E_{OG}}{n}\right)^n - 1\right] \tag{14-2-89}$$

式中 n——塔板上液体混合池的数目。

实际应用这一公式是困难的，因目前尚没有准确和完整的方法来根据塔板上的返混情况求出混合池数 n。定性地讲，返混愈剧烈，混合池数 n 愈少；但是，实际塔板的流动和返混情况比较复杂，远不是式(14-2-89)所假设的比较简单的情况。此后，对于塔板上复杂的流动状况也提出了不少混合池模型的计算公式，但应用并不方便[30]。

余国琮在混合池的理论研究中，针对塔设备大型化出现的塔板上液流的复杂性先后提出了二维定数混合池模型[33]和三维非平衡混合池模型[34]，从而可以通过计算机模拟求解复杂流动情况的塔板效率，并具有满意的精度。

(4) 板效率与全塔效率的关系　知道各塔板上的湿板效率 E_a 后，即可用以修正理论板的逐板计算，代之以实际塔板和实际达到的浓度，并得出实际塔板数。在二元系的 McCabe-Thiele 图上可用作图法进行。

图 14-2-33 中 $ABCK$ 为通常的理论板数作图法。对于理论板来说，进入的气相由 A 应增浓至 B，由于板效率小于 1，离开实际板的气相浓度就只能达到较小的 D 处浓度，显然 $\dfrac{AD}{AB} = E_a$。同样，对于上一层塔板，$EF = E_a · EG$（设各板的板效率均为 E_a），如此沿

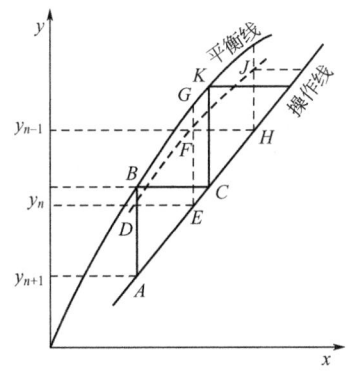

图 14-2-33 实际塔板作图

$ADEFH$ 继续进行，即可得实际塔板数。D、F、J …各点的连线可认为是考虑板效率 E_a 后的"拟平衡线"。由此可看出，全塔效率 E_T 并不等于板效率 E_a，而且一般情况下两者也很难找出其换算关系。

当操作线和平衡线都是直线时，E_T 和 E_a 有下列关系：

$$E_T = \frac{N_T}{N} = \frac{\ln[1+E_a(\lambda-1)]}{\ln\lambda} \tag{14-2-90}$$

式中 λ —— $m(V/L)$；
m ——平衡线斜率；
V/L ——操作线斜率。

(5) 各种塔板的板效率比较 以上所述塔板效率的计算方法主要是根据泡罩和筛板的实验数据，对浮阀塔板也可参考使用。至于其他种类的塔板，由于积累现场数据尚不充分，至今还没有可靠的预测方法。而且，影响塔板效率的因素很多，往往不同的实验者得出的结果相差甚大。即便在精馏物系、操作压力、塔内部结构尺寸及浸没深度等条件相同或相当的情况下，一些研究者进行了不同塔板的板效率比较，他们的结果都有差异。以下给出 Perry 手册[5]介绍的几位研究者的工作，可作为参考。

Kirschbaum 报告了在 0.75m 直径、塔板间距为 0.35m、常压下不同塔板效率的比较结果，应用的物系是乙醇-水系统。试验的塔板为：

1——泡罩塔板。90mm 圆泡罩，浸没深度 30mm。

2——筛板。10mm 孔径，鼓泡面积上开孔率为 10.4%，出口堰高 25.4mm。

3——浮阀塔板。40mm 阀孔直径，每块塔板 45 个浮阀，出口堰高为 25.4mm。

其板效率比较见图 14-2-34。

Billet 和 Raichle 用乙苯-苯乙烯为试验物系，在 13.3kPa 绝压下，用 0.8m 直径和 0.5m 板间距的塔研究了以下三种塔板的板效率：

1——泡罩塔板。75mm 圆泡罩，5mm 浸没深度。

2——浮阀塔板。39mm 阀孔直径，每块塔板 64 个浮阀，出口堰高度 19mm。

3——浮阀-筛板复合塔板。49 个 ϕ39mm 浮阀，另有 140 个 ϕ9.5mm 的筛孔，总开孔面积为 12.3%。

这三种塔板的板效率比较见图 14-2-35。

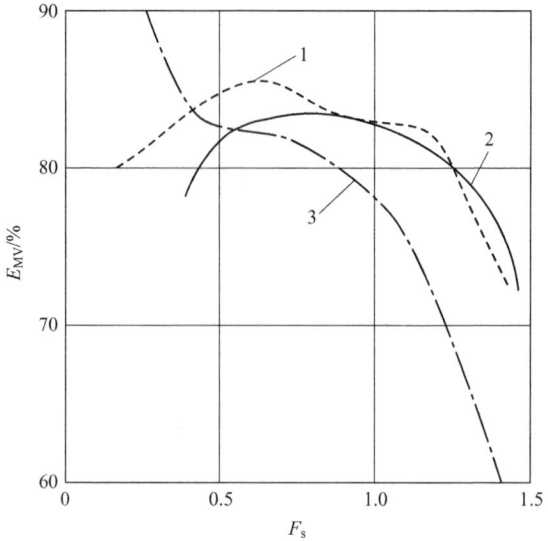

图 14-2-34 板效率比较之一

(Kirschbaum E. Distillier-und Rektifiziertechnik. 4th ed. Berlin/Heidelbery: Springer-Verlag, 1969)

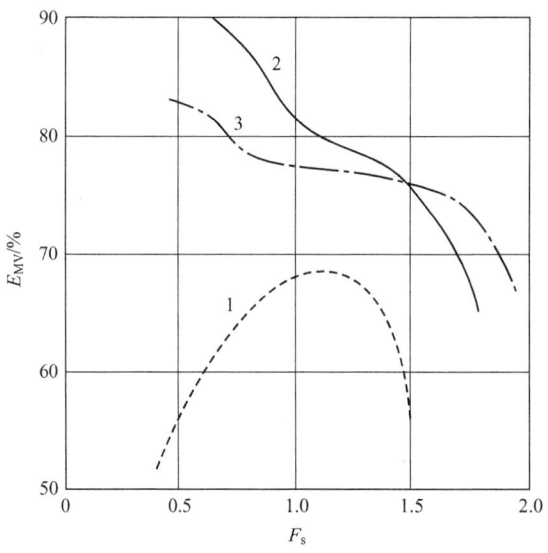

图 14-2-35 板效率比较之二

[Billet R, Raichle L. Chem Ing Tech, 1966, 38 (8): 825]

FRI 用环己烷-正庚烷作为试验物系，在 165kPa 压力下，用 ϕ1.2m 和板间距为 0.61m 的塔，试验了三种塔板：

1——泡罩塔板。每板有 37 个 102mm 直径的泡罩，浸没深度 6.4mm，出口堰高 50.8mm。

2——浮阀塔板。每板 136 个浮阀，出口堰高 50.8mm。

3——筛板。孔径 12.7mm，鼓泡面积开孔率 8.3%，出口堰高 50.8mm。

塔板效率的比较见图 14-2-36。

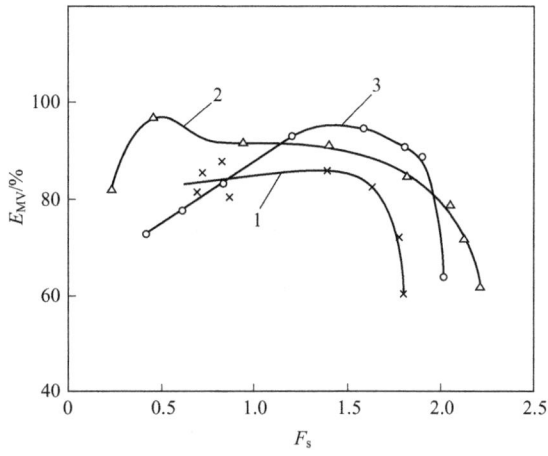

图 14-2-36 板效率比较之三

[Sakata M, Yanagi T. Inst Chem Eng Symp Ser, 1979, 56 (3): 2/21-34]

图 14-2-34~图 14-2-36 中，纵坐标均为 Murphree 板效率 E_{MV}，横坐标均为以全塔截面积计的气相动能因子 F_s，而且都是全回流下得到的。

2.8 三维非平衡混合池模型

随着流程工业装置的大型化，大直径精馏塔的应用日趋普遍。塔板的大型化，使得塔板上的流体流动不均匀，对分离效率的影响更加严重。对大型塔盘而言，采用塔板效率矫正理想的全混模型或理论级模型的方法已经不能满足实际设计的需要。早在 20 世纪 50 年代，AIChE 就针对塔盘上的液体流动对分离效率的影响进行了深入的研究，并得到了考虑流体一维流动与返混的板效率模型[27]。此后，Porter、余国琮等又进行了大量的研究，并提出了更为复杂的二维返混模型[33]。但这些模型方法仍无法对塔盘操作过程的许多非理想现象进行全方位的描述。基于此，余国琮等又提出了三维非平衡混合池模型[34]，经过改进后，此模型可用于实际塔盘的计算与设计[35]。

三维非平衡混合池模型不仅将塔盘上的液相分成多个全混的混合池，同时将液相混合池之上的气相也分为多个混合池，如图 14-2-37 所示。由于塔盘的对称性，通常只对其一半进行计算。一般情况下，将塔盘分为 7 个混合池就可以满足计算要求。其中每对气液混合池之间的物料衡算关系如图 14-2-38 所示。

针对液相混合池，可得到物料衡算式如下：

$$\begin{aligned}
M_{c,i,j}^{l,n} = & (V_{z,i-1,j}^{l,n} + D_{z,i-1,j}^{l,n}) H_{f,c,i-1,j}^{l,n} + (V_{w,i,j-1}^{l,n} + D_{w,i,j-1}^{l,n}) H_{f,c,i,j-1}^{l,n} \\
& + D_{z,i,j}^{l,n} H_{f,i,j}^{l,n} \frac{H_{f,c,i+1,j}^{l,n}}{H_{f,i+1,j}^{l,n}} + D_{w,i,j}^{l,n} H_{f,i,j}^{l,n} \frac{H_{f,c,i,j+1}^{l,n}}{H_{f,i,j+1}^{l,n}} - \left[D_{z,i-1,j}^{l,n} \frac{H_{f,i-1,j}^{l,n}}{H_{f,i,j}^{l,n}} \right. \\
& \left. + D_{w,i,j-1}^{l,n} \frac{H_{f,i,j-1}^{l,n}}{H_{f,i,j}^{l,n}} + V_{z,i,j}^{l,n} + D_{z,i,j}^{l,n} + V_{w,i,j}^{l,n} + D_{w,i,j}^{l,n} \right] H_{f,c,i,j+1}^{l,n} \\
& + v_{c,ZP-i,j}^{n+1} + Ev_{c,ZP-i,j}^{n+1} - Wp_{c,i,j}^{n} - v_{c,i,j}^{\prime n} - Ev_{c,i,j}^{n} + Wp_{c,ZP-i,j}^{n-1}
\end{aligned} \tag{14-2-91}$$

能量衡算式如下：

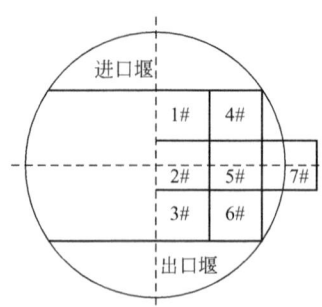

图 14-2-37 塔盘的三维非平衡混合池模型

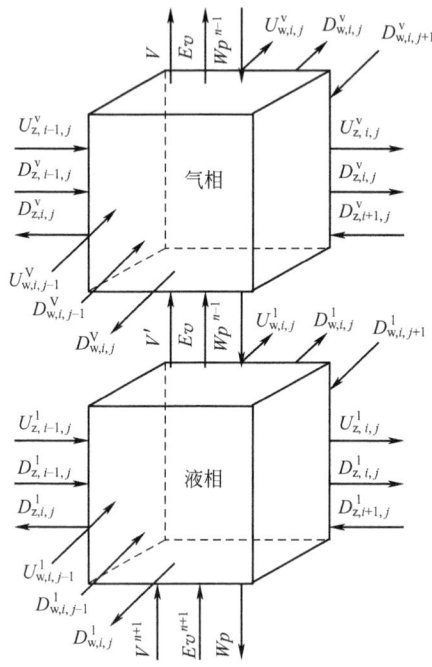

图 14-2-38 三维非平衡混合池模型物料平衡示意图

$$H_{i,j}^{l,n} = (V_{z,i-1,j}^{l,n} + D_{z,i-1,j}^{l,n})H_{f,i-1,j}^{l,n}H_{i-1,j}^{l,n} + (V_{w,i,j-1}^{l,n} + D_{w,i,j-1}^{l,n})H_{f,i,j-1}^{l,n}H_{i,j-1}^{l,n}$$
$$+ D_{z,i,j}^{l,n}H_{f,i,j}^{l,n}H_{i+1,j}^{l,n} + D_{w,i,j}^{l,n}H_{f,i,j}^{l,n}H_{i,j+1}^{l,n} - [D_{z,i-1,j}^{l,n}H_{f,i-1,j}^{l,n}$$
$$+ D_{w,i,j-1}^{l,n}H_{f,i,j-1}^{l,n} + (V_{z,i,j}^{l,n} + D_{z,i,j}^{l,n} + V_{w,i,j}^{l,n} + D_{w,i,j}^{l,n})H_{f,i,j}^{l,n} \quad (14\text{-}2\text{-}92)$$
$$+ Wp_{i,j}^{n} + Ev_{i,j}^{n}]H_{i,j}^{l,n} + v_{ZP-i,j}^{n+1}H_{ZP-i,j}^{v,n+1} + Ev_{ZP-i,j}^{n+1}H_{ZP-i,j}^{l,n}$$
$$- v_{c,i,j}^{'n}H_{i,j}^{'n} + Wp_{ZP-i,j}^{n-1}H_{ZP-i,j}^{l,n-1}$$

混合池的分离效率方程如下：

$$P_{i,j}^{n} = E_{OG,c,i,j}^{n}k_{c,i,j}^{n}\frac{H_{f,c,i,j}^{l,n}}{H_{f,i,j}^{l,n}} + (1 - E_{OG,c,i,j}^{n})\frac{v_{c,ZP-i,j}^{n+1}}{v_{ZP-i,j}^{n+1}} - \frac{v_{c,i,j}^{'n}}{v_{i,j}^{'n}} \quad (14\text{-}2\text{-}93)$$

式中，$H_{f,c,i,j}^{l,n} = \rho_{i,j}^{l,n}h_{f,i,j}^{l,n}x_{c,i,j}^{n}$，$H_{f,i,j}^{l,n} = \sum_{c=1}^{C}H_{f,c,i,j}^{l,n}$，$Wp_{i,j}^{l,n} = \sum_{c=1}^{C}Wp_{c,i,j}^{l,n}$，$Ev_{i,j}^{l,n} = \sum_{c=1}^{C}Ev_{c,i,j}^{l,n}$，$V_{z,i,j}^{l,n} = v_{z,i,j}^{l,n}\Delta w$，$V_{w,i,j}^{l,n} = v_{w,i,j}^{l,n}\Delta z$，$D_{z,i,j}^{l,n} = d_{z,i,j}^{l,n}\Delta w$，$D_{w,i,j}^{l,n} = d_{w,i,j}^{l,n}\Delta z$。

类似地，对于气相混合池同样可列出物料衡算式与能量衡算式如下：

$$M_{c,i,j}^{v,n} = (V_{z,i-1,j}^{v,n} + D_{z,i-1,j}^{v,n})v_{c,i-1,j}^{v,n} + (V_{w,i,j-1}^{v,n} + D_{w,i,j-1}^{v,n})v_{c,i,j-1}^{v,n}$$
$$+ D_{z,i,j}^{v,n}v_{i,j}^{n}\frac{v_{c,i+1,j}^{n}}{v_{i+1,j}^{n}} + D_{w,i,j}^{v,n}v_{i,j}^{n}\frac{v_{c,i,j+1}^{n}}{v_{i,j+1}^{n}} - \left[D_{z,i-1,j}^{v,n}\frac{v_{i-1,j}^{n}}{v_{i,j}^{n}}\right. \quad (14\text{-}2\text{-}94)$$
$$\left. + D_{w,i,j-1}^{v,n}\frac{v_{i,j-1}^{n}}{v_{i,j}^{n}} + V_{z,i,j}^{v,n} + D_{z,i,j}^{v,n} + V_{w,i,j}^{v,n} + D_{w,i,j}^{v,n} + 1 + \frac{S_{V,i,j}^{n}}{v_{i,j}^{n}}\right]v_{c,i,j}^{n}$$
$$+ v'^{n}_{c,i,j} + F_{in,c,i,j}^{v,n}$$

$$H_{i,j}^{v,n} = (V_{z,i-1,j}^{v,n} + D_{z,i-1,j}^{v,n})v_{i-1,j}^{n}H_{i-1,j}^{v,n} + (V_{w,i,j-1}^{v,n} + D_{w,i,j-1}^{v,n})v_{i,j-1}^{n}H_{i,j-1}^{v,n}$$
$$+ D_{z,i,j}^{v,n}v_{i,j}^{n}H_{i+1,j}^{v,n} + D_{w,i,j}^{v,n}v_{i,j}^{n}H_{i,j+1}^{v,n} - [D_{z,i-1,j}^{v,n}v_{i-1,j}^{n} + D_{w,i,j-1}^{v,n}v_{i,j-1}^{n}$$
$$+ (V_{z,i,j}^{v,n} + D_{z,i,j}^{v,n} + V_{w,i,j}^{v,n} + D_{w,i,j}^{v,n} + 1)v_{i,j}^{n} + S_{V,i,j}^{n}]H_{i,j}^{v,n} \quad (14\text{-}2\text{-}95)$$
$$+ v'^{n}_{c,i,j}H'^{n}_{i,j} + F_{in,i,j}^{v,n}H_{in}^{v,n}$$

式中，$V_{z,i,j}^{v,n} = v_{z,i,j}^{v,n}\Delta w$，$V_{w,i,j}^{v,n} = v_{w,i,j}^{v,n}\Delta z$，$D_{z,i,j}^{v,n} = d_{z,i,j}^{v,n}\Delta w$，$D_{w,i,j}^{v,n} = d_{w,i,j}^{v,n}\Delta z$。

上述各式符号意义如下：

C	分离物系组分数
d	涡流扩散速率，$m \cdot h^{-1}$
E_v	雾沫夹带量，$kmol \cdot h^{-1}$
E_{OG}	点效率
H	焓，$kJ \cdot kmol^{-1}$
H_f	组分的焓
v	流速，$m \cdot h^{-1}$
v'	离开液相混合池的气相流量，$kmol \cdot h^{-1}$
Wp	漏液率，%
x	组分浓度
ZP	沿液流主方向混合池数量
Δw	垂直主液流方向混合池的宽度
Δz	沿主液流方向混合池的宽度

上标：l——液相，v——气相，n——塔盘数

下标：c——组分，i——沿液流主方向混合池序号，j——垂直液流主方向混合池序号

从上可看出，三维非平衡混合池模型包含了气液分离塔盘上各种因素的影响，同时还可依据塔盘的大小在不同方向针对气液两相划分数量不等的混合池数量，精确计算塔盘的分离效率[36]。

此外，大型塔板的应用促进了精馏塔计算流体力学研究的发展。借助计算流体力学（CFD）方法通过数值模拟获得塔板流体分布，可以取代昂贵的大型精馏塔流体力学实验，因而塔板的CFD模拟研究普遍受到学术界和工业界的关注，并取得了明显进展[37,38]。虽然目前仍面临精馏塔板所涉及的气-液两相错流、湍流现象等复杂情况，以及大规模数值计算瓶颈等问题，但精馏塔的CFD模拟为大型精馏塔板流体力学研究开辟了新的途径，也为精馏学科的发展开拓了新的研究方向。

一般参考文献

[1] 化工设备设计全书编辑委员会. 塔设备设计. 上海：上海科学技术出版社，1988.

[2] Lockett M J. Distillation Tray Fundamentals. Cambridge: Cambridge Univ Press, 1986.

[3] Green D W, Perry R H. Perry's Chemical Engineer's Handbook. 8th Edition. New York: McGraw-Hill, 2008.

[4] Zuiderweg F J. Chem Eng Sci, 1982, 37（10）：144.

[5] 时钧，汪家鼎，余国琮，陈敏恒. 化学工程手册：第13篇. 北京：化学工业出版社，1996.

[6] Smith B D. Design of Equilibrium Stage Processes. New York: McGraw-Hill, 1963.

[7] Distillation Subcommittee of the Research Committee. Bubble Tray Design Manual. New York: AIChE, 1958.

[8] 姚玉英，等. 化工原理例题与习题：上册. 北京：化学工业出版社，1983.

参考文献

[1] 化工设备设计全书编辑委员会. 塔设备设计. 上海：上海科学技术出版社，1988.

[2] 余国琮，黄洁，吴锦元，等. 化学工程，1981（5）：1-8.

[3] Ho G E, Muller R L, Prince R G H. Inst Chem Engr Symp Ser, 1969, 23（2）：10.

[4] Lockett M J. Distillation Tray Fundamentals. Cambridge: Cambridge University Press, 1986.

[5] Green D W, Perry R H. Perry's Chemical Engineer's Handbook. 8th Edition. New York: McGraw-Hill, 2008.

[6] Hofhuis P A M, Zuiderweg F J. Inst Chem Engrs Symp Ser, 1979, 56（2）：2/1.

[7] Dhulesia H. Chem Eng Res Des, 1983, 61: 329-332; 1984, 62: 321.

[8] Weiss S, Langer J. Inst Chem Engr Symp Ser, 1979, 56（2）：3/1.

[9] 卢义和，段道顺，赵景芳，沈复. 化工学报，1983（1）：36-45.

[10] Zuiderweg F J. Chem Eng Sci, 1982, 37（10）：144.

[11] 时钧，汪家鼎，余国琮，陈敏恒. 化学工程手册，第13篇. 北京：化学工业出版社，1996.

[12] Klein G F. Chem Eng, 1982, 89（9）：81.

[13] 徐孝民，沈复. 化学工程，1985（4）：1.

[14] Smith B D. Design of Equilibrium Stage Processes. New York: McGraw-Hill, 1963: 482.

[15] 徐亦方，杨国威. 石油译丛——油气加工，1965（4）：17.

[16] 王学重，张连生，徐孝民，沈复. 化工学报，1989，40（1）：123-127.

[17] 黄洁，曾爱武，余国琮，等. 化工学报，1994，45（3）：306.

[18] Zuiderweg F J, et al. In International Symposium on Distillation: Brighton 1960, Ed by Rottenburg P A. Brighton: Institution of Chemical Engineers, 1960.

[19] Porter K E, Lockett M J, Lim C T. Trans Inst Chem Engr, 1972, 50（2）：91-101.

[20] Bell R L, Solari R B. AIChE J, 1974, 20（4）：688.

[21] Porter K E, Yu K T, Chambers S, et al. Inst Chem Engrs Symp Ser, 1992, 1（128）：A257-A276.

[22] 余国琮，黄洁. 化工学报，1981（1）：11-19.

[23] Bell R L. AIChE J, 1972, 18（3）：498-505.

[24] O'Connell H E. Trans Am Inst Chem Eng, 1946, 42（4）：741-755.

[25] Lockhart F J, Legget C W. Advances in Petroleum and Refining Chemistry. Kobe K A, McKetta J J Jr. New York: Interscience, 1958, Vol 1: 323-326.

[26] MacFarland S A, Sigmund P M, Vanwinkle M. Hydrocarbon Process, 1972, 51（7）：111.

[27] Distillation Subcommittee of the Research Committee. Bubble Tray Design Manual. New York: AIChE, 1958.

[28] Molnar K. Periodica Polytechnical Mechanical Engineering. 1974, 18（2~3）：155.

[29] Colburn A P. Ind Eng Chem, 1936, 28: 526.

[30] 余国琮，黄洁，吴锦元，等，化工学报，1981（6）：25-40.

[31] 黄洁. 化学工业与工程，1989（1）：33.

[32] Gautreaux M F, O'Connell H E. Chem Eng Prog, 1955, 51: 236.
[33] 余国琮, 顾芳珍. 化工学报, 1981 (2): 1.
[34] 余国琮, 宋海华, 黄洁. 化工学报, 1991, 42 (6): 642.
[35] Zeng Aiwu, Yu Guocong, Yuan Xigang. Chinese J of Chem Eng, 1998, 6 (4): 348.
[36] Zeng Aiwu. Chinese J of Chem Eng, 2002, 10 (5): 508.
[37] Sun Zhimin, Liu Chunjiang, Yu Guocong, et al. Chinese J of Chem Eng, 2011, 19 (5): 833-844.
[38] Sun Z M, Yu K T, Yuan X G, et al. Chemical Engineering Science, 2007, 62 (7): 1839-1850.

3

各种塔板的结构

3.1 塔板的结构参数[1]

目前工业应用的塔板结构型式很多,绝大多数为有弓形降液管的塔板,各种塔板的板面结构参数十分相近。现以单流型筛板(图 14-3-1)为例说明一般塔板的板面结构。

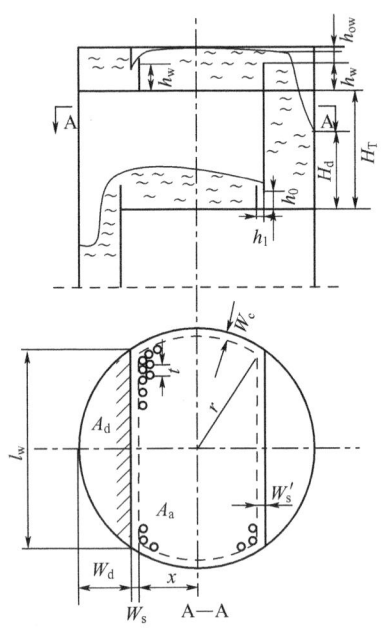

图 14-3-1 筛板板面的结构

如图 14-3-1 所示,一般塔板上主要分为鼓泡区 A_a(或称有效区、开孔区)、降液管区 A_d 和受液盘区,后两区面积在垂直降液管结构时相同;在塔板周边有边缘区 W_c;在鼓泡区和降液管区及受液盘区之间分别有一个安定区 W_s 和 W_s'。

边缘区宽度 W_c 取为 25~50mm,其作用是支持塔板和供塔板紧固件夹紧用,它的面积约占塔板总面积的 2%~5%。

我国常推荐:对 2.5m 以下塔径,W_c 可取为 50mm;大于 2.5m 塔径时,可取 60mm,或更大些。

塔板的受液盘区和鼓泡区之间有时可设进口堰或称内堰,以保证进塔板液体的平稳均匀分布。有时这一作用就由塔板进口处的安定区来完成,而不再另设内堰,这一安定区又称分布区,其宽度 W_s' 约为 50~100mm。

降液管区 A_d 和鼓泡区 A_a 之间的安定区宽度为 W_s,其作用是提供一个不鼓泡的地带,使进入降液管的液体可充分脱气,避免含有大量气体的液体进入降液管,以致容易发生液泛,故此安定区又称为脱气区,通常其宽度取为 70~100mm。但在小直径塔中,两个安定区的宽度 W_s 和 W_s' 均可适当减小,对某些塔板设计,此两区甚至可以完全取消。

塔板的出口堰或称溢流堰的长度 l_w 与弓形降液管宽度 W_d 或降液管面积 A_d 直接有关,溢流堰具有维持塔板上液层高度和使塔板上液流均匀的作用,除个别情况,如很小直径的塔或用非金属制作的塔板,绝大多数塔板均设直堰,形成弓形降液管[图 14-3-2(b)];只当液流强度较小时,才采用圆形降液管[图 14-3-2(a)]。一般弓形降液管的堰长 l_w,单流型塔板取为塔径的 0.6~0.8 倍,双流型塔板的 l_w/D 可为 0.5~0.7。按照一般经验,最大的堰上液流量即液流强度不宜超过 100~130 $m^3 \cdot m^{-1} \cdot h^{-1}$,但必须符合降液管的核算条件,以不致形成降液管液泛;对于少数液气比大的塔设备,可以采用相当大的液流强度,这时降液管的设计至关重要。此外,在决定堰长时还要考虑进口堰和出口堰间的距离,即塔板上的液流距离,这一距离太小,塔板上液气接触时间减少,从而影响塔板效率;若太大又易造成过大的液面梯度,使塔板操作恶化,常推荐液流距离以 1~2m 为宜,若太大则可考虑选用双流型塔板。此时也可参考表 14-2-1 推荐的液流强度来选定塔板流型。

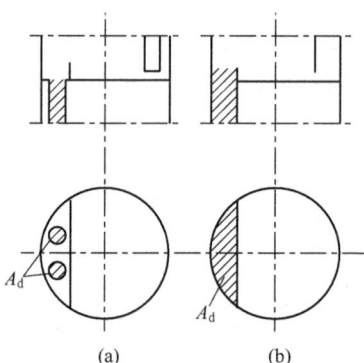

图 14-3-2 降液管形状

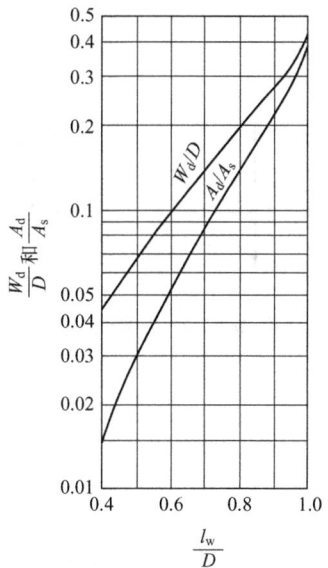

图 14-3-3 弓形的宽度和面积

单流型塔板弓形降液管的宽度 W_d 和弓形面积 A_d 可按图 14-3-3 求得。其中 D 为塔径，A_s 为全塔面积。

为了使塔板设计的结构尺寸规范化，在一项塔盘技术条件的标准中（JB/T 1205—2001），规定了较完整的塔板参数系列，这对其他类型的板式塔也有很大的参考价值。

3.2 传质构件——塔盘板

3.2.1 泡罩塔板

泡罩塔板是工业应用最早的一种塔板，由于结构复杂、笨重、制造成本高及较低的塔板效率，在 20 世纪 50 年代前后几乎完全被浮阀或筛板代替。目前尚可在下列情况下考虑其应用：因泡罩塔板具有较大的操作弹性，在处理量变化大、操作稳定性要求高的工况下使用，可以承受较剧烈的负荷波动；塔板效率变化较小，故可保证相当稳定的分离能力。

泡罩塔板的气液接触元件是泡罩，有圆形和条形两大类，以圆形的使用最普遍。泡罩安装在升气管上（图 14-3-4），气体由升气管上升，经泡罩和升气管间的回转通路，经由泡罩下部的齿缝逸出液层。

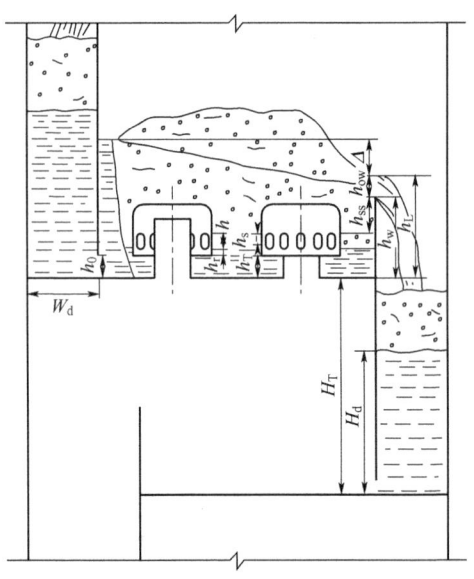

图 14-3-4 泡罩塔板图

3.2.1.1 圆泡罩的主要参数

圆泡罩的直径有 80mm、100mm、150mm 三种，已写入机械行业标准 JB/T 1212—1999，其结构规格和参数如图 14-3-5 和表 14-3-1 所示。按照标准，有两种材质可供选择，即碳钢和不锈钢，直径 80mm 和 100mm 两种圆泡罩为矩形齿缝并带帽缘，150mm 的圆泡罩为敞开式齿缝［图 14-3-5(b)］。泡罩直径可根据塔径大小选择，其参考值见表 14-3-2。在个别情况下，如板间距需减小至 100mm，或小直径塔，也可使用 ϕ25 的小圆泡罩。

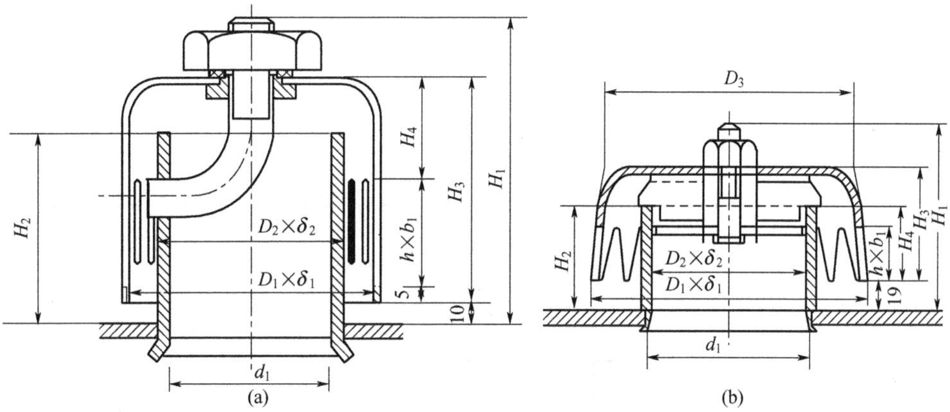

3 各种塔板的结构

图 14-3-5 圆泡罩结构参数

表 14-3-1 标准圆泡罩参数与尺寸　　　　　　　　　　　单位：mm

名称	Ⅰ类			Ⅱ类		
公称直径 DN	80	100	150	80	100	150
泡罩外径×壁厚 $D_1 \times \delta_1$	80×2	100×3	158×3	80×1.5	100×1.5	158×1.5
泡罩顶部外径 D_3			152			152
升气管外径×壁厚 $D_2 \times \delta_2$	57×3.5	70×4	108×4	57×2.75	70×3	108×4
总高度 H_1	95	105	107	95	105	107
升气管高度 H_2	57	62	64	57	62	64
泡帽高度 H_3	65	75	73	65	75	73
泡帽顶端至齿缝高度 H_4	{40, 35, 30}	{45, 42, 38}		{40, 35, 30}	{45, 42, 38}	
支架至泡罩底端高度 H_5			45			45
齿缝高度 h	{20, 25, 30}	{25, 28, 32}	35	{20, 25, 30}	{25, 28, 32}	35
齿缝宽度 b_1	4	5	$R4/13.5$	4	5	$R4/13.5$
齿缝数目 n	30	32	28	30	32	28
齿缝节距 f	8.38	9.82	17.7	8.38	9.82	17.7
升气管直径 d_1	55	68	106	55	68	106
升气管净面积 F_1/cm^2	16.06	25.85	73.05	17.16	27.75	73.05
回转面积 F_2/cm^2	25.12	38.94	78.50	26.68	43.21	78.90
环形面积 F_3/cm^2	19.84	30.90	80.00	21.04	35.39	85.10
齿缝总面积 F_4/cm^2	{22.97, 28.97, 34.97}	{38.27, 43.07, 49.47}	102.5	{22.97, 28.97, 34.97}	{38.27, 43.07, 49.47}	102.5
泡罩底面积 A_c'/cm^2	50.4	78.5	221.0	50.4	78.5	221.0
泡罩重/kg	{0.68, 0.67, 0.66}	{1.11, 1.09, 1.08}	1.40	{0.56, 0.55, 0.54}	{0.88, 0.87, 0.86}	1.40

表 14-3-2 圆泡罩直径选取

塔径/m	泡罩直径/mm
1.2	80
1.0~3.0	100
3.0 以上	150

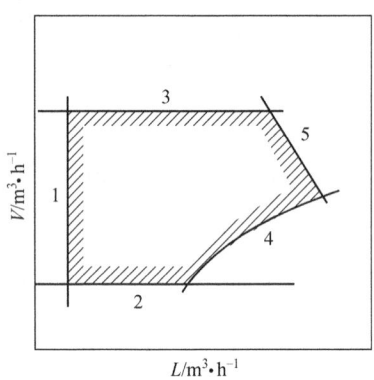

图 14-3-6 负荷性能图

[田辺不二男. 別冊化学工業, 1987, 31 (11): 64]

泡罩排列通常均采用正三角形，以充分利用塔板的有效面积和保证较好的气液接触，泡罩中心距一般为泡罩直径的 1.25~1.5 倍。两泡罩外缘的距离应保持在 25~75mm 左右，以保持良好的鼓泡效果。

3.2.1.2 负荷性能图[2]

泡罩塔板的负荷性能图由以下界限线表示（图14-3-6）。

① 锥流线 1——当液量相对气量很小时，齿缝的一部分无法保证液封，此时由齿缝逸出的气体不再与液体接触传质，因而大大影响塔板效率，为此应保证此液封大于 1.27cm，故由下式决定锥流线：

$$0.284 L_w^{2/3} + 100(h_w - h_c) \geqslant 1.27 \tag{14-3-1}$$

式中　L_w——液流强度，$m^3 \cdot m^{-1} \cdot h^{-1}$；

　　　h_w——堰高，m；

　　　h_c——由塔板至泡罩齿缝顶的距离，m。

② 气相脉动线 2——当气量相对液量很小时，气体以气泡脉动断续地通过液层，甚至液体由升气管倒流而下，从而影响塔板操作，为此要保证齿缝开度 h_s 不小于 12.7mm，并用下式确定脉动线：

$$0.149 \frac{Vh}{n m_b b_{1b}} \frac{\rho_g}{\rho_l - \rho_g}^{\frac{1}{2}} = h_s^{5/2} \frac{b_{1t}}{b_{1b}} (3.59h - 10^4 h_s^{5/2}) \tag{14-3-2}$$

式中　V——气相流量，$m^3 \cdot s^{-1}$；

　　　m_b——每板泡罩数；

　　　n——每个泡罩的齿缝数；

b_{1b}——齿缝底宽度，m；

b_{1t}——齿缝顶宽度，m；

h——齿缝高度，m；

h_s——齿缝开度，m。

③ 齿缝吹开线3——相对于液量气量非常大，齿缝完全吹开，这时易引起过量的雾沫夹带，这个气相负荷上限与板间距、两相密度、泡罩排列等均有关，可由下式求之

$$w_{b,max} = C_e [(\rho_l - \rho_g)/\rho_g]^{1/3} \tag{14-3-3}$$

和

$$w_{max} = w_{b,max} A_e m_b \tag{14-3-4}$$

式中 $w_{b,max}$——以每个泡罩所占塔板面积计的允许气速，m·s^{-1}；

C_e——气相通量因子，m·s^{-1}；

A_e——每个泡罩所占塔板面积，m^2；

m_b——每个塔板上的泡罩数。

④ 气流不均线4——当液量过大时将产生较大的液面梯度Δ，沿液流方向各排泡罩的压降就会有一定差别，如果此差别过大，必会引起各泡罩之间的气相分布不均。若已知液量，可由图14-3-7得液面梯度Δ。当无进口堰时，取相当塔板干板压降Δp_c的液柱高度$h_c = \Delta$；当有进口堰时，取$h_c = 0.6\Delta$。于是，由稍后给出的计算泡罩板干板压降Δp_c的公式[式(14-3-8)]求出气量V，由各个(L, V)点可得4线。

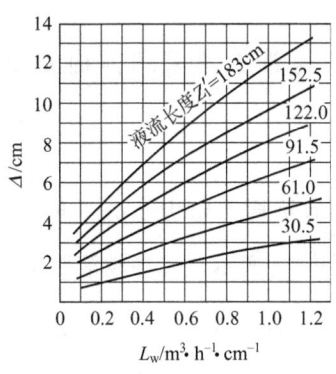

图 14-3-7 液量与液面梯度

[田辺不二男. 别册化学工业，1987，31 (11)：64]

也有推荐采用验算气相分配比的办法来确定此限[2]。通常以$\dfrac{\Delta}{h_c + h_s}$来衡量气相分配比，要求为：

$$\dfrac{\Delta}{h_c + h_s} = 0.5 \tag{14-3-5}$$

式中 h_c——相当泡罩局部阻力的液柱，m；

h_s——齿缝开度，m；

Δ——液面梯度，m。

在式(14-3-5)条件下,气相分布不均,允许变化幅度为±16%～18%。对有些要求严的工艺过程,$\frac{\Delta}{h_c+h_s}$可取为0.4以下。

⑤ 降液管液泛线 5——当气液两相流量均较大时,塔板压降增加,降液管内液层上升,最终会导致降液管液泛。可根据降液管液泛条件,由给定的液量 L 求出相应允许的气量 V,从而画出液泛线。

3.2.1.3 允许气相负荷

根据允许气相速度,可决定泡罩塔的直径,对此有不同的方法。

可根据雾沫夹带的上限来确定允许气速。当将雾沫夹带上限 e_v 取为 $0.175\, \text{mol} \cdot \text{mol}^{-1}$ 时,塔费用最少[2],则可得下式:

$$e_v = \frac{3.21s}{\rho_g w_a} \times 10^{-3.95 + \frac{0.69}{H_T} + 35.26 w_a} \left(\frac{\rho_g}{\rho_l - \rho_g}\right)^{1/2} \tag{14-3-6}$$

式中 e_v——雾沫夹带量,$\text{mol} \cdot \text{mol}^{-1}$;

s——气体鼓泡深度,即塔板上液层面到泡罩齿缝顶的距离,m;

H_T——塔板间距,m;

w_a——以塔板鼓泡面积计的气速,$\text{m} \cdot \text{s}^{-1}$;

ρ_l,ρ_g——液相和气相密度,$\text{kg} \cdot \text{m}^{-3}$。

文献 [1] 推荐采用以泡罩齿缝全部打开时的满负荷气量作为设计气量,从而定最少泡罩数,再定塔板面积。

早年决定泡罩塔板允许气速常推荐采用前面介绍的 Souders-Brown 方法,见式(14-2-28),目前仍有应用。

3.2.1.4 塔板压降[1]

气相通过塔板的压降 Δp 为泡罩局部阻力 Δp_c(包括升气管、回转通道、环形间隙)、穿越齿缝阻力 Δp_s(可用齿缝开度 h_s 表示)与穿越液层阻力 Δp_l 之和,即:

$$\Delta p = \Delta p_c + \Delta p_s + \Delta p_l \tag{14-3-7}$$

(1) 泡罩局部阻力 Δp_c 可按下式计算:

$$\Delta p_c = K_c g \rho_g \left(\frac{V}{m_b A_r}\right)^2 \tag{14-3-8}$$

式中 Δp_c——泡罩局部阻力,Pa;

V——气相流量,$\text{m}^3 \cdot \text{s}^{-1}$;

A_r——每个泡罩的升气管面积,m^2;

m_b——每板泡罩数;

K_c——阻力系数。

K_c 的数值为升气管、回转通路及环隙阻力各系数的总和,根据我国 JB/T 1212—1999 标准泡罩尺寸计算和修正后,推荐的 K_c 值如表 14-3-3 所示。

表 14-3-3　阻力系数 K_c 值

泡罩直径/mm	K_c
80	0.20
100	0.25
150	0.30

(2) 穿越齿缝阻力 Δp_s　可由齿缝开度 h_s 计算。当气量为 V 时，矩形齿缝的 h_s 计算公式为：

$$V=1.69\frac{m_b A_{bs}}{h}h_s^{2/3}\sqrt{\frac{\rho_1-\rho_g}{\rho_1}} \tag{14-3-9}$$

梯形齿缝的 h_s 计算公式为：

$$V=0.673\frac{m_b A_{bs}}{h}\left(\frac{5r}{1+r}+\frac{2h_s}{h}\frac{1-r}{1+r}\right)h^{3/2}\sqrt{\frac{\rho_1-\rho_g}{\rho_g}} \tag{14-3-10}$$

式中　V——气相流量，$\mathrm{m^3 \cdot s^{-1}}$；

A_{bs}——每个泡罩的齿缝总面积，$\mathrm{m^2}$；

h——齿缝高度，m；

r——梯形的顶边和底边之比。

其他符号意义同前。

(3) 穿越液层阻力 Δp_l　可由塔板上液层高度 h_1 计算，而 h_1 与动液封 h_{ds}、气相速度、密度以及泡罩中心距有关，可用下式求之：

$$h_1=\beta h_{ds}=\beta\left(h_{ss}+h_{ow}+\frac{\Delta}{2}\right) \tag{14-3-11}$$

式中　h_{ss}——静液封，m；

h_{ow}——堰上液流高度，m；

Δ——液面梯度，m；

β——充气系数。

充气系数 β 与动能因子 F_a（以塔板鼓泡面积计）有关，根据我国对 $\phi 80\mathrm{mm}$ 标准泡罩测定的结果，β 可由图 14-3-8 求之[1]。

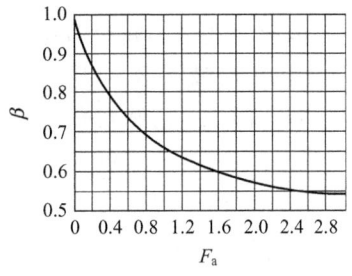

图 14-3-8　充气系数

[天津大学化工机械教研室．天津大学学报，1966，(23)：1-15]

3.2.2 筛板

筛板也是一种应用历史较长的塔板,它构造简单、成本低廉、性能良好,优于同时使用的泡罩塔板。但筛板在气速较小时有较严重的塔板漏液,板效率明显降低,气速大时压力降增加,故其应用一直受到限制。自20世纪50年代起,筛板的试验研究甚为活跃,有关筛板效率、流体力学及筛板漏液等理论和实践问题得到了较好的解决,获得了成熟的使用经验和设计方法,筛板的使用得到了普遍欢迎,直至今天仍为应用较广的一种塔板。

3.2.2.1 筛孔孔径

筛板筛孔直径的大小和间距直接影响塔板的操作性能,可以从塔板效率、压降损失和加工制造诸方面来考虑。一般液相负荷不过大的塔板,筛孔孔径采用4~6mm;塔径大时可采用8~12mm;有特殊要求时,也采用2~3mm小孔。塔径很大时,25mm的孔径也可选用,这时制造费用低是主要因素。国内一般将孔径较大,比如10~25mm孔径的筛板,称为大孔筛板。对比试验表明,在同样开孔率下,孔径增大后塔板漏液点降低,而干板压降及雾沫夹带均略增大,因此其操作负荷的操作弹性范围比孔径较小的筛板明显变窄。Kreis等[3]曾对孔径1~25mm的不同孔径筛板以不同物系进行试验,探讨了筛孔孔径对筛板漏液点、雾沫夹带、塔板效率和压力降的影响。他们认为,在孔径1~5mm范围内孔径对漏液有明显影响,但孔径从12mm起就不再对漏液点有太大影响。随孔径增大,雾沫夹带将加大,因而操作上限将相应下降。孔径对塔板效率没有明显影响。我国对大孔筛板亦做过不少研究,其结果亦可供参考[4]。

服部慎二[5]归纳并提出了较为完美的有关筛板的设计计算方法。他认为筛孔孔径在7mm左右时,在通常气速下气泡均一,较此孔径小时则不佳,且筛板加工成本提高,他建议筛孔孔径应与塔径大小有关,具体见表14-3-4。

表 14-3-4 筛板筛孔孔径与塔径　　　　　　单位:mm

塔径	1500	1000	600	400	300
孔径	7	6	5	4.5	4.0

筛孔孔径与筛板厚度的关系主要考虑筛孔的加工性,当用冲孔加工时,在一般情况下对碳钢和铜合金塔板孔径应不小于塔板厚度,对不锈钢塔板孔径应不小于1.5~2倍的塔板厚度。通常碳钢筛板厚度为3~4mm,合金钢塔板厚度为2~2.5mm。孔径大时板厚应适当加大。

3.2.2.2 孔间距和开孔率

筛板的孔通常按三角形排列,因此两孔中心间距即孔间距 t 与塔板开孔率直接有关,塔板开孔率 φ_a 常定义为塔板的总开孔面积与鼓泡区(开孔区)面积之比。有时开孔率也以总开孔面积与塔截面积之比来表征。若孔间距 t 与筛孔孔径 d_0 一定,则开孔率 φ_a 可按下式计算:

$$\varphi_a = \frac{A_0}{A_a} = \frac{0.907}{(t/d_0)^2} \tag{14-3-12}$$

式中　A_0——每块塔板上筛孔的总面积,m^2;
　　　A_a——每块塔板上鼓泡区总面积,m^2。

t/d_0 与 φ_a 的关系也可由图14-3-9直接查出。

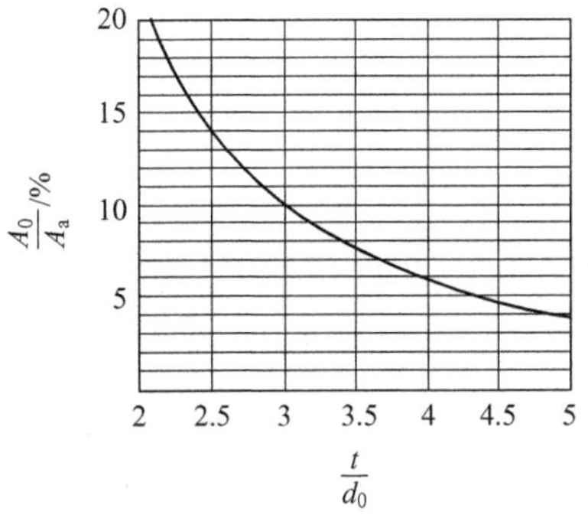

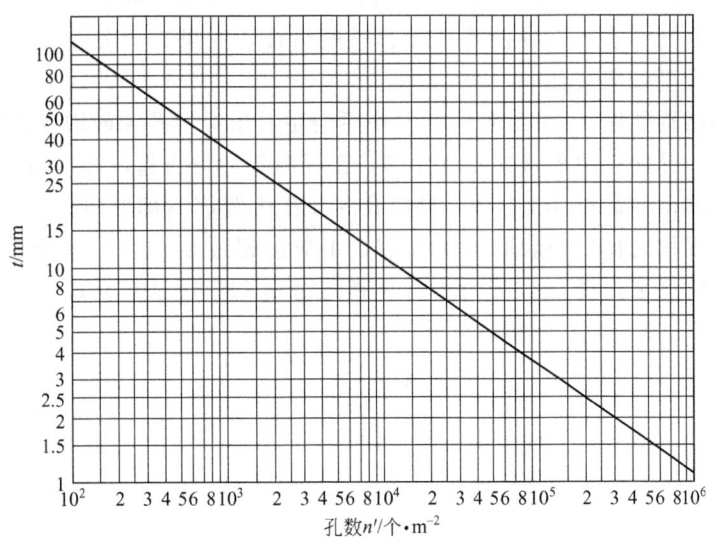

图 14-3-9　开孔面积与开孔区面积之比

开孔率与塔板效率、塔板压降、塔板上两相状态及操作性能有直接关系。开孔率较大，孔速较小，在相同塔径下，塔板压降下降，或减小塔径。但开孔率超出一定范围，孔间距减小，气流易互相干扰，塔板上液面晃动；塔板也容易由泡沫态转化为喷射态，雾沫夹带增加，这会导致板效率下降。显然，过小的开孔率对塔板面积的利用是不经济的。故 $t/d_0 = 2.5 \sim 5$ 是常用范围，最佳值为 $3 \sim 4$。

在筛板加工时常要估计每块筛板上筛孔的总量，为此按下式计算：

$$n_0 = n' A_a = \frac{1158 \times 10^3}{t^2} A_a \tag{14-3-13}$$

式中　n_0——每块筛板上筛孔总数；

n'——每平方米开孔区内的筛孔数，可按图 14-3-10 求取；

A_a——开孔区面积，m^2；

t——孔间距，mm。

图 14-3-10　筛孔数的求取

3.2.2.3　溢流堰高度

为保持塔板上必要的液体高度，应要求一定的溢流堰高度，堰较高则气液接触时间长，板效率较高,在液相负荷小时也容易保证气液接触的均匀,对筛板安装水平度的要求也可适当降低,故选择较大的溢流堰高度是有利的。但是,堰太高时塔板压降增大,当气量较小时筛板容易漏液。相反,如果溢流堰太低,塔板上液层过薄,气量大时可能出现液层破裂,形成气柱、飞溅和气相短路,雾沫夹带也会增加。

通常以推荐的塔板上液层高度 h_L 来决定堰高,由于

$$h_L = h_w + h_{ow} \tag{14-3-14}$$

对于一般筛板,应使塔板上的 h_L 为 50～100mm,故堰高为:

$$h_w = (50～100) - h_{ow} \tag{14-3-15}$$

但对真空操作或压降要求较严的塔,可取 h_L 在 25mm 以下,此时堰高约为 6～15mm。另外,当液量很大时,堰上液头 h_{ow} 已相当大,此时甚至可不设溢流堰亦可保持塔板上必要的液层高度。

文献 [5] 建议,常压操作的溢流堰高度可为 25～50mm,减压蒸馏时可取 10～15mm。

3.2.2.4 导向筛板[1]

导向筛板以其低压降的特点首先成功地用于乙苯-苯乙烯的真空精馏塔中。这种塔板是 Linde 公司在 20 世纪 60 年代开发的,故也称林德(Linde)塔板。我国对此也开展过试验研究工作。导向筛板是在筛板基础上做了两项有意义的改进:一是在塔板上开有一定数量的导向孔,通过导向孔的气流对液流有一定的推动作用,有利于推进液体和减小液面梯度;二是在塔板的液体入口处增设鼓泡的促进结构,也称鼓泡促进器,有利于液体一进入塔板就迅即鼓泡,达到良好的气液接触,提高塔板面积的利用率,同时也减小塔板进口处的局部漏液,促使塔板鼓泡均匀和气体分布。由于采取上述两项改进措施,导向筛板的液体流动和鼓泡均较为均匀,液相梯度明显减小,塔板液层较薄,压降下降,而且具有较好的传质效率。对于减压的乙苯-苯乙烯系统[6],使用导向筛板后,每块理论板的压降降低 15%,塔板效率提高 13% 左右。国内在同样物系以导向筛板代替浮阀塔板,效果亦十分显著[7]。这种塔板可适用于减压蒸馏和大型分离装置中。

导向筛板的结构如图 14-3-11 所示,其中可清楚看出导向孔和鼓泡促进器的结构。

(1) 导向孔 导向孔的形状如同百叶窗,在板面上冲压凸起,开口为细长矩形,开缝长度 l 有 12mm、20mm 及 36mm 三种,导向孔的开孔比例 φ'(即导向孔开缝面积与包括导向孔在内的总开孔面积之比)一般取 10% 左右,不应该超过 20%,可按物系性质、表面张力大小及分散性的特点来选择 φ'。导向孔的开缝高度 h(图 14-3-12)决定于塔板上鼓泡层高度,可根据堰高 h_w 来决定,一般取:

$$h = (0.05～0.06)h_w \tag{14-3-16}$$

常用的 h 为 1～3mm。此时 l 则按开缝面积($h \times l$)等于或稍大于一个筛孔的原则来决定。导向孔弯的宽度 b 应使气体能平缓流动,所以不宜过小,但 b 值过大会使有效开孔面积减小。

导向孔的开孔方向在小直径塔中可与液流方向一致,在较大直径的塔中(如大于 2～3m),在塔板的不同区域可使导向孔按不同密度和角度布置,图 14-3-13 即为典型的一例。此时可以克服大直径塔板上易发生的液流不均或出现死区、滞止区的特点,有利于提高塔板效率。

图 14-3-11 导向筛板结构 [Frank J C, Geyer G R, Kehde H. Chem Eng Prog, 1969, 65 (2): 79-86]

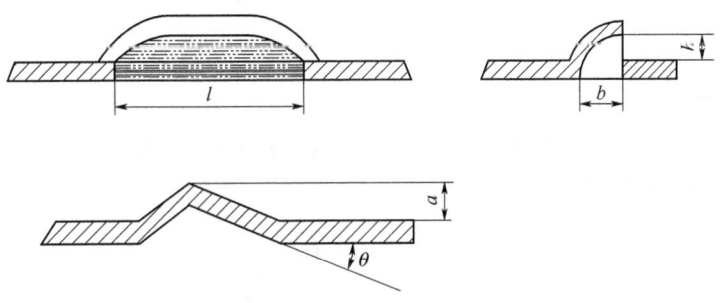

图 14-3-12 导向孔及鼓泡促进区

[北京化工学院基本有机化工教研室. 化学工程, 1976 (5): 60-74]

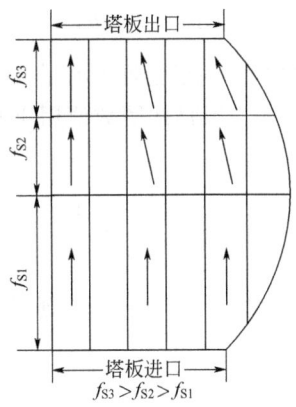

图 14-3-13 导向孔排列的示例

f_S—导向孔开孔面积对有效截面的百分率

[Smith V C, Delnicki W V. Chem Eng Prog, 1975, 71 (8): 68-73]

(2) 鼓泡促进器 鼓泡促进器在塔板液体入口处形成一定凸起（图 14-3-12），翘起的高度 a 一般可取为 5~10mm，对于 2m 直径以上的塔板此值还可适当提高。但 a 值过大，会使此处液层太薄，易被气体吹脱。斜面的正切值 $\tan\theta$ 一般在 0.1~0.3，此值过小不易制造，过大同样会出现液体被吹脱现象，故鼓泡促进器斜面上不设导向孔，只有筛孔，筛孔中心线与斜面垂直，开孔率近似等于或稍小于塔板主体的开孔率。

导向筛板在我国有较多的研究与实际应用，已就塔板压降、漏液点孔速及雾沫夹带提出了计算关联式，可供设计中使用。

(1) 压降　导向筛板由于其结构特点，塔板压降低于普通筛板，其压降的计算仍可采用加和原理，即塔板压降为干板压降和液层有效阻力之和，并表示为：

$$\Delta p_p = \Delta p_c + \Delta p_l \tag{14-3-17}$$

式中　Δp_p——塔板总压降，Pa；
　　　Δp_c——干板压降，Pa；
　　　Δp_l——液层有效阻力的压降，Pa。

导向筛板的干板压降可用筛板的干板压降公式即式(14-2-19)计算，但因导向孔的阻力系数较筛孔的阻力系数小，根据同一层塔板上气体通过导向孔和筛孔压降相等的原理可导出一修正系数K，用以进行导向筛板的干板压降的修正，K值为：

$$K = (1 + 0.145\varphi')^{-2} \tag{14-3-18}$$

式中　K——系数；
　　　φ'——导向孔的开孔面积与包括导向孔在内的总开孔面积之比。

故导向筛板的干板压降为：

$$\Delta p_c = \frac{1}{2} K \rho_g \left(\frac{w_0}{C_0}\right)^2 \tag{14-3-19}$$

式中符号意义同式(14-3-18)和式(14-2-19)。

液层有效阻力的压降Δp_l可用前已介绍的充气系数法来计算［式(14-2-26)］，即得：

$$\Delta p_l = \beta \rho_l g h_L \tag{14-3-20}$$

充气系数β值与板上液层高度h_L及孔速动能因子F_0有关，由空气-水系统测定的β_w与F_0及h_L的关系如图14-3-14所示。当将此图数值用于其他物系时，就进行表面张力的修正，即：

$$\beta = \beta_w \left(\frac{\sigma}{73}\right)^{0.15} \tag{14-3-21}$$

式中　β_w——空气-水系统的充气系数，由图14-3-14查得；
　　　σ——实际物系的表面张力，mN·m^{-1}。

(2) 漏液点孔速　按相对漏液量10%为基准（此时效率下降约为15%），导向筛板漏液点的干板压降可关联如下：

$$\Delta p_{cm} = (3.67 \times 10^{-3} + 0.09 h_L - h_0) \rho_l g \tag{14-3-22}$$

式中　Δp_{cm}——漏液点的干板压降，Pa；
　　　h_L——板上液层高度，m；
　　　h_0——与表面张力压降相当的液层高，m。

将Δp_{cm}代入式(14-3-19)中的Δp_c，即可求出漏液点的孔速w_{om}。一般操作时应使实

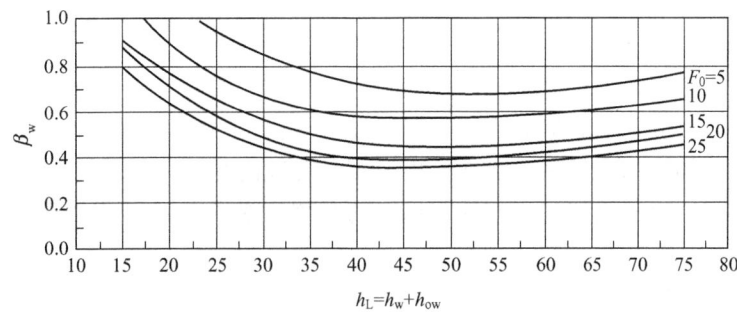

图 14-3-14 充气系数

[北京化工学院基本有机化工教研室. 化学工程, 1976 (5): 60-74]

际孔速大于漏液点孔速。

(3) 雾沫夹带 由于板上液层分布均匀且较低,导向筛板的雾沫夹带量小于筛板,在关联导向筛板的雾沫夹带曲线时应用了通用于筛板的 Hunt 等的公式[式(14-2-36)],但又考虑了两相密度的影响,如图 14-3-15 所示,可得下式:

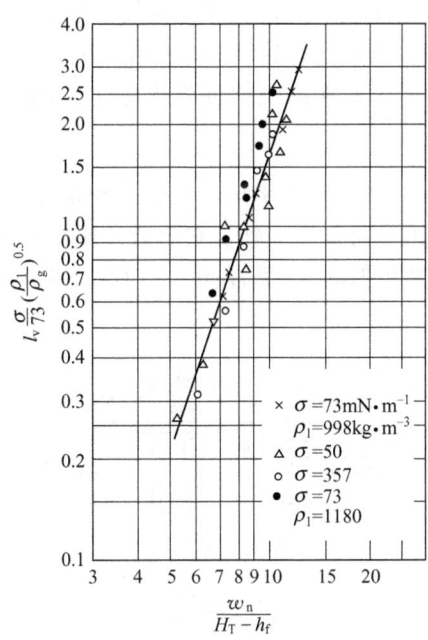

图 14-3-15 雾沫夹带曲线

[北京化工学院基本有机化工教研室. 化学工程, 1976 (5): 60-74]

$$e_v = 1.65 \times 10^{-3} \frac{73}{\sigma} \left(\frac{\rho_g}{\rho_l}\right)^{0.5} \left(\frac{w_n}{H_T - h_f}\right)^{3.0} \qquad (14\text{-}3\text{-}23)$$

式中符号意义见式(14-2-36)。

3.2.3 浮阀塔板

浮阀塔板是 20 世纪 50 年代前后开发和应用的,随即在石油、化工等部门代替了传统使用的泡罩塔板及其他一些旧式塔板，成为当今应用最广泛的一种塔板，并且因其优异的综合性能，在设计和选用塔板型式时常被首选。浮阀塔板上开有一定形状的阀孔（圆形或矩形），孔中安置可在适当范围内上下浮动的阀片，因而可适应较大的气相负荷的变化。阀片的形状有圆形、矩形、盘形等，从而形成不同型式的浮阀塔板。同时，不同的研究单位和公司也提出了各具特点的浮阀结构。但是，目前国内应用最普遍的是 F1 型（相当国外的 V-1 型）浮阀。此外，条形浮阀由于更好的稳定性与更高的分离效率，成为我国目前使用最为广泛的浮阀塔板。

实践证明，浮阀塔板具有下列优点：

① 生产能力大，比泡罩塔板提高 20%～40%；

② 操作弹性大，在较宽的气相负荷范围内板效率变化较小（图 14-2-22），其操作弹性较筛板有很大改善；

③ 塔板效率较高（图 14-2-34～图 14-2-36），因为它气液接触状态良好，且气体水平方向吹入液层，雾沫夹带较小；

④ 塔板结构及安装较泡罩简单，重量较轻，制造费用约为泡罩塔板的 60%～80%。

浮阀塔板的主要缺点是：

① 在气速较低时仍有塔板漏液，故低气速时板效率有所下降；

② 浮阀阀片有卡死、吹脱的危险，这会导致操作运转和检修中的困难；

③ 塔板压力降较大，妨碍了它在高气相负荷及真空塔中的应用。

3.2.3.1 F1 型浮阀

国际通用的 V 型浮阀是一种重盘式浮阀，包括多种设计，其中 V-1 型是目前使用最为广泛、性能和设计方法掌握比较完善的一种。它制造方便，结构较为简单，性能良好。我国参照国内具体条件制定了与其相似的 F1 型浮阀（图 14-3-16），并有部颁标准（JB/T 1118—2001）。

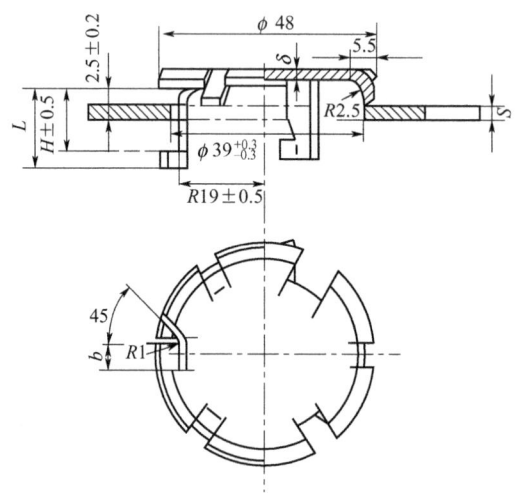

图 14-3-16　F1 型浮阀

(1) 浮阀　按照标准，浮阀分轻阀（代表符号 Q）和重阀（代表符号 Z）两种。由于轻阀的塔板漏液较大，除真空操作时选用外，一般均采用重阀，其基本参数见表 14-3-5。轻阀采用 1.5mm 薄板冲压而成，重约 25g；重阀采用 2mm 薄板，重约 33g。

表 14-3-5　F1 型浮阀基本参数　　　　　　　　　　　　　　　单位：mm

序号	型式代号	阀片厚度	阀重/g	适用于塔板厚度 S	H	L
1	F1Q-4A	1.5	24.6	4	12.5	16.5
2	F1Z-4A	2	32.7			
3	F1Q-4B	1.5	25.1			
4	F1Z-4B	2	33.3			
5	F1Q-4C	1.5	25.3			
6	F1Z-4C	2	33.5			
7	F1Q-3A	1.5	24.3	3	11.5	15.5
8	F1Z-3A	2	32.4			
9	F1Q-3B	1.5	24.8			
10	F1Z-3B	2	33.0			
11	F1Q-3C	1.5	25.0			
12	F1Z-3C	2	33.2			
13	F1Q-2B	1.5	24.6	2	10.5	14.5
14	F1Z-2B	2	32.7			
15	F1Q-2C	1.5	24.7			
16	F1Z-2C	2	32.9			

在 F1 型浮阀基本参数中规定可采用三种材质，并分别用 A、B、C 表示：

A——0Cr13；

B——0Cr18Ni9；

C——0Cr17Ni12Mo2。

阀片与三个阀腿是整体冲压的，阀片周边还冲有三个下弯的小定距片，在阀片关闭阀孔时（图 14-3-16）它能使阀片与塔板保留一较小的间隙，这也即浮阀的最小开度，一般定为 2.5mm。在气量较小时，阀片未能浮起，气体均从此间隙进入液层，同时小定距片还保证阀片停在塔板上时与塔板成点接触，避免阀片粘在塔板上而无法上浮。当气量较大时，阀片可平稳上升，提供较大的气体通道。阀片四周向下倾斜，且有锐边，加强了气体进入液层的湍动作用，有利于气液传质。阀片的最大开度受阀片的阀腿限制，由图 14-3-16 可见应为 $H-S$。

(2) 板面布置　浮阀在塔板上常按三角形排列，有顺排和叉排之分（图 14-3-17），以采用叉排为好。一般推荐一排中的阀孔中心距为 75mm，排与排的间距 t 为 65mm、80mm、100mm 三种，必要时可调整。根据阀孔排距 t 的不同或具体的阀孔排列，浮阀塔板的开孔率一般为 4%～15%[8]。

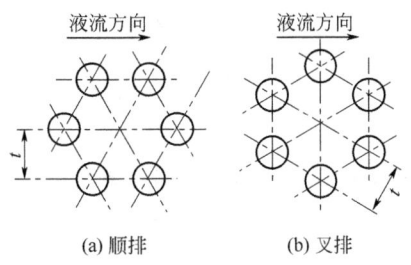

图 14-3-17　浮阀排列形式

3.2.3.2　V-4 型浮阀

V-4 型浮阀主要适用于减压系统，由于塔板上的阀孔冲成文丘里型（图 14-3-18），故塔板阻力显著减少，相应地其阀腿长度也要增加，以保持必要的浮阀开度。V-4 浮阀只有轻阀一种，其余结构尺寸与 F1 浮阀相同，其塔板厚度碳钢时采用 3mm，不锈钢时采用 2mm。

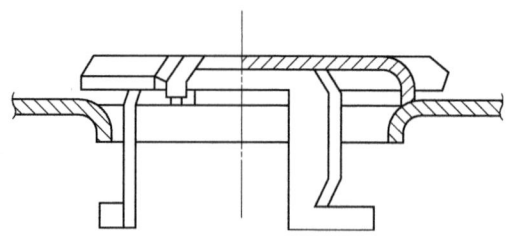

图 14-3-18　V-4 型浮阀

3.2.3.3　十字架形浮阀

十字架形浮阀在国外也常称为 T 形浮阀（图 14-3-19），这是一种盘式浮阀，它由无阀腿的阀片及固定架构成，阀片制成碟形以增加阀片的稳定性，阀片升程由固定架限制，而固定架有十字形、N 字形和三角形之分。阀片厚度为 1.5mm 和 2mm，相应的阀片重为 23g 和 31g。减压操作时应选轻些的阀，这时阀片厚度可为 1.25mm 或 1.5mm。阀片最大开度为 8mm，阀片边缘冲有三个凸台，使浮阀关闭时与塔板保持最小开度为 1.5mm，阀孔直径常取为 39mm，通常采用锐口型阀孔，要求压力降较低时也可用 V-4 型浮阀那样的文丘里阀孔。

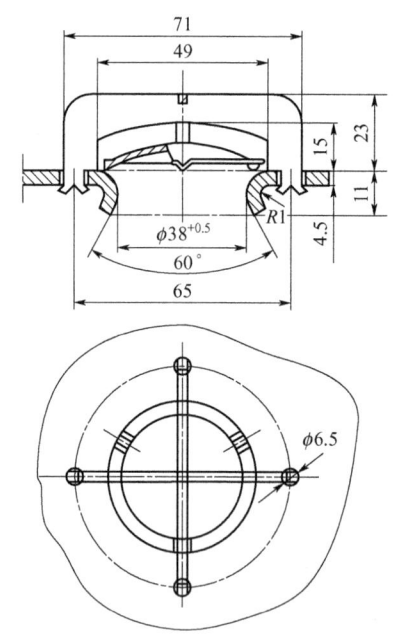

图 14-3-19　十字架形浮阀（单位：mm）

［佐野司郎，中本成．化学工场，1975，19（8）：57］

3.2.3.4　条形浮阀

1944 年 Nutter 公司开发了条形浮阀以代替泡罩塔板，初始浮阀在塔板上的排列都以阀片的长轴与液流方向相垂直，这样排列的缺点是塔壁附近的鼓泡面积不能充分利用，后来几经改进发展为一种 BDP 型条形浮阀（图 14-3-20），我国也有称矩形浮阀。这种条阀多采取顺排排列（图 14-3-21），其阀片的长轴均平行于液流方向，因而气体均衡地从阀片两侧吹出，气液做交错流动，逆向混合较小。条阀也可采用错排排列（图 14-3-22），这时由相邻浮阀吹出的气流只是相交而不对冲，即使在较高的气速下，由于气流的有效抑制作用，液滴夹带可明显减少。试验表明[9]，错排条阀的氧解吸板效率、塔板压降、漏液性能均与 F1 型浮阀相当，但雾沫夹带只为 F1 型浮阀的 30%～40%，操作范围可比 F1 浮阀塔板大约 60%，因此可有较大的气相通过能力。当顺排时则没有这一优势，它的雾沫夹带甚至大于 F1 型浮阀。条形浮阀的另一优点是它在塔板阀孔中不会像 F1 浮阀发生旋转，因而不易磨损脱落。

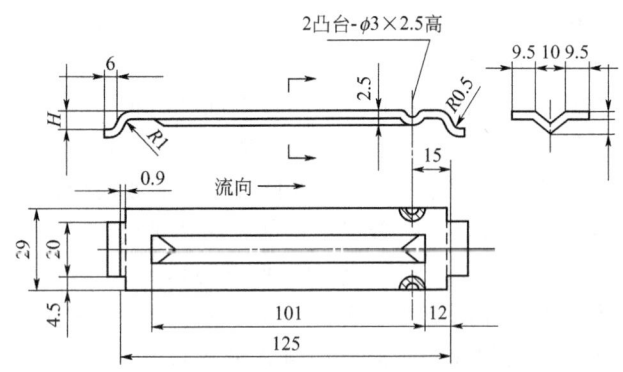

图 14-3-20 BDP 型条形浮阀

[今井茂博. 别册化学工业，1980，24（10）：71]

图 14-3-21 顺排条形浮阀

[今井茂博. 别册化学工业，1980，24（10）：71]

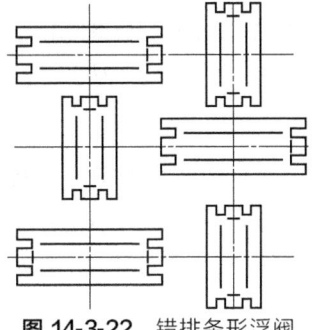

图 14-3-22 错排条形浮阀

[陈松宗，刘汝浦. 化工学报，1982（2）：168-178]

3.2.3.5 高弹性浮阀

这是德国 Stahl 公司开发的一种浮阀塔板,原名叫 Varioflex Valve Tray,其系列为 VV 型,图 14-3-23 清楚地表示出它的结构和气液工作状态的特点。这种塔板上的传质也是依靠类似于一般浮阀塔板上的圆形阀片结构单元。每个单元由固定架及阀片 d 构成,而固定架又包括盖板 c、支撑杆 a 和固定圈 b。直径 50mm、厚 2~3mm 的圆形平阀片平置于直径 50mm 的塔板阀孔上,但阀片圆周上有三个小的外伸支爪,阀片依靠这三个支爪放在塔板阀孔上,因此,高弹性浮阀不存在通常浮阀具有的阀片与塔板间的间隙(及最小开度)。固定架有 9 个支撑杆 a,阀片的三个支爪伸在支撑杆间,因而阀片可在支撑杆导引下自由、平稳地上下浮动,且不会旋转。此外,阀片中央有一个直径 20mm 的圆孔。这种浮阀的结构特点决定了这种浮阀具有较大的操作弹性和平稳的操作状态。如图 14-3-23(a) 所示,当气速较小时,阀片停在塔板上,虽然在阀片和塔板间没有间隙,但气体可通过阀片上的 ϕ20mm 开孔进入液层,其操作如同开孔率相当小的大孔筛板,又由于有支撑杆和盖板的作用,可使气流碰撞分散并水平吹入液层,可保证该塔板在低气速时漏液很少,同时仍有较好的塔板传质效率,这是这种塔板的重要特点。随着气量增加,阀片被升起[图 14-3-23(b)]。这时上升气体被分成两部分,一部分从阀片与塔板间的间隙通过,如一般浮阀;另一部分仍从阀片上的孔通过,由盖板下经支撑杆水平进入液层。当气量再增大,阀片上升到固定架顶部[图 14-3-23(c)],此时气体全部由阀片升起的空间进入液层,其工作完全如一般圆形浮阀,但支撑杆仍起均布和破碎气流的作用。

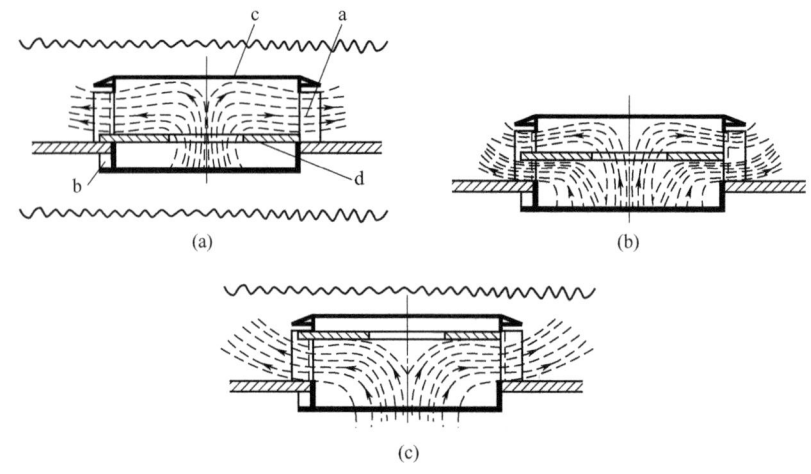

图 14-3-23 高弹性浮阀塔板工作示意图

[Billet R. Inst Chem Eng Symp Ser, 1992, 1 (128): A361-A367]

高弹性浮阀塔板有如下特点:

① 在较宽的气相负荷范围内,其压降和塔板效率均能保持相当平坦的变化趋势,因此其操作弹性可达 (10:1)~(12:1),明显高于 F1 浮阀塔板。图 14-3-24 为 Billet[10] 用 NH_3-H_2O 系统测出的 VV 塔板和筛板的全塔效率 E_T 比较,可以清楚地看出低气速时它的板效率明显高于筛板。

② 在一定气相负荷范围内,这种塔板的最佳塔板效率与 F1 浮阀塔板和筛板相当。

③ 在低气速时,此塔板的漏液显著小于 F1 型浮阀塔板,且塔板鼓泡均匀。

④ 由于阀片上没有阀腿以及支撑杆的设计，这种阀的阀片不会卡死、磨损或吹脱，操作安全可靠。

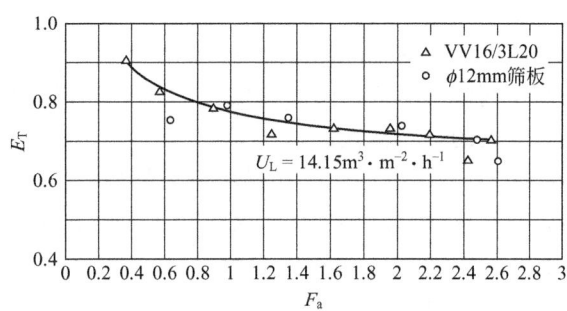

图 14-3-24 塔板效率曲线

[Billet R. Inst Chem Eng Symp Ser, 1992, 1 (128): A361-A367]

3.2.3.6 导向梯形浮阀[11]

导向梯形浮阀是汲取了条形浮阀、V形栅板、导向筛板等塔板的优点而开发出的新型浮阀（图 14-3-25）。它是在塔板上冲出一些具有侧缝的梯形凸台，当气体从侧缝中喷出时气流方向与液流方向构成一锐角，从而产生推动液体向前流动的分力。

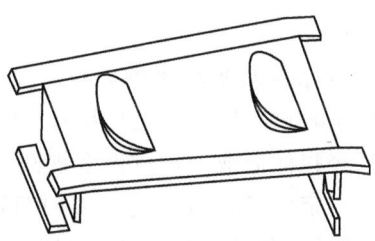

图 14-3-25 导向梯形浮阀结构图

研究表明，导向梯形浮阀与传统的 F1 型浮阀塔板相比，塔板压降低 15%～20%、漏液孔速下限低 1/3、雾沫夹带气速上限高 10%～20%、传质效率高 5%～10%。

3.2.3.7 复合条形细分浮阀[12]

复合条形细分浮阀是由在常规的条形浮阀的阀面上开 3 个固舌形成，如图 14-3-26 所示。其主要由阀面、固定脚、固舌等构成，结构特点是：

图 14-3-26 复合条形细分浮阀结构图

① 在浮阀阀面上开一定间距的、凸起的、三面切口舌片，使气流可同时从舌尖与两侧 3 个方向喷出，与液流方向构成小于 90°的夹角，这样能保证气体通过塔板时阀面上部的气液

鼓泡均匀、增加气液传质面积，同时气流对液流形成一定推力，使塔板上液体流动加快，减少液层厚度，使液流的均匀性得到改善，提高传质效率。

② 在复合条形细分浮阀两侧的阀面上有冲制而成的小凹槽，当气量较小时，浮阀停留在塔板上，气体由阀体与塔板之间的小间隙通过（即最小开度），保证小气量时的正常传质。随着气量增加，阀片升起使阀体与塔板之间间隙变大，相当于有效和较大范围地调节塔板开孔率和阀孔气速，具有相当大的操作弹性。

③ 浮阀的主体结构为条形，这使得浮阀在操作时更加稳定，不旋转、不磨损；浮阀两侧阀面上的小凹槽使阀体与塔板只有较小的接触面积，使阀片不易黏结在塔板上，而固定脚则使阀体不会被气流吹脱。

因此，复合条形细分浮阀具有如下优点：
① 操作过程中不脱落、不卡死。
② 塔板压降较低，变化更加平稳。与 F1 相比，压降小 10%。
③ 雾沫夹带量小。在相同的操作条件下，细分浮阀雾沫夹带量较 F1 浮阀小 20%。
④ 漏液量较小。与 F1 相比，其漏液量小 15%～30%。
⑤ 操作弹性更高。由于细分浮阀的雾沫夹带量与漏液量都较 F1 浮阀小，因而其操作弹性更大。

3.2.4 网孔塔板[13]

3.2.4.1 塔板

网孔塔板又称 Perform 板，这是一种喷射态型塔板，其中气相高速吹过塔板形成连续相，液相被吹成细小液滴成为分散相。图 14-3-27 表示了网孔塔板的结构，塔板 1 由厚 1.5～2mm 的金属薄板先冲孔后经拉伸而成，形成许多规则排列的定向开口作为气体通道，塔板开口形状如图 14-3-28 所示。定向开口按一定的方向布置，保证液流按希望的方向运动，图 14-3-27(b) 中箭头表示了开口和液流的方向。由图 14-3-27(b) 可见，在塔板上分成若干狭长区，每一区可按塔板上定向开口的方向分成两部分，相邻两部分的开孔方向互成 90°，当气液两相在塔板上流入另一区域时流体流动方向发生 90°变化，这将增加相间接触时间和接触强度，同时在转折处还产生气液旋转，可使相接触表面不断更新。

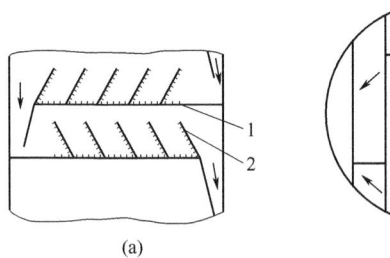

图 14-3-27 网孔塔板结构简图
1—塔板；2—挡沫板

[Hoppe K, Kruger G, Bahr A, et al. Chem Tech, 1969, 21 (9): 536]

网孔塔板的开孔率与开口尺寸直接有关，开口大，开孔率也大，适用于处理量大的场合，但操作弹性有所下降，板效率也有所下降。各种开口尺寸的网孔塔板及其应用范围见表 14-3-6 和表 14-3-7，表 14-3-6 中开孔率 ψ_a 是基于塔板鼓泡面积计算的。

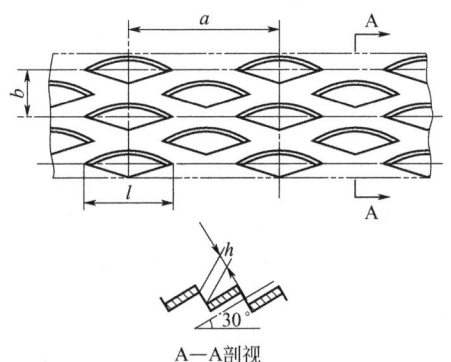

图 14-3-28 塔板开口形状

表 14-3-6 网孔塔板开口尺寸 单位：mm

开口尺寸		塔盘板编号							
		P-2.5	P-3	P-3.5	P-4	P-4.5	P-4.7	P-5	挡沫板
开口宽度	h	2.5	3.0	3.5	4.0	4.5	4.7	5.0	7.0
开口长度	l	15	16	16	18	18	18	20	24
孔中心距	a	38	38	38	38	38	38	38	38
	b	9.2	10.0	10.28	10.50	10.65	10.85	10.91	13.8
单孔面积 f_0/mm^2		22.5	31.6	40.4	44.4	50.5	53.2	53.5	101
网孔板开孔率 $\psi_a/\%$		12.1	16.6	20.6	20.6	25.0	25.8	28.7	38

表 14-3-7 网孔塔板开口尺寸及应用范围

开口宽度/mm	应用范围
2～3	大液量、小气量或加压蒸馏、吸收
3～4.5	常压蒸馏、吸收
4.5～5	减压蒸馏、吸收
6～8	挡沫板

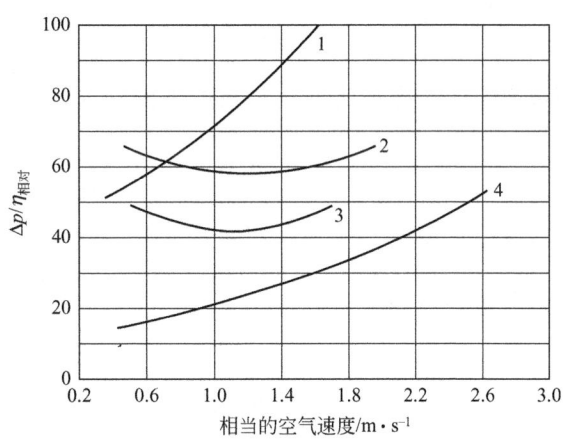

图 14-3-29 几种塔板 $\Delta p/\eta_{相对}$ 的比较

1—泡罩；2—浮阀（阀片厚 2mm）；3—浮阀（阀片厚 1mm）；4—网孔塔板

这种塔板上还装有倾斜的挡沫板 2（图 14-3-27），它采用同塔板一样的网孔塔板，但斜孔开口宽度为 6～8mm，挡沫板与水平的夹角为 60°。挡沫板的作用是避免液体被直接吹过塔板，并提供气液分离和气液接触的表面。挡沫板的间距要根据塔径和液流强度决定，一般取间距为 300~400mm。此外，网孔塔板设有特殊形式的进口堰，以减少液体在塔板进口区的漏液，但无出口堰。

网孔塔板的主要特点是生产能力高，约比一般塔板增大 30%；压降低；加工费用低。图 14-3-29 比较了四种塔板压降的情况，图中纵坐标中的 $\eta_{相对}$ 是该塔板的板效率与泡罩塔板的板效率之比。由图 14-3-29 可见，网孔塔板在一定的板效率下压降低的特点是很明显的，故适用于真空操作的塔中。但它板效率较低，操作弹性较小。

3.2.4.2 塔径与塔板间距

(1) 气速上限 只要降液管设计正确，网孔塔板的气速上限由雾沫夹带决定，推荐的孔速上限由以下公式计算：

当开孔率 $\psi \geqslant 12\%$ 时

$$w_{0,\max} = 0.228 \frac{H_T^{0.33}(S/l)^{0.16}}{\psi^{0.89}L_w} \sqrt{\frac{\rho_l - \rho_g}{\rho_g}} \tag{14-3-24}$$

当开孔率 $\psi < 12\%$ 时

$$w_{0,\max} = 1.27 \frac{H_T^{0.33}(S/l)^{0.16}}{\psi^{0.08}L_w^{0.10}} \sqrt{\frac{\rho_l - \rho_g}{\rho_g}} \tag{14-3-25}$$

式中 ψ——基于全塔截面的开孔率；
S——挡沫板宽度；
l——挡沫板间距，m；
H_T——塔板间距，m；
L_w——液流强度，$m^3 \cdot m^{-1} \cdot h^{-1}$；
ρ_l, ρ_g——液相和气相密度，$kg \cdot m^{-3}$。

则上限空塔气速 $w_{s,\max}$ 为：

$$w_{s,\max} = \psi w_{0,\max} \tag{14-3-26}$$

(2) 气速下限 以漏液 5% 的孔速为网孔塔板的下限孔速，则下限孔速 $w_{0,\min}$ 由下式计算：

$$w_{0,\min} = 0.094 h^{0.37} L_w^{0.15} \sqrt{\frac{\rho_l - \rho_g}{\rho_g}} \tag{14-3-27}$$

式中 h——网孔塔板开口宽度，mm。

下限空塔气速 $w_{s,\min}$ 为：

$$w_{s,\min} = \psi w_{0,\min} \tag{14-3-28}$$

(3) 塔径计算 由上限孔速可得计算孔速 w_0 为：

$$w_0 = KK_s w_{0,\max} \tag{14-3-29}$$

式中 K——物性系数，见表 14-2-3；
K_s——安全系数，一般取 $K_s = 0.6 \sim 0.8$。

计算空塔速度 w_s 可由下式计算：

$$w_s = \psi w_0 \tag{14-3-30}$$

由此可计算塔径。由于要考虑液流长度、分区大小、数量以及挡沫板的数量，最小塔径应达 1000~1200mm。

所设计的塔板通常应进行如下的校核：在正常处理能力下，$w_0 \leqslant 1.5 w_{0,\min}$；在最低处理能力下，$w_0 \geqslant w_{0,\min}$。

(4) 塔板间距 网孔塔板的板间距由表 14-3-8 选取。

表 14-3-8 塔板间距

塔径/mm	塔板间距/mm						
1200~2400	350	400	450	500	600		
2400~3000		400	450	500	600	700	
3200~6400					600	700	800
>6400						700	800

3.2.5 垂直筛板

3.2.5.1 垂直筛板

垂直筛板[13,14]（vertical sieve tray，VST）是一种喷射态型塔板，20 世纪 60 年代由日本开发，其后又进行了改进，称新垂直筛板（NVST）。垂直筛板的基本传质单元是置于塔板气体通道孔上的帽罩（图 14-3-30）。它由底座固定于塔板上，当液体流经塔板时，其中的一部分被由气体通道上升的气体从帽罩的底部缝隙吸入，并被吹起分散成液滴，从而形成分散相，在帽罩内达到充分的气液接触传质，然后气液混合物通过帽罩上部的雾沫分离器，其中的液滴回到塔板上的液流中，流入下一排帽罩，而气体则上升到上一层塔板。

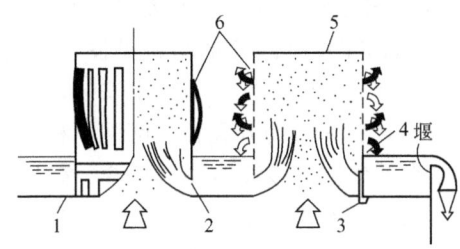

图 14-3-30 帽罩单元

1—塔盘板；2—缝隙；3—罩子底座；4—裙部堰；5—罩子；6—雾沫分离器

[吉田纯一. 化学工场, 1979, 22 (9): 23]

这种液体分散型塔板气体通量大，但仍不致有过大的雾沫夹带；相接触面积大而且均匀，并不断更新，故板效率可与 F1 浮阀和筛板相当，图 14-3-31 为 FRI 实测的 NVST 板效率曲线。NVST 的气相能量损失主要在提升液相及以高速穿过雾沫分离器的网孔的损失，但由于开孔率较大，其压降基本与 F1 浮阀塔板相当；但 NVST 的塔板漏液较为严重，漏液限比 F1 浮阀塔板高，5% 漏液点对应的孔速动能因子 $F_0 = 7 \sim 8$。但由于它的气相负荷上限明显提高，故其操作弹性仍可比 F1 浮阀塔板宽约 60%。

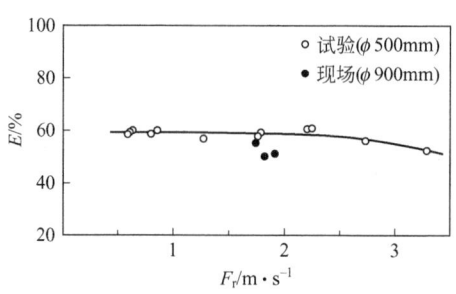

图 14-3-31　NVST 塔板效率
［古川障吾. 别册化学工业，1980，24（10）：82］

帽罩的型号及尺寸可见表 14-3-9[13]，帽罩的材料原设计建议用低合金钢（13% 铬钢），在无腐蚀情况下多应用普通碳钢。

在我国垂直筛板的多种改进型及不同的结构参数均已有丰富的数据，它的工业应用亦已取得较好的效果[15]。

表 14-3-9　帽罩的型号及尺寸

帽罩型号	帽罩直径/mm	帽罩高度/mm
S-150	150	200
S-200	200	200
S-250	250	250
C-200	200	250
C-250	250	250

3.2.5.2　高气速塔板[16]

在 NVST 开发之后，三井公司在此基础上又开发了一种更高气相负荷的塔板，称为高气速塔板（high velocity tray，HVT）。HVT 的结构见图 14-3-32 和图 14-3-33（1—塔体；3—降液区；10—筛孔或筛网；12—筛孔）。在塔板 2 上安装若干个侧断面为船形的帽罩。帽罩由三部分组成，其顶部呈山形，斜面 9 为开孔板或筛网，称为除雾板；中部为长方体的升气段 4，其两侧壁 5 和 5′ 开有若干个长条形液体喷入孔 6，喷入孔的底边与塔板 2 齐平或稍高一些。在该两侧壁内侧壁面板上装有节流板 7，其位置在液体喷入孔 6 之下。在液体喷入口上方装有向上倾斜的混合板 8，该板被做成等间距的方齿形，帽罩的底部为山谷形，其斜面 11 为开孔板，称为除沫板，当板间距较大如 500mm 时可不用。在操作时，下层塔板上升气体经帽罩底部除沫板除雾后，流过节流板，气速增大，把由喷入孔 6 进来的液体吹起，再由混合板作用，液体被分散成液滴，气液充分接触。液体分散后气液两相流继续上升到顶部的除雾板，由于碰撞作用使气液再次混合接触，同时沿斜方向喷向帽罩外部空间进行气液分离，液体落回塔板上，再与塔板上的液体混合。

HVT 这样的结构设计较之 NVST 可进一步增大气相处理量，同时减小塔板压降，提高传质效率。图 14-3-34 为 HVT 的压力降与一般塔板的比较。由图 14-3-34 可见，一般逆流、气体分散型塔板能在空塔气速 0.3～0.4m·s^{-1} 与 1～1.5m·s^{-1} 的泛点之间操作。而 HVT 能在 1～5m·s^{-1} 的大范围及高气速下工作，压力降也不太大。

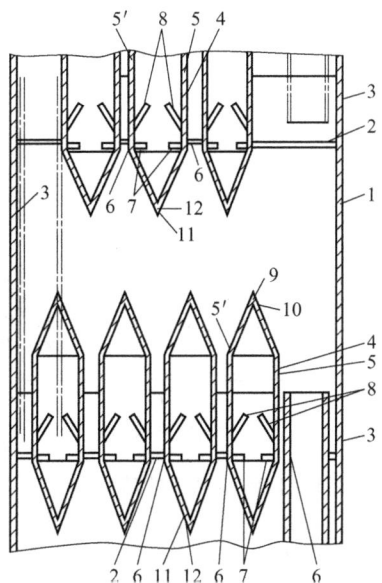

图 14-3-32　HVT 结构
[高桥照男.ケミカルエンジニヤリング,1983,10:21]

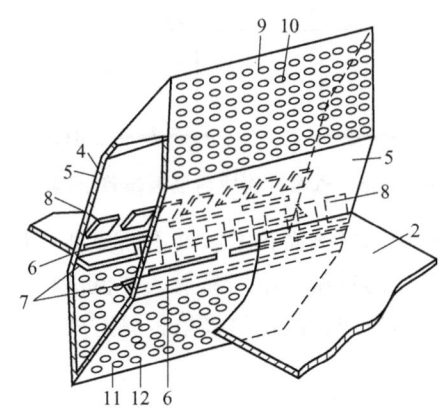

图 14-3-33　HVT 帽罩
[高桥照男.ケミカルエンジニヤリング,1983,10:21]

3.2.6　气液并流填料塔板

气液并流填料塔板（JCPT）是在 NVST 和填料塔的基础上提出的一种新型复合塔板，它利用效率高、阻力小的波纹填料取代了 NVST 的垂直筛孔，因而较 NVST 有更优的操作性能。迄今为止，JCPT 已经多次成功地应用于精馏、吸收等领域。

气液并流填料塔板的结构特点是（参见图 14-3-35）：在塔板上按一定的排列方式开出一定数目的圆孔，在圆孔的上方安装帽罩。帽罩上半部分的方形框架内装有规整填料，其上有顶盖，帽罩下半部分为圆形升气筒，升气筒下部有可调支脚以调节帽罩与塔板间的底隙。正常操作时，板上的液体在静压的作用下进入罩内，被下层塔板上升的经板孔缩流加速后的高速气体提拉成环状液膜并被破碎，气液两相流以近乎乳沫状流的形式沿规整填料的规则通道

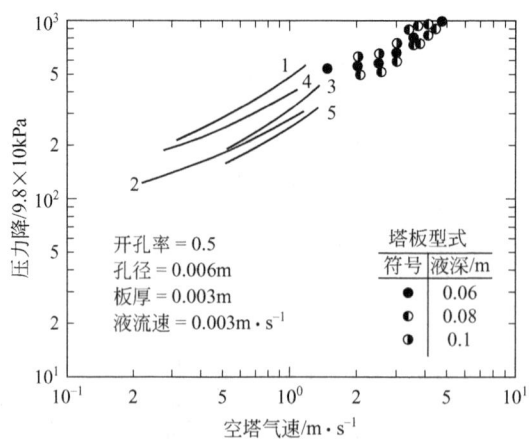

图 14-3-34　HVT 的压力降比较

1—筛板；2—旋流板；3—波纹板；4—上导向（固舌）塔板；5—下导向（固舌）塔板

［高桥照男．ケシカルエンジニヤリング，1983，10：21］

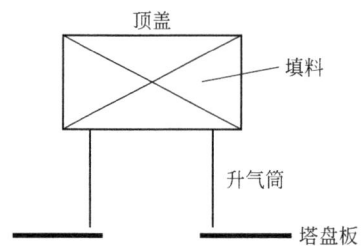

图 14-3-35　气液并流填料塔板帽罩结构示意图

并流向上，填料层的作用是使相际接触面积增大并不断更新，最后形成更细小的液滴由填料层喷出，相邻的罩体间产生激烈的对喷。由于喷射式并流塔板成功将传统塔板与填料结合在一起，有效地利用了塔板上的空间，故使得该塔板具有效率高、压降低、通量大等优点。

3.2.7　斜喷型塔板

普通塔板上气流垂直向上喷射（如筛板），或是相互冲击（如浮阀板），这往往造成较大的雾沫夹带。如能使塔板上气流水平或斜向喷出，可以减轻夹带，同时通过调节斜向角度还能控制板上的液流方向，起到减小液面梯度和液相返混的作用，这里将介绍几种较常用的斜喷型塔板。

3.2.7.1　舌形塔板

舌形塔板是应用较早的一种斜喷型塔板，其气体通道为在塔板上冲出的以一定顺序排列的舌片（图 14-3-36），舌片开启一定的角度，舌孔方向与液流方向相同，故气相喷出可推动液体，液面梯度较小，液层较低，处理能力大，压降低。而且，舌形塔板结构简单，安装检修方便。但它负荷弹性较小，板效率较低，且不宜用于直径 0.8m 以下的小塔中，以避免壁效应太大，故其使用有一定限制，主要可用于部分炼油装置，特别是较重油品的精馏塔中，也包括用作换热塔板。

(1) 舌孔　舌形塔板的舌孔有两种：三角形切口式［图 14-3-36(b)］和圆弧形［图

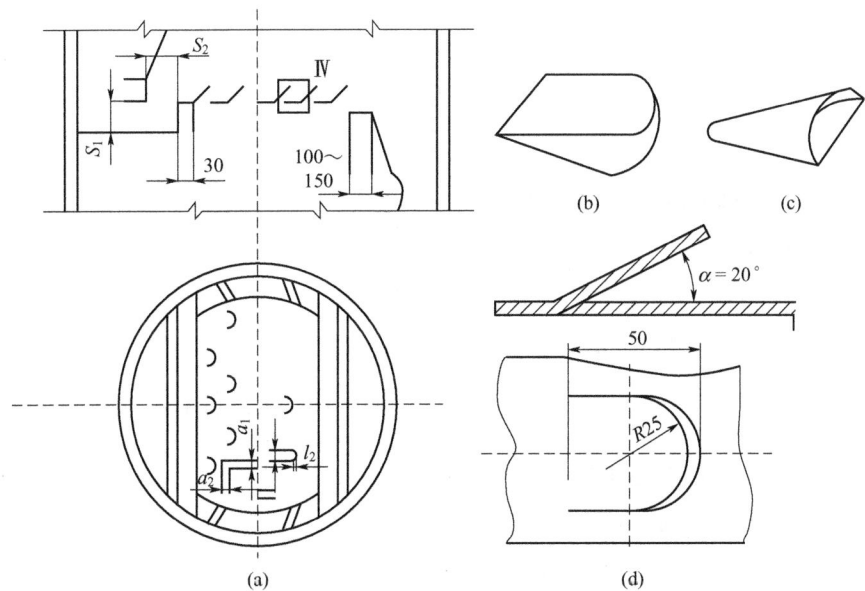

图 14-3-36　单溢流舌形塔板结构
(a) 塔板；(b) 三面切口舌片；
(c) 拱形结构；(d) 定向舌片的尺寸和倾角
[Neeld R K, O'Bara J T. Chem Eng Prog, 1970, 66 (7): 53-59]

14-3-36(c)]，多数使用三角形切口式的舌片，舌片大小有 25mm 和 50mm，普遍使用 50mm 的一种。舌片的张角有 18°、20°和 25°三种，常使用的是 20°。对于 50mm 的舌片 [图 14-3-36(d)]，舌孔面积 A_0 为 0.00223m²·个$^{-1}$（舌孔面积系数指舌孔开孔的正投影面积），对 20°张角最大喷射高度为 450mm 左右。

气体通过舌孔的气速可由选定的相应于干板压降的液柱高度 h_c 由下式决定：

$$w_0 = \left(\frac{\rho_1 h_c}{474 \rho_g}\right)^{1/2} \tag{14-3-31}$$

式中，w_0 为舌孔气速，最小值建议为 1m·s^{-1}；而 h_c（mm）则由设计者选定。

舌孔总面积 A_0 为：

$$A_0 = \frac{V}{w_0} \tag{14-3-32}$$

式中，V 为气体流量，最小 A_0 与全塔截面 A_s 之比不宜小于 8%。由 A_0 和每个孔的面积 0.00223m²·个$^{-1}$（对应于 50mm 舌片），可得舌孔数。

可见，确定舌孔数时主要是合理选择 h_c。对于常压及高压塔，一般选定 h_c 为 50～150mm，但在 100～150mm 内效率较高，h_c 过高（>150mm）会导致过量雾沫夹带，h_c 过低（<50mm）则又容易造成塔板漏液。对于减压塔一般选定 h_c 为 40mm，但不小于 20mm，以免漏液严重。

舌孔的排列应按三角形布置，排距一般为 65mm，排列与液流方向垂直，最少的舌孔排数为 4 排。第一排舌孔离受液盘边的间距不小于 70mm，最后一排距降液管不小于 180mm。

当气速太小需要堵孔时，塔板入口端应少堵，出口端应多堵，以增加出口的气液分离面积。

(2) 压降 由加和原理，舌孔塔板的总压降 Δp_p 也可表示成下式：

$$\Delta p_\mathrm{p} = \Delta p'_\mathrm{c} + \Delta p_1 + \Delta p_\mathrm{R} \tag{14-3-33}$$

式中 $\Delta p'_\mathrm{c}$——湿舌孔的压降，Pa；

Δp_1——因塔板上液层高的压降，Pa；

Δp_R——剩余压降，由 $\Delta p_\mathrm{R} = \rho_1 g h_\mathrm{R}$ 求之，Pa。

同时有下列诸式：

$$\Delta p'_\mathrm{c} = 1.025(\Delta p_\mathrm{c}^{0.85}) = 1.025(\rho_1 g h_\mathrm{c})^{0.85} \tag{14-3-34}$$

$$\Delta p_1 = \rho_1 g h_1 = \rho_1 g (0.00123 + 0.134 \psi^2 h_\mathrm{c}) \left(\frac{L}{D}\right)^{2/3} \tag{14-3-35}$$

式中 h_c——相应于塔板干板压降的液柱，m；

h_1——塔板上液柱高度，m；

ρ_1——液相密度，kg·m^{-3}；

ψ——舌孔开孔率，$\psi = \dfrac{A_0}{A_\mathrm{a}}$；

A_a——塔板开孔区面积，m^2；

L——液体流量，m^3·h^{-1}；

D——塔径，m。

当操作压力 $\geqslant 0.1$ MPa，$\Delta p_\mathrm{R} = 0.245$ kPa；

当操作压力 < 0.1 MPa，$\Delta p_\mathrm{R} = 0.127$ kPa。

(3) 降液管 舌形塔板由于两相分散强烈，故对降液管的设计有予以特别注意的必要。

① 降液管内液流速度应不大于 0.09 m·s^{-1}，倾斜式降液管出口流速应不大于 0.18 m·s^{-1}（均以液体中不含气体为基准）。

② 弓形降液管的进出口最小弦长应大于 0.7D（降液管面积约相当于塔截面积的 9%）。

③ 降液管进口面积超过塔截面积的 12% 时，必须用倾斜降液管。

④ 降液管与受液盘的距离 h_0 和降液管与塔板入口的距离相等，一般为 35～150mm，以相应降液管流出阻力的液柱高 13～25mm 为原则来考虑，为计算此局部阻力可以用前述的式(14-2-50)，该式只适用于平受液盘，当为凹形受液盘时还需考虑降液管至受液盘间隙的阻力。

降液管内清液层高度和液泛的校核，基本上可采用通常的计算方法。

为确定允许的空塔气速 w_s，可用下式：

$$w_\mathrm{s} = C_1 C_2 K H_\mathrm{T} \left(\frac{\rho_1 - \rho_\mathrm{g}}{\rho_\mathrm{g}}\right)^{1/2} \tag{14-3-36}$$

式中 C_1——降液管面积校正系数，$C_1 = (1 - A_\mathrm{d}/A_\mathrm{s})/0.92$；

C_2——K 的校正系数，由图 14-3-37 求；

A_d——一个（单溢流时）降液管的面积，m^2；

A_s——塔板截面积，m^2；

K——系数，见图 14-3-38；

H_T——塔板间距，m。

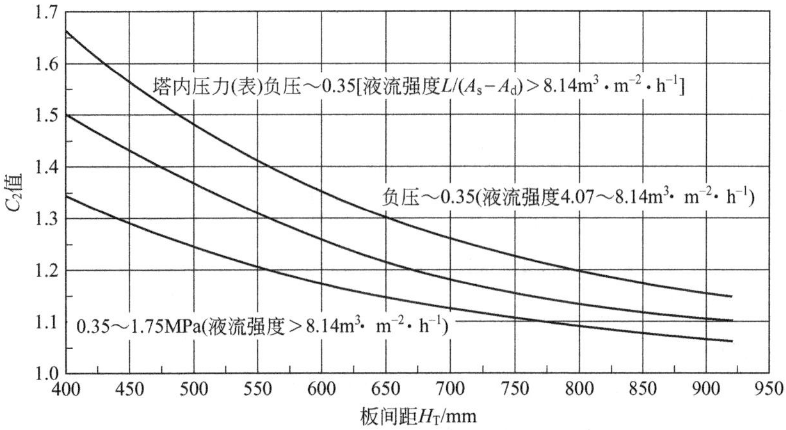

图 14-3-37 求校正系数 C_2 数值图

推荐的最小塔板间距如表 14-3-10 所示。

表 14-3-10 最小塔板间距

塔径 D/mm	800～1000（无人孔）	800～1000（有人孔）	1200～1800
板间距 H_T/mm	500	600	500
塔径 D/mm	2000～3000	3200～5000	5200 以上
板间距 H_T/mm	600	700	800

(4) 负荷性能图 舌形塔板属于气液并流喷射型塔板，其负荷性能图与普通塔板不同，我国曾进行较多的研究[17]，所得如图 14-3-39 所示。

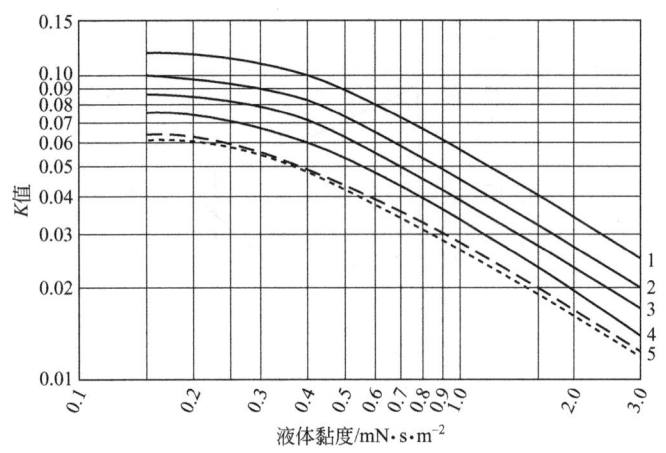

图 14-3-38 烃类分馏塔的 K 值图
1—常压及减压；2—0.7MPa；3—1.4MPa；
4—2.1MPa；5—2.8MPa

a. 吹气线——当液流强度较小时，塔板上不能形成良好的液封，故气体将吹开液层直径喷出，气液接触状况恶化，这称为吹气现象，吹气时的液流强度 L_w 为：

$$L_w = 5000\rho_l^{-1} \qquad (14\text{-}3\text{-}37)$$

b. 降液管超负荷线——当垂直式降液管内液体流速超过 $0.09\text{m}\cdot\text{s}^{-1}$ 时，就出现液体的负荷上限。

c. 漏液线——漏液时的最小孔速 w_{om} 为：

$$w_{om}\sqrt{\rho_g} = 5.3\frac{A_b}{A_0}L_w^{0.292} \qquad (14\text{-}3\text{-}38)$$

式中 A_b——舌缝面积，即舌头翘起周边与开孔周边所形成的回转面积；

A_0——舌孔面积。

由 w_{om} 可求气相负荷下限。

d. 雾沫夹带线——可按文献 [1] 中公式计算决定。

e. 液泛线——按塔板的液泛条件计算。

3.2.7.2 斜孔塔板

基于舌形塔板斜喷的同样考虑，我国在 20 世纪 60 年代开发了斜孔塔板[18]。因舌形塔板中气流向一个方向喷射，会造成液流的不断加速，难以保证气液两相的良好接触。在斜孔塔板上，开孔较小，且气流吹出方向与液流主流方向相垂直，同时还要相邻两排开口方向相反（图 14-3-40），气液能相互牵制，消除了液流不断加速的现象。因此，斜孔塔板的板上液层和板压降均较低，具有较大的气体通量，宜用于大型和减压精馏塔中。

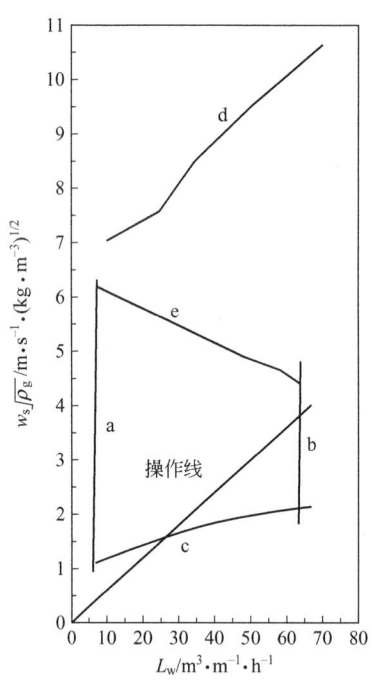

图 14-3-39 负荷性能图

[韩树铠，陈丙珍，沈复. 化工学报，1965（2）：117-128]

（1）斜孔 斜孔结构见图 14-3-41，分 K 型和 B 型两种。K 型 [如图 14-3-41(a)所示]，孔的前端开口，但两侧不封闭；而 B 型 [如图 14-3-41(b)所示] 的斜孔两侧封闭。孔的结构

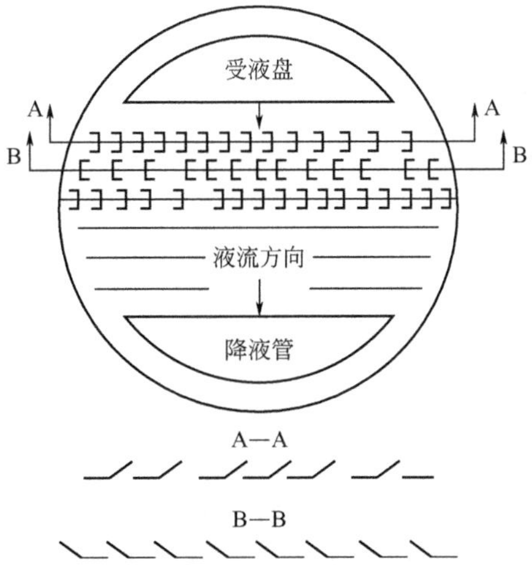

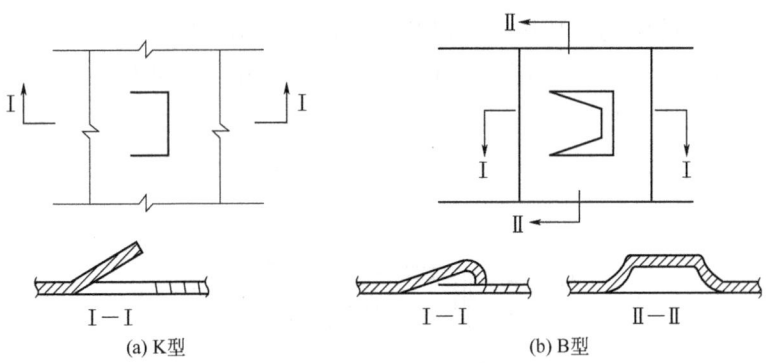

图 14-3-40 斜孔塔板

[清华大学化学工程系. 化学工程, 1979 (1): 79-88]

尺寸：对于大塔，孔长 l 可取为 20mm，高 h 为 5mm；对小塔 l 取 7~10mm，h 为 2.5~4mm。对 K 型孔的开孔面积按 $A_0 = hl + \frac{1}{2}bh$ 计算，对 B 型孔则只按 $A_0 = hl$ 计，l、b、h 等可参考图 14-3-12。斜孔与平面的夹角 α 一般为 26°~28°。

图 14-3-41 斜孔结构尺寸

[清华大学化学工程系. 化学工程, 1975 (1): 79-88]

在确定斜孔尺寸后，开孔数可由孔的动能因子 F_0 确定，在正常条件下 F_0 可取为 12~15，从而计算出孔速和开孔面积 A_0。

斜孔的排列采取交叉式，一般斜孔缝间距为 20mm，排间距可取为 30mm。对于液流路程较大的大直径塔，板面上还可设如导向筛板上一样的导向孔，其方向与液流方向一致，尺寸可与斜孔相同。

(2) 计算 干板压降决定于孔速，由实验关联可得下式：

$$\Delta p_c = \xi \rho_g \left(\frac{w_0}{2} \right)^2 \tag{14-3-39}$$

式中，ξ 为阻力系数，经测定 $\xi = 2.1$。

斜孔塔板的漏液点孔速与液层高度及液体密度等有关，实验结果表明，当孔的动能因子 $F_0 > 8\sqrt{\dfrac{\rho_1}{1000}}$ 时，方能保证斜孔板的正常操作。

斜孔板的雾沫夹带规律与筛板相似，可用下式计算：

$$e_v = 0.157 \left(\frac{w_n}{H_T - h_f}\right)^{1.9} \left(\frac{\rho_g}{\rho_1 - \rho_g}\right)^{0.7} \sigma^{-0.2} \qquad (14\text{-}3\text{-}40)$$

式中，符号意义同式(14-2-36)，但其中

$$h_f = \frac{F_0}{5.3} h_L \qquad (14\text{-}3\text{-}41)$$

斜孔塔板的传质效率也有报道[1]，由这些结果，其板效率相当或高于浮阀塔板。在乙基苯-苯乙烯的生产装置精馏塔中，斜孔塔板的平均板效率为60%～75%，平均单板压降为0.33～0.37kPa，生产能力较原浮阀塔提高近30%。

3.2.7.3 浮动舌形塔板

浮动舌形塔板是20世纪60年代研制出的又一种定向喷射型塔板[19]，它处理能力大、压降小，同时舌片可以浮动，因此塔板的漏液和雾沫夹带均较小，操作弹性显著增加，板效率也较高，国内炼厂曾用于老塔改造挖潜，提高了生产负荷。但舌片易磨损、卡死，妨碍了它的广泛应用。

(1) 结构 浮舌的结构类似固舌，但其一头可以浮动（图14-3-42），其最大张角约为20°，舌片一般厚为1.5mm，重约20g，单个浮舌的板上开孔面积为10.1cm²，张角20°时的环隙缝通道面积为5.31cm²。

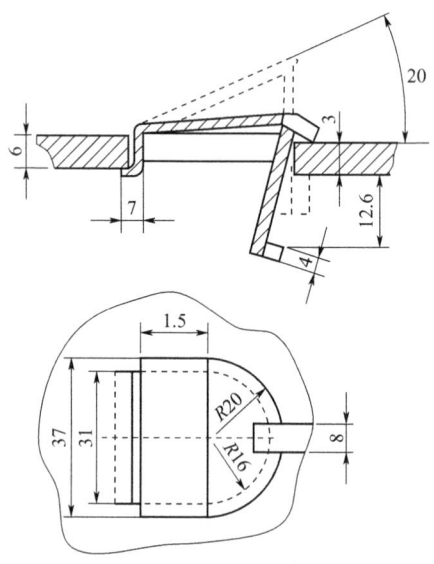

图 14-3-42 舌片结构图

(Forgrieve J. International Symposium on Distillation. Rottenburg P A. Brighton: Institution of Chemical Engineers, 1960: 185)

正常操作时，希望在舌片刚全开时操作，此时压降小，漏液亦不大，板效率较高。舌片

刚全开时的临界孔速动能因子约为 15，由此可得临界舌缝气速 $w_{0,c}$，进而可求舌片数，即：

$$A_0 = \frac{V}{w_{0,c}K} \tag{14-3-42}$$

$$n = \frac{A_0}{5.31 \times 10^{-4}} \tag{14-3-43}$$

式中 V——气体流量，$m^3 \cdot s^{-1}$；
　　　A_0——舌缝开启通道总面积，m^2；
　　　n——舌片数；
　　　K——稳定系数，同式(14-2-43)。

浮舌孔在塔板上呈等腰三角形均匀排列，舌片张口方向与液流方向一致，舌片排间距与孔间距可根据开孔率予以调节，但因冲孔要求均不得小于 45mm，浮舌塔板一般不设进口堰、出口堰。

(2) 流体力学特性　浮舌塔板的压降及雾沫夹带量随气速、液流强度、板间距等参数变化，详见文献[1]。

在气速较低时，浮舌塔板的相对漏液量应控制在 5% 以内，则可由下式求漏液量：

当 $F_0 \leqslant 13.5$ 时　　　　$q = 0.0854 F_0^{-1.07} L_w^{1.4}$ 　　　　(14-3-44)

当 $F_0 > 13.5$ 时　　　　$q = 9650 F_0^{-5.54} L_w^{1.4}$ 　　　　(14-3-45)

式中　q——相对漏液量，$kg \cdot (100kg)^{-1}$ 液；
　　　F_0——舌缝动能因子，$kg^{0.5} \cdot m^{-0.5} \cdot s^{-1}$；
　　　L_w——液流强度，$m^3 \cdot m^{-1} \cdot h^{-1}$。

允许的最大空气塔速 $w_{s,max}$ 由下式决定：

$$w_{s,max} = C \sqrt{\frac{\rho_l - \rho_g}{\rho_g}} \tag{14-3-46}$$

式中，经验系数 C 可查图 14-3-43，此 C 是表面张力 $\sigma = 20 mN \cdot m^{-1}$ 时的数值，当液体表面张力为其他数值时按式(14-2-29)进行修正。

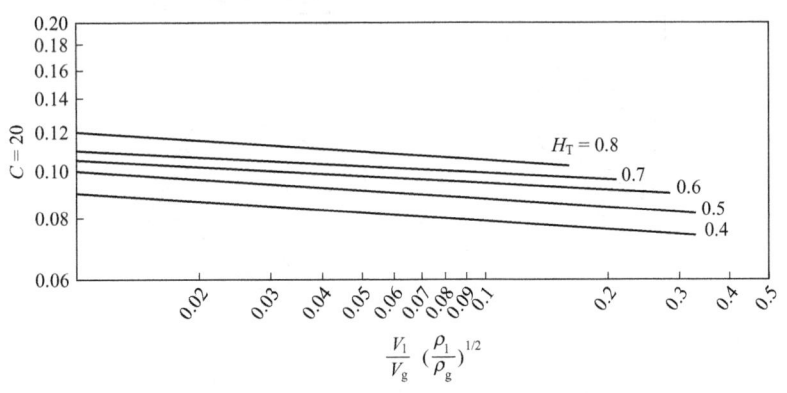

图 14-3-43　气体负荷因子

[兰州石油机械研究所. 化工炼油机械通讯，1976 (4)：1-16]

适宜的操作空气塔速为：

$$w_s = KK_s w_{s,\max} \tag{14-3-47}$$

式中　w_s——允许空气塔速，m·s^{-1}；
　　　K——物性系数，一般可取为 0.6～0.8；
　　　K_s——安全系数，见表 14-3-11。
求出 w_s 后可计算塔径。

表 14-3-11　物性系数

系统	K
无泡沫正常系统	0.95～1
中等起泡系统	0.85～0.9
重起泡系统	0.7～0.75
严重起泡系统	0.6
稳定泡沫系统（如碱再生塔）	0.3

3.2.7.4　浮动喷射塔板

浮动喷射塔板是我国科研工作者结合浮舌塔板及片状喷射塔板[20]的特点在 20 世纪 60 年代研制成功的[21]，它具有阻力小、处理量大、气相负荷弹性较大及有一定的板效率等特点。这种塔板经实践考核发现，当操作中的流量波动较大时，浮动板的入口处泄漏较多；流量太小时，板上易"干吹"；而流量大时，板上液体出现水波式脉动。此外，塔板支承座易磨损，塔板可能被吹落。

(1) 结构　浮动喷射塔板由一组浮动板互相重叠组成，浮动板依靠两端的凸出部分支承在两条平行支架的三角槽中（图 14-3-44），当气体通过时，浮动板以其后缘为支点而张开，最大张角受三角形槽限制。每块浮动板前缘带有向下弯的齿缝，亦有取消齿缝采用平缘的。

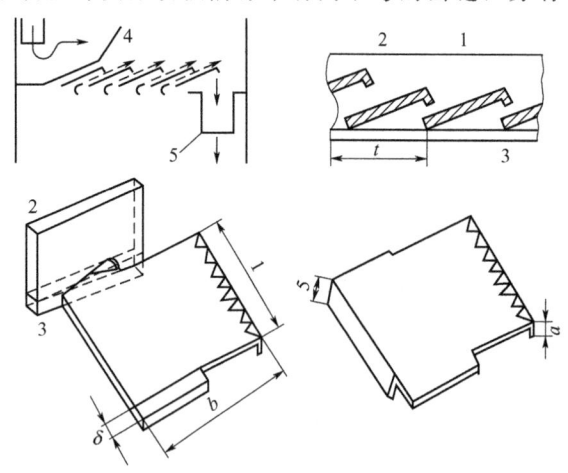

图 14-3-44　浮动喷射塔板结构示意图
1—浮动板；2—支架；3—托板；4—入口斜板；5—溢流管
[清华大学化工系塔板科研组. 浮动喷射塔板的研究（一～四）.
清华大学化工系研究报告（1966、1967）]

浮动板用 2mm 钢板较为合适，也可用 1.5mm 的黄铜或 2mm 的紫铜板，铝浮板因重量较轻和强度较低而较少采用。

浮动板的宽度以 45mm 左右效果较好，太宽了效率较差，小直径塔（φ750mm 以下）宽度可小至 40mm 左右。板的长度一般在 500～600mm 以下。当超过 500mm 时，可在板中间适当增设平行支撑以提高刚度。

浮动的齿高（或折缘高）一般 5mm 左右。浮板的最大张角 α 在 20°～25°范围，α 角大时要相应增加塔板间距。浮动板的重叠比是指板的 b 和 t 的比值（图 14-3-44），重叠比太小，容易卡住，操作亦不稳定，重叠比宜在 1.28～1.5 之间，目前多采用 1.28～1.3。

浮喷塔板一般不设出口堰。为防止和减少塔板进口处的漏液或进口第一块塔板被液压层压住不能吹起，进口堰宜采用斜挡板型式。

(2) 流体力学性能

① 塔板压降　两种典型的浮喷塔板的压降曲线如图 14-3-45 所示，其中图 14-3-45(a) 为 1.5mm 厚的黄铜浮板；图 14-3-45(b) 是厚 2mm 的铝浮板，浮板宽度 45mm，间距 35mm，最大张角 30°，齿高 5mm。

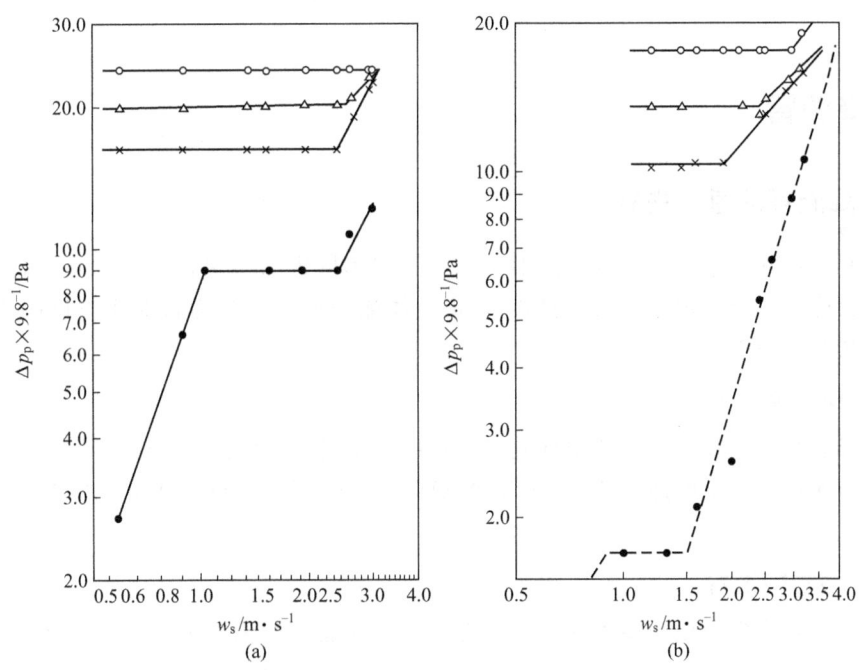

图 14-3-45　浮动喷射塔板的压力降曲线

—●— 干板压力降；—△— $L_w=20.0 m^3·m^{-1}·h^{-1}$；—×— $L_w=10.8 m^3·m^{-1}·h^{-1}$；—○— $L_w=31.6 m^3·m^{-1}·h^{-1}$

[清华大学化工系塔板科研组．浮动喷射塔板的研究（一～四）．清华大学化工系研究报告（1966、1967）]

由图 14-3-45 可见，在一定液量下，浮喷塔有一个等压降操作区，等压区的上限有一个转折点，过此点后的总压降大致与空塔速度的一次方成比例上升，直到泛点之前均可继续操作。

等压降值随液流强度 L_w 的增大而增大，对常压系统，当 $L_w \leq 30 m^3·m^{-1}·h^{-1}$ 时塔板压降一般小于 300Pa，当 $L_w \leq 40 m^3·m^{-1}·h^{-1}$ 时塔板压降小于 350Pa。

② 漏液　浮喷塔的漏液量与气量、液量及浮板的重量均有关系，浮板越轻，漏液越严

重。气速过小或过大，都会使塔板漏液量显著增加。试验表明：当舌缝动能因子 F_0 为 $4\sim 9.5$ 时漏液量最小，此时相对漏液量在 5% 以内。

③ 雾沫夹带　与一般塔板一样，浮喷塔板的雾沫夹带量随气速及液量的增加而增加，随板间距的增大而减小。根据水-空气系统的试验，雾沫夹带量与空塔速度 w_s 大致成 $2.7\sim 3.4$ 次方关系。同时，推荐表 14-3-12 给出的气相负荷上限，其中 w_s 为空塔气速。

表 14-3-12　气相负荷上限

板间距 H_T/mm	$w_s\sqrt{\rho_g}$
200	3
300	2.7
500	5.5

浮动喷射塔由于喷射方向与水平成较小的角度，故板间距可取得较小[1]。为在不增大塔板间距的情况下改善雾沫夹带，也可以在塔板上加设挡液网，挡液网有多种设计结构，其中倾斜百叶窗挡液板的结构和安置如同图 14-3-27 网孔塔板上设置的挡沫板一样。

3.3　降液管

3.3.1　降液管的基本形式[22]

如前所属，降液管一般可分为圆形降液管和弓形降液管（见图 14-3-2）。如依据安装方式又可分为可拆式与固定式（或焊接式），按液体流入形式可分为直堰式与折堰式，依垂直方向的形状可分为垂直式与倾斜式。

3.3.1.1　圆形降液管

圆形降液管通常在液体负荷很低或塔径较小时使用。依据流体力学计算，可确定所需圆形降液管的面积。为了增加溢流边长，同时提供足够的分离空间，可在降液管前设置溢流堰[如图 14-3-2(a)所示]。

3.3.1.2　弓形降液管

弓形降液管将降液板和溢流堰与塔壁之间的全部面积作为降液通道[如图 14-3-2(b)所示]。弓形降液管适用于大液量及较大直径的塔，塔截面利用率高，液体通过能力大，气液分离效果好；但用于小塔时，结构制作复杂。

3.3.2　降液管的流体力学性能

降液管作为错流塔盘的重要组成，其操作性能直接影响着塔设备的操作特性。降液管的主要作用有：

① 为塔盘间传送液体；
② 气、液相之间充分分离；
③ 塔盘入口处液体的初始分布。

因此，对于降液管的基本要求是：夹带气泡的液体流入降液管后，能较完全地分离出气泡，仅有清液流往下层塔盘。为此，在选择降液管时应遵守如下准则[23]：

① 液体在降液管内的流速为 $0.03\sim 0.12\mathrm{m\cdot s^{-1}}$；
② 液体通过降液管的最大压力降为 250Pa；
③ 液体在降液管内的停留时间通常可为 $3\sim 5\mathrm{s}$；
④ 降液管内清液层高度不超过塔盘间距的 50%；
⑤ 液体越堰时的抛出距离，对于侧降液管不应触及塔壁，中间降液管的抛点应低于出口堰高度。

降液管所占面积通常为塔截面积的 5%～25%。为防止气体从降液管底部流入，降液管还需有一定的液封高度。

3.3.3 多降液管塔板

3.3.3.1 概述

多降液管塔板（简称 MD 塔板，图 14-3-46）的结构特点是每层塔板上可以有多个降液管，且降液管悬挂于塔板下的气相空间，降液管底槽开有降液孔口，液体通过此孔口流入下板的开孔区，为此要求降液管有自封作用，同时塔板上也不再设受液盘，相邻塔板的液降管互成 90°交叉。至于塔板，可以是筛板、浮阀等各种型式。由于这种结构特点，堰上液流强度明显减小；塔板上鼓泡均匀，雾沫夹带减小；同时塔板鼓泡面积增加，增大了塔板传质面积。因此，这种塔板具有通量大、压降低、板间距小和操作稳定等优点，适合液气比很大的场合。但由于液流路程较短，板上液相传质的接触时间较短，对液膜控制系统的物塔板效率有所降低，文献报道对丙烷-丙烯精馏板效率为 65%。但板效率较低的缺点可由板间距较小而得以弥补，故对塔的总高度影响不大。MD 塔板在国外已成功地应用于乙基苯-苯乙烯及丙烷-丙烯分离的精馏塔中[24]，国外亦用于轻烃分离和合成氨的洗涤塔中[25]。

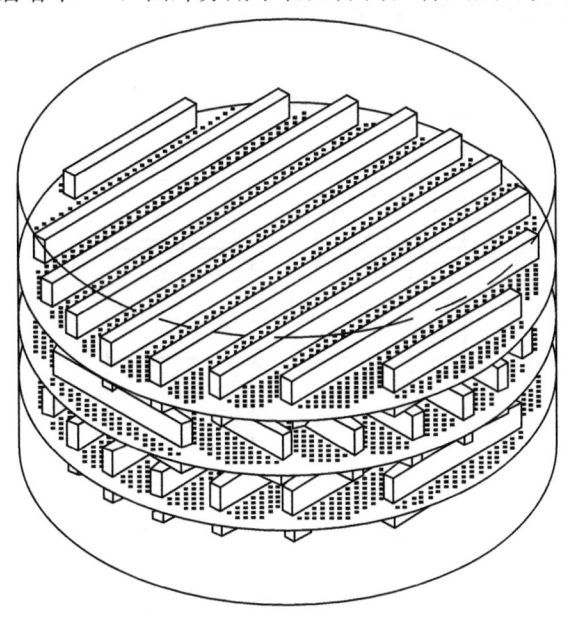

图 14-3-46 MD 塔板

[Resetarits M R, Miller R J, Navarre J L, et al. Inst Chem Eng Symp Ser, 1992, 2 (128): B223-B229]

3.3.3.2 结构

(1) 降液管的自封和宽度 多降液管塔板的降液管自封作用及降液管宽度在塔板设计中是两个较重要的问题。

试验证明,保证降液管自封所需的管内最低液层高度与空塔气速有关,且有:

$$h_{dm} = 15.6(w_s\sqrt{\rho_g})^{1.36} \tag{14-3-48}$$

式中 h_{dm}——降液管完全自封所需最小阻力相应的液柱高度,mm;
　　　w_s——空塔气速,m·s^{-1};
　　　ρ_g——气相密度,kg·m^{-3}。

据介绍[24],自封所需阻力相应的液柱高度 h_d 值可取 13mm,现推荐 h_d 为 20～25mm,此值虽然较高,但可以保证完全自封,也可使塔有较大的操作弹性。

决定 h_d 后,即可按下式确定降液管底部降液孔所需的开口面积 A_c:

$$h_d = 0.142 \frac{L}{A_c} \tag{14-3-49}$$

式中 h_d——自封所需阻力相应的液柱高度,m;
　　　L——液流量,m^3·s^{-1};
　　　A_c——降液管底开口面积,m^2。

降液管的液体流动情况与堰上负荷有密切关系,如图 14-3-47 所示。当液流强度较小时,液体沿壁下流;当液流强度增至一定程度(实验证明约为 10m^3·m^{-1}·h^{-1}),降液管两侧下流液体越堰后在某一点相碰,称此两股液流的接触点为抛点;当液流强度再增大,抛点在降液管内将随之上升,直至接近堰口,这种情况下进入降液管的液体已不再是越堰下流,而成为管口流入,从越堰流转入管口流的液流强度称为临界液流强度 L_{wc},它与降液管的宽度有关[13]。

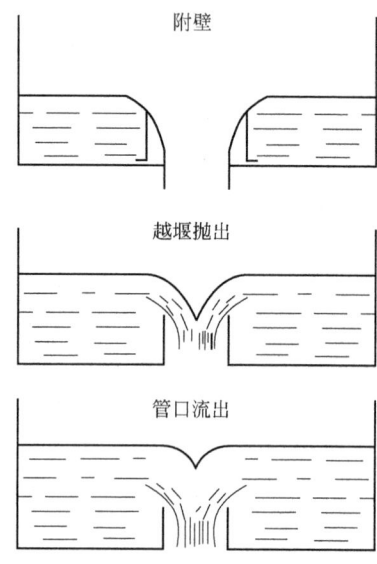

图 14-3-47 降液管内流体流动情况

推荐的不同液流强度下的降液管宽度如表 14-3-13 所示。

表 14-3-13　降液管宽度

液流强度/$m^3 \cdot m^{-1} \cdot h^{-1}$	10	15	20	25	30
降液管宽度/mm	50	70	90	110	130
液流强度/$m^3 \cdot m^{-1} \cdot h^{-1}$	50	100	150	200	250
降液管宽度/mm	140	240	350	450	600

(2) 主要设计参数

① 塔径　多降液管塔板的喷淋密度推荐用 $300\sim400 m^3 \cdot m^{-2} \cdot h^{-1}$，由此可以液体流量计算塔板面积 A_s，再求塔径。在高液气比情况下，也可以先选定液流强度，确定液流周边长度和降液管宽度，从而求出降液管所占面积 A_d。A_d 与塔板截面积 A_s 之比通常为 $6\%\sim12\%$，在很高的液气比下 $A_d/A_s=25\%\sim30\%$。据此可求出塔的截面积和塔径。

② 降液管数　根据经验，当塔径 $D<1m$ 时，只设置 1 个降液管；当 $D=1.2\sim1.6m$ 时，设 $1\sim2$ 个降液管；当 $D=1.8\sim2.4m$ 时，用 2 个降液管；当 $D>2.4m$ 时，设 2 个或更多个降液管。

③ 塔板间距 H_T　可按下式求出[13]：

$$H_T=(H'_T-h_w)+h_f+0.05 \quad (14\text{-}3\text{-}50)$$

泡沫层高度 h_f 按下式计算：

$$h_f=0.055+h_w+h_{ow}+0.012F_b^2 \quad (14\text{-}3\text{-}51)$$

矩形堰上的堰上液流高度 h_{ow}，当液流强度 $L_w>1000 m^3 \cdot m^{-1} \cdot h^{-1}$ 时按下式计算：

$$h_{ow}=4\times10^{-3}L_w^{2/3} \quad (14\text{-}3\text{-}52)$$

式中　F_b——按塔板面积计算的气体动能因子，$m \cdot s^{-1} \cdot (kg \cdot m^{-3})^{1/2}$；

　　　H'_T——降液管高度，m；

　　　H_T——塔板间距，m；

　　　h_f——泡沫层高度，m。

MD 塔板自 1964 年问世以来，在世界各地得到了广泛应用，由于它特别适用于液气比较高的场合，常用于大型塔中，或用来改造常规的双流型和四流型塔板，可收到提高负荷能力、减小压降（约 40%）的良好效果。随着生产装置的日益大型化，这种塔板已引起更多的注意，如 UOP 公司报道了一种处理能力更大的 MD 塔板，简称 ECMD 塔板（Enhanced Capacity MD）[26]。在某直径 2736mm 的脱乙烷塔改造中，采用 ECMD 板更换原有 MD 板，处理能力提高 15%，压降比原先 MD 板又降低 10%。

3.4　受液盘

设有降液管的塔盘中，为保证降液管内液体流出时的液封，需要在降液管下方设置受液盘。很多情况下，受液盘面积与降液管面积相同，特别是垂直降液管。受液盘的结构、型式对侧线采出、降液管液封及其内液体流入到下层塔盘的均匀性有着重要的作用。依据结构型式，受液盘的型式主要有平受液盘、凹受液盘以及位于一段塔盘最下层的液封盘；依据对应降液管的位置与型式,也分为侧受液盘、中间受液盘、中侧受液盘等;依据安装固定方式可分为可拆式受液盘和焊接式(或固定式)受液盘。

3.4.1 平受液盘

平受液盘结构简单,液体流动阻力小,也没有流动的死区,适合绝大多数处理过程(除有侧线抽出外),也可分为固定式与可拆式。不同平受液盘的结构如图 14-3-48 所示。

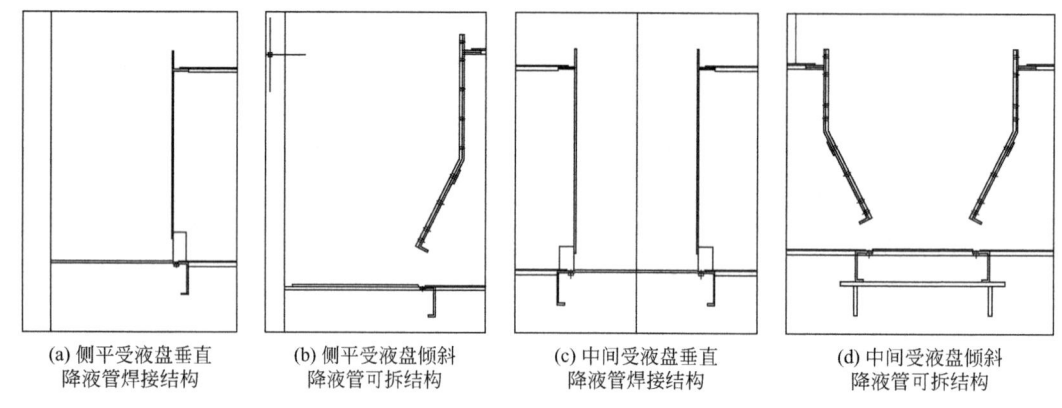

(a) 侧平受液盘垂直降液管焊接结构　(b) 侧平受液盘倾斜降液管可拆结构　(c) 中间受液盘垂直降液管焊接结构　(d) 中间受液盘倾斜降液管可拆结构

图 14-3-48　平受液盘的结构示意图

3.4.2 凹受液盘

凹受液盘适用于有侧线抽出或希望增大液体停留时间的场合。凹受液盘对液体有缓冲作用,但凹受液盘结构复杂,且为了让受液盘内液体能流净,需在受液盘底部开一定大小的泪孔,这将人为增加降液管内的漏液,不利于塔盘的分离效率[27]。不同凹受液盘的结构如图 14-3-49 所示。凹受液盘的下凹深度一般≥50mm,但不宜超过板间距的 1/3。

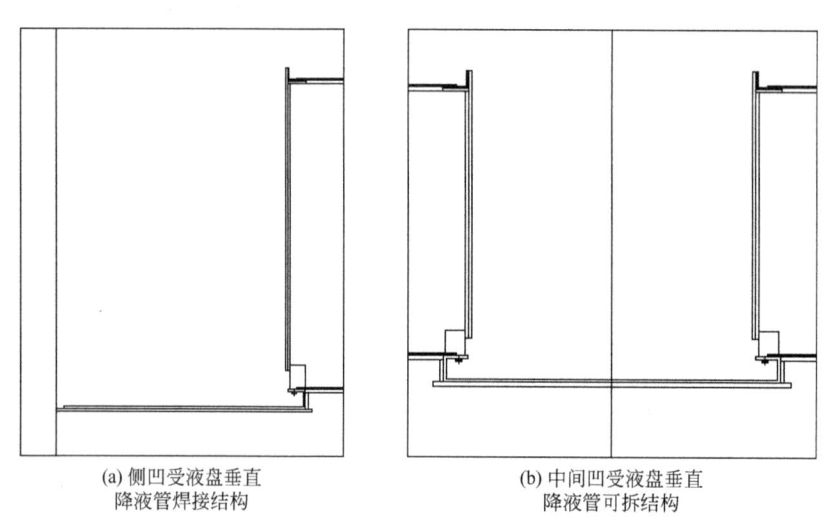

(a) 侧凹受液盘垂直降液管焊接结构　(b) 中间凹受液盘垂直降液管可拆结构

图 14-3-49　凹受液盘的结构示意图

3.4.3 液封盘

塔段最下一层塔盘的降液管下面,应设置液封盘,其结构如图 14-3-50 所示。

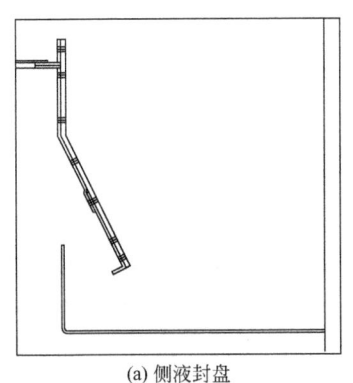
(a) 侧液封盘

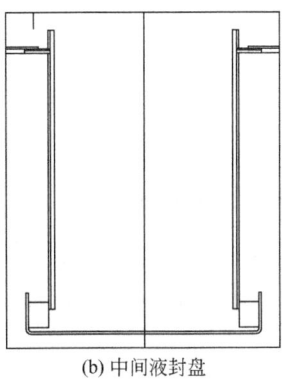
(b) 中间液封盘

图 14-3-50 液封盘的结构示意图

3.5 溢流堰

为了保证塔盘上液层高度、液体的流动均匀性和液封等，需设置溢流堰。溢流堰分为进口堰与出口堰。由于进口堰对于降液管内液体的流动的阻力影响较大，且对液体在塔盘上流动的均匀性作用有限，已很少使用。但出口堰对塔盘的分离效率、操作的稳定性等有重要作用，因此使用广泛。

溢流堰大致可分为平直堰、齿形堰、可调节堰等。平直堰用于液体流量较大场合，安装时对水平度有较高要求。当液体流量较小时（即堰上液层高度小于 6mm 时），应采用齿形堰，以保证塔盘上液体流动的均匀性。

3.6 无降液管塔板

无降液管塔板（图 14-3-51）是一种典型的气液逆流式塔板，也有称穿流式筛板或淋降板。塔板没有降液管，开有栅缝或筛孔作为气相上升和液相下降的通道，这是一种结构最简单的塔板，其特点有：

图 14-3-51 穿流式筛板

[桥本尚人，增田贞夫. 化学工学，1970，34 (6)：567]

① 结构简单，加工容易，安装检修简便，投资省；
② 生产能力较大，因一般单流型塔板的弓形降液管要占去塔板总面积的 15％～20％左

右，双流型或者多流型这一比例更高；
③ 压降较小，因具有较大的开孔率；
④ 板效率较一般塔板低，但塔板间距可以较小；
⑤ 操作弹性较小，此类塔板的负荷上、下限之比为 $2\sim2.5$。

3.6.1 穿流式栅板或筛板

(1) 塔板[1] 塔板上的气液通道可为冲压成的长条形栅缝或圆形筛孔，栅板亦可用扁钢条焊成，栅缝宽度和筛孔直径的选择与气量有关，也应考虑物料的污垢程度。栅缝宽为 $4\sim6\text{mm}$，长为 $60\sim150\text{mm}$，缝端间距常取 10mm，缝中心距为 $1.5\sim3$ 倍的缝宽，栅缝的当量直径为：

$$d_e = \frac{4b_1 a}{2(b_1 + a)} \tag{14-3-53}$$

式中　a——栅缝长度，mm；
　　　b_1——栅缝宽度，mm。

筛孔直径常用 $5\sim8\text{mm}$，近年亦有用大孔的趋势。

塔板开孔率较一般筛板大，增大开孔率可提高塔的通过能力，但板效率及稳定操作范围随之下降，一般取塔板开孔率为 $15\%\sim25\%$，亦有大至 30% 以上的。

塔板间距可较筛板小，因穿流式塔板上鼓泡层低，雾沫夹带较小，但板间距过小容易影响稳定操作范围。根据经验可按表 14-3-14 选取，合理的塔板间距还应考虑泡沫层高度。

表 14-3-14　塔板间距与塔径

塔径/mm	塔板间距/mm
1000 以下	$150\sim300$
$1000\sim1500$	$300\sim400$
1500 以上	$400\sim600$

(2) 流体力学计算　穿流式筛板的计算，我国通常建议采用苏联学者的计算公式[1]。这里则主要介绍桥本尚人等[28]的计算方法。

① 塔板压降　穿流式筛板的塔板压降亦可以加和原理求之，即塔板压降为：

$$\Delta p = \Delta p_c + \Delta p_1 + \Delta p_\sigma \tag{14-3-54}$$

Δp_c 为干板压降，由下式计算：

$$\Delta p_c = C_1 \frac{\rho_g}{2} \left(\frac{w_0}{\tau}\right)^2 \tag{14-3-55}$$

Δp_1 为塔板上清液层高度的压降，为：

$$\Delta p_1 = \rho_g g h_1 \tag{14-3-56}$$

Δp_σ 为塔板上液相表面张力的压降，按通常的公式计算，即：

$$\Delta p_\sigma = C_2 \frac{4\sigma}{d_0} \tag{14-3-57}$$

以上三式中，取 $C_1 \approx 2.5$，$C_2 \approx 1$；而 τ 为气体上升面在全塔开孔截面的比例，可近似取为 $0.9 \sim 1$，其中 w_0 为孔速，$m \cdot s^{-1}$；ρ_g 为气相密度，$kg \cdot m^{-3}$；h_1 为塔板上清液层高度，m；σ 为液相表面张力，$N \cdot m^{-1}$；d_0 为孔径，m。

② 塔板效率　按照双膜理论，穿流式筛板的板效率亦可用本篇 2.7 节中介绍的板效率计算方法求取，即：

$$\frac{1}{N_{OG}} = \frac{1}{N_G} + \frac{1}{N_L}$$
$$E_{OG} = 1 - e^{-N_{OG}}$$

再按塔板上液体混合情况由 E_{OG} 求 E_{MV}，当为完全混合时有 $E_{MV} = E_{OG}$。目前，理论求取 N_G 和 N_L 尚不可能，只能由实验数据推算。图 14-3-52 分别给出以 NH_3-空气-水系统的吸收实验和从 CO_2-空气-水系统的解吸实验得出的 N_G 和 N_L。

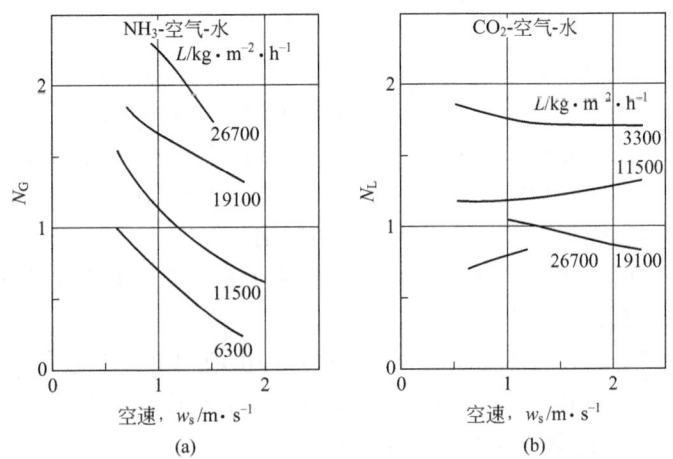

图 14-3-52　传质单元数 N_G 和 N_L

[桥本尚人，增田贞夫．化学工学，1970，34 (6)：567]

穿流式筛板的板效率主要决定于操作条件和物性参数（即 Sc 数）。图 14-3-53 中给出了穿流式筛板与其他几种塔板板效率的比较情况，实验物系均为乙醇-水，操作压力为大气压。虽然这些实验的塔径、板间距、堰高不尽相同，但是在最佳操作条件下它们的板效率是相近的。

(3) 设计参数的选取

① 孔径　按处理物料的性质而异，无聚合、易堵塞场合用 6mm，有此危险时采用 12.7mm 或者更大的孔径。

② 开孔率　除特殊场合外应为 15%～30%，并由塔板压降的允许范围进行选定，一般要求在负荷下限每板压力降约相当于 15～20mm 液柱。

③ 板间距　一般采用 300～600mm，操作压力低则应该选较大的板间距。

④ 塔径　作为估算，可以空塔动能因子 1.5～2.0 来初步定塔径，再由开孔率和允许压降最后决定。

3.6.2　波楞穿流板[29]

国外名为 Ripple Tray，是穿流式筛板的改进型，也有称穿流式波纹板。它将平的筛板

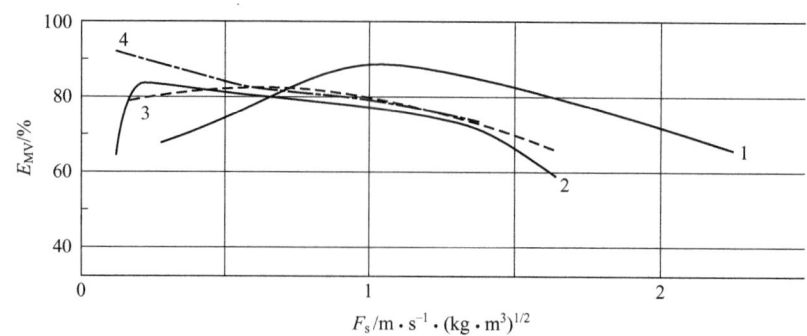

图 14-3-53 各种塔板板效率
1—穿流式筛板；2—筛板；3—泡罩塔板；4—浮阀塔板
[桥本尚人，增田贞夫. 化学工学，1970，34 (6)：567]

改为波纹型筛板，气体通过波峰，液体由波谷而下（图 14-2-2），从而克服了由于在穿流式筛板中气液两相由同一筛孔通过形成的操作不稳、操作弹性小的缺陷，同时也可避免大直径塔板由于制造和安装偏差所造成的气液分布不均与影响塔板效率的缺点。此塔板无降液管，但安装时相邻塔板的波纹方向互成 90°，波纹可以强制液体分布，增加湍动，还提高了对气液负荷变化的适应性，同时增加了塔板的刚性，由于塔板本身的加强作用，直径 3m 左右以下的塔板均可不用另行强加。塔板的材质通用不锈钢。

孔径在清洁液体时可用 3.2mm；易堵时孔径要大些。孔的开孔率为 15%～30%。也可参考穿流式筛板来定孔径和孔中心距。

波纹板的波形可有四种（图 14-3-54），具体选择由液相负荷决定，浅波纹最大液相负荷为 80m^3·m^{-1}·h^{-1}。常用的波纹高 $h=13\sim38$mm，半波长度 $b=38\sim64$mm，其中一例的尺寸见图 14-3-55，括号内的数字为曾用过的参数。

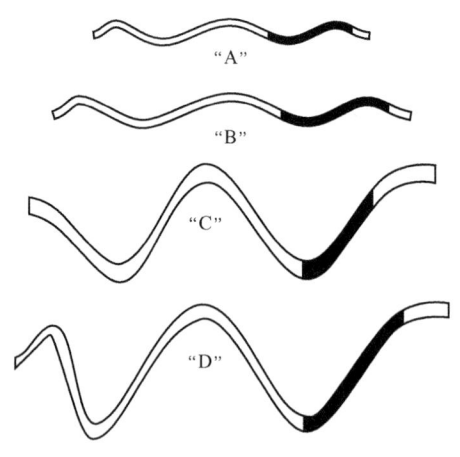

图 14-3-54 四种波形
[三井造船. 别册化学工业，1980，24 (10)：77]

穿流式波纹板的主要特性为：
① 处理能力大。
② 压力降较小，因气流无弯曲通道，据某些塔设备上的数据比较，其空速可达泡罩塔

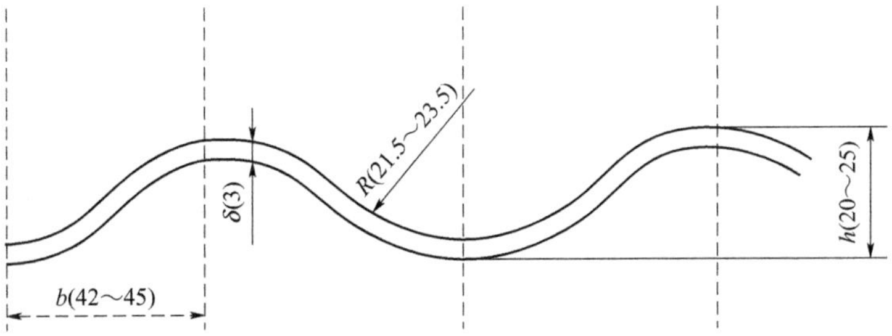

图 14-3-55 波纹板尺寸

[Hutchinson M H, Baddour R F. Chem Eng Prog, 1956, 52 (12): 503-508]

板的两倍。

③ 有自洁净作用,塔板鼓泡均匀无死区或缓流滞止区。

④ 操作范围:板上泡沫层高度最低 25~50mm,一般为板间距的一半,对一些物系板效率可达 70% 以上。在液量一定时,其气相操作弹性为 2:1;在气量一定时,液量变化可达 8.5:1。

在不少大型精馏装置中,采用单流型塔板液体分布不易均匀,且液面梯度大,而且双流型和多流型塔板的有效鼓泡面积减小过多,因此采用穿流式塔板的要求日益增多。

参考文献

[1] 时钧,汪家鼎,余国琮,陈敏恒. 化学工程手册//第 14 篇. 北京:化学工业出版社,1996.
[2] 田边不二男. 别册化学工业,1987, 31(11): 64.
[3] Kreis H, Raab M. Inst Chem Eng Symp Ser, 1979(56): 3. 2/63.
[4] 清华大学化学工程系. 化学工程,1972, (Z2): 85-108.
[5] 服部慎二. ケシカルエンジニヤリング,1975, (6): 46.
[6] Frank J C, Geyer G R, Kehde H. Chem Eng Prog, 1969, 65(2): 79-86.
[7] 北京化工学院基本有机化工教研室. 化学工程,1976, (5): 60-74.
[8] 化工设备设计技术中心站. 化工设备设计手册(2)//金属设备. 上海:上海人民出版社,1975.
[9] 陈松宗,刘浈浦. 化工学报,1982, (2): 168-178.
[10] Billet R. Inst Chem Eng Symp Ser, 1992, 1(128): A361-A367.
[11] 王忠诚,曾爱武,吴剑华,等. 石油炼制与化工,1995, 26(11): 36-40.
[12] 吴少敏,程德明,曾爱武,等. 化学工程,2005, 33(6): 18-21.
[13] 吉田纯一. 化学工场,1979, 22(9): 23.
[14] 古川障吾. 别册化学工业,1980, 24(10): 82.
[15] 杜佩衡,刘金城. 化学工程,1988, 16(3): 31-37.
[16] 高桥照男. ケシカルエンジニヤリング,1983, (10): 21.
[17] 韩树铠,陈丙珍,沈复. 化工学报,1965, (2): 117-128.
[18] 清华大学化学工程系. 化学工程,1975, (1): 79-88.
[19] Forgrieve J. International Symposium on Distillation. Rottenburg P A. Brighton: Institution of Chemical Engineers, 1960: 185.
[20] Дытнерский, Ю И,Касаткий А Т. Хим Пром,1961, (5): 58.
[21] 清华大学化工系塔板科研组. 浮动喷射塔板的研究(一~四). 清华大学化工系研究报告 (1966、1967).
[22] Kister H. Chem Eng, 1980, 29(12): 55-60.
[23] 路秀林,王者相. 化工设备设计全书——塔设备. 北京:化学工业出版社,2004.
[24] Delnicki W V, Wagner J L. Chem Eng Prog, 1970, 66 (3): 50.

[25] 浙江化工学院化工原理教研组. 化学工程, 1978, (4): 74-89.
[26] Resetarits M R, Miller R J, Navarre J L, et al. Inst Chem Eng Symp Ser, 1992, 2(128): B223-B229.
[27] 黄洁, 曾爱武, 余国琮. 化工学报, 1994, 45(3): 306-312.
[28] 桥本尚人, 增田贞夫. 化学工学, 1970, 34(6): 567.
[29] 三井造船. 别册化学工业, 1980, 24(10): 77.

4

填料及其性能

4.1 引言

填料塔是化工过程中最为常用的气液接触设备之一，广泛用于蒸馏、吸收、直接换热等单元操作。填料塔主要由塔体、填料以及塔内件构成（图 14-4-1）。液体通过液体分布器均匀分布于填料层顶部，在重力作用下沿填料表面向下流动，与在填料空隙中流动的气体相互接触，发生传质与传热。填料塔通常在气液两相逆流状态下操作，用于吸收、传热操作时也有采用并流操作的。

填料塔的塔体一般采用金属制造，也有采用塑料或其他材料制造，根据所处理物系的腐蚀性、操作温度等选择。当所需材料比较昂贵时，亦可用塔壁内衬的办法降低制造成本。塔壁的厚度主要由操作压力决定，塔高则由填料高度和内件所占的高度决定。塔体一般采用圆筒形。

填料是填料塔的核心，整个填料塔性能的好坏主要取决于填料的流体力学性能、传质性能以及流体在填料层分布的均匀性等。填料大致可以分为散装填料和规整填料两大类，其中散装填料可以乱堆，也可以整砌。除了操作参数、物性以外，填料本身的性能主要取决于填料的尺寸大小、几何形状、表面特性和材质等。

填料塔内件除了最为重要的液体分布器以外，还包括填料支承与压紧装置、液体收集器等，必要时还需要加设气体分布器，其作用为均布液体和气体，固定填料层。塔内件的合理设计是充分发挥填料性能的重要保证。

与板式塔相比，单位理论板的压降非常低是填料塔最为显著的优点，此外还有结构简单、便于采用耐腐蚀材料制造等优点。

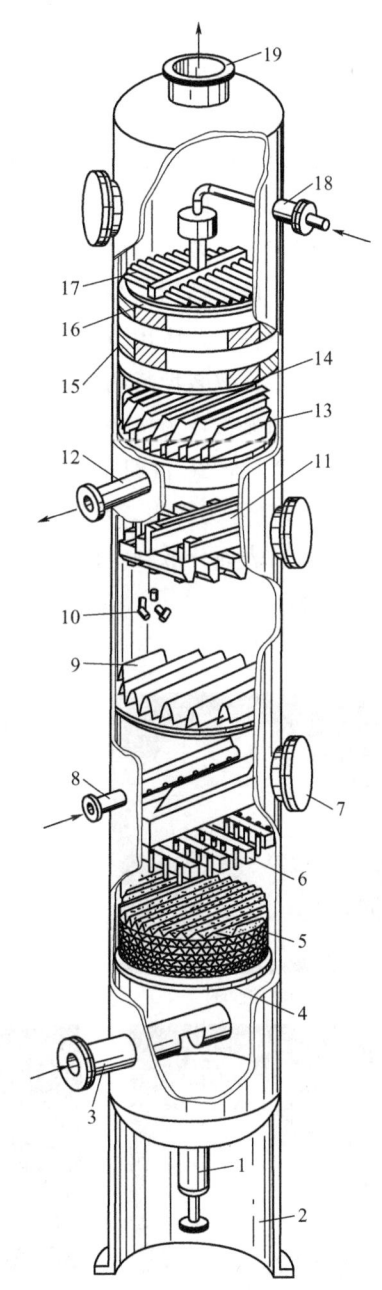

图 14-4-1 填料塔结构示意图[1]

1—塔釜液体出口；2—裙座；3—再沸器蒸汽管；4—填料支承；5—格栅填料；6—液体分布器；7—人孔；8—气液两相进料；9—驼峰支承；10—散装填料；11—液体分布器；12—液体侧线采出；13—液体收集器；14—填料支承格栅；15—规整填料；16—填料压圈；17—管式液体分部；18—液体回流；19—塔顶气相出口

4.2 散装填料

早期的填料塔中填充的是碎石、焦炭、石块等不定形物。19 世纪末期，Fritz Raschig 引入陶瓷拉西环 [图 14-4-2(a)]，标志着填料的研究和应用进入了科学发展的时期。从此，人们不断改进填料的形状结构，以提高填料的传质效率和流体力学性能，改善流体分布状况，出现了许多新型填料，并在工业生产中获得成功应用。

散装填料按其用途可分为工业填料和实验室填料两类。工业填料尺寸比较大、通量大、放大效应小，用于实际工业生产中的大直径塔中；实验室填料尺寸比较小，但具有很高的传质效率，主要用于高效实验塔中，放大效应显著。

按照填料的形状结构来分，散装填料主要有环形、鞍形以及环鞍形，而球形以及其他形状的填料则种类较少，应用范围也不广泛。

到目前为止，散装填料的发展大致经历了四代（图 14-4-2、图 14-4-3）：20 世纪初至 50 年代，拉西环和弧鞍环为代表的第一代；50~70 年代初，鲍尔环与矩鞍环为代表的第二代；20 世纪 70 年代末至 20 世纪末，阶梯环与 Intalox 为代表的第三代；21 世纪第四代以超级 Intalox 与 Nex 环等为代表。从图 14-4-2 和图 14-4-3 中可以看出填料发展的大致方向，通过打开窗口把填料表面分散到空间中，以降低气体阻力、提高通量、改善液体的润湿与分布、提高传质效率。

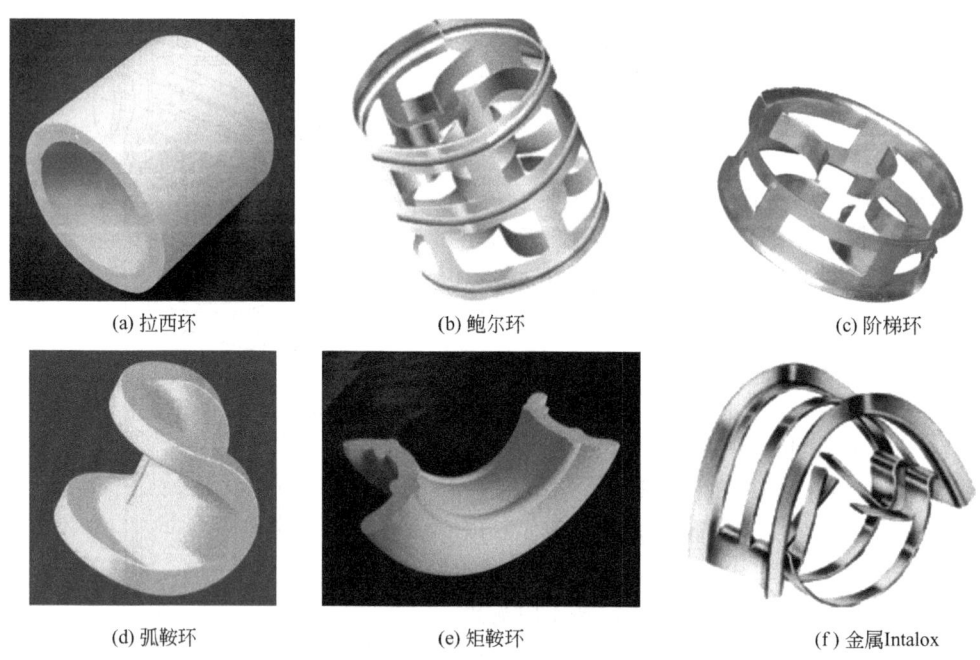

(a) 拉西环　　(b) 鲍尔环　　(c) 阶梯环
(d) 弧鞍环　　(e) 矩鞍环　　(f) 金属Intalox

图 14-4-2　散装填料

表 14-4-1 摘录了国内常用散装填料的特性数据，更多、更详尽的散装填料的特性数据和结构参数分别参考本章一般参考文献 [2]、[3]。

(a) 超级Intalox　　　　　(b) Nex环　　　　　(c) Super环

图 14-4-3　第四代散装填料

表 14-4-1　常用散装填料特性数据

类型	尺寸或型号	堆积密度 /kg·m^{-3}	比表面积 /m^2·m^{-3}	空隙率 /%	填料因子/m^{-1} 湿	填料因子/m^{-1} 干
金属						
鲍尔环	16	510	360	92	256	262
	25	325	205	94	183	174
	38	208	130	95	131	91
	50	198	105	96	89	79
	90	135	66	97	59	46
阶梯环	1	389	250	96	131	102
	1.5	285	190	96	95	
	2	234	151	97	72	79
	2.5	195	121	97	62	
	3	160	103	98	46	43
	4	125	71	98	33	32
	5	108	50	98	26	
金属 Intalox	25	224	207	97	134	141
	40	153	151	97	79	85
	50	166	98	98	59	56
	70	141	60	98	39	
塑料						
鲍尔环	15	95	350	87	320	348
	25	71	206	90	180	180
	40	70	131	91	131	131
	50	60	102	92	85	82
	90	43	85	95	56	39
阶梯环	1A	53	185	97	98	92
	2A	46	115	97	59	
	3A	40	74	98	39	33

续表

类型	尺寸或型号	堆积密度 /kg·m^{-3}	比表面积 /m^2·m^{-3}	空隙率 /%	填料因子/m^{-1} 湿	填料因子/m^{-1} 干
陶瓷						
拉西环	6	960	710	62		5250
	13	880	370	64	1900	1705
	25	670	190	74	587	492
	50	660	92	74	213	230
	75	590	62	75	121	
矩鞍环	6	864	984	65		2720
	13	736	623	71	660	613
	25	672	256	73	302	308
	50	608	118	76	131	121
	75	576	92	79	72	66
鲍尔环	25	620	220	75	350	
	38	540	164	78	180	
	50	550	121	78	142	
	80	520	82	78	85	

4.2.1 拉西环

拉西环填料是最早、最简单的填料，形状为高径比为1的空心圆环。其壁厚在机械强度允许的情况下应尽可能薄，以增加填料空隙率。气体通过拉西环填料时，绕填料壁面流动的路径比较长，因此阻力大、通量小。另外，拉西环填料的内表面润湿率低，导致传质效率不高。拉西环目前已很少应用，但就填料的发展而言具有历史意义。

针对拉西环的一个改进是增大填料比表面积，以提高其传质效率，如在拉西环内增加一个竖直隔板的θ环（又称为勒辛环）、在环内增加一个十字形隔板的十字环、在环内增加螺旋形通道的螺旋环等，但与拉西环相比性能并没有显著改善。

另一个改进是减小高径比，即短拉西环填料。由于拉西环高度的减小，环内表面的润湿率有所提高，气体绕填料壁面流动的路径缩短，因此短拉西环与相同直径的拉西环相比具有较小的压降和较高的分离效率。但由于短拉西环的综合性能并未超过一些当时已经发展起来的矩鞍环以及其他新型填料，所以未能在生产中得到广泛应用。但是，短拉西环的开发研究揭示了降低环形填料高径比对改善填料性能的作用。

4.2.2 鲍尔环

针对拉西环的缺点，20世纪50年代德国BASF公司开发出鲍尔环，在拉西环环面上开两层长方形窗口（25mm以下为一层窗口），每层5个窗口，对应的长方形叶片弯向环中心，上下两层窗口的位置错开，窗口面积占整个环壁面积的30%左右。由于气体绕流路径减短，环的内表面润湿率大大提高，鲍尔环不仅具有较高的通量和较低的压力降，而且具有较高的传质效率，所以鲍尔环的性能全面优于拉西环。填料壁面开窗口是填料发展的一个重大进展。

按照窗口的多少、叶片弯曲形状的不同，鲍尔环有多种变形，比如金属哈埃派克（Hy-Pak），叶片数量增加一倍，开窗面积更大，所用金属更薄，采用压凹槽的方法加强，其通量增加了 10% 以上。此外，还有采用井字形或米字形内筋的塑料鲍尔环。

鲍尔环作为第二代散装填料，尽管其性能不如现代的新型散装填料，但其强度相对较高的特点使得大尺寸鲍尔环在直接换热等易堵的场合仍然保持优势。

4.2.3 阶梯环

阶梯环填料是英国传质公司在 20 世纪 70 年代初应用价值分析技术研制的一种新型填料。其结构类似于鲍尔环，壁面开有窗口，故同样具有气体阻力低、表面润湿率高的优点。不同的是，阶梯环一端的翻边结构不仅可以增加填料的机械强度，而且使得填料堆积时增大填料颗粒间的空隙，并且改善液体的分布。此外，阶梯环的低高径比和一端翻边的非对称性增加了填料投放时的定向概率，使得填料床层的均一性大大提高，减少了气液两相的不良分布。

与鲍尔环相比，阶梯环具有以下优点：

① 压降低，通量高。与鲍尔环相比，压降降低 30%~40%，在同样的液体流量下气体液泛速度提高 10%~20%。
② 效率高。与规格相同的鲍尔环相比，效率提高约 5%~10%。
③ 操作弹性大。液气比 L/G 可在 0.05~50 范围内进行操作。
④ 液体最小润湿速率小。

由于阶梯环的性能优于其他开槽环类填料和瓷质矩鞍环填料，因此获得了广泛的应用，比如金属阶梯环在精馏中的应用、瓷阶梯环在硫酸工业中的应用、塑料和金属阶梯环在合成气与天然气生产的 CO_2 净化塔中的应用，都取得了显著的效果。

4.2.4 弧鞍、矩鞍填料

(1) 弧鞍填料 弧鞍填料是早期开发的一种表面全部展开、具有马鞍形状的瓷质敞开型填料，又称马鞍填料。装填在塔内的弧鞍填料呈相互搭接状态，形成弧形的气体通道，气体阻力小，具有较好的液体分布性能，填料表面的润湿率也比拉西环高，因此其流体力学性能和传质性能都优于拉西环。弧鞍填料最大的缺点是相邻填料易于发生相互套叠现象，重叠的表面得不到利用，影响传质效率，因此尽管与拉西环相比弧鞍填料是一个进步，但推广应用不久即被后来的矩鞍填料取代。

(2) 矩鞍填料 矩鞍填料是在弧鞍填料基础上发展的一种形状更加敞开的鞍形填料，与弧鞍填料不同，矩鞍填料的两端由圆弧形改为矩形，克服了弧鞍填料相互叠合的缺点，其效率、通量都得以改进。瓷矩鞍填料具有强度好、不易破碎的特点，因此目前仍然应用。除瓷质矩鞍填料外，还有塑料矩鞍填料，其应用远不及瓷质矩鞍填料广泛。

(3) 改进矩鞍（Super Intalox）填料 Norton 公司对矩鞍填料进行改进（图 14-4-4），在填料的中心部位开孔，以降低气体阻力，同时把填料的光滑边缘改进为锯齿状，在填料的表面增加皱褶，以利液体的分布、改善表面润湿、增强液膜的湍动、提高传质效率，用于反应速率慢的化学吸收效果显著。

4.2.5 金属 Intalox

美国 Norton 公司 1978 年开发的金属环矩鞍填料（金属 Intalox），巧妙地把环形结构与

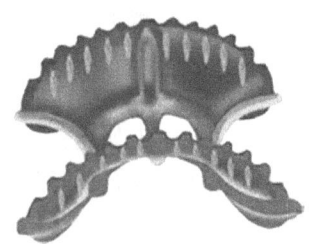

图 14-4-4　改进矩鞍填料

鞍形结构结合在一起，它集中了开窗口填料鲍尔环、鞍形填料矩鞍、低高径比填料阶梯环三者的优点于一身，具有压降低、通量高、液体分布性能好、传质效率高、操作弹性大等优良的性能，在现有工业散装填料中占有明显的优势。

与鲍尔环相比，金属 Intalox 填料的通量提高 15%～30%，压降降低 40%～70%，效率提高 10% 左右，阻力、通量、效率等性能也全面优于阶梯环。金属 Intalox 填料作为一种新型高效散装填料获得广泛的应用，尤其是在乙烯和苯乙烯等减压精馏中效果更加突出。

4.2.6　超级 Intalox 与 Nex 环等

进入 21 世纪，第四代散装填料相继推出，Koch-Glitsch 公司的超级 Intalox（Intalox Ultra）、Sulzer 公司的 Nex 环（NexRing）、Raschig 公司的 Super 环等（图 14-4-3），其结构相似，具有两个相同特点：①叶片宽度窄、数量多，最大限度地把填料面积分散于空间；②材料厚度薄、填料重量轻，通过在叶片上压凹槽加强。新一代散装填料在维持效率不变的条件下通量比金属 Intalox 提高 10%。

4.2.7　高通量塑料填料

高通量塑料填料由细棒、窄片等构成，呈网架结构［图 14-4-5］，比表面积较低，空隙率极高，造价也低。

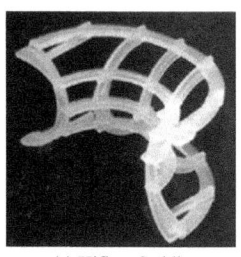
(a) Hiflow Saddle

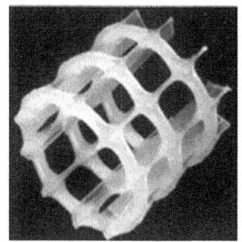
(b) Nor-Pac

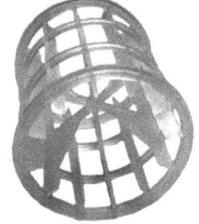
(c) Ralu-flow

图 14-4-5　高通量塑料填料

高通量填料的主要优点是具有非常高的处理量，虽然传质效率不高，但由于单位理论板压降低，因此具有较低的操作费用。在真空操作、气体吸收与净化等场合，高通量填料具有一定优势。

4.2.8 实验室散装填料

实验室散装填料主要用在实验室里的小直径填料塔中，也有用于理论板数极高的同位素分离。实验室填料的比表面积非常高，一般在 $1000 m^2 \cdot m^{-3}$ 以上，因此效率非常高，每米理论板数从七八块到几十块不等。实验室填料一般采用细金属丝、丝网、刺孔金属片等制造，利用毛细管作用提高填料表面液体的润湿性能。常用的散装实验室填料有 θ 网环、压延孔环、三角螺旋等，也有采用高比表面积丝网规整填料，有关的资料可参阅一般文献 [2]。其缺点是放大效应显著，处理量也非常小，加上价格昂贵，一般不在常规的工业生产中使用。

4.3 规整填料

与散装填料一样，规整填料的发展也经历了四代历程。Stedman 在 1937 年首先开发出金属丝网规整填料——斯特曼填料，但第一代规整填料未能推广应用。20 世纪 50 年代末以后，Goodloe、Sulzer 丝网波纹填料等第二代低阻力、高效率的丝网规整填料开始在真空精馏操作中广泛应用。20 世纪 70 年代末，第三代规整填料——以价格低廉、高通量、不易堵塞为特点的板波纹规整填料得到迅速推广应用。目前广泛应用的规整填料主要就是采用波纹结构的第二、第三代填料。20 世纪末，Sulzer 等公司通过改变波纹规整填料片端部波纹角度，去除通量瓶颈，开发出第四代高通量波纹规整填料。表 14-4-2 为常用规整填料的一些特征参数。

表 14-4-2 波纹规整填料特性数据[2]

类型	尺寸或型号	比表面积/$m^2 \cdot m^{-3}$	空隙率/%	湿填料因子/m^{-1}
金属板				
板波纹	125Y	125	99	33
	170Y	170	99	39
	2Y	223	99	46
	250Y	250	98	66
	350Y	350	98	75
	500Y	500	98	112
	750Y	750	97	
	125X	125	99	16
	170X	170	99	20
	2X	223	99	23
	250X	250	98	26
	500X	500	98	82
高通量板波纹	202Y		99	
	252Y	250	98	39
	352Y		98	
	452Y	350	98	69
	752Y	500	98	131

续表

类型	尺寸或型号	比表面积/m²·m⁻³	空隙率/%	湿填料因子/m⁻¹
丝网				
丝网波纹	AX	250	95	
	BX	492	90	69
	CY	700	85	
塑料				
板波纹	125Y	125		
	250Y	250		72
	125X	125		
	250X	250		

不同于散装填料，规整填料结构均一、气液两相的流道规则，因而在阻力、通量、效率、放大效应等方面具有全面的优势，目前规整填料在气液传质设备中应用最为广泛。

4.3.1 丝网波纹填料

金属丝网波纹填料[图 14-4-6] 是 20 世纪 60 年代由 Sulzer 公司开发的一种规整填料，它由丝网波纹片垂直叠合组装而成，相邻填料片的波纹倾斜方向相反。常用的波纹倾角有 30°和 45°两种（与纵轴夹角），分别为 X 型和 Y 型，倾角越大，效率越高，但是阻力越大、通量越低。填料片表面开孔，以改善填料片两边气液两相的分布。小直径塔整盘装填，大直径塔分块组装，相邻两盘填料的填料片方向成 90°，填料盘高一般在 100~150mm 之间。

图 14-4-6　丝网波纹填料

常用的金属丝网波纹填料有 BX 和 CY 两种，前者比表面积为 500m²·m⁻³，后者为 700m²·m⁻³，也有 1000m²·m⁻³ 以上的丝网波纹规整填料，用于实验室填料塔或同位素分离等特殊场合的小直径填料塔。

丝网波纹填料具有以下特点：
① 填料空隙率大，气液流道规则，因此压降低、通量高；
② 液体在丝网表面形成稳定薄膜，润湿率高，具有很高的传质效率；
③ 气液分布比较均匀，放大效应低；
④ 填料规则排列，无死角，液膜薄，持液量很小。

由于以上的优点，金属丝网填料广泛用于液量低、压降受限的真空精馏，此外难分离系统、塔高受限制场合以及一些项目的改造中也有较多应用。

丝网波纹填料的缺点是造价高，抗污能力差。

4.3.2 板波纹填料

板波纹填料（图14-4-7）的结构与丝网波纹填料类似，只是采用金属、塑料或陶瓷薄板取代丝网。国产板波纹填料与Sulzer公司生产的板波纹填料（Mellapak）类似，其表面压有细纹或凹凸，开有小孔。金属板波纹填料保留了丝网波纹填料压降低、通量高、持液量低、放大效应小等一系列的优点，传质效率也较高，更重要的是不易堵塞，造价也低。

图14-4-7 板波纹填料

板波纹填料根据比表面积和波纹倾角确定型号，主要有125Y、250Y、350Y、500Y、750Y以及相应的X型，当然也可以根据需要调整表面积与波纹倾角，满足特定的效率与通量。填料表面一般采取压小纹、刺小孔等表面处理方式，以改善液体润湿性能。

与散堆填料相比，波纹填料规则对称的结构，无论从性能还是制造效率，都堪称完美。但是，从波纹填料的局部细节来看，并非绝对完美，比如在填料波纹的波谷附近传质效率低[1]、波谷处容易形成沟流、液体不易润湿填料片的下表面[2]，等等。针对这些缺点，可以对波纹填料进行改进，比如天津大学开发的组片式波纹填料（Zupak）等。

4.3.3 高通量波纹填料

在20世纪末，Sulzer、Montz等公司相继开发出新一代高通量规整填料。在上下两盘相邻波纹规整填料交界处，由于气液两相的流动方向发生改变，流动阻力增大，因而容易造成液体在此处集聚，进而发展导致液泛。高通量波纹填料把填料片下部的倾斜波纹改为垂直（图14-4-8），既有利于液体向下流动，同时又减小气体阻力，有效地去除了波纹填料的流动瓶颈。

图14-4-8 高通量波纹填料

4.3.4 格栅填料

格栅填料（图 14-4-9）一般采用金属板镶嵌或焊接而成，表面不连续，比表面积较低，只有 50m^2·m^{-3} 左右，特点是压降低、抗堵能力强，主要用于传热、洗涤、除沫以及一些容易堵塞、腐蚀、结焦的物系。

图 14-4-9 Glitsch 格栅填料

4.4 填料的选用

首先，应该在散装填料与规整填料之间做出选择。根据结构的差异，散装填料易于拆装、清洗，因此易堵塞的物系应尽量选用散装填料。基于阻力差异，规整填料流道规则、单位理论板的压降更低，高真空等压降受限的操作应优先选用规整填料。从传质机理来看，液膜在散装填料表面不断中断更新，液膜传质阻力低，因此在溶解度低或液相反应慢的吸收以及高压精馏等液膜传质控制的操作中应优先选用散装填料。反之，从真空到常压的精馏一般是气膜传质控制的操作，都可以优先选择规整填料。此外，因为强度的原因，散装填料的材料厚度大于规整填料，因此同比表面积的散装填料贵于规整填料。

对于同一品种的填料，传质效率、通量和压降是最主要的三个性能，它们决定了塔的投资及操作费用。在实际应用中，常常采用在不超过允许压降下的填料分离能力来衡量填料的性能：

$$S = \text{NTSM} \cdot F \tag{14-4-1}$$

式中　S——分离能力，Pa$^{0.5}$·m^{-1}；
　　NTSM——每米理论板数，m^{-1}；
　　F——气体 F 因子，Pa$^{0.5}$。

但是，填料的分离能力并不能完全代表填料的经济性。Billet[3] 因此引入单位分离能力的比重量 W' 和单位分离能力的填料比表面积 a' 两个参数，以考虑填料材料消耗的多少：

$$W' = \frac{W}{S} \tag{14-4-2}$$

$$a' = \frac{a}{S} \tag{14-4-3}$$

式中　W——填料密度，kg·m^{-3}；
　　a——填料比表面积，m^2·m^{-3}。

表 14-4-3[4] 中列出了一些填料单位分离能力的比重量 W' 和比表面积 a'。同一种填料，比表面积大，分离能力也较高，但是单位分离能力的比重量或比表面积增加更多，即填料的费用增加更多。考虑到塔体的投资，一般中等比表面积的填料比较经济，如 50mm 鲍尔环、38mm 阶梯环、250Y 与 350Y 板波纹填料等。大比表面积的填料用于理论板数非常高、塔高受限制的场合比较经济。比表面积小的填料可用于理论板数少、处理量大的场合。对于老塔改造，在塔高与塔径已经确定的前提下，应根据改造的目的来选择性能相宜的填料。在同一塔中，可根据塔中两相流量和分离难易的变化而采用多种不同规格的填料。

此外，在选择填料时还应考虑系统的腐蚀性、成膜性等，选择填料材质和表面处理方式。

表 14-4-3 填料经济性比较

填料	鲍尔环		阶梯环		板波纹填料				丝网波纹	
	50mm	25mm	25mm	38mm	125Y	250Y	350Y	500Y	BX	CY
$S/\text{Pa}^{0.5} \cdot \text{m}^{-1}$	3	5	4.8	5	3.8	6.5	7.1	7.2	12	16
$W/\text{kg} \cdot \text{m}^{-3}$	210	390	306	390	100	200	280	400	300	420
$W'/\text{kg} \cdot \text{Pa}^{-0.5} \cdot \text{m}^{-2}$	70	78	64	78	26	31	39	56	25	26
$a/\text{m}^2 \cdot \text{m}^{-3}$	113	215	186	249	125	250	350	500	500	700
$a'/\text{Pa}^{-0.5}$	38	43	39	50	33	38	49	69	42	44

4.5 填料的流体力学性能

填料的流体力学性能主要包括持液量、载点、泛点和压降等。其中液泛速度决定塔径的大小；压降决定吸收塔的动力消耗和精馏塔塔釜温度，在真空精馏中又是判定填料是否适用的主要指标；持液量与液泛速度、压降以及塔的动态特性等密切相关。

气体通过填料所产生的压降随气体和液体流量的增加而增大。气体通过干填料，由于填料流道的曲折性，一般做湍流流动，在双对数坐标图中压降与气速成直线关系，斜率在 1.8~2.0 之间（图 14-4-10）。引入液体喷淋后，由于填料中的持液减小了气体的流动空间，压降将升高。气速较低时，气液两相间的交互作用较弱，填料持液量不受气速影响，气体压

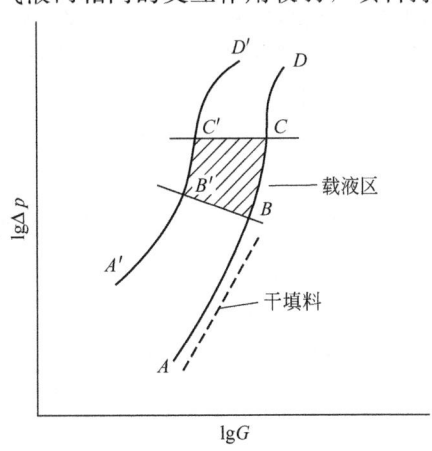

图 14-4-10 气速对填料压降的影响

降与气速成直线关系,且基本上与干塔压降线平行;当气体流速增大到图 14-4-10 中 BB' 以上区域后,两相间的交互作用增强,从而导致持液量显著增加,填料内的空隙率大大减小,压降曲线的斜率开始上升,点 B、B' 称为载点;当气体流速增大到 CC' 以上区域后,气体压降剧增,此时气相已由连续相转变为分散相,以鼓泡方式通过转变为连续相的液体,即操作已进入液泛区,点 C、C' 称为泛点。

载液和液泛对传质有影响,图 14-4-11 为填料在精馏全回流操作中填料的传质效率(等板高度 HETP)与气速之间的典型关系。气体流速增大到载点 A 之后,由于气液两相间交互作用的增强和持液量的显著增加,两相界面的湍动增强,填料润湿面积提高,因此传质效率相应增高。填料传质效率在 B 点达到最大值之后,进一步增大气速则会产生液体的夹带,填料效率开始下降,在 M 点以后效率急剧下降,直至泛点 C,填料传质效率大幅度下降,操作极不稳定,难以维持正常操作,M 点为最大可操作负荷。

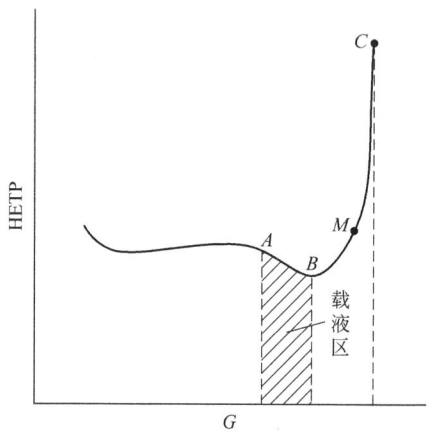

图 14-4-11　气速对填料效率的影响

4.5.1　持液量与载点

填料操作时其表面和空隙中所积存的液体量称为填料持液量,采用单位填料床层体积所含液体体积计量。在稳态蒸馏过程中,适量的持液是保持填料润湿和气液两相传质与分离所必需的。持液量对精密蒸馏的开工和分批蒸馏等动态蒸馏过程具有较大的影响,持液量越大,精密蒸馏的开工时间越长,开工的消耗也越大。至于分批蒸馏,持液量对过程的影响有利亦有弊,一方面,持液量过大导致塔釜中轻组分减少,分离难度增大,中间馏分量增加;另一方面,持液量所引起的"惯性效应"使得分离效率提高。但是持液量总的影响在多数情况下是不利的。

持液量与停留时间成正比,因此持液量大的填料不适宜于热敏物系的分离,以免热敏物质因长时间的高温而遭到破坏。在反应精馏与化学吸收中,当过程为液相化学反应控制时,持液量越大,反应体积越大,对过程越有利。

持液量还决定着填料塔稳态操作时对干扰的反应灵敏度,持液量越小,灵敏度越高。采用新型填料改造板式塔时,由于塔内的持液量显著减少,因此控制策略和控制仪表都应做相应的调整。

填料的持液量由静持液量和动持液量两部分组成,即:

$$h_t = h_s + h_0 \tag{14-4-4}$$

式中 h_t——总持液量，$m^3 \cdot m^{-3}$；
h_s——静持液量，$m^3 \cdot m^{-3}$；
h_0——动持液量，$m^3 \cdot m^{-3}$。

在填料塔停止气液两相进料之后，从填料中排放出来的液体称为动持液量；待液体排放完后，填料层内仍然保留着的一部分液体称为静持液量。

静持液量是由表面张力和重力之间的平衡决定的，影响因素包括物性、填料比表面积大小、表面特性以及液体在填料表面的润湿角。表面积越大，比表面越粗糙，润湿角越大，静持液量越大。在常用的三种材料即钢、塑料和陶瓷制造的填料中，陶瓷填料持液量最大，塑料填料最小，钢制填料居中。此外，还有部分液体是在毛细管力作用下停滞于填料间的接触点处或丝网的孔中。一般认为，气体和液体的流量对静持液量的影响不大。但在实际操作中，随着液体流量的增大，液体的湍动增强，部分静持液量将转变为动持液量[3]，Dombrowski[5]等认为气速也会影响填料的静持液量。在实际操作中，动持液量比静持液量大得多，静持液量往往可以忽略不计。

在载点以前，填料持液量主要取决于液体流量，气体只是在载点以上才对动持液量具有显著的影响（图 14-4-12）。图 14-4-13 表明：同比表面积下，散堆填料的持液量高于规整填料；同种填料，小尺寸填料（高比表面积）持液量高于大尺寸（低比表面积）填料；高开窗面积填料（新一代）的持液量高于低开窗面积填料（老一代）。

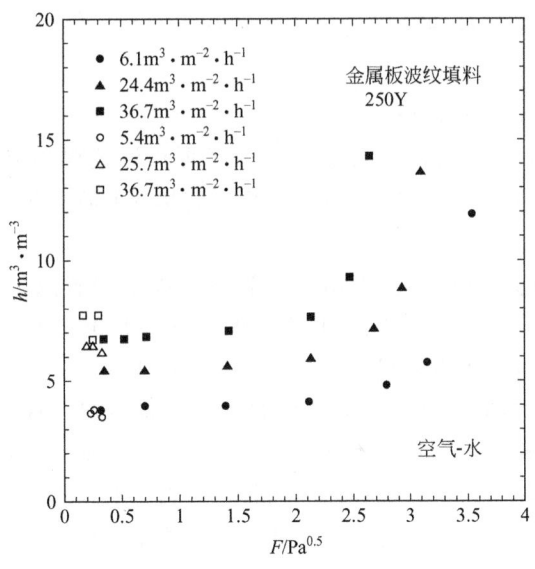

图 14-4-12 气速对填料持液量的影响[6]
实心标记为直径 457mm 塔实验结果，空心标记为直径 152mm 塔实验结果

填料持液量随液体黏度的增大而增大。从计算液膜厚度的公式出发可以推导出计算载点以下填料持液量的公式[3,7]：

$$h_L = f_w \left(\frac{Fr_L}{Re_L} \right)^{1/3} \tag{14-4-5}$$

式中 h_L——持液量，$m^3 \cdot m^{-3}$；

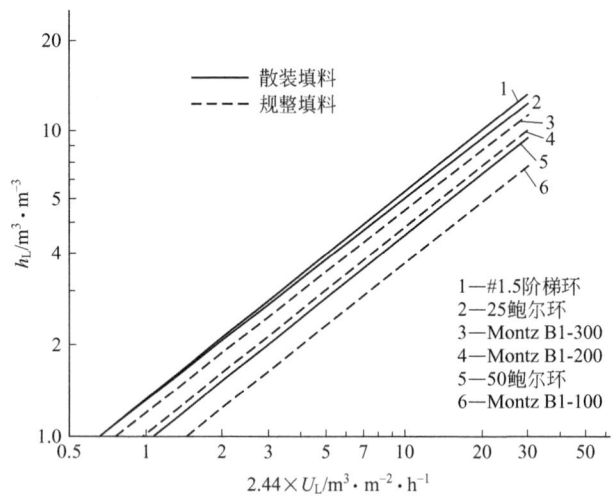

图 14-4-13 载点前填料的持液量[3]

f_w——与 Re_L 和填料特性相关的参数；

Fr_L——液体弗鲁德数，$U_L^2 a_p/g$，无量纲；

U_L——液体空塔流速，$m \cdot s^{-1}$；

a_p——填料比表面积，$m^2 \cdot m^{-3}$；

g——重力加速度，$m \cdot s^{-2}$；

Re_L——液体雷诺数，$U_L \rho_L/(a_p \mu_L)$，无量纲；

ρ_L——液体密度，$kg \cdot m^{-3}$；

μ_L——液体黏度，$kg \cdot m^{-1} \cdot s^{-1}$。

$f_w Re_L^{-1/3}$ 近似为常数，对于乱堆的散装填料与 Y 形板波纹规整填料可取 0.57，整砌的散装填料与 X 型规整填料可取 0.465[8]。许多计算散装填料和规整填料载点以下压降和传质面积的模型都用到此式。

在式(14-4-5)基础上，Billet 等提出了计算载点以下和载点以上填料持液量的计算模型[9,10]，这些模型主要是以水-空气为实验物系的数据回归出来的，没有包含表面张力这一因素的影响，对于低表面张力的有机物系（表面张力约 $1.3 \times 10^{-4} N \cdot cm^{-1}$），在低液量条件下，填料持液量比水物系的低 20%[11]，大液量下表面张力则没有影响。Brunazzi[12]等从基本流体力学出发建立的模型可以用于不同物系、不同填料，而且适用于低流量至泛点整个范围。另外还有不少计算填料持液量的模型。但是，所有这些模型都需要通过实验数据回归填料的特性常数，其中 Stichlmair 等提出的模型经验参数相对全一些，参见后面压降内容部分的式(14-4-13)，可以计算到泛点为止的填料持液量。

Engel 等[13]提出了更为通用的关联式，不需要实验数据回归的经验参数，仅仅需要填料的比表面积、物性和液体流速：

$$h_L = 0.93 \left(\frac{U_L^2 a_p}{g}\right)^{\frac{1}{6}} \left(\frac{\mu_L^2 a_p^3}{\rho_L^2 g}\right)^{\frac{1}{10}} \left(\frac{\sigma a_p^2}{1000 \rho_L g}\right)^{\frac{1}{8}} \quad (14\text{-}4\text{-}6)$$

式中 h_L——液体持液量，$m^3 \cdot m^{-3}$；

σ——表面张力，$mN \cdot m^{-1}$。

缺点是，此关联式仅仅适用于载点以下操作区间，比表面积参见表 14-4-1、表 14-4-2。

填料制造商通常也提供软件来计算所生产填料在不同操作条件下的持液量。

载点是填料层中气液两相交互作用是否显著的分界点，填料在载点前和载点后分别具有不同的流体力学和传质持性。由于填料操作进入载液区是一个渐近的过程，因此很难确定该点。文献有少量载点计算的模型，远不如计算泛点的模型多，建议把泛点的 70% 作为近似的载点。

4.5.2 泛点与压降

填料通量的大小通常取决于填料塔的操作极限，即泛点气速的高低，填料塔的最大可操作气速通常为泛点气速的 95%，比较经济可靠的操作气速一般取泛点气速的 70% 左右，即在载点附近；压降受限的操作则取决于允许最高压降，比如真空精馏。

泛点与压降都是反映填料层内气液的交互作用程度，压降小的填料则通量大。影响填料压降的因素包括操作条件、物系性质和填料特性三方面，不同填料间压降的差异主要是由于它们几何形状不同造成的。气体通过填料所产生的压降由表面摩擦阻力和形体阻力两部分组成。表面摩擦阻力是指气体在流动过程中在填料表面和气液界面上产生的黏性曳力，形体阻力是由于气体流道的突然增大或缩小、方向的改变以及交叉流动等造成的动能损失。在正常操作范围内，填料压降主要由形体阻力构成。

由于填料结构的复杂性，气相通过所产生的压降难以进行准确的理论计算，到目前为止，压降的估算主要还是借助于实验数据回归所得到的各种经验关联。最为常用的估算方法有通用关联图法和关联式法。

(1) 通用关联图法 早在 1938 年，Sherwood 等[14]首先根据水-空气的实验数据把各种散装填料的干填料因子 a_p/ε^3、物性与泛点流速进行关联。为了提高准确性、扩大应用范围，Leva[15]、Eckert[16~19]、Strigle[20]等不断修改通用关联，引入非空气-水实验数据，以实测的填料因子来代替干填料因子，并且增加了压降关联。最新一代通用关联为压降关联，其横坐标不变，仍然是流动参数，即液体与气体动能之比：

$$F_{LG} = \frac{L}{G}\left(\frac{\rho_G}{\rho_L}\right)^{0.5} \tag{14-4-7}$$

式中　G——气体质量流速，$kg \cdot m^{-2} \cdot s^{-1}$；

L——液体质量流速，$kg \cdot m^{-2} \cdot s^{-1}$；

ρ_L，ρ_G——液体与气体的密度，$kg \cdot m^{-3}$。

纵坐标为通量参数：

$$C_P = U_G\left(\frac{\rho_G}{\rho_L - \rho_G}\right)^{0.5}\varphi^{0.5}\nu^{0.05} = C_S \varphi^{0.5}\nu^{0.05} \tag{14-4-8}$$

式中　U_G——气体空塔流速，$m \cdot s^{-1}$；

φ——填料因子，m^{-1}；

ν——液体动力黏度，$m^2 \cdot s^{-1}$；

C_S——C 因子，$m \cdot s^{-1}$。

图 14-4-14、图 14-4-15 分别为散装填料与规整填料的通用压降关联图[20,21]。

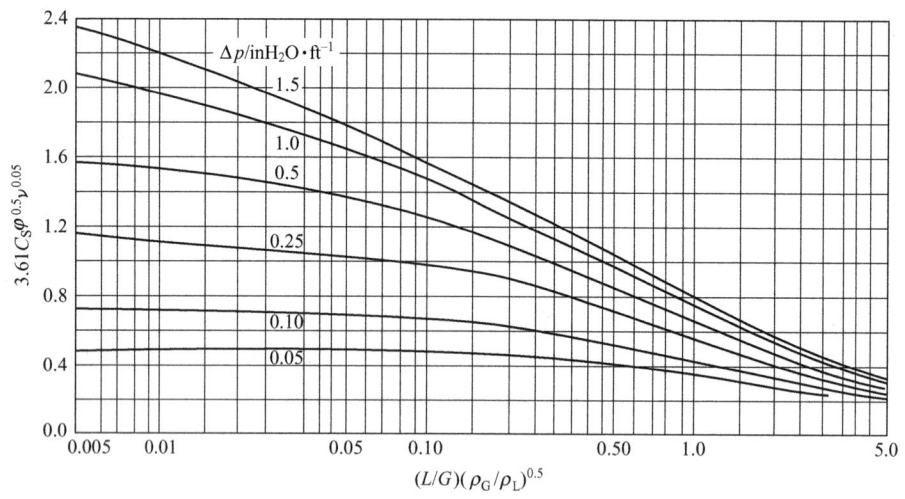

图 14-4-14 散装填料通用关联图[20]

（1inH$_2$O·ft^{-1}＝83.3mmH$_2$O·m^{-1}，下同）

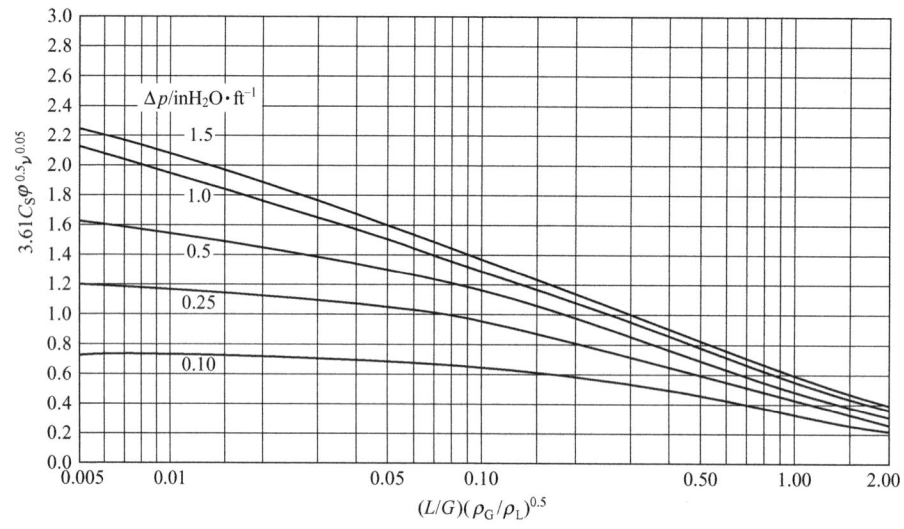

图 14-4-15 规整填料通用关联图[21]

研究表明，各种填料在泛点的压降并不相同，因此原有通用关联图中各种填料在同一泛点线上并不合理。Zenz 等[22,23]发现填料液泛时的压降与流动参数 F_{LG} 和系统物性关系不大，主要取决于填料因子。Kister 等[24]把泛点压降与填料因子的关系回归为：

$$\Delta p_{\mathrm{f}}=4.35\varphi^{0.7} \tag{14-4-9}$$

式中　Δp_{f}——泛点压降，mmH$_2$O·m^{-1}；

φ——填料因子，m^{-1}。

利用此式求出泛点压降后，再用压降关联即可求出泛点气速，误差在 15% 以内，多数在 10% 以内。

通用压降关联图可用于各种填料的压降与泛点计算，尤其是填料因子较小的新型散装填料和规整填料。对于第一代散装填料和较小尺寸的新型散装填料，其填料因子超过 $200 m^{-1}$，泛点压降超过 $165 mmH_2O \cdot m^{-1}$，采用早期的 Eckert 关联图则比较准确。

对于流动参数在 0.01~1 之间的空气-水物系，通用关联比较准确；非水物系，常压或一般真空度条件下，其流动参数在 0.03~0.3 之间，通用关联也比较准确；而流动参数在 0.3 以上的高压精馏或其他高液体流量的操作，通用关联计算的压降则偏低。

散装填料的填料因子基本保持不变，其差异主要是由于装填密度的不同造成的[26]，尤其是开窗口的新型填料。不同厂家生产的填料由于所用材料的厚度不同，也会引起填料因子的较小变化。但是，采用式(14-4-9)结合通用关联的方法来求泛点气速时，填料因子的偏差对计算结果并不是十分敏感[25]。

上述压降通用关联是基于大量实验数据回归而得到的，且只需一个通过实验确定的填料特征参数，即填料因子，而填料因子的数据又是最全的，因此计算填料的压降与泛点首选通用关联。在缺少填料因子的情况下，可以使用 Leva 方法[27]，只需要一个无液体喷淋的干塔压降数据，用给出的公式求得干填料因子，然后使用回归的通用关联图来计算压降与泛点。

必须指出，Silvey 等[28]曾经列出了 10 种液泛的定义，不同来源的实验数据是基于不同的液泛定义来测量的，根据这些数据导出的关联图与关联式的误差也必然较大。

(2) 关联式法 与压降通用关联图相比，填料压降关联式计算则更直接、方便，无需插值，因此一直有发展；缺点是，通过实验数据回归的填料特性参数相对缺乏，不像通用关联图法那么齐全，因此应用并不广泛。

Stichlmair 等[29]提出了一个三参数压降模型，可以同时用于散装填料和规整填料，适用范围全面覆盖干塔、载点前和载点至泛点，也可以推算泛点，重要的是该模型提供了较多的填料经验参数。

该模型根据固定床阻力计算的欧根公式，首先计算填料的干塔压降：

$$\frac{\Delta p_{dry}}{H} = \frac{3}{4} f_0 \frac{1-\varepsilon}{\varepsilon^{4.65}} \rho_G \frac{U_G^2}{d_p} \quad (14-4-10a)$$

$$f_0 = \frac{C_1}{Re_G} + \frac{C_2}{Re_G^{1/2}} + C_3 \quad (14-4-10b)$$

式中 Δp_{dry} ——干填料压降，$N \cdot m^{-2}$；

H ——填料高度，m；

f_0 ——填料阻力系数；

ε ——空隙率；

ρ_G ——气体密度，$kg \cdot m^{-3}$；

U_G ——空塔气速，$m \cdot s^{-1}$；

d_p ——填料当量直径，$6(1-\varepsilon)/a_p$，m；

a_p ——填料比表面积，$m^2 \cdot m^{-3}$；

C_1, C_2, C_3 ——常数，参见表14-4-4；

Re_G ——气体雷诺数，$d_p U_G \rho_G / \mu_G$；

μ_G ——气体黏度，$kg \cdot m^{-1} \cdot s^{-1}$。

表 14-4-4 Stichlmair 模型中的填料特性参数

填料	型号/尺寸	$a_p/m^2 \cdot m^{-3}$	ε	C_1	C_2	C_3	材料
板波纹 Montz	B1 300	300	0.97	2	3	0.9	金属
	B1 200	200	0.98	2	4	1.0	
	B1 100	100	0.99	3	7	1.0	
板波纹 Gempack	2A	394	0.92	3	2.4	0.31	
	3A	262	0.93	3	2.3	0.28	
板波纹 Sulzer	Mellpak250Y	250	0.96	5	3	0.45	
	Mellpak250Y	250	0.85	1	1	0.32	塑料
丝网波纹 Sulzer	BX	450	0.86	15	2	0.35	金属
鲍尔环	90	71	0.95	−5	−4	2.3	塑料
	25	192	0.742	10	3	1.2	
	25	219	0.74	1	4	1.0	
	35	139	0.773	33	7	1.4	
	35	165	0.76	1	6	1.1	陶瓷
矩鞍环	20	300	0.672	30	6	1.4	
	25	183	0.732	32	7	1.0	
	35	135	0.76	30	6	1.2	

然后引入载点前持液量对空隙率的修正，以计算载点前的填料压降：

$$\frac{\Delta p_{irr}}{\Delta p_{dry}} = \frac{\left(1 + \dfrac{h_L}{1-\varepsilon}\right)^{(2+c)/3}}{\left(1 - \dfrac{h_L}{\varepsilon}\right)^{4.65}} \quad (14\text{-}4\text{-}11a)$$

$$c = -\frac{\dfrac{C_1}{Re_G} + \dfrac{C_2}{2Re_G^{1/2}}}{f_0} \quad (14\text{-}4\text{-}11b)$$

$$h_L = 0.555 \left(U_L^2 \frac{a_p}{g\varepsilon^{4.65}}\right)^{1/3} \quad (14\text{-}4\text{-}12)$$

式中 Δp_{irr}——液体喷淋下的填料压降，$N \cdot m^{-2}$；

h_L——填料持液量，$m^3 \cdot m^{-3}$；

U_L——液体空塔流速，$m \cdot s^{-1}$；

g——重力加速度，$m \cdot s^{-2}$；

c——指数。

式(14-4-12)是采用简单的空气-水物系实验数据回归得到的持液量计算式，只能用于液体黏度在 5cP（$1cP = 10^{-3} Pa \cdot s$）以下的物系，不过多数精馏、吸收操作可以满足此条件。

在双对数坐标中，载点以上不同液量下的持液量与压降关系近似为平行线，关联后得到：

$$h_L = h_0 \left[1 + 20 \left(\frac{\Delta p_{\text{irr}}}{H \rho_L g} \right)^2 \right] \qquad (14\text{-}4\text{-}13)$$

式中 h_L——载点后填料持液量，$m^3 \cdot m^{-3}$；

　　h_0——载点前填料持液量，$m^3 \cdot m^{-3}$。

通过联立式(14-4-12)与式(14-4-13)，采用插值求解载点以上的压降。此模型还可以通过微分来求解泛点，具体方法参考文献 [29]。

还有许多其他计算填料压降的关联式，可以参考文献 [3，8，30～34]。

图 14-4-16、图 14-4-17 为 Sulzer 高通量板波纹规整填料的压降、液泛数据，图 14-4-18～图 14-4-21 为 Koch-Glitsch 公司产品手册中的一些散堆填料的压降数据，更多的压降与泛点数据可以参考文献 [3]、[8]、[11] 及 [34] 等。

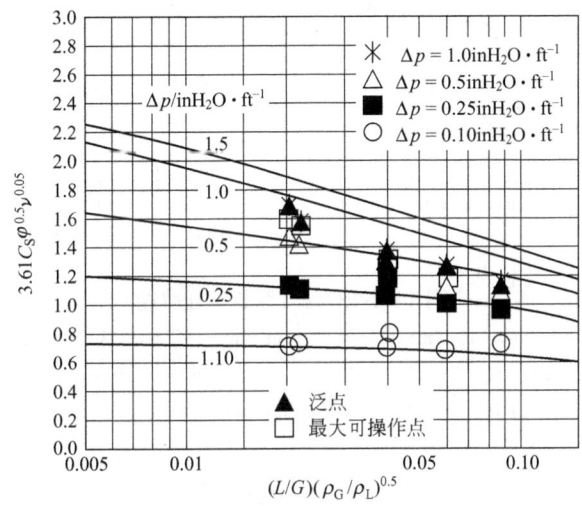

图 14-4-16　252Y 高通量板波纹规整填料的压降与泛点[22]

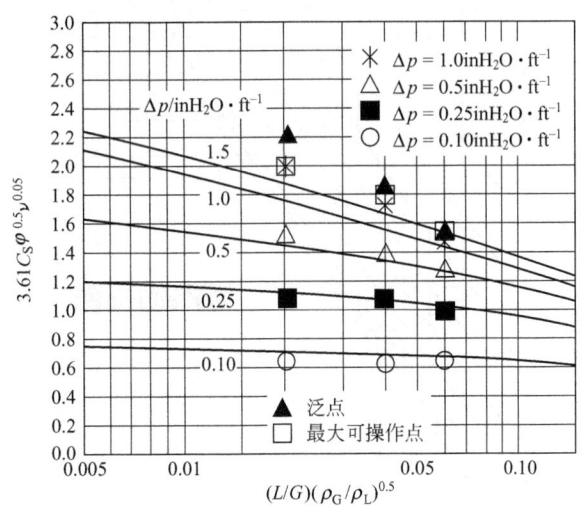

图 14-4-17　752Y 高通量板波纹压降与泛点[22]

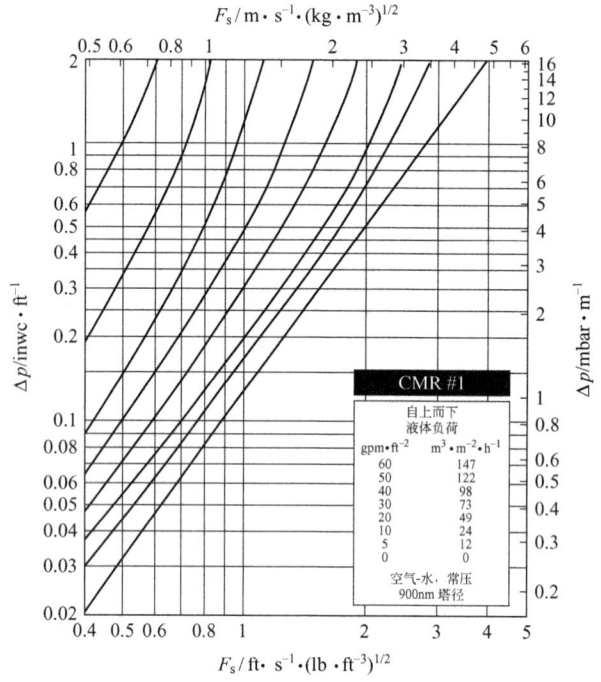

图 14-4-18 #1 阶梯环压降图

$1\text{gpm}\cdot\text{ft}^{-2}=6.7902\times10^{-4}\text{m}^3\cdot\text{m}^{-2}\cdot\text{s}^{-1}$；$1\text{m}^3\cdot\text{m}^{-2}\cdot\text{h}^{-1}=2.78\times10^{-4}\text{m}^3\cdot\text{m}^{-2}\cdot\text{s}^{-1}$；
$1\text{inwc}\cdot\text{ft}^{-1}=817.198\text{Pa}\cdot\text{m}^{-1}$；$1\text{mbar}\cdot\text{m}^{-1}=100\text{Pa}\cdot\text{m}^{-1}$；
$1\text{ft}\cdot\text{s}^{-1}\cdot(\text{lb}\cdot\text{ft}^{-3})^{1/2}=1.2199\text{m}\cdot\text{s}^{-1}\cdot(\text{kg}\cdot\text{m}^{-3})^{1/2}$

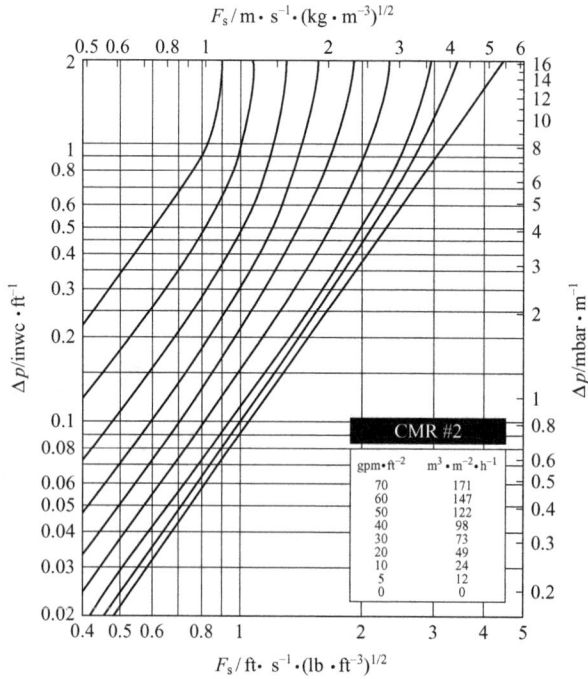

图 14-4-19 #2 阶梯环压降图

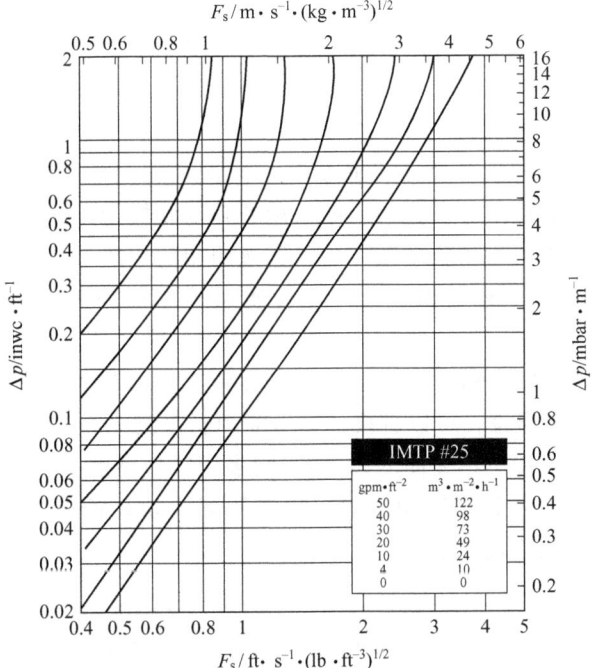

图 14-4-20　25 金属 Intalox 压降图

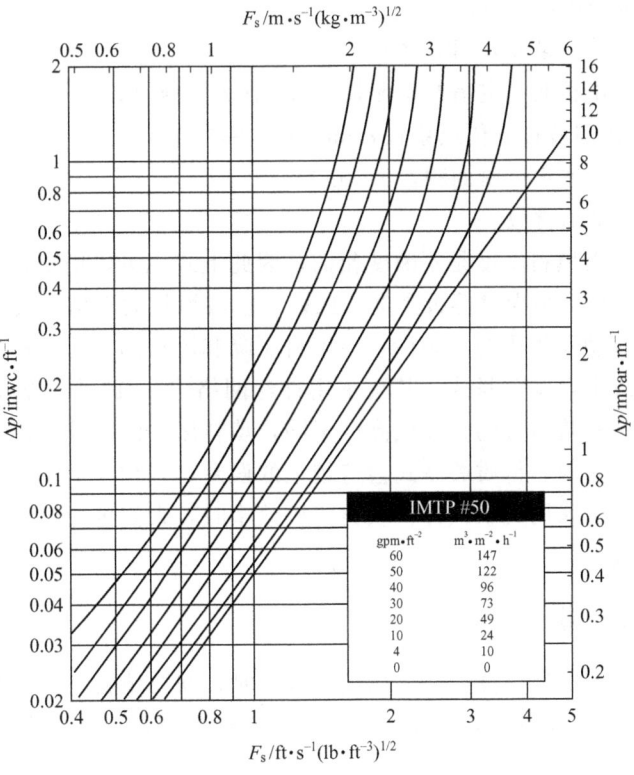

图 14-4-21　50 金属 Intalox 压降图

4.6 填料的传质性能

填料传质效率的表征采用两种方法：基于双膜传质模型的气液两相传质系数方法和基于平衡级模型的等板高度方法。

由于填料层内气液两相流动状态极其复杂，气液两相间的传质有许多模型，如双膜模型、渗透模型、表面更新模型等。目前广泛采用的是双膜模型，该模型物理意义简明、使用方便。基于此模型的气液两相传质系数方法、气液两相的传质系数、传质单元高度以及两相流量、相平衡参数间关系参见传质篇，注意传质系数单位的不同应与不同的浓度单位相对应。

表征填料传质效率的另一种方法是采用等板高度，即与每块理论板相当的填料高度（HETP），此法比较直观形象，可以直接计算所需填料高度。在实际应用与文献报道中，吸收操作多用传质系数（或传质单元高度），精馏则多用等板高度。

总传质系数可以转化为 HETP 值。对于特定的第 n 块理论板，气液摩尔比和相平衡常数为定值，两者间的转化公式如下：

$$\text{HETP}_n = \frac{\ln\lambda_n}{\lambda_n - 1} \frac{G_m}{a_e} \left(\frac{1}{k_G} + \frac{m}{k_L} \right) \Big|_n \quad (14\text{-}4\text{-}14)$$

$$\lambda_n = \frac{mG_m}{L_m} \Big|_n \quad (14\text{-}4\text{-}15)$$

式中　HETP——等板高度，m；

$\quad\quad\quad n$——下标，第 n 块理论塔板；

$\quad\quad G_m, L_m$——气相和液相空塔摩尔流量，kmol·m^{-2}·s^{-1}；

$\quad\quad k_G, k_L$——气相和液相分传质系数，mol·m^{-2}·s^{-1}；

$\quad\quad\quad a_e$——单位体积传质面积，m^2·m^{-3}；

$\quad\quad\quad m$——相平衡常数。

事实上，流量、物性沿填料高度是不断变化的，因此上式也可以用于特定位置填料的效率计算与转换，此时 HETP$_n$ 称为点等板高度，区别于整段填料的平均等板高度[35]。

由于填料内部流动及传质的复杂性，与填料压降和泛点的计算一样，填料效率的计算目前还只能使用经验或半经验关联式，甚至采用神经网络[36]。此外，基于回归的数据多数还是水吸收实验数据，实验装置的直径或高度不同，填料床层的端效应影响不同，加上填料表面特性的差异等多种原因，传质关联式会有较大的误差，平均在 20% 左右。

因缺少数据，无法采用关联式计算填料传质效率时，人们更加倾向于根据实验和填料比表面积来估算填料效率。

4.6.1 传质系数计算

采用非平衡级速率模型计算多组分精馏、吸收时，需要填料的气液两相各自的体积传质系数 $k_G a_e$、$k_L a_e$，尤其是利用扩散系数差异的选择性吸收操作和存在多个反应的反应精馏或化学吸收操作。

多数传质模型可以单独计算传质面积，但是计算结果往往差异很大，这些模型是以计算总的传质效率为目的进行数据回归得到的，不是基于传质面积的实测值来回归的，因此各个模型计算的传质面积只能与各自的传质系数配合使用。

(1) 散装填料 填料传质系数计算模型比较多，可以参见综述文献[37]。早期应用广泛的填料传质系数计算模型有 Onda 模型[38]和改进 Monsanto 模型[39,40]等，适用于早期的散装填料。多数模型假设在散装填料中液体以液膜形式在填料表面流动。Mackowiak 认为在散装填料中液体更多以液滴形式流动，尤其是在新型的散装填料中，根据液滴模型得到液相传质系数模型[41,42]：

$$k_L a_e = \frac{15.1}{(1-\phi_p)^{1/3} d_h^{1/4}} \left(\frac{D_L \Delta \rho g}{\sigma_L}\right)^{1/2} \left(\frac{a_p}{g}\right)^{1/6} U_L^{5/6} \qquad (14\text{-}4\text{-}16)$$

$$k_L a_e = \frac{15.1}{(1-\phi_p)^{1/3} d_h^{1/4}} \left(\frac{D_L \Delta \rho g}{\sigma_L}\right)^{1/2} \left(\frac{a_p}{g}\right)^{1/6} \times \left(0.35 + \frac{F}{F_f}\right) U_L^{5/6} \qquad (14\text{-}4\text{-}17)$$

式中 k_L——液相分传质系数，$m \cdot s^{-1}$；

a_e——单位体积传质面积，$m^2 \cdot m^{-3}$；

ϕ_p——填料开孔率，填料开孔、开窗的面积与填料面积之比；

d_h——填料水力直径，$d_h = 4\varepsilon/a_p$，m；

D_L——液相扩散系数，$m^2 \cdot s^{-1}$；

$\Delta \rho$——液气两相密度差，$kg \cdot m^{-3}$；

g——重力加速度，$m \cdot s^{-2}$；

σ_L——液体表面张力，$N \cdot m^{-1}$；

a_p——填料比表面积，$m^2 \cdot m^{-3}$；

U_L——液体空塔流速，$m \cdot s^{-1}$；

F——气体 F 因子，$Pa^{0.5}$；

F_f——同液量下液泛气体 F 因子，$Pa^{0.5}$。

式(14-4-16)适用于载点前，其条件为 $F \leq 0.65 F_f$，液体 $Re_L \geq 2$；式(14-4-17)适用于载点后，其条件为 $0.65 F_f < F \leq 0.90 F_f$。

同样采用液滴模型得到对应的气相传质系数：

$$k_G a_e = 6 \frac{h_L D_G}{d_T^2} \left[2 + 0.0285 \frac{u_R d_T}{\nu_G} \left(\frac{\nu_G}{D_G}\right)^{\frac{1}{3}} \right] \left(1 - \frac{h_L}{\varepsilon}\right)^6 \qquad (14\text{-}4\text{-}18)$$

式中 h_L——填料持液量，$m^3 \cdot m^{-3}$；

d_T——平均液滴直径，$d_T = C_T \sqrt{\sigma_L/(\Delta \rho g)}$，$\sigma_L \geq 15 mN \cdot m^{-1}$ 的变形大液滴 $C_T = 1$，m；

D_G——气相扩散系数，$m^2 \cdot s^{-1}$；

u_R——气液相对流速，$u_R = \frac{U_G}{\varepsilon - h} + \frac{U_L}{h}$，$m \cdot s^{-1}$；

U_G——气体空塔流速，$m \cdot s^{-1}$；

ν_G——气相动力黏度，$m^2 \cdot s^{-1}$；

ε——填料空隙率。

上式中的填料持液量在载点前通过下式计算：

$$h_L = 0.57 Fr_L^{1/3} = 0.57\left(\frac{a_p U_L^2}{g}\right)^{1/3} \quad (14\text{-}4\text{-}19)$$

载点以上的持液量的计算不是简单的表达形式，如果需要，可以参考文献 [8]。

Mackowiak 模型回归采用了约 5000 组吸收、精馏实验数据，覆盖整个可操作范围。Mackowiak 模型计算吸收和精馏操作的液相传质系数时，平均误差为 12.5%；计算吸收操作的气相传质系数时，平均误差在 17.3%；用于计算精馏效率每米理论板时，新型散装填料的误差只有 3.15%～15.5%，第一代散装填料的误差反而在 11.2%～27.5%。因此，该模型的准确度相对较好，更加适用于新型散装填料，而且液相传质系数的计算更为准确，而液膜控制的操作恰恰是散装填料优先应用的场合。

Mackowiak 模型最大的优点是无须通过实验来确定经验参数，只需要填料几何物理参数，填料开孔率 ϕ_p 可以直接通过填料颗粒的结构与几何尺寸来计算，表 14-4-5 列出了一些常用散装填料的填料开孔率，更多参数可以参考文献 [41]。

表 14-4-5 常用散装填料开孔率 ϕ_p

填料	材质	ϕ_p
拉西环	陶瓷	0
矩鞍环		0
鲍尔环	金属	0.28
	塑料	0.309
	陶瓷	0.43
阶梯环	金属	0.475
	塑料	0.496

(2) 规整填料 1985 年，Bravo 等[43]针对金属丝网波纹规整填料提出了气液两相传质系数关联式，这是最早的规整填料传质效率模型，此后有较多的计算模型出现，可以参考文献 [37]。这当中不断改进的 SRP 模型[44,45]与 Delft 模型[32,46,47]应用最为广泛。

为了进一步提高计算准确度，Aspen 公司[35]采取了三项措施：①对不同结构类型的填料单独回归；②引入点到板高度概念来关联两相传质系数，该方法包含了填料高度的影响；③完全采用无量纲回归。该方法得到的 Y 型板波纹填料的传质系数无量纲关联式为：

$$Sh_L = 0.33 Re_L Sc_L^{1/3} \quad (14\text{-}4\text{-}20)$$

$$Sh_G = 0.0084 Re_G Sc_G^{1/3}\left(\frac{\cos\theta}{\cos\pi/4}\right)^{-7.15} \quad (14\text{-}4\text{-}21)$$

$$\frac{a_e}{a_p} = 0.539 Re_G^{0.145} Re_L^{-0.153} We_L^{0.2} Fr_L^{-0.2}\left(\frac{\rho_G}{\rho_L}\right)^{-0.033} \times \left(\frac{\mu_G}{\mu_L}\right)^{0.090}\left(\frac{\cos\theta}{\cos\pi/4}\right)^{4.078}$$

$$(14\text{-}4\text{-}22)$$

式中 Sh_L，Sh_G——液相、气相舍伍德数，$k_L d_e/(C_L D_L)$、$k_G d_e/(C_G D_G)$，无量纲；

Re_L，Re_G——液相、气相雷诺数，$d_h U_L \rho_L/\mu_L$、$d_e U_G \rho_G/\mu_G$，无量纲；

Sc_L，Sc_G——液相、气相施密特数，$\mu_L \rho_L/D_L$、$\mu_G \rho_G/D_G$，无量纲；

k_L，k_G——液相、气相分传质系数，$\mathrm{mol \cdot m^{-2} \cdot s^{-1}}$；

C_L，C_G——液相、气相体积摩尔浓度，$mol \cdot m^{-3}$；

d_h——规整填料水力直径，$4\varepsilon/a_p$，m；

θ——波纹规整填料通道倾角，(°)。

Aspen 模型准确度比 SRP 模型与 Delft 模型高。由于新一代大通量规整填料的效率与同倾角、同比表面积的板波纹填料大致相同，因此，Aspen 模型可以用于不同比表面积、波纹倾角在 45°左右的所有第三、四代金属板波纹规整填料。

Aspen 模型用于计算 X 型金属丝网波纹的传质系数无量纲关联式为：

$$Sh_L = 12 Re_L Sc_L^{1/3} \tag{14-4-23}$$

$$Sh_G = 0.3516 Re_G^{1/2} Sc_G^{1/3} \tag{14-4-24}$$

$$\frac{a_e}{a_p} = 2.308 Re_G^{-0.274} Re_L^{0.246} We_L^{0.248} Fr_L^{-0.161} \times \left(\frac{\rho_G}{\rho_L}\right)^{-0.180} \left(\frac{\mu_G}{\mu_L}\right)^{0.233} \tag{14-4-25}$$

该模型可用于高比表面积的 X 型丝网波纹填料。

用同样的方法，文献 [35] 还提供了鲍尔环与金属 Intalox 两种散装填料的传质效率关联式。

另外，Rahimpour[48] 引入高液量导致的气体返混的影响改进 Delft 模型，以适应高压精馏，因高操作弹性或遭遇通量瓶颈而必须选择规整填料时可以参考。

4.6.2 实验数据应用

填料效率通常会采用理想物系的全回流精馏实验加以测试，得到理想的 HETP 实验值。在实际应用中，往往针对物系性质、操作条件、装置特性等，通过调整 HETP 实验值来计算填料的实际效率，这需要对物系、操作和装置充分认识，并具有足够的实际经验。

(1) 操作压力的影响　压力对填料效率的影响主要是体现在高压（10bar 以上）与高真空（低于 100mmbar）条件下。在高真空条件下，液体喷淋密度（单位塔截面体积流量）较低，填料表面润湿率低，造成传质效率下降，建议采用液体成膜性能好的丝网波纹规整填料，或者尽量在载点以上操作。

在高压塔中，由于液体流量大，气体流速低，表征两者动能之比的流动参数较高，容易发生气体返混和分布不均，导致填料效率下降。图 14-4-22 为 250Y 板波纹填料在不同压力下的效率，高压下其 HETP 出现"驼峰"效应：随着气液同时增加，气体夹带加重，效率不断下降，气体负荷超过特定值之后，返混减轻，效率开始增加，直至发生气液夹带后，效

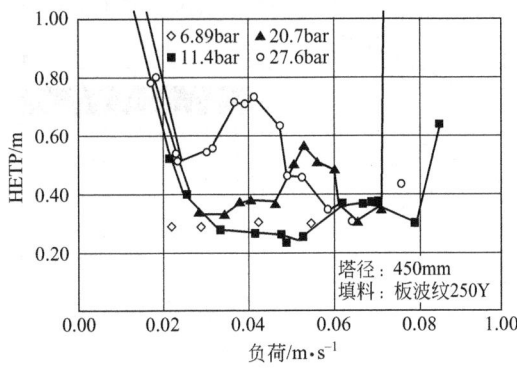

图 14-4-22　高压填料塔中的填料效率[49]

率再次降低。从图 14-4-22 中可以看出，压力越高，"驼峰"越高大，而且在更低负荷下发生，在 20.7bar 压力下，HETP 最高差不多翻了一倍。散装填料同样也有此现象，但是程度轻得多[50]。

Zuiderweg 等[51]以及 FRI[52]的研究表明，高压条件下填料效率的下降发生在填料床层的下半部。文献 [49] 报道 12m 高的 250X 板波纹填料层在分成两段并改善气液分布后，高压精馏的效率得以提高。因此，造成"驼峰"效应的原因是不良分布引起的气相返混，液体流经一定高度后分布恶化，部分波纹通道液量几乎充满，流动过程夹带气体，这也解释了低比表面积填料不易发生"驼峰效应"、散装填料优于规整填料的原因。

总之，流动参数大于 0.2 的高压精馏等操作应尽量选用散装填料或低比表面积填料，提高初始分布质量，床层不要太高，即使如此也要放有余量。

(2) 参数 λ 的影响　Koshy 等[53]研究甲醇-水、DMF-水物系的精馏实验，发现参数 λ 小于 0.5 或大于 2 时，#25 金属 Intalox 填料的效率大幅下降，而且随着偏离程度加大而加剧，λ 的偏差造成 HETP 的增加率为：

$$\frac{\text{HETP}_{ac}}{\text{HETP}_{sd}} - 1 = 0.278 |\ln\lambda|^3 \tag{14-4-26}$$

式中　$\text{HETP}_{ac}/\text{HETP}_{sd}$——实际与标准等板高度之比。

当 $0.5 < \lambda < 2$ 时，HETP 增加不到 10%，绝大多数精馏操作的流动参数都在此范围。液气比极高或极低，还有极易分离物系，都会导致 λ 偏差较高。

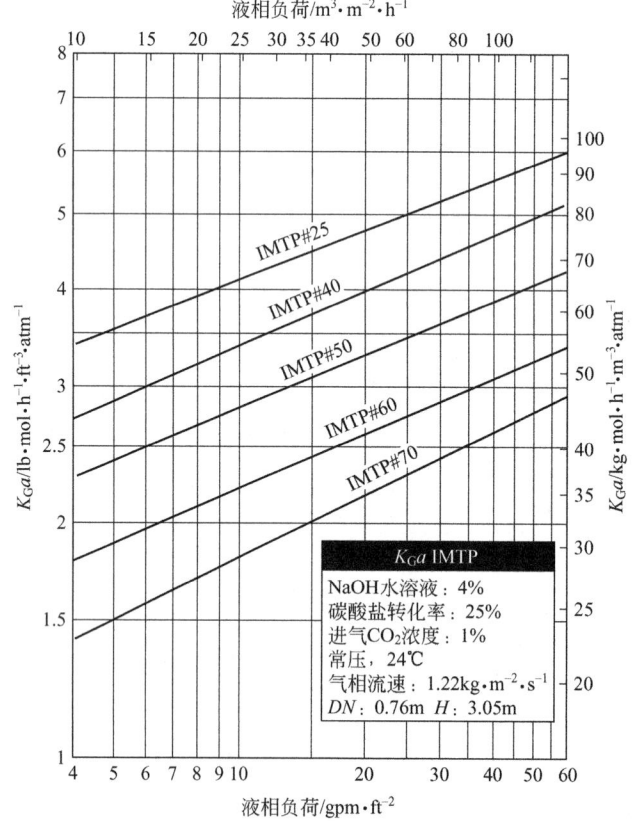

图 14-4-23　金属 Intalox CO_2 吸收传质系数

(3) 填料润湿性 填料润湿不好，造成传质效率下降有两种类型：液体流量过低或者液体与填料表面接触角过大。前者可以选用丝网或压延板网的规整填料，利用毛细作用提高持液和润湿率，其最小可润湿流量可以低至 $0.15\mathrm{m}^3 \cdot \mathrm{m}^{-2} \cdot \mathrm{h}^{-1}$。

液体在填料表面接触角大的主要原因是高表面张力，实验室测试填料 HETP 时都选用表面张力很低的有机物系，因此实验值可直接应用于表面张力低于 $25\mathrm{mN} \cdot \mathrm{m}^{-1}$ 的有机物系。主要成分为水的高表面张力物系（表面张力高达 $70\mathrm{mN} \cdot \mathrm{m}^{-1}$ 左右），HETP 需要加倍；表面张力在 $40\sim50\mathrm{mN} \cdot \mathrm{m}^{-1}$ 的中等表面张力物系，HETP 取实验值的 1.5 倍左右。

对于有机物水溶液物系，填料效率急剧下降主要发生在液体表面张力因浓度变化急剧增大的位置，通常是水溶液中有机物浓度降低到很低的填料末端[54,55]，比如甲醇-水精馏塔的底部，这些部位的效率大幅度下降，填料效率的余量需要加倍。

有趣的是，在水-空气直接换热、水吸收等操作中，因为采用塑料填料，润湿不好，刚开车时效率很低，但是运行一段时间以后，由于少量杂质附着于填料表面，润湿性改善，填料效率趋于正常。

图 14-4-23、图 14-4-24 为 Koch-Glitsch 公司散装填料金属 Intalox、阶梯环在 CO_2 吸收操作中的气相总传质系数数据；图 14-4-25 为 FRI 检测的天人北洋 Winpak-3 与 250Y 板波纹的 HETP 数据；图 14-4-26 为 Sulzer 高比表面积规整填料的全回流精馏 HETP 数据。其他填料传质数据可以参阅文献 [11]、[34] 等。

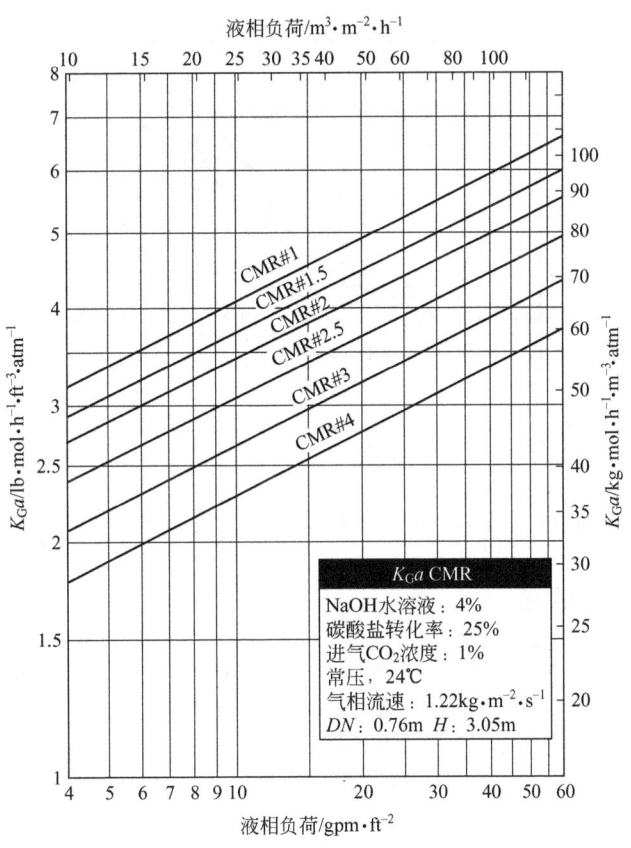

图 14-4-24　阶梯环 CO_2 吸收传质系数

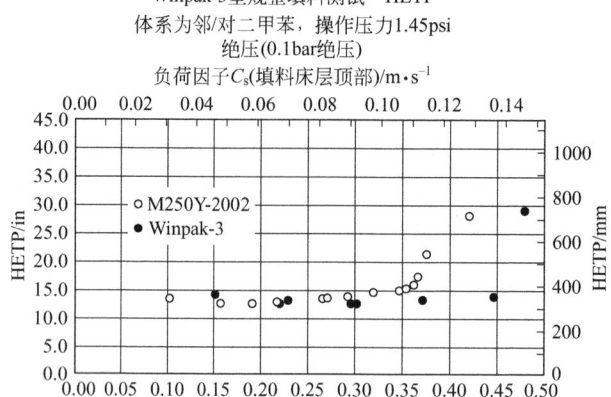

图 14-4-25　天大北洋 Winpak-3 与 250Y 板波纹的 HETP 数据

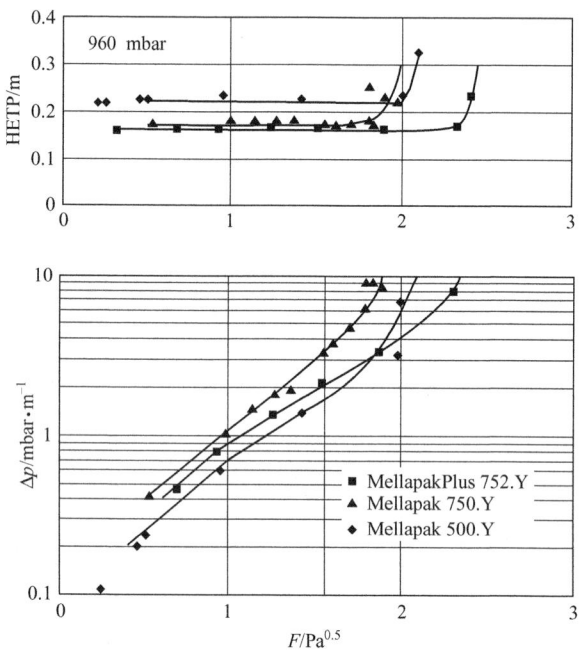

图 14-4-26　Sulzer 高比表面积规整填料的全回流精馏 HETP 数据

4.6.3　HETP 简捷估算

在无法对效率进行关联式计算又缺少实验数据的情况下，填料效率只能简单估算。Kister 等在前人工作基础上总结得到散装填料与规整填料的 HETP 估算式[56]：

$$\text{HETP} = \frac{93}{a_p} \tag{14-4-27}$$

$$\text{HETP} = \frac{100 C_{xy}}{a_p} + 0.10 \tag{14-4-28}$$

式中　C_{xy}——与波纹倾角相关参数，Y 型取 1，X 型取 1.45。

式(14-4-27)适用于第二代以后的散装填料,填料尺寸小于25mm时HETP估值偏保守。式(14-4-28)适用于波纹规整填料,填料比表面积超过300m²·m⁻³时HETP估值偏低。

从式(14-4-27)、式(14-4-28)得到的HETP估值对于物性、操作条件及参数极端的操作同样需要调整。

4.6.4 放大效应与端效应

不管采用以上哪种方法,计算填料的传质效率后都还需要考虑填料层的放大效应与端效应。

(1) 放大效应 除了文献[57]认为塔径1m以下填料塔对压降有较大影响外(图14-4-27),多数文献[29,55,58,59]认为塔径对压降和效率都没有影响,因此,只要液体初始分布足够均匀,可以不考虑塔径对填料效率的影响。

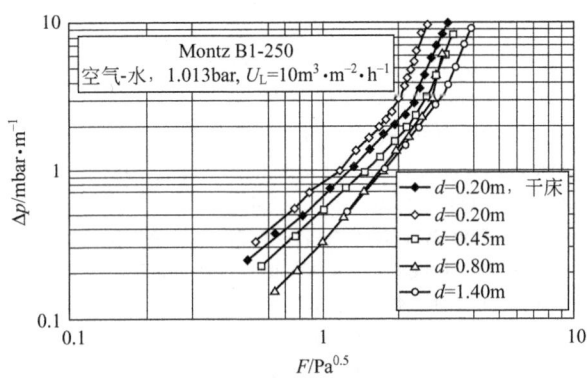

图 14-4-27 塔径对压降的影响[57]

填料高度对效率的影响主要体现在分布恶化导致效率下降,参见液体不良分布章节的内容。

(2) 端效应 填料层端效应对分离效率的影响主要包括三个方面:填料层顶部的液体初始分布与填料层底部气体初始分布、填料层以外气液间的接触,以及过冷或过热进料。

液体从分布器进入规整填料,一般经过3盘填料即可在整个塔截面均匀分布,因此,在填料层高度比较低的情况下,一般需要加1~2盘填料作为余量,如果是散装填料,通常加200mm高度。

填料层以外气液间的接触虽然对气液传质有所贡献,但是相对整个填料层的传质总量而言可以忽略不计。

过冷液体、物料进入填料后,气液两相发生传热,导致气体的冷凝。一方面液体流量会增大;另一方面气体冷凝,使压力下降,下方气体流速增大,严重时会发生液体和气体的冲击,导致分离效率急剧下降,并损坏填料与内件。同样,过热气体进料蒸气会导致液相蒸发,气体流量加大,造成填料塔的处理量降低。当填料在接近泛点操作时,一定要避免过冷或过热进料,否则可能发生液泛,致使填料塔不能正常操作。

在不发生液泛的情况下,过冷或过热物料进入填料后,必须消耗一段填料用来进行热交换,使得气液两相达到平衡温度,设计时可多取1~2个理论级以补偿端效应的影响。

一般参考文献

[1] 时钧，汪家鼎，余国琮，陈敏恒. 化学工程手册. 第2版. 北京：化学工业出版社，1996.
[2] Green D W, Perry R H. Perry's Chemical Engineers' Handbook. 8th ed. New York: McGraw-Hill Education, 2007.
[3] 王树楹. 现代填料塔技术指南. 北京：中国石化出版社，1998.
[4] Kister H Z. Distillation Design. New York: McGraw-Hill Education, 1992.

参考文献

[1] Zhang Y L, Zhu H M, Yin Q X. Chem Eng Technol, 2013, 36(7): 1138.
[2] Chen G K, Chuang K T. Hydroc Proc, 1989, 68(2): 37.
[3] Billet R. Packed Column Analysis and Design. Bochum: Ruhr University, 1989.
[4] 兰仁水，朱慧铭，王树楹. 石油化工设计，1993，(1)：16.
[5] Dombrowski H S, Brownell L E. Ind Eng Chem, 1954, 46: 1207.
[6] Green C W. Ind Eng Chem Res, 2007, 46(17): 5734.
[7] Bemer G G, Kalis G A J. Trans Inst Chem Eng, 1978, 56: 200.
[8] Mackowiak J. Fluid Dynamic of Packed Columns. New York: Springer, 2010.
[9] Billet R, Schultes M. Inst Chem Eng Symp Ser, 1987, (104): A159.
[10] Billet R, Schultes M. Inst Chem Eng Symp Ser, 1992, 2(128): B129-B136.
[11] Strigle R F. Random Packings and Packed Tower. Houston: Gulf, 1987.
[12] Brunazzi E, Paglianti A. AIChE J, 1997, 43(2): 317.
[13] Engel V, Stichlmair J, Geipel W. Ind Eng Chem Symp Ser, 1997, (142): 939-947.
[14] Sherwood T K, Shipley G H, Holloway F A L. Ind Eng Chem, 1938, 30: 765.
[15] Leva M. Chem Eng Prog Symp Ser, 1954, 50(10): 51.
[16] Eckert J S. Chem Eng Prog, 1961, 57(9): 54.
[17] Eckert J S. Chem Eng Prog, 1963, 59(5): 76.
[18] Eckert J S. Chem Eng Prog, 1966, 62(1): 59.
[19] Eckert J S. Chem Eng Prog, 1970, 66(3): 39.
[20] Strigle R F. Packed Tower Design and Applications. 2nd ed. Houston: Gulf Publishing, 1994.
[21] Kister H Z, Gill D R. Inst Chem Eng Symp Ser, 1992, 1(128): A109-A123.
[22] Zenz F A. Chem Eng, 1953, 60(7): 176.
[23] Strigle R F, Rukovena F. Chem Eng Prog, 1979, 75(3): 86.
[24] Kister H Z, Gill D R. Chem Eng Prog, 1991, 87(2): 32.
[25] Kister H Z, Scherffius J, Afshar K, et al., Chem Eng Prog, 2007, 103(7): 28-38.
[26] Billet R. Chem Eng Prog, 1967, 63(9): 53.
[27] Leva M. Chem Eng Prog, 1992, 88(1): 65-72.
[28] Silvey F C, Keller G J. Chem Eng Prog, 1966, 62(1): 68.
[29] Stichlmair J, Bravo J L, Fair J R. Gas Sep & Purif, 1989, 3: 19.
[30] Robbins L. Chem Eng Prog, 1991, 87(5): 87-90.
[31] Rocha J A, Bravo J L, Fair J R. Ind Eng Chem Res, 1993, 32: 641.
[32] Olujic Z. Chem Biochem Eng Quart, 1997, 11: 31.
[33] Olujic Z. Trans Inst Chem Eng, 1999, 77 (Part A): 505.
[34] Kister H Z. Distillation Design. New York: McGraw-Hill Education, 1992.
[35] Hanley B, Chen C C. AIChE J, 2012, 58(1): 132.
[36] Whaley A K, Bode C A, Ghosh J, et al. Ind Eng Chem Res, 1999, 38: 1736.
[37] Wang G Q, Yuan X G, Yu K T. Ind Eng Chem Res, 2005, 44: 8715.

[38] Onda K, Takeuchi H, Okumoto Y. J Chem Eng Jpn, 1968, 1: 56.
[39] Cornell D, Knapp W. G, Fair J R. Chem Eng Prog, 1960, 56: 68.
[40] Bolles W L, Fair J R. Chem Eng, 1982, 89(14): 109-116.
[41] Mackowiak J. Chem Eng Res Des, 2011, 89: 1308.
[42] Mackowiak J. Chem Eng Res Des, 2015, 99: 28.
[43] Bravo J L, Rocha J A, Fair J R. Hydrocarbon Process, 1985, 64(1): 91.
[44] Bravo J L, Rocha J A, Fair J R. Inst Chem Eng Symp Ser, 1992, 1(128): A489-A507.
[45] Rocha J A, Bravo J L, Fair J R. Ind Eng Chem Res, 1996, 35: 1660.
[46] Olujic Z, Kamerbeek A B, de Graauw J. Chem Eng Process, 1999, 38(4-6): 683-695.
[47] Olujic Z, Seibert A F. Chem Biochem Eng Quart, 2014, 28(4): 409-424.
[48] Rahimpour M R. Ind Eng Chem Res, 2011, 50: 6886.
[49] Nooijen J L, Kusters K A, Pek J J B. Inst Chem Eng Symp Ser, 1997, (142): 885-897.
[50] Zuiderweg F J, Nutter D E. Inst Chem Eng Symp Ser, 1992, 1(128): A481-A488.
[51] Zuiderweg F J, Olujic Z, Kunesh J G. Inst Chem Eng Symp Ser, 1997, (142): 865-872.
[52] Cai T J, Chen G X, Fitz C W, Kunesh J G. Trans Inst Chem Eng, 2003, 81: A85.
[53] Koshy T D, Rukovena F Jr. Hydrocarb Proc, 1986, 65(5): 64.
[54] Mackowiak J. Chem Eng Prog, 1991, 29: 93.
[55] Valenz L. Ind Eng Chem Res, 2013, 52: 5967.
[56] Schweitzer P A. Handbook of Separation Techniques for Chemical Engineers. 3rd ed. New York: McGraw-Hill, 1997.
[57] Olujic Z. Chem Eng Res Des, 1999, 77: 505.
[58] Billet R. Packed Towers. Weinheim: VCH Verlagsgesellschaft mbH, 1995.
[59] Meier W, Hunkeler R, Stocker W D. Chem Ing Tech, 1979, 51(2): 119.

5 填料塔流体分布及塔内件

在填料塔内，气液两相的实际流动并非为平推流，而是存在着不同程度的不良分布，即气液两相的流速在塔截面上是不均等的。塔内流体的不良分布不仅影响填料塔的分离效率，对压降、通量及操作弹性等也有影响。

不良分布可以采用不良分布参数 M_f 来衡量：

$$M_f = \frac{1}{n}\sum_{i=1}^{n}\left(\frac{q_i - \overline{q}}{\overline{q}}\right)^2 \tag{14-5-1}$$

式中　n——检测点数量；

　　　q_i——第 i 个检测点流体流率，$m^3 \cdot s^{-1}$；

　　　$\overline{q}$——所有检测点平均流率，$m^3 \cdot s^{-1}$。

M_f 越低，说明分布质量越高，即分布越均匀。

在填料塔操作恶化或者达不到设计指标的情况中，相当一部分是由于液体分布器以及其他塔内件的选择、设计、安装、操作或损坏造成的[1,2]，因此塔内件是填料塔性能的重要保障。

5.1 填料液体分布

在填料塔内，液体的不良分布往往比较严重，而气体分布则比较容易均匀同时受液体分布的影响，所以在多数情况下应主要考虑液体分布。

5.1.1 填料的自分布性能

填料层中的液体主要沿填料的表面流动，填料的几何形状决定了液体流动时存在纵向与横向的速度分量，其中横向速度促进液体的横向分布，与填料的液体自分布性能有关。

Tour 等[3]首先通过理论和实验研究提出散装填料层中的液体流动符合正态分布的规律，点源进料的液体分布为：

$$q(z,r) = \frac{1}{2\pi\sigma^2}\exp\left(-\frac{r^2}{2\sigma^2}\right) \tag{14-5-2}$$

式中　σ^2——正态分布的方差，$2zD_p$，m^2；

　　　D_p——填料液体分散系数，m；

　　　z——与点源进料的垂直距离，m；

　　　q——液体分数；

　　　r——与点源进料的径向距离，m。

液体分散系数表征散装填料自分布能力的大小,与液体的喷淋量、物性以及填料的材质基本无关[4,5]。从图 14-5-1 可以看出,散装填料的液体分散系数随填料尺寸增大而增大,表面开窗口的填料的分散系数比同样公称直径无开窗填料的低,且随填料尺寸增长也少,这也是新型高效填料对液体分布要求更高的原因。

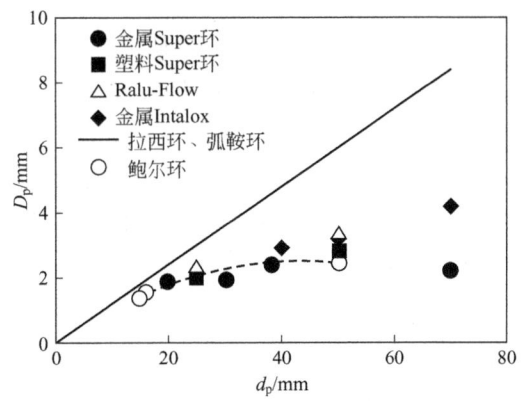

图 14-5-1　散装填料液体分散系数[6]

液体在散装填料中的横向流动没有角度差异,而在波纹规整填料中的横向流动主要集中于填料片之间沿填料片方向。图 14-5-2 为金属丝网波纹和板波纹填料中水点源进料流过单层填料高度后的分布。在板波纹填料中,水主要沿填料带倾角的通道流动,少量水越过波峰或穿过表面上的孔而流入下方相邻通道之中,其结果形成两个分布中心;而丝网波纹填料不同,由于毛细作用,液体可以越过波峰而进入下方相邻通道之中,分布呈瓶塞状,分布质量明显优于板波纹填料。波纹填料的自分布性能由通道倾角及表面特性决定。

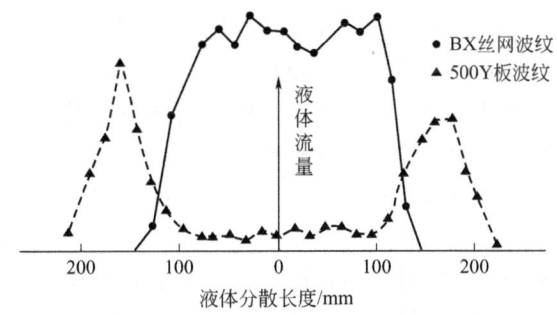

图 14-5-2　金属丝网波纹与板波纹填料液体自分布比较[5]

填料层顶部液体分布器各分布孔中流出的液体,借助填料的自分布能力,均布于整个塔截面。填料中的液体不良分布可以通过填料的自分布性能得到一定程度的弥补。

5.1.2　小尺度不良分布

小尺度不良分布在单个散装填料或规整填料通道尺度下存在,对于液体而言,因其在填料表面的沟流和溪流而造成。

Hoek 等[5]的实验表明,不论初始分布的均匀性如何,液体流过一定长度的填料之后都会建立一个稳定的分布,该稳定分布不随时间变化,具有重复性。填料重新装填后,新的稳定分布的细节有所变化,但其统计特性却没有变动,因此把该稳定分布称为填料的特征分布。填料的特征分布由填料的几何特性决定，液体不可能在填料表面完全均匀流动，因此小尺度不良分布无法消除。

填料特征分布达到与否可以通过小尺度不良分布参数 M_f 是否达到稳定值 M_f^* 来判断，填料自分布能力越强，液体分布器分布孔密度越高，越容易达到特征分布，即填料层顶部液体初始分布至特征分布距离越短。

填料的分布性能可以通过 M_f^* 来衡量，M_f^* 越低，分布性能越好。散装填料的液体 M_f^* 一般在 0.5 左右，板波纹 250Y 的液体 M_f^* 只有 0.25 左右，板波纹 500Y 和丝网波纹填料的液体 M_f^* 更低。

Zuiderweg 等[7]研究表明，由于液体径向流动所引起的径向混合作用，填料处于特征分布时的不良分布对分离效率的影响并不大，与完全均匀的理想分布相比分离效率仅仅下降 5%左右。由于规整填料的 M_f^* 比散装填料小，径向混合更好，因而处于特征分布时的不良分布对分离效率的影响更小。

5.1.3 大尺度不良分布

大尺度不良分布是指液体分布器严重堵塞、壁区喷淋不足、塔体倾斜等导致尺度较大的不良分布。填料的自分布能力难以消除大尺度不良分布，尤其是难以消除因不良分布导致的浓度不均匀分布，因此，大尺度不良分布会导致填料传质效率显著下降。

(1) 液体初始分布不均 液体分布器、压紧装置的设计、制造或安装不当往往会造成液体初始分布不均。在较小的填料塔中，初始分布不均可以通过填料的自分布性能得到校正，但达到填料特征分布所需的过渡填料高度则随着初始分布的不均匀程度的增加而增大。过渡段的效率要比其下方的主体段低，因此初始分布差、过渡段长，总的效率也就会降低。

在大型填料塔中，初始分布不均则很难通过填料的自分布性能得到校正，所以填料塔越大，填料尺寸越小（自分布能力差、效率高），初始分布要求越高。

与散装填料相比，由于流体在波纹规整填料中的流动主要限制在相邻填料片之间，因此对不均匀分布更为敏感，但是对于壁区喷淋不足的初始分布，则散装填料影响更大[8]。

评价分布器的分布质量不能单单看各分布点流量的均匀性，更为重要的是不良分布的尺度、位置及形状等。壁区不良分布的影响比中心区域不良分布的影响大[9]，块状的大尺度不良分布对分离效率的影响比长条状不良分布影响大[10]。

(2) 填料层结构的不均一 填料层结构的不均一主要包括壁区与填料层主体间的差异、填料装填的不均一，以及由于部分填料的损坏、变形等引起的不均一等。

在大直径的散装填料塔中，很难做到填料的装填均一。填料层装填密度不均，一方面会增加过渡段长度，另一方面会破坏已经建立的特征分布，使分布恶化，两者都会引起填料效率的下降，这也是散装填料放大效应比规整填料大的原因之一。同样，填料的损坏、变形等引起的填料层的不均也会导致分离效率的下降。

在填料塔中，塔壁附近的空隙率比填料主体大，液体又易于沿垂直的塔壁向下流动，造成液体从填料主体向壁区流动的趋势比从壁区向填料主体流动的趋势大，因此壁流不断增大，直到建立一个平衡，这就是壁效应。在精馏操作中，热损失引起壁流温度降低，蒸气与之接触后部分冷凝，这也会加快壁流的发展。

小直径填料塔更易发生壁流。早在 1935 年，Baker 等[11]研究发现，填料塔的直径必须大于散装填料直径的 8 倍以上，否则将产生严重的壁流。长期以来，这一直作为散装填料塔的设计准则，尤其是小直径实验塔。Huber 等[12]推荐工业填料塔的直径最好大于填料直径的 30 倍。

在小直径散装填料塔中，若填料层较高，可以通过安装玫瑰形防壁流圈（图 14-5-3）来收集并再分布壁流。在规整填料塔中，每盘填料都装有紧贴塔壁的防壁流圈，把收集到的壁流引入填料。Stikkelman 等[13]的实验表明，在气速比较大时，流过 4 盘防壁流圈底部带折边的 Montz 波纹规整填料后，壁区液体反而增加，液体不良分布参数 M_f 高达 1.7，而采用不带折边的壁流圈后不良分布系数 M_f 降到 0.43。

图 14-5-3　散袋填料塔防壁流圈

Olujic 等[14]的研究表明，在波纹规整填料塔中，由于气体流动的作用，液体倾向于从壁区向中心区域转移，壁区的液体流量低于平均值。

在大直径的规整填料塔中，填料一般采用分块组装，块与块间的间隙会阻止液体的横向分散。Olujic 等[15]实验表明，在 3000mm×500mm 的方塔中，液体流过 4.2m（20 盘）分块组装的规整填料后，液体的分布仍然保留着初始分布的特征，而在不分块组装的小直径规整填料塔中，一般液体流过 3 盘填料后即可达到特征分布。

Pavlenko 等[16]发现，在 900mm 直径的规整填料精馏塔中，在液体达到特征分布时，浓度、温度都很均匀，但随着传质的进行，浓度、温度就开始产生显著的不均匀分布。因此，填料超过一定高度必须安装液体再分布器，一般每段填料塔的理论板数不要超过 25 块。

(3) 塔体的倾斜与摆动　造成填料塔体倾斜与摆动的主要原因有：①由于塔体制造或安装产生的误差；②塔在强风作用下的摆动；③海浪对建造于海上平台或船舰之上的填料塔的摆动作用。在倾斜的填料塔中，下方壁区液体量高于平均值，而上方壁区液体分布不足，造成的液体不良分布导致填料传质效率下降。

在相同的倾斜度下，高径比越大，效率下降越严重，液体分散系数大的填料受影响小。倾斜不动的填料塔的效率是摆动填料塔效率的下限，摆动频率越高，效率越是接近甚至超过垂直塔[17]。

在设计倾斜的填料塔时，Porter 等[18]推荐几何相似放大准则，即填料层的高度、直径以及填料颗粒直径保持相同的比例，在负荷与初始分布相同的情况下，气液两相分布不变，效率也不变。Tanner 等[17]的实验表明，在液体负荷较大时，这一放大准则的误差较大。

总之，大尺度不良分布难以通过填料的径向混合来抵消其对传质效率的影响。在载点以上，由于气液交互作用增强，液体不良分布还会导致气体不良分布，液体流量大的部位气体流量小，气液比差异更大，对效率的影响也更大。

5.2　填料气体分布

与液体不同，气体在填料塔中为连续相，且流速比较高，因此分布比较容易均匀。气体在填料中的稳定不良分布参数 M_f^* 比液体小一个数量级（表 14-5-1），因此可以忽略不计。

表 14-5-1 填料气液相 M_f^* 比较

填料	气相[19]	液相[5]
20mm 玻璃拉西环	0.099	0.65
陶瓷矩鞍环	0.035	0.72
250Y 板波纹	0.048	0.26
BX 丝网波纹	0.014	0.14

与液体相同，填料对气体的分散能力主要与填料的大小和几何形状相关，填料尺寸越大，分散能力越强；但是，开窗填料对气体的分散能力却比无开窗填料强，这点与液体相反。

由于气体比较容易分布，一般不会发生大尺度气体不良分布，因此在多数场合并不需要考虑气体分布，但是以下场合需要注意气体分布：

① 气相进料管径小、动能过高[20]，F 因子超过 $27\mathrm{m \cdot s^{-1} \cdot (kg \cdot m^{-3})^{0.5}}$，或者进气动能超过底部 0.3m 高填料压降的 8 倍，或者填料床层压降低于 $0.65\mathrm{mbar \cdot m^{-1}}$；
② 填料层高径比很低；
③ 塔径变化很大的位置；
④ 高压精馏或其他液体处理量很高、气体处理量很小的填料塔中；
⑤ 气体采出量超过塔内总气量 1/4 以上。

CFD（计算流体力学）可以较好地应用于模拟气体在填料床层的分布。

5.3 液体分布器

为了保证液体在填料层内均匀分布，必须在填料塔中安装液体分布器，把液体均匀分布于填料层的顶部。在填料塔中，在所有物料进、出口处都必须分段。此外，填料层过高会导致液体分布的恶化以及机械强度等问题，也需要把填料层分段。除顶部第一段填料所设分布器外，下面各段的分布器也称为再分布器。

液体分布器的分布质量不仅仅影响着填料的传质效率，而且还会对填料的操作弹性产生影响（图 14-5-4），因此，液体分布器是填料塔内最为关键的内件。在 Kister[1,2] 收集的

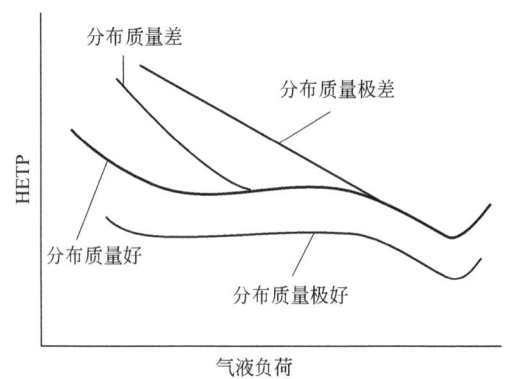

图 14-5-4 液体初始分布的影响（气液比恒定）[21]

1992 年以后 10 年间的填料精馏塔故障案例中，分布器原因导致精馏故障的比例最高。

Olsson[22] 提出液体分布器设计与操作的 6 项关键措施：

① 正确评估分布孔堵塞的可能性，避免小直径分布孔，必要时加装过滤器；

② 高压或过热液体闪蒸后进入液体分布器，避免带入气相；

③ 检查分布点设置；

④ 安装前做水试；

⑤ 保证液相进料正确流入液体分布器；

⑥ 安装后彻底检查。

Kister[21] 指出，如果做到 Olsson 要求的 6 项措施，2003 年之前 50 年内文献报道的 80%～90% 分布器故障案例都可以避免。

Fitz 等[8] 在直径 1.2m、高 3.78m 的填料精馏塔中实验，液体分布器分布孔密度（单位塔截面积分布孔数）从 103m^{-2} 降至 26m^{-2}，散装填料与规整填料的效率都几乎不变。Strigle[20] 建议分布孔密度取 60～100m^{-2}，最低不得低于 40m^{-2}。但是，对于高床层、大直径、高效率填料、高压精馏等情况，建议采用较高的分布孔密度。

分布点应该在整个塔截面上均匀设置，个别分布点因为结构原因稍微偏离不会影响分布质量。需要特别注意的是，出于对壁流的担忧，加上液体分布器在塔壁附近区域布点困难，因此近壁区分布点设置相对较少，导致壁区填料喷淋不足、分离效率下降，对于高纯度产品精馏，产品浓度则会难以达标，这种情况在实际工业装置中时有发生。

液体分布器根据液体的流动动力划分为重力型和压力型两种，重力型又分为孔流型与溢流型。按结构形式，液体分布器又分为管式、槽式和盘式等。各种分布器分别具有各自的特点，适用于不同场合。

5.3.1 孔流型液体分布器

孔流型液体分布器中的液体维持相同的液位，在重力作用下从下部相同孔径的分布孔中流出，进入下方的填料层。孔流型液体分布器的分布孔直径可以采用下式来计算：

$$V = \frac{1}{4} n \pi d^2 k \sqrt{2gh} \tag{14-5-3}$$

式中 V——液体处理量，$m^3 \cdot s^{-1}$；

n——孔数；

d——孔径，m；

k——孔流系数，无量纲；

g——重力加速度，$9.81 m \cdot s^{-2}$；

h——液位高度，m。

孔流系数 k 根据打孔的方式取不同的数值，对于冲压孔 k 取 0.707[23]，若为钻孔可取 0.62～0.63。

按照结构形式，孔流型液体分布器主要分槽式、盘式和管式三种（图 14-5-5～图 14-5-7）。槽式液体分布器（图 14-5-5）由若干平行水平分布槽组成，各分布槽之间设置连通槽，以维持相同液位。液体引入分布槽，从分布槽下部底面或侧面所开的分布孔流出，进入填料层，气体从分布槽之间通过。

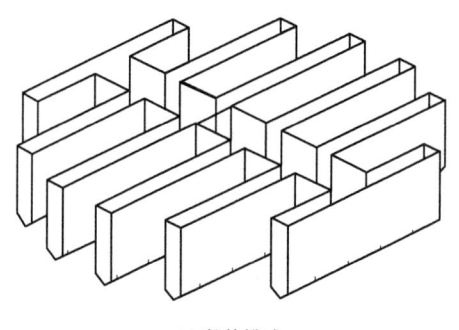

(a) 整体槽式

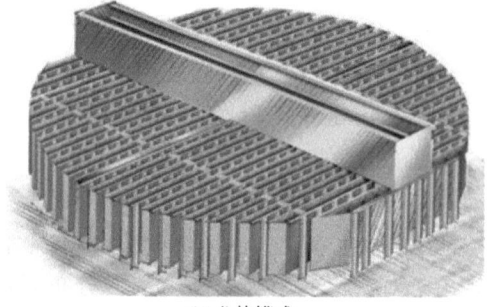

(b) 分体槽式

图 14-5-5　孔流槽式液体分布器

在大直径填料塔中，填料和内件都需要从人孔进入塔内安装，液体分布器必须做成分体结构。图 14-5-5(b) 为分体槽式分布器，含上下两级分布，液体由上部一级槽初始分布，进入下部的二级分布槽，每 2~3 个相邻的二级槽连成一体，确保可以通过人孔进入塔内。

在槽式分布器中，液体进入分布槽后流向分布槽端部，液体流速由最高递减，液面会产生梯度，液面最大落差与最高流速间关系为[23,24]：

$$h_g = 51 v_H^2 \tag{14-5-4}$$

式中　h_g——进液位置与分布槽端部液面高度差，mm；

v_H——进液位置槽中液体最高流速，m·s^{-1}。

盘式液体分布器（图 14-5-6）中的液体完全连通，气体从圆形或矩形的升气管中通过。分布孔可以开在底盘，也可以开在升气管底部的侧面，或者开在降液管的侧面。升气通道上方设置挡板后，可以用作液体再分布器，从上段填料流下的液体无须液体收集器收集，直接

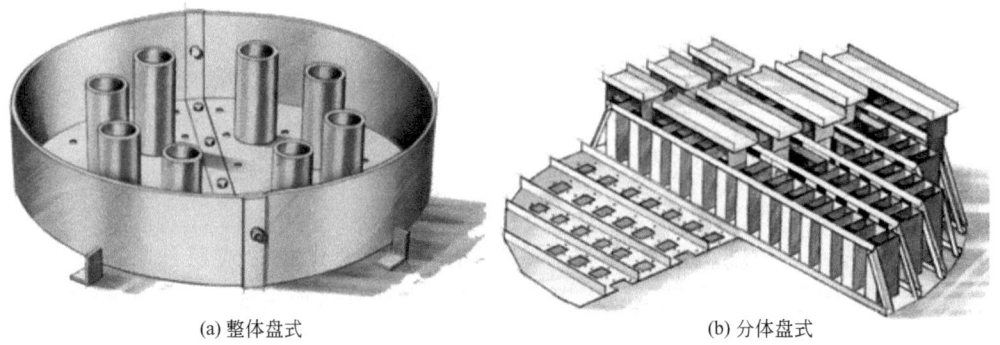

(a) 整体盘式　　　　　　　　　　　(b) 分体盘式

图 14-5-6　孔流盘式液体分布器

进入盘式分布器进行再分布。图 14-5-6(b) 为需从人孔安装的分体盘式液体分布器，分块的底盘安置在塔圈上。

槽式分布器与盘式分布器最主要的差异在于：前者气体流通面积高达塔截面的 50% 以上，气体阻力非常小，而液体持液量则较小；后者气体流通面积通常只有塔截面的 15%～45%，气体阻力较高，而液体持液量则较大。

图 14-5-7 为孔流型管式分布器，其特点为分布质量高、液面波动影响小、气体阻力小，常用于小直径及高比表面积填料塔，在其他场合应用相对较少。

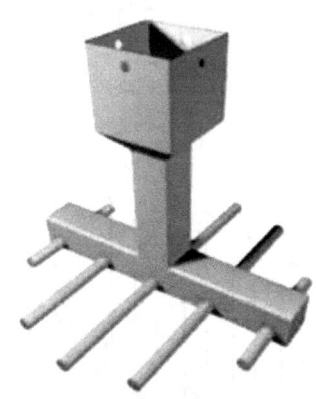

图 14-5-7　孔流型管式分布器

孔流型液体分布器侧面开孔时，如果液体流出分布孔的流速、穿过分布器的气体流速都较高，容易发生液体喷溅与夹带，必须安装角钢［图 14-5-8(a)］或弯管［图 14-5-8(b)］导液。在真空精馏等液体流量极小的填料塔中，往往采用侧开孔加挡板的结构，液体从分布器侧开孔喷到弯曲的挡板上，使得液体分散开，这种结构可以减少分布点、增大孔径、避免堵塞，但又不会降低分布质量。

孔流型液体分布器的显著优点是流动稳定、液位高度统一、分布孔数多，因此分布质量比较高，应用最为广泛。盘式分布器的液面完全连通，操作弹性可以高达 4∶1；槽式分布器的操作弹性在 2.5∶1 左右，增加分布器的高度可以提高操作弹性。对于分批精馏等操作弹性要求更高的液体分布器，可以采用多排孔降液管结构［图 14-5-8(c)］。

无论盘式还是槽式液体分布器，对安装的水平度要求都较高，液面的波动也会影响分布质量。另外，其结构较复杂，造价较高，占据的空间也比较大，尤其是采用多级分布的槽式分布器。

孔流型液体分布器在选择、设计和操作时应该注意以下几点：

① 孔流型分布器的安装水平度要求较高，在 1.5～2.5m 直径的塔中水平度误差必须小于 3mm，在 2.5～6m 直径的塔中水平度误差必须小于 6mm。

② 对于闪蒸进料，可以在进料管下方加装填料，以缓冲液体进料，减轻气体夹带，避免液面波动。

③ 分布器不能过于靠近填料，尤其是盘式分布器或有大连通槽的槽式分布器，一方面影响气体分布，另一方面绕流的气体影响液体喷淋。

④ 大直径液体分布器应采用多级分布，分布槽中液体的最大流速应尽量控制在 0.15m·s^{-1} 以下，避免分布器内产生显著的液面落差。

⑤ 分布器液面的最大高度必须距离分布器上缘 25mm 以上，考虑到实际生产的波动，

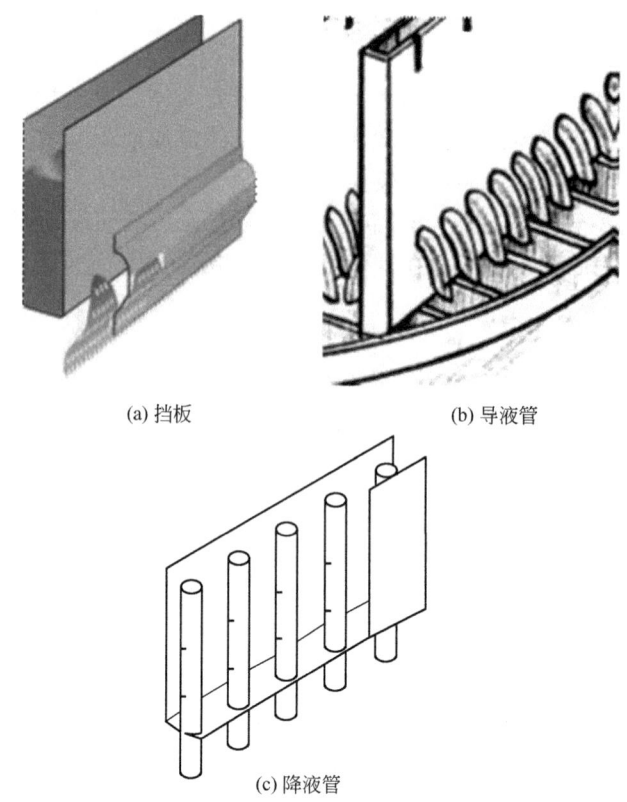

(a) 挡板　　(b) 导液管

(c) 降液管

图 14-5-8　孔流液体分布器开孔方式

设计液位高度应为分布槽高度的 50%～70%，也可以按照 10%～15% 的喷淋孔遭到堵塞后不会溢流为标准确定液面设计高度，必要时分布器上部可以加设溢流孔。最低液位必须高于孔心 20mm，否则会因水平度偏差导致分布质量严重下降。

⑥ 在分布器侧面开孔具有较好的抗堵能力，但是流出的液体容易受到气流影响，在真空精馏等气速高、液量低的填料塔中，分布孔外部可以设置导流管，避免气流影响。

⑦ 在高压、高液量下操作，或处理易起泡物料时，液体容易夹带气体进入分布器，导致液体喷淋不稳定、不均匀，严重时还会导致液体从分布器上部溢流。高压填料塔中尤其要小心，一方面由于压力高，气液两相间的密度差小，气体难以从液体中解脱出来；另一方面液体流量大，停留时间短，气体容易随液体一起从喷淋孔中喷出，导致分布质量下降。此时，盘式液体分布器的持液量远高于槽式分布器，因此相对更加适应。

5.3.2　溢流型液体分布器

溢流型液体分布器分槽式和盘式两种（图 14-5-9）。与孔流分布器不同，溢流型分布器中的液体是从分布器上方的孔中溢出，溢流孔一般采用 V 字形。

盘式溢流型液体分布器的气体通道面积较小，气体流速高，影响流入气体通道中的液体，允许的最大液体量与最大气体通量相互制约，计算方法参阅文献 [25]。槽式分布器的自由面积较大，气体阻力小，因此液体处理能力更大。

与孔流型液体分布器相比，溢流型液体分布器的水平度、液面的波动对分布孔流量的影响更大，加上分布孔更少，因此分布质量远比孔流型分布器差，这是溢流型分布器的主要

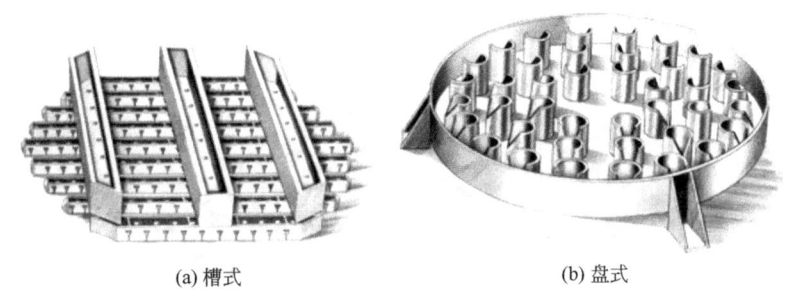

(a) 槽式　　　　　　　　　(b) 盘式

图 14-5-9　溢流型液体分布器

缺点。

溢流型分布器的主要优点有：

① 抗堵、抗腐蚀能力强，可处理含固体或接近冰点的物料；

② 操作弹性大、处理量高，溢流型槽式分布器的操作弹性可达 4：1，处理量可达 $120m^3 \cdot m^{-2} \cdot h^{-1}$。

对于溢流型液体分布器，在选择、设计和操作中必须注意以下几点：

① 溢流型液体分布器分布质量对液面的波动和分布器水平度极为敏感，其溢流孔流量正比于液位高度的 2.5 次方，而且液位高度也非常低，因此，分布器水平度稍差即会引起液体不良分布，分布器必须装有水平调节装置。

② V 字形溢流孔的角度一般在 30°～60°之间，最小和最大处理量下的操作液位应分别保持在距离 V 字形孔尖角 25mm 和 75mm 左右。

5.3.3　压力型管式液体分布器

压力型管式液体分布器中的液体靠流体输送压力推动，分孔流式 [图 14-5-10(a)] 与喷洒式 [图 14-5-10(b)] 两种，管式分布器留给气体的自由面积非常大，占塔截面面积的 70%以上，因此气体阻力极小，适用于气体流量非常大的场合。此外，压力型管式液体分布器受水平度影响很小，因而适用于摆动的车载、舰载塔等。

压力型孔流管式分布器内的液体在较高的压力下以较高的流速从分布孔中流出，因此分布孔数较少，加上流量易受泵压波动影响，因此分布质量比较差。与其他分布器相比，管式分布器具有占据空间小、造价低、结构简单、易于支承等显著优点。

孔流管式液体分布器在选择、设计和操作中必须注意以下几点：

① 只能用于液体单相进料，操作时必须注意充满液体；

② 抗堵能力差，非常容易堵塞，为保险起见需要加装过滤器；

③ 孔径小、孔速高，分布质量对腐蚀非常敏感。

喷洒管式分布器的结构与孔流管式分布器相似，只是用喷嘴取代了喷淋孔，液体从喷嘴中喷出，形成一个圆锥体，典型的锥角可达 120°。影响分布质量的因素除压力、流量和物性之外，还包括喷嘴的结构类型、喷射的锥角、喷嘴与床层的距离等，目前还没有成熟的设计方法。在各类分布器中，喷洒式分布器的分布质量最差，而且喷嘴易于损坏。

在填料层高度较低时，从喷洒管式分布器喷洒出的液体与气体间发生的传质或传热在总传递中占有一定的比例，因此喷洒式分布器常用于填料层高度较低的直接换热、涤气除尘、

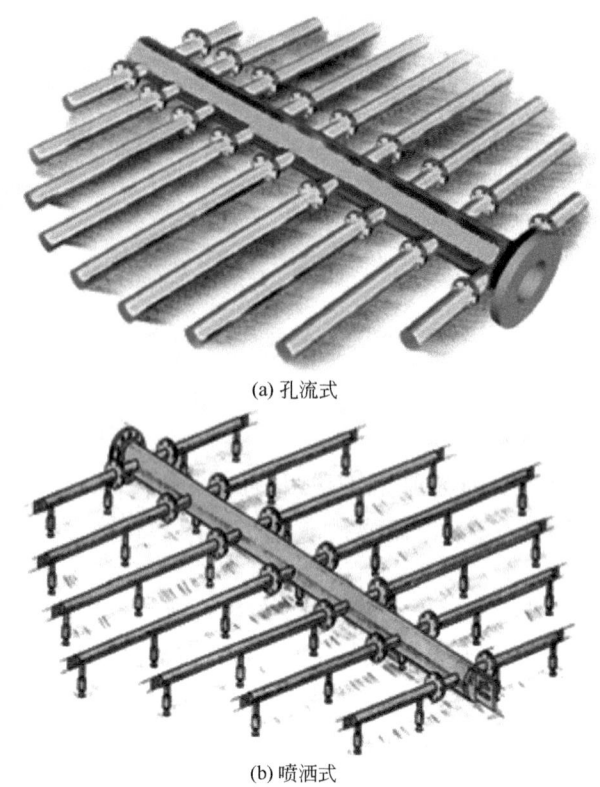

(a) 孔流式

(b) 喷洒式

图 14-5-10　压力型管式液体分布器

催化裂解以及原油炼制塔中。在小塔（只需一个喷嘴）或一些气体处理量很高的塔中也有应用。

与孔流型管式分布器一样，喷洒式液体分布器具有结构简单、造价低、易于支承、气体处理量大等优点。其缺点是液体雾沫夹带严重，必要时需安装阻力较大的除沫器。

喷洒式液体分布器在选择、设计和操作中必须注意以下几点：

① 喷洒的圆锥体底部面积要求重叠，在壁区既要保证有足够的喷淋量，又要避免液体直接喷淋到塔壁上，产生过大的壁流；

② 进料中不能含有气相和固相；

③ 与孔流管式分布器相比，遭到腐蚀后对液体分布质量的影响则更大。

5.4　其他塔内件

5.4.1　填料支承

填料支承安装在填料层的底部，具有以下几个作用：

① 阻止填料穿过填料支承落下；

② 支承操作状况下填料床的重量；

③ 具有足够的自由面积，气液两相自由通过，避免液泛。

对于散装填料，填料支承的开孔必须小于填料颗粒，必要时可以在支承上先装填规整填料或者整砌的散装填料。由于填料会穿过遭腐蚀而损坏的支承，即使系统只有轻微的腐蚀，因此填料可以采用碳钢制造，填料支承也最好采用不锈钢制造。

填料支承的设计载荷应包括填料和填料在液泛状态下的持液盘两者的重量，此外，还应考虑压力波动所产生的冲击以及腐蚀余量。如果填料的压紧装置和液体分布器直接安装于填料顶层，设计载荷还应包括压紧装置和盛有液体的分布器的重量。

在保证支承强度和单个开孔小于填料单体尺寸的前提下，总开孔面积应尽可能达到或超过填料层截面的自由面积，填料支承的开孔率过小，将导致填料层底部液泛。填料支承的开孔率一般在70%以上，陶瓷、石墨以及塑料制造的填料支承在保证不会发生液泛的前提下可以稍小一点。此外考虑到气体的初始分布，填料支承的开孔必须是均布的。

常用填料支承主要有驼峰支承与格栅支承两种。

(1) 驼峰支承 驼峰支承采用波形结构（图14-5-11），气液两相分开流动，液体主要从底部开孔流出，气体主要从侧面开孔流入，而且总的开孔面积很高，可以超过塔截面积，因此不会发生液泛。在正常操作条件下，气体通过驼峰支承所产生的压降小于59Pa，液体流量可以高达$120\sim245\mathrm{m}^3\cdot\mathrm{m}^{-2}\cdot\mathrm{h}^{-1}$。

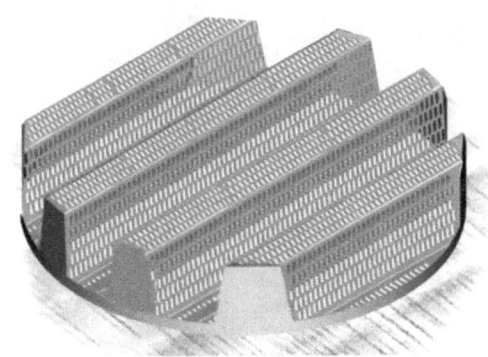

图14-5-11 驼峰支承

由于驼峰支承具有气液两相分流和开孔面积大的优点，广泛应用于散装填料塔。

(2) 格栅支承 格栅支承由栅条构成（图14-5-12），开孔率较高，采用金属制造时高达95%～97%，陶瓷制造时达70%，气体阻力小，对液体流动影响极低，不易液泛。

图14-5-12 格栅支承

格栅支承广泛应用于规整填料塔，也可以用于 38mm 以上尺寸的散装填料，其结构简单，造价比驼峰支承低。

5.4.2 填料压紧和限位装置

在填料顶部安装填料压紧或限位装置，以固定填料层。较高的气速和压力波动会导致填料的松动，使得填料层内填料装填密度产生差异，导致液体不良分布。严重时还会导致塑料散装填料流化、陶瓷填料损坏，甚至把填料带入下游装置之中，影响下游装置的操作。

在散装填料塔中，填料压圈［图 14-5-13(a)］直接压在堆积密度易于变化的散装填料上面，重量要适中，既能随床层高度变化而上下位移，又能压紧填料，阻止顶部填料松动，但不能压坏填料。为了既满足较高的开孔率又能阻止填料颗粒穿过，一般采用格栅底部加板网（龟甲网）的结构。

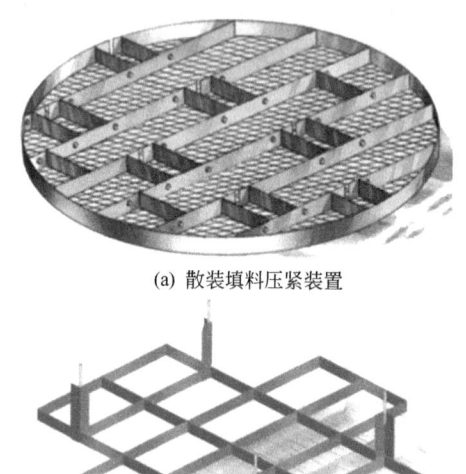

(a) 散装填料压紧装置

(b) 规整填料限位装置

图 14-5-13 填料压紧与限位装置

规整填料一般不会发生松动，可以采用简单的框架结构［图 14-5-13(b)］固定于塔壁，以限定床层高度。

5.4.3 液体收集器

采用槽式液体分布器作为再分布器时，需要设置液体收集器，把从上段填料层流出的液体收集起来，再导入下方的再分布器。如果有液体进料，可以与进料混合，消除两者浓度差异，也可以用于侧线采出液体。此外，液体收集器还应具有较好的气体分布能力，在收集器与液体分布器之间有大量气体进出时不会影响上段填料的气体分布。

图 14-5-14(a) 为斜板式液体收集器，结构简单，气体阻力小，而且具有气体分布能力，因此应用广泛，尤其适合真空操作。图 14-5-14(b) 为盘式液体收集器，一般用于塔底液体的收集与气体分布。

液体收集器在选择、设计和操作中必须注意以下几点：

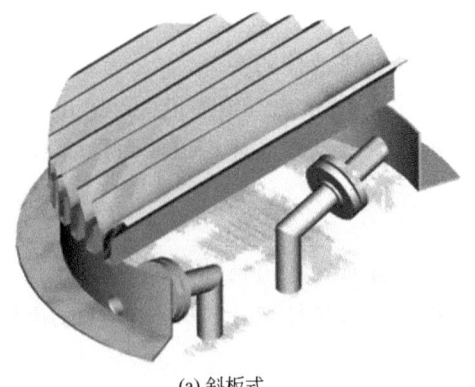

(a) 斜板式

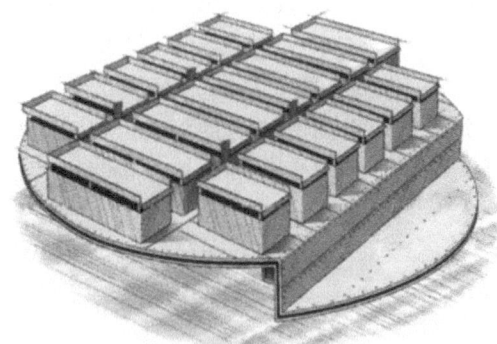

(b) 盘式

图 14-5-14 液体收集器

(a) 梯形导流

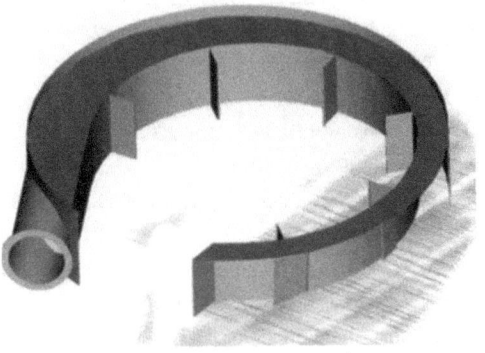

(b) 圆环切向导流

图 14-5-15 导流式气体分布器

① 在直径 6m 以上大型填料塔中，单独采用盘式分布器并不能充分混合液体、消除浓度分布，必须安装液体收集器来促进液体的混合。

② 盘式液体收集器上方的挡板必须比气体通道大 25mm 左右，以免液体流入气体通道。挡板下方的气体流动面积一般取到升气管气体通道截面积的 1.25 倍。

5.4.4 气体分布器

常用气体分布器的结构与分体盘式孔流液体分布器 [图 14-5-6(b)] 类似，液体可以从盘底的小孔流出，也可以采用降液管来排液。气体分布器的阻力要大于气体进塔的速度头，才能达到理想的分布效果。

在阻力限制的真空精馏塔以及分布要求不高的塔中，也可以采用斜板式液体收集器 [图 14-5-14(a)] 来分布气体。

在常压或高压塔中，允许一定的压降，F 因子在 $7.0\sqrt{\Delta p} \sim 11\sqrt{\Delta p}$ 之间的进气可以采用结构简单的 H 形气体分布管，更高气速的进料则可以采用导流式气体分布器（图 14-5-15），其阻力低、分布质量好，而且可以处理含液相的进气，能够很好地实现气液分离。

一般参考文献

[1] 时钧，汪家鼎，余国琮，陈敏恒. 化学工程手册. 第 2 版. 北京：化学工业出版社，1996.
[2] Kister H G. Distillation Operation. New York: McGraw-Hill Publishing Company, 1990.
[3] Green D W, Perry R H. Perry's Chemical Engineers' Handbook, 8th ed. New York: McGraw-Hill Education, 2007.

参考文献

[1] Kister H Z. Trans Inst Chem Eng, 2003, 81, Part A (1): 5.
[2] Kister H Z. Distillation Troubleshooting. New York: John Wiley & Sons Inc, 2006.
[3] Tour R S, Lerman F. Trans Am Inst Chem Eng, 1938, 35: 709.
[4] Bemer G G, Zuiderweg F J. Chem Eng Sci, 1978, 33: 1637.
[5] Hoek P J, Wesselingh J A, Zuiderweg F J. Chem Eng Res Des, 1986, 64 (11): 431.
[6] Dzhonova-Atanasova D, Kolev N, Nakov S. Chem Eng Technol, 2007, 30 (2): 202.
[7] Zuiderweg F J, Hoek P J. Inst Chem Eng Symp Ser, 1987, 2 (104): B247.
[8] Fitz C W, King D W, Kunesh J G. Chem Eng Res Des, 1999, 77: 482.
[9] Kunesh J G, Lahm L L, Yanagi T. Ind Eng Chem Res, 1987, 26: 1845.
[10] Olujic Z, de Graauw J. Sep Sci Technol, 1990, 25: 1723.
[11] Baker T, Chilton T H, Vernon H C. Trans AIChE, 1935, 31: 296.
[12] Huber M, Hiltbrunner R. Chem Eng Sci, 1966, 21: 819.
[13] Stikkelman R M, de Graauw J, Olujic Z, et al. Chem Eng Tech, 1989, 12: 445.
[14] Olujic Z, Jansen H. Chem Eng Res Des, 2015, 99: 2.
[15] Olujic Z, Stoter F, de Graauw J. Inst Chem Eng Symp Ser, 1992, 2 (128): B151-B157.
[16] Pavlenko A, Zhukov V, Pecherkin N, et al. AIChE J, 2014, 60 (2): 690.
[17] Tanner R K, Baker S A, Waldie B. Inst Chem Eng Symp Ser, 1992, 2 (128): B111-B119.
[18] Porter K E, Jones M C. Inst Chem Eng Symp Ser, 1987, 1 (104): A245.
[19] Stikkelman R M, Wesselingh J A. Inst Chem Eng Symp Ser, 1987, 2 (104): B155.

[20] Strigle R F. Packed Tower Design and Applications. 2nd ed. Houston: Gulf Publishing, 1994.
[21] Kister H G. Distillation Operation. New York: McGraw-Hill Publishing Company, 1990.
[22] Olsson F R. Chem Eng Progr, 1999(10): 57.
[23] Chen G K. Chem Eng, 1984(3): 40.
[24] Moore F, Rukovena F. Chemical Plants and Processing (European ed), 1987(8): 11.
[25] Fadel T M. Chem Eng, 1984(1): 71.

6 塔设备的优化设计

6.1 塔板与填料间的比较与选择

对于多数精馏塔、吸收塔等气液传质设备，塔板与填料都可以选用，但二者的区别则取决于物系的特点、设备投资及操作费用等因素。

板式塔与填料塔结构不同，气液两相的流动形式不同，因而对于不同特征的物系具有不同的适用性。

(1) 连续相不同 在板式塔中，液相流动为连续相，因此塔板更加适合高液气比和液相传质控制的物系（通常液相传质阻力大的物系液流强度也较高），比如难吸收物系或高压精馏。在流动参数高于0.3时，因动能较高的液相容易夹带低气速的气相，造成返混，降低传质效率，一般避免选用填料，尤其是规整填料。

相反，在填料塔中，气相流动为连续相，因此填料更适合于气速高和气相传质控制的物系，通常为易吸收物系或真空精馏物系等。在流动参数低于0.1时，填料具有更高的效率和通量，尤其是在高真空条件下，气速高而液流强度低，易于润湿的丝网规整填料具有显著优势。

流动参数在0.1～0.3之间的物系分离（多数为常压精馏），规整填料的效率高于塔板和散装填料，因此采用规整填料改造板式塔或散装填料塔，通常可提高分离效率。

Kister等[1]比较了不同流动参数下规整填料、散装填料及塔板的效率与通量。

(2) 单位理论板压降不同 在板式塔中，气相需要穿过塔板上的液层，而且通过塔板的气相流速远高于填料空隙中的气相流速，因此塔板阻力远高于填料。通常单位理论级塔板的气体压降为10mbar（1kPa）量级，单位理论级散装填料的压降一般低于4mbar（0.4kPa），而规整填料只有散装填料的一半左右，因此，对于需要降低塔釜温度的热敏物系和其他压降受限的场合，填料塔显著优于板式塔。

许多真空或常压操作的板式塔可以通过改造为填料塔，以降低压降、提高通量，达到节能和扩产的目的。

(3) 持液量不同 填料塔的持液量远低于板式塔，因此更适用于易聚合、易降解、危险品等物系，对于间歇精馏，也有利于提高塔顶产品的提取率。

板式塔具有较高的持液量，液体停留时间较长，有利于难吸收物系或需要液相反应的物系。

(4) 两相流速不同 在板式塔中，气液两相的流速都高于填料塔约一个数量级，因此塔板的抗堵能力优于填料塔，尤其是大孔筛板，而浮阀塔板要差一些。对于压降敏感的物系，可以选用大尺寸的散装填料，即使发生堵塞，也易于拆卸清洗。

在大尺寸的散装填料中，较低的气液流速有利于其在易起泡物系中的应用。尽管规整填料中气液流速也低于板式塔中的流速，但由于相邻填料片间流动通道空间较小，不利于泡沫的破裂，同样不适用于易起泡物系。

除了以上流体力学特性的不同，填料塔与板式塔的结构也有显著的差异。只要有物料进出口，填料都必须分段，设置液体分布器及液体收集器，而塔板比较容易设置进料口或采出口。因此，物料进出频繁的复杂塔、因进料组成或状态变化需要调整进料位置而设置多进料口的精馏塔，采用板式塔更有优势。在压降受限的情况下，也可以采用填料与塔板相结合的组合塔。

此外，因物系腐蚀性需要采用塑料、陶瓷等非金属材料时，填料更易于制造。在小直径塔中，填料塔则更容易安装。

塔器的选型首先要满足物系分离的性能要求，还需要考虑设备的投资。无论是填料还是塔板，国内制造厂商众多，竞争激烈，价格差异较大，而且规格多种多样，因此很难做系统全面的比价，但除了厂家间差异外，价格主要取决于原材料成本以及结构的复杂性。

塔器总的造价除了塔板和填料及配套内件外，还包括塔体的造价。总的来说，板式塔的造价低于填料塔，散装填料塔的造价高于规整填料塔。

6.2 塔设备的经济性

塔设备的设计中，塔型和工艺参数主要是通过权衡和优化经济指标加以确定。通常塔设备的优化设计应以总的经济成本或称总费用作为衡量经济性的指标。总费用应该包括设备费和操作费两个部分，因此塔设备的优化设计通常涉及上述两种费用之间的权衡。本节的塔设备的经济性是指在给定塔设备的工艺参数条件下的设备费用估算。塔的设备费又称投资费，其计算可以有很多种方法，最直接和准确的方法是从设备供应商获得报价，该报价除了与塔设备的设计尺寸、材质和性能参数有关，还受交货期、运输路途等因素影响。但在塔设备设计中需要对多种方案进行比较、优化，需要对设备投资费进行反复和快速的评价，通过供应商报价的方法显然不能满足需要，因而借助于各种计算图、表以及关联公式的简捷计算方法则被大量使用。与报价相比，简捷计算方法虽然精度稍差，但完全可以满足设计中经济性评价的需要[2]。

6.2.1 图表法

塔的设备费包括塔体和塔板或填料及其内件的费用。塔体的费用应为购置材料的费用与加工制造费用之和，但市场上通常是以塔体选用的材质及其重量为基础加以计算。而重量取决于塔的高度、直径及塔壁的厚度，主要由分离任务、操作压力决定；材质由所处理物料的腐蚀性决定。图14-6-1[3]为供安装25层塔板的塔体（不包括塔板）费用随塔径的变化情况。由图14-6-1可看出，在大部分区域，费用随塔径的增加而增加，但塔径大约在1m，上述趋势出现反转，费用随塔径的减小反而增加，这是因为此时随塔径的减小，板间距要增加以保证足够的入塔维修空间；同时随塔径的进一步减小，为抗风灾等采取的基础增强措施并不能与塔径成比例减小。图14-6-2[4]为包括封头、裙座的塔体费用随重量的变化情况。塔体的费用大致与重量的0.75次方成正比。

图14-6-3为筛板费用图，此图是加工批量为20块塔板的费用。每块塔板的费用与加工批量有关，通常费用与批量呈比例变化，即批量越大，单块塔板的费用越低。图14-6-4为

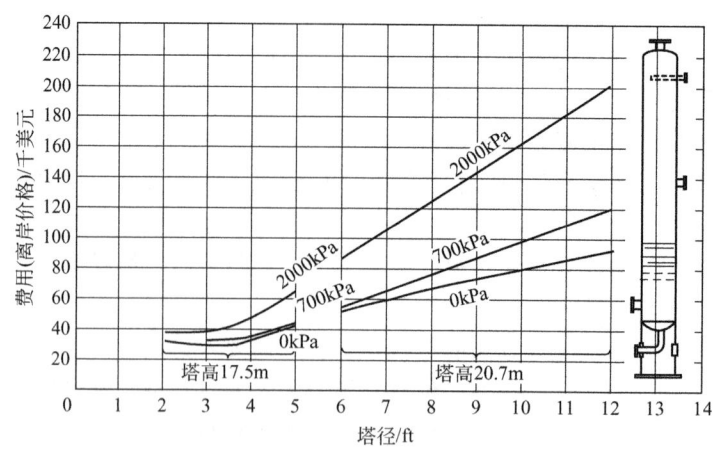

图 14-6-1 塔体费用随塔径的变化情况[3]

(1ft=0.3048m)

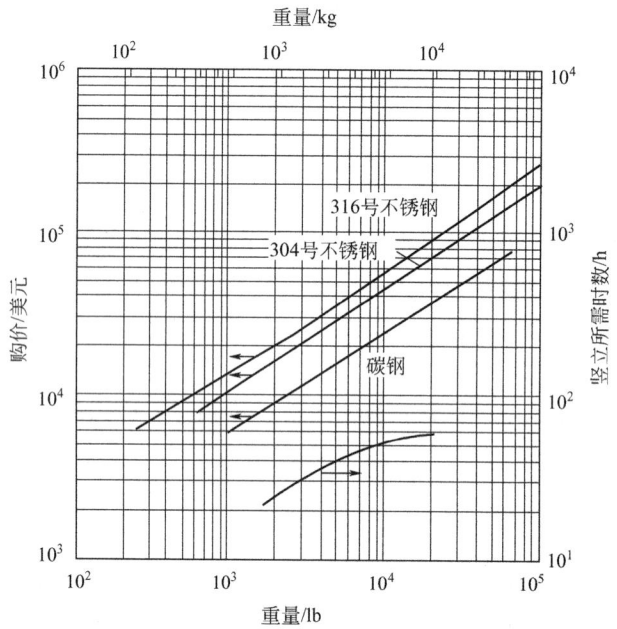

图 14-6-2 塔体费用随重量的变化情况[4]

Peter 等给出的不同形式塔板的费用，当用其他材料时，应按不同时期的各种金属材料的价格予以折算。以上为单溢流塔板，双溢流塔板的费用通常应增加 15%～20%。

填料塔的费用通常高于板式塔。填料价格以单位立方米计，规整填料价格与比表面积及波纹板的材质和加工方式有关。散装填料价格则与材质、尺寸及几何结构有关。填料塔内件的价格大致与塔径的平方成正比。应当指出，各种填料及塔内构件的价格除了随钢材等原材料价格变化而变化，随着市场和经济的发展状况，在不同时期因受到供需关系、制造商竞争程度等复杂因素的影响会发生较大的变化。

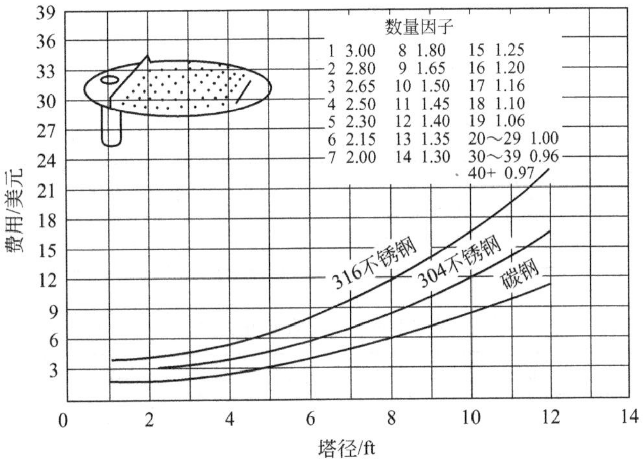

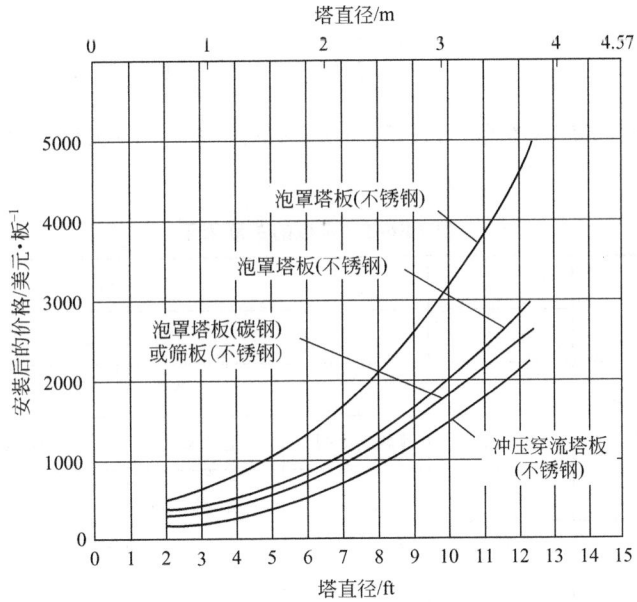

图 14-6-3 筛板费用图[3]

图 14-6-4 不同形式塔板的费用[4]

6.2.2 关联式法

在塔设备费用计算中也可采用有关的关联式。Douglas[2]对塔设备费进行了归纳和关联，给出了塔设备费计算关联式，并由于其简捷方便得到了广泛采用。例如其中塔体的费用可由下式计算：

$$Cost_P = \frac{M \& S}{280} 937.61 D^{1.066} H^{0.82} F_c$$

$$Cost_I = \frac{M \& S}{280} 937.61 D^{1.066} H^{0.802} (2.18 + F_c)$$

式中，$Cost_P$ 为设备的投资费，即购置费；$Cost_I$ 为设备的装置费，即在投资费基础上增加了安装的费用；D 为塔径，m；H 为塔高，m；F_c 为总修正因子：$F_c=F_p F_m$，F_p 为压力修正因子，F_m 为容器修正因子，F_p 和 F_m 的值由表 14-6-1 和表 14-6-2 给出；M＆S 为校正系数（见 6.2.3 节）。

表 14-6-1 压力修正因子

压力/atm	3.4 以下	6.8	13.6	20.4	27.2	34	40.8	47.6	54.4	61.2	68
F_p	1.00	1.05	1.15	1.20	1.35	1.45	1.60	1.80	1.90	2.30	2.50

表 14-6-2 容器修正因子

	壳体材料	碳钢	不锈钢	铜镍合金	钛合金
F_m	金属保护层	1.00	2.25	3.89	4.25
	整体塔壳	1.00	3.67	6.34	7.89

板式塔塔内件费用由下式计算：

$$\text{Cost}_T = \frac{M\&S}{280} 97.24 D^{1.55} H F_c$$

式中，D 为塔径，m；H 为塔高，m；$F_c=F_s+F_t+F_m$，各关联因子的取值如表 14-6-3 所示。

表 14-6-3 塔板的关联因子

塔板间距/m	0.60	0.46	0.3			
F_s	1.0	1.4	2.2			
塔板类型 F_t	格栅塔板（无降液管）	塔板				
		筛板	槽盘或浮阀板	泡罩板	Koch 公司 Kascade 板
	0.0	0.0	0.4	1.8	3.9
塔板材料 F_m	碳钢	不锈钢	铜镍合金			
	0.0	1.7	8.9			

上述关联式给出了简单结构塔设备费用。但一些塔设备具有复杂结构，比如变直径的精馏塔、隔板精馏塔等。带有复杂结构塔设备费用的计算通常是在相对应的简单结构塔设备费用基础上乘上相应的系数。例如隔板精馏塔的设备费用可在具有相同塔径和塔高的精馏塔费用基础上再乘以 1.2~1.5[5]。

6.2.3 设备费的校正

应该指出，由于大多数商品的价格均随着时间增长，因此塔设备通常是随时间不断增加的，上述图表以及关联式均是历史上某个时间点的产物，因此在用其进行塔设备费计算时应该对计算结果进行必要的校正。此外，一个大型化工过程装置的建设周期通常是数年，因此对设备费用的校正是必要的。对设备费的校正方法通常是将以某一年计算的设备费为基础，乘以一个系数，该系数的定义是当年的费用校正系数除以基础费用计算年的费用校正系数。

费用校正系数是根据不同时期（当时）市场价格计算决定的。如图 14-6-5 所示的由 Marshall 与 Swift 公司发表的 M&S 校正系数，是较为权威并被广泛使用的费用校正系数。该系数由 *Chemical Engineering* 期刊每月更新最新数据。此外还有其他一些校正因子可供参考[1,3]。校正系数的制定通常是考虑了与设备有关的材料、制造、税收等多种不同费用的上涨，因此不同来源的校正系数会有所不同。一些校正系数模型还可以让用户自己根据材料及人工等费用上涨的幅度来更新校正因子[6]。

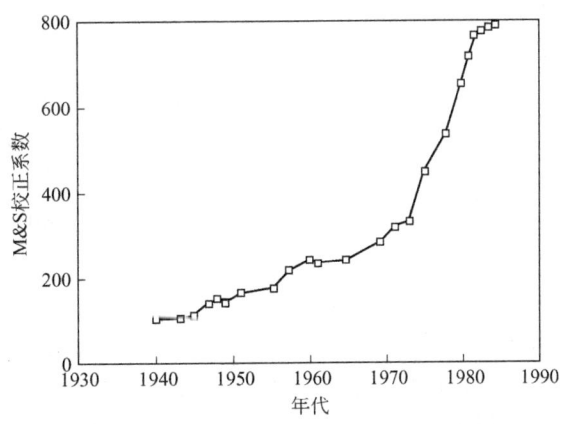

图 14-6-5　设备费校正系数[2]

此外一些企业也在制定自己的校正因子，由于这些校正因子多采用供应商报价、原材料等的当时市场价格，因此一般较为可靠。

我国一些部门和组织制订了一系列塔设备工程造价的计算方法，为塔设备费用估算提供了参考。

6.3　蒸馏塔的优化设计

对于真空蒸馏和常压蒸馏，采用新型填料塔具有压降低、通量大、效率高的优点，而高压精馏塔则采用板式塔较为有利。由于填料塔投资比较高，因此在初始设计常压至高压精馏塔时往往选用板式塔。本节以板式塔为例简介蒸馏塔的优化设计。

如前所述，精馏塔的最优化应涉及设备费与操作费之间的权衡，因此塔设备结构参数的优化取决于包括回流比在内的整个工艺参数的优化。这包括最佳塔径、最佳回流比、最佳产品纯度和回收率、最佳操作压力、最佳进料条件、最佳再沸器和冷凝器温度、最佳设计裕度等。最优化的目标通常是使包括设备费和操作费的总费用最小。

在讨论单个板式塔的总费用时，它包括了塔板类型、结构、塔径、总板数、板间距等因素。在规定的负荷和分离要求下，所需的塔高和塔径又与所采用的塔板型式密切相关。各种类型塔板的性能特点可由实验中得到的塔板特性曲线判断，包括分离能力、通过能力、塔板压降及板效率等，它们是板式塔设计和优化的依据。

6.3.1　塔板与塔径

塔板型式的选择通常应依据塔板性能做出的费用估算进行比较。比利特[7]认为，为使塔设备的投资最少，应符合的工程标准是：在宽的工况范围内，单位分离效率和单位加工能力应最大，或用塔体积计算的单位分离效率的费用和单位加工能力的费用应最小。习惯上普遍应用的塔设备最优化准则是在最小总费用（包括操作费、设备费和管理费）下达到需要的分离。这种最优化的运算即使对单个板式塔而言，其变量也是很多的，这些变量包括：回流比、操作压力、进料条件等。影响总费用的设备和工艺特性及条件包括：塔板型式、结构材质、产品质量和处理量、气液平衡关系及人工费用等。由于变量太多，这种优化一般只针对制定的工艺和板式塔进行。

板式塔的最佳塔径原则上可以通过采用较小的塔径及由于雾沫夹带量过大而使塔板效率下降两者之间的权衡来决定。据文献 [8]，Colburn 等较早讨论过最佳雾沫夹带量的问题，认为没有雾沫夹带是不经济的，而夹带量应有一个最佳值，并以此为依据来决定最佳塔径。但 King[9]认为，这种最佳化给出的塔径可能导致气速过大，容易引起较大的雾沫夹带，且因可能已接近液泛，导致塔的操作弹性减小。因此，在选择板式塔的塔径时往往让设计负荷等于液泛或过量雾沫夹带上限气速的一个百分数，例如约 $60\% \sim 80\%$。

6.3.2 回流比与塔板数

确定最佳回流比对精馏塔的设计至关重要。当回流比接近理论最小值即最小回流比时，塔板数即塔的高度趋于无限大，故回流比减少将使设备投资上升；回流比增加，将导致再沸器的蒸汽消耗及冷凝器的冷凝水用量上升，增加操作费用，同时，回流比增加还会导致塔径增加，也会使设备费上升。因而存在一个可让总费用最小（图 14-6-6）的最优回流比。Gilliland[10]早年提出了一个表示最优回流比 R_{opt} 和最小回流比 R_{min} 的公式，即：

$$0.1 < \frac{R_{opt} - R_{min}}{R_{min} + 1} < 0.3 \tag{14-6-1}$$

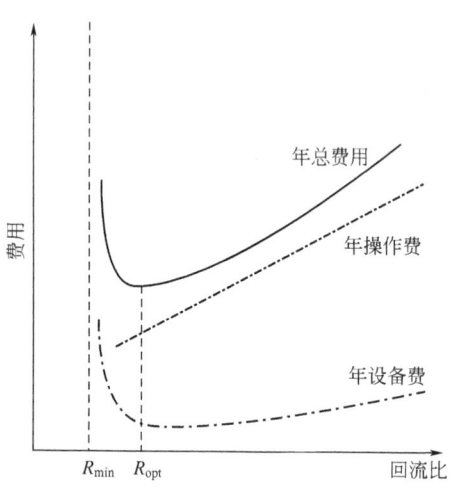

图 14-6-6　最优回流比

这一公式是统计当时的各种塔的操作条件后提出的，今天仍被经常采用作为初步计算。

由图 14-6-6 可知，最优回流比受到设备费用和能源费用的影响，随着二者的变化，最优回流比也应有相应变化。例如，20 世纪 60 年代能源价格处于较低的水平，通常认为精馏最优回流比与最小回流比之间的比值（即 R_{opt}/R_{min}）应在 1.1～1.6 范围之内；而到了 20 世纪 70 年代能源价格普遍上涨，上涨幅度远远大于设备材料价格上涨的幅度，因此公认的上述比值则变为应不高于 1.1[9]。应该指出，如图 14-6-6 所示，随着操作回流比接近最小回流比，费用变化剧烈，因而设计中使用的气液平衡数据、精馏塔的级效率、进料组成等基础数据是否准确都会对最优回流比产生显著影响。因此在设计实践中，如不能保证上述基础数据的准确性，则应采取保守设计原则，即让操作回流比稍高于基于上述分析的最优回流比。

6.4 吸收塔的优化设计

对于吸收系统，在选定吸收剂条件下，设计操作变量主要包括操作压力、液气比、塔径（或气速）、塔高（或出口气体浓度）以及塔型及其内部构件的选取等，所有这些因素都影响到吸收过程的经济性。本节以填料塔为例简介吸收塔的优化设计。

6.4.1 塔体与填料

填料塔的设计首先应根据系统的腐蚀性来选取塔体及其内部构件的材质，而材质的选择则是以能够满足耐腐蚀要求而价格最低为原则。

塔体的造价一般按照其重量估算，大致与塔的体积成正比，而塔的体积则由填料的效率和处理能力（或称通量）决定。一般而言，通量高的填料，其效率较低，而填料的价格也较低，故所需塔径较小而需要的高度增加；反之，通量低的填料效率较高，填料的价格亦较高，故塔径大而塔高可以降低。对于同种填料，通常选用中等通量的填料比较经济，不同填料之间可根据它们的分离能力和造价以及塔体的造价来权衡，在很多情况下，选用新型高效、具有较高通量的填料比较经济。

6.4.2 操作压力

从传质角度来看，吸收塔的操作压力越高，吸收越容易进行，而且填料的通量也会增大（气体 F 因子减小），即塔高和塔径都会下降，只是塔体壁厚有所增加。但是吸收塔的经济操作压力不能仅考虑单个吸收塔而采用非常高的压力，必须综合考虑整个工艺流程，如果气体进塔前需要用压缩机加压，则吸收压力越高，气体压缩费用就越高，因此经济操作压力应选取与工艺过程需要相适应的最高压力。

6.4.3 液气比

在吸收计算中，吸收因子 $A=L_\mathrm{m}/(mG_\mathrm{m})$ 或汽提因子 $S=mG_\mathrm{m}/L_\mathrm{m}$ 中都含有液气摩尔流速之比，即液气比，式中 L_m 和 G_m 分别为液相和气相摩尔流速，m 为容积对溶质的溶解度（气液平衡常数）。液气比还决定着传质单元高度和传质单元数、填料的通量、塔径的大小，因而是非常重要的设计参数。在假设气液平衡条件下通过溶剂的溶解度（气液平衡常数）以及进气中溶质浓度很容易计算达到吸收要求的最小液气比。其中为估算溶解度需要通过物性估算液体出口温度。对于稀溶质气体，$mG_\mathrm{m}/L_\mathrm{m}$ 在全塔内几乎不变，如果溶质浓度较高，溶解热会在塔内产生一个温度分布，使得塔底的 m 值比塔顶高，导致 $mG_\mathrm{m}/L_\mathrm{m}$ 沿塔高变化，这给其值的选取带来困难。然而在要求溶质被充分吸收的情况下，在塔顶溶质接近被完全吸收，所需传质单元数也主要集中在接近塔顶部位，因此可以塔顶的条件为基础估算气液比。

实际操作的液气比需要通过权衡费用加以优化，其值大于理论的最小液气比。经验表明，实际液气比可以定为最小理论值的 1.2～1.5 倍，或吸收因子取 1.4。

从经济上考虑，$L_m/(mG_m)$ 越小，则需要的溶剂量越小，溶液的输送费用和再生费用越低，但所需吸收塔越高。反之，则会降低吸收塔的费用，而液体输送和溶剂再生的费用会增加。因此液气比存在一个最优值，从而实现两种费用的权衡，使得总费用最小。下列方程给出了吸收费用和再生（吸收剂提馏）费用之间达到权衡时液气比应该满足的关系[11]：

$$\left(\frac{L_m}{m_2 G_m}-1\right)^2 = \frac{BC_3 H_{OG}(K_D-1)}{C_5 \theta r G_m m_2} \tag{14-6-2}$$

其中

$$B = \left[1+n\left(\frac{L_m}{m_2 G_m}-1\right)\right] \times 2.3 \lg\left[\left(\frac{y_1}{y_2}\right)_{opt} \frac{(1-m_2 G_m/L_m)^2}{1-K_1 G_m/L_m}\right] - \frac{(1-m_2 G_m/L_m)-2(K_1/m_2-1)}{1-K_1 G_m/L_m} \tag{14-6-3}$$

式中　K_D——提馏塔料液沸点条件下的气液平衡常数值；

m_2——吸收塔入口液体温度下的气液平衡常数值；

K_1——离开吸收塔浓吸收液温度条件下的气液平衡常数值；

C_3——$C_1[(G_{opt}/G)+0.5(G/G_{opt})^2]$（$C_1$ 及 G_{opt} 见 6.4.4），吸收塔的设备费和动力费，元·m^{-3}·a^{-1}；

C_5——提馏操作的总费用（包括固定设备费、冷却水费、加热蒸汽费），以送入提馏塔的水蒸气表示，元·kg^{-1}·mol^{-1}；

$(y_1/y_2)_{opt}$——进出吸收塔气相浓度最佳比值，与塔高（出口气浓度）进行对比后定，见 6.4.5；

θ——操作时间，h·a^{-1}；

G_m——通过吸收塔的摩尔流速，kmol·h^{-1}·m^{-2}；

r——提馏塔实际回流比与最小回流比间的比值，回流比按回流量与产品量之比计；

n——$H_{OG} \sim (G/L)^n$ 的关系中所用的方次。

上式推导时假设提馏塔顶产品为纯溶质，塔底产品为不含溶质的吸收液。

在一些情况下，液气比的确定还要考虑实际操作中的其他因素。例如在填料塔中，如果计算的最优液气比较小，不足以使填料达到较好的润湿程度，此时则需要进一步增加液气比。

6.4.4　塔径（或气速）

气速的选取应首先保证填料塔操作的可靠性，一般不超过液泛速度的 80%，以免在操作中因条件波动而导致液泛的发生，造成生产中的经济损失。

经济气速由塔的造价和动力费用之间的经济平衡来确定，可以采用下式来估算[11]：

$$G_{opt} = 17400 \Phi^{4/3} \left(\frac{C_1}{C_2 \theta b}\right)^{1/3} \tag{14-6-4}$$

式中 G_{opt}——最宜气速，$kg \cdot h^{-1} \cdot m^{-2}$；

C_1——填料与塔体的年折旧费，$元 \cdot a^{-1} \cdot m^{-3}$；

θ——操作时间，$h \cdot a^{-1}$；

Φ——$(\gamma/1.2)^{1/2}$，γ 为气体密度，1.2 为常温下气体密度；

C_2——输入的能量价格，$元 \cdot kW^{-1} \cdot h^{-1}$；

b——压力降，$mmH_2O \cdot m^{-1}$（按 $G/\Phi = 5000 kg \cdot h^{-1} \cdot m^{-2}$ 而定的）。

若经济气速等于由式（14-6-3）的计算值时，塔的操作费用为填料每年折旧费的一半。

6.4.5 吸收塔塔高（或出口气体浓度）

在上述参数确定后，吸收塔高度由吸收塔出口气体浓度决定，应在由塔顶气体中溶质损失的价值和增加塔高所追加的投资之间作经济权衡来确定吸收塔的出口气体浓度。对于填料塔可得到如下关系式[11]：

$$(y_2 - mx_2)_{opt} = \frac{C_3 H_{OG}}{C_4 \theta G_m (1 - mG_m/L_m)} \quad (14\text{-}6\text{-}5)$$

式中 C_3——吸收塔年设备费与动力费，$元 \cdot a^{-1} \cdot m^{-3}$；

C_4——溶质在出口浓度下的价格，$元 \cdot kmol^{-1}$ 溶质；

y_2, x_2——吸收塔塔顶气、液相摩尔分数；

θ——操作时间，$h \cdot a^{-1}$；

H_{OG}——气相总传质单元高度，m。

6.4.6 提馏塔液体出口最宜浓度

提馏塔液体出口最宜浓度由提馏塔出口液体所损失的溶质价值和加高提馏塔所追加的投资之间的权衡决定，对于填料塔，类似于式（14-6-5）的关系式为[11]：

$$\left(x_2 - \frac{y_2}{m}\right)_{opt} = \frac{C_3 H_{OL}}{C_4 \theta L_m [1 - L_m/(mG_m)]} \quad (14\text{-}6\text{-}6)$$

式中 C_3——提馏塔的年设备费与动力费用，$元 \cdot a^{-1} \cdot m^{-3}$；

C_4——溶质处于气体出口浓度下的价格，$元 \cdot kmol^{-1}$ 溶质；

H_{OL}——液相总传质单元高度，m；

θ——操作时间，$h \cdot a^{-1}$；

y_2, x_2——提馏塔塔顶气、液相溶质摩尔分数。

6.4.7 吸收塔入塔溶剂的温度

在吸收塔和提馏再生塔联合的流程中，需要用热交换器来回收提馏塔出口液体的热量，然后再送回吸收塔。若此液体需进一步冷却或在塔中部引出降温，则需要第二个热交换器。冷却吸收剂是为了提高溶质的溶解度（降低 m 值），从而降低溶剂流量。所以，吸收塔溶剂入塔温度应在降低溶剂流量所节约的提馏装置费用与添设热交换器的费用二者之间的降级权衡决定。

6.4.8 多组分系统的最宜条件

对于多组分吸收，上述简化公式只能用来作为最宜操作和设计参数的粗略估算。在这种情况下必须对不同的设计条件作详细计算并加以对比。不过，最宜气速还是非常接近式（14-6-4）所求得的数值；最宜气液比仍然是操作线与最易挥发组分相平衡线接近平行时的数值。

一般参考文献

[1] 时钧，汪家鼎，余国琮，陈敏恒. 化学工程手册. 第 2 版. 北京：化学工业出版社，1996.
[2] Green D W, Perry R H. Perry's Chemical Engineers' Handbook, 8th ed. New York: McGraw-Hill Education, 2007.

参考文献

[1] Kister H Z, Larson K F, Yanagi T. Chem Eng Progr, 1994, 90（2）：23-32.
[2] Douglas J M. Conceptual Design of Chemical Processes. New York: McGraw-Hill, 1988.
[3] Wankat P C. Equilibrium Stage Separation. Amsterdam: Elsevier, 1988.
[4] Peters M S, Timmerhaus K D. Plant Design and Economics for Chemical Engineers. 3rd ed. New York: McGraw Hill, 1980.
[5] Okoli C O, Adams T A Ⅱ. Chem Eng Proc, 2015, 95：302.
[6] Guthier K M. Capital Cost Estimation. Chem Eng, 1969, 76（6）：114.
[7] 比利特 R. 蒸馏工程. 黄宇梁，等译. 北京：烃加工出版社，1988.
[8] 化学工学協会. 化学工学便覧. 第 5 版. 東京：丸善株式会社，1988.
[9] King C J. Separation Processes. 2nd ed. New York: McGraw-Hill, 1980.
[10] Gilliland E R. Ind Eng Chem, 1940, 32：1220.
[11] Perry R H. Chemical Engineers' Handbook. 6th edition. New York: McGraw-Hill, 1984.

本卷索引

A

安德伍德（Underwood）方程	13-75
氨水吸收式制冷机	8-112
鞍点	13-58
奥斯特瓦尔德熟化	10-27

B

板翅式换热器	7-173
板壳式换热器	7-179
板式翅片	7-119
板式换热器	7-165
板式塔	12-11，12-12，12-74，12-105，13-14，14-2，14-5
板数	14-149
板效率	12-105，14-32，14-34，14-35，14-37
饱和沸腾	7-54
保温层厚度	7-324
壁流	14-130
边界层理论	11-33
边缘区	14-50
变频螺杆式制冷压缩机	8-55
表面更新理论	11-25
表面扩散	11-15
冰析结晶	10-123
并流	7-98
剥淡	13-183
不冷凝气体	7-50
不稳态蒸馏	13-186

C

Chilton-Colburn 类比	11-31
CO_2	12-70，12-81，12-85，12-103
操作弹性	14-29
操作费	14-145
操作线	12-12，13-40，13-41，13-44
操作压力	14-151
槽带板式翅片	7-120
槽管	7-116
槽内盘管	7-187
槽式	7-86
槽外盘管	7-187
缠绕管换热器	7-156
沉淀	10-106
成核	10-18
持液量	12-74，12-88，14-3，14-107，14-108，14-115，14-119
翅片	7-118
初级成核	10-19
除垢时间	7-106
储液器	8-68
穿孔翅片	7-120
穿透率	7-70
传热	7-2
传热强化	7-116
传热设备	7-5
传热温差损失	9-6
传质	11-2，12-5，14-33，14-38
传质单元	12-16，13-41
传质单元高度	11-41，12-17，12-35，13-42
传质单元数	11-41，12-17，12-25，12-34，13-42
传质关联式	11-32
传质过程	11-2
传质机理	11-24
传质科学	11-2
传质面积	11-40
传质设备	11-39
传质速率	12-5
传质系数	11-21，12-5，12-9，12-64，12-91，14-41，14-118
传质效率	14-118
传质性能	14-118
传质装置	11-40
传质阻力	11-24
垂直筛板	14-73
磁悬浮离心式压缩机	8-56
刺刀管式换热器	7-189
萃取剂	13-133
萃取精馏	13-132
错流	7-99，14-5

D

| 单级压缩循环 | 8-43 |
| 单效蒸发 | 9-3 |

单溢流	14-5	范德瓦尔方程	8-80
单组分液体	7-56	防垢剂	7-106
弹状流	7-59	放大效应	14-125
导热	7-2	非等温吸收	12-3，12-29
导向孔	14-60	非定态导热	7-16
导向筛板	14-60	非共沸混合制冷剂	8-15
导向梯形浮阀	14-69	非均相共沸精馏	13-145
等熵膨胀	8-80	非牛顿流体的传热	7-39
等温吸收	12-30，12-36	非平衡级	13-113
低温隔热	7-323	非平衡级模型	13-115
低温工质	8-74	非直接接触式换热器	7-3
低温载冷剂	8-19	废热锅炉	7-229
缔合参数	11-17	沸点升高	9-6
点效率	12-107，14-35	沸腾	7-54
电磁式电子膨胀阀	8-66	沸腾曲线	7-54
电导率	11-17	费用校正系数	14-148
电动式电子膨胀阀	8-66	分批蒸馏	13-186
电热式电子膨胀阀	8-67	分子传质	11-2
电子膨胀阀	8-66	分子蒸馏	13-218
碟式	7-86	芬斯克（Fenske）方程	13-73
定态导热	7-12	焚烧炉	7-301
定向单色辐射强度	7-71	风冷式冷凝器	8-59
定向总辐射强度	7-70	弗鲁德数	14-110
端效应	14-125	浮阀	14-64
对流	7-2	浮阀塔板	14-63
对流传热膜系数	7-22	浮球调节阀	8-63
对流传质	11-2	辐射	7-2
多降液管塔板	14-87	辐射力	7-70
多孔介质	7-121	辐射能	7-70
多孔体	11-13	负共沸物	13-138
多效精馏	13-241	负荷性能图	14-19，14-29
多效蒸发	9-3，9-9	复叠式制冷机	8-39
多组分吸收	12-3，12-47，12-53，12-61	复叠式制冷循环	8-39
E		富气	12-51，12-52
二次成核	10-20	富溶剂	12-3
二氧化碳的捕集	12-116	**G**	
F		干板压降	14-17
Fick 定律	11-5	干式蒸发器	8-60
反射率	7-70	干填料压降	14-113
反应蒸馏	13-161	高端晶体产品	10-5
泛点	14-107，14-111	高凝固点物料	13-206
泛点流速	14-111	高温载冷剂	8-19
泛点率	14-20	隔板精馏塔	13-248
泛点压降	14-112	隔板塔	13-248

工况	8-31
工业余热	8-117
功能纳米晶体的结晶	10-119
供热系数 COP	9-17
共沸剂	13-146
共沸精馏	13-138
共沸数据	13-139
共沸物	13-138
共沸现象	13-138
共沸制冷剂	8-15
鼓泡层	14-7，14-11
鼓泡层高度	14-11
鼓泡区	14-50
鼓泡塔	12-74，12-109
鼓泡态	14-7
管壳式换热器	7-131
管内沸腾	7-59
管束沸腾	7-57
规整填料	14-103
过程变量	13-22
过渡态沸腾区	7-54
过渡型扩散	11-14
过冷	8-24
过冷沸腾	7-59
过热	8-24
过热蒸气	7-50

H

HETP	14-118，14-124
核态沸腾区	7-54
黑体	7-70
亨利常数	12-4
亨利定律	12-4
亨利系数	12-74
横向槽管	7-117
化学吸收	12-2
环雾状流	7-59
环状流	7-59
环状通道	7-63
换热器	7-2
灰体	7-72
挥发度	13-14
回流比	14-150
回热循环	8-25
混合长理论	11-28

混合池模型	13-121，14-42，14-45
混合式换热器	7-2
混合制冷剂	8-5，8-15
混流流程	9-10
活度系数	11-17，13-2
活塞式制冷压缩机	8-48

I

Inside-Out 法	13-109

J

机械制冷	8-2
吉利兰（Gilliland）关联	13-77
级效率	13-52
极点	13-58
加热炉	7-293
加压结晶	10-123
夹紧点	13-49
间接换热冷却结晶	10-36
间接冷却	8-18
减压闪蒸	9-3
简捷计算	12-37
降膜	11-10
降膜式换热器	7-189
降膜式蒸热器	8-61
降液管	14-27，14-86
降液管区	14-50
降液管液泛	14-27
焦耳-汤姆逊效应	8-84
节流	8-79
节流机构	8-63
节能技术	7-126
结晶	10-2
结晶的包藏	10-74
结晶的结块	10-75
结晶过程计算	10-52
结晶器操作	10-71
结晶器的设计	10-54
解吸	12-2
解吸因子	12-13，12-18，12-27
界面区	11-25
金属绝热材料	7-321
进料线	13-45
近共沸混合制冷剂	8-15
经济器制冷循环	8-53
经济性	14-145

晶核 ······ 10-18
晶体的晶习 ······ 10-11
晶体的晶型 ······ 10-13
晶体的空间结构 ······ 10-10
晶体的粒度分布 ······ 10-14
晶体工程 ······ 10-4
晶体生长 ······ 10-23
精馏边界 ······ 13-57，13-58
精馏平衡级 ······ 13-40
精馏区域 ······ 13-57
精馏曲线 ······ 13-57
精密蒸馏 ······ 13-174
静态混合器 ······ 7-123
锯齿翅片 ······ 7-120
聚光比 ······ 7-89
绝对共沸物 ······ 13-138
绝对黑体 ······ 7-70
绝对透明体 ······ 7-70
绝热材料 ······ 7-320
绝热吸收 ······ 12-29，12-31，12-37，12-113
均相共沸精馏 ······ 13-143

K

Knudsen 扩散 ······ 11-14
K 值法 ······ 13-9
K 值图 ······ 13-11
开孔率 ······ 14-58，14-120
可行产品域 ······ 13-61
克劳特循环 ······ 8-90
空冷器 ······ 7-196
空塔气速 ······ 14-113
孔道弯曲率 ······ 11-13
孔隙率 ······ 11-13
扩散 ······ 11-2
扩散方程 ······ 11-6，11-11
扩散通量 ······ 11-5
扩散系数 ······ 11-15，12-5，12-9，12-74，12-84

L

拉乌尔定律 ······ 12-4
类比 ······ 11-27
冷凝 ······ 7-45
冷凝传热强化 ······ 7-125
冷凝器 ······ 7-224，8-59
冷凝蒸发器 ······ 8-61
冷却结晶 ······ 10-36

冷却塔 ······ 7-257
冷水机组 ······ 8-70
理论板 ······ 12-105
理论板数 ······ 12-14，12-26
立式管程冷凝器 ······ 7-224
立式壳程冷凝器 ······ 7-225
连续结晶过程的在线控制 ······ 10-73
连续结晶器 ······ 10-39
连续相 ······ 14-144
两级压缩 ······ 8-33
裂解炉 ······ 7-286
临界干度 ······ 7-63
临界热负荷 ······ 7-63
淋激式蒸发器 ······ 8-60
流动沸腾 ······ 7-59
流率加和（SR）法 ······ 13-95
流速分布 ······ 14-30
流体分布 ······ 14-128
流体力学性能 ······ 14-107
流体添加物 ······ 7-124
漏液 ······ 14-17
漏液点 ······ 14-25
漏液限 ······ 14-9，14-26
螺杆式制冷压缩机 ······ 8-51
螺旋板式换热器 ······ 7-169
螺旋槽管 ······ 7-117
螺旋管 ······ 7-62，7-122

M

McCabe-Thiele 图 ······ 13-40
McCabe-Thiele 图解方法 ······ 13-44
Murphree 板效率 ······ 13-53
满液式蒸发器 ······ 8-60
漫射表面 ······ 7-81
煤焦油分馏 ······ 13-158
醚基制冷剂 ······ 8-5
膜理论 ······ 11-24
膜态沸腾区 ······ 7-54
膜状冷凝 ······ 7-45
摩擦阻力 ······ 7-66
摩尔通量 ······ 11-4

N

NTSM ······ 14-106
内翅片圆管 ······ 7-118
内外层法 ······ 13-109

逆流	7-98，14-5
逆流流程	9-10
扭曲带	7-123
浓度梯度	11-15

O

Ostwald 递变法则	10-107
耦合结晶	10-112

P

Prandtl 类比	11-30
泡点（BP）法	13-89
泡沫接触式换热器	7-260
泡沫态	14-8
泡罩	12-12，12-74，12-105
泡罩塔板	14-52
喷淋式冷却器	7-187
喷洒塔	12-12，12-75，12-108
喷射结晶	10-123
喷射态	14-7
膨胀机	8-121
漂流因子	12-6，12-9，12-20
贫气	12-47，12-49
贫气吸收	12-52
贫溶剂	12-3
平衡常数	12-20
平衡级模型	13-84
平衡线	12-7，13-41
平均截面含气率	7-66
平均温度差	7-97
平流流程	9-10

Q

气化炉	7-271
气膜	11-38
气泡	7-54
气速	14-152
气速下限线	14-29
气体初始分布	14-125
气体分布	14-131
气体分布器	14-142
气体液化	8-81
气体制冷	8-2
气相传质单元数	14-38
气相分割比	13-252
气相负荷	14-7
气液并流	14-75

气液传质过程	14-2
气液传质设备	14-2
气液分离器	8-68
气液平衡	12-3，12-4
气液相负荷	14-2
汽化核心	7-54
汽-液平衡	13-2
强制对流换热	7-28
强制循环蒸发器	9-33
壳程	7-137
壳体	7-137
清液层高度	14-9，14-11，14-18
区域熔炼	10-96
全球变暖潜值 GWP	8-9
全塔效率	14-34

R

Reynolds 类比	11-29
燃料芯棒	7-63
燃烧技术	7-265
燃烧设备	7-263
热泵	7-128，8-113，9-17
热泵精馏	13-240
热泵蒸发	9-3
热管	7-128
热管换热器	7-242
热虹吸式蒸发器	8-61
热力膨胀阀	8-64
热力系数	8-105
热力学完善度	8-23
热量传递	7-2
热敏物料	13-203，14-3
热耦精馏	13-248
热通量	11-10
热效应	12-29，12-47，12-89，12-110，12-114
容积传质系数	11-39
溶剂	12-11，12-30，12-64，12-89，12-116，12-118
溶剂的温度	14-153
溶解度	12-3，12-74
溶解热	12-3，12-29，12-31，12-36
溶盐蒸馏	13-169
溶液结晶	10-31
熔融结晶	10-77
润湿角	7-55

S

SRV 精馏	13-246
三对角矩阵法	13-87
伞板式换热	7-178
散装填料	14-98
筛板	12-12, 12-74, 12-106, 14-58
筛孔	14-58
闪蒸	9-27, 13-33
舌形塔板	14-76
蛇管式换热器	7-187
设备费	14-145, 14-148
设计变量	13-23
射流凝结流型图	7-51
射流喷射长度	7-52
渗透理论	11-25
升华	10-100
升华结晶	10-100
升膜蒸发	9-37
生物大分子物系结晶	10-115
湿壁塔	12-110
石油分馏	13-156
石油馏分	13-151
实沸点蒸馏曲线	13-152
实际循环	8-28
受液盘	14-89
受液盘区	14-50
数值模拟	7-311
双膜理论	11-38
双溢流	14-5
水冷式冷凝器	8-59
顺流流程	9-10
酸性气	12-115
酸性气体	12-117

T

T-P 板式换热器	7-180
塔板	14-70
塔板的结构参数	14-50
塔板间距	14-7, 14-20
塔板结构	14-5
塔板效率	12-105, 14-32, 14-33
塔板压降	14-17
塔高	14-153
塔径	14-149, 14-152
塔内件	14-97, 14-128, 14-138
塔式	7-86
太阳能	7-86
套管式换热器	7-184
特性因数	13-154
提馏塔	14-153
填充塔	12-11, 12-12, 12-14, 12-25, 12-36, 12-91
填充吸收塔	12-14
填料	14-97
填料的特征分布	14-129
填料塔	12-74, 13-14, 14-2, 14-97
填料压降	14-114
填料因子	14-111
条形浮阀	14-66
通量	11-4
同时校正（SC）法	13-98
同时校正法	13-98
同质多晶现象	10-7
推动力	11-22
脱硫	12-118
脱硝	12-118, 12-119

V

von Karman 类比	11-30

W

Weimarn 沉淀法则	10-107
外翅片圆管	7-118
网孔塔板	14-70
稳态扩散	11-13
卧式管程冷凝器	7-226
卧式壳程冷凝器	7-225
污垢	7-105
污垢的控制	7-105
污垢系数	7-106
污垢性质	7-106
无机绝热材料	7-320
无量纲数群	11-26
物理吸收	12-2, 12-116
雾沫夹带	14-8, 14-19, 14-21, 14-22, 14-41
雾沫夹带线	14-29

X

吸收	12-2, 14-2
吸收操作	12-3
吸收率	7-70
吸收速率	12-2, 12-64, 12-66

吸收塔	12-11
吸收因子	12-19，12-26，12-49，12-51，12-52，12-56，12-57
吸收制冷	8-104
相变	7-45
相对挥发度	13-2
相间传质	11-38
相律	13-6
相图	13-6
相向扩散	11-7
相转变点	14-8
消耗臭氧层潜值 ODP	8-8
斜孔塔板	14-80
溴化锂吸收式制冷机	8-107
旋流流动	7-122
循环式蒸发器	8-60
循环型蒸发器	9-33

Y

压降	14-17，14-19，14-97，14-107，14-111
烟气	12-118，12-119
严格算法	12-36
堰高	14-9，14-13，14-16，14-20，14-29
堰上液流	14-13
液泛	14-15，14-19
液泛气速	14-19，14-20
液泛限	14-9
液泛线	14-29
液量上限线	14-29
液量下限线	14-29
液流强度	14-27
液面梯度	14-16
液膜	11-10，11-38
液气比	12-11，12-20，12-30，14-151
液态金属的传热	7-42
液体初始分布	14-125
液体分布器	14-97，14-132
液相传质单元数	14-38
液相分割比	13-252
液相负荷	14-4，14-7
液柱静压引起的温差损失	9-6
一次节流液化循环	8-83
逸度系数	13-2
溢流堰	14-51，14-59，14-91
优化设计	14-144，14-149，14-151
油分离器	8-69
有机绝热材料	7-320
有机朗肯循环	8-117
有机物载冷剂	8-19
有效扩散系数	11-16
有效因子	7-107
原油常压蒸馏	13-156
原油减压蒸馏	13-157

Z

载点	14-107，14-108
再沸器	7-218
增浓	13-183
增强因子	12-64，12-65，12-76
遮热板	7-83
折流	7-99
折流板	7-137
折流杆	7-140
真空绝热冷却结晶器	10-38
真空蒸发	9-3
蒸发	9-2
蒸发结晶装置	10-37
蒸发冷却器	7-259
蒸发器	8-60
蒸发式冷凝器	8-59
蒸馏	13-14，14-2
蒸馏开工过程	13-207
蒸馏曲线	13-151
蒸气制冷	8-2
正共沸物	13-138
直接接触凝结	7-50
直接接触式换热器	7-2
直接接触式冷凝器	7-252
直接冷却	8-18
直接冷却结晶	10-37
直流型蒸发器	9-33
制冷	8-2
制冷机组	8-70
制冷剂	8-4，8-18
制冷系数	8-23，8-83
制冷性能	8-16
制冷压缩机	8-47
质量传递	11-21
质量通量	11-4
中间冷却器	8-63

中温载冷剂 ·· 8-19	总传热系数 ······························ 7-24，7-100
终端速度 ·· 11-36	总传质单元数 ································· 14-39
珠状冷凝 ·· 7-45	总传质系数 ················ 11-39，12-7，12-86
逐步冻凝 ·· 10-83	总摩尔通量 ······································ 11-27
主体区 ·· 11-25	最大允许气相负荷 ·························· 14-19
转化炉 ·· 7-279	最大允许液相负荷 ·························· 14-27
准数 ·· 11-31	最佳回流比 ············ 13-177，13-233，14-149
自复叠制冷循环 ······························ 8-43	最小分离功 ····································· 13-232
自然对流传热 ···································· 7-25	最小回流比 ············ 13-49，13-177，14-150
自然对流区 ·· 7-54	最小允许气相负荷 ·························· 14-25
自然循环蒸发器 ································ 9-33	最小允许液相负荷 ·························· 14-29
自由沉降速度 ···································· 11-36	最优回流比 ······················· 13-51，14-150
自由度 ·· 13-22	